Gesamtverzeichnis des deutschsprachigen Schrifttums (GV) 1700 – 1910

Bearbeitet unter der Leitung von
Hilmar Schmuck und Willi Gorzny

Bibliographische und redaktionelle Beratung:
Hans Popst und Rainer Schöller

156

Wes - Wilk

K · G · Saur München · New York · London · Paris 1986

CIP-Kurztitelaufnahme der Deutschen Bibliothek

Gesamtverzeichnis des deutschsprachigen Schrifttums :
(GV). - München, New York, London, Paris : Saur.
Bd. 1 - 6 bearb. unter d. Leitung von Peter Geils
u. Willi Gorzny.
ISBN 3-598-30000-X

1700 - 1910 / bearb. unter d. Leitung von Hilmar
Schmuck u. Willi Gorzny. Bibliograph. u. red.
Beratung: Hans Popst u. Rainer Schöller

NE: Schmuck, Hilmar [Bearb.]

156. Wes - Wilk. - 1986.

Techn. Realisierung und Druck: Norbert Gaertner, Mainz-Kastel
Binden: Karl Schaumann, Darmstadt
Printed in the Federal Republic of Germany
ISBN 3-598-30000-X (Gesamtwerk)

Wesch, Alfred: Über Chromsäurederivate. Offenbach a. M. [1909]: Scherz. 54 S. 8°
Freiburg i. B., Phil. Diss. v. 3. Mai 1909, Ref. Gattermann
[Geb. 22. Apr. 84 Mannheim; Wohnort: Mannheim; Staatsangeh.: Baden; Vorbildung: Oberrealsch. Mannheim Reife Juli 03; Studium: Freiburg i. B. 8 S.; Rig. 6. Nov. 08.] [U 09. 1058

Wesch, Guil. (geb. Söhlde 23. 8. 1811): De sterilitatis mulierum causis. Berolini (1838). (32 S.) 8°
Berlin, Med. Diss. v. 2. März 1838

Wesche u. Rameke, Bauornamente u. ausgeführte Stuck-Decken, s.: Album moderner Baudecorationen.

Wesche, Pest u. Pestgefahr. Vortrag, geh. im Gewerbe-Verein zu Bernburg am 4. Febr. 1879. [Stenographischer Bericht.] 8. (36 S.) Bernburg 879. (Schmelzer.) n. — 50

Wesche, die Ueberbürdung auf den höheren Schulen und die Beseitigung des Nachmittags-Unterrichts. gr. 8. (19 S.) [Bernburg 884, Bacmeister.] Gotha, Behrend. *

Das bremische Schulturnen und der preußische Leitfaden. Von A[ugust] Wesche, Lehrer. Bremen: Rühle & Schlenker 1896. IV, 42 S. 8° [11. 3636

Wesche, C. A., der Schul- u. Spielkamerad, s.: Wesing, C.

Wesche, F., die Thierheilkunde und Züchtungskunde für Besitzer und Liebhaber von Hausthieren. 1. Thl.: Pferde u. Esel. Eisleben 859. Reichardt. 8. (VIII, 143 S.) 15 ngr.

Wesche, Gustav, aus Raunitz (Preussen): Die Organisation des Meliorationskredits im deutschen Reiche unter besonderer Berücksichtigung der preussischen Verhältnisse. Halle a. S. 1907. VI + 463 S. 8°. [21. II. 06.]
Bern. Phil. Diss. 1906/1907.

Wesche, Gustav. Die Organisation des Meliorationskredits im Deutschen Reiche, unter besonderer Berücksichtigung der preussischen Verhältnisse. Diss. Phil. Bern. VI + 463 S. 8. Halle a. S., C. A. Kaemmerer & Co., 1907.

Die animale Vaccination im Herzogtum Anhalt v. Medizinal-Rat Dr. [Rich. Carl] Wesche, Bernburg. M. 8 Abb. *Leipzig: P. Stolte 1898.* (1 Bl., 63 S., 3 Taf.) 1 Bd 8. [98 4943

Wesche, Rich. Car. Ferd. (geb. Halberstadt 13. 4. 1837): De usu therapeutico lucis caeruleae. Berolini (1859). (32 S.) 8°
Berlin, Med. Diss. v. 9. März 1859

Wesche, Sam. H. (Resp.): Diss de pulmonum cum encephalo consensu, s. Boehmer, Phil. Ad. (Praes.)

Wesche, Valentinus Julius (geb. Athenstedt 27. 3. 1804): Quaedam de chininio praecipue de externa eius applicatione. Berolini (1828). (46 S.) 8°
Berlin, Med. Diss. v. 15. Sept. 1828

Wesché, Wilhelm: Abrantes, Madame Junot.

Wesché, Wlh., s. Abrantes, Luise.

– s. dess. die beiden Schwestern.

Wesché, Wlh. Ldw., s. v. Beauvoir, R., die Lescombat.

– s. de Beauvoir, d. Chevalier St. Georges.

– s. Dumas, A., Amaury. — Ascanio. — Denkwürdigkeiten e. Fechtmeisters. — Georg. — Das Hochzeitkleid. — Johanne d'Arc.

– s. A. Dumas Leben rc. John Davys. — Schriften. Die Stuarts. — Sylvandire.

– s. Gonzalès, Em., die Küstenbrüder.

– s. Jacob, P. L., ein Duell ohne Zeugen.

– s. Lamothe-Langon, die beiden Familien.

– s. Masson, M., Basilius.

– s. dess. die drei Marien.

Wesché, Wilh. Ludw., Napoleon III. Kaiser der Franzosen. Sein Leben und sein Wirken. Nach authentischen Quellen dargestellt. Leipzig 853. Wengler. gr. 8. (VI, 331 S. u. lith. Bildn.) n. 2 Thlr.

– s. Pitre-Chevalier, Studien über die Bretagne.

– s. Sand, Geo., der französ. Handwerks-Bursche.

– s. dess. Horaz.

– s. Scribe, Carlo Broschi.

Wesché, Wilhelm: Soulié, verliebter Löwe.

– s. Soulié, d. Schulmeister.

– s. dess. der Serpent.

s. Sue, E., der ewige Jude.

– s. dess. Martin der Findling.

Wesché, Wilhelm Ludwig [Übers.]
s. Sue, Marie-Joseph-Eugène: Die Prophezeiung. 1851.

Weschel, L. M., kurze Geschichte des Ortes u. d. Kirche zu Döbling in Oesterreich unter d. Enns. Aus Quellen zusammengestellt, u. bei Gelegenheit der Abtragung d. alten u. Erbauung der neuen Pfarrkirchen zu Döbling herausgegeben. 12. Wien 828. (Tendler). 8 Kr.

Wescher, Paul *August* [aus Dortmund]: Ueber Erkrankungen des Nervensystems im Anschluss an Influenza ... Bonn, Buchdr. J. Bach Wwe., 1892; 32 S., 1 Bl. 8.
Bonn, Med. Fak., Inaug.-Diss. v. [2. Juni] 1892

Weschke, Karl

Weschke, Carl, Finsterwalder Geschichten. 1. Liefg. Finsterwalde 867. Schneider. 8. (16 S.) 1½ ngr.

Weschke, C., theoret. Musiklehre. Ein Handbuch für Musiklehrer, Organisten u. Cantoren. Auch zum Selbstunterricht für Seminaristen, Dilettanten u. solche Musiker, welche nur Blase- u. Streichinstrumente spielen rc. in einer befond. Methode populär abgefaßt. gr. 8. (280 S. m. 279 eingedr. Notenbeispielen.) Finsterwalde 848, Rosenstein in Comm. (Leipzig, Brauns.) n. 1 1/2 Thlr.

—— preußische Schulgesänge. Turn-, Vaterlands- und Festlieder für Stadt- und Land-Schulen hrsg. 3. und 4. Aufl. der „Singenden Turner". Ster.-Abdr. 8. (40 S.) Finsterwalde [Berlin] 868, Schneider. *

Weschke, Carl, Schulgesänge für Stadt- und Land-Schulen. 5. für die Neuzeit bearb. Aufl. 8. (40 S.) Berlin 887, Klönne Nachf. *

Weschke, Carl, Theorie der Musik. Ein Lehrbuch der Gesetze, Regeln u. Formen der niederen u. höheren Tonsetzkunst mit 284 in den Text gedr. Noten-Beispielen. 2., verm. u. verb. Aufl. Langensalza 860. Greßler. gr. 8. (XXIV, 240 S.) 24 ngr.

— die singenden Turner. Märsche, Turn-, Königs- und Vaterlands-Lieder für Schulen herausg. Herzberg 861. Lübbecke in Comm. 8. (32 S.) n. 2 ngr.

Weschke, Karl Fritz Johannes, Referendar in Dresden: Die rechtliche Stellung der Geschäftsführer einer Gesellschaft mit beschränkter Haftung. Borna-Leipzig 1907: R. Noske. (VIII, 65 S.) 8° [F.]
Leipzig, Jur. Fak., Diss. v. 30. März 1907
[Geb. 19. Juni 81 Dresden; Wohnort: Dresden; Staatsangeh.: Sachsen; Vorbildung: Dreikönigsch. Dresden Reife O. 00, Kgl. Gymn. Plauen i. V. Ergänzungsprüfung O. 01; Studium: Leipzig 2, Tübingen 2, Leipzig 3 S.; Rig. 6. Febr. 04.]

Wesdin, J. P., s. *Paulinus* a St. Bartholom.

Wesdorf, Friedr., Stand u. Bildung. Roman. 3 Thle. Leipzig 865. Brockhaus. 8. (IX, 922 S.) 4 ₰ 15 ngr.

Wesel [Schlagwort]

Wesel, s.a. **Deutschland. Karte. (Abt. Preussen.) Uebersichtskarte.**

s.a. E u r o p a . Liebenow.

Wesel, s.a. Europa. Spezialkarte.

s.a. R a d f a h r e r k a r t e n . Straßenprofilkarte.

— s. a.: Rheinprovinz, Liebenow, W.

Wesel. Plan der Stadt Wesel, Alt- u. Neustadt. 1:4000. Autogr. u. kolor. 46 X 67 cm. Wesel 892. C. Kühler. n. — 75

Wesel. Plan der Stadt Wesel. 1 : 4000. 44 X 55 cm. Farbendr. Wesel 894. C. Kühler. n. 1.—

Wesel-Groningen, s. Automobilkarten. Automobil-Tourenkarte.

Wesel's Vergangenheit u. Zukunft. Denkschrift, zur Zeit der Stadterweiterung hrsg. v. dem Verein zur Förderg. der gewerbl. Thätigkeit in Wesel. gr. 8. (III, 45 S.) Wesel 892, (Fincke u. Mallinckrodt). * — 50

Wesel [Verfasser]

Wesel, Abr. a: Commentarius ad Novellas constitutiones Ultrajectinas, multarum litium dirimendarum causa 14. Aprilis 1659 promulgatas. Trajecti ad Rh. 1666.

— [Desgl.] Amstelodami 1701.

Wesel, Abr. a: Opera omnia, antea diversis temporibus seorsim ed., nunc in unum corpus redacta. Ed. nova. Amstelodami 1701.

1. Commentarius ad Novellas constitutiones Ultrajectinas ... 14. April. 1659 promulgatas.
2. Tractatus de connubiali bonorum societate, et pactis dotalibus.
3. Tractatus de remissione mercedis, propter bellum, inundationem aquarum, et sterilitatem.

Wesel, Ed. van, u. W. **Düms**, Spiegelbilder aus dem Kinderleben. Düsseldorf (Oberhausen) 865. Spaarmann. 4. (20 Chromolith. mit Text.) cart. n. 20 ngr.

Wesel, Johann Friedrich (Schweinfurt) A. S. 20/37

Dissertatio inauguralis iuris feudalis sistens dubium quidem vexatum, sed firmiter resolutum quaestionem nempe practicam et feudalem: an moribus hodiernis et ex consuetudine inveterata vasallus ...
Altdorf (Meyer) IX. 1736. 32 S. 36449

Wesel, Johann Friedrich Altd. lose Jur.

Dubium quidem vexatum, sed firmiter resolutum, quaestionum nempe practica et feudalis: an moribus hodiernis et ex consuetudine inveterata vasallus ... concedere valeat, ut nec successores feudales, descendentes vel collaterales, illas vindicare queant ?
Rec.
Jena (Heller) 1753. 48 S.

Diss. Altdorf IX. 1736. 36450

Wesel, Theodor van, appr. Arzt a. Xanten am Rhein: Die neueren Methoden der Blepharoplastik. Freiburg (Baden) 1905: E. Kuttruff. (46 S.) 8°
Freiburg i. B., Med. Fak., Ref. Axenfeld, Diss. v. 1905
[Geb. 29. Sept. 78 Xanten; Wohnort: Freiburg; Staatsangeh.: Preußen; Vorbildung: Gymn. Coesfeld Reife O. 00; Studium: Kiel 1, München 1, Kiel 2, Berlin 2, Freiburg 3 S.; Coll. 3. März 05; Approb. 4. Febr. 05.]

Weseler, Arthur, Referendar, aus Hannover: Das ius tollendi des Besitzers im System der Verwendungsansprüche nach gemeinem Rechte und dem Bürgerlichen Gesetzbuche für das Deutsche Reich. *Greifswald 1899: J. Abel.* (56 S.) 8°
Greifswald, Jur. Diss. v. 1899

Jahresbericht des Braunauer Gymnasiums für das Schuljahr 18⁵²/₅₃, womit zu der am 30. Juli Früh um 8 Uhr festgesetzten Schlußfeierlichkeit einladet Timotheus Anton Mataušček. 4. (42 S.) Trautenau. Druck von Ladislav Pospíšil. 1853.
Inhalt: 1. Usahy o teple zemnim. Vom Gymnasiallehrer Andreas Weselka. (Bemerkungen über die Erdwärme.) — 2. Schulnachrichten.

WESELLI, Zoe, die leichtsinnige Frau. Nach dem Französischen. 2 Aufl. Wien, Mechitaristen, 1839. 8⁰. 183 S.

Zuerst gedr. ebd. 1830. 8⁰. 183 S. (1 Mk. Kühl, Berlin,

Weselmann, Franz

Weselmann, *Christian Adolf* Franz [aus Harburg a. d. Elbe]: D r y d e n als Kritiker ... Mülheim a. d. Ruhr, Druck v. E. Marks, 1893; VIII, 54 S., 1 Bl. 8⁰
Göttingen, Phil. Fak., Inaug.-Diss. v. [14. Juni] 1893.

Weselmann, Frz., Dryden als Kritiker. Diss. gr. 8. (VIII, 54 S.) Mülheim a/R. 893. (Göttingen, Vandenhoeck & Ruprecht.) n. 1.20

Weseloh, H., die Herrlichkeit Gottes in der Natur. (V, 172 S. m. Abb.) 8. St. Louis, Mo. 906. (Zwickau, Schriften-Verein.) Geb. in Leinw. 2. 50

Weseloh, H., Gottes Wort, e. Gotteskraft. An Beispielen aus alter u. neuer Zeit gezeigt. (X, 229 S.) gr. 8. St. Louis, Mo. 903. (Zwickau, Schriften-Verein.) Geb. in Halbfrz. n. 3. 60

Weselský, Franz, Communallehrer. Zeichenhefte für Volksschulen nach der stigmographischen Methode. Wien, Ferdinand Klemm. Commissionsverlag. 1. und 2. Heft. kl.-Q. - 4. à 10 kr. 1870.

Weselsky, Ph.

— **und Bauer** Alexander, Dr.: Analyse einer kürzlich aufgefundenen Mineralquelle bei Gumpoldskirchen. S. 23. 424 . . . . „

—— und Alex. Bauer, Analyse einer kürzlich aufgefundenen Mineralquelle bei Gumpoldskirchen. Lex.-8. (9 S.) Wien 857, (Gerold's Sohn.) *

— — Analyse der Mineralquelle des Konig Ferdinand-Eisenbades im Weidritztale bei Preßburg. S. 29. 585 . . . . „
Separatabdruck

—— —— Analyse der Mineralquelle des König Ferdinand Eisenbades im Weidritzthale bei Presburg. Lex.-8. (12 S.) Wien 858, (Gerold's Sohn.) *
Vorstehende zwei Schriften des Verf. wurden aus: Sitzungsberichte der k. Akademie der Wissenschaften, Jahrg. 1857 und 1858, besonders abgedruckt.

Weselsky, Ph., Analyse des Wassers u. der Gase des artesischen Brunnens am Wien-Raaber Bahnhofe, s. a. Oser, J.

— Oser Johann und Relm Franz: Analyse des Wassers und der Gase des artesischen Brunnens am Wien-Raaber Bahnhofe. S. 54. II. 29 . . . . „
Separatabdruck

— Chemische Analysen einiger Mineralien und Huttenprodukte. *a)* Analyse des Glaserzes und des Akanthit aus Freiberg, ferner des Akanthit aus Joachimsthal. *b)* Analyse zweier würfelformiger Nickel aus der R. v. Gersdorffschen Nickelhütte zu Schladming in Ober-Steiermark. S. 39. 841 . . . .
Separatabdruck

— und Benedikt Rudolf, Dr.: Über Azophenole (mit 1 Holzschnitt). S. 77. II. 773 „

Weselsky, P., und R. Benedikt, über Azophenole. [Aus dem Laboratorium für analyt. Chemie an der k. k. techn. Hochschule zu Wien.] Lex.-8. (10 S. mit 1 eingedr. Holzschn.) Wien 878, (Gerold's Sohn.) **
Aus: Sitzungsberichte der k. Akademie der Wissenschaften, besonders abgedruckt.

— Beitrag zur Kenntnis der essigsauren Uranoxyd-Doppelsalze. S. 30. 905 . . . . . „
Separatabdruck

Weselsky, P., Beitrag zur Kenntniss der essigsauren Uranoxyd-Doppelsalze. Lex.-8. (9 S.) Wien 858, (Gerold's Sohn.) *
Aus: Sitzungsberichte der k. Akademie der Wissenschaften, Jahrg. 1858, besonders abgedruckt.

Weselsky, P., über das Bijodphenol, s. a. Hlasiwetz, H.

— und Hlasiwetz Heinrich, Dr.: Über das Bijodphenol. Vorläufige Mitteilung. S. 60. II. 290 . . . . „
Separatabdruck

— Über die Darstellung von Jod-Substitutionsprodukten nach der Methode mit Jod und Quecksilberoxyd. S. 69. II. 832 . . . .
Separatabdruck

Weselsky, üb. die Darstellung v. Jod-Substitutionsproducten nach der Methode m. Jod u. Quecksilberoxyd. [Aus: „Sitzungsber. d. k. Akad. d. Wiss."] Lex.-8. (13 S.) Wien 874. (Gerold's Sohn.) n. — 20

— Über einige Doppelcyanverbindungen. S. 60. II. 261 . . . .
Separatabdruck

— über einige Doppelcyanverbindungen. [Aus den Sitzungsber. der k. Akad. der Wiss.] Wien 870. (Gerold's Sohn.) Lex.-8. (15 S.) 3 *ngr.*

Weselsky, Ph. Gewinnung des Indiums aus der Freiberger Zinkblende. 1865.

— — über einige Nitroproducte aus der Reihe des Brenzcatechins. [Aus dem Laboratorium für analyt. Chemie an der techn. Hochschule in Wien.] [Mit 3 (eingedr.) Holzschn.] [Aus: „Sitzungsber. d. k. Akad. d. Wiss."] Lex.-8. (8 S.) Ebend. 882. n.n. — 25

Weselsky, P., und R. Benedikt, über einige Nitroproducte aus der Reihe des Brenzcatechins. [Aus dem Laboratorium für analyt. Chemie an der techn. Hocli-schule in Wien.] Lex.-8. (8 S. mit 3 eingedr. Holzschn.) Wien 883, (Gerold's Sohn.) † 8
Aus: Sitzungsberichte der k. Akademie der Wissenschaften, besonders abeedruckt.

Weselsky P.: Über einige neue, der Formel $R_2Pt_2Cy_3$, nHO entsprechende Platincyanverbindungen, ferner über rotes $HPtCy_2 . 5HO$ und gelbes $MgPtCy_2 . 6HO$. S. 20. 282 . . . . „
Separatabdruck

— und Pohl J. J., Dr.: Studien aus dem Gebiete der Megatypie. S. 23. 317 . . .
Separatabdruck

— Über einige Succinylderivate. S. 60. II. 35 . . . . „
Separatabdruck

—— über einige Succinylderivate. Lex.-8. (7 S.) (Ebendas.) 869. *
Vorstehende drei Schriften sind aus: Sitzungsberichte der k. Akademie der Wissenschaften, besonders abgedruckt.

Weselsky, P., u. R. Benedikt, 30 Uebungs-Aufgaben als erste Anleitung zur quantitativen Analyse. gr. 8. (41 S. m. 9 eingedr. Fig.) Wien 883. Toeplitz & Deuticke. cart. n. 1. —

Weselsky, P., u. R. Benedikt, 30 Uebungs-Aufgaben als erste Anleitung zur quantitativen Analyse. 2. Aufl. gr. 8. (VII, 38 S. m. 9 Fig.) Wien 892. F. Deuticke. Kart. n. 1. 25

Weselsky, P., u. R. Benedikt, 30 Übungs-Aufgaben als erste Anleitung zur quantitativen Analyse. 3. Aufl., neu bearb. v. Geo. Vortmann. gr. 8. (VII, 39 S. m. Abbildgn.) Wien 902. F. Deuticke. n. 1. 25

Weselsky, P.: Üb. ein vereinfachtes Verfahren, das Indium aus der Freiberger Zinkblende zu gewinnen. Wien 1865. 3 S.
Schul-/Univ.-Schrift

Weselsky, Ph., über ein vereinfachtes Verfahren, das Indium aus der Freiberger Zinkblende zu gewinnen. Lex.-8. (3 S.) Wien 865, (Gerold's Sohn.)
Aus: Sitzungsberichte der k. Akademie der Wissenschaften, besonders abgedruckt.

Wesely Friedrich, Dr.: Definitive Bahnbestimmung für den Kometen 1864 V. D 84. 641 „
Separatabdruck

WESELY, Friedrich: Definitive Bahnbestimmung für den Kometen von 1864. — 1907. T. 1—5. Diss. Graz, Univ.

Wesely, Frdr., definitive Bahnbestimmung f. den Kometen 1864 V. (15 S.) 31,5×24,5 cm. Wien 909. A. Hölder. 1. 65
Sonderabdruck aus: „Denkschr. d. k. Akad. d. Wiss."

Wesely Jaroslawa: Schillers Einfluß auf die späteren Dramen von Klinger.
H. 1908 PN 2434 Diss. Wien, Univ. 252

Wesely, Ign., s.: Fromme's Taschen-Kalender f. die k. k. Landwehr.

Wesely, Jos., Grundzüge d. allgem. u. techn. Physik. Grundlagen d. Meteorologie. Repetitorium f. d. I. u. II. Jahrescurs der mechanisch-techn., bau- u. chemisch-techn. Abtheilg. an höh. Staats-Gewerbeschulen. Auf experiment. Grundlage u. m. wissenschaftl. Begründg. (Im Sinne d. m. d. hohen Erlasse v. 29. Juli 1892, Z. 25111 ex 91, C. U. M. genehm. Lehrplanes bearb.) gr. 8. (VII, 587 S. m. 518 Abb.) Pilsen 895. W. Steinhauser. n. 7.20

Wesely, Jos., über Maasse und Gewichte im Allgemeinen, mit besond. Berücksicht. des metr. Maass- und Gewichtssystems, welches nunmehr in Oesterreich im Handel, in den Gewerben und im öffentl. Verkehr gesetzlich eingeführt werden wird. Zum Gebrauche für alle Classen des intelligenten Publicums. gr. 8. (VII, 112 S.) Prag 871, Calve'sche Universitäts-Buchh. *

Wesemael, Adele, drei Erzählungen aus der Frauenwelt, s. Roman-Bibliothek, deutsche.

Wesemann, Bernhard, Referendar in Hildesheim: Die rechtliche Natur der Kollation. Göttingen 1906: Dieterich. (70 S.) 8°
Göttingen, Jur. Fak., Ref. Detmold, Diss. v. 14. Febr. 1900
[Geb. 2. März 82 Hildesheim; Wohnort: Hildesheim; Staatsangeh.: Preußen; Vorbildung: Gymn. Braunschweig Reife O. 00; Studium: Kiel 1, Berlin 3, Göttingen 2 S.; Rig. 26. Okt. 05.]

Wesemann, Frz., s.: Norbeck, Erich v.

Wesemann, Heinr., was muß e. preuß. Staatsbürger wissen, um seine Veranlagung zur Einkommensteuer prüfen zu können? Eine kurze Zusammenstellg. der wichtigsten Bestimmgn. aus dem „Einkommensteuergesetze vom 24. VI. 1891" (Ges. S. S. 174—204) u. der dazu erlassenen „Ausführungs-Anweisung des Hrn. Finanzministers vom 6. VII. 1900". (8 S.) 12. Hannover 902. Hahn. n. —20

Wesemann, Heinr., was muß e. preußischer Staatsbürger wissen, um seine Veranlagung zu den direkten Staatssteuern (Einkommensteuer u. Ergänzungssteuer) prüfen zu können? Eine kurze Zusammenstellg. der wichtigsten Bestimmgn. des Einkommensteuergesetzes u. des Ergänzungssteuergesetzes, in der Fassg. der Bekanntmachg. vom 19. VI. 1906, u. der dazu erlassenen Ausführungs-Anweisg. des Hrn. Finanzministers vom 25. VII. 1906, sowie der Gesetzes-Novelle v. 26. V. 1909. 7. u. 8. Taus. (43 S.) kl. 8. Hannover 910. Hahn. —75

Wesemann, Hermann, Prof. Dr.: Beschreibung einer Handschrift des städtischen Archivs. Löwenberg Schl. 1906: P. Müller. (S. 3—15.) 4°
Löwenberg Schl., R P 1906 (285)

Wesemann, Herm. Cäsarfabeln des Mittelalters. 35 S. *Löwenberg* 1879.
Progr.

Wesemann, Hermann [Prof. Dr.]: Zur älteren Schulgeschichte Löwenbergs. Löwenberg i. Schl., Druck v. P. Müller, 1895; 31—52 S. 4.
Löwenberg i. Schl., RPG, OP 1895 (210)

Wesemann, Herm. Urkunden der Stadt Löwenberg. 42 S. *Löwenberg* 1885.
Progr

Wesemann, Hermann Urkunden der Stadt Löwenberg, 2 Teil 1 (S. 3—32) **Progr.** Rprg. *Löwenberg i. Schl.* 1887 (212).

Wesemann, Otto [aus Egeln]: **Über die Sprache der altprovenzalischen Handschrift Acq. nouv. franç. No. 4138 der Bibliothéque [!] nationale zu Paris ... Halle a. S., Buchdr. C. Colbatzky,** 1891; 43 S. 8.
Halle, Phil. Fak., Inaug.-Diss. v. [23. Jan.] 1892

Zusammenstellung der Frachtsätze der Spezialtarife I und III für die Beförderung von Zucker ... im Verkehr von d. Deutschen Zuckerfabriken u. Raffinerien nach Deutschen Zucker-Raffinerien, Handels- u. Wasser-Umschlagsplätzen. Hrsg. von: A. **Wesemeyer** & Wilhelm Gorgass. [Nebst] Nachtrag 1. *(Magdeburg): Selbstverl. (1901).* quer-8° [01. 9227 3

Zusammenstellung der Frachtsätze der Spezialtarife I und III für die Beförderung von Zucker (Rübenzucker u. Rohzucker jeder Art) im Verkehr von d. Deutschen Zuckerfabriken u. Raffinerien nach Deutschen Zucker-Raffinerien, Handels- u. Wasser-Umschlagsplätzen. Bearb. nach d. bestehenden öffentl. Gütertarifen, jedoch ohne Gewähr. Hrsg. von A[dolf] **Wesemeyer** u. Wilhelm Gorgass, Magdeburg. 2. Ausg. Im Sept. 1902. *(Magdeburg): Selbstverl. (1902).* (73 S.) quer-8° [03.

Uranie Königin von Sardanapalien im Planeten Sirius ein Werk **Wesemi Saffras** des genannten Weisen, aber eines Thoren unter seinen Brüdern, verteutscht von einem niedersächsischen Landprediger. Th. 1—2. Zu finden Ueberall im Jahr 1790. 8°.

Wesen [Sachliches OW]

—über das, u. die Bedeutung d. Strafrichteramtes u. d. Eigenschaften e. Strafrichters. Resultate u. Erfahrr. e. prakt. Criminalisten. gr. 8. Marb. 832. Gerthe. 16 gr.

Wesen, Bedeutung u. Ziele der Freimaurerei, s. Was sind die Freimaurer?

Wesen, Bedeutung und Ziele der Freimaurerei. Eine Belehrung für solche, die Aufnahme in den Orden suchen, oder sich über die Geheimnisse und das Wesen der Freimaurerei unterrichten wollen sowie für BBr. Freimaurer selbst. Von O. Dessau **1890. 4. Aufl. Frankfurt a. O. 1890. V:** ***Kuntzemüller, Otto.*** **(wolfstieg I, 110)**

Ueber Wesen und Behandlung des Schreibkrampfes und verwandter Krankheiten. Bielefeld: A. Helmich [1902]. (11 S.) 8° [Umschlagt.]

Wesen, das, und die Behandlung von brisanten Sprengstoffen. 12. (38 S.) Berlin 888, Ernst und Korn. cart. *

Wesen, das, der Cholera, s.: Cholera.

Wesen, das, des Dramas, s.: Miniatur-Bibliothek.

— das, u. die Folgen d. stehenden Heere. Nebst Grundzügen zu e. zweckmäßigen Landesbewaffnung. Ein Wort zur rechten Zeit. 8. Dresd. 831. Hilscher. 18 gr.

Wesen, das, u. die Folgen d. stehenden Heere. Nebst Grundzügen zu e. zeitgemäßen Landesbewaffnung. Ein Wort zur rechten Zeit. gr 8. (9½ B.) Dresden 831. [Zittau, Nauwerck.] 18 Gr., hrbas. Pr.

Wesen, über das, und die Form der christl. Predigt. Für gebildete Nichttheologen. gr. 8. Bremen 834. Heyse. 5/8 rf

Wesen, über das, der menschl. Freiheit. Zur Erläuterung u. Würdigung d. Schellingschen Theorie, diese Lehre betreffend. 8. Leipz. 821. Voß. 6 gr.

[Über das **Wesen** der Freimaurerei. Vom Redner d. Loge Zum grossen Christoph in Stade. Stade 1821.] 2 Bl. 4⁰
Rundschreiben d. L. Z. grossen Christoph in Stade vom 24. Sept. 1821.

Wesen, Das, der Freimaurerei mit Berücksichtigung des Systems der Gr. Loge von Preussen gen. Royal York z. Freundsch. [in Berlin]. Festrede zum 42. Stiftungsfest der Loge Immanuel Or. Königberg am 22. April 1906, gehalten vom Br. Redner. Königsberg i. Pr. 1906. V: *Mühling, Paul.* (wolfstieg I, 120)

Anonym: „Vom Wesen des Geldes. Von einem russischen Schriftsteller", Leipzig 1842. — Vorh.: Büch. der Industrie- und Handelskammer Leipzig, Com. Bibl. Hamburg.

Wesen, Grundprincipien, geschichtliche Entwickelung, Organisation und Aufgaben der Freimaurerei, mit besonderer Berücksichtigung unserer vaterländischen Verhältnisse. Hrsg. durch die Frmrer-Grossloge von Ungarn. Budapest: Aigner in Komm. 1882.
[O. 8 (1882) S. 39.]

— u. **Heilung** d. Diabetes v. Celsus redivivus. gr. 8. (26 S.) Ludwigslust 892. Hinstorff. n. 1.—

Wesen, Das, des Jesuitenordens. Leipzig [1845]. V: *Orelli, Heinrich von.* (Carayon, Bibliogr. de la Comp. de Jés. S. 537.)

[F.] Unseres Kaisers Wesen und Walten. Deutschen Jünglingen vorgetr. am Geburtst. d. Monarchen v. e. dtsch. Schulmanne. *Berlin: E. S. Mittler & Sohn 1897.* (16 S.) 1 Bd 8. [97. 268]

Wesen, das, der menschlichen Kopfarbeit. Dargestellt von einem Handarbeiter. Eine abermalige Kritik der reinen u. praktischen Vernunft. (Von Jos. Dietzgen.) Hamburg 869. O. Meißner. 8. (VIII, 129 S.) 18 ngr.

Wesen, das krankhafte, der Hämorrhoiden und deren einzig mögliche gründliche Heilung ohne Medicin, allein durch die Schrot'sche Heil-Cur enthüllt, und in Rücksicht auf häusliche Selbstanwendung dargestellt von einem Natur-Arzte. Hamburg 864. Nestler & Melle. 8. (24 S.) n. 7½ ngr.

— das krankhafte, der Hämorrhoiden u. deren einzig mögliche gründliche Heilung ohne Medicin allein durch die Schroth'sche Heil-Cur v. e. Natur-Arzte. 25. Aufl. Rev. v. Carl Schroth. gr. 8. (24 S. m. 1 Bildnis.) Freiwaldau (899). A. Blažek. n. —50

Wesen, das krankhafte, der Hämorrhoiden u. deren einzig mögliche gründliche Heilung ohne Medizin allein durch die Schroth'sche Heilkur v. e. Natur-Arzte. 29. Aufl. Rev. v. Karl Schroth. (23 S. m. 1 Bildnis.) kl. 8. Freiwaldau (907). A. Blažek. —70

— **über das** nothwendige, u. dessen nothwendige Grundkraft rc. Mit Kpf. 8. Königsb. 798. Nicolovius. 12 gr.

Wesen, Nutzen und Gefahren der Gall'schen Weinverbesserung beleuchtet von einem Moselaner, der nur Parthei für seine Heimath nimmt. Trier 853. Braun. gr. 8. (16 S.) 5 ngr.

Wesen, das, der christl. Religion. Von Friedrich II., König v. Preußen. Als Gegenstück zum neuesten preuß. Religionsedict. 12. (22 S.) Leipzig 847, Weller. n. ⅙ ₰

Wesen (Das) der Republik. 8⁰. Berlin 1869.

— **über** d. schüchterne, unserer paradox gesinnten Geistlichen (von K. Gph. Reiche). gr. 8. Halle 779. Gebauer. 6 gr.

Preussische Pfandbriefbank, Berlin. Wesen und Sicherheit der Hypotheken-Pfandbriefe. Berlin (o. J.).

Wesen, das, der orthodoxen Theologie nachgewiesen an der jüngsten Schrift des Diakonus O. Peters in Liegnitz „Die evangel. Kirche u. das Glaubensbekenntniß der breslauer christkathol. Gemeinde." gr. 8. (2½ B.) Leipzig 845, Otto Wigand.

Wesen und rationelle Therapie der Cholera geschöpft aus Beobachtungen ihres Ausbruches zu Erding von F. G. K. (F. G. Kroppf.) München 854. (Erlangen, Enke.) 4. (16 S.) 3 ngr.

Wesen und Umfang der Sonntagsruhe. 8⁰. s. l. 1885.

Wesen, Das ungöttliche, im stürmischen Unwesen . . . Hamb. 1716. V: *Edzardi, Sebastian.* (schr)

— **über das,** deutscher Universitäten in Bezug auf die neuesten Vorfälle in Halle. 8. Berl. 817. Logier. 8 gr.

— u. Unwesen des modernen Constitutionalismus, seine Untauglichkeit für Preussen, nebst Vorschlägen zur Abänderung der Verfassung. Ein Buch für Fürsten u. Volk (v. Joh. Friedr. Christian Budy). [Preisschrift.] 8. (X u. 142 S.) Stettin 852. Berlin, Schneider & Co. in Comm. n. ⅔ ₰

Über das Wesen und die Verbreitung der Wurmkrankheit (Ankylostomiasis) mit besonderer Berücksichtigung ihres Auftretens in deutschen Bergwerken. Unter Mitwirkung von K. Löbker und H. Bruns bearb. im Kaiserlichen Gesundheitsamt. Berlin, 1906. 102 S. mit Abb.

Wesen, das, der Volks-Real- u. Gewerbe-Schulen u. Gymnasien, u. ihr Verhältniß zu einander. Populär dargest. u. allen Freunden d. Aufklär., besond. aber seinen Mitbürgern als ein. Beitr. z. Lösung ihrer gegenwärt. Frage: Ob, od. ob nicht? an's Herz gelegt. gr. 8. (1 B.) Ellwangen 840. (Stuttgart, Neff.) Thlr. *

Wesen, das wahre, des Christenthums, dargestellt aus seinen ersten Anfängen. Ein für die gegenwärt. religiösen Wirren zeitgemäßer Cyclus von Vorträgen für die Gebildeten jeden Standes. 1. Lfg. gr. 8. (144 S.) Neuwied 872, Heuser's Verlag. *

Wesen, das wahre, des Christenthums, dargestellt aus seinen ersten Anfängen. Ein für die gegenwärtigen religiösen Wirren zeitgemäßer Cyclus von Vorträgen für die Gebildeten jeden Standes. 2.—6. (Schluß-)Lfg. gr. 8. (S. 145—360.) Neuwied 872—75, Heuser's Verlag. à Lfg. * M 1. *
1. Lfg. Ebendas. 1873. * M 1.

Wesen u. Werden, das, des Protestantismus. 5 Vorträge, geh. im Auftrage des prot. liberalen Vereins in der Nicolai-Kirche zu Straßburg. (1. Ed. Kuck, der Protestantismus als Kirche u. als Kulturmacht. — 2. Ferd. Menegoz, die Orthodoxie. — 3. R. Will, der Pietismus. — 4. Aug. Ernst, Rationalismus u. Liberalismus. — 5. Alb. Schweitzer, der Protestantismus u. die theologische Wissenschaft. (90 S.) gr. 8. Straßburg 903. E. van Hauten. n. 1. —

— u. Wirken d. Bibelgesellschaften. Freier Auszug aus d. zu Paris gekrönten Preisschrift des Hrn. G. de Felice, verdeutscht von F. J. Schuback. Angehängt ein anderer Aufsatz über denselben Gegenstand. gr. 8. Hamb. 824. Perthes u. B. 3 K

Wesen und Ziele der Freimaurerei. Gabe der ger. u. vollk. Loge Karl zu den 3 Ulmen in Ulm an ihre Freunde und Gesinnungsgenossen. Ulm [1891]. V: *Möller, Hermann.* (wolfstieg I, 119)

— u. **Ziele** der Freimaurerei. Gabe der gerechten u. vollkommenen Loge Karl zu den 3 Ulmen in Ulm an ihre Freunde u. Gesinnungsgenossen. 32. (40 S.) Ulm 891. Kerler. n. — 30

Ueber das **Wesen** und den Zweck der Freimaurerei. Ein Beitrag zur Feier des Johannis-Festes 1811. [Unterz.:] J. [Erlangen 1811]: Junge. 8 S. 8⁰
Kl. 1167. Selten.

— Zweck u. Uebung der Andacht zum hh. Herzen Jesu. Kurzgefaßte Belehrgn. nebst den gebräuchlichsten Gebeten, aus den besten Quellen bearb. v. J. 16. (56 S. m. 1 Farbendr.) Aachen 889. (Schweitzer.) cart. n. — 35

Wesen [Schlagwort]

Wesen, s.: Schweiz. Atlas.

Aussprüche der **Weisen** über Menschenwohl; f. gebildete lichtfäh. Jüngll.; h. v. J.. A.. **Wesenauer.** *Salzb.*, Mayr. 817-20. 4 Thle. 8⁰ 2ℬ

Wesenberg [Schlagwort]

Wesenberg, s.: Deutschland. Kürschner-Pelp.

Wesenberg [Verfasser]

Wesenberg, Alb. Sadolin, Emendationes alterae sive annotationes criticae ad Ciceronis epistolarum editionem. gr. 8. (IV, 148 S.) Leipzig 873, Teubner. *

— Emendationes M. Tullii Ciceronis Tusculanarum disp. II. Pr. 1843. 59 S.

— Emendationes M. Tullii Ciceronis epistolarum. Diss. 1840. 130 S.

Wesenberg, A. S., Observatt. crit. in M. Tullii Ciceronis pro P. Sestio orationem, sive censura III. ed. Orellianae. Pr. 1837. 68 S. 4⁰. 1.50

Wesenberg, Alb. Sadolinus, Observationes crit. in M. Tulli Ciceronis pro P. Sestio orationem, sive censura III. edit. Orellianae. Schmal gr. 4. (9 B.) Viburgi 837. (Havniae, libr. Gyldendal.) *

Wesenberg, Auguste, das irdische Paradies. — Die Madü-Nixe, s.a. Volksbücher, pommersche. 10. Heft.

Das irdische Paradies. Humoreske. Die Madü-Nixe. Ein Märchen von Auguste **Wesenberg** geb. Neumann. Kolberg i. P.: Prange [1909]. 20 S. 8⁰
(Pommersche Volksbücher. H. 8.)

Wesenberg, Carl Wilhelm Gotthilf, s. Wesenberg, Karl Wilhelm Gotthilf

Wesenberg, Fritz, der Kriminalkommissar. Roman. (264 S.) 8. Berlin (910). C. Duncker. 3. —

Wesenberg, G., d. chem. Untersuchg. d. Kost der psychiatrischen u. Nervenklinik d. Universität Halle-Wittenberg. [Aus: „Klin. Jahrb."] gr. 8. (18 S.) Jena 897. G. Fischer. n. — 75

— **dasselbe, s.a. Jahrbuch, klinisches, 6. Bd., 3. Hft.**

Wesenberg, Johannes Wilhelm, aus Leipzig: Über einige aromatische Di- und Tetraketone und Abkömmlinge derselben. *Leipzig 1898: B. Georgi.* (49 S.) 8⁰
Leipzig, Phil. Diss. v. [24. Aug.] 1898

Wesenberg, Karl Wilhelm Gotthilf

Wesenberg, Carl Wilhelm Gotthilf, a. Göttingen: Der Vizekanzler David Georg Strube, ein hannoverscher Jurist des 18. Jahrhunderts. Seine staatsrechtlichen Anschauungen und deren Ergebnisse. T. 1. Göttingen 1907 (Hannover: W. Riemschneider). (30 S.) 8⁰ (Erscheint vollst. als: „Forschungen z. Geschichte Niedersachsens" H. 6.)
Göttingen, Phil. Fak., Ref. Lehmann, Diss. v. 13. Dez. 1907
[Geb. 8. Juni 83 Eigersleben; Wohnort: Eigersleben; Staatsangeh.: Preußen; Vorbildung: Gymn. Martino-Katharineum Braunschweig Reife O. 03; Studium: Heidelberg 3, Göttingen 4 S.; Rig. 23. Jan. 07.]

Wesenberg, der Vizekanzler David Georg Strube, e. hannoverscher Jurist des 18. Jahrh., s.a. Forschungen zur Geschichte Niedersachsens. II, 1.

Der Vizekanzler David Georg Strube, ein hannoverscher Jurist d. XVIII. Jahrhunderts. Seine staatsrechtl. Anschauungen u. deren Ergebnisse. Von Dr. **Wesenberg.** Hannover & Leipzig: Hahn 1907. (XI, 100 S.) 8⁰
= **Forschungen** z. Geschichte Niedersachsens. Bd 2, H. 1. [08. 686

Wesenberg, Max, hoch sollen sie leben! Eine Sammlg. ernster u. heiterer Toaste, Tischreden, Trinksprüche 2c. f. Festlichkeiten jeder Art. gr. 16. (96 S.) Berlin 891. Gebr. Radetzki. — 50

— allgemeiner Volks- u. Familien-Briefsteller. Als Anh.: Ein Fremdwörterbuch, Nachweisg. der Brief-Portosätze nach dem In- u. Auslande u. Porto-Tarif. Tabelle zur Berechng. v. Lotterie-Gewinnen. 14. Aufl. 12. (154 S.) Ebd. 891. — 50

Wesenberg, Richard [aus Neuhammer, Kr. Sagan i. Schl.]: Beitrag zur Lehre von der Amputation des Penis wegen Carcinom . . . Berlin, Buchdr. v. Gustav Schade (Otto Francke) (1887); 29 + 1 S. + 1 Bl. 8⁰
Berlin, Med. Fak., Inaug.-Diss. v. 19. März 1887.

Wesenberg, Richard, Beitrag zur Lehre von der Amputation des Penis wegen Carcinom. Diss. Berlin 1887, Mayer & Müller. 8⁰. 29 S.

Wesenberg, W(ilhelm), a. Plau: Beiträge zur Kenntnis der Augenmuskelstörungen. I. Ein Fall von sogenannter Divergenzlähmung. II. Ein Fall von willkürlicher Einwärtsbewegung des linken Auges bei Primärstellung des rechten. Rostock 1906: C. Boldt. (52 S.) 8⁰
Rostock, Med. Fak., Ref. Peters, Diss. v. 20. Nov. 1906
[Geb. 14. Mai 81 Plau i. M.; Wohnort: Plau; Staatsangeh.: Mecklenburg; Vorbildung: Friedrich-Franz-Gymn. Parchim Reife O. 01; Studium: München 2, Rostock 7 S.; Coll. 20. Febr. 06; Approb. 7. Nov. 06.]

Wesenberg-Lund, C.

Lund C. Wesenberg-: Beiträge z. Kenntnis d. Lebenszyklus d. Zoochlorellen. Leipz. 1909. (10) S. Fig. (Særtr.). 4°.
(Mitteilungen aus dem biologischen Süsswasserlaboratorium Frederiksdal. 2). 58.

— Ueber eine eventuelle Brutpflege bei *Gordius aquaticus L.* Leipz. 1910. (6) S. Fig. 4°.
(Mitteilungen aus dem biologischen Süsswasserlaboratorium Frederiksdal. 6). 58.

Wesenberg-Lund, s.: Catalogue des espèces de plantes et d'animaux observées dans le Plankton.

— Ueber pelagische Eier, Dauerzustände u. Larvenstadien d. pelagischen Region d. Süsswassers. Leipz. 1909. (35) S. Fig. (Særtr.). 4°.
(Mitteilungen aus dem biologischen Süsswasserlaboratorium Frederiksdal. 4).

— Grundzüge der Biologie u. Geographie des Süsswasserplanktons, nebst Bemerkungen üb. Hauptprobleme zukünftiger limnologischer Forschungen. Aus dem Dän. übers. v. Osk. Guyer. (44 S. m. 19 Abb.) Lex. 8. Leipzig 911. Dr. W. Klinkhardt. 1.50
Sonderabdruck aus: „Internat. Revue d. ges. Hydrobiol. u. Hydrogr."

Notizen aus dem dänischen süsswasserbiologischen Laboratorium am Fursee
Von C. Wesenberg-Lund. 1–5. 7–8. Leipz. 1908–11. 4°.

Lund C. Wesenberg-: Die littoralen Tiergesellschaften unserer grösseren Seen. Leipz. 1908. (26) S. Fig. (Særtr.). 4°.
(Mitteilungen aus dem biologischen Süsswasserlaboratorium Frederiksdal. 1). 58.

Wesenbrand, Reglement f. d. Boston-Spiel. gr. Fol. (1 B.) Magdeburg 838, [Baensch.] *

Wesenbrand, ..., Reglement für das Boston-Spiel. gr. Fol. Magdeburg 838. Richter. n. 1/6 ℔

—— Reglement f. d. l'Hombre-Spiel. gr. Fol. (1 B.) Magdeburg 838, [Baensch.] *

—— Reglement f. d. Piquet-Spiel. — Reglement f. d. deutsche Solo. gr. Fol. (1 B.) Magdeburg 838, [Baensch.] *

—— Reglement f. d. Tarok-Spiel. gr. Fol. (1 B.) Magdeburg 838, [Baensch.] *

—— Reglement f. d. Whist-Spiel. 1 Bl. in gr. Fol. Magdeburg 838, [Baensch.]
Sämmtliche Reglements zusamm. genommen nur * 16 Gr.

Wesendonck, siehe: **Bericht, 2., der demokrat. Partei der deutschen National-Versammlung.**

Wesendonck, Herm. (Hrsg.), s. Antikorruption.

Wesendonck, Herm., die Begründung der neueren deutschen Geschichtsschreibung durch Gatterer und Schlözer, nebst Einleitung über Gang und Stand derselben vor diesen. Eine von der philosoph. Fakultät der Universität Leipzig gekrönte Preisschrift. gr. 8. (XII, 260 S.) Leipzig 876, [Krüger und Roskoschny.] Kummer. *

Wesendonck, Herm. Ueber die neueste, freie religiöse Bewegung u. die Religion der Zukunft. Eine kritische Studie üb. die v. Egidyschen Ideen, nebst Bericht über den Verlauf d. verfehlten Berliner Pfingstkongresses 1891. gr. 8. (III, 38 S.) Lpz. 891, Spohr. * — 80

—— s. Rock, der sogenannte heilige, zu Trier, e. Betrug d. Clerisei.

Wesendonck, Herm. Volksaufklärungs-Bibliothek über die wichtigsten weltbewegenden Fragen der Menschheit. 1. Bd. gr. 8. Lpz. 892, Spohr. * 2 —
Der jüdisch-christliche Jehova ist kein wahrer, kein würdiger Gott u. keine Quelle reiner, geläuterter Sittlichkeit. (184 S.)

— Volks- u. Strassenleben in Neapel. Humoristische Schilderg. eigener Erlebnisse. gr. 8. (55 S.) Leipzig 893. E. Rust. n. 1. —

—— Der modern-religiöse Wahnsinn od. Christi Lehre — keine göttliche Lehre, Graf Leo Tolstois Evangelium — Narrheit. gr. 8. (132 S.) Lpz. 891, Selbstverlag. * 2 —

Wesendonck, Hugo. Erinnerungen aus dem Jahre 1848. NY, 1898.

Wesendonck, Karl (geb. Zürich 18. 4. 1857): Untersuchungen über die Spectra der Kohlenverbindungen. Berlin (1881). (74 S.) 8°
Berlin, Phil. Diss. v. 21. Dez. 1881

Wesendonck, Karl, Untersuchungen über die Spectra der Kohlenverbindungen. Inaugural-Dissertation. gr. 8. (74 S.) Berlin 881. (Mayer & Müller.) n. 1. 80

Wesendonck, Mathilde, Edith oder die Schlacht bei Hastings. Ein Trauerspiel. 8. (V, 130 S.) Stuttgart 872, Göschen'sche Verlagsh. (* M. 1,50.) *

—— Friedrich der Große. Dramatische Bilder (nach Frz. Kugler). 16. (V, 78 S.) Berlin 871, Lipperheide. *

—— Gedichte, Volksweisen, Legenden und Sagen. 16. (X, 262 S.) Leipzig 874, Dürr'sche Buchh.

Wesendonck, Mathilde, Gudrun. Schauspiel in 5 Akten. Zürich 868. Schabelitz. 8. (210 S.) n. 1 ℔

—— Gudrun. Schauspiel in 5 Akten. 8. (210 S.) Zürich 868, Schmidt. *

—— deutsches Kinderbuch in Wort und Bild. Mit (eingedr.) Holzschn. nach Zeichnungen von Ernst Schweinfurth. 4. (VII, 106 S.) Stuttgart 869, Goeschen'sche Verlagsh.
cart. (* M. 6.) *

Wesendonck, M., deutsches Kinderbuch in Wort und Bild. 4. Stuttgart 869. Gera, Griesbach's Verlag.

Wesendonck, Mathilde, alte u. neue Kinderlieder, gesammelt u. gedichtet v. M. W. Mit 15 (farb.) Bildern u. Initialen v. A. Gude-Scholz. gr. 4. (VII, 125 S.) Berlin 890. W. Zimmermann. Kart. n. 5. —

Wesendonck, Mathilde, Odysseus. Ein dramatisches Gedicht in 2 Thln. u. einem Vorspiel. gr. 8. (114 S.) Dresden 878. Pierson. n. 4. 50; geb. m. Goldschn. n. 6. —

Wesendonck-Saarbrücken, H., die Schule Herbart-Ziller u. ihre Jünger vor dem Forum der Kritik. Beiträge zur Geschichte, Entwickelg. u. Kampfweise der neuesten Richtg. in der Pädagogik u. zum Streite zwischen Dittes u. den Zillerianern. gr. 8. (178 S.) Wien 885. Pichler's Wwe. & Sohn. n. 2. 50

Wesendong, Karl

Wesendong, Kurt, Briefe an seine Pflegeschwester Ruth, s. a. Mußte es sein?

Mußte es sein? (Briefe von Karl **Wesendong** an seine Pflegeschwester Ruth.) *München: F. Rothbarth 1904.* (184 S.) 8° [ß] 6.4.1,2

Wesendong, Kurt, s. Wesendong, Karl

[WESENDONK]. *Märchen und Märchen Spiele.* [Zürich] 1864. Schöner lithogr. Titel in Farben u. Gold von K. J. N. SCHEURLN u. 212 S. 1 Bl. 8°. Goldgepreßter Orlhlwd. 25.—
★ Erste Ausgabe dieser poetischen Dichtungen, deren ausdrucksreiche Sprache an Brentano erinnert aber auch Wagners Einfluß spüren läßt. — Ex. Joseph Joachims mit s. eigh. Namenseintrag. Einbd. ber.

Wesendonk, Otto-Günther von, Referendar: Die Entscheidung des Gaius in der l. 15 Digestorum de exceptione rei iudicatae 44,2 nach modernem Reichsrecht beurteilt. Borna-Leipzig 1908: R. Noske. (XIII, 61 S.) 8°
Heidelberg, Jur. Fak., Ref. Bekker, Diss. v. 1908
[Geb. 3. Okt. 85 Berlin; Wohnort: Berlin; Staatsangeh.: Preußen; Vorbildung: Friedrichs-Werdersches Gymn. Berlin Reife M. 03; Studium: Bonn 4, Berlin 3 S.; Rig. 29. Mai 08.]

Wesendorf, W., Einkommen-Nachweisungsbuch f. kleinere landwirthschaftliche Betriebe. qu. Fol. (38 S.) Magdeburg 892. J. Neumann. Kart. n. 3. —

Wesener, der Hofgarten zu Düsseldorf u. der Schlosspark zu Benrath, s.: Redlich, O. R.

Wesener, Diss. de susurru aurium. Duisb. 4°. *Doering*, I, 205. *Blumenbach*, II, 735. 1785.

Wesener, Bernhard: Einleitung in die Trigonometrie. Schlawe 1909: Moldenhauer. S. 3—5. 4°
Schlawe, st. PG m. R-Abt. P 1909 (204) [S 09. 502

Wesener, Eduard

Wesener, Ed.: Lehrplan des Gymnasiums in ausführlicher Darstellung. 20 S. – Hadamar, Progr. 1869.

Wesener, Eduard De productione vocalulorum Graecorum. 26 S.
Culm, Progr. 1842

Wesener, E. De periodorum Livianarum proprietatibus. Pr. 1860. 26 S. 4°.

Wesener, Ed.: De quibusdam Livianae orationis proprietatibus (I. Prooemium. II. De ea verborum conformatione, quae constructio ad sensum sive ad synesim vocatur. III. Quaedam de participiorum usu apud Livium.) 24 S. – Coblenz, Progr. 1854.

Ueber Behandlung von Lungenkranken in Volksheilstätten. Vortrag geh. zu Aachen 1900 von Prof. Dr. [Felix] **Wesener**, Oberarzt. *Aachen: C. H. Georgi (1900).* (34 S.) 8° [01. 1539

Wesener, F., die Behandlung v. Säuglingen in allgemeinen Krankenhäusern. Nach e. im Aachener Aerzteverein am 14. X. 1904 geh. Vortrage ausgearb. (78 S.) 8. Wiesbaden 906. J. F. Bergmann. n. 1. 20

Wesener, F., kritische u. experimentelle Beiträge zur Lehre v. der Fütterungstuberculose. gr. 8. (V, 98 S.) Freiburg i/Br. 885. Mohr. n. 2. –

Wesener, Fel., medicinisch-klinische Diagnostik. Lehrbuch der Untersuchungsmethoden innerer Krankheiten f. Studirende u. Aerzte. gr. 8. (XII, 490 S. m. 100 z. Tl. farb. Fig. im Text u. auf 12 lith. Taf.) Berlin 892. J. Springer. Geb. in Leinw. n. 10. —

Wesener, F., medizinisch-klinische Diagnostik. Lehrbuch d. Untersuchungsmethoden innerer Krankheiten f. Studierende u. Ärzte. 2., umgearb. u. verm. Aufl. Mit röntgendiagnost. Beiträgen v. Sträter sowie Textabb. u. 21 farb. Taf. (XV, 680 S.) gr. 8. Berlin 907. J. Springer. Geb. in Leinw. 18. —

Wesener, F., 2. Jahres-Bericht der Poliklinik zu Freiburg i/Br. Für d. J. 1887. gr. 8. (49 S. m. 2 Taf.) Freiburg i/Br. 889. (J. C. B. Mohr.) n. 1. —

— Lehrbuch der chemischen Untersuchungsmethoden zur Diagnostik innerer Krankheiten. gr. 8. (VIII, 280 S. m. 28 Abbildgn.) Berlin 890. Wreden. n. 6. —

— Recepttaschenbuch der Freiburger Poliklinik. 12. (35 S.) Freiburg i/Br. 887. J. C. B. Mohr. geb. n. 1. —

Ueber Säuglingssterblichkeit und Säuglingsfürsorge mit besond. Berücks. Aachens. Nach e. zu Aachen gehalt. Vortrage. Von Prof. Dr. F[elix] **Wesener**, Oberarzt. Aachen: [Barth] 1904; Dr. von H. Kaatzer. (40 S.) 8° [05. 986

Wesener, Franc. (Xaverius) (geb. Dulmen 1816): De morbis simulatis nonnulla. Berolini (1840). (26 S.) 8°
Berlin, Med. Diss. v. 15. Juli 1840

Wesener, Franz Wilhelm

— vollständiger Gesundheitskatechismus. Ein Unterricht über d. Beschaffenheit u. Pflege des menschl. Leibes, mit besonderer Hinsicht auf Westphalen, nebst Anweis. zur Rettung in plötzl. Todesgefahren. 8. Paderborn 821. Wesener. 16 ℊℊ

Wesener, (Frz. W.,) medizin. Hausbuch, od. Hülfe bei allen vorkommenden Krankheiten f. Jedermann, insbesondere f. Aeltern, Lehrer, erwachs. Jüngl. u. Jungfr. Nebst Anweisung z. Rettung im plötzl. Todesgefahren. gr. 8. Paderborn 826, Wesener.

***Wesener*, Frz. Wlh., dissertatio inauguralis medica specimen historiae hominis varias ejus vitae periodos complectentis physiologico-pathologicum sistens. 8. Paderborn ... Wesener. 4 ℊℊ**
Vgl. Wesener, P. W.

Wesener, (Georgivs (geb. am 5 Juni 1847 in Kulm Westpr.): De actionibvs inter Innocentivm IV papam et Fridericvm II a. 1243—44 et concilio Lvgdvnensi ... Bonnae, typ. expr. J. Trapp 1870. 37 S., 1 Bl. 8.
Bonn, Phil. Fak., Diss. v. 30 März 1870

Wesener, Max [aus Dulmen in Westfalen]: Ueber die Condensationsprodukte von Acetaldehyd mit Phenol und den Naphtolen unter der Einwirkung von Salzsäuregas .... Freiburg i. B., Buchdr. v. Chr. Strocker, 1888; 62 S. + 1 Bl. 8°
Freiburg i. B., Phil. Fak., Inaug.-Diss. v. 1887

Wesener, Otto: Ueber die Karbunkelkrankheit beim Menschen. Halle (1872): Lipke. 28 S. 8°
Halle-Wittenberg, Med. Diss. v. 17. Juli 1872
Geb. Dülmen (Westf.) [25. 6. 1847]. V.

Wesener, P. W., Dissertatio inauguralis medica specimen Historiae Hominis varias ejus vitae periodos complectentis Physiologico-Pathologicum sistens. 8. maj. Paderb. Wesener.
Vgl. Wesener, Franz Wilhelm

Wesener, Prosper

Wesener, P., griechisches Elementarbuch zunächst nach den Grammatiken von Curtius und Koch bearb. 1. und 2. Thl. gr. 8. Leipzig, Teubner.
Inhalt:
Thl. 1. Das Nomen und das regelmäßige Verbum auf ω nebst einem systematisch geordneten Vocabularium. 1. und 2. Aufl. 1870,72. 75 Pf., und 3. und 4. Aufl. (IV, 96 S.) 874,75. 90 Pf.
„ 2. Verba auf μι und unregelmäßige Verba nebst einem etymologisch geordneten Vocabularium. 1. Aufl. (134 S.) 1871. 90 Pf., und 2. verb. und verm. Aufl. und 3. Aufl. (158 S.) 873,75. ℳ 1,20.

Wesener, P., griechisches Elementarbuch zunächst nach den Grammatiken v. Curtius u. Koch bearb. 2. Thl. gr. 8. Leipzig 875. 76. Teubner. 2. 10
1. Das Nomen u. das regelmäß. Verbum auf ω nebst e. systematisch geordneten Vocabularium. 5. Aufl. (IV, 96 S.) — 90
2. Verba auf μι u. unregelmäß. Verba nebst e. etymologisch geordneten Vocabularium 3. Aufl. (158 S.)

Wesener, P., griechisches Elementarbuch zunächst nach den Grammatiken von Curtius und Koch bearb. 2 Thle. gr. 8. Leipzig, Teubner.

Inhalt:

Thl. 1. Das Nomen und das regelmäß. Verbum auf ω nebst einem systematisch geordneten Vocabularium. 5.—7. Aufl. (IV, 96 S.) 876—79. 90 Pf.
" 2. Verba auf μι und unregelmäß. Verba nebst einem etymologisch geordneten Vocabularium. 4. Aufl. (158 S.) 1877; 5. Aufl. (168 S.) 878. M 1,20.

Wesener, P., griechisches Elementarbuch, zunächst nach den Grammatiken von Curtius und Koch bearb. 2 Tle. gr. 8. Leipzig, Teubner.

Inhalt:

Tl. 1. Das Nomen und das regelmäßige Verbum auf ω, nebst einem systematisch geordneten Vokabular. 8. verb. und verm. Aufl. (IV, 102 S.) 880; 9. und 10. Aufl. (IV, 113 S.) 881,83. 90 Pf.
2. Verba auf μι und regelmäßige Verba, nebst einem etymologisch geordneten Vokabular. 6.—8. Aufl. (169 S.) 880—84. M 1,20.

Wesener, P., griechisches Elementarbuch, zunächst nach Grammatiken von Curtius, Koch und Franke-Bamberg bearb. 2 Tle. gr. 8. Leipzig, Teubner.

Inhalt:

Tl. 1. Das Nomen und das regelmäßige Verbum auf ω, nebst einem systematisch geordneten Vokabular. 11.—13. Aufl. (IV, 116 S.) 886—88. 90 Pf.
" 2. Verba auf μ und unregelmäßige Verba, nebst einem etymologisch geordneten Vokabular. 10. Aufl. (170 S.) 888. M 1.20.

Wesener, P. Griechisches Elementarbuch, zunächst nach den Grammatiken v. Curtius-Hartel, Koch u. Franke-Bamberg bearb. 2 Tle. 14. Aufl. gr. 8. Lpz., Teubner. 2 10

1. Das Nomen u. das regelmäßige Verbum auf ω, nebst e. systematisch geordneten Vokabular. (IV, 116 S.) 889. 90.
2. Verba auf μι u. unregelmäßige Verba, nebst e. etymologisch geordneten Vokabular. 11. Aufl. (172 S.) 890. 1 20.

Wesener, P., griechisches Elementarbuch, zunächst nach den Grammatiken v. Curtius-Hartel, Koch u. Franke-Bamberg bearb. Neue Ausg. nach den Bestimmgn. der preuß. Lehrpläne vom J. 1891. 1. u. 2. Tl. gr. 8. Leipzig 893. B. G. Teubner. Geb. in Leinw. n. 3. —

1. Das Nomen u. das regelmäß. Verbum auf ω. (VII, 132 S.) n. 1.40
2. Verba auf μι u. unregelmäß. Verba. (IV, 157 S.) n. 1.60

Griechisches Elementarbuch, zunächst nach den Grammatiken von Curtius-Hartel, Koch u. Franke-Bamberg bearb. von Dr. P[rosper] **Wesener**. T. 1. 2. *Leipzig: B. G. Teubner 1893–1896.* 2 Bde 8° [F.]

1. Das Nomen u. d. regelmäßige Verbum auf ω nebst e. systemat. geordn. Vokabular. Der alten Ausg. 18. Aufl. 1896.
2. Verba auf μι u. unregelmäßige Verba nebst e. etymolog. geordn. Vokabular. Der alten Ausg. 13. Aufl. 1893. [03. 10164

Griechisches Elementarbuch, zunächst nach den Grammatiken von Curtius-Hartel, Kägi, Koch u. Franke-Bamberg bearb. von Dr. P[rosper] **Wesener**. Neue Ausg. nach d. Bestimmungen d. preuß. Lehrpl. vom J. 1901. T. 1. 2. *Leipzig & Berlin: B. G. Teubner 1902–03.* 2 Bde 8° [F.]

1. Das Nomen u. d. regelmäßige Verbum auf ω. 8. Aufl. 1902.
2. Verba auf μι u. unregelmäßige Verba. 5. Doppel-Aufl. 1903. [03. 10165

Griechisches Elementarbuch zunächst nach d. Grammatiken von Curtius-Hartel, Kägi, Koch ⟨-Sachse⟩ u. Franke-Bamberg bearb. von Dr. P[rosper] **Wesener**. Neue Ausg. nach d. Bestimmungen d. preuß. Lehrpläne v. J. 1901. 9. Aufl. T. 1. Leipzig & Berlin: B. G. Teubner 1904. 8° [F.] [06. 6396

Griechisches Elementarbuch, zunächst nach d. Grammatiken von Curtius, Hartel, Kägi, Koch ⟨-Sachse⟩ u. Franke-Bamberg bearb. von Dr. P[rosper] **Wesener**. Neue Ausg., nach d. Bestimmungen d. preuß. Lehrpläne v. J. 1901. 10. Aufl. T. 1. Leipzig & Berlin: B. G. Teubner 1906. 8° [F.] [06. 16033

Wesener, P., griechisches Elementarbuch zunächst nach den Grammatiken von Curtius-Hartel, Koch(-Sachse) u. Franke-Bamberg bearb. 2 Tle. 8. Leipzig, B. G. Teubner. Geb. 3. —

1. Das Nomen u. das regelmäßige Verbum auf ω nebst e. systematisch geordneten Vokabular. Der alten Ausg. 19. Aufl. (IV, 123 S.) 904. n. 1.40
2. Verba auf μι u. unregelmäßige Verba. 6. Doppel-Aufl. (IV, 155 S.) 904. n. 1.60

— dasselbe. Neue Ausg. nach den Bestimmgn. der preuß. Lehrpläne vom J. 1901. 3 Tle. 8. Ebd. Geb. n. 5. —

1. Das Nomen u. das regelmäßige Verbum auf ω. 10. Aufl. (IV, 150 S.) 906. n. 1.60
2. Verba auf μι u. unregelmäß. Verba. Ausg. B m. e. Anh. v. Übersetzungsaufgaben zur Einübg. der Hauptregeln der Syntax. (IV, 190 S.) 8. 906. Geb. n. 1.80
3. Syntax. (IV, 130 S.) 903. Geb. n. 1.60

Wesener, P., griechisches Elementarbuch zunächst nach den Grammatiken v. Curtius-Hartel, Kägi, Koch u. Franke-Bamberg bearb. Neue Ausg. nach den Bestimmgn. der preuß. Lehrpläne vom J. 1901. 3 Tle. 8. Leipzig, B. G. Teubner. Geb. 4. 80

1. Das Nomen u. das regelmäßige Verbum auf ω. 11. Aufl. (IV, 150 S.) 909. Geb. 1.60
2. Verba auf μι u. unregelmäßige Verba. 7. Doppel-Aufl. (IV, 154 S.) 908. Geb. 1.60; Ausg. B m. e. Anh. v. Übersetzungsaufgaben zur Einübg. der Hauptregeln der Syntax. 2. Aufl. (IV, 190 S.) 908. Geb. 1.80
3. Syntax. 2. Aufl. (IV, 132 S.) 907. Geb. 1.60

—— lateinisches Elementarbuch. 2 Thle. gr. 8. Ebendas.

Inhalt:

Thl. 1. [Sexta.] Nebst einem systematisch geordneten Vocabularium. (IV, 100 S.) 878. 75 Pf.
" 2. [Quinta.] Im Anschluß an ein etymologisch geordnetes Vocabularium. (199 S.) 879. M 1,50.

—— lateinisches Elementarbuch. 2. vielfach verb. und verm. Aufl. 2 Thle. gr. 8. Ebendas.

Inhalt:

Thl. 1. [Sexta.] Nebst einem systematisch geordneten Vocabularium. (IV, 114 S.) 882. * 75 Pf.
" 2. [Quinta.] Im Anschluß an ein etymologisch geordnetes Vocabularium. (IV, 301 S.) 881. * M 2.

— lateinisches Elementarbuch. 1. u. 2. Tl. gr. 8. Ebend. 2. 75

1. [Sexta.] Nebst e. systematisch geordnetem Vocabularium. 3. Aufl. (IV, 114 S.) 886. — 75
2. [Quinta u. Quarta.] 2. Aufl. (IV, 301 S.) 881. n. 2. —

—— Lateinisches Elementarbuch. 2. u. 3. Tl. [Quinta.] gr. 8. Ebd. 889. * 2 70

2. [Quinta.] 3. zum Tl. umgearb. Aufl. (III, 223 S.) * 1 50.
3. [Quarta.] 3. verb. u. verm. Aufl. (III, 114 S.) * 1 20.
1. Tl. Ebd. 1886. — 75.

Lateinisches Elementarbuch. Bearb. von Dr. P[rosper] **Wesener**. 6. Aufl. T. 1. Leipzig & Berlin: B. G. Teubner 1904. 8° [F.] [05. 8250

Griechisches Lesebuch, für den Anfangsunterricht zsgest. von Dr. P[rosper] **Wesener**. *Leipzig & Berlin: B. G. Teubner 1903.* (88 S.) 8° [F.] [03. 2644

—— Paradigmen zur Einübung der griechischen Formenlehre, im Anschluß an das griech. Elementarbuch d. Verf. zusammengestellt. gr. 8. (76 S.) Ebd. 892. * — 80

— Paradigmen zur Einübung der griechischen Formenlehre, im Anschluß an das griech. Elementarbuch d. Verf. zusammengestellt. 2. Aufl. gr. 8. (IV, 76 S.) Ebd. 893. Kart. n. 1. —

Wesener, P., Paradigmen zur Einübg. d. griech. Formenlehre, im Anschluß an d. griech. Elementarbuch des Verf. zusammengest. 3. Aufl. gr. 8. (IV, 76 S.) Leipzig 896. B. G. Teubner. Kart. n. 1. —

Paradigmen zur Einübung der griechischen Formenlehre im Anschluß an d. griech. Elementarbuch des Verf. zsgest. von Dr. P[rosper] **Wesener**. 4. Aufl. *Leipzig & Berlin: B. G. Teubner 1901.* (IV, 70 S.) 8° [F.] [03. 2645

Paradigmen zur Einübung der griechischen Formenlehre im Anschluß an d. griech. Elementarbuch d. Verf. zsgest. von Dr. P[rosper] **Wesener**. 5. Aufl. Leipzig & Berlin: B. G. Teubner 1904. (IV, 70 S.) 8° [F.] [05. 8251

Wesener, Prosper ⟨geb. am 28 März 1845 in Recklinghausen⟩: De repetitione versvvm in fabvlis Evripideis ... Bonnae, form. C. Georgi (1866). 2 Bl., 39 S., 1 Bl. 8.

Bonn, Phil. Fak., Diss. v. 19 Mai 1866

Wesener, Prosper: Ueber Störungen der Stichomythie bei Euripides. 10 S. 4° – Inowraclaw, Progr. 1871.

— lateinisches Vocabularium, etymologisch geordnet u. mit besonderer Berücksichtigung der Phraseologie bei Nepos u. Caesar zunächst für Quinta u. Quarta bearb. gr. 8. (III, 38 S.) Ebend. 878. cart. — 45

—— lateinisches Vokabularium, etymologisch geordnet und mit besond. Berücksicht. der Phraseologie bei Nepos und Cäsar zunächst für Quinta und Quarta bearb. 2. vielfach verb. und verm. Aufl. gr. 8. (III, 50 S.) Ebendas. 886. cart.

—— Lateinisches Vokabularium, etymologisch geordnet u. m. besond. Berücksicht. der Phraseologie bei Nepos u. Cäsar zunächst f. Quinta u. Quarta zusammengestellt. 3. Aufl. gr. 8. (III, 52 S.) Ebd. 891. cart. — 60

— lateinisches Vokabularium, etymologisch geordnet, u. m. besond. Berücksicht. der Phraseologie bei Nepos u. Cäsar zunächst für Quinta u. Quarta zusammengestellt. 4. Aufl. gr. 8. (III, 52 S.) Ebd. 900. n. — 60

Wesenfeld, Arn., methodus disputandi et conferendi. 8. Frcft. Straus. 729.

— Versuch wie d. Sitten unt. d. Christen zu verbessern. 8. Ebend. 721.

Wesenfeld, C. F., beschränkte oder unbeschränkte Gewerbefreiheit. Eine Zeitfrage allen Gewerksgenossen gewidmet. gr. 8. (8 S.) Berlin 848, [Grobe.] Thlr.

Wesenfeld, C. F., beschränkte oder unbeschränkte Gewerbefreiheit. Eine Zeitfrage allen Gewerbsgenossen gewidmet. gr. 8. (8 S.) Berlin 848, L. Schlesinger. 1/12 ₰

Wesenfeld, C. F., kurzer Inbegriff der nöthigen Wissenschaften f. Schüler aller deutschen Volks- u. Soldatenschulen. Enthaltend: Rechnen, deutsche Sprache, Geschichte u. Geographie. 8. (5½ B. u. 1 Karte von Deutschland.) Magdeburg 843, Falckenberg u. Comp.

Wesenfeld, Carl Ludwig, s. Wesenfeld, Karl Ludwig

Wesenfeld, F.

– s. J. F. David, China.

– s. de Petival, das Schloß v. Montreuil.

Wesenfeld, F., allgem. Regenten-Tafel d. europä. Staaten, in 2 Tabellen, chronolog. geordnet: Kaiser u. Könige. — Großherzöge, Herzöge, regier. Fürsten u. Päbste. gr. Imp.-Fol. Magdeburg 838, Creutz'sche Buchh. Illum.

– s. Thurm, der, am See.

—— allgem. Weltgeschichte, in vier Tableaux. gr. Imp.-Fol. Magdeburg 838, 39, Creutz'sche Buchh.
Farbig gedruckt, mit Einfassung. à * 10 Gr. *
1. Tabl.: Von 2000 vor Christo bis auf Alexander.
2. " Von Alexander bis zur Zerstör. d. röm. Westreiches.
3. " Von d. Zerstör. d. röm. Westreiches bis zur Entdeckung v. Amerika.
4. " Von d. Entdeckung v. Amerika bis auf die neuesten Zeiten.

Wesenfeld, Karl Ludwig

Wesenfeld, Carl Ludw., Hohenstein. Trauerspiel in 5 Aufzügen. 8. (167 S.) Aachen 872, Benrath und Vogelgesang.

Wesenfeld, Karl Ludwig (Frankfurt/O.) A. S. 62/11

De modo iudicia privata exercendi apud veteres Germanos. Präs. Jo. Wilhelm Hoffmann. Ed. 2. Frankfurt/O. (Winter) 1757. 29 S.

Diss. 26. V. 1736.
W. v.: Präs. 36458

Wesenfeld, Konrad (Frankfurt/O.) A. S. 1195/8

Dissertatio inauguralis medica de inversione uteri. Präs. Johann Georg von Bergen. Frankfurt/O. (Schwartz) 14. XI. 1732. 52 S.

W. v.: C. A. von Bergen. 36459

Wesenheit, die, des indischen Schachspiels u. die diesem Urspiel zunächst verwandte Spielweise. Eine Variation über das alte Schachspiel. gr. 4. (3 B.) Nürnberg 843, (Recknagel.) *

WESENIGK, Georgius („Pfarrer zu Schmellen"), Das Spiel-süchtige, sieben-fächtige POLYSIGMA der Bösen Spiel-Sieben, in sich begreiffende die Spiel-Schande, Spiel-Sünde, Spiel-Schertz, Spiel-Schäden, Spiel-Straffen, Spiel-Schläge, Spiel-Spruche, erzehlende, etliche schändliche Schanden, sündliche Sünden, schimpflichen Schertz, schädliche Schäden, schreckliche Straffen, schmertzliche Schläge, u. sonderliche Sprüche, oder Warn- u. Ermahnungslehren; aus etlichen Scribenten u. der täglichen Experienz zusammen getragen, darneben auch mit vielen merckwürdigen Exempeln u. Historien erläutert u. bewiesen von GEORGIO *Wesenigk* —. DRESDEN, zu finden bey Joh. Christoph Zimmermannen, Anno 1702. 8°. Rar! (In Berlin: Db 5230.) (⅙ Rthl. Maske, Breslau, vor 1870; 3 Mk. 50 Pfg. Rich. Härtel, Plauen, c. 1902; jetzt höher!)

Wesenlehre, des christl. Glaubens u. Lebens, s. Reinhardt.

Wesenlehren des christl. Glaubens &c., s. Frz. V. Reinhard.

v. Wesenstein, Graf Frz., eine Novelle. 8. Berlin 818. (Fincke.) 1/6 ₰

WESENSTEIN, Franz Graf v. Eine teutsche Novelle. Aus den Papieren des Herrn von F. M . . . Berlin 1818, bei Christ. Gottfr. Schöne. 8°. Titel u. 78 S. Zahm.

Wesentliche, Das, der Christlichen Kirchengeschichte in Sonntags- und Festpredigten . . . Augsburg 1813. V: *Furthner, Anton.* (MGT) (Kn)

Wesentliche, das, des badischen Landtages des Jahres 1842. Keine Parteischrift. 8. (3⅞ B.) Freiburg 843, Wagner'sche Bh.

Wesentliche, das, in der Religion. 8. Dresden, Heckel. 744.

Wesentliche, Das, in der christlichen Sitten- und Glaubenslehre. Sagan 1776. V: *Crugott, Martin.* (Roterm) (MI.) »der Christlichen . . . 1775« (BrMm)

„Das Wesentliche des Wechselrechts in Deutschland. Nach den bestehenden Gesetzen und Usancen der vorzüglichsten deutschen Handelsplätze und andern authentischen Quellen", Nürnberg 1834. — Vorh.: Bibl. des Kammergerichts Berlin — Ff. 1777 — Com. Bibl. Hamburg und Bücherei der Industrie- und Handelskammer Leipzig.

Wesentliche, Das, des Wechselrechts in Deutschland . . . Nürnb. 1834. V: *Meissner, Joh. Carl.* (Schletter, Handb. d. jurist. Litt. Grimma 1843. S. 304.)

Wesentliche, das, d. Wechselrechts in Deutschland. Nach d. besteh. Gesetzen u. Usancen d. vorzügl. deutschen Handelsplätze, u. a. authent. Quellen. gr. 8. (12 B.) Nürnberg 834, Schrag.

„Das Wesentliche des Wechselrechts in Deutschland. Nach den bestehenden Usancen der vorzüglichen deutschen Handelsplätze und andern authentischen Quellen", Nürnberg 1844. — Vorh.: Bücherei der Ind.- u. Handelskammer Leipzig.

Wesentlichen, von dem, der Religion u. von d. Unterscheidenten d. Christenthums. gr. 8. Helmst. 793. Fleckeisen. 2 ℛ

Wesentlichste, das, der Weinbildung u. Weinbereitung, od. ration. Betrieb der letzteren u. d. Weinbau's. Von e. Freunde d. Landwirthschaft u. vaterländ. Industrie. gr. 8. (8 B.) Heilbronn 828, Claß.

Wesentlichste, d., d. Weinbildung u. Weinbereitung, od. rationeller Betrieb d. letzteren u. d. Weinbau's. Von e. Freunde d. Landwirthschaft u. vaterländ. Industrie. gr. 8. Heilbronn, 1828. Landherr. — 15

Weser [Sachliches OW]

Die **Weser.** Nach den Aufnahmen der Bauleitung für die Unterweser-Korrektion 1890 92 und anderen Vermessungen, hrsg. vom Reichs-Marine-Amt 1 : 25 000.
I Die Weser von Bremen bis Elsfleth,
II. „ „ „ Elsfleth bis Strohausen,
III. „ „ „ Strohausen bis Bremerhaven
Berlin 1893. 3 Bl. . L.

Aktiengesellschaft ‚W e s e r', Bremen. — Berlin: Eckstein [1907] 30 S. 2° [Kopft.] (Dt. Industrie, dt. Kultur. 5, 2.) **1. 38 A.**

Weser und Ems, ihre Stromgebiete und ihre wichtigsten Nebenflüsse. Eine hydrographische, wasserwirtschaftliche und wasserrechtliche Darstellung. Auf Grund des Allerhöchsten Erlasses vom 28. Februar 1892 im Auftrage des preussischen Wasser-Ausschusses herausgegeben von H. Keller. Bd. 1. Stromgebiete und Gewässer. Bd. 2. Quell- und Nebenflüsse der Weser (ohne Aller). Bd. 3. Die Weser von Münden bis Geestemünde. Bd. 4. Die Aller und die Ems. Tabellenband. Atlas. Berlin 1901. 6 Bde. 8°, 4° u. Fol.

Weser, die, von Münden bis Hameln. Ein Touristenführer durch das Wesergebiet, zugleich e. Reisebegleiter auf dem Dampfschiffe. 12. (47 S.) Hannov. 887, Frerk. * — 50

Weser [Schlagwort]

Weser, s.a. Oberweser.

Weser, die, s.a. Seekarten.

Weser. Karte der Unterweser von Bremen bis Bremerhaven. 1 : 100,000. — Karte der Aussenweser. 1 : 300,000. 24×63 cm. Lith. Bremen (899). (G. Winter.) n. — 50

Weser [Verfasser]

Sidrén, Diss. symptomatum febrilium. resp. D. **Weser.** P. II. Lps. 8°. (Anxietas.) resp. II. **Sparschuch.** P. III Delirium.
1768

Weser, Ernst, im Jahrhundert des Niederganges. Gedanken u. Empfindgn. e. Kulturbürgers. (IV, 127 S.) gr. 8. Bremen (906). O. Melchers. n. 2. —

Von der A l l g e g e n w a r t Gottes in unserer Gedankenwelt. Psalm 139, 9–10. Pred. am 3. Sonntag nach Epiphan von H[ermann] Weser, Pred. in Berlin. Halle a. S.: E. Strien [1899]. (10 S.) 8°
(Predigt-Hausschatz, Evangelischer. No 26.)

Weser, zum Gedächtnis des Herrn Pastor Julius Müllensiefen, Archidiakonus an St. Marien, geb. den 28. Apr. 1811; gest. den 29. Apr. 1893. Rede, geh. an seinem Sarge in der St. Nicolai-Kirche zu Berlin am 3. Mai 1893. gr. 8. (8 S.) Berlin 893. K. J. Müller. n.n. — 25

Zur Geschichte des Jerusalems-Vereines für Evangelisation des heiligen Landes. (Verf.: [H e r m a n n] **Weser.**) *Berlin 1894: Ev. Buchdr.* (18 S.) 8° [F.] [01. 9423 B

Neue P f i n g s t e n für unser Volk. Hesekiel 36, 26. Pred. am Pfingst-Montag von H[ermann] Weser, Pred. in Berlin. Halle a. S.: E. Strien [1899]. (10 S.) 8°
(Predigt-Hausschatz, Evangelischer. No 34.)

Weser, Hermannus: S. Maximi Confessoris praecepta de incarnatione Dei et deificatione hominis exponuntur et examinantur. Berolini (1869): Windolf. 44 S. 8°
Halle-Wittenberg, Theol. Liz.-Diss. v. 19. Juni 1869
Geb. Halle a. d. S. 12. 11. 1842. V.

Weser, H., s.: Predigt-Hausschatz, evangelischer.

W a s bringt das Christkind dem einzelnen Herzen? 1. Joh. 4, 16. Predigt am 2. Weihnachtsfeiertag v. Lic. theol. H[ermann] Weser, Pred. . . . in Berlin. Halle a. S.: E. Strien [1899]. (11 S.) 1 Bd 8°
(Predigt-Hausschatz, Evangelischer. No 4.)

Weser, M., Anleitung u. Hülfsbuch zur Damenschneiderei zu Nutz u. Frommen fleißiger, strebsamer Mitschwestern m. beigegebenen naturgroßen Schnitten, Abbildungen u. praktischen Wichtigkeiten, welche nötig sind bei der Anfertigg. gutsitz. Damen- u. Kinder-Garderobe u. Wäsche, einschließlich Radfahr- u. Reform-Anzügen. (Umschlag: Die Damenschneiderei in der Familie.) Die Zeichngn. wurden hergestellt von Dachselt. gr. 4. (17 u. 10 S.) Tharand (898). (Akadem. Buchh.) n.n. 3. 50

v. d. Weser, Moritz, d. Kampf d. Finsterniß mit d. Lichte d. 19. Jahrh. gr. 8. Düsseld. 822. Schreiner. 1 ℛ 4 ℊ

Weserberge [Sachliches OW]

Die W e s e r b e r g e und der T e u t o b u r g e r W a l d. Prakt. Wegweiser. 3. Aufl. Neu bearb. v. J[ulius] I[wan] K e t t l e r. M. 3 Reisekt. *Berlin: A. Goldschmidt 1896.* (III. 103 S., 3 Kt.) 1 Bd 8.
= Reisebücher, G r i e b e n s. Bd 45. 96. 7618

Die **Weserberge.** ⟨Teutoburger Wald, Oberwesergebiet, Solling, Hils, Ith, Süntel, Weserpforte, Deister, Osterwald, Rehburger Berge.⟩ Prakt. Wegweiser. 5. Aufl. Von J[ulius] I[wan] K e t t l e r. Mit 5 Karten. *Berlin: A. Goldschmidt 1901.* (168 S.) 8° [F. u. Ant.]
= **Reisebücher,** G r i e b e n s. Bd 45. [04. 3847

Die **Weserberge** ⟨Teutoburger Wald, Oberwesergebiet, Solling, Hils, Ith, Süntel, Weserpforte, Deister, Osterwald, Rehburger Berge⟩. Prakt. Wegweiser. 6., neu bearb. Aufl. Mit 6 Karten. Berlin: A. Goldschmidt 1904–05. (174 S.) 8° [F. u. Ant.]
= **Reiseführer,** Griebens. Bd 45. [06. 3389

Die **Weserberge** ⟨Teutoburger Wald, Oberwesergebiet, Solling, Hils, Ith, Süntel, Weserpforte, Deister, Osterwald, Rehburger Berge⟩. Prakt. Wegweiser. 7. Aufl., neu bearb. von Bernh. Flemes. Mit 7 Karten. Berlin: A. Goldschmidt 1907–08. (172 S.) 8°
(Reiseführer, Griebens. Bd 45.)

Die **Weserberge** (Teutoburger Wald ... Oberwesergebiet, Solling, Hils, Ith, Süntel, Weserpforte, Deister, Osterwald). Prakt. Reiseführer. 8. Aufl., neu bearb. von Bernh. Flemes. Mit 7 Kt. Berlin: Goldschmidt 1909–10. IV, 152 S. 8°
(Griebens Reiseführer. Bd 45.) Im. 7800

Weserberge [Schlagwort]

Weserberge, s.: Hannover. Wanderkarte. — Herford.

Weser-Dampfboot. Eine Zeitschrift aus der Wesergegend f. Unterhaltung, gesell. Leben, Handels-, Gewerb- u. Schifffahrtsangelegenheiten. Für Einheimische u. Fremde. Nebst e. Beiblatte. Red.: A. Osterwald. Jahrg. 1844. 156 Nrn. (½ B.) hoch 4. (Minden, Eßmann.) *

Weser-Fluss — Der — von Münden bis Bremen. 1831. A. Endert fecit. Lithographie von C. F. T. Caspar in Münden. Verlag von P. J. A. Kersting in Münden o. M. 1 Bl.

Wesergebiet [Schlagwort]

— s. a.: Hannover. Wanderkarte.

— s.a. Herford.

— s.a. Radfahrerkarten.

Wesergebiet. Hunckel, G., Wanderkarte durch das Wesergebiet v. Minden bis Kassel. 1 : 200,000. 71,5 × 85,5 cm. Bremen (904). (J. Morgenbesser.) n. 1.—

Wesergebiet. Knost, G., Special-Karte d. Weser-Gebietes (Bergkirchen — Minden — Hess.-Oldendorf) u. v. Detmold m. Umgegend (Hermannsdenkmal — Externsteine). 1 : 60,000. Auf Grund der Generalstabskarte u. nach eigenen Aufnahmen gezeichnet. Farbendr. qu. gr. Fol. Oeynhausen 890. Ibershoff. n. 1.—

Weser-Gebiet. Knost, G., Special-Karte des Weser-Gebietes (Bergkirchen—Minden—Hess. Oldendorf) u. v. Detmold m. Umgegend (Hermannsdenkmal—Externsteine). Auf Grund der Generalstabskarten und nach eigenen Aufnahmen bearb. 1 : 60,000. 2. Aufl. 35 × 72,5 cm. Farbdr. Oeynhausen 902. G. Ibershoff. n. 1.—

Wesergebiet. Liebenow, W., u. Ravenstein's Wander-, Rad- u. Automobilkarte des Wesergebietes, des Deister-Gebirges, des Teutoburger Waldes u. der angrenzenden Gebiete. 1 : 300,000. 88×29,5 cm. Farbdr. Minden (909). M. Volkening. — 75

Wesergebiet. Müller, Gust., Specialkarte des Wesergebietes Minden-Hameln-Holzminden u. des Teutoburger Waldes. Bearb. nach amtl. Quellen. 1 : 150,000. 40 × 54,5 cm. Farbendr. Oeynhausen 896. G. Ibershoff. n. 1. 50

— Wanderkarte des Weser-Gebirges u. des Teutoburger Waldes. 1 : 50,000. 45×83,5 cm. Farbdr. Bremen (907). E. Hampe. — 60

Wesermann, H. M., Handbuch f. d. Straßen- u. Brücken-Bau. 2., verm. Ausg. d. „Taschenbuchs f. d. Straßen- u. Bergbau-Beamten." gr. 8. (39½ B. incl. 36 Tab. u. 1 Kpfr.) Düsseldorf 830, Schreiner.

— der Kunststraßenbau zur Beherzigung für Regierungen und Volk. gr. 8. Hamm 821. Wundermann. 12 gGr.

— der Magnetismus u. d. allgem. Weltsprache. gr. 8. Crefeld 822. Cöln, Bachem. (a. Fr. Fleischer in Leipz.) 1 Rthlr.

Wesermann, H. M.: „Taschenbuch für die Straßen- und Bergbau-Beamten, Spediteurs und Landmesser zwischen dem Rheine und der Weser", Düsseldorf 1814. Mit einer Karte und 15 Tabellen. — Vorh.: Preuß. Statist. Landesamt Berlin.

Wesermann, H. M., Taschenbuch für die Straßen- und Bergbaubeamten, Spediteurs und Landmesser zwischen dem Rheine und der Weser. 8. Düsseldorf, (Schreiner.) Leipzig, Fr. Fleischer (in Comm.) 817.

Weser-Mündung [Schlagwort]

Weser-Mündung, s.: Seekarten.

Die Weser-Nachrichten: Jahrgang 1—29, Jan.? 1900—June 1924.
Independent fortnightly. Sub-title: Enthaltend vollständige Lokal-Nachrichten aus Oldenburg, Bremen und Nord-Hannover. Merged with Omaha Tribüne. Circulation: 1900, 1600; 1910, 1000; 1915, 1273; 1920, 1500. Edited & published by J. C. Van Goens, 1900—24.
Chicago, IL

Wesernymphe, s. a. Kobbe, Theod. v.

Wesernymphe, die, Novellen u. Erzählungen; herausgg. von Theod. v. Kobbe. Mit Beitr. von A. Andersen, Birmann, Ed. Gloster, A. M. Gebauer, Ernst Greif, G. v. Halem, H. Heine, E. v. Heimburg, Hedw. Hülle, K. Meyer, Prätzel, A. v. Rennenkampf u. A. 8. Bremen 831. Kaiser. 1 Rthlr. 8 gGr.

Am **Weserstrand.** Heimatl. Sonntagsblatt f. d. Unterwesergebiet. Jg. 1. Vegesack: Borowsky 1909. 4° In. 1413 8

Wesertal

— das, Supplement zum malerischen u. romant. Deutschland. 1. Liefg. Zweiter Abdruck. Lex.-8. (3 Stahlst. u. Text.) Ebend. 841. n. ⅓ Rthlr. — Vergl. Deutschland, das maler. u. romantische.

Weserthal, Das, von Münden bis Minden. Kassel und Leipzig [Cassel 1839—40.] V: *Dingelstedt, Franz Freih. von.* (Hauptkat. d. Univ.-Bibl. Tübingen. F. S. 284.)

Weserthal, Das, von Münden bis Minden. Neue Aufl. Cassel 1844—45. V: *Dingelstedt, Franz.* (Dtsch. Rundschau 59, 67f.) (Zeitschr. f. Büch. N. F. 15, 1923, 127)

Weserthal, das, von Münden bis Minden. Neue Aufl. 8 Lfgn. Lex.-8. (9¾ B., 24 Stahlst. u. gest. Ttl.) Cassel 844, 45, Fischer. à *.

Weser-Zeitung. –
Bremen. – 1.I.1844 – 31.XII.1848.
Fortges. u.d.T.: Bremer Weser-Zeitung.

Weser Zeitung. –
Bremen. – 5.III.1849 – 30.IX.1934.
Vorh. u.d.T.: Bremer Weser-Zeitung.

Weser-Zeitung, Bremen. Jahrg. 1870 (April—Sept.) Jahrg. 1875–89. Bremen 1870, 1875–89. gr. Fol. (3780–3807, 6179–82, 9345–50, 10311–14, 10749–52, 11159–62, 11859–62, 12793–96, 13632–35)

Weser-Zeitung. Jahrgang 1890 .. 93. Bremen. Fol.

Weser-Zeitung. – Bremer Weser-Zeitung. –
1.I.1849 – 4.III.1849.
Vorh. u.d.T.: Weser-Zeitung.
Fortges. u.d.T.: Weser Zeitung.

Weserzeitung. – Neue Weserzeitung. – Minden. – 1883 – 27.III.1907.
Fortges. u.d.T.: Bote an der Weser.

Wesez, Hippolyt de, Andeutungen über das Vélocipède, seine Bedeutung u. Verwendung mit besonderer Berücksichtigung des Vélocipède Michaux. Mit Illustr. (in Holzschn.) Wien 869. (Perles.) 8. (78 S. mit 2 Holzschntaff. in qu. 4. u. qu. Fol.) n. 12 *ngr.*

Weshalb christliche Volksschule? Von e. Juristen. 12. (81 S.) Gütersloh 892, Bertelsmann. * — 50

Weshalb feiern wir das Fest d. Uebergabe d. Verfassungsurkunde? Beantwort. f. d. Bürger u. Landmann von e. Volksfreunde. gr. 8. (1½ B.) Leipzig 830, [Günz.]

Weshalb feiern wir das Fest d. Uebergabe d. Verfassungsurkunde? Beantwortet für d. Bürger u. Landmann von einem Volksfreunde. gr. 8. Leipz. 832. Schaarschmidt. 3 ℋ

Weshalb ich nicht Baptist werden will. Ein Wort der Beherzigung zur Bewahrung unseres evangelisch-lutherischen Glaubens. Schleswig 863. (Heiberg.) 8. (32 S.) 3 *ngr.*

Weshalb kann eine solide Lebens-Versicherungs-Gesellschaft das Kriegsrisiko nicht gratis übernehmen? Von ***. gr. 8. (12 S.) Frankfurt a. M. 888, Mahlau und Waldschmidt. *

—— u. wie? od. Gründe u. Gesichtspunkte f. die Teilg. der übergroßen evangel. Kirchengemeinden, m. besond. Rücksicht auf das Wupperthal v. P. A. K. 8. (20 S.) Barmen 892, Wiemann. — 30

Wesing, Karl

Wesing, Carl, bremische Heimathskunde. Für Schule und Haus. 1. Heft: Die Stadt Bremen. 8. (120 S.) Bremen 874, Tannen. *

Wesing, Carl, u. Wesche, C. A., Der Schul- und Spielkamerad, Taschenb. f. Schul-, Spiel- u. Jugendsport, Bremen, 96 S., 16°.

Weskamp, [Albert]: [Abschiedsworte an den scheidenden Direktor Dr. Wilhelm Schwarz.] S. 15—17. 4.
Progr. Kath. Gymn. (mit Ersatzunterr. f. d. Griech.) *Dorsten* 1906 (426).

Weskamp, A., d. Bau- u. Kunstdenkmäler v. Westfalen, s.: Ludorff, A.

Weskamp, Alb., Herzog Christian v. Braunschweig u. die Stifter Münster u. Paderborn im Beginne d. 30-jährigen Krieges [1618—1622], s. a. Beiträge, Münster'sche, zur Geschichtsforschung.

Weskamp, Alb., Herzog Christian von Braunschweig und die Stifter Münster und Paderborn im Beginne des 30jähr. Krieges [1618—1622]. gr. 8. (151 S.) Paderborn 884, F. Schöningh. *

[Ant. u. F.] Geschichte des Ursulinen-Klosters zu Dorsten . . . v. Dr. Albert **Weskamp**, Oberl. . . . zu Dorsten. (Festgabe z. 2. Centenarfeier d. Klosters . . . 1899.) Dorsten: Komm.-V. v. Overmeyer; Dr. d. Westfäl. Vereinsdr. Münster i. W. (1899). (51 S.) 1 Bd 4°(8°)

Weskamp, Alb. Das Heer der Liga in Westfalen zur Abwehr d. Grafen v. Mansfeld u. d. Herzogs Christian v. Braunschweig [1622—23]. Mit dem Bildnis d. Herzogs Christian. gr. 8. (VII, 371 S.) Münster i. W. 891, Regensberg. * 6 —

Weskamp, F., Untersuchungen üb. die Curve 4. Grades, deren Gleichung $\frac{x^4}{a^4} + \frac{y^4}{b^4} - 1$. Inaugural-Dissertation. gr. 4. (40 S.) Jena 876. (Deistung.) n. — 80

Weskamp, Joan. Henr. (geb. Ibbenbüren 1809): De chlorosi. Berolini (1837). (31 S.) 8°
Berlin, Med. Diss. v. 7. Juli 1837

Weskamp, Jos., griechisches Lesebuch, s.: Wetzel, Mart.

Weskamp v. Liebenburg, Alf., Handbuch zur Vornahme von Schätzungen an Gebäuden und landwirthschaftlichen Gütern bei Annahme von Versicherungen und Brandschaden-Erhebungen. gr. 8. (XVII, 211 S. mit 3 lithogr., zum Theil color. Taf.) Wien 876, Lehmann und Wentzel. *

Weske, Michael

Weske, M., Bericht über die Ergebnisse einer Reise durch das Estenland im Sommer 1875. [Aus: „Verhandlgn. der gelehrten estn. Gesellsch."] gr. 8. (76 S.) Dorpat 877. (Leipzig, Matthes.) n. 1. 50

— über die historische Entwickelung der finnischen Sprachen im Vergleich mit der der indogermanischen u. über die Methode der estnischen Grammatik. Antrittsvorlesung. gr. 8. (16 S.) Ebend. 875. n. — 60

— über die estnischen Ortsnamen auf -were [im Deutschen auf -fer]. [Aus: „Verhandlgn. der gelehrten estn. Gesellsch."] gr. 8. (49 S.) Dorpat 877. (Leipzig, Matthes.) n. 1. —

Weske, Mich., Untersuchungen zur vergleichenden Grammatik d. finnischen Sprachstammes. gr. 8. (X, 100 S.) Leipzig 873. Breitkopf & Härtel. 1. 80

Weskett, Jh., Theorie u. Praxis d. Assekuranzen, aus d. Engl. mit Anmerkk. von J. A. Engelbrecht. 1r, 2r Bd. u. 3r Bd. 1e u. 2e Abtheil. 4. Lübeck 782—91. Donatius. 7 ₰ 18 ℋ (Liebeskind in Leipz.). 6 ₰ (**III. 1 u. 2.** A. u. d. T.: die Assekuranzwissenschaft, systemat. bearbeitet, nebst einer Sammlung alter u. neuer Seerechte u. dahin gehör. Verordnn. von J. A. Engelbrecht. **1r Bd. 1e u. 2e** Abtheil. 4 ₰)

Weski, Oskar, aus Bischofsburg i. Ostpr.: **Beiträge zur Kenntnis des mikroskopischen Baues der menschlichen Prostata.** *Wiesbaden: J. F. Bergmann 1902.* (40 S.) 8°
Greifswald, Med. Diss. v. 7. Juni 1902

Weslen, John, s.: Thiersch, H. W. J.

— Leben. 2 Thle., s. J. Hampson.

Wesley's, John, Leben, s. Leben und Wirken, das.

Wesley, John, Leben, s. Southay.

Wesley, John, eine kurze Erklärung der christlichen Vollkommenheit. gr. 16. (144 S.) Cincinnati 856(60.) (Philadelphia, Schäfer und Korabl.) geb. *

Wesley, John, ausgew. Predigten, s.: Predigt der Kirche. VI. 6.

Wesley, 12 Predigten. Aus d. Engl. gr. 8. (10¾ B.) Berlin 846, Thome. *

Wesley, Johs., Sammlung auserlesener Predigten. Aus dem Engl. übers. von Wilh. Rast. 1. Bd. (3 Lfgn.) gr. 12. (1. Lfg. S. 1—144.) Bremen 850, Heyse. *

—— Sammlung auserlesener Predigten. Aus dem Engl. übers. von Wilh. Nast. 2. Bd. gr. 12. (384 S.) Philadelphia 858, Schäfer und Koradi. geh. *

Wesley, Johs., Sammlung auserlesener Predigten. Aus dem Engl. übers. von Wilh. Nast. 2 Bde. Bremen 861. Verlag des Tractat-Hauses. gr. 8. (XVI, 592 S.) n. 1 ℛ

Wesley, Johs., Sammlung auserlesener Predigten. 11 Lfgn. 8. (1. Thl. 352 u. 2. Thl. VIII, 334 S.) Bremen 884. 85. Verlag d. Tractathauses. à n. — 30

Wesling, Andr., Franz Rosenberg. 8. Berl. 795. Hartmann. 1 ℛ (A. u. d. T.: der gutmüthige Onkel, ein Schutzpatron treuer Liebenden. 799. 1 ℛ)

Weslowski, Elias: Das rumänische Bauernhaus in der Bukowina 2 Bde Czernowitz: Pardini 1885/87.

Weslowski, Elias: Die Möbel des rumänischen Bauernhauses in der Bukowina. In: ZÖV. 12/1906, S. 55–69. Sonderdruck: Wien: Verl. d. Vereins f. österr. Volkskunde 1906.

Wesmael, C., mantissa ichneumonum Belgii. gr. 8. (104 S.) (Brüssel 848, Muquardt.) n. $^1/_3$ ℛ

Wesmael, C., Tentamen dispositionis methodicae Ichneumonum Belgii. gr. in-4. (30 B. u. 1 Stnt.) Bruxelles 845, Muquardt. *
Aus: Mémoires de l'Académie royale de Bruxelles, Tome XVIII, besond. abgedruckt.

Wesmöller, F., das Wichtigste aus der deutschen Sprachlehre f. die unteren u. mittleren Klassen der Gymnasien u. verwandter Lehranstalten. 8. (IV, 76 S.) Münster 883. Aschendorff. n. — 50

Wesmöller, Franz, Prof.: Einiges über die weltgeschichtliche Bedeutung des griechischen Volkes. Brilon 1906: M. Friedländer. (15 S.) 4° [F.]
Brilon, G P 1906 (424)

Wesner, F., s. a.: Cortelli, O.

Wesner, F. rationelle Körperausbildung u. Pflege nach anatomisch-physiologischen Grundsätzen f. Erwachsene u. größere Kinder. Von ärztl. Autoritäten begutachtetes Uebungssystem ohne Geräte. Zur Gesunderhaltg., Erzielg. v. Kraft, Elastizität u. harmon. Körperformen. (32 S. m. 27 Fig.) kl. 8. Leipzig 904. Alwin Schmidt. 1. 50; erm. Pr. — 60

— gesellschaftliche Tanzkunst, s.: Miniatur-Bibliothek.

Wesnitsch, Milenko R.: Die Blutrache bei den Südslaven. Ein Beitrag zur Geschichte des Strafrechts. (Aus: Zeitschr. f. vergl. Rechtswiss. VIII. u. IX. Bd.) Stuttgart, Druck v. Gebr. Kröner, 1889; 3 Bl. + 70 S. 8°
München, Jur. Fak., Inaug.-Diss. v. 1889

Wespe, die, s. a.: Wartburg.

Wespe, die. (Satyr.-polit. Wochenblatt, red. v. *Ernst Keil* in Leipzig.)
Nr. 1—5 (in 1 Bde.). 1851. 4°. Hlrsb., gebr.
20 fortl. S. Mit vielen komischen Hlzsch.-Illustr. — Selten!

Die Wespe: Jahrgang 1–2, Oct. 1, 1859–Apr. 1861?
Supplement to Deutsche Musik-Zeitung für die Vereinigten Staaten, with separate numbering and pagination, but included in subscription rate. Sub-title: Belletristisches Beiblatt zur Deutschen Musik-Zeitung. Edited & published by Carl Wintersteín. Many original German-American poems, sketches, and literary reviews. Large quarto, each issue 4 pages, paged continuously.
Philadelphia, PA

Die Wespe: 1859–1860.
Humorous weekly. Edited & published by Hermann Schuricht & Heinrich Schott.
Richmond, VA

Die Wespe: 1870–?
Semi-monthly. Organ of the „Deutscher Humboldt Verein von Canada."
Wartburg, Ont.

Die Wespe: 1902–1905? Toledo, OH
Weekly.

Wespe, wie die Schildaer durch Aufhebung der Mahlsteuer ꝛc., s. Wie die Schildaer ꝛc.

Wespe, Gust., das Kloster. Ein didaktisches Gedicht. Neu herausg. u. mit einer historischen Einleitung versehen von Ottmar F. G. Schönhuth. Tübingen 863. (Osiander.) qu. 16. (LIV, 36 S.) n. $7^1/_3$ ngr.

Wespe, Dr. M. (ps.), Die Dame mit dem Todtenkopfe in Stuttgart. (Zahmer Roman.) Nach authentischen Quellen bearbeitet. Stuttgart. Druck und Verlag von Fr. Müller. 1856 8°.
382 S. (incl. Tit.). — Weller, Lex. Ps. p. 610.

Wespen. Blätter für Unterhaltung, Kritik, Humor und Satyre von Julius Beermann. Druck von J. Beimel und Basil Kozma. 4. (2 spaltig.) in zwanglosen Heften à mindestens 3 Bog. stark. Pesth 1856.

Wespen, Berliner, s. a. Tribüne.

Berliner Wespen. Herausgegeben von Feodor Wehl. Heft 1–5. Leipzig, Philipp Reclam jun. 1843. 8.

Berliner **Wespen** Illustrirtes humoristisches Wochenblatt. 1–12. Jahrgang 1870—1879
Verlag von B. Brigl in Berlin
Mit Abb. 4
1. Jg. 1868

Wespen, Berliner. Illustrirtes humorist. Wochenblatt. Redact.: Jul. Stettenheim. Illustrirt von G. Heil. 8.—12. Jahrg. 1875—1879. à Jahrg. 52 Nrn. (à $^3/_4$—1 Bog.) gr. 4. Berlin, Brigl. à Jahrg. *

Wespen, Berliner. Illustrirtes humorist. Wochenblatt. Redact.: Jul. Stettenheim. Illustrirt von G. Heil. 13. und 14. Jahrg. 1880 und 1881. à Jahrg. 52 Nrn. (à Nr. $^3/_4$—1 Bog.) gr. 4. Berlin, [Brigl.] S. Fischer. à Jahrg. *

—— dass. — 15. und 16. Jahrg. 1882 und 1883. à Jahrg. 52 Nrn. (à Nr. $^3/_4$—1 Bog.) gr. 4. Berlin, [Expedition.] S. Fischer. à Jahrg. *

—— dass. — 17. Jahrg. 1884. 52 Nrn. (à Nr. $^3/_4$—1 Bog.) gr. 4. [Leipzig, Friedrich.] Berlin, S. Fischer. *

Wespen, Berliner. Illustrirtes humorist. Wochenblatt. Redact.: Jul. Stettenheim. Illustrirt von G. Heil. 18. Jahrg. 1885. 52 Nrn. (à Nr. $^3/_4$—1 Bog.) gr. 4. [Leipzig.] Berlin, Friedrich. *

—— dass. — Redact.: Jul. Stettenheim. Mitredact.: Alex. Moszkowski. Illustrirt von G. Heil. 19. Jahrg. 1886. 52 Nrn. (à Nr. $^3/_4$—1 Bog.) gr. 4. Berlin, (Steinitz und Fischer.) *

—— dass. — Redact.: Jul. Stettenheim. Illustrirt von G. Heil, Guthknecht u. A. 20. Jahrg. 1887. 52 Nrn. (à Nr. $^3/_4$—1 Bog.) gr. 4. Berlin, (S. Fischer Verlag.) *

—— dass. — Redact.: Jul. Stettenheim. Illustrirt von G. Heil, P. Wendling u. A. 21. Jahrg. 1888. 1. Quartal. 13 Nrn. (à Nr. $^3/_4$—1 Bog.) gr. 4. (Ebendas.) *
Fortsetzung davon: Wespen, Deutsche.

Chicagoer Wespen: 1875–? Chicago, IL
Humorous weekly. Edited & published by Dr. A. C. Lebell.

— **deutsche. Jahrg. 1888. 2.—4. Quartal à 13 Nrn. (B. m. Illustr.) gr. 4. Ebd.** n. 6. —
Vorh. u. d. T.: Wespen, Berliner.

— **dasselbe. 22. Jahrg.** 1889. 52 Nrn. (B. m. Illustr.) **gr. 4. Ebd.** n. 8. —

— **dasselbe. 23. Jahrg.** 1890. 1. Sem. 26 Nrn. (B. m. **Illustr.) gr. 4. Ebd.** n. 4. —

— **dasselbe. 23. Jahrg. 1890.** 2. Sem. 26 Nrn. (B. m. **Illustr.) gr. 4. Berlin,** Steinitz' Verl. n. 4. —

Wespen, deutsche. Hrsg. v. Jul. Stettenheim u. Wilh. Röllinghoff. Der ganzen Folge 27.—30. Jahrg. 1889—1892. à Jahrg. 52 Nrn. (Bog. m. Illustr.) gr. 4. Berl., Steinitz, Verlag. à Jahrg. * 8 —
Bis 1891 incl. v. Jul. Stettenheim allein redigirt. Bis 1890, 1. Sem. incl. in G. Fischer Verlag in Berlin erschienen.

Wespen, deutsche. Humoristisch-satirisches Wochenblatt. Red.: **Jul. Stettenheim.** Der ganzen Folge 29.—31. **Jahrg. 1891—1893. à 52 Nrn.** (Bog. m. Illustr.) gr. 4. **Berlin, H. Steinitz' Verl.** à Jahrg. n. 8. —

— dasselbe. Der ganzen Folge 32. Jahrg. 1894. Jan.—März. 13 Nrn. (Bog. m. Illustr.) gr. 4. Ebd. n. 2. —

— **dasselbe. Begründet v. Jul. Stettenheim. Hrsg. u. Red.: Alfr. Weis. Der ganzen Folge 32. Jahrg. 1894. 2.—4. Quartal. 39 Nrn.** (Bog. m. Illustr.) **gr. 4. Berlin, Verlag u. Exped. „Deutsche Wespen".**
Vierteljährlich n. 1. —

Wespen, Hamburger. Red.: **Jul. Stettenheim.** Jahrg. 1862. Octbr.—Decbr. 13 Nrn. (à ½ Bgn. m. Holzschn.) Hamburg, Richter. gr. 8. n. 10 ngr.

— — Jahrg. 1863. 52 Nrn. (à ½ Bgn. m. Holzschn.) Ebend. gr. 8. n. 1 ℛ︀ 10 ngr.

— — Satirisch-humoristisches Stichblatt. Red.: Jul. Stettenheim. Jahrg. 1864. Janr.—Juni. 26 Nrn. (à ½ Bgn. m. Holzschn.) Ebend. gr. 4. n. 20 ngr.

— — Jahrg. 1864. Juli—Decbr. Nr. 27—52. (à ½ Bgn. m. Holzschn.) Hamburg, O. Meißner. gr. 4. n. 20 ngr.

Wespen, hamburgische. Satirisch-humoristisches Wochenblatt. Red.: **Wollheim.** 7. Jahrg. 1868. 52 Nrn. (½ Bgn. mit eingedr. Holzschn.) Hamburg, O. Meißner. gr. 4. n. 1 ℛ︀ 10 ngr.

New Yorker Wespen: 1874 ? New York, NY
Weekly. Published by George Stein

Wespennest, Das. Grossenhayn 1805. H: *Carlson, Joh. Carl (= Ferd. Renner).* (MGT)

— **das, oder der politische Spinnenstecher, eine Monatsgabe für Aristokraten, Demokraten, Landtagsdeputirte u. Gemeinrepräsentanten. 12.** Colmar 831. (Reimann in Leipz.) 3 ℊ︀

Wespennest. Eine Sammlung Humoristica aus dem Wochenblatte Jn's Wespennest. Mit den (eingedr.) Orig.-Illustr. 1. Bdchn. gr. 8. (47 S.) München 882. Exped. d. „Jn's Wespennest". — 60

Wespennest, Das, auch ein Nest unter den Nestern. Dortmund 1790. V: *Schmieding,* Feldprediger. (Westfäl. Magazin 2, 183) (Zeitschr. f. Büch. N. F. 1923, 127)

Wespennest, das, auch ein Nest unter den Nestern. **16 Heft. 8.** Dortmund 790. Mallinkrot. 8 ℊ︀

Wespennest, das, auch e. Nest unt. d. Nestern. 16 Hft. 8. Dortmund, Mallinkrodt. 799.

Wespy, Jul. Louis Analyse de l'ouvrage de Bungener „Trois sermons sous Louis XV". 23 S. **Progr.** Rg. *Zwickau* 1885

Wespy, Léon, Dir., Schulrat Dr.: [**Bericht** über die Gedächtnisfeier für Prof. Friedrich Witte.] *Hannover 1903: Gebr. Jänecke.* (S. 28—29.) 4° [F.]
Hannover, HT 1, P 1903**

Wespy, Léon, Dir., Schulrat Dr.: [**Bericht** über das 50jährige Jubiläum der höheren Töchterschule 1. in Hannover.] *Hannover 1903: Gebr. Jänecke.* (S. 30—39.) 4° [F.]
Hannover, HT 1, P 1903**

Wespy, L. **Die historische Entwickelung der Inversion des Subjektes im Französischen und der Gebrauch derselben** bei Lafontaine. Diss. Jena 1884. 65 S.

Wespy, Léon, die historische Entwickelung der Inversion d. Subjektes im Französischen u. der Gebrauch derselben bei Lafontaine. gr. 8. (65 S.) Oppeln 884. Franck. 2. —

Wespy, Léon. Die historische Entwickelung der Inversion d. Subjectes im Französ. Oppeln 884. Berl., Gronau. * 2 —

Festschrift der Höheren Töchterschule 1 ⟨am Graben⟩ (in Hannover) z. Feier d. 50jähr. Bestehens unter städt. Patronate. Hrsg. von Dr. Léon Wespy. *Hannover 1903: Gebr. Jänecke.* (128 S.) 8° 03. 88

Wespy, L[éon], u. A[ugust] Gehrig: Lehrplan und Stoffverteilung für die Elisabethschule, Höh. Mädchenschule als Seminar-Übungsschule d. Lehrerinnen-Bildungsanst. zu Hannover. 2. Abdr. — Frankfurt a. M. & Berlin: Diesterweg 1908. 128 S. 8°

Wespy, [Léon]: Über den Stand der höheren Mädchenschulen in Preussen. Vortrag. M. e. Ansprache d. Oberbürgermeisters Dr. Rissmüller als Anh. — Leipzig: Teubner 1905. 24 S. 4°
Aus: Frauenbildung. Jg. 4.

— Statistik des höheren und mittleren Mädchen-Schulwesens beider Mecklenburg, s. Rusteberg.

Wespy, Leon [Hrsg.], s. Zola, Emile: La débacle.

Wespy, Paul *Moritz* [Dr.]: The historical Foundation of Walter Scott's Tale of „The Fair Maid of Perth". Chemnitz, Druck v. J. C. F. Pickenhahn & Sohn, 1894; 27 S. 4.
Chemnitz, RG, OP 1894 (552)

Wespy, Paul [aus Mühlhausen i. Thüringen]: Der Graf Tressan, sein Leben und seine Bearbeitungen der französischen Ritterromane des Mittelalters .... Reudnitz-Leipzig, Druck v. Max Hoffmann, 1888; 50 S. + 1 Bl. 8°
Leipzig, Phil. Fak., Inaug.-Diss. v. 18. Febr. 1888

Wespy, Paul, der Graf Tressan, sein Leben und seine Bearbeitungen der französischen Ritterromane des Mittelalters. Inaugural-Dissertation. gr. 8. (50 S.) Leipzig 888, (Fock.) *

Weßberg, Hnr. Chr., über d. Gebet u. dess. zweckmäß. Gebrauch in Landschulen. 8. Hannov. 827. Helwing. 16 ggr.

Wessberge, *Ernst* [Referendar]: Die Rechtsstellung des aus einer offenen Handelsgesellschaft ausgeschiedenen oder ausgeschlossenen Mitgliedes. H.-G.-B. Art. 127—132 ... Göttingen, Druck d. Univ.-Buchdr. v. W. F. Kästner, 1895; 31 S. 8.
Göttingen, Jur. Fak., Inaug.-Diss. v. [9 Nov.] 1895

Wessberge, W.: Zur Beurtheilung der Beweise vom Dasein Gottes. Mülheim a. d. Ruhr. 1867.
Schul-/Univ.-Schrift

Wessberge, Wilhelm

Wessberge, die wichtigsten Baumarten unserer städt. Gartenanlagen. Im Auftrage des Oberbürgermeisters der Stadt Aachen bearb. (94 S. m. 15 Taf., 1 Plan u. 1 farb. Karte.) 8. Aachen 908. (J. A. Mayer.) 1. 60

Wessberge W. Fachzeichnen für Gärtner. 4° (Lachner III, 7) Leipzig 1899

Wessberge, Wilh., Fachzeichnen nach Massskizzen etc. f. Gärtner, s. a. Lehrhefte f. den Einzelunterricht.

Weßby, Francis, neue engl., verbess. Methoden im Schleifen u. Abziehen d. Messer, insbesond. d. Rasirmesser, u. a. schneidender Instrumente, nebst Anweis. zu e. Vorrichtung, um das trockene Schleifen d. Nadeln etc. für d. Gesundheit unschädl. zu machen. A. d. Engl. übers. u. mit deutschen Zusätzen verm. 8. (1½ B. u. 1 Taf. Abbild. qu. Fol.) Quedlinburg 833, Basse.

Weßel, Gott sei die Ehre! Fest-Predigt, geh. anläßlich der Calvin-Feier bei der 13. Hauptversammlg. des reform. Bundes f. Deutschland. (16 S.) 8. Neukirchen (909). Buchh. des Erziehungsvereins. — 20

Wessel, A. W., Beitrag zur Käferfauna Ostfrieslands. [Aus: „Abhandlungen, hrsg. vom Naturwissenschaftl. Vereine zu Bremen".] gr. 8. (28 S.) Aurich 877. Reents in Comm. n. — 80

Weßel, A. W., Flora Ostfrieslands. Eine Anleitung zur leichten und sicheren Bestimmung der in Ostfriesland wild wachsenden, so wie der in Gärten und Feldern häufiger gebauten Gefäßpflanzen. Mit 206 Abbildgn. auf 9 lith. Taf. Aurich 858. Seyde. 8. (XI, 292 S.) n. 27½ ngr.

Weßel, A. W., **Flora Ostfrieslands. Eine Anleitung zur leichten und sicheren Bestimmung der in Ostfriesland wild wachsenden, so wie der in Gärten und Feldern häufiger gebauten Gefäßpflanzen.** 8. (XI und 292 S. mit 206 Abbild. auf 9 Stnt.) Aurich 858, [Spielmeyer.] * —

Weßel, A. W., Flora Ostfrieslands. Eine Anleitung zur leichten und sicheren Bestimmung der in Ostfriesland wildwachsenden, so wie der in Gärten und Feldern häufiger gebauten Gefäßpflanzen. 2., ansehnlich verm. Aufl. gr. 8. (VII, 204 S.) Leer 869, Meyer. *

— Flora Ostfrieslands. Eine Anleitung zur leichten u. sicheren Bestimmung der in Ostfriesland wild wachsenden, sowie der in Gärten u. Feldern häufiger gebauten Gefäßpflanzen. 3., ansehnlich verm. Aufl. gr. 8. (XVI, 220 S.) Leer 879. Meyer. n. 2. —

Weßel, A. W., Flora Ostfrieslands. Eine Anleitung zur leichten und sicheren Bestimmung der in Ostfriesland und dem preuß. Jadegebiet wild wachsenden, sowie der in Gärten und Feldern häufiger gebauten Gefäßpflanzen. 4. Aufl. 8. (VIII, 266 S.) Leer 888, Meyer. geb. *

Weßel, A. W., dreistimmige Männergesänge für die oberen Classen der Gymnasien, so wie für Seminarien und kleinere Singvereine. 3. Aufl. 1862. * 8 Ngr. und 4., verb. und sehr verm. Aufl. gr. 8. (IV und 64 S.) Aurich 865, Spielmeyer. *

Weßel, A. W., dreistimmige Männergesänge zunächst f. die Gymnasien. 5. verb. u. sehr verm. Aufl. gr. 8. (64 S.) Aurich 871. (Hannover, Hahn.) n. 1. —

— 60 dreistimmige Männergesänge für die oberen Klassen der Gymnasien, so wie für Seminarien und kleinere Singvereine. Aurich 854. Seyde. qu. Lex.-8. (2 Bl., 76 lith. S.) n. 10 ngr.

Weßel, A. W., 60 dreistimmige Männergesänge für die oberen Klassen der Gymnasien, sowie für Seminarien u. kleinere Singvereine. 2. verb. u. durch einen Anhang verm. Aufl. 860. — 3. unveränd. Aufl. Aurich 862. Spielmeyer. qu. 8. (II, 78 S.) n. 7½ ngr.

—— die Nordsee-Insel Spiekeroog. 8. (IV und 55 S.) Aurich 863, Spielmeyer. cart.

Wessel, Albrecht, appr. Arzt a. Reelkirchen ⟨Fürstentum Lippe⟩, Marine-Unterarzt: Über **Pankreascysten. Berlin** (1908): G. Schade. (33 S.) 8°
Berlin, Med. Fak., Ref. Hildebrand, Diss. v. 30. Juni 1908
[Geb. 15. März 83 Reelkirchen (Lippe); Wohnort: Kiel; Staatsangeh.: Lippe; Vorbildung: Gymn. Detmold Reife O. 02; Studium: Berlin 10 S.; Coll. 29. Juni 08; Approb. 2. Juni 08.]

Wessel, Arth., s. a. Festschrift zur 300jähr. Jubelfeier d. niederländ.-reform. Gemeinde zu Hanau.

Festschrift zur 300jährigen Jubelfeier der Niederländischen-reformirten Gemeinde zu Hanau. 1. Juni 1897. (Vf.: Arthur **Wessel,** Pfarrer d. niederländ. Kirche.) *Hanau: Gedr. v. J. C. Kittsteiner 1897.* (1 Bl., 50 S., 1 Bl.) 1 Bd 4. [97 4253

Wessel, August

Weßel, A., Auswahl dreistimmiger Lieder u. Gesänge f. höhere Mädchenschulen u. Lehrerinnen-Seminarien. Ein Anh. zu den Liedersammlgn. f. die genannten Schulanstalten. 8. (39 S.) Trier 894. H. Stephanus. n. — 40

Weßel, Aug., Schriftbetrachtungen zur Vorbereitung auf das hl. Abendmahl. (96 S.) 8. Lage 899. H. Welchert. Kart. n. 1. —

Weßel, Aug. Sursum corda! Katholisches Gesang- u. Gebetbüchlein. Unter Mitwirkg. e. kathol. Geistlichen hrsg. 12. (IV, 149 S.) Trier 888, Lintz. * — 50

— kleiner Volkssänger, s.: Stürmer.

Wessel, A., der neue Volkssänger. Sammlung der beliebtesten deutschen Volks- u. Schullieder, nach Stufen geordn. f. d. Schulgebrauch, nebst e. Anh. v. Spielliedern u. Turnreigen. 8. (IV, 88 S.) Trier 896. F. Lintz. Geb. n.n. — 35

[F.] Der neue Volkssänger. Sammlg d. beliebtesten deutschen Volks- u. Schullieder, nach Stufen geordn. f. d. Schulgebr., nebst e. Anh. v. Spielliedern u. Turnreigen. Bearb. v. A. **Wessel**, Seminar-Oberl. in Trier ... *Trier: F. Lintz 1898.* (88 S.) 1 Bd 8. [98. 4944

Der neue Volkssänger. Sammlung d. beliebtesten deutschen Volks- u. Schullieder, nach Stufen geordn. f. d. Schulgebr., nebst e. Anh. von Spielliedern u. Turnreigen. Bearb. von A[ugust] **Wessel**, Sem. Oberl. in Trier. *Trier: J. Lintz 1899.* (88 S.) 8° [F.] [oo. 4949 5

Wessel, C. Richard III. in Shakespeare's plays compared with Richard III. in history. 32 S. **Progr.** *Eschwege* 1876.

Wessel, Eduard, Referendar: Das Verbrechen der Bigamie. Borna-Leipzig 1909: Noske. VI, 31 S. 8°
Heidelberg, Jur. Diss. v. 23. Sept. 1909, Ref. v. Lilienthal
[Geb. 30. Mai 83 Wittlich; Wohnort: Trier; Staatsangeh.: Preußen; Vorbildung: Friedrich-Wilhelms-Gymn. Trier Reife O. 03; Studium: Münster 1, Berlin 1, München 1, Bonn 3 S.; Rig. 29. Juni 09.] [U 10. 2040

Wessel, Fab., Sonn- und Feyertagspredigten. Fol. Augsb. Wolff. 739.

Wessel, Friedrich

Wessel, *Hermann* Friedrich (in d. Vita: Frédéric) [app. Arzt aus Bremen]: Zur Behandlung des Schleimbeutelhydrops ... Kiel, Druck v. P. Peters, 1894; 36 S., 1 Bl. 8.
Kiel, Med. Fak., Inaug.-Diss. v. [19. Okt.] 1894

Wessel, Gustav

Wessel, (Theod. Christian.) Gust. (geb. Bielefeld 1825): De colica saturnina. Berolini (1850). (27 S.) 8°
Berlin, Med. Diss. v. 16. Mai 1850

Wessel, Heinr., der homöopathische Thierarzt, od. die Krankheiten der Pferde u. des Rindviehes, der Schafe, Schweine u. Hunde, u. ihre homöopath. Heilg. Für Landwirthe u. Viehbesitzer bearb. 2., verm. Aufl. gr. 8. (XVI, 168 S.) Meldorf 892. C. Albers. Geb. in Leinw. n. 3. —

Wessel, Hermann Friedrich, s. Wessel, Friedrich

Wessel, J., Gedichte. 8. (6½ B.) Itzehoe 827, (Barthmann u. Sohn.)

Wessel, (J. H.,) der Bräutigam ohne Strümpfe. Ein Trauerspiel in 5 Akten. Aus d. Dän. v. A. Martini. 8. Kopenhagen 827, Brummer.

Wessel, J. H., Lieb' ohne Strümpfe, s. Oehlenschläger, A.

Wessel, Ioh., Malachias enucleatus. 4. Lübeck. 719.

Wessel, Jh. Hnr., s. Oehlenschläger, Adm., Lieb' ohne Strümpfe.

Wessel, Johann Nikolaus (Batavia) U. S. Basel 1753/1

Dissertatio inauguralis medico-chirurgica de partu cum haemorragia ob placentam orificio uteri adhaerentem.
Basel (Thurneysen) 27. VII. 1753. 20 S.

36461

Wessel, Justus [Praes.], s. Matthias, Daniel Heinrich: De peccatore et peccato in spir. S. Quaestionem Theologicarum Trigam: I. Utrum Peccator in Spiritum S. sit in statu gehennali? II. Utrum Christus non solum pro Peccatore, sed etiam Peccato in Spiritum S. satisfecerit? III. Utrum Sententia de statu Peccatoris in Sp. S. gehennali sit problema, de quo in utramque partem libere possit disputari?

Wessel, L., „Fürchtet euch nicht!" Predigt am 2. Osterfeiertage 1815 gehalten. 8. (1 B.) Braunsberg, (Theile?) *

Wessel, Leo [aus Cöln a. Rh.]: Über einige Derivate des Ditolyls. Köln 1902. 30 S. 8°.
Basel. Phil. Diss. 1901/1902.

Wessel, Leo. Ueber einige Derivate des Ditolyls. Diss. Phil. Basel. 30 S. 8. Köln, Jakob Pohl, 1902.

Wessel, Ludwig, aus Hess. Oldendorf: Die Ethik Charrons. Erlangen 1904: H. Vollrath. (41 S.) 8°
Erlangen, Phil. Diss. v. 12. Febr. 1904.

Wessel, Ludw., ich lasse dich nicht! Konfirmations- u. Abschiedspredigt, geh. in der Bielefelder evangel. Pauluskirche am 29. III. 1908. (12 S.) 8. Gütersloh 908. C. Bertelsmann. — 30

— Das Reich Gottes ist inwendig in euch. Predigten. (71 S.) 8. Mühlheim-Ruhr 909. H. Baedeker. 2. —; geb. m. Goldschn. 3. —

Wessel, M. Vide: Verfolger (Die) der Bosheit.

Wessel, Max, die Organisation der Polizei in der Stadt Danzig u. in ihrem Hafen nach Einverleibung derselben in die preußische Monarchie. (68 S. m. 2 Taf.) Lex.-8. Danzig 905. (L. Saunier.) n.n. 2. —

Wessel, Otto, Grundriss zur Lippischen Flora. 2. sehr verm. Aufl. des Echterling'schen Verzeichnisses der im Fürstenth. Lippe wildwachsenden und häufig angebaut werdenden phanerogamen Pflanzen, mit Einschluss der Gefäss-Kryptogamen. 16. (VIII, 108 S.) Detmold 874, Meyer'sche Hofbuchh. cart. *

Wessel, Otto [pract. Arzt in Clausthal]: Choreatische Zuckungen oder Chorea? ... Jena, Druck v. B. Engau, 1887; 40 S. 8°
Jena, Med. Fak., Inaug.-Diss. v. [1. Febr.] 1888

Wessel, Otto, choreatische Zuckungen oder Chorea? Diss. Jena 1887, G. Neuenhahn. 8°. 46 S.

Wessel, (Paul), Prof. Dr., Dir.: **Antrittsrede.** *Wittstock 1901: O. Wessoly.* (S. 1—4.) 4° [Ant. u. F.]
Wittstock, k. G, P 1901 (95)

Wessel, *Paul Otto* Charakteristik des Mittelalters. Ein Vortrag. (Umschlagtitel: Charakteristik des Mittelalters.) 4 (13 S.). **Progr.** Rats- u. Friedrichs-G. mit Vorsch. *Cüstrin* 1887 (70).

Wessel, P. Einleitung in die Geschichte des Mittelalters. Eine praktische Zusammenstellung für die Prima höherer Lehranstalten. III, 63 SS. 8. **Progr.** *Cüstrin* 1879.

Wessel, (Paul), Direktor Prof. Dr.: Drei Entlassungsreden. Wittstock 1905: Otto Wessoly. (S. 3—8.) 4°
Wittstock, k. G P 1905 (99)

Wessel, Paul [pr. Arzt]: Ein Fall von Oesophaguscarcinom mit Uebergreifen auf den linken Vorhof. Metastase in der Dura mater ... Königsberg i. Pr., Druck v. M. Liedtke, 1891; 24 S., 1 Bl. 8.
Königsberg, Med. Fak., Inaug.-Diss. v. 30. Okt. 1891

Wessel, Paul. Ein Fall v. Oesophaguscarcinom m. Uebergreifen auf den linken Vorhof. Metastase in der Dura mater. Diss. gr. 8. (24 S.) Königsb. i. Pr. 891, (Koch). * — 60

– : Feststellung der neuhochdeutschen Aussprache im Anschluß an die „Grundzüge der Bühnenaussprache" (kleine Ausgabe, bearbeitet von Theod. Siebs). S. 25—26. 4. Kgl. Gymn. *Wittstock* 1902 (101).
Progr.

Wessel, P., Geschichte der deutschen Dichtung f. die oberen Klassen höh. Lehranst. Bis zur Reformation. Für Ober-Sekunda. gr. 8. (VII, 36 S.) Gotha 898. F. A. Perthes. Kart. n. — 60

Wessel, P.: Grundsätze zur Regelung unserer deutschen Orthographie. 8 S. – Merseburg Dom. G., Progr. 1870.

Wessel, P., Lehrbuch der Geschichte f. die mittleren Klassen höherer Lehranstalten. 1. u. 2. Tl. gr. 8. Gotha 894. F. A. Perthes. n. 1. 80
1. Deutsche Geschichte (bis zum westfälischen Frieden). Anh.: Ausgeführte Zeittafeln. (VIII, 66 u. XIV S. m. eingedr. Kartenskizzen.) n. — 80
2. Deutsche Geschichte (vom westfälischen Frieden bis zum Tode Kaiser Wilhelms I.). Anh.: Ausgeführte Zeittafeln. (VII, 80 u. XVI S.) n. 1. —

Wessel, P., Lehrbuch d. Geschichte f. die mittleren Klassen höherer Lehranstalten. Deutsche Geschichte. Anh: Ausgeführte Zeittafeln. 2. Aufl. gr. 8. (VIII, 164 u. XXXVIII S.) Gotha 900. F. A. Perthes. n. 1. 80

[F.] Lehrbuch der Geschichte für die Ober-Secunda höherer Lehranstalten v. Prof. Dr. P[aul] Wessel. Das Altertum. Anhang: Ausgeführte Zeittafeln. *Gotha: F. A. Perthes 1895.* (IX, 113, XVIII S.) 1 Bd 8. (96. 97)

— dasselbe f. die Ober-Secunda höherer Lehranstalten. Das Altertum. Anh.: Ausgeführte Zeittafeln. 2. Aufl. gr. 8. (IX, 113 u. XXV S.) Ebd. 899. n. 1. 40

Wessel, P., Lehrbuch der Geschichte für die Prima höherer Lehranstalten. I. Heft: Das Mittelalter. 1. Periode: Bis zum Untergang der Staufer. gr. 8. (IV, 230 S.) Gotha 886, F. A. Perthes. *

Wessel, P. Lehrbuch der Geschichte f. die Prima höherer Lehranstalten. 2 Tle. gr. 8. Gotha, F. A. Perthes. à Tl. * 2 40; * 4 80
1. Das Mittelalter. (XII, 236 S.) 889.
2. Die Neuzeit. (XIV, 190, XXVII S.) 892.

— dasselbe f. d. Prima höh. Lehranst. 2 Tle. 2. Aufl. gr. 8. Ebd. n. 4. 40
1. Das Mittelalter. Anh.: Ausgef. Zeittafeln. (X, 173 u. XXII S. m. eingedr. Karten.) 895. n. 2. —
2. Die Neuzeit. Anh.: Ausgeführte Zeittafeln. (XIV, 186 u. XXXIV S.) 898. n. 2. 40

— dasselbe für die Prima höherer Lehranstalten. 1. Tl. Mittelalter u. Neuzeit (bis 1648). Anh.: Ausgeführte Zeittafeln. 3. Aufl. gr. 8. (VIII, 201 u. XXXIV S. m. eingedr. Kartenskizzen.) Ebd. 902. n. 2. 40

Wessel, P., Lehrbuch der Geschichte f. die Prima höherer Lehranstalten. 2 Tle. gr. 8. Gotha, F. A. Perthes. n. 4. 80; geb. n. 5. 60
1. Mittelalter u. Neuzeit (bis 1648). Anh.: Ausgeführte Zeittafel. 4. Aufl. (VIII, 201 u. XXXIV S.) 905. n. 2. 40 geb. n. 2. 80
2. Die Neuzeit. Anh.: Ausgeführte Zeittafeln. 3. Aufl. (V, 164 u. XXVIII S.) 905. n. 2. 40; geb. n. 2. 80

— Lehrbuch d. Geschichte f. d. Quarta höh. Lehranst. Griechische u. röm. Geschichte (bis zum Tode d. Augustus). Anh.: Zeittafeln. gr. 8. (VIII, 61 S.) Ebd. 897. n. — 80

— dasselbe f. die Quarta höh. Lehranstalten. Griechische u. röm. Geschichte (bis zum Tode des Augustus). Anh.: Zeittafeln. 3. Aufl. (VIII, 62 S.) gr. 8. Ebd. 905. n. — 80; geb. 1. 20

— mittelhochdeutsches Lesebuch f. d. Ober-Sekunda höh. Lehranstalten. gr. 8. (IV, 92 S.) Ebd. 898. Kart. n. 1. —

Wessel, [Paul]: • Quaestiones Sophocleae. 33 Bl. 4° (2°) Halle-Wittenberg, Phil. Diss. v. 7. Juni 1869
Geb. [Zerbst 22. 8. 1843]
Ersch. mit einigen Veränderungen Merseburg 1870: Hottenroth & Schneider. S. 1—23. 8° (4°) Domgymn., Progr.

Wessel, *Paul Otto* [Prof. Dr.]: Die Religion der Griechen. Für d. Geschichtsunterr. d. Ober-Sekunda dargest. *Leipzig, Druck v. Ramm & Seemann, 1894;* 2 Bl., 20 S. 8.
Küstrin, k. G m. st. VS, P 1894 (72)

Wessel, [Paul], Prof. Dr., Dir.: Die Verteilung der Grammatik auf den lateinischen und den deutschen Unterricht der unteren Klassen ⟨im Anschluß an das lateinische Übungsbuch von Ostermann-Müller⟩. *Wittstock 1902: O. Wessoly.* (S. 3—26.) 4° [F.]
Wittstock, k. G, P 1902 (101)

Wessel, Paul Otto, s. Wessel, Paul

Wessel, Paul Philipp, s. Wessel, Philipp

Wessel, Philipp

Wessel, Phil., und Otto Weber, neuer Beitrag zur Tertiar-Flora der niederrheinischen Braunkohlenformation. Mit 11 (lith.) Taf. Abbildgn. (Abdr. aus d. Palaeontographica von Dunker u. v. Meyer.) Cassel 856. Fischer. gr. 4. (58 S.) n. 6 ₰.

Wessel, Paulus Philippus ⟨geb. am 20 Jan. 1826 in Kulm Westpr.⟩: Descriptio geognostica regionis oribus Viadrinis circumiectae ... Bonnae, form. F. P. Lechneri (1851). 2 Bl., 28 S., 1 Bl., 1 Taf., 1 Karte. 4. ¶ Erschien zugleich selbständig bei Dümmler in Berlin.
Bonn, Phil. Fak., Diss. v. 31 März 1851

Wessel, Ph., Descriptio geognostica regionis ostiis Viadrinis circumjectae. 4maj. (28 S. mit 2 Stnt. in gr. 4. und Fol.) Berolini 851, Dümmler. *

– Der Jura in Pommern. (Aus der Zeischr. der deutsch. geolog. Gesellsch.) Berlin. 1854. 8.

Wessel, Samuel: Das Targum zum Buche Ruth. Berlin 1898. 48 S. 8°.
Bern. Phil. Diss. 1897/98.

Wessel, Theodor Christian Gustav, s. Wessel, Gustav

Wessel, W., Anleitung zur Behandlung der Lieder in Volks- u. Mittelschulen, s.: Nießen, J.

Wessel, W., heimatkundl. Anschauungs-Unterr., s.: Nießen, J.

Wessel, W., Erläuterung der Gedichte, welche durch ministerielle Verfügung f. die Volksschulen vorgeschrieben sind, s.: Nießen, Jos.

Wessel, Wilhelm [app. Arzt]: Ein Fall von Struma sarkomatosa ... München, Druck v. M. Ernst, 1888; 16 S. 8°
München, Med. Fak., Inaug.-Diss. v. 1888.

Wessel, Wilh., ein Fall von Struma sarkomatosa. Inaugural-Dissertation. gr. 8. (16 S.) München 888, (Ernst.) *

Wessel, Wilh., uns. schönsten Lieder, s.: Nießen, J.

— **Loreley.** Liedersammlung f. gemüthl. Kreise. Enth. Vaterlands-, Volks-, Heimat-, Wander-, Liebes-, Jäger-, Trink-, Studenten-, Vereins- u. humorist. Lieder, sowie Lieder f. Stenographen-, Feuerwehr- u. Turnvereine. 16. (224 S.) Minden 897. J. C. C. Bruns. — 25

Wessel Linden, D., Vier chem.-med. Abhandlungen m. Taf. A. d. Engl. Lpz. 8°. 1771.

Wesselényi, Nicol., eine Stimme über die ungarische u. slawische Nationalität. (Aus dem Ungarischen übersetzt.) gr. 8. (16¾ B.) Leipzig 844, (Pesth, Emich.) *

Wesseler, Joh., in Bethlehem u. Nazareth, s.: Unterhaltungs-Bibliothek, Steyler. 12.

— an den hl. Stätten Jerusalems, s.: Unterhaltungs-Bibliothek, Steyler. 5.

Wesselhöft, E., Herschel-Augusti, s.: Schriften d. Institutum Judaicum in Leipzig.

Wesselhöft, E., Schulrede u. Examen am Todestage Luthers, d. 18. Febr., Predigt zum 300jährigen Ehrengedächtniß desselben an seinem Begräbnißtage, Dom. Estomihi, den 22. Febr. 1846, Predigt am Gedenkfest des westphäl. Friedens, Dom. XII p. Trin. 1847, gehalten. gr. 8. (31 S.) Jena 847, Frommann. n. 4 ngr

Wesselhöft, Elisabeth

— s. 1) Abendunterhaltungen der Frau Helwig mit ihren Kindern, u. setze hinzu: (v. Elis. Wesselhöft).

Wesselhöft, Elise, s. Bilder aus d. Leben.

Wesselhöft, Elisabeth, übersetzte d. „Denkwürdigkeiten aus d. öffentl. u. Privatleben d. Prinzessin Charlotte Auguste von Wales.

s.a. Erzählungen aus d. alten u. neuen Zeit.

(Wesselhoeft, Elisabeth)
Erzählungen aus der älteren und neueren Zeit. Jena: Schmid 1818. 306 S. 8°

Wesselhöft, Johs., der Garten des Bürgers und Landmannes, insonderheit des Geistlichen und Lehrers auf dem Lande. Praktische Anleitung, wie man sich seine nächste Umgebung durch Gemüse-, Obst- und Blumenzucht angenehm machen und den größtmöglichsten Nutzen daraus erzielen kann. gr. 8. (XII, 324 S. mit 65 in den Text gedr. Abbild.) Langensalza 884, Beyer und Söhne. *

Wesselhöft, Johs., der Garten d. Bürgers u. Landmannes, insonderheit d. Geistlichen u. Lehrers auf dem Lande. Praktische Anleitg., wie man sich seine nächste Umgebg. durch Gemüse-, Obst- u. Blumenzucht angenehm machen u. den größtmöglichsten Nutzen daraus erzielen kann? 2. Aufl. Mit 119 Abbildgn. gr. 8. (XIV, 354 S.) Langensalza 886. Beyer & Söhne. n 4. —; geb. n. 5. —

Wesselhöft, Johs., der Garten d. Bürgers u. Landmannes, insonderheit d. Geistlichen u. Lehrers auf dem Lande. Praktische Anleitg., wie man sich seine nächste Umgebg. durch Gemüse-, Obst- u. Blumenzucht angenehm machen u. den größtmöglichsten Nutzen daraus erzielen kann. 3., verm. Aufl. gr. 8. (XII, 396 S. m. 140 Abbildgn.) Langensalza 891. H. Beyer & Söhne. n. 4. —; geb. n. 5. —

Wesselhöft, Johs., der Garten des Bürgers u. Landmannes, insonderheit d. Geistlichen u. Lehrers auf dem Lande. Prakt. Anleitg., wie man sich s. nächste Umgebg. durch Gemüse-, Obst- u. Blumenzucht angenehm machen u. d. größtmögl. Nutzen daraus erzielen kann. 4., verm. u. verb. Aufl. gr. 8. (XII, 405 S. m. 139 Abb.) Langensalza 895. H. Beyer & Söhne. n. 4. —; geb. n. 5. —

Wesselhöft, Johs., der Garten des Bürgers u. Landmannes, insonderheit des Geistlichen u. Lehrers auf dem Lande. Praktische Anleitung., wie man sich seine nächste Umgebg. durch Gemüse-, Obst- u. Blumenzucht angenehm machen u. den größtmögl. Nutzen daraus erzielen kann. 5., verm. u. verb. Aufl. (VIII, 424 S. m. 139 Abbildgn.) gr. 8. Langensalza 903. H. Beyer & Söhne. n. 4. —; geb. n. 5. —

Wesselhöft, Johs., vollständiger immerwährender Garten-Kalender für Zier- und Gemüsegärtnerei, Obst- und Weinkultur. Nebst einer kurzen Anleitung zum Treiben der Blumenzwiebeln, besonders der Hyazinthen. gr. 16. (VIII, 129 S.) Halle 875, Hendel. geb.

Wesselhöft, J., vollständiger immerwährender Garten-Kalender f. Zier- u. Gemüsegärtnerei, Obst- u. Weinkultur. Nebst e. kurzen Anleitg. zum Treiben der Blumenzwiebeln, besonders der Hyazinthen. 2., verb. Aufl. 12. (VI, 170 S.) Langensalza 887. Beyer & Söhne. geb. n. 1. 50

Wesselhöft, Johs., der kleine Gärtner. Vollständiger Unterricht, den kleinen Hausgarten als Gemüse-, Blumen- und Obstgarten in einfacher und gemischter Form nach Regeln anzulegen und zu bewirthschaften. 8. Aufl. gr. 16. (XXIV und 268 S. mit 34 in den Text gedr. Abbild. in Holzschn.) Halle 867, Hendel. —

Wesselhöft, Joh., der kleine Gärtner. Vollständiger Unterricht den Hausgarten als Blumen-, Gemüse- und Obstgarten in einfacher und gemischter Form nach Regeln anzulegen und zu bewirthschaften. 9. Aufl. (XXIV, 283 S. mit 52 Abbild.) 1871. ℳ 2,50., und 10. neu bearb. Aufl. gr. 16. (XXVIII, 304 S. mit 58 in den Text gedr. Abbild. in Holzschn.) Halle 873, Hendel. cart.

Wesselhöft, Johannes, s. Gemäldesammlung, die.

— d. Gemüsegärtner, s.: Jäger, H.

— s. Houghton.

— Katechismus der Obstverwertung, s.a. Weber's illustr. Katechismen.

Wesselhöft, Johannes, Katechismus der Obstverwerthung. Anleitung zur Behandlung und Aufbewahrung des frischen Obstes. ꝛc. Mit 45 in den Text gedruckten Abbildungen. 8. (XX, 249 S.) In Lnwd. geb. Leipzig: Weber 1897. 1.80

Wesselhöft, J., Katechismus d. Ziergärtnerei, s.: Jäger, H.

—— die Kultur der Rosen in Töpfen. Prakt. Anleitung für Blumenfreunde, die Rosen im Zimmer zu ziehen und zu jeder Jahreszeit blühende Rosen zu haben. 8. (VIII, 133 S. mit 15 in den Text gedr. Abbild.) Weimar 887, B. F. Voigt. geb.

— Nutzgärtnerei, s.: Jäger, Herm.

—— der Rosenfreund. Vollständige Anleitung zur Kultur der Rosen im freien Lande und im Topfe, Treiben der Rosen im Winter, sowie Beschreibung der schönsten neuen und alten Sorten, nebst Angaben der Verwendung. Mit einem Vorwort von H. Jäger. gr. 8. (XIV und 198 S. mit 33 in den Text eingedr. Abbild. in Holzschn.) Weimar 866, Voigt.

Wesselhöft, J., der Rosenfreund. 3. Aufl. gr. 8. Weimar 873. Leipzig, Licht und Meyer.

—— der Rosenfreund. Vollständige Anleitung zur Cultur der Rosen im freien Lande und im Topfe, zum Treiben der Rosen im Winter, sowie Beschreibung und Verwendung der schönsten neuen und alten Arten der systemat. geordneten Gattungen. Mit einem Vorwort von J. Jäger. 3. verm. und verb. Aufl. gr. 8. (XVI, 255 S. mit 33 in den Text eingedr. Abbild. in Holzschn.) Weimar 873, B. F. Voigt.

Wesselhöft, Johs., der Rosenfreund. Vollständige Anleitung zur Kultur der Rosen im freien Lande u. im Topfe, zum Treiben der Rosen im Winter, sowie Beschreibung u. Verwendung der schönsten neuen u. alten Arten der systematisch=geordneten Gattung. 4., verm. u. verb. Aufl. Mit 35 in den Text eingedr. (Holzschn.=)Abbildungen. gr. 8. (XVI, 279 S.) Weimar 878. B. F. Voigt. 3. 75

—— der Rosenfreund. Vollständige Anleitung zur Kultur der Rosen im freien Lande und im Topfe, zum Treiben der Rosen im Winter, sowie Beschreibung und Verwendung der schönsten neuen und alten Arten der systematisch geordneten Gattungen. 5. verm. und verb. Aufl. gr. 8. (XVI, 306 S. mit 40 in den Text eingedr. Abbild.) Weimar 881, B. F. Voigt.

— der Rosenfreund. Vollständige Anleitg. zur Kultur der Rosen im freien Lande u. im Topfe, zum Treiben der Rosen im Winter, sowie Beschreibg. u. Verwendg. der schönsten neuen u. alten Arten der systematisch geordneten Gattgn. Nebst e. Kalendarium der gesamten Rosenzucht. 6. Aufl. Mit 40 Abbildgn. gr. 8. (XVI, 286 S.) Weimar 886. B. F. Voigt. 4. —

— der Rosenfreund. Vollständige Anleitg. zur Kultur der Rosen im freien Lande u. im Topfe, zum Treiben der Rosen im Winter, sowie Beschreibg. u. Verwendg. der schönsten neuen u. alten Arten der systematisch geordneten Gattgn. Nebst e. Kalendarium der gesamten Rosenzucht. 7., verb. Aufl. gr. 8. (XVI, 274 S. m. 33 Abbildgn.) Weimar 892. B. F. Voigt. 4. —

— vollständiger Unterricht, den Hausgarten als Blumen=, Gemüse= u. Obstgarten in einfacher u. gemischter Form nach Regeln anzulegen u. zu bewirthschaften. Mit 58 in den Text gedr. (Holzschn.=)Abbildungen. 11., neu bearb. Aufl. 8. (XXVIII, 300 S.) Halle 879. Hendel. 2. 50; geb. 3. —

— vollständiger Unterricht, den Hausgarten als Blumen=, Gemüse= u. Obstgarten in einfacher u. gemischter Form nach Regeln anzulegen u. zu bewirthschaften. Mit 54 Abbildgn. 12. Aufl., neu bearb. 8. (VIII, 350 S.) Halle 885. Hendel. cart. 3. —; geb. n. 4. —

Verzeichniss von elektrischen Apparaten für den Unterricht auf höheren Lehranstalten von M. Wesselhoft. Halle [o. J.]

Teutsche Jugend in weiland Burschenschaften und Turngemeinden [v. Robert Wesselhöft]. Materialien zu dem verheißenen ersten Theile der Fragmente aus dem Leben des Abentheurers Ferd. Johannes **Wit.** gen. von **Dörring.** Mit Bezugnahme auf des Majors von Lindenfels freisinnige Bemerkungen über den zweiten Theil dieser Fragmente. Magdeburg. 1828. 8°

Wesseli, Moses, hinterlass. Schriften, üb. Gegenstände der Handlung, d. Cameral= u. Finanzwesens, nebst des Verfass. kurz. Lebensgesch. 8. Berlin, Maurer. 799.

Wesseli, Naphthalie Hartwig, s. Wessely, Naphthali Hartwig Herz

Wesselinck, J. Nikomedes od. röm. Martyrer d. 1. Jahrh. Religiöses Schauspiel in 4 Akten. 2. umgearb. Aufl. 12. (60 S.) Paderb. 891, Esser. * — 80

Wesseling, Peter

— Diss. philologico-critica de Asiarchis, eorumque munere et dignitate. 4. ibid. 753.

— Diss. hist. crit. de Cornelio centurione et Sergio Paulo Proconsule. Auct. et Resp. Dieder. van der Kemp. 4. ibid. 752.

— Diss. in Epistolam Jeremiae. 4. ibid. 752.

Wesseling, **Pet., († d. 9. Nov. 1764.) dissertatio herodotea ad Hemsterhusium. 8. Traj. ad Rhen. 758. 14 gr.**

— s. Herodoti, Holicarn. histor. libri IX.

— histor. jurid. prior., qua de Marco Aurelio Commodo Antonino, ejus vita, gestis, moribus, fatis et morte agitur. Auct. et Resp. H. H. Meyer. 4. ibid. 753.

— Diss. observationes miscellae philologici potissimum argumenti. Auct. et Resp. van Oporus. 4. Ultraj. 764.

Wesseling, Pet., Observationum variarum libri II. Accurate edid., elogium Wesselingii praemisit, suasque adnotationes atque indices locupletiss. adjecit Car. Henr. Frotscher. 8maj. (15½ B.) Lipsiae 832, [Klinkhardt.]

— oratio in obitum regiae principis, Annae, foederatae Belgicae Gubernatricis. Fol. ibid. 759.

— Diss. de origine atque usu numorum apud Hebraeos. 4. Traj. ad Rhen. 750.

Wesselitsky, Sergei von, stud. cam.: Die Entwickelung des transkaukasischen Verkehrsnetzes. Leipzig 1904: O. Schmidt. (93 S.) 8°
Leipzig, Phil. Diss. v. 1904.

Wesselmann, Frz., der hl. Gerlach v. Houthem. Sein Büßerleben u. s. Verehrg. 12. (108 S. m. Titelbild.) Steyl 897. Missionsdruckerei. Geb. in Leinw. n. 1.20

Wesselmann, Herm. Jos., Lehrbuch der Geographie u. Geschichte des Großherzogthums Oldenburg. Für höhere Schulen u. zum Selbstunterrichte. Oldenburg 866. Schmidt. 8. (87 S.) 7½ ngr.

Wesselmann, J. P. L., Predigten auf d. neuesten Weltbegebenheiten, besond. Hamburgs. 8. Hamb. 814. Bohn. 20 gr.

Wesselofsky, Aloxis, doutsche Einflüsse auf das alte russische Theater von 1672—1756. Ein Beitrag zur Culturgeschichte. gr. 8. (108 S.) Prag 876. Calve. n.n. 3.—

Wesselovsky, A., s.: Literaturen u. Sprachen, die osteuropäischen u. slawischen.

Wesselowsky, C.

— Tabellen über mittlere Temperaturen im russischen Reiche. (Aus den „Beitr. zur Kenntn. des russ. Reichs, Bd. 18" besonders abgedruckt.) [o. O. u. J.]

Wesselrode, Julie, oder die dankbare Tochter. Lstspl. 8. Regensb. 780. Montag u. W. 4 gr

Wessels, Frz., Schilderung d. kathol. Gottesdienstes in Stralsund kurz vor d. Kirchenverbesserung. Nach e. alten Handschrift hrsg. u. mit Erläutern. begleitet v. Ernst Heinr. Zober. gr. 4. (4 B. u. W's. lith. Bildn.) Stralsund 837, Löffler'sche Bh.

Wessels, Hermann [aus Bremen]: Ueber Hyalinbildung in cavernosen Angiomen der Leber und ihre Bedeutung für eine Naturheilung dieser Gefässgeschwulste . . . . Bremen, Druck v. Carl Schunemann, 1888; 22 S. 8°
Würzburg Med. Fak., Inaug.-Diss. v. 1888

Wessels, Hermann, über Hyalinbildung in carvernösen Angiomen der Leber und ihre Bedeutung für eine Naturheilung dieser Gefässgeschwülste. Diss. Würzburg 1888, Stahelsche Univ.-Buchh. 8⁰. 22 S.

Wesselski, Albert (Hrsg.), s. Arlotto, Piovano: Die Schwänke und Schnurren.

Wesselski, Alb., Arlotto, des Pfarrers, Schwänke und Schnurren, s.: Narren, Gaukler u. Volkslieblinge.

Wesselski, Albert, Märlein, Schwänke und Schnurren aus geistlichen Schriften des XIII. Jahrhunderts. Leipzig. Bei Wilh. Heims. 1908. 4⁰. LI u. 264 S. Prächtige Ausstattung. (12 Mk., Origbd., Lipsius u. Tischer, 1909: 16 Mk., echtes Schwsldr., Conr. Skopnik, 1910.) (Ganzpergtbd. Mk. 12.—: Expl. 1—30 in echtes Schweinsleder gebd. Mk. 20.—.)

WESSELSKI, Albert, Mönchslatein. Erzählungen aus geistlichen Schriften des XIII. Jahrhunderts. Leipzig, bei Wilhelm Heims, 1909. Gr. 8⁰. LI u. 264 S. Gedruckt in 1000 numerierten Exemplaren (Mk. 12 in Pergamenteinband).

Wesselski, Alb., s.: Perlen älterer romanischer Prosa.

— —, Die Schwänke u. Schnurren des Pfarrers Arlotto. Mit mehreren Bildern u. Faksimilien. 2 Bde. Alexander Duncker Verlag, Berlin, 1910. (= Narren, Gaukler und Volkslieblinge, herausgegeben von Albert Wesselski, 1. u. 2. Band.) 8⁰. (Mk. 28 in Pergamentbänden, Mk. 45 auf Bütten in einem Luxusband).
63 u. 236 + XX u. 352 S. Gedruckt in 1000 numerierten Exemplaren.

Wesselsky, Anton

Wesselsky, die Beteiligung der Städte am Bodenwertzuwachse, s.a. **Zeitfragen soziale. XXIII.**

Die Beteiligung der Städte am Bodenwertzuwachse. Referat erstattet dem 5. österr. Städtetag von Stadtrat Dr. A[nton] **Wesselsky,** (Wien). Berlin: 'Bodenreform' 1905. (22 S.) 8° [J. u. Ant.]
= **Zeitfragen,** Soziale. 23.

Wesselsky, Ant., Österreicherthum. Eine arische Denkschrift. (Nach d. Confiscation 2. Aufl.) gr. 8. (III, 161 S.) Wien 896. (C. Vetter.) n. 2.—

Wesselsky, Ant., die formelle Wahrheit. Eine civilprocessuale Studie m. besond. Berücksicht. der Parteieneinvernehmg. gr. 8. (V, 40 S.) Wien 900. C. Konegen. n. — 80

Wesselsky, Ant., die drei Wege. Drama in 3 Akten. (IV, 119 S.) 8. Dresden 906. E. Pierson. 2.—

Wesselský, Frz., Zeichenhefte für Volksschulen nach der stigmografischen Methode. 1. Heft. Wien 870. (Klemm.) qu. 4. (14 S.) 2 ngr.

Wesselsky, P.

Wesselsky, P. u. R. **Benedikt,** Ueber einige Nitroprodukte aus der Reihe des Brenzcatechins. (Sitzb. d. k. Akad. d. W. 85. Bd. II. Abth. 1882. Mai.) gr. 8. (8 S. mit 3 Holzschnitten) in Comm. geh. 12 kr. Wien: Gerold's Sohn 1882.

Wessely, Dr. P., und Dr. R. **Benedikt,** 30 Uebungs-Aufgaben als erste Anleitung z. quantitat. Analyse. 8. (41 S.) Wien, Toeplitz & Deuticke. Cart. 60 kr. **1883**

Wesselsky, Dr. P. und Dr. R. Benedikt: 30 Uebungs-Aufgaben als erste Anleitung zur quantitativen Analyse. 2. Auflage. 8. (38 S.) Cart. Wien: Deuticke 1892.

Wessely, Josephine, Erinnerungen an sie, s.: Meiche, L.

Wessely, Alex. Frz., Berlin von der ältesten bis auf die neueste Zeit. Historisch, topographisch und statistisch nach den zuverlässigsten Quellen dargestellt. Mit dem neuesten Plane von Berlin und einer Uebersichtskarte der Eintheilung der Residenz etc. 1. Bd. 1—6. Heft. gr. 8. (S. 1—384.) Berlin 855, Lindow. à Heft 4 Ngr. Thlr.

Wessely, Alex. Frz., Berlin's historische Erinnerungen, Merkwürdigkeiten und Volkssagen. Mit vielen in den Text gedr. Illustr. (Holzschn.) Berlin 858. Litfaß. 8. (IV, 108 S.) 7½ ngr.
Vgl. Wessely, Franz

Wessely, Anton [aus Kreuzburg (Oberschles.)]: Die Operationen der Rektumcarcinome . . . Würzburg, P. Scheiner's Buchdr., 1895; 35 S. 8.
Würzburg, Med. Fak., Inaug.-Diss. v. 1895

Wessely, Ant., Qual durch Liebe. Roman. (234 S.) 8. Linz 906. (Zentraldruckerei vorm. E. Mareis.) n. 3.—

Wessely, August [illegible] De insufficientia valvularum aorticarum [illegible] Berolini 1864 (32 S.) 8°.
Berlin, Med. Diss. v. [illegible] Aug. 1864

Wessely, C., s. Wessely, Karl

Wessely, Emm., s. a. **Moseide.**

Wessely, d. Mosaide, in 18 Gesängen, nach d. hebr. Orig. mit neuen deutschen Anmerkk. d. Verf. 1s Hft. gr. 8. Berlin 795, Wilh. Vieweg.

Wessely, Emanuel. Literarischer Nachlass . . . Hamburg 1827—28. H: *Wessely, Fanny geb. Moses.* (schr)

NACHT, Die. Gedicht in 20 (zahmen) Liedern (von *Em. Wessely*). 2 Thle. Mit Kupfertitel u. Vignette. Bremen 1797. 8⁰. 426 S. (2 Mk. 50 Pfg. Jos. Jolowicz, Posen, 1906; 3 Kr. Jos. Grunfeld, Wien, 1907.)

Wessely, Emm., Verbrechen aus Dankbarkeit. Schspl. 8. Dessau 797. 6 gr

Wessely Fr.: Prof. Fabian Mathia †. 3. Kremsier 81. **Progr.**

W e s s e l y, Fr., Verzeichniss aller in Oesterreich erschienenen Musikalien, s. C a t a l o g, österreichischer.

W e s s e l y, Frz., Berlin's historische Erinnerungen, Merkwürdigkeiten und Volkssagen. 8. (IV und 108 S. mit vielen in den Text gedr. Illustr. in Holzschn.) Berlin 858, Litfaß.

Vgl. Wessely, Alexander Franz

Wessely, Geo., das geheimnißvolle Haus. Kriminal-Roman nach dem Engl. (96 S.) 8. Neuweißensee (905.) C. Bartels. 1. —

Wessely, Hartwig, s. W e s s e l y, Naphtali Hartwig Herz

Wessely, J., s. W e s s e l y, Josef

Wessely, J. C., s. W e s s e l y, Ignaz Emmanuel

Wessely, J. E., s.a. W e s s e l y, Ignaz Emmanuel

Wessely, J. E., s.a. W e s s e l y, Joseph Eduard

Wessely, J. E., ein B r i e f Jesu Christi [Offenbarung 3, 15 ff.] in sieben Fastenpredigten. Freiburg im Br. 861. Herder. gr. 8. (79 S.) 7 *ngr.*

—— die sieben Gaben des heil. Geistes. Sieben Fastenpredigten. gr. 8. (III und 95 S.) Freiburg im Br. 861, Herder'sche Verlagsbuchh.

W e s s e l y, J. E., P a s t o r bonus. Der 22. Psalm David's in 7 Fastenbetrachtungen. 8. (V und 160 S.) Wien 864, Braumüller.

Wessely, **J. F.** Die Streitsüchtigen. Original-Novelle. *Wien* 1858. *M. Auer*. 1. u. 2. Bdchn. 96 und 88 S., kl. 8⁰.

Wessely, J. S., s. W e s s e l y, Ignaz Emmanuel

Wessely, Ignaz Emmanuel

—— aus der K l e i n f r a u e n w e l t. Eine Erzählung für das Mädchen- und erste Jungfrauenalter. gr. 8. Leipzig 881. Berlin, H. J. Meidinger. cart. *M 3.—.; geb.

Wessely, Ig. Em., aus der K l e i n f r a u e n w e l t. Eine Erzählung für das Mädchen- u. erste Jungfrauenalter. Im freien Anschluß an das engl. Original [„Little Women"] der Louise M. Alcott bearb. Mit 4 Farbendr.-Bildern. gr. 8. (210 S.) Leipzig 881. C. Zieger. cart. n. 3. —; geb. 4. —

— aus der K l e i n m ä n n e r w e l t. Eine Erzählung für das Knaben- u. erste Jünglingsalter. Im freien Anschluß an das engl. Original [„Littlo Men"] der Louise M. Alcott bearb. Mit 4 Farbendr.-Bildern. gr. 8. (III, 212 S.) Ebend. 881. cart. n. 3. —

Wessely, Ign. Em., P o c k e t d i c t i o n a r y of the English and French languages. 25. ed. Re-written, improved, and greatly enlarged by L. Tolhausen and G. Payn, in collaboration with M. Eug. Heymann. 12. (VIII, 272 u. 231 S.) Leipzig 898. B. Tauchnitz. 1. 50; geb. in Leinw. 2. 25

Wessely, Ign. Eman., P o c k e t d i c t i o n a r y of the English and French languages. 30. ed. Re-written, improved, and greatly enlarged by L. Tolhausen and G. Payn. In collaboration with Eug. Heymann. (VIII, 272 u. 231 S.) 12. Leipzig 906. B. Tauchnitz. 1. 50; geb. in Leinw. 2. 25

Wessely, Ig. Em., P o c k e t dictionary of the English and Italian languages. 19. ed., thoroughly revised and rewritten by G. Rigutini and G. Payn. 12. (VI, 226 u. 199 S.) Leipzig 901. B. Tauchnitz. 1. 50; geb. in Leinw. 2. 25

— P o c k e t dictionary of the English and Italian languages. 20. ed., thoroughly revised an re-written by G. Rigutini and G. Payn. (VI, 226 u. 199 S.) 12. Ebd. 903. 1. 50; geb. in Leinw. 2. 25

Wessely, J. S., a new pocket-dictionary of the english and french languages. — Nouveau dictionnaire de poche anglais-français et français-anglais. Leipzig 869. B. Tauchnitz. gr. 16. (VI 458 S.) 15 *ngr.*; in engl. Einb. 22½ *ngr.*

—— a new p o c k e t d i c t i o n a r y of the English and French languages. 13th and 14th ster. edit. 12. (VI, 226, 232 S.) Leipzig 886,88, B. Tauchnitz. *M* 1.50.; geb.

—— A new p o c k e t d i c t i o n a r y of the English and French languages. 15th—18th ster.-edit. 12. (VI, 226, 232 S.) Lpz. 889—92, B. Tauchnitz. 1 50; geb. 2 25

W e s s e l y, I. E., a new p o c k e t d i c t i o n a r y of the English & French languages. 21. ster. ed. 12. (VI, 226 u. 232 S.) Leipzig 894. B. Tauchnitz. 1. 50; geb. in Leinw. 2. 25

—— a new P o c k e t D i c t i o n a r y of the English and German Languages. — Neues englisch-deutsches und deutsch-englisches Taschenwörterbuch. (VI, 418 S.) 1868, und 5. bedeutend verm. und sorgfältig verb. Ster.-Ausg. gr. 16. (VI, 440 S.) Ebendas. 875. *M* 1,50.; geb.

—— a new P o c k e t Dictionary of the English and German languages. 12th edit. 12. (VI, 210 S.) Leipzig 884, B. Tauchnitz. *M* 1,50.; geb.

—— a new P o c k e t D i c t i o n a r y of the English and Italian Languages. Stereotype edit. gr. 16. (VI, 211 S.) Ebendas. 870. *M* 1,50.; geb.

—— a new p o c k e t d i c t i o n a r y of the English and Italian languages. 2 parts in 1 vol. 10th—12th ster. edit. 12. (X, 226; 217 S.) Ebendas. 885—89. *M* 1.50.; geb.

—— A new p o c k e t d i c t i o n a r y of the English and Italian languages. 13th and 14th edit. 12. (226, 217 S.) Ebd. 890,91. 1 50 geb. 2 25

— a new p o c k e t d i c t i o n a r y of the English & Italian languages. 15. ster. ed. 12. (VI, 226 u. 217 S.) Ebd. 893. 1. 50; geb. in Leinw. 2. 25

—— and A. G i r o n é s, a new Pocket Dictionary of the English and Spanish Languages. — Nuevo diccionario de faltriguera inglés-español y español-inglés. gr. 16. (VI, 474 S.) Leipzig 871, B. Tauchnitz.

—— and A. G i r o n é s, a new pocket dictionary of the English and Spanish languages. 10th—12th ster. edit. 12. (VI, 214, 260 S.) Leipzig 886—88, B. Tauchnitz. geb.

—— and A. Gironés. A new pocket dictionary of the English and Spanish languages. 13th—16th ster.-edit. 12. (VI, 214, 260 S.) Lpz. 889—91, B. Tauchnitz. 1 50; geb. 2 25

— and Gironés, pocket dictionary of the English and Spanish languages. 19. ed., thoroughly revised and entirely re-written by Louis Tolhausen and George Payn. 12. (VI, 218 u. 255 S.) Leipzig 894. B. Tauchnitz. 1. 50; geb. in Leinw. 2. 25

- and Gironés, Pocket dictionary of the English and Spanish languages. 23. ed., thoroughly revised and entirely re-written by Louis Tolhausen and George Payn. 12. (VI, 218 u. 255 S.) Leipzig 898. B. Tauchnitz. 1. 50; geb. in Leinw. 2.25

— and Gironés, Pocket dictionary of the English and Spanish languages. 24. ed., thoroughly revised and entirely re-written by Louis Tolhausen and George Payn. 12. (VI, 218 u. 255 S.) Leipzig 899. B. Tauchnitz. 1. 50; geb. in Leinw. 2. 25

— and Gironés, Pocket dictionary of the English and Spanish languages. 26. ed., thoroughly revised and entirely re-written by Louis Tolhausen and George Payn. (VI, 218 u. 255 S.) kl. 8. Leipzig 904. B. Tauchnitz. 1. 50; geb. in Leinw. 2. 25

— and Gironés, pocket dictionary of the English and Spanish languages. 28. ed., thoroughly revised and entirely re-written by Louis Tolhausen and Geo. Payn. (VI, 218 u. 255 S.) kl. 8. Leipzig 907. B. Tauchnitz. 1.50; geb. in Leinw. 2. 25

-- Schulwörterbuch d. engl. u. deutschen Sprache. M. e. Einleitg.: D. wichtigsten grammatikal. Unterschiede d. Englischen v. Deutschen. Unt. Benutzg. d. Jubiläumsausg. v. Thieme-Preußer, Wörterbuch d. engl. u. deutschen Sprache neu bearb. gr. 8 (XII, 455 u. 442 S.) Hamburg 897. Haendcke & Lehmkuhl. n. 6. —; geb. in Halbfrz. n. 7. 20

(B) Wessely, Ign. Eman., Schulwörterbuch d. engl. u. deutsch. Sprache. 897. Jetzt: Dresden, F. Jacobi.

—— kleines praktisches Taschenwörterbuch in vier Sprachen. Deutsch-Italienisch-Englisch-Französisch. 4 Tle. 16. Leipzig 888, Fues's Verlag. geb. in Etui [M 7.—.] * Einzeln à [* M 2.—.] *

Inhalt:

Tl. 1. Mit Deutsch beginnend. (VI, 459 S.)
» 2. Mit Italienisch beginnend. (VI, 528 S.)
» 3. Mit Englisch beginnend. (VII, 668 S.)
» 4. Mit Französisch beginnend. (V, 570 S.)

— kleines praktisches Taschenwörterbuch in 4 Sprachen. Deutsch-Italienisch-Englisch-Französisch. 3. Aufl. 16. (VI, 459 S.) Leipzig 898. O. R. Reisland. Geb. in Leinw. n. 2.—

Wessely, J. E., neues englisch-deutsches u. deutsch-englisches Taschenwörterbuch. — A new pocket-dictionary of the english a. german languages. 5., bedeutend verm. u. sorgfältig verb. Ster.-Ausg. gr. 16. (VI, 440 S.) Leipzig 875. B. Tauchnitz. 1. 50

—— neues englisch-deutsches und deutsch-englisches Taschenwörterbuch. 13.—15. Ster.-Ausg. 2 Thle. in 1 Bd. 12. (VI, 226; 217 S.) Ebendas. 886—88. M 1.50.; geb.

—— Neues englisch-deutsches u. deutsch-englisches Taschenwörterbuch. 16.—19. Ster.-Ausg. 12. (VI, 226, 217 S.) Ebd. 889—92. 1 50; geb. 2 25

— neues englisch-deutsches u. deutsch-englisches Taschenwörterbuch. 21. Ster.-Ausg. 12. (VI, 226 u. 217 S.) Ebd. 893. 1. 50; geb. in Leinw. 2. 25

— neues englisch-deutsches u. deutsch-englisches Taschenwörterbuch. 25. Aufl. Durchges., verb. u. bedeut. erweit. durch E. Stoffel u. Geo. Payn, unter Mithilfe v. Geo. Berlit. 2 Tle. in 1 Bd. 12. (VIII, 250 u. 338 S.) Leipzig 898. B. Tauchnitz. 1. 50; geb. in Leinw. 2. 25

— neues englisch-deutsches u. deutsch-englisches Taschenwörterbuch. 26. u. 27. Aufl. Durchgesehen, verb. u. bedeutend erweitert durch E. Stoffel u. Geo. Payn, unter Mithilfe v. Geo. Berlit. 2 Tle. in 1 Bd. 12. (à VIII, 250 u. 338 S.) Ebd. 899. 902. 1.50; geb. in Leinw. 2.25

— neues englisch-deutsches u. deutsch-englisches Taschenwörterbuch. 29. Aufl. Durchgesehen, verb. u. bedeutend erweitert durch E. Stoffel u. Geo. Payn, unter Mithilfe v. Geo. Berlit. (VIII, 250 u. 338 S.) 12. Ebd. 906. 1. 50; geb. in Leinw. 2. 25

— neues französisch-deutsches u. deutsch-französisches Taschenwörterbuch. — Nouveau dictionnaire de poche des langues française et allemande. gr. 16. (220 u. 242 S.) Ebend. 876. 1. 50; geb. 2. 25

—— neues französisch-deutsches und deutsch-französisches Taschenwörterbuch. 4. Ster.-Ausg. 12. (III, 220, 242 S.) Ebendas. 888. M 1.50.; geb.

— neues französisch-deutsches u. deutsch-französisches Taschenwörterbuch. 6. Ster.-Ausg. 12. (V, 220 u. 242 S.) Ebd. 898. 1. 50; geb. in Leinw. 2. 25

— neues französisch-deutsches u. deutsch-französ. Taschenwörterbuch. 7. Ster.-Ausg. 12. (V, 220 u. 242 S.) Ebd. 901. 1. 50; geb. in Leinw. 2. 25

— neues französisch-deutsches u. deutsch-französ. Taschenwörterbuch. 10. Aufl. Durchgesehen, erweitert u. den Regeln der neuen Rechtschreibung angepaßt v. W. Otto. (VIII, 249 u. 292 S.) 2 Tle. in 1 Bd. 12. Ebd. 905 1. 50; geb. in Leinw. 2.25

— neues prakt. Taschenwörterbuch der engl. u. deutschen Sprache, s.: Thieme u. Magnusson.

Wessely, Ignaz Em.: Kritische Verzeichnisse von Werken hervorragender Kupferstecher, s. Wessely, Joseph Eduard

Wessely, Ign. Imman., grammatisch-stilistisches Wörterbuch der deutschen Sprache. gr. 8. (X, 198 S.) Leipzig 880, Fues's Verlag. geb. *

— grammatisch-stilistisches Wörterbuch der deutschen Sprache. gr. 8. (X, 198 S.) Leipzig 883. Fues. geb. n. 2. —

— grammatisch-stilistisches Wörterbuch der deutschen Sprache. 2. Aufl. gr. 8. (X, 198 S.) Leipzig 894. O. R. Reisland. Geb. in Leinw. n. 2. —

— grammatisch-stilistisches Wörterbuch d. deutsch. Sprache. 3. Aufl. (X, 198 S.) 8. Leipzig 906. O. R. Reisland. Geb. n. 2. —

— neues französisch-deutsches u. deutsch-französisches Wörterbuch. 5. Ster.-Ausg. 12. (V, 220 u. 242 S.) Leipzig 893. B. Tauchnitz. 1. 50; geb. in Leinw. 2. 25

— Wörterbuch der englischen u. deutschen Sprache, s.: Thieme u. Preußer.

— Deutscher Wortschatz, s.: Ditscheiner, Jos. Al.

—— Deutscher Wortschatz, s. Ditscheiner-Wessely.

Wessely, Joseph

Wessely, J., Abhandlung üb. d. Gerichtstand u. d. Wechselfähigkeit d. Weltgeistlichen d. Civil- u. Militairstandes in allen Provinzen d. österreich. Monarchie, mit Ausnahme v. Ungarn, Siebenbürgen u. d. Militairgrenze. gr. 8. (13½ B.) Wien 831, [v. Mösle sel. Wtwe. u. Braumüller.].

Wessely Jos. Die Alpen und ihre Forste als Ganzes. 2 Theile in 1 Bande. gr. 8. (272 und 191 S.) 1853.

Wessely, Jos., die Oesterreichischen Alpenländer und ihre Forste. I. Thl.: Die Natur, das Volk, seine Wirthschaft und die Forste der Oesterreich. Alpenlander. — II. Thl.: Forststatistik der Oesterreich. Kronlander: Karnthen, Krain, Salzburg, Steiermark, Tirol und Vorarlberg. Wien 853. Braumuller. Lex.-8. (1. Thl.: 4 Bl., 618 S.; 2. Thl.: 196 S.) n. 5 ℛ︎

Wessely's, Jos., Berufsbiographie. Ein Ausschnitt aus der Geschichte des Forstwesens Österreich-Ungarns. Hrsg. v. Karl Petraschek. Mit 1 Titelbilde u. 3 Bild. im Text. (XII, 319 S.) Lex. 8. Wien 908. W. Frick. 6.—

Wessely, Jos. die Bodencultur Oesterreichs, s.: Lorenz, J. R.

WESSELY, Josef: Dienstunterricht für die öffentlichen Forst- und Jagdwachen des österreichischen Kaiserstaates. Eine Schrift für Forst- und Gutsbeamte, Wald- und Jagdbesitzer, Gerichts- und politische Beamte, Forst- und Jagdaufseher. - Wien 1855. IV, 100 S. Angeb.: Unterricht im öffentlichen Forst- und Jagdwachdienst des österr. Kaiserstaates. 48 S. - 2. Aufl. u. d. T.: Dienstunterricht für die Forst- und Jagdwachen beider Hälften des Kaiserthums Oesterreich. ebd. 1868. 155 S.

Wessely, Jos., Dienstunterricht für die Forst- u. Jagdwachen beider Hälften des Kaiserthums Oesterreich. Eine Schrift für Forst- u. Gutsbeamte, Wald- u. Jagdbesitzer rc. 2. wesentlich verb. Aufl. Wien 868. Braumüller. gr. 8. (155 S.) n. 24 ngr.

WESSELY, Josef: Dienstunterricht für die Heger des mährisch-schlesischen Schulforstes zu Aussee. - Olmütz 1855

Wessely, Jos., Oesterreichs Donauländer dargestellt für die Interessenten des Forstwesens, s.a. Jahrbuch, forstliches, für Oesterreich-Ungarn.

WESSELY, Josef: Österreichs Donauländer (Ober- und Niederösterreich mit Wien) dargestellt für die Interessenten des Forstwesens nach dem Stande der Dinge und der Forschung von 1878-80 (Tl. 2 von 1878-1881). - Wien 1880 u. 1881. 2 Tl. - Tl. 1: General-Gemälde der Donauländer. VIII, 271 S. - Tl. 2: Spezial-Gemälde der Donauländer und der Weltstadt Wien. VIII, 181 S. - (Forstl. Jb. f. Österr. -Ungarn Jg. 2 u. 3)
Bd. 1 i. 2 Tl. 1886. XV, 663 S., 2 Kt., 6 Holzschn. u. XI S., S. 668-1640. - Bd. 2 1885. IX, 783 S., 13 Kt. - Bd. 3 1885. X, 608 S., 3 Kt.

Wessely J, Niederösterreichs Eichenrinden als Mittel zur Vervollkommnung der Gerberei und für Erhöhung des Reinertrags der Wälder. Wien 1860

Wessely, Jos., die Einrichtung des Forstdienstes in Österreich in seinem Zusammenhange mit der Domanen-, Montan- und Finanzverwaltung. Ein Buch für Guterbesitzer, Forstwirthe, hohere Domanen-, Montan- u. Finanzbeamte. 2 Bde. Wien 861. Braumuller. gr. 8. (XIV, 577 S.; VIII, 230 S.) n. 5 ℛ︎ 10 ngr.

Wessely, Jos., die Einrichtung des Forstdienstes in Oesterreich in seinem Zusammenhange mit der Domänen-, Montan- und Finanz-Verwaltung. Für Güterbesitzer, Forstwirthe, höhere Domänen-, Montan- und Finanzbeamte. Neue wohlf. (Titel-)Ausg. gr. 8. (XXII und 807 S.) Wien (861)66, Braumüller. *

—— der europäische Flugsand und seine Kultur. Besprochen im Hinblicke auf Ungarn und die Banater Wüste insbesondere. Mit einer topograf. (lithogr.) Karte der banater Wüste (in qu. gr. Fol.). Lex.-8. (VIII, 378 S.) Wien 873, Faesy und Frick. *

WESSELY, Josef: Die grosse Forstausstellung der ungarischen Länder. Specialkatalog für die Königliche Staats- und Fondsforstverwaltung. - Buda-Pest 1873. 20 S.

WESSELY, Joseph: Forst-, Torf- und Jagdstatistik für Niederösterreich. Festgabe des österr. Reichsforstvereins an die forstlichen Mitglieder der 26. Versammlung deutscher Land- und Forstwirthe. - Wien 1868. 132 S. - (Österr. Vierteljahresschr. f. Forstwes. Bd. 18, Sept./Okt. H.)

— s. J. Füger, das gerichtl. Verfahren in Streitsachen in Oesterreich.

WESSELY, Josef: Das Futterlaub, seine Zucht und Verwendung. 1877 auf Grund ausgedehnter Reise-Studien und unter Benützung der bezüglichen Literatur zum dritten Male besprochen. - Wien 1877. 98 S.

WESSELY, Josef: Gedanken über unsere forstliche Unterrichtsfrage. - Wien 1880. 25 S.

—— **österreichischer Geschäfts-, Wirthschafts- und Familien-Kalender** für 1861. 8. (240 S.) Wien 860, Selbstverlag.

—— die Geschichte Oesterreichs und Deutschlands. 4. Bd. 1. Lfg. 8. (S. 1—16 mit 1 Stnt.) Wien 860, Selbstverlag.

Wesselý, Josef, Grundzüge der allgemeinen u. technischen Physik. Grundlehren d. Meteorologie. Mit 581 in den Text gedruckten Abbildungen. Gr.-8. (VII, 587 S.) 3.60
Pilsen: Steinhauser 1894.

Wessely, Jos., Handbuch d. allgem. Gerichtsinstruktion v. 9. Sept., mit den bis auf d. neueste Zeit erlassenen Deklaratorien f. alle Provinzen, in welchen d. allgem. Gerichtsordn. v. 1. Mai 1781, od. d. Gerichtsordn. v. 19. Dec. 1796 gilt, mit einziger Ausnahme v. Galizien. 2 Abthln. gr. 8. (..B.) Innsbruck 836, (Wagner'sche Buchh.)

—— Handbuch d. allgem. od. josephinischen Gerichts- u. Konkursordnung v. 1. Mai 1781. 2 Thle. gr. 8. (..B.) Innsbruck 834, (Wagner'sche Buchh.)

—— Handbuch d. westgalizischen Gerichtsordnung v. 19. Dec. 1796. 2 Thle. gr. 8. (..B.) Innsbruck 834, Wagner'sche Buchh.

Wessely, Jos.: Handbuch des gerichtl. Verfahrens. 3 Bde. *Prag*, **Haase Söhne. 2. Aufl. (m. verändert. Titel.** *Insbruck*. 834.) 839. 8.

— **Handbuch des gerichtl. Verfahrens in u. außer Streitsachen für Böhmen, Mähren, Oesterreich, Steiermark, Illyrien u. für alle Militärgerichte. 3. Aufl. 3 Bde. gr. 8. Prag 846, Credner. n. 8** ℛ︎

— **dass. für Galizien u. die Bukowina. 3 Bde. Ebend. n. 8** ℛ︎

— **dass. für Salzburg, Tirol, das Küstenland u. Dalmatien. 3 Bde. gr. 8. Ebend. n. 8** ℛ︎

Wessely, Jos. Oesterreichs Jagdrecht, seine morschen Stellen u. seine zeitliche beste Reform m. Beginn 1890, besprochen. gr. 8. (78 S.) Wien 890, Perles. * 2 —
Aus: Oesterr. Vierteljahrsschr. f. Forstwesen, besonders abgedruckt.

Wessely, Jos., s.: Jahrbuch, forstliches, für Oesterreich-Ungarn.

Wessely, J., Erzherzog Carl. Seine Siegesbahn, der österreich. Waffenruhm. 8. (56 S. mit 6 Stnt.) Wien 860, Selbstverlag.

— das Karstgebiet Militär-Kroatiens u. seine Rettung, dann die Karstfrage überhaupt. Hrsg. vom k. k. General-Commando in Agram als Landes-Verwaltungsbehörde der kroat.-slavon. Militärgrenze. Lex.-8. (IX, 366 S. m. 1 chromolith. Karte in gr. Fol.) Agram 876. Suppan in Comm. n. 9. 60

Wessely, Josef, Ueber Maasse und Gewichte im Allgemeinen, mit besonderer Berücksichtigung des metrischen Maass- und Gewichtssystems, welches nunmehr in Oesterreich im Handel, in den Gewerben und im öffentlichen Verkehr gesetzlich eingeführt werden wird. Zum Gebrauche für alle Classen des intelligenten Publicums bearbeitet. 8. (111 S.) Prag, Calve'sche U.-B. (O. Beyer.) 1870. 80 kr.

Wessely, Joseph —. Mährisch-schlesischer Schulforst. Dienstunterricht für den Heger. Olmütz. 1855. A. Halauska's Universitäts-Buchdruckerei. (1 Bl. 64 S. 8.)

— — Statistik Nieder-Oesterreichs für Forst, Torf und Jagd; s.: Monatsschrift, österr., für Forstwesen.

—— Themis, eine Samml. v. Rechtsfällen, Abhandlungen rc. aus d. Gebiete d. Privat- u. Strafrechts. 1. Hft. (..B.) gr. 8. Innsbruck 835, Wagner'sche Buchh.

—— dass. — 2. Hft. gr. 8. (9 B.) Prag 836, Haase Söhne.

—— dass. — Neue Folge. 1—5. Hft. gr. 8. (33¼ B.) Ebds. 841. n

Wessely, Jos., Themis, eine Sammlung von Rechtsfällen u. Abhandlungen aus d. Privat- u. Strafrechte, u. über d. Stempel- u. Taxpatent vom 27. Jänner 1840. Neue Folge. 6. u. 7. Hft. gr. 8. (16⅞ B.) Prag 843, Haase Söhne, Verlags-Expedit. Thlr. n -

—— dass. Neue Folge. 8. Hft. gr. 8. (10½ B.) Prag 844. (Wien, Braumüller.)

—— Verrechnung der Urprodukzion [Land-, Forst-, Berg- und Domänenwirthschaft]. Vorträge. 1. Thl.: Theorie. 8. (VII, 176 S.) Wien 870, Braumüller. geb. *

WESSELY, Jos.: Österreichs Waldschätze und sein Holzexport. - Wien 1867. 31 S.

Wessely, Joseph Eduard

Wessely, J. E., Altes u. Neues. Reise-Reminiscenzen aus Nord u. West. Wien 866. (Manz'sche Buchh.) gr. 8. (IV, 216 S.) n. 1 ₰ 6 ngr.

—— s. Andresen, Andr., die deutschen Maler-Radirer.

Wessely, J. E., s.: Andresen-Wessely's Handbuch f. Kupferstichsammler.

Wessely, J. E., Anleitung zur Kenntniss u. zum Sammeln der Werke d. Kunstdruckes. Mit 2 (Holzschn.-)Tafeln Monogramme. gr. 8. (VIII, 338 S.) Leipzig 876. T. O. Weigel. n. 7. 20

— Anleitung zur Kenntniss u. zum Sammeln der Werke d. Kunstdruckes. 2. Aufl. Mit 11 Fcsm.-Taf. gr. 8. (XII, 348 S.) Leipzig 886. T. O. Weigel. n. 8. —; Einbd. n. 1. —

—— Pompeo Batoni, s. Kunst und Künstler des Mittelalters und der Neuzeit.

Wessely, J. E. Pompeo Battoni. (Dohme, Kunst und Künstler. Abth. 2, Bd. III.)

—— Bernardo Bellotto, gen. Canaletto, s. Kunst und Künstler des Mittelalters und der Neuzeit.

Wessely, J. E. Bernardo Bellotto, gen. Canaletto. (Dohme, Kunst und Künstler. Abth. 2, Bd. III.)

Wessely, J. E., lose Blätter aus der Culturgeschichte. 8. (VI, 174 S.) Berlin 882. Hanow. n. 3. —; geb. n. 3. 60

—— Abraham Blooteling. Verzeichniss seiner Kupferstiche und Schabkunstblätter. gr. 8. (92 S.) Leipzig 867, R. Weigel. *
Aus: Archiv für die zeichnenden Künste, besonders abgedruckt.

—— Adriaen Brouwer, s. Kunst und Künstler des Mittelalters und der Neuzeit.

Wessely, J. E. Adriaen Brouwer. Ebenda Abth. 1, Bd. I.

—— die Künstlerfamilie Bruegel, s. Kunst und Künstler des Mittelalters und der Neuzeit.

Wessely, J. E. Peter Bruegel der Alte; Peter Bruegel der Jüngere; Jan Bruegel und Jan Bruegel der Jüngere. (Dohme, Kunst und Künstler. Abth. 1, Bd. I.)

—— Antonio Canale, gen. Canaletto, s. Kunst und Künstler des Mittelalters und der Neuzeit.

—— Siméon Chardin, s. Kunst und Künstler des Mittelalters und der Neuzeit.

Wessely, J. E. J. B. Siméon Chardin. (Dohme, Kunst und Künstler. Abth. 3.)

Wessely, J. E., Richard Earlom, s. Verzeichnisse, kritische, von Werken hervorragender Kupferstecher.

Wessely, J. E. Richard Earlom. Verzeichniss seiner Radirungen und Schabkunstblätter. (Kritische Verzeichnisse von Werken hervorragender Kupferstecher. Bd. 2.) Hamburg 1886. 8°.

Wessely, J. E., kunstübende Frauen. Mit 28 Lichtdr. gr. 4. Leipzig 884, Fock. geb. [*M* 30.—] *

— kunstübende Frauen. gr. 4. (VIII, 78 S. m. 28 Lichtdr.-Taf.) Leipzig 884. Lemme. geb. m. Goldschn. n. 30. —; auf Büttenpap. geb. n. 40. —

Wessely, J[os.] E[duard]. Geschichte der graphischen Künste. Ein Handbuch f. Freunde d. Kunstdrucks. Lex.-8. (XVI, 299 S. m. Abbildgn. in Lichtdr.) Lpz. 891, T. O. Weigel Nachf. * 20 — geb. * 24 —

— kurzgefaßte Geschichte der Stadt Leipzig m. Erläuterungen zu den Photographien „Das alte Leipzig". gr. 8. (IV, 89 S.) Leipzig 884. O. Roth. 1. 80; geb. 3. —

—— die Gestalten des Todes und des Teufels in der darstellenden Kunst. Mit 2 Radirungen des Verf. und 21 Illustr. in Holzschn. gr. 8. (IV, 123 S.) Leipzig 876, H. Vogel. *

—— Jacob Gole, s.a. Verzeichnisse, kritische, v. Werken hervorragender Kupferstecher.

Wessely, J. E. Jacob Gole. Verzeichniss seiner Kupferstiche und Schabkunstblätter. (Kritische Verzeichnisse von Werken hervorragender Kupferstecher. Band 6.) Hamburg 1889. 8°.

—— das Grundprincip des deutschen Rhythmus auf der Höhe des 19. Jahrhunderts. gr. 8. (XVI, 392 S.) Leipzig 868, T. O. Weigel. *

—— Hans Holbein der Jüngere, s.a. Kunst und Künstler des Mittelalters und der Neuzeit.

Wessely, J. E. Hans Holbein. (Dohme, Kunst und Künstler. Abth. 1, Bd. I.)

— Iconographie Gottes u. der Heiligen. gr. 8. (XVI, 458 S.) Leipzig 874. T. O. Weigel. n. 11. —

—— Angelica Kaufmann, s.a. Kunst und Künstler des Mittelalters und der Neuzeit.

Wessely, J. E. Angelica Kauffmann. (Dohme, Kunst und Künstler. Abth. 1, Bd. II.)

— Klassiker der Malerei, s.: Klassiker-Bibliothek der bildenden Künste.

—— s. Klassiker-Bibliothek der bildenden Künste.

—— die Kupferstich-Sammlung der königl. Museen in Berlin. Eine Auswahl ihrer hervorragendsten Blätter, zugleich ein Beitrag zur Ergänzung aller einschlagenden Kunsthandbücher. gr. 8. (XII, 264 S.) Leipzig 875, H. Vogel. *

Wessely, J[oseph] E[duard]. Die Landsknechte, eine culturhistorische Studie ... mit Abbildungen zeitgenössischer Künstler in Facsimile-Druck von A. Frisch in Berlin. Görlitz, Verlag von C. A. Starke 1877. 11 S.; 30 Taf. 2°.

—— Deutschlands Lehrjahre, s. Collection Spemann.

—— Adolph Menzel. Sein Leben und seine Werke. gr. 8. (50 S.) Leipzig 873, Danz.

—— das weibliche Modell in seiner geschichtlichen Entwickelung. kl. Fol. Leipzig 884, Fock. geb. [*M 40.—.] *

— das weibliche Modell in seiner geschichtlichen Entwickelung. gr. 8. (IV, 119 S. m. 30 Lichtdr. u. Titel in Lichtdr.) Leipzig 884. Lemme. geb. n. 40. —

—— Nacht und Morgen. Nach Lytton Bulwers gleichnam. Roman für die reifere Jugend bearb. gr. 8. Leipzig 885. Berlin, H. J. Meidinger. geb. *

— Nacht u. Morgen. Nach Lytton Bulwers gleichnam. Roman f. die reifere Jugend bearb. Mit 4 Farbendr.-Bildern. gr. 8. (224 S.) Berlin 885. Zieger Nachf. geb. n. 3. —

— das Ornament u. die Kunstindustrie in ihrer geschichtlichen Entwickelung auf dem Gebiet d. Kunstdrucks. 1. Bd. gr. 4. (100 Taf. in Fcsm.-Druck u. 6 Bl. Text.) Berlin 877. Nicolai's Verl. In Mappe. n. 100. —

— dasselbe. 2. Bd. 1—4. Abth. Fol. (à 25 Bl. in Fcsm.-Druck u. 1 Bl. Text.) Ebend. 877. à n. 25. —

Wessely, J. E., das Ornament u. die Kunstindustrie in ihrer geschichtlichen Entwickelung auf dem Gebiete des Kunstdruckes. 3. Bd. Bl. 201—300 (in Fksm.-Druck). Fol. (6 S. Text.) Berlin 878. (Leipzig, K. W. Hiersemann.) In Mappe n. 100. —; (kplt. ermäss. Preis n. 180. —)

—— das Ornament und die Kunstindustrie in ihrer geschichtlichen Entwickelung auf dem Gebiete des Kunstdrucks. 3 Bde. gr. 4. (300 Taf. in Facs.-Druck und 14 Bl. Text.) Berlin 877—79, Nicolai'sche Verlagsb. In Mappe à Bd. *M 100. *

Wessely, Ign. Em., Adriaen van Ostade, s.a. Verzeichnisse, kritische, von Werken hervorragender Kupferstecher.

Wessely, J. E. Adriaen van Ostade. Verzeichniss seiner Original-Radirungen und der graphischen Nachbildungen nach seinen Werken. Mit dem Bildniss Ostade's in Lichtdruck. Hamburg 1888. 8°.

Wessely, J. E., Adrian Ludwig Richter zum 80. Geburtstage. Ein Lebensbild. Fol. (16 S. mit eingedr. Holzschn. und Heliogr. und 11 Taf. in Radirung und Heliogr.) Wien 883, Gesellschaft für vervielfältigende Kunst. *
Aus: Die graphischen Künste, besonders abgedruckt.

— Georg Friedr. Schmidt, s.a. Verzeichnisse, kritische, von Werken hervorragend. Kupferstecher.

Wessely, J. E. Georg Friedrich Schmidt. Verzeichniss seiner Stiche und Radirungen. Mit dem Bildniss Schmidt's in Lichtdruck. (Kritische Verzeichnisse von Werken hervorragender Kupferstecher Bd. 1.) Hamburg 1887. 8°.

— John Smith, s.a. Verzeichnisse, kritische, von Werken hervorragend. Kupferstecher.

Wessely, J. E. John Smith. Verzeichniss seiner Schabkunstblätter. (Kritische Verzeichnisse von Werken hervorragender Kupferstecher. Bd. 3.) Hamburg 1887. 8°.

—— Supplemente zu den Handbüchern der Kupferstichkunde. Lex.-8. (103 S. mit 2 Lichtdr.-Taf.) Stuttgart 881, Spemann. *
Aus: Repertorium für Kunstwissenschaft, besonders abgedruckt.

—— Giovanni Battista Tiepolo, s.a. Kunst und Künstler des Mittelalters und der Neuzeit.

Wessely, J. E. Battista Giovanni Tiepolo. (Dohme, Kunst und Künstler. Abth. 2, Bd. III.)

— Wallerant Vaillant. Verzeichniss seiner Kupferstiche u. Schabkunstblätter. Wien 865. Braumüller. gr. 8. (XVI, 92 S. mit dem vom Verf. radirten Portr. des Künstlers.) n. 1 ₰

Wessely, J. E., Wallerant Vaillant. Verzeichniss seiner Kupferstiche u. Schabkunstblätter. 2., m. Zusätzen u. Verbesserungen vers. Aufl. Mit dem vom Verf. rad. Portrait des Künstlers. gr. 8. (XVI, 104 S.) Wien 881. Braumüller. n. 3. —

Wessely, Ign. Em., kritische Verzeichnisse von Werken hervorragender Kupferstecher. 1.—3. Bd. gr. 8. Hamburg 887, Haendcke und Lehmkuhl. *

Inhalt:

Bd. 1. Georg Friedrich Schmidt. Verzeichniss seiner Stiche und Radirungen. (XXXV, 108 S. mit dem Bildniss Schmidt's in Lichtdr.) *M 5.—.

» 2. Richard Earlom. Verzeichniss seiner Radirungen und Schabkunstblätter. (VIII, 94 S.) *M 2.50.

» 3. John Smith. Verzeichniss seiner Schabkunstblätter. (XII, 156 S. mit dem Bildnisse Smith's in Lichtdr.) *M 5.50.

4. und 5. Bd., s. Verzeichnisse, kritische.

—— Jan de Visscher und Lambert Visscher. Verzeichniss ihrer Kupferstiche. gr. 8. (94 S.) Leipzig 866, R. Weigel. *
Aus: Archiv für die zeichnenden Künste, besonders abgedruckt.

— Antonj Waterloo, s.: Verzeichnisse, kritische, v. Werken hervorragender Kupferstecher.

Wessely, Karl

Ein Altersindizium im Philogelos. Von Dr. C[arl] Wessely. Wien: C. Gerold's Sohn in Komm. 1904. (47 S.) 8°
= Sitzungsberichte d. Kais. Akademie d. Wiss. in Wien. Philos.-hist. Kl. Bd 149, 5. [05. 1102] 9

Wessely, K., Analecten, s. Studien, Wiener, 7., 8. und 9. Jahrg.

— Die Stadt Arsinoë (Krokodilopolis) in griechischer Zeit. S. 145/4 . . . .
Separatabdruck

Wessely, Carl, die Stadt Arsinoë (Krokodilopolis) in griechischer Zeit. gr. 8. (58 S.) Wien 902. (C. Gerold's Sohn.) n. 1.40

Wessely, K., Auge u. Immunität, s.a. Klinik, Berliner. 182. Hft.

Auge und Immunität. Von Dr. K[arl] Wessely, Augenarzt in Berlin. *Berlin: Fischer 1903.* (23 S.) 8°
= Klinik, Berliner. H. 182. [03, 58,4]

—— Bemerkungen zu den griechischen Papyri im ägyptischen Museum in Berlin, s. Studien, Wiener, 7., 8. und 9. Jahrg.

Wessely, C., Bemerkungen zu einigen Publicationen auf d. Gebiete der ältern griech. Paläographie. Pr. 1892. 20 S.

—— Bericht über griechische Papyri in Paris und London, s. Studien, Wiener, 7., 8. und 9. Jahrg.

— Bruchstücke einer antiken Schrift über Wetterzeichen. S. 142/1 . . . .
Separatabdruck

Sitzungsberichte der kais. Akademie der Wissenschaften in Wien. Philosophisch-historische Classe. Bd. CXLII. I.

Enthält:

WESSELY, C. 551.5
Bruchstücke einer Antiken Schrift über Wetterzeichen. Von Dr. C. Wessely. Wien. 1900. In Comm. Gerold's Sohn. Gr.-8°. 41 S. K 1.—

— de codicis Dioscuridei Aniciae Julianae, nunc Vindobonensis Med. Gr. I historia etc., s.: Premerstein, Anton. de.

— Corpus papyrorum Hermopolitanorum, s.: Studien zur Palaeographie u. Papyruskunde. V.

— s.: Dioscurides, codex Aniciae Iulianae.

Wessely, Karl Ephesia Grammata aus Papyrusrollen, Inschriften, Gemmen etc. Gesammelt von K. W. (Umschlagtitel: Ephesia Grammata.) 8 (S. 3—38). Progr. K. k. Franz-Joseph-G. *Wien* 1886

— Epikrisis, eine Untersuchung zur hellenistischen Amtssprache. S. 142/9 . . . . .
Separatabdruck

— Epikrisis, e. Untersuchung zur hellenist. Amtssprache. gr. 8. (40 S.) Ebd. 900. n. 1. —
3 Sonderabdrucke aus: „Sitzungsber. d. k. Akad. d. Wiss."

—— die Fajjmerreste einer Thukydides-Handschrift, s. Studien, Wiener, 7., 8. und 9. Jahrg.

— Die Wiener Handschrift der sahidischen *Acta Apostolorum* (mit 1 Taf.). S. 172/2 .
Separatabdruck

— Ein griech. Heirathscontract i. Jahre 136 n. Chr. Pr. 1893. 17 S.

Wessely, Karl: E. griechischer Heiratscontract v. J. 136 n. Chr. *Wien 1893.* in: Xenia Austriaca. Bd 1. [97. 1773]

— Karanis und Soknopaiu Nesos, Studien zur Geschichte antiker Kultur- und Personenverhältnisse. D 47/4 . . . .
Separatabdruck

Karanis und Soknopaiu Nesos, Studien z. Gesch. antiker Cultur- u. Personenverhältnisse. Von Carl Wessely. *Wien: C. Gerold's Sohn in Komm. 1902.* (171 S.) 4°
= Denkschriften d. Kais. Akademie d. Wissenschaften in Wien. Philos.-hist. Classe. Bd 47, 4. [04. 48] 4

Wessely, Carl, die griechischen Lehnwörter der sahidischen u. boheirischen Psalmenversion, s.a. Denkschriften der kaiserl. Akademie der Wissenschaften in Wien. Philos.-histor. Klasse 54. III.

Die griechischen Lehnwörter der sahidischen und boheirischen Psalmenversion. Von Dr. Karl Wessely. Wien: Hölder in Komm. 1910. 37 S. 4°
(Denkschriften d. Kais. Akademie d. Wiss. in Wien. Philos.-hist. Kl. Bd 54, 3.) [11. 172]

Wessely, Karl: Die Lesezeichen der Ilias-Handschrift Π^h. 8 (S. 7—26). Progr. K. k. Staatsg. im III. Bezirke *Wien* 1897.

— s.: Livius. Codex Vindobonensis lat. 15.

Die Lumbriciden Oberösterreichs. Von Karl Wessely. Linz: Verein f. Naturkunde 1905. (19 S.) 8° [06. 38] 11

Wessely, Karl Ein bilingues Majestätsgesuch aus dem Jahre 391/2 nach Chr. 8 (S. 39—48). Staatsg. *Hernals* 1888. Progr.

— Neue Materialien zur Textkritik der Ignatius-Briefe. S. 172/4 . . . .
Separatabdruck

—— neue griechische Ostraka, s. Studien, Wiener, 7., 8. und 9. Jahrg.

—— griechische Papyri des British Museum, s. Studien, Wiener, 7., 8. und 9. Jahrg.

Wessely, Karl Zu den griechischen Papyri des Louvre und der Bibliothèque nationale. [I. Nachträge zu den griechischen Zauberpapyri II. Die Vita s. Theodorae.] 8 (S. 3—48). Zweiter Theil. [III. Neudruck der Papyri I - XXII aus dem Fond du Faioum. IV. Urkunden aus dem Archiv des Aurelios Pachymios.] 8 (S. 3—50). Progr. Staatsg. *Hernals* 1889. 1890.

—— neue griechische Papyri aus This und Panopolis, s. Studien, Wiener, 7., 8. und 9. Jahrg.

Wessely, Karl Die griechischen Papyri der kaiserl. Sammlungen Wiens. 28 S. 8. Progr. Frz. Jos. G. *Wien* 1885.

— Die Pariser Papyri des Fundes von El-Faijûm. D 37. II. 97 . . . .
Separatabdruck

Wessely, C., die Pariser Papyri d. Fundes v. El-Faijûm. [Aus: „Denkschriften d. k. Akad. d. Wiss."] Imp.-4. (162 S.) Wien 889. (Tempsky.) n. 8. —

— Sahidische Papyrusfragmente der Paulinischen Briefe (mit 2 Taf.). S. 174/5 . .
Separatabdruck

— Griechische Papyrusurkunden kleineren Formats, s.: Studien zur Palaeographie u. Papyruskunde. VIII.

Wessely, Carolus, prolegomena ad papyrorum graecorum novam collectionem edendam. Insunt disquisitiones palaeographicae, antiquariae, diplomaticae, metrologicae, chronologicae interpretationesque nonnullorum papyrorum. gr. 8. (V, 80 S. m. 1 Steintaf.) Wien 882. Gerold's Sohn. n. 3. —

Wessely Karl: Prolegomena ad papyrorum Graecorum novam collectionem edendam. Diss. Wien, Univ.
D: Wien, 1883.
1882 PN 248 1434

— Sahidisch-griechische Psalmenfragmente (mit 2 Taf.). S. 155/1 . . . .
Separatabdruck

— Sahidisch-griechische Psalmenfragmente. (195 S. m. 2 Taf.) gr. 8. Wien 907. A. Hölder. 4. 90
Sonderabdr. aus: „Sitzungsber. d. k. Akad. d. Wiss."

— Antike Reste griechischer Musik. 10. ibd. 91.
Progr. Wien

Wessely, Carl, Schrifttafeln zur älteren lateinischen Palaeographie. Imp.-4. (20 Taf. m. 12 S. Text.) Wien 898. (Leipzig, E. Avenarius.) n. 8. —

— **Papyrorum scripturae graecae specimina isagogica** Fol. (15 Taf. m. 7 S. Text.) Leipzig 900. E. Avenarius. In Mappe n. 10. —

— Ein Sprachdenkmal des mittelägyptischen (baschmurischen) Dialekts, s. a. Sitzungsberichte der kais. Akademie der Wissenschaften. Philos.-histor. Kl. 158, I.

— Ein Sprachdenkmal des mittelägyptischen (baschmurischen) Dialekts. S. 158/1 .
Separatabdruck

Ein Sprachdenkmal des mittelägyptischen ⟨baschmurischen⟩ Dialekts. Von Dr. Karl **Wessely**. Mit 1 Taf. Wien: A. Hölder in Komm. 1908. (46 S.) 8°
= **Sitzungsberichte** d. Kais. Akad. d. Wiss. in Wien. Philos.-hist. Klasse. Bd 158, Abh. 1. [08. 11946

Wessely, Karl, s. a. Studien zur Palaeographie u. Papyruskunde.

Wessely Karl, Dr.: Studien zur Paläographie und Papyruskunde. X. Griechische Texte zur Topographie Ägyptens. Leipzig, 1910. E. Avenarius . . . .

— Studien über das Verhältnis des griechischen zum ägyptischen Recht im Lagidenreiche, insbesondere über Personal-Exekution im Anschluß an Varro de R. R. I. 17. 2. S. 124/9 . . . .
Separatabdruck

Wessely, Carl, Studien üb. das Verhältniss d. griechischen zum ägyptischen Recht im Lagidenreiche, insbesondere üb. Personal-Execution im Anschluss an Varro de r. r. I, 17. 2. [Aus: „Sitzungsber. d. k. Akad. d. Wiss."] Lex.-8. (72 S.) Wien 891. (F. Tempsky.) n. 1.40

— Ein System altgriechischer Tachygraphie (mit 3 Taf.). D 44/4 . . . .
Separatabdruck

— e. System altgriechischer Tachygraphie. [Aus: „Denkschr. d. k. Akad. d. Wiss."] Imp.-4. (44 S. m. 4 Taf.) Wien 895. (C. Gerold's Sohn.) n. 3. 60

— Geschichtliche Texte zur Topographie Ägyptens, s.: Studien zur Paläographie u. Papyruskunde. X.

— u. Ludw. **Mitteis,** griech. Texte, s.: Corpus papyrorum Raineri archiducis Austriae, vol. I.

— Griechische u. koptische Texte theologischen Inhalts, s.: Studien zur Palaeographie u. Papyruskunde. IX.

Griechische Texte zur Topographie Ägyptens. Von Dr. Carl Wessely. Hrsg. m. e. Unterstützung d. Kais. Akad. d. Wiss. in Wien. Leipzig: Avenarius 1910. 183 S. 4°
(Studien z. Palaeographie u. Papyruskunde. 10.) [10. 16064

— Topographie des Faijûm (Arsinoïtes Nomus) in griechischer Zeit (mit 1 Taf.). D 50/1 . . . .
Separatabdruck

Topographie des Faijûm ⟨Arsinoites Nomus⟩ in griechischer Zeit von Dr. Karl **Wessely**. *Wien: C. Gerolds Sohn in Komm. 1904.* (182 S.) 4°
= Denkschriften d. Kais. Akademie d. Wissenschaften in Wien. Philos.-hist. Kl. Bd 50, No 1. [04. 11035 4

Wessely, Karl, approb. Arzt aus Berlin: **Experimentelle Untersuchungen über Reizübertragung von einem Auge zum andern.** *Leipzig: W. Engelmann 1900.* (29 S.) 8° ¶ (Aus: v. Graefe's Archiv f. Ophthalmologie, Bd 50, Abth. 1.)
Heidelberg, Med. Diss. v. 1900

Wessely, *Carl* I. Einige Urkunden des Berliner kgl. ägyptischen Museums, besprochen von C. W. 8 (S. 1–16).
II. Antike Reste griechischer Musik. 8 (S. 16–26)
Progr. K. k. Staatsg. im III. Bezirke *Wien* 1891.

Wessely, Karl: Wie haben die alten Römer geschrieben? (Erläuterungen zu den Schrifttafeln zur älteren lateinischen Paläographie.) (Umschlagtitel: ... geschrieben?) 8 (18 S.).
Progr. K. k. Staatsg. im III. Bezirke *Wien* 1898.

— Neue griechische Zauberpapyri. D 42/2 . . . .
Separatabdruck

Wessely, Carl, neue griechische Zauberpapyri. [Aus: „Denkschr. d. k. Akad. d. Wiss."] Imp.-4. (96 S.) Wien 893. (F. Tempsky.) n. 5. —

Wessely Karl, Dr.: Griechische Zauberpapyrus von Paris und London. D 36. II. 27 .
Separatabdruck

Wessely, C., griechische Zauberpapyrus von Paris und London. Imp.-4. (184 S.) Wien 888, (Tempsky.) *
Aus: Denkschriften der k. Akademie der Wissenschaften, besonders abgedruckt.

— Zythos und Zythera. 8 (S. 38–48). K. k. Staatsg. *Hernals* 1887
Progr.

[Kantate.] Zur Stiftungsfeier der s. e. g. u. v. St. J. ▭ zur Standhaftigkeit, im Or. von Potsdam, den geliebten Brüdern gewidmet von Bauer und [Karl Bernh.] **Wessely.** Am 15ten Sept. 5812. [Potsdam 1812.] 1 Bl. 8⁰ [Kopftit.]
Ohne Noten: „Feiert, ihr Brüder in fröhlichen Chören, . . ."

[Dasselbe u. d. Tit.:]
[Kantate.] Zur Stiftungsfeier der g. u. v. St. J. L. z. Standhaftigkeit im O. v. Potsdam 1814. [Potsdam 1814.] 1 Bl. 8⁰ [Kopftit.]

Amelang, Karl Aug. Ferd.: [Lied.] An Br. Amelang. Am 17. Sept. 1815. [Unterz.:] Bauer und [Karl Bernh.] **Wessely.**
Namens d. g. u. v. St. J. L. z. Standhaftigkeit im Morgen von Potsdam. [Potsdam 1815.] 2 Bl. 8⁰ [Umschlagtit.]
Ohne Noten.

[Lied.] Zum Geburtsfeste des Br. Hey. Berlin am 15. Oct. 1815. [Unterz.:] Bauer und [Karl Bernh.] **Wessely.** Im Namen d. g. u. v. St. J. L. z. Standhaftigkeit im Morgen von Potsdam. o. O. [1815]. 1 Bl. 8° [Kopftit.]
Ohne Noten: „Wenn des reinen Lichtes Funken ...“

Wessely, Leo

Wessely Leo: Uber ein Aldol aus Isobutyr- und Formaldehyd. S. 109. IIb. 91 . . .
Separatabdruck

— Über die Einwirkung von Kali auf 2-Dimethyl-3-Oxypropionaldehyd. Ein Analogon der Reaktion von Cannizzaro in der aliphatischen Reihe. S. 109. IIb. 909 . . . .
Separatabdruck

Wessely, Moses, hinterlassene Schriften, über Gegenstände der Handlung, d. Cameral- u. Finanzwesens, nebst d. Verfassers kurzer Lebensgeschichte. 8. Berl. 799. Maurers B. 12 gr.

Wessely, Naphtali Hartwig Herz

Wesseli, Naphtalie Hartwig —. Chochmath Schlomoh. Die Weisheit Salomo's. Erstes Buch der Apokryphen, ins Ebräische übertragen von — —. Nebst einer nach derselben angefertigten deutschen Uebersetzung von M. E. Stern. 8. (126 pag.) Prag Druck der k. k. Hofbuchdruckerei von Gottlieb Haase Söhne. Verlag von Wolf Pascheles. Leipzig bei Heinrich Hunger. 1853.

Wesseli, Naphtali Hartwig, Chochmath Schlomoh. Die Weisheit Salomo's. Erstes Buch der Apokryphen. Nebst einer nach derselben angefertigten deutschen Uebersetzung von M. E. Stern. Wien 864. Herzfeld & Bauer. 16. (122 S.) n. 3 ngr.

Wessely, Hartw., commentarium in genesin ex ejus autographo excudi curavit Isaacus Reggio. (In hebr. Sprache.) gr. 8. (64 S.) Goerz 854(62). (Berlin, Adolf und Comp.) Thlr. * *

Wessely, **Hartwig, (hebr. *Naphtali* Herz Wessely), († d. 28. Febr. 1805.) Diss. inaug. de rachitide. 8. Götting. 790. Dieterich. 2 gr.**

Wessely, Naphtali Hartwig Herz. Worte der Wahrheit und des Friedens an die gesammte jüdische Nation ... Berlin 1782. Ü: *Friedländer, David.* (MGT) S. a. Worte der Wahrheit.

Wessely, P.. s. Wesselsky

[5.] Kurzer Abriss der deutschen Grammatik f. d. Mittelklassen höh. Lehranst. Verwendbar als Anh. zu jedem deutschen Leseb. v. Dr. Rudolf **Wessely.** Zugl. Ergänzgsh. zu Hopf u. Paulsiek, Deutsches Leseb., Mittelstufe. *Berlin: E. S. Mittler & Sohn 1898.* (20 S.) 1 Bd 8. (98. 11986)

Wessely [Rudolf]: [Ansprache bei der Schiller-Feier.] S. 29–31. 4.
Progr. Sophien-Gymn. *Berlin* 1906 (73 statt 65).

Wessely, Rudolf [aus Berlin]: **Über den Gebrauch der Casus in Albrechts von Eyb deutschen Schriften unter Vergleichg d. mhd. u. nhd. Sprachgebrauchs ... Berlin,** *Ullstein's Buchdr.,* 1892; 3 Bl., 58 S., 2 Bl. 8.
Berlin, Phil. Fak., Inaug.-Diss. v. 13. Apr. 1892

Wessely, Rud., üb. den Gebrauch der Casus in Albrechts v. Eyb deutschen Schriften unter Vergleichung d. mhd. u. nhd. Sprachgebrauchs. Diss. gr. 8. (VI, 58 S.) Berlin 892. (Leipzig, G. Fock.) n. 1.20

Wessely, Rud., zur Geschichte der deutschen Literatur. Proben literarhistor. Darstellg., f. Schule u. Haus ausgewählt u. erläutert. (Aus deutscher Wissenschaft u. Kunst.) (IV, 169 S.) 8. Leipzig 905. B. G. Teubner. Geb. n. 1.20

— vereinfachte griechische Schulgrammatik. 1. Tl.: Formenlehre, nebst Anhängen, enth. das Nötigste aus der Syntax u. aus der homer. Laut- u. Formenlehre, sowie der wichtigsten Vokabeln. (VIII, 113 S.) gr. 8. Ebd. 904. Kart. n. 1.40

Wessely, Viktor

— s. Jom-Kippur Katau.

Wessely, Vikt., die Kartographie nach Einführung der Terrain-Darstellung in Karten u. Plänen. I.—III. Tl. Nach System Kleyer bearb. (Kleyers Encyklopädie der gesamten mathemat., techn. u. exakten Natur-Wissenschaften.) gr. 8. Bremerhaven, L. v. Vangerow. 17.—; geb. n 20.—
I. (VIII, 271 S. m. Fig.) (907.) 6.—; geb. 7.—
II. (X, 212 S. m. Fig. u. 2 Taf.) (908.) 5.—; geb. n. 6.—
III. (X, 272 S. m. Fig.) (908.) 6.—; geb. n 7.—

Wessely, Vict., die Catastral-Vermessung v. Bosnien u. der Hercegovina, zunächst als Studie f. Individuen, die sich m. der Catastral-Vermessg. befassen, sowie überhaupt f. Jeden, der geometr. Vermessgn. m. dem Messtische zu leiten, od. selbst auszuführen hat. 8. (VIII, 260 S. m. 5 Taf.) Fünfkirchen 893. (L. Engel.) n. 3.—

Wessely, Vict., die Catastral-Vermessung von Bosnien u. der Hercegovina, zunächst als Studie f. alle, die in der pract. Geodäsie u. Geometrie thätig sind, insbes. f. Ingenieure d. Grund-Steuerregulirungscommissionen. 2., unveränd. Aufl. 8. (XII, 260 S. m. 5 Taf.) Wien 896. Spielhagen & Schurich. n. 4.—

Wessely, Vict., Leitfaden der Vermessungsarbeiten zunächst als Studie f. alle, die in der prakt. Geodäsie u. Geometrie thätig sind, insbesondere f. Ingenieure der Grund-Steuerregulirungscommissionen. Auf Grundlage der Catastral-Vermessung v. Bosnien u. Hercegovina, (VI, 261 S. m. 5 Taf.) 8. Wien 904. Szelinski & Co. n. 3.—

Wessely, Wilh., [Vesely], Nomenclatur der Forst-Insecten. Abth. 1. 2. Olmütz 1878—80. gr. 8.

Wessely, W., Nomenclatur der Forst-Insecten. II. Abthl.: Die Haut-, Zwei-, Grad-, Netz- und Halbflügler (nebst Register). gr. 8. (S. 229—444.) Olmütz 880, Slawik. *
I. Abthl. Ebendas. 1878. ℳ 4.—. (s. XVI. Bd. 2. Abthl. S. 669: Veselý, Wilh.).

Wessely, Wolfg., die Befugnisse des Nothstandes und der Nothwehr nach österreichischem Rechte mit Berücksichtigung des gemeinen Rechts und der neuern deutschen Partikulargesetzgebungen. Prag 862. Tempsky. gr. 8. (96 S.) 15 ngr.

Wessely, Wolfg., über die Gemeinschaftlichkeit der Beweismittel im österreich. Civilprocesse. gr. 8. (3¾ B.) Prag 844, Haase Söhne, Vrlgsh.-Expedit.
Aus: Zeitschr. f. österr. Rechtsgelehrsamkeit rc., Jahrg. 1843. X. u. XII. Hft. besond. abgedruckt.

—— נתיב אמונה bibl. Katechismus, od. Leitfaden f. d. ersten Religionsunterricht d. israelit. Jugend. gr. 8. (10¼ B.) Prag 840, [Kronberger'sche Buchh.] *

—— נתיב אמונה. (Netib — Emmuna.) Biblischer Katechismus od. Leitfaden f. den ersten Religionsunterricht der israelit. Jugend. 2., verb. Aufl. gr. 8. (11⅛ B.) Prag 846, Calve'sche Vrlgsh. *

Wessely, Wolfg., Netib-Emuna. Biblischer Katechismus oder Leitfaden für den ersten Religionsunterricht der israelit. Jugend. 3., verb. Aufl. gr. 8. (XIV und 164 S.) Prag 851, Calve'sche Vrlgsh. *

Wessely, Wolfg., Netib-Emuna. Biblischer Katechismus, ein Leitfaden für den ersten Religionsunterricht der israelit. Jugend. 4. Aufl. (XIV und 171 S.) 1853. * 16 Ngr. und 5., verb. und verm. Aufl. gr. 8. (XIII und 176 S.) Prag 856, [Tempsky.] *

Wessely, Wolfg., נתיב אמונה (Netib-Emuna.) Biblischer Katechismus, ein Leitfaden beim Religionsunterricht der israelit. Jugend. 6., verb. und verm. Aufl. (VIII und 183 S.) 1858. * 18 Ngr., und 7., verm. und verb. Aufl. gr. 8. (VIII und 189 S.) Prag 860, Tempsky. *

—— Netib-Emuna. Biblischer Katechismus, ein Leitfaden beim Religionsunterricht der israelit. Jugend. 8., verm. und verb. Aufl. gr. 8. (VIII und 180 S.) Prag 863, Tempsky.

Wessely, Wolfg., Tophilath Israel. Das israelit. Gebetbuch für alle Wochen-, Feier- u. Festtage des Jahres, nebst den Sprüchen der Väter. Ins Deutsche übertragen u. erläutert. 8. (VIII, 384 u. deutsche Gebete an Wochen- u. Fest-Tagen XV S.) Prag 882. Brandeis. geb. m. Goldschnitt. 1. 50

Wessely, Wolfg., Tephilath Israel. Das israelitische Gebetbuch für alle Wochen-, Feier- und Festtage des Jahres, nebst den Sprüchen der Väter. Ins Deutsche übertragen und erläutert. 3. verb. und verm. Aufl. 8. (VIII, 399 S.) Prag 888, Brandeis. geb. *
elég. geb. *

Wessely, Wolfg., wer ist nach d. Grundsätzen d. österreich. Rechts zur Vornahme ein. jüd. Trauung berechtigt? Mit Rücksicht auf d. mosaisch-talmud. Eherecht beantwortet. gr. 8. (2¾ B.) Prag 839, (Berrosch u. André.) *

Wessely, Zdenko Ritter v., die Wasserversorgung Prags nach dem Projekte der böhm. Sparkasse. Vortrag, geh. am 26. XI. 1900 im Cyklus der populär-wissenschaftl. Vorträge des naturwiss. Vereins „Lotos" in Prag. 8. (28 S.) Leipzig 901. F. Leineweber. n. — 70
Sonderabdruck aus: „Gesundheit".

Wessem, Hermann Gerard van (Venlo) A. S. 567/38

Dissertatio juridica inauguralis de usu l. VII. d. de diversis regulis juris antiqui.
Duisburg (Benthon) VIII. 1765. 23 S.

W. v.: O. L. von Eichmann, Friedrich Gottfried J. A. F. Schlegtendal, Johann Philipp von Carrach.
36462

Wessen bedarf gegenwärtig das deutsche Volk, insbesondere der Arbeiterstand, zu seiner Befriedigg. auf den Gebieten seines wirtschaftlichen u. sozialen Lebens? (Umschlag: Die wirtschaftliche u. soziale Lebensfrage unserer Handarbeiter.) Suum cuique! Betrachtungen eines parteilosen u. unparteiischen Mannes. (23 S.) 8. Cassel 904. C. Victor. — 30

Wessenberg und das päpstliche Breve.... Gelesen und erwogen von einem Freunde der Wahrheit. 1817 s. (S[peckle], I[gnaz]).

Wessenberg auf der Kehrseite. Ein Seitenstück zu J. H. Wessenberg und das päpstliche Breve. München 1818. V: *Doller, Johann Lorenz.* (MGT) (WR) (HS) (GGr) (Ky) (Schmal) (Jes) (AarK) (Th)

Wessenberg auf d. Kehrseite. Ein Seitenstück zu J. H. Wessenberg u. das päpstl. Breve. (Von J. L. Doller.) gr. 8. Münch. 818. Giel. 18 xr

Wessenberg, Briefe, s.: Gentz.

Wessenberg, J. G. von, Die falsche Wissenschaft u. ihr Verhältnis zu dem Leben. Stuttgart, Ness, 1844, gr. 8°, 130 S., 2,10 Mk.
Führt in geistreicher Weise den Gedanken aus, daß nicht eingebildetes abstraktes Wissen, sondern Tugendhaftigkeit u. treue Pflichterfüllung den wahren Wert des Menschen, bezw. des Lebens ausmache. Vgl. (Bonner) Ztschr. f. Philos. u. kath. Theol. 1845, Heft 1 S. 97—104.

v. Wessenberg, Frhr. Ign. Hnr. Karl, das heil. Abendmahl. Ein Angebinde für die Jugend. Constanz 822. Wallis. 18 xr f. auch Wessenberg: Schilderungen.

— dass. im Ausz., s. a. **Abendmahl.**

Wessenberg, Ign. Heinr. v., das heilige Abendmahl. Ein Angebinde f. d. Jugend. 2., verb. Aufl. gr. 16. (6½ B. u. Ttlkpfr.) St. Gallen 845, Scheitlin u. Zollikofer.

Wessenberg, J. H. v., das heilige Abendmahl. Ein Angebinde für die Jugend. 3. wohlfeile Aufl. St. Gallen 861. Scheitlin & Zollikofer. 16. (100 S. u. 1 Stahlst.) 7½ ngr.

— Archiv für d. Pastoralconferenzen im Bißthum Constanz; eine Monatsschrift f. 1802—27. 8. Freiburg, Herder. à Jahrg. 3 fl

Wessenberg, J. H. v., Archiv f. d. Pastoral-Conferenzen im Bisthum Constanz, e. Monatsschr. d. Jhrg. v. 12 Hftn. 8. Freyb. Herder. 804—811. (à 3 Rthlr. 16 gr.) Rthlr.

Wessenberg, J. H. v., Archiv f. die Pastoral-Konferenzen im Bisthum Konstanz. Eine Monatsschrift, der Jahrg. von 12 Heften 1812—15. 8. Freiburg, Herder. (1812—14. à 3 Rthlr. 16 gr. 1815 à 3 Rthlr.) Rthlr.

Wessenberg, J. H. von, Archiv f. d. Pastoralconferenzen und den Landkapiteln des Bisthums Konstanz. 16r, 17r und 18 Jahrg. à 12 Hefte. 8. Freyburg, Herder. 817 — 19. à 3 Rthlr.

v. Wessenberg, (J. H.,) Archiv f. die Pastoral-Conferenzen in den Landkapiteln von Konstanz. 19r — 26r Jahrg. 1820 27. à 12 Hefte. 8. Freiburg 823, Herder. à 3 Rthl. Rthlr.

— die Auferstehung unsers Herrn. Eine Betracht. an seinem Grabe. 16. Const. 821. Wallis. 18 xr, Wessenberg: Schilderungen.

—— die Auferstehung unsers Herrn. Eine Betrachtung an seinem Grabe. 2. Aufl. gr. 16. (IV und 75 S.) St. Gallen 861, Scheitlin und Zollikofer.

— d. Bergpredigt unsers Herrn u. Erlösers. 16. Const. 18.. 2e, 3e A. 820, 21. 4e A. 825. Wallis. 9 xr

—— die Bergpredigt unsers Herrn u. Erlösers. Eine Neujahrsgabe. 5., verb. Aufl. gr. 16. (3½ B. u. Ttlkpfr.) St. Gallen 846, Scheitlin u. Zollikofer.

—— die Bergpredigt unsers Herrn und Erlösers. Eine Neujahrsgabe. 6., wohlf. (Titel-)Aufl. gr. 16. (56 S. mit 1 Stahlst.) St. Gallen (846)61, Scheitlin und Zollikofer.

— christl. Betrachtt. zur Vorbereitung auf die Feier d. Auferstehung d. Herrn. 8. Const. 827. Seemüller. 1 fl

—— Betrachtungen üb. d. wichtigsten Gegenstände im Bildungsgange d. Menschheit. gr. 8. (25½ B.) Aarau 836, [Sauerländer's Vrlgsh.]

— die christl. Bilder, ein Beförderungsmittel d. christl. Sinnes. 2 Bde, mit 19 Kupf. gr. 8. Constanz 827, Wallis. 7 Rthl. 12 gr. Velinp.

— die christl. Bilder, ein Beförderungsmittel d. christl. Sinnes. 2 Bde. Mit 19 Kpf. gr. 8. Const. 828. Wallis. 7 Thlr. 12 kr. Velinp. 9 Thlr. 20 kr. ohne Kpf. 5 Thlr. 12 kr. Neue Ausg. in 7 Lieferungen. gr. 8. Constanz 832. Wallis. 5 Thlr. 20 kr.

Wessenberg, Ign. Heinr. v., die christl. Bilder, e. Beförderungsmittel d. christl. Sinnes. 2 Bde. Neue Ausg. gr. 8. (68 B.) Constanz 832, [Glükher.] Thlr.

—— dass. 2 Bde. gr. 8. (68 B. u. 19 Kpfrt.) Ebds. 832. f. Drckp. 6 Thlr. 20 Gr., Vlnp.

—— die christl. Bilder, ein Beförderungsmittel d. christl. Sinnes. 2 Bde. (Neue Ausg.) gr. 8. (68¼ B. u. 19 Kpfr.) St. Gallen 815, Scheitlin u. Zollikofer.

v. Wessenberg, Ign. Hnr., über die Bildung der Gewerbtreibenden Volksklassen überhaupt u. im Großherzogthum Baden insbesondere. Nebst e. Anhange von J. W. Straßer (: Bemerkungen über die Einrichtung von Gewerbschulen &c.) gr. 8. Konstanz 833. Glükher (u. Gebhard.) 1/6 Thlr.

— Blüthen aus Italien. 8. Karlsr. 818. Marx. 9 kr. 2e verm. Ausg. Mit 1 Vign. 12. Zürich 819. Orell. 12 kr.

—— Chor-Lieder zu christl. Volksgesängen. Ein Versuch. gr. 12. (2 B.) Constanz 828, [Glükher.]

— Chorlieder zu christl. Volksgesängen. Ein Versuch. 12. Const. 828. Wallis. 5 kr.

—— sämmtl. Dichtungen. 1—4. Bd. 16. Stuttgart 834, Cotta. à

Bd. 1. Julius. Pilgerfahrt e. Jünglings. Gedicht in 8 Ges. 2., verm. u. verb. Aufl. (17 B.)
" 2. Franz u. Paul, od. d. Wehen im Thale. — Anh. lyrischer Gedichte. — Zugabe: Friedr. Spee's auserles. Gedichte.
" 3. Blüthen aus Italien. — Fenelon, ein Gedicht in 3 Ges. — Lieder u. Hymnen zur Gottesverehrung d. Christen. (60¼ B.)
" 4. Vermischte Gedichte aus verschied. Zeiträumen in 8 Büchern. (27¾ B.)

Wessenberg, Ign. Heinr. v., sämmtl. Dichtungen. 5. Bd. 16. (25 B.) Stuttgart u. Tübingen 837, Cotta'sche Buchh. Thlr. *

—— sämmtliche Dichtungen. 6. Bdchn. A. u. d. Ttl.: Neueste Dichtungen. 16. (29 B.) Stuttgart 844, Cotta'sche Buchh.

Wessenberg, J. H. v., sämmtliche Dichtungen. 7. Bdchn. A. u. d. T.: Neue Dichtungen. 2. Bdchn. Stuttgart 854. Cotta. 16. (XIV, 312 S.) 27 ngr.
1—6. Bdchn. Ebend. 834—44. 3 Thlr. 5 ngr.

— über den sittlichen Einfluß der Romane. Ein Versuch. 12. Const. 826. Wallis. 18 kr.

— über d. sittl. Einfluß d. Schaubühne. 8. Const. 824. 2e A. 825. Wallis. 12 kr.

Wessenberg, Ign. Heinr. v., die Eintracht zwischen Kirche und Staat, auf die genaue Beachtung des wahren Zweckes beider begründet. Aus dem handschriftl. Nachlasse des Verf. hrsg. von Jos. Beck. gr. 8. (XI, 250 S.) Aarau 869, Sauerländer's Verlag.

— die Elementarbildung des Volkes in ihrer fortschreitenden Ausdehnung u. Entwickelung. Neue, ganz umgearb. u. doppelt verm. Aufl. gr. 8. Constanz 835. Glüther. 1¾ Thlr.

—— die Elementarbildung d. Volkes in ihrer fortschrit. Ausdehnung u. Entwickelung. Neue, ganz umgearb. u. doppelt verm. Aufl. gr. 8. (28½ B.) Constanz 835, (Meck.)

— Elementarbildung des Volks im 18. Jahrh. 8. Zürich, Orell, Füßli u. Comp. 814.

— Fenelon, ein Gedicht in 3 Gesängen. Mit 1 Titelkpf. 8. Zürich 812. Orell. 9 kr.

s. Folgen, über die, d. Säkularisation, u. setze hinzu: (v. J. H. K. v. Wessenberg).

Wessenberg, J. Heinr. v., Kaiser Friedrich der Zweite von Hohenstaufen. Ein Trauerspiel in 5 Aufzügen. 2. Aufl. 8. (VIII und 184 S.) Freiburg im Br. 863, Wagner'sche Buchh. *

Wessenberg, Ign[az] Heinr[ich] v[on]. Joh(ann) Heinr(ich) Füssli (1744–1832), Altrathsherr von Zürich. Von seinem Freunde Ign. Heinr. v. W. [SA.] 8. Trogen 1836.

— das Gebet d. Herrn. 8. Zürich 821.

Wessenberg, I(gn.) H(einr.) v., Gedanken über die neue Gestaltung des deutschen Bundes zum Behuf der Verwirklichung und Sicherung einer wahrhaft nationellen Einigung aller Deutschen. br. gr. 8. (30 S.) Zürich 848, Orell, Füßli und Comp.

— Gedichte. 2 Bde. gr. 8. Zürich 800, 1. Orell. 2 Thlr. Velinp. 2 Thlr. 16 kr.

— neue Gedichte. Mit 1 Kpf. u. 1 Vign. gr. 12. Const. 827. Wallis. 1 Thlr. 8 kr. Velinp. 1 Thlr. 20 kr.

s. Geist d. Zeitalters, u. setze hinzu: (v. J. H. K. v. Wessenberg).

s.a. Gesang- u. Andachtsbuch, christ-kathol. NB. die 1e Ausg. erschien (812.)

—— christkathol. Gesang- u. Andachtsbuch, zum Gebr. bei d. öffentl. Gottesverehrung in d. (ehemal.) Bisthum Constanz. 6. Ausg. gr. 12. (27½ B. u. Titkpfr.) Constanz 828, [Glükher.]

— Gott und die Welt oder das Verhältniß aller Dinge zu einander und zu Gott. 2 Thle. Heidelberg 857. Mohr. gr. 8. (XIX, 475; V, 505 S.) n. 3 Thlr.

(—) die Hauptepoche d. Weltgeschichte vor Christi Geburt. 8. Zürich 804. (Orell).

— Jesus d. göttl. Kinderfreund; ein Angebinde guter Aeltern für gute Kinder. Mit Titelkpf. u. 2 Vignetten. 16. Const. 820. 2e A. 823. Wallis. 12 kr., s. auch Wessenberg: Schilderungen.

— Jesus der göttl. Kinderfreund; ein Angebinde guter Aeltern f. gute Kinder. Mit Titelkupf. u. 2 Vign. 16. Constanz 822, Wallis.

— Jesus der göttliche Kinderfreund. Ein Angebinde guter Eltern für gute Kinder beim Austritt aus der Schule. 3. wohlfeile Aufl. St. Gallen 861. Scheitlin & Zollikofer. 16. (47 S.) 4½ ngr.

Wessenberg, Ign. Heinr., Johannes der Vorläufer unsers Herrn und Erlösers. Konstanz, Glükher, 1821, 12°.
Recens. Katholik 1821, Bd. 2, S. 451—462.

— Johannes d. Vorläufer unsers Herrn u. Erlösers. 12. Const. 821. Wallis. 12 kr., Wessenberg: Schilderungen.

——, Julius. Pilgerfahrt e. Jünglings. Gedicht in 7 Ges. 8. (20½ B. u. Ttlvign.) Stuttgart 831, Cotta.

s.a. Kirche, die deutsche.

— — die deutsche Kirche. gr. 8. Zürich. Orell. 816.

—— die großen Kirchenversammlungen d. 15. u. 16. Jahrh. in Bezieh. auf Kirchenverbesserung geschichtl. u. krit. dargest., mit einleit. Uebersicht d. früh. Kirchengeschichte. 4 Bde. gr. 8. (133 B.) Constanz 840. [Frankfurt a. M., Jos. Baer.] * 7 Thlr., hrbaf. Pr. *

Wessenberg, J. H. v.: Die großen Kirchenversammlungen des 15. und 16. Jahrhunderts in Bez. auf Kirchenverbesserung geschichtl. u. krit. dargest. mit einl. Uebersicht der frühern Kirchengeschichte. Neue Ausg. Bd 1—4. Constanz 1845. 4 Bde

(v. Wessenberg.) Commentar zu einem Theile der Denkwürdigkeiten des Marschalls Marmont, von einem Zeitgenossen. 8. Freiburg i Br 1857

—— Commissionsbericht üb. d. Antrag d. 2. Kammer auf Aufhebung d. Censur u. Herstellung vollkomm. Preßfreiheit. Erstattet in d. 1. Kammer d. bad. Ständeversamml. gr. 8. (2 B.) Karlsruhe 831, Müller.

—— die Kraft d. Christenthums zur Heiligung d. Sinnes u. Wandels. Ein homilet. Handb. f. d. Kirchen- u. Hausgebrauch während d. 40täg. Fastenzeit. gr. 8. (21 B.) Konstanz 833, Glüther.

—— die Kraft d. Christenthums zur Heiligung d. Sinnes u. Wandels. Ein homilet. Handbuch f. d. Kirchen- u. Hausgebrauch während der 40tägigen Fastenzeit. Neue Ausg. gr. 8. (20½ B.) St. Gallen 845, Scheitlin u. Zollikofer.

— deutsche Lieder. 8. Zürich 809. Orell. 20 kr

— dieselben, e. Neujahrsgeschenk. 16. Ebd. 815. Ebd. 8 kr

— Lieder u. Hymnen z. Gottesverehrung d. Christen. 16. Const. 825. Wallis. 16 kr Velinp. 1 fl

— Magdalena. Ein bibl. Gemälde. Mit 1 Kpf. 8. Const. 824. Wallis. 12 kr

—— Magdalena. 2., verb. Aufl. 8. (6½ B., 1 Stahlst. u. Ttlkpfr.) St. Gallen 846, Scheitlin u. Zollikofer.

—— Magdalena. 3., wohlf. (Titel-)Ausg. gr. 16. (104 S. mit 2 Stahlst.) St. Gallen (846)61, Scheitlin und Zollikofer.

— Merzblumen, eine Gabe d. Freundschaft. De tenero cingite flore caput. Ovid. Fast. III. 254. 8. Const. 823. (Wallis). (84 Seiten). ...

— Mittheilungen über die Verwaltung d. Seelsorge nach dem Geiste Jesu u. seiner Kirche. 2 Bde. gr. 16. Augsb. 832. Schlosser. 1 fl 20 kr Velinp. 2 fl 12 kr

s. Mutter, die Schmerzensreiche.

——, Nikodemus. Eine Erzähl. 12. (4½ B. u. Ttlvign.) Constanz 829, [Glüther.]

— Nikodemus. Eine Erzählung. 12. Constanz 829. Wallis. 12 kr

—— Nikodemus. Eine Erzählung. 2., verb. Aufl. 16. (8½ B. u. Ttlkpfr.) St. Gallen 846, Scheitlin u. Zollikofer.

—— Nikodemus. Eine Erzählung. 3., wohlf. (Titel-)Aufl. gr. 16. (131 S.) St. Gallen (846)61, Scheitlin und Zollikofer.

Wessenberg, J. H. von, Die Parabeln und Gleichnisse des Herrn vom Reiche Gottes. Ein Volksbuch für alle Zeiten. Konstanz, Glückher, 1839, gr. 8°, 8¼ Bg., 2 Mk.
Recens. (Bonner) Ztschr. f. Phil. u. k. Theol., 1849, Heft 1.

—— die Parabeln u. Gleichnisse d. Herrn vom Reiche Gottes. Ein Volksb. f. alle Zeiten. gr. 8. (8¼ B.) Constanz 839. [St. Gallen, Scheitlin u. Zollikofer.] 16 Gr., hrbgf. Pr.

—— die Parabeln u. Gleichnisse des Herrn vom Reiche Gottes. Ein Volksbuch für alle Zeiten. 2., verb. Aufl. 8. (8½ B.) St. Gallen 845, Scheitlin u. Zollikofer.

—— die Parabeln und Gleichnisse des Herrn vom Reiche Gottes. Ein Volksbuch für alle Zeiten. 3., wohlf. (Titel-)Aufl. 8. (XV und 116 S.) St. Gallen (845)61, Scheitlin und Zollikofer.

(——) die Reform d. deutschen Universitäten, s.a. Reform.

Wessenberg, Ign. Heinr. v., die Reform der deutschen Universitäten. Ein Beitrag zur Unterrichtsfrage unserer Zeit. 2. Aufl. Würzburg 866. Stahel'sche Buchh. 8. (50 S.) 4 ngr.

— Ritual nach d. Geiste u. den Anordnungen der kathol. Kirche, oder prakt. Anweisung fur den kathol. Seelsorger zur erbaul. u. lehrreichen Verwaltung des liturgischen Amtes. 2e verb. Aufl. gr. 8. Stuttgart 833. v. Cotta. 1⅓ fl

— bibl. Schilderungen. Mit 4 Kpf. u. 7 Vign. 16. Const. 823. Wallis. 2 fl 12 kr (Enthält: Jesus d. Kinderfreund. — Johannes. — d. Abendmahl. — d. Auferstehung.)

— über Schwärmerei. Historisch-philosophische Betrachtungen mit Rücksicht auf die jetzige Zeit. (In 3 Heften. — 1s Heft.) 8. Heilbronn 832. Claß. 15 kr

— uber Schwärmerei. Historisch-philosophische Betrachtungen, mit Rücksicht auf die jetzige Zeit. 8. Heilbronn 834. Claß. 2 fl — NB. erschien schon 1832 u. 1833 in Heften.

— über Schwärmerei. Histor.-philosoph. Betrachtungen mit Rücksicht auf die jetzige Zeit. 2. (Titel-)Ausg. 8. (VI u. 554 S.) Heilbronn (834) 848, Landherr. 1 fl 8 ngr

s.a. Fr. Spee, Gedichte. Soll vorzügl. Antheil an d. „Stunden der Andacht" haben.

Wessenberg, v., Urteil üb. die Jesuiten, s.: Aktenstücke, kirchliche.

— über den Verfall d. Sitten in Deutschland, eine poetische Epistel. gr. 8. (Zürich) 799. Orell. 4 kr

Wessenberg, J. H. von, das Volksleben zu Athen im Zeitalter des Perikles. Zürich 820. 8. 1 rthl. Ohne kritischen Werth.

v. Wessenberg, Frhr. Ign. Hnr. Karl, das Volksleben in Athen im Zeitalter des Perikles. 1s u. 2s Heft. Mit Titelkpf. u. Vign. 8. Zürich 821. u. 23. Orell. 2 fl 2e verb. Aufl. Mit 8 Kpf. u. Vign. 8. Ebd. 828. 1 fl 16 kr

(**Wessenberg**, Ign. Heinr. v.) wäre d. Beitritt Badens z. preuß. Zollverein wünschenswerth, s. Wäre.

Wessenberg, Joh. Phpp. Frhr. v., Briefe aus d. J. 1848—1858 an Jsfordink-Kostnitz, österreich. Legationsrath a. D. 2 Thle. gr. 8. (XIV, 333 u. 391 S.) Leipzig 877. Brockhaus. n. 12. —; geb. n. 14. 50

[Wessenberg, Johann Philipp von.] La route du Simplon. [Avec 1 planche.] 8. Basle 1823.

(Wessenberg, Joh. Phil. Freiherr v.) Uebersicht des viertägigen Feldzuges in Italien, vom 20. bis 24. März 1849.
8. Freiburg im Breisgau 1849.

Wessenberg, Pet., der Angelsport. Praktischer Ratgeber f. Fliegenfischer nebst Anleitg. zur Grundangelei. Mit zahlreichen Abbildgn. nach Orig.-Aufnahmen. 8. (VIII, 172 S.) Wien 902. L. Weiß. Geb. in Leinw. n. 3. —

Wessenberg's Aufenthalt im Breisgau. Dritte Originalauflage. Nicht vermehrt und nicht verbürgt aber mit nöthigen Anmerkungen versehen. Von einem Zuschauer, der noch ohne Brille sieht. 8. (Bamberg, Comptoir der Zeitung.) 818.

Wessenberg's Aufenthalt im Breisgau. Dritte Originalauflage. Nicht vermehrt u. nicht verbürgt aber mit nöthigen Anmerkk. versehen. Von e. Zuschauer, d. noch ohne Brille sieht. 8. (Bamberg) 819. (Drausnick; Leipz., Barth). 8 gr.

Wesser, August: Der Adventismus und die Sabbatfrage. Von August Wesser, Prediger. Kassel: Oncken [1910] 10 S. 8°

Wesser, Joh. Chrn. Heinr., Predigt bei der Beerdigung des Webergesellen Johann Benjamin Julius Knüpfer, der den 16. Jan. 1855 in der Nähe des hiesigen Ortes ermordet gefunden wurde, gehalten zu Triebes den 19. Jan. Weida 854. (Schleiz, Hübscher.) gr. 8. (12 S.) 1½ ngr.

Wesser, Rud., der Holzbau mit Ausnahme des Fachwerkes, s.a. **Beiträge zur Bauwissenschaft. 2. Hft.**

Wesser, Rudolf: Der Holzbau mit Ausnahme des Fachwerks. Berlin: Wasmuth [1903]. 73 S. 4° ¶ Auch als: Beiträge zur Bauwissenschaft. H. 2.
Dresden, Dr.-Ing.-Diss. v. 15. 11. 1902

Wesserling und das Thal St. Amarin im Elsass, s.a. **Wanderbilder, europäische.**

Wesserling und das Thal (von) St. Amarin im Elsass. Mit 21 Illustrationen von J[ohann] Weber [wovon 6 Tafeln] und einer Karte. (Europäische Wanderbilder. N° 134. 135.) 8. Zürich ([18]88).

—— et la vallée de Saint-Amarin, s.a. **l'Europe illustrée.**

Wesserling et la vallée de Saint-Amarin (en Alsace). Avec 21 Illustrations par J[ohann] Weber [dont 6 planches] et une carte. (L'Europe illustrée. N° 83. 84.) 8. Zurich ([18]87).

Wessermeyer, H. C., Vergleichungstabellen, wodurch d. Werth d. im Königr. Westphalen coursirenden Münzen bestimmt wird. 3te Ausgabe. gr. 8. Göttingen, Dankwerts. 811.

Weßhalb feiern wir das Fest der Verfassungsurkunde? Beantwortet für den Bürger u. Landmann, von einem Volksfreunde. gr. 8. Leipzig ... (Günz.) 1/8 ß

Wessig, H., De aetate et auctore Philopatridis dialogi (qui una cum Lucianeis edi solet). Diss. 1866. 27 S. 1.20

Wessing, Fr., kurze u. faßl. Anweisung f. noch Unverehlichte u. bereits Verehlichte, um im Ehestande tugendhaft u. glücklich zu leben, u. selig zu sterben. Nebst angehängten, zweckmäß. Gebethen u. der Ermahnung, welche d. Ehepaar am Altare v. Pfarrer gegeben wird. Mit Vorr. v. Fr. Darup. 8. (5¼ B.) Coesfeld 828, (Riese.)

Wessing, Fr., kurze u. faßl. Anweisung für noch Unverehelichte u. bereits Verehelichte, um im Ehestande tugendhaft u. glücklich zu leben u. selig zu sterben. Nebst Gebeten. Mit Vorrede von Fr. Darup. 8. Coesfeld 828. Wittneven. (Leipz., Central-Compt.) 5 gr.

Wessinger, A., Kaspar Aindorffer, Abt in Tegernsee 1426—1461. Ein Lebens- und Zeitbild, nach den Quellen dargestellt. Lex.-8. (67 S.) München 885, (Kaiser.) **
Aus: Oberbayerisches Archiv des historischen Vereins für Oberbayern, besonders abgedruckt.

Wessinger, A., H. Witte, u. H. Herbers, Beiträge zur Namen-Verbesserung der Karten d. Deutschen Reichs. Hrsg. im Auftrag der Zentral-Kommission f. wissenschaftl. Landeskunde v. Deutschland u. m. e. Schlußwort versehen v. Alfr. Kirchhoff. 8. (V, II, 90 S.) Leipzig 892. G. Uhl. n. 3. —

Wessinger, A., Land und Leute, Wege und Stege am Tegernsee. Ein Führer für Naturfreunde. München 862. Franz. 8. (84 S., 1 Stahlst. u. 1 lith. Karte in Fol.) n. 15 ngr.

Wessinger, A., Land u. Leute. Wege u. Stege am Tegernsee. Ein Führer für Naturfreunde. 2. Aufl. Mit 1 Karte. München 1873. 12°. Orig.-Cart., etw. gebr.
2 Bll., 85 S., 1 S. Ergänz.

—— bayerische Orts- und Flussnamen. Erklärungsversuche. 2. verb. und ergänzte Aufl. 8. (140 S.) München 886, (Kellerer.) *

Wesskalnys, Jurs, Ex est! Schmollis der Ganzen! u. Anderes. (V, 252 S.) 8. Dresden 903. E. Pierson. n. 3. —

Wessling, Aloys, a. Eynatten i. Rheinpr.: Die konfessionellen Unruhen in der Reichsstadt Aachen zu Beginn des 17. Jahrhunderts und ihre Unterdrückung durch den Kaiser und die Spanier im Jahre 1614. Straßburg 1905: M. Du Mont-Schauberg. (x, 115 S.) 8°
Straßburg, Phil. Fak., Ref. Meinecke, Spahn, Diss. v. 28. Jan. 1905
[Geb. 24. Aug. 80 Überruhr, Landkr. Essen, Rheinpr.; Wohnort: Eynatten; Staatsangeh.: Preußen; Vorbildung: Gymn. Bochum Reife O. 01; Studium: Münster 2, München 1, Berlin 1, Straßburg 5 S.; Rig. 28. Jan. 05.]

Wessling, Bruno, prakt. Arzt: Pharmakologische Beiträge zur Entzündungsfrage. *Breslau 1898: Bresl. Genossenschafts-Buchdr.* (45 S.) 8°
Breslau, Med. Diss. v. 10. Dez. 1898

Wessling, Carl Magnus, s. Wessling, Karl Magnus

Wessling, E., Prolegomena zu Herodots Nachrichten über die Religionen kulturarmer Völker. Diss. 1926. 47 S. 2.50

Wessling, Fritz, aus Westeregeln: Ueber einen Fall von eitriger Glaskörperinfiltration, ausgehend von einer Operationsnarbe. *Jena 1900: G. Neuenhahn.* (23 S.) 8°
Jena, Med. Diss. v. (30. Sept.) 1900

Wessling, Karl Magnus

Wessling, C[arl] M[agnus], a. Sundsvall: Die Reichsbank und die „Enskilda" Banken Schwedens. Leipzig 1907: A. Pries. (76 S., 11 Tab.) 8°
Heidelberg, Phil. Fak., Ref. Gothein, Diss. v. 24. Dez. 1907
[Geb. 10. Jan. 82 Sundsvall (Schweden); Wohnort: Leipzig; Staatsangeh.: Schweden; Vorbildung: Gymn. Linköping Reife O. 02; Studium: Techn. Hochsch. Stockholm 2, Handelshochsch. Leipzig 4, Univ. Leipzig 2 S.: Rig. 21. Okt. 07.]

Wessling, Rudolf, a. Westeregeln: Ein Laboratoriumsversuch mit verschiedenen Weizensorten zur Ergründung ihres Mahl- und Backwertes. Halle a. S. 1906: C. A. Kaemmerer & Co. (VI, 74 S.) 8°
Halle, Phil. Fak., Ref. Wohltmann, Diss. v. 14. Dez. 1906
[Geb. 8. Apr. 75 Westeregeln, Reg.-Bez. Magdeburg; Wohnort: Halle a. S.; Staatsangeh.: Preußen; Vorbildung: Gymn. Quedlinburg Reife O. 95; Studium: Halle 7 S.; Rig. 4. Aug. 06.]

Weßly, H., d. Moseide, s. Moselde.

Weßmann, der Häuptling August Makhahane, e. Lebensbild aus der Bawenda-Mission, s.: Missionsschriften, neue.

Weßmann, Philippus Thal, e. treuer Nationalhelfer im Bawendalande, s.: Missionsschriften f. Kinder. Nr. 46.

Wessner, Frl. Clara, s. a. Wellner, C.

Wessner, Klara: Der Stellvertreter. Novellette von C. Wellner [d. i. Clara Wessner]. In vereinf. deutscher Stenogr. (System Stolze-Schrey). Berlin: F. Schulze [1899]. (16 S.) 8°
[Text lith.]
(Zehnpfennigbücher, Schulzes. No 2.)

Wessner, Paul, Dr.: Aemilius Asper. Ein Beitrag zur römischen Literaturgeschichte. Halle a. S. 1905: Waisenhaus. (50 S.) 4°
Halle a. S., Lateinische HauptS in den Franckeschen Stiftungen OP 1905 (281)

*Weßner, Paul: Geschichtskarte und Geschichtsatlas. S. 67—77. 8. In: Ehrengabe der Latina. Acht Abhandlungen, ... Wilhelm Fries bei der Gedenkfeier seiner 25jähr. Wirksamkeit als ... Direktor der Franckeschen Stiftungen dargebracht. Lat. Hauptschule *Halle a. S.* 1906.
Progr.

Wessner, P., Quaestiones Porphyrioneae. Diss. 1893. 42 S.

Wessner, P., Textgeschichte d. Eugraphiuskommentars. 1899.

Wessner, Paul: Untersuchungen zur Lateinischen Scholien-Litteratur. 8 (32 S.)
D. 45. Versammlung deutsch. Philol. u. Schulmänner Bremen
Progr. G. u. Rsch. *Bremerhaven* 1899.
Inhalt: I. Euanthius und Donatus. II. Über Handschriften und Ausgaben des Donatkommentars. 1. Lindenbrogs handschriftliches Material. 2. Westerhovs Handschriften. 3. Verschollene Handschriften. III. Zur Textgeschichte des Eugraphiuskommentars.
Nicht im Tauschverkehr

Wessner, Paul: Untersuchungen zur Lateinischen Scholien-Litteratur. Der 45. Versammlung deutscher Philologen u. Schulmänner. Bremen 1899. Im Namen d. Gymnasiums u. der Realschule zu Bremerhaven gewidmet von Dr. –, Oberl. Bremerhaven 1899: Nordwestdeutsche Zeitung. (32 S.) 8°

Weßnig, G. R., s. Herren-Abende.

Weßnitzer, F., schneller Rathgeber bei Zahlungen, oder: Das neue österreichische Geld, verglichen mit den älteren Münzsorten Oesterreichs u. mit den vorzüglichsten fremder Staaten. Zunächst für Fremde in den böhmischen Bädern, übrigens auch sehr brauchbar für Jedermann. 2. umgearb. u. verm. Aufl. Eger 859. Kobrtsch & Gschihay. 8. (102 S. m. 2 lith. Taf.) 15 ngr.

West, Amalie u. Baldorf. 8. Leipz. 792. (W. Vogel). 1 ß

West, Jacob, oder Erfahrungen eines alten Mannes. Leipzig 1804. V: *Claudius, Georg Carl.* (Ky)

West, Jacob, od. Erfahrungen u. Abenteuer e. alt. Mannes; e. Gemälde wie er die Welt fand. 2 Bde. 8. Lpzg. Joachim. 804. (à 1 Rthlr. 8 gr.) 2 16

West u. Moret, Joconde. Komische Oper in 3 Aufzügen. Musik v. Carl Zeller. gr. 16. (82 S.) Wien 876. Wallishausser. n. 1. —

West, B. J., Schwindsucht ist heilbar!! Anweisung Lungen- und Brustkatarrhe, chronische Hals- und Brustentzündungen, Halsschwindsucht und vornehmlich die Lungenschwindsucht in allen ihren Graden, Schleimflüsse der Lungen und des Kehlkopfes, Asthma, Engbrüstigkeit durch ein neu entdecktes Mittel gründlich zu heilen rc. Nach der 35. amerikan. Ausg. übers. Hamburg 854. Berendsohn. 16. (2 Bl., 80 S.) 6 ngr.

West, Carl, s. West, Karl

West, Charles, Lehrbuch der Frauenkrankheiten. Nach der 2. Aufl. des Orig. in's Deutsche übertragen von W. Langenbeck. 2 Hälften. gr. 8. (VIII und 782 S.) Göttingen 860, Vandenhoeck und Ruprecht's Verlagsh. à Hälfte * 1 Thlr. 20 Ngr. *

West, Charles, Lehrbuch der Frauenkrankheiten. Nach der 2. Aufl. des Originals in's Deutsche übertragen von W. Langenbeck. 860. — 2. verb. Aufl. Göttingen 863. Vandenhoeck & Ruprecht. gr. 8. (VIII, 790 S.) n. 3 ß 10 ngr.

West, Charles, Lehrbuch der Frauenkrankheiten. Nach der 3. Aufl. des Orig. ins Deutsche übertragen von W. Langenbeck. 3. verb. Aufl. gr. 8. (VIII, 842 S.) Göttingen 870, Vandenhoeck und Ruprecht's Verlag. *

West, Charles, Pathologie und Therapie der Kinderkrankheiten. Deutsch bearb. von A. Wegner. 1. Aufl. (VIII und 443 S.) 1853. 2 Thlr. 12 Ngr. und 2., verm. Aufl. gr. 8. (XII und 523 S.) Berlin 856(57,) A. Hirschwald.

—— Pathologie und Therapie der Kinderkrankheiten. Deutsch bearb. von A. Wegner. 3. Aufl. gr. 8. (XII und 523 S.) Berlin 860, A. Hirschwald. *

— Pathologie u. Therapie der Kinderkrankheiten. Hersg. u. ergänzt von E. Henoch. 4. Aufl. Berlin 865. A. Hirschwald. gr. 8. (VIII, 528 S.) n. 3 ß 10 ngr.

—— Pathologie und Therapie der Kinderkrankheiten. Nach Ch. West deutsch bearb. 5. Aufl. Hrsg. und ergänzt von E. Henoch. gr. 8. (VIII, 530 S.) Berlin 872, Hirschwald. *

— die Pflege kranker Kinder. Aus dem Engl. Zürich 865. Verlags-Magazin. 8. (VIII, 80 S.) geb. mit Goldschn. n. 16 ngr.

West, Charles. Über plötzlichen Tod in der Kindheit... Memmingen 1860. Ü: *Huber.* (Ky) (EngM)

West, Charles, über plötzlichen Tod in der Kindheit. Ueber Gehirnerscheinungen unabhängig von Gehirnläsionen. Zwei Vorträge im Novbr. und Decbr. 1859 am Kinderspital zu London gehalten. Aus dem Engl. (von Huber.) 8. (27 S.) Memmingen 860, Besemfelder'sche Buchh. Thlr.

— West, E. W., the book of the Mainyo-i-khard, s.: Mainyo-i-khard.

— glossary a. index of the Pahlavi texts of the book of Arda Viraf, s.: Book, the, of Arda Viraf.

West, Emilie, die Familie Werner, oder 12 Bilder aus dem deutschen Leben, nebst der Familie Aspini, in 6 Bildern aus Ober-Italien. Für Kinder von 7—10 Jahren. gr. 16. (VII und 152 S. mit 8 ill. Lithogr.) Wien 863, Lechner's Universitäts-Buchh. [Leipzig, G. A. Schmidt.] cart.

West, F. L., das Zauberglöckchen. Zeitschrift f. Frauen u. Jungfrauen. Jahrg. 1827. 12 Hefte. 8. Nürnb., Riegel u. W. 3 ₰

WEST, Frdr., Amalia und Beldorf, oder die schrecklichen Folgen der Verführung. (Zieml. zahmer Familien-Roman.) Arnheim (Leipzig), Crusius, 1792. 8°.
Beachtenswerte Stylistik. — Stand vorher zum Theil in: „Deutsches gemeinnütziges Magazin" (hrsg. von Chrn. Ulr. Detlev v. Eggers). Leipzig, W. Vogel, 1788—89. — Meusel VIII, 466 weiss nichts vom Vf. In den späteren Bdn. fehlt er gänzlich.

— — Dasselbe. (Nachdruck.) Mit Titelkpfr. u. gestoch. Tit. m. Vignette (von Weinrauch). Wien, bey Franz Haas. 1794. 8°. Tit. u. 215 S. (2 Mk., etwas geles., Frdr. Klüber, München, 1905.)

West, Gilbert. Anmerkungen und Betrachtungen über die Geschichte der Auferstehung Jesu Christi . . . a. d. Engl. . . . Berlin 1748. Ü: *Sulzer, Joh. Gg.* (ML)

West, Gilb., Anmerkk. u. Betrachtt. über die Geschichte der Auferstehung Jesu Christi; aus d. Engl. von Sulzer. 8. Riga ... N. A. 780. Hartknoch in Leipzig. 16 gr.

West, H., Beiträge zur Beschreibung von St. Croix, nebst e. kurzen Uebersicht d. benachbarten Inseln St. Thomas, St. Jan, Tortola, Spanischtown u. Krabbeneyland; a. d. Dänischen, mit Verbess. u. Vermehr. des Verfassers. gr. 8. Kopenh. 794. Priest. (Bonnier; a. Brummer). 22 gr. dass., nebst 2 Karten in 3 Bl. über St. Croix u. St. Jan von P. L. Oxholm. gr. 8. Ebd. 801. Priest. 8 ₰ 14 gr.

West, Jul. H., verfehlte Akkordpolitik. (7 S.) gr. 8. Berlin 905. (Deutscher Verlag.) — 25
Sonderabdruck aus: „Deutsche Industrie-Zeitg."

West, Jul. H., sparsames Arbeiten. 1. Buch. Kostenbuchführung als Grundlage f. genaue Kostenberechng. u. Fabriküberwachg. (IV, 72 S. m. 11 Formularen.) 34×22 cm. Berlin 908. C. Heymann. Geb. 12. —

— offener Brief an Se. Maj. Zar Nicolaus v. Russland. Die neue Kultur u. die Warenzölle. Mit e. Geleitwort v. Bertha v. Suttner. (24 S.) 8. Berlin 903. F. Siemenroth. n. — 40

West, Jul. H: Die bisherige Entwicklung von Technik und Industrie. Berlin: Heymann 1908. 54 S. 8°
(West: Studien z. Förderung d. deutschen Industrie. H. 3.)

West, Jul. H.: Erfindungsschutz technischer Dienstnehmer. Bericht f. d. 'Deutschen Verein z. Schutz d. gewerbl. Eigentums'. Berlin: Heymann 1908. 61 S. 8°
(West: Studien z. Förderung d. deutschen Industrie. H. 4.)

Hie Europa! Hie Amerika! Aus d. Lande d. krassen Utilität. Von Jul. H. West, Ing. *Berlin: F. Siemenroth 1904.* (55 S.) 8° [e4. 8395]

West, Jul. H.: Hie Europa! Hie Amerika! Aus d. Lande d. krassen Nützlichkeit. 2. Aufl. Berlin: Heymann 1908. 74 S. 8°
(West: Studien z. Förderung d. deutschen Industrie. H. 1.)

West, Jul. H.: Deutschlands Industrie. Berlin: Heymann 1908. 51 S. 8°
(West: Studien z. Förderung d. deutschen Industrie. H. 2.)

— falsche Selbstkostenberechnung in Fabrikbetrieben. (7 S.) gr. 8. Berlin 905. (Deutscher Verlag.) n. — 25

— richtige Selbstkostenberechnung in Fabrikbetrieben. (12 S.) gr. 8. Ebd. 905. n. — 50
2 Sonderabdrucke aus: „Deut. Industrie-Zeitg."

— Studien zur Förderung der deutschen Industrie. 1.—4. Heft. 8. Ebd. 908. à 1. —
1. Hie Europa! Hie Amerika! Aus dem Lande der krassen Nützlichkeit. 2. Aufl. (4. bis 6. Taus.) (74 S.)
2. Deutschlands Industrie. (51 S.)
3. Die bisherige Entwicklung v. Technik u. Industrie. (54 S.)
4. Erfindungsschutz technischer Dienstnehmer. Bericht f. den „Deutschen Verein zum Schutze des gewerbl. Eigentums". (61 S.)

West, Karl

West, Car. (geb. London 8. 8. 1816): De pelvi muliebri ejusque in partu vi et dignitate. Berolini (1837). (56 S.) 4°
Berlin, Med. Diss. v. 27. Sept. 1837

West, Karl Aug. u. Thom., (Jos. Schreyvogel), s. **Calderon,** Leben ein Traum.

West, Carl Aug., Dona Diana, s. a. Moreto, Aug.

— Donna Diana, s. auch A. Müllner, Almanach f. Privatbühn. 36 Bochen.

West, Carl Aug., Donna Diana, s. a. Theater-Repertoir, wiener.

West, Carl Aug., Doña Diana. Lustspiel in 3 Akten nach dem Spanischen des Don August. Moreto. 5. Aufl. Mit einer Einleitung von J. W. Appell. Wien 862. Wallishausser'sche Buchhdlg. 16. (202 S.) n 1 ₰

s. Gozzi, theatral. Werke.

† West, Carl Aug., (Jos. Schreyvogel,) Don Gutierre. Trauersp. in 5 Aufz. Nach Calderon's: „Arzt seiner Ehre." gr. 8. (9¼ B. u. Titvign.) Wien 834, Wallishausser.

— Hermione; Schspl., mit Gesang. 8. Stuttg. 801. Metzler. 10 gr.

— Konradin von Schwaben; Trspl. 8. Tübing. 800. v. Cotta. 12 gr.

West, C. A., das Leben ein Traum, s. a. Universal-Bibliothek.

— das Leben ein Traum. Dramatisches Gedicht in 5 Acten. Nach dem Spanischen des Calderon de la Barca für die deutsche Bühne bearb. 5. Aufl., mit einem einleitenden Vorwort von Heinr. Laube. Wien 867. Wallishauser'sche Buchh. gr. 16. (XVI, 124 S.) n. 20 ngr.; geb. mit Goldschn. n. 1 ₰

s. Orpheus.

— das Pfauenfest. Singspl. in 2 A. 8. Stuttg. 800.

s. Rudolph v. Habsburg.

s. Shakspear, Kaufmann v. Venedig.

s. Dess. König Lear.

s. Dess. Othello.

s. Deſſ. Romeo u. Julie.

s. Unterthan, der.

s. Zriny.

West, L., Bericht an den löbl. Gemeinderath der Stadt Czernowitz üb. die an den bestehenden Wasserversorgungs-Anlagen u. Canalisirungen der Städte Breslau, Dresden, Berlin, Leipzig, Chemnitz, Nürnberg, Graz, Pressburg, Znaim, Brünn u. Olmütz gemachten Wahrnehmungen, m. Rücksicht auf die in Czernowitz einzuführenden dergleichen Anlagen. gr. 8. (34 S.) Czernowitz 889. (Pardini.) n.n. 1. —

v. West, L., s. Zeitschrift, steyermärkische.

West, Lambert v., Wo Newton und Huygens fehlten. Zwei Beweise. gr. 8. (34 S. mit 1 Stnt. in qu. 4.) Wien 865, (Gerold's Sohn.)

West, Ludwig, Bericht an den löblichen Gemeinderath der Landeshauptstadt Czernowitz über die an den bestehenden Wasserversorgungs-Anlagen und Canalisirungen der Städte Breslau, Dresden, Berlin, Leipzig, Chemnitz, Nürnberg, Graz, Preßburg, Znaim, Brünn und Olmütz gemachten Wahrnehmungen, mit Rücksicht auf die in Czernowitz einzuführenden dergleichen Anlagen. 8. (34 S.) Czernowitz: Pardini 1889. * —.60

West, Ludwig: Bericht an den löbl. Gemeinderat des Landeshauptstadt Czernowitz über die an den bestehenden Wasserversorgungsanlagen und Kanalisierungen der Städte Breslau, Dresden usw. gemachten Wahrnehmungen mit Rücksicht auf die in Czernowitz einzuführenden dergleichen Anlagen. Czernowitz: Schally 1889.

West, Ludw., Plan von Czernowitz mit Angabe der neuen Strassenbenennung, der Orientirungs-Nummern und Höhenzahlen. 1 : 5760. Chromolithogr. Imp.-Fol. Czernowitz 888, Pardini. ** 2 10
In Leinw.-Deckel * 2 50

West, Ludwig: Plan von Czernowitz mit den neuen Straßenbenennungen, der Hausnummern und Höhenzahlen (1: 5.760). Czernowitz: Schally 1912.

West, Ludw. E., der moderne Mädchenhandel. gr. 8. (47 S.) Berlin 903. C. Messer & Co. 1. —

WEST, Dr. Ludwig E. Homoſexuelle Probleme im Lichte der neueſten Forſchung. Berlin o. J. (1902). Gr. 8°. 255 S.

West, Ludw. E., homosexuelle Probleme. Im Lichte der neuesten Forschg. allgemeinverständl. dargestellt. (IV, 260 S.) gr. 8. Berlin (903). C. Messer & Co. 6. —

WEST, Dr. Ludw. E., Die Prostitution bei allen Völkern vom Altertum bis zur Neuzeit. Berlin, o. J. (1903). 8°. (6 Mk. A. Bielefeld, Carlsruhe, 1905; 5 Mk. 50 Pfg. Eckstein & Widenmann, Berlin, c. 1906.)
Nicht mehr im Handel.

West, Paul (geb. am 23 Nov. 1852 in Dessau): Beitrag zur Kenntniss des methylirten und des äthylirten Oxamethans ... Bonn, Buchdr. v. P. Neusser 1876. 1 Bl., 46 S., 1 Bl. 8.
Bonn, Phil. Fak., Diss. v. 8 Juli 1876

West, Rob., Bayreuth 1897, s.: Wild, Frdr.

West, Rob., einst u. heute. Essays. (VII, 130 S.) 8. Berlin 910. Borussia. Geb. in Leinw. 2. —

West, Theod., Bibliothek d. unterhaltenden Wissenschaften, s. Bibliothek.

West, Theod., Charaktere d. franzöſ. Revolution u. d. Kaiſerzeit. — A. u. d. T.: Napoleons Hof u. Feld. 1—4. Lfg. Lex.-8. (12 B. u. 6 Portr.) Berlin 838, 39, Bade. (?) à

West, Thdr., Feldzüge Napoleon's in Aegypten, s. Bibliothek.

——, Friedrich d. Große. 1—9. Hft. gr. Lex.-8. (19 B., 3 Portr. u. 6 ill. Stnt.) Berlin 839, 40, Bade. (?) à

— Friedrich der Große. Mit Kupf. 9.—14. Liefg. (Schluß.) gr. Lex.-8. Berlin 841, Bade. (à 1/4 ₰) Alle 14 Liefg. 3 1/2 ₰

West, Th., Friedrich der Große. 15 Lfgn. hoch 4. (495 S. m. 1 Portr. in Stahlstich, 13 Lith. u. Tit. in lith. Farbendr.) Berlin 847, Sacco. (à 3 ngl) 1 1/2 ₰

West, Th. Geschichte der Feldzüge Napoleons in Aegypten u. auf der pyrenäischen Halbinsel. 4. M. 2 Karten u. 2 Plänen. Berlin 1837.

West, Th. Napoleons Hof und Feld. (12 B.) 8. Berlin 1839. 5,25

—— Napoleon's Hof und Feld. hoch 4. (516 S. mit Titel in lithogr. Farbendr.) Berlin 847, Sacco.

West, Th., Napoleon's Hof und Feld. Mit 3 Portraits. Berlin, o. J. (c. 1850?). Gr. 8°. (2²/₃ Rthl.) 515 S. (6 Mk., etwas wasserfl., H. Streisand, Berlin, 1906.)

† West, Thomas u. Karl August, (Jos. Schreivogel,) Bilder aus d. Leben. 2 Thle. 12. (26 1/4 B.) Braunschweig 836, [Vieweg u. Sohn.]
Aus: Deſſ., geſamm. Schriften, beſond. abgedruckt.

† West's, Thom. u. Karl Aug., (Jos. Schreyvogel,) gesammelte Schriften. 2 Abthln. (od. 4 Thle) gr. 12. . . . Braunschweig 829, Vieweg.
Abthl. 1. Bilder aus d. Leben. 2 Thle.
1. Thl. I. Sam. Brink's lezte Liebesgeschichte. Eine Episode aus d. Roman seines Lebens. — II. Etienne Durand. Eine wahre Geschichte, mitgeth. v. K. A. West. — III. Die Fingerzeige d. Vorsehung. Ein Cyklus moral. Erzählungen v. Thom. West.
2. „ I. Hülfe zur Unzeit. Gegenstück zu d. Erzählung: Die Fingerzeige d. Vorsehung. — II. Wie es geschah, daß ich ein Hagestolz ward. Aus d. Lebenserfahrungen e. Ungenannten. — III. Dialogen u. Charakterskizzen v. Thom. West.
„ 2. Kritische u. satyr. Streifzüge im Gebiete d. Literatur u. des Theaters, v. Thom. West u. seinen Freunden. Mit Anmerkn. u. Zusätzen v. K. A. West. 2 Thle.

Amerikanische Giesserei-Praxis [American Foundry Practice]. Das Formen in Sand u. Lehm, Bau u. Betrieb von Schmelzöfen usw. Von Thomas D[yson] **West**. Berechtigte Übers. nach d. 11. Aufl. f. deutsche Verhältnisse bearb. von Ernst A. Schott. Mit 167 Textfig. u. 1 Anh. Berlin: Meusser 1910. VIII, 625 S. 8° (15. 17.11)

† West, Walter, s. Bentlage, C.

West-Ettin, Fr., der Schumachergeselle, od.: der poln. Insurrektionskrieg v. 1831. Erzähl. 8. (17 1/2 B.) Berlin 838, Morin.

Westarp, ..., (Oberamts-Reg.-Rath), s. 1) Beitrr. z. Kenntniß d. schles. Provinzialrechts. 2) Provinzialrecht, das, von Niederhessen.

Westarp, Uebersicht d. Oberschles. Provinzialrechts, s. Stnte

Westarp, Adf. Graf v., Bismarck komm zurück! 1. u. 2. Aufl. gr. 8. (3 S.) Berlin 892. M. Hoffschläger. —25

— Fürst Bismarck u. das deutsche Volk. 1.—3. Aufl. m. e. Festgruß zum 1. Apr. 1893. 8. (VII, 234 S. m. Bildnis in Photograv.) München 893. C. H. Beck. n. 2. 80; geb. in Leinw. n.n. 4. —

Westarp, Adf. Graf v., späte Blumen. Gedichte. (IV, 103 S.) 8. Dresden 903. E. Pierson. n. 1. 50; geb. n. 2. 50

Westarp, Adf. Graf v., e. England-Lied. gr. 4. (3 S.) Berlin 896. P. Moedebeck. n. — 20

Westarp, Graf v. Geschichte d. Feld-Artillerie-Regiments v. Peucker [Schlesischen] Nr. 6. Auf dienstl. Veranlassg. bearb. gr. 8. (VI, 312, 73 S.) Berl. 890, Mittler u. Sohn. * 8 —

Westarp, Graf v., Geschichte d. Feld-Artillerie-Regiments v. Peucker (schlesischen) Nr. 6. Auf dienstl. Veranlassg. bearb. Unveränderter Neuabdr. gr. 8. (VI, 320 u. 73 S.) Berlin 902. E. S. Mittler & Sohn. n. 8. —; geb. in Leinw. n.n. 9. 50

— Herzblut. Neue deutsche Lieder. 8. (V, 104 S.) Berlin 895. P. Moedebeck. n. 1. 50; geb. 2. 50

Westarp, Adf. Graf v., Herzblut. Neue deutsche Lieder. 2. Aufl. 8. (VII, 104 S.) München (901). J. F. Lehmann's Verl. n. 1. 50

Idyllen und Elegien aus den bayerischen Bergen von Adolf Graf v. Westarp. *München: C. H. Beck 1894.* (144 S.) 8° [F.] [03. 4217]

— drei Jesuitenlieder f. das deutsche Volk. 8. (10 S.) Ebd. 893. — 30

— zu den Jubel-Gedenktagen v. 1870/71. Ein Festgedicht f. d. deutsche Volk. gr. 8. (3 S.) Ebd. 895. — 10

— an den Kaiser. Eine deutsche Bitte. 1.—6. Aufl. gr. 8. (4 S.) Berlin 891. E. Rentzel. n. — 20

— dasselbe. Mit e. Schlußwort: Nach Moltke's Tode. 7. Aufl. gr. 8. (6 S.) Ebd. 891. n. — 20

— drei Kaiserlieder. Ein deutscher Dank. gr. 8. (8 S. m. 1 Bildnis.) Berlin 894. P. Moedebeck. n. — 25

— Kinder der Neuzeit. Lustspiel in 3 Aufzügen. 2. Aufl. 8. (99 S.) München 900. J. Kutschera & Co. n. 1. 50

Westarp, Adph. Graf v., die Königsschlösser Ludwig II. [Linderhof. — Neuschwanstein. — Herrenwört.] 8. (35, 40, 43 S.) Berlin 888, F. Luckhardt. *
Auch in 3 Heften à * 50 Pf.

— das erste Lied, s. a. Friedrich's Bücherei, 2. Bd.

— das erste Lied. Erzählung aus dem bair. Hochland. 8. (350 S.) Leipzig 889. Friedrich. n. 6. —

—— Deutsche Lieder. gr. 8. (92 S.) Berl. 892, Hoffschläger. *

— deutsche Lieder. 2. Aufl. gr. 8. (92 S.) München 895. [Deutsche Buchh.] J. F. Lehmann's Verl. n. 1. 50

— Lust-Spiele. (Kinder der Neuzeit. — Schön Rottraut.) 2. Aufl. 8. (99 u. 103 S.) München (900). J. Kutschera & Co. n. 3. —

— Schön Rottraut. Lustspiel in 4 Aufzügen. 2. Aufl. 8. (103 S.) Ebd. 900. n. 1. 50

— o stirb uns nicht! Ein Bismarcklied. Mit dem Portrait des Fürsten. gr. 8. (3 S.) Berlin 893. P. Moedebeck. n. — 20

— der Verfall der deutschen Bühne, s.: Sammlung deutscher Schriften.

Westarp, Adolf Graf v.: Werdet frei! Gedichtet u. vertont von Adolf Grafen v. Westarp in München. München: 'Odin' [1899]. 2 Bl. 8°

Westarp, Adf. Graf v., e. Winter in den Alpen. [1881—1882.] Naturbilder vom Fuße d. Wettersteins. 8. (IV, 93 S.) Berlin 885. F. Luckhardt. n. 2. —

Westarp, Ant., Bilder aus d. Kriegsleben. 12. (15⅓ B.) Aachen 846, Cremer'sche Buchh.

Westarp, Ant., das Buch der Belohnung. Eine Sammlung von Gedichten, Erzählungen, Mährchen etc. Für die kathol. Jugend hrsg. A. u. d. T. Zwölf Prämien-Büchlein. Ausg. für die kathol. Jugend. 12 Hfte. Mit 12 Lith. 1. Alte u. neue Fabeln. 2. Naturgeschichtliches Lesebuch. 3. Zwanzig Erzählungen. 4. Schöne Sagen aus dem deutschen Vaterlande. 5. Kleine Gedichte. 6. Das Walten der Fürsehung. 7. Wilhelm's Lehr- u. Wanderjahre. 8. Wanderungen durch das deutsche Vaterland. 9. Erzählungen einer Großmutter. 10. Gottesfurcht u. Nächstenliebe. 11. Märchen. 12. Neue Erzählungen in Gesprächen. 8. (288 S.) Wesel 848, Bagel. 12 ngl zus. geb. ½ ₰

— Erzählungen. 18. (216 S.) Aachen 847, Cremer. ¼ ₰

— Grenadiere der alten Garde. Eine histor. Erzählung. 12. (233 S.) Emmerich 847, Romen. n. ⅓ ₰

—— zwölf Prämien-Büchlein. Ausg. für die kathol. Jugend. 12 Hefte. (288 S. und 2 Stnt. in Tondr.) Wesel 848, Bagel.

Inhalt:

Heft 1. Alte und neue Fabeln.
" 2. Naturgeschichtliches Lesebuch.
" 3. Zwanzig Erzählungen.
" 4. Schöne Sagen aus dem deutschen Vaterlande.
" 5. Kleine Gedichte.
" 6. Das Walten der Fürsehung.
" 7. Wilhelm's Lehr- und Wanderjahre.
" 8. Wanderungen durch das deutsche Vaterland.
" 9. Erzählungen einer Großmutter.
" 10. Gottesfurcht und Nächstenliebe.
" 11. Märchen.
" 12. Neue Erzählungen in Gesprächen.

Hat gleichen Inhalt mit des Verfasser's: Das Buch der Belohnung.

— s. Vertraue auf Gottes Barmherzigkeit.

Westarp, Fr. Frz., († d. 18. Mai 1797.), s. 1) Merinval, 2) Mercier, d. Deserteur.

Westarp, Franc. (geb. Roxel in Westf. 1809): De statu Macedoniae Philippi III Perseique aetate. Berolini (1840). (56 S.) 8°
Berlin, Phil. Diss. v. 19. Aug. 1840

Westarp, Kuno Graf v., preuß. Baupolizeirecht, s.: Baltz, Constanz.

Westau, Antonie, eine Geschichte aus dem südlichen Deutschland. Leipzig 1806. V: *Gründler, Charlotte geb. Lenke.* (MGT) (Ky) (Schl) (GGr)

Westau, Antonie, Gesch. aus dem südl. Deutschland. 8. Lpz. Gräff. 806. 1 16

Westau, Antonie; e. Geschichte aus d. südl. Deutschland, (von Charl. Gründler. 8. Leipz. 806. (Wienbrack). 2 ₰ 8 ℊ.

Westbahn [Schlagwort]

Westbahn, s.: Wiener Ausflugskarten.

Westbahnhof in Wien. Nach der Natur photographirt und herausgegeben v. L. Angerer. Quer-Folio. 8″ h. 19″ br. Wien, Jos. Bermann in Comm. 1860. 4 fl.

West Bend Echo: 1895? – 1896? West Bend, WI
Weekly. Edited & published by J. M. Sevenich.

Westberg, Alex., Beiträge zur Kenntniss der Schwefelkohlenstoff-Vergiftung. Diss. gr. 8. (73 S.) Jurjew (Dorpat) 891. (E. J. Karow.) n. 1. 50

Westberg, Fr., s.: **Neisser, A., stereoscop. medicin. Atlas, 6. Lfg.**

Westberg, Frdr., die biblische Chronologie nach Flavius Josephus u. das Todesjahr Jesu. (V, 202 S.) gr. 8. Leipzig 910. A. Deichert Nachf. 4. 50

Westberg, Friedrich [pr. Arzt aus Riga]: Ein Fall von Lymphangoitis tuberculosa nach Lupus ... Breslau, Druck v. Th. Schatzky, 1892; 18 S., 1 Bl. 8.
Freiburg i. B., Med. Fak., Inaug.-Diss. v. 1892

Westberg, Frdr., die Fragmente des Toparcha goticus (Anonymus tauricus) aus dem 10. Jahrh. Lex.-8. (126 S. m. 10 Taf.) St. Petersburg 901. (Leipzig, Voss' Sort.) n. 3. 75

Westberg, Friedrich: Ibrâhîm's-Ibn-Ja'kûb's Reisebericht über die Slawenlande aus dem Jahre 965. St. Petersburg 1888. IV, 183 S.
= Mémoires de l'Académie Impériale de St-Pétersbourg. 8e série. Classe historico-philologique. Vol. 3. No. 4. 4°.

— Ibrâhîm's-Ibn-Ja'kûb's Reisebericht über die Slawenlande aus dem J. 965. hoch 4. (IV, 183 S.) Ebd. 898. n. 4. —
2 Sonderabdrucke aus: „Mémoires de l'acad. imp. des sciences de St.-Pétersbourg".

Westberg, Frdr., zur Wanderung der Langobarden. (35 S.) 4. St.-Pétersbourg 904. (Leipzig, Voss' Sort.) n. 1. —
Sonderabdruck aus: „Mémoires de l'acad. imp. des sciences de St.-Pétersbourg".

Westberg, Gust. v., über die Verbreitung des Wisent im Osten des europäisch-asiatischen Kontinents, s.: Arbeiten des Naturforscher-Vereins zu Riga. 9. Hft.

Westberg, Heinr., die Elemente der Geometrie. gr. 8. (VIII u. 99 S. m. 10 lith. Taf.) Mitau 849, Steffenhagen & Sohn. (Leipzig, Brockhaus.) n. ½ ₰

Westberg, Heinr., die Elemente der Geometrie. 2., verb. Aufl. gr. 8. (VIII und 111 S. mit eingedr. Holzschn.) Mitau 855(57). (Reval, Kluge's Verlag.) *

Westberg, Heinr., die Elemente der Geometrie. 3. verb. Aufl. Reval 864. Kluge. gr. 8. (VIII, 113 S. m. Holzschn.) n. 18 ngr.

Westberg, Heinr., die Elemente der Geometrie. 4. neu bearb. Aufl. gr. 8. (VI, 114 S. mit eingedr. Holzschn.) Reval 874, Kluge's Verlag. cart. *

Westberg, Heinr., die Elemente der Geometrie. 6. verb. Aufl. gr. 8. (VI, 114 S. m. Fig.) Reval 886. Kluge. cart. n. 2. —

— Grundzüge der Physik für Kreisschulen des Dorpatschen Lehrbezirks. Mit 12 (lith.) Figurentaf. 852. (4 Bl., 179 S.) — 2. verb. u. verm. Aufl. Reval 858. Kluge. gr. 8. (VI, 202 S.) n. 20 ngr.

—— Grundzüge der Physik für Kreisschulen des dorpatschen Lehrbezirks. 1. Aufl. 1857. und 2., verb. und verm. Aufl. gr. 8. (VI und 202 S. mit 12 lithogr. Figurentaf.) Reval 858, Kluge's Verlag. *

—— Grundzüge der deutschen Schulgrammatik zum Gebrauche in Elementarschulen und beim häusl. Unterrichte. 1. Aufl. 1870, und 2. durchgeseh. Aufl. 8. (VI, 74 S.) Mitau 872, Behre's Verlag. cart. *

Westberg, Heinr., Grundzüge der deutschen Schulgrammatik zum Gebrauche in Elementarschulen und beim häuslichen Unterrichte. 3.—5. durchgeseh. Aufl. gr. 8. (VI, 74 S.) Mitau 874—76. Behre's Verlag. cart. *

Westberg, Heinr., Grundzüge der deutschen Schulgrammatik zum Gebrauche in Elementarschulen und beim häuslichen Unterrichte. 6.—11. durchges. Aufl. gr. 8. (VI, 74 S.) Mitau 880—84. (Hamburg, Behre.) cart. *

—— Grundzüge der deutschen Schulgrammatik zum Gebrauche in Elementarschulen und beim häuslichen Unterrichte. 12. durchgeseh. Aufl. gr. 8. (VI, 74 S.) Mitau 886, Behre's Verlag. cart. *

Westberg, H., Grundzüge der deutschen Schulgrammatik zum Gebrauche in Elementarschulen u. beim häuslichen Unterrichte. 13., durchgeseh. Aufl. 8. (V, 74 S.) Mitau 888. Behre's Verl. cart. n. — 75

Westberg, Heinr. Grundzüge der deutschen Schulgrammatik zum Gebrauche in Elementarschulen u. beim häusl. Unterrichte. 14. durchgeseh. Aufl. gr. 8. (VI, 74 S.) Mitau 891, E. Behre's Verlag. cart. * — 75

Westberg, Heinr., Grundzüge der deutschen Schulgrammatik zum Gebrauche in Elementarschulen u. beim häuslichen Unterrichte. 15., durchgeseh. Aufl. gr. 8. (VI, 74 S.) Mitau 894. E. Behre. Kart. n. — 75

Westberg, Heinr., Grundzüge der deutschen Schulgrammatik z. Gebrauche in Elementarschulen u. beim häusl. Unterrichte. 16., durchgeseh. Aufl. gr. 8. (VI, 74 S.) Mitau 896. E. Behre. Kart. n. — 75

Westberg, Heinr., Grundzüge der deutschen Schulgrammatik zum Gebrauche in Elementarschulen u. beim häuslichen Unterrichte. 18. durchgeseh. Aufl. 8. (VI, 74 S.) Mitau 902. E. Behre. Kart. n. — 75

Westberg, Heinr., Grundzüge der deutschen Schulgrammatik zum Gebrauche in Elementarschulen u. beim häuslichen Unterrichte. 19. durchgeseh. Aufl. (VI, 74 S.) 8. Mitau 907. E. Behre. Kart. n. — 75

— kurzgefaßtes Lehrbuch der Geodäsie oder Vermessungskunde, zum Gebrauch bei dem Unterrichte in Kreisschulen u. angehenden Geometer. Mit 14 lith. Taf. 8. (74 S.) Mitau 850, Neumann. ½ ₰

Westberg, Heinr., theoretisch-praktisches Lehrbuch der Buchstabenrechnung und Algebra mit einer zahlreichen Sammlung von Aufgaben und Beispielen, theils mit, theils ohne Auflösung zum Gebrauch in Gymnasien und Realschulen sowie zum Selbststudium. gr. 8. (IV, 116 S.) Riga 870, Brutzer und Comp. *

— kurzer Leitfaden in der deutschen Sprache zum Gebrauche in den Elementarschulen u. beim häuslichen Unterrichte. 3. verb. u. sehr verm. Aufl. gr. 8. (64 S.) Mitau 851, Steffenhagen & Sohn. (Leipzig, Brockhaus.) n. 1/3 ₰

—— der kleine Rechner oder Leitfaden zum theoretisch-prakt. Rechnen nebst einer hinlängl. Anzahl von Uebungs-Aufgaben. 1. Lehrstufe, enthaltend die vier Grundrechnungsarten in unbenannten und benannten ganzen und gebrochenen Zahlen, so wie die Regel de tri durch Schlussrechnung zu lösen. gr. 8. (71 S.) Riga 856(57). (Reval, Kluge's Verlag.) *

— der kleine Rechner oder Leitfaden zum theoretisch-praktischen Rechnen nebst einer hinlänglichen Anzahl von Uebungs-Aufgaben. 1. Lehrstufe, enthltd. die vier Grundrechnungsarten in unbenannten u. benannten ganzen u. gebrochenen Zahlen, so wie die Regel de tri durch Schlußrechnung zu lösen. 2., verb. Aufl. Reval 862. Kluge's Verlag. gr. 8. (III, 70 S.) cart. n. 10 ngr.

—— der kleine Rechner oder theoretisch-practisches Rechnenbuch 2. Lehrstufe. 2., verb. Aufl. gr. 8. (III und 84 S.) Reval 866, Kluge's Verlag. cart. *

—— der kleine Rechner oder Leitfaden zum theoretisch-prakt. Rechnen nebst zahlreichen Uebungs-Aufgaben. 1. Lehrstufe, enth. die Grundrechnungen in unbenannten und benannten ganzen und gebrochenen Zahlen und die Regel de tri. 3. Aufl. 1872, und 4. neubearb. und verm. Aufl. gr. 8. (III, 63 S. und 16 S. Auflösungen.) Reval 875, Kluge's Verlag. cart. *

— der kleine Rechner oder Leitfaden zum theoretisch-praktischen Rechnen, nebst zahlreichen Uebungs-Aufgaben. 1. Lehrstufe, enth. die Grundrechnungen in unbenannten u. benannten ganzen u. gebrochenen Zahlen, u. die Regel de tri. 5., neu bearb. u. verm. Aufl. 8. (III, 63 u. Auflösungen 16 S.) Reval 878. Kluge. cart. n. 1. –

—— der kleine Rechner oder Leitfaden zum theoretisch-prakt. Rechnen, nebst zahlreichen Übungsaufgaben. 1. Lehrstufe, enthaltend die Grundrechnungen in unbenannten und benannten ganzen und gebrochenen Zahlen, und die Regel de tri. 7. neu bearb. und verm. Aufl. gr. 8. (III, 63 und Auflösungen 16 S.) Reval 885. Kluge's Verlag. cart. *

— kurze deutsche Sprachlehre. Ein Leitfaden zum Gebrauche in Kreisschulen u. den untern Classen höherer Lehranstalten. Nach den Ansichten der neuern Grammatiker bearb. u. mit vielen Beispielen u. Uebungsaufgaben versehen. 2. verb. Aufl. Ebend. 869. gr. 8. (VI, 156 S.) n. 15 ngr.

—— kurze deutsche Sprachlehre. Ein Leitfaden zum Gebrauche in Kreisschulen und den untern Classen höherer Lehranstalten. Nach den Ansichten der neuern Grammatiker bearb. und mit vielen Beispielen und Uebungsaufgaben versehen. 3. verm. Aufl. gr. 8. (VI, 156 S.) Ebendas. 876. cart. *

— kurze deutsche Sprachlehre. Ein Leitfaden zum Gebrauche in Kreisschulen u. den untern Classen höherer Lehranstalten. Nach den Ansichten der neuern Grammatiker bearb. u. m. vielen Beispielen u. Uebungsaufgaben versehen. 4., verb. Aufl. gr. 8. (162 S.) Ebend. 880. cart. n. 1. 60

Westberg, Heinr., kurze deutsche Sprachlehre. Ein Leitfaden zum Gebrauche in Kreisschulen und den untern Klassen höherer Lehranstalten. Nach den Ansichten der neuern Grammatiker bearb. und mit vielen Beispielen und Übungsaufgaben versehen. 5. verb. Aufl. gr. 8. (162 S.) Ebendas. 885. cart. *

— kurze deutsche Sprachlehre. Ein Leitfaden z. Gebrauche in Kreisschulen u. d. unt. Klassen höh. Lehranst. Nach d. Ansichten d. neueren Grammatiker bearb. u. m. vielen Beispielen u. Uebungsaufgaben vers. 6., verb. Aufl. gr. 8. (162 S.) Reval 896. F. Kluge. Kart. n. 1. 80

Westberg, Heinr., kurze deutsche Sprachlehre. Ein Leitfaden zum Gebrauche in Kreisschulen u. den unteren Klassen höh. Lehranstalten. Nach den Ansichten der neuern Grammatiker bearb. u. m. vielen Beispielen u. Übungsaufgaben versehen. 7. verb. Aufl. (160 S.) 8. Reval 907. F. Kluge. Kart. 1. 80

Westberg, Nils. Elektrischer Betrieb auf Vollbahnen mit besonderer Berücksichtigung der Schweizerischen Eisenbahnen. 1902. 50 S. 8. Bern, Polytechnische Verlagsanstalt A. G. [fr. —. 60]

Westberg, N[ils]. Schneckengetriebe mit hohem Wirkungsgrade. [Mit 11 Figuren.] Sonderabdruck aus der Zeitschrift des Vereines deutscher Ingenieure, Bd. 46 Nr. 25. [Veröffentlicht durch die] Maschinenfabrik Oerlikon in Oerlikon bei Zürich. II + 16 S. 8. Berlin (A. W. Schade) 1902.

Westbote, der, hrsg. v. P. J. Siebenpfeiffer, s. Siebenpfeiffer.

Der Westbote: Jahrgang 1—76, no. 68, Oct. 2, 1843—Aug. 20, 1918.

Weekly, 1843—52; semi-weekly, 1853—84; tri-weekly, 1884—June 1893?; daily, evening except Sunday, 1893?—1918. After Columbus Express merger in 1903 numbering is confused. Democratic, 1843—60; Republican, 1860—79; Democratic, 1880—91; Independent, 1892—98; Republican, 1899—1909; Independent, 1910—18. Title varies: Express und Westbote, Aug. 3, 1903—1918. Other variations in title occur with changes in frequency. For weekly edition, see Wochenblatt der Westbote. For semi-weekly edition, see Halbwöchentliche Westbote. For Sunday editions, see 1) Der Familien-Freund, 2) Der Ohio Sonntagsgast. Circulation: 1880, 1250; 1890, 4500; 1895, *5700*; 1900, 3950; 1903, *7469*; 1905, *12,250*; 1910, 10,000 1915, 13,000. Edited & published by Friedrich Fieser & Jacob Reinhard, 1843—84; by Der Westbote Co., Henry A. Reinhard, pres., 1885—1903. Edited by Leonhard Hirsch, 1903—09; by Charles F. Gerhold & C. Philipp, 1910—11; by Charles F. Gerhold, C. Philipp & Justus Meyer, 1912; by Charles F. Gerhold, 1913—15; by Gustav Hirsch, 1916—18. Published by The German-American Publishing & Printing Co., 1903—09; by The German-American Publishing Co. 1910—18.

Columbus, OH

Halbwöchentliche Westbote: 1853—Aug. 1918.

Semi-weekly edition of Der Westbote.
Circulation: 1875, 3000; 1880, 13,500; 1890, 17,800; 1895, *18,300*; 1900, 15,000; 1903, *11,284*; 1905, *8400*, 1910, 7000.

Columbus, OH

West Branch Beobachter: Aug.? 1864—? Williamsport, PA

Weekly. Edited & published by Jacob Heilbecker.

West Branch Beobachter: Jan. 1872—1911?

Weekly, independent, 1872—90, Democratic, 1891—1908, Independent, 1909—11. Circulation: 1873, 960 (est.), 1885, 650; 1900, 650, 1910, 2000. Edited & published by Wolfram & Co., 1872—73; by J. C. Wolf, 1874; by Charles Erbsmehl, 1875; by Georg Wolf, 1876—1908. Gave wide news coverage, arts and literature.

Womelsdorf, PA

Westbury, Hugh, Acte, s.: Collection of British authors.

West Canada: 1897—1918?

Roman Catholic weekly. 12 pages. Circulation, 1911: 7,825. Published by West Canada Publishing Co.

Winnipeg, Man.

Westchester County Anzeiger: Mar.? 1874—1903?

Independent weekly. Dated also at New Rochelle, N. Y., 1877—1903. Circulation: 1875, 480 (est.); 1880, 500; 1890, 600 (est.); 1900, 600. Edited & published by Karl Heinrich Bauer, 1874—1903.

Mount Vernon, NY

Westchester County Courier: 1891?—1892?

Democratic weekly. Edited by H. S. Glaser, & published by Union Printing Assoc., 1891—92.

Yonkers, NY

Westchester County Deutsches Volksblatt: 1877?—1883?

Independent weekly. An edition of New Yorker Deutsches Volksblatt (NYC). Circulation: 1880, 500. Edited & published by William Hermannspann, 1877—83

Mount Vernon, NY

Westchester Deutsche Zeitung : 1869?—1872?
Weekly, 1869—71; semi-weekly, 1872. Dated at Morrisania, N.Y. Circulation: 1871, 650. Edited by B. Blum, & published by D. Biermeister, 1869—71; edited & published by Voegele & Haertel, 1872.
New York, NY

Westchester Deutsche Zeitung : July 1869—1878?
Independent weekly. Supported Tilden. Sub-title: Offizielles Organ für Westchester County. Circulation: 1875, 692. Edited & published by Schmager & Co., 1869—73; by D. Beiermeister, 1874—76; by Gustave Müller, 1877?—78.
Yonkers, NY

Westchnienia, czyste, do Boga, s. Biblioteczka nabożeństwa katolickiego.

West-Chronik : 1843—1844? — Jefferson City, MO
A journal edited & published by Moritz Schöffler. He wrote, set, printed and delivered the journal.

David Harum, Amerikas Ungekrönter König. Von E. Noyes **Westcott**. Einzig autor. deutsche Übers. von Georges Hainholz. Berlin: L. Simion Nf. 1906. (IV, 411 S.) 8° [F.] [07. 12814 11

Westdeutschland [Schlagwort]

Westdeutschland, s.a. Deutschland, Koch, W., u. C. Opitz.

Westdeutschlands Adressbuch f. alle Zweige d. Hütten- u. Metall-Industrie m. Bezugsquellen-Nachweis f. den ges. technischen Bedarf. Ausg. 1907/8. Hrsg. unter Mitwirkg. techn. Fachleute v. R. Knop. (261 S.) 8. Lütgendortmund 907. (Dortmund, F. W. Ruhfus.) 5. —

Westdeutschland — Kartogr. Darstellung der Bevölkerungsdichtigkeit von —. 3 Karten. In d. W. „Delitsch etc. Leipzig 1866."

West-Deutschland — Karte von Nordost-Frankreich — etc. etc. 1 : 400,000. S. Geogr. Sp. R. v. Frankreich: „Karte von Nordost Frankreich, West-Deutschland, Süd-Holland und Belgien, von Hauptm. v. Witzleben. Berlin bei Reimer 1832.

Westdickenberg, August, a. Beckum ⟨Westfalen⟩: Aus der chirurgischen Klinik zu Kiel. Beitrag zur Kenntnis der tiefgelegenen Lipome des Halses. Kiel 1900: H. Fiencke. (16 S.) 8°
Kiel, Med. Fak., Ref. Helferich, Diss. v. 15. Mai 1906
[Geb. 4. Dez. 79 Beckum, Westfalen; Wohnort: Beckum; Staatsangeh.: Preußen; Vorbildung: Gymn. Brilon Reife O. 01; Studium: Freiburg i. B. 2, Kiel 2, Erlangen 1, Berlin 1, Kiel 4 S.; Coll. 2. April 06; Approb. 21. März 06.]

Weste, Paul, Arzt a. Brilon: Ueber traumatische Pupillenstörungen, insbesondere über einseitige Lichtstarre traumatischen Ursprungs. Leipzig 1908: B. Georgi. (30 S.) 8°
Leipzig, Med. Fak., Ref. Sattler, Diss. v. 8. Aug. 1908
[Geb. 28. Juni 73 Brilon; Wohnort: Syke b. Bremen; Staatsangeh.: Preußen; Vorbildung: Gymn. Blankenburg a. H. Reife O. 94; Studium: Tübingen 9, Greifswald 6, Halle 1, München 1 S.; Coll. 11. Aug. 08; Approb. 6. Febr. 07.]

Westedt, Wilhelm [app. Arzt aus Moldorf]: Aus d. med. Klinik in Kiel. Sechs Fälle von Morbus Basedowii. . . . Kiel, Druck v. Carl Böckel, 1889; 33 + 1 S. + 1 Bl. 8°
Kiel, Med. Fak., Inaug.-Diss. v. 12. März 1889

Westedt, Wilh. Sechs Fälle v. Morbus Basedowii. Diss. gr. 8. (33 S.) Kiel 889, (Lipsius u. Tischer). * 1 —

Westemeyer, Jos., Duorplui. Lose Skizzen aus dem westfäl. Dorfleben in sauerländ. Mundart. 8. (IV, 102 S.) Essen 903. Fredebeul & Koenen. n. — 75

Westen, Unterofficiant Ritter von, Meister vom Schlüssel T. [Rudolstadt ca. 1805.] H: *Schröder, Friedrich Ludwig.* (Tt 1426) (wolfstieg II, 546)

Der Westen : Jahrgang 1—59?, 1854—1920?
Sunday edition of ILLINOIS STAATS-ZEITUNG. Absorbed DAHEIM, July 1898. Title varies: CHICAGO SONNTAGS-ZEITUNG, 1854—67; DER WESTEN, 1868—1904; WESTEN UND DAHEIM, 1905—Dec. 1, 1912; DER WESTEN, 1913—14. This Sunday paper was very popular, and published in several editions: Sunday Country Edition, or Land-Ausgabe, Jan. 2, 1881—Dec. 29, 1884, and, again, beginning with 1900; Thursday Edition, Jan. 6, 1885—Dec. 30, 1895; Monday Edition, Jan. 6, 1896—Dec. 31, 1899. Circulation: 1870, 13,000 (est.); 1880, 10,000; 1890, 33,000; 1900, 34,000; 1910, 62,500.
Chicago, IL

Westen, Buffalo Bill's wilder, s. Buffalo Bill's

Deutscher Westen : Jahrgang 1—44, no. 2268, 1874?—June 27, 1918.
Roman Catholic weekly. Title varies: KATHOLISCHER WESTEN? 1893—1918. Circulation: 1895, 3840; 1905, 9150; 1915, 6459. Absorbed IOWA in 1893. Edited by Nikolaus Gonner, & published by German Catholic Printing Co., 1874?—1918. Other editors: Carl Nennig, assistant editor, 1916—18. Issue of June 27, 1918 reports change to English language paper.
Dubuque, IA

Deutscher Westen : Jahrgang 1, no. 1—12, Dec. 8, 1894—Feb. 23, 1895.
Literary weekly. Edited & published by Henry Bruegmann, who also published the NEBRASKA STAATS-ANZEIGER. The issue for Feb. 23, 1895 carries the publishers "Auf Wiedersehen," in which, however, he states that he hopes to revive the paper in the Fall, and that its suspension is owing to the bad harvest. Small folio, 4 pages.
Lincoln, NE

Katholischer Westen : 1874—1905? — Dubuque, IA

Westen. Nach dem fernen W. Reise-Notizen der Klosterfrauen von St. Andreas in Sarnen, O. S. B. 3., vervollständigte Aufl. 8. Sarnen 1885.

Der Neue Westen : 1886?—1890? — Kansas City, MO
Sunday edition of POST UND TRIBÜNE. Title varies: DIE WÖCHENTLICHE POST. Circulation: 1890, 5410

Westen, Therese, oder Großmuth u. unglückliche Treue; Trspl. (von ... Laber). 8. Brünn, Gutsch in Bresl. 8 g/

WESTEN, Therese. Die Geschichte unglücklich großmüthiger Treue. München, Lindauer, 1786. 8°. (1/3 Rthl.)
Fr. Korn's Gesch.- u. Roman-Verz. (Cat.) Breslau 1798. — Fehlt bei Kayser.
— — Dasselbe. Berlin 1786. 8°. (1 fl. Gilhofer & Ranschburg, Wien, c. 1888.)

Westen, Therese, oder Grossmuth und unglückliche Treue. Originaltrauerspiel in vier Aufz. Brünn 1790. V: *Laber, Victorin.* (GGr) (Ky)

Westen, Therese; od. Großmuth u. ungluckl. Treue. Trsp. 8. Brünn, Gutsch. 791. — 8

Im wilden **Westen**. 2 Erzählungen f. d. reifere Jugend mit 8 Bild. Sigismund Rüstig oder: Der Schiffbruch des Pacific. Erzählung von Kapitän [Frederick] Marryat. Der Karawanenwürger u. andere Erzählungen. Erlebnisse u. Abenteuer zu Wasser u. zu Lande von Karl May u. a. *Berlin: A. Weichert [1900].* (135, 127 S.) 8° [F.] [03. 824

Westen, Albe., babinische Scherze. Eine Samml. v. Erzählungen n. d. Leben. 8. (24 B.) Cöslin 838, Hendeß.

Westen, Carl Gustav, s. Westen, Karl Gustav

Westen, Gustav: Die actiones in rem scriptae im römischen Recht und die dinglich radicierten Obligationen im Bürgerlichen Gesetzbuch für das Deutsche Reich. *Barmen 1897: W. Wandt.* (70 S.) 8°
Erlangen, Jur. Diss. v. 17. Sept. 1897

Westen, Karl Gustav

Protocoll über die fünfzigjährige Maurer-Jubel-Feier des Br. Carl Gottfr. Theod. Winkler und über die von demselben eigenhändig vollzogene Aufnahme seines Sohnes Eug. Winkler in den Maurerbund am 21. Febr. 1854. [Am Ende:] Nachrichtlich von Carl Gust. **Westen.** [Mit e. Bildn.] Dresden [1854]: Ramming. 56 S. 1 Lithogr. 8°
Recens: A. 18 (1855–1856) S. 310—311.

Westen, M. v., s. Album englischer Dichter.

Westen, Pt. A, Disp. med. prima de medicamentis quibus adulterationi obnoxiis. Rostock. 1757. 4. P. [Praes. Georg. Chr. Detharding].

Westen, Willy, ein Münchener Kind in der Fremde. [Helene v. Racowitza.] [Aus: „Süddeutsche Post".] 8. (43 S.) München 882. Pollner. n. — 60

Westen, Willy, vier Wochen in Rußland. Skizzen aus Reval, Petersburg, Moskau, Nischni-Nowgorod. 8. (64 S.) München 884. Viereck. n. 1. —

Westenberg, Johann Ortwin

— de causis obligationum. 8. Harderwyk. 704.

— divus Marcus seu dissertationes ad constitut. Marci Aurelii Antonini Imperatoris. 4. Bremen ... 2 ℔

Westenbergius, Jo. Ortw.: Opera omnia jur. nunc primum collecta curante Jo. Henr. Jungio. Hanoverae et Luneburgi, (T. 3:) Bremae. 3 Bde

T. 1. Principia juris, secundum ordinem Institutionum imp. Justiniani, in usum auditorum vulgata. Acc. ejusdem dissertationes 4 de portione legitima, liberis, parentibus, et fratribus, relinquenda, nec non dissertationes 9 de causis obligationum. 1746.

„ 2. Principia juris, secundum ordinem Digestorum seu Pandectarum. 1747.

„ 3. Divus Marcus, seu dissertationes ad constitutiones Marci Aurelii Antonini imp. 1758.

— opera omnia juridica c. praef. J. H. Jung 1. 4maj. Hannov. 747—58. (Hahn). 5 ℔

— — idem liber. 4. maj. Bremen. (Müller.)

— opusculorum academicorum fascicul. primus, ob raritatem et praestantiam denuo ed., animadv. nonnullas adspersit, et praef. est Jos. L. E. Püttmann. 8maj. Leipz. 794. (Brockhaus). 16 ɡℊ (Cnobloch). 12 ɡℊ

Westenberg, J. Ortw.: Opuscul. academ. Fasc. I. — denuo ed., animm. nonn. adsp. et praefat. est Josi. L. E. Püttmann. *Lpz.*, Gabler. 794. gr. 8. (12 Gr.) — *Ej.* Opusc. academ. trias — denuo ed., animadverss. nonnull. adsp. et praef. est Josi. L. E. Püttmann. *Lpz.*, Feind. 798. 8. (16. Gr.)

— Opusculorum academicorum fascicul. primus ad raritatem et praestantiam denuo ed. animadv. nonnullas adspersit et praef. est J. L. C. Püttmann. 8. maj. Lips. Gleditsch. 794.

Westenbergius, Jo. Ortw.: Opusculorum academicorum trias ob raritatem . . . denuo ed. Animadversiones nonnullas adspersit . . . Jos. Lud. Ern. Püttmannus. Lipsiae 1795.

Westenberg, J. O., de Paulo Tarsensi jurisconsulto. Franequ. 1732; rec. Baruth. 1738. 4

Westenberg, J. Ortwin.: Principia jur. sec. ord. Digg (*Harderovici* 712.) Ed. III. *L. B.* (732) 745. 8. — *Vienn.*. Trattner. 772. 8. — Ed. nova. *Berol.* Reimer. 823. 8. (2 Thl. 18 Gr.)

— Principia Iuris, sec. ord. digestorum. 4. ibid. 729.

— principia juris sec. ord. digestor. seu pandectar. 2 Vols. 8. Wien 772. Trattner. 2 ℔

— Principia Iuris sec. ord. digestor. seu pandectar. 2 Vol. 8. Wien, Trattner. (Sommer in Lpz.) 777.

Westenberg, Johann Ortwin. Principia juris . . . Editio nova. Berlin 1814. H: *Göschen, Johann Friedrich Ludwig & A. F. Barkow.* (Ky)

Westenberg, J. O., Principia juris. nov. edit. II Vol. 8maj Berol. Realschulbuchh. 814.

— principia juris, sec. ordinem digestorum seu pandectarum in usum auditor. vulgata. P. I. II. edit. nova (cura J. F. L. Göschen et A. F. Barkow). 8maj. Berl. 814. Ed. III. 823. Reimer. 2 ℔ 18 ɡℊ

Westenberg, (J. O.,) principia juris secundum ord. digestur seu pandect. in us. auditor. vulgata. Nova editio. 8 maj. Berlin 824. Reimer.

— Principia Iuris, secund. ord. institutionum. Frcft. Varrentrapp et W.

Westenberg, Jh. Ortwin, apud Batavos celeberrim. opuscul. acad. trias, ed. Püttmann. 8maj. Lpz. 795. (Gleditsch). 16 ɡℊ

Westenberger, die Pflege der Mundhöhle u. der Zähne. (Schumann's medizin. Volksbücher.) 8. (84 S.) Leipzig 902. W. Schumann Nachf. Geb. in Leinw. n. 1.50

Ⓑ **Westenberger**, die Pflege der Mundhöhle. 902. (KVL 32.) Jetzt: Ulm, H. Ebner.

Westenberger, B. Beiträge zur Kenntnis der Isoniteokörper. Basel

Westenberger, Bernh. Die Nothlage unseres Bühnenschriftthums u. e. Vorschlag zur Hebung desselben, s.a. Zeit- u. Streitfragen, deutsche.

Westenberger B, die Notlage unseres Bühnenschrifttums und ein Vorschlag zur Hebung desselben. (Zeit- und Streitfragen, Deutsche, NF 76) Hamburg 1890

Westenberger, Bernhard Ludwig

Westenberger, B., das neue sächsische Wahlgesetz. 1. Allgemeines. Rückblick auf die Wahlrechtsverhandlgn. 2. Das neue Wahlgesetz nach dem Beschluß des Landtags. 3. Die Wahlkreiseinteilg. Hrsg. im Auftrag d. nationalliberalen Landesvereins f. das Königreich Sachsen. (56 S.) kl. 8. Leipzig (909). O. Wigand. — 50

— Wie es so kam. Skizzen u. Geschichten. (III, 180 S.) gr. 8. Ebd. 909. Geb. 3. —

Westenberger, Jakob [aus Sindlingen in Preussen]: Ueber Mastdarmverletzungen m. bes. Berücks. e. Stichverletzg in d. Rectum ... München, Buchdr. Kastner & Lossen, 1897; 38 S. 8.
München, Med. Fak., Inaug.-Diss. v. 1897

Westenberger, Ioannes, Moenofrancofurtensis: Galeni qui fertur de qualitatibus in corporeis libellus. Marpurgi Cattorum: N. G. Elwert 1906. (XXIV, 50 S.) 8°
Marburg, Phil. Fak., Ref. Kalbfleisch, Diss. v. 10. Jan. 1907
[Geb. 22. Okt. 83 Frankfurt a. M.; Wohnort: Frankfurt; Staatsangeh.: Preußen; Vorbildung: Lessing-Gymn. Frankfurt Reife O. 02; Studium: Marburg 2, München 2, Marburg 4 S.; Rig. 11. Juli 07.]

Westenberger, Joh. Jüdische und heidnische Zeugnisse über Christus und das Christentum aus den zwei ersten Jahrhunderten vor und im ersten Jahrhundert nach Christus. 20 S. II: die Zeit der Erfüllung der Sehnsucht. 26 S. **Progr.** *Hadamar* 1877. 1878.

Westenburg, Lotte v.; od. Männerfrevel. Lustsp. 8. Wien, Pazowsky. 795. Rthlr. — 6

Westend [Sachliches OW]

Westend, das, und die Wohnungsfrage. Zur Orientirung für diejenigen, welche sich an dem Unternehmen der Commanditgesellschaft Westend mit Capital oder durch Ankauf von Grundstücken betheiligen wollen. br. 8. (61 S.) Berlin 867, Werckmeister. *

Westend [Schlagwort]

Westend, s.: Berlin. Straube, J.

Westend, s.: Charlottenburg, Straube.

Westend, s.: Mark.

Westendarp, die Bestimmung der Wandstärken gußeiserner Rohre sowie Vorschläge für Annahme einer Normalmuffe und einer Normalflantsche. gr. 4. (20 Sp.) Hannover 873, (Schmorl und v. Seefeld.)
Aus: Zeitschrift des Architekten- und Ingenieur-Vereins zu Hannover, besonders abgedruckt.

Westendorf, Ch.: Obs. binae de asthmate singulari ..., s. Vogel, Rud. Aug. [Praes.]

Westendorf, Th. [pract. Arzt aus Bastorf in Mecklenburg-Schwerin]: Beitrag zu den Gelenkresectionen ... Rostock, Carl Boldt'sche Hof-Buchdr., 1886; 65 S. 8°.
Würzburg, Med. Fak., Inaug.-Diss. v. 1886.

Westendorf, Walther: Die objektive Klagenhäufung des römischen, gemeinen und heutigen Prozeßrechts. Borna-Leipzig 1908: Noske. VIII, 95 S. 8° (Nur der das moderne Recht behandelnde Teil.)
Heidelberg, Jur. Diss. v. 1908, Ref. Bekker
[Geb. 14. Aug. 79 Berlin; Wohnort: Berlin; Staatsangeh.: Preußen; Vorbildung: Gymn. Waren i. M. Reife O. 03; Studium: Berlin 3, Jena 2, Berlin 3 S.; Rig. 11. Dez. 07.] [U 09. 1933

Westendorff, Jh. Cph., († d. 26. Mai 1803.) Diss. de optima acetum concentratum ejusdemque, naphtham conficiendi ratione. 4. Götting. 772. Vandenhöck u. R. 4 gr.

Westendorff, Walter, Referendar: Der Aval. Borna-Leipzig 1908: Noske. X, 68 S. 8°
Leipzig, Jur. Diss. v. 19. Dez. 1908
[Geb. 22. Aug. 85 Hamburg; Wohnort: Hamburg; Staatsangeh.: Hamburg; Vorbildung: Gymn. Wandsbek Reife O. 04; Studium: Genf 1, Freiburg i. B. 2, Leipzig 3 S.; Rig. 9. Juli 07.] [U 09. 2723

Westendorp, Karl: Die Anfänge der französisch-niederländischen Portraittafel. Köln 1906: Kölner Verlags-Anstalt u. Druckerei. (79 S.) 8° [F.]
Straßburg, Phil. Fak., Ref. Dehio-Michaelis, Diss. v. 1. Aug. 1905
[Geb. 24. Febr. 73 Cöln a. Rh.; Wohnort: Cöln; Staatsangeh.: Preußen; Vorbildung: Gymn. Cöln, Düren, Jülich, Cleve Reife O. 94; Studium: München, Göttingen, Bonn, Berlin, Straßburg.]

Westendorp, K., die Kunst der alten Buchbinder auf der Ausstellung v. Bucheinbänden im alten Schloss zu Strassburg, Els., veranstaltet im Oktbr. 1907 durch die Landesverwaltung v. Elsass-Lothringen. 133 Abb. m. Text u. Einleitg. v. W. (26 u. 151 S.) 8. Halle 909. W. Knapp. 5. 40

Westenhoeffer, Jean, s. Westenhoeffer, Johann

Westenhöffer, Joh., ein Bürgermeister, der Gott mehr fürchtet, als die Menschen, s. Volks- und Jugend-Bibliothek, Elsaß-Lothringische.

Westenhoeffer, J., cours complet et gradué de lectures françaises en 3 parties à l'usage des écoles supérieures, accompagné d'un cours abrégé de littérature française pour les classes de Secunda et Prima. 1. Partie. Sexta et Quinta. gr. 8. (III, 155 S.) Strassburg 877. Schultz & Co. cart. n. 1. 20

Westenhoeffer, J., franz. Dolmetscher, s.: Albert, Ludw.

Westenhoeffer, Joh. Étude sur Mistral. 13 S. *Thann* 1882.
Progr.

Westenhoeffer, Jean, le fablier de nos enfants. Recueil de fables à l'usage des écoles supérieures. 8. (XIV, 208 S.) Jena 876. (Bufleb.) n. 1. 60

Westenhoeffer, Jean, le fablier de nos enfants. Recueil de fables à l'usage des écoles supèrieures. 8. (XIV, 208 S.) Mulhouse 876. (Strassburg, Schultz & Co.) n.n. 1. 20

Westenhoeffer, Joh., französische Fibel. In 2 Abschn. für reichsländ. Schulen. 8. (100 S. mit 4 eingedr. Holzschn.) Mülhausen i. E. 883, Bufleb. cart. *

—— um Freiheit und Recht, s. Volksschriften, elsässische.

Westenhoeffer, J., Hilfsbuch zur Erlernung der französischen Sprache für Gymnasien u. Gewerbschulen. Ansbach 871. Junge. 8. (III, 216 S.) n. 16 ngr.

—— unser Kaiserhaus. Kaiser Friedrich, der Liebling des Volkes, und Kaiser Wilhelm II. Dem Volke und seinen Kindern gewidmet. 8. (20 S. mit 2 Bildern.) Ebendas. 888. *

Westenhöffer, Joh., Kathinka, die Zigeunerin. Volkserzählg. gr. 8. (III, 120 S. m. Bildn.) Zabern 895. A. Fuchs. n. 2. —

—— Märchen und Erzählungen aus dem Elsässer Sagenkreise. 8. (VIII, 88 S.) Metz 880, Deutsche Buchhandlung. *

— Märchen u. Erzählungen aus dem Elsässer-Sagenkreise. 8. (VIII, 88 S.) Metz 880. G. Lang. n. 1. —

— Rede, gehalten am Geburtstage Sr. M. des Kaisers Wilhelm I. in der Aula des Realprogymnasiums zu Thann am 22. März 1877. gr. 8. (25 S.) Straßburg 877, Schultz & Co. n. 1. —

—— die Reformationsgeschichte von einem Barfüßer Mönche. Auszug aus der Thanner Chronik. gr. 8. (VIII, 129 S.) Leipzig 882, O. Wigand. *

—— die Regeln der französischen Aussprache. 2. verb. Aufl. 8. (32 S.) Mülhausen i. E. 882, Bufleb. *

—— der Schlossermartel. Eine Erzählung. Gekrönte Preisschrift. 8. (59 S.) Straßburg 887, Schmidt's Universitäts-Buchh. cart. *

Westenhoeffer, J. Das Schlossermärtl. Erzählung. Gekrönte Preisschrift von der Landesverwaltung Elsass-Lothringen zum Zwecke der Bekämpfung der Trunksucht. Strassburg 1889. Mk. —.60.

—— Kaiser Wilhelm und seine Elsässer. Aus den Tagen der Trauer dem Volke gewidmet. 8. (32 S. mit Bildern.) Straßburg 888, Heitz. **

Westenhoeffer, Max

Westenhoeffer, M., Atlas d. pathologisch-anatomischen Sektionstechnik. (VIII, 53 S. m. 34 Abb.) gr. 8. Berlin 908. A. Hirschwald. 2. —

Westenhoeffer, M., pathologisch-anatomische Ergebnisse der oberschlesischen Genickstarreepidemie v. 1905. (IV, 72 S. m. 1 Abbildg. u. 3 Taf.) gr. 8. Jena 906. G. Fischer. n. 7. —
Sonderabdruck aus: „Klin. Jahrb."

— über die Grenzen der Uebertragbarkeit der Tuberculose durch Fleisch tuberculöser Rinder auf den Menschen. (48 S.) 8. Berlin 904. A. Hirschwald. n. 1. —

— über Impftuberkulose. (24 S.) Lex.-8. Ebd. 904. Sonderabdruck aus: „Charité-Annalen". n. — 80

Westenhoeffer, Max [aus Ansbach i. Bayern]: Tabes dorsalis und Syphilis ... Berlin, C. Vogts Buchdr., *1894*; 34 S., 1 Bl. 8.
Berlin, Med. Fak., Inaug.-Diss. v. 10. Aug. 1894

Westenholz, Friedrich Paul Frh. v.

Westenholz, Frdr. P. v., Blaubart. Lustsp. in 2 Aufzügen. 8. (79 S.) Stuttgart 895. F. Frommann. n. 1. —

Westenholz, Friedrich von, Dr.: Ueber Byrons historische Dramen. Ein Beitrag zu ihrer ästhetischen Würdigung. Stuttgart: Frommann 1890. 64 S. 8° ¶ Auch als Buch.
Stuttgart Te. H., Hab.-Schr. v. 26. 12. 1889

Sein Geheimnis. Schwank in 1 Aufzug von F[riedrich] P[aul Frh.] v. **Westenholz.** Stuttgart: F. Frommann 1895. (40 S.) 8° [F.] [o4. ...]

Westenholz, Friedr. v., die Griseldis-Sage in der Literaturgeschichte. gr. 8. (177 S.) Heidelberg 888, K. Groos. *

— Idee u. Charaktere in Shakespeares Julius Cäsar. gr. 8. (39 S.) Ebd. 897. n. — 75

— sursum corda. Uns. zwei vornehmsten Gebete. E. Wort zur Belehrung f. jeden Katholiken. 16. (59 S.) Limburg 896. Verlag d. St. Marien-Stiftung (Bornhofen). Kart. n. — 50; geb. m. Silberschn. n. — 75

— d. Tragik in Shakespeares Coriolanus. E. Studie. gr. 8. (31 S.) Ebd. 895. n. — 50

Westenholz, Johann Friedrich von (Hannover)
A. S. 1337/22

Dissertation académique sur l'usage de la langue françoise en Allemagne. Präs. Franz Roux.
Jena (Müller) IV. 1713. 10 Bl. 36471

Westenholz Klara Freiin von: Die Merlinsage bei Wolfgang Müller von Königswinter, Alfred Friedmann und Siegfried Lipiner.
II. 1909 PN 2779 **Diss.** Wien. Univ. 317

Westenholz, Rudolf von, bacc. iur. a. London: Entstehen und Erlöschen der Prokura. Borna-Leipzig 1906: R. Noske. (VIII, 70 S.) 8°
Leipzig, Jur. Fak., Diss. v. 28. Juni 1906
[Geb. 14. Sept. 82 London; Wohnort: Stuttgart; Staatsangeh.: Schweiz; Vorbildung: Realgymn. Stuttgart Reife Juli 01, Ergänzungsprüf. Karls-Gymn. Stuttgart Nov. 01; Studium: Heidelberg 4, München 2, Leipzig 2 S.; Rig. 31. Juli 05.]

Westenrieder, Lorenz v.

— Abriß d. baierschen Geschichte, mit 6 Kpf. 2 Thle. 8. Münch. 798. 2e A. 822. J. Lindauer. 1 ₰ 8 gr

— Abriß der deutschen Geschichte, ein Lese- u. Lehrbuch. 8. Münch. 798. 2e A. 807. J. Lindauer. 12 gr

Westenrieder, Prof., *zum Andenken an Andreas Felix v. Oefele.* (Darunter Brustbild O's in Kpfst. von *Söckler.*) München, bey Joh. Bapt. Strobl. 1780. 12°. Tit. beschrieb. Cart. (Früher in d. Bibl. d. Prämonst.-Abtei Neustift.)
Tit. u. 54 S. — Baier. Beytr., April 1780.

Westenrieder, Prof. (Lor.), von den *Baiern in Holland.* Eine Rede an dem .... Namenstage Sr. Churfl. Durchl. *Karl Theodor* auf dem akadem. Saale öffentl. abgelesen, d. 4. Novbr. 1782. München, 1782. Zu finden bey d. Churfl. Ak. d. Wiss. 4°. Cart.
35 S., nebst 2 Stammtaf. auf 1 Bl. gr. Fol. — Ueber Jacobäa von Bayern (geb. 1401, reg. seit 1417, † 1436, begrab. zu Haag) s. S. 20 ff. Mit dieser Fürstin schliesst die Reihe der Bayern, welche Holland ca. 140 J. beherrscht haben.

— von den Baiern in Holland. 4. Münch. 782. (Franz). 6 gr

— das neue Baiern u. München im J. 1850. 2 Thle. Mit Vign. 8. Münch. 829. J. Lindauer. 1r Thl. ... 2r Thl. 12 gr

— Beiträge z. vaterländ. Historie, Geographie, Statistik rc. 10 Bde. gr. 8. Münch. 785—818. J. Lindauer. (à 1 Rthl. 8 kr.) 13 Rthl. 8 kr. (9r u. 10r Bd. A. u. d. T.: neue Beitrr. z. vaterländ. Historie rc. 1r u. 2r Bd. 812, 18. 2 Rthl. 16 kr.) Fortsetz. ders., s. Beiträge, neue, zur vaterländ. Geschichte rc., von A. Buchner u. Zierl.

s.a. Beitrr. zur (baier.) schönen u. nützl. Literatur.

Westenrieder, v.: Bayerische Beiträge zur schönen und nützlichen Literatur. München 1779–1781.

— über Berichtigungen d. Regierungsgeschichte des Herzogs Meinhard 1361 u. 1366. 4. Münch. 792. J. Lindauer. 3 kr.

— Beschreib. e. Gemäldes: „die Himmelfahrt Mariä," v. Knoller. 8. Münch. 177..

— Beschreibung d. Haupt- u. Residenzstadt München, mit 1 Plan. gr. 8. Münch. 782. (Fleischmann). 1 Rthl. 4 kr.

Westenrieder (Lor.), Prof., Beschreibung d. Haupt- u. Residenzstadt München. Mit Titelvignette u. Plan von München. München, J. B. Strobl, 1783. 8⁰. Ppb.
9 Bll., 429 S., 9 S. Reg.

v. Westenrieder, Lor., statistische Beschreibung d. kurfürstl. baierschen Landgerichts Dachau. gr. 8. Münch. 792. J. Lindauer. 12 kr.

— Beschreibung d. Würm- od. Stahrenbergersees, samt d. umlieg. Gegend. m. K. 8. Ebend. (a. Gräff in Lpz.) 783.

Westenrieder, Prof., Beschreibung des Würm (sic) oder Starenbergersees, und der umherliegenden Schlösser, *samt 1 Landkarte*. München, 1784, bey Joh. Bapt. Strobel. 8⁰. Tit. gestemp. Gleichzeit. Hfrzb., hübsches Expl.
Titel m. Vign., VI S., 1 Bl. Inh., 173 S. Mit Abbild. einer lebensgrossen Bodenrenke u. 1 Seelandschaft (Radirung von M. Merter). S. 131 ff. Von den Fischen des Sees u. dem Fischfange, von den Vögeln u. den Waldthieren um den See; von der Landwirthschaft um den Wurmsee.
Erwähnenswerth ist auch die S. 27–32 befindliche Beschreibung des Riesenschiffs „Bucentaur", unter Kurfürst Ferdinand Maria 1662–63 von italien. Baumeistern erbaut, 1759 zerlegt.

— Beschreib. d. Wurm- u. Stahrembergersees, sammt der umliegend. Gegend, mit 1 Karte. 8. Münch. 784. (Wienbrack in Leipz.) 12 kr. 2e unveränd. Ausg. Mit 3 Kpf. Ebd. 811. (Fleischmann). 14 kr.

— Betrachtungen über den 18n Bd. d. Monumenta boica. 4. Münch. 809. J. Lindauer. 6 kr. (Franz). 5 kr.

— Betrachtungen üb. d. 16ten Bd. d. Monumenta boica 4. Ebend. 792.

— Betrachtungen über den 16n Bd. d. Monumenta boica. 4. Münch. 795. J. Lindauer. 6 kr. (Franz). 5 kr.

— Betrachtungen über Ludwig den Brandenburger. 4. Münch. 793. J. Lindauer. 8 kr. bei Franz das. 5 kr.

s. Briefe baier. Denkungsart.

— Briefe aus u. über Gastein. 8. Münch. 817. J. Lindauer. 8 kr.

Westenrieder, L., centum theses circa materias gravissimas, ex philosophia sanae rationis et experientiae c. prolegomenis, notis, et scholiis . . . . (S.-A. aus Bd. 10 von *Westenrieder's* histor. Beyträgen.) Mit TVign. München, Jos. Lindauer, 1819. 8⁰. Ppb.
Nur Titel lat., Inh. deutsch. 74 S.
— Dasselbe, titulo: *Hundert Erinnerungen*, von *Lor. v. Westenrieder*. 2. verbess. Aufl. Ibid. 1822. 8⁰. Saub. Ppb.
2 Bll. u. 90 S.

— Centum Theses, das ist: 100 Sätze üb. höchst wichtige Gegenstände aus der gesunden Vernunft u. Erfahrung. Mit 1 Vign. 8. Münch. 819. 2e A. gr. 12. Ebd. 825. J. Lindauer. 6 kr.

Westenrieder, Lor., Denkrede auf Ildephons Kennedy. München, Jos. Lindauer, 1803. 4⁰. 40 S. Beibl.

— Dankrede auf Karl Albert von Vachiery. 4. Münch. 808. Jos. Lindauer; (a. Franz). 5 kr.

— Denkrede auf Karl Albert v. Vachiery. 4. Ebend. 809.

— Einleitung in die schönen Wissenschaften. 1r Thl. 8. Münch. 778. (J. Lindauer; a. Fleischmann). 6 kr.

— Einleitung in die schönen Wissenschaften. 8. München, Strobl. (Fleischmann.) 777.

— allgem. Erdbeschreibung für d. 5 Münchener Gymnasialschulen. 3 Bde. 8. Amberg 775.

[WESTENRIEDER, Lorenz von] 1748 - 1829
Erdbeschreibung für die churbaierischen Realschulen.
Mit einer Einleitung.
München. 1776. 2 Tle. 8⁰.
Bayerische Staatsbibliothek München
Weitere Ausg. u. d. T. Allgemeine Erdbeschreibung für die 5 Münchner Gymnasialschulen, 3 Bde., Amberg 1775 [Kayser, VI, 215] konnte nicht gefunden werden.
Vgl. auch Nr. 80, 81.

— Erdbeschreib. der baierisch-pfälz. Staaten. 8. Münch. 784. Strobl. (Fleischmann). 20 kr.

— 100 Erinnerungen. 2e Aufl. 8. Münch. 822. J. Lindauer. 7 kr.

— Erinnerungen über die Ursachen des geringen Nutzens, welchen man in d. Schulen aus der Lectur der class. Autoren erhält. 8. Münch. 774.

[Westenrieder, Lor.] Ueber unsere Erziehung [insbes. in Bayern. München] Strobl 1780.

— über die Frage: welches war die Grundursache der zahlreichen vom 11. bis ins 15. Jahrh. in Baiern gestifteten Abteien. 4. Münch. 787. J. Lindauer. 3 kr. (Franz). 5 kr.

s. Gerechtsame d. Regenten.

— Geschichte der baier. *Akademie der Wissenschaften*, auf Verlangen verfertigt. 2 Thle. München, zu finden im akadem. Bücherverlage. 1784–1807. Gr. 8⁰. Ppb.
I (1759–77) 6 Bll. Vorst., 566 S., 6 Bll. Reg. II (1778–1800) 13 Bll. Vorst., 632 S., 8 Bll. Reg. — Cfr. Allg. Lit.-Ztg. 1806. no. 263. p. 225; Jenaische allg. Lit.-Ztg. 1806. Dec. no. 293. p. 489.

— Geschichte der königl. baier. Akademie der Wissenschaften von 1759 bis 1807. 2 Thle. gr. 8. Münch. 805—8. J. Lindauer. 2 Rthl. 16 kr. (bei Franz). 1 Rthl. 6 kr.

s.a. Geschichte v. Baiern.

—, Geschichte von Bayern (z. Gebrauch d. gemeinen Bürgers u. d. bürgerl. Schulen). M. Titelvignette. Ibid. 1786. 8⁰. Ppbd.
448 S. M. W.'s Namen auf d. Titel.

Westenrieder, Prof. (1748–1829). Geschichte von Bayern, f. d. Jugend u. d. Volk. Auf höchsten Befehl Sr. kurfürstl. Durchl. verfasst. 2 Bde. M. 2 Titelvign. (*Weissenauer* sc.). München, J. B. Strobl, 1785. Gr. 8⁰. Hldrbde., gebr.
1: XXIV–432 S., 2 Bll. Err. u. verschied. Stammtaf. 2: XXVII, LXIV, 670 S., 1 Bl. u. mehrere Stammtaf.
— Dasselbe. 2 Bde. Mit 2 Titelvign. Ibid. eod. a. 8⁰. Hfrzbde.
Nur neues Titelbl. mit d. Zusatz „herausg. von d. bayer. Akad. d. Wissenschaften", aber ohne Westenrieder's Namen; übrigens derselbe Druck.

— Geschichte v. Bayern, v. Urspr. d. Nation bis auf den Teschner Frieden. 2 Bde. gr. 8. München, Strobl. (Fleischmann.) 785.

— — Geschichte der schönen Bürgerstochter von München. Kempten 1832. 8⁰. (1 Mk. Julius Neumann, Magdeb., 1906.)

— Geschichte des 30jährigen Krieges. 16—36 Bdchen., aus dem histor. Kalender 1803—1806 f. d. Nichtbesitzer d. ersten Jahrgg. besond. abgedruckt. Mit 18 Kpf. 12. Münch. ... J. Lindauer. 4 rß (A. u. d. T.: histor. Taschenbuch auf d. J. 1805—7.)

— Glossarium germanico-latinum vocum obsoletarum primi et medii aevi, inprimis Bavaricarum, collectum et illustratum. Tom. Ius. Fol. Münch. 816. (Lindauer). 4 K

— Handbuch d. baierschen Geschichte. Zum Schulgebrauch, mit 5 Kpft. 8. Nürnb. 820. Schrag. 1 rß 18 K

Westenrieder, Prof., *Jahrbuch der Menschengeschichte in Bayern.* Bd. I, 1—2 (in 1 vol.). (Mehr nicht erschienen.) München, bey Joh. Bapt. Strobl. 1782—83. — *A. E.:* Augsburg, gedr. bey Jul. Wilh. Hamm, d. Jüng. 8⁰. Hpgmtb. m. Rothschnitt. Name auf d. Tit.

(—) Jahrbuch der Menschengeschichte in Baiern. 2 Thle. gr. 8. Münch. 783. (Fleischmann; a. Wienbrack in Leipz.) 2 rß

— Inbegriff d. christ-kathol. Lehre, zum Gebrauch d. Realschulen in Baiern. 8. Landsh. 774.

Westenrieder, L. v. Baier.-histor. Calender f. 1787—1788. Historischer Calender (1790—1815). Jg. 1—20.
1787. M. Titelk. u. 12 Kpf.
1788. M. Titelk. u. 12 Kpf.
1790. M. Titelk. u. 12 Kpf.
1791. M. Titelk. u. 12 Kpf.
1792. M. Titelk. u. 12 Kpf.
1793. M. Titelk. u. 12 Kpf.
1794. M. Titelk. u. 12 Kpf.
1795. M. Titelk. u. 12 Kpf.
1796. M. Titelk. u. 12 Kpf.
1797. M. Titelk. u. 12 Kpf.
1798. M. Titelk. u. 12 Kpf.
1799. M. Titelk. u. 12 Kpf.
1800. M. Titelk. u. 12 Kpf.
1801. M. Titelk. u. 6 Kpf.
1802. M. Titelk. u. 6 Kpf.
1803. M. Titelk., 12 Kpf. u. 1 Tafel.
1804.
1805. M. Titelk. u. 6 Kpf.
1806. M. Titelk. u. 6 Kpf.
1807—1809. nicht erschienen.
1810. M. Titelk. u. 6 Kpf.
1811. M. Titelk. u. 6 Kpf.
1812. nicht erschienen.
1813. M. Titelk. u. 6 Kpf.
1814. nicht erschienen.
1815. M. Titelk. u. 6 Kpf.
München. Lindauer.

— histor. Kalender, od. Jahrb. merkw. baier. Begebenheiten, für die Jahre 1787—1815. 20 Jahrgg. od. 21 Bdchen. 12. München, J. Lindauer. (ä Bd. 1 rß 8 K) 27 rß

v. Westenrieder, Lor., die zwei Candidaten; Lstspl. in 3 Aufz. 8. Münch. 774.

Westenrieder, Lor., s.a. Leben d. guten Jünglings Engelhof.

Westenrieder, Lorenz: Leben des guten Jünglings Engelhof. 2 Thle. Mit 2 TKpfrn. u. 2 TVign. (nach Dorner von Geyser gest.). München, bey Joh. Bapt. Strobl, 1781–82. 8⁰. Gleichzeit. Frzbde. m. d. goldgepr. Wappen d. Grafen Max v. Preysing, wenig rampon.

— Leben J. Frz. S. v. Kohlbrenner. 8. Landsh. 783. (Leipz., Wienbrack). 12 K

— Leben Kohlbrenners. 8. Lpz. Gräff. 783.

Westenrieder, Prof., Leben des Joh. Frz. Seraph edlen (!) von Kohlbrenner, kurfürstl. wirkl. Hofkammer-, Mauth- u. Commercienraths in Baiern. Samt s. Portrait (ganze Figur am Schreibtisch, mit Wappen, gest. von *J. A. Friedrich*). München, 1783. Bey Joh. Bapt. Strobl. 8⁰. Eleg. Hpgtb.; schönes, wie neues Expl. mit Beibd.
148 S. (incl. Portr.), nebst 2 Bll. Strobl'sche Verlagsbücher.

Westenrieder's, Lorenz v., Leben u. Schriften, v. Aug. Kluckhohn, s. Bibliothek, bayerische.

Westenrieder's, Lor. v., Leben u. Schriften, s.: Kluckhohn, A.

— Mark Aurel. Heroisch Drama. 8. Münch. 776.

—— das neue München u. Bayern im J. 1850. 2. (letzt.) Thl. 8. (17 B. u. Vign.) München 828, Lindauer.
Dess. „hundert Sonderbarkeiten, od. d. neue München im Jahre 1850. (1. Thl.) München, Giel. 1824. 10 Gr.

—, von den *Nominalisten.* Hat am .... Geburtsfeste Sr. Churfl. Durchleucht *Carl Theodor* in einer öffentl. akadem. Versammlung auf d. Churfl. Bibliotheksaale gelesen — —, 1786, d. 10. Decbr. München, gedr. bey Ant. Franz, Hof-, Akademie- u. Landschafts-Buchdr. Kl. 4⁰. 24 S. Wasserfl. Cart.

— baiersches Rechtbuch d. Ruprecht von Freysing 1332. gr. 8. Münch. 803. J. Lindauer. 1 rß (Aus d. Beitrr. z. vaterländ. Historie 7r Bd. besond. abgedr.)

— academ. Rede auf Ildephons Kennedy. 4. Münch. 804. Lindauer. 4 K

— acad. Rede über das baiersche Rechtbuch des Ruprechts von Freysing. 4. Münch. 803. J. Lindauer. 4 K

— academ. Rede, über die Verheimlichung alter Handschriften u. Urkunden. 4. Münch. 788. J. Lindauer. 3 K

Westenrieder, Prof., Rede zum Andenken des churfl. geistl. Raths-Sekretärs, Anton Joh. Lipowsky etc., den 19. Dec. 1781 auf d. akad. Saal öffentl. abgelesen. München, bey Joh. Bapt. Strobl. 4⁰. Cart.
23 S. m. Portr. L's (in Fol.), nach Jos. Reiser von Jos. Ant. Zimmermann gest. — S. 4. Anmerk.: „Die Lipowsky'sche Familie ist ein böhmisches Geschlecht und ist im Kgr. Böhmen unter der Landtafel-Registrirung der Lipowsky aus Lipowiz bekannt. Das Gut u. Rittersitz Lipowiz ist 3 Stunden von Prag entlegen."

— Rede zum Andenken des Pet. v. Osterwald, am 2. April 1778. Mit Portr. gr. 4. Landsh. 778. (Franz in Münch.) 9 K

— Rede v. den gewöhnlichen Hindernissen guter Köpfe. 8. Münch. 776. Lentner. 3 K

— Rede von den Nominalisten. 4. Münch. 786. Lentner. 3 K (Franz). 5 K

— Rede von den Ursachen, warum die Früchte der Schulverbesserungen nicht plötzlich und allgemein werden. 4. Münch. 774. Lentner. 1 K

v. Westenrieder, Lor., Reden u. Abhandll. 8. Münch 779. (Fleischmann; a. Wienbrack in Leipz.) 16 K

Westenrieder, Lor. („Prof. d. Rhetorik u. o. Mitgl. der baier. Akad. d. Wiss."), *Reden u. Abhandlungen.* (Vign.: Büste des Homer.) München, bei Joh. Bapt. Strobel, churfürstl. akadem. Buchhdlr., 1779. 8⁰. Ppb., hübsches Expl.
4 Bll., 342 S., 1 Bl. Err.

— erstes u. zweites Register d. histor. Kalenders von 1790—1815. 12. Münch. 800, 817. J. Lindauer. 18 K

— histor. Schriften. 1r Bd. Mit Zirngibl's Bildn. u. 1 Vign. gr. 8. Münch. 825. Giel. 1 rß

— hundert Sonderbarkeiten, od. das neue München im J. 1850. 8. Münch. 824. Giel. 10 K

— der Traum in 3 Nächten. 8. Münch. 782. (Fleischmann; a. Wienbrack in Leipz.) 12 kr

— d. Traum in 3 Nächten. 8. München, Strobl. (Fleischmann.) (Gräff in Lpz.) 782.

— von den Ursachen des geringen Einflusses d. schönen Künste auf die Denkungsart u. Sitten d. Volks. 8. Landsh. 778.

— dem Verfall der Weltpriester, sammt einem freundschaftlichen Nachtrag (von *Lorenz Westenrieder*). O. O. (München) 1782. 8°. (24 xr.)
Anon.-Lex. IV. p. 342 nennt Druckort (nach d. Allg. deutsch. Biogr. 13, 460).

—, ueber die *Verheimlichung alter Handschriften u. Urkunden.* Hat am . . . . Geburtsfeste Sr. Churfl. Durchleucht *Carl Theodor* . . . . (wie vorhin) gelesen — — (churfl. wirkl. freq. geistl. Rath), 1788, d. 10. Decbr. München, bey Jos. Lindauer, Buchhdlr. — *A. E.*: Gedr. bey Ant. Franz . . . . 4°. Cart., unbeschn.
12 Bll. m. d. Pagination 103—126.

— warum man in den Schulen gewöhnl. mehr die Wissenschaften, als die Weisheit erlernt; e. Rede. 8. Landsh. 774.

Westenrieder, Lor. v., sämmtl. Werke. Erste vollständ. Orig.-Ausg. Hrsg. v. (E. Grosse) einigen Freunden d. vaterländ. Literatur. (Pracht-Ausg.) 1—7. Bd. Schmal gr. 4. (280 B.) Kempten 831—34, Kösel. à Thlr.

—— dass. Hrsg. v. dens. 1—26. Bd. 16. (545 B.) Ebds. 831—35. à
Bei der Pracht-Ausg. wird E. Grosse als Herausgeber nur auf dem 1. Bde. u. bei der gewöhnl. Ausg. nur auf dem 1—12. Bde. genannt.

—— dass. — 27—29. Bd. 16. (61¾ B.) Ebds. 835. à

Westenrieder, Lor. v., sämmtl. Werke. Erste vollständ. Orig.-Ausg. Hrsg. v. einigen Freunden d. vaterländ. Literatur. (Pracht-Ausg.) 8—10. (letzt.) Bd. Schmal gr. 4. (70 B.) Kempten 837, 38, Kösel'sche Buchh.

— u. J. Salat, über die Wiederherstellung der Jesuiten. 8. Ulm 818. Wohler. 4 kr

— der Würm- od. Starenbergersee u. d. umliegende Gegend. 2te mit 3 Kupf. verm. Aufl. 8. München, Fleischmann. 812.

Westensee, Marie. Lydias Geheimniß. Roman-Beilage zum „Neuen Münch. Tagblatt". gr. 8. (98 S. m. eingedr. Abbildgn.) Münch. 890, Schuh u. Comp. — 50

Westentasche-Karten-Collection [Schlagwort]

Westentasche-Karten-Collection. Nr. 1—8. Farbendruck u. Lith. Zürich 892. Hofer & Burger. à n.n. — 30
1. Eisenbahnen u. Alpenpässe der Schweiz. 1 : 1,300,000. Bearb. v. A. Ramsauer. 26,5×16 cm.
2. Grössere Excursionen um Zürich. 1 : 250,000. 20,5×15 cm.
3—5. Relief-Karte vom Uetliberg bis Felsenegg. [Aus: „Reliefkarte der Albiskette v. F. Becker".] 25,5×18,5 cm.
6. Grössere Excursionen um Rheinfelden. 1 : 210,000. 16×10 cm.
7. 8. Karte des Jungfrau-Massivs, gez. u. aut. v. F. Becker. 1 : 50,000. 25×18 cm.

Westen-Taschenbibliothek, ein zwangloses Quodlibet, satyr. u. scherzhaften Inhalts. Herausg. von e. komischen Subjekten. 16 Bdchen. .. Stuttg. 829. Hoffmann. 6 kr

Westentaschen-Bibliothek höchst komischer Vorträge in Prosa. 1 u. 2. Hft. 32. (17 u. 25 S.) Potsdam 848, (Berlin) Janke. (à 1/12 Thlr) 1/6 Thlr

Westentaschen-Fahrplan, Essener. Sommerdienst 1906. (72 S.) u. Winterdienst 1906/07. (70 S.) 32. Essen, O. Radke's Nachf. à n. — 10

Westentaschen-Fahrplan, Essener. Winterdienst 1910/11. (77 S.) 8,7×5,9 cm. Essen, O. Radke's Nachf. — 10

Westentaschen-Fahrplan, Leipziger. Sommer 1879. 32. (18 S.) Leipzig, Milde. — 15

Westentaschen-Fremdwörterbuch oder Verdeutschung von mehr als 15000 in Büchern, Zeitungen u. der Umgangssprache vorkommenden fremden Wörtern. Mit besonderer Berücksichtigung der Schiffssprache u. der englischen Ausdrücke, welche, unter den Deutschen in Nordamerika gangbar, dem Auswanderer zu wissen nöthig sind. Im Verein mit Mehrern bearb. von George v. Roß. 32. (IV u. 460 S.) Rudolstadt 847, Froebel. 1/2 Thlr

Westentaschen-Kalender f. prakt. Aerzte pro 1898—1899. 32. (52 S.) München, Seitz & Schauer. In Leinw. kart. n. — 30

Westentaschen-Kalender f. praktische Aerzte. 1903. 32. (75 S.) München, Verlag der ärztl. Rundschau. In Leinw. kart. — 30

Westentaschen-Kalender für prakt. Aerzte u. Studierende. Oktbr. 1906—Dezbr. 1907. (71 S.) 32. München, Verlag der ärztl. Rundschau. In Leinw. kart. — 30

Westentaschen-Kalender f. praktische Aerzte u. Studierende. Oktbr. 1908—Dezbr. 1909. (69 S.) 10,6×6,8 cm. München, Verlag der ärztl. Rundschau. In Leinw. kart. — 30

Westentaschenliederbuch. 1—3., unveränd. Aufl. 32. (à 100 Seiten.) Jena 841, Hochhausen. à *

Westentaschenliederbuch. 2. stark verm. u. verb. Aufl. 32. Jena 841, Hochhausen. n. 1/12 Thlr — 3. unveränd. Aufl. 32. Ebend. 841. n. 1/12 Thlr — 5. unveränd. Aufl. 32. Ebend. 842. n. 1/12 Thlr — 6. sehr verb. Aufl. 32. Ebend. 842. 1/12 Thlr — 7., 8. u. 9. Aufl. 32. Ebend. 843. n. 1/12 Thlr — 10.—13. Aufl. 32. Ebend. 844. n. 1/12 Thlr — 19. Aufl. Ebend. 846. n. 1/12 Thlr

Westentaschen-Lieder-Buch. 5—18. Aufl. 842—45. u. 19. Aufl. 32. (192 S.) Jena 846, Hochhausen. à *

— Eine Sammlung d. beliebtesten Volks-, Freiheits-, Schützen- etc. u. Gesellschaftslieder. 32. (168 S.) Bremen 850, Kühtmann & Co. 1/6 Thlr

Westentaschen-Lieder-Buch. 23—29. Aufl. 1848—51. und 30. Aufl. 32. (192 S.) Jena 851, Mauke. *

Westentaschen-Lieder-Buch. 37. Aufl. 32. (192 S.) Jena 859, Mauke. *

—— 56., verb. Aufl. 32. (192 S.) Jena 865, Mauke. *

Westentaschen-Lieder-Buch. 8. Aufl. 32. (192 S.) Pirna 865, Diller und Sohn. *

Westentaschen-Liederbuch. (Portemonnaie-Liederbüchlein.) Alte u. neue Studenten-, Jäger-, Turner- u. Volkslieder. 3., stark verm. Aufl. 128. (143 u. 5 S.) Kirchheimbolanden 892. C. Thieme. (Grünstadt, J. Schäffer.) Kart. - 35

— allerneuestes. 2. Aufl. 32. Eisenberg 840, Schöne. n. 1/12 Thlr

— allerneuestes. 3. Aufl. 32. (141 S.) Eisenberg 847, Schöne. n. 1/12 Thlr

—— allerneustes deutsches. 1. Aufl. (122 S.) 1847. 3 Ngr. und 20., verm. Aufl. 32. (128 S.) Potsdam 849. [Berlin,] Janke. *

Westentaschen-Liederbuch, allerneuestes deutsches. 56—58. verm. Aufl. Berlin (854—56.) Janke. 32. (128 S.) 2½ ngr.

— allerneuestes deutsches. 91. verm. Aufl. Berlin 863. Janke. 32. (128 S.) 3 ngr.

—— Berliner. Sammlung der bekanntesten und beliebtesten Volkslieder. Mit Angabe der Tonarten. 32. (VIII und 160 S.) Berlin 866, Conrad.

Westentaschen-Liederbuch, deutsches. Neue umgearb. durch die Aufnahme der beliebtesten Lieder aus dem jüngsten französ. Kriege verm. Aufl. 16. (128 S.) Berlin 874. Janke. — 30

— Liliputer, oder: Sänger u. Declamator, wo seid ihr? Eine vorzügliche Auswahl beliebter Lieder u. Gedichte rc. 32. (154 S.) Mittweyda 847. (Verlags-Expedition.) 1/12 ß

—— für Männergesangvereine. Begründet von Heinr. Pfeil. In 2. verm. Aufl. hrsg. von Friedr. Böhm. 32. (83 S.) Wien 873, Buchholz und Diebel. *

—— neues. Eine Sammlung der schönsten Volks-, Trink-, Studenten- rc. Lieder. 7. Aufl. 16. (VIII, 207 S.) Harburg 875, Elkan.

Westentaschen-Liederbuch, neues. Eine Sammlg. der schönsten Volks-, Trink-, Studenten-, Turner-, Schützen-, Soldatenlieder usw. 8. [Titel-]Aufl. (VIII, 207 S.) 11×7,7 cm. Stuttgart 909. S. Lutz-Steinweg. — 50

—— neues deutsches. 2., verm. Aufl. 32. (158 S.) Perleberg 848, Roell und Wegener.

—— patriotisches. Freiheits- und Vaterlandslieder der freisinnigsten deutschen Dichter. 1. Aufl. (158 S.) und 2—4. Aufl. 1848. und 5., verb. Aufl. 32. (192 S.) Jena 849, Hochhausen. *

— für Studenten. Zusammengestellt u. hrsg. von Jul. Keßler. 32. (567 S.) Jena 850. Mauke. n. 1/3 ß

—— für deutsche Volkswehr. 1. und 2. Aufl. 32. (64 S.) Berlin 848, A. Friedländer.

Westentaschen-Liederbüchlein. 128. (165 u. VI S.) Kirchheimbolanden (902). Thieme'sche Druckereien. Kart. — 35; geb. in Ldr. — 60

Westentaschen-Räthsel- u. Unterhaltungsbuch, heiteres poetisches. 2. Aufl. des Westentaschenräthselbuches von Reichardt. Vermehrt mit 50 scherzhaften Räthselfragen rc. 32. (112 S.) Leipzig 847, H. Fritzsche. 1/4 ß

Westentaschen-Sammlung [Schlagwort]

Westentaschen-Sammlung v. Plänen, Karten u. Panoramen aus Stange's Reiseführer. Nr. 1—9, 14—16, 21, 23, 25, 29, 30, 35—37, 43—46, 52, 59—65, 71—74, 80—86, 92, 93, 99, 100, 106, 107, 113—120, 126, 127, 133—135, 141, 150—156. Frankenberg 893. C. Stange. à — 20

† = Stadtplan, * = Umgebungskarte.

1. Berlin †. — 2. Berlin *. — 3. Bern †. — 4. Bodensee, südöstl. Thl. * — 5. Bremen †. — 6. Bremen *. — 7. Breslau †. — 8. Breslau *. — 9. Budapest †. — 14. Darmstadt †. — 15. Dresden †. — 16. Dresden *. — 21. Karte der Eisenbahnen u. Bergposten der Schweiz. — 23. Das Erzgebirge, westl. Bl. — 25. Das Erzgebirge, östl. Bl. — 29. Frankfurt a/M. †. — 30. Frankfurt a/M. *. — 35. Gotthardbahn. — 36. Gotthardtunnel. — 37. Graz †. — 43. Hamburg †. — 44. Hamburg *. — 45. Hannover †. — 46. Hannover *. — 52. Industriebezirk zwischen Elberfeld, Barmen, Bochum, Essen. — 59. Karlsruhe †. — 60. Karlsruhe *. — 61. Kassel †. — 62. Koblenz †. — 63. Köln *. — 64. Köln †. — 65. Kopenhagen †. — 71. Leipzig †. — 72. Leipzig *. — 73. Lübeck *. — 74. Luzern †. — 80. Magdeburg *. — 81. Mailand †. — 82. Mainz †. — 83. Metz †. — 84. Metz *. — 85. München †. — 86. München *. — 92. Nürnberg †. — 93. Nürnberg *. — 99. Prag †. — 100. Potsdam *. — 106. Der Rhein, 1. Bl. (Ginsheim—Eltville). — 107. Der Rhein, 2. Bl. (Erbach—Lorch). — 113. Salzburg *. — 114. Die Sächs. Schweiz. — 115. Stettin †. — 116. Stettin *. — 117. Strassburg i/E. †. — 118. Strassburg i/E. *. — 119. Stuttgart †. — 120. Stuttgart *. — 126. Venedig †. — 127. Der Vierwaldstättersee *. — 133. Wien, innere Stadt †. — 134. Wiesbaden †. — 135. Würzburg †. — 141. Zürich. — 150. 151. Spezialkarte v. Obwalden u. Brünigbahn, sowie Maderaner- u. Schächen-Thal, Glarner Alpen, Vorder- u. Rheinthal. — 152. 153. Uebersichtskarte der Centralschweiz, Spezialkarte v. Zuger- u. Vierwaldstätter See, Rigi u. Pilatus etc. — 154. 155. Spezialkarte der Gotthardbahn v. Airolo südwärts u. die italien. Seen. — 156. Spezialkarte vom Muottathal.

Westentaschen-Volks-Liederbuch. 64. (192 S.) Philadelphia 847, Weik. 1/4 ß

Westentaschen-Volks-Liederbuch. 64. (192 S.) Philadelphia 850, Weik.

Westentaschen-Volks-Liederbuch. 3., verm. Aufl. 32. (256 S.) Philadelphia 854, (Schäfer und Koradi.) *

Westentaschenzeitung. – L a s s a l l e ' sche Westentaschenzeitung für Arbeiter. Organ des Allgemeinen deutschen Arbeitervereins. Berlin: Arbeiterverein 1874–1875. 8°
Forts. u.d.T.: Der Agitator. 1875 ff.

Westentasche-Panorama-Collection [Schlagwort]

Westentasche-Panorama-Collection. Nr. 1—23. Farbendr. Zürich, Hofer & Burger. à n.n. — 30

1. Zürich-See. Stadthausquai Zürich. 4,5×35,5 cm. Mit Text am Rande. 892.
2. Fluntern. Hotel Phönix. 6×31 cm. Mit 2 Abbildgn. 892.
3—5. Albishochwacht. 7×69 cm. 892.
6. Rheinfall. 7×24,5 cm. 892.
7. 8. Rheinfelden m. Ansicht u. Plan vom alten Rheinfelden 1630. 7×38,5 cm. 892.
9. 10. Rigi-Scheideck. 6×30,5 cm. m. 1 Abbildg. 892.
11. Luzern. 5,5×22,5 cm. Mit 2 Abbildgn. 892.
12. Bern. 6×20,5 cm. 892.
13. Gurnigel. Ct. Bern. 6×21 cm. 892.
14. 15. Engelberg. 6×43 cm. 892.
16. 17. Männlichen, oberhalb der Wengernalp, Kleine Scheidegg, Berner Oberland. 6,5×31,5 cm. 892.
18. Villars s./Ollon, Ct. Wallis. Mit 1 Abbildg. 6×44,5 cm. 892.
19. 20. Ober- u. Unterengadin v. St. Moritz aus. 6,5×48 cm. 892.
21. Interlaken. 6,5×24,5 cm. 892.
22. 23. Schönfels auf dem Zugerberg. 824 m üb. Meer. 7×99,5 cm. 893.

Westentasche-Panorama-Karten-Plan-Collection [Schlagwort]

Westentasche-Panorama-Karten-Plan-Collection. Nr. 1, 4, 6—8. Zürich 892. Hofer & Burger. à — 30

1. Alpenansicht vom Zürich-See. Steindr. 7,5×46 cm.
4. Stadt-Plan v. Zürich. 1 : 10,000. Farbendr. 15×20,5 cm. Mit Text auf der Rückseite.
6. Grössere Excursionen um Rheinfelden. 1 : 210,000. Farbendruck. 10,5×16 cm.
7. 8. Panorama v. Rheinfelden m. Ansicht u. Plan vom alten Rheinfelden 1630. Steindr. 7,5×52 cm.

Westentasche-Plan-Collection [Schlagwort]

Westentasche-Plan-Collection. Nr. 1—4. Zürich 892. Hofer & Burger. à n.n. — 30

1—3. Stadt Zürich (Neu-Zürich). (Übersichtsplan der Stadt Zürich.) Offizielle Beilage der Gemeinde-Ordng. 1 : 30,000. 34,5×29 cm. Farbendr.
4. Stadt-Plan v. Zürich. 1 : 10,000. 15×20,5 cm.

Wester, ..., über den Einfluß der schlechten Wege rc. 8. Aachen 836. Roschütz u. Comp. 5/12 ß

Wester, C.

— s.: Gesetzessammlung, kleine.

Das Gesinderecht nach der Gesindeordnung für die Rheinprovinz mit Berücks. d. Neuen BGB. Mit e. Komm. von C. **Wester**. *Essen-Ruhr: Fredebeul & Koenen 1900.* (40 S.) 8° [F.]
= Gesetzessammlung. Kleine. No 6. [ol. 11040 5

Wester, C.: Mieter und Vermieter nach dem Neuen Bürgerlichen Gesetzbuch. Mit e. Kommentar versehen von —. 14. Aufl. Essen-Ruhr: Fredebeul & Koenen [1900]. (32 S.) 8°
(Gesetzessammlung, Kleine. No 1.)

Wester, C.: Mieter und Vermieter nach dem Neuen Bürgerlichen Gesetzbuch. Mit e. Kommentar versehen von —. 15. Aufl. Essen-Ruhr: Fredebeul & Koenen [1900]. (32 S.) 8°
(Gesetzessammlung, Kleine. No 1.)

Wester, C.: Mieter und Vermieter nach dem Neuen Bürgerlichen Gesetzbuch. Mit e. Kommentar versehen von —. 16. Aufl. Essen-Ruhr: Fredebeul & Koenen [1900]. (32 S.) 8°
(Gesetzessammlung, Kleine. No 1.)

Wester, C.: Pächter und Verpächter nach dem Neuen Bürgerlichen Gesetzbuch. Mit e. Kommentar von —. 1. Aufl. Essen-Ruhr: Fredebeul & Koenen [1900]. (23 S.) 8°
(Gesetzessammlung, Kleine. No 2.)

Das Recht der Handlungsgehilfen und -Lehrlinge nach d. Neuen BGB. Mit e. Komm. von C. **Wester**. *Essen-Ruhr: Fredebeul & Koenen 1900.* (24 S.) 8° [F.]
= Gesetzessammlung, Kleine. No 7. [ol. 11041 5

Das Vereinsrecht nach dem Neuen BGB. Mit e. Komm. von C. **Wester**. *Essen-Ruhr: Fredebeul & Koenen 1900.* (31 S.) 8° [F.]
— Gesetzessammlung, Kleine. No 5. [ol. 11039 5

Wester, C.: Wer ist der Erbe? Nach dem Neuen BGB. Mit e. Kommentar von —. Essen-Ruhr: Fredebeul & Koenen [1900]. (25 S.) 8°
(Gesetzessammlung, Kleine. No 3.)

Wie mache ich mein Testament? nach d. Neuen BGB. Mit e. Komm. von C. **Wester**. *Essen-Ruhr: Fredebeul & Koenen (1900).* (31 S.) 8° [F.]
= Gesetzessammlung. Kleine. No 4. [ol. 11038 5

Wester, Constantin, s. Wester, Konstantin

Wester, Dirk Hendrik, Apotheker, aus Groningen (Holland): Studien über das Chitin. Groningen 1909. 86 S. 8°. [14. VII. 09.]
Bern. Phil. Diss. 1909/10.

Wester, Dirk Hendrik. Studien über das Chitin. Diss. Phil. Bern. [Mit Figuren.] 86 S. 8. Groningen, M. de Waal, 1909.

Wester, Erwin, zur Bescherung. Weihnachtsmärchen f. Klein u. Groß. gr. 16. (VI, 123 S.) Wiesbaden 876. Rodrian. cart. m. Goldschn. n. 2. 25

Wester, Erwin (Ed. Wißmann), bunte Blätter. Gedichte. 2., verb. u. verm. Aufl. (v. Aus dem Herzen). 12. (VII, 289 S.) Wiesbaden 894. Ch. Limbarth. Geb. in Leinw. m. Goldschn. n. 4. —

Wester, Erwin, aus dem Herzen. Ein Liederstraus in bunten Blättern. Wiesbaden 854. Friedrich. 16. (IV, 188 S.) 22½ ngr.

Wester, Jos., allerhand Humore. 1. Sammlung. Cöln 861. Bollig. 16. (279 S.) n. 22½ ngr.

Wester, Jos., allerhand Humore. 1. Sammlung. gr. 16. (279 S.) Köln 861, [Frühbuß.] *

Wester, Konstantin: Die Buren. Land u. Leute in Transvaal. Mit zahlr. Bild., Portr. u. 1 Karte. Von —. Essen-Ruhr: Fredebeul & Koenen 1900. (108 S.) 8°

Wester, Konstantin: Die Buren. Land u. Leute in Transvaal. Mit zahlr. Bild., Portr. u. 1 Karte. Von —. 2. 3. Aufl. Essen-Ruhr: Fredebeul & Koenen 1900. (108 S.) 8°

Wester, C., die Buren. Land u. Leute in Transvaal. Mit zahlreichen Bildern, Porträts u. e. Karte. 4.—7. Taus. (2.—4. Aufl.) gr. 8. (à 111 S.) Essen 900. Fredebeul & Koenen. n. 1. —; kart. n. 1. 30

Wester, Konstantin: China und die Chinesen. Bunte Bilder u. Skizzen aus d. Lande d. gelben Flagge. Mit zahlr. Ill. Von —. 1. Taus. Essen-Ruhr: Fredebeul & Koenen 1900. (98 S.) 8°

— es lebe der König!, s. a. Vereinstheater, neues.

Es lebe der König! Trauerspiel aus d. Zeit d. franz. Revolution in 1 Akt von C[onstantin] **Wester**. *Essen (Ruhr): Fredebeul & Koenen (1900).* (24 S.) 8° [F.]
= Vereinstheater, Neues. No 32. [ol. 3820 5

Wester, Lothar, deutsches Münzbuch. Enth. Reductionstaf. f. die Münzen im deutschen Reiche, die Werthverhältnisse zu den Münzen der anderen Länder, die deutschen Münzgesetze u. s. w. Ein unentbehrl. Handbuch f. Jedermann. gr. 8. (X, 85 S.) Berlin 873. Rauh. n. 1. 25

—— Zinsertragstafeln für Kapitalanlagen in Werthpapieren. Ein unentbehrl. Handbuch für Kapitalisten, Bankiers, Vormundschaftsbehörden, Vermögens-Verwalter u. s. w. gr. 8. (VIII, 48 S.) Ebendas. 872. *

Wester, M., Promptuarium zu den bischöflichen trierischen Statuten und Verordnungen. gr. 8. (XXIII, 108 S.) Trier 870, Lintz' Verlag. geb. *

Wester, P., üb. d. vielseit. Einfluß d. schlechten Wege u. üb. Mittel sie abzuschaffen, z. Beherzigung f. Landleute. 8. (1½ B.) Mayen ... (Aachen, Fagot.)

Westerblad, John, s.: Methode Toussaint-Langenscheidt Schwedisch.

Westerburg [Schlagwort]

Westerburg, s.: Geologische Karten (Preussen).

Westerburg [Verfasser]

Westerburg, Alb. die Abweisung in angebrachter Art nach gemeinem u. preußischem Rechte. gr. 8. (20 S.) Brilon 874. Friedländer. n. — 60

Westerburg, Alb., Beiträge zur Lehre vom Urtheil. Zwei civilprozessual. Abhandlungen. [Aus: „Gruchot's Beiträge".] gr. 8. (67 S.) Berlin 880. Vahlen. n. 1. 20

Westerburg, Alb., über die rechtliche Natur der Frankfurter sogenannten Wallservitut. Zugleich ein Beitrag zur Geschichte des deutschen Baurechts. gr. 8. (58 S. mit 1 chromolithogr. Planskizze von Frankfurt a. M., entworfen von Ludw. Ravenstein.) Frankfurt a. M. 887, Ravenstein. *

Westerburg, Erwin, zur Aufklärung üb. die neuen Grundbuch- u. Hypotheken-Gesetze. 16. (44 S.) Königsberg 872. Akadem. Buchhandlg. — 50

Westerburg, Erwin, praktisches u. geplantes Strafrecht in Deutsches. Eine Historie f. das Volk in Deutschland u. anderwärts. 8. Zürich 875. Volksbuchh. n. — 40

Westerburg, Eugen. Als die Inaug.-Schrift vertretend wurde angenommen des Verf. Druckschrift: Schopenhauers Kritik der Kantischen Kategorienlehre. Hälfte 1. 2. In: Zeitschrift für Philosophie und philosophische Kritik. N. F. Bd. 78. Halle 1881. S. 106—140 u. 249—278.
[Halle-Wittenberg, Phil. Diss. v. 15. März 1883]
Geb. [Kettenbach (Untertaunuskr.) 31. 10. 1851]
Nicht für den Austausch.
Im Diplom nicht erwähnt wurde die außerdem eingereichte Druckschrift W.'s: Der Ursprung der Sage, dass Seneca Christ gewesen sei. Eine kritische Untersuchung nebst e. Rezension des apokryphen Briefwechsels des Apostels Paulus mit Seneca. Berlin: Grosser 1881. 52 S. 8°

Westerburg, Eug., der Ursprung der Sage, daß Seneca Christ gewesen sei. Eine krit. Untersuchung, nebst einer Rezension des apokryphen Briefwechsels des Apostels Paulus mit Seneca. gr. 8. (III, 52 S.) Berlin 881, Grosser.

Westerburg, Hans, a. Vechta (Großherzogtum Oldenburg): Beiträge zur Geschichte der Preussischen Kirchenpolitik während des Pontifikats von Pius VI. Göttingen 1907 (Stuttgart: Union). (43 S.) 8° (Erscheint vollst. u. d. T.: „Preußen und Rom an der Wende des 18. Jahrhunderts" als: „Kirchenrechtl. Abhandlungen" H. 48.)
Göttingen, Phil. Fak., Ref. Lehmann, Diss. v. 27. Dez. 1907.
[Geb. 19. Juli 81 Vechta; Wohnort: Vechta; Staatsangeh.: Oldenburg; Vorbildung: Gymn. Vechta Reife M. 00; Studium: Göttingen 3, München 1, Göttingen 8 S.; Rig. 12. Juni 07.]

Westerburg, Hans, Preussen u. Rom an der Wende des 18. Jahrh., s. a. Abhandlungen, kirchenrechtliche.

Preußen und Rom an der Wende des achtzehnten Jahrhunderts. Von Dr. phil. Hans **Westerburg**. Stuttgart: F. Enke 1908. (XIV, 193 S.) 8° = **Abhandlungen**, Kirchenrechtliche. H. 48. [08. 4436

Westerburg, Marie, Gedichte. 12. (VIII, 136 S.) Cassel 894, Th. G. Fisher & Co. n. 2. 40; geb. n. 3. —

Westerburg, Wilhelm: Aus d. Psychiatr. u. Nerven-Klinik zu Kiel. Über die psychischen Störungen bei Eklampsie. Kiel 1909: Schmidt & Klaunig. 25 S. 8°
Kiel, Med. Diss. v. 9. Juli 1910, Ref. Siemerling
[Geb. 20. März 85 Vechta; Wohnort: Kiel; Staatsangeh.: Oldenburg; Vorbildung: Gymn. Vechta Reife O. 04; Studium: Göttingen 5, München 1, Kiel 4 S.; Coll. 28. Mai 09; Approb. 27. Juni 10.] [U 10. 2487

Westerdijk Joh.: Die Mosaikkrankheit d. Tomaten. Amst. 1910. 19 S. 3 Tvl. 4°.
(Mededeelingen uit het phytopathologisch laboratorium „Willie Commelin Scholten". 1). 631.

Westerdijk, Johanna. Zur Regeneration der Laubmoose. Diss. Phil. [II.] Univ. Zürich. [Mit Figuren und 2 Tafeln.] IV + 66 S. 8. Nijmegen, F. E. Macdonald, [1906].

Westerfield, Karl

Westerfield, Carl [approb. Arzt aus New York]: Ueber Amaurose nach Blutverlusten mit besonderer Berücksichtigung des ophthalmoskopischen Befunds .... Strassburg, Univ.-Buchdr. von J. H. Ed. Heitz (Heitz & Mündel), 1886; 46 S. 8°.
Strassburg, Med. Fak., Inaug.-Diss. v. 1886.

Westerfield, Carl, über Amaurose nach Blutverlusten mit besonderer Berücksichtigung des ophthalmoskopischen Befunds. Diss. Strassburg i. Els. 1886, Trübners Buchh. u. Antiqu. (E. d'Oleire). 8°. 46 S.

Westerfield, C., d. Heilung d. Syphilis. 8. (28 S.) Wiesbaden 896. Lützenkirchen & Bröcking. n. — 60

Westerfort, Joseph Schönfelder, am 11. Decbr. 1863 wegen Mordes zum Tode verurtheilt. Getreue Geschichtserzählung für das Volk. Mit dem Portr. Schönfelders auf der Anklagebank u. seines Vertheidigers, Herrn Advocat Rob. Fränzel (in Holzschn.). Dresden 864. Breyer. gr. 8. (31 S.) 2½ ngr.

Westerfort, Wolff (Hrsg.), s. Antonelli's Dr. „Laterna magica".

Westergaard, Frank, Die freie Ringkampfkunst der Amerikaner, „Catch-as-catch-can", m. Abb., Leipzig, 80 S., 8°.

Westergaard, Harald. Die Grundzüge der Theorie der Statistik. Lex.-8. (VII, 286 S.) Jena 890, Fischer. * 6 50

Westergaard, Harald, die Lehre von der Mortalität und Morbilität. Anthropologisch-statist. Untersuchungen. [Von der Universität in Kopenhagen preisgekrönte Schrift.] 2 Abthlgn. gr. 8. (VI, 504 S.) Jena 881,82, Fischer. à Abthl. *M 7. *

Westergaard, Harald. Die Lehre von der Mortalität und Morbilität. Anthropologisch-statistische Untersuchungen. 2. vollständig umgearb. Aufl. 8 + 704 S. gr.-8. Jena, Gustav Fischer, 1901. [M. 20. —]
Darin Vieles betr. die Schweiz.

—— Statistik der Ehen, s. Rubin, Marcus.

Westergaard, Harald, vom Ärgernis zum Glauben. Ein Laien-Zeugnis. Aus dem Dänischen von O. Gleiß. Autoris. deutsche Ausg. gr. 8. (40 S.) Leipzig 885, [Lehmann.] Fr. Richter. *

Geschichte des Männer-Turnvereins Neumünster. Zur Feier seines fünfzigjährigen Bestehens [v. M. Westergaard]. Neumünster. (1909.) 8°

Westergaard, M., Das Kieler Turner- und Studentenkorps im Jahre 1848, Neumünster 1901, 17 S., Kl.-8°.

Westergaard, N. L.

— s. **Codices orientales.**

Westergaard, N. L., über die Keilinschriften der ersten und zweiten Gattung, s. Lassen, Chr.

Westergaard, N. L., Radices linguae sanscritae ad decreta grammaticor. definivit atque copia exemplor. exquisitor. illustravit. Fasc. I et II. Lex.-8. (25 B.) Bonnae 840, 41, Koenig. •

Westergaard, N. L., über den ältesten Zeitraum der indischen Geschichte mit Rücksicht auf die Litteratur. Ueber Buddha's Todesjahr und einige andere Zeitpunkte in der älteren Geschichte Indiens. Zwei Abhandlungen. Aus dem Dänischen übers. Breslau 862. Gosohorsky. gr. 8. (2 Bl., 128 S.) n. 28 ngr.

Westerham [Schlagwort]

Westerham, s.: Bayern. Karte.

(Westerhausen, Josephine v.,) Herbst-Blumen, s. Herbst-Blumen.

Westerheide, Gottfried Dietrich Johann Heinrich Leonhard A. S. 579/21

Dissertatio, exhibens positiones nonnullas, de dissolutione nexus sponsalitii atque conjugalis.
Präs. Ernst Johann Friedrich Mantzel.
Rostock (Adler) 19. V. 1753. 7 S.

Gew.: Ludwig Erich Mellmann.
W. v.: Präs. 36475

Westerheide, Heinr., gründliche Betrachtung des hochheil. Abendmahls 8. Lpz. 734.

Westerhof [Schlagwort]

Westerhof, s.: Geologische Karten (Preussen).

Westerhoff, Leonhard [approb. Arzt]: Über incarcerirte Hernien im Kindesalter. Aus d. Kgl. chirurg. Poliklinik zu München. München, Druck v. M. Ernst (vorm. G. Pollner), 1887; 52 S. 8°
München, Med. Fak., Inaug.-Diss. v. 1887

Westerhoff, Leonh., über incarcerirte Hernien im Kindesalter. Inaugural-Dissertation. gr. 8. (52 S.) München 887, (Ernst.) *

Westerhoff, Theodor, a. Münstereifel: Aus der medizinischen Klinik in Bonn. Beiträge zur Diagnostik der Hysterie. Bonn 1906: E. Eisele. (60 S.) 8°
Bonn, Med. Fak., Ref. Schultze, Diss. v. 5. Juli 1906
[Geb. 2. Okt. 79 Blankenheim; Wohnort: Cöln-Nippes; Staatsangeh.: Preußen; Vorbildung: Gymn. Münstereifel Reife O. 00; Studium: Bonn 4, Freiburg i. B. 2, Bonn 3 S.; Coll. 5. Juli 06; Approb. 22. Mai 05.]

Westerhoff, Theod. (geb. Löningen in Oldenb. 2. 12. 1846): Ueber Endometritis in partu. Berlin (1873). (32 S.) 8°
Berlin, Med. Diss. v. 26. Aug. 1873

Westerhold, Edmund, der Schwede. Wien 1801. V: *Gleich, Joseph Alois.* (NN) (Ky) (MGT) (WBL)

Westerhold, Edmund der Schwede, (v. J. A. Gleich). 8. Wien 801. Ant. Doll. 12 gr.

Westerholm, Edmund, d. Schwede, od. d. Wiedergefundenen in d. Baumannshöhle, m. K. 8. Wien, Ant. Doll. (Liesbeskind in Lpz. in Commiss.) 801. — 12

[Gedicht] Am St. Johannis Tag. [Unterz.:] W. [d. i. Graf Alex. **Westerholt.**] [Regensburg] o. J. 1 Bl. 8°. [Kopftit.]
„O du, der du diess Welt-Gebäud errichtet" ...

[Gedicht] Zur Feyer der Zurückkunft des Grosmeisters [!] [Karl Alexander Fürst von Thurn und Taxis] am 28. XI. 5807. [Unterz.:] W. [d. i. Alex. Graf v. **Westerholt**]. [Regensburg 1807.] 1 Bl. 8°. [Kopftit.]
„Ach! welche Freude glänzet heut" ...

[Gedicht] Am Neujahrstag 5808. [Unterz.:] W. [d. i. Graf Alex. **Westerholt.**] [Regensburg 1807.] 1 Bl. 8°. [Kopftit.]
„O du der du den Bau der Welt" ...

[Gedicht.] Der Hochw. G.·. und V.·. Mutter □ Karl zu den drei Schlüsseln als ein Pfand des innigsten Dankes und reiner Bruderliebe gewidmet. 5808. [Unterz.: Graf A. v.] **W[esterholt?].** [Regensburg 1808.] 1 Bl. 8° [Kopftit.]
„Seelig wer des Tempels Schwelle ..."

Die drei Kronen. [Gedicht] Dem Durchl. Hochw. Grossmeister am 22sten des IIten 5809 mit brüderlicher Innigkeit ehrfurchtsvoll gewidmet. [Unterz.:] W. [d. i. Alex. Graf **von Westerholt**]. [Regensburg 1809.] 1 Bl. 8°. [Kopftit.]
„Heute feiert hohe Liebe" ...

[Gedicht] Maurerdank den Logen gewidmet welche die verunglückten Regensburger Einwohner im Jahr 5809 durch milde Beiträge unterstützt haben. [Unterz.:] W. [d. i. Graf Alex. **Westerholt.**] [Regensburg 1809.] 1 Bl. 8°. [Kopftit.]
„Seelig wer den Dank der Liebe" ...

[Gedicht] Dem Durchlauchtigsten Hochwürdigsten Grossmeister [Karl Alexander Fürst v. Thurn u. Taxis] am 22ten des IIten 5809 mit brüderlicher Innigkeit ehrfurchtsvoll gewidmet [von Alex. Graf **von Westerholt**]. [Regensburg 1809.] 2 Bl. 8°. [Umschlagtit.]
„Heil Brüder im Verein" ...

[Gedicht] Dem durchl. hochw. Grossmeister [Karl Alexander Fürst von Thurn und Taxis] zur Feyer des 4. XI. 5812 geweiht. [Unterz.:] W. [d. i. Alex. Graf **von Westerholt**]. [Regensburg 1812.] 1 Bl. 4°. [Kopftit.]
„Erheitert, Brüder, euren Sinn" ...

[Gedicht] Der Mutter □ Karl zu den drei Schlüsseln geweiht am 4ten XI. 5.·.819. [Unterz.] W. [d. i. Graf Alex. **Westerholt.**] [Regensbrug 1819.] 2 Bl. 4°. [Umschlagtit.]
„Auf Brüder, auf zum frohen Chor" ...

[Gedicht.] Dem Durchlauchtigsten Hochw. Grossmeister Karl Alexander Fürsten von Thurn und Taxis zum längst ersehnten Wiedersehen im Bruder-Kreise die Br.·. .·. d. g.·. und v.·. □ Karl zu den 3 Schlüsseln im Or. zu Regensburg am 20sten XI. 5819. [Unterz.: Alex. Graf v.] **W[esterholt].** [Regensburg 1819.] 2 Bl. 4° [Umschlagtit.]
„Auf, Brüder, auf! und Heil der Stund', ..."

[Gedicht] Dem Durchlauchtigsten Fürsten und Herrn Karl Alexander Fürsten von Thurn und Taxis zum 22. Hornung 1820. [Unterz.:] W. [d. i. Alex. Graf **von Westerholt**]. 1 Bl. 8°. [Kopftit.]
„Noch ist die Stimme mir vom Schmerz getrübt" ...

[Gedicht.] Dem Fürsten Karl Alexander von Thurn und Taxis zum 22. II. 5.·. 820. [Unterz.: Alex. Graf **v.**] **W**[**esterholt**]. [Regensburg 1820.] 1 Bl. 8° [Kopftit.]
„Seelig wer mit heiterm Blicke ..."

[Gedicht] Zum Maurer Jahr 5821. [Unterz.:] W. [d. i. Graf Alex. **Westerholt**.] [Regensburg 1821.] 1 Bl. 8°. [Kopftit.]
„O du den kein Gedanke je erreicht" ...

[Gedicht] An den durchlauchtigsten hochwürdigsten Grossmeister [Carl Alexander Fürst von Thurn und Taxis] im November 5821. [Unterz.:] W. [d. i. Alex. Graf **von Westerholt**]. [Regensburg 1821.] 1 Bl. 8°. [Kopftit.]
„Lasst der Freud uns ganz hingeben" ...

[Gedicht] Zum Maurer Jahr 5822. [Unterz.:] W. [d. i. Graf Alex. **Westerholt**.] [Regensburg 1822.] 1 Bl. 8°. [Kopftit.]
„Erhabner Meister, dessen Wort die Welt" ...

[Gedicht] An den Durchlauchtigsten Fürsten und Herrn Karl Alexander Fürsten von Thurn und Taxis. Zum 22sten Hornung 1823. [Unterz.:] W. [d. i. Alex. Graf **von Westerholt**]. [Regensburg 1823.] 1 Bl. 8°. [Kopftit.]
„Heut erglänzt ein Tag der Wonne"...

Maemminger, H. P. v.: **[Lied.] Zur Feyer des m.·.schen Jubiläums unsers Br.·. H. P. v. Maemminger. [Unterz.:** Alex. Graf **v.**] **W**[**esterholt**]. [Regensburg 1807.] 1 Bl. 8° [Kopftit.]
Abgedr. in: Allgem. Taschenbuch f. Frmr. 2 (1810) S. 158—159.
Tt. 2631. Ohne Noten: „Es töne unser Maurer-Lied ..."

[Lied.] Zum Maurer Jahr 5814. [Unterz.: Graf A. **v.**] **W**[**esterholt**]. [Regensburg 1814.] 1 Bl. 8° [Kopftit.]
Ohne Noten.

[Lied] An den durchlauchtigsten hochwürdigsten Grossmeister Karl Alexander Fürsten von Thurn und Taxis zum frohen brüderlichen Willkomm nach langer Abwesenheit, im XI. 5. 820. [Unterz.:] W. [d. i. Alex. Graf **von Westerholt**]. [Regensburg 1820.] 2 Bl. 8°. [Umschlagtit.]
Ohne Noten: „Er ist nun hier, den wir so lieben" ...

[Lied.] Zur Feyer des Wiegenfestes des Durchlauchtigsten Fürsten und Herrn, Karl Alexander Fürsten von Thurn und Taxis am 22. Hornung 1821. [Unterz.: Alex. Graf **v.**] **W**[**esterholt**]. [Regensburg 1821.] 1 Bl. 4° [Kopftit.]
Tt. 2632. Ohne Noten: „Wie schön, wie schön vereint diess Fest uns Alle, —..."

Maurer Empfindungen. Zum Neujahrs-Fest, 5811. [Unterz.: Graf A. **v.**] **W**[**esterholt**]. [Regensburg 1811.] 1 Bl. 4° [Kopftit.]
Gedicht: „Du, dessen Macht die ganze Welt erfüllet, . . ."

Maurer-Huldigung abgesungen in der sehr ehrw.·. ger.·. und vollk. Mutter-Loge Carl zu den drei Schlüsseln im Or. zu Regensburg am [22.] X. 5809. [Unterz.: Graf A. **v.**] **W**[**esterholt?**]. Regensburg 1809.] 1 Bl. 8° [Kopftit.]
Lied zu Ehren Maximilian Josephs von Bayern ohne Noten: „Wo Ordnung herrscht, da herrschet Friede, . . ."

Maurerlied dem Durchlauchtigsten Hochw. Grosmeister [!] [d. i. Karl Alexand r von Thurn u. Taxis] und sämmtlichen Hochw. Brüdern Beamten und Mitgliedern der s.·. e.·. g.·. und v.·. Mutter□ Karl zu den drei Schlüsseln gewidmet. Am 23ten 12. 5808. [Unterz.: Graf A. **v.**] **W**[**esterholt**]. [Regensburg 1808.] 1 Bl. 4° [Kopftit.]
Ohne Noten: „Lasst uns heute frohe Lieder."

Ode an den Herrn von L. . . . [Unterz.:] **v. W**[**esterholt**]. o. O. u. J. 1 Bl. 4° [Kopftit.]
„Bruder! mein fühlendes Herz durchwallt mit feurigen Trieben ..."

Schlusslied dem Durchlauchtigsten Hochw. Grossmeister [Karl Alexander von Thurn u. Taxis] und der Hochw. Mutter-Loge Carl zu den drei Schlüsseln gewidmet. [Unterz.: Graf A. v.] W[esterholt]. [Regensburg] o. J. 1 Bl. 8⁰ [Kopftit.]
Ohne Noten: „Lasst uns froh den Tag beschliessen . . ."

Westerholt, G. und D. Merckel. Methodum probandi operationes arithmeticas per novenarii abjectionem. Vittenb. 1734. 4.

Westerholt, Georg (Odense) A. S. 1361/1

Dissertatio exegetico-theologica de comedendo in sudore vultus pane Gen. III. v. 19. sensum dicti istius declarans, ac vindicans contra fratres angelicos, ac in specie Gichtelium.
Präs. Hermann Christoph Engelkken.
Rostock (Adler) 19. IV. 1732. 48 S.

W. v.: Präs., Jo. Georg Raphelius, Sev. Hee, J. H. Burgmann, Jakob Battus, Heinrich Wordenhoff (Opp.).
36476

Westerholt, Georg (Odense) A. S. 1322/48

De observationibus siderum minorum diurnis dissertatio. Präs. Johann Friedrich Weidler.
Wittenberg (Koberstein) VI. 1734. 24 S.
36477

Westerholz, J. R, die Gasanstalt der Stadt Leipzig, s.: Verwaltungsbericht der Stadt Leipzig für die Jahre 1866—1877.

Westerhove, Bruno ⟨geb. am 6 Okt. 1850 in Urbach Kr. Mülheim a. Rh.⟩: Ueber die Therapie der Harnröhren-Stricturen ... Bonn, Druck v. J. F. Carthaus 1876. 18 S. 8.
[Bonn, Med. Fak., Diss. v. 17 Aug. 1876]

Westerhove, Bruno ⟨geb. am 6 Okt. 1850 in Urbach Kr. Mülheim a. Rh.⟩: Ueber die Verengerungen des cavernösen Theiles der Harnröhre ... Bonn, Druck v. J. F. Carthaus (1876). 2 Bl. 8. ¶ Nur Titelbl., Vita u. Thesen.
Bonn, Med. Fak., Thes. v. 17 Aug. 1876

Die psychologisch-pädagogische Bedeutung der Lernfrage und ihre praktische Behandlung in der Schule. ⟨Eine kurzgefaßte Darstellung d. wichtigsten Forderungen auf diesem Geb.⟩. Von Rektor Xaver **Westerius.** Leipzig: Siegismund & Volkening 1910. 14 S. 8°
(Pädagogische Studien. H. 191.) [11. 1584

Westerkamp, Alix, a. Marburg, z. Z. Leiterin d. Rechtsschutzstelle f. Frauen in Frankfurt a. M.: Muss sich der zur strafrechtlichen Verschuldung erforderliche Bewusstseinsinhalt auf die rechtliche oder sittliche Wertung der Handlung erstrecken? Dogmengeschichtliches und Dogmatisches. Marburg a. L. 1907: H. Bauer. (146 S.) 8°
Marburg, Jur. Fak., Ref. Traeger, Diss. v. 3. Sept. 1907
[Geb. 14. Juli 76 Marburg; Wohnort: Frankfurt a. M.; Staatsangeh.: Preußen; Vorbildung: Gymn. Hersfeld Reife M. 99: Studium: Marburg 7 S.; Rig. 15. Nov. 03.]

Westerkamp, Arthur: Beiträge zur Kenntnis der Azo-aryl-hydrazinsulfonsäuren. (1910). 46 S. 8⁰ ¶ Auch in: Archiv d. Pharmazie. Bd 247. 1909.
Braunschweig, Dr.-Ing.-Diss. v. 23. 11. 1909

Westerkamp, Carl, s. Westerkamp, Karl

Westerkamp, Eberhard, Oberarzt im Inf.-Reg. Nr. 92, kommand. z. inn. Abt. d. städt. Krankenh. zu Stettin: Bedeutung der Röntgenstrahlen für die Diagnose in der inneren Medizin. Leipzig 1909: Lehmann. 44 S. 8°
Leipzig, Med. Diss. v. 25. Juli 1909, Ref. Hoffmann
[Geb. 27. Sept. 75 Rosenthal b. Hildesheim; Wohnort: Stettin; Staatsangeh.: Preußen; Vorbildung: Kaiser-Wilhelms-Gymn. Hannover Reife O. 96; Studium: Rostock 6, Marburg 4 S.; Coll. 4. Aug. 09; Approb. 11. Aug. 02.]
[U 09. 2902

J. H. Westerkamps Anleitung zur Rechenkunst . . . . erläutert und mit einem Anhange von der Kettenregel aufs neue herausgegeben von *G. H. Hollenberg.* Osnabrück, Dietrich. 8. 160 S. (9 gr.) 1778.

Westerkamp, J. H., Anleit. z. Rechenkunst f. d. Jugend. 8. Osnabrück, Dietrich. 779.

Westerkamp, Just B.

Westerkamp, J. B., Betrachtungen über das deutsche Staatsrecht. Akademische Antrittsrede, gehalten zu Marburg am 28. April 1875. gr. 8. (19 S.) Marburg 875, Elwert'sche Verlagsh. *

Westerkamp, J. B., das Bundesrecht der Republik der Vereinigten Niederlande. [1579—1795.] [Aus: „Festgaben der jurist. Fakultät zu Marburg".] gr. 8. (52 S.) Marburg 890. Elwert's Verl. n. 1. 50

Westerkamp, Just. B., über die Reichsverfassung. gr. 8. (IV, 263 S.) Hannover 873, Rümpler. *

Westerkamp, J. B, Staatenbund u. Bundesstaat. Untersuchungen üb. die Praxis u. das Recht der modernen Bünde. gr. 8. (XXI, 549 S.) Leipzig 892. F. A. Brockhaus. n. 14.

Westerkamp, Karl

Westerkamp, Carl: Zur Casuistik des Harnblasenkrebses mit besonderer Berücksichtigung seiner Verbreitung im Körper. *Freiburg i. B. 1897: (Th. Schäfer, Hannover).* (56 S.) 8°
Freiburg i. B., Med. Diss. v. 1897

Westerkamp, Wilh., Bürgschaft u. Schuldbeitritt, s. a. Studien, rechts- u. staatswissenschaftliche. 33. Heft.

Westerkamp, Wilhelm, Referendar am Oberlandesgericht Cassel: Bürgschaft und Schuldbeitritt. ⟨Einleitung u. Kapitel 1, Abschnitt 1: Begriff der Bürgschaft.⟩ Marburg 1907 (Berlin: E. Ebering). (XXV, 189 S.) 8° ¶ (Erscheint vollst. als: „Rechts- und Staatswissenschaftliche Studien" H. 33.)
Marburg, Jur. Fak., Ref. André, Diss. v. 31. Dez. 1907
[Geb. 4. Juni 78 Marburg; Wohnort: Cassel; Staatsangeh.: Preußen; Vorbildung: Gymn. Marburg Reife O. 98; Studium: Leipzig 2, Marburg 3, Bonn 2 S.; Rig. 23. Dez. 07.]

Bürgschaft und Schuldbeitritt. Von Wilhelm **Westerkamp.** Berlin: E. Ebering 1908. (XXV, 557 S.) 8°
= **Studien,** Rechts- u. Staatswissenschaftliche. H. 33. [08. 2906 8

Westerland [Sachliches OW]

Westerland u. Wenningstedt auf Sylt, s. a. Woerl's Reisehandbücher.

Die Nordseebäder **Westerland** und Wenningstedt auf der Insel Sylt. Hrgg. von der Bade-Direktion in Westerland. (Jubiläums-Ausg. 1905.) Westerland-Sylt. (1905.) 8°

Westerland [Schlagwort]

Westerland, s.: Deutschland. Übersichtskarte.

Westerlund, Carl Agardh, Fauna der in der paläarctischen Region [Europa, Kaukasien, Sibirien, Turan, Persien, Kurdistan, Armenien, Mesopotamien, Kleinasien, Syrien, Arabien, Egypten, Tripolis, Tunesien, Algerien und Marocco] lebenden Binnenconchylien. (In 11 Heften.) I—VI. gr. 8. Lund. (Berlin, Friedländer und Sohn.) *

Inhalt:

I. Familiae Testacellidae, Glandinidae, Vitrinidae et Leucochroidae. (95 S.) 886. *M 3.50.
II. Genus Helix. (473 und Register 31 S.) 889. *M 16.—.
III. Genera Buliminus, Sesteria, Pupa, Stenogyra und Cionella. (199 und 4. Beilage 26 S.) 887. *M 7.50.
IV. V. Subfamilia Pupina, Genera Balea Prid. und Clausilia Dr. (241 S.) — Familiae Succinidae, Auriculidae, Limnaeidae, Cyclostomidae et Hydrocenidae. (149 S.) 884. *M 13.—.
VI. Familiae Ampullaridae, Paludinidae, Hydrobiidae, Melanidae, Valvatidae und Neritidae. (169 S.) 886. *M 5.50.

Westerlund, Carl Agardh. Fauna der in der paläarctischen Region (Europa, Kaukasien, Sibirien, Turan, Persien, Kurdistan, Armenien, Mesopotamien, Kleinasien, Syrien, Arabien, Egypten, Tripolis, Tunesien, Algerien u. Marocco) lebenden Binnenconchylien. VII. Malacozoa acephala. gr. 8. (319, 16 S., Register 15 S.) Berl. 890, Friedländer u. Sohn. * 11 50

—— dass. — I. Suppl. gr. 8. (179 S.) Ebd. 890. * 6 —

—— dass. — Allgemeines Register. gr. 8. (128 S., Zusätze 8 S.) Ebd. 890. * 4 50

Westerlund, Carl Agardh, fauna europaea Molluscorum extramarinorum. Prodromus, sistens descriptiones systematicas et criticas omnium generum et specierum horum animalium in Europa viventium et hodie cognitarum. (In 4 fasc.) Fasc. I et II. gr. 8. (320 S.) Lund 876 et 78. (Berlin, Friedländer & Sohn.) à n. 5. —

Westerlund, Carl Agardh, fundamenta malacologica. Regeln d. Nomenklatur; Anleitg. z. Sammeln; üb. d. Zubereitg. f. d. Sammlg.; anatom. Präparate; d. Zucht d. Binnenmollusken; vom Artbegriffe; Programm d. Artbeschreibg.; Terminologie. gr. 8. (VI, 119 S.) Lund 892. (Hj Möller's Univ.-Buchh.) n. 3. 50

Westerlund, C. A., Katalog der in der paläarctischen Region lebenden Binnenconchylien. gr. 8. (225 u. 128 S.) Karlshamn. Berlin 890. Friedländer & Sohn. n. 12. —

—— Monographia clausiliarum in regione palaeoarctica viventium. gr. 8. (XXVII, 196 S.) Lundae 878. (Ebendas.) *

Westerlund, Carl Agardh, Synopsis Molluscorum in regione palaearctica viventium ex typo Clausilia Drap. gr. 4. (XXXVII, 203 S.) St. Petersburg 901. (Leipzig, Voss' Sort.) n. 12. —
Sonderadruck aus: „Mémoires de l'acad. imp. des sciences de St.-Pétersbourg".

Westermaier, Max

Westermaier, M. Beiträge zur vergleichenden Anatomie der Pflanzen. Berlin 1881.

Westermaier, Max, die wissenschaftlichen Arbeiten des botanischen Instituts der königl. Universität zu Berlin in den ersten 10 Jahren seines Bestehens. Ein Beitrag zur Geschichte der Botanik. gr. 8. (65 S.) Berlin 888, Springer. *

Westermaier, M[ax]. Ueber gelenkartige Einrichtungen an Stammorganen. Mit 2 Tafeln. ⟨Botanische Untersuchungen im Anschluss an eine Tropenreise Heft 3.⟩ II S. + S. 13—38. 8. Fribourg ⟨Suisse⟩, Fragnière Frères, 1901. [fr. 1. 20]
Mémoires de la Société fribourgeoise des Sciences naturelles... Botanique. Vol. 1. Fasc. 2...

Westermaier, M[ax]. Ueber gelenkartige Einrichtungen an Stammorganen. Mit 2 Tafeln. ⟨Botanische Untersuchungen im Anschluss an eine Tropenreise Heft 3.⟩ (Sonderabdruck aus den Mitteilungen der naturforschenden Gesellschaft in Freiburg ⟨Schweiz⟩.) *Kopftitel:* Aus dem Botanischen Institut der Universität Freiburg ⟨Schweiz⟩. II + 26 S. 8. Freiburg ⟨Schweiz⟩, ⟨B. Veith⟩, 1901. [fr. 1. 25]

Westermaier, M. Zur Embryologie der Phanerogamen, insbesondere üb. die sogen. Antipoden. Mit 3 Taf. gr. 4. (39 S.) Halle 890. (Lpz., W. Engelmann.) * 4 —
Aus: Nova Acta der Kais. Leop.-Carol. deutschen Akad. der Naturforscher, besonders abgedruckt.

Aus d. Botan. Inst. d. Univ. Freiburg ⟨Schweiz⟩. Zur Entwickelung und Struktur einiger Pteridophyten aus Java. Mit 1 Taf. Von Dr. M[ax] **Westermaier**, Prof. *Freiburg (Schweiz): B. Veith 1900.* (27 S.) 8°
= **Westermaier:** Botan. Untersuchungen im Anschluss an e. Tropenreise. H. 2. [00. 3716

Westermaier, Max: Aus d. Botan. Inst. d. Univ. Freiburg ⟨Schweiz⟩. Zur Kenntniss der Pneumatophoren. Mit 3 Taf. Von Dr. M[ax] Westermaier, Prof. Freiburg ⟨Schweiz⟩: B. Veith 1900. (53 S.) 8°
(Westermaier: Botan. Untersuchungen im Anschluss an e. Tropenreise. H. 1.)

Kompendium der allgemeinen Botanik für Hochschulen. Von Dr. **Max Westermaier**, Prof., Freising. Mit 171 Fig. *Freiburg i. Br.: Herder 1893.* (VIII, 309 S.) 8° [93. 6398 **11**

Aus d. Bot. Inst. d. Univ. Freiburg ⟨Schweiz⟩. Dr. M[ax] **Westermaier**, Prof. Botanische Untersuchungen im Anschluss an eine Tropenreise. Mit Taf. H. 1—3. [Mehr nicht ersch.] Freiburg ⟨Schweiz⟩: Veith 1900—01. 8°
1. Zur Kenntnis d. Pneumatophoren. 1900. 2. Zur Entwicklung u. Struktur einiger Pteridophyten aus Java. 1900. 3. Über gelenkartige Einrichtungen an Stammorganen. 1901. [11. 1985

Westerman, Ferdinand [app. Arzt, Ysselstein (Holland)]: Zur Diagnostik und Therapie des Empyema antri Highmori ... M. e. Taf. Jena, Univ.-Buchdr. G. Neuenhahn, 1896; 30 S., 1 Taf. 8.
Jena, Med. Fak., Inaug.-Diss. v. [27. Mai 1896]

Westermann's graphische Börsenkurse. 1897. 25 Hfte. m. ca. 14täg. Ergänzungsstreifen. schmal hoch 4. (à 1 Bl. farb. Kurven.) Hannover (Theodorstrasse 8 I), Westermann. f. 5 Hfte. n. 10. —; 10 Hfte. n. 15. —; 15 Hfte. n. 20. —; 25 Hfte. n. 25. —
1. 2. Bank-Actien. — 3. 4. Ausländ. Fonds.
5—12. Bergwerks- u. Hüttenwesen. — 13—18. Industrie-Actien.
19—21. Brauerei-Actien. — 22—25. Eisenbahn-Actien.
26. Prioritäts-Obligationen.

Westermann, A.: Die Stellung der oberschwäbischen Städte zum Schwäbischen Bund in d. Jahren 1519—1522. Von Dr. phil. A. Westermann, Hauptm. a. D. (Als Vortrag geh. 1910 im Altertums-Verein zu Memmingen.) Memmingen (1910): Otto. 66 S. 8°
[Aus: Schwäb. Erzähler. Beil. z. Memminger Zeitung. 1910.]

Westermann, Alb., Junker Geld. Dichtung. (III, 235 S.) 8. Dresden 909. E. Pierson. 3.—; geb. n 4. —

Westermann, Alb., die zu Gersau. Ein Gedicht. 12. (134 S.) Stuttgart 890. Neff. n. 2. —; geb. m. Goldschn. n. 3. —

Westermann, Alb., die zu Gersau. Ein Gedicht. 2. Aufl. 12. (138 S.) Stuttgart 892. Greiner & Pfeiffer. Geb. m. Goldschn. n. 3. —

-- Heldenlieder. (Morgarten. Laupen. Sempach. Näfels. Sankt Jakob a. d. Birs. Marignano.) (Elegante Ausg.) gr. 16. (77 S.) Zürich 893. Hofer & Burger. n. 1. —; Volksausg. n. — 60

Der Junker aus dem Laufen. Ein Lied vom Rheinfall von Albert **Westermann**. Stuttgart: Greiner & Pfeiffer 1892. (236 S.) 8° [F.] [92. 8791

Westermann, Alb., zwei kleine Lustspiele. 8. (34 S.) Schaffhausen 877. Baader. n. — 80

— das Märchen vom Rheinfall. Dramatisches Gedicht in 3 Aufzügen u. 6 Bildern. Musik von Rich. Gervais. gr. 8. (V, 53 S.) Ebend. 877. n. 1. 60

Westermann, Alb., bunte Reimgebilde. (204 S.) 8. Straßburg 906. J. Singer. Geb. in Leinw. n. 3.—

— die Schildner v. Alt-Zürich. Ein Gedicht. 12. (155 S.) Ebd. 892. Geb. in Leinw. m. Goldschn. n. 3.—

[Westermann, Albert.] Der Kurort Stoos ob Brunnen. Mit 12 Illustrationen von J[ohann] Weber [wovon 2 Tafeln] und einer Karte. (Europäische Wanderbilder. № 252.) 8. Zürich ([18]98).

[Westermann, Albert.] Der Kurort Stoos ob Brunnen. Mit 12 Illustrationen von J[ohann] Weber und einer Karte. 2. Aufl. IV + 40 S. 8. Zürich, Orell Füssli, [1904]. (fr. —. 50) (Europäische Wanderbilder. № 252.)

Westermann, Ant., Acta societatis graecae, s. Acta.

— Beiträge zur Geschichte des athenischen Bürgerrechts. S.-A. 1849. 15 S.

Westermann, A., Beiträge z. Kritik d. angebl. Briefe d. Themistokles. Ak. 1849. 30 S.

Westermann, Ant., Βιογράφοι, s. Βιογράφοι.

Westermann, Ant., commentationum criticarum in scriptores graecos Pars VII. Leipzig 866. Reichenbach'sche Buchh. gr. 4. (20 S.) 7½ ngr.

Westermann, Ant., Commentationum in scriptores graecos pars V. et VI. 4maj. (16 und 17 S.) Lipsiae 856, Dürr'sche Buchh. à Pars 3 Ngr.

Westermann, Ant., s. Demosthenes.

—— excerptorum ex bibliothecae Paulinae Lipsiensis libris manu scriptis. 2 Partes. gr. 4. Leipzig, Dürr'sche Buchh. [Pars 1. (28 S.) 864. 7½ Ngr., Pars 2. (22 S.) 866. 6 Ngr.]

—— florilegii Lipsiensis specimen ex codice bibliothecae Paulinae editum. 4. (23 S.) Leipzig 864, Dürr'sche Buchh.

Westermann, Ant., Commentatio de jurisjurandi judicum Atheniensium formula quae exstat in Demosthenis oratione in Timocratem. Pars I—III. gr. 4. Leipzig 859, Dürr'sche Buchh. [Pars I. (20 S.) 4½ Ngr., II. (16 S.) 3 Ngr., III. (14 S.) 6 Ngr.]

— Ueber die γέρα bei Demosthenes. S.-A. 1850. 10 S. 1.—

—— Geschichte d. Beredsamkeit in Griechenland u. Rom. Nach d. Quellen bearb. 1. Thl. — A. u. d. T.: Geschichte d. griech. Beredsamkeit v. unbestimmter Zeit bis zur Trennung d. byzantin. Reichs v. Occident. gr. 8. (23 B.) Leipzig 833, Barth.

—— dass. 2. Thl. — A. u. d. T.: Geschichte d. röm. Beredsamkeit, von Erbauung d. Stadt Rom bis zur Auflösung d. weström. Reichs. gr. 8. (23 B.) Ebds. 835.

Westermann, Ant., de publicis Atheniensium honoribus ac praemiis commentat. 8maj. (4 B.) Lipsiae 830, Barth.

—— Index graecitatis Hyperideae. Pars 1—6. gr. 4. Leipzig 860—62, Dürr'sche Buchh. [Pars 1. und 2. (34 S.) 13½ Ngr., 3. (26 S.) 6 Ngr., 4. (24 S.) 4½ Ngr., 5. (16 S.) 6 Ngr., 6. (21 S.) 4½ Ngr.]

—— Index graecitatis Hyperideae. Pars 7 et 8. gr. 4. (45 S.) Leipzig 863, Dürr'sche Buchh.

Westermann, A., De litis instrumentis, quae extant in Demosthenis oratione in Midiam, commentatio. Gel. 1844. 31 S. 4°. 2.50

— s. Leake, die Demen von Attika

Westermann, A., De locis aliquot oratorum atticorum interpolatione corruptis. Pr. 1859. 24 S. 4°. 1.—

—— das Menschenleben mit dem Glauben an die Himmelfahrt Christi und ein ewiges Leben, und ohne diesen Glauben! Geschildert in der Predigt am Feste Christi Himmelfahrt [den 10. Mai 1877]. 8. (40 S.) Ebendas. 877. *

—— Μυϑογράφοι, s. Μυϑογράφοι.

Westermann, A., De Aeschinis oratione adversus Ctesiphontem. Gel. 1833. 30 S. 1.—

— s. Paradoxogr.

— ΠΑΡΑΔΟΞΟΓΡΑΦΟΙ. Scriptores rerum mirabilium graeci. Insunt [Aristotelis] mirabiles auscultationes, Antigoni, Apollonii, Phlegontis historiae mirabiles, Michaelis Pselli lectiones mirabiles, reliquorum ejusdem generis scriptorum deperditorum fragmenta. Accedunt Phlegontis Macrobii et Olympiadum reliquiae et Anonymi tractatus de Mulieribus. 8maj. Braunschweig 839. Westermann. 1½ ₰

— s. Plutarchi vita Solonis.

— s. Plutarchi vitae decem oratorum

—— Quaestionum Demosthenicarum Pt. I. — E. s. t.: De orationum olynthiacarum Demosthenis ordine. 8maj. (6 B.) Lipsiae 830, Barth.

—— id. Pt. II. — E. s. t.: De epitaphio atque erotico Demosthenis. Accedunt de demonstrativo genere orationis ante Demosthenem atque de epitaphiis dissertationes, et Alexandri rhetoris περὶ ἐπιταφίου commentat. post Aldum nunc primum edita. 8 maj. (6½ B.) Ibid. 831.

—— id. Pt. III. — E. s. t.: De Litibus, quas Demosthenes oravit ipse. Acced. Epimetrum de repetitis locis in orationibus Demosthenis. 8maj. (10¼ B.) Ibid. 834.

—— Quaestionum Demosthenicarum Ptla. IV. — E. s. t.: De fontibus histor. Demosthenis. Acced. praeter indices epimetra duo, quorum I. cont. variet. lectionis in Zosimi et Anonymi vitt. Demosth. ex cod. Rehdiger. excerptam, II. Adnotationes in Plutarchi vitas decem oratorum. 8maj. (8¼ B. u. Ttlbl. zu Ptla. I.) Lipsiae 837, Barth.

—— quaestionum Lysiacarum pars I. 4. (24 S.) Leipzig 859, Dürr'sche Buchh.

—— quaestionum Lysiacarum Pars 2 et 3. 4. Leipzig, Dürr'sche Buchh. [Pars 2. (21 S.) 864. 9 Ngr., Pars 3. (30 S.) 865. 12 Ngr.]

— Ueber die oeffentlichen Schiedsrichter in Athen. S.-A. 1847. 24 S.

—— Scriptores rerum mirabilium graeci, s. Παραδοξόγραφοι.

Westermann, A., De epistolarum scriptoribus graecis comment. p. I—VIII. Pr. 1851, 52, 52, 53, 54, 54, 55, 55. 15, 16, 13, 22, 20, 21, 20, 19 S. 4°.

— s. Stephani Byzantii Ἐϑνικῶν quae supersunt.

Westermann, Ant., Untersuchungen über die in die Attischen Redner eingelegten Urkunden. [Aus dem I. Bd. der Abhandlungen der philol.-histor. Classe der k. Sächs. Gesellschaft der Wissenschaften.] hoch 4. (136 S. m. 1 Tab. in Fol.) Leipzig 850, Weidmann (jetzt: Hirzel). n. 1 ₰

Westermann, Ant., Vita Aesopi. Ex Vratislaviensi ac partim Monacensi et Vindobonensi codicibus. gr. 8. Brunsvigae 845, Westermann. 1/3 ₰

s. Ger. Jo. Voss, de Historicis Graecis libri tres.

Westermann, Ascan: Zur Geschichte des Reichstags zu Regensburg 1532. Heidelberg: Winter 1909. VIII, 55—118 S. 8° ¶ (Ersch. vollst. u. d. T.: Die Türkenhilfe u. d. kirchl.-polit. Parteien auf d. Reichst. zu Regensburg 1532, als: Heidelberger Abhandlungen z. mittl. u. neueren Gesch. H. 25.)

Heidelberg, Phil. Diss. v. 10. Nov. 1909, Ref. Oncken

[Geb. 6. Nov. 68 Cöln; Wohnort: Heidelberg; Staatsangeh.: Baden; Vorbildung: Realgymn. Wiesbaden Reife O. 88; Studium: Heidelberg 6 S.; Rig. 17. Mai 09.] [U 10. 2180

Westermann, Ascan, die Türkenhilfe u. die politisch-kirchlichen Parteien auf dem Reichstag zu Regensburg 1532, s. a. Abhandlungen, Heidelberger, zur mittleren u. neueren Geschichte.

Westermann, Ascan: Die Türkenhilfe und die politisch-kirchlichen Parteien auf dem Reichstag zu Regensburg 1532. Von —. Heidelberg: Winter 1910. VIII, 237 S. 8°
(Heidelberger Abhandlungen z. mittleren u. neueren Geschichte. H. 25.)

Westermann, August, approb. Arzt aus Holthausen: Aus d. chirurg. Klinik in Kiel. Zur Casuistik der Schussverletzungen des Schädels. *Kiel 1901: H. Fiencke.* (15 S.) 8°
Kiel, Med. Diss. v. [6. Juni] 1901

Westermann, Charlotte, Knabenbriefe. Der fünfzehnjähr. Astorre Manfredi an den siebzehnjähr. Francesco Gonzaga. 2. Aufl. (110 S.) kl. 8. Düsseldorf 908. [Verlag der Rheinlande.] München, G. Müller. Kart. 2. —

Westermann, Diedr., Gbesela or English-Ewe dictionary. (IV, 111 S.) 16. Berlin (910). D. Reimer. Geb. in Leinw. 2. —

— Grammatik der Ewe-Sprache. (16 u. 158 S.) Lex. 8. Ebd. 907. 6.—; geb. 8. —

— Handbuch der Ful-Sprache. Wörterbuch, Grammatik, Übgn. u. Texte. (VIII, 274 S.) Lex. 8. Ebd. 909. Geb. in Leinw. 8. —

Westermann, Diedr.: Lehrbuch der Nama-Sprache, s. Meinhof, Karl.

— Die Nutzpflanzen unserer Kolonien u. ihre wirtschaftliche Bedeutung f. das Mutterland. Mit 36 farb. Taf., grösstenteils nach der Natur gezeichnet, v. K. Bock. (94 S.) gr. 8. Berlin 909. D. Reimer. Geb. in Leinw. 5. —

— s.: Rundschau, koloniale.

Westermann, Diedr., Wörterbuch der Ewe-Sprache. 2 Tle. Lex.-8. Berlin, D. Reimer. Geb. in Halbfrz. n. 22. —
I. Ewe-deutsches Wörterbuch. (35 u. 903 S.) 905. n. 14. —
II. Deutsch-Ewe Wörterbuch. (8, 235 S.) 906. n. 8. —

Westermann, Ernst, deutsche Grammatik f. die mittleren Unterrichtsanstalten Rußlands. 2. Aufl. (VIII, 87 S.) 8. Riga 899. N. Kymmel's Sort. Kart. n. 1. —

— deutsches Lesebuch f. die mittleren Unterrichtsanstalten Rußlands. 1.—3. Jahr. gr. 8. Ebd. Kart. n. 3. 80
I. 3. Aufl. (XIII, 92 S.) 902. n. 1. 40
II. III. 2. Aufl. (VIII, 174 S.) 901. n. 2. 40

— Materialien f. den deutschen Sprachunterricht. (212 S.) 8. Ebd. 903. Geb. in Leinw. 4. —

Westermann, Fanny, a. Bachmuth (Rußland): Über das häufigere Vorkommen von Ovarialresten bei größeren Ovarialtumoren. Straßburg i. E. 1908: Müh & Cie. (19 S., 1 Tab.) 8°

Straßburg, Med. Fak., Ref. Chiari, Diss. v. 9. Febr. 1908

[Geb. 81 Bachmuth (Rußland); Wohnort: Charkow; Staatsangeh.: Rußland; Vorbildung: Kaiserin-Marien-Frauengymn. Mariupol bis 99; Studium: Bern 6. Straßburg 4 S.; Rig. 28. Jan. 08.]

Westermann, Geo., illustrirter Führer durch den zoologischen Garten zu Leipzig. Mit 1 (chromolithogr.) Plan und 12 Text-Illustr. 1.—6. verm. Aufl. 8. (48 S.) Leipzig 883,84, Schloemp. *

Westermann, Geo., illustrirter Führer durch den zoologischen Garten zu Leipzig. 11. Aufl. 8. (46 S. mit 1 Plan und 14 Text-Illustr.) Leipzig 885, [Schloemp.] Freund. *

Westermann's, G., Holzschnitt-Illustrations-Katalog, 2557 Nummern enth. Zum Gebrauch für Buchhändler und Buchdrucker. 14 Lfgn. (XVI und 336 S.) und 1. und 2. Nachtrag. (Nr. 2558—3174.) (XII und S. 337—444.) Imp.-4. Braunschweig 863—67, Westermann. [à Lfg. * 8 Ngr., 1. Nachtrag * 20 Ngr., 2. Nachtrag * 16 Ngr.] *

Westermann's Holzschnitt-Illustrations-Katalog. 3. Nachtrag. Enth. Nr. 3175—3424. Zum Gebrauch f. Buchhändler u. Buchdrucker. Imp.-4. (60 Holzschntaf. m. 7 S. Text.) Braunschweig 870. Westermann. n 2. —

— dasselbe. 4. Nachtrag. Enth. Nr. 3425—4115. Zum Gebrauch f. Buchhändler u. Buchdrucker. Imp.-4. (135 Holzschntaf. m. 12 S. Text.) Ebend. 874. n. 4. 50 (Hauptwerk u. 1—4. Nachtr.: n. 21. 90)

Westermann's Holzschnitt-Illustrations-Katalog. 5. Nachtrag. Enthaltend Nr. 4116—4592. Zum Gebrauch für Buchhändler u. Buchdrucker. Imp.-4. (92 Holzschntaf. m. 8 S. Text.) Braunschweig 879. Westermann. n. 3. 50 (Hauptwerk u. 1—5. Nachtrag.: n. 24. 80)

Westermann's Holzschnitt-Illustrations-Katalog. Zum Gebrauch für Buchhändler und Buchdrucker. 6. und 7. Nachtrag. gr. 4. Braunschweig, Westermann. [6. Nachtrag. Nr. 4593—5063. (10 S. und S. 729—824.) 882. * ℳ 3.80.; 7. Nachtrag. Nr. 5064—6076. (12 S. und S. 825—1016.) 885. * ℳ 7.60.] *
Hauptwerk und 1.—5. Nachtrag. Ebendas. * ℳ 24.80.

Westermann's Holzschnitt-Illustrations-Katalog. Zum Gebrauch f. Buchhändler u. Buchdrucker. 8.—10. Nachtrag. gr. 4. Braunschw., Westermann. [Nachtr. 8. Nr. 6077—7061. (12 S. u. Illustr. S. 1017—1232.) 889. * 8 60; Nachtr. 9. Nr. 7062—7850. (12 S. u. S. 1233—1440.) 890. * 8 25; Nachtr. 10. Nr. 7851—8663. (12 S. u. Illustr. S. 1441—1650.) 892. * 8 20.] * 25 05
Hauptwerk u. 1.—7. Nachtr. Ebd. * 36 20.

Westermann's illustrirte deutsche Monats-Hefte für das gesammte geistige Leben der Gegenwart. 1. Jahrg. Octbr.—Decbr. 1856. 3 Hefte. Lex.-8. (1. Heft. 116 S. mit eingedr. Holzschn.) Braunschweig 856, Westermann. à Heft * 10 Ngr. *

Westermann's illustrirte deutsche Monats-Hefte für das gesammte geistige Leben der Gegenwart. 2—6. Jahrg. 1857—61. à Jahrg. 12 Hefte. Lex.-8. (à Heft 112 S. mit eingedr. Holzschn.) Braunschweig, Westermann. à Jahrg. *

—— illustrirte deutsche Monats-Hefte für das gesammte geistige Leben der Gegenwart. Redact.: Adf. Glaser. 7.—13. Jahrg. 1862—68. à Jahrg. 12 Hefte. Lex.-8. (à Heft ca. 112 S. mit eingedr. Holzschn.) Braunschweig, Westermann. à Jahrg. *

Westermann's illustrirte deutsche Monats-Hefte für das gesammte geistige Leben der Gegenwart. Redact.: Adf. Glaser. General-Register zum 1.—24. Bd. Enth. Autoren-Register, Sachregister und Illustrations-Verzeichniß. Lex.-8. (XXII, 84 S.) Braunschweig 869, Westermann. *

—— illustrirte deutsche Monatshefte für das gesammte geistige Leben der Gegenwart. Redact.: Adf. Glaser. 14.—19. Jahrg. 1869—1874. à Jahrg. 2 Bde. oder 12 Hefte. Lex.-8. (à Heft 112 S. mit eingedr. Holzschn.) Ebendas. à Heft * ℳ 1.; à Jahrg. *

—— illustrirte deutsche Monatshefte für das gesammte geistige Leben der Gegenwart. Redact.: Adf. Glaser. 20.—22. Jahrg. Octbr. 1875—Septbr. 1878. à Jahrg. 12 Hefte (à 7 Bog. mit eingedr. Holzschn.) [39.—44. Bd. oder 3. Folge 7.—12. Bd.] Lex.-8. Ebendas. à Jahrg. *

—— dass. — Hrsg. von Friedr. Spielhagen. 23. und 24. Jahrg. Octbr. 1878—Septbr. 1880. à Jahrg. 12 Hefte (à 8 und 9 Bog.) [45.—48. Bd. oder 4. Folge 1.—4. Bd.] Lex.-8. Ebendas. à Jahrg. *

Westermann's illustrirte deutsche Monatshefte für das gesammte geistige Leben der Gegenwart. Hrsg. von Friedr. Spielhagen. 25.—28. Jahrg. Oktbr. 1880—Septbr. 1884. à Jahrg. 12 Hefte. (à Heft 8—9 Bog.) [49.—56. Bd. oder 4. Folge 5. und 6. Bd. und 5. Folge 1.—6. Bd.] Lex.-8. Braunschweig, Westermann. à Jahrg. *

—— dass. — Vollständiges Inhaltsverzeichniß. Enthaltend: Autorenregister, Sachregister und Illustrationsverzeichniß des 1.—50. Bds. Lex.-8. (154 S.) Ebendas. 883. *

Westermann's illustrirte deutsche Monatshefte für das gesammte geistige Leben der Gegenwart. Redact.: Adf. Glaser. 29. Jahrg. Octbr. 1884—Septbr. 1885. 12 Hefte. (à Heft 8—9 Bog.) [57. und 58. Bd. oder 5. Folge 7. und 8. Bd.] Lex.-8. Ebendas. *

—— illustrierte deutsche Monatshefte für das gesamte geistige Leben der Gegenwart. Redact.: Adf. Glaser. 30.—33. Jahrg. Octbr. 1885 — Septbr. 1889. à Jahrg. 12 Hefte. (à Heft 8—9 Bog.) [59.—66. Bd.] Lex.-8. Ebendas. à Jahrg. *

—— illustrierte deutsche Monatshefte f. das gesamte geistige Leben der Gegenwart. Redact.: Adf. Glaser. 34.—37. Jahrg. Oktbr. 1889—Septbr. 1893. à Jahrg. 12 Hefte. (à Heft 8—9 Bog.) [67.—74. Bd.] Lex.-8. Ebd. à Jahrg. * 16 —; einzelne Hefte à * 1 40

— illustrirte deutsche Monatshefte f. das gesamte geistige Leben der Gegenwart. Red.: Adf. Glaser. 36.—39. Jahrg. Oktbr. 1891—Septbr. 1895. à 12 Hfte. (à 8—9 Bog.) [71.—78. Bd.] Lex.-8. Braunschweig, G. Westermann. à Jahrg. n. 16. —; einzelne Hfte. à n. 1. 40

Westermann's illustr. deutsche Monatshefte f. d. ges. geist. Leben d. Gegenwart. Red.: Adf. Glaser u. [seit Okt. 1898] Frdr. Düsel. 40.—43. Jahrg. Oktbr. 1895 —Septbr. 1899. à 12 Hfte. (à ca. 9 Bog.) [79.—86. Bd.] Lex.-8. Braunschweig, G. Westermann. à Jahrg. n. 16. —; einz. Hfte. n. 1. 40

Westermann's illustrierte deutsche Monatshefte f. das gesamte geistige Leben der Gegenwart. Red. v. Ad. Glaser u. Frdr. Düsel. 44.—47. Jahrg. Oktbr. 1899—Septbr. 1903. à 12 Hfte. [87.—94. Bd.] Lex.-8. Braunschweig, G. Westermann. à Bd. n. 8. —; geb. n. 9. 70
87. (VIII, 864 S. m. 318 Abb. u. 20 Taf.) — 88. (VIII, 840 S. m. 281 Abb. u. 27 Taf.) — 89. VIII, 868 S. m. 312 Abb. u. 24 Taf.) — 90. (VIII, 822 S. m. 257 Abb. u. 15 Taf.) — 91. (VIII, 916 S. m. 408 Abb. u. 36 Taf.) — 92. (VIII, 852 S. m. 292 Abb. u. 21 Taf.) — 93. (VIII, 908 S. m. 374 Abb. u. 25 Taf.) — 94. (VIII, 886 S. m. 346 Abb. u. 29 Taf.)

Westermann's Monatshefte. Illustrierte deutsche Zeitschrift f. das geist. Leben der Gegenwart. Red.: Frdr. Düsel unter Mitwirkg. v. Adf. Glaser. 48.—51. Jahrg. Oktbr. 1903—Septbr. 1907. à 12 Hefte. [95.—102. Bd.] (95—101. Bd. IV, 916; IV, 892; IV, 940; IV, 902; IV, 932; IV. 907 u. IV, 948 S. m. z. Tl. farb. Abbildgn., Taf. u. z. Tl. farb. Kunstblätter.) Lex.-8. Braunschweig, G. Westermann. à Jhrg. (2 Bde.) n. 16. —

Westermann's Monatshefte. Illustrierte deutsche Zeitschrift f. das geist. Leben der Gegenwart. Red. v. Frdr. Düsel. In Österreich-Ungarn verantwortlich: Rich. Wengraf u. Rob. Mohr. 52.—55. Jahrg. Oktbr. 1907—Septbr. 1911. à 12 Hefte. [103.—110. Bd.] (103.—109. Bd. IV, IV, 928; IV, IV, 912; IV, IV, 956; IV, IV, 900; IV, IV, 944; IV, IV, 908 u. IV, 956 S. m. z. Tl. farb. Abbildgn. u. Kunstblättern.) Lex. 8. Braunschweig, G. Westermann. à Jahrg. (2 Bde.) 18. —

Tourenkarte des Ardeygebirges, hrsg. v. Sauerländ. Gebirgsverein zu Dortmund, (angefert. nach d. Schäferschen Relief d. Ardeygebirges.) (Zeichnung, Lith. u. Druck v. George **Westermann**'s geogr. Anst., Braunschweig. Maßst. 1:25,000.) [Nebst] Touren-Verzeichnis zsgest. von H. Schäfer. *(Dortmund: Gamm 1904.)* (1 Kartenbl. 42 × 40cm mit Legende, 8 S.) 8° [Kopft.] [kol.]

Verlagskatalog von George **Westermann** in Braunschweig. 1838-1899. Ausg. Okt. 1899. (Braunschweig: G. Westermann 1899.) (65 S.) 8° 03.15685 8

Verlagskatalog von George **Westermann** in Braunschweig. 1838-1908. (Braunschweig: Westermann 1909.) 81 S. 8° 09.7337 10

Westermann, Georg Heinrich

— Gedächtniß-Predigt auf J. C. Ebmeier, Prediger in Windheim. 8. Mind. 793.

— Predigt bei d. Huldigung in Minden. 8. Mind. 787.

Westermann, Geo. Hnr., († d. 11 ? 14. Dec. 1796.) Standrede auf d. hochsel. König d. 10. Sept. 1786. 8. Minden.

Westermann, H., ein Beitrag zur Physik des Muskels. gr. 8. (50 S. mit 2 Stnt.) Dorpat 868, Gläser. [Schnakenburg.] *

—— Beobachtungen auf dem Gebiete der Pädagogik. gr. 8. (VII, 93 S.) Leipzig 870, Duncker und Humblot. *
Vgl.: Schmidt, Geo.

Westermann, Heinr., deutsche Aufsatzschule. Hrsg. vom Vorstande der Lehrer-Witwen- u. Waisen-Kasse f. den Reg.-Bez. Lüneburg. Ausg. A: in 3 Hftn. 1. Hft. 8. (55 S.) Hannover 886. Schmorl & v. Seefeld. n. — 40

Westermann, Heinrich, Kgl. Bergreferendar in Dortmund: Die Gliederung der Aachener Steinkohlenablagerung auf Grund ihres petrographischen und palaeontologischen Verhaltens. [Bonn: F. Cohen 1905.] (64 S.) 8° ¶ Aus: Verhandlungen des Naturhistorischen Vereins d. preuss. Rheinl. u. Westfalens Jg 62. 1905
Münster, Phil. Fak., Ref. Busz, Diss. v. 5. Okt. 1905
[Geb. 28. Nov. 79 Marten i. W.; Wohnort: Munster; Staatsangeh.: Preußen; Vorbildung: Oberrealsch. Barmen Reife O. 98; Studium: Munchen 5. Aachen T.H. 3 S.; Rig. 8. Juni 05.]

Westermann, Heinr., aus alten Zeiten. Lesebuch für die Unterstufe des Geschichtsunterrichts. gr. 8. (VII, 199 S.) Hannover 883. Hahn. n. 1. 60

Systematische Zusammenstellung der für die Provinzial-Verwaltung von Westfalen geltenden Gesetze, Verordnungen, Reglements und sonstigen Bestimmungen. Im amtlichen Auftrage bearb. und hrgg. v. **H. Westermann**. Münster. 1893. 8°.

Westermann, Heinrich: Systematische Zusammenstellung der für die Provinzial-Verwaltung von Westfalen geltenden Gesetze, Verordnungen, Reglements und sonstigen Bestimmungen. Im amtl. Auftr. bearb. u. hrsg. von –. Büreaudir. 2., bericht. Aufl. Münster 1902: J. Bredt. (VIII, 671 S.) 8°

Westermann, Hermann

— Die Einheits-Mittelschule. Eine Meinungsäusserg. (40 S.) 8. Ebd. 908. 1. —

Westermann, Herm., Einiges über die allstaatlich anerkannte Weltsprache. (27 S.) kl. 8. Riga 906. H. Westermann. n. — 60

Westermann, H., die Elementar-Mathematik in experimentaler Behandlung. 1. Fragment: Einleitung in die Algebra. gr. 8. (64 S.) Mitau 873. Behre. n. 1. —

— all Friede u. Freude auf Erden. Flugblätter in Wirklichkeitsbildern. I.—IV. Bd. 8. Riga, E. Maurach. 906. à n. — 20

I. Völker habt Acht! (7 S.) — II. Kraftersparnis — Sittlichkeitsgewinn. (11 S.) — III. Frauenfrage. (8 S.) — IV. Erziehung. (10 S.) — V. Die Mutter. (23 S.) — VI. Dauerndes Glück. (8 S.)

Westermann, Herm., all Friede u. Freude auf Erden. Flugblätter in Wirklichkeitsbildern. VII. u. VIII. Bild. 8. Riga 906. E. Maurach. à — 20

VII. Die freie Konkurrenz. (11 S.)
VIII. Beschäftigungsplan der Mädchen-Kernschule. (16 S.)

Westermann, H., die analytische Geometrie auf der Schule u. das Rechnen m. Hilfe der Logarithmen. gr. 8. (VII, 141 S.) Riga 888. Kymmel's Verl. cart. n. 3. —

Westermann, H., Schul-Stereometrie. gr. 8. (VII, 99 S. m. eingedr. Fig.) Riga 883. Kymmel. cart. n. 2. —

Westermann, Henr. Herm. (geb. Oespel in Westf. 8. 6. 1842): De hepatitide suppurativa seu vera, observationibus additis duabus. Berolini (1867). (32 S.) 8°

Berlin, Med. Diss. v. 13. Aug. 1867

Westermann, Jh., († ...) 6 Predigten üb. Sprüche d. h. Schrift. 8. Brem. 770. Förster. 16 gr.

— allerneueste Sonnetten. 18 Stücke. 8. Bremen 765—80. Förster. 1 Rthlr. 18 gr.

Westermann, Karl: Der Meistersinger Daniel Holzman. Sein Leben und seine Werke. Straßburg 1910: Müh. 83 S. 8°

Straßburg, Phil. Diss. v. 4. Juni 1910, Ref. Martin, Henning

[Geb. 23. Okt. 83 Sulzbach b. Saarbrücken; Wohnort: Saargemünd; Staatsangeh.: Preußen; Vorbildung: Oberrealsch. Straßburg Reife O. 05; Studium: Straßburg 2, München 2, Straßburg 7 S.] [U 10. 4100

[Autogr.] Festlieder zur Johannis-Festfeier 1891. Allen lieben besuchenden Brüdern und den Brüdern der ger. u. vollk. St. Johannis Freimaurerloge Armin zur deutschen Treue Or.·. Bielefeld gereicht von Otto **Westermann.** [Bielefeld 1891.] 4 Bl. 8° [Umschlagtit.]

3 Lieder ohne Noten, davon 2 von A. Mahlmann, 1 von C. Frick.

Kirche und Loge. Blick auf die parallelen Entwickelungsbahnen des christlichen und des maurerischen Geistes und auf das Verhältniss des Maurerthums zum Christenthum. Von A. W[estermann]n. Ms. f. Frmr und die es sein könnten. Duisburg: Nieten 1864. IV, 46 S. 8°

[Lied] Dem hochw. gel. Br. und Freunde Gustav Heimendahl, Crefeld zum 70. Geburtstage 24. Januar 1895. Ihrem langjährigen vorsitzenden Meister zu Ehren gesungen in der □ Eos beim Festbankett am 27. Januar 1895. Dargereicht vom Br. Otto **Westermann.** Bielefeld [1895]: Küster Nachf. 2 Bl. 8°.

„Drei Mal Heil, Gustav Dir!“ . . .

Westermann, Rudolf, a. Hardegsen: der meteorologische Äquator im Stillen Ozean. ⟨Mit zwei Tafeln.⟩ (Altenburg) 1906: (Pierer). (27 S.) 4°

Göttingen, Phil. Fak., Ref. Wagner, Diss. v. 13. Aug. 1906

[Geb. 18. April 81 Hardegsen; Wohnort: Hardegsen; Staatsangeh.: Preußen; Vorbildung: Realgymn. Hildesheim Reife O. 99; Studium: Göttingen 3, Berlin 1, Genf 1, Berlin 2, Göttingen 7 S.; Rig. 14. Febr. 06.]

Der meteorologische Äquator im Stillen Ozean. Von R. **Westermann.** Mit 2 Taf. Hamburg 1906: (Hammerich & Lesser in Altona). (27 S.) 4°
= Archiv, Aus dem, d. Deutschen Seewarte. Jg. 29, No 1. [06. 11484

Westermann, Sam., († 1783.) Anfangsgründe zur deutschen Schreibart, nebst e. Anleit. zu Briefen u. deren Titulaturen. 8. ... 771.

— Entwurf e. biblischen Erklärung in Fragen u. Antworten, über die Grundwahrheiten d. christl. Glaubens. 8. Rothenburg 783.

— Entwurf e. gegründeten Katechisation, od. kurze Erläuterung d. hessischen Katechismus. 8. Rothenb. 783.

Westermann, W.: „Handbuch der preussischen Aktien- und Eisenbahngesetzgebung; mit besonderer Rücksicht auf das Aktien-, Grunderwerbs- und Hypothekenwesen der Eisenbahngesellschaften“, Arnsberg und Hamm 1846. — Vorh.: Com. Bibl. Hamburg.

Westermann, W., Handbuch d. preuß. Actien- u. Eisenbahn-Gesetzgebung. Mit besond. Rücksicht auf d. Actien-, Grunderwerbungs- u. Hypothekenwesen d. Eisenbahngesellschaften. Lex.-8. (21 B.) Leipzig 846, Keil u. Comp. *

Westermann, W., Handbuch der preuß. Aktien- und Eisenbahn-Gesetzgebung. Mit besond. Rücksicht auf das Aktien-, Grunderwerbungs- und Hypothekenwesen der Eisenbahngesellschaften. 1. Suppl.-Heft. Lex.-8. (97 S.) Leipzig 847, [Keil.] *

—— Handbuch des gerichtl. u. außergerichtl. Auctionswesens. Enth.: die üb. die Anstellung d. Auctionscommissarien rc. erlassenen Gesetze, Instruktionen u. Gebührentaxen, nebst erläut. Bestimmungen. gr. 8. ($14\frac{3}{8}$ B.) Dortmund 846, Krüger.

—— Handbuch d. preuß. gerichtl. Subalterndienstes m. besond. Rücks. auf die durch d. Geschäfts-Reglement v. 3. Aug. 1841 eingeführte Verfass. 1. Lfg. Lex.-8. (14 B.) Wesel 846, Bagel. vollständig *

—— Handbuch des preuß. gerichtl. Subalterndienstes mit besond. Rücksicht auf die durch das Geschäfts-Reglement vom 3. Aug. 1841 eingeführte Büreau-Verfassung. 2. und 3. (letzte) Lfg. Lex.-8. (VIII und S. 225—555.) Wesel 847, Bagel.
Preis für das ganze Werk: *

Westermann, W., Sammlung der auf das Hypotheken- u. Kataster-Fortschreibungs-Wesen (Preußen) sich beziehenden Gesetze rc., s. Sammlung.

Westermann, Wilhelm, aus Curland. Untersuchungen über die Wirkungen der Calabarbohne. Diss. Dorpat. 8°. 37 pp. mit einer Curventafel. 1867.

Westermann, Wilhelm, aus Holthausen: Die in der Göttinger medizinischen Poliklinik vom 1. Januar 1877 bis 1. Januar 1901 beobachteten Fälle von Poliomyelitis anterior acuta. ⟨Ein Beitrag zur Statistik.⟩ *Göttingen 1902: L. Hofer.* (50 S.) 8°
Göttingen, Med. Diss. v. [29. Aug.] 1902

Westermann, Wilh., die in der Göttinger medizinischen Poliklinik vom 1. I. 1877 bis 1. I. 1901 beobachteten Fälle von Poliomyelitis anterior acuta. (Ein Beitrag zur Statistik.) (47 S.) gr. 8. Göttingen 902. (Vandenhoeck & Ruprecht.) n. 1. —

Westermann, Guilelmus, Americanus: De Hippocratis in Galeno Memoria Quaestiones. *Berolini 1902: E. Ebering.* (50 S.) 8°
Berlin, Phil. Diss. v. 2. Aug. 1902

Westermann, Wilh. (Guilelm), De Hippocratis in Galeno memoria quaestiones. Diss. (50 S.) gr. 8. Berlin 902. (E. Ebering.) n. 2. —

Westermann, Wilh., d. Wissen d. Goldschmieds. Ein kurzes Hilfsbuch f. d. Goldwaren-Fabrikation. Leitfaden f. d. techn. Unterricht an d. Goldschmiedeschule Pforzheim. 8. (IV, 75 S.) Pforzheim 895. E. Haug. In Leinw. kart. n. 1. —

Westermarck, Eduard

Westermarck, Ed., Geschichte der menschlichen Ehe. Einzig autoris. deutsche Ausg. Aus dem Engl. v. Leop. Katscher u. Romulus Grazer. Bevorwortet v. Alfr. Russel Wallace. gr. 8. (XLIV, 589 S.) Jena 893. H. Costenoble. n. 12. —; geb. in Halbfrz. n.n. 14. 50

Westermarck, Ed., Geschichte der menschlichen Ehe. Einzig autoris. deutsche Ausg. Aus dem Engl. v. Leop. Katscher u. Romulus Grazer. Mit einleit. Vorwort v. Alfr. Russel Wallace. 2. [Titel-]Aufl. gr. 8. (XLIV, 589 S.) Berlin [893.] 902. H. Barsdorf. 10 —; geb. 11. 50

Westermarck, Eduard, die Hörigkeit der Kinder, s.a. Kultur u. Fortschritt.

Westermarck E, die Hörigkeit der Kinder. (20 S) (Kultur und Fortschritt 279/80) Gautzsch 1909

— Der Krieg, s.a. Kultur u. Fortschritt.

— Sexualfragen. Autoris. Ubersetzg. von Leop. Katscher. (146 S.) gr. 8. Leipzig 909. Dr. W. Klinkhardt. 2.—; geb. 3. —

— Die Sklaverei, s.a. Kultur u. Fortschritt.

Westermarck, Ed., Die Sklaverei. 8°. Gautzsch bei Leipzig, Fel. Dietrich, 1909. (Kultur u. Fortschritt, 269—270.)

Westermarck E, der Krieg. Soziologische Studie. (17 S) (Kultur und Fortschritt 251) Gautzsch 1909

— Ursprung u. Entwickelung der Moralbegriffe. Deutsch v. Leop. Katscher. 2 Bde. Lex. 8. Leipzig, Dr. W. Klinkhardt. 25.70; geb. 28. 70
1. (VII, 632 S.) 907. 11.—; geb. 12. 50
2. (Sachregister v. E. Klinkhardt.) (III, 703 S.) 909. 14.70; geb. 16. 20

Westermarck, Helena, der Sieg des Lebens. Autoris. Übersetzg. von Ernst Brausewetter. Preisgekrönt von der „Svenska Literatursällskap“ in Finnland. (132 S.) 8. Leipzig (910). W. Strübig. 1.60; geb. 2. 50

Wester-Markelsdorf [Schlagwort]

Wester-Markelsdorf, s.: Deutschland. Uebersichtskarte.

Westermayer, Adolf

Westermayer, A., Ludwig Döderlein, Rektor d. Erlanger Gymnasiums 1819—1862. Festrede, geh. am 14. Juli 1891. gr. 8. (13 S.) Erlangen 891. F. Junge. n. — 40

Westermayer, Adf., die Elektra d. Sophokles f. Freunde der klass. Literatur übersetzt u. ästhetisch erläut. gr. 8. (VI, 204 S.) Erlangen 872. Deichert. n. 2. 40

Westermayer, Ad.: Individuelle und generische Erklärung der Elektra des Sophokles. 42 S. 1. & 2. Th. – Nürnberg, Progr. 1871. 72.

Westermayer, A., griechische Geschichte, s.: Roth, Karl Ludw.

— römische Geschichte s.: Roth, Karl Ludw.

Westermayer, A., Dr. H. W. Heerwagen, weil. Rektor d. Gymnasiums in Nürnberg. Nekrolog. Mit Bildnis. [Aus: „Blätter f. d. bayr. Gymnasialschulwesen“.] gr. 8. (28 S.) Nürnberg 889. Ballhorn. n.n. 1. —

Westermayer, Ad., zwei Kapitel aus einer Schulerklärung des Platonischen Protagoras. 8. (32 S.) Nürnberg 880, (Ballhorn.)

Zwei Kapitel aus einer Schulerklärung des Platonischen Protagoras. — Von Dr. Adolf Westermayer, G. P. — 1880, Nürnberg, Campe u. Sohn. — S. 3—32⁸.
Progr. Nürnberg, K. Gymn.

— der Lysis d. Plato zur Einführung in das Verständniss der sokratischen Dialoge. 8. (132 S.) Ebend. 874. n. 1. 60

Der Mythus in Platos Protagoras. Eine analytische Betrachtung. — Von Dr. Ad. Westermayer, G. P. — 1877. Nürnberg, ibid. — S. 3–31⁸.
Progr. Nürnberg, K. Gymn.

Westermayer, Adf., der Protagoras des Plato. Zur Einführung in das Verständnis der ersten platon. Dialoge erklärt. gr. 8. (VI, 202 S.) Erlangen 882, Deichert. *

—— s. Roth, Karl Ludw., römische Geschichte.

Westermayer, Ant., Abschiedspredigt an die kathol. Gemeinde Regensburgs. 3. Aufl. gr. 8. (2 B.) Regensburg 814, Manz. Thlr. *

Westermayer, Ant., Abschiedspredigt an die Pfarrgemeinde Laaberberg, gehalten am Feste Mariä Himmelfahrt. gr. 8. (20 S.) Regensburg 850, Manz. 1/12 Thlr.

—— Bauernpredigten, die auch manche Stadtleute brauchen können, auf alle Sonn- u. Festtage des Kirchenjahres. 2 Bde. gr. 8. (60¼ B.) Regensburg 846, (47,) Manz.

—— **Bauernpredigten, die auch manche Stadtleute brauchen können, auf alle Sonn- und Festtage des Kirchenjahres, zugleich ein Hausbuch für's kathol. Landvolk. 1. Jahrg. 2 Bde. 2., verb. und verm. Aufl. gr. 8. (XX und 932 S.) Regensburg 848, Manz.**

—— dass. — 2. Jahrg. 2 Bde. gr. 8. (XX und 943 S.) Ebds. 848.

Westermayer, Ant., Bauernpredigten, die auch manche Stadtleute brauchen können, auf alle Sonn- und Festtage des Kirchenjahres, zugleich ein Hausbuch für's kathol. Landvolk. 1. Jahrg. 2 Bde. 3., verb. und verm. Aufl. gr. 8. (XX und 931 S.) Regensburg 856, Manz.

Westermayer, Ant. (Dompred.), *der Christbaum u. die Krippe.* Eine Predigt, gehalten am heil. Vorabende d. Weihnachtsfestes. Ein Weihnachtsgeschenk f. christl. Eltern u. Kinder. Regensburg, G. J. Manz, 1843. 8º. 16 S. Beibd.

—— der Christbaum u. die Krippe. Eine Predigt gehalten am heil. Vorabende des Weihnachtsfestes. Ein Weihnachtsgeschenk f. christl. Eltern u. Kinder. gr. 8. (1 B.) Regensburg 844, Manz.

—— Epistel an Konsistorialr. Friedr. Linde in Berndorf. gr. 8. (1½ B.) Regensburg 843, Manz.

Westermayer, Ant., Festpredigt auf die 700jähr. Jubiläums-Feier der Stadt München gehalten am 26. Septbr. 1858 in der St. Michaelshofkirche. gr. 8. (16 S.) München 858, Rieger'sche Buchh. *

—— zeitgemäße Glaubens- u. Sittenpredigten. 2 Bde. 1. u. 2., verb. Aufl. gr. 8. (à 92 B. u. W's. Bildn.) Regensburg 844, 47, Manz. *

Westermayer, Ant., eine Hauptfrage unserer Zeit: Woher in unsern Tagen die schlechte Achtung vor der Obrigkeit und wie kann da geholfen werden? Beantwortet in einer Predigt am Feste des heil. Georg. 8. (27 S.) Regensburg 849, Pustet. Thlr.

—— **katholischer Hausfreund, s. Hausfreund.**

Westermayer, Ant., Der Heiligenkultus überhaupt u. der Marienkultus insbesondere. Mit steter Berücksichtigung der Schrift eines „evangel. Christen“: „Gottes Wort u. Menschenwort“ u. der neuern u. neuesten Erscheinungen auf dem Gebiete der protest. Litteratur. Schaffhausen, Hurter (jetzt Regensburg, Verlagsanst.), 1870, gr. 8°, 128 S., 1,20 Mk. (Heft 13 aus: „Das Papsttum in d. ersten 500 Jahren“, das.)

Westermayer, Dr. A., und P. Petrus Hötzl. Von einem kathol. Geistlichen. gr. 8. (21 S.) München 870, Rieger'sche Universitäts-Buchh. *

—— P. Petrus Hötzl, sein anonymer Vertheidiger und Compagnie, oder: der revolutionäre jansenistische Kirchenbegriff in München. gr. 8. (77 S.) Ebendas. 870.

Westermayer, Ant., Ist die kath. Kirche die Karrikatur der Kirche Christi? Principielle Abfertigung der Schrift: „Gottes Wort gegen Menschenwort“ [oder: Offenes Sendschreiben an den k. geistl. Rat u. Stadtpfarrer zu St. Peter Hrn Dr. A. Westermayer zur Abwehr derjenigen ungerechten Angriffe auf die evang. Kirche, welche derselbe unter d. 20. Dez. 1866 hat ergehen lassen, von einem ev. Geistlichen. Augsburg 1867, gr. 8°]. Schaffh., Hurter (jetzt Regensburg, Verlagsanst.), 1867, gr. 8°, VIII, 151 S., 1,20 Mk.
Wiener Allg. Littztg 1867, S. 367.

Westermayer, Ant., zwei moderne Jünger Jesu auf dem Wege nach Emmaus oder Osterbetrachtungen eines Sozialisten und eines Liberalen. Festpredigt auf den Ostersonntag 1877 gehalten. 8. (35 S.) München 877, Stahl. *

Westermayer, Ant., Katholisch und protestantisch! Nothgedrungene Angriffe auf die kathol. Kirche, wie solche am 4. Novbr. 1866 in der protestant. Stadtpfarrkirche Münchens der II. protestant. Stadtpfarrer daselbst, Herr Joh. Wilh. Heinr. Leydel sich erlaubt hat. 4. Aufl. gr. 8. (VI und 105 S.) Regensburg 867, Pustet.

—— die kathol. Kirche u. ihr Proselytismus. gr. 8. (8 B.) Regensburg 843, Manz.

—— **das katholische Kirchenjahr in seinem innern Zusammenhange dargestellt in Predigten auf alle Sonntage des Kirchenjahres, mit einer Beigabe sämmtl. Festtags-, von vier Jubiläums- und andern Gelegenheitspredigten. 3 Bde. gr. 8. Schaffhausen, Hurter'sche Buchh. [1. und 2. (XVII und 670 S.) 1 Thlr. 27 Ngr., 3. (388 S.) 854. 27 Ngr.] Thlr.**

Westermayer, Ant., die katholische Lehre vom Ablasse in fünfzehn Jubiläumspredigten ausführlich und gemeinverständlich dargelegt, nebst der Jubiläumspredigt auf das Fest der unbefleckten Empfängniß. 8. (VIII und 255 S.) Schaffhausen 855, Hurter'sche Buchh.

— die Leiden u. Freuden des Priesters. Primizrede, gehalten in der Stadtpfarrkirche St. Jacob zu Straubing am 25. Juli 1843, als Herr Geo. Reiser seine erste heil. Messe las. gr. 8. Straubing 843, Schorner. 1/12 Thlr.

—— Dr. M. Luther u. der kathol. Cölibat. Zweite Epistel an Hrn. Konsistorialr. Friedr. Linde. gr. 8. (3½ B.) Regensburg 843, Manz.

— das Menschenleben mit dem Glauben an die Himmelfahrt Christi u. ein ewiges Leben, u. ohne diesen Glauben! Geschildert in der Predigt am Feste Christi Himmelfahrt [den 10. Mai 1877]. 8. (40 S.) Ebend. 877. n. — 50

—— die heil. Mission, s. Mission.

— die Ohrenbeicht ein göttliches Institut, erhaben über alle Einwendungen! Erörtert in sieben Fastenpredigten. gr. 8. (126 S.) Regensburg 852, Manz. 5/12 Thlr.

—— das **Papstthum** in den ersten 500 Jahren. 1. und 2. Heft. gr. 8. Schaffhausen 867, Hurter'sche Buchh. à Heft * 12 Ngr. *

Inhalt:

Heft 1. Ist die katholische Kirche die Carricatur der Kirche Christi? Principielle Abfertigung der Schrift: „Gottes Wort gegen Menschenwort,“ von einem evangel. Geistlichen. (VIII und 151 S.)

„ 2. Ist das Papstthum eine „weltgeschichtliche Lüge?“ Thatsächliche Abfertigung der Schrift: „Gottes Wort gegen Menschenwort“ ꝛc. (VIII und 151 S.)

—— das **Papstthum** in den ersten 5 Jahrhunderten. 3.—14. Heft. gr. 8. Schaffhausen, Hurter'sche Buchh. [Regensburg, Manz.] *

Inhalt:

Heft 3. Die Lehre von den Sakramenten im Allgemeinen nach kathol., luther. und neuluth. Auffassung, besond. über die Siebenzahl und die angebl. Magie der kathol. Sakramente. Mit steter Berücksicht. und Widerlegung der Schrift eines „evangel. Christen“: „Gottes Wort und Menschenwort.“ (95 S.) 868. *M. 1,20.

„ 4. Die Lehre von den Sakramenten im Einzelnen. Mit steter Berücksicht. und Widerlegung der Schrift eines „evangel. Christen“: „Gottes Wort und Menschenwort.“ (134 S.) 868. *M. 1,20.

„ 5. Die Lehre von den Sakramenten im Einzelnen. Aufbewahrung und Anbetung des Sakraments. Der Deus ex machina und der Deus in pyxide. Mit steter Berücksicht. und Widerlegung der Schrift eines „evangel. Christen“: „Gottes Wort und Menschenwort.“ (115 S.) 868. *M. 1,20.

„ 6. **Die Lehre von den Sakramenten im Einzelnen. Die Messe in ihrem Wesen oder: das verklärte Kreuzopfer. Mit steter Berücksicht. und Widerlegung der Schrift eines „evangel. Christen“: „Gottes Wort und Menschenwort“ und der neueren und neuesten Erscheinungen auf dem Gebiete der protestant. Literatur. (III, 195 S.) 868. *M. 1,50.**

„ 7. **Die Lehre von den Sakramenten im Einzelnen. Die Messe in Frucht und Zweck oder die Messe als Opfer für Lebendige und Todte ꝛc. Mit steter Berücksicht. und Widerlegung der Schrift eines „evangel. Christen“: „Gottes Wort und Menschenwort“ und der neueren und neuesten Erscheinungen auf dem Gebiete der protestant. Literatur. (203 S.) 869. *M. 1,50.**

„ 8. Die Lehre von den Sakramenten im Einzelnen. Das kathol. Bußsakrament und das protestant. Buß- und Beichtwesen. Mit steter Berücksicht. und Widerlegung der Schrift eines „evangel. Christen“: „Gotteswort und Menschenwort“ und der neueren und neuesten Erscheinungen auf dem Gebiete der protestant. Literatur. (VI, 138 S.) 869. *M. 1,20.

9. Die Lehre von den Sakramenten im Einzelnen. Das kathol. Bußsakrament und das protestant. Buß- und Beichtwesen. (220 S.) 869. *ℳ 1,50.

10.} 11.} Die Lehre von den Sakramenten im Einzelnen. Das kathol. Bußsakrament und das protestant. Buß- und Beichtwesen. (198 S.) 869. *ℳ 1,50.

12. Die Lehre von den Sakramenten im Einzelnen. Die Sakramente der Firmung, der letzten Oelung und der Ehe. Mit steter Berücksicht. und Widerlegung der Schrift eines „evangel. Christen": „Gottes Wort und Menschenwort" und der neueren und neuesten Erscheinungen auf dem Gebiete der protestant. Literatur. (163 S.) 869. *ℳ 1,50.

13. Der Heiligenkultus überhaupt und der Marienkultus insbesondere. Mit steter Berücksicht. der Schrift eines „evangel. Christen": „Gottes Wort und Menschenwort" und der neueren und neuesten Erscheinungen auf dem Gebiete der protestant. Literatur. (128 S.) 870. *ℳ 1,20.

14. Der Cölibat und das Ordenswesen. Mit steter Berücksicht. der Schrift eines „evangel. Christen": „Gottes Wort und Menschenwort" und der neueren und neuesten Erscheinungen auf dem Gebiete der protestant. Literatur. (89 S.) 870. *ℳ 1,20.

1. und 2. Heft. Ebendas. 1867. *ℳ 2,40.

—— Passionspredigten. Neue Folge: 3. und 4. Cyklus. 8. (VIII und 214 S.) Schaffhausen 855, Hurter'sche Buchh.

—— dass. — Neue Folge: 5—8. Cyclus. (3. und 4. Bd.) 8. (XV und 415 S.) Ebds. 856. à Bd. 15 Ngr.

—— Passions-Predigten. Neue Folge: 9—19. Cyklus. 8. (XVI und 1152 S.) Schaffhausen 857. 58, Hurter'sche Buchh.

— vierzehn Passionspredigten, gehalten in der Pfarrkirche zu St. Peter in München. Schaffhausen 854. Hurter. 8. (VII, 272 S.) 21 ngr.

—— Predigt über d. Möglichkeit einer Wiedervereinigung der Katholiken u. Protestanten, gehalten am 2. Sonnt. nach Ostern. gr. 8. (1½ B.) Regensburg 843, Manz.

—— Predigten für wahre Aufklärung und Bildung. Gehalten zu München. 17 Hefte oder 4 Bde. gr. 8. Schaffhausen 857. 58, Hurter'sche Buchh. [1. Bd. (VIII und 495 S.) 2. (494 S.) 3. (VIII und 383 S.) 4. (VIII und 398 S.)] à Heft 9 Ngr.

— populäre Predigten auf sämmtliche Feste des Kirchenjahres. (In 9 bis 10 Lfgn.) 1. u. 2. Lfg. gr. 8. (1. Bd. IV, u. S. 1—320.) Mainz 882. Kirchheim. à 1. 50

—— populäre Predigten auf sämmtliche Feste des Kirchenjahres. 7 Lfgn. oder 2 Bde. gr. 8. (IV, 559; 572 S.) Ebendas. 883. à Lfg. ℳ 1,50.

— zwölf dogmatische Predigten über die Gegenwart Christi im heiligsten Altarssakramente, gehalten in der Pfarrkirche zu St. Peter in München. Schaffhausen 854. Hurter. 8. (VII, 168 S.) n. 12½ ngr.

Westermayer, Ant. (Dompred.), der *Puseyismus in Halle*, aus der neuesten literar. Erscheinung nachgewiesen. Regensburg, G. J. Manz, 1844. Luzern, bei Gebr. Räber. 8⁰. Beibd.
XIV—84 S., 2 Bll. Manz'sche Verlags-Anz. — Betrifft Dr. Herm. Adalb. Daniel's „Theologische Controversen". Halle b. Joh. Frdr. Lippert, 184', welches Buch Westermayer wegen seiner katholisirenden Richtung nicht genug preisen kann.
Puseyismus = Sekte der anglicanischen Kirche, welche, von dem Prof. d. hebr. Spr. zu Oxford, Dr. Pusey (u. dem Prof. Dr. Newman das.) 1833 gestiftet, sich nach und nach offen zu den Lehren des Katholicismus hingeneigt hat. (Petri.)

—— die Reformation überhaupt u. ihre Einführung in Regensburg insbesondere. Eine krit. Beleuchtung der Festschrift z. 300jähr. Jubiläum der völligen Einführung d. evangel. Gottesdienstes in Regensburg. gr. 8. (15 B.) Regensburg 843, Manz.

—— Schlußwort zu „Katholisch und protestantisch" gegen die kurze und bündige Antwort des 2. protestant. Stadtpfarrers in München, Herrn Wilh. Heinr. Leydel. 2. Aufl. gr. 8. (46 S.) Regensburg 867, Pustet.

Westermayer, Ant., Döllinger's Stellung zur katholischen Kirche. Erwiderung auf die Schrift des Herrn Franziskaner-Lectors P. Petrus Hötzl in München. 2. Aufl. gr. 8. (31 S.) Regensburg 870, Pustet.

— die Stellung des Weltpriesters u. Ordenspriesters in der Gegenwart, erörtert in einer Primizpredigt am 30. Novbr. 1851. gr. 8. (32 S.) Ebd. 851. ⅛ ℛ

—— die Stellung des Weltpriesters und Ordenspriesters in der Gegenwart, erörtert in einer Primizpredigt am 30. Novbr. 1851. gr. 8. (32 S.) Regensburg 852, Manz.

Westermayer, Ant., das alte Testament und seine Bedeutung, dargestellt mit Rücksicht auf die Behauptungen des modernen Unglaubens. 4 Bde. Schaffhausen 860, 61. Hurter. gr. 8. (1. Bd.: XVI, 448 S.; 2. Bd.: VIII, 502 S.; 3. Bd.: VIII, 504 S.; 4. Bd.: XII, 512 S.) 7 ℛ 6 ngr.

—— die altkatholische Verirrung katholisch und gemeinfaßlich erklärt. 1.—3. Aufl. gr. 8. (VI, 49 S.) Regensburg 872, Pustet.

—— Von Volks- oder von Gottes-Gnaden? Beantwortet in einer christl.-polit. Bauernpredigt am 3. Sonnt. nach Epiph. gr. 8. (24 S.) Regensburg 849, Manz.

—— „Was ich geschrieben habe, habe ich geschrieben". Joh. 19, 22. Abschiedspredigt an die kathol. Gemeinde Regensburgs. 4., m. e. Vorw. verm. Aufl. gr. 8. (3 B.) Regensburg 845, Manz.

Westermayer, Ant., Luthers Werk im J. 1883 od. der heutige Protestantismus in seinem Verhältniß zu Katholicismus u. Christenthum. Ein Wort zur Selbstprüfung bei der Feier d. 400jähr. Geburtstages Martin Luthers. gr. 8. (160 S.) Mainz 883. Kirchheim. 1. 50

— Zeitpredigten auf alle Sonn- u. Festtage des Kirchenjahres, nebst einem Cyklus Fastenpredigten. 2 Bde. gr. 8. (XX u. 1131 S.) Ebd. 849. 2⅔ ℛ

Westermayer, Ant., Zeitpredigten auf alle Sonn- und Festtage des Kirchenjahrs, nebst einem Cyklus Fastenpredigten. 2 Bde. 2. (Titel-)Ausg. gr. 8. (XXII, 1130 S.) Regensburg (850)68, Manz.

Westermayer, Carl, s. Westermayer, Karl

Westermayer, Eugen [aus Nürnberg]: Beitrag zur Frage von der Vererbung der Tuberkulose ... Nürnberg, Druck d. K. B. Hofbuchdr. G. P. J. Bieling-Dietz, 1893; 25 S. 8.
Erlangen, Med. Fak., Inaug.-Diss. v. 1893

Westermayer, Geo., Jacobus Balde, sein Leben und seine Werke. Eine literärhistor. Skizze. gr. 8. (VIII, 320 S.) München 868, Lindauer'sche Buchh. *

Westermayer, Geo., Chronik der Burg u. d. Marktes Tölz. Mit 4 Lith. v. F. C. Mayer. gr. 8. (VIII, 200 S.) Tölz 871. (München, Lindauer.) n. 2. 40

Westermayer, Geo., Chronik der Burg u. des Marktes Tölz. Mit 4 Lithogr. von Prof. Hofrath *F. C. Mayer* in Nürnb. Tölz, F. P. Schapperer. 1871. 8⁰. Hsrsb.
Titelbl., 4 Bll., 200 S.

Westermayer, Geo., Chronik der Burg u. des Marktes Tölz. 2., umgearb. Aufl. Mit 12 Abbildgn. 4 Lfgn. gr. 8. (VII, 319 S.) Tölz 891—893. J. Dewitz. à n. 1.—

Westermayer, Geo., s. Mayer, Ant., statist. Beschreibung des Erzbisth. München-Freising.

Westermayer, *Hans* [cand. med.]: Uterus bicornis et vagina duplex cum Haemato-Pyocolpo ... Erlangen, k. b. Hof- u. Univ.-Buchdr. v. F. Junge, 1894; 68 S. 8.
Erlangen, Med. Fak., Inaug.-Diss. v. 1894

Westermayer, *Johann Ferdinand Julius* **Hermann** [Pfarrer]: Die Brandenburgisch-Nürnbergische Kirchenvisitation 1528 ... (Erschien vollst. 1894 u. d. T.: Die ... Kirchenvisitation und Kirchenordnung. 1528—1533 ...) Erlangen, k. b. Hof- u. Univ.-Buchdr. v. F. Junge, 1894; 2 Bl., 31 S., 1 Bl. 8.
Erlangen, Phil. Fak., Inaug.-Diss. v. 1894

Westermayer, H., die brandenburgisch-nürnbergische Kirchenvisitation u. Kirchenordnung. 1528 — 1533. Auf Grund der Akten dargestellt. gr. 8. (V, 152 S.) Erlangen 894. F. Junge. n. 2. 40

Westermayer, J. A., passauer kathol. Kirchenzeitung, s. Kirchenzeitung.

Westermayer, J. A.: Die Reliquien-Verehrung in der röm.-kath. Kirche, s. Anzenberger, Jos.

Westermayer, Johann Ferdinand Julius Hermann, s. Westermayer, Hermann

Westermayer, Jul., die Heilsordnung. Betrachtungen, zu kirchl. und häusl. Gebrauche aus Scriver's Seelenschatz ausgezogen. gr. 8. (VI und 388 S.) Nördlingen 865, Beck'sche Buchh.

Westermayer, Karl

Westermayer, Carl, (stenographische Leseübungen.) Reichsgesetze f. das Kaiserth. Oesterreich. 1. Hft. Nach dem Gabelsberger'schen Sisteme stenographisch bearb. u. autographirt. gr. 4. (IV u. 41 lith. S.) Wien 849, Tendler & Co. 1/2 ₰

— stenographisches Taschenwörterbuch, der im politischen u. parlamentarischen Leben häufiger vorkommenden Wörter. [Nach Gabelsberger's System.] Mit Einschluß fremdartiger Ausdrücke, auf Grundlage der sogenannten stenographisch-gekürzten Schrift verfaßt u. herausgeg. [Steno-typo-lithographischer Druck.] Lex. 8. (IV u. 48 S.) Wien 850. (Lechner.) n. 16 ngl

Westermayer, Rudolf, appr. Arzt: Die operative Behandlung des Morbus Basedowii an der chirurgischen Klinik zu München. München 1909: Kastner & Callwey. 58 S. 8°
München, Med. Diss. v. 23. März 1910, Ref. v. Angerer
[Geb. 31. Mai 81 München; Wohnort: Bamberg; Staatsangeh.: Bayern; Vorbildung: Gymn. Freising Reife Juli 02; Studium: München 10 S.; Coll. 23. März 10; Approb. 9. Dez. 08.] [U 10. 3604

WESTERMAYER, Wilhelm (München): Ueber die Drainagirung der Gelenke nach Lister's Vorschlag.- München: Knorr & Hirth 1877. 10 S.
31.7.1877 - Urk: Chr 1877/78,9
Diss. Ingolst.-Landsh.-Mchn.

Westermayera kazania do ludu wiejskiego na wszystkie niedziele i święta całego roku. Przełożył na język polski i do stósunkow ludu polskiejo zastósował X. Makary Maniecki. 3 Tomy. gr. 8. (Tom. 1. i 2. XII und 587 S.) Bielitz 853, (Zamarski.) *

Auszug aus dem vierten Teile der Dienstvorschriften <Felddienst> für die Unteroffiziere. (Von Unterlt. K. Westermayr.) Pirmasens 1850. 33 S.

Westermayr-Lanzendorfer, Mina, unsere Tochter. Ein Beitrag zur Mädchenerziehung. (XVI, 178 S.) gr. 8. München (907). M. Kellerer. n. 2. 40; geb. n. 3. 20

Westermeier, F. A. B., neues Gebetbuch, s. Gebetbuch.

Westermeier, F. A. B., neuer christl. Kinderfreund, ein Lesebuch f. Volksschulen. 2., verb. Aufl. 8. (20 1/2 B.) Halle 845, Buchh. d. Waisenhauses. *

Westermeier, Franz Bogislaus, s. Westermeyer.

Westermeier, Gotthold

Westermeier, G., systematische forstliche Bestimmungstabellen der wichtigen deutschen Waldbäume u. Waldsträucher im Winter- u. Sommerkleide. Ein Handbuch f. Forstleute u. Waldbesitzer sowie e. Repetitorium f. die Examina. qu. 8. (XVI, 64 S.) Berlin 886. Springer. geb. n. 2 —

Westermeier, G., Leitfaden f. die Försterprüfungen. Ein Handbuch für den Unterricht u. Selbstunterricht unter Berücksicht. der preuß. Verhältnisse, sowie f. den prakt. Forstwirt. Mit 145 Holzschn. u. 1 Spurentaf. 10. zum Tl. umgearb. Aufl. des Leitfadens f. das preuß. Jäger- u. Försterexamen. (XVI, 532 S. m. 1 Tab.) gr. 8. Berlin 904. J. Springer. n. 5. —; geb. in Leinw. n. 6. —

Westermeier, G., Leitfaden f. die Försterprüfungen. Ein Handbuch f. den Unterricht u. Selbstunterricht unter Berücksicht. der preuß. Verhältnisse sowie f. den prakt. Forstwirt. Mit 144 Holzschn. u. 1 Spurentaf. 11., zum Tl. umgearb. Aufl. des Leitfadens f. das preuß. Jäger- u. Försterexamen. (XVI, 544 S. m. 1 Tab.) 8. Berlin 909. J. Springer. Geb. in Leinw. 6. —

Westermeier, G., Leitfaden für das preußische Jäger- und Förster-Examen. Ein Lehrbuch für den Unterricht der Forstlehrlinge auf den Revieren, der gelernten Jäger bei den Bataillonen und zum Selbstunterricht der Forstaufseher. Mit 25 in den Text gedr. Holzschn., 2 Uebersichtstab. und 1 (lithogr.) Spurentaf. 1. Aufl. (XX, 876 S.) 1878; 2. verb. Aufl. gr. 8. (XX, 899 S.) Berlin 878, Springer. *
geb. *

Westermeier, G., Leitfaden für das preußische Jäger- u. Förster-Examen. Ein Lehrbuch für den Unterricht der Forstlehrlinge auf den Revieren, der gelernten Jäger bei den Bataillonen u. zum Selbstunterricht der Forstaufseher. Mit 25 in den Text gedr. Holzschn., 1 (lith.) Spurentaf., 5 Bestimmungstab. u. 10 Beilagen. 4., verm. u. verb. Aufl. gr. 8. (XX, 430 S.) Berlin 882. Springer. n. 5. —; geb. n. 6. —

— Leitfaden f. das preußische Jäger- u. Förster-Examen. Ein Lehrbuch f. den Unterricht der Forstlehrlinge auf den Revieren, der gelernten Jäger bei den Bataillonen u. zum Selbstunterricht der Forstaufseher. Mit 140 Holzschn., 1 Spurentaf., 3 Bestimmungstabellen u. 7 Beilagen. 5. Aufl. gr. 8. (XV, 457 S.) Ebend. 885. n. 5. —; geb. n. 6. —

Westermeier, G., Leitfaden f. das preußische Jäger- u. Förster-Examen. Ein Lehrbuch f. den Unterricht der Forstlehrlinge auf den Revieren, der gelernten Jäger bei den Bataillonen u. zum Selbstunterricht der Forstaufseher. Mit 140 Holzschn., 1 Spurentaf., 3 Bestimmungstabellen u. 7 Beilagen. 6., verm. Aufl. gr. 8. (XVI, 471 S.) Berlin 888. Springer. n. 5. —; geb. n. 6. —

Westermeier, G., Leitfaden f. das preußische Jäger- u. Förster-Examen. Ein Lehrbuch f. den Unterricht der Forstlehrlinge auf den Revieren, der gelernten Jäger bei den Bataillonen u. zum Selbstunterricht der Forstaufseher. Mit 140 Holzschn., 1 Spurentaf., 3 Bestimmungstab. u. 7 Beilagen. 7., verm. Aufl. gr. 8. (XVI, 476 S.) Berlin 891. J. Springer. n. 5. —; geb. in Leinw. n. 6. —

Westermeier, G., Leitfaden f. das preußische Jäger- u. Förster-Examen. Ein Lehrbuch f. den Unterricht der Forstlehrlinge auf den Revieren, der gelernten Jäger bei den Bataillonen u. zum Selbstunterricht der Forstaufseher. Mit 140 Holzschn., 1 Spurentaf., 3 Bestimmungstab. u. 7 Beilagen. 9. verm. u. verb. Aufl. gr. 8. (XVI, 486 S.) Berlin 899. J. Springer. n. 5. —; geb. in Leinw. n. 6. —

— des deutschen Forstmanns Liederbuch. gr. 16. (VIII, 122 S.) Ebend. 886. cart. n. — 50

— des deutschen Forstmanns Liederbuch. 2. verm. u. verb. Aufl. 12. (VII, 120 S.) Ebd. 897. Kart. n.n. — 50

Westermeier, Nathanael

Westermeier, N., Auswahl u. Züchtung ertragreicher Getreidesorten mit besond. Berücksicht. der Braugerste u. deren Kultur. Vortrag, geh. in der ökonom. Gesellschaft im Königr. Sachsen, Dresden am 8. XII. 1899. gr. 8. (35 S.) Dresden 900. Leipzig, G. Schönfeld. n. — 60

Westermeier, N., die landwirtschaftl. Betriebseinrichtung in Lehre u. Beispiel dargestellt. (VII, 226 S. m. 2 Taf.) Lex.-8. Berlin 906. P. Parey. n. 6. —

— Darstellung der bäuerlichen Wirtschaftslage in e. rein landwirtschaftlichen Gemeinde Deutsch-Nordböhmens. (24 S. m. graph. Fig.) gr. 8. Tetschen 906. (O. Henckel.) n. — 80

Ⓢ **Westermeier, N.**, Getreidesorten. 900. (KBL 32.) Jetzt: Leipzig, Fritzsche & Schmidt.

Westermeier, N(athanaël), Diplom. Landwirt d. k. k. Hochschule f. Bodenkultur in Wien, Ord. Prof. d. deutschen Königl. böhmisch. landwirtsch. Akademie Tetschen-Liebwerd: Bäuerlicher Wirtschaftsbetrieb in einer rein landwirtschaftlichen Gemeinde Nordböhmens. *Tetschen a. Elbe [1903]: O. Henckel.* (141 S.) 8°
Leipzig, Phil. Diss. v. 1903

— bäuerlicher Wirtschaftsbetrieb in e. rein landwirtschaftlichen Gemeinde Nordböhmens. Diss. (144 S. m. 1 Karte.) gr. 8. Ebd. (903). n.n. 6. —

Westermeyer, Ant. Bern., der sprachliche Schlüssel od. die semitisch-ursprachliche Grundlage der griechischen Deklination u. der indogermanischen überhaupt. gr. 8. (84 S.) Paderborn 890. F. Schöningh. n. 2. —

Westermeyer, F. A. B., s. F. B. Westermeyer, Festpredigten ꝛc.

Westermeyer, Ritter Frz. Bogislaus, († d. 1. März 1831.) Altarrede, zu Kemberg gehalten. gr. 8. Magdeb. 825. Heinrichshofen. 4 ggr

— u. F. C. Sieger, Altarrede u. Predigt zur Einweihung d. neuerbauten Nikolaikirche zu Neustadt-Magdeburg, am 10. Octbr. 1824. gr. 8. Magdeb., Heinrichshofen. 4 ggr

— Demuth u. Vertrauen in wichtigen Stunden d. Lebens. Eine Predigt. gr. 8. Magdeb. 826. (Heinrichshofen). 4 ggr

— Dr. Mart. Luthers Denkmal zu Wittenberg ꝛc. gr. 8. Magdeb. 821. (Heinrichshofen). 4 ggr

— die Einigkeit im Geist durch das Band d. Friedens unter den evang. Christen. 8. Magdeb. 817. Heinrichshofen. 4 ggr

— Festpredigten u. Casualreden. Nach dessen Tode zum Druck befördert, vom Pastor F. Ae. B. Westermeyer. gr. 8. Magdeb. 832. (Heinrichshofen). 1 Rthlr 16 ggr

Westermeier, Franz Bogislaus. Festpredigten und Casualreden . . . Magdeb. 1833. H: *Westermeier, F. Ä. B.* (zu)

— Gedächtnißpredigt auf den ersten Domprediger in Magdeburg K. F. A. Lüdecke, nebst dessen Lebenslaufe u. e. Altargebete. gr. 8. Magdeb. 810. Heinrichshofen. 4 ggr

s. Gesangbuch, Magdeburg.

— das Glaubensbekenntniß d. evangel. Kirche. Eine Predigt am 3. Säcularfeste d. Uebergabe d. Augsburg. Confession, d. 25. Juni 1830 im Dom zu Magdeburg gehalten. gr. 8. (1¼ B.) Magdeburg, Heinrichshofen.

s. Magazin v. Casual- besonders kleinern geistl. Amtsreden.

— Predigt nach d. v. König von Preußen an die Bewohner d. diesseitigen Provinzen erg. Entlassung ihrer Unterthanenpflicht, gehalten. gr. 8. Lüneburg 807. 2e A. 808. Herold u. W. 4 ggr

— Predigt bei d. Erbhuldigung d. Königs v. Preußen in Magdeb. gr. 8. Magdeb. 815. Heinrichshofen. 3 ggr

— Predigt zur Erinnerung an die 25jähr. Regierung d. Königs, d. 17. Nov. 1822. gr. 8. Magdeb. 822. Heinrichshofen. 4 ggr

— Predigt am Friedensfeste d. 18. Jan. 1816. 8. Magdeb. 816.

— Predigt n. d. Regierungsantritt Hieronymus Napoleon Königs v. Westphalen ꝛc. gr. 8. Ebend. 808.

— Predigt nach dem Regierungsantritt Hieronymus Napoleon, Königs von Westphalen ꝛc. gr. 8. Magdeb. 809. Heinrichshofen. 4 ggr

— Predigt zur religiösen Weihe der am 24. Novbr. 1818 eröffneten Provinzial-Synode zu Magdeburg. 8. Magdeb. 818. Heinrichshofen. 4 ggr

— Predigten u. Reden bei seiner Amtsveränderung. gr. 8. Magdeb. 806. Heinrichshofen. 6 ggr

— Predigten u. Reden bey seiner Amtsveränderung. gr. 8 Magdeb. Keil. (Heinrichshofen.) 807.

— 2 Predigten über Erleichterung u. Verhütung der Armuth. 8. Magdeb. 806. Heinrichshofen. 4 ggr

Westermeyer. Rede über unsere Pflichten in Beziehung auf Armenpflege. *Magdeburg.* 1808

s.a. Reden bei e. Amtsveränderung.

— Jh. Fr. Wlh. Koch u. Jh. Geo. Hnr. Störig, Reden bei Gelegenheit einer Amtsveränderung gehalten. gr. 8. Magdeb. 810. Heinrichshofen. 9 ggr

— Religionsvorträge b. Antritte d. Lehramtes. 8. Magdeburg, Creutz. 800.

— thut die Thore auf, daß hereingehe das gerechte Volk, das den Glauben bewahret! Rede bei d. Feier d. Einzugs d. preuß. Krieger am 24. März 1814. 8. Magdeb. 814. Heinrichshofen. 3 ggr

— drei Umstände aus d. Leben des hingerichteten Verbrechers, zur Lehre u. Warnung; e. Predigt. 8. Magdeb. 1e u. 2e A. 809.

Westermeyer, Ritter Frz. Bogislaus, Weihe-Predigt nach der Wiederherstellung d. Domkirche zu Magdeburg. 8. Magdeb. 814. Heinrichshofen. 4 ggr

Westermeyer, Gotthold, s. Westermeier.

Westermeyer, M., die Krankheiten der Wöchnerinnen u. Stillenden. 8. (6½ B.) Nordhausen 843, Fürst. –

Western [Schlagwort]

Western, s.: Bayern. Karte.

Western [Verfasser]

Western, Aug., kurze Darstellung der englischen Aussprache f. Schulen u. zum Selbstunterricht. 8. (43 S.) Heilbronn 885. Henninger. n. — 80

Western, Aug., kurze Darstellung der englischen Aussprache f. Schulen u. zum Selbstunterricht. 2., verm. Aufl. 8. (121 S.) Leipzig 892. O. R. Reisland. n. — 80

Western, Aug., kurze Darstellg. d. englischen Aussprache f. Schulen u. z. Selbstunterricht. 3., verm. u. verb. Aufl. gr. 8. (121 S.) Leipzig 897. O. R. Reisland. n. 1. 60

Western, Aug. Englische Lautlehre f. Studierende u. Lehrer. gr. 8. Heilbronn 885. Lpz., Reisland. * 2 —

Western, Aug., englische Lautlehre für Studierende u. Lehrer. 2. gänzlich umgearb. Aufl. gr. 8. (VII, 144 S.) Leipzig 902. O. R. Reisland. n. 3. —

Western, C., geläutertes Gold u. andere Novellen, s.: Enßlin's Roman- u. Novellenschatz.

Western, C., der Rosenhof, s.: Weber's moderne Bibliothek.

Western, L. A. (L. Anders), von Indianern verfolgt, s.a. Collection Wild-West, 2. Bd.

Western, L. A., v. Indianern verfolgt. Aus dem Leben auf der Prairie. 1. u. 2. Tausend. 8. (122 S.) Berlin 894. C. Georgi. n. — 60

Westernacher, Johann Nicolaus (Griesheim)
Diss. inaug. med. obstetricia continens examen: Num et quatenus in nonnullis casibus partus foetus vel placentae celerius absolvendus sit, nec ne?
Gissae 1802. 24 S.
Diss. med. 6.11.1802.

Western Christian Union: vol. 1—32, no. 9, 1891—1921.
Monthly. Published in English and German. Sub-title: The Only Non-sectarian English and German Religious Paper in the State of Missouri. Quarto, each issue 12—24 pages; illustrated, including portraits. Circulation: 1900, 1862; 1905, 2050; 1910, 1750. Edited & published by the Rev. F. W. Pfaffenberger.
Boonville, MO

Ein Zukunftsbild, gewidmet der Deutschen Kavallerie von F. v. **Westernhagen.** *Berlin: H. A. Weber 1904.* (14 S.) 8° [F.] [illegible]

Westerode, *Albert* [aus Greven '(Westf.)']: Die Nierenaffectionen in der Gravidität und ihre Beziehung zur chronischen Nephritis ... Würzburg, P. Scheiner's Buchdr., 1895 ([übergedr.:] 1896); 26 S. 8.
Würzburg, Med. Fak., Inaug.-Diss. v. 1896

Westerplatte. – Ostseebad Westerplatte. Danzig [1899]: Gebr. Zenner (35 S.) 8° [Umschlagt.]

Westerplatte. – Die Ostseebäder Westerplatte und Hela. Danzig: ['Weichsel' 1899]: Gebr. Zeuner. (45, 18 S.) 8° [Umschlagt.]

Westerstede [Schlagwort]

Westerstede, s.: Preussen. Messtischblätter.

Westerwald [Schlagwort]

Westerwald. s.: Ems.

Westerwald, s.: Hessen-Nassau. Roth.

Westerwald, s.: Oberhessen. — Taunus.

Westerwaldführer. Hrsg. vom Westerwald-Club. Mit e. den ganzen Westerwald umfass. Karte u. 4 Specialkärtchen. 3. neu bearb. Aufl. 12. (XXVI, 170 S.) Coburg 901. Dietz'sche Hofbuchdr. Geb. in Leinw. n. 2. –

Westerwick, C., was soll eine gute Schulinspection leisten? Eine Antwort auf den so bezeichneten Vortrag des Hrn. Rect. Henkel-Parchim auf der Boizenburger Landeslehrervereins-Versammlung. gr. 8. (54 S.) Wismar 878. Hinstorff's Verl. n. — 60

Westerwick, Karl

Westerwick, Carolus [Guestfalus]: ... De republica Platonis ... Monasterii Guestfalorum, ex typogr. Coppenrathiana, 1887; 4 Bl. + 55 S. 8°.
Münster, Phil. Fak., Inaug.-Diss. v. 26. Jun. 1887.

Westerwick, Carolus, de republica Platonis. Diss. Münster 1887, H. Mitsdörffer. 8°. 55 S.

Westerwick, Oscar [Guestfalus]: De Plutarchi studiis Hesiodeis ... Monasterii Guestf., ex typogr. I. Bredt, 1893; 77 S., 2 Bl. 8.
Münster, Phil. Fak., Inaug.-Diss. v. [14. Aug.] 1893

Westerwick, Osc., de Plutarchi studiis Hesiodeis. Diss. gr. 8. (77 S.) Münster 898. (Minden, Körber & Freytag.) n. 1. 20

Westey, Rob., the rogue with a past, deutsche Ausg., s.: Frost, Joh., die Prinzeß ohne Namen.

Westfal, Bertha, in Lieb' u. Leid. Gedichte. 8. (60 S.) Berlin (901). A. Frantz. n. — 60; geb. in Leinw. n. 1.20

Westfal, Hans, das ABC des Käfer-Sammlers. (VI, 105 S. m. 80 Abb.) gr. 8. Leipzig (910). J. Ferda. 1. 50

— Das ABC des Schmetterlings-Sammlers. (VI, 103 S. m. 81 Abbildgn.) gr. 8. Ebd. (910). 1. 50

Westfalen [Sachliches OW]

Westfalen. Mitteilungen des Vereins f. Geschichte u. Altertumskunde Westfalens u. des Landes-Museums der Prov. Westfalen. 1. u. 2. Jahrg. à 4 Hefte. (136 u. 130 S. m. je 16 Taf.) Lex. 8. Münster 909. 10. Universitäts-Buchh. F. Coppenrath. à Jahrg. 4. —

Westphalen unt. Hieronymus Napoleon, s.a. **Hassel, G., u. Karl Murhard, Westphalen** ꝛc.

Westphalen unter Hieronymus Napoleon I. Eine Monatsschrift. St. 1–12. Braunschweig: Vieweg 1812.
Hrsg.: Georg Heinr. Hassel u. Karl Murhard.

Westphalen, Die Jenenser, 1841—91. Ein Festgruß . . . Jena 1891. V: *Köhler, P.* (Fabricius, W., Die dtsch. Corps. Berlin 1898. S. 428.)

Westphalen, das maler. u. romant., s.a. **Freiligrath, F.**
Vgl. Westfalen.

Westfalen, das malerische u. romantische, s.a. Schücking, Levin.

Westphalen, das malerische u. romantische, v. Ferd. Freiligrath. (In 10 Lfrgg.) Mit 30 Stahlstichen. 1e Lfrg. Lex.-8. Barmen 839. Langewiesche; Leipzig, Volckmar. n. 1/3 ₰ — 2e Lfrg. Mit Levin Schücking. Mit 3 Steintaf. 8. Ebd. 840. n. 1/3 ₰

Westphalen, die Provinz, u. der Oberpräsident Freiherr v. Vincke. Eine Skizze. 8. (3½ B.) Wesel 815, Bagel. Thlr.
Aus: Der Sprecher ꝛc., besond. abgedruckt.

Die preussischen Provinzen **Westfalen, Rheinprovinz, Hessen-Nassau.** Das Grossherzogthum Hessen und das Fürstenthum Waldeck. 1 : 600 000. Weimar o. J. Farbendruck. 1 Bl. Gross-Fol. Aufgez. a. Leinen, in Buchdeckel.

Westphalen und Rheinland. Eine Zeitschrift. Herford 1821—23. H: *Knefel, Ernst Conrad.* (NN) (GGr)

Westphalen und Rheinland. Eine Zeitschrift für alle Stände. Jg. 1 4. N. F. Jg. 1. 2. Herford (Jg. 3: Coesfeld; N. F. Bielefeld: Helmich) 1822 25 u. 1836 37.
Von 1826 35 nicht erschienen.
Hrsg.: Herm. Harleß u. Ludw. Volr. Jüngst.

Westfalen und Rheinland. Eine Zeitschr. f. alle Stände. Red-act.: Herm. Harleß u. L. V. Jüngst. 1836 u. 37. (1. u. 2. Jahrg.) à 52 Nrn. (Boz.) gr. 4. Bielefeld, Helmich. à 3. *

—— dass. Redact.: Heinr. Aug. Erhard u. Herm. Harleß. 3. Jahrg. 1838. 104 Nrn. (Bog.) Nebst öffentl. Anzeiger. gr. 4. Coes-feld, [Riese's Verl.] *
Vgl. Westphalen.

Westphalen, Die, in Schleswig-Holstein. Bunte Bilder aus dem Kriegsleben. I. Heft. Münster 1864. V: *Honthumb, Caspar Alexander.* (Kass)

Westfalen [Schlagwort]

s. a. Eisenbahnkarten.

— s. a.: Generalkarten. Flemming.

— s.a. Geologische Karten. Dechen, H. v.

— s. a: Hand- u. Reisekarten. 19.

s.a. Heimatkarten.

s.a. Heimatskärtchen. 6 8.

s.a. Industriekarten.

s.a. Radfahrerkarten.

s.a. Regenkarten.

s.a. Rheinprovinz.

s.a. Schulwandkarten.

s.a. Spezialkarten.

Westfalen. Algermissen, J. L., Schul-Wandkarte v. Westfalen. 1 : 200,000. 2. Aufl. 4 Blatt. Lith. u. color. Imp.-Fol. Metz 887. Leipzig, Lang. n. 6. —; auf Leinw. in Mappe od. m. Stäben n. 12. —

Westfalen. Algermissen, Joh. Ludw., Schul-Wandkarte v. Westfalen. 1 : 200,000. 4 Blatt. 3. Aufl. Farbendr. 63×59 cm. Leipzig 892. G. Lang. n. 6. —; auf Leinw. m. Stäben n. 12. —

Westfalen. Bamberg, K., Heimatskarte der Prov. Westfalen u. der Fürstentümer: Lippe u. Waldeck. 1 : 750,000. Nebenkarte: Ruhrkohlengebiet. 1 : 250,000. [Aus: „Schul-Atlas".] 31×42 cm. Farbdr. Berlin (899). C. Chun. n. — 15

Westfalen. Brockmann, E., Schul-Wandkarte von Westfalen. 1 : 150,000. 6 Blatt à 62×84,5 cm. Farbdr. Arnsberg 897. J. Stahl. Auf Leinw. m. Stäben n. 20. —

— Brockmann, E., Schul-Wandkarte v. Westfalen. 2. Aufl. 1 : 150,000. 184×174,5 cm. Farbdr. Arnsberg (901). J. Stahl. Auf Leinw. m. Stäben n. 20. —

Westfalen. Brockmann, E., Schul-Wandkarte von Westfalen. 1 : 150,000. 4. Aufl. 184×174 cm. Farbdr. Arnsberg (909). J. Stahl. Auf Leinw. m. Stäben 20. —

— Broichmann, J., Schul-Wand-Karte der Prov. Westfalen. 1 : 160,000. 6 Blatt. Chromolith. u. color. gr. Fol. Köln 889. A. J. Tonger. n. 7. 50; auf Leinw. m. Stäben u. Rollvorrichtg. n. 15. —

— Diercke, C., Schulwandkarte der Prov. Westfalen. 1 : 150,000. 148×167 cm. Farbdr. Braunschweig (908). G. Westermann. Auf Leinw. m. Stäben 22. 50

— Gaebler, Ed., Schul-Wandkarte v. Westfalen. 1 : 200,000. 4 Blatt à 61×58 cm. Farbendr. Leipzig 893. G. Lang. n. 9. —; auf Leinw. m. Stäben n. 16. —

— Gaebler, E., Schul-Wandkarte von Westfalen. 1 : 200,000. 2. Aufl. 4 Blatt à 62×58,5 cm. Farbdr. Leipzig 897. G. Lang. n. 9. —; auf Leinw. in Mappe od. m. Stäben n. 14. —

— Gaebler, Ed., Schulwandkarte der Prov. Westfalen. 1 : 150,000. 4 Blatt à 74,5×79,5 cm. Farbdr. Leipzig (901). G. Lang. n. 12. —; auf Leinw. m. Stäben n. 18. —

Westfalen. Gaebler, Eduard, Schulwandkarte der Prov. Westfalen. 2. Aufl. 1 : 150,000. 4 Blatt à 74,5×79,5 cm. Farbdr. Leipzig (906). G. Lang n. 13. —; auf Leinw. m. Stäben n. 18. —

— **Grundkarte, historisch-statistische, des Deutschen Reiches 1 : 100,000. Abtlg. Westfalen. (Hrsg. v. der histor. Kommission f. Westfalen.) Sektionen 259/284, 301/331, 304/328, 305/329, 306/330, 308/332, 309/333, 354/379, 355/380, 356/381, 358/383, 406/432 u. 407/433** à ca. 58×37,5 cm. Lith. Münster (904). (Universitätsbuchh. F. Coppenrath.) à n. — 30

305. **Ahaus/329. Koesfeld. — 408. Attendorn/432. Siegen. — 407. Berleburg/433. Marburg. — 308. Bielefeld/332. Gütersloh. — 358. Brakel/383. Arolsen. — 306. Burgsteinfurt/330. Münster. — 259. Diepholz/284. Lübbecke. — 355. Dortmund/380. Iserlohn. — 301. Iburg/331. Warendorf. — 309. Lemgo/333. Detmold. — 354. Recklinghausen/379. Elberfeld. — 356. Soest/331. Arnsberg. — 304. Vreden/328. Bocholt.**

— — dasselbe. Sektion Paderborn/Brilon. 58×37,5 cm. Lith. Ebd. (904). n. — 80

Westphalen — Charte vom östlichen Theile des Königreichs — den Herzogthümern Mecklenburg Holstein u. Lauenburg, ingleichen den Hansestädten Lubeck, Hamburg und Bremen etc. oder die Weser und Nieder-Elbe. Entworfen v. F. L. Güssefeld 1804. (Interims-Charte von dem Frieden zu Tilsit am 9ten Juli 1807 bis zum allgemeinen Frieden von Europa) Weimar. Berichtigt im August 1807. Im Verlag des geograph. Instituts. 1 : 800,000. 1 Bl.

Westphalen — Charte von — Nach den Ortsbestimmungen und Messungen des Königl. Preuss. General Majors Herrn von Le Coq und andern bewährten Hulfsmitteln entworfen von F. L. Güssefeld. Nürnberg bey Homanns Erben 1807. 1 : 700,000. 1 Bl.

Westfalen. Handtke, F., General-Karte v. Westfalen. 1 : 350,000. 23. Aufl. Farbendr. 63×73,5 cm. Glogau 892. C. Flemming. n. 1. —

— Handtke, F., **General-Karte v. Westfalen. 1 : 350,000. 26. Aufl. 63×73,5 cm. Farbendr. Glogau 895. C. Flemming.** n. 1. —

— — **Schul-Wandkarte der preuss. Prov. Westfalen. 1 : 230,000. Rev. u. ergänzt im kartograph. Institut der Verlagshandlg. 6. Aufl. 6 Blatt à 48×41,5 cm.** Farbdr. Ebd. 898. n. 4. 50; **auf Leinw. in Mappe** n. 7. 50; m. Stäben n. 9. 50; poliert n. 10. 50

Westphaliae — Circuli — in omnes suos Status et Provincias accurate divisi. Nova et exacta Tabula edita sumtibus Joh. Baptist Homann Noribergae. 1700? 1 : 700,000. 1 Bl.

— **Karte, physikalische, der Prov. Westphalen. 1 : 800,000.** 25,5×34 cm. **Farbdr. Arnsberg** (909). J. Stahl. — 10

Westphalen — Topographische Karte in XXII Blättern, den grössten Theil von — enthaltend sowie auch das Herzogthum Westphalen, und einen Theil der Hannöverischen, Braunschweigischen und Hessischen Länder. Nach astronom. und trigonometrischen Ortsbestimmungen auf Befehl S. M. Fried. Wilhelm III. Königs von Preussen, herausgegeben vom Generalmajor von Le Coq im Jahr 1805. Geschrieben und gestochen von Carl Jaeck in Berlin. 1 : 86,400. Das nordwestliche Deutschland oder Generalblatt zu der von G. M. von Lecoq in 22 Bl. herausgegebenen gr. Karte von Westphalen, bearbeitet von D. F. Klöden 1815. Berlin bey Simon Schropp und Comp. 1 : 600,000. 20 Bl. 1 Uebersichtsbl. 1 Titelbl. 1 Genbl.

Westphalen — Topographische Karte in XXII Blättern, den grössten Theil von — enthaltend, so wie auch einen Theil der Hannövrischen, Braunschweigischen und Hessischen Länder. Von Le Coq. S. topogr. Spec. Karte von Preussen. 1 : 86,400.

Westfalen — Karte der Provinz —. 360,000 Lith. Druck u. Verl. v. C. Flemming in Glogau (1852). 1 Bl.

— **Liebenow's, W., Spezialkarte der Prov. Westfalen u. der Fürstenthümer Lippe & Waldeck f. Reise, Bureau u. Verkehr, m. allen Orten, Bahnen, Strassen,** Flüssen u. politischen **Abgrenzungen. Volks-Ausg.** 1 : 300,000. 68,5×73 cm. Farbdr. **Frankfurt a/M. (905).** L. Ravenstein. **n. 1. 50**

— **Mittelbach, neueste Specialkarte der Prov. Westfalen zum Hand- u. Bureaugebrauch. 1 : 300,000. 73×83 cm. Farbdr. Leipzig (905). Mittelbach. n. 1. 50**

— Ohmann, C. L., Schulwandkarte der Prov. Westphalen. 9 Blatt. Berlin, A. Wruck's Verl. 5. 50; auf Leinw. in Mappe od. m. Stäben 14. —

— Richter, Gust., **Wandkarte der Prov. Westfalen, sowie der Fürstentümer Lippe-Detmold, Schaumburg-Lippe u. Waldeck. 1 : 175,000. 4 Blatt à 62,5×68 cm.** Farbdr. **Essen (899). G. D. Baedeker. n. 12. —; auf Leinw. n. 16. —**

— **Schaffnit's neue Verkehrs-Karte** v. Westfalen u. **Hessen-Nassau. [Aus: „W. Koch u. C. Opitz, Eisenbahn- u. Verkehrs-Atlas".]** 1 : 600,000. 47,5×50 cm. **Farbdr. Düsseldorf** (900). C Schaffnit. — 30

— **Schaffnit's neue Verkehrs-Karte v. Westfalen u. Hessen-Nassau. [Aus: „W. Koch u. C. Opitz, Eisenbahn- u. Verkehrs-Atlas".] 1 : 600,000. 3. Aufl. 47,5×50 cm. Farbdr. Düsseldorf** (905). C. Schaffnit. **— 30**

Westphaliae totius Finitimarumque Regionum accurata Descriptio. Christianus Schrot Sonsb. descripsit. 1 : 900,000 circa. 1 Bl.

Westphalen — Charte vom Konigreich — theils nach Le Coq, theils nach andern bewährten Ortbestimmungen bearbeitet von G. E. Seidel. Nurnberg bey Homanns Erben 1808. 1 : 700,000. 1 Bl.

Westphalen — Special-Atlas des Königreichs — bestehend aus 8 Departements und einer Generalkarte. 2te Ausgabe. Weimar im geogr. Institut 1813. 1 : 280,000 für die Depart. Karten. 1 : 750,000 für die General-Karte. 9 Bl. nebst einem gedruckten Repertorium.

Westfalens Süderland od. d. jetzige Reg.-Bez. Arnsberg zur Zeit d. deutschen Freiheitskriege. Hrsg. m. Zustimmg. d. Verf. (Bieler) v. d. Reg.-Bez.-Commissariat d. National-danks f. Veteranen zu Arnsberg, nebst e. Stammrolle d. Veteranen d. Bezirks, welche d. 70jähr. Jubiläum v. 1818 erlebt haben. gr. 8. (XVI, 56 S.) Arnsberg 883. F. W. Becker. n. — 50

Westphalen — General-Charte von dem Königreiche — zuerst entworfen im J. 1807. Sodann nach den auf königl. Befehl herausgegebenen acht Departements-Charten etc. für dieselben berichtigt, später aber nach dem Tractate vom 14. Jan. 1810 mit dem Zuwachse des ehemaligen Hannöverischen Gebiets vermehrt von F. W. Streit, Oberlieutenant. Weimar im Verlag des geogr. Instituts 1810. Berichtigt im December 1811. 1 : 650,000. 1 Bl.

Westphalen — Charte von der Königl. Preuss. Provinz — entworfen und gezeichnet von F. W. Streit K. Preuss. Hauptmann der Artillerie. Nürnberg im Verlage bey Friedrich Campe 1826. 1 : 460,000. 1 Bl.

— **Touristen-Karte** v. Süd-Westfalen. (Sauerland, oberes Sieg-, Eder- u. Lahnthal.) 1 : 350,000. Steindruck. 25,5×38 cm. Bielefeld 892. A. Helmich. n. — 50

— **Wegekarte** der Prov. Westfalen in 30 Blättern. 1 : 80,000. Hergestellt im Auftrage d. Landeshauptmanns v. Westfalen auf Grund der Generalstabskarten u. anderer Unterlagen durch das Geogr. Institut v. Wilh. Greve, Berlin. Farbendr. 60,5×75 cm. Berlin 891. M. Pasch. à n. 3. —
Kreise: 1. Ahaus. — 2. Beckum. — 3. Borken. — 4. Coesfeld. — 5. Lüdinghausen. — 6. Münster, Stadt u. Land. — 7. Recklinghausen. — 8. Steinfurt. — 9. Tecklenburg. — 10. Warendorf. — 11. Bielefeld, Stadt u. Land, u. Halle. — 12. Büren. — 13. Herford. — 14. Höxter. — 15. Lübbecke. — 16. Minden. — 17. Paderborn. — 18. Warburg. — 19. Wiedenbrück. — 20. Altena. — 21. Arnsberg. — 22. Bochum, Stadt u. Land, Dortmund, Stadt u. Land, Hörse, Gelsenkirchen, Hattingen. — 23. Brilon. — 24. Hagen, Stadt u. Land, Iserlohn, Schwelm. — 25. Hamm. — 26. Lippstadt, Soest. — 27. Meschede. — 28. Olpe. — 29. Siegen. — 30. Wittgenstein.

— **Wegekarte** der Prov. Westfalen in 30 Blättern à 60,5×75 cm. 1 : 80,000. Hergestellt im Auftrage des Landeshauptmanns v. Westfalen auf Grund der Generalstabskarten u. anderer Unterlagen durch das Geogr. Institut v. Wilh. Greve, Berlin. 3. Aufl. Neubearb. v. Schubert. Farbdr. Berlin 897. M. Pasch. n. 80. —; einzelne Blatt n. 3. —
Kreise: 1. Ahaus. — 2. Beckum. — 3. Borken. — 4. Coesfeld. — 5. Lüdinghausen. — 6. Münster, Stadt u. Land — 7. Recklinghausen. — 8. Steinfurt. — 9. Tecklenburg. — 10. Warendorf. — 11. Bielefeld, Stadt u. Land, u. Halle. — 12. Büren. — 13. Herford. — 14. Höxter. — 15. Lübbecke. — 16. Minden. — 17. Paderborn. — 18. Warburg. — 19. Wiedenbrück. — 20. Altena. — 21. Arnsberg — 22. Bochum, Stadt u. Land, Dortmund, Stadt u. Land, Hörse, Gelsenkirchen, Hattingen. — 23. Brilon. — 24. Hagen, Stadt u. Land, Iserlohn, Schwelm. — 25. Hamm. — 26. Lippstadt, Soest. — 27. Meschede. — 28. Olpe. — 29. Siegen. — 30. Wittgenstein.

Westphalen — Das Herzogthum — einst gezeichnet von Zittart, aber verbessert herausgegeben von Homanns Erben 1805. 1 : 200,000. 1 Bl.

Westfälischer Industriebezirk [Schlagwort]

Westfälischer Industriebezirk, s.: Industriekarten.

Westfälisches Steinkohlenbecken [Schlagwort]

Westfälisches Steinkohlenbecken, s.: Bergbau. Flötzkarte.

Westfall, John Van Etten: On a category of transformation groups in three and four dimensions. *Ithaca, N. Y.: Andrus & Church 1899.* (32 S.) 8°
Leipzig, Phil. Diss. v. [27. Juni] 1899

Westfall, Wilhelmus David Allen, a. Montague, New-Jersey: Zur Theorie der Integralgleichungen. Göttingen 1905: Dieterich. (67 S.) 8°
Göttingen, Phil. Fak., Ref. Hilbert, Diss. v. 15. Aug. 1905
[Geb. 27. Jan. 79 Montague, New Jersey; Wohnort: Columbia, Missouri; Staatsangeh.: Vereinigte Staaten; Vorbildung: Gymn. Andover Mass., Reife O. 97; Studium: Yale University 12, Göttingen 4 S.; Rig. 19. Juli 05.]

Westfeld, Chr. Fr. Gottf. Henning

— mineralog. Abhandlungen. 18 Stück. 8. Götting. 767. Dieterich. 3 Ҟ

Westfeld, C. F. G.: „Ueber die Abschaffung des Herrendienstes; eine Preisschrift", Göttingen (Lemgo; Meyer) 1778.

— über die Abstellung des Herrendienstes, eine Preisschrift. 8. Lemgo 773. Meyer. 2 Ҟ

— die Erzeugung der Farben, eine Hypothese. 8. Götting. 767. Dieterich. 1 Ҟ

– s.a. Könnten die Nutzungen der Schäfereien im Hannöverschen höher getrieben werden! u. setze hinzu: (v. C. F. G. H. Westfeld).

— könnten d. Nutzungen d. Schäfereyen im Hannöverschen höher getrieben werden? 8. Götting. Dieterich. 796.

— Versuch üb. d. Charakteristik d. Geschichtsschreibers. 8. .. 767.

Westfeld, Chr. Fr. Gttf. Henning, († d. 23. März 1823.) Vortrag an die westphäl. Stände im Betreff des Gesetz-Entwurfs üb. d. Finanzen v. Jahre 1809. 8. Götting. 808. Dieterich. 1 Ҟ

— Vortrag an die westphäl. Stände wegen Einführung einer Patentsteuer. 8. Götting. 808. Dieterich. 3 Ҟ

Westfeld, Dietrich, Referendar: Die **Beweislast** bei der condictio ob causam non secutam. (B.G.B. § 812, Abs. 1, Satz 2, letzte Hälfte.) *Herford (1901): Gebr. Heidemann.* (V, 44 S.) 8° [Ant. u. J.]
Freiburg i. B., Rechts- u. staatswiss. Diss. v. 1902

Westfeld, J. C., Mittel z. Vorbeugung u. Austilgung des Brandes im Weitzen. 8. Zerbst 788.

— die Schädlichkeit der Brachbeinigten u. Betreibung d. Wiesen, d. Nutzen d. Kleebaues u. d. Stallfütterung. 8. Zerbst 789.

Westfeld, O., der Ringmesser, ein Instrument, um Flächen zu berechnen. Mit 1 Kpft. gr. 8. Götting. 826. Dieterich. 4 Ҟ

West-Galizien [Sachliches OW]

West-Galizien. *Herausgegeben vom k. k. General-Stab im Jahre 1808. 12 Blätter 25" Höhe, 16¾" Br. Massstab: 1 Wr. Zoll = 2,400 Wr. Klftr. Verhältniss 1 : 172,800.* Basirt auf die MilitärAufnahme vom Jahre 1801—1804 im Masse 1 Wr. Zoll gleich 400 Wr. Klftr., welcher kein Kataster zu Grunde lag.

West-Galizien. *Herausgeg. v. k. k. General-Stab im J. 1808, 6 Bl., 16⅓" H., 25" Br. Massstab: 1 Wr. Zoll = 4,000 Wr. Klftr. Verhältn. 1 : 288,000.* Reduzirt aus der Special-Karte dieses Landes. Auf Kupfer gestochen.

West-Galizien [Schlagwort]

West-Galizien, s.a. Radfahrerkarten. Freytag.

West-Gallizien — General Carte von — Nach der von dem Kayser. Königl. Generalquartiermeisterstab herausgegebenen Specialcarte dieses Landes, von demselben entworfen und gezeichnet. Gestochen von Lucas Benedicti Sohn. 1 : 288 000. 6 Bl.

West-Gallizien — Carte von — welche auf allerhöchsten Befehl S. K. österr. und Königl. apost. Majestät in den Jahren von 1801 bis 1804 unter der Direction des dermaligen Generalmajors und Generalquartiermeisters Anton von Mayer von Heldensfeld, des milit. Maria Theres. Ordens Ritter, durch den K. K. Generalquartiermeisterstab milit. aufgenommen worden. Mit allerh. Bewilligung herausgegeben und S. des Generallis. Erzh. Carl. K. H. unterth. gewidmet. Vom G. Q. St. gezeichnet, und gestochen von H. Benedicti 1803. 1 : 172,000. 12 Bl.

West-Galizien. Auf allerhöchsten Befehl astronomisch trigonometrisch aufgenommen unter der Leitung des K. K. Raths und öffentlichen Lehrers der Mathematik Freyherrn von Metzburg. Herausgegeben von T. Mollo und Comp. Gez. durch Joh. Liechtenstern Ing. Gest. zu Wien von Ch. Junker 1800. 1 : 900,000. 1 Bl.

Westgarth, W., Australia Felix, s. Australia Felix.

Westhaus, Th., Kalenderkunde oder Handbuch zum richtigen Verständniß des Kalenders, f. Schule u. Haus. 8. (54 S. m. 6 lith. Taf.) Lippstadt 852, Lange. n. ⅙ ₰

Westhaus, Thdr., Kalenderkunde oder Handbuch zum richtigen Verständniß des Kalenders, für Schule und Haus. 8. (54 S. mit 6 Stnt.) Lippstadt 852, [Staats.] *

Westhaus, Theod., das heil. Land. Zur Verständniß der bibl. Geschichte u. z. Gebrauch f. Elementarschulen. 8. (1 B.) Soest 846, Nasse'sche Buchh. * 1 Ngr., mit Kärtchen *

Westhaus, Th., das heil. Land. Zum Verständniß der biblischen Geschichte und zum Gebrauche für Elementarschulen. Ein Auszug aus dessen größerem Werke über Palästina oder das heil. Land. 5. Aufl. (16 S. mit Kärtchen.) 8. München 873, Nasse's Verlag. *

—— Palästina od. d. heil. Land z. Zeit Jesu in geogr., relig., häusl. u. bürgerl. Verhältnissen. Ein Handbuch f. Lehrer beim Unterricht. gr. 8. (8⅜ B. u. 1 Karte.) Soest 846, Nasse'sche Buchh. *

Westhaus, Thdr., Palästina oder das heilige Land zur Zeit Jesu, in geographischen, religiösen, häuslichen und bürgerlichen Verhältnissen. Ein Handbuch für Lehrer beim Unterrichte in der bibl. Geschichte, und zugleich zum nützlichen Gebrauche für das Haus. 2. Aufl. Nebst 1 (lith.) Charte von Palästina zur Zeit Jesu (in Fol.). Soest 856. Nasse. 8. (148 S.) n. 12 ngr.

Westhaus, Thdr., Palästina od. das heilige Land nach seinen geographischen, religiösen, staatlichen, bürgerlichen u. häuslichen Verhältnissen. Ein Handbuch f. Lehrer beim Unterrichte in der bibl. Geschichte u. zugleich zum nützl. Gebrauche f. das Haus. 3. Aufl. v. W. Erdmann. Mit 17 Abbildgn. denkwürd. Stätten u. e. (chromolith.) Karte d. h. Landes. gr. 8. (V, 214 S.) Paderborn 885. F. Schöningh. n. 2. 40

Westhaus, Wilh. [Referendar]: Die Entwicklung des egyptischen Finanzwesens und seiner internationalen Beziehungen v. rechtl. Standpunkte aus gewürdigt. Tl 1. Bis z. Erlass d. Liquidations-Gesetzes v. 17. Juli 1880 ... Düsseldorf, Druck v. W. Kleppel, 1896; 1 Bl., 55 S. 8.
Erlangen, Jur. Fak., Inaug.-Diss. v. 1896

Westhausser, Felix, Lipsiensis: **Studien über Natriumamalgam.** *Leipzig 1901: B. Georgi.* (32 S.) 8°
Leipzig, Phil. Diss. v. [4. März] 1901

Westhavelland [Schlagwort]

Westhavelland, s.a. Potsdam, Reg.-Bez.

Westhavelland. Karte des Kreises Westhavelland, Reg.-Bez. Potsdam. Hrsg. v. der kartogr. Abtheilg. der königl. preuss. Landesaufnahme. 1:100,000. Kpfrst. u. kolor. 56×53 cm. Berlin 891. (R. Eisenschmidt.) n.n. 2. —

Westhaver, J(ames) B., a. Denver, Col., U.S.A.: Über das Verhalten von Anoden aus Iridium, Platin und Rhodium bei der Elektrolyse verdünnter Schwefelsäure. Mit 12 Figuren im Text. Leipzig: W. Engelmann 1905. (34 S.) 8°
Leipzig, Phil. Fak., Ref. Ostwald u. Hantzsch, Diss v. 7. März 1905
[Geb. 21. Mai 62 Lunenburg, Canada; Wohnort: Denver, Colorado; Staatsangeh.: Ver. St.; Vorbildung: Denver Bacc. of Arts Juni 00; Studium: Denver 4, Leipzig 4 S.; Rig. 2. Aug. 04.]

WESTHEIM, Paul (Kunstschriftsteller in Berlin). Die Erotik im Plakat. (Vortrag im „Augur".)
Referat im Berliner Tageblatt, 18. Febr. 1904 (Nr. 88).

Westheimer, das Problem der Ehescheidung im bürgerlichen Gesetzbuch, s.a. Kultur u. Fortschritt.

Westheimer, das Problem der Ehescheidung im bürgerlichen Gesetzbuch. (14 S.) (Kultur und Fortschritt 304) Gautzsch 1910

Westheimer, Bernhard, pract. Arzt in Götzenbruck (Lothr.), aus Bischheim i. E.: Ueber den heutigen Stand der Lehre von der Angina lacunaris. *Strassburg i. E.: J. Singer 1901.* (18 S.) 8°
Strassburg, Med. Diss. v. 1901

Westheimer, Ed.: Die drei ersten Frauen des Kaisers Franz. Mit Portr. Leipzig: Duncker & H. 1893. [Die 1. Frau war Elisabeth, Tochter des H. Friedrich Eugen v. Württemberg.]

Westheimer, Isi, Rechtsprakt.: Der ausländische Schiedsspruch. Seine Wirksamkeit und Vollstreckbarkeit im Inlande. Heidelberg 1900: Straus. 30 S. 8°
Heidelberg, Jur. Diss. v. 18. Jan. 1909, Ref. Heinsheimer
[Geb. 28. Aug. 86 Groß-Eicholzheim; Wohnort: Heidelberg; Staatsangeb.: Baden; Vorbildung: Gymn. Karlsruhe Reife M. 04; Studium: Heidelberg 2, Berlin 1, Heidelberg 1, Freiburg i. B. 2, Heidelberg 1 S.; Rig. 24. Juni 08.]
[U 09. 1934

Westhof, Er. Ad. Th., theolog. Betrachtt. über Gegenstände der christl. Moral. 8. Leipz. 778. Holle. 4 gr.

— Versuch einer kurzen Vertheidigung d. Bekenntnißbücher der evangel.-luther. Gemeine. 8. Leipz. 773. Holle. 2 gr.

Westhof, Eugenie v., d. Lumpen-Prinzessin. Roman aus d. Gegenwart. 68 Hfte. gr. 8. (1630 S. m. je 1 Bild.) Dresden 897—898. R. H. Dietrich. à Hft. — 10

Westhof, **J. H., Diss. inaug. sistens vindicias communis doctrinae de actione redhibitoria ob vitium rei venditae minus principale haud competente, adversus Feuerbachii objection. 4. Helmst. 804. Fleckeisen. 3 gr.**

Westhofen, *Eberhard*: Beschreibung des neuen Schulgebäudes. — Viehoff, Hugo: Die Feier zur Einweihung des neuen Schulgebäudes. 4 (S. 3—9, 2 Taf.). Höh. Bürgersch. *Düsseldorf* 1888 (463)
Progr.

Westhofen, G. Jos., über die Heilung der Wunden. gr. 4. Mainz 797. (Andreä in Frankf.) 8 ₰

G. Joseph Westhofen: Ueber die Heilung der Wunden. Mainz 1797: Crass. 45 S. 8°
Mainz, Med. Diss. v. 1797

Westhofen, Joseph [app. Arzt aus Minden i. W.]: Die Influenza in Göttingen von 1891—1893 ... Göttingen, Druck d. Dieterich'schen Univ.-Buchdr., 1894; 25 S., 1 Taf. 8.
Göttingen, Med. Fak., Inaug.-Diss. v. [7. März] 1894

Westhoff, August [aus Münster in Westfalen]: Über plötzliche Erblindung nach Blutverlusten nebst Mitteilung eines Falles von Amaurosis nach Metrorrhagie ... Greifswald, Druck v. Julius Abel, 1889; 36 S. 8°
Greifswald, Med. Fak., Inaug.-Diss. v. 19. Jul. 1889.

Westhoff, B., Quaest. grammaticae in Dracontii carmina minora et Orestis tragoediam spectantes. Diss. 1883. 53 S. 2.—

Westhoff, Bernhard [aus Freckenhorst '(Westf.)']: Ein eigentümlicher Fall von Rhinoplastik ... Würzburg, J. M. Richter's Buchdr., 1893; 29 S. 8°
Erlangen, Med. Fak., Inaug.-Diss. v. 1893.

Westhoff, E. Fr., Tempel d. röm. Rechts, e. Denkschrift für d. 15. Dec. 1830, 1300 Jahr nach d. 15. Dec. 530, dem Tage, an welchem d. Kaiser Justinian den Befehl zu Verabfassung d. Digesten od. Pandecten ausfließen ließ. gr. 8. (2 B.) Jena 830, Cröker.

Westhoff, C. W., Gebet- und Erbauungsbuch für katholische Christen. 2. verm. Aufl. Münster 858. Mitsdörffer. 16. (381 S. u. 1 Lithogr.) n. 8 ngr.

Westhoff, Carl, s. W e s t h o f f, Karl

Westhoff, E., s. † Anjel, Ella.

Westhoff, E. W., s. A v a n c i n i vita et doctrina Jesu Christi. — B a l l e r i n i i, P., de vi ac ratione primatus romanorum etc. — B e l l e c i, A., Medulla asceseos etc. — B o r r o m a e i, St. Caroli, Pastorum instructiones atque epistolae.

Westhoff, E. W., Gebet- und Erbauungsbuch für kathol. Christen. 8. (308 S.) Münster 850, (Theissingsche Buchh.)*

Westhoff, E. W., Gebet- und Erbauungs-Buch für katholische Christen. 2., verm. Aufl. gr. 16. (381 S. mit 1 Stahlst.) Münster 859, Mitsdörffer. *

Westhoff, E. W., Gebet- u. Erbauungsbuch für katholische Christen. 4. Aufl. Münster 866. Mitsdörffer. 8. (383 S. mit 1 Stahlst.) n. 8 ngr.

Westhoff, Emil, aus Varel: Die Wirkungen des Faustpfandverkaufes auf die Rechte der Interessenten nach B.G.B. *Erlangen 1901: E. Th. Jacob.* (VIII, 78 S.) 8° [ℜ.]
Erlangen, Jur. Diss. v. 7. März 1901

Westhoff, Ernst Wilhelm Theodor, s. W e s t h o f f, Theodor

Westhoff, Ferdinand, K r a f t, S t o f f u n d G e d a n k e. Eine umfassende Erklärung des Seelen- und des leiblichen Lebens mit Hinblick auf die Unsterblichkeit. Münster, Brunn, 1865, 8°, VI, 446 S., 2 Mk.
Zerfällt in eine physiolog., psycholog. u. spekul. Abteilung. Bekämpft zwar den Materialismus, steht aber im übrigen auf dem Boden Hegelscher Philosophie. Vgl. Litt. Handw. 1866, S. 19—20.

Westhoff, Fr., Flora d. Prov. Westfalen, s.: K a r s c h.

Die Käfer Westfalens zusammengestellt von FR. WESTHOFF. Supplement zu den Verhandlungen des naturhistorischen Vereins der preufsischen Rheinlande und Westfalens. 38. Jahrg. IV Folge: 8. Jahrg. Herausgegeben von C. J. ANDRÄ. Abth. I. II. Bonn 1881. 1882. Comm. bei Max Cohen & Sohn (Fr. Cohen). 8°

Westhoff, Franz [aus Düsseldorf]: Untersuchungen über die Krystallstruktur der Glieder der Aragonitgruppe. (Düsseldorf) 1899. 52 S. und 2 Taf. 8°.
Freiburg. Mathem.-naturw. Diss. 1898/99.

Westhoff, Fritz, (Longinus), Balladen. 16. (80 S. m. Bildnis.) Münster 898. (Theissing.) — 75

— s. a. L o n g i n u s.

Westhoff, Fritz, aus Mülheim a. d. Ruhr: Zur Alexander-Adam'schen Operation. *Bonn 1901: C. Georgi.* (37 S.) 8°
Bonn, Med. Diss. v. [16. Febr.] 1901

Westhoff, H., Bismarck-Gedichte. 8. (47 S.) Dortmund 895. W. Crüwell. n. — 50

Westhoff, H., Bismarck-Gedichte. 2., vervollständ. Aufl. 8. (71 S.) Dortmund 899. W. Crüwell. n. — 60

Westhoff, H., Bismarck-Gedichte. 3., vervollständigte Aufl. (116 S.) kl. 8. Dortmund 908. W. Crüwell. — 60

Westhoff, J. P. H., John Williams, e. Held unter den Missionaren d. Neuzeit, s. a. M i s s i o n s - T r a k t a t e, rhein.

Westhoff, J. P. H., John Williams, ein Held unter den Missionaren der Neuzeit. Nach dem Holländ. gr. 8. (46 S. m. 3 eingedr. Holzschn.) Barmen 882. Wiemann in Comm. n. — 40

Westhoff, Joan. Anton. (geb. Dolberg in Westf. 24. 6. 1817): De gastrectasia. Berolini (1845). (30 S.) 8°
Berlin, Med. Diss. v. 20. Okt. 1845

Westhoff, Jos., drei Weihnachtsspiele f. Kinder, s. a. T h e a t e r f. die weibliche Jugend.

Westhoff, Josephine: Drei W e i h n a c h t s s p i e l e für Kinder. Von . Der armen Kinder Christbescherung. Der Kinder Opfersinn. Kleines Weihnachtsspiel. Paderborn: F. Schöningh [1907]. 8°
(Theater f. d. weibl. Jugend. 35.)

Westhoff, Karl *Wilhelm Hugo* [app. Arzt aus Soest (Westf.)]: Aus d. pathol. Institute d. Stadtkrankenhauses in Dresden. Zwei Fälle von hämorrhagischer Infarcirung des Darmes nach Embolie der art. mesent. resp. Thrombose der Pfortader ... Kiel, Druck v. L. Handorff, 1895; 24 S. 8.
Kiel, Med. Fak., Inaug.-Diss. v. [27. März] 1895

W e s t h o f f, Carl, der wahre Glaube u. seine Frucht. Pred., u. Uebersetz. e. Abhandl. Phil. Melanchton's. gr. 8. ($3\frac{1}{4}$ B.) Cleve 836, Char.

Westhoff, Karl, das Rechnungswesen des Stadthaushaltes von Berlin. 8. (8 S.) Berlin 878. Burmester & Stempell. n. — 20

W e s t h o f f, Karl, der Weg zum Leben, in drei Predigten. gr. 8. ($2\frac{1}{4}$ B.) Elberfeld 834, Hassel.

Westhoff, Car. Frid. (geb. Saarn an d. Ruhr 6. 10. 1837): De myopia. Berolini (1860). (32 S.) 8°
Berlin, Med. Diss. v. 7. Aug. 1860

Westhoff, Karl Rudolph (Buch/Magd.) A. S. 46/6

Observationes ad l. III. D. de bonis eorum qui ante sententiam sibi mortem consciverunt.
Präs. Christoph Ludwig Crell.
Wittenberg (Eichsfeld) 1. IX. 1731. 16 S.
36481

Westhoff, *Ernst Wilhelm* Theodor [aus Bremen]: (Aus d. Privatanstalt f. Frauenkrankheiten d. Hrn Prof. Dr. A. Martin zu Berlin.) Beitrag zur Extrauterinschwangerschaft an der Hand von 35 Fällen ... Berlin, Buchdr. v. G. Schade, *1896;* S., 2 Bl. 8.
Berlin, Med. Fak., Inaug.-Diss. v. 4. Aug. 1896

Westhoff, Wilh., Bergbau u. Grundbesitz nach preuss. Recht unter Berücksicht. der übrigen deutschen Berggesetze. I. u. II. Bd. gr. 8. Berlin, J. Guttentag. Geb. in Leinw. n. 18. 50
I. Der Bergschaden. (XXII, 407 S.) 904. n. 9. —
II. Die Grundabtretg. Die öffentl. Verkehrsanstalten. (XXVI, 437 S.) 906. n. 9. 50

Westhoff, Wilh. u. Wilh. Schlüter: Allgemeines B e r g g e s e t z f. die Preußischen Staaten, s.a. G u t t e n t a g 's Sammlung preußischer Gesetze. Nr. 12.

Westhoff, Wilh., u. Wilh. *Schlüter*: Allgemeines Berggesetz für die Preussischen Staaten vom 24. Juni 1865 nebst d. preuss. Berggesetznovellen. M. Einl., Erl. u. Sachreg. bearb. Berlin 1906. 8°.
(Guttentag'sche Sammlung Preuss. Gesetze. Nr 12.)
[Dasselbe.] 2. Aufl. [*u. d. Tit.:*]
Allgemeines Berggesetz für die Preussischen Staaten vom 24. Juni 1865 nebst den bis z. J. 1907 ergänz. preuss. Berggesetznovellen, d. einschläg. Nebengesetzen u. Ausführungsbestimm. M. Einl., Erl. u. Sachreg. bearb. 2. verm. u. verb. Aufl. [nebst] Nachtr. Berlin 1907. 1909. 8°.
Nachtr. bearb. von Wilh. Schlüter u. Fritz Hense.

— — dasselbe. Nachtrag, enth. 1. Gesetz betr. die Abänderg. des allgemeinen Berggesetzes vom 24. VI. 1865/1892 u. 14. VII. 1905, vom 28. VII. 1909 (Gesetzsamml. S. 677) (Verantwortlichkeit im Bergwerksbetriebe), 2. Gesetz üb. den Bergwerksbetrieb ausländ. jurist. Personen u. den Geschäftsbetrieb außerpreuß. Gewerkschaften, vom 23. VI. 1909 (Gesetzsamml. S. 619), 3. Ergänzungen u. Berichtiggn., bearb. v. Wilh. Schlüter u. Fritz Henje. (S. 730—828.) 16. Berlin (909). J. Guttentag. — 50

Westhoff, W., Die französische Berggesetzgebung. Ein Ueberblick. Aus dem Nachlaß hrsg. von W. Schlüter. Köln, 1909. 10 S.

Westhoff, Wilh., das preuss. Gewerkschaftsrecht unter Berücksicht. der übrigen deutschen Berggesetze, kommentiert. 8. (360 S.) Bonn 901. A. Marcus u. E. Weber. Geb. in Leinw. n. 6. —

Westhoff, W., Gutachten über den Entwurf eines preußischen Wassergesetzes hinsichtlich seiner Beziehung zum rheinisch-westfälischen Bergbau. Erstattet dem Verein für die bergbaulichen Interessen im Oberbergamtsbezirk Dortmund. Essen-Ruhr, 1908. 32 S.

Westholstein [Schlagwort]

Westholstein, s.: Radfahrerkarten.

Westhov, F. G., Historia passionis. 4. Leyden, Langerack 753.

Westhov, H. W. E. de, dissertat. de angina. 8. Lemgo, Meyer. 718.

Westhoven, Ernst [approb. Arzt]: Beiträge zur Casuistik der Nephrectomie . . . München, K. Hof- u. Univ. Buchdr. v. Dr. C. Wolf & Sohn, 1885; 26 S. 8°.
München, Med. Fak., Inaug.-Diss. v. 1885.

Westhoven, Ernst, Beiträge zur Casuistik der Nephrectomie. Diss. München 1885, A. Buchholz. 8°. 26 S.

Westhoven, H. v., die deutschen Staatslotterien. I. Vergleichung der Lotterien bezüglich ihrer größeren od. geringeren Günstigkeit. 2. Aufl. 90.—95. Tausd. (15 S.) gr. 8. Hannover (903). H. Sponholtz Verlag. — 20

Westhoven, Johann Gottfried Friedrich (Hamm)
A. S. 1183/53

Dissertatio medica inauguralis, de pleuritide.
Harderwijk (Sas) 16. VII. 1707. 19 Bl.

W. v.: Hermann Werner Engelbert Westhoven.
36482

Westhuaff, Fritz, Volkslaier füär väier Männerstimmen. 1. Hft. gr. 8. (16 S.) Arnsberg 884. Stahl. n. — 40

Westhunnen, Die. Eutin 1794. V: *Stolberg, Friedrich Leopold Graf zu.* (Ky) (MGT) (GGr) (Kordes, Schlesw.-holst. u. eutin. Schriftst. Schleswig 1797.)

Westhunnen, die, (v. Fr. Leop. Gr. zu Stolberg). 8. Eutin 794.

Westhus, Johann Heinrich Joseph (Münster/W.)
A. S. 601/7

Dissertatio inauguralis iuridica de origine communionis bonorum inter coniuges, speciatim per dioecesin Monasteriensem.
Göttingen (Barmeier) 7. X. 1773. 60 S.

Gew.: Fhr. von Fürstenberg. 36483

Westhues, Johannes, a. Münster i. W.: Die Kohlensäurebildung im Boden. Münster i. W. 1905: Regensberg. (47 S.) 8°
Münster, Phil. Fak., Ref. König, Diss. v. 21. Juli 1905
[Geb. 30. April 80 Münster i. W.; Wohnort: Münster; Staatsangeh.: Preußen; Vorbildung: Realgymn. Münster Reife O. 00; Studium: Münster 6, Freiburg i. B. 3 S.; Rig. 8. Juni 05.]

† **Westien, Johs.** [Willibald Koch], das zünftige Handwerk. Bilder und Skizzen aus der Geschichte des deutschen Gewerbewesens. 1. und 2. (Titel-)Aufl. gr. 8. (VII, 262 S.) Leipzig 880,81, Gebr. Senf. *

† **Westien, Johs.** [Willib. Koch], das zünftige Handwerk. Bilder und Skizzen aus der Geschichte des deutschen Gewerbewesens. 3. (Titel-)Aufl. 8. (VII, 262 S.) Leipzig 887, Reinboth. *

℔ Westien, Johs. [Willib. Koch]. Das zünftige Handwerk. Bilder u. Skizzen aus der Geschichte d. deutschen Gewerbewesens. 4. (Titel-) Aufl. 8. (VII, 262 S.) Lpz. 890, Reinboth. * 2 50

Westindien [Sachliches OW]

Westindien, Das Englische. [Braunschweig 1782.] V: *Heise, Johann Christoph Friedrich.* (MGT)

Westindien [Schlagwort]

Westindien, s. a. Amerika. Petermann, A. — Hand- u. Reisekarten. 60. 64. — Seekarten.

West-Indien. Petermann, A., Karte v. West-Indien, Central-Amerika bis zum südlichen Canada. 1 : 7,500,000. Entworfen v. P., gezeichnet v. H. Habenicht, rev. v. R. Lüddecke. [Aus: „Stielers Hand-Atlas".] Ausg. 1894. 4 Blatt à 40 × 32,5 cm. Kpfrst. u. kolor. Gotha 894. J. Perthes. In Karton. n. 4. 80; auf Leinw. in Mappe n. 5. 60; m. Stäben n. 7. 20

Westindier, Der, ein Schauspiel, a. d. Engl. Wien 1774. Ü: *Kepner, Johann Friedrich.* (Adel) (Ky) (MGT)

Westindier, der; e. Schspl., aus d. Engl. (von F. Kepner). 8. Wien 774.

— der; Lstspl., aus d. Engl. (von J. J. Cph. Bode). 8. Hamb. 775. (Leipz., Göschen). 6 gr.

Westindier, der, Lustsp. nach dem Engl. v. Cumberland, bearbeit. v. Kotzebue. 8. Leipz. Kummer. 815. — 16

Westing, Bernhardine, die wangeroger Küche. 2., geprüfte und verb. Aufl. Nebst einem Anhang enthaltend feine und gewöhnl. Speisen für alle Jahreszeiten, sowie das Einsetzen der Früchte, auch rohes Gemüse luftleer in Büchsen und Flaschen einzukochen. Auf leichte Faßlichkeit und Deutlichkeit ist hauptsächlich Rücksicht genommen rc. gr. 8. (XXIII und 320 S.) Oldenburg 856(57,) Schulze'sche Buchh. *

Westinghouse **Brake Company** limited. Die automatische Luftdruck-Bremse. London 1882

Westinghouse-Bremsen-Gesellschaft m. b. H: Drucksachen. 1906 ff. Hannover

Westinghouse **Eisenbahn-Bremsen-Gesellschaft:** Dampfheizung für Eisenbahnzüge. Hannover 1908

Westinghouse **Eisenbahn-Bremsen-Gesellschaft:** Dampfheizung für Eisenbahnwagen. Hannover 1910

Westinghouse-Elektrizitäts-A. G: Elektrische Straßenbahnen. Berlin 1900?

Der West Kansas Bote: Jahrgang 1, no. 1 – 28, July 21, 1898 – Jan 26, 1899.
Weekly. Sub-title: Für die deutschen Bürger des westlichen Kansas. Edited by Johannes Witte, & published by Der Bote Co., July 21 – Aug. 1898, edited & published by Johannes Witte, Sept. 1, 1898 – Jan. 26, 1899.
Russell, KS

West-Kärnten [Schlagwort]

West-Kärnten, s.: Kärnten

West-Karolinen [Schlagwort]

West-Karolinen, s.: Seekarten.

Westkirch, Luise, die Basis der Pyramide. Der rote Shawl, s.a. Universal-Bibliothek.

Westkirch, Luise. Die Basis der Pyramide u. andere Novellen. 8. (III, 285 S.) Berl. 891, A. Duncker. * 3 —

— Diebe, s.: Reclam's Novellen-Bibliothek.

Westkirch, Luise, Diebe, s.: Universal-Bibliothek.

— unter d. Eise u. and. Geschichten. 8. (248 S.) Leipzig 897. Ph. Reclam jun. n. 3. —; geb. in Leinw. n. 4. —

— Kains Entführung. Roman. (272 S.) 8. Ebd. (906.) n. 3. —; geb. n. 4. —

— er soll Dein Herr sein. Roman. 8. (160 S.) Berlin 893. Leipzig, Paul List. n. 2. —; geb. 3. 60

Westkirch, L., e. Familienzwist. Roman. 2 Bde. 8. (190 u. 196 S.) Freiburg i/Br. 885. Kiepert. n. 8. —

Westkirch, L., e. Familienzwist. Roman. Billige (Titel-) Ausg. 2 Bde. 8. (190 u. 196 S.) Freiburg i/Br. 890. Kiepert. n. 4. —

— Urschels Fundgut, s.: Universal-Bibliothek.

— Geschichten v. der Nordkante, s.: Engelhorn's allgemeine Roman-Bibliothek. XIX. 18.

— die zwei Gesichter der Welt, s.: Verein f. Vorbereitg. guter Schriften, Bern Nr. 18.

— Die Gletschermühle, s.: Reclam's Novellen-Bibliothek.

— die Gletschermühle, s.: Universal-Bibliothek.

Westkirch, Luise, Timm Bredenkamps Glück. St. Jürgen, s.a. Universal-Bibliothek.

Westkirch, Luise: Timm Bredenkamps Glück. St. Jürgen. Von –. Mit e. Vorw. von Robert Kohlrausch. Leipzig: Reclam jun. [1909]. 184 S. 8°
(Universal-Bibliothek. 5127. 5128.)

— König Haß. Roman. (305 S.) 8. Berlin (904). Concordia. n. 3. 50; geb. n.n. 4. 50

— aus dem Hexenkessel der Zeit. Frauenschuld u. Frauengröße. Roman. 10.—12. Tausf. 8. (428 S.) Berlin 894. Verein der Bücherfreunde. n. 6. —; geb. in Leinw. n. 7. —

Aus dem Hexenkessel der Zeit. Frauenschuld u. Frauengrösse. Roman von L[uise] Westkirch. (Lfg 1.) *Berlin: A. Schall [1901].* 8° [F.]
= Romane, Deutsche. Lfg 11. [01. 10873]

— dasselbe, s.a. Romane, deutsche.

Aus dem Hexenkessel der Zeit. Frauenschuld u. Frauengröße. Roman von L[uise] Westkirch. (In 10 Lfgen.) Berlin: A. Schall [1901]. (428 S.) 8° [F.]
= Romane, Deutsche. [2.] [05. 12575]

— aus dem Hexenkessel der Zeit. Frauenschuld u. Frauengröße. Roman. 2. [Titel-]Aufl. 8. (428 S.) Berlin [894.] (902). A. Schall. n. 3. 50; geb. n. 4. 50

— Auf der Menschheit Höhen. Roman. (254 S.) 8. Leipzig (907). Ph. Reclam jun. 3. —; geb. 4. —

— Jenseits v. Gut u. Böse. Roman. 2 Tle. in 1 Bde. 8. (208 u. 214 S.) Leipzig (902). Ph. Reclam jun. n. 4. —; geb. n. 5. —

— in der Joachimsklamm, s.a. Meyer's, Ulr., Bücherei.

In der Joachimsklamm. Erzählung von Luise Westkirch. *Berlin: U. Meyer [1903].* (79 S.) 8° [F.]
= Bücherei. Ulrich Meyer's. 2. [04. 1113]

Westkirch, Luise, die große Klippe. Durchgekämpft, s.a. Kürschner's Bücherschatz.

Die große Klippe. Durchgekämpft. Novellen von Luise Westkirch. Berlin, Leipzig: H. Hillger [1906]. (127 S.) 8° [F.]
= Bücherschatz, Kürschners. No 519. [07. 13116]

— Niedersächsische Leute. (176 S.) 8. Leipzig (909). F. Moeser Nachf. 2. —; geb. in Leinw. 3. —

Um ein Liebesglück. Roman von Luise Westkirch. *Berlin: A. Schall [1903].* (338 S.) 8° [F.]
= [Verein d. Bücherfreunde. Jg. 12, 6.] [03. 2009]

— Gretchens Liebhaber, s.: Roman-Gallerie.

Loreley. Roman von Luise Westkirch. *Berlin: O. Janke [1903].* (314 S.) 8° [F.] [04. 3180]

— Loreley. Roman. (314 S.) 8. Berlin (904). O. Janke. n. 3. —

— Los v. der Scholle. Roman in 2 Bdn. 8. (328 u. 292 S.) Stuttgart 899. R. Lutz. n. 6. —; geb. in Leinw. n. 8. —

— ein moderner Märtyrer. Roman. 8. (398 S.) Breslau 896. E. Trewendt. n. 6. —; geb. n. 7. —

— Novellen. 8. (276 S.) Berlin 893. Leipzig, Paul List. n. 3. —; geb. 4. 50

Westkirch, Luise, Rauch. Sechs Novellen aus dem Alltagsleben. 8. (VII, 312 S.) Berlin 888, A. Duncker. *

— das Recht der Liebe u. andere Novellen, s.: Universal-Bibliothek.

Westkirch, Luise, Junker Krebs Roman, s.: Universal-Bibliothek.

— unter Schwarzwaldtannen. Roman. 1. u. 2. Aufl. (à 283 S.) 8. Stuttgart (904). Union. n. 3. —; geb. in Leinw. n. 4. —

— Der Staatsanwalt. Roman. (333 S.) 8. Stuttgart (907). Union. 4. —; geb. in Leinw. 5. —

— Streber. Roman. 8. (198 S.) Leipzig 895. P. List. n. 2. 50; geb. 3. 50

— **eine Studentenehe.** Roman. 8. (266 S.) Leipzig 898. Ph. Reclam jun. n. 3. —; geb. n. 4. —

— im Teufelsmoor. Erzählung. 8. (179 S.) Leipzig (901). [E. Keil's Nachf.] Stuttgart, Union. 2. —; geb. in Leinw. n. 3. —

— Wenn die Masken fallen u. andere Erzählungen, s. Hesse's, Max, Volksbücherei.

— **Der Marquis v. Weyermoor.** Roman. (247 S.) 8. Berlin (908). Concordia. 3.—; geb. 4. —

— **wie Ulrich Urban e. Schatz fand.** Die Vermittlerin, f.: Roman-Gallerie f. Salon u. Reise.

West-Küste [Schlagwort]

Westküste v. Afrika, s.a. Seekarten.

West-Küste von Africa—Specialkarte der — von Cabo Blanco bis Cabo Verga, nebst dem Lauf der Flüsse Senegal und Gambia von Herrn d'Anville für die ostindische Gesellschaft verfasst. Neu herausgegeben von Herrn F. A. Schraembl 1780. Brün im J. G. Trassl erischen Verlag. 1: 1,500,000. 2 Bl.

Westküste v. Kurland, s.: Seekarten.

Westlake, John, Lehrbuch d. internationalen Privatrechts, m. besond. Berücksicht. der engl. Gerichtspraxis. Deutsche Ausg., nach der 2. engl. Aufl. besorgt von Frz. v. Holtzendorff. gr. 8. (XVI, 374 S.) Hamburg 884. J. F. Richter. n. 8. —; Einbd. n.n. 1. 50

Westland [Sachliches OW]

Westland, das, Nordamerikanische Zeitschrift für Deutschland. Herausgeg. von Dr A. v. Könige, Capt. C. Neyfeld u. Dr. G. Engelmann, sämmtlich in St. Louis. 1r Bd. 3 Hfte. gr. 8. Heidelberg 836. Engelmann. n. 2 1/3 ℛ

Das Westland: Band 1, Heft 1–3, 1837.

Intended to appear quarterly. Sub-title: Nordamerikanische Zeitschrift für Deutschland. Herausgegeben von Dr. G. Engelmann und Capt. C. Neyfeld, in St. Louis. Imprint: Heidelberg, Deutschland, Verlagshandlung von Joseph Engelmann, 1837. On back-cover of no. 1, the following are given as editors: Dr. A. v. Könige, Capt. C. Neyfeld, Dr. G. Engelmann; Dr. von Könige's name does not appear in no. 2–3. Announcement in newspapers throughout the country, [e.g., Intended to convey accurate and full information on the middle west for future immigrants from Germany. Das Volksblatt (Cincinnati), Jahrgang 1, no. 1, May 7, 1836, p. 4], advertisement signed by Dr. A. v. Könige, C. Neyfeld, Dr. G. Engelmann. Widely publicized journal. Octavo; paged continuously, pp. 1–578; title-page and contents, 4 pages. Folded map at end, to illustrate article on Belleville, Ill., titled: „Plankarte der Deutschen Niederlassung in St. Clair Bezirk in Illinois." Advertised at following rate: no. 1, 3 fl., 36 kr., oder 2 Thlr., 8 fr. per vol.; no. 3, D 11.2 für den Band.
St. Louis, MO

Westland, das. Magazin zur Kunde amerikan. Verhältnisse. Herausg. von Karl Andree. 1–4. Bd. à 3 Hfte. gr. 8. (à 5–6 B.) Bremen 851. 52, Schünemann. (à Bd. n. 2 1/2 ℛ) n. 10 ℛ

Westland, das. Magazin zur Kunde amerikan. Verhältnisse. Hrsg. von Carl Andree. 5. und 6. Bd. à 3 Hefte. (à 5–6 Bog.) gr. 8. Bremen 853, Schünemann's Verlag. *

Westland [Verfasser]

Westlund, Ernst, Universität, Politik u. Dummheit. gr. 8. (III, 243 S.) Berlin 901. H. Zitelmann. n.n. 1. 75

Westländer, A., Russland vor e. Regime-Wechsel. Politische u. wirtschaftl. Zustände im heut. Russland. gr. 8. (VI, 116 S.) Stuttgart 894. C. Malcomes. n. 1. 60

Westley, Rob. H., englisches Lesebuch für Knaben. Erzählungen am Kamin. Mit einem Wörterverzeichniß auf jeder Seite, Bezeichnung der Aussprache der schwierigeren Wörter u. einer Anzahl Fragen u. Antworten, als erster Uebung im Sprechen. Für Schulen u. zum Privatgebrauch gesammelt u. bearb. — Reading book for boys. Fire-side tales. Leipzig 860. Gumprecht. 8. (VIII, 168 S.) 12 ngr.

— **englisches Lesebuch für Mädchen.** Die Insel, oder Abenteuer eines kleinen Mädchens. Eine Erzählung. Mit einem Wörterverzeichniß auf jeder Seite, Bezeichnung der Aussprache der schwierigeren Wörter, und 600 Fragen über den Inhalt des Buches, zur Uebung im Sprechen. Für Schulen u. zum Privatunterricht bearb. — Reading book for girls. The island; or adventures of a little girl. A story. 859. — 2. Aufl. Ebend. 862. 8. (VIII, 172 S.) 12 ngr.

Westley, Rob. H., englisches Lesebuch f. Mädchen. Die Insel od. Abenteuer e. kleinen Mädchens. Eine Erzählg. Mit e. Wörterverzeichniß auf jeder Seite. Bezeichng. der Aussprache der schwierigeren Wörter u. 600 Fragen üb. den Inhalt d. Buches, zur Uebung im Sprechen. Für Schulen u. Privatunterricht bearb. — Reading book for girls. The Island; or adventures of a little girl. — 3. Aufl. 8. (VIII, 172 S.) Leipzig 871. Gumprecht. 1. 20

Westley, Rob. H., Reading-book for girls. The Island; or, adventures of a little girl. A story. With a vocabulary at the foot of each page, and the pronunciation of difficult words; to which are added 600 questions upon the contents of the book, for repetition and exercise in speaking. For the use of schools and private tuition. 2. edit. 8. (VIII and 172 S.) Leipzig 862, Gumprecht.

Westley, R. H., englisches Uebersetzungsbuch. Fortschreitende Uebungsstücke zum Uebersetzen aus dem Deutschen ins Englische. Leipzig 857. Roßberg. 8. (IV, 107 S.) 12 ngr.

Westley, Rob. H., englisches Uebersetzungsbuch. Fortschreitende Uebungsstücke zum Uebersetzen aus dem Deutschen ins Englische. 2. Aufl. Leipzig 865. Roßberg'sche Buchh. 8. (IV, 106 S.) 12 ngr.

—— **englisches Uebersetzungsbuch. Fortschreitende Uebungsstücke zum Uebersetzen aus dem Deutschen ins Englische. 2. Aufl. 8. (IV und 106 S.) Leipzig 867, Roßberg'sche Buchh.**

— erster Unterricht im Englischen. Ein praktischer Lehrgang, nach der Ahn'schen Methode, darauf berechnet, in möglichst kurzer Zeit englisch lesen, schreiben, sprechen und Gesprochenes verstehen zu lernen ꝛc. Mit einem Wörter-Verzeichniß zur Aussprache. Leipzig 859. Roßberg. gr. 8. (VI, 150 S.) 12 ngr.

—— **erster Unterricht im Englischen. Ein prakt. Lehrgang nach der Ahn'schen Methode, in möglichst kurzer Zeit englisch lesen, schreiben und verstehen zu lernen. Zum Schul-, Privat- und Selbst-Unterricht. 2., verb. Aufl. Hrsg. von Karl Albrecht. 8. (XIV und 150 S.) Leipzig 867, Roßberg'sche Buchh.**

Westley, Rob. H., erster Unterricht im Englischen. Ein praktischer Lehrgang nach der Ahn'schen Methode. Zum Schul-, Privat- u. Selbst-Unterricht. 3., verm. Aufl. Hrsg. von Karl Albrecht. 8. (XVI, 158 S.) Leipzig 877. Roßberg. n. 1. 20

Westley, Rob. H., erster Unterricht im Englischen. Ein prakt. Lehrgang nach der Ahn'schen Methode. Zum Schul-, Privat- u. Selbst-Unterricht. 4. verm. Aufl. Hrsg. v. Karl Albrecht. 8. (XII, 157 S.) Leipzig 884. Roßberg. n. 1. 20

Westly, s. Marie.

Westman, Jonas

Westman, J., Beobachtungsergebnisse v. sechs Ballonfahrten der schwedischen aeronautischen Gesellschaft. (23 S. m. 6 Taf.) 8. Uppsala 906. (Berlin, R. Friedländer & Sohn.) n.n. 3. —
Sonderabdr. a.: „Arkiv f. matematik, astronomi och fysik".

Westman, J., die Verteilung der Insolation in Schweden, s.a. Acta, nova, regiae societatis scientiarum Upsaliensis. IV, 2. VII.

Die Verteilung der Insolation in Schweden. Von J[onas] Westman. Mit 5 Taf. Upsala 1910: Akad. Buchdr. 24 S. 4°
(Nova Acta Reg. Societatis Scient. Upsaliensis. Ser. 4. Vol. 2, Nr 7.)

Westmann, G: Ueber das Friedrich Siemens'sche neue Heizverfahren mit freier Flammenentfaltung. Berlin 1886

Westmann, Nora

— Das Heideschloss. Novelle. (85 S.) 8. Ebd. 909. 1. —

Westmann, Nora, tief im Böhmerwald. Novelle. (80 S.) 8. Straßburg 909. J. Singer. — 80

Westmann, S., die Rechtsstellung des aus mehreren Personen bestehenden Vorstandes e. rechtsfäh. Vereins nach dem B. G. B., s.a. Studien zur Erläuterung des bürgerl. Rechts. 11. Hft.

Die Rechtsstellung des aus mehreren Personen bestehenden Vorstandes eines rechtsfähigen Vereins nach dem B.G.B. Ein Beitrag z. Theorie d. jurist. Person von S. Westmann. *Breslau: M. & H. Marcus 1903.* (39 S.) 8°
= Studien z. Erläuterung d. bürgerl. Rechts. H. 11.

Westmann, W., ornamentale Vorlagen, s.a. Originalien, wiener.

Westmann, Wlh., ornamentale Vorlagen. Herausgeg. von der Copir-Anstalt des nied. österr. Gewerb-Vereines. 1.—5. Hft. qu. gr. Fol. (20 Steindrucktaf.) Wien 845. (Müller.) à n. 27 ngl

Westmann, Wilh., ornamentale Vorlagen. 1—8. Heft. Wien (853.) J. Bermann. qu. gr. 8. Jedes Heft 5 ngr.

Westmorland, Countess of, s.: Burghersh, Lady.

Westmorland, v., Erinnerungen aus den ersten Feldzügen des Herzogs v. Wellington in Portugal u. Spanien. In d. Deutsche übertragen v. C. v. d. Gelts. gr. 8. (9⅞ B.) Berlin u. London 843, Asher u. Comp. *

— Memoiren, s. Burghersh.

—— Sendschreiben an den hochachtbaren Sprecher d. Hauses d. Gemeinen üb. die Anrechte d. römisch-kathol. Unterthanen Großbrittaniens, u. e. Briefwechsel des Papstes Pius VII. m. dem verstorb. König v. Neapel. A. d. Engl. übers. v. Rob. Bellson. gr. 8. (8 B.) Berlin 846, [C. H. Schultze.] *

— Sendschreiben an den hochachtbaren Sprecher d. Hauses d. Gemeinen üb. die Anrechte d. Römisch-Kathol. Unterthanen Großbrittaniens, u. e. Briefwechsel des Papstes Pius VII. m. dem verstorb. König v. Neapel. Aus dem Engl. übers. v. Revd. Rob. Bellson. gr. 8. Berlin 846, Wolff. n. 1/3 ngl

Wĕstnik wlády zemské w Králowstwi Uherském. (Landes-Regierungsblatt für das Königreich Ungarn.) Zwei Abtheilungen. 4. Zwangloses Erscheinen. (Slowakisch u. deutsch.) Ofen-Pesth 1855.

Westoldt u. sein Pflegesohn, v. A. G. Eberhard. 2 Bde. 8. Halle, Renger. 811.

Weston's, Thomas, Geschichte, von Georg Brewer, aus dem Engl. 2 Theile, 8. Leipzig, 792. Reinicke. 1 Rthl. 8 sgl.

Weston, Thomas, Gesch., a. d. Engl. des G. Brewer. 2 Thle. 8. Lpz. Hinrichs. 809. 1 8

Westoniae, Elisabeth Ioh., Opuscula, edita studio I. L. Kalckhoff, dicti Daum. 8. Frcft. 724.

West-Patagonische Gewässer [Schlagwort]

West-Patagonischen Gewässer, die, s.: Seekarten.

Westpersien [Schlagwort]

Westpersien, s.: Hand- u. Reisekarten. 51.

Westphal. – Justus Georg Westphal

—— Zur Erinnerung an ihn, s. Binswanger, O. — Moeli, C.

Westphal, Rudolf, geb. am 3. Juli 1826, gest. am 10. Juli 1892. (Von H. Gleditsch.) [Aus: „Biograph. Jahrb. f. Alterthumswissensch."] gr. 8. (52 S.) Berlin 895. S. Calvary & Co. n. 1. 50

Westphal, Behelfsvorrichtungen beim Sanitätsdienste im Felde, s.a. Bibliothek v. Coler-v. Schjerning.

Westphal. – Behelfsvorrichtungen beim Sanitätsdienste im Felde. (Vorwiegend nach Erfahrungen aus d. Hottentottenfeldzuge 1904/07.) Von Dr. Westphal, Oberarzt beim Garde-Füsilierreg. Mit 99 Textfig. Berlin: Hirschwald 1910. XII, 218 S. 8°
(Bibliothek v. Coler- v. Schjerning. Bd 29.)

Westphal, Theus Bloem, s.a. Missionsschriften, neue.

Westphal: Theus Bloem. Ein Kirchenältester unter d. Koranna-Hottentotten. Von Miss. Westphal. Berlin: Berl. ev. Missionsges. [1902]. (16 S.) 8°
Missionsschriften, Neue. 72.

Westphal: Zur Erinnerung an den 100jährigen Stiftungstag des Hannoverschen Pionier-Bataillons Nr. 10, 21. April 1904. Aufzeichn. aus d. Zeit d. Ingenieur-Korps d. Kgl. Dt. Legion u. d. Kgl. Hannov. Ingenieur-Korps. Minden i. W. ('04). 51 S.

WESTPHAL: Vom Gebrauche des Justinianischen Rechts im deutschen Staatsrechte u. der Privatrechtsgelahrtheit der erlauchten Personen in Teutschland 779. 4.

Westphal, Major, Geschichte der Stadt Metz. 3 Thle. gr. 8. Metz, Deutsche Buchh. *M 20.; geb. *
Inhalt:
Thl. 1. Bis zum J. 1552. (XII, 390 S.) 875. *M 6.
" 2. Bis zum J. 1804. (IX, 464 S. mit 1 lithogr. Plan der Stadt 1652 in qu. gr. Fol.) 876. *M 8.
" 3. Bis zum Frankfurter Frieden 1871. Mit 1 (lithogr.) Plane: Die Kriegsoperationen im Herbst 1870. (XX, 364 S.) 878. *M 6.

Westphal, Geschichte der Stadt Metz. 3. (Schluß-)Thl.: Bis zum Frankfurter Frieden 1871. Mit einem (lith.) Plane: Die Kriegsoperationen im Herbst 1870. gr. 8. (XX, 364 S.) Metz 878. G. Lang. n. 6. —
(cplt.: n. 20. —)

Westphal, Handbuch des Feldschanzenbau's für Offiziere und Unteroffiziere der Pioniere und Infanterie practisch bearb. 16. (39 S. mit 14 Tab. und 9 lithogr. Taf. in 4., gr. 4. und qu. Fol.) Glogau 868, (Reisner's Nachf.) [Berlin, Vossische Buchh.] *

--- Handbuch der Ortsbefestigung im Feldkriege für Offiziere der Infanterie u. Pioniere bearb. Ebend. 870. gr. 8. (VIII, 254 S. mit 12 lith. Plänen, wovon 7 color.) n. 1 ℛ 10 ngr.

Westphal, Major, Handbuch der Ortsbefestigung im Feldkriege, bearb. für Offiziere der Infanterie und Pioniere. 2. Aufl. gr. 8. (VIII, 211 S. mit 22 Stnt.) Metz 880, Deutsche Buchhandlung. *

Westphal, Metz vom Beginn des ersten französischen Kaiserreichs bis zu seiner Wiedervereinigung m. dem Deutschen Reich 1804—1871. (Geschichte der Stadt Metz. 3. [Schluß-] Tl.) (Neue [Titel-]Ausg.) gr. 8. (XX, 364 S.) Leipzig 894. G. Lang. n. 3. —

Westphal, Psychiatrie und psychiatrischer Unterricht. Rede, gehalten zur Feier des Stiftungstages der militär-ärztl. Bildungs-Anstalten am 2. Aug. 1880. gr. 8. (35 S.) Berlin 880, Hirschwald. *

Westphal, ...: „Wechselarbitragetabellen behufs der Beziehung oder Versendung von Wechseln von oder nach Amsterdam, Frankfurt a. Main, Hamburg, London, Paris, Petersburg und Wien", Manuskript, Berlin 1843. — Vorh.: Bibl. des Reichsbankdirektoriums Berlin.

Westphal, A.: Ba[illegible] und Ba[illegible]messungen. [illegible] (S.-A.) Zeitschrift für Instrumentenkunde 1885 und 1888.) Berlin 1885 u. 1888. 2 Bde. 56; 38 S. 8°.

Westphal, A., Generalregister, s. **Zeitschrift f. Instrumentenkunde.**

Westphal, A., s.: Lehrbuch der Psychiatrie.

Westphal, A. H. C.: Über die Bewegung für das Parallelogramm der Kräfte. Göttingen 1867. 43 p. Mit 3 Tfln
Schul-/Univ.-Schrift

Westphal, Albert Philipp (Greifswald) A. S. 283/33

Exercitatio academica de onere structurae aedium sacrarum atque parochialium in Pomerania praecipue Svethica. Präs. Emanuel Christoph von Essen. Greifswald (Struck) 23. XII. 1745. 64 S.

Gew.: Universität Greifswald. 36488

Westphal, Alexander [prakt. Arzt aus Berlin]: **Über Encephalopathia saturnina** . . . . Berlin, Buchdr. v. **Gustav Schade** (Otto Francke) (1888); 63 + 1 S. 8°
Berlin, Med. Fak., Inaug.-Diss. v. 16. Febr. 1888

Westphal, Alex., s.a. Es steht geschrieben!

Hrsg. im Auftr. I. K. H. der Großh. Luise von Baden. Es steht geschrieben! Sammlung von Bibelstellen zu Lehre, Ermahnung u. Trost. Übertr. aus d. franz. 'Il est écrit' des Prof. D. theol. Alex. **Westphal** mit Benützung d. Luther'schen Bibelübers. von Emilia v. Bunsen. Bielefeld & Leipzig: Velhagen & Klasing 1906. (X, 411 S.) 8° [F.] [illegible]

Westphal, Alex. Lud(ov.) (geb. Tilsit 11. 2. 1837): De morbo carbunculari. Berolini (1862). (32 S.) 8°
Berlin, Med. Diss. v. 11. Juli 1862

Westphal, Alfr., die Ausdehnungs-Coefficienten der Küstenvermessung. 4. (14 S.) Berlin 881, (Friedberg und Mode.) **

Westphal, Alfred: Handbuch für die Kriegervereine des Preußischen Landes-Kriegerverbandes. Von Geh. Reg. R. Prof. Dr. —. 2., neu durchges. Aufl. Berlin: Preuß. Landes-Kriegerverband 1907. (224 S.) 8°

Westphal, Alfred: Handbuch für die Kriegervereine des Preußischen Landes-Kriegerverbandes. Von Ghe. Reg. R. Prof. Dr. —. 3., neubearb. u. erw. Aufl. Berlin: Preuß. Landes-Kriegerverband 1909. 314 S. 8°

Kriegervereine und Arbeitervereinigungen. Von Prof. Dr. A[lfred] **Westphal.** (Berlin 1909: Vaterländ. Verl.- u. Kunstanst.). 24 S. 8° [Kopft.] [illegible]

Westphal, A. (I.). Kriegervereine gegen Sozialdemokratie. Ein Mahnwort an die gebildeten Stände. Hrsg. vom Vorstande d. Deutschen Kriegerbundes. gr. 8. (32 S.) Berl. 891, (Funcke u. Naeter). — 50

Westphal, Alfred: Kriegervereine gegen Sozialdemokratie. E. Mahnw. an d. gebildeten Stände v. Prof. Dr. , Hauptm. d. Landw.-Inf. 2., gänzl. umgearb. Aufl. Hrsg. v. Vorst. d. Preuss. Landes-Kriegerverb. Berlin: Selbstverl. d. Preuss. Landes-Kriegerverbandes 1899. (20 S.) 1 Bd 8°

Das Deutsche **Kriegervereinswesen,** seine Ziele u. seine Bedeutung für d. Staat. Von Prof. Dr. A[lfred] **Westphal,** Hauptm. d. Landw.-Inf. *Berlin: Preuß. Landes-Kriegerverb. 1903.* (30 S.) 8° [F.] [illegible]

Das deutsche Kriegervereinswesen, seine Ziele und seine Bedeutung für den Staat. Von Prof. Dr. A[lfred] **Westphal.** 2. neu durchges. Aufl. Berlin: Preuß. Landes-Kriegerverband 1906. 32 S. 8° [illegible]

Westphal, A., das Mittelwasser der Ostsee bei Travemünde etc. in den J. 1882/97, s.a. Veröffentlichung des königl. preuss. geodät. Institutes. N. F. 2.

Westphal, Alfred (Bearb.): Das Mittelwasser der Ostsee bei Travemünde, Marienleuchte, Wismar, Warnemünde, Arkona und Swinemünde in den Jahren 1882—1897. Bearb. von . Mit 2 Taf. Berlin: Stankiewicz 1900. 143 S. 4°
(Veröffentlichung d. Kgl. Preuß. Geodät. Institutes. N. F. Nr. 2.)

[**Westphal,** Alfred]: * Mittheilungen über chinesische und japanesische Mathematik. 60 [vielmehr: 57] S. 4° (2°) [Kopft.].
[Halle-Wittenberg, Phil. Diss. v. 19. März 1877]
Geb. [Lendesdorf (Rheinprov.) 1. 8. 1850]
Nicht für den Austausch.
„Als die Diss. inaug. vertretend wurden angenommen seine gedruckten Beiträge zur Gesch. der Arithmetik der Japaner und Chinesen."
Die Arbeit bildet eine mit 2¾ S. einleitenden Worten versehene Zusammenstellung der vom Verf. zuerst eingereichten gedruckten 4 Aufsätze

1. Ueber die chinesisch-japanische Rechenmaschin[e]. 8 S. Aus: Mittheilungen der deutschen Gesellschaft für Natur- und Völkerkunde Ostasiens zu Tokio (früher Yeddo). Bd. 1 (H. 1—10) Yokohama 1873/76. 4° H. 8 S. 27—35.
2. Ueber das Wahrsagen auf der Rechenmaschine. (1875) 2 S. Aus: ebd. H. 8 S. 48—49.

Westphal, A.: Untersuchungen über den selbstregistrierenden Universalpegel zu Swinemünde, System Seibt-Fuess. Mitteilung aus dem Königl. Geodätischen Institut zu Potsdam. (S.-A.) Zeitschrift für Instrumentenkunde 1895. Heft 6. S. 193—203.) (Berlin 1895.) 11 S. 8°.

—— Winkel und Seitengleichungen. Ueber die Beziehung der bei der Stations-Ausgleichung gewählten Null-Richtung von Wilh. Werner. 4. (28 S.) (Ebendas.) 880. **

Westphal, Andr. [Praes.], s. Ackermann, Jo. Ge.: De epilepsiae motuumque . . . causis praecipuis.

Andr. **Westphal** diss. sistens aliquas animadversiones medicas circa potiora quaedam momenta in passione Salvatoris occurrentia. Gryphiswald. 1761. 4.

Westphal, Andr., Diss. de apoplexia atrabilaria. Gryph. 4°. 1767

—, De epilepsiae motuumque convulsivorum infantum praecipuis caussis. Gryph. 4°. 1756

Westphal, Andr., Diss. de curatione morborum vel vulnerum sympathetica. Gryph. 4°. 1756

Westphal, Andr., resp. **Voigt,** De animi deliquiis. Gryph. 4°. 1764

(**Westphal, Andr.**) Kurtzer u. gründl. Entwurff (Bericht) der 15jährigen Campagnen S. M. Carls XII. (220.) 8. Lunden (Hamburg) 1716.

Westphal, Andr., De irritabili. Gryph. 4°. 1772

—, resp. Chr. Henr. **Klatt,** De medelis quibusdam, quae parantur apoplexiae, suspectis et noxis, partim sanantibus. Gryph. 4°. *Baldinger,* Ausg. I, 72. 1767

1767

Westphal, Andreas [Praes.], s. Overkamp, Timotheus Christian Wilhelm: Diss. acad. sistens succinctas aliquas animadversiones medicas circa potiora quaedam momenta in passione optimi maximi servatoris occurrentia.

Andr. Westphal progr. de peritia Aristotelis anatomica inprimis num cadavera secuerit humana. Gryphiswald. 1745. 4.

Westphal, Andreas [Praes.], s. Ribe, Evald: De limitandis laudibus medicamentorum aluum solventium.

Westphal, Arth., der preßgesetzliche Berichtigungszwang. (§§ 11, 19 Ziffer 3 Reichspreßgesetz.) Nach histor. u. krit. Gesichtspunkten. (VIII, 131 S.) 8. Berlin 909. Puttkammer & Mühlbrecht. 2. 40

Westphal, Arthur [aus Nagasaki in Japan]: Zur Kenntnis einiger Tetramethylstiboniumverbindungen ... Berlin, C. Vogts Buchdr., *1895;* 55 S. 8.
Berlin, Phil. Fak., Inaug.-Diss. v. 2. März 1895

Westphal, Aug., Belisar. Ein Trauerspiel in 5 Aufzügen. 8. (II, 114 S.) Berlin 880, [Kamlah'sche Buchh.] G. Nauck. *

Westphal, Aug. Über Schulhygiene. S. 5—36. **Progr.** *Schleiz* 1881.

Westphal, C., über combinirte [primäre] Erkrankung der Rückenmarksstränge. Mit 3 lith. (zum Thl. farb.) Taf. [Aus: „Archiv f. Psychiatrie u. Nervenkrankh."] gr. 8. (114 S.) Berlin 879. Hirschwald. n. 4. —

Westphal, C. C., Anleitung zur Kenntniß d. Schaafwolle u. deren Sortirung. 8. (6½ B.) Berlin 830, (Amelang.)

Westphal, C. C., der Woll-Ausgangszoll im Interesse der Wollproducenten, Fabrikanten u. Wollhändler. gr. 8. (16 S.) Berlin 848, Amelang'sche Sort.-Buchhandlung. (Gärtner.) 3 ngr.

Westphal, C. F., evangelische Dichtungen. 8. Götting. 815. (Vandenhöck u. R.). 14 gl

Westphal, Carl, s. Westphal, Karl

Westphal, Chr., christliches Vergißmeinnicht auf dem Lebenswege. 12. Aufl. (384 S.) 16. Stuttgart (904). K. Daser. Geb. in Leinw. m. Goldschn. n. 1.—

Westphal, Ernst Christian

Westphal, Er. Chr., († d. 29. Nov. 1792.) 15 einzeln herausgekommene, nunmehr aber zusammengebrachte rechtliche Abhandlungen, aus verschied. Theilen der Rechtsgelahrtheit. 1e u. 2e Samml. 4. Halle 778—91. Hendel. à 16 gl 1 Rthlr 8 gl (1. Samml. enth.: 1) von den Pertinenzstücken eines verkauften Hauses. 778. 2 gl 2) Bestärkung d. Meinung, d. herrschaftl. Forderungen, nach e. Vertrag, zwar mit e. stillschweig., doch nicht privilegirt. Hypothek versehen sind. 778. 2 gl 3) von der Wirkung einer Erbverzicht, in Absicht d. Nachkommen. 788. 2 gl 4) von der Rechtskraft d. Codicille, welche in e. daneben vorhandenen Testamente bestätigt sind. 778. 2 gl 5) von der Uebergabe u. Belehnung. 779. 2 gl 6) von dem Anfall des Heirathsguts bei Trennung der Ehe. 779. 2 gl 7) von dem Gebrauch d. justinian. Rechts in dem deutschen Staatsrechte u. der Privatrechtsgelahrtheit d. erlauchten Personen des deutschen Reichs 779. 2 gl 8) von der Verpfändung fremder Güter. ... 2 gl II. Samml. enth.: 1) von den Vermächtnissen, die nicht auf gewisse Sachen od. Summen, sond. auf e. Theil d. Nachlass. überhaupt gerichtet sind. 780. 2 gl 2) von den Gerechtsamen der deutschen Reichsstände in Kirchensachen. 780. 2 gl 3) von dem rechtl. Beweise einer Verneinung. 781. 2 gl 4) von d. Handel üb. künft. ungewissen Gewinnst. 785. 2 gl 5) von der Gültigkeit einer Handlung, d. ein Anwald in Vollmacht verrichtet. ... 2 gl 6) Fälle, in welche d. Eigenthümer eine in eine dritte Hand gedieh. Sache entweder gar nicht oder nicht unentgeldlich abfordern kann. 787. 3 gl 7) ob ein ohne die vorgeschrieb. Form gemachtes Testament, das vorhanden gewesen, im außerordentlichen Nothfall gültig sei. 791. 2 gl)

Westphal, Ernst Chr.: Acht (Samml. 2.:) sieben einzeln herausgekommene nunmehro aber zusammengebrachte Rechtliche Abhandlungen aus verschiedenen Theilen der Rechtsgelahrheit. Samml. 1. 2. Halle 1779—1821.

Westphal, Er. Chr., systemat. Anleitung z. Kenntniß der besten Bücher in d. Rechtsgelahrtheit u. in den damit verbund. Wissenschaften. 8. Leipz. 774. 2e verm. Aufl. 779. 3e A. umgearb. u. verm. v. Jh. S. Gruber. 8. Ebd. 791. Weygand. 1 Rthlr 12 gl

Westphal, E. Chr.: Atrium jur. univ. praes. civ. *Hal.* 766. 8. (4 Gr.)

Westphal, Ernst Christian [Praes.], s. Barckhausen, Heinr. Ludw. Wilibald: De indole bonae fidei in praescriptionibus.

Westphal, Ernst Christian [Praes.], s. Conradi, Anton Conrad Gustav: Quaestion. juris privati, an legatum, cui modus dotis constituendae adjectus, modo non impleto, corruat?

— conspectus scientifico-litterarius pandectarum Heineccianarum. 8. Halle 760. Kümmel. 3 gl

— conspectus scientifico-litterar. Pandectarum Schaumburgianarum, publicis praelect. accommodatus. 8. Halle 760. Kümmel. 5 gl

— hermeneut.-systemat. Darstell. d. Rechte v. Vermächtnissen u. Fideicommissen, deren Bestimmung, Ungültigkeit, Aufhebung, Accretion, Transmission, Quarten, Cautionen, Erklärungen u. Rechtsmittel, ingleichen von Codicillen. 2 Bde. gr. 8. Leipz. 791. Weygand. 3 Rthlr 18 gl

— de effectu feloniae vasalli quoad successores feudales, praeter legitimos, et effectu feloniae successorum feudalium, quoad alios successores feudales. 4. Halle 757 Rec. 779.

Westphal, Ernst Christian (Quedlinburg)
U. S. Halle 1757/5

Dissertatio iuris feudalis de effectu feloniae vasalli quoad successores feudales legitimos innocentes.
Präs. Daniel Nettelbladt.
Halle (Hilliger) 2. VII. 1757. 51 S.

Gew.: Johann Nitzsch.
W. v.: Präs., Johann Philipp Carrach, Christian Ludwig Liberoth (Opp.). 36490

Westphal, Ernst Christian (Quedlinburg) A. S. 115/13

Dissertatio iuris feudalis de effectu feloniae vasalli quoad successores feudales legitimos innocentes. Präs. Daniel Nettelbladt. Rec. Halle (Hendel) 1779. 50 S.

Diss. 2. VII. 1757.
W. v.: Präs., Johann Philipp Carrach.

36491

Westphal, Ern. Chr.: Exercitationum academicarum ad materias diversas juris pertinentium fasc. de annis 1757—1764. Halae ad Salam 1779.

— exercitationum academicarum ad materias diversas juris pertinentium, fasciculus de ann. 1757 — 1764. X Dissertationes continens, cum indice. 4. Halle 780. Hendel. 10 gl

Westphal, E. Chr.: Fälle, in welchen d. Eigenthümer seine in eine dritte Hand geliehene Sache entweder gar nicht oder nicht unentgeldlich abfordern kann. 2. Aufl. *Halle*, Hendel. (787.) 821. 8. (4 Gr.)

(—) Gedanken von d. Wirkung d. Eingehens u. Aufhebens kathol. Klöster in Ansehung d. Protestanten in Deutschland rc. 8. Halle 784.

— Grundsätze von rechtl. Beurtheilung d. aus Hitze des Zorns unternomm. erlaubten u. unerlaubten Handlungen. 4. Halle 784. Renger. 4 gl

Westphal, Ernst Christian [Praes.], s. Guenther, Nicolaus Joseph: De consortibus et adjutoribus criminum eorumque poena et noxa, secundum leges Germaniae criminales generatim.

— institutiones juris civilis de libertate et servitutibus praediorum artis ordine digestae. 8maj. Leipz. 775. Weygand. 1 rthl 16 gl

— institutiones juris naturalis, artis ordine digestae et ab arbitrariis fori sentent. purgatae. 8maj. Leipz. 776. Weygand. 20 gl

Westphal, Ernst Chr.: Interpretationes iuris civilis, de libertate et servitutibus praediorum, artis ordine digestae. Lipsiae 1773.

Westphal, E. Ch.: Interpret. jur. civ. de libertate et servitutt. praediorum artis ord. dig. *Lpz.*, Weygand, (Gebhard u. Reisland.) 775. 8. (1 Thl. 16 Gr.)

Westphal, Ern. Chr.: De iure singulorum. Progr. Halae 1757.

— systemat. Commentar über die Gesetze von Vorlegung u. Eröffnung der Testamente, Annehm. u. Ablehn. d. Erbschaft, den Rechten u. Pflichten d. Erben, auch dess. possessor. u. petitor. Rechtsmitteln. gr. 8. Leipz. 790. Weygand. 1 rthl 4 gl

— Deutschlands heutiges Criminalrecht in wissenschaftl. geordn. u. mit prakt. Ausarbeitungen bestärkten Abhandl. u. Anmerk. über dessen wichtige Gegenstände. gr. 8. Leipz. 785. Weygand. 2 rthl 12 gl

— Deutschlands heutiges Lehnrecht, in wissenschaftl. geordn. und mit prakt. Ausarbeitungen bestärkte Abhandll. u. Anmerkk. über d. wicht. Gegenstand. gr. 8. Leipz. 784. Weygand. 1 rthl

Westphal, Ernst Chr.: Lehre des gemeinen Rechts vom Kauf, Pacht, Mieth- und Erbzinskontract, der Cession, auch der Gewähr des Eigenthums und der Mängel. Leipzig 1789.

— Frankfurt u. Leipzig 1791.

— Lehre des gemeinen Rechts von Kauf-, Pacht-, Mieth- u. Erbzinscontrakt, d. Cession, auf d. Gewähr. d. Eigenthums u. der Mängel. gr. 8. Leipz. 807. Weygand. 2 rthl 8 gl

Westphal, Ernst Christian [Praes.], s. Marck, August Christian: De veris initiis circulorum imperii.

— meditationes philosophici et theologici argumenti quibus addita est beati J. P. Müller et beati J. Nitzschii delin. effigies. 8. Leipz. 790. Weygand. 8 gl

Westphal, Ernst Christian [Praes.], s. Mayer, Johann Justus Georg: De conditione potestativa institutioni liberorum adiecta.

— orationes duae. Altera de orthodoxia religionis etc. altera de vera Dei cognitione etc. 8. Halle 788. Gebauer. 3 gl

— das deutsche u. reichsständ. Privatrecht in wissenschaftl. geordn. u. mit prakt. Ausarb. bestärkt. Abhandl. u. Anmerkk. üb. dess. wichtige Gegenstände. 2 Thle. 8. Leipz. 783, 84. Neue (2e) Ausg. 798. Weygand. 2 rthl 16 gl

— öffentl. u. Privatrechtsgutachten u. ausgesuchte Erkenntnisse des bürgerl. Rechts rc. 2 Bde. gr. 4. Leipz. 792. Weygand. 4 rthl 16 gl

Westphal, Ernst Chr.: Programm von den Gerechtsamen der teutschen Reichsstände in Kirchensachen. *Halle*. 780. 4.

— Diss. sistens quaestiones juris privati: an legatum, cui modus dotis, adjectus modo non impleto, corruat? 4. Leipz 790.

— Rettung d. Vollkommenheiten Gottes bei d. Uebel in d. Welt; ein Lehrgedicht. gr. 8. Halle 792.

(—) Spuren d. göttl. Regierung in d. Leben u. Absterben des den preuß. Staaten durch den Tod entrissenen großen Königs Friedrich. 8. Leipz. 786.

— Deutschlands heutiges Staatsrecht, in wissenschaftl. geordn. u. mit prakt. Ausarbeit. bestärkten Abhandl. u. Anmerkk. über dess. wicht. Gegenstände. gr. 8. Leipz. 784. Weygand. 1 rthl 12 gl

— System d. Lehre von den einzelnen Vermächtnißarten u. d. Erbtheilungsklagen, mit seiner Biographie, von G. C. E. Westphal. gr. 8. Leipz. 793. Weygand. 1 rthl 16 gl

— System d. röm. Rechts, üb. d. Arten der Sachen d. Besitzers, das Eigenthum u. über die Verjährung. gr. 8. Leipz. 787. Weygand. 2 rthl 8 gl

Westphal, Ernst Chr.: System des Römischen Rechts über die Arten der Sachen, Besitz, Eigenthum, und Verjährung. Leipzig 1788.

— 2. Ausg. 1803.

Westphal, Er. Chr., Theorie des röm. Rechts v. Testamenten, deren Erblasser u. Erben, ihrer Form u. Gültigkeit. gr. 8. Lpz. 789. Weygand. 2 ₰ 12 gl.

WESTPHAL, E. Ch.: Theorie d. Röm. Rechts v. Testamenten, deren Erblasser u. Erben, Form u. Gültigk. *Lpz.*, Weygand. 790. gr. 8. (2 Thl. 12 Gr.)

— die Tortur der Griechen, Römer u. Deutschen, eine zusammenhängende Erklärung d. davon redenden Gesetze. gr. 8. Leipz. 785. Weygand. 8 gl.

— der Vater des Vaterlandes, ein Gemälde von Friedrich Wilhelm II. 4. Halle 787. Heller. 4 gl.

— Versuch e. systemat. Erläuterung d. sämmtl. römischen Gesetze v. Pfandrechte. gr. 8. Leipz. 770. 2e A. 791. 3e A. 801. Weygand. 1 ₰ 8 gl.

Westphal, Ernst Friedrich Eugen, s. Westphal, Eugen

Westphal, Ernst Joachim

Westphalen, Ern. Ioach. de, de consuetudine ex sacco et libro in Germania praesertim in Megapoli. 8. Rostock. 726.

Westphal, Ernst Joachim A. S. 313/14

Schediasma epistolare de patriae academicarum defectibus et praerogativis in iurisprudentia cum privata tum publica.
Halle (Gruner) 1722. 119 S.

Gew.: Friedrich Tauner. 36493

Westphal, Ernst Joachim [Praes.], s. Eggerdes, Johann Heinrich: De stoa jureconsultorum Romanorum ejusque historia & ratione.

Ernesti Joachimi de **Westphalen**, Schediasma de fatis rei diplomaticae Cimbricae ejusque utilitate et controversiis. Siehe in: Monumenta anecdota etc. rec. Jo. Carolus Henricus Dreyer. T. 1. Lubecae et Altonae. 1760. 4° k.

Westphal, Ernst Joach.: Meditatio pragmatica de fatis atque usu studii juris feudalis in Germania Vom Glück und Gebrauch des Lehn-Rechts in Deutschland. Ed nov. Vitembergae [nach 1724].

Westphal, Ernst Joachim [Praes.], s. Fischer, Christian Friedrich: De origine et fontibus juris Lubecensis ejusque usu, autoritate, elogio et subsidiis.

(WESTPHALEN, E. Joach.:) Rechtl. Grenzen d. Unverletzlichk. d. Gesandten u. deren übrigen Privilegien. *Hamb.* 748.

— de juris romani indole et obligandi diversa ratione. 4. Rostock. 726

Westphal, Ernst Joachim: De indole practica juris Lubecensis in civitatibus Mecklenburgicis. Praeside Ernesto Ioachim Westphal publice disseret Christophorus Heinricus Westphal. 1728. Rostochii. 1728. 4° k.

— Leben Carls XII. Königs in Schweden. 8. Greifswalde. 729.

Westphal, Ernst Joachim [Praes.], s. Möller, Johann Peter: Specimen positionum juris Romani dissonantis a jure Germanico communi et Mecklenburgico. sigillatim I) In consensu connubiali et potestate matris. II) In matrimonio coacto, emancipatione et dote. III) In dissentiente patre praeter causam. IV) In conjugiis hominum propriorum et ictione nobilium.

— Monumenta inedita Rerum Germanicarum praecipue Cimbricarum et Megapolensium c. fig. aen. IV Tom. fol. Lips. Fritsch. 739—45.

Westphal, Ernst Joachim (Schwerin) A. S. 257/8

Disquisitio inauguralis de genuina origine potentatus principum in imperio S. R. Germanico.
Präs. Christian Wildvogel.
Jena (Müller) 26. VII. 1721. 74 S.

36492

— de origine et medela corruptae jurisprudentiae. 8. Sundii, Schwecht. 727.

Westphal, Ern. Jo.: De distincta practica ratione in jure privato Romano-Germanico. Prog. Neo-Brandenburgici et Lipsiae 1724.

— de distincta practica ratione in jure privato rom. germ. 4. Sundii. 724.

— de juris romani et germanici distincta tractatione, origine, ratione, et fructu in theoria et praxi. 8. Sundii. 727.

Westphal, Ernst Otto, Referendar: Verpflichtungen des Gläubigers gegenüber dem Bürgen nach altem und neuem Recht. Borna-Leipzig 1906: R. Noske. (VII, 58 S.) 8° [J.]
Breslau, Jur. Fak., Ref. Leonhard-Beyerle, Diss. v. 17. März 1906
[Geb. 16. Dez. 79 Striegau; Wohnort: Beuthen O.-S.; Staatsangeh.: Preußen: Vorbildung: Gymn. Oppeln Reife O. 99; Studium: Freiburg i. B. 1, Breslau 6 S.; Rig. 28. Nov. 02.]

Westphal, (Ernst Friedr.) Eugen (geb. Breslau 10. 3. 1856): Ueber Mastzellen. Berlin (1880). (39 S.) 8°
Berlin, Med. Diss. v. 31. Jan. 1880

Westphal, F., s.: Bundeskalender.

Das Mewenschiefsen zu Schleswig. F. B. **Westphal** pinx. E. Lehmann lithogr. Em. Baerentzen & Co. lithogr. Inst. [Kopenhagen.] o. J. 1 Bl. Imp.-Fol. 55/72 cm.

WESTPHAL, F. Ch.: System d. röm. Rechts üb. d. Arten d. Sachen, Besitz, Eigenth. u. Verjährung. *Lpz.* Weygand. 788. gr. 8. (2 Thl. 8 Gr.) (*Bamb.*, Göbhard. 791. 8.)

Westphal, Fr. A., Mittheilung üb. d. Unterr. u. die Erzieh. d. Zöglinge d. Taubstummen-Instituts (z. Braunschweig), s. Mansfeld.

—— Predigt bei Eröffnung d. allgem. Landtags am 30. Sept. 1831, vor d. versammelt. Ständen d. Hrzgth. Braunschweig in d. Hof- u. Domkirche gehalten. 8. (2 B.) Braunschweig, (Vieweg.)

Westphal, Fr. W., De mente, morborum participe. 39 pp. Erl. 4°. 1795

Westphal, Franz [aus Stadtgrube Senftenberg N. L.]: Beiträge zur Kenntnis der molybdaensauren Salze ... Berlin, C. Vogts Buchdr., *1895*; 60 S., 2 Bl. 8.
Berlin, Phil. Fak., Inaug.-Diss. v. 23. Jan. 1895

WESTPHAL, Franz (Hamburg): Die klinische Diagnose der Grawitzschen Tumoren.- München: Kastner & Callwey 1910. 59 S.- S.-Abdr.aus: Annalen der städtischen allgemeinen Krankenhäuser zu München. Bd.14.
11.5.1911 - Chr 1910/11,26; U 11.5768
Diss. Ingolst.-Landsh.-Mchn.

Westphal, Franz, a. Schwerin i. M.: Über die Vorgänge in Induktorien. Rostock 1905: Adlers Erben. (58 S.) 8°
Rostock, Phil. Fak., Ref. Wachsmuth, Diss. v. 10. Juni 1905
[Geb. 14. Nov. 81 Schwerin; Wohnort: Rostock; Staatsangeh.: Mecklenburg-Schw.; Vorbildung: Realgymn. Schwerin Reife O. 00; Studium: München 5, Rostock 6 S.; Rig. 29. April 05.]

Westphal, Friedrich

Westphal, F., zur Erinnerung an Fürst Georg den Gottseligen zu Anhalt, s.a. Schriften des Vereins f. Reformationsgeschichte.

Zur Erinnerung an Fürst Georg den Gottseligen zu Anhalt. Zum 400jahr. Geburtstage am 15. Aug. 1907 von F[riedrich] **Westphal**, Pfarrer in Dessau. Leipzig: Ver. f. Reformationsgesch. 1907. (93 S.) 8° [F.]
— **Schriften** d. Vereins f. Reformationsgeschichte. No 95. 07. 1354: 4

— Georg der Gottselige, Fürst zu Anhalt. Vier Bilder aus seinem Leben. Festbüchlein f. Schule u. Haus zum 400jähr. Geburtstage am 15. VIII. 1907. (31 S.) 8. Dessau 907. A. Haarth. p — 20

— Fürst Georg der Gottselige zu Anhalt. Sein Werden u. Wirken. Ein Beitrag zur Reformationsgeschichte. Zum 400jähr. Geburtstage am 15. VIII. 1907. (VIII, 238 S.) 8. Ebd. 907. 3. —

— s.: **Hilfskalender f. Helfer u. Helferinnen an evang. Sonntagsschulen u. Kindergottesdiensten.**

Westphal, F., Kinder-Hosianna. Liederbuch f. die evangel. Sonntagsschulen od. Kindergottesdienste. 12. (48 S.) Dessau 894. P. Baumann. n. — 10

s. Kinder-Kalender f. die evang. Sonntagsschulen.

Westphal, *Friedrich* Die Präpositionen bei Xenophon (im besonderen ἀνά, πρό, ὑπέρ, ἀμφί, ἀντί, μετά, σύν). 4 (21 S.)
Progr. G. *Freienwalde a. O.* 1888 (73)

Westphal, *Friedrich* [Dr.]: Die Präpositionen bei Xenophon. (Forts d. P-Beil. 1888.) Freienwalde a. O., Buchdr. v. J. Linke, 1891: S. 1—19; 4°
Freienwalde a. O., k. G, OP 1891 (75)

Westphal, Friedrich, (Prof. Dr.): Die Präpositionen bei Xenophon. 3. *Freienwalde a. O. 1903: E. Pilger.* (14 S.) 4°
¶ [Forts. d. P-Beil. 1888, 1891.]
Freienwalde a. O., k. G. OP 1903 (78)

Westphal, F. Fürst Wolfgang v. Anhalt. Bilder aus seinem Leben. Festbüchlein f. Schule u. Haus zum 400jähr. Geburtstage am 1. Aug. 1892. 1.—12. Aufl. 8. (31 S.) Dessau 892, Baumann. * — 20

Westphal, F., das Wort vom Kreuz. Passionspredigten in Orig.-Beiträgen v. F. Ahlfeld †, W. Baur, H. A. Bayer etc. 8. (VI, 256 S.) Bremen 885. Müller. n. 2. 80; geb. m. Goldschn. n.n. 4. —

Genre-Bilder in Bildern und Tönen, v. Fritz **Westphal**; hrgg. v. Sophie Westphal. Schleswig. 1852. 4°k.

Westphal, G., Sansibar u. das deutsche Ost-Afrika, s.a. Universal-Bibliothek, geographische.

Westphal, G., Sansibar und das deutsche Ost-Afrika. [Geographische Universal-Bibliothek. Nr. 14/16.] Weimar o. J.

Westphal, G., Skizzen aus Afrika, s.: Universal-Bibliothek, geographische.

Westphal, Gabriel (Stockholm) A. S. 339/2

Dissertatio theologica de vocatione ministrorum ecclesiae mediata. Präs. Michael Müller. Rec. Tübingen 1729. 22 S.

Diss. 15./16. V. 1691. **36494**

Westphal, Geo., Grundsätze des Bankwesens u. Bemerkungen über den Entwurf der Statuten der Leipziger Bank. gr. 8. Chemnitz 838. Expedition des Gewerbeblattes. 3/8 ℛ

Westphal, Geo., Grundsätze d. Bankwesens u. Bemerkn. üb. d. Entwurf d. Statuten d. Leipziger Bank. gr. 8. (1½ B.) Chemnitz 838. [Leipzig, J. C. Senf.]

Westphal, Georg Christian Erhard

— Christenthum ist Vereinigung d. guten Menschheit. Eine Gastpredigt am 4. Juli 1802 im Münster zu Ulm gehalten. gr. 8. Ulm, Wohler. 1½ gr

s. Geschichte d. Pariser Bibliothek.

Westphal, G. Chr. E., s.a. Wilh. Edelwald.

EDELWALD, Wilhelm, (od.) die Geschichte eines verlohrnen (sic!) Sohnes (von *Geo. Chrn. Erhard Westphal*). 2 Bde. Mit TKpfrn. v. Chodowiecki. Leipzig, Weygand, 1780. 8°. (In Oettingen, Fürstl. Bibl.)
Zahm. I: Tit., 4 Bll. Vorr. u. 487 SS. II: Tit., 2 Bll. Vorr. u. 438 SS. — Anon.-Lex. II. p. 3 (nach Jördens, Engelmann, Kayser, Meusel).

s. Livius, röm. Geschichte.

s.a. Portraits.

PORTRAITS. 2 Thle. (76 Prosa-Satyren von *Georg Christian Erhard Westphal.*) Mit 2 TKpfrn. von Chodowiecki (der zu 2 Originalstich. Engelmann 393; der zu 1 Copie von Geyser). Leipzig, Weigand, 1779—81. 8°. (4 Mk. M. Edelmann, Nürnb., 1907; 15 Mk. Frdr. Meyer, Lpz., 1906.)
280 u. 295 S. excl. Vorst. u. Reg. — Der Tölpel, Witzling, Renomist, Stutzer, Pedant, Knauser, Schmutzfink. — Die Eitle, Affectirte, Medisante, Herkules unter Weibern, Koketterie, Damenstolz, Sprödigkeit, Vorbereitung zur Ehe, Eifersucht. — Das Mädchen von Smirna. (Novellistische Skizze.)
Vgl. üb. dieses geschätzte Werk Wachler, Literaturgesch., 1834; Goedeke IV, 222, 68.

— Predigten üb. e. Reden Jesu. gr. 8. Dessau 783. Gelehrten-Buchh. 20 gr

Westphal, Geo. Chr. Ehrh., († d. 2. Dec. 1808.) Predigten an den Sonn- u. Festtagen des ganzen Jahres, mehrentheils über die gewöhnlichen kirchl. Abschnitte. 2 Bde. gr. 8. Berl. 795. (Reimer). 2 ℛ 16 gr Schreibp. 3 ℛ

— Predigten üb. e. Sonn- u. Festtagsabschnitte. gr. 8. (Halle). 788. Schwetschke u. S. 1 ℛ

— christlicher Religionsunterricht, f. d. fähigere Jugend. 8. Halle 801. Kümmel. 10 gr weiß Pap. 12 gr

— s.a. **Streifereien im Gebiete der Menschheit.**

STREIFEREYEN im Gebiete der Menschheit durch die große, mittlere und kleine Welt (von *Georg Christian Erhard Westphal*). Theil 1. (einz.). Leipzig, Weygand, 1782. 8°. (2/3 Rthl.)
Anon.-Lex. IV. p. 127 (nach Jördens, Kayser, Engelmann). — Selten!

— s. Valerius Maximus.

— s. C. C. Westphal, System d. Lehre von d. einzelnen Vermächtnissen.

Westphal, Godofred(us) Ferd(inandus): De uteri scirrho. Halae (1819): Hendel. 40 S. 8°
Halle-Wittenberg, Med. Diss. v. 12. Juli 1819
Geb. Halle a. d. S. 1792 [vielmehr: 16. 8. 1791]. V.

Westphal, Gust., „Hauptmann v. Köpenick". Tragikomödie in 4 Handlgn. u. e. Soldaten-Intermezzo. (54 S.) 8. Danzig (906). (Berlin, M. Böhm.) n. 2. —

'Hauptmann v. Köpenick'. Tragikomödie in 4 Handlungen u. 1 Soldaten-Intermezzo von Gustav **Westphal**. Danzig: G. Macholz [1906]. (53 S.) 8° [F.] [08. 5690

Westphal, Gust., die Ostmark. Drama in 3 Akten. (48 S.) 8. Danzig (907). (L. G. Homann.) 1.50

Die Ostmark. Drama in 3 Akten von Gustav **Westphal**. Danzig: G. Macholz [1907]. (48 S.) 8° [F.] [07. 6832 10

Westphal, Gustav *(geb. Wang im Riesengeb. 4.7.1856)*: Ueber eine Parameterdarstellung der Raumcurve 4. Ordnung (erste Art) und das auf dieselbe bezügliche Integral. Breslau 1876. (29 S.) 8°
Breslau, Phil. Diss. v. 10. Okt. 1876

Westphal, Gustav, cand. theol. aus Celle i. Hann.: **Untersuchungen über die Quellen und die Glaubwürdigkeit der Patriarchenchroniken des Mari ibn Sulaiman, 'Amr ibn Matai und Ṣaliba ibn Joḥannan. Abschnitt 1: Bis zum Beginn des Nestorianischen Streites.** *Kirchhain N.-L. 1901: M. Schmersow.* (170 S.) 8°
Strassburg, Phil. Diss. v. 1900

Westphal, Gust., Untersuchungen über die Quellen u. die Glaubwürdigkeit der Patriarchenchroniken des Mārī Ibn Sulaimān, 'Amr Ibn Matai u. Saliba Ibn Johannān. I. Abschn.: Bis zum Beginn des nestorian. Streites. Diss. gr. 8. (170 S.) Kirchhain 901. (Berlin, Mayer & Müller.) n. 2. 50

Westphal, Gustav, Dr. phil.: Die **Vorstellungen von einer Wohnung Jahwes nach den alttestamentlichen Quellen.** T. 1. *Marburg 1903: H. Bauer.* (65 S.) 8° ¶ (Erscheint demnächst vollst.)
Marburg, Theol. Diss. v. [17. Okt.] 1903

Westphal, Gust., Jahwes Wohnstätten nach den Anschauungen der alten Hebräer, s.a. Zeitschrift f. d. alttestamentl. Wissenschaft. 15. Beiheft.

Jahwes Wohnstätten nach den Anschauungen der alten Hebräer. Eine alttestamentl. Untersuchung von Lic. Dr. Gustav **Westphal**, Privatd. Gießen: A. Töpelmann 1908. (XVI, 280 S.) 8°
= **Zeitschrift** f. d. alttestamentl. Wissensch. Beih. 15. [08. 16961

Westphal, Hans: **Unmittelbare Bestimmungen der Urfarben.** Eine **Untersuchung** z. **Psychol. u. Psychophysik. Leipzig:** J. A. Barth 1909. 50 S. 8° ¶ (**Aus: Zeitschrift f. Psychol.** u. Physiol. d. Sinnesorg. Abt. 2, Bd 44.)
Göttingen, Phil. Diss. v. 23. Okt. 1909, **Ref. Müller**
[Geb. 28. Juni 85 Duderstadt; Wohnort: Göttingen; Staatsangeh.: Preußen; Vorbildung: Gymn. Rostock Reife O. 05; Studium: Rostock 2, Berlin 1, Göttingen 6 S.; Rig. 29. Juli 09.] [U 10. 1480

Westphal, Hans, Kammergerichtsref.: Die **Haftpflicht des Frachtführers nach dem Handelsgesetzbuch für das Deutsche** Reich vom 10. Mai 1897. *Greifswald 1900: J. Abel.* (57 S.) 8° [F.]
Greifswald, Jur. Diss. v. 1900

Westphal, Hanns, Referendar a. **Hamburg: Die Haftung des Kommissionärs für die Erfüllung des aufgetragenen** Geschäfts (Ausführungsgeschäft) **nach dem deutschen** Recht unter Berücksichtigung **des französischen Rechts.** Rostock 1904: C. Boldt. (74 S.) 8°
Rostock, Jur. Fak., Ref. Lehmann, Diss. v. 25. Okt. 1904
[Geb. 18. Apr. 81 Hamburg; Wohnort: Hamburg; Staatsangeh.: Hamburg; Vorbildung: Gelehrtensch. des Johanneum Hamburg Reife O. 01; Studium: Tübingen 4, Kiel 2 S.; Rig. 23. Sept. 04.]

Westphal, Herman (Friedr. Eduard) (geb. Stolp 2. 4. 1849): De arrha Romana. Berolini (1871). (69 S.) 8°
Berlin, Jur. Diss. v. 21. Dez. 1871

Westphal, Herm., de arrha Romana. Dissertatio inauguralis. gr. 8. (71 S.) Berlin 872, (Puttkammer und Mühlbrecht.) *

Westphal, J. G.: Pr. de diaeta ad sustinendos, ac tuendos spiritus animales comparata. Gryphisw. 1775.

— De natura partis inflammabilis spiritus vini. Regiomonti. 1785.

Westphal, Joach., s.a. Briefsammlung.

Briefsammlung des Hamburgischen Superintendenten Joachim **Westphal** aus d. Jahren 1530 bis 1575 bearb. u. erl. von C. H. W[ilhelm] Sillem. Abt. 1. 2. *Hamburg: L. Gräfe & Sillem 1903.* 2 Bde 8° [F.]
1. Briefe aus den Jahren 1530 bis 1558 mit 4 Facs. hrsg. von d. Bürgermeister Kellinghausens-Stiftung.
2. Briefe aus den Jahren 1559 bis 1575 nebst e. Anh. u. 1 Facs. hrsg. von d. Averhoff-Stiftung. [03. 15283

Westphal, Joachim Christian A. S. 584/30

Tractatio philologico-historica, de insignibus Magdeburgi.
Halle (Hendel) 1729. 44 S.

Diss. Leipzig 1685. 36495

Westphal, Joachim Christian [Praes.], s. Merk, Heinrich Andreas: De ventis, incendii tempore orientibus.

Westphal, Joach. Detl., neue Ideen z. Begrenzung d. Gebiete des Naturrechts ꝛc. gr. 8. **Rostock 797. Stiller.** 3 K

Westphal, J. D., neue Ideen z. Begränzung d. Gebiete des Naturrechts ꝛc. gr. 8. Rostock, Stiller. 798.

Westphal, Johann

Westphal, J., Geschichte des königl. Salzwerks zu Stassfurt unter Berücksicht. der allgemeinen Entwickelung der Kaliindustrie. Denkschrift aus Anlass des 50jähr. Bestehens des Stassfurter Salzbergbaus. Im amtl. Auftrage verf. gr. 4. (IV, 91 S. m. 9 Taf.) Berlin 901. W. Ernst & Sohn. Kart. n. 6. —
Sonderabdruck aus: „Zeitschrift f. d. Berg-, Hütten- u. Salinenwesen im preuss. Staate".

Westphal, Johann And.

— de impedito jurisprud. natur. progressu. 4. Greifswalde. 728.

Westphal, Ioh. And., quaestiones feudales. 4. Lips. (Helwing in Hannov.) 719.

Westphal, Johann Caspar, s. Westphal, Johann Kaspar

Westphal, Jh. Fr., naturwissenschaftl. Abhandll., s. Schriften d. naturforsch. Gesellsch. in Danzig. 26 Heft.

Westphal, Johann Heinrich = Tommasini, Justus [Autorname].

Westphal, Joh. Heinr. Naturwissenschaftliche Abhandlungen. I. Ueber die periodisch-veränderlichen Sterne. Danzig 1820. 4.

Westphal, Jh. Hnr., Astrognosie. Mit 5 Kpf. gr. 4. Berl. 822. Reimer. 1 ℛ 20 gℊ

-- Nikolaus Copernikus. Mit dessen Bildn. 8. Constanz 822, Wallis.

-- demonstrationum compositionis virium expositio, de iisque judicium. 4maj. Götting. 817. Dieterich. 9 gℊ

Westphal, Joh. Hch., Fabeln und Erzählungen. 8. Leipz Breitkopf. 763. Rthlr.

Westphal, Joh. Heinr., † (Just. Tommasini,) die röm. Kampagne, in topograph. u. antiquar. Hinsicht dargest. Nebst 1 Karte d. röm. Kampagne (: Contorni di Roma moderna) u. 1 Wegekarte d. alten Lazium (Roy.-Fol.). gr. 4. (25 B. u. 1½ B. u. d. T.: Analyse d. Karte: Contorni etc.) Berlin 829, Nicolai. Thlr.
Die Karte No. 1. (Contorni di Roma moderna) mit der Analyse apart, 3 Thlr. 12 Gr. — No. 2. (Ager Romanus) 1 Thlr. 4 Gr.

— die Kunst, gesunde Augen rc., s. Kunst.

— Leben d. Nikolaus Copernikus. Mit deff. Bildn. 8. Constanz 822. Wallis. 14 gℊ

— Leben, Studien u. Schriften des Astronomen J. Hevelius. gr. 8. Königsb. 820. (Kummer in Leipz.) 14 gℊ

— — Leben, Studien und Schriften des Astronomen J. Hevelius. gr. 8. Königsberg, Universitätsbuchhdl. 820.

s. Plazzi, Lehrbuch.

Westphal, Logarithmen-Tafeln. Königsberg 1821. 4.

— logarithm. Tafeln. gr. 4. Königsb. 822. (Barth in Leipz.) 1 ℛ

— logarithm. Tafeln. gr. 4. Königsb. 822, Universitäts-B.

s. Justus Tommasini, Spaziergang rc.

Westphal, Joh. Jac., Haus- und Kirchenlehrer. 8. Hamb Bohn. 713.

Westphal, Jh. Jak. Hnr., († d. 17. Aug. 1825.) Abhandl. von d. mecklenburg. Münzen, Maßen u. Gewichten, u. deren Vergleichung mit auswärtigen Münzen, Maßen u. Gewichten, ingl. mit dem neuen französ. Münz-, Maß- u. Gewichtssystem. 4. Schwerin 803. (Stiller in Rcst.) 12 gℊ

Westphal, Johann Kaspar

Westphal, Ioh. Casp., Pathologia daemoniaca. 4. Lips. Junius. (Gleditsch.) 707.

Johannis Caspari Westphali [Westphal] Pathologia daemoniaca, id est Observationes & meditationes physiologico- magico- medicae circa daemonomanias, similesque morbos convulsivos... Nunc verò ... rev. & variis annotatis illustriores redd. Quibus acc. Judicium physiologico- magico- medicum de viva jumentorum contagio infectorum contumulatione & observationes atque experimenta chymico- physica de prodigiis sanguinis... Lipsiae: Lanckisch 1707. 148 S. 8°

Westphal, Johann Wilhelm (Quedlinburg) A. S. 155/36

Dissertatio iuris criminalis de furto magno Oder: Vom grossen Diebstahl. Präs. Johann Rudolph Engau. Jena (Schill) 31. VII. 1745. 46 S. 36496

Westphal, Johs., Hilfsbuch f. den Religionsunterricht an evangelischen Präparandenanstalten. gr. 8. (XIV, 140 S.) Leipzig 902. Dürr'sche Buchh. n. 1. 70

Westphal, Johs., Hilfsbuch f. den Religionsunterricht an evangelischen Präparandenanstalten. 3., verb. Aufl. (XVIII, 148 S.) 8. Leipzig 907. Dürr'sche Buchh. Kart. n. 1. 80

— das evangelische Kirchenlied nach seiner geschichtlichen Entwickelung. gr. 8. (XVI, 198 S.) Ebd. 901. n. 2. 70

— das evangelische Kirchenlied nach seiner geschichtlichen Entwickelung. 2., verm. u. verb. Aufl. (XVII, 221 S.) gr. 8. Ebd. 906. n. 2. 70; geb. n. 3. 20

Westphal, Johs., das evangel. Kirchenlied nach seiner geschichtl. Entwickelg. 8., verm. u. verb. Aufl. (XVIII, 221 S.) gr. 8. Leipzig 911. [Dürr'sche Buchh.] Berlin, Union, Zweigniederlassg. Geb. in Leinw. 3. 20

Westphal, Johannes: Englische Ortsnamen im Altfranzösischen. . . .
Strassburg, Buchdr. v. A. Dusch & Co., 1891; 39 S. 8°
Strassburg, Phil. Fak., Inaug.-Diss. v. 1891

— Religionsbuch f. evangelische Präparandenanstalten, zugleich e. Handbuch f. den Religionsunterricht in Volks- u. Mittelschulen sowie in den unteren Klassen höherer Lehranstalten. 1. Tl. Die Heilsgeschichte des alten Testaments. gr. 8. (XII, 143 S.) Ebd. 903. Kart. n. 1.80

— Religionsbuch f. evangelische Präparandenanstalten, zugleich e. Handbuch f. den Religionsunterricht in Volks- u. Mittelschulen sowie in den unteren Klassen höherer Lehranstalten. 2. u. 3. Tl. 8. Ebd. n. 4. 60
2. Das Leben Jesu. 2., verb. Aufl. (XII, 180 S.) 906. Geb. 2. 60
3. Die Kirche Christi nach der Apostelgeschichte u. in Bildern aus der Kirchengeschichte. (152 S.) 904. Kart. 2. —

— Religionsbuch f. evangel. Präparandenanstalten, zugleich e. Handbuch f. den Religionsunterricht in Volks- u. Mittelschulen sowie in den unteren Klassen höh. Lehranstalten. 1., 2. u. 4. Tl. 8. Ebd. Kart. 6. 80
1. Die Heilsgeschichte des alten Testaments. 3., verb. Aufl. (XIII, 143 S.) 907. Geb. 1. 80
2. Das Leben Jesu. 3., verb. Aufl. (XII, 180 S.)
4. Dr. Martin Luthers kleiner Katechismus. (XVI, 232 S.) 907. Kart. 2. 80

Westphal, Johannes [app. Arzt aus Lüneburg]: Aus d. Kgl. chirurg. Klinik zu Kiel. Über Sehnenscheidentuberkulose . . . Kiel, Druck v. L. Handorff, 1892; 17 S., 1 Bl. 8°
Kiel, Med. Fak., Inaug.-Diss. v. [2. Sept.] 1892.

Westphal, Julie, Dortchen, s.: Volksbücher, neue.

Der Erbe. Erinnerungen e. Arztes. Von J. W[estphal]. (Die Bergherren von St. Annaberg.) Mit 4 Ill. *Berlin: Christl. Zeitschriftenver. 1895.* (80 S.) 8° [F.]
— Volksbücher, Neue. Bdch. 24. [03. 3578

Westphal, Julie, fünf Erzählungen für junge Mädchen. Mit 4 (lith.) Bildern von C. Rechlin. 8. (VI, 311 S.) Berlin 877. Winckelmann & Söhne. cart. 3. 75

— 5 Erzählungen f. junge Mädchen. (Neue Ausg. ohne Bilder.) 8. (VII, 311 S.) Berlin 895. Winckelmann & Söhne. Geb. in Leinw. n. 4. —

— Geschichten f. Kinder, s.: Kinderfreude.

— der Kapitän, s.a.: Volksbücher, neue.

[F.] Der Kapitän. Erzählg v. J. **Westphal.** M. 3 Abb. *Berlin: Christl. Zeitschriftenver. 1896.* (64 S.) 1 Bd 8.
= **Volksbücher, Neue.** Bdch. 26. [97. 7645

— die Teichmühle, s.a.: Volksbücher, neue.

Die Teichmühle. Erzählung (Jungfer Henriette. Erzählung) von J. **Westphal.** Mit 4 Ill. *Berlin: Christl. Zeitschriftenver. 1895.* (92 S.) 8° [F.]
= **Volksbücher, Neue.** Bdch. 23. [03. 3371

Westphal, J.: Die Weberhütte, s. Volksbücher, Neue. 62.

[F.] Die Weihnachtsreise. Von J. **Westphal.** *Berlin: Christl. Zeitschriftenver. 1896.* (23 S.) 1 Bd 8.
= **Jugend-Bibliothek** [d. Christl. Zeitschriftenvereins]. [No 17.] [98. 9579

— dasselbe, s.a. Haycraft, M. S., Weihnachtslicht.

— dasselbe, s.a. Jugend-Bibliothek, Nr. 8.

— die Weihnachtsreise. 12. (23 S.) Berlin 896. Schriftenvertriebsanstalt. — 20

Westphal, Julie. Mein Wilhelm, s.a. Hausbibliothek christlicher Erzählungen.

— mein Wilhelm. Novelle. 8. (III, 211 S.) Norden 879. Soltau. n. 1. 80

Westphal, Just. Geo., Evolutio radicum aequationum algebraicarum e ternis terminis constantium in series infinitas. Commentatio in certamine literario civium acad. Geo. Aug. die IV. Jun. MDCCCL ex sententia gratiosi philos. ordinis praemio regio ornata. 4maj. (VII und 27 S.) Gottingae 850, libr. Dieterich. *

Westphal, K. G. H. De organis circulationis et respirationis reptilium. Halae 1806

Westphal, Karl

Westphal's, Carl, gesammelte Abhandlungen. Hrsg. v. A. Westphal. 2 Bde. gr. 8. Berlin 892. A. Hirschwald. n. 32. —
1. **Psychiatrische Abhandlungen. — Reden u. Berichte. (VII, 574 S. m. 7 Taf., dem Bildnis in Photogr注. u. 7 Bl. Erklärgn.)**
2. **Neuropathologische Abhandlungen. (VI, 844 S. m. 29 Taf. u. 29 Bl. Erklärgn.)**

Westphal, Karl: Ueber Akustikus, Mittel- und Zwischenhirn der Vögel. *Berlin (1898): E. Ebering.* (28 S.) 8°
Berlin, Med. Diss. v. 22. Apr. 1898

Westphal, Carl, der Arzt als rathender Hausfreund. Od. der medicin. Rathgeber 2c. In alphabet. Ordn. 2. Ausg. 8. (28 B.) Quedlinburg 830, Basse.
Erschien bereits 1821 Ebds. u. d. T.: Westphal, C., medicin. Haus- u. Hülfsbuch.

Westphal, Carl (geb. Eickstetswalde in Pomm. 1. 12. 1844): Der Bruch der Kniescheibe und die Zerreissung des Kniescheibenbandes. Berlin (1869). (32 S.) 8°
Berlin, Med. Diss. v. 27. Febr. 1869

Westphal, Carl, d. Dilemma d. Atomistik. E. erster Beweis des Idealismus, nebst e. Skizze e. modernen Stils d. idealist. Weltgebäudes. gr. 8. (35 S.) Berlin 899. C. Skopnik. n. — 60

Westphal, Karl *Ernst* [app. Arzt aus Berlin]: Aus d. patholog. Institute zu Kiel. Über die Entstehung des Magenkrebses aus chronischem Magengeschwür ... Kiel, Druck v. L. Handorff, 1893; 16 S., 1 Bl., 1 Taf. 8.
Kiel, Med. Fak., Inaug.-Diss. v. [10. Mai] 1893

Westphal, Karl, Gedichte. 8. (56 S.) Dresden 894. E. Pierson. n. 1. —; geb. m. Goldschn. n. 2. —

Westphahl, Carl, medizin. Haus- und Hülfsbuch, enthalt. eine Anleitung, alle vorkommende Krankheitsfälle richtig zu beurtheilen und in dringenden oder leichtern Fällen selbst zu behandeln u. s. w. Quedlinburg, Basse. 820.

Westphal, Dr. Karl, medicin. Haus- u. Hülfsbuch, enthalt. eine Anleitung, alle vorkommende Krankheitsfälle richtig zu beurtheilen u. in dringenden oder leichtern Fällen selbst zu behandeln u. s. w. 8. Quedlinb. 821. Basse. 1 ₰ 8 ℊ

s. die Heilmittel gegen d. Fallsucht.

s. die Heilung der Flechten.

s. Hülfe f. diejen., welche an Unterleibsbeschwerden leiden.

s. d. Kopfschmerz

s. die Krankheiten d. Gehörs u. der Taubheit.

s. Krankheiten d. weibl. Geschlechts.

s. Kunst, d., gesunde Augen.

s. Kunst, die, gesunde Zähne 2c., u. setze hinzu: (v. K. Westphal).

s. Mittel gegen d. Ausgehen d. Haare.

s. Mittel wider Hüneraugen 2c. u. setze hinzu: (v. K. Westphal).

s. Mittel wider d. Magenkrampf.

s. Mittel wider d. Rheumatismus.

Westphal, Chrl: Über anämische, aputride **Nekrose grosser** Lungenpartien nach Verstopfung von **Lungenarterien.** München 1907: Hübschmann. 30 S. 8°
München, Med. Diss. v. 27. Jan. 1900, Ref. v. Bollinger
[Geb. 22. Aug. 82 Hamburg; Wohnort: Hamburg; Staatsangeh.: Hamburg; Vorbildung: Oberrealsch. Hamburg Reife O. 02, Erg.-Prüf. Nov. 02; Studium: Freiburg i. B. 1, Heidelberg 2, München 2, Straßburg 1, München 4 S.; Coll. 27. Jan. 09; Approb. 31. Dez. 08.] [U 09. 3423

s. Nervenschwäche, die.

s.a. Rathgeber f. diejen. welche an Verschleimung 2c.

Rathgeber [Ratgeber] für alle Diejenigen welche an Verschleimung des Halses, der Lungen und der Verdauungswerkzeuge leiden. Nebst Angabe der Mittel, wodurch diese Krankheiten... geheilt werden können. [Verf.: Karl Westphal.] 6. verb. Aufl. Quedlinburg & Leipzig: Basse 1830. 108 S. 8

Schlutup. Geschichtliches und Kulturgeschichtliches von der Untertrave und aus dem Burgtor-Landgebiet des lübeckischen Freistaates v. Carl **Westphal.** Mit 19 Abb. Lübeck 1907. 8°

Carl **Westphal.** Tiberius Cäsar. Drama. Berlin & Leipzig: Magazin-Verl. (1904). (VIII, 102 S.) 8° [F.] [07. 6833

Westphal, Karl Über Ritschl's Umstellungen in der vierten Elegie des Tibull. 9 S. **Progr.** *Cöslin* 1880

s. Was hat man zu thun, e. schwache Brust zu stärken.

Westphal, Car. Frid. Otto (geb. Berlin 23. 3. 1833): De aquae secretione per renes. Berolini (1855). (28 S.) 8°
Berlin, Med. Diss. v. 4. Aug. 1855

Westphal, C(ar.) F(rid.) O(tto) (geb. Berlin 28. 11. 1800): De somno, somnio, insania. (Berolini 1822.) (59 S.) 8°
Berlin, Med. Diss. v. 20. Nov. 1822

Westphal, Karl Georg Heinrich: Diätetik für solche Personen, welche bei ihren Geschäften wenig Bewegung haben... 403 S., gbd.

Quedlinburg u.Leipzig: Basse 1824

JB 2.963

WESTPHAL, CAR. HENR., Diss. inaug. sistens descriptionem tumoris in ventriculo cerebri laterali inventi tabulis aeneis illustratam. Kiliae. 1817. 4. P. (M. 2 Tvl.).

Westphal, Louis, Kunstverglasungen. Farbige Entwürfe für Fenster jeder Art. Ein Vorlagenwerk für Architekten, Glaser, Fachschulen und Bibliotheken. 1. Serie: 18 Farbentaf. Fol. Berlin 888, Claesen und Comp. In Mappe *

Westphal, Louis, Kunstverglasungen. Farb. Entwürfe f. Fenster jeder Art. Ein Vorlagenwerk für Architekten, Glaser, Fachschulen u. Bibliotheken. 1. Serie. 3. [Titel-] Aufl. Fol. (18 Farbendr.-Taf.) Berlin (888) 896. B. Hessling. In Mappe n. 12. —

Westphal, Louis. Kunstverglasungen. Farbige Entwürfe f. Fenster jeder Art. Ein Vorlagenwerk f. Architekten, Glaser, Fachschulen u. Bibliotheken. 2. Serie. 16 Farbentaf. Fol. Berl. 889, Hessling u. Spielmeyer. In Mappe * 12 —

Westphal, Louis, Kunstverglasungen. Farbige Entwürfe f. Fenster jeder Art. Ein Vorlagenwerk f. Architekten, Glaser, Fachschulen u. Bibliotheken. 2. Aufl. 8 Lfgn. Fol. (à 4 Bl.) Berlin 891. 892. Hessling & Spielmeyer. à Lfg. n. 3. —

Westphal, Max [aus Greifswald]: Ueber Bauchdeckenfibrome ... Greifswald, Druck v. J. Abel, 1892; 36 S. 8.
Greifswald, Med. Fak., Inaug.-Diss. v. 2. März 1892

Bericht über die in der Privatklinik für Frauenleiden zu Stolp i. Pom. in den Jahren 1896–1900 behandelten Krankheitsfälle von Dr. Max Westphal, Arzt. *Stolp i. P. (1901): F. W. Feige.* (14 S.) 8° [01. 1900] 10

Westphal, Max, die deutsch-spanischen Handelsbeziehungen, s. a. Forschungen, staats- u. socialwissenschaftliche. XXI, 5.

Westphal, Max, aus Stendal: Die deutsch-spanischen Handelsbeziehungen. *Berlin 1903: (Pierer in Altenburg).* (35 S.) 8°
¶ [Erschien vollst. 1903 als: Schmollers Staats- u. socialwiss. Forschungen, Bd 21, H. 5.]
Berlin, Phil. Diss. v. 21. Febr. 1903

Die deutsch-spanischen Handelsbeziehungen. Von Max Westphal. *Leipzig: Duncker & Humblot 1903.* (88 S.) 8°
= Forschungen, Staats- u. socialwissenschaftl. Bd 21, H. 5. [03. 1897]

Westphal, Max, appr. Arzt a. Mainz, **Assistenzarzt in der** Kaiserl. Schutztruppe f. Südwestafrika: **Die psychischen Veränderungen und Geistesstörungen der Epileptiker mit besonderer Berücksichtigung der chronischen Psychosen.** Berlin (1904): G. Schade. (30 S.) 8°
Berlin, Med. Fak., Ref. Ziehen, Diss. v. 18. Nov. 1904
[Geb. 29. Sept. 79 Mainz; Heimatsort: Cöln a. Rh.; Staatsangeh.: Preußen; Vorbildung: Lyceum II Hannover Reife O. 98; Studium: Berlin, K. Wilh.-Akad. 9 S.; Coll. 14. Nov. 04; Approb. 17. März 04.]

Westphal, O., Stammtafel der Familie Westphal. 1866. fol.

Westphal, Otto, Dresden. 10 Orig.-Steinzeichngn.) (10 farb. Bl.) 48×33,5 cm. Cassel (909). C. Vietor. 5. —

Westphal, Otto [pract. Arzt aus Pommern]: Ueber einen in akute Leukaemie übergehenden Fall von Pseudoleukaemie .... Greifswald, Druck v. Julius Abel, 1887; 27 S. 8°.
Greifswald, Med. Fak., Inaug.-Diss. v. 27. Mai 1887.

— Hersfeld. 10 Orig.-Steinzeichngn. (10 farb. Bl.) 48,5×33 cm. Ebd. (909). 4. —

— Jena. 10 Orig.-Steinzeichngn. (10 farb. Bl.) 43×33 cm. Ebd. (908). 4. — : erh. Pr. 5. —

Westphal, Otto, das richtige Schärfen, Schränken u. Hämmern der Sägen. Zwecks Erzielg. der Höchstleistungen an modernen Sägemaschinen. (39 S. m. 6 Fig.) kl. 8. Berlin (N., Schönhauser Allee 104) 910. Selbstverl. — 90

Westphal, P., illustrierter Führer durch die antisemitische Litteratur, unter Berücksicht. beachtenswerter anderweit. Erscheingn. Mit e. ausführl. Verzeichnis der antisemit. Vereine u. e. Tafel empfehlenswerter Lokale. gr. 8. (IV, 100 S.) Nossen 893. P. Westphal. n. — 40

Westphal, P., die Wirkungen des Verzuges beim Kauf nach Handelsrecht. Wissenschaftl. Arbeit. gr. 8. (14 S.) Wittenberge 887. (Leipzig, C. F. Fleischer's Sortiment.) **

Westphal, Paul, a. Pelplin i. W.-Pr.: Die Frühzeit des Klosterterritoriums Pelplin (Kapitel 1—9 der Studie: Ein ehemaliges Klosterterritorium in Pommerellen.) Breslau 1905: H. Fleischmann. (55 S.) 8° ¶ (Ersch. vollst.)
Breslau, Phil. Fak., Ref. Caro, Diss. v. 13. März 1905
[Geb. 26. Mai 81 Pelplin, Prov. Westpr.; Heimatsort: Pelplin; Staatsangeh.: Preußen; Vorbildung: Pro-Gymn. Pelplin, Gymn. Kulm a. W. Reife O. 00; Studium: Breslau 8, Königsberg 1 S.; Rig. 25. Jan. 05.]

Westphal, P., ein ehemaliges Klosterterritorium in Pommerellen. Eine Studie zur westpreuss. Geschichte. (Davon ist Kapitel 1—9 „Die Frühzeit des Klosterterritoriums Pelplin" als Breslauer Inaugural-Dissertation erschienen.) (138 S. m. 2 Karten u. 1 Plan.) gr. 8. Danzig 905. (F. Brüning.) n. 3. 50

Westphal, Peter (Greifswald) U. S. Greifswald 1707/1

Dissertatio theologica de jure fidelium in bona tam spiritualia, quam corporalia. Präs. Jakob Henning. Greifswald (Starcke) 6. XI. 1707. 25 Bl.

W. v.: Joachim Rosenow. 36498

Westphal, Phpp., die Aufnahme der Baarzahlungen in Oesterreich-Ungarn. Ein Compromiss-Vorschlag. gr. 8. (126 S.) Wien 892. W. Braumüller. n. 3. —

Westphal, Phpp., zur Grundrenten-Theorie. Ein Vorschlag zur Lösg. d. Quotenfrage auf volkswirthschaftl. Basis. gr. 8. (VII, 48 S.) Wien 897. Manz. n. 1. 60

— dasselbe. II. gr. 8. (86 S.) Ebd. 898. n. 1. 20

Westphal, Philipp, die Krise zwischen Oesterreich u. Ungarn. Ein Beitrag zur Entwirrg. I. Tl. (39 S.) gr. 8. Wien 906. Manz. n. — 85

Westphal, Rudolf

Westphal, R. (Bearb.), s. Aristoxenus: Melik und Rhythmik des classischen Hellenenthums.

—— Elemente des musikalischen Rhythmus mit besond. Rücksicht auf unsere Opern-Musik. 1. Thl. gr. 8. (LII, 240 S.) Jena 872, Costenoble. *

Westphal, Rud.: Emendationes Aeschyleae. Vratislaviae 1859. (18 S.) 4° *[Vorarb. zu d. Verf.: Prolegomena zu Aeschylus Tragödien. 1869.]*

Breslau, Einladung d. Univ. z. Feier d. 100. Geburtstages v. F[riedr.] A[ug.] Wolf am 15. Febr. 1859

Westphal, R. Über die Entstehung der Andreasbibliothek zu Eisleben nebst dem Verzeichnis der in derselben vorhandenen alten Drucke. 38 S. Progr. G. *Eisleben* 1882.

Westphal, Rud., die Fragmente und die Lehrsätze der griechischen Rhythmiker. Supplem. zur griechischen Rhythmik von A. Rossbach. Leipzig 861. Teubner. gr. 8. (XV, 262 S.) 1 ℛ 15 *ngr.*

—— Catull's Gedichte in ihrem geschichtlichen Zusammenhange übersetzt und erläutert. 2. (Titel)-Ausg. gr. 8. (XII, 282 S.) Breslau [Leipzig] (867)70, Leuckart. *ℳ 4.; geb. *

—— Geschichte der alten und mittelalterlichen Musik. 1. Abthl. gr. 8. (XII und 248 S.) Breslau [Leipzig] 865, Leuckart. 1

—— dass. — 3. Abthl.: Plutarch über die Musik. gr. 8. (128 S.) Ebendas. 866.
Die 2. Abthl. erscheint später.

—— methodische Grammatik der griechischen Sprache. 1. Thl. 2 Abthlgn. und 2. Thl. 1. Abthl. 1. und 2. Lfg. gr. 8. Ebendas. *

Inhalt:
Thl. 1. Formenlehre. 1. Abthl.: Elementarlehre, Nomen, Pronomen, Partikeln. (XXXVI, 447 S.) *ℳ 8.; 2. Abthl. Verbum. (XI, 298 S.) 870. *ℳ 6.
» 2. Semasiologie und Syntax der griech. Sprache. 1. Abthl.: Allgemeine Bedeutungslehre der griech. Formen nebst der Nominal-Composition. 1. und 2. Lfg. (XVI, S. 1—280.) 872. à Lfg. *ℳ 3.

—— philosophisch-historische Grammatik der deutschen Sprache. gr. 8. (XXVIII, 278 S.) Jena 868, Dufft. [Fischer.] *

Westphal, R., philosophisch-historische Grammatik der deutschen Sprache. Jena 1869. 8.

— vergleichende Grammatik der indogermanischen Sprachen. 1. Thl. Das indogerman. Verbum nebst e. Uebersicht der einzelnen indogerman. Sprachen u. ihrer Lautverhältnisse. gr. 8. (XXXIX, 761 S.) Jena 873. Costenoble. n. 20. —

—— humoristische Lyrik des klass. Alterthums, s. Bibliothek humorist. Dichtungen.

Westphal, Rud. Allgemeine Metrik der indogermanischen u. semitischen Völker, s.a. Calvary's philolog. u. archaeol. Bibliothek.

Westphal, Rudolph. Allgemeine Metrik der indogermanischen und semitischen Völker . . . Berlin 1892. H: *Gleditsch, Hugo.* (Berl)

Westphal, Rud., Metrik der griech. Dramatiker u. Lyriker, } s. Rossbach, A.
— Metrik der Griechen, }

Westphal, Rud., die Musik d. griechischen Alterthumes. Nach den alten Quellen neu bearb. gr. 8. (VI, 354 S.) Leipzig 883. Veit & Co. n. 9. —

Westphal, Rud., Prolegomena zu Aeschylus' Tragödien. gr. 8. (XX, 224 S.) Leipzig 869, Teubner. *

—— System der antiken Rhythmik. gr. 8. (XII und 195 S.) Breslau [Leipzig] 865, Leuckart.

Westphal, Rud., allgemeine Theorie der musikalischen Rhythmik seit J. S. Bach. Auf Grundlagen der antiken u. unter Benutzung auf ihren historischen Anschluss an die mittelalterliche. Mit besonderer Berücksichtigung von Bach's Fugen u. Beethoven's Sonaten. gr. 8. (LXXXII, 298 S.) Leipzig 880. Breitkopf & Härtel. n. 10. —

— Theorie der musischen Künste der Hellenen, s.: Rossbach, A.

— Theorie der neuhochdeutschen Metrik. Jena 870. Doebereiner. 8. (XVIII, 239 S.) n. 1 ℛ 10 *ngr.*

Westphal, Rud., Theorie der neuhochdeutschen Metrik. 2., sehr verm. und durch eine Uebersicht der alt- und mittelhochdeutschen Metrik erweit. Ausg. 8. (XXXIV, 290 S.) Jena 877, Doebereiner. *

— die Verbal-Flexion der lateinischen Sprache. gr. 8. (XXXIX, 320 S.) Jena 873. Costenoble. n. 8. —

Westphal, W., theoretisch-prakt. Leitfaden z. Erlernung des Generalbasses, besonders f. diejenigen, welche denselben ohne Lehrer erlernen wollen. 4. Hannov. 812. Hahn. 1 ℛ

— Lieder d. Weisheit u. Tugend, mit Melodien. 2 Hefte. 4. Hannov. ... Hahn. 1 ℛ 8 gr.

Westphal, W., Quaestiones scaenicae. Diss. 1920. 58 S. 2.—

Westphal, W. [approb. Arzt]: Ueber die osteomyelitische Spontanfractur . . . . Marburg, Druck v. Georg Schirling, 1887; 38 S. + 1 Bl. 8°.
Marburg, Med. Fak., Inaug.-Diss. v. [13. Jul.] 1887.

Westphal, W., über die osteomyelitische Spontanfractur. Diss. Marburg 1887, N. G. Elwertsche Univ.-Buchh. 8°. 38 S.

Westphal, W. H. J., Rede bei der feierl. Einführung des Abts u. Pastors zu St. Martini C. L. F. Sallentien, am 21. Aug. 1843 gehalten. gr. 8. Braunschweig 843, Meyer sen. 1/12 ℛ

Westphal, Walter [pr. Arzt]: Ein Fall von Geburtshindernis, bedingt durch die übermässig ausgedehnte kindliche Harnblase. M. Abbildg . . . Königsberg i. Pr., Druck v. M. Liedtke, 1896; 2 Bl., 24 S., 2 Bl., 1 Taf. 8.
Königsberg, Med. Fak., Inaug.-Diss. v. 25. März 1896

Westphal, Walter, e. Fall von Geburtshindernis, bedingt durch d. übermäss. ausgedehnte kindliche Harnblase. Diss. gr. 8. (24 S. m. 1 Taf.) Königsberg 896. (W. Koch.) n. 1. —

Westphal, Guil. (Henr. Georg. Ern.) (geb. Magdeburg 17. 4. 1816): De angina gangraenosa epidemica. Berolini (1841). (32 S.) 8°
Berlin, Med. Diss. v. 21. Juli 1841

Westphal, Wilhelm, a. Hamburg: Potentialmessungen im dunklen Kathodenraum glühender Oxydkathoden. (Berlin-Wilmersdorf: C. Arnold 1908.) (35 S.) 8°
Berlin, Phil. Fak., Ref. Wehnelt, Diss. v. 20. Juni 1908
[Geb. 3. März 82 Hamburg; Wohnort: Charlottenburg; Staatsangeh.: Hamburg; Vorbildung: Johanneum Hamburg Reife M. 02; Studium: Bonn 1, München 1, Techn. Hochsch. Stuttgart 2, Univ. Berlin 7 S.; Rig. 7. April 08.]

Westphal, Wilh. [geb. Zwinge in d. Prov. Sachs. 12. 1. 1845]: Thesen. Berlin (1870). (2 Bl.) 8°
Berlin, Med. Thes. v. 18. Juli 1870

Westphal, Wilhelm, aus Windecken: Uebertragung einer Dreiecksaufgabe auf das Tetraeder. *Marburg 1904: J. A. Koch.* (65 S.) 8°
Marburg, Phil. Diss. v. [27. Febr.] 1904

Westphal-Cohn, Philipp, Die wirthschaftliche Regenerirung Oesterreich-Ungarns. Ein Beitrag zur Herstellung der Valuta nebst einer Darstellung der internationalen Bewegung auf münzpolitischem Gebiete. gr. 8. (65 S.) geh. 1 fl. Wien: Manz 1882.

Westphal-Conn, Phpp., die Steuersysteme u. Staatseinnahmen sämmtlicher Staaten Europa's u. die Steuerreformgesetze in Oesterreich. gr. 8. (108 S. m. 1 Tab.) Wien 884. Gerold's Sohn. n. 3. 60

Westphalen [Sachliches OW], s. W e s t f a l e n.

Westphalen [Schlagwort], s. W e s t f a l e n

Westphalen [Verfasser]

Westphalen, Bericht, betr. den Brand der St. Michaeliskirche u. Umgebung in Hamburg am 3. VI. 1906. (22 S. m. 6 Taf. u. 1 Plan.) gr. 8. Hamburg (906). (Grefe & Tiedemann). n. 1. —

(Westphalen.) Die Kriegführung unter Benutzung der Eisenbahnen und der Kampf um Eisenbahnen. Leipzig 1868. 8°.
Dass. 2. Aufl. 1882.
Dass. franz. u. d. T.: De l'emploi des chemins de fer en temps de guerre. Paris 1869.

Westphalen, Sammlung v. Skizzen neuerer deutscher, englischer u. amerikanischer Feuerwachen, zusammengestellt u. gezeichnet. Hrsg. v. der techn. Zeitschrift „Feuer u. Wasser". Fol. (20 lith. Taf.) Frankfurt a/M. 897 (J. Alt.) n. 8. —

Westphalen, Graf v., meine Stellung zur Politik „Bismarck." Gelegentliche Kundgebungen während der Jahre 1865—1868 nebst einem Anh. erläut. Anlagen für einen weiteren Kreis aphoristisch reproducirt. 1. u. 2. Aufl. Mainz 868. Kirchheim. gr. 8. (V, 59 S.) n. 10 ngr.

Westphalen, Christoph Diedrich

— arithmet. Aufgaben f. Anfänger im Rechnen. 8. Hamb. . . . 6e A. 799. 14e A. . . . 15e 824. 17e A. 828. 18e A. 831. (Hoffmann u. Campe). 15 𝒢

Arithmetische Aufgaben für Anfänger im Rechnen. Von Christoph Diederich Westphalen. 9. u. verm. Ausg. Hamburg: Verf. 1810. 248 S. 8°

Westphalen, Chrstph. Dieder., arithmet. Aufgaben f. Anfänger im Rechnen, hrsg. v. d. Erben d. verstorb. Verf. 17. u. 18. Aufl. (à 17¼ B.) 8. Hamburg 828, 31, (Herold.) à

Westphalen's, Chph. Diedr., arithmetische Aufgaben für Anfänger im Rechnen, herausg. von den Erben des verstorb. Verfass. 19e Aufl. 8. Hamburg 835. Nestler u. Melle. n. ⅝ ℛ

Westphalen, Chrstph. Diedr., arithmet. Aufgaben f. Anfänger im Rechnen, hrsg. von d. Erben d. verstorb. Verfs. 19. u. 20. Aufl. 8. (à 17½ B.) Hamburg 811, Nestler u. Melle (auch Heroldsche Buchh.). à *

Westphalen, Chrstph. Diedr., arithmetische Aufgaben für Anfänger im Rechnen. Hrsg. von den Erben des verstorb. Verfs. 21. Aufl. 8. (VIII u. 272 S.) Hamburg 846, Nestler & Melle. n. ½ ℛ

Westphalen, Chr. Dietr., († d. 26. Oct. 1824.) Gedenksprüche über die Evangelien u. Episteln auf die Sonntage u. Feste. 8. Hamb. 773.

— ein- u. ausländ. Wechselrechnung nach d. hamburg. Geld- und Wechselcours, wie auch Waarenberechn. 8. Hamb. . . . 11e A. 798. 14e A. 822. 15e A. 824. 16e A. 825. (Herold jun.) 1 ℛ (bei Hoffmann u. Campe). 1 ℛ 4 𝒢

—— ein- u. ausländ. Wechselrechnung nach d. hamburg. Geld- u. Wechselcours, wie auch Waarenrechnungen. 17. Ausg. 8. (26¾ B.) Hamburg 835, (Heroldsche Buchh.) *

Westphalen, Chrn. Heinr. Phil. v., Geschichte der Feldzüge des Herzogs Ferdinand von Braunschweig-Lüneburg. Nachgelassenes Mscr. Herausg. von F. O. W. H. v. W e s t p h a l e n. 2 Bde. Berlin 859. v. Decker. Lex.-8. (LX, 1309 S.) n. 5 ℛ

Westphalen, Chrn. Heinr. Phpp. Edler v., Geschichte der Feldzüge des Herzogs Ferdinand von Braunschweig-Lüneburg. Urkundliche Nachträge zu dem nachgelass. Manuscript des Verf. zusammengestellt aus Materialien seines Nachlasses und des Kriegs-Archivs des Herzogs Ferdinand und hrsg. vom Staatsminister a. D. F. O. W. H. v. Westphalen. 3.— 6. Bd. gr. 8. Berlin 872,73, Mittler und Sohn. [3. Bd. [1757. 1758. 1759.] (XIX, 956 S. mit 2 lithogr. und color. Uebersichtskarten in gr. Fol.) *ℳ 17.; 4. Bd. (XVI, 545 S. mit 1 lithogr. und color. Karte in qu. Fol.) *ℳ 9.; 5. Bd. [1761.] (XXII, 1128 S.) *ℳ 18.; 6. Bd. *ℳ 16.] *
1. und 2. Bd. Berlin 1859, v. Decker'sche Geh. Ober-Hofbuchdr. *ℳ 15.

Westphalen, Christine

— Erbauungslieder. 8. Hamburg 835. Perthes, Besser und Mauke. n. 1 ℛ

Westphalen, Engel Christine, geb. v. Axen, Gedichte. 3 Thle. gr. 8. Hamb. 809—11. (Campe). 5 ℛ Velinp. 9 ℛ

Westphalen, Engel Christine, geb. von Axen, Gedichte. 4r Bd. A. u. d. T.: Neue Gedichte. 1r Bd. gr. 8. Hamburg 835. Meißner. 1⅙ ℛ (1r—3r Bd. Hamburg 809—11. Aug. Campe, kosten 5 ℛ)

Westphalen, Christine, Gedichte. 3r Thl. gr. 8. Hamb. Hoffmann u. Campe. 812.

— Gesänge d. Zeit. gr. 8. Hamb. 815. (Campe). 18 𝒢

Westphalen, E., gibt es e. Hölle?, s.: Volksschriften zur Umwälzung der Geister. 61. Hft.

v. Westphalen, Ed., der Begleiter auf d. Reise durchs Leben. Ein Taschenbuch zur Menschenbesserung. Enthalt. die schönsten Herzensergießungen unsrer gefeiertsten Dichter ꝛc. 12. Quedlinburg 843, Ernst. ½ ℛ

v. Westphalen, Ed., der Führer durch's Leben. Ein Taschenbuch zur Menschenbesserung. Enthaltend: über 200 Herzensergießungen unserer gefeiertesten Dichter ꝛc. Neue (Titel-) Ausg. 12. (VIII u. 208 S.) Quedlinburg (843) 852, Ernst. ½ ℛ

Westphalen, Ernst, aus Flensburg: Turgots soziale Politik. *Hildburghausen 1904: F. W. Gadow & Sohn.* (80 S.) 8°
Erlangen, Phil. Diss. v. 24. Febr. 1904

Westphalen, Ernst, Turgots soziale Politik. Diss. (84 S.) 8. Hildburghausen 904. (Flensburg, A. Westphalen.) n. 1. 20

Westphalen, Ernst Joachim, s. W e s t p h a l

Westphalen, Eva Christine, s. 1) Corday, Charlotte. 2) Petrarka.

Westphalen, Dr. F., kurze Beschreibung u. Kritik der bisher gebräuchl. Tunnikets, nebst Beschreibung u. Abbild. e. neuen. 8. Jena 801. (Schmid). 6 gr

Kurze Beschreibung und Kritik der bisher gebräuchlichsten Turnikets nebst Beschreibung und Abbildung eines neuern. Von F. Westphalen. Jena: Stahl 1801. 37 S. 8°

Westphalen, F. O. W. H. v. Geschichte der Feldzüge des Herzogs Ferdinand v. Braunschweig Lüneburg. Bd 1—6. Mit übſkrt. Berlin 1859—1872.

Westphalen, F. O. W. H. v., Westphalen der Secretär des Herzogs Ferdinand von Braunschweig-Lüneburg. Biographische Skizze. gr. 8. (81 S. mit 1 Titelbilde in Photogr.) Berlin 866, v. Decker'sche geheime Ober-Hofbuchdruckerei. *

Westphalen, H., Erläuterungen zu der Broschüre: üb. Güterbewegg. auf Eisenbahnen. Ein Beitrag zur Lösg. der Tariffrage. gr. 8. (20 S.) Emden 872. Haynel. n. — 60

Westphalen, H., über Güterbewegung auf Eisenbahnen. Ein Beitrag zur Lösung der Tariffrage. 8. (25 S. mit 1 lithogr. Uebersichtskarte in Fol.) Emden 870, Haynel.

— einige Zeitfragen üb. die Entwickelung d. deutschen Eisenbahnwesens. Nebst 2 lith. Karten (in 4.) gr. 8. (32 S.) Ebend. 873. n. 1. —

Westphalen, Herm., histologische Untersuchungen üb. den Bau einiger Arterien. gr. 8. (110 S.) Dorpat 886. (Karow.) n. 2. —

Westphalen, J. E. F.: „Der Zustand des Handels in Hamburg während der letzten funfzig Jahre" Ms. 1806. — Vorh.: Com. Bibl. Hamburg.

Westphalen, Jh. Hnr., († im Dec. 1798.) Fabeln u. Erzählungen. 8. Leipz. 763. Breitkopf u. H. 5 gr

Westphalen, Josef v.

Westphalen, J. v. Einiges über die Gebirgseisenbahn Aussig-Zehista. Dresden 1842. 4.

Westphalen, Jos. v., (über Gebirgs-Eisenbahnen mit stehenden Maschinen u. Anwendung von Gegengewichten.) Vorschlag: die projektirte Eisenbahn von Prag nach Dresden von Aussig aus nicht an der Elbe her, sondern gegen das Erzgebirge u. über dasselbe von Herbitz aus mittelst stehenden Dampfmaschinen u. selbstwirkenden Bahnen, wobei Gegengewichte in sehr kraftersparende Anwendung kommen, auszuführen u. erst wieder in der Gegend von Pirna, ohnweit Zehista, das von da breite Elbthal zu gewinnen. Nebst der Beschreibung eines Drahtglockenzug-Telegraphen etc. gr. 4. (14¼ B. u. 4 Stnt.) Dresden 843, (Arnoldische Buchh.) *
Eine Fortsetzung hiervon ist:

—— über d. Gebrauch der Turbinen im Verein m. stehenden Dampfmaschinen beim Ersteigen, u. von Wasserdruckwerken beim Herunterkommen der Convois auf Gebirgseisenbahnen. Anwendung dies. Systems sowohl z. Uebersteigung des Erzgebirges zwischen Aussig u. Pirna als auch des Sömmering von Glocknitz bis Mürzzuschlag auf der Wien-Triester Bahn. Ferner Beschreibung e. Vorrichtung z. ausserordentl. bedeutenden Verminderung der Reibung u. Abnutzung an Turbinenzapfen etc. gr. 4. (15¾ B., 5 Stnt. u. 1 Karte.) Dresden 844. (Leipzig, Arnoldische Buchh.) *

Westphalen, J. v. Vorschlag das Göltzchthal mit zwei schiefen Ebenen zu überschreiten. Dresden 1847. 4.

Westphalen, N. A., Geschichte der Haupt-Grundgesetze der hamburgischen Verfassung. 1. u. 2. Bd. Haupt-Receß der Stadt Hamburg. — Reglement der hamburg. Rath- u. Bürger-Convente. Unions-Recesse des Raths u. der bürgerl. Collegien. gr. 8. gr. 8. (59⅛ B.) Hamburg 844, Perthes-Besser u. Mauke.

—— dass. 3. Bd. A. u. d. Ttl.: Geschichte des Entwurfs der hamburgischen Kirchen-Ordnung von 1710. gr. 8. (19¾ B.) Ebds. 846. *

— s. J. K. Gries, Commentar.

— s. J. C. Gries II., die hamburg. Stadt-, Erbe- u. Rentebücher.

—— Schema ein. geordn. Zusammenstellung d. Personal-Bestandes d. hamburg. Staats. gr. 8. (1¾ B.) Hamburg 837, Perthes-Besser u. Mauke.

Westphalen, N. A., Hamburgs Verfassung u. Verwaltung in ihrer allmähl. Entwickelung bis auf d. neueste Zeit dargestellt. 2 Bde. gr. 8. (60 B.) Hamburg 841, Perthes-Besser u. Mauke.

—— Hamburgs Verfassung u. Verwaltung in ihrer allmähligen Entwickelung bis auf die neueste Zeit. 2 Bde. 2., verm. u. verb. Aufl. gr. 8. (71⅛ B.) Hamburg 846, Perthes-Besser u. Mauke. *

Westphalen, N. A., Versuch e. geordn. Zusammenstellung kurzer Nachweisungen üb. sämmtl. Hamburg. Staats-Verwaltungs-Behörden. gr. 8. (26½ B.) Hamburg 828, [Perthes-Besser u. Mauke.]

Westphalen, Raphael von, approb. Arzt aus Metz: Über das Verhalten des Mastdarms während der Geburt. *Strassburg i. E. 1900: Ch. Müh & Co.* (31 S.) 8°
Strassburg, Med. Diss. v. 1900

Westphalen, Wilhelm v., aus St. Petersburg: Zur Kenntniss der Fenchocarbonsäure. *Göttingen 1899: E. A. Huth.* (79 S.) 8°
Göttingen, Phil. Diss. v. [2. Febr.] 1900

Westphalen, Wilh. v., zur Kenntniss der Fenchocarbonsäure. Diss. gr. 8. (79 S.) Göttingen 899. (Vandenhoeck & Ruprecht.) n. 1. 90

Westphalia. Archiv für die westphälische Geschichte in ihrem ganzen Umfange. H. 1. Hamm: Grote 1824. 8°
Hrsg.: Ludw. Troß.

Westphalia. Zeitschrift für Geschichte und Alterthumskunde Westphalens und Rheinlands. Jg. 2. 3 (50 u. 52 Nrn.). Hamm: Herausgeber 1825–26. 4°
Jg. 1 u. d. T.: Hammsches Wochenblatt. Hamm 1824.
Forts. u. d. T.: Archiv für Geschichte und Alterthumskunde Westphalens. Hamm 1826 ff.
Hrsg.: Ludwig Troß.

Westphalia. Archiv für die westphäl. Geschichte in ihrem ganzen Umfange. Herausg. von L. Troß. 3 Jahrgg. 8. Hamm 824—26. (Schulz). (Jahrg. 1824. 12 gr J. 1825. 1 ℛ J. 1826. 2 ℛ 16 gr) 4 ℛ 4 gr Hbg. Pr. 2 ℛ

Westphalia sancta, beata et pia ... Neuhusii 1715. V: *Strunck, Michael.*
(BBr) (Jes) (So)

West Point Progress: Jahrgang 1 - no. 35, Aug. 3, 1876 - Mar. 29, 1877.
Democratic weekly, published in English and German. Title varies slightly: *Weekly Progress*, and *The Progress*. Circulation: 1880, 480; 1885, 475. Published by The Progress Publishing Co., 1876–77. The German section edited by Thomas Roch [also as Röh], Aug. 3, 1876 - Mar. 15, 1877, by Otto Racher, Mar. 21 - 29, 1877.
West Point, NE

Westpreußen [Sachliches OW]

Westpreußen, die Provinz, in 1 Provinz- u. 3 Regierungsbezirkskarten. Lithogr. u. color. Mit Randtext. gr. Fol. Erfurt 84... Müller'sche B. 2/3 rf

Westpreußen. Die Provinz. Industrie, Handel u. Gewerbe. Lfg 1—10. [In Mappe.] Berlin (1907—1911). 2° [Umschlagtit.]

Westpreussen von 1772—1827. Marienwerder 1828. V: *Roscius.* (wr)

Westpreussen [Schlagwort]

s.a. Culm.

s.a. Eisenbahnkarten.

Westpreussen, s. a.: Generalkarten. Flemming.

— s. a.: Handkarten.

— s. a.: Hand- u. Reisekarten 12.

s.a. Heimatkarten.

s.a. Nationalitätenkarte

s.a. Ostpreussen.

s.a. Posen.

s.a. Verkehrskarten

Westpreussen. Behrend, Paul, Handkarte der Prov. Westpreussen. 1 : 1,000,000. (2 farb. Kartens.) 24,5 × 34 cm. Mit Text auf dem Umschlag. Danzig (906). A. W. Kafemann. n.n. — 30

Westpreussen. Cunerth, O., Handkarte der Prov. Westpreussen m. Berücksicht. der neuen Kreiseinteilung u. d. Nebenbahnnetzes. Für den Schulgebrauch u. zum Selbstunterricht entworfen u. gezeichnet. 1 : 800,000. Farbendr. 28 × 34 cm. Leipzig 891. E. H. Mayer. — 30

Westpreussen. Cunerth, O., Wandkarte der Prov. West-Preussen mit Berücksicht. der neuen Kreiseintheilung u. des Nebenbahnnetzes. Für den Schulgebrauch u. zum Selbstunterricht entworfen u. gezeichnet. 1:200,000. 4 Bl. à 56,5 × 69 cm. Farbendr. Leipzig 891. E. H. Mayer. Erm. Preis n. 7. —; auf Leinw. m. Stäben n. 9. —

Westpreussen. Cunerth, O., Wandkarte der Prov. Westpreussen m. Berücksicht. der neuen Kreiseinteilung u. des Nebenbahnnetzes. Für den Schulgebrauch u. zum Selbstunterricht gezeichnet. 2. Aufl., rev. v. Lullies. 1 : 200,000. 4 Blatt à 56,5 × 69 cm. Farbdr. Leipzig (902). E. H. Mayer. n. 8. —; auf Leinw. m. Stäben n. 11. 50

Westpreussen. Diercke, C., Schulwandkarte d. Prov. Westpreussen. 1 : 200,000. 150 × 185 cm. Farbdr. Braunschweig (906). G. Westermann. Auf Leinw. m. Stäben 20. —

— Eckert, Max, Heimatskarte der Prov. Westpreussen. 1 : 1,000,000. 26 × 31 cm. Farbdr. Halle (908). H. Schroedel. n.n. — 12

Westpreussen und Ostpreussen — Charte von — gezeichnet von F. L. Güssefeld. Nach dem Tilsiter Frieden verbessert herausgegeben von Homanns Erben 1807. 1 : 600,000. 2 Bl.

Westpreussen. Handtke, F., Generalkarte v. Westpreussen. Nach den neuesten Materialien entworfen u. gezeichnet. 1 : 466,000. 20., rev. u. ergänzte Aufl. Chromolith. Imp.-Fol. Glogau 889. Flemming. n. 1. —

— Handtke, F., General-Karte v. West-Preussen. 1 : 472,000. 25. Aufl. Farbendr. 57,5 × 72 cm. Glogau 892. C. Flemming. n. 1. —

Westpreussen. Handtke, F., General-Karte v. West-Preussen. 1 : 472,000. 27. u. 28. Aufl. 57,5 × 72 cm. Farbendr. Glogau 895. C. Flemming. n. 1. —

— — Schul-Wandkarte der preussischen Prov. Westpreussen. 1 : 250,000. 2. Aufl. 6 Blatt à 48,5 × 43,5 cm. Farbendr. Ebd. (890). n. 3. 50; auf Leinw. in Mappe n. 7. 20; mit rohen Stäben n. 7. 60; mit schwarz polierten Stäben n. 8. 20

— — Schul-Wandkarte der preussischen Prov. Westpreussen. 1 : 250,000. 2. Aufl. 6 Blatt. Farbendr. 45,5 × 45 cm. Ebd. 891. 3. 50; auf Leinw. in Mappe n. 7. 20; m. Stäben n. 7. 60; m. polirten Stäben n. 8. 20

— Langhans, Paul, Karte d. Thätigkeit d. Ansiedelungs-Kommission f. die Provv. Westpreussen u. Posen 1886—1896. Auf Grund amtl. Angaben entworfen. Auf Vogels Karte des Deutschen Reiches in 1 : 500,000. [Aus: „Petermann's Mitteilgn."] 60,5 × 41 cm. Farbendr. Mit Text. gr. 8. (6 S.) Gotha 896. J. Perthes. 1. —

— Langhans, Paul, Karte der Thätigkeit der Ansiedelungs-Kommission f. die Provv. Westpreussen u. Posen 1886—1901. Bearb. auf Grund amtl. Angaben Auf Vogels Karte des Deutschen Reiches in 1 : 500,000. 4. erweiterte Aufl. 83 × 58 cm. Farbdr. Mit statist. Begleitworten (auf dem Umschlag). Gotha (901.) J. Perthes. n. 2. —

— Liebenow, W., Karte der Prov. West-Preussen, nebst den angrenzenden Ländertheilen als besond. Abdr. aus der Karte v. Mittel-Europa. 1 : 300,000. Ausg. 1892. 76 × 98 cm. Steindr. Hannover 893. H. Oppermann. n. 4. 50; politisch kolor. m. Landgerichtsgrenzen n. 5. —; in Farbendr. in Karton n. 5. 50; auf Leinw. n. 8. —; m. Stäben u. lackiert n. 10. —

— Liebenow's, W., Karte der Prov. West-Preussen nebst den angrenzenden Ländertheilen. 1 : 300,000. 76,5 × 91 cm. Farbdr. Frankfurt a/M. (901). L. Ravenstein. In Decke n. 5. 50; auf Leinw. n. 8. —; m. Stäben n. 10. —

— Mittelbach's, R., neueste Specialkarte der Prov. Westpreussen zum Hand- u. Bureaugebrauch. 1 : 300,000. 74 × 96,5 cm. Farbdr. Leipzig (909). Mittelbach. 1. 50

— Ohmann, C. L., Schulwandkarte der Prov. West-Preussen. 9 Blatt. Berlin, A. Wruck's Verl. 5. 50; auf Leinw. in Mappe od. m. Stäben 14. —

— Pawlowski, I. N., Schul-Wandkarte v. West-Preussen. Nach der Generalstabs-Karte entworfen u. gezeichnet. 2., verb. Aufl. m. der neuen Kreiseinteilg. 1 : 200,000. 6 Blatt. Farbendr. 63,5 × 48 cm. Danzig 891. A. W. Kafemann. n. 7. 50; auf Leinw. n. 12. 50

— **Pawlowski, I. N., Schulwandkarte v. Westpreussen.** Nach der Generalstabs-Karte entworfen u. gezeichnet. 3. verb. Aufl. mit der neuen Kreiseinteilg. 1:200,000. 6 Blatt à 64×48 cm. Farbdr. Danzig (900). A. W. Kafemann. n. 7. 50

Westprignitz [Schlagwort]

Westprignitz, s. a.: Ostprignitz.

Westprignitz, Kreis, s.a. Potsdam, Reg.-Bez.

Westprignitz. Fiedler, F., Wandkarte des Kreises Westprignitz. Bearb. im geograph. Institut v. Paul Baron, A. Hilscher's Nachf. in Liegnitz i/Schl. 1: 50,000. 6 Blatt à 60,5×47 cm. Farbdr. Wittenberge 899. Th. Gotthardt. n.n. 10. —; auf Leinw. m. Stäben n.n. 15. —

Westprignitz. Karte des Kreises Westprignitz, Reg.-Bez. Potsdam. Hrsg. v. der kartogr. Abteilg. der königl. preuss. Landesaufnahme 1905 m. Nachträgen nach Angaben des königl. Landratsamtes. **Aufgenommen** v. der topogr. Abteilg. der königl. preuss. Landesaufnahme 1880—1900. 1:100,000. 67×70,5 cm. Farbdr. Berlin (R. Eisenschmidt). n.n. 2. —; ermäss. Preis n.n. 1. 50

Westra, J. J., Abhdl. v. Spießglanze, a. d. Latein. m. Anm. u. Zusätz. v. S. L. Döring. gr. 8. Hadamar, Gelehrten Bchhdl. 802
s.a. Westräs, Jar. Joh.

Kriegserinnerungen aus Fröschweiler. Von Ernestine **Westram,** Inhaberin d. Wirtschaft 'Zur Jägerzusammenkunft'. (Fröschweiler): Selbstverl. [1910]. 37 S. 8° [10. 7755

Westram, Otto, der Titelsatz, s.: Mäser, Jul.

Westram, Reinhold, a. Preussisch-Börnecke ⟨Quedlinburg⟩: Ueber Bortrichlorid und seine Verbindungen mit sauerstoffhaltigen organischen Substanzen. (Berlin 1907: E. Ebering.) (61 S.) 8°
Berlin, Phil. Fak., Ref. Gabriel, Diss. v. 23. Nov. 1907
[Geb. 17. Sept. 78 Preußisch-Börnecke (Kr. Quedlinburg); Wohnort: Berlin; Staatsangeh.: Preußen; Vorbildung: Oberrealsch. Halle a. S. Reife O. 99; Studium: Halle 2, Berlin 10 S.; Rig. 27. Juni 07.]

Westräs, Jar. Jh., Abhandl. vom Spießglanze; aus dem Lateinischen mit Anmerkk. u. Zusätzen von S. J. L. Döring. gr. 8. Hadamar 801. (Lanz in Weilb.) 15 K

West-Rhauderfehn [Schlagwort]

West-Rhauderfehn. s.: Preussen. Messtischblätter.

van Westreenen van Tiellandt, Baron, Verslag der nasporingen, omtrent de oorspronkelijke uitvinding en het vroegste gebruik der stereotypische Drukwijze, gedaan op uitnoodiging van het Gouvernement. — A. u. d. T.: Rapport sur les recherches relatives à l'invention première et à l'usage le plus ancien de l'imprimerie stéréotype, faites à la demande du Gouvernement. (Mit 3 Schriftproben.) gr. in 8. Gravenhage 833. (Leipz., Weidmann; auch Weigel.) n. 1 ₰

Westrell, Richard

Westrell, v., das Pferd u. das Automobil, s.a. Pferde, unsere. 18.

Westrell v.: Das Pferd u. das Automobil. Stuttg. 1902. 32 S. (Unsere Pferde. H. 18). 462.

Westrell, Rich. v., Reitunterricht für Anfänger u. Naturreiter. Wie soll der angeh. Reiter u. der Naturreiter sein Pferd wählen, behandeln u. reiten? Anleitg. f. Infanterie-Offiziere u. Zivilisten. Mit 6 Taf. u. 17 Textabbildgn. nach Zeichngn. v. Arth. Knauer. (84 S.) gr. 8. Leipzig 906. F. Engelmann. Geb. in Leinw. n. 4. —

Westrell, Rich. v., der Training des Pferdes u. des Reiters f. den kleinen Herrensport. (VIII, 101 S. m. 4 Taf.) 8. Leipzig 907. F. Engelmann. Geb. in Leinw. 4. —

Westrem zum Gutacker, R. v., Geschichte des thüringischen Husaren-Regiments Nr. 12. Kurz dargest. Mit 4 Lichtdr.-Bildern, 1 Uniformbild u. 2 Kartenskizzen. 8. (VIII, 148 S.) Berlin 901. R. Eisenschmidt. Geb. n. 1. 50

Westrem zum Gutacker, R. v., Geschichte des thüringischen Husaren-Regiments Nr. 12. Kurz dargestellt. 2. Aufl., fortgeführt bis zur Gegenwart. Mit 4 Lichtdr.-Bildern, 2 Uniformbildern u. 2 Kartenskizzen. (VIII, 160 S.) 8. Berlin 910. R. Eisenschmidt. Geb. 1. 50

Westrich und Weinpfalz. Fastnachtsspiel. Von dem Verfasser der Gedichte in westricher Mundart. Kaiserslautern 1858. V: *Schandein, Ldw.* (Ky) (Bücher-Samml. d. hist. Ver. v. u. f. Oberbayern. München 1867.)

Westrich und Weinpfalz. Fastnachtsspiel in 3 Abthlgn., einem Vor- und einem Zwischenspiele. Von dem Verf. der Gedichte in westricher Mundart. (Von L. Schandein.) (Vorläufiges Mscr.) Kaiserslautern (858.) (Tascher.) gr. 8. (XIV, 82 S.) n. 9 ngr

Westrich-Führer. Reise-Handbuch f. d. Westrichgebiet von d. Nahe bis zur Hardt u. Saar. Hrsg. v. Westrich-Verein. M. 11 Karten. 12. (XL, 280 S.) Kaiserslautern 898. E. Crusius. Geb. in Leinw. n.n. 2. 50

Westrick, F. A., fünfstellige Logarithmen f. den Schulgebrauch. gr. 8. (125 S.) Münster i/W. 892. Aschendorff. Geb. n. 1. —

Westrick, F. A., fünfstellige Logarithmen, f. d. Schulgebrauch zusammengestellt. 2. Aufl. (125 S.) gr. 8. Münster 900. Aschendorff. Geb. 1. —

Westrick, A., Rechenbuch nebst Aufgaben zur ersten Einführung in die Geometrie, s. a. Heine, G.

Westrick, F. A., u. G. Heine, Rechenbuch nebst Aufgaben z. ersten Einführg. in d. Geometrie, f. höh. u. mittlere Lehranst., sow. z. Selbstunterr. hrsg. 2. Aufl. gr. 8. (VIII, 288 S. m. Fig.) Münster 894. Aschendorff. Geb. in Leinw. n.n. 3. —

— **u. G. Heine,** Rechenbuch nebst Aufgaben zur ersten Einführung in die Geometrie, f. höhere u. mittlere Lehranstalten hrsg. 11. Aufl., neu bearb. v. G. Heine u. Fr. Thedsen. (VIII, 308 S. m. Fig.) 8. Ebd. 907. Geb. nn 3. —

— — Rechenbuch f. Realschulen. Auflösgn. zu den schriftl. Aufgaben. Neu bearb. v. G. Heine u. Fr. Thedsen. (68 S.) 8. Ebd. 906. — 80

Westrick, J. V., Disputatio literaria de Aeschyli Choëphoris, deque Electra cum Sophoclis tum Euripidis. gr. 8. Leiden 826. (Hartmann in Leipz.) 2 ₰ 8 K

Westring, Johann Peter

Westring, J(ohan) P(etrus): Erfahrungen über die Heilung der Krebsgeschwüre. (Erfarenheter om kräftsvulstens läkning. Dt.) Übers. und mit Zusätzen verm. von Kurt (Polykarp Joachim) Sprengel. 35 S., gbd.

Halle: Renger 1817

JB 3.075

Westring, J. P., Schwedens vorzüglichste Färbeflechten, treu nach der Natur abgebildet; aus d. Schwed. v. F. D. D. Ulrich. gr. 8. Nörköping 803. Ulrich. (Campe in Hamb.) 1 ß

Westring, J. P., Schwedens vorzüglichste Färbeflechten, treu nach der Natur abgebild. a. d. Schwed. v. E. D. D. Ulrich. gr. 8. Norrkiöping, Ulrich. (Hoffmann in Hamb.) 805.

Westring, Nic., Araneae Suecicae descriptae. Gothenburg 861. (Stockholm, Bonnier.) gr. 8. (615 S.) n. 5 ß 20 ngr.

Westritz, J., Edelweiß, s. Novellenstrauß.

—— Gegen den Strom. Roman. 2 Bde. 8. (220; 234 S.) Leipzig 870, Nötschke. [Zander.] (*M.* 6.)

Westrum, A., zur Lippeschen Erbfolgefrage. gr. 8. (32 S.) Celle 895. Capaun-Karlowa. n. — 80

Westrum, A., die Longobarden u. ihre Herzöge. Vortrag, geh. im Verein f. Kunst u. Wissenschaft zu Celle. gr. 8. (54 S.) Celle 886. Capaun-Karlowa. n. 1. —

— das Märchen v. d. dinglichen Kirchenlasten. E. kirchenrechtl. Studie aus d. Gebiete d. hannov. Provinzialrechts. gr. 8. (81 S.) Ebd. 895. n — 80

Westrum, Richard [pract. Arzt aus Jacobi-Drebber, Prov. Hannover]: Beobachtungen von sogenannter Stauungs-Papille beim Hunde .... Leipzig, Druck v. J. B. Hirschfeld, 1882 [sic!]; 26 S. 8°.
München, Med. Fak., Inaug. Diss. v. 1886.

Westrum, Richard, Beobachtungen von sogenannter Stauungs-Papille beim Hunde. Diss. München 1886, A. Buchholz. 8°. 26 S.

Westrum, Wera, die Flucht vor der Kultur. Reisebilder e. Berliners. (III, 102 S.) 8. Pasewalk (910). J. Scheidling. 1.—; geb. 1.70

Westrum, Wilhelm, approb. Arzt aus Hoya: Klinische Beiträge zur Kenntnis der Syringomyelie. Erlangen 1901: F. Junge. (50 S.) 8°
Erlangen, Med. Diss. v. 13. Juli 1901.

Westrum, Wilhelm [pract. Arzt aus Jacobi-Drebber, Prov. Hannover]: Ueber Peniscarcinome. Aus d. chirurg. Poliklinik zu München .... München, Druck v. M. Ernst (vorm. G. Pollner), 1886; 31 S. 8°.
München, Med. Fak., Inaug.-Diss. v. 1886.

Westrum, Wilh., über Peniscarcinome. Inaugural-Dissertation. gr. 8. (31 S.) München 886, (Ernst.) *

Westrumb, Aug. Hnr. Ldw., de Helminthibus acanthocephalis. Comment. histor.-anatomica. Mit 3 Kpf. Fol. Hannov. 821. Helwing, 2 ß 20 gr Hbg. Pr. 1 ß 16 gr

— Lehrbuch d. Naturgeschichte, f. J. Chr. Fröbing, Bürgerschule 1r Bd. 1r Thl.

Westrumb, Aug. Heinr. Ludw., Lehrbuch d. Naturkenntniß zum häusl. u. öffentl. Unterr. bearb. 1. Bd. Handbuch d. Naturbeschreibung. Neue, verm. Aufl. gr. 8. (39½ B., 6 ill. u. 3 schw. Kpfr.) Hannover 832, Helwing.

Commentatio physiologica de phaenomenis, quae ad vias sic dictas lotii clandestinas demonstrandas referuntur. Gottingae 1819: Dieterich. 58 S. 4°

Göttingen, Med. Preisschr. v. 4. Juni 1819

Westrumb, A. H. L., commentatio physiol. de phaenomenis, quae ad vias sic dictas lotii clandestinas demonstrandas referuntur. 8maj. Göttingae, Dieterich. 821.

Westrumb, August Heinrich Ludwig (Übers.):

s.: Saissy, J(ean) A(ntoine): Ueber die Krankheiten des innern Ohres. (Essai sur les maladies de l'oreille interne. Dt.) Göttingen: 1829

JB 4.319

Westrumb, August Heinrich Ludwig: Physiologische Untersuchungen über die Einsaugungskraft der Venen. 75 S., gbd.

Hannover: Hahn 1825

JB 974

Westrumb, Johann Friedrich

Westrumb, Joh. F. (Hrsg.), s. a. Abhandlungen, Kleine physikalisch-chemische.

Westrumb, Jh. Fr., († d. 31. Dec. 1819.) kleine physik.-chem. **Abhandll. 3 Bde. od. 5 Hfte. 8. Hannov. 785—92. (Joachim in Lpz.) 4 ß 16 gr 3r Bd. 2s Hft. A. u. d. T.: Vers. e. Beitrags zu den Sprachbereicherungen f. d. deutschen Chemie. 8. Ebd. 793 Hahn. 1 ß 4r Bd. 1s Heft. A. u. d. T.: chemische Abhandlungen. 1r Bd. 8. Ebd. 793. 1 ß 6 gr 4r Bd. 2s Heft. A. u. d. T.: üb. d. Bleiglasur für unsere Töpferwaaren u. deren Verbesserung. 2r Bd. 1s Heft. 8. Ebd. 793. 12 gr 5r Bd. 1s Heft. A. u. d. T.: üb. d. Bleiglasur rc. 1e Fortsetzung, oder chem. Abhandl. 2r Bd. 2s Heft. 8. Ebd. 797. 5r Bd. 2s Hft od. chem. Abhandl. 3r Bd. 1s Heft. A. u. d. T.: von der neuen murnatischen u. sabinischen Mineralquelle zu Pyrmont. 8. Ebd. 797. 7 gr 6r Bd. 1s Heft od. chem. Abhandl. 3r Bd. 2s Hft. A. u. d. T.: Bemerkk. u. Vorschläge für Bleicher u. Bäcker. 8. Ebd. 800. 22 gr**

Westrumb, Joh. Fr., kleine physikalisch-chemische Abhandlungen. 3 Bde. od. 5 Hefte. 8. Lpz. Müller. (Joachim) 786—89. (I. 1. oder 1s H. 12 gr. I. 2. od. 2s H. 20 gr. II. 1. oder 3s H. 20 gr. II. 2. oder 4s H. 1 Rthlr. 4 gr. III. 1. od. 5s H. 1 Rthlr. 8 gr.)

Westrumb, Jh. Fr., kleine physikal.-chem. Abhandll., aus d. chem. Journalen gesammelt mit Anmerkk. 8. Leipz. 788. (Joachim). 20 gr

— Bemerkk. über Arzneitaxen u. deren Veränderungen, veranlaßt durch d. neuesten Schriften über diesen Gegenstand. gr. 8. Götting. 797. Schröder. 14 gr Beilage. gr. 8. Ebd. 797. 8 gr N. A. 2 Thle. gr. 8. Hannov. 809. Hahn. 22 gr

— prakt. Bemerkk. u. Vorschläge für Branntweinbrenner. 8. Hannov. 793. 2e A., mit Anmerkk. v. Grave. 798. 3e A. 802. Hahn. 1 ß

Westrumb, Johann Friedrich: Bemorkungen und Vorschläge für Bleicher, oder Anleitung zur besten und wohlfeilsten Methode zu büken und zu der Bleiche mit Säuren. Hannovor 1800

Westrumb, [Johann Friedrich]: Bemerkungen und Vorschläge für Branntewein-brenner. Hannover: Hahn 1793. 104 S. -- 12°
--- Dass. 2., verb., verm. und mit Anm. vom Herrn Apotheker Grave versehene Aufl. Mit 1 Kupfer. Ebd. 1796. XXXV, 225 S. -- M 49°
Kayser 1798.
--- Dass. 3., verb., mit neuen Zusätzen versehene und mit den Anm. des Herrn Apotheker Grave, zum 1. Abdruck dieser Schrift, begleitete Aufl. Mit 1 Kupfer. Ebd. 1803. XLIV, 286 S. -- 12°

WESTRUMB, JOHANN FRIEDRICH.
Bemerkungen und Vorschläge für Fruchtbranteweinbrenner. Hannover, 1821. 8vo.

Beschreibung einer sehr vortheilhafter Essigfabrik. Hannover, 1818. 8vo.

— Beschreib. einer sehr vortheilhaften Essig-Fabrik u. der erforderlichen Geräthe. Mit 3 Kpf. gr. 8. Frankf. a. M. 819. (Gebhard in Grimma). 10 gGr.

— — Beschreibung einer sehr vortheilhaften Essig-Fabrik und der erforderlichen Geräthe. M. Kupf. gr. 8. Frankfurt a. M., Heinr. Wilmanns. 819.

Beschreibung der Gesundbrunnen und der Schwefelbäder zu Eilsen in der Grafschaft Schaumburg. Von Johann Friedrich Westrumb. Hannover: Helwing 1805. CXLVIII, 229 S. 8°

— Beschreibung des Gesundbrunnens in Selters, dem Hrn. Prof. Wurzer zur Prüfung vorgelegt. 8. Marb. 813. Krieger. 12 gGr.

— Beschreibung einer Malzdarre u. eines Malz-Trockenofens für Bierbrauereien, Essigbrauereien u. Branntweinbrennereien. Nebst Bemerkung über Malz- u. Hefebereitung. Mit Zeichnungen. gr. 8. Hannov. 818. Hahn. 8 gGr.

— physikal.-chem. Beschreib. von der Lage u. den Bestandtheilen d. Driburger Mineralwassers. gr. 4. Erfurt 788. Keyser. 6 gGr.

— physikal.-chem. Beschreib. der Mineralquellen zu Pyrmont. gr. 8. Leipz. 789. (Joachim). 20 gGr.

— über das Bleichen mit Säuren nach französ. u. engl. Vorschriften. Nebst Beschreibung des besten Bleichverfahrens. gr. 8. Berl. 819. Nicolai. 1 Rthlr. 4 gGr.

— Geschichte d. neu entdeckten Metallissirung d. einfachen Erdarten. 8. Hannov. 791. Helwing. 7 gGr. Schreibp. 9 gGr.

— über Glasbereitung, dessen Verbesserung, Verwohlfeilung ꝛc. gr. 8. Hannov. 818. Helwing. 18 gGr.

— Handbuch d. Apothekerkunst. 3 Bde. gr. 8. Hannov. 795—98. 2e A. 799, 800. 3e A. 804—6. Hahn. 5 Rthlr. 4e verm. wohlf. Ausg. 3 Bde. gr. 8. Ebd. 815. 4 Rthlr. Zusätze zu diesem Handbuche besonders. Ein Anhang, welcher die neuesten, den Apothekern nothwendigen Entdeckungen, Beobachtt. u. Bemerkk. enthält. gr. 8. Ebd. 815. 9 gGr.

— Materialien für Branntweinbrenner, oder Bemerkk. u. Vorschläge über die Verbesserung des Brenngeschäfts u. üb. die Veredlung des gemeinen Fruchtbranntweins zu Weinbranntwein Rum, Arak u. Liqueure. Aus des Verfass. nachgelass. Papieren herausg. v. A. H. L. Westrumb. 8. Hannov. 826. Helwing 16 gGr.

Westrumb, J. Fr., Materialien f. Branntweinbrenner, od. Bemerkn. u. Vorschläge üb. d. Verbesserung d. Brenngeschäftes u. üb. die Veredelung d. gemeinen Fruchtbranntweins zu Weinbranntwein, Rumm, Arrack u. Liqueuren. Aus d. Verf. nachgelass. Papieren hrsg. v. A. H. L. Westrumb. 8. (11½ B.) Hannover 827, Helwing.

s. A. J. Retzius, Einleitung.

— kleine Schriften, physikal. u. chem. Inhalts. 1r Bd. (Auch u. d. T.: Beschreib. d. Gesundbrunnen u. d. Schwefelbäder zu Eilsen in der Grafschaft Lippe-Schaumburg). Mit 4 ill. Kpf. 8 Hannov. 805. Helwing. 1 Rthlr. 8 gGr.

Westrumb, J. F: Ueber die Veredlung des gemeinen Kornbranntewein zu Weinbranntewein, Rumm und Arrack. Hannover 1821

— üb. die Veredlung des gemeinen Kornbranntweins, Rum und Arak. Herausg. v. A. H. L. Westrumb. kl. 8. Hannov. 822 Helwing. 5 gGr.

Westrumb, Johann Friedrich: Versuch eines Beytrages zu den Sprachbereicherungen für die deutsche Chemie. 351 S., gbd.

Hannover: Hahn 1793

JB 290

s. J. J. G. Weiß, Anweis. z. Branntweinbrennen.

s. Westrumb, Jh. Fr.: Materialien für Branntweinbrenner.

— Zusätze zu diesem Handbuche besonders. Anhang, welcher die neuesten, den Apothekern nothwendigen Entdeckungen, Beobachtungen u. Bemerkungen enthält. gr. 8. Ebend. 815.

Westrussland [Schlagwort]

Westrussland, s.a. Eisenbahnkarten.

Westrussland, s.a. Russland.

s.a. Verkehrskarten.

West-Russland. Freytag's, Gust., General- (und Strassen-) Karte von West-Russland nebst den österreichisch-ungarischen u. deutschen Grenzgebieten. 2., stark erweit. Ausg. mit Beiträgen von K. Peucker. 1 : 1,500,000. 80,5 × 111 cm. Farbdr. Wien 898. Artaria & Co. n. 4. —

West-Russland, General- und Strassenkarte nebst den österr.-ungar. und deutschen Grenzgebieten von G. Freytag. Wien—Berlin—Riga—Moskau—Odessa. Mit Beiträgen von Dr. K. Peucker. Maßstab 1 : 1,500.000. Zweite erweiterte Auflage. 1898. 2 grosse Blätter. 80 110 *cm*. Chromolithographie. Gefalzt in Umschlag Wien: Artaria 1898. 2.—

— O' Grady, G., Uebersichtskarte v. westlichen Russland. Nach dem neuesten amtl. Material bearb. 1 : 1,750,000. Rev. Mai 1898. 4 Blatt à 54,5 × 47 cm. Farbdr. Leipzig 898. C. Meyer's graph. Institut. n. 12. —

— Handtke, F., Generalkarte vom westlichen Russland, nebst Teilen v. Deutschen Reiche u. v. Oesterreich-Ungarn. 1 : 2,000,000. 5. Aufl. 64,5 × 73,5 cm. Farbendr. Glogau 895. C. Flemming. n. 1. 50

West-Russland — Neue militairische Situations-Karte von — Augsb. bey Joh. Walch 1812. 1: 2,500,000. 2 Bl.

West Russland — Neue militairische Situations- und Postkarte von — I. E. Knittel. Nürnberg bey Fried. Campe 1812. 1 : 1,300,000. 1 Bl.

Westschweiz: Die Westschweiz
(4) Genfer Nachrichten (I) (5) 15. 6. 1870—4. 10. 1870 und eine undatierte Nr. (6) 2°, letzte datierte Nr in 4° (mit der Angabe: wöchentlich 3×) (7) wöchentlich 2× (8) Genf: W. Blanchard & Cie. (11) J. J. Romang (14) Ge: P.

Westschweiz: Die Westschweiz — La Suisse Occidentale
(1) Freisinniges Organ für die deutsch sprechende Bevölkerung der französischen Kantone - Journal indépendant pour les populations allemandes des cantons français (5) 21. 12. 1895—Juni 1896 (6) 2° (7) Monatsblatt (8) La Chaux-de-Fonds: E. Sauser (12) neutral (14) Be: L (unvollständig).

Westschweiz. Die W'. [Führer. Mit Illustrationen und 1 Karte. Herausgeber:] Schweiz. Bundesbahnen. II + 80 S. 8. (Lausanne,) Corbaz & Co [1904].

Westsibirien. Dichtigkeit der Bevölkerung; ferner Kultur-historische Skizze. G. M. 1856.

West-Steiermark [Schlagwort]

West-Steiermark, s.: Kärnton.

West Superior Zeitung : [illegible] St. Paul, MN

West-Tasmania. 500,000. G. M. 1865.

West Texas Pionier : Oct. 1887 1888
Independent weekly. Edited by G. Braun, and later by August Ewald, published by West Texas Pioneer Publishing Co.
Boerne, TX

West-Tirol [Schlagwort]

West-Tirol, s.a. Automobilkarten. **Freytag.**

Westtirol, s.a. **Radfahrerkarten.** Freytag.

West-Tirol und Vorarlberg, Distanz- und Uebersichtskarte von. 1 : 350 000. Ebds. In Carton 50 kr 1885.

West-Ungarn [Schlagwort]

West-Ungarn, s.: Eisenbahnkarten.

Westward Ho! Britische und amerikanische Gedichte übers. von Carl Elze. 16. (VII und 80 S.) Leipzig 856(57,) Haynel.

Weszkalnies, Jul., die einfache und doppelte Buchführung neuer zweckmäßiger Methode und Zusammenhang der einfachen Buchführung im Ladengeschäft mit den nach doppelter Methode geführten Büchern des Chefs. Der Bücherabschluß und die verschiedenen Arten des Contocorrents. gr. 8. (IV, 211 S.) [Königsberg 886.] Leipzig, Strübig. *

WESZKALNIES, Hermann (Thannenwald): Ein Beitrag zu den congenitalen Luxationen der oberen Extremitäten.- München: Wolf 1881. 22 S.,1 Bl.
15.7.1881 - Urk (Titel: De extremitatum superiorum luxationibus congenitis.); Chr 1881/82,7
Diss.Ingolst.-Landsh.-Mchn.

Weszprémi*, Stephani, succincta medicorum Hungariae et Transylvaniae biographia. Cent. I—III. 8maj. Wien 778—87. Trattner. 2 *ß* 12 *K

Wet, Christiaan R. de

De Wet, Ch. R. Der Kampf zwischen Bur u. Brite. Mit Krt. u. Abb. Kattowitz 1902. 454 S.

General Chr(istiaan) R. de **Wet**. Der Kampf zwischen Bur und Brite. (Der dreijähr. Krieg.) Für d. Jugend frei bearb. von A. Oskar Klaußmann. Mit Karten u. Ill. *Kattowitz & Leipzig: K. Siwinna [1903].* (XII, 292 S.) 8° [F.]
= [Phönix-Bibliothek. Bd 1.] [04. 1,20

Wetboeken, de Indische. 2 Bde. 32. Zalt-Bommel 847. 48. (Amersfoort, Gebr. Taats.) n. 6 *ß*

— de Nederlandsche, met verwijzing naar de betrekkelijke artikelen van de Nederl. en Fransche wetboeken. 2. Aufl. 32. (400 S. nebst Grondwet voor het Koningrijk der Nederl., volgens de veranderingen, goedgekeurd door de beide Kamers der Staten-Generaal in de zitting van 1847 — 1848. 16 S.) Ebd. 840. n. 3 *ß*

Wetekamp, Osc. (geb. Schillersdorf in Oberschles. 2. 4. 1858): Beiträge zur Lehre vom Ileus. Berlin (1883). (29 S.) 8°
Berlin, Med. Diss. v. 26. Juli 1883

Wetekamp, W[ilhelm]: [Ansprache beim Besuch französischer Professoren und Studenten in der Anstalt.] S. 17—18. 4. Werner Siemens-Realgymn. *Schöneberg* 1909 (141).
Progr.

[F.] **Wetekamp,** *Wilhelm:* Schulreformen und Schulreformbestrebungen in den skandinavischen Ländern. Breslau, Druck v. Grass, Barth & C., *1897:* 45 S. 8.
Breslau, RG z. heiligen Geist, OP 1897 (219)

Wetekamp, W[ilhelm]: Selbstbetätigung und Schaffensfreude in Erziehung und Unterricht m. bes. Berücks. d. 1. Schuljahres. Mit 13 Taf. Leipzig 1908: Teubner. 44 S. 8°
Schöneberg, Werner-Siemens-RG u. RG nach Frankfurter Lehrpl. OP 1908 (137) [S 08. 529

Selbstbetätigung und Schaffensfreude in Erziehung und Unterricht. Mit besond. Berücks. d. 1. Schuljahres von Prof. W[ilhelm] **Wetekamp,** Dir. Mit 13 Taf. Leipzig & Berlin: B. G. Teubner 1908. (44 S.) 8° [08. 11995

Wetekamp, W., Selbstbetätigung u. Schaffensfreude in Erziehung u. Unterricht m. besond. Berücksicht. des ersten Schuljahres. 2., stark verm. Aufl. Nebst e. Anh.: Wie ich die Idee d. Selbstbetätigg. in $1^1/_2$ jähr. Schularbeit durchzuführen suchte, v. Paul Borchert. (IV, 94 S. m. 16 Taf.) Lex. 8. Leipzig 910. B. G. Teubner. 2.—
1. Aufl. (IV, 44 S. m. 13 Taf.) 908. 1.80

Wetekamp, W.: Volksbildung - Volkserholung - Volksheime, s.a. Vorträge u. Aufsätze aus der Comenius-Gesellschaft. 8. Jahrg. 1.

Volksbildung Volkserholung Volksheime. Neue Wege zu ihrer Forderung. Von W[ilhelm] **Wetekamp,** Oberl. *Berlin: R. Gaertner 1900.* (24 S.) 8°
= **Vorträge** u. Aufsätze aus d. Comenius-Gesellschaft. Jg. 8, St. 1. [00. 2859

— Volksbildungsarbeit in Dänemark. 8. (38 S.) Berlin 901. (Th. Fröhlich.) — 30
Sonderabdruck aus: „Bildungs-Verein".

Weth, H. Die Orient-Reise der „Augusta Victoria" vom Jan. bis März 1891. Nach den Berichten in den Feuilletons d. „Hamburger Fremdenblatt" u. d. „Berliner Börsen-Courier". 1. u. 2. Aufl. gr. 8. (XII, 250 S. m. Abbildgn.) Hamb. 891, Ledband. * 3 —

Weth, Joh. Nikol., Lehrbuch üb. d. Roth-, Sämisch- u. Weißgerberei. Nach ihrem ganzen Umfange u. in ihrem wahren Bestande. Durch vieljähr. Erfahrn. prakt. dargestellt. 8. ($9^1/_4$ B.) Dinkelsbühl 838, Walthr'sche Buchh.

Weth, Rudolf

Weth, R. Zur Entwicklungsgeschichte des [illegible] Basel 1891.

Weth, Rud., über e. Verallgemeinerung der Gauss'schen Differentialgleichung. Progr. gr. 4. (37 S.) Zürich 899. (Basel, B. Schwabe.) n. 1. 60

Wetherell, Elisabeth, die Berge am Shatemuc, s. Bibliothek, amerikanische.

Wetherell, Elisabeth, die Berge des Shatemuc, s. Bibliothek, europäische.

— s. Bibliothek illustrirter Erzählungen &c.,

Wetherell, Elis., Daisy. Erzählung f. das christl. Haus. Frei ins Deutsche übertr. v. Walter Eichner. 8. (224 S.) Leipzig 894. Greßner & Schramm. 2. 40; geb. in Leinw. 3. —; in Damast m. Goldschn. 3. 60

—— Dollars und Cents, s. Bibliothek, amerikanische.

Wetherell, Elisabeth, der alte Helm, s. Bibliothek, europäische.

— the hills of the Shatemuc, s. Collection of British authors.

Wetherell, Elisab., das schwarze Hühnchen. Aus dem Engl. übertragen von F. E. Drechsler. Leipzig 865. Wilfferodt. 16. (69 S. mit 1 Holzschntaf.) 6 ngr.

Wetherell, Elisabeth, meines Bruders Hüter, s. Bibliothek, amerikanische.

— das Melbourne-Haus. Erzählg. f. die christl. Familie. Frei ins Deutsche übertr. v. Walter Eichner. 8. (318 S.) Ebd. 894. 2. 40; geb. in Leinw. 3. —; in Damast m. Goldschn. 3. 60

— Melbourne House, s.a. Bibliothek, europäische.

—— Queechy, s.a. Bibliothek, amerikanische.

—— Queechy, s.a. Collection of british authors.

Wetherell, Elisabeth, Queechy. Ein amerikan. Farmleben. Übers. von Marie v. Ranisch. 2. Aufl. (Bergstrom-Edition.) gr. 8. (560 S.) Anklam 890. A. Schmidt's Verl. n. 3. 60; geb. n. 4. 50

—— die Rose in der Wüste. Aus dem Engl. übertragen von Frz. Emil Drechsler. gr. 16. (66 S.) Leipzig 866, Wilfferodt.

— und A. Lothrop, Say and Seal, s. Bibliothek, europäische.

—— Say and seal, s. Collection of british authors.

— s. Volks-Bibliothek, neue.

— die weite, weite Welt, s.a. Bibliothek, amerikanische.

Wetherell, Elisab., die weite, weite Welt, s.a. Jacobi, M.

—— die weite, weite Welt, s.a. Volks-Bibliothek, neue.

—— die weite, weite Welt. Aus dem Engl. 4. Aufl. 8. (VIII und 299 S.) Leipzig 863, Schrag's Verlag. [Zieger.] Mit 8 Holzschntaf.

Wetherell, Elisabeth, die weite, weite Welt. Aus dem Engl. Mit 8 Illustr. (Holzschntaf.) 6. Aufl. 8. (VIII, 299 S.) Leipzig 871. Fr. Voigt. n. 2. —

— dasselbe. Aus dem Engl. Illustr. Pracht-Ausg. 8. Aufl. 8. (299 S.) Dresden 874. Kaufmann. geb. n. 4. —

Wetherell, Elise, die weite, weite Welt. Aus dem Engl. Illustr. Pracht-Ausg. 9. Aufl. 8. (VIII, 299 S. mit 6 Holzschntaf.) Dresden 879, Kaufmann's Verlag. geb. *

Wetherell, Elis., die weite, weite Welt. Aus dem Engl. Illustr. Pracht-Ausg. 10. Aufl. 8. (VI, 299 S. m. 6 Holzschntaf.) Dresden 881. Kaufmann's Verl. geb. n. 4. —

Wetherell, Elis., die weite, weite Welt. Aus dem Engl. Billige Ausg. ohne Bilder. 12. verb. Aufl. 8. (VI, 299 S.) Dresden 885. Kaufmann's Verl. n. 2. 50; illustr. Ausg. geb. n. 4. —

Wetherell, Elisabeth, die weite, weite Welt. Aus d. Engl. Billige Ausg. ohne Bilder. 13. Aufl. 8. (VI, 299 S.) Dresden 887. Leipzig, Kaufmann's Verlag. n. 2. 50; illustr. Ausg., geb. n. 4. —

Wetherell, Elisab., die weite, weite Welt. Nach dem rühmlichst bekannten engl. Orig.-Text in's Deutsche übertr. Illustr. Ausg. 14., vollständig verb. Aufl. (56. bis 59. Tausd.) 8. (IV, 600 S.) Leipzig 897. G. A. Kaufmann. Geb. in Leinw. n. 4. 75; Ausg. ohne Bilder, geb. n. 3. 50

(B) — dasselbe. Ins Deutsche übertragen. 897. Jetzt: Kattowitz, Phönix-Verlag.

— the wide, wide world, s. Collection of British authors.

Wetherill, Karl Mayer (Philadelphia)
Ueber neutrales schwefelsaures Aethyloxyd und dessen Zersetzungsprodukte mit Wasser.
[In: Annalen der Chemie und Pharmacie, Bd 66 (1848), S.117.]
Dr. phil. Giessen 30.5.1848.

Wetherley, Thom., ein Wunder neuester Zeit. Das mystificirte Deutschland, u.: Ein Streich à la Philadelphia. Ausgeführt v. Vict. Gschwind. gr. 8. (1 B.) Leipzig 835, Fort. (?)

Wethli, L., Grabesblüthen. Sammlung von Todeserinnerungen u. Grabschriften. 2. Aufl. gr. 8. Zürich, Selbstverlag d. Verf. 1874. 1. 50

Wethly, Gust., Hieronymus Boner. Leben, Werke u. Sprache, s.a. Studien, alsatische.

Wethly, Gustaf [cand. phil.]: Hieronymus Boner. Leben, Werke u. Sprache. E. Beitr. z. elsäss. Litteraturgesch. . . . Strassburg, K. J. Trübner, 1892; 4 Bl., 71 S. 8.
Strassburg, Phil. Fak., Inaug.-Diss. v. 1892

Wethly, Gustaf. (Friedrich [von]) Schiller und seine Idee von der Freiheit. Eine Betrachtung zur Säkularfeier seines Todes. II + 16 S. 8. Strassburg i. E., Ludolf Beust, 1905. [M. —. 80]

Wethly, G. Strassburger Zunft- u. Polizei-Verordnungen, s. Brucker, J.

Wetken, Herm., Blätter der Erinnerung an die erste kirchliche Feier des Erfurter Gustav-Adolph-Vereines, gehalten am 6. Novbr. 1844. 8. Erfurt 844, Expedition der Thüringer Chronik. n. 1/6 ₰

Wetken, Herm., Blätter der Erinnerung an die erste kirchl. Feier des erfurter Gustav-Adolph-Vereines, gehalt. am 6. Nov. 1844. 8. (2 B.) Erfurt 844. [Leipzig, Schmidt.] *

Wetken, H., der Gustav-Adolf-Verein, s. Geistliches u. Weltliches zur Gustav-Adolf-Stiftung.

Wetken, Herm., Jesus Christus gestern u. heute u. derselbe in Ewigkeit. 4 Festpredigten, in d. Stadtkirchen zu Mühlhausen gehalten. gr. 8. (3 B.) Mühlhausen 833, Heinrichshofen.

—— das Wesen unserer evangel. Kirche. Reformations-Predigt 1835. 8. (1 B.) Erfurt, Körner. *

Wetlake, J. (Hrsg.), s. Revue de droit international...

Wetli, Karl

Wetli, C[arl]. Zum Andenken an den sel. Salomon Conrad Wirz, gew. Pfarrer in Dübendorf. Rede gehalten bei der Beerdigung am 18. Okt. 1883, nunmehr etwas erweitert, nebst Widmung und Anhang, von K. W'.... 8. (Pfäffikon.)

Beleuchtung des Eisenbahnprojecktes Zürich-Rapperswyl, rechtes Ufer. (Von K. Wetli, Ingenieur.) Stäfa. Druck von R. Gull. 4 Stn. gr. 4. 1871.

Wetli, K. Bericht über die Töss-Correction. Zürich 1877.

Wetli, K., die Bewegung d. Wasserstandes d. Zürichsee's während 70 Jahren u. Mittel zur Senkung seiner Hochwasser. Bericht an die Tit. Direktion der öffentl. Arbeiten d. Kantons Zürich. Mit 11 Tab. u. 16 Taf. 4. (79 S.) Zürich 885. Hofer & Burger. cart. n. 7. —
s.a. Wetli, L.

Wetli, G., die Freude eines Dieners Jesu Christi. Synodalpredigt über Lucas 10. 20, den 29. Nov. 1870 gehalten zu St. Peter in Zürich. 8. Zürich 870, Schultheß. *

Wetli, Karl, Gedächtnisrede auf Herrn Pfarrer Edm. Fröhlich zu St. Anna in Zürich, geh. Sonntag den 9. X. 1898. 8. (17 S.) Zürich 898. Depot der ev. Gesellschaft. n. — 50

Wetli, K., Grundzüge eines neuen Locomotivsystems für Gebirgsbahnen mit Bezugnahme auf die schweizerische Alpenbahnfrage. Lex.-8. (VII, 72 S. mit 1 Stnt.) Zürich 868, Verlags-Magazin. *

Wetli, K. Gutachten über schmalspurige Eisenbahnen, mit Rücksicht auf das Projekt Stäfa Wetzikon. Zürich 1872.

Wetli, K. und A. Kocher. Gutachten in der Westbahn Angelegenheit. Bern 1856.

Wetli, Karl. Die Heimkehr aus der Morgartenschlacht. Gespräch in e. Schwyzer Familie Sonntag, 16. Novbr. 1315. Ein Festspiel zur 600jähr. Jubelfeier d. 1. ew. Bundes vom 1. Aug. 1291. 12. (34 S.) Zür. 891, Artist. Institut Orell Füßli Verlag. * 1 —

Wetli, Karl, d. Kreuz Christi. Vortrag, geh. in d. Fraumünsterkirche am 29. Novbr. 1895. 8. (31 S.) Zürich 895. Dépôt d. Evang. Gesellschaft. n. — 60

Wetli's Locomotivsystem für Gebirgsbahnen. Gutachten der im Auftrag des schweizer. Bundesrathes niedergesetzten Commission des eidgenöss. Polytechnikums. Hrsg. vom eidg. Departement des Innern. gr. 8. (46 S. mit eingedr. Holzschn. und 1 Stnt. in qu. Fol.) Bern 869, Dalp'sche Buchh. *

Wetli, Karl, das Märchen von den sieben Raben und der treuen Schwester. Den Bildern von Mor. v. Schwind nacherzählt. (5¼ Bog.) 1878. * ℳ 1,60; 2. Aufl. 16. (IV, 84 S.) Zürich 881, Höhr. *

Wetli, K. Züricher Notizkalender für das J. 1893. Mit Gedichten: Die 12 Monate dargestellt von 6 Kinderpaaren. In-16°. 51 S. Zürich, Höhr & Füsi. 1892. — 40

Wetli, K. Resultate der Eisenbahnstudien über die Alpen vom Langensee nach Chur Zürich 1859. fol.

—— das persönliche Verhältniß der Gläubigen zu Christo. Synodalproposition. gr. 8. (47 S.) Ebendas. 882. *

Wetli, K., die technischen Vorarbeiten der Gotthardbahn. Erläuterung zu der offiziellen Darstellung der Finanzlage. gr. 8. (32 S.) Zürich 876. Orell, Füssli & Co. n. 1. —

— die hl. Weihnachts-Geschichte, in Reimpaaren erzählt. Nebst Nachwort u. Anh. m. 3 Fest-Programmen. Dem Familienkreis u. der Sonntagsschule gewidmet. 2. Serie. 4. (15 S.) Ebd. 900. n.n. — 30

Wetli, L. Die Bewegung des Wasserstandes des Zürichsees während 70 Jahren. Zürich 1886. V: *Waldner, Aug.* (Zuwachsverz. d. Bibl. Zürich 1898 ff. 8.)
s.a. Wetli, K.

Wetmore, Helen Cody, Buffalo Bill, der letzte große Kundschafter. Ein Lebensbild des Obersten William F. Cody, erzählt v. seiner Schwester. Autoris. Uebersetzg. aus dem Engl. v. Alwina Vischer. Illustrationen v. Frederic Remington u. E. W. Deming, Titelbild nach dem Gemälde v. Rosa Bonheur. gr. 8. (304 S.) Stuttgart 902. J. Engelhorn. n. 4. —; geb. in Leinw. n. 5. —

Wetmore, Helen Cody, Buffalo Bill, der letzte große Kundschafter. Ein Lebensbild des Obersten William F. Cody, erzählt v. seiner Schwester. Autoris. Uebersetzg. aus dem Engl. v. Alwina Vischer. Illustrationen v. Frederic Remington u. E. W. Deming, Titelbild nach e. Gemälde v. Rosa Bonheur. Neue Ausg. (238 S.) 8. Stuttgart 906. J. Engelhorn. Geb. in Leinw. n. 3. —

Wetowski, Liberius, ein Sommernachts-Begebnis. Zeitpolit. Fragmente. gr. 8. (63 S.) Wien 900. C. Konegen. n. 1. —

Wetsch, Ignaz Joseph

***Wetsch*, Ign., († d. 22. März 1779.) Examen chemico-medicum aquae acidulae, vulgo Pinkenfeldensis dictae. 8. Wien 763.**

Wetsch, I(gnaz) J(oseph): Medicina ex pulsu sive systema doctrinae sphygmicae. 286 S., gbd., Abb.

Vindobonae: Graeffer 1770

JB 1.084

— medicina ex pulsu sive systema doctrinae sphygmicae, c. tab. aen. 8. Vien. Gräffer. (Camesina.) 790.

— de vomitu intestinorum, sive de calculo confirmato. 8. Wien 771.

— s. Vorurtheil, d. bestrittene.

Wetsch, Jh., 2 Abhandll. von Einimpfung d. Kinderpocken. 8. Wien 764. Kraus. 3 K

— — s.a. Wettsch

Wetsch, Karl: Uber galvanostegische Schwarzbadniederschläge und das kathodische Verhalten von Rhodansalzen. 1910. 81 S. 8°
München, Dr.-Ing.-Diss. v. 6. 8. 1910

Wetsch (Karl), Über galvanostegische Schwarzbadniederschläge und das kathodische Verhalten von Rhodansalzen. Würzburg 1910. 81 S.

Wetschesloff, Michael, aus Kasan (Russl.): Aus d. Biol.-Anat. Institut zu Berlin. (Direktor Prof. Dr. O. Hertwig.) **Beiträge zur Kenntnis der Nasendrüsen bei den Vögeln.** *Berlin (1900): E. Ebering.* (29 S.) 8° ¶ (Erscheint vollst. u. mit Taf. in einer Zeitschrift.)
Berlin, Med. Diss. v. 10. Aug. 1900

Wetscheslow, M. G., u. Th. Tarassewitsch, Führer durch die deutschen u. sonstigen westeuropäischen Bäder, Kurorte u. Heilanstalten. (In russ. Sprache.) 1. Jahrg. (IX, 286 S.) kl. 8. Berlin (904). Deutsch-russ. Verlag u. Druckerei. Geb. in Leinw. n. 2. —

[F.] **Wetschky,** Egbert [Referendar aus Hamburg]: Über die Widerruflichkeit der Vollmacht ... Hamburg, Druck v. Gebr. Gimmerthal, 1897; 51 S. 8.
Erlangen, Jur. Fak., Inaug.-Diss. v. 1897

Wetsels, P. J. N., De fetialibus. Diss. 1854. 77 S. 1.50

Wetstein s. Wettstein.

Wettbergen, V. v. (Geo Volger), „M. W." (machen wir), od. Die Radfahrer-Pumpstation, s. a. Volger's Vereins-Bühne.

Wettbergen, V. v.: 'M. W.' (machen wir) oder Die Radfahrer-Pumpstation. Schwank in 1 Akt von —. Landsberg a. W.: Volger & Klein [1906]. (16 S.) 8°
(Vereins-Bühne, Volger's. No 10.)

Wettbewerb

— der, um Entwürfe f. den Neubau des Rathauses in Deutsch-Wilmersdorf bei Berlin. (44 S. m. z. Tl. farb. Abbildgn.) 34×24,5 cm. Leipzig (910). J. J. Arnd. 2. —
Sonderabdr. aus: „Der Profanbau".

Wettbewerb um Entwürfe f. e. Segel- od. Lastschiff zum Befahren der Oder, d. Oder-Spree-Canals u. der Spree innerhalb Berlins. [Aus: „Zeitschr. f. Bauwesen".] Imp.-4. (20 S. m. 3 Kpfrtaf.) Berlin 893. W. Ernst & Sohn. n. 4. —

— f. e. Friedenspalast im Haag verbunden m. e. Bibliothek. Deutsche Ausg. 5 Lfgn. (100 Taf.) 50×32 cm. Ebd. (907.08). à Lfg. 12. —

Wettbewerb um e. Crematorium f. Bremen. (39 Lichtdr.-Taf. m. IV S. Text.) 49×32,5 cm. Berlin (902). E. Wasmuth. 18. —

Wettbewerb und Prüfungsfahrten für elektrisch betriebene Fahrzeuge in Berlin. Frühjahr 1900. [Berlin 1900.] V: *Kallmann, Martin.* (Berl)

Wettbewerb um e. neues Rathhaus f. Dresden. gr. Fol. (46 Lichtdr.-Taf. m. 8 S. Text u. 1 Abbildg.) Berlin (901). E. Wasmuth. n. 18. 50

Wettbewerb. Der W' für die Universitätsbauten in Zürich. Darstellung der preisgekrönten Entwürfe [*d. i.* Grundrisse, Ansichten etc.] — Gutachten des Preisgerichts (1908 Februar 19./27). Sonderabdruck aus der Schweizerischen Bauzeitung, Bd. 51, Nr. 12, 13 und 15. II + 19 S. 4. Zürich, Verlag der Sch' B', Komm. Rascher & Cie., [1908]. [fr. 1. —]

— der unlautere, s. a. Miniatur-Bibliothek.

— unlauterer. Monatsschrift für gewerbl. Rechtsschutz. Hrsg. v. Jul. Lubszynski. Offizielles Organ der Centralstelle zur Handhabg. des Gesetzes über den unlauteren Wettbewerb. 1. u. 2. Jahrg. Oktbr. 1901—Septbr. 1903. à 12 Nrn. hoch 4. (à ca. 16 S.) Berlin, Herm. Walther. à Jahrg. n. 8. —

Wettbewerb, unlauterer. Monatsschrift f. gewerbl. Rechtsschutz. Hrsg. v. Jul. Lubszynski. Offizielles Organ der Centralstelle zur Handhabg. des Gesetzes über den unlauteren Wettbewerb. 3. u. 4. Jahrg. Oktbr. 1903—Septbr. 1905. à 12 Nrn. (VI, 116 u. VI, 104 S.) hoch 4. Berlin, Verlag Dr. Wedekind & Co. à Jhrg. n. 8. —

— dasselbe. Nebst Beilage: „Der Markenschutz", red. von Mart. Wassermann. 5. Jahrg. Oktbr. 1905—Febr. 1906. 6 Nrn. (à ca. 12 S.) hoch 4. Ebd. n. 4. —
Fortsetzg., s.: Markenschutz u. Wettbewerb.

Wettbewerb. Unlauterer W', Abzahlungsgeschäfte, Hausier- und Marktverkehr. Eingabe zum Vorentwurf eines Gesetzes über die Ausübung der Handelsgewerbe im Kt. Bern.* 18 S. 8. Bern, Neukomm & Zimmermann, 1904.
Kantonale bernische Handels- und Gewerbekammer.... Serie der Berichte und Entwürfe: Nr. 10.

Wettbewerb. Zweiter W' für ein neues Kunsthaus in Zürich. Bericht des Preisgerichts. (1904 Mai 11.) Sonder-Abdruck aus der «Schweiz. Bauzeitung» Bd. 43 Nr. 21. 6 S. 8. [Zürich, Zürcher & Furrer, 1904.]

Wettbewerbe u. Neubauten, schweizer. Concours et constructions suisses. Hrsg. v. R. Kuder u. A. v. Senger. I. Bd. 12 Nrn. (Mit Abb.) Lex. 8. Zürich, A. Müller's Verl. 16.—; einz. Nrn. 1.80

1. Universitätsbauten, die, in Zürich. [1. Heft.] (40 S. m. Abb.) 908.
2. Dasselbe. 2. Heft. (30 S. m. Abb.) 908.
3. Wettbewerb f. Entwürfe zur einheitl. architekton. Gestaltung der Hochbauten am neuen Bahnhofsplatz in St. Gallen. 1. Heft. (40 S. m. Abb.) 908.
4. Wettbewerb f. Entwürfe zur einheitl. architekton. Gestaltung der Hochbauten am neuen Bahnhofsplatz in St. Gallen. 2. Heft. (31 S. m. Abb.) 908.

5.6. Wettbewerb f. Entwürfe zu e. Bankgebäude f. die schweizerische Nationalbank u. e. eidgenössischen Verwaltungsgebäude in Bern. 1. u. 2. Heft. (36 u. 31 S.) 908.

7. Wettbewerb, beschränkter, f. Entwürfe zu e. dritten Primarschulgebäude in Rorschach. (30 S.) 908.
8. Wettbewerb f. e. städtisches Schwimmbad in der Wettsteinanlage in Basel. (35 S.) 908.
9. Concours international pour un monument de la réformation à Genève. (23 S.) 908.
10. Wettbewerb f. e. Post- u. Telegraphen-Gebäude in Aarau. (30 S.) 909.
11. Concours des projets de façades des bâtiments à voyageurs de chemins de fer fédéraux à Lausanne. Choix de projets non primés. (30 S.) 909.
12. Wettbewerb f. e. neues Seminar-Übungsschul- u. e. Laboratoriums-Gebäude in Chur. (29 S.) 909.

Wettbewerb-Entwürfe f. den Neubau d. grossherzogl. Museums in Darmstadt. 25 Taf., darunter 19 in Lichtdr., nebst einleit. Text. qu. Fol. (2 S.) Darmst. 892, Bergsträsser. In Mappe * 20 —

Wett- und Preisdichtung der Dithyramben und Nomen, s. Lyriker, die griechischen

Wette, die,. Lstsp. v. Schletter. 8. Brunn, Gastl. (Gräff in Lpz.) 790. — 8

Wette, Die. Ein Schauspiel in drey Aufzügen. O. O. 1791. V: *Schletter, Salomo Fch.* (GGr V/323, Nr. 54/16) (BiblPort)

— die; od. Treue siegt. Lustsp. v. Leo. 8. Augsburg, Stage. 791. — 8

— die,. Lustsp. v. Sonnleithner. 8. Wien, Pichler. 805. — 5

WETTE, Die gefährliche. Ein kleiner (frivoler) Roman in zwölf Kapiteln. Mit Titel-Vign. („Meister Freundlich", J. F. Bolt del. et fec.). Leipzig, bey Paul Gotthelf Kummer, 1790. 8°. (9 Mk., Titel gestemp., Adolf Weigel, 1907.)
2 Bll., IV S. Vorr. (dat. Weimar, d. 3. Oct. 1790), 124 S. von denen 115—116 leer sind). Dieses liederl. Opus ist (wie Bl. 2 anzeigt) „ein Pendant zu der Geschichte meines Vaters. Von demselben Verfasser".
— — Dasselbe. Ebd. 1796. 8°. IV, 1 Bl. u. 124 S. (6 Mk. E. Frensdorff, 1906.)
— — Dasselbe (Nachdruck). Mit Titelvignette. Wien, Stahel, 1790. 8°. Tit. u. 124 S.
— — Dasselbe. (Nachdruck?) Berlin 1800. 8°.

Wette, Die gefährliche. Ein kleiner Roman . . . Wien 1790. Leipzig 1790. Berlin 1800. V: *Kotzebue, August Friedrich Ferdinand von.* (BGE)

Wette, Die, aus Jonathans Papieren . . . Gotha 1810. V: *Hornbostel, August.* (Ky)

Wette, die, aus Jonathans Papieren, fortges. v. Albert (Dr. August Horebostel). 8. Gotha 810. Becker. 16 gr

Wette, die seltsame. Lstspl. in 1 A. 16. Leipz. 812. Tauchnitz. 8 gr

— die unversehene; Lstspl., aus d. Französ. von Jh. Rautenstrauch. 8. Wien 771.

Wette, Die unversehene. Ein Lustspiel in 1 Akt. Nach Sedaine. Leipzig 1781. V: *Rautenstrauch, Joh.* (Südd. Antiqu. 62, 72.)

— die unversehene. Lustsp. in 1 A. nach Sedaine, v. J. W. Gotter. 8. Lpz. Dyk. 781. — 4

Wette, W. M. L. de, s. Stähelin, Rud.

Wette. M. M. L. de, s.: Wiegand, A.

Wette, Adelheid

— die 7 Geislein, s.: Humperdinck, Engelb.

Wette, Adelheid, Hänsel u. Gretel, s. **Humperdinck, Engelbert.**

Wette, Adelheid, Hänsel u. Gretel, den Kindern erzählt. Mit (9) reiz. Illustr. nach der Oper v. E. Humperdinck u. Orig.-Aufnahmen der Kinder des Komponisten mit dessen güt. Erlaubnis. gr. 16. (19 S.) Boppard (899). L. Seyd. Kart. — 75; m. farb. Illustr. — 75; m. abtrennbaren Karten à 1.—

Wette, Adelheid: Hänsel und Gretel den Kindern erzählt von —. Mit reiz. Ill. nach d. Oper von E. Humperdinck u. Originalaufn. d. Kinder des Komponisten. (Ausg. mit abtrennbaren Postkarten.) Boppard: C. Seyd [1900]. (19 S.) 8°

— u. **Engelb. Humperdinck,** deutsches Kinderliederbuch. 1.—5. Taus. (79 S. m. 1 Farbdr.) Lex.-8. Gotha (903. 905.) F. A. Perthes. Geb. in Leinw. n. 4. —

Wette, Adelheid, guten Kindern zur Freude, s.: **Schäfer, Wilh.**

Wette, Adelh., für unsere Kleinen, s. a. **Schäfer, Wilh.**

Wette, Adelheid: Für unsere Kleinen. Bilder von Wilhelm Schäfer. Reime von —. Titelzeichn. von Meta Voigt. Wesel: W. Düms [1903]. (4 Bl.) 4° [Deckelt. F.]

Wette, Adelh., für unsere Kleinen. Reime. (Farb.) Bilder v Wilh. Schäfer. Titelzeichnung v. Meta Voigt. (9 S. auf Pappe.) Lex. 8. Wesel (909). W. Düms. Geb. 1. —

Wette, G. L. M. de, de prophetarum in V. T. eccl. et doctorr. theol. in eccl. ev. ratione et similitudine. Berol. 1816. 4; rep. in ejsd. opusc. p. 16 ss.

Wette, Frid. Guil. (geb. Dortmund 9. 7. 1803): De situ viscerum inverso. Berolini (1827). (23 S.) 8°
Berlin, Med. Diss. v. 24. Okt. 1827

Wette, Fritz: ⟨Aus d. mediz. Klinik in Jena.⟩ **Ueber Sensibilitätsstörungen am Rumpf bei Tabes dorsalis.** ⟨Mit 2 Taf.⟩ Jena 1904: G. Neuenhahn. (29 S.) 8°
Jena, Med. Fak., Ref. Stintzing, Diss. v. 8. Sept. 1904
[Geb. 5. März 79 Aachen; Wohnort: Aachen; Staatsangeh.: Preußen; Vorbildung: Kaiser Karls-Gymn. Aachen Reife O. 99; Studium: München 2, Jena 8 S.; Coll. 2. Aug. 04; Approb. 11. Juli 04.]

de Wette, Gfr. Albin, evangel. Jena oder gesamm. Nachrichten von sämmtl. evangel. Predigern zu Jena. 8. Jena 757. Gollner. 3 gr

— kurzgefaßte Lebensgeschichte der Herzoge zu Sachsen, v. Kurfürst Johann Friedrich bis auf Herzog Ernst August Constantin. 8. Weimar 770. Hoffmann. 16 gr

— histor. Nachrichten von d. berühmt. Residenzstadt Weimar. 8. Ebend. 737.

Wette, Herm., der Bärenhäuter. Teufelsmärchen. 8. (94 S.) Köln 897. A. Ahn. n. 1. —

WETTE, Hermann (Herbern/Westf.): Ein neuer Fall von Hemiatrophia facialis progressiva nebst einer Revisitation eines alten Romberg'schen Falles und einer Zusammenstellung der bis jetzt publicirten Fälle.- München, Augsburg: Himmer 1880. 30 S.,Taf.
25.7.1880 - Urk (Titel: De hemiatrophia faciali progressiva.); Chr 1880/81,14 (= Wetti)
Diss.Ingolst.-Landsh.-Mchn.

Wette, Herm., Fridolin der Bettlerkönig. Maienmär. 8. (87 S.) Köln 899. [Hübscher & Teufel.] P. Neubner. n. 1. 50; geb. n. 2. 50

— westphälische Gedichte. 2. Aufl. 8. (VI, 98 S. m. Bildn.) Ebd. (896). n. 1. —

Ⓑ **Wette, Herm.,** westfälische Gedichte. 896. Jetzt: Leipzig, F. W. Grunow.

[F.] Westfälische Gedichte v. Hermann **Wette.** 2. Aufl. M. d. Bildn. des Vf. *Berlin, Köln, Leipzig: A. Ahn [1887].* (4 Bl., 98 S., 1 Portr.) 1 Bd 8. (97.3760

— **Neue westfäl. Gedichte.** (VIII, 112 S. m. Bildnis.) 8. Leipzig 909. F. W. Grunow. 1.50; geb. 2.25

— **Jost Knost, der Herkules v. Latop.** Eine Geschichte. (369 S.) 8. Ebd. 908. 4.—; geb. in Leinw. 5.—

Wette, Herm., Krauskopf. Roman. (392 S.) 8. Leipzig 903. F. W. Grunow. n. 3. 50; geb. in Leinw. n. 4. 50

— dasselbe. 2. Buch. (466 S.) 8. Ebd. 904. n. 4. 50; geb. in Leinw. n. 5. 50

— dasselbe. 3. Buch. (500 S.) 8. Ebd. 905. n. 4. 50; geb. in Leinw. n. 5. 50

Wette, Hermann: Pingsteblaumen. Neueste westfäl. Gedichte von –. Leipzig: Grunow 1910. 100 S. 8°

— Peter Schlemihl. Modernes Teufelsmärchen in 5 Akten. (152 S.) 8. Ebd. 910. 3.—

— Simson. Tragödie in 5 Akten nach Worten des Alten Testaments. (82 S.) 8. Ebd. 904. n. 2.—

— Spökenkiker. Die Geschichte e. verirrten Menschenseele. 1.—8. Tauf. (328 S.) 8. Ebd. 907. 4.—; geb. in Leinw. 5.—

Wette, Herm., was der Wind erzählt. Poesien in niederdeutscher Mundart. 8. (VIII, 120 S.) Köln 884. A. Ahn. 1. 50; geb. 2. 25

— Widukind. Drama in 5 Aufzgn. 8. (86 S.) Köln 894. Rimbach & Licht. n. 2.—

Widukind. Drama in 5 Aufz. von Hermann **Wette**. 2., umgearb. Aufl. Gotha: F. A. Perthes 1903. (111 S.) 8° [F.] [07. 5834

Wette, L. de, J. Heimlicher, G. Bischoff. Generalbericht des Cholera-Ausschusses an den Kl. Rath. Basel 1856.

Wette, Ludov. de, Luxationes experimentis illustratae. Dissert. inaug. 4maj. (6 1/4 B. u. 2 Kpfrt.) Berolini 835, Geo. Reimer.

—— Reise in d. vereinigten Staaten u. Canada im J. 1837. gr. 8. (23 1/2 B.) Leipzig 838, Weidmann'sche Buchh.

Wette, Theodor [aus Herbern]: Die Herniotomien im städtischen Hospital zu Aachen von Ostern 1883–1888 mit Rücksicht auf Form und Inhalt der Brüche, Komplikationen von seiten des Darms und Netzes, Behandlung der gangränösen Brüche, Endresultate der Radikaloperationen . . . Jena, Frommannsche Buchdr. (Hermann Pohle), 1889; 1 Bl. + 88 S. 8°
Jena, Med. Fak., Inaug.-Diss. v. [18. Dez.] 1889

Wette, Thdr. Die Herniotomien im städtischen Hospital zu Aachen von Ostern 1883—1888, Rücksicht auf Form u. Inhalt der Brüche, Komplikationen v. seiten d. Darms u. Netzes, Behandlg. der gangränösen Brüche, Endresultate der Radikaloperationen. Diss. gr. 8. (88 S.) Jena 889, (Pohle). ** 1 50

Wette, Walter, Referendar in Flensburg: **Mentalreservation,** Simulation und agere in fraudem legis. *Greifswald 1900: J. Abel.* (40 S.) 8°
Greifswald, Jur. Diss. v. 1900

Wette, Wilhelm Martin Leberecht de

s.a. Actensammlung üb. d. Entlassung de Wette's.

(Wette, Wilhelm Martin Leb[e]recht de.) Aktensammlung über die Entlassung des Professors D. de W' vom theologischen Lehramt zu Berlin. Zur Berichtigung des öffentlichen Urtheils von ihm selbst herausgegeben. 8. Leipzig 1820.

Wette, Wilh. Mart. Leber. de, über den Angriff d. Grauen Mannes gegen Lehrer d. hiesigen Universität. Bericht, Beleuchtung, Verständigung. gr. 8. (1 1/2 B.) Basel 834, Neukirch.

de Wette, Wilh. Mart. Lebr., Aufforderung z. Studium d. hebr. Sprache u. Literatur, z. Eröffnung seiner Vorlesungen. 8. Jena 805. Gabler. (Enobloch in Leipz.) 4 ℊ

de Wette, Wilh. Mart. Leberecht, (✝ d. 16. Juni 1849), die Ausschließung des Dr. Rupp von der Hauptversammlung des Gust.-Ad.-Vereins zu Berlin am 7. September 1846. gr. 8. (48 S.) Leipzig 847, Weidmann. 1/4 ℛ

— üb. Petrus warnendes Beispiel. Matth. 16, 13—24. Eine Predigt. gr. 8. Basel 824. Neukirch. 6 ℊ

— Beiträge z. Einleitung ins alte Testament. 1r u. 2r Bd. 8. Halle 806, 7. Schimmelpfennig. 2 ℛ 8 ℊ Auch u. d. Titeln: 1r Bd. krit. Versuch über die Glaubwürdigkeit d. Bücher der Chronik, mit Hinsicht auf die Gesch. d. mosaischen Bücher u. Gesetzgebung, ein Nachtrag zu Vaters Untersuchungen über den Pentateuch. 1 ℛ 2r Bd. Kritik d. israelitischen Geschichte. 1r Thl. Kritik der mosaischen Geschichte. 1 ℛ 8 ℊ

— zur christl. Belehrung u. Ermahnung. 1s Heft. 8. Berl. 819. Reimer. 16 ℊ

—— einige Betrachtungen üb. den Geist uns. Zeit. Academ. Rede am 12. Sept. 1854 gehalten. gr. 8. (2 B.) Basel, Schweighauser.

s. Biblia, Heidelberg.

Wette, Guilielm. Martin. Leberecht de: Dissertatio critico-exegetica qua Deuteronomium a prioribus Pentateuchi libris diversum, alius cuiusdam recentioris auctoris opus esse monstratur. [Habilitationsschrift.] Ienae 1805.

— — biblische Dogmatik des alten und neuen Testaments. rc. 1r und 2r Theil 2te Aufl. gr. 8. Ebend. 818 — 21. (1r Theil 818. Auch unter dem Titel: Lehrbuch der christlichen Dogmatik in ihrer histor. Entwickelung. 2te Aufl. 1 Rthlr. 12 Gr. 2r Theil auch unter dem Titel: Dogmatik der luther. Kirche. 2te Aufl. 821. 1 Rthlr.)

Ad promotionem . . . Joan. Aug. Guil. Neandri . . . summos in theologia honores capessituri d. 10. mensis Aug. . . . celebrandam ordinis theologorum nomine invitat Guil. Mart. Leber. **de Wette,** fac. theol. h. t. decanus. Disputatur de prophetarum in veteris Testamenti ecclesia et doctorum theologiae in ecclesia evangelica ratione atque similitudine. Berolini 1816. (16 S.) 4°

Wette, Wilh. Mart. Leber. de, die Einheit der protestant. Kirche. Reformationspredigt nebst einleit. Bemerkungen über die kirchl. Gemeinschaft. gr. 8. (2 B.) Basel 813, (Schweighauser'sche Buchh.) *

— de l'épreuve des esprits, sermon, trad. de l'allem. gr. 8. Basel 822. Neukirch. 3 ℊ

—— üb. d. erbaul. Erklärung d. Psalmen. Eine Beil. z. Comment. üb. dieselben. gr. 8. (5 B.) Heidelberg 837, J. C. B. Mohr.

—— über die erbauliche Erklärung der Psalmen. 2. Aufl. gr. 8. (74 S.) Heidelberg 856, J. C. B. Mohr. *

—— kurze Erklärung d. Briefes an d. Römer. gr. 8. (10 1/4 B.) Leipzig 835, Weidmann'sche Buchh.

— üb. d. Erweckung des Jünglings zu Nain. Eine Predigt. gr. 8. Basel 823. Neukirch. 4 ℊ

— üb. d. Erweckung des Jünglings zu Nain. Eine Predigt. gr. 8. Basel 824, Neukirch.

—— Gedanken üb. Malerei u. Baukunst besond. in kirchl. Beziehung. 8. (4 1/2 B.) Berlin 846, G. Reimer.

—— die bibl. Geschichte als Geschichte der Offenbarung Gottes. Leitfaden f. Lehrer. gr. 8. (9 1/2 B.) Berlin 846, G. Reimer.

s. Gesenius, Wilh., hebräisches Elementarbuch.

— über d. Gleichniß vom ungerechten Haushalter. Eine Predigt. gr. 8. Braunschw. 822. Lucius. 3 ℊ

s. Griechenblätter.

—— kurzgef. exeget. Handbuch z. neu. Testament. I. Bd. 1—4. Thl. u. 2. Bd. 1. u. 2. Thl. gr. 8. Leipzig, Weidmann'sche Buchh.

A. u. d. Ttln.:

Bd. 1. Thl. 1. Kurze Erklär. d. Evangel. Matthäi. (16 B.) 836., 2., verb. u. verm. Aufl. (17¾ B.) 838. 1 Thlr.
- 2. Kurze Erklärung d. Evangel. d. Lukas u. Markus. 1. Aufl. (13 B.) 836., 2., verb. u. verm. Ausg. (14 B.) 839. à 18 Gr.
- 3. Kurze Erklärung d. Evangel. u. d. Briefe Johannis. 1. Aufl. 837., u. 2., verb. u. verm. A. (à 18 B.) 839. à 1 Thlr. 3 Gr.
- 4. Kurze Erklärung d. Apostelgeschichte. 1. Aufl. (10½ B.) 838., u. 2., verb. u. verm. A. (11¼ B.) 841. à 15 Gr.
- 2. Thl. 1. Kurze Erklärung d. Briefes an d. Römer. 2., verb. u. verm. Ausg. (11½ B.) 838., u. 3., verb. u. verm. A. (13½ B.) 841. à 18 Gr.
2. Kurze Erklärung d. Briefe an d. Corinther. (17 B.) 841. 1 Thlr. 8 Gr.

Handbuch, kurzgef. exeget., zum alt. Testament, s. Handbuch.

—— kurzgefasstes exegetisches Handbuch z. neuen Testament. I. Bd. 1—3. u. 5. Thl. gr. 8. Leipzig, Weidmann'sche Buchh.

A. u. d. Ttln.:

Thl. 1. Kurze Erklärung des Evangeliums Matthäi. 3., verb. Aufl. (20 B.) 845. 1 Thlr.
- 2. Kurze Erklärung d. Evangelien des Lukas u. Markus. 3., verb. Aufl. (16½ B.) 845. 22½ Ngr.
- 3. Kurze Erklärung des Evangeliums u. d. Briefe Johannis. 3., verb. Aufl. (18¼ B.) 846. 1 Thlr. 5 Ngr.
- 5. Kurze Erklärung der Briefe an Titus, Timotheus u. die Hebräer. 2., verb. Aufl. (17 B.) 847. 1 Thlr.

1. Bd. 4. Thl. 2. Aufl. Ebendas. 1841. 18¾ Ngr.

Wette, Wilh. Mart. Leber. de, kurzgefasstes exegetisches Handbuch zum neuen Testament. 2. Bd. 1—5. Thl. gr. 8. Leipzig, Weidmann'sche Buchh. Thlr.

A. u. d. Ttln.:

Thl. 1. Kurze Erklärung des Briefes an die Römer. 4., verb. u. verm. Aufl. (13¼ B.) 847. 22½ Ngr.
- 2. Kurze Erklärung der Briefe an die Corinther. 2., verb. Ausg. (17½ B.) 845. 1 Thlr. 5 Ngr.
- 3. Kurze Erklärung des Briefes an die Galater u. der Briefe an die Thessalonicher. 1. Aufl. (10 B.) 841. u. 2., verb. u. verm. Aufl. (9¼ B.) 846. à 18¾ Ngr.
- 4. Kurze Erklärung der Briefe an die Colosser, an Philemon, an die Ephesier u. Philipper. 1. Aufl. (14¼ B.) 843. u. 2., verb. Aufl. (14½ B.) 847. à 22½ Ngr.
- 5. Kurze Erklärung der Briefe an Titus, Timotheus u. die Hebräer. (17¼ B.) 844. 1 Thlr.

—— dass. 3. Bd. 1. Thl. A. u. d. Ttl.: Kurze Erklär. d. Briefe des Petrus, Judas u. Jacobus. gr. 8. (10¼ B.) Ebds. 847.

—— dass. — 2. Bd. 5. Thl. 2., verb. Aufl. A. u. d. T.: Kurze Erklärung der Briefe an Titus, Timotheus und die Hebräer. gr. 8. (VIII und 264 S.) Ebds. 847.

2. Bd. 1—4. Thl. Ebendas. 1845—47. 3 Thlr. 7½ Ngr.

—— dass. — 1. Bd. 4. Thl. A. u. d. T.: Kurze Erklärung der Apostelgeschichte. 3., verb. und verm. Aufl. gr. 8. (190 S.) Ebds. 848.

1. Bd. 1. und 2. Thl. (3. Aufl.) 1845. und 5. Thl. (2. Aufl.) 1847. Ebendas. 2 Thlr. 22½ Ngr.

—— dass. — 3. Bd. 2. Thl. A. u. d. T.: Kurze Erklärung der Offenbarung Johannis. gr. 8. (VIII und 207 S.) Ebds. 848.

3. Bd. 1. Thl. Ebendas. 1847. 20 Ngr. Der Preis des vollständigen Werkes ist 9 Thlr. 13½ Ngr. Vgl. 10. Bd. 2. Abthl. S. 419, woselbst von diesem Werke der 5. Theil des 1. Bandes zu streichen ist.

—— kurzgefasstes exegetisches Handbuch zum Neuen Testament. I. Bd. 3. Thl. 4. Ausg. A. u. d. T.: Kurze Erklärung des Evangeliums und der Briefe Johannis. 4., verm. Ausg. bearb. von Benno Bruno Brückner. gr. 8. (XL und 379 S.) Leipzig 852, [Hirzel.]

—— dass. — 3. Bd. 1. Thl. 2. Ausg. A. u. d. T.: Kurze Erklärung der Briefe des Petrus, Judas und Jakobus. 2., verm. Ausg. bearb. von Benno Bruno Brückner. gr. 8. (VIII und 255 S.) Ebds. 853.

—— dass. — 3. Bd. 2. Thl. 2. Aufl. A. u. d. T.: Kurze Erklärung der Offenbarung Johannis. 2. Aufl. Mit einer Vorrede von Fr. Lücke. gr. 8. (XIV und 193 S.) Ebds. 854.

—— kurzgefasstes exegetisches Handbuch zum neuen Testament. 2. Bd. 2. Thl. 3. Aufl. A. u. d. T.: Kurze Erklärung der Briefe an die Corinther. 3. Aufl. besorgt von Herm. Messner. gr. 8. (X und 290 S.) Leipzig 855, Hirzel.

Wette, Wilh. Mart. Leber. de, kurzgefasstes exegetisches Handbuch zum Neuen Testament. 1. Bd. 1. Thl. 4. Aufl. A. u. d. T.: Kurze Erklärung des Evangeliums Matthäi. 4. Aufl. besorgt von Herm. Messner. gr. 8. (X und 374 S.) Leipzig 857, Hirzel.

Wette, Wilh. Mart. Leber. de, kurzgefasstes exegetisches Handbuch zum Neuen Testament. 1. Bd. 3 Thl., 2. Bd. 3. und 5. Thl. und 3. Bd. 1. und 2. Thl. gr. 8. Leipzig, Hirzel.

Inhalt:

Bd. 1. Thl. 3. Kurze Erklärung des Evangeliums und der Briefe Johannis. 5. Ausg. Bearb. von Bruno Brückner. (XL und 418 S.) 863. 1 Thlr. 15 Ngr.
» 2. » 3. Kurze Erklärung des Briefes an die Galater und der Briefe an die Thessalonicher. 3. Aufl. bearb. von W. Moeller. (III und 200 S.) 864. 26 Ngr.
» 2. » 5. Kurze Erklärung der Briefe an Titus, Timotheus und die Hebräer. 3. Aufl. bearb. von W. Moeller. (X und 341 S.) 867. 1 Thlr. 7½ Ngr.
» 3. » 1. Kurze Erklärung der Briefe des Petrus, Judas und Jakobus. 3. Ausg. bearb. von Bruno Brückner. (VIII und 270 S.) 865. 1 Thlr. 5 Ngr.
» 3. » 2. Kurze Erklärung der Offenbarung Johannis. 3. Aufl. Bearb. von W. Moeller. (XII und 235 S.) 862. 1 Thlr.

3 Bände complet 10 Thlr. 22½ Ngr.

Wette, Wilh. Mart. Leberecht de, kurzgefasstes exegetisches Handbuch zum Neuen Testament. 1. Bds. 4. Thl.: Kurze Erklärung der Apostelgeschichte. Von W. M. L. de Wette. 4. Aufl. bearb. und stark erweit. von Frz. Overbeck. gr. 8. (LXXI, 488 S.) Leipzig 870, Hirzel.

3 Bde. complet

—— Anhang, s. Müller, J. G.

—— eine Idee über das Studium der Theologie. Dem Druck übergeben und mit einem Vorworte begleitet von Adph. Stieren. br. 8. (31 S.) Leipzig 850, T. O. Weigel.

s. Johannes des Apost. erstes Kapitel.

– s.a. Kirche, die neue. 2c.

— die neue Kirche, od. Verstand u. Glaube im Bunde. 8. Berl. Nauck. 815.

— Commentar über d. Psalmen in Beziehung auf seine Uebersetzung derselben. gr. 8. Heidelb. 811. 2e A. 823. (Auch u. d. T.: Commentar üb. d. Schr. d. A. T. III, 2.) 3 Rthlr 3e A. 829. Mohr. 3 Rthlr 16 gr

de Wette, (W. M. L.,) Commentar üb. d. Psalmen, in Beziehung auf seine Uebersetzung derselben. 2e Aufl. gr. 8. Heidelb. 824, Mohr.

—— Commentar üb. d. Psalmen, in Bezieh. auf seine Uebersetzung derselben. 3., verb. u. verm. Aufl. (Mit den Psalmen.) gr. 8. (48½ B.) Heidelberg 829, Mohr.

Die Psalmen (12 B.) apart, 16 Gr. Sie sind ein besond. Abdruck aus der Bibelübersetzung v. Augusti u. de Wette.

— Commentar über die Psalmen, nebst beigefügter Uebersetz. 4e, verb. u. verm. Aufl. gr. 8. Heidelberg 836. Mohr. 3⅓ Rthlr

Wette, W(ilh.) M(artin) L(eberecht) de, Commentar über die Psalmen nebst beigefügter Uebersetzung. 5. Aufl., hrsg. von Gust. Baur. gr. 8. (XII und 642 S.) Heidelberg 856, J. C. B. Mohr. Thlr.

— Kritik d. Israelitischen Geschichte. 1r Th. Kritik d. Mosaischen Gesch. (ist der Beyträge 2c. 1r Th.) 8. Ebend. 807.

— d. deutsche theologische Lehranstalt in Nordamerika, Aktenstücke, Erläuterungen, Bitten. (Zum Besten d. Lehranstalt.) 8. Basel 826. (Spittler). 12 gr

— Lehrbuch d. hebräisch-jüdischen Archäologie, nebst e. Grundriß d. hebräisch-jüdischen Geschichte. gr. 8. Leipz. 814. W. Vogel. 1 Rthlr 12 gGr 3e Aufl. Mit 2 Steindr. gr. 8. Ebd. 830. 1 Rthlr 8 gGr

—— Lehrbuch der hebr.-jüdischen Archäologie, nebst e. Grundrisse der hebr.-jüdischen Geschichte. 3., umgearb. Aufl. gr. 8. (27 B. u. 2 Stnt.) Leipzig 842, Vogel.

Wette, Wilh. Mart. Leber. de, Lehrbuch der hebräisch-jüdischen Archäologie nebst einem Grundrisse der hebräisch-jüd. Geschichte. 4. Aufl. bearb. von J. F. Raebiger. gr. 8. (XIV und 442 S. mit 2 Stnt.) Leipzig 864, Vogel.

— Lehrbuch d. christl. Dogmatik in ihrer histor. Entwickelung dargestellt. 1r Thl. Auch u. d. T.: biblische Dogmatik A. u. N. Testaments. Oder kritische Darstell. d. Religionslehre des Hebraismus, des Judenthums u. Urchristenthums. gr. 8. Berl. 813. 2e A. 818. 1 Rthlr 12 gGr 3e A. 831. Reimer. 1 Rthlr 4 gGr 2r Thl. A. u. d. T.: Dogmatik d. evangelisch-lutherischen Kirche. gr. 8. Ebd. 816. 2e A. 821. 1 Rthlr

Wette, Wilh. Mart. Leber. de, Lehrbuch d. christl. Dogmatik, in ihrer histor. Entwickelung dargest. 2. Thl. — A. u. d. T.: Dogmatik d. protestant. Kirche nach d. symbol. Büchern u. d. älteren Dogmatikern beider Confessionen. Zum Gebr. f. akadem. Vorlesn. 3., neu bearb. Aufl. gr. 8. (14 B.) Berlin 840, Geo. Reimer. Thlr.
1. Thl. Bibl. Dogmatik alt. u. neu. Test. 3. Aufl. Ebendas. 831. 1 Thlr. 4 Gr.

— Lehrbuch d. histor.-krit. Einleit. in die Bibel A. u. N. Testam. 1r Thl. Auch u. d. T.: Lehrbuch etc. in die kanon. u. apocryph. Bücher d. A. Test. gr. 8. Berl. 817. 2e A. 823. 3e A. 829. Reimer. 2 Rthlr 2r Thl. A. u. d. T.: Lehrb. d. histor.-krit. Einleitung in die kanon. Bücher des N. Test. gr. 8. Ebd. 826. 2e A. 830. 1 Rthlr 16 gGr

— Lehrbuch der historisch-kritischen Einleitung in die Bibel Alten u. Neuen Testamentes. 1r Thl. A. u. d. T.: Lehrbuch der histor.-krit. Einleitung in die kanonischen u. apokryph. Bücher des Alten Testamentes. 4e verb. u. verm. Aufl. gr. 8. Berlin 833. Reimer. 2 Rthlr — 5e verb. Aufl. Ebd. 840. 2 Rthlr

— dass. 2r Thl. Die Einleitung in das N. T. enthaltend. 3e verb. u. verm. Aufl. gr. 8. Ebd. 834. 1 2/3 Rthlr

—— Lehrbuch d. histor.-krit. Einleit. in d. Bibel alt. u. neu. Testamentes. 2 Thle. gr. 8. Berlin, Geo. Reimer.
A. u. d. Ttln.:
Thl. 1. Einleitung in d. kanon. u. apogkryph. Bücher d. alt. Testaments. 5., vorb. u. verm. Ausg. (23 B.) 840. 2 Thlr.
- 2. Lehrbuch d. histor.-krit. Einleit. in d. kanon. Bücher d. neu. Testaments. 4., verb. u. verm. Aufl. (23½ B.) 842. 1 Thlr. 16 Gr.

—— Lehrbuch der historisch-kritischen Einleitung in die Bibel alten u. neuen Testamentes. 1. Thl. A. u. d. Ttl.: Lehrbuch der histor.-krit. Einleitung in die kanon. u. apokryphischen Bücher des alten Testamentes. 6., verb. u. verm. Ausg. gr. 8. (31 B.) Berlin 845, G. Reimer.
2. Thl. 4. Aufl. Ebendas. 842. 1 Thlr. 20 Ngr.

— Lehrbuch der historisch-kritischen Einleitung in die Bibel Alten u. Neuen Testamentes. 2 Thle. 1. Thl. 7. verb. Ausg. A. u d. T.: Lehrbuch der historisch-kritischen Einleitung in die kanonischen u. apokryphischen Bücher des Alten Testamentes. 7. verb. Ausg. gr. 8. (XVIII u. 430 S.) Berlin 852, G. Reimer. — 2. Thl. A. u. d. T.: Lehrbuch der historisch-kritischen Einleitung in die kanon. Bücher des Neuen Testamentes. 5. verb. u. verm. Aufl. gr. 8. (XIV u. 399 S.) Ebd. 848. (1: 2 Rthlr 2: 1 2/3 Rthlr) 3 2/3 Rthlr

— Lehrbuch der historisch-kritischen Einleitung in die Bibel Alten und Neuen Testaments. 2. Thl. A. u. d. T.: Lehrbuch der historisch-kritischen Einleitung in die kanonischen Bücher des Neuen Testaments. 6., verb. u. verm. Ausg. Besorgt von Herm. Messner und Glieb. Lünemann. Berlin 860. G. Reimer. gr. 8. (XVI, 432 S.) 1 Rthlr 25 ngr.

—— Lehrbuch der historisch-kritischen Einleitung in die Bibel alten und neuen Testaments. 1. Thl. A. u. d. T.: Die Einleitung in die kanon. und apokryph. Bücher des alten Testaments sowie in die Bibelsammlung überhaupt. Neu bearb. von Eberhard Schrader. 8. durchgehends verb., stark verm. und zum Theil gänzlich umgestaltete Ausg. gr. 8. (XXIV, 621 S. mit 1 lithogr. Schrifttaf. in qu. 4. und Registern.) Berlin 869, G. Reimer.

—— Lehrbuch d. christl. Sittenlehre u. d. Geschichte derselben. gr. 8. (17½ B.) Berlin 833, Reimer.

—— die Liebe als das Merkmal des wahren Christenthums. Predigt z. Nachfeier der Versammlung des evang. Vereins der Gustav-Adolphs-Stiftung in der deutsch-reform. Kirche am 21. Sept. gehalten. gr. 8. (1 B.) Frankfurt a. M. 843, Schmerber'sche Buchh.

Wette, Wilhelm Martin Leberecht de s. Luther, Martin. Dr. M. Luthers Briefe.... Berlin 1825–1856.

——, Heinr. Melchthal, od. Bildung u. Gemeingeist. Eine belehr. Geschichte 2 Thle. gr. 12. (30½ B.) Berlin 829, Reimer.

— de morte Jesu Christi expiatoria commentatio. 4. Berl. 815. Reimer. 20 gGr

—— Opuscula theolog. Iunctim edidit. 8 maj. (13 B.) Berolini 830, Reimer.

— Predigt am 13ten Sonnt. nach Trinitatis in d. St. Katharinenkirche zu Braunschweig gehalt. gr. 8. Braunschw. 821. Lucius. 4 gGr

— Predigten, theils auslegender, theils abhandelnder Art. 1e u. 2e Samml. gr. 8. Basel 825. u. 27. Neukirch. (à 1 Rthlr) 2 Rthlr

—— Predigten, theils auslegender, theils abhandelnder Art. 3. Samml. gr. 8. (11 B.) Basel 833, Neukirch.
1. u. 2. Samml. Ebendas. 1826. 27. 2 Thlr.

—— Predigten, theils auslegender, theils abhandelnder Art. 4. Sammlung. gr. 8. (11 B.) Basel 842, Neukirch.
1–3. Samml. Ebendas. 1826, 27, 33. 2 Thlr. 26¼ Ngr.

—— Predigten, theils auslegender theils abhandelnder Art. 5. Sammlung. A. u. d. T.: Die Hauptstücke des christl. Glaubens in einer Reihe von Predigten. Nach seinem Tode hrsg. gr. 8. (III und 212 S.) Basel 849, Neukirch's Verlag. *
1–4. Sammlung. Ebendas. 1826–42. * 4 Thlr. 1¼ Ngr.

— Predigten theils auslegender theils abhandelnder Art. 1. u. 2. Sammlung. Wohlfeilere Ausg. Basel 859. Georg. gr. 8. (386 S.) n. 1 Rthlr

— drei Predigten. gr. 8. Berl. 821. Reimer. 6 gGr

—— zwei Predigten, zu e. wohlthät. Zwecke hrsg. 8. (2½ B.) Basel 829. (Leipzig, Weidmann.)

— von d. Prüfung d. Geister. Predigt am heil. Pfingstfeste zu Basel gehalten. gr. 8. Basel 822. Neukirch. 4 gGr

— Psalmen, s. Psalmen.

Wette, Wilh[elm] Mart[in] Leberecht de. Rede bei der Bestattung von Frau Elisabeth Jung, geb. Reyenthaler. Gehalten ... [zu Basel] am 8. Jenner 1835. 8. Basel.

—— Rede bei d. öffentl. Feier d. Wiederherstellung d. Universität, am 1. Oct. 1835 im Chor d. Münsterkirche gehalten. gr. 8. (1¼ B.) Basel 836, Schweighauser'sche Buchh.

—— Rede bei d. Trauung seiner Tochter Anna mit Hrn. Dr. Heiz in Basel. Text: Ephes. 5, 21. gr. 8. (1 B.) Hamburg 835, [Niemeyer.]

— üb. Religion u. Theologie, Erläuterungen zu seinem Lehrbuch d. Dogmatik. gr. 8. Ebend. 815.

— über Religion u. Theologie. 2e Aufl. gr. 8. Berlin 821, Reimer.

— — über Religion und Theologie, Erläuterungen zu seinem Lehrbuch der Dogmatik. N. Aufl. gr. 8. Ebendas. 822.

— über Religion, ihr Wesen, ihre Erscheinungsformen u. ihren Einfluß auf das Leben. Vorlesungen. gr. 8. Berl. 827. Reimer. 2 rß 8 gr

—— die heilige Schrift, s. Schrift, die heilige.

— u. J. C. W. Augusti, d. Schriften d. alten Testaments. 1r—5r B. gr. 8. Heidelb. Mohr u. Z. 809—11.
weiß Druckp.
Postp.
Velinp.

— christl. Sittenlehre. 3 Thle. gr. 8. Berl. 819—23. Reimer. 6 rß 22 gr (1r Thl. allgem. Sittenlehre. 1 rß 14 gr 2r Thl. in 2 Abtheill. Geschichte d. christl. Sittenlehre. 3 rß 10 gr 3r Thl. besondere Sittenlehre. 1 rß 22 gr)

— s. Strauß, Dr., u. die Zürcher Kirche.

— die Sünde wider den heiligen Geist. 8. Berl. 819. Reimer. 4 gr

— s.a. Synopsis Evangeliorum Matthaei etc.

— et Fr. Lücke, synopsis evangeliorum Matthaei, Marci et Lucae cum parallelis Joannis pericopis, ex recens Griesbachii cum selecta lect. varietate etc. 4. Berl. 818 Reimer. 2 rß 12 gr

Wette, W. M. L. de, s. Testament, das Neue, griechisch, mit kurzem Commentar.

s.a. Theodor od. d. Zweiflers Weihe.

——, Theodor od. d. Zweiflers Weihe. Bildungsgeschichte e. evangel. Geistlichen. 2 Thle. 2., wohlf. Ausg. 8. (43 B.) Berlin 828, Reimer.

— Uebersetzung der Heiligen Schrift, s. Schrift, die heilige, des alten u. neuen Testaments.

— von der wahren Verbindung der Christen mit ihrem Erlöser. Predigt ꝛc. 8. Basel 822. Schweighäuser. 4 gr

— über das fromme u. gesegnete Verhalten des Christen in Ansehung der weltl. Sorgen. Predigt. gr. 8. Basel 824. Neukirch. 4 gr

— kritischer Versuch üb. d. Glaubwürdigkeit der Bücher der Chronik, m. Hinsicht auf d. Gesch. d. Mosaischen Bücher und Gesetzgebung, e. Nachtrag zu Vaters Untersuch. üb. d. Pentateuch. (ist der Beyträge ꝛc. 2r Th.) 8. Ebend. 806.

— Vorlesungen über die Sittenlehre. 1r Thl. Allgem. Sittenlehre. 2 Bde. gr. 8. Berl. 823, 24. Reimer. 3 rß 12 gr 2r Thl. die besondere Pflichtenlehre. 2 Bde. 8. Ebd. 3 rß 18 gr

—— das Wesen des christl. Glaubens vom Standpunkte des Glaubens dargestellt. gr. 8. (31⅓ B.) Basel 846, Schweighauser'sche Buchh.

— theolog. Zeitschrift, s. Fr. Schleiermacher.

Wetteifer der Liebe, Freundschaft und Hochachtung . . . Stuttg. 1791. V: *Schubart, Chn Friedrich Daniel.* (GGr)

Wettel, F., biograph. Skizzen. Beiträge zur Geschichte des Temeser Banates. (III, 183 S. m. 6 Bildn.) kl. 8. Temesvar 908. Polátsek. 1.80

Wetten, Gottfried Albin

Historische Nachrichten von der berühmten Residentz-Stadt Weimar, darinnen derselben Ursprung, Verfassung, und vornehmste Kirchen mit ihren Epitaphiis . . . erzehlet, und ans Licht gestellet worden v. Gottfried Albin **Wetten.** 8°.
Th. 1. Weimar. 1737.
Th. 2. . . . von dieser Fürstlichen Residentz selber Besonders von denen Fürstlichen Schlössern . . . von denen Land-Städten und zwar vornehmlich von der Berg-Stadt Illmenau und Büttelstäd. ebd. 1739.

Wettendorfer, Dr. Alexander, Curarzt in Baden, Der Curort Baden bei Wien. Führer für Aerzte und Curgäste mit einem speciellen Anhange für ärztliche Leser. (Braumüller's Bade-Bibliothek Nr. 107.) Mit 11 Bildern im Texte. (IV, 146 S.) In Lnwd. cart. 1.—
Wien: Braumüller 1895.

Wettendorfer, Alex., der Curort Baden bei Wien. Führer f. Ärzte u. Curgäste. 2., z. Thl. umgearb. Aufl. M. d. Bildnisse d. Verf. u. 2 Theater-Plänen. (Braumüller's Bade-Bibliothek.) 12. (VI, 126 S.) Wien 898. W. Braumüller. In Leinw. kart. n. 1.50

Wettendorfer, A., Kurort Baden bei Wien. [Braumüller's Badebibliothek.] 3. Aufl. 8°. (V, 132 S.) kart. K 1.80
Wien: Braumüller 1903.

Wettendorfer, Alex., der Kurort Baden bei Wien. Führer f. Aerzte u. Kurgäste. 4., anlässlich des 25jähr. kurärztl. Jubiläum des Verf. umgearb. u. erweit. Aufl. Mit dem Plane der Stadt Baden samt Umgebung u. 2 Theaterplänen. (Braumüller's Bade-Bibliothek.) (X, 152 S.) 8. Wien 906. W. Braumüller.
In Leinw. kart. n. 1.50

Wettendorfer, les eaux minérales de Baden près de Vienne [Autriche]. Guide pratique pour les médecins et pour les malades. 8. (VIII, 107 S. m. Abbildgn. u. 1 Plan.) Wien 891. W. Braumüller. n. 2.—

Wettendorfer, A., Ursachen und Verhütung der Lungen-Schwindsucht, s.a. Bibliothek gemeinverständlicher Heilkunde.

Wettendorfer, Dr. Alex., Ursachen und Verhütung der Lungen-Schwindsucht. Populäre Abhandlung für Gebildete aller Stände. Mit einem Vorworte von Professor Dr. Johann Schnitzler. Mit 18 Abbildungen. 8. (114 S.) Geb. (Bibliothek gemeinverständlicher Heilkunde. Band 1) Wien: Hartleben 1889. —.80

Wettendorfer, Alex., s. Veröffentlichungen des Centralverbandes der Balneologen Österreichs.

Wettendorfer, Glieb., prakt. Anleitg. zur gesamten Destillierkunst. Mit gründl. Angaben üb. Schnellfabrikation sämtl. geist. Getränke auf kaltem Wege u. ohne Apparate, wobei besonders die gangbarsten gewöhnl. u. ordinären Branntweine berücksichtigt sind. Ferner genaue Abhandlg. über Likörfabrikation, Beschaffenheit des Weingeistes, Kochen des Zuckers u. Färbg. der Ware. Für den Selbsterzeuger als unentbehrl. Handbüchlein hrsg. (Neue [Titel-]Ausg.) (96 S.) kl. 8. Wien [868] (908). J. C. Mickl. 1.40

Wettendorfer's Zeitschrift: Die Spiritus-Industrie. Unabhängiges Fachblatt f. die Spiritus- u. Preßhefe-Fabrication, Branntwein, Liqueur, Essig u. alle verwandten Fächer. Organ des Verbandes der österreich. Spirituosen-, Liqueur- u. Essig-Fabrikanten. Red.: G. Wettendorfer. **10.—12. Jahrg. 1892—1894. à 24 Nrn. (Bog.) gr. 4. Wien, Volkswirtschaftl. Verl. A. Dorn. à Jahrg. n. 8.—**

Wettendorfer's Zeitschrift Die Spiritus-Industrie. Unabhäng. Fachblatt f. d. Sprit-, Liqueur-, Branntwein-, Essig-, äther. Oele- u. Essenzen-Branche u. alle verw. Fächer. Organ f. d. Mittheilgn. d. Verbandes d. österreich. Spirituosen-, Liqueur- u. Essig-Fabrikanten. Red.: G. Wettendorfer. 13.—16. Jahrg. 1895—1898. à 24 Nrn. (Bog.) gr. 4. Wien (XVIII/1. Veronikagasse 36), G. Wettendorfer. à Jahrg. n. 8.—

Wettendorfer's Zeitschrift Die Spiritus-Industrie. Unabhängiges Fachblatt f. die Sprit-, Liqueur-, Branntwein-, Essig-, äther. Oele- u. Essenzen-Branche u. alle verwandten Fächer. Organ f. die Mittheilgn. des Verbandes der österreich. Spirituosen-, Liqueur- u. Essig-Fabrikanten. Red.: Glieb. Wettendorfer unter Mitwirkg. der hervorragendsten Fachmänner. 17.—20. Jahrg. 1899—1902. à 24 Nrn. gr. 4. (à ca. 8 S.) Wien (XVII/1, Veronikagasse 36.), G. Wettendorfer. à Jahrg. n. 8.—

Wettendorfer's Zeitschrift Die Spiritus-Industrie. Unabhängiges Fachblatt f. die Sprit-, Liqueur-, Branntwein-, Essig-, äther. Oele- u. Essenzen-Branche u. alle verwandten Fächer. Organ f. die Mitteilgn. des Verbandes der österr. Spirituosen-, Likör- u. Essig-Fabrikanten usw. Red.: Glieb. Wettendorfer unter Mitwirkg. der hervorragendsten Fachmänner. 21.—24. Jahrg. 1903—1906. à 24 Nrn. (238, 238, 238 u. 430 S.) gr. 4. Wien (XVII/1, Veronikagasse 36), G. Wettendorfer. à Jhrg. n. 8.—

Wettengel, Aug., Briefe über Gegenstände aus der Naturlehre an eine gebildete Dame. 8. Breckerfeld 805. Dortmund 809 (Wundermann). 10 gl

— **Geschichte e. Heilung durch den animal. Magnetismus. 8. Essen u. Duisb. 814. Bädeker. 6 gl**

— Lehrbuch der Naturlehre, f. Bürger- u. Bauerschulen, mit 1 Kpf. 8. Breckerfeld 805. u. Dortmund 808. (Schulz in Hamm) 8 gl

— Lehrbuch d. Naturlehre, f. Bürger- u. Bauerschulen, m. 1 K. 8. Ebend. 809.

— s. Plutarch, Lycurg u. seine Gesetzgebung u. dessen über d. Heldenthaten d. Frauen.

— **Siduna u. Celindo, ein Gesang an den Gräbern. 8. Dortmund 807. (Schulz in Hamm). 10 gl**

— Siduna u. Celindo, e. Ges. an d. Gräbern. 8. Ebend. 809.

Wettengel, Fr. Tratt., († d. 24. Juni 1824.) Anleitung zum weisen u. frohen Genusse d. Lebens, zunächst f. d. Jugend. In Gesprächen u. Erzähll. 8. Greitz 789. 2e A. 792. Henning. 12 gl

— Aufruf an Christen zur würdigen Feier der Sonn- u. Festtage. gr. 8. Zwickau 819. Schumann. 3 gl

— **die Beschänkung der Ehen vor dem Richterstuhle der Vernunft u. Religion, eine unbefangene Untersuchung. 8. Greitz 810. Henning. 5 gl**

— **es ist Friede! Eine Predigt. 8. Greitz 814. Henning.**

— Gedichte u. Lieder für Leidende. 8. Greitz 799. Henning. 7 gl

— geliebtes Greitz. Schaue d. Ernst u. d. Güte deines Gottes! Eine Predigt. 8. Greitz 811. (Henning).

s. Joseph II. Schattenriß, u. setze hinzu: (v. F. T. Wettengel).

s. Lazarus, d. arme, u. setze hinzu: (v. F. T. Wettengel).

— Ode auf den ruhmvollen Tod Leopolds, Prinzen von Braunschweig. 8. Greitz 785. Henning. 1 gl

— Predigt über den hohen Werth reiner Familienfreuden. 8. **Greitz 786. Henning. 2 gl**

— **Predigten über die Reden Jesu am Kreuze. 8. Erlang. 779. Palm. 16 gl**

— **u. J. L. W. Augusti, die Schriften des alten u. neuen Testaments, s. Biblia, Heidelberg.**

— **Sieges- u. Todesfeier der in den letzten Kriegen gefallenen Krieger. 2 Predigten. 8. Zwickau 819. Schumann. 2 gl**

— sind christl. Predigtamt u. öffentl. Gottesdienst jetzt minder nothwendig als z. Zeit d. Reformation, in Hinsicht auf Löfflers Meinung. 8. Greitz 808. Henning. 2 gl

— sind die symbol. **Bücher e. Joch f. die freie evangelische Kirche? in Rücksicht auf Büsching's Meinung. 8. Greitz 790. Henning. 6 gl**

— **der letzte Tag dieser Welt, in 3 Gesängen. 8. Greitz 779.**

Wettengel, Fr. Trgtt., Trostgründe bei den Gräbern unserer Geliebten, mit 1 Kpf. 8. Greitz 785. 2e A. 791. Henning. 14 gl

— **der hohe Werth eines Tempels. Eine Predigt. 8. Greitz (805). Henning. 2 gl**

Wettengel, G. Ad., Lehrbuch d. Anfertigung italien. Geigen, s. Schauplatz d. Künste, 37. Bd.

Wettengel's, G. A., Lehrbuch der Geigen- und Bogenmacherkunst, s.a. Schauplatz, neuer, der Künste und Handwerke. 37. Bd.

Wettengel, G. A., Lehrbuch der Geigen- u. Bogenmacherkunst. 2. Aufl. zeitgemäss umgearb. von H. Gretschel. Weimar 1869. Text 8°. Atlas von 10 Foliotfln. 4°.

Wettengel, G. Ad., vollständ. theoret.-prakt. Lehrbuch d. Anfertigung u. Reparatur aller noch jetzt gebräuchl. Gattungen von italien. u. deutschen Geigen 2c. Mit 16 Steintaf. 8. Ilmenau 828. Voigt. 2 rthl 12 gl (Vergl. Schauplatz d. Künste 2c. 37r Bd.)

Wetter [Schlagwort]

Wetter, s.: Preussen. Messtischblätter.

Wetter [Sachliches OW]

Wetter, das. Meteorolog. Monatsschrift für Gebildete aller Stände. 1. Jahrg. u. fg. 12 Hefte. gr. 8. Magdeburg 884 u. fg. Braunschweig, Salle. à Jahrg. *

Wetter, das. Meteorologische Monatsschrift für Gebildete aller Stände. Hrsg. von R. Aßmann. Zugleich Organ des Vereines für Wetterkunde zu Magdeburg, Zweigverein der deutschen meteorolog. Gesellschaft. 1. Jahrg. April 1881—März 1885. 12 Hefte. gr. 8. (à Heft 20 S. mit eingedr. Fig.) Magdeburg 884, Faber'sche Buchdruckerei.

Wetter, das. Meteorologische Monatsschrift für Gebildete aller Stände. Hrsg. von R. Aßmann. Zugleich Organ des Vereins für Wetterkunde zu Magdeburg, Zweigverein der deutschen meteorolog. Gesellschaft. 2. Jahrg. 1885. 12 Hefte. gr. 8. (à Heft 20 S. mit eingedr. Fig.) Magdeburg, Faber'sche Buchdr.

—— d. .. — 3. Jahrg. 1886. 12 Hefte. gr. 8. (à Heft 20 S. mit eingedr. Fig.) Leipzig, Frohberg.

—— dass. — Meteorologische Monatsschrift für Gebildete aller Stände. Hrsg. von R. Aßmann. 4. und 5. Jahrg. 1887 und 1888. à Jahrg. 12 Hefte. gr. 8. (à Heft 24 S. mit eingedr. Fig.) Braunschweig, Salle. à Jahrg. *

Wetter, das. Meteorologische Monatsschrift f. Gebildete aller Stände. Hrsg. v. R. Aßmann. 6.—9. Jahrg. 1889—1892. à Jahrg. 12 Hefte. gr. 8. (à Heft 24 S. m. eingedr. Fig.) Braunschw., Salle. à Jahrg. * 6 —

Wetter, das. Meteorologische Monatsschrift f. Gebildete aller Stände. Hrsg. v. R. Aßmann. 8.—11. Jahrg. 1891—1894. à 12 Hfte. (à ca. 1½ Bog. m. Fig.) gr. 8. Braunschweig, O. Salle. à Jahrg. n. 6. —

Wetter, das. Meteorolog. Monatsschrift f. Gebildete aller Stände. Hrsg. von R. Aßmann. 12.—15. Jahrg. 1895—1898. à 12 Hfte. (à ca. 24 S. m. Abb. u. Taf.) gr. 8. Braunschweig. Berlin, O. Salle. à Jahrg. n. 6. —; einz. Hfte. n. — 75

Wetter, das. Meteorologische Monatsschrift für Gebildete aller Stände. Hrsg. v. R. Aßmann. 16.—19. Jahrg. 1899—1902. à 12 Hfte. gr. 8 (à ca. 24 S. m. Abb. u. farb. Karten.) Berlin, O. Salle. à Jahrg. n. 6. —

Wetter, das. Monatsschrift f. Witterungskunde. Hrsg. von R. Assmann. 20.—23. Jahrg. 1903—1906. à 12 Hefte. (à ca. 24 S. m. Fig. u. farb. Karten.) gr. 8. Berlin, O. Salle. à Jhrg. n. 6. —

Wetter, das. Monatsschrift f. Witterungskunde. Mit Unterstützung des kgl. preuß. meteorolog. Instituts hrsg. v. R. Aßmann. Mit Nachrichten aus dem öffentl. Wetterdienst unter Red. v. R. Börnstein. 24.—27. Jahrg. 1907—1910. à 12 Hefte. (à ca. 24 S. m. Fig. u. farb. Karte.) gr. 8. Berlin, O. Salle. à Jahrg. 6. —

Wetter, Monatsschrift fur Nichtfachgelehrte Nachrichtenblatt uber Wetter-Angelegenheiten V.—VII. Jahrg., 1894—96. Plauen i. V. 1894—96

— schlagende. Zur Aufklärg. u. Belehrg. f. Nicht-Bergleute v. F. A. H. [Aus: „Die Gesellschaft".] gr. 8. (21 S.) Leipzig 894. W. Friedrich. n. — 60

Wetter u. Wind. Eine Abhandlung über Wärme [Thermometer]; Dunstspannung [Psychrometer]; Lichtdruck [Barometer]; Luftbewegung [Rassato, Monsune, Stürme, Cyklonen, Teifune], vom praktisch-seemänn. Standpunkte. 8. (V, 88 S.) Oldenburg 879. Schultze. geb. n. 2. —

Wetter [Verfasser]

Wetter, Alexander. Über Aposafranine und Azoniumverbindungen aus Tolusafranin. — Beiträge zur Kenntnis der Phtalamidone. Diss. Phil. Basel. 68 S. 8. Basel, Walz & Miéville, 1902.

Wetter C. Bericht uber die Abteilung der Baumwollgarne und Gewebe an der internationalen Industrie-Ausstellung in London 1862. 4° (St. Gallen 1862)

Wetter, Caspar, s. Wetter, Kaspar

Wetter, Friedrich —. Erzählungen für die Jugend. Eine Preisschrift verfaßt von — —, nebst einem Preisgedichte von Jos. Moser. Illustrirt mit einer Abbildung. 8. (48 S.) Linz. Aus der Eurich'schen Buchdruckerei 1853.

Wetter, J., das Examen zum Stationsvorsteher und Güterexpedienten im preußischen Staats-Eisenbahndienste. Ein Leitfaden für die Vorbereitung auf dasselbe, sowie ein Hülfsmittel für alle im Eisenbahn-Stations- und Expeditionsdienst Thätigen. Nach Maßgabe des von Sr. Exc. dem Herrn Minister der öffentl. Arbeiten erlassenen Reglements für die Ausbildung und Prüfung der Stations- und Expeditionsbeamten bearb. 8. (316 S.) Elberfeld 885, (Bädeker'sche Buchh.) *

Wetter, J., die Haftpflicht der Eisenbahnen im Güterverkehr nach dem deutschen Frachtrecht. Zum vorzugsweisen Gebrauche in bezügl. Reclamationsfällen für Güterexpeditions- und Centralverwaltungsbeamte, sowie das verkehrtreibende Publikum. Gemeinfaßlich bearb. 8. (IV, 42 S.) Wiesbaden 883, Bergmann.

—— die Prüfung zum Stationsvorsteher und Güterexpedienten sowie zum Stationsassistenten im deutschen und insbesondere preußischen Staats-Eisenbahndienste. Ein Leitfaden für die Vorbereitung auf dieselbe sowie ein Hülfsmittel für alle im deutschen und preuß. Eisenbahn-Stations- und Expeditionsdienst thätigen Beamten. Nach Maßgabe des von Sr. Exc. dem preuß. Herrn Minister der öffentl. Arbeiten erlassenen Reglements für die Ausbildung und Prüfung der Stations- und Expeditionsbeamten bearb. 2. Aufl. 8. (VIII, 362 S.) Ebendas. 889. *M 4.—.; cart. *

Vetter, **J. T., erinacei europaei anatome, cum IV tabb. aen. 8maj. Götting. 818. Vandenhöck u. R. 18 gr Schreibp. 1 ß**

Wetter, Johann

Wetter, J., Beantwortung d. Frage: in welchem Jahre ist d. Buchdruckerkunst erfunden worden, u. wann ist das Säcularfest d. Erfindung zu feiern. gr. 8. (3 B.) Mainz 837, [Wirth Sohn.]

Wetter, Joh., der Dom zu Mainz, s. Dom, der, zu Mainz.

—— Geschichte u. Beschreibung d. Domes zu Mainz. Begleitet mit Betrachtn. üb. d. Entwickelung d. Spitzbogenstyls, das neugoth. Constructionssystem in Deutschland u. Frankreich, u. d. Einfluß d. lombard. u. d. byzantin. Kunst auf diese Länder. gr. 12. (7½ B. u. 1 Grundriß.) Mainz 835, [v. Zabern.] *

—— krit. Geschichte d. Erfindung d. Buchdruckerkunst durch Joh. Guttenberg zu Mainz, begleitet mit einer, vorhin noch nie angestellten, genauen Prüfung u. gänzl. Beseitigung der v. Schöpflin u. seinen Anhängern verfocht. Ansprüche d. Stadt Straßburg, u. e. neuen Untersuch. d. Ansprüche d. Stadt Harlem u. vollständ. Widerlegung ihrer Verfechter Junius, Meerman, Koning, Dibdin, Ottley u. Ebert. gr. 8. (51½ B. u. 13 Stnt. m. Facsim.) Mainz 836, [Wirth Sohn.] *

Wetter, Joh., Conrad Henlif oder Henekis, Buchdrucker und Buchhändler zu Mainz, der Geschäftsgenosse Peter Schöffer's. 8. (15 S.) Mainz 851, (v. Zabern.)
Aus: Zeitschrift des Vereins zur Erforschung der rhein. Geschichte und Alterthümer. 1. Bd. 4. Heft., besonders abgedruckt.

—— der Mythus vom Atlas und seine neuesten Deutungen. Eine mythologische Forschung. gr. 8. (XII und 68 S.) Mainz 858, v. Zabern. *

Wetter, J., Untersuchungen üb. d. wichtigsten Gegenstände d. Theaterbaukunst, d. vortheilhaft. Formen d. Auditoriums, u. d. zweckmäss. Anordnung d. Bühne u. d. Prosceniums, in optischer u. akust. Hinsicht. Begleitet mit e. Entwurfe zu e. durchaus feuerfesten Bauart d. ganzen Vorbühne, von Peyre. gr. 4. (11 B. u. 6 Stnt.) Mainz 829, Stenz. Thlr.

Wetter, Jh. Bapt., Abhandlungen u. Untersuchungen aus dem Gebiete der Naturwissenschaft, insbesond. der Biologie. Ein Versuch. gr. 8. Gießen 839. Ricker'sche Buchh. n. 5/6 ℛ

Wetter, Joh. Bapt., Stimme aus Hessen an S. K. H. Ludwig, Erbgroßherzog u. Mitregenten von Hessen u. bei Rhein. Gedicht. gr. 8. (31 S.) Gießen 848, Ferber. n. 1/6 ℛ

Wetter, K. J., Abschiedspredigt. Gehalten Sonntags, den 5. Juli 1863 in St. Laurenz zu St. Gallen. St. Gallen, Huber & Co. gr. 8. (14 S.) 3 ngr.

Wetter, K. J. Die China-Inland-Mission, s. Taylor, Hudson.

Wetter, K. J., über Gemeinschaftspflege einer christlichen Gemeinde im engern und weitern Kreise. 8. (14 S.) Bern 886. (Bonn, Schergens.) *

— zwölf Thesen üb. Separation u. Sektiererei. Referat, geh. an der Brüder-Konferenz in Winterthur am 30. Jan. 1893. gr. 8. (16 S.) Bern 893. (Bonn, J. Schergens.) n. — 10

— ein Wort der Warnung wider gegenwärtig auftauchende Reformations-Gelüste. Predigt über 1. Cor. 2, 1—7. Gehalten den 6. Febr. 1859 in St. Gallen. Ebend. gr. 8. (12 S.) 3 ngr.

Wetter, Kaspar

Wetter, Caspar, St. Gallen. Dissertatio inauguralis medico-chirurgica de chronica mammae induratione feliciter per suppurationem sanata.
Basel; Med. Diss. 1776.

Wetter, Mary. Zur Kenntnis des Chloroms. Aus dem pathologisch-anatomischen Institut Basel. 8. Wiesbaden, J. F. Bergmann, 1909.
Ausg. A: Diss. Med. Basel. [SA. aus der Frankfurter Zeitschrift für Pathologie.... Band 3. Heft 3.] 27 S.
Ausg. B: Von Dr. M' W'. Sonderabdruck aus der Fr' Z' für P'... Band 3. Heft 3. 11 S. + S. 541 — 565.

Der Erobrer. Ein dramat. Gedicht von Max **Wetter**. Köln: P. Neubner [1906]. (48 S.) 8° [06. 9046 5

Wetter, Max, altrheinische Geschichten u. Schwänke. (300 S.) 12. Leipzig 908. Berlin, H. Seemann Nachf. n. 2. 50

Wetter, Max, der Kurfürst. Ein Schauspiel (aus Kölns Vergangenheit) in 5 Akten. gr. 8. (132 S.) Köln (900). P. Neubner. n. 2. —

Der Kurfürst. Ein Schauspiel in 5 Akten. Von Max **Wetter**. *Köln: P. Neubner [1901].* (132 S.) 8° [F.] [01. 2629 5

— Lieder u. Gedichte. 8. (V, 105 S.) Dresden 900. E. Pierson. n. 1.50; geb. n. 2. 50

Wetter, Max, Merlin. Tragödie in 5 Akten. (214 S.) 8. Köln (907). P. Neubner. Geb. 4. —

— **Polyxena. Dramatische Dichtg. (40 S.) gr. 8. Köln (905). P. Neubner. Kart. n. 2. —**

— **Verse. 8. (118 S.) Köln (901). P. Neubner. Geb. in Leinw. n. 3. —**

— **Vittorio. Dramatisches Gedicht. (140 S.) 12. Ebd. (904). Geb. n. 2. 50**

Wetterau [Schlagwort]

Wetterau, s.: Vogelsberg.

Wetterausschau, Nordatlantische. Hrsg. von der deutschen Seewarte. Jg. 1—14 1901—14 u. 1920/21. Hamburg
Von Jg. 2 1902 Nr. 6 ab:
Monatskarte des nordatlant. Oceans

Wetteravia. Zeitschr. f. teutsche Geschichte u. Rechts-Alterthümer, hrsg. v. J. C. v. Fichard (gen. Baur v. Eysenek). 1. Bd. 1. Hft. gr. 8. (19½ B.) Frankfurt a. M. 828, Andreä.

Wetterbergh, C. A., s.a. Adam, Onkel. (Pseud.)

Wetterbergh, C. A., das **Altargemälde,** s. **Ausland,** das belletristische.

s. Bibliothek, europäische

Wetterbergh, C. A., Daheim, s.a. Ausland, das belletristische.

Wetterberg, C. A., Daheim, s.a. Sammlung Schwedischer Novellen.

Wetterbergh, Karl Anton

Daheim! Ein Genrebild von Onkel Adam [d.i. Karl Anton Wetterbergh]. Aus dem Schwed. von Gottlob Fink.
Stuttgart: Franckh 1859. 272 S. 8°

—— das Fideicommiß von Waldemarsburg, s.a. Ausland, das belletristische.

Wetterbergh, Karl Anton

Das Fideicommiß von Waldemarsburg. Episoden. Gegenstück zu Simon Sellner's Reichthümern. Aus dem Schwed. von Gottlob Fink.
Stuttgart: Franckh 1855. 390 S. 8°

—— Geld und Arbeit, s.a. Ausland, das belletristische.

—— neue Genrebilder aus dem Alltagsleben, s.a. Ausland, das belletristische.

Wetterbergh, Karl Anton

Genrebilder aus dem Alltagsleben. Von Onkel Adam [d.i. Karl Anton Wetterbergh]. Aus dem Schwed. von C.F. (Frisch). Bdchn 1-3.4-6.
Stuttgart: Franckh 1844. 8°

—— das Häuschen am Gatterthore bei Nygard, s.a. Ausland, das belletristische.

Wetterbergh, Karl Anton

Das Häuschen am Gatterthore bei Nygard. Aus dem Schwed. von C.F. Frisch.
Stuttgart: Franckh 1850. 65 S. 8°

— Liebe und Handel, s.a. Ausland, das belletristische.

Wetterbergh, Karl Anton

Liebe und Handel. Genrebild.- Das Unglückskind. Genrebild. Aus dem Schwed. von Gottlob Fink.
Stuttgart: Franckh 1854. 180.55. S. 8°

Wetterbergh, Karl Anton

Der hölzerne Löffel. Erzählung. Von Onkel Adam [d.i. Karl Anton Wetterbergh]. Aus dem Schwed. übers. von Gottlob Fink. Bdchn 1-4.
Stuttgart: Franckh 1852. 257 S. 8°

—— ein Name, s. Ausland, das belletristische.

Wetterbergh, Karl Anton

Olga. Erzählung. Aus dem Schwed. übers. von Gottlob Fink. Bdchn 1-3.
Stuttgart: Franckh 1852. 199 S. 8°

—— der Pfarradjunkt, s. Ausland, das belletristische.

— Herrn Sellners Reichthümer, s. Ausland, das belletristische.

— das Unglückskind, s. Ausland, das belletristische.

Wetterbericht

Meteorolog. Centralstation, Wetterbericht (beginnend am 1 April 1881) herausg. d. W. v. Bezold u. Carl Lang 1881. München 1881.

Chemnitz. Königl. sächsisches meteorologisches Institut, Wetterbericht für 1884-88. Chemnitz.

Chemnitz. Königl. Sächsisches Meteorol. Institut, Wetterbericht des — für das Jahr 1889, 94-98 4g Fol

Chemnitz, Königlich Sächsisches Meteorologisches Institut, Wetterbericht des — für das Jahr 1890 93.

Chemnitz, Meteorologisches Institut, Wetterbericht für 1899 Chemnitz Fol

Wetterbericht der [illegible] 1880 96. Zürich 4.

Zürich, Schweizerische Meteorologische Central-Anstalt, Wetterbericht der — für 1888 - 93.

Zürich. Schweizerische Meteorologische Centralanstalt, Wetterbericht der — Jahrg 1894-98 kl. Fol. Zürich

Zürich, Schweizerische Meteorologische Central-Anstalt in —, Wetterbericht der — für 1899, I—VI u. VII—XII; 1900, I—VI Fol

Hamburg, Deutsche Seewarte, Tabellarischer Wetterbericht. Jahrg. XV - XVIII 1890 - 93. Hamburg Fol.

Wetterbericht, Täglicher, der deutschen Seewarte. Jhg. 1876—81. Hamburg. kl. Fol.

Zürich, Schweizerische Meteorologische Central-Anstalt, Wetterbericht (täglicher, besteh. aus einer geograph. Uebersicht u. einem tabellarischen Bericht schweizerischer Stationen. 1880 (beginnend am 1. Juli) bis 1888. Zürich.

Wien, K. K. Central-Anstalt für Meteorologie und Erdmagnetismus, Telegraphischer Wetterbericht. Jahrgang XII- XVII, 1888—93. Wien.

Wien, k. k. Central-Anstalt für Meteorologie und Erdmagnetismus, Telegraphischer Wetterbericht Jahrg. XVIII - XXII. 1894—98. Wien. Fol.

Wetterberichte in Mittel-Europa, Graphische, nach Berichten der Seewarte Hamburg resp. des Kgl. meteorol. Instituts zu Leipzig und des K. K. Central-Observatoriums zu Wien, zusammengestellt und gezeichnet von A. Wachs. Jhg. 1879. 1. Juli bis Juni 1880. Dresden. Fol. (KoA.)

Hamburg, Deutsche Seewarte, Tägliche Wetterberichte, und zwar:
I. Tabellarischer Morgenbericht der deutschen Stationen. (Am 1. Januar 1876 anfangend.)
II. Geographische Uebersicht und Nachmittagsbericht. (Mit dem 16. Febr. 1876 beginnend.) Jahrg. I—XIII. Für 1876—89.
Hamburg. Fol.

Hamburg. Deutsche Seewarte. Tägliche Wetterberichte. XIX—XXIII. Jahrg., 1894—98 Hamburg. Fol.

Hamburg. Deutsche Seewarte. Tägliche Wetterberichte 1899, I -XII; 1900, I—VI. Hamburg Fol

Budapest, Kgl. Ungar. Central-Anstalt für Meteorologie u. Erdmagnetismus, Tägl Wetterberichte u Wetterkarten, 1899 Jan. bis Dez ; 1900 Jan. bis Juni Budapest. Fol.

Budapest, Königlich Ungarische Central-Anstalt für Meteorologie und Erdmagnetismus. Tägliche Wetterberichte und Wetterkarten, 1891 (März bis Dezember), 1892, 1893. Budapest. Fol.

Budapest, Königl. Ungarische Centralanstalt für Meteorologie und Erdmagnetismus. Tägliche Wetterberichte und Wetterkarten für 1894—98 Budapest Fol

Anonym: „Wetterbüchlein oder gemeine vnd Bawren Practica . . .". Nürnberg o. J. (F. Gutknecht). — Vorh.: Germ. Nat. Mus. Nürnberg.

Wetterbüchlein, Neues, eingerichtet nach den zwölf Monaten. Marburg 1855. V: *Vilmar, Aug. Frdr. Chn.* (Ky)

Wetterbüchlein, neues, eingerichtet nach den zwölf Monaten. (Von A. F. C. Vilmar.) Marburg 855. Koch. 16. (30 S.) 3 ngr.

Wetterburg, Curt von der, oder die unbekannten Obern aus den Zeiten der Kreuzzüge, 2 Theile, 8. Weißenfels, 794. Severin. 1 Rthl. 25 sgl.

Wetterburg, Curt von der, oder die unbekannten Obern. 2 Thle. 8. Weißenfels. (Hinrichs in Lpz.) 811. 2 —

Wetterer, Ant., Bruchsal vor 200 Jahren. Zwanglose Notizen zur Geschichte der Stadt Bruchsal. 8. (64 S.) Bruchsal 902. (W. Ott.) n.n. — 30; kart. n.n. — 40

Wetterer Ant. [illegible] geb. 1825 zu [illegible] *Hecker* [illegible] Verein [illegible]

Wetterer, Josef [cand. med. aus Gengenbach (Baden)]: Die Behandlung des Plattfusses. Im Anschl. hieran d. Beschreibg e. Falles v. supramalleolärer Osteotomie. (Nach Trendelenburg) . . . Freiburg i. Br., Buchdr. v. G. Mehlhase, 1894; 22 S., 1 Bl. 8.
Freiburg i. B., Med. Fak., Inaug.-Diss. v. 1894

Wetterer, Jos., Handbuch der Röntgentherapie, nebst Anh.: Die Radiumtherapie. Ein Lehrbuch f. Aerzte u. Studierende. Mit 198 Fig. im Text, 11 Taf. in Vierfarbendr. u. 4 Taf. in Schwarzdr. (XII, 799 u. XCV S.) gr. 8. Leipzig 908. O. Nemnich. Geb. in Halbfrz. 27. —

Wetterfahnen. Freymüthige Blätter für Fürsten und Volk . . . Quedlinburg 1816—17. II: *Nicolai, Carl.* (MGT) (Ky)

Wetterfahnen; freimüthige Blätter f. Fürsten u. Volk; Zeitschrift in zwanglosen Heften, (v. K. Nicolai). 3 Hefte. gr. 8. Quedlinb. 816, 17. (Basse). 2 ℛ 12 𝔤𝔤

— die, Frankreichs, od. unsere Zeitgenossen wie sie sind, frei nach d. Französ. gr. 8. Leipz. 816. Er. Fleischer. 2 ℛ

Eastern Yacht-Club und Kaiserlicher Yacht-Club. **Wettfahrt** um den Kaiser Wilhelm-Pokal auf der Kieler Föhrde im August 1907. o. O. u. J. 8°

Wetter-Hahn, der, s.: **Wetterthurm**, der, Taschen-Ausg.

Wetterhahn, Geo., neuester Weinklärapparat Selfactor. Patentirt f. das Großherzogth. Hessen laut Minist.-Rescripts vom 13. April 1876. Mit 6 (eingedr.) Holzschn. gr. 8. (32 S.) Mainz 876. Leipzig, Folz. Verklebt. n. 3. —

Wetterhahn, Geo., neuester Weinklärapparat Selfactor. Patentirt für das Großherzogth. Hessen laut Ministerial-Rescripts vom 13. April 1876. gr. 8. (32 S. mit 6 eingedr. Holzschn.) [Mainz 876.] Wiesbaden, Kunze's Nachf. Verklebt. *

Wetterhahn, Geo., der Weinpolarisations-Apparat. Das einfachste u. untrüglichste Instrument zur Erkennung, ob einem Weine Traubenzucker zugesetzt ist. Mit einem Nachtrage: Erkennung des giftigen Fuchsins in gefärbten französischen Rothweinen. 8. (48 S.) Mainz 877. Diemer. n. 1. 20

Wetterhahn, J. F., das entdeckte Geheimniß d. Wetter durch d. Luft, od. durch Thiere u. Pflanzen ꝛc. im Voraus zu bestimmen, in freien Versen bearb. u. hrsg. f. d. Bürger u. Landmann. 16. (3 B.) Leipzia 837. (Künzel.?) *

Wetterhan, Dav., das Verhältnis der Philosophie zu der empirischen Wissenschaft v. der Natur. gr. 8. (VIII, 110 S.) Leipzig 894. W. Engelmann. n. 2. —

Wetterhornaufzug, Der. 1. Sektion. Zürich [1908]. V: *Jegher, Carl.* (BBullschw 12, S. 115)

Wetterhornaufzug, der. 1. Sektion. (11 S. m. Abbildgn.) 32×24 cm. Zürich (909). (Rascher & Co.) — 80
Sonderabdr. aus: „Schweiz. Bauzeitg."

Wettering, A., aus der Kunstwelt d. Alterthums. Dichtungen. Mit 8 Abbildgn. in Lichtdr. 8. (19 S.) Oldenburg 887. Schulze. n. 2. —; geb. n. 3. —

Wetter-Kalender u. kritische Tage f. d. J. 1907. Januar—Juni. Hrsg. u. berechnet v. Bruno H. Bürgel. (87 S.) 16. Berlin (906). H. Steinitz. n. 1. —

Wetter-Kalender u. kritische Tage f. d. J. 1909. Juli—Dezbr. Hrsg. u. berechnet v. Bruno H. Bürgel. (90 S.) 16. Berlin (909). H. Steinitz. 1. —

Nedanócz, Meteorologisches Observatorium
Wetterkalender für Ungarn. Jahrgang III. 1886.

Wetterkamp, Heinrich, aus Suderwich, Westfalen: Über Derivate der Ricinolsäure. Zürich 1909. 45 S. 8°. [29. III. 09.]
Zürich Phil Diss II S 1908/09

Wetterkamp, Heinrich. Über Derivate der Ricinolsäure. Diss. Phil. [II.] Univ. Zürich. 45 S. 8. Zürich, J. J. Meier, 1909.

Wetterkampf, Fr. Chr., die Rechenkunst, ein Schulbuch f. Jünglinge u. Mädchen. 1r Bd. 8. Halle 801. Hendel. 4 gr

Wetterkanone: Die Wetterkanone
① Schweizerisches humoristisches-politisch-satyrisches Wochenblatt in modernem Farbendruck ⑤ Juni 1901—27. 9. 1902 ⑥ 2° ⑦ Wochenblatt ⑧ Zürich: A. Niessen ⑩ Buchdruckerei A. Niessen ⑪ U. Farner ⑭ Wi: S.

WetterKanone. Sechseläuten-Blatt. April 1902. [Illustriert.] 8 S. fol. Zürich, A. Niessen. fr. —. 40

WetterKanone. Sechseläuten-Blatt 1903. [Illustriert.] [4 S.] fol. Zürich, A. Niessen. fr. —. 30

Stuttgart, Meteorologische Central-Station, Wetterkarte für 1882—1888. Stuttgart.

Stuttgart, Meteorologische Zentralstation, Wetterkarte. Jahrg. 1894—98. Stuttgart. Fol.

Davos, Meteorologische Station. (Wetzel, C.), Davoser Wetterkarte vom Jan. 1868 bis Dec. 1888. Imp. Fol.

Wetterkarte. — Naturwissenschaftliche Wetterkarte. Jena: G. Fischer 1887–(1902). 8°
Hrsg.: H. Potonié und W. Körber.

München, Königl. bayer. Meteorologische Centralstation, Wetterkarte und Weiterbericht der — für jeden Tag des Jahres. 1888—93. München. Fol.

München, Königl. Bayer. Meteorol. Centralstation, Wetterkarte und Wetterbericht der — fur jeden Tag des Jahres 1894—98. Munchen 1894—98. lg. Fol.

Wetterkarten [Sachliches OW]

Davos, Meteorologische Station, Wetterkarten 1886—93 und 1894—98. Davos. Imp.-Fol.

Stuttgart, Meteorologische Central-Anstalt, Wetterkarten für 1899 Stuttgart. Fol.

Athen, Meteorolog. Observatorium, Tägliche Wetterkarten. 1896, V—VIII. Athen 1896. Fol.

Hamburg und Kopenhagen, Dänisches Meteorolog. Institut und Deutsche Seewarte, Tägliche Synoptische Wetterkarten für den Nordatlantischen Ozean und die anliegenden Theile der Kontinente. Dezember 1880 — Aug. 1882, Sept. 1883 — Febr. 1886. Kopenhagen und Hamburg 1884—88.

Hamburg und Kopenhagen, Dänisches Meteorolog. Institut und Deutsche Seewarte, Tägliche Synoptische Wetterkarten für den Nordatlantischen Ozean und die anliegenden Theile der Kontinente. V.—VIII. Jahrgang. (März 1886 bis November 1889.) Kopenhagen, Hamburg 1890—93. Fol.

Hamburg u. Kopenhagen. Dänisches Meteorologisches Institut n. Deutsche Seewarte. Tägliche Synoptische Wetterkarten fur den Nordatlantischen Ozean und die anliegenden Theile der Kontinente. IX—XIII. Jahrg. (Dezbr. 1889 bis Febr. 94. Kopenhagen u. Hamburg 1894—98. Fol.

— **und Kopenhagen, Deutsche Seewarte** und **Dänisches Meteor. Institut**, Tägliche synoptische Wetterkarten für den Nordatlantischen Ozean und die anliegenden Theile der Kontinente. XIII. u. XIV. Jahrgang, März 1891 bis November 1895. Hamburg u. Kopenhagen 1898—1900. Fol.

München, Meteorologische Central-Station, Wetterkarten und Wetterberichte, 1899, I—VI u. VII—XII; 1900, I—VI. München. Fol.

Wetterkarten [Schlagwort]

Wetterkarten. Börnstein, Schul-Wetterkarten. Nr. 1—7. Farbdr. Berlin (902). D. Reimer. à n. 3. —; auf Leinw. m. Stäben à n. 5. —
1. Witterung d. 8. VII. 1900. Kalt u. regnerisch. (Van Bebber. Typus I.) 125×96 cm.
2. Witterung des 11. V. 1900. Kälterückfall. 125×96 cm.
3. Witterung d. 22. VIII. 1895. Strahlungssommer. (Van Bebber, Typus II.) 120×90 cm.
4. Witterung des 24. IV. 1901. Kühl u. heiter. (Van Bebber, Typus III.) 120×90 cm.
5. Witterung des 24. IX. 1900. Warmer Herbsttag. (Van Bebber, Typus IV.) 120×90 cm.
6. Witterung des 27. VIII. 1901. Windig u. nasskalt. (Van Bebber, Typus V.) 120×90 cm.
7. Witterung des 22. VI. 1900. Gewittersäcke. 120×90 cm.

Wetterkarten. Börnstein, Schul-Wetterkarten. Nr. 8—12. à 120×90 cm. Farbdr. Berlin (903). D. Reimer. à n. 3. —: auf Leinw. m. Stäben à n. 5. —
8. Witterung des 2. I. 1901. Heiterer kühler Wintertag. (Teisserenc de Bort, Typus A).
9. Witterung des 16. II. 1896. Strahlungswinter. (Teisserenc de Bort, Typus B; Van Bebber Typus II).
10. Witterung des 12. X. 1896. Regnerischer kühler Herbsttag. (Teisserenc de Bort, Typus C).
11. Witterung des 22. XII. 1900. Milder Wintertag. (Teisserenc de Bort, Typus D. Van Bebber, Typus V).
12. Witterung des 20. II. 1900. Warm u. windig. (Teisserenc de Bort, Typus E).

Wetterkunde u. Wettervorhersage, s.: Miniatur-Biblioth.

Die **Wetterlage** gelegentlich der Fahrt des Leichlinger Motorluftschiffes 'Erbslöh' am 12. und 13. Dezember 1909. (Aachen 1909.) 1 Bl. 4° [Kopft.] [11. 3118

Wetterleuchten, Das. Stuttgart [1859]. V: *Rödinger, F.* (Hauptkat. d. Univ.-Bibl. Tübingen. F. Nachtr. 11.)

Wetterleuchten. Briefe über livländ. Politik. [Aus: „Neue Dörptsche Zeitg."] 4. Aufl. gr. 8. (70 S.) Dorpat 878. (Leipzig, K. F. Köhler.) n. 2. —

Wetterleuchten, d., über Europa, s. a. Todtenglocke.

Wetterleuchten, Das, über Europa am Ende des Jahrhunderts gesehen im Jahre 1788 . . . Maltha u. Cairo [Düsseldorf] 1799. V: *Schubart, Christian Friedrich Daniel.* (Wr) (BrMm)

Wetterleuchten, das, der socialen Revolution u. was geschehen muß, um e. Arbeiter-Krieg abzuwenden. Ein Mahnruf an die gebildeten u. besitz. Klassen, besonders an die Hirten der kirchl. Gemeinden. 8. (30 S.) Breklum 885. Christl. Buchh. n. — 15

Wetterling, Heinr., kurzer Lehrgang der französischen Sprache, s.: Block, Guil., u. O. Kares.

(Wetterlöcher oder Windhohlen ... in den Alpen.) Njbl. s. [Keller, Ferdinand].

Wettermann, G., s.: Volks-Bücherschatz.

Wetter-Monatsschrift f. das Volk. Nachrichtenblatt üb. Wetterangelegenheiten. Redact.: G. Eichhorn. 1.—3. Jahrg. 1890—1892. à Jahrg. 12 Nrn. (Bog.) gr. 4. Haselbrunn-Plauen i. V., Eichhorn. à Jahrg. ℳ 1 60

Wetter-Monatsschrift f. das Volk, d. h. f. Nichtfachgelehrte. Red.: G. Eichhorn. 5. Jahrg. März 1894—Febr. 1895. 12 Nrn. (à ca. 1/2 Bog.) gr. 4. Haselbrunn-Plauen i/V., G. Eichhorn. n. 2. —; einzelne Nrn. n. — 15

Wetter-Monatsschrift f. d. Volk, d. h. f. Nichtfachgelehrte. Nebst Wetter-Aussichts-Beilage. 6. u. 7. Jahrg. 1895 u. 1896. à 12 Nrn. (à ca. 6 S.) gr. 4. Haselbrunn-Plauen i/V., G. Eichhorn. à Jahrg. n. 1. 60; einz. Nrn. n. — 15; Beilage allein à Jahrg. n. — 60

v. d. Wettern, J. H., über die Taufe überhaupt u. insbesondere üb. die Kindertaufe. Eine Abhandl. 8. Parchim 831. (Schwerin, Kürschner; Berl., Plahn). 8 gGr

Wetternik, Jul[ius]: Einiges über divergente Reihen und deren Anwendung auf lineare Differentialgleichungen. (Umschlagtitel: Divergente Reihen . . .) 16 S. 8. **Progr.** K. k. Staats-Gymn. im XIII. Bezirke *Wien* 1908.

Wetterprognose für Juli 1909. V. Jahrg. Nr. 7 K —.20 Wien: Eichinger 1909.

Wetterprognose giltig für Niederösterreich. Wien 1897—1900. V: *Ledochowski. Joseph Graf.* (EB)

Wetterprognose, giltig für Niederösterreich, Theile von Oberösterreich, Südmähren und Westungarn, beziehungsweise für ganz Oesterreich-Ungarn [von Josef Graf Ledóchowski]. III. Jahrgang. 1899. Wien. 1899. Braumüller. 16°. Monatlich erscheint ein Blatt à fl. —.10

Wetterprognose, giltig für Niederösterreich, Teile von Oberösterreich, Südmähren und Westungarn, beziehungsweise für ganz Österreich-Ungarn für den Monat April 1909. V. Jahrg. Nr. 4 Wien: Eichinger 1909.

Wetterprognose, giltig für Niederösterreich, Teile von Oberösterreich, Südmähren und Westungarn, beziehungsweise für ganz Österreich-Ungarn für den Monat Mai 1909. V. Jahrg. Nr. 4 Wien: Eichinger 1909. K —.20

Wetterprognose. Gültig für Niederösterreich, Teile von Oberösterreich, Südmähren und Westungarn, beziehungsweise für ganz Österreich-Ungarn für den Monat Oktober 1909. V. Jahrgang. Nr. 10 Wien: Eichinger 1909. K —.20

Wetterprognosen u. Wetterberichte des XV. u. XVI. Jahrh., s. a. Neudrucke v. Schriften u. Karten über Meteorologie u. Erdmagnetismus.

Wetterprognosen und Wetterberichte des XV. und XVI. Jahrhunderts. Facsimiledrucke m. 1 Einl. (v. G[ustav] Hellmann.) Berlin: A. Asher & C. 1899. (32 S., 3 Bl., 5,3 S., 77 Bl. Facs., 5,3 S.) 1 Bd 4°
Neudrucke v. Schriften u. Karten üb. Meteorologie u. Erdmagnetismus. No 12.

Wetterprophet, d. aus Erfahrung bewährt befund., f. vernünftige Leute; nach d. Französ. v. L. K...r. 8. Leipz. 802. (Gerold in Wien). 4 gGr

Wetter-Prophet, der, für den Bürger u. Landmann. Enth. Witterungsanzeigen aus der Atmosphäre, dem Thier-, Pflanzen- u. Mineralreiche u. Regeln bei Beobachtung der Wettergläser. Leicht faßlich dargestellt u. hrsg. von einem alten Landwirth. 8. (63 S.) Hamburg 880. Kramer. n. — 50

— der immerwährende u. untrüglichste. (In deutscher u. dänischer Sprache.) qu. 8. Sonderburg 845. (Leipzig, Goetz.) versiegelt 1/8 Thlr

Wetterprophet, d. rheinische, 2c., s. a. Witterungskunde.

Wetterprophet, Der rheinische, nach welchem man die Witterung . . . Monate lang vorausbestimmen kann . . . Herborn 1834. V: *Hegmann, V.* (Engoec)

— der untrügliche, od. gründl. Anleitung z. Witterungsbeobachtung u. Vorhersagung. Ein Volksbuch z. Belehrung u. Unterhaltung. 8. Karlsr. 812. Braun. 12 gGr

Wetterprophet, der untrügliche. Oder: Wetter- u. Bauern-Regeln auf alle Monate des Jahres. 16. (3 B.) Erfurt 844, Bartholomäus.

Wettersegen, christkatholischer, nach d. vier heil. Evangelien, für Landleute. 4. Salzb.... Duyle. 1 gGr

Wettersegen, der, nach dem römischen Rituale, s.: Preces ad repellendam tempestatem.

Wetterstein und Karwendel bis zum Achensee. [J. G. Thöni's Tiroler Weg- und Distanzkarten. 2.) gefalzt K —.30, Imst: Grissemann 1909. auf Leinwand K 1.—

Wettersteingebiet [Schlagwort]

Wettersteingebiet, s.: Tirol.

Wettersteingebirge [Schlagwort]

— s. a.: Karwendelgebirge.

Wetterstein-Gebirge. Brunn's, Osk., Spezialkarte vom Wetterstein-Gebirge m. weiterer Umgebung. Einschliessend das Loisach-Thal, den Staffel- u. Planseo, Murnau, Oberammergau, Mittenwald, Garmisch-Partenkirchen, Reutte, Füssen u. den Fernpass. 1 : 100,000. 56,5×44 cm. Farbdr. München (Ohlmüllerstr. 1). O. Brunn. 1. 50; auf Leinw. 2. 50

Wettersteingebirge. Kartenbild, topogr., v. Wettersteingebirge. 1:33,330. 55×94,5 cm. Farbdr. München (904). H. Köhler. n. 2. 50

— Waltenberger, Eug., Special-Karte des Wetterstein-Gebirges. Bearb. u. gezeichnet unter Benützung der bayer. u. österreich. militärtopograph. Positionsblätter. 1:40,000. 42×72 cm. Farbdr. München (902). J. Lindauer. n. 2. —

Wetterstrand, Bernh. Gli., Graf Eugenius; Schspl. in 5 A. 8. Jena 807. (Hennings in Neisse). 12 K

— der Töchter Hochzeit; Lstspl. in 5 A. 8. Jena 807. (Hennings in Neisse). 12 K

Wetterstrand, Bhrd. Gli., Liederbuch für Freunde d. Gesangs in Reval, herausg. kl. 8. Reval (821.)

— die Macht d. Zeit, f. A. v. Kotzebue, Almanach. 28r Jahrg.

Wetterstrand, Otto G. Der Hypnotismus u. seine Anwendung in der praktischen Medicin. gr. 8. (V, 122 S.) Wien 891, Urban u. Schwarzenberg. 4 —; geb. 5 50

Wetterthurm, der, e. Rathgeber f. Jedermann, besonders f. Landwirthe, Forstleute, Schiffsführer, Grubenbeamte 2c. auf das J. 1891. Dieser Kalender ist mit Bezug auf „Falb's Kalender der krit. Tage" f. den 52. Parallelkreis nach den Materialien d. Königl. Statist. Bureaus durch das „Meteorolog. Institut" zu Bad Schmiedeberg neu aufgestellt. 12. (40 u. 4 S.) Bad Schmiedeberg, Bez. Halle, 891. C. Futtig. n. 1. —; Taschen-Ausg. n. — 70

Wetter-Vorherbestimmung, praktische, am Abendhimmel v. einem auf den andern Tag. Von K—t. Leichtverständl. Anleitg. f. Jedermann aus dem Volke, um das Wetter am Abend zuvor voraus bestimmen zu lernen. 1. u. 2. Aufl. 16. (48 S.) Leipzig 887. H. Voigt. n. — 50; Notizbuch dazu f. 12 Monate. 12. (132 S.) n. 1. —; f. 1 Monat (11 S.) — 15

Wetterwald, H. Blatt- u. Sprossbildung bei Euphorbien u. Cacteen, s. Acta, nova, academiae caesareae Leopoldino-Carolinae.

Wetterwald, M., die Euterkrankheiten der wiederkauenden Hausthiere und ihre Heilung. 2. Abdr. gr. 8. (82 S.) Zürich 871, Schröter. [Kraut-Boßhart.] *

Wetterwald, Xaver

Wetterwald, X. Blatt- und Sprossbildung bei Euphorbien und Cacteen. Basel 1888. 4.

Wetterwald, X., Blatt- u. Sprossbildung b. Euphorbien u. Cacteen. [Aus: „Nova Acta d. ksl. Leop.-Carol. deutschen Akad. d. Naturforscher".] gr. 4. (64 S. m. 5 Taf.) Halle 889. (Leipzig, Engelmann.) n. 7. —

Wetterwald, Xav., die Kohlenstoff-Assimilation in historischer Darstellung. Progr. gr. 4. (59 S.) Basel 893. (B. Schwabe.) n. 2. —

Wetterwald, X[aver]. Lehren und Lernen. Vortrag gehalten an der 8. Jahres-Versammlung der Sektion Luzern des Schweizerischen Lehrervereins. 29 S. 8. Luzern, C. J. Bucher, 1903.

Wetterwald, X[aver]. [Johann] Heinrich Pestalozzi: Rede an der Pestalozzifeier vom 11. Januar 1896 s. Fah, Franz. Veranstaltung und Verlauf der Pestalozzifeier .... Basel 1897.

Wetterwirtschaft. Berlin, 1903. 587 S. mit 225 Abb. und 25 Taf. [— „Die Entwicklung des niederrheinisch-westfälischen Steinkohlenbergbaues in der zweiten Hälfte des 19. Jahrhunderts, 6. Bd"].

Astronomischer und nützlicher Wetter-Zeiger nach den Winden auf alle Monathe durch das gantze Jahr. Leipzig: J.C. Schreiber [um 1740?]

Wettgehsport, der, s. a. Miniatur-Bibliothek.

Der Wettgehsport (D. Schnell-, Dauer- u. Gepäckgehen). Leipzig, 56 S., 16°.

Wettgehsport (Der). (Miniatur-Bibl. no. 856) Leipzig. 1910. M. —.10

Wettgesang. Im May 1779. Halberstadt. V: *Gleim, Johann Wilhelm Ludwig.* (Bresl 31, S. 38)

Wettich, Hans, Hebezeuge, s. a. Grundriss des Maschinenbaues. 10. Bd.

Wettich, H.: Hebezeuge. Hannover 1907

Wettich, Sylvester U. S. Erfurt 1717/1

Dissertatio historico-philosophica, de stylo eruditorum satyrico, collegiis, et scriptis usitato.
Präs. Georg Heinrich Büchner.
Erfurt (Engelhardt) 2.IV.1717. 26 S.

Gew.: Nikolaus Einert. 36508

Wettig, Ada, aus der Feder einer Neunzehnjährigen. (150 S.) 8. Strassburg 907. J. Singer. 2. —

Wettig, August: [Kiaoutschau-Fahrt.] Der Deutschen Marine gewidm. v. August Wettig. Melodie: 'Flaggenlied'. Hamburg: P. Conström [1898]. 1 Bl. 2°

Wettig, Hermann

— 25 Jahre [1867—1891] Gothaer Chronik, zugleich als Fortsetzg. zu Schlegel's Chronik der Stadt Gotha. 8. (26 S.) Ebd. 892. * — 50
Vgl. XV. Bd. 2. Abthl. S. 505: Schlegel, Ernst.

Wettig, Herm., Eisenach u. seine Umgebung, s.: Reisebücher, Thüringer.

— die Sommerfrische Finsterbergen im Thüringer Walde u. ihre Umgebung in Wort u. Bild. Ein Führer u. Gedenkbuch f. Kurgäste u. Touristen. Hrsg. vom Thüringer Wald-Verein Finsterbergen. 12. (84 S. m. 1 farb. Karte.) Friedrichroda (901). (Gotha, Thienemann's Hofbuchh.) Kart. n. 1. 20

Wettig, Herm., Führer durch die Klavier-Unterrichts-Litteratur. Ein Wegweiser und Ratgeber bei der Wahl geeigneter Musikalien. 8. (VIII, 309 S.) [Bernburg 884, Bacmeister.] Gotha, Behrend. *ℳ 1.; geb. *

— Heimatkunde des Herzogt. Gotha, m. e. Vorwort v. Fr. Polack. 5. neu bearb. Aufl. Mit 40 Illustr., 1 Profil des Thüringer Waldes u. 1 Karten-Skizze. gr. 8. (VII, 83 S.) Gotha 901. R. Schmidt. n.n. — 60; kart. n.n. — 75

Wettig's (Herm.), Heimatkunde des Herzogt. Gotha. 6. Aufl. Mit 34 Illustr., 1 Profil des Thüringer Waldes u. 3 Karten-Skizzen vollständig neu bearb. v. Karl Kohlstock. (IV, 92 S.) 8. Gotha 907. Leipzig, R. Wöpke. Kart. — 80

Wettig, Herm., kleine Heimatskunde des Herzogtums Gotha. Zugleich Anhang zu jedem Lehrbuche der Geographie. Mit einer Kritik von Fr. Polack. 8. (VI, 50 S. mit 1 Stadtplan.) Gotha 885, Gläser. cart. *

—— dass. — 2. Aufl. 8. (VI, 74 S.) Ebendas. 887. cart. **

—— Kleine Heimatkunde d. Herzogt. Gotha. 3. Aufl. gr. 8. (IV, 60 S.) Gotha 892, Gläser. * — 50

— kleine Heimatkunde d. Herzogt. Gotha. Mit e. Vorwort v. Fr. Polack. 4. Aufl. Mit 38 Illustr., 1 Profil d. Thüringer Waldes u. 1 Karten-Skizze. gr. 8. (IV, 71 S.) Gotha 894. C. Gläser. n. — 60

Wettig, H., Hörselberg-Sagen. Mit 7 Illustr. Leipzig, o. J. 8⁰.

—— Hörselberg-Sagen. Den Besuchern des Hörselberges zur freundl. Erinnerung gewidmet. 8. (30 S. mit 7 Illustr.) Ebendas. 888. *

Wettig, Herm., Hörselberg-Sagen. (Neue [Titel-] Ausg.) 8. (30 S. m. 7 Illustr.) Leipzig (888) 895. B. Franke. n. — 75

—— Die Leichenverbrennung u. der Feuerbestattungs-Apparat in Gotha. 8. (34 S. m. 5 Lichtdr.-Bildern.) Ebd. 889. * 1 —

Wettig, H.* Die Leichenverbrennung und der Feuerbestattungsapparat in Gotha. (5 Vollbilder.) (I. u. II. Auflage.) Gotha. Karl Gläser. 1892. 8°.

— die Leichenverbrennung u. der Feuerbestattungs-Apparat in Gotha. Für Fremde u. Einheimische hrsg. Mit 5 Vollbildern nach Orig.-Aufnahmen u. 3 Textbildern. 3. Aufl. 8. (48 S.) Ebd. 893. n. 1. —

— die Leichenverbrennung u. der Feuerbestattungs-Apparat in Gotha. Für Fremde u. Einheimische hrsg. Mit 5 Vollbildern nach Orig.-Aufnahmen u. e. Textbild. 4. Aufl. 8. (45 S.) Ebd. (902). n. 1. —

Ⓑ — Die Leichenverbrennung. 902. Jetzt: Gotha, E. F. Thienemann.

— Bad Liebenstein u. s. Umgebung, s.: Reisebücher, Thüringer.

—— Deutscher Liederkranz. Sammlung v. 1-, 2- u. 3-stimm. Liedern f. Volks- u. Bürgerschulen. Ausg. in 2 Tln. gr. 8. Lpz., Siegismund u. Volkening. à Tl. * — 30; * — 60; geb. à * — 40; * — 80

1. Für die Unter- u. Mittelstufe. (128 S.) 889.
2. Für die Oberstufe. (104 S.) 890.

—— Deutsche Liederquelle. Sammlung v. ein-, zwei- u. dreistimm. Liedern u. Gesängen f. mehrklass., gegliederte Schulen u. gehobene Lehranstalten. Ausg. in 4 Tln. 1.—3. Tl. 8°. Ebd. 890. * — 90 geb. * 1 20

1. Für die Unterstufe. (72 S.) * — 20; geb. * — 30.
2. Für die Mittelstufe. (119 S.) * — 30; geb. * — 40.
3. Für die Oberstufe. (174 S.) * — 40; geb. * — 50.

— deutsche Liederquelle. Sammlung v. 1-, 2-, 3- u. 4stimm. Liedern f. Volksschulen, Bürgerschulen, Präparanden, Lehrerseminare, Gymnasien, höhere Töchterschulen, Kirchengesangvereine. Ausg. in 5 Tln. 4. Tl. gr. 8. (8 Bog.) Leipzig 894. Siegismund & Volkening. n. — 60 (1—4.: n. 1. 50)

Vierstimm. Lieder. Männerchöre. (Bis jetzt erschienen Bog. 1—4.)

— deutscher Liederschatz. Sammlg. v. 1-, 2- u. 3stimm. Liedern f. Volksschulen. Ausg. in 1 Tle. Für ungeteilte u. wenig gegliederte Schulen. gr. 8. (135 S.) Ebd. 889. n. — 30; geb. n. — 40

— deutscher Liederschatz. Sammlung v. ein-, zwei- u. dreistimm. Liedern f. Volksschulen. 2. Aufl. Mit e. Anh. vom Kreislehrerverein Diepholz. 8. (132 u. 20 S.) Ebd. 892. n. — 30

—— Deutscher Liederschatz. Sammlung v. ein-, zwei- u. dreistimm. Liedern f. Volksschulen. 3. Aufl. 8. (135 S.) Ebd. 892. * — 30 cart. * — 40

— deutscher Liederschatz. Sammlg. v. 1-, 2- u. 3stimm. Liedern f. Volksschulen. 5. Aufl. 8. (136 u. Anh. d. Kreislehrervereins Diepholz 16 S.) Leipzig 895. Leipz. Schulbücher-Verl. A. B. Zirrgiebel. n. — 30; kart. n. — 40

— Luftkurort Oberhof u. Umgebung, s.: Reisebücher, Thüringer.

— die schönsten Sagen u. historischen Erzählungen d. Herzogt. Gotha. Zugleich Anhang u. Ergänzg. zu Wettigs „Kleine Heimatkunde d. Herzogt. Gotha". Für Schule u. Haus bearb. gr. 8. (VIII, 64 S.) Ebend. 887. cart. n. 1. 50

Wettig, Herm., die schönsten Sagen u. histor. Erzählungen aus dem Herzogt. Coburg u. seiner Umgebung. Zugleich Anh. u. Ergänzg. zu Wettig's „Heimatkunde des Herzogt. Coburg u. seiner Umgebg." Für Schule u. Haus bearb. (VIII, 91 S.) 8. Coburg 899. A. Seitz. Geb. n. 1. 50

—— Der Sagenkranz d. Kyffhäusers. Zur Erinnerg. an die Errichtg. d. Denkmals Kaiser Wilhelm I. Für Jung u. Alt bearb. 8. (42 S.) [Brem. 891, Rößler.] Lpz., B. Franke. * 1 —

Wettin [Verfasser]

Wettin, Augustus: Commentationis de Herodiano grammatico particula. Halis (1842): Hendel. 30 S. 8°

Halle-Wittenberg, Phil. Diss. v. 12. [vielmehr: 15.] Sept. 1842

Geb. [Nordhausen Jan. 1819. KB 1945 durch Krieg vernichtet]

Wettin [Schlagwort]

Wettin, s: Preussen. Messtischblätter.

Wettiner-Jubelfeier, die 800jährige. Juni 1889. Festschrift, im Auftrage d. Festausschusses hrsg. vom Preßausschuß. 1. u. 2. Aufl. qu. 4. (59 S. m. chromolith. Wappentaf. u. 41 S. Abbildgn. d. Festzugs.) Mit Beigabe: Dresden u. seine nächste Umgebung. Kurzgefaßter Führer durch die königl. Haupt- u. Residenzstadt Dresden, ihre Kunstschätze u. Sehenswürdigkeiten, nebst Stadtplan, bearb. v. C. Hesse. 8. (32 S.) Dresden 889. Albanus'sche Buchdr., Verlags-Conto. n. 1. —

Wettiner-Jubelfeier, die 800jährige. Juni 1889. Festschrift, im Auftrage d. Festausschusses hrsg. vom Preßausschuß. Nachtrag v. Blochwitz. qu. 4. (16 S. m. 12 S. Abbildgn.) Dresden 889. Albanus'sche Buchdr., Verlags-Conto. n. — 50 (cplt. 3. Aufl.: n. 1. 25; geb. n. 2. 50)

Die Wettin-Feier. 4 (S. 12—15 der Schuln.).
Progr. Rsch. mit Prg. *Reichenbach i. V.* 1890 (567).

Wettingen. Das Gotteshaus W' in Vertheidigung seines Eigenthums und seines Rechtes dargestellt in der Reihe der daherigen Aktenstücke. 8. Luzern 1836.

Wettinische Lande [Schlagwort]

Wettinische Lande. Kaemmel, Otto, u. Gust. Leipoldt, Handkarte zur Geschichte der wettinischen Lande 1:940,000. Farbendr. 32×46 cm. Mit Text. 8. (8 S.) Dresden, A. Huhle. n. — 60

— — — Schulwandkarte zur Geschichte der Wettinischen Lande. 1:300,000. 4 Blatt. Farbendr. 49×70,5 cm. Mit Begleitwort. 8. (12 S.) Ebd. 891. n. 8. —; auf Leinw. m. Stäben n. 1[illegible]

Wettin-Katalog, hrsg. aus Anlaß der 800jähr. Jubelfeier d. Hauses Wettin. 1089—1889. Verzeichniß aller auf die bevorsteh. Wettinfeier bezügl. literar. Erscheingn., Musikalien, Bildwerke u. sonst. Festartikel. 8. (28 S. m. 1 Lichtdr.) Frankenberg i/S. 889. Stange. — 15

Wettkampf, letzter, der beiden Miß Lee; aus d. Engl. v. Fr. v. Oertel. 8. Leipz. 801.

Wettlauf, der, zwischen dem Hasen u. dem Igel. Ein Märchen f. art. Kinder. Mit 6 bunten Bildern. 4. (4 S.) Leipzig 872. Loewe. geb. — 75

— zwischen Hase u. Swinegel. qu. 8. (8 Holzschntaf. in Buntdr.) Stuttgart 872. G. Weise. — 25

Wettlaufer, C. [aus Dornigheim (Hessen-Nassau)]: Ueber die Berechtigung der Salpingotomie .... Wurzburg, Paul Scheiner's Buchdr., 1888; 30 S. 8°
Würzburg, Med. Fak., Inaug.-Diss. v. 1888

Wettlaufer, C., über die Berechtigung der Salpingotomie. Diss. Würzburg 1888, Stahelsche Univ.-Buchh. 8°. 30 S.

Wettler, Herm., bisherige Früchte des Civilstandgesetzes. Vortrag, gehalten auf der Gnadauer Frühjahrsconferenz am 22. April 1879. 8. (30 S.) Leipzig 879, Böhme. *

Wettley, Emil, a. Glauchau: Die Ethik Karl Christian Friedrich Krauses. Leipzig 1907: (Bär & Hermann). (84 S.) 8°
Leipzig, Phil. Fak., Ref. Heinze-Wundt, Diss. v. 24. April 1907
[Geb. 9. März 79 Glauchau; Wohnort: Leipzig; Staatsangeh.: Sachsen; Vorbildung: Thomas-Gymn. Leipzig Reife [illegible] Studium: Leipzig 7 S.; Rig. 18. Dez. 06.]

Wettley, Emil, die Ethik Karl Christian Friedrich Krauses. (84 S.) gr. 8. Leipzig 907. Dieterich. 1. —

Wettingen, das Gotteshaus, in Vertheidigung seines Eigenthums u. seines Rechtes, dargest. in d. Reihe d. daherigen Aktenstücke. Lex.-8. (3¼ B.) Luzern 836. (Augsburg, Kollmann'sche Buchh.)

Süs. *Het Wettloopen* tüschen den Haasen un den Swinegel up der Buxtehuder Heid. In Bildern von Gust. Süs. Verlag von Arnz & Comp. in Düsseldorf [1855]. 4 S. (platt- u. hochdt. Paralleltext) und 9 lose Tafeln in Farbenlithographie. Gr.-4°. Etwas fleckiger lithogr. Or.-Umschlag. 65.—
Rümann 2590. ★ Farbige Originalausgabe der reizenden Illustrationen, „die in ihrem Humor und ihrer menschlichen Auffassung der Tiere Volksgut bleiben." (Rümann.)

Wettlop, de, twischen den Hasen und den Swinegel up de Buxdehuder Haide. Druckt in dissen Johr. 1. Uplag 1849. und 2. Uplag. gr. 8. (8 S. mit eingedr. Lithogr.) Rostock 850, (Stiller'sche Hofbuchh.) **

Wettrennen, das englische, Gesellschaftsspiel auf einem großen illum. Blatt. 8. Leipz. Ind. Comt. 811.

Wettrennen, das englische, ein Gesellschaftsspiel. Mit color. Spielplan in Fol., 12 color. u. ausgeschnitt. Figuren auf Holzklötzchen u. 2 Holzteller. Leipzig 840. Künzel. n. 2⅓ ₰

Wettrennspiel, z. Unterhaltung f. Kinder in den Winterabenden, mit 37 ill. Kpf. Berl. 815. Fr. Pauli. 12 ₰

Wettsch, Joh., 2 Abhandl. v. Einimpfung d. Rinderpesten. 8. Wien, Kraus. 764.

s.a. Wetsch

Medicina expulsu, s. Wetsch, Ignaz Joseph

Wettschreiben, e., zwischen Roller u. Stolze-Schrey. — Teucher, Fritz, die Logik bei Stolze-Schrey. Ein Beitrag zur Kritik dieses Kurzschrift-Systems. (4 u. 4 S.) gr. 8. Berlin (901). (Leipzig, J. H. Robolsky.)
Sonderabdrucke aus: „Pionier". n.n. — 20

Wettschrift über die Preisfrage: Was ist Wucher? und durch welche Mittel ist demselben ohne Strafgesetze Einhalt zu thun? Wien 1790. V: *Entner von Entnersfeld, Franz Frch. von.* (wrztg 1790, S. 3013) (KY 2/133) (BiblPort)

Wettsegelbestimmungen, Klassen-Einteilung, Bau- u. Vermessungs-Vorschriften d. Wettfahrtvereinigung Berliner Gigsegler. Berlin 1907: (J. S. Preuss). (30 S.) 8° [07. 10514]

Wettsegelbestimmungen. Klassen-Einteilung, Bau- u. Vermessungs-Vorschriften der Wettfahrtvereinigg. Berliner Gigsegler. (30 S.) 8. Berlin 907. (Verlag Dr. Wedekind & Co.) — 50

— der I. Y. R. U. f. die Kleinsegelei, bearb. v. den techn. Kommissionen der Wettfahrtvereinigg. Berliner „Gigsegler" u. der „Wettfahrtvereinigung Berliner Jollensegler". (23 S. m. Abb.) 8. Ebd. 909. 1. —

Wettspiel-Anschreibeblock für Schlagball, Faustball, Tamburinball, Feldball, Ball mit Freistätten nach A. Pflugbeil in Dresden, hrsg. u. m. Erw. versehen v. Eimsbütteler Turnverband, Hamburg. Braunschweig, 8°.

Wettstein. [Johann] Rudolf Wetstein, Burgermeister von Basel. Njbl. s. [Hirzel, Salomon *III*].

Wettstein. Burgermeister Johann Rudolf W' auf dem westphälischen Frieden. (Njbl.) s. [Hagenbach, Carl Rudolf].

Wettstein. Bürgermeister Johann Rudolf W' auf der Westphälischen Friedensversammlung. (Njbl.) s. [Burckhardt-Piguet, Theophil].

Wettstein, A., der Beruf, d. hl. Weihen u. d. Wissenschaft d. zukünft. Priesters. 2., verb. Aufl. 8. (III, 93 S.) Ravensburg 897. Dorn. n. 1. —

— vor dem Brautexamen. Religionslehren f. kathol. Brautleute u. d. kathol. Familie. 8. (136 S.) Ebd. 898. n. 1. —

Wettstein, A., zurück zur katholischen Kirche? Eine Begründung der kathol. Glaubenslehre, besonders f. evangelisch-protestant. Christen. Ein Hülfsbüchlein f. den Konvertiten-Unterricht. (119 S.) 12. Aachen 903. G. Schmidt. n. — 75

Wettstein, Albert. Weitere Mitteilungen über die Resultate der Diphtheriebehandlung, mit besonderer Berücksichtigung der Serumtherapie. Diss. Med. Univ. Zürich. *Kopftitel:* Aus der chirurgischen Klinik in Zürich, Direktor Herr Prof. Dr. (U[lrich]) Kroenlein. — [Mit Figuren. — Separatabdruck aus: Mitteilungen aus den Grenzgebieten der Medizin und Chirurgie. Band 10, Heft 5.] IV + 70 S. 8. Jena, Gustav Fischer, 1902.

Wettstein, Albert. Das Wetter und die chirurgischen Hautinfektionen. Von Dr. A' W', Assistenzarzt der chirurgischen Klinik in Zürich. (Hierzu 1 Abbildung und Taf. 7—10.) Separat-Abdruck aus Beiträge zur klinischen Chirurgie.... Band 49.... II S. + S. 354—379. 8. Tübingen, H. Laupp, 1906.

Wettstein, A[lexander]. Ueber die Fischfauna des Tertiaeren Glarnerschiefers. Untersuchung aus der geologischen Sammlung in Zürich. [Mit 8 Tafeln.] (Abhandl. Schweizer. Palaont. Ges. Vol. 13.) 4. (Basel und Genf, Lyon... 1886.)

Wettstein, A., über die Fischfauna des tertiaeren Glarnerschiefers. Untersuchung aus der geolog. Sammlung in Zürich. gr. 4. (103 S. mit 8 Taf. und 8 Bl. Erklärungen.) Zürich 887. (Basel, Georg's Verlag. — Berlin, Friedländer und Sohn.) *
Aus: Abhandlungen der schweizerischen paläontologischen Gesellschaft in Zürich, besonders abgedruckt.

Wettstein, Alexander, [von Fällanden. Kt. Zürich: Geologie von Zürich und Umgebung. Mit einer geologischen Karte und einer Tafel. Frauenfeld J. Huber Dr. [Zür. J. Wurster Verl.] 1885. 2 Bl. 84 S., 1 Karte, 1 Taf. 4°.
Zürich, Phil. Diss. [v. 7. Juli 1885].

Wettstein, Alex., Geologie v. Zürich u. Umgebung. Mit 1 geolog. Karte u. 1 Taf. gr. 4. (84 S.) Zürich 885. Wurster & Co. n. 4. —

Wettstein, C. A., carmina ex Hesiodo, Theocrito, Coluttho latine reddita. 8. maj. Leyden. (Gleditsch in Leipz.) 77[1].

— Cunae Arausiacae. 4. Leyd. 772. Luchtmans.

Wettstein, Emil. Zur Anthropologie und Ethnographie des Kreises Disentis (Graubünden). *Kopftitel:* Aus dem Anthropologischen Institut der Universität Zürich. IV + 182 S. 8. Zürich 1902.
Ausg. A: Diss. Phil. [II.] Univ. Zürich. [Mit vielen Abbildungen und 4 Tafeln.] Zürich, J. F. Kobold-Lüdi, 1902.
Ausg. B: Mit zahlreichen Abbildungen und vier Tafeln. Zürich, Ed. Rascher's Erben (Druck J. F. Kobold-Lüdi), 1902. [fr. 3. —]

Wettstein, Emil, zur Anthropologie u. Ethnographie des Kreises Disentis (Graubünden). gr. 8. (III, 182 S. m. Abbildgn. u. 4 Taf.) Zürich 902. E. Rascher's Erben. n. 2. 40

Wettstein, Ernst. Zur Anatomie von Cryptoplax larvaeformis Burrow. Diss. Phil. [II.] Univ. Zürich. Mit 3 Tafeln. [Sep.-Abdr. aus: Jenaische Zeitschrift für Naturwissenschaft. Band 38, Heft 2.] II + 32 S. 8. Jena, Gustav Fischer, 1903.

W[ettstein], E[rnst]: † Professor Dr. Jakob Rebstein. S. 101. 4.
Progr. Kantonsschule *Zürich* 1907.

Wettstein, Friedrich. Entwicklung der Beiwurzeln einiger dikotylen Sumpf- und Wasserpflanzen. Diss. Phil. [II.] Univ. Zürich. Mit 3 Tafeln und 9 Textfiguren. [Sep.-Abdr. aus: Beihefte zum Botanischen Centralblatt. Band 20, Abteilung 2, Heft 1.] 69 S. 8. Zürich (Dresden, Druck von C. Heinrich,) 1905.
[Arbeiten aus dem Laboratorium für allgemeine Botanik und Pflanzenphysiologie der Universität Zürich. Heft 2.]

Wettstein, Georg. Das Kassenschrankfach-Geschäft ⟨Coffre-fort⟩. 8.
Ausg. A: Diss. Jur. Bern. ([Mit] Literaturverzeichnis.) XII + 123 + *Annexe* II + IX S. Bern, Bühler & Werder, 1903.
Ausg. B: IV + 123 + *Annexe* II + IX S. Bern, Komm. A. Francke (Buchdr. Bühler & Werder), 1903. [fr. 3. —] —

Wettstein, Georg. Das Kassenschrankfach-Geschäft ⟨Coffre-fort⟩. 2. Ausgabe. IV + 123 + *Annexe* II + IX S. 8. Zürich, Schulthess & Co., 1905. [fr. 1. 50]

Wettstein, Heinrich

Wettstein, H., H. Ernst, C. Grob, J. Hardmeyer-Jenny, Aug. Koller, Ed. Schönenberger, Soline **Strickler, Hch. Utzinger,** Bericht üb. Gruppe 30 der schweizerischen Landesausstellung Zürich 1883: Unterrichtswesen. gr. 8. (IV, 630 S. m. 61 Taf.) Zürich 884. Orell Füssli & Co. Verl. n. 5. —

Wettstein, H., Ueber die Beziehung der Elektricität zum Gewitter. (Aus: ? XIV. 1.) [Zürich.]

Wettstein, Heinr., üb. Erziehung der Töchter. Beiträge zur Lösung der sozialen Frauenfrage, speziell der der Lehrerinnenfrage. gr. 8. (46 S.) Uster 875. (Zürich, Höhr.) n. — 90

Wettstein, Hch. Über den Föhn. 1873.

Wettstein, H., Lehr- und Lesebuch für die Volksschule. 7.—9. Schuljahr. [12.—15. Altersjahr.] 1. Thl.: Natur- und Erdkunde. 2 Bde. gr. 8. Zürich 873, Wurster und Comp. *
Inhalt:
Bd. 1. Leitfaden. (VI, 313 S. mit 200 eingedr. Holzschn.)
» 2. Lesebuch. (267 S.)

Wettstein, H[einrich]. Leitfaden für den geographischen Unterricht der zweiten Schulstufe. [Mit Figuren.] 8. Zürich.
[1. Aufl.] 1875. — 2. Aufl. 1878.

Wettstein, H[einrich]. Leitfaden für den geographischen Unterricht an Sekundarschulen... [Mit Figuren.] 3. Aufl. 8. Zürich 1885.

Wettstein, Hch. Leitfaden für den Unterricht in der Naturkunde an Sekundarschulen. Zürich 1867.

Wettstein, H., Leitfaden für den Unterricht in der Naturkunde an Sekundarschulen. Zürich 868. Meyer & Zeller. gr. 8. (VIII, 393 S. mit 530 eingedr. Holzschn.) n. 1 ℳ

— Leitfaden f. den Unterricht in der Naturkunde an Sekundarschulen. 2. Aufl. Mit 607 (eingedr.) Holzschn. Obligatorisches Lehrmittel der Sekundarschulen d. Kanton's Zürich. gr. 8. (VIII, 446 S. m. 2 chromolith. Taf.) Zürich 874. Wurster & Co. n. 3. 20; geb. n. 3. 60

Wettstein, H., Leitfaden für den Unterricht in der Naturkunde an Sekundarschulen. 3. Aufl. (VII, 461 S. mit 607 eingedr. Holzschn. und 1 Farbentaf.) 1878; 4. Aufl. gr. 8. (VII, 461 S. mit 607 eingedr. Holzschn. und 2 Farbentaf.) Zürich 882, Wurster und Comp. geb. *

Wottstein, H[einrich]. H. Wettsteins Leitfaden für den Unterricht in der Naturkunde an Sekundar- und Bezirksschulen, sowie unteren Gymnasien. 7. Aufl. 2 Teile. Obligatorisches Lehrmittel der Sekundarschulen des Kantons Zürich. 8. Zürich, Verlag der Erziehungsdirektion, Bezug beim kantonalen Lehrmittelverlag.

Teil 1: Botanik, Anthropologie. Neu bearb. von Dr. R(obert) Keller ... in Winterthur. — Zoologie, mit drei Lebensbildern als Anhang. Neu bearb. von G[ottlieb] Stucki ... in Bern. Mit 467 Illustrationen und 5 Farbentafeln. VIII + 380 S. 1902. [fr. 2. 20, geb. fr. 3. —]
Teil 2: Physik. Neu bearb. von Theodor Gubler ... in Andelfingen. — Chemie und Erdgeschichte. Neu bearb. von Dr. Robert Keller ... in Winterthur. Mit 262 Illustrationen und 1 Farbentafel. VIII + 276 S. 1901. [fr. 1. 20, geb. fr. 1. 80]

Wettstein, Heinr., Naturkunde und Erdkunde, s. Lehr- und Lesebuch für die Volksschule.

Wettstein, H., Seminarlehrer, Organisation des Zeichnungsunterrichts in der Volksschule (Primar- und Sekundarschule) des Kts. Zürich. Entwurf eines Programmes. Zürich, J. Schabelitz, 1875. 23 Stn. und 1 Tafel. Nicht im Buchhandel.

Wettstein: Primarschulwesen. Zürich 1879

— Schul-Atlas in 12 Blättern, bearb. v. J. Randegger. Obligatorisches Lehrmittel f. die allgemeine Volksschule d. Kantons Zürich. qu. Fol. (12 Chromolith.) Ebend 872. n.n. 1. 20

— dasselbe in 25 (lith. u. chromolith.) Blättern. Obligatorisches Lehrmittel der Sekundarschulen d. Kantons Zürich. qu. Fol. Ebend. 875. n. 3. —

— dasselbe. 2. Aufl. Vorwort u. Inhaltsverzeichniss. gr. 4. (16 S.) Ebend. 875. n.n. — 48

— Schul-Atlas in 29 (lith. u. chromolith.) Blättern, bearb. von J. Randegger. 2. Aufl. qu. Fol. Ebend. 880. n. 3. —

Wettstein, H., die Strömungen des Festen, Flüssigen und Gasförmigen und ihre Bedeutung für Geologie, Astronomie, Klimatologie und Meteorologie. gr. 8. (VI, 406 S. mit 29 eingedr. Holzschn. und 25 chromolithogr. Karten.) [Winterthur 880.] Zürich, Wurster und Comp. *

—— Unterrichtswesen, s. Weltausstellung, internationale, 1878 in Paris.

—— Wandtafeln für den Unterricht in der Naturkunde. Obligatorisches Lehrmittel für die Schule des Kantons Zürich. 3 Abthlgn. Imp.-Fol. und Text gr. 4. (10 S.) Ebendas. 873. **

Inhalt:
Abthl. 1. Botanik. (Stnt. 1—39.)
» 2. Zoologie. (Stnt. 40—80.)
» 3. Physik. (Stnt. 81—104.)

—— dass. — 2. Aufl. Vorwort und Inhaltsverzeichniss. gr. 4. (16 S.) Ebendas. 875. **

Wetstein, J. R., de vanitate purgatorii. Basil. 1790. 4.

Wettstein, J. U., Beschreibung d. St. Morizer Brunnen- u. Badeanstalt, nebst Rath u. Anleit. zum richt. Gebr. d. Trink- u. Badecuren. 2., verm. Ausg. gr. 8. (5½ B. u. 1 Ansicht.) Chur 833, Kellenberger.

Wettstein, J U . Skizzen über die berühmte Sauerwasser-Quelle bei St. Moritz, im Canton Graubünden.... Nebst Rath und Anleitung zu einer ordentlichen Brunnen-Cur. Von J. U. (°*Umschlag:* J. V.) W'.... 8. Chur 1819.

Wettstein, Joh.: Observationes juridicae. [Resp.:] Nikolaus Bernoulli. Basel, Jur. Diss. v. 16. Febr. 1714.

Wettstein, Joh. Friedrich: De unione prolium, von Einkindschaft. 20 S. - Basel. Jur. Diss. v. 26. April 1709.

Wettstein, Joh. Friedrich: Theses miscellaneae juridicae. 6 S — Basel, Jur. Diss. v. 26. Febr. 1714.

Wettstein, Johann Jakob

Wettstein, I. Iac., Libelli ad Crisin atque interpret. N. T. etc. illustr. I. S. Semler. 8. maj. Halae, Trampe. (Hahn in Hannov.) 765.

— libelli ad crisin atque interpretationem novi test. Adjecta est recensio introductionis Bengelii ad crisin N.T. atque Glocestrii Ridley Diss. de Syriacarum N. T. versionum indole atque usu, e biblioth. et cum quibusdam notis J. D. Michaelis. In academicorum usus edidit, et pleraque observationibus illustr. J. S. Semler. 8maj. Halle 766. (Hahn in Hannov.) 18 ℊℊ

Wetstein, Jh. Jak., († d. 22. März 1754.) Prolegomena ad novi testamenti graeci editionem accuratissimam etc. 4maj. Amsterd. 730. Neue verm. Aufl.: Prolegomena in N. T. — notas adjecit atque appendicem de vetustioribus latinis recensionibus, quae in variis codicibus etc. Jh. Sal. Semler, cum quibusd. characterum graecorum et latinorum in libris manuscriptis exemplis. 8maj. Halle 765. Renger. 1 ℞ 8 ℊℊ

— Prolegomena in novum Testamentum, notas adjecit I. S. Semler, c. fig. 8. maj. Halae, Renger. 764.

— s. Testamentum novum graece.

Wettstein, Joh. Rudolf: De actuario. 10 S. - Basel, Jur. Diss. v. 14. Sept. 1734.

Wettstein, Karl Alexander (auch: August)

Wettstein, K. A., Brasilien u. die deutsch-brasilian. Kolonie Blumenau. Mit 2 Karten, 36 Taf. u. 34 Abb. im Text. (XIII, 339 u. 5 S.) Lex. 8. Leipzig 907. F. Engelmann. 13.50; geb. 15. —

— Mit deutschen Kolonistenjungen durch den brasilianischen Urwald! Selbsterlebte Weihnachtsgeschichte. Eine Reise nach u. durch Südbrasilien u. seine deutschvölk. Kolonien. Mit 22 Abb., 20 Taf. u. 2 Karten. 2. Aufl. 6.—8. Taus. (VIII, 200 S.) Lex. 8. Leipzig (910). F. Engelmann. Geb. 3. —

1. Aufl. (VIII, 195 S. m. 22 Abb.; 19 Taf. u. 1 Karte.) 909.

Wettstein, K. A., die Strafverschickung in deutsche Kolonien. „Freiwillig" als freie Ansiedler in gesunde Gebiete. „Zwangsweise" als Strafknechte zu öffentl. Arbeiten in alle Kolonien. Auszug aus der Schrift: „Streiflichter" auf die Frage, was aus Deutsch-Südwest-Afrika gemacht werden kann. (24 S. m. 1 Taf.) gr. 8. Zürich 907. Zürcher & Furrer. n. — 50

— Streiflichter zu der Frage: Was kann aus Deutsch-Südwest-Afrika gemacht werden? Teilweise e. Entgegng. zu dem Artikel des Generals Leutwein in dem Maiheft der deutschen Revue. (IV, 144 S. m. 2 Taf.) gr. 8. Ebd. 907. n. 2. —

Wettstein, K[arl] A., Oberleutnant a. D. a. Karlsruhe: Die Verkehrsverhältnisse der deutsch-brasilianischen Kolonie Blumenau, ein Kapitel aus Brasilien und Blumenau. Leipzig 1907: F. Engelmann. (91 S., 2 Kart., 3 Tab.) 4°
Heidelberg, Phil. Fak., Ref. Gothein, Diss. v. 24. Dez. 1907
[Geb. 22. Juni 72 Karlsruhe; Wohnort: Heidelberg; Staatsangeh.: Baden; Vorbildung: Gymn. Karlsruhe Reife M. 91; Studium: Heidelberg 4 S.; Rig. 30. Okt. 07.]

Wettstein, O[scar]. Der Aktivbürger in Gemeinde, Staat und Völkergemeinschaft. Vortragszyklus von Dr. O. W', gehalten im Kaufm. Verein Zürich. 61 S. 8. Zürich, Arnold Bopp, 1906. [fr. 1. —]

Wettstein, Osc., s.: Beiträge zur Geschichte des zürcher. Zeitungswesens.

Wettstein, O[scar]. Die schweizerische Presse. Ihre rechtlichen, moralischen und sozialen Verhältnisse. Im Auftrage des «Vereins der Schweizer Presse» und des «Vereins Zürcher Presse» dargestellt. [Vorgelegt am: 8.] Internationaler Presskongress 1902 in Bern. 56 S. 8. Zürich, J. Leemann, (1902).

Wettstein, O[scar]. Die Tagespresse vor hundert Jahren. Rathaus-Vortrag ⟨14. Dezember 1905⟩. 24 S. 8. Zürich, Albert Müller, 1906. [fr. —. 50]

Wettstein, O[scar]. Die Tagespresse in unserer Kultur. Antrittsvorlesung, gehalten am 31. Oktober 1903 an der Hochschule Zürich. 34 S. 8. Zürich, Albert Müller, 1903. [fr. —. 60]

Wettstein, Oscar. Über das Verhältnis zwischen Staat und Presse, mit besonderer Berücksichtigung der Schweiz. Ein Beitrag zur Lehre von der Pressfreiheit. IV + 94 S. 8. Zürich, Albert Müller, 1904.
Ausg. A: ⟨Habilitationsschr.⟩ Staatsw. Univ. Zürich.
Ausg. B: sep. [fr. 2. 80]

Wettstein, Otto. Anthropogeographie des Safientales. Diss. Phil. [II.] Univ. Zürich. [Mit Illustrationen und 1 Tabelle. SA. aus: Jahresbericht der Geographisch-Ethnographischen Gesellschaft in Zürich pro 1909-1910.] VIII + 111 + 1 S. 8. Zürich, F. Lohbauer, 1910.

Wettstein, Otto. Das Telegraphenstrafrecht des Entwurfs zu einem schweizerischen Strafgesetzbuch, unter Berücksichtigung des Telegraphenstrafrechts anderer Staaten. Diss. Jur. Bern. VIII + 96 S. 8. Bern, K. J. Wyss, 1903.

Wettstein, Rich. R. v., Ähnlichkeiten im Pflanzenreiche, s.: Vorträge des Vereines zur Verbreitung naturwissenschaftlicher Kenntnisse in Wien. 47. Jahrg. 11. Heft.

— Über direkte Anpassung. Vortrag, gehalten in der feierlichen Sitzung der kaiserlichen Akademie der Wissenschaften am 28. Mai 1902. M. 1902. 31 [illegible] — 60
Separatabdruck

Wettstein, Rich. v., über directe Anpassung. Vortrag, geh. in der feierl. Sitzg. der kaiserl. Akademie der Wissenschaften am 28. V. 1902. gr. 8. (27 S.) Wien 902. (C. Gerold's Sohn.) n. — 60

Die europäischen Arten der Gattung *Gentiana* aus der Sektion *Endotricha* Froel. und ihr entwicklungsgeschichtlicher Zusammenhang (mit 3 Karten und 1 Taf.) D 64. [illegible] 6. —
Separatabdruck

Wettstein, R. v., d. europ. Arten d. Gattg. Gentiana aus d. Section Endotricha Froel. u. ihr entwicklungsgeschichtl. Zusammenhang. [Aus: „Denkschr. d. k. Akad. d. Wiss."] gr. 4. (74 S. m. 3 Karten u. 4 Taf.) Wien 896. (C. Gerold's Sohn.) n. 6. —

Wettstein, R. v., die gegenwärtigen Aufgaben der botanischen Systematik. Antrittsvorlesung, geh. am 24. Oktbr. 1892 an der k. k. deutschen Karl-Ferdinands-Universität in Prag. gr. 8. (14 S.) Prag 893. F. Tempsky. — Leipzig, G. Freytag. n. — 50

— Beitrag zur Flora des Orientes. Bearbeitung der von Dr. A. Heider im Jahre 1885 in Pisidien und Pamphylien gesammelten Pflanzen (mit 3 Taf.). S. 98. I. 38 1.50
Separatabdruck

Wettstein, R. v., Beitrag zur Flora d. Orientes. Bearbeitung der v. A. Heider im J. 1885 in Pisidien u. Pamphylien gesammelten Pflanzen. [Aus: „Sitzungsber. d. k. Akad. d. Wiss."] Lex.-8. (51 S. m. 3 Taf.) Wien 889. (Tempsky.) n. 1. 50

— Beiträge zur Flora Albaniens, s.: Bibliotheca botanica.

— der Bernstein u. die Bernsteinbäume, s.a. Vorträge d. Vereines zur Verbreitung naturwissenschaftlicher Kenntnisse in Wien.

WETTSTEIN, Richard R. v.: Der Bernstein und die Bernsteinbäume. - Wien 1891. 24 S., 2 Taf. - (Vortr. d. Ver. z. Verbreit. naturwiss. Kenntn. i. Wien Jg. 31, H. 10)

— einige bemerkenswerthe Beziehgn. zwischen Pflanzen u. Thieren, s.: Sammlung gemeinnütz. Vorträge.

Wettstein, Rich. R. v.: Die Biologie unserer Wiesenpflanzen, s. Vorträge des Vereines zur Verbreitung naturwiss. Kenntnisse in Wien. 44. Jahrg. 11. Hft.

— und Schiffner Victor, Dr., Ergebnisse der botanischen Expedition der kaiserlichen Akademie der Wissenschaften nach Südbrasilien 1901. 1. Band: Pteridophyta und Anthophyta. Unter Mitwirkung zahlreicher Fachmänner herausgegeben von Richard Ritter von Wettstein (mit 26 Taf., 1 Karte und 12 Textfiguren). D 79. 1 36
Separatabdruck

— die wichtigsten pflanzlichen Feinde unserer Forste, s.a. Vorträge d. Vereines zur Verbreitung naturwissenschaftl. Kenntnisse in Wien.

WETTSTEIN, Richard Ritter v.: Die wichtigsten pflanzlichen Feinde unserer Forste. - Wien 1890. 33 S., 8 Abb.

— Die fossile Flora der Höttinger Breccie (mit 7 Taf. und 1 Textfigur). D 59. [illegible] 5.80
Separatabdruck

— die fossile Flora der Höttinger Breccie. [Aus: „Denkschr. d. k. Akad. d. Wiss."] Imp.-4. (48 S. m. 1 Fig. u. 7 Taf.) Wien 892. (F. Tempsky.) n. 5. 80

— *Fungi novi Austriaci.* Series I (mit 2 Taf.). S. 94. I. 61 — 70
Separatabdruck

— fungi novi Austriaci. [Mit 2 Taf.] [Aus: „Sitzungsberichte d. k. Akad. d. Wiss."] Lex.-8. (16 S.) Wien 887. (Tempsky.) n.n. — 75

— Globulariaceae, s.: Engler, A., u. K. Prantl, die natürl. Pflanzenfamilien, IV, 3 b.

Grundzüge der geographisch-morphologischen Methode der Pflanzensystematik. Von Dr. R[ichard] v. **Wettstein,** Prof. . . . in Prag. M. 7 lithogr. Kt. u. 4 Abb. im Text. *Jena: G. Fischer 1898.* (2 Bl., 64 S., 7 Kt.) 1 Bd 8. [98. 2254

— Handbuch der systematischen Botanik. 1. Bd. Mit 762 Fig. in 128 Abbildgn. gr. 8. (V, 201 S.) Wien 901. F. Deuticke. n. 7. —

— Handbuch der systematischen Botanik. II. Bd. 1. Tl. Mit 664 Fig. in 100 Abbildgn. u. 1 Farbentaf. (160 S.) gr. 8. Wien 903. F. Deuticke. n. 6. — (I u. II, 1: n. 13. —)

— dasselbe. II. Bd. 2. Thl. 2 Hälften. gr. 8. Ebd. 17. —
II. 2. I. Mit 995 Fig. in 165 Textabb. (S. 161—394.) 907. 9. —
II. 2. II. Mit 700 Fig. in 104 Abb. (III u. S. 395—578.) 908. 8. —

— Handbuch der systematischen Botanik. 2. umgearb. Aufl. 1. Hälfte. (424 S. m. Abb. u. 1 farb. Taf.) Lex. 8. Wien 910. F. Deuticke. Für vollst. 20. —

Wettstein, Rich. v., über die Compositen der österreichisch-ungarischen Flora mit zuckerabscheidenden Hüllschuppen. Lex.-8. (20 S.) Wien 888, (Tempsky.) *

Wettstein, Rich. v. Leitfaden der Botanik f. die oberen Classen der Mittelschulen. Mit 2 Farbdr.-Taf. u. 867 Fig. in 149 Holzschn.-Abbildgn. gr. 8. (V, 202 S.) Prag 891, Tempsky. — Lpz., Freytag. * 2 80; geb. ** 3 20

— dasselbe f. die oberen Classen der Mittelschulen. Mit 8 Farbendr.-Taf. u. 914 Fig. in 165 Holzschn.-Abbildgn. 2., veränd. Aufl. gr. 8. (VI, 232 S.) Wien 901. F. Tempsky. — Leipzig, G. Freytag. Geb. in Leinw. n. 3.50

— Leitfaden der Botanik. Mit 3 Farbendr.-Taf. u. 914 Fig. in 165 Holzschn.-Abbildgn. 2., veränd. Aufl. gr. 8. (IV, 232 S.) Leipzig 902. G. Freytag. Geb. in Leinw. n. 3.50

Wettstein, Dr. Richard, Leitfaden der Botanik für die oberen Klassen der Mittelschulen. 3., veränderte und vermehrte Auflage. Wien 1906. F. Tempsky. Geh. K 3.20, geb. K 3.70.

— Leitfaden der Botanik f. die oberen Klassen der Mittelschulen. Mit 6 Farbendr.-Taf. u. 1024 Fig. in 213 Text-Abbildgn. 4., nach den neuen Lehrplänen bearb. Aufl. (232 S.) gr. 8. Wien 910. F. Tempsky. Geb. in Leinw. 3. 90

Wettstein, Richard: Die Lianen, s. Vorträge des Vereines zur Verbreitung naturwiss. Kenntnisse in Wien. 42. Jahrg. 11. Hft.

— Monographie d. Gattg. Euphrasia. Arbeiten d. botan. Instituts d. k. k. deutschen Universität in Prag No. IX. Mit e. De Candolle'schen Preise ausgezeichn. Arbeit. Hrsg. m. Unterstützg. der Gesellschaft zur Förderg. deutscher Wissenschaft, Kunst u. Litteratur in Böhmen. gr. 4. (III, 316 S. m. 7 Illustr., 14 Taf. u. 4 Karten.) Leipzig 896. W. Engelmann. n. 30. —

— Monographie der Gattung *Hedraeanthus* (mit 1 Karte und 1 Taf.). D 53. II. 185 „ 2.60
Separatabdruck

—— Monographie der Gattung Hedraeanthus. Imp.-4. (28 S. mit 1 Taf. und 1 Karte.) (Ebendas.) 887. *
Aus: Denkschriften der k. Akademie der Wissenschaften, besonders abgedruckt.

— Zur Morphologie und Biologie der Cystyden (mit 1 Taf.). S. 95. I. 10 . . . . . . vgr.
Separatabdruck

-- zur Morphologie u. Biologie der Cystiden. [Mit 1 Taf.] [Aus: „Sitzungsber. d. k. Akad. d. Wiss."] Lex.-8. (12 S.) Ebd. 887. n.n. — 50

Wettstein, R. v.: Myoporaceae, s. Engler, A., u. K. Prantl: Die natürl. Pflanzenfamilien, IV, 3 b.

Wettstein, Rich. v., der Neo-Lamarckismus u. seine Beziehungen zum Darwinismus. Vortrag, geh. in der allgem. Sitzg. d. 74. Versammlg. deutscher Naturforscher u. Aerzte in Karlsbad am 26. IX. 1902, m. Anmerkgn. u. Zusätzen hrsg. gr. 8. (30 S.) Jena 903. G. Fischer. n. 1. —

– Neues aus der Biologie der Orchideen, s. Vorträge des Vereines zur Verbreitung naturwiss. Kenntnisse in Wien. 46. Jhrg.

– Nolanaceae, Solanaceae, Scrophulariaceae, s. Engler, A., u. K. Prantl: Die natürl. Pflanzenfamilien, IV, 3 b.

-- Die Omorika-Fichte, *Picea Omorica* (Panč). Eine monographische Studie (mit 5 Taf.). S. 99. I. 563 . . . . 3.--
Separatabdruck

—— Die Omorika-Fichte, Picea Omorica (Panč.). Eine monograph. Studie. Mit 5 (zum Thl. farb.) Taf. Lex.-8. (55 S.) (Ebd.) 891. * 3 —
Vorstehende 2 Schriften sind aus: Sitzungsber. d. k. Akad. d. Wissensch., besonders abgedruckt.

— das Pflanzenleben des Meeres, s. a. **Vorträge des Vereines zur Verbreitung naturwiss. Kenntnisse in Wien. 45. Jhrg.**

Wettstein, R. v., Das Pflanzenleben des Meeres. [Vorträge des Vereines zur Verbreitung naturwissenschaftlicher Kenntnisse in Wien. 45. Jahrg. Heft 9.] 8°. (ill. 27 S.) † K —.70
Wien: Braumüller 1905.

– die Pflanzenwelt der Polargegenden, s. Vorträge d. Vereines zur Verbreitung naturwiss. Kenntnisse in Wien. 40. Jahrg. 2. Hft.

— Pteridophyta u. Anthophyta, s.: Ergebnisse der botan. Expedition der kaiserl. Akademie der Wissenschaften nach Südbrasilien 1901.

– s. Résultats scientifiques du congrès international de botanique.

— *Rhododendron Ponticum* L., fossil in den Nordalpen (mit 1 Taf. und 1 Textfigur). S. 97. I. 40 . . . . K —.50
Separatabdruck

— Rhododendron Ponticum L., fossil in den Nordalpen. [Mit 1 Taf. u. 1 Holzschn.] [Aus: „Sitzungsber. d. k. Akad. d. Wiss."] Lex.-8. (12 S.) Ebd. 888. n. — 50

– Üb. die Schutzmittel der Blüten geophiler Pflanzen, s. a. Abhandlungen des deutschen naturwissensch.-medicin. Vereines f. Böhmen „Lotos". 2.

Wettstein, Richard Ritter von: Ueber die Schutzmittel der Blüten geophiler Pflanzen. Von Dr. Richard R[r]. v. Wettstein, Prof. in Prag. Mit 2 Taf. Prag: J. G. Calve 1898. (S. 36–51.) 4°
(Abhandlungen d. deutschen naturwiss.-med. Vereines f. Böhmen 'Lotos'. Bd 1, H. 2, [2.])

— Sokótra, s.: Vegetationsbilder. III. 5.

— Der naturwissenschaftliche Unterricht an den österreich. Mittelschulen. Bericht üb. die v. der k. k. zoologisch-botan. Gesellschaft in Wien veranstalteten Diskussionsabende u. üb. die hiebei beschloss. Reformvorschläge. Hrsg. unter Mitwirkg. v. J. Brunnthaler, K. Fritsch, H. Lanner u. a. (103 S.) gr. 8. Wien 908. F. Tempsky. 3. —

— Descendenztheoretische Untersuchungen: I. Untersuchungen über den Saison-Dimorphismus im Pflanzenreiche (mit 6 Taf. und 8 Textfiguren). D 70. 305 . . . . 6.60
Separatabdruck

— descendenztheoretische Untersuchungen. I. Untersuchungen üb. den Saison-Dimorphismus im Pflanzenreiche. gr. 4. (42 S. m. 8 Fig., 6 Taf. u. 6 Bl. Erklärgn.) Wien 900. (C. Gerold's Sohn.) n. 6. 80
Sonderabdruck aus: „Denkschr. d. k. Akad. d. Wiss."

— dasselbe, s. a. Wiesner, J.

— Untersuchungen über einen neuen pflanzlichen Parasiten des menschlichen Körpers (mit 1 Taf.). S. 91. I. 35 . . . . vgr
Separatabdruck

Wettstein, Rich. v., Untersuchungen üb. e. neuen pflanzlichen Parasiten d. menschlichen Körpers. [Mit 1 (lith.) Taf.] Lex.-8. (26 S.) Wien 885. (Gerold's Sohn.) n.n. — 90

Wettstein Richard Ritter von Westersheim, Dr.: Untersuchungen über die Wachstumsgesetze der Pflanzenorgane. 2. Reihe: Wurzeln. S. 89. I. 59 . . . . „ —.80
1. Reihe siehe Wiesner Julius Ritter von, Dr.
Separatabdruck

Wettstein, Rich. v., Untersuchungen über die Wachsthumsgesetze der Pflanzenorgane. II. Reihe: Wurzeln. [Arbeiten des Pflanzenphysiolog. Institutes der k. k. Wiener Universität. XXVI.] Lex.-8. (55 S.) Wien 884, (Gerold's Sohn.) *
Aus: Sitzungsberichte der k. Akademie der Wissenschaften, besonders abgedruckt.
I. Reihe s. Wiesner, Jul.

— Vegetationsbilder aus Südbrasilien. Hrsg. m. e. Druckkostenbeitrage der kaiserl. Akademie der Wissenschaften in Wien. Mit 58 Taf. in Lichtdr., 4 farb. Taf. u. 6 Textbildern. (55 S.) Lex.-8. Wien 904. F. Deuticke. In Mappe n. 24. —

Wettstein R. v.: Zur Verbreitung d. Lärchenkrebspilzes *Helotium Willkommii* (*Hart.*). 1888. [Rostr. Saml.].

-- die rhizopodoiden Verdauungsorgane thierfangender Pflanzen, s.a. Kerner v. Marilaun, A.

und Kerner von Marilaun Anton Ritter: Die rhizopodoiden Verdauungsorgane tierfangender Pflanzen (mit 1 Taf.). S. 93. I. 4 . . . . —.50
Separatabdruck

— s.: Verhandlungen des internationalen botanischen Kongresses in Wien.

Wettstein Richard Ritter von Westersheim, Dr.: Über die Verwertung anatomischer Merkmale zur Erkennung hybrider Pflanzen (mit 2 Taf.). S. 96. I. 312 . . . . . . vgr.
Separatabdruck

—— über die Verwerthung anatomischer Merkmale zur Erkennung hybrider Pflanzen. Lex.-8. (26 S. mit 2 Taf.) (Ebendas.) 888. *
Vorstehende vier Schriften sind aus: Sitzungsberichte der k. Akademie der Wissenschaften, besonders abgedruckt.

—— Vorarbeiten zu einer Pilzflora der Steiermark. gr. 8. (92 S.) Wien 885, (Hölder. — Leipzig, Brockhaus' Sortiment und Antiqu.) *
Aus: Verhandlungen der k. k. zoologisch-botanischen Gesellschaft in Wien, besonders abgedruckt.

— s.: Vorträge u. Besprechungen üb. die Krisis des Darwinismus.

— s.: Zeitschrift f. induktive Abstammungs- u. Vererbungslehre.

— s.: Zeitschrift, österreich. botanische.

Wettstein, Th., Berichte aus Wisconsin. 1. Abth.: Erfahrungen, betreffend die deutsche Auswanderung nach Nordamerika, u. Darstellung einer im J. 1848 mit Familie u. in Gemeinschaft mit 156 andern Personen ausgeführten Uebersiedlung. Nebst den neuesten u. wichtigsten, die Auswanderungssache betreffenden gesetzlichen Bestimmungen, den neuesten authent. Angaben über Reisegelegenheiten rc. 8. (IV u. 222 S.) Elberfeld 850, (Iserlohn) Bädeker. 1/2 ß

— der nordamerikanische Freistaat Wisconsin, siehe: Länderkunde, neueste. 4. Bd.

Wettstein, U. Die Sekundarschule Neumünster 1837—87. Denkschrift zur Feier des 50-jährigen Jubiläums. Zürich 1887.

(Wettstein, Walter.) Prof. Karl Dändliker †. ([Necrolog.] Separatabdruck aus der Neuen Zürcher Zeitung. [Jahrg. 131, 1910, No 260—261.] 20 S. 8. [Zürich, Buchdr. der N' Z' Z'.]

Wettstein, Walter. Die Gemeindegesetzgebung des Kantons Zürich. Kommentar von Dr. jur. W' W'. [Umschlag mit Wappen-Vignette.] XL + 647 + *Register* 56 S. 8. Zürich, «Urania» Buchh. C. Wettstein, 1907. [geb. fr. 10.50]

Wettstein, Walter. Zur Gemeindefinanzreform im Kanton Zürich. (Separat-Abdruck aus dem Schweizerischen Zentralblatte für Staats- und Gemeinde-Verwaltung. Jahrg. 8, 1907/08, Nr. 25 und 26.) II + 48 S. 8. Zürich, Orell Füssli, 1908.

Wettstein, Walter. Geschichte des Munotvereins (Schaffhausen), 1839—1909.' Verfasst von Dr. W' W'. VIII + 159 S. 8. Schaffhausen, H. Meier & Cie., 1909. [fr. 4. —]

Wettstein, Walter. (Johann Christoph) Moser-Ott Zum neunzigsten Geburtstag. ⟨21. Juni 1819 bis 21. Juni 1908.⟩ Ein Beitrag zur neuesten Schaffhauser Geschichte. (Separat-Abdruck aus dem Schaffhauser Intelligenzblatt 1908.) II + 15 S. 8. [Schaffhausen, H. Meier & Cie.]

Wettstein, Walter. Osterferien in Strassburg im Elsass. Separatabdruck aus dem «Schaffhauser Intelligenzblatt». 1908. II + 30 S. 8. [Schaffhausen, H. Meier & Cie.]

Wettstein, Walter. Die Regeneration des Kantons Zürich. Die liberale Umwälzung der dreissiger Jahre 1830—1839. Teil 1 (die ersten zwei Kapitel) Diss. Phil. I. Univ. Zürich. XII + 192 S. 8. Zürich, Schulthess & Co., 1906.

Wettstein, Walter. Die Regeneration des Kantons Zürich. Die liberale Umwälzung der dreissiger Jahre 1830—1839. (5 Lieferungen.) XXII + II + 619 S. 8. Zürich, Schulthess & Co., (1906—)1907. [pro Liefg. fr. 1.80]
(Liefg. 1—4. 1906; — 5. ⟨Schluss⟩-Liefg. 1907.)

Wettstein, Walter. Die Regeneration des Kantons Zürich. Die liberale Umwälzung der dreissiger Jahre. 1830—1839. Liefg. 1—3. *je* II S. + S. 1—384. 8. Zürich, Schulthess & Co., 1906. [*cpl.* in ca. 4—5 Liefg. à fr. 1.80]

Wettstein, Walter. Die Regeneration des Kantons Zürich.... Liefg. 4. II S. + S. 385—512. 8. Zürich, Schulthess & Co., 1906. [*cpl.* in ca. 4-5 Liefg. à fr. 1.80]

— Register, s.a. Dändliker's, K., Geschichte der Schweiz.

Wettstein, Walter. Register ⟨Orts-, Personen- und Sachregister⟩ zu Dr. K[arl] Dändlikers «Geschichte der Schweiz» 1. Band 3. und 4. Aufl. und 2. und 3. Band 2. und 3. Aufl. Hergestellt unter Mitwirkung des Verfassers. 63 S. 8. Zürich, Schulthess & Co., 1904. [fr. 1.60]

— die Staatsangehörigkeit im schweizer. Auslieferungsrecht, s.a. Beiträge, Zürcher, zur Rechtswissenschaft. III.

Wettstein, Walter. Die Staatsangehörigkeit im schweizerischen Auslieferungsrecht. 92 S. 8. Zürich, Schulthess & Co., 1905.
Ausg. A: Diss. Staatsw. Univ. Zürich.
Ausg. B: (fr. 2.40.) — Zürcher Beiträge zur Rechtswissenschaft.... [Heft] 3.

Wettstein-Adelt, Frau Minna, 3½ Monate Fabrik-Arbeiterin. Eine pract. Studie. 1. u. 2. Aufl. gr. 8. (II, 108 S.) Berlin 892. (Deutsche Schriftsteller-Genossenschaft.) n. 2. —

Wettstein-Adelt, Minna: 3½ Monate Fabrik-Arbeiterin. (Eine practische Studie.) (3. Aufl.) — Berlin: Leiser 1893. 108 S. 8°

— dasselbe. Volks-(Titel-)Ausg. gr. 8. (III, 108 S.) Ebd. 894. n. 1. —

— Vide: Für die Frau.

Ich will. Roman von Aimée Duc [d. i. Minna Wettstein-Adelt]. 1. bis 10. Taus. *Berlin: R. Eckstein Nachf. [1902].* (96 S.) 8°
— Bibliothek, Ecksteins Moderne. No 19.

Wettstein-Adelt, Minna: Macht Euch frei! Ein Wort an d. deutschen Frauen. — Berlin: Deutsche Schriftsteller-Genossenschaft 1893. 37 S. 8°

Sind es Frauen? Roman über d. dritte Geschlecht von Aimée Duc [d. i. Minna **Wettstein**-Adelt]. 1. bis 10. Taus. *Berlin: R. Eckstein Nachf. [1901].* (95 S.) 8°
— Bibliothek, Ecksteins Moderne. No 4. [03. 13584

Wettstein v. Westersheim, R., die rhizopodoiden Verdauungsorgane thierfangender Pflanzen, s. Kerner v. Marilaun, A.

Wettstreit, Der, oder der Sieg der wahren Liebe. Ein Lustspiel von Kindern in zween Aufzügen. Wien 1767. V: *Klemm, Chn. Gottlob.* (GGr V/310, Nr. 8/13) (Bibl Port)

Wettstreit, Freundlicher, der französischen, holländischen und deutschen Kriegsbaukunst. Worinnen die Befestigungs Manier des Herrn von Vauban an Neu Breisach, die beste Manier des Herrn von Coehoorn und zweierlei Vorstellungen der von L. C. Sturm publicirten und nach des weit berühmten Herrn George Rimplers Maximen eingerichteten Manier in 18 accuraten Rissen mit allen nöthigen Umständen vor Augen geleget nach den Bau-Kosten und Raum durch einen ausführlichen Calculum überschlagen und ganz unpartheyisch gegeneinander in Vergleichung gestellt werden (Mit 19 Taf.) Fol Augsburg 1718.

Wettstreit, grosser internationaler, der Industrie u Wissenschaften. 1888. (Allgem. Weltausstellung.) Desiderata (Fragebogen) 4° Brüssel 1888

Wettstreit der Grossmuth. Altenburg 1788. V: *Schulz, Joachim Christoph Friedrich.* (R-N) »1789« (Ky)

Wettstreit der Großmuth, 2 Theile, 8. Altenb. 788. Richter. 13 sgl.

Wettstreit d. Großmuth; ein Roman in 2 Bdchen. 8. Altenb. Richter. (Akadem. Buchhdl. in Jena.) 789. — 10

Wettstreit der Großmuth, (von Fr. Schulz). 2 Bdchen. 8. Jena 789. (Hennings in Neisse). 10 gr

— —, Der, der Großmuth und Liebe, oder Geschichte der beyden Fräulein von Marsange, in 4 Theilen. Frankfurt und Leipzig 1762. 8°. (2/3 Rthl.)

WETTSTREIT Der Liebe, der Tugend, und der Eyfersucht. Oder DON PERO, Krohn-Printzens von Portugal und AGNES von CASTRO (ermordet 1355) Liebes-Geschichte, Aus den (!) Frantzöischen (so!) übersetzet. Nebst einem artigen und curieusen Tractatlein genannt die Weiber-List. Aus dem Italienischen übersetzt mit einer Vorrede Talanders (d. i. August Bohse). Mit Titelkpfr. (Leipzig) Zu finden bey Joh. Ludwig Gleditschen Anno 1697. 12°. (In Breslau, Kgl. u. Univ.-Bibl.: Litt. Gall. III 12° 154.)
Tit. (roth u. schwarz), 6 Bll. Vorr., 269 S. incl. Anhang: Die Weiber-List. Eine artige und curieuse Geschicht, aus dem Italiänischen übersetzt", S. 137—269. — Zahm.
— — Dasselbe. Ebd. 1702. 12° Bogen. (In Dresden: Lit. Germ. rec. C 149 m.)
O. M. V. 1702. Fib. Bibl. Ludovici I. p. 248; Bibl. Bulov. II Sangerhaus. 1835. p. 365.

— **der Liebe, d. Tugend, u. d. Eifers. ec., nebst e. Tractätl. d. Weiberlist, a. d. Ital. u. Franz. m. e. Vorrede v. Talander.** 12. Lpz. Weidmann. 702. — 4

Wettstreit, der, d. Malerey, Musik, Poesie u. Schauspielkunst, 4 Reden. 8. Bayreuth, Vierling. 746.

WETTSTREIT in drey priapischen Oden von *B.*, *V.* u. *St.* (Bürger, Voss u. Stolberg untergeschoben; vgl. Phantasien in 3 priap. Oden.) Neapel, o. J. (c. 1795). 8°. 15 S. (60 Mk. Paul Graupe, Berlin, 1911.) Rariss.

Wettstreit, Poetischer, über das beste Bier. Humorvolle Lieder und Gedichte zur Erheiterung der Stammtischgenossen und der Freunde des edlen Gerstensaftes. Berlin 1890. V: *Horn, Johannes.* (Russell XVI, I, 1, S. 754)

Wettstreit, poetischer, üb. das beste Bier. Humorvolle Lieder u. Gedichte zur Erheiterg. der Stammtischgenossen u. der Freunde d. edlen Gerstensaftes. gr. 8. (VII, 86 S.) Berlin 890. (Eisenschmidt & Schulze.) n. 1. —; geb. m. Goldschn. n. 2. —

Wettstreit, der, der Sangvögel, und die Beichte der Thiere in Bildern und Versen. 8. (16 S. mit ill. Holzschn.) Schaffhausen 850, Schalch.

Wettstreit, der, der Sangvögel, u. die Beichte der Thiere in Bildern u. Versen. 8. (16 S. m. color. Holzschn.) Schaffhausen 852, Schalch. 3 1/2 ngr

Wettstreit der Tugenden um die Hohe Person Sr. Königl. Majestät in Pohlen und Churfürstl. Durchl. zu Sachsen etc. Friedrich Augusts als eines vollkommenen Regenten in einem Gedicht vorgestellet, welches im Jahr 1728 den 12. May ... den Preis der Poesie erhalten hat. O. O. V: *Gottsched, Joh. Christoph.* (RHMBF I, 10)

Wetturnordnung, aufgestellt v. d. Vorturnerschaft d. Allgem. T. V. zu Dresden, Dresden, 4 S., 8°.

Die deutsche und schweizerische Wetturnordnung, Stuttgart, 42 S., 16°.

Wetturnordnung. Die deutsche und schweizerische Wetturnordnung, nebst praktischen Winken und Ratschlägen für Wetturner. Taschenausgabe. 52 S. 8. Stuttgart, Paul Mähler, [1903]. [M. —.50]
S. 43—49 Anhang u. d. T.: Praktische Winke und Ratschläge für Wetturner. Von einem früheren erfolgreichen Wetturner ⟨A M ⟩. Stuttgart, Paul Mähler.
[*Ausg. ohne den Anhang* M. —.40; *Anhang sep.* M. —.20]

Wetturnordnung und Kreissatzungen des X. Turnkreises (Oberrhein), n. e. Anh. ausgewählter Beschlüsse d. Dtsch. Turntage u. d. Aussch. d. D. T., Straßburg i. E. 1893, 23 S., Kl.-8°.

Wetturnordnung, neue deutsche, nebst zwei Wertungstabellen. (16 S.) 16. Stuttgart 910. P. Mähler. — 20

Wetturnordnung des Ungarischen Turnbundes, Ungar., Budapest 1898, 30 S., 8°.

Wetturnordnung des Mittelschlesischen Turngaues, Breslau, 8 S., 8°.

Wetturnordnung des Nordwestböhmischen Turngaues v. 15. 12. 1895, Teplitz 1895, Gr.-8°.

Wetturnordnung des VII. Deutschen Turnkreises (Oberweser) v. 10. 8. 1879 u. 6. 6. 1880, Göttingen, 8 S., 8°.

Wettwer, Eduard, prakt. Arzt a. Wanna: Ein Fall von congenitaler Choledochuscyste. Göttingen 1907: W. F. Kaestner. (41 S.) 8°
Göttingen, Med. Fak., Ref. Waldvogel, Diss. v. 28. Mai 1907
[Geb. 24. Sept. 80 Wanna; Wohnort: Wanna; Staatsangeh.: Preußen; Vorbildung: Gymn. Jever Reife O. 01; Studium: Erlangen 4, Berlin 2, Göttingen 4 S.; Coll. 22. März 07; Approb. 16. Dez. 06.]

Wettwer, Ed., die Typhusepidemie in den Monaten Juli und August des J. 1881 zu Göttingen. Inaugural-Dissertation. gr. 8. (42 S.) Göttingen 882, (Vandenhoeck und Ruprecht's Verlag.) *

Wetz, Heinrich [aus Griedel in Hessen]: Über einige stickstoffhaltige Derivate der höheren Fettsäuren ... Heidelberg, Univ.-Buchdr. v. J. Hörning, 1893; 45 S., 1 Bl. 8.
Heidelberg, Naturw.-math. Fak., Inaug.-Diss. v. [13. Dez.] 1892

Wetz, L. J., Denkmäler auf dem Wege durch das 1817te Jahr, gebildet und öffentlich aufgestellt für alle, welche in demselben Hunger gelitten haben rc. 8. Hadamar und Coblenz, Gelehrten-Buchhandlung. 818. -

Wetz, L. J., Denkmäler auf dem Wege durch das **1817te Jahr,** gebildet u. öffentlich aufgestellt f. alle, welche in demselben Hunger gelitten haben rc. **8. Hadamar u. Coblenz 818.** (Lanz in Weilb.) **10 gl**

Wetz, L. J., Sammlung verschied. Predigten. 8. Gießen, Heyer. 809.

Wetz, Reinhold, Landwirtschaftslehrer zu Heppenheim a. d. B.: Die Vorteile und Nachteile der Allmenden für die Landgemeinde und deren Bürger mit besonderer Berücksichtigung der Ackerallmenden. *Heppenheim a. d. B. 1901: G. Allendorf.* (74 S.) 8° [F.]
Jena, Phil. Diss. v. (13. Juli) 1901

Wetz, Wilhelm: Die Anfänge der ernsten bürgerlichen Dichtung des achtzehnten Jahrhunderts. Allgemeiner Theil ... Worms, Verl. v. P. Reiss, 1885; 59 S. 8°
Strassburg, Phil. Fak., Inaug.-Diss. v. 1885

Wetz, W., die Anfänge der ernsten bürgerlichen Dichtung d. 18. Jahrh. Das rühr. Drama u. bürgerl. Trauerspiel bis zu Diderot, der Familienroman d. Marivaux u. Richardson u. die dramat. Theorie Diderots. 1. Bd. Allgemeiner Theil. Das rühr. Drama der Franzosen. 1. Abth. gr. 8. (V, 206 S.) Worms 885. Reiss. n. 4. —

(B) **Wetz,** W., d. Anfänge d. ernsten bürgerl. Dichtung. 885. (KBL 24.) Jetzt: Heidelberg, C. Winter.

— s.: Beiträge zur neueren Literaturgeschichte.

Wetz, W. Ueber Litteraturgeschichte. Eine Kritik v. ten Brink's Rede „Ueber die Aufgabe der Litteraturgeschichte". gr. 8. (82 S.) Worms 891, Reiß. * 1 40

(B) — Über Literaturgeschichte. 891. (KBL 28.) — Shakespeare. 897. (KBL 30.) Jetzt: Heidelberg, C. Winter.

Wetz, W., Shakespeare vom Standpunkte d. vergleichenden Litteraturgeschichte. 1. Bd. Die Menschen in Shakespeare's Dramen. gr. 8. (XX, 579 S.) Worms 890. Reiß. n. 7. 20

Wetz, W., Shakespeare vom Standpunkte d. vergleich. Litteraturgeschichte. 1. Bd.: Die Menschen in Shakespeares Dramen. 2. [Titel-]Ausg. gr. 8. (XX, 579 S.) Hamburg (890) 897. Haendcke & Lehmkuhl. n. 6. —; geb. n. 8. —

Wetz, Wilhelm, approb. Arzt aus Griedel (Hessen): **Aus d. Universitäts-Augenklinik zu Gießen. Zur Statistik der Neuritis optica der in der Gießener Universitätsaugenklinik in den letzten 11 Jahren beobachteten Fälle, mit besonderer Berücksichtigung eines Falles von beiderseitiger recidivierender retrobulbärer Neuritis.** *Gießen 1902: v. Münchow.* (49 S.) 8°
Gießen, Med. Diss. v. 1902

Wetz, W., s.: Zeitschrift f. vergleich. Literaturgeschichte.

Wetzel

Wetzel, Beiträge zur Statistik über den Zivilstand der Haupt- und Residenzstadt Stuttgart vom Jahre 1866. Stuttgart (1867)

Wetzel, Diss. de consuetudinis effectu in corpus humanum. Vienn. 4°.
1777

W*l,** (Wötzel oder Wetzel) der Geisterseher; ein Büchlein, worin d. Wirklichkeit d. Erscheinung seiner Gattin durch histor.-psycholog. u. philosoph. Gründe bewiesen wird. 8. Leipz. **805.** Bruder. 4 gl

Wetzel, Grundlinien der Versöhnungslehre. 2., (um e. Vorwort) verm. [Titel-]Ausg. (VIII u. S. 3—51.) gr. 8. Leipzig [904] 906. G. Strübig. n. 1. —

Wetzel. Columbus. Zum 1492 — 400. Jahrestage — 1892 der Entdeckg. Amerikas 12. Oktbr. 1492 in 14 eingedr. (farb.) Bildern m. verbind. Text v. W. hoch 4. (36 S.) Elberf. 892, Lucas. cart. * 2 50

Wetzel, das Leben Dr. Martin Luthers. Für Schule u. Haus zum Gedächtnis d. 400jähr. Geburtstags Luthers. 8. (24 S.) Kirchheim u/T. 883. Riethmüller. — 30

Wetzel, Gebr.: Reibungskupplung »Lipsia« mit nachstellbaren Reibringen. Leipzig-Plagwitz (1910?)

Wetzel, Gebr.: Ringschmierlager »Lipsia« mit zwangläufig bewegten Schmierringen. Leipzig-Plagwitz (1910?)

Wetzel, Dr. Martin Luther, der Reformator. Für das evang. Volk. 8. (32 S. mit Holzschn.-Portr.) Kirchheim unter Teck 883, Riethmüller. *

Wetzel, Gebr.: Haupt-Liste No 22 über Transmissionen. Leipzig-Plagwitz (1909?)

Wetzel, A., Friedrich List als nationaler Erzieher. E. geschichtl. Beitrag zur „Politik d. Sammlg." gr. 8. (III, 70 S.) Stuttgart 898. (Reutlingen, J. Kocher.) **n. 1. —**

[F.] Friedrich List als nationaler Erzieher. E. geschichtl. Beitrag z. 'Politik d. Sammlg' v. A. **Wetzel,** Seminar-Prof. in Nagold ... *Selbstv.; Stuttgart: Dr. v. Schneider & Gockeler [1898?].* (2 Bl., 70 S.) 1 Bd 8. [98. 7031]

Wetzel, Ad., Lehr- u. Stoffverteilungsplan f. die einklassige Volksschule der Prov. Pommern. In Gemeinschaft mit K. Schröder u. O. Engelmann gearb. u. hrsg. Lex.-8. (47 S. m. 10 Tab.) Stettin 901. F. Burmeister. n. 2. —

Wetzel, Alb., der Bau v. Riesen-Luftschiffen. (44 S. m. 7 Taf.) Lex. 8. Stuttgart 909. K. Wittwer. 2. —

Wetzel, Albrecht, approb. Arzt aus Tübingen: **Ein Beitrag zur Frage des toxischen Eiweißzerfalls beim Carcinom.** *Tübingen: F. Pietzcker 1904.* (19 S.) 8°
Tübingen, Med. Diss. v. 1904

Wetzel, Alfr. (Rich.) (geb. Röcken bei Lützen 15. 9. 1837): De pyaemia. Berolini (1863). (31 S.) 8°
Berlin, Med. Diss. v. 20. Aug. 1863

Wetzel, Alfred, Referendar: Das landschaftliche Pfandrecht in Preussen, verglichen mit dem Pfandrechte des bürgerlichen Rechts. Greifswald 1908: Abel. 76 S. 8°
Greifswald, Jur. Diss. v. 8. Jan. 1909, Ref. Frommhold
[Geb. 21. Nov. 80 Marienburg, Westpr.; Wohnort: Stettin; Staatsangeh.: Preußen; Vorbildung: Gymn. Ohlau Reife O. 01; Studium: Breslau 2, München 1, Greifswald 3 S.; Rig. 7. März 08.] [U 09. 1480

Wetzel, Aloys (Burstadt)
Ueber den Blutdruck im Fieber.
Giessen: Wenzel 1883. 23 S.
Diss. med. 29.6.1883. vorh. 26. 7. la.

Gottschalk und Johann von **Ahlefeld,** Studenten in Bologna v. August Wetzel. (Gratulationsschrift gerichtet an Carl Wilhelm von Ahlefeld, Landesdirektor der Provinz Schleswig-Holstein etc. zu seinem 70. Geburtstage.) Kiel. 1888. 4°.

Wetzel, Aug. Die Lübecker Briefe d. Kieler Stadtarchivs 1422—1534, s. a. Mittheilungen der Gesellschaft f. Kieler Stadtgeschichte.

Wetzel, Aug., die Lübecker Briefe d. Kieler Stadtarchivs **1422—1534.** gr. 8. (VII, 79 S.) Kiel 883. (Universitäts-Bchh.) n. 2. —

— die Klosterbibliothek zu Bordesholm u. die Gottorfer Bibliothek, s.: Steffenhagen, E.

Wetzel, A. 100 Berliner Landparthien. Nähere u. bequeme weitere Ausflüge in die Umgebg. v. Berlin. 6. Aufl. 16. (84 S. m. 1 Karte.) Berl. 891, Aug. Schultze's Verlag. 1 —

Wetzel, A., 150 Berliner Landparthien und weitere Ausflüge in die Umgebung. 12. (103 S. mit 1 Karte.) Berlin 888, Aug. Schultze.

Wetzel, Aug., das Landrecht und die Beliebungen des „Rothen Buchs" in Tönning. gr. 8. (35 S.) Kiel 888, (Lipsius und Tischer.) *

—— 75 Touristenfahrten. Weitere Ausflüge von Berlin in die Mark Brandenburg. 12. (66 S.) Ebendas. 888. *

—— 75 Touristenfahrten. Weitere Ausflüge v. Berlin in die Mark Brandenburg. (Neue [Titel-]Ausg.) 16. (72 S. m. 1 Karte.) Ebd. 891. 1 —

Wetzel, Aug., Die Translatio S. Alexandri. Eine krit. Untersuchung. Mit 3 (Lichtdr.-)Taf. gr. 8. (III, 87 S.) Kiel 881. Lipsius & Tischer. n. 2. 80

***Wetzel,* C. F., observationes de jurib. principum postgenitorum. 4. Wetzlar 773. Winkler. 8 gr.**

— diatribe juris principum privati, an minui queat apanagium in concursu creditorum etc. 4. Wetzlar 778. Winkler. 8 gr.

Wetzel, C. G., religiöse Betrachtungen u. Gebete. Mit 12 bezügl. Polytypen. 16. (7½ B.) Breslau 842, Freund.

Wetzel, C. J., neuestes und vollständiges Handbuch der Glasmalerei oder praktische, aus vieljähr. eigenen Studien und Erfahrungen geschöpfte Anweisung, Glasfarben von vorzügl. Schönheit und Dauerhaftigkeit zu bereiten, aufzutragen und einzubrennen, mit genauer Angabe der Erbauung und Einrichtung der Schmelz- und Brennöfen ꝛc. Zum Besten der Kunst hrsg. Mit Abbildungen. gr. 8. (V und 119 S. mit 1 Stnt. in qu. gr. 4.) Heilbronn 850, Landherr. *

Wetzel, C. J., neuestes und vollständiges Handbuch der Glasmalerei oder prakt., aus vieljähr. eigenen Studien und Erfahrungen geschöpfte Anweisung, Glasfarben von vorzügl. Schönheit und Dauerhaftigkeit zu bereiten, aufzutragen und einzubrennen, mit genauer Angabe der Erbauung und Einrichtung der Schmelz- und Brennöfen ꝛc. Zum Besten der Kunst hrsg. Mit Abbildungen. 2. (Titel-)Aufl. gr. 8. (V und 119 S. mit 1 Stnt. in qu. gr. 4.) Heilbronn 853, Landherr.

Wetzel, Ch. L., (†...) Abschiedspredigt, über Apostelgeschichte 21, 12—14. 4. Halle 751. Gebauer. 1½ gr.

— Antrittspredigt üb. das ordentl. Evangelium am 1sten Sonnt. d. Advents, Matth. 21, 1—9. 4. Halle 751. Gebauer. 1½ gr.

— Erweis, daß die Aufrichtung verwüsteter Heiligthümer ein untrügl. Denkmal d. fortdauernden Barmherzigkeit Gottes sei. 4. Halle 756. Gebauer. 1 gr.

Wetzel, Christian. Ludov. (geb. Havelberg 9. 4. 1799): De pneumonia. Berolini (1861). (32 S.) 8°
Berlin, Med. Diss. v. 10. Juli 1861

Wetzel, Christoph Wilhelm (Schmalkalden) A. S. 810/13

Dissertatio juridica inauguralis de jure peregrinantium. Präs. Heinrich Ernst Kestner.
Rinteln (Enax) III. 1700. 26 S.

W. v.: Konrad Ludeking, Hermann Zoll, Eduard Franz Goclenius, Präs. 36509

Wetzel, E., De recentiorum chorizontum studiis. Pr. 1876. 17 S. 4°.

Wetzel, E., e. Wort üb. den Ursprung der Sonntagsfeier. Eine Untersuchg. [Aus: „Monatsschrift f. die evangelisch-luth. Kirche Preußens."] gr. 8. (31 S.) Stettin 874. Brandner in Comm. n. — 40

Wetzel, Ed.

— „Folge deinem Stern." Predigt über Matthäi 2, 1—12. Gehalten in der Bethlehemskirche zu Berlin. Berlin 867. (E. Beck.) gr. 8. (16 S.) n. 2 *ngr.*

Wetzel, Ed., „Die Heiden werden in Deinem Lichte wandeln." Missionspredigt, gehalten am Montag nach Epiphanias in der Bethlehemskirche zu Berlin. Berlin 867. (E. Beck.) 8. (16 S.) n. 2 *ngr.*

—— die Kindertaufe in ihrer Nothwendigkeit und Schriftmäßigkeit beleuchtet. gr. 8. (50 S.) Berlin 865, W. Schultze. *
Aus: Monatsschrift für die evangelisch-luther. Kirche Preußens, besonders abgedruckt.

Wetzel, Edmund. (Frid. Ludov.) (geb. Wilsnack in d. Mark 23. 7. 1835): De haemorrhagiis post partum. Berolini (1858). (32 S.) 8°
Berlin, Med. Diss. v. 14. Juli 1858

Wetzel, Edmund, Referendar: Die Zeichnung von Aktien im Gründungsfalle. Chemnitz 1909: Pickenhahn. 45 S. 8°
Leipzig, Jur. Diss. v. 11. Dez. 1909
[Geb. 22. Aug. 81 Meinersdorf; Wohnort: Chemnitz i. S.; Staatsangeh.: Sachsen; Vorbildung: Realgymn. Annaberg Reife O. 00, Erg. Gymn. Schneeberg M. 01; Studium: München 3, Berlin 2, Leipzig 5 S.; Rig. 26. Jan. 06.] [U 10. 2923

Wetzel, Eduard

— u. Fr. **Wetzel,** Grundriß der deutschen Grammatik. Nach method. Grundsätzen bearb. für mehrklass. Schulen. Nebst einem Plane, enthltd. die Vertheilung des Lehrstoffs für Schulen von verschiedener Klassenzahl. Berlin 869. Stubenrauch. gr. 8. (VIII, 72 S.) n. 5 *ngr.*

— und Fr. Wetzel, Grundriß der deutschen Grammatik. Nach method. Grundsätzen bearb. für mehrklass. Schulen. Nebst einem Plane, enth. die Vertheilung des Lehrstoffes für Schulen von verschied. Klassenzahl. 1. Aufl. 1869, und 2. verb. und verm. Aufl. gr. 8. (VIII, 72 S.) Ebendas. 871. *

Wetzel, Ed., u. Fr. Wetzel, Grundriß der deutschen Grammatik. Nach method. Grundsätzen bearb. f. mehrklass. Schulen. Nebst e. Plane, enth. die Vertheilg. d. Lehrstoffs f. Schulen v. verschiedener Klassenzahl. 2. verb. u. verm. Aufl. gr. 8. (VIII, 72 S.) Berlin 871. Stubenrauch. n. — 50

— und Fr. Wetzel, Grundriß der deutschen Grammatik. Nach method. Grundsätzen bearb. für mehrklass. Schulen. Nebst einem Plane, enth. die Vertheilung des Lehrstoffes für Schulen von verschiedener Klassenzahl. 3.—32. Aufl. gr. 8. (VIII, 88 S.) Ebendas. 872—79. *

— u. Fr. Wetzel, Grundriß der deutschen Grammatik. Nach method. Grundsätzen bearb. f. mehrklass. Schulen. Nebst einem Plane, enth. die Vertheilung des Lehrstoffes für Schulen von verschiedener Klassenzahl. 32. Aufl. gr. 8. (VIII, 88 S.) Ebend. 879. n. — 60

— und Fr. Wetzel, Grundriß der deutschen Grammatik. Nach method. Grundsätzen bearb. für mehrklassige Schulen. Nebst einem Plane, enthaltend die Verteilung des Lehrstoffes für Schulen von verschiedener Klassenzahl. 33.—42. Aufl. (X, 98 S.) 1880—82; 43.—53. Aufl. gr. 8. (XI, 101 S.) Ebendas. 883,81. * 70 Pf.; geb. *

Wetzel, Ed., und Fr. Wetzel, Grundriß der deutschen Grammatik. Nach method. Grundsätzen bearb. für mehrklass. Schulen. Nebst einem Plane, enth. die Verteilung des Lehrstoffes für Schulen von verschiedener Klassenzahl. 54.—69. Aufl. gr. 8. (VIII, 104 S.) [Berlin 885—88, Stubenrauch'sche Buchh.] Bielefeld, Velhagen und Klasing. geb. *

— u. Fr. Wetzel. Grundriß der deutschen Grammatik. Nach method. Grundsätzen bearb. f. mehrklassige Schulen. Nebst e. Plane, enth. die Verteilg. d. Lehrstoffes f. Schulen v. verschiedener Klassenzahl. 70.—81. Aufl. gr. 8. (VIII, 108 S.) Ebd. 889—92. geb. * 1 10

Wetzel, Ed., u. Fr. Wetzel, Grundriß der deutschen Grammatik. Nach method. Grundsätzen bearb. f. mehrklass. Schulen. Nebst e. Plane, enth. die Verteilg. des Lehrstoffes f. Schulen v. verschiedener Klassenzahl. 89. Aufl. gr. 8. (VIII, 108 S.) Bielefeld 894. Velhagen & Klasing. Geb. n. 1. 10

Grundriss der deutschen Grammatik. Nach method. Grundsätzen bearb. f. mehrklass. Schulen v. Ed[uard] Wetzel ... [u.] Fr[itz] Wetzel ... Nebst e. Plane, enth. d. Verteilg d. Lehrstoffes ... Weiter hrsg. v. Emil Wetzel ... [&] Dr. Erich Wetzel ... 98. Aufl. Bielefeld & Leipzig: Velhagen & Klasing 1898. (VIII, 108 S.) 1 Bd 8°

— u. Fr. Wetzel, Grundriß d. deutschen Grammatik. Nach method. Grundsätzen bearb. f. mehrklass. Schulen. Nebst e. Plane, enth. d. Verteilg. d. Lehrstoffes f. Schulen v. verschied. Klassenzahl. Weiter hrsg. v. Emil Wetzel u. Erich Wetzel. 99. Aufl. gr. 8. (VIII, 108 S.) Ebd. 898. Geb n. 1. 10

Grundriss der deutschen Grammatik. Nach method. Grunds. bearb. f. mehrklass. Schulen von Ed[uard] Wetzel, K. Seminarl. a. D. in Berlin, [u.] Fr[itz] Wetzel, Lehrer a. D. in Berlin ... Weiter hrsg. von Prof. Emil Wetzel, Oberl. in Berlin, [u.] Dr. Erich Wetzel, Oberl. in Berlin. 106. Aufl. *Bielefeld & Leipzig: Velhagen & Klasing 1901.* (V, 108 S.) 8° [F.] [illegible]

Wetzel, Ed., u. Fr. Wetzel, Grundriß der deutschen Grammatik. Nach method. Grundsätzen bearb. f. mehrklass. Schulen. Nebst e. Plane, enth. die Verteilg. des Lehrstoffes f. Schulen v. verschiedener Klassenzahl. Weiter hrsg. v. Emil Wetzel u. Erich Wetzel. 110. Aufl. gr. 8. (X, 110 S.) Bielefeld 902. Velhagen & Klasing. Geb. n. 1. 10

Grundriß der deutschen Grammatik. Nach method. Grundsätzen bearb. f. mehrklass. Schulen von Ed. **Wetzel** & Fr[itz] Wetzel. Nebst e. Plane, enth. d. Verteilg d. Lehrstoffes... Weiter hrsg. von Prof. Emil Wetzel & Dr. Erich Wetzel. 111. Aufl. *Bielefeld & Leipzig: Velhagen & Klasing 1902.* (X, 110 S.) 8° [F.] [illegible]

Wetzel, Ed., u. Fr. Wetzel, Grundriß der deutschen Grammatik. Nach method. Grundsätzen bearb. für mehrklass. Schulen. Nebst e. Plane, enth. die Verteilg. des Lehrstoffes f. Schulen von verschiedener Klassenzahl. Weiter hrsg. v. Erich Wetzel. 118. Aufl. (X, 110 S.) 8. Bielefeld 906. Velhagen & Klasing. Geb. n. 1. 10

Handbuch der Orthographie zum Gebrauch für Lehrer. Nach method. Grundsätzen bearb. von Ed[uard] **Wetzel**, Seminarl. a. D., [&] Fr[itz] Wetzel, Lehrer in Berlin. Weiter hrsg. von Prof. Emil Wetzel, Oberl., [&] Dr. Erich Wetzel, Oberl. 11. Aufl. Bielefeld & Leipzig: Velhagen & Klasing 1901. (X, 113 S.) 8° [F.]
— **Wetzel:** Die deutsche Sprache. [Anh.] [illegible]

— — Handbuch der Orthographie zum Gebrauch für Schüler. Mit method. Grundsätzen bearb. 27. Aufl. oder 3. Aufl. der Rechtschreibung nach amtl. Anordnung. gr. 8. (VIII, 60 S.) Ebend. 882. n. — 60

— — Handbuch der Orthographie zum Gebrauch f. Schüler. 29. Aufl. gr. 8. (VIII, 61 S.) Ebend. 883. n. — 60

— — Handbuch der Orthographie zum Gebrauch f. Schüler. Nach method. Grundsätzen bearb. 32. Aufl. 8. (VIII, 61 S.) Ebd. 883. n. — 60

Handbuch der Rechtschreibung zum Gebrauch für Lehrer. Nach method. Grundsätzen bearb. von Ed[uard] **Wetzel**, weil. Seminarl., [&] Fr[itz] Wetzel, weil. Lehrer in Berlin. Weiter hrsg. von Dr. Erich Wetzel, Oberl. in Berlin. 12. Aufl. Bielefeld & Leipzig: Velhagen & Klasing 1904. (X, 115 S.) 8° [F.]
— **Wetzel:** Die deutsche Sprache. [Anh.] [illegible]

Wetzel, Ed., allgemeine Himmelskunde. Ein Handbuch für Lehrer und zum Selbstunterricht. Mit 144 Holzschn. (im Text) u. 5 lith. Taf. (in 4.). Berlin 858. Stubenrauch u. Co. gr. 8. (XIV, 564 S.) n. 2 ℛ. 20 ngr.

Wetzel, Ed., allgemeine Himmelskunde. Ein Handbuch für Lehrer u. zum Selbstunterricht. 2. Ausg. Mit 144 Holzschn. (im Text) u. 5 lith. Taf. Berlin 859. Stubenrauch. Lex.-8. (XIV, 564 S.) n. 2 ℛ 10 ngr.

Wetzel, Ed., allgemeine Himmelskunde. Eine populäre Darstellung dieser Wissenschaft nach den neuesten Forschungen. Mit 144 (eingedr.) Holzschn. u. 5 (lith.) Sternkarten (in qu. 4.). 2., verm. u. verb. Aufl. Berlin 870. Stubenrauch. gr. 8. (X, 610 S.) n. 2 ℛ 25 ngr.

Wetzel, Ed., allgemeine Himmelskunde. Eine populäre Darstellung dieser Wissenschaft nach den neuesten Forschungen. Mit 148 (eingedr.) Holzschn. und 6 lithogr. und chromolithogr. Taf. (in qu. 4.). 2. Aufl. (X, 610 S. mit 144 Holzsch.) 870. *ℳ 8,50.; und 3. verm. und verb. Aufl. gr. 8. (X, 652 S.) Berlin 875, Stubenrauch. *

Wetzel, Ed., kleines Lehrbuch der astronomischen Geographie. Nach method. Grundsätzen bearb. Mit 84 (eingedr.) Holzschn. u. 4 (lith. u. chromolith.) Taf. gr. 8. (VI, 162 S.) Berlin 877. Stubenrauch. n. 1. 60

— dasselbe. 2., verb. Aufl. gr. 8. (VI, 162 S.) Ebend. 879. n. 1. 80

Wetzel, Ed., kleines Lehrbuch der astronomischen Geographie. Nach method. Grundsätzen bearb. 3. verb. Aufl. gr. 8. (VI, 168 S. mit 84 Holzschn. und 4 Taf.) Berlin 884, Stubenrauch'sche Buchh.

Wetzel, Ed. Kleines Lehrbuch der astronomischen Geographie. Nach method. Grundsätzen bearb. Mit 84 Holzschn. u. 4 Taf. 4. verb. Aufl. gr. 8. (VI, 165 S.) Bielef. 889, Velhagen u. Klasing. * 2 —

Wetzel, Ed., kleines Lehrbuch d. astronomischen Geographie. Nach method. Grundsätzen bearb. 5., verb. Aufl. gr. 8. (VI, 165 S. m 84 Holzschn. u. 4 Taf.) Bielefeld 895. Velhagen & Klasing. Geb. in Halbleinw. n. 2. 40

Wetzel, Eduard, Lehrbuch der astronom. Geographie. Nach method. Grundsätzen bearb., umgearb. v. W. Mevius. 6., verm. u. verb. Aufl. (VI, 188 S. m. 119 Holzschn. u. 4 Taf.) gr. 8. Bielefeld 909. Velhagen & Klasing. 2. 70

— — Leitfaden für den Unterricht in der deutschen Sprache. Eine nach method. Grundsätzen bearb. Schulgrammatik für höhere Lehranstalten. Ebend. 868. gr. 8. (X, 229 S.) n. 15 ngr.

—— —— Leitfaden für den Unterricht in der deutschen Sprache. Eine nach method. Grundsätzen bearb. Schulgrammatik für höhere Lehranstalten. 1. und 2. Aufl. 1868,70. * *M.* 1,50.; 3. und 4. Aufl. 1871,72. * *M.* 1,70., und 5. verb. und verm. Aufl. 8. (X, 245 S.) Ebendas. 873. *
Ohne Handbuch der Orthographie *
Handbuch der Orthographie apart *

—— —— Leitfaden für den Unterricht in der deutschen Sprache. Eine nach method. Grundsätzen bearb. Schulgrammatik für höhere Lehranstalten. 6.—19. Aufl. gr. 8. (X, 210 S. und Handbuch der Orthographie VIII, 49 S.) Ebendas. 874—78. *
Ohne Handbuch der Orthographie *
Handbuch der Orthographie allein *

—— —— dass. — 22. und 23. Aufl. gr. 8. (X, 212 S. und Handbuch der Orthographie zum Gebrauch für Schüler, VIII, 50 S.) Ebendas. 879. *
Ohne Handbuch der Orthographie *
Handbuch der Orthographie allein *

—— —— Leitfaden für den Unterricht in der deutschen Sprache. Eine nach method. Grundsätzen bearb. Schulgrammatik für höhere Lehranstalten. 24.—32. Aufl. gr. 8. (X, 212 S.; Handbuch der Orthogr. VIII, 61 S.) Ebendas. 880—83. geb. *

— — Leitfaden für den Unterricht in der deutschen Sprache. Eine nach method. Grundsätzen bearb. Schulgrammatik für höhere Lehranstalten. 27. Aufl. oder 3. Aufl. mit der amtlich angeordneten Rechtschreibung. gr. 8. (X, 212 u. Handbuch der Orthographie, 27. Aufl., VIII, 60 S.) Ebend. 882. n. 2. —; ohne Handbuch der Orthogr. n. 1. 50; Handbuch ap. n. — 60

— — Leitfaden f. den Unterricht in der deutschen Sprache. Eine nach method. Grundsätzen bearb. Schulgrammatik f. höhere Schulanstalten. Mit Anh.: Handbuch der Orthographie zum Gebrauch f. Schüler. 29. Aufl. gr. 8. (X, 212 u. Anh. VIII, 61 S.) Ebend. 883. n. 2. —; ohne Handbuch der Orthographie n. 1. 50; Handbuch der Orthographie apart n. — 60

—— —— Leitfaden für den Unterricht in der deutschen Sprache. Eine nach method. Grundsätzen bearb. Schulgrammatik für höhere Schulanstalten. 33.—40. Aufl. gr. 8. (X, 226 S.; Handbuch der Orthographie VI, 62 S.) Ebendas. 885—88. geb. *

Wetzel, Ed., u. Fr. Wetzel. Leitfaden für den Unterricht in der deutschen Sprache. Eine nach method. Grundsätzen bearb. Schulgrammatik f. höhere Lehranstalten. 41. Aufl. gr. 8. (X, 235 S. u. Handbuch der Orthographie VI, 62 S.) Bielef. 890, Velhagen u. Klasing. geb. * 2 50

— — Leitfaden f. den Unterricht in der deutschen Sprache. Eine nach method. Grundsätzen bearb. Schulgrammatik f. höhere Lehranstalten. 45. Aufl. gr. 8. (X, 238 u. Handbuch der Orthographie VI, 62 S.) Ebd. 893. Geb. n. 2. 50

Leitfaden für den Unterricht in der deutschen Sprache. E. nach method. Grundsätzen bearb. Schulgrammatik f. höhere Lehranst. v. E[duard] Wetzel, kgl. Seminarl. a.D. in Berlin, [&] Fr[itz] Wetzel, Lehrer . . . in Berlin. Weiter hrsg. v. Prof. Emil Wetzel, Oberl. . . . in Berlin, [&] Dr. Erich Wetzel, Adjunkt . . . in Berlin. (Nebst: Handbuch der Orthographie z. Gebr. f. Schüler v. . . . Wetzel). 49. Aufl. Bielefeld & Leipzig: Velhagen & Klasing 1897. (X, 238; VI, 62 S.) 1 Bd 8°

Leitfaden für den Unterricht in der deutschen Sprache. Eine nach method. Grundsätzen bearb. Schulgrammatik f. höh. Lehranst. von Ed[uard] **Wetzel**, Kgl. Seminarl. a. D. in Berlin, & Fr[itz] Wetzel, Lehrer in Berlin. Weiter hrsg. von Prof. Emil Wetzel, Oberl. in Berlin, & Dr. Erich Wetzel, Oberl. in Berlin. 53. Aufl. *Bielefeld & Leipzig: Velhagen & Klasing 1902.* (X, 246, 65 S.) 8° [F.]
[Sondert.:] Handbuch der Rechtschreibung z. Gebr. f. Schüler. Nach method. Grundsätzen bearb. von Ed. Wetzel & Fr. Wetzel. Weiter hrsg. von Emil Wetzel & Erich Wetzel. 53. Aufl. 1902. [03. 11636

Wetzel, Ed. (II.), und Fr. Wetzel, die deutsche Sprache. Eine nach method. Grundsätzen bearb. Grammatik für höhere Lehranstalten und zum Selbstunterricht. 2 Thle. gr. 8. Berlin 865, Stubenrauch. *
Inhalt:
Thl. 1. Etymologie und Orthographie. (XVI und 252 S.) Einzeln * 15 Ngr.
" 2. Syntax und Interpunktion. (X und 147 S.) Einzeln * 12 Ngr.

—— —— die deutsche Sprache. Eine nach method. Grundsätzen bearb. Grammatik für höhere Lehranstalten und zum Selbstunterricht. 2. und 3. Aufl. 1869,71. * *M.* 3., und 4. verb. und verm. Aufl. gr. 8. (XX, 479 S.) Ebendas. 873. *

—— —— die deutsche Sprache. Eine nach method. Grundsätzen bearb. Grammatik für höhere Lehranstalten und zum Selbstunterricht. 5. und 6. verb. und verm. Aufl. und 7. Aufl. gr. 8. (XVI, 382 S. und Handbuch der Orthographie zum Gebrauch für Lehrer, VIII, 106 S.) Ebendas. 876—79. *

— — die deutsche Sprache. Eine nach method. Grundsätzen bearb. Grammatik f. höhere Lehranstalten u. zum Selbstunterricht. 8. Aufl. gr. 8. (XVI, 382 u. Handbuch der Orthographie X, 122 S.) Ebend. 884. n. 4. —

—— —— die deutsche Sprache. Eine nach method. Grundsätzen bearb. Grammatik für höhere Lehranstalten und zum Selbstunterricht. 9. Aufl. und Handbuch der Orthographie zum Gebrauche für Lehrer. Nach method. Grundsätzen bearb. 9. Aufl. Nach amtl. Anordnung. gr. 8. (XVI, 418; X, 122 S.) Ebendas. 887. *

— — die deutsche Sprache. Eine nach method. Grundsätzen bearb. Grammatik f. höhere Lehranstalten u. zum Selbstunterricht. 10. Aufl. 8. (XVI, 427 u. Handbuch der Orthographie X, 122 S.) Ebd. 892. n. 4. 50

Die deutsche Sprache. Eine nach method. Grundsätzen bearb. Grammatik f. höh. Lehranst. u. z. Selbstunterr. von Ed[uard] **Wetzel**, Seminarl. a. D., [&] F[ritz] Wetzel, Lehrer in Berlin. Weiter hrsg. von Prof. Emil Wetzel, Oberl., [&] Dr. Erich Wetzel, Oberl. [Nebst Anh.] 11. Aufl. Bielefeld & Leipzig: Velhagen & Klasing 1901. 2 Bde 8° [F.]
[Anh.] = Wetzel, Ed.: Handbuch d. Orthographie z. Gebr. f. Lehrer. 11. Aufl. [05. 3216

Die deutsche Sprache. Eine nach method. Grundsätzen bearb. Grammatik f. höhere Lehranst. u. z. Selbstunterr. von Ed[uard] **Wetzel**, weil. Seminarl. in Berlin, u. F[ritz] Wetzel, weil. Lehrer in Berlin. Weiter hrsg. von Dr. Erich Wetzel, Oberl. in Berlin. [Nebst Anh.] 12. Aufl. Bielefeld & Leipzig: Velhagen & Klasing 1904. 2 Bde 8° [F.]
[Anh.] — Wetzel, Ed.: Handbuch d. Rechtschreib. z. Gebr. f. Lehrer. 12. Aufl. [05. 3218

— **Wand-Karte für den Unterricht in der mathematischen Geographie.** 9 (lith.) Blatt. Mit Text (24 S. in gr. 8.). Berlin 861. D. Reimer. gr. Fol. n. 3 ₰ 10 ngr.

Wetzel, Ed., Wandkarte für den Unterricht in der mathematischen Geographie in 9 Blättern mit erläut. Texte. 2. verb. und verm. Aufl. Fol. Ebendas. 872. *
aufgez. in Mappe * *M.* 20.; mit Stäben * *M.* 22.; lackirt *
Erläuterungen apart

Wetzel, Ed., Wandkarte für den Unterricht in der mathematischen Geographie in 9 (lithogr. und color.) Blättern (in Imp.-Fol.) nebst erläut. Text. 3. verb. und verm. Aufl. gr. 8. (24 S.) Berlin 876, D. Reimer. *
Auf Leinw. in Mappe * ℳ 20.; mit Stäben *

Wetzel, Ed., Wandkarte für den Unterricht in der mathematischen Geographie. 9 Bl. 4. verb. und verm. Aufl. qu. gr. Fol. Mit erläut. Text. gr. 8. (32 S.) Berlin 884, D. Reimer. *

Wetzel, Emil, die englische Orthographie. Eine kurze Darstellg. ihrer Entwickelg. seit Erfindg. der Buchdruckerkunst. gr. 4. (23 S.) Berlin 886. Gaertner. n. 1. —

Wetzel, Emm.

— s. Biel, d. Stadt.

Wetzel, Emm., etwelche Gelegenheitsreden polit.-moral. Inhalts. gr. 8. Biel 792. (Bern, Typogr. Soc.) 5 gr.

— noch mehrere Gelegenheitspredigten in Biel gehalten. 8. Bern 794.

Wetzel, Erich, die Geschichte d. königl. Joachimsthalschen Gymnasiums 1607—1907, s.a. **Festschrift** z. 300jähr. Jubiläum des königl. Joachimsthalschen Gymnasiums.

Die Geschichte des Königl. Joachimsthalschen Gymnasiums 1607–1907. Von Dr. Erich **Wetzel**, Oberl. u. Adjunkt. Mit Portr., Vollbild., Vignetten, Plänen u. 1 Karte. Halle a. S.: Waisenhaus 1907. (XXI, 417 S.) 4°(5°)
= Festschrift z. dreihundertjährigen Jubiläum d. Kgl. Joachimsthalschen Gymn. T. 1. 107. 13 36

— Zur Statistik des königl. Joachimsthalschen Gymnasiums, s.: **Festschrift** z. 300jähr. Jubiläum d. kgl. Joachimsthalschen Gymnasiums.

Wetzel, Erich *Martin Georg* [aus Berlin]: Das Zollrecht der deutschen Könige von den ältesten Zeiten bis zur goldenen Bulle. 1. Tl: Das kgl. Zollrecht bis z. Ausgang d. 12. Jhs ... Berlin, Mayer & Müller, 1892; 44 S., 2 Bl. 8.
Berlin, Phil. Fak., Inaug.-Diss. v. 3. Juni 1892

— dasselbe, s.a. Untersuchungen zur deutschen Staats- u. Rechtsgeschichte.

Wetzel, Erich, das Zollrecht der deutschen Könige von den ältesten Zeiten bis zur goldenen Bulle. 1. Tl. Das königl. Zollrecht bis zum Ausgange d. 12. Jahrh. Diss. gr. 8. (44 S.) Berlin 892. Mayer & Müller. n. 1. —

Wetzel, Ernst [app. Arzt aus Danzig]: Die Excision des Trommelfells und der beiden äusseren Gehörknöchelchen als Heilmittel chronischer Otorrhoe ... Halle a. S., Hofbuchdr. v. C. A. Kaemmerer & Co., 1889; 28 S. + 1 Bl. 8°
Halle, Med. Fak., Inaug.-Diss. v. 3. Aug. 1889.

Wetzel, Ernst, appr. Arzt: Über Prostatahypertrophie und ihre Behandlungsmethoden. Berlin (1908): G. Schade. 38 S. 8°
Berlin, Med. Diss. v. 8. Dez. 1908, Ref. Hildebrand
[Geb. 23. März 83 Berlin; Wohnort: Berlin; Staatsangeh.: Preußen; Vorbildung: Askan. Gymn. Berlin Reife O. 02; Studium: Berlin 10 S.; Coll. 3. Dez. 08; Approb. 14. Okt. 08.] [U 09. 121

Wetzel F, 18 Blätter zum methodischen Unterricht im Schönschreiben. 1. Heft: Deutsche Kurrentschrift. Beigebunden: Vorschriften zum Schönschreiben. 2. Heft: 15 Vorlagen in lateinischer Schrift. (4 S 33 T) Stuttgart 1858

Wetzel, F. G., s. Wetzel, Karl Friedrich Gottlob

Wetzel, Ferdinand Wilhelm

Wetzel, Fd. Wlh., prakt. Briefsteller f. Landschulen. Ein Hülfsbuch für Lehrer zum Diktiren u. für jeden des Briefschreibens unkundigen Landmann. 8. Leipz. 824. 2e verb. A. 825. Dürr. 6 gr.

— Gesang- u. Gebetbuch für Bürger- u. Landschulen. kl. 8. Leipz. 817. Dürr. 2 gr.

Wetzel, Ferd. Wilh., Handfibel zum Elementarunterricht in Dorfschulen, um schneller zum Lesen zu gelangen. 8. (2 B.) Leipzig 831, Dürr.

Wetzel, F. W., Handfibel z. Elementarunterrichte in Dorfschulen, um schneller z. Lesen zu gelangen. 2., verm. Aufl. 8. (2½ B.) Leipzig 836, Dürr.

— vollständ. Signaturlehre f. diejen., welche den Wunsch haben, einen bezifferten Choral spielen zu können rc. 4. Halle 814. Hendel. 8 gr.

—— Wandfibel, nebst e. kurzen u. deutl. Beschreib. e. Elementar-Methode f. Dorfschulen, mit e. Vorw. v. (Chr. A. L.) Kästner, u. e. kurzen Betrachtung üb. d. Beschaffenheit d. Dorfschulen u. die damit verbund. Schwierigkeiten. (16 B. Fol. u. 2 B. 8.) Leipzig 831, Dürr. Hülfsbuch f. jeden

—— Wandfibel, nebst ein. kurzen u. deutl. Beschreib. e. Elementar-Methode f. Dorfschulen, mit e. Vorwort d. Past. Kästner in Gollme, u. e. kurzen Betracht. üb. d. Beschaffenheit d. Dorfschulen u. die damit verbund. Schwierigkeiten. Neue mit 3 Taf. in latein. Schrift verm. Ausg. 8. (2 B. u. 19 B., Fol.) Leipzig 836, Dürr.

50 Freymaurer-Lieder aus und nach dem Englischen. [Von Fr. Gottlob **Wetzel.**] Ein Anh. zu jedem maurerischen Liederbuche. [Nürnberg: Schrag] 1814. X, 102 S. 8°
Kl. 1672. Ohne Noten.

Wetzel, Franz Eman., Brugg. Dissertatio inauguralis medica de consuetudine circa rerum nonnaturalium usum. Basel; med. Diss. 1729.

Wetzel, Franz Xaver

— auch die Männer müssen beten, s.a. Volksbibliothek, katholische. Nr. 12.

Wetzel, Frz. Xav., auch die Männer müssen beten. Ein Wort an die Männer. gr. 8. (15 S.) Würzburg 888, Woerl. *

Wetzel, Frz. Xav., das „Ave Maria". Ein Büchlein für Jung u. Alt. 1.—20. Tauf. gr. 16. (96 S.) Ravensburg (899). Dorn. n.n. — 35

Wetzel, F. X., Beicht- u. Kommunion-Büchlein f. die Kinder. 3. Aufl. 16. (89 S. m. 1 Lichtdr.) Freising 894. Dr. F. P. Datterer. Geb. in Leinw. n.n. — 30

— der Berg der Seligkeiten. 1.—22. Tauf. gr. 16. (114 S.) Ebd. (902). n. — 35

Wetzel, Frz. Xav., bleib' gesund. Ein Büchlein f. Jung u. Alt. 1. u. 2. Aufl. gr. 16. (109 S.) Ravensburg 898. Dorn. n. — 25; kart. n. — 35; geb. in Leinw. m. Goldschn. n. 1. 20

— das goldene Büchlein. Für Jung u. Alt. 1.—20. Tausend. gr. 16. (110 S.) Ebd. (900). n. — 35; geb. in Leinw. n. 1. 25

— der selige Petrus Canisius, s. a Volksbibliothek, kathol.

Wetzel, Fr[an]z Xav[er]. Der selige Petrus Canisius, der Lehrer der Wahrheit. Zur 300jährigen Gedächtnisfeier seines Todes. ⟨21. Dezember 1597.⟩ Im Auftrage des schweizerischen Piusvereines. [Mit Porträt.] SA. 8. Solothurn 1897.

Wetzel, Fr[anz] Xav[er]. Der selige Petrus Canisius .... SA. 3. Aufl. [Mit 1 Illustration.] 8. (Solothurn [1897].)

— das „Credo". Ein Büchlein f. Jung u. Alt. 1.—20. Tauf. gr. 16. (142 S.) Ravensburg (899). Dorn. n.n. — 35

— Daheim. Ein Büchlein für's Volk. 2. Aufl. gr. 16. (100 S.) Ebd. 897. n. — 25; kart. n. — 35; geb. in Leinw. m. Goldschn. n. 1. 25

— das Denkmal der Liebe. Ein Büchlein f. Jung u. Alt. 1.—20. Tauf. gr. 16. (109 S.) Ebd. (900). n. — 35

Wetzel, Frz. Xav., Ehre sei Gott! Taschengebetbüchlein f. kathol. Christen. (336 S. m. 1 Stahlst.) 32. Kevelaer (904). Butzon & Bercker. Geb. in Ldr. m. Goldschn. n. 1. 40

— entweder kalt od. warm. Ein Büchlein für's Volk. 3. Aufl. (6.—10. Tauf.) gr. 16. (IV, 53 S.) Augsburg 893. Literar. Institut v. Dr. M. Huttler. n. — 20

— entweder kalt od. warm! E. Büchlein f. d. reifere Jugend u. d. Volk. 4., verm. Aufl. gr. 16. (100 S.) Ebd. 897. n. — 35

Wetzel, Frz. Xav., er ist nicht gestorben. Gedenkblatt zur Todtenfeier des Hochwürdigsten Herrn Dr. Karl Joh. Greith, Bischof von St. Gallen. gr. 8. (28 S. m. Portr.) Einsiedeln 882. Benziger. — 50; feine Ausg. — 80

— die Frau. Ein Büchlein f. die Frauen. gr. 16. (111 S.) Ravensburg 893. O. Maier. n. — 25; Geschenkausg. n. — 35

— die Frau. E. Büchlein f. d. Frauen. 5. Aufl. gr. 16. (111 S.) Ebd. 897. n. — 25; m. Rotschn. n. — 35; geb. in Leinw. m. Goldschn. n. 1. 20

— e. Führer auf dem Lebenswege. Für die weibl. Jugend. 16. (99 S.) Ebd. 893. n. — 25; m. Rotschn. n. — 35; feine Ausg. n. 1. 20

— ein Führer auf dem Lebenswege. Für die weibl. Jugend. 7. Aufl. gr. 16. (101 S.) Ebd. 897. n. — 25; m. Rotschn. n. — 35; geb. in Leinw. m. Goldschn. n. 1. 20

— ein Führer auf dem Lebenswege. Für die weibl. Jugend. 60.—80. Tauf. gr. 16. (101 S.) Ebd. (899). n. — 35; geb. in Leinw. n. 1. 20

— ein Führer auf dem Lebenswege. Für die weibl. Jugend. 87.—92. Tauf. (101 S.) 16. Ravensburg (906). F. Alber. n. — 35

— das Gebet der Rettungsanker der Christen. Lehr- u. Gebetbüchlein. 24. (238 S. m. 2 Stahlst.) Einsiedeln 880. Benziger. — 45

Wetzel, Fr. Xav., die großen Gegensätze der Jetztzeit. Festpredigt, gehalten den 3. Juni 1877 am Tage des 50jähr. Bischofsjubiläum des heil. Vaters Papst Pius IX. in der Kathedralkirche zu St. Gallen. gr. 8. (26 S.) Einsiedeln 877, Gebr. Benziger.

Wetzel, Frz. Xav., das letzte Glas. Ein Büchlein f. Jung u. Alt. 1.—20. Tauf. gr. 16. (100 S.) Ravensburg (899). Dorn. n.n. — 35

— A guide for girls in the journey of life. From the German. 12. (105 S.) Freiburg i/B. 898. Herder. Geb. in Leinw. n. 1. 25

— die unsichtbare Hand. Für Jung u. Alt. 1.—15. Tauf. gr. 16. (130 S.) Ravensburg 898. Dorn. n.n. — 35

— die unsichtbare Hand. Für Jung u. Alt. 16.—18. Tauf. (130 S.) 16. Ebd. (906). n. — 35

— das christliche Haus. Für Braut- u. Eheleute. gr. 16. (IV, 105, 132, 111 u. 100 S.) Ebd. (901). Geb. in Leinw. n. 2. 40

— der Herr kommt. Ein Büchlein f. Erstkommunikanten. 1.—20. Tauf. (121 S.) gr. 16. Ebd. (903). n.n. — 35

— das Herz Jesu. Ein Büchlein f. Jung u. Alt. 1.—20. Tauf. gr. 16. (128 S.) Ebd. (902). n. — 35

— the christian housewife. From the German. 12. (119 S.) Freiburg i/B. 898. Herder. Geb. in Leinw. n. 1. 25

— der praktische Katholik. Ein Büchlein f. Jung u. Alt. 1.—20. Tauf. gr. 16. (101 S.) Ravensburg (901). Dorn n. — 35

— der römische Katholizismus gegenüber dem einfachen Evangelium. 1.—22. Tauf. gr. 16. (124 S.) Ebd. (902). n.n. — 35

Wetzel, F. X., das brave Kind. gr. 16. (III, 99 S.) Ravensburg 893. O. Maier. n. — 25; Geschenkausg. n. — 35

— das brave Kind. 6. u. 7. Aufl. gr. 16. (101 S.) Ebd. 897. n. — 25; m. Rotschn. n. — 35; geb. in Leinw. m. Goldschn. n. — 1. 20

— das brave Kind. 8. u. 9. Aufl. gr. 16. (99 S.) Ebd. 900. n. — 35; geb. in Leinw. n. 1. 25

Wetzel, Frz. Xav., das Kind im Verkehr m. Gott, s.: Koneberg, Herm.

— das Kinderglück. Für Kinder von 7 bis 15 Jahren. gr. 16. (VII, 99, 109, 112 u. 123 S.) Ebd. (901). Geb. in Leinw. n. 2. 40

— brave Knaben. Ein Büchlein f. die Kinder. 1.—15. Tauf. gr. 16. (112 S.) Ravensburg 898. Dorn. n.n. — 35

Wetzel, Frz. Xav., das Laienapostolat. E. Büchlein f. d. reif. Jugend u. das Volk. gr. 16. (106 S.) Ravensburg 896. Dorn. n. — 25; kart. n. — 35; geb. in Leinw. n. 1. 20

Wetzel, Frz. Xav., Leitsterne f. die männliche Jugend u. strebsame Männer. 8. (VIII, 279 S.) Augsburg 890. Literar. Institut v. Dr. M. Huttler. n. 2. 40

— Leitsterne f. d. männl. Jugend u. strebsame Männer. 3., verb. Aufl. 12. (313 S.) Ebd. 897. n. 1. 80; in eleg. Salonbd. n. 2. 60

— Leitsterne f. die männliche Jugend u. strebsame Männer. 4. Aufl. gr. 16. (314 S.) Ebd. (902). n. 1. 80; geb. in Halbleinw. n. 2. 60

Wetzel, Frz. Xav., die Lektüre. Oder: Wie soll man lesen? 8. (VII, 231 S.) Lindau 880. Stettner. 1. 50; cart. 1. 80

— die Lektüre. Ein Führer b. Lesen. 2., verm. Aufl. 12. (425 S.) Ebd. 897. n. 2. 40

— Die Lektüre. Ein Führer beim Lesen. 4., verm. Aufl. (425 S.) kl. 8. Ravensburg (910). F. Alber. 2.40; geb. in Halbleinw. 3. —

— brave Mädchen. E. Büchlein für d. Kinder. 1.—15. Tauf. gr. 16. (123 S.) Ebd. 898. n n. — 35

— the man: A little book for christian men. From the German. 12. (144 S.) Freiburg i/B 898. Herder. Geb. in Leinw. n. 1. 35

— der Mann. Ein Büchlein f. die Männer. gr. 16. (133 S.) Ebd. 893. n. — 25; Geschenkausg. n. — 35

— der Mann. E. Büchlein f. die Männer. 5. Aufl. gr. 16. (131 S.) Ebd. 897. n. — 25; m. Rotschn. n. — 35; geb. in Leinw. m Goldschn. n. 1. 20

— der Mann. Ein Büchlein f. die Männer. 10. Aufl. (133 S.) 16. Ravensburg (906). F. Alber. n. — 35

— der kleine Missionär. Ein Büchlein f. d. Kinder. 2. Aufl. gr. 16. (109 S.) Ebd. 897. n. — 25; kart. n. — 35; geb. in Leinw. m. Goldschn. n. 1. 20

— der kleine Missionär. Ein Büchlein f. die Kinder. 8. Aufl. gr. 16. (109 S.) Ravensburg (900). Dorn. n. — 35; geb. in Leinw. n. 1. 25

—— der sel. Nikolaus v. der Flüe, s. Compaß für das kathol. Volk.

—— der selige Nikolaus von Flüe. Ein Volksbuch zur 400jährigen Todesfeier des „Bruder Klaus". 8. (188 S. mit 1 Titelbild und 14 Illustr.) Einsiedeln 887, Benziger und Comp. *M* 1.60.; geb. *

— d. sel. Nikolaus v. Flüe od. „Bruder Klaus." E. Volksbuch. 2. Aufl. M. 1 Titelbild u. 14 Illustr. 8. (188 S.) Ebd. 895. Geb. in Leinw. n. 2. —; in Celluloid n. 2. 80

— der selige Nikolaus v. Flüe. Billige Volks-Ausg. (188 S. m. Abbildgn. u. Titelbild.) 8. Ebd. (906). n. 1. —

— s.: Nimm u. lies.

— the „Our Father". A booklet for young and old. From the German. 12. (118 S.) Freiburg 899. Herder. Geb. in Leinw. n. 1. 25

— Phrasen. Ein Büchlein f. die reifere Jugend u. das Volk. 2. Aufl. gr. 16. (101 S.) Ravensburg 897. Dorn. n. — 25; kart. n. — 35; geb. in Leinw. m. Goldschn. n. 1. 20

— die Planke im Schiffbruch. Ein Büchlein f. Jung u. Alt. 1.—20. Tauf. gr. 16. (138 S.) Ravensburg (900). Dorn. n. — 35

— die Planke im Schiffbruch. Ein Büchlein f. Jung u. Alt. 21.—25. Tauf. (133 S.) 16. Ebd. (906). n. — 35

— die falschen Propheten. Die größte Gefahr der Gegenwart. (VII, 359 S.) kl. 8. Ebd. (904). n. 1. 50

— Reisebegleiter f. Jünglinge. 1.—20. Tauf. gr. 16. (96 S.) Ebd. (901). n. — 35

— Reiseführer f. Mädchen. 1.—20. Tauf. gr. 16. (98 S.) Ebd. (901). n. — 35

— Religiosität u. Bildung. Kanzelrede geh. am Feste der Kirchweihe in der Stifts- u. Hofkirche zum heil. Leodegar in Luzern. 8. (26 S.) Einsiedeln 879. Benziger. — 35

— Rezept f. Heiratslustige. 1. u. 2. Aufl. gr. 16. (105 S.) Ebd. 898. n. — 25; kart. n. — 35; geb. in Leinw. m. Goldschn. n. 1. 20

— Rezept f. Heiratslustige. 3. u. 4. Aufl. gr. 16. (105 S.) Ebd. (900). n. — 35; geb. in Leinw. n. 1. 25

— Rezept f. Heiratslustige. 5. Aufl. (105 S.) 16. Ebd. (906). n. — 35

— Schlagwörter. E. Büchlein f. d. reif. Jugend u. d. Volk. 2. Aufl. gr. 16. (III, 107 S.) Ebd. 897. n. — 25; m. Rotschn. n. — 35; geb. in Leinw. m. Goldschn. n. 1.20

— mein 7. Schuljahr. Tagebuch e. Schülers. Mit 6 Vollbildern u. 10 Textillustr. 8. (286 S.) Ebd. (901). n. 2. 80; geb. in Leinw. n. 3. 50

— das Sonntagsglück. Ein Büchlein f. Jung u. Alt. 1.—20. Tauf. (124 S.) gr. 16. Ebd. (903). n.n. — 35

—— Sparen macht reich. Ein Büchlein für's Volk. 16. (61 S.) Einsiedeln 892, Benziger u. Comp. * — 25

— sparen macht reich. Ein Büchlein f. Jung u. Alt. 11. Aufl. gr. 16. (102 S.) Ebd. 897. n. — 25; kart. n. — 35; geb. in Leinw. n. 1. 20

— Sparen macht reich. Ein Büchlein f. Jung u. Alt. 60.—70. Tauf. gr. 16. (102 S.) Ebd. (899). n. — 35; geb. in Leinw. n. 1. 20

— Sparen macht reich. Ein Büchlein f. Jung u. Alt. 71.—76. Tauf. (102 S.) 16. Ebd. (906). n. — 35

—— die Trunksucht ein Ruin des Volkswohles. 8. (20 S.) Solothurn 885, [Schwendimann.] Burkard und Frölicher.

— das Vaterhaus. E. Büchlein f. d. Volk u. d. reif. Jugend. 1. u. 2. Aufl. gr. 16. (109 S.) Ebd. 898. n. — 25; kart. n. — 35; geb. in Leinw. m. Goldschn. n. 1.20

— das „Vaterhaus" u. seine Gegner. 3. Aufl. 8. (23 S.) Ebd. (898). n. — 20

— das „Vaterhaus“ u. seine Gegner. 4. Aufl. (99 S.) gr. 16. Ebd. (903). n.n. — 35

— das Vater unser. E. Büchlein f. Jung u. Alt. 4. u. 5. Aufl. gr. 16. (107 S.) Ebd. 897. n. — 25; m. Rotschn. n — 35; geb. in Leinw. m. Goldschn. n. 1. 20

— das Vereinsleben. S. Licht- u. Schattenseiten. E. Büchlein f. d. reif. Jugend u. d. Volk. gr. 16. (127 S.) Ebd. 898. n.n. — 35

— warum wir glauben. Ein Büchlein f. Jung u. Alt. 1.—20. Tauf. gr. 16. (108 S.) Ebd. (902). n.n. — 35

— the young man's way to happiness. From the German. 12. (123 S.) Ebd. 899. Geb. in Leinw. n. 1. 25

— der Weg zum Glück. Für die männl. Jugend. 16. (108 S.) Ravensburg 893. O. Maier. n. — 25; m. Rotschn. n. — 35; feine Ausg. n. 1. 20

— der Weg zum Glück. F. d. männl. Jugend. 6. Aufl. gr. 16. (111 S.) Ebd. 896. n. — 25; m. Rotschn. n. — 35; geb. in Leinw. m. Goldschn. n. 1. 20

— der Weg zum Glück. Für die männl. Jugend. 9. u. 10. Aufl. gr. 16. (111 S.) Ebd. (900). n. — 35; geb. in Leinw. n. 1. 25

— der Weg zum Glück. Für die männl. Jugend. 11. Aufl. (111 S.) gr. 16. Ebd. (906). n. — 35

— d. Weg z. Himmel. Lehr- u. Gebetbüchlein. 2. Aufl. 32. (238 S. m. 1 Stahlst.) Ebd. 895. Geb. in Leinw. n. — 80

— der Weg zum Himmel. Lehr- u. Gebetbüchlein. 3. Aufl. (238 S. m. 1 Lichtdr.) 16. Ebd. 905. Geb. in Leinw. n. 1. —; in Ldr. n. 1. 40

— die Weisheit in Sprüchen. Ein Büchlein f. Jung u. Alt. 1.—20. Tauf. gr. 16. (121 S.) Ebd. (900). n. — 35; geb. in Leinw. n. 1. 25

Wetzel, Franz Xaver (Religionslehrer an der Kantonsschule in St. Gallen). Illustrirte Weltgeschichte in Charakterbildern in Verbindung mit einem Abriss der Geschichte. Bearbeitet für Schule und Haus. In-8°, 400 S. mit 49 Holzschn. Einsiedeln, Benziger. 1878.

Illustrirte Weltgeschichte in Charakterbildern in Verbindung mit e. Abriß d. Geschichte. Für Schule u. Haus bearb. von **Franz Xav. Wetzel.** 8. (Umschlagt.: 7.) Aufl. *Einsiedeln, Köln: Benziger & Co. (1898).* (IX, 391 S.) 8° [F.] [03. 13131

— die Wissenschaft u. Kunst im Kloster St. Gallen im 9. u. 10. Jahrh. Ein Kulturbild in 4 Vorträgen. Mit dem (lith.) Bilde des heil. Notker. gr. 8. (VII, 111 S.) Lindau 877. Stettner. n. 1. 20

— Dr. Otto Zardetti, Erzbischof von Mocissus. Erinnerungsblätter. gr. 8. (63 S. m. 1 Bildnis.) Einsiedeln 902. Verlagsanstalt Benziger & Co. n. 1.20

— das goldene Zeitalter des Klosters St. Gallen. Ein Kulturbild. 2. Aufl. gr. 16. (171 S.) Ravensburg 900. Dorn. In Leinw. kart. n. 1. 50

Einige Briefe von Friedrich Gottlob **Wetzel.** Hrsg. ... von Friedrich Engel. Leipzig **1903**: Teubner. 31 S. 8° A 12 12013 B

Wetzel, Friedrich Gottlob. Strophen von Wezel. Lübben 1802. H: *Koethe, August.* (Schultz, Franz, Der Verfasser der Nachtwachen des Bonaventura. Berlin 1909. S. 223.)

Wetzel, Friedrich Wilhelm Gottlieb

Wezel, Fr. Wlh. Gli., der Großmüthige; Lstspl. in 3 Akten. 8. Bayr. 773. (Leipz., Hinrichs). 5 γ

— Herold, oder der Mann nach d. Welt; Lstspl. 8. Bayr. 778. Lübeck. 3 γ

— der König u. das Abenteuer; Lstspl. in 3 A. 8. Augsb. 785. v. Jenisch u. St. 4 γ

WETZEL, G. F. W. — Versuch in Gedichten, von *G. F. W. Wetzel*(,) Hochfürstl. Brandenburg. Secretarius. Bayreuth, in der Lübeckischen Buchhandlung. 1761. 8°. 4½ Bogen. Cat. Meissner III. p. 565; W. v. Maltzahn III, 413, no. 496.

Wezel, Fr. Wlh. Gli., († 180..) Versuch in Gedichten. 8. Bayr. 762. Lübeck. 3 γ

— s. Wilhelmine.

Wetzel, Fritz

Wetzel, F., poetischer Anhang zum Schul-Lesebuche, s. Anhang, poetischer.

—— s. Büttner, A., Deutsches Lesebuch.

Wetzel, Fr. (II.), Diktierstoff im Anschlusse an die Handbücher der Orthographie von Ed. und Fr. Wetzel, nebst einer solchen für den ersten Unterricht in der Interpunktion. gr. 8. (IX, 200 S.) Bielefeld 888, Velhagen und Klasing. *

Wetzel, Fr., Grundriß der deutschen Grammatik, s. Wetzel, Ed.

Wetzel, Fr., Heimatskunde in 2 Theilen enth.: I. Allgemeine Heimatskunde, II. Heimatskunde v. Berlin. gr. 8. (XI, 68 S. m. eingedr. Holzschn.) Berlin 871. Stubenrauch. n. — 50

Wetzel, Fr., Heimatskunde in 2 Thln., enth.: I. Allgemeine Heimatskunde, II. Heimatskunde von Berlin. 2. und 3. verb und verm. Aufl. Nebst 1 (lithogr.) Plane von Berlin (in gr. Fol.). gr. 8. (VIII, 71 S. mit eingedr. Holzschn.) Berlin 879, Stubenrauch. *

Wetzel, Fr., Heimatskunde in 2 Thln., enth.: I. Allgemeine Heimatskunde, II. Heimatskunde von Berlin. 3., verb. u. verm. Aufl. Nebst einem (lith.) Plane von Berlin (in gr. Fol.). gr. 8. (VIII, 71 S. m. eingedr. Holzschn.) Berlin 879. Stubenrauch. n. — 60

Wetzel, Fr., Heimatskunde in 2 Tln., enthaltend: 1. Allgemeine Heimatskunde. 2. Heimatskunde von Berlin. 4. und 5. Aufl. Nebst 1 (chromolithogr.) Plan von Berlin. gr. 8. (VIII, 73 S. mit eingedr. Holzschn.) Ebendas. 880,83. *

Wetzel, Fr. (I.), Heimatskunde in 2 Tln., enthaltend: 1. Allgemeine Heimatskunde. 2. Heimatskunde von Berlin. 6. Aufl. gr. 8. (VIII, 60 S. mit eingedr. Holzschn. und 1 chromolithogr. Plan von Berlin.) [Berlin 886, Stubenrauch'sche Buchh.] Bielefeld, Velhagen und Klasing. *

Wetzel, F., Heimatskunde in 2 Tln., enth.: I. Allgemeine Heimatskunde; II. Heimatskunde v. Berlin. Nebst e. Plane v. Berlin. 7. Aufl. 8. (VIII, 63 S.) Bielefeld 892. Velhagen & Klasing. n. 1. -

— Heimatskunde in 2 Tln., enth.: I. Allgem. Heimatskunde, II. Heimatskunde v. Berlin. 8. Aufl. Nebst 1 Plane v. Berlin. gr. 8. (VIII, 66 S. m. Abb.) Bielefeld 895. Velhagen & Klasing. n. 1. —

Wetzel, Friedr., Leitfaden zum Rechtschreibunterricht. 8. (60 S.) Stuttgart 862, Belser'sche Verlagsb. *

— Leitfaden f. den Unterricht in der deutschen Sprache, s.: Wetzel, Ed.

Wetzel, F., deutsches Lesebuch, s.a Büttner, A.

— u. A. **Büttner**, deutsches Lesebuch. Ausg. A. Mit Rücksicht auf die allgemeinen Bestimmgn. vom 15. Octb. 1872. Mit zahlreichen (eingedr.) Abbildgn. (in Holzschn.) 1. Thl. Für die mittlern Stufen mehrklass. Schulen. 8. (VIII, 304 S.) Berlin 874. Stubenrauch. n. — 75

—— H. Menges, J. Menzel und C. Richter, Sammlung deutscher Gedichte. Zugleich als „poetischer Anhang" zu dem Schullesebuch. 8. (104 S.) Berlin 886, Stubenrauch'sche Buchh. *

—— —— —— —— dass. — Neu bearb. von K. Schumann. gr. 8. (112 S.) Ebendas. 888. *

—— H. Menges, J. Menzel u. C. Richter. Sammlung deutscher Gedichte. Zugleich als „Poet. Anh." zu dem Schul-Lesebuch. Neu bearb. v. K. Schumann. 8. (112 S.) Berl. 891, Stubenrauch. * — 30

— **H. Menges, J. Menzel, C. Richter, Sammlung deutscher Gedichte. Zugl. als „Poetischer Anhang" zu d. Schul-Lesebuch. Neu bearb. v. K. Schumann. gr. 8. (112 S.) Berlin 896. Stubenrauch.** n. — 30

— H. **Menges**, J. **Menzel**, C. **Richter**, Sammlung deutscher Gedichte. Zugleich als „Poetischer Anhang" zu dem Schul-Lesebuch. Neu bearb. von K. Schumann. (Ausg. 1901.) gr. 8. (112 S.) Berlin, Stubenrauch. n. — 30; Einbd. n.n.n. — 15

— H. **Menges**, J. **Menzel**, C. **Richter**, Sammlung deutscher Gedichte. Zugleich als „Poetischer Anhang" zu dem Schul-Lesebuch. Neu bearb. v. K. Schumann. (Ausg. 1905.) (112 S.) 8. Berlin, Stubenrauch. n. — 30; geb. n. — 50

—— s.a Schul-Lesebuch.

Wetzel, F., H. **Menges**, J. **Menzel**, C. **Richter**, Schul-Lesebuch. 855. (IX, 522 S.) — 2—6. Aufl. (Stereot.-Ausg.) Berlin 856, 57. Stubenrauch u. Co. gr. 8. (IX, 518 S.) n. 10 ngr.; mit poet. Anh. (48 S.) n. $11\frac{1}{2}$ ngr.

—, H. **Menges**, J. **Menzel**, C. **Richter**, Schul-Lesebuch. Ausg. A. 7—14. Aufl. Stereot.-Ausg. Ebend. 858—63. gr. 8 (IX, 518 S.) n. 10 ngr.

—— **J. Menzel und C. Richter**, Schul-Lesebuch. Ausg. A. 24.—38. Aufl. (XVII, 504 S.) 1870—77; 39. und 40. Aufl. gr. 8. (XVI, 536 S.) Berlin 877,78, Stubenrauch. *
Mit dem poet. Anhang *

—— H. Menges, J. Menzel und C. Richter, Schul-Lesebuch. Ausg. A. Für die Oberklassen mehrklassiger Schulen. 41.—43. Aufl. 8. (XXIV, 536 S.) Berlin 881, Stubenrauch'sche Buchh. *

— H. **Menges**, J. **Menzel**, C. **Richter**, Schul-Lesebuch. Ausg. A. 43. Aufl. [In der für preuß. Schulen angeordneten Rechtschreibung.] gr. 8. (XVI, 536 S.) Berlin 882. Stubenrauch. n. 1. 25; m. dem poet. Anh. n. 1. 50

—— —— —— —— Schul-Lesebuch. Ausg. A. Für die Oberklassen mehrklass. Schulen. 44.—47. Aufl. gr. 8. (XVI, 536 S.) Ebendas. 885,86. *

—— —— —— —— dass. — Neu bearb. von K. Schumann. Ausg. A. in 2 Tln. 8. Ebendas. *

Inhalt:
Tl. 1. Vorstufe. Für die Mittelklassen mehrklassiger Schulen. 70.—77. Aufl. (XII, 320 S.) 886—88. * 70 Pf.
" 2. Für die Oberklassen mehrklassiger Schulen. 47. Aufl. (XVI, 551 S.) 886; 48.—53. Aufl. (XII, 576 S.) 887,88. *M 1.25.

— H. **Menges**, J. **Menzel**, C. **Richter**, Schul-Lesebuch. Ausg. A. Für die Oberklassen mehrklass. Schulen. 46. Aufl. gr. 8. (XVI, 536 S.) Ebend. 885. n. 1. 25

— — — — Schul-Lesebuch. Neu bearb. v. K. Schumann. Ausg. A in 2 Tln. 8. Ebd. n. 1. 95; geb. n. 2. 50
1. Vorstufe. Für die Mittelklassen mehrklass. Schulen. 82. Aufl. (XII, 320 S.) 890. n. — 70; geb. n. — 95
2. Für die Oberklassen mehrklass. Schulen. 53. Aufl. (XII, 576 S.) 888. n. 1. 25; geb. n. 1. 55

—— —— —— —— Schul-Lesebuch. Neu bearb. v. K. Schumann. Ausg. A in 2 Tln. 8. Ebd. * 1 95; geb. ** 2 50
1. Vorstufe. Für die Mittelklassen mehrklass. Schulen. 85. Aufl. (XII, 320 S.) 890. * — 70; geb. ** — 95.
2. Für die Oberklassen mehrklass. Schulen. 57. Aufl. (XII, 576 S.) 891. * 1 25; geb. ** 1 55.

— — — — dasselbe. Neu bearb. v. K. Schumann. Ausg. A in 2 Tln. gr. 8. Ebd. n. 1. 95
1. Vorstufe. Für die Mittelklasse mehrklass. Schulen. 92. Aufl. (XII, 320 S.) 894. n. — 70
2. Für die Oberklasse mehrklass. Schulen. 57. Aufl. (XII, 580 S.) 891. n. 1. 25

— — — — Schul-Lesebuch. Neu bearb. v. K. Schumann. Ausg. A. in 2 Tln. gr. 8. Ebd. 898. n. 1. 95
1. Vorstufe. Für d. Mittelklasse mehrklass. Schulen. 103. Aufl. (XII, 320 S.) n. — 70; Einbd. n.n.n. — 25
2. Für die Oberklassen mehrklass. Schulen. 61. Aufl. (XII, 580 S.) n. 1. 25; Einbd. n.n.n. — 30

— — — — Schul-Lesebuch. Neu bearb. v. K. Schumann. Ausg. A. in 2 Tln. 2. Tl. Für die Oberklassen mehrklass. Schulen. 63. Aufl. gr. 8. (XII, 580 S.) Ebd. 901. n. 1. 25; Einbd. n.n.n. — 30

— — — — Schul-Lesebuch. Neu bearb. v. K. Schumann. Ausg. A in 2 Tln. 8. Ebd. n. 1. 95; geb. n.n. 2. 65
1. Vorstufe. Für die Mittelklassen mehrklass. Schulen. 117. Aufl. (XII, 320 S.) 905. n. — 70; geb. n.n. 1. —
2. Für die Oberklassen mehrkl. Schulen. 66. Aufl. (XII, 580 S.) 905. n. 1. 25; geb. n. 1. 65

— H. **Menges**, J. **Menzel**, C. **Richter**, Schul-Lesebuch. Neu bearb. v. K. Schumann. Ausg. A in 2 Tln. 8. Berlin 905. Stubenrauch. 1.95; geb. n 2. 65
1. Vorstufe f. die Mittelklassen mehrklassiger Schulen. 121. Aufl. (XII, 320 S.) — 70; geb. n 1. —
2. Für die Oberklassen mehrklassiger Schulen. 68. Aufl. (XII, 580 S.) 1,25; geb. 1.65; m. Anh. (XII, 580 u. 112 S.) 1.55; geb. n 2. —

—, J. **Menzel**, C. **Richter**, Schul-Lesebuch. Ausg. B. 1—6. verm. Aufl. Stereot.-Ausg. Ebend. 859—63. gr. 8. (XX, 412 S.) n. 9 ngr.

—— —— —— dass. — Ausg. B. 18.—34. Aufl. Verändert nach den „Allgemeinen Bestimmungen vom 15. Octbr. 1872". 8. (XIV, 436 S.) Ebendas. 872—77. **

—— —— —— dass. — Ausg. B. 35.—45. Aufl. 8. (XVIII, 436 S.) Ebendas. 879—84. *

— — — Schul-Lesebuch. Ausg. B. 41. Aufl. 8. (XVIII, 436 S.) Ebend. 882. n. 1. 5

—— —— —— Schul-Lesebuch. Ausg. B. 46.—48. Aufl. 8. (XIV, 436 S.) Ebendas. 885,86. *

—— —— —— dass. — Ausg. B. Für einfache Schulverhältnisse. Neu bearb. von K. Schumann. 49.—60. Aufl. 8. (XII, 480 S.) Ebendas. 886—88. *

— — — dasselbe. Neu bearb. v. K. Schumann. Ausg. B. Für einfache Schulverhältnisse. 66. Aufl. 8. (XIII, 484 S.) Ebd. 889. n. 1. 15; geb. n. 1. 45

—— J. Menzel u. C. Richter. Schul-Lesebuch. Neu bearb. v. K. Schumann. Ausg. B. Für einfache Schulverhältnisse. 70. Aufl. gr. 8. (XIII, 484 S.) Ebd. 891. * 1 15; geb. * * 1 45

— J. Menzel u. C. Richter, Schul-Lesebuch. Neu bearb. v. K. Schumann. Ausg. B. Für einfache Schulverhältnisse. 77. Aufl. gr. 8. (XIII, 484 S.) Ebd. 893. n. 1. 15; Einbd. n.n.n. — 30

— J. Menzel u. C. Richter, Schul-Lesebuch. Neu bearb. v. K. Schumann. Ausg. B. Für einf. Schulverhältnisse. 80. u. 81. Aufl. gr. 8. (XIII, 484 S.) Ebd. 895. 97. n. 1. 15; Einbd. n.n.n. — 30

— J. Menzel, C. Richter, Schul-Lesebuch. Neu bearb. v. K. Schumann. Ausg. B. Für einfache Schulverhältnisse. 90. Aufl. gr. 8. (XIII, 484 S.) Ebd. 901. n. 1.15; Einbd. n.n.n. — 30

— J. Menzel, C. Richter, Schul-Lesebuch. Neu bearb. v. K. Schumann. Ausg. B. Für einfache Schulverhältnisse. 95. Aufl. m. neuer Orthographie. (XIII, 484 S.) 8. Ebd. 905. n. 1. 15; geb. n.n. 1. 50

— J. Menzel, C. Richter, Schul-Lesebuch. Neu bearb. v. K. Schumann. Ausg. B. Für einfache Schulverhältnisse. 98. Aufl. Mit neuer Orthographie. (XIII, 484 S.) 8. Ebd. 905. 1.15; geb. n 1.50; m. Anh. (XIII, 484 u. 112 S.) 1.45; geb. n 1. 90

—— —— —— Schul-Lesebuch für die Provinz Pommern. gr. 8. (VIII und 468 S.) Berlin 860, Stubenrauch. *

—— —— —— dass. — für die Provinz Pommern. 31.—57. Aufl. 8. (XVI, 480 S.) Ebendas. 870—77. *

—— —— —— dass. — für die Prov. Pommern. 58.—77. Aufl. 8. (X, 504 S.) Ebendas. 881—84. *

— — — Schul-Lesebuch für die Prov. Pommern. 74. Aufl. 8. (X, 504 S.) Ebend. 882. n. 1. 15

— — — dasselbe, f. die Prov. Pommern. 79. Aufl. gr. 8. (XVI, 504 S.) Ebend. 885. n. 1. 15

—— —— —— Schullesebuch für die Prov. Pommern. 83. neu bearb. Aufl. Ausg. A. in 2 Tln. 8. Ebendas. 886. *

Inhalt:

Tl. 1. Vorstufe. Für die Mittelklassen mehrklassiger Schulen. (XII, 320 S.) * 70 Pf.

" 2. Für die Oberklassen mehrklassiger Schulen. (XII, 523 S.) * ℳ 1.15.

— — — dasselbe, f. die Prov. Pommern. Ausg. A. (In 2 Tln.) 2. Tl. Für die Oberklassen mehrklass. Schulen. 84., neubearb. Aufl. gr. 8. (XI, 523 S.) Ebd. 894. n. 1. 15; Einbd. n.n.n. — 30

Wetzel, Fr. (I.), J. Menzel und C. Richter, Schullesebuch für die Prov. Pommern. Ausg. B. Für einfache Schulverhältnisse. 83. neu bearb., 84. und 85. Aufl. 8. (XII, 510 S.) Berlin 886—89, Stubenrauch'sche Buchh. *

— — — dasselbe. Ausg. B. Für einfache Schulverhältnisse. 93., neu bearb. Aufl. 8. (XII, 510 S.) Ebd. 890. n. 1. 15

—— —— —— dass. — f. die Provinz Pommern. 91. neubearb. Aufl. Ausg. B. Für einfache Schulverhältnisse. gr. 8. (XII, 514 S.) Ebd. 892. * 1 15; geb. * * 1 45

— — — dasselbe. Ausg. B. Für einfache Schulverhältnisse. 100., neubearb. Aufl. gr. 8. (XII, 514 S.) Ebd. 894. n. 1. 15; Einbd. n.n.n. — 30

——, J. Menzel, C. Richter, Schul-Lesebuch. Vorstufe. Für die Mittelklassen mehrklassiger Schulen. gr. 8. (VIII und 248 S.) Berlin 857, Stubenrauch. *

— — — Vorstufe. Für die Mittelklassen mehrklassiger Schulen. 2—9. Aufl. Stereot.-Ausg. Ebend. 858—63. gr. 8. (VIII, 248 S.) n. 6 ngr.

—— —— —— dass. — Vorstufe. Für die Mittelklassen mehrklass. Schulen. 24.—48. Aufl. Verändert nach den „Allgemeinen Bestimmungen vom 15. Octbr. 1872". 8. (VIII, 248 S.) Ebendas. 872—77. *

Wetzel, Fr., J. Menzel und C. Richter, Schul-Lesebuch. Vorstufe. Für die Mittelklassen mehrklassiger Schulen. 49.—65. Aufl. 8. (VIII, 247 S.) Berlin 878—84, Stubenrauch'sche Buchh. *

— J. Menzel, C. Richter, Schul-Lesebuch. Vorstufe. Für die Mittelklassen mehrklass. Schulen. 60. Aufl. 8. (VIII, 247 S.) Ebend. 882. n. — 60

—— J. Menzel und C. Richter, Schul-Lesebuch. Vorstufe. Für die Mittelklassen mehrklass. Schulen. 66.—69. Aufl. 8. (VIII, 247 S.) Ebendas. 885,86. *

— J. Menzel, C. Richter, Schul-Lesebuch. Vorstufe. Für die Mittelklassen mehrklass. Schulen. 67. Aufl. gr. 8. (VIII, 247 S.) Ebend. 885. n. — 60

Wetzel, F., der weltkundliche Unterricht in Landschulen. Ein Beitrag zur Verwerthung des Schul-Lesebuches Ausg. B. von Wetzel, Menzel, Richter. Berlin 863. Stubenrauch. gr. 8. (30 S.) n. 3 ngr.

Wetzel, F., Vorschriften zum Schönschreiben für Lehrer und Schüler methodisch geordnet. 1. Heft. 18 Vorlagen in deutscher Schrift. — 2. Heft. 15 Vorlagen in lateinischer Schrift. Stuttgart 858. Metzler. 4. (4 S., 18 lith. Bl.; 15 lith. Bl.) 1.: n. 8 ngr.; 2.: n. 6 ngr.

—— s. Wetzel, Ed.

Wetzel, G., die Echtheit u. Glaubwürdigkeit des Evangeliums Johannis, aufs neue untersucht u. verteidigt. 1. Tl.: Die Echtheit. gr. 8. (IV, 186 S.) Leipzig 899. H. G. Wallmann. n. 3. —

Wetzel, G., die synoptischen Evangelien. Eine Darstellg. u. Prüfg. der wichtigsten üb. die Entstehg. derselben aufgestellten Hypothesen m. selbständ. Versuch zur Lösg der synopt. Evangelienfrage. gr. 8. (VIII, 229 S.) Heilbronn 883. Henninger. n. 5. —

Wetzel, G., die synoptischen Evangelien. Eine Darstellung und Prüfung der wichtigsten über die Entstehung derselben aufgetretenen Hypothesen mit selbständ. Versuch zur Lösung der synopt. Evangelienfrage. 2. um einen Nachtrag verm. Ausg. gr. 8. (VIII, 247 S.) [Heilbronn 886, Gebr. Henninger.] Berlin, Reuther's Verlagsh. *

Wetzel, G. F.

— diatribe juris principum privati an minui quaeat apanagium in concursu creditorum etc. 4. ibid. 778.

Wetzel, G. F., observationes de jurib. principum postgenitorum. 4. Wetzlar, Winkler. 773.

Wetzel, Georg: Die Chronicen [!] des Baeda Venerabilis. Halle a. S. (1878): Plötz. 61 S. 8°
Halle-Wittenberg, Phil. Diss. v. 7. Mai 1878
Geb. Plathe (Kr. Regenwalde; Pommern) 27. 10. 1856. V.

Wetzel, Georg *Edmund* [aus Wittenberge]: Beitrag zum Studium der künstlichen Doppelmissbildungen von Rana fusca ... Berlin, Buchdr. v. G. Schade, *1896;* 28 S., 2 Bl., 2 Taf. 8.
Berlin, Med. Fak., Inaug.-Diss. v. 31. Juli 1896

Wetzel, Geo. Wilh., Bedenken gegen die Aufhebung der akademischen Gerichtsbarkeit. gr. 8. (27 S.) Marburg 848, Elwert. 4 ngr

— die Universität Marburg u. das neue hessische Wahlgesetz. gr. 8. (31 S.) Ebd. 848. 1/6 rthl

— disputatio de quaestione, adversus quem in integrum restitutio imploranda sit. [Programma academiae Marburgensis.] 4. (40 S.) Ebd. 850. 6 ngr

Wetzell, Geo. Wilh., System des ordentlichen Civilprocesses. 2., verb. und verm. Aufl. 5 Lfgn. gr. 8. (XXIII und 964 S.) Leipzig 863—65, B. Tauchnitz. à Lfg. 24 Ngr.

Wetzel, Geo. Wilh., System d. ordentlichen Civilprocesses. 3. verb. u. verm. Aufl. In 3 Abthlgn. 1. Abth. gr. 8. (336 S.) Leipzig 871. B. Tauchnitz. n. 4. —

Wetzel's, Gott, Zuchtruthe d. Menschengeschlechts, (von Geo. Teubner). A. u. d. T.: Werke des Wahnsinnes, von Wetzel d. Gottmenschen. 4 Thle. 8. Erfurt u. (Gotha) 804, 5. Hennings. 3 rthl 4 gr

Wetzel, Gottlieb F. W., s. Wetzel, Friedrich Wilhelm Gottlieb

Wetzel, Gust. Bernh., der dresdner Parnaß, od. d. Pickwickier in Dresden u. Leipzig. Eine Humoreske aus d. Gegenwart. 8. (4¾ B. u. 2 Federzeichn.) Grimma 841, 42, Verlags-Comptoir.

—— sprechend-ähnl. Portrait ein. Materialisten in weißer u. schwarzer Kreide nach d. Leben gezeichnet u. d. löbl. Kaufmannschaft in † † † zu gefäll. Beachtung mit vorzügl. Hochacht. empfohlen. Zum Besten e. eingepackten Kaufmannes herausgestellt. gr. 12. (1⅙ B.) 1840, Wo die Luft auch ist gewürzig. (Grimma, Verlags-Comptoir.) *

Wetzel, Hans, Volontärarzt an d. Kgl. Chirurg. Univ.-Klinik zu Königsberg i. Pr.: Aus d. Kgl. Universitäts-Frauenklinik in Königsberg i. Pr. Ueber Prognose und Therapie der Beckenendlagen unter Zugrundelegung von 500 Geburten in Beckenendlage. Königsberg i. Pr. 1903: R. Leupold. (39 S.) 8°
Königsberg, Med. Diss. v. 25. Febr. 1903.

Wetzel, Heinrich, a. Cassel: Die Bildungs- und Löslichkeitsverhältnisse der Natriumdoppelsalze des Kobaltsulfates und Nickelsulfates. (Berlin 1905: A. W. Schade. (58 S.) 8°
Berlin, Phil. Fak., Ref. Landolt, Fischer, Diss. v. 4. März 1905.
[Geb. 10. Juli 77 Cassel; Heimatsort: Berlin; Staatsangeh.: Preußen; Vorbildung: Oberrealschule Cassel Reife O. 99; Studium: Marburg 4, Berlin 6 S.; Rig. 2. Febr. 05.]

Wetzel, Heinr., die Decorationsmalerei der Gegenwart, s.: Mausz, Ludw.

Wetzel, Heinr., Emil Wichmann u. Ludw. Mausz, d. Decorations-Malerei d. Gegenwart. Entwürfe f. Decken- u. Wandmalereien. 6. u. 7. (Schluss-) Lfg. gr. Fol. (10 farb. Taf.) Berlin 895. Kanter & Mohr. Mit Mappe n. 25. — (kplt.: n. 75. —)

Wetzel, Heinrich [app. Arzt aus Wetzlar]: Aus d. patholog. Institut zu Giessen. Zur Casuistik der Teratome des Halses ... Wetzlar, gedr. bei F. Schnitzler, 1895; 32 S. 8°
Giessen, Med. Fak., Inaug.-Diss. v. 1893.

Wetzel, Hermann, aus Potsdam: Zur Kenntnis der natürlichen Teilung von Chaetogaster diaphanus. Mit 2 Taf. u. 13 Fig. im Text. Marburg 1902: (Breitkopf & Härtel in Leipzig). (28 S.) 8°
(Aus: Zeitschrift f. wiss. Zool., Bd 72, H. 1.)
Marburg, Phil. Diss. v. [12. Juli] 1902.

Die synkopische Motivbildung. Ein Beitrag z. musikal. Rhythmik von Hermann **Wetzel**. Berlin & Leipzig: Schuster & Loeffler 1910. S. 130–105. 4°(8°)
Aus: Die Musik. Jg. 9, H. 15 10. 7560

Wetzel, H[ermann]. **Serenade für Violine und Clavier, componirt von H. W'. 5 + 1 S. 4. Basel** *etc.*, **Gebrüder Hug & Co, [1904].** M. 1. 50

Wetzel, Herm., die Verweigerung des Heerdienstes u. die Verurteilung des Krieges u. der Wehrpflicht in der Geschichte der Menschheit. Dem Andenken an Karl Christian Friedrich Krause u. Leo Tolstoi gewidmet. (64 S.) Lex.-8. Potsdam (Spandauerstr. 28) 905. Dr. H. Wetzel. n. 1. —

Wetzel, J. Fr., Leitfaden zum Rechtschreibunterricht. Stuttgart 862. Belser. 8. (60 S.) n. 4 ngr

Wetzel, J. Fr., Lieder-Concordanz in einer Auswahl aus dem evangelisch-deutschen Liederschatz. Ein Handbuch zur leichten und schnellen Auffindung treffender Liederverse. gr. 8. (278 S.) Stuttgart 861, Belser'sche Verlagsh.

Wetzel, Joh. Quaestiones de trilogia aeschylea. 27 S. Franz. G. *Berlin* 1883.
Progr.

Wetzel, Joh., d. Reise d. Söhne Giaffers, s.: Christoforo Armeno.

Wetzel, Johann Adam Joseph Fhr. von (Rheinld.)
A. S. 757/16

Dissertatio de feudis ex illis, quae data et oblata dicuntur, mixtis, ut et pecunia vasallitica, vulgo Mann-Gelt. Präs. Johann Nikolaus Hertz. Giessen (Müller) 12. IX. 1710. 40 S.
36515

Wetzel, Johann Chr. Fr.

Wetzel, J. F.: Alterthumskunde in Tabellen, oder Tabellen über die alte Geschichte, Mythologie, Philosophie, Litteratur und Kunst. Liegn. 1804. 8. 1 rthl. (Ist Theil 3 des vorhergehenden Buches).

Wetzel, Jh. Chr. Fr., († d. 17. Febr. 1810.) kurze Anleitung zum gründl. Studium d. Theologie auf Universitäten. 8. Berl. 796.

— Anmerkk. zu Cicero's Reden, s. Encyklop. d. lat. Class. 7r Bd.

– s. C. Jul. Caesar: De bello gallico.

– s. Cicero: Brutus.

– s. Cicero: Cato major.

– s. Cicero: Epistolae ad diversos.

– s. Cicero: Orationes selectae XIV.

Wetzel, J. C. F., Cicero v. Diebner, s. Encyclopädie d. latein. Classiker. 2te Abth. 1r Th. 1r Bd.

– s. Cicero: Scripta rhetorica.

– s. Cicero: Akadem. Untersuchungen.

– s. Cornelii Nepotis.

Wetzel, Jh. Chr. Fr., s. Encyclopädie der latein. Klassiker.

Wetzel, J. C. F., kurze lateinische Grammatik. Berlin 794. 8.

— Handwörterbuch der alten Welt- u. Völkergeschichte. 3 Thle, oder alte Welt- u. Völkergeschichte nach d. Alphabet im Abriß ꝛc. gr. 8. Liegnitz 804. Siegert. 3 Rthlr. 8 Gr. (3r Thl. Auch u. d. T.: Alterthumskunde, vorgestellt in Tabellen.) Mit neuem Titel. Leipz. 823. Hinrichs. 2 Rthlr. 12 Gr. 3r Thl. a. bei Krapp in Lpz. 18 Gr.

– s. Horatii: Opera.

– s. Justini historiarum.

– s. J. G. Schneider: Griech. Wörterbuch.

— Sittenlehren d. griech. Weisen, ein Lesebuch f. Jünglinge welche diese Sprache erlernen wollen, mit e. erläuternden Wortverzeichniß. 8. Liegnitz 800. Siegert. 1 Rthlr., s. auch Sittenlehren.

——. die Sprache Luthers in seiner Bibel-Uebersetzung dargestellt und erläutert. gr. 8. (164 S.) Stuttgart 859, Belser'sche Verlagsh.

— griech. Sprachlehre zum Gebrauch f. Schulen. gr. 8. Liegnitz 798. (Heymann in Glogau). 20 Gr.

Wetzel, J. F., hebräische Sprachlehre. gr. 8. Berlin, Realschulbuchhdl. 796. Rthlr.

— hebräische Sprachlehre. gr. 8. Berl. 796. Reimer. 16 Gr.

— kurze auf Analogie zurückgeführte griech. Sprachlehre. gr. 8. Liegnitz 802. Siegert. (Krappe in Leipz.) 16 Gr.

— kurze lateinische Sprachlehre. 8. Berl. 795. Reimer. 3 Gr.

Wetzel, Johann Karl, s.a. Wezel

Wetzel, J. K., s.a. Wötzel, J. K.

— abgenöthigte Antwort auf das an ihn gerichtete Sendschreiben ꝛc. 8. Lpz. 805. (Aue in Altona). 1 Rthlr.

– s. Darstell. d. gesammten krit. Philosophie.

(—) meiner Gattin wirkliche Erscheinung nach ihrem Tode; eine wahre, unlängst erfolgte Geschichte ꝛc. 8. Chemnitz 804. 4e A. 805. (Aue in Altona). 18 Gr.

— nähere Erklärung u. Aufschlüsse darüber. 8. Leipz. 805. (Aue in Altona). 1 Rthlr. 8 Gr.

— Grundriß einer zweckmäßigen Pädagogik od. Moralphilosophie. gr. 8. Leipz. 803. Leo. 1 Rthlr. 8 Gr.

— Grundriß d. einzig zweckmäß. Propädeutik z. gründl. u. fruchtbaren Studio d. Metaphysik od. d. Transcendentalphilosophie. gr. 8. Leipz. 802. Breitkopf u. H. 1 Rthlr. 8 Gr.

— Grundriß d. eigentl. Systems d. anthropolog. Psychologie überh. u. der empirischen insbesondere. 2 Thle. gr. 8. Leipz. 800, 5. Dyck. (I. allgem. Theil. 2 Rthlr. 8 Gr. II. empirische Psychologie. 2 Rthlr.) 4 Rthlr. 8 Gr.

– s. Ihling, J. K.: Über Geistererscheinungen.

— Papiere wider Er. Platner; mit e. Vorberichte herausg. v. Er. Platner. 8. Leipz. 781.

– s. Socrates, Der deutsche.

Wetzel, Dr. auch Wötzel Jh. Karl II., System d. empirischen Anthropologie, oder der ganzen Erfahrungsmenschenlehre, in 2 Hauptabtheill. Auch u. d. T.: System d. anthropolog.-physiolog. Somatologie. 1r analyt. Theil d. Somatologie. 2r. od. synthet. Theil. gr. 8. Leipz. 803, 4. Dyck. 4 Rthlr. 12 Gr.

— Versuch eines neuen Entwurfs d. einzig richt. u. zweckmäßig dargestellten Systems d. transcendentalen Elementarphilosophie, od. d. sogenannten Metaphysik, als d. Grundlage d. Kerns u. Geistes aller wahren Philosophie u. Wissenschaften überhaupt. gr. 8. Leipz. 802. Küchler. (Enobloch). 2 Rthlr. 8 Gr.

– s.a. Versuch über die Kenntniss der Menschen.

J. K. Wetzel's Vers. üb. d. Kenntn. d. Menschen. *Lpz.*, Dyk. 784-85. 2 Thle. 8° 1 Rthlr. 12 Gr.

— Versuch d. einzig zweckmäßigen Propädeutik zum richtigen, gründl. u. fruchtbaren Studio d. Vernunftlehre oder Logik, als d. allgemeinen Grundlehre alles richtigen Denkens. gr. 8. Leipz. 802. Breitkopf u. H. 1 Rthlr. 8 Gr.

Wetzel, Dr., auch Wötzel, Jh. Karl II., Versuch e. zweckmäß. vollständ. Vorbereitungswissenschaft zum richtigen Studium d. Metaphysik oder d. transcendendalen Fundamentalphilosophie. gr. 8. Leipz. 803. (Graffé in Weißenf.) 1 Rthlr. 20 Gr.

– s. Volksmetaphysik.

Wetzel, Jh. Ksp., († d. 6. Aug. 1755.) analecta hymnica, d. i. merkwürd. Nachlese zur Liederhistorie. 2 Bde oder 12 Thle. 8. Gotha 751—56. Ettinger. 3 ₰

Wetzel, Joh. Casp., Analecta hymnica, d. i. merkwürd. Nachlesen z. Liederhistorie. 2 Bde. od. 12 Thle. 8. Gotha, Mevius. 751.

— Hymnologia passionis, od. 24 Passionsandachten, üb. d. Lied: d. Leben für uns in d. Tod gegeben. 8. Nürnb. Pech. 733.

— Hymnologia polemica, od. 24 Kriegs= und Friedensbetracht. üb. d. Lied: Du Friedefürst, Herr Jesu Christ. 8. Arnstadt. 737.

— kurzgefaßte Kirch= und Schul=, wie auch Brandhistorie der Stadt Römhild. 8. Römhild. 735.

— merkwürd. Leben u. Lieder, J. M. Weinreichs, n. Poesien üb. d. Evangel. Epist. u. Passion. 8. Nürnb. Pech. 728.

— histor. Lebensbeschreibung d. berühmtest. Liederdichter. 4 Thle. 8. Nürnb. 719—28.

Wetzel, Johann Kaspar, Johann Caspar Wetzels // Historische // Lebens= //Beschreibung // Der // berühmtesten // Lieder=Dichter. // Dritter Theil. // Herrnstadt /// bey Samuel Roth=Scholtzen. 1724. - 8 Blatt (nicht paginiert) Titelblatt, Widmung und Vorrede. - 504 S.
B. S. T. 8°.775.

— Reden v. Gottes Güte u. Ernst b. Unglücksfällen. 8. Frkf. 742.

Wetzel, Jh. Ldw., († d. 26. Dec. 1808.), s. Cooks dritte Reise. — Hollands Anmerkungen.

Wetzel, J. P., deutsche, lateinische, franz. u. engl. Vorschriften, vorzügl. f. Kaufleute. 4. Leipz. Sommer. 816.

Wetzel, Jh. Pt., deutsche u. latein. Vorschriften. 4. Leipz. ... 9e A. 820. (W. Nauck). 20 ₰

Wetzel, J. P., deutsche, lat., franz. u. engl. Vorschriften. 9te Aufl. gr. 4. Leipzig, Sommer. 820.

Wetzel, Joseph, Finanzassessor: Das Postübereinkommen zwischen dem Reiche und Württemberg vom Jahre 1901. Tübingen 1909: Kirschmer. VIII, 70 S. 8°
Tübingen, Staatsw. Diss. v. 22. März 1909, Ref. Triepel
[Geb. 22 Nov. 77 Reichenbach, O.-A. Saulgau; Wohnort: Balingen; Staatsangeh.: Württemberg; Vorbildung: Obergymn. Rottweil Konkursprüf. Ehingen 98; Studium: Tübingen Phil. u. Theol. 5, Staatsw. 6 S.; Coll. erlassen.]
[U 09. 3993

Wetzel, Jos., († ...) Ein u. sechszig neu erfundene Rechnungstabellen von Zinsen u. Zieler rc. 8. Memming. 782.

Wetzel, Karl

Wetzel, Carl. Graubündner schmalspurige Adhäsionsbahnen. Betrachtungen üb. die eigentl. Lösg. der Graubündner Eisenbahnfrage auf Grund der v. der kantonalen u. eidgenöss. Statistik constatirten Verhältnisse üb. die Einwohnerzahl u. Steuerkraft Graubündens. Fol. (12 S. m. 7 farb. Kartenskizzen.) Davos 890, Richter. * 2 —

WETZEL, Carl
(F) Die Bearbeitung von Glaskörpern bis zu den neuesten Fortschritten. Von Carl Wetzel. Mit 155 Abbildungen. [Chemisch-technische Bibliothek. Bd. CCXLIV.] Wien. Pest. Leipzig. 1901. Hartleben. 8°. VII, 240 S. K 4.40, geb. K 5.30

— die Herstellung u. Brauchbarkeit künstlicher Pflastersteine bis zu den neuesten Fortschritten. gr. 8. (IV, 181 S.) Mittweida 901. Polytechn. Buchh. n. 3. —

WETZEL, Carl
(F) Die Herstellung grosser Glaskörper bis zu den neuesten Fortschritten. Von Carl Wetzel. Mit 104 Abbildungen. [Chemisch-technische Bibliothek Bd. 240.] Wien. Pest. Leipzig. 1900. Hartleben. 8°. VII, 184 S. K 4.40

Wetzel, K., 45 französische Lieder m. bekannten deutschen Volksmelodieen f. d. Gebrauch b. französ. Unterricht. Ausgew. u. geordn., nebst Wörterverzeichnis. gr. 8. (40 u. 24 S.) Berlin 898. Fussinger. n. 1. —

Wetzel, Karl, die Quellen Plutarchs im Leben d. Pyrrhus. Inaugural-Dissertation. 8. (42 S.) Leipzig 876. (Berlin, Mayer & Müller.) n. 1. —

Wetzel, Carl, die Scalottabahn, Graubündner Adhäsionsbahn von Landquart üb. Davos, Samaden u. Maloja nach Chiavenna m. 1 m Spurweite, 45 ‰ Maximalsteigg. u. 100 m Minimalradien. Vortrag, geh. im Verein für Eisenbahnkunde in Berlin am 14. Jan. 1890. [Aus: „Glaser's Annalen für Gewerbe u. Bauwesen".] Fol. (23 S. m. 72 Abbildgn. u. 26 Taf.) Berlin 890. Davos, Richter. n. 3. —

Wetzel, K., Sieg über die Hypochondrie, oder gemeinfaßl. Anweisung, das Uebel der Hypochondrie zu erkennen und gründlich zu heilen. Neue Aufl. 8. Erfurt, Keyser. 820.

Wetzel, Karl Friedrich Gottlob

Wetzel, Karl Fr. Gli., Jeanne d'Arc. Trspl. in 5 Aufz. Mit 1 Kpf. 8. Leipz. 817. Brockhaus. 1 ₰

Wetzel, F. G., Briefe üb. Brown's System d. Heilkunde. 8. Dresd., Arnold. 804.

Wetzel, Karl Fr. Glo., († d. 29. Juli 1819.) Briefe über Brown's System d. Heilkunde. 8. Leipz. 806. (Arnold in Dresd.) 21 Gr.

Wetzel, F. C., Gedichte. 1r Bd. Strophen. 8. Lpz. Märker. 803.

Wetzel, Karl Fr. Gtlo., gesammelte Gedichte u. Nachlaß. Hrsg. v. Z. Funck. 8. (30 B.) Leipzig 838, Brockhaus.

— d. Hämorrhoiden, ein deutl. Unterricht für alle, welche daran leiden, nebst den sichern Mitteln, sich davon zu befreien. 8. Pirna 809. Friese. 16 Gr. 8e Aufl., durchgesehen u. verb. von C. A. Schultze. 8. Pirna 831. Friese. 16 Gr.

— Hermanfried, letzter König v. Thüringen. Trspl. in 5 A. gr. 8. Berl. 818. Reimer. 16 Gr.

— Kleon, d. letzte Grieche, oder d. Bund d. Mainotten. 8. Zwickau 802. Schumann. 1 ₰ 12 Gr.

— 40 Lieder aus dem Kriegs= u. Siegesjahre 1813. 8. Leipz. u. Altenb. 815. Brockhaus in Leipz. 12 Gr.

Wetzel, Karl Friedrich Gottlob, wahrscheinl. Verf. von: Die Nachtwachen d. Bonaventura
sa Bonaventura [09. 17120

Wetzel, Friedrich Gottlob [angebl. Verf.]: Die Nachtwachen des Bonaventura. 1805
sa **Schelling**, Friedrich Wilhelm Josef v. [überlieferter Verf.]. [11. 4755

Nachtwachen. Von Bonaventura (‹1805›). (Vermutl. Verf.: Friedrich Wilhelm Josef v. Schelling.) Hrsg. von Dr. Hermann Michel. *Berlin: B. Behr 1904.* (LXIX, 165 S.) 8°
= Literaturdenkmale, Deutsche, d. 18. u. 19. Jahrh. No 133. [04.1491]

Die Nachtwachen des Bonaventura (d. i. nach d. Überlieferung Friedrich Wilhelm Josef v. **Schelling**, nach d. Hrsg., [Univ.-Prof.] Franz Schultz, Bonn: Friedrich Gottlob Wetzel). Leipzig: Insel-Verl. 1909. 161 S. 8° [11. 4754

Die Nachtwachen des Bonaventura. [Verf.: Friedrich Wilhelm Josef v. Schelling.] Berlin: B. Cassirer 1910. XIV, 248 S. 8° [11. 3116

PROLOG zum großen Magen. (Satire auf den Rationalismus von *Karl Friedr. Gottlob Wetzel.*) Leipzig und Altenburg, bey F. A. Brockhaus, 1815. 8⁰. 71 S., 1 Bl. Selten! (10 Mk. Adolf Weigel, 1908.)
Anon.-Lex. III. p. 308 (nach Brockhaus' Verlags-Cat.). Wetzel war auch Vf. der berühmten (irrthüml. Schelling zugeschrieb. Schrift „Bonaventura's Nachtwachen".

— s. Rhinoceros

Wetzel, F. G., Rhinoceros, Anhang zu Tiedge's Urania. 2te Aufl. 8. Nürnberg, Stein. 818.

Wetzel, F. G., Rhinoceros. Ein lyrisch-didakt. Gedicht. Anh. zu Tiedge's „Urania." Neue, wohlf. Ausg. 8. (11 B.) Nürnberg 828, Stein.

— Schriftproben, (enthaltend Mythen, Romanzen, lyrische Gedichte). 1 Bdchen. 8. Bamb. 814—18. Kunz. 1 Rthlr 18 gr

— Schriftproben. (Gedichte.) 2 Bde. 8. Bamberg 814, 18, jetzt Dresch. 1 2/3 Rthlr

— Sieg über d. Hypochondrie, oder gemeinfaßl. Anweis., d. Uebel u. alle Krankheiten, welche aus Nervenschwäche entspringen, zu erkennen u. gründl. zu heilen 2c., mit e. Vorrede von L. Vogel. 8. Erfurt 805. N. A. 820. Keyser. 12 gr

— wie kann man sich von den im Körper befindl. versteckten u. eingewurzelten vener. u. Merkurialgifte gänzl. befreien u. d. verlorne Gesundheit, besonders d. geschwächte Zeugungsvermögen wieder herstellen 2c. 8. Pirna 809. Friese. 20 gr 2r Abdruck. 8. Dresd. 812. Ebd. 20 gr

Wetzel, F. G., Winke, die Kuhpockenimpfung betreff. 8. Nürnb. 812. Schrag. 6 gr

— d. Zahnschmerzen, oder zuverläss. Mittel, sich von denselben zu befreien 2c. 8. Pirna 809. Friese. 6 gr

Wetzel, Louis, der Wegweiser in Gerichtssachen. Praktische Anleitg. zur Selbstanfertigg. v. Klagen, Anträgen u. Gesuchen aller Art nach der Zivil-Prozeß-, Straf-Prozeß-, Vormundschafts- u. Grundbuch-Ordng., sowie in Zwangsversteigerungs-Sachen, Nachlaß- u. Testaments-Sachen 2c., nebst Auszügen aus den betr. Gesetzen u. Verordngn. 8. (VIII, 100 S.) Schweinitz a/E. 886. (Wittenberg, Wunschmann.) cart. n. 1. —

Wetzel, L., das Zeugniß St. Petri an Israel, als ein Spiegel zur Erkenntniß dessen, was uns für den Erfolg unserer Judenmission noth ist. Predigt am 27. Mai 1869 in der Dreifaltigkeits-Kirche zu Berlin gehalten. Berlin 869. (E. Beck.) 8. (16 S.) n. 2 ngr

Wetzel, M., Die Apologie des Xenophon. S.-A. 1900. 17 S.

Wetzel, Martin

Wetzel, M., d. Bedeutg. d. klassischen Altertums f. d. Lösg. d. socialen Aufgaben d. Gegenwart. Rede z. Vorfeier d. Geburtstages Sr. Majestät geh. gr. 8. (20 S.) Paderborn 895. F. Schöningh. n. — 60

Wetzel, M., Beiträge zur Lehre v. der Consecutio temporum im Lateinischen. gr. 8. (IV, 72 S.) Paderborn 885. F. Schöningh. n. 1. —

Wetzel, Mart., de consecutione temporum Ciceroniana capita II. Dissertatio inauguralis. gr. 8. (49 S.) Leipzig 877. (Teubner.) n. 1. 20

Wetzel, M., selbständiger u. bezogener Gebrauch der Tempora im Lateinischen. Zugleich e. Entgegng. auf die gleichnam. Schrift v. Herm. Lattmann. gr. 8. (VIII, 107 S.) Paderborn 890. F. Schöningh. n. 2. 20

Wetzel, M., s.: Gymnasium.

Wetzel, M[artin], Dir. Prof. Dr.: Haben die Ankläger des Sokrates wirklich behauptet, dass er neue Gottheiten einführe? Braunsberg (1899): Heyne. (S. 3–18.) 4⁰
Braunsberg, K. G, OP 1899 (3)

Wetzel, Mart. Die Lehre des Aristoteles von der distributiven Gerechtigkeit und die Scholastik. 20 S. **Progr.** *Warburg* 1881

Wetzel, M., griechisches Lesebuch m. deutschen Übungsstücken f. Unter- u. Ober-Tertia. 3., m. Rücksicht auf die neuen preuß. Lehrpläne umgearb. Aufl. gr. 8. (XI, 217 S.) Freiburg i/B. 893. Herder. n. 2. 20; geb. n.n. 2. 55

— griechisches Lesebuch m. deutschen Uebungsstücken f. Unter- u. Ober-Tertia. 4., verb. Aufl. gr. 8. (XI, 234 S.) Freiburg i/B. 896. Herder. n. 2. 20; Einbd. n.n.n. — 35

— griechisches Lesebuch m. deutschen Übungsstücken für Unter- u. Ober-Tertia. 5., durchgeseh. Aufl. gr. 8. (XI, 228 S.) Freiburg i/B. 900. Herder. n. 2. 20; Einbd. in Halbldr. n.n.n. — 35

Wetzel, Mart., griechisches Lesebuch m. deutschen Übungsstücken f. Unter- u. Ober-Tertia. 6., verb. Aufl., bearb. v. Jos. Weskamp. (XIII, 225 S.) gr. 8. Freiburg i/B. 907. Herder. 2.40; geb. 3. —

— das Recht in dem Streite zwischen Hale u. Em. Hoffmann üb. die Tempora u. Modi in lateinischen Temporalsätzen. [Aus: „Gymnasium".] Nebst e. Anh., enth. Erklärgn. gegen 2 Besprechgn. meiner Schrift: „Selbständiger u. bezogener Brauch der Temp. im Lat." 8. (47 S.) Paderborn 892. F. Schöningh. n. — 60

— Lateinische Schulgrammatik, s.: Schultz, Ferd.

— kleine latein. Sprachlehre, s.: Schultz, Ferd.

Antiker u. moderner Standpunkt bei der Beurteilung des sophokleischen Dramas 'König Ödipus'. Von M[artin] **Wetzel**, Oberl., Paderborn. Paderborn: F. Schöningh 1896. (32 S.) 8°
Aus: Gymnasium. 14, 13 u. 14. [05. 8707 9

—— die wichtigsten lateinischen Synonyma. 8. (18 S.) Ebendas. 886. *
Aus: Schultz-Wetzels lateinischer Schulgrammatik, besonders abgedruckt.

— die wichtigsten lateinischen Synonyma. 3., verb. Aufl., bearb. v. A. Wirmer. (20 S.) 8. Paderborn 903. F. Schöningh. n. — 30

Wetzel, M., griechisches Übungsbuch für Anfänger. gr. 8. (VIII, 152 S.) Freiburg i. Br. 881, Herder'sche Verlagsh. *

— Griechisches Übungsbuch f. Unter u. Ober Tertia. 2. gänzlich umgearb. Aufl. gr. 8. (VIII, 253 S.) Freib. i. Br. 889, Herder. * 2 20; geb. * * 2 55

Wetzel, Mich., schriftlicher Rathgeber u. allgemeines Hülfsbuch für jeden Handwerker, berechnet für alle Fälle der schriftlichen Mittheilung. Enthält einen Briefsteller u. Geld- u. Zinsberechnungen. 8. Ludwigsburg 834. Imle u. Krauß. 5/8 Thlr

[Wetzel, Nicolaus Emanuel.] Die Stadt Biel, nach ihrer Uranlage... bis zu ihrer gewaltsamen Umwandlung... im Eingang des 17ten Jahrhunderts. Ein Beytrag zur Staatsgeschichte des Schweizerlandes. 8. [Biel] 1795.

Wetzel, Nicol[aus] Emanuel. Etwelche Gelegenheits-Reden politisch-moralischen Innhalts, in Betreff der jtzigen Lage des Schweizerlands..., gehalten in Biel, und mit einigen erläuternden Anmerkungen dem Druck überlassen von Nikl. E' W'.... 8. Biel 1792.

Wetzel, O.: Delineation of the English and German characters and languages, with respect to their reciprocal in fluence upon each other. 21 S. 4°. – Barmen R. & G., Progr. 1870.

Wetzel, O., Das Wesen der Zusicherung e. Eigenschaft der Kaufsache. (VIII, 118 S.) gr. 8. Bamberg, Handelsdruckerei u. Verlagsh. 2. —
1910

Wetzel, Osk., s.: Kayser's, Chrn. Glob., vollst. Bücher-Lexicon.

Wetzel, Otto Zur deutschen Privatlektüre namentlich in den oberen Klassen höherer Schulen 15 S. Progr. Rg Barmen 1880.

Wetzel, Otto, das Wesen der Zusicherung e. Eigenschaft der Kaufsache. (VIII, 118 S.) gr. 8. Bamberg 910. Handelsdruckerei u. Verlagsh. 2. —

(Wetzel, Otto Henricus): *Quaestiones quaedam de Juvenalis ingenio, arte, elocutione. Accedit metaphorarum sylloge. 42 S. 4° (2°)
Halle-Wittenberg, Phil. Diss. v. 26. Juli 1861
Geb. Barmen 8. 10. 1838. V.

Wetzel, Paul [Dr.]: Zur Behandlung deutscher Gedichte in unteren und mittleren Klassen höherer Lehranstalten. Berlin, R. Gaertner, 1895; 30 S. 4.
Berlin, Lessing-G, OP 1895 (62)

Wetzel, Paul, a. Niemegk ⟨Bez. Potsdam⟩: Die Genesis des am 4. April 1813 eingesetzten Zentral-Verwaltungsrates und seine Wirksamkeit bis zum Herbst dieses Jahres. Greifswald 1907: H. Adler. (110 S.) 8° [F.]
Greifswald, Phil. Fak., Ref. Ulmann, Diss. v. 20. März 1907
[Geb. 29. Jan. 82 Potsdam; Wohnort: Greifswald; Staatsangeh.: Preußen; Vorbildung: Gymn. Schul-Pforta Reife M. 01; Studium: Leipzig 3, Berlin 4, Greifswald 2 S.; Rig. 22. Dez. 06.]

Wetzel, Paul. Übungsstücke zur deutschen Rechtschreibung. Nach der Einteilg. d. preußischen Regelbuchs zum Gebrauch an höheren Lehranstalten, sowie zur häusl. Benutzg. bearb. gr. 8. (VI, 110 S.) Berl. 889, Weidmann. * 1 40

Wetzel, Paul, Übungsstücke zur deutschen Rechtschreibung. In Anlehnung an die Satzlehre zum Gebrauch in höh. Schulen sowie zur häusl. Benutzg. bearb. 2., veränd. u. verm. Aufl. 8. (XII, 135 S.) Berlin 900. Weidmann. Kart. n. 2. —

Wetzel, Paul, Uebungsstücke zur deutschen Rechtschreibg. In Anlehng. an die Satzlehre zum Gebrauch in höheren Schulen sowie zur häusl. Benutzg. der Schüler bearb. 3., verb. u. nach der neuen amtl. Orthographie veränd. Aufl. (VIII, 127 S.) 8. Berlin 903. Weidmann. Kart. n. 1. 80

Wetzel, Paulus (Gust.) (geb. Berlin 12. 3. 1858): De coniunctivi et optativi apud Graecos usu capita selecta. Berolini 1881. (82 S.) 8°
Berlin, Phil. Diss. v. 26. Sept. 1881

Wetzel, Paul, de conjunctivi et optativi apud Graecos usu capita selecta. Dissertatio inauguralis. gr. 8. (82 S.) Berlin 881. (Weber.) n. 1. 20

Wetzel, Paul, der Zweckbegriff bei Spinoza. Eine philosoph. Abhandlg. gr. 8. (VI, 90 S.) Leipzig 873. Lorentz. n. 1. 50

Wetzel, R., das Evangelium im h. Lande, s. Festschriften f. Gustav-Adolf-Vereine. 21. Hft.

Wetzel, R.: Das Evangelium im h. Lande. Lpz. o. J. 16 S. (Festschriften f. Gust.-Ad.-Ver. 21.)

Präparation zu Ciceros Rede für den König Deiotarus. Von Prof. Th. Wetzel in Schw. Hall. *Leipzig & Berlin: B. G. Teubner 1903.* (16 S.) 8° [Umschlagt.]
(Schülerpräparationen zu lat. u. griech. Schriftstellern.) [illegible]

Präparation zu Ciceros Rede für Q. Ligarius. Von Prof. Th. Wetzel in Schw. Hall. *Leipzig & Berlin: B. G. Teubner 1903.* (12 S.) 8° [Umschlagt.]
(Schülerpräparationen zu lat. u. griech. Schriftstellern.) [illegible]

Präparation zu Lysias' Rede gegen Eratosthenes. Von Prof. Th. Wetzel in Schw. Hall. *Leipzig & Berlin: B. G. Teubner 1904.* (18 S.) 8° [Umschlagt.]
(Schülerpräparationen zu lat. u. griech. Schriftstellern.) [illegible]

Wetzel, Theodor, Prof.: Untersuchungen zu Buch XVI der Ilias. *Schw. Hall 1901: E. Schwend.* (S. 3–17.) 4°
Schwäb. Hall, k. G, P 1901 (640)

Wetzel, W.

— s. auch Wezel.

— s. Altes u. Neues.

Wezel, W., kleiner Katechismus d. Größenlehre. 8. Berl. 822. Th. Enslin. 4 gr

Wetzel, Wilhelm [aus Barmen]: Zur Diagnostik der Kleinhirntumoren. . . . Halle a. S., Hofbuchdr. v. C. A. Kaemmerer & Co., 1890; 54 S. + 1 Bl. 8°
Halle, Med. Fak., Inaug.-Diss. v. 10. Mai 1890

WETZEL, Guil. Fr.: Diatr. juris privati principum: an et quatenus minui queat apanagium in concursu creditorum natu maximi regentis. Ed. alt. *Wetzlar*, Winkler. 778. 4. (8 Gr.)

Wetzell, C., De usu verbi substantivi Tacitino. Diss. 1876. 57 S. 2.—

Wetzell, Friedrich: Aus d. städt. St. Clemens-Hosp. zu Münster i.W. Direktor: Arneth. Beiträge zur perkutanen Tuberkulinreaktion nach Moro. Würzburg: Kabitzsch 1908. 28 S. 8°
(Aus: Beiträge z. Klinik d. Tuberkulose. Bd 11, H. 3)
München, Med. Diss. v. 13. Jan. 1909, Ref. v. Bauer.
[Geb. 10. Juli 84 Laubach i.H.; Wohnort: Laubach: Staatsangeh.: Hessen; Vorbildung: Gymn. Laubach Reife O. 02; Studium: Kiel 1, München 4, Leipzig 1, Freiburg i. B. 1, München 4 S.; Coll. 13. Jan. 09; Approb. 19. Dez. 08.] [U 09.3423

Wetzell, Georg Wilh., Bedenken gegen die Aufhebung der akadem. Gerichtsbarkeit. gr. 8. (27 S.) Marburg 848, Elwert'sche Universitäts-Buchh.

Wetzell, Ge. Guil.: Lex XII tabularum rerum furtivarum usucapionem prohibet. Diss. Marburg. Monachii 1840.

— die Universität Marburg und das neue hessische Wahlgesetz. gr. 8. (31 S.) Marburg 848, Elwert'sche Universitäts-Buchh.

— Disputatio de quaestione, adversus quem in integrum restitutio imploranda sit. (Programma academiae Marburgensis.) 4. (40 S.) Marburgi 850, libr. Univers. Elwert.

Wetzell, Geo. Wilh., System des ordentlichen Civilprocesses. 1. u. 2. Abth. Leipzig 854, 58. B. Tauchnitz. gr. 8. (VIII, 506 S.) 2 ℛ. 12 ngr.

Wetzell, Geo. Wilh., System des ordentlichen Civilprocesses. 3. Abth. Leipzig 861. B. Tauchnitz. gr. 8. (S. 507—846.) 1 ℛ 15 ngr.

— — 2. verb. u. verm. Aufl. 1—4. Liefg. Ebend. 864. gr. 8. (S. 1—768.) Jede Liefg. 24 ngr.

Wetzell, Geo. Wilh., System des ordentlichen Civilprocesses. 2., verb. u. verm. Aufl. 5. Liefg. Leipzig 865. B. Tauchnitz. gr. 8. (XXIII u. S. 769—964.) 24 ngr.

Wetzell, Geo. Wilh., System des ordentlichen Civilprocesses. 3. verb. und verm. Aufl. In 3 Abthlgn. 1. Abthl. gr. 8. (336 S.) Leipzig 871, B. Tauchnitz.

Wetzell, Geo. Wilh., System des ordentlichen Civilprocesses. 2.—4. (Schluß-)Abthl. 3. verb. und verm. Aufl. gr. 8. Leipzig, B. Tauchnitz. [2. und 3. Abthl. (S. 337—768.) 877. ℳ 7,20.; 4. Abthl. (XXX, S. 769—1026.) 878. ℳ 4,80.] * compl. *

Wetzell, Geo. Wilh., der römische Vindicationsproceß. gr. 8. (18 B.) Leipzig 845, Bernh. Tauchnitz jun.

Wetzell, Karl Beiträge zu dem Gebrauch einiger Partikeln bei Antiphon. 37 S. **Progr.** *Laubach* 1879

Wetzell, Carol: Lexici Antiphontei Specimen. Grünberg, Buchdr. v. H. Robert, 1889; S. III—IV, 1—18; 4⁰
Laubach, G Fridericianum, P 1889 (597)

Wetzell O. Die cyclischen Curven als Einhüllungscurven eines beweglichen Kreises. 1880. 8.
Diss. Marburg

Wetzer, [Heinrich Joseph], und **Welte**, [Benedict] s. Kirchenlexicon.

Wetzer und Welte's Kirchenlexikon oder Encyklopädie der kathol. Theologie und ihrer Hülfswissenschaften. 2. Aufl., in neuer Bearbeitung, unter Mitwirkung vieler kathol. Gelehrten begonnen von Jos. Hergenröther, fortgesetzt von Frz. Kaulen. (In 10 Bdn.) 1.—33. Heft oder 1.—3. Bd. Lex.-8. (à Bd. VIII, 2110 Sp.) Freiburg i. Br. 880—84, Herder'sche Verlagsh. à Heft * ℳ 1. —

Wetzer und Welte's Kirchenlexikon oder Encyklopädie der katholischen Theologie und ihrer Hülfswissenschaften. 2. Aufl., in neuer Bearbeitung, unter Mitwirkung vieler kathol. Gelehrten begonnen von Jos. Hergenröther, fortgesetzt von Frz. Kaulen. 34.—58. Heft. Lex.-8. (4. Bd. 2148 Sp.; 5. Bd. 2112 Sp.; 6. Bd. Sp. 1—576.) Freiburg i. Br. 885—88, Herder'sche Verlagsh. à Heft * ℳ 1.—. *

Wetzer u. Welte's Kirchenlexikon od. Encyklopädie der kathol. Theologie u. ihrer Hülfswissenschaften. 2. Aufl., in neuer Bearbeitg., unter Mitwirkg. vieler kathol. Gelehrten begonnen v. Jos. Hergenröther, fortgesetzt v. Frz. Kaulen. 59.—84. Heft. Lex.-8. (6. Bd. Sp. 577—2078; 7. Bd. VIII, 2108 Sp.; 8. Bd. Sp. 1—1344.) Freib. i. Br. 889—892. Herder. à Heft * 1 —; * 26 —

Wetzer u. **Welte's** Kirchenlexikon od. Encyklopädie der kathol. Theologie u. ihrer Hülfswissenschaften. 2. Aufl., in neuer Bearbeitg., unter Mitwirkg. vieler kathol. Gelehrten, begonnen v. Jos. Hergenröther, fortgesetzt v. Frz. Kaulen. 72.—94. Hft. Lex.-8. (7. Bd. Sp. 961—2108; 8. Bd. 2118 Sp.; 9. Bd. Sp. 1—1152.) Freiburg i/B. 891—894. Herder. à n. 1. — (à Bd. kplt.: n. 11. —; geb. n.n. 13. 40)

Wetzer u. **Welte's**, Kirchenlexikon od. Encyklopädie der kathol. Theologie u. ihrer Hülfswissenschaften. 2. Aufl., in neuer Bearbeitg., unt. Mitwirkg. vieler kathol. Gelehrten, begonnen v. Jos. Hergenröther, fortges. v. Frz. Kaulen. 95.—117. Hft. Lex.-8. (9. Bd. Sp. 1153—2112, 10. Bd. 2142 Sp. u. 11. Bd. Sp. 1—1344.) Freiburg i/B. 895—898. Herder. à Hft. n. 1. —; (à Bd. kplt.: n. 11. —; Einbd. n.n. 2. 40)

Wetzer u. Welte's Kirchenlexikon od. Encyklopädie der kathol. Theologie u. ihrer Hülfswissenschaften. 2. Aufl., in neuer Bearbeitg., unter Mitwirkg. vieler kathol. Gelehrten, begonnen v. Jos. Hergenröther, fortgesetzt v. Frz. Kaulen. 118.—132. Hft. Lex.-8. (11. Bd. Sp. 1345—2116 u. 12. Bd. 2106 Sp.) Freiburg i/B. 898—901. Herder. à n. 1. —; (à Bd. kplt. n. 11. —; geb. n.n. 13. 40)

Wetzer u. **Welte's** Kirchenlexikon od. Encyklopädie der kathol. Theologie u. ihrer Hülfswissenschaften. 2. Aufl., in neuer Bearbeitg., unter Mitwirkg. vieler kathol. Gelehrten, begonnen v. Jos. Hergenröther, fortgesetzt v. Frz. Kaulen. Namen- u. Sachregister zu allen 12 Bdn. Von Herm. Jos. Kamp. Mit e. Einleitg.: Zur Benutzg. des Kirchenlexikons. Von Melch. Abfalter. (XXXVIII, 604 S.) Lex.-8. Freiburg i/B. 903. Herder. n. 9. —; geb. in Halbfrz. n.n. 11. —

— s. Makrizii, historia Coptorum.

Wetzer, Hnr. Jos., restitutio verae chronolog. rerum ex controversiis Arianis inde ab anno 325 usque ad an. 350 exortarum contra chronolog. hodie receptam exhibita una cum specimine historiae Coptorum a Makrisio arabice scriptae etc. Cum praefat. L. v. Ess. 8maj. Frankf. 827. Brönner. 16 ℊ. Hbg. Pr. 9 ℊ.

Wetzer, Heinrich Leander, s. Wetzer, Leander von

Wetzer, Johann Heinrich, s. Wetzer, Heinrich Joseph

Wetzer, (K. J.) Restitutio verae chronolog. rerum ex controversiis Arianis inde ab anno 325 usque ad an. 350 exortarum contra chronolog. nodie receptam exhibita una cum specimine historiae Coptorum a Markisio arabice scriptae etc. Cum Praefat. L. v. Ess. gr. 8. Frankf. 827, Brönner. Rthlr.

Wetzer, Leander von

Wetzer, Leander Heinrich, Major im k. k. Generalstabs-Corps. Behelfe zum Studium des administrativen Generalstabs-Dienstes bei den höheren Commanden, Behörden und Stäben. 1. Th.: Der Dienst im Frieden. 3. verm. Aufl. (Mit 1 Taf. und 3 Beilagen.) 2. Th.: Der Dienst im Kriege. Beide Theile für den ausschliesslichen Gebrauch der k. k. Kriegs-Schule als Manuscript gedruckt. (Mit 20 Taf.) (2 Bde.) 8. Wien 1880.

(Wetzer, Leander, k. und k. Oberstlieut.) Zwischen Donau und Elbe. Skizze der Kriegsbegebenheiten in Ostböhmen im 18. Jahrhundert. (Hiezu 2 Taf.) (Aus: „Mittheilungen des k. und k. Kriegsarchivs" 1886.) 8. Wien 1886.

Wetzer, Oberst von, Direktor des k. k. Kriegs-Archivs und Vorstand der Abtheilung für Kriegsgeschichte. Der Feldzug am Ober-Rhein **1638** und die Belagerung von Breisach. Beiträge zur Geschichte des dreissigjährigen Krieges. Separat-Abdruck aus den „Mittheilungen des k. k. Kriegs-Archivs". Mit vier Tafeln.
S. Wien 1888.

Wetzer, L. H., s.: Feldzüge des Prinzen Eugen von Savoyen.

(Wetzer, Leander v., k. u. k. General-Major, Director des k. u. k. Kriegs-Archivs etc.) Meinungen und Mahnungen. Lose Blätter aus der Mappe eines alten kaiserlichen Soldaten. kl. 8° Wien (1893).

Wetzer, Heinr. Leander, üb. Milizen. [Aus „Organ d. militärwissenschaftl. Ver."] gr. 8. (55 S. m. 1 Tab. in qu. Fol.) Wien 871. Gerold's Sohn in Comm.
n. 1. 20

Wetzer, Leander Heinrich von, k. und k. General-Major. (Die Schlacht bei Neerwinden am 18. März 1793.) Vortrag gehalten im militärwissenschaftlichen und Casino-Verein in Wien im Jahre 1893. (Text bezw. Manuskript nicht vorhanden.) 5 Karten, 1 Ordre de bataille und 1 Verlustliste. Fol. (Wien 1893.)

Wetzer, L. H., spanischer Successions-Krieg, Feldzug 1701, s.o. Feldzüge des Prinz Eugen von Savoyen.

Wetzer, L. H. Spanischer Successionskrieg. Feldzug 1701. (VII. 531. 108.) 8. Mit 6 Krtn. [Feldzüge des Prinzen Eugen von Savoyen. Hersg. v. d. Abth. für Kriegsgesch. des K. K. Kriegsarchivs. I. Serie. 3. Bd.] Wien 1876.
20,90.

Wetzer, L. H. Spanischer Successionskrieg. Feldzug 1702. (X. 742. 392.) 8. Mit 10 Krtn. [Feldzüge des Prinzen Eugen v. Savoyen. I. Serie. 4. Bd.] Wien 1877.
30,08.

Wetzer, L. H., Waldstein und die Pilsener Reverse 1634. Vortrag, gehalten im militär-wissenschaftl. Vereine in Pilsen 1884. gr. 8. (44 S.) Wien 884, (Seidel und Sohn.)
Aus: Mittheilungen des k. k. Kriegs-Archivs, besonders abgedruckt.

Die Flöte. Ihre Entstehung u. Entwicklung bis z. Jetztzeit in akust., techn. u. musikal. Beziehung von Paul **Wetzger.** Mit zahlr. Abb. Heilbronn a. N.: C. F. Schmidt [um 1905]. (78 S.) 8° [F.]
[06. 8538

Wetzger, P: Die Flöte. Heilbronn a. N. (1906)

v. Wetzhausen, s. Truchses v. W.

Wetzig, über den mittleren Abstand ebener Linien von einem Punkte. Abhandlung. Leipzig 864. (Hinrichs'sche Sortimentsh.) gr. 8. (22 S. mit 1 Steintaf. in 4.)
n. 10 *ngr.*

Wetzig, A: Katalog über Transmissionen. Wittenberg 1895

Wetzig, C., Lehr- und Uebungsbuch für den Unterricht und zur Selbstbeschäftigung in der deutschen Sprache mit besonderer Berücksichtigung der Orthographie. Für die Mittelklassen in Volksschulen. Leipzig 860. Werner. 8. (VIII, 134 S.)
12 *ngr.*

Wetzig, Martin, Ref. in Plauen i. V.: Das Verfügungsrecht des Absenders im Landfrachtverkehr nach Handelsrecht mit Einschluß des Eisenbahnverkehrs. Borna-Leipzig 1905: R. Noske. (VIII, 57 S.) 8°
Leipzig, Jur. Fak., Diss. v. 7. Dez. 1905.
[Geb. 17. März 81 Groitzsch; Wohnort: Plauen i.V.; Staatsangeh. Sachsen; Vorbildung: Fürstensch. Grimma Reife O. 01; Studium: Tübingen 1, Leipzig 5 S.; Rig. 27. Juni 05.]

Wetzig, Reinhold, aus Waldheim: Studie über die Tragödien Casimir Delavignes. Borna-Leipzig 1900: R. Noske. (102 S.) 8°
[Leipzig, Phil. Diss. v. [11. Okt.] 1900.

Wetzke, Christian Friedrich (Wittenberg) A. S. 608/48a

Dissertatio inauguralis iuridica quando accusatio contumaciae sit superflua aut frustranea praesertim in foris Saxoniae. Präs. Georg Friedrich Kraus. Wittenberg (Tzschidrich) 29. VIII. 1776. 29 S.
36517

Wetzke, Karl Theodor

Wetzke, Carl Thdr., Cyrus, der Gründer des persischen Reiches war nicht der Befreier der Juden, sondern der Zerstörer Jerusalems. Ein Beitrag zur Rechtfertigung der Bibel u. zur Berichtigung der bisherigen Darstellung d. Geschichte vom babylonischen Exile. 8. (VIII u. 114 S.) Bautzen 849, Weller in Comm. n. 1/3 ℛ︀

Wetzke, Paul, Medizinalpraktikant a. Bautzen: **Aus d. Diakonissenanstalt zu Flensburg.** Ein Fall von suprasymphysärer Entbindung nach Frank. Leipzig 1908: B. Georgi. (49 S.) 8°
Leipzig, Med. Fak., Ref. Zweifel, Diss. v. 21. April 1908
[Geb. 11. Okt. 80 Bautzen; Wohnort: Dresden; Staatsangeh.: Sachsen; Vorbildung: Gymn. Bautzen Reife O. 02; Studium: Marburg 1. Leipzig 10 S.; Coll. 9. Mai 08; Approb. 20. Juni 08.]

Wetzke, Paul, unser Pfingstgebet in ernster, trüber Zeit! Predigt am 2. Pfingstfeiertage den 10. Juni 1878 geh. in den Kirchen St. Petri u. Mariä u. Marthä in Bautzen. 8. (15 S.) Bautzen 878. (Rühl.)
n. — 40

Wetzlar [Schlagwort]

Wetzlar, s.: **Europa. Liebenow.**

Wetzlar, s.: **Rheinprovinz. Liebenow. W.**

Wetzlar [Verf.]

Wetzlar, Adolf, a. Würzburg: **Die Sprache ⟨Laut- u. Formenlehre⟩ sowie Glossar der Nordenglischen Homiliensammlung** des Edinburger Royal College of **Physicians. Ein Beitrag** zur Kenntnis des Mittelenglischen. **Erlangen 1907: Junge** & Sohn. (80 S.) 8°
Freiburg i. B., Phil. Fak., Ref. Wetz, Diss. v. 1907
[Geb. 15. Okt. 74 Würzburg; Wohnort: Nürnberg; Staatsangeh.: Bayern; Vorbildung: Realgymn. Würzburg Reife Juli 95; Studium: Würzburg 4, München 4, Würzburg 2 S.; Rig. 3. März 06.]

Wetzlar, Godofr., de aetate, vita scriptisque Luciani Samosatensis. Commentatio historico-philologica. 8 maj. Marburgi 834. (Hanau, König.) 1/3 ℛ︀

Wetzlar, Gumbertz (Judaeus)
De iis, quae in Agripparum partu observanda sunt.
Giessae 8. März 1760: Braun. 24 S. 4°

Wetzlar, Gust., Beitrr. zur Kenntniß d. menschl. Harnes u. der Entstehung d. Harnsteine. Mit e. Vorrede u. Anmerkk. von Fd. Wurzer. 8. Frankf. a. M. 821. Hermann. 5 *K*

— **de materiarum nonnullarum, inprimis Kali borussici, in organismum transitu, annexis quibusdam de absorptione venosa. 8maj. Marb. 822. Krieger. 3** *K*

Wetzlar, L., a Description of the Mineral Springs of Aix-la-Chapelle and Borcette; with some account of the curiosities of both places, and the environs. gr. 8. (6 B.) London 842. (Aix-la-Chapelle, Meyer.) *

Wetzlar, L., über die Heilwirkungen der Aachener Schwefelthermen und deren Anwendung. Eine praktische Abhandlung. Aachen 862. Benrath & Vogelgesang. gr. 8. (VIII, 111 S.) n. 15 ngr.

Wezlar, L., die Nachtheile unzeitiger u. übermäßiger Anwendung des Aderlasses u. anderer Blutentziehungen. 8. Aachen 837. Mayer. (Brüssel, Mayer u. Somerhausen.) 3/4 ℛ

Wetzlar, L., practical observations on the cure of syphilitic affections by the Aix-la-Chapelle hot sulphureous waters. gr. 8. (29 S.) Aachen 860, Benrath und Vogelgesang. *

Wetzlar, L., traité pratique des propriétés curatives des eaux thermales sulfureuses d'Aix-la-Chapelle et du mode de leur emploi. Bonn 856. Henry et Cohen. gr. 8. (XII, 83 S.) 15 ngr.

—— a practical treatise on the medical properties of the Aix-la-Chapelle hot sulphureous waters and the mode of their employment. gr. 8. (VIII und 100 S.) Aachen 862, Benrath und Vogelgesang. *

Wetzlar, Lazarus (geb. am 9 Febr. 1810 in Bonn): De articulorum resectionibus, ubi instituantur, et de capite humeri, quo modo resecetur ... Bonnae, typ. F. C. Baaden (1832). 24 S. 4.
Bonn, Med. Fak., Diss. v. 10 Jan. 1832

Wetzlar, Leonh., aus meiner Welt. gr. 8. (66 S.) Berlin (W., Bülowstr. 89) 897. G. Buschhardt. 1.25

Wetzler, A. Ueber den Jura und die Molasse in der Umgegend von Günzburg. (Aus dem Berichte des nat. hist. Vereins abgedruckt.) 1857. 8

Wetzler, Bernh., Wohnungsnoth u. Wohnungsreform. Zur Frage der Bekämpfung der Tuberculose. gr. 8. (44 S.) Wien 902. (F. Deuticke.) n. —80

Wetzler, G. A., üb. d. öftern Empfang d. hochheiligsten Altarssakramentes. In Briefen zweier Freunde. gr. 12. (5½ B.) Regensburg 841, Manz.

Wetzler, J. A., Maria. Ein Lehr- u. Gebetb. f. kathol. Jungfrauen, die nach d. wahren Vollkommenheit streben. gr. 12. (23½ B. u. 1 Stahlst.) Regensburg 841, Manz.
Blnp. mit 3 Stahlstichen

Wetzler, J. A., Maria. Ein Lehr- und Gebetbuch für kathol. Jungfrauen, die nach der wahren Vollkommenheit streben. Auf's Neue umgearb., verb. und verm. von einem kathol. Geistlichen. 2. Aufl. 8. (XVI und 528 S. mit 1 Stahlst.) Regensburg 848, Manz. Thlr. –

Wetzler, J. A., Maria. Ein Lehr- u. Gebetbuch für katholische Jungfrauen, die nach der wahren Vollkommenheit streben. Auf's Neue umgearb., verb. u. verm. von einem kathol. Geistlichen. 2. Aufl. Mit 1 Stahlst. 8. (XVI u. 528 S.) Regensburg 851, Manz. 7/12 ℛ

— s. v. Sales, Frz., Briefe an christl. Frauen.

Wetzler, Johann Evangelist

—— die Jod- u. Bromhaltige Adelheids-Quelle zu Heilbrunn in Bayern, eine d. merkwürd. u. heilkräftigsten Mineral-Quellen. 8. (7¼ B.) Augsburg 833, Kollmann.

Wetzler, Joh. Evangelist, die Jod- u. Brom-haltige Adelheids-Quelle zu Heilbrunn in Bayern, eine d. merkwürdigsten u. heilkräftigsten Mineral-Quellen. 3., verm. u. verb. Aufl. gr. 12. (7¼ B.) Augsburg 839, [Kollmann'sche Buchh.] Thlr.

Wetzler, Johs. Evang., die jod- u. bromhaltige Adelheids-Quelle zu Heilbrunn in Oberbayern. 4., verb. Aufl. gr. 12. (6 B.) Augsburg 843, Kollmann'sche Buchh.

Wetzler, Jh. Evangelist, Actenstücke über d. Schutzpocken-Impfung in d. k. baier. Provinz in Schwaben; nebst e. Abhandl. über d. Maßregeln u. Anstalten d. Regierungen ꝛc. 8. Ulm 807. Becker. (Ebner). 16 kr

* — Aktenstücke üb. die Schutzpockenimpfung, sind jetzt Verlag von Jakob Ebner in Ulm.

— Anweis. zur Schutzpockenimpfung, vorzügl. für Wundärzte. 8. Ulm 807. Autor. (Stettin). 8 kr

— — Beyträge zur theoret. und prakt. Medizin. 1s — 3s Heft. 8. Mainz, Kupferberg. 819.

— Beiträge zur theoret. u. prakt. Medicin. 1s u. 2s Heft. 8. Mainz 820. Kupferberg. 1 ℛ 8 kr

— Belehrung des Landvolks über d. Schutzblattern; nebst e. Unterricht für Landwundärzte. 8. Ulm ... 3e Aufl. 806.

— Beobachtungen über den Nutzen u. Gebrauch des Keil'schen Magnet-Electrischen Rotations-Apparats in Krankheiten, besonders in chronisch-nervösen, rheumatischen u. gichtischen, gesammelt zu München, Augsburg, Würzburg u. Kissingen. 8. Leipzig 842, Köhler. 3/4 ℛ

—— Beobachtungen über den Nutzen u. Gebrauch des Keil'schen Magnet-Electrischen Rotations-Apparates in Krankheiten, besonders in chron.-nervösen, rheumat. u. gichtischen, gesammelt zu München, Augsburg, Würzburg u. Kissingen. 8. (12⅞ B.) Leipzig 842, [Winter.] –

— Beschreib. d. Gesundbrunnen u. Bäder Wipfeld, Kissingen, Bocklet u. Brückenau im Untermainkreise im Königr. Baiern. 8. Mainz 821. Kupferberg. 22 kr

— Blicke auf Baierns Heilbrunnen u. Bäder. 12. Münch. 822. Finsterlin. 8 kr

Wetzler, Jh. Evangelist, Briefe an eine Dame über Aderlassen Brechen u. Purgiren. 8. Landsh. 801. Weber in Münch. 3 kr

— über den Einfluß des Tanzens auf d. Gesundheit, nebst Verhaltungsregeln ꝛc. 8. Landsh. 801. Weber in Münch. 3 kr

Johann Evangelist Wetzler

Entwurf einer systematischen Medizinaleinrichtung für die kurpfalzbaierschen Staaten. Von Joh[ann] Evang[elist] Wetzler. Ulm: Becker 1805. 256 S. 8°

— Entwurf einer systemat. Medicinaleinrichtung. 8. Ulm 805. Becker. (Ebner). 1 ℛ

— Gedanken über d. beste Art u. Weise d. Impfung d. Kuhpocken allgemein zu machen ꝛc. 8. Sulzb. 803. v. Seidel. 4 kr

— d. Gesundbrunnen u. Bäder im Obermainkreise d. K. Baiern. I. Steben. II. Alexanders Bad. III. Die Hohenberger Mineralquelle. IV. Wisau. V. Tondrau. VI. Die Hardecker Mineralquelle. 8. Nürnb. 823. Schrag. 15 kr

— über Gesundbrunnen u. Heilbäder. 1r Thl. A. u. d. T.: über Gesundbrunnen u. Heilbäder überhaupt, od. über deren Nutzen, Einrichtung u. Gebrauch. 8. Mainz 819. N. A. 822. Kupferberg. 1 rß 12 gr 2r Thl. A. u. d. T.: über Gesundbrunnen u. Bäder insbesondere, oder Nachrr. über d. vorzügl. Gesundbrunnen u. Bäder in d. nördl. Schweiz, in Schwaben, in den Rhein- u. Moselgegenden u. in Franken. 8. Ebd. 819. N. A. 822. 2 rß 12 gr 3r Thl. A. u. d. T.: Nachrichten über d. vorzügl. Gesundbrunnen u. Heilbäder in Böhmen. 8. Ebd. 825. 1 rß 20 gr Die Zusätze u. Verbesserungen besonders, mit 2 Kpf. Für d. Besitzer d. ersten Ausgabe. gr. 8. Ebd. 822. Ebd. 18 gr

—— Gesundheitskatechismus f. d. Bürger u. Landmann, u. z. Gebr. in Feyertagsschulen. 2. Ausg. 16. (10 B.) Ulm 838, [Fr. Ebner.]

— Gesundheitskatechismus für d. Landvolk. gr. 12. Ulm 804. N. A. 808. (Ebner). 6 gr

— d. Krumbacher Heilbad, mit 1 Kpf. u. 1 Tabelle. 16. (Nürnb.) 811. Stein. 16 gr

Wetzler, Joh. Evang., meine wunderbare Heilung v. beispiellosr Hautschwäche u. Geneigtheit zu Erkältungen durch e. Somnambule. Nebst e. Anleit. sich durch Waschungen mit e. Campherseife vor Erkältungs-Krankheiten zu schützen u. v. Rheumatismen zu heilen; u. e. Anh., welcher d. Aeußerungen derselb. Somnambule üb. d. Asiat. Cholera, so wie Bemerkn. d. Verf. üb. diese Krankheit enthält. gr. 12. (11 B. u. 1 Steindr.) Augsburg 833, Kollmann.

—— meine wunderbare Heilung von beispielloser Hautschwäche u. Geneigtheit zu Erkältungen durch eine Somnambule mittelst Waschungen mit einer Campherseife. Nebst Bemerkungen üb. d. Nutzen u. Gebrauch der Campherseife u. über Kaltwasserkuren. 2. Aufl. (6 B.) 843. 15 Ngr. u. 3., verm. Aufl. gr. 12. (9½ B.) Augsburg 844, Kollmann'sche Buchh.

Wetzler, Johs. Evang., Kissingen, seine Heilquellen u. Anstalten m. besond. Rücksicht auf die Kurgäste. 1. Abthl. 8. (5¼ B. u. 1 Tab.) Würzburg 845. (Leipzig, Rein'sche Bh.) Thlr.

— Kissingen, seine Heilquellen und Anstalten mit besonderer Rücksicht auf die Kurgäste. 1. Abthl. 8. (Mit 1 Tabelle.) Würzburg 845, Voigt u. Mocker. ½ rß

— üb. Kuhpocken u. deren Impfung. 8. Straubing. Reitmayr. (Heigl.) 802.

— über Kuhpocken u. deren Impfung. 8. Straub. 802. (Wienbrack in Leipz.) 6 gr

— über d. Medicinalwesen in d. vormal. königl. baier. Provinz in Schwaben. gr. 8. Nürnb. 809. Campe. 1 rß 8 gr

— über d. Fehlerhafte d. zeitherigen Methode Scheintodte zu behandeln. gr. 8. Landsh. 801. Krüll. 3 gr

Johann Evangelist Wetzler

Ueber den [Nutz]en und Gebrauch des Püllnaer Bitterwassers. Von Johann Evangelist Wetzler. 2., verm. u. verb. Aufl. Leipzig: Rein 1827. IV, 95 S. 8°

[Titelbl. beschädigt.]

—— über d. Nutzen u. Gebrauch d. Püllnaer Bitterwassers. 3., verm. u. verb. Aufl. (6½ B.) 828. 12 Gr., 4., mit Zusätzen verm. Ausg. (8 B.) 8. Augsburg 830, Wolff. (Kollmann.) Die Zusätze (1½ B.) f. die Besitzer d. 3. Aufl. apart, 4 Gr.

—— üb. d. Nutzen u. Gebrauch d. püllnaer Bitterwassers. 5., verm. u. verb. Aufl. gr. 12. (5⅓ B.) Augsburg 836, [Kollmann'sche Buchh.]

—— über d. Nutzen u. Gebrauch des Püllnaer Bitterwassers. 7., veränd. Aufl. 12. (3 B.) Augsburg 846, Kollmann'sche Bh. -

— über den Nutzen u. Gebrauch des nach d. Vorschrift des Apoth. Stahl entwickelten oxydirt-salzsauern Gases zur Reinigung d. Luft u. in Krankheiten. 8. Augsb. 825. Engelbrecht. 6 gr (Schlosserbas.) 3 gr

— physische Schwäche d. Frauenzimmer. 8. Landshut, Weber. 801.

— über d. physische Schwäche d. Frauenzimmer. 8. Landsh. 809. Weber in Münch. 3 gr

Wetzier, L. H., s. Wetzer, Leander Heinrich

Wetzler, Otto [app. Arzt u. Assistenzarzt am städt. allg. Krankenhause München I/I.]: Die Nierenerkrankungen auf der II. med. Klinik und Abteilung in den Jahren 1885 — 1889 … München, kgl. Hof- u. Univ.-Buchdr. v. Dr. C. Wolf & Sohn, 1892; 19 S. 8.
München, Med. Fak., Inaug.-Diss. v. 1892

Wetzlich, Arthur, dpl. Chemiker aus Dresden: Über die Einwirkung von Aldehyden auf Phenylessigsäure und Benzylcyanid und einige Abkömmlinge derselben zur Erzeugung von Stilben und Stilbenderivaten. Dresden 1899: Lehmann. (45 S.) 8°
Leipzig, Phil. Diss. v. [28. Juli] 1899.

Wetzlich, G. H.

Wetzlich, die den Thierschutz betr. Gesetze u. Verordnungen m. besond. Berücksicht. der königl. sächsischen Landesgesetzgebung. Nebst Einleitg. u. Kommentar. Im Auftrage d. Verbandes der sächs. Thierschutz-Vereine hrsg. 8. (VIII, 213 S.) Pirna 883. Eberlein. n. 2. —

Wetzlich, G. H. Das Recht der Tiere od. Beleuchtg. d. richt. Verhältnisses zwischen Tier u. Mensch in sittl. u. rechtl. Beziehg. Gekrönte Preisschrift. Hrsg. v. dem Verbande der Tierschutzvereine d. Deutschen Reiches. gr. 8. (51 S.) Köln 890. (Römke u. Co.) * • — 25

Wetzold, Görlitzer Heimatkunde, s.: Stutzer, E.

Wetzold, Alwin: Beiträge zur Geschichte der Stadt Görlitz im 1. und 2. Schlesischen Kriege. *Görlitz 1898: Görl. Nachr. u. Anzeiger.* (25 S.) 4° [J.]
Görlitz, st. G. u. RG, OP 1898 (196)

Wetzstein, Alb., Blütenlese. In Lust u. Leid. Gedichte e. Realisten. 8. (256 S.) Berlin 884. Parrisius. n. 3. —; geb. n. 4. —

Wetzstein, Georg, aus Appetshofen: Über Abweichungen vom Poiseuille'schen Gesetz. Leipzig: J. A. Barth 1899. (59 S.) 8.
München, Phil. Diss. v. 1899

Wetzstein, Geo., Elemente der Physik, s.: Götz, Hans.

— Lehrbuch der ebenen Geometrie, s.: Recknagel, G.

Wetzstein, Geo., Lehrbuch der Physik, s.: Götz, Hans.

Wetzstein, Georg Dr. „Verbindliche physikalische Schülerübungen für die Mittelstufe". I II und pg. 1—72. 8°. Mit Textabbild. Rackl & Lochner. Augsburg, Progr. 1909/10

Wetzstein, Gustav. Studien über Tuberkulose des zentralen Nervensystems beim Rind und Schwein. Diss. Vet.-Med. Univ. Zürich. *Kopftitel:* Aus der Klinik für grosse Haustiere der Kgl. Tierärztlichen Hochschule in Dresden; Direktor: Professor Dr. [Gustav Wilhelm Oscar] Röder. VI + 134 S. 8. Borna-Leipzig, Robert Noske, 1907.

Wetzstein, Johann Gottfried

Wetzstein, Joh. Gfr., das batanäische Giebelgebirge. Excurs üb. Ps. 68, 16 zu Delitzsch' Psalmencommentar [Aufl. 4. 1883]. gr. 8. (27 S.) Leipzig 884. Dörffling & Francke. n. — 75

— — Das Hiobskloster in Hauran und das Land Uz mit einer Karte der Umgebung des Hiobsklosters. [Anhang zu Delitzsch. Commentar über das Buch Job. II. Auflage.]

Wetzstein, Joh. Gottfr., ausgewählte griechische und lateinische Inschriften, gesammelt auf Reisen in den Trachonen und um das Haurângebirge. gr. 4. (114 S. mit 1 lithogr. Karte.) Berlin 864, (Dümmler's Verlag.) cart. *
Aus: Abhandlungen der k. Akademie der Wissenschaften zu Berlin, besonders abgedruckt.

Wetzstein, J. G.: Catalog arabischer Manuscripte in Damaskus gesammelt. Berlin 1863.

Wetzstein, Joh. Gottfr.: Die Liebenden v. Amasia. s.a. Abhandlungen f. die Kunde des Morgenlandes. XII, 2.

Die **Liebenden** von Amasia. Ein Damascener Schattenspiel, niedergeschrieben, übers. u. mit Erkl. versehen von Joh. Gottfried Wetzstein, weil. Konsul in Damascus. Aus d. Nachlasse desselben hrsg. von G[ustav] Jahn. Leipzig: F. A. Brockhaus in Komm. 1906. (x, 159 S.) 8°
— **Abhandlungen** f. d. Kunde d. Morgenlandes. Bd 12, No 2. [06. 10319

Wetzstein, Joh. Gfried., Reisebericht über Hauran und die Trachonen nebst einem Anhange über die sabäischen Denkmäler in Ostsyrien. gr. 8. (VI und 150 S. mit chromolithogr. Karte in gr. Fol., lithogr. Inschriftentafel in qu. gr. 4. und eingedr. Holzschn.) Berlin 860, D. Reimer. *

Wetzstein, Joa. God., s. Samachscharil Lexicon Arabicum Persicum.

Wetzstein, Johann Gottfried: Sprachliches aus den Zeltlagern der syr. ... wüste ([S.-A.] Zeitschrift der Deutschen Morgenländischen Gesellschaft. Bd. 22.) Leipzig 1868. 131 S. 8°

Wetzstein, [Über die Töpferei im östlichen Syrien]. [Aus den Verhandlungen der Berliner anthropologischen Gesellschaft. Sitzung am 15. Juli 1882.]

Wetzstein, Karl

Wetzstein, K., acht Tage in München. Illustrirter Führer durch München u. seine Umgebg. Mit den vollständ. Katalogen sämmtl. kgl. u. Staatssammlgn., dem neuesten Plan der Stadt, d. Hoftheaters, sowie 72 Ansichten u. als Anh.: Wegweiser zu Ausflügen in die Umgegend, nebst 2 Spezialkärtchen. 16. Aufl. d. v. Nagler begründeten Führers, neu bearb. 8. (XXII, 251 S.) München 888. Fritsch. n. 2. —

— **drei Tage in München. Wegweiser durch München u. seine Umgebg. Mit e. Uebersicht der Sehenswürdigkeiten, 1 Plan u. Strassenverzeichniss, 2 Kärtchen v. Südbayern u. d. Starnberger Sees, sowie 7 Ansichten. Auszug aus dem vollständ. Führer: „Acht Tage in München", XVI. Aufl. 12. (XXII, 80 S.) Ebd. 888.** n. 1. —

Wetzstein, Carl, Tölz-Krankenheil in Oberbayern, nebst seinen Umgebungen. Für Kurgäste u. Freunde schöner Alpengegenden. Mit e. Panorama (in Lichtdr.), e. (chromolith.) Karte u. mehreren Abbildgn. 12. (IV, 74 S.) München 884. Stahl sen. cart. n. 1. 50

Wetzstein, Karl, Wegweiser zu Ausflügen in die nähere und entferntere Umgebung Münchens. 8. (38 S. mit 2 Kärtchen von Südbayern, des Starnberger Sees und 7 Ansichten.) München 888, Fritsch. *
Aus: Acht Tage in München, besonders abgedruckt.
Vgl.: Nagler und Karl Wetzstein, acht Tage in München; drei Tage in München.

Wetzstein, Otto Heinrich Robert

Wetzstein, [Otto], Rat Dr.: Goethes geistige **Bedeutung**. ⟨Vortrag, geh. am 150. Geburtstag desselben, am 28. Aug. 1899, u. veröffentlicht in etwas erweiterter Gestalt.⟩ *Neustrelitz 1900: H. Bohl.* (S. 19—29.) 4° [F.]
Neustrelitz, grossh. R, OP 1900 (716)

[Bericht über die Feier des 75jährigen Stiftungstages der Anstalt.]
S. 6—9. 4. Großherz. Realschule (Realprogymn.) *Neustrelitz* 1904 (777)
Progr.

Wetzstein, [Otto], Direktor Prof. Dr.: Die **geschichtliche Entwicklung** des Realschulwesens in **Deutschland**. Abschnitt 1. Die Entstehung deutscher Realschulen im 18. Jahrhundert. Neustrelitz 1906: H. Bohl. (S. 3—48.) 4° [F.]
Neustrelitz, großh. R OP 1906 (831)

Wetzstein, O[tto], Direktor Dr.: Die geschichtliche Entwicklung des Realschulwesens in Deutschland. Abschnitt 2. Gymnasium und Realschule in der ersten Hälfte des 19. Jahrhunderts. Neustrelitz 1907: H. Bohl. (48 S.) 4° [F.] ¶(Forts. d. P-Beil. 1906.)
Neustrelitz, großh. R OP 1907 (836)

Wetzstein, O[tto]: Die geschichtliche Entwicklung des Realschulwesens in Deutschland. Abschnitt 3. Der Ausbau der Realschulen zu 9klassigen Lehranstalten. Neustrelitz 1908: Bohl. 42 S. 4° ¶[Forts. d. P-Beil. 1906. 07.]
Neustrelitz, großh. R u. RPG OP 1908 (870) [S 08. 530

Wetzstein, O[tto]: Die geschichtliche **Entwicklung** des **Realschulwesens** in Deutschland. Abschnitt 4. Die 9klassigen Realschulen u. ihr Kampf um Gleichberechtigung mit d. Gymnasium. Neustrelitz 1909: Bohl. 60 S. 4° ¶[Forts. d. P-Beil. 1906—08.]
Neustrelitz, großh. R, RPG OP 1909 (898) [S 09. 503

Wetzstein O[tto]: Die geschichtliche Entwicklung des Realschulwesens in Deutschland. Abschn 5. Das Streben d. Realschulen 1. O. nach Gleichberechtigung mit d. Gymnasium. Neustrelitz 1910: Bohl. 42 S. 4° ¶(Forts. d. P-Beil. 1906—09.)
Neustrelitz, großh. R, RPG OP 1910 (914) [S 10. 471

Wetzstein, O., die deutsche Geschichtschreibung zur Zeit der Reformation. Ein Beitrag zur Geschichte der Historiographie. 4. (29 S.) Neustrelitz 888. (Leipzig, Fock.) *

Wetzstein, O. [Dr.]: Die deutsche Geschichtschreibung zur Zeit der Reformation. II. Ein Beitrag zur Geschichte der Historiographie. Neustrelitz, Druck v. G. F. Spalding & Sohn, 1889; 29 S. 4°
Neustrelitz, R, OP 1889 (625)

Wetzstein, [Otto], Rat Dr.: Die **Gründung** der evang.-lutherischen Landeskirche in Mecklenburg. ⟨Vortrag, geh. am 350j. Gedenktag derselben, am 20. Juni 1899, u. nachträglich durch einige sachliche Bemerkungen ergänzt.⟩ *Neustrelitz 1900: H. Bohl.* (S. 1—19.) 4° [F.]
Neustrelitz, grossh. R, OP 1900 (716)

—— das deutsche Kirchenlied im 16., 17. und 18. Jahrhundert. Eine literarhistor. Betrachtung seines Entwickelungsganges. gr. 8. (IV, 132 S.) Neustrelitz 888, Barnewitz. *

Wetzstein, O. H. R., L. Annaeus Seneca quid de natura humana censuerit. Dissertatio inauguralis. 8. (110 S.) Neustrelitz 881. (Jacoby.) n. 1. —

Wetzstein, O. Die religiöse Lyrik der Deutschen im 19. Jahrh. Ein Beitrag zur Literaturgeschichte der Neuzeit. gr. 8. (IV, 336 S.) Neustrelitz 891, Barnewitz. * 4 —

*Wetzstein, O[tto]: Chronologische Übersicht über die Weiterentwicklung der Neustrelitzer Realschule während der Jahre 1878–1903. 47 S. 4.
Zur Feier des 75jähr. Stiftungsfestes Großherz. Realschule
Progr. *Neustrelitz* 1903.

Wetzstein. *Otto Heinrich Robert* [Prof. Dr.]: Die Wandlung der stoischen Lehre unter ihren späteren Vertretern. (Umschlagt.: . . . '(Tl. 1.)') Neustrelitz. Druck v. G. F. Spalding & Sohn. 1892; 3–17 S. 4°
Neustrelitz, grossh. R. OP 1892 (661)

Wetzstein, *Otto Heinrich Robert* [Prof. Dr.]: Die Wandlung der stoischen Lehre unter ihren späteren Vertretern. '(Forts.)' (Forts. d. P-Beil. 1892.) Neustrelitz. Druck v. G. F. Spalding & Sohn. 1893; 3–20 S. 4°
Neustrelitz, grossh. R. OP 1893 (660)

[F.] **Wetzstein,** *Otto Heinrich Robert* [Prof. Dr.]: Die Wandlung der stoischen Lehre unter ihren späteren Vertretern. '(Schluss [d. P-Beil. 1892. 93].)' Neustrelitz, Druck v. G. F. Spalding & Sohn, 1894; 3–21 S. 4.
Neustrelitz, grossh. R, OP 1894 (665)

Wetzstein, Paul, Referendar: Die Seeminenfrage im Völkerrecht und das Haager Abkommen 'über die Legung unterseeischer selbsttätiger Kontaktminen' vom Jahre 1907. Borna-Leipzig 1909: Noske. VIII, 55 S. 8°
Leipzig, Jur. Diss. v. 16. Juli 1909
[Geb. 20. April 86 Elberfeld; Wohnort: Elberfeld; Staatsangeh. Preußen. Vorbildung: Gymn. Elberfeld Reife O. 05; Studium: Bonn 1, Berlin 3, Bonn 2 S.; Rig. 16. Juli 09.] [U 09.2724

Wetzstein, Vict. Predigt, geh. auf dem St. Gebhardsberge am Feste d. heil. Gebhard am 27. Aug. 1889. 12. (16 S.) Bregenz 889, Teutsch. — 20

Weule, *Johann Konrad* Karl: Beiträge zur Morphologie der Flachküsten ... M. 8 Ktn u. 6 Profilen auf 1 Bl. [Aus: Kettler's Zeitschr. f. wiss. Geogr., Bd VIII.] Weimar, Geogr. Inst., 1891; VI, 46 S., 1 Bl., 1 Kte; 4.(8.)
Leipzig, Phil. Fak., Inaug.-Diss. v. [29. Jan.] 1892

Weule, Karl: Wissenschaftliche Ergebnisse meiner ethnographischen Forschungsreise in den Südosten Deutsch-Ostafrikas. s.a. Mitteilungen aus den deutschen Schutzgebieten. 1. Erg.-Heft.

Wissenschaftliche Ergebnisse meiner ethnographischen Forschungsreise in den Südosten Deutsch-Ostafrikas. Von Dr. Karl **Weule,** Prof. zu Leipzig. Mit 63 Bildertaf., 1 Karte u. 1 Beilage. Berlin: E. S. Mittler & Sohn 1908. (X, 150 S.) 4°
= Mitteilungen aus d. Deutschen Schutzgebieten. Erg.H. 1.
— **Kolonialblatt,** Deutsches. Wiss. Beihefte. 1908. [08. 16962

Weule, Karl, Geschichte der Erdkenntnis u. der geographischen Forschung, zugleich Versuch u. Würdigg. beider in ihrer Bedeutg. für die Kulturentwicklg. der Menschheit. Mit 40 Taf. u. Karten in Farbendr. u. 190 Abbildgn. u. Karten im Text. 2 Tle. in 1 Bde. (XII, 180 u. 256.) Lex.-8. Berlin 904. Deutsches Verlagshaus Bong & Co. 25 —
Sonderabdruck aus: „Krämer, Weltall u. Menschheit".

— **Die Kultur der Kulturlosen.** Ein Blick in die Anfänge menschl. Geistesbetätigg. Mit 3 Taf. in zahlr. Abbildgn. nach Orig.-Aufnahmen in Orig.-Zeichngn. v. K. Reinke. (100 S.) 8. Stuttgart (910). Franckh. 1.—; geb. 1.80

Kulturelemente der Menschheit. Anfänge und Urformen d. materiellen Kultur. Von Dr. Karl **Weule,** Prof. Mit 4 Taf. u. zahlr. Abb. von K. Reinke. Stuttgart: Kosmos (1910). 94 S. 8° [illegible]

— **das Meer u. die Naturvölker. Ein Beitrag zur Verbreitungsgeschichte der Menschheit. (S. 411—462.) Lex.-8. Leipzig 904. Dr. Seele & Co.** n. 2. —
Sonderabdruck aus: „Zu Frdr. Ratzels Gedächtnis".

— **Negerleben in Ostafrika.** Ergebnisse e. ethnolog. Forschungsreise. Mit 196 Abbildgn., darunter 4 bunte Vollbilder, u. 1 (farb.) Karte. 1. u. 2. Aufl. (XII, 524 S.) gr. 8. Leipzig 908. 09. F. A. Brockhaus.
Geb. in Leinw. 10. —

Weule, Karl, Dr., Direktorialassist. am Museum f. Völkerkunde: Der afrikanische Pfeil. Eine anthropogeograph. Studie. Mit 35 Abb. auf 2 Taf. Leipzig 1899: O. Schmidt. (64 S.) 8°
Leipzig, Phil. Hab.-Schr. v. 28. Juli 1899.

— **Völkerkunde u. Urgeschichte im 20. Jahrh. (IV, 43 S.) gr. 8. Eisenach 902. Leipzig, Thüring. Verlags-Anstalt.** n. 1. —

Weule, Karl, s. Weltgeschichte.

Weuster, H., De auctore et locis aliquot Copae, quae vulgo dicitur, Vergilianae. 1877. 30 S.

Weuster, [Heinrich]: [Ansprache bei der Trauerfeier für den am 5. Februar 1908 verstorbenen Direktor Dr. Julius Asbach.] S. 17–19. 4.
Progr. Kgl. Hohenzollerngymn. *Düsseldorf* 1908 (569)

Sammlung von Gemälden alter Meister des 14.–18. Jahrhunderts, ausschließlich aus dem Besitze des Herrn Henry **Weustenberg,** Berlin. Mit 35 Abb. Berlin: Lepke 1908. 18 Taf., 19 S. 4°
(Lepke, Rudolf: [Auktionskatalog]. 1526.)

Weveld, von. Beschäftigungsweise der Criminal-Straf-Anstalt in München. *München* 1819

v. Weveld, über Freigabe der Bierpreise. Ein bestgemeintes Erfahrungswort von einem einfachen Landbauer. Neuburg 863. (Augsburg, Schmid.) 8. (24 S.) 6 *ngr.*

WEVELD, Adalbert Frh. von (München): Zur Lehre vom gerichtlichen Augenschein im Civilprozess.- München: Ackermann 1877. 2 Bl.,70 S.,1 Bl.
8.3.1877 - Urk (Titel: De inspectione oculari in processu civili instituenda.); Chr 1876/77,9
Diss. Ingolst.-Landsh.-Mchn.

v. Weveld, Baron Jh. Bapt., freimüthige Gedanken über d. Verminderung d. Criminalverbrechen. gr. 8. Münch. 810. Fleischmann. 1 [illegible] 8 [illegible]

Weveld, Bar. von, freimüthige Gedanken üb. die Verminderung d. Criminalverbrechen. gr. 8. München, Fleischmann. 812.

Weveld, Joh. Bapt. v., zum Schutze der bayerischen Braunbierbrauerei nach den Erfahrungs-Wahrnehmungen in strengem Auge des Rechts-Axioms: Suum cuique ein unbefangenes Wort. Augsburg 856. Rieger. gr. 8. (78 S. u. 2 Tabellen in Fol.) n. 12 *ngr.*

Wevelmeyer, E., Gesangbuch f. evangelische Gymnasien, s.: Henke, O.

Wevelmeyer, K. E., der Kinderfreund. Fibel u. erstes Lesebuch. gr. 8. (III, 132 S. m. Bild.) Berlin 898. G. Grote. Geb. in Halbldr. n. 1. —
Begleitwort f. Lehrer. (16 S.) Kostenlos.

Wevelmeyer, K. E., der Kinderfreund. Fibel u. erstes Lesebuch. 2., verb. Aufl. (III, 108 S. m. Abbildgn.) gr. 8. Berlin 903. G. Grote. Geb. in Halbleinw. n. 1. —

Wevelmeyer, K. E., der Kinderfreund. Fibel u. erstes Lesebuch. 8., verm. u. verb. Aufl. (IV, 132 S. m. Fig.) 8. Berlin 909. G. Grote. Geb. 1. 20

— Lehrpläne u. Lehraufgaben f. Volksschulen höherer Lehranstalten in Preußen, unter Mitwirkg. v. prakt. Schulmännern u. nach Bezirkskonferenzen entworfen. (39 S.) gr. 8. Halle 910. Buchh. des Waisenhauses. — 75

Wever, F., Tabellen zur Baugeschichte. Handbuch f. Architekten, insbesondere f. Studirende der Architektur. gr. 8. (XI, 56 S.) Berlin 888. Wasmuth. n. 2. 50

Wever, Franz Bernhard (Hildesheim) F, zk/10

Dissertatio inauguralis chemico-medica de alcali volatili.
Erlangen (Hilpert) IV. 1795. 78 S.

Gew.: Karl Haidinger, Johann Friedrich Blumenbach.
36518

Wever, Franc. Gust., Dissertatio inaug. med.-chirurg., sistens observationes de Cophosi et Baryecoia congenita annexis notaminibus physiologicis de functione tubae Eustachianae. 4maj. (5 B.) Friburgi 835, (Emmerling.)

Wever, Frz. Gust., Dissertatio inaug. medico-chirurgica, sistens observationes de Cophosi et Baryecoia congenita annexis notaminibus physiologicis de functione tubae Eustachianae. 4 maj. Friburgi 835. Fratres Groos. 5/12 ℛ

Wever, Fritz, s. Wewer, Fritz

Wever, Gust., der klimatische u. Molken-Kurort Badenweiler mit seinen Umgebungen. Topographisch, histor. u. medicinisch dargestellt. 3., umgearb. Aufl. Badenweiler 866. (Freiburg im Br., Wagner'sche Buchh.) gr. 16. (VI, 158 S. mit 1 lith. Plane der röm. Bäder, 1 lith. Panorama der Alpenkette u. 1 lith. Karte der Umgegend in qu. 4. u. Fol.) n. 1 ℛ

Wever, Gust., der klimatische und Molken-Kurort Badenweiler mit seinen Umgebungen. Topographisch, historisch und medizinisch dargestellt. Mit einem Plane, einem Panorama und einer Karte. 4. umgearb. Aufl. 8. Freiburg i. Br. 873, Wagner'sche Buchh. *

Wever, Gust., Badenweiler mit seinen Umgebungen. Topographisch, historisch, naturhistorisch u. medizinisch beschrieben. Mit 6 lithogr. Ansichten u. 1 Grundriß der römischen Bäder. 12. Freiburg 843, Emmerling. geb. n. 1 1/6 ℛ

Wever, Gust., Badenweiler mit seinen Umgebungen. Topographisch, historisch und medicinisch dargestellt. Mit 2 Ansichten (wovon 1 Stahlst. u. 1 lith.), einem Plane der römischen Bäder, einem Panorama der Alpenkette u. einer Karte der Umgegend (lith. in 4. u. Fol.). 2. verm. Aufl. Freiburg im Br. 854. Wagner. 12. (XIX, 322 S.) n. 1 ℛ. 8 ngr.

Geschichte der Familie Wever. (Verf.: Walther Wever.) Berlin (1898): Günther. 69 S. 8°

Wever, Werner [app. Arzt aus Haan, '(Rheinprov.)']: Ueber Knochennaht bei komplizierten Frakturen ... Würzburg, A. Boegler'sche Buchdr., 1896; 31 S. 8
Würzburg, Med. Fak., Inaug.-Diss. v. 1896

Wevers, der theoretische Unterricht bei der Truppe vom Standpunkte d. Lehrers. Ein Vortrag, geh. vor dem Offizier-Corps d. Reserve-Landwehr-Regiments [Berlin] Nr. 35, Febr. 1885. 8. (27 S.) Berlin 885. Eisenschmidt. n. — 50

Wevers, Alfred, aus Gerresheim b. Düsseldorf, Referendar am kgl. Oberlandesgericht zu Köln: Beitrag zur Lehre vom Sicherungskauf. (Sicherungskauf d. Waarenbestandes eines durch den Schuldner für eigene Rechnung fortzutreibenden Geschäftes.) Düsseldorf 1901: F. Richter. (51 S.) 8°
Erlangen, Jur. Diss. v. 10. Jan. 1901.

Wevers, F., Gedenkblätter an die Luther-Feier zu Drevenack am 10. u. 11. Novbr. 1883. Der Gemeinde auf ihren Wunsch überreicht. 8. (39 S.) Wesel 884. Kühler. n. — 40

Wevers, F., Predigt zur Feier d. Sedantages am 2. Sept. 1876 geh. zu Drevenach. gr. 8. (16 S.) Wesel 876. Kühler. — 30

— über christliche Volksbildung. Vortrag, geh. bei der Versammlg. der Kreis-Synode Wesel zu Rees am 11. Oktbr. 1882. gr. 8. (18 S.) Ebend. 882. n. — 40

Der Segen theologischer Seminarbildung. Von Oberkonsist.R. Lic. [Friedrich] **Wevers**. Pia desideria f. d. Heilsverkündigung in unsern Tagen. Von Oberkonsist.R. D.Dr. [Franz Wilh.] Dibelius. Vorträge, geh. bei d. 50jähr. Jubelfeier d. Kgl. Domkandidatenstifts 1904. Berlin: M. Warneck 1904. (39 S.) 8°

Wewel: Auf Apostelpfaden od. des Missionars Freud u. Leid, s. Unterhaltungs-Bibliothek, Steyler. 6.

Die Arbeiterversicherungsgesetze unter besond. Berücks. d. Unfall- u. Haftpflichtversicherung d. Prov. Ostpreußen. Vortrag von W. **Wewel**-Friedrichstein, Amtsvorsteher. Königsberg i. Pr.: Ostpr. Dr. u. Verlagsanst. 1908. (31 S.) 8° [𝔉.] [08, 7082 10

Weweler, Aug., Ave Musica! Das Wesen der Tonkunst u. die modernen Bestrebgn., s. a. Büchersammlung, allgemeine. 2. Bd.

Ave Musica! Das Wesen d. Tonkunst u. die modernen Bestrebungen. Ein musikal. Feldzug von Aug. **Weweler**. Leipzig: Körner [1909]. 135 S. 8°
(Allgem. Büchersammlung d. freien Vereinigung v. Schriftstellern ... Folge 2.)

Dornröschen. Märchenoper in 4 Aufz. von Hans Eschelbach. Musik von August **Weweler**. Vollst. Klav.Ausz. mit deutschem Text bearb. vom Comp. Berlin: E. Bote & G. Bock (1904). (195 S.) 4°

Wewer, ärztliche Briefe üb. Diabetes mellitus, s.: Sonder-Abdrücke der Deutschen Medizinal-Zeitung.

Wewer, Fritz, die Wohnungsverhältnisse in Göttingen. Mit e. Anh.: Statut d. Göttinger Spar- u. Bau-Vereins. gr. 8. (16 u. 8 S.) Göttingen 891. Vandenhoeck & Ruprecht. n. — 50

Wewer, Herm. (geb. Fürstenberg in Westf. 20. 2. 1823): De peritonitide. Berolini (1845). (32 S.) 8°
Berlin, Med. Diss. v. 28. Aug. 1845

Wewer, Hermann, aus Metz: Ueber die Reduktion des Metachlorbenzaldazins. Heidelberg 1903: Heidelb. Verlagsanst. u. Druckerei. (36 S.) 8°
Heidelberg, Naturw.-math. Diss. v. 1903.

Wewer, Johann

Wewer, J., Beispiele u. Aufgaben f. den Unterricht in deutscher Handelskorrespondenz in Verbindg. m. Kontorarbeiten. Im Anschlusse an des Verf. Lehrbuch der deutschen Handelskorrespondenz in Verbindg. m. Kontorarbeiten u. Handelsbetriebslehre hrsg. (Sammlung v. Lehrmitteln f. kaufmänn. u. gewerbl. Fortbildungsschulen, hrsg. v. J. Wewer.) 3 Tle. 8. Dortmund 907. F. W. Ruhfus. Kart. 4. 20
1. Unterstufe. (VII, 80 S.) Kart. 1. —
2. Mittelstufe. (VIII, 110 S.) Kart. 1. 20
3. Oberstufe. (VIII, 141 S.) Kart. 2. —

Wewer, Joh., Bilder aus der Geschichte der Hohenzollern. Für Volks- u. Bürgerschulen. 8. (80 S. m. Bildnis.) Lingen 893. R. van Acken. n. — 35; kart. n.n. — 45

— Goldener Boden. Ein Lesebuch f. junge Handwerker, s.: Sammlung v. Lehrmitteln f. kaufmännische u. gewerbliche Fortbildungsschulen.

Wewer, J., Buchführungshefte f. kaufmännische u. gewerbliche Fortbildungsschulen. 5 Hfte. Fol. (12, 11, 11, 32 u. 18 S.) Dortmund 901. F. W. Ruhfus. n. 1. 80

— dasselbe f. Fortbildungsschulen. Ausg. A: Einfache Buchführung. 2. Aufl. 4 Hfte. Fol. Ebd. 902. n. 1. 20
1. Inventurbuch (nebst Steuererklärung u. Hilfsbüchern). (14 S.) 2. Memorial. (10 S.) — 3. Kassabuch. (1 S. u. 5 Doppels.) 4. Hauptbuch. (1 S., 12 Doppels. u. 3 S.)

Buchführungshefte für Fortbildungsschulen. Ausg. A. Einfache Buchführung zsgest. von Rektor J[ohann] Wewer. 3. Aufl. H. 1-4. Dortmund: F.W. Ruhfus (1903). 4 Bde. 4° [Umschlagt. F.] [03. 3778

Wewer, J., Buchführungshefte f. Fortbildungsschulen. Ausg. A: Einfache Buchführg. 4 Hefte. 4. Aufl. (16, 20, 16 u. 36.) 4. Dortmund (906). F. W. Ruhfus. n. 1. 20

Buchführungshefte für Fortbildungsschulen. Ausg. B: Doppelte Buchführung zsgest. von Rektor J[ohann] Wewer. H. 1. 2ᵃᵇ. 3-8. Dortmund: F.W. Ruhfus 1902. 9 Bde. 4° [Umschlagt. F.] [03. 3778

— dasselbe. Ausg. B. Doppelte Buchführung. 2. Aufl. Hft. 1, 2a u. b u. 3—8. Ebd. 902. n. 2. 40
1. Inventurbuch (nebst Steuererklärung u. Hilfsbüchern). Fol. (II, 23 S.) — 2a. Einkaufsbuch. Fol. (8 S.) — 2b. Verkaufsbuch. Fol. (8 S.) — 3. Memorial. Fol. (12 S.) — 4. Kassabuch. Fol. (1 S. u. 5 Doppels.) — 5. Contocorrentbuch. Fol. (I, 15 S.) — 6. Sammeljournal. Fol. (12 S.) — 7. Hauptbuch. Fol. (20 S.) — 8. Amerikanisches Journal. qu. Fol. (11 S.)

— Volle Fracht. Ein Lesebuch f. junge Kaufleute. (VIII, 562 S.) 8. Dortmund 908. F. W. Ruhfus. Geb. in Leinw. 3.—; Geschenkausg. 4. —

— u. Wern. **Becker,** Geschäftsgänge f. den Buchführungsunterricht in kaufmännischen Schulen, s.: Sammlung v. Lehrmitteln f. kaufmännische u. gewerbliche Fortbildungsschulen.

[F.] Der Geschäftsmann. E. Ratgeber bei d. schriftl. Arbeiten d. Handwerkers u. Kleingewerbetreibenden. Z. Selbstunterr. bearb. u. hrsg. v. J. Wewer. *Dülmen i. W.: A. Laumann 1895.* (207 S.) 1 Bd 8. [96. 918

[F.] Der Geschäftsmann. E. Ratgeber bei d. schriftl. Arbeiten d. Handwerkers u. Kleingewerbetreibenden. Z. Selbstunterr. sowie z. Gebr. in Fortbildgsschulen bearb. u. hrsg. v. J. Wewer, Rector. 3. verb. Aufl. *Dülmen: A. Laumann 1896.* (VIII, 224 S.) 1 Bd 8. [97. 2335

Wewer, J., der Geschäftsmann. E. Ratgeber bei den schriftlichen Arbeiten d. Handwerkers u. Kleingewerbetreibenden. Zum Selbstunterr. sow. z. Gebrauch in Fortbildungsschulen bearb. u. hrsg. 4., verm. u. verb. Aufl. gr. 8. (VIII, 211 S.) Dülmen 898. A. Laumann. Kart. 1. 20

Der Geschäftsmann. Ein Ratgeber bei d. schriftl. Arbeiten d. Gewerbetreibenden. Zum Selbstunterr. sowie z. Gebr. in Fortbildungsschulen bearb. u. hrsg. von J. Wewer, Rektor in Wiesbaden. 6., verb. Aufl. *Dortmund: F. W. Ruhfus 1902.* (VIII, 204 S.) 8° [F.] [03. 777

— der Geschäftsmann. Ein Ratgeber bei den schriftl. Arbeiten des Gewerbetreibenden u. bei der Vorbereitg. auf die Meisterprüfg. Zum Selbstunterricht sowie zum Gebrauch in Fortbildungsschulen bearb. u. hrsg. 7. (Doppel-)Aufl. (VIII, 264 S.) 8. Ebd. 904. Kart. n. 1. 60; geb. in Leinw. n. 2. 40

— Der Geschäftsmann. Ein Ratgeber bei den schriftl. Arbeiten des Gewerbetreibenden u. bei der Vorbereitg. auf die Meisterprüfg. Zum Selbstunterricht sowie zum Gebrauch in Fortbildungsschulen bearb. u. hrsg. (Sammlung v. Lehrmitteln f. kaufmänn. u. gewerbl. Fortbildungsschulen, hrsg. v. J. Wewer.) 8., verb. Aufl. (XII, 271 u. 6 S.) Ebd. 907. Kart. 1. 60; geb. in Leinw. 2. 40

— u. Gust. **Koepper,** Geschäftsnotizen (Buchungsgänge) f. sämtliche verbreiteteren Handwerke, zugleich f. Ladengeschäfte u. f. Landwirtschaftsbetrieb. Als Ergänzg. zu Wewers „Geschäftsmann" hrsg. (IV, 202 S.) 8. Ebd. (906). Kart. n. 2. 40

— — dasselbe. Einzelausg. 34 Hefte. 8. Ebd. (906). à n. — 15
1. Bäckerhandwerk, verbunden m. e. Ladengeschäft. (5 S.) — 2. Barbier- und Friseurhandwerk. (Umfangreicheres Beispiel.) (10 S.) — 3. Dasselbe, verbunden m. e. Ladengeschäft. (Kurzes Beispiel.) (6 S.) 4. Buchbinderhandwerk. (7 S.) — 5. Buchdruckerhandwerk. (5 S.) — 6. Dachdeckerhandwerk. (6 S.) — 7. Drechslerhandwerk. (6 S.) — 8. Gastwirtschaftsbetrieb. (5 S.) — 9. Glaserhandwerk. (5 S.) — 10. Klempnerhandwerk. (5 S.) — 11. Konditorhandwerk. (7 S.) — 12. Küferhandwerk (Holz- u. Kellerküferei.) (6 S.) — 13. Landwirtschaftsbetrieb kleineren Umfanges. (5 S.) — 14. Maler- u. Anstreicher. (6 S.) — 15. Maurerhandwerk. (5 S.) — 16. Metzgerhandwerk m. Maschinenbetrieb. (Umfangreicheres Beispiel.) (10 S.) — 17. Metzgerhandwerk. (Kurzes Beispiel.) (8 S.) — 18. Mützenmacherhandwerk. (6 S.) — 19. Photographenhandwerk. (5 S.) — 20. Polsterer- u. Tapeziererhandwerk. (5 S.) — 21. Sattlerhandwerk. (5 S.) — 22. Schlosserhandwerk. (7 S.) — 23. Schmiedehandwerk. (5 S.) — 24. Schneiderhandwerk. (5 S.) — 25. Schreinerhandwerk. (Umfangreicheres Beispiel.) (8 S.) — 26. Dasselbe, verbunden m. e. mittelgroßen Landwirtschaftsbetriebe.) (Kurzes Beispiel.) (6 S.) — 27. Schuhmacherhandwerk, verbunden m. e. Ladengeschäft. (Umfangreicheres Beispiel.) (7 S.) — 28. Schuhmacherhandwerk, verbunden m. e. Ladengeschäft. (Kurzes Beispiel.) (5 S.) — 29. Steinmetzhandwerk. (5 S.) — 30. Stellmacherhandwerk. (6 S.) — 31. Uhrmacherhandwerk, verbunden m. e. Ladengeschäft. (7 S.) — 32. Weinhandlung. (7 S.) — 33. Cigarren-Geschäft. (5 S.) — 34. Zimmerhandwerk, verbunden m. Materialienhandlung. (5 S.)

Wewer, J., u. Gust. Koepper, Geschäftsnotizen (Buchungsgänge) f. sämtliche verbreiteteren Handwerke, zugleich f. Ladengeschäfte u. f. Landwirtschaftsbetrieb. Als Ergänzg. zu Wewers „Geschäftsmann" hrsg. (Sammlung v. Lehrmitteln f. kaufmänn. u. gewerbl. Fortbildungsschulen, hrsg. v. J. Wewer.) 35. Heft. Für e. Mechanikergeschäft m. Laden. (6 S.) 8. Dortmund (907). F. W. Ruhfus. — 15

— Geschichte f. die Mittelschulen der Stadt Frankfurt am Main, s.: Froning, R.

— vaterländische Geschichte. Für Volks- u. Mittelschulen bearb. 8. (II, 127 S.) Wiesbaden 900. E. Behrend. n.n. — 60

— dasselbe, s. a. Froning, R.

— dasselbe. Ausg. B: f. konfessionell gemischte nassauische Schulen. 2., verb. Aufl. 8. (II, 131 S.) Ebd. 902. Kart. n.n. — 60

— Vaterländische Geschichte. Für Volks- u. Mittelschulen bearb. Ausg. B: f. konfessionell gemischte nassauische Schulen. 3., verb. Aufl. (136 S.) 8. Wiesbaden 907. E. Behrend. Kart. nn — 60

— — Handbuch f. den Buchführungsunterricht in kaufmännischen Schulen, s.: Sammlung v. Lehrmitteln f. kaufmännische u. gewerbliche Fortbildungsschulen.

— — die Kalkulation im Handwerksbetriebe. Lehr- u. Uebungsbuch zum Gebrauche in gewerbl. Fortbildungsschulen, Meisterkursen, sowie zum Selbstunterricht, im Anschlusse an die Kalkulations-Muster f. sämtl. verbreiteteren Handwerke hrsg. (Sammlung v. Lehrmitteln f. kaufmänn. u. gewerbl. Fortbildungsschulen, hrsg. v. J. Wewer.) Kleine Ausg. (48 S.) gr. 4. Ebd. (906). n. — 80

— — Kalkulations-Muster f. sämtliche verbreiteteren Handwerke. Als Ergänzg. zu Wewers „Geschäftsmann" hrsg. (Sammlung v. Lehrmitteln f. kaufmänn. u. gewerbl. Fortbildungsschulen, hrsg. v. J. Wewer.) 1. bis 15. Heft. 8. Ebd. (906). à n. — 15
1. Für das Schreinerhandwerk. (9 S.) — 2. Für das Glaserhandwerk. (8 S.) — 3. Für das Klempnerhandwerk. (8 S.) — 4. Für das Anstreicherhandwerk. (8 S.) — 5. Für das Stellmacherhandwerk. (11 S.) — 6. Für das Dachdeckerhandwerk. (7 S.) — 7. Für das Tapezierer-, Polsterer- u. Dekorateurhandwerk. (9 S.) — 8. Für das Maurerhandwerk. (8 S.) — 9. Für das Uhrmacherhandwerk. (7 S.) — 10. Für das Zimmererhandwerk. (8 S.) — 11. Für das Schneiderhandwerk. (8 S.) — 12. Für das Schuhmacherhandwerk. (11 S. m. 3 Fig.) — 13. Für das Drechslerhandwerk. (8 S.) — 14. Für das Buchbinderhandwerk. (8 S.) — 15. Für das Schlosserhandwerk. (8 S.)

— — Kalkulations-Muster f. sämtliche verbreiteteren Handwerke. Als Ergänzg. zu Wewers „Geschäftsmann" hrsg. (Sammlung v. Lehrmitteln f. kaufmänn. u. gewerbl. Fortbildungsschulen, hrsg. v. J. Wewer.) 16.—30. Heft. 8. Ebd. à — 15;
vollst. in 1 Bd. kart. (VI, 151 S.) (908.) 2. 40
16. Für das Schmiedehandwerk. (8 S.) (907.)
17. Für das Korbmacherhandwerk. (7 S.) (907.)
18. Für das Metzgerhandwerk. (8 S.) (907.)
19. Für das Buchdruckerhandwerk. (10 S.) (907.)
20. Für das Kürschner- u. Mützenmacherhandwerk. (7 S.) (907.)
21. Für das Gerberhandwerk. (7 S.) (907.)
22. Für das Photographenhandwerk. (9 S.) (907.)
23. Für das Holzbildhauerhandwerk. (7 S.) (907.)
24. Für das Bäckerhandwerk. (8 S.) (907.)
25. Für das Konditorenhandwerk. (8 S.) (907.)
26. Für das Barbier- u. Friseurhandwerk. (7 S.) (908.)
27. Für das Sattlerhandwerk. (7 S.) (908.)
28. Für das Steinmetzhandwerk. (7 S.) (908.)
29. Für das Küferhandwerk. (8 S.) (908.)
30. Für das Stuckateurhandwerk. (7 S.) (908.)

— — dasselbe. Auflösungen. (8 S.) 8. Ebd. (906). n. — 30

Lehrbuch der deutschen Handelskorrespondenz in Verbindung mit Kontorarbeiten und Handelsbetriebslehre. Im Anschlusse an des Verf. 'Übungshefte f. d. Handelskorrespondenz u. d. Kontorformulare d. Kaufmanns' bearb. von Rektor J. **Wewer**, Wiesbaden. T. 1–3. Dortmund: F. W. Ruhfus 1903–04. 3 Bde 8° [J.]
1. 1903. 2. 3. 1904. [07. 1315

Lehrbuch der deutschen Handelskorrespondenz in Verbindung mit Kontorarbeiten und Handelsbetriebslehre. Im Anschlusse an des Verf. 'Übungshefte f. d. Handelskorresp. u. d. Kontorformulare d. Kaufmanns' bearb. von Dir J[ohann] Wewer. 2. verb. u. verm. Aufl. T. 1. Dortmund: F. W. Ruhfus 1905. 8° [J.]
(Sammlung von Lehrmitteln f kaufmänn. u. gewerbl. Fortbildungsschulen hrsg. von J Wewer) [05. 15690

— praktisches Lehrbuch des erziehenden Geschichtsunterrichts. In ausführl. Lebensbildern der Hohenzollern. gr. 8. (VIII, 260 S.) Wiesbaden 899. E. Behrend. Geb. in Leinw. n. 4. —

— Königin Luise. Ein Gedenkblatt zur 100. Wiederkehr ihres Todestages. Den deutschen Mädchen gewidmet. (39 S. m. Abbildgn.) 8. Wiesbaden (910). R. Bechtold & Co. — 40

— Musterbriefe u. Aufgaben f. den Unterricht in Geschäftsaufsatz u. Geschäftskorrespondenz. Für die Hand des Schülers in gewerbl. Fortbildungsschulen bearb. (Sammlung v. Lehrmitteln f. kaufmänn. und gewerbl. Fortbildungsschulen, hrsg. v. J. Wewer.) 3 Tle. 8. Ebd. 906. n. 2. —
1. (Unterstufe.) (VI, 39 S.) — 60. — 2. (Mittelstufe.) (VI, 41 S.) — 60.) — 3. (Oberstufe.) (VII, 64 S.) — 80.

— Sammel-Mappe f. gewerbliche Fortbildungsschulen. Im Anschlusse an die Musterbriefe u. Aufgaben f. den Unterricht in Geschäftsaufsatz u. Geschäftskorrespondenz. (Sammlung v. Lehrmitteln f. kaufmänn. u. gewerbl. Fortbildungsschulen, hrsg. v. J. Wewer.) Mappe I—III. (Unter-, Mittel- u. Oberstufe.) (Formulare.) 4. Ebd. (906). à n. — 60; Schnellhefter dazu n. — 20

— Sammel-Mappe f. die Handelskorrespondenz u. die Kontorformulare des Kaufmanns. Zum Gebrauch in Handelsschulen u. kaufmänn. Fortbildungsschulen zusammengestellt. (Sammlung v. Lehrmitteln f. kaufmänn. u. gewerbl. Fortbildungsschulen, hrsg. v. J. Wewer.) 3 Tle. Unter-, Mittel- u. Oberstufe. (Formulare.) 4. Ebd. (906). In Mappe à n. 1. 50

— Uebungsheft f. d. schriftl. Arbeiten des Gewerbetreibenden. Ausg. I: Zum Gebrauch in Fortbildungsschulen u. f. Gewerbetreib. 4 Hfte. 2. Aufl. gr. 4. (II, 26, II, 26, II, 30 u. II, 30 S.) Dortmund 898. F. W. Ruhfus. à n. — 30

— Übungsheft f. die schriftlichen Arbeiten des Gewerbetreibenden. Zum Gebrauch in Fortbildungsschulen u. f. Gewerbetreibende. Ausg. I in 4 Hftn. Für Fortbildungsschulen u. Gewerbetreibende. gr. 4. Dortmund 902. F. W. Ruhfus. à n. — 30
1. (Unterstufe.) 6. Aufl. (32 S.) — 2. (Mittelstufe.) 5. Aufl. (30 S.) — 3. (Oberstufe.) 5. Aufl. (34 S.) — 4. (Buchführungsheft.) 5. Aufl. (30 S.)

— Uebungsheft f. die schriftlichen Arbeiten des Gewerbetreibenden. Zum Gebrauch in Fortbildungsschulen u. f. Gewerbetreibende. Ausg. I (in 5 Heften): Für Fortbildungsschulen u. Gewerbetreibende. (Sammlung v. Lehrmitteln f. kaufmänn. u. gewerbl. Fortbildungsschulen, hrsg. v. J. Wewer.) gr. 4. Dortmund, F. W. Ruhfus. à n. — 30
1. (Unterstufe.) 9. Aufl. (32 S.) (906.) — 2. (Mittelstufe.) 8. Aufl. (30 S.) (906.) — 3. (Oberstufe.) 7. Aufl. (32 S.) 905. — 4. (Buchführungsheft.) 7. Aufl. (40 S.) 905. — 5. (Kalkulationsheft.) (27 S.) 903.

— dasselbe. Ausg. II: Zum Gebrauch in Volksschulen. gr. 4. (49 S.) Ebd. 897. n.n. — 40

— dasselbe. II. Kleinere Ausg. in 2 Tln. 2. Aufl. gr. 4. (à 32 S.) Ebd. 902. à n. — 30

Wewer, J., Uebungsheft f. die schriftlichen Arbeiten des Gewerbetreibenden. Zum Gebrauch in Fortbildungsschulen u. f. Gewerbetreibende. II: Kleinere Ausg. in 2 Tln. 1. Heft. 3. Aufl. (32 S.) gr. 4. Dortmund 905. F. W. Ruhfus. n. — 30

— dasselbe. Ausg. C (in 8 Arbeitsheften nebst Vorlagenmappen, dazu Heft 4 [Buchführungsheft] u. Heft 5 [Kalkulationsheft der Ausg. I]). gr. 4. Ebd. (904). n. 2. 20
1. (Unterstufe.) (20 S.) n. — 60. — 2. (Mittelstufe.) (24 S.) n. — 80. — 3. (Oberstufe.) (82 S.) n. — 80.

— Übungsheft f. die schriftlichen Arbeiten des Gewerbetreibenden, zum Gebrauch in Fortbildungsschulen u. f. Gewerbetreibende zusammengestellt. (Sammlung v. Lehrmitteln f. kaufmänn. u. gewerbl. Fortbildungsschulen. Hrsg. v. J. Wewer.) Ausg. III (in 5 Heften). 1. Heft. (Unterstufe.) 2. Aufl. (20 S. Schreibpap. u. 1 Mappe Formulare.) Lex. 8. Dortmund (907). F. W. Ruhfus. — 60

— **Uebungsheft für die Kontokorrent-Rechnung.** Zum Gebrauch in Handelsschulen u. kaufmänn. Fortbildungsschulen zusammengestellt. (32 S.) gr. 4. Ebd. 905. — 40

— — Übungshefte f. den Buchführungsunterricht in kaufmännischen Schulen, s.: Sammlung v. Lehrmitteln f. kaufmännische u. gewerbliche Fortbildungsschulen.

— **Uebungshefte** f. die Handelskorrespondenz u. die Kontorformulare des Kaufmanns. Zum Gebrauch in Handelsschulen und kaufmänn. Fortbildungsschulen. 8 Doppelhefte (je 1 Korrespondenzheft A u. 1 Formularheft B). gr. 4. Ebd. n. 6. 20
1. Unterstufe. A. (16 Bog. Schreibpap.) B. (39 S. Formulare.) 903. n. 1. 60. — 2. Mittelstufe. A. (16 Bog. Schreibpap.) B. (46 S. Formulare.) 903. n. 1. 80. — 3. Oberstufe. A. (8 Bog. Schreibpap.) — B. (67 S. Formulare.) 903. n. 2. 80.

— dasselbe. Ausg. II (in 3 Arbeitsheften [m. Schreibpap.] nebst Vorlagenmappen [Formulare]). gr. 4. Ebd. (905). n. 3. 40
1. (Unterstufe.) 1. —. — 2. (Mittelstufe.) 1. 20. — 3. (Oberstufe.) 1. 20.

Wewer, Maur. Herm. (geb. Warendorf in Westf. 25. 11. 1841): De liquoris ferri sesquichlorati injectione in venas ad varicositates earumque complicationes sanandas. Berolini (1865). (32 S.) 8°
Berlin, Med. Diss. v. 29. Juli 1865

Wewerski, Auguste, der Kinder Lieblings-Märchen. Mit 4 Buntdr.-Bildern. 8. (141 S.) Berlin 887. Liebau. geb. n. 1. 50

Wewetzer, Ad., de antinomismo Jo. Agricolae. Dissertat. theolog. 4. Sundiae 828. (Trinius). 5 *K*

Wewetzer, Ad., de antinomismo Jo. Agricolae, Dissertat. theol. 4. (2½ B.) Sundiae 829, (Trinius.)

Wewetzer, C. C., Anweis. v. Auslegung H. Schr. 8. Braunschw. Schröder. 753.

Wewezer, Jh. Geo., († ...), s. D. v. Geescher, Bemerkk. über d. Entstellungen des Rückgrats.

Wewezer, Karl Chr., († ...) Anweis. nach den Regeln des v. Mosheim zur Auslegung heil. Schriften. 8. Braunschw. 753. Schröder. 12 *K*

— die Herzenssprache eines hungrigen Seelenhirten an alle Schafe Jesu bei gegenwärt. gewichtsvollen Zeiten. 8. Wolfenb. 759. Meißner. 3 *K*

— postilla portatilis, Betrachtt. über Evangelia u. Bußtexte. 8. Wolfenb. 760. Meißner. 16 *K*

— d. letzten Reden des Herrn am Kreuze. 8. Wolfenb. 759. Meißner. 3 *K*

— Unterricht für e. evangel. Christen, von d. Beschaffenheit u. dem Schicksale seiner Religion. 8. Wolfenb. 757. Meißner. 4 *K*

Wewiorka, H., Berg- u. Hüttenlieder f. Schule u. Haus. 8. (24 S.) Kattowitz (901). G. Siwinna. n. — 20

Wex, Adolf, aus Paderborn: Zur Therapie der Varicocele. Halle a. S. 1898: C. A. Kaemmerer & Co. (22 S.) 8°
Halle, Med. Diss. v. 14. Dez. 1898.

Wex, C. Aufgaben aus der rationellen Mechanik, betreffend die Bewegung eines materiellen Punktes. 37 S. G. *Dortmund* 1880. Progr

- Problèmes de la mécanique rationnelle. II. Mouvement cycloïdal d'un point pesant dans un milieu résistant non homogène. 12 S. Progr. G. *Dortmund* 1882.

Wex, C. Chr., auserles. Glaubenssprüche alt. u. neuen Testaments. 8. Gotha, Schall. 721.

Wex, Friedrich, approb. Arzt: Beiträge zur normalen und pathologischen Histologie der Rachentonsille. Wiesbaden: J. F. Bergmann 1899. (36 S.) 8°
Rostock, Med. Diss. v. [7. März] 1899.

Wex, Friedrich Karl

Wex, Friedr. Carl, Sophokleische Analecten. gr. 4. (24 S.) Schwerin 863, (Stiller'sche Hofbuchh.) *

Wex, F. C. Soph. Antigone. Deutsch. Erste Hälfte. 12 S. . . . .
Aschersleben, Progr. 1832

—— **Beiträge** z. Kritik u. Erklärung v. Tacitus Agricola. (Progr.) gr. 4. (4¼ B.) Schwerin 840. (Leipzig, Vogel.) *

Wex, Fr. Carl, Beiträge zur Kritik d. Sophokleischen Oedipus auf Kolonos, nebst Probe einer metrischen Uebersetzung. gr. 4. (3 B.) Schwerin 837. (Leipzig, Vogel.) *

Wex, Fr. Car., Commentat. de difficilioribus aliquot Sallusti atque Thucydidis dictis. 8 maj. (1 B.) Suerini 833. (Berolini, Plahn'sche Buchh.)

— Emendantur et explicantur duo difficillimi loci ex Taciti Agricol . 10 u. c. 36). Gel. 1841. 8 S. 4°. 1. —

Wex. F. C. Emendationum Livianarum promulsis. Pr. 1832. 12 S. 4°.

—— Emendationum Livianarum promulsis. 4 maj. (1¾ B.) Ascaniae 832, Lorleberg.

— Enarratio cap. II Germaniae Taciti. Pr. 1853. 8 S. 4°.

—— Epistola critica ad Guil. Gesenium, Dr. Prof. Dir. etc. Scripta ad concelebr. memoriam summor. in philosophia honor. ante hos XXV. annos in academico docendi munere propediem consumtos rite impetratorum. Programma. 4 maj. (5½ B.) Ascaniae 831. (Lipsiae, Vogel.)

Wex, Fr. Carl, Herr Professor Ewald in Tübingen als Punier gewürdigt. gr. 8. Schwerin 843, Stiller'sche Hofb. ¼ *ß*

Wex, Fr. Carl, Zur Geschichte der schweriner Gelehrtenschule. Eine Hinweisung auf das am 4. Aug. 1853 zu feiernde 300jähr. Jubiläum. gr. 4. (III und 88 S.) Schwerin 853, (Stiller'sche Hofbuchh.) **

Wex, G., s. Gesangbuch für Gymnasien.

—— Gesangbuch f. Gymnasien. 3., verm. u. verb. Aufl. 8. (3 B.) Aschersleben 840. (Halberstadt, Helm'sche Buchh.)

(——) Gesangbuch für Schulen, s. Gesangbuch.

Wex, Carolus Fridericus: Commentatio de loco mathematico in Platonis Menone. Adjectae sunt in Platonis atque Sophoclis quaedam dicta symbolae criticae. Halis Saxonum: Anton 1825. 76 S. 8°
Halle-Wittenberg, Phil. Diss. v. 10. Sept. 1825
Geb. [Naumburg 27. 8. 1801]

—— de Punicis Plautinis meletemata ad Guil. Gesenium. 4maj. (6 B.) Lipsiae 839, Vogel. *

— Prolegomenon in Taciti Agricolam capp. I. III. Pr. 1845. 22 S. 4°.

—— Rede bei der Feier des 300jähr. Jubiläums des Gymnasium Fridericianum in Schwerin am 4. Aug. 1853 gehalten. gr. 8. (12 S.) Schwerin 853, Stiller'sche Hofbuchh. **

Wex, F. C., De Punicae linguae reliquiis in Plauti Poenulo epistola ad Guilielmum Gesenium. Gel. 1838. 24 S. 4°.

— s. Sophocles Antigone.

— Specilegium in Sophoclis Oedipo Coloneo. Gel. 1858. 7 S. 4°.

— Spicilegium in Corn. Tac. Gel. 1859. 8 S. 4°.

Wex, F. C., Thucydidea. Pr. 1851. 12 S. 4°.

Wex, Gust. Ritter v., 2. Abhandlung üb. die Wasserabnahme in den Quellen, Flüssen u. Strömen bei gleichzeitiger Steigerung der Hochwässer in den Culturländern. Mit 6 (lith.) Zeichnungsblättern. [Aus: „Ztschr. d. österr. Ingen.- u. Archit.-Vereins".] Imp.-4. (29 S.) Wien 879. v. Waldheim. n. 5. —
Die 1. Abhandlung ist in der „Zeitschrift des österreich. Ingenieur- u. Architekten-Vereines" Jahrg. 1873 enthalten.

Wex, G. Bericht der zur Begutachtung der Abhandlung des Herrn Referenten über die Wasserabnahme in den Quellen und Strömen eingesetzten Kommission. ... ver.
Separatabdruck

— — Der Donaustrom als Hauptverkehrsstrasse nach dem Orient nach erfolgter Beseitigung der Schiffahrtshindernisse am eisernen Thore und an den sieben Stromschnellen oberhalb Orsova. Mit 1 Karte. (Aus der österreichischen Revue 1863. 4. Bd.) 8°. brosch. (55 S.)

Wex, Gust. Ritter v., über die Fortschritte der Ausbildung des neuen regulirten Donau-Strombettes bei Wien und über die hierbei gemachten Erfahrungen, nebst der Beschreibung der Eisstoss-Katastrophe im J. 1880. Imp.-4. (20 S. mit 5 lithogr. Zeichnungs-Bl.) Wien 880, v. Waldheim. *
Aus: Zeitschrift des österreichischen Ingenieur- und Architecten-Vereins, besonders abgedruckt.

Wex, Gust. Ritter v., Hadrodynamik. Entwicklung neuer genauer Formeln zur Berechnung der Wasserabflussmengen bei Ueberfallwehren, Grundschleussen, Schützenöffnungen und bei Wasserausleitungen in Canäle, ferner Mittheilungen über die neuesten, diesbezüglich in Amerika, Oesterreich und in Italien im grossen Maassstabe durchgeführten Versuche. Lex.-8. (X, 168 S. mit 6 Tab. und 5 lithogr Taf.) Leipzig 888, Engelmann. *

Wex, Ritter Gust. v. Periodische Meeresanschwellungen an den Polen u. am Aequator, hierdurch veranlasste Ueberfluthungen der Polar- u. Aequatorial-Länder, dann Sintfluthen, Eiszeiten u. Vergletschergn. der Alpen. Lösung obiger Probleme. Lex.-8. (VIII, 59 S. m. 27 graph. Fig. auf 1 Taf.) Wien 891, Spielhagen u. Schurich. * 4 —

Wex, Gustav (geb. am 21 Febr. 1854 in Barmen): Ueber Narbencontracturen nach Verbrennungen an der Hand ... Bonn, Druck v. J. F. Carthaus (1875). 54 S., 2 Bl. 8.
Bonn, Med. Fak., Diss. v. 24 Juli 1875

Wex, Gustav: Ueber die Wasserabnahme in den Quellen, Flüssen und Strömen bei gleichzeitiger Steigerung der Hochwässer in den Culturländern. Mit 7 Tafeln Zeichnungen. (S.-A.: Zeitschrift des österr. Ingenieur- und Architekten-Vereins Jahrg 1873.) Wien 1873. 43 S. 4°.
— Zweite Abhandlung. Mit 6 Zeichnungs-Blättern. (S.-A.: Zeitschrift des österr. Ingenieur- und Architekten-Vereins. Jahrg 1879. Heft 6–9.) Wien 1879. 29 S. 4°.

Wex, Gust., über die Wasserabnahme in den Quellen, Flüssen und Strömen bei gleichzeitiger Steigerung der Hochwässer in den Culturländern. Mit 7 Zeichnungstaf. 4. Wien 873, v. Waldheim. *
Aus: Zeitschrift des österr. Ingenieur- und Architekten-Vereines, besonders abgedruckt.

Wex, H., s.: Aktenstücke zum Fallissement der Lauensteinschen Wagenfabrik.

Wex, Hermann, prakt. Arzt aus Richberg i. W.: Zur **Casuistik** der Papillitis lingualis (Duplaix) und der Glossitis exfoliativa chronica (Möllersche Glossitis). *Greifswald 1904: H. Adler.* (33 S.) 8°
Greifswald, Med. Diss. v. 9. Febr. 1904

Wex, J.: Ueber Kurzsichtigkeit der Jugend, ihre Entstehung, Verhütung und Beseitigung. 31 S. 8°. Straubing. Progr. 1872.

Wex, J. C. Epistola critica ad Guil. Gesenium. (Enth. 1) Krit. Behandl. unter andern v. Thucyd. VI. 10, 12. Sophocl. Ant. 126.; Oed. R. 328, 329, 221.; Antig. 97. und dort über den Gebrauch von $\mu\grave{\eta}$ $o\grave{\upsilon}$; 2) de usu modorum in enunciatis finalibus.) 40 S. . . . . .
Aschersleben, Progr. 1831

Wex, Iac., Doctrina S. S. Canonum. V Ptes. fol. Augsb. Wolf. 708.

Wex, Jos. Gedichte. 12. (VII, 70 S.) Münch. 889, Zipperer. * 1 20

Wex, J., Gedichte in oberbayerischer Mundart. 12. (111 S.) München 891. P. Zipperer. n. 1. 60; geb. in Leinw. n. 2. —

Wex, Jos., die Metra der alten Griechen u. Römer, im Umriss erklärt u. übersichtlich dargestellt. 2. Bearbeitg. gr. 8. (IV, 94 S.) Leipzig 883. Teubner. 1. 50

Wex, Karl, s. Wex, Friedrich Karl

Wex, O., Neuanlagen im Betriebe der rheinisch-westfälischen Steinkohlengruben. 1905. Essen-Ruhr, 1905. 17 S.

Wexel, C., goldener **Boden,** s.: Ely, L.

Wexel, C., die weiblichen **Drillinge,** s.: **Wallners** allgemeine Schaubühne.

—— Meister **Kraut,** der populäre Mann, s. **Album** für Solo-Scenen.

-- auf dem **Posten,** s. A. **Kühling's, A., Album** f. Liebhaberbühnen.

Wexel, C.: Auf dem Posten, s.a. Thalia.

Auf dem Posten. Lustspiel in 1 Akt von C. Wexel. Mühlhausen i. Th.: G. Danner 1900. (45 S.) 8°
(Thalia. 77.)

— der Herr Professor, s.: **Kühling's, A., Theater-Specialität.**

Wexel, C., die **Salzsäule,** — die **Schlacht bei Waterloo,** s.: **Kühlings, A., Album** f. **Liebhaber-Bühnen.**

WEXEL, C. (ps.), Schofelmann und seine Pappenheimer. Leiden und Freuden eines Schauspieldirektors, Irrfahrten, Kreuz- und Querzüge, Ränke und Schwänke wandernder Komödianten. Berlin 1868. 8°. (1 Mk. 80 Pfg, Expl. mit dem derben illustr. Orig.-Umschl., G. Priewe, 1911; 3 Mk., ebenso, Max Jaeckel, 1910.)

* **HASSWEHR,** A. (pseud. für C. *Wexel*), Die Thespiade, oder die kleine Bretterwelt. Berlin 1866. 12°.
296 SS. Stellenweise etw. derb. Fehlt im Handel. (1½ Mk. Kühl, Berlin, c. 1883.)

— die Unglücklichen, s.: Wallner's allgemeine Schaubühne.

— Zwinkerbein, der Meerschweinchen-Direktor, s. Album für Solo-Scenen.

Wexel, Karl

Wexel, Carl, Theodor Döring als Mensch u. Künstler. Blätter der Erinnerung. 8. (105 S.) Berlin 878. Lassar. n. 2. —

Wexel, Carl, Goethe's Faust, in Bezug auf Scenerie und Bühnendarstellung. Breslau 857. (Kern.) gr. 8. (59 S.) n. 16 ngr.

Wexells, S., meine Verhandlungen mit d. Posträuber u. seine Bekehrung. Aus d. Dän. übers. von H. Stegelmann. 8. Kiel 840. Bünsow. ⅓ rf

Wexels, W. A., Bekehrungsgeschichte des Posträubers und Mörders M. Petersen. 8. Kiel 840. Bünsow. n. 6¼ ngl

Wexels, W. A., Bekehrungsgeschichte d. Posträubers u. Mörders M. Petersen. N. d. 2. Aufl. a. d. Dän. übers. v. H. Stegelmann. 8. (5¼ B.) Kiel 840, [Naeck.] •

Wexels, W. A., Verhandlungen mit dem Post-Räuber und Mörder M. Petersen. Aus dem Dänischen übersetzt. Verden 858. Steinhöfel. 12. (64 S.) 3 ngr.

WEXNER, Josef (Flossenbürg): De morbis hominis myocoticis. (Titel nach der Urkunde)
19.7.1884 - Urk; Chr 1884/85,19
Diss.Ingolst.-Landsh.-Mchn.

Wey, Benedict, von Villmergen im Canton Aargau: Ueber die künstliche Frühgeburt. Zür. C. Köhler Dr. 1847. 31 S. 8°.
Zürich. Med. Diss. v. 20. Hornung 1847.

Wey, Franc., der Künstlerfreund u. Ende desselben, s. Franzosen, die, der neuesten Zeit.

Wey, Franz. Die Trinkwasser-Versorgung der Stadt Bern. Ein geschichtlicher Rückblick. 1191—1906. Bearb. von F. Wey in Bern. Mit einem Übersichtsplan, mit vielen Abbildungen auf [2] Tafeln und im Text. 192 S. 8. Bern, Selbst-Verlag (Buchdr. Rösch & Schatzmann), 1907. [fr. 5. —]

Wey, Jost

Wey, J.: Einige Bemerkungen zu dem Bericht des Linth-Ingenieur Legler über Ausleitung eines Teils des Rheins durch das Rinnsal in den Bodensee. Buchs 1884.

Wey, J. Weitere Bemerkungen über die Rinnsalöffnung am Eselsschwanz. Buchs 1884.

Wey, J. Bericht über die Correction der Binnengewässer im Bezirk Werdenberg. Ragaz 1878.

Wey, J. Der Einfluss der projectirten Rheindurchstiche bei Diepoldsau u. Brugg-Fussach auf die Wasserspiegelhöhe im Bodensee. gr. 8. (22 S. m. Fig.) Zür. 891. (St. Gallen, Huber u. Comp.) * — 80
Aus: Schweiz. Bauzeitg., besonders abgedruckt.

Wey, J. Der Flussbau. Nach Vorträgen. Zürich 1890. 4. Aut.

Wey, J. Gutachten über die Ausleitung des Rheins durch das Rinnsal in den Bodensee. 1883. 4.

Wey, J. Gutachten über die Umgestaltung des Rheinprofils nach dem Vorschlage der Herren Experten Pestalozzi, v. Salis und Legler. Ragaz 1879.

Wey, J[ost]. Die 2. Nachsubvention für den Rheintalischen Binnenkanal ⟨R. B. C.⟩ vor der Bundesversammlung in der Dezember-Sitzung 1904, ... mit 14 Beilagen [Tafeln]. 40 S. 8. Buchs, J. Kuhn, 1905. [fr. 2. 50]

Wey, J. Randglossen zu dem Gutachten des Herrn Ingenieur Wetli über Ableitung von Rhein-Hochwasser durch das Rinnsal in den Bodensee. Buchs 1885.

Wey, J[ost]. Der Diepoldsauer Rheindurchstich und Die Aufregung im Vorarlberg. Rorschach, im November 1901. [Mit 1 Tafel und 1 Karte.] II + 12 S. 8. Rorschach, Wildenschwiler.

Wey, J. Die technischen Verhältnisse der Rheindurchstichs-Angelegenheit. Buchs 1890.

Wey, J[ost]. Das «Voralberger Volksblatt» und Der Diepoldsauer Durchstich. Reproduktion aus dem «St. Galler Tagblatt» vom 17., 19.—22. Nov. 1906. Mit einigen Ergänzungen und Zusätzen und einer graphischen Beilage [Tafel]. 30 S. 8. St. Gallen, Zollikofer & Cie., 1906.

Wey, J.: Landwirtschaftlicher Wasserbau, s. Handbuch d. Ingenieurwissenschaften. III, 7.

Wey, J. Der Bezirk Werdenberg und die Binnengewässer-Korrektion. Protest. 1879.

Wey, Michael, Neueste Betrachtungen bewerkstelligend himmlischen Frieden auf Erden anstatt fortwährenden Zank, Hass, Streit und Krieg. 8°. Luzern, Selbstverlag, 1884.

Wey, Xaver [gew. Ass.-Arzt d. Bürgerspitals Luzern]: Aus der chirurgischen Klinik der Universität Zürich. Direktor: Herr Prof. Dr. Krönlein. Ueber Laminectomie. Zürich-Selnau 1903. 145 + IV S. 8°.
Zürich. Med. Diss. 1902/1903.

Wey, Xav[er]. Über Laminectomie. Diss. Med. Univ. Zürich. *Kopftitel:* Aus der chirurgischen Klinik der Universität Zürich, Direktor: Herr Prof. Dr. [Ulrich] Krönlein. II + 145 + IV S. 8. Zürich-Selnau, Gebr. Leemann & Co., 1903.

Wey, Xav., über Laminectomie. Diss. (145 u. IV S.) gr. 8. Zürich (903). (E. Speidel.) n. 1. 50

Weyand, Georg. Henr. (geb. Oberstein im Rheinl. 17. 4. 1825): De morbo infantium, qui vulgo „Croup" nominatur. Berolini (1853). (28 S.) 8°
Berlin, Med. Diss. v. 22. Dez. 1853

Weyand, Joannes Ed. Pet. (geb. am 10 Apr. 1808 in Morbach Kr. Bernkastel): De hydrocephalo puerorum ... Bonnae, typ. C. Georgii (1834). 3 Bl., 38 S., 2 Bl. 8.
Bonn, Med. Fak., Diss. v. 18 Jan. 1834

Weyand, Johann Karl

Weyands, (J. C.,) Reisen durch Europa, Asien u. Afrika, von dem Jahre 1818 bis 821 incl.; von ihm selbst beschrieben. 3 Bde. Mit Portrait, 8 Kupfer- u. 1 Steintaf. 8. Amberg 822—25, (Frankf., Schäfer.)

Weyand, Joh. Carl, Reisen durch einen Theil v. Europa, Asien u. Afrika, in d. J. 1818—1821. Von ihm selbst beschrieben. Orig.-Ausg. gr. 8. (13 B. u. 6 Kpfr.) Wien 828, Mechitaristen-Congregat.-Buchh.

Weybold, Johann Conrad: Kunst-geübter Bereiter und durch Erfahrenheit gelehrter Ross-Artzt ... Nebst e. Bericht vom Beschlag d. Pferde. Nürnberg 1701. 82 S. 4°

Weybora, Robert: Über Einwirkungen der Eiszeit auf Siedelungs- und Verkehrsverhältnisse in Kärnten. Diss. Wien, Univ. 1910;

Weyda H., Dr.: Briefe an Erzherzog Franz (nachm. Kaiser Franz II.) von seiner ersten Gemahlin Elisabeth 17[illegible] [illegible] Separatabdruck

Weyda, H., der chinesische Thee in Bezug auf Naturgeschichte u. Diätetik. gr. 8. (3½ B. u. 1 Stnt.) Wien 844, Kaulfuß Wwe., Prandel u. Comp.

Weyde, Frz., Anleitung zur Herstellung von physikalischen u. chemischen Apparaten mit möglichst einfachen Mitteln für Lehrer u. Schüler, sowie für alle Freunde der Naturlehre. Nach einer ganz neuen Methode bearb. Mit 370 Fig. auf 36 lith. Taf. Lex.-8. (80 S.) Wien 882. Sallmayer. n. 2. 60

Weyde Franz, Insektenzettel für Schülersammlungen, Zettel für Schülerherbarien, Mineralienzettel für Schülersammlungen. Budweis. M. Nieszl und Sohn. Per Bogen mit 248 Zetteln, gummiert K —.20.

Weyde, Frz., detaillirte Lehrpläne für Naturkunde [Naturgeschichte und Naturlehre]. Nach den neuesten Ministerialbestimmungen und method. Grundsätzen für 1-, 2-, 3-, 4- und 5klass. Volksschulen, sowie für die unteren Klassen einer 8klass. Bürgerschule. 1. und 2. Aufl. qu. gr. 4. (24 S.) Budweis 876,77, (Hansen's Buchh.)

Weyde, Frz., die Witterungs- u. Wasserstands-Verhältnisse in Budweis. Nach eigenen Beobachtgn. u. Berechngn. zusammengest. Mit 1 lith. Karte der Schneehöhe. gr. 8. (48 S.) Budweis 901. (L. E. Hansen.) n. 1.80

Weyde, Joh., über die Beziehungen der deutschen u. der tschechischen Sprache, s. a. Sammlung gemeinnütziger Vorträge. Nr. 310.

Weyde, J.: Über die Beziehungen der deutschen und der tschechischen Sprache. Prag: Calve 1904. (122 S.) 8°
(Sammlung gemeinnütziger Vorträge. Nr. 310.)

Weyde Dr. Joh.: Festrede zur Schillerfeier. 12. Prag II. d. St. R. 05.
Progr.

Weyde, Johann: Notkers Psalmenübersetzung und die Windberger und Trierer Psalmeninterlinearversionen.
Phil. Diss., Prag 1897/1898.

— neues deutsches Rechtschreibwörterbuch. Mit Rechtschreibregeln, kurz. Wort- u. Sacherklärgn., Verdeutschgn. der Fremdwörter u. sprachl. Winken aller Art. Auf Grund der neuen, gemeindeutschen Rechtschreibg. nach der Einheitsschreibg. des Buchdrucker-Duden bearb. 2., verb. Aufl. Mit etwa 60000 Stichwörtern. (VI, 249 S.) gr. 8. Leipzig 904. G. Freytag. — Wien, F. Tempsky. Geb. in Leinw. n. 1. 60

Weyde, J.: Neues deutsches Rechtschreibwörterbuch. Auf Grund der neuen gemeindeutschen Rechtschreibung. 3. Aufl. Wien: F. Tempsky 1905. (VI, 249 S.) Gr.-8°

Weyde, Joh., neues deutsches Rechtschreibwörterbuch. Mit Rechtschreibregeln, kurzen Wort- u. Sacherklärgn., Verdeutschgn. der Fremdwörter u. sprachl. Winken aller Art. Auf Grund der neuen, gemeindeutschen Rechtschreibg. bearb. 4., verm. Aufl. (61. bis 65. Taus.) Mit etwa 50000 Stichwörtern. (256 S.) 8. Leipzig 908. G. Freytag. — Wien, F. Tempsky. Geb. 1. 50

— Sprach- u. Naturwissenschaft, s. a. Sammlung gemeinnütziger Vorträge. Nr. 318.

Weyde, J.: Sprach- und Naturwissenschaft. Prag: Calve'sche K.u.K. Hof- u. Univ.-Buchhandlung 1905. (40 S.) 8°
(Sammlung gemeinnutziger Vorträge. Nr. 318.)

— 30 Sprüche f. Schule u. Lehrerzimmer. Wien 910. A. Pichler's Wwe. & Sohn.
In Mappe. 42×63,5 cm. 4. 20

— Adalbert Stifter als Erzieher, s. a. Sammlung gemeinnütziger Vorträge.

Adalbert **Stifter.** 1. Rede bei d. Enthüllung d. Stifterdenkmals in Oberplan am 26. Aug. 1906. Von August Sauer. 2. Adalbert Stifter als Erzieher. Vortr. v. Johann Weyde. Prag ('07). (Sammlg gemeinnütz. Vortr. 346/47.)

Weyde, Dr. Johann. Wörterbuch für die neue deutsche Rechtschreibung. Mit kurzen Wort- und Sacherklärungen, Verdeutschung der Fremdwörter und Rechtschreibregeln. Nach den seit 1902 für das Deutsche Reich, Österreich und die Schweiz amtlich gültigen Regeln. Enthaltend 35.000 Schlagwörter.
8. Wien u. Leipzig 1902.

Weyde, Joh., Wörterbuch f. die neue deutsche Rechtschreibg. Mit kurzen Wort- u. Sacherklärgn., Verdeutschgn. der Fremdwörter u. Rechtschreibregeln. Nach den seit 1902 f. das Deutsche Reich, Österreich u. die Schweiz amtl. gült. Regeln bearb. Enth. 40,000 Schlagwörter. 36.—40. u. 41.—45. Taus. gr. 8. (à 271 S.) Wien 902. F. Tempsky. — Leipzig, G. Freytag. Geb. in Leinw. n. 1.50

Weyde, Johann Franz

Weyde, J. F., u. A. Weickert, die Anfertigung der Zeichnungen f. Maschinenfabriken. Mit erläut. Fig. u. Farbendr.-Tafeln. 8. (VIII, 64 S.) Berlin 889. Polytechn. Buchhandlg. n. 1. 50; geb. n. 2. —

Weyde, Joh. Frz., u. A. Weickert, die Anfertigung der Zeichnungen f. Maschinenfabriken. Anweisung, techn. Zeichngn. f. das Constructionsbureau u. f. die Werkstätten der Maschinenfabriken zweckmässig, sachgemäss u. den Anfordergn. der Praxis entsprechend herzustellen, zu vervielfältigen, zu behandeln, auszustatten u. zu registriren. Mit erläut. Text-Fig. u. Farbendr.-Tafeln. Nach in der Praxis gesammelten Erfahrgn. zusammengestellt u. f. techn. Bureaux u. Lehranstalten bearb. 2., wesentlich verm. Aufl. 8. (VIII, 120 S.) Berlin 892. Polytechn. Buchh. Kart. n. 3. —

Weyde, Joh. Frz., u. A. **Weickert,** die Anfertigung der Zeichnungen f. Maschinenfabriken. Anweisung, techn. Zeichngn. f. d. Konstruktionsbureau u. f. die Werkstätten der Maschinenfabriken zweckmässig, sachgemäss u. den Anfordergn. der Praxis entsprechend herzustellen, zu vervielfältigen, zu behandeln, auszustatten u. zu registrieren. Mit 45 Text-Fig., 2 Schrifttaf. u. 6 (darunter 5 farb.) lith. Taf. 3. verm. u. verb. Aufl. 5. u. 6. Taus. Lex.-8. (VIII, 139 S.) Berlin 900. Polytechn. Buchh. A. Seydel. Geb. in Leinw. n. 5. —

Weyde, Joh. Frz., Anweisg. zur Behandlg. d. Dynamomaschine u. des Gleichstrom-Elektromotors. 12. (58 S.) Berlin 900. Polytechn. Buchh. A. Seydel. Geb. n. 1.—

Weyde, Jul., malerische Ansichten der römischen Baudenkmäler zu Pola in Istrien. Nach Naturstudien. Auf Stein gez. von Aug. Haun. Imp.-Fol. (6 Chromolithogr. mit 1 Bl. Text.) Berlin 859, (Th. Grieben.) *

Weyde, Jul., Einführung in die deutsche Handelskorrespondenz, s.: Voigt, Ludw.

Weydemann, E., die preußische Polizei-Verwaltung. Zusammenstellung der wichtigsten Polizeigesetze, Verordngn. u. der dazu erlassenen Ausführungsbestimmngn. Zum prakt. Gebrauch f. Verwaltungs- u. Polizeibeamte, insbesondere f. Polizei-Verwaltgn., Landrathsämter, Amtsvorsteher, Magistrate, Guts- u. Gemeindevorsteher. 8. (XVI, 796 S.) Berlin 894. H. W. Müller. Geb. in Leinw. n. 6. —

Weydemann, Heinrich [pr. Arzt aus Berne '(Oldenb.)']: Über das sogenannte tierische Gummi und seine Darstellbarkeit aus Eiweiss ... Marburg, Univ.-Buchdr. '(R. Friedrich)', 1896; 35 S., 1 Bl. 8.
Marburg, Med. Fak., Inaug.-Diss. v. 30. Jan. 1896

Weydemann, J. Vide: Revolution (Die). Monatsschrift.

Weyden. — Rogier van der Weyden.

— Kgl. Museum Brüssel, National Museum, Prado, Escurial Madrid. 7. Lfg. (5 Lichtdr.-Taf. u. Inhaltsverzeichnis 2 S.) gr. Fol. Ebd. (905). 6. —

Weyden, Rogier van der. (Rogier de la Pasture). 1400?—1464. Königl. Museum Antwerpen, National-Gallerie London, Louvre Paris, Mauritshuis Haag, Uffizi-Galerie Florenz. 1.—4. Lfg. gr. Fol. (20 Lichtdr.-Taf.) Haarlem (901). H. Kleinmann & Co. à 6. —

— dasselbe. (5. Lfg.) Königl. Gemälde-Galerie, Berlin; Städel-Kunstsammlg., Frankfurt; königl. Museum, Antwerpen. gr. Fol. (5 Lichtdr.-Taf.) Ebd. (902). 6. —

Weyden, Rogier van der (Rogier de la Pasture). 1400? bis 1464. Collection R. v. Kaufmann-Berlin, Ch. L. Cardon-Brüssel, Ch. Sedelmeyer-Paris, Museum Neapel. 6. Lfg. (5 Lichtdr.-Taf. m. 2 S. Text.) gr. Fol. Haarlem (903). H. Kleinmann & Co. 6. —

Weyden, E. Die Erfindung des Schießpulvers und der Feuerwaffen. Köln (c. 1850). 4°.

Weyden, E. Études étymologiques. Köln, H. B., 1853. 18 S. 4. **Progr.**

Weyden, E.: Die Schlacht bei Worringen. 4. 24 p. 1864.
Schul-/Univ.-Schrift

Weyden, Ernst, das Ahrthal. Ein Führer v. d. Mündung d. Ahr bis zu ihren Quellen, nebst ein. Abstecher nach d. Laacher-See u. d. Brohlthale. Histor.-geograph. Skizzen u. naturhistor. Andeutungen. 1. Aufl. (9 B. u. 6 Stahlst.) 835., 2., durchaus umgearb. u. verm. Aufl. gr. 12. (14 B., 1 Stahlst. u. 1 Karte.) Bonn 839, Habicht. à *
Mit 18 Stahlst. u. eleg. geb. à *

Weyden, Ernst, die neuen Dom-Fenster, ein Weihe-Geschenk Sr. M. des Königs Ludwig I. von Bayern. 2. Aufl., verm. durch eine Reihe von Andeutungen über die alten Fenster im hohen Chore und im nördl. Nebenschiffe des Langhauses. gr. 8. (46 S. und 1 Stnt.) Köln 848, (Eisen.) **

—— Feierstunden: Die Meisterprobe. — Bosheit u. Aberglaube. — Der Geiger. gr. 12. (13 B.) Köln 835, [Renard.] (Leipzig, Enobloch.)

Weyden, Ernst, Geschichte d. Burgen 2c. in den Rheinlanden, s. Mering, F. E. v.

Weyden, Ernst, Geschichte der Juden in Köln am Rhein von den Römerzeiten bis auf die Gegenwart. Nebst Noten u. Urkunden. Köln 867. Du Mont-Schauberg'sche Buchh. gr. 8. (VIII, 396 S.) n. 1 ℛ 20 ngr.

Weyden, Ernst, die neuen Glasgemälde im Dome zu Köln, ein Weihe-Geschenk Sr. Maj. des Königs Ludwigs I. von Bayern, beschrieben. 3. Aufl., verm. durch eine kurze Geschichte der Glasmalerkunst, sowie durch Andeutungen über die alten Fenster des kölner Domes im hohen Chore 2c. gr. 12. (77 S.) Köln 854, (F. C. Eisen.) *

—— Godesberg, das Siebengebirge u. ihre Umgebungen. Für d. Fremden u. Heimischen histor.-romant. geschild., mit naturhistor. Andeutungen. gr. 8. (9½ B., 1 Stahlst. u. 1 Karte.) Bonn 838, Habicht. *

Weyden, Ernst, Godesberg, das Siebengebirge, und ihre Umgebungen. Für den Fremden u. Heimischen geschildert, mit naturhistorischen Andeutungen. 2. völlig umgearb. Aufl. Mit 1 Stahlst. u. 1 (lith.) Karte (in Fol.). Bonn 864. Habicht. 12. (XIV, 178 S.) n. 20 ngr.

— Griechen-Lieder. 1s Heft. Navarin. gr. 8. Bonn 828. Habicht. 4 gr.

— Köln am Rhein vor 50 Jahren. Sitten-Bilder nebst historischen Andeutungen u. sprachlichen Erklärungen. Köln 862. Du Mont-Schauberg. gr. 8. (VII, 224 S.) n. 1 ℛ

—— Kölns Legenden 2c., s. Kölns Legenden.

—— **französ. Lesebuch, s. Peters, C.**

— s. Molières sämmtl. Werke.

Weyden, Ernst, das Haus Overstolz zur Rheingasse, genannt Tempelhaus. Histor. Skizze u. Beschreibung seiner innern Ausschmückung. gr. 12. (3½ B.) Köln 842, Du Mont-Schauberg'sche Buchh.

— Sängerfahrt des Kölner Männer-Gesang-Vereins nach London. Köln 854. F. C. Eisen. gr. 8. (XII, 220 S.) 1 ℛ.

—— das Siegthal. Ein Führer von der Mündung bis zur Quelle des Flusses und durch seine Seitenthäler. Zugleich Handbuch für Reisende auf der Deutz-Siegener Eisenbahn. Topographisch-histor. Skizzen nebst statist. und naturgeschichtl. Andeutungen. 12. (VIII und 397 S. mit 1 Stahlst. und 1 lithogr. Karte in qu. gr. Fol.) Bonn 865, Habicht. *

Weyden, Dr. Er., Kölns Vorzeit. Geschichten, Legenden u. Sagen Kölns, nebst e. Auswahl köln. Volkslieder. 8. Köln 826. P. Schmitz. 1 ℛ 8 gr.

– s. Vulpius, J. E.: Das Blumenjahr.

Weydener, (Dav.) Frid. Lud(ov.) Rich. (geb. Stendal 8. 2. 1830): De urina albuminosa. Berolini (1853). (54 S.) 8°
Berlin, Med. Diss. v. 26. März 1853

Weydert, Max, Enoch Arden, s.: Droop, Fritz.

Weydert, Nicolas: Vorschläge über eine zweckmässige Einrichtung der Vorbereitungsklasse, die jetzt mit unserm Progymnasium verbunden werden soll. 24 S. Diekirch, Progymn., Progr. 1846/47

Weydessen, Th., Fastenpredigten auf 7 Jahre, über d. Geheimniß unsers Herrn. 7 Thle. gr. 8. Bresl. 770—82. W. G. Korn. 4 ₰

Weydesser, Th., Fastenpredigten auf 7 Jahre, üb. d. Geheimniß unsers Herrn. 7 Thle. gr. 8. Breslau, W. G. Korn. 779—82.

— Festpredigten auf 6 Jahre. 4 Thle. gr. 8. Bresl. 782. W. G. Korn. 3 ₰ 8 ℊ

— Sonntagspredigten auf 8 Jahre. 8 Thle. gr. 8. Ebend. 780—83.

— Sonntagspredigten auf 8 Jahre. 8 Thle. gr. 8. Bresl. 780—88. W. G. Korn. 6 ₰

Weydig, Otto: Beiträge zur Geschichte des Mirakelspiels in Frankreich. Das Nikolausmirakel. Erfurt 1910: Hahne. 111 S. 8°
Jena, Phil. Diss. v. 18. Juli 1910, Ref. Wiese
[Geb. 28. Febr. 85 Erfurt; Wohnort: Erfurt; Staatsangeh.: Preußen; Vorbildung: Oberrealsch. Weißenfels Reife O. 05; Studium: Jena 3, Berlin 4, Jena 4 S.; Rig. 11. Mai 10.] [U 10. 2391

Weydlich, Joseph: Lehre der Geburtshilfe, zur Anwendung nach ächten Grundsätzen und der Erfahrung gemäß bearbeitet, auch mit praktischen Bemerkungen durchgehends erläutert. Th.1, 308 S., gbd.

Wien: k.k.Taubstummen-Instituts-Buchdruckerey 1797

JB 6.641

Weydlich, Jos., Lehre d. Geburtshülfe. 1r Thl. gr. 8. Wien 798. Beck. 1 ₰

Weydling, Georg, prakt. Arzt aus Leipzig: Ein Fall von Bauchblasendarm- und Genitalspalte mit Myelocystocele. Leipzig 1903: B. Georgi. (24 S.) 8°
Leipzig, Med. Diss. v. (18. März) 1903.

Weydmann, s.a. Weidemann. – Weidmann.

Weydmann, E., Katechismus zum Gebrauch der Taufgesinnten. Aufs neue bearb. u. hrsg. 8. (47 S.) Crefeld 888. Kramer & Baum. geb. n. — 75

Weydmann, E., Katechismus zum Gebrauch d. Taufgesinnten. Aufs neue bearb. u. hrsg. 2. Aufl. 8. (47 S.) Krefeld 898. Kramer & Baum. Geb. n.n. — 75

Weydmann, Ernst, cand. phil. aus St. Gallen: **Geschichte der ehemaligen gräflich-sponheimischen Gebiete. Ein Beitrag** zur deutschen Territorialgeschichte. *Konstanz: E. Ackermann in Komm. 1899.* (84 S.) 8°
Heidelberg, Phil. Diss. v. [1. Dez.] 1898

Geschichte der ehemaligen gräflich-sponheimischen Gebiete. Ein Beitrag z. deutschen Territorialgesch. Inaug.-Diss. vorgel. d. Univ. Heidelberg von Ernst **Weydmann**, cand. phil. aus St. Gallen. Konstanz: E. Ackermann in Komm. 1899. (84 S.) 8°
(Antiquar.-Histor. Verein zu Kreuznach. Veröffentlichung 18.)

Weydmann, Josef

Weydmann, J., das öffentliche Armenwesen in Elsaß-Lothringen vor u. nach der Einführung des Unterstützungswohnsitzgesetzes, s.a. Caritas-Schriften. 19. Heft.

— Das öffentliche Armenwesen in Elsass-Lothringen vor und nach der Einführung d. Unterstützungswohnsitzgesetzes. Eine gemeinverständliche Darstellung für die Praxis in der öffentlichen und privaten Armenpflege. 8°. Freiburg i. Br., Caritas-Verlag, 1910. (Caritas-Schriften, Heft 19.)

Weydmann, J., s. Caritas-Schriften.

— Die Wanderarmenfürsorge in Deutschland, s.o. Tagesfragen, soziale. 12. Heft.

Die Wanderarmenfürsorge in Deutschland. Von J[osef] **Weydmann.** M. Gladbach: Volksver.-Verl. 1908. (104 S.) 8° [F.]
= **Tagesfragen,** Soziale. [Neue Zählung.] H. 12. 08. 17778

Weydmann, J. Ph.

– s. Beurtheilung der allgem. Renten-Anstalt in Stuttgart.

Weydmann, J. Ph., Würdigung der von der Direktion der Stuttgarter allgemeinen Rentenanstalt für ihre Wahrscheinlichkeiten vorgebrachten Vertheidigungsversuche. gr. 8. St. Gallen 839. Scheitlin u. Zollikofer. 1/6 ₰

Weydmann, Leonhard

– s. L. Gaelling, der denkende Christ.

Weydmann, (Pfarrer) L., über d. neuesten Erscheinungen in d. protestant. Kirche. 8. Frankf. a. M. 829. Guilhaumann. 7 ℊ

Weydmann, L., die Fragen unsrer bewegten Zeit, im Lichte des Evangeliums u. mit beständiger Rücksicht auf die Urtheile der Reformatoren betrachtet. In 5 Reden an die Freunde des Christenthums und des Vaterlandes. 8. Frankfurt 834. H. L. Brönner. 3/8 ₰

– s. Ph. W. v. Heusde, Briefe.

Weydmann, L., Luther, ein Charakter- u. Spiegelbild f. unsere Zeit. gr. 8. (VI u. 194 S.) Hamburg u. Gotha 850, Fr. & A. Perthes. 27 ngr

Weydmann, L., Luther. Ein Charakter- u. Spiegelbild f. unsere Zeit. 2. (Titel-)Ausg. gr. 8. (V, 194 S.) Leipzig (1870) 877. Siegismund & Volkening. 2. 70

— Predigt beim Antritt seines Amtes in Crefeld, am 6. März 1836 gehalten. ... Crefeld ... Funke. 1/6 ₰

Weydmann, Leonh., Predigt bei der Einweihungsfeier der erneuerten Mennoniten-Kirche zu Crefeld am 20. Dezbr. 1843. gr. 8. (7/8 B.) Crefeld 844, [Funcke u. Müller.] *

— fünf Predigten in Bezug auf d. neuesten Erscheinungen in d. protestant. Kirche. gr. 8. Crefeld 831. Schüller. 10 𝒦

[Weydmann, Philipp.] Freimüthige Beurtheilung eines Schweizers über die neuesten politischen Ereignisse im Kanton Basel. 8. St. Gallen 1831.

WEYDNER, Johann Baptist (München): Über den Bau der Ohrpolypen.- Wiesbaden: Bergmann 1884. 55 S.- S.-Abdr.aus: Knapp-Moos' Zeitschrift für Ohrenheilkunde. Bd.14. 27.6.1884 - Urk (Titel: De polypis aurium.); Chr 1884/85,19
Diss.Ingolst.-Landsh.-Mchn.

Weydt, Georg: Aus dem Hospital „zum heiligen Geist" zu Frankfurt a. M. Über die interne und chirurgische Behandlung von 161 Perityphlitis-Fällen. Kiel 1898: H. Fiencke. (38 S.) 8°
Kiel, Med. Diss. v. [20. Juli] 1898.

Weyel, deutsches Lesebuch, s.: **Schulz, Bernh.**

[Umschlagt.:] **Weyel**, Friedrich [wiss. Hülfsl. Dr.]: Der syntaktische Gebrauch des Infinitivs im Ormulum. Meiderich, Druck v. A. Marquard, 1896; 58 S., 1 Bl. 8.
Meiderich, st. R, P 1896 (510a)

Weyel, Johann Andreas (Strassburg) Thl. I, 209/17

Disputatio XVII. de probatione spirituum, ex I. Joh. IV, 1. Präs. Johann Konrad Dannhauer.
In: Dannhauer: Disputationes theologicae. Leipzig (Reinhold) 1707. S. 441 - 525.

Diss. Strassburg X. 1665. 36523

Weyel, Rud. Ant., Prüfung d. Hufelandschen Meinung, über d. Recht protestant. Fürsten, unabänderl. Lehrvorschriften festzusetzen u. über solche zu halten. 8. Stendal 789. Franzen u. Gr. 5 𝒦

Weyel, Th., physiologische und chemische Studien am Torpedo, s. **Archiv für Anatomie und Physiologie.**

Weyel-Coulin, wer ist e. Christ? Eine zeitgemässe, ernste Frage. (40 S.) gr. 8. Wien (906). Huber & Lahme Nachf. — 50

Weyell, Heinrich

Weyell: Der erste Unterricht in der Raumlehre. Alsfeld, Druck v. H. Düring, 1889; S. 8—16; 4°
Alsfeld, großh. R, OP 1889 (600)

Weyell, der erste Unterricht in der Raumlehre. gr. 4. (8 S.) Alsfeld 889. (Leipzig, Fock.) n. — 50

Weyell, Philipp

Weyell, Ph., die nöthigsten Verhaltungsregeln bei der Erziehung, insbesond. für Eltern zusammengestellt. gr. 8. (18 S.) Friedberg 848, (Bindernagel's Buchh.) *

Weyell, Phpp., d. Christen Ziel u. Weg. gr. 8. (27 S.) **Friedenau-Berlin 898. Buchh. der Goßner'schen Mission. n. — 20**

Weyen, W. v., über Disteln u. Dornen. Erzählungen. 8. (264 S.) Paderborn 877. **Kleine.** n. 2. —

Weyenbergh, H., Hypostomus plecostomus, Val. Mémoire anatomique pour servir à l'histoire naturelle des Loricaires. gr. 8. (V, 116 S. m. 9 Steintaf.) Córdoba 876. Leipzig, A. Krüger in Comm. n. 9. 60

Weyenbergh, jr., H., die Osteologie u. Myologie von Sciurus vulgaris L., s. **Hoffmann, C. K.**

Weyeneth, Karl

Weyeneth, Carl [prakt. Arzt von Nennigkofen (Solothurn)]: Über einen Fall von Carcinom und Tuberkulose des Oesophagus. Zürich 1900. 23 S. 8°.
Zürich, Med. Diss. 1899/1900.

Weyer [Sachl. OW]

Weyer, Dr. Joh., der erste Bekämpfer d. Hexenwahns, s.: **Binz, C.**

Weyer [Schlagwort]

Weyer, Umgebung, s.: **Ausflugskarten.**

Weyer [Verf.]

Weyer, Kirchengesänge z. Confirmation bey einer protestant. Dorfgemeinde. 8. Mannh. Löffler.

Weyer, Bruno

Weyer, B., s.a. Taschenbuch der Kriegsflotten.

Weyer, B., Kapitänleutnant a. D.: Taschenbuch der Kriegsflotten. Mit teilweiser Benutzung amtlichen Materials. IV. Jahrg. 1903. Mit 277 Schiffsbildern und Skizzen. VI. Jahrg. 1905. Mit 359 Schiffsbildern und Skizzen. 8. München 1903. 1905.

Weyer, Bruno, der Niedergang deutscher, der Aufschwung fremder Seemacht. Hrsg. v. Alldeutschen Verbande. gr. 8. (14 S. m. 7 graph. Taf.) München 897. J. F. Lehmann's Verl. n. — 40

— **Deutschlands Seegefahren. Der Verfall d. deutschen Flotte u. ihr geplanter Wiederaufbau. M. 9 graph. Taf. Hrsg. v. Alldeutschen Verbande. 15.—17. Taus. gr. 8. (55 S.) Ebd. 898.** n. — 80

Weyer, Eduard Moffat: Die Zeitschwellen gleichartiger und disparater Sinneseindrücke. Mit 10 Fig. im Text. *Leipzig: W. Engelmann 1898.* (97 S.) 8° ¶(Aus: Philosoph. Studien, Bd 14.)
Leipzig, Phil. Diss. v. [7. Okt.] 1898

Weyer, Erhard, appr. Arzt a. Danzig, Unterarzt im 1. Lothring. Feldart.-Reg. Nr. 33: Über zwei neue Fälle von Luxatio pedis sub talo. Berlin (1905): G. Schade. (30 S.) 8°
Berlin, Med. Fak., Ref. Hildebrand, Diss. v. 7. Juli 1905
[Geb. 14. Juli 80 Danzig; Heimatsort: Danzig; Staatsangeh.: Preußen; Vorbildung: Königl. Gymn. Danzig Reife M. 99; Studium: Berlin, K. Wilh.-Akad. 9 S.; Coll. 5. Juli 05; Approb. 30. Juni 05.]

Weyer, Geo., Bau-Unfallversicherungsgesetz nebst Gesetz, betr. die Abänderg. der Unfallversicherungsgesetze, Verordngn. üb. das Verfahren vor den Schiedsgerichten u. dem Reichs-Versicherungsamt, Ausführungsbestimmgn. u. Tabellen. Mit Erläutergn. 8. (VI, 122 S.) Berlin 901. Gr.-Lichterfelde, Gesetzverl. Schulze & Co. Geb. n. 1.80

— **Gewerbe-Unfallversicherungsgesetz**, s.: **Brandis, W.**

Weyer, Georg Daniel Eduard

Weyer, G. D. E. Die direkten od. strengen Auflösungen für die Bestimmung des Beobachtungsortes aus zwei Höhen der Sonne oder anderer bekannten Gestirne. 1883.

Weyer, G. D. E., kurze Azimuth-Tafel f. alle Deklinationen, Stundenwinkel u. Höhen der Gestirne auf beliebigen Breiten. Zum tägl. Seegebrauch bei der Bestimmg. der Missweisg. d. Kompasses u. bei der Anwendg. v. Sumner's Methode f. die geograph. Ortsbestimmg. gr. 8. (VIII, 33 S.) Hamburg 890. Friederichsen & Co. geb. n. 3. —

— Ueber die Bahnen der Planetenmonde in Bezug auf die Sonne. (Separat-Abdruck aus den Astronom. Nachr. 1890.) Kiel 1890.

Weyer, G. D. E., Dr., Einige nachträgliche Bemerkungen zu dem Artikel „Ueber die Bahnen der Planetenmonde in Bezug auf die Sonne. (Sep.-Abdruck aus den Astronom. Nachr.)

Weyer, G. D. E. Elementare Bestimmung der Lage der gleichseitigen Hyperbel im Kegel. Kiel 1894

— — Bestimmung des Convergenzpunktes für die mittleren Richtungen der magnetischen Meridiane. (Abdruck aus den Astronomischen Nachrichten, Band 138.) Kiel 1895.

Weyer, G. D. E., Dr., Die Bestimmung der wahrscheinlichen geographischen Lage eines Beobachtungs-Ortes aus einer beliebigen Anzahl von beobachteten Gestirnhöhen. Kiel 1881.

— — Ueber die säkulare Bewegung von Convergenzpunkten magnetischer Meridiane in den letzten 200 Jahren. (Abdruck aus den Astronomischen Nachrichten, Band 136.) Kiel 1894.

Die magnetische Declination und ihre säculare Veränderung für 48 Beobachtungsörter, berechnet als period. Function f. jeden einzelnen Ort aus d. daselbst angest. Beobachtgn. Von Dr. G[eorg] D[aniel] E[duard] **Weyer**, Geh. Rath, Prof. in Kiel . . . *Halle: In Comm. bei W. Engelmann in Leipzig; Dr. v. E. Blochmann & Sohn in Dresden 1895.* (311—397 S.) 4.
= **Acta**, Nova, Academiae Caes. Leopoldino-Carolinae Germ. naturae curiosorum. T. 63. No 3. [97. 6254]

Weyer, G. D. E., über die Differentialformeln fur Cometenbahnen von grosser Excentricitat mit Berücksichtigung der planet. Storungen. gr. 8. (76 S.) Berlin 852. Dummler. n. 5/6 ₰

Weyer, G. D. E., Einführung in die neuere konstruierende Geometrie. Zum Gebrauch f. Studierende. gr. 8. (VI, 68 S. m. 68 Fig.) Leipzig 891. B. G. Teubner. n. 1. 20

Weyer, G. D. E., Einleitung in die Physik, s. **Karsten**, G.

Weyer, G. D. E., Dr., Ueber das nautische Längenproblem. (Sep.-Abdr.) Berlin 1890.

Weyer, G., allgemeine Physik, s. **Encyklopädie**, allgemeine, der Physik.

Weyer, G. D. E., Dr., Prüfung der Poisson'schen Deviations-Theorie für die Schiffs-Kompasse durch Beobachtungen. (Sep.-Abdr. aus den Annalen der Hydrographie, IX, 1889.)

Weyer, G. D. E., Heinrich Ferdinand Scherk. Gedächtnissschrift. gr. 8. (19 S.) Kiel 886. Universitäts-Buchh. n. 1. —

Weyer, Geo. Dan. Ed., uber die totale Sonnenfinsterniss am 18. Juli 1860. Vortrag am 6. Octbr. 1860 gehalten. Kiel 860. (Akademische Buchhdlg.) gr. 4. (28 S. u. 2 lith. Taf.) n. 12 *ngr.*

— üb. die parabolische Spirale. Eine Monographie. gr. 8. (36 S. m. Fig.) Kiel 894. Lipsius & Tischer. n. 1. —

Weyer, G. D. E., Ueber die säkulare Variation der magnetischen Deklination in Rio de Janeiro. (Aus den „Ann. der Hydrogr. und Maritim. Meteorologie." Heft XI, 1888.) Kiel 1888.

Weyer, G. D. E., Vorlesungen üb. nautische Astronomie geh. an der königl. Marineschule in Kiel. gr. 8. (VII, 192 S.) Kiel 871. Schwers. n. 3. —

Chronic, Kurtze, vom Auf- u. Untergang dess ersten Luthrischen Evangelii u. der Augspurgischen Confession etc. von *R. P. W.* (e Soc. Jesu) (d. i. *Gottfried Weyer*). 2 Thle. München, gedruckt bey Maria Magdalena Riedlin, Wittib. 1730. 8°. (In München 2 Expll.: H. Ref. 71, 72.)

Weyer, H. E., Orientalia, s. Orientalia.

Weyer, Heinrich [aus Köln]: Über die Einwirkung von Ammoniak und aromatischen Aminen auf das Chlorid und Bromid des Arsens . . Bonn, Druck v. P. Neusser, *1891*, 2 Bl., 37 S., 1 Bl. 8°
Bonn, Phil. Fak., Inaug.-Diss. v. 17. Jan. 1891

Weyer, Heinrich SJ A. S. 17/4

Quaestiones canonicae de sponsalibus et matrimonio. Präs. Adolph Bernhard SJ.
Heidelberg (Müller) (24.) IX. 1728. 27 S.
36526

Weyer, J. P., das Bau-Recht f. denjen. Theil d. Rheinprovinzen, in welchem d. französ. Gesetzbuch in Kraft u. Anwendung steht. gr. 8. (8 B.) Köln 839, DuMont-Schauberg. *

Weyer, J. P., das Bau-Recht in den Rheinprovinzen Preußens und denjen. Ländern in welchen das französ. Gesetzbuch in Kraft und Anwendung steht. 2., verb. Aufl. — Das Mieth-Recht in den Rheinprovinzen Preußens und denjen. Ländern in welchen das französ. Gesetzbuch in Kraft und Anwendung steht. Nebst einer Zusammenstellung sämmtl. in der Rheinprovinz bei Miethverhältnissen geltenden Ortsgebräuche. Von Aug. Bessel. gr. 8. (XII und 288 S.) Köln 854, F. C. Eisen. *

Weyer, J. P., Samml. von Ansichten öffentl. Plätze, merkwürd. Gebäude u. Denkmäler in Köln. Als Zugabe: Aphorismen aus Kölns Geschichte, von Th. J. J. Lenzen. Mit 26 Abbildd. 16. Köln 826. Bachem. 1 ₰ 8 gr

Weyer, (J. P.,) Samml. von Ansichten öffentl. Plätze, merkwürd. Gebäude u. Denkmäler in Cöln. Mit 26 Abbildd. 16. Cöln 827, Bachem.

Weyer, Joh. Maur.: Commentatio de communione bonorum inter conjuges: Pars prior.: de jure comm. bonor. inter conjuges; Pars posterior.: de prorogata communione. *Lemgov.* 739. 4.

Weyer, Ioh. Mor., Commentarius de communione bonorum inter conjuges. 4. Lemgo, Meyer. 739.

Weyer, Matth., geistreiche Schriften. 12. Büdingen, Stöhr. 732.

Weyer, Matthes. Geistreiche mündliche Sprüche das inwendige Christenthum betreffend. Neu bearbeitet. Nürnb. 1817. B: *Kanne, Joh. Arnold.* (GGr)

Weyer, Matth., geistreiche mündl. Sprüche, das inwendige Christenthum betreffend. Neu bearb. von J. A. Kanne. 8. Nürnb. 817. Monath u. K. 16 gr

Weyer, Otto W. [Doctor d. Staatsw.]: Die englische Fabrikinspektion. Ein Beitrag zur Geschichte der Fabrikgesetzgebung in England . . . Tübingen, Verl. d. H. Laupp'schen Buchh., 1888: XV [falsch pag.] + 325 S. 8°
Tübingen, Staatsw. Fak., Inaug.-Diss. v. 1888.
(Nur in beschränkter Zahl für den Austausch)

Weyer, **Pt. Geo., († d. 19. April 1778.) Diss. inaug. medico-obstetriculis de partu praeternaturali propter clunes ad os uteri conversas. 4. Strassb. 773. (26 S.)**

WEYER, Victorin: Das Wesen der Solemnität der Ordensgelübde. — 1908. 44 S. Diss. Graz, Univ.

Weyerbusch [Schlagwort]

Weyerbusch, s.: Preussen. Messtischblätter.

Weyergang, W., klein Heimchen. Charakterbild in 3 Akten. Frei nach Dickens' Märchen „Das Heimchen am Heerde". gr. 8. (36 S.) Berlin (894). M. Böhm. 2. —

Weyergang, W., Theodor Körner und sein Vaterhaus. Historische Erzählung für Jugend und Volk. gr. 8. (VIII, 260 S. mit 41 Text-Abbild. und 1 Titelbilde von Rich. Knötel.) Leipzig 888, Spamer. *
geb. *

Weyergang, W., s.a. Lucia, E.

Weyergang, W. [Ellen Lucia], Scherzwort aus Kindermund, gesammelt u. zum Besten der Allgemeinen deutschen Lehrerinnen-Pensionsstiftung hrsg. gr. 16. (IV, 125 S.) Leipzig 879. Schmidt & Günther. n. 1. 80

Weyerhäuser: Vergleichende Darstellung der lateinischen und französischen Conjugation. Büdingen, G., 1875. 36 S. 4°
Progr.

Weyerhäuser, H. Mitteilungen über die Gymnasialbibliothek zu Büdingen nebst einem Verzeichnisse der in ihr befindlichen Bücher aus dem 15., 16. und 17. Jahrhundert. 24 S. *Büdingen* 1881
Progr.

Weyermann, A.: Die Schützengesellschaft (Ulm). Schuhkrafts Unterhaltungs-Bl., 1818, Nr. 108.

Weyermann, A[lbrecht]. Antrittspredigt über „Der ist nicht stark, der in der Noth nicht fest ist". Spr. Sal. 24, 10. Gehalten am 8. Juni 1845, nach seiner auf den Freischaarenzug erfolgten Amtseinstellung, durch A. W'.... Hrg. von einigen seiner Freunde. 8. Bern 1845.

Weyermann, Albr., histor. Handbuch d. merkwürdigen Personen, welche im 19. Jahrh. gestorben sind. 1r Thl. (A. u. d. T.: Gallerie histor. Gemälde denkwürd. Personen rc.) 8. Augsb. 806. Kranzfelder. 20 kr

— Nachrichten v. Gelehrten, Künstlern u. and. merkwürd. Personen aus Ulm. gr. 8. Bern, Typograph. Soc. 798.

— Nachr. von Gelehrten, Künstlern u. and. merkwürd. Personen in Ulm. gr. 8. Ulm 798. Becker. (Ebner). 1 fl 8 kr

— histor.-literar.-artist. Nachrichten von Gelehrten u. Künstlern, als Beitrag zu den Wörterbüchern von Jöcher, Adelung u. Meusel. gr. 8. Ulm 810. (Stettin). 1 fl 14 kr

*** — historisch-literarisch-artistische Nachrichten von Gelehrten u. Künstlern, sind jetzt Verlag von Jakob Ebner in Ulm.**

Weyermann, Albr., neue histor.-biograph.-artist. Nachrichten v. Gelehrten u. Künstlern, auch alten u. neuen adel. u. bürgerl. Familien aus d. vormal. Reichsstadt Ulm. gr. 8. (43¼ B.) Ulm 829, Stettin.
Bildet eine Fortsetzung v. dess. „Nachrichten v. Gelehrten, Künstlern u. and. merkwürd. Personen aus Ulm. [Ebendas.] 1798. 1 Thlr. 14 Gr.

[Weyermann, Albrecht.] Die Zeller'sche Religionsgefahr im Kanton Bern. 8. Bern 1847.

Weyermann, August, Referendar aus Elberfeld: Der Pfandverkauf nach dem Bürgerlichen Gesetzbuche. Baruth (Mark) 1902: J. Särchen. (73 S.) 8°
Rostock, Jur. Diss. v. [25. Sept.] 1902.

Weyermann, Geo. Fr., († d. 12. Nov. 1803.) Jubelrede auf den Sonntag nach Weihnachten 1798. 4. Augsb. 799. M. Rieger. 3 kr

— die Samaritin, Jesus gelindeste Bekehrungsweise, ein Erbauungsbuch für d. Fastenzeit. 8. Augsb. 799. M. Rieger. 14 kr

Weyermann, Hans, prakt. Arzt aus Bamberg: Geschichtliche Entwicklung der Anatomie des Gehirns. Würzburg 1900 [vielm. 1901/02]: P. Scheiner. (117 S.) 8°
Würzburg, Med. Diss. v. 1900.

Weyermann, J[ohann] J[acob]. Unsere Ziele. Referat gehalten an der Generalversammlung des Verbandes «Schweiz. amtl. Hauswarte», ... den 13. August 1905, im «Freihof» Gerhen, von Kollege J. J. W' [St. Gallen]. II + 18 S. 8. Andelfingen, W. Hepting, 1905.

Weyermann, Mor., Charles Dickens [Boz]. Eine biograph. Skizze, s. Boz, fünf Weihnachtsgeschichten.

Weyermann, M., zur Geschichte des Immobiliarkreditwesens in Preussen m. besond. Nutzanwendung auf die Theorie der Bodenverschuldung, s. o. Abhandlungen, Freiburger volkswirtschaftliche. 1. Erg.-Heft.

Zur Geschichte des Immobiliarkreditwesens in Preußen mit besond. Nutzanwendung auf d. Theorie d. Bodenverschuldung. Von Dr. jur. et rer. pol. M[oritz] **Weyermann**, Privatd. Karlsruhe i. B.: Braun 1910. XV, 239 S. 8°
(Freiburger Volkswirtschaftliche Abhandlungen. Bd 1, Erg.H. 1.) (10. 691)

Weyermann, Mor., Zeugnisse gegen das Wagnerthum in der Musik. Ein krit. Beitrag. 8. (48 S.) Elberfeld 882. Bädeker. n. 1. —

Weyermann, Moritz Rudolf, aus Elberfeld: Das Verlagssystem der Lauschaer Glaswarenindustrie und seine Reformierung. Naumburg a. S. 1902: Lippert & Co. (52 S.) 8°
[Erschien vollst. 1902 als: Wirtschafts- u. Verwaltungsstudien m. bes. Berücks. Bayerns, Bd 15.]
Würzburg, Jur. Diss. v. 1902.

Weyermann, M. R., das Verlagssystem der Lauschaer Glaswaren-Industrie u. seine Reformierung, s. o. Wirtschafts- u. Verwaltungsstudien. XV.

Das Verlagssystem der Lauschaer Glaswaren-Industrie u. seine Reformierung. Von Dr. M. R[udolf] Weyermann. *Leipzig: A. Deichert 1902.* (X, 154 S.) 8° [ð.]
= Wirtschafts- u. Verwaltungsstudien mit bes. Berücks. Bayerns. 15.

Weyermann, Rudolf, Referendar aus Elberfeld: Ueber die ausserberufliche Immunität der deutschen Reichstagsabgeordneten gegenüber Strafverfolgung und Verhaftung. Berlin 1899: H. S. Hermann. (44 S.) 8°
Erlangen, Jur. Diss. v. 16. Okt. 1898.

Jubiläums-Denkschrift. Rückblick auf das 50jähr. Bestehen der Dampfschifffahrts-Gesellschaft für den Nieder- und Mittel-Rhein ... Von Rud[olf] Weyermann. — (Düsseldorf 1886: Voß.) 16 S. 4° [Umschlagt.:] Jubiläums-Denkschrift der Dampfschiffahrts-Gesellschaft für den Nieder- u. Mittel-Rhein. 1836—1886.

Weyermann, Walther. Die versicherungsrechtliche Obliegenheit nach dem Bundesgesetz über den Versicherungsvertrag vom 2. April 1908. IV + VI + 106 S. 8. Bern, Stämpfli & Cie., 1929.
Ausg. A: Diss. Jur. Bern.
Ausg. B: Von Dr. W' W'.... [fr. 3.50.]- Abhandlungen zum schweizerischen Recht. N. F. Heft 49.

Weyermüller, Demetrius A. S. 179/21

Duo diplomatices ecclesiasticae de datis, et subscriptionibus, seu signaturis capita ...
Präs. Chrysostomus Probst.
Bamberg (Klietsch) 30. IV. 1783, 48 S.
36527

***Weyermüller*, Demetrius, summa capita juris ecclesiastici ad statum Germaniae accommodata. 4. Bamb. 789.**

— Theses theologicae. 8. Bamb. 792.

Weyermüller, Frdr., Christus u. seine Kirche. Der 45. Psalm in Liedern. 2. Aufl. Vermehrt m. 63 gleichart. Liedern. 8. (XI, 215 S.) Hermannsburg 875. Missionshausdr. n. 1. —

Weyermüller, Friedr., Dominikus Dietrich, ein elsässischer Glaubensheld. Historisches Gedicht. 8. (36 S.) Hermannsburg 874, Missionshausdruckerei. *

— vom heiligen Ehestand. Ein Wort ans deutsche Volk aller Stände. gr. 16. (47 S.) Gotha 875. Schloeßmann. n. — 50

Weyermüller, Frdr., Gebet e. lutherischen Christengemeinde um e. treuen Hirten. (4 S.) kl. 8. Zwickau (905). J. Herrmann. n. — 10

—— Paulus Gerhardt, s. Geschichts- und Missions-Bibliothek, christliche.

Weyermüller, Frdr., Harfe u. Schwert. Hinterlassene Gedichte. Gesammelt von seiner Tochter M. F. W. 8. (XXX, 769 S.) Gotha 881. Schloeßmann. n. 4. 80

Weyermüller, F., **Kriegs- und Friedenslieder eines Elsassers 1870/71. gr. 16. Nürnberg 871. Gütersloh, Bertelsmann.** *

—— Kriegs- und Friedenslieder eines Elsässers 1870—1871. gr. 16. (48 S.) Nürnberg 871, Löhe. (90 Pf.) *

Weyermüller's, Friedr., **geistliche Lieder in einer Auswahl, nebst einem Lebensbilde des Dichters von F. R. Borchers. 12. (VIII, 303 S.) Kropp 887, Buchh. „Eben-Ezer".** *
geb. *

Weyermüller, Friedr., lutherische Lieder. Halle 854. Mühlmann. 16. (2 Bl., 196 S.) n. 20 *ngr.*

Weyermüller, Friedr., Napoleon auf Sankt Helena. Ein Gedicht, mit Anmerkungen. gr. 8. (2½ B.) Straßburg 842, Levrault'sche Buchh. 5 Ngr. Velinp.

Weyermüller, Frdr., der 45. Psalm, das kleine Hohelied der Bibel. Von dem Bräutigam Christo u. der Kirche seiner Braut. In sieben deutschen Liedern nachgesungen. Mit einem Vorwort von W. F. Besser. Leipzig 862. Naumann. 16. (24 S.) n. 2½ *ngr.*

—— die Völker Südafrika's nach Augenzeugen geschildert; u. die Geschichte des Mussethe. 12. (6 B., 4 Stnt. u. 1 ill. Karte.) Straßburg 842, Levrault'sche Buchh. 7½ Ngr., ill. —

Weyers, Edmund, approb. Arzt: Zur Aetiologie des Retropharyngealabszesses. München 1903: C. Wolf & Sohn. (47 S.) 8°
München, Med. Diss. v. 1903.

Weyers, Henr. Engel., initium disputat. de libri apocalypseos argumento, sententia et auctore. 4maj. (12¼ B.) Lugduni Bat. 838, Luchtmans. (Lipsiae, libr. Weidmann.) *

Weyers, H. E., Specimen criticum, exhibens Locos Ibn Khacanis de Ibn Zeidouno, ex Mss. Cod. Bibl. Lugd. Bat. et Gothanae editos, latine redditos et annotatione illustratos. 4 maj. (28 B.) Lugduni Batav. 831, Luchtmans. (Lipsiae, Weigel.)

Chronik der Familie Weyersberg zu Solingen. Zsgest. von Albert Weyersberg. — Elberfeld 1893: Friderichs. 46 S. 4° **38.**

Weyert, Ferd., Vertheilung d. dem Blute zugeführten Zuckers auf einige Körpersäfte. Inaug.-Diss. gr. 8. (45 S.) Dorpat 890. (Karow.) n. 1. 20

Weyert, Martin, aus Owinsk b. Posen, Unterarzt im Gren.-Reg. Prinz Karl v. Preußen (2. Brandenb.) No 12: Über Narkosenlähmungen. Berlin (1903): G. Schade (37 S.) 8°
Berlin, Med. Diss. v. 13. Febr. 1903.

Weyert, Osc. Vinc. (geb. Ciesle bei Rogasen 22. 1. 1836): De conservativa chirurgia nonnulla. Berolini (1861). (35 S.) 8°
Berlin, Med. Diss. v. 14. Aug. 1861

Weygand, vergl. Weigand, Wayand.

Weygand, Johann Georg.
[Mitau 1784.] V: *Recke, Joh. Frdr. v.* (R-N)

Weygand, A. Ad., gemeinnützige Lehre über Brennstoffe u. Feuererscheinungen, so wie über den Verbrennungsproceß, nebst Ansichten d. Lehren Lavoisier's u. Davy's, mit e. kleinen Anhang über d. griech. Feuer. gr. 12. Wien 825. Tendler. 8 ggr.

Weygand, Frid. (geb. Meinerzhagen in Westf. 23. 3. 1835): De aneurysmate arteriae femoralis. Berolini (1859). (32 S.) 8°
Berlin, Med. Diss. v. 12. Nov. 1859

Weygand, G. H. F., Kunst in zwey Monaten Russisch lesen, verstehen, schreiben u. sprechen zu lernen. 2te wohlfeilere Ausg. gr. 8. Leipzig. Hinrichs. 816.

Weygand, Herm., die technische Entwickelung der modernen Praecisionswaffen der Infanterie. Als Leitfaden zur Kenntniss der Handfeuerwaffen f. Officiere, Schiess- u. Kriegsschulen. gr. 8. (VII, 126 S.) Berlin 872. Luckhardt. n. 3. —

Weygand, H. Die techn. Entwickelung der modernen Präzisionswaffen d. Infanterie. T. 1—3. Mit Tab. Berlin 1872—1876.
— — 2. umgearb. u. verm. Aufl. 1878. 216 S.

Weygand, H. Die technische Entwicklung der modernen Präcisionswaffen der Infanterie. 2. A. Leipzig 1878.

Weygand, Herm., **die deutsche Gewehrfrage, s.: Plönnies, W. v., neue Studien üb. die gezogene Feuerwaffe.**

Weygand, die neue deutsche Gewehrfrage. Ein Beitrag zur Beurtheilung. gr. 8. (IV, 59 S.) Darmstadt 888, Bergsträsser. *

Weygand, H. Das Infanteriefeuer. Berlin 1885.

Weygand, Herm., das französische Infanteriegewehr. Fusil modèle 1874. Beschreibung und Leistung der Waffe. gr. 8. (24 S.) Berlin 876, Luckhardt'sche Verlagsh. *

Weygand, Herm., das französische Marine-Gewehr. Fusil modèle 1878 marine. [Système Gras-Kropatschek modifiée.] Mit einer (lith.) Fig.-Taf. (in Fol.). gr. 8. (33 S.) Berlin 879. Luckhardt'sche Verlagsh. n. 1. 20

— die französische Mitrailleuse der Feldartillerie. [La mitrailleuse de Meudon; le canon à balles.] Kurze Beschreibg. u. Beurtheilg. v. Geschütz u. Munition. Mit 29 in den Text gedr. Holzschn. gr. 8. (IV, 40 S.) Darmstadt 871. Zernin. n. 1. 20

Weygand, H. Die modernen Ordonnanz-Präzicionswaffen der Infanterie. Ihre Entwickelung, Construction, Leistungen und ihr Gebrauch. 2 Th. (236) 8. Berlin 1872. 75. 6,00. 2. Aufl. 2 Bde. in 3 Th. (448) 8. M. 16 Taf. ib. 1876. 16,00.

—— die modernen Ordonnanz-Präcisionswaffen der Infanterie. Ihre Entwicklung, Construction, Leistung und ihr Gebrauch als Leitfaden zur Kenntniss der Handfeuerwaffen für Offiziere, Kriegs- und Schiesschulen dem prakt. Bedürfnisse entsprechend zusammengestellt. 2. Thl.: Construction und Leistung der modernen Ordonnanz-Präcisionswaffen der Infanterie. Tabellarische Zusammenstellung der wichtigsten techn. und ballist. Daten. gr. 8. (IV, 110 S.) Ebendas. 875. *

—— die modernen Ordonnanz-Präcisionswaffen der Infanterie. Ihre Entwicklung, Construction, Leistung und ihr Gebrauch, als Leitfaden zur Kenntniss der Handfeuerwaffen für Officiere, Kriegs- und Schiess-Schulen bearb. 1. und 3. Thl. gr. 8. Ebendas. *

Inhalt:

Thl. 1. Die technische Entwicklung der modernen Ordonnanz. — Präcisionswaffen der Infanterie. 2. vollständig umgearb. und verm. Aufl. (XXII, 216 S. mit 1 Atlas von 14 lithogr. Taf. und 2 angehängten Tab. in qu. gr. 4.) 878. * M. 10.

» 3. Das Schiessen mit Handfeuerwaffen. Eine vereinfachte Schiesslehre. Mit besond. Berücksicht. des deutschen Infanteriegewehrs Modell 1871. (XV, 232 S. mit eingedr. Holzschn. und 2 Stnt. in qu. gr. Fol.) 876. * M. 6.

2. Thl. Ebendas. 1875. * M. 3.

Weygand, Herm., Taschen-Ballistik für den Infanterie-Offizier. Ein Anhang zur deutschen Schiess-Instruktion. 12. (XI, 81 S. mit 1 Stnt.) Berlin 881, F. Luckhardt. *

Weygand, W., Heckenzucht und Vögelschutz. Oder: Behandlung der Frage: sind die Hecken um die Gärten und Felder nützlich oder schädlich? Für Oekonomen, Garten- und Bienenbesitzer. Ingolstadt (853.) Attenkover. 8. (40 S.) 4 ngr.

Weygandt, Adolf, Apotheker und Nahrungsmittelchemiker a. Stuttgart: [1.] Ueber die Umlagerungen der $\beta\gamma$ unges. α Hydroxysäuren in $\alpha\beta$ & $\beta\gamma$ unges. Laktone. [2.] Ueber die Kondensation von α Ketonsäuren mit Aldehyden in saurer und alkalischer Lösung. Darmstadt 1906: J. C. Herbert. (77 S.) 8°

Straßburg, Math.-naturwiss. Fak., Ref. Erlenmeyer, Diss. v. 1906.

[Geb. 21. Okt. 78 Stuttgart; Wohnort: Darmstadt; Staatsangeh.: Hessen; Vorbildung: Realgymn. Darmstadt Reife für Obersekunde O. 94; Studium: Darmstadt T.H. 3, Straßburg 4 S.]

— u. C. **Weygandt**, Elementargeographie, od. method. Einführg. in das Gesammtgebiet der Erdkunde. Ein Leitfaden f. höhere Lehranstalten u. zum Selbstunterricht. 1. Thl. Mathematische Geographie od. die Erde im Weltraume v. Chr. Weygandt. Mit 8 Tab. u. 8 (lith.) Karten (in qu. 4.) gr. 8. (186 S.) Freiburg i/B. 873. Scheuble. 2. 40

Weygandt, Chr., mathematische Geographie oder die Erde im Weltraum. Ein Leitfaden für höhere Lehranstalten und für Jeden der sich einer gründl. Kenntniß von der Erde im Kosmos verschaffen will. 1. Thl. der „Elementargeographie oder method. Einführung in das Gesammtgebiet der Erdkunde." Mit 8 Tab. auf 4 Bl. und 8 (lithogr.) Karten (in qu. 4. und Fol.) br. 8. Butzbach 870, Weickhardt. *

Weygandt, Chr., mathematische Geographie oder die Erde im Weltraum. Ein Leitfaden für höhere Lehranstalten und zum Selbstunterricht. gr. 8. (XII, 232 S. mit 8 Tab. und 8 lithogr. Karten in qu. gr. 4.) Tauberbischofsheim 875, Lang.

Weygandt, Friedrich *Wilhelm* [app. Arzt aus Darmstadt]: Perkussion und Auskultation des Ohres. Aus d. Poliklinik f. Ohren-, Nasen- u. Halskrankheiten ... Marburg, Univ.-Buchdr. '(R. Friedrich)', 1895; 30 S., 1 Bl. 8.

Marburg, Med. Fak., Inaug.-Diss. v. 10. März 1895

Weygandt, Karl

Weygandt, C., e. klein. Beitrag z. Förderg. d. Bienenzucht. 3 Hfte. gr. 8. Braunschweig [Schwetschke & Sohn]. Leipzig, R. C. Schmidt & Co. n. 4. 50

1. (VII, 70 S. m. 1 Portr.) 889. n. 1. —

2. (VIII, 107 S. m. 1 Portr. u. 28 Abb.) 890. n. 2. —

3. (VIII, 94 S. m. 1 Portr. u. 20 Abb.) 891. n. 1. 50

Weygandt, C(arl), a. Staffel, Kr. Limburg a. d. Lahn: Beiträge zur Kenntnis der Spermatogenese bei Plagiostoma Girardi. Mit 1 Taf. u. 8 Fig. im Text. Marburg 1907 (Leipzig: Breitkopf & Härtel). (46 S.) 8° ¶ (Aus: „Zeitschr. f. wissensch. Zoologie" Bd 88 H. 2.)

Marburg, Phil. Fak., Ref. Korschelt, Diss. v. 31. Okt. 1907

[Geb. 23. Jan. 81 Eschbach, Kr. Usingen; Wohnort: Marburg; Staatsangeh.: Preußen; Vorbildung: Progymn. Limburg a. d. Lahn, Gymn. Neuwied Reife M. 02; Studium: Erlangen 2, Marburg 8 S.; Rig. 1. Mai 07.]

Weygandt, C., s.: Imkerschule, die.

Der Umgang mit den Bienen, auf Grund s. langjähr. Erfahrung veranschaulicht durch Wort u. Bild von C[arl] **Weygandt**, Pfarrer. Staffel a. d. Lahn: Selbstverl. 1905. VIII, 128 S. 8° [II. 1490]

Weygandt, Wilh., Atlas u. Grundriss der Psychiatrie, s. a. Lehmann's medizin. Handatlanten.

Atlas und Grundriss der Psychiatrie von Wilhelm **Weygandt**. Privatd., Würzburg. Mit 24 Taf., 276 Abb. u. 1 Karte. *München: J. F. Lehmann 1902.* (XX, 663 S.) 8°

= Handatlanten, Lehmann's medizinische. Bd 27. [03. 10] 11

Weygandt, Wilh.: Über Begutachtung im Falle v. Trauma u. Paralyse, s. Mitteilungen aus den hamburgischen Staatskrankenanstalten. IX, 14.

— Psychiatrische Begutachtg. v. Mördern, s.: Mitteilungen aus den hamburg. Staatskrankenanstalten. XI, 12.

— die Behandlung idiotischer u. imbeciller Kinder in ärztlicher u. pädagog. Beziehung. gr. 8. (VI, 103 S. m. 2 Abb. auf 1 Taf.) Würzburg 900. A. Stuber's Verl. n. 2. 50

— die Behandlg. d. Neurasthenie, s.: Abhandlungen, Würzburger, aus d. Gesamtgebiet der prakt. Medizin.

Weygandt, Wilhelm [Dr. phil. aus Wiesbaden]: Ein Beitrag zur Histologie der Syphilis des Centralnervensystems. Aus d. psychiatr. u. Nervenklinik d. Kgl. Charité '(Prof. Jolly)' zu Berlin ... M. e. lithogr. Taf. (Aus: Arch. f. Psychiatr. u. Nervenkrankh., Bd XXVIII Heft 2.) Berlin, gedr. bei L. Schumacher, 1896; 20 S., 1 Taf. 8.

Würzburg, Med. Fak., Inaug.-Diss. v. 1896

Weygandt, Wilh., Beitrag zur Lehre v. d. psychischen Epidemien. (102 S.) gr. 8. Halle 905. C. Marhold. n. 2. 50

— weitere Beiträge zur Lehre vom Cretinismus. (S. 13 bis 66 m. 16 Abbildgn. u. 2 Taf.) gr. 8. Würzburg 904. C. Kabitzsch. n. 3. —
Sonderabdruck aus: „Verhandlgn. d. phys.-med. Gesellsch. zu Würzburg".

— Die abnormen Charaktere bei Ibsen, s.a. Grenzfragen des Nerven- u. Seelenlebens.

Die abnormen Charaktere bei Ibsen. Von Dr. W[ilhelm] **Weygandt**, Prof. Wiesbaden: J. F. Bergmann 1907. (16 S.) 8°
= **Grenzfragen** d. Nerven- u. Seelenlebens. H. 50. [07. 9191

— Abnorme Charaktere in der dramatischen Literatur. Shakespeare — Goethe — Ibsen — Gerhart Hauptmann. (172 S.) 8. Hamburg 910. Leipzig, L. Voss. 2. 50

Weygandt, Wilhelm: Entstehung der Träume ... Leipzig. Druck v. Grübel & Sommerlatte, *1893*: 51 S. 8.
Leipzig, Phil. Fak., Inaug.-Diss. v. 18. März 1893

— über Idiotie, s.a. Sammlung zwangloser Abhandlungen aus dem Gebiete der Nerven- u. Geisteskrankheiten. VI. 6. 7.

Über Idiotie. Referat, erstattet auf d. Jahresversammlung d. Deutschen Vereins f. Psychiatrie Dresden 1905 von Prof. W[ilhelm] **Weygandt**, Würzburg. Halle: C. Marhold 1906. (86 S.) 8°
= **Sammlung** zwangloser Abhandlungen aus d. Geb. d. Nerven- u. Geisteskrankheiten. Bd 6, H. 6/7. [05. 16023 3

— leicht abnorme Kinder, s.a. Sammlung zwangloser Abhandlungen a. d. Gebiete der Nerven- u. Geisteskrankheiten. VI. 1.

Leicht abnorme Kinder. Von Prof. Wilhelm **Weygandt**. Halle a. S.: C. Marhold 1905. (40 S.) 8°
= **Sammlung** zwangloser Abhandlungen aus d. Geb. d. Nerven- u. Geisteskrankheiten. Bd 6, H. 1. [05 4403 3

Weygandt, Wilhelm, Dr. phil. et med., Assistenzarzt an d. psychiatr. Klinik d. Univ. Heidelberg: **Über die Mischzustände** des manisch-depressiven Irreseins. *München: J. F. Lehmann 1899.* (63 S.) 8°
Würzburg, Med. Hab.-Schr. v. 1899

— Forensische Psychiatrie, s.a. Sammlung Göschen.

Forensische Psychiatrie von Prof. Dr. W[ilhelm] Weygandt. T. 1. Leipzig: Göschen 1908. 8°
(Sammlung Göschen. 410.)

— Die höhere Schule u. die Alkoholfrage, s.: Hartmann, K. A. Mart.

— der heutige Stand der Lehre vom Kretinismus, s.a. Sammlung zwangloser Abhandlungen aus dem Gebiete der Nerven- u. Geisteskrankheiten. IV. 6. 7.

Der heutige Stand der Lehre vom Kretinismus. Von Wilhelm **Weygandt**, Privatd., Würzburg. *Halle a. S.: C. Marhold 1904.* (74 S.) 8°
= **Sammlung** zwangloser Abhandlungen aus d. Geb. d. Nerven- u. Geisteskrankheiten. Bd 4, H. 6. 7. [04 3816 3

— Verhütung der Geisteskrankheiten, s.: Abhandlungen, Würzburger, aus dem Gesamtgebiet der prakt. Medizin. IV. 6.

— s.: Zeitschrift f. die Erforschung u. Behandlung des jugendlichen Schwachsinns usw.

Weygang, ..., Schlesien u. Glatz, geographisch-poetisch beschrieben. Mit e. Musikbeilage. 8. Bresl. 807. Buchheister. 3 gr.

— die Verlobung um Mitternacht, s.: Vereinstheater.

Deutungsbüchlein zum Orakelgießen von Victor Weygang. Göttingen: Selbstverl. [1904]. (15 S.) 8°

Weygang, Vict. Des Turners Weihnachtsabend. Festspiel. 8. (10 S.) Mühlhausen i. Th. 892, Danner. — 60

Weygold, Erörterung der Frage: Ist die Grundsteuer e. Steuer od. Rente? Als Beitrag zur Steuer-Reform in Preußen. gr. 8. (41 S.) Leipzig 872. Mayer. n. 1. —

Weygold: Zur Steuer-Reform-Frage in Preußen, mit besonderer Rücksicht auf die Ausführbarkeit einer „Allgemeinen Einkommensteuer" an Stelle der bisherigen Grund- und Gebäudesteuer, Classensteuer, classifizirten Einkommensteuer, Gewerbesteuer, Mahl- und Schlachtsteuer und der Bergwerks-Abgabe. Köln, 1872.

Weygoldt, Georg Peter

Weygoldt, G. P., Darwinismus, Religion, Sittlichkeit. Eine v. der Haager Gesellschaft zur Vertheidigung der christl. Religion gekrönte Preisschrift. gr. 8. (VII, 153 S.) Leiden 878. Brill. n.n. 2. 75

Georg Peter Weygoldt. Zur Geschichte der Anstalt. S. 5—13 des Progr. Weinheim, P 1873

Weygoldt, G. P., die Katechismusfrage in der evang.-protest. Kirche Badens. Referat, am 10. Aug. 1881 in der Diöcesansynode Lörrach erstattet. gr. 8. (IV, 18 S.) Lörrach 881, Gutsch. *

Weygold, G. P., Kritik d. philosophischen Pessimismus der neuesten Zeit. Eine v. der Haager Gesellschaft zur Vertheidigg. der christl. Religion gekrönte Preisschrift. gr. 8. (IV, 156 S.) Leiden 875. Brill. n.n. 2. 50

— der Lehrermangel in Baden. Beitrag zur Geschichte d. bad. Volksschulwesens. gr. 8. (III, 40 S.) Ebend. 882. n. — 40

Weygoldt, G. P., die platonische Philosophie, nach ihrem Wesen u. ihren Schicksalen f. Höhergebildete aller Stände dargestellt. 8. (V, 256 S.) Leipzig 885. O. Schulze n. 3. —

—— die Philosophie der Stoa nach ihrem Wesen und ihren Schicksalen. Für weitere Kreise dargestellt. 8. (V, 218 S.) Leipzig 883, O. Schulze. geb. *

Weygoldt, Gg. P., die Unterrichtspläne der Volks- u. Fortbildungsschulen im Großherzogt. Baden. Mit erläut. Anmerkgn. hrsg. (V, 122 S.) 8. Lahr 907. M. Schauenburg. Geb. in Leinw. 1.20

Weygoldt, G. P., Zeno von Cittium u. seine Lehre. Diss. 1872. 46 S.

Weyh, Adolf: Die wichtigsten Mathematiker und Physiker des Altertums, für Schüler dargestellt. Kreuzberg O.-S. 1902: E. Thielmann. (26 S.) 4°
Kreuzburg O.-S., k. G., OP 1902 (213).

Weyh, G., Repertorium zu den Gesetzen, Verordnungen u. Vollzugs-Vorschriften f. das Gerichtsschreiber- u. Gerichtsvollzieher-Amt in Bayern. Bearb. u. zur Ergänzg. eingerichtet. gr. 8. (95 S.) München 886. Franz' Verl. geb. n. 3.

Weyh, G., Repertorium zu den Gesetzen, Verordnungen und Vollzugs-Vorschriften für das Gerichtsschreiber- und Gerichtsvollzieher-Amt in Bayern. Bearb. und zur Ergänzung eingerichtet. gr. 8. (95 S.) München 886, Roth. geb. *

Weyh, J. B. F., Beispielsammlung z. Einübung d. in d. Schulz'schen latein. Grammatik aufgestellten Regeln, latein. u. deutsch mit nöthiger Sinn- u. Sach-Erklär., z. Schulgebrauche. 2 Thle. 8. Regensburg 839, Manz.
Thl. 1. Die Uebereinstimmungs- u. Casuslehre. (16¼ B.) 14 Gr.
- 2. Die Modus- u. Tempuslehre u. die Syntaxis ornata. (19 B.) 16 Gr.

Weyh, J. B. Fr., praktisches Handwörterbuch des deutschen Sprachgebrauchs, enth.: a) die Erklär. d. deutschen u. üblichen Fremdw. b) Zusammenstellung derj. Regeln, gegen welche am meisten gefehlt zu werden pflegt, c) die bei Abfassung v. Briefen u. Suppliken gebräuchl. Formalien, u. d) die im bürgerl. Leben vorkomm. Geschäftsaufsätze. 1—3. Hft. gr. 8. (28½ B.) Regensburg 843—46, Pustet. à

Weyh, J. B. Fr., praktisches Handwörterbuch des deutschen Sprachgebrauchs, enthaltend: a. die Erklärung der deutschen und übl. Fremdwörter rc., b. eine Zusammenstellung derjenigen Regeln, gegen welche am meisten gefehlt zu werden pflegt, c. die bei Abfassung von Briefen und Suppliken gebräuchlichen Formularien, und d. die im bürgerl. Leben vorkommenden Geschäftsaufsätze. 4. Heft. gr. 8. (S. 453—680.) Regensburg 852, Pustet.

—— dass. — 5—8. Heft. gr. 8. (2. Bd. S. 1—540.) Ebds. 852—56.

Weyh, J. B. Fr., praktisches Handwörterbuch des deutschen Sprachgebrauchs. 9. und 10. Heft. gr. 8. (2. Bd. S. 541—828.) Regensburg 857. 58, Pustet à Heft 15 Ngr.

—— deutsche Sprachlehre mit Uebungen, in ein. mit d. latein. Grammatik verwandten Form z. Schulgebr. bearb. 3., verb. u. verm. Aufl. gr. 8. (14 B.) Regensburg 836, Reitmayr.

Weyh, J. B. F., deutsche Sprachlehre mit Übungsaufgaben, in einer mit der lateinischen Grammatik verwandten Form zum Schulgebrauche bearb. 2 Thle. 9., verb. u. verm. Aufl. Regensburg 859. Pustet. gr. 8. 20 ngr.
Inhalt: 1. Thl.: Sprachlehre. (350 S.) 12 ngr. — 2. Thl.: Uebungsaufgaben. (192 S.) 8 ngr.

Weyh, J. B. F., deütsche Sprachlehre mit Übungsaufgaben, in einer mehr der latein. Grammatik verwandten Form zum Schulgebrauch bearb. 2 Thle. 10., verb. und verm. Aufl. gr. 8. Regensburg 866, Pustet. *
Inhalt:
Thl. 1. Deütsche Sprachlehre einschließlich der Styl- und Dichtlehre für den Unterricht an Gymnasien, Latein-, Gewerb- und Realschulen. (342 S.) * 16 Ngr.
- 2. Aufgaben zur Einübung sämmtl. Regeln der deütschen Sprachlehre, einschließlich der Styl- und Dichtlehre, für den Unterricht an Gymnasien, Latein-, Gewerb- und Realschulen. (208 S.) * 8 Ngr.

Weyh, J. B. Fr., deütsche Sprachlehre und Uebungsaufgaben in einer mit der latein. Grammatik verwandten Form zum Schulgebrauch bearb. 1. und 2. Thl. 11., verb. und verm. Aufl. gr. 8. Regensburg 870, Pustet. *
Inhalt:
Thl. 1. Deütsche Sprachlehre einschließlich der Styl- und Dichtlehre, für den Unterricht an Gymnasien, Latein-, Gewerb- und Realschulen. (344 S.)
- 2. Aufgaben zur Einübung sämmtlicher Regeln der deütschen Sprachlehre, einschließlich der Styl- und Dichtlehre, für den Unterricht an Gymnasien, Latein-, Gewerb- und Realschulen. (208 S.)

—— Stoff- und Muster-Sammlung zu Beschreibungen, Abhandlungen und Reden. Für die Schule und den Privatgebrauch hrsg. 1. Bd. gr. 8. (VI und 425 S.) Regensburg (861)62, Coppenrath. Thlr.

—— Stoff- und Muster-Sammlung zu Beschreibungen, Abhandlungen und Reden. Für die Schule und den Privatgebrauch hrsg. 2. Bd. gr. 8. (IV und 500 S.) Augsburg 866, Kollmann'sche Buchh.

Weyh, J. B. F., Stoff u. Muster-Sammlung zu Beschreibungen, Abhandlungen u. Reden. Für die Schule u. den Privatgebrauch hrsg. 2. Aufl., m. Berücksichtigung d. neuen Orthogr. verb. u. verm. v. einem prakt. Schulmanne. 1. Bd. gr. 8. (VIII, 432 S.) Regensburg 883. Coppenrath. 3. 50

Weyh, J. B. F., Stoff- u. Muster-Sammlung zu Beschreibungen, Abhandlungen u. Reden. Für die Schule u. den Privatgebrauch. 2. Aufl., m. Berücksicht. der neuen Orthogr. verb. u. verm. v. e. prakt. Schulmanne. 2 Bde. gr. 8. (VI, 548 S.) Regensburg 883. Coppenrath. 4. — (1. u. 2.: 7. 50)

—— Uebersicht d. vier latein. Conjugationen. 1 Tab. in gr. Fol. Regensburg 837, Reitmayr.

Weyh, J. B. Fr., deütsches Wörterbüchlein zum Behufe der Rechtschreibung, enth. die am Meisten vorkommenden deütschen und fremden Wörter. 4. Aufl. gr. 8. (98 S.) Regensburg 850, Pustet.

Weyh, J. B. F., ausführl. Zusammenstellung d. Deklinations-Abweichungen u. Geschlechtsregeln d. latein. Sprache. 2., verm. u. verb. Aufl. Lex.-8. (1¾ B.) Regensburg 836, Reitmayr. Thlr.

Weyh, Wilhelm, a. Nürnberg: Die Akrostichis in der byzantinischen Kanonesdichtung. Leipzig 1907: B. G. Teubner. (68 S.) 8° ¶ (Aus: Byzantin. Zeitschrift Bd 17.)
München, Phil. Fak., Ref. Krumbacher, Diss. v. 15. Juni 1906
[Geb. 24. Sept. 82 Nürnberg; Wohnort: Nürnberg; Staatsangeh.: Bayern; Vorbildung: Neues Gymn. Nürnberg Reife Juli 01; Studium: München 8 S.; Rig. 15. Juni 06.]

Weyh, Wilhelm: Die syrische Kosmas- und Damian-Legende. Schweinfurt 1910: Reichardt. 25 S. 8°
Schweinfurt, k. G. P 1910* [S 10. 472

— Die syrische Kosmas- u. Damian-Legende. Progr. (25 S.) 8. Schweinfurt (910). (E. Stoer.) 1. —

Weyhe, s.a. Weihe.

Weyhe, Adolphus: De dementia paralytica. Halis Saxonum (1864): Ploetz. 27 S. 8°
Halle-Wittenberg, Med. Diss. v. 12. Mai 1864
Geb. Osterwohl bei Salzwedel 13. 8. 1839. V

Weyhe, Arn. v., Haideblüthen. Gedichte. Bremen 854. J. G. Heyse. 16. (4 Bl., 120 S.) 15 ngr.

Weyhe, Carl Ludwig Wilhelm von. s. Weyhe, Karl Ludwig Wilhelm von

Weyhe, E.: Bemerkungen über Bau und Charakter der horazischen Strophe. 12. Halberstadt.Progr. 1870.

Weyhe, E. Ueber Berechtigung und Methode des französischen Unterrichts auf Gymnasien. I. Halberstadt, G., 1873. 8 S. 4. Progr.

Weyhe, E., üb. die Häufigkeit v. Hämorrhagien in Schädel u. Schädelinhalt bei Säuglingen. Inaug.-Diss. gr. 8. (23 S.) Kiel 889. (Lipsius & Tischer.) n. 1. —

Weyhe, E., s.: Horaz, des, Oden.

Die Oden des Horaz in freier Nachbildung von Dr. E. Weyhe. Ein Liederbuch f. d. deutsche Volk. Leipzig: A. Oehmigke 1900. (135 S.) 8°

Weyhe, E. E. F., Musterstücke zum Übersetzen ins Französische f. die oberen Klassen höherer Lehranstalten. 1. Tl. gr. 8. (96 S.) Bonn 883. Weber. n. 1. —

Weyhe, Emil, kurzes Hilfsbuch f. d. Anfangs-Unterricht in d. Geographie. 1. u. 2. Jahreskurs. 8. (31 S.) Dessau 897. P. Baumann. Kart. n. — 30

Katalog der Herzoglichen Hofbibliothek zu Dessau. Erdkunde. Von Prof. Dr. Emil **Weyhe**. Dessau 1910: Buchdr. Gutenberg. IV, 132 S. 8° [10. 1470]

Weyhe, Emil [Hrsg.], s. K l e i n s c h m i d t , Arthur: Katalog der Hofbibl. zu Dessau. Geschichte d. Mittelalters u. d. Neuzeit.

Weyhe, Emil, Landeskunde des Herzogt. Anhalt. Buchschmuck v. Karl Ströse. 2 Bde. (XVI, 272 u. IV, 716 S. m. Abb., Taf. u. 6 farb. Karten.) Lex. 8. Dessau 907. C. Dünnhaupt. Geb. in Halbfrz. 25.—; auch in 17 Lfgn. à 1.30

— s.: **Mitteilungen des Vereins f. anhaltische Geschichte u. Altertumskunde.**

Weyhe, Emil: Uebersicht der Säugethiere nach ihren Beckenformen. Halle-Wittenberg. Phil. Diss. v. 19. Dez. 1874
Geb. [Eisleben 2. 6. 1850]
Ersch. in: Zeitschrift f. d. ges. Naturwissenschaften. Bd 45. Berlin 1875. S. 97--123. -- Ms. fehlt.

Weyhe, Emil Die Vereinigung der Länder der nördlich gemässigten und kalten Zone zu einem tiergeographischen Reiche 4 (19 S.). **Progr.** Friedrichs G. *Dessau* 1888 (610)

Weyhe, Ernestvs (geb. 1843 in Wegeleben Rgbz. Magdeburg): De vetervm rhythmi et recentiorvm tactvs qvem vocant discrimine ... Bonnae, typ. expr. P. Neusser 1865. 2 Bl., 25 S., 1 Bl. 8.
Bonn, Phil. Fak., Diss. v. 9 Aug. 1865

Weyhe, Ernst [app. Arzt aus Rendsburg]: Aus d. patholog. Institut zu Kiel. Über die H ä u f i g k e i t von Hämorrhagien in Schädel und Schädelinhalt bei Säuglingen ... Kiel, Druck v. A. F. Jensen, 1889; 22 S. + 1 Bl. 8°
Kiel, Med. Fak., Inaug.-Diss. v. 31. Jan. 1889.

Weyhe, Ferd. Zur sittlichen Würdigung des Hippolytos Stephanophoros des Euripides. 8 S. **Progr.** *Sorkau* ... 1876

Weyhe, Hans, a. Ballenstedt a. H.: Kleine B e i t r ä g e zur westgermanischen Grammatik. Halle 1904: E. Karras. (87 S.) 8° (Aus: Beiträge zur Gesch. d. deutschen Sprache u. Lit. Bd. 30.)
Leipzig, Phil. Fak., Ref. Sievers u. Brugmann, Diss. v. 16. Dez. 1904.
[Geb. 7. Apr. 79 Ballenstadt a. H.; Wohnort: Dessau; Staatsangeh.: Anhalt; Vorbildung: Gymn. Dessau Reife O. 97; Studium: München 1, Leipzig 4, Berlin 3 S.; Rig. 21. Dez. 03.]

Weyhe, Julius Antonius: De fungo medullari. Halis Saxonum (1854): Ploetz. 26 S. 8°
Halle-Wittenberg, Med. Diss. v. 25. Mai 1854
Geb. Quedlinburg 8. 5. 1818 [vielmehr: 1828]. V

v. Weyhe, Karl Wlh. Ldw., wissenschaftl. Bearbeitung des allgemeinen deutschen Privatrechts. gr. 8. Götting. 815. Vandenhoeck u. R. 2 rℓ 8 gℓ

de **Weyhe,** (Carl, Wilh., Ludw.,) **Libri tres Edicti, sive libri de Origine fatis que jurisprutentiae Romanae, praesertim Edictorum Praetoris, ac de forma Edicti perpetui. 4. Celle 821, (Herold u. W.) 2 Rthl. — Schreib - P.**

DE WEYHE, K. W. L.: Libri III. Edicti, s. libri de origine fatisq. Jurisprud. rom., praes. Edictornm Praetoris ac de forma Edicti perpetui. ***Celle,*** **Vf. 821. 4.**

Weyhe, Lud. Guil. de: Commentatio de tempore praescriptionis ex alienatione rerum, quae minorum sunt. Goettingae (1810).

de WEYHE, C. Guil. Ludov.: Comm. de tempore praescriptionis, ex alimatione rerum, quae minoris sunt. ***Gott.,*** **Dietrich. 812. 4. (6 Gr.)**

Weyhe, Ludwig Wilhelm von, s. W e y h e , Karl Ludwig Wilhelm von

Weyhe-Eimke, Arnold v., die Aebte des Klosters St. Michaelis zu Lüneburg. Mit besonderer Beziehung auf die Geschichte des Klosters u. der Ritterakademie. Celle 862. Schulze. gr. 8. (VIII, 620 S.) n. 2 rℓ 20 ngr.; Velinp. n 3 rℓ 25 ngr.

Weyhe-Eimke, Arnold v., des Königs A h n e n. Welfenlieder. Lüchow 866. Saur'sche Buchh. 8. (VI, 108 S.) 18 ngr.

W e y h e - E i m k e, Arnold Frhr. v., Karl Bonaventura v. Longueval Graf v. Buquoy, Ritter der habsburgisch-oesterreich. Monarchie. Eine Episode aus dem 30jähr. Kriege. Quellenstudie aus dem Schlossarchive zu Gratzen. Mit dem Bildnisse des Grafen v. Buquoy (in Stahlst.) nach dem Orig.-Bilde von P. P. Rubens. gr. 8. (90 S. mit 1 Stnt. in gr. 4.) Wien 876, Braumüller. *

W e y h e - E i m k e, A. Frhr. v., Karl Bonaventura v. Longueval Graf v. Buquoy, Ritter der habsburgisch-oesterreichischen Monarchie. gr. 8. Wien 876. Leipzig, Gressner und Schramm. *

Weyhe-Eimke, Arnold Frhr. v., die **r e c h t m ä s s i g e n E h e n d. hohen Adels d. Heil. Röm. Reiches deutscher Nation. gr. 8. (IV, 319 S. m. 27 Tab.) Prag 895. (F. Řivnáč.) n. 7.—**

Weyhe-Eimke, Arnold Frhr. v., die historische Persönlichkeit des Max Piccolomini im Schiller'schen Wallenstein und dessen Ende in der Schlacht bei Jankau am 6. März 1685. Eine geschichtl. Quellenstudie aus dem Schlossarchive zu Nachod. gr. 8. (16 S.) Pilsen 870, Steinhauser. *

—— O c t a v i o P i c c o l o m i n i als Herzog von Amalfi, Ritter des goldenen Vließes, deutscher Reichsfürst und Gemahl der Prinzessin Maria Benigna Franziska von Sachsen-Lauenburg. Quellen-Studie aus dem Schloß-Archive zu Nachod. gr. 8. (53 S.) Ebendas. 871. *

Weyhe-Eimke, Arnold Freih. v. Die Schlacht am w e i s s e n B e r g e bei Prag, am 8. November 1620. Nach Quellen aus dem Gratzener Schlossarchive. (Separat Abdruck aus dem „Vaterland".) 8. Wien 1879.

—— S t i m m e n aus der Zeit. Gedichte. 8. (47 S.) Celle 862, Schulze'sche Buchh.

—— Wider den S t r o m. Gedichte eines Hannoveraners. 8. (63 S.) Wien 868, Hilberg.

—— dass. — 2. verb. und stark verm. Aufl. 8. (150 S.) Regensburg 869, Manz. *

Weyhe-Eimke, A. Frh. v., Die Familie Trzka von Lipa auf Schloss Nachod und die Schenkung der Herrschaft Nachod an Octavio Piccolomini. Königgrätz 1872. 8.

Weyhemeier (auch: Weyhenmaier, Weyhenmeyer), Johann Heinrich

Weyhenmeyer, Joh. Hch., d. Heil. Geistes güld. A B C, od. Lehr- u. Trostsprüche in 90 Predigten. 4. Ulm, Bartholomäi. (a. Junius in Leipz.) 701.

— Davidischer Bet- u. Bußtempel, 42 Predigten über die 7 Bußpsalmen. 4. Ulm, Bartholomäi. 703.

— evangel. Buß-, Gnaden-, Lehr- u. Trostprediger. 2 Thle. 4. Ebend. 712.

— prophetischer Buß- u. Gnadenprediger. 4. Ebend. (a. Junius in Leipz.) 711.

— evangel. u. epistol. Hauspostille. 4. Ebend. 710.

WEYHEMEIER (= *Weyhenmaier*). M. Joh. Heinr., Ehliche Liebes-Pflicht .... Ulm, b. Geo. Wilh. Kühne. 8°. O. M. V. 1682. C 1 a.

— — Dasselbe, tit.: Eheliche Liebes-Pflicht u. ehrliche Nahrung, oder Hochzeit- u. Erndte-Predigten. 4. Edition. Ulm, Geo. Wilh. Kühn (so!). 4°. Lpz. O. M. V. 1709. I 2 a sub libr. fut. nund. prod.

— — Dasselbe, tit.: Eheliche Liebespflicht in 46 Hochzeit-Predigten fürgestellet. Leipzig, Joh. Herb. Kloß. 4°. Frf. u. Lpz. O. M. V. 1718. I 1 a s. l. f. n. p.

— 20 Predigten üb. die Bergpredigt Jesu. 4. Ulm, Bartholomäi. 701.

— epistol. Spruch- u. Kern-Postill rc. 4. Leipz. Weidmann. 707.

— Sterbens- u. Todesbetrachtungen, nebst 12 Miscellanpredigten. 4. Ulm, Bartholomäi 706.

— tragoediae tragoediarum, od. Passionspredigten. 4. Leipz. 717.

— Trauerspiel, 30 Passionspredigten. 4. Leipz. 717.

Weyher, Hugo, Königin Luise v. Preußen. Eine Lichtgestalt aus der Zeit tiefster nationaler Schmach. (Ein Lebens- u. Charakterbild.) (30 S. m. 1 Bildnis) gr. 8. Berlin (905). Oehmigke's Buchh. n. — 50

Weyher, Martin Christoph: De brutorum religione, s. Schneider, Joh. Friedemann [Praes.]

Weyher, Max, die schwarze Frau, s. a. Vereinstheater.

Die schwarze Frau. Lustspiel in 1 Akt von Max Weyher. Mühlhausen i. Th.: G. Danner [1902]. (40 S.) 8°
(Vereinstheater. 118.)

Weyhern, Hann v., s. Hann v. Weyhern.

Weyhern, Hann v., Ansichten üb. Ausbildung e. Eskadron nach den Anforderungen der Jetztzeit. gr. 8. (VI, 192 S.) Berlin 876. Luckhardt. n. 4. —

Weyhern, Maj. Hann v., die theoretische Ausbildung des Cavallerie-Unteroffiziers in der Kenntniß des Terrains und dem Felddienste. Leitfaden für den Unterricht und zur Selbstunterweisung. gr. 8. (108 S. mit 40 eingedr. Fig. in Holzschn. und 1 lithogr. Plan in qu. 4.) Leipzig und Berlin 874, Luckhardt'sche Verlagsh.

Weyhern, Hans v., cavalleristische Versuche. Mit 19 (eingedr.) Zeichngn. gr. 8. (36 S.) Berlin 885. Wilhelmi. n. 1. 20

Weyhern, Hann v., cavalleristische Versuche. gr. 8. (36 S. mit 19 eingedr. Zeichnungen.) Berlin 887, Wilhelmi. *

Weyherr, G. Vermessungs-Plan von der im Stolpschen Kreyse belegenen Feldmarck Wutzkow 1778. 1 Bl. c. Hz.

Weyhing, Emil: Kants Gottesbegriff in den drei Kritiken. Ein Beitr. zu seiner Ideenlehre. Giessen 1909: v. Münchow. 67 S. 8°
Gießen, Phil. Diss. v. 23. Febr. 1909, Ref. Siebeck
[Geb. 14. März 81 Wimpfen; Wohnort: Gießen; Staatsangeh.: Hessen; Vorbildung: Oberrealsch. Offenbach a. M. Reife M. 05; Studium: Darmstadt Techn. Hochsch. 1, Gießen 5 S.; Rig. 30. Okt. 08.] [U 09. 1245

Weyhl, Johann Jakob (Saarbrücken) A. S. 1202/12

Dissertatio inauguralis medica, de lethifera ac praematura formosorum deformatione, Schöne Leute sterben bald. Präs. Michael Alberti.
Halle (Hendel) X. 1735. 30 S. 36529

Weyhmann, Alfred, Leipzig, Oberleutnant a. D.: Geschichte der älteren lothringischen Eisenindustrie. Metz 1905: Lothringer Zeitung. ([VI], 211 S.) 8° ¶ Aus: Jahrbuch d. Ges. f. lothring. Geschichte u. Altertumskunde Bd 17, 1905.
Straßburg, Rechts- u. staatsw. Fak., Ref. Knapp, Diss. v. 1905
[Geb. 6. März 69 Leipzig; Wohnort: Leipzig; Staatsangeh.: Sachsen; Vorbildung: Gymn. Leipzig Reife O. 88; Studium: Jena 1, Straßburg 4 S.; Rig. 17. Dez. 04.]

Zur Geschichte des Planes eines Maas-Ourthe-Sauer-Moselkanales. Zwei belgisch-luxemburg. Denkschriften aus d. J. 1838 u. 1848. Aus d. Franz. übertr. von Dr. Alfred Weyhmann. Saarbrücken: Schmidtke in Komm. 1909. 61 S. 4°
(Südwestdeutsche Wirtschaftsfragen. H. 19.)

Weyhmann, Alfr.: Die merkantilistische Währungspolitik Herzog Leopolds v. Lothringen (1697–1729) m. besond. Berücksicht. der Geschichte John Laws. s. a. Jahrbuch der Gesellschaft f. lothring. Geschichte u. Altertumskunde.

Die merkantilistische Währungspolitik Herzog Leopolds von Lothringen (1697–1729) m. besond. Berücks. d. Geschichte John Laws von Dr. Alfred **Weyhmann**, Oberlt. a. D. Leipzig: Quelle & Meyer 1910. III, 100 S. 8°
(Jahrbuch d. Gesellschaft f. Lothring. Geschichte u. Altertumskunde. Erg. H. 3.) [n. 1418 10

— s.: Zur Geschichte des Planes e. Maas-Ourthe-Sauer-Moselkanals.

Weyhnacht rc. s. Weihnacht rc.

Weyhrich, G. Zur Organisation des naturgeschichtlichen Unterrichts an unserem Gymnasium. 20 S. **Progr.** G. *Mainz* 1878

Weyhroter, Klemens Ritter v., Ebbe und Fluth. Novellen und Erzählungen. gr. 16. (139 S.) Prag 873, Hunger. [Kosmack und Neugebauer.]

—— ein Kind. Novelle. gr. 16. (58 S.) Saaz 874, (Ippoldt.) *

Weyhrother, Clemens Ritter v., böhmische Sagen. 1. Reihe. 2. Aufl. Prag 865. Bellmann's Verl. 8. (III, 91 S. mit 5 Illustr. in eingedr. Holzschn.) n. 16 ngr.

Weyhrother, Clemens v., Prager Sagen. 1. Reihe. Mit 6 Illustr. (Holzschn.) Prag 863. Bellmann. 8. (2 Bl., 108 S.) n. 16 ngr.

— Prager Sagen. 2. Reihe. Mit 6 Illustr. in (eingedr. Holzschn.) Ebend. 864. 8. (91 S.) n. 16 ngr.

Weyl, Die Kriegsvorbereitung der Jugendlichen, der Landsturmpflichtigen und der Ersatzreservisten in Kiel, Leipzig, 6 S., 8°.

Weyl, Kurzweiliges. Eine reiche Sammlung heiterer Vorträge, komischer Dialoge und Scenen, nebst einem Anhange ernster Deklamations-Piecen und Gelegenheitsgedichte. 1868. kl. 8. (254 S.) Wien, Geitler. 1 fl 2 kr.

—— Kurzweiliges. 2. Aufl. 8. Wien 873, Bermann und Altmann. (*M.* 2,40.)

Weyl, pros't Neujahr. Komischer Kalender für 1870. Wien, literar.-artist. Anstalt. 8. (VI, 92 S. mit eingedr. Holzschn. u. 1 Steintaf.) 7½ ngr.

Weyl — Die in der Umgegend Rastenburgs und in dem angrenzenden Masuren vorkommenden seltenen Pflanzen; ein Beitrag zur Flora Preußens. 8 S. . . .

Rastenburg, Progr. 1847

Weyl, A., Handbuch der Hautkrankheiten, s. Handbuch der speciellen Pathologie.

Weyl, Adf., die Bedeutung des Hauses im alttestamentlichen Erziehungsplane. Ein Beitrag zur Geschichte der Pädagogik. (IV, 27 S.) gr. 8. Frankfurt a/M. 903. J. Kauffmann. n. 1. —
Sonderabdruck aus: „Festschr. z. 50jähr. Bestehen d. Unterrichtsanst. d. isr. Religionsgesellsch. zu Frankfurt a. M.

Weyl, Adolf: Die Bedeutung des Hauses im biblischen Erziehungsplane. Ein Beitrag zur Geschichte d. Pädagogik. (Frankfurt a. M. 1903: L. Golde.) (27 S.) 8°
Frankfurt a. M., R der Isr. Religions-Gesellschaft, Festschr. 1903 (478)

Weyl, Adf, Deutschland einst u. jetzt. Festrede zur Centenar-Feier am 22. III. 1897, geh. in d. Aula d. Realschule d. israelit. Religions-Gesellschaft. gr. 8. (18 S.) Frankfurt a/M. 898. J. Kauffmann. n. — 40

Weyl, Adolf: Direktor Dr. Mendel **Hirsch**. Gedächtnisrede bei d. Trauerfeier am 8. Mai 1900. *Frankfurt a. M. 1901: L. Golde.* (S. 3—15.) 4°
Frankfurt a. M., R. d. Isr. Religionsges., P 1901 (450)

Weyl, Adf., Direktor Dr. Mendel Hirsch. Gedächtnisrede, bei der Trauerfeier in der Aula der Realschule der isrealit. Religionsgesellschaft a. 8. V. 1900 geh. gr. 4. (15 S.) Frankfurt a/M. 901. A. J. Hofmann. n. — 50

Weyl, Adph., dreisprachige chinesische Münzen, welche in und für Ost-Turkestan [Tien-schan-nan-lu] geschlagen sind. gr. 8. (10 S. mit 20 eingedr. Holzschn.) Berlin 882, Weyl.
Aus: Berliner Münz-Blätter, besonders abgedruckt.

Weyl, Ad., die J. Fonrobert'sche Brandenburg-Preussische Münzsammlung. gr. 8. (200 S. m. Abbildgn.) Berlin 877. A. Weyl. Mit Preisliste. n. 6. —

Weyl, Adph., die Jules Fonrobert'sche Sammlung überseeischer Münzen und Medaillen. Ein Beitrag zur Münzgeschichte aussereurop. Länder. Amerika. 1.—4. Abthl. Mit Taf. und vielen in den Text gedr. (Holzschn.-)Abbild. Lex.-8. Berlin 878, Stargardt. **

Inhalt:
Abthl. 1. Nord-Amerika. (VI, S. 1—558.) ** *M.* 15.
» 2. Central-Amerika. a) Mexiko. (S. 561—726.) ** *M.* 4,50. — b) Guatemala, Costa Rica, Nicaragua, Honduras, San Salvador, Haity und die europ. Besitzungen in Westindien. (S. 727—838.) ** *M.* 3.
» 3. Sud-Amerika, (S. 841—1164.) ** *M.* 10.
» 4. Asien. (S. 1165—1565.) ** *M.* 12.

Weyl, Adph., die Paul Henckel'sche Sammlung Brandenburg-Preussischer Münzen u. Medaillen. Mit 4 (lith.) Taf. gr. 8. (VII, 287; 140 u. 104 S.) Berlin 876. (Stargardt.) n. 5. —

— die Paul Henckel'sche Sammlung Brandenburg-Preussischer Münzen u. Medaillen. Nachtrag. Enth.: Inhalts-Verzeichniss, Uebersicht der Prägestätten. Verzeichniss der Stempelschneider u. Münzbeamten, Münzmeister-Zeichen u. Preisliste. gr. 8. (56 S.) Ebd. 876. n. 4. — (kplt. m. Nachtrag: n. 15. —)

Weyl, Adf., Sammlung amerikan. Münzen u. Medaillen. (147. Auktions-Katalog. Versteigerung: 11. IV. 1899 u. folgende Tage) Lex.-8. (V, 160 S. m. 4 Lichtdr.-Taf.) Berlin 899. [A. Weyl.] P. Lehmann. n. 3. —

Weyl, Adolf, approb. Arzt aus Battenberg a. d. Eder: Aus d. Universitäts-Frauenklinik zu Gießen. Direktor: Prof. Dr. Pfannenstiel. Über lokalisierte Tuberkulose des Collum uteri. Gießen 1904: Brühl. (40 S.) 8°
Gießen, Med. Diss. v. 1904.

— Verzeichniss v. Münzen u. Denkmünzen der Erdtheile Australien, Asien, Afrika u. verschiedener mohammedanischer Dynastien der Jules Fonrobert'schen Sammlung, welche am 14. Jan. 1879 hierselbst unter meiner Leitung zur öffentl. Versteigerung gelangen. Mit 44 (lith.) Taf. Abbildungen. Lex.-8. (IV, 400 S.) Berlin 878. (Stargardt.) n. 12. —

— Verzeichniss v. Münzen verschiedener mohammedanischer Dynastien der J. Fonrobert'schen Sammlung. gr. 8. (82 S. m. 1 Taf.) Ebd. 878. n. 1. 20

Weyl, August: Messung von Diffusions-Potentialen konzentrierter Chloridlösungen. 1905. 33 S. 8°
Karlsruhe, Dr.-Ing.-Diss. v. 11. 12. 1905

Weyl, Bernhard: Hat der Pfandgläubiger das Recht der Weiterverpfändung? *Cleve 1898: Koch.* (29 S.) 8°
Erlangen, Jur. Diss. v. 27. Jan. 1898

Weyl, Bernhard, approb. Arzt aus Bielefeld: **Zur Kenntniss der** Staphylococcenpneumonien. *Leipzig (1899): A. Edelmann.* (31 S.) 8°
Leipzig. Med. Diss. v. 25. Jan. 1899
(Nur in beschränkter Zahl für den Austausch)

Weyl, Berthulf, s. Testament, d. neue.

Weyl, Emil, bacc. iur.: Begriff und Rechtsstellung der Gründer der Aktiengesellschaft. Borna-Leipzig 1909: Noske. VIII, 56 S. 8°
Leipzig, Jur. Diss. v. 23. Sept. 1909
[Geb. 30. April 78 Vielsen; Wohnort: Düsseldorf; Staatsangeh.: Preußen; Vorbildung: Friedrich-Wilhelms-Gymn. Cöln Reife O. 96; Studium: Bonn 2, Freiburg i. B. 1, Berlin 1, Bonn 2 S.; Rig. 22 Dez. 04.] [U 10. 2924

Weyl, Ferdinand, aus Wieseck, Regierungsaccesist am Grh. Kreisamt Giessen: Die Standesherrnqualität der Grafen von Altleiningen-Westerburg zu Ilbenstadt. Giessen 1901: O. Kindt. (111 S.) 8°
Erlangen, Jur. Diss. v. 14. Mai 1900.

Weyl, Ferd., die Standesherrnqualität der Grafen von Altleiningen-Westerburg zu Ilbenstadt. Ein Versuch zur Lösg. der Frage. gr. 8. (III, 111 S.) Giessen 901. J. Ricker. n. 2. 40

Weyl, Fritz: Über Zementation im luftleeren Raum mittels reinen Kohlenstoffs. Halle: Knapp 1910. 21 S., 4 Taf. 4°
¶ Aus: Metallurgie. Jg. 7; auch in: Mitteilungen aus d. Eisenhüttenmänn. Institut d. Kgl. Techn. Hochschule Aachen. Bd 4. 1911; kurzer Ausz. in: Stahl u. Eisen. Jg. 30, Halbj. 2 [Nr 99].
Aachen, Dr.-Ing.-Diss. v. 20. 9. 1910

Weyl, H.: Beiträge zu den Moliere-Studien. 22 S. Königsberg Knph. G., Progr. 1870.

Weyl, H.: Lexici Theocritei specimen. 19 S. Königsberg Kn. G., Progr. 1851.

Weyl, Heinrich [aus Filehne]: **Die jüdischen Strafgesetze bei Flavius Josephus in ihrem Verhältnis zu Schrift und Halacha. (Mit einer Einleitung: Flavius Josephus über die jüdischen Gerichtshöfe und Richter.) Berlin 1900. 165 S. 8°.**
Bern. Phil. Diss. 1899/1900.

Weyl, H(ermann), a. Elmshorn: Singuläre Integralgleichungen mit besonderer Berücksichtigung des Fourierschen Integraltheorems. Göttingen 1908: W. F. Kaestner. (86 S.) 8°
Göttingen, Phil. Fak., Ref. Hilbert, Diss. v. 8. Mai 1908.
[Geb. 9. Nov. 85 Elmshorn; Wohnort: Elmshorn; Staatsangeh.: Preußen; Vorbildung: Gymn. Christianeum Altona Reife O. 04; Studium: Göttingen 2, München 2, Göttingen 3 S.; Rig. 12. Febr. 08.]

Weyl, Hermann [aus Berlin]: Zur Pathologie und Therapie des Genu valgum ... Berlin, Druck v. H. Itzkowski (1890); 36 S. + 1 Bl. 8°
Berlin, Med. Fak., Inaug.-Diss. v. 18. Juli 1890.

Weyl, J., Festgedicht zur Jubelfeier der 40jährigen Regierung Sr. Maj. Kaiser Franz Josef I., s.: Theater, neues Wiener.

Weyl, J., Jux-brevier. **Humoristische Vorträge für Jung u. Alt. Mit Illustr. (Holzschn.) Wien 863. Typograf.-literar.-artist. Anstalt. 8. (VIII, 128 S.)** 12 ngr.

Weyl, J.: Eine lustige Neujahrsgabe. Humoristische Vorträge. Mit Illustrationen. kl. 8. (128 S.) Wien, typ. lit. art. Anstalt. 1862.

Weyl, Jos., gesammelte heitere Vorträge. **1—13.** Hft. gr. 8. **(416 S.) Wien 875. 76.** Wallishausser'sche Buchh. à n. — 60

Weyl, J., gesammelte heitere Vorträge. **14—16.** Hft. 8. (à 32 S.) Wien 879. Wallishausser. à n. — 60

Weyl, J., gesammelte heitere Vorträge. 17.—19. Heft. gr. 8. (2. Bd. S. 193—288.) Wien 883,84, [Wallishausser'sche Hofbuchh.] Künast. à Heft * 60 Pf. *

—— gesammelte heitere Vorträge. 2. Heft. 2. Aufl. 8. (S. 33—63.) Wien 886, Künast. *

Weyl, J., gesammelte heitere Vorträge. 2. Hft. 2. Aufl. u. 17—19. Hft. 8. **(1. Bd. S. 33—63 u. 2. Bd. S. 197—288.) Wien 886. Künast.** à n. — 60

Weyl, Julius, appr. Arzt aus Bocholt i. Westf.: **Aus d. Chirurg. Universitäts-Kinderklinik zu München. Ueber einen seltenen Fall von congenitaler Mischgeschwulst** (Cystadenoma angiocavernosum) am Halse eines 10 Monate alten **Kindes.** (Mit 2 Abb.) *München 1900: B. Heller.* (24 S.) 8°
München, Med. Diss. v. 1900

Weyl, Karl (Red.), s. Zeitung, Constitutionelle

Weyl, L.

—— das Jahr 1849 im Guckkasten. Humoreske. Mit 24 komischen lithogr. Zeichnungen von A. Kretschmer. 16. (32 S.) Berlin 850, Weyl und Comp.

Weyl, L., Berlin, Potsdam und die Eisenbahn, s. J. D. F. Rumpf, neuester Fremdenführer rc.

Weyl, L., Berlin, Potsdam u. d. Eisenbahn, od. neuester u. zuverlässigster Wegweiser f. Fremde u. Einheimische, um in d. kürzesten Zeit alle Merkwürdigkeiten v. Berlin, Potsdam u. deren Umgebungen zu sehen u. kennen zu lernen rc. 2., verm. u. verb. Aufl., ($6\frac{1}{2}$ B.) 840., 3., verm. u. verb. A. 8. (7 B.) Berlin 842, Recht. (Stuhr'sche Buchh.) à *

Weyl, — Liew, L., Berlin, Potsdam und die Eisenbahnen nach Potsdam, Leipzig, Frankfurt a. O. u. Stettin. Neuester und zuverlässigster Wegweiser für Fremde und Einheimische rc. Nach den neuesten und besten Quellen bearbeitet. 3. verb. u. verm. Aufl. (Mit 1 Plan von Berlin.) kl. 8. Berlin 842, Recht. n. 1/3 ℛ — 4. Aufl. u. d. T.: Der Fremde in Berlin, Potsdam und auf den Eisenbahnen nach Potsdam, Leipzig, Frankfurt a. O. und Stettin. Nach den neuesten und besten Quellen bearb. Mit 1 color. Plan von Berlin. 8. Berlin 845, Dehmigke's Buchh. n. 1/3 ℛ

—— der Fremde in Berlin, Potsdam u. auf d. Eisenbahn, od. neuester u. zuverläss. Wegweiser u. unentbehrl. Rathgeber f. Fremde. Nach d. neuesten u. besten Quellen bearb. gr. 12. ($3\frac{1}{2}$ B., 1 Plan u. Titlkpfr.) Berlin 839, Recht. (Stuhr'sche Buchh.)

— der Fremde in Berlin, Potsdam u. auf der Eisenbahn, oder neuester u. zuverläss. Wegweiser u. unentbehrl. Rathgeber für Fremde. Nach den neuesten u. besten Quellen bearbeitet. Mit Titelkpfr. u. dem Plane von Berlin. gr. 12. Berlin 839. Recht. n. 1/3 ℛ — 2e verm. u. verb. Aufl. kl. 8. Ebd. n. 1/3 ℛ Mit 1 Plan in qu. Roy 4. n. 1/2 ℛ

Weyl, (Weyl-Liew,) L., der Fremde in Berlin, Potsdam u. auf den Eisenbahnen nach Potsdam, Leipzig, Frankfurt a. O. u. Stettin. Nach den neuesten u. besten Quellen bearb. 4., umgearb. Aufl. 8. ($8\frac{3}{4}$ B. u. 1 ill. Plan von Berlin.) Berlin 845, Dehmigke's Buchh. *

—— **Fröhlich**, eine Auswahl d. besten launigen Gedichte rc. s. **Fröhlich.**

—— der Führer durch die Kunstsammlungen Berlins. Ein unentbehrl. Anhang zu allen Beschreibungen u. Fremdenführern der Residenz. (Nr.) I—VIII. 16. ($34\frac{1}{2}$ B.) Berlin 842, Dehmigke's Buchh. à $7\frac{1}{2}$ Ngr.

Inhalt:

(Nr.) I. Gemälde-Gallerie des kgl. Museums.
" II. Die k. Kunstkammer.
" III. Die antiken Bildhauerwerke, Werke der della Robbia, Majolica u. Glas-Malereien des k. Museums.
" IV. Die Vasengallerie im Antiquarium des k. Museum.
" V. Die Gemmen-Sammlung im Antiquarium des k. Museums.
" VI. Die Sammlung vaterländischer Alterthümer.
" VII. Aegyptisches Museum.
" VIII. Privatkunstsammlungen.

Weyl, L., Geschäfts-Adreßbuch von Berlin u. Potsdam für 1848. — Almanac du commerce de Berlin. — The Berlin commercial almanac. 5. Jahrg. Gratis-Beilage: Tableau der Eisenbahnfahrten im J. 1848. 8. (616 S.) Berlin 848. Weyl & Co. 1/3 ℛ

—— der prakt. Kaufmann, s. Kaufmann.

Weyl, L., Nicolaus Copernikus. Vortrag geh. am 3. März **1873 im Handwerker-Verein zu Frankfurt a/O. gr. 8. (20 S.) Frankfurt a/O. 873. (Berlin, Rubenow.) n. — 40**

—— der Lebemann, s. Lebemann.

WEYL, L., Der Lebemann vor, bei und nach Tische. Mit 1 Kupfer. Berlin, o. J. (ca. 1850). 8°. (6 Mk. M. & H. Schaper, Hannover, 1904.)
240 S. Mit vielen, meist auf Berliner Verhältnisse bezügl. Beiträgen von Saphir Weyl, Anast. Grün, Herlossohn, J. Janin u. Andern.

— Lebens- u. Regierungs-Geschichte Friedrich Wilhelms III., Königs von Preußen. Mit dem Portrait des Hohen Verewigten. gr. 8. Berlin 841, Recht. n. 5/12 ℛ

—— berliner Lichtputzen f. Licht- u. Schattenfreunde. Humorist. Vorträge. 12. ($2\frac{1}{3}$ B. u. 1 Federzeichn.) Berlin 846, Stuhr'sche Buchh.

— **Berliner Original-Polterabend-Scherze in Fresko Manier. Mit Beiträgen von Hoffmann, Gumbert, Heyne, John, Koßarski, Rüthling u. A. 1. u. 2. Heft. 8. Berlin 843, 44, Berliner Verlags-Buchh. (Stuhr'sche Buchh.) à $\frac{1}{3}$ Thlr.**

— **dass. Mit Originalbeiträgen von C. F. Edler, Fr. Heyne, L. Koßarski u. A. 3.—6. Hft. Neue Folge. 8. (Mit Titelkupfer.) Berlin 845, 46, Reichardt u. Comp., Weyl u. Comp. à $\frac{1}{2}$ Thlr.**

—— dass. Mit Originalbeiträgen v. C. F. Edler, Fr. Heyne, L. Koßarski u. A. Neue Folge. 8. (5 B. u. Ttlkpfr.) Berlin 845, [Leop. Schlesinger.]

Weyl, L., berliner Polterabend-Scherze mit Beiträgen beliebter Schriftsteller. 1—5. Heft. 2. (Titel-)Aufl. 12. (à Heft 72 S.) Berlin (845)60, Adolf und Comp. à Heft $7\frac{1}{2}$ Ngr.

WEYL, Berliner Polterabend-Scherz. 2. Aufl. 5 Hefte. Berlin, Cohn, 1860. 12°. (1 Rthl. $\frac{1}{7}$ sgr.)
Herm. Hoppe's Cat. St. Petersb. 1871. S. 856. — Ed. I (185*?).

—— neueste berliner Polterabend-Scherze, mit Beiträgen beliebter Schriftsteller hrsg. 5. u. 6. Hft. 8. (9 B.) Berlin 846, Weyl u. Comp. à

—— **neueste berliner Polterabend-Scherze, mit Beiträgen beliebter Schriftsteller. 5. und 6. Heft. (Neue Folge. 1. und 2. Heft.) 2., verm. Aufl. 8. (152 S.) Berlin 849, Weyl und Comp. à Heft $7\frac{1}{2}$ Ngr.**

—— **dass. — 7. und 8. Heft. (Neue Folge. 3. und 4. Heft.) 8. (IV und 148 S.) Ebds. 849—50. à Heft $7\frac{1}{2}$ Ngr.**

Weyl, (Weyl-Liew,) L., Rebbenhagen auf dem berliner Corso. 12. ($2\frac{1}{6}$ B. u. 1 Ttlkpfr.) Berlin 845, Jul. Schmidt. Thlr.

—— neuestes Reisehandbuch nach Berlin, Stettin, Swinemünde, Rügen u. Kopenhagen. 16. (11 B. u. 1 Eisenbahnkarte.) Berlin 846, Jul. Schmidt.

— s. Rumpf, H. F.: Lehrbuch d. Brandenburg. Preuß. Geschichte.

— **Berliner Scherze. Humoristische Vorträge. 16. Berlin 842, Plahn'sche Buchh. (Nitze.) n. $\frac{1}{6}$ Thlr.**

—— neue berliner Scherze. Humoristische Original-Vorträge. 16. (4 B.) Berlin 844, Plahnsche Buchh. *

—— humoristische Vorträge, s.a. Vorträge.

WEYL, Humoristische Vorträge. Berlin 1843. Berliner Verlags-Buchhandlung. 8°. Selten! (2 Mk. Max Jaeckel, 1906.)
Enth. u. A.: Die Winterbelustigungen der Berliner in 7 Bildern dargestellt.

— **Wegweiser für Eisenbahn-Reisende durch Berlin, Potsdam, Dessau, Cöthen, Halle, Magdeburg, Leipzig u. Dresden, oder: Wie kann der Reisende in 8 Tagen alles Sehenswerthe dieser Städte, ihre Umgebungen u. die sie verbind. Eisenbahnen kennen lernen? Ein unentbehrl. Rathgeber. Nach den neuesten u. zuverläss. Quellen bearbeitet. (Mit 1 neuen Eisenbahn-Karte.) 16. Berlin 842, Oehmigke's Buchh. $\frac{2}{3}$ Thlr. — Ohne Karte $\frac{1}{2}$ Thlr. — 2. durch die Eisenbahnen nach Braunschweig, Hannover ꝛc. verm. Aufl. 16. Ebend. 845. geb. 1 Thlr.**

—— dass. Anhang, s. Eisenbahnen.

—— Rebbenhagens Weißbier-Clubb in der berliner Gewerbe-Ausstellung. Ein Genrebild. 16. (3 B. u. 1 Ttlkpfr.) Berlin 844, Schepeler. *

WEYL, Rebbenhagen's Weissbier-Clubb in der Berliner Gewerbe-Ausstellung. Ein Genrebild. Mit Titelkupfer. Berlin 1844. Jul. Schmidt. 12°. Selten! (1 Mk. 25 Pfg., Max Jaeckel, Potsdam, c. 1902.)

Die Bestimmungen des Allgemeinen Deutschen Handelsgesetzbuches über die Aktiengesellschaft. In systemat. Zusammenstellung von Dr. Ludwig **Weyl**, Rechtsanw., Karlsruhe i. B. Freiburg i. B. & Leipzig: J. C. B. Mohr 1896. (XVI, 147 S.) 8° [F.]
= **Weyl**: Handbuch d. Deutschen Aktiengesellschaftsrechts. T. 1. 103. 1007

Weyl, Ludw., Handbuch des deutschen Aktiengesellschaftsrechts. Für die Praxis bearb. (In 3 Thln.) 1. u. 2. Thl. gr. 8. Freiburg i/B. 896. Tübingen, J. C. B. Mohr. n. 6. 40; Einbde. in Leinw. à n.n. 1. —
1. D. Bestimmgn. d. allgem. deutschen Handelsgesetzbuchs üb. d. Aktiengesellschaft. In systemat. Zusammenstellg. (XVI, 147 S.) n. 2. 40
2. Hand-Kommentar zu d. Bestimmgn. des deutschen Handelsgesetzbuchs üb. d. Aktiengesellschaft. (VIII, 245 S.) n. 4. —

Hand-Kommentar zu den Bestimmungen des deutschen Handelsgesetzbuchs über die Aktiengesellschaft von Dr. Ludwig **Weyl**, Rechtsanw., Karlsruhe i. B. Freiburg i. B. & Leipzig: J. C. B. Mohr 1896. (VIII, 245 S.) 8°
= **Weyl**: Handbuch d. Deutschen Aktiengesellschaftsrechts. T. 2. 103. 1007

Weyl, Martin Hans, approb. Arzt aus Breslau: Aus d. Abt. f. Frauenkrankheiten im Allerheiligen-Hospital zu Breslau. (Primärarzt Dr. R. Asch.) Inoperables Carcinom der Mamma und der Portio vaginalis uteri combiniert mit Gravidität. Leipzig 1904: B. Georgi. (33 S.) 8°
Leipzig, Med. Diss. v. (3. März) 1904.

Weyl, Max, Erziehung. (55 S.) kl. 8. Berlin 908. A. Schall. Kart. 3. —

Weyl, Max: Das zweite Josephs-Gedicht von Narses. Nach 2 Handschr. d. Kgl. Bibliothek zu Berlin. Berlin: M. Poppelauer 1901. (24, 45 S.) 8° (Teil d. eingereichten Arbeit.)
Giessen, Phil. Diss. v. 1901.

Weyl, Niclas von s. Wyle, Niclas von.

Weyl, R, s. Festgabe, Kieler.

Weyl, N. A., Prüfung d. Hufeland'schen Meinung üb. das Recht protestant. Fürsten, unabänderl. Lehrvorschr. festzusetz. u. solche zu halten. 8. Stendal, Franzen u. Gr. 789. Rthlr.

Weyl, Rich., die Beziehungen d. Papstthums zum fränkischen Staats- u. Kirchenrecht unter den Karolingern, s.a. Untersuchungen zur deutschen Staats- u. Rechtsgeschichte.

Weyl, Beziehungen d. Papstthums zum fränkischen Staats- u. Kirchenrecht unter d. Karolingern. Breslau 892.

Weyl, Rich., d. Entwickelg. u. d. Grundlagen d. Arbeiterversicherung im Deutschen Reiche. Vortrag, geh. in d. kgl. deutschen Gesellschaft zu Königsberg i. Pr. am 31 Mai 1894. [Aus: „Die Invaliditäts- u. Altersversicherg. im Deutschen Reiche".] gr. 8. (31 S.) Mainz 895. J. Diemer, Verl. — 75

Weyl, Rich., der Fiskus im gegenwärtigen deutschen Privatrecht, s.: Festgabe der Kieler Juristen-Fakultät, Albert Hänel dargebracht.

Die Haftung für Unfälle bei Leibesübungen. Zivilrechtl. Gutachten z. Lehre vom Verschulden. Von Dr. jur. Richard **Weyl**, Univ. Prof. in Kiel. Leipzig: R. Voigtländer (1901). (31 S.) 8° [Umschlagt. F.]
Aus: Zeitschr. f. Turnen u. Jugendspiel. Bd 10, 1901. No 5–8.

Q. D. B. V. Lectiones cursorias quas ... Richardus **Weyl** iur. utr. Dr. curiae regiae supremae quae Regimonti est adsessor De lege die VII m. Apr. huiusce anni promulgata quae vocatur 'Patentgesetz' ad docendi facultatem rite impetrandam Kal. Iul. ... habebit indicit Carolus Salkowski iur. utr. Dr. P. P. O. ord. iur. h. t. Decanus. Regimenti Borussorum, ex offic. Hartungiana, 1891; 1 Bl. 4°

— Lehrbuch des Reichsversicherungsrechts (Kranken-, Unfall-, Invaliditäts- u. Altersversicherungsrecht). Für den akadem. u. prakt. Gebrauch. gr. 8. (XVI, 1067 S.) Leipzig 894. Duncker & Humblot. n. 20. —; geb. n. 22. 40

Weyl, Rich., der Name der Findelkinder u. anderen Namenlosen. Civilrechtliche Studie. (75 S.) schmal gr. 8. Meiderich-Duisburg 903. A. Heiland. n. 1. —
Sonderabdruck aus: „Das Standesamt".

— zum Begriff „See" im deutschen Reichsrecht. (44 S.) gr. 8. Berlin 906. F. Vahlen. n. 1. 20
Sonderabdr. a.: „Festgabe zum XXVIII. deut. Juristentage".

Weyl, R., das fränkische Staatskirchenrecht zur Zeit der Merovinger, s.a. Untersuchungen zur deutschen Staats- u. Rechtsgeschichte.

Weyl, Rich.: Das fränkische Staatskirchenrecht zur Zeit der Merovinger. Rechtsgeschichtl. Studie. Breslau 1888.

(Untersuchungen z. Dt. Staats- u. Rechtsgesch. hrsg. von Gierke. H. 27.)

— System der Verschuldensbegriffe im bürgerlichen Gesetzbuche f. das Deutsche Reich. (XII, 665 S.) Lex.-8. München 905. J. Schweitzer Verl. n. 21. —

Das Verschulden und die verwandten Begriffe im Bürgerlichen Gesetzbuche. Von Dr. jur. Richard **Weyl**, Privatd., Königsberg. Berlin 1898: J. Sittenfeld. (S. 79–180.) 8° [Umschlagt. F.]
(Aus: Archiv f. Bürgerl. Recht. Bd 14.)

Weyl, Rich., Vorträge üb. d. bürgerl. Gesetzbuch f. Praktiker. (In 2 Bdn.) 1. Bd. Einleitg. Allgem. Teil. Recht d. Schuldverhältnisse. gr. 8. (XIII, 532 S.) München 898. C. H. Beck. Geb. in Leinw. n. 8. —

Weyl, Rich., Vorträge üb. d. bürgerl. Gesetzbuch f. Praktiker. (In 2 Bdn.) 2. Bd. Sachenrecht. Familienrecht. Erbrecht. Internationales Privatrecht. Materialien u. Litteratur. Gesetzes- u. Sachregister. gr. 8. (XII, 639 S.) München 900. C. H. Beck. Geb. in Leinw. n. 10. —; (kplt. n. 18. —)

— Wechselordnung, s.: Sammlung deutscher Reichs- u. Landesgesetze m. Erläuterungen.

Weyl, Theodor

Weyl, Th: Hygienische Anforderungen an Abladeplätze für Müll. Berlin 1897

Weyl, Th: Die erste deutsche Anlage zur Fäkalverbrennung. Berlin 1897

Weyl, Th: Über Anstalten zur mechanischen Reinigung der Abwässer. München und Berlin 1902

Weyl, Th: Über die Anwendung des Ozons zur Reinigung von Trinkwasser. Berlin 1902

— **Assanierung. Die Abwehr gemeingefährl. Krankheiten. — Zur Geschichte der sozialen Hygiene, s.a. Handbuch der Hygiene.**

Weyl, Th[eod.], Assanierung. D. Abwehr gemeingefährl. Krankheiten. M. 19 Taf. Jena 1904. 8°.
Aus: Handbuch d. Hygiene. Suppl.-Bd 4.

Weyl, Theodor (Hrsg.), s.a. Assanierung, Die, von Düsseldorf.

Weyl Th, die Assanierung von Düsseldorf. (178 S 8 T) (Fortschritte der Ingenieurwissenschaften II, 17) Leipzig 1908

Weyl Th, die Assanierung von København. (196 S 21 T) (Fortschritte der Ingenieurwissenschaften II, 14) Leipzig 1907

Weyl, Theodor (Hrsg.), s.a. Assanierung, Die, von Cöln.

Weyl Th, die Assanierung von Köln. (310 S 37 T) (Fortschritte der Ingenieurwissenschaften II, 11) Leipzig 1906

Weyl, Thdr., die Assanirung Neapels. Reiseskizzen. [Aus: „Deutsche Vierteljahrsschr. f. öffentl. Gesundheitspflege".] gr. 8. (III, 27 S. m. 8 Plänen.) Braunschweig 894. F. Vieweg & Sohn. n. 2. 50

Weyl, Theodor (Hrsg.), s.a. Assanierung, Die, von Paris.

Weyl, Th., die Assanierung v. Paris, s.a. Fortschritte, die, der Ingenieurwissenschaften. II. 8.

Die Assanierung von Paris. Bearb. von Dr. med. Th[eodor] **Weyl**, Privatd., Berlin-Charlottenburg. Mit 51 Textfig. u. 3 Pl. Leipzig: W. Engelmann 1900. (X, 62 S.) 4°(8°)
(Assanierung d. Städte in Einzeldarstellungen. Bd 1, H. 1.)
(Fortschritte d. Ingenieurwissenschaften. Gruppe 2, H. 8.)

Weyl, Theodor (Hrsg.), s.a. Assanierung, Die, der Städte in Einzeldarstellungen.

Weyl Th, die Assanierung der Städte in Einzeldarstellungen. (Fortschritte der Ingenieurwissenschaft. II. Gruppe) Leipzig 1900-03
1. Paris (62 S 3 K) 1900. — 2. Wien (194 S 14 T) 1902. — 3. Zürich (120 S 10 T) 1903.

Weyl Th, d. Assanierung d. Städte. (Fortschr. d. Ing.-Wiss. II, 8-11) Leipzig 1900-06
Jena 1901

Weyl Th, die Assanierung der Städte. (Fortschritte der Ingenieurwissenschaften II, 14. 17) Leipzig 1907. 08

Weyl, Theodor (Hrsg.), s.a. Assanierung, Die, von Wien.

Weyl Th, die Assanierung von Wien. (194 S 14 T) (Fortschritte der Ingenieur-Wissenschaften II, 9) Leipzig 1902

Weyl, Theodor (Hrsg.), s. Assanierung, Die, von Zürich.

Weyl, Thdr., Asyle, nied. Herbergen, Volksküchen u. s. w., s.: Knauff, M.

THEODOR WEYL, Beeinflussen die Rieselfelder die öffentliche Gesundheit? Vortrag in der Berliner medicinischen Gesellschaft am 27. November 1895 und Discussion der Gesellschaft über den Vortrag am 4. und am 11. December 1895. Reden der Herren ZADEK, AUERBACH, SCHÄFER, VIRCHOW u. TH. WEYL. Berlin 1896. Gedruckt bei L. Schumacher. 8°.

Weyl, Theodor [aus Berlin]: B e i t r ä g e zur Kenntniss thierischer und pflanzlicher Eiweisskörper. (Separat-Abdruck aus der Zeitschrift für physiologische Chemie, I. Band, S. 72 100.) Strassburg, Verlag von Karl J. Trübner, 1877. 8. 29 S.

Weyl, Th: Bemerkungen über den Stand der Müllbeseitigung, mit besonderer Rücksicht auf die Sortieranstalten. Jena 1901

Weyl Th, die Betriebsführung von Wasserwerken. (259 S 3 T) (Betriebsführung städtischer Werke 1) Leipzig 1909

— s.: **Betriebsführung, die, städtischer Werke.**

Weyl, Th: Über die Einwirkung des Ozons auf schwefelhaltige Körper und auf Schwefel. Cöthen 1901

— die **Einwirkung** hygienischer Werke auf die Gesundheit der Städte m. besond. Rücksicht auf Berlin. gr. 8. (VI, 70 S.) Jena 894. G. Fischer. n. 2. —

Weyl, Theodor. Ueber Eiweissverdauung, und über Spaltung des Tyrosins durch Fäulniss. Erlangen, 1879.

Weyl, T: Experimentelles und Kritisches über Schneebeseitigung. München und Leipzig (1898)

F l u s s v e r u n r e i n i g g ., Kläng. d. Abwässer, Selbstreinigg. d. Flüsse, s.a. H a n d b u c h d. Hygiene, 33. Lfg.

Flussverunreinigung, Klärung der Abwässer, Selbstreinigung der Flüsse. Bearb. v. Dr. med. Th(eodor) **Weyl** in Berlin ... *Jena: G. Fischer 1897.* (VIII, 379 - 474 S.) 8.
— **Handbuch** d. **Hygiene**. Bd 2, Abt. 1, Lfg 3. [97. 1617

s. F o r t s c h r i t t e der Strassenhygiene.

Weyl, Th: Fragebogen betreffend Straßenhygiene. Jena 1901

— **die Gebrauchsgegenstände im Anschluss an die Gesetzgebung des Deutschen Reichs u. an die der übrigen Kulturstaaten, s.a. Handbuch der Hygiene.**

Gebrauchsgegenstände (Die), im Anschluss an die Gesetzgebung des Deutschen Reiches, und die der übrigen Culturstaaten. Jena, 1894. 8vo. III.

— s.a. **Handbuch der Arbeiterkrankheiten.**

Weyl Th, Handbuch der Arbeiterkrankheiten. (809 S) Jena 1908

— s. **Handbuch d. Hygiene.**

— **Heizg. u. Ventilation, s.: Schmidt, Karl.**

Weyl, Th., analytisches Hülfsbuch für die physiologisch-chemischen Übungen der Mediciner und Pharmaceuten in Tabellenform. 8. (V, 30 S. mit 1 Stnt.) Berlin 882, Springer. cart. *

— **Hygiene d. chemischen Grossindustrie, s.: Goldschmidt, F.**

Weyl, Thdr. Lehrbuch der organischen Chemie f. Mediciner. gr. 8. (XII, 587 S. m. 11 Holzschn.) Berl. 891, A. Hirschwald. * 13 —

Öffentl. M a s s n a h m e n gegen ansteckende Krankheiten, m. besond. Rücksicht auf Desinfektion, m. Beiträgen v. Nocht u. Schwarz, s.a. H a n d b u c h d. Hygiene. 39.

Oeffentliche **Massnahmen** gegen ansteckende Krankheiten, mit bes. Rücks. auf Desinfektion. Bearb. von Dr. Th[eodor] **Weyl**, Privatdoz., Berlin-Charlottenburg. Mit Beiträgen von Hafenarzt Dr. [Bernhard] Nocht, Hamburg, u. Dr. Dr. [Oskar] Schwarz, Stolp i/P. Mit 57 Abb. im Text. *Jena: G. Fischer 1900.* (VIII, 210 S.) 4°(8°)
— **Handbuch** d. **Hygiene**. Bd 9, Lfg 4. [00. 7803

— s.: **Methoden, die, der organischen Chemie.**

Weyl, Th. 5 Mitteil. z. Straßenhygiene 1901 u. 02.

Weyl, Th: Kleinere Mitteilungen. Jena 1901

Weyl, Th: Der Müllverbrennungsofen von Dörr. Jena 1901

Weyl, Th: Rhodan- und Cyanverbindungen. Berlin 1896

— **d. Schicksale d. Fäkalien in kanalis. u. nichtkanalis. Städten, s.: Gerson, Geo. H.**

— s.a. **Strassenhygiene in europ. Städten.**

Weyl, T. Straßenhygiene in europäischen Städten. Berlin 1898.

Weyl, Th: Die Straßenreinigungsmaschine »Salus«. Jena 1901

— **Studien** zur Strassenhygiene m. besond. Berücksicht. der Müllverbrennung. Reisebericht, dem Magistrat der Stadt Berlin erstattet, m. dessen Genehmigg. erweitert u. veröffentlicht. gr. 8. (VIII, 142 S m. 5 Abbildgn. u. 11 Taf.) Jena 893. G. Fischer. n. 4.50

Weyl, Th., die Theerfarben, m. besond. Rücksicht auf Schädlichkeit u. Gesetzgebg. hygienisch- u. forensisch-chemisch untersucht. Mit e. Vorrede v. Eug. Sell. 1. u. 2. Lfg. gr. 8. (VIII, IV u. S. 1—143). Berlin 889. Hirschwald. à Lfg. n. 2. 60

— s.a **Untersuchungen zur Strassenhygiene.**

Weyl Th, Untersuchungen zur Strassenhygiene. (103 S) Berlin 1900

Weyl, T. Untersuch. z. Straßenhygiene. Ber. d. internat. Komitees f. Straßenhyg. M. 20 Abb. Berlin 1900.

Weyl, Th. Versuch über d. Stoffwechsel Berlins. Berlin 1894.

— **Wasserversorgg., Wasseruntersuchg. u. Wasserbeurteilg., s.: Loeffler, F.**

Weyl, W: Sachliche Würdigung der in Deutschland ertheilten Patente. Klasse 80. Thonwaren. Berlin (1879)

Weyl, Wilhelm. Ueber die Bildung des Ammoniums und einiger Ammoniummetalle. (Göttingen) Berlin, 1864.

Weyland, Jos. Zur Erinnerung an den hochwürdigsten Hrn. Dr. Joseph Weyland, Bischof v. Fulda, Hausprälat Sr. päpstlichen Heiligkeit, Ritter hoher Orden. Geboren zu Hadamar am 13. März 1826, zum Bischof consekrirt am 25. Jan. 1888, gestorben am 11. Jan. 1894. 8. (32 S. m. Bildnis.) Fulda 894. Fuldaer Actiendruckerei. n. — 20

Weyland: Über die vollständige quadratische G l e i c h u n g mit zwei Veränderlichen. Köln 1865.
Schul-/Univ.-Schrift

Weyland, Chr., s. W e y l a n d , Philipp Christoph

Weyland, Eduard, Prof.: **Verschiebung der sozialen Verhältnisse** während des Mittelalters. *Gartz a. O. (1902): K. Fiebelkorn.* (15 S.) 8°
Gartz a. O., st. G, OP 1902 (1494a)

Weyland, G. (Bearb.), s. Auber: Lebensgabe für nervenkranke Frauen.

s. Deslandes. Leopold: Von der Onanie . . .

Weyland, G.. s. Dupuytren, Vorträge über chirurg. Klinik.

Weyland, G., Gallerie d. ausgezeichnetsten Aerzte aller Jahrhunderte, ihre Portraits u. Biographien. 1. u. 2. Lfg. Jede m. 4 Stnt. gr. 4. (5 u. 5¾ B.) Paris 834, 35. (Leipzig, Michelsen.) à

Weyland, Georg Karl

Weyland G. C.: Kurze Abhandlung v. Jagd- u. Forstsachen, so viel ein Beamter in Praxi davon zu wissen nöthig hat. Frankf. [1764]. 143 S.

Weyland, Geo. Karl, kurze Abhandl. von Jagd- u. Forstsachen, so viel ein Beamter wissen muß. 8. Frankf. 765. (Schäfer). 5 K

Weyland, Jacob [aus St. Ingbert]: **Beiträge zur Anatomischen Characteristik der Galegeen** . . . (= **Appendix No III** von: **Bull. de l'Herbier Boissier, Vol. 1. 1893.**) **Genève,** imprim. Romet, 1893; 74 S. 8.
München, Phil. Fak., Inaug.-Diss. v. 1893

Weyland, Johann Adam

— auserlesene Samml. geistreicher u. schöner Sentenzen aus Jean Pauls u. Hippels Schriften rc., s. Sentenzen, u. setze hinzu: (von J. A. Weyland).

Weyland, Jh. Adm., († d. 13. Aug. 1801.), s. a. Sittenlehren in Beispielen für Mädchenschulen.

(J. Adf. **Weyland's**) Sittenlehren in Beyspp.; e. Leseb. f. Mädchenschulen. *Giess.*, Heyer. (801. ganz umgearb. v. J. Fd. **Schlez.** 807-815.) 4ᵉ vb. u. wohlf. A. unt. d. T.: Fd. **Schlez**: Sittenlehren u. s. w. **824.** 8° 14 *gl*

Stock, Jo. Chr., resp. Ge. Leop. **Weyland, De consuetudine.** 31 pp. Jen. 4°. 1740

Hirtenbrief des Hochwürdigsten Herrn Bischofs Joseph **Weyland** bei der herannahenden Fastenzeit des Jahres 1892. Fulda 1892: Actiendr. (13 S.) 4°

Hirtenbrief des Hochwürdigsten Herrn Bischofs Josef **Weyland** bei der herannahenden Fastenzeit des Jahres 1893. Fulda 1893: Actiendr. (12 S.) 4°

Weyland, Julius (geb. am 24 Okt. 1844 in Sonnborn bei Elberfeld): Ueber Eklampsie der Schwangeren, Gebärenden u. Wöchnerinnen . . . Bonn, gedr. bei J. F. Carthaus (1869). 34 S., 1 Bl. 8.
Bonn, Med. Fak., Diss. v. 27 Juli 1869

Weyland, Louis. Gesch des NY Männerchors, 1870-95. NY, 1895.

Weyland, Ludwig, a. Neustadt a. H., z. Zt. Assistenzarzt der **Kreis-Irren-Anstalt Klingenmünster: Ueber interparoxysmale transitorische Symptome der Epileptiker. Frankenthal** 1908: L. Göhring & Co. (26 S.) 8°
Erlangen, Med. Fak., Ref. Specht, Diss. v. 26. Mai 1908
[Geb. 9. Dez. 57 Neustadt a. H.; Wohnort: Klingenmünster; Staatsangeb.: Bayern; Vorbildung: Gymn. Neustadt Reife 95; Studium: München 4, Heidelberg 1, Würzburg 4, Erlangen 5 S.; Coll. 8. April 08; Approb. 15. Juli 05.]

Weyland, Ludwig (Worms)
Vergleichende Untersuchungen über Veratrin, Sabadillin, Delphinin, Emetin, Aconitin, Sanguinarin und Chlorkalium.
Giessen: Brühl 1869. 47 S. u. 1 Taf.
Diss. med. 24.7.1869.

Weyland, P., De Nubibus Aristophanis. Diss. 1871. 47 S.

Weyland, P. C., Lebens- und Regentengeschichte des Höchstsel. Großherzogs Carl August von Sachsen-Weimar-Eisenach rc. Abdr. aus dem 2. Jahrg. des B. F. Voigt'schen Regenten-almanachs. Bis zum J. 1826 bearb. Mit den nöthigen Ergänzungen bis zu Höchstdessen Tode verm. von A. A. C. F. Faselius. Weimar 857. Voigt. gr. 8. (3 Bl., 60 S. und Bildn. in Kpfrst.) 7½ *ngr.*

Weyland, Paul [Oberl. Dr.]: **Vergils** Beschreibung des libyschen **Hafens. Aen. I v. 159 — v. 169. Gartz a. O.,** Druck v. E. Forche, *1891;* **S. 3—11;** 4°
Gartz a. O., st. G, OP 1891 **

Weyland, Philipp Christoph (Hrsg.), s. a. Abentheuer, Kleine, zu Wasser u. zu Lande.

Weyland, Ph. Cph., kleine Abentheuer zu Wasser u. zu Lande, eine Auswahl d. neuesten u. interessantesten Reisebeschreibungen d. In- u. Auslandes, zur angenehmen Unterhaltung für d. gebildeten Stände herausg. 12 Bde, mit Kpf. 8. Hof 802—10. Grau. 12 ₰ 16 K

— s. Acerbi, Reise durch Schweden. — Azara Felix, Reisen. — J. S. Bailly, Denkschrift. — Castellan, Briefe über Morea. — Magazin d. Reisebeschreibb. 24r, 27r, 29r, 30r, 31r u. 32r Bd. — Peru. — Reise nach Savoyen.

Weyland, Ph(ilipp) Chr(istoph) (Übers.):

s.: **Turnbull, John: Reise um die Welt, in Jahren 1800, 1801, 1802, 1803 und 1804, auf welcher der Verfasser die vorzüglichsten Inseln in der Südsee, und die englischen Colonien zu Port-Jackson und Norfolk-Eiland besucht hat. Aus dem Englischen. Berlin: 1806**

JB 5.632

Weyland, Ph. Konr., s. Louvet, Abentheuer des jungen Faublas.

Weyler, Georg Albert (Öhringen) A. S. 31/21

Origines et elogia Hoenloica.
Präs. Burkhard Gotthelf Struve. Rec.
Jena (Heller) 1744. 56 S.

Diss. 2. VIII. 1710. 36530

Weyler, Karl

Weyler, Carl, Referendar aus Morringen [!] b. **Cöln: Die rechtliche** Natur des Mäklervertrages **nach dem Bürgerlichen** Gesetzbuch. Rostock 1904: C. Hinstorff. (68 S.) 8° [F.]
Rostock, Jur. Fak., Ref. Matthias, Diss. v. 20. Aug. 1904
[Geb. 23. Mai 79 Worringen, Landkreis Cöln; Wohnort: Worringen; Staatsangeb.: Preußen; Vorbildung: Kaiser-Wilhelm-Gymn. Cöln Reife O. 97; Studium: Bonn 1, Berlin 1, Heidelberg 1, München 1, Bonn 1 S.; Rig. 29. März 04.]

Weyler, Otto, Assistenzarzt: Zur Behandlung der narbigen Kontrakturen und frischen Wunden der Hohlhand mit besonderer Berücksichtigung der Thiersch'schen Transplantationen. Heidelberg 1910: Hörning. 20 S. 8°
Heidelberg, Med. Diss. v. 22. Febr. 1910, Ref. Narath
[Geb. 29. Jan. 80 Solingen; Wohnort: Duisburg; Staatsangeh.: Preußen; Vorbildung: Gymn. Wesel Reife M. 99; Studium: München 1, Bonn 1, Marburg 3, Gießen 1, Göttingen 6 S.; Coll. 1. Febr. 10; Approb. 1. April 06.]
[U 10. 2103

Weyler, Th., Chronik der Hausfrau. Gedenk- und Notizbuch für's Haus. 8. (V, 216 S.) [Leipzig 880.] Berlin, Eckstein Nachf. geb. *

Weyler, Th., Denker- und Dichter-Worte im deutschen Volksmunde. Vollständiger Citatenschatz des deutschen Volks, nebst genauer Angabe der Quellen. 8. (IV, 108 S.) Leipzig 878, Eckstein. * ℳ 1,50.; geb. **

Weyler, Th., Denker- und Dichter-Worte im deutschen Volksmunde. Vollständiger Citatenschatz. 2. erweit. Aufl. 12. (IV, 164 S.) Leipzig 888, G. Engel. geb. mit Goldschn. *

Weyler, Thdr. Für frohe Feste. Sammlg. v. Gelegenheitsgedichtchen f. die Jugend. 1.—3. Bdchn. 8. Lpz. 889, Brehse. à Bdchn. * — 50
1. Zum Geburtstage. (68 S.)
2. Zu Polterabend u. Hochzeit. (80 S.)
3. Zu Weihnacht u. Neujahr. (80 S.)

Weyler, Thdr., der schweizerische Robinson, nach Joh. Dav. Wyß frei bearb. Mit (3) Farbendr.-Bildern nach Aquarellen v. Otto Försterling u. 1 Karte v. Frz. Knopf. gr. 8. (156 S.) Leipzig 893. O. Drewitz Nachf. Kart. 3. —

—— Fürs Stammbuch. Sammlung von Stammbuchsprüchen. 12. (31 S.) Ebd. 890. * — 20

— der gute Ton. Ein Ratgeber f. den Verkehr in der Familie, im öffentl. Leben u. in guter Gesellschaft. 12. (215 S.) Leipzig 890. Fock. geb. m. Goldschn. n. 2. —

Weyler, Thdr., was sich schickt. Handbüchlein d. guten Tons f. die heranwachs. Jugend. 12. (III, 92 S.) Leipzig 886. Oehmigke. cart. — 75; geb. n. 1. —

Weyler, Thdr., was sich schickt. Handbüchlein des guten Tons f. die heranwachs. Jugend. 2. Aufl. (III, 103 S.) kl. 8. Einbeck (906). A. Oehmigke. Kart. n. 1. —

Weyler, Th., goldene Worte fürs Leben. Eine Sammlung geist- und gemütvoller Gedanken- und Sinnsprüche hervorragender Denker und Dichter aller Zeiten. 8. (VIII, 496 S.) Leipzig 888, Legel. geb. mit Goldschn. *

Weyler, Thdr. (Thdr. Lißner), goldne Worte fürs Leben. Eine Sammlg. geist- u. gemütvoller Gedanken- u. Sinnsprüche hervorrag. Denker u. Dichter aller Zeiten. (8. Aufl.) 8. (VII, 592 S.) Frankfurt a/M. (900). [Jaeger's Verl.] Schweidnitz, C. Lerch. Geb in Leinw. m. Goldschn. n. 5. —

Weyler, Thdr., goldene Worte fürs Leben. Weisheitssprüche aus Jahrtausenden. 4. Aufl. (VII, 592 S.) kl. 8. Leipzig (909). [R. Mejo.] Berlin, G. Mode's Verl. Geb. in Leinw. m. Goldschn. 3. 50

Weyman, Geo. W., Lithium and its known compounds. Inaugural dissertation. Göttingen 855. (Vandenhoeck u. Ruprecht.) gr. 8. (42 S.) n. 8 ngr.

Weyman, Karl

Weyman, Carl, vier Epigramme des hl. Papstes Damasus I. Erklärt v. W. Festgabe zum 50jähr. Priesterjubiläum Sr. Exz. des hochw. Hrn. Erzbischofs v. München-Freising Dr. Franz Joseph v. Stein. (43 S.) 8. München 905. J. J. Lentner. n. 1. 40

Weyman, Carl, die Epitome des Iulius Exuperantius, s.: Landgraf, Gust.

— s. Jahresbericht üb. d. christlich-latein. Litteratur.

Weymann, C., Jahresbericht üb. die christl.-latein. Poesie. Von 1886/87 bis Ende 1894. S.-A. 1895. 60 S. 1.—
— — Von 1894/95 bis Ende 1897. S.-A. 1897. 55 S. 1.—

Weyman, Carl, Jahresbericht üb. d. christl.-latein. Poesie v. 1894/95 bis Ende 1897. [Aus: „Jahresber. üb. d. Fortschr. d. class. Altertumswiss."] gr. 8. (55 S.) Berlin 898. Leipzig, O. R. Reisland. n.n. 2. 40

Weyman, Carl: Studien zu Apuleius und seinen Nachahmern . . . (Aus: Sitzungsber. d. philos.-philol. u. d. histor. Cl. d. k. bayer. Akad. d. Wiss., 1893 Bd. II Heft III.) München, Druck d. akad. Buchdr. v. F. Straub, 1893; 2 Bl., 321—392 S. 8.
München, Phil. Fak., Hab.-Schr. v. 1894
(Nicht für den Austausch)

Weyman, Carl: Studien über die Figur der Litotes. I. Allgemeiner Teil . . . . Leipzig, Druck u. Verl. v. B. G. Teubner, 1886; 43 S. 8°.
München, Phil. Fak., Inaug.-Diss. v. 1886.

Weyman, Carl (I.), Studien über die Figur der Litotes. gr. 8. (106 S.) Leipzig 886, Teubner. *
Aus: Jahrbücher für classische Philologie, 15. Suppl.-Bd., besonders abgedruckt.

Weyman, Carl (II.), des Königs Civilliste im Lande der verfehlten Gelegenheiten. Müssige Betrachtungen eines a. D. 1. und 2. Aufl. 8. (14 S.) München 885, Buchholz und Werner. *

Weyman, Stanley John: The abbess of Vlaye, s.a. Collection of British authors.

The Abbess of Vlaye. By Stanley J[ohn] **Weyman.** Copyright ed. In 2 vol. Vol. 1. 2. Leipzig: Tauchnitz 1904. 8°
(Collection of British authors. Tauchnitz Ed. Vol. 3772/3.) [11. 8351

In king's Byways. Short stories. By Stanley J[ohn] **Weyman.** Copyright ed. Leipzig: Tauchnitz 1902. 302 S. 8°
(Collection of British authors. Tauchnitz Ed. Vol. 3612.) [11. 8466

The Castle Inn, s.a. Collection of British authors.

The Castle Inn. By Stanley J[ohn] **Weyman.** Copyright ed. In 2 vol. Vol. 1. 2. Leipzig: Tauchnitz 1898. 8°
(Collection of British authors. Tauchnitz Ed. Vol. 3325/6.) [11. 8251

Chippinge, s.a. Collection of British authors.

Chippinge. By Stanley J[ohn] **Weyman.** Copyright ed. In 2 vol. Vol. 1. 2. Leipzig: Tauchnitz 1906. 8°
(Collection of British authors. Tauchnitz Ed. Vol. 3931/2). [11. 8694

— The red cockade, s.a. Collection of British authors.

The red Cockade. By Stanley J[ohn] **Weyman.** Copyright ed. In 2 vol. Vol. 1. 2. Leipzig: Tauchnitz 1896. 8°
(Collection of British authors. Tauchnitz Ed. Vol. 3114/5.) [11. 8103

— u. Edward Rose, die rote Eminenz, s.: Universal-Bibliothek.

A gentleman of France, being the memoirs of Gaston de Bonne, Sieur de Marsac, s.a. Collection of British authors.

A Gentleman of France. Being the memoirs of Gaston de Bonne, Sieur de Marsac. By Stanley J[ohn] **Weyman.** Copyright ed. In 2 vol. Vol. 1. 2. Leipzig: Tauchnitz 1894. 8°
(Collection of British authors. Tauchnitz Ed. Vol. 2962/3.) [11. 7993

– Count Hannibal, s.a. Collection of British authors.

Count Hannibal. A romance of the court of France. By Stanley J[ohn] **Weyman.** Copyright ed. In 2 vol. Vol. 1. 2. Leipzig: Tauchnitz 1902. 8°
(Collection of British authors. Tauchnitz Ed. Vol. 3547/8.) [11. 8414

– Der Hexenmeister, frei bearb. v. Curt Abel-Musgrave, s. Welt, Die, der Fahrten u. Abenteuer. VII.

– The house of the wolf, s.a. Collection of British authors.

Weyman, Stanley J., laid up in lavender, s.a. Collection of Brithis authors.

Laid up in lavender. By Stanley J[ohn] **Weyman.** Copyright ed. Leipzig: Tauchnitz 1907. 335 S. 8°
(Collection of British authors. Tauchnitz Ed. Vol. 3999.) [11. 8751

– The man in black, s.a. Collection of British authors.

The Man in black. By Stanley J[ohn] **Weyman.** Copyright ed. Leipzig: Tauchnitz 1894. 262 S. 8°
(Collection of British authors. Tauchnitz Ed. Vol. 2993.) [11. 8014

– From the memoirs of a minister of France, s.a. Collection of British authors.

From the Memoirs of a minister of France. By Stanley J[ohn] **Weyman.** Copyright ed. Leipzig: Tauchnitz 1895. 279 S. 8°
(Collection of British authors. Tauchnitz Ed. Vol. 3098.) [11. 8093

– The long night, s.a. Collection of British authors.

Weyman, Stanley J[ohn]. The Long Night. [A Novel.] In two Volumes. 2 vol. 304 *and* 280 p. 8. Leipzig, Bernhard Tauchnitz, 1903. (M. 1. 60 or fr. 2. — per volume)
(Collection of British Authors. Tauchnitz Edition. Vol. 3692 *and* 3693.)
Schauplatz der Erzählung: Genf, zur Zeit der Escalade.

Weyman, Stanley J., the new rector, s.: Library, the English.

– Under the red robe, s.a. Collection of British authors.

Under the red Robe. By Stanley J[ohn] **Weyman.** Copyright ed. Leipzig: Tauchnitz 1894. 280 S. 8°
(Collection of British authors. Tauchnitz Ed. Vol. 3003.) [11. 8022

– My Lady Rotha, s.a. Collection of British authors.

My Lady Rotha. A romance. By Stanley J[ohn] **Weyman.** Copyright ed. In 2 vol. Vol. 1. 2. Leipzig: Tauchnitz 1894. 8°
(Collection of British authors. Tauchnitz Ed. Vol. 3016/7.) [11. 8032

– Shrewsbury, s.a. Collection of British authors.

Shrewsbury. A romance. By Stanley J[ohn] **Weyman.** Copyright ed. In 2 vol. Vol. 1. 2. Leipzig: Tauchnitz 1898. 8°
(Collection of British authors. Tauchnitz Ed. Vol. 3278/9.) [11. 8216

– Sophia, s.a. Collection of British authors.

Sophia. By Stanley J[ohn] **Weyman.** Copyright ed. In 2 vol. Vol. 1. 2. Leipzig: Tauchnitz 1900. 8°
(Collection of British authors. Tauchnitz Ed. Vol. 3426/7.) [11. 8317

– Starvecrow farm, s.a. Collection of British authors.

Starvecrow Farm. By Stanley J[ohn] **Weyman.** Copyright ed. In 2 vol. Vol. 1. 2. Leipzig: Tauchnitz 1905. 8°
(Collection of British authors. Tauchnitz Ed. Vol. 3845/6.) [11. 8632

– The story of Francis Cludde, s.a. Collection of British authors.

Weymann, August

— Aufforderung d. Vernunft an d. Freigeister zum Vortheil d. Religion. 8. Frankf. u. Leipz. 777.

Weymann, Aug., Führer durch d. nördlichen Böhmerwald u. d. nordwestböhm. Bäder sammt angrenz. Gebieten. 12. (IV, 179 S. m. Abb. u. 1 Karte.) Prag 898. H. Dominicus. Geb. in Leinw. n. 2. 40

Weymann, Aug., Führer durch das böhmische Erzgebirge, das Mittelgebirge u. die angrenzenden Gebiete. 12. (VII, 247 S. m. 1 lith. Karte.) Karlsbad 881. Feller. geb. n. 3. —

— philosoph. Wochenschrift. 4. Königsb. 764.

Weymann, C., Apulei de Psyche et Cupidine fabula adnotationibus criticis instructa. Pr. 1891. VI, 49 S. 2.50

Weymann, Dn., († d. 7. Dec. 1795.) Bedenklichkeiten üb. Kant's Beweis des Daseyn Gottes. 8. Königsb. 763. Kanter. (Hartknoch in Leipz.) 6 𝒦

— zwei Betrachtt. über den Unterschied d. Crusianischen u. Wolfischen Weltweisheit. 4. Königsb. 763.

— moral. System. 1r Thl. 8. Königsb. 770.

Weymann, Frid. Maur. Adolph. (geb. Bremen 3. 12. 1826): De haematomate auriculae. Berolini (1850). (31 S.) 8°
Berlin, Med. Diss. v. 19. Aug. 1850

Weymann, Karl

Weymann, Carl, s.: Jahrbuch, historisches.

Weymann, Karl Friedrich, Pfarrcand. aus Hagsfeld i. B.: Die aethiopische und arabische Übersetzung des Pseudocallisthenes. Eine literarkritische Untersuchung. *Kirchhain N.-L. 1901: M. Schmersow.* (VII, 83 S.) 8°
Heidelberg, Phil. Diss. v. 1901

Weymann, Karl Frdr., die aethiopische u. arabische Übersetzung des Pseudocallisthenes. Eine literarkrit. Untersuchg. (Diss.) gr. 8. (VII, 83 S.) Kirchhain N.-L. 901. (Berlin, Mayer & Müller.) n. 2. 50

Weymann, Konr., der Abstinenz-Vogel. (Mit e. Fortsetzg.: „Drei Jahre später". 2. Aufl.) (23 S.) gr. 8. Berlin 907. Mäßigkeits-Verlag. — 20

Weymann, Konr., Arbeiterversicherung u. Alkoholismus. Vortrag auf der 22. Jahresversammlg. am 18. X. 1905. Hrsg. vom deutschen Verein gegen den Mißbrauch geist. Getränke. (31 S.) 8. Berlin 906. Mäßigkeits-Verlag. n. — 30

— Arbeiterversicherung u. Alkoholismus. Vortrag auf der 22. Jahresversammlung des deutschen Vereins gegen den Mißbrauch geist. Getränke am 18. X. 1905. 3. erweit. Aufl. (33 S.) 8. Ebd. 907. p — 30

— Gemeinverständliche Darstellung der deutschen Arbeiterversicherung in rechtlicher, wirtschaftlicher, sozialer Beziehung u. ihre Reform durch die Reichsversicherungsordnung. (111 S.) gr. 8. Frankfurt a/M. (909). Dr. E. Schnapper. 2.—; geb. n 2.50

Weymann, Konr., das Invalidenversicherungsgesetz v. 13./19. VII. 1899. Textausg. m. Anmerkgn., sämmtl. Ausführungsbestimmgn., insbesondere der Anleitg. über den Kreis der Versicherten, u. Sachregister. gr. 16. (XVI, 440 S.) Berlin 900. F. Vahlen. Geb. in Leinw. n. 2.40

— dasselbe u. d. zugehörigen Reichs-Ausführungsbestimmgn., erläutert. 3. Lfg. gr. 8. (XXIII, 704 S.) Ebd. 901. 902. n. 12.—; geb. in Halbfrz. n. 14.—

— das Invalidenversicherungsgesetz, s. a. Rechtsbücher f. das deutsche Volk. 7. Bd.

Das Invalidenversicherungsgesetz vom 13. Juli 1899. Gemeinverständl. dargest. von Dr. Konrat **Weymann**, Reg.R. *Berlin: E. Ebering 1903.* (IV, 86 S.) 8° [F.]
— Rechtsbücher f. d. deutsche Volk. Bd 7.

Das Invalidenversicherungsgesetz vom 13. Juli 1899. Gemeinverständl. dargest. von Dr. Konrat **Weymann**, Reg.R. *Berlin: E. Ebering 1903.* (IV, 86 S.) 8° [F.]
= Zeitschrift f. populäre Rechtskunde. [Beilage.]

— die Unfallversicherung des Deutschen Reichs. Gemeinverständl. dargestellt. (III, 99 S.) 8. Berlin 904. F. Vahlen. n. — 90

Weymann, Konrat [aus Berlin]: Vergleichung der lehnrechtlichen Capitel des Mailändischen Stadtrechts von 1216 (Francesco Berlan, le due edizioni delle consuetudini di Milano. Venezia 1872. Historiae patriae monumenta, Leges Municipales, Tom II pars prior 1876) mit dem Liber Feudorum . . . Berlin, Druck v. G. Feicht, 1887; 48 S. + 1 Bl. 8°.
Berlin, Jur. Fak., Inaug.-Diss. v. 24. März 1887.

— die sozialpolitische Wirkung der §§ 46 u. 146 Invalidenversicherungsgesetzes. Vorschläge zur Beseitigg. des Erlöschens der Anwartschaft. (20 S.) Lex.-8. Grunewald-Berlin 904. Gr.-Lichterfelde, Verlag der Arbeiter-Versorgg., A. Troschel. n. — 60
Sonderabdruck aus: „Arbeiterversorgg."

(Weymann, Nikolaus, Hauptm. d. 13. G. I. R.) Tagebuch der Belagerung von Temesvár, vom 25. April bis 9. August 1849. (Lith.) Folio.

Weymann, O., ein Kampf ums Glück. Aus den Blättern e. Tagebuches. 8. (81 S.) Dresden 901. E. Pierson. n. 2.—

Weymann, Otto, Referendar in Naumburg a. S.: Der Besitzschutz bei Grunddienstbarkeiten nach dem B.G.B. für das Deutsche Reich unter besonderer Berücksichtigung der Frage des Rechtsbesitzes (§ 1029 B.G.B.). Berlin 1907: W. Pilz. (XII, 64 S.) 8° [F.]
Leipzig, Jur. Fak., Diss. v. 17. Juli 1907
[Geb. 14. Okt. 80 Delitzsch; Wohnort: Naumburg a. S.; Staatsangeh.: Preußen; Vorbildung: Kgl. Gymn. Erfurt Reife O. 99; Studium: Lausanne 1, Göttingen 3, Halle 2 S.; Rig. 24. Okt. 02.]

Weymann, Ottomar, meine Schiefertafel. Die ersten Zeichenvorlagen f. unsere Lieblinge. (12 Taf.) qu. Lex.-8. Strassburg (905). Schlesier & Schweikhardt. In Umschlag n. 1.—

Weymarn, Hans Hnr. v. († d. 22. März 1792.), s.a. Über d. ersten Feldzug des russ. Kriegsheeres gegen d. Preußen.

Weymarn, H. H. v. Über den ersten Feldzug des russ. Kriegsheeres gegen die Preußen 1757. Hrsg. von A. W. Hupel. Riga 1794. 8°.

Hupel, A. W. Ueber den ersten Feldzug des russischen Kriegsheeres gegen die Preussen. (XIV. 226.) 12. M. Pl. Riga 1794.
Einnahme der Festung Memel in Ostpreussen von den Russen, d. 6. Juli 1757. 8.

s. K. Fr. Schoultz v. Asch. Versuch.

Weymayer, Thassilo, der Tourist in Admont. Historisch-topograph. Skizze v. Admont u. dessen Umgebg. gr. 8. (V, 90 S.) Wien 872. Braumüller. n. 1. 20

Weymayr: Über leuchtende Thiere. 17 S. Graz. Progr. 1861.

Weymayr, Th.: Die Gefässpflanzen der Umgebung von Graz. Graz 1867. 48 S. 4°
Schul-/Univ.-Schrift

Weymer, Gust., u. Pet. **Maassen,** Lepidopteren, s. a. Reiss, W., u. A. Stübel, Reisen in Süd-Amerika.

Lepidopteren gesammelt auf einer Reise durch Colombia, Ecuador, Perú, Brasilien, Argentinien u. Bolivien in d. Jahren 1868–1877 von Alphons Stübel. Bearb. von Gustav **Weymer** u. Peter Maassen. Mit 9 Taf. *Berlin: A. Asher & Co. 1890.* (XI, 182 S.) 2°
— Reiss, Wilhelm: Reisen in Süd-Amerika. [I.]

WEYMER, MAURUS Dreyfaches Traur-Kleyd Oder Lob- und Sitten-Rede Von dem heiligen Schwartzen Scapulier / Vorgetragen in dem Wunderthätigen Gnaden Orth zu MARIA Laureto in Hungarn deren Wohl-Ehrwürdigen PP. Serviten / Da dero Hoch- Löblichen Ertz-Bruderschafft Deren Sieben Schmerzen Mariae Jährliches TITULAR-Fest in Volck-reicher Versammlung Hoch- und Niedern Stands-Persohnen / am dritten Sonntag des Monaths Septembris, nemlich den 16. 1731 / hochfeyerlichst ist begangen worden Von P. Mauro WEYMER O S P. BENEDICTI, Des Uralt-Hertzoglichen Stifts und Closter zum Schotten in Wienn Professo, der Zeit gewöhnlichen Feyertags-Prediger. Wienn / gedruckt bey Gregori Kurtzböck / Universitäts-Buchdruckern. 16 S. 1 t. - 190 mm

v. **Weyna,** J., Antwort auf d. Stock-Jobbery u. den Handel mit Staatspapieren nach d. jetzigen Zustande, politisch u. juridisch betrachtet. 8. Wien 821. Gerold. 16 kr

Weynand, Joseph: Jesus, mein Heil. Hrsg. von Boeteman. Brüssel: Vanderauwerra 1862. IV, 252 S. 16°

Weynand, Mich., d. Reformflasche im Kellereibetriebe. Zur Klärg. u. naturtreuen Erhaltung v. Wein u. and. geist. Getränken, Fruchtsäften etc. ohne Verlust an Bestand od. Gehalt. M. Abb. d. Vorrichtg. 12. (44 S.) Trier 896. (Paulinus-Druckerei.) n. — 50

— Vergleiche d. Leistgn. d. Trubfangkappe gegen diejenigen d. Holzfasses bei d. Ausbildung v. Prachtwein. (Prachtwein, vollhaltig, naturrein, leicht, einfach, rasch u. sicher auszubilden aus jedem, selbst d. geringsten Wein, sei es Trauben-, Obst- od. Beerenwein.) 12. (16 S.) Trier 896. (H. Stephanus.) n.n. — 50

Weynand, Rudolphus, domo Aug. Treverorum: De cipporum Germaniae Romanorum ornamentis. *Bonnae 1902: C. Georgi.* (S. 185–238.) 4°(8°) ¶ (Aus: Bonner Jahrbücher, H. 108/9.)
Bonn, Phil. Diss. v. 25. Jan. 1901

Weynerowski, Theodor [pr. Arzt aus Posen]: Beiträge zur Casuistik von Psychosen nach Influenza . . . Greifswald, Druck v. Julius Abel, 1890; 27 S. 8°
Greifswald, Med. Fak., Inaug.-Diss. v. 20. Jul. 1890

Weype J: Wörterbuch für die neue deutsche Rechtschreibung. Mit kurzen Wort- und Sacherklärungen, Verdeutschungen der Fremdwörter und Rechtschreibregeln. Nach den seit 1902 für das Deutsche Reich, Österreich und die Schweiz amtlich gültigen Regeln. Wien und Leipzig 1902

Weyprecht, Karl

Weyprecht, Carl, praktische Anleitung zur Beobachtung der Polarlichter u. der magnetischen Erscheinungen in hohen Breiten. gr. 8. (48 S.) Wien 881. Perles. n. 1. 50

Weyprecht, Karl [aus Michelstadt (Hessen)]: Zur operativen Behandlung der Arthritis deformans ... Würzburg, P. Scheiner's Buchdr., 1896; 32 S. 8.
Würzburg, Med. Fak., Inaug.-Diss. v. 1896

Vorhanden in 2 Exemplaren!

— Die magnetischen Beobachtungen der österreichisch-ungarischen arktischen Expedition 1872—1874 (mit 6 Taf. und 2 Holzschnitten). D. 35. 60 . . . . 16.
Separatabdruck

Weyprecht, Carl, astronomische und geodätische Bestimmungen der österreichisch-ungarischen arctischen Expedition 1872—1874. Imp.-4. (24 S. mit 1 lithogr. Taf.) Wien 877, (Gerold's Sohn.) *
Aus: Denkschriften der k. Akademie der Wissenschaften, besonders abgedruckt.

Weyprecht, Carl, Erinnerungen und Briefe, s. Littrow, Heinr. v.

Weyprecht, Karl. Grundprincipien der arktischen Forschung. 4.

Weyprecht, Karl, Hauptresultate der magnetischen Beobachtungen während der österreichisch-ungarischen Polarexpedition. [Aus: „Sitzungsber. d. k. Akad. d. Wiss."] Lex.-8. (19 S.) Wien 876. (Gerold's Sohn.) n. — 40

—— die Metamorphosen des Polareises. 10 Lfgn. gr. 8. (XIV, 284 S. mit 1 Chromolithogr. und 1 lithogr. Karte.) Wien 878,79, Perles. à Lfg. * 60 Pf. *

—— die Nordlichtbeobachtungen der österreichisch-ungarischen arctischen Expedition 1872—1874. Imp.-4. (64 S.) Wien 878, (Gerold's Sohn.) *
Aus: Denkschriften der k. Akademie der Wissenschaften, besonders abgedruckt.

— die Nordpol-Expeditionen der Zukunft u. deren sicheres Ergebniß, verglichen m. den bisher. Forschgn. auf dem arkt. Gebiete, s.: Sammlung gemeinnütz. populär-wissenschaftl. Vorträge.

Weyprecht, Charles, et Wilczek, Expédition polaire internationale:
Weyprecht, Charles, Principes fondamentaux de l'exploration arctique. Discours prononcé devant la 48e assemblée des Naturalistes et Médecins allemands à Graz, le 18 Septembre 1875. Vienne.

Weyprecht, Robert (König)
Ueber spirale Ausziehung des Kindeskörpers.
Giessen: Keller 1860. 19 S. + 2 Bl. Thesen.
Diss. med. 28.8.1860.

Weyprecht, Rudolf, aus Michelstadt i. O.: **Elektrochemische Reduktion** aromatischer Di- und Trinitrokörper. *Gießen 1902: v. Münchow.* (40 S.) 8°
Gießen, Phil. Diss. v. 1902

Weyr, Eduard, s. Weyr, Emil

Weyr, Emil, über die Abbildung einer rationalen ebenen Curve 3. Ordnung auf einem Kegelschnitt. [Aus: „Sitzungsber. d. k. Akad. d. Wiss."] Lex.-8. (18 S.) Wien 879. (Gerold's Sohn.) n. — 40

— Über die Abbildung einer Raumkurve vierter Ordnung mit einem Doppelpunkte auf einen Kegelschnitt. S. 78. II. 80 . . . . vgr.
Separatabdruck

Weyr, Emil, üb. die Abbildung e. rationellen Raumcurve 4. Ordnung auf e. Kegelschnitt. [Aus: „Sitzungsber. d. k. Akad. d. Wiss."] Lex.-8. (21 S.) Wien 875. (Gerold's Sohn.) n. — 40

— Über die Abbildung einer mit einem Kuspidalpunkte versehenen Raumkurve vierter Ordnung auf einen Kegelschnitt. S. 78. II. 88 . . . . vgr.
Separatabdruck

Weyr: Anwendung des archimedischen Fundamentalsatzes auf die Auflösung einiger Gruppen von Aufgaben. 18 S. – Prag d. OR., Progr. 1858.

Weyr, Emil, über Ausartungen biquadratischer Involutionen und über die sieben Systeme der eine rationale Plancurve vierter Ordnung vierfach berührenden Kegelschnitte. Lex.-8. (22 S.) Wien 881, (Gerold's Sohn.) **

— über die Bedeutung d. räumlichen Nullsystems f. cubische Involutionen beider Stufen. [Aus: „Sitzungsber. d. k. Akad. d. Wiss."] Lex.-8. (27 S.) Ebend. 882. n.n. — 60

Weyr, Emil, e. Beitrag zur Gruppentheorie auf den Curven vom Geschlechte Eins. Lex.-8. (47 S.) Wien 883. (Gerold's Sohn.) n. — 80

Weyr, Emil, ein Beitrag zur Theorie transversal-magnetischer Flächen. [Aus den Sitzungsber. der k. Akad. der Wiss.] Wien 868. (Gerold's Sohn.) Lex.-8. (13 S.) 3 ngr.

— Beiträge zur Curvenlehre. gr. 8. (V, 64 S.) Wien 880. Hölder. n. 2. 20

— Bemerkung über C. le Paiges Abhandlung: „Über eine Relation zwischen den singulären Elementen kubischer Involutionen." S. 81. II. 162 . . . . —.10
Separatabdruck

— weitere Bemerkungen üb. die Abbildung e. rationalen Raumcurve 4. Ordnung auf e. Kegelschnitt. [Als Fortsetzg. der Abhandlg. vom 9. Decbr. 1875.] [Aus: „Sitzungsber. d. k. Akad. d. Wiss."] Lex.-8. (17 S.) Ebend. 876. n.n. — 30

Weyr, Ed., Bestimmung der Flächen, deren beliebige Theile aus zwei festen Punkten durch Kegel projicirt werden, deren Oeffnungen in gegebenem Verhältnisse stehen. [Aus: „Sitzungsber. d. k. Akad. d. Wiss."] Lex.-8. (6 S.) Wien 877. (Gerold's Sohn.) n. — 20

— Über die projektivische Beziehung zwischen den singulären Elementen einer kubischen Involution. S. 73. II. 654 . . . . vgr.
Separatabdruck

—— über eindeutige Beziehungen auf einer allgemeinen ebenen Curve dritter Ordnung. Lex.-8. (36 S.) Wien 883, (Gerold's Sohn.) *

— über gemeinschaftliche Bisekanten algebraischer Raumcurven. [Aus: „Sitzungsber. d. k. Akad. d. Wiss."] Lex.-8. (4 S.) Wien 882. (Gerold's Sohn.) — 15

—— die Elemente der projectivischen Geometrie. 1. Heft: Theorie der projectiven Grundgebilde erster Stufe und der quadrat. Involutionen. gr. 8. (IX, 231 S. mit eingedr. Fig.) Wien 883, Braumüller. *

Weyr, Emil, die Elemente der projectivischen Geometrie. 2. Heft: Theorien der Curven 2. Ordnung und 2. Classe. gr. 8. (XII, 228 S. mit 19 Holzschn.) Wien 887, Braumüller. *

Weyr, Ed., Erweiterung des Satzes von Désargues nebst Anwendungen. Mit 1 (lith.) Taf. (in qu. gr. 4.) [Aus den Sitzungsber. der k. Akad. der Wiss.] Wien 868. (Gerold's Sohn.) Lex.-8. (8 S.) n. 5 *ngr.*

— die Erzeugnisse der Curven dritter Ordnung mittelst symmetrischer Elementensysteme zweiten Grades. [Aus: „Sitzungsber. d. k. Akad. d. Wiss."] Mit 1 (eingedr.) Holzschn. Lex.-8. (11 S.) Ebend. 874. n. — 20

Weyr, Emil: Zur Erzeugung der Curven dritter Ordnung. Mit 1 Holzschnitte. (Sonder-Abdr. a. d. Sitzungsber. d. k. Akad. d. Wiss.) gr. 8. (12 S.) Ebds. in Comm. 1869.

— über Evoluten räumlicher Curven. [Aus: „Sitzungsber. d. k Akad. d. Wiss."] Lex.-8. (5 S.) Ebend. 870. n. — 20

—— über Flächen sechsten Grades mit einer dreifachen cubischen Curve. Lex.-8. (13 S.) Wien 882, (Gerold's Sohn.) *
Aus: Sitzungsberichte der k. Akademie der Wissenschaften, besonders abgedruckt.

— über die Geometrie der alten Aegypter. Vortrag. 8. (35 S.) Wien 884. (Gerold's Sohn.) n.n. — 50

—— Geometrie der räumlichen Erzeugnisse ein-zweideutiger Gebilde, insbesondere Regelflächen dritter Ordnung. gr. 8. (VII, 176 S.) Leipzig 870, Teubner. *

— üb. abgeleitete J^n_{n-1} auf Trägern vom Geschlechte Eins. [Aus: „Sitzungsber. d. k. Akad. d. Wiss."] gr. 8. (14 S.) Ebd. 892. n. — 40

— über biquadratische Involutionen erster Stufe. [Aus: „Sitzungsber. d. k. Akad. d. Wiss."] Lex.-8. (21 S.) Ebend. 881. n. — 40

— über biquadratische Involutionen zweiter Stufe u. ihre typischen Curven. [Aus: „Sitzungsber. d. k. Akad. d. Wiss."] Lex.-8. (25 S.) Ebend. 880. n. — 40

Weyr, Emil. Über Involutionen höheren Grades auf nichtrationalen Trägern. Lex.-8. (18 S.) Wien 891. (Tempsky). * — 40

— über Involutionen n-ten Grades u. k-ter Stufe. [Aus: „Sitzungsber. d. k. Akad. d. Wiss."] Lex.-8. (19 S.) Ebend. 879. n. — 40

Weyr, Emil, üb. e. symbolischen Calcul auf Trägern vom Geschlechte Eins u. seine Anwendung. [Aus: „Sitzungsber. d. k. Akad. d. Wiss."] Lex.-8. (77 S. m. 7 Fig.) Wien 894. (F. Tempsky.) n. 1.40

—— über ähnliche Kegelschnitte. Lex.-8. (10 S. mit 1 eingedr. Holzschn.) Wien 870, (Gerold's Sohn.) *

— über dreifach berührende Kegelschnitte einer ebenen Curve 3. Ordnung u. 4. Classe. [Aus: „Sitzungsber. d. k. Akad. d. Wiss."] Lex.-8. (7 S.) Ebend. 879. n. — 20

— Construction des Krümmungskreises für Fusspunktcurven. [Mit 5 (eingedr.) Holzschn.] [Aus den Sitzungsber. der k. Akad. der Wiss.] Ebend. 869. Lex.-8. (8 S.) 3 *ngr.*

— Construction der Osculationshyperboloide windschiefer Flächen. [Aus: „Sitzungsber. d. k. Akad. d. Wiss."] Lex.-8. (8 S.) Ebend. 880. n. — 20

— über e. Correspondenzsatz. Lex.-8. (7 S.) Ebend. 883. n. — 20

—— über Krümmungslinien der Flächen zweiten Grades und confocale Systeme solcher Flächen. Lex.-8. (24 S.) (Ebendas.) 868. *
Vorstehende Schrift aus: Sitzungsberichte der k. Akademie der Wissenschaften, besonders abgedruckt.

— über razionale ebene Curven vierter Ordnung, deren Doppelpunktstangenten Inflexionstangenten sind. [Aus: „Sitzungsber. d. k. Akad. d. Wiss."] Lex.-8. (6 S.) Ebend. 873. — 15

— über Curvenbüschel. [Aus den Sitzungsber. der k. Akad. der Wiss.] Ebend. 870. Lex.-8. (7 S.) n. 2 *ngr.*

Weyr, Emil, Ueber mehrstufige Curven u. Flächensysteme. (Sitzb. d. k. Akad. d. Wissensch. 84. Bd. II. Abth. 1881. Nov.) gr. 8. (24 S.) geh. In Comm. 20 kr.
Wien: Gerold 1882.

— über die involutorische Lage sich berührender Kegelschnitte. [Aus: „Sitzungsber. d. k. Akad. d. Wiss."] Lex.-8. (6 S.) Ebend. 881. n. — 20

— geometrische Mittheilungen. Nr. I. u. II. [Aus den Sitzungtber. der k. Akad. der Wiss.] Wien 869. (Gerold's Sohn.) Lex.-8. (8 u. 9 S.) Jede Nr. n. 2 *ngr.*

Weyr, Emil, geometrische Mittheilungen. I. und II. Lex.-8. (8; 9 S.) Wien 870, (Gerold's Sohn.) à * 20 Pf. *

Weyr, Eduard, zum Normalenproblem d. Ellipse. gr. 8. (6 S.) Prag 902. (F. Řivnáč.) n. — 12
Sonderabdr. a.: „Sitzungsber. d. böhm. Gesellsch. d. Wiss."

— Notiz über harmonische Mittelpunkte eines Quadrupels. S. 81. II. 328 . . . . . Ngr.
Separatabdruck

— Notiz über die Regelflächen mit [illegible] Doppelkurven. S. 84. II. [illegible] . . . . . Ngr.
Separatabdruck

— Über Polargruppen. S. 81. II. 8[illegible] . . . . . Ngr.
Separatabdruck

Weyr, Emil, über Projectivitäten u. Involutionen auf ebenen rationalen Curven 3. Ordnung. [Aus: „Sitzungsber. d. k. Akad. d. Wiss."] Lex.-8. (27 S.) Wien 881. (Gerold's Sohn.) n. — 40

— Über Punktsysteme auf rationalen Raumkurven vierter Ordnung. S. 75. II. 4[illegible] . . . Ngr.
Separatabdruck

Weyr, E.: Ueber algebraische Raumcurven. 1873. 4°
Diss. Göttingen

— über Raumcurven 5. Ordnung vom Geschlechte Eins. [1. Mittheilg.] Lex.-8. (20 S.) Ebend. 884. n. — 40

—— über Raumcurven 5. Ordnung vom Geschlechte Eins. 2. Mittheilung. Lex.-8. (26 S.) Wien 885, (Tempsky.) **
—— dass. — [3. Mittheilung.] Lex.-8. (26 S.) (Ebendas.) 888. *
Vorstehende zwei Schriften sind aus: Sitzungsberichte der k. Akademie der Wissenschaften, besonders abgedruckt.

—— Über Raumcurven 6. Ordnung vom Geschlechte Eins. [1. u. 2. Mittheilg.] Lex.-8. (20; 10 S.) (Ebd.) 891.
1. Mitthlg. * — 40; 2. Mitthlg. * — 30; * — 70
Vorstehende Schrift aus: Sitzungsber. d. k. Akad. d. Wissensch., besonders abgedruckt.

— Raumcurven siebenter Ordnung. [Aus; „Sitzungsber. d. k. Akad. d. Wiss."] Lex.-8. (17 S.) Ebend. 874. n. — 30

— „über Raumcurven 4. Ordnung m. einem Doppelpunkte.“ [Aus: „Sitzungsber. d. k. Akad. d. Wiss.“] Lex.-8. (7 S.) Ebend. 877. n. — 20

— über Raumcurven 4. Ordnung m. e. Cuspidalpunkte. [Aus: „Sitzungsber. d. k. Akad. d. Wiss.“] Lex.-8. (10 S.) Ebend. 875. n. — 20

— über rationale Raumcurven 4. Ordnung. [Aus: „Sitzungsber. d. k. Akad. d. Wiss.“] Lex.-8. (12 S.) Ebend. 871. — 30

—— Studien aus der höheren Geometrie. Lex.-8. (18 S. mit 1 lithogr. Taf. in gr. 4.) (Ebendas.) 868. *
Vorstehende Schrift aus: Sitzungsberichte der k. Akademie der Wissenschaften, besonders abgedruckt.

— Zur Theorie der Bewegung eines starren Systems. S. 104. Ha. 23 ... Wien
Separatabdruck

—— Theorie der mehrdeutigen geometrischen Elementargebilde und der algebraischen Curven und Flächen als deren Erzeugnisse. gr. 8. (XII, 157 S. mit 5 lithogr. Fig.-Taf. in qu. gr. 4.) Leipzig 869, Teubner. *

—— zur Vervollständigung der Involutionen höherer Ordnung. Lex.-8. (7 S. mit 2 eingedr. Holzschn.) Wien 870, (Gerold's Sohn.) *
Aus: Sitzungsberichte der k. Akademie der Wissenschaften, besonders abgedruckt.

— über Vervollständigung v. Involutionen auf Trägern vom Geschlechte Eins u. üb. Steiner'sche Polygone. (I. u. II. Mittheilg.) [Aus: „Sitzungsber. d. k. Akad. d. Wiss.“] Lex.-8. Ebd. n. 1. 40
I. (27 S. m. 1 Fig.) 892. n. — 50. — II. (47 S. m. 2 Fig.) 893. n. — 90.

— über vollständige eingeschriebene Vielseite. [Aus: „Sitzungsber. d. k. Akad. d. Wiss.“] Lex.-8. (5 S.) Ebend. 880. n. — 20

Weyr, Ed., Zusatz zur Abhandlg. d. Hrn. F. Procházka „Ein Beitrag zur „Translations-Bewegung“. [Aus: „Sitzungsber. d. k. böhm. Gesellsch. d. Wiss.“] gr. 8. (3 S.) Prag 895. (F. Řivnáč.) n.n. — 10

Weyr Fr.: Über Ähnlichkeit, Gleichheit und Congruenz der Dinge überhaupt u. geom. Gebilde insb. 7. Prag R. I. 77.
Progr.

Weyr, Franz: Fragen und Antworten aus der Naturlehre. Zum Gebrauche für Unterrealschulen. Zusammengestellt von –. Prag. 1855. Druck der k. k. Hofbuchdruckerei von Gottlieb Haase Söhne in Prag. (67 S. 8. Mit 1 Blatt Figuren.)

Weyr, Marie, Frühling in Abbazia. Stimmungsbild. (Unterwegs u. Daheim.) schmal 8. (207 S.) Breslau 897. Schles. Buchdruckerei rc. n. — 75; geb. n. 1. —

[F.] Frühling in Abbazia. Stimmungsbild. Von Marie Weyr. *Breslau: S. Schottlaender (1898).* (207 S.) 1 Bd 8.
(Unterwegs u. Daheim.) 98. 231

Weyr, Rud. Haus Habsburg u. sein Kunstleben. 8 Reliefs im Kuppeltambour d. kunsthistor. Hofmuseums in Wien. Erfunden u. ausgeführt v. R. W. Mit erläut. Text v. Alb. Ilg. qu. gr. Fol. (8 Heliograv. m. 2 Bl. Text.) Wien 892, Löwy. In Mappe ... 18 —

Weyr, R., figuraler Schmuck im Kuppelraume u. den Sälen d. k. k. naturhistorischen Hof-Museums in Wien, s.: Benk, J.

— Triumphzug d. Bacchus u. d. Ariadne. Fries am k. k. Hof-Burgtheater. Phot. v. Löwy. Ebds. Gross 3 fl., klein 1 fl. 20 kr. S. 467
1885.

— Zwickelfiguren an d. K. K. kunsthist. Hofmus. in Wien. (2 Bl 22 T) qufol Wien (1880)

Weyr, R., Zwickelfiguren am k. k. kunsthistorischen Hof-Museum in Wien. Blatt 1. David, Tubalkain, Isaias; 2. Ezechiel, St. Lucas, Sybilla Cumaea; 3. Sybilla Persica, Hieram, Sybilla Delphica; 4. Oreade, Trophonios, Dryade; 5. Nereide, Hephaistos, Najade; 6. Sylphe, Agamedes, Boreade; 7. Samos, Orchomenos; 8. Rhodos, Milet; 9 Theben, Athen; 10. Korinth, Sykion; 11. Rom, Alexandrien; 12. Ravenna, Byzanz; 13. Goslar, Aachen; 14. Köln, Prag; 15. Gothische Kunst, romanische Kunst; 16. Nürnberg, Augsburg; 17. Rom, Florenz; 18. Venedig, Pisa; 19. Moderne Kunst, Renaissance-Kunst; 20. Mailand, Madrid, Paris, London; 21. München, Dresden, Wien, Berlin; 22. Petersburg, Kopenhagen, Brüssel, Haag. Lichtdruck v. J. Löwy. Wien, V. A. Heck. 10 fl. S. 482
1885.

v. Weyrauch, Aug. Hnr., Iris, ein Wochenblatt für Damen. 2 Bdchen. Jan.—Decbr. 1808. Mit ill. Kpf. 8. Riga ...

Weyrauch, C., Führer üb. den Hunsrück. 12. (VIII, 64 S. m. 1 Karte.) Neuwied 891. Heuser's Verl. — 90

Weyrauch, Erwin, Chorherr des Prämonstratenserordens: Geschichte und Beschreibung der königl. Stift Strahower Bibliothek. Prag 1858. Druck der k. k. Hofbuchdruckerei von Gottlieb Haase Söhne 41. S. 8°

Weyrauch, **Jak. Hnr., († ...) Diss. inaug. de limitandis laudibus vomitoriorum ad curandas febres malignas. 4. Greifsw. 775. (24 S.)**

— s. Stände, die, v. Blois. — L. Vitet, d. Barricaden.

Weyrauch, Jakob Johann

Weyrauch, Jac. J., Aufgaben zur Theorie elastischer Körper. Mit 110 Fig. im Text. gr. 8. (X, 350 S.) Leipzig 885. Teubner. n. 8. —

Weyrauch, Jac. J., Beispiele u. Aufgaben zur Berechnung der statisch bestimmten Träger f. Brücken u. Dächer. Mit 222 Fig. auf lith. Taf. gr. 8. (XX, 532 S.) Leipzig 888. Teubner. n. 16. —

Weyrauch, Jak. J., die elastischen Bogenträger, ihre Theorie u. Berechng. entsprech. d. Bedürfnissen d. Praxis, m. Berücksicht. v. Gewölben u. Bogenfachwerken. 2., vollst. neu bearb. u. m. zahlr. Beispielen verseh. Aufl. gr. 8. (X, 313 S. m. Fig. u. 1 Taf.) München 897. Th. Ackermann. n. 9. —

Weyrauch, Jak. J., elastische Bogenträger einschliesslich der Gewölbe, Eisenbetonbogen u. Bogenfachwerke. Ihre Theorie u. Berechng. m. zahlreichen Beispielen u. Aufgaben entsprechend den Bedürfnissen der Praxis. 3. vollständig neu bearb. Aufl. m. 322 Textfig. u. 1 Taf. (XX, 539 S.) Lex. 8. Stuttgart 911. K. Wittwer. 24.—; geb. in Leinw. 26.—

Weyrauch, Jakob Johann, [von Frankfurt a M.]: Der Escher-Linth-Kanal. Historisch-technische Studie. Zür. Orell Füssli Cie Dr. 1868. 2 Bl., 131 S., 2 Taf. 8°.
[Zürich, Phil. Diss. v. 6. März 1868].

Weyrauch, Jac. J., Festigkeit u. Dimensionenberechnung der Eisen- u. Stahlconstructionen m. Rücksicht auf die neueren Versuche. Ein elementarer Anhang zu allen Lehrbüchern üb. Eisen- u. Stahlconstructionen. Mit 4 lith. Taf. (in qu. gr. 4.) gr. 8. (IV, 116 S.) Leipzig 876. Teubner. n. 3. 60

—— die Festigkeitseigenschaften und Methoden der Dimensionsberechnung von Eisen- und Stahlconstructionen. Ein Anhang zu allen Lehrbüchern über die statische Berechnung der Eisen- und Stahlconstructionen. 2. vollständig neu bearb. Aufl. gr. 8. (VIII, 223 S. mit 4 lithogr. Taf.) Ebendas. 888. *

Weyrauch J. die Festigkeitseigenschaften und Methoden der Dimensionenberechnung von Eisen- und Stahlkonstruktionen. 2. Auflage. Leipzig 1889

Weyrauch, Jak. J., Grundriss der Wärmetheorie. Mit zahlreichen Beispielen u. Anwendgn. Nach Vorträgen an der kgl. techn. Hochschule in Stuttgart. 1. Hälfte: I. Erhaltg. der Energie. 1. Hauptsatz. — II. Wärme u. Arbeit. 2. Hauptsatz. — III. Ueber Wärmemotoren im allgemeinen. — IV. Von den Gasen. — V. Ueber Luftmaschinen. — VI. Aus der Chemie u. kinet. Gastheorie. — VII. Ueber Verbrennungsmotoren. (XV, 324 S. m. 107 Fig.) Lex.-8. Stuttgart 905. K. Wittwer. n. 12.—; geb. in Leinw. n. 13.20

— Grundriss der Wärmetheorie. Mit zahlreichen Beispielen u. Anwendgn. Nach Vorträgen an der kgl. techn. Hochschule in Stuttgart. 2. Hälfte: VIII. Von den gesättigten Dämpfen. IX. Von den überhitzten Dämpfen. X. Über Dampfmaschinen. XI. Aërostatik. XII. Aërodynamik. Grundgleichungen. Bewegung in Kanälen. XIII. Aërodynamik. Ausfluss aus Gefässmündgn. XIV. Über feste Körper. (XV, 412 S. m. 128 Fig.) Lex. 8. Ebd. 907. 16.—; geb. in Leinw. 17.20

Weyrauch, Jac. J. Robert Mayer, der Entdecker d. Princips v. der Erhaltung der Energie. Aus Anlass der Enthüllg. seines Stuttgarter Denkmals. gr. 8. (75 S. m. Bildniss.) Stuttg. 890, Wittwer's Verlag. * 1 20

— das Princip v. der Erhaltung der Energie seit Robert Mayer. Zur Orientirg. gr. 8. (48 S.) Ebend. 885. n. 1. —

Weyrauch, J. J. Kleinere Schriften und Briefe von Rob. Mayer. Nebst Mittheilungen aus seinem Leben. Stuttgart 18[illegible]

—— über die graphische Statik. Zur Orientirung. Mit Literaturverzeichniss. gr. 8. (36 S.) Leipzig 874, Teubner. *

—— allgemeine Theorie und Berechnung der continuirlichen und einfachen Träger. Für den akadem. Unterricht und zum Gebrauch der Ingenieure. gr. 8. (VII, 175 S. mit 56 Holzschn. im Text und 4 lithogr. Taf.) Ebendas. 873. *

Weyrauch, Jac. J., Theorie der elastigen Bogenträger. Mit 43 in den Text gedr. Fig. [Aus: „Zeitschrift für Baukunde".] gr. 8. (VI, 86 S.) München 879. Th. Ackermann. n. 1. 60

Weyrauch. J. J. Zur Theorie des Erddruckes. 1878. 4.

— Theorie d. Erddrucks auf Grund der neueren Anschauungen. Mit 34 Holzschn. im Text. [Aus: „Allg. Bauzeitung".] gr. 8. (52 S.) Wien 881. v. Waldheim. n. 1. 20

—— Theorie elastischer Körper. Eine Einleitung zur mathemat. Physik und techn. Mechanik. gr. 8. (VIII, 279 S. mit 42 Fig. im Text.) Leipzig 884, Teubner. *

—— neue Theorie der überhitzten Dämpfe nebst weiteren Beiträgen zur Theorie der Dämpfe. gr. 4. (26 S. mit eingedr. Holzschn.) Berlin 876, Gärtner. *
Aus: Zeitschrift des Vereins deutscher Ingenieure, besonders abgedruckt.

— Theorie der statisch bestimmten Träger f. Brücken u. Dächer. Nach Vorträgen an der techn. Hochschule zu Stuttgart. Mit 340 Fig. auf lith. Taf. gr. 8. (XIV, 366 S.) Leipzig 887. Teubner. n. 14. —

Weyrauch, Julius [app. Arzt aus Frankfurt a. M.]: Über zwei Fälle von Perforation der Aorta bei Oesophaguskrebs ... M. e. Abb. Giessen, C. v. Münchow, Univ.-Dr., 1893: 31 S. 8°
Giessen, Med. Fak., Inaug.-Diss. v. 1893.

Weyrauch, Karl

Weyrauch, K., Aeschylus' Eumeniden-Parodos krit. u. exeg. behandelt. gr. 4. (22 S.) Breslau 878. Koebner. n. 1. 20

Weyrauch, Max, aus Breslau: Die mittelenglischen fassungen der sage von Guy of Warwick und ihre altfranzösische vorlage. 1. Breslau: M. & H. Marcus 1899. (42 S.) 8°
(Aus: Kölbing's Forschungen zur engl. sprache u. litteratur. H. 3.)
Breslau, Phil. Diss. v. 3. Juni 1899.

Weyrauch, Max: Die mittelengl. fassungen der sage v. Guy of Warwick u. ihre altfranzös. vorlage, s.a. Forschungen zur engl. sprache u. literatur. 2.

Die mittelenglischen fassungen der sage von Guy of Warwick und ihre altfranzösische vorlage. Von Dr. **Max Weyrauch**. *Breslau: M. & H. Marcus 1901.* (96 S.) 8°
— **Forschungen** z. englischen sprache u. litteratur. H. 2. [01. 18577]

Weyrauch, Rob., hydraulisches Rechnen. Formeln u. Zahlenwerte aus dem Gebiete des Wasserbaues, f. die Praxis bearb. (VIII, 88 S. m. 34 Fig.) gr. 8. Ebd. 909. Geb. in Leinw. 3.—

Weyrauch, Robert, Reg.-Baumeister: Unterlagen zur Dimensionierung städtischer Kanalnetze. Stuttgart u. Berlin: Grub 1904. VI, 67 S. 8° ¶ Auch als Buch.
München, Dr.-Ing.-Diss. v. 2. 8. 1904

— Der Wasserbau. Gemeinverständliche Übersicht seiner Gebiete u. Probleme. (32 S.) gr. 8. Stuttgart 908. F. Grub. 1.—

—Wasserversorgung der Ortschaften, s.a. Sammlung Göschen.

Wasserversorgung der Ortschaften von Dr.-Ing. Robert **Weyrauch**. Mit 85 Fig. Leipzig: Göschen 1910. 142 S. 8°
(Sammlung Göschen. 5.) [11. 14[illegible] 11]

Weyrauch, Wilhelm, approb. Arzt aus Wiesbaden: Über die Indicationen und Erfolge der Colpocoeliotomie. Strassburg i. E. 1900: C. & J. Goeller. (83 S.) 8°
Strassburg, Med. Diss. v. 1900.

Zionitischer Weyrauchs Hügel, oder: Myrrhen Berg, worinnen allerley Liebliches u. Wohlriechendes nach Apotheker-Kunst zu bereitetes Rauchwerk zu finden ... Germantown, 1739.

Weyrauther, Alois, Graf Anton Günther, s.: Zwickert, Max.

Weyrauther, Max, Konrad Peutinger u. Wilibald Pirckheimer in ihren Beziehungen zur Geographie, s.a. Studien, Münchener geographische. 21.

Konrad Peutinger und Wilibald Pirckheimer in ihren Beziehungen zur Geographie. Eine geschichtl. Parallele von Max **Weyrauther**. München: Th. Ackermann 1907. (VIII, 45 S.) 8°
(Studien, Münchener geographische. Stück 21.)

Weyrether, Emma, der weibliche Handarbeitsunterricht f. Schule u. Haus, methodisch bearb. 1.—8. Schuljahr. gr. 8. Gera 888. 889. [Reisewitz.] Breslau, F. Hirt. cart. n. 6. 50

1. Das einfache Stricken. Mit 10 in den Text eingedr. Abbildgn. (16 S.) n. — 40
2. Das erweiterte Stricken. Mit 21 in den Text eingedr. Abbildgn. (27 S.) n. — 60
3. Das erweiterte Stricken bis zur einfachen Kunststrickerei. Mit 23 in den Text eingedr. Abbildgn. (28 S.) n. — 60
4. Das Häkeln. Die Kreuzstichstickerei. Mit 34 in den Text gedr. Abbildgn. (48 S.) n. 1. —
5. Das Nähen. Mit 32 in den Text eingedr. Abbildgn. (40 S.) n. 1. —
6. Das Zuschneiden u. Nähen e. Mädchenhemdes. Die Filet- od. Netzarbeit. Mit 16 in den Text eingedr. Abbildgn. (36 S.) n. — 80
7. Das Stopfen, Ausbessern u. Einsetzen v. Stücken. Die Strickstopfe od. der Maschenstich. Mit 32 in den Text eingedr. Abbildgn. (48 S.) n. 1. 20
8. Das Weißsticken. Das Zuschneiden u. Nähen e. Frauenhemdes. Mit 23 in den Text eingedr. Abbildgn. u. e. Beilage: „Das Stricktuch". (32 S.) n. — 90

—— Vorlagen zum Wäschezeichnen u. zur Kreuzstichstickerei i. Schule u. Haus. Kleine Ausg. qu. schmal Lex. 8. (12 farb. S.) (Gera 891, Bollmann. * * — 25; große Ausg. (21 S.) * * — 50

Weyrich, Adam: Über Autokondensation von Säurechloriden. Heidelberg 1909: Geier. 40 S. 8°

Heidelberg, Naturw.-math. Diss. v. 10. Juli 1909, Ref. Curtius

[Geb. 21. Dez. 75 Kirch-Brombach; Wohnort: Karlsruhe i. B.; Staatsangeh.: Hessen; Vorbildung: Oberrealsch. Darmstadt Reife M. 01; Studium: Heidelberg 14 S.; Rig. 24. Febr. 09.] [U 09. 2059

(Weyrich, B. E. A.,) die Erdrevolutionen, s. Erdrevolutionen.

—— die Instrumental-Sprachkunst, od. Anleit., durch Instrumentaltöne alle Nachrichten in d. Ferne zu geben, sowohl im Frieden als im Kriege, beim Civile u. Militair, auf d. Lande u. Meere. gr. 8. (3½ B.) Leipzig 830, Wienbrack.

—— die Privat-Telegraphie od. die Kunst, sich ohne Boten u. Brief-Absendung u. ohne persönl. Zusammenkunft mit Andern üb. Alles, in e. Entfernung v. 1000 bis 30,000 Schritten, zu verständigen. gr. 8. (3 B.) Leipzig 850, Wienbrack.

—— die einfachsten Rettungs-Anstalten bei Feuers- u. Wassersgefahr. Ein Noth- u. Hülfsbüchl. f. Jedermann. gr. 8. (3 B.) Leipzig 850, Wienbrack.

Weyrich C.: Die Principien der Reliefperspective. 36. u. 1 Taf. Krumau 77. **Progr.**

[Umschlagt.] Wegekarte des Riesen- u. Isergebirges. M. den v. Deutschen u. Oesterreich. Riesengebirgs-Verein ausgef. farb. Wegebezeichngn. Maassst.: 1:125,000. Bearb. v. C. **Weyrich** in Hirschberg ... *Warmbrunn: M. Leipelt [1893].* (1 Ktnbl.) 1 Bd 8. [illegible]

Weyrich, Edg., anschaulicher Geschichtsunterricht. Strasse u. Museum, Sprache u. Alltag als Geschichtsquelle. Eine Handreichg. zur Belebg. u. Veranschaulichg. des geschichtl. Lehrstoffes. (XXXV, 405 S. m. 56 Abb.) gr. 8. Wien 910. A. Pichler's Wwe. & Sohn. 7. —

Weyrich, F. A. B., s. Erdrevolutionen.

Weyrich, Henr., de textura et structura vasorum lymphaticorum, ratione simul habita vasorum sanguiferorum. Dissertatio inauguralis. 4maj. (30 S. und 1 Stnt.) Mitaviae 851, Reyher.

Weyrich, J., Emil Sokolowski, Pastor zu St. Gertrud in Riga. Riga 869. Bacmeister & Brutzer. gr. 8. (15 S.) n. 4 *ngr*; mit (phot.) Portr. n. 10 *ngr*

Weyrich, J. B., die öftere u. tägliche Kommunion. An die kathol. Jugend u. deren Erzieher. (60 S.) 16. Münster 907. Alphonsus-Buchh. — 20

Die Loge „Zur Heissen Quelle" in Hirschberg in Schlesien. 1824—1900. Eine Festgabe zur Lichteinbringung in den neuen Tempel und ein geschichtl. Rückblick auf die ersten 75 Jahre ihres Bestehens. Ms. f. Brr. Von [Karl] **Weyrich.** Glatz 1900: Schirmer. 78 S. 3 Taf. 8°

cf. Bbl. 16 (1902) S. 140 (G. Diercks).
Nebst Verzeichn. der Beamten 1824—1900 u. einer statistischen Übersicht.

Salice-Contessa, Christian Jak.: Zum 29. Okt. 1899. Christian Jak. Salice-Contessa. [Von Karl **Weyrich.**] Berlin [1899]: Denter & Nicolas. 8 S. 8° [Umschlagtit.]

Aus: Bbl. 13 (1899) S. 421—428.
Abgedr. in: SL. 19 (1899) S. 155—160.
Contessa war Mitstifter der Hirschberger Loge und gründete mit Fessler, Zerboni u. a. den Bund der Evergeten, später mit Leipziger u. Zerboni den Bund der moralischen Vehme.

W[illegible] 1872

Weyrich, Vict., de cordis adspiratione experimenta. Dissertatio inauguralis. Dorpati Liv. 853. (Mitau, Reyher.) gr. 8. (32 S. u. 1 lith. Taf.) 12 *ngr*

Weyrich, Vict., die unmerkliche Wasserverdunstung der menschlichen Haut. Eine physiologische Untersuchung nach Selbstbeobachtungen. Mit 1 lith. Taf. Leipzig 862. Engelmann. gr. 4. (VIII, 250 S.) n. 3 *th* 20 *ngr*

W[illegible] 1865

Weyringer, H., Arbeits-Kalender f. den Gemüse- u. Blumengarten u. f. den kleinen Park. 16. (24 S.) Wien 883. (Frick.) n. — 20

v. Weyrother, Ritter Maxim., Anleitung, wie man nach bestimmten Verhältnissen d. passendste Stangenzäumung finden kann? gr. 8. Wien 814. Schaumburg. 16 *gr* 2e Aufl., mit 2 Kpf. gr. 8. Ebd. 826. Heubner. 16 *gr*

Weyrother, Maximilian Ritter v. — Anleitung wie man in bestimmten Verhältnissen die passendste Stangen-Zäumung finden kann. Nebst einer einfachen Ansicht der Grundsätze der Zäumung. Von — —. Dritte durchgesehene Auflage. Wien. 1855. Gedruckt bei Ferdinand Ullrich. Verlag von J. G. Heubner. (48 S. und 2 Taf. 8.)

v. Weyrother's, Max. Ritter, hinterlassene Schriften in Bruchstücken. Mit dem Portrait des Verfassers. 8. Wien 836. (Heubner.) 1 *th*

Weyrowitz, Auguste, Wer hilft der Mutter ihre erziehliche Aufgabe lösen? Vier Vorträge gehalten in den Sektions-Versammlungen des Lehrerinnen-Vereins zur Verbreitung der Fröbelschen Pädagogik zu Berlin 1869 und 1870. gr. 8. (57 S.) Berlin 871, Loewenstein. [Staude.]

Weys, Karl de

de Weys, Car. (geb. Iserlohn 22. 1. 1811): De scirrhi indole, decursu et genesi nonnulla. Berolini (1834). (32 S.) 8°
Berlin, Med. Diss. v. 21. Aug. 1834

Weysar, D., Märchen aus dem Tierleben. Mit Illustr. v. Frdr. Specht. (VII, 101 S. m. 12 Farbdr.) Lex.-8. Berlin 905. J. M. Spaeth. Geb. n. 4. 50

Weyse, Gustav, aus München, Rechtsprakt. in München: Zur Lehre vom Rechtscharakter der Entmündigung. München 1905: Mayer & Müller. (76 S.) 8° [F.]
Erlangen, Jur. Fak., Diss. v. 17. Jan. 1905
[Geb. München; Wohnort: München; Staatsangeh.: Bayern; Rig. 17. Jan. 05.]

Weyß, Jh. Kasp., s. Beitrag zur Charakteristik d. Weiber.

Weyß, Jh. Ksp. I., s. Mannigfaltigkeiten, oberrhein.

-- s. Samml. aller Reden über Lehnrecht

Weysse, Arthur Wisswald. Eine anatomisch-physiologische Studie des Brustkorbes vermittelst des Brust-Pantographen. Diss. Med. Basel. [Mit Figuren und 1 Tafel.] 25 S. 8. Basel, Friedrich Reinhardt, 1907.

Weyßenhoff, Jos. Baron, ein Uebermensch. Leben u. Gedanken d. Herrn Siegmund v. Podfilipski. Einzig autoris. Uebersetzg. aus d. Poln. v. B. W. Segel. 2. Aufl. 8. (324 S.) Stuttgart 902. Deutsche Verlags-Anstalt. n. 2. —; geb. n. 3. —

Weyssenhoff, L. v., synoptische Tabelle der vorzüglichsten Maler der italienischen Schulen. Dresden 864. (Schopff.) 8. (8 S. u. 1 Tab. in Fol.) n. 5 ngr.

Weysser, Friedr. Die Bau- u. Kunstdenkmäler im Kreise Herzogt. Lauenburg, s. Haupt, Rich.

—— s. Katalog der Sammlung Buchner in Bamberg.

Weysser, K., Auf und Ab. Fortgesetzte ästhet. und auch andere Betrachtungen. gr. 8. (50 S.) Baden-Baden 888, Sommermeyer. *

Weysser, K., der Darwinismus u. d. moderne Malerei im Spiegel e. möglichst richt. Weltanschauung. gr. 8. (IV, 99 S.) Heidelberg 898. J. Hörning. n. 1. 50

—— durch Dick und Dünn. Aesthetische und auch andere Betrachtungen, mit Anmerkungen versehen von einem Freunde, der vorerst nicht genannt sein will. gr. 8. (45 S.) Ebendas. 887. *

Weysser, Paul, a. Aalen in Württemberg: Aus d. chirurg. Univ.-Kinderklinik in München. Prof. Dr. Herzog. Über angeborene Verbiegungen der Unterschenkelknochen. (Mit einer Abbildung.) München 1906: B. Heller. (27 S.) 8°
München, Med. Fak., Ref. v. Angerer, Diss. v. 19. Mai 1906
[Geb. 5. Nov. 79 Aalen; Wohnort: Waiblingen; Staatsangeh.: Württemberg; Vorbildung: Gymn. Kaiserslautern Reife Juli 97; Studium: Erlangen 4, Heidelberg 2, München 8 S.; Coll. 19. Mai 06; Approb. 27. März 06.]

Wezel s. seines Aufenthaltes in Sondershausen, s. Becker, J. R.

Wezel, s.a. Wetzel.

VERSTAND und Narrheit, die Regenten der Welt, von einem Narren (*Wezel's* Werke). 4 Thle. Berlin u. Leipzig (Hennings in Erfurt). 1811.
Weller, fing. Druckorte.

* Ueber Hrn. D. *Müller's* redende Maschine und über redende Maschinen überhaupt. (Von *Ad. Gf. Wezel.*) Nürnberg, Grattenauer. 38 S. 8.
1788.

Wezel, E., De C. Silii Italici cum fontibus tum exemplis. Diss. 1873. 105 S.

Wezel, Ernst: Das Adelsgeschlecht derer von Bora. 4 (S. 11—28, 1 Taf.).
Festschrift z. 100j. Jubelfeier Kgl. Friedrich-Wilhelms-G. *Berlin* 1897.
Nicht im Tauschverkehr.
Progr.

Wezel, Ernst, Cäsars gallischer Krieg. Ein Übungsbuch zum Übersetzen aus dem Deutschen ins Lateinische für Tertia. 2 Tle. gr. 8. Berlin 886, Weidmann'sche Buchh. *
Inhalt:
Tl. 1. [Buch 1—3.] (VIII, 111 S.) *M 1.20.
" 2. [Buch 4.—6.] (IV, 153 S.) *M 1.60.

Wezel, Ernst. Cäsars gallischer Krieg. Ein Uebungsbuch zum Uebersetzen aus dem Deutschen in das Lateinische für Tertia. 3. Tl. [Buch 7.] gr. 8. (VII, 93 S.) Berl. 889, Weidmann. * 1 —

Wezel, Ernst, Cäsars gallischer Krieg. E. Uebungsbuch z. Uebersetzen aus d. Deutschen in d. Lateinische f. Tertia. 1. Tl. (Buch 1—3.) 2. Aufl. gr. 8. (VIII, 112 S.) Berlin 897. Weidmann. Geb. in Leinw. n. 1. 50

Wezel, Ernst, de opificico opificibusque apud veteres Romanos dissertatio. I. 4. (32 S.) Berlin 881. (Mayer & Müller.) n. 1. 20

Wezel, F. G., Gedichte. 1r Bd. Strophen. 8. Leipz. 803. Märker. 1 ₰ 6 gr

Wezel, F. G., Kleon, der letzte Grieche, oder der Bund der Mainotten; eine neugriech. Geschichte. 8. Zwickau 812. Schumann. 1 ₰ 12 gr

Wezel, Johann Adam Ludwig (Bayreuth) F, n/28

Canticum Mosis triumphale Exod. 15, 1-21, augustum poeseos Hebraeorum exemplum.
Präs. Kaspar Jakob Huth.
Erlangen (Camerarius) 3. II. 1758. 36 S.

Gew.: Universität Jena.
W. v.: Präs. 36538

Wezel, Johann Karl

– s. Anekdoten aus der alten Familie Kischkvervänkotsd.

– s.a. Appellation d. Vokalen.

Wezel, J. K., Appellation d. Vokalen an d. Publikum. 8. Leipz. Dyk. 778.

— Wilhelmine Arend, od. die Gefahren der Empfindsamkeit. 8. Dessau u. Leipz. 782. (W. Vogel). 2 ₰

— d. Beschwerlichkeit d. Neujahrstages; an Madame Z. in Leipzig, e. poetische Epistel. 8. Ebend.

– s.a. Belphegor.

BELPHEGOR, die wahrscheinlichste Geschichte unter der Sonne. (Roman von *Joh. Carl Wetzel.*) 2 Thle. Leipzig 1776. 8°.
Goedeke IV, 352, 6.

Wezel, Jh. Karl l., († d. 28. Jan. 1819.) die Beschwerlichkeit des Neujahrstages, an Madame H. in Leipzig, eine poetische Epistel 8. Leipz. ... Dyck. 2 gr.

BETTY, Die wilde. Eine (ziemlich zahme) Ehestandsgeschichte (von *Joh. Carl Wetzel*, geb. 1747, † 1819). Mit 4 Kpfrn. u. 1 Vignette von Chodowiecki. (Engelmann 280—284.) Leipzig. Dyk, 1779. 8⁰. 199 S. (25 Mk., stark fleckig, C. G. Börner, Lpz., 1908.)

— Briefwechsel üb. einige fr. Schriften. 8. Leipz. 779. Dyck. 4 gr.

— Robinson Crusoe. 2 Thle. 8. Leipz. 779 u. 80. Dyck. 1 ₰ 4 gr.

— — Prinz Edmund, eine komische (zieml. freie versifizirte) Erzählung (in 3 Büchern). Leipzig, im Verlage der Dykischen Buchhdlg. 1785. 8⁰. 62 S. (In Berlin: Ym 1721; auch in der Berliner Magistratsbibl.; ferner in Warmbrunn.) (3 Mk. Leo Liepmannssohn, Berlin, 1907.)

— s. Ehestandsgeschichte Ph. Pt. Marks.

— s. Epistel an die deutschen Dichter.

— s.a. Erzählungen, satyrische.

Erzählungen

— —, Satirische (von *Joh. Carl Wezel*). 2 Thle. Mit Titelvign. Leipzig 1777—78. 8⁰. (Im British Museum.) (2 Mk. 50 Pfg. Adolf Weigel, 1906.)
Vgl. Leipziger Musenalmanach 1779, 41. — Goedeke IV, 352, 8.

Wezel, Jh. Karl l., satyr. Erzählungen. 2 Bde. 8. Leipz. 777 u. 78. (W. Vogel). 20 gr.

ETWAS für Leipzig (von *Joh. Carl Wezel*). Leipzig (fing.) 1781. Selten!
Anon.-Lex. II. p. 68 (nach Goedeke); Weller, fing. Druckorte.

WEZEL, Joh. Carl (der Sonderling von Sondershausen, geb. 1747, † im Wahnsinn 1819), Filibert und Theodosia. Ein dramatisches Gedicht. Leipzig, bey Christian Gottlob Hilschern, 1772. Kl. 8⁰. 46 S. (10 Mk. Adolf Weigel, 1907.)

— s. Gedichte, Drei neue.

— zwei Gedichte: mein letzter Wille u. meine Auferstehung. 8. Leipz. 782.

J. K. Wezel's Grundriss e. eigentl. Systems d. anthropolog. Psychol. überh. u. d. empir. insbesond. *Lpz.*, Dyk. B. 804-5. 2 Thle. gr 8⁰ 4 ₰ 8 gr

— Herrmann u. Ulrike. 4 Thle. 8. Leipz. 779. Dyck. 2 ₰ 16 gr. Mit 8 Kpf. 4 ₰

*** HERRMANN** (so!) und Ulrike. Ein komischer (liederlicher) Roman (von *Joh. Carl Wetzel*, geb. 1747, † 1819 im Wahnsinn). 4 Bde. Mit 8 Kpfrn. (incl. 4 TVign.), gezeichnet von Schenau, gest. von Geyser. Leipzig, in der Dykischen Buchhandlung. 1780. 8⁰. (25 Mk., schönes breitrand. Expl. mit allen Kpfrn., Friedr. Meyer, Lpz., 1909; 25 Mk., schönes breitrand. Expl. mit nur 4 Titelvign., Edm. Meyer, Berlin. 1908.)
400, 448, 416, 422 S., 1 Bl. Druckf. — Dieser „komische" d. h. etwas freie Roman ist wohl die bedeutendste schriftstellerische Leistung des schliesslich am Grössenwahn gestorbenen Schriftstellers.

— — Dasselbe. (Nachdruck, ohne Kpfrn.) Frankfurt u. Leipzig (Tübingen) 1780. 8⁰. (12 Mk. L. Rosenthal, 1907.)
Ausser Vorst. u. Tit. 400, 446, 416 u. 422 SS.

Kakerlak, oder Geschichte eines Rosenkreuzers aus dem vorigen Jahrhunderte. [Von Joh. Karl Wezel.] Leipzig: Dyk 1784. XII, 205 S. 1 Titelkpfr. 8⁰
Kl. 2658. TB. 48. Selten. In Antiqua.

— — Dasselbe. Mit Titelkpf. von J. Mechau. Ebd. 1784. 8⁰. Mit deutschen Lettern. 170 S. (incl. TKpf. u. 4 Bll. interess. Vorr., unterz. *Wzl.*). (3 Mk. Lehmann & Lutz, Frf. a. M., 1884.)

— Robinsons Kolonie, oder Schilderung d. Entstehung d. verschiedenen Staatsformen u. Religionen. 12. Leipz. 795. Dyck. 16 gr.

*** KOMÖDIANTEN**, Die. Ein theatralisches Sittengemälde. Hrsg. von dem Verfasser (*Joh. Carl Wetzel*, 1747—1819). 2te Aufl. Deutschland 1783. 8⁰. (In Berlin: Yr 4366; auch in Darmstadt: E 5082.)

— s.a. Lebensgeschichte Tob. Knauts.

LEBENSGESCHICHTE Tobias Knauts, des Weisen, sonst der Stammler genannt. Aus Familiennachrichten gesammelt. (Stellenw. etwas freier u. derber Roman von *Joh. Carl Wetzel.*) 4 Bde. Mit 4 hübschen TKpfrn. u. 4 TVign. Leipzig, bei Siegfried Lebrecht Crusius, 1773—76. 8⁰.
XX—226, XXII—264, 323, IV—304 SS. (4 Mk. Baer; 6 Mk. Kühl; 10 Mk. F. Waldau, 1908.)
Von Th. 1 erschien 2. Aufl. ebd. 1777. — Der Roman wurde in's Holländische übersetzt. (Goedeke IV, 352, 2.)

Wezel, Jh. Karl l., Lustspiele. 4 Thle. 8. Leipz. 778—87. Dyck. 3 ₰ 16 gr. (Enth.: Rache für Rache. 12 gr. — Ertappt, ertappt. 7 gr. — Eigensinn u. Ehrlichkeit. 10 gr. — Die seltsame Probe. 8 gr. — Der blinde Lärm, oder die zwei Wittwen. 6 gr. — Die komische Familie. 8 gr. — Wildheit u. Großmuth, oder der erste Dank. 2 Nachspiele. 4 gr. — Zelmor u. Ermide. 4 gr. — Die Komödianten. 4 gr. — Der kluge Jakob. 8 gr. — Kutsch u. Pferde. 7 gr. — Herr Quodlibet in Versen. 6 gr. — Die galante Betrügerei. 3 gr. — Die falsche Vergiftung. 2 gr.)

— s. Robinson Crusoe.

— der deutsche Kinderfreund Rosenau, oder Originalübungen im Lesen, f. d. Jugend. 8. Leipz. 798. Hinrichs. 12 gr.

SOCRATES, Der deutsche, oder Original-Ideen über die Schicksale der Menschen (von *Joh. Carl Wezel*). Leipzig 1799.
Anon.-Lex. IV. p. 93 (nach Kayser). — Sehr selten!

— s. Sprache, Über, u. Wissenschaft.

— üb. Sprache, Wissenschaften und Geschmack d. Deutschen, veranlaßt d. d. Schr. d. Königs v. Preußen: de la littérature Allemande. 8. Ebend. 781.
(Herrmann und Ulrike. 4 Bde. Kakerlak, Peter Marks und die wilde Betty, Robinson Krusoe. 2 Thle. Werke des Wahnsinns von Wezel, d. Gott-Mensch. rc. 3 Thle. s. sämmtl. in Romanen.)

— Versuch üb. d. Kenntniß d. Menschen. 2 Thle. 8. Ebend. 784. 85. (I. 16 gr. II. 20 gr.)

— Vorschlag zu e. Privatanstalt f. den Unterricht u. die Erziehung junger Leute von 12 bis 18 Jahren. 8. Leipz. 780. Dyck. 6 gr.

— s. Weltbürger.

— s. v. Witham, der Graf.

ZELMOR und Ermide. Ein musikalisches Schauspiel (in 1 Aufz., von *Joh. Carl Wezel*). Mit 1 Vignette. Leipzig, Dykische Buchhandlung, 1779. 8°. (In Darmstadt: E 5083.)

— — Gott Wezels Zuchtruthe d. Menschengeschlechts. (So der Vortitel.) (Haupttitel: Werke des Wahnsinns von *Wezel* dem Gott-Menschen.) 2 Bdchn. Erfurt u. Gotha, Hennings, 1804. 8°. 12 u. 280 + 4 u. 208 S. (In München: P. o. germ. 1590. 1 vol.) (3 Mk. 50 Pfg. Oskar Rauthe, Friedenau Berlin, 1908, 35 Mk. [so!] C. G. Boerner, Lpz., 1908:)

(Wezel, Karl,) Geschenk f. Neuverehlichte rc., s. Geschenk.
[Aus Versehen wurde diese Schrift am a. O. einem andern Autor zugeeignet, wofür jedoch obiger zu setzen ist.]

—— die Hämorrhoiden. Ein deutl. Unterr. f. Alle, welche daran leiden, nebst d. sichersten Mitteln, sich davon zu befreien. 2. Aufl., durchges. u. verb. v. C. A. Schultze. 8. (11 B.) Pirna 831, [Leipzig,] Friese.

Wezel, Karl, aus Berlin, Unterarzt im 5. Rhein. Inf.-Reg. No 65: Meningitis cerebralis serosa acuta. Berlin (1902): G. Schade. (34 S.) 8°
Berlin, Med. Diss. v. 20. Juni 1902.

v. Wezhausen, s. Truchseß.

WEZLER, Franz Joseph (Nonnenhorn): De mundities.- Monachii 1831. 20.8.1829 - Urk; F 59
Diss. Ingolst.-Landsh.-Mchn.

Wezler, Wilhelm [cand. med. aus Weissenhorn]: Zur Statistik und Klinik des Erysipelas faciei ... Erlangen, Druck d. Univ.-Buchdr. v. E. Th. Jacob, 1895; 31 S. 8.
Erlangen, Med. Fak., Inaug.-Diss. v. Juli 1894

Wezyck, F., Siglsmund aus Samter. Histor. Roman. Aus d. Polnischen von K. E. Frhr. Oelsnitz-Hohenlinden. 2 Thle. 8. Zwickau 834. Gebr. Schumann. 2 2/3 ₰

Weżyk, Leonard, **rzut oka na obecny stan rzeczy w Austryi.** Krakau 870. (Baumgarten.) 8. (30 S.) n. 2 *ngr.*

Whall, W. B.: Practical seamanship, s. Todd, J.

Wharton Gespräche in dem Reiche derer Todten Zwölfte Entrevuë, **zwischen** der vor wenigen Tagen verstorbenen Konigin Anna von England, Und Myl ...., Einem gewes. Haupt der Whigitschen Partey. Frankfurt, etc. 1719.

Wharton, B. F., u. B. H. **Soxhlet,** die Kattun-Druckerei. Ein prakt. Handbuch der Bleicherei, Färberei, Druckerei u. Appretur der Baumwollgewebe. Unter Berücksicht. der neuesten Erfindgn. u. eigenen, langjähr. Erfahrgn. hrsg. Mit 30 gedr. Kattunproben [deren genaue Herstellg. im Texte d. Buches enthalten ist] u. 39 Abbildgn. der neuesten Maschinen, welche heute in der Kattun-Druckerei Verwendg. finden. 8. (VII, 363 S.) Wien 892. A. Hartleben. n. 7. 20; geb. n. 8. —

Wharton, Edith, the fruit of the tree, s. a. Collection of British authors.

The Fruit of the tree. By Edith **Wharton.** Copyright ed. In 2 vol. Vol. 1. 2. Leipzig: Tauchnitz 1908. 8°
(Collection of British authors. Tauchnitz Ed. Vol. 4022/3.) [II. 8767

Wharton, Edith, The house of mirth, s. a. Collection of British authors.

The House of mirth. By Edith **Wharton.** Copyright ed. In 2 vol. Vol. 1. 2. Leipzig: Tauchnitz 1906. 8°
(Collection of British authors. Tauchnitz Ed. Vol. 3889/90.) [II. 8665

Wharton, Harold. Zur Kenntnis des m-Nitrosobenzaldehyds. Diss. Phil. Basel. [Mit 1 Figur.] 64 S. 8. Zürich, F. Lohbauer, 1905.

Wharton, Jones, über die Bildung der Speckhaut d. Blutes, s. Ancell, H., Vorlesungen über Physiologie rc. Anhang.

Whately's Grundlagen der Rhetorik. Von G. Hildebrand. gr. 8. (VI, **191** S.) Gotha 884. F. A. Perthes. n. 4. —

Whately, Miß E. J., Cousine Mabella's Erfahrungen. Skizzen aus dem religiösen Leben in England. Autoris. deutsche Übersetzung von Emilie v. Bunsen. 8. (IV, 448 S.) Gütersloh 880, Bertelsmann.

Whately, R., s.: Anfangsgründe der Logik.

Whately, Rich., d. Irrthümer d. Romanismus, s. Bibliothek,
— Wesenheiten der christlichen Religion, engl. Theologen.

Whately, Thom., prakt. Beobachtt. u. Kur d. vener. Trippers, nebst e. Abhandl. über Harnröhrenverengerungen u. deren Heilart durch Aetzmittel; aus d. Engl., mit Zusätzen von G. W. Tödelmann. Mit 1 Kpft. 8. Erfurt 806. Keyser. 22 ₰

— s. Betrachtt. über d. heutige Gartenwesen

Whatmough, William Henry, aus Manchester: **Eine neue Methode zur Bestimmung der Oberflächenspannungen von** Flüssigkeiten. Mit 25 Fig. im Text. *Leipzig: W. Engelmann 1901.* (67 S.) 8° ¶ (Aus: Zeitschrift f. physikal. Chemie, Bd 39, H. 2.)
Leipzig, Phil. Diss. v. [20. Dez.] 1901

Wheatley, Henry B., **a dictionary of reduplicated words** in the English language. Berlin 866. Asher & Co. gr. 8. (104 S.) n. 1 ₰

Wheaton, Henry: Commentaire sur les éléments du droit international et sur l'histoire des progrès du droit des gens. Précédé d'une notice sur la carrière diplom. de M. Wheaton par Will. Beach Lawrence. T. 1. 2. Leipzig 1868. 69. 2 Bde

Wheaton, Henry, Éléments du droit international. 1. Édit. 1848. und 2. Édit. 2 Vols. gr. 8. (XIX und 733 S.) Leipzig 852, Brockhaus. *

Wheaton, Henry, Éléments du droit international. 2 Tomes. 3. Édition. gr. 8. (XIX und 733 S.) Leipzig 858, Brockhaus. *

Wheaton, Henry, Éléments du droit international. 4. édit. (suivie d'un commentaire par Will. Beach Lawrence.) 2 vol. gr. 8. (XIX und 733 S.) Leipzig 864, Brockhaus. *
geb. *

Wheaton, Henry, Éléments du droit international. 5e édit. 2 vol. gr. 8. (XII, 334; VII, 399 S.) Leipzig 874, Brockhaus. * *M.* 12.; geb. *
Vgl.: Lawrence, W. B., Commentaire.

Wheatson, Henry, Histoire des progrès du droit des gens en Europe depuis la paix de Westphalie jusqu'au Congrès de Vienne. Avec un précis historique du droit des gens européen avant la paix de Westphalie. gr. in-8. (29 3/4 B.) Leipzig 841, Brockhaus. *

Wheaton, Henry, Histoire des progrès du droit des gens en Europe et en Amérique depuis la paix de Westphalie jusqu'à nos jours. Avec une introduction sur les progrès du droit des gens en Europe avant la paix de Westphalie. 2. Edit., revue, corrigée et augmentée par l'auteur. II Vols. gr. in-8. (52 B.) Leipzig 846, Brockhaus.

Wheaton, Henry, Histoire des progrès du droit des gens en Europe et en Amérique depuis la paix de Westphalie jusqu'à nos jours avec une introduction sur les progrès du droit des gens en Europe avant la paix de Westphalie. 3. Édit. 2 Vols. gr. 8. (XVIII und 823 S.) Leipzig 853, Brockhaus. *

Wheaton, Henry, Histoire des progrès du droit des gens en Europe et en Amérique depuis la paix de Westphalie jusqu'à nos jours avec une introduction sur les progrès du droit des gens en Europe avant la paix de Westphalie. 2 vol. 4. édit. Leipzig 865. Brockhaus. gr. 8. (XVI, 813 S.) n. 4 ℛ; geb. n. 5 ℛ

Wheatstone, Charles (Mitarb.). s. Abhandlungen zur Geschichte d. Stereoskops.

— Neue Versuche uber den Schall. (Uebersetzt aus den Annales de Chim. et de Phys., T. XXIII, von Dr. L. F. Kaemtz.) (Aus: Journ. für Chemie. N. R., 12. Bd., 2. Heft.)

Wheeldon, G. H., Yu-Yitsu. Eine übersichtl. Abhandlg. üb. die Kunst der Selbstverteidigg., m. 18 erklär. Photographien, übers. u. erweitert nach eigenen Instruktionen v. Hans Köck. (23 S.) kl. 8. Wien (906). Spielhagen & Schurich. n. 1.—

Wheeler, Benjamin Ide

Wheeler, Benj. J., der griechische Nominalaccent. Mit Wörterverzeichniss. gr. 8. (VIII, 146 S.) Strassburg 885, Trübner. *

Wheeler, Benj. Ide, die Organisation d. höheren Unterrichts in d. Verein. Staaten v. Nordamerika. [Aus: „Baumeister's Handb. d. Erziehungs- u. Unterrichtslehre f. höhere Schulen".] gr. 8. (42 S.) München 897. C. H. Beck. n. 1.—

Wheeler, Benjamin Ide, Unterricht u. Demokratie in Amerika. Die Quellen der öffentl. Meing., das College, die Universitäten, Studentenleben, Schule u. Kirche in den Vereinigten Staaten. Vorlesungen, geh. an der Berliner Universität. (V, 295 S.) 8. Strassburg 910. K. J. Trübner. 5.—; geb. 6.—

Wheeler, Homer Jay [aus Bolton Massachusetts]: Untersuchungen über die Xylose oder den Holzzucker, die Pentaglycose aus Buchen- und Tannenholzgummi sowie aus Jute . . . Göttingen, Druck d. Dieterich'schen Univ.-Buchdr. (W. Fr. Kästner), 1889; 50 S. 8°
Göttingen, Phil. Fak., Inaug.-Diss. v. 21. Jun. 1889.

Wheeler, H. J., Untersuchungen üb. die Xylose oder den Holzzucker, die Pentaglycose aus Buchen- u. Tannenholzgummi, sowie aus Jute. Inaug.-Diss. gr. 8. (48 S.) Göttingen 889. (Vandenhoeck & Ruprecht's Verl.) n. 1.20

Wheeler, Iohannes Henricus (geb. am 25. Sept. 1851 in Auburn Mass.): De Alcestidis et Hippolyti Euripidearum interpolationibus. Disputationis de interpolatione Euripidea Specimen . . . Bonnae, typ. C. Georgi (1879). 72 S. 8°
Bonn, Phil. Fak., Diss. v. 16. Aug. 1879.

Wheeler, S. S., die Lokalisierung u. Beseitigung der bei Dynamomaschinen u. Elektromotoren vorkommenden Störungen, s.: Crocker, F. B.

Wheeling Patriot: 1869 - 1871?
Republican weekly. Circulation: 1870, 800. Edited by Carl Lautenschlager, & published by German Printing & Publishing Association, 1869 - 71.
Wheeling, WV

Wheeling Republikaner: Sept. 1, 1855 - ? Wheeling, WV
Daily. Published and edited by Theodor Hielscher

Wheelwright, Edwin Whitfield [aus Windhill]: Über die Einwirkung von Diazobenzol auf Acetessigäther . . . München, kgl. Hof- u. Univ.-Buchdr. v. Dr. C. Wolf & Sohn, 1893; 50 S. 8°
München, Phil. Fak., Inaug.-Diss. v. 1893.

Die **Theorie der** Experimental-Elektrizität [Theory of Experimental Electricity] von W[illiam] C[ecil] D[ampier] **Whetham**, Prof., Cambridge. Aus d. Engl. übers. von Prof. G[eorg] Siebert. Mit 123 Abb. Leipzig: J. A. Barth 1907. (VIII, 358 S.) 8° [07. 10130 G

Whewell, William

Whewell, W., Elementar-Lehrbuch d. Mechanik. Zum Gebr. f. techn. Lehranstalten u. zugleich als e. Supplement zu d. Lehrbüchern d. Physik. N. d. 5. sehr verb. u. verm. Orig.-Aufl. a. d. Engl. übers. v. C. H. Schnuse. Lex.-8. ($18^{3}/_{4}$ B. u. 8 Figtaf.) Braunschweig 841, G. C. E. Meyer sen.

Whewell, W., Elementar-Lehrbuch der Mechanik. Zum Gebrauch für technische Lehranstalten u. zugleich als ein Supplement zu den Lehrbüchern der Physik. Nach der 5. sehr verb. u. verm. Originalaufl. aus d. Engl. übers. v. C. H. Schnuse. 2. (Titel-) Ausg. Mit 8 (lith.) Figurentaf. (in qu. 4.) Lex. 8. (XII u. 287 S.) Braunschweig (841) 849, G. C. E. Meyer sen. 1 ℛ

Whewell, W(illiam): Geschichte der induktiven Wissenschaften, der Astronomie, Physik, Mechanik, Chemie, Geologie etc. von der frühesten bis zu unserer Zeit. (History of the inductive sciences from the earliest to the present times. Dt.) Übers. mit Anmerkungen von J(oseph) J(ohann) v(on) Littrow. Th. 1-3, gbd.

Stuttgart: Hoffmann 1840 - 1841

JB 5.723

Whewell, Will., Geschichte der inductiven Wissenschaften. Nach d. Engl. mit Anmerkungen v. J. J. v. Littrow. — Sach- u. Namen-Register. (Sammt Druck- u. Schreibfehler-Verzeichniß.) gr. 8. ($2^{1}/_{2}$ B.) Stuttgart 841, Hoffmann.

Whewell, William, über die Grundsätze der englischen Universitätsbildung, nebst allgem. Bemerkungen über das Studium der Mathematik. Nach der 2. Originalausg. deutsch bearbeitet von L. H. Schnuse. 8. Braunschweig 845, Meyer sen. $^{3}/_{4}$ ℛ

—— Spuren d. Gottheit, s. Spuren.

— die Sternenwelt, s. Natur, die, u. ihre Wunder.

Whewell, Die Sternenwelt. Aus dem Englischen durch Plieninger. Stuttgart 1837. 8.

Whewell, Will., die mathemat. Theorien der Elektricität, des Magnetismus und der Wärme, s. J. Challis, über den Zustand d. analyt. Theorie d. Hydrostatik.

Der Demokratische Whig: 1839? - Jan. 1845?
Weekly. Whig campaign paper, established late in 1839, or early in 1840, continuing through the campaign of 1840. Was suspended until May 1844, when it reappeared as a campaign organ for the presidential campaign of 1844. Edited & published by Wilhelm Raine. Listed in „*Neue deutsche Zeitungen in Nordamerika*" as in existence in 1847.
Baltimore, MD

Demokratischer Whig: Sept. 12, 1843.-? Lebanon, PA
Weekly. Supported Clay. Edited & published by John P. Sanderson.

Whig-Bismarck u. Tory-Windthorst. Zur Reichstagswahl. Eine polit. Plauderei. 8. (61 S.) Lpz. 889, Siegismund u. Volkening. * 1 —

A Whim and its consequences, s. Collection of british Authors.

Whinna, E. G., Orphol (Betanaphtol-Bismuth), ein ideales Heilmittel bei diarrhoeart. Krankheiten. Uebers aus „The Hahnemannian Monthly". [Aus: „Der Kinder-Arzt".] gr. 8. (4 S.) Leipzig 898. Benno Konegen, Verlag. n. 1. —

Whipple, Inez L., The ventral surface of the mammalian Chiridium, with special reference to the conditions found in man. (With a preface by Harris Hawthorne Wilder.) (S. 261—368 m. 54 Abbildgn. u. 2 Taf.) Lex.-8. Stuttgart 904. E. Nägele. n. 8. —
Sonderabdr. a.: „Ztschr. f. Morphologie u. Anthropologie".

Whist, ein Gemälde nach dem Leben. Nach dem Französischen. Wien 1807. V: *Dambmann, Georg Peter.* (BGE VIII[a], 392)

Whist, ein Gemälde nach dem Leben. 8. Leipzig, Bruder und H. 807. (Büschler in Elberfeld.)

Whist; ein Gemälde nach dem Leben, (von G. P. Dambmann). 8. Leipz. 807. (Schönian in Elberf.) 6 gr.

Whist. Ein Gemälde nach d. Leben. 12. Wien. (Marb. Krieger.) 813.

Whist. Handbüchlein für Whist-Spieler. (47 S.) 1880; 2. Aufl. 16. (48 S.) Celle 882, Literar. Anstalt. *

Whist. Handbüchlein zur Erlernung des Whistspiels. Neue Aufl. 16. (48 S.) Leipzig 899. Literar. Anstalt, A. Schulze. n. — 60

— das, d. Französ. nachgebildet von H. Ch. gr. 8. Berl. 827. Logier. 4 gr.

Whist-Buch, illustrirtes. Theorie und Praxis des Whistspiels zur gründl. Erlernung für Anfänger und Geübtere. gr. 8. (IV, 143 S. mit zahlreichen illustr. Spiel-Aufgaben.) Breslau 882, Kern's Verlag. geb. *

Whistgrammatik. O. O. 18?? V: *Schiller, Carl Georg Wilh.* (ADB)

Die artige Kunst sich Feinde zu machen [The gentle art of making enemies]. Mit einigen unterhaltenden Beispielen ... von [James] Mac Neill **Whistler**. (Deutsch von Margarete Mauthner.) Berlin: B. Cassirer 1909. (284 S.) 8° [08. 18496]

Whistler's, James McNeill, Zehnuhr-Vorlesung (ten o'clock). Deutsch v. Thdr. Knorr. (44 S.) gr. 8. Straßburg 904. J. H. E. Heitz. n. 1. —

Whistler, Max Neill. die artige Kunst. sich Feinde zu machen. Mit einigen unterhalt. Beispielen, wie ich die Ernsthaften dieser Erde zuerst m. Vorbedacht zur Raserei u. dann in ihrem falschen Rechtsbewusstsein zu Unanständigkeit u. Torheit gebracht habe. (Deutsch v. Margar. Mauthner.) (III, 284 S.) 8. Berlin 909. B. Cassirer. Kart. 8. —

Whistling, A., systematisch geordnetes Verzeichniss der im Druck erschienenen Compositionen von Rob. Schumann. Mit Angabe der Verleger u. Preise hrsg. gr. 8. (IV u. 52 S.) Leipzig 851, Whistling. 2/3 Thlr.

Whistling, August. Selbstbiographie und Gedichte. Sondershausen 1842. H: *Sydow, Friedrich von.* (GGr IX, 334) (Zeitschr. f. Büch. N. F. 15, 1923, 127)

Whistling, des erblindeten Aug., Selbstbiographie u. Gedichte. Ein Beitrag z. Psychologie; nebst einigen Winken f. Blindheitbefürchtende. 16. (13¼ B.) Sondershausen 842, Eupel. *

Whistling, C. W. [Übers.]. s. Collins, W. W.: Namenlos. 1864.

Whistling, C. W., s. Euterpe, der Musikverein.

Whistling, C. W., das neue Theater zu Leipzig, s. Theater.

Whistling, Christian Gottfried

Whistling, Chr. Gf., († d. 29. Oct. 1807.) ältere u. neuere Kurmethoden d. offenen Krebses. 8. Altenb. 796. (Hennings in Neisse). 20 gr.

Whistling, C. G., ält. und neuere Curmethoden d. offenen Krebses. 8. Altenb. Richter. (Akad. Buchhandl. in Jena.) 796.

— ökonom. Pflanzenkunde für Land- u. Hauswirthe, Gärtner, Fabrikanten u. Handwerker, nach d. System d. Gebrauchs mit Linne'schen Kennzeichen geordnet. 4 Thle. gr. 8. Leipz. 805—7. (Brockhaus). 7 Thlr. 4 gr. (4r Thl. A. u. d. T.: Unkräuter, giftige Pflanzen, wild wachsende Bäume u. Sträucher. 2 Thlr.)

— ökonomische Pflanzenkunde f. Land- u. Hauswirthe, Gärtner, Fabrikanten u. Handwerker, nach d. System d. Gebrauchs mit Linneischen Kennz. geordnet. 4 Thle. gr. 8. Leipz. Cn. Richter. (Gleditsch.) 805—7. (I. Pflanzen, die d. Mensch genießt u. die ihn nähren. 1 Thlr. 8 gr. II. Futterkräuter. 1 Thlr. 8 gr. III. Fabrik und Farbepflanzen. 2 Thlr. 12 gr. IV. m. ein. Regist. üb. alle 4 Thle. 2 Thlr. d. 4te a. unt. d. Titel: Unkräuter, giftige Pflanzen rc. e. Handbuch f. Jedermann.)

Whistling, F. Verzeichniss sämmtlicher im Druck erschienener Werke von Charles Voss. Leipzig 1849.

Whistling, Karl Friedrich

Whistling, C. F., Handbuch der musikal. Literatur.

Whistling, C(arl). F(riedr.)., Handbuch d. musikal. Literatur, od. allgem. systemat. geord. Verzeichniss gedruckter Musikalien, auch musikal. Schriften u. Abbildungen; mit Anzeige d. Verleger u. Preise. 2., umgearb., verm. u. verb. Aufl., mit alphabet. Namensregistern d. Autoren u. Musikalienverleger. Lex.-8. (73 B.) Leipzig 828, [Hofmeister.] 5 Thlr. 8 Gr., Schrbp.
Die alphabet. Namenregister sind dem 1. Ergänzungsbde beigegeben.

Whistling, C. F., Handbuch d. musikal. Literatur ꝛc. 2e ganz umgearb., verm. u. verb. Aufl. Lex.=8. Leipz. 828. Whistling. 5 ꝛß 8 ℊ Schrbp. 6 ꝛß 16 ℊ

Whistling, C(arl). F(riedr.)., Handbuch d. musikal. Literatur etc. 1. u. 2. Ergänzungsbd. gr. 8. (9 B.) Leipzig, [Hofmeister.] Thlr.
Bd. 1. Ergänzungen zum Hauptwerk, Namenregister d. Musikverleger u. Autoren. (8¼ B.) 829. 16 Gr.
2, die v. Jan. 1829 bis zum Ende d. J. 1833 neu erschien. u. neu aufgelegten musikal. Werke enthalt. Angefert. v. Ad Hofmeister. (21½ B) 834. 1 Thlr. 12 Gr.

— s. Hofmeister, Meysel.

—— musikalischer Monatsanzeiger, s. Monatsanzeiger.

—— musikal.-literar. Monatsbericht neuer Musikalien, musikal. Schriften u. Abbildn., f. d. J. 1829 u. 30. à 12 Nrn. (½ Bog.) gr. 8. Leipzig, Hofmeister. à J.
Fortsetzung, vgl. Monatsbericht, musikal.

Whistling, Karl W., Statistik des königl. Conservatoriums der Musik zu Leipzig 1843—1883. Aus Anlass des 40jähr. Jubiläums dieser Anstalt hrsg. Mit den (Holzschn.-)Bildnissen von Mendelssohn-Bartholdy, M. Hauptmann, E. F. Richter, Ignaz Moscheles und Ferd. David. hoch 4. (VIII, 83 S.) Leipzig 883, Breitkopf und Härtel. *

Whiston, Wilh., Beweis, daß die in d. Offenbarung befindl. Geschichte von d. Schöpfung m. d. Untergang d. Welt keineswegs streite, a. d. Engl. m. K. 4. Wittenb. Ahlfeld. 753.

Whiston, Wlh., Beweis, daß die in d. Offenbarung befindliche Geschichte von d. Schöpfung mit dem Untergang d. Welt keineswegs streite; aus d. Engl., mit Kpf. 4. Wittenb. 755. Ahlfeld. 1 ꝛß

Whiston, Wilhelm, Nova telluris theoria, das ist. Neue Betrachtung der Erde nach ihren Ursprung und Fortgang biss zur Hervorbringung aller Dinge u. s. w. Nebst einer Vorrede obbesagten auctoris: Von der eigentlichen Beschaffenheit der Mosaischen Geschichte von der Schöpfung. (Aus dem Engl. übersetzt von M. M. S. V. D. M.) Franckfurt [o. J.]

— nova telluris theoria, od. neue Betrachtung der Erde, m. Kpf. 4. Frankf. 713.

Whistpartie, Die unterbrochene,

oder der Strohmann. Ein Lustspiel in 2 Aufzügen. [Breslau 1818.] V: *Schall, Karl.* (stadtbiblberlin IX, S. 114)

Whistparthie, die unterbrochene, oder der Strohmann, Lustspiel von K. Schall. 8. Breslau, Holäufer. 818.

Whistschule, neueste, nebst einer Erklärung aller im Whist üblichen Ausdrücke, Redensarten, Gebräuche und einer gedrängten Uebersicht des Kleinwhist=, Boston= u. Immediat=Whistspiels. gr. 12. Wien 836. Kupffer u. Singer. ⅓ ꝛß

Whistschule, neuste, nebst e. Erklär. aller im Whist übl. Ausdrücke, Redensarten, Gebräuche u. e. gedrängten Uebersicht d. Kleinwhist=, Boston= u. Immediat=Whistspiels. gr. 12. (6⅓ B.) Wien 836, [Singer u. Goering.]

Whistspiel, das, oder Bekanntmachung, wie jedermann darin glücklich zu spielen im Stande ist. 8. Nordh. 808. Nitzsche. 4 ℊ

— das, nach den Regeln u. Grundsätzen d. berühmtesten Meister, u. verschied. Problemen mit Auflösungen, besond. nach den berühmten engl. Whistspieler Hoyle; aus d. Französ. 8. Kopenh. 815. Bonnier. 10 ℊ

Whist=, Boston=, Casino= u. Imperialspiel, das, nach d. geprüft. Regeln u. allgemein gelt. Gesetzen z. Selbstunterricht. (aus Jul. Cäsars Spielalmanach von G. W. von Abenstein besond. abgedr.) 8. Berlin, Hayn. 810.

Whist=, Boston=, Casino= u. Imperialspiel, das, nach den geprüftesten Regeln. 8. Berlin, Heyn. 815.

Whist=Boston=Casino= u. Imperial=Spiel, das. 8. Berl. 819, Hayn.

Whist- und Boston-Spieler,

Der, wie er seyn soll. Quedlinburg 1825. V: *Hoppe, F. von.* (EB)

Whist= u. Boston=Spieler, wie er seyn soll. Oder gründl. Anweisung, das Whist= u. Boston=Spiel, nebst dessen Abarten nach den besten Regeln u. allgemein geltenden Gesetzen spielen zu lernen, nebst 25 belustigenden Kartenkunststücken, von F. v. H. 8. Quedlinb. 825. 2e A. 829. Ernst. 12 ℊ

Whist= u. Boston=Spieler, der, wie er seyn soll, od.: Gründl. Anweis. d. Whist= u. Boston=Spiel, nebst dessen Abarten, nach d. besten Regeln u. allgem. geltenden Gesetzen spielen zu lernen, nebst 26 belustigenden Kartenkunststücken v. F. v. H. 2., verb. Aufl. (7 B.) 829., 3., verb. A. (7½ B. incl. 2 Tab.) 8. Quedlinburg 834, Ernst. à

Whist= u. Bostonspieler, der, wie er sein soll, nebst 27 belustig. Kartenkunststücken v. F. v. H. 4., verb. Aufl. 8. (7 B.) 5., verb. A. gr. 12. (4½ B.) Quedlinburg 838, Ernst'sche Buchh. *

Whist= und Boston=Spieler, der, wie er sein soll, nebst 27 belustigenden Karten=Kunststücken, von F. v. H. 5. verb. Aufl. gr. 12. Quedlinburg 842, Ernst'sche Buchh. ½ ꝛß

—— der, wie er sein soll; nebst gründl. Anweisung zum L'Hombrespiel. Nebst 27 belustigenden Kartenkunststücken von F. v. H. 5., verb. Aufl. 8. (IV und 107 S. mit 1 Tab. in qu. 4.) Quedlinburg 851, Ernst'sche Buchh.

Whist= und Boston=Spieler, der, wie er sein soll; nebst gründliche Anweisung zum L'Hombrespiel, oder: das Whist=, Boston= und L'Hombrespiel nach den besten Regeln und allgemein geltenden Gesetzen spielen zu lernen. Nebst 27 belustigenden Kartenkunststücken von F. v. H. 6., verb. Aufl. gr. 16. (IV und 116 S.) Quedlinburg 855, Ernst'sche Buchh. Thlr.

Whist= und Boston=Spieler, der, wie er sein soll; nebst gründl. Anweisung zum L'Hombrespiel, oder: Das Whist=, Boston= und L'Hombrespiel nach den besten Regeln und allgemein gelt. Gesetzen spielen zu lernen. Nebst 27 belust. Kartenkunststücken von F. v. H. 7., verb. Aufl. 8. (IV und 116 S. mit 1 Tab. in qu. gr. 4.) Quedlinburg 863, Ernst'sche Buchh.

Whist=, Boston= und Scat=Spieler, der, wie er sein soll; nebst gründl. Anweisung zum L'Hombrespiel oder das Whist=, Boston=, Scat= und L'Hombrespiel nach den besten Regeln und allgemein gelt. Gesetzen spielen zu lernen. Nebst 27 belustigenden Kartenkunststücken von F. v. G. 8. verb. Aufl. gr. 16. (IV, 128 S.) Quedlinburg 873, Ernst'sche Buchh.

Whist=, Boston= u. Scat=Spieler, der, wie er sein soll, nebst gründl. Anweisg. zum L'Hombrespiel, od. das Whist=, Boston=, Scat= u. L'Hombrespiel nach den besten Regeln u. allgemein gilt. Gesetzen spielen zu lernen. Nebst 25 belust. Kartenkunststücken von F. v. H. 9. verb. Aufl. 8. (128 S.) Quedlinburg 876. Ernst. 1. 50

Whist=, Boston= u. Scat=Spieler, der, wie er sein soll; nebst gründl. Anweisg. zum L'Hombrespiel od. das Whist=, Boston=, Scat= u. L'Hombrespiel nach den besten Regeln u. allgemein gelt. Gesetzen spielen zu lernen. Nebst 25 belust. Kartenkunststücken von F. v. H. 10., verb. Aufl. 8. (IV, 128 S.) Halberstadt 894. Ernst. n. 1. —

Whistspieler, der falsche, od. Injurien=Klage d. Lord de Ros geg. John Cumming wegen beschuld. Betrügereien im Kartenspiel. A. d. Engl. übers. v. Carl Rakenius. 8. (9 B.) Hamburg 837, Hoffmann u. Campe.

Whist= u. Bostonspieler, der fertige. 64. (36 S.) Berlin 844, Grobe. *

Whist= u. Bostonspieler, der fertige. Eine Anleitung diese Spiele nach ihren Regeln gründlich zu erlernen. 2. Aufl. 64. (36 S.) Berlin 850, Grobe. n. n. 1/12 ₰

Whist= u. Skatspieler, der, nebst e. gründl. Anweisg. zur Erlerng. des L'Hombrespiels. Eine leichtfaßl. Darstellg. zur Erlerng. dieser drei Kartenspiele. 11. verb. u. verm. Aufl. (V, 156 S.) 8. Leipzig (903). Ernst. 1.—

—— der vollkommene, od. die Kunst Whist zu spielen, nach Hoyle's u. Payne's Grundsätzen, durch viele, auf Berechnn. gegründ. Beispiele erläut. A. d. Engl. z. ersten Male vollständig übertragen. 8. (7¼ B.) Berlin 837, Vereins-Buchhandl. *

Whistspielers, des, Handbuch. N. d. Engl. v. Fr. Kesting. 16. (3 B.) Wien 840. (Leipzig, Kummer.)

Whit, Charles, Eroika. Drama in 3 Akten. (50 S.) 8. Leipzig 907. Modernes Verlagsbureau. 1.—

Eroika. Drama in 3 Akten von Charles Whit. Berlin-Leipzig: C. Wigand 1907. (50 S.) 8° [07. 16590

Whitby, Beatrice. The awakening of Mary Fenwick, s.a. Collection of British authors.

The Awakening of Mary Fenwick. A novel. By Beatrice Whitby. Copyright ed. In 2 vol. Vol. 1. 2. Leipzig: Tauchnitz 1892. 8°
(Collection of British authors. Tauchnitz Ed. Vol. 2809/10.) [11. 7876

Whitby, Beatrice. in the suntime of her youth, s.a. Collection of British authors.

In the Suntime of her youth. By Beatrice Whitby. Copyright ed. In 2 vol. Vol. 1. 2. Leipzig: Tauchnitz 1893. 8°
(Collection of British authors. Tauchnitz Ed. Vol. 2899–2900.) [11. 7947

Whitchead, C., Leben, Thaten u. Schicksale d. merkwürdigsten engl. Räuber u. Piraten, von d. frühesten bis auf d. neueste Zeit. Nach amtl. Urkunden u. a. glaubwürd. Quellen. A. d. Engl. v. J. Sporschil. 2 Thle. gr. 12. (31 B.) Leipzig 834, O. Wigand.

White, s.a. Whytt.

White, ..., Beiträge zur Naturgeschichte von England; aus d. Engl., mit Anmerkk. von F. A. A. Meyer. 8. Berl. 792. Rottmann. 12 gr.

White. Über die politischen und militairischen Einrichtungen des Timur oder Tamerlan. A. d. Engl. von Preiss. 8. Halle 1781.

White, vollständiges Handbuch der Webekunst, s. Schauplatz, neuer, der Künste ꝛc. 157. Bd.

White, praktisches Lehrbuch der Hand= u. Maschinenweberei (Glattweberei). Nach dem Engl. bearb. von Frdr. Geo. Wieck. Mit 1 Kupfer=Atlas von 13 (lith.) Taf. (in qu. gr. 4.) gr. 8. (IV u. 220 S.) Leipzig 847, Bamberg. 2½ ₰ — 2. (Titel=) Ausg. gr. 8. (IV u. 220 S. m. 13 lith. Taf.) Leipzig (847) 850, Rittler. 2 ₰

White, A., a Manuel of English Conversation. — A. u. d. T.: Handbuch der Englischen Umgangssprache, enth. Lectionen in der engl. Umgangssprache. — Anecdoten. — Eine Auswahl poetischer Stücke. gr. 12. Jena 841, Hochhausen. 3/8 ₰

— s. v. Schiller, Fr., Will. Tell.

White, A. H., the book of Leviticus, s.: Driver, S. R.

200 Bauernumwandlungs-Schachaufgaben von Alain C. White. Unter Mitw. von Max Weiss zsgest. Potsdam: A. Stein 1907. (112 S.) 8° [08. 1854

White, Alain C., u. M. Henneberger, J. Juchli's Schachprobleme. Gesammelt u. erläutert. (VIII, 93 S. m. Diagr. u. 1 Bildnis.) gr. 8. Bern 908. (Leipzig, H. Hedewig's Nachf.) Geb. in Leinw. nn 5.—

Aus meinem Diplomatenleben. Von Andrew D(ickson) White. Bercht. Übers. aus d. Engl. von H[elene] Mordaunt [d.i. Deubner]. Leipzig: R. Voigtländer 1906. (XVI, 457 S.) 4° (8°)

White, Andrew D., Neu=Deutschland. Aus dem Engl. übers. v. Wilh. Ruprecht. gr. 8. (IV, 46 S.) Göttingen 883. Vandenhoeck & Ruprecht's Verl. n. 1. —

White, Anna Elise Seton, s. Trösteinsamkeit, katholische.

White, Babington, Circe, s. Romane, moderne, des Auslandes.

(White, Charl.,) Arthur Beverley, s. Arthur.
[Der Name d. Verf. ist am a. O. hinzuzufügen.]

(White, Charles)
Arthur Beverley, des Königs Page. Vom Verfasser des Herbert Milton. Aus dem Engl. von C. Richard. Th. 1.2. Aachen, Leipzig: Mayer 1829. 8°

White, Charles, die heimliche Ehe. Roman. Aus d. Engl. von C. Richard. 3 Bde. 8. Aachen 837. Mayer. (Brüssel, Mayer u. Somerhausen.) 4 ₰

White, Charl., 3 Jahre in Konstantinopel, s. Weltpanorama. 78—80. Bd.

—— der Kaschmir=Shawl. Roman. A. d. Engl. v. C. Richard. 3 Bde. gr. 12. (40½ B.) Aachen 840, Mayer.

White, Charles, häusliches Leben und Sitten der Türken. Nach dem Engl. Herausgeg. von Alfred Reumont. 2 Bde. Mit 1 Plane des Central=Bazars u. 1 Karte. 8. Berlin 844, 45, A. Duncker. 4½ ₰

——, Herbert Milton, s. Herbert.

(White, Charles)
Herbert Milton oder Leben der höheren Stände in London. Roman. Aus dem Engl. übers. von C. Richard. Bd 1-3. Aachen, Leipzig: Mayer 1828.

White, Charl., Ruins of the Rhine, their times and traditions. gr. 8. (22¾ B.) Cologne 840, Kohnen. Thlr. *

—— the same. gr. 8. (21½ B. u. 8 Stahlst.) The same 838. *

White, E. G., Christus unser Heiland. 30. Tausend. gr. 8. (158 S. m. Abb.) Hamburg 900. Internationale Traktatgesellschaft. Kart. 2. —; geb. in Leinw. 2. 50

— Gedanken vom Berg der Seligpreisungen. 17. Tauf. gr. 8. (167 S. m. Abbildgn.) Ebd. 901. Kart. 2.—; geb. in Leinw. m. Goldschn. 3.—

White, E. G., das Leben Jesu Christi. 4. deutsche Ausg. gr. 8. (XV, 583 S.) Basel 888, Internationale Traktat-Gesellschaft. geb.

White, E. G. Das Leben Jesu Christi. 5. deutsche Ausg. 8. (583 S.) Bas. 889, Internationale Traktatgesellschaft. geb. in Leinw. * 5 — Mit Goldschn. * 6 —; in Halbfrz. * 6 —; in Ldr. m. Goldschn. * 9 —

—— die Leiden Christi für die Erlösung der Menschheit. 5. deutsche Aufl. 8. (38 S. mit Holzschn.) Ebendas. 888.
—— dass. — 8. (32 S. ohne Illustr.) Ebendas. 886.

White, E. G. Christliche Mässigkeit. Hamburg 1897. 191 S. 8°.

— der Weg zu Christo. 40. Tauf. 8. (160 S. m. Abb.) Ebd. 900. 1.—; geb. in Leinw. m. Goldschn. 2.—

White, F., Lebensbeschreib. d. Horatio Lord Viscount Nelson. Aus d. Engl., mit 1 Kpf. 8. Hamb. 806. Campe. 1 ₰ 8 ℔

White, Frank H. Erst Versöhnung, dann Ruhe. Prof. Drummond's „Pax vobiscum" u. „Der Friede in Christo". Eine Kritik. Deutsche autoris. Ausg. 8. (VIII, 46 S.) Gernsbach 891, Christl. Kolportage-Verein. * — 75

White, Fred. M., um des Mammons willen, s.: Kriminal-Romane aller Nationen.

Die Purpurorchidee, s. Kriminal-Romane aller Nationen

— Zwischen Schuld u. Sühne. Englischer Kriminalroman. Mit 8 (Voll-)Bildern v. P. Rosner. (IV, 314 S.) 8. Jena 909. H. Costenoble. 5.—; geb. 6.—

White, G. Burbidge. Angier's Petroleum-Emulsion. Ursprung und Geschichte. Bericht über die angestellten Versuche. Von Dr. G. Burbidge White, Professor..., Dublin. ([Hrg. durch] The Angier Medical Company..., London...) II + 12 S. 8. (Luzern, H. Keller, [1902].)

White, H. A., The book of Leviticus, s.: Driver, S. R.

White, H. S.: Recent american historical publications, s. Studien, Englische. 14. Bd.

White, Henry Kirk

White, H. K., the Remains. With an account, of his life by R. Southey. (Campe's edition). schmal 12. Nürnb. u. New-York 831. Campe u. C. 12 ℔

White, Henry Kirk, s. Sommermeyer, A.

White's, Henry Kirke, poetical Works. With the life of the author. Mit Bildn. 32 London u. Berlin 837. Asher n. 2/3 ₰

White, Henry *Seely* [aus Cazenovia]: Abel'sche Integrale auf singularitätenfreien, einfach überdeckten, vollständigen Schnittcurven eines beliebig ausgedehnten Raumes ... (Aus: Nova Acta d. Kais. Leop.-Carol. Deutschen Akad. d. Naturforscher. Bd. LVII.) Halle, Druck v. E. Blochmann & Sohn in Dresden, 1891; 1 Bl., S. 43–128, 1 Bl. 4°
Göttingen, Phil. Fak., Inaug.-Diss. v. [10. März] 1890.

White, Henry S. Abel'sche Integrale auf singularitätenfreien, einfach überdeckten, vollständigen Schnittcurven e. beliebig ausgedehnten Raumes. gr. 4. (88 S.) Halle a. S. 891. (Lpz., W. Engelmann). * 4 —

Aus: Nova Acta d. ksl. Leop.-Carol. deutschen Akad. d. Naturforscher, besonders abgedruckt.

White, J., Ritter John v. Gaunt u. der schwarze Prinz, oder Raymonds mit d. buschigen Bart, der Patriarch genannt u. seiner Gefährten Leben u. Räuberscenen; aus dem Engl. 8. Helmst. ... R. A. 802. Fleckeisen. 1 ₰

White, J. W., The Opistodomos on the Acropolis at Athens. S.-A. 1894. 27 S.

White, J. W., *Τὸ Πελαργικὸν ἐπὶ Περικλέους*. Gel. 1893. 38 S. 4°.

White, J. William, die Verletzgn. u. Erkrankgn. des Kopfes, s.: Keen, William W.

White, Jakob

(White J.): Veterinärische Arzneimittellehre. Nach d. 9. Aufl. aus d. Engl. übers. u. m. Zusätzen vers. durch V. v. Müller. Hann. 1814. (14) 644 S. 1 Tvl.
(= Handb. d. Pferde-Arzeneikunde ... Th. 2). 257.

White, Jak., Handbuch d. Pferdearzneikunde; nach d. neuesten Ausg. aus d. Engl. übers. von Vict. v. Müller. Mit e. Vorrede von A. K. Havemann. Mit Kpf. 2 Thle. gr. 8. Hannov. 813, 14. Hahn. 3 ₰ 12 ℔ (2r Thl. A. u. d. T.: veterinärische Arzneimittellehre. 2 ₰)

— Taschenwörterbuch der gesamten Tierheilkunde, siehe Cerutti, L.

— s. Taschenwörterbuch d. gesammten Thierheilkunde ꝛc.

White, J., Taschenwörterbuch d. gesammten Thierheilkunde, enth. eine genaue Erklärung d. vorzügl. in der Thierheilkunde gebräuchl. Kunstausdrücke und der gewöhnl. Heilmethode ꝛc. Aus d. Engl. von L. Cerutti. gr. 12. Leipzig, Fr. Fleischer. 821.
Schreibpap.

White, James

White, J., kurze Erklärung von Matthäus 24, oder das zweite Kommen Christi. 8. (68 S.) Basel 888. Internationale Traktatgesellschaft. — 50

—— das zweite Kommen Christi. Die Art und Weise, der Zweck und das nahe Bevorstehen dieses Ereignisses. 8. (31 S.) Ebendas. 888.

White, Johann

— Reise nach Cochin-China. gr. 8. Jena 825. Bran. 1 ₰

— s. Reisen, d. neuesten, nach d. Botany-Bay.

White, Jh., u. Will. Bligh, Reisen in d. Südsee, aus d. Engl., mit Anmerkk. von J. R. Forster. Mit Kpf. u. 1 Karte. gr. 8. Berl. 791. Voß. 1 ₰ (s. auch Magazin von merkwürd. Reisebeschreibb., herausg. von Forster. 5r Bd.)

White, Joseph (Ed.), s. Abdollatiphi

White, Jos., Predigten über d. Wahrheiten d. christl. Religion; aus d. Engl. von J. G. Burkhard. gr. 8. Halle 786. Waisenhaus-B. 20 ℔

— Vergleichung d. christl. Religion mit d. mahomedanischen in ihrer Geschichte ꝛc.; aus d. Engl. von Jh. Gli. Burkhard. gr. 8. Halle 786. Waisenh.-B. 20 gr.

White, Josef Blanco-, s.a. B l a n c o - White.

White, Joseph Blanco. Beleuchtung des römisch-katholischen Glaubens . . . übersetzt. Dresden u. Leipzig 1826. Ü: *Lindau, Wilhelm Adolph.* (MGT) (NN)

White, Josua Esq. L e b e n s b e s c h r e i b u n g des Horatio Lord Viscount . . . . ., Vice-Admirals der weissen Flagge etc. Aus dem Englischen übersetzt. 8. Hamburg 1806.

White. Lebensbeschreibung des Horatio Lord Viscount Nelson. A. d. Engl. 8. Mit 2 Plan. Hamburg 1806. 8. Bremen 1808.

White, Karl

— von d. Behandlung d. Schwangern u. Kindbetterinnen. Mit Kpf. Aus d. Engl. 8. Leipz. 775. (Hahn). 16 gr.

White, Charles. Bemerkungen über den kalten Brand . . . A. d. Engl. Hannover 1793. Ü: *Wichmann, Joh. Ernst.* (MGT) (EngM) »1799« (Ky)

White, Karl, Bemerk. üb. d. kalten Brand, a. d. Engl. von E. Wichmann. 8. Hannov. Helwing. 793.

White, Karl, Bemerkk. über den kalten Brand; aus d. Engl. (v. J. E. Wichmann). 8. Hannov. 799. Helwing. 3 gr.

White, C. Untersuchung der Geschwulst bey Kindbetterinnen an den untern Gliedmassen; a. d. Engl. . . . Wien 1802. Ü: *Seiler, Burkhard Wilhelm.* (MGT) »1803« (Ky)

White, Charles (Powell): Untersuchung der Geschwulst bey Kindbetterinnen an den untern Gliedmassen. (On the Swelling of the lower extremities in lying-in women. Dt.) 102 S., gbd.

Wien: Camesina 1802

JB 3.939

-- über d. Geschwulst d. Kindbetterinnen an den untern Gliedmaßen; aus d. Engl. (von B. W. Seiler). Mit 1 ill. Kpf. 8. Wien 803. (Heubner). 12 gr.

White, M., German-English medical dictionary, s.: **Waller, Jos. R.**

White V. Mario, Jessie
s. Mario. [10. 218

White, Melville, Market Harborough od. Jagdleben des Mr. Sawyer in den Shires. Sporting-Roman, nach d. Engl. übers. v. F. André. 2. Aufl. 8. (IV, 300 S.) Berlin 896. Militär-Verlag R. Felix. n. 3. —

White, Percy: Mr. B a i l e y - M a r t i n, s.a. C o l l e c t i o n of British authors.

Mr. Bailey-Martin. By Percy **White**. Copyright ed. Leipzig: Tauchnitz 1900. 303 S. 8°
(Collection of British authors. Tauchnitz Ed. Vol. 3421.) [11. 8323

– The new c h r i s t i a n s, s.a. C o l l e c t i o n of British authors.

The new Christians. By Percy **White**. Copyright ed. Leipzig: Tauchnitz 1902. 279 S. 8°
(Collection of British authors. Tauchnitz Ed. Vol. 3596.) [11. 8454

– The c o u n t e s s and The king's diary, s.a. C o l l e c t i o n of British authors.

The Countess, and the king's diary. By Percy **White**. Copyright ed. Leipzig: Tauchnitz 1903. 287 S. 8°
(Collection of British authors. Tauchnitz Ed. Vol. 3680.) [11. 8516

– A millionaire's d a u g h t e r, s.a. C o l l e c t i o n of British authors.

A millionaire's Daughter. By Percy **White**. Copyright ed. Leipzig: Tauchnitz 1904. 287 S. 8°
(Collection of British authors. Tauchnitz Ed. Vol. 3745.) [11. 8562

White, Percy, the eight guests, s.a. Collection of British authors.

The eight Guests. By Percy **White**. Copyright ed. In 2 vol. Vol. 1. 2. Leipzig: Tauchnitz 1907. 8°
(Collection of British authors. Tauchnitz Ed. Vol. 3946/7.) [11. 8705

— The lost halo, s.a. Collection of British authors.

The lost Halo. By Percy **White**. Copyright ed. Leipzig: Tauchnitz 1910. 318 S. 8°
(Collection of Brit. Authors. Tauchnitz Ed. Vol. 4207.) [10. 13448

— The house of intrigue, s.a. Collection of British authors.

The House of intrigue. By Percy **White**. Copyright ed. Leipzig: Tauchnitz 1909. 334 S. 8°
(Collection of British authors. Tauchnitz Ed. Vol. 4137.) [11. 8856

White, Percy, Korruption, s.: Engelhorn's allgemeine Romanbibliothek, 14. Jahrg.

– L o v e and the wise men, s.a. C o l l e c t i o n of British authors.

Love and the wise men. By Percy **White**. Copyright ed. Leipzig: Tauchnitz 1909. 303 S. 8°
(Collection of British authors. Tauchnitz Ed. Vol. 4159.) [11. 8877

– L o v e and the poor suitor, s.a. C o l l e c t i o n of British authors.

Love and the poor suitor. By Percy **White**. Copyright ed. Leipzig: Tauchnitz 1908. 312 S. 8°
(Collection of British authors. Tauchnitz Ed. Vol. 4057.) [11. 8794

– The patient M a n, s.a. C o l l e c t i o n of British authors.

The patient Man. By Percy **White**. Copyright ed. Leipzig: Tauchnitz 1905. 327 S. 8°
(Collection of British authors. Tauchnitz Ed. Vol. 3841.) [11. 8629

— **An averted marriage, s.a.Collection of British authors.**

An averted Marriage, and other stories. By Percy **White**. Copyright ed. Leipzig: Tauchnitz 1910. 295 S. 8°
(Collection of British authors. Tauchnitz Ed. Vol. 4180.) [11. 8893

Park Lane, s.a. Collection of British authors.

Park Lane. By Percy **White**. Copyright ed. In 2 vol. Vol. 1. 2. Leipzig: Tauchnitz 1903. 8°
(Collection of British authors. Tauchnitz Ed. Vol. 3657/8.) [11. 8497

A passionate pilgrim, s.a. Collection of British authors.

A passionate Pilgrim. By Percy **White**. Copyright ed. Leipzig: Tauchnitz 1904. 295 S. 8°
(Collection of British authors. Tauchnitz Ed. Vol. 3783.) [11. 8586

Mr John Strood, s.a. Collection of British authors.

Mr. John Strood. By Percy **White**. Copyright ed. Leipzig: Tauchnitz 1906. 311 S. 8°
(Collection of British authors. Tauchnitz Ed. Vol. 3886.) [11. 8664

— **Mr. Strudge, s.a.Collection of British authors.**

Mr. Strudge. By Percy **White**. Copyright ed. Leipzig: Tauchnitz 1908. 343 S. 8°
(Collection of British authors. Tauchnitz Ed. Vol. 4021.) [11. 6766

The system, s.a. Collection of British authors.

The System. By Percy **White**. Copyright ed. In 2 vol. Vol. 1. 2. Leipzig: Tauchnitz 1905. 8°
(Collection of British authors. Tauchnitz ed. Vol. 3806/7.) [11. 5600

The triumpf of Mrs. St. George, s.a. Collection of British authors.

The Triumph of Mrs. St. George. By Percy **White**. Copyright ed. In 2 vol. Vol. 1. 2. Leipzig: Tauchnitz 1904. 8°
(Collection of British authors. Tauchnitz Ed. Vol. 3726/7.) [11. 8550

The west end, s.a. Collection of British authors.

The West End. A novel. By Percy **White**. Copyright ed. In 2 vol. Vol. 1. 2. Leipzig: Tauchnitz 1902. 8°
(Collection of British authors. Tauchnitz Ed. Vol. 3569/70.) [11. 8430

— **Westend, s.a.Union-Sammlung moderner Romane. 31. Bd.**

Percy **White**. **Westend**. Roman aus d. engl. Gesellschaft. Übers. von Marie Walter. *Stuttgart, Berlin, Leipzig: Union [1903].* (216 S.) 8° [J.]
— **Union-Sammlung** moderner Romane. 31. [04 259

White, Rob., Entwurf ein. prakt. Wundarzneykunst f. uns. Zeitalter, a. d. Engl. mit Zusätz. gr. 8. Leipzig, Böhme. 793.

White, T. Archibald S., the Anglican Church throughout the world. gr. 8. (III, 8 S.) Baden-Baden 878, (Marx.) **

White, T. P. [aus Kentucky]: Über die Wirkungen des Zinns auf den thierischen Organismus. Leipzig, Druck von J. B. Hirschfeld, 1880. 19 S. 8°

White, Thomas, Predigten f. die verschied. Sonntage u. Hauptfeste des Kirchenjahres. Mit e. Anhang von Kanzelreden über mannigfache wichtige Gegenstände. Aus sein. handschriftl. Nachlasse ausgewählt u. geordn. v. John Lingard. Aus d. Engl. 2 Bde. gr. 8. (36¼ B.) Regensburg 844, Manz.
Vgl.: Bibliothek der vorzügl. kathol. Kanzelredner.

White, Thomas. Ueber Scropheln und Kröpfe . . . a. d. Engl. . . . Offenbach 1788. Ü: *Diel, August Friedrich Adrian.* (MGT) (HS) (Ky)

Thomas White, [A Treatise on struma or scrophula. Deutsch:] Über Skropheln [Skrofeln] und Kröpfe nebst der Widerlegung ihrer Erblichkeit. Aus d. Engl. mit e. Anh. d. Übers. Offenbach a.M.: Weiß & Brede 1788. 140 S. 8°

White, W., Holidays in Tirol, s. Collection of British Authors.

White, W. H., Handbuch für Schiffsbau. Zum Gebrauche für Officiere der Kriegs- und Handelsmarine, für Schiffbauer und Rheder. Mit Genehmigung des Verf. aus dem Engl. übers. von Otto Schlick und A. van Hüllen. 4 Lfgn. gr. 8. (XX, 684 S. mit 134 eingedr. Holzschn.) Leipzig 879, Felix. à Lfg. * *M* 5,50.; geb. *

White-Melville, G. J., Satanella, s.: Asher's collection of english authors.

Whitefield, G., der Auferstehungsleib. 2. Cor. 4, 16—18. 5, 1—10. 12. (23 S.) [Bonn 882, Schergens.] Gernsbach, Christl. Kolportage-Verein. *

—— das wüste Haus. 12. (19 S.) Ebendas. 882. *

Whitefield, Georg, christl. Handbuch, od. heil. Reden üb. verschied. Materien. 8. Frankf. Brönner. 743.

Whitefriars

— **oder die Tage Karls II., s.a.Ausland, das belletristische, von K. Spindler, 355.—363. Bdchen.**

Whitefriars oder die Tage Karl des Zweiten. Ein historischer Roman. Aus dem Engl. von J. G. Günther. 3 Bde. 8. Leipzig 844, O. Wigand. 3 ߾

Whitefriars oder die Tage Karls des Zweiten. Ein historischer Roman. Nach der dritten Auflage des englischen Originals. Stuttgart 1845. V: *Robinson, Emma.* (EB)

Whitefriars
Whitefriars oder die Tage Karls des Zweiten. Historischer Roman. Nach der 3. Aufl. des engl. Originals. Bdchn 1-3.4-6. 1845
s.a.Robinson, Emma [Verf.]

Whitehead, C., Leben, Thaten und Schicksale der merkwürdigsten engl. Räuber und Piraten, von der frühesten bis auf die neueste Zeit. Nach amtl. Urkunden u.a. glaubwürdigen Quellen. Aus d. Engl. von J. Sporschil. 2 Thle. gr. 12. Leipzig 834. O. Wigand. 3 ߾ — 2e (wohlf.) Ausg. gr. 12. Ebd. 836. 1½ ߾

Whitehead, Emma, Pierce Falcon der Ausgestoßene. Ein Roman. Frei nach d. Engl. v. L. v. Alvensleben. 3 Bde. 8. Leipzig 835. Hunger. 4 ߾

Whitehead, Emma, Pierce Falcon d. Ausgestoßene. Ein Roman. Frei n. d. Engl. v. L. v. Alvensleben. 3 Bde. 8. (50½ B.) Leipzig 835, [Literar. Museum.] 4 Thlr., brosch. Pr.

Whitehead, J., üb. den Ausfluss stark verdichteter Luft, s.: Salcher, P.

Whitehead, William. Die Schule der Liebhaber. Lustspiel in fünf Akten. A. d. Engl. Hamburg 1772. V: *Bode, Joh. Joachim Christoph.* (Ky) (BrMm) (ML) (Schr)

Whitehead, die Schule d. Liebhaber. Lstspl. in 5 A., aus d. Engl (v. J. J. C. Bode). 8. Hamb. 772. Bohn. 4 gr

Whitehurst, Joh., Bemerk. üb. d. Lüftung d. Zimmer u. d. Bau d. Schornsteine u. Treibhäuser. Aus d. Engl. v. Joh. Glf. Geisler. Mit 1 Kpf. 4. Dresden, 1796. (Kuntze.) — 10

John Whitehurst

[Observations on the ventilation of rooms. Deutsch:] Bemerkungen über die Lüftung der Zimmer und den Bau der Schornsteine und Treibhäuser. Aus d. hinterlassenen Papieren des...John Whitehurst. Aus d. Engl. von J[ohann] G[ottlieb] Geissler [Geisler].([Hrsg.:] R[obert] Willan [1757 - 1812].) Dresden: Walther 1796. 51 S. 8

— Untersuch. über d. ursprüngl. Zustand u. Bildung d. Erde; aus d. Engl. mit Anmerkk. d. Uebersetzers mit Kpf. gr. 8. Leipz. 787. Weygand. 20 gr

Whitehurst, Untersuchungen über den ursprünglichen Zustand der Welt, und die Bildung der Erde. Aus dem Englischen. Leipzig 1788. 8.

— Versuch, durch Zeitmessung unveränderlicher Längen, Körper- u. Gewichtmaaße zu erhalten rc. Aus d. Engl. mit erläut. Anmerkk. v. J. H. Wiedmann. Mit 5 Kpf. gr. 4. Nürnb. 790. Bauer u. M. 16 gr

— Versuch, durch Zeitmessung unveränderl. Längen-, Körper- u. Gewichtmaaße zu erhalten rc., a. d. Engl. m. Anmerk. von J. H. Wiedmann, mit Kpf. gr. 4. Nürnberg Raspe. 790.

Whiteing, Richard

- No. 5 John Street, s.a. Collection of British authors.

No 5 John Street. By Richard **Whiteing**. Copyright ed. Leipzig: Tauchnitz 1899. 287 S. 8°
(Collection of British authors. Tauchnitz Ed. Vol. 3357.) [11. 8274

Whitheing, R., the island, s. Collection of British Authors.

Whiteing, Rich.: The life of Paris, s.a. Collection of British authors.

The Life of Paris. By Richard **Whiteing**. Copyright ed. Leipzig: Tauchnitz 1901. 279 S. 8°
(Collection of British authors. Tauchnitz Ed. Vol. 3481.) [11. 8385

Whiteing, Rich., all moonshine, s.a. Collection of British authors.

All Moonshine. By Richard **Whiteing**. Copyright ed. Leipzig: Tauchnitz 1907. 280 S. 8°
(Collection of British authors. Tauchnitz Ed. Vol. 4006.) [11. 8733

— Little people, s.a. Collection of British authors.

Little People. By Richard **Whiteing**. Copyright ed. Leipzig: Tauchnitz 1909. 264 S. 8°
(Collection of British authors. Tauchnitz Ed. Vol. 4118.) [11. 8840

Whiteing, Rich.: Ring in the new, s.a. Collection of British authors.

Ring in the new. By Richard **Whiteing**. Copyright ed. Leipzig: Tauchnitz 1906. 304 S. 8°
(Collection of British authors. Tauchnitz Ed. Vol. 3891.) [11. 8666

The yellow van, s.a. Collection of British authors.

The yellow Van. By Richard **Whiteing**. Copyright ed. Leipzig: Tauchnitz 1903. 319 S. 8°
(Collection of British authors. Tauchnitz Ed. Vol. 3694.) [11. 8526

Whitelock, W*m. Wallace*: Das Verhältnis Max Emanuels von Bayern zu Wilhelm III. von England . . . München. kgl. Hof- u. Univ.-Buchdr. v. Dr. C. Wolf & Sohn. 1893; 64 S. 8°
München. Phil. Fak., Inaug.-Diss. v. 1893.

Whitelocke, R. H., the city of the fountains, or Baden-Baden and its immediate Neighbourhood, described. (With 12 engravings by H. A. Payne.) 16. Carlsruhe 840. Creuzbauer. cart. n. 2 ₰

Whitelocke, R. H., the city of the fountains, or Baden-Baden and its immediate neighbourhood, described. 16. (8¾ B. u. 12 Stahlst.) Carlsruhe 840, [Nöldeke.]

Whitelocke, R. H., Manual of modern english and german conversation, or university dialogues. — Handbuch der modernen engl. u. deutschen Umgangssprache. 2. Ausg. 12. Carlsruhe 844, Nöldeke. ⅔ ₰

Auskunft für Patentanwälte über einige Eigentümlichkeiten des englischen Patentwesens von E. T. Whitelow. Manchester: Internat. Patent Off. [1902?]. (28 S.) 8°

Whitemore, E. M. Delia. Eine wahre Geschichte. Aus dem Französischen. M 1. Abbild. In-8°. 48 S. Basel, Jäger & Kober. — 50
1895.

Whiters, T., Bem. üb. d. langwierige Mattigkeit. A. d. Engl. Altenb. 8°. A. D. B. XLVI, 414.
1779

Whiteside, Ida: Definitive orbit of comet 1826 II, s. Abhandlungen, Astronomische. (Cowley, Elizab. B.)

Whitestare, mit 16 Jahren. Tagebuch e. Amerikanerin. (158 S.) 8. Leipzig (908). Stuttgart, J. Püttmann. 2.—; geb. 2. 80

WHITESTARE, Mit sechzehn Jahren. Tagebuch einer Amerikanerin. (c. 1910.) (Kr. 2,40; gebd. 3,40.)
Offerirte L. Rosner, Wien, 1910, ohne Angabe von Ort u. Jahr.

Whitfield, E. E., englische Handelskorrespondenz, s. a. Sammlung Göschen.

Englische Handelskorrespondenz von E. E. Whitfield, Oberl. Neudr. Leipzig: Göschen 1908. VIII, 107 S. 8°
(Sammlung Göschen. 237.)

Whitfield, Fred., Christus im Worte. Predigten. Aus dem Engl. übers. gr. 8. (IV, 41 S.) Barth 877. Gotha, Schloeßmann. n. — 80

WHITING, Miß, oder das kurzweilige Mädchen, eine Frühlingsbegebenheit, aus d. Engl. („A grain of mirth is worth a pound of sorrow".) (Typogr. Ornam.) Leipzig, bey Chrn. Gottlieb Hertel. 1775. 8°. (1 Mk. 50 Pfg. M. Edelmann, Nürnb., c. 1905; 3 Mk. Adolf Weigel, Lpz., c. 1908.)

Whiting, Miß, od. d. kurzweilige Mädchen; e. Frühlingsbegebenheit, a. d. Engl. 8. Lpz. Hertel. 776.

Whitley, Georg. (geb. Liverpool 1. 8. 1815): De rheumatismo. Berolini (1853). (32 S.) 8°
Berlin, Med. Diss. v. 10. Juni 1853

Whitling's literary miscellany for English readers abroad and at home. 1849. 24 nrs. Lex. 8. (B.) Erlangen, Blaesing. n. 1 ₰ (1848, siehe: Miscellany, the literary.)

Whitling, H. J., some account of Nuremberg and what is to be met with there. For visitors and fire-side readers. 8. (VI u. 149 S. m. 1 Plan in Fol.) Nuremberg 847, Riegel & Wiessner. 1/2 ₰

Whitling, Henry John, s. v. Schmidt, Jh. Eph., fünfzig Erzählungen. — dess. Ostereier, englisch.

Whitly, E. M., aus dem londoner Zigeunerleben. Aus d. Engl. 3 Bde. 8. (568 S.) Leipzig 859, Kollmann.

Whitman, Sidney, der deutsche u. der englische Arbeiter. Eine vergleich. Betrachtg. sozialer u. sittlicher Zustände. gr. 8. (VI, 29 S.) Berlin 891. C. Ulrich & Co. n. — 50

(B) **Whitman**, S., d. deutsche u. engl. Arbeiter. 891. — Die antisemit. Bewegung. 893. — Das kaiserl. Deutschland. 898. — Aus deutschem Leben. 896. — Das Reich d. Habsburger. 896. (KVL 28. 30.) Jetzt: Dresden, F. Jacobi.

Whitman, Sidney, die antisemitische Bewegung. Aus dem Engl. übers. v. O. Th. Alexander. gr. 8. (32 S.) Berlin 893. Ulrich & Co. n. — 60

Whitman, Sidney, Fürst v. Bismarck. Persönliche Erinnergn. an ihn aus seinen letzten Lebensjahren. Mit e. Titelbild von Frz. v. Lenbach. gr. 8. (IX, 241 S.) Stuttgart (902). Union. Geb. in Leinw. n. 7. —

— Fürst v. Bismarck in Friedrichsruh, s.: Allers, C. W.

Whitman, Sidney. Das kaiserliche Deutschland. Aus dem Engl. von O. Th. Alexander. 1. Aufl. (XI, 245 S.) 889; 2. vom Verf. durchgeſ. u. verm. Aufl. gr. 8. (XI, 289 S. m. 1 Facs.) Berl. 890, Ulrich u. Comp. * 4 —; geb. in Leinw. * 5 —; in Halbfrz. * 6 —

— das kaiserliche Deutschland. 3. Aufl., nach der letzten engl. Ausg. neu übers. v. O. Th. Alexander. Volks-Ausg. gr. 8. (XV, 227 S.) Berlin 892. C. Ulrich & Co. n. 2. —; geb. in Leinw. n. 3. —

Whitman, Sidney, das kaiserliche Deutschland. 4. Aufl. Autor. Uebersetzg. nach d. letzten — amerikan. — Ausg. gr. 8. (XIII, 253 S.) Hamburg 898. Haendcke & Lehmkuhl. n. 2. 50; geb. n. 3. 50

— imperial Germany, s.a. Collection of British authors.

—, — Copyright Edit., rev. a. extended. Leipzig 1891. 8.
1st: Collection of British Authors. No. 2691.

— aus deutschem Leben (Teuton studies). Autoris. Uebersetzg. v. W. Henkel. gr. 8. (IX, 150 S.) Ebd. 896. n. 1. 80; geb. n. 2. 50

— Life of the Emperor Frederick, based upon the German of Margaretha v. Poschinger, s. Collection of British authors.

Whitman, S., Psychologie der deutschen Armee. Erweiterter Abdr. aus: „Das kaiserl. Deutschland". gr. 8. (35 S.) Berlin 889. Ulrich & Co. n. — 80

— the realm of the Habsburgs, s.a. Collection of British authors.

The Realm of the Habsburgs. By Sidney **Whitman**. Copyright ed. Leipzig: Tauchnitz 1893. 287 S. 8°
(Collection of British authors. Tauchnitz Ed. Vol. 2910) [II. 7957

— das Reich der Habsburger. Rechtmäßige deutsche Uebersetzg. v. O. Th. Alexander. gr. 8. (VIII, 268 S.) Berlin 892. C. Ulrich & Co. n. 4. —; geb. in Leinw. n. 5. —

— das Reich der Habsburger. Rechtmäßige deutsche Uebersetzg. v. O. Th. Alexander. 2. [Titel-] Aufl. gr. 8. (VI, 268 S.) Ebd. (892) 896. n. 3. —; geb. n. 4. —

— s.a. Reminiscences of the King of Roumania.

Reminiscences of the King of Roumania. ['Aus dem **Leben** König Karls von Rumänien. Aufzeichnungen eines Augenzeugen.'] By Sidney Whitman. Copyright ed: Leipzig: Tauchnitz 1899. 320 S. 8°
(Collection of British authors. Tauchnitz Ed. Vol. 3383.) [II. 8294

— Teuton studies, s.a. Collection of British authors.

Teuton Studies. By [Charles] Sidney **Whitman**. Copyright ed. Leipzig: Tauchnitz 1896. 278 S. 8°
(Collection of British authors. Tauchnitz Ed. Vol. 3113.) [II. 8101

Whitman, Walt., Grashalme, s.a. Universal-Bibliothek.

Whitman, Walt. Grashalme. Gedichte. In Auswahl übers. v. Karl Knortz u. T. W.-Rolleston. 8. (XII, 181 S.) Zür. 889, Verlags-Magazin. * 2 50

Whitman, Walt., Grashalme. In Auswahl aus dem Engl. übertr. u. m. Einleitg. v. Wilh. Schölermann. Titelzeichnung v. Fritz Hellmut Ehmcke. (XVI, 182 S. m. Bildnis.) gr. 8. Leipzig 904. Jena, E. Diederichs. n. 5. —; geb. n. 6. —

— dasselbe. Eine Auswahl. Uebers. v. Karl Federn. (XXVIII, 192 S. m. Bildnis.) 8. Minden 904. J. C. C. Bruns.

Whitman, Walt, Novellen. Ins Deutsche übertr. v. Thea Ettlinger. Mit e. Geleitwort v. Johs. Schlaf. 8. (XV, 102 S.) Minden (901). J. C. C. Bruns. n. 1. 50; geb. n. 2. —

— Prosaschriften, s.a. Fruchtschale, die. 7. Bd. n. 1. 50

Walt **Whitman**. Prosaschriften. In Ausw. übers. u. eingeleitet von O[tto] E[duard] Lessing. Mit 2 Portr. u. 1 Faks. München & Leipzig: Piper (1905). XXVIII, 191 S. 8°
(Die Fruchtschale. Bd 7.) [II. 4257

Whitney, Adaline, aus Waltham, Nordamerika: Ein Fall von Pyocephalus. Zür. Orell Füssli Cie Dr. 1880. 46 S., 1 Taf., 1 Bl. 8°.
Zürich, Med. Diss. [v. 25. Febr. 1880].

Whitney, J. P.: Das Coloradogebiet in den Vereinigten Staaten von Nordamerika. Verzeichniss der Erze, die von verschiedenen Personen zur Pariser Weltausstellung vom Jahre 1867 eingeliefert worden, nebst Mittheilungen über das Land und seine Hülfsquellen. Uebersetzt von L. Cramer. Paris 1867. 71 S. 8°

Whitney, Will. Dwight, a Sanskrit Grammar, including both the classical language, and the older dialects, of Veda and Brahmana. gr. 8. (XXIV, 485 S.) Leipzig 879, Breitkopf und Härtel. * ℳ 10 ; geb. *

Whitney, William Dwight, a Sanskrit grammar, s.a. Bibliothek indogerman. Grammatiken, 2. Bd.

A Sanskrit grammar, including both the classical language, and the older dialects, of Veda and Brahmana. By William Dwight Whitney, late Prof. . . . in Yale College, New-Haven. 3. ed. Leipzig: Breitkopf & Härtel. London: K. Paul, Trench. Trübner & C. Ltd. 1896. (XXV, 551 S.) 1 Bd 8°
(Bibliothek indogerman. Grammatiken. Bd 2.)

—— indische Grammatik, s.a. Bibliothek indogermanischer Grammatiken.

— — Indische Grammatik, umfassend die klassische Sprache und die älteren Dialekte. Aus dem Englischen übersetzt von Heinrich Zimmer. [Bibliothek indogermanischer Grammatiken. Band II.] Leipzig 1879.

Whitney, W. D., Leben u. Wachsthum der Sprache, s.a. Bibliothek, internationale wissenschaftliche.

— — Leben und Wachsthum der Sprache. Übersetzt von August Leskien. Leipzig 1876.

Whitney W D, Leben und Wachstum der Sprache. (Bibl. Intern. wiss. 20) Leipzig 1876

Whitney, William D., the roots, verb-forms and primary derivatives of the Sanscrit language, s. Bibliothek indogermanischer Grammatiken.

Whitney, W. D., die Sprachwissenschaft. Vorlesungen über die Principien der vergleich. Sprachforschung für das deutsche Publikum bearb. und erweitert von Jul. Jolly. gr. 8. (XXVIII, 713 S.) München 874, Th. Ackermann. *

Whitney, W. D., die Wurzeln, Verbalformen u. primären Stämme der Sanskrit-Sprache, s.a. Bibliothek indogermanischer Grammatiken.

Whitney, William Dwight: Die Wurzeln, Verbalformen und primären Stämme der Sanskrit-Sprache. Ein Anhang zu seiner indischen Grammatik. Aus dem Englischen übersetzt von Heinrich Zimmer. [Bibliothek indogermanischer Grammatiken. Band II. Anhang II.] Leipzig 1885.

Whitney, Willis Rodney [aus Jamestown]: Untersuchungen über Chromsulfat-Verbindungen ... (Aus: Zeitschr. f. physik. Chem., Bd XX Heft 1.) Leipzig, W. Engelmann, 1896; 30 S., 1 Bl. 8.
Leipzig, Phil. Fak., Inaug.-Diss. v. [10. Juni] 1896

Whittaker, Right Hon. Sir Thos. P., alkoholische Getränke u. Lebensdauer. Übers. m. der gütigen Erlaubnis des Verf. von Wm. M. Hall. Mit Vorwort von Max v. Gruber. (24 S.) gr. 8. München 910. E. Reinhardt. — 50

Whitte, H. K., de rebus Chiorum publicis ante Dominationem Romanorum. 8. Copenhagen 838. Reitzel. n. 2/3 ℛ

Whitte, Jh. Kofod, s. Caesar, Caj. Jul., de bello gallico.

Whittelsey, Theodore [aus Oregon, U. S. A.]: Ueber die Produkte der Einwirkung von Stickoxyden und Nitrosylchlorid auf einige ungesättigte Verbindungen ... Göttingen, Druck d. Univ.-Buchdr. v. E. A. Huth, 1895; 50 S., 1 Bl. 8.
Göttingen, Phil. Fak., Inaug.-Diss. v. [2. Dez.] 1895

Whittelsey, Thdr., üb. die Produkte d. Einwirkg. von Stickoxyden u. Nitrosylchlorid auf ein. ungesätt. Verbindungen. Diss. gr. 8. (50 S.) Göttingen 895. (Vandenhoeck & Ruprecht.) n. 1. 20

Whittemore, E. M., Delia. E. wahre Geschichte. Aus d. Franz. 8. (48 S. m. Titelbild.) Basel 895. Kober. n. — 40

Whittemore, E. M., Delia. Eine wahre Geschichte. Aus dem Franz. 2. Aufl. 8. (48 S. m. Titelbild.) Basel 897. Kober. n. — 40

Whittemore, E. M., Delia. Eine wahre Geschichte. Aus d. Franz. 3. Aufl. (48 S. m. 1 Bildnis.) 8. Basel 907. Kober. — 40

Whitten, John Charles, aus Augusta Maine, U.S.A.: Das Verhältnis der Farbe zur Tötung von Pfirsichknospen durch Winterfrost. Halle a. S. 1902: Waisenhaus. (34 S.) 8°
Halle, Phil. Diss. v. 1902.

Whittier, John Greenleaf, Eingeschneit, s. Idyllen, zwei amerikanische.

Whitty, E. M., aus dem Londoner Zigeunerleben. Aus dem Englischen. 3 Bde. Leipzig 859. Kollmann. 8. (256 S.; 160 S.; 152 S.) 1 ℛ 20 ngr.

Who breaks — pays, s. Collection of british authors.

Who is to inherit? or, the darkest hour is the hour before day, with notes by K. Albrecht, s.: Theatre, modern English comic.

Why, the, and the Because, of the Ingenious and Instructive Answers of Mr. Because tho the interresting quaestions of Mrs. Why; being a familiar and higthy amusing explanation of the causes and effects, not only of atmospheric and other phenomena, but also of what passes daily, hourly before our eyes, though we are frequently incapable of furnishing a satisfactory Because, in answer to an inquisitive Why. 12. Baltimore 833. Md. Scheld and Co. (Leipzig, Einhorn.) 1/2 ℛ

Why Paul Ferroll killed his wife, s. Collection of british authors.

Whymper's, Edward, Berg- u. Gletscherfahrten in den Alpen in den J. 1860 bis 1869. Autorisirte deutsche Bearbeitg. v. Frdr. Steger. Mit Plänen u. etwa 120 Orig.-Illustr. in Holzschn. gr. 8. (XX, 538 S. m. eingedr. Holzschn. u. 16 Holzschntaf.) Braunschweig 872. Westermann. n. 13. 50

Whymper's, Edward, Berg- u. Gletscherfahrten in den Alpen in den J. 1860 bis 1869. Autoris. deutsche Bearbeitg. v. Frdr. Steger. 2. unveränd. Aufl. Mit 3 Karten u. 112 Abbildgn. in Holzschn. gr. 8. (VIII, 536 S.) Braunschweig 892. G. Westermann. n. 10. —; auch in 10 Lfgn. à n. 1. —

Whymper's, Edward, Berg- u. Gletscherfahrten in den Alpen in den J. 1860 bis 1869. Autoris. deutsche Bearbeitg. v. Frdr. Steger. 3. Aufl. Mit e. Einführg. v. Thdr. Wundt. Mit 111 Abb. in Holzschn. u. 2 Kartenbeilagen. (XXIV, 586 S.) gr. 8. Braunschweig 909. G. Westermann. 6.—; geb. in Leinw. 7. 50

Whymper, Edward, Modern travels and explorations, s.: Darwin, Charles.

Whymper, Frederik, Alaska. Reisen und Erlebnisse im hohen Norden. Autoris. deutsche Ausg. von Friedr. Steger. gr. 8. (XVI, 351 S. mit 1 lithogr. Karte in qu. Fol. und 38 Orig.-Illustr. auf 12 Holzschntaf. und in eingedr. Holzschn.) Braunschweig 869, Westermann. *

Whyte, A.
Der Wurm welcher nicht stirbt. In-16°. 16 S. Ebd. — 12
1890.

Whyte, J., theoretisch-praktische Anleitung zur schnellen Erlernung der englischen Sprache in einer neuen und faßlicheren Darstellung der auf ihre richtigen und einfachsten Grundsätze zurückgeführten Regeln mit erläuternden Beispielen. In 2 Thln. (in 1 Bd.) gr. 8. (VIII und 344 S.) Köln 852, F. C. Eisen. *

Whyte, J. B., german reading book. A selection in prose from the best modern authors with supplementary notes. gr. 16. (IV, 252 S.) Heidelberg 877. K. Groos. 1. 80

Whyte, James. Verkürzt der Genuss v. Alkohol das Leben? Autoris. Uebersetzg. aus dem Engl. von Maurice Rhold. v. Stern. gr. 8. (27 S.) Zür. 889, Verlags-Magazin. * — 40

Whyte-Melville, George John
s.a **Melville**, George John White-   no. 13497

Whyte-Melville, G. J., black but comely, s.: Collection of british authors.

Whyte-Melville, G. J., Contraband, s. Collection of British Authors.

Whyte-Melville, G. J.: Katerfelto, s. Collection of British authors.

Sister Louise, s. Collection of British authors.

Whyte-Melville, G. J., M. or N., s. Collection of British Authors.

Whyte-Melville, G. J., Reit-Erinnerungen. Im Auszuge aus dem Engl., mit Anmerkungen und Anhang über Schleppjagden von Rittmeistern v. Keudell und v. Braun. 3. Aufl. gr. 8. (127 S.) Frankfurt a. d. O. 882, Harnecker und Comp. *
1. und 2. Aufl. erschienen im Selbstverlage des Verfassers.

Whyte-Melville, G. J., u. Kurt v. **Keudell**, Reit-Erinnerungen. Zusammengestellt durch K. v. Braun. 4. Aufl. gr. 8. (259 S.) Lüben 891. Goldschiener. n. 4. 50

Whyte-Melville, G. J., u. Kurt v. Keudell, Reit-Erinnerungen. Neu bearb. u. rev. durch Frhr. H. A. v. Esebeck. 6. Aufl. m. 30 Taf. (XVI, 351 S.) 8. Berlin 906. W. Vobach & Co. In Leinw. kart. n. 7. —; geb. in Ldr. n. 9. —

— Riding recollections, s. Collection of British authors.

— Rosine, s. Collection of British authors.

Whyte Melville, G. J., Sarchedon. Ein Roman aus der Zeit der Semiramis. Deutsch v. Jul. Voit. 3 Bde. 8. (VII, 248; VII, 239 u. VII, 221 S.) München 886. Franz' Verl. n. 12. —

—— Satanella, s. Asher's Collection of English Authors.

— Roy's wife, s. Collection of British authors.

Whytt, Robert: Beobachtungen über die Natur, Ursachen und Heilung der Krankheiten, die man gemeiniglich Nerven-, hypochondrische und hysterische Zufälle nennet. Mit einigen vorausgesetzten Anmerkungen über die Sympathie der Nerven. (Observations on the nature, causes, and cure of those disorders which have been commonly called nervous, hypochondriac, or hysteric: to which are prefixed some remarks on the sympathy of the nerves. Second edition. Dt.) 402 S., gbd.

Leipzig: Fritsch 1766

JB 4.466

Whytt, Robert: Beobachtungen über die Natur, Ursachen und Heilung der Krankheiten, die man gemeiniglich Nervenübel, ingleichen hypochondrische und hysterische Zufälle nennet. Mit einigen vorausgesetzten Anmerkungen über die Sympathie der Nerven. (Observations on the nature, causes, and cure of those disorders which have been commonly called nervous, hypochondriac, or hysteric: to which are prefixed some remarks on the sympathy of the nerves. Dt.) 3.verbess.Ausg. 410 S., gbd.

Leipzig: Fritsch 1794

JB 4.468

— Entwurf e. prakt. Wundarzneikunst für unsere Zeiten; aus d. Engl. mit Zusätzen. gr. 8. Leipz. 793. (Knobloch). 1 ₰ 8 ℊ

Robert Whytt
1714-1766

[Teils.Deutsch:] Robert Whytts [Whytt] Sämmtliche zur practischen Arzneykunst gehörige Schriften. Aus d. Engl. nach d.neusten Ausg. übers. [Übers.: Christian Erhard Kapp.] Leipzig: Fritsch 1771. VI,696 S. 8°

Whytt, Robert: Sämmtliche zur practischen Arzneykunst gehörige Schriften. (The medical Works. Dt.) 712 S., gbd.

Leipzig: Fritsch 1771

JB 2.137

— sämmtl. zur prakt. Wundarzneikunst gehör. Schriften; aus d. Engl. (v. Chr. E. Kapp.) gr. 8. Leipz. 771. (Hahn). 1 ₰ 12 ℊ

— sämmtl. z. Arzneykunst gehör. Schriften, a. d. Engl. v. J. E. Lietzau. gr. 8. Berlin, Lange, 790.

Whytt, Rob., sämmtl. zur prakt. Wundarzneikunst gehör. Schriften. Aus d. Engl. übers. v. J. E. Lietzau. gr. 8. Berl. 790 (Reimer). 1 ₰ 12 ℊ

Wia der Bärwanger-Hartel um Lichtmössen nach Salzburg roast . . . [Salzburg 1894.] V: *Strele Ritter von Bärwangen, Richard.* (IIr)

Wiadomosci do dziejow kosciola i religii katolickiej panowaniu rossyjskiemu podleglych. Czesc I et II. gr. 12. (Mit 1 Tabelle.) Poznan 843, Stefanski. 3 ₰

Wiadomości z kraju z lat 1861 i 1862. gr. 8. (184 S.) Leipzig 863, Gerhard. *

Wiara (Der Glaube)
(5) In der Schweiz 1866—1867 (8) Bendlikon-Kilchberg (11) Pfarrer Kazimierz Zuliński (12) Organ des Stowarzyszenie Kapłanow (13) Zieliński: Bibljografja (15) In polnischer Sprache.

Wiara dziadów-pradziadów. Myśl udzielona katolikom przez F. B. 8. (24 S.) Strasburg 851, Köhler.

Wiarda, Bedenken gegen das Schwurgericht. gr. 8. (72 S.) Hannover (861)62, C. Rümpler. *
Aus: Neues Magazin für hannoversches Recht, besonders abgedruckt.

Wiarda. Bemerkungen zu Shakespeare's Julius Cäsar. Emden, G. u. H. B., 1870. 23 S. 4.

Wiarda. Percy Bysshe Shelley. Emden, G., 1855. 22 S. 4.
Progr.

Wiarda, C. H., Familien-Nachrichten der Wiarda, den Mitgliedern der Familie Wiarda gewidmet. Aurich 1872. 8.

Wiarda, Tilemann Dothias (Hrsg.). s.a. A s e g a b u c h.

Wiarda, Tilem. Doth., Asega-Buch, ein altfries. Gesetzbuch d. Rustinger, übers. u. erlaut. gr. 4. Berlin, Nicolai. 805.

Wiarda, Tilem. Dothias, Bruchstücke z. Geschichte u. Topographie d. Stadt Aurich, bis z. J. 1813. Aus d. hinterlass. Papieren d. Verf. 1832. gr. 8. (6 B. u. 2 Stnt.) Emden 835. (Bremen, Kaiser.) *

Wiarda, D., die geschichtliche Entwickelung der wirthschaftlichen Verhältnisse Ostfrieslands, s.a. Sammlung national-ökonomischer und statistischer Abhandlungen.

Wiarda, geschicht. Entwickelg. d. wirthschaftl. Verhältnisse Ostfrieslands. Jena 880.

Wiarda, Ritter Tilem. Dothias, († d. 7. März 1826.) Gedanken vom Hochmuth. 8. Aurich 770.

— — Geschichte u. Auslegung d. Salischen Gesetzes, mit Glossen von Malberg. gr. 8. Aurich. 808. Ist jetzt Verlag von Petersen in Altenburg.

— Geschichte u. Auslegung d. Salischen Gesetzes mit Malbergischer Glossen, gr. 8. Aurich 809. (Dyck in Leipz.) 2 Rthlr 16 Gr

Wiarda, Tilem. Dothi.: Geschichte u. Ausleg. d. Salischen Gesetzes u. d. Malbergischen Glossen. *Brem. u. Aurich,* Müller. 809. gr. 8. (3 Thl. 8 Gr.)

— Geschichte d. ausgestorb. alten friesischen od. sächsischen Sprache. 8. Ebend.

— — Geschichte d. ausgestorb. alten friesischen oder sächs. Sprache. gr. 8. Aurich. Ist jetzt Verl. v. Dyk in Leipzig.

— vollständ. ostfriesische Geschichte. 9 Bde. gr. 8. Aurich. (Müller in Bremen.)

— vollständige ostfriesische Geschichte. 9 Bde. gr. 8. Aurich 791—98. (Dyck in Leipz.) 15 Rthlr 10r Bd. 1e u. 2e Abtheil. A. u. d. T.: Neueste ostfries. Geschichte von 1786—1813. gr. 8. Bremen 817. (Kaiser). 4 Rthlr

— die Landtage d. Ostfriesen ꝛc. gr. 8. ... (Brem., Kaiser). 1 Rthlr 6 Gr

— von den Landtagen d. Friesen in den mittleren Zeiten bei Upstalsborn. 8. Brem. 777. Cramer. 12 Gr

— von den Richtern d. Brockmerlandes. 8. Aurich 782. Müller. 2 Gr

— über deutsche Vornamen u. Geschlechtsnamen. gr. 8. Berl. 800 Nicolai. 20 Gr

— Willküren d. Brockmänner, eines freien friesischen Volkes. gr. 8. Berl. 820. Reimer. 1 Rthlr

— altfriesisches Wörterbuch. gr. 8. Aurich 786. (Dyck in Leipz.) 1 Rthlr

Wjasa: N a l a, eine Indische Dichtung. s.a. N a l a.

Wjasa, Nala, eine indische Dichtung. Aus d. Sanskrit im Versmaaße d. Urschrift übersetzt v. J. G. L. Kosegarten. 8. Jena 820. Frommann. 1 Rthlr 16 Gr

Wiassak, M.

— Der Arbiter. S.-A. O. J. 4 S.

— Die Centumviri. S.-A. O. J. 12 S.

Wibbe, Herm., lateinische Syntax f. Reform-Gymnasien, s.: Hesselbarth, Herm.

Wibbelt, Augustin, de lesten Blomen. Vertellsels ut'n Mönsterlanne. (238 S.) 8. Essen 905. Fredebeul & Koenen. n. 2. 40; geb. n. 3. —

Die lesten Blomen. Vertellsels ut'n Mönsterlanne. Von Augustin **Wibbelt**. 2. Aufl. Essen-Ruhr: Fredebeul & Koenen 1906. (238 S.) 8° [F.] 108. 4812 9

Wibbelt, Augustin, wilde Blumen. Gedichte f. die junge Welt. (VI, 205 S. m. Abb.) gr. 8. Essen (909). Fredebeul & Koenen. Geb. in Leinw. 4. —

— Das B u c h v. den vier Quellen, s.a. B ü c h e r der Freude.

Dr. Augustin **Wibbelt**. Das B u c h von den vier Quellen. Warendorf: Schnell 1910. 203 S. 8°
(Bücher d. Freude. [2.])

Wibbelt, Augustin, wilde Blumen. Gedichte f. die junge Welt. 8. (75 S. m. Abbildgn.) Essen 901. Fredebeul & Koenen. n. — 60; kart. n. — 70

Wibbelt, Augustin, Hus Dahlen. Erzählg. in Münsterländer Mundart. 8. (267 S.) Essen 903. Fredebeul & Koenen. n. 2. 40; geb. in Leinw. n. 3. —

Hus Dahlen. Erzählung in Münsterländ. Mundart von Augustin **Wibbelt**. 2. Aufl. Essen-Ruhr: Fredebeul & Koenen 1905. (302 S.) 8° [F.] 108. 1400 9

Wibbelt, Augustin, Drüke-Möhne. Lust. Geschichten in münsterländ. Mundart. 8. (VI, 388 S.) Münster 898. J. Seiling. n. 3. 20; geb. in Leinw. n. 4. —

— Drücke-Möhne. Lustige Geschichten in münsterländ. Mundart. 2 Tle. 2., sehr verm. Aufl. 8. (VI, 328 u. 323 S.) Münster 901. J. Seiling. à n. 2. 60; geb. in Leinw. à n. 3. 60

— Drüke-Möhne. Geschichten in münsterländ. Mundart. 1.—3. Tl. 8. Ebd. à n. 2. 60; geb. in Leinw. à n. 3. 60
1. 3. Aufl. (VI, 328 S.) Münster 903.
2. 3. Aufl. (323 S.) Münster 903. — 3. (359 S.) 906.

— Drücke-Möhne. Lustige Geschichten in münsterländ. Mundart. I. u. II. Tl. 4. Aufl. (VIII, 351 u. 335 S.) 8. Essen (907). Fredebeul & Koenen. à 2.60; geb. in Leinw. à 3.60

— Joseph v. Görres als Litterarhistoriker. (Schriften der Görres-Gesellschaft 1899. II.) gr. 8. (76 S.) Köln 899. (J. P. Bachem.) n. 1. 50

Wildrups Hoff. Eine Erzählung in münsterländ. Mundart von Dr. Augustin Wibbelt. Mit 25 Ill. von J. Müller-Massdorf. *Essen-Ruhr: Fredebeul & Koenen 1900.* (176 S.) 8° [F.] [01. 5065 5

— dasselbe m. der Fortsetzg. Mariechen Wildrups. Mit 23 Illustr. v. J. Müller-Maßdorf. 2. Aufl. 8. (258 S.) Ebd. 902. n. 2. 40; geb. n. 3. —

Wildrups Hoff. Eine Erzählung in Münsterländer Mundart mit d. Forts. Mariechen Wildrups von Augustin **Wibbelt**. Mit 23 Ill. 3. Aufl. Essen-Ruhr: Fredebeul & Koenen 1905. (258 S.) 8°

De Järfschopp. Erzählung in Münsterländer Mundart. Von Augustin **Wibbelt**. Essen: Fredebeul & Koenen [1910]. 322 S. 8° [10. 17700 9

Wibbelt, Augustin, s.: Kiepenkerl, de.

— Mäten-Gaitlink. Gedichte in münsterländ. Mundart. (256 S. m. Bildnis.) 8. Essen (909). Fredebeul & Koenen. 2.60; geb. in Leinw. 3. 60

Mäten-Gaitlink. Gedichte in Münsterländer Mundart von Augustin **Wibbelt**. 2. Aufl. Essen-Ruhr: Fredebeul & Koenen [1909]. 256 S. 8° [10. 3181 5

— Nazareth. Eine Festgabe f. die erste hl. Kommunion u. e. Pilgerbuch fürs Leben. (III, 187 S.) kl. 8. Ebd. 909. 1.50; geb. in Leinw. m. Goldschn. 3. —

— De Pastor v. Driebeck. Erzählung in niederdeutscher Mundart. (309 S.) kl. 8. Ebd. 908. 2.60; geb. in Leinw. 3.60

— im bunten Rock. Aus meinem Tagebuche. 8. (154 S.) Essen 901. Fredebeul & Koenen. n. 1. 50; geb. in Leinw. n. 2. —

— de Strunz. Eine Erzählg. in münsterländ. Mundart. 8. (278 S.) Ebd. 902. n. 2.40; geb. in Leinw. n. 3. —

De Strunz. Ne Industrie- un Buern-Geschicht ut'n Mönsterlanne von Augustin **Wibbelt**. 2. Aufl. Essen-Ruhr: Fredebeul & Koenen 1905. (340 S.) 8°

— Windhok. Kleinstadt-Geschichten. (354 S.) 8. Ebd. (906). n. 2. 60; geb. in Leinw. n. 3. 60

— Schulte Witte. Erzählung in Münsterländer Mundart. 2 Tle. kl. 8. Ebd. 906. à n. 2.40; geb. in Leinw. à n. 3. —
1. In de Stadt. (286 S.) — 2. Trüg up't Land. (292 S.)

Schulte Witte. Erzählung in münsterländer Mundart. Von Augustin **Wibbelt**. 2. Aufl. T. 1. 2. Essen ⟨Ruhr⟩: Fredebeul & Koenen [1907]. 2 Bde 8° [F.] [08. 4813 9

Wibble, Strossburjer. 1. [einziges] Bdch. Strassburg 1856. V: ***Bernhard, Karl.*** Vgl. (Mohr) Littér. du dial. alsacien. Strassburg 1877, S. 13. (DARP)

Wibe, M. Fr., Grundriß der Wissenschaften bey Erziehung ein. Prinzen. 8. Jena, Wirthgen. 756.

Wibeking, I. D. (Lübeck) A. S. 628/28

Dissertatio inauguralis iuridica de incommodis per interpretationes usuales et observantias in iuris prudentium invectis.
Frankfurt/O. (Winter) 3. XII. 1748. 112 S.

Gew.: Johann von Spreckelsen.
W. v.: Johann Ludwig Uhl, Johann Lorenz Fleischer, Johann Christoph Pesler, Jo. Gottlob von Hackemann, N. Westerman, Johann Friedrich Polac, A. G. Baumgarten, M. G. Christgau, Nerger. 36544

Wibel, Dr., s. Handbuch f. Hebammen.

Wibel, A. W. E. C.

— Beitrr. zur Beförderung d. Pflanzenkunde. 1r Bd. 1e Abtheil. Mit 2 Kpf. gr. 8. Frankf. a. M. 800. Guilhaumann. 12 gr.

Wibel, **A. W. E. C.**, († d. 25. Jan. 1814.) **primitiae florae Werthemiensis.** 8maj. Jena 799. (Schmid). 1 Thlr 8 gr.

Wibel, F., die Aenderungen der osmotischen Erscheinungen und Gesetze, s. Abhandlungen aus dem Gebiete der Naturwissenschaften.

Wibel, F., Beiträge zur Geschichte, Etymologie u. Technik d. Wismuths u. der Wismuth-Malerei. [Aus: „Jahrb. d. Hamburg. wiss. Anstalten".] Lex.-8. (25 S.) Hamburg 891. (L. Gräfe & Sillem.) n. 1. —

Wibel, F., die Fluss- u. Bodenwässer Hamburgs. Chemische Beiträge zur Analyse gewöhnl. Lauf-, Nutz- u. Trinkwässer, sowie zu der Frage der Wasserversorgg. grosser Städte v. sanitärem u. gewerbl. Standpunkte. gr. 4. (VIII, 152 S.) Hamburg 876. O. Meissner. 6. —

Wibel, F., chemisch-antiquarische Mittheilungen. 1. Thonerdehydrophosphat [? Coeruleolactin] als pseudomorphe Nachbildung eines Gewebes oder Geflechtes. 2. Raseneisenerz, Eisenschlacke oder oxydiertes Eisen. 3. Analyse einer altmexikanischen Bronze-Axt von Atotonilco. gr. 4. (16 S.) Hamburg 887, Friederichsen und Comp. *

—— die Schwankungen im Chlor-Gehalte und Härtegrad des Elbwassers bei Hamburg. Ein Beitrag zum Studium der Flusswässer und ihrer Verunreinigungen. gr. 4. (16 S.) Ebendas. 887. *
Vorstehende Schrift aus: Abhandlungen aus dem Gebiete der Naturwissenschaften, besonders abgedruckt.

Wibel (F.). Versuche über die Reduction von Kupferoxyd-Salzen durch Eisenoxydul-Salze zu metallischem Kupfer oder Kupferoxydul. Inaugural-Dissertation. Hamburg 1864. 8.

Wibel: Versuche über die Reduction von Kupferoxyd-Salzen durch Eisenoxydul-Salze zu metallischem Kupfer oder Kupferoxyd. Hamburg. 1864. 47 p.
Schul-/Univ.-Schrift

Wibel, Ferdinand

Wibel, F., der Gangbau des Denghougs bei Wenningstedt auf Sylt. Aufgedeckt, untersucht und in seiner allgemeinen Bedeutung für die nord. Alterthumskunde geschildert. [29. Bericht der Schleswig-Holstein-Lauenburg. Gesellschaft für die Sammlung vaterländ. Alterthümer.] gr. 8. (91 S. mit 2 Stndrtaf. in qu. Fol.) Kiel 869, (v. Maack's Verlag.) *

—— das Gediegen-Kupfer und das Rothkupfererz (Kupferoxydul). Chemisch-geologische Untersuchungen über deren Bildung und Vorkommen. Ein Beitrag zur Lehre von den Erzlagerstätten. gr. 8. (IX und 182 S.) Hamburg 864, O. Meissner. *

Wibel, Ferd., die Cultur der Bronze-Zeit Nord- u. Mittel-Europa's, s. a. Bericht, 26., der Schleswig-Holstein Lauenburgischen Gesellschaft für die Sammlung u. Erhaltung vaterländ. Alterthümer.

Wibel, Ferd., Die Kultur der Bronze-Zeit Nord- und Mittel-Europas. Chemisch-antiquarische Studien über unsere vorgeschichtliche Vergangenheit und deren Bergbau, Hüttenkunde, Technik und Handel. Kiel 1865. 8.
1st: Bericht 26. d. Schleswig.-H.-L. Ges. f. ... vaterl. Altert. (FBA ; HC ; D)

S k i z z e n und Beiträge zur Geognosie Hamburg's und seiner Umgebung. Hierzu Tafel 5. Von Ferdinand **Wibel** und Carl Gottsche. Separat-Abdruck aus: „Hamburg in naturhistorischer und medicinischer Beziehung". Hamburg. 1876. 8° m.

Wibel, Ferd., d. alte Burg Wertheim am Main u. d. ehem. Befestiggn. der Stadt. Nach architekton., geschichtl. u. culturhistor. Gesichtspunkten unters. u. m. Benutzg. der hinterlassenen Arbeiten Karl Wibel's dargest. Lex.-8. (XVI, 370 S. m. 133 Abb. u. 1 Titelbild.) Freiburg i/B. 895. Tübingen, J. C. B. Mohr. n. 12. —

Wibel, Georg Daniel (Weikersheim) A. S. 1088/25

Dissertatio medico-chemica de tartaro emitico.
Präs. Jo. Jakob Kirsten.
Altdorf (Hessel) 4. IV. 1764. 20 S.

Gew.: Johann Friedrich Wibel (Onkel), Christ. Gottl. Wibel (Opp.), Elias Baur (Opp.), Jo. David Villforth (Opp.). 36545

Wibel, H., s.: Urkunden, die, der deutschen Könige u. Kaiser.

Wibel, Hans, ⟨aus Hamburg⟩: **Beiträge** zur Kritik der Annales regni Francorum und der Annales q. d. Einhardi. 1. Die handschriftliche Überlieferung. *Strassburg: Schlesier & Schweikhardt 1902.* (123 S.) 8° ¶ [Erschien vollst. 1902 im gleichen Verlage.]
Strassburg, Phil. Diss. v. 1901

Wibel, Hans, Beiträge zur Kritik der Annales regni Francorum u. der Annales q. d. Einhardi. gr. 8. (VII, 294 S.) Strassburg 902. Schlesier & Schweikhardt. n. 7. —

Wibel, Heinrich Friedrich [Praes.], s. W i b e l, Johann Valentin: Quaestiones quaedam selectiores intricatioresque ex doctrina de iuramentis.

Wibel, Johann Balthasar

— hohenlohische Kirchen- u. Reformationshistorie aus bewährten Urkunden u. Schriften verfaßt. 1r Thl. 4. Onolzbach 752. Haueisen. 1 ₰ 2 ℊ 2r, 3r, 4r Thl. oder Codex diplomaticus Hohenlohicus. 4. Ebd. 753(—55). 3 ₰ 6 ℊ

— merkwürd. Lebensgeschichte des weiland großen Siegmung von Hohenlohe, gewes. Domherrn zu Augsburg. 4. Nurnb. Haueisen. 748.

— christlich. Lebensspiegel in Sinnbildern. 8. Ansbach, Haueisen. 762.

Wibel, Johann Balthasar (Schwäb.-Hall) A. S. 778/13

Disputatio juridica inauguralis de servitutum praescriptione extinctiva.
Präs. Wolfgang Adam Schoepff.
Tübingen (Reis) III. 1716. 52 S.

Gew.: Johann Martin Hiller.
W. v.: Präs. Johann Martin Hiller, M. F. Grass, Johann Friedrich Schragmüller, Christian Heinrich Camerarius, Heinrich Screta, Jakob Friedrich Georgi, Johann Heinrich Büehl. 36546

— Repertorium oder Register über d. beiden ersten Theile d. hohenlohischen Kirchen- u. Reformationshistorie. 4. Onolzbach 754. Haueisen. 5 ℊ

Wibel, Jh. Chr., († 1772.) hohenlohische Jubelakte, wegen des Religionsfriedensfestes 1755. 4. Ansb. 756. Haueisen. 4 ℊ

Wibel, Johann Valentin (Schwäb.-Hall) A. S. 135/5

De inaugurationibus beneficiariis harum symbolis ac ritibus itemque de investitura sine litteris investiturae.
Präs. Johann Georg Estor.
Marburg (Müller) X. 1744. 98 S.
36548

Wibel, Johann Valentin (Schwäb.-Hall) A. S. 1392/9

Quaestiones quaedam selectiores intricatioresque ex doctrina de iuramentis. Präs. Heinrich Friedrich Wibel.
Jena (Ritter) IX. 1739. 24 S.

W. v.: Präs. 36547

Wibel, W., actenmäß. Darlegung der durch d. Untersuch. wegen Ermordung d. k. dän. Ministers Kammerherrn v. Qualen zu Eutin, erhob. Thatsachen, so wie d. Urtheile u. Entscheidungsgründe d. Juristenfacultät zu Göttingen u. d. Großhrzgl. oldenburg. Oberappellationsgerichts zu Oldenburg. 2 Thle. gr. 8. (43 B. u. 1 Stnt.) Eutin 837. (Lübeck, v. Rohden'sche Bh.)*

Wiber, Joh. Hch., medicin. Untersuch. d. Gesundheit lange zu erhalten. 8. Würzb. 716.

Wiberg, Alfred, Rechtprakt. a. Nurnberg: **Das öffentliche** Vereinsrecht und die **Gewerkschaftsbewegung.** Borna-Leipzig 1900: R. Noske. (VIII, 48 S.) 8° [F.]
Würzburg, Jur. Fak., Ref. Piloty, Diss. v. 23. Juni 1900
[Geb. 7. Dez. 82 Nurnberg; Wohnort: Nurnberg; Staatsangeh.: Bayern; Vorbildung: Gymn. Nurnberg Reife O. 01; Studium: Berlin 1, München 4, Freiburg i. B. 1, Würzburg 2 S.; Rig. 30. Mai 06.]

Wiberg, Karl Fredrik

Wiberg, C. F., der Einfluss der klassischen Völker auf den Norden durch den Handelsverkehr. Aus dem Schwed. von J. Mestorf. Hamburg 867. O. Meissner. gr. 8. (VIII, 136 S. mit 1 lith. u. color. Fundkarte in Imp.-4.) n. 1 ₰ 6 ℊ

Wibert v. Toul, Leben des hl. Papstes Leo IX. Zur 900jähr. Gedächtnißfeier der Geburt des Heiligen im Schlosse Egisheim (21. VI. 1002—1902) übers. v. P. P. Brucker, S. J. 8. (VIII, 155 S. m. 2 Abb.) Straßburg (902). F. X. Le Roux & Co. n. — 80

Wibiral, Franz

Wibiral, F., l'iconographie d'Antoine van Dyck d'après les recherches de H. Weber. Lex.-8. Leipzig 877, Barth. *

Wibiral, Fr., l'iconographie d'Antoine van Dyck d'après les recherches de H. Weber. Avec 6 planches (lith.), représentant de vieux filigranes. Lex.-8. (188 S.) Leipzig 877. Danz. n. 12. --

Wibiral, Fr., das Werk der Grazer Stecherfamilie Kauperz. Ein Nachtrag zu Josef Wastlers steir. Künstlerlexikon. (IV, 48 S. m. 1 Bildnis.) Lex. 8. Graz 909. U. Moser. 4. 20

Wibiral, Karl

Wibiral, Carl. Geschichte des k. k. Inft.-Reg. Grossherzog Ferdinand IV. von Toscana **Nr. 66.** (Vom Jahre 1860 bis Ende des Jahres 1868.) Manuscript. Fol. 1869.

Wibiral, Carl. k. k. Hauptm. im 66 Inft.-Reg. Die Wehrkraft Spaniens im Jahre 1872. (Separat-Abdruck aus: „Streffleur's österr. milit. Zeitschrift".) gr. 8. Wien 1872.

Jares: Bericht über das k. k. akademische Gymnasium zu Olmütz, während des Schuljahres 1854. 4. (32 S.) Olmütz. Druck von Fr. Slawik. 1854. Inhalt: Ein Beitrag zur Gymnasial-Pädagogik, von Karl H. Wibiral. — Schulnachrichten.

Wibiral, Robert, dipl. Brauereiingenieur, a. Wien in Österreich: Kapitalkonzentration im Brauereigewerbe. ⟨1. Abschnitt; Einl. u. übrige Abschnitte auszugsweise.⟩ (Berlin 1908: G. Schade.) (71 S.) 8° ¶ (Erscheint vollst. in: Staats- u. sozialwissenschaftl. Forschungen.)
Berlin, Phil. Fak., Ref. Sering, Diss. v. 14. März 1908
[Geb. 16. Okt. 73 Wien; Wohnort: Tegel; Staatsangeh.: Österreich; Vorbildung: Gymn. Meran Juni 91; Studium: Graz 4, Berlin Landw. Hochsch. 4, Univ. 1 S.; Rig. 13. Febr. 08.]

Joh. Nep. v. **Wibmer**, auf Knodorf: Grundriß zur Landwirtschaft in Bayern. München 1799.

Wibmer, Karl

Wibmer, C.: Armenpflege und Wohlthätigkeits-Anstalten etc. in München, s. Topographie und Ethnographie, Medizinische.

Wibmer, Car., Tractatus de effectu plumbi in organismo animali sano, nec non de therapia intoxicationis saturninae. 8 maj. (8½ B.) Monachii 829, Lindauer.

Die Lage, das Klima, die Stadt und die Einwohner von München, s. Topographie und Ethnographie, Medizinische.

Wibmer, Carl, aus meinem Leben. Auswahl poet., histor. und philosoph. Arbeiten. gr. 8. (VI, 223 S.) München 880, Franz'sche Buchh. *
—— dass. — [2. Thl.] Meine Reisen in Europa, Asien und Afrika in den J. 1827—1878. 8. (VII, 376 S.) Ebendas. 881. *

Sanitäts-Behörden etc. in München, s. Topographie und Ethnographie, Medizinische.

Wibmer, C., s. Topographie und Ethnographie, medizinische.

§ WIBMER, Dr. C., Medizinische Topographie und Ethnographie der k. Haupt- u. Residenzstadt München. München 1862. 8°. (In Wien. Stadtbibl.)

Medizinische Topographie und Ethnographie der k. Haupt- u. Residenzstadt München. Herausgegeben von einer Commission des ärztlichen Vereins in München. In drey Lieferungen bearbeitet von CARL WIBMER. München. 1863. Christian Kaiser. 8°.

— die Wirkung d. Arzneimittel u. Gifte im gesunden thierischen Körper. Nach fremden u. eigenen Beobachtungen bearbeitet. 1r Bd. (1s u. 2s Hft.) gr. 8. Münch. 831, 32. Liter.-Artist.-Anstalt. (à 1 ℛ) 2 ℛ

Wibmer, Karl, die Wirkung der Arzneimittel und Gifte im gesunden thierischen Körper. Nach fremden u. eigenen Beobachtungen bearbeitet. 2r u. 3r Bd. à 2 Hfte. u. 4r Bd. 1s Heft. gr. 8. München 832—39. Literar.-artist. Anstalt. à Heft 1 ℛ

Wibmer, Karl, die Wirkung der Arzneimittel und Gifte im gesunden thierischen Körper. Nach fremden und eigenen Beobachtungen bearbeitet. 4. Bd. 2. u. 5. Bd. 1. u. 2. Heft. O—Z. gr. 8. München 840, 41, literarisch-artist. Anstalt. 3 ℛ — Complet 10 ℛ

WIBMER, Carl August (München): Tractatus de morbo.- Landishuti: Thomann 1826. 52 S.
28.7.1826 - Pa 1241 F 59
Diss. Ingolst.-Landsh.-Mchn.

Wiborath von Klingnau.

Eine Geschichte der Vorzeit . . . St. Gallen 1829. V: *Wachter, Ulrich Benedict.* (Ky) (GGr)

Wiborath v. Klingnau. Eine Geschichte d. Vorzeit. Der nachdenkenden Jugend frey erzählt v. Verf. „Gottfried u. Maria, od. die Wallfahrt ins Wildkirchlein" (U. B. Wachter). gr. 12. (6 B. u. 1 Steindr.) St. Gallen 829, Huber u. Comp.

Wiborg, K. F.

Wiborg, C. F., die Mythologie des Nordens. Aus dem Dän. von Anton v. Etzel. 8. (XXIV und 339 S.) Berlin 847. [Luckau, Kutzscher.]

Wiborg, K. F., die Mythologie des Nordens. Aus dem Dän. von Anton v. Etzel. 8. (XXIV u. 339 S.) Berlin 847, Morin. 1⅓ ℛ

WIBORG, PT. HENR., Symptomata et diagnosis aneurismatum in aorta thoracis. Diss. inaug. Kiliæ. 1838. 4. P.

Wicar. Siehe *Galerie*.

Wicel-Maraina, Geo., Urteil üb. d. Jesuitenorden, s.: Aktenstücke, kirchliche.

Wich, A., Choralbuch, z. Gebr. in protestant. Kirchen, Schulen u. Familien, besond. in Bayern, dann z. Studium, f. Choralspiel-Beflissene bearb., die Choräle metr. geordnet u. mit Zwischenspielen versehen. qu. gr. 4. (18 lith. u. 1 gedr. B.) Rothenburg a. d. T. 836, (Beck.) *

Wich, A., Deutschland, für das Volk und seine Schulen beschrieben. 8. (75 S.) Bayreuth 851, Grausche Buchh. *

—— Geschichte des deutschen Volkes in Erzählungen für Schulen und Familien. 8. (80 S.) Bayreuth 851, Grausche Buchh. *

(Wich, A.,) Schulbuch für die Oberklassen der Volks- und Bürgerschulen. 1. Jahreslauf. 8. (VIII und 354 S. mit 1 lithogr. und ill. Karte in 4.) Bayreuth 852, Grau'sche Buchh. *

—— VII contrapunct. Veränderungen üb. d. Choral: Ich sterbe tägl. u. mein Leben. Für d. kirchl. Choralgebr. bearb. u. kurz erläut. Lithogr. qu. 4. (1 ½ B.) Rothenburg a. d. T. 836, (Beck.)

Wich, Adam, deutsche Sprachlehre, gedrängt u. lehrend-übend, geschichtl. vergleichend u. nach neuesten Ergebnissen der Wortforschung. Zugleich gründlichste Rechtschreiblehre. 8. (11 ½ B.) Nürnberg 843, [Geiger.]

Wich, Adam, deutsche Sprachlehre, gedrängt und lehrend-übend, geschichtl. vergleichend und nach neuesten Ergebnissen der Wortforschung. Zugleich gründlichste Rechtschreiblehre. 8. Nürnberg 843, Stein. 5/12 ℛ︎

Wich, Arth. v., Gutsadministration u. Güterschätzung in Oesterreich, in Ungarn u. in Bosnien u. der Hercegovina m. e. Anh.: Ueber Familienfideicommisse. [Archiv f. Landwirthschaft. (Beilage z. „Wiener landwirthschaftl. Zeitung".) Hrsg. von Hugo H. Hitschmann. XXI] gr. 8. (XV, 357 S.) Wien 897. (C. Gerold's Sohn.) Geb. in Halbleinw. n. 10. —

Wich, Joh. Paul, grammatischer Bildersaal. Methodisches Bilder-, Lehr- u. Uebungsbuch f. Taubstumme u. vollsinnige bei den Anschauungs- u. Sprachunterrichte. Lfg. 1. Thl. 1. Abthl. A. Hft. 1. 8. (80 Stnt.) Fürth 846, Schmid's Buchh. Thlr. *

—— 72 Bildertafeln zur höchstmöglichen Erleichterung des Auffassens u. Behaltens der Laute u. Buchstabenformen. 16. (36 ill. u. 36 schw. auf Pappe gezogene Tafeln.) Nebst Handbuch z. Gebrauch derselben. — A. u. d. Ttl.: Wie Lina ihre Kinder lesen lehrt. 8. (3 ½ B.) Nürnberg 843, Renner u. Comp.

Wich, Jean Paul, die erste Fibel für mein Kind, das lesend lesen lërnt geschwind. 8. (32 S.) Stuttgart 852, Schreiber und Schill.

— Fibel zu den ersten Lese- und Schreibe-Uebungen. 3. sehr verm. u. verb. Aufl. 8. Nürnberg 841, Endter. 2 ngl

Wich, J. P., Fibel zu den ersten Sprech- und Lese-Uebungen. 8. Nürnberg 834. Endter. 1 gl — 2e Aufl. 835. 1 gl

Wich's, Joh. Paul, mathematischer Formelnschatz. Eine mit Erläuterungsbeispielen und Uebungsaufgaben versehene planmäßige Zusammenstellung der brauchbarsten Formeln aus dem Gebiete der Geometrie, Arithmetik und Physik. (In 3 Abthlgn.) 1. Abthl.: Geometrischer Formelnschatz. Mit zwei Anhängen, Quadrat- und Kubikwurzeln enthaltend. gr. 8. (XIV und 192 S.) Lindau (861)62, Stettner.

—— bibl. Geschichte f. d. Unter-Klassen d. teutschen Schulen. 2 Abthln. 8. (4 B.) Nürnberg 839, Endtersche Buchh.

Wich, Jh. Paul, biblische Geschichte für die Unterklassen der deutschen Schulen. 2. Aufl. 8. Nürnberg 843, Endter'sche Buchh. 1/12 ℛ︎

— biblische Geschichte f. die Unterklassen der deutschen Schulen. 3. unveränd. Aufl. 8. (IV u. 67 S.) Nürnberg 848, Endter. 3 ngl

—— Handbuch f. Schüler bei dem Unterricht in d. deutschen Sprache. 1. Thl. 1. Hlfte. 8. (5 3/8 B.) Fürth 846, Schmid's Bh.

— Lese-Qual und Lese-Lust, oder das Büchlein, welches alle Kinder leicht u. gern lesen. In 2 Abthl. — I. Abthl. Lese-Qual. 2. unveränd. Aufl. 8. Nürnberg 842, Endter'sche Buchh. 2 ngl — 3. Aufl. kl. 8. Ebend. 846. 2 ngl

— dass. II. Abthl. Lese-Lust. 2. unveränd. Aufl. 8. Ebend. 842. 5 ½ ngl — 3. Aufl. kl. 8. Ebend. 846. 3 ngl

—— Lese-Schule für Kinder-Stuben. qu. Fol. (14 ill. Stnt. und 5 S. Text.) Stuttgart 852, Schreiber und Schill.

Wich, Jean Paul „Die Mnemotechnik und ihre Anwendung beim Geschichts-Unterricht". pg. 3—10. 4°. Theod. Burger.
Bayreuth. Progr. 1863/64

— der Sprachunterricht der Taubstummen nach Inhalt u. Form in freien Vorträgen dargestellt. 1. Abthl. Vorträge im ersten Semester. 8. Ebend. 842. Subscr.-Pr. n. 2/3 ℛ︎

— Sprüche zu den ersten Gedächtniß- und Verstandesübungen. 8. Ebd. 834. 9 Kr

—— Sprüche u. Verse z. Erweckung e. religiös-sittl. Sinnes u. z. Auswendiglernen f. Kinder. Zum Gebr. in Elementarschulen. 2., verm. Aufl. d. Sprüche zu d. ersten Gedächtniß- u. Verstandes-Uebungen. 8. (1 ½ B.) 838., 3. A. gr. 12. (1 B.) Nürnberg 840, Endtersche Buchh. à

— Steckenpferd und Puppe. 8. Nördlingen 843, Beck. geb. 6 ¼ ngl

—— Steckenpferd und Puppe. 2. Aufl. 8. (64 S. und 6 Stahlst.) Nördlingen 848, Beck'sche Buchh.

— Steckenpferd u. Puppe. 2. (m. 6 Stahlst. verm.) Aufl. 8. (64 S.) Nördlingen 852, Beck. 1/3 ℛ︎

— 36 Wandtafeln, method. geordneten Stoff zu Sprech-, Lese- u. Schreib-Uebungen der Elementarschüler enthaltend. Hoch 4. (18 Bl.) Nürnberg 843, Endter'sche Buchh. 1/3 ℛ︎

Wich, Dr. Josef, Allgemeine Unterrichtslehre mit besonderer Rücksicht auf den Volksschulunterricht. 8. Auflage. 8. (IV, 80 S.) —.60
Troppau: Buchholz & Diebel 1889.

Wichard, Alfr., der Kolonialstorch, s.: Schatzkästlein, literarisches. 10.

Wichard, Alfr., der Schwarzwald, s.: Luib, Fel.

Wichard, der mittlere Schwarzwald, Kinzig-, Rench- und Acher-Thal. Mit 1 (chromolithogr.) Uebersichtskarte und 25 (autogr.) Wegekarten. 8. (132 S.) Strassburg 882, Trübner. cart. *

Wichard's, A., Schwarzwaldführer für Touristen. 1.—5. Bd. 8. Pforzheim, Riecker. geb. *

Inhalt:

Bd. 1. Baden-Baden und das Gebiet zwischen Acher und Murg. (64 S. mit 30 Wegekarten, 1 : 25 000, sowie 1 Übersichts- und 1 Eisenbahnkarte.) 886. *ℳ 2.20.

» 2. Der Kniebis und die Kniebisbäder. (47 S. mit 20 Wegekarten, 1 : 25 000, 1 Übersichts- und 1 Eisenbahnkarte.) 886. *ℳ 1.80.

» 3. Pforzheim-Wildbad und das Gebiet zwischen Murg und Nagold. (80 S. mit 30 Wegekarten, 1 : 25 000, 1 Übersichts- und 1 Eisenbahnkarte.) 886. geb. *ℳ 2.40.

» 4. Der Feldberg und das Gebiet zwischen Dreisam, Wutach und Wiese. (III, 115 S. mit 25 Wegekarten, 1 : 25 000, 2 Uebersichtskarten, 1 Eisenbahnkarte, 1 Plan von Freiburg und 1 Alpenpanorama vom Feldberg.) 887. geb. *ℳ 2.80.

» 5. Belchen-Blauen und das Gebiet zwischen Dreisam, Wiese und Rheinthal. (III, 60 S. mit 21 Wegekarten, 2 Wegeübersichtskarten, 1 Eisenbahnkarte, 1 Uebersichtskarte und 1 Plan von Freiburg.) 888. geb. *ℳ 2.80.; der 4. und 5. Bd. in 1 Bd. geb. u. d. T.: Der südl. Schwarzwald. Text *ℳ 2.—.; Karten *ℳ 3.60.

Wichard, Alwin, der Küfermeister. Eine Comödie aus dem alten Nürnberg. (122 S.) 8. Karlsruhe 909. F. Gutsch. 2.—

Wichards, Herm. (Henr. Theod.) (geb. Ückermünde 29. 5. 1824): De partu arte praematuro. Berolini (1849). (26 S.) 8°
Berlin, Med. Diss. v. 12. Okt. 1849

Wichart, Heinr., metaphysische Anthropologie vom physiolog. Standpunkte u. ihr Verhältniß zu den Geheimnissen des Glaubens. 2 Thle. gr. 8. (18 ¼ B.) Münster 844, Theissing'sche Bh.

Thl. 1. Metaphysik der Anthropologie.
» 2. Die heil. Sakramente in ihrem Verhältniß z. menschl. Organismus.

Wichart, Heinr., Beantwortung der von d. philosoph. Fakultät zu Münster am 3. Aug. 1833 gestellten Preisfrage: Examinetur sententia illorum, qui Deum existere philosophica argumentatione demonstrari neque posse neque debere contendunt. Adjungetur censura argumenti ontologici pro existentia Dei. Od.: Geist, Natur u. Mensch mit Hinweisung auf Gott. gr. 8. (7½ B.) Münster 834, (Coppenrath.)

Wichdorff, s.: Hess v. Wichdorff.

Wiche, die Ziele der handelsgeographischen Vereine in Deutschland und der Erfolg ihrer bisherigen Thätigkeit. Eine Studie. Vortrag, gehalten im kaufmänn. Verein zu Unna in Westfalen am 13. Dezbr. 1882. gr. 8. (32 S.) Oberhausen 883, (Bauer und Witzler.) *

Wichelhaus, Bericht über die Arbeiten der Versuchsanstalt des Deutschen Reichs für Zuckerraffination. Berlin 1879.

Wichelhaus, Hermann

Wichelhaus, H., wirtschaftliche Bedeutung chemischer Arbeit. gr. 8. (V, 42 S.) Braunschweig 893. F. Vieweg & Sohn. n. — 60

Wichelhaus, H., wirthschaftliche Bedeutung chemischer Arbeit. 2., durch Nachträge ergänzte Ausg. gr. 8. (59 S.) Braunschweig 900. F. Vieweg & Sohn. n. — 80; Nachträge allein. (S. 43—59.) n. — 20

Wichelhaus, Herm.: De constitutione et connexu acidorum organicorum eorum, quae tres carbonis atomos continent praeter oxygenium et hydrogenium. Berolini [1867]. (36 S.) 8°
Berlin, Phil. Fak., [Hab.-Schr. v. 1. Juni 1867]

Wichelhaus, H., organische Farbstoffe. Ergänzung der Vorlesgn. üb. chem. Technologie. (VI, 149 S. m. 19 Abb.) gr. 8. Dresden 909. Th. Steinkopff. 4.—; geb. 5.—
Hauptwerk (Vorlesungen üb. chemische Technologie). Jetzt: Ebd. 16.—; geb. n 18. 50

Wichelhaus, H., über die Lebensbedingungen der Pflanze. Vortrag gehalten im wissenschaftl. Verein zu Berlin am 29. Febr. 1868. gr. 8. (30 S.) Berlin 868, Dümmler'sche Verlagsh. *

— populäre Vorlesungen über chemische Technologie. gr. 8. (VII, 379 S. m. Abb.) Berlin 902. G. Siemens. n. 10.—; geb. in Leinw. n. 11.—

— populäre Vorlesungen über chemische Technologie. 2. Thl. (IV, 193 S. m. Abbildgn.) gr. 8. Ebd. 904. n. 5.—; geb. in Leinw. n. 6.—

Wichelhaus, H., Vorlesungen üb. chemische Technologie. 2. umgearb. u. verm. Aufl. (VII, 836 S. m. 192 Abbildgn.) gr. 8. Berlin 906. G. Siemens. n. 16.—; geb. in Halbfrz. n.n. 18. 50

Wichelhaus, Joh. (Mitarb.), s. Abschiedspredigten.

(Wichelhaus.) — Einige Briefe des selig verstorbenen Prof. der Theologie Johannes Wichelhaus, geb. zu Mettmann, den 13. Jan. 1819, gest. zu Halle, den 14. Febr. 1838, an mehrere seiner Schüler u. von diesen herausg. Halle 859. Buchhdlg. des Waisenhauses. gr. 8. (VIII, 95 S.) n. 10 ngr.

Wichelhaus, Gebet, s. Gedächtnißfeier.

Wichelhaus, Johannes: Dissertationis de Ieremiae versionis Graecae Alexandrinae indole atque auctoritate part. 1. Halis (1846): Heynemann. 44 S. 8°
Halle-Wittenberg, Theol. Liz.-Diss. u. Hab.-Schr. v. 17. Okt. 1846
Geb. [Mettmann bei Elberfeld 13. 1. 1819]
Ersch. vollst. u. d. T.: De Ieremiae versione Alexandrina. Halis: Anton 1847. 188 S.

Wichelhaus, Johs., die Lehre der hl. Schrift vom Worte Gottes, vom Wesen u. Werken Gottes, vom Menschen u. Gesetz Gottes. Nebst Mitteilgn. aus seinem Leben. Hrsg. v. A. Zahn. 3., veränd. Aufl. gr. 8. (410 S.) Stuttgart 892. (J. F. Steinkopf) n. 5.—

— Mitteilungen aus den Vorlesungen üb. das Alte Testament. Hrsg. v. Adf. Zahn. 1.—3. Hft. gr. 8. Ebd. 891. n. 6. 20
1. Aus den Psalmen. (163 S.) n. 1. 60
2. Aus Mose u. den Propheten. (99 S.) n. 1.—
3. Aus der Genesis. Hrsg. v. Richter. (261 S.) n. 3. 60

—— neun Predigten aus dem Nachlaß (des Verf.) gr. 8. (X und 125 S.) Bonn 859, Marcus. *

— d. sieben Sendschreiben d. Herrn, an d. sieben Gemeinden in Asien, in e. Reihe von Predigten erklärt u. zum Druck befördert von F. Sander. gr. 8. Elberf. 827. Hassel. 12 gr.

Wichelhaus, Joan., de Jeremiae versione Alexandrina. 8maj. (188 S.) Halis 847, Anton. *

—— de novi Testamenti versione syriaca antiqua quam Peschitho vocant libri quatuor. 8maj. (VIII und 341 S. mit 1 lithogr. Karte in Imp.-4.) Halis 850, libraria orphanotrophei.

Wichelhaus, Johs., Versuch eines ausführlichen Kommentars zu der Geschichte des Leidens Jesu Christi nach den vier Evangelien. gr. 8. (XVI und 296 S.) Halle 855, Buchhandlung des Waisenhauses.

Wichelhaus, Johs., akademische Vorlesungen über biblische Dogmatik. Die drei ersten Hauptstücke. Hrsg. von Adph. Zahn. gr. 8. (VII, 157 S.) Halle 874, Fricke. *

Wichelhaus, Johs., academische Vorlesungen üb. biblische Dogmatik. Nebst Mittheilgn. aus seinem Leben. Hrsg. v. A. Zahn. 2. Aufl. gr. 8. (XCIII, 201 S.) Halle 884. Fricke's Verl. n. 3.—

Wichelhaus, Johs., akademische Vorlesungen über das neue Testament. Hrsg. von Adph. Zahn. 1. und 2. Bd. gr. 8. Halle, Fricke. *
Inhalt:
Bd. 1. Einleitung in den Hebräerbrief und Erklärung seines 1. Kapitels, Erklärung des 1. Briefes Petri und des Briefes Jacobi. (XI, 210 S.) 875. ℳ 3.
» 2. Das Evangelium Matthäi. (VI, 437 S.) 876. ℳ 4.

— akademische Vorlesungen üb. das neue Testament. 2. u. 3 Bd. Hrsg. u. ergänzt v. A. Zahn. gr. 8. Halle, Fricke's Verl. n. 7.— (1—3.: n. 10.—)
2. Das Evangelium Matthäi. 2. Aufl. besorgt v. W. Becker. (VIII, 459 S.) 885. n. 4.—
3. Das Evangelium d. Johannes. (XVII, 264 S.) 884. n. 3.—

Wichelhaus, (Prediger) Jh., Weg zur Ruhe. 8. Elberf. 826. Hassel. 14 gr. 2e Aufl. ... 12 gr. Fein Pap. 20 gr.

Wichelhaus, Joh., Weg zur Ruhe. Predigten. 2., unveränd. Aufl. gr. 8. (14 B.) Elberfeld 833, Hassel.

Wichelhausen, Engelb., († d. 7. Jan. 1814.) über d. Bäder d. Alterthums, insonderheit d. alten Römer, ihren Verfall u. die Nothwendigkeit, sie allgemein wieder einzuführen, ein Beitrag z. nöth. Reform d. prakt. Medizin. gr. 8. Manh. 807. Schwan u. G. 1 ß 6 gr.

Wichelhausen, Engelbert: Ueber die Erkenntnis, Verhütung und Heilung der schleimigen Lungensucht. Th.1, 332 S., gbd.

Mannheim u.Heidelberg: Schwan & Götz 1806

JB 2.389

—oratio de adversis medicinae fatis omni utilitate non destitutis. 4. Bremen 784.

—Ideen über d. beste Anwendung d. Wachsbilderei, nebst Nachrichten von d. anatom. Wachspräparaten in Florenz u. deren Verfertigung 2c. 8. Frankf. 798. Zeßler. (Diez). 12 ℊ

— Diss. inaug. de phthisi pituitosa. 4. Gotting. 783.

—Züge zu e. Gemälde von Moskau, in Hinsicht auf Klima, Kultur, Sitten, Lebensart, Gebräuche, vorzügl. aber statist.-phys. u. medizinische Verhältnisse. 8. Berl. 803. Sander. 1 ℛ 8 ℊ Velinp. 2 ℛ

Wichelhausen, Johann (Bremen) A. S. 571/9

Dissertatio iuridica inauguralis de arbitrio iudicis circa usuras pecuniae mutuaticiae.
Präs. Georg Heinrich Ayrer.
Göttingen (Vandenhoeck) 2. V. 1750. 76 S.

Gew.: Stadt Bremen. 36551

Wichelhausen, Petrus Iacobus: De gastritide chronica. Halae (1822): Grunert. 42 S. 8°
Halle-Wittenberg. Med.-Diss. v. 29. Juni 1822
Geb. Bremen [25. 12.] 1799. V

***Wichelhausen,* Wlh. Er., schediasma inaug. analecta quaedam ex antichresi collecta promens. 4. Götting. 792. Dieterich. 2 ℊ**

Wichels, J., Alkoholismus u. Erziehung. Vortrag, geh. auf der Versammlg. des Bez.-Lehrervereins Stade am 25. V. 1904 zu Neuhaus a. d. Oste. (16 S.) 8. Geestemünde 904. (J. H. Henke.) n. — 15

Wicher — Beschreibung des vom h. Minist. der Unterr. Angelegenh. dem hiesigen Gymn. im J. 1831 geschenkten mathem. physik. Apparats, mit Bemerk. üb. d. Zweck dess. 18 S. . .
Progr. Lauban 1835

Wicher, (Oberlehrer) Lehrbuch der Physik für die oberen Classen der Gymnasien und höheren Bürgerschulen. Mit 8 Figurentaf. gr. 8. Breslau 844, Graß B. u. C. n. 1 1/6 ℛ

Wicher, Balth., die nach d. Grunde d. Natur u. Erfahrung entdeckte medicinische Wahrheit. 8. Hamburg. 722.

Wicher, Clem. — Ueber die Art der Behandlung einer quadratischen Gleichung in analytisch-geometrischer Hinsicht. 24 S. . . . . . .
Lauban, Progr. 1831

Wicher, Clemens — Gründe, warum auf Gymnasien bei dem Unterrichte in der Mathematik weit geringere Resultate erzielt werden, als in den übrigen Lehrgegenständen. 18 S. .
Lauban, Progr. 1845

Wichera, s.: Franck v. Wichera.

Wichera, Josef. Posthandbuch üb. die vorschriftmässige Behandlung der Fahrpostsendungen nach dem In- u. Auslande. Mit Post-Ortsverzeichnis berechnet für Graz u. Umgebung. 8. (102 S.) Graz 890, Moser. * 1 —

Wichera, Josef, Posthandbuch über die vorschriftsmässige Behandlung der Fahrpostsendungen nach dem In- und Auslande. Mit Post-Ortsverzeichniss berechnet für Graz und Umgebung. Zum Gebrauche für das Publicum bearbeitet. Schmal-8. (102 S.) —.50
Graz: Moser (Meyerhoff) 1890.

Wicherkiewicz, Boleslaus

Wicherkiewicz, B., üb. secundäre stiellose Hauttransplantation u. ihre Verwerthung für die Blepharoplastik. [Aus: „v. Graefe's Archiv für Ophthalm."] gr. 8. (38 S.) Berlin 887. (Wiesbaden, Bergmann.) n.n. 1. 50

Wicherkiewicz, B., 6. Jahres-Bericht üb. die Wirksamkeit der „Augen-Heil-Anstalt f. Arme" in Posen St. Martin No. 6. f. d. J 1883. gr. 8. (39 S.) Posen 884. (Wiesbaden, Bergmann.) n.n. 1. —

—— 7. Jahres-Bericht über die Wirksamkeit der Augen-Heil-Anstalt für Arme in Posen, St. Martin-Str. No. 6 für das J. 1884, nebst klin. Casuistik und einer kurzen Abhandlung über Cocain. gr. 8. (III, 48 S.) Posen 885. (Wiesbaden, Bergmann.) **

—— 8. und 9. Jahres-Bericht über die Wirksamkeit der Augen-Heil-Anstalt für Arme in Posen für die J. 1885 und 1886, nebst hygien. und prakt. Anmerkungen, Mittheilungen über die Operation unreifer Staare und Notizen über Cocain. gr. 8. (III, 46; 48 S.) Posen 886. (Wiesbaden, Bergmann.) à Jahrg. **

— 10. Jahresbericht üb. die Wirksamkeit der Augen-Heil-Anstalt f. Arme in Posen, St. Martin-Str. Nr. 6 f. d. J. 1887. gr. 8. (52 S.) Posen 888. Ebd. n.n. 1. 50

Wicherkiewicz, B. 11. u. 12. Jahres-Bericht üb. die Wirksamkeit der Augen-Heil-Anstalt f. Arme in Posen f. d. J. 1888 u. 1889. gr. 8. (32; 42 S.) Posen 889,90. (Wiesb. Bergmann.) à Jahrg. ** 1 50

Wicherkiewicz, B., 13.—15. Jahres-Bericht üb. d. Wirksamkeit d. Augen-Heil-Anstalt f. Arme in Posen, St. Martins-Str. Nr. 6, f. die J. 1890—1892. Lex.-8. Posen, Selbstverlag. n.n. 3. —
13. Für d. J. 1890. (44 S.) 892. n.n. 1. 50
14. 15. Für die J. 1891 u. 1892. (66 S.) 893. n.n. 1. 50

Wicherkiewicz, Boleslaus (geb. Exin in Posen 7. 7. 1847): Ueber Sarkome und ihr Vorkommen im Mediastinum. Berlin (1872). (36 S.) 8°
Berlin, Med. Diss. v. 6. Juli 1872

Wicherkiewicz, Joannes Aloysius *(geb. Zduny in Pos. 15. 6. 1812)*: De pelvi foeminea et pelvis demonstratore. Vratislaviae (1839). (22 S., 3 Taf.) 4°
Breslau, Med. Diss. v. 4. Febr. 1839

Wicherkiewicz, Wladisl. Polnische Konversations-Grammatik zum Schul- u. Selbstunterricht. gr. 8. (VIII, 485 S.) Heidelb. 892, J. Groos. geb. * 4 60; Schlüssel (69 S.) cart. * 2 —

Wicherkiewicz, Wladislaus, polnische Konversations-Grammatik zum Schul- u. Privatunterricht. 2. vielfach veränd. Aufl. von M. v. Wyczlinski. (Methode Gaspey-Otto-Sauer.) (VII, 357 S.) 9. Heidelberg 904. J. Groos. Geb. in Leinw. n. 4. 60; Schlüssel. (103 S.) Kart. n. 2. —

Wicherkiewicz, Wladislaus (Johannes) *(geb. Exin in Pos. [5. 6. 1845])*: Die kirchliche Stellung der Erzbischöfe von Mailand zur Zeit der Pataria. Breslau 1875. (35, II S.) 8°
(Die geplante vollst. Ausg. unt. d. T.: „Kritische Beiträge zur Geschichte der weltlichen und kirchlichen Zustände Mailands zur Zeit des Entstehens der Pataria" ist nicht erschienen.)
Breslau, Phil. Diss. v. 2. Aug. 1875

Wichern, Johann Hinrich, sein Leben und Wirken, s. Oldenberg, F.

— Lebensbild. s.: Krummacher. H.

Wichern, C.

—— und Bethmann-Hollweg, das evangelische Johannesstift, s. Johannesstift, das evangelische.

WICHERN, C., Die Mission unter den Gefallenen. Mit zahlr. Illustr. Hamburg 1874. 12⁰. 112 S. (1 Mk. A. Bielefeld, 1892:)

Das Rosenhäuschen am Genfer See. Eine Erzählung f. Kinder von Elisabeth **Wichern** (Concordia v. d. Tann.) Hamburg: Agentur d. Rauhen Hauses 1903. (76 S.) 8° [F.]
= **Jugendschriften**, Neue. 8. [08. 7304

Wichern, Gustav, a. Hamburg: Über Chinolinazine. Hamburg: W. Mauke Söhne 1905. (31 S.) 8⁰
Freiburg i. B., Phil. Fak., Ref. Gattermann, Diss. v. 7. Juli 1905.
[Geb. 28. März 80 Hamburg; Wohnort: Freiburg; Staatsangeh.: Hamburg; Vorbildung: Gymn. Martino-Katharineum Braunschweig Reife O. 02; Studium: Freiburg 1, München 1, Freiburg 4 S.; Rig. 12. Mai 05.]

Wichern, Heinrich, approb. Arzt aus Hamburg: Über primäre Endotheliome der Pleuroperitonealhöhle. *Hamburg: W. Mauke Söhne 1902.* (53 S.) 8°
Tübingen, Med. Diss. v. 1902

Schlachtfelder und Gräber 1870/71 an der Loire. Orleans. Loigny. Beaugency-Cravant. Eine Erinnerungsreise nach 25 Jahren. (Verf.: Heinrich **Wichern.**) Als Ms. gedr. (Neudr. Hamburg 1905: Grefe & Tiedemann.) 46 S. 8⁰

Wichern, Johann

Wichern, J. [Dir.]: Allgemeines über das Paulinum. Hamburg, gedr. bei Lütcke & Wulff, 1889; S. 1–12; 4⁰
Horn, Paulinum, OP 1889 (694).

Wichern, J. [Dir.]: Allgemeines über das Paulinum. Hamburg, gedr. bei Lütcke & Wulff, 1890; S. 1–9; 4⁰
Horn bei Hamburg, Paulinum (PG u. HB), P 1890

Wichern, Joh., Bericht üb. das Rauhe Haus [XXXIX—XL.] Den Freunden der Anstalt im Auftrage d. Vorstehers Wichern mitgetheilt vom stellvertret. Vorsteher d. Rauhen Hauses. gr. 8. (63 S. m. 1 Holzschn.) Hamburg 874. Agentur d. Rauhen Hauses. n. — 60

—— Bericht über das Rauhe Haus. 39.—44. Den Freunden der Anstalt im Auftrage des Vorstehers Wichern mitgetheilt vom stellvertret. Vorsteher des Rauhen Hauses. gr. 8. Ebendas. [39. und 40. Bericht. (57 S.) 874. * 60 Pf.; 41. Bericht. (43 S.) 875. * 40 Pf.; 42. Bericht. (79 S.) 876. * 60 Pf.; 43. und 44. Bericht. (32 S. mit 1 Holzschntaf.) 878. * 40 Pf.] *

Bericht über das Rauhe Haus zu Horn bei Hamburg (1880 u. 1881) v. J. **Wichern.** Hamburg. 1882. 8⁰

Wichern, J., die Brüderschaft des Rauhen Hauses. E. Jubelgabe. gr. 8. (IV, 131 S.) Ebd. 898. n. 1. —

Wichern, der Dienst der Frauen in der Kirche. 1. Aufl. 1857. und 2. Aufl. 16. (III und 82 S.) Hamburg 858, Agentur des Rauhen Hauses. *
Blnp. cart. mit Goldschn. *

Wichern, J., der Dienst der Frauen in der Kirche. 3. Aufl. 16. (80 S.) Hamburg 880. Agentur des Rauhen Hauses. n. — 50; cart. n. — 60; m. Goldschn. n. — 80

Wichern, J., die Einrichtung v. Anstalten f. sittlich gefährdete konfirmierte Knaben, m. besond. Berücksicht. der v. der internationalen criminalist. Vereinigg. (Gruppe Deutsches Reich) dem Reichstage unterbreiteten Petition, betr. „die Behandlg. u. Bestrafg. jugendl. Verbrecher u. verwahrloster Personen". Vortrag, geh. am 5. Dezbr. 1893 auf der Generalversammlg. des Provinzial-Ausschusses f. innere Mission der Prov. Brandenburg in Berlin. gr. 8. (64 S.) Hamburg 894. Agentur d. Rauhen Hauses. n. — 60

Wichern, J. Genossenschaft freiwilliger Krankenpfleger im Kriege. Mittheilungen üb. die Begründg., bisher. Entwickelg. u. den gegenwärt. Bestand der Genossenschaft, nebst Reden u. Ansprachen, geh. v. Brunner, v. Bergmann, Frommel, Cremer, Aegidi, Grafen Douglas. gr. 8. (IV, 77 S.) Berl. 889, Mittler u. Sohn. * 1 —

—— Die Genossenschaft freiwilliger Krankenpfleger im Kriege, ihre Entstehg. u. Organisation, sowie ihre Thätigkeit in Deutsch-Ostafrika. Für die Mitglieder zusammengestellt. gr. 8. (III, 34 S.) Ebd. 890. * — 50

—— Die Genossenschaft freiwilliger Krankenpfleger im Kriege, ihre Geschichte u. Organisation. 2. wesentlich ergänzte Aufl. gr. 8. (III, 18 S.) Ebd. 891. * — 40

—— Marksteine. Geschichte des Rauhen Hauses zu Horn bei Hamburg. gr. 8. (VI, 89 S. m. Abbildgn.) Hamb. 891, Agentur d. Rauhen Hauses. * 1 —

Marksteine. Neues Festbüchlein d. Rauhen Hauses 1833–1898. Den Hausgenossen u. Freunden d. Anst. überreicht von J[ohannes] **Wichern**, Dr. theol. 2. wesentl. verm. Aufl. mit 43 Ill. Im Anh.: Chronik d. Rauhen Hauses mit Hauptdaten aus D. Johann Hinrich Wicherns Leben u. 3 'Kinderliedern' von C. Wichern. Horn b. Hamburg: Rauhes Haus 1898. (159 S.) 8⁰

Wichern, J., die freiwillige Pflege im Felde verwundeter und erkrankter Krieger durch die deutschen Vereine vom roten Kreuz. Handbuch zur allgemeinen Orientierung für die auf Anregung des Zentral-Komitees der deutschen Vereine vom roten Kreuz 1886 begründete „Genossenschaft freiwilliger Krankenpfleger im Kriege" zusammengestellt. Im Anh.: Bilder aus den „Kriegsdiensten freiwilliger Liebesthätigkeit" [Dr. Wichern's Felddiakonie]. 8. (VII, 152 S.) Hamburg 887, Agentur des Rauhen Hauses. **

—— das Rauhe Haus und die Arbeitsfelder der Brüder des Rauhen Hauses 1833—1883. Eine Jubelgabe mit Festgruß von Karl Gerok. Den Freunden des Rauhen Hauses dargeboten. gr. 8. (X, 319 S. mit eingedr. Holzschn.) Ebendas. 883. *

—— das Rauhe Haus mit Berücksichtigung des Entwickelungsganges einzelner Zweiganstalten desselben. Im Anhang 1 (lithogr.) Situationsplan (in 4.) Zugleich als Bericht über die Verwaltungsjahre 1878 und 1879. gr. 8. (111 S.) Hamburg 880, Agentur des Rauhen Hauses. *

Das Rauhe Haus zu Horn bei Hamburg. Bericht über die Verwaltungsjahre 1882–1885 v. J. **Wichern.** Hamburg. 1886. 8⁰.

[Umschlagt.:] **Wichern,** J. [Dir.]: Rückblick auf die 40jährige Entwickelung des Paulinum. Hamburg, gedr. bei Lütcke & Wulff, 1892; 1—21 S. 4.
Horn bei Hamburg, Paulinum (PG u. HB), P 1892 (737)

Wichern, J. D. J. H. Wichern u. die Brüderanstalt des Rauhen Hauses. Ein Beitrag zur Geschichte der Inneren Mission innerhalb der einzelnen Landesgebiete Deutschlands u. des Auslandes. gr. 8. (70 S.) Hamb. 892, Agentur d. Rauhen Hauses. * — 75

Wichern, Johann Heinrich

Wichern, Joh. Heinr., An die sozialdemokratischen Arbeiter. 8⁰. Hamburg 1892.

— s. a. Blätter, fliegende.

Wichern, J. H., Fliegende Blätter aus dem rauhen Hause. Hamburg 1845—59. 14 Bde. 8.

Wichern, J. H., aus der Büchermappe. Erzählungen. 8. (226 S.) Hamburg 878, Agentur des Rauhen Hauses. * geb. *

Wichern, J. H., Frau Dortel, s. Frau Dortel.

— die arme Frau Dortel am Weihnachtsabend, s.: Schillingsbücher.

Wichern, J. H., über Erziehung zur Arbeit insbesondere in Anstalten. Eine gelegentliche Erörterung. Als Anh.: Jahresbericht über die Kinderanstalt des Rauhen Hauses von 1866. Hamburg 867. Agentur des Rauhen Hauses. gr. 8. (64 S. mit eingedr. Holzschn.) n. 8 ngr.

— Johannes Falk u. sein Institut in Weimar. Aufsätze aus dem J. 1833. [Aus: „Ges. Schriften".] (IV, 59 S.) gr. 8. Ebd. (908). — 80

— Festbüchlein des Rauhen Hauses zu Horn. 3. ganz umgearb. u. stark verm. Aufl. Hamburg 855. Agentur des Rauhen Hauses. 12. (XVI, 500 S. u. 3 Lithogr.) n. 24 ngr.

Wichern, (J. H.), Festbüchlein des Rauhen Hauses zu Horn. 3., ganz umgearb. und stark verm. Aufl. 12. (XVI und 500 S. mit 3 Stnt.) Hamburg 856, Agentur des Rauhen Hauses. *

Wichern, J. H., Festpredigt gehalten am Jahresfest des Vereins für innere Mission in Hamburg, den 9. Novbr. 1869 im Abendgottesdienst der St. Petri Kirche in Hamburg. gr. 8. (15 S.) Hamburg 870, Agentur des Rauhen Hauses. *

Wichern, J. H., Geschichte u. Geschichten des Rauhen Hauses zu Horn. 1. Bdchn. Festbüchlein d. Rauhen Hauses in Horn. 12. (Mit 3 Abbild.) Hamburg 845, Agentur des Rauhen Hauses. n. 1/4 ℛ

Wichern, J. H., Geschichte u. Geschichten des Rauhen Hauses zu Horn. 1. Bdchn. 2. Aufl. A. u. d. T.: Festbüchlein des Rauhen Hauses zu Horn. 2. Aufl. 12. (XVI u. 296 S. m. 4 Lith.) Hamburg 851, Agentur des Rauhen Hauses. 9 ngr.

Wichern, J. H., der Herold der Inneren Mission. Berlin [1897]. V: *Hennig, Martin.* (Berl)

—— August Hobelmann, s. Hobelmann.

Wichern, J. H., August Hobelmann, s.: Schillingsbücher.

—— 13. Jahresbericht über die hamburger Rettungs-Anstalt, s. Jahresbericht.

—— neunter Jahresbericht des Verwaltungs-Raths etc., s. Jahresbericht.

— zusammengefaßter 14–17. Jahres-Bericht über die Kinder-Anstalt des Rauhen Hauses vom Jan. 1847 bis Octbr. 1851. [Mit einer Abbildung u. einem Situationsplan der Anstalt (in Holzschn.)] gr. 8. (VIII u. 128 S.) Ebd. 851. n. 1/3 ℛ

— Jugend- u. Brautbriefe, sowie Tagebuchblätter aus den Jugendjahren. Hrsg. von J. Wichern. Mit dem Jugendbildnis Wicherns nach e. Zeichng. v. E. Speckter. [Aus: „Ges. Schriften".] gr. 8. (VII, 214 S.) Ebd. 901. n. 3. —; geb. in Leinw. n. 4. —

— üb. die Konfirmationspraxis. (Aus dessen Vortrag auf dem Kongreß für innere Mission in Stuttgart im J. 1869.) gr. 8. (11 S.) Ebd. (900). n. — 20
Sonderabdruck aus: „Flieg. Blätter aus dem Rauhen Hause".

Wichern, Joh. Hinr., das Leben d. Johannes Falk, s.: Oldenberg, F.

—— unsere Lieder. 4. Aufl. 16. (VIII, 376 S.) Ebendas. 870. cart. *

Wichern, J. H., unsere Lieder. 5. Aufl. gr. 16. (VIII, 392 S.) Hamburg 877. Agentur d. Rauhen Hauses. n. 1. 20; Velin-Ausg. geb. m. Goldschn. n. 3. —

—— Material zur Ansammlung von Volksbibliotheken, mitgetheilt an die Theilnehmer des Congresses für innere Mission zu Wittenberg, im Septbr. 1849. gr. 8. (30 S.) Hamburg 849, Agentur des Rauhen Hauses.

—— Märtyrer, insbesondere d. evang. Kirche, s. Märtyrer.

—— die innere Mission. Aufzeichnung des Vortrags am 21. Jan. 1849 im Hörsaale der Gelehrtenschule zu Bremen. gr. 8. (16 S.) Bremen 849, Heyse.

—— die innere Mission der deutschen evangel. Kirche. Eine Denkschrift an die deutsche Nation, im Auftrage des Centralausschusses für innere Mission verfaßt. 1. Aufl. (VI und 280 S.) und 2. Aufl. gr. 8. (IV und 284 S.) Hamburg 849, Agentur des Rauhen Hauses.

—— Die innere Mission der deutschen evangelischen Kirche. Eine Denkschrift an die deutsche Nation, im Auftrage d. Central-Ausschusses f. die innere Mission verfaßt. 3. Aufl. gr. 8. (VIII, 278 S.) Hamb. 889, Agentur d. Rauhen Hauses. geb. * 3 —

—— 3. u. 4. Nachricht üb. d. Brüder des Rauhen Hauses als Seminar f. innere Mission unter deutschen Protestanten. gr. 8. Hamburg, Agentur des Rauhen Hauses. [3. (3¼ B.) 845. * 5 Ngr., 4. (1 B.) 46. * 2 Ngr.]

—— Nachricht üb. das Rauhe Haus von 1868—1871. [XXXV—XXXVIII.] Bericht üb. die Kinderanstalt, das Pensionat, die Brüderanstalt, die Buchdruckerei, die Buchhandlg. u. die innere Leitg. gr. 8. (VIII, 135 S. m. 1 Holzschntaf.) Ebend. 872. n. 1. —

—— zweite Nachricht des Vereins für innere Mission in Hamburg am Schluß des J. 1850. Im Auftrage des Verwaltungs-Ausschusses verfaßt. gr. 8. (IV und 63 S.) Hamburg 851, Agentur des Rauhen Hauses.

— Nothstände der protestant. Kirche u. die innere Mission. Zugleich als zweite Nachricht über die Brüder des Rauhen Hauses als Seminar für innere Mission. gr. 8. Ebend. 844. 1/3 ℛ

—— das Rauhe Haus, seine „Kinder" und „Brüder." 1. und 2. Abdr. gr. 8. (VIII und 136 S. mit 1 Holzschnt.) Hamburg 861. 62, Agentur des Rauhen Hauses. *

— das Rauhe Haus, seine „Kinder" u. „Brüder". 3. vielfach erweit. Aufl. gr. 8. (VIII, 120 S. m. 1 Holzschntaf.) Ebend. 872. n. 1. —

Wichern, Johann Hinrich. Gesammelte Schriften. 1. Hamburg 1901. H: *Wichern, Johs.* (Berl)

Wichern's, Joh. Hinr., gesammelte Schriften. I—III. gr. 8. Hamburg, Agentur des Rauhen Hauses. n. 28. 60; geb. in Leinw. n. 33. —
I. Briefe u. Tagebuchblätter. Hrsg. von J. Wichern. 1. Bd. 1826—1848. Mit dem Jugendbildnis Wicherns nach einer Zeichng. v. E. Speckter. (VIII, 459 S.) 901. n. 6. —; geb. n. 7. 20
II. Dasselbe. 2. Bd. 1849—1857. Mit 1 Bildnis J. H. Wicherns aus d. J. 1867. (VII, 508 S.) 901. n. 6. 60; geb. n. 7. 80
III. Prinzipielles zur inneren Mission. Die wichtigsten Aufsätze, Vorträge u. Abhandlgn. üb. Fragen u. Aufgaben der inneren Mission. Hrsg. von Frdr. Mahling. (XII, 1275 S.) 902. n. 16. —; geb. n. 18. —

Wichern's, Joh. Hinr., gesammelte Schriften. IV. gr. 8. Hamburg, Agentur des Rauhen Hauses. n. 7. —; geb. in Leinw. n. 8. — (I—IV.: 35. 60; geb. 41. —)
Zur Gefängnis-Reform. Reden, Denkschriften u. Gutachten üb. das Gefängniswesen, speziell die Durchführg. der Einzelhaft in Preußen. Hrsg. v. J. Wichern. Die Anhänge enthalten Daten aus Wicherns Wirksamkeit im Dienst der Gefangenen, Auszüge aus gesetzl. Bestimmgn., Reglements u. Ministerial-Erlassen, ferner Uebersichten üb. die Gesamtentwicklg. der Einzelhaft in Preußen u. die Entlassenen-Fürsorge bis auf die Gegenwart, endlich e. umfass. Literatur-Verzeichnis. (VIII, 491 S.) 905.

Wichern's, Joh. Hinr., gesammelte Schriften. V. u. VI. Bd. gr. 8. Hamburg, Agentur des Rauhen Hauses. 9.—; geb. 11.— (Vollst. 44.60; geb. 52.—)
V. Zur Erziehungs- u. Rettungshausarbeit. Aufsätze, Berichte u. Tagebuchblätter. Hrsg. v. J. Wichern. Das Rauhe Haus. (Tl I) Der Anh. enth. bis dahin nicht veröffentlichte Schriftstücke üb. die einzelnen Zweiganstalten des Rauhen Hauses. (XII, 509 S.) 908. 6. —; geb. 7. —
VI. Dasselbe. Aufsätze üb. Rettungsanstalten aus dem J. 1833. (Tl. II.) — Rettungsanstalten f. Kinder im deutschen Sprachgebiet. (Tl. III.) (IV, 267 S.) 908. 3. —; geb. 4.

—— die Ursachen der so vielfach erfolglosen Bemühungen in der heutigen Kindererziehung. Ein Vortrag, gehalten zu Berlin am 9. Febr. 1863. 8. (51 S.) Hamburg 863, Agentur des Rauhen Hauses. *

— **Vorträge u. Abhandlungen.** Hrsg. v. J. Wichern u. F. Oldenberg. 1. Abth. Congreß-Vorträge. gr. 8. (VI, 834 S.) Hamburg 892. Agentur d. Rauhen Hauses. n. 3. 60; geb. in Leinw. n. 4. 20

— zwei Weihnachtsgeschichten. Mit Bildern (in eingedr. Holzschn.) v. Otto Speckter u. A. Eine Weihnachtsgabe. gr. 16. (80 S.) Ebend. 874. n. — 80

Wichern, J. H., zwei Weihnachtsgeschichten. Eine Weihnachtsgabe. 2. Aufl. 12. (80 S. m. Abbildgn.) Hamburg 890. Agentur d. Rauhen Hauses. n. — 30

Wichern, Karoline

WICHERN. — Unsere Lieder (hrsg. von —). 2. Aufl. Hamburg 1853. 8°. (In Hannover, Stadtbibl.)

Wichern, C., unsere Lieder. Neu hrsg. 6. verm. Aufl. gr. 16. (IV, 397 S.) Hamburg 888, Agentur des Rauhen Hauses. * geb. *M 1.60.; geb. mit Goldschn. *

Wichern, Caroline, unsere Lieder. Neubearb. v. Elisab. Friederichs. 7. Aufl. (XV, 388 S.) kl. 8. Hamburg (908). Agentur des Rauhen Hauses. Geb. in Leinw. 1. 60

Wichern, Caroline, Weihnachtsglocken. Lieder und Gesänge für gemischten Chor. Lex.-8. (23 S.) Hamburg 881, Agentur des Rauhen Hauses. *

—— alte und neue Weihnachtslieder für Schule und Haus. Gesammelt und zum Theil neu bearb. 1.—3. Aufl. 8. (48 S.) Ebendas. 880,81. *

Wichern, Caroline, alte u. neue Weihnachtslieder f. Schule u. Haus. Gesammelt u. zum Theil neu bearb. 4. Aufl. 8. (48 S.) Hamburg 886. Agentur d. Rauhen Hauses. n. — 40; wohlf. Ausg. 5 Explre. n. 1. —

Wichern, Caroline, alte und neue Weihnachtslieder für Schule und Haus. Gesammelt und zum Theil neu bearb. 4. Aufl. 8. (48 S.) Hamburg 888, Agentur des Rauhen Hauses. * Wohlf. Ausg. 5 Exempl. *

Wichern, Caroline. Alte u. neue Weihnachtslieder f. Schule u. Haus. 5. Aufl. 8. (48 S.) Hamb. 890, Agentur d. Rauhen Hauses. * — 40; auf geringerem Pap., 5 Explre. * 1 —

Wichern, Caroline, alte u. neue Weihnachtslieder f. Schule u. Haus. Gesammelt u. zum Tl. neu bearb. 6. Aufl. 8. (48 S.) Hamburg 893. Agentur des Rauhen Hauses. n. — 40

Wichern, Caroline, alte u. neue Weihnachtslieder für Schule u. Haus. Gesammelt u. zum Teil neu bearb. 7. Aufl. (Feine Ausg.) 8. (48 S.) Hamburg 897. Agentur d. Rauhen Hauses. n. — 40; einfache Ausg., 5 Explre. n. 1. —

Wichern, Caroline, alte u. neue Weihnachtslieder f. Schule u. Haus. Gesammelt u. zum Tl. neu bearb. 76.—80. Taus. (48 S.) 8. Hamburg (906). Agentur des Rauhen Hauses. n. — 20; steif brosch. n. — 30

— **Alte u. neue Weihnachtslieder.** Für Schule u. Haus gesammelt u. zum Tl. neu bearb. (106.—115. Taus.) (48 S.) 8. Ebd. (910). p — 20; steif brosch. — 30; geb. — 40

Wichern-Feiern, die. Festbericht v. Katsch u. Festreden der Herren Mahling, M. Hennig, Seeberg, W. Philipps, sowie d. aus Mangel an Zeit nicht geh. Schlußansprache des Hrn. Hesekiel. (63 S.) 8. Ebd. 908. — 80

***Wichers*, B. W., disput. jurid. inaug., ad locum Gaji de Tutelis. 8maj. Gröning. 831. v. Boekeren. 12 ¢**

Wichers, Barthold (Hamburg) A. S. 841/35

Dissertatio medica inauguralis, de multitudinis remediorum abusu. Präs. Georg Ernst Stahl. Halle (Henckel) VIII. 1708. 48 S.

Gew.: Friedrich Hoffmann, Präs. 36552

Wichers, F., Marienpreis! Vollständiges Gebet- u. Andachtsbuch f. alle frommen Verehrer der allerseligsten Jungfrau. 16. (XVI, 384 S. m. farb. Titel u. 1 Farbdr.) Dülmen 901. A. Laumann. Geb. in Leinw. 1. 50

Marienpreis! Vollst. Gebet- u. Andachtsbuch ... Von F. **Wichers.** 2. Aufl. Dülmen: A. Laumann 1906. (XVI, 384 S.) 8° [F.] 108. 1016 6

Wichers, F., die Pflege d. Kirchengesanges. Vortrag, geh. auf der Lehrer-Konferenz d. Hildesheimer Seminar-Bezirks am 16. Juni 1891. [Aus: „Kath. Schulzeitg. f. Norddeutschland".] gr. 8. (19 S.) Klausthal 891. (Hildesheim, L. Steffen.) n. — 20

Wichers, Frz. X., die Einführung des Christenthums im östlichen Niedersachsen u. die Begründung der Stadt Helmstedt. Vortrag im Helmstedter Bürger- u. Gewerbeverein am 29. III. 1900. gr. 8. (16 S.) Hildesheim (900). (Helmstedt, F. Richter.) n. — 20

— eine lutherische „Warnungstafel" in katholischer Beleuchtung. Antwort auf des Herrn Pastor Kellner in Süpplingen „Wegweiser u. Warnungstafel". gr. 8. (68 S.) Hildesheim 898. L. Steffen. n. — 60

Wichers, J., vollständige tabellarische Berechnung des cubischen Inhalts aller vorkommenden viereckigen und runden Hölzer. 3. nach der Methode des Hrn. Segondat bearb. Ausg., für größere Holzdimensionen erweitert u. ausführliche Rundholztafeln enthaltend. Ohne Druck- und Rechnungsfehler. Mit einer Anleitung zur Holzrechnung. Hamburg 854. (Altona, Schlüter.) 12. (XII, 192, XII, 24 S.) n. 1 ₰. 7½ ngr.

Wichers, J., u. Flügge, H., Blätter zur Erinnerung an die Harzturnfahrt, ausgef. v. Mitglied. d. Hamburg-St. Pauli T. V., 15.–20. 5. 1875, Hamburg 1875, 24 S., 8°.

Wichers, J., Holz-Tabellen. Vollständige tabellarische Berechnung des cubischen Inhalts aller vorkommenden viereckigen und runden Hölzer. 2. nach der Methode des Herrn Segondat bearbeitete, auch für größere Holzdimensionen eingerichtete, u. mit ausführlichen Rundholztafeln ergänzte Ausgabe. Ohne Druck- u. Rechnungsfehler. Mit einer Anleitung zur Holzrechnung. 1/24. Hamburg 841. (Altona, Aue's Buchh. Schlüter.) n. 1⅓ ₰

Wichers, J., Holz-Tabellen. Vollständige tabellar. Berechnung des cubischen Inhalts aller vorkommenden viereckigen und runden Hölzer. 3., nach der Methode des Hrn. Segondat bearb. Ausg., für größere Holzdimensionen erweitert und ausführliche Rundholztafeln enthaltend. Ohne Druck- und Rechnungsfehler. Mit einer Anleitung zur Holzrechnung. gr. 8. (XXIV und 216 S.) Hamburg 854. (Altona, Schlüter.) *

Wichers, J., Holz-Tabellen. Vollständige tabellar. Berechnung des cubischen Inhalts aller vorkomm. viereckigen und runden Hölzer. 4., nach Segondat's Methode bearb. Ausg., für größere Holzdimensionen erweit. und ausführl. Rundholztaf. enth. Ohne Druck- und Rechnungsfehler. Mit einer Anleitung zur Holzrechnung. hoch 12. (XXIV und 216 S.) Altona 866, (Schlüter.) *

Wichers, J., Holz-Tabellen für Metermaaß. Vollständige tabellar. Berechnung des Cubik-Inhalts aller vorkomm. viereckigen und runden Hölzer. Nebst einer Anleitung zur Holzberechnung. Schmal gr. 8. (XII, 252 S.) Altona 874, Schlüter. geb. *

Wichers, J., Plan für die Pfingstturnfahrt nach dem Harz 1877 mit geschichtlichen Andeutungen und ... Volkssagen, 8 S., 8°.

Wichers, Louis: Untersuchungen über die in den Spargeln und Spargelwurzeln enthaltenen Bestandteile. Bestimmung des Pentosangehalts verschiedener Holzpilze. Göttingen 1909: Huth. 54 S. 8°
Göttingen, Phil. Diss. v. 23. Dez. 1909, Ref. Tollens
[Geb. 11. März 85 Madioen, Java; Wohnort: Utrecht; Staatsangeh.: Niederlande; Vorbildung: Rykslandbouwschool Wageningen Reife M. 05; Studium: Göttingen 8 S.; Rig. 18. Nov. 09.] [U 10. 1481

Wichers, Paul [aus Hamburg]: Über di [sic!] Bildung der zusammen gesezten [sic!] Zeiten der Vergangenheit im Früh-Mittelenglischen. . . . Kiel, Druck v. Schmidt & Klaunig, 1889; 52 S. + 2 Bl. 8°
Kiel, Phil. Fak., Inaug.-Diss. v. 22. Febr. 1889

Wichers, Paul. Über die Bildung der zusammengesetzten Zeiten der Vergangenheit im Früh-Mittelenglischen. Diss. gr. 8. (52 S.) Kiel 889, (Gnevkow u. v. Gellhorn). * 2 —

Wichers, **R. H. Eyssonio, disquisitio critica de fontibus et auctoritate Cornelii Nepotis. 8maj. Gröning. 828. v. Boekeren. (Leipz., Barth). 16 ℊ**

— s. Theopompi.

Wichers v. Gogh, Ernst, rettet die Kinder. Ein Mahnruf. gr. 8. (15 S.) Berlin 892. O. Harnisch. — 20

Wichers von Gogh, Otto, Die beiden Alexander. Sensations-Schauspiel aus Europas jüngster Vergangenheit in 5 Aufzügen. 8⁰. Zürich, Caesar Schmidt, s. a.

— Bruderliebe. Sociales Schauspiel in 5 Akten. 8⁰. Mels, Buchdr. Otto Hidber, s. a.

Wichers v. Gogh, Otto, das Elend der deutschen Schauspieler. gr. 8. (31 S.) Zürich 893. C. Schmidt. n. — 60

— **das Evangelium des Gottesleugners.** Feinden u. Freunden der Wahrheit gewidmet. gr. 8. (38 S.) Berlin 898. Magazin f. Volkslitteratur, F. Harnisch & Co. n. — 30

Wichers v. Gogh, O. Festschrift zur Eröffnung des Stadttheaters in Zürich. 1891 4

Wichers von Gogh, O. •Flügelschläge des neuen Jahrhunderts. Gedichte. In-8⁰. 64 S. Zürich, Verlags-Magazin (J. Schabelitz). 1 —
1891

— Die reiche Frau. Original-Lustspiel in 5 Aufzügen. 8⁰. Mels, Otto Hidber, 1890.

— **Krieg dem Kriege.** Dramatisches Zukunftsbild vom Schluß d. XIX. Jahrh. 12. (94 S.) Zürich 898. C. Schmidt. n. — 80

— **dasselbe. Sozialpolitisches** Schauspiel in 4 Akten m. e. Nachspiel: Nach der Revolution. 8. (94 S.) Zürich 893. Berlin, Magazin f. Volkslitteratur, F. Harnisch & Co. n. — 50

— Krieg dem Kriege. Socialpolitisches Schauspiel in 4 Akten und einem Nachspiele: Nach der Revolution. 8⁰. Zürich, 3. Socialdemokrat. Verlag, 1893.

— Proletarisches Manifest. 8⁰. Berlin 1893.

— **das Recht auf Arbeit.** Eine Lanze f. das Recht auf Arbeit. **Eine Kampfschrift.** gr. 8. (15 S.) Zürich 892. (Leipzig, F. E. Fischer.) — 25

— Der Renegat. Freiheits-Komödie in 4 Akten. 8⁰. Zürich, Buchdr. Em. Meyer, 1890.

— Rettet die Kinder! Ein Mahuruf. 8⁰. Berlin, O. Harnisch, 1892.

— Sieger und Besiegte. Original-Lustspiel in 4 Aufzügen. 8⁰. Wien, Selbstverlag, Druck v. Kreisel u. Gröger, 1887.

Wichers von Gogh, Otto. Das moderne Zürich. [Illustriert. A.] 4. *o. O. u. J.* [1880/90].

Wichert Beitrag zur Culturgeschichte Hispaniens, die Nachrichten der Alten über die physische und technische Cultur dieses Landes umfassend. 1. Thl. 32 S. 2. Thl. 34 S. . .
Konigsberg, K. G., Progr. 1845, 1846

Wichert, Beiträge z. Culturgesch. Hispaniens, die Nachrichten der Alten üb. d. physische u. techn. Cultur d. Landes. I. Pr. 1845. 82 S. 4°. 1.20
- II. 1846. 138 S. 4°. 1.50

Wichert, 15 Bilder zu Moritz Graf Strachwitz Gedichten. Orig.-Zeichnungen. In Holzschn. ausgeführt von R. Brend'amour. Breslau 867. Trewendt. hoch 4. (15 Holzschntaff. mit Text.) In Mappe. n. 1 *ℛ* 15 *ngr.*

[Lied.] Zum 15. Juli 1837. [Unterz.:] v. W[ichert?]. o. O. [1837]. 8° [Kopftit.]
Ohne Noten: „Heil Dir im Ehrenglanz, . . .“

Wichert, A.

Wichert, A.: Barometer-Beobachtungen auf der meteorologischen Station Konitz. Mit 1 Tafel. Bezieht sich auf die Zeit vom 1. März 1849 bis 1. März 1866. (Schulprogramm-Abhandlung.) 1867.

Wichert, A. Ueber die bestimmten Integrale von der Form $\int_0^{2\pi} \frac{d\,q}{N}$ in denen $N=1+P\cos 2q+P'\sin 2q+2m\cos q\sin q+2m'\sin q+2m''\cos q$ ist. 47 S.
Konitz, Progr. 1851

Wichert. Wärme-Erscheinungen der meteorologischen Station Konitz. 28 S.
Konitz, Progr. 1860

Wichert, Anton [pr. Arzt aus Ostpreussen]: Beitrag zur Casuistik des angeborenen und erworbenen Riesenwuchses mit Berücksichtigung eines Falles von Riesenwuchs hallucis sinistri; hallux sinister enthält ferner als Abnormitäten eine überzählige rudimentäre Phalanx, eine überzählige Sehne und einen überzähligen Nagel; hallux dexter besitzt eine mediale Verdickung mit einem überzähligen rudimentären Nagel. Beide Füsse zeigen einen geringen Grad von Varusstellung . . . Greifswald, Druck v. Julius Abel, 1889; 34 S. 8°
Greifswald, Med. Fak., Inaug.-Diss. v. 8. Aug. 1889.

Wichert, C.: Ueber den Umfang der bisherigen Einführung durchgehender Bremsen bei den Personenzügen preußischer Staatsbahnen. Vortrag. Berlin 1886

Wichert, [C. H. W.] v.: Die im Regierungs-Bezirk Potsdam bestehenden Polizei-Verordnungen. Im amtl. Auftr. zsgest. Potsdam 1853.
— 2. Ausg. 1856.
— 3. Ausg. 1874.
— 4. Ausg. [u. d. Tit.:] Die Polizei-Verordnungen des Regierungs-Bezirks Potsdam. 1875.
— 5. Ausg. Berlin 1880.
— 6. Ausg. 1885.

Wichert, v., die im Regierungs-Bezirk Potsdam bestehenden Polizei-Verordnungen. Im amtl. Auftrage zusammengestellt. 2., verm. und verb. Ausg. gr. 8. (314 S.) Potsdam 856, (Riegel'sche Buchh.) **

Wichert, v., die im Regierungsbezirk Potsdam bestehenden Polizei-Verordnungen. Nachtrag, enthltd. die Polizei-Verordnungen der Jahre 1856 bis einschließlich 1865. Im amtl. Auftrage verfaßt. Potsdam 866. Döring. gr. 8. (83 S.) n. 7½ *ngr.*

Wichert, C. H. W. v., die Polizei-Verordnungen des Reg.-Bez. Potsdam. Im amtl. Auftrage zusammengestellt. 5. verm. und verb. Aufl. gr. 8. (IV, 456 S.) Berlin 880, Hayn's Erben. **

Wichert, **(nicht Wiechert), Dav. Fr., (†d. 10. März 1819.) Diss. inaug. med. de febribus nervosis. 4. Jena 787. (24 S.)**

Wichert, Emil, Referendar: Die Schadensersatzansprüche der mittelbar Verletzten aus § 844 BGB. Breslau 1910: Schles. Volksztg. 74 S. 8°
Breslau, Jur. Diss. v. 2. Mai 1910, Ref. Meyer, Leonhard
[Geb. 5. Aug. 83 Gr.-Maulen; Wohnort: Berlin; Staatsangeh.: Preußen; Vorbildung: Gymn. Braunsberg Reife O. 04; Studium: Breslau 3, Königsberg 4 S.; Rig. 12. Nov. 09.] [U 10. 552

Wichert, Eric., Rigenser, Ueber den Uebergang von Metallsalzen in die Galle. Diss. Dorpat. 8°. 33 pp.
1860.

Wichert, Ernst

— **als Verlobte empfehlen sich —, s.a. Bloch's, Ed., Theater-Korrespondenz.**

Als Verlobte empfehlen sich. s.a. Universal-Bibliothek Nr. 650.

[F.] Als Verlobte empfehlen sich — Lustsp. in 1 Aufz. v. Ernst **Wichert.** *Berlin: E. Bloch (1891).* (39 S.) 1 Bd 8.
= **Theater-Korrespondenz,** Eduard Blochs. No 268. [96. 117]

— die Arbeiter. Roman. 8. (368 S.) Bielefeld 873. Velhagen & Klasing. 4. 50

Wichert, Ernst, die Bekenntnisse e. armen Seele, s.: Universal-Bibliothek.

—— **Biegen oder Brechen, s. Universal-Bibliothek.**

— ein kleines Bild. Novelle. 2. Aufl. 8. (243 S.) Jena 883. Costenoble. n. 1. —

— die Braut in Trauer. Erzählung. 8. (184 S.) Leipzig 884. Reißner. n. 3. —; geb. n. 4. —

Wichert, Ernst. Der jüngste Bruder. Sozialer Roman. 2 Bde. 8. (177 u. 207 S.) Lpz. 892, Reißner. * 6 —; in 1 Bd. geb. * 7 —

— **des Königs Dank, s.: Universal-Bibliothek.**

— unter e. Decke. Novellen. 8. (283 S.) Ebend. 884. n. 5. —

Wichert, Ernst: Dido, s. Universal-Bibliothek Nr. 2143.

Wichert, Ernst, im Dienst der Pflicht, s.a. Universal-Bibliothek.

Im Dienst der Pflicht. Schauspiel in 4 Aufz. von Ernst **Wichert.** Dresden & Leipzig: Reißner 1896. 110 S. 8° [10. 5914]

— 25 Dienstjahre, s. Universal-Bibliothek, Nr. 2050.

— das Duell. — Der Väter Sünden. Novellen. 8. (V, 284 S.) Dresden 900. E. Reißner. n. 3.50; geb. n. 4.50

Wichert, Ernst, Eins zum Andern. Novellen. 8. (289 S.) Leipzig 889. Reißner. n. 4. 50; geb. n. 5. 50

—— **Entgleist.** Novelle. gr. 8. (48 S. mit Illustr. von Otto Gerlach.) Leipzig 887, Reißner. *

—— Wider den Erbfeind und andere Erzählungen. 3 Bde. 8. (248; 250; 296 S.) Ebendas. 873.

—— humoristische Erzählungen, s. Hausschatz, humoristischer, für's deutsche Volk.

—— die Fabrik zu Niederbronn, s. Universal-Bibliothek.

Wichert, Ernst, aus anständiger Familie. Geschichte eines verlorenen Menschenlebens. 3 Bde. 8. (III und 780 S.) Berlin 866, Janke.

—— Aus anständiger Familie. Geschichte e. verlorenen Menschenlebens. 2 Bde. 2. Aufl. 8. (308 u. 376 S.) Ebd. 892. * 8 — geb. * 10 —

—— In Feindes Land, s. Bloch's, E., Theater-Gartenlaube.

Wichert, Ernst, in Feindes Land, s. Universal-Bibliothek Nr. 1163

— post festum, s.a. Universal-Bibliothek.

-- post festum, s.a. Bloch's, Ed., Theater-Korrespondenz.

[Ant. u. F.] Post festum. Lustsp. in 1 Akt v. Ernst Wichert. *Berlin: E. Bloch [1891].* (14 S.) 1 Bd 8.
= Theater-Korrespondenz, Eduard Blochs. No 262. (96. 1174

— die Frau f. die Welt, s.: Universal-Bibliothek.

— **Frauengestalten.** Drei Novellen. 8. (III, 235 S.) Ebd. 894. n. 3. —; geb. n. 4. —

—— der Freund des Fürsten, s. Universal-Bibliothek Nr. 1269

— für todt erklärt, s.: Reclam's Unterhaltungs-Biblioth.

Für todt erklärt, s. Universal-Bibliothek Nr. 1117.

Wichert, Ernst, Gedichte u. Sprüche. (VI, 122 S.) 8. Dresden 904. C. Reißner. n. 2. —; geb. n. 3. —

Wichert, Ernst, eine Geige. Drei Weihnachten, s.: Reclams Novellen-Bibliothek.

Wichert. Ernst, eine Geige. Drei Weihnachten. s.: Universal-Bibliothek.

— die Geschichte des Erstlingswerks, s.: Franzos, Karl Emil.

—— littauische Geschichten. 8. (XVII, 348 S. mit dem Portr. des Verf. in Radirung.) Leipzig 881, Reißner. *

—— Littauische Geschichten. Neue Folge. 8. (VIII, 389 S.) Ebd. 890. * 5 —; geb. * 6 —

— **Geschichten im Schnee.** (III, 249 S.) 8. Ebd. (903). n. 3. —; geb. n. 4. —

—— hohe Gönner. Eine Komödie in 16 Kapiteln. 8. (IV, 318 S.) Ebendas. 883. * *M* 4.; geb. *

—— Das Grafenkind u. andere Novellen. 8. (260 S.) Berl. 889, Gebr. Paetel. * 5 —; geb. * * 6 50

— die Gräfin v. Schwerin, s.: Universal-Bibliothek.

— Gratulationsgedicht gelegentlich der 50jährigen Jubelfeier der Alterthumsgesellschaft Prussia, s.: Dahn, Fel.

— **Herrenmoral.** Roman. 8. (235 S.) Ebd. 897. n. 3. —; geb. n. 4. —

— **Herrenmoral.** Roman. 2. [Titel-]Ausg. 8. (235 S.) Dresden [897.] 901. C. Reißner. n. 2. —; geb. n. 3. —

Wichert, Ernst, ein starkes Herz. Roman. 1. und 2. Aufl. 3 Bde. 8. (414; 346; 439 S.) Jena 876,78, Costenoble. *

— **der Hinkefuß u. andere Novellen.** 8. (VII, 248 S.) Ebd. 901. n. 3. —; geb. n. 4. —

— bei frommen Hirten, s.: Fiebach, Otto.

Bei frommen Hirten, s. Universal-Bibliothek.

— s.: Jahrhundert, das deutsche.

— die glückliche Insel, s.: Universal-Bibliothek.

— sein Kind, s.: Universal-Bibliothek.

Andrer Leute Kinder. 2 Novellen von Ernst Wichert. Dresden & Leipzig: C. Reißner 1895. (263 S.) 8° [F.] (96. 1168 10

— ein Komödiant, s.: Universal-Bibliothek.

—— Hinter den Coulissen. Roman. 3 Bde. 8. (273; 311; 396 S.) Berlin 872, Janke.

— das eiserne Kreuz, s.a. Theater-Gartenlaube.

—— dass. — s.a. Bloch's, E., Theater-Gartenlaube.

— das eiserne Kreuz, s.a. Universal-Bibliothek.

—— das eiserne Kreuz. Lebensbild in 1 Aufzuge. gr. 8. (22 S.) Berlin 870, Lassar's Buchh. *

— **der zerbrochene Krummstab.** Novelle. 8. (164 S.) Dresden 902. C. Reißner. n. 2. —; geb. n. 3. —

— der große Kurfürst in Preußen. Vaterländischer Roman. 1. u. 2. Abth. 3 Bde. 8. Ebend. 886. n. 13. —; in 2 Bde. geb. n. 15. —
1. Konrad Born. (503 S.) n. 6. —; geb. n. 7. —
2. Der Schöppenmeister. 2 Bde. (278 u. 309 S.) n. 7. —; in 1 Bd. geb. n. 8. —

— der große Kurfürst in Preußen. Vaterländischer Roman. 3. Abth. 2 Bde. A. u. d. T.: Christian Ludwig v. Kalckstein. 2 Bde. (314 u. 354 S.) Ebd. 887. n. 7. —; in 1 Bd. geb. n. 8. — (I—III.: n. 20. —; geb. n. 23. —)

— der große Kurfürst in Preußen. Vaterländischer Roman. 1. u. 2. Abth. 3 Bde. 3. Aufl. 8. Leipzig 893. Dresden, C. Reißner. n. 13. —; in 2 Bde. geb. n. 15. —
1. Konrad Born. (503 S.) n. 6. —; geb. n. 7. —. — 2. Der Schöppenmeister. 2 Bde. (278 u. 308 S.) n. 7. —; in 1 Bd. geb. n. 8. —.

— der große Kurfürst in Preußen. Vaterländ. Roman. III. Abth. Christian Ludwig von Kalckstein. 2 Bde. 3. Aufl. 8. (VII, 314 u. 352 S.) Dresden 896. C. Reißner. n. 7. —; in 1 Bd. geb. n. 8. —

— Schuster Lange, s.a. Hesse's, Max, Volksbücherei.

— Schuster Lange. Störungen. Gesammelte Novellen. 2 Bde. 8. (216 u. 243 S.) Jena 876. Costenoble. 4. 50

— Schuster Lange. Störungen. 2 Novellen. 2. Aufl. 8. (216 S.) Jena 883. Costenoble. n. 1. —

—— aus dem Leben. Erzählungen. 2 Bde. 8. (245; 252 S.) Leipzig 882, Reißner. *

Wichert, Ernst, Licht und Schatten, Schauspiel in 5 Akten. 16. (136 S.) Berlin 861, Decker'sche geheime Ober-Hofbuchdruckerei.

WICHERT, Rosa Lichtwart. Berlin, o. J. 8°. 311 S. (R. Zinke's Dresdner Novbr.-Auct. 1905, no. 1302:)

Wichert, Ernst, Rosa Lichtwart. Novelle. br. 8. (311 S.) Berlin 871. May. n. 3. —

— blinde Liebe. Novelle. 8. (260 S.) Ebd. 895. n. 3. —; geb. n. 4. —

— an der Majorsecke, s.: Universal-Bibliothek.

— der Mann der Freundin, s.: Universal-Bibliothek.

— Marienburg, s.a. Universal-Bibliothek.

Marienburg. Schauspiel in 5 Aufz. von Ernst **Wichert**. Souffiier- u. Regiebuch. Leipzig: Ph. Reclam jun. [1895]. (86 S.) 8° [F.]
(Universal-Bibliothek 3357.) 106. 964 8 10

—— ein häßlicher Mensch. Roman. 2 Bde. 8. (390 S.) Berlin 868, Janke.

— Minister a. D. Roman. 8. (366 S.) Ebd. 899. n. 5. —; geb. n. 6. —

— s.: Monatsschrift, altpreussische.

— Monte Carlo u. and. Geschichten. 12. (III, 268 S.) Dresden 898. C. Reißner. n. 3. —; geb. n. 4. —

— Monte Carlo u. andere Geschichten. 2. [Titel-]Ausg. 8. (III, 268 S.) Dresden [898]. 901. C. Reißner. n. 2. —; geb. n. 3. —

—— Moritz von Sachsen. Trauerspiel in 5 Akten. Den Bühnen gegenüber Mscr. 8. (XI, 88 S.) Ebendas. 873. *

— Herr v. Müller. Roman. 2 Bde. 8. (232 u. 222 S.) Ebd. 893. n. 7. —; in 1 Bd. geb. n. 7. 50

— Peter Munk, s.a. Universal-Bibliothek.

—— Peter Munk. Volksschauspiel in 4 Aufzügen und 1 Vorspiel. gr. 8. (127 S.) Ebendas. 882. *

— Mutter u. Tochter. Eine littauische Geschichte. 8. (115 S.) Leipzig 886. Reissner. n. 2. —; geb. n. 3. —

— Mütter. 2 Novellen. (290 S.) 8. Dresden (904). C. Reißner. n. 3. —; geb. n. 4. —

— der Narr d. Glücks, s.: Bloch's, E., Volks-Theater.

— dasselbe. s.: Universal-Bibliothek.

— von der deutschen Nordost-Mark. Vier preuß. Historien. 8. (406 S.) Ebend. 885. n. 6. —; geb. n. 7. —

—— Gesammelte Novellen. 2 Bde. 8. Jena 876, Costenoble. 4 50
Inhalt:
Bd. 1. Schuster Lange. — Störungen. (216 S.)
„ 2. Ein kleines Bild. (243 S.)

— nur e. Jude! Das Grundstück. Neue littauische Geschichten. 8. (III, 234 S.) Leipzig 893. Dresden, C. Reißner. n. 3. —; geb. n. 4. —

—— die gnädige Frau v. Paretz. Dramolet in 1 Aufzug. 8. (46 S.) Leipzig 877, Ph. Reclam jun. geb. mit Goldschn. *

— dasselbe. s.a. Universal-Bibliothek.

—— die gnädige Frau v. Paretz. Dramolet in 1 Aufzug. 2. Aufl. 8. (46 S.) Leipzig 882, Ph. Reclam jun. geb. mit Goldschn. *

—— die gnädige Frau v. Paretz. Dramolet in 1 Aufzug. 3. Aufl. 8. (46 S.) Leipzig 887, Philipp Reclam jun. geb. mit Goldschn. *

— die gnädige Frau v. Paretz. Dramolet in 1 Aufzug. 4. Aufl. 12. (48 S.) Leipzig 894. Ph. Reclam jun. Geb. in Leinw. m. Goldschn. n. 2. —

—— Heinrich v. Plauen. Historischer Roman in 3 Bdn. 8. (337; 506; 417 S.) Leipzig 881, Reißner. * geb. *

—— dass. — 2. Aufl. 3 Bde. 8. (282; 404; 337 S.) Ebendas. 883. *M 9.; geb. *

—— Heinrich v. Plauen. Historischer Roman in 3 Bdn. 3. Aufl. 8. (284; 404; 337 S.) Leipzig 886, Reißner. * geb. *

— Heinrich v. Plauen. Historischer Roman in 3 Bdn. 4. Aufl. 8. (284, 404 u. 337 S.) Leipzig 890. Reißner. n. 9. —; geb. n. 12. —

— Heinrich v. Plauen. Historischer Roman in 3 Bdn. 5. Aufl. 8. (284, 404 u. 336 S.) Leipzig 893. Dresden, C. Reißner. n. 9. —; geb. n. 12. —

—— Rauschen. Ein Strand-Idyll. 8. (IV, 202 S.) Ebendas. 881. *M 1,50.; geb. *

—— die Realisten, s. Universal-Bibliothek.

— aus eignem Recht, s.a. Universal-Bibliothek.

— aus eigenem Recht. Vaterländisches Schauspiel in 5 Aufzügen. 1. u. 2. Aufl. 8. (147 u. IV, 143 S.) Leipzig 893. 894. Dresden, C. Reißner. à n. 2. —

— **Richter u. Dichter, s.a. Selbstbiographieen, zeitgenössische. II.**

Richter und Dichter. Ein Lebensausweis von Ernst Wichert. Berlin & Leipzig: Schuster & Loeffler 1899. (304 S.) 8°
(Selbstbiographien, Zeitgenössische. Bd 2.)

—— kleine Romane. 3 Bde. 8. Berlin 871, Janke.
Inhalt:
Bd. 1. Am Strande. Für todt erklärt. (328 S.)
„ 2. Ein Komödiant. Schwester Louise. (298 S.)
„ 3. Pauline. (343 S.)

—— aus verstreuter Saat. Roman. 8. (235 S.) Ebendas. 886. *ℳ 3.—.; geb. *

— der Schaktarp, s.a. Verein f. Verbreitung guter Schriften, Zürich. Nr. 47.

— Der Schacktarp, s.a. Volksbücher, Wiesbadener.

Wichert, Ernst. Der Schaktarp. Eine littauische Geschichte. 99 S. 8. Zürich, Jacques Bollmann, August 1902. fr. —.20
Verein für Verbreitung guter Schriften (Zürich) No. 47. 1902.

— vom alten Schlage. Roman in 3 Büchern. 3 Bde. 8. (186, 184 u. 248 S.) Dresden 898. C. Reißner. n. 8. —; geb. n. 10. —

—— ein Schritt vom Wege, s. Bloch's, E., Volks-Theater.

— Ein Schritt vom Wege, bearb. v. Eug. Bestaux, s.: Übungsbibliothek, französische.

— dasselbe, s.: Universal-Bibliothek.

—— Schule u. Leben. Novellen. 8. (311 S.) Ebd. 891. * 4 50
geb. * 5 50

— eine vornehme Schwester. Roman. 8. (288 S.) Breslau 883. Schottländer. n. 3. —; geb. n. 4. —

Die Schwestern. E. litauische Gesch. v. Ernst Wichert. Dresden & Leipzig: C. Reissner 1896. (1 Bl., 170 S.) 1 Bd 8°

— die Schwestern. Eine litauische Geschichte. 8. (170 S.) Ebd. 898. n. 2. —; geb. n. 3. —

Wichert, Ernst, der geheime Secretair, s. Universal-Bibliothek Nr. 1463.

— der Sohn seines Vaters, s.a. Goldschmidt's Bibliothek.

—— der Sohn seines Vaters. Novelle. 8. (213 S.) Berlin 885, Alb. Goldschmidt. *ℳ 3.—.; geb. *

—— dass. — 2. Aufl. 12. (213 S.) Ebendas. 888. *

Der Sohn seines Vaters. Novelle von Ernst Wichert. 3. Aufl. *Berlin: A. Goldschmidt 1901.* (213 S.) 8° [F.]
= Bibliothek, Goldschmidts, f. Haus u. Reise. Bd 101. [02. 13337

— Sommergäste. Zwei Humoresken. 8. (125 S.) Leipzig 883. Reißner. n. 1. —

Wichert, Ernst (II.), die politischen Stände Preußens, ihre Bildung und Entwickelung bis zum Ausgange des 16. Jahrh. gr. 8. (74 S.) Königsberg 868, (Hübner und Matz.) *
Aus: Altpreuß. Monatsschrift, besonders abgedruckt.

– Die Stimme der Natur, s. Universal-Bibliothek Nr. 925.

– Am Strande, s.a. Universal-Bibliothek, Nr. 1227.

Wichert, Ernst Alexander August George
Am Strande. Novelle. Berlin 1865.
In: Roman-Zeitung, Deutsche. Bd 4.

—— suum cuique. Roman. 2 Bde. 8. (227; 189 S.) Leipzig 888, Reißner. *ℳ 7.—.; geb. in 1 Bd. *

Wichert, Ernst, die Taube auf dem Dache. Roman. 8. (310 S.) Stuttgart 892. Deutsche Verlags-Anstalt. n. 4. —

— die Taube auf d. Dache. Roman. (Neue wohlf. [Titel-] Ausg.) 8. (310 S.) Stuttgart (892) 898. Deutsche Verlags-Anstalt. n. 1. —; geb. n. 1. 25

Wichert, Ernst, ihr Taufschein, s. Bloch's, E., Dilettanten-Bühne.

— ihr Taufschein, s: Universal-Bibliothek.

—— Tileman vom Wege. Historischer Roman. 3 Bde. 8. (XI, 266; 306 u. 345 S.) Lpz. 890, Reißner. * 12 —; geb. * 15 —

Tischlied zum 17. März 1893 [Feier d. silbernen Hochzeit d. Prof. Dr. Emil Berthold in Königsberg]. (Verf.: E[rnst] W[ichert]. Berlin 1893: Volks-Zeitung.) (1 Bl.) 8° [Kopft.] [06. 13403 10

— die talentvolle Tochter, s.: Universal-Bibliothek.

— die verlorene Tochter. Humoreske. 8. (79 S.) Dresden 895. C. Reissner. n. 1. —

— das grüne Thor, Roman. 3 Bde. 8. (261, 221 u. 245 S.) Jena 875. Costenoble. 13. 50

Wichert, Ernst: Das Verlagsrecht. (Berlin 1888.)
(Deutsche Presse. Jg. 1. 1888, Nr 47.)

—— die Wassernixe. Novelle. gr. 8. (48 S. mit Illustr. von Otto Gerlach.) Ebendas. 887. *

—— nur Wahrheit! Sie verlangt ihre Strafe, s. Universal-Bibliothek Nr. 1500.

— getrennte Wege. Roman. 2 Bde. 8. (316 u. 442 S.) Dresden 900. C. Reißner. n. 8. —; geb. n. 10. —

—— dramatische Werke. 1. Bd. gr. 8. Berlin 873, Lassar's Buchh. *
Inhalt:
Ein Schritt vom Wege. Lustspiel in 4 Akten. (66 S.) — Der Narr des Glücks. Lustspiel in 5 Akten. (70 S.)

Wichert's, Ernst, gesammelte Werke. 1.—16. Bd. Ausgew. Romane. 1.—15. Bd. 8. Dresden, C. Reißner. n. 45. —; geb. n. 60. —
1.—3. Heinrich v. Plauen. Histor. Roman. 3 Bde. 6. Aufl. (284, 404 u. 337 S.) 896. n. 9. —; geb. n. 12. —
4. 5. Hinter den Coulissen. 2. Aufl. (342 u. 423 S.) 896. n. 6. —; geb. n. 8. —
6.—8. Tileman vom Wege. 3 Bde. 2. [Titel-] Aufl. (XI, 266; 306 u. 345 S.) (890) 896. n. 9. —; geb. n. 12. —
9. Der jüngste Bruder. Socialer Roman. 2. [Titel-] Aufl. (207 S.) (892) 897. n. 3. —; geb. n. 4. —
10. Herr von Müller. Roman. 2. [Titel-] Aufl. (2 Thle. in 1 Bd.) (232 u. 222 S.) (893) 897. n. 3. —; geb. n. 4. —
11.—15. D. große Kurfürst in Preußen. Vaterländ. Roman. 3. Aufl. 3 Abthlgn. in 5 Bdn. (503, 278, 308; VIII, 314 u. 352 S.) (896.) n. 15. —; geb. n. 20. —

Wichert's Ernst, gesammelte Werke. 1.—3. u. 16.—18. Bd. 8. Dresden, C. Reißner. à n. 3. —; geb. à n. 4. —
1—3. Heinrich v. Plauen. Historischer Roman. 3 Bde. 7. u. 8. Aufl. (à 284, 404 u. 337 S.) 899. 902.
16. 17. Littauische Geschichten. 2 Bde. 2. Aufl. (XV, 353 u. IX, 360 S.) 900. 901.
18. Die Thorner Tragödie. Roman. (239 S.) 902.

Wichert's, Ernst, gesammelte Werke. 1.—3. 6.—8. 11. bis 13. 16. u. 17. Bd. 8. Dresden, C. Reißner. à n. 3. —; geb. à n. 4. —
1.—3. Heinrich v. Plauen. Historischer Roman. 3 Bde. 9. Aufl. (284, 404 u. 337 S.) 905.
6.—8. Tileman vom Wege. (Historischer) Roman. 3. Aufl. 3 Bde. (XI, 222, 256 u. 286 S.) 906.
11. Der große Kurfürst in Preußen. Vaterländ. Roman. 1. Abth. Konrad Born. 4. Aufl. (433 S.) 905.
12. 13. Dasselbe. 2. Abth. Der Schöppenmeister. 4. Aufl. 2 Bde. (283 u. 316 S.) 905.
16. 17. Littauische Geschichten. 1. u. 2. Bd. 3. Aufl. (XVII, 354 u. IX, 368 S.) 904. 906.

Ernst Wicherts Gesammelte Werke. Bd 1. Dresden & Leipzig: Reißner 1900. 8° [11. 1-936 11]

— **Der Wilddieb**, s.: Volksbücher d. deutschen Dichter-Gedächtnis-Stiftung. 13. Heft.

—— der **Withing** von Samland. Eine Tragödie in 5 Akten. (Den Bühnen gegenüber Mscr.) 16. (164 S.) Berlin 860, Decker'sche geheime Ober-Hofbuchdruckerei. geb. mit Goldschn. * *

— **ein Wohltäter**, s. Bücherei, deutsche. 25. Bd.

Ein Wohltäter. Von Ernst Wichert. Berlin: (H. Neelmeyer [1905].) (S. 63–91.) 8°
(Bücherei, Deutsche. Bd 25. [3.])

—— unser General York. Vaterländisches Schauspiel in 5 Akten. 16. (VIII und 205 S.) Berlin 858, Decker'sche geheime Ober-Hofbuchdruckerei. 24 Ngr.; geb. mit Goldschn. *

Wichert, Fritz, zwischen Auf- u. Niedergang. Gedichte. 12. (VIII, 73 S.) Dresden 903. C. Reißner. Kart. n. 1. —

Wichert, Fritz (Friedrich Karl Adolf): Darstellung und Wirklichkeit. Ausgewählte Antikenaufnahmen als Spiegel des Sehens, Empfindens und Gestaltens in zwei Jahrhunderten italienischer Kunst. Freiburg i. B. 1907: H. M. Poppen & Sohn. (110 S., 10 Taf.) 8°
Freiburg i. B., Phil. Fak., Ref. Sutter, Diss. v. 1907
[Geb. 22. Aug. 78 Kastel b. Mainz; Wohnort: Freiburg i. B.; Staatsangeb.: Preußen; Vorbildung: Realgymn. Wiesbaden Reife O. 99; Studium: Freiburg i. B. 5, Basel 2, Berlin 4, Freiburg i. B. 1 S.; Rig. 21. Juli 06.]

Wichert, G. De clausula rhetorica latina. P. I. 34 S.
Königsberg, K.G., Progr. 1858

— Ueber die Ergänzung ellipt. Satzteile aus correspond. im Latein. I. Pr. 1861. 42 S. 4°. 1.—
— — II. Pr. 1862. 16 S. 4°. 1.—

Wichert, G., üb. den Gebrauch d. adjectivischen Attributs an Stelle d. subjectiven od. objectiven Genetives im Lateinischen. Ein Beitrag zur Assimilation gr. 8. (59 S.) Berlin 875. Weidmann n. 2. 40

Wichert, G. Ueber historisch-continuative Uebergänge im Lateinischen. 56 S.
Guben, Progr. 1859

Wichert, G. H. R. De adjectivis verbalibus latinis. 23 S. . . . . . .
Tilsit, Progr. 1839

Wichert, G. H. De adjectivis verbalibus latinis. Schluß. 36 S. .
Rob.
Tilsit, Progr. 1843

Wichert, G. H. R., de Ottonis IV. et Philippi Suevi certaminibus atque Innocentii labore in sedandam regum contentionem insumto. 8 maj. (10½ B.) Regiomontii Pruss. 834, Fratr. Borntraeger.

Wichert, G. H. R., de sententiis secundariis primariam coercentibus latinis. gr. 4. (IV und 72 S.) Magdeburg 865. (Berlin, Calvary und Comp.) *

Wichert, G. H. R. De transitionibus patheticis latinis. P. I. 22 S.
Königsberg. Kneiph., Progr. 1854

Wichert, Geo., Memorirstoff aus Nepos und Cäsar zur Lehre von den Casus für die mittleren Klassen der Gymnasien und Realschulen zusammengestellt. gr. 8. (XVI, 252 S.) Magdeburg 868, Creutz'sche Buchh. *

Wichert, Geo., die lateinische Stillehre, ihren wichtigsten Momenten nach wissenschaftlich erläutert. 2 Abhandlungen. (Ueber die Verhältnisse und Formen des Nachsatzes. — Ueber parataktische Stellungen.) gr. 8. (XVI und 542 S.) Königsberg 856, Gebr. Bornträger. *

Wichert, Georg: Ueber den universellen Werth der Jugend. (Entlassungsrede.) 9 S. Guben, Progr. 1860.

—— das Wichtigste aus der Phraseologie bei Nepos und Cäsar als Anhalt zu weiteren selbstständ. phraseolog. Sammlungen aus Livius und später Cicero, sowie als Beihülfe bei den ersten Versuchen freier latein. Arbeiten, besonders histor. Art, zunächst für Secunda nach Materien geordnet. gr. 8. (VIII, 164 S.) Berlin 872, Weidmann'sche Buchh. *

Wichert, Johann Chr. [Praes.], s. Lilienthal, Mich. Theoph.: De usu quem exempla praestare possunt in flectenda voluntate.

Wichert, Karl Ed., Diss. inaug. descriptio monstri duplicati. Mit 1 Kpft. 8. Dorpat 824. (48 S.)

Wichert, Max, der Himmel auf Erden. E. christlich-sociale Studie. 8. (46 S.) Berlin 895. H. Spamer. n. 1. —

Wichert, Max, Jesu Worte am Kreuze. In stillen Stunden f. Freunde. 12. (61 S.) Schneidemühl 893. L. Teuffel. Geb. in Leinw. n. 2. —

Wichert, Paul v., üb. den Bau u. die Ursachen d. Chalazion, s.: **Nauwerck, C**, pathologisch-anatomische Mittheilungen.

von **Wichert, Paul**: Über den Canalis ethmoidalis . . . Königsberg i. Pr., Druck v. M. Liedtke, 1891; 38 S., 2 Bl., 1 Taf. 8°
Königsberg, Med. Fak., Inaug.-Diss. v. 6. März 1891.

Wichert, Paul v. Über den Canalis ethmoidalis. Diss. gr. 8. (38 S. m. 1 lithogr. Taf.) Königsb. i. Pr. 891, (Koch). * 1 —

Wichert, Paul, Junker Heinz v. Waldstein. Eine Geschichte aus deutscher Ordensritterzeit. Für die Jugend u. d. Volk in freier Bearbeitg. des Romans „Heinr. v. Plauen" v. Ernst Wichert. (XV, 267 S.) gr. 8. Dresden 909. C. Reißner. Geb. in Leinw. 4. —

— über vaginale Myomotomie. Diss. gr. 8. (87 S. m. 3 Taf.) Jurjew (Dorpat) 893. (E. J. Karow.) n. 2. —

Wichert, Rud. v., die Lebenskraft. Vortrag, geh. im literar. Verein zu Baden-Baden. gr. 8. (III, 23 S.) Leipzig 893. C. E. M. Pfeffer. n. — 50

Wichert, Rud. v., Natur u. Geist. Vortrag, geh. im Conversationshause zu Baden-Baden am 28. Febr. 1896. gr. 8. (III, 20 S.) Leipzig 896. C. E. M. Pfeffer. n. — 50

Wichert, Rud. v. Die ewigen Räthsel. Populär-philosoph. Vorträge, geh. im Literar. Verein zu Baden-Baden. 1. u. 2. Serie. gr. 8. (VII, 112; VII, 128 S.) [Halle 889,90.] Lpz., Pfeffer. à Serie * 1 50 * 3 —

Wichert, Rud. v., die ewigen Räthsel. Populär-philosoph. Vorträge, geh. im literar. Verein zu Baden-Baden. 3. Serie. gr. 8. (VII, 124 S.) Leipzig 900. C. E. M. Pfeffer. n. 1. 50

Wichert, Theodor F. A.

— Jacob v. Mainz, der zeitgenössische Historiograph, u. das Geschichtswerk des Matthias v. Neuenburg. Nebst Excursen zur Kritik des Nauclerus. Zur Geschichte u. Quellenkunde des XIV. Jahrhunderts. Mit einer Beigabe: Zehn Kaiserurkunden. gr. 8. (X, 368 S.) Königsberg 881. Hartung. n. 10. —

Wichert, Thdr. F. A., aus der Correspondenz Herzog Albrechts v. Preussen mit dem Herzog Christoph v. Wirtemberg. Eine Festgabe zur 400jährigen Jubelfeier der Universität Tübingen. gr. 8. (20 S.) Königsberg 877. Akadem. Buchh. n. 1. 60

Wichert, Thdr, F. A., üb. die preussische Verfassungsreform vom J. 1661. Ein Vortrag geh. in der öffentl. Sitzg. d. Vereins f. die Geschichte der Prov. Preussen am 7. Januar 1875. [Aus: „Altpreuss. Monatsschrift."] gr. 8. (27 S.) Königsberg 875. Beyer. — 75

Wichert, W. v., die Polizei-Verordnungen d. Reg.-Bez. Potsdam. 6. Ausg. gr. 8. (IV, 651 S.) Berlin 885. Hayn's Erben. n.n. 6. —; geb. n.n. 7. 50

Wichert, W. v., d. Polizei-Verordngn. d. Reg.-Bez. Potsdam, Ersatz dafür, s.: Rößler, A., Sammlg. v. Polizei-Verordngn. ꝛc.

Wichgraf, A., Geschichte der Weber-Colonie Nowawes bei Potsdam, und Darstellung der von der Regierung zur Aufhilfe ihrer verarmten Bewohner ergriffenen Maßregeln. Ein prakt. Beitrag zur staatswirthschaftl. Lösung der Frage: Wie dem Pauperismus zu begegnen? Im amtl. Auftrage verfaßt. gr. 8. (VII und 103 S.) Berlin 862, Springer's Verlag. *

Wichgraf, Fritz, Lieder, die, des Pagen Cherubin.

Wichita Herold: May 7, 1885–1922?

Independent weekly. Prints editions under following titles, q. v., 1897–1915: 1) KANSAS STAATS-ANZEIGER (Atchison, Kans.); 2) BARTON COUNTY PRESSE (Ellinwood, Kans.); 3) KINGMAN COUNTY TELEGRAPH (Kingman, Kans.); 4) MARSHALL COUNTY COURIER (Marysville, Kans.); 5) PITTSBURG VOLKSFREUND (Pittsburg, Kans.); 6) TRIBÜNE (Joplin, Mo.); 7) OKLAHOMA STAATS-ZEITUNG (El Reno, Okla.); 8) OKLAHOMA POST (Guthrie, Mo.); 9) DAS KINGFISHER JOURNAL (Kingfisher, Okla.); 10) OKLAHOMA PIONIER (Oklahoma City). Circulation: 1890, 1200; 1900, 1800; 1910, 4200; 1914, 21,000. Edited & published by John Hoenscheidt, 1895–1922.
Wichita, KS

Wichlein's Telegraph-Code for the international Trade. Cipher-words selected according to the rules of the international telegraph-conference at London. gr. 4. (III, 164 S.) Bremen 880, Diercksen und Wichlein. In Leinw. cart. **

Wichlein's Telegraph-Code for the international-trade. Cipherwords selected according to the rules of the international telegraph-conference at London. 2. corrected ed. gr. 4. (III, 136 S.) Bremen 885. Diercksen & Wichlein. geb. n. 20. —

Wichlein's telegraph-code for the international-trade. Cipher words selected according to the rules of the International Telegraph-Conference at London. 3. ed. gr. 8. (IV, 224 S.) Bremen 893. Diercksen & Wichlein. Geb. in Leinw. n. 15. —

Wichmann, Erzbischof von Magdeburg, s. Hartung, J.

Wichmann, Jb. Er., königl. Leibarzt in Hannover; ein biograph. Fragment. 8. Götting., Schröder.

Wichmann, Kgl. Leib-Arzt in Hannover. Ein biographisches Fragment. Göttingen 1802. V: *Ballhorn, Gg Frdr.* (Hauptkat. d. Univ.-Bibl. Tübingen. K. S. 118.)

Wichmann, der Wichmannsche Boussolen- und Theodoliten-Transporteur zum directen mechanischen Auftragen von Winkeln mit einer Genauigkeit von einzelnen Sekunden. Unter Beigabe einer Fig.-Taf. beschrieben und in seinen Beziehungen zu anderen derartigen Instrumenten und hierdurch entbehrlich gewordenen Winkelauftrags-Methoden beleuchtet von seinem Erfinder. gr. 8. (14 S.) Schönebeck 888, Senff. *

Wichmann: Gymnastik für Ältere und Korpulente. Oberschlema. 11 S.

Wichmann, **Gebr.:** Katalog über Zeichenmaterialien. 15. Ausg. Berlin 1904/1905

Wichmann: Über Kreiseintheilungen. Salzwedel 1867. 24 p. 4°
Schul-/Univ.-Schrift

Wichmann, **Gebr.:** Preisliste über Zeichenbedarf und Vermessungsinstrumente. 17. Ausgabe. Berlin 1908/1909

Wichmann, **Gebr.:** Neuer billiger Rechenstab 26 cm lang, aus Kartonpapier No 431. Berlin (1910?)

Wichmann, A.

— u. G. **Zipler**, deutsche Aufsätze. Methodisch bearb. u. zusammengestellt. Vorbereitender Tl.: Die schriftl. Übgn. d. 1., 2. u. 3. Schuljahres. gr. 8. (61 S.) Ebend. 884. n. — 60

—— und G. Zipler, deutsche Aufsätze. Methodisch bearb. und zusammengestellt. 2. Tl. gr. 8. (VII, 126 S.) Berlin 885, Stubenrauch'sche Buchh. *

Wichmann, A. (I.), Beiträge zur Geologie Ost-Asiens und Australiens, s. Martin, K.

Wichmann, A., die Eheschliessung im internationalen Verkehr, s.: Schmitz, L.

Wichmann, A., Fibel. Nach prakt. Grundsätzen bearb. (IV, 124 S.) 1881; 2. Aufl. gr. 8. (IV, 132 S.) Berlin 884, Stubenrauch'sche Buchh. *

Wichmann, A. (II.), Fibel, nach prakt. Grundsätzen bearb. 3. Aufl. gr. 8. (IV, 132 S.) Berlin 885, Stubenrauch'sche Buchh. *

—— dass. — 2 Tle. gr. 8. Ebendas. 887. [1. Tl. 3. Aufl. (IV, S. 1—64.) 885; 2. Tl.: Lesestücke. 2. Aufl. (S. 65—132.) 884.] à Tl. * 25 Pf.; compl. in 1 Bd., 4. Aufl. *

Wichmann, A., Fibel, nach praktischen Grundsätzen bearb. Ausg. A. 2 Tle. 8. Aufl. gr. 8. Bielefeld 889. Velhagen & Klasing. à n. — 25; in 1 Bd. broch. n. — 45; geb. n. — 65
1. (IV, 62 S.) — 2. Lesestücke. (S. 63—138.)

Wichmann, A. Fibel, nach praktischen Grundsätzen bearb. Ausg. A. 2 Tle. 11. Aufl. gr. 8. Bielef. 891, Velhagen u. Klasing. [1. (IV, 62 S.) — 2. Lesestücke. (S. 63—138.)] à Tl. * — 25
In 1 Bd. broch. * — 45; geb. * — 65

Wichmann, A., Fibel, nach praktischen Grundsätzen bearb. Ausg. A. 2 Tle 16. Aufl. gr. 8. Bielefeld 894. Velhagen & Klasing. à n. — 25; geb. à n. — 45; in 1 Bd. broch. n. — 45; geb. n. — 65
1. (IV, 62 S.) — 2. Lesestücke. (IV u. S. 63—139.)

Wichmann, A., Fibel, nach prakt. Grundsätzen bearb. Ausg. A. 21. Aufl. 2 Tle. gr. 8. Bielefeld 897. Velhagen & Klasing. à n. — 25; in 1 Bd. geh. n. — 45; geb. n. — 65
1. (IV, 64 S.) — 2. Lesestücke. (S. 65—139.)

— dasselbe. 23. Aufl. Ausg. f. Berliner Schulen. gr. 8. (III, 132 S.) Ebd. 898. Geb. n.n. — 60

— dasselbe. 19. Aufl. Ausg. f. Westfalen. M. d. v. kgl. Prov.-Schulkollegium vorgeschrieb. Normalschreibschrift. gr. 8. (IV, 139 S.) Ebd. 896. n. — 45; geb. n. — 65

Wichmann, A., Fibel, nach praktischen Grundsätzen bearb. Ausg. A. 27. Aufl. gr. 8. (IV, 139 S.) Berlin 902. Stubenrauch. Geb. n.n. — 65

Wichmann, A., Fibel, nach praktischen Grundsätzen bearb. Ausg. A. 29. Aufl. (IV, 139 S.) 8. Berlin 904. Stubenrauch. Geb. n. — 65

—— und **A. Lampe,** Fibel auf Grundlage der Schreiblese- und Normalwortmethode. Ausg. B. 2 Tle. in 1 Bd. gr. 8. (III, 68; 64 S. mit Illustr.) Bielefeld 888, Velhagen und Klasing. *

—— u. A. Lampe. Fibel auf Grundlage der Schreiblese u. Normalwortmethode. Ausg. B. 2 Tle. 5. Aufl. gr. 8. Ebd. 890. [1. (IV, 68 S. m. Bildern.) — 2. Lesestücke. (64 S.)] à Tl. * — 25
In 1 Bd. broch. * — 45; geb. * — 65

— u. A. **Lampe,** Fibel auf der Grundlage der Schreiblese- u. Normalwortmethode. Ausg. B. 2 Tle. 7. Aufl. gr. 8. Ebd. 893. à n. — 25; geb. à n. — 45; in 1 Bd. broch. n. — 45; geb. n. — 65
1. (IV, 68 S.) — 2. Lesestücke. (64 S.)

— u. A. **Lampe,** Fibel auf Grundlage d. Schreiblese- u. Normalwortmethode. Ausg. B. 11. Aufl. 2 Tle. gr. 8. Ebd. 896. à n. — 25; in 1 Bd. n. — 45; geb. n. — 65
1. (III, 68 S. m. Abbildgn.) — 2. Lesestücke. (64 S.)

— u. A. **Lampe,** Fibel auf Grundlage der Schreiblese- u. Normalwortmethode. Ausg. B. 15. Aufl. 2 Tle. gr. 8. (III, 68 u. 64 S. m. Bildern.) Bielefeld 900. Velhagen & Klasing. n. — 45; in 1 Bd. geb. n. — 65; einzeln à n. — 25

— u. A. **Lampe,** Fibel auf Grundlage der Schreiblese- u. Normalwortmethode. Ausg. B. 21., nach der neuen Rechtschreibg. umgearb. Aufl. 2 Tle. (III, 68 u. 64 S. m. Abbildgn.) 8. Bielefeld 905. Velhagen & Klasing. n. — 45; in 1 Bd. geb. n. — 65; einzeln à n. — 25

—— —— dass. — Ausg. C. [in Antiqua.] gr. 8. (IV, 68; 64 S. mit Illustr.) Ebendas. 887. *

Fibel auf Grundlage der Schreiblese- und Normalwortmethode von A. **Wichmann** u. A. Lampe. Ausg. C in Antiqua. 2. Aufl. *Bielefeld & Leipzig: Velhagen & Klasing 1900.* (68, 64 S.) 8°

— — dasselbe. Ausg. D in Steilschrift, bearb. v. A. **Lampe.** 2 Tle. gr. 8. Ebd. 893. à n. — 30; geb. à n. — 50; in 1 Bde. n. — 50; geb. n. — 70
1. (IV, 68 S. m. Bildern.) — 2. (64 S.)

— — dasselbe. Ausg. D in Steilschrift, bearb. von A. **Lampe.** 2. Aufl. 2 Tle. gr. 8. Ebd. 898. à n. — 30; geb. à n.n. — 60; in 1 Bd. n. — 60; geb. n. — 70
1. (III, 68 S. m. Abb.) — 2. (64 S.)

Wichmann (A.). Gesteine von der Insel Kisser. (Separat-Abdruck a. Martin und Wichmann. Beiträge zur Geologie von Ostasien etc. Bd. II. Leiden 1887.) 8.

Wichmann, A., Handbuch des Kellners, oder Darstellung d. Gastwirthschaft in ihrem ganzen Umfange, für alle Diejenigen, d. sich derselben widmen oder sie erlernen wollen. Mit 2 Steindr. (wovon 1 in qu. Fol.) gr. 12. Hanau 832. Edler. 18 gr

— u. F. **Sachse,** Hilfsbuch f. den evangelischen Religionsunterricht in den Berliner Gemeindeschulen. 16., gänzlich umgearb. Aufl. (Kirchenlieder nach dem Provinzial-Gesangbuch.) gr. 8. (48 S.) Berlin 894. E. Sicker. n. — 15

Wichmann, A., Wiederholungsbuch für den Unterricht in der Botanik bearb. für Volksschulen und die unteren Realklassen. 1. Aufl. 1870, und 2. Aufl. 4. (26 S.) Langensalza 871, Schulbuchh. von Greßler. cart. *

Wichmann, Ant., 109 Alphabete der älteren, neueren und neuesten Zeit für Freunde der höheren Kalligraphie, nach dem reichen Inhalte der jetzt so vielfach angewendeten Zierschriften auch zum praktischen Gebrauche für Lithographen, Graveure, Vergolder, zur Bunt- und Weiß-Stickerei, und beziehungsweise für jeden Besteller in dieser Kunst eingerichtet. Düsseldorf 863. Müller. qu. 4. (35 lith. Bl.) n. 1 Thlr 5 ngr

Wichmann, Arth., Entdeckungsgeschichte v. Neu-Guinea (bis 1828), s.a. Guinea, nova. I.

Entdeckungsgeschichte von Neu-Guinea (bis 1828). Von Dr. Arthur **Wichmann,** Prof., Utrecht. Mit 45 Kt. Leiden: Brill 1909. XVII, 387 S. 4°
(Nova Guinea. Vol. 1.)

Wichmann, August

Wichmann, A., Bilder aus dem Spanischen Bürgerkriege. Ein Tagebuch der Englischen Legion während des Sommers 1837. 8. Hamburg 838. Hoffmann u. Campe. 5/6 Thlr

Wichmann, Aug., († d. 7. Mai 1824.) Fünf Erzählungen. (Inhalt: Die Reise nach Venedig. Die Brieftasche. Das Abentheuer in den Apenninen. Alix von Salisbury. — Die Messe von Udine). Wohlf. Ausg. 8. Heidelb. 824. Groos 1 Thlr 12 gr

Wichmann, Aug. († d. 7. Mai 1924.): Gedanken über d. allegor. Gemälde.

s.a. Labyrinth des Lebens.

LABYRINTH, Das, des Lebens. Eine Biographie aus Eduard Lehrbachs Hinterlassenschaft (von ***August Wichmann***). Th. 1. (einz.). Leipzig 1802.
Anon.-Lex. III, p. 1 (nach Kayser u. Meusel). Der alte Cat. der ehemal. Schmidt'schen Leihbibl. in Dresden hat „1803".

s. de Latour: Babel v. Cribal.

Ramels deport. Reise.

Römer in Griechenland.

F. W. E. Rost: Die Alterthümer Griechenlands.

F. A. Sachse: Leben.

Wichmann, Aug., drei Männer für einen. Lstspl. in 5 A. nach Picard. 8. Leipz. 802. Steinacker. 16 gr.

v. **Wichmann,** Burch. Hnr., Darstellung der Russischen Monarchie nach ihren wichtigsten, statistisch-politischen Beziehungen. 4. Leipzig … (Künzel.) 1⅔ ß

Wichmann, B. von, Darstellung d. russ. Monarchie. Zum Gebrauch akadem. Vorlesungen. 2 Thle. mit Anhang. gr. 4. Riga, Hartmann 813.

v. **Wichmann,** Burchard Hnr., († d. 1. Aug. 1827.) Darstellung d. russ. Monarchie. Zum Gebrauch akadem. Vorlesungen. 2 Thle. Mit Anhang. gr. 4. Leipz. u. Riga 813. (L. Schumann.) 4 ß Hbg. Pr. 1 ß 16 gr.

— Darstell. d. russ. Monarchie. 2r u. 3r Anh., s. Zolltariff f. alle See- u. Landzölle d. russ. Reiche.

Wichmann, B. v., chronol. Handbuch der neuern Russischen Geschichte von 1672 — 1820. II Bd. 4. Leipzig, Gleditsch. 821.

(—) Rußlands Nationalmuseum 1820. gr. 8. Riga 820. (28 S.)

Sammlung ungedruckter Schriften …, s.a. Sammlung.

— Samml. bisher noch ungedruckter kleiner Schriften zur ältern Geschichte d. russ. Reichs. 1r Bd. gr. 8. Berl. 820. Reimer. 2 ß

— chronologische Uebersicht d. russ. Geschichte, von d. Geburt Peters d. Großen bis auf d. neuesten Zeiten. 1r Thl. u. 2r Thl. nach d. Tode d. Verfass. fortges. u. vollendet v. H. F. Eisenbach. 4. Leipz. 821—25. (Brockhaus). 6 ß

v. **Wichmann,** (B.,) chronologische Uebersicht d. russ. Geschichte, v. d. Geburt Peters d. Großen bis auf d. neuesten Zeiten. 1r Thl. u. 2r Thl. nach d. Tode d. Verfass. fortges. u. vollendet v. H. F. Eisenbach. 4. Leipz. 821 u. 25, Gleditsch. Rthlr.

Urkunde üb. d. Wahl …, s. Urkunde.

— Urkunde über die Wahl M. Romanows.

Wichmann, C. Das Abhängigkeitsverhältnis des altenglischen Rolandsliedes zur altfranzösischen Dichtung. Diss. Münster 1889. 87 S.

Wichmann, C. A. s.: Sommerville.

Wichmann, C. F., dänisches Erinnerungsbuch, oder Sammlung dänischer Ausdrücke, Redensarten, Sprichwörter, als Anleit. zur Erlernung d. dänischen Sprache. 8. Kopenh. 832. Schubothe. 12 gr.

Wichmann, C. J., Lohn-Tabellen auf 12 Tage von 0,05—5,35 Mark. 8. (6 S.) Leipzig 878. Scholtze. — 60

— dasselbe. 2. Aufl. qu. Fol. (3 Tab.) Ebend. 879. — 30

Das Veranschlagen von Bauarbeiten, s. Taschenbibliothek, Deutsche bautechnische.

Wichmann, C. R., Chronik des Petersberges bei Halle a. d. S. Nebst 1 (lith.) Ansicht des Petersberges im Jahre 1825. Halle 857. Pfeffer. gr. 8. (VI, 88 S. mit 1 Holzschn. im Text u. 1 Tab. in 4.) 15 ngr.

Wichmann, Christian August

s.a. Abbildung e. engl. Milchhauses.

(**Wichmann,** [illegible] Milchhaus[illegible] Mit einer Abhandlung [illegible] Leipzig [illegible] 8.

s. Abriß d. Ursachen des Aufkommens …

Wichmann, Christian Aug. (Hrsg.). s. Antikritikus, Der.

s. Beausobre: Predigten.

Wichmann, Chr. Aug., s. Beccari: Begebenheiten.

s. Beschreib. v. Alexandrien.

s. Bielefeld. Gelehrsamkeit.

s. Bretonne: Unschuld.

s. Coyer. e. satyr. Schriften.

s. Crumpe: Mittel.

— Vide: Crumpe, S.: Preisschrift.

s. Desessart. Wörterbuch.

s. Erzählungen. Moral., aus der Thier- u. Menschenwelt.

— etwas für die Langeweile. 8. Leipz. 768.

s. P. Flandrin: Kunst, Schafe zu ziehen.

Wichmann, Chr. Aug., Flor u. Verfall d. Länder, als natürl. Folgen d. Begünstigung od. Bedruck. d. Landwirthschaft rc., nach d. Franz. 8. Zullichau, Darnmann. 798.

s.c. Frauenzimmer. Das, in 3fachem Stande.

— —, Das, im dreyfachen Stande, als Tochter, Frau und Mutter … (von ***Christian August Wichmann***). Leipzig 1782.
Anon.-Lex. II. p. 119 (nach Kayser u. Meusel).

s. Freiheit d. Handelsgeschäfte.

s. Geschichte Georg Cumberland's.

s.c. Geschichte der Frauenzimmer.

Geschichte berühmter Frauenzimmer (von *Christian Aug. Wichmann*). Th. 2 (C—F). Leipzig, A. F. Böhme, 1772. 8°. (In München: Biogr. coll. 123.)
S. 1—2: „Katharina Cadière wählte, 18 J. alt, 1728 den Jesuiten Pater Girard, der 1½ Jahr vorher nach Toulon gekommen war, zu ihrem Beichtvater" etc. etc.

s. A. Gordon: Gesch. Peter d. Großen.

s. Mistr. Groch.

s. Helvetius v. Menschen.

s. Herrnsprung, od. Adelstolz.

s. M. Hunter: Leben des Georg Fitzroy.

s. J. Jakson: Tagebuch.

— ist es wahr, daß gewaltsame Revolutionen durch Schriftsteller befördert werden? 8. Leipz. 793. Grieshammer. 1 ₰

— Katechismus d. Schaafzucht zum Unterricht für Schäfer u. Schäfereiherren nach Daubenton. Mit 22 Kpf. gr. 8. Liegn. 784. N. A. 795. Siegert. (Barth in Leipz.) 2 ₰ 8 ℊ

s. J. Kay: Vermächtniß.

s. Kinsbury: Abhandlung.

s. K. Chr. Krause: Abhandl. v. d. Muttermählern.

s. Laporte: Reisen.

s. Leben Borulawsky.

s. Mac-Intosh: Reisen.

s. W. Mavor: Berichte.

s. Mammuth.

Wichmann, Chr. Aug., s. Mercier: Die Zerstörung des heil. Bundes.

s. Mirau beau: Landwirtschaftsphilosophie.

— über d. natürlichst. Mittel dem Landmann d. Stallfütterung zu erleichtern. 8. Leipz. 784. 2e A. 802. (Kühn). 16 ℊ

— üb. die natürlichst. Mittel, d. Landmann die Stallfutterung zu erleichtern. 8. Leipz. Schäfer. (Kühn.) 802.

Wichmann, Chr. Aug., († d. 14. Sept. 1807.) über d. natürl. Mittel, die Frohndienste ohne Nachtheil d. Grundherren aufzuheben. gr. 8. Leipz. 795. Breitkopf u. H. 1 ₰ 4 ℊ

(Wichmann, Chr. Aug.) William Pitt des Jüngern verkehrte Ministerstreiche. 3 Bde. 8. s. l. (Zürich) 1795—97.

s. Nacht, 1001.

s. Neugierde eines Weltbürgers.

s. W. Pitt: Ministerstreiche.

s. Quesnay: Flor u. Verfall.

s. Regierungsmaximen.

s. A. F. Reinhard: Abhandl. v. d. Lehre d. besten Welt.

s. Saint-Foix: Theatral. Werke.

s. Doktor Scott.

s. Shaftsbury: Charakteristik.

s. A. Smith: Nationalreichthum.

s. H. v. Sommerville: Uebersicht.

s. Sturchs Nachrr.

s. Jak. Thomson.

s. Trauring, Der.

s. le Trosne: Lehrbegriff.

s. Verhängniß, Das.

VERHÄNGNISS, eine Geschichte in Briefen, aus d. Engl. (deutsches Original von *Chrn. August Wichmann*), 2 Bde. Zürich, Ziegler, 1796—97. 8°. (2 Rthl.) (In Zürich.)
Anon.-Lex. IV. p. 289 (nach Meusel); Kayser hat „1796".

s. Dr. Aug. Waldmann.

Wichmann, *Christian August* Georg [aus Schwaz (Böhmen)]: Der Hohe Atlas ... (Aus d. XIII. Jahresber. d. Ver. f. Erdk. zu Metz.) Marburg, Druck d. Lothr. Zeitg in Metz, 1891; 2 Bl., 96 S., 1 Bl., 1 Kte; 8.
Marburg, Phil. Fak., Inaug.-Diss. v. [21. Dez.] 1891.

Wichmann, Ernst Heinrich

Wichmann, E. H. **Atlas zur Geschichte Hamburgs.** 8. (6 farb. Karten in qu. 4. m. 4 S. Text.) Hamb. 889, Herold's Verlag.
* — 60; geb. * 1 —

Wichmann, E. H., die Aufnahme jüdischer Lehrer in christlichen Lehrervereinen. Beitrag zur Lösung der augenblicklichen Streitfrage in der Gesellschaft der Freunde des vaterländischen Schul- u. Erziehungswesens in Hamburg. Altona 860. Mentzel. gr. 8. (16 S.) 3¼ ngr.

Wichmann, E. H., Begleitworte zu der Wandkarte des Hamburger Gebiets nebst Umgebung. Eine histor. topograph. Beschreibung der Umgegend von Hamburg als Leitfaden für den Unterricht in der Heimatskunde. gr. 16. (144 S.) Hamburg 867, Grüning.

Wichmann, E. H., siehe: Bericht über die 2. Versammlung des Vereins norddeutscher Volksschullehrer.

Wichmann, E. H., Eimsbüttel. Historisch-topographisch dargestellt. gr. 8. (22 S.) Hamburg 878. O. Meißner. n. — 60

Wichmann, E. H., **das Hamburger Gebiet nebst Umgegend.** qu. 4. Hamburg 868, Grüning. *

— Geschichte Altona's. Unter Mitwirkung eines Kenners der vaterländischen Geschichte herausg. 1. Liefg. Altona 864. Mayer. (Haendcke & Lehmkuhl.) gr. 8. (S. 1—48 u. 1 Lithogr.) n. 7½ ngr.; Pracht-Ausg. n. 12 ngr

— Geschichte Altona's. Unter Mitwirkung eines Kenners der vaterstädt. Geschichte hrsg. 2—6. Liefg. Hamburg 865. Haendcke & Lehmkuhl. gr. 8. (S. 49—287 mit 4 Steintaff., wovon 2 in Tondr., in gr. 8. u. 4.) Jede Liefg. 7½ ngr.; Velinp. 12 ngr.

Wichmann, E. H., Geschichte Altona's. Unt. Mitwirkg. e. Kenners d. vaterstädt. Geschichte hrsg. 2. (Titel-) Aufl. gr. 8. (287 S. m. 3 Ansichten u. 2 Plänen.) Altona (865) 896. J. Harder Verl. n. 5. —; Prachtausg. n. 7. —

Wichmann, E. H., Hamburgische Geschichte in Darstellungen aus alter und neuer Zeit. 2 Hälften. gr. 4. (IV, 304 S. mit Abbild.) Hamburg 887,89, O. Meißner's Verlag.
à Hälfte * M. 8.—. *
geb. in Leinwd. *
geb. in Kalbleder mit Goldschn. **

—— Grundmauern und Baureste, welche in der Baugrube des neuen Rathauses und des Börsenanbaues in Hamburg gefunden sind. 8. (18 S. mit einem Grundriß.) Ebendas. 888. *

—— Heimatskunde. Topographische, histor. und statist. Beschreibung von Hamburg und der Vorstadt St. Georg. gr. 8. (X und 242 S. mit 1 chromolithogr. Plan in Imp.-Fol.) Hamburg 863, Jowien. cart. *

—— die wichtigsten Jahreszahlen aus der Hamburgischen Geschichte von 811 bis 1886. 8. (20 S.) Ebendas. 887.

—— Leitfaden für den Unterricht in der deutschen Sprache. 1. Cursus: Der einfache Satz. Angelehnt an Mager's „Deutsches Lesebuch." 1. Bd. gr. 8. (32 S.) Hamburg 857, Jowien. *

Wichmann, E. H., Leitfaden für den Unterricht in der deutschen Sprache. 2. Cursus: Der zusammengesetzte Satz. gr. 8. (30 S.) Hamburg 858, Jowien. Thlr. *

Historischer Plan von **Hamburg**, entw. u. gez. v. Ernst Heinrich **Wichmann.** (Hamburg 1863.) Farbendruck. 1 Bl. Fol. 12 56 cm. Aufgez. a. Leinen. Enthält 4 Pläne von 1070, 1240, 1400 und 1540.
Aus: Ernst Heinrich Wichmann, Heimatskunde, Hamburg 1863.

Wichmann, E. H.: Wandkarte des Hamburger Gebietes nebst Umgegend. 1:30 000. Hamburg 1866. 6 Bl. c. L.

Wandkarte vom Hamburgischen Gebiet nebst Umgebung gez. v. E. H. Wichmann. 4 Bl. im Massst. 1:30,000. *Hamburg: O. Meissner; (J. Kohler's Geogr. Lith. Inst.) [1895].* 1 Ktnbl. quer-gr. 2. (5) in 4 Bl. 96.765

Wichmann, E. H., **Wandkarte von Hamburg-Altona und Umgegend. 1:5000. 9 Bl. Chromolithogr. Imp.-Fol. Hamburg 878, O. Meissner.** *
Auf Leinw. mit Stäben *

Wichmann, E. H. **Wand-Karte v. Hamburg, Altona u. Umgegend.** 1:6000. 4 Bl. **Farbendr. à 68×89 cm. Hamb.** 891, O. **Meissner's Verlag.** * 15 —; **auf Leinw, m. Rollen** * 25 —

Wichmann, Ed. F., s. Wiegmann.

Wichmann, Emil, die Decorationsmalerei der Gegenwart, s.: Mausz, Ludw.

Wichmann, Emil, d. Decorations-Malerei d. Gegenwart, s.: Wetzel, Heinr.

— moderne Glasmalerei. 1. Serie. gr. Fol. (30 Lichtdruck-Taf.) Berlin 895. Schuster & Bufleb.
In Mappe n. 40. —

— moderne Plafonds-Skizzen. Suppl.-Hft. zu W., brauchbare Skizzen. 1. Serie. gr. Fol. (10 farb. Taf.) Ebd. **894.** n. 12. —

Wichmann, Emil. Brauchbare Skizzen f. Innen-Decoration. Plafonds, ornamentale u. figürl. Decoration etc. 1. Serie. gr. Fol. (30 Bl. in Farbendr. m. 1 Bl. Text.) Berl. 892, Kanter u. Mohr.
In Mappe * 60 —

Wichmann, Emil, Vorlagen f. moderne Glasmalerei u. Glasätzerei. gr. Fol. (34 Lichtdr.-Taf.) Düsseldorf (900). F. Wolfrum. In Mappe n. 24. —

Wichmann, F., der Mensch. Seine Bestimmg. auf Erden u. sein Endziel. (4. [Umschlag-]Aufl.) 12. (47 S.) Bitterfeld (900). F. E. Baumann. n. — 35

Wichmann, F., verlobt u. verliebt, s.: Bibliothek, rothe.

— der letzte Weg zur geistigen Vervollkommnung der Menschheit im 2. Jahrtausend. (6. [Umschlag-]Aufl.) 12. (48 S.) Ebd. 900. — 35

Wichmann, Frz., Abendsonne, s.: Gabelsberger-Bibliothek.

Wichmann, Frz., die Alpinisten. Roman in 2 Büchern. 2 Tle. in 1 Bde. 8. (180 u. 217 S.) Berlin (900). O. Janke. n. 5. —; erm. Pr. n. 2. —

Wichmann, Frz, das braune Annerl. Roman. 8. (444 S.) Stuttgart 894. Deutsche Verlags-Anstalt. n. 4. —

— das braune Annerl. Roman. (Neue [Titel-]Ausg.) 8. (444 S.) Stuttgart [894]. (900.) Deutsche Verlags-Anstalt. n. 1. 50; kart. n. 1. 75

Der Brillant, s. Weber's moderne Bibliothek.

— Dichter-Ehe. Roman. 8. (272 S.) Leipzig 892. R. Claußner. n. 5. —

Wichmann, Frz. Dichtungen u. Gedichte. 8. (XVI, 300 S.) Dresd. 891, Pierson. * 5 —; geb. m. Goldschn. * 6 —

— die drei Eisheiligen u. andere Novellen, s.: Erzähler, deutsche.

Wichmann, Frz., die arme Else, s.: Enßlin's Roman- u. Novellenschatz.

— Entartet, s.: Weber's moderne Bibliothek.

Wichmann, Franz s. Familienbibliothek, Schweizer. Nr. 129.

—— Genoveva. Dramatisches Gedicht in 4 Akten. 8. (74 S.) Lpz. 890, Mutze. * 1 —

— lustige Geschichten, s.: Enßlin's Roman- u. Novellenschatz.

—— Volksthümliche Geschichten. Vier Erzählgn. 8. (III, 183 S.) Konstanz 891, Meck. * 2 —

— Der Goldfischer. Der Turm v. Hagenwyl, s. a. Erzähler, Deutsche.

Der Goldfischer. Der Turm von Hagenwyl. 2 Erzählungen von Franz **Wichmann**. Berlin: Unterborn [1908]. 198 S. 8⁰
(Deutsche Erzähler. Bd 13.)

— die Goldtrupf, s.: Weber's moderne Bibliothek. Nr. 53.

Das Heiligtum, s. Weber's moderne Bibliothek.

— am Hochzeitstage u. anderes. Erzählungen. (136 S.) 8. Leipzig (904). Erfurt, F. Kirchner. n. 1. —

— moderne Kinder. Schauspiel in 4 Acten. 8. (168 S.) Leipzig 892. O. Mutze. n. 2. —

—— Die Königin v. Carthago. Drama in 5 Aufzügen. 8. (161 S.) Ebd. 891. * 2 —

— Das Kreuz v. Seben, s.: Weber's moderne Bibliothek.

— Künstlerträume, s.: Weber's moderne Bibliothek.

— das Lied des Todes. Erzählung. 8. (142 S.) Berlin 893. O. Janke. n. 1. —

— Lydia. Blätter der Erinnerg. 12. (107 S.) Leipzig 891. R. Claußner. n. 1. 50

— Der berühmte Mann, s.: Weber's moderne Bibliothek.

— der Minnesinger. Merlin, s.a. Kürschner's, Jos., Bücherschatz.

Der Minnesinger. Geschichte vom Bodensee. Merlin. Von Franz Wichmann. Mit Ill. von W. Roegge. Berlin, Eisenach. Leipzig: H. Hillger [1899]. (128 S.) 8°
(Bücherschatz, Kürschner's. No 159.)

Der Patentsonnenschirm (Verf.: Franz Wichmann) und andere Humoresken. Mit 26 Ill. von W. Arnold ... *Berlin: G. E. Nagel [1902].* (63 S.) 8° [F.]
= Bibliothek. Nagel's, illustrierter Humoresken. 4. [03. 1824

— Pilatus, s.: Weber's mod. Bibliothek.

— Der Psanac, s.: Universal-Bibliothek.

Der Psanac. Eine Geschichte aus d. Schwarzen Bergen von Franz Wichmann. Leipzig: Reclam [1909]. 95 S. 8°
(Universal-Bibliothek. 5084.)

Wichmann, Franz. Der Sandwirtsreiter. Tiroler Roman aus dem Jahre 1809. [Mit 1 Vignette.] 341 S. 8. Einsiedeln..., Benziger & Co. A. G., 1910. [fr. 4. —, geb 5. —]

— die Schuhe des Ruhmes u. andere Novellen, s.: Unterhaltungsbibliothek, moderne. 5.

— die Barke, s.: Universal-Bibliothek.

— Vergangenheit, s.: Echtlich, Hans v.

— ein Vermißter, s.a. Welt, alle.

Ein Vermisster. Erzählung aus Südtirol von Franz Wichmann. *Berlin: A. Weichert [1901].* (48 S.) 8° [F.]
= Welt, Alle. Bd 14. [03. 1205

Wichmann, Frz., die Vogelsteller, s.: Bibliothek kleiner Novellen u. Erzählgn., Nr. 7 u. 8.

Wichmann, (Friedrich): Katalog der Schüler-Bibliothek des Königlichen Gymnasiums in Celle. Celle 1909: Großgebauer. 32 S. 8°
Celle, k. G OP 1909 (404) [S 09. 504

Wichmann, Frdr., Lesebuch f. katholische Privat-Volksschulen. In 3 Tln. Auf Grundlage des Frdr. Entlicher-schen 5theil. Lesebuches unter Mitwirkg. mehrerer geistl. u. weltl. Schulmänner bearb. Hrsg. vom kathol. Schulvereine f. Österreich. 3 Thle. gr. 8. Wien, Buchh. des kath. Schulvereins f. Österreich. Kart. n. 3. 10
1. Mit 7 Abbildgn. (189 S.) n. — 60
2. Mit 22 Abbildgn. (268 S.) n. 1. —
3. Mit 48 Abbildgn. u. 1 Karte. (303 S.) n. 1. 50

Wichmann, Friedrich. Ueber Schlotte, Schornsteine und Rauchhübel. Hannover 1825. 4°.

Wichmann, Friedrich, a. Hannover: Untersuchungen zur älteren Geschichte des Bisthums Verden. Hannover 1904: Gebr. Jänecke. (140 S.) 8° [F.]
Göttingen, Phil. Fak., Ref. Brandi, Diss. v. 22. Okt. 1904
[Geb. 27. Okt. 77 Bremen; Wohnort: Hannover; Staatsangeh.: Preußen; Vorbildung: Lyzeum I Hannover Reife O. 99; Studium: München 1, Göttingen 4, Berlin 1, Göttingen 2 S.; Rig. 3. Marz 04.]

Wichmann, Fritz, Bonaparte u. Bourbon. Histor. Drama (in 5 Akten) aus der Zeit Napoleons I. (114 S.) 8. Braunschweig 908. Leipzig, R. Sattler. n. 2. —

Wichmann, Fritz: Der Kampf um die Weinverbesserung im Deutschen Reiche. Ein Beitrag zur Wirtschaftsgeschichte d. Gegenwart nebst einer Produktionsstatistik üb. d. deutschen Weinbau. Jena: G. Fischer 1902. (43 S.) 8°
[Erschien vollst. 1902 als: Abhandl. d. Staatswiss. Seminars zu Jena, Bd 1, H. 5.]
Jena, Phil. Diss. v. [8. Febr.] 1902.

Wichmann, Fritz, der Kampf um die Weinverbesserung im deutschen Reiche, s.a. Abhandlungen des staatswissenschaftl. Seminars zu Jena. I. 5.

Der Kampf um die Weinverbesserung im deutschen Reiche. Ein Beitrag z. Wirtschaftsgesch. d. Gegenwart nebst e. Produktionsstatistik d. deutschen Weinbaues. Von Dr. Fritz Wichmann. Jena: G. Fischer 1902. (IX, 202 S.) 8°
(Abhandlungen d. staatswiss. Seminars zu Jena. Bd 1, H. 5.)

Wichmann, G., d. Geflügelzucht m. Berücksicht. d. Entwickelung u. d. jetzigen Standes derselben im Herzogth. Oldenburg. 8. (III, 34 S.) Varel 897. J. W. Acquistapace. n. — 50

Wichmann, G., die Vorbeugung des Rothlaufs der Schweine oder der sogenannten Schweineseuche, sowie Anweisung zur Kenntniß der Symptome und Behandlung der Krankheit. Populäre Abhandlung. gr. 8. (4 S.) Varel 881, Bültmann und Gerriets Nachf.

Wichmann, G. J., num constet, apostolos vana spe carnalis Messiae regni infectos esse potuisse? Jen. 1779. 4.

Wichmann, Georg [app. Arzt aus Greiz i V.]: Aus d. patholog. Institut zu Leipzig. Die Amyloiderkrankung ... (Aus: Beitr. z. path. Anat. u. z. allg. Path. hrsg. v. E. Ziegler, Bd XIII.) Jena, G. Fischer, 1892; VIII, 142 S. 8.
Leipzig, Med. Fak., Inaug.-Diss. v. 6. Dez. 1892
(Nicht für den Austausch)

Wichmann, Georg [aus Neuenhuntorf in Oldenburg]: I. Ueber zwei Nebenprodukte der technischen Darstellung von Amidoazobenzol. II. Ueber die Einwirkung von Aldehyd und Paraldehyd auf Pararosanilin und Rosanilin ... Göttingen, Druck d. Univ.-Buchdr. v. W. Fr. Kästner. 1888; 48 S. + 1 Bl. 8°
Göttingen, Phil. Fak., Inaug.-Diss. v. 30. Jul. 1888.

Wichmann, Geo., I. Ueber zwei Nebenprodukte der technischen Darstellung von Amidoazobenzol. II. Ueber die Einwirkung von Aldehyd und Paraldehyd auf Pararosanilin und Rosanilin. Inaugural-Dissertation. gr. 8. (48 S.) Göttingen 888, (Vandenhoeck und Ruprecht.) *

Wichmann, Geo. Fr., († d. 28. Dec. 1798.) das Gott gefällige Gebet christl. Unterthanen um das allgemeine Wohl; e. Predigt über Psalm 90, 16. 17. gr. 8. Hamb. 774.

— von d. Würde u. den Vorzügen d. Alters; e. Jubelschrift bei d. Generalsuperintendenten Struensee Amtsjubelfeier. 8. Hamb. 778.

Wichmann, Gottfried Joachim (Hrsg.), s. Antikritikus, Der.

Wichmann, Gf. Joach., († 1790.) Bedenken über die vorgeschlagene Veränderung mit d. Geistlichkeit im Hessen-Darmstädtischen. 8. Leipz. (786.)

– D. Brief Pauli an die Römer, s. Paulus.

– s. Gf. Büchner.

– s. Erinnerungen (e. Layen) über d. öffentlichen Gottesdienst.

– s. F. A. Fiedler: Abhandl. von d. repräsent. Kirche.

Wichmann, Gottfried Joachim. Biblische Handkonkordanz . . . Leipzig 1796. H: *Hebenstreit, Christoph Wilhelm.* (MGT)

— biblische Handconkordanz u. Wörterbuch zur Beförder. eines schriftmäß. u. nützl. Vortrags beim Religionsunterricht 2c. 4. Dessau u. Leipz. 783. N. A. 2 Thle. Mit C. W. Kindervater Vorrede. 2 Thle. 4. Leipz. 796. N. A. 806. (Aue in Alt. ; a. Cnobloch in Leipz.) 4 ℔

Wichmann, G. J., biblische Hand-Concordanz u. Wörterbuch z. Beförd. ein. schriftmäß. u. nützl. Vortrags beym Religionsunterricht 2c., mit C. W. Kindervaters Vorrede. 2 Thle. 4. Leipz. Jacobäer. 806.

– s. Jh. Fr. Nolte: Lexicon.

Wichmann, Gf. Joach., Rettung d. Beweisstelle d. wahren Gottheit Christi, Philipp. 2, 6. 8. Grimma 789.

— christl. Unterricht für Kinder beim ersten Genuß d. heil. Abendmahls. 8. Jena 772. Fickelscher. 2 ℔

– s. Wochenblatt, Lübeck., f. d. gem. Mann.

Wichmann, Gli. Gf., Rede zur Feier d. Friedens. Gehalten am 15. Juli zu Dorpat. 8. Dorp. 814. (22 S.)

— Diss. inaug. de secretionibus in genere. 8. Dorp. 818. (40 S.)

Wichmann, H., und Hermann Wagner: Geographische Gesellschaften, Zeitschriften, Kongresse und Ausstellungen. (Geographisches Jahrbuch. Bd. 12. 1888. S. 161 – 474.) Gotha 1888. 14 S. 8°

Wichmann, H., geographisch-statistische Notizen, s. im Anhang „Karten“: Atlanten. Perthes', Just.. Taschen-Atlas.

Wichmann, H.: August Petermann. ([S.-A.] Allgemeine deutsche Biographie. Bd 26.) Leipzig 1888. 10 S. 8°. [A 4617

Wichmann, Heinrich [Prof.]: Die Hamburgische Dramaturgie im Unterricht der Prima. Gartz a. O., Druck v. K. Fiebelkorn, *1895;* 25 S. 8.
Gartz a. O., G, OP 1895**

Wichmann, Heinr. Gedankengang der Bergpredigt nach Matthaeus (Kap. V—VII). 14 S. Progr. *Wernigerode* 1882.

Wichmann, Heinrich: Aus der medizinischen Klinik zu Kiel. Über sporadischen Kretinismus. Kiel 1898: Schmidt & Klaunig. (27 S.) 8°
Kiel, Med. Diss. v. [21. Juni] 1898.

Wichmann, Herm., gesammelte Aufsätze. 1. Bd. gr. 8. (VII, 254 S.) Berlin 884, Ries und Erler.

Wichmann, Herm. Gesammelte Aufsätze. 2. u. 3. Bd. gr. 8. (V, 328, V, 291 S.) Florenz 887 u. 891, Loescher u. Seeber. à Bd. * 2 — * 4 —

Wichmann, Herm., Frohes u. Ernstes aus meinem Leben. 8. (VII, 271 u. 64 S.) Leipzig 898. (Rom, Loescher & Co.) 6. —

Wichmann, Herm., üb. Gevaerts histoire et théorie de la musique de l'antiquité. Bericht an Herrn V..... H... gr. 8. (55 S.) Berlin 876. Mitscher & Röstell. n. 1. —

Wichmann, Hermann [!] H(enricus) ⟨geb. am 13 März 1814 in Halverde Westf.⟩: De morbis ureterum ... Bonnae, typ. C. & F. Krüger (1841). 29 S., 1 Bl. 8.
Bonn, Med. Fak., Diss. v. 18 Sept. 1841

Adressbuch für den Landkreis Tilsit, Regierungs-Bezirk Gumbinnen in Ostpreußen. Nach amtl. Quellen zsgest. von Hugo Wichmann, Büreaugehilfe. *Tilsit: J. Reyländer & Sohn [1903].* (103 S.) 8° [Ŝ.] 10

Wichmann, Hugo *Gustav Adolf* [aus Berlin]: Die Stichverletzungen der Harnblase ... Berlin, C. Vogts Buchdr., *1895;* 36 S., 2 Bl. 8.
Berlin, Med. Fak., Inaug.-Diss. v. 1. Aug. 1895

Wichmann, J. N., Bem. von e. fallenden Sucht nach einem zugeheilten Fontanell. 7 S. Kopenh. 8°.
1780

Wichmann, Johannes: Dionysii Halicarnassensis de Thucydide iudicia componuntur et examinantur. Halis Saxonum 1878: Karras. 34 S. 8°
Halle-Wittenberg, Phil. Diss. v. [6. Aug.] 1878
Geb. Petersberg bei Halle a. d. S. 9. 11. 1855. V.
Verf. erlebte die Diplomerneuerung 1928 als Professor, Geheimer Schulrat in Dessau, vgl. Anh. Nr. 714.

[Umschlagt.:] Wichmann, Joh. [Dr.]: Katalog der Schülerbibliothek. Zuerst zsgest. v. Dr Herm. Zurborg 1880, nunmehr erneut u. vervollst. [Neubearb. d. P-Beil. 1880.] Zerbst, Druck v. O. Schnee, 1893; 1- XIX S. 4.
Zerbst, herz. Francisceum, OP 1893 (680)

Wichmann, Johannes [aus Dresden]: König Aelfred's angelsächsische Übertragung der Psalmen I–LI excl. ... Halle a. S., Druck v. Ehrhardt Karras, 1888; 62 S. + 1 Bl. 8°
Leipzig, Phil. Fak., Inaug.-Diss. v. 23. Jul. 1888

Wichmann, Johannes, König Aelfred's angelsächsische Uebertragung der Psalmen I—LI excl. Diss. Leipzig 1888. Gustav Fock. 8°. 62 S.

Wichmann, Johannes [app. Arzt aus Busenwurth]: Aus d. patholog. Institute zu Kiel. Ueber das Verhalten des Trichocefalus dispar zur Darmschleimhaut . . . Kiel, Druck v. Schmidt & Klaunig, 1889; 16 S. + 2 Bl. 8°
Kiel, Med. Fak., Inaug.-Diss. v. 14. Sept. 1889.

Wichmann, J., über das Verhalten d. Trichocefalus dispar zur Darmschleimhaut. Inaug.-Diss. 8. (19 S.) Kiel 889. (Lipsius & Tischer.) n. — 80

Wichmann, Johann Ernst: Aetiologie der Krätze. 140 S., gbd., 1 Taf.

Hannover: Helwing 1786

JB 4.612

Johann Ernst Wichmann

Aetiologie der Krätze. Von Johann Ernst Wichmann. 2.,veränd. Ausg. Hannover: Helwing 1791. VIII, VIII, 176 S. 8°

— Beitrag zur Gesch. d. Kriebelkrankheit im Jahre 1770. 8. Leipz. u. Zelle 772. Gsellius. 4 gr

— Beitrag zur Kenntniß d. Pemphigus. 4. Erf. 791. Keyser. 2 gr

Wichmann, Jh. Er., († d. 11. Juni 1802.) wicht. Entdeckungen e. vorkomm. unerkannten Ursache einer Abzehrung bei Mannspersonen. Aus d. Latein. v. F. A. Waitz. 8. Altenb. 791. (Hennings in Neiße). 7 gr

Wichmann, (Johann Ernst) (Übers.):

s.: Goulard, (Thomas): Chirurgische Werke. (Oeuvres de chirurgie. Dt.) Hrsg.von Zacharias Vogel. 2...verm.Aufl. Bd 1 - 2. Lübeck: 1773

JB 3.038

— Ideen zur Diagnostik. 4 Bde. (4r fortges. v. J. D. W. Sachse.) gr. 8. Hannov. 794 – 821. Helwing. 5 Thlr 18 gr (1r Bd. 3e A., neu bearb. v. W. Sachse 827. 2 Thlr 20 gr 2r Bd. 2e A. 797. 20 gr) (4r Bd. a. u. d. T.: J. D. W. Sachse, Beitrr. zur genauern Kenntniß d. Kehlkopfs- u. Luftröhrenschwindsuchten. Mit 3 Kpf. 821. 1 Thlr 6 gr)

Wichmann, Johann Ernst: Ideen zur Diagnostik. Beobachtenden Aerzten mitgetheilet. Bd 1 - 3, gbd., Abb.

Wien: mit v.Ghelenschen Schriften 1798 - 1802

JB 1.106

Wichmann, Johann Ernst: Ideen zur Diagnostik. Beobachtenden Aerzten mitgetheilt. 2.verbess. Aufl. Bd 1 - 3, gbd.

Hannover: Helwing 1800 - 1802

JB 1.107

Wichmann, Joh. Ern., Ideen z. Diagnostik. 4r Band. (Fortgesetzt von Wilh. Sachse.) Mit K. gr. 8. Hannov. Helwing. 816.

Wichmann, (Joh. Ernst.) Ideen zur Diagnostik. 3r Bd. 3e Aufl. 827. 2 Rthl. 20 gr. — 4r Bd. A. u. d. T.: W. Sachse, Beiträge zur genauern Kenntniß u. Unterscheidung d. Kehlkopfs- u. Luftröhren-Schwindsuchten. Mit 3 Kpfrn. gr. 8. Hannov. 822, Helwing. 1 Rthl. 6 gr. Alle 4 Bde.

— Jh. Geo. Zimmermanns Krankheitsgeschichte; ein biograph. Fragment, für Aerzte bestimmt. 8. Hannov. 796. Helwing. 7 gr

Wichmann, Johann Ernst (Übers.):

s.: Monro, Donald: Beschreibung der Krankheiten, welche in den brittischen Feldlazarethen in Deutschland vom Januar 1761.bis ...März 1763.am häufigsten gewesen... (An Account of the diseases which were most frequent in the British military hospitals in Germany... Dt.) Altenburg: 1766

JB 3.567

Wichmann, Jo. Ern., De pollutione diurna, frequentiori, sed rarius observata tabescentiae caussa. 62 pp. Gott. 16°. A. D. B. LVII, 114. *Blumenbach*, Bibl I, 114. Comm. Lps. XXVI, 586.

1782

— de pollutione diurna frequentiori sed rarius observata tabescentiae causa. 8. Götting. 782. Dieterich 3 gr

– s. J. Pringle: Verbesserungen.

— kleine medicinische Schriften, von ihm selbst gesammelt u. verbessert. gr. 8. Hannov. 791. Helwing. 20 gr

Johann Ernst Wichmann

[Teils.] Johann Ernst Wichmann's Kleine medicinische Schriften von ihm selbst ges. u.verb. Hannover: Helwing 1799. VIII,238 S. 8°

Wichmann, Johann Ernst: Kleine medizinische Schriften, von ihm selbst gesammlet und verbessert. 258 S., gbd.

Wien: mit v.Ghelenschen Schriften 1801

JB 2.372

– s. Unentbehrlichkeit d. Branntweins.

— über die Unentbehrlichkeit d. Branntweins u. einige ähnliche Gegenstände. In Antwort auf Hufelands Schrift: über Vergiftung durch Branntwein. 8. Hannov. 802. Helwing. 4 gr

Wichmann, Jo. E., De insigni venenorum quorundam virtute medica imprimisque cantharidum ad morsum animalium rabidorum praestantia. Gott. 4°.

1762

—, *Wildunger* Wasser gegen geistige Abspannung. Ueber die Wirkung miner. Wasser bes. des Wildunger. Hann. 8°.

1797

– s. P. G. Werlhof: Opera.

– s. K. White: Bemerkk.

— über die Wirkung d. Mineralwasser, besond. des Wildunger. 8. Hannov. 797. Helwing. 9 gr

Wichmann, Jh. Otto, († d. 5. Febr. 1796.) Abhandlung von d. thuenden Gehorsam Christi. gr. 8. Hamb. 773. Herold. 20 gr

— de anima sibi ipsi ignota origine mali sui. 4. Helmst. 753.

— Betrachtung über e. wichtige Wahrheiten, in heiligen Reden gehalten. 8. Hamb. 760. Härtel. 5 gr

— Betrachtt. über d. Glauben d. Christen von der Versöhnung. 8. Hamb. 763. 2e verm. Aufl. 785. Noch e. neue verb. Aufl. unt. d. T.: Betrachtt. über d. Versöhnungslehre. gr. 8. Ebd. 786. 2e Aufl. 8. Hannov. 794. Hahn. 12 gr

— Betrachtungen üb. die Lehre von d. Versöhnung. 8. Hannov. Hahn. 794.

Wichmann, Johann Otto A. S. 270/22

De Cerycibus mysticis.
Präs. Heinrich August Zeibich.
Wittenberg (Eichsfeld) X. 1752.

Nur Titelblatt. 36554

— Hauptinhalt der sonn- u. festtägl. Predigten über die Evangelien u. Episteln 1774—95. 7 Thle. gr. 8. Hamb, 774—95. Bruns a. Gundermann. 5 ℛ 20 𝒦

— Hauptinhalt d. Predigten üb. Evangelia u. Episteln v. J. 1774 bis 1791. gr. 8. Hamb. Herold. (à 20 gr.)

— Hauptinhalt der sonn- u. festtägl. Predigten üb. freye Texte. 1r bis 4r Thl. gr. 8. Hamburg, Bruns. 789—92. (à 20 gr.)

— — derselb. 5r bis 7r Thl. gr. 8. Hambg. Gundermann. 793—95. (à 20 gr.)

— Communionbuch. 8. Ebend. 794.

— Communionbuch. (Ist d. 2e Aufl. obig. Betrachtt.) 8. Hamb. 785. 8. Hannov. 795. Hahn. 6 𝒦

— Passionspredigten. 8. Hamb. 768. Herold.

— Reden bei d. Taufe e. Juden. gr. 8. Hamb. 777.

— Wahl- u. Antrittspredigt. 8. Hamb. 773.

— einige Züge von dem Charakter e. rechtschaffenen Prediger. 4. Hamb. 770.

Wichmann, Josef [aus Steinheim i. Westf.]: Beitrag zur Therapie der Placenta praevia ... Greifswald, Druck v. J. Abel, 1891; 26 S. 8.
Greifswald, Med. Fak., Inaug.-Diss. v. 24. Okt. 1891

Wichmann, Joseph [pr. Arzt aus Eckenhagen (Rheinprovinz)]: Spina bifida sacralis. Ein geheilter Fall. . . . Greifswald, Druck v. Julius Abel, 1890; 28 S. 8°
Greifswald, Med. Fak., Inaug.-Diss. v. 24. Mai 1890

Fred'n in Hus. Kamedistück mit Gesang in en'n Optog von Julius **Wichmann.** Hamburg: E. Richter 1907. (44 S.) 8° [F.] 08. 1017 9

Wichmann, Jul., Georg Meter uller De Isenbahn op Fehmarn. Plattdeutscher Schwank in 1 Aufzug. (28 S.) kl. 8. Hamburg 906. (O. Kaven.) n. — 50

Georg M e t e r oder de Isenbahn op Fehmarn. Plattdeutscher Schwank in 1 Aufzug von Julius **Wichmann.** Hamburg: Richter 1907. 31 S. 8°

De slaue Peter. Plattdeutsch. Schwank in 1 Akt von Julius **Wichmann.** Hamburg: Richter 1907. 16 S. 8°
(Plattdeutsches Theater-Repertoir. Nr 22.) 11. 3736 9

Tähnweh. En Stück vun Dörp'n in en'n Optog von Julius **Wichmann.** Hamburg: E. Richter 1908. (32 S.) 8° [F.] 05. 9073 9

Wichmann, Karl, s.: B a n n r o l l e n , die Metzer, d. 13. Jahrh.

Wichmann, Karl, Referendar a. Parchim: Die Beweislast beim Kauf nach Probe nach gemeinem Rechte und dem Rechte des B.G.B. Parchim i. M. 1905: H. Freise. (250 S.) 8°
Rostock, Jur. Fak., Ref. Matthiass, Diss. v. 5. Aug. 1905
[Geb. 23. Apr. 78 Parchim; Wohnort: Parchim; Staatsangeh.: Mecklenburg-Schw.; Vorbildung: Friedrich Franz Gymn. Parchim Reife O. 98; Studium: Rostock 4, München 1, Rostock 2 S.; Rig. 23. Nov. 04.]

Wichmann, Karl, die Beweislast beim Kauf nach Probe. (251 S.) gr. 8. Berlin 905. Struppe & Winckler. n. 5. —

Wichmann, Carolvs ⟨geb. am 10 Aug. 1848 in Kiel⟩: De Plutarchi in vitis Brvti et Antonii fontibvs ... Bonnae, form. C. Georgi (1874). 2 Bl., 62 S., 1 Bl. 8.
Bonn, Phil. Fak., Diss. v. 12 März 1874

Wichmann, Carl (geb. Branitz in d. Mark 2. 12. 1842): Ueber Fussgelenks-Resection. Berlin (1867). (32 S.) 8°
Berlin, Med. Diss. v. 12. Okt. 1867

Wichmann, Carolus [Ibbenbuerensis]: De numeris quos adhibuit Demosthenes in oratione Philippica I. ... Kiliae, ex offic. H. Fiencke, 1892; 2 Bl., 60 S., 1 Bl. 8.
Kiel, Phil. Fak., Inaug.-Diss. v. [5. Aug.] 1892

Wichmann, Karl, Referendar: Das R e c h t s v e r h ä l t n i s unter den Miterben ⟨ohne Berücksichtigung der Ausgleichung⟩. Lübeck 1903: Gebr. Borchers. (V, 63 S.) 8°
Rostock, Jur. Diss. v. [21. Dez.] 1903.

Wichmann, Klemens

Wichmann, Clemens: Das Abhängigkeitsverhältnis des altenglischen Rolandsliedes zur altfranzösischen Dichtung. . . . Essen a. d. Ruhr, Druck v. Fredebeul & Koenen, 1889; 87 S. + 2 Bl. 8°
Münster, Phil. Fak., Inaug.-Diss. v. [7. Jun.] 1889

Wichmann, L. H. T. W., Edelmuth u. Schlechtsinn. 8. Berl. 815. Logier. 12 𝒦

Bautechnische Kalkulationen. Anleitung z. Prüfung u. Berechnung d. Kosten von wichtigeren Gebäudeteilen. Von L[eopold] **Wichmann,** Architekt. Königsberg i. Pr.: Gräfe & Unzer 1906. (45 S.) 8° [F.] 06. 1014 10

Wichmann, M.

— über die Entdeckung der neueren Planeten, siehe: U n t e r h a l t u n g e n, Königsberger. 2. Bd. 1. Hft.

Wichmann, M., über den Mond, s. Unterhaltungen, königsberger naturwissenschaftliche.

Wichmann, M.: De p a r a l l a x i stellae Argelandriae. (1830 Groombridge) 1847. 4°
Diss. Königsberg

Wichmann, M., über die Central-Sonne, siehe: U n t e r h a l t u n g e n, Königsberger. 2. Bd. 2. Hft.

Wichmann, Marie, was Mütterlein erzählt, s. a. D ü m s' Kinderbibliothek.

Wichmann, Marie, was M ü t t e r l e i n erzählt. Märchen u. Erzählgn. f. d. Alter v. 5–8 Jahren. M. 5 Farbendruck-Bildern v. W. Schäfer. 12. (71 S.) Wesel 896. W. Düms. Kart. — 50

Wichmann, Max [aus Prenzlau]: Ueber die M e t a l l e bei den altmexikanischen Kulturvölkern ... Halle, Druck v. Carl Colbatzky, 1885. 4 + 58 S. 8°
Halle, Phil. Fak., Inaug.-Diss. v. [5. Nov.] 1885.

Wichmann, Max, über die **Metalle bei den altmexikanischen** Kulturvölkern. Diss. Halle 1885, Lippertsche Buchh. 8°. 58 S.

Wichmann, Moritz Ludwig Georg

Wichmann, M. L. G., Proprietates maxime insignes pentagoni sphaerici, cujus singulae quinque diagonales quadranti aequales ejusque projectionum in planum tum centralis tum stereographicae. Cum tabula. (Preisschrift.) Gottingae 1843. 4°. (16 S.)

Wichmann, Maur. Lud. Geo., proprietates maxime insignes pentagoni sphaerici cujus singulae quinque diagonales quadranti aequales ejusque projectionum in planum tum centralis tum stereographicae. Commentatio praemio regio ornata. 4maj. (Mit 1 lith. Tafel.) Gottingae 844, Dieterich. n. 2/3 ß

N. Wichmann, Coursbuch der Post-, Eisenbahn- und Dampfschiff-Routen im Schleswig-Holsteinischen Postbezirk. Kiel, 1865. 12.

Der deutsche Handel und die beabsichtigte deutsche Kriegsflotte. Von N[ikolaus] D[aniel] **Wichmann**. — Hamburg: Meißner 1867. 31 S. 8°

Wichmann, N. D., der deutsche Handel und die beabsichtigte deutsche Kriegsflotte. gr. 8. (81 S.) Hamburg 867, D. Meißner. *

W(i c h m a n n), N. D.: „Kann die Linke der deutschen Nationalversammlung für Beibehaltung oder gar für Erhöhung von Schutzzöllen stimmen?" (Frankfurt a. M. 1848).

Wichmann, O., l'art poétique de Boileau dans celui de Gottsched. Eine literar.-histor. Studie. gr. 8. (30 S.) Berlin 879. Weidmann. n. 1. —

Wichmann, Oskar, Prof. Dr.: H u r r a , Germania! Eine Dichtung zur Feier des . . . Geburtstages . . . des Kaisers und Königs Wilhelm II. Eberswalde 1903: C. Müller. (S. 1–27.) 4°
Eberswalde, Wilhelms-G. OP 1903 (76)

Wichmann, Oskar: Lucan als Schulschriftsteller. (4, 12 S.)
Progr. Wilhelms-G. *Eberswalde* 1887 (71)

Wichmannus, Oscarus (Alexander Albertus) *(geb. Beeskow in d. Mark 29. 7. 1851)*: De qui ablativo antiquo. Vratislaviae (1875). (45 S.) 8°
Breslau, Phil. Diss. v. 19. März 1875

Wichmann, Paul [aus Münster i. W.]: Fieber in der Geburt und im Wochenbett . . . Berlin, Druck v. E. Ebering, *1897*; 57 S., 2 Bl. 8.
Berlin, Med. Fak., Inaug.-Diss. v. 7. Mai 1897

Wichmann, Paul Viktor

Wichmann, P. V., Cora, das Kind des Pflanzers, s. Bloch's, E., Volkstheater.

Das E w i g s c h ö n e . Tragödie in 5 Akten von Paul Victor Wichmann. Wiesbaden [1901]: Edel. (65 S.) 8°

Wichmann, P. V., halt, werda?, s.: Bloch's, Ludw., Militär-Festmappe.

Wichmann, Paul Vict., Kain. Drama in 2 Akten. gr. 8. (62 S.) Leipzig 897. R. Friese, Sep.-Cto. n. 1. 20

Wichmann, Paul Vict., die eiserne Maske. Historischer Roman aus den Archiven der Herzöge von Condé und Rohan. 2 Bde. 8. (341; 355 S.) Jena 887, Costenoble. *

Wichmann, P. V., Nur Mutter, s. Both's, L. W., Bühnen-Repertoir.

Wichmann, Paul Vict., Petersburg u. Plewna, s.: Wallner's Volks- u. National-Theater.

Wichmann, Paul Vict., Herzog Heinrich von Rohan. Historischer Roman. 5 Bde. 8. (240; 264; 279; 232; 180 S.) Jena 874, Costenoble.

Wichmann, Paul Vict., Herzog Heinrich v. Rohan. Historischer Roman. 2. (Titel-)Aufl. 5 Bde. 8. (240; 264; 279; 232; 180 S.) Jena 880, Costenoble. **

Wichmann, Paul Vict. Großmütterchen's Roman u. Ein Märchen der Liebe. Zwei Novellen. 8. (166 S.) Potsd. 890, Rentel. 1 50
geb. 2 50

—— Franz v. Sickingen. Geschichtliche Erzählung. Mit dem (Holzschn.-)Bilde Sickingens. 8. (128 S.) Bremen 880, Nordwestdeutscher Volksschriften-Verlag. cart. *

—— s. Zehnpfennig-Bibliothek Nr. 3.

Wichmann, Peter, Erklärung d. 9n. Cap. d. Briefes an die Römer. 8. Hamb. Hertel. 723.

Wichmann, Peter, Herrlichkeit d. Gläubigen auf Erden. 8. Hamb. Hertel. 748. Rthlr.

— die Unsterblichkeit d. menschl. Seele u. Auferstehung d. Todten v. Gott geoffenbaret. 8. Ebend. 736.

Wichmann, Ralf ⟨geb. am 5 Apr. 1860 in Braunschweig⟩: Aus d. anat. Institut zu Bonn. — Beiträge zur Kenntniss des Baues und der Entwicklung der Nierenorgane der Batrachier . . . Bonn, Univ.-Buchdr. v. C. Georgi 1884. 20 S., 1 Bl. 4.
Bonn, Med. Fak., Diss. v. 6 Aug. 1884

—— das Leuze'sche Mineralbad Berg bei Stuttgart, s. Fischer, K.

Wichmann, Ralf, Einiges v. der medikamentösen Behandlung der Neurasthenie. gr. 8. (8 S.) Leipzig 902. B. Konegen. **n. 1. —**
Sonderabdruck aus: „Reichs-Medizinal-Anzeiger".

Wichmann, R., **die Elektricität in der Heilkunde. Populäre Darstellung der Anwendung und Wirkung der Elektricität in der Medicin. 2. Tausend. gr. 8. (94 S. mit Abbild. und Beschreibung der dazu nöthigen Apparate.) Berlin 888, Steinitz' Verlag. ***

— der chronische Gelenkrheumatismus u. seine Beziehgn. zum Nervensystem nach eigenen Beobachtungen. gr. 8. (IV, 144 S. m. Abbildgn.) Neuwied 890. Heuser's Verl. n. 2. 80

Wichmann, Ralf, der chronische **Gelenk-Rheumatismus u. seine Beziehungen zum Nervensystem nach eigenen Beobachtungen. 2., durch Nachtrag verm. Aufl. gr. 8. (VIII, 164 S. m. Abbildgn. u. 1 Taf.)** Neuwied **892.** Heuser's Verl. **n. 2. 80**

Wichmann, Ralf, chronischer **Gelenkrheumatismus** u. verwandte Krankheiten. (8 S.) gr. 8. Leipzig 903. B. Konegen. n. 1. —
Sonderabdruck aus: „Reichs-Medizinal-Anzeiger".

Wichmann, **Ralf, Geschwulst und Höhlenbildung im Rückenmark, mit neuem Beitrag zur Lehre von der Syringomyelie, monographisch bearb. gr. 8. (VII, 58 S. mit Tab. und 1 Taf.) [Stuttgart 887, Metzler's Verlag.] Tübingen, Moser'sche Buchh. [* ℳ 1.50.] ***

— der Harz, e. Kuraufenthalt f. Nervöse. Practische Winke f. nervöse Sommerfrischler. 12. (33 S.) Harzburg 890. Stolle. — 30

Wichmann, Ralf, der Harz, e. Kuraufenthalt f. Nervöse. Praktische Winke f. nervöse Sommerfrischler. 2. Aufl. 12. (33 S.) Harzburg 891. C. R. Stolle. n. — 35

— die Heilwirkung der Elektricität bei Nervenkrankheiten, s.: Zeit- u. Streitfragen, klinische.

Wichmann, Ralf, Ischias. [Aus: „Reichs-Medicinal-Anzeiger".] 8. (7 S.) Leipzig 896. Benno Konegen, Verlag. n. 1. —

— Lebensregeln f. Neurastheniker. 8. (III, 64 S.) Berlin 898. O. Salle. n. 1. —

— Lebensregeln f. Neurastheniker. 2. verb. u. 3. durchgeseh. Aufl. gr. 8. (à III, 68 S.) Berlin 899. 901. O. Salle. n. 1. —

— Lebensregeln f. Neurastheniker. 4. u. 5. Aufl. (72 S.) 8. Berlin 903. 906. O. Salle. n. 1. —

Wichmann, Ralf, Lebensregeln f. Neurastheniker. 6. Aufl. (72 S.) 8. Berlin 909. O. Salle. 1. —

— geistige Leistungsfähigkeit u. Nervosität bei Lehrern u. Lehrerinnen. Eine statist. Untersuchung. (80 S. m. 1 Tab.) gr. 8. Halle 905. C. Marhold. n. 1.50

— die Massage, s.: Preller.

— die Neurasthenie u. ihre naturgem. Behandlg. Ein Ratgeber f. Nervenkranke. gr. 8. (IV, 187 S. m. 9 Abb.) Ebd. 897. n. 2. —

— die Neurasthenie u. ihre Behandlung. Ein Ratgeber f. Nervenkranke. 2. verb. Aufl. gr. 8. (191 S. m. 9 Abbildgn.) Ebd. 899. n. 2. —

— die Neurasthenie u. ihre Behandlung. Ein Ratgeber f. Nervenkranke. 3. verb. Aufl. (187 S. m. 9 Abbildgn.) 8. Berlin 904. O. Salle. n. 2. —

Wichmann, Ralf, die Neurasthenie u. ihre Behandlung. Ein Ratgeber f. Nervenkranke. 4. verb. Aufl. (188 S. m. 9 Abb.) 8. Berlin 910. O. Salle. 2. —

Bad Pyrmont als Nervenheilbad. Von Dr. med. [Ralf] **Wichmann,** Kreisphysikus. Paderborn (um 1900): Schöningh. 24 S. 8°
(Bad Pyrmont Nr 5.) [11.1189]11

— die Rückenmarksnerven u. ihre Segmentbezüge. Ein Lehrbuch der Segmental-Diagnostik der Rückenmarkskrankheiten. gr. 8. (VIII, 279 S. m. 76 Abb., 7 farb. Taf. u. 4 Bl. Erklärgn.) Ebd. 900. n. 12. —

— die Tetanie. Vortrag. [Aus: „Deutsche Medizinal-Zeitg."] gr. 8. (33 S.) Berlin 889. Grosser. n. — 50

— die Ueberbürdung der Lehrerinnen. Vortrag, geh. auf dem internationalen Kongress f. Schulhygiene zu Nürnberg am 6. IV. 1904. (24 S.) gr. 8. Halle 904. C. Marhold. n. — 80

— die Wasserkuren. Innere u. äußere Wasseranwendg. im Hause. Zur Verhütg. u. Heilg. v. Krankheiten. Für Laien dargestellt. 12. (IV, 97 S. m. 4 Abbildgn.) Braunschweig 894. O. Salle. Geb. in Leinw. n. 1. —

— die Wasserkuren. Inn. u. äuß. Wasseranwendg. im Hause. Zur Verhütg. u. Heilg. v. Krankheiten. Für Laien dargest. 2., verb. Aufl. 12. (IV, 95 S. m. 8 Abb.) Ebd. 897. n. 1. —; geb. n. 1. 25

— die Wasserkuren. Innere u. äußere Wasseranwendg. im Hause. Für Laien dargestellt. 3. verb. Aufl. (IV, 92 S. m. 10 Abbildgn.) 12. Berlin 903. O. Salle. n. 1. —; geb. in Leinw. n.n. 1. 25

— der Wert der Symptome der sogenannten traumatischen Neurose u. Anleitung zur Beurtheilung der Simulation v. Unfall-Nervenkrankheiten, f. Krankenkassen-Ärzte u. Medicinal-Beamte bearb. gr. 8. (VII, 103 S.) Braunschweig 892. F. Vieweg & Sohn. n. 3. —

— das Wesen d. Nervenkrankheiten. 8. (58 S.) Braunschweig 895. Ebd. n. — 80

Wichmann, Richard, a. Hamburg: Der Korrallenoolith und Kimmeridge im Gebiet des Selter und des Ith. Göttingen 1907: Dieterich. (39 S.) 8° (Gekr. Preisschr.)
Göttingen, Phil. Fak., Ref. v. Koenen, Diss. v. 4. Sept. 1907.
[Geb. 10. Nov. 81 Hamburg; Wohnort: Hamburg; Staatsangeh.: Hamburg; Vorbildung: Matthias-Claudius-Gymn. Wandsbek Reife M. 02; Studium: Göttingen 10 S.; Rig. 17. Juli 07.]

Wichmann, Rud., die Entwickelung der Philosophie. Eine Abhandlung. Berlin 852. Dümmler's Buchhdlg. 8. (15 S.) n. 5 ngr.

Wichmann, Rud., die Entwickelung der Philosophie. Eine Abhandlung. gr. 8. (15 S.) Berlin 853, Dümmler's Vrlgsh. *

Wichmann, Rudolph: * De integratione approximata. 121 S. 8° (4°)
Halle-Wittenberg, Phil. Diss. v. 30. Mai 1854.
Geb. [Bernstein (Kr. Soldin, Neumark) 8. 5. 1821]

Wichmann, Rud., die britisch deutsche Legion 1855—1857. Braunschweig 861. (Neuhoff & Co.) 8. (V, 110 S.) n. 12 ngr.

Wichmann, Rud., Wanderungen in Schottland. 1851—1852. 8. (V und 96 S.) Braunschweig 862, Neuhoff und Comp.

Wichmann, T., Weinverbesserg., s. Abhandlgn. d. staatwiss. Sem.

Wichmann, W., Denkwürdigkeiten aus der Paulskirche. gr. 8. (XIV, 568 S.) Hannover 888, Helwing's Verlag. *

Wichmann, W. Denkwürdigkeiten aus dem ersten deutschen Parlament. [Neue (Titel-) Ausg. der „Denkwürdigkeiten aus der Paulskirche".] gr. 8. (XIV, 568 S.) Hannov. 890, Helwing's Verl. * 10 —

Wichmann, W., Gebühren-Taxe f. die Gerichte, enth. das Gesetz üb. den Ansatz u. die Erhebg. der Gerichtskosten vom 10. Mai 1851, nebst den dasselbe ergänz. Gesetzen vom 3. Mai 1853, 9. Mai 1854, 1. Mai 1865, 15. März 1858 u. dem Subhastationskosten-Tarif, dem Tarif u. Stempelgesetz zur Grundbuch-Ordng. vom 5. Mai 1872; Gesetz vom 9. Mai 1851 noch gültig wegen der Kommissions-Gebühren; Gesetz vom 24. März 1873 betr. die Tagegelder u. Reisekosten der Staatsbeamten; Verordng. vom 24. Dezbr. 1873 betr. die den Justizbeamten bei Dienstgeschäften außerhalb d. Gerichtsorts zu gewähr. Tagegelder u. Reisekosten. Gesetze u. Verordng. üb. die Gebühren der Zeugen u. Sachverständigen, insbesondere der Medizinalbeamten, Feldmesser, Katasterbeamten, Forstschutzbeamten u. Gensd'armen vom 29. März 1844, 2. März 1871, 9. März 1872 2c. Gebühren-Taxe f. die Auktions-Kommissarien vom 21. Juni 1845 2c., nebst den Instruktionen d. Justiz-Ministers vom 1. Juni 1854, 1. April 1858 u. 3. Juli 1872, sowie der Anweisg. d. Justiz- u. Finanz-Ministers vom 19. Septbr. 1872; den sämmtl. bis 1. März 1875 erschienenen nachträgl. Bestimmgn., Erläutergn. u. Ergänzgn. Fol. (III, 236 S.) Berlin 875. C. Heymann's Verl. n. 11. —; geb. n. 13. —

Wichmann, W., Instruktion des Justiz-Ministers vom 3. Juni 1854, betr. die Einziehung der Gerichtskosten für die Exekutions-Instanz durch die gerichtl. Exekutoren, nebst dem Tarif zur Erhebung der Kosten für Auktionen und 2 Kartons zu §§. 38b. und 84 der Dienst-Instruktion für die gerichtl. Unterbeamten. Nach den Bestimmungen des Münzgesetzes vom 9. Juli 1873 bearb. 8. (15 S.) Berlin 875, C. Heymann's Verlag.

Wichmann, W., die Poesie der Sinnsprüche und Devisen. 8. (VIII, 323 S.) Düsseldorf 882, Voß und Comp. *
geb. mit Goldschn. *

— Tabellen, s. a. Moeller.

——, Moeller und Böger, Tabellen zu den Gesetzen, betr. den Ansatz und die Erhebung der Gerichtskosten und die Gebühren der Notare und Rechtsanwalte vom 10., 11. und 12. Mai 1851, den Gesetzen vom 3. Mai 1853, vom 9. Mai 1854, vom 15. März 1858 und vom 1. Mai 1865, den Tarifen zur Subhastations-Ordnung vom 15. März 1869, zur Grundbuchordnung vom 5. Mai 1872 und zu der Gebühren-Taxe für die Auktions-Kommissarien vom 21. Juni 1845 in Reichsmark-Währung bearb. Fol. (68 S.) Berlin 875, C. Heymann's Verlag. *M. 3.; geb. *

Wichmann, Walther: Ein Fall von Kalkablagerungen unter der Haut. ⟨Kalk-Gicht.⟩ Berlin 1910: Ebering. 29 S. 8°
Berlin, Med. Diss. v. 10. Juni 1910, Ref. His
[Geb. 9. Aug. 83 Lübeck; Wohnort: Berlin; Staatsangeh.: Lübeck; Vorbildung: Gymn. Lübeck Reife O. 04; Studium: Berlin K. W. A. 10 S.; Coll. 9. Juni 10; Approb. 9. Juni 10.] [U 10. 110

Wichmann, Yrjö, kurzer Bericht üb. e. Studienreise zu den Syrjänen 1901—1902. (47 S. m. 4 farb. Taf.) gr. 8. Helsingfors 903. (Leipzig, O. Harrassowitz.) n.n. 2. —
Sonderabdruck aus: „Journal de la société finno-ougrienne".

Wichmann, Yrjö, wotjakische Chrestomathie, s.: Hilfsmittel f. d. Studium d. finnisch-ugrischen Sprachen.

Wichmann, Yrjö, s.: Forschungen, finnisch-ugrische.

— die tschuwassischen Lehnwörter in den permischen Sprachen, s. a. Mémoires de la société finno-ougrienne. XXI.

Die Tschuwassischen Lehnwörter in den Permischen Sprachen von Yrjö Wichmann. *Helsingfors 1903: Finnische Litteraturges.* (XXVIII. 170 S. 8°
= Toimituksia, Suomalais-ugrilaisen Seuran. 21. [04. 381]

Wichmann, Yrjö, wotjakische Sprachproben. Im Auftrage der finnisch-ugr. Gesellschaft ges. u. hrsg. I. Lieder, Gebete u. Zaubersprüche. gr. 8. (XX, 200 S.) Helsingfors 893. (Leipzig, O. Harrassowitz.) n.n. 4. 80

Wichmann-Riesenburg, der Anstrich. Genaue Angaben üb. Material u. Ausführg. der verschiedenen Arten des Anstrichs auf Putz-, Holz- u. Metallflächen usw. (62 S. m. Abbildgn. u. Mustern.) 4. Berlin (906). Wichmann-Riesenburg. n. 3. —

Ⓑ **Wichmann-Riesenburg**, d. Anstrich. — Fachausdrücke. 906. (KVB 34.) Jetzt: Karlshorst, C. Große.

— **Fachausdrücke — Fremdwörterbuch. Erklärung der fremden u. techn. Ausdrücke f. Gewerbetreibende. (69 S.) gr. 8. Ebd. (906).** n. — 60

Wichmannshausen, A. F. de, de pileo s. bireto sacrae dignitatis insigni. Dresd. 1744. 4.

v. Wichmannshausen, Jh. Bhrd., († d. 22. Juli 1771.) ökonomisches Allerlei. 8. Leipz. 762. (Hahn). 4 gl

— **ökonom. Erfahrungen. 8. Bern 763. Typogr. Societät. 3 gl**

— s. Landleben, d. vertheidigte

— unschuld. Vorschläge d. Landwirthschaftswesen zu verbessern. 8. Leipz. Fritsch. 761.

— **unschuldige Vorschläge d. Landwirthschaftswesen zu verbessern. 8. Leipz. 762. (Hahn). 3 gl**

Wichmannshausen, Johann Christoph

Jo. Chr. Wichmannshausen (resp. Cobius) diss. de Assere metallifossore. Viteb. 1722. 4.

Wichmannshausen, Johann Christoph [Praes.], s. Biel, Hieronymus Wigand: De templi prioris prae posteriori gloria.

Wichmannshausen, Johann Christoph [Praes.], s. Franck, Johann Friedrich: Operculo arcae foederis propitiatorio.

Wichmannshausen, J. C., de Galilaea. Viteb. 1711. 4.

Wichmannshausen, Ioh. Chr., gymnasium arabicum. 4. Wittenb. Knoch. 724.

Wichmannshausen, Johann Christoph [Praes.], s. Hilliger, Johann Zacharias: De laceratione vestium apud Hebraeos usitata ad illustr. varia S. Codicis Oracula.

Wichmannshausen, J. C.: De laceratione vestium apud Hebraeos usitata. Wittenberg 1716. 4°

Wichmannshausen, Johann Christoph [Praes.], s. Mencke, Gerhard Hermann: De Saule in בגבעת האלהים (Gibea elohim) vaticinante, Ad Illustranda comm. 5. et 10. I. Sam. X.

Wichmannshausen, Jo. Christophorus. Positiones philologicae de Alcorano, quas ... Praeside — defendet Israel Traugott Garmann. Vitembergae 1708.

Wichmannshausen, Johann Christoph [Praes.], s. Schuldze, Christoph: De curribus bellicis in Oriente usitatis ad illstranda varia Scripturae V. T. oracula.

Wichmannshausen, Joan. Christophorus. Schediasma philologicum de Šomᵉrōn sc. Samaria, mense Maio 1711 publice ventilatum. Vitembergae [1711]

Wichmannshausen, J. C., de tiara summi sacerdotis. Viteb. 1722. 4.

Wichmannshausen, Johann Georg B.

— s. Abhandl. über Malerei.

v. Wichmannshausen, Jh. Geo. B., († 1787.) von der Schönheit des Geistes an Moses Mendelsohn. 8.... 771.

Wichmanshausen, Johann Martin (Halberstadt)
A. S. 767/32

Dissertatio inauguralis juridica de perjurio judiciali. Halle (Zahn) III. 1714. 76 S. 36558

Wichmannshausen, R. F., de diaconis. Viteb. 1735. 4.

Wichmannshausen, R. F. de, de solemni Judaeorum novum annum gratulandi formula: in annum bonum scribaris. Torg. 1742. 4.

Wichmannshausen, R. F. de, de praesidiariis Levitarum urbibus. Viteb. 1715. 4.

Wichmannshausen, Rudolf Fr. von

— Abhandl. vom Tode d. Gläubigen. gr. 8. Leipzig, Hilscher. 752.

Wichmannshausen, Rud. Fr. v., die Augen Gottes als ein Bild sein. verschied. vollkomm. Eigenschaften, nach Gelegenh. ein. merkwürd. Stellen d. Heil. Schrift betracht. 8. Leipz. Hilscher. 751.

v. Wichmannshausen, Rud. Fr., († d. 30. März 1792.) d. Augen Gottes als ein Bild seiner verschied. vollkomm. Eigenschaften nach Gelegenheit einer merkwürd. Stellen d. heil. Schrift betracht. 8. Leipz. 754. Hilscher. 4 ℛ

— Betrachtt. über den Tod d. Gläubigen. gr. 8. Leipz. 751. Hilscher. 3 ℛ

— daß die Hoffnung besserer Zeiten an sich erst im Tode erfüllt werde; e. Gedächtnißschrift. 4. Leipz. 766.

— epistola encyclica pastoralis ad recitandam memoriam pacis religioni datae etc. 4. Leipz. 755.

— epistola pastoralis de firmitate animi in rebus adversis per πληροφορίαν fidei declaranda. 4. Leipz. 757.

— erbaul. Gedanken über d. besond. Stunden Gottes in d. Leidenszeit sein. Frommen. 8. Leipz. 750. Hilscher. 4 ℛ

— 2 Predigten vom Unterschiede d. Natur u. Gnade. 8. Wittenberg, Zimmermann. 748.

— die Ruhe d. Seelen in d. Hand Gottes; eine Gedächtnißschrift. 4. Dresd. 762.

— commentatio theologico-pastoralis de theologo vigile, ad 2 Timoth IV, 5. 4. Naumb. 753.

— Unterschied d. Natur u. Gnade bey Ausübung d. wahren u. falschen Versöhnlichkeit gegen unsere Beleidiger. 8. Ebend. 745.

Wichmanshausen, Jo. Fr. [Praes.], s. Luther, Joh. Andr.: Diatribe in Lucani Pharsaliam.

Wichmanshausen, Jo. Fr. [Praes.], s. Luther, Joh. Andr.: Maledictoribus diei.

Wichner, Jakob

[F.] Kloster Admont und seine Beziehungen zur Wissenschaft und zum Unterricht. Nach archival. Quellen v. P. Jakob Wichner. M. Unterstützg d. . . . Akad. d. Wiss. in Wien. *(Graz): Selbstv.; (K. k. Univ.-Buchdr. 'Styria') 1892.* (216 S.) 1 Bd 8. (98. 10299

—— Kloster Admont in Steiermark und seine Beziehungen zur Kunst. Aus archival. Quellen. Hrsg. von der k. k. Central-Commission für Kunst und histor. Denkmäler und einbegleitet von deren Präsidenten. gr. 8. (X, 241 S. mit eingedr. Illustr. und Taf.) Wien 888, (Kubasta und Voigt.) *

Wichner, Jac. Zwei Bücherverzeichnisse des 14. Jahrh. in der Admonter Stiftsbibliothek, s. Centralblatt f. Bibliothekswesen, Beihefte.

Wichner, Jacob: Die Propstei Elsendorf und die Beziehungen des Klosters Admont zu Bayern. Nach archival. Quellen. München: Histor. Ver. v. Oberbayern 1899. (96 S.) 8°
(Forschungen, Altbayerische. 1.)

Wichner, Jak., Geschichte d. Benediktiner-Stiftes Admont 1. u. 2. Thl. gr. 8. Graz 874. 76. Vereinsbuchdr. n. 19. —
1. Von den ältesten Zeiten bis zum J. 1177. (VII, 343 S.) n. 9. —
2. Von der Zeit d. Abtes Isenrik bis zum Tode d. Abtes Heinrich II. [1178—1297.] (VIII, 517 S.) n. 10. —

Wichner, Jak., Geschichte des Benediktiner-Stiftes Admont (2. Thl.) von der Zeit des Abtes Isenrik bis zum Tode des Abtes Heinrich II. [1178—1297]. Mit Unterstützung der hohen kaiserl. Akademie der Wissenschaften in Wien. gr. 8. (VIII, 517 S.) Graz 875, [Vereinsbuchdruckerei.] Verlagsh. Styria.
1. Thl. Ebendas. 1874. * ℳ 9.
—— dass. — (3. Thl.) von der Zeit des Abtes Engelbert bis zum Tode des Abtes Andreas v. Stettheim [1297—1466]. Mit Unterstützung der hohen kaiserl. Akademie der Wissenschaften in Wien. [Für das Urkundenbuch.] gr. 8. (V, 585 S.) (Ebendas.) 878.

Wichner, Jac., Geschichte des Clarissenklosters Paradeis zu Judenburg in Steiermark. Lex.-8. (101 S.) Wien 888, (Tempsky.)
Aus: Archiv für österreichische Geschichte, besonders abgedruckt.

Wichner, Josef: Über Robert Hamerlings „Ahasver in Rom". 8 (S. 11—24). Progr. K. k. Staats-G. *Krems* 1900.

Wichner, Jos., Alraunwurzeln, s. a. Für Hütte u. Palast. I.

Wichner, J., Alraunwurzeln. Ein lust. u. lehrreiches Volksbüchlein. gr. 16. (VII, 312 S.) Krems a/D. 889. Oesterreicher. n. 2. —

Wichner, J. Alraunwurzeln. Ein lust. u. lehrreiches Volksbüchlein. [2. Aufl.] 16. (V, 304 S.) Wien 892, Kirsch. * 1 60; geb. * 2 40
1. Aufl. Krems a. D. 1889, Oesterreicher. * 2 —

Wichner, Josef, „Alraunwurzeln". Ein lustiges, lehrreiches Volksbüchlein. 3. Aufl. (Für Hütte und Palast. I. Bd.) 8. (276 S.) 1.—
Wien: Kirsch 1898.

Wichner, [Josef]: [Ansprache bei der Schillerfeier am 9. Mai 1905.] S. 31—36. 8. Progr. K. k. Staats-Gymn. *Krems* 1905.

— vor dem Arlberg, s.: Jugendlaube.

Wichner, Josef: Erlauschtes, s.a. Für Hütte u. Palast. Bd. 5.

Wichner, Jos., Erlauschtes. Allerlei neue Geschichten, Schwänke und Gedanken. Der „Alraun-Wurzeln" 3. Folge. Für Hütte und Palast. Sammlung gediegener österreichischer Unterhaltungsschriften. Bd. V. 12. (332 S.) 1.50
Wien: Kirsch 1894.

Wichner, Jos., s.: Für Hütte u. Palast.

Wichner, Jos., deutsche Gastfreundschaft, s.: Bücherschatz, stenographischer.

Wichner, Josef: Eine Hamerlingfeier am k. k. Staatsgymnasium zu Krems. 8 (S. 3—10, 1 Abb.). 1900.
Progr.

(F) An der Hochschule. Erinnerungen und Bekenntnisse. Von Josef Wichner. Wien. 1900. Kirsch. 8°. VIII, 265 S. K 3.—
Für Hütte und Palast. Sammlung gediegener österreichischer Unterhaltungsschriften. XVIII. Bd.

(F) Jahresringe. Novellen und Erzählungen von Josef Wichner. Wien. 1899 Kirsch. 8°. 332 S.
Für Hütte und Palast. Sammlung gediegener österreichischer Unterhaltungsschriften. XVI. Bd.

Wichner, Josef: Unserm Kaiser. Zum 60. Regierungsjubiläum 1908. S. 3—4. 8. Progr. K. k. Staats-Gymn. *Krems* 1908.

Wichner, Jos., von d. Lebens Leid u. Lust. Ein Volksbuch. (III, 245 S.) 8. Wien 910. H. Kirsch. 3. —

Wichner, Jos., aus der Mappe e. Volksfreundes, s.a. Für Hütte u. Palast. II.

—— Aus der Mappe e. Volksfreundes. Neue lehrreiche Erzählgn. u. lustige Schwänke. 12. (VIII, 322 S. m. Portr. in Lichtdr.) Ebd. 891. * 2 40

(F) **Wichner, J.**, Aus der Mappe eines Volksfreundes. [Für Hütte und Palast. II. Bd.] 8°. (288 S.) Ebda. 1907. K 2.--

Wichner, Josef: Nimm u. lies, s. Für Hütte u. Palast.

— der Novize u. andere Erzählungen, s.: Universal-Bibliothek.

Der Pantoffel. Von Josef **Wichner**. Osterwieck/H.: A. W. Zickfeldt 1906. (32 S.) 8° [F.] [Text stenogr.] = **Bücherschatz**, Stenogr., f. Gabelsb. Stenogr. Ser. A. Bd 2. [06. 5861 3

Wichner, Josef: Eine Schiller-Feier am k. k. Staats-Gymnasium zu Krems. S. 3—6. 8. Progr. K. k. Staats-Gymn. *Krems* 1902.

-Schillerfeier am 9. Mai 1905. S. 30—37. 8. Progr. K. k. Staats-Gymn. *Krems* 1905.

— im Schneckenhause, s.a. Für Hütte u. Palast. III.

Wichner, Josef: Im Schneckenhause. Volksroman. — Wien: Kirsch 1893. 300 S. 8° (Für Hütte u. Palast. Bd 3.)

Wichner, Jos., Im Schneckenhause. Volksroman. 2. Aufl. 12. (Für Hütte und Palast. Sammlung gediegener österr. Unterhaltungsschriften. III.) (XVI, 300 S.) Wien: Kirsch 1894. 1.—

Wichner, Josef: Im Schneckenhause. Ein Volksroman. 4. Aufl. [Für Hütte und Palast. 3. Bd.] 8°. (ill. XIX, 300 S.) Wien: H. Kirsch 1905.

(F) **Wichner, J.**, Im Schneckenhause. Volksroman. 5. Aufl. [Für Hütte und Palast. Bd. III.] 8°. (XIX, 300 S.) K 2.-- Wien: Kirsch 1910.

Die Schriften der alten Betschwester. Hrsg. von Josef **Wichner**. (1. Taus.) Berlin: F. Fontane & Co. 1906. (IV, 286 S.) 8° [06. 9649

— s.a. **Schriften, die, der alten Betschwester.**

Wichner, Josef: Der Jugend Schwur. Zum Jubiläum der vierzigjährigen Regierung Seiner Majestät des Kaisers Franz Josef I. (Umschlagtitel: Festgedicht zum Regierungsjubiläum Sr. Maj. ...) 8 (S. 1—2). **Progr.** K. k. Ober-G. *Krems* 1889.

— **Kremser Simandln. Ein humorist. Vortrag. Mit d. Abb. e. Orig.-Simandlbriefes aus d. J. 1771. gr. 8. (24 S. m. Abb.) Krems 895. (F. Oesterreicher.) n. — 60**

— **im Studierstädtlein, s.a. Für Hütte u. Palast. VII**

Wichner, Jos., Im Studier-Städtlein. Erinnerungen und Bilder aus dem Gymnasialleben. (Für Hütte und Palast. Sammlung gediegener österreichischer Unterhaltungsschriften. Bd. VII.) 12. (XII und 320 S.) Wien: Kirsch 1896. 1.50

(F) In freien Stunden. Ein Geschichtenbuch für Österreichs Jugend. Von Josef Wichner. Wien. 1900. Kirsch. 16°. 119 S. Cart. fl. — 60

Wichner, Jos., In freien Stunden. Ein Geschichtenbuch f. die Jugend. 2. Aufl. (VIII, 121 S.) 8. Wien 904. H. Kirsch. Geb. in Leinw. n. 1. 20

[F.] Stundenrufe und Lieder der deutschen Nachtwächter. Ges. v. Josef Wichner. *Regensburg: Nat. Verlagsanst. 1897.* (X, 314 S., 1 Bl.) 1 Bd 8. [97. 5136

— **Aus sonnigen Tagen, s.: Für Hütte u. Palast. 29.**

(F) **Wichner, J.**, Tiergeschichten. [Volksbücherei. Nr. 233/234.] 8°. (115 S.) Graz: Styria 1909. K —.40, geb. K —.90

— **Tiergeschichten, s.a. Volksbücherei.**

— **Volks-Kalender, s.: Vogl, Joh. Nep.**

— **Zeitvertreib, s.a. Für Hütte u. Palast. 25. Bd.**

(F) **Wichner, J.**, Zeitvertreib. Ein Geschichtenbuch. [Für Hütte und Palast. Bd. 25.] 8°. (X, 250 S.) K 3.— Wien: Kirsch 1904.

† Wichobil, Anna, s.a. May, Maria Theresia.

† Wichobil, Anna [Th. May], Fräulein Doctor. Eine Novelle. 8. (121 S.) Klagenfurt 881, [Bertschinger und Heyn.] Heyn's Buchh.

—— Irene. Eine pädagog. Novelle. 8. (130 S.) Ebendas. 880.

—— tief verschleiert. Novelle. gr. 8. (72 S.) Troppau 882, Buchholz und Diebel. *

Wichrowski, Caesar

Wichrowski, C. Über 1. 2. Anthrachinon. In-8°. 47 S. Bern. These. 1895.

Wichser, J., Cosmus Heer, Landamann des Kantons Glarus [geb. 1790, gest. 1837]. Vortrag, geh. in der Versammlung des glarner. histor. Vereins vom 31. October 1881 in den „Drei Eidgenossen" in Glarus. gr. 8. (365 S.) Glarus 885, (Baeschlin.)
Aus: Jahrbuch des glarnerischen historischen Vereins, 21. und 22. Heft, besonders abgedruckt.

Wichser, Jost [prakt. Arzt in Balsthal]: Über Urnierreste in den Adnexen des menschlichen Uterus. Zürich 1899. 25 S. 1 Bl. 8°. Zürich, Med. Diss. 1899/1900.

Wicht, Albert: * Ueber den Genitiv bei Wolfram von Eschenbach. 97 S. 4° (2°) Halle-Wittenberg, Phil. Diss. v. 27. Juli 1868 Geb. [Annarode (Gebirgskr. Mansfeld) 23. 6. 1839]

Wicht, B., s.: Adreß- u. Geschäfts-Handbuch v. Eisleben.

Wicht, Frid. Henr. (geb. Oldendorf in Westf. 7. 2. 1813): De emphysemate pulmonum. Berolini (1837). (29 S.) 8° Berlin, Med. Diss. v. 22. Mai 1837

Wicht, Hans: Über Eisenoxyduloxyd-Elektroden. Diss. Stuttgart. Berlin (1910)

Wicht, Ludwig: Zur Aetiologie und Statistik der amyloiden Degeneration . . . Kiel, Druck v. A. F. Jensen, 1889; 37 + 1 S. + 1 Bl. 8°
Kiel, Med. Fak., Inaug.-Diss. v. 26. Jan. 1889.

Wicht, L., zur Aetiologie u. Statistik der amyloiden Degeneration. Inaug.-Diss. gr. 8. (37 S.) Kiel 889. (Lipsius & Tischer.) n. 1. 20

Wicht, Matth. van, ostfriesische Land-, Teich- u. Sphlrechte, mit histor. krit. Anmerk. 4. Aurich. 747.

Wicht, O. H., Handbuch für Kaufleute u. alle Arten von Handlungen. 8. Braunschw., Schröder. 8 ggr

Wicht, O. H.: „Handbuch für Kaufleute und alle Arten von Handlungen", Helmstädt 1769 (Fleckelsen).

Wicht, Rudolf, Assistenzarzt d. Bremer Krankenanst.: Zwei Fälle von allgemein verbreitetem Emphysem ⟨interstitiellem Lungen-, Mediastinal- und Hautemphysem⟩ bei allgemeiner disseminierter miliarer Tuberkulose. Ein Beitr. z. Kasuistik d. allgemein verbreiteten Emphysems bei Erkrankungen d. Respirationsapparates. Göttingen 1908: Dieterich. 63 S. 8°
Göttingen, Med. Diss. v. 7. Sept. 1908, Ref. Salge-Hirsch
[Geb. 22. Dez. 77 Erfurt; Wohnort: Bremen; Staatsangeh.: Preußen; Vorbildung: Gymn. Erfurt Reife O. 96; Studium: Göttingen 5, Berlin 3, Göttingen 5 S.; Coll. 20. Juni 08; Approb. 7. Apr. 03.] [U 09. 1325

Wichterich, Hilfsbuch f. d. Lese-Unterricht, s.: **Wacker, K.**

Wichterich, G. A., Situationsplan von Ems. Lithogr. gr. Fol. Ems 883, Pfeffer. * — 50

Wichterich, Heinr., Peter Klaus, der Rabenvater. Zeichnungen u. Reime v. H. W. gr. 8. (64 S.) Düsseldorf 892. E. Lintz. 1. 50

Wichterich, Heinr. Verwendung d. Buches: Wegweiser zum häuslichen Glück f. Mädchen beim Volksschul-Unterricht. Vortrag. 8. (15 S.) Münch.-Gladbach 889, Riffarth. * — 20

Wichtiges, Etwas, zum Besten des gemeinen Wesens in Bayern . . . München 1776—79. H: *Finauer, Peter Paul.* (ML) (Ky)

Wichtiges, etwas, zum Besten des gemeinen Wesens in Baiern; e. Wochenschrift (v. P. P. Finauer). 3 Bde. 8. Münch. 776—79. Fortsetz., s. Taschenbuch f. Eltern, Lehrer u. Kinderfreunde.

Wichtiges aus dem Gebiete des Waldbaues, der Forstbenutzung, des Forstschutzes u. des Forstgesetzes, zum Gebrauche an landwirtschaftl. Schulen, sowie f. Waldbesitz. Landwirte. (Von Herm. Richter.) Hrsg. v. der kgl. landw. Winterschule, Neumarkt i. Oberpfalz. 12. (31 S.) Neumarkt (902). (J. Boegl.) — 30

Wichtigkeit. Ueber die W' der Besitznahme der Schweiz in politischer und militairischer Hinsicht. Als eine kurze Einleitung zu einer vollständigen Ausführung, welche in kurzer Zeit erscheinen wird. 8. *o. O.* 1799.

Wichtigkeit, Die, des Buchhandels. Bei Eröfnung einer Kunstbuchhandlung. Frankf. a. M. 1791. V: *Fleischer, Heinrich Wilhelm.* (ErschDI.) (Cb) (MGT) (Ky)

Wichtigkeit, die, d. Buchhandels (v. H. W. Fleischer.) 8. Frankf. a. M. 791. Fleischer. 2 ggr

— die, des Buchhandels. 8. Frankf. Fleischer. 792.

Wichtigkeit, Die, der Christusreligion; eine Abhandlung. O. O. 1784. V: *Eugen Friedrich Heinrich, Prinz von Würtemberg.* (SJL) (Ky) (MGT)

— der Christus Religion (v. E. P. v. W. (Eugen Fr. Hnr.) 8. Leipz. 784. N. A. 787. Barth. 3 ggr (J. F. Korn in Bresl.) 4 ggr

Wichtigkeit, die, des Ehestandes, od. Betrachtungen üb. Heirathen, lediges u. eheliches Leben, entworfen von Salmon, aus dem Engl. 8. Leipz. Weidmann. 738.

— über die, des Gemeindewahlrechts in Baiern. 8. Nürnb. 821. Riegel u. W. 1 ggr

Wichtigkeit, die hohe, des Schweizerbundes. Rede, gehalten zur Jubelfeier der Anschließung Zürich's an d. Schweizerbund. Festgabe auf den eidgenöss. Bettag. 1851 von einem Freunde des Vaterlandes. 8. (16 S.) Zürich 851, Orell, Füßli & Co. 3 ngr

Wichtigkeit. Ueber die W' der Maiwahlen für das katholische St. Galler-Volk. ⟨Ein Gespräch zwischen Vater u. Sohn.⟩ 8. *o. O.* 1839.

Wichtigkeit. Die W' der Nationalrathswahlen für das Bernervolk . . . . Weinmonat 1851. Bern *s.* [Lauterburg, Ludwig].

— über die polit., des von Grothausen, besond. in Rücksicht auf die französischen Revolution. 8. Leipz. 794. (Wienbrack). 8 ggr

Wichtigkeit, die, der christlichen Presse. Ein Neujahrsgruss. Kl. 8°, 8 S. Basel, C. F. Spittler. — 05 1882.

Wichtigkeit, die, der christlichen Presse. Ein Wort der Mahnung an wahre Volksfreunde. 2. Aufl. 8. (8 S.) Basel 883, Spittler. Preis für 100 Exempl. *

Wichtigkeit, die, der christlichen Presse. Ein Wort der Mahng. an wahre Volksfreunde. 4. Aufl. 8. (8 S.) Basel 886. Spittler. n. — 4

Wichtigkeit, die, der christl. Presse. Ein Wort der Mahng. an wahre Volksfreunde. 5. Aufl. 8. (12 S.) Basel 887. Spittler. n. — 4

Wichtigkeit der christlichen Presse. Ein Wort der Mahng. an wahre Volksfreunde. 6. Aufl. 8. (12 S.) Basel 893. Jaeger & Kober. n. — 4

Wichtigkeit, Die, der christlichen Presse. Ein Wort der Mahnung an wahre Volksfreunde, 7. Aufl. Basel 1901. V: *Krasting, Carl.* (BBullSchw 4, 1904)

— über die, der Production d. Flachses, der Garne, Leinewande u. Verkehrs in Schlesien. gr. 8. Berl. 806. a. 817. Schöne. 6 ggr

Wichtigkeit und Richtung des Studiums römischer Klassiker zur Beachtung der Gymnasial-Schüler. 5 S. - Oedenburg kth., Progr. 1851.

Über die **Wichtigkeit** der Rindviehzucht für den Landmann und Ökonomen in Bayern. München: Fleischmann 1802.

Wichtigkeit, Die, der Silberwährung für Deutschland. Frankf. a. M. 1853. V: *Heyder, Frdr.* (WFM)

Wichtigkeit, die, der Silberwährung für Deutschland. gr. 8. (69 S.) Frankfurt a. M. 853, Brönner. *

— über die, des Sprachstudiums überhaupt u. besond. d. griech. u. latein. Sprache (v. Andr. Fr. Chr. Thormeyer). gr. 8. Stend. 803. Franzen u. Gr. 10 gr

Jahres-Bericht des k. k. Obergymnasiums zu Saaz am Schlusse des Studienjahres 1854. 4. (36 S.) Saaz. W. Schönfeld'sche Buchdruckerei.
Inhalt: Ueber die Wichtigkeit des Studiums der mittelhochdeutschen Sprache auf Gymnasien. — Schulnachrichten.

Wichtigkeit der Wuchergesetze, ein Gegenstück zu von Rees Abhandlung über Aufhebung der Wuchergesetze. Wien 1791. V: *Kuefstein, Joh. Ferd. Graf.* (WBL)

Wichtigkeit (Ueber die) der Wuchergesetze, ein Gegenstück zu von Kees Abhandlung über die Aufhebung der Wuchergesetze. (Von Graf F. v. Kufstein.) gr. 8°. Wien, Trattner, 1791.

Wichtigkeit des Zeichnungsunterrichtes besonders auch für den Gewerbestand. 3 S. 8° Feldkirch R., Progr. 1864

Wichtigste, Das, aus der Arbeiter-Gesetzgebung. Cöln 1904. V: *Brandenberg, Paul.* (Berl)

Wichtigste, Das, aus der Arbeiterschutz-Gesetzgebung. [Köln 1901.] V: *Brandenberg, Paul.* (Berl)

Wichtigste, das, üb. Bau u. Einrichtung d. Eisenbahnwagen. Ein Leitfaden f. den techn. Unterricht des Zugbegleit- u. Wagenaufsichtspersonals sowie der Eisenbahn-Anwärter u. Eisenbahn-Praktikanten. Bearb. bei der k. Eisenbahn-Werkstätteninspektion Cannstatt. Mit e. Anh. v. 46 Fig. (VII, 159 S.) Lex. 8. Stuttgart 910. J. B. Metzler.
Geb. in Leinw. 3. —

Wichtigste, das, d. Buchdruckerkunst f. Buchhändler, Literaten u. Correctoren. (Von Friedr. Volckmar.) 2 Blätt. Imp.-Fol. Leipzig 838, [Renger'sche Buchh.]

Wichtigste, das, der Buchdruckerkunst für Buchhändler, Literaten und Correctoren. 2 Blätter in Imp.-Fol. Leipzig 838. Volckmar. 1/2 rf

Wichtigste, das, für Aeltern, Erzieher u. Aufseher d. Jugend, (v. A. Jais). 8. Münch. 787. Lentner.

Wichtigste, Das, für Eltern, Erzieher, Aufseher der Jugend. München 1787. 2. A. 1797. V: *Jais, Aegydius.* (Kn) (WBL) (Hr) (Ky)

Wichtigste, Das, aus der schweizer. Fabrik- u. Haftpflichtgesetzgebung, s. Gewerbe-Bibliothek. Nr. 4.

Wichtigste, Das, aus der brandenburgisch-preussischen Geschichte in einer Reimchronik. Langen 1871. V: *Weyell, P.* (Access.-Kat. d. Hofbibl. Darmstadt 1874.)

Wichtigste, das, aus Geschichte und Heimatskunde der Stadt Plauen, nebst einem Notizkalender für 1888. 16. (72 S.) Plauen 887, Neupert. cart. in Leinwd.

Wichtigste, Das, aus der Geschichte der Musik. s. Miniatur-Bibliothek d. Nützlichen u. Angenehmen.

— das, u. Interessanteste, aller gelehrten Wissenschaft u. Erkenntniß in Kürze vorgestellt. 4. Wernigerode 779. Boß. 4 gr Acad. B. in Frankf. a. O. 5 gr

Wichtigste, Das, aus der Landeskunde von Oberösterreich. 2. Aufl. Wels 1873. V: *Seibert, Anton Eugen.* (Russell XII, 2, 2603)

Wichtigste, das, aus d. Literatur u. Geschichte der europäischen Länder. (1. Hft.: Portugal u. Spanien.) 8. (16 S.) Grünberg 848, Levysohn. n. 2 ngr

— dass. (2. Hft.) Italien. 8. (20 S.) Grünberg 848, Weiß. 1 1/2 ngr

Wichtigste, das, aus der Literaturgeschichte des deutschen Volks } s. Miniatur-Bibliothek des Nützlichen und Angenehmen.

Wichtigste, das — über die versendeten Marienbäder-Heilwässer. 4. (3 Bl.) Eger, J. Kobrtsch und Gschihay 1853.

Wichtigste, das, aus der Psychologie. Zusammengetragen für den Gebrauch in höheren Töchterschulen und zum Selbstunterricht. 8. (68 S.) Düsseldorf 874, Schaub'sche Buchh.
geb. *

Wichtigste, das. Aus dem Reichsgesetz v. 22. Juni 1889, betr. die Invaliditäts- u. Altersversicherung, f. Arbeitgeber, Dienstherrschaften, Arbeiter u. Dienstboten in übersichtlicher Weise zusammengestellt. 8. (19 S.) Stuttg. 890, Kohlhammer. * — 25

Wichtigste, das, aus der deutschen Sprachlehre, oder: Anhaltepunkte beim deutschen Sprachunterrichte für Schüler in Bürger- u. Volksschulen u. den Volksklassen eines Gymnasiums. gr. 8. Schleusingen 843, Glaser. 2 ngl

Das Wichtigste aus der deutschen Sprachlehre und Satzzeichenlehre. 8 (25 S.). Progr. Rsch. *Itzehoe* 1900.

Wichtigste, das, f. den geographischen Unterricht im 3. Schuljahre. Bearb. f. die Volksschule zu Ludwigshafen. 8. (18 S. m. lith. Plan in qu. 4.) Ludwigshafen 876. Lauterborn. n. — 30

Wichtigste, Das, aus meinem Wahlsystem. Berlin 1907. V: *Deutsch-Traubenberg, Rudolf von.* (Berlzu 1926, III, 2646)

Wichtl, Geo., theoret.-prakt. Anleitung zum gemeinschaftl. Gesangunterrichte in Volksschulen und andern Lehranstalten. Nebst 84 neuen 1-, 2-, u. 3stimm. Liedern u. Gesängen. In 4 Abthl. gr. 8. Stuttgart 843, Erhard. 2/3 ₰

Wichtrei, Franz: Wiener F i b e l nach der Normalwörtermethode, s. K r a f t , Josef

Wichtrei, Franz, Deutsches Lese- und Sprachbuch für die Wiener gewerblichen Vorbereitungskurse. I. Teil. (Für die Unterstufe der ersten Klasse.) Wien 1903. K. k. Schulbücher-Verlag. Preis, gebunden 60 h.

Wichtrei, Franz, Deutsches Lese- und Sprachbuch für die Wiener gewerblichen Vorbereitungskurse. II. Teil (für die Oberstufe der I. Klasse). Wien 1903. K. k. Schulbücher-Verlag. Preis, gebunden 1 K 20 h.

Wichtrei Franz, Muttersprache. Deutsches Lesebuch für die österreichischen Knabenbürgerschulen. Herausgegeben unter Mitwirkung praktischer Schulmänner. Mit 22 Abbildungen. Ausgabe in einem Bande. Wien 1903. F. T e m p s k y. Geb. K 3.50.

Wichtrei Franz, Muttersprache, Deutsches Lesebuch für österreichische Knaben-Bürgerschulen. Herausgegeben unter Mitwirkung praktischer Schulmänner. Wien 1909. F. T e m p s k y. I. Teil mit 10 Abbildungen. Geb. K 1.70. II. Teil mit 8 Abbildungen. Geb. K 1.80. III. Teil mit 12 Abbildungen. Geb. K 2.10.

Wichtrei, Franz: M u t t e r s p r a c h e . Deutsches Lesebuch für österreichische Mädchenbürgerschulen. Herausgegeben unter Mitwirkung praktischer Schulmänner. Wien 1910. F. Tempsky. I. Teil. Mit 8 Abbildungen. II. Teil. Mit 6 Abbildungen. III. Teil. Mit 10 Abb.

—— Mein erstes S c h u l b u c h , s. K r a f t , Josef

Wichtrich, Gerh., Rheinklänge während des Krieges 1870/71. gr. 8. (23 S.) Emmerich 871, Romen. *

Wichulla, Arth., die automatische Bewässerung und Düngung f. Gärten, Wiesen u. Felder. Mit 14 meist in mehrfachem Farbendr. ausgeführten Abbildgn. gr. 8. (67 S.) Neudamm 902. J. Neumann. Kart. n. 3. —

Der Plantagenbau in Deutschland. Eine privat- u. volkswirtschaftl. Abhandlung über Erhöhung d. Bodenproduktion von Arthur **Wichulla,** Ing. Mit 22 Abb. Berlin: J. Harrwitz Nachf. 1905. (XVI, 302 S.) 8° [05. 13406

Die Werterhöhung des Grund und Bodens um 500 % für Wassermühlen u. Grundbesitzer, Kapitalisten u. Behörden von Arthur **Wichulla,** Ingen. Berlin: J. Harrwitz Nachf. [1904]. (47 S.) 8° [05. 687

Wichulla, Arth., wie verkaufe ich mein Grundstück am besten? Ratgeber f. Grundstücks-Besitzer, Vermittler u. -Käufer. (70 S. m. 32 Abb.) gr. 8. Berlin 906. J. Harrwitz Nachf. 2. —; erm. Pr. n. 1. —

Wichulla, Arth., der Zukunftsbarbier des Soldaten, s.: Bloch's, Ludw., Militär-Festmappe.

Wichura, A., das militärische Planzeichnen und die Militär-Kartographie. Ein Handbuch für Officiere bearb. gr. 8. (IV, 86 S. mit 2 lithogr. Taf.) Berlin 872, Mittler und Sohn. *

Wichura, Josef. Posthandbuch über die vorschriftsmässige Behandlung der Fahrpostsendungen nach dem In- und Auslande. Mit Post-Ortsverzeichniss berechnet für Graz und Umgebung. Zum Gebrauche für das Publicum bearbeitet. Schmal-8. (102 S.) —.50
Graz: Moser 1890.

Wichura, Karl: Ein Beitrag zur Lehre vom kriminellen Abort. *Berlin (1898): E. Ebering.* (33 S.) 8°
Berlin, Med. Diss. v. 15. März 1898

Wichura, Carl (Gust. Adolph) (geb. Munsterberg in Schles. 13. 3. 1858): Beitrag zur Statistik der Schädelverletzungen. Berlin (1881). (34 S.) 8°
Berlin, Med. Diss. v. 12. Nov. 1881

Wichura, Max, die Bastardbefruchtung im Pflanzenreich erläutert an den Bastarden der Weiden. gr. 4. (IV und 95 S. mit 2 Taf. in Naturselbstdr. in Fol.) Breslau 864, Morgenstern. *

Wichura, Max, die Bastardbefruchtung im Pflanzenreich erläutert an den Bastarden der Weiden. Mit 2 Taf. in Naturselbstdruck (in Fol.). Breslau 865. Morgenstern. gr. 4. (IV, 95 S.) n. 2 ₰ 10 ngr.

Wichura, Max, aus Breslau, Unterarzt beim Inf.-Reg. Herzog Friedr. Wilh. v. Braunschweig (Ostfries.) No 78: Zwei Fälle von Anencephalie. *Berlin: S. Karger 1902.* (26 S.) 8°
Berlin, Med. Diss. v. 28. Mai 1902

Wichura, Max., und Ferd. Cohn, über Stephanosphaera pluvialis, s. C o h n , Ferd.

Wichura, Max, aus vier Welttheilen. Ein Reise-Tagebuch in Briefen. gr. 8. (VII, 456 S. mit dem Portr. des Verf. in Stahlst.) Breslau 868, Morgenstern.

Wichura, Viktor [Hrsg.], s. A r b e i t , Die vereinigte.

Wichura, Victor, die vereinigte Arbeit [Association] u. die Theilnahme des Staats an der Aufhülfe der Arbeiter. Ein Versuch zu Beantwortung der socialen Frage. 8. (VI u. 122 S.) Ratibor 849, Jakobsohn in Comm. n. 5/12 ₰

Wichura, Vict. [illegible] [illegible] ulen. Berolini 1834. (27 S.) 8°
Berlin, Med. Diss. v. 26. März 1834

Wici (Befehl zum allgemeinen Aufgebot)
⑤ 1. 1. 1875—15. 3. 1875 (5 Hefte) ⑧ Zürich ⑪ Benedykt Hora, Rahoza ⑬ Zieliński: Bibliografia ⑮ In polnischer Sprache.

Wick, A., Entscheidungen deutscher Civil- und Strafgerichte in Fischerei-Sachen. gr. 8. (VIII, 37 S.) Ulm 885, Ebner'sche Buchh.

Wick, Adf. v., Abhandlungen aus dem Gebiete des Strafrechts. 1. Heft: Ueber Vorsatz und Absicht. gr. 8. (IV und 93 S.) Rostock 866, Stiller'sche Hofbuchh. —

Wick, Adf. v., über Ehrenstrafen und Ehrenfolgen der Verbrechen und Strafen. Eine Abhandlung aus dem Gebiete der Strafgesetzgebung. Neue, unveränd. (Titel-)Ausg. gr. 8. (VI und 306 S.) Rostock 853, Stiller'sche Hofbuchh. *
Erschien 1845 bereits ohne Angabe des Verfassers.

Ein neues Eden. Roman von August **Wick**. *Steglitz, Berlin, Leipzig: H. Priebe & Co. 1904.* (179 S.) 8° [04. 14383

Wick, Aug., eine unbedeutende Frau. Schauspiel in 5 Akten. 8. (110 S.) Leipzig 898. Frankfurt a/M. (Wiesenhüttenplatz 28), Selbstverlag. 1. 20

— seltsame Geschichten. 8. (117 S.) Frankfurt a/M. (896). A. Vaternahm. n. 1. 50

August **Wick**: Seltsame Geschichten. Novellen. 2., neu durchges. u. verm. Aufl. *Steglitz, Berlin, Leipzig: H. Priebe & Co. [1904].* (143 S.) 8° [F.]

Neue Menschen. Philosoph. Roman von Aug. **Wick**. *Berlin-Steglitz: H. Priebe & Co. [1903].* (199 S.) 8° [F.]

— neue Menschen. Roman. 1.—3. Aufl. (199 S.) 8. Ebd. n. 2. 50; geb. in Leinw. n. 3. —

— u. Gyula Pekár, aus Evas Reich. Novellen u. Skizzen. Mit vielen Illustr. v. Ost. Roik. (62 S.) gr. 8. Ebd. (903). n. 1. —

Wick, August: Tobias in der dramatischen Litteratur Deutschlands. Heidelberg 1899: C. Pfeffer. (157 S.) 8°
Heidelberg. Phil. Diss. v. [2. März] 1899.

Wick, Ernst, s.: Brüder-Kalender.

Wick, F., Abhandlungen aus dem Gebiete der Gefängnißkunde. 1 u. 2. Hft. gr. 8. 1. Hft. A. u. d. T.: Die Isolirung der Sträflinge, mit Rücksicht auf die Erfahrungen in der mecklenburg. Landes-Strafanstalt Dreibergen. (VIII u. 75 S.) 2. Hft. A. u. d. T.: Ueber Strafe u. Besserung u. deren Verhältniss zu einander, sowie über die Stellung des Geistlichen der Strafanstalt zur staatl. Anstalts-Behörde. gr. 8. (VI u. 92 S.) Schwerin 848. 53, Oertzen & Schloepke. (1: 12 ngl 2: n. 7/12 ₰) n. 29½ ngl

Wick, F. v., Abhandlungen aus dem Gebiete der Gefängnisskunde. 3. Heft. A. u. d. T.: Reglementare Bestimmungen für die Strafanstalt Dreibergen, mit Anmerkungen. Rostock 856. Stiller. gr. 8. (IX, 149 S.) n. 25 ngr.

— über Fürsorge für entlassene Sträflinge, insbesondere über Organisirung einer kirchlichen Fürsorge für dieselben. Rostock 856. (Berlin, Wohlgemuth.) gr. 8. (VII, 124 S.) n. 20 ngr.

Wick, F. v., über Fürsorge für entlassene Sträflinge, insbesondere über Organisirung einer kirchlichen Fürsorge für dieselben. gr. 8. (VII und 124 S.) Rostock 857. (Berlin, J. A. Wohlgemuth.) *

Wick, H., die Kuhmilch, e. Nahrungsmittel f. Säuglinge u. ihre Verwertung in landwirtschaftlichen Betrieben. (37 S.) gr. 8. Neuwied 903. L. Heuser Wwe. & Co. n. — 60

Wick, J. J., Denksprüche z. Beförd. christl. Tugend für jede christl. Religionsparthey, z. Gebet in Schulen u. bey häusl. Andacht rc. 8. Basel, Flick. 801.

Wick, (Johann) Jakob

Wick, J. J., biblische Denksprüche zur Beförder. d. christl. Tugend f. jede christl. Religionspartei z. Gebet in Schulen u. bei häusl. Andacht rc. 8. Basel 801. (Neukirch). 8 gr.

— Enochismus, oder Anweisung, wie man mit Gott wandle. In 4 Predigten vorgetragen. gr. 8. Basel 805. (Neukirch).) 8 gr.

Wick, [Johann] Jacob. Christliche Leichenrede bey der Beerdigung des... Herrn M. Joh[ann] Jakob Leucht, gewesenen Diacono... in Basel,... den 23. September 1824... [zu Basel] vorgetragen von Jakob Wick.... 8. Basel.

Wick, [Johann] Jacob. Christliche Leichenrede über Ev. Johannis 1, 47. bey der Beerdigung des... Herrn Joh[ann] Conrad Burckhardt, Appellations- und Stadt-Raths,... den 20ten Merz 1814 vorgetragen... [zu Basel] von Jakob Wick.... [Mit Porträt.] 8. Basel.

Wick, [Johann] Jacob. Predigt über die Pflicht der Wohlthätigkeit auch gegen Kinder bey Anlass der, aus der unglücklichen obern Schweiz allhier zu erwartenden Kinder, den 9. Hornung 1800 vorgetragen... von Jakob Wick.... 8. Basel 1800.

Wick, [Johann] Jacob. Christliche Trauungs-Rede gehalten aus Anlass der ehelichen Verbindung Herrn Obrist-Lieutenant Johannes Burckhardt mit Jungfrau Dorothea Iselin in der Kirche bey St Jakob den 15. November 1813 von Jakob Wick.... 8. Basel.

Wick, Joh[ann] Jacob. Ein Wort für die Landleute unsres Gebietes bey Anlass der von... Herrn Obristzunftmeister (Andreas) Merian in Eid genommenen Angehörigen des Mönchensteiner-Amtes und feyerlichen Vorstellung des dermaligen Herrn Landvogts Herrn Jac[ob] Christof Rosenburger vorgetragen... zu Mönchenstein den 25. Juny 1797.... 8. Basel.

Wick, Jo. Casp., De animi affectuum in corpus efficacia. 66 pp. Gott. 4°. Gött. Anz. 1797, p. 89. (Fleißige Zusammentragung.)

1796

Wick, J. C., Comment. de animi affectuum in corpus efficacia. 4. Götting. 796. Brose. 6 gr.

Wick, Joh. Thom., die gemischte Ehe. Ein seelsorgl. Wort. gr. 8. (32 S.) Krefeld 876. Klein. — 35

Wick, Josef

Wick, Jos., homiletische Betrachtungen und Predigten über die Sonntags-Evangelien in der Faste. gr. 8. (VIII und 208 S.) Breslau 852, Aderholz.

Wick, Jos., Christus, der Sohn Gottes. Kanzelvorträge. Als Einleitung: eine kurze Abhandlung über die Aechtheit der heil. Evangelien. gr. 8. (VI und 113 S.) Breslau 850, G. P. Aderholz.

— Gitzler u. Baltzer, Denkschrift, siehe: Baltzer, J. B.

Wick, Jos., Glaube und Wissenschaft. Vorträge aus dem Gebiete der Religion und der Natur. [Stenogr. Nachschrift.] 8. (IV, 127 S.) Breslau 888, Goerlich's Verlag.

Wick, Jos., die katholischen Klöster. Humanität ohne Christenthum und christliche Humanität. Zwei Vorträge. 8. (38 S.) Breslau 869, Aderholz' Buchh.

[J. u. Ant.] Aus meinem Leben. Aufzeichngn zu meinem fünfzigj. Priester-Jubiläum f. den mir stets wohlgesinnt gewesenen schlesischen kathol. Clerus u. d. kathol. Volk. Von Dr. Joseph Wick, Canonicus scholasticus... Breslau: G. P. Aderholz 1895. (2 Bl., 84 S.) 1 Bd 8. [96. 355]

Wick, Josephus: De principio traditionis catholicae s. scriptura et universa antiquitate christiana comprobato. Vratislaviae: F. Aderholz in comm. 1847. (46 S.) 8°
Breslau, Kath.-theol. Fak., Hab.-Schr. v. [24. Apr.] 1847

Wick, Jos., die wahre Religion. Ein kathol. Volksbüchlein, der Wahrheit zum Schutz, der Lüge zum Trutz. 3., verb. und verm. Aufl. gr. 16. (VIII und 188 S.) Regensburg (861)62, Manz.

—— Sieg der Wahrheit über alte und neue Irrthümer. Briefe zur Vertheidigung der kathol. Religion. gr. 8. (VII und 283 S.) Regensburg 858, Manz.

Wick, Josephus [geb. Mellenten in Westpr. 27. 8. 1820]: Theses theologicae... pro licentiati in theologia honoribus rite impetrandis. Vratislaviae (1844). (2 Bl.) 8°
Breslau, Kath.-theol. Liz.-Thesen v. 10. Febr. 1844

Wick, Jos., Trauerrede, gehalten in der Domkirche zu Breslau bei der feierl. Bestattung des hochwürdigsten Hrn. Fürstbischofs von Breslau Hrn. Dr. Heinr. Förster am 25. Octbr. 1881. gr. 8. (14 S.) Breslau 881, Aderholz' Buchh. *

Wick, K., über Simulation v. Blindheit u. Schwachsichtigkeit u. deren Entlarvung. gr. 8. (IX, 84 S. m. 32 Abbildgn.) Berlin 901. S. Karger. n. 2. 50
Sonderabdruck aus: „Zeitschr. f. Augenheilkunde".

Über Simulation von Blindheit und Schwachsichtigkeit und deren Entlarvung. Von K. Wick, Oberstabsarzt. 2. Aufl., bearb. von A[ugust] Roth, Gen. Oberarzt. Mit 32 Abb. Berlin: S. Karger 1907. (101 S.) 8° [07. 10438]

Wick, Ludwig

Wick, Ludw., die Bäder zu Hofgastein. Mit e. (phototyp.) Ansicht v. Hofgastein. gr. 8. (VI, 127 S.) Wien 883. Braumüller. n. 1. 60

Wick, Ludw. Erfahrungen üb. das Koch'sche Heilverfahren gegen Tuberkulose. s. Zeit- u. Streitfragen, klinische.

Wick, L[udwig] u. Anton Bum: Der chronische Gelenksrheumatismus und seine Behandlung. Referate, erstattet am 3. wiss. Congr. d. Centralverbandes d. Balneologen Oesterreichs. Berlin & Wien: Urban & Schwarzenberg 1902. (S. 295–354.) 8°
(Klinik, Wiener. 1902, H. 9 u. 10.)

Wick, Ludwig: Die Militär-Bade- und Trinkkuranstalten. (Anstalten des Ärars, des weissen Kreuzes und sonstige Widmungen.) Mit 10 Ansichten. 8. Wien 1903.

— üb. Prophylaxis u. Behandlung der Tuberkulose m. besond. Berücksicht. der bisherigen Erfahrungen üb. das Koch'sche Heilverfahren, s.: Zeit- u. Streitfragen, klinische.

Wick, Ludw., die warmen Quellen Gasteins. 2., umgearb. Aufl. Mit 1 Lichtdr., 1 Situationsplan u. 1 Routen-Karte. (Braumüller's Bade-Bibliothek.) 12. (VI, 123 S.) Wien 897. W. Braumüller. Kart. n. 1. 40

Wick, Ludw., die warmen Quellen u. Kurorte Gasteins, f. Kurgäste u. Ärzte. 3., verm. Aufl. Mit 1 Lichtdr., 1 Situationsplan u. 1 Routen-Karte. (Braumüller's Bade-Bibliothek.) 8. (VII, 153 S.) 8. Wien 902. W. Braumüller. In Leinw. kart. n. 1. 40

Die warmen Quellen und Kurorte Gasteins. Für Kurgäste und Ärzte von Ludwig **Wick**, Doz., Wien. 4., verm. Aufl. Mit 1 Lichtdr., 1 Situationspl. u. 1 Routen-Karte. Wien & Leipzig: W. Braumüller 1907. (VI, 167 S.) 8°
(Braumüllers Badebibliothek.) [07. 15698

Wick, Ludw., die warmen Quellen u. Kurorte Gasteins, s. Braumüller's Badebibliothek. Nr. 4.

Wick, Ludwig: Der gegenwärtige Stand der Tuberkulosen-Therapie, s. Zeit- u. Streitfragen, Klinische.

Wick, Ludwig: Die Tuberkulose in der Armee u. Bevölkerung Oesterreich-Ungarns, s. Zeit- u. Streitfragen, Klinische.

Ueber die physiologische und therapeutische Wirksamkeit der wärmesteigernden Bäder. Von Dr. Ludwig **Wick** (Badgastein). *Berlin & Wien: Urban & Schwarzenberg 1903.* (S. 187–234.) 8°
= Klinik, Wiener. 1903, H. 6. 7. [03. 20167

— üb. die physiologischen Wirkungen verschiedener warmer Bäder u. üb. das Verhalten der Eigenwärme im Allgemeinen, s.: Beiträge, zur klinischen Medicin u. Chirurgie.

Wick, W., der Fischereischutz in Württemberg. gr. 8. (V, 72 S. m. 2 Tab.) Ulm 881. Wohler. n. 1. 60

Wick, W., der Fischereischutz in Württemberg. 2. Aufl. 8. (IV, 72 S. m. 2 Tab.) Ulm 883. Wagner. n. 1. —

Wick, W., der Jagdschutz in Württemberg. 8. (VI, 106 S.) Ulm 886, (Ebner'sche Buchh.) *

— geographische Ortsnamen, Beinamen u. Sprichwörter. Aussprache u. Schreibg. D. wichtigsten Gemeinnamen. Die häufigst vorkomm. Bestimmungswörter. D. Siedelungsverhältnisse d. namengeb. Volkes. Charakteristik s. Namengebg. Häufig verwend. aber weniger charakterist. Namen. Einzelnamen. Sprichwörter u. Beinamen zur Charakteristik v. Land u. Leuten. gr. 8. (174 S.) Leipzig 896. Buchhdlg. G. Fock. n. 2. 50

Wick, W. Geographische Ortsnamen und Sprichwörter. In-8°. 98 S. Zug. Programm. 1896.

Wick, W[ilhelm]: Methodische Aufgaben-Sammlung f. d. Buchhaltungs-Unterricht, s. Sammlung kaufmänn. Lehrbücher.

— Bedeutung, Zweck, Ziel u. Einrichtung d. Handelsschulen, s.: Jahresbericht üb. die höhere Lehranstalt zu Luzern.

Wick, Wilhelm: Die landesherrlichen Eisenhütten und Hämmer im ehemaligen Kurhessen bis zum Ende des XVII. Jahrhunderts. Mit e. Rückblick auf d. ältere Eisengewinnung. Leipzig 1910: Schönhoven, Kassel. XIII, 178 S. 8° ¶ (Ersch. vollst. als: Zeitschrift d. Ver. f. hess. Gesch. u. Landesk. Suppl.Bd 15.)
Leipzig, Phil. Diss. v. 19. April 1910, Ref. Stieda, Zirkel
[Geb. 2. April 83 Marburg a. L.; Wohnort: Marburg; Staatsangeh.: Preußen; Vorbildung: Oberrealsch. Marburg Reife O. 01; Studium: Techn. Hochschulen Hannover 3, Braunschweig 7, Univ. Leipzig 6 S.; Rig. 12. Nov. 09.] [U 10. 3273

Die landesherrlichen Eisenhütten und Hämmer im ehemaligen Kurhessen bis zum Ende des XVII. Jahrhunderts ... Von Dr. Wilhelm **Wick** Kassel 1910: Schönhoven (Dufayel in Komm.). XV, 100 S. 8°
(Zeitschrift d. Vereins f. hess. Geschichte u. Landeskunde. N. F. Suppl. 15 [vielm. 16.]) [11. 13108 B

Wick, W[ilhelm]. Grundriss der Handelswissenschaft (Handelslehre und Handelskunde). Für Handels- und Fortbildungsschulen und verwandte Lehranstalten sowie zur Selbstbelehrung. Von Professor W. Wick, Vorstand der Kantonalen Handelsschule in Luzern. XII + 320 S. 8. Stuttgart, Strecker & Schröder, 1901. [geb. M. 4. 20]
Sammlung kaufmännischer Unterrichtswerke für Schulen, Kontore und zur Selbstbelehrung. Nach einheitlichen Grundsätzen bearb. von erfahrenen Pädagogen und Fachschriftstellern. (Band 7.)

Wick, W., Grundriß der Handelswissenschaft, s. a. Sammlung kaufmänn. Unterrichtswerke. 7.

Wick, W., Leitfaden der Handelslehre, s.: Sammlung kaufmänn. Unterrichtswerke.

Wick, W[ilhelm]. Leitfaden der Handelswissenschaft, im Anschluss an desselben Verfassers «Grundriss der Handelswissenschaft». Für Handelsschulen und kaufmännische Fortbildungsschulen. Von Professor W. W', Vorsteher der Kantonalen Handelsschule in Luzern. VIII + 103 S. 8. Leipzig, Carl Ernst Poeschel, 1903. (geb. M. 1. 50)
Sammlung kaufmännischer Unterrichtswerke für Schulen, Kontore und zur Selbstbelehrung, nach einheitlichen Grundsätzen bearb. von erfahrenen Pädagogen und Fachschriftstellern. (Band 12.)

Wick, W[ilhelm]. Leitfaden der Handelslehre, im Anschluss an des Verfassers «Grundriss der Handelswissenschaft». Von Konrektor W. W', ... Basel. 2. Aufl. (4. bis 6. Tausend.) VIII + 108 S. 8. Leipzig, Carl Ernst Poeschel, 1908. (geb. M. 1.80)
Sammlung kaufmännischer Unterrichtswerke für Schulen, Kontore und zur Selbstbelehrung, nach einheitlichen Grundsätzen bearb. von erfahrenen Pädagogen und Fachschriftstellern. Band 12.

Wick, W. Methodik des Buchhaltungs-Unterrichtes. In-8°. 45 S. u. 4 S. Tab. (in-Fol.). Zug, W. Anderwert. 1894 1 20
*** Sep.-Abdruck aus den „Pädag. Blättern".

— dasselbe an d. Primar- u. Sekundarschule m. Berücksicht. d. prakt. Zwecke u. d. Vorbereitg. auf höh. Schulen. Vortrag, geh. an der kantonalen Lehrerkonferenz Zug 14. XI. 1894. [Aus: „Pädagog. Blätter".] gr. 8. (23 S.) Ebd. 895. n. — 70

Wick, Willy, approb. Arzt aus Bromberg: **Aus d. geburtshülfl.-gynäkol. Klinik in Kiel. Ein Beitrag zur Kenntnis der angeborenen Geschwülste der Kreuz- und Steißbeingegend.** *Kiel 1903: Schmidt & Klaunig.* (27 S.) 8°
Kiel, Med. Diss. v. [6. Febr.] 1903

Wickart, Anton

Wickart, A., s. Catastrophe, die, von Zug 5. Juli 1887.

(Wickart, Ant[on].) Der Erdeinbruch von Zug am 5. Juli 1887. Bericht des Hülfs-Comite über die zu Gunsten der Geschädigten eingegangenen Liebesgaben und deren Vertheilung. [Mit 1 Tafel und 1 Plan.] 8. Zug 1888.

(Wickart, A[nton].) Aus der Geschichte des zugerischen Schützenwesens. ([Mit 1 Illustration, 2 Tafeln und 2 Beigaben:] Die alte Münz [in Zug] und ihre Bewohner. [von] M[artin] A[nton] Wyss [und] Chronik des Kantons Zug für das Jahr 1888. Zuger. Njbl. 1891.) 4. (Zug 1891.)

Wickart, Anton s.
Gutachten über die am 5. Juli 1887 in Zug vorgekommene Rutschung. Zürich 1888.

(Wickart, A[nton].) Der Hirthemmlikrieg 1799... s. (Weber, A[nton].) Der Auflauf in Zug im Jahre 1523.... (Zug 1890.)

Wickart, Paul Anton, Die Gottheit Jesu Christi, bewiesen vom historischen Standpunkte. Zug 1865.

Wicke, August [aus Lagershausen]: Beiträge zur **Kenntnis** des Fenchons ... Breslau, Druck d. Bresl. Gen.-Buchdr., 1894; 34 S., 1 Bl. 8.
Göttingen, Phil. Fak., Inaug.-Diss. v. [26. Juli] 1894

Wicke, Ernst Conr., Versuch einer Monographie des grossen Veitstanzes u. der unwillkürlichen Muskelbewegung, nebst Bemerkungen über d. Taranteltanz u. die Beriberi. gr. 8. (32½ B.) Leipzig 844, Brockhaus. *

Wicke, Fritz, a. Dresden: Über Ultra-Bernoullische **und Ultra-**Eulersche Zahlen und Functionen **und deren Anwendung** auf die Summation von unendlichen Reihen. **Dresden** 1905: B. G. Teubner. (68 S.) 8°
Jena, Phil. Fak., Ref. Gutzmer, Diss. v. 12. Juli 1905
[Geb. 31. Mai 81 Dresden; Wohnort: Dresden; Staatsangeh.: Sachsen; Vorbildung: Wettiner Gymn. Dresden Reife O. 00; Studium: Dresden T.H. 7, Leipzig 2 S.; Rig. 28. April 05.]

Wicke, G., tschechische Sprachbriefe samt e. Schlüssel zu den Uebersetzungsübungen. Für den Selbstunterricht verfaßt. (158 S.) gr. 8. Brünn 906. (F. Irrgang.) n. 3. —

Wicke, Gustav, aus Bodenwerder a. W.: **Beitrag zur Kenntnis des Pulegons und Menthons.** *Erlangen 1898: A. Vollrath.* (55 S.) 8°
Erlangen, Phil. Diss. v. 24. Mai 1898

Wicke, Hans, appr. Arzt a. Barmen: Aus der Kgl. Universitäts-Frauenklinik zu München. Ueber den Scheintod der Neugeborenen. ⟨Mit einer Statistik aus der Kgl. Universitäts-Frauenklinik zu München.⟩ München 1906: Kastner & Callwey. (58 S.) 8°
München, Med. Fak., Ref. v. Winckel, Diss. v. 20. Aug. 1906
[Geb. 4. Juni 79 Barmen; Wohnort: Barmen; Staatsangeh.: Preußen; Vorbildung: Gymn. Barmen Reife O. 00; Studium: Heidelberg 1, Leipzig 3, München 3, Berlin 1, München 1 S.; Coll. 20. Aug. 06; Approb. 3. Juli 06.]

Wicke, Heinrich: Die Decortication des Getreides und ihre hygienische Bedeutung ... München, Druck v. R. Oldenbourg, 1890; 1 Bl., 30 S., 1 Bl. 8°
Marburg, Med. Fak., Inaug.-Diss. v. [22. Nov.] 1890.

Wicke, Conr., über die Umwandlung einiger Aldehyde in zweisäurige Alkohole. Inaugural-Dissertation. gr. 8. (32 S.) Göttingen 857, (Vandenhoeck und Ruprecht's Verlagsbuchh.) **

Wicke, Paul [aus Hötensleben (R.-B. Magdeb.)]: Über den Einfluss der Temperatur auf die isometrische Zuckung des Muskels und das Verhältnis der letzteren zur Tetanushöhe ... Würzburg, P. Scheiner's Buchdr., 1897; 26 S. 8.
Würzburg, Med. Fak., Inaug.-Diss. v. 1897.

WICKE, WILHELM. Ueber das Amygdalin und seine Verwandlungsprodukte. Göttingen, 1852.

Wicke, Wilh., Anleitung zur chemischen Analyse nebst Beispielen. Für Anfänger und Geübtere. 2 Abthlgn. gr. 8. (1. Abthl. VII und 224 S. mit in den Text gedr. Holzschn.) Braunschweig 857, Schwetschke und Sohn. *

Wicke, Wilh., s. Bilderbogen, architektonische.

— architektonisches Bilderbuch. Zusammengest. aus d. architekton. Bilderbogen. 4 Bde. Fol. Gross-Lichterfelde 898. W. Wicke.
Geb. in Halbfrz. à n. 22. —
1. 2. Villen u. städt. Wohnhäuser. (à 100 Lichtdr.-Taf.)
3. Wohn- u. Geschäftshäuser. (100 Lichtdr.-Taf.)
4. Oeffentl. Gebäude, Denkmäler etc. (100 Lichtdr.-Taf.)

Wicke, Wilh., die Haide, ihre Bewohner und ihre wirthschaftliche Nutzung im nordwestlichen Deutschland. gr. 8. (43 S.) Göttingen 868, Deuerlich'sche Buchh. *
Aus: Journal für Landwirthschaft, besonders abgedruckt.

— Pflanzenwände u. ihre Anwendg. zur Verwerthg. d. Abwässer durch aufrecht stehende Gartenanlagen. 8. (7 S. m. 1 Abb.) Ebd. 898. n. — 20

Wickede A. F. v.: Ueber die Wichtigkeit einer Bienenzucht im grossen für alle Staaten; in besond. Beziehung auf die grossherzogl. mecklenburg. Lande. Rostock. 1820. 64 S. P.

v. Wickede, A. J. O., nach Meusel: Ant. Eph., († d. 6. Juli 1822.) über Bienenzucht. 8. Rostock 820.

WICKEDE, A. J. O. v.: Versuch einer Waldtaxation und Eintheilung nach mathematischen Grundsätzen. - Hamburg 1815. 80 S.

Wickede, A. J. O. v.. Versuch einer Waldtaxation. gr. 8. Hamburg. 815. Verl. v. Hoffmann u. Campe.

Wickede, C. Fr. v., deutsch-englische Handels-Correspondenz f. Handelsschulen, Handlungs-Gehilfen u. Lehrlinge, sowie zum Selbstunterricht. gr. 8. (VI, 197 S.) Heidelberg 876. J. Groos. n. 1. 60

Wickedé, C. Fr. de, the Life and Actions of Charlemagne. Compiled from historical researches. Arranged for the use of schools and for private study with a copious vocabulary. 8. (III, 170 S.) Münster 873, Brunn's Verlag.

—— the English Reader. A choice Miscellany of moral tales, narratives, travels, historical pieces etc. carefully selected and accompanied with a complete vocabulary. gr. 8. (VI, 133 S.) Mannheim [Strassburg] 870, Schneider.
geb.

—— Tales of a Father. Being a complete History of Germany from the first appearance of the German Tribes on the Roman Frontiers to the dissolution of the Empire in 1815. Accompagnied with a copious vocabulary and particulary adapted to the use of schools, as well as to private study. 2 Parts. gr. 8. Ebendas.
Inhalt:
Part 1. From the Invasion of Marius to the Reformation. (VIII, 183 S.) 871. *ℳ 1,60.
» 2. From the Reformation to the year 1815. (305 S.) 873. *ℳ 3.

Wickede, Carl von, s. Wickede, Karl von

v. Wickede, Fr., Einiges über d. Nutzen von Rüsternholz, u. Anbau von Rüstern auf Mecklenburg. Landgütern. 8. Rostock u. Schwerin 820.

Wickede, Fr. v., der falsche Erbe. Roman. 2 Bde. 8. (532 S.) Berlin 868, Janke.

—— und M. Bacano, Eßbouquet. Parfumirte Stimmungsbilder. 8. (141 S. mit 41 eingedr. Illustr.) [Leipzig 879, Hoffmann und Ohnstein.] Hamburg, Berendsohn.

Wickede, Fr. C. von

Die | mutigen Auswanderer | oder | Der Wildsteller. | Erzählung | von | Fr. C. von Wickede. | Dritte Auflage. | Druck und Verlag von Rob. Bardtenschlager in Reutlingen.

o. J., 64 S., 164 × 108.
LBS d. D. oct K 3193.

Wickede, Fr. C. v., das Flachsgretchen, s. Volksbibliothek, neue.

Wickede, Fr. C. v., auf gefahrvoller Flucht. Erzählung, für die Jugend bearb. 3. Aufl. 8. (112 S. mit 4 Chromolithogr.) Reutlingen 888, Bardtenschlager. geb.

Wickede, Fr. C. v., auf gefahrvoller Flucht. Erzählung f. die Jugend bearb. 4. Aufl. 8. (112 S. m. 4 Farbdr.) Reutlingen (899). R. Bardtenschlager. Geb. 1.20

— die Gottesgeißel. Historischer Roman. 2 Bde. 8. (223 u. 319 S.) Breslau 879. Schottländer. n. 8. —

—— amerikanische Jagd- u. Reise-Abenteuer, s. Schmidt's, F., deutsche Jugendbibliothek.

Amerikanische Jagd- und Reise-Abenteuer. Von Fr. C. v. Wickede. Mit 4 Abb. 4. Aufl. *Berlin: Neufeld & Henius [1902].* (100 S.) 8° [5.] = [Jugendbibliothek, Deutsche. Bd 52.]

In den Jagdgründen | der Ansiedler. | Erzählung | von | Fr. C. von Wickede. | Reutlingen. | Druck und Verlag von Robert Bardtenschlager.
o. J. (1888), 64 S., 165 × 105.
LBS d. D. oct K 3444.

Wickede, Fr. C. v., Jagd- und Streifzüge in der Louisiana-Prairie. Für die Jugend bearb. Mit (3) farb. Illustr. nach Orig.-Zeichnungen. 8. (139 S.) Warburg 881, Schilp. geb. *
Feine Ausg. gr. 8. *

Wickede, Fr. C. v. Jenseits der Felsengebirge, s. May, Carl.

Wickede, Fr. C. v.: Indianer-Geschichten, s. Jugendbibliothek, Deutsche.

Wickede, F. C. v., Indianer-Geschichten, s. Schmidt's, F., deutsche Jugendbibliothek.

Im Lande der 1000 Inseln. | Erzählung | von | Fr. C. von Wickede. | Reutlingen, | Druck und Verlag von Robert Bardtenschlager.
o. J., 64 S., 161 × 105.
LBS d. D. oct K 3526.

Wickede, Fr. C. v.: Der letzte Mohikaner, s. Cooper, James Fenimore.

—— amerikanische Novellen, } s. Universal-Bibliothek
—— amerikanische Novelletten, } Nr. 909; 1234.

—— Schattenbilder aus der Geisterwelt. Novellen. 8. (231 S.) Hannover 881, Weichelt.

Wickede, Fr. C. v., des Dämons Vermächtniß. Historischer Roman. 2 Bde. 8. (201 u. 188 S.) Breslau 878. Schottländer. n. 8. —

—— Im fernen Westen, s. May, Carl.

Wickede, Fr. C. v.: Der Wildtöter, s. Cooper, James Fenimore.

Wickede, Frederik von

Wickede, F. v., Handbuch der Polizeiverwaltung f. d. Reg.-Bez. Cassel. Auf Grund amtl. Materials zusammengestellt. gr. 8. (XV, 760 u. 6 S. m. 1 Bildn.) Wiesbaden 897. (P. Plaum. — Cassel, Th. Kay.)
Geb. in Leinw. n. 10. —

— dasselbe f. d. Reg.-Bez. Posen. Nach amtl. Quellen bearb. gr. 8. (XIII, 496 S. m. 1 Bildn.) Wiesbaden 898. P. Plaum. Geb. in Leinw. n. 6. —

Wickede, F. v., Handbuch der Polizei-Verwaltung f. den Reg.-Bez. Posen. Nach amtl. Quellen bearb. 2. Aufl. (XIII, 594 S.) gr. 8. Wiesbaden 907. P. Plaum. (Posen, L. Türk.) Geb. in Leinw. nn 7.50

Wickede, F. v., Handbuch der Polizeiverwaltung f. den Reg.-Bez. Wiesbaden. Auf Grund amtl. Materials zusammengestellt. gr. 8. (XVIII, 566 S. m. Bildnis.) Wiesbaden 893. P. Brems. Geb. in Leinw. n. 6. —

Wickede, F. v., u. W. **Bahl**, Polizeistrafgesetze u. Verordnungen f. den Reg.- u. Stadtbez. Wiesbaden. Nach den amtl. Quellen bearb. (XV, 873 S.) gr. 8. Wiesbaden 905. P. Plaum. Geb. in Leinw. n. 10. —

Wickede, F. v., der preußische Standesbeamte u. das bürgerliche Gesetzbuch. Anh.: Das Eheschließungsrecht außerdeutscher Staaten. gr. 8. (VIII, 171 S.) Wiesbaden 899. P. Plaum. Geb. in Leinw. n. 8.75

— die Verwaltung d. Landgemeinden in d. Prov. Hessen-Nassau. E. Hilfsbuch f. Bürgermeister u. sonst. Organe d. Selbstverwaltg. gr. 8. (IX, 204 S.) Ebd. 898. Kart. n. 2.50

Wickede, Friedrich von

Wickede, Frdr. v., Elemente der natürlichen Tonbildung. Gemeinverständliche Abhandlg. f. Gesangsbeflissene, Gesanglehrer u. Sänger. (39 S.) gr. 8. Berlin 903. M. Aronhold. — 80

Johannisrosen. Gedicht von [Friedr. Edu.] Müller v. der Werra, für eine mittlere Singstimme mit Begleitung des Pianoforte comp. von Friedr. v. Wickede. Op. 72. 2. Aufl. Bremen: Praeger & Meier [usw.]. o. J. 5 S. 2° [Umschlagtit.]
Mit Noten: „Die Rose ist im Morgenthau erwacht . . .“

Wickede, Friedrich v., die Vogtei in den geistlichen Stiftern des fränkischen Reiches von ihrer Entstehung bis zum Aussterben der Karolinger in Deutschland. Diss. Leipzig 1887, Gustav Fock. 8°. 47 S.

Wilhelm der Held. Deutscher Volksgesang. Gedichtet u. f. Solostimme od. einstimm. Chor m. Begl. d. Pianof. comp. v. Friedrich v. **Wickede**. Op. 134. Eigenthum d. Componisten. Hamburg: Herold'sche Buchh. [1897]. 2 Bl. 4°

Wickede, Julius von

Wickede, Jul. v., die französische Armee im Jahre 1854—55. Ergänzung der Schrift „Die französische Armee in ihrem Verhältniß zu dem Kaiser Louis Napoleon ꝛc." Leipzig 855. Herbig. 8. (IV, 131 S.) 20 ngr.

Wickede, Jul. v., die französische Armee in ihrem Verhältniß zu dem Kaiser Louis Napoleon, s. Armee.

(Wickede, Julius v.) Die französische Armee in ihrem Verhältniss zu dem Kaiser Louis Napoleon und den deutschen Heerestheilen. Von einem deutschen Officier a. D. 8. Leipzig 1853.

v. Wickede, J. Die französische Armee in ihrem Verhältnisse zu dem Kaiser Napoleon III und den deutschen Heerestheilen. 2. Aufl. (144) 8. Leipzig 1853

v. Wickede, Jul., die Aufhebung der engl. Navigations-Akte u. die deutsche, besonders mecklenburgische Rhederei. gr. 8. (39 S.) Hamburg 850, Perthes-Besser & Mauke. n. 1/6 ℛ

—— Bilder aus dem Kriegsleben. 1. Aufl. (III und 226 S.) 1853. und 2. Aufl. gr. 8. (230 S.) Stuttgart 854, Ed. Hallberger.

Wickede, Jul. v., eine deutsche Bürgerfamilie. Nach einer Familienchronik bearb. 3 Bde. Jena 867. Costenoble. 8. (892 S.) 4 ℛ 15 ngr.

—— vergleichende Charakteristik der k. k. österreichischen, preußischen, englischen und französischen Landarmee. gr. 8. (VIII und 394 S.) Stuttgart 856, Ed. Hallberger.

— Erzählungen eines österreichischen Veteranen. 3 Bde. 1. u. 2. (Titel-)Aufl. Stuttgart 855. Ed. Hallberger. gr. 8. (2 Bl., 232; 2 Bl., 189; 4 Bl., 224 S.) Jeder Bd. 1 ℛ.

Wickede, Jul. v., Geschichte des Krieges von Deutschland gegen Frankreich in den J. 1870 und 1871. 1. Aufl. 1871. ℳ 6,75., und 2. Aufl. gr. 8. (VII, 583 S.) Hannover 873, Rümpler. (ℳ 6.)

-- dasselbe. 2. Aufl. gr. 8. (VII, 583 S.) Ebend 872. 6.—

Wickede, Jul. v., Geschichte des Krieges von Deutschland gegen Frankreich in den J. 1870 und 1871. 3. (Titel-)Aufl. gr. 8. (VII, 583 S. mit 1 Uebersichtskarte des Kriegsschauplatzes mit Angabe der deutschen Armeen.) Leipzig (872) 888, Fock. geb.

—— Geschichte der Kriege Frankreichs gegen Deutschland in den letzten 2 Jahrhunderten. 3 Bde. gr. 8. (IV, 316; 316; 311 S.) Ebendas. 874. (*ℳ 15.)

—— die Heeresorganisation und Kriegführung nach den Berechtigungen der Gegenwart. Für denkende Officiere, Staatsmänner und Landtagsabgeordnete bearb. gr. 8. (VIII und 213 S.) Jena 867, Costenoble. *

— preußische Husaren-Geschichten. 3 Thle. 853. 4 ℛ. — 2. billige (Titel-)Ausg. Leipzig 854. Herbig. 8. (274; 275; 290 S.) 2 ℛ.

—— ein Husarenofficier Friedrich's des Großen. Nach den eigenhänd. Aufzeichnungen Hans Leberecht v. Bredow's bearb. 3 Bde. 8. (855 S.) Jena 866, Costenoble.

— der lange Isaack. Historischer Roman aus der Zeit des deutschen Befreiungskrieges. 3 Bde. Leipzig (Jena,) 863. Costenoble. 8. (1022 S.) 4 ℛ 15 ngr.

v. Wickede, J. Die militärischen Kräfte Deutschlands und ihre Fortschritte in der neuesten Zeit. 12. Stuttgart 1850. (IV. 127) 12. ib. 1855.

—— die militärischen Kräfte Deutschlands und ihre Fortschritte in der neueren Zeit. 8. (IV und 127 S.) Stuttgart 855, Ed. Hallberger.

—— Kriegsbilder aus dem J. 1870. 8. (VIII, 439 S.) Ebendas. 871. (ℳ 3,75.)

—— Kriegs- und Lagerbilder ꝛc., s. Unterwegs und Daheim.

—— ein deutscher Landsknecht, s. Romanbibliothek, deutsche.

—— ein deutscher Landsknecht, s. Unterhaltungs-Bibliothek.

-- Leben, Thaten u. Abenteuer d. Frhrn. Gustav v. d. Ostau, weil. Kriegsoberst u. Commandeur e. Regiments Cürassreiter in der Armee d. Königs Gustav Adolf v. Schweden während d. 30jähr. Krieges. 4 Bde. 8. (262, 298, 200 u. 240 S.) Berlin 875. Wedekind & Schwieger. 15. —

—— Aus dem Leben eines Touristen. gr. 8. (V und 232 S.) Altona 852, Dircksen und Ingwersen. *

Aus dem Leben eines Touristen. Von Julius von **Wickede**. — Altona: Hammerich 1852. 232 S. 8°

—— ein vielbewegtes Leben. Nach den Aufzeichnungen des Kaiserl. Russ. Obersten Friedr. Reinhardt bearb. 3 Bde. gr. 8. (IV, 280; VI, 303; IV, 309 S.) Hannover 873, Rümpler. (ℳ 13,50.)

Wickede, Jul. v. Ein deutscher Lieutenant u. türkischer Hauptmann, s. Eckstein's Reisebibliothek. Nr. 40.

Wickede, Jul. v., Memoiren eines Legitimisten, s. Memoiren.

— ein preußischer Officier. Nach den Aufzeichngn. e. im Felde Gebliebenen. 3 Thle. 8. (IV, 277; IV, 252 u. IV, 288 S.) Hannover 872. Rümpler. 13. 50

— die Rechte und Pflichten des Offiziers. Leitfaden für junge Männer, welche sich dem Offiziersstande gewidmet haben oder noch widmen wollen. Stuttgart 857. Ed. Hallberger. 8. (XII, 223 S.) 1 ℛ.

-- die 25jährige Regierung des Großherzogs Friedrich Franz II. von Mecklenburg-Schwerin. Eine Volksschrift für Mecklenburg. Schwerin 867. Stiller'sche Hofbuchh. gr. 8. (107 S. mit 1 Holzschntaf.) n. 20 ngr.

—— ein deutsches Reiterleben. Erinnerungen eines alten Husaren-Officiers aus den J. 1802 bis 1815. 3 Thle. 8. Berlin 861, A. Duncker. [1. Thl. (IV und 251 S.) 2. und 3. Thl. (XI und 602 S.) à Thl. 1 Thlr.]

—— Joachim Slüter, oder: die Einführung der Reformation in Mecklenburg. Historischer Roman. 4 Bde. 8. (253; 239; 245; 200 S.) Berlin 869, Janke.

Wickede, Jul. v., der Sohn des Regiments. Oesterreichische Soldatengeschichte. 3 Bde. Stuttgart 855, 56. Ed. Hallberger. gr. 8. (IV, 283; IV, 259; IV, 227 S.) Jeder Bd. 1 ℛ.

—— die Soldaten Friedrichs des Großen. Preußische Soldatengeschichten. 4 Bde. 8. Leipzig 857, [Grunow.] [1. und 2. Bd. (XII und 542 S.) 3. und 4. Bd. (VI und 684 S.) à Bd. 1 Thlr.]

— die Soldaten Friedrichs des Großen. Preußische Soldatengeschichten. 4 Bde. Leipzig 857. Herbig. 8. (5 Bl., 274; 2 Bl., 268; 2 Bl., 338; 2 Bl., 346 S.) Jeder Bd. 1 ℛ.

—— ein Soldaten-Leben, s. a. Soldaten-Leben, ein.

v. **Wickede, J.** Ein Soldatenleben. Erinnerungen a. d. napoleon., südamerikan., griech., poln., span. u. algerischen Feldzügen. 3 Bd. (XVIII. 687) 8. Stuttgart 1853. 9,00.

— ein Soldaten-Leben. Erinnerungen aus den napoleonischen, südamerikanischen, griechischen, polnischen, spanischen und algerischen Feldzügen. 3 Thle. 1. u. 2. Aufl. Stuttgart 854. Ed. Hallberger. gr. 8. (X, 212; IV, 201; IV, 244 S.) Jeder Thl. 1 ℛ.

Inhalt. 1. Thl.: Feldzüge in Spanien, Rußland und Frankreich. — 2. Thl.: Feldzüge in den Niederlanden, Belgien und Südamerika, und Niederlassung in Central-Amerika. — 3. Thl.: Feldzüge in Griechenland, Polen, Algerien und Spanien.

Wickede, Jul. v., die Streber. Socialer Roman aus der Gegenwart. 3 Bde. 8. (IV, 203; 207; 223 S.) Breslau 884, Schottländer. *ℳ 13,50.; geb.

— Aus dem Süden. Stuttgart 853. Ed. Hallberger. 8. (2 Bl., 236 S.) 1 ℛ.

Wickede, Jul. v., aus dem Tagebuch eines französischen Offiziers, s. Unterwegs und Daheim.

Wickede, Jul. v., **aus alten Tagebüchern.** Im Anschluß an „Eine deutsche Bürgerfamilie" bearb. 3 Bde. Jena 868. Costenoble. 8. (VIII, 752 S.) 4 ℛ

—— aus alten Tagebüchern. Im Anschluß an „Eine deutsche Bürgerfamilie". 3 Bde. 1. Ausg. 1868, und 2. Ausg. 8. (240; 247; 265 S.) Jena 871, Costenoble.

—— **Herzog Wallenstein in Mecklenburg.** Historischer Roman. 4 Bde. 8. (925 S.) Jena 865, Costenoble.

Wickede, Jul. v., was Alles aus einem deutschen Lieutenant werden kann. Roman aus der Gegenwart. 3 Bde. 8. (319, 285 u. 290 S.) Leipzig 878. Dürr'sche Buchhandlung. 15. —

Wickede, Carl v. Der Denunziant u. andere Novellen. 8. (V, 219 S.) Weimar 890, Weißbach. * 2 50

Wickede, Ludwig August (Leonhard) von

Wickede, L. A. v. Ueber die Aufhebung der Stempel- und Collateral-Erbsteuer im Grossherzog. Mecklenburg-Schwerin, und über die Mittel, den dadurch in der Staats-Einnahme **entstehenden Ausfall zu decken. gr. 8°. Rostock, Stiller's H.-B., 1846.**

Fest- und Antritts-Rede, gehalten in der ger. und vollk. St. Joh.-Loge zu den 3 Sternen im Or. von Rostock am St. Johannis-Tage 1843 von [Ludw. Aug. Leonh.] **v. Wickede,** enth. 1. eine Uebersicht der Thâtigkeit der vorgedachten □ während des Maurer-Jahrs Johannis 1842/43 und 2. eine Erörterung der beiden Fragen: a. was hat eine □ von ihrem Meister zu fordern? und b. welche Anforderungen darf der Meister v. St. an die □ machen? Ms. f. Brr. Rostock [1843]: Oeberg. 27 S. 4° [Umschlagtit.]

— Fest- und Antritts-Rede, gehalten in der ger. u. vollk. St. Joh.-Loge zu den 3 Sternen im Oriente von Rostock am St. Johannis-Tage 1843. Manuscript für die Brüder. 4. Güstrow 844, Opitz u. Co. 1/4 ℛ

Wickede, L. A. v., Versuch zur Beantwortung der Frage: Wird durch die Aufhebung der bisher. ständ. Verfassung in Mecklenburg das Subject des Rechts auf Verwaltung und Nutzung der drei Landes-Klöster verändert? Lex.-8. (48 S.) Rostock 848, Stiller'sche Hofbuchh. *

[Autogr.] Die Weihe des neuen □ Locals der ger. und vollk., unter Constitution der ehrw. Grossen □ von Hamburg arbeitenden St. Johannis □ „Zu den 3 Sternen" im Or. zu Rostock am 1st Juny 1844. Ein Auszug aus dem, vom Br [Ludw. Aug. Leonh.] **v. Wickede** entworfenen, und vom Beamten-Collegio genehmigten Fest-Ritual. [Rostock 1844.] 14 S. 8° [Umschlagtit.] 3. 215.

Wickede, V. v., Nachrichten zur Geschichte des Geschlechts von Wickede. Essen 1865.

Wickede, Walther von: Die Geistlichen Gedichte des cgm 714. Hamburg 1909: Grefe & Tiedemann. 120 S. 8°
Rostock, Phil. Diss. v. 2. März 1909, Ref. Golther
[Geb. 11. Dez. 82 Hamburg; Wohnort: Rostock; Staatsangeh.: Preußen; Vorbildung: Reformrealgymn. Altona Reife O. 03; Studium: München 3, Berlin 8, Rostock 1 S.; Rig. 27. Febr. 09.] [U 10. 3994

Wickel, Eduard Über die Entwicklung des chemischen Unterrichts. 4 (S. 3—24). **Progr.** Städt. Oberrsch. *Wiesbaden* 1893 (421).

Wickel [Eduard], Prof. Dr.: Direktor Prof. Dr. Klein, Nachruf. Wiesbaden 1907: K. Schwab. (S. 3—6.) 4°
Wiesbaden, st. R i. E. P 1907 (523)

Wickel, Ed., krystallographische Untersuchung einiger organischen Verbindungen. Inaugural-Dissertation. gr. 8. (37 S. mit 1 lithogr. Taf.) Göttingen 884, (Vandenhoeck und Ruprecht's Verlag.)

Wickel, Fritz, aus Kinderzeiten. Schuljungengeschichten. (VII, 96 S.) 8. Dresden 909. E. Pierson. 1.—; geb. n 2.—

Wickel, J., u. **H. Stahl**, zur Heimathskunde. Die Provinz Nassau, s. Keck u. Johansen, vaterländ. Lesebuch.

Wickel, Carl: Aus der psychiatrischen Klinik zu Marburg. **Casuistische Beiträge zur Differentialdiagnose zwischen Lues cerebri diffusa und Dementia paralytica nebst einem anatomischen Befund.** M. 1 lithogr. Taf. u. 12 Holzschn. *Marburg 1898.* (84 S. mit Taf.) 8° • (Aus: Archiv für Psychiatrie etc., Bd 30.)
Marburg, Med. Diss. v. 8. Febr. 1898

Wickel, Oscar: Zur Frage der Uebertragbarkeit der Tuberculose durch die Schutzpockenimpfung ... Greifswald, Druck v. Julius Abel 1889; 30 S. 8°
Greifswald, Med. Fak., Inaug.-Diss. v. 15. März 1889.

Wickel, Wilhelm. Der Festzug der Württemberger am 28. September 1841 in schwäbischer Mundart ausführlich beschrieben von Wilhelm Wickel. Stuttgart, Im Verlag des Verfassers. Gedruckt bei Blum & Vogel. o. J.
16 S. 8°

Wickelkind, das. Ein Bilderbuch f. kleine Kinder. Mit sinnigen Kinderverschen u. feinen Bildchen nach Originalen v. Thekla Brauer. [Ausgestanzt.] hoch 4. (14 S. m. z. Thl. farb. Abbildgn.) Eßlingen 890. J. F. Schreiber. cart. n. 1. —

Wickelkind, das. Ein Bilderbuch f. kleine Kinder. Mit sinn. Kinderverschen u. feinen Bildchen nach Originalen v. Thekla Brauer. (Ausgestanzt.) hoch 4. (14 S. m. z. Tl. farb. Abbildgn.) Eßlingen 892. J. F. Schreiber. Kart. n. 1. —

Wickel-Wackel, allerlei. Heitere Thierbilder für kleine Kinder. Sechs Gruppen aus dem Geflügelhofe mit 6 feinen Farbendr.-Bildern mit sinnigen Versen. 1. und 2. Aufl. gr. 4. (12 S. mit eingedr. Holzschn.) Eßlingen 875,76. Schreiber. cart. *

Wickel-Wackel, allerlei. Heitere Thierbilder für kleine Kinder. Sechs Gruppen aus dem Geflügelhofe mit 6 feinen Farbendr.-Bildern mit sinnigen Versen. 2. Aufl. gr. 4. (12 S. m. eingedr. Holzschn.) Eßlingen 878. Schreiber. cart. n. 1. 50

Wicken-Thies, Schäfer zu Burgdorf, Prophezeiungen im J. 1618. Neu abgedr. Celle 866. Schulze'sche Buchh. 8. (8 S.) 1 ngr.

— höchst glaubhafte Prophezeihungen. Mit einem Anh.: Merkwürdige Voraussagungen der weisen Mönche: Ambrosius, Bernhardus u. Vincentius. Einbeck 866. Ehler's Verl. 8. (8 S.) 1 ngr.

Wickenburg, Graf Albrecht, Eigenes und Fremdes. Gedichte. gr. 16. (VIII, 155 S.) Wien 874, Rosner. geb. mit Goldschn.

Wickenburg, Albr. Graf, **Gedichte.** 2. veränd. Aufl. 12. (V, 144 S.) Wien 888, Gerold's Sohn. * M 2.—; geb. *

Neue Gedichte von Albrecht Graf **Wickenburg.** Wien: C. Gerold's Sohn 1898. (VIII, 109 S.) 8° [F.] [07. 8794

Wickenburg, Albrecht, Graf, Altwiener Geschichten und Figuren. I. Sammlung. 8. (79 S.) —.60
Wien: Gerold's Sohn 1896.

Tiroler Helden. Gedichte von Albrecht Graf **Wickenburg.** Innsbruck: Wagner 1893. (65 S.) 8° [F.] [07. 8795

Wickenburg, Albr. Graf, Tiroler Helden. Gedichte. 2., verm. Aufl. (IV, 110 S.) 8. Innsbruck 907. Wagner. Kart. 1.60

Wickenburg, Albr. Graf, Ollanta, s.: Universal-Bibliothek.

— **Ollanta. Peruanisches Original-Drama aus der Inca-Zeit. Nach J. J. v. Tschudi's wörtl. Verdeutschg. metrisch bearb. gr. 16. (XVII, 108 S.) Ebend. 876. n. 2. 40**

Wickenburg, A. Graf, Meister Pathelin, s. Theater, neues Wiener.

Mein Wien. Lieder u. Gedichte von Albrecht Graf **Wickenburg.** Wien: C. Gerold's Sohn 1894. (73 S.) 8° [F.] [07. 8796

WICKENBURG, Eduard Graf
Wanderungen in Ost-Afrika. Von Eduard Grafen Wickenburg. Mit vielen Illustrationen und 3 Karten. Wien. 1899. Gerold & Co. Lex.-8°. XX, 440 S. Geb. fl. 12.—

Wickenburg-Almásy, Wilhelmine Gräfin, ein Abenteuer des Dauphin, s. Theater, neues Wiener. 110.

Wickenburg-Almásy, Wilhelmine Gräfin, Emanuel d'Astorga. **Erzählendes Gedicht. 16. (88 S.) Heidelberg** 872. G. **Weiß.** cart. m. **Goldschn.** n. 2. —

— **dasselbe. 2. Aufl. 16. (100 S.) Ebend. 875. geb. n. 3. —**

— Erlebtes u. **Erdachtes. Gedichte.** [3. **Folge.**] 8. (XI, 171 S.) **Ebend. 873. n. 3. —; geb. m. Goldschn. n. 4. —**

—— Gedichte. 3. verm. Aufl. 12. (X, 310 S.) Wien 882, Gerold's Sohn.

Wickenburg-Almásy, Wilhelmine Gräfin. Letzte Gedichte. [Aus d. Nachlasse der Verstorbenen hrsg. v. ihrem Gatten.] 12. (IV, 244 S.) Wien 890, Gerold's Sohn. * 3 —; geb. * 5 20

Wickenburg-Almásy, Wilhelmine Gräfin, neue Gedichte. Wien 869. Gerold's Sohn. gr. 16. (V, 134 S.) 1 ₰

Wickenburg-Almásy, Wilhelmine Gräfin, Marina. Ein erzählendes Gedicht. 16. (242 S.) Heidelberg 876, Weiß. geb. mit Goldschn.

—— Radegundis. Dramatisches Gedicht in 1 Aufzuge. 16. (VII, 66 S.) Wien 879, Rosner.

—— der Graf von Remplin. Eine Erzählung in Versen. gr. 16. (92 S.) Wien 874, Rosner.

Wickenhagen, Ernst, Herzogt. Anhalt, s.: Landes- u. Provinzialgeschichten.

Wickenhagen E. kurzgefasste Geschichte der Kunst. (307 S.) Stuttgart 1899

— **kurzgefaßte Geschichte der Kunst, der Baukunst, Bildnerei, Malerei, Musik. Mit 1 Heliograv. u. 301 Abb. im Text. gr. 8. (VI, 318 S.) Stuttgart 901. P. Neff Verl. Geb. in Leinw. n. 5. —**
Schulausg. u. d. T.:
Leitfaden f. d. Unterricht in d. Kunstgeschichte, . . .

— **kurzgefaßte Geschichte der Kunst, der Baukunst, Bildnerei, Malerei u. Musik. 11. Aufl. Mit 1 Heliograv., 3 farb. Taf. u. 302 Abbildgn. im Text. (VI, 322 S.) Lex.-8. Eßlingen 906. P. Neff. Geb. in Leinw. n. 5. —**

— **Kurzgefaßte Geschichte der Kunst, der Baukunst, Bildnerei, Malerei u. Musik. 12. verm. u. verb. Aufl. (VIII, 336 S. m. 325 Abb. u. 4 [3 farb.] Taf.) Lex. 8. Eßlingen 908. P. Neff. Geb. in Leinw. 5. —**

Wickenhagen, Ernst: Geschichte der Herzogl. Töchterschule zu Dessau. Festschrift z. Feier des 100jähr. Bestehens d. Herzogl. Antoinettenschule 1886. — Dessau 1886: Weniger. 103 S. 8°

Wickenhagen, Ernst, Geschichte der herzogl. Töchterschule zu Dessau. Festschrift zur Feier des 100jähr. Bestehens der herzogl. Antoinettenschule 1886. gr. 8. (IV, 103 S.) Dessau 886. (Leipzig, Fock.)

Wickenhagen, Ernst, vaterländ. Geschichte, s.: Andrä, J. C.

— Kleiner Leitfaden f. d. kunstgeschichtlichen Unterricht in höheren Schulen. (V, 176 S. m. 215 Abb.) gr. 8. Ebd. 910. Geb. 2. —

— s. Leitfaden f. d. Unterr. in d. Kunstgeschichte.

— Leitfaden f. den Unterricht in der Kunstgeschichte, der Baukunst, Bildnerei, Malerei u. Musik. 10. verm. u. verb. Aufl. Mit 301 Abbildgn. gr. 8. (VI, 318 S.) Stuttgart 908. P. Neff Verl. Geb. in Leinw. n.n. 3. 75

— Leitfaden f. den Unterricht in d. Kunstgeschichte, der Baukunst, Bildnerei, Malerei u. Musik. 12. verm. u. verb. Aufl. Mit 325 Abb. (VIII, 336 S.) Lex. 8. Ebd. 908. Geb. in Leinw. nn 3. 75

— Manuel de l'histoire des beaux arts. Architecture — Sculpture — Peinture Adapté de l'allemand par Jacques Bainville. Avec 265 grav. (VII, 262 S.) Lex.-8. Stuttgart 901. Esslingen, P. Neff Verl. n. 5. —

—— Memorierstoff für den Geschichtsunterricht. 8. (III, 16 S.) Dessau 888, Baumann's Verlagsh.

Wickenhagen, Ernst. Memorierstoff f. den Geschichtsunterricht. 2. Aufl. gr. 8. (III, 16 S.) Dessau 889, Baumann. ** — 25

— Memorierstoff f. den Geschichtsunterricht. 3. Aufl. (6. Taus.) (18 S.) 8. Dessau 908. Hofbuchdr. C. Dünnhaupt. — 25

— z. 25jähr. Regierungs-Jubiläum Sr. Hoh. des Herzogs Friedrich v. Anhalt. Festschrift f. jung u. alt. gr. 8. (32 S. m. Bildn.) Dessau 896. Anhalt. Verlagsanstalt. — 30

Wickenhagen, G.: Christian Daniel Rauch. Ein Lebensbild. Mit 5 Abb. Glogau: C. Flemming [1899]. (VI, 109 S.) 8°
(Jugendschriften, C. Flemmings Vaterländische. Bd 71.)

Wickenhagen, G., Christian Daniel Rauch, s. Flemming's, Carl, vaterländ. Jugendschriften. 71. Bd.

Berühmte Vertreter der bildenden Künste. Christian Daniel Rauch. Hans Holbein d. Ältere u. d. Jüngere. Karl Friedr. Schinkel. 3 Erzähl. f. d. deutsche Jugend von G. **Wickenhagen**, C. Lent u. Conrad Buchwald. Mit 14 Abb. *Glogau: C. Flemming [1900].* (VIII, 302 S.) 8° [F.] [01. 3226

Wickenhagen, Hermann: Antike und moderne Gymnastik. Vergleichende Betrachtungen und Vorschläge. 4 (45 S.).
Progr. G. u. Rg. *Rendsburg* 1891 (279).
Vgl. denselben Titel 8 (127 S.) Wien 1891, Pichler's Wwe. u. Sohn
* 1,50

Wickenhagen, H. Antike u. moderne Gymnastik. Vergleichende Betrachtgn. u. Vorschläge. gr. 8. (127 S.) Wien 891, Pichler's Wwe. u. Sohn. * 1 50

Wickenhagen, H., s.: Jahrbuch f. Volks- u. Jugendspiele.

— s.: Körper u. Geist.

Wickenhagen, Hermann, Prof.: Der Rendsburger **Primaner-Ruderklub** 1880–1900. Ein Bild aus d. Schülervereinsleben. *Rendsburg 1900: D. J. Carstens.* (S. 3—16.) 4° [F.]
Rendsburg, G u. RG, P 1900 (304)

Das Rudern an den höheren Schulen Deutschlands. Ein Bild aus d. Schülerleben d. Neuzeit. Von Prof. H[ermann] **Wickenhagen.** Mit 46 Bild. u. Pl. Leipzig: R. Voigtländer 1903. (68 S.) 8° [F.] [03. 9158 B

— das Rudern an den höheren Schulen Deutschlands. Ein Bild aus dem Schülerleben der Neuzeit. (Mit 46 Bildern u. Plänen. (68 S.) gr. 8. Leipzig 903. (Rendsburg, Coburg.) n. 1. 60

Wickenhagen, H.: Ein freier Spielnachmittag. Berlin 1907. S. 23—30. Sonderdr. aus: Monatsschr. f. höh. Schulen. Jg. 6.

Wickenhagen, Herm., Turnen u. Jugendspiele. Ein Leitfaden für die körperl. Erziehg. in höh. Schulen. [Aus: „Dr. A. Baumeister's Handbuch d. Erziehungs- u. Unterrichtslehre f. höh. Schulen".] gr. 8. (93 S. m. Abb.) München 898. C. H. Beck. n. 2. —

Turnen und Jugendspiele und die körperliche Erziehung in höheren Schulen. Von Hermann **Wickenhagen,** Gymnasialoberl. in Rendsburg . . . *München: C. H. Beck 1898.* (93 S.) 8.
= Handbuch d. Erziehungs- u. Unterrichtslehre f. höh. Schulen. Bd 4, Abt. 5. [98. 443

Wickenhagen, H., & **Seitz:** Wie ist der Turnunterricht zu gestalten, um den Forderungen der neuen Lehrpläne gerecht zu werden? Um 1895. 50 S.

— s.: Zeitschrift f. Turnen u. Jugendspiel.

Wickenhagen, Wlh., Euripides, Medea. — Shakespeare, ein Sommernachtstraum. — Der Kaufmann von Venedig. — Sophokles, Antigone, s. Bühnen-Repertoir, Bd. XIII. XIV.

Wickenhauser, Franz Adolf

Wickenhauser, F. A., Bochotin oder Geschichte der Stadt Czernäuz und ihre Umgegend. 1. Heft. gr. 8. (120 S.) Wien 874. (Czernowitz, Pardini.)

—: Horecza. Ein Beitrag zur Geschichte der Stadt Czernowitz. Czernowitz: Selbstverl. 1880

Wickenhauser, Franz Adolf: Molda oder Beiträge zur Geschichte der Moldau und Bukowina. I. Geschichte der Klöster Homor, St. Onufry, Horodnik und Petroutz. Czernowitz: Selbstverl. 1881. II. Die deutschen Siedlungen in der Bukowina. Czernowitz: Selbstverl. 1885–87. III. Geschichte der Klöster Woronetz und Putna. Czernowitz: Selbstverl. 1886–88. IV. Geschichte des Bistums Radautz und des Klosters Groß-Skitt. Czernowitz: Selbstverl. 1890. V. Moldauisch- und Russisch-Kimpolung (Huzulen) und die Einwanderung der Lipowaner. Czernowitz: Selbstverl. 1891.

Wickenhauser, Frz. Adf. Molda od. Beiträge zur Geschichte d. Moldau und Bukowina. 1. Bd., 2.—4. Bd. à 2 Abthlgn., u. 5. Bd. 2. Abthl. 8°. Czernowitz, (Pardini). * 19 75

1. Geschichte der Klöster Homor, St. Onufri, Horodnik u. Petrauz. (247 S.) 882. [* 5 50] * 3 —.
2. Die deutschen Siedelungen in der Bukowina. 1. Abthl. (138 S.) 886. [* 2 65] * 2 —; 2. Abthl. (221 S.) 888. * 3 —.
3. Geschichte der Klöster Woronetz u. Putna. 1. Abthl. (S. 1—96.) 886. * 2 —; 2. Abthl. (S. 97—214.) 888. * 2 —.
4. Geschichte d. Bist. Radauz u. d. Klosters Groß-Skit. 1. Abthl. (192 S.) 890. * 2 70; 2. Abthl. (117 S.) 891. * 2 30.
5. 2. Abthl. Moldauisch u. Russisch Kimpolung [Huzulen] u. die Einwanderg. der Lippowaner. 2. Bdchn. Urkunden, Berichte u. Erlässe. (III, 109 S.) 891. * 2 75. Vorstehendes zur Ergänzg. u. Berichtigg. d. Angaben in den früheren Bänden. Die 1. Abthl. des 5. Bds. ist nicht erschienen.

Wickenhauser, Franz Adolf: Moldawa oder Beiträge zu einem Urkundenbuche für die Moldau und Bukowina. Bd 1: Die Urkunden des Klosters Moldawitza. Wien: Jakob & Holzhausen 1862. Bd 2: Geschichte und Urkunden des Klosters Solka. Czernowitz: Selbstverl. 1877.

—— Moldawa od. Beiträge zu e. Urkundenbuche f. die Moldau und Bukowina. 1. Abthl.: Die Urkunden des Klosters Moldowiza. gr. 8. (242 S.) Wien 862. (Czernowitz, Pardini.) * 2 60
2. Abthl. Ebd. 1877. * 4 —.

Wickenhauser, Frz. Adf., Moldawa oder Beiträge zu einem Urkundenbuche der Moldau und Bukowina. 2. Abthl. A. u. d. T.: Geschichte und Urkunden des Klosters Solka. gr. 8. (225 S.) Czernowitz 877, (Pardini.)
1. Abthl. (Ebendas.) 1874. *M. 3.

Wickenhauser, Frz. Adf., Zuczka, s.: Kaindl, Raim. Frdr.

Wickenhauser, Rich., 32 Volkslieder, s.: Reiter, Jos.

Wickenhöfer, Ernst (Hrsg.), s. Apologet, Der.

—— evangel. Glaubensspiegel, od. Unterredn. e. Geistlichen mit einigen seiner Pfarrkinder üb. d. Unterscheidungslehren d. protestant. u. kathol. Kirche. Zur Belehr. d. Bürgers u. Landmannes, sowie d. Jugend. gr. 12. (3½ B.) Mainz 835, Kupferberg.

Wickenmayer, Ludw., die Weihe u. Würde d. Bischofs. Zur Erbauu. u. Belehr. f. kathol. Christen dargestellt. 8. (4 B.) Würzburg 840, Etlinger'sche Verlagsh.

Wickenthal, s.: Wieg-Wickenthal.

Wicker, C.: Karte der Eisenbahn von Braunschweig nach Wolfenbüttel. Erste Abtheilung der Braunschweig-Harzburger Eisenbahn ... Braunschweig ...

Wickerhauser, Moritz

Wickerhauser, Mor., Blütenkranz aus Dschamis zweitem Divan bei der XVIII. General-Versammlung der D. M. G. den hochverehrten deutschen Gästen zur Begrüssung in der Kaiserstadt dargebracht. gr. 8. (43 S.) Wien 858, (Braumüller's Sortiment.) *

—— die Papageimärchen. Mit 8 Skizzen illustr. von Friedr. Gauermann. br. 8. (XII und 299 S. mit Holzschn.) Leipzig 858, Fr. Fleischer. geb. *

Wickerhauser, Moritz —. Wegweiser zum Verständniß der türkischen Sprache. Eine deutsch-türkische Chrestomathie von — —. Deutsch und Türkisch. 8. (X, 348 und 328 S.) Wien, aus der k. k. Hof- und Staatsdruckerei. 1853.

Wickerhauser, Mor., Wegweiser zum Verständniss der türkischen Sprache. Eine deutsch-türk. Chrestomathie. gr. 8. (X und 685 S.) Wien 853. (Leipzig, Brockhaus.) *

Wickerhauser, N., e. methodisch-ästhet. Skizze im Anschlusse an Goethes Iphigenie. gr. 8. (40 S. m. Fig.) Marburg 897. N. G. Elwert's Verl. n. — 75

Wickerode, Paul v., die Schulgenossen oder verschiedene Vaterunser. 8. (173 S.) Karlsruhe 888, Gebr. Pollmann.

Wickersheimer, C., kleine Erdkunde für die Elementarschulen in Elsaß-Lothringen. 5. verb. Aufl. (93 S.) 885; 6. verb. Aufl. 8. (112 S.) Straßburg 888, Heitz. geb.

—— kleine Geographie von Elsaß-Lothringen. Handbuch für Schüler. 8. vollständ. umgearb. Aufl. 8. (104 S.) Ebendas. 888. geb.

Wickersheimer, C., Hänsel juchz', s.: Volksschriften, elsässische, Nr. 39.

Wickersheimer, Er[nest]. Souvenirs d'un médecin strasbourgeois .... Rixheim 1907 s. Doldé, Jean-Jacques.

Wickersheimer, J., kurze Anleitung zur Verwendung der Wickersheimer'schen Flüssigkeit f. anatomische Präparate m. e. Anh. üb. Metallkorrosionen. 8. (32 S. m. 3 Lichtdr.-Bildern.) Berlin 892. Boas & Hesse. n. 1. 50

Wickert, Friedrich, aus Sterbfritz: **Der Rhein und sein Verkehr.** Mit besond. Berücks. d. Abhängigkeit von d. natürl. Verhältnissen. *Stuttgart 1903: Union.* (63 S.) 8°
¶ [Erschien vollst. 1903 als: Forschungen zur deutschen Landes- u. Volkskunde, Bd 15, H. 1.]
Heidelberg, Phil. Diss. v. 1903

Wickert, Friedrich. Der Rhein und sein Verkehr, mit besonderer Berücksichtigung der Abhängigkeit von den natürlichen Verhältnissen. Mit 2 Karten und 29 Diagrammen [sowie 1 Tabelle]. 148 S. 8. Stuttgart, J. Engelhorn, 1903. (M. 12. —)
(Forschungen zur deutschen Landes- und Volkskunde, im Auftrage der Centralkommission für wissenschaftliche Landeskunde von Deutschland hrg. von Dr. A[lfred] Kirchhoff.... Band 15. Heft 1.)

Wickert, Jacob, Privatgeistl. d. Diöz. Trier: Die Panoplia Dogmatica des Euthymios Zigabenos. Untersuchung ihrer Anlage u. Quellen, ihres Inhaltes u. ihrer Bedeutung. Berlin 1910: G. Schade. 63 S. 8° ¶ (Ersch. auch in: Oriens Christianus. Jg. 7.)
Breslau, Kath.-theol. Diss. v. 21. Jan. 1910, Ref. Pohle
[Geb. 24. Febr. 80 Reckershausen, Bez. Koblenz; Wohnort: Reckershausen; Staatsangeh.: Preußen; Vorbildung: Friedrich-Wilhelms-Gymn. Trier Reife O. 01; Studium: Trier Priestersem. 8, Berlin 4 S.; Rig. 8. Jan. 09.] [U 10. 458

Karl August Wickert

Carolus Augustus Wickert: Hydrophobiae contagiosae Casus singularis. Berolini (1829): Petschius. 31 S. 8°

Berlin, Med. Diss. v. 1. Okt. 1829

Wickert, Richard, a. Crimmitschau: Die Pädagogik Schleiermachers in ihrem Verhältnis zu seiner Ethik. Leipzig: Th. Thomas (1907). (VIII, 155 S.) 8° [J.]
Leipzig, Phil. Fak., Ref. Volkelt-Heinze, Diss. v. 26. Okt. 1907
[Geb. 9. Juli 80 Greiz; Wohnort: Crimmitschau; Staatsangeh.: Sachsen; Vorbildung: Sem. Borna Wahlfähigkeitszeugnis M. 03; Studium: Leipzig 6 S.; Rig. 4. Juni 07.]

Wickett, Samuel Morley [B. A.]: Studien über das Oesterreichische Tabakmonopol ... Stuttgart, Druck d. Union Deutsche Verlagsges., 1897; VI, 87 S. 8.
Leipzig, Phil. Fak., Inaug.-Diss. v. [29. Juli] 1897

(Thee-Import-Haus H. S. van Wickevoort Crommelin in Zürich.) Thee Wickevoort. (Preiscourant *u. s. w.* [1901].) 1 + 9 Bl. 8.

Wickh, Christian David (Ulm) A.S. 256/14

Disputatio juridica exhibens positiones ex l. ult. c. si major factus alienationem factam sine decreto ratam habuerit, desumptas. Präs. Wolfgang Adam Lauterbach. In: Lauterbach: Disputationes Tubingenses. (Tübingen 1728). 4 Bl. 36566

Wickh, Johann David (Ulm) Altd. lose Phs.

Dissertatio inauguralis philosophica de iure Dei in conscientias hominum rite determinando.
Präs. Georg Andreas Will.
Altdorf (Hessel) 28. IV. 1767. 32 S.

W. v.: Johann Balthasar Bernhold, Präs.

36568

Wickh, Johann Jakob (Ulm) A. S. 174/20

Dissertatio iuris publici inauguralis de iure liberarum imp. civitatum adspirandi ad simultaneam re- et correlati onem in comitiis imp. R. G. ex voto decisivo ipsis competente fluente.
Marburg (Müller) 18. XI. 1751. 76 S.

Gew.: Stadt Ulm.
W. v.: Johann Georg Estor. 36569

Wickham, Der Graf von, ein Trauerspiel in fünf Aufz. Leipz. 1774.
V: *Wezel, Joh. Carl.* (GGr) (JL) (EE) (Mn)

Wickham, Louis, und Degrais, [Paul]. Radiumtherapie. Instrumentarium, Technik, Behandlung von Krebsen, Keloiden, Naevi..., Verwendung in der Gynäkologie. Vorwort von Professor Alfred Fournier.... Von der Académie de Médecine de Paris preisgekrönte Arbeit. Autorisierte deutsche Ausg. von Dr. Max Winkler in Luzern, mit einer Einführung von Professor Dr. J[oseph] Jadassohn.... Mit 72 Textfiguren und 20 mehrfarbigen Tafeln. XII + 268 S. gr.-8. Berlin, Julius Springer, 1910. [M. 15. —, geb. 17. 40]

Wickhoff, Franz

Wickhoff, Frz., s.: Anzeigen, kunstgeschichtliche.

Wickhoff, Fr, Beiträge zur Kunstgeschichte. 4°. (182 S.)
Wien: Schroll 1903. K 18.—

Wickhoff, Franz: Die Bilder weiblicher Halbfiguren aus der Zeit und Umgebung Franz I. von Frankreich. Mit 9 Taf. u. 11 Ill. Leipzig: G. Freytag 1901. (S. 221–245.) 2°
(Jahrbuch d. kunsthist. Sammlungen d. Allerhöchsten Kaiserhauses. Bd 22, H. 5.)

Wickhoff, F., s.: Galorion, Wiener.

Wickhoff, Frz., s.: Genesis, die Wiener.

— die Wiener Genesis, s.: Hartel, Wilh. Ritter v.

— G. Romano, s: Jahrbuch der kunsthistor. Sammlungen des allerhöchsten Kaiserhauses. 22. Bd.

— s.: Verzeichnis, beschreibendes, der illuminierten Handschriften in Österreich.

Wickhoff, Franz: Aus der Werkstatt Bonifazios. Mit 1 Taf. u. 11 Textill. Wien: F. Tempsky; Leipzig: G. Freytag 1903. (S. 87–104.) 2°
(Jahrbuch d. kunsthist. Sammlungen d. Allerhöchsten Kaiserhauses. Bd 24, H. 3, [1.])

Wickhoff, Franz: Eine Zeichnung Dürers nach der Antike. 1880.
Diss. Wien, Univ.

Wickhoff, Max, Stahlbad Johannisbrunn, s.: Braumüller's Badebibliothek. Nr. 117.

Wicking, s.: Nordlicht 1908.

Wicklein, Edm. Experimenteller Beitrag zur Lehre vom Milzpigment. Diss. gr. 8. (53 S.) Dorp. 889, (Karow). * 1 —

Wicklein, Ernst: Das 'Ernsthafte' in dem Englischen Komischen Roman des XVIII. Jahrhunderts und seine Quellen. Dresden 1908: Fischer. 98 S. 8°
Jena, Phil. Diss. v. 26. Okt. 1908, Ref. Keller
[Geb. 29. April 85 Eisfeld; Wohnort: Eisfeld; Staatsangeh.: Sachsen-Meiningen; Vorbildung: Oberrealsch. Koburg Reife O. 04; Studium: Jena 3, München 2, Jena 3 S.; Rig. 29. Febr. 08.] [U 09. 2233

Wicklein, Karl, Eichenlaub. 1. Kranz: Kaiser- und Vaterlandslieder. 8. (16 S.) Berlin 888, Th. Thiele.

Wicklein, Karl, Festlied f. d. vaterländ. Gedenktage. Gedicht v. W. Nach der Musik v. Konradin Kreutzer für Schulen 3-stimm. eingerichtet v. Wilh. Schulze. gr. 8. (4 S.) Berlin 895. L. Oehmigke's Verl. n.n. — 10

Wicklein, K., zum 23. Septbr. 1891. Theodor Körner, s.: Schulze, W.

Wickman, Ivar, Beiträge zur Kenntnis der Heine-Medinschen Krankheit (Poliomyelitis acuta u. verwandter Erkrankungen). (VII, 292 S. m. 31 Fig. u. 2 Taf.) Lex. 8. Berlin 907. S. Karger. 8. —

Wickmann, A[nton], aus Münster i. W.: Ueber operative Behandlung der Meningocele. *Würzburg 1900: A. Boegler.* (17 S.) 8°
Würzburg, Med. Diss. v. 1900

Wickmann, C. A., Nöthige Erkänntniß aller menschlichen Gemüther worinnen die drey vorherrschenden Haupt-Affecte od. Passionen der Wollust, od. des Ehr- u. Geld-Geitzes gründlich deducirt werden. Dresden. 8°. 1735.

Wickmann, Heinrich: Die Entstehung der Färbung der Vogeleier ... Münster i. W., Buchdr. v. L. Espagne, 1893; 1 Bl., 64 S., 1 Bl. 8°
Giessen, Phil. Fak., Inaug.-Diss. v. 1894.

Wickmann, Heinr., die Entstehung der Färbung der Vogeleier. gr. 8. (II, 64 S.) Münster 893. (Berlin, R. Friedländer & Sohn.) n.n. 3. —

Wickram, Jörg, humoristische Erzählungen, s. Hausschatz, humoristischer, für's deutsche Volk.

—— Gabriotto und Reinhard, den sorglichen Anfang und Ausgang der brennenden Liebe von vier Personen betreffend. (Hrsg. v. O. L. B. Wolff.) Leipzig 1850. 8°.
Haydinger's Bibl. I. 1. no. 836.

— Der Goldfaden(,) eine schöne alte Geschichte wieder herausgegeben von Clemens Brentano. Mit Vignetten. Heidelberg, bey Mohr u. Zimmer. 1809. 8°. 371 S. u. 1 Bl. Druckf. (In Berlin: Yu 3496.) (17 Mk. 50 Pfg. G. Priewe, 1911.)
— — Dasselbe. Erneuert von Clemens Brentano. Mit den Original-Holzschnitten. München, Piper, 1900. (Auch tit.: Die Fruchtschale, Bd. 6.) 8°. (Mk. 4—.) (2 Mk. Hugo Streisand. Berlin, 1908.)

Jörg **Wickram**. Der Goldfaden. Erneuert von Clemens Brentano. (Einl. von Paul Ernst.) Mit d. verkleinerten Orig.-Holzschn. München & Leipzig: Piper [1905]. XX, 272 S. 8°
(Die Fruchtschale. Bd 6.) [11. 4256

— der Goldfaden, erneuert v. Clem. Brentano, s. Fruchtschale, die.

Wickram's J., Rollwagenbüchlein, s. Bibliothek, deutsche.

—— Rollwagenbüchlein, s. Sammlung altdeutscher Werke in neuen Bearbeitungen.
—— dass. — s. Universal-Bibliothek Nr. 1346.

— aus „Schimpf u. Ernst", s.: Pauli, Johs.

Schwänke aus dem Rollwagenbüchlein des Georg Wickram, in Bildern von M[ax] Bernuth. Berlin: Fischer & Franke [1902]. (23 Bl.) 8°
[Umschlagt. F.]
= Jungbrunnen. 31.

— Werke. Hrsg. von J. Bolte und W. Scheel. Bd. 1—9. Tübingen (literar. Verein, Publication 222, 223, 229, 230, 232, 236, 237, 241, 250,) 1901 ff. Gr. 8°. (1—4: 25 Mk. R. Levi, Stuttg., 1904; 1—8: 1901—6, 45 Kr. Gilhofer & Ranschburg, Wien, 1911.) Nicht im Handel!
Enthält: Bd. I: Galmy. — Gabriotto. 420 S. Bd. II: Knabenspiegel. — Vom ungeratenen Sohn. — Von guten u. bösen Nachbarn. — Der Goldfaden. 491 S. Bd. III: Rollwagenbüchlein. — Die 7 Hauptlaster. 436 S. Mit Abbildg. Bd. IV: Losbuch. — Von der Trunkenheit. — Der Irr reitende Pilger. 402 S. Bd. V: Die zehn Alter. — Der treue Eckart. — Das Narrengiessen. — Der verlorene Sohn. — Weiberlist. 387 S. Bd. VI: Tobias. — Knabenspiegel. Bd. VII: Ovid's Metamorphosen, Buch 1—8. (VIII—IX lag noch nicht vor.)

Wickram's, Geo., Werke, s.a. Bibliothek des litterarischen Vereins in Stuttgart (Tübingen).

Wicks, Frederick, britische Verfassung u. Verwaltung. Eine Beschreibg. des Ganges der engl. Gesetzgebg. u. Gesetzesausübg. in Verbindg. m. e. Darstellg. der Funktionen der obersten Beamten in jedem Staatsdepartement. Aus dem Engl. der 6. Aufl. v. Rud. G. Binding. (III, 175 S.) gr. 8. Leipzig 909. J. B. Hirschfeld. 4.—; geb. 4. 60

Geldzins und Güterpreise. E. Studie üb. die d. Tauschwert d. Geldes bestimmenden Ursachen. Von Dr. Knut Wicksell. *Jena: G. Fischer 1898.* (XI S., 2 Bl., 189 S., 1 Tab.) 1 Bd 8. [98. 4946

Wicksell, Knut: Zur Lehre von der Steuerincidenz (Jena 1895) Upsala Phil. Diss. v. 1895.

Finanztheoretische Untersuchungen nebst Darstellung und Kritik des Steuerwesens Schwedens v. Dr. Knut Wicksell. *Jena: G. Fischer 1896.* (XIV S., 1 Bl., 352 S.) 1 Bd 8. [96 2306

Wicksell, Knut, üb. Wort, Kapital u. Rente nach den neueren nationalökonomischen Theorien. gr. 8. (XVI, 143 S.) Jena 893. G. Fischer. n. 3. —

Wickström, Aug., Vereinfachung der Tonbezeichnung. Vorschlag. Aus dem Russ. übers. von Alex. v. Bernard. Mit Notenbeispielen. 2 Thle. gr. 4. (42 S. u. XXXIII Bl.) Leipzig 890. Belaieff. 3. —

Wickström, Vikt. Hugo, Abenteurerleben. Roman. Vom Verf. autoris. Übersetzg. aus dem Schwed. v. L. Passarge. 8. (413 S.) Berlin 899. [F. Fontane & Co.] E. Fleischel & Co. n. 6. —; geb. n. 7. 50

Arnliot Gällina. Die Gesch. eines Friedlosen erzählt von V[iktor] Hugo Wickström. Autor. Übers. aus d. Schwed. von L[udwig] Passarge. Mit e. Vorbemerk. d. Übers. u. d. Bilde d. Verf. *Halle a. d. S.: O. Hendel [1899].* (191 S.) 8° [Σ]
= Bibliothek d. Gesamtlitteratur d. In- u. Auslandes. No 1315/17.

— **eine moderne Geschichte.** Einzig autoris. Übersetzg. aus dem Schwed. v. L. Passarge. 8. (159 S.) Berlin 899. [F. Fontane & Co.] E. Fleischel & Co. n. 2. —; geb. n. 3. —

Wickström, Victor Hugo. Was Jesus in Östersund erlebte. [Von] Viktor H' W'. Einzig autorisierte Übersetzung aus dem Schwedischen von Friedrich v[on] Känel [Aeschi, Kt. Bern]. 141 S. 8. Berlin, Ernst Hofmann & Co., 1902. [M. 1. 80, geb. 2. 80]

Wickström, Victor Hugo. Was Jesus in Östersund erlebte. Roman von Viktor H' W'. Einzig autorisierte Übersetzung aus dem Schwedischen von Friedrich v[on] Känel. 2. Aufl. [Mit illustriertem Umschlag.] 141 S. 8. Berlin, Ernst Hofmann & Co., [1909]. [M. 1. 50]

Wicky, die Eckſteinlegung zur Kirche in Balsegg. Eine Predigt. Luzern 865. (Gebr. Räber.) gr. 8. (23 S.) 3 ngr.

Wiclewski: De Sophocle. O. R. Hal. 1863.
Schul-/Univ.-Schrift

Wiclif, Johann v., der englische Reformator vor der Reformation. Von J. R. gr. 16. (48 S. mit 1 Photogr.) Basel 874, Bahnmaier's Verlag.

Wiclif. Johann von W'... Basel 1874 s.a. R[iggenbach, Christoph] J[ohannes].

Wiclif, Johann, u. seine Zeit, s.: Buddensieg, R.

Wicliffe als Prediger. Erlangen 1834. V: *Engelhardt, Joh. Georg Veit.* (Ky) (BrMm)

Wiclif, John

Wiclif, Joh., de Christo et suo adversario Antichristo. Ein polem. Tractat, aus den Handschriften der k. k. Hofbibliothek zu Wien und der Universitätsbibliothek zu Prag zum ersten Male hrsg. von Rud. Buddensieg. gr. 4. (60 S.) Gotha 880, F. A. Perthes.

***Wicklef*, Jh., Dialogorum libri IV etc.** Auctus est denique liber catalogo praecipuorum de Wicklefo nostro scriptorum, quem vita ex optimis fontibus germanico idiomate depicta sequitur, a L. P. Wirth. 4. Frankf. et Leipz. 753. (Grau in Hof.) — Letzteres auch apart unt. d. T.: Nachrr. von Jh. Wickleſs Leben, Lehrsätzen u. Schriften. 4. Baireuth u. Hof 753. Grau. 1 ₰

Wiclef, Joh., Dialogorum libri IV. 4. Hof. Vierling. (Grau) 753.

Wicliffe, John. Dialogorum libri quatuor . . . Francof. et Lipsiae 1753. II: *Wirth, Ludwig Philipp.* (ML) *Brunfels, Otto.* (Barbier)

Wiclif, Joa. de, tractatus de officio pastorali. E codice Vindobonensi primum ed. Ghard. Vict. Lechler. Lex.-8. (48 S.) Leipzig 863. Dürr'sche Buchh.

Wiclif's, Joh., lateinische Streitschriften, aus den Handschriften zum erstenmal hrsg., kritisch bearb. u. sachlich erläutert v. Rud. Buddensieg. Mit 1 Schrifttaf. gr. 8. (XV, C, 840 S.) Leipzig 883. Barth. n. 24. —

Wiclif's, Joh., de veritate sacrae scripturae. Aus den Handschriften zum ersten Mal hrsg., kritisch bearb. u. sachlich erläutert v. Rud. Buddensieg. In 3 Bdn. Mit 1 Schrifttaf. (CXII, 408, 271 u. 377 S.) gr. 8. Leipzig 904. Dieterich. n. 36. —

a ***Wiczay*, C. M., musei Hedervarii in Hungaria nummos** antiquos graecos et latinos descripsit, anecdotos vel parum cognitos etiam cupreis tabulis incidi curavit. 2 Partes et Appendix. 4maj. Vindobonae et Florentinae. 814—18. (Volke). Charta velina 24 ₰

Wiczorkewicz, Georg, Das erste Jahr der meteorologischen Station Landsberg a. d. W. 1874. (Programm des Gymnasiums zu Landsberg a. W., 1875.) Landsberg a. W. 1875.

Wiczorkewicz, Geo., das erste Jahr der meteorologischen Station Landsberg a. d. W. 1874. gr. 4. (18 S.) Landsberg a. d. W. 875. (Schaeffer und Comp.)

Wiczorowski, Geo., Feuer im Krähwinkler Turnverein, s. Bloch's, Ed., Theater-Korrespondenz.

Widberg, K. v., der Sieg der barmherzigen Schwester, s. Familien-Bibliothek.

Widczieka, Karin, Tekumtha (Tekumseh). 1. Tl. Historische Tragödie in 4 Akten. (8, 166 S.) gr. 8. Halle 906. C. A. Kaemmerer & Co. n. 3. —

Widczieka, Karin, Tekumtha (Tekumseh). 2. Tl. Tragödie in 5 Akten. (120 S.) gr. 8. Halle 906. C. A. Kaemmerer & Co. n. 3. —

Weihnacht bei Winterschläfern. Weihnachtsspiel in 1 Akt von Karin Widcziska. *Berlin: E. Bloch [1903].* (21 S.) 8° [F.]
— Kinder-Theater, Ludwig Blochs. No 93.

— Weihnacht bei Winterschläfern, s. a. Bloch's, Ludw., Kinder-Theater. Nr. 93.

Widdem, B., s.: Pensenverteilung f. die Volksschule.

— u. G. Huckert, Uebungsheft zur Erlerng. der gewerblichen Buchführung. Zum Gebrauch an gewerbl. Fortbildungsschulen. (12 S.) Lex.-8. Merzig (905). M. Regler. n. — 30

Widdemeyer, Aug., kleine Comptoir-Arithmetik. gr. 8. (41 S.) Elberfeld 883. (S. Lucas.) n. 1. —

Widder, der Culturkampf vor dem Forum der Wissenschaft. gr. 8. (49 S.) Würzburg 877, Woerl.

WIDDER, Anton (München): Die Amortisationsgesetzgebung im Königreich Bayern. - München: 1873. 21.6.1873 - Urk (Titel: De legibus amortisationis.); Chr 1872/73,16

Diss. Ingolst.-Landsh.-Mchn.

Widder, Ant., die Amortisations-Gesetzgebung im Königr. Bayern. Inaugural-Dissertation. gr. 8. (107 S.) München 873, Th. Ackermann.

Widder, C. v., Gedichte. 16. (8½ B.) München 831, [Jaquet.]

Widder, Fr. Adm.

— **Diss. philos. inaug. de affectibus ope musices excitandis, augendis et moderandis. 4. Gröning. 751.**

— **disquisitio num praeter humanam mentem alii existant spiritus finiti, corporibusque naturaliter sint vestiti. Gröning. 771.**

— **exercitationum philosophicarum fasciculus. 8maj. Gröning. 777. (Brem.. Cramer). 18 gr.**

— exercitationum philosophicarum fasciculus. 8. maj. ibid. (Compt. f. Lit. in Leipz.) 777.

— **dissertatio mathematica de peculiari speculorum causticorum genere, quo Virgines quondam Vestales sunt usae. gr. 4. Münch. 776. (G. Franz.) 5 gr.**

***Widder*, Fr. Adm., († d. 26. Febr. 1787.) dissertat. de Hylozoismo et Leibnitianismo. 4. Gröning. 758. Cramer in Bremen. 5 gr.**

— **oratio de auctoritate philosophiae in beata vita comparanda 4. Gröning. 773.**

— **oratio de sapientia dei in minimis naturae operibus conspicua. 4. Gröning. 770.**

— **Diss. astronom.-geograph. de solis et umbrae stili retrogradatione singulis aliquando diebus in quibusdam terrae locis conspicua. 4. Gröning. 760.**

Widder, Friedr. De Tibulli codicum fide atque auctoritate. 37 S. **Progr.** *Lahr* 1884.

Widder, Friedrich: Emilia Galotti und kein Ende. 4 (15 S.) **Progr.** Großh. G. u. Rprg. *Lörrach* 1897
I. Die tragische Hamartie. II. Die tragische Katastrophe.

Widder, Friedrich. Schiller als erzählender Dichter. 24 S. *Lahr* 1885
Progr.

Widder, Hugo, Medizinalpraktikant a. Lüdenscheid in Westfalen: Erfahrungen aus einer Varioloisepidemie. Nürnberg 1906: R. Stich. (28 S.) 8°
Erlangen, Med. Fak., Ref. Penzoldt, Diss. v. 7. März 1907
[Geb. 28. Jan. 83 Lüdenscheid; Wohnort: Lüdenscheid; Staatsangeh.: Preußen; Vorbildung: Gymn. Gütersloh Reife 01; Studium: Erlangen 7, Kiel 1, Berlin 1 S.; Coll. 15. Aug. 06. Approb. 25. April 06.]

Widder, J. B., das neue deutsche Münz-, Maas- und Gewichtssystem in der Westentasche. 16. München 873, Stahl.

Widder, Jh. Goswin, († d. 26. Dec. 1800.) Versuch einer geograph.-histor. Beschreib. d. Pfalz am Rhein. 4 Bde. 8. Manh. 786—88. Schwan u. G. (a. Löffler). 4 rthl 6 gr. Schreibp. 5 rthl

Widder, Joh. Goswin, s. Widmer, Maximilian Josef v.: Domus Wittelsbacensis numismatica.

Widder, Joh. Phil., erbaul. Betrachtungen üb. die in d. Heidelberg. Katechismus enthalt. göttl. Wahrheiten. 4. Frankf. Brönner. 755. Rthlr.

Widder, Jh. Ph., erbaul. Betrachtt. über die in den Heidelb. Katechismus enth. göttl. Wahrheiten. 4. Frankf. 758. Brönner. 1 rthl 4 gr

— **der für die Sünden d. Welt leidende Jesus. 25 Passionspredigten. 4. Manh., Löffler. 12 gr**

— 25 Passionspredigten. 4. Mannh. Löffler.

— 26 Passionspredigten. Frankf. Andreä. 741.

— Wein u. Oel, in 49 Predigten. 4. Ebend. (a. Löffler in Mannh.) 749.

— **Wein u. Oel zur Heilung des unter die Mörder gefallenen tödtlich verwundeten Menschen. In 49 auserles. Predigten. 2e Aufl. 4. Manh. ... Löffler. 1 rthl**

Widder, Matthäus, geistliches Leben. Einige Lernpunkte fürs geistl. Leben, in Anschluß an das Leben u. d. Offenbargn. d. hl. Mechthildis verf. (608 S. m. Abb. u. 2 Taf.) 12,8×8 cm. Einsiedeln 909. Verlagsanstalt Benziger & Co. Geb. in Leinw. 2.20; in Ldr. 3. 20

Widder, Mor., Netze zum Anfertigen stereometrischer Figuren. 2. Aufl. qu. Fol. (6 Steintaf.) München 876. Kellerer in Comm. n.n. — 35

— Uebungsbuch f. den Rechnungs-Unterricht der ersten Lateinklasse [Sexta]. gr. 8. (VII, 84 S.) München 876. Stahl. n 1. —

Widder, Mor., Übungsbuch für den Rechnungs-Unterricht der ersten Lateinklasse [Sexta]. 2. Aufl. gr. 8. (VIII, 84 S.) München 882, Stahl. cart. *

Widder, Mor., Uebungsbuch für den Rechnungs-Unterricht der ersten Lateinklasse [Sexta]. 3. Aufl. gr. 8. (VII, 88 S.) München 887, Stahl sen. cart. *

Widder, Mor. Uebungsbuch f. den Rechnungs-Unterricht der ersten Lateinklasse. 3. Aufl. 8. Münch. 887. Stuttg., J. Roth. cart. * 1 —

Widder, Wlh., Albertine, s. Aula der schönen Literatur, 61.—63. Bd.

— s. Masson, Mich., Albertine.

Widder, Wilhelm: Untersuchungen über die allgemeinste lineare Substitution mit vorgegebener p^ter Potenz. Leipzig 1909: Teubner. 53 S. 4°
Würzburg, Phil. Diss. v. 25. Juli 1909, Ref. Rost
[Geb. 23. Okt. 79 Kitzingen; Wohnort: Kitzingen; Staatsangeh.: Bayern; Vorbildung: Realgymn. Würzburg Reife Juli 98; Studium: Berlin 1, München 2, Würzburg 5 S.; Rig. 22. Dez. 08.] [U 09. 1151

Untersuchungen über die allgemeinste lineare Substitution mit vorgegebener p^ter Potenz. Von Dr. Wilhelm **Widder**. Leipzig & Berlin: Teubner 1909. 53 S. 4°
[Erschien auch als Inaug.-Diss. Würzburg 1909.] [10. 2607

Widdern, Geo. v., s.: Cardinal v. Widdern, Geo.

Widdern, Marie, am Dieventeich. 8. (120 S.) Berlin 882. Goldschmidt. n. — 50

Widdern, M., im Doctorhause, } s. Bibliothek für Haus und Reise.

Widdern, Marie (Frau Marie Brandrup), im Doktorhause, s. a. Goldschmidt's Bibliothek.

— im Doktorhause. Orig.-Erzählg. 2. Aufl. 12. (107 S.) Ebend. 883. n. — 50

Im Doktorhause. Orig.-Erzählung von M[arie] Widdern [d. i. Brandrup]. 3. Aufl. *Berlin: A. Goldschmidt 1900.* (107 S.) 8° [F.]
= Bibliothek, Goldschmidts, f. Haus u. Reise. Bd 93. [00. 1459

Widdern, M., ein Dornröschen, s. Bibliothek für Haus und Reise.

— — Ebbe und Fluth. Orig.-Erzählung. (Titel-Ausg.) (161 S.) 1880; 3. Aufl. 12. (135 S.) Ebendas. 881.

— Ebbe u. Fluth. Orig.-Erzählung. 3. Aufl. 8. (135 S.) Ebend. 882. n. — 50

— dasselbe. s.: Bibliothek für Haus u. Reise.

Die Familie der Verbannten. Orig.-Novelle von Marie Widdern [d. i. Marie Brandrup]. *Berlin: A. Weichert [1900].* (48 S.) 8° [F.]
= Welt. Alle Bd 1.

Widdern, Marie, Altjüngferchens Geburtstag. Novelle. 8. (197 S.) 1883. *M* 3.; 2. Aufl. 12. (198 S.) Berlin 884, Ad. Goldschmidt. *

—— Onkel Gerhard, s. Goldschmidt's Bibliothek 2c.

[F.] Im Hause des Präsidenten. Novelle v. Marie Widdern [d. i. Marie Brandrup]. *Berlin: A. Goldschmidt 1895.* (201 S.) 1 Bd 8.
= Bibliothek, Goldschmidts, f. Haus u. Reise. Bd 31. [96. 2060

— im Hause des Präsidenten, } s. a. Goldschmidt's Bibliothek f. Haus u. Reise.

Widdern, M., die Herrin von Rubrichshall. Novelle. 12. (193 S.) Berlin 887, Alb. Goldschmidt.

[F.] Die neue Mamsell. Roman v. M. Widdern [d. i. Marie Brandrup]. *Berlin: A. Goldschmidt 1897.* (1 Bl., 125 S.) 1 Bd 8.
= Bibliothek, Goldschmidts, f. Haus u. Reise. Bd 49. [97. 4115

Widdern, M. (Marie Brandruch), die neue Mamsell, — die Rache eines Häßlichen, } **s. a. Goldschmidt's Bibliothek für Haus u. Reise.**

[F.] Die Rache eines Hässlichen. Roman v. M. Widdern [d. i. Marie Brandrup]. *Berlin: A. Goldschmidt 1898.* (1 Bl., 120 S.) 1 Bd 8.
= Bibliothek, Goldschmidts, f. Haus u. Reise. Bd 60. [98. 9468

— auf der Rümmingsburg. Roman. 8. (315 S.) Berlin 880. Goldschmidt. 4. 50

—— Prinzessin Schnee. Roman. 8. (371 S.) Ebendas. 881.

Widdern, Marie. Der Arbeit Segen. Novelle. 8. (112 S.) Guben 892. Berl., Schönwandt. 1 —

Stiefmütterchen. Roman. Von Marie Widdern [d. i. Marie Brandrup]. Berlin 1873.
In: Roman-Zeitung, Deutsche. Bd 4.

—— Die Sünden der Väter. Novelle. 12. (235 S.) Berl. 890, Alb. Goldschmidt. * 1 —

Widdern, M., von Generation zu Generation. Erzählung. 12. (124 S.) Berlin 888, Alb. Goldschmidt.

—— die Waldkönigin. Novelle. 8. (232 S.) Berlin 879, Goldschmidt.

—— die Waldkönigin. 8. (111 S.) Ebendas. 888.

—— Wandlungen, s. Bibliothek für Haus und Reise.

Wide, Anders, Handbuch d. medicinischen Gymnastik für Aerzte, Studierende u. Gymnasten. Mit 1 Titelbild u. 94 in d. Text gedr. Abb. gr. 8. (VII, 450 S.) Wiesbaden 897. J. F. Bergmann. n. 11.—

Wide, A., Professeur, Directeur de l'institut orthopédique de l'état à Stockholm. Traité de gymnastique médicale suédoise. Traduit, annoté et augmenté de plusieurs chapitres sur les affections abdominales et gynécologiques par le Dr. *M. Bourcart*, Privat-Docent à l'université de Genève. Suivi d'un travail sur le massage en ophthalmologie par le Dr. *D. Gourfein*, médecin-adjoint à l'Hôpital Rothschild. Préface du Dr. *Fernand Lagrange*, lauréat de l'Institut et de l'Académie de Médecine. Avec 128 illustrations dont 50 originales, dessinées par le Dr. *Bourcart*. In-8°. 438 p. Bâle et Genève, Georg & Co. 1898. 12 —

Wide, Anders, schwedische Zimmergymnastik System Ling. Übers. v. Ivar Forssling. (77 S. m. 32 Abb.) 8. Stockholm 908. (Leipzig, N. Pehrsson.) 1. —

Wide, Sam.

Wide, S., Ausgrabungen auf Kalaureia. S.-A. 1895. 26 S. m. Abb.

Wide, Sam., lakonische Kulte. gr. 8. (X, 417 S.) Leipzig 893. B. G. Teubner. n. 10. —

Wide, Nachleben mykenischer Ornamente. S.-A. 1896. 26 S. m. 1 Taf.

Wide, S., De sacris Troezeniorum, Hermionensium, Epidauriorum. Diss. 1888. 93 S.

Wide, Sam., geometrische Vasen aus Griechenland. 4. (V, 62 S. m. Abb.) Berlin 900. G. Reimer. n. 3.—
Sonderabdr. aus: „Jahrb. d. kais. deut. archäolog. Instituts".

Wideburg, s. Wiedeburg.

Wideck, J., der Clairvoyant oder Geschichte eines prophet. somnambülen Knaben in Delse bei Striegau (Provinz Schlesien in Preußen). Ein Beitrag zur Geschichte des psychischen (geistigen) Magnetismus. gr. 8. (VIII und 408 S.) Schweidnitz 848, (Weigmann.)

Wideck, J., neue Reisen in den Mond, nach verschiedenen Sternen, in die Sonne und das himml. Paradies, oder Geschichte eines prophetisch somnambülen Knaben in Delse bei Striegau in Schlesien. Nebst Aufschlüssen über die wichtigsten Räthsel des Lebens in seinen Beziehungen zur Geisterwelt. Ein Beitrag zur Geschichte des psych. Magnetismus. Neue Ausg. gr. 8. (VIII und 408 S.) Breslau 852, (Kern.) *

Widegren, G., De numero et conformatione pedum solutorum in senariis Aristophaneis. Diss. 1868. VI, 54 S.

Wideguierd, König d. Zofransen, Begebenheiten. 8. Leipz. 746. — 4

Widekind (Wiedekind), Melchior Ludwig

Widekind, Melch. Ldw., († d. 18. Jan. 1756.) ausführl. Verzeichniß von raren Büchern, mit histor. u. krit. Bemerkk. in alphabet. Ordnung verfaßt. 4 Stcke. gr. 8. Berl. 753—55. Haude u. Sp. 1 ½ß

Widemann, ..., Buchbinder († 1807.), s. Kunst d. Buchbindens.

Widemann, Bayerns Weiden, Mühlen und Auswanderung. Drei Worte für Jedermann, besonders für Bauer und Bürger, Landräthe und Abgeordnete. 8. (24 S.) Neuburg 853, Prechter.

Widemann, Adolf Karl

Widemann, A. C., Bank u. Börse, f. den Unterricht in Handelsschulen sowie zum Selbststudium bearb. 2., verm. u. verb. Aufl. gr. 8. (34 S.) Basel 899. (B. Schwabe.) n. 1. 20

Widemann, A[dolf] C[arl]. Bank und Börse für den Unterricht in Handelsschulen, sowie zum Selbststudium bearbeitet. 3., vollständig neu bearbeitete Aufl. *Kopftitel:* A. C. Widemanns Handelsschule in Basel. VIII + 87 S. 8. Basel, Komm. Benno Schwabe, (1905). [geb. fr. 3. —]

Widemann, A. C. Das Bank-Conto-Corrent für den Gebrauch an Handelsschulen, sowie zum Selbststudium bearb. 2. Aufl. In-8^{0}. IV, 45 S. Basel, Benno Schwabe. 1896 1 50

Widemann, A[dolf] C[arl]. Die resultierende Buchhaltung für den Gebrauch in Handelsschulen, sowie zum Selbststudium bearbeitet. *Kopftitel:* A. C. Widemanns Handels-Schule in Basel. 124 S. gr.-8. Basel, Comm. Benno Schwabe, (Dezember 1902). [fr. 5. —]

— **die resultierende Buchhaltung**, f. den Gebrauch in Handelsschulen sowie zum Selbststudium bearb. (122 S.) Lex.-8. Ebd. (903). n. 4. —

— **allgem. Handelsrecht** für d. Unterr. in Handelsschulen bearb. 2. Aufl. gr. 8. (60 S.) Ebd. 897. n. 1. 20

Widemann, A[dolf] C[arl]. Allgemeines Handelsrecht für den Unterricht in Handelsschulen bearbeitet. 3. Aufl. *Kopftitel:* A. C. Widemanns Handelsschule in Basel. 62 S. 8. Basel, Comm. Benno Schwabe, (1901). [fr. 1. 50]

Widemann, A[dolf] C[arl]. Allgemeines Handelsrecht für den Unterricht in Handelsschulen bearbeitet. 4. Aufl. *Kopftitel:* A. C. Widemanns Handelsschule in Basel. 62 S. 8. Basel, Komm. Benno Schwabe, (1905). [fr. 1. 50]

Widemann, A. C., Münz-, Maass- u. Gewichtskunde sämmtlicher Länder d. Erde nebst Nomenclature, sow. d. Zinseszins- u. Annuitäts-Tabellen, f. d. Unterr. in Handelsschulen sow. z. prakt. Gebrauch bearb. 2. Aufl. gr. 8. (45 S. m. 1 Tab.) Basel 897. B. Schwabe. n. 1. 20

Widemann, A[dolf] C[arl]. Münz-, Mass- & Gewichtskunde sämtlicher Länder der Erde, nebst Nomenclature, sowie der Zinseszins- und Annuitäts-Tabellen für den Unterricht in Handelsschulen sowie zum praktischen Gebrauch bearbeitet. 3. Aufl. *Kopftitel:* A. C. Widemanns Handelsschule in Basel. IV + 63 S. 8. Basel, Komm. Benno Schwabe, (1905). [fr. 1. 50]

— **kaufmännische Terminologie**, f. den Gebrauch in Handelsschulen sowie z. Selbststudium bearb. 2. Aufl. (III, 56 S.) gr. 8. Ebd. (902). n. 1. 20

Widemann, A. C. Theorie u. Praxis d. Bank-Conto-Corrents f. den Gebrauch in Handelsschulen sowie zum Selbststudium. 3. vollständig neu bearbeitete Aufl. 8^{0}. 110 S. Basel, Benno Schwabe. 1900.

Widemann, A. C. Wechsellehre u. Wechselrecht f. d. Unterricht in Handelsschulen, sowie zum Selbststudium. 2. Aufl. Gr. 8^{0}. 39 S. Basel, Benno Schwabe. 1898. 1 50

Widemann, Anton

Das Euripideische Drama und dessen Einfluß auf die dramatische Literatur der späteren Zeit. — Von Anton Widemann, Stdl. — 1874. Stadtamhof, Joseph Mayr. — S. 3—33.

Dasselbe. II. — Von Ant. Widemann, Stdl. — 1875. Stadtamhof, ibid. — S. 1—24.

Progr. Regensburg, K. Lyzeum

Widemann, Ant. Das euripideische Drama und dessen Einfluſs auf die dramatische Literatur der späteren Zeit. III. IV. 31, 27 SS. 8. [I. II.: Regensburg 1874. 75.] *Straubing* 1877. 1878. Progr.

Widemann, Christian August (Plauen) A. S. 215/34

Dissertatio iuridica de feudo clypeari Vom Adelichen Schildt-Lehn. Präs. Heinrich Hildebrand. Altdorf (Kohles) 10. V. 1719. 26 S.

W. v.: Karl Moritz Hoffmann. 36584

Widemann, Emil, Jagdschloss Moritzburg, geschichtlich und topographisch dargestellt. 16. (24 S. mit chromolithogr. Uebersichtskarte.) Dresden 879, [Kaemmerer.] Bleyl und Kaemmerer.

Widemann, Geo. Otto, die geometrische Darstellung der Quadratur des Kreises. gr. 8. (4 S. mit 1 Stnt.) Plauen i. V. 888. (Berlin, Friedrich Nachf.)

Widemann, Geo. Otto, Schlüssel zur Erkenntniss d. höchsten Gesetzes, unter welchem Natur u. Geschichte stehen. gr. 8. (21 S.) Plauen i/V. 883. (Leipzig, Fock.) n. 1. 50

Widemann, J., zum Willkomm den heimgekehrten Kriege[r]n Baierns. (Nach d. Melodie: God save the King.) Augsburg im Decbr. 1815. 4^{0}. Cart. Beiband.
2 Bll., enth. 6 Str. Rücks. d. 1 Bl. leer. — Rar!

Widemann, Johann Karl (Plauen) A. S. 1273/2

Dissertatio medica inauguralis, de arthritide fixa speciatim podagra. Präs. Johann Andreas Fischer. Erfurt (Grosch) 27. X. 1717. 40 S.

W. v.: Georg Christoph Petri von Hartenfelss, Präs., Johann Friedrich de Pre. 36588

[F.] **Widemann,** Joseph: Die Passauer Annalen ... München, J. G. Weiss'sche Buchdr., 1896; 54 S., 1 Bl. 8.
München, Phil. Fak., Inaug.-Diss. v. 1896

Widemann, Jos. Geo., († ...) Anleitung zur deutschen Rechtschreibung. gr. 8. Wien 786.

Widemann, Michael, s. Wiedemann, Michael

Widemann, Paul, über die Bedingungen der Uebereinstimmung des discursiven Erkennens mit dem intuitiven. Eine Untersuchung des Ursprungs der Formen und Gesetze des Denkens. gr. 8. (56 S. mit 1 Stnt.) Schloß-Chemnitz 876, Schmeitzner. *

Widemann, Paul Heinr., Erkennen u. Sein. Lösung d. Problems d. Idealen u. Realen, zugleich e. Erörterg. d. richt. Ausgangspunktes u. der Principien der Philosophie. gr. 8. (XII, 238 S.) Berlin 885. Reuther. n. 5. —

Widemann, Samuel (Augsburg) U. S. Helmstedt 1712/2

Autos epha s. ipse dixit Pythgoraeorum collatum cum autos epha s. ipse dixit Christianorum.
Präs. Jo. Andreas Schmid.
Helmstedt (Hamm) 12. X. 1712. 32 S.

Gew.: Paul von Stetten, Christoph Sigismund Amman, Jo. Jakob Beyer, Leonhard Friedrich Voit von Berg. 36593

Widenbauer, Georg „Geschichte der K. Ludwigs-Kreisrealschule in München". III—IV, Inhaltsverz. und pg. 1—220. 8°. Mit Abbildungen, Plan und Frequenztafel. Druck von Thormann & Goetsch, Berlin SW.
München, Progr. 1904/05

Geschichte der K. Ludwigs-Kreisrealschule in München. Von Georg **Widenbauer,** Assist. Berlin: A. Hofmann & Ko. 1906. (X, 220 S.) 8°
[Umschlagt.]
= Beiträge z. Geschichte d. Erzieh. u. d. Unterr. in Bayern. [8.]
= **Mitteilungen** d. Gesellschaft f. deutsche Erziehungs- u. Schulgeschichte. Beihefte. 10. 06. 5618

— die Gründung der k. Isarkreis-Landwirtschafts- u. Gewerbschule München. Progr. (32 S.) gr. 8. München (904). (M. Kellerer.) n. 1. —

Widenbauer, Georg „Ludwig der Bärtige in Frankreich". pg. 3—36. 8°. Carl Gerber.
München, Progr. 1900/01

Widenhofer, Franz Xaver

Widenhofer, Franc. Xav., Apographum ex Ms. autographo v. servi Dei Rob. Bellarmini e S. J. de editione Latina Vulgata, quo sensu a concilio Tridentino definitum sit, ut ea pro authentica habeatur, nunc primum impressum. Würzburg, Jakob, 1749, 4°, 22 S.

— Auszug aus den kathol. Katechismus. 12. Augsb. 798. M. Rieger. 1 𝒦

Widenhofer, **Frz. Xav., Petri Canisii Catechism. minor, in gratiam studiosae juvent. auct. 8. Colon. 777. Simon.**

— kathol. Katechismus. 12. Augsb. Rieger. 799.

Widenhofer, Franc. Xav., מנחה טהורה hoc est ss. missae sacrificium a Malachia 1, 11 praedictum, a cl. D. Christophoro Matthia Pfaffio . . . edita dissertatione oppugnatum, modo vindicatum. Würzburg, 1750, 4°, 40 S.

Widenhofer, Franc. Xav., Rudimenta Hebraica paucis ad linguam sacram facile addiscendam praeceptionibus comprehensa, plurimis et utilissimis ad tuendam fidem orthodoxam et heterodoxorum bibliorum corruptelas e textu originali computandas exercitationibus illustrata, brevi lexico ad inveniendas nominum verborumque anomalias aucta, in gratiam et usum DD. Philebraeorum Wirceburgensium ad hanc methodum redacta. Würzburg, Kleyer, 1747 und 1770, 8°, 72 S.

— Schriftexempel in einem kathol. Katechismus mit ihren Stellen u. Kapiteln kurz angezogen. 12. Augsb. 769. M. Rieger. 4 𝒦

Widenhofer, Franz Xaver: S. Scripturae dogmatice et polemice explicatae pars I. sive Testam. Vetus. Tom I. et II. Augsburg und Würzburg, 1749—1753. 8°. 2 Bde. 1086 S.

— sacrae scripturae dogmatice ac polemice explicatae. 2 Tom. 8. Würzb. 755. Stahel. 2 rß 16 𝒦

Widenhofer, Franc. Xav., Victor serpentis stygii Gen. 3, 15 promissus sive Messias verus homo et verus Deus e diabolica servitute sua nos morte liberans. Würzburg, 1749, 4°, 20 S. (Akademische Schrift.)

Widenhorn, L[ambert], prakt. Arzt in Görwihl ⟨Waldshut⟩: Ein Beitrag zur klinischen und forensischen Bedeutung der epileptischen Dämmerzustände. Freiburg i. B. 1905: K. Henn. (33 S.) 8°
Freiburg i. B., Med. Fak., Ref. Hoche, Diss. v. 1905
[Geb. 12. Okt. 70 Gorwihl; Wohnort: Gorwihl; Staatsangeh.: Baden; Vorbildung: Gymn. Konstanz Reife Juli 92; Studium: München 3, Freiburg 6 S.; Coll. 3. März 05; Approb. 5. Juli 97.]

Widenmann, A[ugust]: Die Kilimandscharo-Bevölkerung. Anthropologisches u. Ehtnographisches aus d. Dschaggalande. Mit 11 Taf. u. 75 Abb. im Text. Gotha: J. Perthes 1899. (IX, 104 S.) 4°
(Mitteilungen, Petermanns, aus J. Perthes' Geogr. Anstalt. Ergzgsh. No 129.)

Widenmann, August [aus Biberach]: Zur Symptomatologie der cerebralen Aphasie . . . . Berlin, Buchdr. M. Goedecke vorm. E. Muller (1886); 51 + 2 S. 8°.
Berlin, Med. Fak., Inaug.-Diss. v. 7. Aug. 1886.

Widenmann, August, zur Symptomatologie der cerebralen Aphasie. Diss. Berlin 1886. Mayer & Müller. 8°. 51 S.

Barbara Widenmann

Kurtze, jedoch hinlängliche und gründliche Anweisung christlicher Hebammen,... nebst e. Anh., wie eine zu diesem Beruff sich angehende Hebamme obrigkeitlich zu examiniren,... von Barbara Widenmannin. Augspurg: Lotter 1735. 216 S. 8°

Wiedemann, Barbara, grundl. Anweis. f. christl. Hebammen. 8. Augsb. Lotter. 738.

Widenmann, Bdkt., s. 1) Hofkapellen. 2) Reichserbmarschall.

Widenmann, Eduard

Widenmann, Ed., († d. 20. Aug. 1854), siehe: Ausland, das.

—— Blätter z. Kunde der Literatur d. Auslandes, s. Blätter.

—— Reisen u. Länderbeschreibungen, s. Reisen 2c.

Widenmann, Ed., die nordamerik. Revolution u. ihre Folgen Ein Versuch. gr. 8. Erl. 826. Palm u. E. 1 rß 4 𝒦

Widenmann, Gustav

Widenmann, Gust., das Bekenntniß der Deutschkatholiken und Lichtfreunde. Nebst einem Nachwort an G. Gervinus. gr. 8. Pforzheim 846, Flammer u. Hoffmann. 7 ngr

Widenmann, Gust., zur Bundesreform. Ein Separatvotum aus dem National-Verein. gr. 8. (III und 95 S.) Nördlingen 861, Beck'sche Buchh. *

Widenmann, Gust., Gedanken über die Unsterblichkeit als Wiederholung des Erdenlebens. (Gekrönte Preisschrift.) 12. (XI und 96 S.) Wien 851, Gerold, Verlag.

Widenmann, Gust., der Magnetismus des Menschen. Eine Kritik der gangbaren Lehre von den fünf Sinnen und der aus ihr hervorgegangenen Irrthümer in Philosophie und Theologie. 8. (VIII und 126 S.) Nürnberg 854, Bauer und Raspe.

—— Politik und Kirchenthum des Abendlands in ihrem Verhältniß zum Orient. gr. 8. (VII und 52 S.) Nördlingen 855, Beck'sche Buchh. *

—— Religion u. Natur. Randglosse eines Protestanten zu Joh. Bapt. Hirscher's Erörterungen über die großen religiösen Fragen der Gegenwart. gr. 8. (9½ B.) Pforzheim 846, Flammer u. Hoffmann.

—— die Religion und das Recht der Welt nebst einem Anhang über den moral., geistigen und polit. Charakter unserer Zeit. gr. 8. (VIII und 232 S.) Nördlingen 852, Beck'sche Buchh.

—— natürliches System aller Naturwissenschaften, s. Ampère, A. M.

Widenmann, Gustav, üb. d. Wesen d. Natur, nebst ein. Blick auf d. Homöopathie. gr. 8. (11 B.) Stuttgart 839, Ebner u. Seubert. Thlr.

Widenmann, Gustav. Ein Wort über die Hoffnungen auf eine neue politische Bewegung. Stuttgart, Becher 1852. IV 75 S. 8.

Widenmann, Gustav [Red.], s. Zeitung, Süddeutsche politische.

Widenmann, J. J., die Umgebungen von Nürnberg. Ein Taschenbuch für Lustwandler. Mit 8 Ansichten v. Fr. Geisler. 16. Nürnb. 828. Stein. 1 rthl Riegel u. W. 18 gr

Widenmann, Johann Friedrich Wilhelm

(—) Gedanken über die Bedienstung d. Ausländer in Würtemberg. 8. Wien u. Neapel (Stuttg.) 796.

— s. Jh. Fr. Groß, Grundsätze d. Blitzableitungskunst.

Handbuch des oryktognostischen Theils der Mineralogie. Von Johann Friederich Wilhelm Widenmann. Leipzig:Crusius 1794. XIV,1040 S. 8°

Widenmann, Jh. Fr. Wlh., († d. 13. März 1798.) Handbuch des oryktognost. Theils der Mineralogie. Mit 1 Kpf. u. 1 ill. Farbentabelle. gr. 8. Leipz. 794. W. Vogel. 3 rthl

Wiedemann (J. F. W.). Uebersicht der mineralogisch-einfachen Fossilien, nach Werner's neuester Klassification etc. Göttingen 1800. Fol.

— über die Umwandlung einer Erd- und Steinart in die andere; e. Abhandl., welche von d. k. Preuß. Academie d. Wissenschaften für das J. 1791 d. Preis von 100 Dukaten erhalten hat. Auf Veranlassung d. Academie herausgegeben. 8. Berl. 792. Acad. Buchh. 18 gr

Vgl. Wiedemann, J. H.

Widenmann, Wilhelm

Widenmann, [Wilh.]: Einige Bemerkungen zu der Schrift von Thiersch: Ueber den Zustand der Universität Tübingen. Tübingen: Eifert 1830

Widenmann, W., literar. Berichte f. Forstmänner. 1. Bd. (1—5. Hft.) gr. 8. (6¼ B.) Tübingen 832, Laupp.

WIDENMANN, Wilhelm: Literarische Berichte für Forstmänner. - Tübingen 1832 u. 1833. 5 Berichte zusammengeb. 490 S.

— forstliche Blätter für Würtemberg. 1s Hft. Anleitung zu Repetitionen zur Vorbereitung auf die Forstdienstprüfung für würtemberg. Forstdienstkandidaten rc. 15 gr 2s Hft. Darstell. des durch d. Würtemberg. Forstdienstinstruktionen vorgeschriebenen Forstabschätzungsverfahrens rc. 16 gr gr. 8. Tübing. 828. Laupp. 1 rthl 7 gr 3s—5s Heft. gr. 8. Ebd. 829—31. 1 rthl 18 gr

Widenmann, W. v., forstl. Blätter f. Würtemberg. VI. Hft. gr. 8. (7½ B.) Tübingen 832, (Laupp'sche Buchh.) *

—— dass. VII. Hft. — A. u. d. T.: Zusammenstellung der in Würtemberg v. J. 1821 bis Ende d. J. 1833 in Forst- u. Jagdsachen gegebenen Gesetze u. Verwaltungsvorschriften als Fortsetz. d. Handbuchs d. würtemb. Forstgesetzgebung v. J. G. Schmidlin, bearb. v. Metzger. Mit e. Vorr. u. Einleit. v. Widenmann. gr. 8. (..B.) Ebds. 834.

—— dass. VIII. Hft. — A. u. d. T.: Zusammenstellung der in Würtemberg v. J. 1834 bis z. Ende d. J. 1841 in Forst- u. Jagdsachen gegeb. Gesetze u. Verwaltungs-Vorschriften, als 2. Fortsetz. d. Handbuchs d. würtemberg. Forstgesetzgeb. v. J. G. Schmidlin, bearb. v. F. A. Tscherning. Mit e. Vorr. v. Widenmann. gr. 8. (24 B.) Tübingen 842, [Fues, Vrlsh.]

1—V. Hft. Ebendas. 1829—31. 3 Thlr. 1 Gr. — Schmidlin, Joh. Gtli., Handbuch d. würtemb. Forstgesetzgeb. 2 Thle. gr. 8. Stuttg. 822, 23, Metzler'sche Buchh. 3 Thlr. 12 Gr.

v. Widenmann, W., s. Blätter, forstliche, f. Württemberg.

WIDENMANN, W.: Darstellung der durch die würtembergischen Forstdienstinstruktionen vorgeschriebenen Forstabschätzungsverfahren, der Mängel und der zu wünschenden Verbesserungen; begleitet mit einer Beleuchtung der neuen, von Hundeshagen aufgestellten Forstabschätzungstheorie. - Tübingen 1828. 175 S. - (Forstl. Blätter f. Würtemberg H. III. hrsg. v. W. Widenmann)

Widenmann, W. von: „Geschichtliche Einleitung in die Forstwirthschaft", Tübingen 1837 (Osiander).

WIDENMANN, Wilhelm: Geschichtliche Einleitung in die Forstwissenschaft. - Tübingen 1837. 58 S.

WIDENMANN, Wilhelm: Über die Freigebung der Privatwaldungen in Würtemberg. - Tübingen 1830. 98 S. - (Forstl. Bl. f. Württ. H. 4)

Widenmann, W.: „Ueber die Mittel zu Beförderung der Landwirthschaft und ihre Anwendung in Württemberg. Eine academische Rede, gehalten am Geburtsfeste Sr. Majestät des Königs, den 27. September 1830", Tübingen 1830 (Osiander).

Widenmann, W., über die Mittel zu Beförderung d. Landwirthschaft u. ihre Anwendung in Würtemberg. Eine academ. Rede. gr. 8. (2 B.) Tübingen 831, Osiander. Thlr.

Widenmann, W. von: „Das System der Forstwissenschaft, als Grundriss zu akademischen Vorlesungen, mit Bemerkungen über die Methode des Studiums der Forstwissenschaft", Tübingen 1824 (Laupp).

WIDENMANN, Wilhelm: Das System der Forstwissenschaft als Grundriß zum Gebrauch akademischer Vorlesungen bearbeitet und mit Bemerkungen über die Methode des Studiums der Forstwissenschaft begleitet. - Tübingen 1824. VI, 94 S.

Widenmann, W. von: „Ueber den Zweck und Begriff der Forstwirthschaft; eine historisch-kritische Abhandlung", Tübingen 1826 (Laupp).

WIDENMANN, Wilhelm: Über den Zweck und Begriff der Forstwirthschaft, eine historisch-kritische Abhandlung. - Tübingen 1826. 61 S.

WIDENMAYER, Johann (Lindau): Die Wiedereinsetzung in den vorigen Stand nach bayerischem Processrecht, unter Berücksichtigung des gem. Rechts.- Lindau: Stettner 1866. 17,82 S. 17.12.1865 - Urk (Titel: De in integrum restitutione quae jure Bavarico et communi contra sententias lapsusque terminorum datur.); F. 3
Diss. Ingolst.-Landsh.-Mchn.

Widenmeyer, Adf., das Etat- und Kassenwesen des Königr. Württemberg, mit besond. Berücksicht. der Verkehrsanstalten und mit Bezugnahme auf die Einrichtungen anderer deutscher Staaten dargestellt. gr. 8. (XI, 442 S.) Stuttgart 885, Kohlhammer. *ℳ 6.—.; geb. *
—— dass. — Suppl. gr. 8. (III, 83 S.) Stuttgart 886, Gerschel.

WIDENMEYER, Eugen (Stuttgart): Ueber primäre eiterige Periostitis.- München: Wolf 1903. 22 S. 11.5.1903 - Chr 1902/03,26; Jv 1902/03,319
Diss. Ingolst.-Landsh.-Mchn.

Wider [Sachl. OW]

Wider den Arrest d. Civilschuldner (v. Graf F. v. Kufstein.) gr. 8. Wien 791. v. Mösle. 8 gl.

Wider den Arrest der Civilschuldner . . . Wien 1791. H: *Kufstein (Kuefstein), Ferd. Graf von.* (Ky) (MGT) (WBL)

Wider Professor Dr. Baumgarten. Ein offenes Wort von einem parteilosen Protestanten. Berlin 870. van Muyden. gr. 8. (35 S.) n. 5 ngr.

Wider den Brandwein. Ein Vortr. in d. Enthaltsamkeitsvereine zu Erfurt. 8. (1 B.) Erfurt 839. [Leipzig, Hartung.] *

Wider den Brandwein. Ein Vortrag in dem Enthaltsamkeitsvereine zu Erfurt. 8. Erfurt 839. 2e Aufl. 840. Hilsenberg. n. $^1/_2$ ngr.

Wider den »Bund«. Bern [1878]. V: *Gehlsen, Hnr. Joach.* (Cat. d. Stadtbibl. Zürich. Zürich 1864—97.)

Wider das Demagogenthum in Nürnberg. Ein Beitrag zur Zeitgeschichte. 1.—16. Aufl. 8. (32 S.) Nürnberg 878, v. Ebner'sche Buchh.

Wider das Demagogenthum in Nürnberg. Beitrag zur Zeitgeschichte. Ende Juni 1878. 32 pp. 16. Aufl. 8°. Nürnberg, Ballhorn.

— die Druckschriften (1. Bemerkk. über d. Abstimmung der Brandenburg. Direktor. Gesandschaft in den fränk. Kreissitz. von 1805. 2. über die Frage: ob die Kreisstimmen rc. 3. Unparth. Prüfung d. Frage: gehen die ehemal. Kreisstimmen rc.) 8. Nürnb. 805. Riegel u. W. 12 gl.

— den Fanatismus (v. Jak. Fr. Weiß). 2 Stck. 8. Frankf. 777. (Metzler in Stuttg.) 12 gl.

— die Freyheit d. Getreidehandels rc., s. Fischbach.

Wider die Freimaurerei. Für das Christenthum. Eine Antwort auf [Otto Kuntzemüllers]: Was sind die Freimaurer? Von G. K . . . n. Hamburg: Lüdeking 1892. 46 S. 8°
cf. ML. 22 (1893—1894) S. 31—33 (E. Diestel). Verf. ist kein Frmr, bekämpft den Bund.

Wider den Freimüthigen. O. O. 1785. V. *Servati, Erich.* (Ky 5/234) (Biblport)

—— die Geisterfurcht. Ein Wort der Verständigung nicht nur für die Jugend. Von Einem, der an Geister glaubt, aber sie nicht fürchtet. 8. (48 S.) Heilbronn 874, Scheuerlen's Sortiment.

—— Dr. Haupt. Ein Bedenken gegen das offene Sendschreiben an Se. Maj. Kaiser Wilhelm I. in Sachen der Verfassung der deutschen Nationalkirche. gr. 16. (31 S.) Berlin 871, (Beck.)

Wider Johannes Janssen und seine Geschichte des deutschen Volkes seit dem Ausgang des Mittelalters von einem practischen Theologen. gr. 8. (VIII, 158 S.) Frankfurt a. M. 883, (Schriften-Niederlage des Evangel. Vereins.)

Wider Johannes Janssen u. seine Geschichte d. deutschen Volkes seit dem Ausgang d. Mittelalters v. e. practischen Theologen. gr. 8. (VIII, 158 S.) Frankfurt a/M. 883. Drescher's Verl. n. 2. —

Wider Johannes Janssen und seine Geschichte des deutschen Volkes seit dem Ausgang des Mittelalters von einem praktischen Theologen. 2. Ausg., verm. durch einen krit. Bericht des 4. Bds. von Janssens deutscher Geschichte. gr. 8. (XIV, 239 S.) Frankfurt a. M. 886, (Schriften-Niederlage des Evangel. Vereins.)

—— die Jesuiten. 1.—3. Aufl. gr. 8. (20 S.) Elberfeld 871, Friderichs.

— die Juden; e. Wort d. Warnung (v. K. W. F. Grattenauer.) 8. Berl. 803. 4. (6 Auflagen.) Schmidt. (Curths). 6 gl.

Wider die Juden. Ein Wort der Warnung an alle unsere christlichen Mitbürger. 6. Aufl. Berlin 1803—4. V: *Grattenauer, Carl Friedrich Wilhelm.* (NN) (GGr) (Schr) (Ky)

— die Juden rc., s. Grattenauer.

Wider Junker und Pfaffen. Ein Wort der Warnung an den Bürger und Landmann, von der Volksversammlung in Magdeburg. Magdeburg, Fabricius u. Schäfer, 1848. 13 S. 8°.

— u. für die vereinigten Liberalen. Von ..... (20 S.) 8. Hamburg (909). C. H. A. Kloß. — 30

Wider den Freymaurer M* und sein Nötchen von 36 Seiten . . . Osbor [Augsburg] 1784. V: *Sautier, Hnr.* (WR) (SJL) V: *Zallinger zum Thurn, Jacob Ant. von.* (Jes)**

Wider die Langeweile. Wien 1767. H: *Klemm, Chn. Gottlob.* (WrDiar 1775, Beilage bei Nr. 37, Bücherverzeichniss) (GGr V/309, Nr. 8/17) (Zenker S. 145, Nr. 140) (WrDiar 1767, Nr. 67, Beilage u. 78; 1768, Nr. 4) (WBL 12/63) (Biblport)

Wider den Freymaurer M*** und sein Nötchen von 36 Seiten. Anhang zur Vertheidigung der päbstlichen Bullen gegen die Maurerey. Osborn [Augsburg] 1784. V: *Zallinger zum Thurn, Jac. Anton.* (Franz Zallinger, Meteorologische Beobachtungen S. 69) (margr Nr. 1706) (wr 127) (biblPort)

—— die Nahrungsfälscher! Zeitschrift. Organ des Untersuchungsamtes für Lebensmittel etc. in Hannover. 1. Jahrg. 1878. 12 Nrn. (Bog.) Lex.-8. Hannover, Schäfer.

—— dass. — Hannoversche Monatsschrift. Organ des Untersuchungsamtes für Lebensmittel etc. in Hannover. Redact.: Skalweit. 2. Jahrg. 1879. 12 Nrn. (Bog.) Lex.-8. Ebendas.

—— die Nahrungsfälscher. Hannoversche Monatsschrift. Organ des Untersuchungsamtes für Lebensmittel etc. in Hannover. Redact.: Skalweit. 3. Jahrg. 1880. 12 Nrn. (Bog.) Lex.-8. Hannover, Helwing'sche Verlagsh. Nicht weiter erschienen.

— dasselbe. Hannoversche Monatsschrift. Organ des Untersuchungsamtes für Lebensmittel etc. in Hannover. Red.: Skalweit. 3. u. 4. Jahrg. 1880 u. 1881. à 12 Nrn. (B.) Lex.-8. Hannover, Helwing's Verl. à Jahrg. n. 4. —

Wider die Natur. Wien 1855 [?]. V: *Meyer, Rachel.* (The Jewish Encyclopedia vol VIII, S. 27.)

Wider die Nonnen-Klöster und nothwendige Aufhebung dieser Schaudergsfängnisse im constitutionellen Oesterreich. Wien [1848]. V: *Scheibe, Theodor.* (Oest. Jahrbuch. VIII [1884], S. 155.)

Wider das Pfaffenthum. Eine Replik in Sachen des Archidiaconus Baurschmidt gegen seine Widersacher von einem hannoverschen Juristen. 2. Aufl. Celle 1862. V: *Mensching, Adolph.* (zu)

Wider das Pfaffenthum. Eine Replik in Sachen des Archidiaconus Baurschmidt gegen seine Widersacher von einem hannoverschen Juristen. 1. u. 2. Aufl. Celle 862. Schulze. gr. 8. (16 S.) n. 2⅓ ngr.

— einige geistl. Projekte in Baiern. Ulm 802. Wohler. 8 gr.

—— Renan und Consorten. Ein Zeugniß aus der heil. Schrift und ihrer Geschichte, zu Ehren Jesu Christi als des wahrhaft. Sohnes Gottes, sowie zur Befestigung der Schwachen und zur Ueberführung der Ungläubigen. gr. 8. (80 S.) Berlin 871. Beck.

—— Rom. 8. (71 S.) Stuttgart 886, J. F. Steinkopf. Aus: Christenbote, besonders abgedruckt.

Wider Rom u. Babylon. gr. 8. (30 S.) Aurich 852, Prätorius & Seyde. 3 ngr

—— das päpstliche Rundschreiben (Encyclica) vom 8. Dezbr. 1864. Ein Wort zur Beherzigung für Katholiken und Protestanten. 12. (24 S.) Mannheim 865, (Löffler.)

—— Herrn Prof. Dr. Scheele. Eine deutsche Antwort auf eine preuß. Frage von einem mecklenburg. Geistlichen. gr. 8. (IV, 59 S.) Schneeberg 870. (Hannover, Brandes.)

Wider die Schleswig-Holsteiner und für Dänemark . . . 1850. O. O. V: *Otzen, Peter.* (A)

Wider D. Hartmanns Schrift von der Sünde wider des Menschen Sohn. [Hamb. 1748.] V: *Götten, Gabr. Wilh.* (MI.)

— den Selbstmord. 12. (15 S.) Barmen 891. Wupperthaler Traktat-Gesellschaft. n. — 4

— die Sklaverei. Bericht üb. die Verhandlungen der Volksversammlg. im Gürzenich zu Köln am 27. Oktbr. 1888. Nach stenograph. Aufzeichngn. 8. (71 S.) Düsseldorf 888. F. Bagel. — 60

Wider d. Sklaverei in Afrika, s.: Missionsschriften, neue.

Wider Stahl und Bunsen von Israel. Barmen 856. Sartorius. gr. 8. (42 S.) n. 4 ngr.

— den Priester Stöck u. die Jesuiten, s.: Stöck.

—— den Trunk. Hrsg. auf Veranlassung des Deutschen Vereins gegen den Mißbrauch geistiger Getränke. gr. 8. (IV, 92 S.) Dresden 885, (Minden.)

Wider den Trunk. I. Serie. (250 S. Traktate.) kl. 8. Neumünster (906). Vereinsbuchh. G. Ihloff & Co. n.n. — 20

Wider die Türken-Begeisterung . . . Hamburg 1826. V: *Schöne, Carl Friedrich.* (GGr)

— den Unglauben u. die Freigeisterei; e. Synodalabhandl. 8. Berl. 778. Nottmann. 6 gr.

— römische Verketzerungssucht. Gutachten eines aufrichtigen Kanonisten üb. d. von d. kathol. Kirchenzeitung d. D. Göschl u. dem allgemeinen Religions- u. Kirchenfreund d. D. Benkert erhobene Anklage gegen Frhrn. v. Reichlin-Meldegg. 8. Leipz. 831. (Brockhaus). 8 gr.

— d. Vorurtheil, in Absicht auf Religion u. Christenthum. 2 Stck. 8. Schneeb. 792. Arnold. 18 gr.

Wider den Vorwurf der Heuchelei. Von e. alten Pfarrer. (8 S.) 8. Barmen (907). Buchh. d. Blauen Kreuzes. — 08

Wider Pater Weislinger und Bandel. O. O. [17??]. V: *Meintel, Conrad Stephan.* (MI.)

—— den geistlichen Civilstandsbeamten. Eine Stimme aus der evangel. Geistlichkeit. [Von Generalsuperind. Dr. Schultze.] gr. 8. (13 S.) Halle 874, Fricke.

Wider die Zwangs-Solidarhaft. Hrsg. von der Deutschen volkswirthschaftl. Correspondenz. Preß-Organ des Central-Verbandes deutscher Industrieller. Redig. von Paul Frhr. von Roëll. 8. (32 S.) Berlin 880, Bohne.

Wider [Verfasser]

Wider, v., d. württembergische Gerichtsvollzieher. Sammlg. sämmtl. auf d. Gerichtsvollzieher- u. Zustellungswesen in Württemberg bezügl. Gesetze, Verfüggn. u Vorschriften. 8. (VIII, 252 S.) Ravensburg 897. O. Maier. n. 3. —; kart. n. 3. 50

Wider, A., über die Aetiologie der Retinitis pigmentosa, s. Mittheilungen aus der ophthalmiatrischen Klinik in Tübingen.

Wider, Chr. Fr.

— freimüthige Gedanken über die Aufhebung des Verbots, am Sonntage zu tanzen, auch über die Sonntagsfeier überhaupt, wie auch ein Wort über Staat u. Kirche. 8. Heilbr. 821.

Wider, Chr. Fr., Versuch über den gegenwärtigen polit. Zeitgeist. gr. 8. Leipz. 820. Hartmann. (Lehnhold). 10 gl

Wider, Christoph Bernhard (Meimsheim) A. S. 1359/6

Dissertatio de floribus lygiis vulgo lilia vocatis regni Galliae insignibus.
Präs. Otto Christian von Lohenschiold.
Tübingen (Sigmund) X. 1756. 24 S.

3 Resp. 36595

Wider, Daniel Christoph (Weissenburg/B.)
A. S. 1163/32

Dissertatio inauguralis medica de liene.
Präs. Rudolph Wilhelm Kraus.
Jena (Krebs) XII. 1705. 23 S. 36598

Wider, Friedrich Gottfried (Berg) A. S. 109/19

Dissertatio iuris feudalis de domino directo vasallis oppignerando feudo consensum petentibus non difficili. Präs. Johann Justinus Schierschmid.
Erlangen (Walther) X. 1766. 64 S.

W. v.: Gottfried Ludwig Kraus (Opp.), von Kettenburg. 36599

Wider, Johann Samuel Tobias (Weissenburg/B.)
A. S. 848/33

Dissertatio inauguralis medica exhibens aegrum paralysi perfecta laborantem.
Präs. Johann Adrian Slevogt.
Jena (Gollner) 15. XI. 1704. 40 S.

Gew.: Stadt Weissenburg. 36607

Wider, Karl, üb. puerperale Eklampsie. Diss. gr. 8. (23 S.) Tübingen 894. (F. Pietzcker.) n.n. — 70

Wider, Phil. Ehrenreich, vgl. Wider, Phil. P.

Wider, Phil. Ehrenr., evangel. Herz- u. Bilderpostille, m Kpf. 4. Nürnb. Riegel. 705.

— evangel. Kranken- u. Sterbepostill, mit Rambachs Vorrede. 4. Ebend. 735.

— auserlес. Predigten üb. wicht. Stellen H. Schrift. 4 Heilbronn, Eckebrecht. (Claß.) 764.

— evangel. Reise- u. Sprichwörterpostille. 8. Nürnb. 716.

— evangel. Sinnbilderpostille. 4. Ebend. 712.

Wider, Phil. P., vgl. Wider, Phil. Ehrenreich

Wider, oder Wieder, Ph. P., evangel. Jesusschule. 8. Nürnb. 761. Endter. 16 gl

— evangel. Kranken- u. Sterbepostill, mit Rambachs Vorrede. 4. Nürnb. ... Riegel u. W. 1 ₰ 16 gl

— evangel. Kreuz- u. Trostschule oder Predigten rc. 8. Nürnb. 774. Endter. 16 gl

— auserlеs. Predigten üb. wicht. Stellen d. heil. Schrift. 4. Heilbr. (764.) (Claß). 2 ₰

Widera, Richard, aus Rosenberg i. Schl.: Pharmakognostisch-chemische **Studie** über die Verbreitung des Berberins, insbesondere in der Gattung Xanthoxylon. *Strassburg i. E. 1902: C. & J. Goeller.* (131 S.) 8°
Strassburg, Math.-naturw. Diss. v. 1902

Widerbellerin, Die bezähmte, oder Gasner II. Ein Schauspiel nach Shakespeare. München 1783. V: *Schink, Johann Friedrich.* (I.S) (Schr)

Widerbellerin, die bezähmte, oder Geßner d. Zweite. Lstspl. in 4 A., nach Shakspeare, von J. Fr. Schink. gr. 8. Münch. 783. (Fleischmann). 5 gl

Widerbellerinn, die bezähmte; oder Gaßner der zweyte. Lustsp. 8. München, Strobl. 783. — 5

Der Wiederhall: Jahrgang 1, no. 1–12, Jan. 1–Mar. 19, 1889
Weekly. "keine politische Zeitung, eine Familienzeitung." Sub title: Wochenblatt im Interesse des Deutschtums in Carver County. Edited & published by M. J. Vogel.
Waconia, MN

Widerhall, Der frohe, . . . Breslau 1746. V: *Burg, Johann Friedrich.* (Kat. d. Druckschr. üb. Breslau. Breslau 1903. S. 16.)

Widerhall, Der, deutscher Volksstimme in Grüssen an das deutsche Vaterland. Strassburg 1831. V: *Herold, Ernst.* (Cat. d. Stadtbibl. Zürich. Zürich 1864—97.)

Widerhofer, A. v., s.: Jahrbuch f. Kinderheilkunde.

Widerhofer, Dr. Hermann, Die Krankheiten am Nabel des Neugebornen. (Sep.-Abdr. a. d. Jahrb. f. Kinderheilkunde.) Mit 5 auf der Buchdruckerpresse ausgeführten Farbendrücken. gr. 8. (34 S.) Wien, typ. lit. art. Anstalt. 1863. 60 kr.

Widerhofer, H., die Krankheiten der Verdauungsorgane, s. Handbuch der Kinderkrankheiten.

Widerhofer Leopold: Geschichte des oberösterreichischen Salzwesens von 1282—1656.
II. 1906 PN 2120 Diss. Wien, Univ.

Widerhold, Konrad, Kommandant auf Hohentwiel. Ein Bild aus dem 30jähr. Kriege in 6 Aufzügen. Zur Aufführg. f. Schulen u. Vereine von E. Mg. 8. (35 S.) Stuttgart 901. J. F. Steinkopf. n. — 50

Widerhold, Joh. Ludw., christl. Gedanken v. der Folter 4. Wetzlar, Winkler. 739.

Widerianus, Karl Sylvius (Breslau) A. S. 185/8

Dissertatio inauguralis iuridica de dispositione parentum vasallorum inter liberos suos quoad feuda Von der Anordnung, welche die Vasallen zwischen ihren Kindern in den Lehns=Gütern machen.
Präs. Wilhelm Hieronymus Bruckner.
Jena (Ritter) XI. 1726. 32 S. 36611

Widerlag Deß so genanten Wahrhafften und grundtlichen Berichts. So under dem Nahmen der Ehrs. 3. Gmeinden Trynns, Igis, und Undervatz... im Jannario dises 1716. Jahrs an Tag kommen.... 4. *o. O.*

Widerleg- und Beantwortung, Abgemüssigte, einer im Druck erschienen Deduction unter dem Titel: Sublimis statuum . . . Nördlingen 1759. V: *Dolp, Ant. Jac.* (Holz)

Abgenöthigte Widerlegung einiger der adeligen Familie von Seidel zum Präjudiz in Druck gebrachten Passagen. Erlangen 1722. fol.

— einer Abhandl. üb. Ehe=Dispensationen. 8. Augsb. Doll. 782.

Widerlegung, Actenmässige, der . . . dem Rugs-Amt in Nürnberg gemachten ungegründeten Beschuldigungen. Nürnberg 1789. V: *Häslein, Joh. Heinrich.* (Ky) (MGT)

— aktenmäß., der in Journalen u. Zeitschr. dem Nürnb. Rugamt gemachten ungegründ. Beschuldigungen (v. J. H. Häslein.) 8. 789. Grattenauer.

Anonym: „Akten- und thatenmässige Widerlegung einiger der gröbsten Unwahrheiten und Verleumdungen, welche in der Schrift: „Blicke auf Sachsen, seinen König und sein Volk, zur Beherzigung seiner Mitbürger von einem Sachsen, mit dem Motto: In veritate non est injuria", enthalten sind", Deutschland 1815.

Widerlegung, Acten- und thatenmässige, einiger der gröbsten Unwahrheiten . . . welche in der Schrift: »Blicke auf Sachsen . . .« enthalten sind. Prag 1815. V: *Kohlschütter, Carl Christian.* (ADB) (Ky) (MGT)

— der von Herrn C. Adolay verfaßten Andeutungen, das Justizwesen im königl. baier. Rheinkreise betreffend. 8. Frankenthal 821. Enderes. (Manh., Löffler). 5 Gr

Widerlegnng der v. C. *Adolay* verf. „And. d. Justizw. im Baier. Rheinkr. betreff." *Frankenthal*, Enders. 822. 8. (5 Gr.)

Widerlegung der von dem Erzstift Salzburg an Chur-Baiern öffentlich gemachten Anforderungen. 1779. 4.

— einiger irrigen Ansichten, die in dem zweiten Worte über Hamburgs Kriegspflichtordnung enthalten sind. Vom Verfasser d. ersten Wortes. gr. 8. Hamb. 822. Hoffmann u. Campe. 3 Gr

Widerlegung des Anthymos, griechisch-nichtunirten Patriarchen von Konstantinopel. Aus dem Italienischen. 8. (208 S.) Wien. Druck und Verlag der Mechitharisten=Kongregations=Buchhandlung. 1854.

Widerlegung des Anthymos, griechisch-nichtunirten Patriarchen von Constantinopel. Aus dem Italien. gr. 8. (107 S.) Wien 851, Mechitaristen=Congregations=Buchh.

Widerlegung der Antwort auf die Geschicht- und rechtmässige Prüfung der Gedanken eines Bayern . . . Frankfurt u. Leipzig [Salzb.] 1778. V: *Stainhauser von Treuberg, Joh. Philipp.* (ML) (Hr)

— u. Antwort auf d. Geschichte u. Prüfung der Gedanken eines Baiern. 4. Salzb. 778. Duyle. 4 Gr

Widerlegung der zwey Artikel von Innsbruck, so in der Kirchenzeitung von Utrecht unter dem 1. u. 22. May dieses Jahrs herausgegeben worden. O. O. 1782. V: *Sattler, Exjesuit.* (Erman & Horn, Bibliogr. d. dtsch. Universitäten. 2. Leipz. u. Berl. 1904. II, 571)

Widerlegung der Atheisten, Deisten und neuen Zweiffler, a. d. Franz. . . . Alt-Prag 1712. Ü: *Sporck, Franz Anton Graf von.* (Myl)

Widerlegung des Aufsatzes in der „Berlingschen" Zeitung Nr. 9. 10. 30. 34. 36. 38. über die internationalen Staatsverhältnisse in der dänischen Monarchie. gr. 8. Hamburg 843, Nestler u. Melle. 1/8 Thlr

Widerlegung des Aufsatz . . . über die internationalen St. Verh. Hamb. 1843. V: *Christian Herzog von Augustenburg.* (Collin, Anonymer. Kiobenh. 1869.)

Widerlegung des Bedenkens und Untersuchung der Frage: Ob man den Ordensgeistlichen die Pfarreyen und Seelsorge abnehmen soll? . . . O. O. [ca. 1769]. V: *Mayer, Andreas Udalr.* (MGT)

— des Bedenkens u. d. Untersuchung d. Frage: ob man den Ordensgeistlichen die Seelsorge abnehmen soll. 4. Nürnb. 769. Grattenauer. 10 Gr

Widerlegung. Begrundte W' deß vor einigen tagen in Truck herauß gekommenen, also genanten Wahrhafften Berichts über den Verlauff der zu Truns den 8. letst verwichnen May S. N. beschehner Pundts-Besatzung. 4. *o. O.* (1714).

— d. Langi'schen Behauptung einer gesetzl. Sündeanbefehlung unter den Jesuiten; nebst Andeutung von philosophischen Heilmitteln gegen die 4 Hauptrevolutionsprinzipe im jetzigen Europa, v. Chr. Mensch. 8. Mainz 824. Stenz. 21 Gr

Widerlegung der Bemerkungen e. Kaufmanns üb. d. Zoll-Verband, hauptsächl. in Bezug auf d. Zuckerfabriken u. deren Wirkung auf d. Handel. gr. 8. (1 B.) Magdeburg 834, Rubach.

— d. Beobachtt. d. Wanderers durch Deutschland, d. sächs. Kriegswesen betreffend. 8. Langensalza 786. Zolling. 5 ℛ

Widerlegung des Berichts über die Gründung der Loge Phönix im Or.·. Leipzig. [Leipzig 1894: Leiner.] 4 Bl. 8⁰ [Umschlagtit.]
Bespricht die Einführung des 4. Grades bei der Loge Minerva u. die darüber stattgehabten Verhandlungen. 23.

— d. Berichts üb. die Zuckerraffinerie. gr. 8. Leipzig Gräff.

— d. Berichts über d. Zuckerraffinerie. gr. 8. Leipz., (Wienbrack). 3 ℛ

— der ehrenrührigen Beschuldigungen, welche sich d. regier. Herzog von Braunschweig gegen Ihren erhabenen Vormund, u. die während Ihrer Minderjährigkeit mit d. Verwaltung Ihrer Lande u. ihrer Erziehung beauftragten Männer erlaubt haben. (Von E. Graf v. Münster.) Neue Aufl. gr. 8. Hannov., Hahn. 16 ℛ

Widerlegung der ehrenrührigen Beschuldigungen, welche Sich der regierende Hr. Herzog v. Braunschweig gegen Ihren erhabenen Vormund . . . erlaubt haben. Neue Aufl. Hann. 1827. V: *Münster-Ledenburg, Ernst Friedrich Herbert Reichsgraf zu.* (Ky) (Wa)

— der von dem Hauptmann a. D. v. Rahden gegen den verstorb. Kriegsminister Generallieut. v. Witzleben erhobenen Beschuldigungen (von Frhrn. v. Manteuffel). 4. (15 S.) Berlin 848, Mittler & Sohn. ¼ ℛ

Widerlegung der von dem Hauptmann a. D. v. Rahden gegen . . . Witzleben erhobenen Beschuldigungen. Berlin 1848. V: *Mannteuffel, Otto Theodor Freih. von.* (Ky)

Widerlegung, Bestgegründete, der sogenannten Chur-Bayr. . . . Beantwortung der . . . Geschichtserzählung. Salzburg 1761. V: *Kleimayrn, Franz Thaddäus von.* (EB)

Widerlegung, In iure et facto bestbegründete, dessen, was in Sachen des Hn. v. Hammerstein zu Gessmold . . . bey dem höchstpreislichen K. und Reichs-Cammer-Gericht zu Wezlar übergeben . . . Ossnabrück 1744. V: *Hesselmeir.* (Holz)

Widerlegung, Bestgegründete, der ohnlängst zum Vorschein gekommenen Species facti in Sachen der hochfürstl. Häuser Brandenburg Culm und Onolzbach contra die löbl. Reichsstadt Nürnberg, den . . . Recursum ad Comitia betreffend . . . Nürnb. 1755. V: *Tauber, Johann Leonhard.* (Holz) (ML) (Will)

Widerlegung der Eduard v. Hartmann'schen Betrachtungen über den Rückgang des Deutschthums. [Krems] 1885. V: *Krammer, Johann.* (EB)

— des demonstrativen Beweisgrundes für das Daseyn Gottes u. Darstellung d. moralischen (v. Jh. Neeb.) 8. Frankf. 795. Andreä. 10 ℛ

Widerlegung der Broschüre über die Begräbnisse in Wien. Wien 1781. V: *Fast, Patrit.* (BiblPort)

Widerlegung der vier auf dem Concil vertheilten Broschüren gegen die Unfehlbarkeit. München 1870. V: *Rump, Hermann Heinrich.* (Rass)

Widerlegung der vier unter die Väter des Concils vertheilten Broschüren gegen die Unfehlbarkeit. Aus dem Latein. der Neapolitan. Ausgabe übersetzt. Münster 870. Russell's Verl. gr. 8. (134 S.) 15 ngr.

— der sogenannt. Defension d. Braurechts d. mecklenburg. Adels. Fol. Hamb. Brand. 740.

— der Deisten u. Atheisten. 8. Leipz. Sommer. 743.

Widerlegung, der von dem ehemal. Adel d. Lande Jülich, Kleve, Berg u. Mark dem Fürsten Staatskanzler überreichten Denkschrift. 8. (Leipz. 819. Barth). 12 ℛ

Widerlegung der Descendenten weiland S. Bondeli . . . der von den Descendenten weiland J. Bundeli . . . publicirten Gegeninformation. Mit geneal. Tabellen. (Bern 1757). fol.

— der Druckschrift: neueste fürstbischöfl. Konsistorialverordnung wider die unenthaltsamen Kleriker des Regensburg. Kirchensprengels ꝛc. (v. A. U. Mayer.) 8. 796.

Widerlegung der Druckschrift: neueste fürstbischöfliche Konsistorialverordnung . . . O. O. 1796. V: *Mayer, Andr. Udalr.* (Ky)

Widerlegung des gegen das Herzoglich Augustenburgische Successionsrecht auf Schleswig-Holstein aus dem vorzeitigen Institute der gesammten Hand hergenommenen Einwandes. Gotha [1863]. V: *Michelsen, Andreas Ldw. Jac.* (ABJP) (Tübz 26, 30)

Widerlegung der Enthüllungen des Treubundes oder Wirksamkeit des Treubundes. Von einem Mitgliede des Treubundes. Berlin 1849. V: *Weiss, Siegfried.* (wen S. 151f.)

Widerlegung der Enthüllungen des Treubundes oder Wirksamkeit des Treubundes. Von einem Mitgliede des Treubundes. Berlin, E. Schultze 1849. 8 S. 8.

— der „Erörterung der Frage über die Statthaftigkeit des geheimen Untersuchungs-Verfahrens in Beziehg. auf d. Dresdner Aufstand vom 3. bis 9. Mai 1849 ꝛc." von P. P. gr. 8. (24 S.) Freiberg 849, Craz & Gerlach in Comm. n. 4 ngl

Widerlegung, Freimüthige, der in den Heidelberger Jahrbüchern erschienenen Beurtheilung der württemberg. Stände-Verhandlungen. Frankf. 1818. V: *Zahn, Chn Jacob.* (Kat. der ständ. Bibl. Stuttg. 1907. S. 262.)

— freimüthige, der in den Heidelberg. Jahrbüchern im Nov. u. Dec. 1817 erschienenen Beurtheilung der Würtemberg. Ständeverhandlungen ꝛc. gr. 8. Frankf. 818. Boselli. 9 gl

Widerlegung, Freimüthige, der in den vaterländischen Blättern eingerückten Schrift Frau von Krüdener betreffend ... Schaffhausen [1817]. V: *Dillenburg, Friedrich von.* (Ky) (MGT)

— freimüthige, der in den vaterländ. Blättern eingerückten Schrift: Frau von Krüdener betreffend (von Fr. von Dillenburg). 8. Schaffhausen. (817.) (Erf. Otto.) 4 gl

— Dasselbe. 8. Helvetien 818. (Freiburg 818. Herder). 16 gl

Graflich-Fuggerische vollkommene **Widerleg-** und Abfertigung der fürstl. Würtembergischen Stricter, die von Wurtemberg vi et armis uberzogene Herrschafft Stettenfelß betreffend. o. O. 1740.

Widerlegung der Gedanken von den Elementen der Körper. Halle 1746. V: *Stiebritz, Joh. Friedrich.* (ML)

Widerlegung der Gedanken von Gespenstern. Halle 748. 8. 754. 8.

Widerlegung der Gedanken von Gespenstern. 2. Aufl. Halle 1754. V: *Sucro, Joh. Georg.* (AarK)

In facto et jure standhaft gegrundete **Widerlegung** eines Hohenlohe-Waldenburgischen Impressi sub rubro Promemoria ad Causam Hohenlohe contra Hohenlohe, die Reichs-Lehen-Empfangnuß betreffend. Mit Beil. o. O. 1718. 2°.

Widerlegung, Gesetzmässige, der ... Beantwortung der Frage: Ob ein katholischer Landesherr in Teutschland die Juris dictionem ecclesiasticam über seine ... Unterthanen zu exercieren befugt sey? [Nürnberg 1726.] V: *Moser, Johann Jacob.* (ML)

Widerlegung der Beantwortung der Frage: Ob ein Catholischer Landes-Herr in Teutschland die Jurisdictionem ecclesiasticam über die in seinem Lande befindliche der Augspurg. Conf. Verwandte Unterthanen zu exerciren befugt seye? (Nürnberg) 1726. V: *Moser, Joh. Jacob.* (J. J. Moser, Lebensgeschichte von ihm selbst beschrieben Frankfurt u. Leipzig 1777, III, 125/6)

Gründliche Widerlegung unerfindlicher Bedenken über die Urkunde H. Albrecht des Fünften von Oesterreich. 4.

(Widerlegung. Gründliche W' der Beschwerden, die Sr. Excellenz der Herr Graf [Johann Joseph] Wilczeck, gegen die Verhandlungen der ausserordentlichen allgemeinen Standesversammlung eingeklaget hat .... [Gerichtet an die]) Hohe Oberherrlichkeit der Ehrs. Räthe und Gemeinden ([von] M. A. Caderas ..., Gaudenz Planta ... Ambrosius Boner ... und J[acob] Ulrich Sprecher. Chur den 9. May 1795). fol. *o. O.*

Gründliche **Widerlegung** Der so genannten Succincten Deduction, Und Klahrer Beweis Dass nicht Ihro Königl. Majestät zu Dännemarck-Norwegen etc. Sondern Das Fürstl. Haus Gottorff Aggressor sey. Auf expressen Befehl publiciret und zum Druck befordert. Altona. (1714.) 4°

Widerleg- und Entkräftung, Gründliche, der im Druck ausgegangenen zufälligen Gedanken über die Nutzbarkeit des Rieds ... Ulm [ca. 1795]. V: *Conrad, Hans Jacob.* (MGT)

Widerlegung, Gründliche, und standhafte Gegen-Information der Gemeine in der Hofmark zu Fürth ... O. O. 1749. V: *Lochner, Joh. Mich. Friedrich.* (Holz) (ML)

Widerlegung, Gründliche, der Meynung, als ob das Patriciat zu Nürnberg a. 1197 seinen Anfang genommen hätte. Schwabach 1762. V: *Tucher von Simmelsdorf und Winterstein auf Küssenbach, Johann Georg.* (MGT)

Widerlegung, Gründliche, der Meynung, als ob der Patriciat zu Nürnberg Anno 1197 seinen Anfang genommen hätte. Schwabach 1762. V: *Oetter, Sam. Wilh.* (Bibliotheca Norica Williana. Altdorf. 1772—78. I, 2, 236.)

Widerlegung. Grundliche Wied' Der von ... Hrn. Abt und Gottshauß Tisentis An die Ehrs. Räth und Gmeinden, neulich abgefertigter Sinceration. Mit beykommender Tavanischer Composition .... 4. Chur 1722.

Widerlegung, Gründliche, des von der Stadt Leipzig angemassten unfugten Strassenzwangs . . . Magdeb. 1748. V: *Smalian.* (Holz)

— gründliche, d. Leipziger Straßenzwangs geg. Magdeburg. 4. Magdeb. Scheidhauer. 748.

— gründliche, der ministeriösen Vertheidigung des unverantwortlichen, daher verfassungs- u. verordnungswidrigen Kabinets-Sekretariats. Von einem Unparteiischen. München 866. L. Finsterlin. gr. 8. (16 S.) n. 2 ngr.

Gründliche und völlige **Wiederlegung** der bezauberten Welt Balthasar Beckers [Bekker]. Aus d. heilig. Schrift gezogen. ... Nebst einem Anhang vom Licht u. Recht d. Natur. Mit völligen Registern versehen von M. — Hamburg: Heyl & Liebezeit 1708. 958 S. 8°

— gründliche, des Werks: die gepriesenen Preußen. 8. Braunsch. 804. Vieweg. 14 K

Widerlegung von Irrthümern gegen die hl. Beichte. 2. Aufl. Salzburg 1884. 3. Aufl. Martinsbühel 1895. V: *Hager, Edmund.* (Hr)

Widerlegung der hauptsächlichsten Irrtümer, welche in dem von dem Superintendenten Herrn Handel herausgeg. Leitfaden für den Religionsunterricht [Neisse u. Frankenstein 1841, 8°] vorkommen. Eine Vertheidigungsschrift, herausgeg. von der Kuratgeistlichkeit des Neisser Archipresbyterats. Leipzig, Volckmar, 1841, gr. 8°, 2,25 Mk.
Sion 1841, Kathol. Litbl. S. 78. (Tüb.) Theol. Quartalschr. 1842, S. 157–163. Vgl. dazu:

Die Kuratgeistlichkeit des Neisser u. Neustädter Archipresbyterats u. die evangel. Kirche. Eine Schutzschrift von A. Wachler, Pastor u. Superintendantur-Verweser zu Glatz. Leipzig, Köhler, 1842, 8°, 79 S.

Widerlegung d. hauptsächlichsten Irrthümer, welche in dem von dem Superint. Handel hrsg. Leitfaden f. d. Religionsunterr. vorkommen. Eine Vertheidigungsschrift, hrsg. v. d. Curatgeistlichkeit d. neisser Archipresbyterats. gr. 8. (11 B.) Leipzig 841, [Renger'sche Buchh.]

Widerlegung der hauptsächlichsten Irrthümer, welche in dem von . . . Handel herausgegebenen Leitfaden für den Religionsunterricht vorkommen . . . Leipzig 1841. V: *Buchmann, Jac.* (Nent)

Kurze Widerlegung der von dem Domkapitel zu Lüttich u. d. T.: einer rechtlichen Ausführung und Geschichte des Rechtsstreits in der von dem Domkapitel zu Lüttich gegen die Grafen von Mean angesuchten Restitutionssache durch den öffentlichen Druck bekannt gemachten angeblichen Gründe. Wien 1775.

Widerlegung, kurze populäre, der neueren materialistischen Behauptungen über Gott, Welt, Bestimmung des Menschen und angebliche Sterblichkeit des menschlichen Geistes. Für Jedermann. Auch als Leitfaden beim Unterricht. Von einem Freunde der Menschen und der Religion. gr. 8. (23 S.) Berlin 857, (Weber und Comp.) *

Widerlegung, Kurze, des von Dr. F. L. Keller in Zürich gefertigten Rechtsbefindens . . . 1838. O. O. [1838]. V: *Pfyffer, Casimir.* (Cat. d. Stadtbibl. Zürich. Zürich 1864—97.)

Widerlegung, Kurze, der Reflexions sur les 73 Articles du Promemoria . . . Bonn 1789. V: *Waldenfels, Freih. von.* (MGT)

Widerlegung, Kurze, der Schrift: Die ungültige Bischoffswahl zu Freysingen. München 1791. V: *Mayer, Andreas Udalr.* (Ky) (MGT)

Widerlegung, kurze, der Schrift: die ungültige Bischofswahl zu Freysing (v. A. U. Mayer.) 8. (Regensb.) 791. (44 S.)

Widerlegung, Kurzgefasste, des in Recurssachen des Marggrafischen Gesammthauses Baden . . . dictirten Pro Memoria . . . O. O. 1767. V: *Reinhard, Johann Jacob.* (Holz)

Widerlegung der Laternputzerschrift: Das alte und neue Wien durch einen Schuhflicker. Wien 1800. V: *Richter, Joseph.* (EB)

Widerlegung des Materialismus durch die natürlichen Offenbarungen des Geistes oder Glaube und Wissenschaft. gr. 8. (87 S.) Leipzig 874, Mutze.

Widerlegung der gemeinen Meynung, dass Friedrich, der letzte Herzog des alten Oestreich. Hauses eine Braunschweigische Prinzessin zur Gemahlin gehabt habe . . . O. O. 1716. V: *Eccard (Eckard), Johann Georg von.* (Bibliotheca Rinckiana. Lips. 1747.) (Weber) *Eck, Joh. Georg.* (Myl) (BrMm)

Widerlegung der falschen Nachricht, als ob Herr Theodor in Amsterdam ein Bräutigam sei. Berlin 1776. V: *Nicolai, Chph Frdr.* (JL) (Ky)

— von Müllers Nachricht von einer begeisterten Weibsperson. 8. Leipz. 759. ... 3 K

— einiger in neuerer Zeit verbreiteten falschen Nachrichten, in Bezug auf d. Ursprung d. Hochfürstl. Hauses Löwenstein-Wertheim, u. dessen Successions-Recht in Baiern. Mit e. Urkundenbuch. gr. 8. Wertheim 831. (Münch., Franz). 10 K

Widerlegung einiger in neuerer Zeit verbreiteten falschen Nachrichten in Bezug auf den Ursprung des H. Hauses Löwenstein-Wertheim ... Wertheim 1831. V: *Löwenstein-Wertheim, Konstantin Erbprinz zu.* (Allg. Lit.-Ztg. 1839, Intbl. Sp.132) (Zeitschr. f. Büch. N. F. 15, 1923, 127)

Widerlegung der preußischen Note und Denkschrift vom 25. August 1850. Leipzig, Jackowitz, 1850. 31 S. 8°.

Widerlegung eines in der reichsgräfl. katholischen Deputations-Streitigkeit unter dem Titel: Standhafter Beweis des Ungrundes ... distribuirten Pro-Memoria. Neuwied 1776. V: *Fischer, Christian Hiskias Heinrich von.* (ML) (MGT)

Widerlegung der von dem Domkapitel zu Osnabrück herausgegebenen Prüfung des Pro Memoria der Kur-Braunschweigischen Komitial-Gesandschaft ... O. O. 1765. V: *Strube, Julius Melchior.* (ML) (Holz)

— d. von Osnabrück herausgeg. Prüfung d. promemoria von Churbraunschweig. 4. Hannov. 766. Förster. 6 K

Widerlegung, Rechtliche, der von den Ossnabrückischen Domherren A. C. ... bekannt gemachten Gründe. O. O. 1775. V: *Broxtermann, Theob. Wilh.* (Holz)

Widerlegung und Beantwortung, Rechtsbegründete, der von dem Herrn Senatorn Schrötteringk ... an das hamburgische Publicum gerichteten Nachricht über den Verlauf einer im Publico bekannten Bau-Sache. Altona 1794. V: *Detenhoff, Johann Heinrich.* (Schr)

Widerlegung der Reflexionen eines Schweizers, über die Frage: Ob es der Catholischen Eidgenoßschaft nicht zuträglich wäre, die regularen Orden gänzlich aufzuheben, oder wenigstens einzuschränken? 8. *o. O.* 1769.
Ausg. A. Ohne Verbesserungen.
Ausg. B. ([Mit] Verbesserungen)

Widerlegung. Der drey Reformirten Bergischen Nachbarschaften Scheidt, Feldis und Trans... W'... des Memorials der Nachbarschaften Tamils, Paspels und Rodels.... 4. *o. O.* 1752.

Widerlegung der in der Wienerischen Beantwortung der Von dem Königl. Preußischen Ministro Graffen von Dohna geschehenen Declaration enthaltenen Schein-Gründe und Unstatthaften Beschuldigungen. Berlin 1744. V: *Vockerodt, Johann Gotthilf von.* (Preußische Staatsschriften. Bd. I. Berlin 1877. S. 480.)

— der Scheingründe neuer theolog. Meinungen in Absicht auf die Genugthuung Christi, die Wirklichkeit der bösen Engel u. die Dauer der Höllenstrafe v. J. B. S. (Sczibulsky). Nebst e. Vorrede v. Chr. Dav. Lenz: von der Stärke des Schriftbeweises für d. Lehre d. Genugthuung Christi. 8. Riga 780. (1¼ unpag. Bog. u. 67 S.)

Widerlegung der Scheingründe neuer theologischer Meinungen in Absicht auf die Genugthuung Christi ... Riga 1780. V: *Sczibulsky, Johann Benjamin.* (Ky) (R-N)

Widerlegung der in Prag erschienenen Schmähschrift: Über die Unnütz- und Schädlichkeit der Juden ... Wien 1782. V: *Rautenstrauch, Joh.* [?]. (WBL)

— d. Schmähschrift, das alte u. neue Wien. 8. Wien 788. Wucherer. 4 K

Widerlegung der Heinrich Simon'schen Schrift: „Annehmen oder ablehnen? oder die preußische Verfassung vom 3. Februar 1847 beleuchtet vom Standpunkte des bestehenden Rechts," welches wesentlich von dem verschieden ist, welches H. Simon dafür ausgegeben hat, durch einen anderen preußischen Juristen. Berlin, Dümmler 1847. 23 S. 8.

Widerlegung der Heinrich Simon'schen Schrift: Annehmen oder Ablehnen? ... durch einen andern Preussischen Juristen. Berlin 1847. V: ***Höppe, R. W.*** (KGBerlin I, 1672)

Kff., F. von: „Widerlegung der Schrift des Herrn Wiedemann: Kritische Beleuchtung des schlesischen Landschaftssystems", Glogau 1836 (Flemming).

Widerlgung der Schrift des Ritters von Zimmermann über Friedrich den Grossen, von einem Wahrheitsfreunde. Germanien 1788. V: *Schulz, Johann Heinrich.* (KGBerlin 2532)

Widerlegung der Schrift des Ritters von Zimmermann über Friedrich den Grossen. Germanien [Berlin] 1788. V: *Knüppeln, Julius Frdr.* (Wr) (LS) (Ky) (MGT)

— d. Schrift d. Ritters von Zimmermann, über Friedrich den Großen rc. (v. J. F. Knüppeln.) 8. Berl. 788. Schöne. 6 K

— des Schriftchens: Die Judenfrage im Herzogthum Meiningen, oder Widerlegung eines bezüglichen Zeitungsartikels. (Zur Geschichte der Meininger Landtagsverhandlungen vom Jahre 1841.) Gegründet auf die öffentlichen Verhandlungen des Landtags. Lex-8. Meiningen 845, Binder's Antiquarbuchhandlg. n. 6¾ ngl

— d. Sendschreiben eines Freundes des wahren Patriotismus. gr. 8. Berl. 787. Schöne. 6 K

Widerlegung eines gedoppelten Sendschreibens, welches an Hrn. D. Joh. Dietrich Winkler . . . abgelassen worden . . . Hildesh. 1745. V: *Scheffel, Johann Daniel.* (ML)

— d. rechtl. Staatsbetrachtt. über d. Frage: ob die in d. fürstl. Hessischen Gebiete geleg. Güter d. 3 aufgehobenen Klöster d. Kurf. von Mainz oder d. Landgrafen v. Hessen zugefallen sind? (v. A. J. Schnaubert). 8. Gießen 783. Krieger. 5 gr

Widerlegung der rechtlichen Staats-Betraehtungen über die Frage: Ob die . . . Güter und Einkünfte der . . . aufgehobenen 3 Klöster dem Kurf. zu Mainz oder den Landgrafen von Hessen zugefallen sind? Giessen 1783. V: *Schnaubert, Andreas Joseph.* (MGT) (Ky)

Widerlegung, Standhafte, der Limpurgischen Ausführung wegen Adelmannsfelden . . . Esslingen 1746. V: *Hofmann, Gfr. Daniel.* (Holz) (ML)

Standhafte Widerlegung der sogen. ausführl. Königl. Preuss. Beantwortung der von dem Wiener Hof herausgegebenen kurzen Verzeichniss einiger aus denen vielfält. von Seiten des Königl. Preuss. Hofs wider die Berliner u. Dressd. Tractaten ausgeübten Friedbrüch. Unternehmungen. (Mit Beilagen Lit. A – C.) Wien u Prag 1757. 4.
Dasselbe. Andere Ausg. (Cölln) 1757. fol.

Widerlegung, Standhaffte, der ohnlängst zum Vorschein gekommenen . . . Geschichterzählung in anmasslicher Sache der Universität Marburg . . . O. O. 1747. V: *Hombergk, Johann Jacob.* (Erman & Horn II, 221.) (Holz)

Anonym: „Widerlegung des sogenannten neuen Systems der natürlichen Ordnung in der Politik, wie es neuerlich in Deutschland gelehrt wird, nebst einer Zurechtweisung und Entscheidung", Frankfurt a. M. und Leipzig 1772.

Theologische Widerlegung des vom Freiherrn von Seckendorff herausgegebenen historia Lutheranismi. Regensburg 1731.
Dazu Werner, Gesch. 2c. S. 39.

— d. Traktats von d. Schäfereigerechtigkeit. 8. Braunschw. 785. Schulbuchh. 2 gr

Unterthänige und gründliche **Widerlegung** deß an die . . . Reichs-Versammlung zu Regenspurg, von Seiten der evangel.-reformirten Religion u. Augspurg. Confession Verwandten Kauffmannschaft zu Cöllen am Rh., contra dasige Herren Bürgermeistere u. Rath anno 1716 in Truck außgelassenen memorialis. o. O. 1718. fol.

Widerlegung, Unwiderlegliche und aus den Actis publicis . . . errichtete, des Philanderii Veronensis. Frankf. a. M. 1730. V: *Pfaff, Chph Matthäus.* (Myl) (stri)

Urkundliche **Widerlegung** der von dem ehmaligen Adel der Lande Jülich, Kleve, Berg u. Mark dem Fürsten Staatskanzler überreichten Denkschrift. Von e. Rheinpreußen. Rhenanien 1819.

— der schweren Verläumdungen gegen die großbritt. Regierung, wegen d. Gefangenschaft u. d. Todes Napoleon Bonaparte's; nebst der wahren Vertheidigung dieses merkwürd. Gefangenen. Aus d. Engl. (des Th. Polwell.) 8. Leipz. 822. (Krappe). 6 gr

— der schweren Verläumdungen gegen d. Großbritt. Regierung wegen der Gefangenschaft u. Tod Napoleons. Aus d. Engl. (des Th. Polwell.) 8. Leipz. 822, (Weygand.)

Zur **Widerlegung** der Bargum'schen V e r t h e i d i g u n g s - s c h r i f t für den Minister von Scheele. Kiel. 1856. 8°

Volksfaßliche Widerlegung des „Deutschkatholicismus" von einem kath. Priester. Regensburg, Manz, 1849, gr. 8°, 32 S., 40 Pf.

Widerlegung, Vollständige, der wider die Juden erhobenen Anklagen . . . [Baden 1862.] V: *Kayserling, Mor. (Meyer).* (Cat. d. Stadtbibl. Zürich. Zürich 1864—97.)

Widerlegung des Zinngiesserischen Vorschlags, wie dem Brodmangel in hiesiger Stadt abzuhelfen sei . . . [Erfurt 1771.] V: *Riedel, Frdr. Just.* (ML)

Widerlegung des gutachtlichen Vortrages bey der französischen Nationalversammlung vom 1. Febr. 1792. O. O. 1792. V: *Stupfel.* (MGT)

—— der Vorwürfe, welche das königl. dänische Ministerium der holsteinischen Ständeversammlung gemacht hat. Von einem Sachkundigen. gr. 8. (III und 35 S.) Hannover 858, C. Rümpler.

Widerlegung der V o r w ü r f e , welche das Königlich Dänische Ministerium der Holsteinischen Ständeversammlung gemacht hat. 1858. o. O. (1859.) 4°

Widerlegungen

— zwei, der heutigen größten philosoph. Geister, Daries u. Schubart. Frankf. 765. Hellwing. 8 gr

Widermann, Franz Celsus

Widermann, Frz. Celsus, († 180..) ächt kathol. Auslegung der Evangelien. 2 Bde. gr. 8. Wien 795. Al. Doll. (Liebeskind in Leipz.) 1 rß

—— Auslegung der sonn- und festtäglichen Evangelien. Ebendaselbst, 1795, 8°, 2 Bde, 3 Mk.

— Auslegung d. sonn- u. festtägl. Episteln u. Lesungen d. ganzen Jahres, nebst angeführtem Schrifttexte, buchstäbl. u. sittl. Erklärung eines jeden Textes. 8. Wien 797. Al. Doll. 2 rß

— die Eheschule, oder die gute Ehe ist d. Grund e. guten Welt. 8. Krems 805. (Leipz., Schmidt.) 1 rß

— Erklärung d. 4 Evangelienbücher, oder d. ganze in einem einzigen Buche, vom Texte zu Texte, aneinander hangende evangel. Geschichte. 3 Theile. 8. Krems 805. (Schmidt in Leipz.) 1 rß 16 gr

Widermann, F. C., Das einzelne Evangelium der 4 Evangelisten oder die ganze ineinanderhängende evangelische Geschichte. Krems, 1801, 8°, 3 Teile.

— **das einzelne Evangelium d. 4 Evangelienbücher, od. die ganze in einem einzigen Buche, vom Texte zu Texte, aneinander hangende evangel. Geschichte. 3 Thle. 8. Ebend. 805.**

— **Katechismus d. natürl. Religion, als Einleit. u. Vorbereitung z. sokrat. prakt. Religionsunterricht. 8. Wien 799. Al. Doll. 6 K**

— **Religion nach Vernunft oder krit. Untersuchung der Fr.: welche die beste Religion sei? 8. Wien ... 2e A. 792. 3e A. 793. N. A. 798. Al. Doll. 6 K**

Widermann, Franz Celsus, Religion nach Vernunft oder kritische Untersuchung der Frage: Welche die beste Religion sei. Wien, Doll. 1793, 3. Aufl.
Eine Verteidigung der Lehren der kath. Kirche in Form eines Dialogs zwischen einem Katholiken und Protestanten. Vgl. Schwarz, Anleitung zur Kenntnis derjenigen Bücher, welche den Kandidaten d. Theol., den Stadt- u. Landpredigern ... in der kath. Kirche wesentlich notwendig und nützlich sind. Koburg 1804, I, 379.

— **sokrat.-prakt. Religionsunterricht, nach Anleitung d. k. k. Normalkatechismus vorgetragen. 2 Bde. 8. Wien 793. 2e A. 798. Al. Doll. 1 ß 8 K**

Widerruf u. Scheckverlust. Ein Nachklang zu der in Budapest abgeh. gemeinsamen Scheckkonferenz der mitteleurop. Wirtschaftsvereine v. e. Teilnehmer (B. Sichermann). (29 S.) gr. 8. Kassa (Kaschau) 907. (A. Maurer.) — 80

Widerruf, Der verschleierte, in Sachen der s. g. Ultramontanen. Vom Verfasser der Censuren. Tübingen 1846. V: *Wiest, Wilhelm.* (Kat. d. ständ. Bibl. Stuttg. 1907. S. 89.)

Widerruf, der verschleierte, in Sachen der sogenannten Ultramontanen. Von dem Verf. der Censuren über d. Abweisung des Bischofs von Rottenburg durch die würtemberg. Abgeordnetenkammer. gr. 8. (1¼ B.) Tübingen 846, Fues'sche Sort.-Bh. *

Widersacher, an die, eines christl. Predigers; geschrieben von e. Arzte; (v. F. H. Hegewisch;) nebst vier Briefen Franklins. 8. Kiel 818, Hesse. 6 K

Widersacher, an die, der Vereinigung Sachsens mit Preußen, (v. A. F. Eichhorn). 8. Frankf. u. Leipz. 815. (Berl., Reimer). 10 K

Widerschall auf Vogtens zu Kiel angestimmten Läster-Schall. Kiel 1715. V: *Koch, Christian Gottlieb.* (Myl)

Widersperg, E., Wehe dem Meineidigen od. du sollst kein falsches Zeugnis geben. Eine Familiengeschichte. 8. (64 S.) Hamburg 884. Kramer. — 25

WIDERSPRECHER, Der. Eine Zeitschrift (hrsg. von Christian Adolph Frhrn. von Seckendorf). Leipzig 1803. Anon.-Lex. IV. p. 396 (nach Kayser u. Meusel).

Widersprecher, der, audiatur et altera pars (v. Chr. Ad. v. Seckendorf.) 2 Bde. oder 8 Stück. 8. Leipz. 803. Compt. f. Literat. 2 ß 16 K

— **der, als Gegenblatt zum Argus 1811. 4 Hfte. gr. 8. Leipz. Joachim. 1 ß**

Widersprecher, Karl Ant., († d. 23. Sept. 1795.) Etwas zur Einleitung in die Rechtskunde. 8. Oldenb. 790.

Widersprecherin, Die. Ein Lustspiel in einem Aufzuge. Wien 1770. V: *Gottsched, Luise Adelgunde Victorie geb. Culmus.* (Taschenbuch des Wiener Theaters. Wien 1777. S. 170) (Bespr. Theaterkalender v. Wien a. d. J. 1772. Wien. S. 48) (BiblPort)

Kurz, doch gründlicher Widerspruch der so betitelt bestbegründeten Chursächsischen Ansprüche an die baierische Verlassenschaft. 1778. 4. 9 S.

Widerspruch, über den unstatthaften, der Mecklenburg. Ritterschaft in Ansehung d. Teschner Frieden dem Mecklenburg. Hause versicherten ꝛc. Nichtberufungsfreiheit (v. J. H. Prehn.) 4. (Halle) 780. Renger. 9 K

Widerspruch, Vertheidigter, einzelner Reichsstände gegen die Verbindlichkeit der mehrern Stimmen . . . O. O. 1775. V: *Meyer, Joh. Heinrich.* (MGT)

— **der, des Zeitgeistes, oder vollkommene Gewissensfreiheit u. d. geforderte Eidschwur auf d. heutige Placet. 8. Augsb. 824. Bolling. 4 K**

WIDERSPRÜCHE, Die, oder die Folgen, die es haben kann. (Zahmer Roman.) Aus d. Französ. Leipzig. Kummer. 1800. 8°. Tit. u. 266 S.

Widersprüche, Die, oder die Folgen, die es haben kann; a. d. Franz. Leipzig 1800. Ü: *Behr, Chn Andr.* (MGT)

Widersprüche, oder: Wie sieht's mit der Bibel aus? Beantwortung der Frage: Ist die Bibel auf übernatürl. Weise durch göttl. Eingebung entstanden, oder haben sie irrthumsvolle Menschen verfaßt? 2. Aufl. 1851. * 1½ Ngr. und 3., umgearb. Aufl. gr. 8. (31 S.) Frankfurt a. M. 852, [Meidinger Sohn und Comp.]

Widersprüche und Entstellungen in der Monats-Zeitung der Lebensversicherungs- und Ersparniss-Bank in Stuttgart. *(Hannover: Preuss. Beamten-Ver. 1900.)* (7 S.) 8° [Kopft. J.] [90. 6270

Widersprüche, die vereinigten, d. Bibel, oder Erklärung u. Rettung derjen. Stellen d. heil. Schrift, welche sich selbst oder andern Wahrheiten zu widersprechen scheinen (v. J. A. Trinius). 6 Bde. 8. Quedlinb. 798. Reußner. (Ernst.) 3 ß

Widersprüche, Die vereinigten, der Bibel . . . Quedlinb. 1798. V: *Trinius, Joh. Ant.* (Ky)

Widersprüche unserer aufgeklärten Zeiten. Augsburg 1783. V: *Lidl, Ildephons.* (MGT)

Der passive Widerstand im Jahre 1849. Flensburg. 1852. 8°

Der „passive Widerstand" in den Herzogthümern Schleswig und Holstein. Kopenhagen. 1852. 8°

Widerstandsmomente f. Holzbalken. Bearb. im Baupolizei-Bureau. gr. 8. (1 Bl.) Hamburg 896. O. Meißner's Verl. n. — 20

Der Sünden **Widerstreit**. E. geistl. Dichtung d. 13. Jhs. Hrsg. v. Dr. Victor Zeidler. *Graz: 'Styria' 1892.* (114 S.) 1 Bd 8. [98. 10300

Widerwärtigkeiten

— oder die Schule der Könige. 2 Thle. 8. Greiz 789—795. Henning. 1 ⅌ 2 gl

Widerwärtigkeiten oder die Schule d. Könige; aus d. Französ. v. A. Gr.... 2 Thle. 8. Greiz 790—95. Henning. 1 ⅌ 2 gl

— oder die Schule der Könige, aus dem Franz. 2 Theile, 8. Gräz, 793. Henning. 1 Rthl. 3 ggl.

WIDERWÄRTIGKEITEN oder die Schule der Könige. (Zahmer Roman.) 2 Thle. Aus d. Französ. übers. von A. Gr.... Greiz 1793—95. 8°. (1 Mk. 20 Pfg., unbeschn., wie neu, Adalb. Votsch, München, c. 1885.)

Widerwärtigkeiten der jungen Emilie. Zum Unterricht nicht tugendhafter und empfindsamer Seelen. Aus d. Französ. Leipzig 1778. V: *Chaumet, Charlotte.* (BGE VIII², 403/4)

Widerwärtigkeiten der jungen Emilie, zum Unterricht tugendhafter und empfindsamer Seelen, 8. Daselbst, 778. Kummer. 15 ggl.

WIDHALM, Florian: St. Severin, nicht Apostel, wohl aber Norikums größter Wohltäter und Schutzpatron. --- (1910) VII, 56 S. 8° (Handschr.) Diss. 894
Diss.Wien, Univ.

Widhalm, R., die Schiffbrüchigen, s.: Volksbibliothek, neue.

Widhalm, R., die Schiffbrüchigen, s. Volks- und Jugend-Erzählungen.

Widhalm, R., die Schiffbrüchigen, s.: Volkserzählungen, neue, Nr. 36.

Widike, Ewald: Das Prokura-Indossament nach deutschem Wechselrecht. Borna-Leipzig 1903: R. Noske. (VIII, 29 S.) 8°
Leipzig, Jur. Diss. v. 1903.

Widimsky, Vinc. Rob., Städtewappen des österreichischen Kaiserstaates. 2 Thle. 4. Wien 864, Hof- und Staatsdruckerei. **
Inhalt:
Thl. 1. Königreich Böhmen. (VII und 146 S. mit 37 Chromolithogr.) ** 5 Thlr.
» 2. Herzogthum Salzburg. Herzogthum Schlesien. Herzogthum Steiermark. (III und 50 S. mit 13 Chromolithogr.) ** 2 Thlr. 15 Ngr.

Widl, Ad.

Widl, A., lyricorum libri tres et epodon liber unus. 8. Bamberg 760. (Wesché in Frankf. a. M.) 12 gl

Widl, Rufin

— prima, secunda et tertia mentis humanae actio, theoretice et practice expensa. 4. Salzb. 769, 70.

Widl, Rufin, (†d. 12. März 1798.) Epitome Psychologiae empiricae. 4. Salzb. 770.

Widlak, Franz: Die abergläubischen und heidnischen Gebräuche der alten Deutschen nach dem Zeugnisse der Synode von Liftinae im Jahre 743. S. 3–36. 8. Progr. K. k. Gymn. *Znaim* 1904.

Friedrich Prechter und der Straßburger Kapitelstreit. Ein Beitrag z. Geschichte d. Stadt u. d. Bistums Straßburg gegen Ende d. 16. Jh. von Dr. Alfred **Widmaier**. Straßburg i. E.: Herder 1910. 90 S. 8°
(Straßburger Beiträge z. neueren Geschichte. Bd 1, H. 4.) [10. 10527

Widmaier, Alfr., Friedrich Prechter u. der Straßburger Kapitelstreit, s.a. Beiträge, Straßburger, zur neueren Geschichte. I, 4.

Widmaier, Alfred: Der Straßburger Stiftsstreit (1593—1565). Straßburg 1009: Dr. d. 'Elsässer'. 03 S. 8° (Ersch. vollst. als: Straßburger Beiträge z. neueren Gesch. Bd 1, H. 4.)
Straßburg, Phil. Diss. v. 25. Jan. 1908, Ref. Spahn
[Geb. 16. Juni 83 Haigerloch, Hohenzollern; Wohnort: Wiesbaden; Staatsangeh.: Preußen; Vorbildung: Gymn. Wiesbaden Reife O. 04; Studium: Straßburg 8 S.] [U 09. 3860

Widman, Osk., über die Konstitution der sogenannten Halogendiphenacyle. (11 S.) 8. Uppsala 909. (Berlin, R. Friedländer & Sohn.) nn — 60

— u. Erik **Virgin**, Versuche, Oxalyldiacetophenon u. einige andere Oxalylverbindgn. in Hexaketone überzuführen. (17 S.) 8. Ebd. 909. nn 1. —
2 Sonderabdr. a.: „Arkiv f. kemi, mineral. och geol."

Widmann, Der nach Gebühr gezüchtigte P. Meinrad, in Elchingen. Frankfurt u. Leipzig 1792. V: *Widmann, Meinrad.* (Ky) (ML)

Widmann, Louis. Ein Lebensbild. Auf Grund seines schriftl. Nachlasses entworfen von einem seiner Freunde. gr. 8. (431 S. mit lithogr. Bildniß.) Stuttgart 882, (J. F. Steinkopf.)

Widmann: Geometrische Konstruktion der Verwandlung des Kreises in ein Quadrat und des Quadrates in einen Kreis. 3 S.– Bozen, Progr. 1852.

(Widmann). Die Organisation der ständischen Vertretung in Preußen durch das Patent vom 3. Februar 1847. Berlin, H. Schultze 1847. 59 S. 8.

Widmann: Über die Stellung des Schnabelthieres in der Naturgeschichte. 4 S.– Rzeszow, Progr. 1851.

Widmann, latein. Uebungsbuch für die 3. Lateinklasse, s.: Herzog, S.

Widmann, Achilles Jason (Georg)

Widman's Chronica der Stadt Hall, s.: Geschichtsquellen, württembergische. 6. Bd.

Peter Lewe der andre Kalenberger herausgegeben von Oskar Schade Besonderer Abdruck aus dem VI Bande des Weimarischen Jahrbuchs Weimar 1857 8°.
Verf. Achilles Jason (Georg) Widmann von Hall (Schwaben). S. G. S. 117 Nr. 7 u. W. 2 S. 307 Nr. 7. Abgedr. in Hagen's Narrenbuch S. 355 ff.

Widmann, Adolf, s.a. Petermann [Pseud.]

—— Für stille Abende. Erzählungen. 16. (V und 306 S.) Berlin 854, Besser's Verlag.

Widmann, Adolph. Politische Bedenken wider die evangelische Kirchenzeitung. Potsdam, Stuhr (G. A. Gottschick) 1846. 37 S. 8.

—— politische Beobachtungen, s. Beobachtungen.

Widmann, Dr. A., Politische Blätter Nr. 1 und 2 (Monat Juni 1849). Ueber den Octroyirungsversuch der drei Kronen. Eine Denkschrift an die zu Gotha versammelten Männer des Centrums. Jena, Fr. Luden, 1849. 30 S. 8°.

Widmann, Dr. A., Politische Blätter. Nr. 3 und 4. (Monat August 1849.) Preußens Beruf und Nichtberuf in der deutschen Verfassungssache. Jena, Fr. Luden, 1849. 32 S. 8°.

Widmann, Adph., politische Blätter. 1. Jahrg. Juni—Decbr. 1849. 14 Nrn. gr. 8. (B.) Jena, Luden. n. 1 1/6 ₰; einzelne Nrn. 3 ngl

Brief an einen Juden und Freimaurer. [Unterz.: Adolf] **Widmann.** [Berlin 1872: Mittler & S.] 21 S. 8° [Kopftit.]
Aus: BZC. 1 (1872) S. 189—200.
Abgedr. in: Instructionen f. d. St. Joh.-Lehrling. 3 (1886) S. 131—152.
Betr. die Frage, warum die Gr. L. L. keine Juden zulässt. Üb. die christliche Grundlage der Frmrei. 23.

—— der Bruder aus Ungarn, s. Bruder, der, aus Ungarn.

Der Bruder aus Ungarn, Roman. Von Adolf **Widmann.** Bd 1. 2. Berlin: Basser 1852. VIII, 476 S. 8° 24

(Widmann, Adolf)
Der Bruder aus Ungarn. Roman. Bd 1.2. Berlin: Duncker 1852. 8°

Widmann, A., Deutschland eine Eidgenossenschaft. gr. 8. (39 S.) Jena 859. Doebereiner. *

Widmann, Adf., ausgewählte Erzählungen, s.: Hausbücherei, rheinische. 35. Bd.

Widmann, A., Frankreich, Rußland und die vereinte deutsche Großmacht. gr. 8. (14 S.) Jena 854, Doebereiner.

Widmann, Adolph, die Gesetze der socialen Bewegung. gr. 8. (XII und 326 S.) Jena 851, Mauke. Thlr. *

Instructionen für den St. Johannis-Gesellen. Ausgewählte Aufsätze aus der Zirkel-Correspondenz unter den St. Johannis-Logenmeistern der Grossen Landes-Loge der Freimaurer von Deutschland, hrsg. von [Adolf] Widmann und [Fel.] Possart. Jg 1872—1876. H. 1. Berlin: Mittler & S. 1877. 8°
1. 131 S. 1877. Unveränd. Neuabdr. Ebendas. 1892. 131 S. 8°

Instructionen für den St. Johannis-Meister. Ausgewählte Aufsätze aus der Zirkel-Correspondenz unter den St. Johannis-Logenmeistern der Grossen Landes-Loge der Freimaurer von Deutschland, hrsg. von [Adolf] Widmann und [Fel.] Possart. Jg 1872 bis 1876. H. 1. Berlin: Mittler & S. 1878. 8°
1. 134 S. 1878. Unveränd. Neuabdr. Ebendas. 1894. 134 S. 8°

(Widmann, Adolf) Die Kaiserwahl und die drei deutschen Reiche. Leipzig, O. Wigand, 1849. 16 S. 8°.

(Widmann, Adolf) Die Constitutionellen und die Anarchisten vor dem Richterstuhl des democratischen Prinzips. Von einem Farblosen. Jena, J. G. Schreiber, 1848. 39 S. 8°.

—— Nausikaa. Schauspiel in vier Akten mit Musik und Tanz. 16. (111 S.) Berlin 855, Besser'ss Verlag. *

— ein Neujahrsgruß zu 1860 an Louis Napoleon, s. Neujahrsgruß, ein.

(Widmann, Dr. A.) Ein Neujahrsgruss zu 1860 an Louis Napoleon von einem Deutschen 8. Jena 1860.

Widmann, A., Am warmen Ofen. Eine Weihnachtsgabe. 1. und 2. Aufl. 16. (VII und 288 S.) Berlin 853, Besser'ss Verlag. Thlr.

— der Tannhäuser. Ein Roman. 8. (X u. 422 S.) Berlin 850, Bessers Verlag (Frz. Duncker). n. 2 ₰

—— dramatische Werke. 2 Thle. 16. Leipzig 858. Voigt und Günther. à Thl. * 1 Thlr. *
Inhalt:
Thl. 1. Nausikaa. Kaiser und Kanzler. (III und 307 S.)
„ 2. Don Juan de Maranna. Sarah Haßfurter. (336 S.)

Widmann, Andreas Georg (Nürnberg) Altd. Phs. 42/21

Vitae curriculum Georg. Philipp. Harsdorferi.
Präs. Daniel Wilhelm Moller.
Altdorf (Meyer) 7. V. 1707. 20 S.

W. v.: Johann Andreas Bühel. 36615

Widmann, Benedict, theoretisch-praktische Anleitung zur Modulation u. freien Fantasie nach leichter Methode zum Selbstunterricht. Op. 16. 8. (IV, 148 S.) Leipzig 877. Merseburger. 1. 60

Widmann, Bened. Theoretisch-praktische Anleitung zur Modulation u. freien Fantasie, zunächst f. angehende Organisten, nach leichter Methode, zum Selbstunterrichte. Op. 16. 2. verm. Aufl. Lex.-8. (IV, 92 S.) Lpz. 889, Merseburger. 2 25

Widmann, Benedict, theoretisch-praktische Anleitung zur Partiturkenntnis für Lehrer und Lernende. Lex.-8. (VI, 82 S.) Leipzig 880, Merseburger.

Widmann, Benedikt, Auswahl geistlicher u. weltlicher Volkslieder u. anderer Gesänge f. katholische Volksschulen. 2 Hfte. 8. Fulda 883. Maier. n. — 75
1. Unter- u. Mittelstufe. (VI, 42 S.) n. — 35
2. Oberstufe. (IV, 60 S.) n. — 40

Johann Sebastian Bach, Johannes-Passion. Nach d. Ausg. d. Bach-Ges. 12. Lfg 1. Erläut. v. Benedikt Widmann. *Frankfurt a. M.: H. Bechhold [1896].* (34 S.) 1 Bd 8.
= Musikführer, Der. No 52, 53. (97. 1621)

Widmann, Bened., Johann Sebastian Bach's Johannes-Passion, — Joh. Seb. Bach's Matthäus-Passion, } s.: Musikführer, der.

Bildungswert des Gesanges. Von Benedikt Widmann, Rektor a. D. *Neuwied & Leipzig: Heuser 1900.* (16 S.) 8° [F.]
= Schule, Aus der, für die Schule. H. 81. [01. 1361

Widmann, Bened., Bildungswert des Gesanges, s. a. Für die Schule aus der Schule.

—— Chorgesang-Studien für die oberen Chorklassen höherer Mädchenschulen, Pensionate und Vorbereitungs-Kurse der Singakademien und Oratorienvereine. Lex.-8. (IV, 71 S.) Leipzig 882, Merseburger.

Widmann, Bened., Chorschule. Regeln, Uebungen u. Lieder methodisch geordnet. 4 Stufen. Leipzig 863. Merseburger. 8. 18 ngr.
1. Stufe: Der einstimmige leitereigene Chorgesang. (IV, 44 S.) 3 ngr.
2. Stufe: Der zweistimmige homophone leitereigene Chorgesang. (48 S.) 3 ngr.
3. Stufe: Der zwei- bis vierstimmige homophone, modulirende Chorgesang. (IV, 72 S.) 6 ngr.
4. Stufe: Der polyphone Chorgesang. (IV, 83 S.) 6 ngr.

—— Chorschule. Regeln, Uebgn. u. Lieder, methodisch geordnet. 1. u. 2. Stufe. 2. Aufl. 8. (à Stufe 48 S.) Lpz. 891, Merseburger. à Stufe — 30
1. Der einstimmige leitereigene Chorgesang.
2. Der zweistimmige homophone leitereigene Chorgesang.

— zweistimmige Chor-Solfeggien f. Sopran u. Alt u. e. Begleitungs-Stimme. Op. 12. 4. Aufl. gr. 8. (24 S.) Ebd. 890. — 45

— s.: Chorwerke, die beliebtesten.

—— Dichtergarten. Geordnete Auswahl deutscher Gedichte nebst Erläuterungen. 3 Stufen. gr. 8. Leipzig 864, Merseburger. [1. Stufe. (VIII und 112 S.) 6 Ngr., 2. Stufe. (221 S.) 12 Ngr., 3. Stufe. (IV und 284 S.) 15 Ngr.]

Widmann, Bened., Elementar-Cursus der Gesanglehre nach einer rationellen Methode. Für Volks- und Bürgerschulen verfaßt. gr. 16. (IV, 84 S.) Leipzig 868, Merseburger. *

Widmann, Benedict. Die Elemente der Stimmbildung. Leipzig (1861).

— die kunsthistorische Entwickelung d. Männerchors, in drei Vorlesgn. dargestellt. gr. 8. (100 S.) Leipzig 884. Merseburger. 1 80

Widmann, Bened. Die Erziehung für die Tonkunst. Kunstpädagogische Winke für Eltern und Lehrer. gr. 8. (80 S.) Lpz. 891, Merseburger. * 1 —

—— die strengen Formen der Musik. In klass. Beispielen zum Gebrauche für Lehrer und Schüler dargestellt, zergliedert und erläutert. Lex.-8. (VI, 122 S.) Ebendas. 882.

—— Formenlehre der Instrumentalmusik. Nach dem Systeme Schnyder's v. Wartensee zum Gebrauche für Lehrer und Schüler ausgearb. Lex.-8. (VIII und 148 S.) Leipzig 862, Merseburger.

—— Formenlehre der Instrumental-Musik. Nach dem Systeme Schnyder's v. Wartensee zum Gebrauche für Lehrer und Schüler ausgearb. 2. Aufl. gr. 8. (VIII, 138 S.) Ebendas. 879.

—— 20 dreistimmige Frauenchöre von verschiedenen Componisten. gr. 8. (III und 48 S.) Leipzig 867, Merseburger.

—— dreistimmige Frauenchöre von verschiedenen Componisten. 1. Heft. 2. Aufl. gr. 8. (III, 48 S.) Ebendas. 880.

(Widmann, B.) Friedrich Fröbel und (Xaver) Schnyder von Wartensee. Ein Briefwechsel. 8. Leipzig *o. J.* [1868 80].

Widmann, Bened., Fromm und Fröhlich! Geistliche und weltliche Volkslieder und neuere Gesänge für mittlere und obere Klassen kathol. Volksschulen. 1—3. Heft. Nebst einem Vorwort von (L.) Kellner. 8. Essen, Bädeker. [1. Heft. (IV und 32 S.) 857., 2. und 3. Heft. (à 36 S.) 858. 60. à Heft * 2 Ngr.] Thlr. *

—— der schriftliche Gedankenausdruck. Lehre und Uebung für Bürgerschulen bearb. 2 Hefte. 8. Leipzig 865, Merseburger. —
Inhalt:
Heft 1. Kenntniß der Wort- und Satzarten. Wortbiegung. (X und 67 S.) $4\frac{1}{2}$ Ngr.
" 2. Wortfügung, Wortfolge und Betonung. Satzfügung und Satzfolge. (VI und 106 S.) 6 Ngr.

Widmann, Bened., Gehör- u. Stimmbildung. Eine auf physiolog., psycholog. u. pädagog. Untersuchgn. u. Beobachtgn. gegründete Anleitg. zur Pflege d. Gehörs u. der Stimme. Mit 2 in den Text eingedr. Holzschn. 8. (263 S.) Leipzig 874. Merseburger. n. 3. —

— Gehör- u. Stimmbildung. Eine auf physiolog., psycholog. u. pädagog. Untersuchgn. u. Beobachtgn. gegründete Anleitg. zur Pflege des Gehörs u. der Stimme. 2. verb. Aufl. gr. 8. (VIII, 204 S. m. 2 Holzschn.) Leipzig 899. C. Merseburger. n. 3. —

—— Generalbaß-Uebungen nebst kurzen Erläuterungen. Eine Zugabe zu jeder Harmonielehre. 4. (V und 82 S.) Leipzig 859, Merseburger.

Widmann, Bened., Generalbass-Übungen nebst kurzen Erläuterungen. Eine Zugabe zu jeder Harmonielehre, systematisch geordnet. 2., verm. Aufl. hoch 4. (VI und 90 S.) Leipzig 867, Merseburger.

—— Generalbass-Uebungen nebst kurzen Erläuterungen. Eine Zugabe zu jeder Harmonielehre systematisch geordnet. 3. Aufl. 4. (VI, 90 S.) Ebendas. 872.

—— Generalbass-Uebungen nebst kurzen Erläuterungen. Eine Zugabe zu jeder Harmonielehre, systematisch geordnet. 4. Aufl. 4. (VI, 90 S.) Ebendas. 879.

Generalbass-Übungen nebst kurzen Erläuterungen. Eine Zugabe zu jeder Harmonielehre, systemat. geordnet von Benedict Widmann. 5., durchges. Aufl. Leipzig: Merseburger 1893. V, 91 S. 8° [II. 15054

Widmann, Bened., 20 zweistimmige Gesänge f. Schule u. Haus. Op. 14. gr. 8. (IV, 32 S.) Leipzig 876. Merseburger. — 60

— kleine Gesanglehre für die Hand der Schüler. Regeln, Uebungen, Lieder u. Choräle für drei Singstufen einer Knaben- oder Mädchenschule. 855. (80 S.) — 2. vielfach verm. Aufl. Leipzig 857. Merseburger. 16. (88 S.) n. 4 ngr.

—— kleine Gesanglehre für die Hand der Schüler. Regeln, Uebungen, Lieder und Choräle für drei Singstufen einer Knaben- oder Mädchenschule. 1. Aufl. 1857. und 2. Ster.-Aufl. gr. 16. (88 S.) Leipzig 860, Merseburger. *

— kleine Gesanglehre für die Hand der Schüler. Regeln, Uebungen, Lieder u. Choräle für drei Singstufen einer Knaben- oder Mädchenschule. 3—5. Stereot.-Aufl. Ebend. 860—64. 16. (88 S.) n. 4 ngr.

—— kleine Gesanglehre für die Hand der Schüler. Regeln, Uebungen, Lieder und Choräle für 3 Singstufen einer Knaben- oder Mädchenschule. 4.—7. Ster.-Aufl. gr. 16. (88 S.) Leipzig 862—68, Merseburger. *

—— kleine Gesanglehre für die Hand der Schüler. Regeln, Uebungen, Lieder u. Choräle für 3 Singstufen einer Knaben- oder Mädchenschule. 6—8. Ster.-Aufl. Ebend. 865—70. gr. 16. (88 S.) n. 4 ngr.

—— kleine Gesanglehre für die Hand der Schüler. Regeln, Uebungen, Lieder und Choräle für drei Singstufen einer Knaben- und Mädchenschule. 8.—11. Ster.-Aufl. gr. 16. (88 S.) Ebendas. 869—74.

—— kleine Gesanglehre für die Hand der Schüler. Regeln, Uebungen, Lieder und Choräle für 3 Singstufen einer Knaben- oder Mädchenschule. 12. und 13. Ster.-Aufl. gr. 16. (88 S.) Ebendas. 874,76. *

— kleine Gesanglehre für die Hand der Schüler. Regeln, Übungen, Lieder u. Choräle für drei Singstufen einer Knaben- u. Mädchenschule. 16. Ster.-Aufl. 12. (88 S.) Ebend. 881. n. — 40

—— kleine Gesanglehre für die Hand der Schüler. Regeln, Übungen, Lieder und Choräle für drei Singstufen einer Knaben- und Mädchenschule. 14.—18. Ster.-Aufl. 12. (88 S.) Ebendas. 881—84.

Widmann, Benedict, kleine Gesanglehre für die Hand der Schüler. Regeln, Übungen, Lieder und Choräle für 3 Singstufen einer Knaben- oder Mädchenschule. 18. Ster.-Aufl. 12. (88 S.) Leipzig 886, Merseburger.

—— Kleine Gesanglehre f. die Hand der Schüler. Regeln, Uebgn., Lieder und Choräle für 3 Singstufen e. Knaben- oder Mädchenschule. 19. Ster.-Aufl. 12. (88 S.) Ebd. 891. * — 40

— kleine Gesanglehre f. die Hand der Schüler. Regeln, Übgn., Lieder u. Choräle f. 3 Singstufen e. Knaben- od. Mädchenschule. 20. Ster.-Aufl. 12. (88 S.) Ebd. 894. n. — 40

— kleine Gesanglehre f. die Hand der Schüler. Regeln, Übgn., Lieder u. Choräle f. drei Singstufen e. Knaben- od. Mädchenschule. 21. Aufl. 12. (88 S.) Ebd. 900. n. — 40

Widmann, Bened., kleine Gesanglehre f. die Hand der Schüler. Regeln, Übgn., Lieder u. Choräle f. drei Singstufen e. Knaben- od. Mädchenschule. 22. Aufl. (88 S.) kl. 8. Leipzig 908. C. Merseburger. — 40

—— leichte ein- und zweistimmige Gesangübungen für Kinderstimmen componirt. Op. 15. 8. (50 S.) Ebendas. 877. *

Widmann, Benedict, leichte ein- u. zweistimmige Gesangübungen, f. Kinderstimmen komp. Op. 15. 2. durchgeseh. Aufl. (50 S.) kl. 8. Leipzig 905. C. Merseburger. n. — 40

—— Geschichtsbild des deutschen Volksliedes, in Wort und Weise dargestellt und erläutert. 8. (XII, 122 S.) Ebendas. 885.

— u. S. **Widmann**, Gockel, Hinkel u. Gackeleia, s. a. Brentano, Cl.

— Gockel, Hinkel und Gackeleia. Ein Mährchen von Clemens Brentano. Für die Jugend, im Auszuge bearb. br. 8. (101 S. mit 6 ill. Stnt.) Frankfurt a. M. 856, Krebs-Schmitt.

—— Grundzüge der musikalischen Klanglehre. Für Musiklehrer, Schüler und jeden gebildeten Musikfreund leichtfasslich dargestellt. 8. (VIII, 168 S. mit 20 Holzschn. im Texte.) Ebendas. 868.

—— Handbüchlein der Harmonie-, Melodie- und Formenlehre. In systematischer, gedrängter Darstellung geordnet, theilweise mit Uebungen versehen. gr. 16. (VIII und 200 S.) Leipzig 861, Merseburger.

—— Handbüchlein der Harmonie-, Melodie- und Formenlehre. In systematischer, gedrängter Darstellung geordnet, theilweise mit Uebungen versehen und hrsg. 2., verb. Aufl. gr. 16. (VIII und 216 S.) Leipzig 867, Merseburger.

—— Handbüchlein der Harmonie-, Melodie- und Formenlehre. In systematisch gedrängter Darstellung geordnet, theilweise mit Uebungen versehen. 3. verb. Aufl. 8. (VIII, 196 S.) Ebendas. 873.

—— Handbüchlein der Harmonie-, Melodie- und Formenlehre. In systemat., gedrängter Darstellung geordnet, theilweise mit Uebungen versehen und hrsg. 4. verb. Aufl. 8. (VIII, 196 S.) Ebendas. 880.

—— Handbüchlein der Harmonie-, Melodie- u. Formenlehre. In systemat. gedrängter Darstellg. geordnet, teilweise m. Übgn. versehen u. hrsg. 5. Aufl. 8. (VIII, 196 S.) Ebd. 889. * 1 60

Widmann, Benedikt: G. F. Händels Cäcilien-Ode, s. Musikführer, Der.

Widmann, Benedikt: Georg Friedrich Händels Frohsinn, Schwermut u. Mässigung, s. Musikführer, Der.

Widmann, Benedikt: Georg Friedrich Händel's Samson, s. Musikführer, Der.

Jos. Haydn, Die Jahreszeiten '(m. Text)'. Erl. v. Benedikt Widmann. *Frankfurt a. M.: H. Bechhold [1896].* (47 S.) 1 Bl 8.
— Musikführer, Der. No 84 85. 97 980

Widmann, Benedikt: Jos. Haydn's Schöpfung, s. Musikführer, Der.

Widmann, Benedikt: Jos. Haydn's Symphonie in G-dur, s. Musikführer, Der.

Joseph Haydn, Symphonie in G-dur. '(M. d. Paukenschlag).' Erläut. v. B[ened.] Widmann. *Frankfurt a. M.: H. Bechhold [1896].* (11 S.) 1 Bl 8.
— Musikführer, Der. No 59. 97 ...

-- Hosianna! Ein- u. zweistimm. Gesänge [f. Familie, Schule u. Kirche] aus dem 17. Jahrh. In Partitur gesetzt u. m. Orgelbegleitg. versehen. qu. gr. 4. (VI, 68 S.) Ebend. 872. 1. 50

— u. S. **Widmann**, Kaiserlieder. Für den zwei- u. dreistimm. Schülerchor bearb. u. hrsg. 8. (32 S.) Ebd. 889. n. — 20

Widmann, Bened., Katechismus der allgemeinen Musiklehre. gr. 16. (190 S.) Ebendas. 871. *

—— Katechismus der allgemeinen Musiklehre. 2. Aufl. 8. (IV, 148 S.) Ebendas. 879. *

Widmann, Benedikt: Friedrich Kiel's 60. Werk, Christus, s. Musikführer, Der.

Widmann, Bened., Lebensfrühling. Kinderlieder von K. Enslin, für Schule und Haus ein-, zwei- und dreistimmig componirt. Bevorw. von E. Hentschel. Leipzig 853. Merseburger. qu. 8. (32 S.) 1½ ngr.

—— Lebensfrühling. Jugendlieder von Carl Enslin. Mit ein=, zwei= und dreistimmigen Orig.=Compositionen und Volksweisen. Bevorwortet von Ernst Hentschel. 2. Heft, enthaltend 29 ein=, zwei= und dreistimmige Lieder. qu. 8. (32 S.) Leipzig 858, Merseburger.
1. Heft. Ebendas. 1853. 1½ Ngr.

—— Lebensfrühling. Kinderlieder von Carl Enslin für Schule und Haus ein= und zweistimmig mit leichter Klavierbegleitung componirt. qu. 4. (IV und 24 S.) Leipzig 854, Merseburger.

—— praktischer Lehrgang für einen rationellen Gesang=Unterricht in mehrklassigen Volks= und Bürgerschulen. Auf Grundlage der allgemeinen Bestimmungen vom 15. Octbr. 1872 methodisch bearb. 1.—6. Stufe. 8. Ebendas. 874,75. [1. Stufe. (24 S.) * 20 Pf.; 2. Stufe. (20 S.) * 20 Pf.; 3. Stufe. (24 S.) * 20 Pf.; 4. Stufe. (34 S.) * 30 Pf.; 5. Stufe. (47 S.) * 30 Pf.; 6. Stufe. (66 S.) * 40 Pf.] *

—— praktischer Lehrgang für einen rationellen Gesang=Unterricht in mehrklassigen Volks= und Bürgerschulen. Auf Grundlage der allgem. Bestimmungen vom 15. Octbr. 1872 methob. bearb. 7. Stufe. 8. (VI, 89 S.) Ebendas. 879. *
1.—6. Stufe. Ebendas. 1874.75. * ℳ 1.60.

—— praktischer Lehrgang für einen rationellen Gesang-Unterricht in mehrklassigen Volks- und Bürgerschulen. Auf Grundlage der allgemeinen Bestimmungen vom 15. Oktbr. 1872 methodisch bearb. 5 Stufen. 8. Ebendas. 886,87. [1. Stufe. 4. Aufl. (32 S.) * 20 Pf.; 2. Stufe. 4. Aufl. (28 S.) * 20 Pf.; 3. Stufe. 5. Aufl. (III, 28 S.) * 20 Pf.; 4. Stufe. 4. Aufl. (38 S.) * 30 Pf.; 5. Stufe. 4. Aufl. (52 S.) * 40 Pf.] *

—— Praktischer Lehrgang f. e. rationellen Gesang=Unterricht in mehrklassigen Volks= u. Bürgerschulen. Auf Grundlage der allgem. Bestimmgn. vom 15. Oktbr. 1872 methodisch bearb. 2. u. 4.—6. Stufe. 8°. Ebd. [2. Stufe. 6. Aufl. (30 S.) 890. * — 20; 4. Stufe. 5. Aufl. (38 S.) 889. * — 30; 5. Stufe. 5. Aufl. (52 S.) 890. * — 40; 6. Stufe. 4. Aufl. (IV, 72 S.) 889. * — 50.] * 1 40

—— prakt. Lehrgang f. e. ration. Gesang=Unterricht in mehrklass. Volks= u. Bürgerschulen. Auf Grundlage d. allgem. Bestimmgn. v. 15. X. 1872 methodisch bearb. 6 Stufen. 12. Leipzig 897. C. Merseburger. n. 1. 80
1. 5., bericht. Aufl. (32 S.) n. — 20
2. 3. 6., bericht. Aufl. (30 u. 32 S.) à n. — 20
4. 6. Aufl. (39 S.) n. — 30
5. 6. Aufl. (51 S.) n. — 40
6. 5. Aufl. (IV, 75 S.) n. — 50

— praktischer Lehrgang f. e. rationellen Gesang-Unterricht in mehrklass. Volks- u. Bürgerschulen. Auf Grundlage der allgemeinen Bestimmgn. vom 15. X. 1872 method. bearb. 3. Stufe. 7. bericht. Aufl. (32 S.) kl. 8. Ebd. (906). n. — 20

— Praktischer Lehrgang f. e. rationellen Gesang-Unterricht in mehrklassigen Volks- u. Bürgerschulen. Auf Grundlage der allgemeinen Bestimmgn. v. 15. X. 1872 methodisch bearb. 2. Stufe. 7. bericht. Aufl. (31 S.) kl. 8. Ebd. (908). — 20

— s.: Lesebuch, deutsches, f. Bürgerschulen.

—— Lieder für Schule und Leben. Methodisch geordnet und hrsg. 3 Stufen. gr. 16. Leipzig 861, Merseburger.
Inhalt:
Stufe 1. Für Elementarklassen höherer und niederer Schulen. (34 S.) * 2 Ngr.
" 2. Für Mittelklassen höherer Bürgerschulen und Oberklassen von Volksschulen. (58 S.) 3 Ngr.
" 3. Für die oberen Klassen höherer Bürger- und Töchterschulen. (102 S.) 4½ Ngr.

—— Lieder für Schule und Leben. 3. Stufe, für die oberen Klassen höherer Bürger= und Töchterschulen. Methodisch geordnet und hrsg. 2. Ster.=Aufl. gr. 16. (II und 102 S.) Leipzig 864, Merseburger.

—— Lieder für Schule und Leben. Methodisch geordnet. 4 Stufen. gr. 16. Ebendas. *
Inhalt:
Stufe 1. Für Elementarklassen höherer und niederer Schulen. 3. Aufl. (34 S.) 874. * 20 Pf.
" 2. Für Mittelklassen höherer Bürgerschulen und Oberklassen von Volksschulen. 3. Aufl. (58 S.) 872. 30 Pf.
" 3. Für die oberen Klassen höherer Bürger- und Töchterschulen. 4. und 5. Ster.-Aufl. (102 S.) 871,74. 45 Pf.
" 4. (III, 108 S.) 871. 95 Pf.

—— Lieder für Schule und Leben. Methodisch geordnet. 1.—8. Stufe. gr. 16. Ebendas.
Inhalt:
Stufe 1. Für Elementarklassen höherer und niederer Schulen. 4. Aufl. (II, 34 S.) 876. 20 Pf.
" 2. Für Mittelklassen höherer Bürgerschulen und Oberklassen von Volksschulen. 4. und 5. Aufl. (58 S.) 876,77. 30 Pf.
" 3. Für die oberen Klassen höherer Bürger- und Töchterschulen. 6. Ster.-Aufl. (102 S.) 878. 45 Pf.
4. Stufe. Ebendas. 1871. 45 Pf.

—— Lieder für Schule und Leben. 3. Stufe, für die oberen Klassen höherer Bürger- und Töchterschulen. Methodisch geordnet und hrsg. 7. Ster.=Aufl. 12. (II, 102 S.) Ebendas. 887.

—— Lieder f. Schule u. Leben. 1. u. 2. Stufe. Methodisch geordnet u. hrsg. 12. Ebd. — 45
1. Für Elementarklassen höherer u. niederer Schulen. 5. Aufl. (II, 34 S.) 890. — 15.
2. Für Mittelklassen höherer Bürgerschulen und Oberklassen von Volksschulen. 6. Aufl. (II, 58 S.) 892. — 30.

—— Liederquelle. 25 Gedichte für die Jugend von Carl Enslin. Mit 1=, 2= und 3stimmigen Orig.=Kompositionen und Volksweisen hrsg. 1. Heft. br. 8. (VI und 25 S.) Erfurt 854, Körner's Verlag. *

—— dass. — 100 Gedichte für die Jugend von Carl Enslin. Mit 1=, 2= und 3stimm. Orig.=Compositionen und Volksweisen hrsg. 2—4. Heft. (Schluß.), enthaltend 25 Lieder. br. 8. (IV und S. 27—108.) Erfurt 856, Körner's Verlag. à Heft * 2 Ngr. *

— Liederquelle. 100 Gedichte für die Jugend von K. Enslin. Mit 1=, 2= und 3stimmigen Orig.=Kompositionen und Volksweisen herausgegeben. Erfurt (855, 56.) Körner's Verlag. 16. (IV, 108 S.) n. 2 ngr

—— neue Liederquelle, s. Erk, L.

—— die Methode des Schul= und Chorgesang=Unterrichts in ihrer geschichtlichen Entwickelung nach Quellen dargestellt. 8. (VI, 178 S.) Ebendas. 878.

—— Polyhymnia. 2= und 3stimmige Chorgesänge mit Pianofortebegleitung. Zum Gebrauch für Schul= und Frauenchöre, meist aus den musikal. Classikern ausgewählt und theilweise arrangirt. qu. 4. (III und 52 S.) Leipzig 865, Merseburger.

—— Polyhymnia. 2= und 3stimmige Chorgesänge mit Pianofortebegleitung. Zum Gebrauche für Schul= und Frauenchöre meist aus den musikal. Classikern ausgewählt und theilweise arrangirt. 1. Heft 2. Aufl. und 2. Heft. qu. 4. (III, 52; III, 47 S.) Leipzig 869, Merseburger. à Heft

—— Sammlung polyphoner zwei= und dreistimmiger Uebungen und Gesänge für höhere Töchterschulen und Mädcheninstitute. Methodisch geordnet. 1. und 2. Heft. (40 zweistimm. Uebungen und Gesänge. — 30 dreistimm. Uebungen und Gesänge.) gr. 8. (IV und 32; III und 40 S.) Leipzig 856, Merseburger. [1. Heft 5 Ngr., 2. Heft 6 Ngr.]

—— dass. — 3. und 4. Heft. (41 zweistimmige Uebungen und Gesänge. — 30 dreistimmige Uebungen und Gesänge.) gr. 8. (IV und 40 S.; III und 36 S.) Ebendas. 858. à Heft 6 Ngr.
2. Heft. Ebendas. 1856. 6 Ngr.

Widmann, Bened., Sammlung polyphoner zwei- und dreistimmiger Uebungen und Gesänge für höhere Töchterschulen und Mädcheninstitute, Gymnasien und Präparandenanstalten. Methodisch geordnet. 1. Heft, enth. 15 zweistimmige Uebungen u. Gesänge. 2. verm. Aufl. Leipzig 860. Merseburger. gr. 8. (2 Bl., 40 S.) 6 ngr

—— Sammlung polyphoner zwei- und dreistimmiger Uebungen und Gesänge für höhere Töchterschulen und Mädcheninstitute, Gymnasien und Präparandenanstalten. Methodisch geordnet und hrsg. 1. und 2. Heft. gr. 8. Leipzig, Merseburger.
Inhalt:
Heft 1. 48 zweistimmige Uebungen und Gesänge. 3. Aufl. (IV und 40 S.) 866. 6 Ngr.
" 2. 21 dreistimmige Uebungen und Gesänge. 2., verm. Aufl. (36 S.) 864. 6 Ngr.
3. und 4. Heft. Ebendas. 1858. 12 Ngr.

—— Sammlung polyphoner 2- u. 3stimmiger Übungen u. Gesänge f. höhere Töchter- u. Realschulen, Gymnasien u. Präparandenanstalten. Methodisch geordnet u. hrsg. 1. Heft, enth. 48 2stimm. Übgn. und Gesänge. 6. Aufl. gr. 8. (IV, 40 S.) Ebd. 891. — 60

— s.: Symphonien u. symphon. Dichtungen, d. beliebtesten.

—— Trichordium. Dreistimmige Gesänge für Männerstimmen. Für Oberklassen höherer Schulen, für Seminarien und kleinere Gesang-Vereine. gr. 8. (IV und 64 S.) Leipzig 866, Merseburger.

— neue Trutz-Nachtigall, s.: Müller, Heinr. Fidelis.

—— Volksliederschule. Vereinfachte rationelle Methode für den Volksschul-Gesangunterricht. 3 Hefte. 8. Ebendas. 881. *
Inhalt:
Heft 1. Unterstufe. (32 S.) * 20 Pf.
" 2. 3. Mittel- und Oberstufe. (à 40 S.) à * 30 Pf.

—— Volksliederschule. Vereinfachte, rationelle Methode f. d. Volksschul-Gesangunterricht. 3 Hefte. 2. umgearb. Aufl. 8. Ebd. 892. * — 64
1. Untere Stufe. (32 S.) * — 16. — 2. Mittelstufe. (40 S.) * — 24. — 3. Oberstufe. (48 S.) * — 24.

— Volksliederschule. Vereinf. ration. Methode f. den Volksschul-Gesangunterr. 3 Hfte. 4. Aufl. 8. Leipzig 898. C. Merseburger. n. — 70
I. 3. u. 4. Schulj. (36 S.) n. — 16
II. 5. u. 6. Schulj. (40 S.) n. — 24
III. 7. u. 8. Schulj. (52 S.) n. — 30

— dasselbe. 9 Singtafeln dazu à 78 × 111 cm. Ebd. 899. n. 6.80

— Erläuterungen zu den Singtafeln d. „Volksliederschule". 8. (8 S. m. 8 Taf. in Fol.) Leipzig 898. C. Merseburger. — 75

— Volksliederschule. Vereinfachte rationelle Methode f. den Schul-Gesangunterricht, neu bearb. v. Heinr. Herborn. 3 Hefte. 8. Leipzig 906. C. Merseburger. n. — 70
I. 3. u. 4. Schulj. 9. Aufl. (40 S.) n. — 16
II. 5. u. 6. Schulj. 8. Aufl. (48 S.) n. — 24
III. 7. u. 8. Schulj. 7. Aufl. (68 S.) n. — 30

— Volksliederschule. Vereinfachte rationelle Methode f. den Schul-Gesangunterricht, neu bearb. v. Heinr. Herborn. 3 Hefte. 8. Leipzig 906. C. Merseburger. n. — 70
I. 3. u. 4. Schulj. 9. Aufl. (40 S.) n. — 16
II. 5. u. 6. Schulj. 8. Aufl. (48 S.) n. — 24
III. 7. u. 8. Schulj. 7. Aufl. (68 S.) n. — 30

— Volksliederschule. Vereinfachte rationelle Methode f. den Schul-Gesangunterricht. Neu bearb. v. Heinr. Herborn. 3 Hefte. 8. Ebd. — 70
I. 3. u. 4. Schulj. 12. Aufl. (40 S.) 910. — 16
II. 5. u. 6. Schulj. 11. Aufl. (48 S.) 911. — 24
III. 7. u. 8. Schulj. 10. Aufl. (68 S.) 911. — 30

—— Vorbereitungs-Cursus für den Gesangunterricht. Eine prakt. Anleitung zum Gehörsingen. gr. 16. (IV und 60 S.) Leipzig 857, Merseburger. *

—— Vorbereitungs-Cursus für den Gesang-Unterricht. Eine prakt. Anleitung zum Gehörsingen. 2. Aufl. gr. 16. (VIII, 64 S.) Leipzig 868, Merseburger. *

—— Vorbereitungs-Cursus für den Gesang-Unterricht. Eine prakt. Anleitung zum Gehörsingen. 3. Aufl. gr. 16. (VIII, 64 S.) Ebendas. 877. *

—— Vorschule des Gesanges. Eine theoretisch-praktische Anleitung für den Privat- und Schulgesangunterricht. Nach einem hinterlassenen Manuscripte des Musikdirectors J. N. Schelble bearb. qu. 4. (VII und 128 S.) Leipzig 859, Merseburger.

— neuer Weg zur Erteilung d. Gesangunterrichts in der Volksschule. 12. (66 S.) Leipzig 890. Merseburger. — 60

Widmann, Bernhard. P. Alberich Zwyssig als Komponist. Ein Gedenkblatt zu seinem 50. Todestage von P. B' W', Kapitular des Cist.-Stiftes Mehrerau. [Mit Bibliographie, Musik-Noten im Text und 3 Tafeln.] 43 S. 8. Bregenz, Druck J. N. Teutsch — *Aufdruck:* Baessler & Drexler, Buch- & Kunsth., Zürich — 1905. [fr. 1. —]

Widmann, C. A. F., Quaestio de Sallustiani Memmii oratione. gr. 4. (22 S.) Blaubeuren 857. (Tübingen, Fues'sche Sortimentsbuchh.) *

Widmann, Carl, s. Widmann, Karl.

Widmann, Chr. Jak., von den gerichtl. Verlassungen u. Verpfändungen d. unter d. Gerichtsbarkeit zu Braunschweig beleg. Grundstücke ꝛc. 8. Braunschw. 804. Vieweg. 10 gGr.

Widmann, Elisabeth. Thomas Mann. Vortrag, gehalten in der »Litterarischen Gesellschaft in Göttingen« am 12. Dezember 1903 von E' W'-Hannover [aus Bern]. 20 S. 8. (Göttingen, W. Fr. Kästner — *Aufdruck:* Otto Hapke Verlag —, [1907].) [M. —.50]

Widmann, Elisab., Thomas Mann. Ein Vortrag. 2. erweit. Aufl. (24 S.) gr. 8. Göttingen 907. O. Hapke. — 80
1. Aufl. (19 S.) 903. — 50.

Widmann's, Enoch, Chronik der Stadt Hof. Nach der Orig.-Handschrift zum erstenmal hrsg. v. Chrn. Meyer. [Aus: „Hohenzoll. Forschgn."] 5 Lfgn. gr. 8. (XXX, 486 S. m. 1 Abbildg. u. 3 Taf.) Hof 893. 894. R. Lion. à n. 2. —

— dasselbe, s.: Quellen zur Geschichte der Stadt Hof.

Widmann, Eugen: Über den feineren Bau der Augen einiger Spinnen. Leipzig 1908: W. Engelmann. (59 S., 3 Taf.) 8°
¶ (Aus: Zeitschrift f. wissenschaftl. Zoologie Bd 90 S. 258–312.)
Heidelberg, Naturw.-math. Fak., Ref. Bütschli, Diss. v. 9. Mai 1908
[Geb. 5. März 85 Frankfurt a. M.; Wohnort: Frankfurt a. M.; Staatsangeh.: Preußen; Vorbildung: Goethe-Gymn. Frankfurt a. M. Reife O. 04; Studium: Heidelberg 7 S.; Rig. 28. Jan. 08.]

Widmann, Fr., s. Angeli, der Mißbrauch des Aderlassens.

Widmann, Franz Sales

— jus canonico-theoretico-practicum, utrique foro accommodatum. 8. August. Vindel. 760.

***Widmann*, Frz. Sales,** († 1775) theses materiarum selectarum ex jure canonico. 8. Const. 752.

Widmann, G., patriot. Gemälde aus Polen, nach dem jüngsten Fall von Warschau. gr. 8. Würzb. 832. (Stahel). 6 gGr.

Widmann, G., Königr. Württemberg, s.: Landes- u. Provinzialgeschichte. (Kleemann, E.)

Widmann, G. M., Kritik der Arzneiwissenschaft aus d. Standpunkte d. Natur. 1r Bd. gr. 8. Heidelb. 816. Oswald. 1 ₰ 20 gl.

Widmann, Georg (Weil/Württ.) A. S. 1343/50

De consiliis naturae.
Präs. Johann Eberhard Rösler.
Tübingen (Franck) 24. VII. 1716. 18 S.

36616

Widmann, Georg Rudolf

Widman, G. R., Fausts Leben, s. Collection Spemann.
—— dass. — Hrsg. von Adelbert v. Keller, s. Bibliothek des litterarischen Vereins in Stuttgart, Bd. 146.

Widmann, Geo. Rudo., das ärgerl. Leben u. schreckl. Ende des &c. Joh. Fausti, s. a. Leben &c.

Widmann, Georg Rudolf u. Joh. Nik. Pfitzer

Das ärgerliche Leben und schreckliche Ende ... Nürnberg, In Verlegung Wolffgang Moritz Endters. 1711.

Das ärgerliche Leben u. schreckliche Ende des viel-berüchtigten Erz-Schwarzkünstlers **D. Johannis Fausti**. Erstlich etc. beschrieben von **G. R. Widmann**. Jetzo aufs neue übersehen etc. durch **Joh. Nicolaum Pfitzerum**. Nebst etc. einem Anhang von den Lapponischen Wahrsager-Pauken. Nürnberg. 1717.

Des bekandten Ertz-Zauberers Doctors Joh. Fausts ärgerliches Leben und Ende, Vor vielen Jahren der bösen Welt zum Schrecken beschrieben von Georg Rudolph Widmann, Nachgehends mit neuen Erinnerungen vermehrt Von Joh. Nicolao Pfitzer, M.D. Und endlich ist noch beygefüget worden, D. Conrad Wolffgang Platzii, Vorbericht von der Sünde der Zauberey, Ingleichen ein Anhang von den Lapponischen Wahrsager-Paucken ... Neue und verbesserte Auflage. Nürnberg. In (!) Wolffgang Moritz Endterischen Buch-Laden zu finden. 1726.

Das ärgerliche Leben | und | schreckliche Ende des vielberüchtigten | Erz-Schwarzkünstlers | Johannis Fausti. | Erstlich vor vielen Jahren fleißig beschrieben | von | Georg Rudolph Widmann; | hernach übersehen und wieder herausgegeben | von | Ch. Nikolaus Pfitzer | Med. D. Nürnb. A. 1674. | Jetzo aber | auf's Neue aufgelegt und mit 16 Holzschnitten | verziert. | Reutlingen, | Druck und Verlag von B. G. Kurtz. 1834.
237 S. + Inhaltsverzeichnis, 150 × 94, Titel-Fig.: *Doctor Johannes Faustus*, 127 × 79, 16 Fig. (von Hermann Kurz) im Text.
LBS d. D. oct K 3278.
J. Ashton: Chap Books of the 18th Century, London 1882, S. 38–52. – Conrady S. 89–143. – Görres Nr. 35, S. 207–220. – Heitz-Ritter Nr. 130–148. – Huemer S. 139–172. – L. Ph. C. Van den Bergh: De Nederlandsche Volksroman, Amsterdam 1837, S. 148–154. – Van Heurck S. 107–110. – Im übrigen vgl. die Faust-Bibliographie von Hans Henning (bisher erschienen Teil I, Berlin/Weimar 1966).

Widmann, Geo. Rud., das ärgerliche Leben und schreckliche Ende des vielberüchtigten Erz-Schwarzkünstlers Johannis Fausti. Uebersehen und wieder herausg. von Ch. Nikol. Pfitzer. Nürnberg A. 1674. Itzo aber auf's Neue aufgelegt u. mit 16 Holzschn. verziert. gr. 12. Reutlingen 834. ½ ₰ 2e Aufl. gr. 12. Ebd. 838. Kurtz. ³⁄₈ ₰

Widmann, Gottfried, Bestreitung der Grund-Ideen zu einer deutschen Reichsverfassung des Dr. Eisenmann. Würzburg, Stahel, 1848. 14 S. 8°.

Widmann, Gttfr., das Corpus-Juris für den Bürger und Landmann. Ein Volksbuch zur Minderung der Prozesse und f. tüchtige Selbstbeurtheilung d. Rechtsverhältnisse. Lex.-8. Hildburghausen 845, Bibliograph. Institut. (Leipzig, Gebhardt u. Reisland.) n. ⅔ ₰

Widmann, Gfried., das Geschwornen-Buch oder die begriffene Ueberzeugung. Für die Geschwornen Deutschlands. gr. 8. (XVI und 268 S.) Würzburg 864, Stahel'sche Buchh. *

Widmann, Gottfried, Die Eine Kammer des deutschen Parlaments und der Vermittlungsvorschlag zwischen dem Ein- und Zweikammersystem. Ferner die Grundprinzipien eines deutschen Prozeßgesetzes. Würzburg, Stahel, 1848. 20 S. 8°.

Widmann, Gustav, a. Ulm: Griseldis in der deutschen Literatur des XIX. Jahrhunderts. Ein Beitrag zur Behandlung eines mittelalterlichen Stoffes in der neuesten Zeit. Leipzig und Wien: C. Fromme 1905. (VI, 47 S.) 8° [F.] ¶(Erscheint vollst. in: Euphorion, Zeitschrift für Literaturgeschichte. Jg. 1906.)
Tübingen, Phil. Fak., Ref. v. Fischer, Diss. v. 30. Nov. 1905
[Geb. 19. Okt. 80 Ulm; Wohnort: Stuttgart; Staatsangeh.: Württemberg; Vorbildung: Gymn. Heilbronn Reife M. 98; Studium: Stuttgart T.H. 2, Straßburg 1, Tübingen 3, München 1, Berlin 1, Bonn 2, Tübingen 1 S.; Coll. 16. Dez. 04.]

Widmann, Hans

Widmann, *Johann*: Zwei Beiträge zur salzburgischen Geschichte. 8 (S. 3–28). Progr. K. k. Staats-G. *Salzburg* 1897.
I. Über eine gemeine Salzburgische Landesordnung des 16. Jahrhunderts. II. Über eine Beschwerdeschrift der Stadt Salzburg von 1525.

— **moderne Salzburger Dichter, s.: Randglossen zur deutschen Literaturgeschichte. 10. Bdchn.**

Widmann, Hans, Fremdenführer f. Steyr u. Umgebung. Nebst e. naturhistor. Skizze v. A. Zimmeter. Mit 1 (lith.) Karte Hrsg. vom Central-Comité der elektr., Landes-Industrie-, Forst- u. cultur-histor. Ausstellg. in Stadt Steyr unter dem Protectorate Sr. kaiserl. Hoh. Erzherzog Carl Ludwig. 12. (110 S.) Steyr 884. Kutschera. n. — 80

Widmann Dr. H.: Zur Geschichte und Literatur des Meistergesanges in Oberösterreich. Mit Benützung bisher unedierter Handschriften. 43. Steyr R. 85.
Progr.

Widmann, H., zur Geschichte und Literatur des Meistergesanges in Oberösterreich. Mit Benützung bisher unedirter Handschriften. gr. 8. (44 S.) Wien 885, (Pichler's Wwe. und Sohn.)

Geschichte Salzburgs. Von Hans **Widmann**. Bd 1. Gotha: F. A. Perthes 1907. 8° [F.]
= Landesgeschichten, Deutsche. Werk 9. Bd 1.
— **Staatengeschichte**, Allgemeine. Abt. 3, Werk 9, Bd 1. 107. 9171

Widmann, Hans, Geschichte Salzburgs. Bd 1. 2. Gotha 1907—1909. 8°.
1. (Bis 1270.) 1907;
2. (Von 1270–1519.) 1909.
[Allgem. Staatengesch., hrsg. von Karl *Lamprecht*. Abt. 3. Werk 9.]

Widmann, Hans: Grillparzer als Lyriker. Görz 1874. 39 S. Progr.

Widmann, Hans: Der Kampf um die Zaunrith'sche Druckerei (1801–1802). (Umschlagtitel: ... nach Acten des k. k. Regierungsarchives.) S. 3–15. 8. K. k. Staats-Gymn. *Salzburg* 1901.
Progr.

Widmann, H.: Zur Kudrun. Mythisches und Historisches. 43 S. 8°. – Görz OG., Progr. 1873.

Widmann, Hans, Marie Eugenie delle Grazie, s.: Randglossen zur deutschen Literaturgeschichte. 8. Bdchn.

Widmann, Hans, s.: Mitteilungen der Gesellschaft für Salzburger Landeskunde.

— **„Die Moderne" in Salzburg, s.: Litteraturbilder fin de siècle. IV.**

Widmann Dr. H.: **Das Land Oesterreich o. d. Enns unter der Herrschaft der Römer. Hist. Skizze. 37. Steyr R. 81.**
Progr.

Widmann, Johann Das Brucker St. Nikolaus-Spiel. Ein Beitrag zur Literatur des Volksschauspieles in Salzburg. 8 (26 S.).
Progr K. k. Staats-G. *Salzburg* 1891.

— **Adalbert Stifter, s.: Litteraturbilder fin de siècle.**

— **Von Verbrechen u. Strafen in der erzbischöflichen Zeit. Ein halbes Jahrhundert lang „Freimann" in Salzburg. Kulturgeschichtliche Studie. (S. 97—123 m. Abb.) gr. 8. Salzburg 908. (A. H. Huber.) 1. 20**
Sonderabdr. a.: „Rechenschaftsber. d. städt. Museums Carolino-Augusteum f. 1907".

Widmann, Hans, der Markt Windischgarsten und seine Umgebungen. 16. (12 S. mit 1 lithogr. Panorama.) Steyr 878, (Sandbök'sche Buchh.)

[F.] Dr. Franz Valentin Zillner 1816—1896. Ein Lebensbild. (M. 1 Portr.) Von Dr. Hans Widmann. *Salzburg: Gesellsch. f. Salzburger Landeskunde 1897.* (XXIII S., 1 Portr.) 8.
in: Mittheilungen d. Gesellschaft f. Salzburger Landeskunde. Vereinsjahr 37. 1897. (98. 1797)

Widmann, Heinrich, a. Bremen: Stieldrehung von Ovarialcystomen während der Schwangerschaft und im Wochenbett. Freiburg i. B. 1905: U. Hochreuther. (71 S.) 8°
Freiburg i. B., Med. Fak., Ref. Krönig, Diss. v. 1906
[Geb. 18. April 81 Bremen; Wohnort: Bremen; Staatsangeh.: Bremen; Vorbildung: Gymn. Bremen Reife M. 00; Studium: München 2, Berlin 1, Freiburg i. B. 7 S.; Coll. 28. Juli 05; Approb. 28. Juli 05.]

Widmann, Hermann Dr. Erläuterungen zur geognostischen Karte Tirols und Schlußbericht der administrativen Direktion des geognostisch-montanistischen Vereins für Tirol und Vorarlberg. 4. Innsbruck, Wagner'sche Buchdruck. 1853.

Widmann, H. v., Erläuterungen zur geognost. Karte Tirols, s. a. Erläuterungen.

Widmann, Hermann, Hasso-Nassoviensis: De Gaio Vettio Aquilino Juvenco carminis evangelici poeta et Vergili imitatore. Vratislaviae 1905: R. Nischkowsky. (87 S.) 8°
Breslau, Phil. Fak., Ref. Norden, Diss. v. 27. Juni 1905
[Geb. 12. Juli 81 Wiesbaden; Heimatsort: Hadamar; Staatsangeh.: Preußen; Vorbildung: Gymn. Koblenz, Gymn. Wongrowitz Reife O. 00; Studium: Breslau 2, Berlin 1, Breslau 6 S.; Rig. 14. Dez. 04.]

Widmann, J.: Bericht des Milchw. Vereins im Allgäu über seine bisherigen Leistungen und Erfolge und seine ferneren Bestrebungen. Weitnau 1891.

Widmann, J.: Die wirtschaftlichen Bestrebungen des Allgäus seit 1887. Weitnau 1896.

Widmann, J., Denkschrift des Milchw. Vereins im Allgäu über Einführung neuer Institutionen behufs Förderung der Milchwirtschaft. Weitnau 1889

Widmann, Jh. Hnr., s. Wiedmann.

Widmann, Johann Jakob

— **Auszug aus der katechet. Anweisung, sammt noch andern zu mehrerer Erläuterung unsers christl. Katechismus mit eingerückten dienlichen Fragen u. Antworten. 8. Ulm 790.**

Widmann, Joh. Jak. Causa cur corpora solida per affrictum calefiant. Jenae 1755. 4.

Widmann, J. J., de munere apostolico. Jen. 1755. 4.

Widmann, Johann Jakob [Praes.], s. Schwarz, Samuel: Dissertatio physico-mathematica in qua caussae recensentur cur corpora solida per affrictum calefiant.

***Widmann*, Jh. Jak., († d. 19. Oct. 1793.) Diss. de veritate logica et metaphysica. 4. Ulm 764.**

— **Vorbericht vor den christl. Religionsunterricht f. Kinder in d. Ulmischen Stadt- u. Landschulen, nebst e. Anzeige von Verbesserung dieser Schulen. 8. Ulm 786.**

WIDMANN, Johann Nepomuk (Neuburg): De operationibus chirurgicis sub ipso praelio instituendis.- Landishuti: Thomann 1815. 40 S., 4 Bl.
4.3.1815 - Fc 347; F 57
Diss. Ingolst.-Landsh.-Mchn.

Widmann, Johann Wilhelm (Nürnberg) A. S. 1307/21

Adagia quaedam medicinalia doctrinae promiscuae discursibus illustrata. Präs. Johann Jakob Baier.
Altdorf (Kohles) 27. I. 1711. 24 S.
36623

Widmann, Johann Wilhelm (Nürnberg) A. S. 1308/11

Dissertatio physiologico-chirurgica de cataracta in lente crystallina. Präs. Lorenz Heister.
Altdorf (Meyer) 17. X. 1711. 1 Taf., 32 S.
36624

Widmann, Johann Wilhelm (Nürnberg) A. S. 1306/31

Disquisitionis corporis humani anatomico-pathologicae specimen XII.
Präs. Johann Moritz Hoffmann.
Altdorf (Meyer) 9. II. 1709. S. 165 - 180.
Gew.: Johann Adam Geuder, Theophil Volcamer.
36622

Widmann, Johann Wilhelm (Nürnberg) A. S. 1262/5

De tonsillis.
Altdorf (Meyer) 14. VI. 1712. 52 S., 1 Taf.

Gew.: Leonhard Grundherr, Hieronymus Wilhelm Ebner.
W. v.: Johann Jakob Baier. 36625

***Widmann*, Jos., institutiones universae theologiae dogmaticae polemicae etc. 6 Tomi. 8. Augsb. 775, 76.**

Widmann, J[oseph] O. Predigt gehalten bei der Beerdigung des Hrn. J(ohann) Jakob Brodtbeck von Liestal am 25. Januar 1848. 8. Liestal.

Widmann, Josef Viktor

Widmann, J. V., Amoretten. 4 Erzählgn. Reise-(Titel-) Ausg. (aus: „Aus dem Fasse der Danaiden"). 8. (S. 103—302.) Zürich 887. Schmidt. n. 1. —

Widmann, Jos. Vikt., moderne Antiken. (Lysanders Mädchen. Historisches Lustspiel. — Oenone. Drama [in Neubearbeitg.]) 12. (224 S.) Frauenfeld 901. Huber & Co. Kart. n. 3. —

Widmann, Jos. Vict., Arnold v. Brescia. Trauerspiel in 5 Aufzügen. Frauenfeld 867. Huber. gr. 16. (232 S.) 24 *ngr.*

—— nach wirklichen Begebenheiten. Vier Erzählungen. Reise-(Titel-)Ausg. [Nr. III von: „Aus dem Fasse der Danaiden".] 8. (S. 303—543.) Ebendas. 887. *

Widmann, J[oseph] V[ictor]. Die Jubiläumsstadt Bern. Zur 700-jährigen Jubiläumsfeier der Gründung der schweizerischen Bundeshauptstadt. [Illustriert. A.] 4. (Stuttgart, Berlin, Leipzig 1891/92.)

Widmann, J. U., 'Bin, der Schwärmer. Idyll. M. Zeichngn. v. Fritz Widmann. 1. u. 2. Aufl. gr. 16. (70 S.) Frauenfeld 896. J. Huber's Verl. Geb. in Leinw. m. Goldschn. n. 2. 40

Widmann, J[oseph] V[ictor]. 'Bin, der Schwärmer. Idyll. Mit Zeichnungen von Fritz Widmann. 3. Aufl. IV + 70 S. 8. Frauenfeld, Huber & Co., 1906. [geb. fr. 2. 50]

Widmann, J. V., Johannes Brahms in Erinnergn. 1. u. 2. Aufl. 8. (à 180 S.) Berlin 898. Gebr. Paetel. n. 3. —; geb. in Leinw. n. 4. —

Widmann, J[oseph] V[ictor]. Johannes Brahms in Erinnerungen. 3. Aufl. [Mit 2 Melodien.] 180 S. 8. Berlin, Gebrüder Paetel, 1910. [M. 3. —, geb. 4. —]

Widmann, Jos. Vict., Buddha. Epische Dichtung in 20 Gesängen. gr. 8. (VIII, 259 S.) Bern 869, Dalp'sche Buchh. *

Widmann, J[oseph] V[ictor]. Calabrien — Apulien und Streifereien an den oberitalienischen Seen. IV + 272 S. 8. Frauenfeld, Huber & Co., 1904. [geb. fr. 4. 50]

Widmann, J[oseph] V[ictor]. Calabrien—Apulien und Streifereien an den oberitalienischen Seen. 2. Aufl. IV + 272 S. 8. Frauenfeld, Huber & Co., 1904. [geb. fr. 4. 50]

Widmann, J[oseph] V[ictor]. Der Charakter des Aretin. Nach seinen Briefen beurteilt von J. V. Widmann. Sonderabdruck aus der «Neuen Freien Presse» (Wien). 16 S. 8. (Frauenfeld, Huber & Co., [1902].)

—— ein Doppelleben, s. Novellenschatz, neuer deutscher.

Widmann, Jos Vict., aus dem Fasse der Danaiden. Zwölf Erzählgn. [I. Gemütliche Geschichten. II Amoretten. III. Nach wirkl. Begebenheiten.] 8. (III, 543 S.) Zürich 884. Schmidt. n. 5. —

Widmann, Joseph Victor. Aus dem Fasse der Danaiden. 12 Erzählungen von J' Viktor W'. [Neue Ausgabe.] IV + 544 S. 8. Zürich, Schweizer Druck- und Verlagshaus, [1908]. [geb. fr. 7.50]
1, Original-Ausg. Zürich, Caesar Schmidt, 1884.

Widmann, J[oseph] V[ictor]. Festakt zur Eröffnung des neuen Stadttheaters in Bern. [Mit illustriertem Umschlag.] 18 S. 8. Bern, A. Francke, 1903. [fr. —. 60]

Widmann, J. V., das Festgedicht. Komödie in zwei Aufzügen. Aufgeführt am Jahresfest des schweiz. Kunstvereins in Bern 22. Juni 1873. 56 Stn. 8. Bern, Commiss.-Verlag der J. Dalp'schen Buchh. (K. Schmid). 1873. 1.20

— Fürst u. Sänger, s.: Mottl, Fel.

—— gemütliche Geschichten. Vier Erzählungen. Reise-(Titel-)Ausg. [Nr. I von: „Aus dem Fasse der Danaiden".] 8. (101 S.) Zürich 887, Schmidt. *

Widmann, J. V. Gemütliche Geschichten. Zwei Erzählgn. aus e. schweizer. Kleinstadt. 8. (VII, 436 S.) Berl. 890, Gebr. Paetel. * 6 —; geb. ** 7 50

Widmann, J[oseph] V[ictor]. Der Heilige und die Tiere. (Ein biblisches Schattenspiel. [Mit] Vorspiel: Der Pfarrer von Everdingen.) 1.—4. Tausend. IV + 187 S. 8. Frauenfeld, Huber & Co., 1905. [geb. fr. 4. 50]

Widmann, J[oseph] V[ictor]. Der Heilige und die Tiere. 6. Tausend. IV + 187 S. 8. Frauenfeld, Huber & Co., 1907. [geb. fr. 4. 50]

— Jenseits des Gotthard. Menschen, Städte und Landschaften in Ober- u. Mittel-Italien. In-8°, VIII u. 343 S. Frauenfeld, J. Huber's Verlag. 1888. 4 —, eleg. gebd. 5 —

[J.] J[os.] V[ict.] Widmann. Jenseits des Gotthard. Menschen, Städte u. Landschaften in Ober- u. Mittel-Italien, 2., v. Vf. durchges., verm. u. veränd. Aufl. *Frauenfeld: J. Huber 1897.* (VIII, 318 S., 1 Bl.) 1 Bd 8. [97. 5456]

Widmann, J[oseph] V[ictor]. Jenseits des Gotthard. Menschen, Städte und Landschaften in Ober- und Mittel-Italien. 3., vom Verfasser durchgesehene und verbesserte Aufl. ⟨4. Tausend⟩. X + 322 S. 8. Frauenfeld, Huber & Co., 1903. [geb. fr. 5. —]

[J.] Jenseits von Gut und Böse. Schausp. in 3 Aufz. v. J[os.] V[ictor] Widmann. *Stuttgart: J. G. Cotta 1893.* (152 S.) 1 Bd 8. [93. 1019]

—— Iphigenie in Delphi. Ein Schauspiel. 8. (99 S.) Winterthur 865, Lücke.

— Jung u. Alt. Zwei Novellen in Romanzen. 12. (III, 108 S.) Leipzig 894. A. G. Liebeskind. n. 2. —

— Jung u. Alt. Drei Dichtgn. Neue verm. Aufl. 8. (141 S. m. Vignetten.) Leipzig 897. Stuttgart, J. G. Cotta Nachf. Geb. in Leinw. n. 2. 80

Widmann, Jos. Vict., s.: Kalospinthechromokrene.

Widmann, Jos. Vict., die Königin des Ostens. Schauspiel in 5 Aufzügen. 16. (VI, 162 S.) Zürich 880. Schmidt. n. 2. —; geb. n.n. 3. —

Widmann, J. V. Maikäfer-Komödie. (Naturphilosophische Dichtung.) Mit Zeichnungen von Fr. Widmann. Kl. in-8°. VIII, 212 S. Frauenfeld, J. Hubers Verlag. 1897. Leinw. mit Goldschn. 3 60

— Maikäfer-Komödie. 2. Aufl. 8. (VIII, 212 S. m. Bildnis.) Ebd. 899. Geb. in Leinw. m. Goldschn. n. 3. 20

Widmann, J[oseph] V[ictor]. Maikäfer-Komödie. Mit dem Porträt des Verfassers [Tafel]. (Porträt und Zeichnungen zu der Dichtung sind von Fritz Widmann.) 6. Tausend. VIII + 212 S. 8. Frauenfeld, Huber & Co., 1905. [geb. fr. 4. —]

Widmann, J[oseph] V[ictor]. Maikäfer-Komödie. Mit dem Porträt des Verfassers [Tafel]. (Porträt und Zeichnungen zu der Dichtung von Fritz Widmann.) 7. Tausend. VIII + 212 S. 8. Frauenfeld, Huber & Co., 1905. [geb. fr. 4. —]

— Maikäferkomödie. 8. Taus. (VIII, 212 S. m. Bildnis.) kl. 8. Frauenfeld 907. Huber & Co. Geb. in Leinw. 3. 20

—— Mose und Zipora. Ein himmlisch-irdisches Idyll in 12 Gesängen. gr. 8. (175 S.) Berlin 874, Springer's Verlag. * geb. mit Goldschn. *

—— s. Mottl, Felix. Fürst u. Sänger.

Widmann, J[oseph] V[ictor]. Die Muse des Aretin. Drama in vier Aufzügen. IV + 186 S. 8. Frauenfeld, J. Huber, 1902. [fr. 3. 20]

— die erste Nacht od. die letzten Consequenzen. Ein Nachspiel in 1 Akt zu Galeotto, Drama v. J. Echegaray. 8. (30 S.) Breslau 888. [Schottländer.] Schlesische Verlags-Anstalt. n. — 50

Widmann, Jos. Vict, Oenone. Trauerspiel in 5 Aufzügen. In-16°, 138 S. Zürich, C. Schmidt. 2 50 1880.

—— Orgetorix. (Ein Trauerspiel.) Dem schweizerischen Volke. gr. 16. (III und 138 S.) Frauenfeld 867, Huber.

—— die Patrizierin. Lebensbild aus der modernen Gesellschaft. 8. (272 S.) Bern 888, Schmid, Francke und Comp. * geb. *

Widmann, J[oseph] V[ictor]. Die Patrizierin. Novelle. 2., vom Verfasser durchgesehene Aufl. Buchschmuck von W[illi] Gorgé. [Mit 1 Porträt-Tafel.] 280 S. 8. Bern, A. Francke, 1903. [br. fr. 4. —, geb. fr. 5. 50]

(Widmann, J[oseph] V[ictor].) Persönliches über (Johannes) Brahms. [A.] 4. (Berlin 1897.)

Widmann, J[oseph] V[iktor]: Prolog zur Enthüllungsfeier des Denkmals für Johannes Brahms in Meiningen am 7. Okt. 1899. (Meiningen 1899: Keyssner.) 2 Bl. 8°

— der Redacteur. Als Mädchen, s.: Reclam's Unterhaltungs-Bibliothek.

—— der Redacteur. Als Mädchen, s. Universal-Bibliothek Nr. 1926.

Widmann, J. V. Rector Müslin's italienische Reise. Kl. in-8°, IV u. 269 S. Zürich, Cäsar Schmidt. 1881.

—— der geraubte Schleier. Dramatisirtes Märchen nach Musäus. 8. (198 S.) Winterthur 864, Lücke.

[F.] Sizilien und andere Gegenden Italiens. Reiseerinnergn v. J[osef] V[ictor] **Widmann.** *Frauenfeld: J. Huber 1898.* (VIII, 338 S.) 1 Bd 8. [97. 6509

Widmann, J[oseph] V[ictor]. Sizilien und andere Gegenden Italiens. Reisen mit Johannes Brahms, erzählt von J. V. W'. 2., vom Verfasser durchgesehene Aufl. ⟨3. Tausend⟩. VI + 338 S. 8. Frauenfeld, Huber & Co., 1903. [geb. fr. 5. —]

— Sommerwanderungen u. Winterfahrten. 8. (III, 372 S.) Ebd. 897. n. 4. —; geb. n. 4. 80

Widmann, J[oseph] V[ictor]. Sommerwanderungen und Winterfahrten. 8. Frauenfeld 1897.
[1. Aufl.]
2., unveränderte Aufl. [Umschlag illustriert.]

— Spaziergänge in den Alpen. Wanderstudien u. Plaudereien. 8. (VII, 270 S.) Frauenfeld 885. Huber. n. 3. 20

Widmann, J. V. Spaziergänge in den Alpen. Wanderstudien und Plaudereien. 2. veränd. u. verm. Aufl. In-8°. V, 312 S. Frauenfeld, J. Huber's Verlag, 1892. 4 80

— Spaziergänge in d. Alpen. Wanderstudien u. Plaudereien. 8., veränd. u. verm. Aufl. 8. (VII, 372 S.) Ebd. 896. n. 4. —; geb. n. 4. 80

Widmann, J[oseph] V[ictor]. Spaziergänge in den Alpen.... 8. Frauenfeld.
3. veränderte und vermehrte Aufl. 1896
4. vermehrte Aufl. 1898

— Spaziergänge in den Alpen. Wanderstudien und Plaudereien. 5., verm. Aufl. (V, 412 S.) 8. Ebd. 909. Geb. in Leinw. 5. —

Touristennovellen von J[osef] V[iktor] **Widmann.** *Stuttgart: J. G. Cotta Nachf. 1892.* (VI, 343 S.) 8° [F.] [94. 5183

Widmann, J[oseph] V[ictor]. Du schöne Welt! Neue Fahrten und Wanderungen in der Schweiz und in Italien. VIII + 247 S. 8. Frauenfeld, Huber & Co., 1907. [geb. fr. 4. —]

— Du schöne Welt! Neue Fahrten u. Wandergn. in der Schweiz u. in Italien. 4. Taus. (VIII, 247 S.) 8. Ebd. 908. Geb. in Leinw. 3. 50

Widmann, Joseph V[ictor]. Aus dem andern Weltteil. Zwei Erzählungen. Vorgeschlagen von der Jugendschriften-Kommission des Schweizerischen Lehrervereins. ([Umschlag mit] Bild von B[urkhard] Mangold.) 216 S. 8. Basel, Verein für Verbreitung guter Schriften, 1906. ([geb.] fr. 1. 25)
Verein für Verbreitung guter Schriften (Basel).

— die Weltverbesserer u. and. Geschichten, s.: Publikationen d. Literar. Gesellschaft in Wien, 3. Jahrg., 1. Bd.

Widmann, Jos. Vict., an den Menschen ein Wohlgefallen. Pfarrhausidyll. 1. Aufl. (138 S.) 1877. * ℳ 2,50.; 2. umgearb. Aufl. 16. (141 S.) Zürich 877, Schmidt. * geb. **

— an den Menschen ein Wohlgefallen. Pfarrhausidyll. 2., umgearb. Aufl. 16. (141 S.) Ebend. 881. n. 2. 50; geb. n.n. 3. 70

Widmann, Joseph Victor. An den Menschen ein Wohlgefallen. Pfarrhausidyll von Joseph Viktor Widmann. 3., umgearb. Aufl. Buchschmuck von Fritz Widmann. VIII + 136 S. 8. Frauenfeld, J. Huber, 1901. [geb. fr. 3. 40]

Widmann, Joseph Victor. An den Menschen ein Wohlgefallen. Pfarrhausidyll von J' Viktor W'. Buchschmuck von Fritz Widmann. 4., vom Verfasser durchgesehene Aufl. mit neuem Geleitwort. VIII + 136 S. 8. Frauenfeld, Huber & Co., 1906. [geb. fr. 3. 40]

Widmann, Iulius: Theses, loco dissertationis de gelatina Whartoniana mox edendae. Halis (1833): Baentsch. 2 Bl. 8°
Halle-Wittenberg, Med. Thesen v. 25. Mai 1833
Geb. [Bremen 6. 3. 1811]. Die Diss. ist nicht ersch.

Widmann, K., neue vereinfachte Lehrweise der lateinischen Sprache, durch welche die Grundsteine der Formenlehre und der Syntax in einem Schuljahre gelernt werden können. Mit latein. Lesübungen, welche ungefähr in der 5. Woche des Unterrichtes beginnen. 1. Heft: Die Grundsteine der Formenlehre. 8. (XVI, 132 S.) München 870, J. A. Finsterlin. *

Widmann, C., neue zweckmäßigere Lehrweise der lateinischen Sprache. Nach Aventins „Gesetzen des Unterrichtes," nach J. Grimms vergleich. Sprachforschung, und theilweise nach Ollendorff und anderen Lehrern neuer Sprachen. 1. Heft: Grundsteine der lateinischen Formenlehre. 8. (IV und 92 S.) München 866, J. A. Finsterlin.

Widmann, Karl

Widmann, Charles, cours élémentaire de littérature Française. Ouvrage destiné à compléter l'enseignement grammatical de la langue Française dans les établissements d'instruction supérieure. I. partie. Renfermant les éléments de rhétorique, suivi d'un appendice ou aperçu des diverses branches de l'art d'écrire, et des principales règles de la versification Française. gr. 8. (XII u. 214 S.) Berlin 848, Decker. 3/4 ₰

Widmann, Karl, di Fehler der neûhochdeûtschen Shrift, dargestellt. gr. 8. Regensburg 836. Manz. n. 1/2 ₰

Widmann, Carl, die Lustseuche, mit Angabe e. neuen Heilart des langwierigen Trippers nebst Untersuchung der Ursachen der stets zunehmenden Ausbreitung derselben, f. Aerzte u. Staatsmänner dargestellt. gr. 8. (6 B.) München 842, Fleischmann. *

WIDMANN, Carl (München): De praecipuis morbis Monachii urbis.- Landishuti: Storno 1826. 23 S.
16.8.1826 - Pe 424; F 59
Diss. Ingolst.-Landsh.-Mchn.

Widmann, Dr. Karl, über die Nothwendigkeit einiger Verbesserungen des Medicinalwesens, zunächst in Baiern. gr. 8. Landsh. 830. Thomann. 4 ℛ

Widmann, Carl, Franz Smolka. Sein Leben und politisches Wirken. Nach dem Poln. des C. W. 1. Thl.: Bis zur Auflösung des constituirenden Reichstags, 1849. gr. 8. (III, 228 S.) Wien 887, Konegen.

Widmann, Karl Th[eodor]: Ueber die Einwirkung von Salpetersäure und von salpetriger Säure auf Diketone und Ketonsäureester. 1909. 88 S. 8⁰ ¶ Vgl. Berichte d. Deutschen Chem. Gesellschaft. Jg. 42. S. 497 ff. 1886 ff.
Stuttgart, Dr.-Ing.-Diss. v. 14. 5. 1909

Widmann, Kurt, Merula. Aus dem Leben e. Tenors u. andere Geschichten. (160 S.) 8. Berlin (907). Verlag Continent. 2.—; geb. 3.—

— Der Roman d. Hauses. Aneinanderreihung zusammenhangloser Kapitel. (169 S.) 8. Dresden (908). Dresdner Verlagsanstalt. 2.50

Widmann, M[ax]. Das Fähnlein der sieben Aufrechten (am eidgen. Freischiessen in Aarau 1849). Festspiel (zum aarg. Kantonalschützenfest 1908 in Aarau). [Mit Vignetten.] II + II + 20 S. 8. Aarau, Emil Wirz, 1908. fr. —.50

Widmann, M[ax]. Die Frage eines Theater-Neubaues in Aarau. Separatabdruck aus den «Aargauer Nachrichten». [Jahrg. 1907, Nr. 310—313.] II + 15 S. 8. [Aarau, Emil Wirz, 1907.]

Widmann, Max, Albrecht v. Hallers Staatsromane u. Hallers Bedeutung als politischer Schriftsteller. Eine litterargeschichtl. Studie. gr. 8. (224 S.) Biel 894. E. Kuhn. n. 2.40

Widmann, Meinrad, († d. 13. Jan. 1794.) Etwas an den berüchtigten Lorenz Hübener u. seinen unrichtigen Einsender. 8. Ulm 791. ... (Anonym.)

Moenche, Die, in Niederland und Kaiser Joseph II. Ein historisches Trauerspiel in 5 Aufzügen. Vom Verfasser des Lustspiels: Der Zoelibat ist aufgehoben (von *Meinrad Widmann*). Brüssel und Luxemburg 1791.
Weller, fing. Druckorte. — Selten!

— das Sterbeglöcklein der in den letzten Zügen liegenden oberdeutschen allgem. Literaturzeitung, erläutert von D. N. jubilirten Meßner zu Ponza. 8. Augsb. 793. (Anonym).

Widmann, Meinrad, Wer sind die Aufklärer? Beantwortet nach dem ganzen Alphabete. Augsburg 1790, 8°, 429 S., 3. Aufl.
1. Aufl. 1780, 8°, 2 Bde.

— s. o. Wer sind die Aufklärer? u. Anmerkk. dazu. 4 Bde.

Widmann, Der nach Gebühr gezüchtigte P. Meinrad, in Elchingen. Frankfurt u. Leipzig 1792. V: *Widmann, Meinrad.* (Ky) (ML)

Widmann, Meinrad, der nach Gebühr gezüchtigte (P. Meinrad Widmann in Elchingen; von ihm selbst.) 8. Ulm 792. Wohler. 8 ℛ

ZÖLIBAT, Der, ist aufgehoben. Ein Lustspiel in fünf Aufzügen (von *Meinrad Widmann*). („Zur Unterstützung meiner Mutter, Elisabetha Louisa Hauthin.") Speier bei Phil. Wilh. Hauth, Buchhändler. 1790. 8⁰.
6 Bll. Vorst. u. 236 S. — Dem Markgrafen v. Baden, Karl Friderich, gewidmet.

ZÖLIBAT, Der, ist noch nicht aufgehoben. Ein Trauerspiel, oder tragisches Strafgericht in 3 Aufzügen (vom Vorigen). Zur Unterstützung meiner Schwester Parthenia Modesta Willgutinn. Parthenopel, bey Philipp Michael Willgut (Ulm, Wohler), 1791. 8⁰. (5/6 Rthl. Scheible, c. 1872.)
Anon.-Lex. I. p. 332 (nach Kayser u. Meusel).

— Noch einmal: Der Zölibat ist noch nicht aufgehoben; ein historisches Trauerspiel in fünf Aufzügen (vom Vorigen). Freystadt (Wohler in Ulm) 1791.
Weller, fing. Druckorte. I. p. 149—150; Anon.-Lex. III. p. 213 (nach Kayser u. Meusel).

Widmann, Meinr., s. Zölibat, der, ...

Widmann, Michael

Ueber das Wesen oder den Begriff des Kunstschönen von Michael Widmann, Stdl. — S. 1—10. — Festgedicht. Zur Feier des fünfzigjährigen Doktor-Jubiläums des k. Geheimrathes Herrn Prof. Dr. Friedrich v. Thiersch. Verf. v. Karl Zettel, Assist. am G. — S. 11—13. — 1858. Ebend. —
Progr. Eichstätt

WIDMANN, Otto von (München): Aneurysma cirsoides capitis.- München: Ernst 1893. 31 S.
22.7.1893 - Chr 1893/94,12; Jv 1893/94,205
Diss. Ingolst.-Landsh.-Mchn.

Widmann, (Notar) P. Lor., s. Faber, europ. Staatskanzlei.

Widmann, Rudolf, Referendar: Freisprechung und Außerverfolgungsetzung im Sinn des Reichsgesetzes vom 14. Juli 1904, betr. die Entschädigung für unschuldig erlittene Untersuchungshaft. Ludwigsburg 1908: Eichhorn. 70 S. 8°
Erlangen, Jur. Diss. v. 2. Okt. 1908, Ref. Allfeld
[Geb. 18. Okt. 83 Kunzelsau; Wohnort: Stuttgart; Staatsangeh.: Württemberg; Vorbildung: Gymn. Ludwigsburg Reife 01; Studium: Tübingen 5, Berlin 1, Leipzig 2 S.; Rig. 5. Juni 08.] [U 09. 752

Widmann, S.: Gockel, Hinkel u. Gackelein, s. Brentano, Klemens

Widmann, S.: Kaiserlieder, s. Widmann, Benedikt

Widmann, S. Liederbuch f. Schulanstalten m. Altersklassen vom 14.—17. Jahr, insbesondere Gymnasien u. Präparanden-Anstalten, genau nach den Stimmverhältnissen bearb. Mit Anh.: 20 dreistimm. Choräle aus dem württemberg. Choralbuch. gr. 8. (IV, 188 u. Anh. 18 S.) Lpz. 889, M. Hesse. * 1 40; ohne Anh. * 1 30; Anh. ap. * — 25

—— Die notwendigsten technischen Singübungen f. Schulanstalten mit Altersklassen vom 14.—17. Jahre rc. Genau nach dem Tonumfang u. der Stimmlage eingerichtet. 8. (VIII, 64 S.) Stuttg. 889, Greiner u. Pfeiffer. cart. * — 80

Widmann, S., der kleine Spieler u. Sänger. Schul-Lieder m. Klavierbegleitg. in leichtester Bearbeitg. II. Heft. 4. Aufl. (52 S.) Lex. 8. Stuttgart (907). J. B. Metzler. 1. 50

Widmann, Simon, Dissertatio historico-critica de genealogia Christi. Innsbruck, 1769, 4°.

Widmann, Simon Peter

Widmann, Sim. Pet., die Bartholomäusnacht des J. 1572, s.: Jugend- u. Volksbibliothek, geschichtliche.

Widmann, [Simon]: Bericht über die Einweihung des neuen Schulgebäudes. *Oberlahnstein: F. Schickel (1895).* ([illegible] 18 S.) 4°
Oberlahnstein, st. RPG, P 1898 (420)

Widmann, Simon [illegible] an die Chronisten des Mittelalter [illegible] 25 S. **Progr.** G. Wiesbaden 1882

Widmann, S., Geschichte des deutschen Volkes. 19 Lfgn. gr. 8. (XII, 908 S. m. 1 Bildnis.) Paderborn 891—894. F. Schöningh n. 8. —; geb. in Leinw. n. 10. —

Geschichte des deutschen Volkes. Von Dr. Simon Peter **Widmann**. Mit 9 Portr. 2., verb. Aufl. Paderborn: F. Schöningh 1905. (XII, 915 S.) 8° [illegible]

Widmann, Simon. Geschichtsel. Mißverstandenes u. Mißverständliches aus der Geschichte, gesammelt u. erklärt. 8. (XXIII, 298 S.) Paderb. 891, F. Schöningh. * 2 80

Widmann, S[imon] P., Dir. Dr.: Kanon der Jahreszahlen Zusammengestellt für die Schüler des Königlichen Gymnasiums zu Hadamar. Leipzig 1904: B. G. Teubner. (32 S.) 8° [Fr.]
Hadamar, k. G P 1904 (457)

Widmann, Sim., Lehrbuch der Weltgeschichte, s.: Bumüller, Johs.

Widmann, S., kurzer methodischer Lehrplan für den Geschichtsunterricht und Repetitionsfragen für höhere Lehranstalten. gr. 8. (VI, 94 S.) Paderborn 888, F. Schöningh. *

Widmann, S., Materialien zu Extemporalien nach Cäsars bellum gallicum I—VII f. Tertia u. Sekunda der Gymnasien, Realgymnasien, Progymnasien u. Realprogymnasien. 1. Hft. gr. 8. (VII, 61 S.) Paderborn 886. F. Schöningh. n — 75

— Materialien zu Extemporalien nach Cäsar's bellum gallicum I—VII f. Tertia u. Sekunda der Gymnasien, Realgymnasien, Progymnasien u. Realprogymnasien. 2. Hft. 8. (VIII, 97 S.) Ebd. 888. n. 1. 40 (1. u. 2.: n. 2. 15.)

Widmann, S[imon] P[eter]: Musterbeispiele der lateinischen Syntax, nach J. H. Müllers Grammatik für die Schuler des Königl. Gymnasiums zu Hadamar zusammengestellt. 16 S. 8. **Progr.** Kgl. Gymn. *Hadamar* 1903 (452).

Widmann, S[imon] (P.), Dir. Dr. **Musterbeispiele** der lateinischen Syntax nach H. J. Müllers Grammatik ... *(Leipzig [1903]: B. G. Teubner.)* (16 S.) 8° [Kopft.]
Hadamar, k. G, P 1903 (452)

Widmann, S., Präparation zu Thukydides. 1. Hft.: Buch I. gr. 8. (51 S.) Leipzig 899. B. G. Teubner. n. — 80

— Präparation zu Thukydides. 3. u. 4. Hft. gr. 8. Leipzig 898. B. G. Teubner. n. 1. —
3. Buch. VI. (44 S.) n. — 60. — 4. Buch. VII. (28 S.) n. — 40.

—— Eine Mainzer Presse der Reformationszeit im Dienste der katholischen Litteratur. Ein Beitrag zur Geschichte d. Buchhandels u. der Litteratur d. 16. Jahrh., auf Grund von bisher unbekannten Briefen geliefert. gr. 8. (VIII, 111 S. m. 2 Taf.) Ebd. 889. * 2 40

— e. Mainzer Presse der Reformationszeit im Dienste der katholischen Litteratur. Ein Beitrag zur Geschichte d. Buchhandels u. der Litteratur d. 16. Jahrh., auf Grund v. bisher unbekannten Briefen geliefert. gr. 8. (VIII, 111 S. m. 2 Taf.) Ebd. 890. n. 2. 40

— Die Ursachen der großen französischen Revolution, s.: Jugend- u. Volksbibliothek, geschichtliche.

Widmann, Simon Petrus, de finalium enuntiatorum usu Thucydideo. Dissertatio inauguralis. gr. 8. (112 S.) Göttingen 875. (Vandenhoeck & Ruprecht.) n. 2. 20

Widmann, Sim. Pet., P. **Fischer** u. W. **Felten,** illustrierte Weltgeschichte in 4 Bdn. Mit üb. 1200 Textabbildgn. u. üb. 120 Tafelbildern u. Beilagen. (In 40 Lfgn.) 1. bis 25. Lfg. Lex.-8. München (905. 906). Allgemeine Verlags-Gesellschaft. à n. 1. —; auch in 8 Halbbdn. à n. 5. —
1—11. IV. Bd. Geschichte der neuesten Zeit. Von der großen französ. Revolution 1789 bis zur Jetztzeit v. S. Widmann. 404 Textabbildgn., 22 Tafelbildern u. 9 Beilagen. (VIII, 520 S.) n. 10. —; geb. n 12. 50
12—21. III. Bd. Geschichte der neueren Zeit. Von der Entdeckg. Amerikas (1492) bis zur großen französ. Revolution v. S. Widmann. Mit 353 Textabbildgn., 34 Tafelbildern u. 4 Beilagen. (VIII, 472 S.) n. 10. —; geb. in Halbfrz. n. 12. 50
22—25. I. Bd. (S. 1—192 m. 12 [4 farb.] Taf.)

— **P. Fischer u. W. Felten, illustrierte Weltgeschichte in 4 Bdn. Mit üb. 1300 Textabb. u. üb. 132 Tafelbildern u. Beilagen. 26.—40. (Schluß-)Lfg. (1. Bd. VIII u. S. 193—464 u. 2. Bd. VII, 528 S. m. 49 [16 farb.] Taf.) Lex. 8. München (907). Allgemeine Verlags-Gesellschaft.**
à Lfg. 1.—; auch in 8 Halbbdn. à 5.—; bezw. in 4 Bdn. à 10.—; geb. in Halbfrz. à 12. 50

— — — **dasselbe. 2. Aufl. Lex. 8. Ebd. (908).**
Geb. in Leinw. à 12.—; in Halbfrz. à 13. 50; m. Goldpressg. à 14. —
1. Geschichte des Altertums. Von der ältesten Zeit bis zu Christi Geburt v. P. Fischer. Mit 332 Textabbildgn. u. 29 Tafelbildern u. Beilagen. (VIII, 464 S.)
2. Geschichte des Mittelalters. Von Christi Geburt bis zur Entdeckung Amerikas v. W. Felten. Mit 368 Textabbildgn. u. 35 Tafelbildern u. Beilagen. (VII, 528 S.)
3. **Geschichte der neueren Zeit. Von der Entdeckung Amerikas (1492) bis zur großen französ. Revolution (1789) v. S. Widmann. Mit 325 Textabbildgn., 34 Tafelbildern u. 4 Beilagen. (VIII, 472 S.)**
4. **Geschichte der neuesten Zeit. Von der großen französ. Revolution 1789 bis zur Gegenwart v. S. Widmann. Mit 330 Textabbildgn., 22 Tafelbildern u. 9 Beilagen. (VIII, 488 S.)**

Widmann, S[imon Peter]: Illustrierte Weltgeschichte. Bd. 4. Geschichte der neuesten Zeit. Von d. großen franz. Revolution 1789 bis z. Gegenwart. 3. Aufl. Mit 335 Textabb., 22 Tafelbild. u. 9 Beil. München [& Berlin]: Allg. Verl.-Gesellsch. [1908]. VIII, 488 S. 4°(8°)

Widmann, Theodor: Die Römeroden des Horaz und die Begründung des Prinzipats des Augustus. Cannstatt 1908: Cannst. Zeitung. 45 S. 4°
Stuttgart-Cannstatt, k. G P 1908 (708) [5 05 53]

Widmann, Walter, Referendar: Der Begriff des wesentlichen Bestandteils im geltenden Recht. Ein Beitr. zur Bestandteilslehre. Stuttgart: Metzler 1909. 73 S. 8° ¶(Ersch. auch als Buch ebd.)
Tübingen, Jur. Diss. v. 9. Sept. 1909, Ref. Heck

Widmann, Wilhelm: Die Echtheit der Mahnrede Justins d. M. an die Heiden. Mainz: F. Kirchheim 1902. (164 S.) 8° (Forschungen zur Christl. Litt.- u. Dogmengesch., Bd 3, H. 1.)
Würzburg. Theol. Diss. v. 1902.)

Widmann, Willy

Widmann, W., das Lied vom Konzertgarten. Illustr. v. F. Reiß. gr. 8. (22 S.) Stuttgart 895. Strecker & Schröder. n. 1. —

Widmann, Willy, vom Radeln. Gereimtes u. Ungereimtes üb. Fahrrad u. Radfahren. Mit zahlreichen Illustr. u. Vignetten. 12. (III, 160 S.) Stuttgart 898. Süddeutsches Verlags-Institut. Geb. in Leinw. n. 2. 50

— Wanderung durch Stuttgart u. Umgebg. in Wort u. Bild. Mit 96 Abb., darunter 70 Vollbilder. qu. gr. 8. (VI, 181 S.) Stuttgart 896. P. Neff Verl. Geb. in Halbleinw. n. 4. 50; in Leinw. n. 5. —

— dasselbe. Neue [Titel-] Ausg. M. 96 Abb., darunter 70 Vollbilder. qu. 4. (VI, 181 S.) Ebd. (896) 898. Kart. n. 3. —; geb. in Leinw. n. 3. 50

Widmann Laemmert, Reinhold: Der Begriff des Gewahrsams in den §§ 242 und 246 St.-G.-B. Ein Beitr. z. Frage d. Abgrenzung v. Diebstahl u. Unterschlagung. Heidelberg: Winter 1909. 58 S. 8° *(Ersch. auch als Buch ebd.)
Heidelberg, Jur. Diss. v. 7. Mai 1909, Ref. v. Lilienthal
[Geb. 29. Aug. 86 Rio de Janeiro; Wohnort: Baden-Baden; [illegible] Brasilien; Vorbildung: Lyz. Straßburg Reife Juli 05; [illegible] Straßburg 1, München 1, Heidelberg 3 S.; Rig. 3. Mai 09.] [illegible]

Widmann-Laemmert, P. R., der Begriff des Gewahrsams in den §§ 242 u. 246 St.-G.-B. Ein Beitrag zur Frage der Strafrechtsreform. (57 S.) gr. 8. Heidelberg 909. C. Winter, Verl. 1. 50

Widmann v. Mieringen, Hans, Chronika der fürnemben, fürstlichen Bestung Hochen-Saltzpurg von d. Römer Zeiten bis auf gegenwärt. Jahr Christi 1650. Zu Nutz u. Besten derer v. Adel u. Geistlichkeit / nit minder Burger u. Inwohner der löbl. Stadt Saltzpurg / auch zureisender frembden aus d. bewährtesten Auctoribus zusammengetragen. 4. (20 S.) Salzburg 896. H. Kerber. n.n. — 90

Die Familie Widmanstetter seit 1668 Beckh-Widmanstetter. Wien 1887. S.-A.

Widmanstetter, Die Familie, seit 1688 Beckh-Widmanstetter. Wien 1887. V: *Beckh-Widmanstetter, Leopold v.* (JoanStyrA)

Widmar, W.: Über Oxycinchotin (mit 2 Textfiguren). Separatabdruck aus: Sitzungsber. d. Kais. Akad. d. Wissensch. in Wien. Bd. 110. IIb. S. 808.

Widmark, Joh., Beiträge zur Ophthalmologie. gr. 8. (VIII, 602 S. m. 7 [1 farb.] Taf.) Leipzig 891. Veit & Co. n. 8. —

Widmark, J., s.: Mitteilungen a. d. Augenklinik des Carolinischen medico-chirurg. Instituts zu Stockholm.

Widmayer, die Handelscorrespondenz, s.: Röhrich, W., die Contorarbeiten.

Widmayer, Barth. Rud., ein Duell auf der Alm. Posse in 1 Akt. (22 S.) kl. 8. München (910). V. Höfling. — 60

— Der Sonntagsjäger. Posse in 1 Akt. (28 S.) kl. 8. Ebd. (910). — 60

Der Sonntagsjäger. Posse in 1 Akt. Von Barth. Rud. Widmayer. ⟨Annaberg, N.Ö.⟩: Selbstverl.; Lilienfeld: Engels in Komm. [um 1910]. 28 S. 8° [11. 16387

Widmayer, B. Bartholom., bunte Geschichten, s.: Volksbücherei.

(F) Widmayer, P. B., Bunte Geschichten. 2. Aufl. [Volksbücherei. Nr. 66.] 8°. (64 S.) Graz: Styria 1904. K —.20

Widmayer, Paul, lustiges A-B-C-Buch. 24 heitere Bilder und Verse. gr. 4. (12 Chromolithogr.) Eßlingen 887, Schreiber. geb. *

Widmayer, Paul, lustiges A-B-C-Buch. 24 heitere Bilder u. Verse. gr. 4. (12 farb. Taf.) Eßlingen 892. J. F. Schreiber. Kart. n. — 70

Widmayer, Paul, s.: Schattenfiguren zum Ausschneiden fürs Schattenspiel.

Widmer, Leonhard, der Dichter des Schweizerpsalms 1808—1868; ein Erinnerungsblatt. Zürich [1908]. V: *Maurer, Heinrich.* (zuwzür 12, 1908, I, S. 55)

Widmer, Adolf, med. pract. von Altnau (Kanton Thurgau), gew. Assist. Arzt in Münsterlingen: Über einseitige Durchschneidung und Resection des menschlichen Vagus. [S. A. aus: Deutsche Zeitschrift für Chirurgie, Bd 36, S. 283—321]. Leipz. J. B. Hirschfeld Dr. 1893. 2 Bl., 39 S. 8°.
Zürich, Med. Diss. [v. 17. Mai 1893].

Widmer, Albert. Synthese des 3,3'-Dioxyflavonols. Diss. Phil. Bern. 40 S. 8. Bern, Ott & Bolliger, 1907.

Widmer, Alfred

Widmer, A., Aufgabensammlung zur Systemurkunde d. vereinf. Stenographie (Einigungssystem Stolze-Schrey). Zum Gebrauch in Übungskursen zusammengestellt. gr. 8. (15 S.) Basel 898. (Berlin-Wilmersdorf, E. Velten.) — 30

Widmer, A., Aufgabensammlung z. Systemurkunde der vereinfachten Stenographie (Einigungssystem Stolze-Schrey). Zum Gebrauch in Übungskursen zusammengestellt. (8. [Umschlag-]Aufl.) gr. 8. (16 S.) Wetzikon-Zürich (901). (Leipzig, J. H. Robolsky.) n.n. — 25

— dasselbe. 4. Aufl. 8. (14 S.) Ebd. 903. n.n. — 30

Widmer, A[lfred]. Aufgabensammlung zur Systemurkunde der Vereinfachten Stenographie. ⟨Einigungssystem Stolze-Schrey.⟩ Zum Gebrauch in Uebungskursen zusammengestellt. 16 S. 8. Wetzikon-Zürich, ⟨Hermann Bebie⟩, 1903. [fr. —. 40]

Widmer, A., Aufgabensammlung zur Systemurkunde der vereinfachten Stenographie (Einigungssystem Stolze-Schrey). Zum Gebrauch in Uebungskursen zusammengestellt. 5. Aufl. (16 S.) kl. 8. Wetzikon-Zürich 904. (Leipzig, J. H. Robolsky.) n. — 40

Widmer, Arthur. Das Blutgericht nach den aargauischen Rechtsquellen. Diss. Jur. Bern. 157 S. 8. Bern, Ott & Bolliger, 1901.

Widmer, Benno. Eine neue Furansynthese. Anhang: Zur Aldehydkondensation substituierter Pyrrole. Diss. Phil. [II.] Univ. Zürich. 52 S. 8. Zürich, J. Leemann, 1901.

Widmer, C., unser Lebensgesetz. 8. (VIII, 200 S.) Frauenfeld 896. J. Huber's Verl. n. 2. 80; geb. in Leinw. n. 3. 40

Widmer, C., Zur Reform der Strafanstalt in Zürich. Ein Beitrag. gr. 8. (55 S.) Zürich 855, Meyer und Zeller's Verlag. *

Widmer, C., thurgauische Straffälle. gr. 8. (19½ B.) Zürich u. Frauenfeld 816, Beyel.

Widmer, C. Hans Waldmann. Trauerspiel. In-8°. 117 S. Zürich, Meyer & Zeller. 1897. 2 50

— Hans Waldmann. Trauerspiel in 5 Acten. 8. (117 S.) Zürich 898. Ed. Rascher. n. 2. —

Widmer, C. M[auritius]. Geschichtlicher Bericht und Rechenschaft. Beitrag zur Geschichte der Pfarrgemeinde und Kirche von Baar. Festschrift auf deren Millenarium. [Mit 1 Tafel.] 8. Solothurn 1885.

Widmer, C. M., das vatikanische Concil und die Diözesan-Konferenz. Offenes Sendschreiben an Landammann W. Vigier in Solothurn. gr. 8. (IV, 140 S.) Luzern 870, Gebr. Räber. *

Widmer, Charles [prakt. Arzt von Zofingen]: Ueber Scheidendrüsen und Scheidencysten. (S.-A. aus „Beitr. z. Geburtshilfe u. Gynäkologie". Bd. 8.) Leipzig 1903. 21 S. 8°.
Basel. Med. Diss 1903/1904

Widmer, Conrad, s. Widmer, Konrad

Widmer, E. Die europäischen Arten der Gattung Primula. Mit e. Einleitg. von C. v. Nägeli. gr. 8. (VII, 154 S.) Münch. 891, Oldenbourg. * 5 —

Widmer, Emil: Kommentar zum Gesetz v. 25. Oct. 1896, s. Bugno, Eduard

Widmer, Emil. Die Rechtsprechung d. k. k. Verwaltungs-Gerichtshofes in Gebührensachen. Sämmtliche seit 1876—1888 üb. das Gebührenwesen erflossenen Erkenntnisse, unter alphabetisch geordneten Schlagworten etc. gr. 8. (V, 123 S.) Wien 889, (Szelinski). * 5 —

— System der österreichischen Gebührengesetze. 8. (VIII, 254 S.) Ebd. 889. n. 6. —

—— System der österreichischen Gebührengesetze. 2. (Titel-)Aufl. 8. (VIII, 254 S.) (Ebd.) 890. * 4 —
1. Aufl. 1889. * 6 —.

Widmer, Ernst. Die Liegbeule des Rindes. Diss. Vet.-Med. Univ. Zürich. Mit 3 Figuren im Text [*d. i.* 3 schwarzen Tafeln] und 5 [farbigen Fig'] auf Tafel I, II und III. [Abgedr. in: Schweizer-Archiv für Tierheilkunde. Band 49, Heft 2. März und April 1907.] *Kopftitel:* Aus dem veterinär-chirurgischen Institut der Universität Zürich. 75 S. 8. Zürich, Orell Füssli, 1906.

Widmer, Franz, med. pract. von Zürich, s. Z. Assistent der chirurgischen Klinik: Beiträge zur Kenntniss und Beurtheilung der Amputatio talo-calcanea nach Blasius. Aus der Züricherpraxis des Herrn Prof. Dr. Rose. Zür. J. Schabelitz Dr. 1881. 90 S. 8°.
Zürich. Med. Diss. [v. 10. März 1881].

Widmer, Fritz, Tierarzt, von Heimiswyl, in Langnau i. E.: Beobachtungen bei der Radikal-Operation der Umbilikal-Hernien beim Pferd, Rind, Hund und Schwein. 〈Aus der chirurgischen Klinik der veterinär-medizinischen Fakultät Bern. Professor Schwendimann.〉 Langnau 1910. 61 S. 8°. [14. V. 09.]
Bern. Vet.-med. Diss. 1909/10.

Widmer, Fritz. Beobachtungen bei der Radikal-Operation der Umbilikal-Hernien beim Pferd, Rind, Hund und Schwein. Aus der chirurgischen Klinik der veterinär-medizinischen Fakultät Bern.... Diss. Vet.-Med. Bern. 61 S. 8. Langnau, Ritschard-Wyss & Cie., 1910.

Widmer, Georg

— s. Abhandl. von d. mineral. Gehalt u. medic. Gebrauch des in d. Margrafth. Baden geleg. warmen Bades.

***Widmer*, Geo., († ...) Chymia corporis animalis cum lithogeognosia et artificio aquas salsas dulcificandi methodo scientifica pertractandi. 4. Strassb. 752.**

—theoria chymificationis, chylificationis et lactificationis. 4. Strassb. 753.

Widmer, Gottfried Rudolf (vgl. Wiedmer, Gottfried Rudolf.)

Widmer, Gf. Rud., s. 1) Fielding, Geschichte des Ritters Kilpar. 2) Nachtmisch, dtr. 3) v. Vergy, die Gräfin.

Widmer, Herm., wie werde ich Kunstgewerbler? Wie verwerte ich mein Zeichentalent? Ein Ratgeber f. junge Leute u. deren Eltern. Nebst e. Anh.: Wie kommt der Laie zum Verständnis des Kunstgewerbes? (63 S.) 8. Berlin 910. G. Siemens. 1. —

Widmer, J. J., Fibel für den vereinigten Anschauungs-, Zeichen-, Schreib- und Leseunterricht im ersten Schuljahr. 8. (VII und 58 S., wovon 48 lithogr.) Dießenhofen 864. (St. Gallen, Huber und Comp.) *

Widmer, J. J., die Scherr'schen Schulbücher auf Grundlage 25jähr. Erfahrung mit Bezug auf die von Sem.-Dir. Largiader vorgeschlag. von Sem.-Dir. Rüegg durchgeführten Modifikationen und der Schulplan von J. J. Schlegel. Conferenzvortrag. 8. (35 S.) St. Gallen 872, Huber und Comp.

Widmer, J. W. J. B., († ...) Repertorium Bavariae, oder, kurze geograph. Beschreib. u. Eintheilung des Baierischen Crayses; nebst e. Hauptregister etc. längl. 8. Augsb. 751. — Verbess., verm. u. aufs neue in Druck gegeben. 755. ... (NB. die 1e Ausg. soll eigentl. schon **1703** von e. andern Verf. erschien. sein.)

Widmer, J[acques] H[einrich]. Napoleon III., der Kaiser aus dem Thurgau. [Mit 1 Ansicht.] (Separat-Abdruck aus der «Schweizerischen Wochen-Zeitung», [Jahrg. 1908].) II + 148 S. 8. (Zürich, Jean Frey, [1908].) (fr. 1. —)

Widmer, Johannes. Franz Xaver Bronner 〈1758—1850〉. Ein Beitrag zur Geschichte der deutschen Litteratur in der Schweiz. Diss. Phil. I. Univ. Zürich. IV + 125 S. 8. Frauenfeld, Huber & Co., 1901.

Widmer, Ioannes, Abbatiscellensis: De tetano. Tur. ex offic. Ulrich. 1844. 29 S., 1 Bl. 8°.
Zürich, Med. Diss. v. 23. März 1844.

Widmer, Joh. Bapt.: Specimen inaugurale medicum obiter sistens indicationes generales, quae medicum in plerisque morbis internis curandis dirigere possunt. Basel; med. Diss. 1793.

Widmer, Josef

— s. Augustinus, 2 Bücher rc. u. dessen über d. Freiheit d. menschl. Willens.

Widmer, Josef, s. Bonaventura: Inbegriff d. Theologie.

(Widmer, J[oseph].) Der selige Chorherr Franz Geiger (1755–1843). Laute aus dessen Leben: gesammelt vom Herausgeber seiner sämmtlichen Schriften (J. W.). [Mit Portrait-Tafel.] 8. Lucern. Augsburg 1843.

Widmer, Jos., der Geist der Väter, eine Rede bei der Schlachtkapelle ob Sempach gehalten. 8. Luzern 815.

— das Göttliche in irdischer Entwickelung u. Verherrlichung nachgewiesen im Leben des seel. N. von der Flüe, gr. 8. Luzern 819. Anich. (Leipz., Schmidt.) 10 Gr

[Widmer, Joseph.] Die Macht des christlichen Glaubens, dargestellt im Leben des... Nikolaus Wolf von Rippertschwand (1756–1832).... Von einem vertrauten Freunde des Seligen. Mit dem wohlgetroffenen Portrat [Tafel]. 8. Luzern 1832.

Widmer, Jos., s. Maret, H. L. C., der Pantheismus in den modernen Gesellschaften.

— Nachtrag zu P. B. Zimmers kurzgefaßter Biographie, oder desselben Theologie u. Philosophie in gedrängter Kürze. gr. 8. [illegible] 823. (Erlang., Palm u. E., auch Giel in Münch.)

Widmer, Jos., Paraklesis des Erasmus von Rotterdam oder Ermahnung zum Studium der christl. Philosophie. gr. 8. Luzern 820. Anich. 1 Thlr 12 Gr

Widmer, Josef, s. J. M. Sailer: Sämmtl. Werke.

— der kathol. Seelsorger in gegenwärt. Zeit. Sechs Vorträge bei Anlaß geistl. Exercitien im Herbste 1817. Herausgeg. von J. M. Sailer. 2 Thle. sammt Nachtrag. 8. Münch. 819—23. Giel. 2 Thlr 8 Gr

Widmer, Jos., systemat. Uebersicht der im Handbuche d. christl. Moral f. kathol. Seelsorger u. jeden gebild. Christen v. J. M. Sailer ausführl. entwickelten u. dargestellten Grundsätze. gr. 8. (8½ B.) Sarmenstorf 839. (Augsburg, Rieger'sche Buchh.) *

Widmer, Joseph. Ursprung und Wachsthum des Christenthums im menschlichen Leben. Ehrenrede gehalten den 30ten Herbstmonat 1821 am Feste der heiligen Ursus und Victor... zu Solothurn. 8. Solothurn, Wien, Augsburg... 1822.

— das unwandelbare Vorbild des kathol. Priesters. 8. Luzern 820. Anich. 5 Gr

— das unwandelbare Vorbild des kathol. Priesters. 8. Luzern, Anich. 821.

Widmer, Jos., Vorträge üb. Pastoraltheologie. gr. 8. Sarmenstorf 840. (Augsburg, M. Rieger.) 1⅓ Thlr

— 6 Vorträge nebst Einleitungs- u. Schlußrede über den kathol. Seelsorger in gegenwärt. Zeit. Mit Anmerkk. u. Beleuchtungen herausg. v. J. M. Sailer. gr. 8. Grätz 821. Ferstl. 8 Gr

— von dem Wesen, der Bestimmung u. Anwendung der Sacramentalien d. kathol. Kirche. 8. Münch. 823. Giel. 6 Gr

Widmer, Joseph. Züge aus dem Leben des... Herrn Abten Carolus Ambrosius v[on] Glutz. Eine Trauerrede auf Hochdesselben Todtenfeyer... zu St. Urban, den 14. Wintermonat 1825. 8. Luzern 1826.

— Züge aus dem Leben d. Abt C. Ambr. v. Glutz. Eine Trauerrede. gr. 8. Luzern 827. Meyer. (Schmidt in Leipz.) 6 Gr

Widmer, Josef Anton

Widmer, Jos. A., die Klausnerin zu Waldkirch oder Mechthilde in der Felshöhle. Eine Geschichte d. erwachsenen Jugend erzählt. gr. 16. Landsh. 830. Krüll. 6 Gr

Widmer, Jos. Ant., die Klausnerin zu Waldkirch, od. Mechtilde in d. Felshöhle. Eine Geschichte, der erwachs. Jugend erzählt. gr. 16. (3½ B. u. Titkpfr.) Landshut 830. (Regensburg, Manz.)

Widmer, Jos. Ant., die Klausnerin zu Waldkirch, od. Mechtilde in der Felshöhle. Eine Geschichte, der erwachsenen Jugend erzählt. 2e Aufl. Mit 1 Steindruck. gr. 12. Rappersw̃yl 832. Wegelin u. Bösch. (Leipzig, Schmidt.) n. ¼ Thlr

Widmer, Jos[eph] Ant[on]. Die Steiner-Burg. [Mit 1 Tafel.] 8. St. Gallen 1842.

Widmer, Karl. Die Frau des Rokoko. Leipzig. Friedrich Rothbarth 1908. 78 S., 8 Taf. 8°.

— u. F. **Stark,** Karlsruhe i. B. und Umgebung, s.: Beckmann-Führer.

Karl **Widmer**. Keramik. Freiburg ⟨Baden⟩: J. Bielefeld 1907. (III, 79 S.) 8° = **Baden**, seine Kunst u. Kultur. [1.] 107. 13573

Widmer, Konrad

Widmer, C., die schweizerische Alpenbahn. gr. 8. (54 S.) Zürich 865, (Schabelitz'sche Buchh.) *

(Widmer, C[onrad].) Wilhelm Baumgartner (1820–1867). Ein Lebensbild. 8. Zürich 1868.

Widmer, Conr. An die gemeinnützige Gesellschaft. Zürich 1860. (Betreff. die schweiz. Rentenanstalt.)

Widmer, Conr. Die Gotthards-Frage für den Thurgau. 1870?

Widmer, C. Ideen zur Initiative f. schweizerische Bundesversicherung. gr. 8. (67 S.) Zür. 892, Meyer u. Zeller. * — 80

W[idmer], C[onrad]. Dr. Abraham Roth (1823–1880). Eine Lebensskizze. [SA.] 8. Zürich 1880.

W[idmer], C[onrad]. Dr. Eduard Ullmer (1813–1886). [Necrolog.] SA. 8. Zürich 1886.

Widmer, L. Adressbuch von Stadt und Kanton Luzern 1883. Mit vollständigem Plane der Stadt Luzern. In-8⁰, 207 S. Luzern, Druck von Jean Bader. 3 50

Widmer, Maximilian Josef Frh. von

Widmer, M. J. v. (Subbibliothekar d. kurfl. hohen Schule zu Ingolst), u. *Jos. Ant. Zimmermann* (kurfl. Hof- u. landschaftl. Kpfst.), Domus Wittelsbachensis numismatica. Oder *Sammlung aller existierenden Münzen u. Medaillen des durchlauchtigsten wittelsbach. Stammhauses* der ludovizin. u. rudolphin. Linie: als von Otto d. grössern, bis zur .... Regierung Karl Theodors .... Bd. 1, Heft 1. Mit allegor. TKpf. München u. Ingolst. 1784. Zu finden bey d. Verfassern. Gr. 8⁰. Hpgmtb., schönes Expl.
204 S. Mit 24 schön gest. Taf. Abbild.

— .... Sammlung aller existirenden Münzen u. Medaillen .... von der rudolphin. od. pfalzgräfl. Linie insbesondere. Stück 1. O. O. u. J. (ebd.). 8⁰. Titel beschrieb.
94 S. Mit 13 Taf. Abbild.

— .... Sammlung aller bekannten Denk-, Schau- u. anderer Münzen .... von der ludwigischen od. baierischen Linie insbesondere. Stück 1. O. O. 1785. 8⁰.
156 S., 1 Bl. Err. Mit 34 Taf. Abbild.

v. Widmer, M. J. u. Jos. Ant. Zimmermann, domus Wittelsbacensis numismatica, oder Samml. aller Münzen d. Wittelsbachschen Stammhauses. Mit Kpfrn. fortgesetzt (v. J. G. Widder.) 4 Hefte. 4. Münch. 784, 85. Lindauer. 4 Hefte 12 ℳ

Widmer, M. J., u. J. A. Zimmermann, domus Wittelsbacensis numismatica, od. Samml. aller Münzen d. Wittelsbachschen Stammhauses, m. K. 4 Hefte. 4. München Lindauer. 788.

Widmer, Max[imilian] Jos[ef] Freiherr von: Der deutsche S t u d e n t , oder: Lehrstunden zum nützlichen Gebrauch des gegenwärtigen Lebens . . . 1. Aufl. Selbstverlag, Wien 1791. 2 Abt. in 2 vol.

W[idmer], O[tto]. Von Davos nach dem Unter-Engadin. Eine Reiseschilderung von O. W. 12 S. 8. Davos, Buchdr. Davos A.-G., 1904. [fr. —. 40]

Widmer, Paul Joseph. Der Aelpler. Kurzes Lehr- und Gebetbüchlein für Sennen und Hirten. Dargeboten von Pfr. P' J' W'.... [Mit Illustrationen und 2 Tafeln.] 304 S. 8. Einsiedeln ..., Benziger & Co. A. G., 1909. [geb. fr. 1. 15 *u.* 2. 20]

Widmer, Paul Joseph. Die katholische Bauersfrau in Gebet und Arbeit, in Freud und Leid. Lehr- und Gebetbuch, dargeboten von Pfarrer P' J' W'.... [Mit Vignetten und 1 Tafel.] 448 S. 8. Einsiedeln ..., Benziger & Co. A. G., 1910. [geb. fr. 1.50 *bis* 2. 50]

Widmer, Paul Joseph. Der katholische Bauersmann. Lesungen und Gebete, den lieben Bauern dargeboten von Pfarrer P' J' W'.... [Mit Vignetten und 2 Tafeln.] 367 S. 8. Einsiedeln ..., Benziger & Co. A. G., 1910. [geb. fr. 1. 25 *bis* 2. 50]

Widmer, Paul Joseph. Ueber Berg und Tal. Lesungen und Gebete für erwachsene Jünglinge. Dargeboten von Pfarrer P' J' W'.... [Mit Vignetten und 2 Tafeln.] 224 S. 8. Einsiedeln..., Benziger & Co. A. G., 1909. [geb. fr. 1. 25 *u.* 2. 20]

Widmer, Paul Joseph. Die gläubige Frau Auf tröstlichen Wegen. Lesungen und Gebete für kathol. Frauen und Mütter. Dargeboten von Pfarrer P' J' W'.... [Mit Vignetten und 2 Tafeln.] 272 S. 8. Einsiedeln ..., Benziger & Co. A. G., 1910. [geb. fr. 1. 25 *bis* 2. 25]

Mit Gott! Betrachtungs- u. Gebetbuch f. d. kath. Landmann im Leben, Leiden u. Sterben. Verf. von Pfarrer Paul Joseph **Widmer**. Kevelaer: Butzon & Bercker (1905). (575 S.) 8° [F.] [08. 9693

Widmer, Paul Joseph. Die gläubige Jungfrau In Maientagen. Kurze Lesungen und Gebete für erwachsene kathol. Jungfrauen. Dargeboten von Pfarrer P' J' W'.... [Mit Vignetten und 2 Tafeln.] 286 S. 8. Einsiedeln ..., Benziger & Co. A. G., 1910. [geb. fr. 1. 25 *bis* 2. 25]

Widmer, Paul Joseph. Im Schnellzug des Lebens. Büchlein den kathol. Männern zum Lesen und Beten dargeboten von Pfarrer P' J' W'.... [Mit Vignetten und 2 Tafeln.] 224 S. 8. Einsiedeln..., Benziger & Co. A. G., 1909. [geb. fr. 1. 25 *u.* 2. 20]

Widmer, Paul Joseph. Der Schweizersoldat. Gedenkblätter für die christlichen Soldaten der Schweiz, daheim und im Militärdienste. Dargeboten von Pfarrer P' J' W'.... [Mit Vignetten und 2 Tafeln.] 248 S. 8. Einsiedeln *etc.*, Benziger & Co. A. G., 1908. [geb. fr. —. 95 *u.* 2. —]

Widmer, Paul Joseph. Le soldat suisse. Memento du s' s', chez lui et au service militaire. Traduction libre par l'abbé Hubert Savoy.... [Avec des vignettes et 2 planches.] 240 p. 8. Einsiedeln, Suisse, Benziger & Comp. S. A., 1909. [relié fr. —. 95 *et* 2. 25]

Widmer, Rudolf. Beitrag zur Krankenversicherungsfrage in Basel mit näherer Begründung seiner dem Grossen Rate eingereichten Petition betreffend die Kranken- und Altersversicherung. In-8⁰, 53 S. Basel, Schweighauserische Buchdruckerei. 1887. 1 —

Widmer, Rud., Beitrag zur Krankenversicherungsfrage in Basel mit näherer Begründung seiner dem Grossen Rate eingereichten Petition betr. die Kranken- und Altersversicherung. gr. 8. (53 S.) Basel 887, (Schwabe.) *

Widmont, Ge. de: Commentarius ad Digesta, et jus universum, vetus, novum, et novissimum tum imperiale tum pontificium, in suas partes divisus, quibus acc. lucubratio et pars 7. authore Laur. Alb. Verlohner. P. 1—7. Ingolstadii 1720.

P. 2—7. [u. d. Tit.:] Collegia in Pandectas Lib. 5—50.

Widmungen zur Feier des 70. Geburtstages Ferdinand v. Saar's. Hrsg. v. Rich. Specht. Buchschmuck v. A. F. Seligmann. gr. 8. (264 S.) Wien 903. Wiener Verlag. Geb. in Segeltuch n. 5. —; auf Büttenpap., geb. in Ldr. n. 10. —

Widmungen, vorgelesen bei Übergabe der »heiteren Stunden« 1883. V: *Hardmeyer-Jenny, Jac.* (Cat. d. Stadtbibl. Zürich. Zürich 1864—97.)

Widmungen u. Veranstaltungen, die, der Gemeinde Wien zum 60jähr. Regierungsjubiläum Sr. Maj. des Kaisers Franz Josef I. im J. 1908. (117 S. m. Abb. u. 1 farb. Taf.) Lex. 8. Wien (910). Gerlach & Wiedling. Geb. nn 12. —

Widnmann, Rococo-Vignetten. Fol. (4 Farbdr.-Taf.) Leipzig 890. Baldamus, Sep.-Cto. n. 5. —; einzelne Blätter à n. 2. —

WIDNMANN, Eduard (Eichstätt): Medicamentorum homoeopathicorum praeparatio et dispensatio pharmacopolis nostris eadem securitate, eodemque jure, ad medicis ipsis committi potest.- Monachii: Wolf 1830. 39 S.
6.9.1827 - Urk; F 59 (= Widmann, Eduard)
Diss. Ingolst.-Landsh.-Mchn.

Widnmann, F.: C a t a l o g u s . . . horti eytettensis. Norimb. 1805. 4⁰

Widnmann, Franz: O b s e r v a t . med. circa tetanum . . ., s. S i e b o l d , Karl Kaspar von [Praes.].

Widnmann, Jul., die Erdmännlein u. andere Märchen. Der Jugend erzählt u. m. Bildern geschmückt. (40 S. m. farb. Abbildgn.) Lex.-8. Nürnberg (905). E. Nister. Geb. 8. 50

Widor, Ch[arles] M[arie]: Die F i s c h e r von Saint-Jean [Les Pecheurs de S.-Jean]. Szenen aus d. Leben d. See. In 4 Akten. Dichtung von Henri Cain. Deutsch von Otto Neitzel. Berlin, Cöln, Leipzig: Ahn 1905. 39 S. 8°
(Ahns Operntext-Bibliothek. Nr 116.)

Die Technik des modernen Orchesters. Ein Suppl. zu [Hector] Berlioz' Instrumentationslehre von Ch[arles] M[arie] **Widor**. Aus d. Franz. übers. von Hugo Riemann. Leipzig: Breitkopf & Härtel 1904. (VIII, 283 S.) 8° [ℛ] 1.5.25.5

Widor, Ch[arles] M[arie] u. A[lbert] Schweitzer: Über die W i e d e r g a b e der Präludien und Fugen für Orgel von J. S. Bach. (Aus d. Arbeiten f. e. amerikan. Ausg. d. Orgelwerke Bachs. Schirmer, New York.) Leipzig: Klinner; [Bremen: Schweers & Haake] 1910. 27 S. 8°
Aus: 'Orgel'. Centralbl. f. Kirchenmusiker u. Freunde kirchl. Tonkunst. (Kirchenmusikalisches Archiv. H. 7.)

W i d o w, the, a Novel by Mrs. Robinson. 2 Vols. kl. 8. Lpz. Sommer. 795.

Widow, Peter Heinrich (Hamburg) A. S. 166/20

Dissertatio inauguralis iuridica de dominio mercium intervenientibus literis recognitionis transmissarum moto concursu creditoribus cedente. Ed. 2.
Erfurt (Hagen) 1783. 28 S.

Diss. Göttingen 23. XI. 1761. 36628

Widra, J. F., e. verlorenes Leben. Novelle. 12. (52 S.) Wien 885. Vetter. n. 1. —

[W i d r i g, Joseph Thomas.] Einige Betrachtungen über den Verkauf der St. Gallischen Staats-Domäne in Ragaz, mit Beziehung auf das Gesuch der Einwohnerschaft der Gemeinde Ragaz um Abgabe von Thermalwasser in's Dorf. Verfasst von einem Ortsbürger. 8. Ragaz 1863.

Widrig, J. Th., s.: Erbgesetz, das St. Gallische.

Widt, Friedrich Jakob (Mömpelgard) **A. S. 97/4**

Disputatio inauguralis de missione in bonorum possessionem ex primo et secundo decreto. Germanice, Vom Einsatz **aus Erster und Anderer Erkanntnuss, occasione lib. 2. Decret. tit. 25.**
Präs. **Ernst Theophil Majer.**
Tübingen (Reis) III. 1712. **14 Bl.**

W. v.: Präs. 36632

Widter, F.: Das E r l e r n b a r e im Freihandzeichnen nach der Natur. Brünn St. R. 1894. 18 S.
Progr.

Widter, Geo., Volkslieder aus Venetien. Hrsg. von Adf. Wolf. Lex.-8. (123 S.) Wien 864, (Gerold's Sohn.) *
Aus: Sitzungsberichte der k. Akademie der Wissenschaften, besonders abgedruckt.

WIDTMANN, Joseph (Kallmünz): De methodo amygdalinae parandi, eius indole chemica, vi et efficacia, simulque experimentis comparandi causa cum foliis pruni laurocerasi et cortice pruni padi institutis.- Monachii: Roesl 1834. 24 S.
15.5.1834 - Urk: F 62
Diss. Ingolst.-Landsh.-Mchn.

Widtsoe, John Andreas, Insel Fröyen ‹Norwegen›: Ueber Das **Traganth-Gummi** und Die Methylpentosane. *Göttingen 1899: E. A. Huth.* (56 S.) 8°
Göttingen, Phil. Diss. v. [10. Jan.] 1900

Widtsoe, John Andr., üb. das Traganth-Gummi u. die Methylpentosane. Diss. gr. 8. (56 S.) Göttingen 899. (Vandenhoeck & Ruprecht.) n. 1, 40

W i d u k i n d. Widukinds Sächsische Geschichten. Nach der Ausgabe der Monumenta Germaniae übersetzt von Reinhold Schottin. Mit einer Vorrede von Dr. W[ilhelm] Wattenbach. 8. Berlin 1852.
Die G e s c h i c h t s c h r e i b e r der deutschen Vorzeit ... X. Jahrhundert. Band 6.

Widukinds sächsische Geschichten, s. a. Geschichtschreiber, die, der deutschen Vorzeit.

Widukindi Res Gestae Saxonicae. Ex recens. Waitzii. In usum scholar. ed. G. H. Pertz. 8maj. Hannover 840. Hahn. 1/2 ℛ — s. auch Scriptores Rerum Germanicarum.

Widukindi monachi Corbeiensis rerum gestarum saxonicarum libri tres. 4. ed. Post Georgium Waitz recogn. Karolus Andreas Kehr. Accedit libellus de origine gentis Swevorum. Inest Tab. (Vorr.: O[swald] Holder-Egger. Hrsg.: Edmund Stengel.) *Hannoverae & Lipsiae: Hahn 1904.* (XXXIII, 161 S.) 8°
(Scriptores rer. German. ... ex Mon. Germ. hist. recusi.) 94. 631

Wie

— Al. Henhöfer aus einem Unfreien ein Freier ward. Aus d. Akten dargestellt, zu dessen geschichtl. treue Rechtfertigung. Mit Anmerkk. u. Beil. Herausg. v. e. Wahrheitsfreunde (?) gr. 8. Hadamar 824. (Lanz in Weilb.) 1 ℛ 14 gr

Wie Albert ein verständiger Mensch ward. ABC für Elementarschulen, um Sehen, Hören, Lesen, Sprechen rc. Verstand u. Gedächtniß zu üben (v. K. Ehrenfr. Günther.) **2 Thle. 8.** Oels 821. (Bresl., J. F. Korn). 15 gr

Wie Albert ein verständiger Mensch ward oder A. B. C. für Elementarschulen . . . Oels u. Breslau 1821. V: *Günther, Carl Ehrfried.* (MGT) (Ky)

Wie aller Ueberschwemmung auf beständig vorgebeugt werden könne. Leipzig 1793. V: *Müller, Hieronymus Gottfried von.* (Adel) (MGT) (Ky)

— aller Ueberschwemmung auf immer vorzubeugen. 8. Lpz. Gräff. 793.

— A u g u s t e und Wilhelmine ihre Puppe erzogen. Mit 8 (ill.) Kpfrn. 16. Berlin 837. Hasselberg. 2/3 ℛ

Wie Auguste und Wilhelmine ihre Puppe erzogen. Von einer Kinderfreundin. 2. Aufl. Mit 8 (illum.) Kpfrn. 16. Berlin 841, Hasselberg. geb. 1/2 ℛ

Wie aus dem Hirtenbüblein ein Seelenhirt geworden ist. Eine wahre Geschichte. 16. (40 S. mit 1 Holzschn.) Basel 855, Schneider. Thlr.

Wie aus den römischen Bischöfen Päpste wurden. Zur Belehrung für Jedermann, der es noch nicht weiß. Von Laurentius Valla u. Zeitz 861. Webel. gr. 8. (89 S.) n. 10 ngr.

Wie baue ich mir selbst? 11.—70. 74. 75. 79. u. 83.—108. Bd. 8. Leipzig, H. Beyer. à Bd. — 60

Breuer, Carl, die Verzierung häuslicher Kunstarbeiten m. plastischer Malerei. Meine Arbeitsweisen zur Förderung der Heimkunst. (36 S. m. 19 Fig.) (910.) (Bd. 84.)

Kollmann, Therese, Anleitung zur Konservierung der Pflanzen, nach der v. Realschuldirektor Karl Schelivsky erfundenen Imprägnierungsmethode zusammengestellt. 2. Aufl. (35 S.) (910.) (Bd. 105.)

Konwiczka, Anna, eine Kochkiste. Nebst nützl. Winken f. die Praxis. (23 S. m. 15 Abb.) (910.) (Bd. 104.)

Konwiczka, Hans, Aeroplan. Flugmaschine (System Farman). Ein Beitrag zur Förderg. der Handfertigkeit in der Familie. (19 S. m. 17 Abb.) (910.) (Bd. 85.)

— Apparate zur Lehre v. der galvanischen Elektrizität. I. Tl. Ein Beitrag zur Förderg. der Handfertigkeit in der Familie. Mit 36 Abb. (30 S.) (909.) (Bd. 35.)

— dasselbe. II. Tl. Nebst Anh.: Schaltung v. Elementen. Mit 31 Abb. (27 S.) (909.) (Bd. 36.)

— Apparate zu unterhaltenden Experimenten u. Zauberkunststücken. Ein Beitrag zur Förderg. der Handfertigkeit in der Familie. Mit 32 Abbildgn. (38 S.) (909.) (Bd. 64.)

— Apparate zur Lehre vom Magnetismus. Ein Beitrag zur Förderg. der Handfertigkeit in der Familie. Mit 21 Abb. (32 S.) (909.) (Bd. 33.)

— Apparate zur Reibungselektrizität. Ein Beitrag zur Förderg. der Handfertigkeit in der Familie. Mit 26 Abbildgn. (31 S.) (909.) (Bd. 34.)

— Apparate zur Lehre vom Schall. Ein Beitrag zur Förderg. der Handfertigkeit in der Familie. Mit 21 Abbildgn. (37 S.) (909.) (Bd. 42.)

— Apparate zur Vervielfältigung v. Zeichnungen, Bildern u. Schriftstücken. Ein Beitrag zur Förderg. der Handfertigkeit in der Familie. Mit 11 Abb. (26 S.) (909.) (Bd. 66.)

— Apparate zur Wärmelehre u. Wetterprognose. Ein Beitrag zur Förderg. der Handfertigkeit in der Familie. Mit 28 Abbildgn. (31 S.) (909.) (Bd. 32.)

— Chemische Apparate aus Glas. Anleitg. zum Glasblasen, Bearbeitg. v. Glas, nebst Anleitg. zum Löten. Ein Beitrag zur Förderg. der Handfertigkeit u. des Natursinnes in der Familie. (28 S. m. 9 Fig.) (908.) (Bd. 18.)

— Galvanoplastische Apparate nebst Anleitung zum galvanischen Verkupfern, Vernickeln, Versilbern und Vergolden. Ein Beitrag zur Förderg. der Handfertigkeit in der Familie m. 18 Abb. (22 S.) (909.) (Bd. 16.)

— Optische Apparate. I. Tl.: Einfache Apparate. Nebst Anh.: Optische Täuschgn. Ein Beitrag zur Förderg. der Handfertigkeit in der Familie. Mit 32 Abbildgn. (30 S.) (909.) (Bd. 37.)

— dasselbe. II. Tl.: Mikroskop, astronom. terrestr. u. galileisches Fernrohr. Ein Beitrag zur Förderg. der Handfertigkeit in der Familie. Mit 23 Abbildgn. (31 S.) (909.) (Bd. 41.)

— Aquarien, nebst Anleitung zur Bepflanzung u. Zucht u. Pflege v. Wassertieren aller Art. Ein Beitrag zur Förderg. der Handfertigkeit u. des Natursinnes in der Familie. Mit 7 Abbildgn. (56 S.) 908. (Bd. 15.)

Konwiczka, Hans, Bahnhofsanlagen, Bahnhöfe, Bahnwärterhäuser, Güterschuppen u. Einsteigehallen etc. Ein Beitrag zur Förderg. der Handfertigkeit in der Familie. Mit 25 Abbildgn. (31 S.) (909.) (Bd. 45.)

— Der junge Bildhauer. Anleitung zur Herstellg. von Natur- u. Kunstabgüssen aus Metallen u. Gips sowie galvan. Abzüge. Ein Beitrag zur Förderg. der Handfertigkeit in der Familie. Mit 17 Abbildgn. (30 S.) (909.) (Bd. 65.)

— Dampfmaschine. Nebst e. Anleitg. zum Löten. Ein Beitrag zur Förderg. der Handfertigkeit in der Familie. Mit 23 Abbildgn. (20 S.) (909.) (Bd. 39.)

— Eisenbahnanlagen. I. Tl.: Schienen, Weichen, Kreuzgn., Brücken, Tunnels etc. Ein Beitrag zur Förderg. der Handfertigkeit in der Familie. Mit 34 Abbildgn. (27 S.) (909.) (Bd. 43.)

— Eisenbahn- u. Bahnhofsanlagen. II. Tl. Wagen, Signalscheiben, Semaphore Richtungsanzeiger etc. Ein Beitrag zur Förderg. der Handfertigkeit in der Familie. Mit 63 Abbildgn. (32 S.) (909.) (Bd. 44.)

— Gartenhäuser u. Lauben. Nebst Anh.: Praktische Winke f. den Rosenfreund. Ein Beitrag zur Förderg. der Handfertigkeit in der Familie. Mit 30 Abbildgn. (47 S.) (909.) (Bd. 57.)

— Hausapothekenschrank. Nebst Ratschlägen zur Einrichtg. e. solchen. Ein Beitrag zur Förderg. der Handfertigkeit in der Familie. Mit 34 Abbildgn. (26 S.) (909.) (Bd. 60.)

— Heissluftmotor. Ein Beitrag zur Förderg. der Handfertigkeit in der Familie. Mit 17 Abbildgn. (24 S.) (909.) (Bd. 74.)

— Insekten-Etiketten f. den Schulgebrauch. Eine Sammlung v. üb. 500 Namenetiketten sämtl. f. die Schule in Betracht komm. 7 Insekten-Ordngn. nebst zahlreichen leeren Etiketten. (4 S. u. Bl. 5–20.) (908.) (Bd. 21.)

— Metall- u. Holzarbeiten. II. Kerbschnitt, Flachschnitt, Holzbrand, Tarsia u. Intarsil. Ein Beitrag zur Förderg. der Handfertigkeit in der Familie. Mit 79 Abbildgn. (32 S.) (909.) (Bd. 48.)

— Nützliche u. praktische Metall-, Holz- u. Pappearbeiten. (I. Metallarbeiten.) Eine Anleitg. zum Bearbeiten v. Holz, Metall u. Pappe etc. Gleichzeitig e. Beitrag zur Förderg. der Handfertigkeit in der Familie. Mit 61 Abbildgn. (32 S.) (909.) (Bd. 46.)

— Metall-, Holz- u. Pappearbeiten. II. Holzarbeiten. Ein Beitrag zur Förderg. der Handfertigkeit in der Familie. Mit 82 Abbildgn. (36 S.) (909.) (Bd. 47.)

— Nützliche u. praktische Metall-, Holz- u. Pappearbeiten. III. Pappearbeiten. Ein Beitrag zur Förderg. der Handfertigkeit in der Familie. Mit 42 Abbildgn. (29 S.) (909.) (Bd. 49.)

— Mineralienkästen, Sammelgeräte etc. Nebst Anleitg. zu Lötrohrversuchen. Ein Beitrag zur Hebg. der Handfertigkeit u. des Natursinnes in der Familie. Mit 12 Abbildgn. (28 S.) (908.) (Bd. 19.)

— Naturholzarbeiten. I. Tl. Innendekoration. (40 S. m. 54 Abbildgn.) (910.) (Bd. 102.)

— dasselbe. II. Tl. Gartenmöbel. Brücken, Geländer etc. (25 S. m. 35 Abbildgn.) (910.) (Bd. 103.)

— Phonographen-Apparat m. Hand- od. elektrischem Betrieb. Ein Beitrag zur Förderg. der Handfertigkeit u. des Natursinnes in der Familie. Mit 42 Abbildgn. (32 S.) (909.) (Bd. 24.)

— Projectionsapparat. Mit Anh.: Bromsilber-Vergrösserungen. Ein Beitrag zur Förderg. der Handfertigkeit in der Familie. Mit 35 Abbildgn. (43 S.) (909.) (Bd. 27.)

— Röntgen-Apparat. Ein Beitrag zur Förderg. der Handfertigkeit in der Familie. Mit 15 Abbildgn. (28 S.) (909.) (Bd. 69.)

— Sammelgeräte f. Pflanzensammler. Nebst Anleitg. zum Aufsuchen u. Präparieren v. Pflanzen. Ein Beitrag zur Förderg. der Handfertigkeit u. des Natursinnes in der Familie. (32 S. m. 7 Fig.) (908.) (Bd. 23.)

— Sammelgeräte, Kästen u. Schränke f. Naturaliensammlungen. Nebst Anleitg. zum Sammeln von Schmetterlingen u. Käfern. Ein Beitrag zur Hebg. der Handfertigkeit u. des Natursinnes in der Familie. (45 S. m. 23 Fig.) (908.) (Bd. 17.)

— Sammlungskästen u. Schränke. Kurze Anleitg. zur billigsten Selbstherstellg. v. prakt. Kästen u. Schränken f. Insekten, Mineralien, Muscheln, Münzen u. Chemikalien etc. Mit 24 Abbildgn. (36 S.) (908.) (Bd. 28.)

— Elektrische Schwebebahn. Ein Beitrag zur Förderg. der Handfertigkeit in der Familie. Mit 34 Abbildgn. (29 S.) (909.) (Bd. 40.)

— Segel- u. Ruderboote. Ein Beitrag zur Förderg. der Handfertigkeit in der Familie. Mit 32 Abbildgn. (28 S.) (909.) (Bd. 58.)

— Stereophotographen-Apparat. Nebst Herstellg. von Stereoskopbildern. Ein Beitrag zur Förderg. der Handfertigkeit in der Familie. Mit 17 Abbildgn. (24 S.) (909.) (Bd. 68.)

— Eine elektrische Strassenbahn. Ein Beitrag zur Förderg. der Handfertigkeit in der Familie. Mit 32 Abbildgn. (27 S.) (909.) (Bd. 38.)

— Terrarien. Anleitung zur Herstellg. verschiedener Tierbehälter, Bepflanzg. derselben, sowie die Pflege der Tiere nebst Anlegg. v. Raupen- u. Laubfroschhäusern. Ein Beitrag zur Förderg. der Handfertigkeit u. des Natursinnes in der Familie. Mit 13 Abbildgn. (23 S.) (909.) (Bd. 25.)

Konwiczka, Hans, Trockenelemente, galvanische Elemente u. Akkumulatoren. II. Tl. Ein Beitrag zur Förderg. der Handfertigkeit in der Familie. Mit 14 Abbildgn. (19 S.) (909.) (Bd. 62.)

— Turbinen, nebst Anh. üb. Anlage v. Springbrunnen u. sonstiger kleiner Apparate f. Wasserbetrieb. Ein Beitrag zur Förderg. der Handfertigkeit in der Familie. Mit 35 Abbildgn. (32 S.) (909.) (Bd. 67.)

— Vorpräparation u. Versendung v. Sammelobjekten. Ein unentbehrl. Ratgeber f. Lehrer, Forstleute, Lehrmittel-Sammelstellen u. Naturfreunde, nebst e. Anh.: Praktische Rezepte f. Sammler u. Präparatoren. 2. Aufl. (48 S.) (909.) (Bd. 28.)

— Wasserräder. Ein Beitrag zur Förderg. der Handfertigkeit in der Familie. Mit 24 Abbildgn. (23 S.) (909.) (Bd. 63.)

— Wetterwarte, nebst Anleitg. zum Gebrauch der Apparate. Ein Beitrag zur Förderg. der Handfertigkeit in der Familie. Mit 20 Abbildgn. (35 S.) (909.) (Bd. 70.)

— Wie baue ich mir Apparate zur Mechanik der festen Körper? I. Tl. Ein Beitrag zur Förderg. der Handfertigkeit in der Familie. Mit 34 Abbildgn. (32 S.) (909.) (Bd. 29.)

— dasselbe. II. Tl. Ein Beitrag zur Förderg. der Handfertigkeit in der Familie. Mit 28 Abbildgn. (32 S.) (909.) (Bd. 30.)

— Wie baue ich mir Apparate zur Mechanik tropfbar flüssiger u. luftförmiger Körper? Ein Beitrag zur Förderg. der Handfertigkeit in der Familie. Mit 36 Abbildgn. (32 S.) (909.) (Bd. 31.)

— Wie baue ich mir mikroskopische Geräte m. den einfachsten Mitteln? Nebst Anleitgn. zur Herstellg. mikroskop. Dauerpräparate. Ein Beitrag zur Förderg. der Handfertigkeit u. des Natursinnes in der Familie. (45 S. m. 17 Fig.) (908.) (Bd. 22.)

— Windmotoren u. Wärmeräder? (!) Ein Beitrag zur Förderg. der Handfertigkeit in der Familie. Mit 26 Abbildgn. (23 S.) (909.) (Bd. 61.)

— Zeichenapparate nebst Anleitung zum Zeichnen u. Malen. I. Tl.: Hilfsmittel zum Freihandzeichnen u. zur Perspektive. Ein Beitrag zur Förderg. der Handfertigkeit in der Familie. Mit 34 Abbildgn. (37 S.) (909.) (Bd. 50.)

— Zeichenapparate f. das technische Zeichnen, nebst Anleitg. f. den Gebrauch der Zeicheninstrumente. Nebst Anh.: Das Kolorieren v. Plänen. Ein Beitrag zur Förderg. der Handfertigkeit in der Familie. Mit 34 Abbildgn. (39 S.) (909.) (Bd. 56.)

— Zeppelin III. Modell e. lenkbaren Luftschiffes vom Grafen v. Zeppelin. Nebst Anh.: Ein schweb. Luftballon. Ein Beitrag zur Förderg. der Handfertigkeit in der Familie. Mit 24 Abbildgn. (21 S.) (909.) (Bd. 75.)

— Elektrische Zimmerbeleuchtung m. 40 Abbildgn. Ein Beitrag zur Förderg. der Handfertigkeit in der Familie. (Wie baue ich mir physikal. Apparate m. den einfachsten Mitteln?) (Umschlag: 3. Aufl.) (33 S.) (909.) (Bd. 14.)

Marschner, A., Gleichstromdynamo f. Zimmerbeleuchtung, Galvanoplastik etc. Ein Beitrag zur Fördrg. der Handfertigkeit in der Familie. (30 S. m. 17 Abb.) (910.) (Bd. 83.)

Müller, Eduard, photographische Dunkelkammer für Reise u. Haus. (19 S. m. 20 Abbildgn.) (910.) (Bd. 101.)

Nicolas, E., Apparate f. Teslaströme. Ein Beitrag f. Amateure. (32 S. m. 15 Fig.) (908.) (Bd. 26.)

Pram, N., Vorschriften-Sammlung. (Umschlag: Aus der Praxis f. die Praxis.) I. 100 — zum Tl. — neue Vorschriften zur Herstellg. v. Klebstoffen, Leim u. Kitten. (29 S.) (910.) (Bd. 88.)

— dasselbe. II. 100 — zum Tl. — neue Vorschriften zur Herstellg. v. Kunstholz, Steinholz u. Kunststeinen, Emaillen. (28 S.) (910.) (Bd. 89.)

— dasselbe. III. Vorschriften zur Herstellg. v. plast. Massen f. künstl. Elfenbein, Knochen, Schildpatt, Perlmutter, Bernstein, Jett, Horn u. Ersatzmittel für Kautschuk, Gummi, in mehr als 100 teils neuen, teils verbesserten Rezepten. (26 S.) (910.) (Bd. 90.)

— dasselbe. IV. 100 u. mehr neue Vorschriften zur Zurichtg. v. Fellen, d. h., sie zu gerben, zu imitieren u. zu konservieren. (26 S.) (910.) (Bd. 91.)

— dasselbe. V. Das Färben v. tierischen Fellen f. das Kürschnereigewerbe u. die Konservierg. von Pelzen. (35 S.) (910.) (Bd. 92.)

— dasselbe. VI. Sammlung v. 100 teils neuen, teils altbewährten Vorschriften zum Bleichen u. Entfärben v. pflanzl. u. tier. Fasern, Haaren, Textilstoffen, Geweben u. dgl. (28 S.) (910.) (Bd. 93.)

— dasselbe. VII. Die Färbungsmethode f. Rauchwaren, Haare u. Wolle m. Anwendg. der modernen Anilin-Farbstoffe. (20 S.) (910.) (Bd. 94.)

— dasselbe. VIII. Die Kosmetica f. den tägl. Gebrauch. (24 S.) (910.) (Bd. 95.)

— dasselbe. IX. Kosmetica. Sammlung von 100 teils neuen Vorschriften zur Herstellung von Mitteln zur Pflege u. Verbesserg der Haut. (26 S.) (910.) (Bd. 96.)

Pram, N., Vorschriften-Sammlung. (Umschlag: Aus der Praxis f. die Praxis.) X. Kosmetica. Sammlg. von 100 teils neuen Vorschriften zur Herstellg. von Haarpflege- u. Haarerhaltungsmitteln. (23 S.) (910.) (Bd. 97.)

— dasselbe. XI. Kosmetica. Sammlung von 100 teils neuen Vorschriften z. Herstellg. v. Mitteln z. Waschen, Kräuseln, Fixieren u. Färben von Bart- u. Kopfhaar. (23 S.) (910.) (Bd. 98.)

— dasselbe. XII. Kosmetica. 100 teils neue, teils altbewährte Vorschriften zur Herstellg. von Präparaten zur Pflege d. Mundes u. d. Zähne. (25 S.) (910.) (Bd. 99.)

— dasselbe. XIII. Sammlung v. 100 neuen Vorschriften zum Färben d. Haut, Hautschminken, Fettschminken, Theaterschminken, Schminkwasser u. Schminkpuder. (25 S.) (910.) (Bd. 100.)

Riemenschneider, Kurt, flugähnliche Apparate. Ein Beitrag zur Förderg. der Handfertigkeit in d. Familie. (28 S. m. 15 Abbildgn.) (910.) (Bd. 87.)

— dasselbe. 2. Folge. Ein Beitrag zur Förderg. d. Handfertigkeit in der Familie. (21 S. m. 14 Abbildgn.) (910.) (Bd. 108.)

— Blitzableiter u. Blitzschutzanlagen. 1. Folge. (23 S. m. 21 Abbildgn.) (910.) (Bd. 106.)

— dasselbe. 2. Folge. (24 S. m. 16 Abb.) (910.) (Bd. 107.)

— Experimentierbuch der drahtlosen Telegraphie und Telephonie nebst Hinweis auf die Technik u. Praxis. Eine Anleitg. zur Ausführg. von Experimenten unter Verwendg. einfachster, meist selbst herzustell. Hilfsmittel. Mit 175 Abbildgn. (VIII, 146 S.) gr. 8. (909.) (Bd. 51—55.) Geb. n 3.60

— Hertz'sche Versuche. Eine Anleitung zum Bau der Apparate f. drahtlose Telegraphie u. zu den Experimenten. Mit 19 Abbildgn. (Eine Ergänzg. zu dem Hefte: Wie baue ich mir e. Station f. drahtlose Telegraphie?) (30 S.) (908.) (Bd. 12.)

— Monoplan. Flugmaschine nach Type Blériot. Ein Beitrag zur Förderg. der Handfertigkeit in d. Familie. (28 S. m. 18 Abbildgn.) (910.) (Bd. 86.)

— Wie baue ich mir eine Station f. abgestimmte Telegraphie ohne Draht? Mit 25 Orig.-Zeichngn. (39 S.) (908.) (Bd. 13.)

— Wie baue ich mir e. Station f. drahtlose Telegraphie? Mit 41 Abbildgn. (54 S.) (907.) (Bd. 11.)

Thalheim, J., Hochsee-Torpedoboot m. Dampfbetrieb. Ein Beitrag zur Förderung der Handfertigkeit in der Familie. Mit 20 Abbildgn. (26 S.) (909.) (Bd. 60.)

Zeitvertreib und Nebenverdienst, photographischer. IV. **Konwiczka**, Hans, Chemie des Photographen. Laboratoriumsarbeiten des Amateurs. (34 S. m. 46 Abbildgn.) (910.) (Bd. 79.)

— baue ich viele u. gute Kartoffeln? Ein offener Brief an kleine Ackerbesitzer und Arbeiterfamilien. (40 S.) 8. Neudamm 910. J. Neumann. n — 60

— bauet man Waizen mit Vortheil? Nach der 5. Ausg. aus dem Engl. übertr. von C. Jessen. gr. 8. (VI und 58 S. mit 1 Stnt. in qu. Fol.) Berlin 854, (Schneider.)

— behandelt man heute Wunden? 16. (23 S.) Forbach 887, Hupfer.

Wie bekämpfen wir die Landflucht? Unter besonderer Berücksichtigung der bayer. Verhältnisse. 8°. M.-Gladbach, Volksvereinsverlag, 1910. (Sociale Volksbibliothek, Nr. 21.)

— bekämpfen wir die Landflucht? Unter besond. Berücksicht. der bayer. Verhältnisse, s. a. Volksbibliothek, soziale.

Wie benehme ich mich? Allgemeingültige Regeln zu einem gesitteten u. gefälligen Betragen. Aachen: C. H. Georgi [1899]. (24 S.) 8°
(Hilf dir selbst! Dein eigener Lehrer. [15.])

— bestehe ich meine Prüfung? Hilfsbücher f. Schüler zur Anfertigg. von Hausaufgaben u. Klassenarbeiten. 1.—3., 5. u. 6. Bd. schmal gr. 8. Leipzig. Berlin, Heilbrunn & Co. à n. 1.—

1. Lateinisch. Gründliches Repetitorium u. Vademekum sämtl. Regeln der latein. Formenlehre u. Syntax in kurzgefasster Form u. übersichtl. Darstellg. Von E. Kaiser. (79 S.) (903.)
2. Französisch. Gründliches Repetitorium u. Vademekum sämtl. Regeln der französ. Formenlehre u. Syntax in kurzgefasster Form u. übersichtl. Darstellg. Von E. Kaiser. (80 S.) (903.)
3. Englisch. Ausführliches u. übersichtl. Repetitorium der engl. Sprachlehre nebst e. Examen, die wichtigsten Prüfungsfragen enth. Von Joh. Madsen. (79 S.) (903.)
5. Arithmetik u. Algebra. Ein Repetitorium der wichtigsten Formeln u. Lehrsätze der Algebra in kurzgefasster u. leichtfassl. Darstellg., an den verschiedenartigsten Beispielen erläutert u. bewiesen. Von Karl F. Jordan. (46 S.) (904.)
6. Planimetrie. Uebersichtliches Repetitorium aus dem Gebiete der ebenen Geometrie. Von Karl F. Jordan. (31 S. m. Fig.) 904.

Bd. 4 u. d. T.: Zuschlag, H., der versetzte Griechisch-Schüler, jetzt Ebd. 902. n. 1.—.

— besteht man in Preußen die Mittelschulprüfung u. das Rectorats-Examen? od.: die Zeiten sind nicht mehr, wo Bertha spann. Von e. „Geprüften." 8. (15 S.) Lippstadt 874. (Leipzig, Siegismund & Volkening.) n.n. 1.—

Wie beurtheilt man die Klagen über den Verfall der Religion? [Helmstädt ca. 1798.] V: *Schulze, Johann Heinrich August.* (MGT)

Wie bewahren wir die Freudigkeit im Dienste des Herrn? 4. Aufl. Zürich [190?]. V: *Hauser, Marcus.* (Zuwachsverz. d. Bibliotheken in Zürich 1898 ff., 7.)

Wie bewahren wir uns vor Tuberkulose? Nützliche Ratschläge für Jedermann, veröffentlicht von der medizinischen Gesellschaft in Basel mit Unterstützung des Basler Hilfsvereins für Brustkranke. [4 S.] 4. (Basel, Kreis, [1904].)

Wie bewahren wir uns vor Tuberkulose? Wichtige Ratschläge für jedermann, aufgestellt von der medizinischen Gesellschaft in Basel und mit einigen Abänderungen hrg. von der Schweiz. Zentralkommission zur Bekämpfung der Tuberkulose. 8 S. 8. Bern, Scheitlin, Spring & Cie., 1905.

Wie bewerbe ich mich? Ratschläge für Stellungsuchende. Mit (2) Schreibvorlagen u. Beispielbriefen, davon 2 in Handschriftendr. Anh. zu Bd. 6 der Bibliothek der gesamten Handelswissenschaften: C. Spöhrer, deutsche Handelskorrespondenz. 3. Aufl. (46 S.) kl. 8. Stuttgart (909). W. Violet. — 60

— bewerbe ich mich schriftlich um e. offene Stelle? Rathgeber in der Abfassg. v. Schreiben aller Art bei offenen Stellen, Stellen-Gesuchen, Wohnungsgesuchen, Vermiethgn., Verkäufen, Kaufgesuchen, Verpachtgn., Kapitalgesuchen rc., nebst Anh. m. Mustern v. Inseraten jed. Art, f. den tägl. Gebrauch. (48 S.) 8. Zwickau i/S. (Wilhelmstr. 13) (903). C. A. Günther Nachf. n.n. — 50

— bewerbe ich mich um e. Stelle? Ratschläge f. Kaufleute. Mit Beigabe v. Beispielbriefen, davon 2 in Fksm.-Druck. Sonderausg. d. Anh. v. Bd. 6 der Handbibliothek der gesamten Handelswissenschaften: C. Spöhrer, deutsche Handelskorrespondenz. 2. Aufl. (III, 23 S.) kl. 8. Stuttgart (909). W. Violet. — 60

— bewirbt man sich um Stipendien? Vollständiges Verzeichnis der Stipendien an allen deutschen Universitäten u. Anleitg. f. Bewerbungsschreiben aller Art. Nebst allem Wissenswerten üb. das student. Leben in Deutschland, Österreich, der Schweiz, Rußland u. Frankreich. 5. verm. u. verb. Aufl. gr. 8. (XXII, 275 S.) Lpz. 892, Fock. * 3 60

— bewirbt man sich um Stipendien, 6. Aufl., s.: Stipendien, die, an den deutschen Universitäten.

Wie bewirbt sich der Handwerker um eine offene Stelle? Ratgeber f. stellensuch. Handwerker ... nebst e. kurzen Darstellg d. Rechtsverhältnisses zw. Meister u. Gesellen, Arbeitgeber u. Arbeitnehmer ... *Essen (Ruhr): T. Waechtler [1894].* (32 S.) 1 Bd 8. [98. 4018

Wie bezahle ich meinen Arzt? *Danzig: A. W. Kafemann 1903.* (12 S.) 8° [Umschlagt. J. u. Ant.] [03. 3579 10

— bildet man gute Truppenführer? Von einem Veteranen. 8. (59 S.) Leipzig 848, Jurany. 1/4 ℛ

Wie Bismarck entlassen wurde! Nach authent. Quellen. Berlin 1892. V: *Robolsky, Herm.* (Kat. der ständ. Bibl. Stuttg. 1907. S. 570.)

— Bismarck entlassen wurde! Nach authent. Quellen. 1.-6. Taus. gr. 8. (94 S.) Berl. 892, H. Steinitz, Verlag. * 1 —

— bleiben wir gesund? Allseitige körperl. Beweggn. f. Haus und Schule. 1.—3. Aufl. 16. (45 S.) Düsseld. 890, Schrobsdorff. — 75

— bleiben wir gesund? Allseit. körperl. Beweggn. f. Haus u. Schule. Das Büchlein enthält: E. Abhandlg. üb. allseit. körperl. Beweggn. u. weit üb. 100 Uebgn. ohne Benutzg. e. Gerätes u. Gerüstes m. bes. Angabe d. pass. Verwendg. innerhalb d. Schulräume. 3. Aufl. 16. (45 S.) Düsseldorf 890. Schrobsdorff. — 75

— bleibt d. Handwerker gesund?, s.: Gewerbe-Bibliothek. Nr. 6.

— Boreas seine Kinder lehrt, ein Buch f. Windmüller rc. .. Erfurt ... (Otto).

— Boreas seine Kinder lehrt. Ein Buch f. Windmüller rc. Erfurt, Rudolphi.

— bräut man gutes Bairisch Weizen- u. Lager-Bier? — Wie Ale (Oel) oder engl. Bier? — Wie bereitet man guten Essig rc. gr. 8. Grätz, Ferstl. 819.

— braut man gutes bairisches Weizen- u. Lager-Bier? — wie Ale (Oel) od. engl. Bier? — wie bereitet man guten Essig rc. gr. 8. Grätz 820. Ferstl. 8 ℛ Hbg. Pr. 4 ℛ

Wie bringe ich mein Drama an? (Winke f. Dramatiker.) Hrsg. von d. Red. d. Feder. Berlin: Federverl. [1906]. 125 S. 8°
(Schriftstellerbibliothek Nr 6.) [11. 520

— bringe ich mein Drama an?, s. a. Schriftstellerbibliothek.

— darf und soll der Katholik nach der Lehre seiner heiligen Kirche die Bibel lesen? Zur Belehrung und Warnung für die kathol. Jugend und den gesammten Laienstand; zugleich Abfertigung neuerlich widerholter akathol. Verläumdungen. 8. Rottweil 846, Setzer. 6 ngl

— das Kind lesen lernt. ABC. gr. 4. (15 S. m. z. Tl. farb. Abb.) Nürnberg 898. Th. Stroefer. 1. 50

Wie das Kind sein soll. Ein Bilderbuch für kleine Kinder. Mit 8 (lith. u.) fein color. Bildern. Stuttgart (856.) Schreiber u. Schill. qu. 4. (8 Bl. mit Text.) 9 ngr.

— das Kind sein soll. Ein Bilderbuch für kleine Kinder, nach Zeichnungen von Mich. Joh. Voltz. 8 in Ton color. Bilder mit Reimen. 3. Aufl. 1869. 90 Pf., und 4. Aufl. qu. 4. Eßlingen 872, Schreiber. geb. *

— das Kind sein soll. Ein Bilderbuch für die lieben Kleinen. 8 in Ton color. Bilder mit Reimen. 5. Aufl. qu. 4. (2 S.) Eßlingen 881. Schreiber. geb. n. 1. —

— das Kind sein soll. Ein Bilderbuch für die lieben Kleinen. 8 in Ton color. Bilder mit Reimen. 5. Aufl. qu. 4. (2 S.) Eßlingen 882, Schreiber. geb. *

— das Martele zu e. Gais kam, s.: Grüß Gott. Nr. 24.

Wie das Ministerium Brandenburg entstand und wie es seine Mission erfüllt hat. Ein Wort an die Urwähler in den Provinzen. Berlin 1849. 13 S. 8.

— das Volk denkt, s. a. Bastian, Adf.

Wie das Volk denkt. Beitrag zur Beantwortung socialer Fragen auf Grundlage ethnischer Elementargedanken in der Lehre vom Menschen 8°. Berlin 1892.

— das Volk spricht. 524 sprichwörtliche Redensarten (hrsg. von Edm. Hoefer). (Als Mscr. gedr.) 1. Aufl. gr. 8. 1855. * 8 Ngr., 2., verm. Aufl. 16. (VIII und 78 S.) Stuttgart 855, Krabbe.

— das Volk spricht. Sprichwörtliche Redensarten. (Hrsg. von Edm. Hoefer.) 3., verm. Aufl. 16. (VIII und 112 S.) Stuttgart 858, Krabbe.

— das Volk spricht. Sprichwörtliche Redensarten. (Herausg. von Edm. Hoefer.) 4. verm. Aufl. Stuttgart 862. Krabbe. 16. (XVI, 128 S.) 18 ngr.

— das Volk spricht. Sprüchwörtliche Redensarten. (Hrsg. von Edm. Hoefer.) 4. Aufl. 1862. 18 Ngr. und 5., verm. Aufl. gr. 16. (XVI und 176 S.) Stuttgart 866, Krabbe. cart.

—— das Volk spricht. Sprichwörtliche Redensarten. Hrsg. von Edm. Höfer. 6. stark verm. Aufl. 16. (XVI, 212 S.) Stuttgart 870, Krabbe. cart.

—— dass. — 7. neu durchgeseh. und verm. Aufl. 16. (VIII, 220 S.) Stuttgart 873, Kröner. cart.

—— das Volk spricht. Sprichwörtliche Redensarten. (Hrsg. von Edm. Höfer.) 8. neu durchgeseh. und verm. Aufl. gr. 16. (IV, 226 S.) Stuttgart 876, Gebr. Kröner. cart.

— das Volk spricht. Sprichwörtl. Redensarten. 10. Aufl. (Hrsg. v. Edm. Hoefer.) 12. (IV, 227 S.) Stuttgart 898. Union. n. 2. 50

—— dem Doct. Nasse 25mal der Kopf gewaschen wird! Von d. Doct. Trocken, Prof. d. Wasserheilkunde in Wasserburg. 8. (1¼ B.) Nürnberg 834, (Campe.)

Wie dem Herrn Dr. F* in Fürth, als Verfasser des Sendschreibens an A. Wolfssohn, der Staar gestochen wird ... Nürnberg 1828. V: *Giehrl, Rudolf.* (Ky)

—— dem Hrn. D. F* in Fürth, als Verf. d. Sendschreibens an Hrn. Prof. A. Wolfsohn zur Zeit in Fürth, der Staar gestochen wird, v. Verf. d. „jüd. Conversations-Lexikons" (R. Giehrl). gr. 8. (2 B.) Nürnberg 828, Bauer u. Raspe.

— den armen Waisen geholfen, dem Proletariat vorgebeugt werden kann. Eine ehrerbietige Vorstellung zunächst an die Väter u. Vertreter der Stadt Berlin. Zum Andenken Pestalozzi's. 8. Berlin 845, Bethge. 1/12 ℛ

— denken die Bauern? ein Geschenk für die treuen Oberemser. 8. Linz ... Acad. Buchh. 4 K

Wie denkt Graf Mirabeau über die französischen Parlamente? [Berlin 1788.] V: *Mauvillon, Jacob.* (MI.)

Wie der Friede mit Dänemark herbeizuführen und unter welchen Bedingungen er abzuschließen ist. Hamburg, Perthes-Besser u. Mauke 1849. 36 S. 8.

Wie der Friede mit Dänemark herbeizuführen ... ist. Hamburg 1849. V: *Falck, Niels Nic.* (Schles) (A) (Collin, Anonymer. Kiobenh. 1869.)

— d. Herr s. Missionare beruft, s.: Missions-Traktate, kleine, Nr. 17.

— der Herr, so der Diener, s.: Kindertraktate.

— der Herzog v. Lauenburg [Fürst Bismarck] die russ.-französ. Freundschaft zustande brachte. Von β μ. Vom russ. Standpunkt. 8. (54 S.) Lpz. 890, Laudien. * 1 —

Wie der Krieg entstand. Geschichtliche Uebersicht der europäischen Verwickelungen seit dem pariser Frieden. 1. und 2., durchgeseh. Aufl. hoch 4. (32 Sp.) Leipzig 859, Lorck. Thlr. * *
Vgl. auch: Lorck's, C. B., Zeithefte.

— der Meister uns in den Weinberg rief. Zeugnisse v. Jesu Taten an seinen Jüngern, gezeichnet v. e. Reihe bekannter Vertreter der inneren u. äußeren Mission. Hrsg. v. Mart. Hennig. 1.—5. Taus. (383 S.) gr. 8. Hamburg (906). Agentur des Rauhen Hauses. n. 3. —; geb. n. 3. 50; Geschenkausg. n. 4. 50

Wie der Nothstand der Reichskammergerichts-Kanzley abzuhelfen. Wetzlar 1797. V: *Fahnenberg, Aegidius Joseph von.* (Schletter, Handb. d. jurist. Litt. Grimma 1843. S. 160.)

Wie der Peter Zapflhuber aus Penzing die Sozialdemokraten aufsucht. 8°. Altenburg s. a.

— der Pfarrer zu Mildheim seine Gemeinde-Glieder über die jetzt unter den Christen herrschenden religiösen Streitigkeiten zurecht weiset und beruhigt. Eine Schrift zur Unterhaltung und Belehrung für gebildete christliche Bürger u. Landleute. Herausgeg. von K. Linck. gr. 8. Jena 842, Cröker'sche Buchh. 1/4 ℛ

— der Sortimenter seinen Umsatz u. Reingewinn erhöhen kann! Preisarbeit m. dem 1. Preise gekrönt vom Lehrlingsausschuß der Allgemeinen Vereinig. deutscher Buchhandlungs-Gehilfen. (20 S.) Lex.-8. Berlin 905. Verlag der Buchhändler-Warte. n. 1. 40

„— der Stelles-Bauer seinem Nachbar Müller e. Weihnachtsfest bereitet". (12 S.) 8. Stuttgart (903). Holland & Josenhans. n. — 20

Wie der ungemeine Menschenverstand die Philosophie nehme ... [Meissen] 1802. V: *Krug, Wilh. Traugott.* (MGT) (Wr)

— der ungemeine Menschenverstand d. Philosophie nehme rc. 8. Meißen, Gödsche. 802.

— der Vettel sein Weib arretiert, s.: Theaterstücke, heitere.

— der Wirth also auch die Gäste, d. i. Wass Hanss Guck in die Welt, sonste Mercks Matz genandt, auf seiner Reise aufgefischet. 3 Thle in 1 Bde. Gedruckt in der Welt im folgenden Jahre des vorigen (c. 1700).

—— der Zufall will, od. Zeitungs-Nachrichten aus d. Blatte v. heute u. dem Blatte v. gestern zusammengesetzt. Eine unterhalt. Vorles. in Gesellschaften; auch als Frag- u. Antwortspiel zu gebrauchen. 16. (100 Kärtchen u. 50 Bild.) Wien (834), Müller.

Wie die Alten den Tod gebildet? Hannover 1774. V: *Herder, Johann Gottfried.* (Gi) (Mn) (Ky)

— die Alten den Tod gebildet, (v. J. G. v. Herder). 4. Hannov. 775.

Wie die alten Missionäre die Welt zum Christentum bekehrten. Katholik 1841, Missionsbeilage Nr. 43—5.

—— die Bienen einmal eine Republik machten. Eine Geschichte für Jedermann erzählt von einem alten Bienenfreunde. 8. (14 S.) Halle 848, Schmidt's Vrlgsh.

Wie die Dogmen ihr Ende nehmen . . . O. O. 1827. V: *Jouffroy, Thomas.* (BrMm)

Wie die Franzosen Krieg führen! Ein Beitrag zur Sitten- und Kultur-Geschichte des 19. Jahrh. Von ***. gr. 8. (54 S.) Berlin 871, C. Duncker's Verlag. *

Wie die Heiden beten, s.a. Missionstraktate. Kleine.

Wie die Heiden beten. In-8°, 16 S. Basel, Missionsbuchhandlung. 1888. — 05

Wie die Heiden beten. Berlin [1899]. V: *Büttner, F.* (Berl)

—— die heilige Veita dem Pater Ulani zu Rom erschien und sich verschwor! oder wahrhafte Geschichte der Menschheit bis zum J. 2000 und weiter. Ein polit. Buch. Aus dem Welsch verdolmetscht. 16. (19 S.) Leipzig 848, [Luckau, Kutzscher.]

Wie die Jugend leben soll. 8 (S. 18–24). Progr. K. k. Staatsg. im III. Bezirke *Wien* 1893.

— die Kinder spielen. Ein Leinw.-Bilderbuch m. 8 feinen lackierten Bunt-Bild. u. 6 reiz. illustr. Text-Seiten. hoch 4. Eßlingen 896. J. F. Schreiber. Kart. n. 1. 80

— die Clerisey das Cölibat beobachtet: oder Liebschaften der kathol. Priester in Frankreich. 8. Leipzig 836. Literarisches Museum. (Schreck.) 1 ℛ

Wie die Nation der Israeliten vor der Ankunft des Messias ein unabhängiges und blühendes Volk werden könne . . . [Altona] 1818. V: *Paulsen, Lorenz.* (LS) (GGr)

— die Pfarrer u. die Pfarr- u. Kirchengüter besser zu nützen wären? rc. 8. Brandenb. 780. Halle. 6 ℊ

— die Portugiesischen Juden, Brüder Cappadose zu Amsterdam auf verschiedenen Wegen zu Christo kamen. gr. 8. Berlin ... Wohlgemuth. n. 1/12 ℛ

Wie die Portugiesischen Juden Brüder Cappadose, zu Amsterdam, auf verschiedenen Wegen zu Christo kamen. Berlin 1838. Ü: *Dielitz, Johann Gottlieb Ludwig Carl.* (Koner)

— die Schildaer durch Aufhebung der Mahl- u. Schlachtsteuer aus dem Regen in die Traufe kamen rc. Traurige, aber wahre Begebenheiten, geschildert von Wespe. Berlin 869. Grothe. gr. 8. (16 S.) 2½ ngr.

— die Seitengänge im Sinne der Reitkunst geritten u. verwerthet werden sollen. gr. 8. (VI, 49 S.) München 891. Th. Ackermann's Verl. n. 1. —

— die sieben Bitten im Vater unser gerade wider unsere größten Seelengefahren gerichtet sind. Eine Katechismuspredigt. 8. Nürnb. 807. Raw. 2 ℊ

Wie die Stadt Bonn von der Königlichen Staats-Eisenbahn-Verwaltung behandelt wird. Bonn 1902. V: *Franck, Johannes.* (Berl)

Wie die von den Predigern anzustellende öftern Besuche der teutschen Schulen beschaffen seyn müssen . . . Erlangen 1776. V: *Seiler, Georg Frdr.* (Fiker)

Wie die Woche entsteht. Ein Blick hinter d. Kulissen. *Berlin: A. Scherl [1902].* (15 S.) quer-8° [F.]

Wie die Zwieselsheimer ihre Ausstellung machten. Eine lustige Geschichte. Graz 1880. V: *Stradner, Joseph.* (JoanStyrA)

—— die Zwieselsheimer ihre Ausstellung machten. Eine lust. Geschichte. 16. (38 S.) Graz 880, [Ferstl'sche Buchh.] Pechel.

Wie Dr. Mart. Luther den rechten Grund des Glaubens gefunden, u. im Frieden dieses Glaubens selig entschlafen ist. Am 300jähr. Gedächtnißtage des Todes Dr. Mart. Luthers dem evangel. Christenvolke gewidmet v. e. evang. Geistlichen. 8. (2 B.) Heidelberg 846, Carl Winter. Thlr.

Wie Martin Luther den rechten Grund des Glaubens gefunden . . . Heidelberg 1846. V: *Casselmann.* (zu)

—— Dr. Schwarz ganz anders als Dr. Weiss von der Desinfection geredet hat und was ein gewisser Doctor Faust dazu meinte. Eine hygiein. Humoreske. 1. und 2. Aufl. 8. (32 S.) Augsburg 884, Lampart und Comp. *

—— dünket euch um Christo? Weß Sohn ist er? — Zwei Predigten v. Joh. Heinr. Bernh. Dräseke; zu Ratzeburg 1811 u. zu Magdeburg 1832 gehalten, mit Parallelen aus einigen Predigten Frz. V. Reinhard's u. Joh. Fr. Röhr's, als Beitr. zum Anbaue d. vergleich. Homiletik. Eine zeitgemäße Christgabe an evangel. protestant. Geistliche u. denkende Christen. gr. 12. (5 B.) Neustadt a. d. O. 833, Wagner.

Wie dünket Euch um Christo? . . . Magdeb. 1848. V: *Theune, H.* (zu)

—— dünket euch um Christo? Kurzer und bündiger Beweis, daß Christus der Sohn Gottes ist. Ein Wort für Alle, welche unsere evangel. Kirche verlassen haben, oder noch verlassen wollen. Vom Verf. der Schrift: „Sehet euch vor!" gr. 8. (23 S.) Magdeburg 848, Heinrichshofen'sche Buchh.

—— dünket euch um Christum? Sendschreiben an die allgemeine deutsche Lehrer-Versammlung von einem Mitgliede des christlich-conservativen Lehrerbundes. gr. 8. (55 S.) Staßfurth 865, Hartte. *

Wie durch Gottes Segen ein Haus gebaut wird. Aus dem Leben des Fabrikanten Johann Heinrich Stobwasser (1740–1829). 8. Basel 1870.

— e. Brand aus dem Feuer. Meine Lebensgeschichte, erzählt zum Preise des Lammes. Von e. Geretteten. (23 S.) 8. Neumünster (905). Vereinsbuchh. G. Ihloff & Co. n. — 15

—— ein Fürst oder Staatsmann sein und nicht sein soll, s. Compaß für das kathol. Volk.

— ein Hamburger Mann denken soll. 8. Hamb. 815. Perthes u. B.

Wie ein Landwirth ohne Branntwein haushalten kann. Bern [1884]. V: *Schneider, J. J.* (BSchwLk V, 9 j)

—— ein preußischer Soldat ein brasilian. Drechslermeister wird, s. Soldaten-Freund, der.

Wie ein Schuhmacher-Geselle als Dechant von Berchtesgaden gestorben ist. Salzburg 1858. V: *Schöpf, Joseph Anton.* (Hr)

— ein Schwarzer das Land der Weißen ansieht. (Von Jos. Ekolo.) Aus der Duala-Sprache übertr. v. K. Stolz. (32 S. m. Abbildgn.) kl. 8. Basel 908. Basler Missionsbuchh. — 15

Wie ein Staat versucht, ohne Kosten in den Besitz einer Lehranstalt zu kommen und den Eigentümer, der dieselbe geschaffen hat, aus derselben zu verdrängen. Die sogenannte 'Großherzogliche Baugewerk- u. Maschinenbauschule' zu Varel a. d. Jade, Großherzogtum Oldenburg. (Vorr.: H. Diesener.) Berlin: H. Walther 1906. (88 S.) 8° [F.] 107. 17909

— ein Tiroler Büeblein deutschnational wurde, s. a. Hausbibliothek, deutsche.

Wie ein Tiroler Büblein deutschnational wurde. Die Geschichte eines Kindes. Nach den Aufzeichnungen eines Freundes. Wolfenbüttel 1893. V: ***Lechleitner, Franz.*** (Margr)

— eine evangelische Christin der Jungfrau Maria gedenkt. 16. (75 S.) Breslau 877. Dülfer. n. — 70; cart. n. — 80; geb. n. 1. 20

Wie eine Hausfrau gut und billig kochen kann . . . Barmen 1891. V: *Fauth, Adolph.* (Ky)

Wie einem Blinden die Augen aufgingen. Der Vorschuss. Die Anklage aus Kindermund. Das erste Glas. *Bern, Barmen: Blaues Kreuz [1900].* (16 S.) 8° [F.]
= Volksschriften d. Arbeiterfreundes. 3. [01. 8060 5

Wie einer drüben sein Glück machte. (Cassel: J. G. Oncken Nachf. [1902].) (6 S.) 8° [Kopft.]
[Traktate d. Christl. Traktat-Gesellschaft.] Neue Serie. No 106.

— entstund und was will der Schweizerische National-Verein? Dargethan durch die noch ungedruckte Rede, welche Dr. Troxler in der Versammlung zu Zofingen am 26. Hornung 1834 gehalten hat. gr. 8. Bern 835. Fischer u. Comp. 1/8 ₰

—— Erbadel nimmer Erbsünde sey! Polit. Diatriben üb. d. gebornen Landstände d. Jahrhunderts, nebst Reformideen, in Gesprächen v. e. Norddeutschen. 8. (27½ B.) Offenbach 834. [Darmstadt, Leske.]

WIE — erhaben! wie untruglich! sind doch die Schlusse des durch seinen Freund als zu polirten Fleischhackermeisters Wiens aufgeklarten Phisiognomisten nach durchblatterten Grundsatzen Lavaters ... o. V., Wien 1791 1 vol. 29 S.

— erhält man e. Wirthschafts-Concession? 12. (46 S.) Eberswalde (902). (H. Langewiesche.) Kart. n. 1. 20

— erhält man sich e. gesunden u. kräftigen Schlaf? Gesunden u. Kranken gleichermassen gewidmet v. e. erfahrenen Haus- u. Familien-Arzte. gr. 8. (III, 81 S.) Leipzig 892. K. F. Pfau. n. — 80

— erhalte ich mein Geflügel gesund u. wie heile ich rasch u. billig krankes Geflügel? Beantwortet aus 40jähr. Erfahrg. v. e. alten Praktikus. (37 S.) 8. Leipzig-R. 908. A. Michaelis. — 75

— erlangt man die Doktorwürde? Bestimmungen zur Erlangung des philosoph. Doktorgrades an allen Universitäten des Deutschen Reiches. Nebst e. Anh., enth. die Bestimmgn. der Universitäten der Schweiz u. Oesterreichs. Zusammengestellt nach amtl. Unterlagen. Neue [Titel-]Ausg. (von „Bestimmgn. zur Erlangg. des philosoph. Doktorgrades etc.") gr. 8 (III, 72 S.) Leipzig [895.] 900. Buchh. G. Fock. n. 2. —

— erlangt man die Kenntnis d. neuesten wissenschaftl. Literatur? Praktische Ratschläge f. wissenschaftlich Arbeitende. (8 S.) gr. 8. Leipzig 907. Buchh. G. Fock. — 40
Sonderabdruck aus: „Akadem. Turnzeitg."

— erlangt man haltbare Negative? Eine Rundfrage, beantwortet v. 48 pract. Photographen. [Aus: „Photograph. Archiv".] gr. 8. (96 S. m. Abb.) Düsseldorf 893. E. Liesegang. 1. 50

Wie erleichtere ich mir die Malarbeit? Technische Abhandlung über hervorragende Neuheiten in Malutensilien. ([Illustrierte Reklame-Broschüre für] die Universal-Patentpalette «Zeuxis»;) Carl von Schmidtz, Ascona, Generalvertretung für die Schweiz. [II + 16 S.] 8. [Locarno, Tipo-Litografia Artistica, 1905.]

Wie ernährt man 1 Pferd für wenige Groschen täglich etc., s. Fenwick de Porquet.

Wie erreicht man leichte, glückliche Geburten?, s. a. Volks- u. Hausarzt, deutscher. I. 8.

Wie erreicht man leichte, glückliche Geburten? oder Schwangerschafts-Beschwerden und Wochenbetterkrankungen ... Bielefeld 1902. V: *Wähling, Wilhelm B.* (Berl)

— errichtet man e. Schlächterei? Anleitung zur Nachsuchg. der Genehmigg. u. zur Herstellg. v. Schlächterei-Anlagen. Bearb. auf Grund der Reichs-Gewerbeordng., der zugehör. techn. Anleitg. u. der preuß. Ministerial-Anweisg. vom 9. VIII. 1899, unter Benutzg. der v. den Beschlußbehörden gestellten Genehmigungs-Bedinggn. gr. 8. (8 S.) Neusalz 900. J. Pröbster. n. — 40

Wie erscheint das Beten im Lichte des Glaubens? Salzburg [1878]. V: *Hager, Edmund.* (Hr)

— erwerbe, verwalte u. vermehre ich e. kleines Vermögen? 1. u. 2. Aufl. gr. 8. (à 51 S.) Dresden 900. C. Heinrich. n. — 60

— erwerbe, verwalte u. vermehre ich e. kleines Vermögen? 8. Aufl. (52 S.) gr. 8. Dresden (904). C. Heinrich. n. — 75

— erwirbt man die Freundschaft u. die Mitgliedschaft des Huterischen Weltbundes f. Menschenkenntnis u. Menschenliebe, f. Wahrheitsforschung, Schönheitskultur u. Menschenbeglückungswerke. Mit e. Anh.: Wie gründet und leitet man an jedem Orte Zweiggruppen dieses Bundes? Hrsg. v. der Verwaltg. des Huterischen Bundes. (Von Carl Huter.) (VIII, 86 S. m. Bildnis.) gr. 8. Leipzig (908). Arminius-Verl. 1. —

Wie erziehst du deine Kinder? Herisau 1880. V: *Leuzinger*, *Fridolin*. (Cat. d. Stadtbibl. Zürich. Zürich 1864—97.)

Wie erziehst Du deine Kinder? Eine kurze Denkschrift zur reifl. Ueberlegung. Den Eltern und Pflegeeltern dargereicht vom Comité des Erziehungsvereins in Herisau. In-16, 17 S. Herisau, Suter & Scherzinger. 1880.

— erzieht u. bildet das Gymnasium unsere Söhne? (Den Eltern unserer Schüler, unseren ehemal. Zöglingen, sowie allen denk. Freunden der höh. Lehranstalten gewidmet im Verein m. Frdr. Raßfeld, Herm. Schurig u. Herm. Menzel v. F. Fauth.) gr. 8. (94 S.) Berlin 902. Reuther & Reichard. n. 1. 50

—— es 1848 in Wien zugegangen! s. Soldaten-Freund, der.

Wie es auf dem Concil zugeht, s. Stimmen aus der kathol. Kirche.

—— es den Kindern gefällt. 4. (7 S. mit 6 Chromolithogr.) Wesel 881, Dilms.

— es e. jungen Kaplan im Kulturkampfe erging. Erzählt v. e. Priester der Diözese Limburg. (89 S.) kl. 8. Limburg (909). Limburger Vereinsdruckerei. — 50

— es Heidenkindern gehen kann, } s.: Missions-Traktate, kleine. 18.

— es im Kongostaat zugeht. 16. (16 S. m. Abbildgn.) Basel 891. Missionsbuchh. n. — 4

— dasselbe, s.: Missions-Traktate, kleine.

— es kam, daß Otto e. Held wurde, s.: Rosen-Knospen. Nr. 9.

— es kam u. wohin es geht. Ein politisches Gespräch. Ende April 1867. Königsberg 867. Beyer. gr. 8. (8 S.) $2\frac{1}{2}$ ngr.

—— es kam und wohin es geht. Ein politisches Gespräch. Ende April 1867. gr. 8. (8 S.) Königsberg 867, Theile's Buchh.

Wie es um das Jahr 1871 aussah. Gedenkblätter für das deutsche Volk. (40) 8. Dresden 1871. — 4 Aufl. (32) 8. ib. 1871. 0.30.

Wie es um d. J. 1871 aussah. Gedenkblätter f. das deutsche Volk. 4. Aufl. gr. 8. (40 S.) Dresden 871. Leipzig, Jenne. — 30

—— es war und wurde. Erzählungen vom Verf. der Erinnerungen eines deutschen Offiziers: Aus althannoverscher Zeit. An der Grenze. [Von Jul. Hartmann.] 8. (VII, 256 S.) Wiesbaden 885, Bergmann. *ℳ 4.50.; geb. *

wie fängt man einen Sonnenstrahl? Aus dem Engl. 16. (45 S.) Berlin 852, Hertz.

—— fängt man einen Sonnenstrahl? Aus dem Engl. 2. Aufl. 16. (47 S.) Berlin 860, Hertz. cart. mit Goldschn.

Wie fängt man einen Sonnenstrahl? Aus dem Engl. von Herm. Eberty. 3. Aufl. 16. (48 S.) Berlin 863, Hertz. cart. mit Goldschn.

Wie feyren wir das Andenken andrer würdig? eine Rede, bey Gelegenheit der feyerlichen Aufstellung des Bildnisses Sr. Durchlaucht des Herzogs Ferdinand von Braunschweig, erwählten Grossmeisters aller vereinigten Logen, am Tage Johannis des Täufers 1779 gehalten in der ger. und vollk. Loge zum Schwerdt in Riga. [Riga 1779.] 8 Bl. 8⁰ [Umschlagtit.]
Kl. 1012. Selten. 281.

Wie feiern wir den Tod Jesu? Predigt. [Zürich 1894.] V: *Welli*, *Carl*. (Cat. d. Stadtbibl. Zürich. Zürich 1864—97.)

Wie feyert der Maurer sein Bundesfest? vom Br R. F. in der Loge F[erdinand] z. G[lückseligkeit in Magdeburg] am Johannisfeste 1807. Magdeburg [1807]: Hänel. 16 S. 8⁰ [Umschlagtit.]
Der Mr feiert das Bundesfest mit religiösem, brüderlichem, weltbürgerlichem Sinn. 23.

— fertigt man Bewerbungsschreiben an zur sicheren Erlangung e. guten Stellung? Ratgeber f. Stellenlose, inklusive Militäranwärter. Mit vielen Musterbriefen. (94 S.) 8. Dresden (906). F. Casper & Co. n. 1. 20

— finde ich Stellung? Winke f. Stellungsuchende. 12. (20 S.) Charlottenburg 896. Berlin, C. H. Adams. n. — 80

— findet man das Paradies der Ehe. siehe Abel, Justus.

— findet man sich zurecht in Leipzig? ein Noth- u. Hülfsbüchlein f. Fremde u. Einheimische. 2e verb. Aufl. 12. Leipz. 815. Klein. 2 𝒦

Wie Frau Gabriel zum Frieden kam. Cassel [1902]. V: *Rode*, *P*. (Berl)

Wie Frau Gertrud ihre Wäsche mit Hülfe der Wasserdämpfe reinigt. Leipzig 1826. V: *Gerhard*, *Wilh*. (MGT)

Wie Friedrich G. ein Dieb wurde. Aufzeichnungen eines Sträflings. 2. Aufl. Gr. in-8⁰. 19 S. Bern, Karl Stämpfli & Cie. 1891. — 20

Wie Friedrich, Leopold, Auguste u. Mathilde Buchstabiren u. Lesen lernten. Ein ABC=, Buchstabir= u. Lese=Büchlein. 1. Aufl. 836. ⅓ Thlr., u. 2., verb. A. 16. (à 3 B. u. 14 ill. Kpfrt.) Berlin 841, Hasselberg'sche Vrlsh. Thlr.

Wie frisiere, pflege und erhalte ich mein Haar? Lex.-8°. (ill. 51 S.) Wien: Vobach 1908. K 1.44

— führe ich meine Prozesse? s.: Miniatur=Bibliothek.

— führe ich meine Prozesse beim Amtsgericht? Anleitung über den Gang des Prozeß=Verfahrens mit Hinweis auf die bezügl. Paragraphen der Reichs=Justizgesetze. 8. (38 S.) Löbau Wpr. 880. Skrzeczek. n. — 16

— führe ich meine Prozesse beim Amtsgericht? Anleitung üb. den Gang d. Prozeß=Verfahrens m. Hinweis auf die bezügl. Paragraphen der Reichs=Justizgesetze. 23. Aufl. gr. 8. (50 S.) Löbau Wpr. 885. Skrzeczek. n. 1. —

—— dass. — Anleitung über den Gang des Prozeß=Verfahrens, erläutert durch 26 Formulare nebst einem Anhang, enthaltend die Kostentabelle sowie die Gebührenordnung für Zeugen und Sachverständige. 24. durchwegs verb. und verm. Aufl. gr. 8. (46 S.) Ebendas. 888. cart. *

— führe ich meine Prozesse beim Amtsgericht? Anleitung üb. den Gang d. Prozeß=Verfahrens, erläutert durch 26 Formulare, nebst e. Anh., enth. die Kostentabelle, sowie die Gebührenordng. f. Zeugen u. Sachverständige u. das Wichtigste aus dem Gesetze vom 31. März 1838 üb. die Verjährungsfristen. 25., verm. Aufl. gr. 8. (60 S.) Berlin 889. Skrzeczek. cart. n. 1. —

—— gefällt uns der Gerichtsvollzieher und das Zwangsvollstreckungsverfahren? Ein Beitrag zur Kritik der neuen Justizgesetze von einem preuss. Referendar. gr. 8. (27 S.) Danzig 881, Homann's Buchh.

BETTELMÖNCHE. — Wie geht es dann (!) eigentlich in den Klöstern der Bettelmönche zu? (Freier satyr. Roman in Briefen.) Gedruckt in Philadelphia (Ulm, Stettin'sche Buchh.) 1783. 8°.
384 S. incl. Tit. Rar! Wirkl. Druckort nennt Weller.

—– geht's? Wo fehlt's denn? Von einem Volksfreund. 8. (12 S.) Wien 851, Mechitaristen=Congregations=Buchh.

— geht's auf d. Welt, od. Besuche in allen vier Welttheilen, unt. d. Fuhrung e. Genius, a. d. Engl. 2 Thle. 8. Lpz. Schneider. (Linke.) 790.

— gelangen wir zu Ruhe u. Zufriedenheit? Ein Vortrag f. Leidende u. Unzufriedene, v. e. Objektiven (Arth. Gaertner). (71 S.) 8. Leipzig 907. M. Spohr. 1. —

Wie gelangt man zum Erfolg? Anleitung für jedermann zum Vorwärtskommen durch eigene Kraft. Berlin [1904]. V: *Frank, Willy.* (Berl)

Wie gelangt meine Tochter in den Staatsdienst? Aufnahmsbedingungen und Anforderungen für die den weiblichen Arbeitskräften vorbehaltenen Dienstesstellen bei den Staats-Post-Telegraphen- und -Telephonämtern, beim Postsparcassenamte und bei den Staatsbahnen. Herausgegeben von Jenny Scherer. Wien. 1900. Perles. 8°. 38 S fl. —.40

— gestaltet man die täglichen Mahlzeiten reichhaltiger?, s.: Bibliothek, gastronomische, Hegenbarth-Florté. 1. Bd.

Wie gestaltet sich das heutige Verfahren im Bezirk des Oberlandesgerichts zu Köln 1. für den Fall, dass ein Standesbeamter zur Leistung einer geweigerten Amtshandlung veranlasst werden soll, 2. bei Rektifikation der Standesregister? O. O. ca. 1880. V: *Hücking.* (StBKöln II, 139)

Wie gewinnt das Handwerk wieder goldenen Boden? 8°. Dortmund 1878.

— gewinnt der Mittelstand Einfluß auf die Gesetzgebung, s.: Volksbibliothek, soziale. Nr. 28.

Wie gewisse Leute im Kanton Luzern es mit der Volkssouveränität und andern Dingen meinen. Entdeckt in einem geheimen Briefwechsel. ([Briefe an] Theodor Scherer [geschrieben von] Aloys Haut, C[onstantin] Siegwart-Müller, M[aximilian] Zürcher [und hrg. von] Kasimir Pfyffer.) 8. Luzern 1841.

Wie gewöhnt man an guten Lesestoff? (München 1906.) 8° [Kopft.]
(Dürer-Bund. Flugschr. 7.)

Wie gewonnen, so zerronnen. Lustspiel in einem A. [Wien 17??] V: *Gensicke, Friedrich.* (GGr)

Wie gewonnen, so zerronnen, in zwei Akten; nach Dumainants Ricco. Berlin 1793. V: *Meyer, Friedrich Ludwig Wilhelm.* (Ky) (MGT)

Wie gewonnen, so zerronnen, in 2 Akt., nach Dumaniant (von F. L. W. Meyer), s. Beitr. z. d. vaterländ. Bühne gewidmet.

Wie gewonnen, so zerronnen! Improvisirtes Sprichwort-Spiel, in Paris aufgeführt, im Cirkel einer interessanten Familie. O. O. 1815. 8°. 22 S.
Goedeke VII, 865, 249.

— Gott die Armen tröstet. 5. Aufl. [Ster.=Ausg.] 16. (22 S.) Barmen 872. (Wiemann.) n. — 10

—— Gott die Armen tröstet. 8. (22 S.) Barmen 882, (Wiemann.)

— Gott die Seinen führt, s.: Rosen=Knospen.

Wie Gott mich führt, so will ich gehen. Etwas zur Missions-Geschichte. Reval 1857. V: *Kalinowa-Zaremba, Felician Mart. v.* (R-N)

—— Gott will. Eine Erzählung. 8. (III und 169 S.) Berlin 867, Rauh.

— gründet u. leitet man ländl. Volksbibliotheken? [Erweit. Sonderabdr. aus: „Bildungs=Verein".] 12. (23 S.) Berlin (N.W., Lübeckerstr. 6) 896. Gesellschaft f. Verbreitg. v. Volksbildg. — 30

— gründet u. leitet man ländliche Volksbibliotheken? 5. u. 6. Ausg. 12. (23 bezw. 20 S.) Berlin 900. 901. (Th. Fröhlich.) — 25
Erweit. Sonderabdr. aus: „Bildungs=Verein".

— gründet u. wie leitet man Vereine? Hrsg. üb. Auftrag des christl. Parteirathes f. Deutsch-Mähren. 12. (88 S.) Brünn 897. (P. Malle.)
In Leinw. kart. n.n. — 50

Wie gut es die Leute am Rheine und an der Mosel jetzt haben können. Mainz 30. Nov. [1793]. V: *Cotta, Friedrich.* (serap XXVIII, 6)

Wie gut es sei, wenn durch Gottes Vorsehung Menschen von Menschen getrennt werden. Braunschweig 1799. V: *Glaser, Andreas Friedrich Gottlieb.* (NN)

Wie haben sich die von der Hermesischen Rechtgläubigkeit überzeugten Katholiken in Ansehung des Breves Gregors XVI. „Dum acerbissimas" v. 26. Sept. 1835 zu verhalten? Beantwortet von einem Doktor der Theol. Auch mit dem Umschlagstitel: „Über das päpstl. Breve gegen Hermes". 8°. Göttingen: Vandenhoeck & Ruprecht 1836.

—— haben sich Ersatz-Reservisten, Landwehr-Leute und Landsturm-Pflichtige nach dem neuen Gesetz zu verhalten? Von R. 8. (21 S.) Altenburg 888, Bonde's Verlag.

Wie haben wir als Christen und Priester das Verhältnis aufzufassen, in welchem Offenbarung u. Kirche zu Kunst u. Wissenschaft stehen? Beantwortet von dem Verfasser des Schriftchens: „Prüfet die Geister, ob sie aus Gott sind." Augsburg, Kollmann (jetzt Regensburg, Verlagsanst.), 1852, 8°, 52 S., 30 Pf.
Recens. Kath. Litblätter zur Sion 1852, S. 81—3 (Wiedemann).

— hält es die Sozialdemokratie m. dem Bauernstand, s.: Volksbibliothek, soziale.

Wie hält man Vorträge? 1.—5. Taus. *M.Gladbach: Westdeutsche Arbeiter-Zeitung 1904.* (36 S.) 8° [ ]
— Arbeiter-Bibliothek. H. 5. [illegible] 6

Wie hält man Vorträge? Hrsg. von der Zentralstelle des Volksvereins für das katholische Deutschland. M-Gladbach, 1906. 36 S.

— handelte die allgemeine deutsche Reichsversammlung seit dem westphälischen Frieden, bei den durch Reichskriege veranlaßten Friedensunterhandlungen? 4. Regensb. 795. Montag u. W. 6 ℊ

— Hans Görge u. Seffe im alten Hoftheater den „Freischütz" gesehen haben, erzählt von L. 16. (8 S.) Altenburg 882. Blücher. n. — 10

Wie Hans Görge und Seffe im alten Hoftheater den Freischütz gesehen haben. 2. Aufl. Erzählt in Altenburger Bauernmundart von L. *Altenburg: R. Fuchs [1903?].* (8 S.) 8° [illegible]

Wie hat der Herr Dr. Lachel sich in dem Streite zwischen den Doctoren Zadig und Wendt benommen? . . . Breslau 1804. V: *Wendt, Johann.* (Kat. d. Druckschr. üb. Breslau. Breslau 1903. S. 129.)

—— hat man sich im Kriege zu verhalten? Populäre Rathschläge für Jedermann. Hrsg. von einem Veteranen. 8. (14 S.) Leipzig 866, Zieger.

Wie hat man sich in Kriegszeiten zu verhalten? Nutzbringende Erläuterungen und Rathschläge für jeden Bürger und Landbewohner. Her ausg. von einem erfahrenen Soldaten. 3 Aufl. gr. 8. (31 S.) Wien, Hartleben's Verlag 1866.

— hat man sich nach einem verdächtigen Beischlafe zu verhalten. Mit 1 Kpf. 8. Bresl. 792. W. G. Korn. 10 ℊ

WIE hat man sich nach einem verdächtigen Beischlafe zu verhalten? Ein Toilettenstück für galante Jünglinge und Mädchen. Mit einem Kupfer. London 1792. 8°. 6 Bl. 110 S.

—— hat man sich vom 1. October 1874 ab bei Geburten, Heirathen und Todesfällen zu verhalten. Praktische Anweisung, den Bestimmungen des neuen Civilstandes-Gesetzes zu genügen. 8. (16 S.) Danzig 874, Kafemann.

—— hat sich der preußische Kaufmann dem allgemeinen deutschen Handelsgesetzbuche und dem preußischen Einführungsgesetze vom 24. Juni 1861 gegenüber zu verhalten? Nebst Angabe der nach der Verordnung vom 27. Jan. 1862 für jeden handelsgerichtl. Act zu entrichtenden Gebühren und 2 Anhängen: I. Das Schiffsregister. II. Die Strafbestimmungen des Einführungsgesetzes vom 24. Juni 1861. 8. (19 S.) Berlin 862, Peiser.

—— hat sich die Religionserneuerung des 16. Jahrh. so rasch und so weit verbreiten können? } s. Broschüren-Cyclus für das kathol. Deutschland.

Wie hat sich ein Prediger bey bürgerlichen Revolutionen zu verhalten? . . . Quedlinburg 1793. V: *Hildebrand, Johann Friedrich.* (MGT) (Ky)

Wie hat sich endlich die Geschichte des Leinelaufens entwickelt? . . . Wetzlar 1787. V: *Haas, Damian Ferdinand.* (MGT)

— hebt man den Obstbau in kleinbäuerlichen Verhältnissen? Erfahrungen der Kreisverwaltg. des Kreises Westerburg im Westerwald Hessen-Nassau, bei den von ihr veranstalteten Einrichtgn. zur Hebung des Obstbaues. Hrsg. v. dem Kreisausschusse des Kreises Westerburg. 2. Aufl. (64 S.) 8. Neudamm 906. J. Neumann. n. 1. —

— heile ich meine chronisch kalten Füße? s.: Volks-Gesundheitsbücher, Schweizer, Hft. 2.

— heile ich stets m. Erfolg die Maul- u. Klauenseuche. Von Albin v. Sachsen. gr. 8. (III, 9 S.) Eisenberg 899. (Leipzig, R. Streller.) — 75

— heilt man Leibes-Verstopfung? Ein Beitrag zur Volksheilkunde. gr. 8. (20 S.) Bamberg 894. Handels-Druckerei. — 30

Wie Heinrich von Eichenfels zur Erkenntniß Gottes kam. Erzahlung fur Kinder und Kinderfreunde. Von dem Verf. der Ostereyer. 1817
s. Schmid, Christof [Verf.]

— Heinrich von Eichenfels zur Erkenntniß Gottes kam. Eine Erzählung für Kinder u. Kinderfreunde (von Cph. Schmid). 12. Landsh. 818. 2e A. 821; a. 823. 3 ℊ gr. 12. Ebd. 821. 4 ℊ

— dass. 12. Paderb. ... Wesener. 2 ℊ

— dass. 12. Luzern 818. Anich. 2 ℊ

— dass. 12. Grätz 824. Ferstl. 1 ℊ

— dass. 12. Wien 824 (Wimmer). 3 ℊ

—— Heinrich v. Eichenfels zur Erkenntniß Gottes kam. Eine Erzähl. f. Kinder u. Kinderfreunde. Vom Verf. d. „Ostereyer" (Chrstph. Schmid). 3., verb. Aufl. 12. (4½ B.) Landshut 828. [Regensburg, Manz.]

—— Heinrich von Eichenfels zur Erkenntniß Gottes kam. Eine Erzählung für Kinder und Kinderfreunde. Von dem Verf. der Ostereier (Chrph. v. Schmid.) 6. Originalaufl. gr. 16. (100 S.) Regensburg 849, Manz.

— Heinrich von Eichenfels zur Erkenntniß Gottes kam. Eine Erzählung für Kinder u. Kinderfreunde. Von dem Verf. der Ostereier (Chrstph. v. Schmid). Neue illustr. Orig.-Aufl. Mit (1) Stahlst. u. Holzschn. (im Text.) Regensburg 864. Manz. 8. (92 S.) 7½ ngr.

Wie Heinrich v. Eichenfels zur Erkenntniß Gottes kam. Eine Erzählung für Kinder u. Kinderfreunde. Von dem Verf. der Ostereier (Chr. v. Schmid). Neue illustr. Orig.-Aufl. 2. Abdr. Ebend. 868. 8. (94 S. mit 1 Stahlst. u. eingedr. Holzschnittbildern.) 7½ ngr.

— Heinrich v. Eichenfels zur Erkenntniß Gottes kam. Eine Erzählg. f. Kinder u. Kinderfreunde. Von dem Verf. der Ostereier. 14. Orig.-Aufl. gr. 16. (100 S.) Regensburg 876. Manz. — 40

—— Heinrich v. Eichenfels zur Erkenntniß Gottes kam. Eine Erzählung für Kinder und Kinderfreunde. Von dem Verf. der Ostereier (Christoph v. Schmid). 18. Orig.-Aufl. kl. 8. (100 S.) Regensburg 887, Verlags-Anstalt. cart.

Vgl. Schmid, Chr. v.

Wie Herr Dr. Tholuck die heilige Schrift erklärt, wie er beten lehrt und dichtet . . . Leipzig 1840. V: *Fritzsche, Carl Friedr. Aug.* (CLZür Forts. I)

—— Herr Dr. Tholuck d. heil. Schrift erklärt, wie er beten lehrt u. dichtet. Vorträge in e. sächs. Predigerconferenz gehalten. — A. u. d. T.: Krit. Beiträge z. Erklär. d. Briefes an d. Hebräer, mit Rücksicht auf d. Commentar d. Dr. Tholuck zu diesem Briefe. Nebst e. Anh. üb. d. Stunden christl. Andacht v. Dr. Tholuck. gr. 8. (12 B.) Leipzig 840, Schwickert.

—— Herr Pliesecke Wasser-Constabler, Gewerbe- und Gemeinderath werden will. Etwas zum Lachen für die Leser und zur Erquickung eines erkrankten Volksmannes. 8. (16 S.) Berlin 850, (Lassar.)

Wie Herr v. Bismarck Minister wurde. Erinnerungen eines Zeitgenossen. 8. (44 S.) Berlin 888, Steinitz' Verlag. *

—— hilft man sich in Rechtssachen? Gemeinverständliche Darstellung des gerichtl. Verfahrens nach den Reichsjustizgesetzen seit dem 1. Oktbr. 1879. Populäres Handbuch für den Verkehr mit den Gerichten, enthaltend: Den Gang des Prozeßverfahrens vor den Civil- und Strafgerichten, sowie das Konkursverfahren, nebst den wichtigsten Prozeßformularen. Von einem prakt. Juristen. 12. (IV, 170 S.) Düsseldorf 880, Schwann'sche Verlagsb. *

— Hr. Janzen kenner de Naberschen de Heakenbod dintlich meakt, wat de Mutterschrecht egentlich sent. Vertellt von Ehnem Nähringer. 8. Danzig 831. Ewert. 3 gr.

Wie ich dazu kam, die Vivisektion zu bekämpfen. O. O. [1895]. V: *Bergen, Jacob v.* (Cat. d. Stadtbibl. Zürich. Zürich 1864—97.)

Wie ich den Buchhandel erlernte. Ein Versuch das Technische so wie das Geistige des deutschen Buchhandels dem Lehrlinge desselben auf eine unterhaltende Art anschaulich zu machen. Aus dem Leben und der 25jähr. Praxis eines Buchhandlungs-Commis. 1. Thl.: Der Sortimenter. 8. (71 S.) Leipzig 856, (Steinacker.)

Wie ich den Buchhandel erlernte. Ein Versuch das Technische so wie das Geistige des deutschen Buchhandels dem Lehrlinge desselben auf eine unterhaltende Art anschaulich zu machen. Aus dem Leben und der 25jähr. Praxis eines Buchhandlungs-Commis. 1. Thl. Der Sortimenter. — 2. Thl. Der Verleger. Leipzig 857. Steinacker in Comm. 8. (71; 71 S.) 1.: nn. 10 ngr.; 2.: nn. 7½ ngr.

—— ich den Buchhandel erlernte. Ein Versuch das Technische sowie das Geistige des deutschen Buchhandels dem Lehrlinge desselben auf eine unterhaltende Art anschaulich zu machen. Aus dem Leben und der 25jähr. Praxis eines Buchhandlungs-Commis. 1. und 2. Thl. 8. (à Thl. 71 S.) Leipzig 858, (Steinacker.) **

Inhalt:
Thl. 1. Der Sortimenter. ** 10 Ngr.
" 2. Der Verleger. ** 7½ Ngr.

— ich den Buchhandel erlernte. Ein Versuch das Technische wie das Geistige im deutschen Buchhandel dem Lehrlinge desselben auf eine unterhaltende Art anschaulich zu machen. Aus dem Leben u. der 25jährigen Praxis eines Buchhandlungs-Commis. 2., alle Zweige des Buchhandels besprechende, vielfach verm. Aufl. Leipzig 862. Steinacker in Comm. 8. (VI, 108 S.) n. 20 ngr.

— ich e. Mann bekam auf dem nicht mehr ungewöhnlichen Wege. Eine Auswahl der auf e. Heirathsgesuch eingegangenen Briefe u. hierauf erfolgten Korrespondenzen. Hrsg. von Clementine v. Sz. 8. (64 S.) Leipzig 889. C. Minde. n. — 50

— ich einen Mann bekam auf dem nicht mehr ungewöhnlichen Wege. Briefe auf ein Heirathsgesuch von *Cl. v. Sz.* Leipzig 1890. 8°. (50 Pfg. M. Edelmann, Nürnb., 1907.)

— ich e. Mann bekam auf dem nicht mehr ungewöhnlichen Wege. Eine Auswahl der auf e. Heiratsgesuch eingegangenen Briefe u. hierauf erfolgten Korrespondenzen. Hrsg. von Clementine v. Sz. 2. Aufl. (36 S.) gr. 8. Zürich (903). Leipzig, Verlags-Anstalt M. Minde. — 50

Wie ich einst zum Lehrerbildner wurde. Ein Zeitbild aus d. Schulleben. Ein Rettungsversuch. Aus d. Praxis d. Fürsorge-Erziehung. Bielefeld: A. Helmich [1905]. (15 S.) 8°
(Abhandlungen, Pädagogische. H. 93.)

— ich mein Magenleiden heilte. Winke u. Ratschläge zur Kräftigg. e. kranken Magens. Von e. Laien. 2. Taus. gr. 8. (16 S.) Leipzig 897. Hygieia-Verl. n. — 50

— ich mein Nervenleiden heilte! Von e. ehemals Nervenleidenden, jetzt aber völlig wieder hergestellten Laien seinen Mitmenschen gewidmet. 1.—40. Taus. gr. 8. (18 S.) Leipzig 894. K. F. Pfau. n. — 40

Wie ich mein Selbst fand. Äussere und innere Erlebnisse einer Okkultistin. Berlin 1901. V: *Racowitza, Helene von.* (Berl 1914)

Wie ich mein Selbst fand. Äußere u. innere Erlebnisse e. Okkultistin. gr. 8. (VII, 278 S.) Berlin 901. C. A. Schwetschke & Sohn. n. 4.—

Ⓑ — ich mein Selbst fand. 901. (KVL 32.) Jetzt: Leipzig, M. Altmann.

— ich mein Sortimentsgeschäft begründete u. 25 Jahre erfolgreich geführt habe. Von e. alten Sortimenter. 12. (27 S.) Leipzig 896. L. Hamann. Geb. n.n.n. 1.—

Wie ich meine **Bücher** führe. Kurze Anleitg. zur Einrichtg. u. Fortführg. der doppelten Buchhaltg. f. Sortiments-Buchhandlgn. Mit e. Beilage. 8. (39 S.) Erfurt 886. Villaret. n.n. 1 —

Wie i c h mich beim Brunnentrinken habe ärgern müssen. s. J u g l e r , Johann Heinrich.

—— ich zum Frieden kam. Eine Autobiographie von der Verf. von „Wir Beide, Graham und ich". Deutsche autoris. Ausg. von Marie Morgenstern. 1.—3. unveränd. Aufl. 8. (248 S.) Leipzig 882—84, Böhme. * geb. *

Wie ich zum Frieden kam. Eine Autobiographie v. der Verf. v. „Wir Beide, Graham u. ich". Deutsche autoris. Ausg. v. Marie Morgenstern. 4. unveränd. Aufl. 8. (248 S.) Leipzig 887. Böhme. n. 2. 20; geb. n. 2. 90

—— ich zum Frieden kam. Eine Autobiographie v. der Verf. v. „Wir Beide, Graham u. ich". Deutsche autoris. Ausg. v. Marie Morgenstern. 5. unveränd. Aufl. 8. (IV, 248 S.) Lpz. 890, Ungleich. * 2 20; geb. ** 2 90

— ich zum Frieden kam. E. Autobiographie v. d. Verf. v. „Wir Beide, Graham u. ich". Deutsche autor. Ausg. von Marie Morgenstern. 6. Aufl. 8. (IV, 248 S.) Leipzig 898. E. Ungleich. n. 2. 20; geb. n. 2. 90

Wie Jesus das Verlorene sucht. *Witten (Ruhr): Stadtmission [1900].* (32 S.) 8° [F.]
= Sonnenstrahlen. 8. (04. 5132)

— Jesus liebt! 250 S. Traktate f. Kinder. I. - V. Serie. 16. Neumünster (908). Vereinsbuchh. G. Ihloff & Co. à Ser. nn — 20

Wie in Hamburg eine Constituirende Versammlung berufen wird . . . Hamb. 1848. V: *Geffcken, Johannes.* (schr)

Wie ist Armuth in d. deutschen Staaten zu verhüten u. dagegen allgem. Wohlstand zu verbreiten, trotz aller Einwendungen? Nebst vorangeh. allgem. Bemerkn. üb. d. gegenwärt. Zustand d. Menschen in Europa, mit besond. Bezugnahme auf Deutschland. gr. 8. (2 B.) Quedlinburg 836, Basse.

—— ist das Turnwesen zur echten Volksthümlichkeit zu erheben? Eine dringende Zeitfrage, allen Turnenden, Turnvereinen und Turnfreunden von Neuem an's Herz gelegt von einem Mitglied des gothaer Turnvereins. gr. 8. (8 S.) Gotha 860, (Thienemann.) *

Anonym: „Wie ist dem Gutsbesitzer unter den gegenwärtigen Zeitverhältnissen bei dem grossen Geldmangel und der herrschenden Creditlosigkeit ohne Special- und Generalmoratorium zu helfen?" Breslau 1824 (Korn). — Vorh.: Preuß. Staatsbibliothek Berlin.

— ist d. Gutsbesitzern unter d. jetzigen Zeitverhältnissen bei d. allgem. großen Geldmangel u. d. herrschenden Creditlosigkeit, ohne Special- u. General-Moratorium zu helfen? 8. Bresl. 824. W. G. Korn. 6 K

— ist dem Laster der Klätscherei u. Verläumdungssucht, vorzüglich unter den Frauenzimmern, am leichtesten u. zweckmäßigsten abzuhelfen? Ein Handbuch für alle, denen es um moralische Kultur des Menschen zu thun ist. Erfurt, b. Joh. Karl Müller. 1805. 8⁰. (¼ Rthl.)
Anzeige des Verlegers.

— ist das Laster der Klätscherey u. Verläumdungssucht, vorzügl. unter d. Frauenzimmern, am leicht. u. zweckmäß. abzuhelfen? ein Handbuch ꝛc. 8. Erfurt, Knick. (Müller.) 805.

— ist dem Laster der Klatscherei u. Verläumdungssucht vorzüglich unter den Frauenzimmern, am leicht. u. zweckm. abzuhelfen? ein Handbuch ꝛc. 8. Erf. 805. (Müller; a. Weygand in Lpz.) 6 K

— ist dem Mangel an Offizieren in der k. u. k. österr. Kavallerie abzuhelfen? (48 S.) 8. Graz (904). F. Pechel. n. 1. —

—— ist der Noth d. Volksschullehrer durch eine zeitgemäße Association unter denselben dahin abzuhelfen, daß sie am Abend ihres Lebens nicht hungern. Ein Rath f. alle Lehrer Deutschlands, zunächst aber f. die 30,200 des preuß. Staats. Von e. Lehrer. gr. 8. (1½ B.) Soldin 846, Siebert.

Wie i s t der Unterricht an den ländlichen Fortbildungsschulen zu gestalten, um ihm einerseits die gewünschte berufliche Richtung zu geben und andererseits die Erteilung ausgesprochenen Fachunterrichts zu vermeiden? (Sonderabdruck.) Berlin. 1908 8⁰
(Verhandlungen des Königl. Landes-Ökonomie-Kollegiums. 1908. Punkt 3.)

Wie ist der Unterricht in der Geschichte auf den höheren Lehranstalten zu handhaben . . . ? Danzig 1891
s. Lohmeyer, G., Rühle u. E. Panten [Verf.]

Wie ist der Verderbtheit und Untauglichkeit des Gesindes abzuhelfen? Allen Dienstherrschaften gewidmet von H. J. K. Frankfurt a. O. 854. Hammerschmidt. gr. 8. (28 S.) n. 5 ngr.

—— ist d. Wohlstand d. nied. Volksclasse wieder zu heben u. d. immer weiter um sich greif. Verarmung entgegen zu wirken? In e. Abhandl. v. zwölf Kapiteln beantw. v. Vaterlandsfreunden. 8. (3¾ B.) Oldenburg 835, Fränckel. (Leipzig, Braune.) *

—— ist der Zustand unsers regelmäß. Staatshaushalts? Wie ist in Betreff der außerordentl. Verwendungen in Zukunft zu verfahren? Zwei Fragen beantwort. nach den veröffentl. Finanz-Berichten u. nach andern offenkund. u. bekannten Thatsachen. gr. 8. (2½ B.) Hamburg 846, Perthes-Besser u. Mauke. *

Wie ist die Bezahlung der Honorarien für die Vorlesungen auf Universitäten . . . einzurichten . . . Leipzig u. Züllichau 1802. V: *Krug, Wilhelm Traugott.* (MGT)

—— ist die Erde so schön, so schön. Album deutscher Kunst u. Dichtg. 4. (83 S. m. eingedr. Photograv.) Münch. 889, Hanfstaengl. geb. m. Goldschn. 15 —

Wie ist die Jahrzählung in der vorstehenden Zeit- und Kirchenrechnung zu verstehen? [Mitau 1827.] V: *Cruse, Carl Wilhelm.* (R-N)

Wie ist die Religion und in welchem Verhältnisse stehen die Geistlichen mit ihr? Wien 1782. V: *Schede.* (wrztg 1782, Beil. bei Nr. 57 u. 65 Bücherverz. Wappler) (Geissau, Verzeichnis, S. 53) (Bibl Port) »Was ist . . .«

Wie ist die Vertretung des ländlichen Grundbesitzes des preussischen Staates und insbesondere der Rheinprovinz einzurichten? 8⁰. Berlin 1860.

Wie ist die Welt entstanden? Eine völlig neue Erklärung d. Entstehung d. Erde. *Stettin: Fischer & Schmidt (1903).* (46 S.) 8° [F. u. Ant.]

— ist die Welt entstanden? Eine völlig neue Erklärg. der Entstehg. der Erde. (Von L. Elbe=Carnitz.) (46 S.) gr. 8. Stettin (904). (H. Dannenberg & Co.) n. 1. 25

— ist ein Fortbestand d. hamburg. Versorgungs=Tontine zu sichern? s. J. Lohse.

—— ist eine Flachrenn-Prüfung abzuhalten, welche die Hauptmängel der jetzigen [englischen] Methode ausschliesst? Eine populair gehaltene sportl. Betrachtung von einem Freunde des edlen Pferdes. gr. 8. (79 S.) Burg 887, Hopfer.

Wie ist eine volksthümliche Erste Kammer für Preußen zu bilden? Stettin 1848. 28 S. 8.

— ist es? — was ist Noth? zwei ernste Fragen an das Vaterland. Beantwortet von dem Verfasser des „Glaubensbekenntnisses d. preuß. Landwehr." gr. 8. Weißensee 831. (Lpz., Central=Cpt.; Berl., Maurers Buchh.) 6 Gr

Wie ist es anzufangen, dass die Menschen allgemeiner . . . an ihren Tod gedenken . . .? [Laub. u. Leipz. 1748.] V: *Meisner, Christian Gottfried.* (ML) (OL)

Wie ist es möglich geworden Aufklärung und Aufklärer verhaßt zu machen? v. ein. Wahrheitsfreunde. 8. Hambg. Bohn. 789.

— ist es möglich geworden, Aufklärung u. Aufklärer verhaßt z. machen? v. einem Wahrheitsfreunde. 8. Hamb. 789. (Campe). 6 Gr

— ist völliger Friede in der Christenheit herzustellen u. stets zu erhalten? Vom Verf. des goldenen Buches. gr. 8. (52 S.) Breslau 852, Gosohorsky. 1/4 ℛ

— ist zu Muthe e. himmlisch versorgten Seele. 8. Chemnitz 759. Stößel. 6 Gr

Wie kam es doch? Ein von Eugen Richter (in „Sozialdemokratischen Zukunftsbildern") vergessenes Kapitel. Aus glücklich bewahrten Briefen. 8°. Leipzig, Grunow, 1892.

—— kam es doch? Ein v. Eugen Richter vergessenes Kapitel. Aus glücklich bewahrten Briefen. 8. (99 S.) Lpz. 892, Grunow. 1 —

Wie kam Johannes Wedde zur Socialdemokratie? 8°. Hamburg 1894.

Wie kann Almosengeben Wohlthat werden? Ein Beitrag zur Lösg. der Armenfrage in Wien. Von e. Praktiker. gr. 8. (17 S.) Wien 892. W. Frick. n. — 30

— kann Bayern durch die Landwirthschaft in bessern Wohlstande gebracht werden? s. Aretin.

— kann Baiern seine Unabhängigkeit vom Auslande, u. sein Nationalwohl am ehesten begründen? Und wie ließe sich in Baiern die so sehr vernachlässigte Bienenzucht wieder emporbringen? Ein paar Versuche. 8. Salzb. 812. Mayr. 6 Gr

— kann bei Errichtung des dem Andenken Friedrich Augusts vom Vaterlande zu errichtenden Denkmals der allgemeine Zweck mit dem besondern vereinigt werden? Ein zeit= u. ortgemäßer Vorschlag ꝛc. gr. 8. Leipz. u. Dresd. 831. (Arnold). 4 Gr

—— kann das deutsche Volksbildungswesen lebenskräftig werden? Denkschrift eines Fragenden. (Wilh. v. Tiling.) gr. 8. (46 S.) Lpz. 891, [Böhme] Ungleich. — 60

Wie kann das Gesindewesen verbessert werden? Augsburg 1822.

Wie kann dem katholischen Schwaben das Kriegsungemach zum grössten Vortheile gegen den Cölibat für die Religion vergütet werden? Ulm 1801. V: *Mercy, Wilhelm.* (Allg. Lit.-Ztg. 1825, 263, 440) (Zeitschr. f. Büch. N. F. 15, 1923, 127)

— kann d. kathol. Schwaben d. Kriegsungemach zum Vortheile werden? 3 Hefte. 8. Ulm 801. Wohler. 12 Gr

—— kann dem Nothstande, den d. Wetterschäden d. J. 1830 brachten, am heilsamsten geholfen werden? Hrsg. v. e. Mitgliede d. Bovender=Hülfsverein zum Besten seiner Nothleidenden. 8. (3¼ B.) Göttingen 831, Dieterich.

Wie kann dem weiteren Umsichgreifen der **Branntweinpest** gewehrt werden? M.-Gladbach 1885.

— kann den durch die allgem. Ueberschwemmung Beschädigten nachdrücklich geholfen werden, ohne die Staatslasten zu vermehren. gr. 8. Heidelb. 825. Mohr. 4 Gr

Wie kann den Interessenten der Brand-Versicherungs-Association geholfen werden . . . Hamburg 1842. V: *Kessler, Johann Friedrich Meinhard.* (schr)

—— kann der Empfang d. heil. Sakramente d. Buße u. d. Altars, wodurch d. Katholiken ganz besond. in ihrer Religion gestärkt werden, mit Rücksichtnahme auf d. verschied. Hindernisse, die d. Ausübung ders. im Wege stehen, empfohlen u. vervielfacht werden? Beantw. v. e. kathol. Geistlichen aus d. Diözese Trier. gr. 8. (6 B.) Coblenz 837, Hölscher.

Wie kann der Landmann seine Stadt-, Dorf- und Feldwege ohne Kosten . . . verbessern? Cassel 1801. V: *Casparson, Joh. Wilh. Chn Gustav.* (Ky)

— kann der Landmann ohne Kosten seine Dorfwege verbessern? (v. Casperson). 8. Cassel 801. Griesbach. 8 Gr

— kann der Lehrer mithelfen zur Verbreitg. guter Lektüre in d. Schulgemeinde? Prakt. beantwortet unt. Hinweis auf d. Einrichtgn. d. christl. Zeitschriftenvereins in Berlin. 8. (46 S.) Berlin 894. Verl. d. christl. Zeitschriftenvereins. — 25

—— kann der protestant. Kirche in unsern Tagen aufgeholfen werden? Eine Zeitfrage, beantwortet v. e. Verstorbenen u. hrsg. v. C. L. Hagen. 8. (3¼ B.) Jena 815, Luden.

Wie kann die Anordnung des Gottesdienstes in den evangelisch-lutherischen Kirchen Hamburgs verbessert werden. Hamburg 1851. V: *Hudtwalcker, Martin Hieronymus.* (schr)

Wie kann die Anordnung des Gottesdienstes in den evangelisch-lutherischen Kirchen Hamburgs verbessert werden? gr. 8. (14 S.) Hamburg 851, Herold. n. 4 ngr

—— kann die Anordnung des Gottesdienstes in den evangelisch-lutherischen Kirchen Hamburgs verbessert werden? gr. 8. (14 S.) Hamburg 851, [Nolte und Köhler.] *

Wie kann die Berufsstellung der Mitglieder unseres Verbandes gehoben und gefördert werden? Antworten auf vorstehende Preisfrage im schweiz. Werkmeister-Verband. 38 S. 8. (Zürich, Siegfried & Co., [1906].)

Wie kann die Börse mehr der Allgemeinheit dienstbar gemacht werden? Von einem Praktiker. (Sonderabdruck aus Schmollers Jahrbuch, Jahrg. XXXI, 1. Heft. Leipzig 1907.

— kann die Börse mehr der Allgemeinheit dienstbar gemacht werden? Von e. Praktiker. 2., durch e. Nachtrag verm. Ausg. (84 S.) gr. 8. Leipzig 907. Duncker & Humblot. — 60
Sonderabdruck aus: „Schmollers Jahrb."

— kann die Freiheit u. der Friede d. deutschen Kirche gerettet werden? 8. Stuttg. 818. Sattler. 3 𝒦

Wie kann die Lebensversicherungsbank zu Gotha am Besten benutzt werden? Gotha 1832. 1833. 1834.

— kann die obere Pfalz durch d. Landwirthschaft in d. besten Wohlstand gebracht werden? 8. Sulzbach 801. v. Seidel. 9 𝒦

—— kann die schweizerische Landwirthschaft im Allgemeinen intensiver betrieben werden, um namentlich der wachsenden Konkurrenz des Auslandes Stand zu halten? Welches sind, unter besond. Berücksicht. der kleinbäuerlichen Verhältnisse, die hiefür geeignetsten Kulturen, Betriebsweisen und Hülfsmittel? Preisfrage des Schweizer. landwirthschaftl. Vereins pro 1883. gr. 8. Aarau 885, (Wirz-Christen.) *
Inhalt:
Einleitung. (VI S.) — I. Ergenzinger, H., die schweizerische Landwirthschaft. Wie sie ist und wie sie sein sollte. (S. 1—80.) — II. Bucher, Alfr., die schweizerische Landwirthschaft in ihrem intensiver'n Betriebe. II. preisgekrönte Arbeit. (S. 81—120.) — Anderegg, F., die schweizerische Landwirthschaft in ihrem intensiver'n Betriebe. III. preisgekrönte Arbeit. (S. 121—168.)

—— kann die Volksschule und der Wehrstand sich gegenseitig nützen und unterstützen? Gedanken eines Preußen. 8. (19 S.) Straßburg 851, Köhler.

—— kann die vorübergehend nachtheilige Störung des Betriebes des Ackerbaues bei Ausführung der Separation vermindert werden? (Mitgetheilt von dem Vorstande des Vereins zur Beförderung der Landwirthschaft in Sondershausen aus den neuesten Verhandlungen.) gr. 16. (14 S.) Sondershausen 859, Eupel's Verlag.

—— kann ein guter Ehemann seine böse Frau zähmen? Eine schnurr. confessionslose Schrift. Enthaltend die ärgsten Fehler der Frauen, nebst nützl. Recepten, böse Frauen zu kuriren. 1.—3. Aufl. Allen guten Ehemännern zur Nachachtung gewidmet. gr. 8. (42 S.) Brieg 870, Bräuer. *

—— dass. — 8. Aufl. 8. (47 S.) Cöln 874, Heyn's Buchh. *

—— kann ein guter Ehemann seine böse Frau zähmen? Eine schnurrige, confessionslose Schrift, enthaltend: Die ärgsten Fehler der Frauen, nebst nützl. Rezepten, böse Frauen zu kuriren. 12. Aufl. 12. (57 S.) [Köln 882, Heyn.] Rohrerberg, v. Busse. *

Wie kann ein Lehrer an einem Gefängnisse . . . seine öffentlichen Vorträge . . . so einrichten, dass sie denen Gefangenen nützlich . . . werden. Lübeck 1784. V: *Kühl, Gottlob Timotheus Michael.* (MGT)

Wie kann ein mecklenburgisches Bauerngehöft, das nicht in Kommunion liegt, nach und nach zur Wechselwirtschaft und Stallfütterung eingerichtet werden. Rostock 1808. V: *Karsten, Franz Christian Lorenz.* (Bachmann, Mecklenburg. Güstrow 1889. S. 260.)

—— kann ich selig werden? oder: der Sünder zu Jesu gewiesen. Von J. H. B. 16. (117 S.) St. Louis 871. (Philadelphia, Schäfer und Koradi.) *

— kann jedermann Geschlechtskrankheiten u. deren Folgen auf natürlichem Wege heilen? (v. Leo Godai), s.: Hausbücher, medizinische. Nr. 9.

— kann man am füglichsten für die Welt den Mangel an eigenen Kindern ersetzen? 8. Berl. 781. Rottmann. 6 𝒦

— kann man das verlorne oder verminderte männl. Vermögen wieder erhalten u. stärken. 8. Eichstädt... Beyer. 16 𝒦

Wie kann man das . . . männliche Vermögen wieder erhalten und stärken? . . . Leipzig 1797. 2. Aufl. 1798. V: *Crusius, Sam. Ghelf.* (MGT) (Call) »1797—1802« (Ky)

— kann man d. verlorne verminderte männliche Vermögen wieder erhalten u. stärken? e. Noth- u. Hülfsbüchlein f. d. so in d. Liebe od. Selbstbefleckung ausgeschweift haben. 3 Thle. 8. Lpz. Benj. Fleischer. 799—808.

— kann man das verlorne od. verminderte männliche Vermögen wieder erhalten u. stärken. Ein Noth- u. Hülfsbuch f. alle, welche in d. Liebe od. durch Selbstbefriedigung ausgeschweift haben. In 3 Thlen. 4te verbess. Aufl. 8. Leipz. Benj. Fleischer. 812.

Wie kann man das verlorne oder verminderte männliche Vermögen wieder erhalten und stärken? Ein Noth- und Hülfsbuch für alle, welche in der Liebe oder durch Selbstbefleckung ausgeschweifet haben. 10.verm.und verbess. Aufl. Th.1-3, 320 S., gbd.

Hannover: 1818

— kann man dem überhandnehm. Holzmangel abhelfen u. eine gute Holzsparung auf eine leichte Art bewirken? 8. Landsh. 790. (Storno). 3 𝒦

— kann man den überhandnehmenden Holzmangel abhelfen rc.?, ist Verlag von Kopp in Landshut.

— kann man Deutschlands unglückl. Staaten Ruhe u. Zufriedenheit verschaffen? Sechs Reden (v. Otto, (nicht Meno) Haas). 8. Schw. Gmünd 798.

— kann man Geld verdienen? gr. 8. (4 S.) Grenchen (Ct. Solothurn) (900). A. Niederhäuser. — 20

— kann man Kinder von d. Fehler, Thiere zu martern, am leichtesten abbringen. Mit 1 Kpf. 8. Landsh. 794. Krüll. 3 𝒦

— kann man künftige Ereignisse erforschen? rc. 4. Posen 809. Kühne. (Central-Cpt. in Leipz.) 12 𝒦

— kann man mit gutem Erfolg kranke Hunde behandeln rc. 8. Landsh. 791. (Storno). 4 𝒦

Wie kann man mit gutem Erfolge kranke Hunde behandeln. Eine Abhandlung. 8. Landshut 792. Storno. M. —.60

— kann man Württemberg u. Hohenzollern in 15 Tagen genußreich bereisen? s.: Führer, neuer, durch Württemberg u. Hohenzollern.

—— kann man zu schulgeldfreiem Unterrichte in der Volksschule kommen. Ein Beitrag zur Lösung der Aufgabe, welche durch den „Meister'schen Antrag" gestellt ist. Von einem Localschulinspector. gr. 8. (16 S.) Chemnitz 871, (Ernesti.) *

— kann Oesterreich e. Einheitsstaat werden? Ein patriot. Gedanke v. R. F. 8. (15 S.) Pressburg 899. G. Heckenast's Nachf. — 30

Wie Carl August, Grossherzog von Sachsen-Weimar, sich bei Verketzerungsversuchen gegen akademische Lehrer benahm ... Hannover 1830. V: *Röhr, Joh. Friedrich.* (Ky) (Zu) (Bachmann, Hengstenberg. Gütersloh 1876—92. II, 51.) (ADB)

— Carl August, Großh. v. Sachsen-Weimar, sich bei Verketzerungsversuchen gegen akadem. Lehrer benahm. Aktenmäßig dargest. (v. J. F. Röhr.) gr. 8. (3 B.) Hannover 830, Hahn.

— kommt ein Restaurateur (Schenkwirth) zu Vermögen? Eine Auswahl prakt. Fingerzeige für angehende Wirthe. Auf Grund langjähr. Erfahrung zusammengestellt und hrsg. von einem alten Restaurateur. gr. 8. (VII und 39 S.) Dessau 865, Central-Verlag. Verklebt.

— kommt's? Und wie wird's besser? Ein ernstes Wort an unsere Zeit. 8. (35 S.) Berl. 891, Deutsche Evangel. Buch- u. Tractat-Gesellschaft. * — 40

— kommt's zum wahren Frieden der Seele? 4 Vorträge. über Bekehrg. v. O. Stockmayer; Glauben v. Eichhorn; Heilsgewißheit v. Paul; Jesus das A. u. O. v. Herbst. gr. 8. (48 S.) Potsdam 902. „Siloah". — 60

Wie können aber kleinere Herrschaften ihre Unterthanen und Einkünfte vermehren? Nördlingen 1776. V: *Schreiber, Casimir.* (Kat. d. stat. Bureaus. Dresden 1890.) *Strelin, Georg Gottfried.* (MGT) (Ky)

— können kleine Herrschaften ihre Unterthanen u. Einkünfte vermehren? (v. G. G. Strelin). 8. Nördling. 776. Beck. 6 gr

Wie können billige Preise der Apotheker-Waaren ... gesichert werden? Stendal 1795. V: *Jugler, Joh. Hnr.* (Call)

— können d. Fleischtaxen am sichersten bestimmt werden? s. Preisschrift.

— können die Menschen lange leben, u. dabei froh u. gesund sein? nach Hufeland (v. Ant. Selmar). gr. 8. Münch. 801. Jos. Lindauer. 12 gr

Wie können die mit der Verarbeitung des gelben Phosphors verbundenen Gefahren vermieden werden? Eine Anleitung für Zündholzfabrikanten und Arbeiter ... Bern 1883. V: *Schuler.* (BSchwLk V, 8, 2)

— können die pfarrämtl. Witthumsgüter vortheilhaft u. zweckmäßig veräußert werden? Beantwortet von e. Kameralisten. 8. Kempt. 810. Dannheimer. 3 gr

— können die Schäden unserer periodischen Presse dauernd geheilt werden? Vorschläge zur gründl. Besserung unserer Zeitungen. Eine nicht gehaltene Reichstagsrede. gr. 8. (47 S.) Barmen 880, Klein. *

— können die schlecht besoldeten Schullehrer besser besoldet werden? oder treues Gemälde der Schullehrer u. ihrer Schulen in Deutschland, (v. A. Jais). 8. Heilbronn 818. Claß. 4 gr

Wie können die schlecht besoldeten Schullehrer besser besoldet werden? ... Heilbr. 1818. V: *Jais, Aegidius.* (Ky)

— können die Zehnten billig u. gemeinnützig umgeändert werden? beantwortet von e. Kameralbeamten. 8. Kempt. 810. Dannheimer. 7 gr

— können durch billige Preise die Apothekerwaaren rc. erhalten werden? s. J. H. Jugler.

Wie können Eltern den Kindern das Zahnen erleichtern ... Pirna 1806. 2. Ausg. 1817. V: *Becker, Gottfried Wilhelm.* (MGT) (Ky) »1807« (Call)

— können Eltern den Kindern das Zahnen erleichtern und dadurch oft das Leben erhalten? von e. prakt. Arzte (G. W. Becker). 8. Pirna 807. 2e A. 817. Friese. 8 gr

Wie können Frauenzimmer gesunde und glückliche Gattinnen und Mütter werden? ... Liebau [Leipzig] 1796. V: *Balk, Dan. Georg.* (BGG) (Ky) (MGT) (Call)

— können Frauenzimmer gesunde u. glückl. Gattinnen u. Mütter werden? In Briefen an e. Freundin, medicin. u. populärphilosoph. Inhalts (v. D. G. Balk). 16 Bdchen). 8. Liebau 796. (Leipz., Rein). 14 gr

— können Frauenzimmer gesunde Gattinnen rc. werden? 16. 8. Libau, Friedrich. 796.

— können junge Frauenzimmer ihre Schönheit u. Gesundheit erhalten? 8. Augsb. 785. Doll. (Landsh., Krüll). 4 gr N. A. 8. Wien 790. Al. Doll. 4 gr

Wie können Kinder zu körperlich gesunden und kraftvollen Menschen gebildet werden?, nebst einem durch hinlängl. Erfahrung erprobten physischen Mittel z. Verhütung d. Selbstbefleckung, hrsg. v. e. prakt. Arzte, Leipzig 1815, IV u. 119 S., 8°.

— können Kinder zu körperlich gesunden u. kraftvollen Menschen gebildet werden? Ein Buch f. Aeltern u. Erzieher. 8. Leipz. ... N. A. 824. Weygand. 8 gr

— können Männer auch nach 50 Jahren das Zeugungsvermögen wieder erhalten? 8. Posen 815. Kühn. 12 gr

Wie können, ohne neue Belastung der Staatskasse, die Bedürfnisse der beiden Universitäten Heidelberg und Freiburg gedeckt ... werden? ... Heidelberg 1846. V: *Dahmen.* (Erman & Horn, Bibliogr. d. dtsch. Universitäten. 2. Leipz. u. Berl. 1904.)

— können Pfarreien am leichtesten u. zweckmäßigsten organisirt u. arrondirt werden, ohne neue zu errichten? 8. (Landsh. 821. Thomann). 4 gr

— können Staats-Schulden in bestimmten Fristen abbezahlt, u. Zinsen pünktlich u. mit Vortheil f. d. Staat entrichtet u. d. Werth d. Staatspapiere dabey doch erhöht werden rc. 8. Frankf. Varrentrapp u. W. 810.

Wie können und sollen wir Propaganda für unsern Bund machen. [Bern 1894.] V: *Kindler.* (wolfstieg II, 733)

— können unsere Frauen zur Ausschmückung der Wohnräume beitragen? Nebst e. Anh.: Ueber Bilder-Rahmen u. Bilder in ihrem ästhet. Verhältniß zu einander. Lex.-8. (III, 54 S.) Darmstadt 892. A. Koch. n. 1. 50

—— können wir das große Loos gewinnen, um unser irdisches Loos zu verbessern? Predigt üb. 1. Tim. 6, 6—10. gr. 8. (15 S.) Dresd. 890, Niederlage d. Vereins z. Verbreitg. christl. Schriften. * — 10

— können wir gegen die Sozialdemokratie kämpfen? Von e. preuß. Beamten. gr. 8. (25 S.) Bielefeld 894. Velhagen & Klasing. — 60

— können wir unter Zugrundelegung d. Buches „Wegweiser zum häuslichen Glück" den Mädchen Führer auf dem Wege zum häuslichen Glücke werden? Vortrag e. Lehrerin, geh. in e. Bezirkskonferenz zu Dortmund. 8. (16 S.) M.-Gladbach 889. Riffarth Verl. n. — 20

Wie könnt' ich Dein vergessen ... Von F. O. O. u. J. V: *Fischer, Robert.* (wolfstieg II, 856)

Wie konnte es einem legitimirten, nicht ebenbürtigen Sohn eines Grafen v. Bentinck gegen die Bestimmung der Aldenburgischen Statuten, welche eine eheliche Geburt erfordern, gelingen, in den Besitz und die Regierung eines Deutschen Bundesgebiets und der sämmtlichen Aldenburgischen Herrschaften und Güter Kniphausen, Varel und Garmers etc. zu gelangen? Mit ... Anl. Nr 1—12. Göttingen 1840.

Betteln (Wie könnte das so schädliche öffentliche) am leichtesten abgeschafft werden? 8°. Stendal, Franzen u. Gr., 1789.

— könnte der gegenwärtige Mangel an Seelsorgs-Geistlichen in Baiern schon gleich jetzt einigermaßen ersetzt werden? 8. Augsb. 820. Doll. (Landsh., Krüll). 4 gr.

Wie könnte die Militär-Konscription dem Volke beliebter und dem Staate vortheilhafter gemacht werden? 8. Landshut 1814.

— könnte die Obstkultur am leichtesten befördert werden? 8. Landsh. 815. Weber in Münch. 2 gr.

WIE — konnte in den österr. Staaten dem Wucher ohne Strafgesetz gesteuert werden? o. V. o. O. 1791. 1 vol. 52 S.

Wie könnte man die Volksaufklärung berechnen. [Halberst. 1798.] V: *Fischer, Gottlob Nathanael.* (ML)

Programm des k. k. Gymnasiums in Meran für das Schuljahr 1856. Innsbruck, 1856. Druck der Wagner'schen Buchdruckerei. (16 S. 4.)
Inhalt: Wie könnten die griechischen Kirchenlehrer Gymnasiallehrer werden? — Schulnachrichten.

—— lang ist der Meter?" und „Wieviel kostet der Meter?" Genaue Beantwortung zweier Fragen der Geschäftsleute Süd- und Mittel-Deutschlands, in 22 Tabellen. 16. (12 S.) Frankfurt a. M. 871, Jaeger'sche Buchh. *

—— dass. — in 29 Tabellen. 2. verm. Aufl. 16. (90 S.) Ebendas. 872. cart. *

Wie lange noch? Eine Patriotenfrage an die Behörde über Wucherers Skarteken-Grosshandel mit den Anmerkungen Wucherers. Wien 1786. V: *Rautenstrauch Joh. & Gg. Philipp Wucherer.* (WBL 6/318) (Bibl Port)

Wie lange noch? Eine Patriotenfrage an die Behörden ... Wien 1787. V: *Rautenstrauch, Joh.* (Fiker) (MGT) (Adel) (Ky)

—— läßt sich auf e. sehr leichte, u. auf d. Stelle ausführbare Art e. allgem. Dezimal-Münzfuß in ganz Deutschland einführen? Beantw. u. besond. den hohen Regierungen d. sämmtl. deutschen Bundesstaaten ehrfurchtsvoll gewid. v. C. K. 8. (1½ B.) Augsburg 834. (Regensburg, Manz.)

—— lebt man billig in London? 16. (7½ B.) Leipzig 841, [Lorck.] *

—— lebt man billig in London. Ein Handbuch f. Reisende. 2. Aufl. 8. (8 B. m. illustr. Ttl.) Leipzig 846, Lorck. *

— lebt man glücklich, s.: Wothe, A.

Wie lebt sich's in Paris? [Stuttg. 1821.] V: *Sievers, Gg Ludwig Peter.* (MGT)

—— lege ich in kritischen Zeiten mein Geld sicher und am vortheilhaftesten an? Eine Preisfrage, praktisch gelöst von einem Kapitalisten. 8. (23 S.) Leipzig 854, E. H. Mayer. *

— Lehrer in der Conferenz Erfahrungs-Seelenlehre studiren. Mitgetheilt nach den geführten Protokollen. 4 Liefg. gr. 12. Neuß 843, 44, Schwann. (I. II. n. 5/6 ℛ III. n. 5/12 ℛ IV. n. 7/12 ℛ) n. 1 5/6 ℛ — 2. Ausg. (4 Liefg. in 1 Bde.) gr. 12. Ebend. 846. 1 1/4 ℛ

Wie lehrt man Kinder im Buche der Natur lesen? ... Erlangen 1802. V: *Pöhlmann, Joh. Paulus.* (MGT) (Fiker) (ErMm)

—— lehrt man Kindern auf eine leichte, angenehme u. verstandbildende Weise d. Einmaleins? Bearb. v. e. erfahr. Lehrer. Zugleich e. Beitr. z. Methode d. Elementar-Rechenunterrichts überhaupt. 8. (7½ B.) Hamburg 836, Herold'sche Buchh.

Wie lehrt man Kinder auf eine leichte ... Weise das Einmaleins? Hamb. 1836. V: *Arendt, Hans Hnr. Wilh.* (BiblMath)

[F.] Wie leitet man eine Versammlung? Geschäftl. Handweiser f. Vorsitzende. Von e. Mitgl. d. deutschen Reichstages u. d. preuss. Abgeordnetenhauses ... *Berlin: J. J. Heine [1895].* (88 S.) 1 Bd 8. (96. 4818

— leitet man e. Versammlung? Geschäftl. Handweiser f. Vorsitzende. Von e. Mitglied d. deutschen Reichstages u. des preuß. Abgeordnetenhauses. 2. Aufl. (93 S.) kl. 8. Berlin 908. J. Guttentag. Kart. 1. —

Wie lerne ich leicht u. gut Arithmetik u. Algebra?, s.a. Hilf dir selbst. 28.

Wie lerne ich leicht und gut Arithmetik und Algebra? Die Regeln der Arithmetik in kurzgefasster, leicht erlernbarer Form . . . Aachen [1902]. V: *Zuschlag*, *Heinrich*. (Berl)

— lernt man die englische Sprache ohne Lehrer in kurzer Zeit verstehen, sprechen u. schreiben, ein Noth- u. Hülfsbüchlein ꝛc. 12. Bremen 807. Müller. 4 gGr

— lernt man die französ. Sprache ohne Lehrer in kurzer Zeit verstehen, sprechen u. schreiben? ein Noth- u. Hülfsbüchlein ꝛc. 12. Bremen 809. Müller. 4 gGr

— Leute ausgezogen werden! Enthüllungen über das Börsen- u. Bankwesen unserer Zeit. Als Warng. f. Capitalisten als Wegweiser f. Advocaten, Richter ꝛc. geschrieben v. e. „Eingeweihten." gr. 16. (31 S.) Prag 875. Steinhauser. n. — 50

Wie ließe sich der National-Wohlstand d. Provinz Schlesien u. der mit ihr verbund. Landestheile wieder heben u. fördern? 8. (2 B.) Glogau 828. (Berlin, Heymann.) Thlr.

Wie Louise v. Birkenstein zur Erkenntniß Gottes kam. Leitsterne f. Mädchen zu ihrem zeitlich u. ewigem Wohl. Als Gegenstück zu d. Werkchen d. Hrn. Chr. Schmid: Wie Heinrich v. Eichenfels zur Erkenntniß Gottes kam. Vom Verf. der „tugendhaften Mädchen ꝛc." (Frz. Wimmer). gr. 12. (4½ B. u. Titkpfr.) Wien 832, Wimmer.

—— Louise v. Birkenstein z. Erkenntniß Gottes kam. Leitsterne f. Mädchen zu ihrem zeitl. u. ewigen Wohl. Als Gegenstück zu d. Werkchen d. Hrn. Chrstph. Schmid: Wie Heinrich v. Eichenfels z. Erkenntniß Gottes kam. Vom Verf. der „tugendhaften Mädchen ꝛc. ꝛc." 2., verm. Aufl. gr. 12. (5½ B. u. Titkpfr.) Wien 836, [Schmidt u. Leo.]

— Louise v. Birkenstein zur Erkenntniß Gottes kam. Leitsterne für Mädchen zu ihrem zeitlichen und ewigen Wohl. Als Gegenstück zu dem Werkchen des Christoph Schmid: Wie Heinrich von Eichenfels zur Erkenntniß Gottes kam. Vom Verfass. der „tugendhaften Madchen ꝛc. ꝛc. 2e verm. Aufl. Mit Titelkpfr. gr. 12. Wien 836. Wimmer. 7 ℛ

—— Louise von Birkenstein zur Erkenntniß Gottes kam. Leitsterne für Mädchen. Vom Verf. der „tugendhaften Mädchen." 3. Aufl. 8. (112 S. mit 1 Kpfr.) Wien 860, Leo's Verlags-Expedition.

—— Luther in unruhigen Zeiten u. bei ansteck. Krankheiten beruhiget u. tröstet; e. Schrift f. d. christl. Volk u. e. Spiegel f. uns. Zeit v. E. Bernhard. Mit e. Zugabe aus Zwingli's Schriften. 8. (8½ B.) Halle 831, Buchh. d. Waisenhauses.

— mache ich mein Testament, s.: Zehn-Pfennig-Miniatur-Bibliothek.

— mache ich Steuer-Reclamationen? Anleitung, wie man Reclamations-Gesuche betr. Gewerbe-, Grund-, Gebäude- u. Einkommensteuer abzufassen hat. gr. 8. (34 S.) Löbau Wpr. 885. Skrzeczek. n. — 60

— mache ich Steuer-Reclamationen? Anleitung, wie man Reclamations-Gesuche betr. Gewerbe-, Grund-, Gebäude-, Kommunal-, Klassen- u. Einkommensteuer ꝛc. abzufassen hat. 3., verb. Aufl. gr. 8. (44 S.) Berlin 888. Skrzeczek. cart. n. 1. —

Wie machen sie's in d. Comödie? od. d. buchstäbliche Auslegung. Lustsp. v. Brömel. 8. Hamb.. (Gräff in Lpz.) 786.

—— machen wir's, dass wir kommen in Abrahams Schoos? Neue Briefe an Graf Harry v. Arnim von Minranow. gr. 8. (43 S.) Frankfurt a. M. 879, Foesser. *

Wie macht man aus Graz eine Fremden-Stadt? Graz 1890. V: *Kleinoscheg*, *J.* (JoanStyrA)

Wie macht man das Beten u. Betrachten?, s.a. Broschüten-Cyclus f. d. kath. Deutschland.

—— macht man das Beten und Betrachten? Eine faßl. Anleitung zu Beiden vom Verf. der fünf Scapuliere und der Betrachtungen zu den Geheimnissen des Rosenkranzes für die Mitglieder des lebend. Rosenkranzes. 16. (146 S.) Münster 882, [Nasse'sche Verlagsh.] F. Schöningh.

— macht man pleite? Tragikomische Betrachtungen für denkende Geschäftsleute u. Gewerbtreibende. Aus den nachgelassenen Papieren eines routinirten Bankerottiers. 8. (16 S.) Leipzig 882. Milde. — 15

—— Mädchen und Jungfrau wirkt und schafft. Mit 12 fein ill. Bildertaf. qu. Fol. Nürnberg 849, [Renner's Erbe.]

Wie man bei der württ. Postverwaltung Beamte diszipliniert! Ein Beitrag zum württemberg. Beamtenrecht v. Sincerus Verus. (28 S.) 8. Stuttgart, „Deutsches Volksblatt". 1906. —. 40.

Wie man dem Hange des Landvolks zur Trunkenheit steuern könne? [Gera ca. 1785.] V: *Behr*, *Chn Aug.* (MGT)

—— man den Krieg abschafft! Ein Aufruf an alle Friedensfreunde v. e. Menschen. gr. 8. (61 S.) Berl. 892, Eckstein Nachf. * 1 —

„Socialdemokrat" (Wie man den) abonnirt. Flugblatt mit der Unterschrift: „Redaction und Expedition des Socialdemokrat."

— man die Sache denkt; od. die zwo schlaflosen Nächte. Schsp. v. Gozzi. 8. Leipz. Dyk. 781.

Wie man die Wiener Galerie verdorben hat. Wien 1892. V: *Pollak von Klarwill*, *Isidor*. (EB)

Wie man die Gallerie verdorben hat. Wien 1892. V: [*Pollak Ritter von*] *Klarwill*, *Ernst*. (EB)

—— man die Wiener Galerie verdorben hat. Ein Beitrag zur Geschichte d. kunsthistor. Hofmuseums v. ***. gr. 8. (18 S.) Wien 892, A. Bauer.

— man ein Heiligthum gründet. Brief einer Schülerin des Klosters der Immaculata zu Neapel an ihre Freundin vom heil. Herzen in Lyon. Aus dem Franz. übers. u. mit einer Einleitung versehen von Otto Badke. 8. (35 S.) Zürich 877. Verlags-Magazin. n. — 60

—— man ein Held sein kann. Aus dem Engl. 16. (96 S. mit 1 Holzschntaf.) Cleveland 871. (Philadelphia, Schäfer und Koradi.) geb. *

WIE man eine Braut mit einem Buche vergleichen könne. Leipziger Hochzeitsgedicht vom Jahre 1700. (Herausgeber Ernst Schulz-Besser.) Bütten. 4°. Privatdruck für die Bibliophilen. 1907. Original-Umschlag in den Leipziger Stadtfarben.

Wie man eine Hand umkehrt, oder: Der flatterhafte Ehemann. Lustspiel in 5 A. Hamburg 1778. Wien 1778. (Nach der »School of Wives«.) B: *Bock, Joh. Chn.* Vgl. GGR IV³, 646, 1. 7/651, 1/k. (DARP)

— man eine Hand umkehrt; od. d. flatterhafte Ehemann. Lstsp. von Bock. 8. Hamb. (Hahn in Hannov.) 794.

— man Frieden erlangt. [In Form eines Zwiegesprächs.] 2. Aufl. 8. (34 S.) Elberfeld 877, (Faßbender's Buchh.) *

— man Frieden erlangt. [In Form eines Zwiegesprächs.] 2. Aufl. 8. (34 S.) Elberfeld 877. (Langewiesche.) n. — 40

— man Frieden erlangt. [In Form e. Zwiegesprächs.] 5. Aufl. 8. (32 S.) Elberf. 889. (Faßbender.) — 15

— man Frieden erlangt. (In Form e. Zwiegesprächs.) 6. Aufl. 8. (32 S.) Elberfeld 898. R. Brockhaus (durch J. Faßbender). n. — 15

Wie man Frieden erlangt. (In Form e. Zwiegesprächs.) 7. Aufl. Elberfeld R. Brockhaus 1906. (32 S.) 8° [5.]
= [Schriften z. Erbauung d. Gläubigen.] No 180. 107. 634

Wie man früher »erzog«. Geschichten aus dem Erziehungs- und Strafwesen in der guten alten Zeit von R. B. O. O. u. J. [19**]. V: *Bröhmeck, Richard.* (BGE I³, 315)

— man jetzt in Frankreich die norddeutsche Volksschule beurtheilt. Bemerkungen und Ansichten über Schule und Unterricht von einem norddeutschen Lehrer 8. (43 S.) Essen 854, Bädeker. *

— man in Deutschland Religionskriege macht. gr. 8. (15 S.) Frankfurt a. M. 864, Verlag für Kunst und Wissenschaft. *
Aus: Historisch-politische Blätter für das kathol. Deutschland, redig. von Edm. Jörg und Frz. Binder, besonders abgedruckt.

Wie man Religionskriege macht ... Frankfurt a. M. 1864. V: *Klopp, Onno.* (SWKl)

Wie man in Hamburg sich „amüsiert"! Thatsachen, zu ernster Erwägg. mitgeteilt v. d. Vorstand d. hies. Vereins zur Hebg. d. öffentl. Sittlichkeit. gr. 8. (12 S.) Hamburg 897. Herold. n. — 50

— man in Paris liebt. Aus dem Französ. übers. v. A. Schwarz. 8. (106 S. m. Abbildgn.) Budap. 890, Grimm. * 1 —

— man „Ministerpräsident" wird. 8. (12 S.) Leipzig 848, Weller. 1½ ngr

— man Querulant wird u. in's Irrenhaus kommt. Leidensgeschichte des Joseph Wendelin Kurz, Zimmermann v. Aalen, Veteran v. 1866 u. 1870. gr. 8. (23 S.) Stuttgart 894. R. Lutz. n. — 20

— man schön wird. Eine Toilettengabe für die Damenwelt. Nebst Anweisung zur bill. Herstellung aller Schönheitsmittel. 12. (48 S.) Chemnitz 884, Hager.

Wie man sein eigener Großvater werden kann. Eine schauderhafte verwandtschaftl. Verwickelung. *(Neu-Weißensee: E. Bartels [1902].)* (2 Bl.) 8°

— man sich vor Gericht zu benehmen hat, s. Volks-Schriften, bayerische.

Wie man Verbrecher erkennt (Bertillon's System). s. Jung's kleine Taschen-Bibliothek. Nr. 1.

— man Vereine u. Versammlungen leitet. Ein Handbüchlein f. Vereinsvorstände u. Vereinsmitglieder, bearb. nach den neuen gesetzl. Bestimmgn. v. e. langjähr. Praktiker. (48 S.) 8. Leipzig (908). S. Schnurpfeil. — 30

Wie man vor Hohenkingsperg gezogen ist und wie es gewunnen wart. Zuo nutz und fromm all derer, so der altten vesten u. purgen liebhabere sint, ans liecht gestellet u. mitt figürlin gezieret, von eim truckerherren (d. i. P[aul] Heitz) u. eim magistro artium (d. i. Dr. E[mil] Major). (Straßburg) 1909. (Heitz). 53 S. 8° (10. 7459

„Wie man vor tausend Jahren lehrte und lernte", dargestellt an ... Walafried Strabo. (Einsiedeln 1857) s. [Marty, F. Martin].

— man Weiber besiegt oder die Kunst, die Weiber zu erobern. Graz, L. M. J. Merz, o. J. 8°.
Gehört zu Merz' humorist.-satyr.-pikanter Bibl. Wurde confiscirt (§ 516), aber wieder freigegeben.

— man zufrieden u. glücklich wird. Von e. Glücklichen. gr. 8. (57 S.) Lippstadt 884. Boerner. n. 1. 20

— man's macht, so geht's. Drama in 5 A. 8. Gotha 780. Ettinger. 8 gl

Wie mans macht, so geht's. Ein Drama in fünf Aufzügen. Nach dem Französischen. Wien 1780. V: *Fenuillot de Falbaire de Quincey, Charles Georges* Ü: *Schink, Joh. Fch.* (Auct. Eckel 1/306) (GGR IV/912, Nr. 18/21; IV³/136, Nr. 33, 912, 21/III) (DARP) (BiblPort)

— mans treibt, so gehts; od. die aufgebrachte Ehefrau. Lstsp. v. Vanbrough. 8. Frkft. u. Lpz. Edlwickert. 769.

— man's treibt, so geht's, oder Geschichte der Amalie von Wiesenbach. In Briefen. O. O. (Hamburg, Hoffmann u. Campe) 1782. 8°. 302 S. Selten! (4 Mk. Max Jaeckel, Potsdam, 1906.)

— man's treibt, so geht's. qu. 4. (6 farb. Taf. m. Text.) Leipzig 889. Fr. Pfau. cart. n. — 45

— Maria beten lernte, Christin wurde? Ein Wort an die Mütter, denen am Herzen liegt, was ihren Kindern vor Allem noth thut. gr. 8. (4 B.) Hamburg 839, Fr. Perthes.

Wie Maria beten lernte, Christin wurde. . . . Hamburg 1839. V: *Georgi, Chn Frdr.* (zu)

Wie Mariahilf an die Stadt Luzern kam und was für Rechte die Regierung daran hat . . . O. O. 1885. V: *Herzog, Eduard.* (BSchwLk V, 10 e γ)

— Marie Edmond that, was sie konnte, und der Erfolg nach langer Zeit. 16. (104 S.) Bremen 867, Verlag des Tractathauses. cart. **

— mein veralteter Rheumatismus schnell, gründl. u. kostenlos beseitigt wurde. Von e. Jahre lang leid., schwer geprüften Laien s. Mitmenschen zur Nachachtg. erzählt. gr. 8. (16 S.) Eutin 895. Neustadt (Saale), Müller's Verl. n. — 50

—— Meister Kahl durch die Heiligung des Sonntags zu Wohlstand und Segen gekommen ist. 2. Aufl. 8. (24 S.) Berlin 881, Deutsche evangel. Buch- und Tractat-Gesellschaft. *

Wie muss Dänemark seine Reichsbank benutzen, um sich von dem Papiergelde zu befreien, und wieder zu einem Geld- und Finanzwesen zu gelangen, wie es dem Wohl seiner Unterthanen angemessen ist. o. O. 1816. 8°

— muß der junge Offizier wirthschaften, um m. seiner Zulage auszukommen. Von e. alten Praktiker. 2 Thle. Oldenburg (901). G. Stalling's Verl. Kart. u. geh. n. 1. 25; 2. Tl. allein n. — 75
1. gr. 8. (III, 17 S.)
2. Einnahmen u. Ausgaben. qu. gr. 8. (50 S.) Kart.

— muss e. erfolgreicher Export-Katalog u. Prospekt beschaffen sein?, s.: Export-Reklame, die. I.

Nationalgarde, Wie muss eine, exerciert werden? Erschöpfende Entwicklung der Abrichtung des einzelnen Garden und aller selbstständigen Abtheilungen. kl. 8. Warasdin (1848).

Wie muss eine Nationalgarde exercirt werden? Wien 1848. V: *Messenhauser*, *Cäsar Wenzel.* (EB)

Wie muß eine Volksschule nach den drei Preußischen Regulativen, vom 1., 2. und 3. Octbr. 1854, eingerichtet werden? Oder: Ausführliche Auswahl, Reihenfolge und Behandlung des Lehrstoffs für jeden Unterrichtszweig der Volksschule und zwar nach 3 Abstufungen: Ober-, Mittel- und Unterstufe. Von einem alten Schulmanne der Provinz Sachsen. Eilenburg 857. Offenhauer. gr. 8. (V, 34 S.) 6 ngr.

Wie muss es ein Professor der Arzneigelahrtheit anfangen, um . . . in kurzem berühmt zu werden. O. O. 1786. V nicht: *Bahrdt*, *Carl Frdr.* (GGr)

Wie muß es ein Professor d. Arzneigelahrtheit anfangen um in kurz. Zeit berühmt zu werden? 8. Cöthen 786. Glandenberg. 3 K

Wie muss ich die Bibel lesen? In-16°. 8 S. Basel, Jäger & Kober. 1895. 10 Stück — 50

—— muß man plänkeln, um die französischen Tirailleurs zu überwinden? Bearb. nach F. Schneiders Uebersetzung der Instruction pour les tirailleurs. (Von A. B. Gavenda.) gr. 8. (III und 37 S. mit 1 Tab. in qu. Fol.) Wien 861, [Brandel und Ewald.]

Wie muss man plänkeln, um die französischen Tirailleurs zu überwinden? . . . Wien 1861. V: *Gavenda*, *Ant. Freih. v.* (Ky)

—— muß Preußen sich zu der orientalischen Frage stellen? Von einem alten Staatsmann. gr. 8. (15 S.) Leipzig 854, O. Wigand. *

Wie müssen Schule und Unterricht beschaffen sein, wenn sie erziehend wirken sollen? O. O. [18 . .] V: *Morf*, *Heinrich.* (zuwzür 13, 1909, III, S. 75)

Wie müssen Seebäder eingerichtet werden, und wie wirken sie? . . . Leipzig 1820. V: *Rosenberger*, *Otto Frdr.* (R-N) (Call) (Ky)

— müssen Seebäder eingerichtet werden, u. wie wirken sie? Von ****r****g. (O. F. Rosenberger). 8. Leipz. 821. Hartknoch. 4 K

Wie müssen wir unsere jetzigen Zustände ausbeuten, damit sie sich zum Segen gestalten? Eine Frage, beantwortet für das Volk von einem Freien. Nordhausen, A. Büchting. 1848. 16 S. 8°.

— müssen wir unsre jetzigen Zustände ausbeuten, damit sie sich zum Segen gestalten? Eine Frage beantwortet f. das Volk v. einem Freien. 8. (16 S.) Nordhausen 851, Büchting. 1 ngr

— nährt man sich gut u. billig? Anleitung f. Lehrerinnen u. Schülerinnen v. Koch- u. Haushaltungskursen. Auf Antrag der ökonom. u. gemeinnütz. Gesellsch. hrsg. v. der Direktion des Innern d. Kantons Bern. 8. (40 S. m. e. Abbildg.) Bern 893. K. J. Wyß. Kart. n. — 50

Wie nun Ihn aufnehmen? Eine Frage der Einwohner zu Riga für den 24. Mai 1802. Riga. V: *Sontag (Sonntag)*, *Carl Gottlob.* (GGr) (R-N)

Wie operiert man erfolgreich an der Börse? Zeitgemässe Winke für Kapital und Spekulation. Wien [1909]. V: *Kanitz*, *Alfred.* (EB)

— operiert man erfolgreich an d. Börse? Zeitgemässe Winke f. Kapital u. Spekulation. (86 S.) gr. 8. Wien (909). A. Bauer. 1. 70

Wie pflegen wir unsere Kranken? Grundriss d. Krankenpflege f. Schwestern, Pfleger, Pflegerinnen u. Familien von e. Roten Kreuzschwester. Mit 7 Abb. im Text. *Berlin: E. Staude 1900.* (VI, 116 S.) 8° [J] (00, 10103

— Privatier Gebhart ein Freund der Jünglingssache wird. 12. (15 S.) Stuttgart (899). Holland & Josenhans. n. — 20

— Privatier Gebhart e. Freund d. Jünglingssache wird. 3. Aufl. (15 S.) kl. 8. Stuttgart (908). Holland & Josenhans. p — 20

— rechnen wir schnell nach dem neuen Masse u. Gewichte? Praktische Anleitg. f. den Hausgebrauch u. Kleinverkehr. 4. Aufl. 32. (16 S.) Prag 876. Verl. der Bohemia. n. — 20

— rede ich in meinem Verein? Eine Sammlg. von Ansprachen zu allen im Vereinsleben vorkomm. Gelegenheiten. 12. (32 S.) Leipzig (900). C. Glaser. n. 1. —

—— säest du? Eine Abhandlung über 2. Cor. 9, 6. 4. Aufl. 16. (24 S.) Bremen 880, Verlag des Tractathauses. *

— schätze ich mich ein? Eine heitere Darstellg. der wichtigsten Bestimmgn. d. neuen Einkommensteuer-Gesetzes vom 24. Juni 1891. Den Lesern der „Lustigen Blätter" als Weihnachtsgabe gewidmet v. der Red. dieses Blattes. 12. (15 S. m. Bildern.) Berlin 892. Exped. der „Lustigen Blätter". — 20

— schön ist's auf dem Lande. qu. gr. 4. (14 S. m. farb. Bild.) Eßlingen 896. J. F. Schreiber. Kart. n. 1. 50

— schön leucht't uns der Morgenstern! Eine wahre Begebenheit aus der Zeit des siebenjähr. Krieges. 9. Aufl. Nonnenweier 869. (Barmen, Klein.) 32. (12 S.) 1½ ngr

— schreibe ich heute recht? Kleines Taschen-Wörterbuch f. die allgemeine deutsche Rechtschreibg. m. Angabe aller Neuergn. 2., verb. u. erweit. Aufl. (50 S.) 16. Wien (907). G. Freytag & Berndt. —20; geb. n — 40

[F.] Wie schreibe ich meine Briefe? Anleitg u. Beispiele z. Ablassg v. Geschäftsbriefen, Gesuchen u. Eingaben f. alle Fälle d. prakt. Lebens. F. Handwerker, Gewerbetreibende u. Stellesuchende. *Aachen: C. H. Georgi [1898].* (39 S.) 1 Bd 8.
(Hilf dir selbst! Dein eigener Lehrer. [No 5.]) [98 1083

— schreibe ich meine Briefe? (Geschäftsbriefe), s.a. Hilf dir selbst.

— schreibt der Emser Kurgast seine Ansichts-Postkarten? 101 poet.-humorist. Ferngrüße lokalen u. allgem. Inhalts. Neue Folge. 12. (89 S.) Bad Ems 899. A. Pfeffer. n. — 50

— schützen wir unsere Kinder vor den Gefahren der Impfvergiftung? Eine ausführl. volksthüml. Belehrg. auf Grund der neuesten Forschgn. f. Impffreunde u. Impfgegner, v. e. prakt. Arzt. gr. 8. (22 S.) Berlin 891. G. F. Lenz. n. — 50

Wie schützt man sich gegen die Cholera und was hat man am Bette eines Cholerakranken zu beobachten? Von Fr. D—f. gr. 16. (16 S.) München 866, Dempwolff.

— schützt man sich gegen die Cholera u. was hat man am Bette eines Cholerakranken zu beobachten? Von Fr. D f. München 866. Gradinger. gr. 16. (16 S.) 3 ngr.

— schützt man sich im Exportgeschäft gegen unlautere Konkurrenz u. Preisschleuderei?, s.: Export-Reklame, die. III.

Wie schützt man sich und andere gegen Tuberkulose? ⟨Aus verschiedenen Vorschriften zusammengestellt vom Vorstand [des Vereins für ein Luzern. Lungensanatorium. Sep.-Abdr. aus dessen 1. Jahresbericht].⟩ 4 S. 8. [Luzern, H. Keller, 1903.]

— schützt man sich vor der Cholera und wie verhält man sich bei Ausbruch derselben? gr. 8. (16 S.) Münch. 892, Münch. Verlags-Institut. — 10

Wie schützt sich der Arbeiter bei Krankheiten, Unfällen, Invalidität und im Alter gegen Not? 8⁰. München 1902.

'Wie schützt sich der Kapitalist vor Verlusten an der Börse?' Ein unentbehrl. Ratgeber f. Kapitalsanlage u. Spekulation von Veritas [d.i. Hans Schreiber]. Jg. 1. 3. Aufl. Berlin: Patria [1903]. 8° [F.] [07.6375 11

„— schützt sich der Kapitalist vor Verlusten an der Börse"? Ein unentbehrl. Ratgeber f. Kapitalanlage u. Spekulation. Hrsg.: Hans Schreiber (Veritas). 6. Bd. 1.—10. Taus. (128 S.) gr. 8. Berlin (906). Deutsche Verlags-Anstalt „Patria". n. 3. —

Wie schützt sich der Kapitalist vor Verlusten an der Börse? Bd 6. Berlin 1907

„— schützt sich der Kapitalist v. Verlusten an d. Börse?" Ein unentbehrl. Ratgeber f. Kapitalanlage u. Spekulation. Hrsg.: Hans Schreiber. 12. Bd. 1.—10. Taus. (144 S.) gr. 8. Berlin (910). Dtsche. Verl.-Anstalt „Patria". 3.—

— schützt sich der Schiffer vor der Cholera? Ergänzung zu den „Schutzmaßregeln gegen Cholera". Zusammengestellt im kaiserl. Gesundheitsamt. Tab. Fol. Berl. 892, Springer. ** — 05; 10 Exempl. ** — 50; 100 Exempl. ** 2 —; 1000 Exempl. ** 15 —

— schützte sich Elberfeld in d. Jahren der Noth 1816 u. 1817 durch seinen Bürgersinn vor Mangel? 4. Elberf. 818. (Schönian). 4 gr.

— se te Mörsch stecheln, ortrekken, dohr de Blumm spreken on achter heröm kallen. (Sprichwörter.) 8. (1½ B.) Meurs 816, Dolle.

Wie sehen Christen den Krieg an? Ein Lehrblatt. Altona. 1807. P.

Wie sehen wir v. aussen aus? Aufruf an die Uranier (als Vortrag gedacht), v. einem Objektiven. (48 S.) 8. Leipzig 907. M. Spohr. — 75

Wie sehr die protestantische Kirche Ursache habe, es nie zu vergessen, sie sey ihr Daseyn vornämlich der Erneuerung des Lehrsatzes von der wahren evangelischen Freyheit schuldig . . . Dresden u. Pirna 1801. V: *Veillodter, Valentin Carl.* (MGT) (Ky)

— sehr die protestant. Kirche Ursache habe, es nie zu vergessen, sie sei ihrem Daseyn vornehml. die Erneuerung des Lehrsatzes von d. wahren evangel. Freiheit schuldig, (v. V. K. Veillodter). 8. Pirna 801. (Nürnb., Bauer). 4 gr (NB. Ist F. V. Reinhards Predigt am Gedächtnißtage d. Kirchenverbesserung 1800.)

Wie sich das fügt, oder die Begebenheiten zweyer guten Familien von der Fr. von Wallenrodt in dem Zeitraume 1780/784. 2 Theile, 8. Leipzig, 793. Schwickert. 1 Rthl. 15 sgl.

— sich die Demokratie das Volk in Waffen dachte. Ein zeitgemäßer Rückblick. gr. 8. (67 S.) Berlin 886. Mittler & Sohn. n. 1. —

— sich ein nacktes Mädchen gleichzeitig . . . (Dummes Sotadicum.) (1 Mk. 50 Pfg. eine böhmische Firma, 1901.)

— sich Fuchs und Storch zu Gaste luden, s. Bilderbücher, münchener.

— sichern wir die Zukunft unserer Kinder? Ein Beitrag zur friedlichen Lösung der socialen Fragen von J. F. 8. Offenbach 892, Wilh. Wagner. — 25

— sichert man sich vor Brieferbrechung u. deren Verfälschung, nebst Siegel u. Schriftkabinetten, f. d. Liebhaber. 8. Lübeck 797. Bohn. 1 ℛ

— sich's reimt. 4. (12 farb. Taf. m. Text.) Lindenau-Lpz. 889, Fr. Pfau. cart. * — 40

Wie sie lieben an des Thrones Stufen: »Five o'clock teas« der Homosexuellen bei Eulenburg-Wedel. Indiskretionen eines Augenzeugen. 1. bis 10. Tausend. [Umschlag illustriert.] 128 S. 8. Zürich, Verlag Volkswort, [1908]. [fr. 3.15]

— sie pfeift, so muß er tanzen. Kom. Operette. 8. Hamburg. (Hilscher in Lpz.) 785.

— siehts aus im Schweizerlande? Ein freies Wort an alle Schweizerbürger, hauptsächlich aber an die Arbeiter. Hrsg. v. der Agitationskommission des I. eidgenössischen Wahlkreises u. der Geschäftsleitung der sozialdemokrat. Partei des Kantons Zürich. (40 S.) kl. 8. Zürich 908. (Buchh. des schweiz. Grütlivereins.) — 20

— sind deutsche Reichsfürsten verbunden, die Handlungen ihrer Regierungsvorfahren zu vertreten u. unbezahlte Schulden zu tilgen? 8. Eisenach ... Wittekind. 10 gr.

Wie sind Teutsche Reichsfürsten verbunden, die Handlungen ihrer Regierungs-Vorfahrer zu vertreten . . . O. O. 1803. V: *Wedekind, Georg Joseph.* (MGT)

Wie sind die Abteien vom nahen Untergange zu retten und im Wohlstande zu erhalten? München 1778.

Knappschaftskassen (Wie sind die) zweckmässig zu verbessern? gr. 8⁰. Dortmund 1868.

Wie sind die oberpfälzischen Abteien im J. 1669 abermal an die geistlichen Ordensstände gekommen? . . . 1802. Nürnberg. V: *Prechtl, Max.* (Lindner)

— sind die Seelenstörungen in ihrem Beginne zu behandeln? etc., s. Erlenmeyer, A.

—— sind in d. Niederungen u. Marschgegenden die Silo's od. Korngruben zu ersetzen? Ein Beitr. zur Vervollkommnung d. Staatshaushalts f. Staatsmänner, Baumeister u. Landwirthe, zunächst mit Rücksicht auf d. Bewohner d. Weichselniederungen. 8. (3 B. u. 2 Stnt. Fol.) Colberg 829. (Cöslin, Hendeß.)

— sind unsere **Gutsbetriebe** ertragreicher einzurichten, wenn d. Getreidepreise niedrig bleiben? Veranschaulicht in 22 Wirthschafts-Beschreibgn. u. zeitgem. Wirthschafts-Umänderqn. Winke f. d. Grundherrn, um v. d. Eigenschaften u. Fähigkeiten d. Wirthschafts-Beamten d. besten Gebrauch zu machen. Vom Verf. d. „Erfahrgn. im Gebiete d. Ackerbodencultur d. Neuzeit" (Gust Weber). 3., sehr verm. Aufl. gr. 8. (X, 246 S.) Görlitz 895. (Vierling.) n.n. 5. —

—— soll das enden? Aus der Gegenwart f. die Zukunft v. ***. gr. 8. (48 S.) Schweidnitz 891, Heege. — 60

— soll der Landmann seinen **Obstbaum** behandeln? od. faßl. Anregg. u. Anleitg. zum Obstbau v. F. O. Frhr. v. N(ordenflycht). Mit 1 (lith.) Taf. Abbildgn. (in 4.) 8. (64 S.) Breslau 876. Korn. n. — 60

—— soll die **Trennung** der Feld- und Festungs-Artillerie bewirkt werden? gr. 8. (V, 39 S.) Leipzig und Berlin 872. Luckhardt'sche Verlagsh. *

Wie soll ein junges Frauenzimmer sich würdig bilden? Prag 1786. V: *Meyer, A.* (wrztg 1789, S. 1188) (Allg. Wiener Bücher-Nachr. 1786, S. 208, Nr. 156) (biblPort)

Wie soll ein Wundarzt sich geschickt bilden? Stendal 1783. V: *Bücking, Johann Jacob Heinrich.* (MGT) (Call)

— soll es mit der Papstwahl in nächster u. ferner Zukunft gehalten werden? freimüthig beantwortet von C. C. (einem kathol. Geistlichen). gr. 8. Stuttg. 822. Metzler. 4 gr.

(F) Wie soll ich fatiren? Ein Rathgeber für Personaleinkommensteuerpflichtige. Mit einer ausgefüllten Steuererklärung, Formulare für Recurse etc. Wien. 1900. Volksbuchhandlung Brand. 16°. 16 S. K —.10

— soll man leben, um sich gesund zu erhalten? Bewährte Rathschläge f. Gesunde u. Kranke unter besond. Rücksichtnahme auf das Kneipp'sche Wasserheilverfahren. In leichtfaßl. Weise dargestellt v. e. prakt. Arzte. Ster.-Ausg. 8. (128 S.) Reutlingen 893. Enßlin & Laiblin. — 60

— soll man Schaufenster ausstatten?, s.: Gewerbe-Bibliothek. Nr. 5.

Wie soll man schreiben: Thukydides, Thucydides, Thuzydides oder Tuzidides? [Halberstadt 1789.] V: *Winterfeld, Levin Moritz Adolph von.* (MGT)

Wie soll man Trinker behandeln und heilen. Burghölzli-Zürich 1903. V: *Bleuler, Eugen.* (BBullSchw 4, 1904)

Wie soll man wählen? oder Die Elemente der socialen Ordnung in ihrer Anwendung auf das Wahlsystem. Augsburg, B. Schmid, 1848. 16 S.

— soll man **wetten**? Aus 30jähr. Erfahrg. v. „Argus", engl. Correspondent des „Deutschen Sport". (115 S.) 8. Berlin 906. Deutscher Sport. n. 2. —

Wie soll Oesterreichs Heer organisirt sein? Wien 1868. V: *Albrecht Erzherzog v. Österreich.* (Mitth. Dr. H. Friedjung.) (KA)

—— soll **Oesterreichs** Heer organisirt sein? Allen Patrioten Gesammt-Oesterreichs gewidmet vom Verf. gr. 8. (IV, 45 S.) Wien 868, Tendler und Comp. [Faesy und Frick.] *

— soll Oesterreichs Heer organisirt sein. Allen Patrioten Gesammt-Oesterreichs gewidmet vom Verf. Wien 868. Leipzig, Fues. gr. 8. (IV, 45 S.) n. 12 ngr.

Wie soll sich das deutsche Volk zum Landsturm u. z. Landwehr bewaffnen? .. Berl. 813. Salfeld. 4 gr.

Wie soll sich das deutsche Volk zum Landsturm oder zur Landwehr bewaffnen? 8. Berlin 1814.

—— soll sich der **Bautechniker** e. zweckentsprechende Ausbildung erwerben?, s. Preisschriften d. deutschen Techniker-Verbandes.

Wie soll sich der evangelische Christ unter katholischer Bevölkerung verhalten? Von e. rheinischen Diasporapfarrer. Barmen: D. B. Wiemann 1894. (30 S.) 8° [F.]
═ Diaspora-Blätter. Jg. 1, No 6, Beilage. [07. 10432]

— soll sich der **Maschinentechniker** e. zweckentsprechende Ausbildung erwerben, s.: **Preisschriften** d. deutschen Techniker-Verbandes.

— soll sich d. akadem. Jugend der **Flottenfrage** gegenüber verhalten? Ein Mahnruf an Deutschlands Studentenschaft. Von ***. gr. 8. (26 S.) Leipzig-Reudnitz 897. A. Hoffmann. n. — 60

— soll sich e. Dame **kleiden**? Hrsg. u. Verf. „Helona". (30 S. m. 4 farb. Taf.) 8. Leipzig (906). Hoffmann & Ohnstein. n. — 75

— soll tarifirt werden? Ein Beitrag zur Lösg. der Frage der Personentarif-Reform. gr. 8. (64 S.) Wien, 890. Hartleben. n. 1. 80

— sollen Eltern sich gegen ihre Kinder verhalten in Bezug auf das 6. Gebot? Von e. schwäb. Landpfarrer. (7 S.) gr. 8. Rothenburg o/T. (903). J. P. Peter. — 05

— sollen sich Prediger u. Seelsorger bei bürgerl. Revolutionen verhalten? 8. Wien 794. Al. Doll. 3 Kr

—— sollen und dürfen Weltgeistliche ihr zeitliches Vermögen verwenden? und wozu sind sie bei Errichtung eines Testamentes berechtiget und verpflichtet? Beantwortet von einem Weltpriester. 8. (34 S.) Leitmeritz 853. (Prag, Heß.) *

—— sollen und dürfen Weltgeistliche ihr zeitliches Vermögen verwenden? und wozu sind sie bei Errichtung eines Testaments berechtigt und verpflichtet? Beantwortet von einem Weltpriester. Neue Ausg. 8. (34 S.) Troppau 866, Kolck. *

Wie sollen wir beten? Nach der Heil. Schrift zu beantworten versucht. Aus dem Engl. des „Throne of Grace", vom Verf. des „Pathway of Promise" etc. Autoris. Uebersetzung von Bertha Neumann-Seifart. Mit einleit. Worten von Rud. Kögel. 12. (183 S.) Basel 881, Schneider. *ℳ 1,50.; geb. *

—— sollen wir im nächsten Feldzug angreifen? Von K. v. K. gr. 8. (37 S. m. e. Taf.) Berl. 890, Luckhardt. * 1 —

— sollen wir leben? Neue Monatsblätter, begründet zur Förderg. v. Gesundheit u. Wohlstand in Volk u. Haus. Red.: Karl Dietmar. Jahrg. 1900—1902. à 12 Hfte. gr. 8. (à ca. 16 S.) Langensalza, Deutsches Druck- u. Versandthaus. à Jahrg. 1. 20

— sollen wir leben? Monatsblätter zur Förderg. v. Gesundheit u. Wohlstand in Volk u. Haus. Vereins-Organ vieler Naturheilvereine. Jahrg. 1903. 12 Hefte. (à ca. 16 u. 4 S.) gr. 4. Langensalza, Deutsches Druck- u. Versandthaus. n. 1. 20

— sollen wir spiritistische Sitzungen abhalten? Ratschläge e. erfahrenen Okkultisten. Von Fr. H. K. (23 S.) 8. Leipzig 907. O. Mutze. — 50

Wie sollten wir es machen? und wie haben wir es gemacht? . . . [Jena 1805.] V: *Bärenhorst, Frz Leopold von.* (MGT)

— sollten wir unsern König empfangen? ein Wort an meine Mitbürger von einem Brandenburger. gr. 8. Berl. 809. Litfaß. 2 gr

—— sollten wir wählen! Grundzüge eines neuen Wahlsystems entworfen von C. M. R. gr. 8. (36 S.) Berlin 871. Kortkampf.

— sorgt das Land Unterwalden (ob u. nid dem Kernwald) f. seine Armen u. Kranken, s. Neujahrsblatt, hrsg. v. der Hülfsgesellschaft in Zürich.

Wie sorgt das Land Unterwalden für seine Armen und Kranken? Zürich [1892]. V: *Ah, Jos. Ign. v.* (Cat. d. Stadtbibl. Zürich. Zürich 1864—97.)

Wie sorgt das Land Unterwalden (ob u. nid dem Kernwald) für seine Armen u. Kranken? 4°. Zürich 1893.

Wie spielt man regelrecht Tennis?, Einführung in Theorie u. Praxis d. Lawntennisspiels, m. Abb., v. a player, Leipzig, 42 S., 8°.

— spielt man Skat? Eine leichtverständl. Anleitg. zur gründl. Erlerng. dieses allbeliebten weit verbreiteten Kartenspieles, m. genauer Angabe der Berechng. der Spiele. (61 S.) 8. Leipzig (903). Ernst. — 75

Wie spricht man in Athen? Echo der neugried. Umgangssprache v. A. N. Jannaris. Mit e. Spezial-Wörterbuche v. K. H. Gelbert. 2. Ausg. Mit e. das Wörterbuch ergänz. Nachtrag v. Ch. Th. Pylarinos. 8. (178 S.) Leipzig 893. R. Giegler. Kart. n. 3. —

—— stehen wir zu Hrn. Pfarrer Löhe? Eine Stimme aus der Missouri-Synode in Nord-Amerika. gr. 8. (29 S.) St. Louis 855(57). (Philadelphia, Schäfer und Koradi.) *

Wie steht die Freimaurerei zu Altar und Thron? Münster: Nasse 1875. 32 S. 8° [Umschlagtit.] (Broschüren-Cyklus f. d. kathol. Deutschland. 10, 1.) 358.

— steht die Kunst in Oesterreich? Eine Betrachtung aus Anlaß der Londoner Kunstausstellung. (Abgedr. aus der Donau-Zeitung.) Wien 862. Gerold in Comm. gr. 8. (55 S.) n. 8 ngr.

— steht die nationalliberale Partei zur Reichsfinanzreform? Darstellg. der Vorgänge in der Reichsfinanzkommission. (21 S.) gr. 8. Berlin 909. Buchh. d. nationalliberalen Partei. — 10

—— steht es mit d. Freiheit d. Handels in Deutschland? Ein Wort d. Beherzigung zu seiner Zeit. 8. (1 B.) Leipzig 828, Glück.

—— steht es mit der Kinder-Erziehung in unsern Tagen auf d. Lande? Beantwortet durch d. Erfahrung. Mit e. Anhange. Nach e. ältern Schrift neu bearb., m. e. Vorw. u. viel. u. wichtigen Zusätzen v. ein. kathol. Priester u. Schulmanne. gr. 8. (7½ B.) Landshut 845, Thomann'sche Buchh. * -

—— steht es mit Rom? Von einem römischen Prälaten. 8. (15 S.) Wien 860, Gerold's Sohn.

Wie steht es nun mit der deutschen Sache und was soll insbesondere der Bürger und Landmann wünschen? . . . Nördlingen 1849. V: *Oettingen-Wallerstein, Ludw. Fürst v.* (HThPP)

— steht es um Steuern und Abgaben in Bayern? Ein Vergleich mit Preußen. München 861. Lindauer. gr. 8. (35 S.) n. 5 ngr.

Wie steht Oberschlesien zur Mittelland-Kanal-Frage? Kattowitz 1899: Gebr. Böhm. (47 S.) 8° [J.]
Aus: Zeitschrift d. Oberschles. Berg- u. Hüttenmänn. Ver. 1898. [07. 13292 2

Wie steht's im Fischenthal? [Pfäffik. 1855.] V: *Keller, Joh. Jac.* (Zuwachsverz. d. Bibliotheken in Zürich 1898 ff.)

—— stehts mit der Bibel? Flugschriften für das Volk. Nr. 1—5. gr. 8. (47 S.) Erlangen 850, Blaesing. à Nr. 1⅓ Ngr.

— stehts mit der Bibel? Flugschriften für das Volk. Nr. 1–5. gr. 8. (47 S.) Erlangen 851, Blaesing. (à 1½ ngr.) ¹/₁ ng

—— stehts um Euch u. was thut Noth? Sendschreiben e. alten, evang.-protestant. Pfarrers an Viele seiner Amtsbrüder dieser Zeit. 8. (3⅝ B.) Mainz 844, v. Zabern.

—— stelle ich mich zur socialen Frage? Gedanken u. Vorschläge e. Schweizers. gr. 8. (VII, 182 S.) Bern 892, Schmid, Francke u. Comp. * 2 —

— stellt sich d. verständige Landwirt zu d. Raiffeisenvereinen (Neuwied)?, s.a. „Zeitgeist"-Bibliothek B.

Wie stellt sich der verständige Landwirt zu den Raiffeisenvereinen? Strassburg: Singer 1898. („Zeitgeist"-Bibliothek. Bd. 3.)

Wie Stoff zu **Danksagungen dem erwiesenen Gute, oder der Person dessen, von dem es käme, abzugewinnen. Freyberg** 1783. V: *Hübler, Daniel Ghelf Joseph.* **(MGT)**

Wie studiert man Archäologie? Ein Wegweiser f. alle, die sich dieser Wissenschaft widmen wollen, sowie f. angeh. Philologen u. Kunsthistoriker. Von e. Archäologen. (41 S.) 8. Leipzig 904. Roßberg'sche Verlagsbuchh. n. — 80

— studiert man Geschichte? Von e. Historiker. 8. (38 S.) Leipzig 894. Roßberg. n. — 80

— studirt man Jurisprudenz? Von e. prakt. Juristen. 8. (26 S.) Leipzig 883. Roßberg. n. — 60

Wie studirt man Jurisprudenz? 2. Aufl., verm. durch eine tabellar. Uebersicht der Bestimmungen zur Erlangung der jurist. Doctorwürde an den Universitäten Deutschlands. Von einem prakt. Juristen. 8. (43 S.) Leipzig 885, Roßberg'sche Buchh. *

—— studirt man Jurisprudenz? Mit e. tabellar. Uebersicht üb. die Bestimmgn. zur Erlangg. der jurist. Doctorwürde an den Universitäten Deutschlands. 3. verb. Aufl. 8. (43 S.) Lpz. 889, Roßberg. * — 80

— studirt man Jurisprudenz? Mit e. tabellar. Uebersicht üb. die Bestimmgn. zur Erlangg. der jurist. Doctorwürde an den Universitäten Deutschlands. Von e. prakt. Juristen. 4., verb. Aufl. 8. (43 S.) Leipzig 894. Roßberg. n. — 80

Wie studirt man Jurisprudenz? Mit e. tabellar. Uebersicht üb. die Bestimmgn. zur Erlangg. der jurist. Doctorwürde an den Universitäten Deutschlands. Von e. prakt. Juristen. 5. Aufl. 8. (47 S.) Leipzig, Rossberg. 1899. —. 80.

Wie studiert man Jurisprudenz? Mit e. tabellar. Uebersicht üb. die Bestimmgn. zur Erlangg. der jurist. Doktorwürde an den Universitäten Deutschlands u. der kgl. sächs. Verordng., die Vorbereitg. f. höheren Justizdienst betreffend. Von e. prakt. Juristen. 6., verb. Aufl. (63 S.) 8. Leipzig 905. Roßberg'sche Verlagsbuchh. n. 1. —

— studirt man classische Philologie u. Geschichte? Von e. erfahrenen Fachgenossen. 8. (32 S.) Ebend. 884. n. — 60

— studiert man classische Philologie u. Geschichte. Mit e. Anh. üb. die Bestimmgn. zur Erlangg. der philosoph. Doktorwürde an den deutschen Universitäten u. e. Auszug aus der preuß. u. sächs. Prüfungsordng. f. Kandidaten d. höheren Schulamtes. Von e. erfahrenen Fachgenossen. 2., verb. Aufl. 8. (39 S.) Leipzig 893. Roßberg. n. — 80

— studiert man Kunstgeschichte? Ein Wegweiser f. alle, die sich dieser Wissenschaft widmen. Von e. Kunsthistoriker. (31 S.) 8. Leipzig 904. Roßberg'sche Verlagsbuchh. n. — 80

—— studirt man Mathematik und Physik? Von einem Lehrer der Mathematik. 8. (32 S.) Leipzig 885, Roßberg'sche Buchh. *

— studiert man Mathematik u. Physik? Von e. Lehrer der Mathematik. 2., verm. Aufl. 8. (35 S.) Leipzig 899. Roßberg'sche Verlagsbuchh. n. — 60

— studiert man Mathematik u. Physik? Von e. Lehrer der Mathematik. 3. Aufl. (59 S.) kl. 8. Leipzig 909. Roßberg'sche Verlagsbuchh. 1. —

Wie studirt man Medicin? . . . Leipzig 1884. V: ***Dippe, Hugo.*** **(Erman & Horn, Bibliogr. d. dtsch. Univ. 1. Leipz. u. Berl. 1904.)**

— studirt man Medicin? Von e. prakt. Arzte. Nebst e. genauen Studienplan u. den neuesten Bekanntmachgn., betr. die Prüfg f. Aerzte u. Zahnärzte. 8. (48 S.) Ebend. 884. n. — 80

— studiert man Musikwissenschaft? Mit e. Anh., enth. 1. die musik-wissenschaftl. Vorlesgn. an den deutschen Universitäten von 1902 bis 1905. 2. Die einschläg. Bestimmgn. zur Erlangg. der philosoph. Doktorwürde. 3. Satzungen einiger Musikhochschulen. Von e. Musikhistoriker. (75 S.) 8. Leipzig 905. Roßberg'sche Verlagsbuchh. n. 1. 20

— studiert man Nationalökonomie? Von e. Volkswirt. 8. (16 S.) Leipzig 894. Roßberg. n. — 60

— studirt man neuere Philologie u. Germanistik? Von e. älteren Fachgenossen. 8 (31 S.) Ebend. 884. n. — 60

—— studiert man neuere Philologie u. Germanistik? Mit e. tabellar. Uebersicht üb. die Bestimmgn. zur Erlangg. der philosoph. Doktorwürde an den Universitäten Deutschlands. 8. (43 S.) Lpz. 892, Roßberg. * — 80

— studirt man Theologie? Von e. erfahrenen Theologen. 8. (26 S.) Ebend. 884. n. — 60

—— studiert man Theologie? Von e. erfahrenen Theologen. 2. verb. Aufl. 8. (29 S.) Lpz. 890, Roßberg. * — 60

Wie treibt man am leichtesten seine Ausstände ein? Ein aus der Praxis hervorgegangener Leitfaden für Jedermann, sich selbst beim Amtsgerichte zu vertreten. Mit vielen Formularen zur Selbstanfertigung der erforderl. Schriftstücke. 8. (112 S.) [Neuwied 882, Heuser's Verlag.] Leipzig, G. Weigel. cart.

Wie treibt man Schuldforderungen im Ausland ein? Zum prakt. Gebr. f. d. deutsche Geschäftswelt hrsg. von Max Wieland. Bd 1. *Berlin: M. Wieland 1901.* 8° [5.] [ol. 6ug8]

— treibt man Schuldforderungen im Auslande ein? Zum prakt. Gebrauch f. die Geschäftswelt hrsg. von Max Wieland. 1. u. 2. Bd. 8. Berlin, Verlagsanstalt Universum Hirschberg & Co. Geb. in Leinw. à n. 2.40; erhöht. Pr. à n. 3. —

1. **Die Betreibung v. Schuldforderungen in der Schweiz. Zum prakt. Gebrauch f. die deutsche Geschäftswelt bearb. Von Max Wieland (XII, 128 u. 12 S.) 901.**
2. **Die Beitreibung v. Schuldforderungen in Österreich. Zum prakt. Gebrauch für die Geschäftswelt bearb. Von Karl Heller. (VIII, 164 S.) 902.**

— treibt man Schuldforderungen im Auslande ein? Zum prakt. Gebrauch f. die Geschäftswelt hrsg. von Max Wieland. 3.—6. Bd. 8. Berlin, Verlagsanstalt Universum. Geb. in Leinw. à n. 3.—
3. Die Beitreibung v. Schuldforderungen in Ungarn. Zum prakt. Gebrauch f. die Geschäftswelt bearb. Von Jul. Farkas. (VIII, 131 S.) (903.)
4. Die Beitreibung v. Schuldforderungen in Russland. Zum prakt. Gebrauch f. die Geschäftswelt bearb. Von Leo Berlin. (XVI, 100 S.) (904.)
5. Die Beitreibung v. Schuldforderungen in den Vereinigten Staaten von Amerika. Zum prakt. Gebrauch f. die Geschäftswelt bearb. Von Paul C. Schnitzler. (VIII, 142 S.) (904.)
6. Die Beitreibung von Schuldforderungen im Deutschen Reich. Von Alex. v. Harder. (VIII, 156 S.) (904.)

Wie Treitschke citirt und Geschichte schreibt. Berlin 1902. V: *Cohn, Heinrich.* (Berl 1912, S. 546)

Wie Treitschke citirt und Geschichte schreibt. Von H. C. Berlin 1902: R. Mosse. (15 S.) 8°
(Aus: Allgem. Zeitung d. Judenthums.)

Wie und in welchem Masse ist religiöse Einwirkung im Kindergarten zulässig? [Luzern 1892.] V: *Christinger, Jac.* (Zuwachsverz. d. Bibl in Zürich 1898 ff.)

— und wen sollen wir wählen? u. worauf hat ein tüchtiger Abgeordneter auf dem nächsten sächs. Landtage zunächst seine Wirksamkeit zu richten? Eine Ansprache an sämmtl., ihrem Vaterlande u. ihrem Fürsten getreue Wähler des Königr. Sachsen. 32. (45 S.) Grimma 849, Verlags-Comptoir. 1 1/2 ngr

—— und wen wählen wir in den Gemeinderath? gr. 8. (29 S.) Wien 861, Lechner's Universitäts-Buchh. *

—— und wo erhält man Kredit? s. Brot, das tägliche.

— u. wo ist die Fortdauer der Seele nach dem Tode des Leibes möglich u. wahrscheinlich? Nach den hinterlassenen Papieren eines bekannten Astronomen u. Naturforschers von H. L. v. W. München 865. Beck. 16. (59 S.) 7 1/2 ngr

—— und wo ist die Fortdauer der Seele nach dem Tode des Leibes möglich und wahrscheinlich? Nach den hinterlass. Papieren eines bekannten Astronomen und Naturforschers von H. L. v. W. 16. (59 S.) München 865; Gummi.

Wie und wohin soll der deutsche Landmann auswandern. Mit besonderer Rücksicht auf West-Virginien. Solingen 1850. V: *Vossnack, J.* (Kat. d. ständ. Bibl. Stuttg. 1908. S. 326.)

— und wohin soll der deutsche Landmann auswandern? Mit besond. Rücksicht auf West-Virginien, nebst einem Statut-Entwurf zur Gründung einer Niederlassung in dieser Gegend. Nebst einer (lith.) Karte von West-Virginien (in gr. 4.) 8. (60 S.) Solingen 850, Pfeiffer. 6 ngr

Wie Union und Nationalkirche gemacht wird. Ein urkundl. Beitrag zur vergleichenden Kirchenpolitik des 19. Jahrh. 8. (31 S.) Leipzig 874, Bidder.

— unterscheiden sich die verschiedenen Oberledersorten am fertig verarbeiteten Stiefel? Gibt es hierfür bestimmte Merkmale? (Von H. Hoffmeister.) (30 S. m. Abbildgn.) 8. Berlin (909). Schuh & Leder. 2.—

[Kopftit.:] [F.] Wie urtheilen massgebende Stolzeaner über das Einigungssystem Stolze-Schrey-Velten? *(Magdeburg: Dr. v. L. Mosche) [1898].* 2 Bl. 4. (98. 5207 Ha

Wie urteilen Theologen über das kirchliche Stimmrecht der Frauen? Gesammelte Antworten auf eine Umfrage d. Deutschen Verbandes f. Frauenstimmrecht. Hrsg. v. Martha [Voss-] Zietz. — Hamburg: Meissner 1905. 97 S. 8°

— Vater Eduard sein. Sohn schreiben u. lesen lehrt, nach Grasers Methode. 8. Augsb. Doll. 812.

— verdient man Geld? Praktische Winke u. Ratschläge um e. Vermögen zu erwerben! Nach eigenen Erfahrgn. v. e. alten Praktikus. gr. 8. (45 S.) Dresden (900). Gutzmannsche Buchdr. n. 1.—

— verhält sich Fuss zu Meter? u. wie verhält sich Morgen zu Ar? 52 Reductionstabellen u. Preisumrechngn. speciell f. Frankfurt u. die umliegenden Gebiete. Praktisches Hülfsbuch f. Zimmerleute, Maurer, Schreiner etc. gr. 16. (32 S.) Frankfurt a. M. 871. Jaeger. n. —50

— verhalte ich mich vor der Polizei u. vor d. Strafgericht? s.: Miniatur-Bibliothek.

Wie verloren die Juden das Bürgerrecht im west- und oströmischen Reiche. ... Berlin 1832. V: *Philippson, Ludwig.* (Kayserling, Philippson. Leipz. 1898.)

— versorgt e. kleiner Staat am besten s. Armen u. steuert d. Betteln? e. mögl. Versuch. 8. Dessau, (Land. Ind. Compt. in Weimar.) 782.

— versorgt ein kleiner Staat am besten seine Armen u. steuert der Bettelei? ein möglicher Versuch. 8. Weimar 783. Industrie-Compt. 3 gr.

Wie versorgt ein kleiner Staat am besten seine Armen, und wie hilft er der Betteley ab? *Dessau* 1782 *u. Leipzig* 1802.

Wie vertrete ich mich vor dem Amtsgericht? Ratschläge z. Führung d. Prozesse nach d. neuen CPO. Nebst Formularen. Anh.: Text-Abdr. aus d. neuen CPO. *Berlin: Pass & Garleb [1900].* (32 S.) 8° [F.]
= Recht, Unser neues. H. 1. [01. 4007

—— viel hab' ich gewonnen? Preis- und Gewinn-Tabelle für die königl. preußische Klassen-Lotterie. qu. gr. 4. (4 S.) Berlin 854, Faudel.

Wie viel habe ich gewonnen? Preis- und Gewinn-Tabelle für die Königl. Preußische Klassen-Lotterie. Berlin (855.) Faudel. 4. (4 S.) 2 1/2 ngr

—— viel Kubikzoll? — Ausführl. u. genauer Holzberechner nach großem u. kleinem Maaße. 8. (13 1/2 B.) Wesel 840, Bagel. *

— viel Stück brabanter Thaler werden erfordert, wenn d. Summe d. Geldbetrags in Frankfurter Wechselzahlung oder Carld'or à 6 ₰ 12 x. gestellt ist, berechnet v. ¼ bis 5000 Stück. 8. Frankf., Jäger. 3 𝒦

— viel Stück brabanter Thaler werden erfordert, wenn d. Summe in Karolin oder Stück neue Thaler in Wechselgeld gestellt ist, berechnet v. ½ bis 1350 Stück. 16. Frankf., Jäger. 3 𝒦

— viel Stück brabanter Thaler werden erfordert, wenn d. Summe Stück Carolin à 11 fl. oder Stück neue Thaler à 2¾ fl. gestellt ist, berechnet von ½ bis 1350. 16. Frankf., Jäger. 3 𝒦

— viel werden Brabanter Thaler erfordert ꝛc. s. Thaler.

Wie viel Zeit braucht der Landwirth zu seiner theoretischen Ausbildung und welche Bedeutung hat dieselbe für seinen Beruf? Beilage zum Jahresbericht 1885/86 der landwirthschaftlichen Lehranstalt in Kappeln. Hrgg. v. Johannes Brümmer. Schleswig. 1887. 8⁰

—— viele sind Kirchen Christi? s. Broschüren-Cyclus für das kathol. Deutschland.

WIE war, ist und soll der katholische Kirchengesang sein? Eine Konferenz-Rede an die Herren Seelsorger und Kantoren der deutschen Pfarreien in der Diözese Steinamanger. Steinamanger 1892. Druck Seiler. 34 S. - 210 mm

— ward das Princip d. Glaubensfreiheit in d. kurhessischen Verfassungs-Urkunde auf die Juden angewendet? gr. 8. Hanau 831. König. 2 𝒦

—— ward der letzte orientalische Krieg herbeigeführt? Eine historische Untersuchung. gr. 8. (X und 194 S.) Leipzig 863, (Hinrichs'sche Sortimentsb.)

—— wäre die venezianische Frage ohne Blutvergießen und ohne Abtretung der Festungen zur Zufriedenheit Oesterreichs und Italiens zu lösen? gr. 8. (20 S.) Wien 861, Dirnböck.

— waren die ersten Christen? Nach Gottfr. Arnold neu bearb. von H. Sch. 3. Aufl. (247 S.) 8. Gotha (908). Missionsbuchh. P. Ott. Kart. 1.—; geb. n 2. —

Wie weit Erdichtungen in Epopoeen, welche Begebenheiten in der Religion zum Gegenstande haben, zugelassen seyn können. V: *Sack.* (GGr)

Wie weit gewähren wohl Gewitter-Ableiter Sicherheit für um stehende Gebäude. Pressb. 1786. V: *Felbiger, Joh. Ign. von.* (BiblPort)

F., v., Wie weit gewahren wohl Gewitter-Ableiter Sicherheit fur umstehende Gebaude? Aus Erfahrungen und darauf sich beziehenden Schlussen beantwortet von dem Verfasser der Schrift in der die Kunst, Thurme durch Ableiter zu bewahren, beschrieben und im Kornischen Verlage zu Breszlau 1771 herausgegeben ist. Pressburg 1786.

— weit gewähren wohl Gewitterableiter Sicherheit für umstehende Gebäude? (v. J. F. v. Felbiger). gr. 8. Preßb. 787.

Wie weit gewähren wohl Gewitterableiter Sicherheit für umstehende Gebäude? ... Wien 1787. V: *Felbiger, Johann Ignaz von.* (ML) (Ky) (Call)

— weit hat es die Aufklärung in unsern deutschen Vaterlande schon gebracht? eine Erklär. über Aufklärung. 8. Augsb. 805. Kranzfelder. 5 𝒦

Wie weit ist denn in Baden das Streben nach dem Anschluß an den norddeutschen Bund vorgeschritten u. welche Vortheile bringt derselbe dem Badischen Staatsbeutel, insbesond. aber dem Badischen Land u. Volk? Freiburg 867. (Lörrach, G. Mayer.) gr. 8. (7 S.) 2 ngr.

— weit sind wir? od. kann Europa ohne eine Expedition nach Indien gerettet werden? 8. Berlin, Unger. 808.

Wie weit und auf was für Gegenstände erstreckt sich die geistliche Gewalt der obersten Vorsteher der Kirche? Kempt. 1786. V: *Zimmermann, Patrit. Benedict.* (MGT) (Pütter, Litt. d. Teutsch. Staatsr. Gött. 1773—91. IV, 507.) (Schletter, Handb. d. jurist. Litt. Grimma 1843. S. 106.)

— werde ich gesund? Winke u. Ratschläge f. Gesunde u. Kranke auf der Grundlage e. kombinierten volkstüml. Erfahrungsheilweise. Zentralorgan für Anhänger und Freunde e. geläuterten Naturheilkunde u. Homöopathie. Red.: Rich. Arendt. 1. Jahrg. Mai—Dezbr. 1907. 8 Nrn. (à ca. 12 S.) gr. 8. Berlin, A. P. Luck. nn 2. 50
Erscheint nicht mehr. Firma erloschen.

(F) **Wie werde ich Kapitän der Handelsmarine?** Ein Ratgeber bei der Wahl des Berufes. [Berufsarten des Mannes. 5.] 8⁰. (26 S.) Triest: Schimpff 1902. K 1.—

(F) **Wie werde ich Postverkehrsbeamter?** Ein Ratgeber bei der Wahl des Berufes. [Berufsarten des Mannes. 5.] 8⁰. (45 S.) Triest: Schimpff 1902. K 1.—

(F) Wie werde ich See-Officier? Ein Rathgeber bei der Wahl des Berufes. (Berufsarten des Mannes. 2.) Triest. 1901. Schimpff. 8⁰. 61 S. K 1.—

Wie werden die grossen und kleinern Schul- und Erziehungsanstalten gegen das Laster der Selbstbefleckung am ersten gesichert . . . Halle 1791. V: *Wächtler, Friedrich C. B.* (MGT) (Call)

— werden die großen u. kleinen Schul- u. Erziehungsanstalten vor d. Laster d. Selbstbefleckung gesichert ꝛc., (v. Fr. Wächtler). 8. Halle 791. Hendel. 6 𝒦

Wie werden die Todten lebendig? Worte der Ermahnung und Ermunterung an Sonntagsschullehrer ... A. d. Engl. 2. Aufl. Halle 1868. V: *Spurgeon, Charles Haddon.* (Ky)

—— werden die Todten lebendig? Worte der Ermahnung und Ermunterung an Sonntagsschullehrer von einem Geistlichen (Spurgeon). Aus dem Engl. 2. Aufl. 16. (23 S.) Halle 868, Fricke. *

— werden in Preußen der Staat u. die Katholiken gegenüber der neuen Lehre von der Unfehlbarkeit des Papstes sich verhalten? Von einem gläub. Katholiken. Düsseldorf 870. Buddeus. gr. 8. (16 S.) 3 ngr.

— wir Indien verloren. Von H. W. S. Aus dem Engl. frei übersetzt v. Wachs. gr. 8. (26 S.) Hannover 874. Helwing's Verl. n. — 60

Wie wir Miethbewohner uns die Einquartierungsnoth zu erleichtern gesucht haben. Dresden 1813. V: *Engelhardt, Carl August.* (MGT) (NN)

— wir Miethsbewohner uns die Einquartirung zu erleichtern gesucht haben? gr. 8. Leipz. 813. (Barth). 4 gr.

— wir Miethsbewohner uns die Einquartierung zu erleichtern gesucht haben? gr. 8. Leipzig, Barth. (in Commiss.) 814.

—— wir uns fanden! Verlobungs- u. Hochzeitsgeschichten, hrsg. von der Redaktion d. Schweizer Familien-Wochenblattes in Zürich. gr. 8. (IV, 393 S.) Zür. 890, Schröter. * 3 —; geb. * 4 20

Wie wir uns fanden! Verlobungs- und Herzensgeschichten, hrsg. v. d. Redaction des „Schweizer. Familien-Wochenblattes" in Zürich. Gr. in-8°. IV, 393 S. Zürich, Schröter & Meyer, 1891. 3 75

— wir uns fanden! Verlobungs- u. Herzensgeschichten. Hrsg. v. Th. Schröter. 2. (Titel-)Aufl. gr. 8. (IV, 391 S.) Leipzig u. Zürich 895. Th. Schröter. n. 3. —; geb. in Leinw. n. 4. —; m. Goldschn. n. 5. 50

Wie wir unsere Heimat sehen. (Bd [2] u. 4–7: ... Eine Folge deutscher Landschaftsschilderungen in Wort u. Bild als Anregungen zu besinnlicher Betrachtung d. Heimat, hrsg. von Bernhard Riedel, Fritz Weißenborn [u. a.]) Bd [1]–7. Leipzig: Scheffer 1903–07. 8°

[1. 3.] Anregungen z. intimen Betrachtung d. Leipziger Heimat. Folge [1.] 2. 1903. 05. — [2.] Hamburg. Von Oskar Schwindrazheim. 1905. — 4. Königsberg i. Pr. Von Hermann Wirth. 1905. — 5. Breslau. Von Ernst Müller-Bernburg. 1906. — 6. (München, T. 1.) Die Stadt München. Von A. Heilmeyer. 1906. — 7. Eine alte Reichsstadt, wie sie war und wird. (Nordhausen.) Von Philipp Rappaport. 1907. [illegible]

— wir unsere Heimat sehen. Anregungen zur intimen Betrachtg. der Leipziger Heimat. Hrsg. vom Verein der Leipziger Zeichenlehrer. (III, 46 S. m. Abbildgn.) gr. 8. Leipzig 903. K. G. Th. Scheffer. n. — 80

— dasselbe. 2. Folge, m. 2 Orig.-Lith. u. e. Vorwort v. Otto W. Beyer. Hrsg. vom Leipziger Zeichenlehrerverein. (IV, 76 S. m. Abbildgn.) 8. Ebd. 905. n. 2. —

— dasselbe. Eine Folge deutscher Landschaftsschildergn. in Wort u. Bild als Anregg. zu besinnl. Betrachtg. der Heimat. Hrsg. v. Bernh. Riedel u. Fritz Weißenborn. 8. Ebd.

Heilmeyer, A., die Stadt München. 1. Tl. Zeichnungen v. L. Koch-Hanau. (135 S.) 906. (Bd. 6.) Geb. n. 3. —
Müller-Bernburg, Ernst, Breslau. Verf. u. gezeichnet. (IV, 78 S.) 906. (Bd. 5.) Geb. n. 2. —
Schwindrazheim, Osk., Hamburg. Federzeichnungen. Studien u. Skizzen. 1. u. 2. Taus. (IV, 147 S.) 905. n. 4. —; geb. in Leinw. n. 5. —
Wirth, Herm., Königsberg i. Pr. Aufsätze u. Federzeichngn. (IV, 44 S.) 905. (Bd. 4.) n. 1. 50; geb. in Leinw. n. 2. —

— wir unsere Heimat sehen. Eine Folge deutscher Landschaftsschildergn. in Wort u. Bild als Anreggn. zu besinnl. Betrachtg. der Heimat. Hrsg. v. Bernh. Riedel u. Ernst Müller-Bernburg. 7. Bd. 8. Leipzig. Gr. Lichterfelde, K. G. Th. Scheffer. 2. —

7. Eine alte Reichsstadt wie sie war u. wird. Briefe a. e. Freund. Nordhausen. Von Philipp Rappaport. Mit Federzeichngn. des Verf. (53 S.) 907.

Wie wir wirthschaften. 2. Aufl. Wien 1887. V: *Wengraf, Edmund.* (EB)

—— wird der Ehestand christlich geführt im Sinne von I. Cor. 7—? oder gutächtliche Stimmen aus älterer und neuerer Zeit, zur Beruhigung und Schärfung der Gewissen. Eine pastorale Hochzeitgabe in das Haus von Neuvermählten. gr. 16. (47 S.) Stuttgart 855, Ed. Hallberger. *

—— wird der Feiertag in Mecklenburg geheiligt? gr. 8. (8 S.) Güstrow 863, Opitz und Comp.
Aus: Evangelische Kirchenzeitung, besonders abgedruckt.

Wie wird der Tod unserer Freunde uns nützlich angewendet? Diese Frage ward in der zum Gedächtnisse des am 2ten Juni dieses Jahres verstorbenen Freundes Herrn Gottlob Benjamin Püschels, am 7ten Aug. 1770 feyerlichst gehaltenen Rede, vor der hiezu eingeladenen Versammlung der Freimäurer untersuchet von dem Redner des ehrw. Ordens. Berlin [1770]: Decker. 16 S. 8° [Umschlagtit.]
Kl. 1315. 23.

— wird es im säkularisirten Deutschlande gehen? Beantwortet in Briefen an e. Freund. gr. 8. Bamb. ... (Wesché in Frankf.) 9 gr.

—— wird es unsern Kindern geh'n? Eine sociale Frage an alle deutschen Familienväter v. e. Pessimisten. 1. u. 2. Aufl. gr. 8. (18 S.) Berl. 891, Rosenbaum u. Hart. * — 50

— wird Fleisch am vortheilhaftesten f. den bürgerlichen Tisch zubereitet? 2 preisgekrönte Arbeiten. (Umschlag: 2. Aufl.) (20 S.) 8. Berlin (906). Verlag der allgem. Fleischerzeitg. n. — 30

Wie wird man alt? Antworten v. 15 hervorrag. Persönlichkeiten höheren Alters auf 18 vom Volksbildungs-Verein, Zweig Wien, gestellte Fragen. gr. 8. (49 S. m. e. Beilage.) Wien 891, Szelinski. * — 90; geb. * 1 40

—— wird man Dirigent e. Haupt-Zoll- od. Haupt-Steueramtes? Ein Fingerzeig, auch f. die Berufswahl, v. Einem, der's wissen kann. gr. 8. (29 S.) Berl. 890, Eug. Schneider. * — 75

Wie wird man schnell reich? Von B. E. Nevolus. (16 S.) 8. München 905. Verlag der Komplemente zu Reisebüchern M. v. Hartung. n. — 50

— wird man schön, wie bleibt man schön? oder die untrüglichsten Schönheitsmittel f. Damen u. Herren, (v. J. C. Siede). 8. Prag 792. Walenta. 2 gr.

Wie wird man schön? und wie bleibt man schön? ... Prag 1792. V: *Siede, Joh. Chn.* (Call) (Ky)

— wird man zufrieden? Für jedermann beantwortet v. e. Freund uns. deutschen Volkes. 1.—3. Aufl. gr. 8. (16 S.) Kassel 895. E. Röttger. n. — 20

—— wird Waldstreu entbehrlich? gr. 8. (20 S.) München 857, [Grubert.] *

Wie wird's besser? Ein freimütiges Wort an den lieben Bauersmann, was auch einem rechtschaffenen Bürgersmann nicht schaden könnte, vom Verfasser des Buer pass up. Paderborn 1850. 2. Aufl. 1850. V: *Reckmann, Christ.* (cramerBkde S. 41)

— wird's besser? Ein freimüthiges Wort an den lieben Bauersmann, was auch einem rechtschaffenen Bürgersmann nicht schaden könnte, vom Vf. des „Buer paß up!" gr. 12. (128 S.) Paderborn 850, Schöningh. n. n. 1/8 ℛ Mit: „Morgen-, Mittag- u. Abendgebete" von demselben Verf. n. n. 1/6 ℛ — 2. Aufl 8. (123 S.) Ebd. 850. n. 1/8 ℛ

Wie wirds kommen? (Frisch auf nun zum Kampfe! Frisch auf nun zur Schlacht.) Berlin, Druck von Fähndrich und Co. 1 Bl. 8.
Flugblatt. Berlin, 1848/49.

—— wirkt das Zunftwesen auf das Einkommen des Handwerkers? Ein Beitrag zur Beurtheilung von F. H. 8. (III und 56 S.) Hildburghausen 862, Kesselring'sche Hofbuchh. *

Wie wirtschaftet man gut und billig bei einem jährlichen Einkommen von 800 bis 1000 Mark? (80 S.) (Volkswohlschriften 28) Leipzig 1900

— wirtschaftet man gut u. billig bei e. jährl. Einkommen von 800–1000 Mark?, s. Volkswohl-Schriften.

— dasselbe bei 1400—2000 M.?, s.: Volkswohl-Schriften.

Wie wo und wänn 's Heirihanse'ereche—n—Uelerech z' hürote cho ist. Komischer Vortrag. (1 Herr.) Elgy [1905]. V: *Huggenberger, Alfred.* (BBullschw 14, S. 175)

— Zeus d. Welt richtet, e. Fragment Solons d. atheniensischen Gesetzgebers, m. Anmerk. v. Leppentin. 8. Hamb. Matthießen. 789.

—— zu helfen ist! Zur deutschen Bundes-Reform. Gross-Germanien und die Revision der Karte von Europa. 1. Abthl. gr. 8. (80 S.) Berlin 861, J. Abelsdorff. *

—— zu helfen ist! Zur deutschen Bundes-Reform. Gross-Germanien und die Revision der Karte von Europa. 2. und 3. Abthl. gr. 8. (S. 81—280.) Berlin 862, J. Abelsdorff. *
1. Abthl. Ebendas. 1861. * 10 Ngr.

Wiebach, Friedrich

Abgeblitzt! Posse in 1 Akt. Von Fr. Wiebach. *Paderborn: F. Schöningh [1901].* (23 S.) 8° [F.]
= Dilettanten-Theater. N. F. 1.

Wiebach, Frdr., der Triumph der neuen Musikrichtung od. Das gestörte Ständchen, s.: Dilettanten-Theater. N. F. 23.

Wiebalck, R., zur Geschichte der Wurster Gerichtsverfassg. im Mittelalter. (8 S.) 8. Hannover 909. E. Geibel. — 60
Sonderabdr. aus: „Jahresber. d. Männer v. Morgenstern".

v. **Wieband,** J. A., s. Falbaire, der Tuchmacher.

Walter, der kleine Hitzkopf. Erzählung von S. Wiebcke. Berlin: Schriftenvertriebsanst. 1897. (16 S.) 8° [F.]
= Kleinkindergarten. No 31.

Wiebe, s. Wibe.

Wiebe (General z. D.), die Artillerie-Truppe des Festungskrieges. Studie eines alten Artilleristen. gr. 8. (VIII, 218 S.) Berlin 888, Mittler und Sohn. *

Wiebe (Hauptm.), die Ausbildung des Ersatz-Reservisten erster Klasse der Infanterie unter besond. Berücksicht. der darüber bestehenden Vorschriften, nebst vollständ. Zeit- und Stoffeintheilung zum Anhalt für die zur Ausbildung der Ersatz-Reservisten kommandirten Offiziere. 16. (39 S.) Berlin 887, Bath. *

—— Betrachtungen über das Einschießen mit Belagerungs- und Festungsgeschützen. gr. 8. (28 S.) Ebendas. 887. *
Aus: Archiv für die Artillerie- und Ingenieur-Offiziere, besonders abgedruckt.

Wiebe. Gedanken üb. den Artilleriekampf im Festungskriege. Eine Studie. gr. 8. (IV, 89 S.) Berl. 889, Mittler u. Sohn. * 1 80

—— Das rauchschwache Pulver u. seine Bedeutung f. den Festungskrieg. Eine Studie. gr. 8. (50 S.) Ebd. 890. * 1 —
Vorstehende 2 Schriften sind aus: Archiv f. d. Artillerie- u. Ingenieur-Offiziere, besonders abgedruckt.

Wiebe, die Theilnahme der Fußartillerie an den größeren Truppenübungen m. Scharfschießen. Eine Studie. [Aus: „Archiv f. Artillerie- u. Ingenieur-Offiziere".] gr. 8. (III, 32 S.) Berlin 892. E. S. Mittler & Sohn. n. — 75

Wiebe, Waffen, Munition, Schießen, s.: **Handbuch f. die Offiziere d. Beurlaubtenstandes d. Infanterie, III, 8.**

Wiebe, Zeichentafel f. das Schulschießen. 43×53 cm. Wesel 894. C. Kühler. — 40; 1- od. 2seitig auf Pappe n. — 60; u. lackiert n.n. — 75; auf Leinw. zum Zusammenlegen n.n. — 75

— Zeichentafel f. d. Schulschießen. Nebst: Uebgn. der Schießklassen d. Infanterie. 2. Aufl. Fol. (2 Bl. m. 17 Fig.) Hildesheim 896. A. Lax. n.n. — 25

Wiebe, Zeichentafel f. das Schulschießen. Nebst: Uebungen der Schießklassen der Infanterie. 5. Aufl. Fol. (2 Bl. m. 18 Fig.) Hildesheim 900. A. Lax. n.n. — 25

Wiebe, A: Denkschrift, betreffend die Canalisirung der Unterspree von den Damm-Mühlen in Berlin bis Spandau. Berlin (1881)

Wiebe, A: Gutachten über den Einfluß, welchen die Verschließung der Nogat an der Montauer Spitze auf die Gestaltung des Seegatts und Seetiefs von Pillau haben würde. Text u. Atlas. Berlin 1879. Atl. Fol.

Wiebe, A: Das Pumprad, eine neue Wasserhebe-Maschine. Berlin 1872

Wiebe, Arnd: Quaeritur quid inspectio et palpatio ad dignoscendos gravissimos organorum respirationi inservientium morbos conferant. Halis Saxonum (1851): Ploetz. 30 S. 8°
Halle-Wittenberg. Med. Diss. v. 4. Juli 1851
Geb. Elbing 4. 4. 1828. V.

Wiebe, Carl, s. Wiebe, Karl

Wiebe, E: Robert Rawlinson: Ueber die Verbesserung des Gesundheitszustandes der Stadt Dublin. Braunschweig 1881

Wiebe, Eduard

Wiebe, Ed., das Alpha des musikalischen Wissens. Praktisch-theoret. Studien in der Musiklehre für Kindergärtnerinnen und junge Lehrerinnen. 4. (V, 33 S. mit 1 Taf.) Leipzig 882, Leipziger Lehrmittel-Anstalt von Dr. O. Schneider. ℳ 2.; cart.

Wiebe, Ed., die Anfänge des Englischen bis z. Lesen u. Uebersetzen e. leichten Klassikers. In Verbindung m. d. Anschauungsunterrichte. M. e Vorrede v. Schullehrer d. 19. Jahrhunderts. gr. 12. (6¼ B.) Hamburg 842, Heubel. –

Wiebe, Ed., Anleitung zur Nachahmung von Gegenständen des täglichen Lebens aus Karton, Stäbchen und Flechtstreifen. Für Familie und Kindergarten bearb. 1. Heft. Enth. Muster zur Anfertigung von 12 Gegenständen. Lex.-8. (11 S. mit 7 Stnt. auf Karton.) Hamburg 877, Vetter's Lehrmittelanstalt. In Mappe *

—— Sammlung der von Fröbel und seinen Nachfolgern für den Kindergarten bestimmten Lieder. Mit Klavier-Begleitung versehen. 1. Heft. hoch 4. (IV, 40 S.) Ebendas. 875. *

Wiebe, Ed., Sammlung der v. Fröbel u. seinen Nachfolgern f. den Kindergarten bestimmten Lieder. Mit Klavier-Begleitg. versehen. 1. Hft. 2. Aufl. hoch 4. (IV, 40 S.) Hamburg 875. Vetter's Lehrmittelanstalt. n. 3. —

— Sammlung der von Fröbel u. seinen Nachfolgern für den Kindergarten bestimmten Lieder, gesammelt u. mit Klavier-Begleitung versehen. 2., verm. Aufl. Lex.-8. (V, 14 u. Musikbeilage 64 S.) Ebend. 877. n. 4. —

— 100 von Fröbel u. seinen Nachfolgern für Kindergarten u. Haus bestimmte Lieder, nach Original- u. bekannten Weisen mit Klavierbegleitung. 3., stark verm. Aufl. 4. (V, 86 S.) Ebend. 880. n. 3. 50

—— 100 von Fröbel und seinen Nachfolgern für Kindergarten und Haus bestimmte Lieder, nach Original- und bekannten Weisen mit Klavierbegleitung. 3. stark verm. Aufl. 4. (V, 86 S.) Hamburg 881, Vetter. *

—— the Songs, Music and Movement Plays of the Kinder Garten. An appendix to the „Paradise of childhood", a manual for self-instruction in Friedrich Fröbel's educational principles, and a practical guide to Kinder Gartners. 2nd enlarged edit. Lex.-8. (IV, 25 S. und Musikbeilage 64 S.) Ebendas. 877.

—— orthographischer Wegweiser u. Aufgabenbüchlein f. Schuler, welche nach den „Anfängen des Englischen" unterrichtet werden. gr. 12. (2½ B.) Hamburg 842, Heubel. *

Wiebe, Ed., Wesen und Wirksamkeit des Kindergartens. Worte der Belehrung und Aufforderung an Mütter. 16. (32 S.) Hamburg 872, Grüning. *

—— Zimmer-Gymnastik für das weibliche Geschlecht. In Verbindung mit Marschir-Uebungen und musikal. Begleitung arrangirt. Mit 10 (lithogr.) Taf., enth. 35 Illustr. 1. und 2. Aufl. gr. 8. (32 S.) Hamburg 877, Grüning. *
cart. *

— Zimmer-Gymnastik für das weibliche Geschlecht. In Verbindung mit Marschir-Uebungen u. musikalischer Begleitung arrangirt. Mit 10 (lith.) Taf., enth. 35 Illustr. 2. Aufl. gr. 8. (32 S.) Hamburg 878. Grüning. n. 1. 50; cart. n. 2. —

Katalog der Goethe-Bibliothek Emil **Wiebe**, sowie e. reichhalt. Sammlung wertvoller Bücher aus Literatur u. Kunst, hierin Bestände . . . d. Prinzen Heinrich Schönaich-Carolath zu Saabor u. . . . der Brüder Grimm u. d. Bildhauers C. F. Tieck . . . Versteigerung . . . 25. 26. 27. Febr. 1907 . . . durch Max Perl. (Berlin: Perl 1907.) 192 S. 8°

Wiebe, Friedrich Ed. Sal.

Wiebe, E., geneigte Ebenen mit Locomotiven-Betrieb. Ein durch die Erfahrung erprobtes Mittel zur Vermeidung stehender Dampfmaschinen u. zur wohlfeileren Herstellung von Eisenbahnen in Gebirgsgegenden. gr. 4. Berlin 842, Schropp u. Comp. ¼ ℛ

—— genereller Entwurf eines Kanalisations-Systems zur Reinigung und Entwässerung der königl. Haupt- und Residenzstadt Königsberg nebst dem Nassen Garten. Lex.-8. (IV, 64 S. mit 4 Kpfrt., Pläne und Nivellements enthaltend.) Berlin 880, Ernst und Korn. *

Wiebe, Ed., einige Mängel d. besteh. Eisenbahnen, nebst Andeutn. zu deren Abhülfe. Gerichtet an Techniker u. alle, die bei d. Bau v. Eisenbahnen betheiligt sind. gr. 8. (1¾ B. u. 2 Stnt. in kl. Fol.) Potsdam 838, [Riegel's Vrlsbuchh.]

Wiebe u. Wahl, die Reinigung städtischer Abwässer zu Essen. Bonn 1886

Wiebe, die Reinigung städtischer Abwässer zu Essen, insbesondere mittels des Röckner-Rothe'schen Verfahres. Vortrag, gehalten auf der General-Versammlung des Niederrhein. Vereins für öffentl. Gesundheitspflege zu Essen am 31. Octbr. 1885. Mit 1 Fig. im Text und 2 Taf. — Mittheilungen über bakteriologische Untersuchungen der Essener Abwässer. Von M. Wahl. gr. 8. (22 S.) Bonn 887, Strauss. *
Aus: Centralblatt für allgemeine Gesundheitspflege, besonders abgedruckt.

Wiebe, E., über die Reinigung und Entwässerung der Stadt Berlin. Auf Anordnung Sr. Exc. des Ministers für Handel, Gewerbe und öffentliche Arbeiten Hrn. v. der Heydt bearb. 2 Hefte. Hierzu 11 Anlagen und 55 Blatt Zeichnungen (wovon 47 lithogr. und 8 chromolithogr. in gr. Fol. und Imp.-Fol.) nebst deren Beschreibung (4 S. in gr. Fol.) Lex.-8. (XV und 514 S. mit eingedr. Holzschn. und 1 Tab. in Fol.) Berlin 861, (Ernst und Korn.) *

—— die Reinigung und Entwässerung der Stadt Danzig. Auf Veranlassung des Magistrats zu Danzig unter Mitwirkung des Civil-Ingen. Veit-Meyer bearb. Hierzu: Berechnungen, Ueberschläge der Bau- und Betriebskosten. Lex.-8. (X und 175 S. mit 1 Atlas und 18 lithogr. Plänen und Zeichnungen in Fol.) Berlin 865, Ernst und Korn. *

—— Ueber die Reinigung und Entwässerung von Dortmund. Berlin 1872

—— Magdeburger Stadtwasserkunst. Berlin und Leipzig (Um 1860)

—— Potsdamer Wasserwerk. Berlin und Leipzig 1879. Fol.

Wiebe, Friedrich Karl Hermann: Die Adler-Mühle in Berlin, s. Wähneldt, Herm. Rud.

Wiebe, Fr. Karl Herm., Archiv für den prakt. Mühlenbau, oder Sammlung ausgeführter Kraft- u. Arbeits-Maschinen aus dem Bereiche des gesammten Mühlenbaus. 1. Abthl. Die Kraftmaschinen. Hft. I. II. u. III. Wasserräder. gr. Fol. (à 6 lith. Tafeln u. Text.) Berlin 843, 44, Heymann. à n. 2 ℛ

— dass. 2. Abthl. Die Arbeitsmaschinen. Heft I—III. Mahlmühlen. gr. Fol. (Mit 20 lith. Taf. u. Text.) Ebend. 843, 43. à n. 2 ℛ

Wiebe, Fr. Carl. Herm., Archiv fur den pract. Mühlenbau. 2. Abth.: Die Arbeitsmaschinen. Heft IV u. V. Mahlmühlen. Roy. Fol. (12 lith. Taf. u. Text S. 97 — 120 in Lex. 8.) Berlin 847, Heymann. à n. 2 ℛ (I, 1—5. II, 1—3: n. 16 ℛ).

Wiebe, Friedrich Karl Hermann: Potsdamer Dampf-Mühle. s. Wähneldt, Herm. Rud.

—— über die Darstellung der Verhältnisse der Schieberbewegung bei den Dampfmaschinen durch Schaulinien. Mit 7 Kpfrt. gr. 4. Ebendas. 874.

Wiebe, F. K. H., über die **Darstellung der Verhältnisse der Schieberbewegung bei den Dampfmaschinen durch Schaulinien.** Fol. (27 S. mit 7 Stnt.) Breslau 876, Ernst und Korn.

—— dass. — 4. Aufl. Imp.-4. (28 S. mit 7 Kpfrt.) Ebendas. 879.
Vorstehende zwei Schriften sind aus: Zeitschrift für Bauwesen, besonders abgedruckt.

Wiebe, Friedr. Karl Herm., die königliche Geschütz-Giesserei zu Spandau. Fol. (20 S. mit eingedr. Holzschn. und 24 Taf. in Kpfrst.) Berlin 862, Ernst und Korn. *

Wiebe, Friedr. Karl Herm., Handbuch der Maschinen-Kunde. 1. Bd. A. u. d. T.: Die Maschinen-Baumaterialien und deren Bearbeitung, eine Zusammenstellung der wichtigsten Erfahrungen über die Eigenschaften des Holzes und der unedlen Metalle, sowie über die Anlage und die Einrichtung der Schmiedewerkstätten, der Gießereien und der mechan. Werkstätten, mit besond. Berücksichtigung der in denselben gebräuchlichen Maschinen. Mit 1 Atlas von 42 (lith.) Taf. in gr. Fol., u. mit mehr als 100 in den Text gedr. Holzschn. 2 Abthlgn. Stuttgart 858. Mäcken. Lex.-8. (XX, IX, 652 S.) 10 ngr.

— Handbuch der Maschinen-Kunde. 2. Bd. A. u. d. T.: Die Mahlmühlen, eine Darstellung des Baues u. des Betriebes der gebräuchlichsten Mühlen, nach den neuesten Konstruktionen u. Erfahrungen mit einer Abhandlung über die Eigenschaften, die Konservirung u. die Vorbereitung des zum Vermahlen bestimmten Getreides, sowie mit einer allgemeinen Theorie über die Zerkleinerung von Körpern durch Maschinen. Mit 1 Atlas von 30 (lith.) Taf. in Fol. u. mit mehr als 100 in den Text gedr. Holzschn Stuttgart 861. Mäcken. Lex.-8. (XII, 367 S.) 8 ℛ

Wiebe, Friedr. Karl Hermann, Prof. zu Berlin. etc. Die Lehre von den einfachen Maschinentheilen, bearbeitet für den Unterricht an den preuss. techn. Lehranstalten, sowie zum Gebrauche beim Entwerfen und Konstruiren von Maschinen und zum Selbst-Studium. 1. Bd. Die Lehre von der Befestigung der Maschinentheile, mit einem Atlas von 24 Kupfertaf. und vielen in den Text eingedruckten Holzschn. 2. Bd. Die Lehre von der Verbindung der Maschinentheile, eingeleitet durch die Entwickelung einiger Grundlehren der Mechanik, mit einem Atlas von 26 Kupfertaf. und vielen in den Text eingedruckten Holzschn. (2 Bde. Text und 2 Bde. Atlas.) 8. Berlin 1854—1860.

Wiebe, Friedr. Carl Herrm., die Lehre von den einfachen Maschinentheilen, bearb. für den Unterricht an den k. preuss. techn. Lehranstalten, sowie zum Gebrauche beim Entwerfen und Konstruiren von Maschinen und zum Selbststudium. Mit einem Atlas von 40 (Kpfr.-)Taf. und vielen in den Text eingedr. Holzschn. 1. Bd. A. u. d. T.: Die Lehre von der Befestigung der Maschinentheile. gr. 8. (XXIII und 432 S. mit 24 Kpfrt. in qu. Fol.) Berlin 854, Ernst und Korn. *

—— dass. — 2. Bd. 1. und 2. Lfg. gr. 8. (S. 1—272.) Ebds. 855, 56. [Lfg. 1. 20 Ngr., Lfg. 2. 25 Ngr.]

—— die Lehre von den einfachen Maschinentheilen. Mit einem Atlas und vielen in den Text gedr. Holzschn. 2. Bd. 3—5. Lfg. gr. 8. (XV und S. 273—569 mit 26 Kpfrt. in gr. Fol.) Berlin 857—60, Ernst und Korn. [3. Lfg. * 2 Thlr. 10 Ngr., 4. Lfg. * 1 Thlr. 20 Ngr., 5. Lfg. * 2 Thlr.] Thlr. *
1. Bd. und 2. Bd. 1. und 2. Lfg. Ebendas. 1854—56. * 7 Thlr. 5 Ngr.

Wiebe, Friedr. Karl Herm., die Maschinen-Baumaterialien und deren Bearbeitung. Eine Zusammenstellung der wichtigsten Erfahrungen über die Eigenschaften des Holzes und der unedlen Metalle, sowie über die Anlage und die Einrichtung der Schmiedewerkstätten, der Gießereien und der mechan. Werkstätten, mit besond. Berücksicht. der in denselben gebräuchl. Maschinen. Neue wohlf. (Titel-)Ausg. gr. 8. (XX, 652 S. mit über 100 Holzschn. und einem Atlas von 42 Taf. in gr. Fol.) Leipzig (858)887, [Baumgärtner's Buchh.] Mendelssohn.

—— Sammlung von Zeichnungen ausgeführter Dampfmaschinen und Dampfkessel. Aus dem Skizzenbuch für den Ingenieur und Maschinenbauer. (Für die Zuhörer des Hrsgbr. besonders abgedr.) Fol. (50 Kpfrt. und 14 S. Text.) Berlin 865, Ernst und Korn. In Mappe. *

—— zweite Sammlung von Zeichnungen ausgeführter Dampfmaschinen und Dampfkessel. [Für die Zuhörer des Hrsgbrs. besonders abgedr.] 31 (Kpfr.-)Taf. mit (10 S.) Text. Fol. Ebendas. 869. In Mappe.
1. Sammlung. Ebendas. 1865. * ℳ 26.
Vorstehende zwei Schriften sind aus: Skizzenbuch für den Ingenieur und Maschinenbauer, besonders abgedruckt.

—— Sammlung von Zeichnungen ausgeführter Dampfmaschinen und Dampfkessel. Fol. (74 S. mit 100 Kpfrt.) Ebendas. 876. In Mappe
Aus: Skizzen-Buch für den Ingenieur und Maschinenbauer, besonders abgedruckt.

—— Skizzen-Buch für den Ingenieur und Maschinenbauer. Eine Sammlung ausgeführter Maschinen, Fabrik-Anlagen, Feuerungen, eiserner Bau-Constructionen, sowie anderer Gegenstände aus dem gesammten Gebiete des Ingenieurwesens. 1—22. Heft. Fol. (8 Stnt., 123 Kpfrt., 1 Chromolithogr. und 55 S. Text mit eingedr. Holzschn.) Berlin 858—62, Ernst und Korn. à Heft * 1 Thlr. *

—— Skizzen-Buch für den Ingenieur und Maschinenbauer. Eine Sammlung ausgeführter Maschinen, Fabrik-Anlagen, Feuerungen, eiserner Bau-Constructionen, sowie anderer Gegenstände aus dem gesammten Gebiete des Ingenieurwesens. 23.—58. Heft. Fol. (à Heft ca. 6 Kpfrt. und 1—2 Bl. Text.) Berlin 862—68, Ernst und Korn. à Heft * 1 Thlr. *
1.—22. Heft. Ebendas. 1858—62. * 22 Thlr.

—— Skizzen-Buch fur den Ingenieur und Maschinenbauer. Eine Sammlung ausgeführter Maschinen, Fabrik-Anlagen, Feuerungen, eiserner Bau-Constructionen, sowie anderer Gegenstände aus dem gesammten Gebiete des Ingenieurwesens. 59.—90. Heft. Fol. (à Heft 6 Kpfrt. mit Text und eingedr. Holzschn.) Ebendas. 869—73. à Heft * ℳ 3.
1.—58. Heft. Ebendas. 1858—68. * ℳ 174.

—— dass. — Jahrg. 1874 und 1875. à Jahrg. 6 Hefte. [Heft 91—102.] (à Heft 6 Kpfrt. mit 1 Bl. Text.) Fol. Ebendas. à Heft * ℳ 4.; à Jahrg. *

—— Skizzen-Buch für den Ingenieur und Maschinenbauer. Eine Sammlung ausgeführter Maschinen, Fabrik-Anlagen, Feuerungen etc. Jahrg. 1876—1878. à Jahrg. 6 Hefte. [Heft 103—120.] (à 6 Kpfrt. mit 1 Bl. Text.) Fol. Ebendas. à Heft * ℳ 4.; à Jahrg.

—— dass. — Jahrg. 1879. 6 Hefte. [Heft 121—126.] (à 6 Kpfrt. mit 1 Bl. Text.) Leipzig, Knapp. à Heft * ℳ 4.

Wiebe, F. K. H., Skizzenbuch für den Ingenieur und Maschinenbauer. Eine Sammlung ausgeführter Maschinen, Fabrik-Anlagen, Feuerungen etc. Jahrg. 1880 und 1881. à Jahrg. 6 Hefte. [Heft 127—138.] Fol. (à Heft 6 Stnt. mit 2 Bl. Text.) Leipzig, Knapp. à Heft · à Jahrg. *
Fortsetzung, s. Skizzenbuch für Ingenieure und Maschinenbauer.

Wiebe, F. K. H., die königl. Artillerie-Werkstatt Spandau. Mit Genehmigung des königl. preuss. allgemeinen Kriegsdepartements, techn. Abthl. für Artillerie-Angelegenheiten. 61 (Kpfr.-)Taf. nebst Text. gr. Fol. (30 S.) Berlin 871, Ernst und Korn.

Wiebe, Friedrich Karl Hermann: Die k. Artillerie-Werkstatt Spandau. Berlin 1872. fol.

—— allgemeine Theorie der Turbinen. 4. (VI, 142 S. mit eingedr. Holzschn.) Ebendas. 868.
Aus: Zeitschrift für Bauwesen, besonders abgedruckt.

Wiebe, Friedrich Karl Hermann: Vorträge über Maschinenkunde, gehalten auf der Königl. allgemeinen Bauschule und am Königl. Gewerbe-Institut in Berlin. Lithographirt. 1ster Theil: Kraftmaschinen. Berlin. 1848. Fol.

— die neuen Berliner Wassserwerke erbaut unter Leitg. v. Henry Gill. [Aus: „Wiebe's Skizzenbuch."] Fol. (16 S. m. 30 Kpfrtaf. Ebend. 872. n. 16. —

[F.] **Wiebe,** Georg: Zur Geschichte der Preisrevolution des XVI. und XVII. Jahrhunderts ... [Erschien vollst. als Heft 2 d. 2. Bds von: Staats- u. socialwiss. Beitr. hrsg. v. A. v. Miaskowski.] *Altenburg, Pierer'sche Hofbuchdr.*, 1894; 57 S. 8.
Leipzig, Phil. Fak., Inaug.-Diss. v. [15. Aug.] 1894

Wiebe G, zur Geschichte der Preisrevolution des 16. und 17. Jahrhunderts. (419 S) (Staats- und sozialwissenschaftliche Beiträge II, 2) Leipzig 1895

Wiebe, Geo., zur Geschichte d. Preisrevolution d. XVI. u. XVII. Jahrh., f. Beiträge, staats- u. socialwissenschaftl.

Die Handelskammer zu Bochum von 1856 bis 1906. Festschrift, aus Anlass d. Feier d. 50j. Bestehens d. Handelskammer in ihrem Auftr. verf. von Dr. Georg **Wiebe**. Bochum (1906): F. Jahn & Co. (71 S.) 4° [07. 3936 5

Wiebe, Georg, Die Handwerkskammer zu Bochum von 1856—1906. Festschrift. 8⁰. Bochum 1907.

Wiebe, Georg: Industrie und Handel in der nördlichen Mark während des 19. Jahrhunderts. Dortmund, 1909. 118 S. mit 13 Abb.

Wiebe, Gerhard, Ursachen und Geschichte der Auswanderung der Mennoniten aus Rußland nach Amerika. Winnipeg. 1900. 95 S.

Wiebe, H., Prof.: (Titellose) Streitschrift wegen des von der Grossloge zu den 3 Weltkugeln gegen ihn eingeschlagenen Disciplinarverfahrens. Berlin 1871. 8. 32 S.

Wiebe, H[ermann] F[riedrich]: [Umschlagt.:] Apparate zur Messung höherer Drucke. S.-A. a. d. Zeitschrift für comprimirte und flüssige Gase. 1897. No 1. 2. 5. 6. (Berlin: Dr. v. H. S. Hermann) 1897. (17 S.) 4⁰

Wiebe, H. F., und **G. Moeller**: Über die lineare Ausdehnung der Skalengläser bei höheren Temperaturen. Berlin 1908 (Mitteil. a. d. Physik.-Techn. Reichsanst.)

Wiebe, H. F: Bericht über die Thermometer und Barometer auf der Pariser Weltausstellung. Berlin 1901

Wiebe, H. F., üb. d. Bestimmg. der specif. Wärme v. Flüssigkeiten, s.: Gumlich, E.

Wiebe, H. F., über die Bewegungen der Fundamentalpunkte von Thermometern, s.: Beiträge, metronomische.

Wiebe, H. F: Die thermometrischen Eigenschaften des alkalifreien Glases 477 III. Berlin (1908) (Mitteil. a. d. Physik.-Techn. Reichsanst.)

Wiebe, H. F: Ueber den Einfluß der Zusammensetzung des Glases auf die Nachwirkungs-Erscheinungen bei Thermometern. Berlin (1884)

Wiebe, H. F: Über die Empfindlichkeit der ärztlichen Minuten-Maximum-Thermometer. Berlin 1909 (Mitteil. aus der Physik.-Techn. Reichsanst.)

Wiebe, H. F., das Heberbarometer N., s. Beiträge, metronomische.

Wiebe, H. F.: Ueber die Korrektion für die Skalenausdehnung bei Einschlussthermometern. ((S.-A.) Zeitschrift für Instrumentenkunde. 1901. Dezember.) Berlin 1901. 7 S. 4⁰.

Wiebe, H. F., und **P. Hebe**: Über die Längenänderungen von Registrierpapier durch Witterungseinflüsse. Berlin 1908

Wiebe, H. F: Die Mechanik und die Glasindustrie auf der Mailänder Weltausstellung 1906. Berlin 1907

Wiebe, H. F: Mittheilungen über die Bewegungen der Fundamentalpunkte von Thermometern. Berlin 1881

Wiebe. H. F: Ueber die amtliche Prüfung von Thermometern. Charlottenburg 1890

— Ueber die amtliche Prüfung von Thermometern. (Sonder-Abdruck aus der Zeitschr. f. a. Chemie, XXX.)

— Vergleichende Prüfung mehrerer Aneroid-Barometer. (Sonder-Abdruck.) Berlin 1890.

Wiebe, H: Die neuen Prüfungsbestimmungen der Physikalisch-Technischen Reichsanstalt für Thermometer. Berlin 1909

Wiebe, H. F: Ueber Siedethermometer. Berlin 1888 (Mittheil. a. d. Physik.-Techn. Reichsanst.)

— Ueber Siede-Thermometer. (Sonder-Abdr. aus der „Zeitschr. f. Instrumenten-Kunde." VIII. 1888.) Berlin 1888.

Wiebe, H. F., Dr., Ueber die Spannkraft des Wasserdampfes in Temperaturen zwischen 82 und 100 Grad. (Sonder-Abdruck aus der Zeitschrift für Instrumentenkunde. 1893, Heft 9.)

Wiebe, H. F., Ueber die Stand-Aenderungen der Quecksilber-Thermometer nach Erhitzung auf höhere Temperaturen. (Mittheilung aus der Physikal.-Techn. Reichs-Anstalt.) (Sonder-Abdr. aus der „Zeitschr. f. Instrumenten-Kunde." VIII. 1888.) Berlin 1888.

Wiebe, H. F., Tafeln üb. die Spannkraft des Wasserdampfes zwischen 76 u. 101,5 Grad. Auf Grund der Ergebnisse neuer Versuche berechnet u. hrsg. gr. 8. (VII, 30 S.) Braunschweig 894. F. Vieweg & Sohn. n. 2.—

Wiebe, H. F., Tafeln üb. die Spannkraft des Wasserdampfes zwischen 76 u. 101,5 Grad bezogen auf das Luftthermometer, m. e. Beiblatt, enth. die Correctionen auf das Wasserstoff-Thermometer. Auf Grund der Ergebnisse neuer Versuche berechnet u. hrsg. 2. verm. Ausg. (IX, II, 30 S.) gr. 8. Braunschweig 903. F. Vieweg & Sohn. n. 2.—

Wiebe, H. F: Der Temperaturkoeffizient bei Indikatorfedern. Berlin 1906 (Mitteil. a. d. Physik.-Techn. Reichsanst.)

Wiebe, H. F: Die Thermometer-Jndustrie auf der Pariser Weltausstellung 1900. Jlmenau 1901

Wiebe, Hermann Friedrich [Mitgl. d. physikal.-techn. Reichsanst. zu Charlottenburg]: Untersuchung über die Ausdehnung einiger organischer Flüssigkeiten durch die Wärme ... Ilmenau, Buchdr. v. R. Petermann, 1894; 57 S. 8.
Tübingen, Naturw. Fak., Inaug.-Diss. v. 1894

Wiebe, H. F., und **A. Leman**: Untersuchungen über die Proportionalität der Schreibzeuge bei Jndikatoren. Berlin 1906 (Mitteil. a. d. Physik.-Techn. Reichsanst.)

Wiebe, H. F: Untersuchungen über die Temperaturkorrektion der Aneroide Vidi-Naudet'scher Konstruktion. Berlin 1890 (Mittheil. a. d. Physik.-Techn. Reichsanst.)

— Untersuchungen über die Temperatur-Korrektion der Aneroide Vidi-Naudet-scher Konstruktion. (Sonder-Abdr. aus der Zeitschr. für Instrumentenkunde, 1890.)

— und Böttcher, A. Vergleichungen des Luft-Thermometers mit Quecksilber-Thermometern aus Jenaer Glas in Temperaturen zwischen 100° und 300°. (Sonder-Abdr. aus der Zeitschr. f. Instrumentenkunde, Januar, Juli 1890.)

Wiebe, H. F: Weitere Vergleichungen von Quecksilberthermometern aus verschiedenen Glasarten zwischen 0° und 100°. Berlin 1890 (Mittheil. a. d. Physik.-Techn. Reichsanst.)

Wiebe, H. F., Weitere Vergleichungen von Quecksilber-Thermometern aus verschiedenen Glasarten zwischen 0° und 100°. (Sonder-Abdruck aus der Zeitschr. für Instrumentenkunde, 1890.)

Wiebe, H. F. und P. Hebe: Ueber das Verhalten der Aneroide bei tiefen Temperaturen. Mitteilung aus der Physikalisch-Technischen Reichsanstalt. ([S.-A.] Zeitschrift für Instrumentenkunde 1901. November.) Berlin 1901. 3 S. 4°

Wiebe, H. F., Ueber die Verwendung der Quecksilber-Thermometer in hohen Temperaturen. (Sonder-Abdr. aus der Zeitschr. für Instrumentenkunde, Juni 1890.) Berlin.

Wiebe: Über die Verwendung ärztlicher Thermometer mit farbig hinterlegter Kapillarröhre. Berlin 1905

— s.: **Zeitschrift f. Heizungs-, Lüftungs- u. Wasserleitungstechnik.**

Wiebe, Karl

Kurzerbaulicher kurzer Bau-Bericht wenn auch nicht officiell, so doch nach den besten Quellen bearb. [Unterz.:] C[arl **Wieb**]e. Hamburg [1891]: Adler. 4 Bl. 8° [Umschlagtit.]
Scherzhafter Bericht üb. den Bau des Hamburger Logenhauses in der Welcker Str. 157.

Deutscher Grosslogenbund. Bericht der geschäftsführenden Grossloge über die Ermittelungen betreffend die gewerbsmässige Bettelei der sogenannten „Durchreisenden Brüder". [Unterz.: Karl] **Wiebe.** [Hamburg 1894.] 2 Bl. 2° [Kopftit.] 193.

Hamburgische Zirkel-Correspondenz. Die deutschen Freimaurer-Medaillen von 1742—1905. Hrsg. von Carl **Wiebe.** Hamburg [1906]: Rademacher. 36 Taf. 60, VII S. 4° [Umschlagtit.:] Freimaurerische Denkmünzen u. Medaillen. Deutschland 1742—1905.
(Hamburg. Zirkel-Corr. Abbildungen frmrischer Denkmünzen. 8.)
cf. V. 1 (1906—1907) S. 52, 63—64 (W. H. Denier v. d. Gon). 193.

Wiebe, Carl (Hrsg.), s. Abbildungen freimaurerischer Denkmünzen und Medaillen.

An die Kommission des Grosslogenbundes in Sachen Bundesgericht. [Unterz.:] Carl **Wiebe.** [Hamburg 1903.] 11 S. 2° [Kopftit.]
Enth. Vorschläge von H. E. Kirchhoff für die Bildung u. Zuständigkeit eines ständigen Bundesgerichts unter besonderer Berücksichtigung des von K. Gerhardt verf. Entwurfs. 3.

Hs. f. Logen u. Frmr. Zur Krisis in der deutschen Freimaurerei. [Von Karl **Wiebe.**] 8°
Aus: HZC. 35 (1901—1902) S. 95—117.
cf. Bbl. 15 (1901) S. 407—422, 508—510; HZC. 36 (1902—1903) S. 93—120.
Betr. den Grlogenbundstreit. 193.

Zur gegenwärtigen Lage des Grosslogenbundes. [Unterz.:] Carl **Wiebe.** [Bayreuth 1903: Mühl.] 6 S. 8° [Kopftit.]
Aus: BayrBbl. 3 (1902—1903) S. 217—222.
Abgedr. in: Bh. 46 (1903) S. 123—124; BstF. 12 (1903) S. 69—73; Bbl. 17 (1903) S. 186—190; HL. 36 (1903) S. 3237—3239.
Betr. F. Fischers Artikel: „Die Waffen nieder!" 193.

Die Grosse Loge von Hamburg und ihre Vorläufer. Nach den Quellen des Archivs der Gr. Loge, der vereinigten 5 Logen und des geschichtlichen Engbundes von Carl **Wiebe.** Hamburg: Rademacher 1905. 320 S. 1 Bild. 8°
Recens: Al. 31 (1905) S. 126; Bh. 48 (1905) S. 320 (C. Gotthold); Bbl. 19 (1905) S. 531 bis 532 (G. Diercks); H. 16 (1905) Nr 29 (K. Pistorius); HL. 39 (1905—1906) S. 26 bis 27; O. 30 (1905) S. 244—245; S. 12 (1905) S. 73—74 (J. G. Findel); ArSt. 2 (1905) S. 364; BZC. 34 (1905) S. 284—286.
cf. BstF. (1904) S. 166—168 (L. Müffelmann); FT. 11 (1904) S. 85 (A. J. Lange); DrL. 35 (1904—1905) S. 297—298 (A. Denecke); Z. 35 (1904—1905) S. 16 (H. Glücksmann); BstF. 14 (1905) S. 117—118 (L. Müffelmann); L. 28 (1905) S. 104 (P. Fischer); R. 32 (1905) S. 86—87 (R. Nitzsche); Z. 36 (1905—1906) S. 31—32 (H. Glücksmann); Bifrost. 1 (1906) S. 100—101 (A. J. Lange); Bk. 25 (1906) No 77 (J. Feiner).

Das Schröder'sche Ritual und Herder's Einfluss auf seine Gestaltung. Nach den Archiven der Grossen Loge von Hamburg und vereinigten fünf Logen: Absalom, St. Georg, Emanuel, Ferdinande Caroline, Ferdinand zum Felsen [zsgest. von Karl **Wiebe**]. Hamburg: Rademacher 1904. 80 S. 8°
Recens: R. 31 (1904) S. 72; O. 29 (1904) S. 160 bis 161; ML. 32 (1903—1904) S. 167—168 (P. Henckel), abgedr. in: O. 29 (1904) S. 196.
cf. HL. 37 (1903—1904) S. 181—182, abgedr. in: Bbl. 18 (1904) S. 303—304; Z. 34 (1903 bis 1904) S. 494 (H. Glücksmann); BZC. 33 (1904) S. 17 Fussnote (W. Begemann), 232—234; Bbl. 18 (1904) S. 439 (G. Diercks); BstF. 13 (1904) S. 77—78 (A. Feld).
Enth. auch Herders Anmerkungen zu Schröders Ritual.

Vertraulich. [Schreiben.] Settegast 50jähriges Maurer-Jubiläum [betr.]. [Unterz.:] Die Schriftleitung d. Hamb. Zirkel. Corr. [Karl] **Wiebe.** [Joh.] **Moltmann.** [Osk.] **Meissner.** [Dat.:] Hamburg 1904. 1 Bl. 4⁰ [Kopftit.]
Aufforderung zur Beteiligung an der Prägung einer Plakette für Settegast. 3.

Ein kurzes Wort über freimaurerische Münzen- und Medaillenkunde von Carl **Wiebe.** [Hamburg 1905: Rademacher.] 4 Bl. 8⁰ [Umschlagtit.]
Abgedr. in: BstF. 14 (1905) S. 85—89; Bayr Bbl. 6 (1905—1906) S. 101—107.
Legt den Wert frmrischer Münzen u. den Nutzen der Anlegung von Medaillen-Sammlungen dar. 25 a. 193

Wiebe, Otto: De versus sententiaeque concinnitate apud veteres poetas Romanos quaestiones selectae. Gottingae 1909: Dieterich. 76 S. 8°
Göttingen, Phil. Diss. v. .1. Mai 1909, Ref. Leo-Schwartz
[Geb. 12. Aug. 86 Göttingen; Wohnort: Göttingen; Staatsangeh.: Preußen; Vorbildung: Gymn. Göttingen Reife O. 05; Studium: Göttingen 3, Straßburg 1, Göttingen 3 S.; Rig. 2. Dez. 08.] [U 09. 1410

Wiebe, Petrus (Elbingensis)
De remediis abortivis. Dissertatio inauguralis medica. Gissae: Lichtenberger 1832. 22 S.
Diss. med. 25.10.1832. vorh. 7. △.

Wiebe, Ph., Ackerbauwirtschaft bei den Mennoniten-Gemeinden im südl. Rußland. XII, 852 S.-Auszug davon in: Archiv für wissenschaftl. Kunde v. Rußland in Berlin

Wiebeck, Ernst, Kammergerichtsref.: Der Versuch bei der Tötung auf Verlangen und die in Ausführung dieses Versuches begangene Körperverletzung. *Berlin 1900: R. Sieble.* (52 S.) 8° [F.]
Rostock, Jur. Diss. v. [7. März] 1900

Wiebeck, Frid(ericus) Guilelm(us) Aug(ustus): De neuralgiis quaedam Halis (1842): Hendel. 43 S 8⁰
Halle-Wittenberg, Med. Diss. v. 30. Nov. 1842
Geb. Weferlingen (Prov. Sachsen) 2. 10. 1815 V.

Wiebeck, Martin, appr. Arzt: Ueber ein nekrotisches und verkalktes Fibro-Myom der Fossa iliaca bei einem Manne. Mit 2 Taf. Giessen 1908: v. Münchow. 35 S. 8°
Gießen, Med. Diss. v. 3. Okt. 1908, Ref. Bostroem
[Geb. 24. Apr. 70 Neuhaldensleben; Wohnort: Gießen; Staatsangeh.: Preußen; Vorbildung: Gymn. Neuhaldensleben Reife O. 94; Studium: Halle 8, Würzburg 12, Gießen 1 S.; Coll. 17. Juli 08; Approb. 1. März 07.] [U 09. 1127

Wiebecke, geschichtliche Entwickelung unserer Kenntniss der Ptomaïne u. verwandter Körper, s.: Sammlung naturwissenschaftlicher Vorträge.

Wiebecke, Bruno (geb. Eisleben 5. 9. 1831): De mutationibus pathologicis in vesanorum cerebro repertis. Berolini (1854). (32 S.) 8⁰
Berlin, Med. Diss. v. 9. Sept. 1854

WIEBEKING, Friedrich (München): Ueber die exceptio rei venditae et traditae nach älterm und neuerm römischen Rechte. Eine civilistische Abhandlung.- München: Finsterlin 1847. IV,63 S.
14.8.1846 - Urk (Titel: De exceptione rei venditae et traditae.); F 49
Diss.Ingolst.-Landsh.-Mchn.

Wiebeking, Frdr., die bayerische Preßgesetzgebung historisch u. praktisch erörtert und erläutert. Bamberg 865. Buchner. gr. 8. (XI, 84 S.) n. 15 ngr.

Wiebeking, Friedr., die bayerische Preßgesetzgebung historisch u. praktisch erörtert u. erläutert. 2., durch Nachträge — einschließlich des Gesetzes vom 30. Juni 1865 über den Schutz der Urheberrechte 2c. — verm. Aufl. Bamberg 866. Buchner'sche Buchh. gr. 8. (VI, 123 S.) n. 15 ngr.

Wiebeking, Karl Friedrich von

— Abhandlung über die Rheingrenze; dem Congreß zu Rastadt übergeben, deutsch u. französ. 8. Düsseldorf, Verfasser.

— Abhandl. üb. die Rheingrenze, dem Congreß zu Rastadt übergeben. 8. Düsseld. 179.. auch französisch.

Wiebeking, Charl. Fred. de, **Analyse descriptive, historique et raisonnée de monumens de l'antiquité, des edifices les plus remarquables du moyen-âge et des derniers temps, de canaux, ports, ponts, desséchemens et de chemins-de-fer en Europe. 5 Vol. 4. (...B. u. 254 Kpfrt.) Munich 838, 41,** auteur. (Ellwangen, Hess.) **172 Thlr., hrbgs. Pr.**

Wiebeking, Karl Friedrich, k. k. wirklicher Hofrath etc. Praktische Anweisung zur Aufführung, Wiederherstellung und Erhaltung bequemer und das Commerz befördernder Landstrassen. Mit 3 Kupfern. 8. Wien 1804.

Wiebeking, Ritter Karl Fr., prakt. Anleitung zur Aufführung, Wiederherstellung u. Erhaltung bequemer Landstraßen. Mit 3 Kpft. gr. 8. Wien 804. Degen. 16 ½

Wiebeking, Charl. Fréd. de, l'Architecture-civile, théorique et pratique, enrichie de l'histoire descriptive des édifices anciens et modernes les plus remarquables et de leurs dessins exacts. VII Vol. 4. (... u. 260 Kpfrt.) Munich 822, Auteur. (Jaquet.)
I. Ausg., die grossen Kpfrtn. auf Gross-Jesuspap., die kleinern auf grand-raisin.
II. Ausg., auf Gross-Colombier u. grand-raisin.
III. Ausg., Text auf Velinpap. u. Kpfrtn. auf Gross-Colombier u. grand-raisin.
Der deutsche Text: Theoret.-prakt. bürgerl. Baukunde, 5 Bde., wird gratis dazu geliefert. — Vgl. dess. „Collection etc." u. „Mémoires etc."

de Wiebeking, C. F. Architecture civile théorique et pratique enrichie de l'histoire descriptive des édifices anciens et modernes les plus remarquables et de leurs dessins exacts. L'ouvrage entier est orné de deux cents soixante planches. 8 Bde. München 1827—1831. 4⁰.

—— Atlas enthaltend 33 hydrographisch-topographische Karten von dem grössten Theil des schiffbaren Rheins und allen seinen Aesten bis in das Meer und bis in die Suder-See ... München 1832. Kupf., schw. . . . . (RPA)

— theoret.-prakt. bürgerl. Baukunde. 4 Bde. Mit 169 großen Kpft. gr. 4. Münch. 822. ff. Verf. (Jaquet). 142 ₰ — dass. französ.: Architecture civile, théoretique et practique, enrichie d'une histoire descriptive et analytique des édifices anciens et modernes, les plus remarquables. VII Vols. in 4 enrichie de 260 planches. 1e Ausg., die grossen Kupfertafeln auf Gross-Jesuspapier u. die kleinern auf grand-raisin. 160 ₰ 2e Ausg., auf Gross-Colombier u. grand-raisin 224 ₰ 3e Ausg. Text auf Velinpap. und Kpft. auf Gross-Colombier u. grand-raisin 274 ₰

— theoret.-prakt.-bürgerl. Baukunde. 1r Bd. in gr. 4. Mit e. Atlas von 26 Kpfrn. in Fol., erläut. Text u. 4 Tab. Münch. 822, Verfass. (Leipz., Barth.) 97 Rthl. 18 gr. Velinp.

Wiebeking, Karl Friedrich von: Theoretisch-praktische bürgerliche Baukunde, durch Geschichte und Beschreibung der merkwürdigsten antiken Baudenkmale und ihre Abbildungen bereichert. 4 Bände mit Kupfern. München. 1821—1825.

v. **Wiebeking,** Carl Friedr. Theoretisch-practische bürgerliche Baukunde, durch Geschichte u. Beschreibung der merkwürdigsten antiken Baudenkmale u. ihrer genauen Abbildungen bereichert. München 1821-26. Text 4 Bde. 4. Tfln 2 Bde. Fol. u. 2 Bde. Querfol.

Wiebeking, Carl Friedrich, General-Director des Wasser-, Brücken- und Strassenbaues etc. Beiträge zur Brückenbaukunde, worin auch die neue Bauconstruction wohlfeiler und dauerhafter Bogenbrücken etc. dargestellt ist, welche als Fortsetzung des Perronnet'schen Werkes betrachtet werden können. Mit 20 Kupfern auf 17 Tafeln. 4. München 1809.

Wiebeking, K. F., Beyträge zur Brückenbaukunde, m. K. gr. 8. Tübingen, Cotta. 809.

Wiebeking, Karl Friedrich von: Beiträge zur Brückenbaukunde, worin auch die neue Bauconstruction wohlfeiler und dauerhafter Bogenbrücken, nach welchen mehrere große Brükken angegeben und ausgeführt sind, dargestellt ist. Stuttgart. 1810. 4°

— Beitrr. zur kurpfälzischen Staatengeschichte v. J. 1741 bis 1742, vorzügl. in Rücksicht auf Jülich u. Berg. gr. 4. Heidelb. u. Mannh. 793. Löffler. 12 Gr.

— Beyträge zur Chur-Pfälzischen Staatengeschichte v. 1742 — 92. gr. 4. Mannheim, Schwan. (Löffler.) 793.

— Beitrr. zum prakt. Wasserbau u. zur Maschinenlehre. Mit 5 Stromkarten u. e. Anhang. 4. Düsseld. 792. Dänzer. 2 Thlr. 12 Gr.

— Beitrr. zur Wasser-, Brücken- u. Straßenbaukunde, od. wissenschaftl. Darstell. der in d. neuesten Zeiten ausgeführten, oder in d. Anlage begriffenen Bauwerke u. vorzügl. Maschinen. 6 Lieferr. Mit 28 Kpf. 4. Darmst. u. Münch. 808—12. (Jaquet). 40 Thlr. Einzeln: 1e Liefer. Mit 1 Karte. 808. 1 Thlr. 10 Gr. 2e Liefer. Auch u. d. T.: Beitrr. z. Brückenbaukunde, worin die neue Bauconstruktion wohlfeiler u. dauerhafter Bogen-Brücken rc. dargestellt wird. Mit 17 Kpf. gr. 4. Münch. 809 25 Thlr. dass. ins Französ. übers. (v. Karl Wiebeking). gr. 4. Ebd. 809. 25 Thlr. 3e Liefer. A. u. d. T.: Beitrr. zur Hafen-, Seeufer- u. Flußbaukunde. Mit 3 Kpf. gr. 4. Ebd. 810. 5 Thlr. auch Französ. 5 Thlr. 4e Liefer. A. u. d. T.: Beitrr. zum Fluß- u. Wehrbau rc. Mit 1 Kpf. gr. 4. Ebd. 811. 3 Thlr. 6 Gr. 5e Liefer. A. u. d. T.: Beitrr. zur Brückenbaukunde, über den Bau u. d. Construktion d. eisern. Brücken. Mit 1 Kpf. gr. 4. Ebd. 812. 3 Thlr. 8 Gr. 6e Liefer. A. u. d. T.: Beschreib. des auf Befehl Sr. Maj. d. Königs v. Baiern im J. 1812 angelegten Seehafens am Constanzer See bei Lindau. Mit 5 Kpf. gr. 4. Ebd. 812. 2 Thlr. 8 Gr. Französ. 2 Thlr. 8 Gr.)

— — desselben Buches 2s Hft. die Brückenbaukunde, worin auch die Construction der Bogenbrücken,
Auch im Verlag d. Verf.

— — desselben Buches 4s Hft. Ein Nachtrag zur ersten Aufl. von dem massiven Bau des Wehrs zu Landshut, m. K. gr. 4. Ebend. 810.

— Beyträge zur 1sten in 5 Quartbänden erschienenen Aufl. des obigen Werkes; 6 Lieferungen mit 26 Kupfern. 4. u. gr. 4. Ebend.

Diese Beyträge einzeln:

1ste Lieferung mit der Karte von der Isar. 4.
2te Lieferung: Bau u. Construktion d. Bogenbrücken. Mit 17 Kpfrn. 4.
Dieselbe Lieferung französisch
3te Lieferung: Verbesserung der Häfen von Cronstadt, Venedig, Triest rc. Mit 3 Kpfrn. gr. 4.
Dieselbe Lieferung französisch
4te Lieferung: Ueber den Bau der Durchlaßwehre. Mit 1 Kupf. gr. 4.
5te Lieferung: Ueber den Bau u. Construktion der eisernen Brücken. Mit 1 Kupf. gr. 4.
6te Lieferung: Beschreibung des Hafens von Lindau. Mit 5 Kpfrn. Deutsch u. franz. gr. 4.

— Bemerkk. zu d. Schrift: Vorschläge z. Einrichtung e. Staatsverwaltung im Allgemeinen. gr. 8. Bamb. 816. Kunz. 5 Gr.

Wiebeking, K. F., Beschreibung des auf Befehl des Königs von Baiern im J. 1812 angelegten Seehafens am Constanz. See bei Lindau, mit 5 K. gr 4. Tübing. Cotta. (in Comm.) 813.

—— Beweis, auf örtliche Untersuchung u. auf die Lehren d. Kanalbaukunde gegründet; daß der 1832 auf Staatskosten bekannt gemachte Entwurf zu e. Kanal zwischen d. Donau u. d. Main in d. Ausführung nicht gelingen könne. gr. 8. (3 B.) München 834, Jaquet.

—— vier Bücher des Wissenswürdigsten d. Wasserbaukunde. 3 Bde. 4. (... B. u. 110 Kpfrt.) München 835—37, Verf. (Ellwangen, Hess.) 66 Thlr., hrbgs. Pr.

— collection des tables appartenant au VIIme et dernier Vol. de l'Architecture civile théoretique et practique, enrichie de l'histoire descriptive des édifices anciens et modernes les plus remarquables et de leurs dessins exacts. Mit 1 Steintaf. gr. 4. Münch. 831. Finsterlin. 1 Thlr. 16 Gr.

—— Description de la nouvelle et tres avantageuse construction de chemins de fer, proposée par l'auteur. (.. B. u. 3 Kpfrt.) Munich 841, auteur. (Ellwangen, Hess.)

Wiebeking, Karl Friedrich von: Description du port près de Lindau sur le lac de Constance. Munic. 1812.

— Description du port près de Lindau sur le lac de Constance, avec 5 planches. gr. 4. Tübing. Cotta. (en Comm.) 813.

Wiebeking, Carl Frdr. (Ritter v., Civilingenieur, Baumeister u. Direktor des Wasser- u. Strassenbaues, k. bayer. wirkl. geh. Rath etc., geb. 1762, † 1842), von dem *Einfluss der Baukunst auf das allgemeine Wohl u. u. die Civilisation.* 4 Abhdlgn. (in 1 Bde.). Mit 2 Karten u. 3 interess. Kpftaf. (gest. von *F. Bollinger*; die 1. in Braundruck). Th. 1—2: Nurnberg, in Kommiss. bei Riegel u. Wiesner, 1816—17; 3—4: München, in Commiss. bey Thienemann, 1818 - 19. (1—4 gedr. in München mit Zangl'schen Schriften.) Gr. 4°. Prachtexpl. in eleg. Hschwsldrb.

Abth. 1—3 dieses [illegible] Werkes handelt von dem Wasserbau, den Monumenten der Civil-Architectur des alten Egyptens (m. 1 Nilkarte), Indiens, Babyloniens, China's, Persiens, Phöniziens, Syriens, Griechenlands, Klein-Asiens. Abth. 4 beschäftigt sich mit d. Kgr. der Niederlande (m. Karte von Holland u. der Nordsee). — [illegible] selten!

— von dem Einflusse d. Baukunst auf d. allgem. Wohl u. die Civilisation, insbesondere von d. Wasserbau u. d. Monumenten d. Civilarchitectur d. Aegypter. 1e Abhandl. rc. am 12. Okt. 1816 in d. Gesellschaft d. W. vorgel. Mit 1 Karte u. 1 Kpf. 4. Nrnb. 816. (Franz in Münch.) 1 Thlr. 8 Gr. 2e Abhandl. von d. Einflusse d. Baukunst rc., insbesond. in Indien, in d. Reiche d. Babylonier, in China, Persien, Phönizien, in Syrien oder Palästina u. in Griechenland, d. 28. März 1817 vorgelesen. Mit 3 Kpf. gr. 4. Ebd. (817.) 1 Thlr. 8 Gr. 3e Abhandl. von d. Einflusse d. Baukunst rc., insbesond. in Griechenland u. Kleinasien. Mit Kpf. gr. 4. Ebd. (818.) 1 Thlr. 8 Gr. 4e Abhandl. von d. Einflusse d. Baukunst rc., insbesond. auf d. Gewinnung d. Bodens und die Sicherheit d. Landes u. den Wohlstand d. jetz. Niederlande, am 1. Mai 1819 vorgelesen. Mit 1 Karte. gr. 4. Ebd. (819. 1 Thlr. 8 Gr. Alle 4 Abhandll. mit 5 Kpf. auch bei (Jaquet) das. 5 Thlr. 6 Gr.

Von dem Einfluss den die Untersuchung und beurtheilende Beschreibung der Baudenkmale des Alterthums, des Mittelalters und der neuern Zeit auf die Erforschungen im Gebiet der Geschichte haben. Ein Vortrag gehalten in Nuernberg, am 25. Sept. 1833, bei der ersten Versammlung der Geschichts- und Alterthumsforscher von Carl Friedr. v. **Wiebeking.** Begleitet mit 22 Kpfrn. Muenchen 1834: Jaquet. 70 S. 20 Taf. 8°

Kl. 2755. Spricht auf S. 41 von der Verbrüderung der Frmr, welche die treffliche Ausführung kolossaler Bauwerke" [vom 10. bis 16. Jh.] „erleichterte und vervollkommnete".

—— von dem Einfluss, den d. Untersuchung u. beurtheil. Beschreibung der Baudenkmale d. Alterthums, d. Mittelalters u. d. neuern Zeit auf d. Erforschungen im Gebiet d. Geschichte haben. Ein Vortrag, gehalt. in Nuernberg, am 25. Sept. 1833, bei d. ersten Versamml. d. Geschichts- u. Alterthumsforscher. gr. 4. (9 B. u. 22 Kpfr.- u. Stnt. z. Thl. qu. gr. Fol.) Muenchen 834. (Nuernberg, Riegel u. Wiessner.)

Wiebeking, Ritter Karl Fr., kurzgef. Erläuterungen u. Grundsätze d. Civil-Architectur; wie auch architekt. geschichtl. Resultate üb. die merkwürd. Gebäude u. Baumeister; od. Nachweisungen üb. den Inhalt des 1n u. 2n Bds meiner theoret.-prakt. Baukunde. gr. 4. Münch. 824. Finsterlin. 2 ℛ︁ℬ 16 gℛ︁

Wiebeking, Karl Friedrich von: Exposé des travaux de Thomas Telford. Munich 1842. 4⁰

—— von d. landwirthschaftl. Gebäuden u. Beschreib. v. verschied. Ländern, nebst d. Beschreib. d. grössten Bierbrauerei in Bayern. 4. (..B. u. 14 Stnt.) München 841, Verf. (Ellwangen, Hess.) 4⅓ Thlr., hrbgs. Pr.

— Karte d. Flüsse Hollands. 10 Blatt. (Frankf., Jäger).

— Karte d. Gegend zwischen d. Main u. d. Rhein. (Frkf., Jäger).

— Karte v. Holland. 9 Blatt. (Frankf., Jäger).

Wiebeking, Karl Frdr. von, Hydrographische, hybrotechnische (sic) Karte von dem Nieder-Rhein. von Linz bis Arnheim. 1796. 10 Bll. . . . . (PBH.; Br. Mus.)

— Karte vom Niederrhein. 10 Blatt. (Frankf., Jäger).

Rhein-Gegenden — Karte der — von Kayserswörth bis Arnheim etc. zusammengetragen und herausgegeben v. dem Wasserbaumeister Wiebeking. 1 : 100,000. 1 Bl.

Wiebeking. Topographische Carte von dem Herzogthum Berg. Mainz 1789—1792. 1 Bl. K. v.

— topographisch-militair. Karte vom ehemal. Herzogth. Berg, in 4 Blätt. Münch. ... (Jaquet). 6 ℛ︁ℬ 16 gℛ︁

— über topographische Charten. 8. Mühlhaus. (Dänzer in Düsseld.) 792.

— üb. die Construction u. den Bau d. eisernen Brükken, nebst Beschreibung d. merkwürdigsten Brücken dieser Art, mit K. gr. 4. München, Verfass. 812.

Wiebeking, Karl Friedrich von: Mémoire sur les églises en style ogival, bâties dans le moyen-âge en France. Munich. 1842. 8⁰

de Wiebeking. Mémoire sur l'état de l'architecture civile dans le moyen âge. München 1824. 4⁰.

— mémoire sur les moyens de mettre St. Petersbourg à l'abri des inondations et sur l'établissement de deux ports sûrs et commodes devant cette capitale de l'empire de Russie; accompagné d'un plan exact de cette cité et de ses environs. (Auch u. d. T.: Abhandl. über d. Maßregeln, welche zum vollständ. Schutze d. Stadt St. Petersburg gegen Ueberschwemmungen ꝛc. anzuwenden sind. Mit 1 Steindruck). 4. Münch. 832. (Finsterlin). 6 ℛ︁ℬ 12 gℛ︁ bei Franz das. 7 ℛ︁ℬ 6 gℛ︁

—— Mémoire sur les moiens de mettre St. Petersbourg à l'abri des inondations, et sur l'établissement de deux ports sûrs et commodes devant cette capitale de l'Empire de Russie. Cet mémoire est été écrit à la fin de l'an 1831. — A. u. d. T.: Abhandlung ueber d. Maassregeln, welche zum vollstaend. Schutze d. Stadt St. Petersburg gegen Ueberschwemmungen, u. zur Anlage v. zwo gegen den Eisgang d. Newa u. die Seewogen gesicherten grossen Haefen vor dies. Hauptstadt d. Russ. Reiches, anzuwenden sind, u. als erste Ergaenzung d. Werkes ueb. d. Wasserbaukunde dienend. (Franz. u. Deutsch.) gr. 4. (6¼ B., 1 Plan v. St. Petersburg u. Umgebung, Roy.-Fol. u. 1 Stnt. qu. Roy.-Fol.) Muenchen 833, (Franz.)

— mémoire sur les ponts suspendus en chaines de fer, relatif aux ponts construits dans le dernier temps en Angleterre et en Russie, et lequel servira de complément à l'ouvrage sur l'Architecture civile. Accomp. de VIII planch. qui font suite de celles appartenant à l'édition française de l'Architecture civile en VII Vols. gr. in 4. Münch. 832. (Franz). 5 ℛ︁ℬ 8 gℛ︁

— mémoires sur les Ports de Venise, Triest etc. fol. Darmstadt, Meyer. 810.

— Mémoires concernant les ponts de Venise, Trieste etc. Ist die 3te Lieferung von den Beyträgen.

Wiebeking, Carl Friedr. v., von d. Natur od. den Eigenschaften d. Flüsse. gr. 4. (6 B.) Stuttgart 834, Hallberger. Thlr.

Wiebeking, Karl Friedrich von: Notice relative à un système très avantageux de construction de chemins de fer. Munich. 1842. 8⁰

— über das Staats-Bauwesen im Königr. Baiern. gr. 8. Münch. 831. (Jaquet). 4 gℛ︁

—— über d. Staats-Bauwesen im Königr. Bayern. Mit e. Beil., betreff. die Höhe d. merkwürdigsten Thürme, Obelisken, Säulen u. Pyramiden. gr. 8. (2½ B. u. 1 Tab.) München 831, Lindauer.

— theoret.-prakt. Straßenbaukunde. Mit 5 Kpft. gr. 8. Sulzbach 808. v. Seidel. 2 ℛ︁ℬ 16 gℛ︁

— traité sur une nouv. methode de construire les ponts etc. Ist die 2te Lieferung von den Beyträgen.

— Traité de la science de construire les Ponts etc. av. fig. gr. 4. Tübingen, Cotta. 809.

Wiebeking. Der Übergang der Franzosen über den Rhein am 6. Sept. 1795. Frankfurt a. M. 1796. 8⁰.

Wiebeking. Uebergang der Franzosen über den Rhein, 6. Sept. 1795. (34.) 12. Düsseldorf 1796. — Leipzig 1797.

— Uebersicht d. Wasserbaukunst, s. J. G. Büsch, Mathematik.

— über die Verwaltung des Staats-Bauwesens im Königr. Baiern. gr. 8. (Münch. 831. Jaquet). 3 gℛ︁

Wiebeking, C. F. v., Vorschläge zur Einrichtung einer Staatsverwaltung im Allgemeinen und der Verwaltungszweige insbesond. 8. München, Thienemann. 815. Rthlr.

Wiebeking, Ritter Karl F.: „Vorschläge zu einer zweckmässigen Einrichtung einer Staatsverwaltung im allgemeinen und der Verwaltungszweige insbesondere", Memmingen 1816. Dazu: „Bemerkungen zur Beurtheilung dieser Schrift", Bamberg 1816.

— Vorschläge z. Einrichtung e. zweckmäß. Staatsverwaltung im Allgemeinen. 8. Memming. 816. (Nürnb., Riegel u. W.; Barth in Leipz.) 18 gr (Finsterlin in Münch.) 12 gr Jaquet das. 14 gr

— Vorschläge zur Verbesserung des Wasserbaues. 8. Ebd. 796.

— Vorschläge zur Verbesserung d. Wasserbaues. Mit 1 hydrograph. Karte vom Niederrheine in X Bl. gr. 8. Darmst. (797.)

Wiebeking und Kröncke. Allgemeine auf Geschichte und Erfahrung gegründete theoretisch-praktische Wasserbaukunst. (5 Bde Text in 4. und 1 Folio-Heft mit 114 Kupfertaf.) Darmstadt 1798.

— allgem., auf Geschichte u. Erfahr. gegründete theoret.-prakt. Wasserbaukunst. 4 Bde. Mit 78 Kpf. (1r Bd. mit Claus Kröncke, 2r—4r Bd. v. W. allein). gr. 4. Darmst. 798, 99, 801. u. 7. Neue umgearb. Aufl. 4 Bde mit 153 Kpf. gr. 4. Münch. 812—14. Verfass. (Jaquet). 142 ß

— auf Geschichte u. Erfahrung gegründete, theoret. u. prakt. Wasserbaukunst. 5 Bde. mit 101 Kpfrn. gr. 4. München, Verfasser. 793—807.

— — desselben Buches neue Ausgabe; unter d. Titel: theoret. prakt. Wasserbaukunst. 1r Bd. mit 68 Kpf. gr. 4. Ebd. 810.

— theoretisch-prakt. Wasserbaukunst, neue umgearb. Aufl. 2 Bde. mit 114 K gr. 4. München, Verfass. (Tübing. Cotta in Comm.) 812—13.

— — dasselbe. 3r u. letzt. Theil, mit 30 Kupf. gr. 4. Ebend. 814.

— Theoretisch praktische Wasserbaukunst. Neue umgearbeitete und verm. Ausgabe. Mit 68 Kupfern (4 Bde.) 4. München 1811—1814

Wiebeking, C. Fr., Theoretisch praktische Wasserbaukunst. Neu umgearbeitete u. vermehrte Ausgabe. München 1811—17. 4 Bde. Text 4°. 1 Atlas von 153 Tafeln verschiedener Formate zusammen in gr. Imp. Fol.

Wiebel, s. Wibel.

Wiebel, Dem Herrn Dr. J. W. von, zu seinem fünfzigjährigen Dienst-Jubiläum . . . [Berlin 1834.] V: *Scholz, Carl.* (BrMm)

Wiebel, F., der praktische Bau-Schreiner. Entworfen u. gezeichnet. 6 Hfte. gr. Fol. (à 4 Taf. m. 4, 3, 3, 2, 3 u. 2 Bl. Details.) Stuttgart (902). W. Kohlhammer. à Hft. n. 2.

— der praktische Möbel-Schreiner. Entworfen u. gezeichnet. 6 Hfte. gr. Fol. (à 4 Taf. m. 4, 3, 4, 2, 3 u. 4 Bl. Details.) Ebd. (902). à Hft. n. 2. —

Wiebel, Johann Wilhelm (Berlin) F, zk/7

Analecta quaedam de ulceribus pedum vetustis. Erlangen (Kunstmann) 28. III. 1795. 35 S.

Gew.: Johann Goercke. 36633

Wiebel, Karl W. Maximilian: Das Gold der Goldküste, besonders das von Elmira. (Aus d. Schriften des naturw. Vereins.) Hamburg. 1852. 4°

Wiebel, K. W. M., die Insel Helgoland, siehe a. Abhandlungen aus dem Gebiete der Naturwissenschaften, hrsg. von dem Naturwissenschaftl. Verein in Hamburg. 2. Bd.

Wiebel, K. W. M.: Die Insel Helgoland. Untersuchungen über deren Grösse in Vorzeit und Gegenwart vom Standpunkte der Geschichte und Geologie. Mit zwei Karten und einer Tafel. Hamburg 1848. IV, 213 S. 8°.

Wiebel, Karl W. Maximilian: Das physik. Kabinet d. Akad. Gymn. Hamb. 1863.
Schul-/Univ.-Schrift

Wiebel, Karl W. Maximilian: Die Insel Kephalonia u. d. Meermühlen von Argostoli. Versuch einer Lösung dieses geophysikal. Rätsels. Pr. 1873. 160 S. u. 1 Karte. 4°

Wiebel, K. W. M., die Insel Kephalonia und die Meermühlen von Argostoli. Versuch einer Lösung dieses geophysikal. Räthsels. gr. 4. (IX, 160 S. mit 1 chromolithogr. Karte, 3 chromolithogr. Skizzen auf 1 Taf. in gr. Fol. und 5 eingedr. Holzschn.) Hamburg 874, Friederichsen und Comp. *

Wieber, Adolf [aus Brooklyn]: Aus d. patholog. Institut zu Giessen. Zur Casuistik der Spina bifida. . . . Giessen: C. v. Münchow, Univ.-Druckerei, 1889; 30 S. u. 2 Taf. 8°
Giessen, Med. Fak., Inaug.-Diss. v. 1889

Wieber, Adolf: Primäres Lungencarcinom mit Metastasen im Oberschenkel und in der Leber . . . Berlin, Buchdr. v. M. Niethe (1889); 32 S. 8°
Berlin, Med. Fak., Inaug.-Diss. v. 16. März 1889.

Wieber, Eduardus, Hofbieberanus: De apocalypsis S. Pauli codicibus. Marpurgi Cattorum 1904: H. Bauer. (73 S.) 8°
Marburg, Phil. Fak., Ref. Birt, Diss. v. 6. Febr. 1905
[Geb. 17. Aug. 79 Hofbieber; Wohnort: Langenberg; Staatsangeh.: Preußen; Vorbildung: Gymn. Fulda Reife O. 98; Studium: Würzburg 1, Münster 1, Marburg 7 S.; Rig. 6. Juli 04.]

Wieber, F., U. L. Frau v. Lourdes u. Bernadette od. Wie e. blindes Mädchen an der Grotte zu Lourdes geheilt wurde. Religiöses Schauspiel f. Kinder. 2., verm. Aufl. (70 S.) kl. 8. Paderborn (909). Bonifacius-Druckerei. — 60

Wieber, Frz., der Arbeiterschutz in der gesundheitsschädl. u. schweren Industrie, nebst statist. Erhebgn. üb. Lohn, Arbeitszeit u. hygien. Verhältnisse in den Hüttenwerken. (247 S.) 8. Cöln 909. Generalsekretariat der christl. Gewerkschaften. 2. 50

Der Arbeiterschutz in der gesundheitsschädlichen und schweren Industrie nebst statist. Erhebungen über Lohn, Arbeitszeit u. hygien. Verhältnisse in den Hüttenwerken von Franz Wieber. (Duisburg: Christl. Metallarbeiter-Verband Deutschlands 1909.) 247 S. 8° [illegible]

Offener Brief an Ed[u.] Roehr, in Beantwortung seines „Ein maurerisches Disciplinar-Verfahren" von G[eorg] Wieber. New York 1869: Teubner. 36 S. 8°
Tt. 1225. 439.

Wieber, George: Maurerischer Prozess aus den Jahren 1865 bis 1868, geführt in der Loge Copernicus No. 545 (Williamsburgh) und in der Gross-Loge des Staates New York. Ein Beitrag zur maurerischen Rechtspflege von Georg **Wieber.** New-York 1868: Teubner. 45 S. 8°
Tt. 1223. Betr. Verfs Ausstossung aus der Copernicus-Loge wegen Besuchs der Logen Pythagoras u. Franklin, New York. 21.

Wieber, Gustav [app. Arzt aus Pfalzfeld]: Aus d. patholog. Institut zu Giessen. Zur Casuistik der Darmdivertikel und persistirenden Dottergefässe als Ursache von Darmincarcerationen ... M. 2 Taf. Giessen, grossh. Hof- u. Univ.-Dr. C. v. Münchow, 1894; 26 S., 2 Taf. 8.
Giessen, Med. Fak., Inaug.-Diss. v. 1894

Wieber, Karl, Medizinalprakt.: Aus d. Universitätsfrauenklinik in München. Die Menstruationsverhältnisse bei einseitigen Ovarialtumoren und nach einseitigen Ovariotomieen. Meiningen 1910: Keyssner. 59 S. 8°
München, Med. Diss. v. 4. Juni 1910, Ref. Döderlein
[Geb. 8. April 85 Meiningen; Wohnort: Meiningen; Staatsangeh.: Sachsen-Meiningen; Vorbildung: Gymn. Meiningen Reife O. 04; Studium: Jena 1, Berlin 4, München 3, Berlin 1, München 1 S.; Coll. 4. Juni 10; Approb. 20. Mai 10.] [U 10. 3605

Wieberg, J., De fato Graecorum quid maxime probabile sit, quaeritur. Diss. 1869. 46 S.

Wieberg, J., De optativi Graeci indole et natura. 1871. 130 S.

Wiebering, Bruno, aus St. Petersburg: **Beiträge zur Theorie** des Astigmatismus dioptrischer Anamorphosen. *Rostock 1902: C. Boldt.* (38 S.) 8°
Rostock, Phil. Diss. v. [6. März] 1902

Wiebering, Paul: Die Rechtsmacht des Testamentsvollstreckers. Ihre juristische Konstruktion und ihre Eintragungsfähigkeit. Borna-Leipzig 1904: R. Noske. (IX, 45 S.) 8°
Rostock, Jur. Fak., Ref. Bernhöft, Diss. v. 10. Dez. 1904.

Wiebers, Hugo, Jesus u. Petrus. 12 Predigten üb. persönl. Christentum. (IV, 80 S.) gr. 8. Leipzig 909. A. Deichert Nachf. 1. 40

— Aus der Kindergottesdienstpraxis. 6 Weihnachtsansprachen u. 24 erbaul. Katechesen. (VI, 130 S.) gr. 8. Ebd. 908. 2. 20

Wiebers, Hugo, Jesu Liebe zu seinen Jüngern u. Feinden. Zwei Jahrgänge Passionspredigten. (IV, 72 S.) gr. 8. Leipzig 906. A. Deichert Nachf. n. 1. 20

Johann Friedrich von Wiebers

Joann(es) Frideric(us) de Wiebers: Nonnulla de prima formatione cohibita. Berolini (1828:) Jordan. 32 S. 8°
Berlin, Med. Diss. v. 6. Okt. 1828

Wiebke, J. H. L., die ersten Jahre des nordamerikanischen Freiheitskrieges. Ein Spiegelbild für die Gegenwart. Mit Plänen u. 1 (lith.) Karte (in Fol.). Hamburg 860. Hoffmann & Campe in Comm. 8. (VIII, 352 S.) 1 ₰

Wiebke, J. H. L., neue Lehre vom Vertheidigungs-Kriege, zugleich als Beweis für die Möglichkeit der Beseitigung des Krieges. Mit Bemerkungen über die Werke der berühmtesten neuen Kriegslehrer besonders über Willisen's Theorie d. großen Krieges u. über dessen Feldzug in Schleswig-Holstein. Mit 2 großen (lith.) Plänen (in gr. Fol.) u. einer (lith.) Terrainkarte vom Idstetter Schlachtfelde (in Fol.) gr. 8. (96 S.) Hamburg 851, Hoffmann & Campe in Comm. 5/6 ₰

—— System einer Befestigung in unabhängigen Werken. Veranlaßt durch das Rimpler'sche Problem. gr. 8. (32 S. mit 2 lithogr. Bog. Plänen in gr. Fol.) Hamburg 848, Hoffmann und Campe. *

Wieblitz, Car. Theod. [illegible] Blankenheim [illegible] De valvularum arteriae pulmonalis [illegible] post partum [illegible]. Berolini [illegible] 8°
Berlin, Med. Diss. v. 25. März 1861

Wiebrecht, Karl: Ueber die Ectasien des Oesophagus. *Göttingen 1897: Dietrich.* (30 S.) 8°
Göttingen, Med. Diss. v. [18. Dez.] 1897

Wiebrecht, R[obert], aus Braunschweig: Die Metaphysik Schopenhauers vom naturwissenschaftlichen Standpunkte aus betrachtet. *Göttingen 1899: Dieterich.* (65 S.) 8
Göttingen, Phil. Diss. v. [3. März] 1899

Wiebrecht, R., die **Metaphysik** Schopenhauers vom naturwissenschaftlichen Standpunkte **aus** betrachtet. Diss. gr. 8. (65 S.) Göttingen 899. (Vandenhoeck & Ruprecht.) n. 1. 60

Wiebringhaus, Frz., s.: Heimat, unsere.

Wiechel, Hugo

Wiechel, H., Berufsklassen-Wahlkreise. Vorschläge zur Umgestaltg. des sächs. Landtagswahlrechts u. zur Neuabgrenzung der Reichstagswahlkreise. Mit 2 Taf. graph. Darstellungen. (40 S.) gr. 8. Dresden 903. C. Heinrich. n. 1. —

Wiechel, H., Dreiwahlkreise u. Zusatzstimmen (Pluralstimmen). Ein neuer, prakt. Vorschlag zur Lösg. der Wahlrechtsfrage in Sachsen. (50 S.) gr. 8. Dresden (906). C. Heinrich. n. — 80

Wiechel, H., freie Wahlen. Ein Vorschlag f. e. Wahlverfahren in Anlehnung an den Regierungs-Entwurf vom 7. VII. 1907. (44 S.) gr. 8. Dresden (907). (C. Heinrich.) — 80

Die ältesten Wege in Sachsen. Von H[ugo] Wiechel, Finanz- u. Baurath. Mit 1 Karte. *Dresden 1901: W. Baensch.* (34 S.) 8° [Umschlagt.]
Aus: Abh. d. naturw. Gesellsch. 'Isis' in Dresden. 1901, H. 1. [illegible] 2

Wiechell, Gustav *Emil Ludwig* [aus Putbus a Rüg.]: Aetiologie der Hämorrhagischen Diathese m. bes. Berücks. ders. bei Lungentuberkulose ... Greifswald, Druck v. F. W. Kunike, 1897; 27 S. 8.
Greifswald, Med. Fak., Inaug.-Diss. v. 15. Juli 1897.

Wiechell, *Heinrich* G. [aus Putbus a Rügen]: Über die Kondensationsprodukte von Dichloracetal mit Anisol und Phenetol ... Rostock, C. Hinstorffs Buchdr., 1894; 47 S. 8.
Rostock, Phil. Fak., Inaug.-Diss. v. [26. Febr.] 1894

Wiechers, Edm., ein Uterus bicornis septus cum vagina septa, Inaugural-Dissertation. gs. 8. (15 S.) Göttingen 879, (Vandenhoeck und Ruprecht's Verlag.)

Wiechers, J., vollständige Holztabellen, Berechnung des cubischen Inhalts aller viereckigen u. runden Hölzer. Ohne Druck- u. Rechnungsfehler. Mit einer Anleitung zur Holzrechnung. lang 12. Altona ... Aue. $1\frac{1}{3}$ ₰

König Frederik VII Koog eingedeicht in den Jahren 1853 und 1854. Vermessen 1854 durch J. Wiechers und J. H. Kröhnke. (Mit 3 Deich-Profilen.) 1:10 000. Altona. o. J. Lithogr. 2 Bl. Imp.-Fol.

Wiechers, Conrad, appr. Arzt a. Niederntudorf: Zur Differentialdiagnose zwischen Tumor cerebri und Meningitis cerebrospinalis tuberculosa. Gießen 1904: v. Münchow. (31 S.) 8°
Gießen, Med. Fak., Ref. Sommer, Diss. v. 3. Okt. 1904
[Geb. 2. Sept. 76 Niederntudorf; Wohnort: Crefeld; Staatsangeh.: Preußen; Vorbildung: Gymn. Paderborn Reife O. 98; Studium: Freiburg i. B. 1, München 1, Kiel 2, Würzburg 1, Berlin 2, Gießen 3 S.; Coll. 11. März 04; Approb. 19. Jan. 03.]

Wiechert, A. Die Fünf- und Siebzehn-Theilung der Lemniscate. 28 S.
Conitz, Progr. 1846

Wiechert, A., Ueber die bestimmten Integrale von der Form $\int_0^{\dots} \frac{\partial \varphi}{N}$, in denen $N = l + l' \cos^2\varphi + l'' \sin^2\varphi + 2m \cos\varphi \sin\varphi + 2m' \sin\varphi + 2m'' \cos\varphi$ ist.
Conitz 1851.

Wiechert, Artur, a. Königsberg i. Pr., Assistenzarzt am patholog. Institut d. städt. Krankenhauses zu Wiesbaden: Aus dem bakteriolog. Laboratorium der Stadt Köln (Dir. Dr. Czaplewski) und dem patholog. Institute des städt. Krankenhauses zu Wiesbaden (Prosektor Dr. Herxheimer). Über einen Fall von Paratyphus B mit Herzmuskel-Verkalkung. Marburg 1907. (48 S.) 8°
Marburg, Med. Fak., Ref. Beneke, Diss. v. 12. Dez. 1907
[Geb. 10. März 83 Königsberg i. Pr.; Wohnort: Wiesbaden; Staatsangeh.: Preußen; Vorbildung: Altstädt. Gymn. Königsberg Reife O. 01; Studium: Königsberg 3, Freiburg i. B. 2, Königsberg 1, Straßburg 3 S.; Coll. 12. Nov. 07; Approb. 16. Febr. 07.]

Wiechert, Emil

Q. D. B. V. Lectiones cursorias quas ... Emil Wiechert phil. Dr. Anwendung der Spectralanalyse zur Erforschung der Constitution der Korper ad docendi facultatem rite impetrandam d. XXII m. Oct. ... habebit indicit Guntherus Thiele phil. Dr. P. P. O. ord. phil. h. t. Decanus. Regimonti Borussorum, ex offic. Hartungiana, 1890; 1 Bl. 4°

Wiechert, E., Geodäsie u. Geophysik, s.: Encyklopädie der mathemat. Wissenschaften. (Furtwängler, Ph.)

Wiechert, Emil, Grundlagen der Elektrodynamik, s.: **Festschrift zur Feier der Enthüllung des Gauss-Weber-Denkmals in Göttingen.**

Wiechert, Emil. Ueber elastische Nachwirkung. Diss. gr. 8. (61 S.) Königsb. 889, (Koch). * 1 —

Wiechert, E., d. Theorie d. Elektrodynamik u. d. Röntgen'sche Entdeckg. [Aus: „Abhandlgn. d. physik.-ökonom. Gesellsch. zu Königsberg".] gr. 4. (48 S. m. Fig.) Königsberg 896. (W. Koch.) n. 1. 80

Theorie der automatischen Seismographen. Von E[mil] Wiechert. *Berlin: Weidmann 1903.* (128 S.) 4°
= **Abhandlungen** d. Königl. Gesellschaft d. Wiss. zu Göttingen. Math.-phys. Kl. N. F. Bd 2, No 1.

Wiechert, Kurt, Referendar aus Tilsit: Staatsrechtliches Verhältnis des preußischen Kriegsministers zum Reichskanzler. *Borna-Leipzig 1903: R. Noske.* (XI, 47 S.) 8°
Leipzig, Jur. Diss. v. 1903

Wiechert, Paul: Über die Sprache der einzigen schottischen Bibelübersetzung von Murdoch Nisbet. 1. Lautlehre. Königsberg i. Pr. 1908: Hartung. (121 S.) 8°
Königsberg, Phil. Fak., Ref. Kaluza-Meissner, Diss. v. 26. März 1908.

Wiechmann, C. M., Meklenburgs altniedersächsische Literatur. Ein bibliographisches Repertorium der seit der Erfindung der Buchdruckerkunst bis zum 30jähr. Kriege in Meklenburg gedruckten niedersächs. oder plattdeutschen Bücher, Verordnungen und Flugschriften. 1. Thl. Bis zum J. 1550. (X und 221 S. mit 2 Stnt.) Schwerin 864, (Stiller'sche Hofbuchh.) *

Wiechmann, C. M., Meklenburgs altniedersächsische Literatur. Ein bibliograph. Repertorium der seit der Erfindung der Buchdruckerkunst bis zum 30jähr. Kriege in Meklenburg gedruckten niedersächs. oder plattdeutschen Bücher, Verordnungen und Flugschriften. 2. und 3. Thl. gr. 8. Schwerin 885, Bärensprung'sche Hofbuchdr.
Inhalt:
Thl. 2. Zweite Hälfte des 16. Jahrh. (VII, 152 S.) * ℳ 2.—.
„ 3. 1600—1625. Mit Nachträgen und Registern zu allen 3 Thln. Nach C. M. Wiechmanns Tode bearb. und hrsg. von Adph. Hofmeister. (XIII, 244 S., Reg. 28 S.) * ℳ 6.—.
1. Thl. Ebendas. 1864. * ℳ 4.—.

Wiechmann, C. M., Meklenburgs altniedersächsische Literatur. Ein bibliograph. Repertorium der seit der Erfindg. der Buchdruckerkunst bis zum 30jähr. Kriege in Meklenburg gedruckten niedersächs. od. plattdeutschen Bücher, Verordngn. u. Flugschriften. 2 u. 3. Thl. gr. 8. Schwerin, (Stiller). n. 8. — (cplt.: n 12. -)
2. Zweite Hälfte d. 16. Jahrh. (VII, 152. S.) 870. n. 2. -
3. 1600—1625. Mit Nachträgen u. Registern zu allen 3 Thln. Nach C. M. Wiechmanns Tode bearb. u. hrsg. v. Adph. Hofmeister. (XIII, 244 u. Reg. 28 S.) 885. n. 6. —

Wiechmann (C. M.). Paläontologische Mittheilungen I—III. Enthaltend: I. und II. Ueber die protozoischen Geschiebe Mecklenburgs und deren organische Einschlüsse, von E. Boll und Wiechmann. III. Ueber einige Conchylien aus dem oberoligocaenen Mergel des Dobergs bei Bünde. (Ohne Druckort.) 1870. 8.

Wiechmann, C. M., die Mollusken-Fauna d. Sternberger Gesteins in Meklenburg, s.: **Koch, F. E.**

Wiechmann, Ernst: Ueber die Aussprache des provenzalischen E. [T. 1.] Halle 1881: Karras. 39 S. 8°
Halle-Wittenberg, Phil. Diss. v. 26. März 1881
Geb. Rostock 8. 6. 1856. V.
Das angekündigte Ersch. der vollst. Arbeit in Halle bei Niemeyer erfolgte nicht. Verf. erlebte die Diplomerneuerung 1931 als Professor, Studienrat a. D. in Ludwigslust.

Wiechmann, E., Provenzalisches geschlossenes E nach den Grammatiken, Reimen der Dichter u. neuprovenzalischen Mundarten. gr. 8. (38 S.) Lpz. 890, Fock. [* 1 60]

Wiechmann, *Ernst*, Das Nilquellengebiet, ein Teil der ostafrikanischen Seenregion, nach dem gegenwärtigen Umfange der Erforschung. (S. 91 S.) **Progr.** Rg. *Ludwigslust* 1890 (643)

Wiechmann, E., Das Nilquellengebiet, e. Teil der ostafrikan. Seenregion, nach d. gegenwärt. Umfange der Erforschg. gr. 8. (91 S.) Ludwigslust 890, (Hinstorff). · 1 20

Wiechmann, H., über den Bau der einfachen Körper. Eine Hypothese zur Erklärung der wichtigsten Naturerscheinungen. Für die Freunde der Naturwissenschaft. gr. 8. (27 S. mit eingedr. Holzschn.) Oldenburg 864, (Schmidt.)

Wiechmann, Carl, Referendar: Die Über- und Doppelversicherung nach dem Reichsgesetz über den Versicherungsvertrag vom 30. Mai 1908. Göttingen 1908: E. A. Huth. (59 S.) 8°
Göttingen, Jur. Fak., Ref. Ehrenberg, Diss. v. 8. Aug. 1908
[Geb. 5. März 86 Stettin; Wohnort: Ludwigslust; Staatsangeh.: Preußen; Vorbildung: Realgymn. Ludwigslust Reife O. 03; Studium: Leipzig 3, Berlin 1, Leipzig 2, Göttingen 3 S.; Rig. 23. März 08.]

Wiechmann, (Georg) Richard

Wiechmann, Rich. De Aeneidos libri II compositione. 18 S.
Progr. G. *Potsdam* 1876.

Wiechmann, [illegible]
Berlin, Phil. Diss. v. 11. Aug. [illegible]

Wiechota, Johann

— Anleitung z. Rechnen mit röm. Ziffern. 8. Bresl. 806. (Graß, B. u. C.) 3 Gr.

— Anleit. z. Rechnen mit römischen Ziffern. 8. Ebd. 807.

Wiechota, Joh., Elementargeometrie, e. Wiederholungsbuch f. d. Schüler, m. K. 8. Breslau, Barth. 809—10. (I. Epipedometrie 1 Rthlr. II. Stereometrie, nebst e. kurz. Anweis. z. Feldmessen 1 Rthlr.) R. Hr.

Wiechota, Jh., († d. 11. Mai 1821.) die Elementargeometrie, e. Wiederholungsbuch f. Schüler. 3 Thle mit Kpf. 8. Bresl. 809—12. (Graß, B. u. C.) 2 ℛ 3 gℊ (I. Epipedometrie. 3e A. mit 5 Kpf. 818. 18 gℊ II. Stereometrie, nebst e. kurzen Anweis. z. Feldmessen. 2e Aufl. mit 3 Kpf. 819. 18 gℊ 3r Thl. die ebene u. sphärische Trigonometrie. 812. 2e A. mit 2 Kpf. 820. 15 gℊ)

Wiechota, J., Elementargeometrie. 3r Thl. die ebne Trigonometrie. gr. 8. Bresl. Holäufer. 812.

Wiechota, J., die Elementar-Geometrie. 1r Theil, 3te Aufl. 1 Thlr. — die Epipedometrie. 2r Theil, 2te Aufl. 1 Thl. — die Stereometrie. 3r Theil, die ebene u. sphärische Trigonometrie. 20 Gr. 8. Breslau, Graß, Barth u. comp. (Leipzig, Barth.) 818—821.

— Kettenregel f. Jedermann. 8. Bresl. 807. Graß, B. u. C. 3 gℊ

— erster gründl. Unterricht in d. Rechenkunst, ein Wiederholungsbuch für f. Schüler. 1r—4r Cursus. 8. Bresl. 806, 7. (Graß, B. u. C.) 1r Curs. 6e A. 817. 8 gℊ 2r Curs. 5e A. 817. 8 gℊ 3r Curs. 806. 8 gℊ 4r Curs., die allgemeine Arithmetik u. gemeine Algebra. 807. 2e A.... 3e A. 821. 10 gℊ) 1 ℛ 10 gℊ

— erster gründlicher Unterricht in der Rechenkunst. 1r bis 4r Cursus. (1r Curs. 5te Aufl. 2r 3r Curs. 4te Aufl. 4te Curs. 3te Aufl. 8. Ebend. (Ebend.) 818—821.

Wiechovsky, A.: Das pädagogische Museum und seine Benützung bei der Ausbildung der Lehramtszöglinge. 16 S. 8° Prag d. LBA, Progr. 1872, 1873.

Wiechovsky, Alois, Selbstunterricht in der höheren Bekleidungskunst. Nach dem Gust. Adf. Müller'schen Systeme bearb. gr. 8. (63 S. mit 5 Stnt. in gr. Fol. und qu. gr. Fol.) Dresden 858, (Breyer.)

— dass. — gr. 8. (30 S. mit 5 Stnt. in Imp.-Fol.) Chemnitz 860, Focke. *

Wiechovsky, Wilhelmine, s. W i e c h o w s k i, Wilhelmine

Wiechowski Friedrich: Forschungen zur österreichischen Schulgeschichte. I. Beiträge zu einer Geschichte der k. k. Normalschule in Prag. 31. Prag LBA. 02.
Progr.

Wiechowsky, Friedrich: Der S t r e i t um die Vormundschaft über Herzog Albrecht V. von Österreich mit besonderer Rücksichtnahme auf seine Bedeutung für das österreichische Ständewesen und Herzogliche Hochgericht.
Phil. Diss., Prag 1897/98.

Ferdinand Kindermanns Versuch einer Verbindung von Elementar- und Industrieschule. Von Prof. Friedrich Wiechowski. Wien & Leipzig: C. Fromme 1907. (S. 175–205.) 8°
= Beiträge z. Österr. Erziehungs- u. Schulgeschichte. H. 9, [2.] [illegible]

Wiechowski, Konrad, Gerichts-Ref. zu Landsberg a. W.: Die Unterbrechung des Kausalzusammenhanges. *Würzburg 1903: J. Seelmeyr.* (69 S.) 8°
Würzburg, Jur. Diss. v. 1903

Die Unterbrechung des Kausalzusammenhanges. Von Dr. iur. Konrad Wiechowski. *Breslau: Schletter 1904.* (48 S.) 8°
[Erschien zuerst als Inaug.-Diss. Würzburg 1903.]
= Abhandlungen, Strafrechtliche. H. 55. [illegible] 4

Wiechowski, Siegfried

Wiechowski, S., Einführung in die qualitative chem. Analyse. Zum Gebrauche bei den prakt. Übgn. im Laboratorium. Mit 15 Tab., 20 Abb. im Texte u. 1 (farb.) Spektraltaf. (75 S.) gr. 8. Wien 910. J. Šafár. 2.—; geb. in Leinw. n 2.50

Wiechowski, Siegfried: K o n d e n s a t i o n von Naphthalaldehydsäure mit Methyl-totylketon, Pinakolin und Acenaphtenon.
Diss., Prag 1904/1905.

Wiechowski [illegible]
Separatabdruck

Wiechowski, W., s.: A n a l y s e des Harns.

Wiechowski, Wilh., Gift u. Heilmittel, s.: Sammlung gemeinnütziger Vorträge Nr. 338.

Wiechowski, Wilhelmine: Über d. E r n ä h r u n g kleiner Kinder, s. S a m m l u n g gemeinnütziger Vorträge.

Wiechowsky, Wilhelmine, zur Erziehung in der Familie, s.: Sammlung gemeinnütziger Vorträge.

Wiechowski, Wilhelmine: Frauenleben und -Bildung in Prag im 19. Jahrhundert. — Leipzig: Frauen-Rundschau [1903]. 23 S. 8°

Wiechowsky, Wilhelmine, Märchen-Buch. Hrsg. vom „deutschen pädagog. Vereine in Prag". 4. (VII, 240 S.) Prag 879. Tempsky. geb. n. 3.

Wiechowsky, s. W i e c h o w s k i.

Wieck [Schlagwort]

Wieck, s.: **Deutschland.** Kürschner-Pelp.

Wieck [Verfasser]

Wieck, Bernhard

Wieck, B., Die neue Baupolizeiordnung und die Wohnungsverhältnisse Berlins. E. Beitr. z. Beurteil. d. Frage, ob u. bezügl. welcher Punkte das Verlangen nach Abänder. d. Bauordn. begründet ist. Vortr. Berlin (1887). 8°.

Meine Kriegserinnerungen aus dem Feldzuge 1870/71. Vorträge, geh. im Kriegerverein Grunewald von B[ernhard] Wieck, Ingen. in Grunewald. *Berlin-Grunewald: M. Schildberger 1904.* (88 S.) 8° [illegible]

Wieck, B., die Terraingesellschaften u. ihr Verhältniß zur Berliner Bauthätigkeit unter besond. Berücksicht. der Baugesellschaft am kleinen Thiergarten. Hrsg. vom Vorstand der Baugesellschaft am kleinen Thiergarten. gr. 8. (41 S.) Berlin 886. Bohne. n. —50

— über die Wirkungen der Bestimmungen d. Entwurfs e. neuen Baupolizeiordnung f. Berlin auf die wirthschaftlichen, socialen u. baulichen Interessen der Stadt. Mit 9 Holzschn. u. e. Anh. enth. den Wortlaut d. Entwurfs. gr. 8. (51 S.) Ebend. 885. n. 1.50

Wieck, Bernhard Urban von

Wieck, Bernh. Urb. v., katholisches Gebet- und Unterrichtsbuch, mit besond. Anwendung auf die Missionen verfaßt. 8. (VI und 584 S. mit 1 Stahlst.) Münster 855, Theissing'sche Buchh. *

– Lehr- u. Trostworte über den schmerzl. Verlust der am Neujahrstage 1834 in der Zesike verunglückten neun Pfarrgenossen. 8. Dortmund ... Krüger. $\frac{1}{8}$ ₰

Wieck, Bernh. Urb. v., kleiner Nachlaß aus d. seelsorgl. Wirkungskreise d. verstorb. Joh. Goswin Rive, weil. Direktor d. weibl. Erziehungs-Anstalt rc. zu Dorsten, enthalt. e. Samml. v. Communionreden, nebst e. Grabrede u. verschied. Andachtsübungen; hrsg. u. mit e. kurzgefaßten Biographie d. Verstorbenen begl. gr. 12. (7 B. u. 1 Stnt.) Münster 832, Coppenrath.

Wieck, Bernh. Urb. v., geistliches Pilger-Büchlein, zum Gebrauch bei Wallfahrts-Prozessionen. 8. (228 S. und 1 Holzschn.) Münster 847, Theissingsche Buchh.

Wieck, Bernh. Urb. v., drei Predigten, worin die verächtlichen Einwürfe gegen die am 21. Juli 1843 in der Stadt Lünen wunderbar geschehene Heilung einer kranken Dienstmagd gerügt u. widerlegt worden sind. gr. 8. (3 B.) Emmerich 841, Remen. (Leipzig, Hermann.)

v. Wieck, Bernh. Urban, die goldenen Sprüche der Weisheit, wie sie enthalten sind in den heil. Büchern: der Sprüchwörter, des Predigers Salomon, der Weisheit und des Sohnes Sirach, mit Erklärungen und Anmerkk. begleitet. Ein lehrreiches Schul- u. Hausbuch. 8. Münster 833, Coppenrath. $\frac{1}{3}$ ₰

Wieck, Bernh. Urb. v., die goldenen Sprüche d. Weisheit, wie sie enth. sind in d. heil. Büchern: der Sprüchwörter, d. Predigers Salomon, d. Weisheit, u. d. Sohnes Sirach, mit Erklärn. u. Anmerkn. begleitet. Ein lehrr. Schul- u. Hausbuch. 8. (20 B.) Münster 837, Coppenrathsche Buchh.

Wieck, C. F., s. Wieck, Karl Ferdinand

Wieck, Felix: Sphaeram Empedoclis quae dicitur recensuit et dissertationem adiecit. *Lipsiae 1897: J. B. Hirschfeld.* (XXXVIII, 37 S.) 8°
Greifswald, Phil. Diss. v. 6. Sept. 1897

Wieck's, Friedrich, Lebens- u. Künstlerbild, s.: Kohut, A.

Wieck, Friedrich. Musikalische Bauernsprüche. Dresden (1871).

Wieck, Frdr., musikalische Bauernsprüche u. Aphorismen ernsten u. heiteren Inhalts. 2. sehr verm. Aufl. 16. (36 S.) Leipzig 875. Leuckart. n. — 60

Wieck, Friedr., Clavier und Gesang. Didaktisches und Polemisches. gr. 8. (VII und 135 S.) Leipzig 853, Whistling. *

Wieck, Friedr., Clavier und Gesang. Didaktisches und Polemisches. 2. Aufl. (VIII, 133 S.) Leipzig 875, Leuckart. *

Wieck, Frdr., Klavier u. Gesang. Didaktisches u. Polemisches. 3., m. einem Anh. von Aphorismen aus Frdr. Wieck's Tagebuch verm. Aufl. 8. (V, 195 S.) Leipzig 878, Leuckart. n. 3. —

Wieck, Friedrich Georg

Wieck, Friedr. Geo., Anweisung z. Bau d. Dorn'schen Lehmdächer, s. Anweisung.

Wieck, Friedr. Geo., Bilder aus der Gewerbs-Kunst. Für Handels- und Gewerbsschulen. Nach Tomlinson's „Objects in Art-Manufacture". I. (Thl.:) Papier. 8. (VI und 116 S. mit 6 Abbild. in eingedr. Holzschn. und 12 natürl. Proben.) Leipzig 855, Weber. *

Wieck, Fr. Geo., das Gesammtgebiet des sächs. Manufaktur- u Fabrikwesens, Handels u. Verkehrs. Historisch, statist. u. kritisch beleuchtet. gr. 8. Chemnitz 840. Expedition des Gewerbeblattes. $2\frac{1}{4}$ ₰

Wieck, Friedrich Georg, s. Gewerbe-Blatt für Sachsen.

Wieck's, Frdr. Geo., deutsche illustrirte Gewerbezeitung. Organ für die Gesammt-Interessen der Industrie u. des Gewerbestandes. Mit vielen Holzschn., Taf. mit Maschinenzeichnungen u. kunstgewerblichen Mustern, natürlichen Stoff- u. Farbeproben. 26. Jahrg. 1861. herausg. von Wilh. Baensch. 12 Hefte (à ca. 5 Bgn.). Leipzig, Baensch. gr. 4. n. 6 ₰

Wieck's, Friedr. Geo., illustrirte deutsche Gewerbezeitung. Organ für die Gesammt-Interessen der Industrie und des Gewerbestandes. Mit vielen Holzschn., Taf. mit Maschinenzeichnungen und kunstgewerbl. Mustern, natürl. Stoff- und Farbeproben. Unter besond. Mitwirkung von A. M. Ritter v. Burg, Rud. Dietz, Ernst Engel rc. hrsg. von Wilh. Baensch. 26. Jahrg. 1861. 12 Hefte. (à ca. 5 Bog.) Imp.-4. Leipzig, Baensch. *
Die frühern Jahrgänge erschienen unter dem Titel: Gewerbe-Zeitung, deutsche.

Wieck's, Friedr. Geo., illustrirte Gewerbezeitung. Organ für die Gesammt-Interessen der Industrie und des Gewerbestandes. Mit vielen Holzschn., Taf. mit Maschinenzeichnungen und kunstgewerbl. Mustern rc. Hrsg. von Otto Dammer. 27.—29. Jahrg. 1862—64. à Jahrg. 52 Nrn. (Bog.) Mit Beilagen. Imp.-4. Leipzig, Baensch. à Jahrg.

—— dass. — Hrsg. von Demselben. 30.—32. Jahrg. 1865—67. à Jahrg. 52 Nrn. (Bog.) Mit Beilagen. Imp.-Fol. Berlin, Berggold. à Jahrg.

Wieck's, Friedr. Geo., deutsche illustrirte Gewerbezeitung. Organ für die Gesammt-Interessen der Industrie und des Gewerbestandes. Mit vielen Holzschn., Taf. mit Maschinenzeichnungen und kunstgewerbl. Mustern rc. Hrsg. von Otto Dammer. 33. Jahrg. 1868. 52 Nrn. (Bog.) Mit Beilagen. Imp.-Fol. Berlin, Berggold.

—— dass. — Hrsg. von A. Lachmann. 34.—40. Jahrg. 1869—1875. à Jahrg. 52 Nrn. (Bog. mit eingedr. Holzschn.) Mit Beilagen. Imp.-4. Ebendas. à Nr. * 50 Pf.; à Jahrg. *

Wieck's, Friedr. Geo., deutsche illustrirte Gewerbezeitung. Hrsg. unter Mitwirkung tücht. volkswirthschaftl. und technolog. Kräfte. 41.—44. Jahrg. 1876—1879. à Jahrg. 52 Nrn. (Bog.) Imp.-4. Stuttgart, Grüninger. à Jahrg.

Wieck's, Friedr. Geo., deutsche illustrirte Gewerbezeitung. Hrsg. unter Mitwirkung tücht. volkswirthschaftl. und technolog. Kräfte. 45.—49. Jahrg. 1880—1884. à Jahrg. 52 Nrn. (Bog.) Imp.-4. Stuttgart, Grüninger.
Jahrg. 1880—1882 à
Jahrg. 1883 und 1884 à

Wieck's, Friedr. Geo., deutsche illustrirte Gewerbezeitung. Hrsg. unter Mitwirkung tücht. volkswirthschaftl. und technolog. Kräfte. 50.—53. Jahrg. 1885—1888. à Jahrg. 52 Nrn. (à Nr. 1—$2\frac{1}{2}$ Bog.) Fol. Stuttgart, Grüninger. à Jahrg. *

Wieck's, Friedr. Geo., deutsche illustrirte Gewerbezeitung. Hrsg. unter Mitwirkg. tücht. volkswirthschaftl. u. technolog. Kräfte. 54.—57. Jahrg. 1889—1892. à Jahrg. 52 Nrn. (à Nr. 1—$2\frac{1}{2}$ Bog.) Fol. Stuttg., Grüninger. à Jahrg. * 12 —

Wieck's, Frdr. Geo., deutsche illustrirte Gewerbezeitung. Hrsg. unter Mitwirkg. tücht. volkswirtschaftl. u. technolog. Kräfte. 56.—59. Jahrg. 1891—1894. à 52 Nrn. (2 Bog.) Fol. Stuttgart, C. Grüninger. à Jahrg. n. 12. —

Wieck's, Frdr. Geo., deutsche illustr. Gewerbezeitung. Hrsg. unt. Mitwirkg. tücht. volkswirtschaftl. u. technolog. Kräfte. 60.—63. Jahrg. 1895—1898. à 52 Nrn. (à ca. 2 Bog.) Fol. Stuttgart, C. Grüninger. à Jahrg. n. 12.—
Kann auch halbjährlich bezogen werden.

Wieck's, Frdr. Geo., deutsche illustr. Gewerbezeitung. Vereinigt m. Polytechnisches Notizblatt. Hrsg. unter Mitwirkg. tücht. volkswirtschaftl. u. technolog. Kräfte. Red.: Ernst Klett. 64. u. 65. Jahrg. 1899 u. 1900. à 52 Nrn. Fol. (à ca. 8 S.) Stuttgart, C. Grüninger. à Jahrg. n. 12.—
Erscheint nicht mehr.

—— deutsch-amerikanisches Goldbuch für Handel und Industrie, oder der Weg zum Reichthum durch Erfahrung und Wissen. Nach der 10. amerikan. Ausg. des Edwin Freedley frei in's Deutsche übertragen. 3., wohlfeile Ster.-Ausg. 8. (XXIV und 175 S.) Dresden 863, Schrag'sche Verlags-Anstalt.

– Grundsätze des Patentwesens. Wichtigkeit der Erfindungs- u. Einführungspatente für die Industrie und die dringende Nothwendigkeit einer allgemeinen Patentgesetzgebung f. Deutschland. Mit e. Anhange, die Hauptbestimmungen der jetzt bestehenden Patentgesetze in den verschied. Ländern enthaltend. gr. 8. Chemnitz 839. Exped. d. Gewerbeblattes. 3/8 ℳ

—— die pariser Industrie-Ausstellung im J. 1844. Fol. (7 B. u. 76 eingedr. Abbild.) Leipzig 844, Expedition der illustrirten Zeitung.

– Lehrbuch der Hand- u. Maschinenweberei, siehe: White.

—— die Manufaktur- u. Fabrikindustrie des Königr. Sachsen. Bei Gelegenheit der Gewerbe-Ausstellung in Dresden im Jahre 1845. gr. Lex.-8. (4⅛ B., 1 Portr. u. Ttl. in Farbendruck.) Leipzig 845, Teubner. * 10 Ngr., feine Ausg. *

Wieck, [illegible]

Wieck, Friedrich Georg. s. M o n t g o m e r y , J.: Die Baumwollen-Manufaktur der Vereinigten Staaten von Nordamerika dess. Theorie und Prxis der Baumwoll-Spinnerei.

Wieck, Friedrich Georg. s. N i c h o l s o n 's Werkzeichnungen.

Wieck, Friedrich Georg. s. O g e r : Lehrbuch der Baumwoll-Spinnerei.

Wieck, Friedrich Georg. s. S a c h s e n in Bildern.

Wieck, Friedrich Georg. s. S c o t t : Prakt. Spinner und Weber …

Wieck, Friedr. Geo., erklär. Taschenwörterbuch üb. alle beim Eisenbahnen- u. Dampfmaschinen-Betriebe vorkomm. techn. Kunstausdrücke. Mit Benutz. d. besten engl. u. franzöf. Werke verfaßt. 16. (9¼ B.) Leipzig 839, Fr. Fleischer.

—— Torfbüchlein, od. Eigenschaften, Gewinnung u. Benutzung d. Torfs. gr. 8. (3¾ B. u. 1 Stnt.) Chemnitz 839. [Leipzig, Bamberg.]

– Torfbüchlein, oder Eigenschaften, Gewinnung u. Benutzung des Torfs. Mit Abbildd. von Torfpressen, Torfverkohlungsöfen, Trockenvorrichtungen rc. (auf 1 Bl.). gr. 8. Chemnitz 839. (R. Binder.) 3/8 ℳ

WIECK, F. G.: Torfbüchlein oder Eigenschaften, Gewinnung oder Benutzung des Torfs. - Chemnitz 1839. 56 S.

Wieck, Friedrich Georg, s. W a l l a c e : Engineers pocket guide.

—— der vollkommene Werkmeister rc., s. Wallace Mechanic's Pocket Guide.

Wieck, F. G., die Wunder des Glaspalastes. Ein Festgeschenk für die Jugend. Nebst einem Vorwort v. Carl Vogel. Mit 8 bronzirten u. 120 in den Text gedr. Abbildgn. (in Holzschn.) gr. 16. (XII u. 262 S.) Leipzig 852, Weber. In Engl. Einb. n. 1⅔ ℳ

—— industrielle Zustände Sachsens. Das Gesammtgebiet d. sächs. Manufaktur- u. Fabrikwesens, Handels u. Verkehrs. Histor., statist. u. kritisch beleuchtet. gr. 8. (28⅞ B. u. 1 Tab.) Chemnitz 840. [Leipzig, O. A. Schulz.]

Wieck, Heinrich [aus Massenhausen in Waldeck]: Die Teufel auf der mittelalterlichen Mysterienbuhne Frankreichs .... Leipzig, Druck v. J. B. Hirschfeld, 1887; 2 Bl. + 56 S. + 1 Bl. 8°.
Marburg, Phil. Fak., Inaug.-Diss. v. [23. Mai] 1887

W i e c k, Heinr., die Teufel auf der mittelalterlichen Mysterienbühne Frankreichs. Inaugural-Dissertation. gr. 8. (56 S.) Leipzig 887, (Fock.)

Wieck, Hugo, die Fabrikation der feuer- und diebessicheren Geld- und Dokumentenschränke, s. Price, Georg.

Wieck, Karl (Gottlob) Ferdinand

Wieck, C. F. **Ueber die Elektra des Sophokles und die Choephor. des Aeschylus, nebst Anmerk. zu beiden.**
Merseburg, Progr. 1825

Wieck, K. F. **Ueb. Goethe's Lehr- und Wanderjahre Wilh. Meisters. 46 S.**
Merseburg, Progr. 1837

Wieck, C. F. **De Platonica philosophia. Partic. I. 34 S.**
Merseburg, Progr. 1830

Wieck, C. Ferd. Rede zur Eröffnung der dreihundertjährigen Reformationsfeier in unserer Stadt. 17 S.
Merseburg, Progr. 1844

Wieck, Ferdinand Carl: Rede zur Gedächtnißfeier für den verstorbenen Subrector emeritus Dr. Steinmetz, gehalten in dem Saale des Gymnasiums am 16. Januar 1854. 11 S. Merseburg, Progr. 1854.

Wieck, C. Ferd. Rede zur Gedächtnißfeier für den verstorbenen Mathematikus Tenner, gehalten den 20. Februar 1850. 4 S.
Merseburg, Progr. 1850

Wieck, C. Ferd. Ueber die Vögel des Aristophanes. 23 S.
Merseburg, Progr. 1852

Wieck, Otto A(ugust): **Beitrag** zur Kenntnis der **Veränderungen an der** Ureterenwandung bei Hydronephrose. *München 1900: Kastner & Lossen.* (29 S.) 8°
Kiel, Med. Diss. v. [12. Nov.] 1900

Wiecke: Zur G e s c h i c h t e des Dr. Weisse'schen Gestifts für die Oberschule zu Frankfurt a. d. O. Frankfurt a. d. O. 1865.
Schul.-/Univ.-Schrift

W i e c k e. Die neueren **Gewerbeschulen, mit Rücksicht auf** den Lehrplan vom **21.** März 1870. **Cassel, G. S., 1872.** 46 S. 4. **Progr.**

Wiecke: Versicherungstechnisches G u t a c h t e n zu den Synodalvorlagen über die Versorgung der Pfarrwittwen und Waisen in den neuen Provinzen. Berlin. 1894. 8°

Wiecke, Karl Wilhelm

Wiecke, Karl Wilh., Abriß d. Elementarmathematik, zunächst f. d. höh. Bürgerschule zu Frankfurt a. d. O. 8. (7½ B.) Frankfurt a. d. O. 830, Hoffmann'sche Buchh.

Wiecke, Karl Wlh., Abriß d. allgem. Geschichte. 1e Abtheil. Auch u. d. T.: Abriß d. alten Geschichte. gr. 8. Glogau 827. Neue Güntersche B. 16 Gr. 2e Abtheil. A. u. d. T.: Abriß der Geschichte des Mittelalters, für die obern Gymnasialklassen. Ebd. 830. 1 rß

Wiecke, Karl Wilh., Abriß d. allgem. Geschichte. Eine Grundlage bei d. universalhistor. Unterrichte in d. oberen Gymnasialklassen. 2. Abthl. — A. u. d. T.: Abriß d. Geschichte d. Mittelalters. gr. 8. (27 B.) Glogau 830, [Flemming.]
1. Abthl.: Abriß d. alten Geschichte. Ebendas. 1827. 16 Gr.

—— Abriß d. allgem. Geschichte, als Grundlage f. d. histor. Unterr. in d. oberen Klassen d. höh. Bürgerschulen, ein Versuch. 8. (10 B.) Frankfurt a. d. O. 840, Hoffmann'sche Buchh.

—— Abriß d. Wissenswürdigsten aus d. allgem. Geschichte, e. Grundlage bei d. ersten universalhistor. Unterr. auf Gelehrten-Schulen. 2., verb. Aufl. 8. (5 B.) Glogau 830, [Flemming.]

— Abriß des Wissenswürdigsten aus der allgem. Geschichte, eine Grundlage bei dem ersten universalhistorischen Unterricht auf gelehrten Schulen. 2e verb. Aufl. gr. 8. Glogau 830. Neue Güntersche B. 4 Gr.

— die wichtigsten Begebenheiten aus d. allgem. Weltgeschichte in einem gedrängten Ueberblicke, f. die unterste Classe eines Gymnasiums. 8. Glogau 824. N. Güntersche B. 4 Gr.

— die wichtigsten Begebenheiten aus d. Weltgeschichte in e. tabellar. Uebersicht, als Hülfsmittel bei dem 1n geschichtl. Unterrichte auf gelehrten Schulen. gr. Fol. Glogau (825.) N. Güntersche Buchh. 10 Gr.

—— die höhere Bürgerschule, mit besond. Rücksicht auf die von d. Kgl. Preuß. Ministerium d. geistl., Unterrichts- u. Medizinalangelegenheiten unt. d. 8. März 1832 erlass. vorläuf. Instrukzion f. die an d. höheren Bürger- u. Realschulen anzuordnenden Entlassungsprüfungen. Ein Versuch zur Vereinigung widerstreit. Meinungen. 8. (5½ B.) Halle 834, Schwetschke u. Sohn.

Wiecke, Karl Wlh., Materialien zu Gedächtnißübungen für Kinder von 6—9 Jahren, zunächst für die 3. u. 2. Klasse der mit d. höheren Bürgerschule zu Frankfurt a/O. verbundenen Elementarschule. 2. verb. Aufl. 8. Frankfurt a/O. 846, Hoffmann'sche Buchh. 1/8 rß

—— der einfache Satz in d. deutschen Sprache, f. Elementarschulen bearb. 1. u. 2., bericht. Aufl. 8. (à 3½ B.) Frankfurt a. d. O. 836, 40, Hoffmann'sche Buchh. à

Wiecke, Carl Wilh., der einfache Satz in der deutschen Sprache f. Elementarschulen bearb. 3., verb. Aufl. 8. (3½ B.) Frankfurt a. O. 844, Hoffmann'sche Buchh. Thlr.

Wiecke, Karl Wilh., der einfache Satz in der deutschen Sprache, für Elementarschulen bearb. 4. verb. Aufl. 8. (55 S.) Frankfurt a. O. 847, Hoffmann. 1/8 rß — 5. verb. Aufl. 8. (IV u. 51 S.) Ebd. 852. n. 1/6 rß

Wiecke, Karl Wilh., der einfache Satz in der deutschen Sprache, für den elementaren Unterricht bearb. 6., theilweise umgearb. Aufl. 8. (62 S.) Frankfurt a. O. 862, Gottschick. *

—— und Ernst Heinr. Richter, Schulgrammatik d. deutschen Sprache. 1. Aufl. (8¾ B.) 835., 2., verm. u. umgearb. A. gr. 8. (8¼ B.) Frankfurt a. d. O. 841, Hoffmann'sche Bh. à

—— und Ernst Heinr. Richter, Schul-Grammatik der deutschen Sprache. 3., verm. und verb. Aufl. gr. 8. (III und 138 S.) Frankfurt a. d. O. 850, Hoffmann'sche Buchh.

— s. Tillich, Er., erstes Lesebuch für Kinder.

—— ethnograph.-synchronist. Ueberblick d. Wissenswürdigsten aus d. polit. Geschichte, von d. Gründung d. ersten Reiche bis auf uns. Zeit, für d. 3. Klasse d. höheren Bürger- od. Realschule. qu. Fol. (4½ B.) Halle 834, Schwetschke u. Sohn.

— tabellar. Uebersicht der allgem. Geschichte, als Hülfsmittel bei dem histor. Unterrichte in d. obern Gymnasialklassen. 1e Liefer. Tabellen zur alten Geschichte. gr. Fol. Glogau 827. N. Güntersche B. 12 Gr.

— tabellar. Uebersicht aus der schlesischen Geschichte. 1 Tab. in gr. Fol. Glogau 825. N. Güntersche B. 2 Gr.

— d. Wissenswürdigste aus d. schlesischen Geschichte in einem gedrängtem Ueberblicke, f. die unteren Klassen d. Gymnasien u. die oberen Ordnungen wohl eingericht. Bürgerschulen. 8. Glogau 825. N. Güntersche B. 3 Gr.

Wiecke, Paul

(WIECKE), Einschneiden mit graphischer Darstellung der Visierstrahlen nach Bertot, Comptes rendus LXXXII pag. 682, 20 Mars 1876. Zum trig. Form. 12 der Anweisung IX vom 25. October 1881, betr. die trigonometrischen und polygonometrischen Arbeiten bei Erneuerung der Karten und Bücher des Grundsteuer-Katasters. Verlag des Casseler Geometer-Vereins. 1885. Druck, C. Richartz, Cassel. 8°.

Wiecke, Paul: Die Elemente der analytischen Geometrie. Hagen 1865. 24 S. u. Tafel.
Schul- Univ.-Schrift

Wiecke, Paul, vier Kurse in der Geometrie. 2 Hefte mit je 1 Atlas-Heft. gr. 8. Kassel 879, Fischer. cart.
Inhalt:
Heft 1. 1. Kurs: Geometrische Formenlehre. 2. Kurs: Hauptsätze der Planimetrie. (IV, 70 S. mit 11 lithogr. Fig.-Taf.) * M. 2.
» 2. 3. Kurs: Flächenbeschreibung und Projektionslehre. 4. Kurs: Berechnung von Raumgrössen. (IV, 89 S. mit 21 lithogr. Fig.-Taf.) * M. 3.

—— Lehrbuch der Mathematik für höhere Unterrichtsanstalten. 2 Thle. gr. 8. Leipzig, O. Wigand.
Inhalt:
Thl. 1. Planimetrie und ebene Trigonometrie. (206 S. mit eingedr. Holzschn.) 865. * 25 Ngr.
» 2. Arithmetik. (VIII und 317 S. mit 3 Illustr. in Holzschn.) 866. * 1 Thlr. 6 Ngr.

Wiecke, Paul, Lehrproben. Geometrische u. algebr. Betrachtgn. üb. Maxima u. Minima. Zum Gebrauch in den oberen Klassen höherer Lehranstalten, sowie zum Selbstunterricht, als Vorbereitg. f. den Besuch deutscher Hochschulen. gr. 8. (XVIII, 180 S. m. Fig. u. 7 Taf.) Berlin 894. G. Reimer. Kart. n. 5. —

Wiecke, Paul, Leitfaden für den Unterricht in der reinen und angewandten Mechanik. gr. 8. (IV und 172 S. mit 46 eingedr. Holzschn. und 1 Stnt. in 4.) Leipzig 865, O. Wigand.

Wiecke, (Ioannes Fridericus) Paulus (geb. am 20 Mai 1829 in Landsberg a. W.): Quaeritur, num duae ellipsoides quocunque modo sitae parallelos habeant diametros coniugatas ... Bonnae, typ. C. Georgii (1857). 1 Bl., 26 S., 1 Bl. 8.
Bonn, Phil. Fak., Diss. v. 1 Aug. 1857

Wiecke, Paul, algebraisches Uebungsbuch für mittlere und obere Klassen höherer Unterrichtsanstalten und zum Selbstunterrichte. 1. Reihe. gr. 8. (VIII, 87 S.) Berlin 868, G. Reimer.

— algebraisches Uebungsbuch für mittlere u. obere Klassen höherer Unterrichtsanstalten u. zum Selbstunterrichte. 1. Reihe. 2. Aufl. gr. 8. (VIII, 87 S.) Berlin 877. G. Reimer. — 75

Wiecke, Paul, s.: Zum 16. Februar 1907.

Wiecker, E. O., die Christus- oder Bernwardssäule auf dem großen Domhofe zu Hildesheim. Eine archäolog. Abhandlung. 4. (20 S. mit 4 Stnt.) Hildesheim 874, Lax.

Wieckes, Hans, Chronik von der Anlegung des neuen Rendsburg, s.: Wegener, von der Landeshoheit über das alte Rendsburg.

Wieckhorst, H., der Einfluss des Dampfmaschinenwesens auf die deutsche Volks- und Staatswirthschaft. Eine Studie. Lex.-8. (12 S.) Berlin 881, Burmester und Stempell. *

Wieckhorst, H., Der Einfluss des Dampfmaschinenwesens auf die deutsche Volks- und Staatswirthschaft. Eine Studie. Berlin 1881. 8.
Ist: Samml. wiss. u. krit. Schriften etc. H. 16.

Wieckhorst, H., der deutsche Eisenbahngütertarif der Zukunft. Eine volkswirthschaftliche Studie. Lex.-8. (14 S.) Berlin 880. Burmester & Stempell. n. — 30

Die Haftpflichtversicherung des Landwirts. Von H. **Wieckhorst**-Krempe. Kiel: Vollbehr & Riepen 1905. (14 S.) 8° [Umschlagt.] [05. 10568 3]

Wieckl, Ernst v., Julius Wolffs neuere Dichtungen. Kritische Essays. gr. 8. (V, 58 S.) Königsberg 901. Gräfe & Unzer, Buchh. n. 1. —

— es war einmal ... Roman aus der Gegenwart. (III, 204 S.) 8. Dresden 903. E. Pierson. n. 2.50; geb. n. 3.50

Wiecki, Ernst von: Carlyle's 'Helden' und Emerson's 'Repräsentanten.' *Königsberg i. Pr 1903: R. Leupold.* (53 S.) 8° ¶[Erschien vollst. 1903 bei B. Teichert in Königsberg i. Pr.]
Königsberg, Phil. Diss. v. 4. Febr. 1903

Carlyle's 'Helden' und Emerson's 'Repräsentanten' mit Hinweis auf Nietzsche's 'Übermenschen'. Krit. Untersuchungen von Ernst v. **Wiecki**, Dr. phil. *Königsberg i. Pr.: B. Teichert 1903.* (74 S.) 8° [03. 6647 10]

Wieczoreck, Rud., das lenkbare Luftschiff. gr. 8. (8 S.) Breslau 884. (Preuß & Jünger.) — 30

Wieczorek, Joannes (Albertus) *(geb. Groß-Wartenberg in Schles. 14. 3. 1837)*: Doctrina juris veteris Saxonici de rebus mobilibus. Vratislaviae 1863. (43 S.) 8°
Breslau, Jur. Diss. v. 28. Febr. 1863

Wieczorek, Paul [pr. Arzt aus Schlesien]: Aus d. patholog. Institut [sic!] d. Univ. Greifswald. Ueber die Erkrankungen der Kranzarterien des Herzens. ... Greifswald, Druck v. J. Abel, 1891; 31 S. 8°
Greifswald, Med. Fak., Inaug.-Diss. v. 21. Jul. 1891

Wieczorek, Paul: Ein Fall von diffusem Angioma cavernosum am Arme. Leipzig 1905: B. Georgi. (53 S.) 8°
Leipzig, Med. Fak., Ref. Trendelenburg. Diss. v. 8. Nov. 1905.

Wieczorek, Roman *(geb. Rogasen in Pos. 121. 7. 1839)*: Zur Resection des Ellenbogengelenks. Breslau (1869). (35 S.) 8°
Breslau, Med. Diss. v. 19. März 1869

Wieczorek, Rud., Predigt gehalten in Berlin am 21. Juny 1846. gr. 8. (1 B.) Berlin 846, Enslin'sche Buchh.

Wieczorrek, Julius

Wieczorrek, Jul., das rote Bändchen. Elsässische Vereinskomödie (in 2 Tln.). (168 S.) 8. Straßburg i/E. (Schwarzwaldstr. 48) 906. Selbstverlag. 2.50

Wieczorrek, Jul., die Papstliga. Eine Tragödie. 1. Tl. (III, 87 S.) 8. Dresden (906). E. Pierson. n. 1.50

Wieczorrek, Julius, 2 Prologe z. d. elsäss. Volksstücke „Die Opposition", zum 25. Regierungsjubiläum d. Schloßherrn d. Hohkönigsburg, 16 S., 8°.

— Vetter Silverstone. Schauspiel in 4 Aufzügen. (V, 97 S.) Ebd. (906). n. 1.50

Wieczory jesienne. Powiastki moralne dla młodzieży Tomasza z. Kent. — Cztéry powiastki przez autorkę wiązania Heleakt. 16. (VI und 228 S. mit 1 ill. Stnt.) Breslau 849, Schletter.

Wied, Karl Graf zu. Ein Lebensbild, s. Wengen, Fr. v. der.

Wied, Carl. s. Wied, Karl

Wied, Christian Gottfried (Lübben) A. S. 176/19

Dissertatio iuridica de reservationibus mentalibus. Präs. Abraham Kestner. Leipzig (Langenheim) 13. VII. 1746. 16 S.

Gew.: Johann Friedrich von Patow.

36634

Wied, Gustav

Wied, Gust., eine Abrechnung. Eine Komödie. (88 S.) 8. Stuttgart (904). A. Juncker. n. 1.50

Wied, Gust., Bauerngeschichten. (Autoris. Übersetzung v. Alfons Fed. Cohn.) 2. Aufl. (248 S. m. farb. Titelbild.) 8. Stuttgart (909). Berlin-Charlottenburg, A. Juncker Verl. 3.50

Wied, Gust., die leibhaftige Bosheit. Roman. Einzig berecht. Übersetzg. aus dem Dän. v. Mathilde Mann. 8. (302 S.) München 901. A. Langen. n. 3. —; geb. n. 4. —

— Die leibhaftige Bosheit. Roman. 3. Aufl. (Die Übertragg. besorgte Mathilde Mann.) (375 S.) 8. Ebd. (908). 4. —

— Circus Mundi. Autoris. Übertr. v. Ida Anders. 1.—3. Aufl. (181 S.) 8. Berlin-Charlottenburg (910). A. Juncker Verl. 2.50

Gustav **Wied**. Circus mundi. Autor. Übertr. von Ida Anders [d. i. Ida Jacob-Anders]. 3. Aufl. Berlin-Charlottenburg: Juncker (1910). 181 S. 8°

— Erotik. Satyrspiel in 3 Akten. Einzig berecht. Übersetzg. aus dem Dän. v. Mathilde Mann. 8. (179 S.) Ebd. 902. n. 2. —; geb. n. 3. —

— u. Jens Petersen, die erste Geige. Lustspiel in 4 Akten. Deutsche Übersetzg. v. Ida Anders. (238 S.) 8. Berlin (909). E. Reiß. 2.50

Lustige Geschichten. Von Gustav **Wied**. Autor. Übers. von Ida Anders [d. i. Ida Jacob]. Berlin, Stuttgart, Leipzig: Juncker (1907). 175 S. 8° [10. 11959]

— Lustige Geschichten. Autoris. Übersetzg. v. Ida Anders. 2. u. 3. Taus. (176 S.) 8. Stuttgart 907. Berlin-Charlottenburg, A. Juncker Verl. 2. —

— das schwache Geschlecht. Vier Satyrspiele. 8. (VII, 211 S.) Berlin 901. S. Fischer, Verl. n. 3. —; geb. n.n. 4. —

Wied, Gust., die alte Gnädige. Schauspiel in 5 Aufzügen. (120 S.) 8. Berlin(-Charlottenburg) (908). A. Juncker Verl. 2. —; geb. n 3. —

— die v. Leunbach. Einzig autoris. Übersetzg. aus dem Dän. v. Mathilde Mann. 8. (286 S.) München 900. A. Langen. n. 3. —; geb. n. 4. —

— Die v. Leunbach. Roman. (Einzig autoris. Übersetzg. aus dem Dän. v. Mathilde Mann. Umschlagzeichng. v. Lucien Bernhard.) 3. Aufl. (349 S.) 8. Stuttgart (908). Berlin-Charlottenburg, A. Juncker Verl. 4. —

Die von Leunbach. Roman von Gustav **Wied**. 5. Aufl. (Einzig autor. Übers. au d. Dän. von Mathilde Mann.) Berlin, Stuttgart, Leipzig: Juncker [1908]. 349 S. 8° [illegible]

Gustav **Wied**, Ein Neujahrsbesuch. Berlin: Vita [1898]. (S. 81–91.) 8° [F.]
= **Geschichten**, Kurze. 1, 8, [4.] [illegible]

Der alte Pavillon von Gustav **Wied**. Schauspiel in 4 Akten. Berlin-Charlottenburg: Juncker [1910]. 160 S. 8° [illegible]

— die Karlsbader Reise der leibhaftigen Bosheit. (Autoris. Uebersetzg. v. Mathilde Mann.) (325 S.) 12. Ebd. (903). n. 4. —; geb. n. 5. —

Wied, Gustav: Die Karlsbader Reise der leibhaftigen Bosheit (Autor. Übers. von Mathilde Mann). Mit Zeichn. von A. Gestwicki. 4. Taus. Berlin, Stuttgart, Leipzig: Juncker (1908). 270 S. 8°

— Die Karlsbader Reise der leibhaftigen Bosheit. 6. Aufl. Mit Zeichngn. v. A. Gestwicki. (Autoris. Übersetzg. v. Mathilde Mann.) (270 S.) 8. Ebd. (910). 4. —; geb. n 5. —

Gustav **Wied**. Die Karlsbader Reise der leibhaftigen Bosheit. (Autor. Übers. von Mathilde Mann.) 7. Aufl. Mit Zeichn. von A. Gestwicki. Berlin-Charlottenburg: Juncker (1910). 270 S. 8° [illegible]

— vier Satyrspiele. Autoris. Übersetzg. aus dem Dän. v Mathilde Mann. 8. (III, 204 S.) Ebd. 901. n. 2. —; geb. n. 3. —

— der Stolz der Stadt. Komödie in 5 Akten. (205 S.) 8. Ebd. (905). n. 2. 50

— Tanzmäuse. Ein Satyrroman. Autoris. Uebersetzg. v. Ida Anders. (Umschlagzeichnung u. Druckanordng. von Lucian Bernhard.) 2. Aufl. (276 S. m. Bildnis.) 8. Ebd. (906). n. 4. —
Auch dess. Verf. Schriften: Die leibhaftige Bosheit. — Erotik. — Die von Leunbach. — Vier Satyrspiele, aus d. Verlage von A. Langen-München sind an A. Juncker Verl. übergegangen.

— Tanzmäuse. Ein Satyrroman. Autoris. Uebersetzg. v. Ida Anders. 4. u. 5. Aufl. (276 S. m. Bildnis.) 8. Ebd. (908). 4. —

Tanzmäuse. Ein Satyrroman von Gustav **Wied**. Autor. Uebers. von Ida Anders [d. i. Ida Jacob]. 7. Aufl. Stuttgart, Berlin & Leipzig: Juncker [1909]. 276 S. 8° [illegible]

— Thummelumsen. Komödie in 4 Akten. Für die deutsche Bühne bearb. (112 S.) 8. Berlin 909. S. Fischer, Verl. 2. —; geb. n 3. —

Wied, Gustav: Die Väter haben Herlinge gegessen. Autor. Übertr. von Ida Anders [d. i. Jacob]. Berlin, Stuttgart, Leipzig: Juncker [1909]. 344 S. 8°

— Die Väter haben Herlinge gegessen. Autoris. Übertragg. v. Ida Anders. 2. Aufl. (344 S.) 8. Berlin-Charlottenburg (909). A. Juncker Verl. 4. —

Wied, Gustav: Die Väter haben Herlinge gegessen. Autor. Übertr. von Ida Anders. 3. Aufl. Stuttgart, Berlin, Leipzig: A. Juncker [1909]. 344 S. 8°

— Wie die Menschen einmal sind. Berechtigte Übersetzg. v. Ida Anders. (153 S.) 8. Berlin (908). Concordia. 2. —; geb. 3. —

Wied, Gustav, s. Wied-Bilderbuch.

Zweimal Zwei ist Fünf. Satyrspiel von Gustav **Wied**. Autor. Übers. von Ida Anders [d. i. Jacob]. 2. Taus. Berlin, Stuttgart, Leipzig: Juncker [1908]. 176 S. 8° [illegible]

— Zweimal Zwei ist Fünf. Satyrspiel. Autoris. Übersetzg. v. Ida Anders. 5. Aufl. (176 S.) 8. Stuttgart (908). Berlin-Charlottenburg, A. Juncker Verl. 2. 50

Wied, Karl, Leichtfaßliche Anleitung zur Erlernung der türkischen Sprache. Für den Schul- und Selbstunterricht. Zweite, verbesserte Auflage. 8. (VIII, 181 S.) Gebunden. [Bibliothek der Sprachenkunde. 15. Theil. 2. Auflage] 1.10
Wien: Hartleben 1895.

Leichtfaßliche Anleitung zur Erlernung der Türkischen Sprache für den Schul- und Selbstunterricht. Von Karl **Wied**. 3., verb. Aufl. Wien & *Leipzig: A. Hartleben [1900].* (VIII, 184 S.) 8° [F.]
= **Kunst** d. Polyglottie. T. 15.
(Bibliothek d. Sprachenkunde.)

Wied, Karl, leichtfaßl. Anleitg. zur Erlerng. d. türk. Sprache, s. a. Kunst, die, d. Polyglottie.

Wied, Carl, betitkállim bi'l-árabi? [Sprechen Sie Arabisch?] Arabischer Sprachführer, enth. eine kurze Grammatik, Gespräche und Lesestücke. 8. (VI, 93 S.) Leipzig 887, C. A. Koch's Verlagsh.

Wied, Carl, Deutsch-schwedische Brief- und Conversations-Schule. (Gespräche, Briefe, Anekdoten.) Tysk Svenska Samtal's-Och Skriföfningar af Carl Wied. 8. (VI, 182 S.) (Bibliothek der Sprachenkunde, 55. Theil.) Gebdn. 1.10
Wien: Hartleben 1897.

— deutsch-schwedische Brief- u. Konversations-Schule, s. a. Kunst, die, d. Polyglottie.

Wied, Carl, türkischer Dolmetscher. Anleitung, die türk. Sprache in kurzer Zeit sprechen zu lernen. Enth.: Einen kurzen Abriß der Grammatik, Gespräche m. interlinearer wörtl. Uebersetzg., systemat. Wörtersammlg., sowie e. kurzes alphabetisch geordnetes Wörterbuch. 8. (VII, 123 S.) Leipzig 884. O. Wigand. geb. n. 2. —

— Grammatik der deutschen Sprache f. Deutsche u. Ausländer, s.: Kunst, die, der Polyglottie. 20. Tl.

—— 'Ομιλεῖτε 'Ελληνικά [Sprechen Sie Neugriechisch?] Neugriechischer Sprachführer, enthaltend eine kurze Grammatik, Gespräche und Lesestücke für Reisende und Studierende. 8. (VII, 104 S.) Leipzig 882, C. A. Koch's Verlagsh.

—— ὁμιλεῖτε 'Ελληνικά? [Sprechen Sie Neugriechisch?] Neugriechischer Sprachführer, enth. eine kurze Grammatik, Gespräche und Lesestücke für Reisende und Studirende. 2. verb. Aufl. 8. (VII, 109 S.) Leipzig 886, C. A. Koch's Verlagsh.

Wied, Carl. 'Ομιλεῖτε 'Ελληνικά; (Sprechen Sie Neugriechisch?) Neugriechischer Sprachführer, enthaltend eine kurze Grammatik, Gespräche u. Lesestücke. 3. Aufl. 8. (VII, 110 S.) Lpz. 892, C. A. Koch. 2 50

Wied, Carl, ὁμιλεῖτε 'Ελληνικά; (Sprechen Sie Neugriechisch?) Neugriechischer Sprachführer, enth. e. kurze **Grammatik**, Gespräche u. Lesestücke f. Reisende u. Studierende. 3., verb. Aufl. gr. 8. (VII, 109 S.) Leipzig 893. Dresden, C. A. Koch. 2. 50

— dänische Konversations-Grammatik. gr. 8. (VIII, 342 S.) Heidelberg 898. J. Groos. Geb. in Leinw. n. 4. 60; Schlüssel (36 S.) kart. n. 1. 60

Wied, Karl, dänische Konversations-Grammatik. (Methode Gaspey-Otto-Sauer.) 2. verb. Aufl. (VII, 356 S.) 8. Heidelberg 909. J. Groos. Geb. in Leinw. 4.80; Schlüssel. (39 S.) Kart. 1.60

Wied, Carl: Die Kunst, die deutsche Sprache schnell zu erlernen. Kurzgefaßte theoretisch-praktische Anleitung, besonders für Ausländer, die deutsche Sprache in kürzester Zeit durch Selbstunterricht sich anzueignen. 8. (175 S.) (Bibliothek der Sprachenkunde. Band 20.) Wien: Hartleben 1889.

Wied, Carl. Die Kunst, die deutsche Sprache schnell zu erlernen, s.a. Kunst, die, der Polyglottie.

Wied, Carl. Die Kunst, die neugriechische Volkssprache durch Selbstunterricht schnell und leicht zu erlernen. (Aus: „Die Kunst der Polyglottie", 11. Theil.) 8. Wien. Pest. Leipzig 1889.

—— die Kunst, die neugriechische Volkssprache zu erlernen,
—— die Kunst, die türkische Sprache durch Selbstunterricht schnell und leicht zu erlernen,
} s.a. Kunst, die, der Polyglottie.

Wied, Carl, unter Mitwirkung von Mehmed Aslanoghlu: Die Kunst, die Türkische Sprache durch Selbstunterricht schnell und leicht zu erlernen. [= Die Kunst der Polyglottie. 15. Theil.] Wien. Pest. Leipzig o. J.

Wied, Carl, Praktisches Lehrbuch der Neugriechischen Volkssprache. Für den Schul- und Selbstunterricht. Zweite, verbesserte Auflage. 8. (VII, 184 S.) Geb. [Bibliothek der Sprachenkunde. 11. Theil. 2. Aufl.] 1.10
Wien: Hartleben 1893.

Praktisches Lehrbuch der Neugriechischen Volkssprache. Für den Schul- und Selbstunterricht herausgegeben von Carl Wied. 3., verbesserte Auflage. Wien. Pest. Leipzig. [1900.] Hartleben. 8°. VIII, 183 S.
Die Kunst der Polyglottie. Eine auf Erfahrung begründete Anleitung jede Sprache in kürzester Zeit und in Bezug auf Verständnis, Conversation und Schriftsprache durch Selbstunterricht zu erlernen. XI. Theil.

Praktisches Lehrbuch der neugriechischen Volkssprache. Für d. Schul- u. Selbstunterricht hrsg. von Karl **Wied**. 4., verb. Aufl. Wien & Leipzig: Hartleben [1910]. VIII, 183 S. 8°
(Bibliothek d. Sprachenkunde.)
(Die Kunst d. Polyglottie. T. 11.) [10. 14792

Wied, Carl, prakt. Lehrbuch der neugriech. Volkssprache, s. a. Kunst, die, der Polyglottie.

— praktischer Lehrgang zur Erlernung der deutschen Sprache nach Dr. F. Ahn's Methode, f. Griechen bearb. 1. u. 2. Curs. 8. (V, 116 u. 120 S.) Leipzig 884. Brockhaus. à n. 1. 50

—— praktischer Lehrgang zur Erlernung der deutschen Sprache, nach Ahn's Methode für Griechen bearb. 1. Curs. 2. verb. Aufl. 8. (VI, 116 S.) Leipzig 888, Brockhaus.
2. Curs. Ebendas. 1884. *ℳ 1.50.

— prakt. Lehrgang zur Erlerng. d. deutschen Sprache, nach F. Ahn's Methode f. Griechen bearb. 1. Curs. 3. Aufl. 8. (VI, 116 S.) Leipzig 897. F. A. Brockhaus. n. 1.50

Wied, Maximilian, Prinz zu (vgl. Maximilian)

zu Wied, Max Prinz, Brasilien. Nachträge, Berichtigungen u. Zusätze zu der Beschreibung meiner Reise im östl. Brasilien. gr. 8. (IV u. 144 S.) Frankfurt a. M. 850, Brönner. n. 2/3 ₰

Wied, Maximilien de, Brésil. **Quelques corrections indispensables à la traduction française (l.) de la description d'un voyage au Brésil.** gr. 8. (109 S.) **Francfort s. le M.** 853, Brönner. *

— siehe: Liste des fautes de la déscription du voyage dans l'intérieur du Nord de l'Amérique.

Wied-Neuwied, des Prinzen Maximilian, Reise nach Brasilien in den Jahren 1815 bis 1817. 2 Bde. Mit 22 Kupf. 19 Vign. u. 3 Karten. gr. 4. Frankf. a. M., Brönner. 819 u. 822.
fein Royalvelin
mit en gouache gemalt. Kupf. 2

— — Dieselbe. 2 Bde. Mit 1 Karte. gr. 8. Ebend. 820.

— — Dieselbe. Für die Jugend bearbeitet von C. Hildebrandt. 1r Band. Mit 2 Kupf. 8. Quedlinburg, Basse. 820.

Wied Maximilian Prinz zu, Reise in das innere Nord-Amerika in den Jahren 1832 bis 34. 2 Bde (1340 S u Karte gr 8°, 81 T qugrfol) Koblenz 1839-41

Wied, Prinz **Max** v., über die Selbstständigkeit der Species des ursus ferox Desm. Mit anatomischen Bemerkungen von C. Mayer. gr. 4. (54 S. mit 3 Stndrt., wovon 1 ill., in qu. gr. Fol.) (Bonn 857, Cohen und Sohn.) *
Aus: Abhandlungen der kaiserl. Leopold.-Carol. Akademie der Naturforscher, Vol. XXVI. P. 1., besonders abgedruckt.

Wied, **Max**. Prinz zu, Verzeichniss der Reptilien, welche auf einer Reise im nördlichen America beobachtet wurden. gr. 4. (VIII und 145 S. mit 7 ill. Kpfrt. in gr. 4. und qu. Fol.) Dresden 865. (Jena, Fr. Frommann.) *

—— Verzeichniss der auf seiner Reise in Nord-Amerika beobachteten Säugethiere. gr. 8. (240 S. mit 4 Stnt. in gr. 8. und gr. 4.) Berlin 862, Nicolai'sche Verlagsh. *

Wied-Neuwied, Fürst, Abdruck e. Promemoria &c., s. Abdruck.

Wiedasch, A., das Nordseebad. Eine kurze Darstellung seiner Wirkung und seines zweckmässigsten Gebrauchs mit besond. Bezug auf Norderney. gr. 8. (52 S.) Hannover 858, Schmorl und v. Seefeld. *

Wiedasch, (E.), **Verzeichniss sämmtlicher Zöglinge des Pädagogiums zu Ilfeld seit seiner Gründung. (Programm des königl. Pädagogiums zu Ilfeld Ostern 1853.) gr. 4. (122 S.) Nordhausen 853, (Büchting.) Thlr. ***

Wiedasch, Ernst

Wiedasch, E. W. Abschiedsrede des Prof. Wiedasch. 4 S.
Wetzlar, Progr. 1833

Wiedasch, E. A. Beschreibung des Tempels zu Olympia, der Bildsäule des Zeus u. seines Thrones daselbst. Aus Pausanias übers. 8 S.
Wetzlar, Progr. 1825

Wiedasch, Er., die Dialekte der griech. Sprache, nebst Auszügen aus den Klassikern. 1e Abtheil. Theoret. Thl. 18 ℊ 2e Abth. Prakt. Thl. 1 ℛ 8. Gießen 821, 22. Heyer. 1 ℛ 18 ℊ

Wiedasch, Ernst, s. Dichter. Griech. Bdch. 1–4.

Wiedasch, E., s. Homer's Werke.

Wiedasch, E. A. Oratio in Natalitiis LIX. Regis hab. 5 S.
Wetzlar, Progr. 1829

Wiedasch, Er., s. Pausanias Beschreibung von Hellas.

Wiedasch, Wilhelm

— Festrede zur Feier des 87. Geburtstages Sr. Maj. des Kaisers und Königs Wilhelm I. geh. am 22. März 1884. VIII S.
Progr. Lyz. II. *Hannover* 1884.

Wiedasch, W.: Ueber die Grösse unserer Zeit. Rede. 12 S. Hannover, st.Lyc. II, Progr. 1872.

Wiedasch, W., das Lied von der Glocke als ein Denkmal von Schiller's edler Geistesrichtung erläutert. 8. (59 S.) Hannover 859, C. Rümpler.

Wiedasch, W. Rede zur Feier des 80. Geburtstages Sr. Maj. des Kaisers und Königs Wilhelm I. und zur Entlassung der Abiturienten: Lebensgang und Charakterbild des Kaisers, Königs Wilhelms I. auf dem Hintergrund der geschichtlichen Ereignisse geschildert nach Goethe's Wort: „Es bildet ... Welt". 9 S. Lyz. II. *Hannover* 1878.
Progr.

— Rede bei der Gedächtnisfeier für Seine Majestät den Hochseligen Kaiser und König Friedrich gehalten im Lyceum II Hannover, den 30. Juni 1888. 4 (S. III—VIII
Progr. Lyceum II. *Hannover* 1889 (291

Wiedasch, Wilhelm. Trauer- und Gedächtnis-Rede zu Ehren des Hochseligen Kaisers und Königs Wilhelm, gehalten am 22. März 1888. (Umschlagtitel: Rede am 22. März zum Gedächtnis des ... Wilhelm.) 4 (S. III—VIII) Lyceum II *Hannover* 1888 (291
Progr.

—— wodurch ist Schiller der Lieblingsdichter der deutschen Nation geworden? Festrede, gehalten am 10. Nov. 1859 bei der Schulfeier des Lyceums. Lex.-8. (16 S.) Hannover 859, C. Rümpler.

Wiedasch, Wilh. Frid., quaestiones chronologicae de Horatianis quibusdam carminibus. Part. I. Quo tempore scriptum sit carmen I, 2. Cum excursu de Antonii morte. gr. 4. (42 S.) Nordhusae 847, Büchting. n. 1/3 ℛ

v. Wiedau, Wlh. Mlch., s. *Essai* d'un Manuel de littérature.

Wied-Bilderbuch. Proben aus seinen Werken u. Bilder aus Frau Wied's Privatschatulle. (68 S.) kl. 8. Berlin-Ch. (910). A. Juncker Verl.

Wiede, Ant., Gedichte für Schule und Haus zur Förderung der Sprach- und Gemüthsbildung und Vaterlandsliebe. 8. (VIII, 159 S.) Reichenberg 879, Jannasch.

Wiede, F. (Redacteur), siehe: **Gesellschaft, die neue.**

Wiede, Dr. F., der Militarismus. Social-philosophische Untersuchungen in gemeinverständl. Form. 156 S. 8. Zürich, Verlagsmagazin. 2.50 1877.

Wiede, F., üb. das Recht auf Arbeit u. unsere gesellschaftlichen Verhältnisse im Allgemeinen. Ein Mahnwort zum inneren Frieden. gr. 8. (43 S.) Berlin 885. R. Pohl. n. 1. —

Wiede, Fritz [aus Bockwa '(b. Zwickau Sa.)']: Über Eisen-nitrosoverbindungen ... München, Druck v. V. Höfling, 1897; 4 Bl., 51 S. 8.
München, Phil. Fak., Inaug.-Diss. v. 1897

Wiede, J. Heinrich

Wiede, J. H. Deutsche zahnärztliche Mißstände. Eine Kritik derselben u. Reformvorschläge. gr. 8. (76 S.) Berl. 892, Bohne. * 1 —

[Umschlagt.:] [F. u. Ant.] Unfug der zahnärztlichen Pseudo-Doktoren. [Von] J. H[einr.] Wiede, Dr. of Dental Surgery, Stettin. *Berlin: J. Bohne 1893.* (59, 22 S.) 1 Bd 8. 97. 726

Wiede, Karl, Referendar in Charlottenburg: Begriff und Wesen der Niederlassungsprokura (§ 50 Abs. 3 H.G.B.). Berlin 1907: W. Pilz. (IV, 58 S.) 8° [F.]
Jena, Jur. Fak., Ref. Rosenthal, Diss. v. 21. Dez. 1907
[Geb. 23. Okt. 78 Prenzlau; Wohnort: Charlottenburg; Staatsangeh.: Preußen; Vorbildung: Gymn. Prenzlau Reife O. 98; Studium: Straßburg 2, Berlin 7 S.; Rig. 12. Nov. 07.]

Wiede, P. En moderne Kötsch. Vortrag f. e. Dame. 8. (10 S.) Hamb. 891, Kramer Verlag. * — 40

Wiede, Th: Special-Catalog für Regulatoren. Chemnitz (1901?)

[F.] Aus dem Leben Herrn Georgs von Wiedebach '(1601–1657)'. Auszüge aus d. Beitzsch'er Archiv. Zsgest. v. seinem Nachkommen E. v. Wiedebach-Nostitz. *Sommerfeld: Dr. v. P. Hinke 1892.* (403 S., 2 Bl.) 1 Bd 8. 98. 3047

[F.] Herrn Georg's Vorfahren. Nach d. Beitzsch'er Archiv. u. and. Quellen zsgest. v. E. v. Wiedebach-Nostitz. *Sommerfeld: Dr. v. P. Hinke 1896.* (254 S.) 1 Bd 8. 98. 3048

Wiedebauer, C. Fr., Versuch e. Entwurfs über d. rechte Methode d. Cameralwissenschaften zu studiren. 4. Frankf. a. d. O. 778.

Wiedeburg, ..., (Hauptmann), († 1794.) Beschreibung seiner merkw. Seereisen, von der Mündung der Elbe bis nach Gibraltar. 8. Pyrmont 790. Helwing. 3 ℊ

Wiedeburg, Basilius Christian Bernhard

Anmerkungen über die vermischte Mathematik wie sie in des Herrn Baron von Wolfs Auszuge aus den Anfangs-Gründen aller mathematischen Wissenschaften vorgetragen wird. Hrsg. von Basilius Christian Bernhard Wiedeburg. Th.1.2. Jena: Melchior 1755–57. 1 Bd 8°

Th.1: Anmerkungen über die Mechanik, Hydrostatik, Aerometrie, Hydraulik, Optik, Katoptrik, Dioptrik, Perspectiv, Astronomie und Geographie. 1755.

Th.2: Anmerkungen über die Chronologie, Gnomonik, Artillerie, Fortification und Bau-Kunst. 1757.

Wiedeburg a. Wideburg, Bas. Chr. Bhrd., († d. 1. Juli 1758.) Erläuterungen u. Anmerkk. zu d. vermischten Mathematik; nach Wolfs Auszug aus den Anfangsgründen aller mathemat. Wissenschaften. 2 Thle. 8. Jena 755—57. (Cnobloch in Lpz.) 1 ℛ 18 ℊ

Basilius Christian Bernhard Wiedeburgs [Wiedeburg] Astronomische Betrachtung der grosen Finsterniß welche sich an der Sonnen...1748 ereignen wird. Jena: Marggraf (1748). 38 S. 8°

Wiedeburg, Bs. C. Bh., Einleit. z. Astrognosie nach d. Homannischen Himmelskarten. 8. Jena, Melchior. (Gabler) 745.

— Einleit. z. deutschen Wohlredenheit u. Beredsamkeit. 8. Jena, Melchior. 748.

Wiedeburg, Basil. Chr. Bernh. De extensione atque extensis. Jenae 1742. 4.

Wiedeburg, Basilius Christian Bernhard, Ausführliche Nachricht// von // einigen alten teutschen poetischen // Manuscripten // aus dem dreyzehenden und vierzehenden Jahrhunderte // welche // in der Jenaischen academischen Bibliothek // aufbehalten werden // herausgegeben // von // Basilius Christian Bernhard Wiedeburg // der Weltweisheit öffentlichen Lehrer und der Jenaischen teutschen Gesellschaft// Secretar. // JENA // Verlegts Johann Adam Melchiors sel. Wittwe. 1754. - 4 Blatt (nicht paginiert) Titelblatt und Vorrede. - 152 S.

— ausführl. Nachr. von dem gegenwärtigen Zustande d. Jenaischen Academie. 4. Jena 751. (Gnobloch in Leipz.) 16 gr.

— Nachricht von den Feierlichkeiten mit welchen das Andenken der vor 200 Jahren erfolgten Einweihung d. Jenaischen Universität begangen worden. 4. Jena 759. Melchior. (Gnobloch in Leipz.) 14 gr.

— de parallaxi orbis annui. 4. Ienae, Cröcker. 747.

Wiedeburg, Basilius Christian Bernhard: De stellis mutabilibus. Jenae 1739.

Wiedeburg, Basilius Chrn. Bernh. [Praes.], s. Wiedeburg, Hermann Justus: De propagatione luminis.

Wiedeburg, Chr. Just., († d. 7. Juli 1804.) Abhandl. v. d. Bestätigung bei den Kriegsgerichten. 4. Jena 759. Marggraf. 4 gr.

— Abhdl. v. d. Gerichtsbarkeit üb. die Landmiliz. 4. Jena, Melchior. 762.

— Abhandlung von der Gerichtsbarkeit über die Landmiliz. 4. Jena 766, Melchior. 8 gr.

Wiedeburg, Ch. Just., jurist. Abhandl. v. der Guaranda, oder Angelobung d. Gewähr d. Klage. 8. Jena 755. Gollner. 2 gr.

Wideburgius, Chr. Just.: Commentatio iur. de iuramento minorationis seu minutionis vulgo Minderungs- oder Vermindemngs-Eyd, ex genuinis Germanicarum fontibus deducta. Jenae 1757.

— commentatio de recusatione muneris nuncii judicialis feudi privationis causa. 4. Jena 761.

Wiedeburg, Christoph Ludwig

–Dissertatio iuris Germanici de adquisitione et resignatione iuris civitatis vulgo: Von Gewinnung und Aufgebung des Bürger=Rechts.
Präs. Theodor Georg Wilhelm Emminghaus. Ed. 2.
Jena 1765. 27 S.

W. v. : Präs. 36572

–Dissertatio iuridica inauguralis sistens differentias quasdam inter S.R. principes et comites.
Präs. Johann August Hellfeld.
Jena (Marggraf) 31.I.1758. 40 S. 36571

Wiedeburg, Christoph Tobias

Disputatio theologica inauguralis, theologiae fanaticae fundamentum de tribus partibus hominis corpore anima et spiritu.
Präs. Heinrich Wideburg (Bruder) Rec.
Wittenberg (Heber) 1728. 24 Bl.

Diss. Helmstedt 20. VI. 1695. 36573

Wiedeburg, Friedrich

Antiquitatum marggraviatus Misnici pars altera de veterum marggraviorum rebus gestis ab excessu Conradi M. usque ad Fridericum bellicosum ...
Halle (Hendel) 16. IV. 1735. 152 S.

Gew. : Martin Lukas Scheel, Johann Julius Surland. 36575

Wiedeburg, Fr., unparth. Betrachtungen üb. d. wichtigsten Begebenheiten u. Veränderungen d. deutschen Reichs- u. Kirchenstaats 2c. 8. Halle, Renger. 738.

— Diss. historica sistens examen consortii imperialis inter Ludovicum IV. Bavarum et Fridericum Austriacum Augg. 4. Halle 752.

— de libertate electorum S. R. I. in eligendis regibus Romanorum. 4. ibid. 744.

— origines et antiquitates marggraviatus Misnici. 4. ibid. 734.

— — id. lib. 4. Halae, Hendel. 740.

–Dissertatio inauguralis exhibens fideicommissorum et codicillorum originem. Präs. Simon Peter Gasser.
Halle (Grunert) III. 1731. 69 S.

Gew. : Garlieb Sillemius, Johann Anderson, Rutger Ruland, Daniel Stockfleth.
W. v. : Johann Peter Ludewig, Präs. 36574

— Panegyricus in memoriam pacis religiosae. 4. Halle 755.

Wideburg, Friedrich: „Sammlung vermischter Anmerckungen aus dem Staats-Recht und den Geschichten. Nebst einer bisher noch ungedruckten Vertheydigungs-Schrift Churfürsts Augusts zu Sachsen gegen Herzog Johann Friderich zu Sachsen-Gotha", Halle 1751 (Renger). — Vorh.: StB Nürnberg.

Serenissimo ac potentissimo principi ac domino domino Friderico regi Porussiae S. R. J. archicamerario et electori supremo Silesiae duci cetera magno felici invicto hostibus pulsis provinciis pace firmatis die 24. Jan. 1746 publice gratulata est numini maiestatique eius aeternum devota academia Fridericiana interprete Friderico Wideburgio academiae oratore. Halae Magdeburgicae Literis Joannis Friderici Grunerti Academ. et senat. typographi. fol.

Wideburg, Frid.: De vita et scriptis Joh. Petri de Ludewig commentarius. Halae 1757.

— de vita et scriptis Joa. et P. de Ludenry, commentarius. 8. Halle 757. Renger. 6 gr.

Wiedeburg, Friedrich August

Wiedeburg, F. A., Progr. An Homerus litteras noverit iisq. carmina sua consignaverit? Helmst. 785. 4. 6 gr.

— an Homerus literas noverit iisque carmina sua consignaverit. 4. Braunschw. 786. Schulbuchh. 16 gr

Wiedeburg, Fr. Aug., Juliae Carolinae anniversaria et Bibliothecae Rudolphae secularia sacra. 4. Helmstädt ... Fleckeisen. 2 gr

— Charakterzüge Chstph. Matth. Seidels. 4. Helmst. 797. Fleckeisen. 4 gr

Wiedeburg, Friedrich August, s. Cicero, M. T.: De Natura.

Wideburg, Friedrich August [Praes.], s. Dammann, Johann Friedrich: De humanae sentiendi et cogitandi facultatis natura ex mente Platonis sectio prior.

— üb. den Einfluß des Herzens auf die schönen Künste, insbesond. die redenden. 4. Helmst. 777.

Wiedeburg, F. A., Etwas zur Aufklärg. einig. Stell. i. V.'s Schäfergedichten. Pr. 20 S. 4°.

— etwas z. Aufklärung in Virgils Schäfergedichten. 4. Helmst. 778.

— Fest d. glückl. Zurückkunft Sr. Durchl. Hrn. Friedrich Wilhelm, Herzogs zu Braunschweig. 8. Helmst. 814.

Fridericus Augustus Wideburg [Wiedeburg]: De excolenda triplici memoriae Forma. [Resp.:] Ioan[nes] Henric[us] Philipp[us] Seidenstucker [Seidenstuecker]. Helmstadii (1789:) Kühnlin. 23 S. 8°
Helmstedt, Phil. Diss. v. 18. Juli 1789

— Gedächtnißrede über die Ausbreitung des guten Geschmacks. 4. Helmst. 780. Kühnlin. 3 gr

— Grundsätze, Plan, Disciplin u. Methoden f. d. pädagog. Institut in Helmstädt. 8. Dessau 781. Gelehrten-Buchh. 4 gr

— von d. Helden- u. Regenten-Ruhme des Hauses Braunschweig. 8. Helmst. 814. Fleckeisen. 3 gr

Wideburg, Friedrich August [Praes.], s. Hellfeld, Bernhard Gottlieb Huldreich: De Friderico duce Brunovicensi et Luneburgensi ad imperatoriam dignitatem destinato.

Wideburg, Friedrich August [Praes.], s. Kunhardt, H.: De Aristippi philosophia morali.

Wideburgii, F. A., Spec. I. II. Lectiones variantes in Heroidibus Ovidii ex cod. Helmst. excerptae. Helmst. 779. 83. 4.

— über prakt. Logik u. die Verbindung d. Logik u. Rhetorik. 8. Helmst. 789.

— humanistisches Magazin. 3 Bde. 8. Helmst. 788—90. Fleckeisen. 3 rthl Fortsetz. desselb., oder philolog.-pädagog. Magazin. 3 Bde. Ebd. 791—97. 2 rthl 12 gr

— memoria C. A. Bodii. 4. Helmst. 796. Fleckeisen, 4 gr

— memoria A. Ph. Frickii; praemitt. brev. narratio de studiis ictorum Helmstaedt. elegant. 4. Helmst. 798. Fleckeisen. 6 gr

— Nachricht von der ersten Apologie d. Augsburg. Confession. 4. Helmst. 772.

— oratio qua memoriam J. C. Wermsdorff defuncti in Aede Acad. concioni funeb. commendavit. 4. Helmst. 793. Fleckeisen. 3 gr

Wiedeburg, F. A., Oratio in memoriam J. C. Wermsdorfii. Helmst. 795. 4.

— de poetis Romanorum elegiacis. 4. Helmst. 773.

— praecepta rhetorica e libris Aristotelis, Ciceronis, Quinctiliani, Demetrii, Longini et aliorum excerpta ac disposita. 8. Braunschw. 786. Schulbuchh. 16 gr

— Academiae Vitebergensis sacra secularia tertia. 4maj. Helmst. 802. Fleckeisen. 3 gr

— Untersuchung d. Frage: in wiefern kann verhindert werden, daß diejenigen sich nicht d. Studiren widmen, welche dazu nicht taugen. 8. Dessau 783. Gelehrten-Buchh. 3 gr

— (sive Scheffler) Diss. Varietas interpretationis locorum quorund. difficiliorum in carminib. Homeri. Helmst. 786. 4.

— Verfassung u. Methoden d. philolog.-pädagog. Instituts zu prakt. Bildung d. Jugendlehrer, auf die Julius-Karls Universität zu Helmstädt. 8. Helmst. 797. Fleckeisen. 8 gr

— Vorlesung, worin d. jetzige Freude d. Braunschweiger d. Freude d. Römer bei d. Zurückkunft Trajans vom Rheine verglichen wird. gr. 8. Helmst. 794. Fleckeisen. 2 gr

Wiedeburg, H.

— systema theologiae moralis. 8. ibid. 737.

Wiedeburg, H., systema theologiae positivae. 8. Ienae, Buch. 736.

Wiedeburg, Heinrich [Praes.], s. Wiedeburg, Christoph Tobias: Theologiae fanat. fundamentum de tribus partibus hominis . . .

Wiedeburg, Hermann Justus

Dissertatio optica de propagatione luminis.
Präs. Basilius Christ. Bernhard Wideburg.
Jena (Marggraf) 27. IX. 1749. 36 S.

Gew.: Fhr. von Heimburg. 36578

Wiedeburg, Joachim Friedrich (Berlin) A. S. 1268/7

Dissertatio inauguralis medica, exhibens casum aegri ophthalmia laborantis. Präs. Friedrich Hoffmann.
Halle (Zeitler) V. 1717. 20 S.

Gew.: Balthasar und Georg Karl Rechenberg. 36635

Wiedeburg, Joachim Gerhard

— erweiterte Nachmittagspredigt vom Unglauben. gr. 8. Aurich (Bremen) 786. Förster. 6 gr

Wiedeburg, Joach. Grhrd., († ...) Voces ac formulae apud Romanos solemnes. 8. Halle 768. Waisenh.-B. 5 gr

Wiedeburg, Johann Bernhard

Johannes Bernhardus Wideburgius [Wiedeburg]: De Analysi mathematicorum. [Resp.:] Justus Bartholdus Wideburgius[Wiedeburg]. Disp.1.2. Helmstadii (1715-16): Hammius. 8°

Helmstedt, Phil.Disp.v. 2.Nov.1715 u.14.März 1716

— Anmerk. u. Erlaut. s. astronom. Bedenken v. Kometen. 8. Ebend. 746.

Joh. Bernh. Wiedeburgs, Mathem. Prof. Ord. Anweisung zu der allgemeinen oder Buchſtabenrechnung, ſamt deren Nutzen in der gemeinen Arithmetik und Geometrie, zum Gebrauch ſeiner Zuhörer in denen öffentlichen Vorleſungen entworfen. Jena, verlegts Georg Michael Marggraf. 8. 138 S. (6 gr.) 1750

Wiedeburg, Jh. Bhrd., († ...) Anweis. zu d. allgem. oder Buchstabenrechnung, sammt deren Nutzen in d. allgem. Arithmetik u. Geometrie, zum Gebrauch seiner Zuhörer in den öffentl. Vorlesungen entworfen. 8. Jena 751. Marggraf. 6 K

Wiedeburg, J. B., astronomisches Bedenken v. d. im J. 1743 u. 44. erschien. Kometen. 8. Jena, Melchior. 744.

Eclipsis totalis solis et terrae a.s.1715 d.3.Maii ... in boreali terrae hemisphaerio observanda pro illustrando calculo eclipsium solarium...Riccioli, Longomontani, Kepleri, Streeteni supputa & descripta a Joh[annes] Bernh[ardus] Wideburgio [Wiedeburg]. Helmstadii (1715:) Hammius. 54 Bl. 8°

J. B. Wiedeburg **Einleitung zu der höhern matheſi, darinn der Grund zu der Buchſtaben-Rechnung, geometria curvarum, analyſi endlicher und unendlicher Gröſsen, Trigonometria ſphaerica und aſtronomiſche Rechnungen für Anfänger auf das deutlichſte gelegt iſt, mit ſaubern Kupfern. Jena, Meyers W. 8.** 1726.

Joh. Bernh. *Wiedeburgs* Einleitung zu den mathematiſchen Wiſſenſchaften für Anfänger auf hohen und niedrigen Schulen, darinne der Grund zu der Arithmetic, Geometrie, Trigonometrie, Static, Hydroſtatic, Aërometrie, Mechanic, Hydraulic, Architectura civili und militari, Optic, Catoptric, Dioptric, Aſtronomie, Geographie, Chronologie und Horographie auf das deutlichſte gelegt wird. Jena. Joh. Meyers Witwe. 8. 1726.

— 2te uud vermehrte Auflage. Ebendaſ. 8. 1067 S. ohne Regiſter. 1735

— Einleitung zu d. mathemat. Wissenschaften f. Anfänger auf hohen u. niedern Schulen, m. K. 8. Jena, Meyer. (Stahl.) 735.

Wideburg, Jo. Bernhard [Praes.], s. H a y n i s c h , Jo. Christoph: Systema Copernicanum scripturae sacrae non esse oppositum.

Wideburgius, Jo. Bern., De influxu siderorum in temporamentum hominis. 20 pp. Jen. 4°. 1720

Institutiones mathematicae in usum auditorum conscriptae a Johanne Bernhardo Wideburgio [Wiedeburg]. Brunsvigae: Schröder 1718.

[Sondert.1: Wiedeburg] Wideburgius: Institutiones arithmeticae. Helmstadii 1716.
[Sondert.2: Wiedeburg] Wideburgius: Institutiones geometricae. Helmstadii 1716.
[Sondert.3: Wiedeburg] Wideburgius: Institutiones trigonometricae. Helmstadii 1717.
[Sondert.4: Wiedeburg] Wideburgius: Institutiones opticae. Helmstadii 1717.
[Sondert.5: Wiedeburg] Wideburgius: Institutiones astronomicae. Brunsvigae 1718.
[Sondert.6:Wiedeburg] Wideburgius: Institutiones architecturae militaris. Brunsvigae 1718
[Sondert.7:Wiedeburg] Wideburgius: Institutiones architecturae civilis. Brunsvigae 1717.
[Sondert.8:Wiedeburg] Wideburgius: Institutiones mechanicae. Brunsvigae 1718.
[Sondert.9:Wiedeburg] Wideburgius: Institutiones geographiae mathematicae. Brunsvigae 1718.
[Sondert.10:Wiedeburg] Wideburgius: Institutiones chronologiae mathematicae. Brunsvigae 1718.
[Sondert.11:Wiedeburg] Wideburgius: Institutiones horographiae. Brunsvigae 1718.

Inſtitutiones mathematicae in uſum auditorum conſcriptae a *Johanne Bernhardo Wideburgio* hactenus philoſophiae profeſſore extraordinario in academia Julia nunc matheſeos profeſſore publico ordinario et alumnorum ducalium inſpectore in illuſtri Salana. Brunsvigae ſumtib. Ludolphi Schröderi Bibliopolae. 4. 418 S. 1718.

Wideburg, Johann Bernhard (Helmstedt) A. S. 1320/46

Dissertatio mathematica de maculis solaribus praecipue iis quae ann. MDCCVIII et MDCCIX apparuerunt, nec non de methodo easdem observandi.
Präs. Rudolph Christian Wagner.
Hemstedt (Hamm) 20. IV. 1709. 66 S., 3 Taf.

Gew.: Gottfried Wilhelm von Leibniz.

36579

— s. G. K. Martius, Ingenieur.

— mathosis biblica, VII speciminibus comprehensa. 4. Ienae. 730.

Wiedeburg, Joh. Bernh. Nachricht von dem Cometen dieses jetzt lauffenden Jahres. Jena 1742. 4.

Wideburg, Jo. Bernhard [Praes.], s. N o l t e n , Johann Heinrich: Phaenomena mundi nascentis eiusdemque perituri mechanice explicata.

Wiedeburg de noxio matheſeos in theologia neglectu. Jenae und ſ. VII. ſpecimen matheſeos biblicae. 1718

De v i r i b u s insitis disquisitio, quam . . . praeside Jo. Bernh. Wideburgio examini submittet Just. Christoph. Oldendorf. Jenau, Excudebat Joh. Christoph. Crockerus. 1734. 4. 24 S.

Wiedeburg, Johann Ernst Basilius

***Wiedeburg*, Jh. Er. Basil, († d. 1. Jan. 1789.) Diss. de aëre corpora mundana ambiente. 4. Erl. 763.**

— Anleit. z. Kosmologie, e. Ausz. d. allgem. Naturlehre, u. d. ersten Gründe d. mathemat. phys. Astronomie u. Geographie, m. 7. K. gr. 8. Gotha, Ettinger. 776.

— Anleitung z. Rechnungswesen in Oekonomie- u. Cameralsachen? 8. Jena 773. Gröcker. 8 gr. Dass. in 4. Ebd. 16 gr.

— Beobacht. u. Muthmaßungen über die Nordlichter. 8. Jena 771. Hartung. 6 gr.

— Beschreib. d. Stadt Jena nach ihrer topograph., polit. u. akad. Verfassung. 3 Thle. gr. 8. Jena 785, 86. 2e Ausg. gr. 8. Weim. 795. Ind.-Cpt. 1 rthl 12 gr.

Beschreibung eines verbesserten Sonnen-Microscops. Von Joh[ann] Ernst Basilius Wiedeburg. Nürnberg: Bauer 1758. 44 S. 8°

— — Nürnberg bey Zech. 4. 44 Seit. 2 Kupfert. 1775

Wiedeburg, Johann Ernst Basilius (Jena) F, zp/10

Dissertatio philosophica qua de nonnulis ad doctrinam de permissione mali spectantibus et praesertim de legibus felicitatis a Ven. Boeldikio adsertis disseritur. Präs. Christian Ernst von Windheim.
Erlangen (Tetzschner) (24.)X. 1753. 20 S.
36636

— Einladung an seine Zuhörer zu einem neuen Rechnungs-Institut. 8. Jena 771.

— Einleitung in die physisch-mathemat. Kosmologie; e. Auszug d. allgemeinen Naturlehre u. d. ersten Gründe d. mathem.-phys. Astronomie u. Geographie. Mit 7 Kpf. gr. 8. Gotha 776. Ettinger. 1 rthl 12 gr.

Einleitung in die physisch-mathematische Kosmologie... von Joh[ann] Ernst Basil[ius] Wiedeburg. Gotha: Ettinger 1776. 438 S. 8°

— Diss. sistens elementa arithmeticae speciosae. 4. Erlang. 757.

— über die Erdbeben u. d. allgemeinen Nebel 1783. gr. 8. Jena 784.

— über den Geschmack in den bildenden Künsten. 8. Erlang. 759.

— Klugheit, Beredsamkeit u. Sitten in mündl. u. schriftl. Umgange. 8. Jena 762. Gröker. 6 gr.

— Mathematik für Aerzte, fortgesetzt u. vollendet von J. J. Kohlhaas. Mit 24 Kpf. 8. Jena 792. Gröker. 1 rthl 16 gr.

Wiedeburg, J. E. B.: „Kurzgefasste practische Mathematik für die, so sich auf die Rechtsgelahrtheit, Cameralwissenschaft und Oekonomie legen", Jena 1761.

— kurzgefaßte prakt. Mathematik für diejen., welche sich auf d. Rechtsgelahrtheit, Cameralwissenschaft u. Oekonomie legen wollen. gr. 8. Jena 761. (Centr.-Compt. in Lpz.) 1 rthl 16 gr.

— kurzgefaßte prakt. Mathematik, m. K. gr. 8. Jena, Cuno. (Stahl.) 764.

J. Ern. Basil. Wideburg Diss. de Microscopio solari et praesertim noua aliqua eiusdem constructione cuius sectionem priorem subiiciet examini, Resp. *Laurent. J. Jac. Lange.* Erlang. 3 Bogen. 1755.

— Diss. de microscopio solari, et praesertim nova aliqua ejus constructione. 4. Nürnb. 755. — Deutsch unt. d. T.: Beschreib. e. verbess. Sonnenmikroskops, mit Kpf. 4. Nürnb. 758. N. Aufl. 775. Bauer. 5 gr.

— Diss. astronom. (II) de motibus lunae et phaenomenis inde oriundis. Prs. I. et II. 4. Erlang. 757.

Wiedeburg, Joh. Ernst Basil. De motu terrae et lunae et phaenomenis inde oriundis. Erlangae 1756—57. 4.

— Diss. astronom. (I) de motu terrae et phaenomenis inde oriundis. 4. Erlang. 786.

— neue Muthmaßungen über d. Sonnenflecken, Kometen u. d. erste Geschichte d. Erde. gr. 8. Gotha 776. Ettinger. 4 gr.

(—) kurze Nachricht von dem uralten sogenannten Fuchsthurme u. der daselbst 1784 getroff. Einrichtung. gr. 8. Jena 784. Gröker. 4 gr. N. Aufl., mit 1 Titelkpf. gr. 8. Weimar 795. Industr.-Compt. 4 gr.

— — dasselbe. gr. 8. Weimar, Land. Ind. Compt. 784.

— Nachricht von d. gegenwärt. Zustande d. Academie Erlangen. Mit dazu gehör. Kpf. 4. Erlang. (759. Melchior). 16 gr. (NB. Es erschienen nur 6 Bogen, auch fehlen d. Kupfer).

Natur- und Grösenlehre, in ihrer Anwendung zur Rechtfertigung der heiligen Schrift, gegen angeblich in diesen Wissenschaften gegründete Zweifel, von *Joh. Ernst Basilius Wiedeburg.* Nürnberg, Raspe, 368 Octavseiten, 8 Kupfer. (1 Rthlr. 8 gr.) 1782.

— Natur- u. Größenlehre zur Rechtfertigung d. Heil. Schrift nach mathemat. Grundsätzen. 1r Thl., mit Kpf. gr. 8. Nürnb. 782. Bauer u. R. 1 rthl 8 gr.

Wiedeburg, Jh. Er. Bas., s. Murally u. Nelson.

Ob eine so grosse Verbesserung der Fernröhren zu hoffen sey, dass man dadurch Einwohner in den Planeten, wenn es dergleichen gäbe, deutlich genung erkennen könne? untersuchet bei einer feierlichen Gelegenheit *J. Ernst. Basil. Wiedeburg.* Jena. 4. 5 Bogen. 1762.

— Untersuchung d. Frage: ob eine so große Verbesserung d. Fernröhre zu hoffen sey, daß man dadurch Einwohner in den Planeten, wenn es dergleichen gäbe, deutl. genug erkennen könne? 8. Jena 763.

— Diss. de officio architecti circa aedificia litigiosa. 4. Jena 764.

— nähere Polizeivorschläge zu vorläuf. Anstalten u. Rettungsmitteln bei zu befürcht. Erdbeben. gr. 8. Jena 784. Gröker. 4 gr.

— Diss. sistens propositiones aliquot artem oratoriam spectantes: I. de oratoris fine et obiecto; II. de themate in orationibus politicis tutius non enunciando. 4. Erlang. 758.

— Rede von dem Glanze u. Vorzuge einer Stadt, wenn sie ihr Regent mit seiner Gegenwart begnadigt. 4. Erlang. 757.

— Rede von d. unermeßenen Glück großer Prinzen. 8. Erl. 754.

— Rede am Vermählungsfeste des Herzogs Ernst Fr. Karl zu Hildburghausen mit Ernest. Aug. Sophia, Prinzessin v. Weimar. 4. Erlang. 758.

Wiedeburg, Jh. Er. Bas., Schrift an die Bürger bei Gelegenheit d. Kometen. 8. Jena 769. Hartung. 5 gr.

Wiedeburg, Johann Ernst Basilius [Praes.], s. Seiler, Georg Friedrich: De motibus lunae et phaenomenis inde oriundis.

— von den Sternbildern u. den Hülfsmitteln, sie kennen zu lernen. 8. Jena 771. Hartung. 4 gr.

— über d. Studium d. Algebra. 8. Jena 775.

— logarithmische Tafeln des Hrn. v. Wolf vor d. gemeimen Zahlen von 1—1200 u. vor d. Sinus u. Tangenten. 8. Jena 764.

— von d. Verwandtschaft des Briefwechsels u. d. persönl. Besuche. 8. Jena 765.

— moral. Vorlesungen über d. gute Anwendung d. academ. Jahre, über den Rang d. rechten Hand, u. üb. d. Duelle. 8. Jena 772.

— Weinen u. ein Christ seyn: ob es ein Widerspruch sey? untersucht ꝛc. 4. Erlang. 758.

Wiedeburg, Johann Ernst Basilius, s. Zeitbuch f. Sternfreunde.

Wiedeburg, Justus Barthold: De Analysi mathematicorum, s. Wiedeburg, Johann Bernh. [Praes.]

Wiedeburg, Just. Thdr., Dimitri Donski, s. Oseroff.

Wiedeburg, Just. Thdr., († d. 2. Febr. 1822.) de philosophia Euripidis morali. 4. Helmst. 806. Fleckeisen. 5 gr.

Wiedeburg, Karl Albr., († d. 12. Jan. 1812.), s. F. J. *Bast*, epistola critica.

Wiedeburg, Michael Johann Friedrich

Wiedeburg, M. J. Fr, musikalisches Kartenspiel, wobey man allezeit e. musikal. Stück gewinnt. 8. Aurich, Winter. (Müller in Bremen.) 788.

— der sich selbst informirende Clavierspieler, oder deutl. Unterricht zum Clavierspielen. 3 Thle. gr. 8. Halle 763—75. Waisenh.-B. 4 Rthlr. 10 gr. (1r Thl. 18 gr. 2r, d. vollständ. Lehre vom Generalbaß. 1 Rthlr. 16 gr. 3r, vom Phantasiren auf d. Orgel, nebst Anweis. zu e. Geschicklichkeit, allerlei musikal. Stücke zu verfertigen u. zum Componiren zu gelangen. 2 Rthlr.)

Wiedeburg, Michael Johann Friedrich. Der sich selbst informirende Clavierspieler. 1. 2. Theil. Halle und Leipzig 1765. 1767. 3. Theil. Halle 1775.

— — vermehrt. prakt. Beytrag dazu, od. zweymal 24 leichte u. 24 etwas schwer. Präludia f. Orgel u. Klavier, a. d. gewöhnl. Tonarten. gr. 4. Ebend. 778.

— eines Christen Reise in Gedanken durch d. christl. Kirche. gr. 8. Leer 792.

— compendiöses französ.-deutsches Wörterbuch. gr. 8. Halle 765. Waisenh.-B. 4 gr.

Wiedeburg, *Otto* [Dr.]: Ueber die Gesetze der galvanischen Polarisation und der Electrolyse ... [Aus: Ann. d. Phys. u. Chem., N. F. Bd 51 Heft 2.] Leipzig, J. A. Barth, 1893; 46 S. 8.
Leipzig, Phil. Fak., Hab.-Schr. v. 18. Dez. 1893

Wiedeburg, Otto [aus Prottin a. d. Elbe]: Über die Hydrodiffusion. ... Leipzig, Druck v. Metzger & Wittig, 1890: 41 + 1 S. + 1 Bl. 8°
Berlin, Phil. Fak., Inaug.-Diss. v. 9. Aug. 1890

Wiedeburg, Paul

Ueber die psychischen Einflüsse auf Patienten in offenen Heilanstalten von Dr. med. [P.] **Wiedeburg.** Nebst Anh.: 1. Das Thüringer Waldsanatorium Schwarzeck bei Blankenburg im Schwarzathale. 2. Wichtige neuere Heilapparate f. physikal. Therapie. (Leipzig 1901[?]: Weber.) 31 S. 8° [u. 4520 7

Wiedeburg, Paul [aus Ingweiler (Unt.-Els.)]: **Entwicklung** des Carcinoms auf einem alten Geschwüre ... **Strassburg,** Buchdr. M. DuMont-Schauberg, 1895; 47 S. 8.
Erlangen, Med. Fak., Inaug.-Diss. v. 23. Juli 1895

Wiedefeld, J. H.

Die Ermordung | des | Obersten | Grafen Luigi Auviti | zu Parma in Italien. | Motto: Wie die Thaten so der Lohn, Zeigt sich oft auf Erden schon. | Nach Berichten dargestellt von | J. H. Wiedefeld. | Druck von Büttner & Winter in Oldenburg.
o. J., 4 Bl. n. n., 164 × 105.
LBO Jahrmarktslit. R. c. 3, 105.

Des Vaters Fluch, des | Sohnes Segen, | oder: | Die Errettung des Vaters vom | Hungertode. | Eine Schauder erregende warnende Geschichte | der Vorzeit | von | H. Wiedefeld. | Hierbei ein zur Geschichte passendes Lied. | Oldenburg. | Druck von Büttner & Winter.
o. J., 4 Bl. n. n., 168 × 105.
LBO Jahrmarktslit. R. c. 3, 104.

Das | erwachte Gewissen | beim | Gebete des Herrn, | oder | schreckliches Ende einer Mutter, | welche ihr Kind verhungern ließ. | Hierbei ein auf die Geschichte sich beziehendes, auf die Me- | lodie: »In Myrtills zerfall'ner Hütte« etc. verfaßtes Lied | von | J. H. Wiedefeldt. | Jever. | Druck von C. L. Mettker und Söhne.
o. J., 8 S., 171 × 117.
LBO Bänkelsängerlit. II, 64.

Das rothe Kind, | oder | die Thaten | eines furchtbaren Bösewichts | in Ungarn, welcher in 7 Jahren 196 Mordthaten begangen hat, | nebst einem | zur Geschichte verfaßten Liede | von | J. H. Wiedefeldt. | Oldenburg. | Schnellpressendruck von Büttner & Winter.
o. J., 4 Bl. n. n., 164 × 102.
LBO Bänkelsängerlit. II, 72.

Der Liebesmord, | verübt von dem Matrosen | Jan van de Berg | an seine Braut | am 27. April auf öffentlicher Straße | zu | Antwerpen. | Hierbei ein auf die Geschichte bezügliches Lied | von | J. H. Wiedefeld. | Jever. | Druck von C. L. Mettker und Söhne.
o. J., 8 S., 170 × 106.
LBO Bänkelsängerlit II, 8.
Der gleiche Text erschien noch einmal in »Oldenburg. | Schnellpressendruck von Büttner & Winter« (ebenda II, 9).

Die | verstoßene und schwergeprüfte | Milda, | oder: | Gott verläßt die Seinen nie, | Das Vateraug' bewachet sie! | Motto: | Auf Gott vertrau' in deinen Unglückstagen, | Er giebt den Seinen Kraft, die Leiden zu ertragen. | Hierbei ein auf die Geschichte beziehendes (sic) Lied, | verfaßt von | J. H. Wiedefeld. | Oldenburg. | Schnellpressendruck von Büttner & Winter.
o. J., 4 Bl. n. n., 170 × 115.
LBO Bänkelsängerlit. III, 118.

Der | Racheschwur, | oder: | Formosa, | das weibliche Ungeheuer. | Hierbei ein auf die Geschichte passendes Lied | verfaßt von | J. H. Wiedefeld. | Oldenburg. | Druck von Büttner & Winter.
o. J., 4 Bl. n. n., 174 × 114.
LBO Bänkelsängerlit. II, 17.

Wiedekind, Melchior Ludwig. s. W i d e k i n d , Melchior Ludwig

Wiedel, Geo., drei Beobachtungen über Elephantiasis scroti mit Ergießung lymphatischer Flüssigkeit. Inaugural-Abhandlung. Mit 1 Abbild. gr. 4. Würzburg 837. (Hannover, Hahn.) n. 11 *gl*

Wiedel, Hermann

Wiedel, Herm., de Horatio poeta philosopho. Dissertatio inauguralis. gr. 8. (38 S.) Hildesiae 875. (Jena, Deistung.) n. — 60

Wiedel, *Hermann*: Satzreihen zu übersichtlichen Wiederholungen aus dem Gebiete der lateinischen Syntax. 8° (1 Bl. 48 S.)
Progr. Stadt. G. u. Rg. in d. Kreuzgasse *Köln* 1897 (492).
Nur für der Anstalt näher stehende Kreise ausgegeben.

Wiedel, Hermann: Die Vorgeschichte der Anstalt.
S. 13–14. 4. **Progr.** Städt. Progymn. *Köln Ehrenfeld* 1901 (490a).

Wiedel, Paul: Über einen F a l l von geschwürig zerfallenem Gummi im Kehlkopf bei einem kongenital-syphilitischen Kinde von sechs Monaten. Berlin (1905): G. Schade. (28 S.) 8°
Berlin: Med. Fak., Ref. Kraus. Diss. v. 1. Mai 1905.

Wiedemann, s.a. W i e d e n m a n n .

Gustav Heinrich **Wiedemann** geb. am 2. Oct. 1826 zu Berlin gest. am 23. März 1899 zu Leipzig. Ein Erinnerungsbl. *(Leipzig [1899]: Metzger & Wittig.)* (21 S.) 8° [oo. 3083]

Wiedemann, die Bäder im salzigen See bei Ober-Röblingen. Ein balneolog. Beitrag. gr. 8. (1¼ B.) Leipzig 845, Schreck. *

Wiedemann, die Bäder im salzigen See bei Ober-Röblingen. Ein balneolog. Vortrag. 2. Aufl. Halle 870. Pfeffer. 8. (28 S.) n. 5 *ngr.*

Wiedemann, die augenärztliche Tätigkeit d. Sanitätsoffiziers. (VII, 98 S.) 8. Wiesbaden 907. J. F. Bergmann. 1. 60

Wiedemann, was mus der Arzt vom Krankenversicherungsgesetz wissen? Mit e. Vorwort v. Eversbusch. (VII, 162 S.) 12. München 904. Seitz & Schauer. n. 1. 60

(B) **Wiedemann**, was muss d. Arzt vom Krankenversicherungs-Gesetz wissen. 904. (KBl. 34.) Jetzt: München, Verl. d. ärztl. Rundschau.

Wiedemann, A. Zur Entwicklung des Vers.-Vertrages. Berlin 1886.

Wiedemann, A., Gesetz betr. die Unterbringung verwahrloster Kinder. Vom 13. März 1878. [Ges. S. S. 132.] Nebst den abändernden Gesetzen vom 27. März 1881 [G. S. S. 275] und 23. Juni 1884 [G. S. S. 306]. Erläutert. Anhang: I. Uebersicht über die Entstehung des Gesetzes. II. Ausführungserlasse und Formulare. III. Ausführung-Reglements. gr. 8. (220 S.) Berlin 887, Puttkammer und Mühlbrecht.

Wiedemann, A. Lebensbilder aus der Assekuranzgeschichte. Berlin 1888.

—— Rechtsgrundsätze des königl. preußischen Ober-Verwaltungsgerichts, s. Parey, K.

Wiedemann, A., die Theilung der Prov. Preußen. Ein Beitrag zur Geschichte der Theilungsfrage, nebst kurzer Erläuterung des Gesetzes vom 19. März 1877 u. des Uebereinkommens vom 13. Juni u. 13. Octbr. 1877. gr. 8. (90 S.) Königsberg 878. Hartung. n. 1. 20

Wiedemann, A., die communale Verfassung und Verwaltung der Prov. Ostpreußen. gr. 8. (VI, 251 S.) Königsberg 881, Hartung'sche Verlagsdruckerei.

—— die gesetzlichen Vorschriften in Bezug auf Rotzkrankheit der Pferde und Lungenseuche des Rindviehs. Zum Handgebrauch für Ortspolizeibehörden, Thierärzte und Viehbesitzer [zunächst in Ost- und Westpreußen] zusammengestellt und erläutert. Mit einem Sachregister. 8. (48 S.) Ebendas. 878.

Wiedemann, A. J., Exhorten. I. Der Weihnachtsfestkreis. 8. (VII und 136 S.) Regensburg 861, Manz. —

Wiedemann, A. J., Exhorten. II. und III. 8. Regensburg 864,66, Manz. à 19½ Ngr.
Inhalt:
II. Der Osterfestkreis. (VII und 215 S.)
III. Pfingstfestkreis. (222 S.)
I. Ebendas. 1861. 13¼ Ngr.

Wiedemann, A. J., Exhorten. III. Pfingstfestkreis. Regensburg 868. Manz. 8. (222 S.) 19½ *ngr.*

Der neue Hirt. Schauspiel in 3 Aufz. Von Adolf [R[r] v. **Wiedemann**-] Warnheim. (Leipzig: O. Vieweg) 1893. (77 S.) 8° [F.]
(Neue Bibliothek f. d. Deutsche Theater.) [06. 11593]

Adolf **Wiedemann**. Aus dem Leben einer Florentinerin des XVI. Jahrhunderts. Mit 4 Taf. Straßburg: J. H. E. Heitz 1907. (120 S.) 8° [F.] [07. 10601]

Wiedemann, Adf., Gottes Schwert. Bilder aus der Zeit Savonarolas nach alten Aufzeichnungen. (133 S.) 8. Straßburg (907). J. H. E. Heitz. 2. 50

Wiedemann, Albert, Dr. d. Staatswiss.: Die Sächsischen **Eisen**bahnen in historisch-statistischer Darstellung. *Leipzig: Th. Thomas (1902).* (263 S.) 8°
Tübingen, Staatswiss. Diss. v. 1902

Wiedemann, Albert: **Typhus abdominalis** auf der I. medizinischen Klinik und Abteilung des Herrn Geh.-Rats v. Ziemssen in den Jahren 1895 mit 1899. *München 1900: Kastner & Lossen.* (20 S.) 8° ¶ [Aus: Annalen d. städt. allgem. Krankenhäuser zu München, Bd 11.]
München, Med. Diss. v. 1901

Wiedemann, Alfred

Die Amulette der alten Aegypter. Von Dr. Alfred **Wiedemann**, Prof. Leipzig: Hinrichs 1910. 32 S. 8°
(Der Alte Orient. Jg. 12, H. 1.) [10. 11834]

— Beiträge zur ägyptischen Geschichte. [Auszug aus der Zeitschrift für Aegyptische Sprache und Alterthumskunde 1885.] [Leipzig 1885.]

Wiedemann, Alfr., die ältesten Beziehungen zwischen Aegypten und Griechenland. Vortrag, gehalten an der Universität Bonn den 27. Octbr. 1882. gr. 8. (22 S.) Leipzig 883, Barth.

— Zur Chronologie der Arsinoe Philadelphos. S. A. 1886. 10 S.

Wiedemann, Alfred: Die ägyptischen Denkmäler des Provinzial-Museums zu Bonn und des Museum Wallraff-Richartz zu Köln. [SA. aus den Jahrb. des Vereins von Alterthumsfreunden im Rheinl. Heft LXXVIII.] Bonn 1884.

— Die Ehe des Ptolemaeus Philadelphus mit Arsinoe II. (SA. aus: Philologus N. F. Bd. I, 1. p. 81—91.] [Göttingen 1888.]

Wiedemann, A., L'Ethiopie au temps de Tibère et le trésorier de la reine Candace. S.-A. 1884. 12 S. —.80

Wiedemann, Alfr., Geschichte Aegyptens von Psammetich I. bis auf Alexander den Grossen nebst einer eingeh. Kritik der Quellen zur aegypt. Geschichte. gr. 8. (VIII, 312 S.) Leipzig 880. Barth. n. 6. —

Wiedemann, Alfred. Ägyptische Geschichte. Teil 1. 2. [= Handbücher der Alten Geschichte. I. Serie. 1. Abteilung.] Gotha 1884.

— ägyptische Geschichte, s.a. Handbücher der alten Geschichte.

Wiedemann, Alfr., Geschichte v. Alt-Ägypten, s.: Reiche der alten Welt.

— u. B. Pörtner, ägyptische Grabreliefs aus d. grossherzogl. Altertümer-Sammlung zu Karlsruhe. Mit 7 Taf. in Lichtdr. (32 autogr. S.) 4. Strassburg 906. Schlesier & Schweikhardt. n. 7. 50

Wiedemann, Alfr., s.: Grabsteine u. Denksteine, ägyptische, aus verschiedenen Sammlungen.

Wiedemann, Alfr. Index der Götter- u. Daemonennamen zu Lepsius, Denkmäler aus Aegypten u. Aethiopien. 3. Abthl. (Bd. V—VIII). gr. 8. (75 autogr. S.) Lpz. 892, Köhler's Antiquarium. ** 6 —

Wiedemann, A., Die griech. Inschrift von Abu-Simbel. S.-A. 1880. 9 S.

Wiedemann, Alfred: Inschriften aus der Saitischen Periode. [Tirage à part du Recueil de travaux . . . VIIIe année, p. 63 et suiv.] o. O. u. J.

Magie und Zauberei im alten Ägypten. Von Dr. Alfred Wiedemann, Prof., Bonn. Leipzig: J. C. Hinrichs 1905. (32 S.) 8° [G.]
= Orient, Der alte. Jg. 6, No 4.

Wiedemann, Alfred: Die Saitischen Monumente des Vatikans. [Tirage à part du Recueil de travaux relatifs à la philologie et à l'archéologie égyptiennes et assyriennes. VIe année, p. 115 et suiv.] o. O. u. J.

Wiedemann, A., Die Religion der alten Ägypter. Münster, Aschendorff, 1890, gr. 8°, 176 S., 2,75 Mk. (Bd. 3 aus: Darstellungen aus dem Gebiete der nichtchristl. Religionsgeschichte.)

—— Die Religion der alten Ägypter, s. Darstellungen aus dem Gebiete der nichtchristlichen Religionsgeschichte.

Altägyptische Sagen und Märchen. Deutsch von Alfred Wiedemann. Leipzig: Deutsche Verlagsactiengesellsch. 1906. (VII, 153 S.) 8° [G.]
= Volksmund. Bd 6. [06. 13044

— Sammlung altägyptischer Wörter, welche v. klassischen Autoren umschrieben od. übersetzt worden sind. gr. 8. (46 S.) Leipzig 883. Barth. n. 5. —

Wiedemann, Alfred: Die gnostische Silbertafel von Badenweiler. [A.] o. O. u. J. 4°

—— Ägyptologische Studien. Die Praeposition χeft. Die Augenschminke mestem. gr. 8. (44 autogr. S.) Bonn 889, Henry. 2 50

Wiedemann, Alfred, Assist. a. Inst. f. Landw. Tierproduktionslehre d. Univ.: Aus d. chemischen Institut d. Universität Breslau. Synthese α, α'substituierter Pyridine. Experimenteller Beweis für d. Identität d. α- u. α'-Stellung im Pyridin. *Breslau 1903: H. Fleischmann.* (56 S.) 8°
Breslau, Phil. Diss. v. 28. Juli 1903

—— über babylonische „Talismane" aus dem historischen Museum im steierisch-landschaftlichen Joanneum zu Graz, s. Fischer, H.

— hieratische Texte aus den Museen zu Berlin u. Paris, in Fcsm. mit Uebersetzung u. sachl. Commentar hrsg. Imp.-4. (VII, 23 S. mit 14 Steintaf.) Ebend. 879. cart. n. 16. —

Die Toten und ihre Reiche im Glauben der Alten Ägypter von Prof. Dr. A[lfred] Wiedemann in Bonn. *Leipzig: J. C. Hinrichs 1900.* (36 S.) 8° [G.]
= Orient, Der alte. Jg. 2, H. 2. [00. 7804

Wiedemann, Alfred: Die Toten und ihre Reiche im Glauben der alten Ägypter. 2., durchges. Aufl. Leipzig: Hinrichs 1902. 35 S. 8°
(Der alte Orient. Jg. 2, H. 2.)

Die Toten und ihre Reiche im Glauben der alten Ägypter von Dr. Alfred Wiedemann, Prof. 3. durchges. u. verb. Aufl. Leipzig: Hinrichs 1910. 36 S. 8°
(Der alte Orient. Jg. 2, H. 2.) [10. 10621 B

Wiedemann, Alfred: Die Unsterblichkeit der Seele nach altägyptischer Lehre. [A. aus den Jahrb. d. Ver. v. Alterthsfr. im Rheinl. LXXXVI.] Bonn: Henry 1888. 4°

Die Unterhaltungslitteratur der alten Ägypter von Dr. Alfred Wiedemann, Prof., Bonn. *Leipzig: J. C. Hinrichs 1902.* (32 S.) 8° [G.]
— Orient, Der alte. Jg. 3, H. 4. [02. ...

Wiedemann, Alfred: Die Unterhaltungslitteratur der alten Ägypter. 2., durchges. Aufl. Leipzig: Hinrichs 1903. 32 S. 8°
(Der alte Orient. Jg. 3, H. 4.)

Wiedemann, Alfred: Winckelmann's Urtheil über die ägyptische Kunst und die Profankunst der alten Aegypter. [SA. aus den Jahrbüchern des Vereins von Alterthumsfreunden im Rheinlande LXXVII.] Bonn 1884.

Wiedemann, Alfred, bacc. iur. a. Leipzig: Das kaufmännische Zurückbehaltungsrecht. ⟨H.G.B. §§ 369—372.⟩ Leipzig: O. Wigand 1907. (108 S.) 8°
Leipzig, Jur. Fak., Diss. v. 4. März 1907
[Geb. 27. Jan. 83 Leipzig; Wohnort: Leipzig; Staatsangeh.: Sachsen; Vorbildung: Nikolai-Gymn. Leipzig Reife O. 02; Studium: Leipzig 7. München 2 S.; Rig. 11. Juli 06.]

WIEDEMANN, Anton (Heudorf): Über Meningitis tuberculosa bei Kindern.- München: Wolf 1893. 51 S.
13.7.1893 - Chr 1893/94,11; Jv 1893/94,205
Diss. Ingolst.-Landsh.-Mchn.

Wiedemann, (Karl) Arthur: Die pädagogische Bedeutung des Abtes Ignaz von Felbiger. Ein Beitrag zur Geschichte der Pädagogik des XVIII. Jahrhunderts . . . Plauen i.V.: F. E. Neupert, 1890; 52 S., 1 Bl. 8°
Leipzig, Phil. Fak., Inaug.-Diss. v. [8.Dez.] 1890.

Wiedemann, A(rthur), Dr.: Johann Julius Heckers pädagogisches Verdienst. *Plauen i. V. 1900: Neupert.* (48 S.) 4°
Plauen i. V., st. R m. Realgymnasialkl., OP 1900 (619)

Wiedemann, August *(geb. Lichtenberg bei Grottkau 15. 11. 1846)*: Drei bemerkenswerthe Fälle von Spina bifida. Breslau 1872. (30 S.) 8°
Breslau, Med. Diss. v. 26. März 1872

Wiedemann, B.: Nachrichten über das höhere Unterrichtswesen zu Attendorn vom Anfange des 16. Jahrhunderts bis zur Errichtung des Progymnasiums daselbst. 26 S. – Attendorn, Progr. 1858.

Wiedemann, Barbara, s. W i d e n m a n n , Barbara

Wiederholungen aus der Lektüre. Von C. **Wiedemann**. Königsberg Nm.: J. G. Striese in Komm. 1904. (102 S.) 8° [8.] [05. 15692

Wiedemann, C. G., s. W i e d e m a n n , Karl Gottfried

Wiedemann, C. P., s. W i e d e m a n n , Karl Paul.

Wiedemann, Christian (Christoph?) Rudolf Wilhelm

Wiedemann, **Chr. Rud. Wilh., Achias dipterorum genus a** Fabricio conditum; illustratum novisque speciebus auctum et conventui physicorum Germanorum oblatum. 8maj. (1 B. u. 2 Stnt.) Kiliae 830, (Universitäts-Buchh.)

Wiedemann, (C. R. G.,) Analecta entomologica ex Museo Regio Havniensi maximo congesta, iconibus illustrat. 4 maj. Kiliae 824, (Altonae, Hammerich,) Schrbp. 1 Rthl. — Weiss Druckp.

C[hristian] R[udolf] W[ilhelm] Wiedemann's Anweisung zur Rettung der Ertrunkenen, Erstickten, Erhängten, vom Blitze Erschlagenen, Erfrorenen u. Vergifteten nach neuesten Beobachtungen... entworfen. Braunschweig: Schul- Buchh. 1797. VIII, 156 S. 8°

Wiedemann, C(hristoph) R(udolf) W(ilhelm): Anweisung zur Rettung der Ertrunkenen, Erstickten, Erhängten, vom Blitze Erschlagenen, Erfrorenen und Vergifteten. 2.verbess.und verm.Aufl. 178 S., gbd.

Braunschweig: Schulbuchhandlung 1804

— Archiv für Zoologie u. Zootomie. 1r Bd. 1s Stück, mit Kpf. gr. 8. Berl. 800. Voß. 1 ꝛß 1r Bd. 2s Stck. u. 2r—4r à 2 Stcke. u. 5r Bd. gr. 8. Braunschw. 800—806. (Vogler in Potsd.) 8 ꝛß 12 ggr

— — deff. in Bdes 2r Thl. u. 2r 3r 4r u. 5r Bd. gr. 8. Braunschweig, Reichard. 800 — 805. (I. 2. 2 Rthlr. II. 1. 2. III 1. 2. IV. 1. 2. à 1 Rthlr. 12. gr. V. 2 Rthlr.)

— s.a. Archiv f. Zoologie. 1800 ff.

Ueber das fehlende Brustbein. Ein Programm bey dem Antritte des Professorats... zu Braunschweig von W. R. C. Wiedemann [Christian Rudolf Wilhelm] Wiedemann. Braunschweig 1794: Kircher. 14 S. 8°

Wiedemann, Christ. Rudolf Wilhelm, s. C u v i e r : Entwurf d. Naturgeschichte.

— Diptera exotica. Sectio. I—II. Kiliæ. 1820 —21.

— **Diptera exotica. Pars I. cum tab. aeneis duabus. 8maj. Kiel 821. (Hamm, Schulz). 1 ꝛß 18 ggr**

Wiedemann, Christ. Rudolf Wilhelm, s. F a u j a s de St. Fond: Reise . . .

Wiedemann, Christ. Rudolf Wilhelm, s. F o u r c r o y : System d. chem. Kenntnisse.

Wiedemann, Christ. Rudolf Wilhelm, s. F u n k e , K. P.: Gesch. d. Menschen.

Ueber Pariser Gebäranstalten und Geburtshelfer[den] letzten Schaamfugenschnitt und einige andere zu Paris beobachtete Geburtsfälle. Von C[hristian] R[udolf] W[ilhelm] Wiedemann. Braunschweig: Vieweg 1803. VI, 145 S. 8°

— **nova dipterorum genera, cum 1 icon. 4. Kiel 820. (Altona, Hammerich). 16 ggr**

Wiedemann W. R. C.: Handbuch d. Anatomie. Braunschw. 1796. 340 S.

— Handbuch d. Anatomie. gr. 8. Braunschw. 796. 2e A. 802. 3e A. 812. Götting., Vandenhöck u. R. 1 ꝛß

Wiedemann, C(hristoph) R(udolf) W(ilhelm): Handbuch der Anatomie. 3.verbess.Aufl. 312 S., gbd.

Göttingen: Vandenhoeck & Ruprecht 1812

— **Handbuch d. Anatomie. 3te Aufl. gr. 8. Götting. Vandenhoeck u. R. 813.**

Wiedemann, Christ. Rudolf Wilhelm, s. H a r w o o d : System . . .

[Christian Rudolf Wilhelm] Wiedemann, [Karl] Himly [1772–1837] und (Theodor Georg August) Roose über das Impfen der Kuhblattern. ...aus dem Braunschweigischen Magazin bes. abgedrukt u. mit e. Anh. versehen. Hrsg. von Theodor Georg August Roose. Bremen: Wilmans 1801. 72 S. 8°

—— außereurop. zweiflügelige Insekten. Als Fortsetz. d. Meigen'schen Werkes. 2 Thle. gr. 8. Hamm, Schulz. [1. (40 B. u. 7 Stnt.) 828. 4 Thlr. 8 Gr., Vlnp. 5 Thlr. 12 Gr., 2. (43½ B. u. 5 Stnt.) 830. 4 Thlr. 16 Gr., Vlnp. 5 Thlr. 12 Gr.] 9 Thlr., Vlnp.
Vgl. Meigen, J. W.

— Lesebuch für Hebammen; enthalt. Geschichten von schweren Geburten u. belehrende Gespräche darüber, nebst e. Schwangerschaftskalender. 8. Kiel 812. Hesse. 1 ꝛß 8 ggr 2e Aufl. gr. 8. Kiel 826. Univers.-B. 1 ꝛß 12 ggr

— **Lehrbuch f. Hebammen; enthalt. Geschichten von schweren Geburten u. belehrende Gespräche darüber, nebst einem Schwangerschaftskalender. 8. Kiel, Akadem. Buchhandl. 814.**

— **Lehrbuch f. Hebammen; enthalt. Geschichten v. schweren Geburten u. belehr. Gespräche darüber, nebst e. Schwangerschafts-Kalender. 2e Aufl. gr. 8. Kiel 826, Univers.-Buchh.**

— zoologisches Magazin. 1r Bd. 1s Stück, mit 2 Kpf. gr. 8. Kiel 817. Hesse. 1 ꝛß 12 ggr

— Dessen in Bdes 2s, 3s Stück. gr. 8. Altona 819. Hammerich. (2s Stck. 1 ꝛß 8 ggr 3s Stck. 1 ꝛß 16 ggr) 3 ꝛß

— zoolog. Magazin. 2r Bd. 1s u. letztes Stück. gr. 8. Altona 823. Hammerich. 20 ggr

Wiedemann, Christ. Rudolf Wilhelm, s.a. M a g a z i n , Zoologisches.

Wiedemann, Christ. Rudolf Wilhelm, s. M é h é e , Jh.: Abhandl. von Schußwunden.

— **modern english Poems, containing: Gertrude of Wyoming and the pleasures of Hope by Campbell etc. Vol I. gr. 8. Kiel 815 Hesse. 1 ꝛß 18 ggr**

— Vol. II. cont. Lara and Ode to N. Buonaparte by Lord Byron, the Lyde of the Lake and the fields of Waterloo by W. Scott, miscellaneous Poems by J. Carr, W. Wordsworth etc. Ebd. 816. 1 ₰ 18 gr.

Wiedemann, Christ. Rudolf Wilhelm, s. Stuve, J.: Lehrbuch . . .

— Tabulae animalium invertebratorum. qu. Fol. Kiel 809.

Wiedemann, Christ. Rudolf Wilhelm, s. Taxe der Apothekerwaaren.

— Uebersicht d. mineralog. einfachen Fossilien nach Werners neuester Classifikation, mit Angabe d. Farbe, des Bruchs, d. eigenthüml. Gewichts u. d. Bestandtheile in tabellar. Form. Fol. Götting. 800. Rower. 20 gr.

Unterricht für Hebammen. Von Christian Rudolph Wilhelm Wiedemann. Braunschweig: Verl. d. Schulbuchh. 1802. 206 S. 8°

— Unterricht für Hebammen. 8. Braunschw. 803. Schulbuchh. 10 gr.

— Diss. inaug. sistens vitia genus humanum hodiernum debilitantia. 8. Jena 792.

Wiedemann, Curt, s. Wiedemann, Kurt

Wiedemann, *Diederich Ernst* [app. Arzt aus Bargstedt in Hannover]: Aus d. medizin. Poliklinik in Kiel. Zur Kenntnis des Vorkommens der sogenannten einfachen Wassersucht . . . Kiel, Druck v. P. Peters, 1896; 14 S., 1 Bl. 8.
Kiel, Med. Fak. Inaug.-Diss. v. [31. März] 1896

Wiedemann, Eilhard, s.: Annalen d. Physik u. Chemie.

— Beiträge zur Geschichte der Naturwissenschaften. III—X. gr. 8. Erlangen, (M. Mencke). nn 9. —
III. (S. 217—263.) (905.) nn 1. 60
IV. Über Wagen bei den Arabern. V. Auszüge aus den arabischen Enzyklopädien u. Anderes. (S. 387—455.) (905.) nn 2. —
VI. Zur Mechanik u. Technik bei den Arabern. (S. 1—56.) (906.) nn 1. 80
VII. Über arabische Auszüge aus der Schrift des Archimedes üb. die schwimmenden Körper. VIII. Über Bestimmung der spezifischen Gewichte. (S. 151—180.) (906.) nn 1. 20
IX. Zu der Astronomie bei den Arabern. (S. 181—194 m. Fig.) (907.) nn — 60
X. Zur Technik bei den Arabern. (S. 305—357 m. Fig.) (907.) nn 1. 80
Sonderabdrucke aus: „Sitzungsber. d. phys.-med. Soz. in Erlangen".
I u. II sind nicht als Sonderdruck erschienen.

Wiedemann, Eilhard:] Denkschrift betreffend die Angliederung einer technischen Abteilung an die kgl. Universität Erlangen. Erlangen [1904]: Junge & Sohn. (44 S.) 8°

Das neue Physikalische Institut der Universität Erlangen v. Dr. Eilhard Wiedemann, o. ö. Prof. . . . an d. Univ. Erlangen. M. 8 Fig. im Text u. 7 Taf. *Leipzig: J. A. Barth 1896.* (56 S., 7 Taf.) 1 Bd 8.

Wiedemann, Eilhard. Über das Licht der Sterne nach Ibn al Haitham. gr. 8. (4 S.) Halle a. S. 890, H. W. Schmidt. ** — 30
Aus: Wochenschrift f. Astronomie, besonders abgedruckt.

— über Lumineszenz. gr. 8. (28 S.) Leipzig 901. A. Deichert Nachf. n. 1. —
Sonderabdruck aus: „Festschrift der Universität Erlangen f. Prinzregent Luitpold".

Wiedemann E., über die Naturwissenschaften bei den Arabern. (Sammlung gemeinverständlicher wissenschaftlicher Vorträge NF 97) Hamburg 1890

— üb. die Naturwissenschaften bei den Arabern, s. d. Sammlung gemeinverständlicher Vorträge.

Wiedemann, Eilh. (Ernst Gust.) Über die elliptische Polarisation des Lichtes. Leipzig 1872.

— u. H. **Ebert,** physikalisches Praktikum, m. besond. Berücksicht. der physikalisch-chemischen Methoden. gr. 8. (XXIII, 469 S. m. Holzst.) Braunschweig 890. Vieweg & Sohn. n. 9. —; geb. n. 10. —

Wiedemann, Eilh., u. Herm. **Ebert,** physikalisches Praktikum m. besond. Berücksicht. der physikalisch-chemischen Methoden. 2., verm. Aufl. gr. 8. (XXIV, 455 S. m. 280 Holzst.) Braunschweig 893. F. Vieweg & Sohn. n. 9. —; geb. n. 10.

— u. Herm. **Ebert,** physikalisches Praktikum m. bes. Berücksicht. der physikalisch-chem. Methoden. 3., verb. u. verm. Aufl. gr. 8. (XXV, 490 S. m. 316 Holzst.) Braunschweig 897. F. Vieweg & Sohn. n. 9. —; geb. n. 10. —

— u. Herm. Ebert, physikalisches Praktikum mit besonderer Berücksicht. der physikalisch-chemischen Methoden. 4. verb. u. verm. Aufl. gr. 8. (XXIX, 574 S. m. 366 Holzst.) Braunschweig 899. F. Vieweg & Sohn. n. 10. —; geb. in Leinw. n. 11. —

Wiedemann, Eilhard, u. Herm. **Ebert,** physikalisches Praktikum. 5. verb. u. verm. Aufl. (XXX, 590 S. m. 366 Abbildgn.) gr. 8. Braunschweig 904. F. Vieweg & Sohn. n. 10. —; geb. n. 11. —

— Magnetische Untersuchungen. (Separ.-Abdr. aus Poggendorff's Ann. der Physik und Chemie, Bd. CXXXV. Berlin 1868.

Wiedemann, Eilhard, Ueber die specifische Wärme der Gase. (Habilitationschrift.) Berlin 1875.

— und Franz, R., Ueber die Wärme-Leitungsfähigkeit der Metalle. (Aus Poggendorff's Ann., Bd. LXXXIX.)

Wiedemann, Ernst, approb. Arzt aus Rheydt: Aus d. Kgl. Universitäts-Frauen-Klinik zu Bonn. Direktor: Geh. Med.-Rat Prof. Dr. H. Fritsch. Über Eklampsie bei gesunden Nieren. *Bonn 1902: C. Georgi.* (31 S.) 8°
Bonn, Med. Diss. v. 10. Dez. 1902

Wiedemann, F.

— curieuser Bericht, Stein u. Brüche sowohl mit als ohne Castrirung zu schneiden, wie auch Staare zu stechen. 8. Ebd 749.

Wiedemann, F., chirurg. Collegium üb. d. Bandagen in d. Wundarzneykunst, m. K. 8. Augsb. Bürgl. n. 745.

— kurze u. allgem. Lehre v. d. Wundarzeney. 8. Ebend 733.

Wiedemann, F. W., Geschichte des Herzogthums Bremen. 1—3. Liefg. Stade 863, 64. Pockwitz. gr. 8. (1. Bd.: VI, 335 S.) n. 1 ₰

Wiedemann, F. W., Geschichte des Herzogthums Bremen. 4—6. Liefg. Stade 865—66. Pockwitz. gr. 8. (2. Bd. IV, 292 S.) Jede Liefg. n. 10 ngr.

Wiedemann, Ferdinand Johann

Wiedemann, F. J., einige Bemerkungen über das Neugriechische u. sein Verhältniss zum Altgriechischen u. zu den romanischen Sprachen. gr. 8. (94 S.) Reval 852. (Leipzig, Teubner.) 9 ngr.

Wiedemann, F. J., Einige Bemerkungen üb. d. Neugriechische u. sein Verhältnis z. Altgriechischen u. z. d. roman. Sprachen. Diss. 1852. 88 S. 1.50

—— und E. Weber, Beschreibung der phanerogamischen Gewächse Esth-, Liv- und Curlands mit möglichst genauer Angabe der Fundorte und der geograph. Verbreitung nebst Andeutung über den Gebrauch in medicin., techn. und öconom. Beziehung. Dazu mehrere Beilagen enthaltend eine kurze Erklärung der vorkommenden techn. Ausdrücke, eine tabellar. Uebersicht der Pflanzen nach ihrem Nutzen und Schaden etc. gr. 8. (CXVIII und 661 S. mit 4 Stnt.) Reval 852, Kluge's Verlag. *

Wiedemann, Ferdinand Johann: Zum Gedächtniss an F. A. Schiefner. Rede gehalten am 11. December 1879 in der Sitzung der Kaiserlichen Akademie der Wissenschaften. [Tiré du Bulletin. T. XXVI, p. 30 44.) [St. Petersbourg 1879.]

Wiedemann, F. J., Grammatik der ersa-mordwinischen Sprache, s. Mémoires de l'académie imp. des sciences de St.-Pétersbourg. 7. Série, Tome IX, Nr. 5.

Wiedemann, F. J., Grammatik der ehstnischen Sprache, zunächst wie sie in Mittelehstland gesprochen wird, mit Berücksicht. der anderen Dialekte. gr. 8. (XVIII, 664 S.) St. Petersburg 875. Leipzig, Voss.

Wiedemann, F. J., Grammatik der syrjänischen Sprache m. Berücksicht. ihrer Dialekte u. d. Wotjakischen. Lex.-8. (XII, 252 S.) St Petersburg 884. Leipzig, Voss' Sort. n. 3. 30

Wiedemann, Ferd. Joh., Grammatik der wotjakischen Sprache nebst einem kleinen wotjakisch-deutschen und deutsch-wotjak. Wörterbuche. gr. 8. (XLVI und 390 S.) Reval 851, (Kluge's Verlag.) *

Wiedemann, F. J., aus dem inneren und äusseren Leben der Ehsten. gr. 8. (VII, 495 S.) St. Petersburg 876. (Leipzig, Voss' Sortiment)

—— über die Nationalität und die Sprache der jetzt ausgestorbenen Kreewinen in Kurland, s. Mémoires de l'Académie impériale de St. Pétersbourg. Ser VII, T XVII, 2.

Wiedemann, Ferd. Joh., s. Sjögren's, Andr., gesammelte Schriften.

Wiedemann, Ferdinand Johann: Versuch üb. d. werroehsten Dialect. Petersb. 1864. 4. 58 p.
Schul-/Univ.-Schrift

—— Versuch über den werroehstnischen Dialekt, s. a. Mémoires de l'académie imp. des sciences de St.-Pétersbourg. 7. Série, Tome VII, Nr. 8.

— Versuch einer Grammatik der syrjänischen Sprache nach dem in der Uebersetzung des Evang. Matthäi gebrauchten Dialekte. gr. 8. (144 S.) Reval 847. (Eggers.) n. 1 ₰

Wiedemann, F. J., ehstnisch-deutsches Wörterbuch. St. Petersburg 868. Leipzig, Voss. Imp.-4. (CLXVI, 1672 S.) n. 8 ₰ 12 ngr

—— ehstnisch-deutsches Wörterbuch. Imp.-4. (CLXVI, 1672 S.) St. Petersburg 869. Leipzig, Voss.

Wiedemann, Ferd. Ehstnisch-deutsches Wörterbuch. 2. Aufl. Im Auftrage der kaiserl. Akademie der Wissenschaften redig. v. Jac. Hurt. 3 Lfgn. gr. Lex.-8. (VIII, 1406 Sp. u. Reg. CLXII S.) St. Petersb. (Lpz. 891,92, Voss' Sort.) 14 —

Wiedemann, Ferd., ehstnisch-deutsches Wörterbuch. 2., verm. Aufl. Im Auftrage der kaiserl. Akademie der Wissenschaften red. v. Jac. Hurt. 3 Lfgn. gr. Lex.-8. (VIII, 1406 Sp. u. Reg. CLXII S.) St. Petersburg 891—893. (Leipzig, Voss' Sort.) n. 14. —

Wiedemann, F. J., syrjänisch-deutsches Wörterbuch, nebst einem wotjakisch-deutschen im Anh. u. einem deutschen Register. Lex.-8. (XIV, 692 S.) St. Petersburg 880. Leipzig, Voss' Sort. n. 7. —

Wiedemann, Franz

Wiedemann, Frz., Aschenbrödel. Märchen nach Grimm frei bearb. Mit 6 bunten Bildern nach Orig.-Aquarellen von Adph. Thomas. hoch 4. (8 S. Text.) Dresden 871, Meinhold und Söhne.

Wiedemann, Frz., Aschenbrödel, — der Berggeist, } s. a. Märchen deutsche.

Wiedemann, Frz., der Berggeist. [Rübezahl 2. Heft.] Nach Musäus frei bearb. Mit 6 bunten Bildern nach Orig.-Aquarellen von R. Leinweber. 4. (9 S.) Dresden 875, Meinhold und Söhne.

Wiedemann's, Frz., illustrirte Bibliothek für die Jugend. 12 Bdchn. gr. 16. Dresden, Ehlermann. cart. à Bdchn. 10 Ngr.

Inhalt:

Bdchn. 1. Wer nur den lieben Gott läßt walten. Erzählung für Kinder von 10—14 Jahren. (130 S. mit 4 lithogr. und ill. Bildern nach Zeichnungen von P. Haendler.) 863.

" 2. Der Rechte, oder die beiden Erben. Erzählung für Kinder von 10—14 Jahren. (92 S. mit 4 lithogr. und ill. Bildern nach Zeichnungen von P. Haendler.) 863.

" 3. Bunte Steinchen. 55 kleine, moralische Erzählungen für Kinder von 6—10 Jahren. (98 S. mit 4 lithogr. und ill. Bildern nach Zeichnungen von P. Haendler.) 863.

" 4. Mährchen zwischen Himmel und Erde. Erzählung für Kinder von 10—14 Jahren. (104 S. mit 4 lithogr. und ill. Bildern.) 864.

" 5. Die Waldkapelle. Erzählung für das Alter von 10—14 Jahren. (104 S. mit 4 lithogr. und ill. Bildern.) 864.

" 6. Thautröpfchen. 28 kleine, moralische Erzählungen für Kinder von 6—10 Jahren. (102 S. mit 4 lithogr. und ill. Bildern.) 861.

" 7. Die Perlenschnur. Nach einer wahren Geschichte. Für das Alter von 10—14 Jahren. (108 S. mit 4 lithogr. und ill. Bildern.) 864.

" 8. Ein Kindesraub. Erzählung aus dem 30jähr. Kriege. (Nach einer wahren Begebenheit.) Für das Alter von 10—14 Jahren. (118 S. mit 4 lithogr. und ill. Bildern.) 864.

" 9. Nazi, der Geißbub! Ein Bild aus den Salzburger Alpen. Für das Alter von 10—14 Jahren. (104 S. mit 3 lithogr. und ill. Bildern.) 865.

" 10. In Ungarn. Erzählung für das Alter von 10—14 Jahren. (122 S. mit 3 lithogr. und ill. Bildern.) 865.

" 11. Was die Natur den Kindern erzählt. I. Für das Alter von 8—12 Jahren. (116 S. mit 3 lithogr. und ill. Bildern.) 865.

" 12. Frische Blätter. 26 kleine moralische Erzählungen für Kinder von 6—10 Jahren. (96 S. mit 3 lithogr. und ill. Bildern.) 865.

—— Blumen-Alphabet. Verschen und Märchen. Oelfarbendruck nach Aquarellen von Henriette Talitsch. Für Kinder von 6 bis 10 Jahren. qu. 4. (21 S. mit 12 Chromolithogr.) Ebendas. 871. cart.

Wiedemann, Frz., Breslau in der Franzosenzeit 1806—1808, s.: Friese, Frdr. Ghlf.

Wiedemann, Frz., Christlieb, s. Spiegelbilder aus dem Leben und der Geschichte der Völker.

Wiedemann, Franz: Der Däumling, s. Märchen, Deutsche.

—— der Däumling. Märchen nach Grimm frei bearb. Mit 6 bunten (chromolithogr.) Bildern nach Orig.-Aquarellen von J. Wehle. 4. (8 S.) Ebendas. 872.

Wiedemann, Franz: Dornröschen, s. Märchen, Deutsche.

Wiedemann, Frz., unter deutschen Eichen zur Zeit Karls d. Großen, s.: Oehmigke's Jugendbibliothek.

Wiedemann, Frz., unter deutschen Eichen zur Zeit Karls d. Großen, s.: Spiegelbilder aus d. Leben u. d. Geschichte d. Völker, 8. Bd.

—— Unter deutschen Eichen. Eine histor. Erzählung aus den Zeiten der alten Sachsen. Mit 3 Bildern in Farbendr. von E. Kunad. gr. 8. (80 S.) Leipzig 871, Oehmigke's Verlag. cart. *

—— 1000 Figuren. Zeichenschule für die Kleinen. Auf Netzlinien entworfen und stufenweise geordnet. Für Schule, Kindergarten und Haus. 4. (4 S. und 80 Stnt.) Ebendas. 874.

—— tausend Figuren. Zeichenschule für die Kleinen. Auf Netzlinien entworfen und stufenweise geordnet. Für Schule, Kindergarten und Haus. 1. Stufe. 2. Aufl. 4. (80 Stnt. mit 4 S. Text.) Leipzig 879, Oehmigke's Verlag.

—— tausend Figuren. Zeichenschule für die Kleinen. Auf Netzlinien entworfen und stufenweise geordnet. Für Schule, Kindergarten und Haus. 3. Aufl. gr. 4. (4 S. mit 80 Stnt.) Leipzig 885, Oehmigke's Verlagsb.

— **1000 Figuren. Zeichenschule f. die Kleinen. Auf Netzlinien entworfen u. stufenweise geordnet. Für Schule, Kindergarten u. Haus. 4. Aufl. gr. 4. (80 Taf. m. 4 S. Text.) Leipzig (902). R. Oehmigke.** n. 2. —

—— drei gute Freunde. Zwölf allerliebste Bilder aus dem Kindesleben. Originalzeichnungen von J. B. Sonderland. 2. Aufl. 4. (23 S. mit 12 Chromolithogr.) Ebendas. 873. cart. *

—— der Frosch-Prinz. Mit (5 chromolithogr.) Bildern (in gr. 4. und qu. Fol.) von Walter Crane. gr. 4. (8 S.) Dresden 876, Meinhold und Söhne.

Wiedemann, Frz., 100 Geschichten für eine Mutter und ihre Kinder. Lex.-8. (IV und 176 S. mit 1 ill. Ttlkpfr.) Dresden 856, Meinhold und Söhne.

—— hundert Geschichten für eine Mutter und ihre Kinder. 2. Aufl. hoch 4. (IV und 176 S. mit 1 lithogr. und ill. Titelkpfr.) Dresden 857, Meinhold und Söhne.

—— 100 Geschichten für eine Mutter und ihre Kinder. 2 Bdchn. mit je 4 bunten (lithogr.) Bildern nach Orig.-Zeichnungen von B. Schmelzer. gr. 8. (102 S., III und 104 S.) Dresden 862, Meinhold und Söhne. cart. à Bdchn. 12 Ngr.

—— 100 Geschichten für eine Mutter und ihre Kinder. In 2 Bdchn. jedes mit 4 bunten Bildern nach Orig.-Zeichnungen von B. Schmelzer. 4. Aufl. gr. 8. (à III, 107 S.) Dresden 871, Meinhold und Söhne. cart. à Bdchn.

—— hundert Geschichten für eine Mutter und ihre Kinder. 2 Bdchn. Mit je 4 bunten (lithogr.) Bildern nach Orig.-Zeichnungen von B. Schmelzer. 5. und 6. Aufl. gr. 8. (à Bdchn. IV, 107 S.) Dresden 870,75, Meinhold und Söhne. cart. à Bdchn. * *M* 1,20. *

—— dass. — Mit 8 Farbendr.-Bildern nach Orig.-Zeichnungen von Wilh. Claudius und C. W. Müller. 7. Aufl. gr. 8. (IV, 174 S.) Ebendas. 883. geb.

—— hundert Geschichten für eine Mutter und ihre Kinder. 8. Aufl. gr. 8. (IV, 174 S. mit 8 Farbendr.-Bildern nach Orig.-Zeichnungen von Wilh. Claudius und C. W. Müller.) Dresden 885, Meinhold und Söhne. geb.

—— kurze Geschichten für die Kinderstube. 8. (134 S. mit 12 Farbendr.-Bildern nach Aquarellen von Wilh. Claudius.) Stuttgart 888, Schmidt und Spring. geb. *

— Geschichten, wie sie die Kinder gern haben. Mit 8 (lith. u. color.) Bildern von Gust. Süs. 860. — 2. Aufl. Dresden 861. Meinhold & Söhne. 4. (161 S.) 1 ₰ 10 ngr.

Wiedemann, Frz., Geschichten, wie sie die Kinder gern haben. Erzählungen f. Knaben u. Mädchen. 3. Aufl. Mit 8 Farbendr.-Bildern v. Wilh. Claudius. gr. 8. (III, 186 S.) Dresden 891. C. C. Meinhold & Söhne. Geb. in Leinw. 3. —

—— **und Gust. Süs, Goldbronnen, s. a. Süs, Gust.**

— Goldbronnen. Erzählgn. m. Ergänzgn. v. J. Schmidt. Mit 8 Farbendr.-Bildern nach Orig.-Aquarellen v. Wilh. Claudius. 2. Aufl. gr. 8. (V, 139 S.) Ebd. 893. Geb. in Leinw. 3. —

— Goldsternchen. 44 kleine moralische Erzählungen für das Alter von 8 bis 12 Jahren. Mit 8 (lith.) Bildern in Buntdr. nach Orig.-Zeichnungen von W. Schäfer. Neu-Ruppin 869. Leipzig, Oehmigke. br. 8. (IV, 156 S.) cart. 1 ₰

—— Goldsternchen. 44 kleine moralische Erzählungen für das Alter von 8 bis 12 Jahren. Mit 8 (lithogr.) Bildern in Buntdr. nach Orig.-Zeichnungen von W. Schäfer. 1. Aufl. 1869, und 2. Aufl. br. 8. (IV, 156 S.) Leipzig 875, Oehmigke's Verlag. cart. *

—— Goldsternchen. 45 kleine moral. Erzählungen. Für Kinder von 6 bis 12 Jahren. Mit (5) Bildern in Buntdr. nach Zeichnungen von M. Block. 3. Aufl. gr. 8. (IV, 148 S.) Leipzig 881, Oehmigke's Verlag. geb. *

—— Goldsternchen. 45 kleine moral. Erzählungen. Für Kinder von 6 bis 12 Jahren. 5. Aufl. Lex.-8. (IV, 148 S. mit 5 Bildern in Buntdr. nach Zeichnungen von M. Block.) Leipzig 888, Oehmigke's Verlagsb. geb. *

— **Goldsternchen. Kleine moral. Erzählgn. f. Kinder v. 6 bis 12 Jahren. M. 4 Bild. in Farbendr. 6. Aufl. gr. 8. (148 S.) Leipzig 898. R. Oehmigke. Geb. n. 3. —**

—— Hans und Grethel. Märchen nach Grimm frei bearb. Mit 6 bunten Bildern nach Orig.-Aquarellen von Th. Hosemann. hoch 4. (8 S.) Dresden 871, Meinhold und Söhne.

— Hans u. Grethel, } s. a. Märchen, deutsche.
— Frau Holle, }

—— Frau Holle. Märchen nach Grimm frei bearb. Mit 6 bunten Bildern nach Orig.-Aquarellen von J. B. Sonderland. 4. (8 S.) Ebendas. 872.

WIEDEMANN. *Honigblumen.* Gemüthliche Erzählungen und Gedichte für die lieben Kinder. Von Franz Wiedemann. Mit acht bunten Bildern von GUSTAV SÜS. Dresden, Meinhold & Söhne [1862], IV, 140 S. Gr.-8°. Einfacher HLwd. d. Z. 65.—

Rüm. 2600. ★ Originalausgabe m. prächtigen handkolorierten Lithographien v. Gustav Sus. Selten. — Abges. von einigen leichten Fleckchen gutes Ex.

—— Jugendbibliothek. 12 Bdchn. 16. Dresden 869. Ehlermann. à Bdchn.

Inhalt:

Bdchn. 1. Wer nur den lieben Gott läßt walten. Erzählung für Kinder von 10 bis 14 Jahren. (130 S.)
" 2. Der Rechte, oder: Die beiden Erben. Erzählung für Kinder von 10 bis 14 Jahren. (92 S.)
" 3. Bunte Steinchen. 55 kleine moralische Erzählungen für Kinder von 6 bis 10 Jahren. (98 S.)
" 4. Mährchen zwischen Himmel und Erde. Erzählungen für Kinder von 10 bis 14 Jahren. (104 S.)

Bdchn. 5. Die Waldkapelle. Erzählung für das Alter von 10 bis 14 Jahren. (120 S.)
" 6. Thautröpfchen. 28 kleine moralische Erzählungen für Kinder von 6 bis 10 Jahren. (102 S.)
" 7. Die Perlenschnur. Nach einer wahren Geschichte. Für das Alter von 10 bis 14 Jahren. (108 S.)
" 8. Ein Kinderraub im 30jährigen Kriege. Nach einer histor. Begebenheit. Für das Alter von 10 bis 14 Jahren. (118 S.)
" 9. Nazl, der Geisbub. Erzählung für Kinder von 10 bis 14 Jahren. (104 S.)
" 10. In Ungarn. Erzählung für Kinder von 10 bis 14 Jahren. (122 S.)
" 11. Was die Natur den Kindern erzählt. Erzählung für Kinder von 8 bis 12 Jahren. (116 S.)
" 12. Frische Blätter. Kleine moralische Erzählungen für Kinder von 6 bis 10 Jahren. (97 S.)

— gesammelte Jugendschriften. 1—8. Bdchn. gr. 16. (Mit je 1 Titelbild in Farbendr.) Neu-Ruppin 877. 78. Oehmigke & Riemschneider. cart. à — 75

1. Der Katzenraphael. Lebensbild eines seltsamen Künstlers. (120 S.)
2. Der neue Tobias. Der Zimmerspruch. (96 S.)
3. Christlieb als Pensionair. Eine erzgebirgische Dorfgeschichte. 1. Thl. (95 S.)
4. Christlieb als Pensionair. 2. Thl. Die Frevler. (119 S.)
5. 6. Das Vater-Unser u. das Leben. Eine Erzählung zu Nutz u. Frommen der lieben Jugend. 2 Thle. (104 u. 112 S.)
7. Jugend-Perlen. Für Kinder von 8 bis 12 Jahren. (111 S.)
8. Lebensblumen. Für Kinder von 8 bis 12 Jahren. (112 S.)

— der gestiefelte Kater, s. a. Märchen, deutsche.

—— der gestiefelte Kater. Märchen nach Grimm frei bearb. Mit 6 bunten Bildern nach Orig.-Aquarellen von Emil Sachße. hoch 4. (8 S.) Dresden 871, Meinhold und Söhne. *

—— der Katzenraphael, s. a. Spiegelbilder aus dem Leben und der Geschichte der Völker.

Wiedemann, F. Der Katzenraphael (Gottfr. Mind). Lebensbild eines seltsamen Künstlers. 2. Aufl. In-12°, 106 S. Leipzig, Alfred Oehmigke's Verlag. 1887. gebd. 1 —

*** Spiegelbilder aus dem Leben und der Geschichte. Band 18.

Wiedemann, Frz., der Kinderkladderadatsch bringt Bilder, Geschichten, Reime und lustige Sachen den lieben Kindern zur Lehr' und zum Lachen. Illustr. von Bernh. Schmelzer. 862. — 2. unveränd. Aufl. Dresden 864. Meinhold & Söhne. gr. 4. (94 S. m. Holzschn. u. 4 color. Lithogr.) 22½ ngr

—— ein Kindesraub. Erzählung aus dem 30jähr. Kriege. Der Jugend gewidmet. 12. (106 S. mit 4 Stahlst.) Stuttgart 888, Schmidt und Spring. cart.

—— dass. — s. Hoffmann's Jugendbibliothek Nr. 224.

— Kleinkindergeschichten. 200 kleine moral. Erzählgn. f. das Alter v. 5 bis 7 Jahren. Mit 7 Kpfr.-Radirgn. v. F. Werckmeister in Farbendr. u. Titel nach der Orig.-Aquarelle v. Osc. Pletsch. gr. 8. (IV, 239 S.) Dresden 875. Meinhold & Söhne. n. 4. —

Wiedemann, Frz., Kleinkindergeschichten. Kleine moral. Erzählgn. f. das Alter von 5 bis 7 Jahren. Mit 6 Farbendr.-Bildern nach Orig.-Aquarellen v. Wilh. Claudius u. Titel nach der Orig.-Aquarelle v. Osc. Pletsch. 2. Aufl. gr. 8. (IV, 153 S.) Dresden 884. Meinhold & Söhne. geb. 3. —

—— Kleinkindergeschichten. Kleine moral. Erzählungen für das Alter von 5—7 Jahren. 3. Aufl. 8. (IV, 153 S. mit 6 Farbendruckbildern nach Orig.-Aquarellen von Wilh. Claudius und Titel nach der Orig.-Aquarelle von Osc. Pletsch.) Dresden 887, Meinhold und Söhne. geb.

— Der treue Knecht od. wahre u. falsche Freunde, s.: Oehmigke's Jugendbibliothek.

— der treue Knecht od. Wahre u. falsche Freunde, s.: Spiegelbilder aus dem Leben. 60. Bd.

Wiedemann, Frz., der treue Knecht oder wahre und falsche Freunde. Eine erzgebirg. Dorfgeschichte für die reifere Jugend. Mit 6 (lith. u. color.) Abbildgn. 8. (VI u. 186 S.) Dresden 850, Adler & Dietze. 5/6 ₰

Wiedemann, Frz. Commentar zu dem schweizerischen Bildwerke für den Anschauungs-Unterricht. Mit Themen zu deutschen Aufsätzen. 1.—10. Heft. 8. Bern 881. (Leipzig, Heitmann.) à Heft * 60 Pf. *

Inhalt:

Heft 1. Die Familie. (VIII, S. 1—42.)
- 2. Die Küche. (S. 43—70.)
3. Das Haus und Umgebung. (S. 71—119.)
4. Die Schule. (S. 121—156.)
- 5. Der Garten. (S. 157—200.)
- 6. Der Wald. (S. 201—242.)
7. Der Frühling. (S. 243—284.)
- 8. Der Sommer. (S. 285—330.)
- 9. Der Herbst. (S. 331—378.)
- 10. Der Winter. (S. 379—424.)

—— Für Kopf und Herz! 50 Lebensbilder für Kinder im Alter von 8—12 Jahren. Mit (4) Buntdruckbildern von Thdr. Hosemann und 40 Holzschn. nach Zeichnungen von L. Richter, E. Venus u. A. gr. 8. (VI, 171 S.) Leipzig 872, Germann. geb.

— für Kopf u. Herz! 50 Lebensbilder für Kinder im Alter von 8 bis 12 Jahren. Mit 8 Bildern in Farbendr. nach Originalen von Thdr. Hosemann u. Gust. Bartsch. 2. Aufl. gr. 8. (VIII, 168 S.) Leipzig 882. Oehmigke. geb. n. 4. —

— für Kopf u. Herz! 50 Lebensbilder f. Kinder im Alter von 8 bis 12 Jahren. Mit 8 Bildern in Farbendr. nach Originalen v. Thdr. Hosemann u. Gust. Bartsch. 3. Aufl. Lex.-8. (VIII, 168 S.) Leipzig 883. Oehmigke. geb. n. 4. —

—— für Kopf und Herz! 50 Lebensbilder für Kinder im Alter von 8—12 Jahren. 6. Aufl. Lex.-8. (VIII, 168 S. mit 8 Bildern in Farbendr. nach Originalen von Thdr. Hosemann und Gust. Bartsch.) Leipzig 888, Oehmigke's Verlag. geb.

— f. Kopf u. Herz! Lebensbilder f. Kinder von 8—12 Jahren. M. 6 Bild. in Farbendr. nach Originalen v. Thdr. Hosemann u. Gust. Bartsch. 7. Aufl. Lex.-8. (176 S.) Leipzig 896. A. Oehmigke. Geb. n. 4. —

—— Kriegs-Scenen aus dem J. 1870. Mit 8 bunten Bildern in Oelfarbendr. nach Orig.-Aquarellen von E. Sachße. 4. (20 S.) Dresden 870, Meinhold und Söhne. cart. *

— des frommen Kindes Lebenslauf. Von der Wiege bis zum Wanderstabe. Mit 16 (lith.) Orig.-Zeichngn. v. W. Schäfer. qu. gr. 4. (32 S.) Neu-Ruppin 876. Oehmigke & Riemschneider. 3. —

—— der Lehrer der Kleinen. Ein prakt. Rathgeber für junge Elementarlehrer. Ueberhaupt aber ein Buch für Alle, welche sich für die Erziehung der Kleinen interessiren. Neu-Ruppin 869. Leipzig, Oehmigke. br. 8. (XII, 308 S.) 25 ngr

— der Lehrer der Kleinen. Ein prakt. Rathgeber f. junge Elementarlehrer. Ueberhaupt aber e. Buch f. Alle, welche sich f. die Erziehg. der Kleinen interessiren. 2. Aufl. gr. 8. (XII, 316 S.) Leipzig 871. Oehmigke. 2. 50

— dasselbe. 3. verm. u. verb. Aufl. gr. 8. (XVI, 341 S.) Ebend. 874. n. 3. —

—— der Lehrer der Kleinen. Ein praktischer Rathgeber für junge Elementarlehrer. Ueberhaupt aber ein Buch für Alle, welche sich für die Erziehung der Kleinen interessiren. 4. verm. und verb. Aufl. gr. 8. (XVI, 382 S.) Leipzig 877. Oehmigke's Verlag. * ℳ 3,50.; geb.

—— der Lehrer der Kleinen. Ein prakt. Rathgeber für junge Elementarlehrer. Ueberhaupt aber ein Buch für Alle, welche sich für die Erziehung der Kleinen interessiren. 5. verm. und verb. Aufl. 8. (XX, 435 S.) Leipzig 880, Oehmigke's Verlag. * geb. *

—— der Lehrer der Kleinen. Ein prakt. Ratgeber für junge Elementarlehrer. Überhaupt ein Buch für alle, welche sich für die Erziehung der Kleinen interessieren. 6. Aufl. gr. 8. (XX, 391 S.) Ebendas. 885. *
geb. *

—— Der Lehrer der Kleinen. Ein prakt. Ratgeber f. junge Elementarlehrer etc. 7. Aufl. gr. 8. (XX, 391 S.) Lpz. 890, Oehmigke. * 4 —
geb. * 5 —

— d. Lehrer d. Kleinen. E. prakt. Ratgeber f. junge Elementarlehrer. Ueberhaupt aber e. Buch f. alle, welche sich f. d. Erziehg. d. Kleinen interessieren. 8. Aufl. 8. (XVI, 391 S.) Ebd. 897. n. 4. —; geb. n. 5. —

Wiedemann, Frz., der Lehrer der Kleinen. Ein prakt. Ratgeber f. junge Elementarlehrer. Ueberhaupt aber e. Buch f. alle, welche sich f. die Erziehung der Kleinen interessieren. 9. Aufl. (VIII, 403 S.) 8. Leipzig 906. Einbeck, A. Oehmigke. n. 4. —; geb. n. 5. —

— Der Lehrer der Kleinen, neue Aufl., s.: Scherer, H.

Wiedemann, Frz., Leitlinien f. die Unterrichtspraxis an höheren Volks-, Bürger- u. Lehrerbildungsschulen. Aus Otto Willmanns „Didaktik" zusammengestellt. gr. 8. (VIII, 178 S.) Braunschweig 894. F. Vieweg & Sohn. n. 2. 50; geb. n.n. 3. —

—— erstes Lesebuch für Anfänger im Lesen. 8. (IV und 110 S.) Dresden 854, Adler und Dietze. *

Wiedemann, Frz., erstes Lesebuch für Anfänger im Lesen. 2., unverand. Aufl. 8. (IV und 108 S. mit 2 lithogr. Bl.) Dresden 859, [Dietze.] * 4 Ngr.; geb. Thlr. *

Wiedemann, Frz., erstes Lesebuch für Anfänger im Lesen. 4. Aufl. 1862. und 5., unverand. Aufl. 8. (IV und 110 S.) Dresden 864, G. Dietze. * 4 Ngr.; geb. *

—— erstes Lesebuch für Anfänger im Lesen. 10. verb. und verm Aufl. 8. (112 S. mit 8 Taf. Schreibschrift.) Dresden 873, G. Dietze.

—— erstes Lesebuch für Anfänger im Lesen. 11. und 12. Aufl. Mit 8 (lithogr.) Taf. Schreibschrift etc. 8. (VIII, 112 S.) Dresden 873,76, G. Dietze.

— Libussa, s. Märchen, deutsche.

—— Libussa. Märchen nach Musäus frei bearb. Mit 6 bunten Bildern (Chromolithogr.) nach Orig.-Aquarellen von C. Sachße. 4. (10 S.) Dresden 878, Meinhold und Söhne. *

— 25 Lieblingskapitel für brave Kinder. Bilder von Gust. Süs. Dresden 862. Burdach in Comm. Lex.-8. (3 Bl., 178 S. u. 8 color. Lithogr.) 1 ₰

—— Lieblingsgeschichten. Erzählungen für brave Kinder von 8 bis 12 Jahren. Der 25 Lieblingskapitel 2. Aufl. Mit 8 Bildern in Tondr. nach Zeichnungen von G. Süs. gr. 8. (V, 178 S.) Leipzig 872, Germann. geb.

— Lieblingsgeschichten. Erzählungen für brave Kinder von 8 bis 12 Jahren. Der „25 Lieblingskapitel" 3. Aufl. Mit 8 Bildern in Farbendr. nach Zeichnungen v. Gust. Süs. Lex.-8. (VIII, 171 S.) Ebend. 880. geb. n. 4. —

— Lieblingsgeschichten. Erzählungen f. brave Kinder von 8 bis 12 Jahren. Der „25 Lieblingskapitel" 4. Aufl. Mit 8 Bildern in Farbendr. nach Zeichngn. v. Gust. Süs. gr. 8. (VI, 166 S.) Ebend. 884. geb. n. 4. —

—— Lieblingsgeschichten. Erzählungen f. brave Kinder von 8 bis 12 Jahren. Der „25 Lieblingskapitel" 6. Aufl. Mit 6 Bildern in Farbendr. Lex.-8. (176 S.) Ebd. 892. cart. * 4 —

— Lieblingsgeschichten. Erzählungen f. brave Kinder von 8—12 Jahren. Der „25 Lieblingskapitel" 7. Aufl. Mit 6 Bildern in Farbendr. gr. 8. (176 S.) Ebd. (901).
Geb. n. 4. —

—— alte Lieder, neue Worte. Enth. 60 kleine, leichte Lieder nach bekannten Singweisen. Separat-Ausg. des Anh. zu den Samenkörnern für Kinderherzen. 2. verm. Aufl. 16. (37 S.) Dresden 873, G. Dietze.

— der Kinder Lustgarten oder: Bilder aus der Kinderwelt in 12 (lith. u. color.) Bildertafeln, darstellend die heitersten u. mannigfaltigsten Scenen aus dem Kinderleben m. erläut. Versen. qu. 4. Meißen 849, Goedsche. 2/3 ₰

—— neuer Lustgarten. Die Freistunden fröhlicher Mädchen in Bildern. Mit Reimen. qu. 4. (12 ill. Stnt.) Schneeberg 852, Goedsche'sche Buchh. *

— neuer Lustgarten. Die Freistunden fröhlicher Mädchen in Bildern. Mit Reimen. Schneeberg 861. Goedsche. qu. 4. (12 lith. u. color. Bl.) 18 ngr.

—— s. Märchen, deutsche.

— Melchesala, s. Märchen, deutsche.

—— Melechsala. Märchen aus der Zeit der Kreuzzüge. Nach Musäus frei bearb. Mit 6 bunten Bildern (Chromolithogr.) nach Orig.-Aquarellen von Th. Hosemann. 4. (11 S.) Dresden 873, Meinhold und Söhne.

—— Monatsrosen. Erzählungen für die Jugend von 8 bis 12 Jahren. Mit 4 (lithogr.) bunten Bildern von C. Sachße. Nebst Anh.: Die zwölf Monate, Illustrationen von Metz, Schmelzer und Venus (in eingedr. Holzschn.). Lex.-8. (72 S.) Ebendas. 868. cart.

—— die Naturgeschichte in Präparationen für Lehrer und Schüler. 1. Thl.: Die Säugethiere. gr. 8. (X, 344 S. mit 28 in den Text gedr. Abbild. und Holzschn.) Leipzig 878, Oehmigke's Verlag.

— Nazl, der Geißbub, s. Sammlung beliebter Jugendschriften.

—— Nazi, der Geißbub'. Eine Erzählung aus den Salzburger Alpen. 12. (93 S. mit 4 Stahlst.) Stuttgart 887, Schmidt und Spring. cart.

— der Pensionair. Eine erzgebirg. Dorfgeschichte f. die Jugend. Mit 4 Illustr. 8. (VI u. 192 S.) Meißen 850, Goedsche. 2/3 ₰

—— Plaudereien für Kindergärtnerinnen. Winke für den Anschauungsunterricht im Kindergarten. Vielleicht auch anderen jungen Lehrkräften nicht unnützlich. gr. 8. (IX, 192 S.) Dresden 876, Meinhold und Söhne.

— Pombal, s. Oehmigke's Jugendbibliothek.

—— Praeparationen für den Anschauungs-Unterricht. 1. und 2. Thl. gr. 8. Dresden, Meinhold und Söhne. *

Inhalt:

Thl. 1. 200 Präparationen für den allgemeinen Anschauungs-Unterricht. 1. Aufl. 1871. ℳ 2., und 2. verb. Aufl. (VIII, 226 S.) 873. *ℳ 2,50.

" 2. 200 Präparationen für den naturkundlichen Anschauungs-Unterricht. (XII, 440 S.) 874. *ℳ 5.

— Präparationen f. den Anschauungs-Unterricht. 1. u. 2. Thl. gr. 8. Ebenb. 876. n. 7. —
1. 200 Präparationen für den allgemeinen Anschauungsunterricht. (VIII, 215 S.) 2. —
2. 200 Präparationen für den naturkundl. Anschauungs-Unterricht. (XII, 440 S.) 5. —

—— Präparationen für den Anschauungs-Unterricht. 2 Thle. gr. 8. Ebendas.
Inhalt:
Thl. 1. 200 Präparationen für den allgemeinen Anschauungs-Unterricht. 3. verb. und 4. unveränd. Aufl. (VIII, 242 S.) 876,77. *M 2.50.
" 2. 200 Präparationen für den naturkundlichen Anschauungs-Unterricht. 2. verb. Aufl. (XIV, 467 S.) 877. *M 5.

—— Präparationen für den Anschauungs-Unterricht. 1. Thl.: 250 Präparationen für den allgemeinen Anschauungs-Unterricht. 5. sehr verm. Aufl. gr. 8. (X, 360 S.) Dresden 882, Meinhold und Söhne.

— Präparationen f. den Anschauungs-Unterricht. 1. u. 2. Tl. gr. 8. Dresden, C. C. Meinhold & Söhne. Geb. in Leinw. n. 7. —
1. 250 Präparationen f. den allgemeinen Anschauungs-Unterricht. 6., verb. Aufl. (X, 259 S.) 893. n. 2.50; geb. n. 3. —
2. 200 Präparationen f. den naturkundl. Anschauungs-Unterricht. 3. Aufl. (XI, 382 S. m. Bildern.) 892. geb. n. 4.

— dasselbe Ergänzungs-Hft. gr. 8. Ebd. 893. n. — 50
23 Präparationen f. den naturkundlichen Anschauungs-Unterricht v. Frz. Erb. (IV, 40 S.)

— Präparationen f. den biblischen Geschichts-Unterricht in der Elementarklasse, nebst Besprechgn. üb das 4. u. 7. Gebot u. üb. einige Verschen aus d. Verf. „Samenkörner f. Kinderherzen". Als Grundlage d. ersten Religionsunterrichts f. junge Elementarlehrer. gr. 8. (III, 143 S.) Leipzig 891. A. Dehmigke's Verl. n. 1. 20

— Präparationen f. d. bibl. Geschichtsunterricht in d. Elementarklasse, nebst Besprechgn. üb. d. 4. u. 7. Gebot u. üb. einige Verschen aus des Verf. „Samenkörner f. Kinderherzen". Als Grundlage d. ersten Religionsunterrichts f. junge Elementarlehrer. 2. Aufl. 8. (III, 143 S.) Ebd. 897. n. 1. 20

—— des Kindes erstes Rechenbuch. Behandelnd den Zahlenkreis 1—10. Für Schule und Haus bearb. gr. 8. (IV, 96 S.) Ebendas. 876.
—— dass. — (Ausg. für die Hand des Lehrers.) gr. 8. (XVI, 96 S.) Ebendas. 876.

Wiedemann, Frz., des Kindes 2. Rechenbuch. Behandelnd den Zahlenkreis 10—100. Für Schule u. Haus bearb. gr. 8. (82 S.) Dresden 878. Meinhold & Söhne. — 60

Wiedemann, Frz., die Reichspolitik d. Grafen Haug v. Werdenberg in den J. 1466 — 1486. gr. 8. (114 S.) Stettin 883. (Berlin, Mayer & Müller.) n. 1. 50

—— Rothkäppchen. Märchen, frei nach Grimm bearb. Mit 6 bunten Bildern (in Oelfarbendr.) nach Orig.-Aquarellen von Ant. Gareis. 4. (8 S.) Ebendas. 871. *

— Rothkäppchen,
— Rübezahl, } s. d. Märchen, deutsche.

—— Rübezahl. Märchen nach Musäus frei bearb. Mit 6 bunten (chromolithogr.) Bildern nach Orig.-Aquarellen von Th. Hosemann. 4. (8 S.) Ebendas. 872. *

— Samenkörner für Kinderherzen, als Grundlage für den ersten Religionsunterricht für Kinder von 6—8 Jahren. 16. (IV u. 108 S.) Dresden 852, Adler & Dietze. n. 1/6 ₰

— Samenkörner für Kinderherzen, als Grundlage für den ersten Religionsunterricht, nach den heil. 10 Geboten geordnet und mit einem Anh. versehen, für Kinder von 6—8 Jahren. 2. unveränd. Aufl. 853. (108 S.) — 3. sehr verm. rc. Aufl. Dresden 857. Adler u. Dietze. 16. (124 S.) n. 5 ngr.

— Samenkörner für Kinderherzen, als Grundlage für den ersten Religionsunterricht, nach den zehn Geboten u. den christlichen Festtagen geordnet. Für Kinder von 6 bis 8 Jahren. 4. Aufl. 860. — 5. unveränd. Aufl. Dresden 863. Dietze. 16. (124 S.) n. 5 ngr.;
mit Anhang: Alte Lieder, neue Worte. Enth. 52 kleine, leichte Lieder nach bekannten Singweisen. (32 S.) n. 7 ngr.;
der Anhang apart n. 2 ngr.

— Samenkörner für Kinderherzen, als Grundlage für den ersten Religionsunterricht, nach den 10 Geboten u. den christlichen Festtagen geordnet. Nebst einem Anhang kleiner Liedchen nach bekannten, leichten Melodien. Für Kinder von 6—8 Jahren. 6. u. 7., unveränd. Aufl. Dresden 866,70. G. Dietze. 16. (159 S.) cart. n. 7 ngr.

—— Samenkörner für Kinderherzen. Als Grundlage für den ersten Religionsunterricht, nach den zehn Geboten und den christl. Festtagen geordnet. Nebst einem Anh. kleiner Liedchen nach bekannten, leichten Melodien. Für Kinder von 6—8 Jahren. 7. unveränd. Aufl. 1870. * 70 Pf, und 8. und 9. Aufl. gr. 16. (159 S.) Dresden 873,75, G. Dietze. *

—— Samenkörner für Kinderherzen. Als Grundlage für den ersten Religionsunterricht, nach den zehn Geboten und den christl. Festtagen geordnet. Nebst einem Anhang kleiner Lieder nach bekannten, leichten Melodien. Für Kinder von 6 bis 8 Jahren. 10. Aufl. gr. 16. (159 S.) Dresden 877, G. Dietze. cart. *

—— Samenkörner für Kinderherzen. Als Grundlage für den ersten Religionsunterricht, nach den zehn Geboten und den christl. Festtagen geordnet. Nebst einem Anhang kleiner Lieder nach bekannten leichten Melodien. Für Kinder von 6 bis 8 Jahren. 11. Aufl. 12. (159 S.) Dresden 883, G. Dietze. cart. *

— Samenkörner f. Kinderherzen. Als Grundlage f. den ersten Religionsunterricht, nach den 10 Geboten u. den christl. Festtagen geordnet. Nebst e. Anh. kleiner Lieder nach bekannten, leichten Melodien. Für Kinder v. 6 - 8 Jahren. 12. Aufl. 12. (159 S.) Dresden 889. G. Dietze. cart. n. — 75

Wiedemann, Frz., Sancho Pansa auf der Insel Barataria. Nach einer Erzählung aus Cervantes' Don Quixote für die Jugend frei bearb. Mit 10 Taf. in Farbendr. von D. A. Bichard. Imp.-4. (48 S.) Dresden 872, Bock's Verlag. geb.

—— s. Scherer, M., und H. Engler, Fritz und Spitz.

Wiedemann, Frz., Schneewittchen s. d. Märchen, deutsche.

—— Schneewittchen. Märchen nach Grimm frei bearb. Mit 6 bunten (chromolithogr.) Bildern nach Orig.-Aquarellen von Th. Hosemann. 4. (8 S.) Dresden 872, Meinhold und Söhne. *

—— Schulfrühling. 80 kleine Lebensbilder aus dem ersten Schuljahre. Für Kinder von 6 bis 10 Jahren. Mit 8 Illustr. in Farbendr. von Th. Hosemann. gr. 8. (VIII, 138 S.) Ebendas. 871.

—— Schulfrühling. Achtzig kleine Lebensbilder aus dem ersten Schuljahre. Für Kinder von 6 bis 10 Jahren. Mit 8 Illustr. in Farbendr. von Th. Hosemann. 2. Aufl. gr. 8. (VI, 138 S.) Dresden 882, Meinhold und Söhne. geb.

—— Schulfrühling. Achtzig kleine Lebensbilder aus dem ersten Schuljahre. Für Kinder von 6—10 Jahren. 3. Aufl. 8. (VI, 138 S. mit 8 Illustr. in Farbendr. von Wilh. Claudius.) Dresden 887, Meinhold und Söhne. geb.

WIEDEMANN, Franz (München): Der Selbstmord in seiner detailgeographischen Ausgliederung im Deutschen Reich (bzw. Preussen).- München: Schön 1910. 86 S., 4 Kart.
14.6.1910 - Chr 1909/10,21; U 11.3582
Diss. Ingolst.-Landsh.-Mchn.

—— Sprachbilder nach bestimmten Sprachregeln. Ein einfaches und prakt. Hilfsbuch für den deutschen Sprachunterricht in der Volksschule. Für Lehrer und Schüler gearb. Ausg. für Lehrer. 2 Thle. 8. Leipzig 873, Dehmigke's Verlag. [1. Thl. 2. Abdr. (VIII, 158 S.) *M. 1.; 2. Thl. (120 S.) * 75 Pf.] *

—— dass. — Ausg. für Schüler. 2 Thle. 8. Ebendas. 873. [1. Thl. 2. Abdr. (158 S.) *M. 1.; 2. Thl. (120 S.) * 75 Pf.] *

WIEDEMANN, FRANZ. *Ein Tag aus dem Kinderleben.* [6] Scenen, nach dem Leben componirt v. M. SCHERER & H. ENGLER. Mit Gedichten. Dresden, W. Hoffmann [c. 1880]. Gedr. Titel u. 6 Lichtdrucktaf. in illustr. Or.-Hlwd.-Mappe. Gr.-4°. 12.—
Interessantes „Kitsch"-Bilderbuch m. photograph. Kompositionen.

—— s. Scherer, M., und H. Engler, ein Tag aus dem Kinderleben.

Das Vater-Unser und das Leben. Erzählung zu Nutz und Frommen der lieben Jugend. Von Franz Wiedemann, Verfasser der „Samenkörner für Kinderherzen". Mit vier [handkolorierten] Kupfern. Oschatz, Fr. Oldecop's Erben, 1853. Titel, 190 S. Kl.-8°. Neuerer Hlwd. mit aufgez. zweifarbig lithogr. Or.-Umschlag. 24.—
Ganz vorzügliche, sehr schön kolorierte Bilder. Bibliotheksstempel der Prinzessin Maria zu Anhalt a. d. Titel. Einz. Fleckchen.

—— im Wald, im Hof und Feld, s. Süs, Gust.

—— Weihnachts-Zauber, s. Scherer, M., und H. Engler.

Wiedemann, Frz., zur Weiterentwickelg. d. Lehrerbildungs-Anstalten. Progr. gr. 8. (10 S.) Trautenau 895. (G. Lorenz.) n. — 50

—— Wenn Jemand eine Reise thut, so kann er was erzählen. Goldonkels Reise-Erlebnisse in vier Welttheilen der Jugend erzählt. qu. 4. (56 S. mit 12 Chromolithogr.) Dresden 871, Bock's Verlag. geb.

—— Wenn Jemand eine Reise thut, so kann er 'was erzählen. Reise-Erlebnisse in vier Welttheilen, der Jugend erzählt. Mit zahlreichen (9 color. Holzschn.-)Bildern nach Zeichnungen von Leutemann, Specht und anderen bedeutenden Künstlern. 2. verb. Aufl. qu. gr. 4. (56 S.) Dresden 882, Kaufmann's Verlag.

—— wer nur den lieben Gott läßt walten. Eine Erzählung für die Jugend. 12. (115 S. mit 4 Stahlst.) Stuttgart 887, Schmidt und Spring. cart.

Wiedemann, Frz., wer nur den lieben Gott läßt walten. Eine Erzählg. f. die Jugend. — Nazi, der Geißbub'. Eine Erzählg. aus den Salzburger Alpen. Neue Ausg. 8. (124 u. 99 S. m. 2 Farbendr.) Stuttgart 893. Schmidt & Spring. Geb. n. 2. 25

—— Wie ich meinen Kleinen die biblischen Geschichten erzähle. Ein Buch zum Gebrauche für Lehrer, Lehrerinnen, Gouvernanten, Väter und Mütter und überhaupt alle, welche es mit Erziehung der Kleinen zu thun haben. Zugleich ist es ein Buch für die Kleinen selbst. 8. (VIII und 224 S. mit 26 eingedr. Holzschn.) Dresden 854, Meinhold und Söhne.

— Wie ich meinen Kleinen die biblischen Geschichten erzähle. Für Lehrer, Lehrerinnen, Gouvernanten ꝛc. und überhaupt alle, welche es mit Erziehung der Kleinen zu thun haben. Zugleich ist es ein Buch für die Kleinen selbst. 2. Aufl. Mit 29 Holzschn. 859. (VIII, 248 S.) — 3. verm. u. verb. Aufl. Mit 61 Holzschn. Dresden 862. Meinhold & Söhne. 8. (VIII, 267 S.) 15 *ngr.*

— Wie ich meinen Kleinen die biblischen Geschichten erzähle. Für Lehrer, Lehrerinnen, Gouvernanten ꝛc. u. überhaupt Alle, welche es mit Erziehung der Kleinen zu thun haben. Zugleich ist es ein Buch für die Kleinen selbst. 4., verm. u. verb. Aufl. Dresden 867. Meinhold & Söhne. br. 8. (288 S. mit 75 eingedr. Holzschn.) 15 *ngr.*

—— Wie ich meinen Kleinen die biblischen Geschichten erzähle. Für Lehrer, Lehrerinnen, Gouvernanten, Väter und Mütter und überhaupt Alle, welche es mit der Erziehung der Kleinen zu thun haben. Zugleich ist es ein Buch für die Kleinen selbst. 5. Aufl. 1871, und 6. verb. Aufl. gr. 8. (XII, 295 S. mit 90 eingedr. Holzschn.) Dresden 874, Meinhold und Söhne. geb. *

Wiedemann, Frz., Wie ich meinen Kleinen die biblischen Geschichten erzähle. Für Lehrer, Lehrerinnen, Gouvernanten, Väter und Mütter und überhaupt Alle, welche es mit Erziehung der Kleinen zu thun haben. Zugleich ist es ein Buch für die Kleinen selbst. 7. Aufl. 8. (XV, 292 S. mit 90 eingedr. Holzschn.) Dresden 876, Meinhold und Söhne. M. 1.50.; geb. *

—— dass. — 8. Aufl. 8. (XV, 292 S. mit 96 eingedr. Holzschn.) Ebendas. 878.
geb. in Schulbd. * M. 1,80.; geb. in Calico *

— wie ich meinen Kleinen die biblischen Geschichten erzähle. Für Lehrer, Lehrerinnen, Gouvernanten, Väter u. Mütter u. überhaupt Alle, welche es mit Erziehung der Kleinen zu thun haben. Zugleich ist es ein Buch für die Kleinen selbst. 9. Aufl. Mit 96 (eingedr.) Holzschn. 8. (XV, 292 S.) Dresden 881. Meinhold & Söhne. 1. 50
in Schulbd. geb. n. 1. 80; in Calico n. 2. —

— wie ich meinen Kleinen die biblischen Geschichten erzähle. Für Lehrer, Lehrerinnen, Gouvernanten, Väter u. Mütter u. überhaupt alle, welche es m. Erziehg. der Kleinen zu thun haben. Zugleich ist es e. Buch f. die Kleinen selbst. 10. Aufl. Mit 100 (eingedr.) Holzschn. 8. (XV, 299 S.) Dresden 883. Meinhold & Söhne. 1. 50; in Schulbd. n. 1. 80; in Leinw.-Bd. n. 2. —

—— wie ich meinen Kleinen die biblischen Geschichten erzähle. Für Lehrer, Lehrerinnen, Gouvernanten, Väter und Mütter und überhaupt alle, welche es mit Erziehung der Kleinen zu thun haben. Zugleich ist es ein Buch für die Kleinen selbst. 11. Aufl. 8. (XV, 299 S. mit 100 Holzschn.) Ebendas. 887.
geb. in Calico * M. 2.—.; in Schulbd. *

— wie ich meinen Kleinen die biblischen Geschichten erzähle. Für Lehrer, Lehrerinnen, Gouvernanten, Väter u. Mütter u. überhaupt alle, welche es m. der Erziehg. der Kleinen zu thun haben. Zugleich ist es e. Buch f. die Kleinen selbst. 12. Aufl. Mit 100 Holzschn. 8. (XV, 299 S.) Dresden 890. Meinhold & Söhne. 1. 50;
geb. in Kaliko n. 2. —; in Schulbd. n. 1. 80

— wie ich meinen Kleinen die biblischen Geschichten erzähle. Für Lehrer, Lehrerinnen, Gouvernanten, Väter u. Mütter u. überhaupt alle, welche es m. der Erziehg. der Kleinen zu thun haben. Zugleich ist es ein Buch f. die Kleinen selbst. 13. Aufl. 8. (XV, 299 S. m. 100 Holzschn.) Dresden 894. C. C. Meinhold & Söhne. 1. 50; in Schulbd. n. 1. 80; in Leinwbd. n. 2. —

— wie ich meinen Kleinen die bibl. Geschichten erzähle. Für Lehrer, Lehrerinnen, Gouvernanten, Väter u. Mütter u. überhaupt alle, welche es m. d. Erziehg. d. Kleinen zu thun haben. Zugl. ist es e. Buch f. d. Kleinen selbst. 14. Aufl. 8. (XV, 299 S. m. 100 Holzschn.) Dresden 896. C. C. Meinhold & Söhne. 1. 60; geb. in Leinw. n. 2. —; in Schulbd. n. 1. 80

Wiedemann, Frz., wie ich meinen Kleinen die biblischen Geschichten erzähle. Für Lehrer, Lehrerinnen, Gouvernanten, Väter u. Mütter u. überhaupt alle, welche es m. der Erziehg. der Kleinen zu thun haben. Zugleich ist es e. Buch f. die Kleinen selbst. 15. Aufl. 8. (XV, 299 S. m. 100 Holzschn.) Dresden 899. C. C. Meinhold & Söhne. 1. 50; geb. in Leinw. n. 2. —; in Schulbd. n. 1. 80

Wiedemann, Frz., wie ich meinen Kleinen die biblischen Geschichten erzähle. Für Väter, Mütter u. Erzieherinnen, Lehrer u. Lehrerinnen u. überhaupt alle, welche es mit der Erziehg. der Kleinen zu tun haben. Zugleich ist es e. Buch f. die Kleinen selbst. Neue Bearbeitg. 17. Aufl. Mit Bildern v. J. Schnorr v. Carolsfeld. (XIII, 266 S.) 8. Dresden 906. C. C. Meinhold & Söhne. n. 1. 50; geb. in Schulbd. n. 1. 80; in Geschenkbd. n. 2. —

—— Zeichenschule für die Kleinen. Auf Netzlinien entworfen und stufenweise geordnet für Schule, Kindergarten und Haus. 2. und 3. Stufe. 4. Ebendas. [2. Stufe. (4 S. mit 68 Stnt.) 876. * *M.* 2.; 3. Stufe. (2 S. mit 80 Stnt.) 877. * *M.* 2,25.] *
Die 1. Stufe bildet: Wiedemann, Frz., tausend Figuren.

— Zwei-Schuh. Mit (5 chromolith.) Bildern (in gr. 4. u. qu. Fol.) v. Walter Crane. gr. 4. (8 S.) Dresden 876. Meinhold & Söhne. n. 1. 20

— der gelbe Zwerg. Mit (5 chromolith.) Bildern (in gr. 4. u. qu. Fol.) v. Walter Crane. gr. 4. (8 S.) Ebend. 876. n. 1. 20

—— Zwergmärchen. Für Kinder von 6—10 Jahren. Mit 7 Buntdruckbildern nach Zeichnungen von F. Flinzer. gr. 16. (IV, 113 S.) Leipzig 872, Germann. geb.

—— Zwergmärchen. Für Kinder von 6 bis 10 Jahren. Mit 7 Buntdr. Bildern nach Zeichnungen von F. Flinzer. 2. Aufl. 12. (VIII, 112 S.) Leipzig 882, Oehmigke's Verlag. geb. *

— **Zwergmärchen.** Für Kinder von 6 bis 10 Jahren. 8. Aufl. (91 S. m. 4 Farbdr.) gr. 4. Ebd. (903). Geb. n. 3. —

Wiedemann, Franz Heinrich

Wiedemann, Franc. Henr. (geb. Exleben 31. 1. 1813): De gastritide eiusque sequelis. Berolini (1835). (40 S.) 8°
Berlin, Med. Diss. v. 29. Okt. 1835

Wiedemann, Franz Xaver: Über die aktive Immunisierung von Kaninchen gegen Druse-Streptokokken. Mit 7 Tab. Berlin 1909. 18 S.
Bern, Vet.-med. Diss. v. 1909.

Wiedemann, Friedrich

Wiedemann, Frdr., Briefe u. Geschäftsaufsätze für Sonntags- u. Fortbildungsschulen, s.: Langer, Otto.

Wiedemann, Frdr., erste Hilfe bei Unglücksfällen, s.: Mertblätter, landwirtschaftliche.

Wiedemann, Friedrich, über Makroglossie und Makrochilie. Diss. Würzburg 1887, Stahelsche Univ.-Buchh. 8⁰. 42 S.

WIEDEMANN, Friedrich: Statistische Mittheilungen über das Vorkommen des Abdominaltyphus in Augsburger Krankenhause während der Jahre 1869-1887.- München: Strauh 1889. 2 Bl.,23 S.
14.12.1888 - Chr 1888/89,18; Jv 1888/89,222 (Prom.-Datum: 1889)
Diss. Ingolst.-Landsh.-Mchn.

Wiedemann, Friedrich (geb. am 12 März 1843 in Odenkirchen Rgbz. Düsseldorf): Ueber Morbus maculosus haemorrhagicus Werlhofii ... Bonn, Buchdr. v. P. Neusser 1868. 31 S. 8.
Bonn, Med. Fak., Diss. v. 14 Aug. 1868

— Nachschlagebuch üb. das Medizinalwesen der inneren Staatsverwaltung des Königr. Bayern. Für Amtsärzte, prakt. Ärzte u. Verwaltungsbehörden. (VI, 204 S.) 8. Würzburg 910. C. Kabitzsch. Geb. in Leinw. 4. 80

Wiedemann, (Godofr.) Frid. (geb. Naumburg a. S. 8. 1. 1818): De fluxus menstrui natura. Berolini (1841). (31 S.) 8°
Berlin, Med. Diss. v. 5. Aug. 1841

Wiedemann, Frid. (geb. Naumburg a. S. 3. 12. 1810): De phlegmatia alba dolente. Berolini (1835). (31 S.) 8°
Berlin, Med. Diss. v. 18. Febr. 1835

Wiedemann, G. Ch. F., Abentheuer Kunz d. Kühnen, od. die Zerstörung d. Vehmgerichte, u. zwei and. Erzählungen aus d. Tagen d. Mittelalters. 8. (13½ B.) Nürnberg 830, Zeh.

Wiedemann, G. Ch. F., Gedichte. 8. (4½ B.) Nürnberg 835, (Riegel u. Wießner.)

— Horst, der Ritter der blauen Binde; der Geist in d. Ruine Grauenstein; Anton v. Siebeneck u. Ursula v. Weißenburg. Drei Erzählungen aus der Vorzeit. Mit 1 Kupf. 8. Nürnb. 827. Zeh. 1 *ℳ*

Wiedemann, G Ch F
Graf Ortur der Grausame; Ritter Alfred und Isabella, oder die geretteten Heidenopfer; das Gottes-Gericht. 3 Erzählungen aus den Tagen der Vorzeit. Mit 1 Kupfer. Nürnberg, Leipzig: Zeh 1827.236 S. 8°

Wiedemann, G. Ch. F., Graf Ortur der Grausame; Ritter Alfred und Isabella, oder die geretteten Heidenopfer; das Gottes-Gericht. Drei Erzählungen aus den Tagen der Vorzeit. 2. Aufl. 16. (272 S.) Stuttgart 864, Fischhaber.

——, Richard der Edle u. schreckl. Räuber aus Bruderhaß. 8. (12 B. u. 1 Kpfr.) Nürnberg 828, Zeh.

Wiedemann, Georg

— und Jos. **Madel**, Anleitung zum Anfertigen von Geschäftsaufsätzen mit Erklärungen, Regeln und Beispielen nebst 222 Aufgaben zum Schul- und Privatgebrauche bearb. 856. (94 S.) 3½ *ngr.* — 2. verm. u. verb. Aufl. Augsburg 857. Kollmann. 12. (2 Bl., 100 S.) n. 4 *ngr.*

Wiedemann, Geo., Anleitung zum mündlichen und schriftlichen Gedankenausdrucke nach den Grundsätzen der bildenden Unterrichts- und Seelenlehre. Für deutsche Volksschulen bearb. Augsburg 857. Kollmann. 12. (IV, 91 S.) n. 3½ *ngr.*

— 555 Brief-Themata zum Gebrauche für Lehrer und Schüler an den Elementarschulen. In 2 Abthlgn. A. Für Werktagsschulen. B. Für Feiertagsschulen. 855. (Augsburg, Kollmann.) 12. (84; 88 S.) n. 5 *ngr.*; jede Abth. 3 *ngr.*

Wiedemann, Geo., Kindergärten ein Bedürfniß der Gegenwart. gr. 8. (36 S.) München 868, (Manz.)

WIEDEMANN, Georg (Spremberg): Ueber Trophische Störungen bei Tabes dorsalis im Anschluss an einen Fall von Mal perforant du pied.- Reichenbach i.Schl.: Wilisch 1898. 43 S.
14.7.1898 - Chr 1898/99,12; Jv 1899/1900,210 (Prom.-Datum: 1899)
Diss.Ingolst.-Landsh.-Mchn.

Wiedemann, Georg Friedrich

— s. D. Gollowitz, Anleitung rc.

Wiedemann, Geo. Fr., libellus precum in usum hominis christiano-catholici. 12. Landsh. 827. Thomann. 12 *℔*

— manuale precum in usum sacerdotum et clericorum, ex pluribus laudatis approbatisque libellis collectum. 12. Landsh. 820. Ed. III. 827. Ed. IV. 832. Thomann. 15 ℊ

—— Manuale precum in us. sacerdotum et clericor., nec non ad statum clericalem adspirantium. Edit. III. aucta et emend. (12½ B.) 827. 12 Gr., E. IV. aucta et emend. (15 B.) 12. Landishuti 832, Thomann.

Wiedemann, Geo. Fr., Manuale precum in usum sacerdotum et clericorum, nec non ad statum clericalem adspirantium. Edit. V. auct. et emend. unacum officio defunctorum. 12. Landishuti 841, Attenkofer. (Thomann.) ¾ ℛ

Wiedemann, G(eo.) Frid., Manuale precum in usum sacerdotum et clericorum, nec non ad statum clericalem adspirantium. Editio VI. 16maj. (VIII und 355 S. mit 1 Stahlst.) Landishuti 853, libr. Thomann.

—— Manuale precum minus in us. sacerdotum et clericorum. Accedit series ordinationum. 12. (12½ B. u. 1 Holzschn.) Landishuti 831, Thomann. 8 Gr., Schrbp.

— die allgem. Menschengeschichte für d. kathol. Jugend. Auszug aus K. F. Becker's Weltgeschichte. 1r Bd. 1e u. 2e Abtheil. Alte Geschichte. gr. 8. Münch. 815, 16. 2e A. 821. 3e A. 822. Lentner. 2 ℛ 9 ℊ 2r Thl. 1e u. 2e Abtheil. Die mittlere Geschichte. gr. 8. Münch. 820, 22. Lentner. 1 ℛ 6 ℊ 2r Thl. 3e u. 4e Abtheil. A. u. d. T.: Handbuch d. Menschengeschichte mittlerer Zeiten. 3e Aufl. gr. 8. Münch. 825. Lentner. 1 ℛ 8 ℊ

Wiedemann, G. F., die allgemeine Menschengeschichte f. die kathol. Jugend. 1r Bd. 1ste Abthl. gr. 8. München, Lentner. (Leipz. Gleditsch.) 815

Wiedemann, G. F., die allgem. Menschengeschichte f. d. kathol. Jugend. 1r Thl. 2te Aufl. gr. 8. München, Lentner. 821.

Auch unter dem Titel:

Geschichte der alten Welt. 2te Aufl.

Wiedemann, (F.,) die allgem. Menschengeschichte f. die kathol. Jugend. 1r Theil, alte Geschichte. 3e Aufl. 822. 1 Rthl. 8 gr. — 2r Thl., mittl. Geschichte. 1e u. 2e Abthlg. 2e Aufl. à 10 gr. gr. 8. Münch. 822, Lentner. à

—— die allgem. Menschen-Geschichte f. d. studirende Jugend. 1—4. Thl. 1. Bd. gr. 8. München, Lentner.

A. u. d. Titln.:

Thl. 1. Die allgem. Menschen-Gesch. alter Zeiten. 6. Aufl. (36½ B.) 82?. 1 Thlr.

" 2. Die allgem. Menschen-Gesch. mittlerer Zeiten. 4. Aufl. (47 B.) 832. 1 Thlr. 8 Gr.

" 3. Die allgem. Menschen-Gesch. neuerer Zeiten. 2 Bde. 2. Aufl. [1. (1? B.) 830., 2. (24½ B.) 834. à 1 Thlr.] 2 Thlr.

" 4. Bd. 1. Die allgem. Menschen-Gesch. neuester Zeiten. 1. Bd. (22¼ B.) 835. 1 Thlr.

—— die allgem. Menschen-Geschichte f. d. studir. Jugend. 1. Thl. 2 Bde. u. 4. Thl. 2. u. 3. (letzt.) Bd. gr. 8. München, Lentner'sche Buchh.

A. u. d. Titln.:

Thl. 1. Die alte Geschichte. 2 Bde. 7., verm. Aufl. (44½ B.) 840. 1 Thlr. 18 Gr.

" 4. Bd. 2. u. 3. Die allgem. Menschengeschichte neuester Zeit. 2. u. 3. Bd. [2. (21 B.) 838. 1 Thlr., 3. (34¼ B.) 840. 1⅙ Thlr.] 2 Thlr. 14 Gr.

2—4. Thl. 1. Bd. Ebendas. 1832—35. 4 Thlr. 8 Gr.

Zwölf Abbildungen hierzu. gr. 8. Berlin 839, Heymann. * 1 Thlr. 12 Gr.

Wiedemann, Geo. Fr., die allgemeine Menschen-Geschichte für die studirende Jugend. 1r Thl. 2 Bde. Die alte Geschichte. 2 Bde. 7e verm. Aufl. gr. 8. München 840. Lentner. (Leipzig, Volckmar.) 1¾ ℛ — 3r Thl. 2r Bd. A. u. d. T.: Die allgemeine Menschen-Geschichte neuerer Zeiten. 2r u. 3r Bd. 2e verb. Aufl. gr. 8. Ebd. 834. 2$\frac{1}{12}$ ℛ

Wiedemann, Geo. Friedr., die allgem. Menschen-Geschichte f. d. studirende Jugend. 22 Lfgn. 8., verm. Aufl. gr. 8. (217⅝ B.) München 842—45, Lentner'sche Buchh. à Lfg. 10 Ngr.

— die allgemeine Menschen-Geschichte f. d. studirende Jugend. 1. Bd. — A. u. d. T.: Die allgemeine Menschen-Geschichte aller Zeiten. 1. Bd. 8. verm. Aufl. 1.—22. Liefg. gr. 8. München 842—45, Lentner'sche Buchh. (W. Keck.) à ⅓ ℛ

Wiedemann, Georg Friedrich, s. Monatsblatt, Neues, für d. kathol. theolog. Literatur.

Wiedemann, Georg Friedrich, s.a. Ritus celebrandi missam . . .

—— Ritus celebrandi missam secund. rubricas missalis romani et decreta sacrae rituum Congregationis. In us. clericor. ad s. Presbyteratus ordinem adspirantium. Edit. V. 8maj. (8 B.) Monachii 841, libr. Lentner.

—— Ritus celebrandi missam secundum rubricas missalis romani et decreta sacrae rituum congregationis. In usum clericorum ad S. presbyteratus ordinem adspirantium. Editio VII. 8maj. (IV und 152 S.) Monachii 856, libr. Lentner.

(——) Series ordinationum, s. Series.

Wiedemann, Gustav

Wiedemann, G., s: Annalen der Physik u. Chemie.

—— über elektrische Beleuchtung, s. Handbuch der chemischen Technologie.

Wiedemann, Gust., über die Bestimmung des Ohm. gr. 4. (75 S. mit 2 lithogr. Taf.) Berlin 885, (G. Reimer.) cart. *

Aus: Abhandlungen der k. preuss. Akademie der Wissenschaften zu Berlin, besonders abgedruckt.

Wiedemann, [illegible]

— und Rühlmann, R., Ueber den Durchgang der Elektricität durch Gase. (Berichte der Kön. Sachs. Gesellsch. der Wissensch. Mathem. Physische Klasse. 20. Oct. 1871.)

Wiedemann, Gust., die Lehre von der Elektricität. Zugleich als 3. völlig umgearb. Aufl. der Lehre vom Galvanismus und Elektromagnetismus. 4 Bde. Mit zahlreichen in den Text eingedr. Holzst. und 2 lithogr. Taf. gr. 8. Braunschweig, Vieweg und Sohn. [1. Bd. (XI, 795 S.) 882. * ℳ 20.; geb. * ℳ 21.; 2. Bd. (VII, 1002 S.) 883. * ℳ 25.; geb. * ℳ 26.; 3. Bd. (VIII, 968 S.) 883. * ℳ 24.; geb. * ℳ 25.; 4. Bd. 1. Abthl. (VI, S. 1—600.) 885. * ℳ 15.; geb. * ℳ 16.; 2. Abthl. (VIII, S. 601—1491.) 885. * ℳ 24.; geb. * ℳ 25.] * ℳ 108.; geb. in 5 Bde. *

Wiedemann, Gust., die Lehre v. der Elektricität. 2., umgearb. u. verm. Aufl. Zugleich als 4. Aufl. der Lehre vom Galvanismus u. Elektromagnetismus. 1. u. 2. Bd. gr. 8. Braunschweig, F. Vieweg & Sohn. n. 54. —; geb. in Halbfrz. n.n. 58. —

1. (VII, 1023 S. m. 298 Holzst. u. 2 Taf.) 893. n. 26. —; geb. n.n. 28. —

2. (VIII, 1126 S. m. 163 Holzst. u. 1 Taf.) 894. n. 28. —; geb. n.n. 30. —

— die Lehre v. d. Elektricität. 2., umgearb. u. verm. Aufl. Zugl. als 4. Aufl. d. Lehre v. Galvanismus u. Elektromagnetismus. 3. u. 4. Bd. gr. 8. Braunschweig. F. Vieweg & Sohn. n. 60. —; geb. in Halbfrz. n.n. 64. — (1.—4.: n. 114. —; geb. n.n. 122. —)

3. (VIII, 1139 S. m. 320 Holzst.) 895. n. 28. —; geb. in Halbfrz. n.n. 30. —

4. (XIII, 1237 S. m. 269 Holzst.) 898. n. 32. —; geb. in Halbfrz. n.n. 34. —

Wiedemann, Gust., die Lehre vom Galvanismus und Elektromagnetismus nebst ihren technischen Anwendungen. In 3 Bdn. 1. Bd. und 2. Bd. 1. Abthl. gr. 8. Braunschweig 861, Vieweg und Sohn. *
Inhalt:
Bd. 1. Die Lehre vom Galvanismus. (XI und 680 S. mit 201 in den Text gedr. Holzst.) * 3 Thlr. 26 Ngr.
» 2. Abthl. 1. Die Lehre von den Wirkungen des galvanischen Stromes in die Ferne. 1. Abthl. (427 S. mit zahlreichen in den Text eingedr. Holzst.) * 2 Thlr. 15 Ngr.

Wiedemann, Gust., die Lehre vom Galvanismus und Elektromagnetismus. 2. Bd. A. u. d. T.: Die Lehre von den Wirkungen des galvanischen Stromes in die Ferne. 2. Abthl. 2 Lfgn. gr. 8. (IX und S. 428—1184 mit 395 eingedr. Holzst. und 1 farb. Stahlst.-Taf.) Braunschweig 862—63, Vieweg und Sohn. [1. Lfg. * 1 Thlr. 15 Ngr., 2. Lfg. * 3 Thlr. 4 Ngr.] *
1. Bd. und 2. Bd. 1. Abthl. Ebendas. 1861. * 6 Thlr. 11 Ngr.

Wiedemann, Gust., die Lehre vom Galvanismus und Elektromagnetismus. 2. neu bearb. und verm. Aufl. Mit zahlreichen in den Text eingedr. Holzst. 2 Bde. gr. 8. Braunschweig, Vieweg und Sohn. *
Inhalt:
Bd. 1. Galvanismus. 1. Abthl. (S. I—IV, 1—464.) *M. 9,60.; 2. Abthl. (S. V—VII, 465—967.) 872. *M. 10,40.
» 2. Die Lehre von den Wirkungen des galvanischen Stromes in die Ferne. 1. Abthl.: Elektrodynamik, Elektromagnetismus und Diamagnetismus. 2 Lfgn. [1. Lfg. (S. 1—576.) *M. 13.; 2. Lfg. (S. 577—776.) 873. *M. 5. — 2. Abthl.: Induction und Schlusscapitel. (X, 804 S. mit 482 in den Text eingedr. Holzst.) 874. *M. 22.]

— Ueber die Torsion, die Biegung und den Magnetismus. (Aus den Verhandl. der naturforsch. Gesellsch. in Basel, II. Heft, 2, 1859.)

Wiedemann, G., Ueber das elektrische Verhalten krystallisirter Körper. (Der physikal. Gesellsch. zu Berlin mitgetheilt am 2. Febr. 1849.)

Wiedemann, H., Leitfaden für den ersten Unterricht in der Geographie mit besond. Berücksicht. des russ. Kaiserreichs zusamniengestellt. 3. und 4. verb. Aufl. 8. (IV, 68 S.) St. Petersburg 871,77, Röttger. cart. *

Wiedemann, H., Leitfaden für den ersten Unterricht in der Geographie mit besond. Berücksicht. des russ. Kaiserreichs. 6. verb. Aufl. 8. (IV, 68 S.) St. Petersburg 887, Erickson. cart. *

Wiedemann, Hans *Emil Reinhold* [aus Müncheberg]: Das Empyem der Stirnhöhlen ... Berlin, C. Vogt's Buchdr., *1893*; 31 S. 8.
Berlin, Med. Fak., Inaug.-Diss. v. 30. Juni 1893

Wiedemann, Heinrich Rudolf

Wiedemann, Henr. Rud. [illegible] De fungo medullari [illegible] Berolini (1838) (32 S.) 8°
Berlin, Med. Diss. v. 16. Okt. 1838

Wiedemann, Herm., Entwürfe zu Renaissance- und Rococo-Möbeln. 1. Lfg. gr. Fol. (8 Stnt.) Leipzig 856. [Glogau, Flemming's Verlag.] **

Wiedemann, Herm., Entwürfe zu Renaissance- und Rococo-Möbeln. 1. u. 2. Liefg. Leipzig (857.) Romberg. (Glogau, Flemming.) gr. Fol. Jede Liefg. von 8 lith. Taf. 1 Thlr. 15 ngr.
Auch in einer Ausg. mit französ. Texte (à 2 Thlr.) u. mit englischem Texte (à 2 Thlr. 3 ngr.) erschienen.

Wiedemann, Herm., Entwürfe zu Renaissance- und Rococo-Möbeln. 3. Lfg. gr. Fol. (8 Stnt.) Glogau 862, Flemming.
1. und 2. Lfg. Ebendas. 1856,57. 3 Thlr.

— Plans, élévations, coupes et détails de meubles de renaissance et rococo. 1. Livr. gr. Fol. (8 Stnt.) Leipzig 856, Romberg. **

— Plans, elevations, intersections and details of renaissance and rococo furniture. 1. Part. gr. Fol. (8 Stnt.) Leipzig 856, Romberg. **

Wiedemann, Hugo, über Mischformen aus Typhus und Intermittens. Inaugural-Dissertation. gr. 8. (40 S.) Königsberg 874. (Leipzig, Kessler.) *

Wiedemann, J., der fromme Christ. Vollständiges kath. Gebetbuch. (264 S. m. Titelbild.) 9,8×7,3 cm. Kevelaer (907). J. Thum. Geb. in Leinw. — 60

Wiedemann, J., wenn eins krank ist in der Familie. Medizinisches Volksbuch. (320 S. m. 9 Taf. u. 1 farb. zerlegbaren Modell.) 8. München (905). Seitz & Schauer. Geb. in Leinw. n. 4. —; auf besserem Pap. n. 6. — auch in 12 Lfgn. à n. — 25

Ⓑ Wiedemann, J., wenn eins krank ist. 905. (KVL 34.) Jetzt: München, E. Reinhardt.

Wiedemann, J. A., s. Streifzüge durch Innerösterreich.

Wiedemann, J. A., s. Streifzüge an Istriens Küsten.

Wiedemann, J. A., s. Streifzüge, Malerische.

Wiedemann, J. A., s. Theater-Journal, allgem. kritisches.

Wiedemann, J. D., Spaziergang durch ein. Gegenden Deutschlands, s. Wanderungen aus Schwaben nach Sachsen.

Wiedemann, J. D.: Meine Wanderungen aus Schwaben durch die Maingegenden und Thüringen nach Sachsen im Frühjahr 1810 und Sommer 1811. Erfurt 1811. 8°

Wiedemann, I. E., kurzer Leitfaden beim Gesangunterrichte in Volksschulen, nebst e. Anzahl ein- u. zweistimm. Uebungsstücke, so wie zweistimm. Lieder nebst d. gangbarsten Choralmelodien. Lithogr. 4. (8¾ B.) Potsdam 838, Vogler'sche Buchh. (?)

Wiedemann, J. F., Beschr. d. zu Freyberg gegenwärt. gewöhnl. Hütten- und Schmelzarbeiten. 8. Freyberg, Craz. 789.

Wiedemann, J. H., Glaubens-Bekenntniß d. Unterzeichneten (Verfassers), dessen Namen in d. Offenbarung Joh. Cap. 13. V. 18. 666 ist. 8. (½ B. u. d. Verf. Bildn.) Erfurt 830. (Leipzig, Magazin f. Industr.)

— (J. H.), Ueber die Umwandelung einer Erd- und Stein-Art in die andere. Berlin 1792. 8.
Vgl. Widenmann, Joh. Frdr. Wilh.

Wiedemann, J. Heinr., James Cook's Leben u. Schicksale. 2 Bde. 8. Erlang. Walther. (Breuning.) 789—90.

Wiedemann, (J. Th. Fr.), encyclopädisches Hand-Lexicon. Berlin 864. Academische Buchhdlg. in Comm. 8. (VIII, 668 S.) n. 2 Thlr.

— Warum? Drei Aufsätze. Rietzig 860. (Stettin, Saunier.) 8. (IX, 50 S.) 6 ngr.

Wiedemann, J. U., Anleitung zur Erlernung der Regel de Trî. gr. 8. Ulm, Ebner. 819. 9 Kthlr.

Wiedemann, Johann Chr.

Wiedemann, Jh. Chr., leichte Aufgaben zur Uebung im Französisch-Schreiben, mit dazu gehör. Redensarten u. einer kurzgefaßten französ. Sprachlehre. 8. Halle 803. 2e Aufl. 825. Schwetschke u. S. 9 gr.

Wiedemann, J. C., leichte Aufgaben z. Uebung im Französisch-Schreiben, mit dazu gehör. Redensarten u. e. kurzgef. franz. Sprachlehre. 8. Halle, Hemmerde u. S. 805.

Wiedemann, (J. C.,) leichte Aufgaben z. Uebung d. Jugend im Französisch-Schreiben, mit d. dazu gehörig. Wörtern u. Redensarten u. e. kurzgefaßt. franz. Sprachlehre. 2e Aufl. 8. Halle 825, Hemmerde u. S.

— deutsche Aufsätze zum Uebersetzen ins Französische für höhere Schulklassen. 8. Halle 803. 2e A. 807. 3e A. 827. Schwetschke u. S. 18 gr.

Wiedemann, Joh. Chr., deutsche Aufsätze zum Uebersetzen ins Französische f. höhere Schulklassen. 3., verm. u. verb. Ausg. 8. (18 B.) Halle 827, [Schwetschke u. Sohn.] Thlr.

— französ. Lesebuch für Anfänger, mit Wortregister. 2 Thle. 8. Halle 803. 2e A. 805, 6. 1r Curs. 3e A. 824. Schwetschke u. S.

— franz. Lesebuch f. Anfänger. Nebst vollst. Wortregister. 3e Aufl. 8. Halle 824, Hemmerde u. S.

— recueil d'histoires instructives, morales, amusantes, à l'usage des enfans. 8. Unna 808. Hesselmann. (J. Müller in Leipz.) 6 gr.

Wiedemann, Johann Friedrich Wilhelm, s. Widenmann, Johann Friedrich Wilhelm

Wiedemann, Jh. Geo., les Oceanocrates et leurs partisans, ou la guerre avec la Russie en 1812. Paris 813.

Fünf Vorträge, gehalten in der ger. u. vollk. Loge Friedr. Wilh. z. Hoffnung i. Or. z. Arnswalde von Joh. Theoph. Friedr. Wiedemann. Als Beil.: Das goldene Gedicht der Phythagoräer. [Von Empedokles. Übers. von Dambmann.] Berlin 1861: C. Schultze. 36 S. 8⁰ [Umschlagtit.]

[Dasselbe.] 2. Aufl. Ebendas. 1862. 36 S. 8⁰
Recens z. 1. Aufl.: L. 21 (1862) S. 155.

WIEDEMANN, Josef (Wasserburg): Ueber die Entstehung der Doppelbildungen.- Berlin: Reimer 1894. 2 Bl., 34 S.- S.-Abdr. aus: Virchow's Archiv für pathologische Anatomie und Physiologie und für klinische Medizin. Bd.138.1894.
26.7.1893 - Chr 1893/94,12; Jv 1894/95,210 (Prom.-Datum: 1894)
Diss. Ingolst.-Landsh.-Mchn.

Wiedemann, Jul., der Wartburg Sagen- u. Bilderbuch. Mit e. Anh., enth.: Kurze Geschichte der Wartburg u. der Stadt Eisenach. Ein Wartburg-Andenken, für die deutsche Jugend bearb. u. hrsg., illustr. v. M. Bernuth. I. Bd. der Thüringer Sagen. Lex.-8. (VIII, 66 S. m. 11 farb. Taf.) Gera (900). Dresden 6, J. Bettenhausen. Kart. 3. —; erm. Pr. 2. —

Wiedemann, Jul., Wert, Notwendigkeit u. Herstellung v. Reliefkarten f. den geographischen Unterricht. Anleitung zum Aufbauen u. Kolorieren v. Schulreliefs f. Seminaristen u. junge Lehrer. gr. 8. (32 S.) Gera 893. J. Bettenhausen. n. — 60

Wiedemann, K(arl), Dr. Dir: [**Bericht** über seine Einführung als Direktor.] *Görlitz 1903: Hoffmann & Reiber.* (S. 24—27.) 4°
Görlitz, st. R, OP 1903 (266)

Wiedemann, Karl: Philippsburg im dreißigjährigen Kriege. T. 1: Bis zur Einräumung an Frankreich. Halle a. S. 1883: Schneider in Eisleben. 44 S. 8⁰
Halle-Wittenberg, Phil. Diss. v. [3. Juli] 1883
Geb. Erfurt 20. 9. 1859. V.

Wiedemann, Carl (Friedrich): Zur Statistik der Echinococcenkrankheit in Vorpommern. '(Casuistik v. 153 Fällen v. Echinococcen)' . . . Greifswald, Druck v. J. Abel, 1895: 49. S. 8⁰
Greifswald, Med. Fak., Inaug.-Diss. v. 14. Aug. 1895.

Wiedemann, Carl: Ueber die Wirkung des Camphers auf den Thierorganismus und seine Ausscheidung aus demselben. Diss. Dorpat. 1877. 8⁰. 36 pp.

Wiedemann, Karl Arthur, s. Wiedemann, Arthur.

Wiedemann, Karl Gottfried

Wiedemann: Ueber Hannibals Alpenübergang nach der Erzählung von Livius XXI. 10 S. - Progr. Görlitz 1856.

Wiedemann: Ueber die Bestrebungen der Brandenburgisch-Preussischen Fürsten und Könige zur Gründung einer Seemacht. 18 S. Rede. - Görlitz, Progr. 1866

Wiedemann, K. G. Ein Blick auf die Verdienste des erhabenen Preußischen Königshauses um Kunst und Wissenschaft. 19 S.
Görlitz, Progr. 1847

Wiedemann, C. G., De discrimine satirae et epistolae Horatianae. Pr. 1885. 9 S. 4⁰.

Wiedemann, Observationes ad nonnullos T. Livii locos. Pr. 1838/53. 13, 13 S. 4⁰.

Wiedemann, C. G. Quaestionis de Patavinitate Liviana part. I. 15 S.
Görlitz, Progr. 1848

Wiedemann, Carl Gottfr.: Quaestio de Patavinitate Liviana Part 2. 9 S. Part 3. 16 S. - Görlitz, Progr. 1853-54.

Wiedemann: De Patavinitate Liviana. P. II. III. 25 S. - Görlitz. Progr. 1854, 1855

Wiedemann, C. G. De Sophocle imitatore Homeri. 19 S.
Goerlitz, Progr. 1837

Wiedemann, Carl Paul. Beiträge zur Lehre von den idealen Vereinen. (Teil 1: Geschichtliche Einleitung; —) Die Voraussetzungen der Eintragung in Deutschland und der Schweiz. Diss. Jur. Bern. [Mit 3 Tabellen.] XXIV + 441 + *Vita* 1 S. 8. Zürich, Schulthess & Co., 1906.

Wiedemann, Carl Paul: Beiträge zur Lehre von den idealen Vereinen. Zürich 1906. XXIV + 441 S. 8⁰. Erschien auch in „Zürcher Beiträge zur Rechtswissenschaft" Band 19 S. 1–441. Der zweite Teil dieser Arbeit, S. 442–855, wurde als Berner Habilitationsschrift vorgelegt.

Wiedemann, C[arl] P[aul]. Beiträge zur Lehre von den idealen Vereinen. Die Voraussetzungen und Rechtswirkungen der Eintragung in Deutschland und der Schweiz. [Mit 3 Tabellen.] XXVI + 855 S. 8. Zürich, Schulthess & Co., 1908. (fr. 15. —)
Zürcher Beiträge zur Rechtswissenschaft.... [Heft] 19.

Wiedemann, C[arl] P[aul]. Die geschichtliche Entwicklung der schweizerischen Eisenbahngesetzgebung. 116 S. 8. Zürich, Schulthess & Co., 1905. [fr. 2. 80]

Wiedemann, Curt: Die Gottesurteile bei den Bantuvölkern, Sudannegern und Hamiten. (Mit 11 Karten im Text.) Weida i. Th. 1909: Thomas & Hubert. 141 S. 8°
Leipzig, Phil. Diss. v. 6. März 1909, Ref. Weule, Lamprecht
[Geb. 15. Juni 84 Leipzig; Wohnort: Leipzig-Konnewitz; Staatsangeh.: Sachsen; Vorbildung: König-Albert-Gymn. Leipzig Reife O. 04; Studium: Leipzig 9 S.; Rig. 27. Okt. 08.] [U 09. 3083

Wiedemann, L. Projekt zum gefahrlosen Übersetzen über tiefe Bäche für Schwimmer u. Nichtschwimmer. Mit 1 Taf. Autogr. München o. J. 8 S. 4°

Wiedemann, M., Einleit. z. Kanzelredner. 8. Leipz. Sustermann. 713.

— christl. Hausschule üb. Katechismusfragen. 12. Breslau, Meyer. 745.

— biblischer Inhaltredner, darin d. ganze Summe aller Kapitel alten und neuen Testaments. 8. Lpz. Süstermann 713. Rthlr.

Wiedemann, M., biblischer Spruchredner. 8. Ebend 704.

Wiedemann, M., vollständiges Verzeichniß der Apotheker Bayerns, sowie der oberen Medicinalbehörden, pharmaceut. Prüfungs-Commissionen, Gremial-Ausschüsse und Kreisvorstände des deutschen Apotheker-Vereins im Königr. Bayern. Stand vom 1. Juni 1877. gr. 8. (52 S.) Bayreuth 877. (Ingolstadt, Krüll'sche Buchh.) *

Wiedemann, Max. Beiträge zur Constitution des Brasilins. Würzburg, 1883

Wiedemann, Max, Gregor VII. und Erzbischof Manasses I. von Reims. Ein Beitrag zur Geschichte der französ. Kirchenpolitik des Papstes Gregor VII. Inaugural-Dissertation. gr. 8. (88 S.) Leipzig 881, (Fock.)

Wiedemann, Max, s.: Industrie, die chemische.

Wiedemann, Maximilianus: Theses, loco dissertationis de variola cum delirio tremente complicata mox edendae. Halis Saxonum (1866). Ploetz. 2 Bl. 8°
Halle-Wittenberg, Med. Thesen v. 25. Juni 1866

Wiedemann, Maximilianus: De variola. Halis Saxonum (1866): Ploetz. 25 S. 8°
Halle-Wittenberg, Med. Diss., nachgeliefert von dem am 25. Juni 1866 auf Thesen promovierten Verf.
Geb. Naumburg a. d. S. 5. 11. 1840. V.

Wiedemann, Michael

Das zeitlich gestörte Gimpel-Nest, Welches einer von den Breßlauischen Academisten junge Gimpel oder (wie er selbst redet) Narrheiten auszuhecken in das angenehme Musen-Gepüsche Herrn *Michael Wiedemanns*, in seiner Jugend herausgegebenen Poetischen Gefangenschafften, itzund durch eine Schmeh-Charteque anzubauen angefangen in einer an gedachten Academisten gerichtete Zuschrifft gezeiget von einem *Wahr Schauenden Vogel-Steller*. 1703. 4°. 12 S. (In Berlin: Ay 53, no. 1.)

J.N.J. Der getreue Knechte Gottes Lob und Lohn, Wurde bey dem Hoch-Adlichen Leichen-Begängnis ... Herrn Hartmann Ernsts von Schlotheim ... In einer ... Ehren- und Gedächtnis-Predigt, einfältig erwogen und fürgetragen Von Michael Widemann ... Stolberg, druckts Gottfried Teutscher, Gräfl. Hof-Buchdr. (1713)

Wiedemann, Oskar

Wiedemann, O., Beiträge zur altbulgarischen Conjugation. Inaug.-Diss. gr. 8. (V, 154 S.) St. Petersburg 886. (Dorpat, Karow.) n. 2. 50

Wiedemann, Osk., Handbuch d. litauischen Sprache. Grammatik. Texte. Wörterbuch. gr. 8. (XVI, 353 S.) Strassburg 897. K. J. Trübner. n. 9. —

Wiedemann, Osk. Das litauische Präteritum. Ein Beitrag zur Verbalflexion der indogerman. Sprachen. gr. 8. (XV, 230 S.) Strassb. i. E. 891, Trübner. * 6 —

Wiedemann, Otto, z. Z. Volontärassistent am patholog.-hygien. Institut d. Stadt Chemnitz: Aus d. pathol.-hygien. Institut d. Stadt Chemnitz. Ueber Aortitis syphilitica. Leipzig 1905: B. Georgi. (64 S.) 8°
Leipzig, Med. Fak., Ref. Marchand, Diss. v. 6. Apr. 1905
[Geb. 12. März 79 Hörnerkirchen, Holstein; Wohnort: Chemnitz; Staatsangeh.: Preußen; Vorbildung: Gymn. Verden a. d. Aller Reife O. 99; Studium: Erlangen 5, Kiel 2, Berlin 2, Jena 2 S.; Coll. 13. Apr. 05; Approb. 18. Juli 04.]

Wiedemann, Otto, der kleine Bildhauer. Illustrierte Anleitg. zum Modellieren in Ölthon (Plastilina) u. Formen in Gips. (28 S.) 8. Berlin (907). H. Wendler. — 40

Das Modellieren. Illustr. Anleitung von Otto **Wiedemann**, Zeichenl. Berlin: Albrecht Dürer-Haus [1905]. (30 S.) 8° [F.] Es. 7967

Wiedemann, P., Beiträge zur Geschichte des gräflichen Geschlechts .von Preysing. Münohen 1863. 8. S.-A.

Wiedemann, P. J., Liturgik f. katholische Gymnasien. I. gr. 8. (130 S.) Augsburg 883. Rieger. n. 1. —

— — Zeitfragen. Drei Predigten. gr. 8. (V, 42 S.) Ebendas. 882.

Wiedemann, Reinhold

Wiedemann, R., Invalidenversicherungsgesetz. Vom 13. VII. 1899. Textausg. m. Erläutergn. u. e. ausführl. Sachregister. Für den Handgebrauch bearb. 12. (XVI, 178 S.) Halensee bei Berlin (Friedrichsruherstr. Nr. 13) (899). Selbstverlag. Kart. n n. 1. 30

Wiedemann, R., s.: Taschen-Kalender zum Gebrauche bei Handhabung der Arbeiterversicherungsgesetze.

Wiedemann, Rhold., s.: Zeitschrift f. Arbeiterversicherung.

Wiedemann, Rud., Geschichte der ehemaligen Herrschaft und des Hauses Odenkirchen. Nebst urkundlichen Beilagen. 5 Lfgn. gr. 8. (IV, 398 S. mit 14 autogr. S.) Odenkirchen 879. (Rheydt, Klerr.) à Lfg. 75 Pf.

WIEDEMANN, RUD. BENVENUTO WALD., De graviditate extrauterina diss. inaug. Kiliæ. 1835. 4. P.

Wiedemann, Sam., kleine Lieder-Concordanz. 8. Lpz. Dyl 725.

Wiedemann, Theodor

Wiedemann, Thdr., Altmann, Bischof zu Passau nach seinem Leben u. Wirken dargestellt. Mit einer Vorrede von Geo. Thom. Rudhart. gr. 8. (X u. 112 S.) Augsburg 851, Kollmann. 18 ngl.

Wiedemann, Thdr., Berichtigung der „Berichtigungen" des Herrn Dr. Stark in Bd. XXXIV, S. 371 ff. des Archives. [Aus: Archiv für Kunde österreich. Geschichtsquellen.] Wien 866. (Gerold's Sohn.) Lex.-8. (6 S.) n. 2 ngr.

Wiedemann, Thdr. Die religiöse Bewegung in Oberösterreich u. Salzburg beim Beginne d. 19. Jahrh. gr. 8. (XII, 405 S.) Innsbr. 890, Wagner. * 6 40

Wiedemann, Thdr., die kirchliche Bücher-Censur in der Erzdiöcese Wien. I—III. Nach den Acten des fürsterzbischöfl. Consistorial-Archives in Wien. Lex.-8. Wien 873, (Gerold's Sohn.) [I. (S. 1—80.) * M 1,20.; II. und III. (S. 81—306.) * M 3,60.] *
Aus: Archiv für oesterreichische Geschichte, besonders abgedruckt.

— Dr. Johann Eck, Professor der Theologie an der Universität Ingolstadt. Eine Monographie. Regensburg 865 Pustet. gr. 8. (VIII, 270 S.) 2 ₰ 21 ngr.

Wiedemann, Thdr., Geschichte der Frauenklöster St. Lorenz und Maria Magdalena in Wien. gr. 8. (V, 117 S.) Salzburg 883, Mittermüller. *

Wiedemann, Thdr., Geschichte der Reformation und Gegenreformation im Lande unter der Enns. 1. Bd. gr. 8. (X, 674 S.) Prag 879, Tempsky. *

—— Geschichte der Reformation und Gegenreformation im Lande unter der Enns. 2.—4. Bd. gr. 8. Prag, Tempsky. — Leipzig, Freytag. [2. Bd. (686 S.) 880. * M 12.; 3. Bd. (VIII, 695 S.) 882. * M 12.; 4. Bd. (VI, 446 S.) 884. * M 9.] *
1. Bd. Ebendas. 1879. * M 12.

Wiedemann, Thdr., Geschichte der Reformation und Gegenreformation im Lande unter der Enns. 5. Bd.: Die Gegenreformation von dem wesphälischen Friedensschlusse bis zu dem Josephinischen Toleranzedict. gr. 8. (608 S.) Prag 886, Tempsky. — Leipzig, Freytag. *
1.—4. Bd. Ebendas. 1879—84. * M 45.—.

Wiedemann, Thdr., das Mattigbad in Ober-Oesterreich, s. Staininger, C.

—— die Nekrologien des Domstiftes Salzburg. Nach Handschriften der k. k. Hofbibliothek in Wien mitgetheilt. Lex.-8. (286 S.) Wien 861, (Gerold's Sohn.) *
Aus: Archiv für Kunde österreichischer Geschichtsquellen, besonders abgedruckt.

Wiedemann, Theodor, Dr., Nekrologium des ehemaligen Klosters Ober-Altaich in Niederbayern. Ar. 2[illegible] vgr.
Separatabdruck

—— das Necrologium des ehemaligen Augustiner-Chorherren-Stiftes St.-Pölten, s. Fontes rerum austriacarum. II, 21.

Wiedemann, Theod. (Conviktor im erzbischöfl. Clerical-Seminar zu Freysing), *Otto von Freysingen nach s. Leben u. Wirken.* Ein histor. Versuch. Mit e. Vorrede von Dr. *Carlmann Flor* (o. S. B., Prof. d. Gesch. am k. Lyceum in Augsb.). Passau, Elsässer & Waldbauer, 1849. 8⁰. (Bl. 1 u. 2 papierdeckig.) Ppb.
XI—176 S., 1 Bl. Inh., 1 Bl. Err. — Dem k. Archivar Constantin Höfler in Bamberg gewidmet.

Wiedemann, Th.: Die dt. Kolonie Petropolis in der Provinz Rio de Janeiro. Ein Beitrag zur Kenntnis Brasiliens. — Freysing: Datterer 1856. 79 S.

Wiedemann, Th., die deutsche Kolonie Petropolis in der Provinz Rio de Janeiro. Ein Beitrag zur Kenntniss Brasiliens. gr. 8. (79 S.) Freysing 856. (München, Finsterlin.)

Wiedemann, Thdr., die Pienzenauer. Eine historisch-genealog. Abhandlg. [Aus: „Oberbayer. Archiv für vaterländ. Geschichte".] gr. 8. (IV, 145 S. m. 1 Stammtaf.) München 895. (G. Franz' Verl.) n. 2.—

Wiedemann, Theod. (Fridericus) (Braunsberg in Ostpr. [illegible] 1833): De Tacito, Suetonio, Plutarcho, Cassio Dione, scriptoribus imperatorum Galbae et Othonis. Berolini (1857). (66 S.) 8°.
Berlin, Phil. Diss. v. 28. März 1857

Wiedemann, Thdr., Johann Turmair, genannt Aventinus, Geschichtschreiber des bayerischen Volkes. Nach seinem Leben und seinen Schriften dargestellt. gr. 8. (XII und 366 S.) Freising 858, Datterer. *

Wiedemann, Wilhelm Jul., s. Abendunterhaltungen, Häusliche.

Wiedemann, Wlh. Jul., (†.1816.) vermischte Aufsätze, aus dem Deutschen ins Englische zu übersetzen, mit e. hinlängl. Worterklärung u. den nöthigen Sprachregeln begleitet. 8. Magdeb. 799. Creutz. 16 gl.

— vermischte Aufsätze zum Diktiren beim deutschen Sprachunterricht. 3 Bdchen. 8. Quedlinb. 800—808. 2e Aufl. in 3 Bdch. 816. Ernst. 1 ₰ Zusätze u. Ergänzungen hierzu, für d. Besitzer d. 1sten Aufl. besonders. 8. Ebd. 802. 2 gl.

— vermischte Aufsätze z. Dictiren b. deutsch. Sprachunterricht. 2te Aufl. 3 Thle. 8. Quedlinb. Ernst. 808.

Wiedemann, W. J., vermischte Aufsätze z. Dictiren beim deutschen Sprachunterrichte. 3 Thle. neue wohlf. Ausgabe. 8. Quedlinb. Ernst. 815.

— Auswahl von Schulliedern, mit Erklärung u. Nutzanwendung. 8. Magdeb. 811. (Lauffer in Leipz.) 6 gl.

— das blaue Buch; Weisheit u. Tugend, in wirkl. Beispielen 2c., s. Buch, d. blaue.

— der junge Deklamator, ein Angebinde f. Söhne u. Töchter. 8. Magdeb. Creutz.

Wiedemann, (Wilh. Jul.,) der junge Declamator, ein Angebinde f. Söhne u. Töchter. 8. Magdb. 827, Creutz.

Wiedemann, Wilhelm Jul., s. Florian, fables.

Wiedemann, Wilh. Jul., Fremd-Wörterbuch 2c. Für gebild. Leser aller Stände. (2 Thle.) Wohlfeil. Ausg. 8. (48¾ B.) Quedlinburg 838, Ernst'sche Buchh. Thlr.

Wiedemann, Wilh. Jul., Fremdwörterbuch od. Sammlung u. Erklärung von 6000 fremden Wörtern u. Ausdrücken, welche in der Umgangssprache, in Gerichts-Angelegenheiten, in Büchern u. in Zeitungen täglich vorkommen. Ein Nachschlagebuch für Jedermann. 12. verb. Aufl. 8. (IV u. 150 S.) Quedlinburg 849, Ernst. 5/12 ₰

Wiedemann, Wilh. Jul., Fremdwörterbuch oder Sammlung und Erklärung von 6500 fremden Wörtern 2c., welche in der Umgangssprache, in Zeitungen, im jurist. Fache und in Büchern täglich vorkommen 2c. Ein Nachschlagebuch für Zeitungsleser, Bürger, Beamte und Geschäftsmänner. 13., vervollständ. Aufl. 8. (IV und 148 S.) Quedlinburg 854, Ernst'sche Buchh. Thlr.

Wiedemann, Wilhelm Jul., s. Frühlings-Schilderungen.

— wahre Geschichte u. ächter Briefwechsel Heloisens u. Abeilards, d. beiden unglücklich Liebenden d. 12ten Jahrh. Nebst d. Gedichten Pope's, Colardeau's u. Bürger's über diesen Gegenstand. gr. 8. Halle 804. Hendel. 14 gl.

Wiedemann, Wilh. Jul., kleines Handwörterbuch zur Erklär. derjen. fremden Wörter, welche noch häufig in verschied. Schriften, in d. Umgangssprache u. in Zeitungen vorkommen. Für Leser aller Stände. 2., verb. Aufl. 8. (10 B.) Quedlinburg 833, Ernst.

— engl. Lesebuch in 3 Abtheilungen vom Leichtern zum Schwerern, mit Sprachlehren u. Wörterbuch. Mit einem Anhang, welcher Prüfungen im Englischen enthält. 8. Magdeb. 805. 2e Aufl. 810. (Lauffer in Leipz.) 22 gl.

— englisches Lesebuch in 3 Abth. v. Leichtern z. Schwerern, m. Sprachlehre u. Wörterbuch. 2te Aufl. m. e. Anh., welche Prüfungen im Engl. enth. 8. Magdeb. Schütz. 810.

— Dieser Anhang besonders, für d. Besitzer d. 1n Aufl. A. u. d. T.: engl. Lesebuch prosaische u. poet. Aufsätze, vorzügl. Prüfungen im Englischen enthaltend. 8. Ebd. 810. (Lauffer in Leipz.) 6 gl.

W. Jul. **Wiedemann's** Moral, grösstenth. in Beyspp. f. d. Jug. beid. Geschl. *Magdeb.*, v. Schütz. (797. 805.) 3e m. Schullied. vm. A. 810. 8° 1 ß 4 gl

— Moral, größtentheils in Beispielen für d. Jugend beiderlei Geschlechts, mit Schulliedern. 8. Magdeb. 799. 2e Aufl. 805. 3e A. 811. (Lauffer in Leipz.) 1 ß 4 gl.

— Samml. u. Erklärung derjen. fremden Wörter, welche noch hin u. wieder in d. deutschen Sprache, vorzügl. in Zeitungen u. Reisebeschreibungen vorkommen. 8. Quedlinb. 802. 2e A. 805. 3e A. 812. 4e A. 819. 5e A. 831. Ernst. 10 gl.

— Sammlung u. Erklärung derjenigen fremden Wörter, welche vorzüglich in Zeitungen u. Reisebeschreibungen vorkommen. 4te Aufl. 8. Quedlinburg, Ernst. 818.

—— Sammlung u. Erklärung derjen. fremden Wörter, welche noch hin u. wieder in d. deutschen Sprache, hauptsächl. in Zeitungen u. Reisebeschreibungen vorkommen. Für ungelehrte Leser, wie auch f. Bürgerschulen. 5., verm. u. verb. Aufl. 8. (10 B.) Quedlinburg 831, Ernst.

— dass. 7e verm. Aufl. unt. d. T.: **Sammlung und Erklärung derjenigen fremden Wörter (6000), welche hin und wieder in d. deutschen Sprache, hauptsächlich in Zeitungen u. Reisebeschreibungen vork. (Für Leser aller Stände.) 8. Ebd. 840.** 5/12 ß

Wiedemann, Wilh. Jul., Sammlung u. Erklärung derjenigen (6000) fremden Wörter, **welche in der Umgangssprache,** in Zeitungen u. Büchern oft vorkommen. Für Leser aller Stände angefertigt. 8. stark verm. u. verb. Aufl. 8. Quedlinb. 841, Ernst. 1/3 ß — 9. stark verm. u. verb. Aufl. 8. Ebend. 842. 5/12 ß — 10. verm. Aufl. 8. Ebend. 844. 5/12 ß — 11. verm. Aufl. Ebend. 846 5/12 ß

Wiedemann, Wilh. Jul., Sammlung, Erklärung u. Rechtschreibung v. 6000 fremden Wörtern, welche in d. Umgangssprache, in Zeitungen u. Büchern oft vorkommen. Für Leser aller Stände. 9. Aufl. (9 B.) 842. u. 10. u. 11., verm. u. verb. Aufl. 8. (à 9¾ B.) Quedlinburg 845, 46, Ernst'sche Buchh.

— Sommerschilderungen d. Deutschen, Engländer. und Franzosen rc. f. Sommerschilderungen.

— Uebungen im Deklamiren für Knaben u. Jünglinge, e. Samml. deutscher Gedichte u. pros. Aufsätze, mit vorausgeschickt. Hülfsregeln. 1r Thl. 8. Magdeb. 800. 2e A. 816. (A. u. d. T.: d. junge Declamator rc.) Creutz. N. Aufl. 827. 21 gl. 2r u. 3r Thl. 8. Ebd. 803. u. 5. 22 gl.

Wiedemann, W. J., Uebungen im Deklamiren f. Knaben u. Jünglinge. 16 Bdchen. 2te verb. Aufl. 8. Magdeburg, Creutz. 816.
Auch unter dem Titel:
Der junge Deklamator, ein Angebinde für Söhne und Töchter.

— faßl. Unterricht in d. Geographie, für Anfänger in mittlern Klassen, nach d. neuesten Länderverteilung. 8. Quedlinb. 800. 2e Aufl., mit Zusätzen u. Register. 8. Ebd. 806. Ernst. 1 ß

— d. Berichtigungen u. Zusätze hierzu für d. Besitzer d. 1sten Aufl. besonders. 8. Quedlinb. 805. Ernst. 6 gl.

— d. Winterabende auf dem Landgute, zur Unterhaltung für d. Jugend beiderlei Geschlechts. 8. Stendal 809. Franzen u. Gr. 12 gl.

Wiedemann, Wlh. Jul., neues Wörterbuch zur Erklärung derjen. fremden Wörter, welche noch häufig in verschied. Schriften, in d. Umgangssprache u. in Zeitungen vorkommen. 2 Thle. 8. Quedlinb. 812. 2e A. 825. Ernst. 1 ß 12 gl.

— **neues Wörterbuch zur Erklärung derjenigen fremden Wörter, welche noch häufig in verschied. Schriften, in der Umgangssprache u. in Zeitungen vorkommen. 2 Thle. (A—Z. Nebst Nachträgen.) Wohlf. Ausg. 8. Quedlinburg 834. Ernst.** 1½ ß — Gut geb. 1⅔ ß — Wohlf. Ausg. 2 Thle. 838. ⅔ ß

Wiedemayr, Leonhard

Wiedemayr, Leonh., Ablaßbüchlein f. die Jugend. (XIV, 279 S. m. Titelbild.) 16. Innsbruck 908. E. Sibler. Geb. in Leinw. 1. 40

Wiedemayr, Leonh., Anna-Buch, s.: Bölti, Joh.

Wiedemayr, Leonard, das erste Gebetbuch des Kindes: Der Engel des Herrn od. die Kunst, e. unschuld. Kind zu bleiben. Belehrungs- u. Gebetbuch f. Kinder. 16. (VIII, 296 S. m. 1 Stahlst.) Innsbruck 894. Vereinsbuchh. Geb. in Leinw. n. 1. —

Wiedemayr, Leonh., das erste Gebetbuch des Kindes: Der Engel des Herrn. Belehrungs- u. Gebetbuch f. Kinder. 2. Aufl. 16. (VIII, 300 S. m. 1 Stahlst.) Innsbruck 895. Vereinsbuchh. Geb. in Leinw. n. — 72

— das erste Gebetbuch des Kindes. Der Engel des Herrn. Belehrungs- u. Gebetbuch f. Kinder. 5. Aufl. (30. Taus.) 16. (VIII, 312 S. m. Titelbild.) Innsbruck (900). Vereins-Buchh. u. Buchdr. Geb. in Leinw. n. — 72

— der Engel des Herrn. Belehrungs- u. Gebetbuch für Kinder. (Das erste Gebetbuch des Kindes.) 6. Aufl. (40. Taus.) (VIII, 312 S. m. Titelbild.) gr. 16. Innsbruck (904). Vereinsbuchh. u. Buchdr. Geb. in Leinw. n. — 72

— Erklärung des kleinen Katechismus — approb. vom österreich. Gesammt-Episkopat — der kathol. Religion. 8. (IV, 431 S.) Ebd. 899. n. 2.40; geb. in Halbfrz. n.n. 3.20

— Erklärung des vom österreichischen Gesammtepiskopate approbierten kleinen Katechismus der kathol. Religion. 2. Aufl. gr. 8. (IV, 427 S.) Innsbruck 900. F. Rauch. n. 2.40

— Erklärung des vom österreichischen Gesammtepiskopate approbierten kleinen Katechismus der katholischen Religion. 3. Aufl. (IV, 427 S.) 8. Innsbruck 905. F. Rauch. n. 2. 40

Die 'Hofmark' Innichen. Eine hist.-topogr. Monographie über Innichen u. s. nähere u. entferntere Umgebung von Leonhard **Wiedemayr,** Prof. T. 1. 2. Innichen: Selbstverl. 1908 - 10. 8°
1. Geschichte d. Hofmark Innichen. 1908. 2. Topographie d. Hofmark Innichen. 1910. A 16.13107

(F) Jubiläums-Büchlein. Gebete und fromme Übungen zum Gebrauche bei privaten und öffentlichen Andachten im Jubiläumsjahre 1900. Herausgegeben von Leonhard Wiedemayr. Mit Genehmigung des hochwst. f.-bischöfl. Ordinariates Brixen. Innsbruck. 1899. Rauch. 16°. 128 S. fl. —.15

— das Kind im Gebete. Gebet- u. Belehrungsbuch für Kinder. 16. (236 S. m. Titelbild.) Einsiedeln 899. Eberle, Kälin & Co. Geb. in Leinw. m. Goldschn. n. — 50

— Meßbüchlein f. die Jugend. (VII, 285 S. m. Abb. u. Titelbild.) 16. Innsbruck 906. F. Rauch. Geb. — 80

Widemayr, Leonard, s.: Müller's, Joh. Nep., Volks-Predigten.

— **Schulwandbilder aus Palästina, s.: Wörndle v. Adelsfried.**

— s.: Schutzengel-Kalender f. Kinder.

Wiedemeister, Fr., der Cäsarenwahnsinn der Julisch-Claudischen Imperatorenfamilie geschildert an den Kaisern Tiberius, Caligula, Claudius, Nero. gr. 8. (XII, 306 S. m. e. Steintaf. in qu. 4.) Hannover 875. Rümpler. n. 6. —

— über Geisteskrankheiten bei Individuen u. Völkern. [Sporadische u. epidem. Geisteskrankheiten.] Ein Vortrag geh. in der Aula d. Rathsgymnasiums am 28. Januar 1872. gr. 16. (32 S.) Osnabrück 872. (Rackhorst.) n. — 60

Wiedemeyer, A. Die Regierung der Kaiserin Elisabeth Petrowna. 2 Bde. 8. St. Petersburg 1834.

Wiedemeyer, David (Rochlitz) A. S. 843/27

Disputatio juridica de confesso non convicto.
Präs. Gottfried Ittig. Rec.
Leipzig (Schede) 1729. 44 S.

Diss. 29. XII. 1687. 36639

Wiedemeyer, J. Ch., das ewige Priesterthum Jesu Christi nach der Weise Melchisedechs, oder: Die Hochheiligkeit des Meßopfers. Jubelrede auf das fünfzigjährige Priesterjubiläum Adelhardus Conrad Wölfling's. gr. 8. Magdeburg 845, Mazzuchi. 1/8 ℛ

Wiedemeyer, J. Ch., das ewige Priesterthum Jesu Christi nach der Weise Melchisedechs, od.: Die Hochheiligkeit des Meßopfers. Jubelrede auf d. fünfzigjährige Priesterjubiläum Adelhardus Conrad Wölfling's. gr. 8. (1 B.) Magdeburg 845, [Quednow.]

Wiedenbach, Ferdinand (Braunschweig)
Dissertatio de oscillationibus pendculi compositi.
MS. 12 Bl. u. 1 Zeichn. gr. 8°
Diss. phil. Giessen 8.8.1828. vorh. Univ.-Archiv.

Wiedenbrück [Schlagwort]

Wiedenbrück, Kreis, s.: Minden. Reg.-Bez.

Wiedenbrück, Kreis, s.: Westfalen. Wegekarte.

Wiedenbrück-Leipzig, s.: Automobilkarton. Mittelbach.

Wiedenbrück [Verf.]

Wiedenbrück, Jh. Hnr., († d. 23. Dec. 1819.) kurze Lehrsätze d. Rechenkunst u. Briefe, Rechnungen u. Quittungen zu schreiben. 8. Münster 792.

Wiedenfeld, Diss. obs. med. triga. Gott. 4°. *Baldinger,* Ausg. I, 70. 1768.

Wiedenfeld, Carl Wilhelm, s. Wiedenfeld, Karl Wilhelm

Wiedenfeld, Carl Wilhelm Gottfried Erwin, s. Wiedenfeld, Karl Wilhelm Gottfried Erwin

Wiedenfeld, Karl Wilh., die gegenseitige Berechtigung der Augsburg. Confession u. des Heidelberger Katechismus in Sachen der deutsch-evang. Union. Eine Erwiderung. gr. 8. (47 S.) Solingen 847, Amberger. 1/4 ℛ

Wiedenfeld, Carl Wilh., evangelische Beurtheilung des offenen Glaubensbekenntnisses der christl.-apostol.-kathol. Gemeinde zu Schneidemühl. Nebst e. Versuch: Ueber den unmittelbaren Zustand des Menschen nach d. Tode. 2. Aufl. gr. 8. (4 5/8 B.) Solingen 845, Pfeiffer.

Wiedenfeld, Karl Wlh., d. Bilderanbetung u. Heiligenverehrung d. röm.-kathol. Kirche, beleuchtet von d. Standpunkte d. Vernunft u. heil. Schrift aus. 8. Elberf. 827. Schonian. 8 gGr.

— das zerbrochene Brustbild oder die wunderbaren Führungen des Herrn. 8. (IV u. 124 S.) Castrop u. Barmen 851, Falkenberg. 1/2 ℛ

Wiedenfeld, Karl Wlh., über die Ehescheidung unter den Evangelischen. Ein Beitrag zur Reformation des protestant. Eherechts. gr. 8. Leipzig 837. K. Tauchnitz. 1/3 ℛ

— kleine Erzählungen von geistlichen Liedern für Kinder. gr. 16. (112 S.) Castrop und Barmen 849, Falkenberg.

Wiedenfeld, Carl Wilh., kleine Erzählungen von geistlichen Liedern für Kinder. 2. Bdchn. gr. 16. (72 S.) Castrop 857. [Burgsteinfurt, Falkenberg'sche Verlagsbuchh.]
1. Bdchn. [Ebendas.] 1854. 7 1/2 Ngr.

— Gedichte. 2e verb. u. verm. Aufl. Mit 1 Kpf. gr. 8. Elberf. 826. Büschler. 20 gGr.

— Gedichte. 2e Aufl. gr. 8. Elberf. 826. (Leipzig, Cnoben.) 5/6 ℛ

— historisch-biblische Gedichte f. Kinder. 1. Bdchn. Altes Testament. 8. (9 5/8 B.) Schwelm 844, Scherz.

— biblische Geschichten d. alten u. neuen Testam. f. d. liebe Jugend. gr. 8. (9 1/3 B.) Barmen 846. [Castrop,] Falkenberg'sche Buchh. *

Wiedenfeld, Carl Wilh., biblische Geschichten des alten und neuen Testaments für die liebe Jugend bearb. 2. Aufl. gr. 8. (IX und 213 S.) Barmen und Castrop 854, Falkenberg'sche Vrlgsh.

— christl. Hausschatz. Eine Sammlung meist älterer Gebete für evang. Christen. gr. 8. (XII u. 720 S.) Solingen 847, Amberger. n. 24 ngr.

— de homine S. Scripturae interprete. Tractatus dogmat.-hermeneuticus. 8maj. (5 1/8 B.) Lipsiae 835, Friese.

— Jahrbuch für die evangel. Kirche d. kgl. preuß. Staates rc., s. Jahrbuch.

— das betende Kind, od. christl. Gebet- u. Lehrbüchlein f. Kinder. 3., völlig umgeänd. Aufl. 16. (5 1/4 B. u. 1 Bildn.) Solingen 838, Pfeiffer.

Wiedenfeld, Karl Wilh., die Klagelieder d. Propheten Jeremias, s. Jeremias.

— Kritik d. Saint-Simonismus, e. Beitr. zur richtigern Würdigung dieser Sekte in ihren gefährl. Folgen f. Kirche u. Staat. gr. 8. (2 B.) Barmen u. Schwelm 832, [Falkenberg'sche Vrlshandl.]

— Leitfaden zur Behandlung d. biblischen Historie f. Lehrer an Elementar-Schulen. Mit besonderer Beziehung auf die Bibl. Geschichten. gr. 8. Barmen 846, Falkenberg'sche Verl. 1/4 ℛ

— Liederklänge. gr. 16. (XII und 105 S.) Elberfeld 861, Reinhardt.

Wiedenfeld, C. W., de exorcismi origine, mutatione deque hujus ritus peragendi ratione. Marb. 1824. 8.

—— Parabeln Jesu f. Kinder, in Bildern. Nebst paff. Anh. gr. 8. (5½ B.) Barmen 839, [Castrop,] Falkenberg'sche Bh.*

— geistlicher Rathgeber. Ein Erbauungsbüchlein für Kranke u. Sterbende. gr. 16. (182 S.) Bielefeld 848, Velhagen & Klasing. ⅓ ℔

Wiedenfeld, K. W., geistlicher Rathgeber. Ein Erbauungsbüchlein f. Kranke u. Sterbende. 6. Aufl. gr. 16. (191 S.) Eisleben 886. Christl. Verein im nördl. Deutschland. Geb. — 45

—— Sendschreiben an e. Freund üb. d. Frage: Welches d. rechte Mitte zwischen Lehrfreiheit u. Symbolenzwang sey? Lex.-8. (1½ B.) Elberfeld 830, Becker.

— Thanatusia. Ein christl. Weihgeschenk in 5 Gesängen, für alle die an den Gräbern ihrer Lieben flehen. 16. Solingen 846, Amberger. n. ⅔ ℔ geb. n. 1 ℔

— über die Trennung der Volksschule von der Kirche, nebst einigen darauf bezügl. Bemerkungen. gr. 8. (32 S.) Barmen 847, Falkenberg. ⅙ ℔

—— über die Ungezogenheiten der heutigen Jugend. Ein pädagog. Mahnruf an Eltern und Erzieher. gr. 8. (IV und 60 S.) Elberfeld 858, Friderichs.

— über das Verhältniß der Reformirten in Deutschland zur Augsburg. Confession. Mit besond. Beziehung auf die ursprünglichen reformirten Gemeinden in den ehemal. Herzogthümern Cleve, Jülich, Berg u. der Grafschaft Mark. Eine kirchenrechtl.-symbol. Untersuchung. gr. 8. Elberfeld 846, Hassel. n. ⅙ ℔

Wiedenfeld, Karl Wilhelm Gottfried Erwin

Wiedenfeld, Car. Guil. Godofr. Ervin. [illegible] De nascentium tam vivorum quam mortuorum numero diversis anni temporibus diverso. Berolini (1854) [illegible] S. 4°
Berlin, Med. Diss. v. 18. Aug. 1854

Wiedenfeld, Kurt, die sibirische Bahn in ihrer wirthschaftl. Bedeutung. Mit e. Uebersichtskarte. gr. 8. (III, 202 S.) Berlin 900. J. Springer. n. 3. —
Sonderabdruck aus: „Archiv f. Eisenbahnwesen".

Wiedenfeld, Kurt, aus Berlin: Die wirthschaftliche Bedeutung der Sibirischen Bahn. *Berlin: J. Springer 1900.* (34 S.) 8°
¶ (Enthält nur einen Teil d. eingereichten Arbeit.)
Berlin, Phil. Diss. v. 4. Aug. 1900

Wiedenfeld, Kurt, die Börse in ihren wirtschaftl. Funktionen u. ihrer rechtl. Gestaltg. vor u. unter dem Börsengesetz. gr. 8. (VI, 67 S.) Berlin 898. K. Hoffmann. — München, Dr. E. Wolff. n. 1. 80

Wiedenfeld, Kurt, Hamburg als Welthafen, s. a. Zeit- u. Streitfragen, neue.

Hamburg als Welthafen. Ein Vortrag von Dr. Kurt **Wiedenfeld**, Prof. Mit 1 Pl. d. Hafenanlagen. Dresden: v. Zahn & Jaensch 1906. (47 S.) 8° [F.]
= **Zeit- u. Streitfragen.** Neue, hrsg. von d. Gehestiftung. Jg. 3, H. 8/9.

— die nordwesteurop. Welthäfen in ihrer Verkehrs- u. Handelsbedeutung, s. a. Veröffentlichungen des Instituts f. Meereskunde. 3. Hft.

Die nordwesteuropäischen Welthäfen London, Liverpool, Hamburg, Bremen, Amsterdam, Rotterdam, Antwerpen, Havre in ihrer Verkehrs- u. Handelsbedeutung. Von Kurt **Wiedenfeld**, Privatd., Berlin. Mit 6 Taf. *Berlin: E. S. Mittler & Sohn (1903).* (XI, 376 S.) 4°(8°)
= **Veröffentlichungen** d. Instituts f. Meereskunde. H. 3.

— Wesen u. Wert der Zentralproduktenbörsen. Akademische Antrittsrede, geh. in der Universität Berlin am 10. XII. 1902. (14 S.) gr. 8. Leipzig 903. Duncker & Humblot.
Sonderabdr. a.: „Schmollers Jahrb. f. Gesetzgebg." n. — 60

Wiedenfeld, Otto Ph., Diss. inaug. (med.) exponens vulnerum cum deperditione substantiae medelam. 4. Götting. 781. Dieterich. 2 gl.

Wiedenfeld, Paul, Handbuch f. preuß. Polizei- u. Verwaltungsbeamte. Ein Nachschlagewerk m. ausführl. Formularsammlung f. die königl. u. städt. Polizeibehörden, Amtsvorsteher, Amtmänner, Landbürgermeister, Gemeindevorsteher, sowie f. das Publikum auf dem Gebiete des polizeil. Rechtes u. der diesem verwandten Teile des Verwaltungsrechtes. Mit e. Vorwort v. Geo. Kautz. 2 Bde. (VIII, 1184 u. 172 S.) Lex.-8. Berlin (906). Deutsches Verlagshaus Bong & Co. Geb. in Leinw. 30. —

Wiedenhofer, s. a. Widenhofer.

Wiedenhofer Franz: Antiphontis esse primam, quam editiones exhibent, orationem demonstratur.
II. 1883 PN 295 **Diss.** Wien Univ 1441

Wiedenhofer, Frz. Antiphontis esse orationem, quam editiones exhibent primam Fr. W. demonstrat. 29 S. 8.
Progr. G. II. B. *Wien* 1884

Wiedenhofer, Franc., Antiphontis esse orationem quam editiones exhibent primam. gr. 8. (29 S.) Wien 881. (Konegen.) n. 1. —

Wiedenhofer, Frz., s.: Heldensage, die deutsche.

— die deutsche Heldensage, s.: Prosch, Frz.

Wiedenhofer, F., Lesebuch, s.: Prosch, F.

Wiedenhofer, Frz., deutsches Lesebuch, s.: Prosch, Frz.

Wiedenhofer, Frz., deutsches Lesebuch f. österreichische Mittelschulen, s.: Prosch, Frz.

Wiedenhofer, Frz.: Mittelhochdeutsches Lesebuch, s. Prosch, Frz.

Wiedenhöfer, Joseph: Maria Lenzen geb. di Sebregondi. Ausgewählte Gedichte. Aus ihrem hs. Nachlaß m. e. Lebensbeschreibung. Gelsenkirchen 1908: Münstermann. 142 S. 8°
Dorsten, kath. G. P. 1908 (440) [S. 08. 532

Wiedenhoeft, Richard, Referendar: **Begriff und Rechtsstellung des Verschwenders nach gemeinem Rechte und dem Rechte des B.G.B. für das Deutsche Reich.** *Greifswald 1901: J. Abel.* (40 S.) 8°
Greifswald, Jur. Diss. v. [7. Dez.] 1901

Wiedenmann, s. a. Widenmann.

Wiedenmann, Bapt., s.: Wiedenmann, Joh. Bapt.

Wiedenmann, Franz Xaver, Tierarzt aus Biberbach bei Augsburg: Ueber die aktive Immunisierung von Kaninchen gegen Druse-Streptokokken. Berlin 1909. 18 S. 8° [5. XI. 09.]
Bern, Vet.-med. Diss. 1909/10.

Wiedenmann, Franz Xaver. Über die aktive Immunisierung von Kaninchen gegen Druse-Streptokokken. Diss. Vet.-Med. Bern. Mit 7 Tabellen [im Text]. 18 S. 8. Berlin, W. Damboldt, 1909.

Wiedenmann, Frdr., Briefe u. Geschäftsaufsätze f. Sonntags- u. Fortbildungsschulen, s.: Langer, Otto.

Wiedenmann, Jak., hundert u. funfzig Sitten- u. Klugheitsregeln, zum Vorschreiben u. für Kinder zum Lernen. 8. Ulm 798.

(— Redigirte den „Staatsbürger, e. Zeitschrift." 4 Bde.)

Wiedenmann, Johann Ulrich

— Anleitung zur Erlernung d. Regel de Tri. gr.8. Ulm 819, Ebner. 2 ℛ

Wiedenmann, Jh. Ulr., Unterricht, wie man alles, was in Kauf u. Verkauf, wie auch bei Hausrechnungen vorfällt, auf eine kurze u. geschwinde Art auszurechnen 2c. im Stande ist. 8. Ulm 796.

Wiedenmann, Johs. Bapt., das richtige Atmen od. die Kunst des Atmens als wichtiges Mittel zur Lebensverlängerung u. zur Beseitigung vieler Übel. (27 S.) 8. Leipzig 910. M. Spohr. — 50

— Bringe Ordnung in Dein Gedankenleben, s.: Talisman-Bibliothek.

— Die Entwickelung u. Macht magnetischer Kräfte. (37 S.) 8. Ebd. (910). — 50

— Erde u. Menschheit im Lichte okkulter Forschung, s.: Osiris-Bücher. 13.

— Das Geheimnis der Lebensverlängerung m. Berücksicht. der Kunst der Gedankenkonzentration. (77 S.) 8. Leipzig (908). E. Marré. 1.80

— Das Gesetz der göttlichen Gerechtigkeit im Weltall. Wegweiser zur Erlangg. e. höheren, edleren u. universalen Weltanschaug., inneren Glückes u. Lebensweisheit. (30 S.) 8. Lorch 908. K. Rohm. — 50

— Die Grundlage aller Magie u. Geheimwissenschaften. (48 S.) 8. Ebd. 911. — 80

— Grundriß der Geheimwissenschaften. 1.—4. Heft. kl. 8. 1.10

1. Der Heil- u. Lebensmagnetismus in alter u. neuer Zeit. (23 S.) 907. — 30
2. Die magnet. Kraft der Gedanken. (S. 25—40.) 908. — 20
3. Levitation. Somnambulismus u. Hypnotismus. (S. 41—62.) (909.) — 30
4. Weiße u. schwarze Magie. Adeptenweisheit. (S. 63—78. (909.) — 30

— Die Macht des Willens u. der Gedankenkonzentration. Praktische Anleitg. zur Entwickelg. u. Anwendg. der geist. Kräfte. Nebst Anh.: Die Kunst der Fernwirkg. (Telepathie.) (95 S.) 8. Schmiedeberg (908). F. E. Baumann. 1.20

— Praktische Methoden zur Entwickelung geist. Kräfte. 2. Tl. v.: Macht des Willens u. der Gedankenkonzentration. (37 S.) 8. Ebd. (909). — 60

— Das grosse Mysterium, s.: Osiris-Bücher. 14. 15.

Wiedenmann, Johs. Bapt., die Urheilkunde des Magnetismus od. entschleierte Naturheilkräfte. Praktischer Wegweiser zur Heilg. aller körperl. u. geist. Uebel. Wichtige u. verständliche Instruktionen f. jedermann. (68 S. m. Abbildgn.) 8. Leipzig (905). E. Fiedler. 1.—

— Die Urheilkunde des Magnetismus od. entschleierte Naturheilkräfte. Praktischer Wegweiser zur Heilg. aller körperl. u. geist. Übel. Wichtige u. verständl. Instruktionen f. jedermann. 2. verm. u. verb. Aufl. (64 S. m. 8 Abb.) 8. Leipzig (907). [E. Fiedler.] M. Spohr. 1.—

— Höchste Willens- u. Gedankenkraft. (42 S.) 8. Leipzig 911. M. Spohr. — 80

— Yoga, die Geheimwissenschaft Indiens, s.: Osiris-Bücher 7. Bd.

— Zweck u. Ziel des Daseins. Der Weg zur Erlangg. der Freiheit, Unsterblichkeit u. okkulter Kräfte. (32 S.) kl. 8. Lorch 905. K. Rohm. — 30

Wiedenmann, Karl, Das Christentum u. die kath. Kirche. Stimmen a. M.-Laach Bd. 11 (1876), S. 473—94.

Führt den Beweis, daß das wahre unverfälschte Christentum nur in der kath. K. zu finden sei.

Wiedenmann, P. Ritter v., Karte der Dolomit-Alpen von Enneberg, Höllenstein, Sexten, Buchenstein und Ampezzo. 1 : 100,000. Fol. München 874, (Lindauer'sche Buchh.) *

—— Karte der Glockner Gruppe mit Benützung sämmtl. einschläg. Quellen bearb. 1 : 66,000. Fol. (Ebendas.) 871. *

Wieder ein Denkmal göttlicher Hülfe u. menschl. Treue. Als dankbare Erinnerung an den Tag d. feierl. Eröffnung d. neuen Wallfahrtspriester-Wohnung auf d. Mariahülfsberge zu Vilsbiburg, d. 8. Sept. 1827. 8. (Landsh., Thomann). 1 ℛ

Wieder „die Ehre" u. wider „die Ehre", v. ***. 1.—3. Taus. 8. (8 S.) Berl. 890, Nitschke u. Loechner. — 25

Wieder ein „Liedlein" nach Hans Sachs, fein lustig anzuhören. Wie das Jenafest von einem seiner feindlichen Gegner in der Nähe incognito mit angesehen ward und welche Folgen es für ihn hatte. Als Nachfeier für die lieben Festgäste vom Verf. des: „Licht und Finsterniß." 2. Aufl. gr. 8. (12 S.) Jena 858, Doebereiner.

Wieder strahlen hell die Kerzen. Erzählungen u. Gedichte f. die liebe Jugend. Von A. v. Knobelsdorff, G. Lundehn, L. Harms u. a. (80 S. m. Abb. u. 4 farb. Vollbildern.) 8. Reutlingen (910). Enßlin & Laiblin. Geb. — 60

Wieder u. immer wieder! oder Antiharlessiana v. Th. gr. 8. (15 S.) Zerbst 847, Kummer. 1/12 ℛ

Wieder vor den deutschen Wahlen. Betrachtungen und Mahnungen eines Deutschen aus den Kleinstaaten an seine deutschen Mitbürger gegen den Krieg und für Begründung einer wahren gesammtdeutschen Freiheit. gr. 8. (31 S.) Gotha 866, Stollberg'sche Verlagsh.

Wieder ein Wort für ächte Volksvertretung und über die rechte Wahl solcher Vertreter in deutschen Staaten. Deutschland [Heidelberg] 1816. V: *Reuss, Jerem. Friedr.* (Kat. d. ständ. Bibl. Stuttg. 1907. S. 258.)

— ein Wort für ächte Volksvertretung u. über d. rechte Wahl solcher Vertreter in deutschen Staaten. gr.8. Heidelb. 817. Oswald. 12 ℛ

Wieder, Chr. Fr., s. Wider.

Wieder, E., agendarisches Hilfsbüchlein f. evangelische Geistliche. 8. (37 S.) Leipzig 883. F. E. Fischer's Verl. n. — 50

Wieder, E., agendarisches Hilfsbüchlein für evangelische Geistliche. 8. (37 S.) Hoyerswerda 883, Wenzel. *

Wieder, F. C., siehe Wider.

Wiederaufbau, der, des Stadttheaters zu Riga. Lex.-8. (37 S.) Riga 888, (Kymmel's Sortiment.) *
Aus: Bericht über den Haushalt und die Verwaltung der Stadt Riga für 1887, besonders abgedruckt.

Wiederaufleben, das, der gesunkenen Lebenskräfte, ohne Medicin irgend einer Art, oder gute Verdauung, starke Nerven, kräftige Lungen, reines Blut, gesunde Nieren und Leber rc. 2., verb. Aufl. 8. (77 S.) Berlin 856, (Mai.)

Wiederauflebung, die, der Jesuiten. Ein Gespräch in d. Unterwelt. Von F. X. W. 8. (5½ B.) Regensburg 823, Reitmayr.

Wiederauflebungsgeschichten scheinbar todtbegrabener Menschen. 8. Prag, Schönfeld. 798.

Wiederbelebung, über die, der Gesellschaft des Schwanenordens und dessen mögliche Tendenzen. Worte eines Unpartheiischen an die Ungünstigen. 12. Münster 844, Wundermann. n. 1/6 ₰

Wiedereinführung, die, des heidelberger Katechismus, m. besond. Beziehung auf die Streitigkeiten im Fürstenth. Lippe. Ein Wort an die deutschen Protestanten. gr. 8. (3½ B.) Bremen 845, Schünemann's Vrlgsh. *

Wiedereinführung, über die, d. Todesstrafen. 8. Salzb. 786. Mayr. 4 gr.

WIEDEREINFÜHRUNG. Ueber die ... der Todesstrafen o. V. (Wucherer o. O.) Wien 1786. A 93 648. 1 vol. 26 S.

Wiedereröffnung, die, der deutschen Schule in Livland. Eine Festschrift, hrsg. vom deutschen Verein in Livland. (Hrsg.: Karl v. Freymann, Ernst Seraphim.) (95 S.) 8. Riga 906. Jonck & Poliewsky. — 80

Wiedererzähler, der, für Freunde d. Unterhaltung, v. W. G. Becker. Neue wohlf. Ausg. 8. Leipz. Sommer. 811.

Wiedererzähler, der, eine Sammlung interr. Unterhaltungen, von W. G. Becker. N. A. 8. Leipzig, Sommer. 821.

Wiedergeburt. Ein Nachruf an die evangelische Kirchengemeinde des Augsb. B. in Hermannstadt nach der festlichen Wiedereröffnung ihrer neu hergestellten Pfarrkirche am Pfingstfeste und 27. Maitage 1855 von einem ihrer Getreuen. Hermannstadt 1855. V: *Müller, Gottfr.* (Pk) (KU)

Wiedergeburt, die. Eine kurze Schilderg. der wichtigen, bibl. Lehre v. d. Wiedergeburt. 16. (24 S.) Brem. 890, Verlag d. Tractathauses. * — 15

Wiedergeburt, deutsche. Schriften zur nationalen Kultur. Hrsg. v. Ernst Wachler. 1.—4. Bd. 8. Zürich, A. Bürdeke. 5. —
Lienhard, Fr., Wesen u. Würde der Dichtkunst. (54 S.) (908.) (2. Bd.) 1. —
List, Guido, die Religion der Ario-Germanen in ihrer Esoterik u. Exoterik. (97 S.) (909.) (3. Bd.) 2. —
Steudel, Frdr., das Christusproblem u. die Zukunft des Protestantismus. (46 S.) 909. (4. Bd.) 1. —
Wirth, Albr., deutsches Volkstum. (48 S.) (908.) (1. Bd.) 1. —

(Wiedergeburt. Deutsche W'. Schriften zur nationalen Kultur. Hrg. von Ernst Wachler. Band 4 u. 5.) 8.
(Band 4.) Leipzig und Zürich, Th. Schröter's Verlag ‹Adolf Bürdeke›, 1909 s. Steudel, Friedrich.
(Band 5.) L' und Z', Adolf Bürdeke, 1911 s. List, Guido.

Wiedergeburt, Deutschlands, oder der Rheinische Bund . . . Germanien [Hamburg] 1809. V: *Gosch, Josias Ludwig.* (Ky)

Ueber Deutschlands Wiedergeburt. Geschrieben im November 1813. 8. Leipzig 1814

„Auch einige Worte über Teutschlands gegenwärtiges höchstes Interesse. Ein Nachtrag zu: Ueber Teutschlands Wiedergeburt", Leipzig 1814 (Barth). — Vorh.: Bücherei der Industrie- und Handelskammer Leipzig und Preuß. Staatsbibliothek Berlin.

Wiedergeburt, Europas. Worte der Zeit an die Einzelnen und die Gesammtheiten. Dresden u. Leipzig 1831. V: *Cunow, Martin.* (Nowack, Schles. Schriftst.-Lex. Bresl. 1836—43. IV, 13.)

Wiedergeburt, die, e. Gespräch zwischen zwei Freunden. 8. (2 B. u. Titlvign.) Basel 830, Schneider.

Wiedergeburt, Die glückliche, der freien Hansestadt Bremen, am 16. November 1813 . . . Bremen 1813. V: *Wilmanns, August Christian.* (Ky)

Wiedergeburt. Die, das innere, wahrhaftige Leben. s.a. Kolb, Karl.

Wiedergeburt, die, das innere wahrhaftige Leben, oder wie wird der Mensch selig? in Uebereinstimmung mit den Aussprüchen der heiligen Schrift und den Gesetzen des Denkens beantwortet von einem Freimaurer. gr. 8. (103 S.) Nürnberg 857, Stein's Buchh. Thlr. *

Wiedergeburt, die, das innere wahrhaftige Leben, od. wie wird der Mensch selig? In Uebereinstimmung m. den Aussprüchen der hl. Schrift u. den Gesetzen des Denkens beantwortet v. e. Freimaurer. (138 S.) 8. Lorch 905. K. Rohm. n. 1.50; geb. n. 2. —

Wiedergeburt der Menschheit durch e. Deutschen. gr. 8. (VII, 140 S.) Greifswald 901. (J. Abel.) n. 2. —

Wiedergeburt, die, eine Monatschrift, s. Régéneration, la.

Wiedergeburt, die, eine Monatschrift f. Israeliten, s. Régéneration.

Wiedergeburt, Oesterreich's, s. Oesterreich.

Oesterreichs Wiedergeburt seit dem 13. März 1848. (1. Die wiener Ereignisse von W. M. Hebner. 2. Der erste Eindruck in den Provinzen. 3. Die gegenwärtige Lage von B. Friedemann. Anhang: Die Rede Kossuths am 3. März.) Leipzig, Spamer 1848. 62 S. 8.

Preussens **Wiedergeburt.** Eine Rede. Berlin. 1813. 8°.

Wiedergeburt, die, des deutschen Reiches. Ein Nachtrag zur Schrift „Der europäische Krieg" &c. Zürich, Verlagsmagazin. 1878.

Wiedergeburt, Salzburgs. Uebersetzt aus dem Lat. . . . [Salzb. 1803.] V: *Zauner, Judas Thaddaeus.* Ü: *Kirchdorfer, Johann Bapt.* (Hr)

Wiedergeburt, die, der Völker. Monatshefte, hrsg. v. Alfr. Damm. 1.—3. Jahrg. 1892—1894. à 12 Hfte. (2 Bog.) gr. 8. Berlin, Bruer & Co. à Jahrg. n. 6.—

Wiedergeburt, die, der Völker. Monatshefte, hrsg. v. Alfr. Damm. 4. Jahrg. 1895. 12 Hfte. (Bog.) gr. 8. Berlin, Dr. A. Damm. n. 6.—; ermäss. Pr. à Jahrg. n. 5.—; einzelne Nrn. n. —50

Wiedergefunden, s.: „Bergißmeinnicht"-Erzählungen.

Wiedergefundene, der vielbeweinte, eine d. rührendsten Geschichten d. grauen Vorzeit. Für Jugend u. Alter. Nach d. Urquelle d. bibl. Gesch. bearb. v. d. Verf. d. „Glocke d. Andacht." 8. (5½ B. u. Titlbild.) München 838, Fleischmann.

Wiederhall aus d. deutschen Leserwelt, gegen Schlözer, mit Beziehung auf d. berücht. Gräfin de la Motte u. d. Halsbandsgeschichte. gr. 8. Altona 791. Hammerich. 8 gl.

Wiederhall, Ernst, kritische Blicke in die Tiefen wirthschaftl. u. socialer Fragen der Gegenwart. Objektive Beleuchtg. des Fundamentalen d. Erwerbs- u. Staatswirthschaftseinheiten, um erfolgverheiss. Ausgangspunkte f. wirthschaftl. Reformen zu finden. gr. 8. (31 S.) Köln 898. C. Roemke & Co. n. 1.—

— welches Heil dürfen wir v. d. deutschen Eisenbahnen noch erhoffen? E. Streifzug üb. d. dunkle Kampffeld d. modernen Grossbetriebs. gr. 8. (26 S.) Ebd. 898. n. 1.—

Wiederherstellung, die, des Christenthums ꝛc., s. D. Th. A. Suabedissen.

Ueber die Wiederherstellung von Franciskaner-Klöstern in Bayern. Der Ständeversammlung des Jahres 1831 gewidmet. Nürnberg, Riegel u. Wiessner. 1831. Kl. 8°. 27 S. Cart.

Wiederherstellung des Gehörs durch eine chirurgische Operation. 2., verbess.und verm. Aufl. 76 S., gbd.

Altenburg: Richter 1788

JB 4.302

Wiederherstellung des Gehörs durch eine leichte chirurgische Operation. 64 S., gbd.

Altenburg: Richter 1786

JB 4.301

Wiederherstellung, die, der ersten christl. Gemeinde; nebst e. Gespräch zweier Lutheraner darüber. .. Hamburg 840. Niemeyer. ½ rf

Wiederherstellung, die, der ersten christlichen Gemeinde, als ein Mittel zur Vereinigung der verschied. christl. Parteien. Von Philadelphos. 2. verm. u. größtenth. umgearb. Aufl. gr. 8. Leipzig 841, Gnobloch. ⅓ rf

Wiederherstellung, Die,
der Heilig-Kreuz-Kirche in Donauwörth. Donauwörth 1880. V: *Auer, Ludw.* (EB)

Ueber die **Wiederherstellung** der Jesuiten, die Unterdrückung des Freimaurerordens und das einzige Mittel, die Ruhe in Deutschland zu sichern. [Von Br...r.] Mit Beil. Frankfurt a. M.: Varrentrapp 1815. VI, 174 S. 8°
Kl. 3534. Verteidigung der Frmrei.

— über die, des Jesuitenordens, (von J. G. Schindler). 8. (Bresl.) 793. Gutsch. 4 gl.

— die, d. Klöster in Baiern. Ein Gespräch. 8. Regensb. 827. Reitmayr. 4 gl.

— über die, d. Commun-Brauhäuser. 8. Münch. 803. Fleischmann. 6 gl.

Wiederherstellung, die, der Leibeigenschaft in Mecklenburg. 1. u. 2. Aufl. Coburg 864. Streit. gr. 8. (32 S.) n. 5 ngr.

Wiederherstellung, Die,
des Schlosses Marienburg. Berlin 1825. V: *Stägemann, Friedrich August.* (Ky)

— die, des Schlosses Marienburg, (von Fr. A. Stägemann). gr. 4. Berl. 825. Reimer. 2 gl.

—— die natürliche, der Verdauungsorgane, (Magen, Leber, Milz, Nieren ꝛc.) ohne Medicin, Abführen, Klystiere, Unannehmlichkeit und Kosten, durch ein Mittel, welches seinen fünfzigfachen Werth in Medicinen erspart. 16. (64 S.) Leipzig 853, (E. H. Mayer.)

WIEDERHERSTELLUNG der geistlichen Orden der Benedictiner, der Cisterzienser und der Prämonstratenser in Ungarn. In: Ungern Bd. 1. 1802. S. 261-262

Wiederherstellung, die, Polens, od. e. allgem. europ. Krieg. Von e. poln. Diplomaten, übertr. v. R. O. Spazier. 8. (2 B.) Nürnberg 831, Schrag.

Wiederherstellung, Die,
des canonischen Rechts in der oberrheinischen Kirchenprovinz. Von einem Staatsmann a. D. Stuttgart 1853. V: *Buss, Franz Joseph.* (Kat. der ständ. Bibl. Stuttg. 1907. S. 90.) (ADB 47, 409)

Wiederherstellung, die, des canonischen Rechts in der oberrheinischen Kirchenprovinz. Von einem Staatsmann a. D. 8. (XXII und 598 S.) Stuttgart 853, (Lindemann.) *

Ueber die **Wiederherstellung** des Heidelberger Schlosses. (Hrsg.: Carl Weber, Charlottenburg.) *Berlin 1904: (L. Simion Nachf.).* (16 S.) 8°
Aus Straßburger Post. 1904

Wiederherstellung. Ueber die W. der Schweiz. Ein kleiner Beytrag zur schweizerischen Tagesgeschichte. Von M.... 8. *o. O.* Im März 1814.

Wiederherstellung. Ueber die W. des Schweizerbundes, oder der schweizerischen Eidgenossenschaft. Vier Artikel des Véridique von Freiburg als ein Pressvergehen betrachtet von dem dortigen Staatsrath. 8. Altdorf 1831.

— üb. die, freier Städte in deutschen Landen. 8. Nürnb. Campe. 814.

Wiederherstellung, über die, freier Städte in deutschen Landen. 8. Nürnb. 815. Campe. 8 gr.

Wiederherstellung, die, der Valuta in Oesterreich. (Prag im Jan. 1861.) 8. (19 S.) Prag 861, Kober. *

— die, der Verfassung vom 5. Jan. 1831 in ihrer rechtlichen und politischen Bedeutung. 8. (31 S.) Cassel 863, Trömner und Dietrich.

Wiederherstellung der durch die Phylloxera zerstörten Weinberge in Südfrankreich. [Zürich 1884.] V: *Schindler-Escher, Caspar.* (Cat. d. Stadtbibl. Zürich. Zürich 1864—97.)

Wiederhohlung, s. Wiederholung

Wiederhold, v. Grundsätze der in der Garnison Stuttgart im Winter 1849—50 gehaltenen taktischen Vorträge. Stuttgart o. J. 128 S.

Wiederhold, Nervenschwäche, ihr Wesen u. ihre Behandlg. Beiträge aus der Praxis. gr. 8. (29 S.) Wiesbaden 895. J. F. Bergmann. n. — 80

Wiederhold, Bernhard Wilhelm

Wiederhold, B. W. Beschreibung des Lagers bei Bergen, welches von Landgraf Wilhelm IX. zur Sicherheit der Wahlstadt Frankfurt 1790 gehalten wurde. 4. M. Plan. Cassel 1791.

v. **Wiederhold**, Bhd. Wlh., († d. 26. Oct. 1810.) Beschreib. des Lagers bei Bergen im J. 1790, vom 23. Sept. bis 17. Oct. Mit Plan u. Karten. gr. 4. Marb. 792.

— über d. Einnahme von Frankfurt durch d. Hessen. ... Frankf. a. M. 793.

— über den glückl. Regierungsantritt Wilhelm IX. 4. Marb. 785.

Wiederhold, Chr., s. Bemerkk. e. Rechtsgelehrten.

Wiederhold, Chr. Fr.

— Nordhausens erwünschte Freude am Friedensfeste. 4. Nordh. 763.

— d. Güte Gottes in d. Theuerung. 4. Nordh. 770.

Wiederhold, Chr. Fr., († ...) d. Mißbrauch d. Neujahrswünsche. 4. Nordh. 754.

Wiederhold, C. A., Fibel für den Schreib-Leseunterricht. gr. 8. (V und 135 S., wovon 88 lithogr.) Frankfurt a. M. 859, Auffarth. *

Wiederhold, C. A., Fibel für den Schreib-Leseunterricht. 3. Aufl. gr. 8. (V und 132 S., wovon 50 lithogr.) Frankfurt a. M. 867, Auffarth. geb. *

Wiederhold, C. A., Fibel für den Schreib-Leseunterricht. 6. Aufl. gr. 8. (131 S. mit eingedr. Holzschn.) Frankfurt a. M. 873, Auffarth. geb.

Wiederhold, C. A., Fibel für den Schreib-Leseunterricht. 7. Aufl. (IV, 133 S., wovon 50 lithogr.) 1875; 8. umgearb. Aufl. gr. 8. (X, 148 S. mit eingedr. Holzschn.) Frankfurt a. M. 877, Auffarth. geb. *

Wiederhold, C. A., Fibel für den Schreib-Leseunterricht. 9. und 10. Aufl. gr. 8. (X, 148 S. mit Illustr.) Frankfurt a. M. 880.81. Auffarth. geb. * *

Wiederhold, C. A., Fibel f. den Schreib-Leseunterricht. 10. Aufl. gr. 8. (X, 148 S. m. Illustr.) Frankfurt a/M. 881. Auffahrt. geb. n.n. 1. 30

— die Heimat. Lesebuch für das dritte Schuljahr. gr. 8. (XII, 292 S.) Ebendas. 876. geb. **

— die Welt des Kindes. Lesebuch für den ersten Unterricht. gr. 8. (VII und 119 S.) Frankfurt a. M. 859, Auffarth. *

— die Welt des Kindes. Lesebuch für den ersten Unterricht. 3. Aufl. gr. 8. (VII und 127 S.) Frankfurt a. M. 867, Auffarth. geb. *

— die Welt d. Kindes. Lesebuch f. den ersten Unterricht. 5. Aufl. gr. 8. (VII, 138 S.) Ebend. 874. n. 1. 20

— die Welt des Kindes. Lesebuch für das 2. Schuljahr. 7. Aufl. gr. 8. (VII, 138 S.) Ebend. 879. geb. n. 1. 25

— die Welt d. Kindes. Lesebuch f. das 2. Schuljahr. 8., unveränd. Aufl. gr. 8. (IX, 145 S.) Ebend. 882. geb. n.n. 1. 30

Wiederhold, Ed., über die Nachweisung des Zuckers im Harne. Ein Beitrag zur Iatrotechnik. 2. Aufl. gr. 8. (29 S.) Göttingen 859, Wigand. *

Wiederhold, Jo. Friedrich Christ. (Weilburg) A. S. 82/16

Dissertatio inauguralis juridica, de levamine singulari inopiae debitorum, jure Hamburgensi introducto ... Präs. Ernst Jo. Friedrich Mantzel. Rostock (Adler) 29. XII. 1744. 36 S.

W. v.: Präs. 36640

Wiederhold, Frhr. K. v., zur Einigungsfrage der deutschen Krieger-Verbände. [3 Anlagen.] 8. (52 S.) Stuttgart 884. Kohlhammer. — 20

Wiederhold, Karl. Geschichte der Lateinschule zu Insterburg (Opus postumum.) 3 Teile. 18, 18, 15 SS. *Insterburg* 1876. 1877. 1878. Statut der Lehrer-Witwen- und Waisenkasse bei der Realschule I. O. zu Iserlohn. 8 S. **Progr.** Rg. *Iserlohn* 1880.

Wiederhold, Konr., Älpler- u. andere Charakterköpfe, } s.: Vorlagen f. Brandmalerei.

Wiederhold, Konr., Ludwig van Beethoven, Wolfgang Amadeus Mozart, Richard Wagner, s.: Vorlagen f. Brandmalerei. 80.

Wiederhold, Konr., figürliche Füllungen f. Holzbrandtechnik, } s.: Vorlagen-Mappe.

— dasselbe (Gnomen etc.) f. Holzbrandtechnik, } s.: Vorlagen-Mappe.

— Waidmanns Heil, s.: Flinzer, F.

— aus meiner Skizzenmappe, } s.: Vorlagen f. Brandmalerei.

– Vögel u. Blumen nach japanischen Mustern f. Holzbrandtechnik, } s.: Vorlagen-Mappe.

— Vorlagen, s.: Vorlagen f. Brandmalerei.

— Vorlagen f. Holzbrandtechnik etc., s.: Laudien, M.

— moderne Vorlagen in Jugendstil, s.: Vorlagen f. Brandmalerei. 83.

Wiederhold, Konr., Wäsche-Truhe. Neue Gnomen-Kompositionen f. Brandmalerei, s.: Vorlagen f. Brandmalerei.

Wiederhold, Kurt [aus Hanau a. M.]: Über Chlorierungs- und Diazotierungsprodukte aus a-Amido-p-oxychinolin '[B-4-3-Amidooxychinolin]' . . . Marburg, Univ.-Buchdr. '(R. Friedrich)', 1895; 48 S., 1 Bl. 8.
Marburg, Phil. Fak., Inaug.-Diss. v. [12. Okt.] 1895

Ld. Fr. Wiederhold, Handbuch der Literatur u. Geschichte der indirekten Steuern, nebst Einleitung in die Wissenschaft dieser Abgaben. Marburg 1820.

Wiederhold, L. F., Wissenschaft d. indirekten Steuern. Ein theoret.-prakt. Handbuch für Cameral-, Accise-, Zoll- u. Regie-Beamte, auch Gebildete d. Handelsstandes. 1r Thl. gr. 8. Marb. 820. Krieger. 1 ℛ 16 g.

Wiederhold, L. H., das Interdictum uti Possidetis u. die Novi operis Nunciatio. Zwei civilist. Abhandln. gr. 8. (8 B.) Hanau 831, König.

Wiederhold, Wilh., Papsturkunden in Frankreich, s.: Nachrichten von der königl. Gesellschaft der Wissenschaften zu Göttingen. Philol.-histor. Klasse 1906. Beiheft.

Wiederhold, *Wilhelm* [aus Clausthal]: Untersuchungen zur Staats- und Verfassungsgeschichte der nordalbingischen Territorien '(1234—1201)' . . . Göttingen, Druck d. Univ.-Buchdr. v. W. F. Kaestner, 1897; 1 Bl., 70 S., 1 Bl. 8.
Göttingen, Phil. Fak., Inaug.-Diss. v. [6. März] 1897

Wiederholdt, Bernhard Wilhelm [?]. Tagebuch des Capt. Wiederholdt, vom 7. Okt 1776 bis 7. Dez 1780. Ed: M. D. Learned and C. Grosse.

Tagebuch des Capt. **Wiederholdt**. Vom 7 October 1776 bis 7 December 1780 by M(arion) D(exter) Learned and C. Grosse. *New York: Macmillan Co.; Berlin: Mayer & Müller (1901).* (93 S.) 4°(8°) = Americana Germanica. Vol. 4, No 1. [03. 5626]

Wiederholdt, Johann Ludwig [Praes.], s. Behmer, Carl Heinrich: De praerogativis S. Rom. Imp. electoris Trevirensis.

Wiederholdt, Johann Ludwig [Praes.], s. Behr, Joh. Philipp Caspar: De praerogativis primogenitorum illustrium.

WIEDERHOLT, J. G.: Dissertatio jurid. de judiciis et ordinationibus quae veniunt sub nominibus; der Märckergedinge und Ordnungen. - Argentorati 1728

Wiederholt, Johannes [aus Nörten (Hannover)]: Über ein Chondro-Fibroma-Cysticum des rechten Oberarmes . . . Würzburg (Becker's Univ.-Buchdr.), 1886; 59 S. 8°
Würzburg, Med. Fak., Inaug.-Diss. v. 1886.

Wiederholt, M., die ästhetische Erziehung der Mädchen in der Volksschule. (62 S.) 8. Paderborn 904. F. Schöningh. n. — 60

Wiederholt, Th., W. Sommerwerck, gen. Jacobi, Bischof v. Hildesheim, s.: Deutschlands Episcopat in Lebensbildern.

Wiederholung

Abermahlige **Wiederhohlung** aller derjenigen Edicten und General-Verordnungen, welche wegen der in beyden Hertzogthumben Gülich- u. Berg üblicher Steuer-Collectationen u. darin einschlagender Materien vor u. nach ausgangen seynd. Düsseldorff 1728.

Allerunterthänigst- summarische **Wiederhohlung** gravaminum religionis, deren Römisch-Cathol. im Fürstenthumb Cleve u. Graffschafften Marck u. Ravensberg, junctis additionalibus novis. o. O. u. J.

Wiederholung der wichtigsten Wahrheiten aus der Mosaischen Religionslehre. Für israelitische Handwerkslehrlinge in der Sonntags-Schule. Von A. K. Auf Veranlassung und auf Kosten des Vereins zur Beförderung der Handwerke und des Ackerbaues unter den Israeliten in Ungarn zu Pesth. Pesth. Druck von Johann Herz. (32 S. 8.) geh. 1855.

Wiederholungen aus Geschichte u. Geographie. In Fragen u. Antworten zusammengestellt f. Volksschüler u. Aspiranten. I. Geschichte. II. Geographie. Für württemberg. Schulverhältnisse. 8. (42 u. 37 S.) Schwäb. Gmünd 891. J. Roth. Kart. n. — 60

Wiederholungen aus der deutschen Literaturgeschichte in katechetischer Form für die Oberklassen höherer Unterrichtsanstalten, sowie besonders auch für Candidaten und Candidatinnen des Mittel- und des Volksschulamtes und zum Privatstudium. Von einem Schulmanne. 8. (VIII, 192 S.) Bonn 875, Habicht's Verlag. *

Wiederholungen aus der deutschen Literaturgeschichte in katechetischer Form f. die Oberklassen höherer Unterrichtsanstalten, sowie besonders auch f. Candidaten u. Candidatinnen d. Mittel- u. d. Volksschulamtes u. zum Privatstudium. Von e. Schulmanne. 8. (VIII, 192 S.) Mainz 875. Lesimple. n. 1. 60

Wiederholungen aus der deutschen Literaturgeschichte in katechetischer Form für die Oberklassen höherer Unterrichtsanstalten, sowie besonders auch für Candidaten u. Candidatinnen des Mittel- u. Volksschulamtes u. zum Privatstudium. Von einem Schulmanne. 2., verm. u. verb. Aufl. gr. 16. (VIII, 220 S.) Leipzig 878. Lesimple. n. 1. 75; cart. n. 2. —

Wiederholungen aus der deutschen Litteraturgeschichte in katechetischer Form für die Oberklasse höherer Unterrichtsanstalten, sowie besonders auch für Candidaten und Candidatinnen des Mittel- und des Volksschulamtes und zum Privatstudium. Von einem Schulmanne. 3. verb. Aufl. 8. (X, 220 S.) Leipzig 883, Lesimple's Verlag. * cart. *

Wiederholungsbuch

—— der englischen Grammatik zur Vorbereitung auf Prüfungen, insbesondere auf das Mittelschul-Examen u. die Rektorats-Prüfung. 12. (110 S.) Flensb. 890, Westphalen. * 1 —

Wiederholungs- u. Uebungsbuch für den Unterricht in Erdkunde [Geographie], Geschichte, Naturgeschichte, Naturlehre [Physik], Raumlehre, Sprachlehre [Grammatik] u. m. einem litteraturgeschichtlichen Anhang. Nach dem Normal-Lehrplan für die Elementar-Schulen in Elsaß-Lothringen bearb. von Elsässischen Lehrern. 8. (108 S.) Straßburg 878. Schmidt. cart. n. — 60

Wiederholungs= und Uebungsbuch für den Unterricht in Erdkunde [Geographie], Geschichte, Naturgeschichte, Naturlehre [Physik], Raumlehre, Sprachlehre [Grammatik], nebst literaturgeschichtl. Anhang. Nach dem Normal=Lehrplan für die Elementar=Schulen in Elsaß=Lothringen bearb. von elsäss. Lehrern. 2. verb. Aufl. (IV, 139 S.) 1880. cart. ** 70 Pf.; 3. verb. Aufl. 8. (IV, 179 S.) Straßburg 882, Schmidt's Universitäts=Buchh. **

Wiederholungs= u. Uebungsbuch f. den Unterricht in Erdkunde, Geschichte, Naturgeschichte, Naturlehre, Raumlehre, Sprachlehre, nebst litteraturgeschichtl. Anh. Nach dem Normal=Lehrplan f. die Elementar=Schulen in Elsaß=Lothringen bearb. v. elsäss. Lehrern. 4. Aufl. 8. (IV, 181 S.) Straßburg 885. Schmidt. cart. n.n. — 80

Wiederholungsbuch für den geographischen, geschichtlichen, naturkundlichen und deutschen Unterricht in Volks= und Bürgerschulen. Hrsg. von K. Schumacher, L. Wrede, A. Grohmann, K. Neumann. 3. Ausg. 1872, und 4. Ster.=Ausg. gr. 8. (126 S.) Berlin 878, Oehmigke's Verlag. *
geb. **

Wiederholungsbuch für den geographischen, geschichtlichen, naturkundlichen und deutschen Unterricht in Volks= und Mittelschulen. Hrsg. von K. Schumacher, L. Wrede, A. Grohmann und K. Neumann. 5.—42. Ster.=Aufl. 8. (162 S.) Berlin 874—79, Oehmigke's Verlag. geb. **

Wiederholungsbuch für den geographischen, geschichtlichen, naturkundlichen und deutschen Unterricht in Volks- und Mittelschulen. Hrsg. von K. Schumacher, L. Wrede, A. Grohmann und K. Neumann. 43—61. Ster.=Aufl. 8. (163 S.) Berlin 880—84, Oehmigke's Verlag. geb. **

Wiederholungsbuch für den geographischen, geschichtlichen, naturkundlichen und deutschen Unterricht in Volks- und Mittelschulen. Hrsg. von K. Schumacher, L. Wrede, A. Grohmann und K. Neumann. 67.—77. Ster.=Aufl. 8. (163 S.) Berlin 885—88, Oehmigke's Verlag. geb. **

Wiederholungsbuch f. den geographischen, geschichtlichen, naturkundlichen u. deutschen Unterricht in Volks- u. Mittelschulen. Hrsg. von K. Schumacher, L. Wrede, A. Grohmann u. K. Neumann. 78.—83. Ster.=Aufl. 8. (163 S.) Berl. 888—91, Oehmigke's Verlag.
geb. ** — 60

Wiederholungsbuch der Waffenlehre. (XI, 206 S.) kl. 8. Berlin 906. R. Eisenschmidt. n. 2.50

Wiederholungsbuch der Waffenlehre. 2. Aufl. (XI, 220 S.) kl. 8. Berlin 910. R. Eisenschmidt. 3. —

Wiederholungsheft f. Erdkunde. Höhere Bürgerschule zu Plauen i. Vgtl. 2 Tle. gr. 8. Plauen (899). R. Neupert jr. n.n. 1.20
1. (III, 31 S.) n.n. — 40. — 2. (III, 103 S.) n.n. — 80.

— für Geschichte. Knaben. Höhere Bürgerschule zu Plauen i. Vgtl. gr. 8. (III, 108 S.) Ebd. (899). Kart. n.n. 1. —; f. Mädchen. (III, 61 u. 31 S.) (899.) Kart. n.n. 1. —

— für Kirchen=, Litteratur= u. Kunstgeschichte. Höhere Bürgerschule zu Plauen i. Vgtl. gr. 8. (III, 76 S.) Ebd. (899). Kart. n.n. 1. —

— für Naturgeschichte. Höhere Bürgerschule zu Plauen i. Vgtl. gr. 8. (III, 47 S.) Ebd. (899). n.n. — 60

— für Naturlehre. Höhere Bürgerschule zu Plauen i. Vgtl. gr. 8. (III, 67 S.) Ebd. (899). n.n. — 80

Wiederholungskurs 1899. Schützenbataillon 3. qu. 4. (15 Lichtdr.-Taf.) Biel 900. E. Kuhn. In Mappe n. 2.40

Wiederholungskursalbum des Schützenbataillons 3. 12 Lichtdrucktaf. in Mappe. Biel: Ernst Kuhn 1900.

Wiederholungsstoff f. die unteren Stufen d. naturgeschichtlichen Unterrichts. gr. 8. (25 S.) Görlitz 875. Remer. n. — 30

Wiederholungsstoff für den Unterricht in der Geographie in der Knaben=Mittelschule zu Görlitz. 2. Aufl. gr. 8. (28 S.) Görlitz 881, Remer. * 30 Pf.; geb. **

Wiederholungsstoff f. den geographischen, geschichtlichen, naturkundlichen u. deutschen Unterricht in Volks= u. Bürgerschulen. Hrsg. v. K. Schumacher, L. Wrede, A. Grohmann, K. Neumann. 4. Ster.=Ausg. gr. 8. (126 S.) Berlin 876. Oehmigke's Verl. n. — 40; geb. n.n. — 50

Wiederholungsstoffe, poetische, aus Volksschul=Lesebüchern. 2., unveränd. Abdr. (24 S.) 8. Gotha 908. E. F. Thienemann. — 25

Wiederkampf, ..., († ...) Versuch einer abgeforderten Beantwortung zur Genugthuung wegen Dr. Jh. Fr. Tenzels herausgegebenen Ursachen, die ihn nöthigen, von den Lutheranern über einige ihrer Meinungen in Glaubenspunkten Rede u. Antwort zu fordern. 8. Halle u. Götting. 761.

Wiederkauf, der,. ländl. Lustsp. m. Gesang v. Schletter. 8. Mannheim, Schwan. 781.

Wiederkehr, die,. Schsp. v. Fr. Mosenaeil; als Forts. v. Menschenhaß u. Reue. 8. Hildburgh. Hanisch. 809.

Wiederkehr, die. Eine Novelle. Hrsg. v. d. Einsiedler bei St. Johannes. (Friedr. Aug. Koethe.) 3 Thle. gr. 12. (83 B.) Leipzig 813, Brockhaus. *

Wiederkehr, Napoleon Bonapartes, von L. D. Nürnberg 1815. V: *Dresch, Georg Leonhard Bernhard Ritter von.* (Sch) (NN) (Pr) (Ky) (ADB)

Wiederkehr, Die, des Königs ins Vaterland, dramatisch gefeiert in Tarant am 18. Juniusabend 1815. Dresden [1815]. V: *Schlenkert, Friedrich.* (Bem I, 1, S. 484)

Wiederkehr, Kaiserin Theresiens, nach der Oberwelt. Wien 1788. Im Verlag von Georg Philipp Wucherers. 128 S. 8°. Titelvign. V: *Richter, Joseph.* (Hans Viktor Pisk: Josef Richter. Diss. Wien 1927. S. 114/5) S. a. VI, 8347.

Zur 40. **Wiederkehr** der Kämpfe um Metz. Schilderung der Gedenkfeiern 1910 nach Berichten der 'Lothringer Zeitung', Metz. Mit 9 photogr. Abb. 2. Aufl. Metz: Lothringer Zeitung (1910). 32 S. 4° [Umschlagt.] [illegible]

Wiederkehr, Andreas s. Schmid, Anton von, und Wiederkehr, Andreas.

Wiederkehr, G[ustav]. Politische Bewegungen im Aargau zu Beginn der Regenerationsperiode. [Mit 1 Porträt.] 8.
Ausg. A: Jahresbericht der Schulen von Wohlen, Schuljahr 1908/09 ... Wohlen, Joh. Keller. [Beilage.] 24 S.
Ausg. B: Separatabdruck aus dem J' der Sch' von W' 1908/09. II + 24 S. Wohlen, Joh. Keller.

Wiederkehr, G., Denkwürdigkeiten aus der Geschichte des Freiamtes 1415—1803. Dem Volke erzählt. (V, 153 S.) gr. 8. Aarau 907. H. R. Sauerländer & Co. n. 2. 80

Wiederkehr, Gust., unter uns Kindern. Eine Fibel f. Stadt u. Land, nach neuen Grundsätzen bearb. u. m. e. methodisch-prakt. Anleitg. versehen, m. (zum Tl. farb.) Bildern v. Arpad Schmidhammer. 1.—5. Aufl. (144 S.) gr. 8. Mannheim (909). J. Bensheimer's Verl. Kart. nn 1. —

— Mannheim in Sage u. Geschichte. Im Auftrag des Mannheimer Diesterweg-Vereins verf. Festgabe, zur Feier des 300jähr. Bestehens der Stadt dargereicht v. dem Mannheimer Diesterweg-Verein. Volkstümliche Erzählgn. (XIII, 302 S. m. Vollbildern.) 8. Mannheim 907. Dr. H. Haas. 1.80; geb. 2.50

Wiederkehr, Gust., zur Reform des evangelischen Religionsunterrichts an der Volksschule. Ein Wort an Eltern, Lehrer u. Geistliche. (IX, 78 S.) 8. Bühl 904. Konkordia. n. — 60

— Der Sach- u. Sprachunterricht im 1. Schulj., auf Grund der Fibel „Unter uns Kindern" bearb. (328 S. u. XVI S. Abb. m. 1 farb. Taf.) gr. 8. Mannheim 909. J. Bensheimer's Verl. Geb. in Leinw. 7. 50

Wiederkehr, G[ustav]. Das Volkslied. Mit Beispielen aus dem Freiamte. [Mit Melodien.] 96 S. 8. Bern, A. Francke, 1909. [fr. 1.80]

WIEDERKEHR, Josef: Demonstratur luxuriam ordini morali naturali adversari, eamque spectatis potissimum s. d. libidinibus monstruosis societati humanae quam maxime perniciosam, et ideo omni conatu cohibendam esse. — (1905) 83 S. 4° (Handschr.) Diss. 605

Diss. Wien, Univ.

Wiederkehr, X., Knospenlese: 1. Bdchen. kl. 8. (Mit 1 Musikbeil.) Zürich 845, Meyer u. Zeller. 1/2 ₰

WIEDERKEHR, XAVER Schlachtgebet Sr Kaiserl Hoheit des . . . Erzherzoges Albrecht Pest 1857 Gedr b Landerer u Heckenast 9 S - 80 mm

Wiederkehr, Xaver —. Oesterreichs Thron- und Tempelweihe. Innsbruck. Gedruckt bei Felician Rauch. (12 S. 8.) 1855.

Wiederkunft, die, Christi. Ein Schauspiel (in 5 Aufzügen). (Von W. Scharrelmann.) (118 S.) 8. Berlin 905. A. Kohler. n. 2. 50

⑧ **Wiederkunft, d., Christi.** 905. Zeyst: Baden-Baden, K. Spies.

Wiederkunft, die, unsers Herrn, oder ein Blick auf d. zu sammelnde Heerde des Einen Hirten. 12. St. Petersb. 821. (Lpz., Cnobloch). 16 gr.

Wiederkunft. Die W' des Herrn, ein gar freudenreiches Ereignis für die gesamte Menschheit. Tractat für Schriftforschung. [Millennium-Tages-Anbruch-Schrift.] 24 S. 8. Thun, Verlag der «Aussicht», 1908.

Wiederkunft und Herrschaft unseres Herrn Jesu Christi. Von E. H. C. Autoris. Uebersetzung aus dem Engl. vom Uebersetzer des Büchleins „Jesus Alles und in Allen. Und Strahlen von der himmlischen Stadt aus der «ewigen Ruhe der Heiligen» von Rich. Barter". 8. (IV, 140 S.) Brecklum 883, Christl. Buchhandlung. cart. *
geb. * * ℳ 1,50.; mit Goldschn. *

Wiederkunft, Jacobs, von Haran; ein Gedicht. Trosberg 1753. V: *Bodmer, Johann Jacob.* (Bächtold, Litt. d. Schweiz. Frauenf. 1892. S. 187.) (Cat. d. Stadtbibl. Zürich. Zürich 1864—97.)

Die Wiederkunft unseres Herrn Jesu Christi und die damit in Verbindg stehenden Ereignisse. Elberfeld: R. Brockhaus 1898. (234 S.) 1 Bd 8°
[Schriften z. Erbauung u. Befestgg d. Gläubigen.] No 253.

Wiederkunft, die, unseres Herrn Jesu Christ u. die damit in Verbindung stehenden Ereignisse. 8. (234 S.) Elberfeld 898. R. Brockhaus (durch J. Faßbender). n. — 80

Wiederkunft, die, Jesu Christi, steht nahe bevor. Aus d. heil. Schrift auf das Deutlichste nachgewiesen von Chr. Fr. S—t. gr. 8. (8 S.) Leipzig 849, Rocca in Comm. 1 1/2 ngl

Wiederkunft, die unvermuthete. Lustsp. 8. Hamb. Martini. 749.

Wiederlegung. Gründliche, und Entkräftung derer unterm 29. August, 16. und 19. September 1742 im öffentlichen Druck ausgegangenen Wienerischen Circularschreiben, aus Liebe zur Wahrheit etc ans Licht gegeben von einem gut-deutsch gesinnten Patrioten. Fol. (1742.)

Wiederlegung (sol) der Qvarre vor der Pfarre, genennt, Als eine ungöttliche, ärgerliche, schändliche und injuriose Schrifft gäntzlich verworffen, Von Einem Gottfürchtigen Zucht-, Erbarkeit- und Tugend-Liebenden Studenten-Freunde. Franckfurth und Leipzig zu finden. 1717. 8°. 54 S. (incl. Tit.), 1 leeres Bl.

Wiedermann, Carl, s. Wiedermann, Karl

Drei Choralvorspiele für Orgel zum gottesdienstl. Gebr. u. zum Studium komp. von Friedrich **Wiedermann**. Op. 11. *Essen: G. D. Baedeker 1900.* (17 S.) 4° [𝔉.] [... 8072]

Wiedermann, Frdr., Chorbuch des „Sängerhain", s.: Erk, Ludw.

[Kopft.:] Festlied zum 22. März 1897. [Gedichtet v.] Chr. Grüss. [Comp. v.] Fr. **Wiedermann**. Op. 8. Ausg. A. (für 3stimm. Kinderchor). Berlin: Komm.-V. v. Rühle & Hunger [1897]. 1 Bl. 4°

Gott hat Christum auferweckt. Ephes. 1, 20—22. Motette f. achtstimm. gemischten Chor a capella komp. von F[riedrich] **Wiedermann**. Op. 17. Essen-Ruhr: G. D. Baedeker [1905]. (11 S.) 4° [... 4570]

Wiedermann, Frdr., Liederkranz, s.: Erk, Ludw.

— Liederkranz, s.: Erk, Ludw. u. W. Greef.

— Liederschatz f. deutsche Schulen, s.: Erk, Ludw.

— s.: Monatsschrift f. Schulgesang.

— **50 Notentafeln zum Berliner Grundlehrplan von 1902. 70×90 cm. Essen 903. G. D. Baedeker.**
In Schutzrolle n.n. 16. —; einz. Taf. n.n. — 50
Hieraus einzeln: 27 Notentafeln, enth. 28 ein-, zwei- u. dreistimm. Volkslieder in method. Stufenfolge. n. 11. —

— Sängerhain, s.: Erk, Ludw.

— **Schulgesangbuch.** Uebungen geistl. u. weltl. Gesänge in methodisch geordneter Stufenfolge. In 3 Heften hrsg. gr. 8. Ebd. n. 3. 10
1. Unterstufe. (60 S.) 903. n. — 50
2. Mittelstufe. (128 S.) 904. n. 1. —
3. Oberstufe. (217 S.) 905. n. 1. 60

— Schulgesangbuch. Übungen, geistl. u. weltl. Gesänge in methodisch geordneter Stufenfolge. In 3 Heften hrsg. 1. u. 2. Heft. gr. 8. Essen, G. D. Baedeker. 1.50
1. Unterstufe. 2. Aufl. (60 S.) 909. — 50
2. Mittelstufe. 2. Aufl. (128 S.) 910. 1. —

— Essener Schulliederbuch. Unter Zugrundelegg. des „Liederkranz" v. Ludw. Erk u. Wilh. Greef hrsg. 110 ein-, zwei- u. dreistimm. Volkslieder u. volkstüml. Gesänge, 2 Kanons u. 9 Spiellieder, methodisch geordnet u. verteilt auf 8 Schuljahre. (144 S.) kl. 8. Ebd. 909. — 45

— u. R. Fricker, Singeschule u. Liederbuch f. höh. Mädchenschulen, Lyzeen u. Studienanstalten. Nach den preuß. Lehrplänen v. 8. XII. 1908. 1.—3. Heft v. F. 8. Ebd. 2.35
1. (Klasse VII) v. F. (VIII, 40 S.) 910. — 60
2. (Klasse VI), v. F. (84 S.) 910. — 75
3. (Klasse V), v. F. (112 S.) 910. 1. —

— — dasselbe. Leitfaden f. den Unterricht auf der Unter- u. Mittelstufe im Anschluß an die ersten 3 Hefte (VII., VI. u. V. Klasse), v. F. (VIII, 84 S.) 8. Ebd. 910. 1.80

— u. L. Krämer, 84 volkstümliche Spiellieder mit den nötigen Melodien für Schule, Kindergarten u. Familie. Nebst Beschreibg. der Ausführg. der Spiele. Gesammelt u. hrsg. 8. (64 S.) Essen 901. G. D. Baedeker. n. — 60

84 volkstümliche Spiellieder mit den nötigen Melodieen für Schule, Kindergarten u. Familie. Nebst Beschreibung d. Ausführung d. Spiele. Gesamm. u. hrsg. von F[riedrich] Wiedermann, Lehrer in Berlin, u. L[ouis] Krämer, Rektor in Berlin. 2. Aufl. *Essen: G. D. Baedeker 1901.* (64 S.) 8° [Umschlagt. F.] [01. 5557

— Uebungsheft zum Gesang-Unterricht. Ein Stufengang von Gesangübungen nach den Bestimmgn. des Berliner Grundlehrplans von 1902. (20 u. 31 S. m. 1 Fig.) 8. Ebd. (903). n.n — 25

— 44 Übungstafeln (f. den Gesangunterricht). Je 75×95,5 cm. Ebd. (908). 16.—; auf 22 Papptaf. m. Ringen n 36. —

Wiedermann, Fritz, aus Breslau: Über farbige Indonderivate aus Dichlorindon. *Berlin (1900): G. Schade.* (92 S.) 8°
Berlin, Phil. Diss. v. 4. Juli 1900

Wiedermann, Gotthard [aus Zobten '(Schles.)']: Ueber Hydrierungsstufen des m-Iso-Cymols ... Heidelberg, Univ.-Buchdr. v. J. Hörning, 1897; 47 S. 8.
Heidelberg, Naturw.-math. Fak., Inaug.-Diss. v. [5. Mai] 1897

Wiedermann, Karl

WIEDERMANN, Carolus: De doctrina s. Thomae de usura in contractibus praesertim in contractu mutui. — (1901) 87 S. 4° (Handschr.) Diss. 602
Diss Wien, **Univ.**

Wiedermann, M. Über den Rückkauf von Lebensversicherungspolicen. S. A. Wien 1883.

Wiedermann, Matthias Gustav

— De elisione in carmine Punicorum Silii Italici. 30. 15. Friedek 98. 99.
Progr.

Wiedermann, Matthias: De ablativi usu in Silii Italici Punicis. S. III—XXVIII. 8. Fortsetzung. S. 3—27. 8.
Progr. K. k. Staats-Obergymn. *Landskron i. Bö.* 1902. 1903.

Wiederschein, Der fröhliche. ... [Salzburg 1791.] V: *Vonderthon, Gregor.* (Hr)

Wiedersehen

Wiedersehen, Das. Ein Schauspiel in drei Akten ... Offenbach 1793. V: *Hesler, Ernst Frdr.* (GGr) (Ky) (MGT)

Wiedersehen, das; Schspl. (von E. F. Hesler). 8. Offenb. 793. Brede. 8 gr.

Wiedersehen, d., e. Gemälde d. Lebens, v. K. M. Erb. 8. Basel, Flick. 803.

WIEDERSEHEN, Das, oder die Revüe. Eine satyrisch-komische Geschichte. Mit TKpf. u. TVign. Leipzig (Wien, Bauer) 1805. (Auch m. d. Tit.: Bibliothek f. d. gebildete Lesewelt. Jahrg. II, Bd. 3.)
362 S. (incl. gestoch. Tit.).

— Ein ländl. Gemälde in 1 Akt, von Franz v. Holbein. gr. 8. Rudolst. Hofbuchh. 812.

* **Wiedersehen, das frohe;** ein ländl. Gemälde fürs Theater, von C. A. Seidel. 8. Leipz. Weygand. 798.

Wiedersehen, Das, im Kriege, nebst dem Tagebuche eines jungen Sachsen vom 2ten Feldzuge. Neu-Ruppin 1799. V: *Lohmann, Johanna Friederike.* (Schl) (MGT)

Wiedersehen, Das, an der Luisenklippe: Blüthenkranz ... Unveränderte, wohlfeilere Aufl. der period. Schrift: Dichtung und Wahrheit [1818 erschienen]. Berlin u. Leipzig 1821, Bd. 3, S. 3/75. V: *Gleich, Frdr.* Nr. 11442 ist Nachdruck der mit G.s Namen in der Penelope f. 1818, S. 121/98 mitgeteilten Erz. (DARP)

Wiedersehen, das, auf dem Schlachtfelde. Scene d. Schlacht bei Groß-Goerschen am 2. Mai 1813. Den Vaterlandsvertheidigern am 25jähr. Jubelfeste z. Andenken an d. gefahrvollen Tage d. J. 1813 gewidmet. gr. 16. (2½ B.) Leipzig 838, Glück.

Wiedersehen | eines unglücklichen Sohnes, der von seinen Eltern verhaßt und vier Jahre | in einem unterirdischen Kerker verborgen war bis die Stunde seiner Erlö- | sung geschlagen und Gott ihn wieder das Tageslicht sehen ließ. | Im Jahr 1852, den 12. September.
Kol.: Weissenburg. | Buchdruckerei von Fr. Wentzel.
o. J., 1 Bl. zweiseitig bedruckt, 295 × 190.
Arch. Bas-Rhin, Strasbourg T. 216.

Wieland der Schmied – s. Nr. 478: *Hugdietrich ... Wieland.*

Wiedersehen und Tod; eine Kunde der Vorzeit. Breslau 1793. V: *Krebs, Carl Joseph.* (MGT) (Adel) (Ky)

Wiedersehen u. Tod, (v. K. J. Krebs). 8. Bresl. 793. J. F. Korn. 10 gr.

Wiedersheim. – Hofrat Wiedersheim u. d. humanist. Gymnasium, s. Baumgarten, Fritz

Wiedersheim, A., der Weinbau, s. a. Bibliothek landwirthschaftl. Lehrbücher.

Wiedersheim, A., der Weinbau. Praktische Anleitung zum Weinbau nach mehr als 40jähr. Erfahrungen und mit Zugrundelegung von Single's Schrift: „die Traubensorten Württembergs" zugleich als Lehrbuch für die Fortbildungsschulen unserer Weingegenden bearb. gr. 8. (VIII, 132 S. mit 13 in den Text gedr. Abbild. in Holzschn.) Ravensburg [Stuttgart] 872, Ulmer. *

Wiedersheim, E., die Fischzucht, s. a. Landmanns, d., Winterabende.

Wiedersheim, E.: Die Fischzucht mit einem Anhang über Krebszucht. Stuttgart 1885.

Wiedersheim, Ed., Kanada. Reisebeschreibung u. Bericht über die dortigen land- u. forstwirthschaftl. Verhältnisse. 8. (VII, 156 S.) Stuttgart 882. Bonz & Co. n. 2. —

Wiedersheim, G., s. Wiedersheim, Robert

Wiedersheim, Rhold., Bibelkunde, s.: Pfisterer, G. Fr.

Wiedersheim, Rob., **Anatomie d. Frosches, s.: Ecker, A.**

Wiedersheim, Rob., die Anatomie der Gymnophionen. gr. 4. (VIII, 101 S. mit 9 lithogr. und color. Taf.) Jena 879, Fischer. **

— vergleichende Anatomie der Wirbelthiere. Für Studirende bearb. 5., vielfach umgearb. u. stark verm. Aufl. des „Grundriss der vergl. Anatomie der Wirbelthiere". Mit 1 lith. Taf. u. 379 Textabbildgn. in 711 Einzeldarstellgn. gr. 8. (XIX, 686 S.) Jena 902. G. Fischer. n. 16. —; geb. n. 18. —

— vergleichende Anatomie der Wirbeltiere. Für Studierende bearb. 6., vielfach umgearb. u. stark verm. Aufl. des „Grundriss der vergl. Anatomie der Wirbeltiere". Mit 1 lith. Taf. u. 416 Textabbildgn. in 814 Einzeldarstellungen. (XIX, 799 S.) Lex.-8. Jena 906. G. Fischer. n. 17. 50; geb. n. 20. —

Wiedersheim, Rob., vergleichende Anatomie der Wirbeltiere. Für Studierende bearb. 7., vielfach umgearb. u. stark verm. Aufl. des „Grundriss der vergl. Anatomie der Wirbeltiere". Mit 1 lith. Taf. u. 476 Textabb. in 875 Einzeldarstellgn. (XX, 936 S.) Lex. 8. Jena 909. G. Fischer. 21.—; geb. 23. 50

Der Bau des Menschen als Zeugniss für seine Vergangenheit. Akademische Antrittsschrift von Dr. R. Wiedersheim, Prof. ... (Bes. Abdr. aus den „Berichten d. Naturforsch. Ges. zu Freiburg i. B. Band II. Heft 4.) Freiburg i. B., akad. Verlagsbuchh. v. J. C. B. Mohr (Paul Siebeck), 1887; 2 Bl. + 114 S. 8°.

Wiedersheim, Rob., der Bau des Menschen als Zeugniss für seine Vergangenheit. gr. 8. (114 S.) Freiburg i. Br. 887, Mohr. *

—— dass. — s. a. Berichte der naturforschenden Gesellschaft zu Freiburg i. Br.

Wiedersheim, Rob., der Bau des Menschen als Zeugniss f. seine Vergangenheit. 2., gänzlich umgearb. u. stark verm. Aufl. gr. 8. (VIII, 189 S. m. 1 Tab. u. 109 Fig.) Freiburg i/B. 893. J. C. B. Mohr. n. 4. 80; geb. n.n. 5. 80

— der Bau des Menschen als Zeugnis f. seine Vergangenheit. 3. gänzlich umgearb. u. stark verm. Aufl. gr. 8. (VIII, 248 S. m. 131 Fig. u. 1 Taf.) Tübingen 902. H. Laupp. n. 5. 60; geb. n.n. 6. 60

— Der Bau des Menschen als Zeugnis f. seine Vergangenheit. 4., gänzlich umgearb. u. stark verm. Aufl. (VIII, 303 S. m. 155 Fig.) gr. 8. Tübingen 908. H. Laupp. 7.—; geb. 8. —

Einführung in die vergleichende Anatomie der Wirbeltiere. Für Studierende bearb. von Dr Robert **Wiedersheim**, Prof. Mit 1 Taf. u. 334 Textabb. Jena: G. Fischer 1907. (XXII, 471 S.) 4°(8°) 106. 14570 3

—— die neuesten paläontologischen Funde im Lichte der Descendenztheorie. Vortrag, gehalten in der naturforsch. Gesellschaft in Freiburg in Baden am 16. Juni 1878. gr. 8. (20 S.) Freiburg i. B. 878, [Schmidt.] Schmidt-Volger. *

—— das Geruchsorgan der Tetrodonten, nebst Bemerkungen über die Hautmuskulatur derselben. gr. 4. (12 S. mit 1 Taf.) Leipzig 887, Engelmann. *
Aus: Festschrift für A. v. Kölliker, besonders abgedruckt.

Wiedersheim, Rob. Das Gliedmassenskelet der Wirbelthiere m. besond. Berücksicht. d. Schulter- u. Beckengürtels bei Fischen, Amphibien u. Reptilien. Mit 40 Fig. im Texte u. 1 Atlas v. 17 Taf. Lex.-8. (V, 266 S. u. IV, 17 Bl. Erläutergn.) Jena 892, Fischer. * 24 —

— Grundriss der vergleichenden Anatomie der Wirbelthiere, f. Studirende bearb. Mit 225 Holzschn. gr. 8. (XII, 272 S.) Jena 884. Fischer. n. 8. —; geb. n. 9. —

—— Grundriss der vergleichenden Anatomie der Wirbelthiere, für Studirende bearb. 2. gänzlich umgearb. und stark verm. Aufl. gr. 8. (XVI, 389 S. mit 302 Holzschn.) Jena 888, Fischer. * M 10.—; geb. *

— Grundriss der vergleichenden Anatomie der Wirbelthiere f. Studirende bearb. 3., gänzlich umgearb. u. stark verm. Aufl. gr. 8. (XX, 693 S. m. 4 Taf. u. 387 Abbildgn. in 735 Einzeldarstellgn.) Ebd. 893. n. 16. —; geb. n.n. 18. —

— Grundriss d. vergleichenden Anatomie der Wirbelthiere, f. Studierende bearb. 4., gänzl. umgearb. Aufl. M. 1 lith. Taf. u. 361 Textabb. in 675 Einzeldarstellgn. gr. 8. (XXIII, 559 S.) Jena 898. G. Fischer. n. 14. —; geb. n. 16. —

—— die Kopfdrüsen der geschwänzten Amphibien und die Glandula intermaxillaris der Anuren. Eine anatomisch-physiolog. Studie. gr. 8. (50 S. mit 4 lithogr. Taf.) Leipzig 876, Engelmann. *
Aus: Zeitschrift für wissenschaftliche Zoologie, besonders abgedruckt.

—— das Kopfskelet der Urodelen. Ein Beitrag zur vergleichenden Anatomie des Wirbelthier-Schädels. gr. 8. (VIII, 187 S. mit 9 chromolithogr. Taf. und 6 eingedr. Holzschn.) Ebendas. 877. *
Aus: Morphologisches Jahrbuch, besonders abgedruckt.

—— Labyrinthodon Rütimeyeri. Ein Beitrag zur Anatomie von Gesammtskelet und Gehirn der triassischen Labyrinthodonten. gr. 4. (56 S. mit 3 Stnt.) Zürich 878. (Basel, Georg. — Berlin, Friedländer und Sohn.) **
Aus: Abhandlungen der schweizer. paläontologischen Gesellschaft, besonders abgedruckt.

—— Lehrbuch der vergleichenden Anatomie der Wirbelthiere auf Grundlage der Entwicklungsgeschichte. 2 Thle. gr. 8. (XVI, 905 S. mit eingedr. Holzschn.) Ebendas. 882,83. à Thl. * M 12. *

—— Lehrbuch der vergleichenden Anatomie der Wirbelthiere, auf Grundlage der Entwicklungsgeschichte bearb. 2. verm. und verb. Aufl. Lex.-8. (XIV, 890 S. mit 614 Holzschn.) Ebendas 886. *

Reden gehalten ... bei der öffentlichen Feier der Uebergabe des Prorectorats ... v. d. abtretenden Prorector Hofr. Prof. Dr. *Robert* **Wiedersheim** (Bericht über das Studienjahr 1894/95) u. d. antretenden Prorector Prof. Dr. *Bernhard* **von Simson** (Ueber L. von Ranke und seine Schule). Freiburg i. B., Univ.-Buchdr. v. Ch. Lehmann, 1895; 60 S. 4.

—— **das Respirations-System der Chamaeleoniden.** gr. 8. (18 S. mit 2 lithogr. Taf.) Freiburg i. Br. 886, Mohr. *
Aus: Berichte der naturforschenden Gesellschaft zu Freiburg i. Br., besonders abgedruckt.

—— **Salamandrina perspicillata und Geotriton fuscus. Versuch einer vergleich. Anatomie der Salamandrinen mit besond. Berücksicht. der Skelet-Verhältnisse.** Lex.-8. (207 S. mit 3 eingedr. Holzschn. und 17 lithogr. und chromolithogr. Taf.) Genua 875. (Würzburg, Stahel'sche Buchh.) *
Aus: Annali del Museo civico, besonders abgedruckt.

—— über einen neuen Saurus aus der Trias. gr. 4. (6 S. mit 1 lithogr. Taf.) Zürich 879. (Basel, Georg. — Berlin, Friedländer und Sohn.) **
Aus: Abhandlungen der schweizer. paläontologischen Gesellschaft, besonders abgedruckt.

— morphologische Studien. 1. Hft. Mit 3 lith. Taf. gr. 8. (III, 85 S.) Jena 880. Fischer. n. 5. —

—— zur Urgeschichte des Beckens, s. **Berichte der naturforschenden Gesellschaft zu Freiburg i. Br.**

Programm, wodurch zur Feier des Geburtsfestes Seiner Kgl. Hoheit unseres durchlauchtigsten Grossherzogs Friedrich ... einladet d. gegenw. Prorector Dr. Robert **Wiedersheim**. — Inhalt: Ueber die Vorbildung unserer akademischen Jugend an den humanistischen Gymnasien. Freiburg, Universitätsbuchdr. v. Ch. Lehmann, 1894; 3 Bl., 36 S. 4.

Wiedersheim, Walther, Dr. med., approb. Arzt aus Freiburg i. B.: Ueber den Einfluß der Belastung auf die Ausbildung von Holz- und Bastkörper bei Trauerbäumen. Leipzig: Gebr. Borntraeger 1902. (29 S.) 8°
Freiburg i. B., Phil. Diss. v. 1902.

Wiedersheim, Walther, approb. Arzt aus Freiburg i. B.: Ueber einen **Fall** von Endotheliom des Ovariums. *Freiburg i. B. 1900: Ch. Lehmann's Nachf.* (41 S.) 8°
Freiburg i. B., Med. Diss. v. 1900

Wiedersperg, F. v., Abendstunden im Jägerhaus, s. Unterhaltungs-Bibliothek für Eisenbahn-Reisende.

—— Erzählungen aus dem Waidmannsleben. 12. (86 S.) Wien 865, Markgraf. *

Wiedersperg, F. v., Erzählungen aus dem Waidmannsleben. Wien 865. C. A. Müller. 12. (86 S.) n. 5 *ngr.*

—— und F. Botgorschek, lustige Jagdgeschichten. 8. (78 S. mit eingedr. Holzschn.) Wien 866, Markgraf. *

—— Jagd- und Reisekizzen aus Ungarn 2c., s. Passagier, der blinde.

— Jagd- und Reiseskizzen aus Ungarn, Siebenbürgen, Böhmen und der Moldau. Prag 861. Kober & Markgraf. (Hamburg, Richter.) 8. (84 S.) n. 12 *ngr.*

Wiedersperg, Ferd. Frhr. v. **Des Reiters Takt.** Aphorismen üb. Reiter-Brauch u. Sitte. 2. Aufl. gr. 8. (80 S.) Krakau 890. (Brünn, Winiker). * 2 —

Wiedertaufe oder Taufe? Lebens- u. Bekehrungsgeschichte eines getauften Christen [Baptisten] im Warthebruch. (Von G. Rühl.) 1—4. Aufl. Berlin 860—62. Rauh. 8. (IV, 208 S.) n. 15 *ngr.*

Wiederum ein Wort zu seiner Zeit, oder Versuch einer Beantwortung der ... Frage: Wie wohl der Landplage des jährlichen Bauernvorschusses ... abzuhelfen wäre? [Mitau] 1787. V: *Mylich, Gottfried Georg.* (MGT)

Wiedervereinigung der Landschäftler an Baselstadt. 8. *o. O. u. J.* [1864/70].

Wiedervereinigung, über die, der Uniaten mit der rechtgläubigen Kirche im russischen Reiche. Aus d. Russ. übersetzt von Aug. v. Oldekop. gr. 8. Stuttgart 840. Köhler. 1/4 ₰

Wiedervergeltung. Schsp. von Bindseil. 8. Dortmund, Mallinkrodt. 798.

Wiederwald, Karl, Franz Wisbacher u. s. Muse. [Aus: „Salzburger Volksblatt".] 12. (10 S.) Salzburg 898. (H. Dieter.) n. — 40

Wiedfeldt, C. F., erstes Buch f. d. Lese-Unterricht. 8. (5½ B. u. 4 Bl. Zeichen-, Schrift- u. Rechenmuster, Stndr.) Salzwedel 834. (Magdeburg, Heinrichshofen.)

Wiedfeldt, Otto

Wiedfeldt, städtische Betriebe, s.: Kuhfahl, Verfassung u. Verwaltung der deutschen Städte.

Wiedfeldt, Otto: Das ländliche Genossenschaftswesen im Deutschen Reich. o.O. 1906. Aus: Internationaler Kongress des städtischen und ländlichen Mittelstandes, Lüttich, 16. bis 18. August 1905. DOK

Wiedfeldt, Otto: Landwirtschaftliches Genossenschaftswesen im Königreich Sachsen. Dresden: Verband der landw. Genossenschaften [um 1900].

Wiedfeldt, genossenschaftliche Getreideverwertung im Königr. Sachsen. Eine agrarpolit. Untersuchung. gr. 8. (47 S.) Berlin 902. P. Parey. n. 1. —

— Friedrich Krupp als Stadtrat in Essen. Eine verwaltungsgeschichtl. Studie. gr. 8. (106 S. m. 1 Fksm.) Essen 902. G. D. Baedeker. n. 1. 60
Sonderabdruck aus: „Beiträge z. Gesch. v. Stadt u. Stift Essen".

[F.] Genossenschaftliche Obstzucht und Obstverwerthung. Im Auftr. d. Allg. Verb. d. deutschen landwirthschaftl. Genossenschaften geschr. v. Dr. Otto **Wiedfeldt**. '(SA. a. d. 'Deutschen landwirthschaftl. Genossenschaftspresse', Offenbach a. M., Juni u. Juli 1897.)' *Offenbach a. M.: Verl. d. Anwaltschaft d. Allg. Verb. d. deutschen landwirthschaftl. Genossenschaften 1897.* (23 S.) 1 Bd 8. [97. 6055

Wiedfeldt, Otto [aus Thüritz]: Statistische Studien zur Entwickelungsgeschichte der Berliner Industrie von 1729 bis 1890 ... (Enth. nur e. Theil d. eingereichten Arb.) Leipzig, Duncker & Humblot, 1897; 38 S., 1 Bl. 8.
Leipzig, Phil. Fak., Inaug.-Diss. v. [9. Aug.] 1897

Wiedfeldt, Otto, statist. Studien zur Entwickelungsgeschichte d. Berliner Industrie von 1720—1890, s. a. Forschungen, staats- u. socialwissenschaftl., 16. Bd.

Statistische Studien zur Entwickelungsgeschichte der Berliner Industrie von 1720 bis 1890. Von Otto **Wiedfeldt**. Leipzig: Duncker & Humblot 1898. (XI, 411 S.) 8°
(Forschungen, Staats- u. socialwissenschaftliche. Bd 16 H. 2.)

Wiedhan, Otto, geologische Tafeln f. Sammler, Schule u. Haus. Zusammengestellt aus H. Credner, Elemente der Geologie, 9. Aufl., 1902, H. Haas, Versteinerungskunde, 2. Aufl., 1902, Koken, v. Koenen, Potonié u. a. (VII S., 12 Taf., 7 u. 60 S.) 32,5×22 cm. Hannover 907. Hahn. Geb. in Halbleinw. 6. —

Geologische Tafeln für Sammler, Schule und Haus zsgest. von Otto **Wiedhan**. Hannover & Leipzig: Hahn 1907. (12 Taf., 59 S.) 4° 108.13910 7

Wieding, Carl Johann Friedrich Wilhelm, s. Wieding, Karl

Wieding, Gustavus [Kiliensis]: De aetate consolationis ad Liviam ... Kiliae, ex offic. Schmidt & Klaunig, 1888; 61 + 1 S. + 1 Bl. 8°
Kiel, Phil. Fak., Inaug.-Diss. v. 30. Jan. 1889.

Wieding, Gust., de aetate consolationis ad Liviam. Dissertatio inauguralis. gr. 8. (61 S.) Kiel 888, (Lipsius und Tischer) *

Wieding, Karl, der Justinianeische Libellprocess. Ein Beitrag zur Geschichte u. Kritik des ordentlichen Civil-Processes wie zur Beurtheilung der gegenwärtigen Reformbestrebungen. Wien 865. Braumüller. gr. 8. (XX, 768 S.) n. 3 *ℛℬ* 10 *ngr*

Wieding, Car. Joan. Frid. Guil.: Novella Justiniani XCIX. Berolini: W. Hertz (1857). (XI, 180 S.) 8°
Berlin, Jur. Diss. v. 7. Nov. 1857

—— **Novella Justiniani XCIX. gr. 8. (XII und 180 S.) Berlin 857, (Hertz.)** *

—— die Prätensionen auf die Herzogthümer Schleswig-Holstein. Rechtsgutachten. gr. 8. (VIII und 460 S.) Greifswald 865, Akademische Buchh. *

Wieding, Karl, zur Rechtsstellung und Verfassung der Christian-Albrechts-Universität zu Kiel seit ihrer Errichtung. Rede, bei Antritt des Rectorats an der königl. Universität zu Kiel am 5. März 1880 gehalten. gr. 4. (29 S.) Kiel 880, Universitäts-Buchhandlung. *

Wieding, Karl, die Transmission Justinian's, insbesondere das Wissen oder Nichtwissen des transmittirenden Erben. Leipzig 859. (Voigt & Günther. 8. (XII, 99 S.) n. 20 *ngr.*

Wieding, Karl Johann Friedrich Wilhelm, s. Wieding, Karl

Wiedmann, lineare Differentialgleichungen erster Ordnung, vom geometrischen Standpunkte bearb., s. Festschrift der Gymnasien und evangelisch-theologischen Seminarien Württembergs zur 4. Säcularfeier der Universität Tübingen.

Wiedmann: Der Tierschutz, s. Hopf, L.

Wiedmann, Alfredvs (geb. am 15 März 1843 in Attendorn Westf.): De civitate ac vita pvblica qvid Sophocles senserit ... Bonnae, form. Carthavsianis (1865). 2 Bl., 35 S. 8.
Bonn, Phil. Fak., Diss. v. 4 Aug. 1865

Wiedmann, B., Ueber d. vorletzten **Monolog** d. Ajas in Sophokles' Tragödie. Pr. 1861. 28 S. 4°. 1.20

Wiedmann, B.: Rede. Attendorn 1867.
Schul-/Univ.-Schrift

-- Temptatur locus Sophoclis Electr. v. 178 seqq. Pr. 1871. 6 S. 4°. —.75

Wiedmann, Chr[istian], Rechtsanwalt in Göppingen: Rechtsgeschäfte über unbewegliche Sachen im Bereiche des Handelsrechts. Göppingen 1907: Illig & Müller. (116 S.) 8°
Heidelberg, Jur. Fak., Ref. Schroeder, Diss. v. 6. Aug. 1907
[Geb. 16. Dez. 71 Hammermühle, OA. Ellwangen; Wohnort: Göppingen; Staatsangeh.: Württemberg; Vorbildung: Gymn. Ellwangen, Rottenburg, Rottweil Reife Aug. 91; Studium: Tübingen 3, München 2, Tübingen 2 S.; Rig. 3. Juli 07.]

Wiedmann, Constantin, s. Wiedmann, Konstantin

Wiedmann, Eug., s.: Frischlin, Nicodemus, Fraw Wendelgard.

***Wiedmann*, (auch Widmann, Wiedemann, Widemann), Frz., Catalogus systematicus secundum Linnaei systema vegetabilium adornatus, arborum, fruticum et plantarum celeberrimi horti Eichstettensis. 4maj. Nürnb. 805.**

Wiedmann, Friedrich [aus Wien]: Beiträge zur Kenntnis der Ketocumaranderivate. Wien 1902. 55 S. 8°.
Basel, Phil. Diss. 1902/1903.

Wiedmann, Friedrich. Beiträge zur Kenntnis der Ketocumaranderivate. Diss. Phil. Basel. 57 S. 8. Wien, Selbstverlag, Druck Weishut & Schwabe, 1902.

Wiedmann, Friedrich, aus Kaufbeuren: Ueber **Bestandteile** der Blüten von Papaver Rhoeas. Zur chemischen Charakteristik d. Familie d. Papaveraceen. *München 1901: F. Straub.* (33 S.) 8°
München, Phil. Diss. v. 1901

Wiedmann, Hans, Fremdenführer von Steyr und Umgebung. 8. (108 S. mit 1 Karte.) **Steyr 884, Kutschera.** *

Wiedmann, Johann Heinrich

– s. Bibliothek d. Reisebeschreibb. Nürnb. 15r Bd. 1e u. 2e Abtheil.

Wiedmann, Jh. Hnr., († d. 9. Aug. 1792.) Leben u. Schicksale des Kapitäns Jam. Cook. 2 Thle. 8. Erlang. 789, 90. (Heyder). 1 *ℛℬ* 16 *ℊℊ*

– s. Th. Pennant, Beschreib. von London.

– s. Schicksale reisender Personen.

– s. Jh. Whitehurst, Versuch.

Wiedmann, Johann Simon (Ansbach) Altd. Ahg. 1/9

Dissertatio philologica praefationem secundam earnque rhytmicam libri Masoret Hammasoret Eliae Levitae Germani continens. Präs. Johann Andreas Michael Nagel.
Altdorf (Hessel) 26. IV. 1758. 34 S.

W. v.: **Präs.** 36642

Wiedmann, Konstantin

Wiedmann, Constantin, cand. med. aus Würzburg: Ueber einen neuen Fall von allgemeiner fibrinös-purulenter Peritonitis, geheilt durch Coeliotomie. München 1899: R. Oldenbourg. (28 S.) 8°
München, Med. Diss. v. 1899.

Wiedmann, Otto, appr. Arzt a. Cöln: Aus d. chirurg. Abt. d. evang. Krankenhauses Cöln (Oberarzt Dr. E. Martin). Ein Beitrag zur Lehre von der Heißluftbehandlung des traumatischen Kniegelenksergusses. Cöln 1904: J. Pohl. (39 S.) 8°
Bonn, Med. Fak., Ref. Bier, Diss. v. 4. Aug. 1904
[Geb. 29. Apr. 78 Cöln; Heimatsort: Cöln; Staatsangeh.: Preußen; Vorbildung: Friedr.-Wilh.-Gymn. Cöln Reife O. 97; Studium: Bonn 2, München 7 S.; Coll. 4. Aug. 04; Approb. 8. März 02.]

Wiedmann, [Viktor], Prof. Dr.: **Berechtigungen** des Gymnasiums. *Cöln 1903: Gebr. Brocker.* (2 Bl.) 4° [F.]
Cöln, k. Friedrich-Wilhelms-G. P. 1903 (516)

Wiedmann, W., historische Notizen über die Lehre von der geschlechtlichen Zeugung der Phanerogamen, s. Festschrift zur Feier des 50jähr. Bestehens des k. Friedrich-Wilhelms-Gymnasiums zu Köln.

Wiedmann, Wlh. Seb., s. Hymnen u. Oden.

Wiedmarckter, Karl Ludwig (Zeitz) A. S. 91/31

Problema iuris an et quatenus in locatione fundorum publicorum veteres possessores praeferendi sint. Präs. Johann Florens Rivinus. Leipzig (Langenheim) 17. I. 1737. 32 S.

Gew.: Bernhard Fhr. von Zech. 36643

Wiedmayer, Wilh., Elementar-Grammatik der englischen Sprache nach der stufenweise fortschreitenden Methode. Mit zweckmäßiger Berücksichtigung der Aussprache u. einer Uebersicht der wichtigsten grammat. Regeln. Stuttgart 860. Metzler. 8. (IV, 148 S.) n. 12 ngr.

Wiedmayer, W. L'étude des mots du point de vue de l'étymologie comparée et relativement à l'enseignement supérieur des langues modernes. 24 S. **Progr.** Rg. *Stuttgart* 1876.

Wiedmayer, Wilh., l'étude des mots du point de vue de l'étymologie comparée et relativement à l'enseignement supérieur des langues modernes. gr. 4. (24 S.) Stuttgart 876. (Tübingen, Fues'sche Sortimentsh.) *

—— Schulgrammatik der englischen Sprache für mittlere und obere Klassen. gr. 8. (VIII und 260 S.) Stuttgart 861, Metzler'sche Buchh. Verlags-Conto. *

Wiedmayer, Wilh., Schulgrammatik der englischen Sprache f. alle Stufen d. Unterrichts berechnet. 2. Aufl. gr. 8. (IX, 315 S.) Stuttgart 873. Metzler. n. 3. 80

—— Schulgrammatik der englischen Sprache für alle Stufen des Unterrichts berechnet. 3. verb. und verm. Aufl. gr. 8. (XI, 348 S.) Stuttgart 878, Metzler'sche Buchh. *

— Schulgrammatik der französischen Sprache, s.: Osterlen, Th.

Wiedmayer, W., französische Stilübungen f. obere Klassen. gr. 8. (IV, 128 S.) Stuttgart 883. Metzler's Verl. n. 1 80

Wiedmer. Christian W' von Signau, Schlosser und Volksdichter, 1808—1857. Separat-Abdruck aus dem «Alpenhorn», Beilage des «Emmenthaler-Blattes» [1909, No 19/20 und 21]. [Mit 1 Porträt.] 51 S. 8. Langnau, Buchdr. des «Emm'-Bl'», 1909. [fr. —. 50]

S. 5—12: Ein Volksdichter. Biographische Skizze von G[ottlieb] Berger ⟨1826—1903⟩. Aus den «Alpenrosen» des Jahres 1866; *S. 13—31:* Das Leben eines Volksdichters. Aus den «Geschichten aus dem Emmenthal» von Arthur Bitter ⟨Samuel Haberstich, 1821—1872⟩. Verfasst um 1857; *S. 33—51:* Aus Schlosser Wiedmers Gedichten.

Wiedmer, Gf. Rud., s. Abschied e. sterbenden Vaters.

– s. Belustigungen für d. schöne Geschlecht.

– s. Geschichte d. Jesuiten.

– s. Lectüren, kleine.

NACHTISCH, Der, oder Beschäftigungen für Damen (von *Gottfr. Rudolph Wiedmer*). 3 Bde. Breslau 1777—78. 8⁰. (3 Mk. Scheible, „3 Bde., 1779", vor 1885.)
Anon.-Lex. III. p. 196 (nach Hayn, Kayser, Otto); Meusel hat „Breslau 1779"; der Ehestandsalamanach II. p. 290 hat: „3 Bde. Breslau 1777—80".

WIEDMER, Gfr. Rud., Zeitvertreib beym Kaffee in moralischen, und witzigen Erzählungen. Leipzig 1768. 8⁰.
Wiener Cat. (1774) verbotener Bücher.
vgl. Widmer, Gottfried Rudolph

Zelmire. Ein indisches Schauspiel in 3 Aufz. von Hermann Wiedmer. *Langensalza: Deutsch. Druck- u. Versandthaus [1901].* (88 S.) 8° [F.] 1901.11.3

Wiedmer, Herm., Zelmire. Ein ind. Schauspiel in 3 Aufzügen. 8. (88 S.) Langensalza (902). Deutsches Druck- u. Versandthaus. 1. —

Wiedmer, J[acob]. Die neuesten Flachgräberfunde im bernischen Mittelland. Von J. W'-Stern. Den Teilnehmern an der Jahresversammlung ⟨Bern, 4./5. September 1905⟩ der allgemeinen geschichtforschenden Gesellschaft der Schweiz gewidmet.... [Mit 5 Tafeln.] (Separatabdruck aus den «Blättern für bernische Geschichte, Kunst und Altertumskunde», Jahrg. 1, Heft 3.) 11 S. 8. Bern, Gustav Grunau, 1905.

Wiedmer, Jacob. Flut. Roman von Jakob W'[-Stern]. IV + 394 S. 8. Frauenfeld, Huber & Co., 1905. [fr. 4. 80, geb. 6. —] N 4130

Wiedmer, J[acob]. Das gallische Gräberfeld bei Münsingen ⟨Kanton Bern⟩. Von J. W'-Stern.... [Mit Illustrationen, 1 Plan und 35 Tafeln.] (Separatabdruck aus dem «Archiv des historischen Vereins des Kantons Bern», Band 18, Heft 3.) IV + 93 S. 8. Bern, Gustav Grunau, 1908. [fr. 4. —]

Wiedmer, J[acob]. Die Grabhügel von Subingen. Bericht von J. W'. Separat-Abdruck aus dem «Solothurner Tagblatt». ⟨Sommer 1903.⟩ II + 27 S. 8. Solothurn, Zepfel.

Wiedmer, J[acob]. Die Grabhügel bei Subingen. [Mit Figuren.] Sonderabdruck aus dem Anzeiger für schweizer. Altertumskunde, N. F., [Band] 10. II + 45 S. gr.-8. Zürich, Gebr. Leemann & Co., 1909.

Wiedmer, J[acob]. Die römischen Überreste auf der Engehalbinsel bei Bern. [Mit Figuren und 2 Tafeln.] Sonderabdruck aus dem Anzeiger für schweizerische Altertumskunde N. F., [Band] 11, Heft 1. 22 S. gr.-8. [Zürich, Gebr. Leemann & Co., 1910.]

Wiedmer, Jacob. Um neue Zeiten. [Erzählungen.] Von Jakob Wiedmer. IV + 196 S. 8. Frauenfeld, Huber & Co., [1903]. [fr. 3. —]

Wiedmer-Stern, Jakob, s. Wiedmer

Wiedner, Car. (Gust. Gottlob) (geb. Meseritz 12. 5. 1836) Quomodo acida vegetabilia conjuncta cum alkalibus in organismum humanum invecta in urina discernantur. Berolini (1863). (31 S.) 8°
Berlin, Med. Diss. v. 23. März 1863

Wiedow, Ferd. Ad. Christ. Über die Krümmungsstärke der Kurven und der doppelt gekrümmten Linien. 29 S. **Progr.** Rg. *Chemnitz* 1882.

Wiedow, Ludw., s.: Wagtsmitgott, Ludw.

Wiedring, C. F., Gelegenheits-Gedichte für Kinder. gr. 12. (IV und 192 S.) Schneidemühl 857, Eichstädt. (Leipzig, C. L. Fritzsche.)

Wiedring, C. F., christliche Gelegenheits-Gedichte für Kinder. 8. (194 S.) Berlin 863, Beck.

Wiedstruck, Frz., s.: Krieg, der russisch-türkische, 1877—1878 auf der Balkan-Halbinsel.

Wiedtemann, Leitfaden f. den Unterricht u. die Ausbildung der Kanoniere u. Fahrer der württemberg Feldartillerie, s.: Batsch.

Wieduwillt, Christian

— Da ward aus einem Saulus ein Paulus. Lebensgang eines Theologen in den letzten Jahren seit 1848. 3 Bde. Leipzig 860. Kollmann. 16. (811 S.) 3 ℔

Wieduwillt, Chrn., aus dem Haßgau. Erzählungen, Novellen und Humoresken. 2 Bdchn. 8. (150 S., IV und 143 S., mit 7 Holzschntaf.) Coburg 863, C. Riemann jun. à Bdchn. 15 Ngr.

Wiedwald, Kurt

Wiedwald, Curt: Ein Beitrag zur 'primären' Tuberkulose der Milz. Heidelberg 1910: Dörr. 22 S. 8°
Heidelberg, Med. Diss. v. 4. April 1910, Ref. Ernst
[Geb. 22. Aug. 82 Elbing; Wohnort: Elbing; Staatsangeh.: Preußen; Vorbildung: Gymn. Danzig Reife O. 03; Studium: Freiburg i. B. 1, Halle 4, Berlin 1, München 2, Halle 3 S.; Coll. 15. Febr. 10; Approb. 19. Febr. 10.]
[U 10, 2104

Wiefel, Carl Heinrich, s. Wiefel, Karl Heinrich

Wiefel, Karl ⟨geb. am 22 Apr. 1861 in Wengern Westf.⟩: '(Aus d. pathol. Institute zu Bonn.)' — Ueber Adenome der Nieren ... Mit 5 Figuren im Text. Bonn, Univ.-Buchdr. v. C. Georgi 1885. 30 S. 8.
Bonn, Med. Fak., Diss. v. 7 Aug. 1885

Wiefel, Karl Heinrich

Wiefel, Car. Hein. (geb. Hulsenbusch im Rheinl. 7. 4. 1831): De morbis apparatus uropoetici. Berolini (1855). (28 S.) 8°
Berlin, Med. Diss. v. 11. Aug. 1855

Wiefel, Max (Schüler): Die wichtigsten Gespinstpflanzen. Deutsche Abiturientenrede Ostern 1905. S. 41–44. 4.
Progr. Realschule mit Progymn. *Glauchau* 1905 (680)

Wiefeldt

— Städtische Bodenpolitik. Die Verwertung des kommunalen Grundbesitzes. 8°. Düsseldorf, Düsseldorfer Verlags-Anstalt A.-G., 1907.

Wiefelstede [Schlagwort]

Wiefelstede, s.: Preussen. Messtischblätter.

Wieg-Wickenthal, Karl

Wieg-Wickenthal, zur Klinik der Dementia praecox, s.a. Sammlung zwangloser Abhandlungen aus dem Gebiete der Nerven- u. Geisteskrankheiten. VIII, 2–4.

Zur Klinik der Dementia praecox. Von Ordinarius Dr. [Karl] **Wieg-Wickenthal**, Chefarzt. Halle a. S.: C. Marhold 1908. (121 S.) 8°
= Sammlung zwangloser Abhandlungen aus d. Geb. d. Nerven- u. Geisteskrankheiten. Bd 8, H. 2/4. [08. 16097 3

Wiegand, meine Reise von Hamburg üb. Berlin, Leipzig u. s. w. nach Heidelberg, f. Aerzte u. Nichtärzte. gr. 8. Frankf. am M. Andreä. 815.

Wiegand, A., Anweisung alle Arten von Briefe auf leichte Weise ausarbeiten zu lernen, nebst Angabe d. Titulaturen u. Briefmuster z. Nachahmung rc. 4. Ausg. 8. (9½ B.) Quedlinburg 841, Ernst'sche Buchh.

Wiegand, A., faßl. Anweisung alle Arten von Briefen auf e. leichte u. gefällige Weise ausarbeiten zu lernen; nach d. Grundsätzen d. sel. Gellert. Nebst e. Anh. von d. neuesten Titulatur-Art aller Stände, Briefmustern u. vorzügl. schriftl. Aufsätzen, welche im gemeinen Leben häufig vorkommen, als: Kontrakte, Schuldscheine, Wechsel rc. 8. (9½ B.) Quedlinburg 833, Ernst.

Wiegand, A., das Gebet, e. männliche Tugend. Predigt üb. Evang. Matth. 15 v. 21–28, in der Kirche zu Plau geh. gr. 8. (10 S.) Plau (902). L. Hancke. — 20

Wiegand, A., Wandtafel u. Kreide im Dienst des Katechismus. (28 S. m. Fig.) gr. 8. Schwerin 904. (F. Bahn.)
Sonderabdruck aus: „Katechet. Zeitschr." n. — 80

Wiegand, A., wer will, wer mag? 4. (12 S. m. z. Tl. farb. Bild.) Nürnberg 897. Th. Stroefer. — 40

Wiegand, Adelb., Herder in Straßburg, Bückeburg u. in Weimar. Ein Erinnerungsblatt zum 100jähr. Gedächtnistage seines Todes. (VI, 53 S.) gr. 8. Weimar 903. H. Böhlau's Nachf. n. 1. —

Wiegand, A., August Neander's Leben, dargestellt f. Studierende d. Theologie u. jüngere Geistliche zum 100jähr. Geburtstage Neander's. gr. 8. (X, 152 S.) Erfurt **889**. Bartholomäus. n. 3. —

Wiegand, Adb. August Neanders Leben [1789–1850]. 2. (billige Titel-)Ausg. gr. 8. (X, 152 S.) Erfurt 890, Bartholomäus. 1 50
1. Aufl. (z. 100jähr. Geburtstage N.'s.) 1889. * 3 —.

Wiegand, Adb., Schmerz u. Trost beim Tode v. vier Kindern. Grabrede, geh. am 8. Dezbr. 1883 in Mittelhausen. gr. 8. (7 S.) Erfurt 884. Neumann. n.n. — 15

Wiegand, Adb., M. M. L. de Wette [1780–1849]. Eine Säkularschrift. gr. 8. (VIII, 102 S.) Erfurt 879, Stenger.

Wiegand, Arthur (Giessen)
Casuistische Beiträge zur Kenntniss der melanotischen Neubildungen des Auges.
Berlin: H. Peters 1883. 32 S. u. 1 Taf.
Diss. med. Giessen 12.9.1883. vorh. 26. 7. la.

Wiegand, Arth., Diktatstoffe f. d. Militärunterricht. (III, 60 S.) 8. Altenburg 910. St. Geibel. Geb. p — 60

— Auf Feldwache bei Sartrouville. Eine Feldzugserinnerg. des 96er Infanterie-Regiments. Festspiel. (24 S.) 8. Altenburg (906). (Th. Unger.) — 30

— Katharina v. Schwarzburg, s.: Jugend- u. Volksbücherei, thüringische. 2. Bd.

Wiegand, Arth., Kriegsbriefe aus Südwestafrika. (XI, 182 S. m. 8 Vollbildern.) 8. Jena 906. H. W. Schmidt. n. 2. 60; geb. n. 3. —

— Die Thüringer im Kriege von 1870/71, s.a. Jugend- u. Volksbücherei, thüringische. 1.

Die Thüringer im Kriege von 1870/71. Von Arthur **Wiegand**. Mit 7 Bild. Jena: Schmidt 1908. X, 227 S. 8°
(Thüringische Jugend- u. Volksbücherei. Bd 1.)

— Wilhelm, s.: Bürger-Bibliothek, deutsche.

— Frohe Wünsche. Festspiel. (16 S.) 8. Altenburg 908. St. Geibel. — 25

Wiegand, Aug., algebraische Analysis u. Anfangsgründe der Differential-Rechnung. Ein Lehrbuch f. Schüler der oberen Klassen höherer Lehranstalten, sowie f. angeh. Studirende. 4., verb. u. verm. Aufl. gr. 8. (X, 170 S. m. eingedr. Holzschn.) Halle 872. Schmidt. n. 1. 80

Wiegand, Aug., algebraische Analysis u. Anfangsgründe der Differential-Rechnung. Ein Lehrbuch f. Schüler der oberen Klassen höherer Lehranstalten, sowie f. angeh. Studirende. 5., verb. u. verm. Aufl. gr. 8. (X, 170 S.) Halle 880. Schmidt. n. 1. 80

Wiegand, algebraische Analysis u. Anfangsgründe der Differential-Rechnung. Ein Lehrbuch f. Schüler der oberen Klassen höherer Lehranstalten, sowie f. angeh. Studierende. 6., (m. der 4. u. 5. gleichlaut.) Aufl. gr. 8. (X, 170 S. m. 3 Fig.) Halle 893. H. W. Schmidt. n. 1. 80

Wiegand, Aug., Aphorismen über Lebens-Versicherung. gr. 8. (IV und 76 S.) Halle 862, Schmidt's Verlag. *

Wiegand, Aug., Aufgaben aus der analytischen Geometrie. Im Anschluss an das Lehrbuch der analyt. Geometrie zusammengestellt. gr. 8. (IV, 36 S.) Halle 875, Schmidt's Verlagsh. *

—— geometrische Aufgaben für höhere Lehranstalten. Nach den Geometrical Problems von Miles Bland, bearb. 2. Aufl. gr. 8. (IV und 159 S. mit 434 in den Text gedr. Fig. in Holzschn.) Braunschweig 865, Schwetschke und Sohn. *

Wiegand, Aug., physikalische Aufgaben. Mit Auflösungen. gr. 8. (IV und 28 S. mit 19 eingedr. Holzst.) Halle 853, (Schmidt.) *

Wiegand, Aug., die schwierigeren geometrischen Aufgaben aus des C. F. A. Jacobi Anhängen zu van Swinden's Elementen der Geometrie. Mit Ergänzungen engl. Mathematiker und Auflösungen hrsg. gr. 8. (VII und 182 S. mit 18 Stnt.) Halle 849. [Braunschweig,] Schwetschke und Sohn. Thlr.

—— stereometrische Aufgaben. Für den Schulgebrauch bearb. (Ein Anhang zu des Verf. Lehrbuche der Stereometrie.) 2., neu bearb. Aufl. gr. 8. (IV und 36 S.) Halle 853, Schmidt. *

—— zerstreute Aufsätze über Lebensversicherung. Für Lebensversicherungs-Agenten hrsg. gr. 8. (IV und 44 S.) Halle 865, (Pfeffer.) *

—— weitere Belehrungen über wichtige Fragen des praktischen Lebensversicherungs-Geschäfts. Für Lebensversicherungs-Agenten. [Die Schule des Lebensversicherungs-Agenten. IV.] gr. 8. (VII, 56 S.) Ebendas. 869. *

— die Elemente der Geometrie u. deren prakt. Anwendung f. den Bürger u. Landwirth, mit besond. Berücksichtigung des Bedürfnisses der Lehrer an Volks- u. Fortbildungsschulen, sowie landwirthschaftl. Lehranstalten. Nach einer veranschaulichenden Methode bearb. Mit vielen in den Text gedr. Holzschnitten. gr. 8. (VIII u. 112 S.) Halle 848, Schmidt. n. 5/12 ℳ.

Wiegand, Aug., mathematische Formenlehre f. d. unteren Klassen d. Gymnasien u. Realschulen u. die oberen Bürgerschulen, zugl. Sammlung geometr. Aufgaben, theils mit, theils ohne Auflösungen f. alle Klassen höh. Lehranstalten. 8. (7 B.) Halberstadt 842, Helm. *

—— Zur Frage: Wie ist der mathematische Unterricht auf Realschulen fruchtbar zu machen? Ein Vortrag gehalten in der Versammlung deutscher Realschulmänner zu Hannover am 29. Septbr. 1855, nebst dem darin Versprochenen. gr. 8. (28 S.) Halle 855, Schmidt. *

—— (C. S.) Cornelius und (Ferd.) v. Schmöger, mathematische und physikalische Geographie nebst Chronologie. 3 Thle. 1. Thl. A. u. d. T.: Grundriss der mathematischen Geographie. Für höhere Lehranstalten entworfen von Aug. Wiegand. 3., verm. und verb. Aufl. gr. 8. (VIII und 75 S. mit eingedr. Holzschn.) Halle 854, Schmidt. *

—— dass. — 2. Thl. A. u. d. T.: Grundriss der physikalischen Geographie. Für höhere Unterrichtsanstalten bearb. von Carl Sebast. Cornelius. 2., verb. Aufl. gr. 8. (X und 176 S. mit eingedr. Holzschn.) Ebds. 856. *

—— dass. — 3. Thl. A. u. d. T.: Grundriss der christlichen Zeit- und Festrechnung in ihrer Entwicklung und gegenwärtigen Gestaltung nebst einer vollständ. Darstellung der Gauss'schen Osterformel von Ferd. v. Schmöger. gr. 8. (VI und 139 S.) Ebds. 854. *
2. Thl. (1. Aufl.) Ebendas. 1851. * 15 Ngr.

Wiegand, Aug., Cornelius und v. Schmöger, mathematische und physikalische Geographie nebst Chronologie. 3 Thle. Halle, Schmidt. gr. 8. n. 1 ℛ︁ 15 ngr.
1. Thl.: Grundriss der mathematischen Geographie. Für höhere Lehranstalten entworfen von A. Wiegand. Mit eingedr. Holzschn. 3., verm. u. verb. Aufl. 854.— 4. Aufl. 857. (VIII, 76 S.) n. 10 ngr.
2. Thl.: Grundriss der physikalischen Geographie. Für höhere Unterrichtsanstalten bearb. von Carl Seb. Cornelius. 2. verb. Aufl. Mit eingedr. Holzschn. 856. (X, 176 S.) n. 15 ngr.
3. Thl.: Grundriss der christlichen Zeit- und Festrechnung in ihrer Entwicklung und gegenwärtigen Gestaltung, nebst einer vollständigen Darstellung der Gauss'schen Osterformel von Ferd. v. Schmöger. 854. (3 Bl., 139 S.) n. 20 ngr.

—, Cornelius und v. Schmöger, mathematische und physikalische Geographie nebst Chronologie. Ebend. gr. 8.
1. Thl.: Grundriss der mathematischen Geographie. Für höhere Lehranstalten entworfen von Aug. Wiegand. Mit eingedr. Holzschn. 5. Aufl. 862. (VIII, 75 S.) n. 10 ngr.

—, Cornelius u. v. Schmöger, mathematische u. physikalische Geographie nebst Chronologie. (In 3 Thln.) 1. Thl.: Grundriss der mathematischen Geographie. Für höhere Lehranstalten entworfen von Aug. Wiegand. 6. u. 7. umgearb. Aufl. Halle 867. Schmidt's Verl. gr. 8. (X, 80 S. mit eingedr. Holzschn.) n. 10 ngr.

——, Cornelius und v. Schmöger, mathematische und physikalische Geographie nebst Chronologie. 3 Thle. 1. Thl.: Grundriss der mathematischen Geographie. Für höhere Lehranstalten entworfen von Aug. Wiegand. 7. theilweise umgearb. Aufl. (XII, 80 S.) 1869, und 8. Aufl. gr. 8. (X, 88 S. mit eingedr. Holzschn.) Halle 874, Schmidt's Verlag. *
2. und 3. Thl. Ebendas. 1856,54. à Thl. * ℳ 2.

Wiegand, Dr. A., Analyt. Geometrie. 2. Aufl. Halle 1866. 8°.

—— analytische Geometrie. Ein Lehrbuch für die oberen Klassen höherer Lehranstalten. 3. Aufl. (IV, 90 S.) 1871. * ℳ 1,25., und 4. neu bearb. Aufl. gr. 8. (IV, 123 S. mit eingedr. Holzschn.) Ebendas. 875. *

—— analytische Geometrie. Ein Lehrbuch für die oberen Klassen höherer Lehranstalten. 5. neu bearb. Aufl. gr. 8. (VII, 123 S. mit eingedr. Holzschn.) Ebendas. 879. *
Resultate der Aufgaben (46 S.) *

—— analytische Geometrie. Ein Lehrbuch für die oberen Klassen höherer Lehranstalten. 6. neu bearb. Aufl. gr. 8. (VII, 123 S. mit eingedr. Holzschn.) Ebendas. 882. *

—— algebraische Gleichungen mit Auflösungen. Zum Gebrauche auf Gymnasien, Realschulen und anderen höheren Lehranstalten neu bearb. 1. Heft: Gleichungen des ersten Grades mit einer unbekannten Grösse. gr. 8. (17 S.) Halle 851(52,) (Berner.) *

— algebraische Gleichungen d. ersten Grades m. e. unbekannten Grösse nebst Auflösgn. Zum Gebrauche auf Gymnasien, Realschulen u. anderen höheren Lehranstalten neu bearb. 2. Aufl. gr. 8. (18 S.) Ebend. 871. n. — 30

Wiegand, Aug., mathematische Grundlagen für Eisenbahn-Pensionskassen. Für die Eisenbahn-Gesellschaften, behufs Reorganisirung ihrer Kassen bearb. Lex.-8. (VII und 18 S. mit 4 Tab. in Lex.-8. und qu. gr. Fol.) Halle 859, Schmidt's Verlagsh. *

Wiegand: Die mathematischen Grundlagen der wichtigsten Lebensversicherungs-Arten. 32 S. Halle R., Progr. 1854

—— die mathematischen Grundlagen der Lebensversicherungs-Institute. Bearb. und mit neu berechneten Tabellen versehen. 4. (IV und 32 S.) Halle 854, Berner. *

—— Grundriss der Experimental-Chemie. Für Real- u. Gewerbschulen entworfen. 8. (12½ B.) Halberstadt 842, (Helm.) *

—— Grundriss der mathematischen Geographie, s.a. Geographie, mathematische und physikalische.

— Grundriß der mathemat. Geographie. Für höhere Lehranstalten entw. u. mit e. Anleitung, die Sternbilder d. nördlichen Himmels aufzufinden. Mit eingedr. Holzschn. gr. 8. Halle 846, Lippert u. Schmidt. n. 1/3 ℛ

Wiegand, Aug., Grundriss der mathematischen Geographie. Für höhere Lehranstalten entworfen. 9. Aufl. gr. 8. (VIII, 92 S. mit eingedr. Holzschn.) Halle 879, Schmidt's Verlagsh. *

Wiegand, A., Grundriss der mathematischen Geographie. Für höhere Lehranstalten entworfen. Mit eingedr. Holzschn. 11., verb. Aufl. gr. 8. (VIII, 112 S.) Halle 887. H. W. Schmidt. n. 1.

—— und (C. S.) Cornelius, Grundriss der mathematischen und physikalischen Geographie. 2 Thle. 1. Thl. A. u. d. T.: Grundriss der mathematischen Geographie. Für höhere Lehranstalten entworfen von Aug. Wiegand. Mit eingedr. Holzschn. 2., verb. Aufl. gr. 8. (VIII und 71 S.) Halle 851, Schmidt's Vrlgsh. *

—— dass. — 2. (letzter) Thl. A. u. d. T.: Grundriss der physikal. Geographie. Für höhere Unterrichtsanstalten bearb. von Carl Sebast. Cornelius. gr. 8. (X und 158 S. mit eingedr. Holzschn.) Ebds. 851. *

— Grundzüge der Feldmeßkunde. Ein Hülfsmittel beim Vortrage der Geometrie auf höheren Lehranstalten, landwirthschaftlichen und Ackerbau-Schulen. Mit Holzschn. 3., verb. Aufl. Ebend. 860. gr. 8. (VI, 42 S.) n. 6 ngr.

—— Grundzüge der sphärischen Trigonometrie. Für den Schulgebrauch. Aus der 2. Aufl. des Lehrbuchs der Stereometrie abgedr. gr. 8. (16 S. mit eingedr. Holzschn.) Halle 853, (Schmidt.) *

—— die Hypotheken-Noth und das Pfandbrief-System. Ein Vortrag. 8. (31 S.) Halle 867, Pfeffer. *

Wiegand, A. Mathematische Kleinigkeiten. 12 S. Halle, R. Sch., Progr. 1846

—— erster Cursus der Planimetrie. Für Gymnasien, Real- und Bürgerschulen und zum Gebrauche für Hauslehrer. 12. Aufl. gr. 8. (VI, 92 S. mit 100 eingedr. Holzschn.) Ebendas. 880. *

Wiegand, Aug., 1. Kursus der Planimetrie. Für Gymnasien, Real- u. Bürgerschulen u. zum Gebrauche f. Hauslehrer bearb. 13. Aufl. Mit 102 Holzschn. gr. 8. (VI, 99 S.) Halle 886. Schmidt. n. 1. —

—— die Lebens-Versicherung. Belehrende Aufsätze über wichtige Fragen des Lebensversicherungswesens für Jedermann, insbesond. für Lebensversicherungs-Agenten. 2., umgearb. und verm. Aufl. gr. 8. (V und 85 S.) Halle 867, Pfeffer. *

* Die Lebensversicherung. Belehrende Aufsätze über wichtige Fragen des Lebensversicherungswesens. 1. Auflage. Halle 1877.

Wiegand, A. Die Lebensversicherung und die deutschen Klassiker. Halle.

—— Lebensversicherungs-Katechismus. Gespräche aus dem Leben. 16. (IV und 39 S.) Halle 856, Schmidt. *

—— Lebensversicherungs-Katechismus. Gespräche aus dem Leben. 5., erweit. Aufl. 16. (IV und 48 S.) Halle 863, Schmidt's Verlag. *

* Lebensversicherungs-Katechismus. Gespräche aus dem Leben. 10. Auflage. Halle 1871.

—— die Lebens-Versicherungs-Praxis. Eine Anleitung zur planmässigen Betreibung des Agentur-Geschäfts im Lebensversicherungs-Fache. gr. 8. (IV und 100 S.) Halle 858, (Schmidt's Verlagsh.) *

—— die Lebens-Versicherungs-Praxis. I. Wesen und Bedeutsamkeit der Lebens-Versicherung. II. Anleitung zur planmäßigen Betreibung des Agentur-Geschäfts. 2 Thle. 2., theilweise umgearb. Aufl. gr. 8. (IV und 88 S.) Halle 858, Schmidt's Verlagsh. à Nr. * 6 Ngr. *

—— Lehrbuch der algebraischen Analysis für die obersten Klassen höh. Lehranstalten, und zugleich als Einleitung in die Analysis des Unendlichen für angehende Studirende der Mathematik. gr. 8. (VIII und 104 S.) Halle 847, Schmidt's Vrlgsh. *

Wiegand, Aug., Lehrbuch der allgemeinen Arithmetik für Gymnasien, Real- u. höhere Bürgerschulen, sowie für Hauslehrer u. zum Selbstunterricht. gr. 8. Halle 844, Lippert u. Schmidt. n. 5/12 ℛ

—— Lehrbuch der allgem. Arithmetik für Gymnasien, Real- und höh. Bürgerschulen. 2., verb. und verm. Aufl. gr. 8. (IV und 134 S.) Halle 850, Schmidt's Vrlgsh. *

— Lehrbuch der allgemeinen Arithmetik. Für den Schulgebrauch bearb. 6. Aufl. gr. 8. (VIII, 138 S.) Ebend. 871. n. 1. 25

—— Lehrbuch der Mathematik. Für den Schul- und Privatunterricht bearb. 2. Aufl. (XII und 64 S. mit 2 Kpfrt.) 1847., 3. Aufl. (XII und 72 S. mit 2 Kpfrt. und 14 Holzschn.) 1850. und 4., verb. Aufl. A. u. d. T.: Erster Cursus der Planimetrie. Für Gymnasien, Real- und Bürgerschulen und zum Gebrauche für Hauslehrer bearb. 4., verb. Aufl. gr. 8. (XI und 75 S. mit 2 Kpfrt. und 24 eingedr. Holzschn.) Halle 852, Schmidt's Vrlgsh. *

—— dass. — 2. Aufl. (XVI und 88 S. mit 2 Kpfrt.) 1848. und 3. Aufl. A. u. d. T.: Zweiter Cursus der Planimetrie. Für Gymnasien und Realschulen bearb. 3., verb. und verm. Aufl. gr. 8. (X und 106 S. mit Holzschn. und 2 Kpfrt.) Ebds. 851. *

—— Lehrbuch der Mathematik. Für den Schul- und Privatunterricht bearb. 3., verb. Aufl. A. u. d. T.: Lehrbuch der allgemeinen Arithmetik für Gymnasien, Real- und höhere Bürgerschulen. 3., verb. Aufl. gr. 8. (VIII und 131 S.) Halle 852, Schmidt. * —

Wiegand, Aug., Lehrbuch der Mathematik. Für den Schul- und Privatunterricht bearb. 2. Cursus der Planimetrie. Für Gymnasien und Realschulen bearb. 4., verb. Aufl. gr. 8. (X und 109 S. mit eingedr. Holzschn. und 2 Kpfrt.) Halle 854, Schmidt. Thlr. *

—— dass. — 2. Aufl. 1853. * 10 Ngr. und 3., verb. Aufl.: Lehrbuch der Stereometrie und sphärischen Trigonometrie. Für die oberen Klassen höherer Lehranstalten bearb. 2. und 3., verb. Aufl. gr. 8. (VIII und 119 S. mit 2 Kpfrt. in qu. gr. 4.) Ebds. 856. *

—— dass. — Algebraische Analysis und Anfangsgründe der Differential-Rechnung. Ein Lehrbuch für Schüler der oberen Klassen höherer Lehranstalten, sowie für angehende Studirende. 2., gänzlich umgearb. Aufl. gr. 8. (X und 136 S. mit eingedr. Holzschn.) Ebds. 853. *

—— dass. — Die Elemente der analytischen Geometrie. Ein Lehrbuch für die oberen Klassen höherer Lehranstalten. gr. 8. (V und 68 S. mit 8 lithogr. Figurent.) Ebds. 854. *

—— dass. — Erster Cursus der Planimetrie. Für Gymnasien, Real- und Bürgerschulen und zum Gebrauche für Hauslehrer bearb. 5. Aufl. gr. 8. (XII und 75 S. mit 2 Kpfrt. und 24 eingedr. Holzschn.) Ebds. 855. *

—— dass. — Lehrbuch der ebenen Trigonometrie nebst vielen Uebungsaufgaben. Für die oberen Klassen höherer Lehranstalten, sowie für den Selbstunterricht bearb. 3. Aufl. gr. 8. (VIII und 95 S. mit 1 Kpfrt.) Ebds. 855. *

—— **Lehrbuch** der Mathematik. Für den Schul- und Privatunterricht bearb. (1. Cursus.) A. u. d. T.: Erster Cursus der Planimetrie. Für Gymnasien, Real- und Bürgerschulen und zum Gebrauche für Hauslehrer bearb. 6. Aufl. gr. 8. (XII und 76 S. mit 88 eingedr. Holzschn.) Halle 858, Schmidt's Verlagsh. *

—— dass. — Lehrbuch der allgemeinen Arithmetik für Gymnasien, Real- und höhere Bürgerschulen. 4., verb. Aufl. gr. 8. (VIII und 134 S.) Ebendas. 859. * -

Wiegand, Aug., Lehrbuch der Mathematik. Für den Schul- und Privatunterricht bearb. Zweiter Cursus der Planimetrie. Für Gymnasien und Realschulen bearb. 5., verb. Aufl. gr. 8. (X und 114 S. mit eingedr. Holzschn.) Halle 860, Schmidt's Verlagsh. Thlr. *

—— dass. — Lehrbuch der ebenen Trigonometrie nebst vielen Uebungsaufgaben. Für die oberen Klassen höherer Lehranstalten, sowie für den Selbstunterricht. 4. Aufl. gr. 8. (VIII und 95 S. mit 1 Kpfrt.) Ebendas. 860. *

—— **Lehrbuch** der Mathematik. Für den Schul- und Privatunterricht bearb. A. u. d. T.: Erster Cursus der Planimetrie. Für Gymnasien, Real- und Bürgerschulen und zum Gebrauch für Hauslehrer bearb. 7. Aufl. 1863. und 8. Aufl. gr. 8. (VIII und 86 S. mit 107 eingedr. Holzschn.) Halle 866, Schmidt's Verlag. *

—— dass. — A. u. d. T.: Zweiter Cursus der Planimetrie. Für Gymnasien und Realschulen bearb. 6. Aufl. 1864. und 7. Aufl. gr. 8. (X und 104 S. mit eingedr. Holzschn.) Ebendas. 866. *

—— dass. — A. u. d. T.: Dritter Cursus der Planimetrie enth. die Lehren der neueren Geometrie. gr. 8. (IV und 70 S. mit eingedr. Holzschn.) Ebendas. 866. *

Wiegand, Aug., **Lehrbuch** der Mathematik. Für den Schul- und Privatunterricht bearb. (IV.) A. u. d. T.: Lehrbuch der Stereometrie und sphärischen Trigonometrie nebst zahlreichen Uebungsaufgaben. Für die oberen Klassen höherer Lehranstalten bearb., 4. Aufl. 1862. und 5. Aufl. gr. 8. (VIII und 130 S. mit 57 eingedr. Holzschn.) Halle 867, Schmidt's Verlag. *

—— dass. — (V.) A. u. d. T.: Lehrbuch der allgemeinen Arithmetik. 5. Aufl. gr. 8. (VIII und 134 S.) Ebendas. 866. * -

—— dass. — (VI.) A. u. d. T.: Algebraische Analysis und Anfangsgründe der Differential-Berechnung. Ein Lehrbuch für Schüler der oberen Klassen höherer Lehranstalten, sowie für angehende Studirende. 3., verb. Aufl. gr. 8. (X und 136 S. mit eingedr. Holzschn.) Ebendas. 863. *

—— dass. — (VII.) A. u. d. T.: Analytische Geometrie. Ein Lehrbuch für die oberen Klassen höherer Lehranstalten. 2., verb. Aufl. gr. 8. (VII und 76 S. mit eingedr. Holzschn.) Ebendas. 866. * -

—— **Lehrbuch** der Mathematik. Für den Schul- und Privatunterricht. 1.—5. Thl. gr. 8. Halle, Schmidt's Verlag. *

Inhalt:

Thl. 1. Erster Cursus der Planimetrie. Für Gymnasien, Real- und Burgerschulen und zum Gebrauche für Hauslehrer bearb. 9. Aufl. 1870, und 10. durchgeseh. Aufl. (86 S. mit 107 eingedr. Holzschn.) 874. *M. 1.

» 2. Zweiter Cursus der Planimetrie. Für Gymnasien, Real- und und Burgerschulen und zum Gebrauche für Hauslehrer bearb. 8. durchgesch. Aufl. (VIII, 104 S. mit eingedr. Holzschn.) 871. *M. 1.

» 3. Dritter Cursus der Planimetrie, enth. Lehren der neueren Geometrie. Für den Schulgebrauch bearb. 2. durchgesch. Aufl. (IV, 70 S. mit eingedr. Holzschn.) 871. *M. 1.

» 4. Lehrbuch der ebenen Trigonometrie mit vielen Uebungsaufgaben. Für die oberen Klassen höherer Lehranstalten, sowie für den Selbstunterricht. 5. Aufl. 1870, und 6. Aufl. (VIII, 95 S. mit eingedr. Holzschn.) 874. *M. 1.

» 5. Lehrbuch der Stereometrie und sphärischen Trigonometrie nebst zahlreichen Uebungsaufgaben. Für die oberen Classen höherer Lehranstalten. 6. Aufl. 1871, und 7. Aufl. (IV, 130 S. mit 57 eingedr. Holzschn.) 874. *M. 1,50.

—— **Lehrbuch** der Mathematik. Für den Schul- und Privatunterricht bearb. 1. und 2. Cursus. gr. 8. Ebendas. à Cursus *M. 1. *

Inhalt:

Cursus 1. 1. Cursus der Planimetrie. Für Gymnasien, Real- und Burgerschulen bearb. 11. verb. Aufl. (92 S. mit 105 eingedr. Holzschn.) 878.

» 2. 2. Cursus der Planimetrie. 9. verb. Aufl. (VIII, 110 S. mit eingedr. Holzschn.) 877.

—— **Lehrbuch** der Mathematik. Für den Schul- und Privatunterricht bearb. Arithmetik und Algebra. Bearb. von Friedr. Meyer. 7. Aufl. gr. 8. (VIII, 247 S. mit 8 in den Text eingedr. Holzschn.) Ebendas. 880.

— dasselbe. Planimetrie. 1. u. 2. Curs. gr. 8. Ebend. 878. 79. à n. 1. —

1. 12., verb. Aufl. Mit 100 (eingedr.) Holzschn. (92 S.)

2. 9., verb. Aufl. Mit (eingedr.) Holzschn. (VIII, 110 S.)

— Lehrbuch der **Planimetrie**, für den Schul- und Privatunterricht. 1. Cursus. Mit 2 Kupfertaf. gr. 8. Halle 843, Lippert. n. 1/3 Thlr.

— dass. 2. Cursus. Mit 2 Kpfrtf. gr. 8. Ebd. 843. n. 1/3 Thlr.

—— **Lehrbuch** der Planimetrie f. d. Schul- u. Privatunterricht. 1. u. 2. Curs. gr. 8. Halle 843, [Schmitt's Verl.] [1. (1 1/4 B. u. 2 Kpfrt.) 2. (6 B. u. 2 Kpfrt. à 10 Ngr.] *

—— **Lehrbuch** der Planimetrie. 3. Cursus, zugleich als Vorbereitung auf die neuere Geometrie. Für den Schulgebrauch bearb. von F. Meyer. 3. vollständig umgeänd. Aufl. gr. 8. (VII, 95 S. mit Holzschn.) Ebendas. 885. *

— **Lehrbuch** der Planimetrie. 1. Curs. Für Gymnasien, Real- u. Bürgerschulen u. zum Gebrauche für Hauslehrer bearb. v. Frdr. **Meyer**. 21., verb. Aufl. Ausg. in österreich. Orthographie. gr. 8. (VI, 100 S. m. 102 Holzschn.) Ebd. 889. n. 1. —; 20., verb. Aufl. Ausg. in deutscher Orthographie n. 1. —

— **Lehrbuch** der Planimetrie. 2. Kurs. der Planimetrie. Für Gymnasien, Real- u. Bürgerschulen u. zum Gebrauche f. Hauslehrer bearb. v. Frdr. **Meyer**. 11. Aufl. Mit zahlreichen Holzschn. gr. 8. (V, 100 S.) Ebd. 891. n. 1. —

— dasselbe. (I. u. II. Kurs.) 22. Aufl. Mit vielen Holzschn. Ausg. in österreich. Orthographie. gr. 8. (VI, 200 S.) Ebd. 891. n. 2. —

Wiegand, Aug., Lehrbuch der Stereometrie u. sphärischen Trigonometrie f. d. oberen Klassen höherer Lehranstalten nebst e. Uebungsaufgaben u. Excurse enthalt. Anhang. gr. 8. (6 7/8 B. u. 2 Kpfrt.) Halle 845, [Schmidt's Verl.] Thlr. *

—— **Lehrbuch** der Stereometrie und sphärischen Trigonometrie, nebst zahlreichen Uebungsaufgaben. Für die oberen Classen höherer Lehranstalten bearb. 8. durchgeseh. Aufl. gr. 8. (VI, 130 S. mit 57 eingedr. Holzschn.) Ebendas. 877. *

— **Lehrbuch** der Stereometrie u. sphärischen Trigonometrie, nebst zahlreichen Uebungsaufgaben. Für die oberen Klassen höherer Lehranstalten bearb. 9., durchges. Aufl. Mit 60 (eingedr.) Holzschn. gr. 8. (VIII, 116 S.) Ebend. 880. n. 1. 50

—— **Lehrbuch** der Stereometrie und sphärischen Trigonometrie, nebst zahlreichen Übungsaufgaben. Für die oberen Klassen höherer Lehranstalten bearb. 10. verb. Aufl. gr. 8. (VIII, 142 S. mit 61 Holzschn.) Ebendas. 885. *

—— Lehrbuch der ebenen Trigonometrie f. d. oberen Klassen höherer Lehranstalten, sowie f. d. Selbstunterricht. Nach e. streng wissenschaftl. Methode bearb. u. m. ein. Anh. versehen. gr. 8. (5¼ B. u. 1 Kpfrt.) Halle 845, [Schmidt's Verl.] *

—— **Lehrbuch der ebenen Trigonometrie. Für die oberen Klassen höherer Lehranstalten sowie für den Selbstunterricht bearb. und mit vielen Uebungsaufgaben versehen. 2., verb. und verm. Aufl. gr. 8. (VI und 90 S. mit 1 Kpfrt.) Halle 851, Schmidt's Vrlgsh.** *

—— Lehrbuch der ebenen Trigonometrie, nebst vielen Uebungsaufgaben. Für die oberen Klassen höherer Lehranstalten, sowie für den Selbstunterricht. 7. und 8. Aufl. gr. 8. (VIII, 97 S. mit eingedr. Holzschn.) Ebendas. 880,83.

—— **geometrische Lehrsätze und Aufgaben aus den C. F. A. Jacobi Anhängen zu van Swinden's Elementen der Geometrie. Mit Beweisen, Auflösungen und Zusätzen. 1. Bd. gr. 8. (VIII und 124 S., nebst 10 Figurent.) Halle 847, Schmidt's Vrlgsh.** *

—— **dass. — 2. Bd. 1. Abthl. gr. 8. (142 S. und 16 Stnt.) Ebds. 848.** *

Wiegand, Aug. Der geodätische Meßapparat und sein Gebrauch. 24 S.
Halle, R. Sch., Progr. 1848

—— **der geodätische Meßapparat und sein Gebrauch. Ein Hülfsmittel beim Vortrage der Geometrie auf höh. Lehranstalten zur Hinweisung auf die praktische Anwendung dieser Wissenschaft. Mit in den Text gedr. Holzschn. 2., umgearb. und verm. Aufl. gr. 8. (IV und 42 S.) Halle 848, Schmidt's Vrlgsh.**

—— meine Methode, die Sätze der Addition, Subtraction, Multiplication u. Division durch Beispiele zu veranschaulichen. Den Lehrern der Mathematik u. des prakt. Rechnens vorgelegt. gr. 8. (2 B.) Halle 845, Buchh. d. Waisenhauses.

— die Mortalitäts- u. Invaliditäts-Statistik bei Eisenbahn-Beamten. Aktenmässige Darstellung der darauf bezügl. Operationen. Ebend. 869. gr. 8. (IV, 47 S. mit 3 Tabb. in qu. u. gr. 4.) n. 1 ₰

—— **die merkwürdigen Punkte des Dreiecks mit Rücksicht auf harmonische Theilung. Eine reiche Fundgrube von Uebungsaufgaben aus der construirenden Geometrie, ebenen Trigonometrie und Algebra. 2., umgearb. und verm. Aufl. gr. 8. (IV und 92 S. mit 1 Stnt.) Halle 848, Schmidt's Vrlgsh.** *

—— **die höheren bürgerlichen Rechnungsarten. Eine prakt. Unterweisung für Beamte etc. insbesond. auch für Lehrer der Mathematik an Real- und Gewerbeschulen. Mit zahlreichen vollständig ausgerechneten Beispielen und vielen Tabellen. gr. 8. (VI und 151 S.) Halle 850, Berner.** *

— **s. Rutherford u. Fenwick, elementare Sätze aus der Coordinaten-Geometrie.**

—— Sammlung trigonomischer Aufgaben aus der reinen und angewandten Mathematik. Mit Auflösungen und vielen Zahlenbeispielen. Mit 61 Fig. gr. 8. (XVI und 215 S. mit 8 Stnt.) Leipzig 852, Ph. Reclam jun.

—— dass. — (Ohne Auflösungen.) Für Schüler an Gymnasien, Realschulen und anderen höheren Lehranstalten. gr. 8. (30 S.) Ebds. 852. *

Wiegand, Aug., Sätze über harmon. Verhältnisse und deren Anwendung auf die Lösung geometr. Aufgaben. gr. 8. (24 S. mit 1 Figurent.) Halle 847, Schmidt's Vrlgsh. Thlr. *

—— der allgemeine goldene Schnitt und sein Zusammenhang mit der harmon. Theilung. Ein neuer Beitrag zum Ausbau der Geometrie. Zugleich eine Ergänzung zu des Verf. Schrift: Die merkwürd. Punkte des Dreiecks mit Rücksicht auf harmon. Theilung. gr. 8. (16 S.) Halle 849, Schmidt's Vrlgsh. **

— die Schule der Lebensversicherungs-Agenten. 1. Die Lebensversicherungs-Praxis. 1. Wesen u. Bedeutsamkeit der Lebens-Versicherung. — 2. Anleitung zur planmäß. Betreibung des Agentur-Geschäfts. 4., verb. Aufl. 1. Thl. Halle 870. Pfeffer. gr. 8. (VIII, 45 S.) n. 6 ₰

Wiegand, Aug., die Schule des Lebensversicherungs-Agenten. 1. Thl. 1. u. 2. Abth. u. 4. Thl. gr. 8. Halle 876. Schmidt. n.n. 1. 70

I. 1. 2. Die Lebensversicherungs-Praxis in 2 Thln. 6. Aufl. gr. 8. (IV, 48 u. 40 S.) à n. — 60

3. Zerstreute Aufsätze über Lebensversicherg. 3. Aufl. (IV, 44 S.) n.n. — 50

— die Schule d. Lebensversicherungs-Agenten. II. Aphorismen üb. Lebensversicherung. Belehrende Aufsätze üb. wicht. Fragen des Lebensversicherungswesens für Jedermann, insbesondere f. Lebensversicherungs-Agenten. 4. umgearb. u. verm. Aufl. gr. 8. (IV, 84 S.) Ebend. 877. n. 1. —

—— sind gegenwärtig die Staats-Pensions- und Wittwen-Kassen noch zeitgemäss? Eine Denkschrift für Staats-Behörden und Staats-Beamte. gr. 8. (VI und 17 S.) Halle 859, Schmidt's Verlagsh. *

—— Statuten-Entwurf nebst Tarif für Innungs-Krankenkassen mit vorausgehender mathemat. Begründung. Zur Richtschnur für Innungen bei Einrichtung oder Reorganisation von Krankenkassen entworfen. gr. 8. (26 S.) Halle 854, Buchhandlung des Waisenhauses. *

—— ein mathematisches Thema aus der Schule. Gratulationsschrift zur 3. Secularfeier der Klosterschule zu Rossleben am 5. Juli 1854. gr. 8. (20 S. mit 1 lithogr. Figurentaf. in gr. 4.) Halle 854, Berner. *

Wiegand, A. Trigonaltriaden in arithmetischer und harmonischer Progression. 16 S. . . . .
Halle, R. Sch., Progr. 1850

—— **Trigonaltriaden in arithmetischer und harmonischer Progression. 4. (16 S.) Halle 850, Schmidt's Vrlgsh.** *

—— Uebungsaufgaben aus der allgemeinen Arithmetik. Für den Schulgebrauch entworfen. (Ein Anhang zu des Verf. Lehrbuche der allgem. Arithmetik.) 1. Heft. gr. 8. (VI und 41 S.) Halle 853, Schmidt. *

—— Versicherung gegen Erwerbsunfähigkeit. Vollständige Berechnung der Prämien und Reserven für Invalidenpensions-Kassen. gr. 8. (22 S. mit 1 Tab. in qu. 4.) Halle 865, (Berner.)

— Versicherung gegen Erwerbsunfähigkeit. Vollständige Berechnung der Prämien u. Reserven für Invaliden pensions-Kassen. Halle 865. Buchh. des Waisenh. gr. 8. (22 S. mit 1 Tab. in qu. 4.) n. 10 ₰

—— **Volksschulbuch der Elemente der Geometrie und deren praktische Anwendung für den Bürger und Landwirth, mit besond. Berücksicht. des Bedürfnisses der Lehrer an Volks-, Fortbildungs- und Ackerbauschulen. Nach einer veranschaulichenden Methode bearb. 2., verb. Aufl. gr. 8. (VIII und 112 S. mit 99 in den Text gedr. Holzschn.) Halle 860, Schmidt's Verlagsh.** *

—— **die Vortheile und Garantieen der Lebens-Versicherung. Mit besond. Rücksicht auf die Lebens- und Pensions-Versicherungs-Gesellschaft Janus in Hamburg erläutert und durch mathematisch genaue Berechnung nachgewiesen. 1. Aufl. (22 S.) 1849., 2—6. Aufl. 1849—51. à 3 Ngr. und 7. Aufl. (1. und 2. Abdr.) gr. 8. (18 S.) Halle 851, Berner.** *

—— die Vortheile und Garantieen der Lebens-Versicherung. Mit besond. Rücksicht auf die Lebens-, Pensions- und Leibrenten-Versicherungs-Gesellschaft Iduna in Halle a. d. S. beleuchtet. 9., theilweise umgearb. Aufl. gr. 8. (15 S.) Halle 855, Berner. *

— Wanda, der Schutzengel am Neujahrsmorgen, eine kleine Erzählung, allen Familienvätern gewidmet. Halle 1867.

Wiegand, A. Wie ist der mathematische Unterricht auf Realschulen fruchtbar zu machen? Halle, 1855.

— wie mir's erging. Autobiographische Skizzen. Halle a. S. 870. Nebert. 8. (VI, 122 S.) 20 ngr.

– Nüchternes Zwiegespräch über Lebensversicherung. Eine Abhandlung für den Bauer und auch für Solche, welche sich für klüger halten, als der Bauer. Leipzig 1882.

Wiegand, Balthasar Adam (Schmalkalden)
A. S. 1202/29

Dissertatio inauguralis medica, de vitae et mortis commercio. Präs. Michael Alberti. Halle (Hendel) XI. 1735. 34 S.

W. v.: Johann Benjamin Wolffrum, Johann Jakob Wippel, Johann Christian Ludovici. 36646

Wiegand, C., s.a. Wiegand, Konrad

Wiegand, C., u. L. Piening. Ausgewählte Choral-Melodien m. untergelegten Texten f. Schulen unter besond. Berücksicht. d. christl. Gesangbuches f. Minden-Ravensberg. 8. (60 S.) Bielef. 889, Helmich. * — 40

Wiegand, C. H., Sprüche, Gedichte u. Erzählungen zur Nährung allgemeiner Kindertugenden od. zur Weckg. der Erkenntniß d. Guten u. Bösen zusammengestellt. 8. (VIII, 118 S.) Baltimore, Mo. 874. (Philadelphia, Schäfer & Koradi.) geb. n. 2. —

Wiegand, Carl, s. Wiegand, Karl

Wiegand, Carl Friedrich, s. Wiegand, Karl Friedrich

Wiegand, Conrad, s. Wiegand, Konrad

Wiegand, C. F. C., Worte zur Lieb' u. z. Frieden an die Schweizer rc. gr. 8. Lpz. Junius. 799.

Wiegand, [Emil]: [Gedächtnisrede auf den verstorbenen Oberschulrat D. Dr. Friedrich Koldewey.] S. 20–21. 4.
Progr. Herz. Gymn. Martino-Katharineum *Braunschweig* 1910 (947).

Wiegand, F. [Autorname] = s.a. Sarasin, Paul [Dr. phil., Basel].

Wiegand, F., Alkibiades. Ein Trauerspiel in 3 Aufzügen. (100 S.) 8. Wiesbaden 904. J. F. Bergmann. n. 1. 40

Wiegand, F., d. Chalif. E. Märchen aus Tausend u. Einer Nacht. Schauspiel in 5 Aufzgn. 8. (132 S.) Wiesbaden 898. J. F. Bergmann. n. 1. 60

Wiegand, F., Gedichte. 8. (64 S.) Wiesbaden 900. J. F. Bergmann. n. 1. 60

Wiegand, F. Gedichte. Neue, vermehrte Ausgabe. 107 S. 8. Wiesbaden, J. F. Bergmann, 1904. [M. 2. 40]

— Heinrich u. Agnes. Ein Schauspiel aus der Hohenstaufenzeit. (68 S.) 8. Ebd. 905. n. 1. 60

— Lorenzo il magnifico. Schauspiel in 5 Aufzügen. 8. (163 S.) Ebd. 900. n. 2. —

Wiegand, F. Ein Symposion. 116 S. 8. Wiesbaden, J. F. Bergmann, 1901. [M. 2. 80]

Wiegand, F. L., s. Wiegand, Friedrich Ludwig

Wiegand, Frdr., Agobard v. Lyon u. die Judenfrage. gr. 8. (32 S.) Leipzig 901. A. Deichert Nachf. n. 1. —
Sonderabdruck aus: „Festschr. d. Univ. Erlangen f. Prinzreg. Luitpold".

Die Besetzung der Berliner neutestamentlichen Professur im Urteile der kirchlichen Parteien. Von D. Friedrich Wiegand. Leipzig: Dieterich 1909. 70 S. 8°
(Kirchliche Bewegungen d. Gegenwart. Jg. 2, H. 2.) 10, 10990

Wiegand, Frdr., s.a. Bewegungen, kirchl., d. Gegenwart.

Wiegand, Friedrich: Kirchliche Bewegungen der Gegenwart. *[Schließt mit Jg. 2. 1908 ab.]*

Wiegand, Frdr., das Homiliarium Karls d. Grossen auf s. ursprüngl. Gestalt hin untersucht, s.a. Studien z. Geschichte d. Theologie u. d. Kirche, I, 2.

Das Homiliarium Karls des Grossen auf seine ursprüngliche Gestalt hin untersucht v. Lic. Dr. Friedrich Wiegand, Privatdoz. d. Theol. *Leipzig: A. Deichert 1897.* (3 Bl., 96 S.) 8.
= Studien z. Geschichte d. Theologie u. Kirche. Bd 1. H. 2. 97. 416

Wiegand, Friedrich [Kand. d. Theol.]: Der Erzengel Michael unter Berücksichtigung der byzantinischen, alt-italischen und romanischen Kunst ikonographisch dargestellt .... Stuttgart, Druck u. Verl. v. J. F. Steinkopf, 1886; 2 Bl. + 48 S. + 1 Bl. 8°.
Leipzig, Phil. Fak., Inaug.-Diss. v. 20. Okt. 1886.

Wiegand, Frdr., der Erzengel Michael in der bildenden Kunst. Ikonographische Studie. Lex.-8. (V, 83 S.) Stuttgart 886. J. F. Steinkopf. n. 1. 60

Wiegand, Fridericus [Dr. cand. rev. min.]: De ecclesiae notione quid Wiclif docuerit ... Lipsiae, in libr. acad. (G. Faber), 1891; 2 Bl., 110 S. 8°
Erlangen, Theol. Fak., Hab.-Schr. v. 25. Jul. 1891.

Wiegand, Fridericus. De ecclesiae notione quid Wiclif docuerit. Diss. gr. 8. (III, 110 S.) Lpz. 891, Akadem. Buchh. * 5 —

— Erzbischof Odilbert von Mailand üb. die Taufe, s.a. Studien zur Geschichte der Theologie u. der Kirche.

Erzbischof Odilbert von Mailand über die Taufe. E. Beitr. z. Gesch. d. Taufliturgie im Zeitalter Karls d. Gr. v. Lic. Dr. Friedrich Wiegand, Privatdoz. ... in Erlangen. Leipzig: Dieterich 1899. (2 Bl., 68 S.) 8°
(Studien z. Geschichte d. Theologie u. Kirche. Bd IV, H. 1.)

Eine Parteibildung in der protestantischen Landeskirche Bayerns. Ergänzung der Generalkonzession für die evangelisch-altlutherischen Gemeinden in Preussen. Allgemeine evangelisch-lutherische Konferenz und Lutherischer Bund. Von D. Friedrich Wiegand. Leipzig: Dieterich 1909. S. 174–207. 8°
(Kirchliche Bewegungen d. Gegenwart. Jg. 2, H. 4.)

Das neue Pfarrbesetzungsrecht und die rheinisch-westfälische Kirche. Die Stellung d. preussischen Kirchenbehörde z. Gemeinschaftsbewegung. Von D. Friedrich Wiegand. Leipzig: Dieterich 1909. 39 S. 8°
(Kirchliche Bewegungen d. Gegenwart. Jg. 2, H. 3.)

Wiegand, Frdr., Philipp der Großmütige als evangelischer Christ. Festrede. (33 S.) 8. Marburg 904. N. G. Elwert's Verl. n. — 60

Der Hamburger Schul- und Kirchenstreit. Von D. Friedrich Wiegand. Leipzig: Dieterich 1909. 50 S. 8°
(Kirchliche Bewegungen d. Gegenwart. Jg. 2, H. 1.) [10. 10989

— die Stellung des apostol. Symbols im kirchl. Leben des Mittelalters, s. a. Studien zur Geschichte der Theologie u. der Kirche. IV. 2.

Die Stellung des apostolischen Symbols im kirchlichen Leben des Mittelalters. Von Lic. Dr. Friedrich Wiegand, Privatd. in Erlangen. 1. Leipzig: Dieterich 1899. 8°
(Studien z. Geschichte d. Theologie u. d. Kirche. Bd 4, H. 2.)

— das apostolische Symbol im Mittelalter, s. a. Vorträge der theologischen Konferenz zu Gießen. 21.

Das apostolische Symbol im Mittelalter. Eine Skizze von D. Friedrich Wiegand, Prof. in Marburg. *Gießen: J. Ricker 1904.* (52 S.) 8° [J.]
= Vorträge d. theol. Konferenz zu Gießen. Folge 21.

— Mathurin Veyssière La Croze als Verfasser der ersten deutschen Missionsgeschichte, s. a. Beiträge zur Förderung christl. Theologie. VI. 3.

Mathurin Veyssière La Croze als Verfasser der ersten deutschen Missionsgeschichte. Vortrag von Lic. Dr. Friedrich Wiegand, Prof. in Erlangen. *Gütersloh: C. Bertelsmann 1902.* (S. 85–104) 8° [J.]
= Beiträge z. Förderung christl. Theologie. Jg 6, H. 3. [•]

Wiegand, Frdr., e. Wanderung durch die römischen Katakomben. Vortrag. 8. (39 S. m. 5 Abbildgn.) Leipzig 893. A. Deichert Nachf. n. — 75

Wiegand, Friederich Ludwig (Übers.):
s.: Allioni, Carlo: Abhandlung vom Ursprunge, Fortgang, der Natur und Heilung des Friesels. (Tractatio de miliarum origine, progressu, natura, et curatione. Dt.) Mühlhausen: 1785

JB 4.918

Wiegand, F. L., historia fontium medicarum Wildungensium. Period. I. 8. maj. Marb. Krieger. 802.

Wiegand, G. Die Realschule ohne Latein — ihre Ziele und gegenwärtige Stellung. 22 S. **Progr.** *Bockenheim* 1882.

Wiegand, G. H. Atlantische Studien. Zeits. Göttingen. 1853.

Wiegand, Georg. Guil. (geb. Grafenstuhl bei Mansfeld 20. 4. 1816): Historica de variolarum curatione. Berolini (1840). (23 S.) 8°
Berlin, Med. Diss. v. 3. Juni 1840

Wiegand, *Gustav* Bemerkungen über einige pädagogische Zeitfragen. 4 (16 S.). **Progr.** Rsch. *Bockenheim* 1887 (373).

Wiegand, Gustav, a. Nordhausen am Harz: Derivate aromatischer p-Monojodphenyläther mit mehrwertigem Jod. Freiburg i. Br.: Speyer & Kaerner 1907. (26 S.) 8°
Freiburg i. B., Phil. Fak., Ref. Gattermann, Diss. v. 1907
[Geb. 14. April 78 Nordhausen; Wohnort: Berlin; Staatsangeh.: Preußen; Vorbildung: Realgymn. Nordhausen Reife O. 99; Studium: Techn. Hochsch. Hannover 8, Univ. Straßburg 1, Freiburg i. B. 3 S.; Rig. 19. Juli 07.]

Wiegand, H., der Einfluß des Derivationswinkels bei Schiffs-Kollisionen, s. Schilling, C.

— die Entscheidung des Reichsgerichts in dem Kollisionsfall „Sophie" — „Hohenstaufen". gr. 8. (52 S.) Bremen 888, Kühtmann. *

Wiegand, Heinrich Platää zur Zeit des Einfalls der Perser in Böotien. 4 (S. 3–19). **Progr.** G. *Ratzeburg* 1886 (263)

Wiegand, Heinr., Platää zur Zeit des Einfalls der Perser in Böotien. gr. 4. (19 S.) Leipzig 887, Fock. *

— Die Platäer in Athen. 4 (15 S.) **Progr.** G. *Ratzeburg* 1888 (271)

Wiegand, J., Sammlung ein- u. zweistimmiger Lieder u. Gesänge, wie auch zwei- u. mehrstimm. Canons f. Gymnasien, Real- u. höhere Bürgerschulen, zunächst bearb. f. die neu errichtete Realschule in Cassel. 1. Hft. gr. 8. (6 1/4 B.) Cassel 843, Fischer.

Wiegand, J., Sammlung ein- und zweistimmiger Lieder und Gesänge, wie auch zwei- u. mehrstimm. Canons für Gymnasien, Real- und höhere Bürgerschulen, zunächst bearb. für die neu errichtete Realschule in Cassel. 1. Heft. gr. 8. Cassel 843, jetzt Luckhardt. 1/3 ₰

Wiegand, J., Sammlung ein- u. zweistimmiger Lieder u. Gesänge wie auch zwei- u. mehrstimm. Canons für Gymnasien, Real- u. höhere Bürgerschulen, zunächst bearb. für die neu errichtete Realschule in Cassel. 1. Hft. 2. verb. Aufl. gr. 8. (VIII u. 90 S.) Cassel 848, Luckhardt. 9 ngr

Wiegand, J. H., drei den medizin. Facultäten zu Paris u. Berlin z. Prüfung übergebene geburtshülfliche Abhandlungen. gr. 4. Hamb. Perthes u. B. 812.

* — Hamburgisches Magazin f. die Geburtshülfe. 2r Bd. 1s Stück gr. 8. Ebend. 810.

Wiegand, Johann

s. a. Abhandl. von d. Holzsparkunst, u. setze hinzu: (von Jh. Wiegand).

WIEGAND, Johann: Abhandlung von der Holzsparkunst, nebst Anmerkungen vom Ziegelmachen. - Wien 1767

WIEGAND, Johann: Oekonomische Abhandlungen von der Verbesserung des Ackerbaues, Vermehrung des Fleisses und Anwuchses des Volkes, Beförderung der Fabriken, nebst Anhange vom italiänischen Pappelbaume. - Wien 1768. 2 Bog., Reg.

Wiegand, Jh., († im Oct. 1776.) ökonom. Abhandl. von d. Verbesser. d. Ackerbaues, Vermehrung d. Fleißes u. Anwuchs des Volks etc. 8. Wien 768. Kurzböck. ...

— Anleit. zu e. österreich. Haus- u. Landwirthschafts-Kalender. 8. Wien 772. (Heubner). 1 ₰

— s. a. Anleit. zum Flachs- u. Tabaksbau.

— ökonom. prakt. Anleitung z. Flachs- u. Tabaksbau. 8. Ebend. 772.

Wiegand, J., prakt. Anleit. zu e. verbess. Ackerbau. 8. Wien, Kurzböck. (Camesina.) 771.

— s. Anweis., vollständ., zum Tabaksbau, u. setze hinzu: (v. Jh. Wiegand).

— ökonom. Betracht. üb. d. Leibeigenschaft. 8. Wien Kurzböck. (Camesina.) 776.

(—) ökonom. Betrachtungen über d. Leibeigenschaft. 8. Wien 776. (Heubner). 3 K

Wiegand, Jh.: Oekonomische Betrachtungen von den Roboth- und den Frohndiensten überhaupt. 8°. Wien, Heubner, 1776.
Vgl. Wiegand, K.

Wiegand, J., Handbuch f. d. österreich. Landjugend, z Unterricht e. wohlgeordneten Feldwirthschaft. 8. Wien, Kurzböck. (Camesina.) 789. Rthlr.

— Handbuch für d. österreich. Landjugend zum Unterricht einer wohlgeordneten Feldwirthschaft. 8. Wien 771. 4e Aufl. 789. (Heubner). 8 gr.

— Handbüchlein für d. österreich. Schäfermeister. 8. Wien 775. a. 783. (Heubner). 6 gr.

Wiegand J.: Handbüchlein z. Unterricht f. die österreichischen Schaafmeister. Wien 1783. 174 S.

— kurze Instruktion den Ackerbau betreffend. 8. Wien 771. Camesina. 4 gr.

— s. a. Landwirth, d. wohlerfahrne.

— wohlerfahrner Landwirth, m. K. 2 Thle. 8. Wien Kraus. 777.

— s. Versuch e. Haushofmeister zu bilden.

— Versuch den Fleiß unter dem Landvolke einzuführen. 8. Wien 772. (Heubner). 8 gr.

Wiegand, Johs., Thalea Bronkema. Ein Schauspiel in 3 Akten. Für den Volks-Schillerpreis 1903 vorgeschlagen. (90 S.) 8. Bremen 908. C. Schünemann. 1.50; geb. 2.—

— das jüngste Gericht. Dramatische Dichtg. in 3 Akten. (115 S.) 8. München 905. G. Müller. n. 2. —

— Golgatha. Zwei Dramen. (Die letzte Fahrt, e. Seedrama. — Judas Ischarioth, Szenen aus der Nacht v. Golgatha.) (111 S.) 8. Ebd. 904. n. 2. —

Wiegand, J., das Goethe-Fest. — Die neuen Schildbürger. Zwei Komödien. 8. (101 S.) Goslar 900. F. A. Lattmann. n. 2. 50

Wiegand, Johs., das altchristl. Hauptportal an der Kirche der hl. Sabina auf dem aventinischen Hügel zu Rom. Beschrieben u. erläutert. Mit 21 phototyp. Taf. u. 6 Fig. im Text. gr. 8. (III, 145 S.) Trier 900. Paulinus-Druckerei. n. 16. —

— Der Fall Henner. Schauspiel in 4 Akten. (92 S.) gr. 8. Ebd. 909. 1.50; geb. 2. —

Wiegand, J., Leidenschaften. 3 Geschichten. 8. (III, 186 S.) Leipzig 899. Berlin, G. H. Meyer. n. 3. —; geb. n. 4. —

Ⓑ — Leidenschaften. 899. Jetzt: München, G. Müller.

— Macht. Ein soziales Schauspiel in 4 Akten. (VII, 164 S.) 8. Berlin 903. E. Fleischel & Co. n. 2. —

— Weltwende. Schauspiel in 3 Akten. (88 S.) 8. Bremen 910. C. Schünemann. 1.50; geb. 2. —

Wiegand, J[ulius]: Die Frau in der modernen deutschen Literatur. Plaudereien. Bremen: Schünemann 1903. 72 S. 8°

Der Kampf des Christen auf Erden. Ein Predigtzyklus f. d. Fastenzeit. Hrsg. von Dechant Julius **Wiegand**. Johannesberg bei Fulda: [Selbstverl.]; (Dülmen i. W.: Laumann [in Komm.]) 1910. 96 S. 8° [11. 4490

Wiegand, Julius: Stilistische Untersuchungen zum König Rother (Teildruck). Marburg 1904: (Maretzke & Märtin, Trebnitz i. Schles.) (VI, 70 S.) 8° ¶ (Ersch. vollständig. in: „Germanist. Abhandlungen".)

Marburg, Phil. Fak., Ref. Vogt, Diss. v. 21. Sept. 1904

[Geb. 1. Nov. 80 Fulda; Wohnort: Fulda; Staatsangeh.: Preußen; Vorbildung: Gymn. Fulda Reife O. 00; Studium: Marburg 1, München 2, Berlin 1, Marburg 3 S.; Rig. 25. Nov. 03.]

Wiegand, Jul., stilistische Untersuchungen zum König Rother, s. A. Abhandlungen, germanistische. 22. Heft.

Stilistische Untersuchungen zum König Rother. Von Dr. Julius Wiegand. *Breslau: M. & H. Marcus 1904.* (XI, 209 S.) 8° = Abhandlungen, Germanistische. H. 22. [04 13975 3

Wiegand, K.: „Oekonomische Betrachtungen von der Roboth oder den Frohndiensten und von der Leibeigenschaft", Wien 1776 (Kurzböck).

Vgl. Wiegand, Johann.

Wiegand, K. Ch., institutiones oratoriae in exemplis, ad ductum oratoriae Freyerianae. 8. Halae, Waisenh. Bchhdl. 746.

Wiegand, K. S., kleine Hessische Chronik. 3 Thle. 8 Cassel. (Heyer in Gießen.) 793.

— Mythologie f. Anfänger. 8. Lpz. Sommer. 807.

— Versuch e. kurzgefaßt. Mythologie f. Anfänger. 8. Eisenach, Wittekind. 792.

Wiegand, Karl, s. a.: Weidang, K.

Wiegand, Karl

Bismarck. Fest-Spiel z. 80j. Geburtstagsfeste Sr. Durchlaucht d. Fürsten v. Bismarck von K[arl] **Wiegand**. Unter gleichzeit. Benutzung s. epischen Gedichtes 'Deutschlands Dreigestirn' von K. Weigand. (Pseud.). Dresden: Kreyß & Kunath in Comm. [1895]. (36 S.) 8° [F.] [06. 12594

— Bismarck. Fest-Spiel zum 80 jähr. Geburtstagsfeste Sr. Durchl. des Fürsten v. Bismarck. Unter gleichzeit Benutzg. s. epischen Gedichtes „Deutschlands Dreigestirn" von K. Weidang (Pseudonym). 8. (36 S.) Dresden 895. (F. Tittel Nachf.) — 50

Deutschlands Dreigestirn. Episches Gedicht von K. Weidang [d. i. Karl **Wiegand**]. Dresden: R. v. Grumbkow 1894. (59 S.) 8° [F.] [07. 8797

Die Furstin hat es geschrieben. Lustspiel in 3 Aufz. von Karl **Wiegand**. Leipzig: O. Mutze 1897. (121 S.) 8° [F.] [06. 18076

— Glück auf Reisen. Lustsp. in 1 Aufzuge. 8. (47 S.) Ebd. 897. n. 1. —

Wiegand, Carl, aus Berlin: Ueber Halogenverbindungen des Thalliums. Berlin 1899: Vogel. (61 S.) 8°

Berlin, Phil. Diss. v. 25. Febr. 1899.

— Huldigungen. Gedichte, nebst e. kalt. Drama „Konrad der Große". gr. 8. (V, 90 S. m. Bildn.) Ebd. 898. n. 1. —

Wiegand, Carl, aus Kampf u. Leben. Verse. (192 S.) 8. Frankfurt a/M. (904). Gebr. Knauer. n. 3. —; geb. in Leinw. n. 4. —

Wiegand, Car. (geb. Romersdorf 21. 5. 1806): De laconicis eorumque in corpus effectu experimentis confirmato. Berolini (1829). (56 S.) 8°
Berlin, Med. Diss. v. 10. Sept. 1829

Wiegand, Carl, kurzer und faßlicher Leitfaden der deutschen Sprache für Bürgerschulen. Nach methodischen Grundsätzen in vier Cursen bearb. 2. verb. u. verm. Aufl. Zerbst 861. Luppe. gr. 8. (75 S.) n. 6 *ngr.*

— das **Proverbium** in grammatischer Verwendung bei dem Elementar-Unterricht in der lateinischen Sprache. Sammlung von fast 1200 lateinischen Sprüchwörtern u. sprüchwörtlichen Redensarten mit Quellenbezeichnungen, Uebersetzungen, kurzen Erläuterungen u. einem alphabetischen Verzeichniß. Zum Gebrauche für Schule u. Haus herausg. Leipzig 861. Klinkhardt. 8. (XVI, 107 S.) 7½ *ngr.*

Wiegand, Karl, appr. Arzt aus Ludwigsdorf i. Pr.: Aus d. chirurg. Univ.-Kinderklinik zu München (Prof. Dr. W. Herzog). Kryptogener Retroperitoneal-Abscess beim Kind. München 1905: Kastner & Callwey. (23 S.) 8°
München, Med. Fak., Ref. v. Bollinger, Diss. v. 8. Mai 1905
[Geb. 10. Okt. 77 Ludwigsdorf i. Pr.; Wohnort: Biebrich a. Rh.; Staatsangeh.: Preußen; Vorbildung: Gymn. Wiesbaden Reife O. 98; Studium: München 5, Straßburg 1, München 8 S.; Coll. 31. Jan. 05; Approb. 17. Juli 04.]

Wiegand, Carl, die Sigelregeln der Stolze'schen Stenographie in versificirter Form und charakterisirenden Signaturen. Ein Hülfsmittel für Lernende zur Vermittelung klarer Auffassung, wie schneller und sicherer Einprägung und Handhabung der Sigelformen. gr. 8. (36 S.) Erfurt 862, Körner's Verlag. *

Wiegand, Carl, kleine deutsche Sprachlehre auf der Grundlage des deutschen Sprichwortes. Für den Schulgebrauch bearb. u. herausg. Hildburghausen 868. Gadow & Sohn. 8. (XV, 194 S.) 15 *ngr.*

Wiegand, Karl Friedrich

Wiegand, Carl Frdr., niederländische Balladen. (90 S.) gr. 8. Frauenfeld 908. Huber & Co. Geb. 3. 20

— Der Korse. Tragödie in 1 Akt. (VII, 72 S.) 8. Ebd. 909. Kart. 2. —

— **Stille u. Sturm.** Neue Gedichte. (VII, 162 S. m. Bildnis.) 8. Stuttgart 911. Deutsche Verlags-Anstalt. 3.—; geb. 4. —

Wiegand, Carl Friedrich: Untersuchungen über die Bedeutung der Gestaltqualität für die Erkennung von Wörtern. Leipzig 1908. 80 S. 8°. S.-A. aus der Zeitschrift für Psychologie, Bd. 4. [2.V.08.]
Zürich, Phil. Diss. I. S. 1907/08.

Wiegand, Carl Friedrich. Untersuchungen über die Bedeutung der Gestaltqualität für die Erkennung von Wörtern. Diss. Phil. I. Univ. Zürich. [Mit Figuren. Sep.-Abdr. aus: Zeitschrift für Psychologie und Physiologie der Sinnesorgane .... Abteilung I: Zeitschr' für Ps' .... Bd. 48. Heft 3 u. 4.] 80 S. 8. Leipzig, Johann Ambrosius Barth, 1908.

Wiegand, Carl Friedrich. Winternacht. Drama in drei Akten. VIII + 90 S. 8. Frauenfeld, Huber & Co., 1909. [fr. 2. 40]
(Die Uraufführung fand in Zürich am 2. Februar 1909 statt.)

Wiegand, Karl Sam., s. Wigand.

Wiegand, Konrad

Wiegand, Conr. (geb. Rodemann in Hessen 2. 1. 1835): Adnotationes hygieologicae de matrimonio inter consanguineos. Berolini (1861). (32 S.) 8°
Berlin, Med. Diss. v. 21. Dez. 1861

Wiegand, Konr., Erdbeschreibung des Kurfürstenth. Hessen, nach d. neuesten Staatseintheilung abgefaßt. 8. Cassel 823. 2e A. 825. (Krieger). 16 gr. 3e verm. Aufl. 8. Cassel 826. Luckhardt. 16 gr.

Wiegand, Conr., kleine Geographie, insbesond. f. Kurhessens Volksschulen. 1. u. 2. Aufl. (à 6½ B.) 8. Cassel 828, Luckhardt. à
Die 2. Aufl. hat den veränd. T.: Kleine Schulgeographie, insbes. rc.

—— Lehr- u. Lesebuch f. hörende u. taubstumme Kinder, nach anschaul. Darstellung bearb. 1. Thl. — A. u. d. T.: Der Kurhess. Kinderfreund. Für Bürger- u. Landschulen nach d. Geistesentwickelung d. Kindes, nach d. Bedürfnissen d. Elementarschulen, nach d. Sitten u. Gebräuchen d. Volkes, so wie nach d. bestch. Landesgesetzen bearb. 8. (6 B.) Cassel 829, [Krieger's Vrlsh.]

—— kleine Schulgeographie, s. dess. „kleine Geographie," 2. Aufl.

Wiegand, C., Schulgeographie, insbesond. f. kurhess. Volks- u. Bürgerschulen, umgearb. u. verm. hrsg. v. C. L. Collmann. 3. Aufl. — A. u. d. T.: Allgem. Schulgeographie rc. v. Collmann. 8. (17¼ B.) Kassel 841, Luckhardt'sche Buchh.

— d. Taubstummen in Kurhessen, mein erster Gedanke u. d. Beweggründe sie zu unterrichten. 8. Cassel 827. Bohné. 12 gr.

Wiegand, L. Beiträge zur Kritik der Rübenzucker-Besteuerung. 8°. Leipzig 1883.

Wiegand, Ludwig (Hrsg.). s. Jugendlesehalle. — Deutsche Jugend- u. Volkslesehalle.

Wiegand, L., die deutsche Jugendlitteratur, nebst e. Verzeichnis bewährter Jugendschriften. Hrsg. unt. Mitwirkg. bewährter Schulmänner. 8. (62 S.) Hilchenbach 897. L. Wiegand. n. — 60

Wiegand, L., die deutsche Jugendliteratur, nebst e. Verzeichnis bewährter Jugendschriften. Hrsg. unter Mitwirkg. bewährter Schulmänner. 2. vollständig umgearb. Aufl. (VII, 128 S.) gr. 8. Hilchenbach 903. L. Wiegand. n. 1. —

Wiegand, L., Multiplicationstabellen (Brüche m. Brüchen). (Titel in russ., deutscher, engl. u. französ. Sprache.) (61 S.) schmal gr. 8. Riga (908). (Jonck & Poliewsky.) n. 2. 20

— **die deutsche Volksbibliothek,** nebst e. Verzeichnis bewährter Volksschriften. Hrsg. unter Mitwirkg. prakt. Schulmänner u. Volksfreunde. 8. (64 S.) Hilchenbach 897. L. Wiegand. n. — 60

Wiegand, Ldw. Chr. Ant., († d. 2. Sept. 1790.) Beispiele edler Handlungen u. sinnreicher Aussprüche aus d. Geschichte d. ältern u. neuern Zeit, ein Lesebuch für Große u. Kleine. 8. Magdeb. 786. Creutz. 4 gr.

— Etwas für Eheleute, ein Gespräch; aus d. Latein d. Erasmus. 8. Quedlinb. 784.

— Fabeln f. d. Jugend. 8. Halberstadt, Groß. (Sommer in Leipz.) 782.

— Fabeln, nebst e. untermischten Sinngedichten, für d. Jugend. 8. Halberst. 782. Groß. (W. Nauck in Leipz.) 6 gr.

— Materialien zu Vorschriften für Schulmeister, auch zum Diktiren u. Vorlesen in deutschen Schulen. 7 Bdchen. 8. Halberst. 784—87. Groß. (W. Nauck in Leipz.) 1 rß 18 gr.

— Materialien z. Vorschriften f. Schulmeister, auch z Dictiren u. Vorlesen in deutschen Schulen. 7 Thle. 8. Ebend 794.

— Moral für Kinder in bibl. Sprüchen, Erzählungen u. Fabeln. 8. Quedlinb. 783. Ernst. 6 gr.

— Unterhaltungen f. d. Jugend, auf alle Tage im Jahre. 4 Qtle. 8. Ebend. 788—90.

— Vorlesungen über den kleinen Katechismus Lutheri, zum Gebrauch in deutschen Schulen. 8. Quedlinb. 787. Ernst. 5 gr.

Wiegand, Mart., Amoretten. 12 Taf. in Tondr. (in Lex.-8.) m. den dazu gehörigen 12 Details in natürl. Grösse (76×53 cm), nebst e. reichfarb. Taf. (qu.-Fol.) München (903). G. D. W. Callwey. In Mappe n. 5. —

Wiegand, Mart. Amoretten u. Figuren. Allegorische Dekorationen. (In 3 Lfgn.) 1. Lfg. gr. Fol. (10 Lichtdr.-Taf.) Dresd. 891, Gilbers' Verlag. * 10 —
Nicht weiter erschienen.

— Apostel u. Evangelisten. 14 Taf. in Tondr. (in Lex.-8) nebst e. erläut. Text v. Lud. Reisberger sowie 12 Details in natürl. Grösse zu den Apostelbildern (81×53 cm). (VIII S. Text.) Lex.-8. Ebd. (903). In Mappe n. 6. —

Wiegand, Mart., figurale Flächen-Decorationen. Compositionen u. Vorlagen f. Decorationsmaler, Glasmaler, kunstgewerbl. u. Muster-Zeichner, Lit(h)ographen etc. gr. Fol. (20 Taf. m. V S. Text.) Berlin (900). B. Hessling. In Mappe n. 15. —

(8) Flächendekorationen. 900. Jetzt: Berlin, Ornamentverlag.

Figurale Flächen-Dekorationen. Kompositionen u. Vorlagen f. Dekorationsmaler, Glasmaler u. s. w. entworfen von Martin Wiegand. 20 Taf. 2. Aufl. *Berlin: B. Hessling [1903?].* (20 Taf.) gr. 2° [illegible]

— die Hausheiligen der kathol. Kirche. 22 zum Tl. farb. Taf. m. 16 grossen Detailbog., nach Originalen v. W. (III S. Text.) Lex.-8. Ebd. (905). In Mappe n. 10. —
3 Sonderabdrucke aus: „Deutsche Malerzeitg. Die Mappe".

Wiegand, Mart., Tribunal Confessariorum. II Tmi. 4. Trajecti. (Wolf, Augsburg). 729.

— — ejusd. Libri Epitome. 8. ibid. 729.

— Vasen. Eine Vorlagensammlg. aus alter Zeit. (34 Taf. u. 4 S. Text m. 1 Abbildg.) Fol. Dresden (906). G. Kühtmann. In Mappe n. 24. —

Wiegand, Max, Referendar a. Heppenheim (Bergstraße): Das Hessische Staatsbeamtenrecht. Mainz: J. Diemer 1907. (VIII, 133 S.) 8° [F.]
Gießen, Jur. Fak., Ref. van Calker, Diss. v. 7. Mai 1907
[Geb. 7. Apr. 82 Bensheim; Wohnort: Heppenheim a. d. B.; Staatsangeh.: Hessen; Vorbildung: Gymn. Bensheim Reife M. 00; Studium: München 2, Gießen 6 S.; Rig. 20. Dez. 06.]

Wiegand, Max, das hessische Staatsbeamtenrecht. (VI, 139 S.) 8. Mainz 907. J. Diemer. 1. 60

Wiegand, (Wilh.) Otto (Rich.) (geb. Mansfeld 16. 10. 1854): Beitrag zur Casuistik und zur Behandlung offner Brüche der langen Röhrenknochen Berlin (1878). (40 S.) 8°
Berlin, Med. Diss. v. 6. Aug. 1878

Wiegand, Otto: Adolf Dauer. Ein Beitrag zur Kunstgeschichte Augsburgs im 16. Jh. *Straßburg 1903: J. H. E. Heitz.* (IV, 58 S.) 8° ¶ [Erschien vollst. 1903 als: Studien zur deutschen Kunstgeschichte, H. 43.]
Heidelberg, Phil. Diss. v. 1903

Wiegand, Otto, Adolf Dauer, s. a. Studien zur deutschen Kunstgeschichte. 43. Hft.

Adolf Dauer. Ein Augsburger Künstler am Ende des 15. u. zu Beginn d. 16. Jhs von Dr. Otto Wiegand. Mit 15 Lichtdrucktaf. *Strassburg: J. H. E. Heitz 1903.* (VIII, 102 S.) 8°
= Studien z. deutschen Kunstgeschichte. H. 43. [illegible]

Wiegand, Otto, aus Frankfurt (Oder): Über die Einwirkung von Phtalylchlorid auf Salicylsäureester. *Greifswald 1898: C. Sell.* (38 S.) 8°
Greifswald, Phil. Diss. v. 1. Dez. 1898

Wiegand, P. Geschichte der Reichs-Abtei Corvey u. der Städte Corvey u. Höxter. I. Bd. 2 Th. (578) 8. Höxter 1819. 7,50.

Wiegand, Peter [aus Wahlen (Hessen-Darmst.)]: Beiträge zur Kenntnis des ω-Diketotetrahydronaphtylenoxyds ... Marburg, Univ.-Buchdr. (R. Friedrich), 1894; 55 S. 8.
Marburg, Phil. Fak., Inaug.-Diss. v. [26. Juli] 1894

Wiegand, M., systemat. Handbuch f. die Friedensrichter Westphalens. 8. Götting. Dieterich. 813.

Wiegand, Theodor [aus Bendorf a. Rh.]: Die puteolanische Bauinschrift sachl. erl. ... M. 2 Taf. u. 15 Textbild. (Aus: Jahrb. f. Phil., Suppl.-Bd XX.) Leipzig, Druck v. B. G. Teubner, 1894; 2 Bl., 661—778 S., 1 Pl., 1 Taf. 8.
Freiburg i. B., Phil. Fak., Inaug.-Diss. v. 1894

Wiegand, Thdr., die puteolanische Bauinschrift, sachlich erläutert. [Aus: „Jahrbb. f. class. Philol.", 20. Suppl.-Bd.] gr. 8. (120 S. m. 15 Fig. u. 2 Taf.) Leipzig 894. B. G. Teubner. n. 3. 60

Wiegand, Thdr., 2. vorläufiger Bericht üb. die v. den königl. Museen begonnenen Ausgrabungen in Milet. gr. 8. (11 S. m. 2 Fig.) Berlin 901. (G. Reimer.) n. — 50
1. Bericht s.: R. Kekule v. Stradonitz.
Sonderabdruck aus: „Sitzungsber. d. preuss. Akad. d. Wiss."

Wiegand, Thdr., 3.—5. vorläufiger Bericht über die v. den königl. Museen in Milet unternommenen Ausgrabungen. Lex.-8. Berlin (G. Reimer.) n. 2. 50
3. (20 S. m. 7 Fig.) 904. n. 1. —. 4. (16 S. m. 4 Fig.) 905. n. — 60. — 5. (17 S. m. Abb.) 906. n. 1. —.
3 Sonderabdr. aus: „Sitzungsber. d. preuss. Akad. d. Wiss."

Wiegand, Thdr., 6. vorläufiger Bericht üb. die v. den königl. Museen in Milet u. Didyma unternommenen Ausgrabungen. (46 S. m. 6 Taf.) Lex. 8. Berlin 908. G. Reimer. Kart. 5.50 (1—6: 9.—)
Sonderabdruck aus: „Abhandlgn. d. preuss. Akad. d. Wiss., Anh."

— u. U. v. **Wilamowitz-Moellendorf,** ein Gesetz v. Samos üb. die Beschaffung von Brotkorn aus öffentlichen Mitteln. (15 S. m. 1 Taf.) Lex.-8. Berlin 904. (G. Reimer.) n. — 50
Sonderabdruck aus: „Sitzungsber. d. preuss. Akad. d. Wiss."

— s.: Glyptothèque, la, Ny-Carlsberg.

— Hannibals Grab, s.: Bosporus. N. F. 3.

— s. a. Milet.

Wiegand, Theod., Königliche Museen zu Berlin. Milet. Ergebn. der Ausgrabungen u. Untersuch. seit d. J. 1899. Hrsg. H. 1. 2. Berlin 1906—1908. [illegible]
1. Wilski, Paul: Karte d. Milesischen Halbinsel (1:50000). Mit erl. Text. 1906.
2. Knackfuss, Hub.: D. Rathaus von Milet. M. Beitr. von Carl Fredrich, Theod. Wiegand, Herm. Winnefeld. 1908.

— die archaische Poros-Architektur der Akropolis zu Athen. Mit Unterstützg. aus der Eduard Gerhard-Stiftung der königl. preuss. Akademie der Wissenschaften hrsg. unter Mitwirkg. v. W. Doerpfeld, E. Gilléron, H. Schrader, C. Watzinger u. W. Wilberg. (VII, 236 S. m. Abbildgn.) Imp.-4. Nebst 17 [14 farb.] Taf. (III S. Text.) 60×46 cm. Cassel 904. Wilmersdorf, Th. G. Fisher & Co. Geh., Taf. in Pappmappe n. 60. --; geb. in Leinw., Taf. in Leinw.-Mappe n.n. 66. —

— u. Hans Schrader, Priene. Ergebnisse der Ausgrabgn. u. Untersuchgn. in den J. 1895—1898. Unter Mitwirkg. von G. Kummer, W. Wilberg, H. Winnefeld, R. Zahn. (Königl. Museen zu Berlin.) Mit 1 Plan, 22 Taf. u. 614 Abbildgn. im Text. (IV, 492 S.) 4. Berlin 904. G. Reimer. Geb. in Leinw. n.n. 50. —

— antike Sculpturen in Samos. gr. 8. (S. 145—214 m. 70 Abbildgn. u. 2 Taf.) Athen 900. Barth & v. Hirst. n.n. 2. 50
Sonderabdruck aus: „Mitth. d. kais. deutschen archäolog. Institute, athen. Abth."

Le temple étrusque d'après Vitruve. Par Theodor Wiegand. Munchen: F. Bruckmann 1904. (16 S.) 4°
Aus: La Glyptothèque Ny-Carlsberg. 10

Wiegand, V. Ign., der Wasserkrebs. Eine Monographie. gr. 8. (12 B.) Erlangen 830, Palm u. Enke.

Wiegand, Wilhelm

Wiegand, W., die Alamannenschlacht vor Strassburg 357 n. Chr., s. Beiträge zur Landes- und Volkeskunde von Elsass-Lothringen.

Antritts-Wort bei Uebernahme des ersten Hammers im Or. zum wieder-erb[auten] Tempel der Bruderliebe zu Worms, am 10 ten Juli 1845. Von Wilh. Wiegand. [Worms 1845.] 8 S. 4° [Kopftit.]
Programmrede, Lied ohne Noten von W. Valckenberg, Abschied in Versen an den in den Generalstab versetzten Neidhard.

Wiegand, *Wilhelm* und Krumm, *Johannes*: Kurzer Auszug aus dem Katalog der Kgl. Gymnasialbibliothek in Flensburg. 8 (26 S.) Progr. Kgl. G. u. Rg. *Flensburg* 1899

Wiegand, Wilh., die wissenschaftliche Bedeutung der platonischen Liebe, s. a. Sammlung gemeinverständl. wissenschaftl. Vorträge.

WIEGAND, W. Die wiffenfchaftliche Bedeutung der platonifchen Liebe. Berlin 1877. 39 S.

Wiegand, W., Bellum Waltherianum, s.: Studien zur elsässischen Geschichte u. Geschichtsschreibung im Mittelalter.

Wiegand, W. Bisher ungedruckte Berichte über d. Zerstörung v. Worms durch die Franzosen im Jahre 1689. 4. Worms 1872.

Wiegand, W.: Das erste Buch des platonischen Gottesstaates. Worms 1867.
Schul-Univ.-Schrift

Wiegand: Einl. in Plato's Gottesstaat. Worms 1863.
Schul-Univ.-Schrift

Wiegand, Wilh., Einleitung in Plato's Gottesstaat für Freunde der Akademie. gr. 4. (28 S.) Worms 859, (Rahke.) *

Wiegand, Wilhelm (Herbstein)
Epistolarum quae Platonis nomine vulgo feruntur specimen criticum.
Giessen 1828. 28 S.
Diss. philos. 21. März 1828. vorh. 26.

Wiegand, Guil., Epistolarum quae Platonis nomine vulgo feruntur specimen criticum. 8 maj. (2 B.) Giessae 823, [Heyer, pater.]

—— Zur Erinnerung an den Denker Friedrich Heinr. Jacobi und seine Weltansicht, gelegentlich seines 120. Geburtsjahres. gr. 4. (16 S.) Worms 863, (Rahke.)

Wiegand, Wilh., Eudoxia, Gemahlin des oströmischen Kaisers Theodosius II. Ein culturhistor. Bild zur Vermittlung des Humanismus und des Christenthums. gr. 8. (63 S.) Worms 870, (Krauter.) *

Wiegand, Wilh., Friedrich der Große, s. a. Monographien z. Weltgeschichte. Nr. 15.

Friedrich der Grosse. Von Prof. Dr. Wilhelm **Wiegand**. Mit 2 Kunstbeil., 3 Faks. u. 138 Abb. *Bielefeld & Leipzig: Velhagen & Klasing 1902* (168 S.) 4°(8°) [5.]
Monographien z. Weltgeschichte. 15

Friedrich der Große von Prof. Dr. Wilhelm **Wiegand**. Mit 140 Abb. u. 3 Faks. 2. durchges. u. verb. Aufl. Bielefeld & Leipzig: Velhagen & Klasing 1909. 170 S. 4°(8°)
(Monographien z. Weltgeschichte. 15.)

—— Friedrich der Große im Urteil der Nachwelt. Vortrag, gehalten in der Eröffnungssitzung der Straßburger staatswissenschaftl. Gesellschaft am 14. Oktbr. 1887. gr. 8. (31 S.) Straßburg 888, Heitz. *

— zur Geschichte der Wormser Erzbischöfe und Bischöfe vom J. 336—1817, aus handschriftl. Urkunden. Eine Gedächtnissschrift zur 1100jahr. Feier des Martyrer-Todes des hl. Bonifacius. 1. Heft. Worms 855. Schmidt. gr. 8. (VIII, 26 S.) 7 *ngr.*

Zur Geschichte der Hohkönigsburg. Eine hist. Denkschrift mit ausgw. urkundl. Beil. von Prof. Dr. [Wilhelm] Wiegand, k. Archiv-Dir. Als Ms. gedr. (Strassburg 1901: J. H. E. Heitz.) (XV, 115 S.) 4°

Wiegand, Wilh., Gott, Welt und Mensch. Eine weitere Betrachtung zur Einleitung in die Philosophie für Studierende. gr. 4. (19 S.) Worms 862, (Rahke.)

Wiegand, Wilh., Grundriß der Geschichte der Philosophie für Schüler der obersten Klasse von Gymnasien und für angehende Studirende, nebst Betrachtungen über die Vergangenheit und die Zukunft der Philosophie. Eine Gedächtnißschrift zum 50jähr. Jubiläum der vereinigten Gelehrten-Schulen in Worms. gr. 8. (107 S.) Worms 854, (Schmidt.)

Wiegand: Gutachten über eine andere Organisation des Gymnasiums zu Worms. Worms 1865. 16 S. 4°
Schul-Univ.-Schrift

Wiegand, W., die internation. Konferenzen vom Rothen Kreuz, s. a. Schriften der Vereine vom Rothen Kreuz. 2.

Wiegand, W[ilhelm]. Die internationalen Konferenzen vom Rothen Kreuz. Ein kurzer geschichtlicher Rückblick. Im Auftrage des Central-Komites vom Rothen Kreuz bearb. von Professor Dr. W. Wiegand... in Strassburg i. E. VIII + 36 S. 8. Berlin, Carl Heymann, 1902. [M. —.60]
Schriften der Vereine vom Rothen Kreuz. Hrg. von Oberstabsarzt Dr. G. Pannwitz. Heft 2.

—— Leibniz als Religions-Friedensstifter. [Ein in der Gesellschaft für Wissenschaft und Kunst in Gießen gehaltener Vortrag.] gr. 8. (52 S.) Halle 879. (Gießen, Heinemann.) *
Aus: Zeitschrift für Philosophie und philosoph. Kritik, besonders abgedruckt.

Wiegand, Wlh., über die Natur und Bedeutung der Gemein-Schule mit Beziehung auf die Wünsche der Gegenwart. gr. 4. Worms 845. (Mainz, Faber'sche Buchh.) n. 3½ ngl

Wiegand, W., Quaestionis de pace quae fertur Cimonia epicrisis. Diss. 1870 76 S. 1. –

—— Rede zum 50jährigen Jubiläum der vereinigten Gelehrtenschulen in Worms. gr. 8. (16 S.) Worms 854, (Schmidt.)

—— ein Sandkorn zur deutschen Einigung oder Vorschlag zu einer allgemeinen deutschen Rechtschreibung, Satzzeichnung und Benennung der grammat. Ausdrücke zunächst für die Schulen der Stadt Worms und ihrer Umgegend. [Frisches und Firnes.] gr. 8. (51 S.) (Ebendas.) 871.

—— s. Studien, Strassburger, 1. Bd. — Urkunden und Akten der Stadt Strassburg.

—— Symbolae criticae ad epistolarum quae Platoni vulgo tribuuntur secundam. 8maj. (32 S.) Worms 854, (Schmidt.)

Ueber die m.·. Symbolik des Lichtes und der Finsterniss, nebst einem poetischen Anh. Ein bescheidenes Festblümchen zur Johannis-Feier 5836. Seinen brüderlichen Mitarbeitern am wiedererbauten Tempel der brüderlichen Liebe am O.·. von Worms gewidmet von ihrem treuen O. B.·. W[ilh.]W[iegand.] [Worms 1836]. 16 S. 8⁰ [Umschlagtit.] Kl. 1262. Im Anh. 2 Gedichte.

Wiegand, Wilhelm, Dr., o. Prof. d. Geschichte: Das politische Testament Friedrichs des Großen vom Jahre 1752. Straßburg 1908: J. H. E. Heitz. (31 S.) 8°
Straßburg, Rede am Geburtstage d. Kaisers 1908

— Das politische Testament Friedrichs des Grossen v. J. 1752. Rede, zur Feier des Geburtstages Sr. Maj. des Kaisers am 27. I. 1908 in der Aula der Kaiser Wilhelms-Universität zu Strassburg geh. (31 S.) gr. 8. Strassburg 908. J. H. E. Heitz. 1.20

Wiegand, Wilh., s.: Urkunden u. Akten der Stadt Strassburg.

—— Urkunden und Stadtrechte bis zum J. 1266, s. Urkunden und Akten der Stadt Strassburg.

Wiegand, Wilhelm, Gerichtsref. aus Troppau: Die Verrechnung von Zahlungen nach gemeinem Rechte. *Wiesbaden 1898: C. Schnegelberger & Co.* (47 S.) 8°
Erlangen, Jur. Diss. v. 22. Juni 1898

—— Vertheidigung der Vulgata in Platonis Rep. IX, cap. 9 = p. 583., B. Steph. = p. 448, 1—2 Bekk., ein Sendschreiben an Hrn. Dr. Friedr. Osann z. Gedächtniß seines 20jähr. segensreichen Wirkens als Prof. der Philologie u. Director des philolog. Seminars an der Universität zu Gießen. (Zugleich) e. Beitrag z. Geschichte des philol. Seminars zu Gießen, sowie auch ein Nachtrag meiner Aehrenlese der Kritik u. des Plat. Staates.) 4. (2 B.) Worms 846, (Steinkühl u. Smith.) *

Wiegand, Wilh., Vertheidigung der Vulgata in Platonis Rep. IX, cap. 9 = p. 583., B. Steph. = p. 448, 1—2 Bekk., ein Sendschreiben an Dr. Friedr. Osann. 4. (XVI S.) Worms 847, Steinkühl & Smith. n. 7 ngl

Wiegand, W., die Vorreden Friederichs d. Grossen zur Histoire de mon temps, s. a. Quellen u. Forschungen zur Sprach- u. Culturgeschichte der germanischen Völker.

Wiegand, W. Die Vorreden Friedrichs des Grossen zur Histoire de mon temps. Diss. Strassburg 1874. 86 S.

Wiegand, Wilhelm [aus Ellrich a. Harz]: Die Vorreden Friedrichs des Grossen zur Histoire de mon temps. (Separat-Abdruck aus den Quellen und Forschungen zur Sprach- und Kulturgeschichte der germanischen Völker, hrsg. von Bernhard ten Brink und Wilhelm Scherer. Heft V.) Strassburg, Karl J. Trübner. London, Trübner u. Comp., 1874. 8. 86 S.

Ueber das Wesen des Christlichen. Von Wilh. Wiegand. (Gedr. als Ms. f. B.) Worms 1846: Steinkühl & Smith. 15 S. 8⁰

Wiegand, Wilhelm Otto Richard, s. Wiegand, Otto

Verlags-Katalog v. Wiegandt, Hempel & Parey (Paul Parey) in Berlin. (Berl.) 1878. 126 S.

Wiegandt's Volks- und Garten-Kalender für 1864 und 1865. 8. (LIV und 221 S., LVI und 205 S., mit eingedr. Holzschn.) Berlin, Wiegandt und Hempel. à Jahrg. * –

Wiegandt, Adf., Untersuchungen über das Dünndarm-Epithelium und dessen Verhältniss zum Schleimhautstroma. Inaugural-Dissertation. gr. 8. (64 S. mit 1 Stnt.) Dorpat 860. (Mitau, Reyher'sche Verlagsbuchh.)

Wiegandt, B. Das malerische Bremen 1890. Imp.-Fol. (20 Photograv. m. 1 Bl. Text.) Brem. 891, (Hollmann). In Mappe * 36 —

Wiegandt, Felix [cand. med. aus Braunschweig]: Ein Beitrag zur Statistik des Mammacarcinoms. 115 Fälle v. Brustkrebs beobachtet in d. k. chirurg. Poliklinik zu München in d. Jahren 1886—1892 ... München, kgl. Hof- u. Univ.-Buchdr. v. Dr. C. Wolf & Sohn, 1894; 31 S. 8.
München, Med. Fak., Inaug.-Diss. v. 1894

Wiegandt, Friedrich: Ueber α-Methyl- und α-Phenylstilben, sowie den Methylenäther des 3.4. Dioxystilbens und deren Bromide. 1905. 59 S. 8⁰ ¶ Vgl. Berichte d. Deutschen Chem. Gesellschaft. Jg. 37. 1904. S. 1429 ff.
Stuttgart, Dr.-Ing.-Diss. v. 22. 2. 1905

Wiegandt, Hermannus: De ethico antiquorum rhythmorum charactere auctore Aristide Quintiliano. Halis Saxonum 1881: (Kirchner in Nordhausen). 30 S. 8°
Halle-Wittenberg, Phil. Diss. v. [10. Okt.] 1881
Geb. Wahlhausen a. d. Werra (Kr. Heiligenstadt) 13. 8. 1857. V.

Wiegandt, L. Marie

Wiegandt, L. M., neues Leben, s. a. Eckstein's illustr. Roman-Bibliothek, 3. Bd.

Neues Leben. Eine Erinnerg v. L. M(arie) Wiegandt. Ill. v. P. Brockmüller. 1.–10. Taus. Berlin: R. Eckstein Nf. [1898]. (158 S., 1 Bl., 1 Bd 8⁰
(Romanbibliothek, Ecksteins illustrierte. Jg. 1. Bd 3.)

Wiegandt, Leopold [Oberl. am K. Gymn. zu Dresden-Neustadt]: Julius C a e s a r und die tribunizische Gewalt. . . . Dresden, Druck C. Heinrich, 1890; 53 S. + 1 Bl. 8°
Leipzig, Phil. Fak., Inaug.-Diss. v. 23. Apr. 1890.

W i e g a n d t, Leop. C. Jul. Caesar u. die tribunizische Gewalt. gr. 8. (53 S.) Dresd. 890. (Lpz., Fock.) * 1 20

Wiegandt, [Leopold Heinrich Hermann August], Prof. Dr.: Rede, gehalten bei der Feier zum Gedächtnis des hochseligen Königs Georg. Dresden 1905: B. G. Teubner. (S. 4—12.) 4°
Dresden-Neustadt, k. G P 1905 (645)

Wiegandt, Leopold: Studien zur staatsrechtlichen Stellung des Diktators Caesar: Das Recht über Krieg und Frieden. *Dresden 1898: B. G. Teubner.* (25 S.) 4°
Dresden-Neustadt, k. G, OP 1898 (557 [vielm. 561])

Wiegandt, Max: Ein Fall von Blasenmole mit einigen seltenen Besonderheiten. Tübingen 1908: Laupp. 27 S. 8°
Tübingen, Med. Diss. v. 15. Jan. 1909, Ref. Sellheim
[Geb. 31. Aug. 80 Ulm; Wohnort: Stuttgart; Staatsangeh.: Württemberg; Vorbildung: Gymn. Heilbronn Reife Juli 99; Studium: Tübingen 5, München 1, Kiel 1, Tübingen 4 S.; Coll. 14. Dez 08; Approb. 22. Dez 08.] [U 09. 3947

W i e g a n d u s illustr. casibus, sive tribunal confessariorum et ordinandorum, decl., probabil. compl. stilo brevi, claro ac firmis sententiis omnes usitationes, matherias theol. morales juxta Thomaei Aquinatis. fol. Colon. Fabricius 793.

Wiege und Jugend, Leo XIII. Gezeichnet nach Briefen von P . . . . Wien 1903. V: *Pillersdorff, Constanze Baronin* (EB)

An der **Wiege** der 'Kreuz-Zeitung'. Erinnerungen aus d. Tagen ihrer Vorgeschichte u. Gründung aus Anlaß ihres 60jähr. Bestehens. [Berlin]: Neue Preuß. (Kreuz-)Zeitung 1908. 48 S. 8°
Aus: Neue Preuß. (Kreuz-)Zeitung.

Wiegel, Chrph, Herma; welche anweist die Postwege deren man sich in denen 10 Kreisen des H. R. Reichs [bedient??] . . . . . . [ca 1750?] . . . .

Wiegel, Heinrich, a. Neuhaldensleben: Petrographische Untersuchung der Basalte des Schwälmerlandes bis an den Vogelsberg. Marburg i. Hessen 1907: (C. Grüninger, Stuttgart). (S. 345—405.) 8° ¶(Aus: Neues Jahrbuch für Mineralogie Beil.-Bd 23.)
Marburg, Phil. Fak., Ref. Bauer, Diss. v. 6. März 1907
[Geb. 7. Okt. 76 Neuhaldensleben, Bez. Magdeburg; Wohnort: Rheydt, Bez. Düsseldorf; Staatsangeh.: Preußen; Vorbildung: 2. Volksschullehrerprüfung Genthin Juni 01 (Dispens v. Minister); Studium: Marburg 3, München 1, Marburg 5 S.; Rig. 13 Juni 06.]

Wiegel, Johann Philipp (Strassburg) A. S. 168/12

Dissertatio iuris naturalis de garantia pacis.
Präs. Johann Friedrich Frid.
Strassburg (Pauschinger) 27. V. 1762. 50 S.

Gew.: Der Schenckbecherschen Stiftung.

36648

WIEGELE, Roman: Die Siedlungs- und Bevölkerungsverhältnisse des steirischen Draugebietes in ihrer Abhängigkeit von den natürlichen und geschichtlichen Bedingungen. — 1910. XI, 183 Bl. Diss. Graz, Univ.

In der Dienstmännerkneipe. Lustspiel in 1 Aufz. von F r a n z **Wiegelmann**. (2. Aufl.) *Paderborn: B. Kleine [1901].* (22 S.) 8° [F.]
— Theater, Kleines. II. 299. [03. 9037

Musketier Knarke oder der Unglücksrock. Militär. Humoreske in 1 Aufz. von F r a n z **Wiegelmann**. (5. Aufl.) *Paderborn: B. Kleine [1901].* (23 S.) 8° [F.]
— Theater, Kleines. II. 298. [03. 9036

Der überlistete Polizeidiener. Humorist. Lachscene in 1 Aufz. von F r a n z **Wiegelmann**. (3. Aufl.) *Paderborn: B. Kleine [1901].* (27 S.) 8° [F.]
— Theater, Kleines. II. 297. [03. 9035

Wiegelmann, Frz, s.: Theater, kleines.

Wiegels, Heinrich [app. Arzt aus Sangenstedt]: Ein F a l l von Embolie der Aorta abdominalis mit Gangrän der rechten unteren Extremität . . . Würzburg, P. Scheiner's Buchdr., 1896; 29 S. 8°
München, Med. Fak., Inaug.-Diss. v. 1896.

Wiegen, die vier, oder die Familie Dunand. Frei aus dem Französ. von Chr. M. 16. (70 S.) Basel 867, Spittler. cart. *

Wiegenbüchlein, das, ein Pathengeschenk für kleine Kinder, um von d. Wiege an ihre Sprache u. ihren Verstand zu bilden. 2e verb. Aufl. 12. Erfurt 810. Loßius. 6 ggr.

Wiegener, Abraham (Hrsg.), s. A r n d , Johann: Sechs geistreiche Bücher vom wahren Christenthum.

Wiegenkind, das, von Chur und die Junggesellen von Aarau. Ein Erinnerungsblatt an die Taufe des Joh. Ant. Stäger in Chur, den 5. Mai 1850. gr. 8. (42 S.) Aarau 850, Christen.

Esterhàzy, Marie Charlotte Prinzess v.: **Wiegenlied** für Marie Charlotte Prinzess v. Esterhazy gewidmet von den Br.·. der g. u. v. ☐ Carl zu den drey Schlüsseln in Regensburg den 24. VI. 5813. [Regensburg 1813]: Augustin. 2 Bl. 8° [Umschlagtit.]
Ohne Noten.

Wiegenlied: Schlummre liebe Kleine . . . O. O. [ca. 1800]. V: *Gottschalck, Joh. Mart. Christian.* (LS) (NN)

Wiegen-Liedchen. [Zürich] 1772. V: *Lavater, Johann Kaspar.* (schstr S. 102)

Wiegenlieder, (von Jak. Fr. Schmidt). 2 Thle. 8. Gotha 770. Ettinger. 8 ggr.

Wiegen-Lieder, Ammen-Reime und Kinderstuben-Scherze in plattdeutscher Mundart. Lex.-8. (68 S. mit eingedr. Holzschn. und Titel in Holzschn.) Bremen 859, Kühtmann und Comp. *

Wiegen-Lieder, Ammen-Reime und Kinderstuben-Scherze in plattdeutscher Mundart. 2. Aufl. Lex.-8. (68 S. mit eingedr. Holzschn.) Bremen 866, Kühtmann und Comp. cart. *

Wiegenlieder, deutsche. In Wort und Weise ausgewählt von H Fraungruber, Schrift und Bilder von R Daenert. (96 S) kl ☐ Wien (1909)

Wiegenliederchen. Altenb. 1772. V: *Bertuch, Friedrich Justin.* (Mn)

Wiegenliederchen. 8. Altenburg, Richter. (Akad. Buchhdl. in Jena). 772.

Wiegenliederchen. 8. Altenb. 774. (Hennings in Neisse). 4 ggr.

Wieger, A., die Heilung der Lungenschwindsucht (Widerlegung der Koch'schen Lehre). Studien u. Erfahrgn. üb. die sogenannte Lungentuberkulose, ihr Wesen, ihre Entstehg., nebst Mitteilg. e. neuen Heilungsmethode. 2. unveränd. [Titel-]Aufl. gr. 8. (84 S.) Leipzig [891.] 899. O. Borggold. n. 1. 50

Wieger, Aug., zur Statistik des Typhus abdominalis. Inaugural-Dissertation. gr. 8. (22 S.) Jena 882, (Pohle.)

Wieger, Friedrich [o. Professor an der Kaiser-Wilhelms-Universität]: Geschichte der Medicin und ihrer Lehranstalten in Strassburg vom Jahre 1497 bis zum Jahre 1872. Der 58. Versammlung deutscher Naturforscher und Aerzte in Strassburg 18.—22. September 1885 gewidmet von .... Strassburg, Verl. v. Karl J. Trübner, 1885; 19 + 173 S. u. 1 Taf. 4°.

Wieger, Friedr., Geschichte der Medicin und ihrer Lehranstalten in Strassburg vom J. 1497 bis zum J. 1872. Der 58. Versammlung deutscher Naturforscher und Aerzte in Strassburg 18.—22. Septbr. 1885 gewidmet. hoch 4. (XIX, 173 S.) Strassburg 885, Trübner. *

Wieger, G., die anthropolog. Sammlung der Universität Breslau, s.: Sammlungen, die anthropologischen, Deutschlands.

Wieger, Germain [aus Strassburg i/E.]: Ueber den Canalis Petiti und sein „ligamentum hyaloideo-capsulare". Strassburg, Universitäts-Buchdruckerei von Johann Heinrich Eduard Heitz. 1883. 8. 37 S.

(Gustav) **Wiegers** Blitz-Code 1906. [Nebst] Inhaber-Verzeichnis [&] Gummierte Nachträge. Düsseldorf: G. Wieger (1906). 2 Bde 8°.
Inhaber-Verz. 2. vervollst. Aufl. 107. 8135

Wieger's Blitz-Code 1908. Verl.: Gustav Wieger u. Sohn, Düsseldorf. Düsseldorf: H. Wieger (1908). 168 S. 8° 1:9. 15346

Wieger, Gust., „Blitz"-Handbuch f. das überseeische Geschäft in Getreide, Oelsaaten, Hülsenfrüchten, Mühlenfabrikaten u. verwandten Artikeln. 8. (V, 336 S. m. 1 Karte u. 7 Bl. Codeworte.) Düsseldorf 899. Schmitz & Olbertz. Geb. in Ldr. n.n. 15.—

Wieger's, Gust., Blitz-Calculator f. das internat. Geschäft in Getreide u. verwandten Artikeln. (116 S. u. Doppels.) 14,5×23 cm. Düsseldorf (907). (H. Hoch.) Geb. 10.—; erm. Pr. 5.—

— Blitz-Register 1910. 1. Weltadressbuch f. das internationale Geschäft in Getreide u. verwandten Artikeln. 2. Paritätstabellen, Getreideernte-Kalender etc. 3. Bibliographie des Getreidehandels. Verf. v. Gust. Wieger & Sohn. (419 S.) gr. 8. Düsseldorf (910). Herm. Wieger. (Nur direkt.) Geb. in Leinw. nn 25.—

Wieger, Johann (Strassburg) A. S. 203/35

Dissertatio inauguralis juridica de fidejussoribus in causa criminali.
Strassburg (Maag) 11. X. 1714. 68 S.

Gew.: Johann Baptist von Klinglin. 36650

Wieger, Johann Jakob (Strassburg) A. S. 802/9

Dissertatio academica de compendiis bellorum, seu potius de modis, quos, ut sanguini humano parcatur, prudentia praescribit.
Präs. Johann Georg Scherz.
Strassburg (Pastorius) 22. II. 1703. 24 S.

Gew.: Schenckbechersche Stiftung.
W. v.: Johann Kaspar Khun. 36653

Wieger, Johannes Jakob (Straßburg)
Dissertatio inauguralis de jure successoris fiduciarie vocati posterioris in facta prioris.
Gissae [31.] März 1707: Joh. Reinh. Vulpius. 56 S. 4°
pro licentia summos in utroque jure honores capessendi.

Wieger, Leo [aus Strassburg i. E.]: Ueber hyaline Entartungen in den Lymphdrüsen. (Separatabdruck aus Virchow's Archiv für pathologische Anatomie und Physiologie und für klinische Medicin. 78. Band 1879.) Berlin, gedruckt bei G. Reimer, 1879. 8. 30 S. u. 1 Taf.

Wieger, Moritz [pract. Arzt aus Strassburg]: Beitrag zur Geschichte und Technik der Epilation zu therapeutischen und kosmetischen Zwecken .... Strassburg, Univ.-Buchdr. v. J. H. Ed. Heitz (Heitz & Mündel), 1888; 63 S. u. 1 Taf. 8°
Strassburg, Med. Fak., Inaug.-Diss. v. 1888

Wiegeroth, W., das Axiom der Philosophie und die siebzig Kennzeichen desselben. 8. (112 S.) Wien 860, (Mechitharisten-Congregations-Buchh.)

Wiegers, Fritz, aus Lüneburg, Assist. am min. Inst. d. Gr. techn. Hochschule zu Karlsruhe: Zur Kenntniss des Diluviums der Umgegend von Lüneburg. Mit Taf. Halle a. S. 1899: E. Karras. (50 S.) 8°
Halle, Phil. Diss. v. 1899.

Wiegers, Fritz, zur Kenntnis des Diluviums der Umgegend v. Lüneburg. gr. 8. (50 S. m. 2 Taf. u. 2 Bl. Erklärgn.) Stuttgart 899. E. Schweizerbart. n. 1.—
Sonderabdruck aus: „Zeitschrift f. Naturwiss."

Wiegers, J.

— s. Archiv für Naturgeschichte.

Wiegers, J., kleines Choralbuch für den Gesang-Unterricht in Schulen. Enth. 90 Choral-Melodieen in method. Reihenfolge mit untergelegtem Originaltext. qu. gr. 8. (28 S.) Königsberg i. d. N. 847, Windolff & Striese in Comm. 1/12 ℛ

Wiegers, J., Gott, König, Vaterland, Sänger- u. Kriegerleben, in 16 vierstimm. Männer-Chorgesängen. qu. 4. (3 B.) Königsberg i. d. N. 844, Windolff u. Striese.

Wiegers, J., dreißig Lieder aus d. berlin. Handfibel mit leicht faßl. Melodieen f. d. kleinere Schuljugend. qu. Lex.-8. (2 B.) Berlin 838, L. Oehmigke.

Wiegers, J., dreißig Lieder [aus der Handfibel von O. Schulz] mit leichtfaßl. Melodien. 2. Aufl. Berlin 870. Oehmigke's Verl. 8. (31 S.) n. 2½ ngr.

—— kleine Singschule f. Anfänger im Singen nach Noten, namentl. f. Schulen bearb. Breit gr. 8. (3⅛ B.) Berlin 838, [Schroeder's Verl.]

—— kleine Singschule f. Anfänger im Singen nach Noten, namentlich f. Schulen bearb. 2. Aufl. gr. 8. (3 B.) Berlin 844, Schröder's Verl.

Wiegershaus, Frdr., erste Akkorde. Dichtungen. 8. (IV, 155 S.) Elberfeld 900. (Baedeker.) n. 2.—; geb. m. Goldschn. n. 3.50

Wiegershaus, Frdr., Ausfahrt. Gedichte. (112 S.) kl. 8. Bremen (904). C. Schünemann. n. 1.50; geb. n. 2.50

Wiegershausen, Heinr., Aenesidem-Schulze, der Gegner Kants, u. seine Bedeutung im Neukantianismus, s. a. Kantstudien. Nr. 17.

Aenesidem-Schulze, der Gegner Kants, und seine Bedeutung im Neukantianismus. Von Heinrich Wiegershausen. Berlin: Reuther & Reichard 1910. 93 S. 8°
Erscheint zugleich als Inaug.-Diss., Münster.
(Kantstudien. Erg.H. 17.)

Wiegert, Karl, Referendar: Die Draufgabe. Halle a. S. 1909: Colbatzky. 77 S. 8°
Halle, Jur. Diss. v. 17. Dez. 1909, Ref. Rehme
[Geb. 13. Dez. 83 Erfurt; Wohnort: Halle a. S.; Staatsangeh.: Preußen; Vorbildung: Gymn. Torgau Reife M. 03; Studium: Halle 6 S.; Rig. 18. Nov. 09.] [U 10. 1677

Wiegert, Wilhelm, Tierarzt aus Friedland im Grossherzogtum Mecklenburg-Strelitz: Über die Wirkung von Magnesium sulfuricum bei subkutaner, intravenöser und intratrachealer Anwendung. ⟨Aus der medizinischen Klinik der Königlichen Tierärztlichen Hochschule in Hannover. Leiter: Prof. Malkmus.⟩ Friedland i. Mecklb. 1909. 40 S. 8°. [29. II. 08.]
Bern. Vet.-med. Diss. 1908 09.

Wiegert, Wilhelm. Über die Wirkung von **Magnesium** sulfuricum bei subkutaner, intravenöser und intratrachealer Anwendung. Aus der medizinischen Klinik der Königlichen Tierärztlichen Hochschule in Hannover.... **Diss.**Vet.-Med. Bern. 40 S. 8. Friedland i. Mecklb., Franz Walther, 1909.

Wieghardt, Karl, aus Bergeborbeck (Rheinprov.): **Über die Statik ebener Fachwerke mit schlaffen Stäben.** *Göttingen 1903: Dieterich.* (IX, 86 S.) 8° ¶ (Teil d. eingereichten Arbeit.)
Göttingen, Phil. Diss. v. [5. Sept.] 1903

Wieghardt, Karl, über die Statik ebener Fachwerke m. schlaffen Stäben. Diss. (VI, IX, 85 S. m. Fig.) gr. 8. Göttingen 903. (Vandenhoeck & Ruprecht.) n. 2. 40

Wieghardt, K., Über ein neues Verfahren, verwickelte Spannungsverteilungen in elastischen Körpern auf experimentellem Wege zu finden. Berlin. 1908. 16 S. mit 21 Abb.

Wieghorst, Petrus: Als der hoch-edelgebohrne und hochgelahrte Herr ... [Text zur Cantata von Christian Friedrich Weichmann bei der Antrits-Rede auf Johann Heinrich **Heubel,** Prof. d. Rechtswiss., 14. April 1723.] — Kiel (1723): Reuther. 2 Bl. 4°

Cantata, zur Bezeugung unterthänigster Freude wegen der ... Vermählung Sr. Königl. Hoheit Carl Friederichs, Erben zu Norwegen, regierendem Hertzogen zu Schleßwig-Hollstein ... mit Ihro Käyserl. Hoheit Princessin Anna Petrowna, auf Verordnung eines hoch-edlen ... Raths der Stadt Kiel, Anno 1725. den 8. Julii in der Kirchen zu St. Nicolai aufgeführet, verfasset u. componirt v. Petro **Wieghorst.** Kiel. (1725.) 2 Bl. Fol.

Das frohlockende Kiel. Wegen der Ankunfft Carl Friederichs, und Dero Gemahlin Annen Petrownen ... Anno 1727 den 31. August In der Kirchen zu St. Nicolai musicalisch aufgeführet, verfasset und componiret v. Petro **Wieghorst.** Siehe in: Allerunterthänigstes Freuden-Denckmahl etc. Kiel. 1727. 4°k.

WIEGHORST, PETRUS, Lob- und Dank-Opfer für die durch den sehligen Vater Mart. Luther erwiesene Gnade und Barmhertzigkeit, in der Plönischen Gemeine an dem grossen Jubilæo und Reformations-Feste Anno 1717, d. 31. Oct. eingerichtet. Plöen. 1717. P.

Wieghorst, Petrus: Trauer-Cantata ... [Text zur Trauer-Cantata auf Friedrich **Rantzau,** Geheimter Raht, † 8. Febr. 1723, beigesetzt am 6. April 1723.] — Kiel (1723): Reuther. 2 Bl. 4°

Wiegk, Otto, Coburg u. Umgebung. 20 Lichtdr.-Bilder nach Orig.-Federzeichngn. 4. Coburg 896. E. Riemann'sche Hofbuchhdlg. In Leinw.-Mappe n. 10. —

Wiegk, Otto, malerische Partien aus Alt-Nürnberg. (12 farb. Taf.) qu. 4. Nürnberg (903). S. Soldau. In Mappe n. 3. 50

Wiegleb, Carl, s. Wiegleb, Karl

Wiegleb, Jh. Chr., († d. 16. Jan. 1800.) kleine chemische Abhandlungen vom Nutzen d. Erkenntniß d. acidi pinguis, nebst e. Vorrede, worin d. Hrn. Meyer's Leben erzählt u. von dessen Verdiensten gehandelt wird, von E. G. Baldinger ꝛc., nebst Fortsetzung. 8. Langensalza 767—71. Schneider. 5 Gr.

— neuer Begriff von d. Gährung u. den ihr unterwürfigen Körpern. 8. Weimar 776. Hoffmann. 6 Gr.

– s. H. Boerhave, Anfangsgr. d. Chemie.

– s. G. H. Burghart, Destillirkunst.

Wiegleb, Johann Christian (Übers.):

s.: Dossie, Robert: Geöfnetes Laboratorium oder entdeckte Geheimnisse der heutigen Chemisten und Apotheker. (The Elaboratory laid open, or the secrets of modern chemistry and pharmacy revealed... Dt.) 2.verm.Aufl. Altenburg: 1783

JB 1.437

– s. J. C. P. Erxleben, Chemie.

– s. A. F. Fourcroy, Handb. d. Naturgeschichte.

Wiegleb, Johann Christian: Geschichte der Chemie, in der neuern Zeit. Bd 1, Th.1 - 2, gbd.

Berlin u.Stettin: Nicolai 1790

JB 313

— Geschichte des Wachsthums u. d. Erfindung in d. Chemie, in d. neuern Zeit. 1r Bd. 1r u. 2r Thl. u. 2r Bd., nebst Register. gr. 8. Berl. 790—92. Nicolai. 2 Rthlr. 12 Gr. Nachtrag zum 2ten Bde. A. u. d. T.: Geschichte d. Wachsthums u. d. Erfindung in d. Chemie in d. ältesten u. mittlern Zeit; aus d. Latein. (des Ritters Bergmann), mit Anmerkk. u. Zusätzen. gr. 8. Ebd. 792. 20 Gr.

Wiegleb, Johann Christian: Handbuch der allgemeinen Chemie. Bd 1 - 2, gbd.

Berlin u.Stettin: Nicolai 1781

JB 312

Handbuch der allgemeinen Chemie. Zwote neuberichtigte Auflage. Berlin und Stettin, 1786. 2 vols., 8vo.
Vol. II, pp. 716–740, contains: Verzeichniss der vorzüglichsten Schriften, die zum Behuf der allgemeinen und angewandten Chemie nachgelesen werden können, und als eine auserlesene chemische Bibliothek anzusehen sind.

— Handbuch d. allgem. u. angewandten Chemie. gr. 8. Berl. 781. Neue verm. Aufl. in 2 Bden 786. N. umgearb. Aufl. in 3 Bden 796. Nicolai. 3 Rthlr. 12 Gr.

– s. Gf. Aug. Hoffmann, Chemie.

– s. H. C. F. Knoll, Naturwunder.

– s. de Machy, Laborant.

(**Wiegleb,** J. Chr.), die natürliche Magie in allerhand belustigenden und nützlichen Kunststücken bestehend. Bd. I. Berlin 779 - 82. 783. 789. 8. Bd. II. ebd. 786. 8. Bd. III—XX. fortges. von Rosenthal. ebd. 786—805. 8. 461 S.

– s. J. Nik. Martius. Unterr. in d. natürl. Magie.

s. Onomatologia curiosa.

* Onomatologia curiosa artificiosa et magica oder natürliches Zauber-Lexicon, in welchem vieles nützliche und angenehme aus der Naturgeschichte, Naturlehre und natürlichen Magie nach alphabetischer Ordnung vorgetragen worden. Dritte Auflage, verbessert und mit vielen neuen Zusätzen vermehrt. Nürnberg, auf Kosten der Raspischen Buchhandlung, 1784. pp. [viii]–1743, 8vo.

— Revision d. Grundlehren von d. chem. Verwandtschaft d. Körper. gr. 4. Erfurt 780. Keyser. 2 ℛ

– s. Samml. von allerh. Kunststücken f. Künstler.

– s. J. C. T. Schlegel, deutsches Apothekerbuch.

Wieglebs und Rosenthals gesammelte Schriften über natürliche Magie. Ausgew. u. bearb. nach den Anforder. uns. Zeit von J. H. v. Poppe. Stuttg. 839. II. Bde. mit Kpf. 12. (ist d. Bd. III. u. IV. v. s. Wunderschauplatz der Künste 2c.)

Wiegleb's Schriften üb. natürl. Magie, s. Poppe, J. H. M. v., neues Wunder-Magazin.

— Unterricht in d. natürl. Magie. 20 Bde, s. a. J. N. Martius.

Wiegleb, J. C. Unterricht in der natürlichen Magie. Berlin 1779.

Wiegleb, Johann Christian: Historisch-kritische Untersuchung der Alchemie, oder der eingebildeten Goldmacherkunst ... Von Johann Christian Wiegleb. Weimar: Hoffmann 1777. 437 S. 8°

— chymische Versuche mit e. künstl. Metallarten, woraus einige aus d. Alterthum herrührende Instrumente verfertiget u. in d. Gegend von Langensalza gefunden wurden. Erfurt 778.

Wiegleb, Johann Christian: Chemische Versuche über die alkalische Salze. 272 S., gbd.

Berlin u.Stettin: Nicolai 1774

JB 280

— chemische Versuche über d. alkalischen Salze. gr. 8. Berl. 774. 2e neu berichtigte Ausg. 781. Nicolai. 16 ℛ

— Vertheidigung d. Meyerschen Ansicht von acido pingui gegen verschiedene darwider gemachte Einwürfe. gr. 8. Altenb. 770. (Hennings in Neisse). 6 ℛ

— Vertheidigung der Meyer'schen Lehre von acido pingui geg. verschied. darwid. gemachte Einwürfe. gr. 8. Altenburg, Richter. (Akad. Buchhdl. in Jena). 770.

– s. R. A. Vogel, Lehrsätze d. Chemie.

Wiegleb, J. C., natürliches Zauberlexicon. Prag 798. 8.

Wiegleb, Joh. Hier., Hindernisse d. Bekehr. u. Herrlichkeit d. Evangelii. 12. Halle, Waisenh. Buchhdl. 727.

— Kirchenhistorie, v. Erschaff. d. Welt bis a. Christum, sammt d. Chronologie. 3 Thle. 4. Ebend. 716—29.

— — d. kurze Auszug davon. 8. Ebend. 722.

— evangel. Kirchenhistorie, betreff. d. wichtige Werk der Reformation Lutheri v. 1517—55. 4. Ebend. 718.

Wiegleb, Karl

Wiegleb, Carl, Mahnruf. Helft ihm. Wahllied. Bundeslied. Vier Gedichte. 8°. Berlin, Druck von C. Ihring's Witwe, s. a.

Wiegler, Hans, a. Berlin: Geschichte und Kritik der Theorie des Milieus bei Emile Zola. Rostock 1905: G. Schade, Berlin. (114 S.) 8°
Rostock, Phil. Fak., Ref. Zenker, Diss. v. 25. Juli 1905
[Geb. 4. Mai 81 Frankfurt a. M.; Wohnort: Berlin; Staatsangeh.: Preußen; Vorbildung: Luisenstadt. Gymn. Berlin Reife M. 99; Studium: Berlin 9 S.; Rig. 21. Juli 05.]

Wiegler, Paul

Wiegler, P., Geschichte d. deutsch. Philosophie, s.: Duboc, J.

Wiegler, Paul, Maximilian Harden, s. a. Persönlichkeiten.

Maximilian Harden von Paul **Wiegler**. Charlottenburg: Virgil-Verl. [1908]. (23 S.) 8°
— Persönlichkeiten. Illustr. Essays. H. 5. [08. 5136

Wiegler, Paul, französische Rebellen. Abriß einer Geschichte des Enthusiasmus in Frankreich, s. a. Essays, moderne. 39—41.

Französische Rebellen. Abriß e. Geschichte d. Enthusiasmus in Frankreich von Paul **Wiegler**. Berlin: Gose & Tetzlaff 1904. (98 S.) 8° [J.]
— Essays, Moderne. H. 39–41. [06. 4634

— s. a. Theater, französisches, der Vergangenheit.

Französisches Theater der Vergangenheit. Szenen u. Abhandlungen von Scudéry, Corneille, Scarron, Molière, Lesage, Diderot, Rousseau, Mercier. Übertr. u. eingeleitet von Paul **Wiegler**. Mit vielen Portr., Rollenkupfern u. Bühnenbild. München & Leipzig: Piper [1906]. CXXII, 275 S. 8°
(Die Fruchtschale. Bd 13.) [[illegible]

Wiegmann, Arend Frid. Aug., Archiv für Naturgeschichte, s. Archiv.

Wiegmann, A. F., über d. Bastarderzeugung im Pflanzenreiche. Eine gekr. Preisschr. gr. 4. (6½ B. u. 1 ill. Stnt.) Braunschweig 828, Vieweg. Thlr.

Wiegmann, A. F., u. L. Pollstorff, über d. anorganischen Bestandtheile der Pflanzen etc. Eine gekrönte Preisschrift, nebst e. Anh. üb. die fragl. Assimilation des Humusextractes. Lex.-8. (3½ B.) Braunschweig 842, Vieweg u. Sohn. *

—— über d. Einsaugungs-Vermögen d. Wurzeln, s. a. Schriften d. Gesellsch. zur Beförderung d. gesammt. Naturwissensch., 2. Bd. 1. Hft.

Ueber das Einsaugungs-Vermögen der Wurzeln. Von A[rend] F[riedrich August] Wiegmann. Marburg: Krieger 1828. 26 S. 8°

[(= Schriften der Gesellschaft zur Beförderung der gesammten Naturwissenschaften zu Marburg. Bd 2, H.1.)]

Wiegmann, A. F., üb. d. Entstehung, Bildung u. d. Wesen d. Torfes, eine v. d. k. Akad. d. Wissenschaften in Berlin d. Preises f. 1833 würdig erkannte Preisschr., nebst e. Anh. üb. d. Entsteh., Bild. u. d. Wesen d. Raseneisensteine u. d. erdigen Eisenblau. gr. 8. (6⅛ B.) Braunschweig 837, [Vieweg u. Sohn.]

Wiegmann und Joh. Friedr. Ruthe, Handbuch der Zoologie, s. a. Troschel, Franz Herm.

— u. Jh. Fr. Ruthe, Handbuch d. Zoologie. gr. 8. Berl. 832. Lüderitz. 2 ℛ 6 𝒩

Wiegmann, Arend Fr. Aug., Handbuch d. Zoologie. 2. Aufl. Nach den Fortschritten der Wissenschaft überarbeitet u. vermehrt von Frz. Herm. Troschel u. Jh. Fr. Ruthe. gr. 8. Berlin 843, C. G. Lüderitz. 2¼ ℛ

Wiegmann's, A. F. A., († d. 15. Jan. 1841), u. J. F. Ruthe's Handbuch der Zoologie. 3. Aufl. Umgearb., verm. u. verb. v. Frz. Herm. Troschel u. Joh. Frdr. Ruthe. gr. 8. (IV u. 651 S.) Berlin 848, C. G. Lüderitz. 2¼ ℛ

Wiegmann, Arend. Fr. Aug., Herpetologia Mexicana, seu descriptio amphibiorum novae Hispaniae, quae itineribus Comitis de Sack, Ferd. Deppe et Chr. Guil. Schiede in Museum zoologicum Berolinense pervenerunt. Pars I., Saurorum species amplectens. Adjecto systematis Saurorum prodromo, additisque multis in hunc amphibiorum ordinem observationibus. Accedunt tabulae lithogr. X (color.), novorum generum typos exhibentes. Fol. maj. Berolini 834. C. G. Lüderitz. 1½ ℛ

Wiegmann sen A. Fr., die Krankheiten und krankhaften Mißbildungen der Gewächse, mit Angabe der Ursachen und der Heilung oder Verhütung derselben, so wie üb. einige den Gewächsen schädliche Thiere u. deren Vertilgung. Ein Handbuch für Landwirthe, Gärtner, Gartenliebhaber und Forstmänner. Mit 1 Steindruck. 8. Braunschweig 839. Vieweg u. Sohn. ¾ ℛ
176 S.

Wiegmann, Arend Fridr August (geb. Braunschweig 1802): Observationes zoologicae criticae in Aristotelis historiam animalium. Berolini 1826. (30 S.) 4°
Berlin, Phil. Diss. v. 19. Okt. 1826

— Observationes zoologicae criticae in Aristotelis historiam animalium. 4maj. Berl. 826. (Hinrichs in Leipz.) 12 𝒩

Wiegmann, Christian Ludwig

WIEGMANN, CHR. LUDW., Das Beyspiel Jesu in 9 Predigten dargestellt und empfohlen. Kiel. 1812. (Tillige med Titelbl. Moralisch-religiöse Untersuchungen über das Beyspiel Jesu).

Wiegmann, Chr. L., kurzgefaßte Geschichte der christl. Religion u. des Kirchenwesens in den dänischen Staaten, besond. in den Herzogthümern Schleswig u. Holstein. Mit einer chronolog. Uebersicht u. 2 histor. Tabellen. gr. 8. Kiel 840. (Bünsow.) n. ⅔ ℛ

Wiegmann, Chr. L., kurzgefaßte Geschichte der christl. Religion u. des Kirchenwesens in den dänischen Staaten, besonders in den Herzogthümern Schleswig u. Holstein. M. e. chronolog. Uebersicht u. 2 histor. Tab. gr. 8. (13⅞ B.) Kiel 840, (Nacck.) *

Kurzer Inbegriff der Lehre heiliger Schrift von der Seligkeit der Menschen durch Christum. Oder: Der schleswig-holsteinische Landeskatechismus neu umgearb. u. vermehrt [v. Christian Ludwig Wiegmann]. Flensburg. 1840. 8°
[Umschlagt.:] Versuch eines neu umgearbeiteten Landeskatechismus.

Wiegmann, Chr. Ldw., moral.-religiöse Untersuchungen über d. Beispiel Jesu. gr. 8. Kiel 812. Hesse. 15 𝒩

Wiegmann, Conr. Friedrich, s. Wiegmann, Konrad Friedrich

WIEGMANN, Dietrich: Über das Morphin. — 1889. 35 S. Diss. Graz, Univ.

Wiegmann, Ernst [app. Arzt aus Jena]: Ein Fall von Melanosarcom der Iris, hervorgegangen aus einem angeborenen Naevus ... Lichtenhain-Jena, Buchdr. v. F. L. Seifert, 1893; 19 S., 1 Bl., 1 Taf. 8.
Jena, Med. Fak., Inaug.-Diss. v. [24. Nov.] 1893

Wiegmann, Fritz, Beitrag zur Entwickelungsgeschichte der Reibeplatte u. des Kiefers bei den Landschnecken. gr. 8. (S. 193—236 m. 2 Taf. u. 2 S. Erklärgn.) Frankfurt a/O. 876. Berlin, W. Junk. n. 1. 40

— Beiträge zur Anatomie der Mollusken. gr. 8. (S. 195—218 m. 3 Taf.) Ebd. 877. n. 2. —

Landmollusken (Stylommatophoren). Zootom. Tl. Von F(r.) Wiegmann, Jena. M. 11 Taf. (Frankfurt a. M.: In Komm. b. M. Diesterweg; [Dr. v.] A. Weisbrod 1898.) 4.
= Kükethal, W.: Ergebnisse e. zool. Forschgsreise in d. Molukken u. Borneo. Tl 2. Bd II. H. III.
= Abhandlungen hrsg. v. d. Senckenbergischen naturforschenden Gesellschaft. Bd 24. H. 3. (98. 1131)

⑧ Wiegmann, F., Landmollusken v. d. Molukken. 898. (KBl. 39.) Jetzt: Frankfurt a/M. (Viktoria-Allee 7). Senckenberg. naturforsch. Gesellschaft. Erm. Pr. nn 8. —

Landmollusken (Stylommatophoren). Von F(r[itz]) Wiegmann, Jena. Zootom. T. [Mehr nicht erschienen.] Mit 11 Taf. (Frankfurt a. M.: M. Diesterweg in Komm. 1898.) (S. 290—557.) 4°
= Ergebnisse e. zool. Forschungsreise in d. Molukken u. Borneo. T. 2, Bd 2, H. 3.
= Abhandlungen hrsg. v. d. Senckenbergischen naturforschenden Gesellschaft. Bd 24, H. 3. (97. 585)

— Land- u. Süsswasser-Mollusken der Seychellen, s.: Martens, E. v.

— anatomische Untersuchung der Claus. Reiniana Kob. gr. 8. (S. 202—207 m. 1 Taf.) Ebd. 878.
3 Sonderabdrucke aus: „Jahrb. d. deutsch. malako-zoolog. Gesellschaft".

Wiegmann, Geo. Fr., († d. 2. Juli 1798.), s. S. J. *Frontini*, Strategematicon.

WIEGMANN, Hans (Burg b.M.): Über den Glykogengehalt der Scheidenepithelien und seine diagnostische Bedeutung. - Burg b.M.: Hopfer 1910. 18 S.
13.8.1910 - Chr 1910/11,23: U 11.3769
Diss. Ingolst.-Landsh.-Mchn.

Wiegmann H.: Historisch-kritische Studien üb. Haar- u. Hautfarben bei Haustieren m. besond. Berücks. d. Albinismus u. Leucismus. Diss. (Bern). Greifsw. 1901. 48 S. P.

Wiegmann, Hans. Historisch-kritische Studien über Haar- und Hautfarben bei Haustieren, mit besonderer Berücksichtigung des Albinismus und Leucismus. Aus dem Zootechnischen Institut der Universität Bern .... Diss. Vet.-Med. Bern. 48 S. 8. Greifswald, Paul Friedr. Wolfram, 1910.

Wiegmann, Konrad Friedrich

WIEGMANN, CONR. FRIEDR., Gedanken von dem Übertriebenen beym Gedächtnisz im Unterricht der Jugend. Hadersleben. 1768. 4. P. (Skoleprogr.). (U. B.).

Wiegmann, Konr. Fr., († d. 17. April 1789.) Versuch eines Beweises d. Vortrefflichkeit d. christl. Religion aus d. Auferstehung Christi. 8. Flensb. 778. (Hammerich in Altona). 3 𝒩

Wiegmann, Cd. F., Versuch e. Beweises d. Vortrefflichk. d. christl. Religion aus d. Auferstch. Christi. 8. Flensburg, Korte. 778.

Wiegmann, Paul, approb. Arzt aus Woffleben: Beitrag zur Kenntnis des Pemphigus vegetans. Wien: M. Perles 1903. (47 S.) 8°
(Aus: Wien. Med. Wochenschrift, Nr 38 u. Fortsetzungen, 1903.)
Leipzig, Med. Diss. v. (6. Aug.) 1903.

Wiegmann, Paul [app. Arzt aus Jena]: Aus d. medizin. Klinik zu Jena. Zur Casuistik und Bedeutung der Lues hereditaria tarda ... Jena, Druck v. A. Kämpfe, 1896; 35 S. 8.
Jena, Med. Fak., Inaug.-Diss. v. [4. Febr.] 1896

Wiegmann, Rudolf

— s. Album v. Hannover.

Wiegmann, Rud., Grundzüge d. Lehre v. d. Perspective. Zum Gebrauch f. Maler u. Zeichnenlehrer. gr. 8. ($5\frac{1}{8}$ B. u. 1 Hft. m. 19 Stnt.) Düsseldorf 846, Buddeus. *

Wiegmann, R., Grundzüge der Lehre v. der Perspective. Zum Gebrauch für Maler u. Zeichnenlehrer. Hierzu ein Atlas m. 19 (lith.) Taf. 2. Aufl. gr. 8. (59 S.) Düsseldorf 876. Buddeus. n. 3. 60

—— der Ritter Leo v. Klenze u. unsere Kunst. gr. 12. (6 B.) Düsseldorf 839. [Leipzig, Fr. Fleischer.]

— der Ritter Leo v. Klenze und unsere Kunst. gr. 12. Düsseldorf 839. Schreiner. 2/3 ₰

Wiegmann, R., üb. d. Construction v. Kettenbrücken nach d. Dreieckssysteme, u. deren Anwendung auf Dachverbindungen. gr. 8. (2 B. u. 2 Stnt.) Düsseldorf 839. [Leipzig, Fr. Fleischer.]

Wiegmann, R., über die Construction von Kettenbrücken nach dem Dreieckssysteme, und deren Anwendung auf Dachverbindungen. Mit 2 lithogr. Tafeln. gr. 8. Düsseldorf 839. Schreiner. 1/3 ₰

Wiegmann, R. Die Königl. Kunst-Akademie zu Düsseldorf. Ihre Geschichte, Einrichtung und Wirksamkeit und die Düsseldorfer Künstler. Düsseldorf 1856. 8°.

—— die Malerei d. Alten in ihrer Anwendung u. Technik, insbesond. als Decorationsmalerei. Nebst e. Vorr. v. K. O. Müller. gr. 12. ($11\frac{1}{4}$ B.) Hannover 836, Hahnsche Hofbuchh.

Wiegmann, R., die Malweise des Tizian. Nach Ergebnissen der von dem Maler A. Dräger angestellten Untersuchungen u. Versuche mitgetheilt. (Abgedr. aus dem Correspondenzbl. des Kunstvereins für die Rheinlande u. Westphalen.) 8. (31 S.) Düsseldorf 847, Buddeus. n. 6 ngl

Wiegmann, Rud., über den Ursprung des Spitzbogenstils. Mit einem Anhange, betreffend die Bildung eines Vereins für die Geschichte der mittelalterlichen Baukunst. Mit 1 lith. Tafel. gr. 8. Düsseldorf 842, Buddeus. n. 1/2 ₰

Wiegmann, W., Heimatkunde des Fürstent. Schaumburg-Lippe. Für Schule u. Haus bearb. Mit 3 Holzschn. im Text, 1 Bilder-Anh. u. 1 farb. Trachtenbilde. (VIII, 228 S.) gr. 8. Stadthagen 905. H. Heine. (Leipzig, F. Schneider.) Geb. in Leinw. n.n. 1. 75

Wiegner, Abr., geistliche poet. Betrachtungen üb. verschied. Sprüche H. Schr. 8. Lauban. 730.

Wiegner's, Abrah., ausführliche Erklärung der heil. Passion Jesu Christi in 52 Katechisationen auf einen jeden Freitag des Jahres. Für Prediger, Lehrer und Familienväter neu bearb. von Chrn. Carl Aug. Brandt. 8. (VIII, 302 S.) Halle 871, Fricke. *

— katechetische Fragen u. Andachten üb. d. Passion, m. K. 4. Ebend. 724.

— katechetische Fragen üb. d. Evangelia. 4. Lpz. Martini. 748.

— Passionsgeschichte. 8. Lauban. 735.

[Umschlagt.:] **Wiegner,** Alfred [app. Arzt aus Wiehe i. Thür.]: Ueber Sinus Thrombose nach Otitis media ... Wiehe i. Th., Druck v. O. Kirschbaum, 1896; 37 S. 8.
Erlangen, Med. Fak., Inaug.-Diss. v. 20. Juli 1896

Wiegner, Georg, a. Leipzig: [I.] Über Absorptionsgeschwindigkeiten zwischen festen und gasförmigen Stoffen. [II.] Über metastabile Zustände bei Reaktionen zwischen festen und gasförmigen Stoffen. Weida i. Thür. 1906: Thomas & Hubert. (100 S.) 8°
Leipzig, Phil. Fak., Ref. Hantzsch, Beckmann, Diss. v. 12. Mai 1906
[Geb. 20. April 83 Leipzig; Wohnort: Leipzig; Staatsangeh.: Sachsen; Vorbildung: Realgymn. Leipzig Reife O. 02; Studium: Leipzig 7 S.; Rig. 20. Febr. 06.]

Wiegner, Georg *Sebald Paul:* Über eine besondere Klasse von Translationsflächen ... (Aus: Arch. for Mathem. og Naturv., Bd 16. 1893.) Kristiania og Kjøbenhavn, A. Cammermeyer, *1893;* 2 Bl., 82 S., 2 Taf. 8.
Leipzig, Phil. Fak., Inaug.-Diss. v. [12. Febr.] 1894

Die Kriegskonterbande in der Völkerrechtswissenschaft und der Staatenpraxis. Von Dr. jur. **Max Wiegner.** Von d. Rechts- u. staatswiss. Fak. in Freiburg mit d. Preise d. Schleidenstiftung ausgezeichnet. *Berlin: C. Heymann 1904.* (XXIV, 360 S.) 4°

Wiehage, Heinrich [app. Arzt]: Ueber complicierte Ellenbogengelenkluxationen ... Leipzig, Druck v. J. B. Hirschfeld, 1895; 14 S., 1 Bl. 8.
Leipzig, Med. Fak., Inaug.-Diss. v. 7. Juni 1895

Wiehe [Schlagwort]

Wiehe, s.: Preussen. Messtischblätter.

Wiehe [Verfasser]

Wiehe, die Ausmalung der Stiftskirche zu Königslutter. 4. (13 S.) Braunschweig 894. B. Goeritz. n. — 50

Wiehe, Adam

Wiehe, A., 5 Andachten zur hl. Familie f. die religiösen Versammlungen d. frommen Vereins der christl. Familien zu Ehren der hl. Familie v. Nazareth u. kurze Zusammenstellg. der wichtigsten Satzgn. des Vereins. [Aus: „W., Andachts-Büchlein".] 16. (VII, 112 S. m. Titelbild.) Heiligenstadt 894. F. W. Cordier. n. — 30

Wiehe, A., 5 Andachten nebst Vesper z. hl. Familie Jesus, Maria, Joseph f. d. religiös. Versammlgn. d. frommen Vereins d. christl. Familien zu Ehren d. hl. Familie v. Nazareth. [Aus: „W., Andachts-Buch" 2. Aufl.] 16. (96 S.) Heiligenstadt 895. F. W. Cordier. n. — 20

[F.] Vollständiges Andachts-Buch f. d. Mitglieder d. Allg. Frommen Vereins d. christl. Familien zu Ehren d. hl. Familie v. Nazareth. Von Dr. A[dam] **Wiehe,** Pfarrer ... 2., sehr verm. Aufl. *Heiligenstadt (Eichsfeld): F. W. Cordier [1895].* (4 Bl., 544 S., 1 Taf.) 1 Bd 8. [97. 1886

—— Andachts-Büchlein f. die Mitglieder des allgemeinen frommen Vereins der christl. Familien zu Ehren der hl. Familie v. Nazareth. 16. (VIII, 224 S.) Ebd. 893. Geb. in Leinw. n. — 75

Wiehe, Albert [app. Arzt aus Minden i. Westf.]: Ueber Ohrenerkrankungen bei Eisenbahnbediensteten ... Göttingen, Druck d. Dieterich'schen Univ.-Buchdr., 1893; 21 S., 1 Tab. 8.
Göttingen, Med. Fak., Inaug.-Diss. v. [28. Juni] 1893

Wiehe, Alb., üb. Ohrenerkrankungen bei Eisenbahnbediensteten. Diss. gr. 8. (21 S. m. 1 Tab.) Göttingen 893. (Vandenhoeck & Ruprecht.) n. — 60

Wiehl, Ernst: Ein Fall von cystischer Missbildung der Niere mit Atresie des Ureters. *Freiburg i. B. 1897: Ch. Lehmann's Nachf.* (21 S.) 8°
Freiburg i. B., Med. Diss. v. 1897

Wiehe, E[rnst], a. Braunschweig: Zwei Fälle von cystenartiger Erweiterung des vesikalen Harnleiterendes. Leipzig 1907: B. Georgi. (34 S.) 8°
Leipzig, Med. Fak., Ref. Trendelenburg, Diss. v. 28. Okt. 1907
[Geb. 5. Nov. 73 Braunschweig; Wohnort: Leipzig; Staatsangeh.: Braunschweig; Vorbildung: Gymn. Braunschweig Reife M. 93; Studium: München 1, Göttingen 1, Kiel 3, München 4 S.; Coll. 30. Okt. 07; Approb. 5. Dez. 09.

Wiehe, F. W., De vestigiis et reliquiis synonymicae artis Graecorum. Diss. 1856. 94 S.

Wiehe, Jh. Geo. W., Abbild. u. Beschreib. e. geograph. Maschine auf e. Wagen oder Kutsche, welche alle Flächen, Berge ꝛc. auf e. Tafel richtig abmißt, mit Kpf. 4. Götting. 772. Dieterich. 1 rß 8 ggr

— kurze Beschreib., wie man flüchtige Pferde vor einer Kutsche mit einem Riemen losspannen kann, mit Kpf. 4. Hildesh. 771. (Herold u. W. in Lüneb.) 6 ggr (Streng in Frankf.) 12 ggr

Wiehe, Jh. Hnr., über d. dänischen Bankzettel, Handelsbalanz u. d. ostindischen Handel. gr. 8. Kopenh. 788. (Brummer). 8 ggr

— s. a. Bemerkk. über Banken.

Bemerkungen uber Banken wie auch über die in Altona zu errichtende Bank. In einem Sendschreiben an einen Freund [v. Johann Heinrich **Wiehe**]. Kopenhagen. 1787. 8°.

— Bemerkk. über den dänischen Wechselcours. gr. 8. Kopenh. 789. (Brummer). 6 ggr

— du sollst den Feiertag heiligen!, s. a. „Mit Gott f. Kaiser u. Reich".

Wiehe, Wilhelm: Du sollst den Feiertag heiligen! Von Wilhelm Wiehe, Div.Pfarrer. Köln: Westdeutscher Schriftenver. 1905. (69 S.) 8°
('Mit Gott für Kaiser u. Reich'. Bdch. 1.)

Wiehe, Wilh., der Fahneneid, s. a „Mit Gott f. Kaiser u. Reich".

Der Fahneneid. Von Wilhelm **Wiehe,** Divisionspfarrer. Cöln: Westdeutscher Schriftenver. 1905. (100 S.) 8° [F.]
= '**Mit** Gott für Kaiser u. Reich'. Bdch. 4. [06. 6418

Wiehe, Wilhelm: Leide dich als ein guter Streiter Jesu Christi! (II. Timoth. 2, 3.) Ein Wort über d. 'Neue evang. Garnisonkirche' zu Berlin und in ihr. Von Wilhelm Wiehe, Div.Pfarrer. Berlin: A. Timm 1898. (24 S.) 8°

— die Seligpreisungen der Bergpredigt. 8 Predigten, geh. in der evangel. Garnisonkirche zu St. Pantaleon zu Cöln. (62 S.) 8. Cöln 904. C. Roemke & Co. n. 1. —

Wiehen, (Fr.,) theolog. Abhandlungen üb. d. sämmtl. Lehren des Christenthums, für Prediger-Conferenzen. 1s Heft. gr. 8. Hannov. 824, Hahn.

Rede zur Feyer des Johannis-Fest's in der □ Pythagoras z. d. 3 Strömen im Or. von Münden am $\frac{25}{VI}$ im J. d. w. L. 5813. Gehalten vom Friedr. Wiehen. [Münden 1813.] 14 S. 8° [Umschlagtit.]
Kl. 1177. Selten. Thema: Das Geheimnisvolle des Bundes, das Schweigen des Mrs soll eine Nachahmung der Natur sein.

Wiehen, Johann Georg Wilhelm, s. Wiehe.

Wiehen, Jh. Pt. Fr. Ant., theolog. Abhandll. über d. sämmtl. Lehren des Christenthums, für Prediger-Conferenzen. 1s Heft. gr. 8. Hannov. 824. Hahn. 8 ggr

— Dankpredigt für d. Stadt Hameln über d. dringende Nothwendigkeit, gerade jetzt unsern Eifer u. Aufnahme unserer Kirchen- u. Schulanstalten zu verdoppeln. Antrittspredigt. gr. 8. Hamb. 808.

— Reden zur Feier d. Rettungsschlacht bei Leipzig. gr. 8. Minden 814.

— ein Wort zur Erweckung bei d. Erinnerung an eine gefahrvolle Nacht im Nov. 1806. Predigt am Jahrestage d. Beendigung d. Belagerung Hamelns gehalten. gr. 8. Hamb. 807.

Wiehengebirge [Schlagwort]

— s. a.: Horford.

Wiehengebirge. Marquardt, Rud., das Wiehengebirge. Wanderkarte. Bearb. unter Mitwirkg. der Vereinsvorstände. 1 : 100,000. 26,5×80,5 cm. Farbdruck. Mit Text an der Seite. Osnabrück 910. (Rackhorst). Gebrochen in Lex. 8. —60; m. Dieckmann, das Wiehengebirge, zusammenbezogen — 75

Wiehl, s.: Kind v. der Wiehl, A.

Wiehl, Gottfried Michael (Liegnitz) A. S. 1392/14

Dissertatio philosophiae practicae de eo quod iustum est circa legem. talionis tam in foro externo quam in foro poli. Präs. Joachim Georg Daries.
Jena (Buch) 12. X. 1737. 36 S.

2 Resp. mit eigenem Titelbl. 36658

Wiehl, Hermann: Kunstgeschichtliche Heimatkunde als Wahlfach. Würzburg 1909: Stürtz. 44 S. 8°
Würzburg, k. Altes G P 1909* [S 09. 505

Wiehl, Guil. Ferd.: Comment. de impedimento matrimonii ob consanguinitatem et affinitatem secund. diversa quibus in Germania utimur jura. Pars I. II. *Halae,* (Lane in *Berlin.*) 796. 4. (5 Gr.)

Wiehr, Ernst, Napoleon u. Bernadotte im Herbstfeldzuge 1813. 8. (XI, 496 S. m. 6 Skizzen.) Berlin 893. S. Cronbach. n. 7. 50

Wiehr, Ernst [aus Berlin]: Strategie Napoleons und des Kronprinzen von Schweden im Herbst 1813; Hagelberg und Dennewitz ... [Erschien vollst. 1893 im gl. Verl. u. d. T.: Napoleon u. Bernadotte im Herbstfeldzuge 1813.] Berlin, S. Cronbach, 1892; 1 Bl., 48 S., 1 Bl. 8.
Berlin, Phil. Fak., Inaug.-Diss. v. 17. Dez. 1892

Wiehrl, Mart., († d. 19. März 1794.) vollständ. Abdruck zweier von d. Academie zu Freiburg gestellten Bedenken, über einige bei d. kathol. Lehr-Institut zu Baden ꝛc., von ihm zur öffentl. Disputirung aufgestellt. 8. (Frankf.) 780, 81. Gebhard u. K. 1 rß

Wiehs, Jean: Über das β-Bromacetonaphton. 1891. 34 S. 8°
Karlsruhe, Dipl.-Diss. v. 21. 1. 1891

Wiek [Schlagwort]

Wiek a. R., s: Deutschland. Uebersichtskarte.

Wiek [Verfasser]

Wiek, Gemälde aus d. alten Rom, ist: **Scenen** aus Roms gold. Zeitalter.

Wiek, Ad., s. Ahrens, H., das Naturrecht.

Wiek, W. Die um Crefeld wildwachsenden und am häufigsten kultivirten phanerogamischen Pflanzen, nebst Angabe der Standörter derselben. 16 S. . . . .

Crefeld, Progr. 1839

Wiel: De Lithicorum Carmine. 40 S. – Bedburg, Progr. 1868.

Wiel: Observationes in Orphei Argonautica. P. II.–IV. 67 S. – Bedburg, Progr. 1861, 1862, 1866.

Wiel, C., Anleitung zur Verminderung schädlicher Kerbthiere, besonders solcher Raupen und Schonung der natürlichen Insektenfeinde — ein Hauptschutzmittel. Zunächst bearb. für die Volksschule auf dem Lande, wie auch für die landwirthschaftl. Fortbildungsschule. gr. 8. (58 S. mit 8 Abbild. in Holzschn.) Bonn 873. Cohen und Sohn.

Wiel, J. Pt., Bemerkk. über den innerl. nützl. Gebrauch d. Krähenaugen u. des Vitriols in gefährl. Krankheiten; aus d. Latein. 4. Wittenb. ... Böhme. 3 K

Wiel, Jos., Abhandlung über die Krankheiten des Magens. gr. 8. (VII, 79 S.) Constanz 868, Magg.

Wiel, Jos., de l'alimentation des dyspeptiques. Traduit de l'allemand sur la 4e édit. par R. Godet. 8. (XII, 238 S.) Karlsbad 880, Feller.

Wiel, Jos., diätetische Behandlung der Krankheiten des Menschen. 1. Bd.: Tisch für Magenkranke. 3. Aufl. [Unveränd. Abdr. der 2. Aufl.] (XVI, 190 S.) 1876; 4. gründlich renovirte Aufl. gr. 8. (XVI, 208 S.) Karlsbad 877, Feller. * M. 4.; geb. *

—— diätetische Behandlung der Krankheiten des Menschen. 1.—4. Bd. gr. 8. Ebendas. à Bd. * M 4. *
geb. à Bd. * M 5. *

Inhalt:

Bd. 1. Wiel, Jos., Tisch für Magenkranke. [Diätetische Behandlung der Krankheiten des Magens.] 5. verm. und verb. Aufl. (XVI, 208 S.) 880; 6. verm. und verb. Aufl. (XVI, 210 S.) 884.
„ 2. Biermann, Adf., Tisch für Lungenkranke. [Diätetische Behandlung der chron. Lungenkrankheiten.] (VIII, 182 S.) 882.
„ 3. Uffelmann, J., Tisch für Fieberkranke. [Die Diätetik der acut.- und chronisch-fieberhaften Krankheiten.] (IX, 231 S.) 882.
„ 4. Eyselein, Osc., Tisch für Nervenkranke. [Diätetische Behandlung der Nervenkrankheiten.] (XII, 267 S.) 883.

Wiel, Jos. Diätetische Behandlung der Krankheiten d. Menschen. 1.u. 5. Bd. gr. 8. Karlsb., Feller.
à Bd. * 4 —; * 8 —; geb. * 5 —; * 10 —

1. Tisch für Magenkranke. 7. vorb. u. verm. Aufl. von F. Ineichen. (XVI, 205 S.) 891.
5. Kisch, E. Heinr. Tisch f. Fettleibige. (IX, 143 S.) 892.
2.–4. Bd. Ebd. 1882,83, zu gleichen Preisen.

Wiel, Jos. Bemerkungen zu Horaz. 13 S. **Progr.** *Bedburg* 1876.

Wiel, Jos. Bemerkungen zu den orphischen Hymnen. 16 S. *Bedburg* 1878. Progr.

Wiel, J.: Bemerkungen zu Sallust. 13 S. 4°. – Bedburg Rit. Ak., Progr. 1871.

—— Bonndorf und Steinamühle, s. Meyer-Ahrens.

Wiel, Jos. De Aeschyli Persarum exitu commentatio critica. 20 S. **Progr.** Marz. G. *Cöln* 1877.

— u. Rob. **Gnehm,** Handbuch der Hygieine. gr. 8. (762 S.) Ebend. 877—80. n. 19. 20

—— diätetisches Koch-Buch mit besonderer Rücksicht auf den Tisch für Magenkranke. 1. Aufl. (XIII, 255 S.) 1871. * M. 4., und 2. umgearb. und verm. Aufl. gr. 8. (XVI, 270 S.) Freiburg i. Br. 873, Wagner'sche Buchh. (* M. 4,50.) *

—— diätetisches Kochbuch mit besond. Rücksicht auf den Tisch für Magenkranke. 3. verm. und verb. Aufl. gr. 8. (XVI, 272 S.) Freiburg i. Br. 876, Wagner'sche Buchh. *
geb. *

—— diätetisches Kochbuch für Gesunde und Kranke, mit besond. Rücksicht. auf den Tisch für Magenkranke. 4. verm. und verb. Aufl. gr. 8. (XVIII, 240 S.) Ebendas. 878. *
geb. *

—— diätetisches Koch-Buch für Gesunde und Kranke, mit besonderer Rücksicht auf den Tisch für Magenkranke. 5. verm. und verb. Aufl. gr. 8. (XX, 276 S. mit 5 eingedr. Holzschn.) Freiburg i. Br. 881, Wagner'sche Universitäts-Buchh. * M 4,80.; geb. *

Wiel, Jos., diätetisches Koch-Buch für Gesunde und Kranke, mit besond. Rücksicht auf den Tisch für Magenkranke. 6. verm. und verb. Aufl. gr. 8. (XXII, 280 S. mit 5 Holzschn.) Freiburg i. Br. 886, Wagner'sche Universitäts-Buchh. *
geb. *

—— Diätetisches Koch-Buch f. Gesunde u. Kranke m. besond. Rücksicht auf den Tisch f. Magenkranke. 6. verm. u. verb. Aufl. Neue Ausg. gr. 8. (XXII, 280 S.) Freib. i. Br. 892, Wagner. * 4 80
geb. * 5 50

Wiel's, diätetisches Koch-Buch für Gesunde u. Kranke m. bes. Rücksicht auf den Tisch f. Magenkranke. Neu bearb. v. Frz. Ineichen. 7., verm. u. verb. Aufl. gr. 8. (XX, 291 S. m. 5 Holzschn.) Freiburg i/B. 896. F. Wagner. n. 4. 80; geb. n. 5. 50

Wiel, Josef s. Meyer-Ahrens, Conrad, und Wiel, Josef.

Wiel, Iosephvs (geb. 1835 in Poppelsdorf bei Bonn): Observationes in locos aliqvot AESCHYLIOS [!] ... Bonnae, form. Carthavsii (1858). 2 Bl., 58 S., 1 Bl. 8. ¶ Erschien zugleich selbständig bei Lempertz in Bonn.

Bonn, Phil. Fak., Diss. v. 11 Aug. 1858

—— Tisch für Magenkranke. 1. Aufl. (XV, 183 S.), und 2. verm. und verb. Aufl. gr. 8. (XVII, 190 S.) Karlsbad 875, Feller.

— Tisch f. Magenkranke. 2., verm. u. verb. Aufl. gr. 8. (XVII, 190 S.) Karlsbad 876. Feller. n. 4. —

— Tisch f. Magenkranke. [Diätetische Behandlung der **Krankheiten d. Magens.**] 4., gründlich renovirte Aufl. gr. 8. (XVI, 208 S.) Karlsbad 877. Feller. n. 4. —;
geb. n. 5. —

— Tisch f. **Magenkranke.** [Diätetische Behandlg. der Krankheiten d. Magens.] 6. Aufl. gr. 8. (XVI, 210 S.) Karlsbad 884. Feller. n. 4. —; geb. n. 5. —

Wiel, Otto, appr. Arzt a. Würzburg: Ueber multiple symmetrische Lipome. Würzburg 1904: F. Scheiner. (77 S.) 8°

Würzburg, Med. Fak., Ref. Schoenborn, Diss. v. 21. Sept. 1904

[Geb. 26. Juni 75 Würzburg; Wohnort: Würzburg; Staatsangeh.: Bayern; Vorbildung: Gymn. Würzburg Reife Juli 94; Studium: Würzburg 3, Marburg 1, Würzburg 8 S.; Coll. 1. Juni 04; Approb. 15. Juni 01.]

Wiel, Guilelmus (geb. 1827 in Poppelsdorf bei Bonn): Observationes in Orphei Argonautica. [Part. I] ... Bonnae, form. I. F. Carthausii 1853. 2 Bl., 62 S., 1 Bl. 8. ¶ Erschien zugleich selbständig bei Habicht in Bonn. — Part. II—IV in den Progr. d. Rhein. Ritter-Acad. zu Bedburg 1861. 1862. 1866.
Bonn, Phil. Fak., Diss. v. 15 Aug. 1853

Wiel, Guil., Observationes in Orphei Argonautica. 8maj. (III und 62 S.) Bonnae 853, Habicht. *

Zum 2. Juli 1898. Wermelskirchen 25 Jahre als Stadt. Einiges aus der Chronik von Wermelskirchen. Zsgest. unter Benutzung d. Akten d. Bürgermeisteramts von Bürgermeister Wilhelm August Wiel. *Wermelskirchen (1898): W. Kenzler.* (20 S.) 4° [A]

Wieland und seine Abonnenten. Ein musikalisches Drama ... Weimar [Eisenach] 1775. V: *Contius, Christian Gotthold.* (Mn) (Wr) (Cb) (OI.) (BrMm) (Arch. f. Litt. IX, 188f.)

Wieland u. seine Abonenten. Musikal. Drama. 8. Eisenach 775. (Bärecke). 3 gr

Wieland u. seine Abbonenten. Musikal. Drama. 8. Eisenach, Wittekind. 775. — 5

Wieland und die Loge Amalia [in Weimar]. Weimar 1902: [Hofbuchdr.]. 47 S. 8° [Umschlagtit.] (Frmr-Analekten. 14.)
Recens: Bh. 46 (1903) S. 7 (C. Gotthold). cf. HZC. 36 (1902—1903) S. 88—89 (H. Wernekke).
3 Logenreden Wielands nebst Einl. von H. Wernekke.

Wieland, Viro Illustr. Excellent. Ampliss. E. C., per dimidium saeculum juventutis doctori meritissimo Academia Lipsiensis. Lips. 1826. V: *Hermann, Johann Gottfried Jacob.* (MGT)

Wieland, Joh(ann) Jakob W., geboren, den 1. Januar 1783; gestorben, den 31. Dezember 1848. [Necrolog.] (Extra-Beilage zu Nro. 20. der Neuen Zürcher-Zeitung [Jahrg. 1849].) 8. [Zürich 1849.]

Wieland, der Schmied, s.: Gabelsberger-Bibliothek. 64. Bd.

Wieland d. ält., (Jul. A. Remer), kleine Chronik von Tatojabu. 8. Braunschw. 777. Schulbuchh. 1 ℛ

— chronique du Royaume de Tatojabu. III Vols. 18. Manh. ... Kaufmann. 1 ℛ 12 gr

Himmelblau und Lupine von Herrn Hofrath Wieland, 8. Wien, 791. 4 sgl.

Wieland (Hrsg.), s. Jahrbuch, Illustriertes, der schweizerischen Armee.

Wieland und Schubarth. Principatus Silesiae Sagamensis in suos circulos Sagan, Priebus et Naumburg divisi. Nurnberg 1756. 1 Bl. c. K. v.

Wieland, A., Geschichte des Cäcilien-Vereins von Aarau. Zur Feier seines fünfundzwanzigjährigen Jubiläums im September 1875. Auf Veranlassung des Vorstands bearbeitet. 28 Stn. 8. Aarau, H. R. Sauerländer. 1876. —. 50

Wieland, A.: Methode des Schreibunterrichts für Volksschulen, Präparandenanstalten und Lehrerseminare sowie z. Selbstunterr. mit 4 lithogr. Taf. Von A. Wieland, Rektor in Berlin. Berlin: P. Moedebeck [1897]. (28 S.) 8°

Wieland, A., Methode d. Schreibunterrichts f. Volksschulen, Präparandenanstalten u. Lehrerseminare sow. z. Selbstunterricht m. 4 lith. Taf. gr. 8. (28 S.) Berlin 897. Max Rockenstein. Nebst Denkschrift. 12. (4 S.) Berlin 897. Max Rockenstein. Geb. n. 1. —; 4 Uebungshfte. dazu. 4. (24, 24, 32 u. 32 S.) à n.n.n. — 10

Wieland, A., Methode des Schreibunterrichts f. Volksschulen, Präparandenanstalten u. Lehrerseminare sowie z. Selbstunterricht m. 4 lith. Taf. 2. Aufl. gr. 8. (28 S.) Berlin (900). M. Rockenstein. Geb. in Leinw. n. 1. —

Wieland, Alfred [app. Arzt aus Worblingen]: Beitrag zur Diagnose der Genitaltuberkulose des Weibes ... Engen in Baden, Th. Schneider's Buchdr., 1894; 27 S. 8.
Freiburg i. B., Med. Fak., Inaug.-Diss. v. 1894

Wieland, Alfred, prakt. Arzt aus Angermünde: Zur Kenntnis der Dauerresultate der Alexanderschen Operation. *Greifswald 1900: J. Abel.* (30 S.) 8°
Greifswald, Med. Diss. v. 15. Dez. 1900

Wieland, Bruno, d. Giltigkeit uns. heutigen Testamente u. Erbverträge nach dem neuen Recht. 12. (30 S.) Ravensburg 898. H. Kitz. — 30

Wieland, G., die kriegerischen Ereignisse in der Schweiz während der J. 1798 und 1799, s. Neujahrsblatt.

—— s. Uebungsaufgaben für's Rechnen.

Wieland, C. A., der Denkmal- u. Heimatschutz in der Gesetzgebung der Gegenwart. Progr. zur Rektoratsfeier der Universität Basel. (59 S.) Lex.-8. Basel 905. (Helbing & Lichtenhahn.) n. 1. 60

Wieland, C. G., praktische Anleitung zur kaufmännischen Zinsenberechnung in den Konto-Korrenten. gr. 8. (30 S.) Berlin 886. Mode's Verl. n. 1. —

Wieland, Carl, s. Wieland, Karl

Wieland, Christoph Martin

— d. Abenteuer des Don Sylvio v. Rosalva, m. Kupf. u. Vign. 2 Thle. 8. Leipz. Weidmann. 772. Holl. Pap.

—— die Abenteuer des Don Sylvio von Rosalva. 2 Thle. gr. 16. (à 176 S.) Ebendas. 879. geb. in 1 Bd. *

— die Abderiten, e. sehr wahrscheinl. Geschichte. 8. Weimar 776. Hoffmann. 8 gr N. umgearb. Aufl. unt. d. T.: Geschichte d. Abderiten. 2 Thle, mit Kpf. 8. Leipz. 781. Weidmann. 20 gr Holl. P. 1 ℛ

— s. Abhandl. von d. Schönheiten.

s.a. Abraham, d. geprüfte.

— d. geprüfte Abraham, Gedicht in 4 Gesängen. 4. Zürich, Geßner.

Agathodämon. Von Chr[istoph] M[artin] **Wieland.** Leipzig: Göschen 1799. 476 S. 8⁰

— Agathodämon. 8. Leipz. 799. Göschen. 1 ℛ Schrbp. 1 ℛ 15 ℊ (Der sämmtl. Werke 32r Bd.)

°[Dasselbe.] Ebendas. 1799. 476 S. 8⁰

°[Dasselbe.] Ebendas. 1799. 334 S. 4⁰

°[Dasselbe.] Ebendas. 1839. 364 S. 16⁰

TB. 140a, 281. Oft in den Werken W.'s abgedruckt. Wieland schickte dieses Werk an F. L. Schröder, um ihm zu zeigen, wie er sich die Veredlung geheimer Gesellschaften denke. Der Agathodämon erschien im Attischen Museum 1. 1796 S. 111—212; 1797 S. 1—70.

— Agathodämon. gr. 16. (243 S.) Ebendas. 879. geb. *

Wieland, Chr. Mart. Agathon. Reutlingen 1775. 4 Thle.

Wieland, Cph. Mt., Alceste. Singspl. 8. Leipz. 773. Weidmann. 3 ℊ

— Allerley. 3 Thle. 8. Leipz. Grdff.

— s.a. Amadis, d. neue.

WIELAND, Christoph Martin (1733—1813), Amadis, Der Neue. Ein comisches Gedicht in Achtzehn Gesängen. 2 Thle. Mit 20 (z. Th. freien) Kpfrn. u. 4 Vignetten von Oeser. Leipzig, bei M. G. Weidmanns Erben und Reich. 1771. 8⁰. (5 Mk. Scheible. 1880; 15 Mk., nur mit 1 Titelvign., ohne die Kpfr., aber mit autogr. Widmungsgedicht (6 Zeilen) Goeckingk's auf dem Vorsatzpapier, Auction Deneke, 1909, no. 291.)

I: 264 S., 1 S. Druckf. II: 236 S., 1 S. Druckf. — S. besonders Jördens V. 355.

— — Dasselbe, in: Sämmtliche Werke. Leipzig, Georg Joach. Göschen, 1794 ff. 8⁰. Bd. IV—V. (6 Mk., in der Ausgabe in 4to, mit Titelkpfr. von Ramberg, Scheible, 1880; jetzt theurer!)

— — Dasselbe. (Nachdruck.) 2 Thle. Biel 1772. 8⁰. (1 frc. Schneider, Basel, 1885.)

§ — — Dasselbe. (Nachdruck.) Carlsruhe 1777. 8⁰.

— — Dasselbe. (Nachdruck.) Reuttlingen (so!) 1777. 8⁰. (2 Mk., schönes unbeschn. Expl., Julius Neumann, Magdeb., 1906.)

— der neue Amadis. gr. 16. (212 S.) Ebendas. 879. geb. *

— d. verklagte Amor, e. Gedicht. 8. Weimar 774. Hoffmann. 6 ℊ

— — Dasselbe, in: *Wieland's* Poetische Schriften I. p. 133—208.

— Dasselbe. (Nachdruck.) Bern 1775. Kl. 8⁰. (2 Mk. Kerler, Ulm, 1885; 4 Mk. 50 Pfg. L. Rosenthal, 1907.)

Französ. Uebersetzg. s. bei Gay IV. p. 176

§ — — Dasselbe (Nachdruck), nebst zwey neuen Gedichten: Nadine und an Chloe. Von *Wieland.* (Holzschn.-Vign.) Frankfurt und Leipzig 1781. 8⁰. 68 S. (2 Mk. 50 Pfg. Schaper, Hannover, c. 1905; 7 Mk. Auct. Deneke no. 298.)

Goedeke IV. 203, 65. „Nadine" und „Chloe" (Goed. IV. 201, 46 u. 44) sind nicht in Einzelausgaben erschienen.
„Nadine" auch in: Poetische Schriften III. p. 284—86. Chrn. Heinr. Schmid's Anthologie der Deutshen. 1770. I. p. 265—69; sämmtl. Werke. 1794 ff. Bd. IX; Erzählungen für junge Damen . . . . (hrsg. von Wilh. Heinse). II. p. 263—66. — „An Chloe" auch in: Poet. Schriften III. p. 287 ff., Schmid I. p. 270—72; sämmtl. Werke. 1794 ff. Bd. IX; Ramler, Lyrische Blumenlese. III, 38; Matthisson's Lyrische Anthologie. IV.

— s. Ankündigung e. Dunciade.

— s.a. Anti-Ovid.

— — Anti-Ovid, oder die Kunst zu lieben. Mit einem *Anhang* Lyrischer Gedichte. Amsterdam (Heilbronn, Eckebrecht) 1752. 8⁰.

Anonym. Sehr selten!

— — Dasselbe, in: Poetische Schriften. Dritte verbess. Aufl. 3 Thle. Zurich, Orell, Gessner u. Co., 1770. 8⁰. II p. 97—120. (Vorher: Ebd. 1764. III. 8⁰.)

— — Dasselbe, in: Sämmtl. Werke. 1794 ff. Suppl.-Bd. II.

— Araspes u. Panthea, e. moral. Geschichte. 8. Zürich 760. N. A. 777. Geßner. 8 ℊ

— Aristipp u. einige seiner Zeitgenossen. 4 Thle. 8. Leipz. 800—802. Göschen. 4 ℛ (Der sämmtl. Werke 36r—39r Bd.)

Wieland, Christoph Martin
Aristipp und einige seiner Zeitgenossen. Bd 1.3.4. Karlsruhe: Bureau der dt. Classiker 1817. 8⁰

— Aristipp und einige seiner Zeitgenossen. 4 Thle. gr. 16. (192; 195; 180; 207.) Ebendas. 879. geb. in 1 Bd. *

Wieland, Christoph Martin (Bearb.), s. Aristophanes: Die Acharner oder der Friede des Dikäopolis.

Wieland, Christoph Martin (Bearb.), s. Aristophanes: Die Ritter oder die Demagogen.

Wieland, Christoph Martin (Bearb.), s. Aristophanes: Die Vögel.

— philosophische Aufsätze, s.: Volksbibliothek f. Kunst u. Wissenschaft.

— Auswahl denkwürd. Briefe, herausg. von L. Wieland. 2 Bde. gr. 8. Wien 815. Gerold. 3 ℛ weiß Druckp. 3 ℛ 16 ℊ Velinp. 5 ℛ

Wieland, C. M. Aventures merveilleuses de Don Sylvio de Rozalva . . . Dresde 1772. Ü: *Walther*, *Conrad Salomon.* (MGT) (Kläbe, Neuest. Gel. Dresd. Leipz. 1796.)

— Aventures merveilleuses de Don Sylvio de Rosalva trad. de l'allemand. 2 Vol. 8. Dresden, Walther. 772.

— s.a. Beitrr. zur Gesch. d. menschl. Verstandes.

— Beyträge zur geheimen Geschichte d. menschl. Verstandes u. Herzens; aus d. Archiven d. Natur gezogen. 2 Thle 8. Leipz. Weidmann. 770.
Holl. Pap.

s.a. Betracht. üb. d. Menschen.

Wieland, Betrachtungen üb. d. Menschen nebst e. allgem. Geschichte der menschl. Seele. Zürich. 8°. 1755

— ausgewählte Briefe an verschiedene Freunde in den Jahren 1751–1810 geschrieben, u. nach der Zeitfolge geordnet. 4 Bde. 8. Zürich 815, 16. (Leipzig, Fr. Fleischer.) 4 ℛ︎

— ausgewählte Briefe an verschiedene Freunde, in d. Jahren 1751 bis 1810 geschrieben u. nach d. Zeitfolge geordnet. 4 Thle. 8. Zürich 815 u. 16. Geßner. 7 ℛ︎ 12 gr

— Horazens Briefe, s. Horaz.

— Briefe an Sophie von La Roche, nebst e. Schreiben von Gellert u. Lavater. Herausg. von F. Horn. 8. Berl. 820. Christiani. 1 ℛ︎ 16 gr Velinp. 2 ℛ︎ 4 gr

— neue Briefe, vornehmlich an Sophie v. La Roche. Hrsg. v. Rob. Hassencamp. gr. 8. (XXXII, 296 S.) Ebd. 894. n. 6. —

s. Briefe v. Verstorbenen.

s. Briefe, 12 moral.

— Brutus u. Corday, e. Unterredung ꝛc. s. Brutus.

Wieland, Christoph Martin (Hrsg.), s. Calender, Historischer, für Damen...

— chronique du royaume de Totojaba. 5 Vol. 18. Mannheim, Kaufmann.

— s. Cicero's sämmtl. Briefe.

—— Clelia und Sinibald, s. Meyer's Volksbücher.

— Clementine v. Poretto; Trspl. 8. Frankf. 761 u. 71. N. Aufl. Zürich 775. Orell. 8 gr

— — Combabus. Eine Erzahlung. Leipzig, bey Weidmanns Erben und Reich. 1770. 8°. 63 S. (3 Mk. 50 Pfg. Auct. Deneke no. 287.)
Anonym. Goed. IV. 201, 48, Grisebach 1474. — Von dieser Originalausgabe gibt es 2 verschiedene Drucke. Der vorliegende Druck unterscheidet sich in den typographischen Zierraten von dem der nachsten Nummer. Einer von beiden Drucken in Berlin u. Munchen.)
— — Dasselbe. Ibid. eod. a. 8°. 63 S. (3 Mk. 50 Pfg., mit 1 Beibd., Auct. Deneke no. 288, 7 Mk. 50 Pfg., einer von beiden Drucken, Hugo Streisand, Berlin, 1909.)
— — Dasselbe, in *Wieland*'s auserlesene Gedichte ... 1784 II. p. 109–146
— — Dasselbe, in Sammtl. Werke ... 1794 ff
Ital. Uebersetzg. Kolln 1781. 8°. zus. mit den „Dialogen des Diogenes von Sinope".)

Wieland, Cph. Mt., Cyrus, in 5 Gesängen. 8. Zürich 759. Geßner. 4 gr

— Dialogen d. Diogenes v. Sinope; aus e. alt. Handschr. 8. Leipz. Weidmann. 770.
m. Kupf. u. Vignetten.

— Dialogues de Dieux, traduits de l'allemand par E. D. (aussi sous le title: Oeuvres choisis. Vol. I.) 8. Zürich 769. Gessner. 20 gr

s. Diogenes von Sinope.

— Aus Dschinnistan, s.a Meister des Märchens.

— Dschinnistan od. auserlesene Feen- u. Geistermährchen, theils neu erfunden, theils neu übers. u. umgearb. 3 Bde. gr. 8. Winterthur, Steiner. 786–89.
Schreibp. mit Vignetten. (I. u. III. à 1 Rthlr. 12 gr II. 1 Rthlr. 8 gr.)

s.a. Dülon, des blinden Flötenspielers Leben.

— Dülon des blinden Flötenspielers Leben u. Meinungen 2 Thle. Zürich, Geßner. 807. (à 1 Rthlr. 8 gr.)

— Empfindung eines Christen. 8. Zürich 757. N. Aufl. 769. Geßner. 8 gr

— Empfindung e. Christen. 8. Zürich, Geßner. 759.

s. Erinnerungen an eine Freundin.

ERZAEHLUNGEN (von *Chp. Martin Wieland*). (Motto.) Heilbronn, bey Franz Joseph Eckebrecht, 1752. Kl. 4°. Titel 3 Bll. u. 124 S.
22 Mk. Auction Dr. Deneke (Octob. 1909) no. 257: „Sehr seltener Druck. Offenbar ist dies die Originalausgabe, da Lessing nach dieser Ausgabe das Werk besprochen hat. W. v. Maltzahn III. 1298. Der bei Goedeke IV. 197, 8 an erster Stelle citierte Tubinger Druck scheint ein Nachdruck zu sein. — Die Widmung an Herrn S* ist an Hans Heinrich Schinz, Prediger in Altstetten bei Zurich gerichtet. Vgl. C. Hirzel, Wieland und Kunzli S. 49. A."

— —, Comische (von *Chp. Martin Wieland*). (Motto.) O. O. (Zurich MDCCLXV [1765].) 8°. IV u. 227 S. (In Berlin, Magistratsbibl.) (22 Mk. Auction Deneke no. 277; 12 Mk. Emil Hirsch, Munchen, c. 1908.)
Goedeke IV. 200, 40. Erste Ausgabe. Enthalt die 4 Gedichte: Das Urtheil des Paris (nach Lucian), Endymion, Juno und Ganymed, Aurora und Cephalus. (3 Erzählungen erschienen zuerst als Einzeldrucke ... 1762 ... Diana u. Endymion 1762.)

— — **Dasselbe.** O. O. 1766. 8°.
Citirt Kayser u. Karl Wallstein.
§ — — Dasselbe. O. O. (Zurich) 1768. 8°. (4 Erz.) 194 S. (8 Mk. Stuber, Würzburg, c. 1890.)
— — Dasselbe. O. O. MDCCLXXV. (1775.) 8°. 184 S. (6 Mk. Auct. Deneke, no. 278.)
Bei dieser Ausgabe ist nur am Anfang das 1 Bl. „Cajus Plinius Secundus an seinen Freund Ariston" fortgefallen. Im sonstigen stimmt diese Ausgabe mit der ersten überein; die gegenteiligen Angaben Goedekes sind nicht zutreffend.
— — Dasselbe. O. O. (Zurich, Gessner.) 1789. 8°. (1 Mk. 80 Pfg. Lehmann & Lutz, Frankf. a. M., c. 1883.)
194 SS. (incl. Tit. m. Vign.) Inh.: Das Urtheil des Paris. — Endymion. — Juno u. Ganymed. — Aurora u. Zephalos. — Combabus. — Aspasia.
§ — — Dasselbe. O. O. 1792. 8°.
— — Dasselbe. O. O. 1796. 8°. (Nur 4 Erz.)
— — Dasselbe (Nachdruck). Reuttlingen, Bey Johann Georg Fleischhauer, 1775. 8°. 175 S. (4 Erz.)

—— poetische Erzählungen, s. Meyer's Volksbücher.

s. Euripides Jon.

— Euthanasia. 3 Gespräche über d. Leben nach dem Tode. Veranlaßt durch J. K. W—ls (Wötzel's) Geschichte d. Erscheinung sr. Gattin ꝛc. 8. Leipz. 805. Göschen. 21 gr (Der sämmtl. Werke 37r Bd.)

—— Gandalin, s. Meyer's Volksbücher.

—— Gandalin, s. Miniatur-Bibliothek classischer Dichterwerke.

— Gebet e. Christen. 4. Zürich 753. Geßner. 1 gr

-- Gedanken üb. e. alte Aufschrift. 8. Leipz. 772. Weidmann. 2 gr.

— Gedanken von d. Freiheit über Gegenstände des Glaubens zu philosophiren. 8. Leipz. 789. Göschen. 12 gr.

— Gedanken ub. e. alte Handschrift. 8. Leipz. Weidmann 772.

— Gedanken über den patriot. Traum d. Eidgenossenschaft zu verjüngen. 8. Zürich 758.

—— Gedichte. 8 Thle. gr. 16. (231; 196; 100; 256; 267; 120; 212; 255 S.) Ebendas. 879. geb. in 3 Bde. *

— auserlesene Gedichte. 1r Bd. 12. Jena 784. N. Aufl. 7 Thle. 12. Leipz. 784, 85. Verm. Ausg. 7 Bde. 789—94. Weidmann. 2 rß 8 gr.

— neueste Gedichte vom J. 1770—78. 3 Thle. 8. Weimar 777—79. Hoffmann. 1 rß

— Geron der Adelige. Das Sommermärchen. Hann u. Gulpenheh. Der Vogelsang. s.: Hesse's. Max. Volksbücherei.

— Geschichte der Abderiten, s. o. Universalbibliothek.

— Geschichte d. Abderiten, m. K. 2 Thle. 8. Leipzig, Weidmann. 781.
Holl. Pap.

—— Geschichte der Abderiten. 2 Thle. gr. 16. (172; 148 S.) Ebendas. 879. geb. in 1 Bd. *

— Geschichte der Abderiten. Neue Taschenausg., eingeleitet v. Frz. Deibel. (VI, 449 S.) kl. 8. Leipzig 907. Insel-Verlag. 4.50; geb. in Ldr. 6.—; in Perg. 8.—

— Geschichte d. Agathon. 2 Bde (anonym). 8. Frankf. u. Lpz. 766, 67. 2e A. in 4 Bden. 8. Leipz. 773. N. A. 790. Weidmann. 1 rß 8 gr. Holl. P. 2 rß 12 gr.

— Geschichte d. Agathon. 4 Thle. 8. Leipzig, Weidmann. 798.
Holl. Pap.

—— Geschichte des Agathon. 3 Thle. gr. 16. (216; 173; 224 S.) Ebendas. 879. geb. in 1 Bd. *

— Geschichte des Prinzen Biribinker, s. a. Liebhaber-Bibliothek, kulturhistorische. 11. Bd.

Wieland, Cph. Mt., d. Biribinker Geschichte; e. Roman. 8. Ulm 769. Bartholomäi. 6 gr.

Geschichte des Prinzen Biribinker von [Christoph Martin] Wieland. Hrsg. u. eingeleitet von Dr. Carl Schuddekopf. Berlin & Leipzig: J. Hegner 1904. (XII, 151 S.) 8° [5.]
— Liebhaberbibliothek, Kulturhistorische. Bd 11.

Geschichte des Prinzen Biribinker von (Christoph) M[artin]) Wieland. Hrsg u. eingel. von Dr Carl Schuddekopf. 2. Aufl. Berlin & Leipzig: J. Hegner 1904. (XII, 151 S.) 8° [5.]
— Liebhaberbibliothek, Kulturhistorische. Bd 11.

— Geschichte d. Formel: Gott helf! beim Niesen. 8. Lindau 787. (Haller in Bern). 3 gr.

Geheime Geschichte des Philosophen Peregrinus Proteus. Von C[hristoph] M[artin] **Wieland.** Bd 1. 2. Leipzig: Göschen 1790 u. 1791.

1. 1790. 362 S. 2 Kpfr.; 2. 1791. 424 S.
TB. 77. Neuausg. erschienen 1797, 1825 u. 1839.
cf. Goedeke: Grundr. zur Gesch. der deutschen Dichtung 2. Aufl. 4 (1891) S. 208, wo weitere Literatur und die Übers. zu finden sind.

—— Geschichte der Gelehrtheit, s. Bibliothek älterer Schriftwerke der deutschen Schweiz.

Wieland, C. M. Geschichte der Gelehrtheit, seinen Schülern dictiert. Hrsg. von *L. Hirzel.* In-8°. XII, 81 S. Frauenfeld, J. Huber's Verlag. 1891.
*** „Bibliothek älterer Schriftwerke der deutschen Schweiz. Hrsg. von J. Bächtold und F. Vetter. 2. Serie. 3. Heft.“

— Gespräche unter vier Augen. 8. Leipz. 799. Göschen. 1 rß Schrbp. 1 rß 15 gr. (Der sämmtl. Werke 31r Bd.)

— neue Göttergespräche, mit 1 Kpf. 8. Leipz. 791. Göschen. 16 gr. Schrbp. 18 gr.

—— Göttergespräche. Nebst Anhang: Gespräche im Elysium. gr. 16. (160 S.) Ebendas. 879. geb. *

— Lady Johanna Gray. Trspl. 8. Zürich 758. N. A. 776. Geßner. 5 gr.

s. a. Grazien, die.

Grazien, Die. Mit gestoch. Titel, 6 reizenden Kupfrn u. 8 Vignetten, nach Oeser von Geyser gestoch. Leipzig, bei Weidmanns Erben und Reich. 1770. 8°. 206 S. (3 Mk. Max Harrwitz, vorzügl. erhalt. Expl., Berlin, c. 1903; 8 Mk., schönes Expl., Adolf Weigel 1907.)
Goedeke IV, 202, 50.

— Dasselbe. (Nachdruck.) Mit Titelvign. Frankfurt 1781. 8°. 80 S. (1 Mk. 20 Pfg. Frdr. Kluber, München, 1905.)

— Dasselbe. (Nachdruck.) Linz 1784. 8°. (1 Mk. 50 Pfg. Jul. Neumann, Magdeb. 1906.)

—— Hermann, s. Litteraturdenkmale, deutsche, des 18. Jahrhunderts.

Wieland, C. M. Heron, poëme en dix chants, traduit en vers français. Riga 1798. Ü: *Borch, Mich. Joh. Graf von.* (Ky)

— der Hexameron v. Rosenhayn. 8. Leipz. 805. Göschen. 1 rß (Der sämmtl. Werke 38r Bd.)

— das Hexameron v. Rosenhain. gr. 16. (142 S.) Berlin 879. Hempel. geb. n 1.—

s. Horaz, Briefe.

s. Horaz, Satyren.

s. a. Hymnen.

Wieland, Christoph Mart., 2 Hymnen auf Gott und die Sonnen. 8. Zürich, Geßner. Rthlr.

– s.a. **Idris.**

§ * — — Idris (und Zenide). Ein Heroisch-comisches Gedicht. Fünf Gesänge. Mit (freier) Titelvignette (Badescene). Leipzig, bey Weidmanns Erben und Reich. 1768. Gr. 8°. 288 S. (2 Mk. Kühl, Berlin, c. 1882; 3 Mk., Ausgabe auf starkem Pap., der Vorige; 5 Mk., Max Harrwitz, Berlin, c. 1903.)

§ — — Dasselbe (Nachdruck). Reutlingen 1775. 8°.

— — Dasselbe. (Nachdruck). Bern 1776. 8°. (1 Mk. 75 Pfg. Kerler, Ulm, 1885.)

§ — — Dasselbe. (Nachdruck.) Carlsruhe, bey Chr. G. Schmieder. 1777. 8°. 282 S. (1 Mk. 50 Pfg. A. Lorentz, Lpz., 1905.)

— — Dasselbe. (Nachdruck.) Reuttlingen (so!) 1785. 12°. 198 S. (2 Mk. der Vorige.)

—— Idris und Zenide. Ein romant. Gedicht. gr. 16. (120 S.) Ebendas. 879. geb. *

– s. **Journal f. Frauen.**

— s.: Keil, R.

— Krates u. Hipparchia, ein Seitenstück zu Menander u. Glycerion, ein Taschenbuch für 1805. 12. Stuttg., v. Cotta. 1 Thlr. 8 Ngr. Wohlf. Ausg. 14 Ngr.

Wieland, C. M. Dülons des blinden Flötenspielers Leben und Meynungen von ihm selbst bearbeitet. Herausgegeben von —. 1. 2. Theil. Zürich 1807. 1808.

— u. Göthe Liederalmanach, s. Liederalmanach.

* **LOBGESANG** auf die Liebe (von *Chp. Mart. Wieland*). HALLE, verlegts C. H. Hemmerde. 1751. 8°. 32 S. (In Berlin: Yl 1426; auch in Zürich, Stadtbibl.)
Ungemein rare Jugenddichtung des grossen Wieland. — Anon.-Lex. III. p. 83 (nach Goedeke).
— — Dasselbe. Zürich 1753. 8°.
Nicolai, Berlin, Cat. universalis.

— Schach Lolo. Pervonte. Die Wasserkufe, s.: Hesse's, Max, Volksbücherei.

— Schach Lolo ꝛc. s.: Meyer's Volksbücher.

– s. **Lucians Werke.**

— Menander u. Glycerion, als Taschenbuch für 1804. 12. Stuttg. v. Cotta. 1 Thlr. 8 Ngr. Wohlf. Ausg. 12 Ngr.

—— Menander und Glycerion. Nebst Anhang: Krates und Hipparchia. gr. 16. (168 S.) Ebendas. 879. geb. *

— d. deutsche Merkur für d. Jahre 1773—89. (Von 1785—88 in Verbind. mit K. L. Reinhold). 8. Weimar, Hoffmann. (Göschen in Leipz.) (à 3 Thlr.) 51 Thlr.

—— deutscher Merkur, Repertorium dazu, s. Burkhardt, C. A. H.

<u>Wieland</u>, C(hristoph) M(artin) (Hrsg.):

s.a.: <u>Merkur</u>, Der Neue Teutsche, vom Jahre 1798. Bd 2. Weimar: 1798

JB 5.752

— neuer deutscher Merkur für d. Jahre 1790—99. 8. Weimar. (Göschen in Leipz.) (à 3 Thlr.) 30 Thlr. Für d. J. 1800—1802. 8. Weimar. (Gädike in Berl.) (à 3 Thlr.) 9 Thlr. Für d. J. 1803—10. 8. Weimar, Landes-Ind.-Compt. (à 3 Thlr.) 24 Thlr. (In allen 38 Jahrgänge.)

— le Miroir d'or, ou les rois de Chechian, trad. de l'Allem. IV part. 8. Francf. Varrentrapp et W. 773.

— v. d. naturl. Moral, nach d. Franz. s. Moral.

—— Musarion, s.a. Universal-Bibliothek.

(—) Musarion, oder d. Philosophie d. Grazien, e. Gedicht in 3 Büchern. 8. ... 768. 2e A. 770. 8. Bern 775. Haller. 15 Ngr. N. Aufl. 8. Leipz. 799. Weidmann. 8 Ngr.

— Musarion, ou la philosophie des grâces, traduit par de la Veau. 8. Basel, W. Haas. 20 Ngr. — le même, traduit par Jh. Just. Röhde. 8. Lausanne 769.

— — Musarion, oder die Philosophie der Grazien. Ein Gedicht, in drey Büchern. Mit Titelvignette. Leipzig, Weidmann, 1768. 8°. 96 S. (4 Mk. 50 Pfg., braunfleckig, der Vorige.)
Goedeke IV, 201, 43.

— — Dasselbe. Mit 7 hübschen Vignetten. Ebd. 1769. 8°. XX. u. 128 S. (R. Zinke's Dresdner März-Auct. 1906, no. 1105, mit 3 Beibdn.)

— — Dasselbe. (Nachdruck.) Mit Titelvignette. Leipzig, bey Joh. Chr. Brendel. 1772. 8°. (Dieterich, Göttingen, Cat. 38. [1907.] No. 1401, mit Beibd. 10 Mk.)

— — Dasselbe. (Nachdruck.) Mit 7 gestoch. (unsign.) Vignetten. Frankfurt und Leipzig 1778. Kl. 8°. 128 S. (4 Mk., vergoldeter brauner Ganzkalbldrbd. d. Zeit, F. W. Haschke, Lpz., 1912.)

— Musarion, ovvera la filosofia delle grazie. 16. Leipzig Beer. 789.

— — dasselbe. 12. Leipz. Joachim.

— Musarion, ovvera la filosofia delle grazie, trad. da L. H. Teucher. 16. Leipz. 790. (W. Nauck). 4 Ngr.

— — dasselbe. 8. Leipz. Sommer. 790.

— — Dasselbe. Neue Ausgabe. Ebd., in der Weidmannischen Buchhandlung. 1799. 8°. XXIV. 152 S. (Max Perl's Berliner Auct. 1907, no. 1003: Prachtexpl. auf starkem Pap. in reichvergold. hellfarb. Hlbkalblederbd. d. Zeit.)

— Musarion. ein Gedicht in 3 Büchern, mit 3 Kpf., nach Agricola von John. Prachtausgabe. gr. Fol. Wien 808. Degen. (Armbruster). 18 Thlr. Dasselbe. gr. 8. Mit Kpf. Ebd. 3 Thlr.

— — Dasselbe. Mit 1 Kupfer, Agricola del., John sc. Wien. In der Degenschen Buchdruckerey. 1810. 4°. 2 Bll., 94 S. (3 Mk. 50 Pfg., unbeschn. im Orig.-Umschl., Leo Liepmannssohn, Berlin, 1907.)

— F. J. Hottinger u. F. Jacobs neues attisches Museum s. Museum.

—— Nachlaß des Diogenes von Sinope. gr. 16. (120 S.) Ebendas. 879. geb. *

– s. **Natur d. Dinge.**

—— Oberon, s.a. Bibliothek der Gesamt-Litteratur des In- und Auslandes.

— Oberon, s.a. Bibliothek deutscher Klassiker.

—— dass. — s.a. Bibliothek der deutschen Nationallitteratur des 18. und 19. Jahrh.

—— Oberon, erläutert von Heinr. Düntzer, s.a. Erläuterungen zu den deutschen Klassikern.

—— dass. — s.a. Graeser's Schulausgaben classischer Werke.

— dasselbe, s.a. Handbibliothek, Cotta'sche.

— dasselbe, s.a. Hesse's, Max, Volksbücherei.

—— dass. — s.a. Hölder's Classiker-Ausgaben.

— Oberon, s.a. Meyer's Volksbücher. — Schulausgaben classischer Werke.

—— dass. — s.a. Universal-Bibliothek.

— dasselbe, hrsg. v. E. v. Sallwürk, s.a. Velhagen & Klasing's Sammlung deutscher Schulausgaben.

— dasselbe, s.a. Volksbibliothek, Cotta'sche.

— **Oberon, poëme en XIV chants, traduit libre en vers par de Boaton. gr. 8. Berl. 784. (Köchly), 20 ℊ**

— Oberon, poëme en XIV chants, trad. libre en Vers par de Boaton. gr. 8. Berlin, Lagarde. 784.

(—) Oberon, ein Gedicht in 12 Gesängen. 8. Weimar 780. 2e A. 781. N. Aufl. 8. Leipz. 789, 92. 805. N. A. 819. Weidmann. 1 ℛ Velinp. 1 ℛ 18 ℊ

— Dass. N. A. 2 Thle in 8. Leipz., Göschen. (Der sämmtl. Werke 22r u. 23r Bd.)

— Oberon, fürs Theater bearb. von Gf. v. Buschen. gr. 8. Riga 794. 8 ℊ

— Oberon, poëme en dix chants, trad. en vers français, (p. le comte M. J. de Borch). gr. 8. Riga 798. (Hartknoch in Leipz.) 1 ℛ 8 ℊ Basel, Thurneisen. 21 ℊ

— Oberon, e. Gedicht in 12 Gesängen. 8. Leipzig, Weidmann. 805.
Velinpap.

— — Oberon. Ein Gedicht in 12 Gesängen. Neue und verb. Aufl. 8. Leipzig, Weidmanns. 819.
Velinpap.

—— Oberon. Ein Gedicht in zwölf Gesängen. Neue Ausg. 16. (316 Seit.) Leipzig 839, Weidmann'sche Buchh. *

—— dass. Neue Ausg. gr. 8. (21¾ B. u. 6 Stahlst.) Ebds. 839. *

—— Oberon. Ein romant. Gedicht in zwölf Gesängen. (Neue Ausg.) 16. (23½ B. u. 1 Stahlst.) Leipzig 841, [G. J. Göschensche Vrlsh.] In gepreßt. Einband mit Goldschnitt

Illustrationen zu Wielands Oberon. (4 Lfgn.) Lex.-8. (24 Kpfr. u. 24 Blätt. Text.) Leipzig 840, 41, (Hunger.) * 1 Thlr. 8 Gr.

Wieland, Chrstph. Mart., Oberon. Ein Gedicht in zwölf Gesängen. Neue (Taschen-) Ausg. gr. 16. (20 B.) Leipzig 844, Weidmann'sche Buchh. *

—— dass. Neue Ausg. 8. (21¾ B., 6 Stahlst. u. 12 Holzschn.) Ebds. 844. In Lwdbd. *

— Illustrationen zu Oblg. 4 Liefg. gr. 8. Leipzig 840, 41. Hunger. n. (à ⅓ ℛ) 1⅓ ℛ

Wieland, Oberon, eine freie Illustration in Bildern und Arabesken von Alex. Simon. Gestochen von E. Eichens, Gonzenbach, Seidel und Teichel. gr. Fol. (1 Bl. Text und 4 Stahlst.) Berlin 847, Sachse und Comp. *

—— Oberon. Ein Gedicht in 12 Gesängen. Neue Ausg. 16. (311 S.) Leipzig 853. [Berlin,] Weidmannsche Buchh. Thlr.

—— dass. — Neue Ausg. 16. (342 S. mit 6 Stahlst. und 12 eingedr. Holzschn.) Ebds. 853.

— — Oberon. Ein Gedicht in 12 Gesängen. Neue Ausg. 16. (III und 314 S.) Berlin 858, Weidmann'sche Buchh.

—— Oberon. Ein Gedicht in 12 Gesängen. Neue Ausg. gr. 16. (314 S.) Berlin 866, Weidmann'sche Buchh.

— — Ein romant. Heldengedicht in 12 Gesängen. Mit Holzschn. nach Zeichnungen von G. Max u. G. Cloß. 12 Liefgn. Stuttgart 868. Göschen. gr. Fol. 319 S. mit eingedr. Holzschn. u. 20 Holzschntaff. in Tondr.) Jede Liefg. n. 1 ℛ 6 ℊ

—— Oberon. Ein romant. Heldengedicht in 12 Gesängen. Illustrirt mit 20 großen Holzschn. auf chinesischem Papier und 22 kleineren im Texte. Nach Zeichnungen von Gabr. Max und Gust. Cloß. 12 Lfgn. Fol. (319 S. mit eingedr. Holzschn. und 20 Holzschntaf.) Stuttgart 869, Göschen'sche Verlagsh. à Lfg. * ℳ 3,60. * ℳ 43.; geb. * *

Wieland, Chrph. Mart., Oberon. Ein romant. Heldengedicht in 12 Gesängen. Illustr. mit 4 größeren Holzschn. und 12 kleineren im Texte, nach der großen Prachtausg. von Gabr. Max und Gust. Cloß. gr. 16. (317 S. mit Titelbild in Stahlst.) Stuttgart 870, Göschen'sche Verlagsh. geb. mit Goldschn. (* ℳ 8.) *

—— dass. — 16. Ebendas. 870. *

—— dass. — Ein Gedicht in 12 Gesängen. Neue Ausg. 8. (237 S.) Berlin 872, Weidmann'sche Buchh. *

—— dass. — Mit Illustr. von Alex. Zick, in Holz geschn. von H. Günther u. A. und Einleitung von G. Wendt. 8. (245 S.) Berlin 872, Grote'sche Verlagsh. (* ℳ 2,25.) geb. (* ℳ 3.) * geb. mit Goldschn. (* ℳ 3,50.) *

— dasselbe. Mit Illustr. v. Alex. Zick, in Holz geschn. v. H. Günther u. A. u. Einleitg. v. G. Wendt. 8. (245 S.) Berlin 873. Grote. n. 2. 25; geb. n. 3. —; geb. m. Goldschn. n. 3. 50

—— Oberon. gr. 16. (196 S.) Ebendas. 879. geb. *

—— Oberon. Ein romant. Heldengedicht in 12 Gesängen. Illustr. v. Gabr. Max u. Gust. Cloß. (Neue [Titel-] Ausg.) 12. (317 S.) Stuttg. 890, Göschen. geb. * 4 —

— Oberon. Mit e. Einleitg. v. Frz. Muncker. 8. (263 S. m. Bildnis.) Stuttgart 893. J. G. Cotta Nachf. Geb. in Leinw. n. 1. —

— Oberon. E. Gedicht in 12 Gesängen. F. d. Schulgebrauch hrsg. v. Rich. Bethge. 12. (192 S.) Leipzig 896. G. Freytag. Kart. n. — 90

— dasselbe. Ein romant. Heldengedicht in 12 Gesängen. Illustr. m. 20 großen Holzschn. u. 20 kleineren im Texte nach Zeichngn. von Gabr. Max u. Gust. Closs. (Neue Ausg.) gr. Fol. (319 S.) Leipzig 898. A. Schumann's Verl. Geb. in Leinw. m. Goldschn. n. 25. —

Oberon. Ein Gedicht in 12 Gesängen von Christoph Martin Wieland. Mit e. Einl. von Franz Muncker. *Stuttgart & Berlin: J. G. Cotta Nachf. [1903].* (263 S.) 8° [F.]
= Handbibliothek. Cotta'sche. No 65. [03. 14154

— dasselbe. Romantisches Heldengedicht in 10 Gesängen. Auswahl. Für den Schulgebrauch hrsg. v. Ernst Wasserzieher. (190 S. m. Bildnis.) kl. 8. Münster 904. Aschendorff. Geb. in Leinw. n. 1. 10

— Oberon. Ein romant. Heldengedicht in 12 Gesängen. Neue Taschenausg., ausgewählt, rev. u. eingeleitet v. Frz. Deibel. Die Zeichng. des Titels u. Einbandes ist v. W. Tiemann. (316 S.) kl. 8. Leipzig 905. Insel-Verlag. n. 3. —; geb. in Ldr. n. 4. 50

— dasselbe. Ein ep. Gedicht. Hrsg. v. Rud. Hanke. In neuer Bearbeitung v. A. Lichtenheld. (Graesers Schulausgaben klass. Werke.) 12.—14. Taus. (XII, 178 S.) 8. Leipzig (905). B. G. Teubner. — Wien, K. Graeser & Co. n.n. 1. —

Oberon. Ein Gedicht in 12 Gesängen von Christoph Martin Wieland. Hrsg. von Prof. Dr. Edmund v. Sallwürk. Bielefeld, Leipzig, Berlin: Velhagen & Klasing 1908. (x, 149 S.) 8° [F.]
= Sammlung, Velhagen & Klasings, deutscher Schulausg. Lfg D. 120. [08. 5177

— Ode zum dankbaren Andenken e. erlauchten u. verdienstvollen Staatsmannes in d. Republik Zürich. 4. Zürich 757. Geßner. 1½ gr.

— zwei Oden auf d. Geburt u. Auferstehung des Erlösers. 8. Zürich 754. Geßner. 1½ gr.

— Oeuvres. Tom. I. 8. Zürich, Gessner.

— Pervonte, s.: Meyer's Volksbücher.

— Plan einer Academie zur Bildung des Verstandes u. Herzens. 8. Zürich 758. Geßner. 5 gr.

— Peregrinus Proteus. 2 Bde. 8. Leipz. Göschen. 790.

— Peregrinus Proteus. 2 Thle. gr. 16. (168; 108 S.) Ebendas. 879. geb. in 1 Bd. *

— der Prozeß um des Esels Schatten, s. Bücher-Schätze.

— der Prozeß um des Esels Schatten, s. Haus-Bibliothek.

AN Psyche. (Harmloses Gedicht von *Christoph Martin Wieland*). O. O. 1774.
Anon.-Lex. I. p. 52 (nach Goedeke).

— Reason triumphant over fancy; exemplified in the singular adventures of don Sylvio de Rosalva translat. from the german. III Vol. 12. London, (Bauer, Leipz.) 774.

— (u. Schweizer), Rosamunde; Singspl. 8. Weimar 778. Hoffmann. 4 gr. (Schwan u. G. in Manh.) 3 gr.

— Samml. poet. Schriften. 3 Bde. gr. 8. Zürich 762. 2e A. 770. Orell. 2 ℳ

— Samml. pros. Schriften. 2 Bde. 8. Zürich 758. 2e A. 764. 3e A. 771. 4e A. 779. Geßner. 20 gr. Neue verb. Ausg. unt. d. Tit.: kleinere pros. Schriften. 2 Thle. 12. Leipz. 794. Weidmann. 20 gr.

— Samml. prosaischer Schriften. 2 Bde. 8. Zurich, Geßner. 779.

s. a. Samml. Zürich. Streitigkeiten.

— Horazens Satyren, s. Horaz.

s. Schreiben v. d. Würde e. schönen Geistes.

Wieland, Christoph Martin.

Aus [dessen] Schriften. 1 Bdchen. Leipz. 1826. H: *Eck, Johann Georg.* (GGr)

Wieland's, (Christoph Mart.), gesammelte Schriften. Hrsg. v. der deutschen Kommission der königl. preuß. Akademie der Wissenschaften. I. Abtlg.: Werke. 1. u. 2. Bd. gr. 8. Berlin, Weidmann. 18.—; geb. in Halbfrz. 22. 40
1. Poetische Jugendwerke. 1. Tl. Hrsg. v. Fritz Homeyer. (LX, 462 S.) 909. 9.—; geb. 11. 20
2. Dasselbe. 2. Tl. Hrsg. v. Fritz Homeyer. (V, 495 S.) 909. 9. —; geb. 11. 20

— dasselbe. II. Abtlg.: Übersetzungen. 1. u. 2. Bd. gr. 8. Ebd. 19.20; geb. in Halbfrz. 23. 60
1. Shakespeares theatralische Werke. 1. u. 2. Tl. Hrsg. v. Ernst Stadler. (V, 372 S.) 909. 7.20; geb 9. 40
2. Dasselbe. 3., 4. u. 5. Tl. Hrsg. v. Ernst Stadler. (V, 601 S.) 909. 12.—; geb. 14. 20

— — Schriften, Kleine. (Musarion. — Die Grazien.) Mit gestoch. Titel. Amsterdam (fing.) 1772. 8°. (2 Mk. 50 Pfg. Jul. Neumann, Magdeb., 1906.)

— kleinere prosaische Schriften. 2 Thle. 12. Leipz. Weidmann. 794.
(I. enth. a) üb. d. Verhältn. d. Angenehm. zum Nützl. b) Bonif. z. Schleichers Jugendgesch. c) üb. d. vorgebl. Abnahme d. menschl. Geschl. d) üb. d. Ideale der Alten. e) Was ist Wahrheit? f) Die Kunst zu leben u. d. Heilkunst d. Seele. g) Etwas v. d. ält. Zeitkürzungsspielen. h) üb. d. Charakter d. Erasmus v. Rotterdam. i) wie man liest, e. Anekdote. k) Aesopus u. Solon. l) d. sterb. Vortrag d. Euripides. II. enth. a) Dialogen in Elysium. b) etwas üb. d. Erzähl. v. Geisterschein. c) Briefe üb. Rousseau, Mariane u. d. entwandte Band. d) Nachtr. z. d. vorstehenden Briefen. e) patriot. Beytrag zu Deutschlands höchsten Flor ec. f. u. g) Gespr. zwisch. Walder u. Diethelm. h) Sendschr. an ein. jungen Dichter. i) Ursprung der guten u. schlechten Dichter nach d. Edda. k) Christine v. Pisan. l) Marguerite von Valois Kön. von Navarra als Schriftstellerin. m) Cardinal du Perron u. Fra Paolo Sarpi).

— s. Shakspeare, theatral. Werke.

Wieland, C. M.

Socrate en Délire; ou Dialogues de Diogène de Synope. . . . Dresde 1772. Ü: *Barbé-Marbois, Franç. Marquis de.* (BrMm)

Wieland, Cph. Mt., Socrate en délire, ou Dialogues de Diogène de Synope, traduit de l'allemand. 8. Dresd. 772 Walther. 12 gr.

[WIELAND, CPH. MART.], *Σωκράτης Μαινόμενος* oder die Dialogen des Diogenes von Sinope. Aus einer alten Handschrift. Neueste Aufl. Itzehoe und Lpz. (Frankfurt). U. A.

— Melusinens Sommerabend, s. Fr. S. de la Roche.

— das Sommermärchen, s.a. Meyer's Volksbücher.

— — Sommermährchen, 8. Daselbst, 788. 7 sgl.

—— der goldene Spiegel, s.a. Universal-Bibliothek Nr. 613—616.

— goldener Spiegel od. d. Geschichte d. Könige von Scheschian, m. K. 4 Thle. 8. Leipz. Weidmann. 772.

Wieland, Chr. Mart. Der goldene Spiegel oder die Könige von Scheschian. Reutlingen 1774. 4 Thle

—— der goldene Spiegel oder die Könige von Scheschian. 2 Thle und Anhang. gr. 16. (162; 188 S. und Anhang 215 S.) Berlin 879, Hempel. geb. in 1 Bd. *

— Don Sylvio v. Rosalva, s. Sieg der Natur.

— Sympathien. 8. Zürich (vor 1754.) Geßner. 4 gl.

— s. Taschenbuch auf d. J. 1804.

— u. J. W. v. Göthe, Taschenbuch für 1804, s. Lieder-almanach.

— kleine Vers-Erzählungen. Neue Taschenausg., ausgewählt, rev. u. eingeleitet von Frz. Deibel. Die Zeichng. des Titels u. Einbandes ist v. W. Tiemann. (V, 364 S.) kl. 8. Leipzig 906. Insel-Verlag. n. 3. —; geb. in Ldr. n. 4. 50

— s. Wahl des Herkules.

WASSERKUFE, Die, oder der Einsiedler und die Seneschallin von Aquilegia. (Poetische Erzählung von *Christoph Martin Wieland.*) Wien, o. J. (Ende XVIII. Jh.) 12⁰. Rarer Einzeldruck.

— Werke, s.a. Klassiker-Bibliothek, goldene.

Wieland's, Chrph. Mart., Werke, s. National-Bibliothek der deutschen classischen Dichter.

—— Werke, s.a. National-Bibliothek sämmtlicher deutschen Classiker.

Wieland's, C. M., Werke, s.a. National-Litteratur, deutsche.

— — Dasselbe. (Auswahl.) Hrsg. von H. Pröhle. 6 Bde. Berlin, o. J. 8⁰. (Mk. 22,50.) (8 Mk. der Vorige.)

— — Dasselbe. Auswahl.) Hrsg. von Kurz. 3 Bde. Leipzig 1874. 8⁰. (3 Mk., Orig.-Lwd., B. Liebisch, Lpz.)

—— Werke. 32 Thle. Auswahl: (Thl. 1—32 der Gesammtausg.) gr. 16. Berlin 879, Hempel. geb. in 10 Bde. *

—— dass. — 24 Thle. Auswahl, die Hauptschriften enth.: (Thl. 1—24 der Gesammtausg.) Ebendas. 879. geb. in 7 Bde. *

Wieland's, Chrph. Mart., Werke. 40 Thle. gr. 16. (216; 173; 224; 231; 196; 100; 172; 148; 160; 168; 256; 267; 142; 176; 176; 120; 212; 162; 188; 215; 168; 108; 243; 120; 192; 195; 180; 207; 255; 339; 208; 573; 480; 384; 430; 336; 656; 719; 703; 876 S.) Berlin 879, Hempel. geb. in 16 Bde. *

— Werke. Hrsg. v. Ghold. Klee. Kritisch durchgeseh. u. erläut. Ausg. 4 Bde. 8. (52, 444, 476, 477 u. 493 S. m. Bildnis.) Leipzig (900). Bibliograph. Institut. Geb. in Leinw. n. 8. —; in Saffian n. 12. —

— dasselbe in Einzel-Ausg., s.: Hempel's Klassiker-Bibl.

Wieland's, Christoph Mart., Werke. Ausgabe in 5 Büchern. Mit e. biograph. Einleitg. v. Rud. Steiner. Mit Wielands Jugendportrait. (XXVIII, 189, 278, 169, 158 u. 135 S.) kl. 8. Berlin (905). A. Weichert. In 1 Leinw.-Bd. 2. —

(Christoph Martin) **Wielands** Werke. Auswahl in 10 T. Auf Grund d. Hempelschen Ausg. neu hrsg., m. Einl. u. Anm. vers. von Bernhard v. Jacobi. Berlin, Leipzig, Wien, Stuttgart: Bong [1910]. 8⁰
1—3. Geschichte des Agathon. 1—3. 4. Oberon. 5. 6. Verserzählungen. 1. 2. 7. Göttergespräche. An Psyche. 8. Geschichte der Abderiten. 9. Nachlaß des Diogenes von Sinope. 10. Aufsätze.
(Goldene Klassiker-Bibliothek.) [10. 10554

—— ausgewählte Werke, s.a. Bibliothek der deutschen National-literatur.

Wieland's, Christoph Mart., ausgewählte Werke in 4 Bdn. Hrsg. v. Wilh. Bölsche. Mit 2 Bildnissen Wielands, e. Briefe als Handschriftenprobe, Abbildung des Grabdenkmales u. des Denkmales in Weimar. 12. (LXII, 196; 170; 168 u. 299 S.) Leipzig (902). M. Hesse. 1. 25; geb. in 1 Leinw.-Bd. n. 1. 75; auf besserem Pap. in Halbfrz. 2. 70; Luxus-Ausg. in Liebh.-Halbfrz. 3. 50

— Ausgewählte Werke. Neue Taschenausg., eingeleitet v. Frz. Deibel. 3 Bde. kl. 8. Leipzig, Insel-Verlag. Geb. in Ldr. 15. —; in Perg. 20. —
1. Kleine Vers-Erzählungen. (XXIX, VII, 364 S.) 905.
2. Oberon. Ein romant. Heldengedicht in zwölf Gesängen. (V, 316 S.) 905.
3. Geschichte der Abderiten. (VI, 449 S.) 907.

Wieland's, C. M., gesammelte Werke, s.a. Bibliothek, Cotta'sche, der Weltlitteratur.

Wieland's, Chrph. Mart., gesammelte Werke in 6 Bdn. Mit e. Einleitg. v. Frz. Muncker. 8. (263, 228, 228, 299, 268 u. 312 S. m. Bildnis.) Stuttgart 893. J. G. Cotta Nachf.) In 3 Leinwbdn. n. 6. —

Wieland's gesammelte Werke in 6 Bdn. M. e. Einleitg. v. Frz. Muncker. 8. (263, 228, 228, 299, 268 u. 312 S. m. Bildn.) Stuttgart 898. J. G. Cotta Nachf. In 3 Halbfrz.-Bdn. n. 9. —

Wieland's, C(hrstph.) M(art.), sämmtliche Werke, s.a. Classiker, deutsche.

— — Dasselbe. 40 Thle. in 16 Bdn. Berlin, Hempel, o. J. 8⁰. (Mk. 40—.) (18 Mk., Expl. in den grünen Orig.-Lwdbdn., der Vorige; 16 Mk. Jul. Neumann, 1906.)

— sämmtliche Werke. 38 Bde. u. 6 Bde. Supplemente. 8. Leipz. Göschen. 794—805.

— — Werke, Sämmtliche. 36 Bde. u. 6 Suppl.-Bde. (= 42 Bde.). Mit (z. Th. etwas freien) Kpfrn. von Ramberg u. Schnorr v. Karolsfeld, gestoch. von Geyser, Kohl, Lips u. A. Leipzig, Georg Joach. Göschen, 1794—1802. Gr. 4⁰. (Der Subscr.-Preis für ein ungebund. Expl. betrug 250 Rthl.) (175 Mk., cplt. in 19 Bdn., Juchtenleder m. Goldschn., Bernh. Liebisch, Lpz., 1906.)

— — Dasselbe. 36 Bde. u. 6 Suppl.-Bde. (= 42 Bde.). Ebd. 1794—98. 8⁰. (15 Mk. der Vorige, 1906.)

— — Dasselbe. 39 Bde. u. 6 Suppl.-Bde. (= 45 Bde.). Ebd. 1794–98. 8⁰. (50 Mk., Hldrbde. d. Zeit, A. Bielefeld, Carlsruhe, 1911.)

— — Dasselbe. 36 Bde. u. 6 Suppl.-Bde. (= 42 Bde.). Ausgabe auf geglättetem Velinpap. in Taschenformat. Ebd. 1794–1802. (Ldpr. 112 Rthl.)
Auct. Kurschner. Lpz., Mai 1904. no. 1385.

— **Kupfersamml. zu Wieland's sämmtl. Werken. 52 Bl. Leipz., Fr. Fleischer. 4 Thlr 18 Gr gr Pap. 6 Thlr 16 Gr**

— — Dasselbe. (Nachdruck.) 45 Bde. Mit Wieland's Porträt, gestoch. von Blaschke, u. 44 Kpfrn. von Demselben. Wien bey Anton Doll, 1811–12. 8⁰. (18 Mk., Expl. in 24 etwas rampor. Hfrzbdn. d. Zeit, mit Rückenschild u. Rückenvergoldg., A. Bielefeld, Carlsruhe, 1911.)

— — Nachdruck der „Sammtl. Werke" erschien auch zu Carlsruhe (ebenfalls mit Kpfrn.).

Wieland, Christoph Martin

C.M. Wielands sämmtliche Werke. Bd 5.
Karlsruhe: Bureau d.dt. Classiker 1814. 214 S. 8⁰

5. Der neue Amadis. Bd 2.- Der verklagte Amor.

— — sämmtl. Werke. Mit erläuternden Anmerkungen herausgegeben von J. G. Gruber. Ausg. mit deutsch. Lettern auf Velinpap. 1r – 34r Bd. 8. Leipzig, Göschen. 818–22. Pränu. Pr. à 1 Thlr. 16 Gr.

— — dieselb. in Taschenform. auf ungeglätt. Schweizerpapier, ohne Kupf. 36 Bde u. 6 Bde Suppl. Ebend.
(Diese sämmtlichen Werke 38 Bde u. 6 Bde Suppl. enthalten: I. II. III. Agathon. IV. V. Amadis u. verklagter Amor. VI. VII. der goldne Spiegel. VIII. Danischmend. IX. Musarion, Aspasia, Gedichte an Olympia, d. erste Liebe, d. Mönch u. d. Nonne, d. Leben e. Traum, Bruchstück v. Psyche. X. d. Grazien, komische Erzählungen, Kombabus, Schach Lolo. XI. u. XII. Don Sylvio v. Rosalva. XIII. Diogenes v. Sinope, Gedank. über eine alte Aufschr. XIV. Beyträge z. geheimen Geschichte der Menschheit. XV. Vermischte prosaische Aufsätze. XVI. Cyrus, Araspes und Panthea. XVII. Idris und Zenide. XVIII. Erzählungen und Märchen. XIX. u. XX. die Abderiten. XXI. Gandaline od. Liebe um Liebe, Kl lia und Sinibald. XXII. u. XXIII. Oberon. XXIV. Vermischte Aufsätze, liter. philos. u. histor. Inhalts. XXV. Göttergespräche, Gespräche im Elysium. XXVI. Singspiele u. Abhandlungen. XXVII. u. XXVIII. Peregrinus Proteus. XXIX. u. XXX. Verm. Aufsätze. XXXI. Gespräche unter vier Augen. XXXII. Agathodämon. XXXIII.-XXXVI. Aristipp 4 Bde. XXXVII. Euthanasia. XXXVIII. Hexameron von Rosenhayn. Supplemente 1r Bd. . Natur der Dinge, moral. Briefe. 2r Anti-Ovid, Erzählungen, Briefe von Verstorbenen. 3r die Prüfung Abrahams, Sympathien, Psalmen, der Frühling, Hymne auf Gott. 4r Erinnerungen an e. Freundinn, das Gesicht der Mirza, Timoklea, Platon, Betracht. üb. d. Menschen, d. Welt unschuld. Menschen, Theages über Schönheit u. Liebe, Johanna Gray. 5r Clementine v. Poretta, Pandora, die Bunkliade, Auszüge aus Forsters Reisen. 6r Athenion, literar. Miscellaneen, Briefe an einen jungen Dichter, was ist Hochdeutsch? Mark-Aurel an die Römer, Titanomachie od. d. neue Heldenbuch).

Wieland, (C. M.,) sämmtl. Werke, herausgeg. v. J. G. Gruber. N. Aufl. 51 Bde. 8. Leipz. 824–27, Göschen. 32 Rthl. — Velinp. Rthlr.

— **dass. 50r u. 51r Bd. A. u. d. T.: Wielands Leben, bearb. von J. G. Gruber. 2 Thle. 8. Ebd.**

— **dass. 52 Bdnde. Ausg. in 16. Leipz. 824–27, Göschen.**

— **dass. 52r od. Supplement-Band. — A. u. d. T.: Wieland's Selbst-Schilderung in d. Erläut. der d. letzten Ausg. begleit. Kupfersamml. v. J. G. Gruber. 16. Leipz. 826, Fr. Fleischer. 12 gr. Velinp.**

Wieland, Chrstph. Mart., sämmtl. Werke. Neu bearb. v. J. G. Gruber. 50–53. (letzt.) Bd. — A. u. d. T.: Wieland's Leben. Neu bearb. v. J. G. Gruber. Mit Einschluß vieler noch ungedruckter Briefe W's. 4 Thle. 8. (102½ B. u. W's. Bildn., Kpfrst.) Leipzig 827, 28, Göschen. 4 Thlr., Vlnp.
53 Bde. vollständig (1818–28.) 32 Thlr., Vlnp. 80 Thlr.

—— dass. 50–53. (letzt.) Bd. rc. 16. (100 B. u. W's. Bildn., Stndr.) Ebdf. 827, 28.
53 Bde. vollständig (1818–28.) 16 Thlr. 16 Gr.

Wieland's, Chrstph. Mart., sämmtl. Werke. 36 Bde. 16. (798¼ B. u. W's. Bildn.) Leipzig 839, 40, [G. J. Göschen'sche Vrlgh.] Thlr.

—— **ders. Supplement. — A. u. d. T.: Chrstph. Mart. Wieland. Ein biograph. Denkmal v. Heinr. Döring. 16. (28 B.) Sangerhausen 840, Rohland. (Leipzig, Hermann.)**

— — Dasselbe. 36 Bde. Ebd. 1853–58. 8⁰. (8 Mk., cplt. in 18 Bdn., der Vorige.)

s. **Ldw. Wieland, Erzählungen.**

— das Wintermärchen, s.a. Meyer's Volksbücher.

Wieland, C. M. Wintermährchen, 8. Wien, 788. 7 sgl.

Wieland, Emil. Die Armen-Badanstalt in Rheinfelden. Im Auftrage der Badarmenkommission verfasst. 8. Brugg 1873.

Wieland, Emil. Les Bains Salins de Rheinfelden.... Par Emile W.... 8. Bâle 1868.

Wieland, Emil. Das Diphtherieheilserum, seine Wirkungsweise und Leistungsgrenzen bei operativen Larynxstenosen. Habilitationsschrift (Univ. Basel). *Kopftitel:* Aus dem Kinderspital in Basel. — ([Mit 1 Tabelle.] — Sonder-Abdruck aus dem Jahrbuch für Kinderheilkunde. N. F. Bd. 57.) II S. + S. 527–620. 8. Berlin, S. Karger, 1903.

Ueber Freimaurerei. [Unterz.:] Emil Wieland. [Dat.:] Rheinfelden 1878. 2 Bl. 8⁰ [Kopftit.]
Aufklärung üb. die frmrischen Grundsätze in einem der Frmrei freundlichen Sinne.

Wieland, (Emil), über Krankheitsdisposition, s.a. Klinik, medizinische. 1908. 4. Beiheft.

Über Krankheitsdisposition. Von Dr. E[mil] **Wieland**, Doz., Basel. Wien, Berlin: Urban & Schwarzenberg 1908. (S. 90–116.) 8° [Umschlagt.] = **Klinik**, Medizinische. Beihefte. Jg. 4, H. 4. [08. 7961 3]

Wieland, E., siehe: *Mitteilungen aus Kliniken.*

— über sogenannte angeborene u. üb. frühzeitig erworbene Rachitis. (VIII, 211 S. m. 3 Abbildgn. u. 7 Taf.) Lex. 8. Berlin 910. S. Karger. 7.—

Wieland, Emil, primär multiple Sarcome der Knochen. Diss. gr. 8. (39 S. m. 2 Taf.) Bern 893. (Tübingen, F. Pietzcker.) n. 1.20

Wieland, E[mil]. Moderne biologische Schutz- und Heilmethoden. Oeffentlicher Habilitationsvortrag, gehalten im Juli 1903 [an der Universität] in Basel. Sonderabdruck aus den Beilagen zur «Allgemeinen Zeitung» Nr. 223 und 224 vom 2. und 3. Oktober 1903. 25 S. 8. München, Buchdr. der «Allg. Zeitung», 1903.

Wieland, Emil, die Soolbäder von Rheinfelden u. ihre Wirkungen. Rheinfelden 867. (Basel, Riehm.) gr. 8. (47 S.) 6 ngr.

Wieland, Emil, die Soolbäder von Rheinfelden und ihre Wirkungen. 2. vervollständ. Aufl. 8. (45 S. mit 1 Holzschntaf. und 1 lithogr. Kärtchen.) Aarau 878, (Sauerländer's Verlag.) **

Wieland, Emil, experiment. Untersuchgn. üb. d. Entstehung d. circumscripten u. diffusen Peritonitis m. spec. Berücksicht. d. bakterienfreien, intraperitionealen Herde, s.a. Mitteilungen aus Kliniken u. medicin. Instituten d. Schweiz, II, 7.

Wieland, E[mil]. Klinische Untersuchungen über Frührachitis. Sonderabdruck aus der Deutschen Medizinischen Wochenschrift .... 1908. No. 36. 21 S. 8. (Leipzig, Georg Thieme.)

Wieland, Emil. Ueber Ursachen und Verhütung der Säuglingssterblichkeit. Populärer Vortrag gehalten ... zu Basel am 3. November 1904. [Sep.-Abdr. aus «Basler Nachrichten», Jahrg. 60, 1904, Nr. 321—326.] 38 S. 8. Basel, Basler Berichthaus, 1904. [fr. —. 70]

Wieland, Emil, über Ursachen u. Verhütung der Säuglingssterblichkeit. Populärer Vortrag, geh. im Bernoullianum zu Basel am 8. XI. 1904. (38 S.) 8. Basel 904. (C. F. Lendorff.) n. — 70

Wieland, Ernst [aus Bohlingen, Baden]: Ueber Ketone, Ketoxime und Ketoncarbonsaeuren aus p- und o-Chlor- und Brom-toluol ... Freiburg i. B., Buchdr. v. Ch. Ströcker, 1892. 51 S., 1 Bl. 8.
Freiburg i. B., Phil. Fak., Inaug.-Diss. v. 1892

Wieland, Ernst Carl. Dissertatio de Castruccio, duce Luccensi, S. R. J. vexillifero. 4. Lipsiae 1779.

Wieland, Ernst Karl, Charakteristik Doktor Martin Luthers. 8. Chemnitz, Jacobäer. (Maute). 801. Rthlr.

Wieland, Er. Karl, Charakteristik Dr. Martin Luthers. 8. Chemnitz 801. (Starke). 8 gr. N. Aufl., mit Kpf. gr. 8. Leipz. 816. (Aue in Altona). 1 rthl. 12 gr.

Wieland, E. Karl, Charakteristik Dr. Mart. Luthers. Mit Kupf. N. A. gr. 8. Leipzig, Jacobäer. 816.

— üb. die Einführung der erblichen Kaiserwürde in Frankreich. 8. Berlin, Amelang. (Besson in Leipz.) 805.

Wieland, Ernst Karl [Praes.] s. Förster, August Wilhelm: De necessitate et usu juris gentium in notitia rerumpublicarum rite adornanda dissertatio.

— Geist d. peinl. Gesetze. 2 Thle. gr. 8. Leipz. 783. Kummer. 1 rthl. 20 gr.

— Handbuch d. philosoph. Moral. 2 Thle. (1r Thl. Einleitung). 8. Leipz. 780, 81. Kummer. 1 rthl. 18 gr.

— histor. Launen. 1r Bd. 8. Leipz. 798. Andrä. 1 rthl. 12 gr.

— historische Launen. 1r Bd. 8. Leipz. Kleefeld. (Bauer). 798.

— Lehrbuch d. deutschen Reichsgeschichte. gr. 8. Leipz. 778. Schwickert. 1 rthl. 4 gr.

— Opuscula academica aucta passim et emendata. fasc. I. 8. Chemnitz, Hoffmann. (Mauke). 790.

— Opuscula academica aucta passim et emendata. Fasc. I. 8. Chemnitz 790. (Starke). 10 gr.

— Versuch über d. Genie. 8. Leipz. 779. Kummer. 20 gr.

— Versuch e. Geschichte d. deutsch. Staatsinteresse. 3 Thle. 8. Chemnitz, Hoffmann. (Maute). 791–94. (I. Rthlr. 8 gr. II. III. à 1 Rthlr. 12 gr.)

— Versuch e. Geschichte d. deutschen Staatsinteresse. 3 Thle. 8. Chemnitz 791—94. (Starke). 4 rthl. 8 gr.

— Versuch über d. natürl. Gleichheit des Menschen, nebst e. Anh. über d. Recht d. Wiedervergeltung. gr. 8. Leipz. 782. Kummer. 8 gr.

— — der Wettstreit der Jahrhunderte. Nebst einer Einleitung, als Vorwort zu einer künftigen Geschichte d. achtzehnten Jahrhunderts. gr. 8. Leipzig, Hartmann. 820.

— d. Wettstreit d. Jahrhunderte. Nebst e. Einleitung, als Vorwort zu einer künftigen Geschichte des 18ten Jahrhunderts. gr. 8. Leipz. 820. (Lehnhold). 1 rthl. 8 gr.

Wieland, Fel., das Handelsrecht, Konkursrecht u. Seerecht Frankreichs, s.: **Handelsgesetze, die, des Erdballs.** (Hennebicq, L., u. Coermann.)

Wieland, Fr. Bericht an das Eidgen. Militär-Departement über die Reise nach Italien zum Besuche der Militär-Sanitäts-Anstalten der Franko-Sardinischen u. österreichischen Armeen im August 1859. 8 M. Abbild. Aarau 1860.

Wieland, Frz., ein Ausflug ins altchristliche Afrika. Zwanglose Skizzen. gr. 8. (195 S. m. Abbildgn.) Stuttgart 900. [J. Roth.] München, Allg. Verlags-Gesellschaft. n. 4. 20; geb. n. 5. 80

Wieland, Franz [Dr. theol.]: Die genetische Entwicklung der sog. Ordines minores in den drei ersten Jahrhunderten ... (— Röm. Quartalschr. f. christl. Alterthumsk. u. f. Kirchengesch., Supplementheft 7.) Rom, in Comm. d. Herder'schen Verlagsh. zu Freiburg i. Br. u. d. Buchh. Spithöver zu Rom, 1897; XI, 179 S. 8.
München, Theol. Fak., Inaug.-Diss. v. 1897
(Nur in beschränkter Zahl für den Austausch)

Wieland, Frz., d. genetische Entwicklg. d. sog. Ordines minores in d. 3 ersten Jahrhunderten, s.a. Quartalschrift, röm., f. christliche Alterthumskunde u. f. Kirchengeschichte, 7. Suppl.-Hft.

Die genetische Entwicklung der sog. ordines minores in den drei ersten Jahrhunderten. Von Dr. theol. Franz **Wieland.** *Rom: Spithöver i. C.; Freiburg i. B.: Herder i. C. 1897.* (XI, 179 S.) 1 Bd 8.
= Quartalschrift, Römische, f. christl. Alterthumskunde u. f. Kirchengesch. Supplh. 7. [97. 3261

Wieland, Frz., s.: **Festgabe,** Alois Knöpfler zur Volleudg. des 60. Lebensjahres gewidmet.

— liebet eure Feinde!, s.: **Dilettantenbühne, kathol.**

Wieland, Frz., Mensa u. Confessio. I. Der Altar der vorkonstantin. Kirche, s.a. Veröffentlichungen aus dem kirchenhistorischen Seminar München.

Wieland, Franz: Mensa und Confessio. Studien über d. Altar d. altchristl. Liturgie von Dr. Franz Wieland, Subregens. 1. 2. München: Lentner (2: Leipzig: Hinrichs) 1900–12. 8°
1 = Veröffentlichungen aus d. Kirchenhist. Seminar, München. R. 2, Nr. 11. 1906. 2 [u.d.T.:] Wieland: Altar u. Altargrab d. christl. Kirchen im 4. Jh. 1912.

Mensa und Confessio. Studien über d. Altar d. altchristl. Liturgie von Dr. Franz **Wieland,** Subregens. 1. München: J. J. Lentner 1906. 8°
Veröffentlichungen aus d. Kirchenhist. Seminar, München. R. 2, No 11. [06. 10309

Die Schrift Mensa und Confessio und P. Emil Dorsch S. J. in Innsbruck. Eine Antwort von Dr. Franz **Wieland,** Subregens in Dillingen. München: J. J. Lentner 1908. (113, 8* S.) 8°
— **Veröffentlichungen** aus d. Kirchenhist. Seminar, München. R. 3. No 4. [08. 10673

— **Der vorirenäische Opferbegriff,** s. a. **Veröffentlichungen aus dem kirchenhistorischen Seminar München. III, 6.**

Wieland, Franz: Der vorirenäische Opferbegriff. Von Dr. Franz Wieland, Subregens. München: Lentner 1909. XXVIII, 234 S. 8°
(Veröffentlichungen aus d. Kirchenhist. Seminar, München. Reihe 3 Nr 6.)

Wieland, Frz. Jos., Freiheit, Gleichheit, Brüderlichkeit (616 S.) 8. Lindau 905. (Kempten, A. Klein.) n.n. 5. —

Wieland, Fr. Jos., Hamlet der tiefe Denker aus Shakespeare's verklärtem, reinen Geiste. Eine philosoph. Studie zur gerechten Würdigung zweier Vielverkannter, des Dichters u. seines Schauspieles Räthselgestalt. (IX, 129 S.) 8. Kempten 910. (F. Huber.) 1.50

— Streifzüge im Zickzack. Eine halboffene Satire. (616 S.) 8. Ebd. 905. 906. n.n. 5. —

Wieland, Friedrich Karl, s. Wieland, Karl

Wieland, Greg., Pfarrer Seb. Kneipp's Thee. Deren Bereitung, Anwendg. u. Wirkg. in den verschiedenen Krankheiten. Mit kurzer Biographie des Hrn. Prälat Kneipp. 7. Aufl. 8. (32 S.) Würzburg 894. A. Göbel. — 15

Wieland, Greg., Pfarrer Seb. Kneipp's Thee. Deren Bereitg., Anwendg. u. Wirkg. in d. verschied. Krankheiten. M. kurzer Biographie d. Hrn. Prälat Kneipp. 11. Aufl. 8. (36 S. m. Bildn.) Würzburg 898. A. Göbel. — 15

Wieland, Greg., Pfarrer Seb. Kneipp's Tee. Deren Bereitg., Anwendg. u. Wirkg. in den verschiedenen Krankheiten. Mit kurzer Biographie des Hrn. Prälat Kneipp. 19., stark verm. u. verb. Aufl. (44 S. m. Abbildgn.) 8. Würzburg 905. Göbel & Scherer. n. — 20

Wieland, Hans, Liederbuch für den schweizerischen Wehrmann. Neu (Titel-)Ausg. gr. 16. (112 S.) Basel 879, Schweighauserische Verlagsh. *

(**Wieland,** Hans, eidg. Oberst.) Die schweizerische Neutralität. Politisch-militärische Studien eines schweiz. Generalstabs-Officiers. 8. Basel 1861.

Wieland, Hans, die schweizerische Neutralität. Politisch-militär. Studien. 3. (Titel-)Aufl. gr. 8. (59 S.) Basel 880, [Schweighauserische Verlagsh.] Schwabe. *

Wieland, Hans, wie baut u. wie bepflanzt man e. Alpinum? s. a. Gartenführer-Bibliothek. 6.

Wieland, Hans, wie baut u. wie bepflanzt man e. Alpinum? Mit vielen erklär. Abbildgn. u. Alpenpflanzenbildern. (24 S.) gr. 8. Erfurt (904). J. C. Schmidt. n. — 50

Wieland, Heinrich, a. Pforzheim: Über Additionen mit den höheren Oxyden des Stickstoffs an die Kohlenstoff-Doppelbindung. München 1904: V. Hofling. (103 S.) 8°
München, Phil. Hab.-Schr. v. 1904
(Nicht für den Austausch)

Wieland, Heinr., die Knallsäure. (III, 77 S.) Lex. 8. Stuttgart 909. F. Enke. 2.40
Sonderabdr. a.: „Sammlg. chem. u. chem.-techn. Vortr."

Wieland, Heinrich, aus Pforzheim: Versuche zur Darstellung phenylierter Allene. — Neue Reaktionen von Ketonen der Diphenylpropanreihe und des Desoxybenzoins. *München 1901: Kastner & Lossen.* (61 S.) 8°
München, Phil. Diss. v. 1901

Wieland, Herm., und E. Stein, Musterbuch der Baumwollfärberei. 40 Proben gefärbter Baumwollgarne, sammt den neuesten in Sachsen und der Schweiz üblichen Färbverfahren, wie auch Angabe des Kostenpreises. 16. (40 Bl.) Leipzig 877, G. Weigel. *

Wieland, Hermann: Untersuchungen über die lipoiden Substanzen der Magenschleimhaut. Strassburg i. E. 1909: Müh. 17 S. 8°
Straßburg, Med. Diss. v. 26. Jan. 1910, Ref. Hofmeister
[Geb. 26. Febr. 85 Pforzheim; Wohnort: Straßburg; Staatsangeh.: Baden; Vorbildung: Gymn. Pforzheim Reife Juli 03; Studium: München 4, Straßburg 3, München 1, Straßburg 1, München 3 S.; Coll. 21 Dez. 09; Approb. 4. Dez. 08.] [I] 10. 4008

Wieland, Josef

Wieland, J., der Kerbschnitt. Lehrgang u. Mustersammlg. 1. Hft. Fol. (11 Bl.) Nebst: Erläuterungen. gr. 8. (16 S.) Köln 900. (Verlagsanstalt Benziger & Co.) n.n. 2. —

Der Kerbschnitt. Lehrgang u. Mustersammlung. Entworfen u. gez. von J[os.] **Wieland,** Lehrer in Köln. H. 1 [Nebst] Erl. *Köln: Selbstverl. 1900.* 2° u. 8° [01. 8353 b

Wieland, Josef: Vorträge, s. Hottinger, Johann Jakob

Wieland, Johannes

Wieland, (Oberstlieut.) Jh., Anleit. zum Gebrauch des Bajonets oder kurzer Unterricht des Wesentlichsten dieser Fechtkunst. 8. Basel 826. Schweighäuser. 4 gGr. Dass. französ. 8. Ebd. 2 gGr.

Wieland, [Johannes]. Geschichte der Kriegsbegebenheiten in Helvetien und Rhätien ... 2 Theile. Basel 1827 s. a. (Wieland, [Johannes].) Schweizerisches Militärbuch. Theil 2 *u.* 3.

Wieland. Geschichte der Kriegsbegebenheiten in Helvetien u. Rhätien als Handbuch zum Militärunterricht für Schweizeroffiziere aller Waffen. T. 1. 2. Mit Pl. Basel 1827.

Wieland, Joh., Geschichte der Kriegsbegebenheiten in Helvetien und Rhätien. 2., durchgeseh. und umgeänd. Aufl. 2 Bde. in 10 Heften. gr. 8. (VII und 554 S., VIII und 410 S.) Basel 868, Richter. — Schweighauser'sche Verlagsh. à Heft 12 Ngr.

(Wieland, [Johannes].) Handbuch zum Militairunterricht .... Basel 1824 s. a. (Wieland, [Johannes].) Schweizerisches Militärbuch. [Theil 1.]

Wieland. Handbuch zum Militärunterricht für Schweizeroffiziere aller Waffen als Versuch eines Verteidigungssystems der schweizer. Eidgenossenschaft. 2. verb. u. verm. Aufl. Mit Pl. rc. Basel 1825. 512 S.

Wieland, Joh., die Kriegsgeschichte der schweizerischen Eidgenossenschaft bis zum Wiener Congreß. 3. Aufl. 2 Bde. gr. 8. Basel 871, Richter. [1. Bd. (VII, 554 S.) *M 5.; 2. Bd. (VIII, 410 S.) *M 4.] *

Wieland, Joh., die Kriegsgeschichte der schweizerischen Eidgenossenschaft bis zum Wiener Congreß. Der 3. Aufl. 2. (Titel-)Ausg. 2 Bde. gr. 8. (VII, 554; VIII, 410 S.) Basel 879, Schweighauserische Verlagsh. *

— manuel militaire pour l'instruction des officiers suisses de toutes armes ou essai d'un système de défense de la Confédération helvétique. Mit 1 Karte u. 4 Plans. Trad. de l'allem. d'après la seconde édition par F. Kuenlin. 8. Basel, Schweighäuser. 1 ꝛß 21 ℊ

(Wieland, [Johannes].) Schweizerisches Militairbuch. 3 Theile. [Mit Vignetten und Tafeln.] 8. Basel 1824–1827.

[Theil 1] *u. d. T.:* Handbuch zum Militairunterricht für Schweizeroffiziere aller Waffen, als Versuch eines Vertheidigungssystems der schweizerischen Eidgenossenschaft. ([Von] Oberstlieut. W'.) Mit einem strategischen Uebersichtskartchen der Schweiz, und 4 Planen über Truppenbewegungen und Gefechtsmaneuvres. 1824.

Theil 2 *u.* 3. 1826 *u.* 1827. – *A. u. d. T.:* Geschichte der Kriegsbegebenheiten in Helvetien und Rhätien, als Handbuch zum Militairunterricht für Schweizeroffiziere aller Waffen von Oberst W'. 2 Theile. Mit lithographirten Schlachtplanen. 1827 *u.* 1827.

Theil 1. Mit 1 Sch' [auf 2 Tafeln]. – Theil 2. Mit 1 Sch' [auf 2 Tafeln, und 4 Tabellen].

— schweizer. Militärbuch. 3 Thle, mit Karten u. Pl. 1r Thl. A. u. d. T.: Handbuch zum Militärunterricht für Schweizeroffiziere. 2e Aufl. 1 ꝛß 6 ℊ weiß P. 1 ꝛß 21 ℊ 2r u. 3r Thl. A. u. d. T.: Geschichte aller Kriegsbegebenheiten in Helvetien. 2 Thle. 3 ꝛß 3 ℊ weiß P. 4 ꝛß 9 ℊ 8. Basel 827. Schweighäuser. 4 ꝛß 9 ℊ weiß P. 6 ꝛß 6 ℊ

[Wieland, Johannes]. Nachtrag zur Rechtfertigungsschrift des Obersten Wieland. (Basel den 15. Merz 1831.) 8. *o. O.*

Die Rechtf' *s. u. d. T.:* (Wieland, [Johannes].) Ein Wort der Wahrheit ... Basel 1831.

(Wieland, [Johannes].) Zweiter Nachtrag zur Rechtfertigungsschrift des Obersten Wieland. (Basel den 30. April 1831.) 8. *o. O.*

— s. a. Neutralität, die, d. Schweizer. Eidgenossenschaft, u. setze hinzu: (von Jh. Wieland).

— die Neutralität d. schweizer. Eidgenossenschaft, u. die Mittel zu ihrer Behauptung. 8. Basel 822, Schweighäuser.

— Plan d. Schlachten bei Zürich im Revolutionskrieg. Basel ... Schweighäuser. 8 ℊ

— mein Sommer 1826. Reise ins Oberland, Lager von Thun. Defileen des Leberberges, mit Karte u. Plan. 8. Basel, Schweighäuser. 14 ℊ

Wieland, [Johannes]. Mein Sommer 1826. Reise in das Oberland; Lager bei Thun; Defileen des Leberberges; als Seitenstück zu der Fusspromenade durch das Schweizerland ... vom Jahr 1822. Ein freundliches Wort an die Waffenbrüder .... Nebst einem Uebersichtsplan der Umgebungen und des Thalgeländes von Thun. 8. Basel 1827.

(Wieland, [Johannes].) Ein Wort der Wahrheit an die eidgenössischen Waffenbrüder über die ausgestreuten Verleumdungen gegen die Person von Oberst Wieland. [Mit 2 Nachträgen.] 8. Basel 1831.

Nachträge s. u. d. T.: [Wieland, Johannes.] Nachtrag zur Rechtfertigungsschrift ... – (Wieland, [Johannes].) Zweiter Nachtrag zur Rechtfertigungsschrift ... .

— einige Worte über d. Bildung d. eidgenoss. Streitkräfte. 8. Basel 821. Schweighäuser. 4 ℊ

Wieland, Johann Andreas von (Bearb.), s. Arnaud, François Thomas Marie de Baculard d': Der Graf Murrbach.

[Wieland, P. Johann Baptist.] Epistola Amici ad Amicum super Prætensa Denudatione Anonymi Murensis (P. Rusteni Heer). (Dabam ex Muris mense April. 1755.) 4. *s. l.*

Wieland, P. Johann Baptist. Vindiciæ Vindiciarum Koppianarum ac proinde etiam Actorum Murensium adversus D. P. Rustenum Heer ... adornatæ a P. Joanne Baptista W' .... 4. Typis ... Monasterij Murensis 1760.

Wieland, Joh.Heinrich: De bello, s. Rohner, Joh.Rudolf (Praes.)

Wieland, Joh.Heinrich: De neutralitate, s. Thellusson, Joh. (Praes.)

Wieland: Joh.Heinrich: Circa nullitatem sententiarum. 12 S.– Basel, Jur.Diss.v. 12.Juni 1778.

Wieland, Joh.Heinrich: De testamento principi oblato. 27 S.– Basel, Jur.Diss.v. 20.Juni 1712.

Wieland, Joh.Heinrich: Theses juridicae subitariae, s. Legrand, Christoph (Praes.)

Wieland, Joh.Heinrich: Theses miscellaneae morales, s. Weiss, Andreas (Praes.)

Wieland, Johann Heinrich. Die, rechtschaffenen Dienern Jesu Christi, obliegende Haushalterische Treue, ward den 22. Hornungs 1761. ... [in Basel], bey ... Bestattung des ... Herrn M. Joh[ann] Heinrich Bruckers, gewesenen ... Pfarrers ..., ... vorgestellt von J' H' W' .... 4. Basel.

Wieland, Joh.Konrad: De jure emigrandi. (Resp.: Lukas Legrand). 14 S.– Basel, Jur.Diss.v. 29.April 1749.

Wieland, Joh.Konrad: De legitimo quaestionum usu (tortura). 22 S.– Basel, Jur.Diss.v.15.März 1751.

Wieland, Karl

Wieland, Carl, s. a. **Andenken, dem, Isaac Iselins.**

(Wieland, Carl.) Dem Andenken Isaac Iselins (1728–1782). Zur Feier der Enthüllung seines Denkmals am 18. September 1891 hrg. von der Gesellschaft zur Beförderung des Guten und Gemeinnützigen in Basel. 8. ([Basel] 1891.)

Gesellschaft zur Beförderung des Guten und Gemeinnützigen. Basel, Detloff. 1878.

Basel während der Vermittlungszeit bis zur Einnahme der Festung Hüningen 1803—1815. (Von Dr. Carl Wieland.) 48 Seit. u. 1 Titelbild. Preis ohne Goldschnitt 2 —
mit Goldschnitt 2 40

Wieland, C[arl]. **Der Denkmal- und Heimatschutz in der Gesetzgebung der Gegenwart. Von C[arl] A[lbert] W', Professor... . Programm zur Rektoratsfeier der Universität Basel. 59 S. 4. Basel, Friedrich Reinhardt, 1905.**

Wieland, Karl, kleiner Elementarkursus der deutschen u. italienischen Handels-Korrespondenz f. Handelsschulen höhere Bürgerschulen u. f. junge Kaufleute. 16. (51 S.) Stuttgart 883. Metzler's Verl. n. — 60

Wieland, Carl. Die kriegerischen Ereignisse in der Schweiz während der Jahre 1798 und 1799. 2 Theile. (Njbl. Basel 1870 und 1871.) 4.

[Theil 1. Mit 1 Vignette und 1 Tafel.] [Basel.] – Theil 2. [Mit 1 Vignette und 1 Karte.] (Basel.)

Wieland, Carl. Erinnerungen an Carl Felix Burckhardt (1824–1883) und Gottlieb Bischoff (1820–1883), Bürgermeister und Staatsschreiber zu Basel. [SA.] 8. [Basel 1888.]

Wieland, *Friedrich* Carl [app. Arzt aus München]: Ueber einen Fall von Makrocephalie ... München, Buchdr. v. M. Ernst, 1894: 34 S. 8.
München, Med. Fak., Inaug.-Diss. v. 1894

Wieland, Carl. Die historische und die kritische Methode in der Rechtswissenschaft. Rede, an der Rektoratsfeier der Universität Basel am 12. November 1909 gehalten von Dr. K' W'. 42 S. 8. Leipzig, Duncker & Humblot, 1910. [M. 1. —]

Wieland, Carl, das Sachenrecht des schweizer. Zivilgesetzbuches. s. a. Kommentar zum schweiz. Zivilgesetzbuch.

Wieland, Karl: Das Sachenrecht des schweizerischen Zivilgesetzbuchs erl. von Carl Wieland, Prof., Basel. (In 5 Lfgen.) Zürich: Schultheß 19(08–)09. XIV, 610 S. 8°
(Kommentar z. Schweizerischen Zivilgesetzbuch. Bd 4.)

Wieland, Carl s. Schanzenprocess. Der Baslerische Schanzenprozess. Basel 1861.

Wieland, Carl. Die vier Schweizer-Regimenter in Diensten Napoleons I. 1803–1814. [Mit 1 Vignette und 1 Tafel.] Njbl. Basel 1879. 4. Basel 1878.

(Wieland, C[arl].) Vorschlag zu einem Gesetz betreffend Verbot und Besteuerung von Reklamen. [Hrg. von der] Schweizer. Vereinigung für Heimatschutz. (Basel, im Januar 1907.) 12 S. 8. [Bümpliz, Benteli A.-G.]

Wieland, Carl, der Wechsel u. seine civilrechtlichen Grundlagen. gr. 8. (XX, 310 S.) Basel 901. B. Schwabe. n. 8.—

— s.: Zeitschrift f. das gesamte Handelsrecht u. Konkursrecht.

Wieland, C[arl] A[lbert], Professor der Rechte: Der Denkmal- und Heimatschutz in der Gesetzgebung der Gegenwart. Programm zur Rektoratsfeier der Universität Basel. Basel 1905. 60 S. 4°.
Basel. Univ.-Schr. 1905/1906.

Wieland, Karl Friedrich: De Barometris, s. Maler, Jakob Friedrich [Praes.]

Wieland, Konstantin

— Hat Jesus geirrt? Ein Lösungsversuch zur Parusiefrage. (IV, 64 S.) 8. Dillingen (910). J. Keller. 1. –

Die Heilstat Christi als Neuschöpfung und Wiedergeburt von Konstantin **Wieland**. Hrsg. von Bruno Wieland, Rechtsanw. Ravensburg: Hrsg.; Leipzig: F. Wagner in Komm. 1910. VI, 133 S. 8° [11.494

Wieland, Edw., (Fr. Aug.), († d. 12. Dec. 1819.) Bemerkungen gegen d. Schrift des Geh. Rath Schmalz in Berlin, über polit. Vereine. 8. Erfurt 815. 2e A. 816. Keyser. 6 gr

— Bemerkungen über v. Berg's vorgetragene Uebersicht d. verschied. Gesetzgebungen über Preßfreiheit, besonders in Deutschland. gr. 8. Weimar 819. Ind.-Compt. 9 gr

— Erzählungen u. Dialogen, herausg. von sm. Vater Chph. Mt. Wieland. 1r Thl. 8. Leipz. 803. Göschen. 1 rf 8 gr 2r Thl. 8. Zürich 805. Geßner. 1 rf 4 gr

— giebt es gegenwärtig in Deutschland eine revolutionäre Parthei, u. wie kann man wider Willen eine machen? gr. 8. Gotha 819. Becker. 6 gr

Wieland, Edw. (Fr. Aug.), Lustspiele. 8. Braunschw. 805. Vieweg. 1 rf 8 gr

Wieland, Edw., (Fr. Aug.), der Patriot. 1818, Jan. bis Dec 4. Jena, Verf. (Leipz., Rein). 6 rf 16 gr

— d. Familie Schroffenstein, s. un. Schauspiele.

— sind d. staatsrechtl. Ansichten des Frhrn. v. Gagern fördernder Art? gr. 8. Weimar 819. Ind.-Compt. 8 gr

— über d. Schmalzische Vertheidigungsschrift gegen Hrn. Staatsrath Niebuhr. gr. 8. Erfurt 816. Keyser. 6 gr

— über d. Vorzüge d. gesetzl. Monarchie vor jeder andern Regierungsform. gr. 8. Erfurt 816. Keyser. 6 gr

— s. Chph. Mt. Wieland, Auswahl denkwürd. Briefe.

Wieland, M., Judas Iscariota coenae dominicae conviva. Tubing. 1710. 4.

Wieland, Martha Maria, meine kleine Welt. Gedichte. (V, 141 S.) 8. Berlin (907). (Leipzig, E. Maerter.)
Geb. in Leinw. m. Goldschn. 2. 50

Die Betreibung von Schuldforderungen in der Schweiz. Zum prakt. Gebr. bearb. von Max **Wieland**. *Berlin: M. Wieland 1901.* (XII, 128, 32 S.) 8°
= Wie treibt man Schuldforderungen im Ausland ein? Bd 1. [01. 6099

Wieland, Max, s.: Wie treibt man Schuldforderungen im Auslande ein?

(Hrsg.), s. Zeitschrift für Rechtsverfolgung im Auslande.

Wieland, Mich., das Augustinerkloster u. die adelige Schwesterschaft der Agelblume zu Königsberg i. Fr. gr. 8. (46 S.) Ebd. 895. n. — 50

— Geschichte d. Marktfleckens Euerdorf u. der zu dieser Pfarrei sonst u. jetzt gehör. Filialorte Aura-Wittershausen, Engenthal, Ramsthal, Sulzthal, Trimberg u. Wirmsthal. gr. 8. (78 S.) Würzburg 891. (Stahel'sche Verlagsanstalt.) n. 1. —

Wieland, Paul [prakt. Arzt]: Aus der kgl. Universitäts-Frauenklinik zu Breslau: Vier Fälle von Echinococcus in der Abdominalhöhle .... Breslau, Druck v. Rob. Nischkowsky, 1886: 34 S. 8°.
Breslau, Med. Fak., Inaug.-Diss. v. 28. Jul. 1886.

Wieland, Paul, 4 Fälle v. Echinococcus in der Abdominalhöhle. gr. 8. (32 S.) Breslau 886. (Köhler.) n. 1. —

Wieland, Paul, Kammergerichtsreferendar: Die Wirkungen des Erbverzichts nach gemeinem Recht und dem B.G.B. Berlin 1904: G. Reimer. (50 S.) 8°
Leipzig, Jur. Fak., Diss. v. 1. Dez. 1904
[Geb. 13. Nov. 79 Treuenbrietzen; Wohnort: Trebbin, Kr. Teltow; Staatsangeb.: Preußen; Vorbildung: Gymn. Fürstenwalde Reife O. 00; Studium: Berlin 8 S.; Rig. 28. Okt. 04.]

WIELAND, THEODOR. Ueber Brenzweinsulfosäure. Tübingen, 1869.

Wieland, Theophil Heinrich (Gebersheim)
A. S. 1339/19

Dissertatio philosophica de investigatione existentiae et essentiae divinae per viam causalitatis, eminentiae, atque negationis recte instituendae.
Präs. Johann Adam Osiander.
Tübingen (Cotta) VII. 1749. 106 S.

8 Resp. 36660

Eine Ansicht. Drama in 1 Aufzug von Egon **Wieländer**. Wien: F. Lang in Komm. 1904. (34 S.) 8° [F.] [05. 13706 B

Gedichte von Egon Wieländer. (Wien: M. Wieländer [1905].) (12 S.) 8° [Kopft. δ.] [ω. 14837

Wieländer, Osk., Seele u. Wahrheit. Gedichte. (VI, 180 S. m. Bildnis.) 8. Wien 909. C. Konegen. 2. —

Wieland-Literatur, die, in Deutschland. Vollständiger Catalog sämmtl. in Deutschland erschienenen Werke Chr. M. Wieland's, sowohl Gesammt- als Einzel-Ausg., aller bezügl. Erläuterungs- u. Ergänzungsschriften, wie endlich aller mit ihm in irgend einer Beziehung stehenden sonstigen literar. Erscheinungen. Von 1751 bis Ende 1851. Supplement zu allen Werken Chr. M. Wieland's. 8. (28 S.) Cassel 852, Balde. n. 1/6 ß

Wieland-Literatur, die, in Deutschland. Vollständiger Catalog sämmtl. in Deutschland erschienenen Werke Chr. M. Wieland's, sowohl Gesammt- als Einzel-Ausg., aller bezügl. Erläuterungs- und Ergänzungsschriften, wie endlich aller mit ihm in irgend einer Beziehung stehenden sonstigen literar. Erscheinungen. Von 1751 bis Ende 1851. Supplement zu allen Werken Chr. M. Wieland's. 8. (28 S.) Cassel 852. [Sondershausen, Neuse.] *

Wielands Grab zu Osmannstädt. Zeichnung von Rour, Poesie von Wilhelmi. gr. Fol. Nürnb. 816. Campe. 1 ß 12 gl

Wieland's, Chrph. Mart., Leben und Wirken in Schwaben und in der Schweiz, s. Ofterdinger, L. F.

Wielands Rosemunde, über, Schweizers Musik u. d. Vorstellung. 8. Mannh. Schwan u. G.

Wielandt, Friedr., neues badisches Bürgerbuch. Eine Sammlung der wichtigsten Gesetze und Verordnungen aus dem Verfassungs- und Verwaltungsrecht des Großherzogth. Baden. Nebst einem Anh. von Gesetzen des deutschen Reiches. 2., nach dem neuesten Stand der Gesetzgebung, bearb. Aufl. gr. 16. (VIII, 756 S.) Heidelberg 871, Emmerling. *

Wielandt, Friedr., neues badisches Bürgerbuch. Eine Sammlung der wichtigsten Gesetze und Verordnungen aus dem Verfassungs- und Verwaltungsrecht des Großherzogth. Baden. Nebst den einschläg. Gesetzen des Deutschen Reichs. 3. neubearb. Aufl. 8. (XI, 943 S.) Heidelberg 877, Emmerling und Sohn. *

Wielandt, Friedr., neues badisches Bürgerbuch. Eine Sammlung der wichtigsten Gesetze und Verordnungen aus dem Verfassungs- und Verwaltungsrecht des Großherzogth. Baden. Nebst den einschläg. Gesetzen des Deutschen Reiches. 4. neubearb. Aufl. 8. (XI, 998 S.) Heidelberg 883, Emmerling und Sohn. *

Wielandt, Friedr., neues badisches Bürgerbuch. Eine Sammlung der wichtigsten Gesetze und Verordnungen aus dem Verfassungs- und Verwaltungsrecht des Großherzogt. Baden. Nebst den einschläg. Gesetzen des deutschen Reiches. Ergänzungsheft zur 4. Aufl. kl. 8. (VI, 431 S.) Heidelberg 885, Abs. Emmerling und Sohn. *

Wielandt, Friedr. Neues badisches Bürgerbuch. Eine Sammlung der wichtigsten Gesetze u. Verordnungen aus dem Verfassungs- u. Verwaltungsrecht des Großherzogth. Baden. Nebst den einschläg. Gesetzen des Deutschen Reiches. 2 Bde. 5. neubearb. Aufl. 8. Heidelb., Emmerling u. Sohn. [1. Bd. (X, 768 S.) 891. * 5 —; geb. ** 6 —; 2. Bd. (IX, 1010, 66 S.) 892. * 6 —; geb. ** 7 —.] * 11 —; geb. ** 13 —

Wielandt, Frdr., neues badisches Bürgerbuch. Eine Sammlg. d. wichtigsten Gesetze u. Verordngn. aus dem Verfassungs- u. Verwaltungsrecht d. Großherzogth. Baden. Nebst d. einschläg. Gesetzen des Deutschen Reiches. 6., neubearb. Aufl. 1. Bd. 8. (X, 764 S.) Heidelberg 897. A. Emmerling & Sohn. n. 5. —; geb. n.n. 6. —

Wielandt, Frdr., neues badisches Bürgerbuch. Eine Sammlg. der wichtigsten Gesetze u. Verordngn. aus dem Verfassungs- und Verwaltungsrecht des Großherzogth. Baden. Nebst den einschläg. Gesetzen des Deutschen Reiches. 6., neubearb. Aufl. 1. Bd. Nachtrag. 8. (IV, 67 S.) Heidelberg 900. A. Emmerling & Sohn. n. — 60

— dasselbe. 6., neubearb. Aufl. 2. Bd. 8. (VIII, 1260 S.) Ebd. 900. n. 7. —; geb. n.n. 8. 20

Wielandt, Frdr., neues badisches Bürgerbuch. Eine Sammlung der wichtigsten Gesetze u. Verordngn. aus dem Verfassungs- u. Verwaltungsrecht des Großherzogt. Baden. Nebst den einschläg. Gesetzen des Deutschen Reiches. 7., neubearb. Aufl. 2 Bde. u. Nachtrag zu Bd. 1. 8. Heidelberg, A. Emmerling & Sohn. n. 13. 30; geb. u. geh. n. 15. 50
1. (X, 796 S.) 903. n. 5. 20; geb. n.n. 6. 20; 1. Nachtrag. (IV, 60 S.) 905. — 60
2. (VIII, 1255 S.) 905. n. 7. 50; geb. n.n. 8. 70

Wielandt, Frdr., neues badisches Bürgerbuch. Eine Sammlung der wichtigsten Gesetze u. Verordngn. aus dem Verfassungs- u. Verwaltungsrecht des Großherzogt. Baden. Nebst den einschläg. Gesetzen des Deutschen Reiches. 7., neubearb. Aufl. 2. Bd. Nachtrag. (III, 101 S.) 8. Heidelberg 907. A. Emmerling & Sohn. — 90

— dasselbe. 8., neubearb. Aufl. 1. Bd. (X, 878 S.) 8. Ebd. 907. 5. 60; geb. n 6. 70

Wielandt, Frdr., neues badisches Bürgerbuch. Eine Sammlung der wichtigsten Gesetze u. Verordngn. aus dem Verfassungs- u. Verwaltungsrecht des Großherzogt. Baden. Nebst den einschläg. Gesetzen des Deutschen Reiches. Ergänzungsbd. zu Bd. I (8. Aufl.) u. Bd. II nebst Nachtrag (7. Aufl.). (VII, 296 S.) 8. Heidelberg 909. A. Emmerling & Sohn. 2. —; geb. 2. 50

Wielandt, Friedr.: Die Badische Gemeindegesetzgebung im engeren Sinne. 3. neu bearb. Aufl. [Nebst] Nachtrag mit den durch das Gesetz vom 11. Juli 1896 eingetretenen Aenderungen. Heidelberg: Emmerling 1893 [u. 1896].

Wielandt, Friedr., die badischen Gesetze vom 4. Octbr. 1862 über Niederlassung und Aufenthalt, Aufhebung einiger Beschränkungen des Rechts zur Verehelichung und bürgerl. Gleichstellung der Israeliten, im Zusammenhang mit der bisher. Gemeindegesetzgebung. Nach amtl. Quellen bearb. gr. 8. (VII und 95 S.) Karlsruhe 863, Bielefeld's Hofbuchh.

—— Handbuch des badischen Gemeinderechts. 1. und 2. Thl. gr. 8. Ebendas. *
Inhalt:
Thl. 1. Die badische Gemeinde-Gesetzgebung im engeren Sinne. Mit Erläuterungen. (XXXIII, 507 S.) 871. *ℳ 6,75.
„ 2. Die deutsche Reichsgesetzgebung über die Freizügigkeit und über den Unterstützungswohnsitz, in Zusammenhang mit der bad. Landesgesetzgebung über das Aufenthaltsrecht und die öffentliche Armenpflege. Mit Erläuterungen. (VI, 290 S.) 873. *ℳ 5.

—— Handbuch des badischen Gemeinderechts. 1. Bd.: Die Gemeindegesetzgebung im engeren Sinne. Mit Erläuterungen. 2. neubearb. Aufl. 1. Abthl.: Die Gesetzgebung für die der Städteordnung nicht unterstell. Gemeinden. gr. 8. (XXXVIII, 586 S.) Ebendas. 883.

Wielandt, F., Handbuch des badischen Gemeinderechtes. 2. Bd. gr. 8. Heidelberg 889. Emmerling & Sohn. n. 6. —; geb. n.n. 7. — (2 Bde.: n. 14. —; geb. n.n. 16. —)
Die deutsche Reichsgesetzgebung üb. die Freizügigkeit u. üb. den Unterstützungswohnsitz, im Zusammenhang m. der badischen Landesgesetzgeb. üb. das Aufenthaltsrecht u. die öffentl. Armenpflege. Mit Erläutergn. 2., neu bearb. Aufl. (XII, 406 S.)

— Handbuch des badischen Gemeinderechtes. Mit Erläuterungen. 1. Bd. A. u. d. T.: Die bad. Gemeindegesetzgebung im engeren Sinne. 3., neubearb. Aufl. gr. 8. (XII, 764 S.) Ebd. 893. n. 10. —; Einbd. n.n. 1. 20

— **Handbuch des badischen Gemeinderechtes. 1. Bd. 8. Aufl. Nachtrag. gr. 8. (13 Bl.) Ebd. (899). n. — 30**

— **d. Rechtsprechg. d. großherzogl. badischen Verwaltungs-gerichtshofes, Fortsetzg., s.a. Rechtsprechung.**

— Die Rechtsprechung des großherzogl. badischen Verwaltungsgerichtshofes [1864—1890]. Namens dieses Gerichtshofes hrsg. gr. 8. (XI, 748 S.) Karlsr. 891, Braun. * 8 —

— **s.: Rothe's, Richard, Hundertjahrfeier.**

— **d. Staatsrecht d. Großherzogth. Baden. (Handbuch d. öffentl. Rechts III. 1. 3.) gr. 8. (XI, 346 S.) Freiburg i/B. 895. Tübingen, J. C. B. Mohr. n. 9. —; Einbd n.n. 1. —**

— **dasselbe, s.a. Handbuch d. öffentl. Rechts, III, 1, 3.**

— **s.: Zeitschrift f. badische Verwaltung.**

Wielandt, Georg, Festschrift zum 50jähr. Bestehen der Männerturngemeinde Göppingen, 26.—27. 5. 1894, 38 S., 8°.

Wielandt, H., Zins-Tafeln, enth. die Berechnung der Zinsen aus einem Capital von 1—100,000 für jede Zahl von Tagen von 1—360 zu 1/4, 1/3, 3, 3 1/2, 4, 4 1/2, 5 und 5 1/2 vom Hundert. Mit einer Zeitberechnungstafel. Für Deutschland, Oesterreich und die Schweiz. gr. 4. (IV, 364 S.) Lahr 876, Schauenburg. cart.

Wielandt, Johann Andreas

— **s. Salbaire, Tuchmacher.**

v. Wielandt, Jh. Andr., († d. 28. Febr. 1801.) d. dankbare Protestant gegen seinen Kaiser. gr. 8. Wien 782.

Wielandt, Johann Heinrich (Reichenweier)
A. S. 808/29

Dissertatio inauguralis juridica de testamento principi oblato.
Basel (Lüde) 20. VI. 1712. 26 S.

Gew.: Johann Bernhard Fhr. von Gemmingen.
36661

Wielandt, Karl Edw., Beiträge zur ältesten Geschichte des Landstrichs am rechten Rheinufer von Basel bis Bruchsal, u. Aufzählung d. Reste von Monumenten dieser Gegend, aus den Zeiten d. alten Römer. 8. Karlsr. 812. Braun. 1 ßf

— **Beschreib. d. röm. Monumente, welche sich in d. Stadt Baden bei Rastadt befinden. Ausz. aus obiger Schrift. 8. Ebd. 811. 3½**

Wielandt, Lilli, Doktor Else Helmersfeld. Schauspiel in 4 Aufzügen. (116 S.) 8. Straßburg 908. J. H. E. Heitz. 2. —

Wielandt, Rud., die Abweichungen der Orthodoxie von den Bekenntnissen, s.a. Kampf u. Arbeit des freien Christentums in Deutschland.

Die Abweichungen der Orthodoxie von den Bekenntnissen. Von Lic. R. **Wielandt.** Halle: Gebauer-Schwetschke 1906. (21 S.) 8° [F.]
= **Kampf** u. Arbeit d. freien Christentums in Deutschland. H. 5. [06. 12097 3

— **die Arbeit an den Suchenden aller Stände, s.a. Handbibliothek, praktisch-theologische. 3. Bd.**

Die Arbeit an den Suchenden aller Stände. Anleitung z. Tätigkeit in Vorträgen u. Presse von Liz. R[udolf] **Wielandt,** Stadtvikar. Göttingen: Vandenhoeck & Ruprecht 1906. (VI, 232 S.) 8° [F.]
= **Handbibliothek,** Praktisch-theol. Bd 3. [07. 4911 5

Wielandt, Rudolfus [Constantiensis]: De Polybii archetypo. Constantiae, in aed. Studleri, 1887: 60 S. + 1 Bl. 8°
Heidelberg, Phil. Fak., Inaug.-Diss. v. [21. Juli] 1887

Wielandt, Rudolfus, de Polybii archetypo. Diss. Heidelberg 1887, Theodor Groos. 8°. 60 S.

Wielandt, Rud., die Frauenbewegung u. der Liberalismus. (16 S.) 8. Köln 908. Jungnationalliberaler Reichsverband. — 20

— Der politische Liberalismus u. die Religion. Eine Mahng. an den deutschen Liberalismus. (30 S.) 8. Göttingen 908. Vandenhoeck & Ruprecht. — 50

— Das Programm der Religionspsychologie, s.a. Sammlung gemeinverständlicher Vorträge u. Schriften aus dem Gebiet der Theologie u. Religionsgeschichte. 62. Heft.

Wielandt, Rudolf: Das Programm der Religionspsychologie. Von Pfarrer Lic. R[udolf] Wielandt. Tübingen: Mohr 1910. 40 S. 8°
(Sammlung gemeinverständl. Vorträge u. Schriften aus d. Gebiet d. Theologie u. Religionsgeschichte. 62.)

— **Recht u. Pflicht der Frau im Kampf gegen die Unsittlichkeit. Vortrag, geh. am 10. VII. 1903 im „Harmonie"-Saal in Heidelberg vor e. großen Frauenversammlg. (16 S.) gr. 8. Heidelberg 905. Heidelberger Verlagsanstalt u. Druckerei. n. — 30**
Sonderabdruck aus: „Die Lehrerin in Schule u. Haus".

— Schwierigkeiten u. Erfolge im Missionsfeld, s.: Volksschriften des allgemeinen evang.-protest. Missionsvereins.

— **Herders Theorie v. der Religion u. den religiösen Vorstellungen. Eine Studie zum 18. XII. 1903, Herders 100jähr. Todestag. (VI, 127 S.) gr. 8. Berlin 904. [C. A. Schwetschke & Sohn.] Leipzig, M. Heinsius Nachf. n. 3. —**

— **Heidelbergs kirchliche Vergangenheit. (45 S. m. 1 Bildnis.) 8. Heidelberg 904. Heidelberger Verlagsanstalt u. Druckerei. n. — 80**

Wielandt, Wilhelm *Felix:* Zur Bildung von Diketochinazolinen aus substituierten Anthranilsäuren ... Leipzig-R., Druck v. O. Schmidt, 1894: 31 S. 8.
Leipzig, Phil. Fak., Inaug.-Diss. v. [11. Juli] 1894

Wiele, Adolphus (geb. am 14 Apr. 1831 in Richnow i. d. Neumark): De morbo rhachitide et osteomalacia ... Bonnae, ex typogr. C. Krueger 1857. 37 S., 1 Bl. 8.
Bonn, Med. Fak., Diss. v. 10 Aug. 1857

Wieleitner, Heinrich, Dr.: Bibliographie der höheren algebraischen Kurven für den Zeitabschnitt 1890—1904. Leipzig 1905: G. J. Göschen. (58 S.) 8°
Speyer, k. human. G. P. 1905

Wieleitner, Heinr., Bibliographie der höheren algebr. Kurven f. den Zeitabschnitt von 1890—1904. Progr. **(58 S.) gr. 8. Leipzig 905. G. J. Göschen. n. 1. 50**

Wieleitner, Heinrich: Über die Flächen dritter Ordnung mit Ovalpunkten. *Speyer 1901: Jaeger.* (44 S.) 8° *[= Phil. Diss. München 1901.]
Speyer, k. humanist. G, P 1901*

Wieleitner, Heinr., spezielle ebene Kurven, s.a. Sammlung Schubert.

Wieleitner, Heinrich: Spezielle ebene Kurven von —. Mit 189 Fig. Leipzig: Göschen 1908. XVI, 409 S. 8°
(Sammlung Schubert. 56.)

-- **Theorie der ebenen algebr. Kurven höh. Ordnung, s.a. Sammlung Schubert. 43.**

Wieleitner, Heinrich: Theorie der ebenen algebraischen Kurven höherer Ordnung von Dr. –, Speyer. Mit 82 Fig. Leipzig: G. J. Göschen 1905. (XXII, 313 S.) 8°
(Sammlung Schubert. 43.)

— **Der mathematische Unterricht an den höh. Schulen u. die Ausbildung der Lehramtskandidaten in Königr. Bayern, s.a. Abhandlungen üb. den mathemat. Unterricht in Deutschland. II, 1.**

Der mathematische Unterricht an den höheren Lehranstalten sowie Ausbildung und Fortbildung der Lehrkräfte im Königreich Bayern von Dr. Heinrich **Wieleitner**, Gymn.Prof. Leipzig & Berlin: Teubner 1910. 85 S. 4°(8°)
(Abhandlungen über d. math. Unterricht in Deutschland. Bd 2, H. 1.) [10. 13419

Wieleitner, H[einrich]: Mathematische Unterrichtsfragen auf dem IV. internationalen Mathematiker-Kongress. Pirmasens 1910: Neumann. 29 S. 8°
Pirmasens, k. G. P 1910* [S 10. 473

Wieleitner, Heinrich: [illegible] Zusammenhänge [illegible] speziellen Quartiken [illegible]
[illegible]
Separatabdruck

— **über einige Zusammenhänge zwischen speziellen Quartiken. (12 S. m. 3 Fig.) gr. 8. Wien 907. A. Hölder.** — 65
Sonderabdruck aus: „Sitzungsber. d. k. Akad. d. Wiss."

Wielemans, A. v., s: Innen-Decorationen, Wiener.

Wielemans, A. v. Der k. k. Justizpalast, s.a. Monumental-Bauten, Wiener. — Neubauten, Wiener.

Wielemans, A. v., der k. k. Justiz-Palast in Wien. Gezeichnet von Paul Lange etc. Gestochen von Ed. Obermayer etc. Text von Hans Auer. Kleine Ausg.: Perspective, Façaden, Grundrisse, Schnitte. Fol. (15 Taf. mit 5 S. Text.) Wien 888, Ad. Lehmann. In Mappe *

—— le palais de justice, s. Architecture moderne de Vienne.

Wielenga, Bastiaan: Spinozas 'Cogitata Metaphysica' als Anhang zu seiner Darstellung der cartesianischen Prinzipienlehre. *Heidelberg: C. Winter 1899.* (59 S.) 8° [F. u. Ant.]
Heidelberg, Phil. Diss. v. [illegible]

Wielenga. Bastiaan, Spinozas „Cogitata metaphysica", als Anh. zu seiner Darstellung der cartesianischen Prinzipienlehre. gr. 8. (VII, 59 S.) Heidelberg 899. C. Winter. n. 1.20

Wieler, A[rwed], Dr.: Ueber den Antheil des secundären Holzes der dicotyledonen Gewächse an der Saftleitung und über die Bedeutung der Anastomosen für die Wasserversorgung der transpirirenden Flächen. Mit 1 Taf. 1888. 57 S., 1 Taf. 8°
¶ Aus: Pringsheim's Jahrbücher f. wiss. Botanik. Bd 19.
Karlsruhe Te. H., Hab.-Schr. v. 12. 5. 1888

Wieler, A., Kaffee, Tee, Kakao u. die übrigen narkotischen Aufgußgetränke, s.a. Aus Natur u. Geisteswelt.

Kaffee, Tee, Kakao und die übrigen narkotischen Aufgußgetränke. Von Prof. Dr. A[rwed] **Wieler**. Mit 24 Abb. u. 1 Karte. Leipzig: B. G. Teubner 1907. (105 S.) 8° [F.]
— Natur, Aus, u. Geisteswelt. Bdch. 132. [07. 10327

Wieler, A., über die durchscheinenden und dunklen Punkte auf den Blättern und Stämmen einiger Hyperiaceen, s. Mittheilungen aus dem botanischen Institut der Universität Heidelberg.

Untersuchungen über die Einwirkung schwefliger Säure auf die Pflanzen. Von Prof. Dr. A[rwed] **Wieler**. Nebst e. Anh.: [Franz] Oster, Exkursion in d. Stadtwald von Eschweiler z. Besichtigung d. Hüttenrauchbeschädigungen am 5. Sept. 1887. Mit 19 Abb. u. 1 Taf. Berlin: Gebr. Bornträger 1905. (VII, 427 S.) 4°(8°) [06. 5428

— **allgemeine Warenkunde, s: Kaufmann, der deutsche.**

Wieler, Chrn., statistisches Handbuch der evangelischen Volksschulen in Württemberg. 3., bedeutend verm. und verb. Aufl. gr. 8. (X, 572 S.) Spaichingen 876. Kupferschmid. n. 6. 50; cart. n. 7. 10

Wieler, Christianus (geb. 1811 in Neuss): De nasi ad cerebrum ratione pathologica ... Bonnac, typ. C. Georgii (1837). 3 Bl., 40 S. 8.
Bonn, Med. Fak., Diss. v. 29 Dez. 1837

Wieler, Chrn., Schulmeisterbuch. Nachrichten über die persönl. Verhältnisse der ständ. und unständ. evangel. Lehrer in Württemberg, sowie über die einzelnen evangel. Schulstellen und deren Besetzung. In 2., verm. und verb. Aufl. hrsg. gr. 8. (V, 292 S.) Spaichingen 871. (Stuttgart, Lindemann.) geb. **

Wieler, Frid. Herm. (geb. Elbing 1816): De auscultatione gravidarum. Berolini (1843). (28 S.) 8°
Berlin, Med. Diss. v. 1. Febr. 1843

Wielewicki, Joh. Historici diarii domus professae S. J. ad S. Barbaram Cracoviae annos XI 1609—1619, s. Scriptores rerum polonicarum.

Wielich, Gotthard, a. Krefeld, Referendar am Kgl. Amtsgericht zu Wernigerode a. H.: Die Voraussetzungen des richterlichen Eides. Eine Untersuchung über den Einfluß der Beweisergebnisse, Beweiserbietungen und Beweislast auf die Auferlegung des richterlichen Eides. Erlangen 1908: Junge & Sohn. (VII, 34 S.) 8°
Erlangen, Jur. Fak., Ref. Oertmann, Diss. v. 13. Juli 1908
[Geb. 2. Febr. 85 Krefeld; Wohnort: Wernigerode; Staatsangeh.: Preußen; Vorbildung: Gymn. Kalksburg b. Wien Reife 03; Studium: Halle 5, Bonn 1 S.; Rig. 5. Juni 08.]

Wieliczka. Statistischer Bericht über die wichtigsten demographischen Verhältnisse. Verfasst vom Bürgermeisteramte von Wieliczka. Lex.-8. (6 S.) Wien 887, Gerold's Sohn. *
Aus: Städtebuch, österreichisches, besonders abgedruckt.

Wieling, Abraham

. Wieling, Abrah.: De furto per lancem et licium concepto. *Marb.*, 719. 8.

— **jurisprudentia restituta s. index chronolog. in totum juris justin. 8. Amsterd.... 2 ß**

— **jurisprudentia restituta, supplemento aucta a K. Fr Chr. Wenck. 4. Leipz. 809 Göthe. 6 ℛ**

Wieling, Abr., **jurisprudentia restituta, supplemento aucta a C. F. C. Wenck. Lips. Göthe. 811.**

***Wieling*, Abrah., repetitio institutionum juris civilis, cura et cum praef. Chr. Glo. Richter. 8. Leipz. 781. Haug (Barth). 21 ℛ**

Wieling, H. D., Schwimmschule, Methodische Anleitung z. Selbstunterricht. m. Abb., 1., 3., 6. Aufl., Bremen, 16°. 3 Bde.

Wieling, J. F., Bruchstücke von Menschen. 8. Berl. 790. Kleinmayer. 12 ℛ

Wielinger, A., warme Worte üb. u. f. d. Bienenzucht. 2. Tl. 5 Vereinsvorträge. gr. 8. (VII, 61 S.) Leipzig 888. Th. Thomas. n. — 50

Wielisch, der polizeil. Rathgeber. Eine Samml. der vorzugsweise ins bürgerl. Leben einschlag. Polizei-Gesetze u. Verordnungen, zur Belehr. f. den Bürger u. Landmann ꝛc. hrsg. 3. Aufl. gr. 8. (5 B.) Oels 830. (Breslau, Pelz.)

Wielkanocnych, Jajek, Kaplica w lesie i gołabek dwie powiesci moralne dla dzieci i ich przyjaciol. 8. (4¾ B.) W Toruniu 843, Lambeck.

Wielmer, J., Franz Xaver Bronner (1758—1850). Ein Beitrag zur Geschichte der deutschen Litteratur in der Schweiz. Zürich 1901. 8°. (1 Mk. 80 Pfg. Gust. Fock, Lpz., 1907.)

Wielopolski, le marquis, s. Lisicki, Henry.

Wielowieyski [illegible]

Separatabdruck

Wielowieyski, Heinr. Ritter v., über nutritive Verbindungen der Eizellen m. Nährzellen im Insektenovarium u. amitotische Kernprozesse. (Vorläufige Mitteilg.) (11 S. m. 2 Taf.) gr. 8. Wien 904. (A. Hölder.) n. — 60
Sonderabdruck aus: „Sitzungsber. d. k. Akad d. Wiss."

Wielun [Schlagwort]

Wielun, s.: Europa. Spezialkarte.

Wieman, Bernard, ‚er zog m. seiner Muse'. Buchschmuck v. Frz. Hecker. (III, 178 S.) 8. Kempten 905. J. Kösel. n. 2. 50; geb. n. 3. 50

— ‚Er zog m. seiner Muse'. Buchschmuck v. Frz. Hecker. 2. Aufl. (III, 178 S.) 8. Ebd. 907. 2.50; geb. 3. 50

Wieman, Bernard, bosnisches Tagebuch. (231 S. m. 24 Bl. Abbildgn.) 8. Kempten 908. J. Kösel. 3.50; geb. 4. 50

Wieman, Bernard [Referendar]: Tötung auf Verlangen Göttingen, Druck d. Univ.-Buchdr. v. W. F. Kästner, 06; 45 S., 1 Bl. 8.
Göttingen, Jur. Fak., Inaug.-Diss. v. [illegible]

— Am Wege des Lebens. Novelle. (67 S.) kl. 8. Ebd. 909. Kart. 2. —

Wiemann's Hausbibliothek. Sammlung ausgewählter Erzählungen f. das christl. Haus. 1. Bd. 8. Barmen 894. D. B. Wiemann. n. 4. —; geb. n. 5. 50
Von der Hochkirche ins Kloster. Erzählt v. E. J. Worboise, nacherzählt v. A. Steen. Bevorwortet v. Terlinden. (VIII 336 S.)

Wiemann's Hausbibliothek. Sammlg. ausgew. Erzählgn. f. das christl. Haus. 2.—4. Bd. 8. Barmen, D. B. Wiemann. n. 9. —; geb. n. 13. —
2. Ein Glaube. Erzählg. v. A. Weidenmüller. (236 S.) n. 3. —; geb. n. 4. —
3. Jakobe v. Baden. Roman in 2 Tln. (in 1 Bde.) v. Th. Groll. (VI, 261 S.) 896. n. 3. —; geb. 4. 50
4. Um des Glaubens willen. Kulturhistor. Roman aus d. Zeit d. Reformation. Von Thdr. Hoffmann. Hrsg. nach alten Urkunden u. e. ungedruckten Manuskriptum. (251 S.) 898. n. 3. —; geb. 4. 50

Wiemann's Hausbibliothek. Sammlung ausgewählter Erzählgn. 5.—8. Bd. 8. Barmen, D. B. Wiemann. n. 13. —; geb. 19. —
5. Unter dem Jesuitenhut. Eine Erzählg. aus Würzburgs düsterer Zeit. Von A. Supper. (217 S.) (899.) n. 3. —; geb. 4. 50
6. Vaterland. Roman. Von A. Heide. (258 S.) 901. n. 3. —; geb. 4. 50
7. Der Fluch der Schönheit. Roman. Von S. Wörishöffer. (348 S.) (901) n. 4. —; geb. 5. 50
8. Die Reldings. Roman. Von Th. Kühl. (299 S.) (902.) n. 3. —; geb. 4. 50

Wiemann, A., Biographien berühmter Männner, s. Schüler-Bibliothek, englische.

Wiemann, A., französische Chrestomathie. Lese-, Sprech- und Memorierstoff. gr. 8. (IIII, 129 S.) Gotha 882, Schloeßmann.

Wiemann, A. Französische Chrestomathie. Lese-, Sprech- u. Memorierstoff. 2. (Titel-)Aufl. gr. 8. (IV, 129 S.) Berl. 889, Wiegandt u. Schotte. * 1 —

Wiemann, A. Die Form auf *ing* in der englischen Sprache. Eilenburg, H. B., 1872. 9 S. 4. Progr.

Wiemann, A., französische Grammatik. 1. Thl. gr. 8. (IV, 76 S.) Barmen 872, Wiemann. *

— Lesebuch nebst Formenlehre, s.: Schülerbibliothek, englische.

—— Materialien zum Übersetzen ins Englische. 1. und 2. Bdchn. 16. Ebendas.
Inhalt:
Bdchn. 1. Bilder aus der Geschichte. (VIII, 56 S.) 881. * 40 Pf.
„ 2. Bilder aus der deutschen Geschichte. (100 S.) 883. * 60 Pf.

— s. a. Materialien zum Uebersetzen ins Französische.

—— Materialien zum Übersetzen ins Französische. 1. und 2. Bdchn. 16. Ebendas. 882,84. à Bdchn. * 60 Pf.

—— Questions and answers. Praktischer Anfangsunterricht in der engl. Sprache. 12. (III, 91 S.) Ebd. 889. cart. * 1 —

(B) — questions and answers. 889. Jetzt: Weinheim, F. Ackermann.

Wiemann, A., Sammlung engl. Gedichte für Schule u. Haus. Düren 865. Gislason. 12. (VIII, 107 S.) n. 7½ ngr.

— Sammlung englischer Gedichte für Schule und Haus. 16. (IV, 106 S.) [Eilenburg 880, Becker.] Gotha, Schloessmann.

—— Scenes dramatiques. 16. (56 S.) Ebd. 891. cart. * — 60

— s. a. Schülerbibliothek, englische.

Wiemann's, A., englische Schüler-Bibliothek. Neue Folge. 1. u. 2. Bdchn. kl. 8. Gotha. Weinheim, F. Ackermann. Kart. 1. 55
Craik, Mrs., Cola Monti. Mit e. Verzeichnis der Redensarten u. Anmerkgn. Hrsg. v. A. Wiemann. 5. Aufl. Neue Ausg., besorgt v. Fritz Müller. (VI, 161 S.) 907. (2. Bdchn.) Kart. — 90
Lamb, Charles, five tales from Shakespeare. Mit e. Verzeichnis der Redensarten. Hrsg. v. A. Wiemann. 4. Aufl. (128 S.) Leipzig 907. (1. Bdchn.) Kart. — 65

—— französische Syntax in Beispielen, nach der heurist. Methode. 16. (VI, 34 S.) Gotha 879, Schloeßmann. *

— Uebungsbuch zur Erlernung der französischen Sprache nach neuer Methode. 2 Hfte. 8. Iserlohn 886. Bädeker. n. 1. 50
1. Uebungsbuch. (109 S.) cart. n. 1.
2. Verzeichnis der Wörter u. Redensarten. (59 S.) n. — 50

—— Wörterverzeichnis nebst Redensarten zu Charles XII. [Buch I. und II.] 16. (III, 62 S.) Gotha 883, Schloeßmann. cart.
—— dass. — [Buch III. und IV.] 16. (51 S.) Ebendas. 884. cart.

—— Wörterverzeichnis nebst Redensarten zu Charles XII. [Buch V und VI.] 16. (40 S.) [Gotha 886, Schloeßmann.] Berlin, Wiegandt und Schotte. *

—— Wörterverzeichnisse zu der Englischen Schülerbibliothek. 1. Bdchn.: Wörterverzeichnis zu den Bdchn. VII, V, IX. 16. (92 S.) Ebendas. 882.

—— das Zeitalter der Stuarts, s. Schüler-Bibliothek, englische.

Wiemann, A[dolphus]: *De anacoluthis quae in Ciceronis disputationibus Tusculanis inveniuntur. 35 S. 4° (2°)
Halle-Wittenberg, Phil. Diss. v. 10. Mai 1864
Geb. [Merseburg 22. 1. 1839]

Wiemann, Bert., die Pflicht der Presse im Kampfe gegen die unsittliche Literatur. Eine Begründg. u. zugleich e. Mahnwort, vorgetragen auf dem internation. Kongress gegen die unsittl. Literatur in Köln am 6. X. 1904. (12 S.) gr. 8. Barmen (904). D. B. Wiemann. n. — 15

Wiemann, C., der praktische Bierbrauer. Ausführliche und leichtfaßl. Anleitung zur Bereitung eines gesunden und wohlschmeckenden Biers nach den neuesten Erfahrungen und allen in Anwendung kommenden Methoden. 12. (64 S.) Reutlingen 887, Bardtenschlager.

Wiemann, Carl, s. Wiemann, Karl

Wiemann, F. Die Kosten im Rechtshülfeverkehr, m. besond. Berücksicht. der im Oberlandesgerichtsbez. Cassel gelt. Vorschriften. gr. 8. (16 S.) Cassel 890, Brunnemann. * — 50
Aus: Kurhess. Mitteilgn., besonders abgedruckt.

Wiemann, F. G., s. Wiemann, Johann Gottlieb

Wiemann, Franc.) Jos(eph.) Eberhard. (geb. Halingen in Westf 18. 2. 1823): De prosopalgia. Berolini (1850). (26 S.) 8°
Berlin, Med. Diss. v. 23. Jan. 1850

Wiemann, Gertrude, prakt. Kochbuch, s.: Davidis, Henriette.

Wiemann, Herm., Geschichte der Hof- u. Stifts-Kirche zu St. Bartholomäi. (VII, 170 S.) gr. 8. Zerbst 907. E. Luppe. 2. —

Wiemann, Jh. Gli., Anleit. zum Höhenmessen mit dem Barometer, anwendbar bei topograph. Vermessungen, Nivellements Entwerfung d. Profile rc. Mit 1 Kpf. Fol. gr. 8. Dresd. 820. 2e A. 828. Arnold. 1 ₰ 6 ℊ (Aus Lehmann, Situationszeichenschule besond. abgedruckt.)

Wiemann, J. G., Besuch der sächs. Schweiz, s. W. A. Lindau.

—— der Führer auf d. Reise im Elbthale, s. a. Beichling, C. Panorama d. Elbe etc.

— d. Führer auf d. Reise im Elbthale, durch Meißen, Dresden, d. sächs. Schweiz rc. gr. 8. Pirna 829. Friese. 8 ℊ (s. a. C. Beichling, Panorama).

Wiemann, J. G.: Karte des Weinlandes und seiner Umgebung im Königreiche Sachsen auf Veranlassung der Weinbau-Gesellschaft in diesem Königreiche entworfen. Dresden 1847-1851. — [Zit. nach Weinhold]

Wiemann, J. G., s. Lindau, W. A., Taschenbuch für den Besuch der sächsischen Schweiz.

Wiemann, J. G., Merkwürdigkeiten Dresdens rc., s. Lindau, A.

—— Taschenbuch f. d. Besuch d. sächs. Schweiz, s. Lindau, W. A.

— Wegweiser im Elbthale, s. a. C. Beichling, Panoramen d. Elbe.

—— Wegweiser im Elbthale, Stromaufwärts von d. preuß.-sächs. Gränze unterhalb Strehla bis nach Aussig in Böhmen, mit besond. Berücksicht. d. Sächs. Schweiz, Dresden rc. Ein nöthiger Commentar zu d. „Panorama d. Elbe v. Beichling." gr. 8. (5 B.) Pirna 831, [Leipzig,] Friese.

Wiemann, Josef. Die Paracolibazillosis ⟨Jensen⟩ der Kälber und ihre Beziehungen zu den Fleischvergiftungen durch Bakterien vom Typus Baz. Enteritidis ⟨Gärtner⟩. Diss. Vet.-Med. Bern. *Kopftitel:* Aus dem bakteriologischen Institut der Landwirtschaftskammer für die Provinz Ostpreussen. 47 S. 8. Königsberg i. Pr., Ostpreussische Druckerei und Verlagsanstalt A.-G., 1909.

Wiemann, Karl

Wiemann, Carl, approb. Arzt aus Halingen, Kr. Iserlohn: Ueber einen Fall von Tic de Guinon. *Göttingen 1900: Dieterich.* (25 S.) 8°
Göttingen, Med. Diss. v. [20. Nov.] 1900

Wiemann, Carl, über e. Fall v. Tiĉ de Guinon. Diss. gr. 8. (25 S.) Göttingen 900. (Vandenhoeck & Ruprecht.) n. — 60

Wiemann, Kurt, Eckard v. Ders, Bischof v. Worms 1370—1405, s. a. Beiträge, Hallische, zur Geschichtsforschung.

Wiemann, Kurt [aus Gatterstedt]: Eckard von Ders, Bischof von Worms 1370—1405 ... [Erschien vollst. 1893 als Heft 3 d. Hall. Beitr. z. Geschichtsforsch.] Halle a. S., Hofbuchdr. v. C. A. Kaemmerer & C., 1893; 50 S., 1 Bl. 8.
Halle, Phil. Fak., Inaug.-Diss. v. [8. Apr.] 1893

Wiemann, Rich., Chronik v. Wulferstedt. (208 S.) 8. Oschersleben (901). (Gebr. Köppel.) Kart. nn 2. 50

Wiemann, Samuel (Sangerhausen) A. S. 168/27

Dissertatio inauguralis iuridica, de eo, quod iustum est circa ius retentionis, Germanis: Von dem Zurückbehaltungs=Rechte, wenn und wem solches, sich zu gebrauchen, erlaubet ist.
Präs. Konrad Wilhelm Strecker. Rec.
Jena (Heller) 1759. 36 S.

Diss. 5. VIII. 1737. 36663

Wiemann, Theodor Georg [Pseud.: Thor Görg]: Der Schritt der Stunde. Lieder vom Übergang. München 1906: G. Pätz in Naumburg a. S. (120 S.) 8°

Wiemann, Tiberius *Herrmann* [aus Eilenburg]: Ein Beitrag zur Kenntnis der cystischen Geschwülste des Unterkiefers ... Berlin, C. Vogts Buchdr., *1895*; 40 S., 2 Bl. 8.
Berlin, Med. Fak., Inaug.-Diss. v. 8. Febr. 1895

Wiemann, Wilhelm, appr. Arzt: Aus d. pathol.-anatom. Inst. d. Univ. München. Ueber die pericarditische Pseudolebercirrhose ⟨F. Pick⟩. München 1905: Wolf. 31 S. 8°
München, Med. Diss. v. 27. Juli 1905, Ref. v. Bollinger.
(Nachträglich geliefert)
[Geb. 10. Okt. 77 Lünern; Wohnort: Lünern; Staatsangeh.: Preußen; Vorbildung: Gymn. Gütersloh Reife O. 99; Studium: Marburg 4, Kiel 1, München 5 S.; Coll. 27. Juli 05; Approb. 18. März 05.]

Wiemann, Wilh., Musketier Quâbicker u. Anderes. Kleine Erzählgn. aus großer Zeit. 1870/71. 8. (81 S. m. 1 Bildnis.) Leipzig 902. J. Milde. n. — 60; kart. n. 1. —

Wiemer, Gustav: Ilias und Odyssee als Quelle der Biographen Homers. I. (Danzig 1905: A. W. Kafemann). (29 S.) 8°
Marienburg, k. G OP 1905 (37)

Wiemer, Gustav: Ilias und Odyssee als Quelle der Biographen Homers. 2. Schwetz a. W. 1908: Büchner. 34 S. 8° ¶ [Forts. d. P-Beil. 1905.]
Schwetz a. W., k. G P 1908 (45) [S 08. 533

Wiemer, Karl

Wiemer, K., Anleitung zu e. liturgisch-deklamator. Schulfeier z. 100. Geburtstag Sr. in Gott ruh. Maj. Kaiser Wilhelm d. Großen am 22. III. 1897. Lehrer-Ausg. 8. (16 S. m. Bildn.) Gotha 897. E. Glaeser. n. — 60; Schüler-Ausg. 1. u. 2. Aufl. (14 S. m. Bildn.) n. — 15

Wiemer, K., Ort u. Schloß Molsdorf in Thüringen in Vergangenheit u. Gegenwart. gr. 8. (II, 18 S. m. 4 Abbildgn.) Gotha 894. E. Glaeser. n. — 50; geb. n. — 75

Wiemer, Otto

Wiemer, O., d. Diphtherieheilserum in Theorie u. Praxis, s.a. **Bibliothek**, medicin., f. prakt. Aerzte.

Wiemer, Otto: Das Diphtherieheilserum in Theorie und Praxis. Leitfaden d. Antitoxinbehandlung d. Diphtherie. (Mit 4 Abb.) Von Dr. —, Apenrade. Leipzig: C. G. Naumann [1897]. (VIII, 129 S.) 8°
(Bibliothek, Medicinische, f. prakt. Ärzte. No. 105–106.)

Wiemer, Otto ⟨geb. am 15 Dez. 1861 in Oespel Landkr. Dortmund⟩: '(Aus d. anat. Laboratorium zu Bonn.)' — Ueber den Mechanismus der Fettresorption ... Bonn, Univ.-Buchdr. v. C. Georgi 1884. 27 S, 1 Bl. 8. ¶ Sonderabdr. aus Pflügers Arch. f. d. ges. Physiol. XXXIII 1884 S. 515 ff.
Bonn, Med. Fak., Diss. v. 8 Mai 1884

Wiemer, Werner Theodor, approb. Arzt aus Werl i. Westf.: Aus d. chirurg. Klinik in Kiel. Zur Casuistik der Behandlung der intermittierenden Hydronephrose ⟨Nierenbeckenschnitt mit Ureterplastik⟩. Hildesheim 1903: A. Lax. (17 S.) 8°
Kiel, Med. Diss. v. [7. Apr.] 1903

Wiemers, Albert: Volvulus der flexura sigmoïdea bei Hemmungsbildung des Darmes. Bonn 1910: Foppen. 47 S. 8°
Bonn, Med. Diss. v. 16. Juli 1910, Ref. Garrè
[Geb. 17. April 84 Trier; Wohnort: Bonn; Staatsangeh.: Preußen, Vorbildung: Friedrich Wilhelm-Gymn. Trier Reife O. 04; Studium: Freiburg i. B. 2, München 1, Marburg 2, Berlin 3, Bonn 2 S.; Coll. 26. Febr. 10; Approb. ...] [U 10. 341

Beim Abendläuten. Gedicht von Fritz Esser f. Männerchor mit Triangel ad lib. comp. von Jul. **Wiemeyer**. Op. 5. *Hamm: Breer & Thiemann [1897]*. (5 S.) 8° [F. u. Ant.] [oo. 3738 6

Frühlingsgebet. ⟨Aus: 'Den Weg entlang' von Wilh. Kreiten.⟩ Männerchor von Jul. **Wiemeyer**. Op. 9. *Hamm: Breer & Thiemann [1897]*. (5 S.) 4° [oo. 3739 6

Lied der Jägerbraut. Gedicht von Ed. Raabe f. Männerchor comp. von Jul. **Wiemeyer**. Op. 4. *Hamm: Breer & Thiemann [1897]*. (3 S.) 4° [F. u. Ant.] [oo. 3740 6

Von gold'nen Sternlein. Weihnachtslied. Gedicht von Eduard Raabe f. Männerchor comp. von Jul. **Wiemeyer**. Op. 8. No 2. *Hamm: Breer & Thiemann [1897]*. (2 Bl.) 4° [F. u. Ant.] [oo. 3741 6

Der Mutter Trost. Gedicht von Ed. Raabe f. Männerchor comp. von Jul. **Wiemeyer**. Op. 7. *Hamm: Breer & Thiemann [1897]*. (3 S.) 4° [F. u. Ant.] [oo. 3742 6

Verjüngung. Gedicht von Wilh. Kreiten f. Männerchor comp. von Jul. **Wiemeyer**. Op. 6. *Hamm: Breer & Thiemann [1897]*. (3 S.) 4° [... 6

Der Mutter Gottes Wiegenlied am Drei-Königstage. ⟨Aus: 'Marienminne' von Fritz Esser.⟩ Für Männerchor von Jul. **Wiemeyer**. Op. 8. No 1. *Hamm: Breer & Thiemann [1897]*. (2 Bl.) 4° [F. u. Ant.] [oo 3744 6

Wiemker, Johs., Lehrplan für den Zeichenunterricht. Die neue Zeichenmethode in der Praxis der Volksschule. Mit 164 Schülerzeichngn. auf 21 Taf. (16 S.) Lex.-8. Hildesheim 905. F. Borgmeyer. In Mappe n. 3. —

Wiemuth, B.

Wiemuth. Liederbuch f. kathol. Volksschulen. (Ohne Noten.) 2. Aufl. 12. (62 S.) Heiligenst. 892, Cordier. * — 15

—— dass. — Eine Sammlg. v. 150 zwei- u. dreistimm. Liedern u. Gesängen. (Mit Noten.) 2. Aufl. 8. (III, 100 S.) Ebd. 892. * — 60

Wiemuth, B., Liederbuch f. kathol. Volksschulen. 3. Aufl. 12. (64 S.) Heiligenstadt 895. F. W. Cordier. n. — 15

[F. u. Ant.] **Wiemuth,** Johannes *Philipp Karl* [Assistenzarzt in Potsdam]: Beitrag zur Lehre von der paroxysmalen Haemoglobinurie ... Potsdam, Krämer'sche Buchdr., 1895; 25 S. 8.
Leipzig, Med. Fak., Inaug.-Diss. v. 7. Dez. 1895

Wiemuth, Ludwig [pract. Arzt aus Worbis Prov. Sachsen)]: Ueber zwei Fälle von Doppelmissbildungen .... Würzburg, Paul Scheiner's Buchdr., 1887; 19 S. 8°.
Würzburg, Med. Fak., Inaug.-Diss. v. 1887.

Wiemuth, Ludwig, über zwei Fälle von Doppelmissbildungen. Diss. Würzburg 1887, Stahelsche Univ.-Buchh. 8°. 19 S.

Wien [Sachliches OW]

——s.a. **Lehmann's allgemeiner Wohnungs-Anzeiger.**

Wien. 22 Ansichten der interessantesten Gebäude und Monumente Wiens, in höchst gelungenen Photographien nach der Natur. Quart-Format. Wien, Stammler & Karlstein. 1860. à 1 fl.

Wien. Billigste Gelegenheits-Ausgabe in neuester vollständigster Aufl. (Wien mit den angrenzenden Theilen von Fünfhaus, Neulerchenfeld, Ottakring, Hernals und Währing; der Trace der Pferdebahnen der Tramway-Gesellschaft, den Situations- und Detailgrundriss des Festplatzes für das 3. deutsche Bundesschiessen im Prater und auf einem Extrabeikärtchen die Umgebungen Wiens zu Ausflügen mit der Süd- und Westbahn.) In bequemem Taschenform. cartonnirt. Ebds. 1868.

Wien. Führer durch die Kaiserstadt und auf den besuchtesten Routen durch Oesterreich-Ungarn unter besond. Berücksicht. der Welt-Ausstellung. Mit 10 (chromolithogr.) Karten (in qu. 4.), 23 (lithogr.) Plänen und Grundrissen, 26 Ansichten in Stahlst. und Holzschn. 8. (X, 589 S.) Hildburghausen [Leipzig] 873, Bibliograph. Institut. *

Wien. Ein Führer durch Wien und seine Umgebung. Mit Karten, Plänen, Grundrissen, grossem Stadt-Plan von Wien und 1 Karte der Umgebung von Wien. gr. 16. (VIII, 407 S.) Würzburg 880, Woerl's Sep.-Cto. geb. *

Wien. Illustrirter Wegweiser durch Wien u. Umgebgn. 5. Aufl. Mit 64 Illustr. u. 2 Plänen. 12. (152 S.) Wien 885. Hartleben. geb. n. 1. 10

Wien. Statistischer Bericht über die wichtigsten demographischen Verhältnisse. Bearb. im statist. Departement des Wiener Magistrates von Stephan Sedlaczek und Wilh. Löwy. Lex.-8. (74 S.) Wien 887, Gerold's Sohn. *
Aus: Städtebuch, österreichisches, besonders abgedruckt.

Wien. Illustrirter Wegweiser durch Wien und Umgebungen. Sechste Auflage. Mit 76 Illustrationen, 2 Plänen im Texte, einem Plane von Wien und einer Karte des Semmerings. Kl.-8. (VIII, 151 S.) Steif cartonnirt —.50
Wien: Hartleben 1895.

Wien. (Eine Jubiläums-Festschrift.) (Red.: Karl Gloſſy. Fol. (24 S. m. Abbildgn.) Stuttgart (898). Deutsche Verlags-Anstalt. — 60
Sonderabdruck aus: „Ueber Land u. Meer".

Wien. Illustrirter Wegweiser durch Wien u. Umgebgn. 7. Aufl. Mit 60 Illustr., 2 Plänen im Texte, 1 Plan v. Wien u. 1 Karte d. Semmerings. 12. (VIII, 144 S.) Wien 898. A. Hartleben. Kart. n. — 90

— Eine Auswahl v. Stadtbildern. Im Auftrage der Gemeinde Wien hrsg. v. Karl Mayreder. Nach der Natur aufgenommen v. Mart. Gerlach. (Mit Text in deutscher, französ. u. engl. Sprache.) qu. gr. 8. (111 S.) Wien (900). M. Gerlach & Co. Geb. in Leinw. 5.—

— Illustrierter Wegweiser durch Wien u. Umgebgn. 8. Aufl. Mit 66 Illustr., 2 Plänen im Texte, 1 Plan v. Wien u. 1 Karte des Semmerings. 12. (VIII, 136 S.) Wien 901. A. Hartleben. Kart. n. — 90

Wien. Sehenswürdigkeiten, Sammlungen u. Museen m. vollständ. Stundenplan, Behörden, Aemter, Gesandtschaften u. Konsulate. Statistische Angaben. Kleiner Führer. (22 S.) kl. 8. Wien 903. Artaria & Co. — 40

— Illustr. Wegweiser durch Wien u. Umgebgn. 9. Aufl. Mit 66 Illustr., 2 Plänen im Texte, 1 Plan v. Wien u. 1 Karte des Semmerings. (VIII, 152 S.) 12. Wien (904). A. Hartleben. Kart. — 90

Wien. Sehenswürdigkeiten, Sammlungen und Museen mit vollständigem Stundenplan . . . Wien 1906. V: *Peucker, Carl.* (EB)

Wien, Sehenswürdigkeiten, Sammlungen und Museen etc. 8°. (21 S.) Wien: Artaria 1906. K —.50

Wien. Eine Auswahl v. Stadtbildern. — Vienne instantanée. — Vienna through a camera. 5., umgearb. u. verm. Aufl. Hrsg. v. der Gemeinde Wien. Aufnahmen u. Zusammenstellg. v. Mart. Gerlach. (208 S.) 18,5×23 cm. Wien (908). Gerlach & Wiedling. Geb. 5. —

Wien. Ein Führer durch Stadt und Umgebung. Red. von Eugen Guglia. Mit 6 Kt, 11 Pl. u. 15 Grundrissen. Wien: Gerlach & Wiedling 1908. CXXXVIII, 427 S. 8° (n. 8.)

— Illustrirter Wegweiser durch Wien u. Umgebgn. 10. Aufl. Mit 60 Illustr., 2 Plänen im Texte, 1 Plan v. Wien u. 1 Karte des Semmerings. (VIII, 152 S.) kl. 8. Wien (908). A. Hartleben. Kart. — 90

— Ein Spaziergang durch die Stadt u. ihre Umgebg. in 159 Bildern. Mit erklär. Text v. Paul Wilhelm. (VI, 130 u. LXII S.) 20,5×27 cm. Wien 910. R. Lechner's Sort. 6.—; geb. 7. 20

—— 1848—1888. Denkschrift zum 2. Decbr. 1888, hrsg. vom Gemeinderathe der Stadt Wien. 2 Bde. Lex.-8. (XV, 583; 553 S.) Wien 888, (Konegen.) *

Wien, Das alte, meiner Jugend und das 25. Regierungsjahr des Kaisers und Königs Franz Joseph I. Wien 1875. V: *Ambrózy, Hnr. Ritter v.* (Auctions-Kat. Gilhofer & Ranschburg XI.)

Wien, das alte, meiner Jugend und das 25. Regierungsjahr des Kaisers und Königs Franz Joseph I. gr. 8. (57 S.) Wien 875, (Gerold's Sohn.) *

Wien, Das alte und neue. Eine kleine Fastenpredigt. Wien o. J. 1788). V: *Richter, Joseph.* (Mitth. Dr. Ignaz Schwarz-Wien.)

Wien, Das alte und neue. Eine kleine Fastenpredigt für meine lieben Landsleute. Erstes, zweytes und drittes Stück. Wien bei Georg Philipp Wucherer 1788. 31 + 31 + 27 + 4 S. 8°. V: *Richter, Joseph.* (Bespr. Wiener Früh- und Abendblatt 1788, Nr. 107 [18. März], S. 186) (Hans Viktor Pisk: Josef Richter. Diss. Wien 1927, S. 115)

Wien, Das alte und neue. Verfasst von einem Erzpatrioten. Nebst einem Anhang. Erstes, zweytes und drittes Stück. Wien o. J. [1800]. 31 + 31 + 27 + 4 S. 8°. V: *Richter, Joseph.* (Hans Viktor Pisk: Josef Richter. Diss. Wien 1927, S. 116)

Wien, Das alte und neue, oder es ist nicht mehr wie eh. Ein satyrisches Gemählde entworfen von einem alten Laternputzer. (Erstes u.) zweytes Heft. Wien bey Christoph Peter Rehm 1800. 39 + 36 S. 8°. V: *Richter, Joseph.* (Hans Viktor Pisk: Josef Richter. Diss. Wien 1927, S. 116) (BGE VIII², 523)

— — Alt und neues. Wien 1781. 8°.
Karajan's Bibl. II. no. 5126. — Rar!

Wien am Anfang des 20. Jahrhunderts. Ein Führer in techn. u. künstler. Richtung. Hrsg. v. Österr. Ingen.- u. Architekten-Verein. Red. von Ingen. Paul Kortz, Stadtbaurat. Bd 1. 2. Wien: Gerlach & Wieding 1905–06. 2 Bde 4°(8°)
1. Charakteristik d. Stadt. Ingenieurbauten. 1905.
2. Hochbauten, Architektur u. Plastik. 1906. [07. 18290

—— im Ausstellungsjahre 1873. Nach Aquarellgemälden von Frz. und Rud. Alt. 1. und 2. Aufl. Fol. (13 Bl. in Oelfarbendr.) Fol. Wien 873, Hölzel. à Bl. * ℳ 4. *
Mappe dazu *

Wien [Alt- u. Neu-] in seinen Bauwerken. 2. Aufl. des der XIV. Versammlung Deutscher Architekten u. Ingenieure gewidmeten Fest-Albums. Hrsg. vom Oesterreich. Ingenieur- u. Architekten-Vereine. Redig. von Karl Weiss. Wien 1875. 8. [2 Ex.]

Wien, Das bedrängte. Eine politisch-financielle Studie. Wien 1885. V: *Weiss, Karl.* (WBL LIV, 133)

—— das bedrängte. Eine politisch-finanzielle Studie. 1. und 2. Aufl. gr. 8. (76 S.) Wien 885, Konegen. *

Wien, Das befreyte. Ein Originaldrama von fünf Aufzügen . . . Wien 1775. V: *Weidmann, Paul.* (Jahrb. d. Grillp.-Ges. XIII.)

Wien, das belagerte. Eine Reimchronik. Leipzig 861. 3. A. Barth in Comm. 16. (VIII, 448 S.) 1 ₰ 18 ngr.

Wien, Das belagerte. Eine Reimchronik. Wien 1861. 3. Aufl. 1868. V: *Mertens, Ludwig Ritter von.* (Kn)

Wien—Berlin. Berlin—Wien. [Wien 1893.] V: *Kotz v. Dobrz, Wilhelm Freiherr von.* (EB)

Wien-Berlin. 12. (231 S.) Wien 893. (L. W. Seidel & Sohn.) n. 1. 60

Wien und Berlin in Parallele . . . Amsterd. u. Cölln [Leipz.] 1808. V: *Cölln, Friedrich von.* (Pr) (MGT) (BrMm) (Wr) (Nent) (Ky)

— u. Berlin in Parallele, nebst Bemerk. auf der Reise von Berlin nach Wien durch Schlesien mit besond. Hinsicht a. den Feldzug 1807 (von v. Cölln). (Seitenstück zu den vertrauten Briefen über die innern Verhältn. am preuß. Hofe seit Friedrich II. Tode), m. K. 8. Leipz. Gräff. 808. 1 12
dasselbe in gr. 8. 3 —
Schreibp. 3 8
Velinpap. 4 —

— — dasselbe in franz. Sprache, s. Vienne et Berlin.

— u. Berlin in Parallele, nebst Bemerkk. auf d. Reise von Berlin nach Wien durch Schlesien, mit besond. Hinsicht auf den Feldzug von 1807, (von Fr. v. Cölln). (Seitenstück zu den vertrauten Briefen über d. innern Verhältnisse am preuß. Hofe seit Friedrichs II. Tode). Mit Kpf. 8. Leipz. 808. (Wienbrack). 1 ₰ 12 ₰ in gr. 8. 3 ₰ Schrbp. 3 ₰ 8 ₰ Velinp. 4 ₰

— Dasselbe auch französisch.

Wien in 60 Bildern (in Holzschn.). 12. (4 S. Text.) Wien 894. A. Hartleben. Geb. in Leinw. n. 1. 60

Wien vor und nach der Donau-Regulirung. Farbendruck. Obl. Quer-Folio. Wien: Hof- u. Staatsdruckerei 1870.

Wien vor und nach der Donauregulirung. qu. 4. Wien 872. k. k. Hof- und Staatsdruckerei. *

— —, Einst und Jetzt, oder Sammlung bildlicher Darstellungen bemerkenswerter Personen, Gegenstände u. Begebenheiten der Vergangenheit u. Gegenwart, mit beigefügten Beschreibungen. Mit 130 Kupfertafeln (davon 2 kolor.). Wien 1827. Kl. 4⁰. (10 Kr. Mindestgebot, Expl. in 2 Hfrzbdn., Franz Malota's Wiener Novbr.-Auct. 1909, no. 775a.)

— —, Das galante. In Briefen. Wien, auf Kosten des Verfassers. (Leipzig, Compt. f. Lit.) O. J. (c. 1802). Kl. 8⁰.
Vielleicht identisch mit *Friedel*, Joh. (s. weiter ob.). Galanterien Wiens . . . . 1784.

— das galante, in Briefen. 8. Leipz. 807. Compt. f. Lit. (Friese in Pirna). 10 ₰

Wien, das geistige, s. a. Eisenberg, Ludw. Künstler- u. Schriftsteller-Lexikon.

— das geistige. Künstler- u. Schriftsteller-Lexikon. Hrsg. v. L. Eisenberg u. R. Groner. Jahrg. 1890. gr. 8. (X, 519 S.) Wien, Brockhausen. geb. n. 5. —

Wien, Das gemüthliche. Wien 1885. V: *Weiss, Carl.* (EB)

Wien, seine Geschicke u. Denkwürdigkeiten, s. Hormayr, Jos. Frh. v.

Wien. — Glückliches Wien. Wien: Administration 1891. 8⁰

Wien, Gratz, Comorn. 500,000. K. Lith. Inst. zu Berlin. 1 Bl.

Wien, Gratz, Komorn. Imp. Fol. Lithochrom. Berlin 852, Schropp & Co. n. 1 ₰

Haupt- u. Residenzst. Wien, innere k. k. — mit der Inundationslinie v. J. 1830, den Niveaulinien und Niveaukarten. Verfasst im k. k. Ministerium des Innern. *Wien* 1858. Lithogr. u. gedr. in *L. Förster's* artist. Anst.
4 Blätter zum Aufspannen. Höhe der ganzen Karte 2′ 9¼″. Br. 3′ 3¼″. Maassstab 1 W. Z. gleich 40 Klft. Ohne Angabe der Häusernummern. Für die Konkurrenten zum Stadterweiterungsplane entworfen.

— — im Jahre 1870 oder die Geheimnisse von Neu-Wien. Sozialer Roman. Mit Illustrationen. Wien 1871. Kl. 8⁰. (2 Kr., Hlwd., Carl Greif, 1914.)

—— im J. 1880. Illustr. Führer. Mit 50 (Holzschn.-) Illustr., 1 (lithogr.) Plane von Wien und allen Daten und Plänen für das erste österreich. Bundesschiessen und die niederösterreich. Gewerbe-Ausstellung. 8. (127 S.) Ebendas. 880. geb.

—— im J. 1881. Illustr. Führer durch Wien und Umgebungen. Mit 50 (Holzschn.-)Illustr. und 1 (lithogr.) Plane von Wien. 2. Aufl. 8. (128 S.) Ebendas. 881. geb.
—— dass. — im J. 1882. 3. Aufl. 8. (128 S.) Ebendas. 882.

Wien im J. 1883. 4. Aufl. 8. (128 S.) Wien 883. Hartleben's Verlag.
— vor 150 Jahren, s. a. Bauschatz, III. Serie.

Wien vor 150 Jahren. Nach gleichzeit. Aufnahmen von Kleiner. (4 Bl 150 T) fol Wien 1890

—— vor 60 Jahren oder Kaiser Franz und seine Gäste. Histor. Roman. 2 Bde. in 22 Lfgn. gr. 8. (523; 523 S., mit 22 Holzschntaf.) Wien 874, v. Waldheim. à Lfg. 50 Pf. geb. Volksausg. 22 Lfgn. à Lfg. 30 Pf.

— dasselbe. Volks-Ausg. 22 Hfte. gr. 8. (2 Bde. à 523 S. m. 22 Holzschntaf.) Ebend. 876. à — 30

— seit 60 Jahren. Zur Erinnerg. an die Feier der 60jähr. Regierg. Sr. Maj. des Kaisers Franz Josef I. Der Jugend Wiens gewidmet v. dem Gemeinderate ihrer Vaterstadt. (96 S. m. Abbildgn.) 8. Wien (908). Gerlach & Wiedling. Geb. 1. 80

— — seit 6 Jahrhunderten. 2 Bde. Wien 1847. 8° (In Wien, Stadtbibl.)

—— für 40 Kreuzer. Illustr. Wegweiser durch Wien und Umgebungen. Mit Führer durch die erste internationale Kunstausstellung. Mit 50 (Holzschn.-)Abbild. und 1 (lithogr.) Plane von Wien. 8. (128 S.) Wien 882, Hartleben's Verlag. geb.

Wien, das lachende. Hrsg. von Adolf Wechsler. Red. von Ferd. Brzezowsky. 1887. I. Jahrgang. 52 Nummern. kl. 4°. Wien, Administration. Ganzjährig fl. 5.—, pro Quartal fl. 1.25. 1887.

Wien und seine Landesfürsten. . . . Wien 1834. V: *Ehrenberg, Joh. Nep. Volkhammer von.* (Kalemkian)

—— und seine Landesfürsten. Vom Verf.: „Landleben der Reichen." 2 Bde. 8. (41 B.) Wien 834, Mechitaristen-Congregat.-Buchh.

— im Lichte verschiedener Jahrhunderte, s.: Volksbibliothek f. Kunst u. Wissenschaft.

— — im Lichte der Zahlen. Mit 12 Tafeln. Wien. o. J. 8°. (40 Heller Carl Gerold. 1911)

— im Lichte der Zahlen. (12 farb. Taf. in 4, 1 farb. Plan 74×62 cm, 1 farb. Karte 74×52 cm u. XIV S. Text.) 8. Wien (903). G. Freytag & Berndt. Kart. n. 2.50

Das lyrische Wien. Eine moderne Lese mit Dichtungen von Ferdinand von Saar, J. J. David, Franz Herold, Hermann Hango, Josef Kitir, Felix Dörmann, Freiherr Carl von Levetzow, Arnold Hagenauer, Paul Wilhelm, Carl Maria Klob, Hugo von Hofmannsthal. Herausgegeben von Dr. August Renner. Wien, Berlin, Leipzig. 1899. Szelinski. Gr.-8°. 59 S. fl 1.—

— das medicinische. Braumüller's Wegweiser für Aerzte u. Naturforscher. 3. vollständig umgearb. Ausg. Mit 1 Situationsplane des k. k. allgemeinen Krankenhauses (in Holzschn.) u. 1 (lith.) Uebersichtskarte der medicinischen Unterrichts-, der Sanitäts-, Humanitäts- u. naturwissenschaftlichen Anstalten Wien's (in 4.). Wien 863. Braumüller. 16. (X, 186 S.) n. 20 ngr.

—— das medicinische. Führer f. Ärzte u. Studierende. Nach amtl. Quellen bearb. 2. verm. u. verb. Aufl. 16. (IV, 191 S. m. 1 farb. Plan.) Wien 892, Braumüller. In Leinw. cart. * 2 —
1. Aufl. (V, 158 S.) 1891.

Wien, Das merckwuerdige, oder monatliche Unterredungen von verschiedenen daselbst befindlichen Merckwuerdigkeiten der Natur und Kunst. Wien 1727. V: ***Newen, Johann Carl*** (?). (Österreichische Kunstchronik 1879, S. 2 ff.)

Wien. — Das merckwürdige Wien oder monathliche Unterredungen von verschiedenen, daselbst befindlichen Merckwürdigkeiten der Natur und Kunst. Jan. Martius. Wien: Joh. Carl New 1727. 4°
Neudr.: Frkft. u. Lpzg. 1744.
Hrsg.: Jakob Karl Newen u. Mich. Gottl. Hansch.

— d. merkwürdige, od. monatl. Unterred. v. verschied. daselbst befindl. Merkwürdigkeiten d. Natur u. Kunst, Januar, Februar u. März. 4. Wien Monath. 727.

— d. merkwürdige, od. historische Beschreibung, m. K. 4. Ebend. 744.

Wien, das militärische. Braumüller's Wegweiser für Militärs aller Grade. Nebst einem neuen, die militär. Anstalten hervorhebenden Plane. Wien 864. Braumüller. 16. (110 S.) cart. n. 21 ngr.

Wien, modernes. Humoristische Federzeichnungen von Carl Sitter, illustr. v. Ferd. Laufberger. 1 u. 2 Lfg. 16. (64 S.) Wien. Waldheim. 1860.

Nach Wien! (Auf, auf! nach Wien.) Charlottenburg. Fr. Bäies Buchdruckerei. 1 Bl. 4.
Flugblatt. Berlin. 1848/49.

—— das neue. Vollständiges Häuser-Schema nebst einem Auszug aus dem Stempelgesetz vom 13. Dezbr. 1862 u. einer Tabelle zur Berechnung der Coupons nach Abzug der Einkommensteuer. 12. (XXXIV 397 S.) Wien, F. Klemm in Comm. 1863. 80 kr.

—— das neue. Vollständiges Häuserschema nebst einem Auszug aus dem Stempelgesetz vom 13. Decbr. 1862 und einer Tabelle zur Berechnung der Coupons nach Abzug der Einkommensteuer. 16. (XXXIV und 397 S.) Wien 863, Sommer. — F. Klemm. cart. *

—— das neue. Praktischer Fremdenführer mit 1 neuen (lithogr.) Plane von Wien (in gr. Fol.). 16. (150 S.) Wien 864, Schönewerk. cart.

—— das neue. 20 Photogr.-Imitationen. qu. 16. Wien 883, Perles. In Carton *

Wien, das neue, 1883. 21 mit photogr. Treue wiedergegebene Ansichten Wiens bis in die Jetztzeit. Photolithograph. Wien. Moritz Perles. Eleg. cart. 60 kr. 1883.

Wien und Niederösterreich. Wien 1909. V: *Benesch, Fritz Wilhelm.* (EB)

Wien-Triest. Führer für Reisende auf der Eisenbahn zwischen Wien und Triest, s. Brockhaus' Reise-Atlas.

Von Wien nach Triest. Reisehandbuch für alle Stationen der k. k. priv. Südbahn, nebst den Fahrten von Bodenbach, Olmütz, Krakau, Linz, Pest nach Wien und von Triest nach Venedig. Herausgegeben vom österr. Lloyd in Triest. Mit 13 Stahlst. und 22 Holzschnitten. 2. wesentlich verbesserte und mit 6 Routenkärtchen der Südbahn vermehrte Auflage. 8. Triest 1860.

— u. Umgebung. Illustr. Fremdenführer. M. e. Strassenverzeichn., d. neuesten Plane d. Stadt u. e. Planskizze d. Umgegend. 16., verb. Aufl. 12. (200 S.) Wien 895. L. Weiss. Geb. n. 1. 50

Wien und Umgebung. Prakt. Führer f. Reisende. 19. Aufl. Neu bearb. von K. Sandtner. Mit 6 Karten. Berlin: A. Goldschmidt 1907. (IV, 204 S.) 8°
— Reiseführer, Griebens. Bd 8. 107. 15595

Wien mit Umgebung und Ausflug nach dem Semmering. 20. Aufl. Neu bearb. von K. Sandtner. Mit 6 Karten. Berlin. A. Goldschmidt 1908/09. (211 S.) 8°
= Reiseführer, Griebens. Bd 8. [illegible]

Wien m. Umgebung, d. schönsten Kur- u. Badeorten, nach d. Natur aufgenommen u. v. berühmten Künstlern in Stahl gestochen. [Aus: „Das Kaiserth. Oesterreich".] hoch 4. (50 S. m. 1 Bl. Text.) Frankfurt a/M. (895). C. Neuland In Leinw.-Mappe 8. 50

— u. **Umgebungen,** s.a. Grieben's Reisebibliothek.

Wien und Umgebungen. Prakt. Führer f. Reisende. 17. Aufl. Neu bearb. von Oswald Möbius. Mit 6 Karten. *Berlin: A. Goldschmidt 1903–04.* (IV, 216 S.) 8°
= Reiseführer, Griebens. Bd 8. [04. 3830

— malerische Umgebungen. Geschildert von F. C. Weidmann. Illustrirt von J. Zahradniczek. 1. u. 2. Section. Schönbrunn. — Baden. gr. Lex.-8. (Mit Holzschn.) Wien 844, Müller. à 3/8 ℛ n. 2 2/3 ℛ

Wien mit Umgebungen und dessen Merkwürdigkeiten oder unterrichtender Wegweiser für Fremde. Wien 1821. V: *Pezzl, Johann.* (Gustav Gugitz: Joh. Pezzl, S. 212) (BiblPort)

—— und seine Umgebungen. Ein Wegweiser f. Fremde u. Einheimische, welche d. Merkwürdigkeiten in d. kürzesten Zeit sehen u. kennen lernen wollen. 12. (8 B.) Wien 836, Haas'sche Buchh.

Wien und seine Umgebungen. Malerische Ansichten nach Original-Zeichnungen in Stahl gestochen von A. H. Payne. Mit Erläuterungen. 1.—8. Heft. 16. Mit à 3 Tafeln. Leipzig 841—44, Thomas. à n. 1/6 ℛ

Wien und seine Umgebungen. Malerische Ansichten nach Orig.-Zeichnn. in Stahl gest. v. A. H. Payne. Mit Erläutern. 1—4. Hft. 16. (12 Taf. u. 1 B. Text.) Leipzig 841, 42, [Engl. Kunst-Anstalt.] à *

Wien u. seine Umgebungen. Malerische Ansichten nach Original-Zeichnungen in Stahl gest. von A. H. Payne. 5—8. Hft. 16. (12 Stahlst. u. 1½ B. Text.) Leipzig 844, [Englische Kunst-Anstalt.] à Thlr. *

Wien und seine Umgebungen. Illustrirter Fremdenführer. 5. verm. und verb. Aufl. 16. (154 S. mit Illustr. auf 18 Holzschntaf. und lithogr. Plan von Wien in Farbendr.) Wien 868, Müller. cart.

—— und seine Umgebungen. Neuester illustrirter Fremdenführer. Mit neuestem Plan von Wien in Farbendr. (in qu. gr. Fol.), 6 (lithogr.) Theater-Plänen und 1 (lithogr.) Karte der Umgegend. 6.—11. verb. Aufl. gr. 16. (166 S. mit eingedr. Holzschn.) Wien 873—79, C. A. Müller. cart. *

—— und seine Umgebungen. Neuester illustr. Fremdenführer. Mit neuestem Plan von Wien in Farbendr., 6 Theaterplänen und 1 (lithogr.) Karte der Umgebung. 12. verb. Aufl. 8. (III, 142 S.) Wien 880, C. A. Müller. cart. *

—— und seine Umgebungen. Neuester illustrirter Fremdenführer. Mit neuestem Plan von Wien in Farbendr., 6 Theaterplänen und 1 (lithogr.) Karte der Umgebung. 13.—15. Aufl. 8. (XXX, 110 S.) Wien 885—89, C. A. Müller. cart. *

—— u. seine nächsten Umgebungen. 13 Hfte., s.a. Schmidl, A. Ad.

— und seine nächsten Umgebungen in malerischen Original-Ansichten nach der Natur aufgenommen u. in Stahl gestochen von verschied. Künstlern. Begleitet von einem histor.-topograph. Text. 1.—7. Heft. Lex.-8. (Mit 21 Stahlstichen.) Darmstadt 846, Lange. à 1/3 ℛ — Prachtausg. in Royal-Quart auf chines. Pap. à 2/3 ℛ

— u. seine nächsten Umgebungen in maler. Original-Ansichten, histor.-topograph. beschrieben v. A. Ad. Schmidl. 8–13. Hft. Lex. 8. (VIII S. u. S. 65—184 m. 18 Stahlst.) Darmstadt 847, Lange. à n. 1/3 ℛ (compl. n. 4 1/3 ℛ) In gr. 4 auf Chines. Papier à n. 2/3 ℛ (compl. n. 8 2/3 ℛ)

Wien, Das undankbare, oder Schutzschrift zur Vertheidigung der Schrift: Patriotische Bemerkungen über die gegenwärtige Theuerung in Wien. Leipzig 1791. V: *Riedel, Andreas Freiherr von.* (Fetzek S. 200, verboten) (Auct. Schwarz 1327) (Wieser 1/2444) (BiblPort)

— d. undankbare, Schutzschrift z. Vertheid. d. Bemerkung üb. d. Theurung. 8. Wien. (Bruder in Leipz.)

— —, Unser —. Mit 112 Illustr. von Grubhofer, Gause, Kronstein etc. Hrsg. von Engel. Wien, o. J. Quer-8°. (1 Kr. 20 H., Orglwd., der Vorige.)

—— unser. Mit 212 Illustr. Nebst einem Anh. üb. d. Internat. Musik- u. Theater-Ausstellung 1892. Hrsg. v. Emil M. Engel. qu. 8. (VIII, 179 S.) Wien 892, Engel. geb. * 3 —

Unser Wien. Mit 230 Illustrationen von Grubhofer, Gause, Kronstein, Ledeli, Messerschmidt, Hans Schliessmann, Wilda und Anderen. Zweite vergrösserte und vermehrte Auflage. Herausgegeben von Emil M. Engel. Kl.-Quer-4. (167 S.) In Prachtbd. geb. 2.40
Wien: Engel 1895.

Wien aus der Vogelschau. Plan von Wien mit sämmtl. Monumental-Bauten. Chromolithogr. qu. gr. Fol. Wien 888, Hartleben. *

Wien aus der Vogelschau. Plan von Wien mit sämmtlichen Monumentalbauten. Zweite Auflage. 8. In illustr. Umschlag —.80
Wien: Hartleben 1889.

Wien aus der Vogelschau. Plan von Wien mit sämtl. Monumental-Bauten. [Maßst. ca 1:10,000.] 3. Aufl. Wien: A. Hartleben [1907]; (Kartogr. Anst. G. Freytag & Berndt.) (1 Kartenbl. 85×60 cm mit Legende.) 8° [Umschlagt. lith.] [kol.] [07. 13827

-- Wien aus der Vogelschau. Plan v. Wien m. sämtl. Monumentalbauten. 4. Aufl. 61×86 cm. Farbdr. Mit Text an der Seite. Wien (908). A. Hartleben. 1. 50

Wien mit seinen Vorstädten humoristisch geschildert. Wien o. J. V: *Gewey, Fz. Carl & Carl Meisl.* (BGE VIII³/448) (BiblPort)

Wien war eine Theaterstadt. Wien 1885. V: *Müller-Guttenbrunn, Adam.* (EB)

—— in der Westentasche. Unentbehrlich für Fremde und Einheimische. 64. (VI, 186 S.) Wien 882, (Halm und Goldmann.) geb. * 44 Pf., * 60 Pf. und *

— wie es ist. Fortsetz. d. Sitten- u. Charaktergemälde v. London u. Madrid Aus d. Franz. v. Ed. Forstmann. 8. Leipz. 827, Magazin f. J.

Wien wie es ist. Leipzig und Löwenberg 1833. V: *Waagen, Gustav Friedrich.* (BGE VIII², 524)

Wien wie es ist. Leipzig 1838ff. V: *Hügel, Eduard Maria & Anton Joh. Gross-Hoffinger.* (Ein Wiener Stammbuch. Wien 1898. S. 186.)

—— wie es ist. Eine Samml. v. Orig.-Volksscenen, Anekdoten, Bonmots, Räthseln ꝛc. von Mikroskop. Ein Seitenstück d. Werkchens „Berlin wie es ißt (ist) u. (—) trinkt." 4 Hfte. 8. (à 4 B. u. 1 ill. Kpfr.) Leipzig 838, 39, [Brandstetter.] * 1 Thlr. 6 Gr., hrbgs. Pr.

— wie es ist. Eine Sammlung von Original-Volksscenen, Anekdoten, Bonmots, Räthseln ꝛc. von Mikroskop. Ein Seitenstück d. Werkchens „Berlin wie es ißt (ist) und (—) trinkt." 1s u. 2s Heft. Jedes mit 1 illum. Kpfr. 8. Leipzig 838. Scheld u. Comp. (Einhorn.) à n. 1/3 ℛ

— dass. 3s Heft. „Hausmeister." Von Ed. Mikroskop (Ed. Maria Hügel). Mit 1 illum. Kpfr. 8. Ebd. 838. n. 1/4 ℛ

— dass. 4s Heft. (Der Bettler-Keller. — Die Spazierfahrt mit dem Zeiselwagen. — Der Wiener G'wölb-Wachter.) Mit illum. Titelbild. 8. Ebd. 839. n. 1/3 ℛ

— u. die Wiener, s. a. Charakterbilder, großstädtische.

* — — und die Wiener. Ungeschminkte Schilderungen eines fahrenden Gesellen (von *Adolph Wimmer*). Berlin 1892. 8⁰. (1 Kr. 40 H., Carl Greif, Wien, 1908.)
Anon.-Lex. V. p. 331.

— — Dasselbe. 2. Aufl. Ebd. 1893. 8⁰. (Mk. 3—.) (1 Mk. 50 Pfg. Lipsius & Tischer, Kiel, 1908.)

— und die Wiener, ihr öffentliches und häusliches, geistiges u. materielles Leben. Ein Wegweiser für Einheimische u. Fremde von Jean Charles. gr. 12. Stuttgart 840. Metzler. 2/3 ℛ

Wien und die Wiener, in Bildern aus dem Leben. Pesth 1842—44. H: *Stifter, Adalbert.* (EngG)

— und die Wiener in Bildern aus dem Leben. 30 Liefg. Mit 29 Kupferbeilagen u. Lithogr. gr. Lex.-8. Pesth 842—44, Heckenast. (à 1/8 ℛ) 3 3/4 ℛ

— dass. (Ausg. ohne Kupfer.) gr. Lex.-8. Ebend. 844. n. 2 2/3 ℛ

Wien und die Wiener. Karlsruhe 1844. V: *Koch, Matthias.* (Heidler, J. Čechy a Rakousko. V Praze 1920. S. 20)

Wien und die Wiener. Berlin 1893. V: *Linden, Oscar.* (Mitth. d. Verlagsbuchh.)

— in modernster Witzfunken-Beleuchtung m. censurfreien Knall-Raketten u. constitutionellen Transparenten v. J. Rhesom-masatyrus. 5 Hftchn. gr. 16. (160 S.) Linz 848. 49, Eurich & Sohn in Comm. (à 1/6 ℛ) 5/6 ℛ

— — in modernster Witzfunken-Beleuchtung mit censurfreien Knall-Raketen constitut. Transparenten. Linz 1850. 12⁰. (1 Mk. 50 Pfg. H. Kerler, Ulm, 1888.)

Wien [Schlagwort]

— s. a.: Eisenbahnkarten.

— s. a.: Europa. Liebenow.

Wien, Umgebung, s. a. Geologische Karten. Fuchs, Th. — Stur, D.

— s. a.: Österreich-Ungarn. Spezialkarte. — Radfahrerkarten. Freytag.

— s. a.: Radfahrerkarten, Letoschek, E.

s. a. Westentaschen-Sammlung.

Wien-Berlin, s.: Radfahrerkarten.

Wien-Breslau, s.: Automobilkarten. Mittelbach.

Wien-Brünn, s.: Automobilkarten. Automobil-Tourenkarte. Pharus-Auto-Strecke.

Wien-Budapest, s.: Automobilkarten. Pharus-Auto-Strecke.

Wien-Graz, s.: Automobilkarten. Pharus-Auto-Strecke.

Wien-Graz, s.: Radfahrerkarten, Grumm.

Wien-Linz, s.: Automobilkarten. Pharus-Auto-Strecke.

Wien-Linz, s.: Radfahrerkarten, Grumm.

Wien-München, s.: Automobilkarten. Mittelbach.

Wien-Pilsen, s.: Automobilkarten. Pharus-Auto-Strecke.

Wien-Podebrad, s.: Automobilkarten. Automobil-Tourenkarte.

Wien-Prag, s.: Automobilkarten. Mittelbach. Pharus-Auto-Strecke.

Wien-Tulln-Mautern-Steyregg-Linz, s.: Radfahrerkarten. Grumm.

Wien-Znaim-Iglau, s.: Radfahrerkarten, Grumm.

Wien. Alesius, Osk., Vindobona. Plan u. Führer durch Wien. 1 : 23,000. 27,5×36 cm. Farbdr. Mit Text auf der Rückseite. Wien (909). R. Lechner & Sohn. Gebrochen in kl. 8. — 40

— Amonesta's neuester Plan von Wien sammt Vororten. (Mit Zeichen für d. wichtigsten Verkehrsanstalten.) Gr.-Qu.-Fol. Tonfarbendr. Wien: Amonesta 1885.

Wien, Ansichten von Wien. Nr. 1. 4—8. 10—12. Original-Photographien in gr. 4. 6" h. 8¹/₂ br. Wien, Kunst- u. Industrie-Comptoir von Ed. v. Oberhausen. 1860. à 1 fl.

Wien. Artaria's Nummern-Plan v. Wien. Mit den neuen Strassen-Benenngn. u. der neuen Nummerierg. Reambulirt 1900 u. rev. v. Commando d. städt. Feuerwehr. 1.—9. Bezirk. 1:3960. Farbdr. Wien, Artaria & Co. n. 15. 60; Ausg. f. Feuermelde- u. Löschwesen 1., 2. u. 4.—9. Bezirk à n. 2. 20; 3. Bezirk n. 3. —

1. Innere Stadt mit Inbegriff der Stadt-Erweiterungs-Baugründe u. der Park-Anlagen, so wie m. e. grossen Theile der Vorstadt-Bezirke. 57×66 cm. n. 1. 70. — 2. Leopoldstadt (ohne Prater u. Kaisermühlen). 54×58 cm. n. 1. 70. — 3. Landstrasse, nebst e. Theile der angrenzenden Bezirke. 65×77,5 cm u. Anstossblatt 32×44,5 cm. n. 2. 60. — 4. Wieden. 41,5×67 cm. n. 1.70. — 5. Margarethen. 66,5×64 cm. n. 1. 70. — 6. Mariahilf. 25×64 cm. n. 1. 50. — 7. Neubau nebst e. Theile der angrenzenden Bezirke. 37,5×45 cm. n. 1. 50. — 8. Josefstadt. 32,5×44,5 cm. n. 1.50. — 9. Alsergrund. 58×57 cm. n. 1.70.

Wien. Artaria's Plan v. Wien. Ausg. 1904. Bearb. im geograph. Institute (Dr. Karl Peucker) der Verlagshandl. 1 : 25,000. 64×76 cm. Farbdr. Mit Strassenverzeichnis u. Führer. (17 u. 17 S.) 8. Wien. Artaria & Co. In Decke n. 1. 70

— — dasselbe. Grössere Ausg. Grossgemeinde Wien. Bezirke I—XXI. Ausg. 1906. Bearb. im geograph. Institute der Verlagshandlg. 1 : 25,000. 70×105 cm. Farbdr. Mit Strassenverzeichnis u. kl. Führer m. Stundenplan. (17, 4 u. 22 S.) 8. Ebd. In Decke n. 2. —

— — dasselbe, Bezirke I—XX. (Kleine Ausg.) 1906. Bearb. im geograph. Institute der Verlagshandlg. 1 : 25,000. 64×75 cm. Farbdr. Mit Strassenverzeichnis. (17 u. 4 S.) 8. Ebd. n. 1. 25

Artaria's Plan v. Wien. Grössere Ausg. Grossgemeinde Wien. Bezirke I—XXI. Ausg. 1907. Bearb. im geograph. Institute der Verlagshandlg. 1 : 25,000. 72,5×105 cm. Farbdr. Mit Strassenverzeichnis u. kl. Führer m. Stundenplan. (23 u. 21 S.) 8. Wien, Artaria & Co. In Decke 2. —

— — Plan der k. k. Reichshaupt- u. Residenzstadt Wien. Ausg. 1901. Bearb. im geograph. Institute (Karl Peucker) der Verlagshandl. Ausg. 1901. 1 : 25,000. 64×75 cm. Farbdr. Mit Strassenverzeichnis u. Führer. 8. (17 u. 18 S.) Ebd. In Karton n. 1. 70

Wien. Artaria's Strassen- u. Nummern-Plan v. Wien u. den Vororten. 1 : 14,000. Ausg. 1890. Chromolith. gr. Fol. Nebst Strassenverzeichniss. 8. (23 S.) Wien 890. Artaria & Co. 2. —; auf Leinw. in Carton n.n. 3. 80; m. Stäben n.n. 5. 20

—— militärische Behörden und Anstalten. Ein Wegweiser für einheimische und fremde Offiziere. 8. (126 S.) Wien 873, Gerold's Sohn. *

—— dass. — Nebst einem Anh. des allgemeinen Fremdenführers. 8. (126 S., Anh. XXXVIII, 176 S. mit 1 lithogr. Plan in gr. Fol.) Ebendas. 873. *

Wien. Berger's, F., Bezirkspläne v. Wien. Hrsg. vom 1. Wiener Lehrerverein „Die Volksschule". 1 : 10,000. 1. Bez. Innere Stadt. 23×24,5 cm. Farbendruck. Wien, (Manz). n. — 16

Wien. Berger, Frz., Plan der Stadt Wien u. der angrenzenden Vororte. 1 : 12,500. Nach amtl. Quellen bearb. 12. Aufl. Chromolith. gr. Fol. Mit Strassenverzeichniss. 12. (63 S.) Wien 890. (Sallmayer'sche Buchhandlg.) n.n. — 70

Bezirks-Pläne von Wien. 9 Blätter in Folio, je einen Bezirk im Massstab von 1" auf 55° enthaltend. Wien: Artaria 1863.

— Bezirkspläne von. Massstab 1 : 4300 = 1" 60°. Herausgeg. unter Leitung d. Wiener Stadtbauamtes. Gr. Qu.-Fol. Wien, Verlag u. Eigenth. v. R. Lechner's Hof- u. Univ.-Buchh. Gefalzt in kl. 8. I. Innere Stadt 60 kr. II. Leopoldstadt 90 kr. III. Landstrasse 90 kr. IV., V., VI. Wieden, Margarethen, Mariahilf 90 kr. VII., VIII. Neubau, Josefstadt 60 kr. IX. Alsergrund 60 kr. X. Favoriten 80 kr. 1885.

Bezriks-Pläne der k. k. Haupt- und Residenzstadt Wien. Mit den alten und neuen Hausnummern. In 7 Blättern. gr. Fol. (4 S. Text.) Wien: Dirnböck 1863.

Wien — Plan von — S. Oesterreich im Allg. Physik. G. R. Nat. und Kunstprod. Karte, von H. W. v. Blum. 1 : 33,500.

Viennam — Chorographia VI milliarum Regionis circa Vrbem — Austriacam deprompta ex mappa majori Vischeriana, et accomodata per Homannianos Heredes. Norimbergae. 1 : 160,000. 1 Bl.

Wien. Daberkow's neuester u. vollständigster Plan der k. k. Reichs-Haupt- u. Residenzstadt Wien. Entworfen u. gezeichnet von Mor. Wytlačil. 1 : 24,000. 61 × 73,5 cm. Farbendr. Mit e. vollst. Strassen-Verzeichnisse aller 19 Bezirke Wiens u. ihren Sehenswürdigk. Ausg. 1895. 12. (IV, 68 S.) Wien, C. Daberkow. In Karton 1. 40; auf Leinw. 2. 50

— Daberkow's neuester u. vollständigster Plan v. Wien m. sämmtlichen Strassen, Gassen u. Plätzen der 19 Bezirke u. allen Sehenswürdigkeiten, entworfen u. gezeichnet v. Mor. Wytlačik. 1 : 24,000. Farbendr. 61×73 cm. Mit Strassenverzeichnis etc. 12. (IV, 50 S.) Wien 893. C. Daberkow. In Karton. n. 1. 50

— — neuester Plan v. Wien m. allen Bezirken. 1 : 20,000. Entworfen u. gez. v. Mor. Wytlačik. 46×59,5 cm. Farbendr. Mit vollständ. Strassenverzeichnis. 12. (18 S.) Ebd. 893. — 85; auf Leinw. n. 1. 50

— — neuester Plan v. Wien m. allen Bezirken. Entworfen u. gezeichnet von Mor. Wytlačil. 1 : 20,000. 46,5 × 59,5 cm. Farbendr. Mit vollständ. Strassenverzeichnis. 12. (56 S.) Ebd. 895. — 80; auf Leinw. 1. 50

— — Plan der Stadt Wien. 1 : 30,000. Nach amtl. Quellen bearb. 13. Aufl. Farbendr. 59×63 cm. Nebst Strassenverzeichnis u. Führer. 12. (122 S.) Wien 891. (Sallmayer'sche Buchh.) n.n. — 80

Darstellung, Topographisch-plastische, der Umgebungen Wiens. Im Massstab 1 Wr. Zoll = 440 Kl. = 11/100 Meilen. Herausgegeben von C. von Hügel und R. von Faulhaber. Lithographirt von Joh. Breyer. Section Nr. 3. Laab-Heiligenkreuz. Querfolio. Wien: Leykum 1864.

Detail-Plan von ganz Wien mit e. Theil d. angrenzenden Ortschaften, vollständige Numerirung u. d. neuesten Regulirungen. Nach Bezirken colorirt. Auflage 1866. Grösstes Kartenformat. Wien: Artaria 1866.

Wien; Entwurf zur Kapelle für den Friedhof der evangel. Gemeinden bei Wien. Nach der Original-Zeichnung v. Hannsen photogr. in 3 Ansichten, gr.-4. 9½" h. 8" br. Wien, Kunst- u. Industrie-Compt. (E. v. Oberhausen). 1860. per Bl. 1 fl.

—— Festtag. Drittes deutsches Bundesschießen. 1866. Festzug der deutschen Schützen in Wien. Holzschn. gr. Fol. Wien 868, Hartleben's Verlag.

— Dr. Förster's neuester Plan von. Mit Verzeichniss der vorzügl. Sehenswürdigkeiten. 17., sorgfaltig revid. Aufl. Gr.-Qu.-Fol. Wien. Alfred Hölder. In 10 Farben, gef. in 8. 48 kr., cart. mit Strassenverzeichniss 80 kr., in 2 Farben 30 kr. u. 50 kr. 1884.

— Förster's neuester Plan von Wien u. seinen Vororten. Mit Verzeichniss der vorzüglicheren Sehenswürdigkeiten. 18., revid. Aufl. Chromolith. Imp.-Fol. Wien 887. Hölder. Ausg. in 10 Farben n. — 96; m. Strassenverzeichniss cart. n. 1. 60; Ausg. in 2 Farben n. — 60; m. Strassenverzeichniss cart. n. 1. —

— Förster's, Fr., neuester Plan v. Wien. 55 × 52,5 cm. Farbdr. Mit Verzeichniss der darauf befindl. Strassen, Gassen u. Plätze, sowie (an den Seiten) Hinweisen auf die vorzügl. Sehenswürdigkeiten u. öffentl. Gebäude. 12. (24 S.) Wien 897. A. Hölder. Kart. n. — 80

— **Frankl, Jul., Katastral-Plan der k. k. Reichshaupt- u. Residenzstadt Wien. 1 : 5000. 22 Blatt à 60 × 75,5 cm.** Photolith. **Wien 893. R. Lechner's Sort. n. 64. —; in Farbendr. n. 80. —**
Einzelblätter in Farbendr.: 4, 5, 8—10, 13—15 u. 20. à n. 8. —. — 11, 19 u. 21. à n. 6. —. — 1, 2, 7 u. 12. à n. 5. 40. — 6, 16 u. 18. à n. 4. —. — 3, 17 u. 22. à n. 2. 80; in Schwarzdr. 20% billiger.

Wien's Freiheitskämpfe, Belagerung und Erstürmung im J. 1848. gr. 8. (36 S.) Breslau 848, Kern.
Mit einem topograph. lithogr. Plane von Wien und dessen Umgebungen in Fol.

— Freytag's, Gust., Wiener **Ausflugskarten** m. farbigen Wegmarkierungen, **vollständigem Ausflugsverzeichnis** u. Angabe der **Entfernungen. 1 : 100,000.** Nr. XXI—XXVII. Farbdr. **Mit Text auf der Rück**seite. Wien, G. Freytag & Berndt. n. 3. 60
XXI. Die Ybbsthalbahn. 27×31,5 cm. (900.) — 80
XXII. Waidhofen a. d. Ybbs u. Umgebung. 21,5×26 cm. (900.) — 40
XXIII. Steyr m. Enns- u. Steyrthal. 21×26 cm. (900.) — 40
XXIV. Die Umgebung v. Gross-Hollenstein, Göstling, Weyer u. Gross-Reifling. 22×26 cm. (900.) — 40
XXV. Umgebung v. Windischgarsten m. Warscheneck, Haller Mauern u. Sengsengebirge. 21,5×26 cm. (900). — 40
XXVI. Oberes Traisengebiet. Türnitzer Höger, Eisenstein, Reisalpe, Preineck, Gippel u. Göller, Obersberg, Jochart. 21,5×26 cm. (900.) — 40
XXVII. Das Pielachtal u. seine Umgebg. 36×30 cm. (904.) — 50

— — Wiener Bezirksplankarten. 20 Blatt. Farbdr. Ebd. (898). n. 3. 11
1. I. Bezirk. Stadt. Bearb. von J. G. Rothaug. 1 : 10,000. 21,5×30,5 cm. n. — 12. — 2. II. Bezirk. Leopoldstadt. 1 : 25,000. 44,5×42,5 cm. n. — 35. — 3. III. Bezirk. Landstrasse. 1 : 15,000. 27,5×31 cm. n. — 20. — 4. IV. Bezirk. Wieden. 1 : 10,000. 25,5×22 cm. n. — 12. — 5. V. Bezirk. Margareten. 1 : 10,000. 25×24,5 cm. n. — 12. — 6. VI. Bezirk. Mariahilf. 1 : 10,000. 21×26 cm. n. — 12. — 7. VII. Bezirk. Neubau. 1 : 10,000. 21×23,5 cm. n. — 12. — 8. VIII. Bezirk. Josefstadt. 1 : 10,000. 19,5×24 cm. n. — 12. — 9. IX. Bezirk. Alsergrund. 1 : 10,000. 26,5×24 cm. n. — 12. — 10. X. Bezirk. Favoriten. 1 : 20,000. 30,5×40 cm. n. — 20. 11. XI. Bezirk. Simmering. 1 : 20,000. 34×37 cm. n. — 20. — 12. XII. Bezirk. Meidling. 1 : 20,000. 25×26 cm. n. — 12. — 13. XIII. Bezirk. Hietzing. 1 : 20,000. 37×35 cm. n. — 20. — 14. XIV. Bezirk. Rudolfsheim. 1 : 10,000. 29,5×24 cm. n. — 12. — 15. XV. Bezirk. Fünfhaus. 1 : 10,000. 24,5×21 cm. n. — 12. — 16. XVI. Bezirk. Ottakring. 1 : 20,000. 21,5×34 cm. n. — 12. — 17. XVII. Bezirk. Hernals. 1 : 20,000. 27×37 cm. n. — 20. — 18. XVIII. Bezirk. Währing. 1 : 20,000. 26×28,5 cm. n. — 12. — 19. XIX. Bezirk. Döbling. 1 : 20,000. 32,5×35 cm. n. — 20. XX. Bezirk. Brigittenau. 1 : 15,000. 31×24,5 cm. (902.) n. — 12.

— Freytag's, Gust., Wiener Bezirksplankarten. II. — IV. XIII. XV. — XVII. XIX. u. XXI. Bezirk. Farbdr. Wien, G. Freytag & Berndt. 1. 86
II. Leopoldstadt. 1 : 25,000. 44×42 cm. (910.) — 40
III. Landstrasse. 1 : 15,000. 27×30,5 cm. (910.) — 20
IV. Wieden. 1 : 10,000. 25,5×22,5 cm. (909.) — 12
XIII. Hietzing. 1 : 20,000. 37×35 cm. (910.) — 20
XV. Fünfhaus. 1 : 10,000. 21.5×27,5 cm. (909.) — 12
XVI. Ottakring. 1 : 20,000. 21×33,5 cm. (910.) — 12
XVII. Hernals. 1 : 20,000. 27×37 cm. (909.) — 20
XIX. Döbling. 1 : 20,000. 35,5×35 cm. (909.) — 20
XXI. Floridsdorf. 1 : 15,000. Mit Übersichts-Plan, 1 : 75,000, auf der Rückseite. 31,5×32,5 cm. (907). — 30

— — **neuester Orientierungsplan v. Wien. 1 : 15,000. 59,5×61,5 cm. Farbdr. Nebst Text am Fusse. Mit Ansicht v. Wien (auf dem Umschlag), e. alphabet. Strassenverzeichnis, Verzeichnis der öffentl. Gebäude u. Sehenswürdigkeiten u. 1** (farb.) Taf.: Signale der **Wiener städt. Strassenbahnen.** (16 S.) 8. Ebd. (904). n. — 50

— — neuester Orientierungsplan v. Wien. 1 : 15,000. 60×61,5 cm. Farbdr. Mit Text am Fusse. Mit Ansicht v. Wien (auf dem Umschlag), e. alphabet. Verzeichnis der Strassen, öffentl. Gebäude u. Sehenswürdigkeiten. (16 S.) 8. Ebd. (909). — 50

— — Plan des Verkehrszentrums v. Wien. 1 : 20,000. Neue, erweit. Ausg. 35,5×36 cm. Mit e. Übersichtsplane v. Wien m. allen 21 Bezirken. 1 : 150,000. 16×20 cm. Farbdr. Ebd. (909). — 40

— Freytag, G., Plan v. Wien. 1 : 15,000. 74×62 cm. Farbdr. Mit Führer. gr. 8. (XXXVII, 30 S.) u. 2 Umgebungskarten, 1 : 100,000. 39,5×21,5 cm u. 1 : 50,000. 22×26 cm. Farbdr. Wien (901). G. Freytag & Berndt. Geb. in Leinw. n.n. 2. 10

— **Freytag, Gust., Plan der k. k.** Reichshaupt- u. **Residenzstadt Wien u. der angrenzenden Ortschaften. 1 : 25,000. 78×66 cm. Farbendr. Mit vollständig. Verzeichnis aller Strassen, Gassen, Plätze** u. sonst wicht. **Punkte. 8. (24 S.) Wien 894.** G. Freytag & Berndt. n. 1. 40

— — Tramwayplan v. Wien. Darstellg. des Wiener Strassenbahnnetzes. 1 : 15,000. 60×62 cm. Farbdr. Nebst 1 Bl. Text. qu. schmal gr. Fol. Ebd. (902). n. — 70

— — Verkehrsplan der k. k. Reichshaupt- u. Residenzstadt Wien. Ausg. 1902. 1 : 15,000. 74×62 cm. Nebst: Kleiner Übersichtsplan. 1 : 50,000. 22,5×26 cm. Farbdr. Mit vollständ. Strassenverzeichnis u. Angabe der Häuser-Nummern. gr. 8. (30 S. m. 1 farb. Taf.) Ebd. n. 1. —

— — dasselbe. Mit: Das Wiener Strassenbahnnetz nach seiner Verstadtlichg. zufolge Gemeinderaths-Beschluss vom 27. XII. 1901. Angabe der Häusernummern u. vollständ. Verzeichnis der Strassen u. Sehenswürdigkeiten. gr. 8. (30 S. m. 1 farb. Taf.) Ebd. n. 1. —

— — **Verkehrsplan der k. k.** Reichshaupt- & Residenzstadt **Wien. Ausg. 1905. 1 : 15,000. 74×62** cm. Farbdr. **Mit vollständ. Strassenverzeichnis u. Angabe der Häusernummern, e. Verzeichnis der Sehenswürdigkeiten, e. Uebersichtsplan** v. Wien (16×20,5 cm.) u. **1 Taf. Tramwaysignale.** (30 S.) 8. Ebd. n. 1. —; auf Pappe n. 2. —; **auf Leinw. in Taschenformat od. m. Stäben** n. 2. 50; m. Plan u. **Strassenverzeichnis** v. Floridsdorf n. 1. 25

— — **Verkehrsplan der k. k. Reichshaupt- u. Residenzstadt Wien. Ausg. 1910. 1 : 15,000. 74×61,5 cm. Farbdr. Mit vollständ. Strassenverzeichnis u. Angabe der Häusernummern, e. Verzeichnis der Sehenswürdigkeiten u. e. Übersichtsplan v. Wien. 1 : 150,000. (15,5×20 cm.) (30 S.) 8. Ebd. 1. —; auf Pappe 2. —; auf Leinw. in Taschenformat od. m. Stäben 2. 50; m. 2 Plänen auf 1 Bl. 30,5×29,5 u. 31,5×32 cm. u.** Strassenverzeichnis v. Floridsdorf (2 S.) 1. 25

— dasselbe. 1 : 15,000. **Buch-Ausg. (30 farb. S.) kl. 8.** Mit Übersichtsplan. 1 : 50,000. 22×26 cm. **Farbdr.** Mit vollständ. Verzeichnis der Strassen u. Sehenswürdigkeiten. (30 S.) 8. Ebd. 909. Geb. in Leinw. 2. —

— — **Wand-Plan der Reichshaupt- u. Residenzstadt Wien. 1 : 10,000. 6 Blatt à 84×67 cm. Farbendr. Ebd. 893. n. 15. —; auf Leinw. m. Stäben n. 25. —**

— — **dasselbe. Für Volks-, Bürger- u. Mittelschulen bearb. v. Frdr. Umlauft. Ebd. 893. n. 15. —; auf Leinw. m. Stäben n. 25. —**

— Freytag's, G., Wand-Plan der Reichshaupt- u. Residenzstadt Wien. 1 : 10,000. (2. Aufl.) 6 Blatt à 84 × 67 cm. Farbendr. Wien 895. G. Freytag & Berndt. n. 15. —; auf Leinw. m. Stäben n. 25. —

— — Wand-Plan der Reichshaupt- & Residenzstadt Wien. Für Volks-, Bürger- & Mittelschulen bearb. v. Frdr. Umlauft. 1 : 10,000. (3. Aufl.) 6 Blatt à 84,5×68 cm. Farbdr. Ebd. (904). n. 15. —; auf Leinw. m. Stäben n. 25. —

— Führer durch die land- u. forstwirthschaftliche Ausstellung u. den Festplatz des Sängerbundes in Wien 1890. Lith. Plan m. Text an den Seiten. Imp.-Fol. Wien 890. Perles. cart. n. — 40

— **General-Stadt-Plan. Atlas zum Häuser-Kataster der k. k. Reichshaupt- u. Residenzstadt Wien. Verf. vom Stadtbauamte Wien. 78 Karten. 1 : 3,500 à 42,5× 53,5 cm. u. 1 : 4,500 à 34×41 cm. Lith. Wien (905). J. Lenobel. 84. —; in Leinw.-Mappe n.n. 92. 50**
Nur f. Abnehmer des „Häuser-Katasters".

— General-Stadt-Plan. Atlas z. Häuser-Kataster der k. k. Reichshaupt- u. Residenzstadt Wien. Verf. vom Stadtbanamte Wien. XXI. Bezirk. 1 : 3,500. 2 Tle.: 33 Bl. à 42,5×53,5 cm. u. 1 Übersichtskarte. 1 : 100,000. 21,5×28,5 cm. Lith. Wien (906). J. Lenobel. 50.—; Leinw.-Mappe dazu 8. 34

Wiens Geschichte, Beschreibung u. Umgegend. Bearb. von Jh. Pezzl, Frz. C. Weidmann, Frz. Ziska u. And. 1s Bdchen. A. u. d. T.: Jh. Pezzl's Chronik von Wien. Berichtigt, verm. u. bis auf d. neueste Zeit fortgesetzt von Frz. Ziska. Mit 1 Portr., 1 Vign. u. 2 Plänen. 12. Wien 824. Armbruster. 2 ℛ 8 gl ohne Kpf. u. Pl. 1 ℛ 4 gl

Wien's Geschichte, Beschreibung und Umgebung. Bearbeitet von Jh. Pezzl, Frz. Tschischka u. Karl Weidmann. 1. Bdchn. — A. u. d. T.: Johann Pezzl's Chronik von Wien. 2. Aufl. Berichtigt, verm. u. bis auf die neueste Zeit fortgesetzt von Tschischka. 12. Wien 842, Mayer u. Comp. 5/6 ℛ — dass. mit Titelkpf., 1 Grundriß u. 1 Plan. 1 ℛ

— Gross-Wien. Plan-Karte nach den bei der k. k. Statthalterei gepflogenen Enquète-Berathungen. Mit den bisher. Gemeinde-Grenzen u. der neuen Bezirks-Eintheilg. 1 : 35,000. Auf Grund amtl. Quellen u. der neuesten Verhandlgn. Farbendr. qu. gr. Fol. Wien 890. Artaria & Co. 1. 50; auf Leinw. in Leinw.-Decke n.n. 3. —

Wien — Neuester Grundriss der Haupt- und Residenz-Stadt — und der umliegenden Gegenden im Umkreis von zwey Deutschen Meilen etc. Auf Befehl etc. gezeichnet von Herrn Hauptmann Jakubiesk a vom grossen Gen. St. Gestochen von Sebast. Mannsfeld. 1791. Wien bey Artaria et Comp. Erneuert 1810. 1 : 32,000. 1 Bl.

Wien — Grundriss der K. K. Haupt- und Residenzstadt — sammt ihren Vorstädten. Verlegt bey Tranquillo Mollo in Wien. 1821. 1 : 6,200. 4 Bl.

Wien — Grundriss der K. K. Haupt- und Residenzstadt — mit ihren Vorstädten nach den neuen Hausnummern. 1805. A Vienne chez Artaria etComp. 1805. Gezeichnet von Max von Grimm. 1 : 4,200. 4 Bl.

Wien — Grundriss der K. Haupt- und Residenz-Stadt — mit ihren Vorstädten in viertel eingetheilt. Publié chez Jean Cappi à Vienne. Gestochen von Franz T. Müller. 1 : 10,300. 1 Bl.

— Hartlebens A., **Grosser Plan v. Wien mit Vororten und nächster Umgebung. Mit Verzeichniss d. Sammlungen u. Sehenswürdigkeit. 3. Aufl. Ebds. Eleg. geb. 40 kr.** 1883

Wien mit Vororten u. nächster Umgebung, Hartleben's grosser Plan von. 4 Aufl Wien, A. Hartleben. In eleg. Carton mit Text 40 kr 1885.

— — Nebst Verzeichniss d. Strassen, Gassen u. Plätze. Wegweiser u. gr. Ansicht v. Wien in Vogelperspect. 6. Aufl. Ebds. In eleg. Umschl. cart. 25 kr. 1885.

— **Hartleben's, A., grosser Plan v. Wien m. Angabe der neuen Bezirks-Eintheilung.** 1 : 15,000. 48× **60 cm, nebst Plan v. Wien m. allen 19 Bezirken, 1 : 100,000. 18,5×21 cm. Farbendr. u. den Special-Plänen v. Schönbrunn u. Laxenburg. 6. Aufl. 12. (8 S. Text.) Wien 893. A. Hartleben.** In Leinw.-Decke. n. — 75

— Hartleben's grosser Plan v. Wien m. Angabe der neuen Bezirkseintheilung. 1 : 15,000. 7. Aufl. 48 × 60 cm. Farbendr. Mit Strassenverzeichnis etc. 12. (16 S.) Wien 895. A. Hartleben. In Leinw.-Karton n. — 75

Wien. Hickmann, A. L., Plan v. Central-Friedhof der k. k. Reichshaupt- u. Residenzstadt Wien. 1 : 20,000. 20,5×47 cm. Farbdr. Wien (899). G. Freytag & Berndt. n.n. — 35

Wien — Die Kays. Residenz-Stadt — samt dero Fortification. Johann Hoffmann excudit. J. A. Bäner sc. O. M. 1 Bl.

Wien — Neueste Karte von der Stadt — mit der umliegenden Gegend von 8 Deutschen Meilen. Wien bey Johann Cappi. Gezeichnet und gestochen von F. T. Müller. 1 : 85,000. 1 Bl.

— Karte d. Umgebung von, im Massstabe v. 1 : 100.000. 5. Aufl. Mit Bezeichnung d. markirten Wege. Gr.-Hoch-Fol. Wien 1885. R. Lechner's B.- u. U.-B. Gefalzt in kl. 8. 1 fl. 50 kr.

Wien, Umgebung. Karte der Umgebg. Wien's 1 : 100,000. Zusammengestellt im k. k. militär-geograph. Institute. 69 × 57,5 cm. Photolith. u. Farbendr. Wien 892. R. Lechner's Sort. **n. 3. —; auf Leinw. n. 4. —**

— Karte der Umgebungen v. Wien. Mit Special-Plänen v. Baden, Wr.-Neustadt, St. Pölten, Krems, nebst Umgebgn. Chromolith. qu. Fol. Wien 888. Hartleben. n. — 50

Wien, Umgebung. Karte der Umgebungen v. Wien. 1 : 93,700. Mit Special-Plänen v. Baden — Wr. Neustadt — St. Pölten — Krems, nebst Umgebgn. 2, neu bericht. Aufl. 34 × 57,5 cm. Lith. Wien 895. A. Hartleben. n. — 50

— **Karte der Umgebungen von Wien. Mit Special-Plänen v. Baden, Wiener-Neustadt, St. Pölten, Krems, nebst Umgebgn. 3., neu bericht. Aufl. 1 : 93,700. 34× 57,5 cm. Lith. Wien 901. A. Hartleben. n. — 50**

Wien. Karte der Umgebungen v. Wien. Mit Spezial-Plänen v. Baden, Wiener Neustadt, St. Pölten, Krems, nebst Umgebgn. 1 : 93,700. 4., neu bericht. Aufl. 34,5×57,5 cm. Farbdr. Wien (904). A. Hartleben. n. — 50

— — Karte der Umgebungen Wien's im Bereiche der Süd-, West und Franz Josephs-Bahn bis Baden, Pressbaum und Tulln. Revidirt 1870. Gr. Quer-Folio. In 8. Wien, Carl Helf (Verlag und Antiquariat). In Umschlag. 1870. 60 kr.

Karte

— — der Umgegend v. Wien. 1 : 25,000. (In 32 Blättern.) Bl. B 1—4, C 1—4 u. D 1 u. 2. à 29×38,5 cm. Farbdr. Wien (903). (R. Lechner's Sort.) à n.n. — 80; auf Leinw. à n.n. 1. 30; m. Wegmarkierg. v. R. Lechner. à n.n. 1. 20; auf Leinw. à n.n. 1. 70

B 1. Mukendorf. — B 2. Königstetten. — B 3. Purkersdorf. — B 4. Laab i. W. — C 1. Greifenstein. — C 2. Klosterneuburg. — C 3. Dornbach. — C 4. Hetzendorf. — D 1. Bisamberg. — D 2. Nussdorf.
Vergl.: Wien. Umgebungskarte.

Wien — Karte von der Erzdioecese — in Oesterreich. Wien, herausgegeben und zu haben bey T. Mollo und Comp. 1804. Reisser sc. 1: 250,000. 1 Bl.

— Katasterpläne, officielle, von Wien. Hrsg. vom k. k. Finanz-Ministerium. 102 Blatt. Ausg. 1888/89. Fol. Wien, (Artaria & Co.). à Blatt n. 3. —

Wien's Kunstsachen oder Führer zu den Kunstschätzen Wiens, mit hauptsächl. Berücksicht. der Gemälde. 8. (VI und 99 S.) Wien 836, Seidel. *

— Lechner's Plan der k. k. Reichshaupt- u. Residenzstadt Wien. 1 : 10,000. Hrsg. unter Mitwirkung des Wiener Stadtbauamtes. 3. Aufl. 8 Blatt à 92,5×66 cm. Ebd. (906). n. 30. —; auf Leinw. in Mappe n. 45. — m. Stäben n. 60. —; m. Rollvorrichtg. n. 80. —

— Loos, Carl, Plan der k. k. Reichshaupt- u. Residenzstadt Wien. 1 : 10,000. Hrsg. unter Mitwirkg. d. Stadtbauamtes. 225×175 cm. 25 Blatt. Farbendr. Wien 891. (R. Lechner's Sort.) n. 18. —; auf Leinw. n.n. 34. —; m. Stäben n.n. 44. —

— — dasselbe m. eingezeichnetem Stadtbahnproject. Hrsg. unter Mitwirkg. d. Stadtbauamtes. Farbendr. 66×84,5 cm. Ebd. 891. n. 1. 20

— — neuester Plan der k. k. Reichshaupt- u. Residenzstadt Wien, m. Angabe der Häuser-Numerirung, 1 : 12,000, u. e. Uebersichtsplan der 19 Bezirke (auf der Rückseite) 1 : 36,000. Farbendr. 50,5×58 cm. (Kleine Ausg.) Mit e. Verzeichniss aller Strassen, Gassen u. Sehenswürdigkeiten. 12. (32 S.) Wien 891. C. Teufen. n. — 80; grosse Ausg. in 14 farb. Druck. m. Text (56 S.) n. 1. 20

— — dasselbe. 1 : 25,000, m. den neuen Strassen- u. Gassen-Namen. Hrsg. unter Mitwirkg. des Stadtbauamtes. 66×84,5 cm. Mit e. Detailplane des I. Bezirkes. 1 : 10,000. 22,5×26,5 cm. Farbendr. Nebst vollständ. Verzeichniss der Strassen, Gassen, Plätze etc. 12. (30 S.) Ebd. 895. In Karton. n. 2. 40; auf Leinw. n. 4. —

— Loos, Carl, Plan der k. k. Reichshaupt- u. Residenzstadt Wien m. den neuen Strassen- u. Gassen-Namen. Hrsg. unter Mitwirkung des Stadtbauamtes. 1 : 25,000. 66×84,5 cm. Farbdr. Mit 1 Detailplan des I. Bezirkes. 1 : 10,000. 22×26,5 cm. Farbdr. Neue Ausg. 1898. Nebst vollständ. Verzeichniss der Strassen, Gassen, Plätze etc. 12. (24 S.) Wien 898. R. Lechner's Sort. In Karton n. 2. 40; auf Leinw. n. 4. —

— Loos, Carl, Plan der k. k. Reichshaupt- u. Residenzstadt Wien m. den neuen Strassen- u. Gassen-Namen. Hrsg. unter Mitwirkg. des Stadtbauamtes. 1 : 25,000. 68×84,5 cm. Farbdr. Mit 1 Detailplan des I. Bezirkes. 1 : 10,000. 23×27 cm. Farbdr. Neue Ausg. 1903. Nebst vollständ. Verzeichniss der Strassen, Gassen, Plätze etc. (18 S.) 12. Ebd. In Karton n. 2. 40; auf Leinw. n. 4. —

— Loos, Karl, Plan der k. k. Reichshaupt- u. Residenzstadt Wien. Hrsg. unter Mitwirkg. des Stadtbauamtes. 1 : 25,000. 69×93 cm. Farbdr. Mit 1 Detailplane des I. Bezirkes. 1 : 10,000. 22×26,5 cm. Farbdruck. Nebst vollständ. Verzeichnis der Strassen, Gassen, Plätze etc. (20 S.) kl. 8. Wien (910). R. Lechner's Sort. Geb. in Leinw. 2.40; auf Leinw. n 4. —

— Loos, Carl, neueste Touristenkarte. 1 : 300,000. Wien-Maria-Zell-Kindberg-Wechsel. 1 : 300,000. 35,5×45 cm. Farbendr. Wien 890. C. Teufen. n. 1. 20

Wien's — Marschrouten-Karte der Umgebung —. Beilage zur vorhergehenden Karte. 1 Bl.

— Die Nordbahnhalle in Wien in Detailansichten; 12 Bl. nach der Natur aufgenommen u. herausgegeben v. Jul. Leth. In gr. 4. auf Carton per Bl. Wien 1867. à 1 fl. 50 kr.

— Oktobertage. Eine historische Monographie der Revolution mit den Dokumenten belegt von Z***. 3 Lfgn. gr. 8. (IV u. 272 S.) Baden 849. (St. Gallen, Scheitlin & Zollikofer.) (à 1/3 ₰) 1 ₰

Orientirungsplan der elekt. Ausstellung in Wien vom 16. Aug. bis 31. Oct. 8. (4 S.) Wien: Lechner 1883.

Orientirungsplan der internationalen elektr. Ausstellung in Wien 1883. Wien: Hartleben 1883.

— Orientirungs-Plan, neuer, v. Wien. Mit allen Strassenbenenngn. Ausg. 1890. Chromolith. Fol. Wien 890. Artaria & Co. n. — 50

— Neuer Orientirungsplan von, mit allen Strassenbenennungen. Gr.-Qu.-Fol. Tonfarbendr. Wien, Artaria & Co. Gef. in 8. 40 kr. 1884.

Wien mit Vororten, Neuester Orientirungs- u. Strassenplan von, (bis Schönbrunn). Hoch-Folio. Tonfarbdk. Mit Strassenverzeichniss. kl. 8. (15 S.) Wien, Artaria & Comp. Gefalzt in 8. 1 fl. 1883.

— Orientierungs-Plan, neuester umfassender, der k. k. Reichshaupt- u. Residenzstadt Wien einschliesslich des XXI. Bezirkes, m. Angabe der wesentlichsten Sehenswürdigkeiten. 1 : 24,000. 52,5×55,5 cm. Farbdr. Wien (907). (M. Perles). — 50

— Orientirungs- u. Strassen-Plan v. Wien m. Vororten. 1 : 15,840. Ausg. 1888. Chromolith. gr. Fol. Mit Strassenverzeichniss. 8. (15 S.) Wien 888. Artaria & Co. 2. —

— Orientirungs-Plan von Wien. Alle 9 Bezirke auf 1 Blatt in Farbendruck. Neueste Ausgabe mit einer Gratis-Beilage (das alphab. Verzeichniss aller Gassen, Strassen und Plätze.) Wien: Artaria 1863.

Wien und den Vororten, Orientirungsplan von (bis Schönbrunn reichend). Ausg. 1885. Gr.-Fol. Farbendr. Mit Strassenverzeichn. Wien, Artaria & Cie. 1 fl. 1885.

— Palläste u. merkwürd. Gebäude. Gezeichnet von Lober. Eine Rolle in Form e. Taschenperspectivs ꝛc. Wien, Müller. 5 ₰ 12 ₰

— Peip's, Chr., Taschenatlas v. Wien u. weiterer Umgebung. Enth.: 20 Karten in feinstem Farbendr. u. 1 Plan von Wien, innere Stadt, nebst Führer durch Wien u. Umgebg. von A. Kühnel. 12. (IV, 72 S.) Stuttgart 896. Hobbing & Büchle.
Geb. in Leinw. n. 2. 50

Wien. Peip's, Chr., Taschenatlas v. Wien u. weiterer Umgebung. Mit 20 Karten in feinstem Farbendr. Ausg. ohne Führer. qu. 4. Stuttgart 897. Hobbing & Büchle. Geb. in Leinw. (in 12) n. 2. —

— Petrovits, Monumental-Plan d. Haupt- u. Residenzstadt Wien. Gez. v. L. E. Petrovits. Photolith. u. Farbendr. qu. gr. Fol. Wien 890. Gerold's Sohn.
n. 2. —

— Pharus-Plan Wien. 1:17,000. 75,5×83,5 cm. Farbdr. Nebst: Wissenswerte Angaben f. Einheimische u. Fremde mit Hinweis auf den Pharus-Plan Wien. (75 S.) schmal 8. Berlin (905). Pharus-Verlag. n. 1. 70

Pharusplan Wien. 8°. (75 S.) Wien: Halm u. Goldmann 1905.
† K 2.--, auf Leinwand gespannt † K 4.–

— Plan

— — allerneuester, v. Wien, m. den 19 Bezirken in ihrem Gesammtumfange, d. Gassenbenennungen u. d. Stadtbahnproject. 1: 25,000. 59.5 × 71,5 cm. Farbendr. Nebst Strassenverz. etc. 12. (96 S.) Wien 895. F. Schalk.
1. 60; in Leinw.-Karton 2. —

Plan der Baugründe d. Donauregulirungs-Fondes im II. Bezirke Wiens. Herausgeg. v. d. k. k. Donauregulirungs-Commission. Massstab 1:7500. 2 Bl. Gr.-Qu.-Fol. Wien: Artaria 1885.

— — vollständig bester u. neuester, v. Wien m. der neuesten Bezirks-Einteilung. 1 : 14,500. 4. Aufl. 70,5 ×78 cm. Farbdr. Mit Strassenverzeichnis usw. (16 S.) kl. 8. Ebd. (906). n. 1. 60

— — der innern Bezirke v. Wien. 1 : 10,000. Nach den besten verlässlichsten Quellen bearb. 56,5 × 74 cm. Farbendr. Wien 896. R. Lechner's Sort.
In Leinw.-Decke n. 1. 20

— — der inneren Bezirke v. Wien. Nach den besten verlässlichsten Quellen bearb. 1 : 10,000. 56,5×74 cm. Farbdr. Nebst Strassen-Verzeichnis. 12. (14 S.) Ebd. (902). In Leinw.-Decke n. 1. 20; auf Leinw. in Leinw.-Decke n. 2. 40

Plan u. neuest. Führer durch u. nächst. Umgeb. Mit e. Gratis-Beil. d. elektr. Ausstellung betreffend. (62 S. u. Stadtpl.) Ebds. Geb. 90 kr. 1883.
Plan et guide nouveau de l'étranger à Vienne et dans ses environs. (78 S.) Ebds. Eleg. geb. 1 fl. 20 kr. 1883.
Plan and guide of Vienna and environs (80 S.) Ebds. 1 fl. 20 kr. 1883.

Plan

— — grosser, v. Wien m. Angabe der neuen Bezirkseintheilung. 1:15,000. 12. Aufl. 47,5×59,5 cm. Farbdr. Mit Strassenverzeichnis usw. (16 S.) kl. 8. Ebd. (906).
In Leinw.-Decke n. — 75

— — grosser, v. Wien m. Angabe der neuen Bezirkseintheilung. 1 : 15,000. 16. Aufl. 47,5×59,5 cm. Farbdr. Mit Strassenverzeichnis usw. (16 S.) kl. 8. Wien (910). A. Hartleben. In Leinw.-Decke 1. —

Wien. Grosser Plan der k. k. Haupt- und Residenzstadt, mit Inbegriff aller Vorstädte, sowie der zunächst liegenden Ortschaften: Weinhaus, Währing, Hernals, Neulerchenfeld, Fünf- und Sechshaus, Rustendorf, Braunhirschen, Reindorf, Gaudenzdorf und Theile von Ottakring, Meidling und Simmering. Mit Angabe aller Hausnummern. Neueste Ausgabe von 1862 (einschliesslich die Stadterweiterungs-Neubauten). Wien. Artaria & Comp. Im grössten Landkartenformate, schwarz 2 fl. 1861. colorirt nach Gerichtsbezirken 3 fl.

Plan. Grosser, der k. k. Haupt- und Residenzstadt Wien, mit Inbegriff aller Vorstädte, so wie der zunächst liegenden Ortschaften: Weinhaus, Währing, Hernals, Neu-Lerchenfeld, Fünfhaus- u. Sechshaus, Rudolfsheim (Rustendorf, Braunhirschen, Reindorf), Gaudenzdorf und Theilen von Ottakring, Meidling und Simmering. 1 Wr. Zoll = 110 Wr. Klafter. Mit Angabe der neuen Strassen und Gassenbenennungen und der neuen Nummerirung. Neueste Ausgabe von 1868. 1 Blatt im grössten Landkarten-Formate. Wien: Artaria 1868. schwarz 2 fl., colorirt, nach Bezirken.

Wien, Grosser Plan d. k. k. Haupt- u. Residenzstadt, mit Inbegriff aller Vorstädte, sowie der zunächst liegenden Ortschaften: Weinhaus, Währing, Hernals, Neulerchenfeld, Fünf- u. Sechshaus, Rudolfsheim, Gaudenzdorf und Theilen v. Ottakring, Meidling u. Simmering. 1 W. Zoll = 110°. Mit Angabe der neuen Strassen- und Gassenbenennungen und der neuen Numerirung. Neueste Ausgabe v. 1870. Grösstes Landkartenformat. Wien, Artaria & Comp. schwarz 2 fl., colorirt nach Bezirken 1870.

Wien mit den [illegible] Ortschaften, [illegible] grösste Plan von [illegible] in neuester Umgestaltung. 1 Bogen [illegible] Wien, Artaria & Comp. 1863. 2 [illegible] nach Bezirken [illegible] fl.

— — von Gross-Wien m. Angabe der neuen Bezirkseintheilung. 1:20,000. 1.—3 Aufl. Farbendr. qu. gr. Fol. Wien 890. Hartleben. n. 1. 50

— — von Gross-Wien m. Angabe der neuen Bezirkseintheilung u. der früheren Gemeindegrenzen. 1:20,000. Farbendr. 67×91,5 cm. Wien 891. A. Hartleben. n. 2. 70

— — and guide, the newest, to Vienna and environs. 8. ed. (III, 144 S.) kl. 8. Ebd. 908.
Geb. in Leinw. 2.40; m. 12 Lichtdr.-Bildern 3. 60

— Plan der Kaiser-Jubiläums-Ausstellung, Wien 1898. Mit e. Übersichtskärtchen des Praters, bezw. der Zufahrtsstrassen u. der Zugänge zur Ausstellung. 14 × 38,5 cm. Farbdr. Wien 898. G. Freytag & Berndt.
n. — 20

Plan. Kleiner, von Wien und sämmtlichen Vorstädten, nebst einem Wegweiser zur bequemen Auffindung der wichtigsten Gegenstände. 1 kl. Blatt in Farbendruck. Ebds. 1868.

Wien. Neuer Plan mit den Vorstädten und Stadterweiterung. Farbendruck. kl. Folio. Mit erklärenden Text. 12. Carton. Wien: Wenedikt 1868.

— — neuer, v. Wien. [Aus: „Grieben's Reiseführer".] 45×48,5 cm. Farbdr. Nebst Strassenverzeichnis. (20 S.) 16. Berlin 905. 906. A. Goldschmidt. In Mappe n. — 50

Wien. Neuester Plan. (Kl. Q. Folio in Farbendruck.) Mit Fremdenführer und Strassenverzeichnis. Cartonnirt in lithogr. Umschlag. Wien: Markgraf & Müller 1868.

Wien. – Neuester Plan mit seinen Bezirken. Mit Häusernummerirung. 5. Auflage. In Taschenformat cartonnirt. Wien: Karl Wachter 1868.

– Neuester Plan u. Führer durch, u. nächste Umgebung. Dritte, wesentl. verm. u. verbess. Aufl. Wien, R. Lechner's H.- u. U.-B. In Leinwd. geb. 90 kr. 1884.
— — der k. k. Reichshaupt- u. Residenzstadt, d. Vororte und Umgebung. Döbling, Dornbach, Hietzing, Schönbrunn, Simmering u. Kaisermühlen. Mit Angabe der Häuser-Numerirung. Nebst vollständ. Verzeichniss d. Sehenswürdigkeiten, sowie sämmtlicher Gassen, Strassen, Plätze u. Höfe u. Plan d. Wiener Tramwaylinien. 9. Aufl. 8. (Mit 52 S. Text.) Wien, Carl Teufen. Cart. 1 fl. 20 kr. 1884.
— — — mit Angabe d. Häuser-Numerirung, nebst e. vollständ. Verzeichniss sämmtl. Strassen, Gassen, Plätze, Höfe und Sehenswürdigkeiten. 14., verb. Aufl. 8. (Mit 28 S. Text.) Ebds. Cart. 50 kr. 1884

— — u. Führer, neuester, durch Wien u. nächste Umgebung. 17. Aufl. 12. (126 S. m. 1 Stadt- u. 2 Theaterplänen.) Ebd. 896. Geb. n. 1. 80; m. 12 Lichtdr.-Taf. n. 3. —

— — u. Führer, neuester, durch Wien u. nächste Umgebung. 23. Aufl. (III, 156 S.) kl. 8. Ebd. 904. Geb. in Leinw. 1.80; m. 12 Lichtdr.-Bildern 3. -

Wien. — Neuester Plan (Stadt und Vorstädte) inclusive des Schützenplatzes und der Pferdebahn. Wien: Baumüller 1868.

Wien. Plan, neuester u. vollkommenster, v. Gross-Wien, 1:16,000, u. Plan v. Wien, 1:55,000. Farbendr. 46×59,5 cm. Wien 892. (Leipzig, Literar. Anstalt A. Schulze.) n. — 60; m. Strassenverzeichnis u. Führer durch Gross-Wien. 12. (36 S.) n. — 80; Strassenverzeichnis allein n. — 20

— Neuester u. vollständigst Plan von. Nach d. neuest. Aufnahmen zusammengestellt. Mit Verzeichniss sämmtlicher Strassen, Gassen u. Plätze, sowie aller Sehenswürdigkeiten u. e. grossen Ansicht von Wien in d. Vogelperspective. 5. Aufl. Wien, A. Hartleben. Cart. 25 kr. 1883.

— — neuester u. vollständigster, v. Wien. Farbendr. 49,5×50,5 cm. Mit Verzeichniss sämmtl. Strassen, Gassen u. Plätze, sowie aller Sehenswürdigkeiten. Nach den neuesten Aufnahmen zusammengestellt. Nebst e. Ansicht v. Wien in der Vogelperspective u. e. (farb.) Plan v. Gross-Wien m. allen 19 Bezirken. 1:100,000. Farbendr. 18,5×21,5 cm. 12. Aufl. 12. (16 S. Text.) Ebd. 893. n. — 50

— — neuester u. vollständigster, v. Wien m. Angabe der neuen Bezirkseintheilung. Nach den neuesten Aufnahmen zusammengestellt. Nebst e. Ansicht v. Wien in der Vogelperspective. 16. Aufl. 50,5 × 68,5 cm. Farbdr. Mit Verzeichniss sämmtl. Strassen, Gassen u. Plätze, sowie aller Sehenswürdigkeiten. 12. (16 S.) Ebd. 898. n. — 50

— — neuester u. vollständigster, v. Wien m. Angabe der neuen Bezirkseintheilung. Nach den neuesten Aufnahmen zusammengestellt. Nebst e. Ansicht von Wien in der Vogelperspective. 20. Aufl. 68,5×51 cm. Farbdr. Mit Verzeichniss sämmtl. Strassen, Gassen u. Plätze, sowie aller Sehenswürdigkeiten. 12. (16 S.) Ebd. (902). n. — 50

— — neuester u. vollständigster, v. Wien, m. Angabe der neuen Bezirkseinteilung. Nach den neuesten Aufnahmen zusammengestellt. 1:16,000. 52×53,5 cm. Farbdr. Wien (903). Szelinski & Co. n. — 50

— — dasselbe. Nebst e. Ansicht v. Wien in der Vogelperspektive. 1:15,000. 23. Aufl. 71×51 cm. Farbdr. Mit Verzeichnis sämtl. Strassen, Gassen u. Plätze, sowie aller Sehenswürdigkeiten. (16 S.) kl. 8. Wien (906). A. Hartleben. n. — 50

— — neuester u. vollständigster, v. Wien. Nach den neuesten Aufnahmen zusammengestellt. Nebst e. Ansicht v. Wien in der Vogelperspektive. 1:15,000. 25. Aufl. 71×51 cm. Farbdr. Mit Verzeichnis sämtl. Strassen, Gassen u. Plätze der 21 Bezirke v. Wien. (16 S.) kl. 8. Ebd. (909). — 50

— Plan, neuester u. vollständigster, der k. k. Reichshaupt- u. Residenzstadt Wien m. der neuen Bezirks-Eintheilung. 1:16,000. 46×59,5 cm. Farbendr. Nebst e. alphabetisch geordneten Strassenverzeichniss sammt Führer durch Wien zu allen Sehenswürdigkeiten u. e. Uebersichtsplan m. dem Wiener Stadtbahnprojecte. Nach authent. Quellen ausgearb. u. hrsg. v. Ferd. Blumenthal. 12. (16 S.) Wien 893 (Leipzig, Literar. Anstalt A. Schulze.) n. — 50

— — neuester u. vollständigster, v. Wien u. den Vororten. Nach den neuesten Aufnahmen zusammengestellt. 10. Aufl. Chromolith. gr. Fol. Mit Verzeichniss sämmtl. Strassen, Gassen u. Plätze, sowie aller Sehenswürdigkeiten u. e. grossen Ansicht v. Wien in der Vogelperspective. 8. (15 S.) Ebd. 890. n. — 50

— Neuester Plan von, Karte von Wien bis St. Pölten, Baden, Korneuburg; Standorte und Fahrpreise der Stellwägen, Wegweiser, Sehenswürdigkeiten etc. Zusammen auf einem 16. Blättchen. Verlagseigenthum der lithogr. Anstalt v. V. Türke in Wien. In Comm. bei Jos. Bermann. 1861.

Plan. Neuester, von Wien. gr. Imp. Fol. Wien: Schönewerk 1864.

— — neuester, v. Wien. Chromolith. gr. Fol. Mit Strassen-Verzeichniss. 12. (30 S.) Wien 889. C. A. Müller's Buchhandlg. n. — 60

— — neuester, v. Wien. 51,5 × 53 cm. Farbendr. Nebst e. Strassen-Verzeichnisse m. Anführg. der alten u. neuen Strassennamen. 12. (48 S.) Wien 896. L. Weiss. n. — 40

— Plan, neuester, v. Wien. [Aus: „Griebens Reisebücher".] 45×49 cm. Farbdr. Berlin 901. A. Goldschmidt. n. — 50

Plan. Neuester, von Wien in 9 Bezirken mit neuester Strassenbezeichnung u. Nummerirung. Fol. in Schuber. Wien: Gerold 1863.

Plan. Neuester, von Wien und seinen Bezirken (incl. der Stadterweiterung). Mit neuer Benennung der Strassen, Gassen u. Plätze und der neuen Häusernummerirung. Nebst einem Wegweiser. (1., 2. u.) 3. Auflage. Plan in Quer-Folio. kl. 8° (28 S.) Wien: G. Draudt 1863.

Plan. Neuester, von Wien nach der neuen Bezirks-Eintheilung und neuen Benennung der Strassen und Plätze. Fol. Wien: Beck 1863. (A. Hölder). aufgez. in kl. 8°. Carton.

— — neuester, v. Wien m. der neuen Bezirkseintheilung. 1:14,500. 62,5×77 cm. Farbendr. Nebst Verzeichnis der Strassen, Gassen u. Plätze. Angabe aller Bahnhöfe, Brücken, Länden, Ueberfuhren, Gasthöfe, Hotels, Märkte u. statist. Daten. 8. (15 S.) Ebd. 894. n. 1 50

— — dasselbe m. der neuen Bezirkseintheilung. 1:14,500. 2. Aufl. 62,5 × 77,5 cm. Farbendr. Mit Strassen-Verzeichniss. 8. (16 S.) Wien 895. A. Hartleben. n. 1.50

Plan. Neuester, von Wien, mit seinen neun Gemeinde-Bezirken und einem Wegweiser. 10. Aufl. 16. (88 S. Text) Wien: Carl Gerold 1864.

Plan. Neuester, von Wien, mit seinen neuen Gemeindebezirken und einem Wegweiser. 11. Aufl. (88 S. Text). Wien: Carl Gerold 1865.
Derselbe ohne Text in steifem Umschlag.16. Ebds.

Plan, Neuester, der Haupt- und Residenzstadt Wien (innere Stadt). Herausgegeben von Artaria et Comp. in Wien. 1852. Folio.

— neuester Plan der Haupt- und Residenzstadt, mit (den bis jetzt ausgeführten) Neubauten und Verschönerungen, nebst dem Glacis und Eingang in die Vorstädte. 1861. gr. qu. Fol. Wien. Artaria & Comp. colorirt 1 fl. 50 kr.

Wien — Neuester Plan der Haupt- und Residenzstadt — mit allen von S. M. allerhöchst genehmigten Verschönerungen nebst dem Glacis und Eingang in die Vorstädte, mit höchster Bewilligung Sr. K. H. des General-Genie-Directors. Nach dem Original-Plan herausgegeben von Artaria und Comp. in Wien. 1819. Eigenthum der Verleger. 1 : 3,240. 1 Bl.

Wien — Neuester Plan der Haupt- und Residenz-Stadt — und dessen Vorstädten. Nach der neuesten Numerirung der Häuser nebst Angabe der Verschönerungen mit höchster Bewilligung nach dem Original-Plane herausgegeben in Wien bey Artaria et Comp. 1822. O. M. 1 Bl.

— — neuester, der k. k. Reichshaupt- u. Residenzstadt Wien. Nach den besten verlässlichsten Quellen bearb. 1 : 15,000. 40,5×51 cm. Farbdr. Nebst Strassen-Verzeichnis. 12. (11 S.) Wien (901). R. Lechner's Sort. n. — 50; auf Leinw. n. 1. 20

— — neuester, der k. k. Reichs-Haupt- u. Residenzstadt Wien m. Angabe d. Häuser-Nummerirg. u. Uebersichtsplan der XIX Bezirke (1 : 36,000, auf der Rückseite). 1 : 12,000. 28. Aufl. 50,5 × 59 cm. Farbdr. Wien 898. C. Teufen. n.n. — 60; m. Strassenverzeichniss. 8. (30 S.) In Karton n. 1.—

— — dasselbe. Nach amtl. Quellen gezeichnet v. Carl Loos. 1 : 14,400. 23. Aufl. 51 × 69 cm. Farbdr. Ebd. 898. n. 1. 60; m. Strassenverzeichniss u. (farb.) Plan sämmtl. Wiener Tramway-Linien. 8. (61 S.) In Karton n. 2.40

— — neuester, der k. k. Reichs-Haupt- u. Residenzstadt Wien m. Angabe der Häuser-Nummerirg. u. Uebersichtsplan der XIX Bezirke (1 : 36,000, auf der Rückseite). 1 : 12,000. 29. Aufl. 50,5×59 cm. Farbdr. Wien 899. C. Teufen Nachf. n.n. — 60; m. Strassenverzeichniss. 8. (30 S.) In Karton n. 1. —

— — dasselbe. Nach amtl. Quellen gezeichnet v. Carl Loos. 1 : 14,400. 29. Aufl. 61×66,5 cm. Farbdr. Ebd. 899. n. 1. 60; m. Strassenverzeichniss u. (farb.) Plan sämmtl. Wiener Tramway-Linien. 8. (61 S.) In Karton n. 2. 40

— — neuester, der k. k. Reichshaupt- u. Residenzstadt Wien u. der umliegenden Ortschaften. 1 : 20,000, m. Angabe der neuen Bezirkseintheilg. u. der früheren Gemeindegrenzen. 80,5×91,5 cm. Farbendr. Nebst vollständ. Verzeichniss der Strassen, Gassen, Plätze u. sonst wicht. Oertlichkeiten, dann Angabe aller Bahnhöfe, Brücken, Gasthöfe, Hotels, Länden, statist. Daten, Tramway-Signale u. Ueberfuhren. 3. Aufl. 8. (15 S.) Ebd. 894. In Karton, n. 1. 50

— — neuester, der k. k. Reichs-Haupt- u. Residenzstadt Wien u. der Vororte. Mit Angabe der Häuser-Nummerirg. 1:12,000. 19. Aufl. 1889. Chromolith. qu. gr. Fol. Wien 889. Teufen. n. — 60; m. Strassenverzeichniss (29 S.) in Carton n. 1. —

— Neuester Plan d. k. k. Reichshaupt- u. Residenzstadt Wien, d. Vororte u. Umgebung (Döbling, Dornbach, Hitzing, Schönbrunn, Simmering und Kaisermühlen). VI. Aufl. Mit Angabe d. Häuser-numerirung und d. Trace d. concessionirten Gürtelbahn. Gr.-Qu.-Folio. Farbendr. Wien, Carl Teufen. Gefalzt in 8. 80 kr., cart. 1 fl. 20 kr. 1883.

— Neuester Plan der k. k. Reichshaupt- und Residenzstadt, der Vororte und Umgebung Döbling, Dornbach, Hietzing, Schönbrunn, Simmering u. Kaisermühlen. 1884. VII. Aufl. Mit Angabe der Hauser-Numerirung. Gr.-Q.-Folio. Wien, Carl Teufen. Gefalzt in gr. 8. 80 kr. Mit vollständ. Verzeichniss der Sehenswürdigkeiten, Gassen, Strassen, Plätze und Höfe und Plan der Tramway-Linien. Cart. 1 fl. 20 kr. 1884.

Plan, Neuester, der Stadt Wien und ihrer neun Bezirke nebst einer kleinen Umgebung, Karte und Verzeichniss aller Strassen, Plätze, Hauptgebäude, Paläste, Theater, Museen, Behörden und öffentlichen Anstalten etc. v. Anton Mück 1871. Wien: Neumann in Comm. 1870.

Plan, Neuester, von ganz Wien (inclusive der Stadterweiterung). Mit der neuesten Bezirks-Eintheilung, der Benennung der neuen Strassen, Gassen und Plätze und versehen mit der neuen Häuser-Nummerirung. Entworfen und gezeichnet von H. Brandes. 4. Auf. Wien: Carl Wachter 1865. Gross-Quer-Folio.

Plan, Neuester, mit Verzeichniss der vorzüglichsten Sehenswürdigkeiten nebst einem vollständigen Strassenverzeichnisse, fünfte sorgfältig revidirte Auflage. Farbendruck, in Folio u. carton. gr. 16°. Wien: Beck'sche Universitäts-Buchh. 1868. (Alfred Hölder.)

Plan, Neuester, von Wien, mit Verzeichnisse der vorzüglichsten Sehenswürdigkeiten und einem vollständigen Strassenverzeichniss. Sechste sorgfältig revidirte Auflage. Gross Quer-Folio. Farbendruck. Cartonirt in kl. 8°. Wien: Beck'sche Univ.-Buchh. 1869. (Alfred Hölder.)

— — Neuester Plan von Wien mit Verzeichniss der vorzüglichsten Sehenswürdigkeiten und vollständigem Strassenverzeichnisse. 6 sorgfältigst revid. Auflage. Farbendruck in Gr. Quer-Folio. Wien, Beck'sche Univ.-Buchhandlung (Alfred Hölder). Cart. in 12. 1870.

— Neuest. Plan von, u. Vororte. Mit Angabe d. Häuser-Numerir. u. vollst. Strassenverz. 13. verb. Aufl. Farbendr. in Gr.-Qu.-Fol. Wien, Carl Teufen. Gefalzt in 8. 50 kr., eleg. cart. 70 kr. 1883.

— — neuester, v. Wien u. der Vororte m. Häuser-nummerirg. 7. Aufl. Chromolith. qu. Fol. Mit e. Verzeichnisse sämmtl. Gassen, Strassen u. Plätze Wiens u. der Vororte. 8. (14 S.) Ebd. 887. cart. n. 1. —

— — dasselbe u. der Vororte, m. Angabe der Häuser-Nummerirg. u. Uebersichtsplan der 19 Bezirke (auf der Rückseite). 1 : 12,000. 24. Aufl. 50,5×59 cm. Farbendr. Wien 894. C. Teufen. n. — 60; m. Strassenverzeichniss. 8. (32 S.) In Karton n. 1. —

— — dasselbe u. Umgebung. 1 : 14,400. 19. Aufl. 51×66 cm. Farbendr. Ebd. 894. n. 1. 60; m. Strassenverzeichniss. 8. (60 S.) In Karton n. 2. 40

— — dasselbe d. Vororte u. Umgebung [Döbling, Dornbach, Hietzing, Schönbrunn, Simmering u. Kaisermühlen]. 13. Aufl. Mit Angabe d. Häuser-Nummerirg. Chromolith. gr. Fol. Wien 889. Teufen. n. 1. 60; m. Strassenverzeichniss (50 S. m. 2 chromolith. Plänen) cart. n. 2. 40

Wien mit Vororten. Neuester Plan von (bis Schönbrunn). Orig.-Ausg. 1884. Farbendruck in Gr.-Qu.-Fol. Mit alphabet. Namens-Verzeichniss sämmtl. Strassen, Garten u. Plätze. (16 S.) Wien, Artaria & Co. Gef. in 8. 1 fl. 1884.

— Plan, neuester, v. Wien sammt Vororten. (2. Aufl.) Chromolith. qu. gr. Fol. Nebst Strassenverzeichniss etc. am Rand. Wien 888. Amonesta. n. — 80

— — neuester, v. Wien m. Vororten [bis Schönbrunn]. 1:15,840. Ausg. 1889. Chromolith. gr. Fol. Mit Strassenverzeichniss. 8. (23 S.) Wien 889. Artaria & Co. 2. —

Wien. Plan von, neuester, mit allen Vorstädten und den jüngsten Stadterweiterungen, color. Wien, Albert A. Wenedikt. Fol. auf Leinwand gespannt u. cart. 1862. 80 kr.

Plan, Neuester, von Wien, mit allen Vorstädten und den jüngsten Stadterweiterungen. 1870. 1 Blatt. Imp. Format. In Umschlag. Wien: Albert A. Wenedikt 1869. cart.

— — nouveau, et guide de Vienne et de ses environs à l'usage des étrangers. 6 éd. (IV, 177 S.) kl. 8. Ebd. (910). Geb. 2. 40

Wien. Plan der Stadt nebst einem Führer für Fremde, s. Brockhaus' Reise-Atlas.

Wien. Plan der inneren Stadt allein, I. Bezirk mit Inbegriff des ganzen Stadterweiterungs-Gebietes, der vollständigen Ringstrasse, aller Neubauten und Verschönerungen, nebst der neuen Nummerirung. 1 gr. Bl. Maassstab 1 W. Z. = 55 Klft. Wien, Artaria & Comp. 1867. Schwarz 80 kr., colorirt 1 fl.

— — des I. Bezirkes Innere Stadt (der Stadt Wien). 1 : 2,500. 4 Blatt à 64×64 cm. Farbdr. Wien (909). G. Freytag & Berndt. Auf Leinw. m. Stäben 17. —

— Plan d. Stadt u. ihr. Umgeb. im J. 1683. Mit Darst. d. krieg. Verh. am 12. Sept. 1683. Gr.-Qu.-Fol. Lith. mit Farbenton. Wien, k. k. milit.-geogr. Inst., *R. Lechner's H. 1883.

Plan der Stadt- und Vorstadt-Bezirke nebst Separatplan der inneren Stadt u. einem vollständigen Verzeichniss sämmtlicher Strassen und Plätze. (Die Pläne Farbendruck in grösstem Folio u. gr. 4°.) In Buchform carton. Ebds. 1868.

Wien. Plan u. Wegweiser. (14" h. 17½" br.) 16. Wien, Tendler & Comp. (Pötzelberger & Fromme) 1860. cart. 85 kr.

— — von Wien m. Angabe der neuen Bezirkseintheilung. 1 : 15,000. 9. Aufl. 48 × 60 cm. Farbdr. Mit Strassenverzeichniss 12. (16 S.) Ebd. 898. In Karton n. — 75

— — dasselbe m. Angabe der neuen Bezirkseintheilung u. der früheren Gemeindegrenzen. 1 : 20,000. 7. Aufl. Ausg. 1898. 80 × 91,5 cm. Farbdr. Mit Strassenverzeichniss u. kleinem Führer. 8. (16 S.) Wien 898. A. Hartleben. In Karton n. 1. 80

— — von Wien m. Angabe der neuen Bezirkseintheilg. 1 : 15,000. 10. Aufl. 48×60 cm. Farbdr. Mit Strassenverzeichniss. 12. (16 S.) Wien (901). A. Hartleben. In Karton n. — 75

Wien. Plan der Grossgemeinde Wien. Bezirke I—XXI. Grosse Ausg. 1:25,000. Ausg. 1909. 74,5×105 cm. Farbdr. Mit Strassenverzeichnis u. kl. Führer m. Stundenplan. (26 u. 30 S.) 8. Wien, Artaria & Co. In Decke 2. —

Wien, Plan von, mit den Hausnummern, Strassenverzeichniss und Fremdenführer, mit deutschem, franz. und engl. Text. Nebst Umgebungskarte u. Tramway-Plan. Gr.-Q.-Folio. Farbendruck. (Mit 72 S. Text.) Wien. Eduard Hölzel. Lwdbd. kl.-8. 1 fl. 1884.

— — der k. k. Reichs-Haupt- u. Residenzstadt Wien. Hrsg. unter der Leitung d. Wiener Stadtbauamtes. 1:4320. 4 Blatt. Chromolith. Imp.-Fol. Wien 887. Lechner's Sort. n. 14.— ; auf Leinw. in Mappe n. 24.— ; in bibliotheksmäss. Schuber od. m. 2 Eichenholzstäben n. 30. —

— — der k. k. Reichshaupt- u. Residenzstadt Wien. Gezeichnet u. hrsg. von Louis Rainer. In Kupfer gestochen von Ant. Knorr. 1 : 25,000. 60 × 71,5 cm. Farbdr. Mit Plan der Kaiser-Jubiläums-Ausstellung, Wien 1898. 14,5 × 38,5 cm. Farbdr. Nebst Strassenverzeichnis etc. 8. (16 S.) Wien 898. Artaria & Co. n.n. 1. 70

— — der k. k. Reichshaupt- u. Residenzstadt Wien Hrsg. unter Mitwirkung des Wiener Stadtbauamtes. 1 : 5000. I.—XIX. Bez. Ebd. (900. 901). Farbdr. n. 117. —
I. Innere Stadt. 60,5×50 cm. Schwarzdr. n. 2.50; auf Leinw. in Mappe n. 4.—; Farbdr. n. 3.—; auf Leinw. in Mappe n. 4.50. — II. Leopoldstadt. 4 Blatt à 61×78 cm. Schwarzdruck n. 10.—; auf Leinw. in Mappe n. 16.—; Farbdr. n. 12.—; auf Leinw. in Mappe n. 18.—. III. Landstrasse. 67×90 cm. Schwarzdr. n. 2.50; auf Leinw. in Mappe n. 4.—; Farbdr. n. 3.—; auf Leinw. in Mappe n. 4.50. — IV. Wieden. V. Margarethen. VI. Mariahilf. 63,5 × 78 cm. Schwarzdr. n. 2.50; auf Leinw. in Mappe n. 4.—; Farbdruck n. 3.—; auf Leinw. in Mappe n. 4.50. — VII. Neubau. VIII. Josefstadt. 64,5×48,5 cm. Schwarzdruck n. 2.50; auf Leinw. in Mappe n. 4.—; Farbdr. n. 3.—; auf Leinw. in Mappen 4.50. — IX. Alsergrund. 61×50 cm. n. 2.50; auf Leinw. in Mappe n. 4.—; Farbdr. n. 3.—; auf Leinw. in Mappe n. 4.50. — X. Favoriten. 4 Blatt à 62×77 cm. n 12.—. — XI. Simmering. 4 Blatt à 62×77 cm. n. 12 —. — XII. Meidling. 2 Blatt à 81,5×54 cm. n. 6.—. — XIII. Hietzing. 122,5×153,5 cm. n. 12.—. — XIV. Rudolfsheim. 60×49,5 cm. n. 3.—. — XV. Fünfhaus. 60×49,5 cm. n. 3.—. — XVI. Ottakring. 2 Blatt à 62,5×67,5 cm. n. 6.—. — XVII. Hernals. 4 Blatt à 56×73,5 cm. n. 12.—. — XVIII. Währing. 4 Blatt à 56×73,5 cm. n. 12.—. — XIX. Döbling. 4 Blatt à 62×77 cm. n. 12.—.

— — dasselbe. Hrsg. unter Mitwirkg. des Stadtbauamtes. 1 : 5000. XX. Bezirk. Brigittenau. 2 Blatt à 51×67,5. Lith. Ebd. (901). 5.—; farbig 6.—; auf Leinw. 8.—; bezw. 9. —

— — der Reichshaupt- u. Residenzstadt Wien m. Angabe der neuen Bezirkseintheilung u. den früheren Gemeindegrenzen. 1 : 20,000. Ausg. 1902. (11. Aufl.) 80,5×95 cm. Farbdr. Mit Strassenverzeichnis. 8. (16 S.) Ebd. In Karton n. 1. 80

— Plan der Reichshaupt- u. Residenzstadt Wien mit Angabe der neuen Bezirkseintheilung u. der früheren Gemeindegrenzen. 1 : 20,000. 12. Aufl. Ausg. 1903. 82,5×96 cm. Farbdr. Mit Strassenverzeichniss usw. (16 S.) 8. Wien, A. Hartleben. In Leinw.-Decke n. 1. 80

— — der k. k. Reichshaupt- u. Residenzstadt Wien. I.—XX. Bezirk. (Schulplan.) Farbdr. Wien, R. Lechner's Sort. 3. 62

I.	Innere Stadt. 1 : 10,000. 22.5×27 cm. (907.)	— 12
II.	Leopoldstadt. 1 : 10,000. 29×38,5 cm. Auf d. Rückseite Plan 1 : 25,000. 38×28,5 cm. (905.)	— 30
III.	Landstrasse. 1 : 10,000. 37,5×39,5 cm. (905.)	— 24
IV.	Wieden. 1 : 10,000. 26×23,5 cm. (906.)	— 12
V.	Margarethen. 1 : 10,000. 26,5×28,5 cm. (905.)	— 12
VI.	Mariahilf. 1 : 10,000. 19,5×28 cm. (906.)	— 12
VII.	Neubau. 1 : 10,000. 26,5×21 cm. (906.)	— 12
VIII.	Josefstadt. 1 : 10.000. 26,5×21 cm. (906.)	— 12
IX.	Alsergrund. 1 : 10,000. 27×24 cm. (905.)	— 12
X.	Favoriten. 1 : 15,000. 37×51 cm. (906.)	— 24
XI.	Simmering. 1 : 15,000. 37×41 cm. (905.)	— 24
XII.	Meidling. 1 : 10,000. 38,5×46,5 cm. (907.)	— 24
XIII.	Hietzing. 1 : 15,000. 46,5×48,5 cm. (905.)	— 24
XIV.	Rudolfsheim. 1 : 10,000. 31,5×21 cm. (906.)	— 12
XV.	Fünfhaus. 1 : 10,000. 31×24 cm. (906.)	— 12
XVI.	Ottakring. 1 : 15,000. 26×43 cm. (906.)	— 12
XVII.	Hernals. 1 : 15,000. 34,5×52 cm. (907.)	— 24
XVIII.	Währing. 1 : 15.000. 34,5×52 cm. (906.)	— 24
XIX.	Döbling. 1 : 15,000. 3. Aufl. 36,5×42,5 cm. 897.	— 24
XX.	Brigittenau. 1 : 10,000. 40,5×28,5 cm. (907.)	— 20

Wien. Plan der Stadt Wien und ihrer 9 Bezirke nebst einer kleinen Umgebungskarte, nach den neuesten Quellen gezeichnet u. in Kupfer gestochen von Anton Muck, Official im k. k. milit.-geogr. Institut. Mit einem Verzeichniss aller Strassen, Plätze, Hauptgebäude etc. Wien, L. T. Neumann. 1863. 1 fl. 80 kr., ohne Verzeichniss 1 fl.

— — Plan der Stadt, vom Jahre 1547. Vermessen und erläutert durch Augustin Hirschvogel von Nürnberg. Nach dem Original im Archive der Stadt Wien in Facsimile zum 1. Male herausgegeben von Albert Camesina, k. k. Rath und k. k. Conservator für Wien. (6 Blatt in grösstem Regalfolio und 25 Bogen Text in Folio.) Wien, Prandel & Ewald in Comm. 30 fl.

Wien, Plan von Wien und der nächsten Umgebung. Sauber color. in Taschenformat zusammengelegt und in Umschlag carton. Wien, W. Braumüller. 1865. 1 fl.

— — Plan von, und der nächsten Umgebung. Imp. 4. Nebst einem Wegweiser. (16 S.) Wien, Wilh. Braumüller, k. k. Hof- u. Univers.-Buchh. 1867. cart. 1 fl.

Wien, Plan v., nebst Verzeichn. d. Strassen u. Plätze hiezu. 6., mit den neuesten Nachtragen ergänzte Aufl. 12. (16 S.) Wien, Wilh. Braumüller. In Leinw. geb. 50 kr. 1883.

— — von Wien aus der Vogelschau m. sämmtlichen Monumentalbauten. 2. Aufl. Chromolith. qu. gr. Fol. Ebd. 889. n. 1. 50

Wien. Plan von Wien mit seinen Vorstädten. Wien 1850 (Artaria & Comp.) Folio.

— Plan von, und seinen Vorstädten. Nebst einem Wegweiser zur bequemen Auffindung der wichtigsten Gegenstände und mit der Eintheilung der Gerichtsbezirke. 1861. kl. qu. Fol. Farbendruck. Wien. Artaria & Comp. 1861.

Plan von Wien sammt Vorstädten und Burgfrieden, aufgenommen und herausgegeben vom k. k. Cataster. In 104 Sectionen. Im Massstab 1" = 20°. Wien: Artaria 1864.

— — Plan von, so wie a. d. Ortschaften Weinhaus, Währing, Hernals, Neulerchenfeld, Fünf- und Sechshaus, Rudolfsheim (enth. Braunhirschengrund, Rustendorf, Reindorf), Gaudenzdorf und Theilen von Ottakrin, Meidling und Simmering, mit den neuesten Regulirungen. Gross-Quer-Folio. Colorirt. Wien, Artaria & Comp. 1865. 3 fl.

— Project e. Netzes elektr. Stadtbahnen für Wien von Siemens u. Halske. Gr. Qu.-Fol. Lithogr. mit Farbendr. Ebds 50 kr. 2. Aufl. Wien. Artaria & Co. Geb. in ... 40 kr. 1883.

— Project der neuen electrischen Strassenbahnen, auf Grund amtl. Angaben eingezeichnet in d. Plan der k. k. Reichshaupt- u. Residenzstadt Wien, 1 : 25,000, v. Carl Loos. 66 × 85 cm. Farbdr. Ebd. 898. n. 1. 20

Wien — Prospect und Grundriss der K. Residenz-Stadt — mit naegst umliegender Gegend und neuen Linien umb die Vorstädte. Verlegts Joh. Bapt. Homann in Nürnberg. O. M. 1 Bl.

Wien — Die Kays. Residentz- u. Haubt-Stadt — nebst den Vorstätten in einem accuraten Plan und Prospect entworfen und edirt von H. L. Ohne M. 1 Bl.

Wien. Rothaug, J. G., Wiener Heimats-Atlas. Stufengang d. ersten geograph. Unterrichts an d. Volksschulen der k. k. Reichshaupt- u. Residenzstadt Wien. Hrsg. vom Lehrerhaus-Verein in Wien. Fol. (21 farb. Kartens.) Wien (893). G. Freytag & Berndt. Kart. n. n. 1. 25

— — Wiener Heimats-Atlas. Stufengang des ersten geograph. Unterrichts an den Volksschulen der k. k. Reichshaupt- u. Residenzstadt Wien. Hrsg. vom „Lehrerhaus-Verein in Wien". 3., erweit. Aufl. (20 farb. Kartens. m. 6 S. illustr. Text.) 34,5×24,5 cm. Ebd. (910). Geb. in Halbleinw. 1. 40

— Rothaug, Joh. Geo., Karte der Umgebung von Wien. 1 : 80,000. 6 Blatt à 92×60,5 cm. Farbdr. Wien (908). G. Freytag & Berndt. 22.—; auf Leinw. m. Stäben od. in Mappe 27. —

— dasselbe. 1 : 150,000. (Neue Aufl.) 41,5×30,5 cm. Farbdr. Ebd. (908). nn — 20

— — Übersichts-Plan der k. k. Reichshaupt- u. Residenzstadt Wien. 1 : 75,000. (Neue Ausg.) 30,5×40,5 cm. Farbdr. Ebd. (909). nn — 20

— Schulwandplan der k. k. Reichshaupt- u. Residenzstadt Wien. 1 : 15,000. 4 Blatt à 60,5×84,5 cm. Farbdr. Wien (908). R. Lechner's Sort. Auf Leinw. m. Stäben 30. —

— Skrzoszewsky, Adf. Ritter v., Wiener Touristen-Karte. 1 : 216,857. 16., verb. Aufl. Chromolith. qu. Fol. Wien 889. Deuticke. In Carton. n. 1. —

Special-Plan

— — neuester, v. Wien u. Umgebung m. Angabe der Gemeinde-Grenzen u. Haus-Nummern d. umliegenden Ortschaften. Mit Benützg. d. grossen Häuser- u. Nummern-Planes v. Wien in 1 Bl., 1 : 7920, durch 6 Suppl.-Blätter erweit. u. neu bearb. Ausg. 1889. Kpfrst. gr. Fol. Ebd. 889. n. 12. —; color. n. 16. —

Wien. Special-Plan v. Wien, 1 : 7920, m. d. gesammten Nummerirung. Mittelblatt aus dem grossen Special-Plan v. Wien u. Umgebg. Ausg. 1888. Kpfrst. gr. Fol. Mit e. Strassenverzeichniss. 8. (20 S.) Wien 888. Artaria & Co. n. 7. —

Wien's ältester Stadtplan aus den J. 1438—1455. Hrsg. vom Gemeinderathe der k. k. Reichshaupt- und Residenzstadt Wien. Auf Stein gezeichnet von Alb. Camesina. Text von Carl Weiss. Fol. (III, 18 S. Text in gr. 4.) Wien 869, Gerold's Sohn. cart. *

— Uebersichtskarte der öffentlichen Verkehrs-Anlagen in Wien im Anschlusse an die bestehenden Eisenbahnen. Zusammengestellt nach der Tracenrevision u. auf Grund amtl. Angaben der k. k. General-Inspection der österreich. Eisenbahnen. 1 : 35,000. Farbendr. 52×57 cm. Wien 892. Artaria & Co. — 75

Wien — Die Umgebungen von — I. List, sc. 1 : 220,000 1 Bl.

Wien — Umgebungen von — Herausgegeben vom Kais. Kön. G. Q. Stab in lithographirten Ton Abdrucken, von 1 ... an fangend. 1 : 14,400. Im Erscheinen.

Wien — Umgebungen von —. 14.400. Lithogr. in der Kreidenmanier und die Kulturgattungen in Farben gedruckt. Herausg. von dem K. K. österr. Gen.-Stab u. dem K. K. milit.-geogr. Inst. in Wien 1830—44 (Vergl. I. Band). Im Ganzen 28 Sect. à 4 Bl. 112 Bl.

Wien — Umgebungen von — etc., herausg. von dem K. K. milit.-geogr. Inst. in Wien. 34,200. 1843—68. Im Ganzen 10 Bl. u. Uebers.

— — Wiens Umgebungen. Topogr.-plast. Darstellung. Im Masstab 1 Wr. Zoll = 440 Kl. = $\frac{1}{100}$ Meilen. Herausgegeben von C. v. Hügel und R. v. Faulhaber. Lithograph. von Joh. Breyer. Sect. 2. Sieghardskirchen-Purkersdorf. Sect. 4. Baden-Leobersdorf. Sect. 6. Wien-Hütteldorf-Simmering. Sect. 7. Mödling-Laxenburg. Wien, typogr. liter. artist. Anstalt v. K. Dittmarsch. 1865. pr. Blatt 1 fl.

Umgebungen von Wien, Karte ... vom k. k. General-Quartiermeisterstabe in Wien. Wien, ...

— Umgebungskarte v. Wien. Hrsg. vom k. u. k. militär-geograph. Institut. 1 : 25,000. Blatt A 1—6, B 5, 6, C 5, 6, D 3—6 u. E 1—6. à 29×38,5 cm. Farbdr. Wien (906). (R. Lechner's Sort.) à n.n. — 80; auf Leinw. à n.n. 1. 80; m. Wegmarkiergn. à n.n. 1. 20; auf Leinw. à n.n. 1. 70

A 1. Tulln. — A 2. Judenau. — A 3. Rappoltenkirchen. — A 4. Reckawinkel. — A 5. Klausenleopoldsdorf. — A 6. Altenmarkt. — B 5. Sittendorf. — B 6. Gaaden. — C 5. Mödling. — C 6. Baden. — D 3. Wien. — D 4. Inzersdorf b. W. — D 5. Laxenburg. — D 6. Münchendorf. — E 1. Pillichsdorf. — E 2. Süssenbrunn. — E 3. Aspern a. d. Donau. — E 4. Schwechat. — E 5. Rauchenwarth. — E 6. Gramatneusiedl.

Vergl.: Wien, Karte der Umgegend.

— — Umgegend v. Wien. Orientirungskarten d. Wiener Umgebung. Im Maasstab 1 Zoll = 100°. Neueste Aufnahme und Häuserschema. Ausser den im Jahre 1869 angegebenen Nro. I—V. neu erschienen VI. Ober- u. Unter-Döbling, Heiligenstadt, Grinzing u. Nussdorf. IX. Salmansdorf, Neustift am Wald, Ober- u. Unter Sievering. XIX. Laxenburg, XXI. Baden mit Leesdorf und Weikersdorf. Wien, Artaria & Comp. (Debit.) 1870. à 60 kr.

Wien's sanitäre Verhältnisse und Einrichtungen. Festgabe an die Mitglieder der neunten Versammlung des deutschen Vereins für öffentl. Gesundheitspflege und der dritten Versammlung des Vereins für Gesundheitstechnik in Wien, Septbr. 1881. 8. (IX, 334 S. mit 8 Taf.) Wien 881, Seidel und Sohn.

Wagner, J. F.: Orientierungsplan. Wiener allgemeines Krankenhaus. Nebst Daten etc. kl. 8⁰ (24 S. Text) Wien: Jos. Šafář 1885.

— Wand-Plan der Reichshaupt- u. Residenzstadt Wien, nebst Darstellg. der Post-Bestellbezirke. 1 : 10,000. 6 Blatt à 84 × 67,5 cm. Farbendr. Wien 895. G. Freytag & Berndt. n.n. 10. —; auf Leinw. m. Stäben n.n. 17. —

— Wegmarkierungskarte der Umgebung v. Wien. Hrsg. vom k. u. k. militär-geogr. Institut in Wien. 1 : 75,000. 57,5×51,5 cm. Lith. u. Farbdr. Ebd. (906). n.n. 2. — ; auf Leinw. n.n. 3. —

— Wytlačil, Mor., Plan der Reichshaupt- u. Residenzstadt Wien m. der neuen Bezirkseintheilung. 1 : 25,000. Ausg. 1898. 63,5 × 77 cm. Farbdr. Wien 898. F. Schalk. n. — 60

Wien [Verfasser]

Wien, Frz., über Entscheidungsgründe. gr. 8. (32 S.) Wien 902. F. Tempsky. — Leipzig, G. Freytag. n. — 50

Wien, Frz., Civilprocessreform u. Advokatentarif. gr. 8. (31 S.) Prag 896. H. Dominicus. n. — 80

Wien, Joseph, aus Peterswalde, Ostpr.: Einige Feststellungen bei grün- und gelbkornigem Roggen, insbes. über die Beziehungen zwischen Kornfarbe, Klebergehalt und Backfähigkeit. *Halle a. S. 1904: (Ungeheuer & Ulmer, Ludwigsburg).* (63 S.) 8° [℔.]
Halle, Phil. Diss. v. 1904

Wien, Leopold, pr. Arzt: Über die durch appendikuläre Pelveoperitonitis hervorgerufenen Erkrankungen der weiblichen Geschlechtsorgane. Berlin 1909: G. Schade. 28 S. 8°
Berlin, Med. Diss. v. 13. März 1909, Ref. Bumm
[Geb. 17. Nov. 70 Kiel; Wohnort: Duhringshof; Staatsangeh.: Preußen; Vorbildung: Gymn. Wilhelmshaven Reife O. 89; Studium: Kiel 4, Berlin 2, Erlangen 2 S.; Coll. 11. März 09; Approb. 15 Febr. 95.] [U 09. 123

Wien, M., Stettiner Kaisertage. gr. 8. (27 S.) Ebd. 895. n. 1. —

Wien, Max [Dr.]: Eine neue Form der Induktionswaage ... (Aus: Ann. d. Phys. u. Chem., N. F. 49.) Wurzburg, 1893: 1 Bl., 306–346 S. 8⁰
Wurzburg, Phil. Fak., Hab.-Schr. v. 1893.
(Nur in beschränkter Zahl für den Austausch)

Wien, Max [aus Königsberg i/Pr.]: Ueber die Messung der Tonstärke ... Berlin, Druck v. Julius Feuertag, 1888; 2 Bl. + 70 S. + 1 Bl. 8⁰
Berlin, Phil. Fak., Inaug.-Diss. v. 31. Jul. 1888

Wien, Max [aus Eisleben]: Das Verhältniss der Handschriften der anglonormannischen Brandanlegende ... Halle a. S., Druck v. Ernst Schneider, Eisleben. 1886; 60 S. 8⁰
Halle, Phil. Fak., Inaug.-Diss. v. [5. Aug.] 1886.

Wien, Max, das Verhältniss der Handschriften der anglonormannischen Brandanlegende. Diss. Halle 1886, Lippertsche Buchh. 8⁰. 60 S.

Wien, Otto [Cand. med. aus Homburg v. d. H.]: Die Neoplasmen der Tonsillen ... München, kgl. Hof- u. Universitätsbuchdr. v. Dr. C. Wolf & Sohn, 1895; 31 S. 8.
München, Med. Fak., Inaug.-Diss. v. 1895

Wien, Wilhelm

Wien, W., s.: Annalen der Physik.

Wien, W., über Elektronen. Vortrag, geh. auf der 77. Versammlg. deutscher Naturforscher u. Aerzte in Meran. (28 S.) gr. 8. Leipzig 905. B. G. Teubner. n. 1. —

— Über Elektronen. Vortrag, geh. auf der 77. Versammlg. deutscher Naturforscher u. Ärzte in Meran. 2., die Fortschritte der Wissenschaft berücksichtig., Aufl. (39 S.) gr. 8. Leipzig 909. B. G. Teubner. 1. 40

Wien, W., üb. d. Fragen, welche d. translatorische Bewegung des Lichtäthers betreffen. (Referat f. d. 70. Versammlg. deutscher Naturforscher u. Aerzte in Düsseldorf, 1898; Section Physik.) Beilage zu d. Annalen der Physik u. Chemie. gr. 8. (XVIII S.) Leipzig 898. J. A. Barth. n. — 60

Wien, W., Lehrbuch der Hydrodynamik. gr. 8. (XIV, 319 S. m. 18 Fig.) Leipzig 900. S. Hirzel. n. 8. —; geb. n. 9. —

Wien, W., und O. Lummer: Methode zur Prüfung des Strahlungsgesetzes absolut schwarzer Körper. Leipzig 1895

Wien, W., über die Natur der positiven Strahlen. (S. 55—65 m. Fig.) 8. München 908. G. Franz' Verl. — 20
Sonderabdr. aus: „Sitzungsber. d. bayer. Akad. d. Wiss."

— Über positive Strahlen, s.: Sitzungsberichte der königl. bayer. Akademie der Wissenschaften. Mathemat.-phys. Klasse. 1909, XII.

Wien, Wilhelm: Zur Statistik der Resultate der abdominalen Totalexstirpation nach Freund-Wertheim bei Uteruscarcinom. Würzburg 1909: Staudenraus. 45 S. 8°
Würzburg, Med. Diss. v. 10. Nov. 1909, Ref. Hofmeier
[Geb. 18. Juni 83 Friedrichsdorf a. T.; Wohnort: Würzburg; Staatsangeh.: Preußen; Vorbildung: Gymn. Bad Homburg Reife O. 04; Studium: Würzburg 10 S.; Coll. 26. März 09; Approb. 21. März 09.] [U 10. 4370

Wien, W: Die Wirkung eines rechteckig gespannten Strombandes auf eine Spule mit kreisförmigem Querschnitt. Leipzig 1896

Wien, Willy [aus Gaffken]: Untersuchungen über die bei der Beugung des Lichtes auftretenden Absorptionserscheinungen ... Berlin, Buchdr. v. Gustav Schade (Otto Francke) 1886; 28 S. 8⁰
Berlin, Phil. Fak., Inaug.-Diss. v. ... Febr. 1886

Wien, Willy, Untersuchungen über die bei der Beugung des Lichtes auftretenden Absorptionserscheinungen. Diss. Berlin 1886, Mayer & Müller. 8⁰. 28 S.

Wienand, Ernst Volkmar, allgemeine Musik- und Harmonielehre nebst einem musikalisch-litteraturhistor. Abriss sowie einem Anhange allgemeiner musikalisch-wissenschaftl. Gegenstände hrsg. und bearb. sowohl zum Privatstudium als auch zum Vortrag in höheren Schulen und Lehranstalten. gr. 8. (VI und 141 S.) Leipzig 854(55,) (Graul.)

Wienand, Ernst Volkmar, allgemeine Musik- u. Harmonielehre nebst einem musikalisch-litteraturhistor. Abriss sowie einem Anhang allgemeiner musikalisch-wissenschaftl. Gegenstände herausg. u. bearb. sowohl zum Privatstudium als auch zum Vortrag in höheren Schulen u. Lehranstalten. Leipzig 855. Renger. (Fries.) gr. 8. (VI, 141 S.) 18 ngr.

Wienand, Paul. Musenblüten, Gedichte. Brooklyn, 1908.

Wienand, Paul. Musenblüten, Gedichte. Washington, D. C., 1908. GSP

Wienand, Paul. Oelzweige, Geistliche Lieder und Gedichte. Cleveland: Central Publishing House, 1906. GSP, UC

Wienand, Paul, orientalische Reisebilder. Mit 3 Vollbildern u. 5 Textillustr. (V, 125 S.) 8. Ellenville 907. German authors' agency. Geb. in Leinw. 4. —

Wienand, Paul. Orientalische Reisebilder. Utica, New York: American Authors Agency, 1910. GSP

Wienand, Vollmar, 16 zweistimmige Lieder für die Jugend componirt. 8. (18 S.) Leipzig 863, Kahnt. *

Wienands, Albert, aus Rheydt, Rg.-Bz. Düsseldorf: Ueber Oxydation von Aldehydphenylhydrazone[!] zu Osazone[!]. *Kiel 1899: P. Peters.* (41 S.) 8°
Kiel, Phil. Diss. v. [20. Mai] 1899

Wienandt, Paul. Zur Einführung in die Lektüre des Alten Testaments. 4 (17 S.). **Progr.** Prg. u. Rprg. *Neumünster* 1886 (269).

Wienbarg, Ludolf, der Antheil Dänemark's und der dänischen Behörden an Hamburg's Schicksal im Frühjahr 1813. gr. 8. (16 S.) Hamburg 863. (Altona, Haendke und Lehmkuhl.)

Wienbarg, Ludolf (Hrsg.), s. Armin.

Wienbarg, L., hamburger literarische Blätter, s. Blätter.

Wienbarg, Ludolf, der diesjährige Dänenkrieg u. sein Ausgang — bis auf weiter. gr. 8. (28 S.) Schleswig 849, Bruhn. 3 ngl

Wienbarg, Ludolf, Darstellungen aus den schleswig-holsteinischen Feldzügen. 2 Bdchn. 8. (VI und 366 S.) Kiel 850—51, Schröder und Comp. Thlr. *

Wienbarg, Ludolf, die Dramatiker d. Jetztzeit. 1. Hft. gr. 12. ($4\frac{2}{3}$ B.) Altona 839, [Dessau,] Aue.

Wienbarg, Ludolf, der dänische Fehdehandschuh. Aufgenommen von 2c. 8. Hamburg 846, Hoffmann u. C. $1\frac{1}{2}$ ℛ

Wienbarg, Ludolf, ästhetische Feldzüge. Dem jungen Deutschland gewidmet. 8. Hamburg 834. Hoffmann und Campe. $1\frac{2}{3}$ ℛ

Wienbarg, Ludolf, das Geheimniß des Wortes. Ein Beitrag. gr. 12. (XIII und 230 S.) Hamburg 852. [Stuttgart, Frz. Köhler.]

Wienbarg, Ludolf, Geschichte Schleswigs. 1. Bd.: Das heroische Zeitalter. gr. 8. (VIII und 96 S.) Hamburg 861, O. Meißner.

—— Geschichte Schleswigs. 2. Bd.: Die Periode des Vertrags mit Christian I. I. Die Theilungen. gr. 8. (165 S.) Hamburg 862, O. Meißner.

—— Hamburg u. seine Brandtage. Ein histor.-kritischer Beitrag. Mit 1 Plan von Hamburg, 1 Panorama v. Jungfernstieg u. 3 Ans. v. Otto Speckter. (Auf 1 Blatt.) 8. ($4\frac{1}{4}$ B.) Hamburg 843, Kittler. *

—— Holland in d. Jahren 1831 u. 1832. 2 Thle. 8. ($26\frac{1}{2}$ B.) Hamburg 833, Hoffmann u. Campe.

—— **das dänische Königsgesetz oder das in Dänemark geltende Grundgesetz. In histor. Beleuchtung und zur Inbetrachtnahme für die Frage der Gegenwart. 8. (VI und 159 S.) Hamburg 847, Hoffmann und Campe.**

—— **Krieg und Frieden mit Dänemark. Ein Aufruf an die deutsche Nazionalversammlung. gr. 8. (24 S.) Frankfurt a. M. 848, Oehler.** *

—— und die junge Literatur. Programm zu d. Programme d. deutschen Revue. 8. ($\frac{3}{4}$ B.) Marburg 836, Garthe. (?)

—— die neueste Literatur. 1. Aufl. gr. 12. ($7\frac{1}{6}$ B.) Mannheim 835, Löwenthal, 2. Ausg. 8. ($10\frac{3}{4}$ B.) Hamburg 838, Hoffmann u. Campe. à

— zur neuesten Literatur. 2. Heft. 8. Hamburg 841, Hoffmann u. Campe. . . .

——, Menzel u. d. junge Literatur. Programm zur deutschen Revue. 8. ($1\frac{3}{4}$ B.) Mannheim 835, Löwenthal. (?)

—— de primitivo idearum Platonicarum sensu. 8. ($2\frac{1}{4}$ B.) Altonae 829. Aue.

Quadriga v. Ludolph Wienbarg. Altona. 1840. 8°.

— s. R. Rask, Anleitung zur altnord. Sprache.

Wienbarg, Ludolf, die deutsche Revue, s.: Gutzkow, Karl.

—— vermischte Schriften. 1. Bd. — A. u. d. T.: Quadriga. 8. ($23\frac{1}{4}$ B.) Altona 840, [Dessau,] Aue.

—— soll d. plattdeutsche Sprache gepflegt od. ausgerottet werden? Gegen Ersteres u. für Letzteres beantwortet. gr. 8. ($2\frac{3}{4}$ B.) Hamburg 834, Hoffmann u. Campe.

Wienbarg, Lud. C., Die plattdeutsche Sprache und ihre Apostel. Ein Wort zu seiner Zeit. Hamburg 1860. 8.

—— Tagebuch von Helgoland. 8. ($16\frac{1}{2}$ B.) Hamburg 838, Hoffmann u. Campe.

—— die Volks-Versammlung zu Nortorf am 14. Septbr. 1846. 8. ($2\frac{1}{4}$ B.) Hamburg, Hoffmann u. Campe.

—— geschichtl. Vorträge üb. altdeutsche Sprache u. Literatur. 8. (10 B.) Hamburg 838, Hoffmann u. Campe.

—— Wanderungen durch den Thierkreis. 8. ($16\frac{3}{4}$ B.) Hamburg 835, Hoffmann u. Campe.

Wienbarg, Ludwig, s. Wienbarg, Ludolf

Wienbeck, Erich, s.a. Aliscans.

Wienbeck, Erich, aus Beeslau: Aliscans. 1. *Halle a. S. 1901: E. Karras.* (36 S.) 8° ¶ (Erscheint vollst. bei M. Niemeyer in Halle.)
Halle, Phil. Diss. v. 1901

Wiencke, F. J., de coenae dominicae influxu in vitae sanctimoniam. Rost. 1722. 4.

Wiencke, J., Hamburg und Umgebungen, s. Grieben's Reise-Bibliothek.

—— **Schlüssel zur Stolze'schen Stenographie, altes und neues System. 8. (132 lithogr. S.) Hamburg 877, O. Meissner.**

Wiencke, Otto, üb. Walter Scotts the Lady of the Lake. Ein krit. Versuch. gr. 4. (32 S.) Ploen 886. (Leipzig, Fock.) n. 1. 20

Wiencke, Otto, über die Vaterlandsliebe. Rede am Geburtsfeste Sr. Maj. des Königs und Kaisers, den 22. März 1879. gr. 8. (21 S.) Ploen 880, Hahn's Buchh. *

Wiencke, Rud., Chondrodystrophie als Ursache der Phocomelie, s.a. Abhandlungen, Münchener medizinische.

Wiencke, Rudolf, Medizinalprakt.: Aus d. pathol. Inst. d. Univ. München. Chondrodystrophie als Ursache der Phocomelie. Mit Abb. München: Lehmann 1907. 28 S. 8° (Ersch. auch als: Münchener med. Abhandlungen. H. 70. Reihe 1, H. 31.)
München, Med. Diss. v. 17. Aug. 1905, Ref. v. Bollinger
[Geb. 4. Nov. 82 Wiesbaden; Wohnort: Wiesbaden; Staatsangeh.: Preußen; Vorbildung: Gymn. Wiesbaden Reife O. 01; Studium: München 5, Würzburg 1, Heidelberg 1, München 4 S.; Coll. 17. Aug. 05; Approb. 24. Juni 06.]
[U 09. 3425

Wiendieck, Karl, a. Neuenkirchen: Aus dem Veterinärinstitut der Universität Leipzig (Prof. Dr. Eber). Untersuchungen über das Verhalten der Blutkörperchen bei gesunden und mit croupöser Pneumonie behafteten Pferden. Berlin 1906: L. Schumacher. (59 S.) 8° (Aus: Archiv für wissensch. u. prakt. Tierheilkunde. Bd 32, 1906.)
Leipzig, Phil. Fak., Ref. Eber, Chun, Diss. v. 30. Nov. 1905
[Geb. 11. Aug. 77 Neuenkirchen, Hannover; Wohnort: Leipzig; Staatsangeh.: Preußen; Vorbildung: Realgymn. Osnabrück Primareife O. 96; Tierärztl. Approb. Hannover Febr. 00; Studium: Stuttgart, Tierärztl. Hochsch. 2, Hannover Tierärztl. Hochsch. 5, Leipzig 5 S.; Rig. 18. Juli 05.]

Wienecke, C. F., der kleine Gesellschafter auf Land- und Wasserparthien wie auch im Familienkreise. Eine Sammlung der neuesten u. beliebtesten Gesellschaftsspiele, Lieder, Blumensprache u. Stammbuchverse. Als Anhang Contredanse, Quadrille à la cour u. Quadrille Allemande. 2. Aufl. Berlin 861. (Rathke & Preusser.) 32. (VI, 122 S.) n. 5 ngr.

Wienecke, C. F., der kleine Gesellschafter. Eine Sammlung der neuesten u. beliebtesten Gesellschaftsspiele, Lieder, Polterabend- u. Hochzeits-Vorträge nebst einem Album der Liebe u. Freundschaft gewidmet. 5. Aufl. Berlin 866. (Geelhaar.) 16. (128 S.) n. 5 ngr.

Wienecke, Carl

Wienecke, Ernst, anschauliche Darstellung der Hauptsätze der Planimetrie nach dem Prinzip der Bewegung. Begleitschrift zu Wienecke's bewegl. geometr. Fig. 1. Serie. gr. 8. (16 S. m. Fig.) Berlin (902). G. Winckelmann. n. — 60; m. Modellen, Ausg. A. n. 20. —; Ausg. B. n. 28. —

Wienecke, Ernst, Einfluss sechstägiger Wandertouren, s.: Roeder, H.

— **Geometrie f. Volksschulen m. ca. 400 Uebungsaufgaben u. 71 Fig. 2. Aufl. gr. 8. (II, 77 S.) Berlin 902. L. Oehmigke's Verl.** n.n. — 45

Wienecke, Ernst, Geometrie f. Volksschulen m. ca. 400 Uebungsaufgaben u. 71 Fig. 3. Aufl. (II, 77 S.) 8. Berlin 905. L. Oehmigke's Verl. n.n. — 45

— **die Grundlagen der Planimetrie in genetischer Darstellung, m. reichem Aufgabenmaterial u. 191 Fig. nebst e. Formentabelle des rechtwinkl. Dreiecks. (VIII, 174 u. XI S.) 8. Berlin (906). [Röthig & Co.] G. König.** n. 2. 80; geb. n. 3. 50

Wienecke, Ernst: Die G r u n d l e h r e n der Planimetrie in genetischer Darstellung mit reichem Aufgabenmaterial u. 191 Fig. nebst e. Formentabelle d. rechtwinkligen Dreiecks von –, Rektor. Berlin: Röthig & Co. (1907). (174, XI S.) 8°

— **Die Grundlehren der Planimetrie f. Lehrerbildungsanstalten in genetischer Darstellg. m. reichem Aufgabenmaterial u. 191 Fig., nebst e. Formentabelle des rechtwinkl. Dreiecks. 2. [Titel-]Aufl. (VIII, 174 u. XI S. m. Fig.) 8. Berlin [906](909). L. Oehmigke's Verl.** 2.80; geb. 3. 50

— **die Lösung geometrischer Konstruktionsaufgaben durch geometrische Örter in schulgemäßer Weise erläutert an 250 Aufgaben. gr. 8. (V, 74 S. m. Fig.) Ebd. 901.** n. 1. 20

Wienecke, Ernst, der Seehof. Roman aus dem brandenburg. Bauernleben. (168 S.) gr. 8. Eberswalde 910. W. Jancke. Geb. in Leinw. 3. 50

— **ebene Trigonometrie m. reichem Aufgabenmaterial nebst Lösungen, zum Gebrauche an gewerblichen Fortbildungsanstalten u. Seminaren. gr. 8. (III, 71 S. m. Fig.) Berlin 902. G. Winckelmann.** n. 1. —

— **Ebene Trigonometrie m. reichem Aufgabenmaterial nebst Lösungen zum Gebrauche an Seminaren u. gewerbl. Anstalten. 2. Aufl. (III, 72 S. m. Fig.) 8. Ebd. (909).** 1. —; geb. 1. 40

— **der geometrische Vorkursus in schulgemässer Darstellung. Mit reichem Aufgabenmaterial nebst Resultaten zum Gebrauch an allen Lehranstalten. (IV, 97 S. m. 59 Fig.) gr. 8. Leipzig 904. B. G. Teubner.** Kart. n. 2. 20

Wienecke, Friedrich: Das preußische G a r n i s o n s c h u l w e s e n, s.a. M i t t e i l u n g e n der Gesellschaft f. deutsche Erziehungs- u. Schulgeschichte. 14. Beiheft.

Das preussische Garnisonschulwesen. Von Friedrich **Wienecke**. Berlin: A. Hofmann & Ko. 1907. (XII, 116 S.) 8°
= Beiträge z. Geschichte d. Erzieh. u. d. Unterr. in Preussen. [1.]
= **Mitteilungen** d. Gesellschaft f. deutsche Erziehungs- u. Schulgeschichte. Beihefte. 14.
[07. 7427 3

Wienecke, Georg [app. Arzt aus Dresden]: Zur Resorption des Quecksilbers aus quecksilberdampfhaltiger Luft ... Dresden, Buchdr. v. A. Schönfeld, 1893; 19 S. 8.
Würzburg, Med. Fak., Inaug.-Diss. v. 1893

Wienecke, H., die Erscheinungen, Behandlung u. Verhütung der Blinddarmentzündg. Dargestellt f. Laien. (57 S. m. Abbildgn.) 8. Berlin (908). H. Steinitz. 1. —

Wienecke, Hans, approb. Arzt aus Berlin: Ein **Fall von Prostatacarcinom.** *Göttingen 1901: L. Hofer.* (31 S.) 8°
Göttingen, Med. Diss. v. [23. Dez.] 1901

Wienecke, Hans, ein Fall v. Prostatacarcinom. Diss. gr. 8. (31 S.) Göttingen 901. (Vandenhoeck & Ruprecht.) n. — 80

Wienecke, Karl

Wienecke, Carl: Kritische Betrachtungen über die Versuche mit Balken aus Eisenbeton. (Als Ms. gedr.) Berlin: Ernst 1908. VIII, 118 S. 4°
Berlin, Dr.-Ing.-Diss. v. 12. 6. 1908

W i e n e c k e n, J. C. E., Progr. in Phaedr. IV, 4. Halb. 752. 4.

W i e n e k e, s.a. W i n e k e.

Wieneke, J., Hamburg und Umgebungen, s. Grieben's Reise-Bibliothek.

Wieneke, Leo, a. Bökenförde i. W.: Der Einfluß der Temperatur und Konzentration auf das spezifische Drehungsvermögen optisch-aktiver Substanzen. Borna-Leipzig 1905: R. Noske. (48 S.) 8°
Münster, Phil. Fak., Ref. Salkowski, Diss. v. 2. Aug. 1905
[Geb. 8. Juli 81 Bökenförde, Kr. Lippstadt; Wohnort: Münster i. W.; Staatsangeh.: Preußen; Vorbildung: Realgymn. Lippstadt Reife O. 01; Studium: Münster 6, München 2 S.; Rig. 2. Juni 05.]

W i e n e n b r ü g g e, Chr. Herm., die katholische Kirche dargestellt in einem Cyklus lyrischer Gesänge. Aus den hinterlass. Papieren nebst einer biograph. Skizze hrsg. von F. X. Biunde. 1. und 2., unveränd. Aufl. 16. (XV und 135 S.) Trier 853, Gall'sche Vrlgsh. *

Wienenbrügge, C. H., Rede über den Patriotismus, gehalten in der Aula der verein. höh. Bürger- und Provinzial-Gewerbeschule am 15. Oktbr. 1848. gr. 8. (15 S.) Trier 848, (Lintz'sche Buchh.)

Wiener, Der dankbare, bei der Abreise Pius des VI. Wien. V: *Wurm, J. F.* (Arzt). (wrztg 1782, Beil. Nr. 34) (Geissau, Verzeichniss, S. 45) (BIBLPORT)

Wiener, Der gewöhnliche, mit Leib und Seele. Untersucht in einer Faschingskinderlehre. Wien 1784. 31 S. 8°. V: *Richter, Joseph.* (Hans Viktor Pisk: Josef Richter. Diss. Wien 1927, S. 90) S. a. IV, 12486.

Wiener, der durch Ränke glücklich gewordene, als slawakischer Leinwandhändler. Singsp. 8. Wien, Weimar. 792.

Wiener, der, mit Leib u. Seele, (von Jos. Richter). 8. Wien ... Wucherer. 3 gl.

Wiener, s. auch Winer.

Aphorismen über die lateinische Schreibart der Neuern. Leipzig 821. 8. 4 gr. (Verf. ist Prof. Wiener).

Wiener, Deutschland u. die Vorgänge im russischen Reich, s.: Reusner, v.

Wiener (II.), Vortrag über die Revision der Luther'schen Bibel-Uebersetzung, s. Bericht über die XV. allgemeine Pastoral-Konferenz evangelisch-lutherischer Geistlicher Bayerns.

Wiener, A.

Wiener (I.), die bauliche Entwickelung der Städte mit besond. Berücksicht. der Stadt Freiburg i. Br. gr. 4. (16 S.) Heidelberg 887, Emmerling und Sohn. *
Aus: Zeitschrift für badische Verwaltung und Verwaltungsrechtspflege, besonders abgedruckt.

Wiener A., die Erklarung d. Roulette-Spiels, nebst prakt. Nachweis durch Rechnung des ungeheuren Vorteils, den die Bank vor dem Spieler hat. Frankfurt 1863

Wiener, A., das badische Gesetz üb. die Verbesserung der Feldeinteilung (Feldbereinigung) nebst Vollzugsvorschriften. 2. Aufl. des III. Tls. V. Titels aus Buchenberger, Landwirtschaftsrecht u. Landwirtschaftspflege. (X, 308 S.) 8. Karlsruhe 906. J. Lang. Geb. in Leinw. n. 5. 40

Wiener, A., zum 18. Oktbr. 1888. Saul und Jonathan [2. Sam. 1, 23]. Zwei Gedächtnißreden, gehalten auf Ihre Majestäten, die beiden hochsel. Kaiser und Könige, weil. Wilhelm I. und Friedrich III., in der Synagoge zu Oppeln. gr. 8. (20 S.) Leipzig 888, Fock. *

Wiener, A., die Opfer u. Altebagebete. Ein Beitrag zur Orientirung in der Cultusfrage. (Im Anschluß an die gleichnam. Broschüre des Dr. Joël u. die betreffenden Artikel in der Zeitung des Judenthums d. J.) Breslau 869. Stutsch. gr. 8. (18 S.) n. 5 ngr.

Wiener, zur Reform d. Unfallversicherung. Kritik d. neuen Gesetzentwürfe u. Vorschläge zur Umgestaltg. d. Unfallversicherg. [Aus: „Zeitschr. f. bad. Verwaltg. 2c."] gr. 8. (43 S.) Heidelberg 895. A. Emmerling & Sohn. n. — 60

Wiener, A., die jüdischen Speisegesetze nach ihren verschied. Gesichtspunkten z. 1. Male wissenschaftlich-method. geordn. u. krit. beleuchtet. M. Unterstützg. der Zuns-Stiftg. u. der All. Isr. Univ. gr. 8. (XIV, 9 S., S. 10a—g u. 11—524.) Breslau 895. Schles. Buchdruckerei etc. n. 10. —; geb. n.n. 12. —

Wiener, das badische Wassergesetz vom 26. VI. 1899, nebst Vollzugsverordngn. u. Ausführungsbestimmgn. m. Zusätzen u. Verweisgn. 8. (VI, 337 S.) Karlsruhe 900. G. Braun'sche Hofbuchdr. Geb. in Leinw. n. 4. —

Wiener, Abr. (geb. Peiskretscham 25. 9. 1824): De nervo sympathico nonnulla. Berolini (1847). (39 S.) 8°
Berlin, Med. Diss. v. 18. Aug. 1847

Wiener, Alexander

— die Gesetzgebung üb. Katastervermessung und das Fortführungs- und Lagerbuchwesen im Großherzogt. Baden. 2. Aufl. des II. Tls. aus Buchenberger, Landwirtschaftsrecht u. Landwirtschaftspflege. (X, 200 S.) gr. 8. Ebd. 903. Geb. in Leinw. n. 4. —

Wiener, Alfred: Das Warenhaus. Berlin: Wasmuth 1911. V, 50 S. 4°. Erw. u. d. T.: Das Warenhaus, Kauf-, Geschäfts-, Büro-Haus. 1912. Dresden, Dr.-Ing.-Diss. v. 14. 12. 1910

Wiener, Anton. Vollständiges Rechenbuch für Lehrer und Lernende. Von — — 8. (60 S.) Pesth, Druck L. Lukás 1853.

Wiener, August: Anleitung [illegible] Buchführung für landwirtschaftliche [illegible]

Wiener, Aug., die Zinseszins- und Rentenrechnung sowie deren Anwendung auf die verschied. Staatsanlehensysteme, mit besond. Berücksichtigung der Lotterie-Anlehen, nur mit Hilfe der Decimalbrüche dargestellt. 3., unveränd. Aufl. gr. 8. (XII und 207 S.) Darmstadt 864, (Zernin.) *

Wiener, August Erich, Kammergerichtsreferendar: Die Mittel des gutgläubigen Besitzers zur Geltendmachung des Ersatzanspruchs wegen Verwendungen, unter besonderer Berücksichtigung der Bereicherungslehre. Heidelberg 1900: K. Rössler. (VIII, 44 S.) 8°
Heidelberg, Jur. Fak., Ref. Bekker, Diss. v. 30. Juli 1900
[Geb. 24. Sept. 85 Berlin; Wohnort: Berlin; Staatsangeh.: Preußen; Vorbildung: Wilh.-Gymn. Berlin Reife O. 03; Studium: Freiburg i. B. 1, Genf 1, München 1, Berlin 3 S.; Rig. 6. Juli 00.]

Wiener, B., s.: Hemmleb, H., 25 Anschauungsbilder zur alten u. neuen Geschichte.

Wiener, B., sächsisches Stenographiebuch nach dem System Gabelsberger, s.: Döring, C.

Wiener, Bernh., Blau u. Gold. Erzählg. aus d. 13. Jahrh. f. die reif. Jugend. M. 6 Farbdr.-Bild. v. Ad. Closs. gr. 8. (232 S.) Stuttgart 896. G. Weise. Geb. in Leinw. 5. —; in Celluloid 6. 50

Wiener, Bernh., am Wolfsee. Erzählung aus d. Leben d. alten Deutschen f. d. Jugend. M. 4 Bild. v. A. Zick. 8. (VII, 164 S.) Stuttgart 898. G. Weise. Geb. in Leinw. 3. —

Wiener, Chr. Ludw., allzeit fertiger österreichischer Secretarius. 8. Leipz. Weidmann. 762.

Wiener, Christ. Ludwig (Coburg) A. S. 796/14

De operarum indeterminatarum determinatione, s. Von ungemässener Dienste Ermässigung.
Präs. Johann Friedrich Hoeckner.
Leipzig (Titius) 1. XI. 1720. 62 S.

36665

Wiener, Christian

Wiener, Dr. Chr., Atomenlehre. Leipzig u. Heidelberg 1869. 8°.

Wiener, Chrn., die Begründung der Sittenlehre u. ihre geschichtliche Entwicklung. gr. 8. (IV, 54 S.) Darmstadt 879. E. Roether. n. — 80

Wiener, Chrn. Die Freiheit d. Willens. Festrede, bei dem feierl. Akte d. Direktorats-Wechsels an der grossh. bad. techn. Hochschule zu Karlsruhe am 31. Oktbr. 1891 geh. Lex.-8. (24 S.) Karlsr. 891. (Lpz., Fock.) * 1 —

— die Freiheit des Willens. gr. 8. (30 S.) Darmstadt 894. L. Brill. n. — 80

Wiener, Chrn., die Grundzüge der Weltordnung. gr. 8. (XVI und 808 S.) Leipzig 863, C. F. Winter'sche Verlagsh. *

Wiener, Chrn., die Grundzüge der Weltordnung. 3 Bücher. 2. (Titel-)Ausg. gr. 8. Leipzig (863)69, C. F. Winter'sche Verlagsh. *

Inhalt:
Buch 1. Die nicht geistige Welt. Atomenlehre. (XI, S. 1—238 mit eingedr. Holzschn.) *M 2.
„ 2. 3. Die geistige Welt. Das Wesen und der Ursprung der Dinge. (XVII, S. 241—808.) *M 4,50.

— die Helligkeit des klaren Himmels u. die Beleuchtung durch Sonne, Himmel u. Rückstrahlung, s. a. **Acta, nova, academiae etc. naturae curiosorum. 73. Bd.**

Wiener, Christian: Die Helligkeit des klaren Himmels und die Beleuchtung durch Sonne, Himmel und Rückstrahlung. Von —, hrsg. von Dr. H[ermann] Wiener, Dr. O[tto] Wiener ([2]: u. Dr. W[illy] Möbius). [1. 2.] Halle; W. Engelmann in Leipzig in Komm. 1900—1909. 4°
[1.] 1900. [2.] Forts. u. Schluss. 1909.
(Nova Acta. Abhandlungen d. Kais. Leop.-Carol. Deutschen Akad. d. Naturforscher. Bd 73, Nr 1 u. Bd 91, Nr 2.)

Wiener, Chrn., Lehrbuch der darstellenden Geometrie. [In 2 Bdn.] 1. Bd. Geschichte der darstell. Geometrie, obenfläch. Gebilde, krumme Linien [1. Tl.], projective Geometrie. Mit Fig. im Text. gr. 8. (XX, 477 S.) Leipzig 884. Teubner n. 12 —

Wiener, Chr., Lehrbuch der darstellenden Geometrie. (In 2 Bdn.) 2. Bd.: Krumme Linien [2. Thl.] und krumme Flächen. Beleuchtungslehre. Perspektive. gr. 8. (XXX, 649 S. mit Fig. im Texte.) Leipzig 887, Teubner. *

Wiener, Christian (Darmstadt)
Bestimmte Lösung der Aufgabe über die Vertheilung eines Drucks auf mehr als drei Stützpunkte.
[In: Grunert's Archiv der Mathematik u. Physik, Bd 14, 1850, S. 345-359.]
Dr. phil. Giessen 9.8.1850.

—— stereoscopische Photographien des Modelles einer Fläche 3. Ordnung mit 27 reellen Geraden. Mit erläut. Texte. qu. 16. (8 S. mit 2 Photogr.) Leipzig 869, Teubner. In Couvert. *

—— die ersten Sätze der Erkenntniß, s. a. **Sammlung gemeinverständl. wissenschaftl. Vorträge.**

Wiener C., die ersten Sätze der Erkenntnis, insbesondere das Gesetz der Ursächlichkeit u. die Wirklichkeit d. Aussenwelt. (Slg. w. Vortr. 212) Berlin 1874

Wiener, Chr., üb. die Stärke der Bestrahlung der Erde durch die Sonne in ihren verschiedenen Breiten u. Jahreszeiten. [Aus: „Verhandlgn. d. naturw. Ver. zu Karlsruhe".] gr. 8. (37 S. m. 3 Steintaf. in qu. gr. 4.) Karlsruhe 876. (Bielefeld.) n. 2. —

Wiener, Christian
Untersuchungen über die wahre oder scheinbare Unbestimmtheit der Größen, welche unter der Darstellungsform $\frac{0}{0}$ erscheinen.
Darmstadt 1851. 35 S. u. 2 Taf.
Habil. phil. Giessen 1.2.1851. vorh. 26.11.A.

Thesen, welche zur Erlangung der venia docendi in der philosophischen Fakultät auf der Landesuniversität Montag den 6. Januar ... öffentlich zu vertheidigen gedenkt Christian Wiener.
Giessen, 1851. Gedr. bei Brill in Darmstadt. 2 Bl.
vorh. Univ. Arch.

—— über Vielecke und Vielflache. gr. 4. (VIII und 31 S. mit eingedr. Holzschn. und 3 Stnt. in gr. 4. und qu. Fol.) Leipzig 864, Teubner.

—— Vorträge, geh. im naturwissenschaftlichen Verein zu Karlsruhe. gr. 8. (63 S.) Karlsr. 890, Braun. * 1 —
Aus: Verhandlgn. d. naturwissenschaftl. Vereins, besonders abgedruckt.

Wiener, Christian Wilhelm

Wiener, (C. W.,) gründl. Anweis. aller gesellschaftl. Tänze u. der hierzu nöthigen Pas. 8. Annaberg, Hasper.

Wiener, Chr. Wlh., gründl. Anweisung zu allen gesellschaftlichen Tänzen. 8. Schneeb. 819. (Zwickau, Schumann). 9 gr.

WIENER, C. W., Grundliche Anweisung zu allen gesellschaftlichen Tanzen. Zweite, vermehrte Ausgabe. Zwickau, Hofer'sche Buchdruckerei, 1829. 12°. (⅚ Rthl.) (1 Mk. Th. Bertling, 1891.)

Wiener, Chr. Wilh., gründl. Anweisung zu allen gesellschaftl. Tänzen. Enth.: die neuesten u. beliebtesten Pas, Touren, Contretänze u. Masurka's. 12. (7 B. u. 2 Stnt.) Zwickau 829. (Leipzig, Magazin f. Indust.)

Wiener, C. W., gründl. Anweisung zu allen gesellschaftl. Tänzen. 2e verm. Ausg. mit 2 Taf. Abbildd. 8. Zwickau 829. (Richter.) ist d. Pr. jetzt ¼ Thlr.

Wiener, D.

Wiener: Handbuch der Medizinal-Gesetzgebung des Deutschen Reichs und seiner Einzelstaaten. Mit Kommentar. Für Medizinal-Beamte, Aerzte u. Apotheker. Stuttgart. 3 Bde
Bd 1. Die Medizinal-Gesetzgebung des Deutschen Reichs. [Nebst] Suppl.Bogen 1. 2. 1883. (86.)
„ 2, Th. 1. Die Medizinalgesetzgebung des Königreichs Preußen. 1885.
„ 2. Die Medizinal-Gesetzgebung der Königreiche Bayern u. Sachsen. 1886.
„ 3. Die Medizinal-Gesetzgebung des Königreichs Württemberg u. der Großherzogthümer Hessen und Baden. Mit chronol. Reg. zu sämmtl. Staaten. 1887.

—— Handbuch der Medizinal-Gesetzgebung des Deutschen Reichs und seiner Einzelstaaten. Mit Kommentar. Für Medizinal-Beamte, Aerzte und Apotheker. [2 Bde.] 2. Bd. 3 Tle. gr. 8. Stuttgart, Enke. *

Inhalt:
Tl. 1. Die Medizinalgesetzgebung des Königr. Preußens. (VI, 495 S.; Suppl.-Bogen zum 1. Bd. 52 S.) 885. *M 12.—.
„ 2. Die Medizinal-Gesetzgebung der Königreiche Bayern und Sachsen. (VIII, 580 S.) 886. *M 12.—.
„ 3. Die Medizinal-Gesetzgebung des Königr. Württemberg und der Großherzogthümer Hessen und Baden. Mit chronolog. Register zu sämmtl. bearb. Staaten. (X, 611 S.; Anhang zum 1. Bd. 77 S.) 887. *M 14.—.
1. Bd. Ebendas. 1883. *M 3.60.

Wiener, D., Commentar zu den Instructionen für das Verfahren der Aerzte bei den gerichtlichen Untersuchungen menschlicher Leichen. An der Hand der deutschen Strafprocessordnung, Entscheidungen des Reichsgerichts, der bezügl. Ministerial-Erlässe und Bemerkungen der Revisionsbehörden hrsg. Anhang: Auszüge aus Obergutachten von Revisionsbehörden betr. Obductionsberichte. gr. 8. (III, 44 S.) Wien 888, Urban und Schwarzenberg. *

—— Methodik, Diagnostik und Technik bei gerichtsärztlichen Obductionen menschlicher Leichen, unter gleichmäss. Berücksicht. des preuss. Regulativs und der bayer. Instruction, zum pract. Gebrauch am Sectionstische und als Repetitorium für die gerichtsärztl. Staatsprüfung zusammengestellt. 12. (XI, 223 S. mit 6 Holzschn.-Taf.) Ebendas 882. *

Wiener, D., s. Sammlung gerichtlich-medicinischer Obergutachten.

Wiener, Davides *(geb. Leobschütz 23. 10. 1827)*: De artis diaeteticae cultu et in valetudinem vi nonnulla. Vratislaviae (1851). (28 S.) 8°

Breslau, Med. Diss. v. 3. Juni 1851

Wiener, E. L., Die Bedeutung d. Chors i. d. Antigone d. S. Pr. 1856. 18 S. 4°. 1,25

Wiener, Emil, die hygien. Beurtheilung d. Militär-Kleidung u. Rüstung. M. Berücksicht. d. einschläg. Faserstoffe u. d. mechan. Technologie. Vom k. u. k. Militär-Sanitäts-Comité gekrönte Preisschrift. gr. 8. (VII, 307 S. m. 88 Abb.) Wien 897. W. Braumüller. n. 7. —

Wiener, Emil, die hygienische Beurtheilung der Militär-Kleidung u. Rüstung. Mit Berücksicht. der einschläg. Faserstoffe u. der mechan. Technologie. Vom k. u. k. Militär-Sanitäts-Comité gekrönte Preisschrift. 2., unveränd. [Titel-]Ausg. gr. 8. (VII, 307 S. m. 88 Abbildgn.) Wien [897]. 900. W. Braumüller. n. 4. —

Wiener, E., Bad Ischl, s.a. Braumüller's Bade-Bibliothek.

Wiener, E., Bad Ischl. [Braumüllers Badebibliothek.] 8°. (138 S.) Wien: Braumüller 1906. K 2.—

— über d. Luft u. Luftverunreiniggn., s.: Volksschriften d. österr. Gesellschaft f. Gesundheitspflege, Nr. 7.

Wiener, Ernst

Das Leipziger Buchdruckergewerbe am Ausgange des Jahrhunderts. Denkschrift d. Innung Leipziger Buchdruckereibesitzer. Z. Erinnerg an d. sächs.-thür. Industrie- u. Gewerbe-Ausstellg. Im Auftr. d. Innung bearb. v. Ernst **Wiener,** Red. d. Ztschr. f. Deutschlands Buchdrucker. (Umschlagt.: Denkschrift d. Innung Leipziger Buchdruckereibesitzer.) *(Leipzig: Selbstv. d. Innung) 1897.* (VI, 101 S., 1 Titelb. m. 1 Erl.-Bl.) 1 Bd 8. (97.

Wiener, E., das heutige Buchgewerbe im Deutschen Reiche, s.: Thomälen, G.

Wiener, Ernst Cohn-
s. Cohn-Wiener.

Wiener, Ferd., die Lederfärberei und die Fabrikation des Lackleders. Ein Handbuch für Lederfärber und Lackirer. Anleitung zur Herstellung aller Arten von färb. Glacéleder nach dem Anstreich- und Tauchverfahren, sowie mit Hilfe der Theerfarben, zum Färben von schwed., sämischgarem und lohgarem Leder, zur Saffian-, Corduan-, Chagrinfärberei etc. und zur Fabrikation von schwarzem und färb. Lackleder. 8. (IV, 212 S. mit 15 eingedr. Holzschn.-Abbild.) Wien 881, Hartleben's Verlag.

Wiener, Ferd., d. Lederfärberei u. d. Fabrikation des Lackleders. E. Handbuch f. Lederfärber u. Lackirer. Anleitung zur Herstellung aller Arten v. färb. Glacéleder nach d. Anstreich- u. Tauchverfahren, sow. m. Hilfe der Theerfarben, z. Färben v. schwed., sämischgarem u. lohgarem Leder, zur Saffian-, Corduan-, Chagrinefärberei etc. u. zur Fabrikation v. schwarzem u. färb. Lackleder. 2., sehr verm. u. verb. Aufl. 8. (VIII, 205 S. m. 16 Abb.) Wien 896. A. Hartleben. n. 3. —; geb. n. 3. 80

Wiener, Ferd., die Lohgerberei oder die Fabrikation des lohgaren Leders. Ein Handbuch für Lederfabrikanten. Enth. die ausführl. Darstellung der Fabrikation des lohgaren Leders nach dem gewöhnl. und dem Schnellgerbeverfahren, nebst der Anleitung zur Herstellung aller Gattungen Maschinenriemenleder, des Juchten-, Saffian-, Corduan-, Chagrin- und Lackleders. 8. (XII, 550 S. mit 43 eingedr. Holzschn.-Abbild.) Wien 877, Hartleben's Verlag.

Wiener, Ferd. Die Lohgerberei od. die Fabrikation d. lohgaren Leders. Ein Handbuch f. Leder-Fabrikanten. 2. Aufl. 8. (X, 553 S.) Wien 890, Hartleben. * 7 20; geb. * 8 —

—— die Weißgerberei, Sämischgerberei und Pergamentfabrikation. Ein Handbuch für Lederfabrikanten, enth. die ausführl. Darstellung der Fabrikation des weißgaren Leders nach allen Verfahrensarten, des Glacéleders, Seifenleders etc.; der Sämischgerberei, der Fabrikation des Pergamentes und der Lederfärberei, mit besond. Berücksicht. der neuesten Fortschritte auf dem Gebiete der Lederindustrie. 8. (VIII, 411 S. mit 20 eingedr. Holzschn.-Abbild.) Ebendas. 877.

Wiener, F., Die Weißgerberei, Sämischgerberei und Pergamentfabrikation. 2. Aufl. [Chemisch-technische Bibl. Bd. 20.] 8°. (ill. VIII, 376 S.) Wien: Perles 1903. K 5.50, geb. K 6.40

Wiener, Ferd., die Weißgerberei, Sämischgerberei u. Pergament-Fabrikation. Ein Handbuch f. Leder-Fabrikanten. Enthaltend die ausführl. Darstellg. der Fabrikation des weißgaren Leders nach allen Verfahrungsweisen, des Glacéleders, Seifenleders usw. 2., sehr verm. u. verb. **Aufl. (VIII, 371 S. m. 20 Abbildgn.) 8. Wien 904.** A. Hartleben. n. 5. —; geb. n. 5. 80

Wiener, Franz [wirkl. Name], s. Croisset, Francis de [Pseud.]

Wiener, Fritz, a. Berlin: Naogeorgus im England der Reformationszeit. (Berlin: Mayer & Müller 1907.) (145 S.) 8° ¶ (Erscheint auch in Buchform nebst Neudr. v. J. Foxes „Christus triumphans“ im gleichen Verlage.)

Berlin, Phil. Fak., Ref. Brandl, Diss. v. 16. Febr. 1907

[Geb. 24. Sept. 80 Berlin; Wohnort: Berlin; Staatsangeh.: Preußen; Vorbildung: Luisen-Gymn. Berlin Reife O. 00; Studium: Genf 2, Berlin 8 S.; Rig. 7. Dez. 05.]

Wiener, Fritz, pract. Arzt: Aus d. physiol. Institut zu Breslau. Über **Veränderungen** der Schilddrüse nach Anlegung einer Fistel der Gallenblase. (Dazu 1 lithogr. Taf.) *Breslau 1901: Bresl. Genoss.-Buchdr.* (28 S.) 8°

Breslau, Med. Diss. v. 27. Dez. 1901

Wiener, Fritz August, a. Berlin: Die Börse. Eine Studie über die Entwicklung des Rechts und der Verfassung der Deutschen, insbesondere der Berliner Börse und der hauptsächlichsten Börsen des Auslandes. Mit einem Anhang über den Begriff „Börse“ und ihre volkswirtschaftliche Bedeutung. Berlin 1905: Norddeutsche Buchdruckerei. (XII, 282 S.) 8° ¶ [Erschien im Verlage von Puttkammer & Mühlbrecht, Berlin.]

Tübingen, Staatsw. Fak., Ref. v. Schönberg, Diss. v. 14. Nov. 1905

[Geb. 3. April 83 Berlin; Wohnort: Berlin; Staatsangeh.: Preußen; Vorbildung: Falk-Realgymn. Berlin Reife O. 02; Studium: Heidelberg 2, München 2, Tübingen 3 S.; Rig. 20. Juli 05.]

(Nicht für den Austausch)

Wiener, Fritz A., die Börse. Eine Studie üb. die Entwicklg. des Rechts u. der Verfassg. der deutschen, insbesondere der Berliner Börse u. der hauptsächlichsten Börsen des Auslandes. Mit e. Anh. üb. den Begriff „Börse“ u. ihre volkswirtschaftl. Bedeutg. **(XII, 282 S.) gr. 8. Berlin 905.** Puttkammer & Mühlbrecht. n. 5. —

RITTERGESCHICHTEN, Erzählungen und Schwänke, von *G. Wr.* (d. i.: *Wiener*). 3 Bdchn. Cassel, Grießbach, 1794, 95, 99. 8°. (2½ Rthl.) Cplt. rar!
Nur Bdchn. 1 lag vor: 160 S. incl. Tit. u. 1 Bl. — Inh.: 1. Edelbert u. Ludmilla, e. Rittergeschichte. 2. Der Selbstmörder. 3. Selig sind die da sehen und doch nicht glauben! Ein (liederliches) Ehestands-Gemälde. — Fehlt im Anon.-Lex.

Wiener, G. A., Predigt zur Doppelfeier der evangelischen Gemeinde in Passau am 20. Juli 1884 nach 50jähr. Bestehen und 25jähr. Kirchenbesitz. gr. 8. (15 S.) Nürnberg 884, Raw'sche Buchh. *

Wiener, Gabr. (geb. Witkowo in Posen Dez. 1817): De pyothorace. Berolini (1849). (30 S.) 8°
Berlin, Med. Diss. v. 12. Dez. 1849

Wiener, Gust. (geb. Posen 30. 5. 1844): De aneurysmate arcus aortae. Berolini (1867). (32 S.) 8°
Berlin, Med. Diss. v. 15. Aug. 1867

Wiener, Gustav [app. Arzt aus Regensburg '(Baiern)']: **Aus d. Kgl.** chirurg. Universitätsklinik zu Breslau. Beitrag **zur Statistik** tuberkulöser Knochen- und Gelenkleiden nach **Trauma** ... Breslau, Druck d. Bresl. Gen.-Buchdr., 1897; 2 Bl., 69 S., 1 Bl. 8.
Breslau, Med. Fak., Inaug.-Diss. v. 20. Juli 1897

Wiener, Gust., Beitrag zur Statistik tuberkulöser Knochen- u. Gelenkleiden nach Trauma. Diss. gr. 8. (69 S.) Breslau 897. (Schletter.) n. 1. —

Wiener, Gust. Adolph, eine Abhandlung über den rhythmischen Choralgesang, die Berechtigung und die Mittel zu seiner Wiedereinführung in der evangel. Kirche. gr. 8. (96 S.) Nördlingen 847, Beck'sche Buchh.

—— **geistliches Gesangbuch, s. Gesangbuch, geistliches.**

Wiener, Gust. Adolph, geistliches Gesangbüchlein. 104 der vornehmsten Kernlieder mit 68 in den Text eingedr. Singweisen enthaltend. Insbesondere für die lernende Jugend als Auszug aus seinem größeren „Geistlichen Gesangbuch mit Singweisen" hrsg. und mit einem beleuchtenden Vorwort versehen. gr. 12. (VIII und 88 S.) Nürnberg 852, (Campe und Sohn.) *

Wiener, Gust. Ad., s. Hamann's Schriften.

Wiener, G. A., Predigt zur Doppelfeier der evangelischen Gemeinde in Passau am 20. Juli 1884 nach 50jährigem Bestehen u. 25jährigem Kirchenbesitz. gr. 8. (15 S.) Nürnberg 884. Raw. n. — 20

Wiener, Gust. Adf., Predigt über Jesaja 49, 6 gehalten am Missionsfeste zu Nürnberg den 24. Juni 1879 in der Kirche zu St. Lorentzen. 1. und 2. Aufl. gr. 8. (13 S.) Nürnberg 879, Raw'sche Buchh. *

Wiener, Gust. Adf., ausgew. Predigten. Hrsg. v. Otto Mehrmann. gr. 8. (IV, IV, 576 S.) Kulmbach 895. A. Rehm. n.n. 5. —; geb. n.n. 6. 50

Wiener, H.

Wiener, der Aktiengesetz-Entwurf. Betrachtungen u. Vorschläge. gr. 8. (132 S.) Leipzig 884. Veit & Co n 2. 40

Wiener, H., das Differenzgeschäft vom Standpunkt der jetzigen Rechtsprechung. Vortrag, geh. in der jurist. Gesellschaft zu Berlin am 14. Jan. 1893. gr. 8 (64 S.) Berlin 893. C. Heymanns Verl. n. 1. 50

Wiener, H.: Die moderne Gesetzgebung gegenüber d. Waarenfälschung. [Berlin 1878.]

Wiener, H., „Gute Küche". Enth. üb. 1000 Rezepte der bürgerl. u. feinen Küche. 2. Aufl. gr. 8. (XXIV, 239 S.) Kaiserslautern 902. (E. Crusius.) Geb. in Leinw. 3. —

—, Goldschmidt und Behrend, zur Reform des Aktiengesellschaftswesens. (Schriften des Vereins für Sozialpolitik 1) Leipzig 1873

WIENER, H. Carl (Regensburg): De alcalibus et alcaloideis.- Ratisbonae: Brenck 1838. 14 S.
16.4.1836 - Urk; F 63
Diss. Ingolst.-Landsh.-Mchn.

Wiener, Herm., Abhandlungen zur Sammlung mathematischer Modelle. In zwanglosen Heften hrsg. I. Bd. 1. Heft. (91 S. m. Fig.) gr. 8. Leipzig 907. B. G. Teubner. 3. —

Wiener, Herm.: Die Einteilung der ebenen Kurven u. Kegel 3. Ordnung in 13 Gattungen. s.a. Abhandlungen. Mathematische. N. F. II.

Die Einteilung der ebenen Kurven und Kegel dritter Ordnung in 13 Gattungen. Von Hermann **Wiener**. Mit 2 Fig. *Halle a. S.: M. Schilling 1901.* (34 S.) 8°
= Abhandlungen, Mathematische. N. F. 2. [01. 161] 3

Wiener, H.: Ueber Involutionen auf ebenen Curven. 1881. 4°
Diss. München

H(ermann) **Wieners** Sammlung mathematischer Modelle. Hrsg. von d. Verlagsbuchh. B. G. Teubner. Leipzig: B. G. Teubner 1905. (28 S.) 8°
[06. 5429] 10

Wiener, Hermann: Rein geometrische Theorie der Darstellung binärer Formen durch Punktgruppen auf der Geraden. Halle a. S. 1885: o. Dr 39 S. 8°
Halle-Wittenberg, Phil. Hab.-Schr. v. 15. Mai 1885
Ersch. vollst. im Buchhandel Darmstadt: Brill 1885. IV, 83 S. 8°

Wiener, Herm., rein geometrische Theorie der Darstellung binärer Formen durch Punktgruppen auf der Geraden. gr. 8. (IV, 83 S.) Darmstadt 885, Brill. *

Wiener, J., und F. **Feyerfeil**, Album enthltd.: Zeichnungen uber Möbel, Vorhänge, Zimmer- und Ball-Decorationen, so auch Skizzen zu allen inneren Einrichtungen und Ausschmückungen öffentlicher Locale immer dem Zeitgeschmacke angepasst, mit besonderer Rücksichtnahme auf die verschiedenen Stylarten. Zum Gebrauche für Tischler und Tapezierer etc., auch geeignet als Vorlegeblatter für Gewerbschulen und zum Selbststudium. I. Bd. 1. u. 2. Liefg. Pesth (853.) Wiener u. Feyerfeil. gr. 4. Jede Liefg. mit 4 lith. Taf. n. 20 *ngr.*; einzelne Liefgn. à n. 27 *ngr.*

Wiener, J., Judenthum u. Christenthum. 8. (29 S.) Zürich 877. Berlin, M. Poppelauer. — 70; erm. Pr. — 50

Wiener, J., Judenthum u. Christenthum. Ein Beitrag zur Klärg. e. religiös-sozialen Streitfrage. 8. (29 S.) Zürich 877. Verlags-Magazin. n. — 70

Wiener, J., Compendium der Chemie für Mediciner und Pharmaceuten vorzüglich zur Repetition für die strengen Prüfungen. gr. 8. (XVI und 164 S.) Wien 863, Braumüller. *

Wiener, J. T. — Hauptverzeichniß der Pflanzen und Preiscourant für 1857 von — —. Kunst- und Handelsgärtner in Triest. Catalogo Generale delle piante e prezzi correnti per l'anno 1857 nello stabilimento orticolo di J. T. Wiener a Trieste Catalogue général des plantes et prix courantes pour 1857 dans l'etablissement horticole de J. T. Wiener à Trieste. Trieste, 1857. Tipografia del Lloyd Austriaco. (96 S. 8.) (Deutsch, Italienisch und Französisch zugleich.)

Wiener, Josef, s.a. Wiener-Braunsberg.

Wiener, Josef, Ein Buch f. Alles. Zur Zerstreuung und pract. Verwendung gewidmet allen Hausfrauen am Neujahrstage 1881. 8. (255 S.) mit Kalendarium geb. 50 kr. Wien 1881.

Wiener, Jos. Den Hochgeborenen u. Hochwürdigen! Zur Abwehr d. neuen Volksschulgesetzes. gr. 8. (4 S.) Berl. 892, (Nitschke u. Loechner). — 20

Wiener, Joseph [aus Pfalzburg]: Maimonides' Commentar zum Tractat 'Aboda zara. Z. ersten Male im arab. Urtexte m. d. hebr. Uebs. d. Ibn Ja'qūb hrsg. u. m. Anm. vers. ... Berlin, Druck v. H. Itzkowski, 1895: 21, 13 S., 1 Bl. 8.
Strassburg, Phil. Fak., Inaug.-Diss. v. 1894

Wiener, Joseph, a. Bingen a. Rh.: Studien über die Quantitative Absorption der Schwefelkohlenstoff-Dämpfe vom Respirationstraktus aus. Würzburg 1906: F. Staudenraus. (30 S.) 8°
Würzburg, Med. Fak., Ref. Lehmann, Diss. v. 19. April 1906
[Geb. 4. Okt. 82 Bingen; Wohnort: Mindelheim; Staatsangeh.: Hessen; Vorbildung: Gymn. Mainz Reife O. 01; Studium: Würzburg 4, München 1, Berlin 2, Würzburg 3 S.; Coll. 7. März 06; Approb. 20. Febr. 06.]

— **Taxe** f. die preussischen Medizinalpersonen vom 21. Juni 1815. Mit den Zusatzbestimmngn. bis auf die neueste Zeit. Für Aerzte, Zahnärzte u. zur richterl. Anwendg. erläutert. 8. (IV, 71 S.) Berlin 893. A. H. Fried & Co. n. 1. 50

Wiener, Jul., Erwachen. Ein Akt. (41 S.) 8. München (-Schwabing) (910). E. W. Bonsels & Co. 1. —; geb. 2. —

Wiener, Julius [aus Wien]: Über einen Fall von Morbus Basedowii mit Tabes incipiens. ... Berlin, Buchdr. v. G. Schade, 1891: 31 S. 8°
Berlin, Med. Fak., Inaug.-Diss. v. 12. Mai 1891.

Wiener, L., Kaiser Joseph II. als Staatsmann u. Feldherr, s.: Nosinich, J.

Wiener, M., die Ernährung d. Fötus, s.: Sammlung klinischer Vorträge.

Wiener, M., Erzählungen u. Novellen, s. Herbstrosen, 1. Jahrg.

Wiener, M., Herbstrosen. Erzählungen und Novellen. 8. Breslau 840. Kern. 1 ℳ

Wiener, M., die Proselytin. Charaktergemälde neuerer Zeit. 8. (18 B.) Berlin 834, Schroeder.

Wiener, M., Regesten zur Geschichte der Juden in Deutschland während des Mittelalters. 1. Thl. Lex.-8. (XVII und 257 S.) Hannover 862, Hahn'sche Hofbuchh. *

— Selma, die jüdische Seherin. Traumleben u. Hellsehen ein. durch animal. Magnetismus wiederhergestellten Kranken. gr. 8. (14½ B.) Berlin 838, Fernbach jun.
1 Thlr. 8 Gr., hrbgs. Pr.

— לוח לאחים וחמשים שנה — Wand-Kalender d. jüd. Zeitrechnung v. Jahre d. Welt 5494 bis 5743. (1734—1983.) In tabular. Form. gr. Fol. (1 B.) Berlin 834 Schroeder. Vgl. Winer.

Wiener, M., שרשי התורה Wörterbuch zum Pentateuch. Als Hilfsmittel für das Verständniß des Textes und der grammat. Formen der heil. Schrift beim Schul- und Privatunterrichte bearb. 1. Heft. gr. 8. (VI und 92 S.) Hannover 850, Helwing'sche Hofbuchh. *

Wiener, M., Wörterbuch zum Pentateuch. Als Hilfsmittel für das Verständniß des Textes u. der grammatischen Formen der heil. Schrift beim Schul- u. Privatunterrichte bearb. 1. Heft. 2., verb. u. verm. Aufl. Hannover 867. Helwing'sche Hofbuchh. gr. 8. (V, 95 S.) n. 10 ngr.

Wiener, Max, die Anschauungen der Propheten v. der Sittlichkeit, s.: Schriften der Lehranstalt f. die Wissenschaft des Judentums. I, 3. 4.

Wiener, Max, a. Oppeln: J. G. Fichtes Lehre vom Wesen und Inhalt der Geschichte. Kirchhain N.-L. 1906: M. Schmersow. (121 S.) 8°
Breslau, Phil. Fak., Ref. Freudenthal, Diss. v. 27. April 1906
[Geb. 22. April 83 Oppeln; Wohnort: Oppeln; Staatsangeh.: Preußen; Vorbildung: Gymn. Oppeln Reife O. 02; Studium: Breslau 2, Berlin 3, Breslau 3 S.; Rig. 20. Dez. 05.]

Wiener, Max, J. G. Fichte's Lehre vom Wesen u. Inhalt der Geschichte. (VI, 121 S.) gr. 8. Kirchhain N.-L. 906. (Berlin, Mayer & Müller.) n. 2. 40

Wiener, Max: J. G. Fichtes Lehre vom Wesen und Inhalt der Geschichte. Von Dr. ... Kirchhain, N.-L. 1906: Schmersow; [Berlin: Mayer & Müller]. VI, 121 S. 8°
[Erschien auch als Inaug.-Diss. Breslau 1906.]

Wiener, Max: Wesen und Schicksal der Fett-Embolie. Leipzig 1879. (35 S.) 8° *[Im Buchhandel 1879 bei Koebner in Breslau; aus: Archiv f. exper. Pathol. Bd 11 1879; ein Auszug in: Jahresbericht d. Schles. Gesellsch. f. vaterl. Cultur. 57. 1879.]*
Breslau, Med. Fak., Hab.-Schr. v. 24. Juli 1879

Wiener, Max, Wesen und Schicksal der Fett-Embolie. Eine experimentell-patholog. Abhandlung. gr. 8. (35 S.) Leipzig 879. (Breslau, Koebner.) *

Wiener, Meyer: *De lingua mischnae. 83 S. 8° (4°)
Halle-Wittenberg, Phil. Diss. v. 15. März 1847
Geb. Glogau 3. 6. 1819. V.

Wiener, Mosco, s. a.: Moses Marta.

— s.: Wort, das, Gottes.

Wiener, Osk., Balladen u. Schwänke. Mit Bildern v. Rich. Teschner. (VII, 88 S. m. farb. Titelbild.) 4. Minden 903. J. C. C. Bruns. n. 3. —; kart. n. 3. 50

Wiener, Osk., das deutsche Bauernlied, s. a. Sammlung gemeinnütziger Vorträge.

(F) Wiener, O., Das deutsche Bauernlied. [Sammlung gemeinnütziger Vorträge. Nr. 368—369.] Gr.-8°. (Pag. 60—94.) † K —.40 Prag: Calve 1909.

— das hat die liebe Liebe getan. Ein Liederbuch. Titeltapete u. Sinnbild v. Rich. Teschner. (VIII, 102 S.) kl. 8. Minden 905. J. C. C. Bruns. n. 1. 50

Wiener, O: Über Farbenphotographie und verwandte naturwissenschaftliche Fragen. Vortrag. Leipzig 1909

Wiener, Osk., Gedichte. Titellithographie v. H. Steiner. 8. (108 S.) Berlin 899. Schuster & Loeffler. 1. 50

— Das deutsche Handwerkerlied, s. a. Sammlung gemeinnütziger Vorträge.

(F) **Wiener,** O., Das deutsche Handwerkerlied. [Sammlung gemeinnütziger Vorträge, Nr. 348—349.] 8°. (151 S.) † K —.40 Prag: Calve 1907.

— **u. Aug. Geigenberger, der lustige Kindergarten.** Text v. W. (Farbige) Bilder v. G. (36 S.) Lex. 8. München (907). Verlag der Jugendblätter. Kart. 2. 50

— Kinderland. Gedichte u. Erzählgn. Illustriert v. Künstlern der Meggendorfer-Blätter. (49 S. m. z. Tl. farb. Abbildgn.) gr. 8. Eßlingen (910). J. F. Schreiber. Kart. 1. —

— das deutsche Kinderlied, s. a. Sammlung gemeinnütziger Vorträge. Nr. 304.

(F) Wiener, O., Das deutsche Kinderlied. [Sammlung gemeinnütziger Vorträge. Nr. 304.] Gr.-8°. (24 S.) † K —.20 Wien: Frick 1904.

— Verstiegene Novellen. (Titelbild v. Maler Alois Wierer.) (124 S.) gr. 8. Berlin (907). Harmonie. (Urspr. Pr. 2.—; geb. 3. —)

— klassischer Novellenschatz. Mit Porträts u. Textbildern. (XX, 252 S.) 8. Gotha 909. Leipzig, R. Wöpke. 2.—; geb. 2. 80

— So endete das schöne Fest. Nene Erzählgn. (133 S.) kl. 8. Berlin-Charlottenburg (910). A. Juncker. 2.—; geb. 3. —

— das deutsche Studentenlied, s. a. Sammlung gemeinnütziger Vorträge.

(F) Wiener, O., Das deutsche Studentenlied. [Sammlung gemeinnütziger Vorträge. Nr. 329.] Gr.-8°. (52 S.) K —.40 Prag: Calve 1906.

Wiener, Otto, die Erweiterung unserer Sinne. Akademische Antrittsvorlesg., geh. am 19. V. 1900. Mit Zusätzen u. Litteraturnachweis. gr. 8. (43 S.) Leipzig 900. J. A. Barth. n. 1. 20

Wiener, Otto, über Farbenphotographie u. verwandte naturwissenschaftliche Fragen. Vortrag, geh. auf der 80. Naturforscherversammlg. zu Cöln a. Rh. in der Gesamtsitzg. beider Hauptgruppen am 24. IX. 1908. Mit Zusätzen, Literaturnachweis u. 3 farb. Taf. (88 S.) gr. 8. Leipzig 909. J. A. Barth. 2. 40

Wiener, Otto [aus Karlsruhe]: Über die Phasenänderung des Lichtes bei der Reflexion und Methoden zur Dickenbestimmung dünner Blättchen ... Leipzig, Druck v. Metzger & Wittig, 1887; 16 S. + 1 Bl. u. 1 Taf. 8°.
Strassburg, Math.-Naturw. Fak., Inaug. Diss. v. 1887.

Wiener, Otto, über die Phasenänderung des Lichtes bei der Reflexion und Methoden zur Dickenbestimmung dünner Blättchen. Diss. Strassburg i. Els. 1887, Trübners Buchh. u. Antiqu. (E. d'Oleire). 8°. 46 S. mit einer Taf.

— Der Zusammenhang zwischen den Angaben der Reflexionsbeobachtungen an Metallen u. ihren optischen Konstanten, s. a. Abhandlungen der königl. sächs. Gesellschaft der Wissenschaft. Mathem.-phys. Klasse 30, V.

Wiener, Otto: Der Zusammenhang zwischen den Angaben der Reflexionsbeobachtungen an Metallen und ihren optischen Konstanten von ... Leipzig: Teubner 1908. S. 493–555. 4°(8°)
(Abhandlungen d. Kgl. Sächs. Gesellsch. d. Wiss. Math.-phys. Kl. Bd 30, Nr 5.)

Wiener, P. E. A. De legione Romanorum XXII a. 8. c. 2 tab. Darmstadt 1830.

Wiener, P. J., Geschichtsbilder für die ungarischen Volksschulen. Nach den besten Quellen zusammengefaßt. [Für die Hand des Schülers.] 8. (50 S.) Pest 870, Rosenberg.

Wiener, Paul, u. Walt. Stoerk, praktische Arbitragerechnungen auf Grund v. Beispielen, die durchweg der Praxis entnommen sind. Im besonderen die Gold-, Devisen- u. Effektenarbitrage auf Basis österreichisch-ungar. Verhältnisse. (Ludw. Huberti's mod. kaufmänn. Bibliothek.) (VIII, 80 S.) gr. 8. Leipzig (903). Verlag d. mod. kaufmänn. Bibliothek. Geb. in Leinw. n. 2. 75

Wiener, Rich., der bibl. Geschichtsunterricht, s.: Wernecke, Rob.

Wiener, Rob., Vorschläge zum Schutze der Pfandbriefe. gr. 8. (29 S.) Berlin 902. C. Heymann. n. — 50

Bibliographie der Oster-Haggadah. 1500–1900. Von S. Wiener. (Vorr.: Carl Salemann.) *St. Petersburg: Acad. Imp. d. Sciences 1902.* (XII, 54, VII S.) 4°(8°) [03. 8823] 9

Wiener, S., Bibliographie der Oster-Haggadah. 1500 bis 1900. (54 u. VII S.) hoch 4. St. Pétersbourg 902. (Leipzig, Voss' Sort.) n. 2. —

Wiener, Salomon *(geb. Leobschütz [27. 8.] 1824)*: De trichomate. Vratislaviae (1845). (31 S.) 8°
Breslau, Med. Diss. v. 19. Nov. 1845

Wiener, Sam., bibliotheca Friedlandiana. Catalogus librorum impressorum hebraeorum in museo asiatico imperialis academiae scientiarum Petropolitanae asservatorum. Fasc. I. (א). (In hebr. Sprache.) gr. 4. (III, IV, 126 S.) Petropoli 893. (Leipzig, Voss' Sort.) n. 2. —

Wiener, Sam., Bibliotheca Friedlandiana. Catalogus librorum impressorum hebraeorum in museo asiatico imperialis academiae scientiarum Petropolitanae asservatorum. Fasc. II u. III. (In hebr. Sprache.) hoch 4. (XII, II u. S. 127—315.) Petropoli 895. 97. (Leipzig, Voss' Sort.) à n. 2. —

Wiener, Wilh. Zur Erinnerung an die Zerstörung der Stadt Worms am 31. Mai 1689. Predigt u. Gebet, geh. am 200. Jahrestag [31. Mai 1889]. gr. 8. (16 S.) Worms 889, Reiß. * — 20

Wiener, Wilh., die Frauen, ihre Geschichte, ihr Beruf und ihre Bildung oder die Frauenfrage und ihre Lösung nach christlichen Prinzipien. 8. (VIII, 226 S.) Mainz 880, Brickarts. *

Wiener, Wilh., das Gebet. Historisch, dogmatisch, ethisch, liturgisch u. pastoral-theologisch betrachtet. 8. (XII, 188 S.) Gotha 885. F. A. Perthes. n. 3. —

Wiener, W., u. G. Leonhardt, am heiligen Herde. Hausandachten in Losung, Lied, Schriftauslegungen u. Gebeten auf alle Tage des Kirchenjahres für christlich gebildete Familien u. das Pfarrhaus, zugleich ein homilet. Repertorium. gr. 8. (VII, 1004 S.) Leipzig 880. Teubner. n. 8. —

Wiener, W., u. G. Leonhardt, am heiligen Herde. Schriftauslegungen u. Gebete, nebst Losg. u. Lied. Ein Andachtsbuch f. christlich gebildete Familien, insbesondere f. das evangel. Pfarrhaus. Zugleich e. homilet. Repertorium üb. alt- u. neukirchl. Pericopen. 2. Ster.-Ausg. gr. 8. (IV, 1004 S.) Leipzig 884. 85. Teubner. n. 6. -

Wiener, Wilh., Friedrich Herold. Eine Christen- u. Hirtengeschichte. Wiesbaden 864. Niedner. 16. (IV, 151 S.) n. 15 ngr.

Wiener, Wilh., Nach dem Orient. Reiseskizzen. 8. (IV, 240 S.) Wien 870, Wallishausser'sche Buchh. *

Wiener, Wilh. Drei Perikopenreihen [die altkirchl., die v. Nitzsch ausgewählten u. die württemberg.] in Predigtentwürfen. I.: Von Advent bis Trinitatis. 2 Tle. 8. (VI, 424; 394 S.) Lpz. 891,92, Strübig. * 7 50; geb. ** 9 25

—— dass. — II.: Die Trinitatiszeit. 8. (VIII, 533 S.) Ebd. 891. * 4 50
Die Ausgabe des I. Tls. erfolgte in 17, die des II. Tls. in 11 Lfgn. zum (inzwischen erloschenen) Subscr.-Preise à * — 40.

—— die Pfarrerstochter von Worms. Eine Geschichte aus den Schreckenstagen der Stadt Worms. gr. 8. (X und 314 S.) Berlin 868, Wiegandt und Grieben. *

—— die Pfarrerstochter von Worms. Eine Geschichte aus den Schreckenstagen der Stadt Worms. Neue wohlfeile Ausg. br. 8. (X, 314 S.) Berlin 873, Wiegandt und Grieben. *

—— das evangelische Pfarrhaus in seiner sozialen Bedeutung. Ein Wort zur Aufklärung und Verständigung. 8. (VIII, 221 S.) Gotha 881, F. A. Perthes. *

— die Trinitatiszeit. Drei Perikopenreihen (die altkirchl., d. v. Nitzsch ausgew. u. d. württemberg.) in Predigtentwürfen. 2. [Titel-] Aufl. 8. (VIII, 533 S.) Ebd. (892) 897. n. 4. —
Erschien auch in 11 Lfgn.

Wiener Wilh., von Advent bis Trinitatis. Drei Perikopenreihen (die altkirchl., die v. Nitzsch ausgew. u. die württemberg.) in Predigtentwürfen. 2. [Titel-] Aufl. 17 Lfgn. 2 Tle. 8. (424 u. 394 S.) Leipzig (891) 897. G. Strübig. à Lfg. n. — 40

Wiener, Guil. Rob. (geb. Löwenberg in Schles. 29. 3. 1828): De atrophia infantum. Berolini (1853). (31 S.) 8°
Berlin, Med. Diss. v. 27. Aug. 1853

Wiener-Braunsberg, Josef

Wiener, Jos., s.a. Aber, — — Herr Sudermann!!

Wiener-Braunsberg, Josef: Aber. — — Herr Sudermann!! Offener Brief an den Verf. d. 'Verrohung in d. Theaterkritik' von e. Theaterbesucher. (Verf.: .) (2. Aufl.) Berlin: A. Dressel 1903. (23 S.) 8°

Wiener, Jos., Alma's Ende. Roman aus dem Berliner Leben. Eine Fortsetzg. des Schauspiels „Die Ehre" v. Herm. Sudermann. 8. (VII, 229 S.) Berlin 893. A. H. Fried & Co. n. 1.

Wiener, Jos., Alma's Ende. Roman aus d. Berliner Leben. Eine Fortsetzung d. Schauspiels „Die Ehre" v. Herm. Sudermann. 2. Aufl. 8 (VII, 229 S.) Berlin 896. J. Gnadenfeld & Co. n. 1. —

Wiener, Jos., Alma's Ende. Roman aus dem Berliner Leben. Eine Fortsetzg. des Schauspiels „Die Ehre" v. Herm. Sudermann. 5. Aufl. 8. (VII, 229 S.) Berlin (902). J. Gnadenfeld & Co. 1. 50

Wiener-Braunsberg, Jos., die Erziehung zur Bestie. Die Geschichte e. zerstörten Lebens. (1.—2. Taus.) (345 S.) 8. Berlin 909. Herm. Walther. 4.—; geb. n 5. 20

— die wandernde Hand, s.a. Collection Geister- u. Gespenster-Romane. 4. Bd.

Die wandernde Hand. Ein Nachtstück. Nach d. hinterlassenen Tagebuchblättern Iwan Petrowskis von Josef Wiener-Braunsberg. Berlin: A. Weichert [1904]. (00 S.) 8° [F.]
— Geister- u. Gespenster-Romane, Collection. Bd 5. [05. 1674]

— Die letzte Instanz, s.a. Kürschner's Bücherschatz.

Die letzte Instanz. Eine Kriminal- u. Liebesgeschichte aus d. Tiroler Bergen von Josef Wiener-Braunsberg. Mit Ill. von A. Lewin. Berlin, Leipzig: H. Hillger [1907]. (110 S.) 8° [F.]
= Bücherschatz, Kürschners. No 587. [08. 12061

— mein Vater ist e. kleines Mannchen, s.a. Bloch's, Eduard, Original-Deklamatorium Nr. 51.

Mein Vater ist ein kleines Mannchen. Ostpreuß. u. andere Vortragsgedichte von Josef Wiener-Braunsberg. *Berlin: E. Bloch [1904].* (45 S.) 8° [F.]
= Original-Deklamatorium, [Eduard Blochs]. No 51. [04. 15828

— Trude Schneider. Roman aus dem Berliner Leben. 1. u. 2. (Titel-)Aufl. 8. (152 S.) Leipzig 891. 892. C. F. Müller. n. 2. —; geb. n. 3. —

Wiener-Braunsberg, Josef: Trude Schneider. Roman aus d. Berliner Leben von . 3. veränd. Aufl. Leipzig: C. F. Müller 1894. 151 S. 8°

Wiener-Pappenheim, Anna, Grundriß der Kleinkinder- u. Kindergarten-Pädagogik Friedrich Fröbels, s.: Pappenheim, Eug.

Wiener Ausflugskarten [Schlagwort]

Wiener Ausflugskarten. Freytag's, Gust., Wiener Ausflugskarten m. farbigen Wegmarkirungen, vollständigem Ausflugsverzeichniss u. Angabe der Entfernungen. 1 : 100,000. Nr. I—XI., Farbendr. Mit Text auf der Rückseite. Wien, G. Freytag & Berndt. n. 4. 70

I. Nördlicher Wiener Wald. Franz Josefs-Bahn bis Tulln, Westbahn bis Rekawinkel. Leopoldsberg, Kahlenberg, Hermannskogel, Sofienalpe, Tulpingerkogel, Troppberg. 21×25,5 cm. 893. n. — 40
II. Oestlicher Wiener Wald. Westbahn bis Rekawinkel, Südbahn bis Gumpoldskirchen, Kaltenleutgebener Bahn, elektr. Bahn Mödling-Hinterbrühl. Parapluieberg, hintere. Föhrenberg, Höllenstein, Anninger, Hochrotherd, Heiligenkreuz, Alland. 20,5×25 cm. 893. n. — 40
III. Südlicher Wiener Wald. Südbahn von Mödling bis Leobersdorf, Südwestbahn von Leobersdorf bis Altenmarkt. Anninger, Eisernes Thor, Peilstein, Heiligenkreuz, Mayerling, Alland. 20,5×24,5 cm. 893. n. — 40
IV. Schöpfl-Gebiet. Westbahn von Rekawinkel bis Kirchstetten, Leobersdorf-St. Pöltener Bahn von Tasshof bis Hainfeld. Jochgrabenberg, Schöpfl, Kuhreitberg, Buchberg, Hegerberg, Araburg, Gföhlberg. 24,5×20,5 cm. 893. n. — 40
V. Triesting- u. Piesting-Gebiet. Leobersdorf-St. Pöltener Bahn von St. Veit a. d. Triesting bis Gerichtsberg u. Gutensteiner Bahn von Wöllersdorf bis Gutenstein. Peilstein, Hocheck, Steinwandklamm, Mirafälle, Mandling, Almesbrunnberg. 20,5×25 cm. 893. n. — 40
VI. Reisalpe u. Unterberg, Bahnstrecken: Scheibmühl bis Kaumburg u. Scheibmühl bis Hohenberg. Reisalpe, Unterberg, Jochart. 20,5×25 cm. 893. n. — 40
VII. Schneeberg u. Raxalpe. 20,5×25 cm. 893. n. — 40
VIII. Semmering-Gebiet. Semmering, Sonnwendstein, Stuhleck, Kampalpe, Raxalpe (Heukuppe, Jakobskogel). 21×25 cm. 893. n. — 40
IX. Bucklige Welt u. Wechsel-Gebiet. Aspangbahn von Pitten bis Aspang, Südbahn von Neunkirchen bis Gloggnitz. Seebensteiner Schloss, Türkensturz, Kulmriegel, Kulmariegel, Wechsel. 24,5×21 cm. 893. n. — 40
X. Hohe Wand u. dürre Wand. 21×25,5 cm. 894. n. — 40
XI. Mürzzuschlag, Mariazell, St. Aegyd. 29×35,5 cm. 894. n. — 70

Wiener Ausflugskarten. Freytag's, G., Wiener Ausflugskarten m. farbigen Wegmarkirungen, vollständigem Ausflugsverzeichniss u. Angabe der Entfernungen. 1 : 100,000. Nr. XII—XX. Farbendr. Mit Text auf der Rückseite. Wien 896. 897. G. Freytag & Berndt. n. 4. 40

XII. Das Oetscher- u. Dürrensteingebiet nebst Mariazell. 29×35 cm. n. — 80. — XIII. Der Hochschwab u. sein Gebiet. 21×26 cm. n. — 40. — XIV. Eisenerz u. die Eisenerzbahn. 21,5×26 cm. n. — 40. — XV. Das Gesäuse u. seine Berge. 21,5×25,5 cm. n. — 40. — XVI. Umgebung v. Admont. Ennsthalbahn von Gesäuse-Eingang bis Liezen, Paltenthalbahn von Selzthal bis Gaishorn. Admont, Natterriegel, Grosser Pyrgas. Kaiserau, Sparafeld, Rottenmann, Strechau, Dürrenschöberl. 21×25,5 cm. n. — 40. — XVII. Wachau u. Dunkelsteiner Wald. 25,5×21,5 cm. n. — 40. — XVIII. Kremsthal u. Donauthal von Krems bis Spitz. 20,5×25 cm. n. — 40. — XIX. Das Kampthal u. seine Umgebung. Gars, Schloss Rosenburg, Horn, Altenburg, Steinegg, St. Leonhard, Wegschaid, Krumau. 21,5×25,5 cm. n. — 40. — XX. Die Schneebergbahn u. ihr Gebiet. 27,5×39,5 cm. n. — 80.

Wiener Baedeker, s. Bucher, B., und K. Weiss, Wien.

Wiener Becken [Schlagwort]

Wiener Becken, s.: Geologische Karten. Vetters.

WIENERBLÄTTCHEN, Das. Jahrg. 1784—85 (soviel ersch.). Wien. 8°.
Ein unvollst. Expl. in 9 Bdchn. war in Karajan's Bibl. II. no. 5304. — Rar!

Wienerblättchen, Das. Wien 1791. H: *Oehler, Jos.* (Politische Gespräche der Todten [Neuwied] 1791, 23/192) (BiblPort)

WIENERBOT, ein Volksbuch für Oestreichs Staaten. Th. I, 4 Paquete (soviel ersch.). Mit 3 Titelvign. (Chr. Sambach del., Autor fec.). 3 Kpfrn u. 4 Musikbeilagen. Wien (Ghelen), 1786. 8°. Rar!

Wienerbothe, Der. Tagschrift. Wien 1791. H: *Eherich, Einzinger & Schmidtbauer.* (Politische Gespräche der Todten [Neuwied] 1791, 23/192) (BiblPort)

Wiener-Chronik, die. 2 Bde. 8. Wien, Wucherer.

Wiener-Chronik für das Jahr 1848. Hrsg. v. Frz. Peyer. 1. Lfg. gr. 8. (S. 1—240.) Wien 850, Sollinger's Wwe. 24 ngr

Wiener-Chronik für das Jahr 1848. Hrsg. von Frz. Peyer. 1. Lfg. gr. 8. (S. 1—240.) Wien 850, [Jamarski.]

Wiener Congresse, zum, verbündeten Reichsmächte, s. Paulson.

Wiener-Ereignisse, die, vom 6. Oktbr. bis 12. Novbr. 1848. Geschildert von einem Augenzeugen (J. P. Lyser). Mit allen während dieses Zeitraums erschienenen Kundmachungen und Proclamationen. 8. (99 S.) Wien 849, [Keck und Pierer.]

—— Fremdenführer, s. Förster, Fr.

Wienerin, die. Mode-Journal. Hrsg.: Josefine Smreker. Red: Emil F. Steiner. 1. Jahrg. Mai—Oktbr. 1898. 6 Hfte. (à ca. 16 S. m. Abb., Taf. u. Schnittbog.) Fol. Wien (C. Daberkow). n. 3. 50

Wienerin, die. Mode-Journal. Hrsg. u. Red.: Josephine Smreker. 2. Jahrg. 1899. 24 Nrn. gr. 4. (à ca. 16 S. m. Abbildgn. u. farb. Modebildern.) Wien, Administration. 16. —

— dasselbe. 3. Jahrg. 1900. 24 Hfte. Fol. (à ca. 16 S. m. Abbildgn., Schnittmuster u. farb. Modebildern.) Ebd. 10. —

Wienerin, die. Journal f. einfache Moden. Wiener u. Pariser Modelle. Hrsg.: Arnold Bachwitz. 3. Jahrg. Septbr. 1910—Aug. 1911. 12 Nrn. (à ca. 8 S. m. Abb. u. 8 S. m. z. Tl farb. Abb. m. Schnittbog.) 42×31,5 cm. Wien, Verlag der Modejournale „Chic parisien" usw. 10.—; halb. 5.50; einz. Nrn. 1. —

Wienerinn, die schöne. Lstsp. in 5 Aufz. v. Weidmann. 8. Wien, Wallishäußer. — 6

Wienerin, Die schöne. Ein Originallustspiel von fünf Aufzügen. Wien 1776. V: *Weidmann, Paul.* (Jahrb. d. Grillp. Ges. XIII.)

Wienerin, d. schöne, mit ihrer eleganten Garderobe. Ein Spiel für einzelne Personen, mit Kpf., deutsch u. französ. Erklärung. Wien, Müller. 2 fl

Wiener-Journal, das, oder Zeitgeschichte d. Jahrs 1795, ein Tageblatt in 12 Heften, m. K. 8. Wien. (Schönfeld in Prag.

Wiener

—— Irren-Anstalt, s. Meynert, Thdr.

Wienerisch-Neustadt [Schlagwort]

Wienerisch-Neustadt, s.: Wien.

—— Kommunal-Kalender, s. Kommunal-Kalender.

—— Leben, s. Leben.

Wienermädchen, das tapfere. Gel. Stück in 5 Aufz. v. Hensler. 8. Wien, Wallishäußer. — 6

Wiener-Neustadt [Sachliches OW]

Wiener-Neustadt. Statistischer Bericht über die wichtigsten demographischen Verhältnisse. Verfasst vom Stadtrathe von Wiener-Neustadt. Lex.-8. (22 S.) Wien 887, (Gerold's Sohn.) *
Aus: Städtebuch, österreichisches, besonders abgedruckt.

Wiener-Neustadt [Schlagwort]

Wiener-Neustadt, s. a. Alpen, Wegmarkirungs-Karte. — Wien, Umgebung.

Wiener-Neustadt, s. a. Woerl's Reisehandbücher.

— Berggebiet (Rosaliengebirge, Bucklige Welt, Pittenthal, Fischau, Hohe Wand), s.: Woerl's Reisehandbücher.

Wiener-Neustadt. Karte der Bezz. Wiener-Neustadt u. Neunkirchen. 1 : 150,000. 39,5×42 cm. Farbdr. Wien (909). G. Freytag & Berndt. — 30

Wiener-Neustadt. Orientierungs-Plan v. Wiener-Neustadt. 1 : 4000. 74,5×59 cm. Farbendr. Wiener-Neustadt, A. Folk. n. 2. —

Wiener-Neustadt. Orientierungs-Plan v. Wiener-Neustadt. Samt den neu genehmigten Gassen u. zu eröffnenden Strassenzügen. 1:4000. 93×65 cm. Farbdr. Mit Strassenverzeichnis. (8 S.) Lex.-8. Wr. Neustadt 903. A. Folk. n. 2. —

Wiener Neustadt, Umgebung. (8. Blatt der Wiener Umgebungen 1" zu 600° oder 1/43200 d. Natur.) Auf Stein gravirt. Wien, k. k. milit. geogr. Institut. (Debit wie oben bei Böhmen.) 1865.

Wiener-Prospecte, neue, 4 Hefte in K. 8. Wien, Sammer. 795—96.

Wiener-Quadrillen, die modernen, s. a. Quadrillen.

Wiener-Quadrillen, die modernen, (Contredanses oder Françaises). 1. Bdchen. enthalt. die Quadrille-française, die Uhlan-Quadrille, die Lance-Quadrille, die Slowanka. 3. verm. u. verb. Aufl. 12. (Mit 11 Figurentf. u. 3 Musikbeilagen.) Wien 844, Jasper'sche Buchh. n. 2/3 ℳ

Wiener's, d. lustigen, neuestes Liederbuch od. So singt man in Wien! Sammlung der beliebtesten u. neuesten Orig.-Wienerlieder. 16. (240 S.) Wien 892. (Leipzig, Literar. Anstalt A. Schulze.) n. — 60

Wieners, Aloys, approb. Arzt aus Borgholz: Die erste Menstruation nach der Entbindung. *Rostock 1901: H. Winterberg.* (38 S.) 8°
Rostock, Med. Diss. v. [25. Aug.] 1901

[Wiener's-Fünf-Kreuzer-Courier]

Wiener's 5 kr. Courier mit allen Local-Fahrplänen ab Wien 1881. (Kleine Ausg. d. Reise-Courier. 3. Ausgabe.) 8. 5 kr.
Wien: Administration des Reise-Courier 1881.

„Wienerstadt". Lebensbilder aus der Gegenwart, geschildert v. Wiener Schriftstellern, gezeichnet v. Myrbach, Zasche, Engelhart, Mangold u. Hey. 1.—14. Lfg. Lex.-8. (S. 1—400.) Prag 893. 894. F. Tempsky. — Leipzig, G. Freytag. à n. — 80

„Wienerstadt". Lebensbilder aus d. Gegenwart, geschild. v. Wiener Schriftstellern, gezeichnet v. Myrbach, Mangold, Zasche, Engelhart u. Hey. 15. u. 16. (Schluß-) Lfg. Lex.-8. (VIII u. S. 401—466.) Wien u. Prag 895. F. Tempsky. — Leipzig, G. Freytag. à n. — 80 (kplt. geb.: n. 16. 80)

Wienerstadtkalender, Alt und neuer, Fromme's pro 1884 auf Carton mit Seidenband. Wien, Carl Fromme. Zum Aufhängen 50 kr. 1883.

Wienerstadt-Kalender, Fromme's, für 1894. Eleganter Wandkalender. Neue Folge. 3. Jahrgang. Format $32^1/_2 \times 38^1/_2$ *cm.* Zweiseitig aufgezogen Wien: Fromme 1893. —.60

Wienerstadt-Kalender, Fromme's, für 1895. Eleganter Wandkalender. Neue Folge. 4. Jahrgang. Format $32^1/_2 \times 38^1/_2$ *cm.* Zweiseitig aufgezogen Wien 1894. —.60

Wienert, Wendelin, Approb. Arzt aus Dinslaken (Rheinl.): Über Bildungsfehler. *Freiburg i. B. 1902: Ch. Lehmann's Nachf.* (15 S.) 8°
Freiburg i. B., Med. Diss. v. 1902

Wiener Thier-ABC-Buch. Mit Illustr. von E. Swoboda. 4. Wien 860, v. Waldheim. Thlr.

Wiener-Wägen u. Pferdegeschirre, s. a: Huber.

Wiener-Wägen, d. neuesten, u. Pferdegeschirre. 2 Hefte, enth. d. (sauber illum. Kupfer-) Blätter 1—18. gr. Fol. Wien 831. Müller. 4 ℳ

Wiener-Wagen und Pferdegeschirre, Die neuesten. Wien 1833—43. V: *Huber.* (EngMt)

Wiener-Wägen und Pferdegeschirre, die neuesten. Neue Folge 1.—4. Heft. Des ganzen Werkes 11.—14. Heft. qu. gr. 4. (à 10 lithogr. u. illum. Blätter.) Wien 842—44, Müller. à 1 11/12 ℳ

Wiener-Wägen u. Pferdegeschirre, die neuesten. Neue Folge. 5. Hft. Des ganzen Werkes 15. Hft. qu. gr. 4. (8 color. Kupfertaf.) Wien 848, Müller. 1 1/2 ℳ

Wienerwald [Sachliches OW]

Wienerwald, der. Ehrengabe des österreich. Reichsforstvereins an die Besucher seiner General-Versammlung von 1870. gr. 8. (III, 41 S.) Wien 870, Faesy und Frick. *

Wienerwald. — Nördlicher Wienerwald. 1:100.000. [G. Freytags Ausflugskarten. Blatt I] Wien: Freytag & Berndt 1910.

Östlicher Wienerwald. [G. Freytags Ausflugskarten. Blatt II] Wien: Freytag & Berndt 1910. K —.40

Wienerwald. — Südlicher Wienerwald. 1:100.000. [G. Freytags Ausflugskarten. Blatt III] Wien: Freytag & Berndt 1910.

Wienerwald [Schlagwort]

— s. a.: Alpen. Ravenstein.

s.a. Ausflugskarten.

Wiener Wald. Ausflugs-, Touristen- u. Wegmarkierungs-Karte des Wiener Waldes, s.a. Mück's prakt. Taschenbücher 23 (im Alphabet d. Bücher).

— s. a.: Touristenkarten.

s.a. Wiener Ausflugskarten.

Wienerwald. Karte des Wienerwaldes. 1 : 75,000. Mit Bezeichng. der markirten Wege, rev. v. R. Lechner's Hof- u. Univ.-Buchh. 75,5×62,5 cm. Farbendr. Wien 894. (R. Lechner's Sort.) n.n. 4. —; auf Leinw. n.n. 5. 60

Wienerwald. Karte des Wienerwaldes. Ausgeführt im k. u. k. militär-geograph. Institut in Wien. Mit Bezeichng. der markirten Wege. 1:75,000. 76×62,5 cm. Farbdr. Wien (904). (R Lechner's Sort.) n. 4. —

— Karte des Wiener Waldes. Ausgeführt im k. u. k. militärgeogr. Institut in Wien. Mit Bezeichng. der markierten Wege. 1 : 75,000. 76×63 cm. Farbdr. Wien (907). (R. Lechner's Sort.) nn 4. —; auf Leinw. nn 5. 60

Wienerwald. Rainer, Louis, neueste colorirte Ausflugs-, Touristen u. Wegmarkirungs-Karte des Wiener Waldes in 12 Blättern. à 13×15,5 cm. Mit alphabet. Ortsregister u. e. Zusammenstellung von Ausflügen. gr. 16. (VII, 27 S.) Wien (902). Szelinski & Co. — 80

Wiener-Waldes, Touristenkarte des, von A. Silberhuber. Massstab 1 : 80.000. Nr. 1. 2. Photolithographie. Gr.-Qu.-Quart. 5. Aufl. Wien, Verlag d. Oesterr. Touristen-Club. à 36 kr. (à 25 kr. netto baar.) 1885.

— Silberhuber, A., Touristen-Karte des Wienerwaldes. Hrsg. vom österreich. Touristen-Club. 1 : 80,000. 2 Blatt. 2. Ausg. 4. Aufl. à 31×47 cm. Farbendr. Wien 893. (Leipzig, Literar. Anstalt, A. Schulze.) à n. — 75

Wienerwald. Silberhuber, A., Touristen-Karte des Wienerwaldes. Hrsg. vom österreich. Touristen-Club. 1 : 80,000. 2 Blatt. 2. Ausg., 5. Aufl. à 31 × 47,5 cm. Photolith. u. Farbendr. Wien 895. (Leipzig, Literar. Anstalt, A. Schulze.) à n. — 72

— Touristenkarte des Wienerwaldes. 1 : 80,000. Mit Bezeichng. der markirten Wege. 69,5 × 56,5 cm. Photolith. u. Farbendr. Wien 895 (R. Lechner's Sort.) n.n. 2.40; auf Leinw. n.n. 3.60

WIENERWALD-WEIBCHEN, Das, eine romantische Geschichte der österreichischen Vorzeit. Wien, 1801. 8°.
Gmähle's Leihbibl., München, no. 9101.

Wiener Walzer. Ballet-Divertissement illustrirt in 3 Bildern von C. Frappart und Frz. Gaul. Die Musik zusammengestellt von Jos. Bayer. Für das k. k. Hofoperntheater in Wien. (Erklärender Text.) 8. (8 S.) Wien, Künast. **

Wiener Zeitung. Red. Leop. Schweitzer. Verl. und Druck. Edl. v Ghelen'schen Erben. 4. 3spaltig. 1853.

Wiener-Zeitung mit Wiener Abendpost. (Fortsetzung.) Jahrgang 1896--1904 und 1 Bd. „Jubiläums-Festnummer" für die Zeit von 1703–1903. (Jeder Jahrgang à 8 Bde.) (72 Bde.) Fol. Wien 1896–1904.

— — entomologische. Herausg. u red. v. Assist. Ludw. Ganglbauer. Prof. Jos. Mik, Edm. Reitter u. Fritz A. Wachtl III. Jahrg. 1884. gr. 8. (XVIII u. 320 S. m. Holzschn. u. Steintaf.) Wien, Alfr. Hölder. 4 fl. IV. Jahrg. 1885. 12 Hefte (à 1½ Bog. m. Holzschn. u. Steintaf.) gr. 8. (I. Heft 32 S.) 4 fl. 1885.

Wiener-Zeitung, Oesterr. Kaiserl. — (Hauptblatt.) Verantw. Redakteur: Dr. Leop. Schweitzer. Druck und Verlag der Edlen v. Ghelen'schen Erben. Fol. 3spaltig. Erscheint täglich, mit Ausnahme der auf Sonn- und Feiertage folgenden Tage.

a) **Wiener Zeitung, Oesterreichisch-Kaiserliche —. (Mit Amts- und Intelligenzblatt) Redakteur Dr. Leopold Schweitzer. Druck und Verlag der Edl. v. Ghelenschen Erben. 4. 3spaltig. Täglich excl. Montag. 5 fl und 6 fl. vierteljährig.** Wien 1854.

b) **Abendblatt. 4. 3spaltig. Täglich excl. Sonn- und Feiertage**

c) **Beilage. Oesterreichische Blätter für Literatur und Kunst (II. Jahrgang.) 4. 3spaltig. Jeden Montag. 1 fl. halbjährig.**

Wiener Zeitung, Oesterreichisch Kaiserliche —. (Hauptblatt.) Verantw. Redakteur: Dr. Leopold Schweitzer. Druck und Verlag der Edlen v. Ghelen'schen Erben. 4. 3spaltig. Erscheint täglich mit Ausnahme der auf Sonn- und Feiertage folgenden Tage. Wien 1856.

Wiengreen, Friedrich, aus Hamburg: Ueber das **Hydrazid** und Azid der Paranitrophenylessigsäure. *Heidelberg 1904: K. Rößler.* (30 S.) 8°
Heidelberg, Naturw.-math. Diss. v. 1904

Wienhaus, Heinrich, a. Hagen in Westf.: Zur Kenntnis des Fenchons und Camphers. Hildesheim 1907: A. Lax. (78 S.) 8°
Göttingen, Phil. Fak., Ref. Wallach, Diss. v. 1. Juli 1907
[Geb. 26. Okt. 82 Beckinghausen; Wohnort: Hagen i. W.; Staatsangeb.: Preußen: Vorbildung: Realgymn. Hagen i. W. Reife O. 01; Studium: Bonn 5, München 2, Göttingen 5 S.; Rig. 15. Mai 07.]

Wienhaus, Otto: Zur Biochemie des Phasins. Rostock 1909: Adler. 38 S. 8° ¶ (Aus: Biochem. Zeitschrift. Bd 18.)
Rostock, Med. Diss. v. 7. Mai 1910, Ref. Kobert
[Geb. 17. Jan. 85 Hagen i. W.; Wohnort: Rostock; Staatsangeh.: Preußen; Vorbildung: Realgymn. Hagen Reife O. 04; Studium: Bonn 5, Straßburg 2, Rostock 3 S.; Coll. 21. April 09; Approb. 30. April 10.] [U 10. 3933

Wienhold, Albert

Wienhold, A. Kurze Darstellung der philos Anschauungen Thomas Carlyles, hauptsächlich nach dessen Sartor Resartus. Programm. Borna, 1878.

Wienhold, *Friedrich Albert: Gedächtnissrede auf Rektor emeritus Prof. Dr. Theodor Klotzsch, gest. am 8. März 1896.* Borna, Druck v. R. Noske, 1896; 61—66 S. 4.
Borna, st. RG, OP 1896 (560)

Wienhold, Albert: Die ersten 25 Jahre des Realgymnasiums zu Borna. *Borna 1898: A. Reiche.* (3—20 S.) 4°
Borna, st. RG, Festschr. 1898 (574)

Wienhold, *Friedrich Albert:* Der Katechismusunterricht in Sexta. Borna, Druck v. R. Noske, 1893; 3—39 S. 4.
Borna, st. RG, OP 1893 (548)

Wienhold, Arnold, s. Wienholt.

Wienhold, C. F., Aufgaben aus der Buchstabenrechnung und Algebra nebst Auflösungen, für Seminaristen und Lehrer. gr. 8. (55 S.) Leipzig 876, Hahn'sche Verlagsh. 75 Pf.; geb.

—— Aufgaben aus der elementaren Geometrie, für Seminaristen und Lehrer bearb. gr. 8. (VI, 56 S.) Ebendas. 875. geb.

—— die Geometrie der Volksschule nebst Aufgaben. gr. 8. (76 S. mit eingedr. Holzschn.) Ebendas. 876. 75 Pf.; geb.

—— Commentar zu der Geometrie der Volksschule. gr. 8. (X, 38 S.) Ebendas. 876. 75 Pf.; geb.

Wienhold, C. F., Lehrbuch der elementaren Mathematik für Seminaristen und Lehrer. 1. und 2. Thl. gr. 8. Leipzig 874, Hahn'sche Verlagsh.
Inhalt:
Thl. 1. Arithmetik. (VIII, 360 S.) M. 4.
" 2. Geometrie. (VII, 267 S.) M. 3,50.

Wienhold, Friedrich Albert, s. Wienhold, Albert

Wienhold, Hans, a. Frankfurt a. O.: Lemierres Tragödien. Leipzig: Seele & Co. 1905. (159 S.) 8°
Leipzig, Phil. Fak., Ref. Birch-Hirschfeld u. Wülker, Diss. v. 1. Mai 1905
[Geb. 29. Mai 82 Frankfurt a. O.; Wohnort: Leipzig; Staatsangeh.: Sachsen; Vorbildung: Gymn. Koburg Reife O. 00; Studium: Tübingen 1, Leipzig 8 S.; Rig. 2. Febr. 05.]

Wienhold, Hans, Lemierres Tragödien. Diss. (IV, 159 S.) 8. Leipzig 905. Dr. Seele & Co. n. 1.50

Wienholdt, A., Eintagsfliegen. Für alle, die ihm zugethan, gesammelt. 8. (131 S.) Königsberg 902. Hartung. Geb. in Leinw. n. 2. —

Wienholt, A.: Obs. binae de asthmate singulari ex cartilaginum costarum ossescentia, s. Vogel, Rudolf Augustin [Praes.]

Wienholt, Arnold

— Abhandl. über d. Ansteckung d. Schwindsucht, herausg. von J. C. F. Scherf. gr. 8. Bremen 807. (Heyse). 3 Gr. Hbg. Pr. 2 Gr.

Wienholt, Arnold, († d. 1. Sept. 1804.) Abhandl. über Magnetismus, herausg. von J. C. F. Scherf. gr. 8. Bremen 807. Müller. (Schnuphase in Altenb.) 12 gGr

— — drey verschied. *Abhandl.* über den Magnetismus. Herausgeg. v. Scherf. gr. 8. Bremen. 807. Ist jetzt Verl. von Heyse, auch Petersen in Altenburg.

— Anwortschreiben auf den in einer Broschüre: Briefe von u. an Lavater, von einem Ungenannten an ihn gerichteten Brief. 8. Hamb. 787. (Campe). 3 gGr

— Beitrag zu d. Erfahrr. über d. thier. Magnetismus. gr. 8. Hamb. 1e u. 2e A. 787. (Campe). 12 gGr

— *Beyträge* zu Erfahrungen üb. d. thierischen Magnetismus. gr. 8. Hamburg, Hoffmann. 782.

— Bildungsgeschichte als Mensch, Arzt u. Christ, herausg. von J. L. Ewald. 8. Bremen 805. Seyffert. (Heyse). 1 Thlr 12 gGr Hbg. Pr. 16 gGr

Wienholt, Arnold, Bildungsgeschichte als Mensch Arzt und Christ, meist von ihm selbst beschr. herausgeg. von J. L. Ewald. 8. Bremen, Seyffert. (Müller). 805. 1 Rthlr

Arnold *Wienholt*, *Einleitung* in sein Werk über die Heilkraft des thierischen Magnetismus. Lemgo: Meyer 1800. 88 S. 8°

— üb. d. *Entstehung* d. Mißgeburten, herausgegeben von J. C. F. Scherf. gr. 8. Ebend. 807.

— an d. Freunde d. Seelenkunde über eine sehr auffallende Erscheinung d. magnet. Somnambulismus. 8. Lemgo 809. Meyer. 4 gGr

— Heilkraft d. thier. Magnetismus. 3 Thle. (1r, 2r Thl. 802, 3. 3r Thl. 1e—3e Abtheil., herausg. von J. C. F. Scherf). gr. 8. Lemgo 802—6. Meyer. 7 Thlr 14 gGr

— Diss. inaug. med. de inflammationibus occultis viscerum hypochondriacorum in febribus bilioso-putridis. 4. Götting. 772. Dieterich. 2 gGr

— hinterlassene nützliche Miscellen; herausg. von J. C. F. Scherf. gr. 8. Bremen 807. Müller. 1 Thlr 6 gGr

— s. Pharmacopoea Bremensis.

— Rhapsodien über Reimarus Schrift: über d. Nothwendigkeit eines Collegii medici, herausg. von J. C. F. Scherf. gr. 8. Bremen 807. Müller. 3 gGr

— psycholog. *Vorles.* üb. den natürl. Somnambulismus. gr. 8. Ebend. 805.

— 7 Vorlesungen über d. Entstehung d. Mißgeburten, herausg. von J. C. F. Scherf. gr. 8. Bremen 807. Müller. (Heyse). 15 gGr Hbg. Pr. 6 gGr

— 7 psycholog. Vorlesungen über den natürl. Somnambulismus, (aus d. „Heilkraft d. thier. Magnetismus" abgedruckt.) gr. 8. Lemgo 805. Meyer. 12 gGr

— Vorlesungen über d. Wirkungssphäre d. Körper. gr. 8. Lemgo 805. Meyer. 10 gGr (Aus d. „Heilkraft d. thier. Magnetismus" abgedruckt.)

Wionholt, B. H., Beytrag zu d. Erfahrungen üb. den thier. Magn. 112 S. Hamb. 2 Aufl. 8°. A. D. B., LXXXV, 90. LXXXVI 427. Arch. f. Magn. ꝛc. 1787—8, I, 6. St., 53—80. A. L. Z., 1788, No. 158.

1787

Wienholt, Phil(ippus) Arn(oldus) Herm(annus): De communicatione cordis dextri et sinistri. Halis Saxonum (1848): Schmidt. 22 S., 1 Taf. 8° (4°)
Halle-Wittenberg, Med. Diss. v. 19. Juni 1848
Geb. Bremen 28. 8. 1825. V.

Wienhues, Heinrich, appr. Arzt: Über Endarteriitis productiva. München 1908: Wolf. 23 S. 8°
München, Med. Diss. v. 20. Nov. 1908, Ref. v. Bollinger.
[Geb. 15. Jan. 81 Wadersloh; Wohnort: Krefeld; Staatsangeh.: Preußen; Vorbildung: Gymn. Paderborn Reife O. 02; Studium: Würzburg 5, München 2, Paris 1, München 2 S.; Coll. 20. Nove. 08; Approb. 12. Okt. 08.]
[U 09.3426

Wieninger, Adf., Selbsthilfe gegen die fortschreitende Verjudung und Verarmung unseres Volkes. gr. 8. (64 S.) Wien 881. (Ficht.) *

Wieninger, Carl Ludwig, s. Wieninger, Karl Ludwig

Wieninger, Geo., Beiträge zur Darstellung der Wirtschafts-Verhältnisse des Kleingrundbesitzes in Österreich, s.: Hohenbruck, Arth. Frhr. v.

Wieninger, Ignaz (Innernzell) A. S. 201/8

Dissertatio iuridica de litis reassumtione. P. III.
Präs. Johann Ernst Schroeter.
Erlangen (Camerarius) 29. VIII. 1753. 28 S.

Gew.: Johann Georg von Ponickau, Burckard Christian von Behr, Johann Fhr. von Rothkirch.

36667

Wieninger, Karl Ludwig

WIENINGER, Carl Ludwig (München): Ueber diabetes mellitus.- München: Deschler 1842. 24 S.
31.7.1840 - Urk (Titel: De diabete mellito.); F 65
Diss.Ingolst.-Landsh.-Mchn.

Wienke, Frdr., Zieglerlieder. Gedichte. Mit Vorwort v. A. Zeiß. 2. verm. Aufl. (132 S.) 8. Lage 900. H. Welchert. Kart. n. — 75

Wienke, J., Hamburg und seine Umgebungen, s. Grieben's Reisebibliothek.

Wienke, Theod. Die Anwendung der Trigonometrie auf die Algebra. 18 S. **Progr.** Marst. G. *Stettin* 1884.

Wienke, Th.: Ueber eine periodische Bewegung. 1872. 8°
Diss. Greifswald.

Wienker, B., die Andacht zu den heiligen drei Königen. Nach dem Französ. des P. B. M. Rouard de Card, in freier Uebertragung bearb. und mehrfach erweitert. 8. (144 S.) Köln 873, Bachem.

Wienkoop, Art., das englische Landhaus. Eine Sammlg. engl. Hauspläne aus dem Privatbesitz Sr. Maj. des Kaisers. Im Allerhöchsten Auftrage zur Anregg. f. den deutschen Eigenhausbau veröffentlicht vom Hrsg. der Zeitschrift „Landhaus u. Villa" Wiesbaden, m. erläut. Text. Mit 52 Taf. Abbildgn., Grundrissen u. Kunstbeilagen. 3. Aufl. (104 S.) Lex. 8. Wiesbaden 910. Westdeutsche Verlagsgesellschaft. 3.—; geb. n 4.—

— Leitfaden der Bauverbandslehre, s.: Degener's, H. A. L., Leitfäden f. Baugewerkschulen. (Hirsch.)

Wienkop, Aloys v., Geschenk für Neuvermählte. Ein belehrendes Lesebuch für junge und nicht junge Eheleute, welche sich über Alles, was die Schamhaftigkeit zu erfragen oft abhält, hier Raths erholen können. 10. Aufl. 16. (XII und 92 S.) Leipzig 855, Friese.

Wienkowski, Gz., Bemerkungen über die Bestrafung der Unterthans-Mißhandlungen. 8. Lemberg 836. Kuhn u. Millikowski. 1/4 Thlr

Wienkowski, Geo. von, Lehrgang der polnischen Sprache zum Gebrauche in k. k. Militairschulen u. zum Selbstunterricht. gr. 8. (VI, 142 S.) Teschen 876. Prochaska. n. 2. 40; geb. n. 2. 80

Wienner, A., Splendor Lucis od. Glanz d. Lichts, enth. e. physikal. kabbalist. Ausleg. des größt. Naturgeheimnisses insgemein Lapus Philosophorum genannt, a. d. hebr. Grundtext d. H. Schr. gezogen. 8. Wien, Gerold. 745.

Wienner, Aloys. Splendor juris, aufs neue hsg. . . . Frankf. u. Leipz. 1785. H: *Birkholz, Adam Michael.* (MGT)

Wienpahl, W., Die Wienpahl'sche Sicherheitswetterlampe mit absolut sicherem Verschluß durch Luftdruck zu öffnen. Kamen i. W., 1895. 12 S.

Wien-Raaber-Eisenbahn. I. Section, von Wien bis Glocknitz. 1 lith. Blatt von 44 Zoll Rhein. Länge u $7^1/_2$ Zoll Breite mit vielen Ansichten. Wien 841, Rohrmann, Hofbuchh. $^7/_{12}$ ₰

Wiens, Arnold [aus Elbing]: Beiträge zur Kenntnis des specifischen Volumens flüssiger Kohlenstoffverbindungen .... Königsberg, A. Kiowning's Buchdr. (G. Kemsies), 1887; 2 Bl. + 51 S. 8°
Königsberg, Phil. Fak., Inaug.-Diss. v. 6. Nov. 1887

Wiens, Arnold, Beiträge zur Kenntnis des specifischen Volumens flüssiger Kohlenstoffverbindungen. Inaugural-Dissertation. gr. 8. (50 S.) Königsberg i. Pr. 887, (Koch's Antiqu.) **

Wiens, Eberhart

Wiens, E. Ueber die ursprüngliche Bedeutung des griech. Opt. u. Conj. in Bedingungssätzen. 23 S. . . . .
Münster, Progr. 1837

Wiens, Eberh., Beiträge z. Geschichte d. münsterschen Schul-Wesens. I. Hft. gr. 8. ($9^1/_2$ B.) Münster 839, Coppenrath-sche Buchh.

—— vom Grundbegriff d. Modi d. griech. Sprache, s. Kistemaker.

Wiens, Eberh., Leben der Korsaren Horuck u. Hairadin Barbarossa. Als Vervollständigung der Schrift des Verf.: Kaiser Karls V. Unternehmungen gegen die Raubstaaten Tunis, Algier u. Mehedia. gr. 8. ($6^3/_4$ B., 2 Bildn. u. 1 Abbild.) Münster 841, Coppenrathsche Buchh. *

—— Melodien zu dem Gesangbuche: Geistliche Lieder ic., s. a. Lieder.

— Melodien zu dem Gesangbuche: Geistliche Lieder, zum gottesdienstl. Gebrauche für kathol. Gymnasien. gr. 12. Münster 838. Theyssing. $^1/_4$ ₰

Wiens, Eberh., Sammlung fragmentar. Nachrichten üb. Christoph Bernard v. Galen, Fürstbischof zu Münster. 1. Bd. gr. 8. ($29^1/_2$ B. u. 1 lith. Plan d. Belagerung Münsters, A. 1660, von Johs. Jordanacus, gr. Fol.) Münster 834, Coppenrath. Thlr.

—— griech. Schulgrammatik, s. a. Kistemaker.

— griech. Schulgrammatik. 2e verb. u. verm. Aufl. gr. 8. Münster 840. Theyssing. $^3/_4$ ₰

Wiens, (Prof. Dr.) Eberh., Unternehmungen Kaiser Karl V. gegen d. Raubstaaten Tunis, Algier u. Mehedia. Aus d. Quellen bearbeitet, 4. Münster 832. Coppenrath. 16 K

— über den Ursprung des Futurs u. der Condicionale im Spanischen u. Portugiesischen. gr. 4. Münster 834. Coppenrath. $^1/_4$ ₰ — 2e Ausg. gr. 8. Regensberg 839. Ebd. $^1/_3$ ₰

Wiens, Erich, a. Oberkassel bei Düsseldorf: Fancan und seine diplomatischen Missionen von 1624/1625. Heidelberg 1908: C. Winter. (44 S.) 8° [Erscheint vollst. u. d. T.: „Fancan u. d. französ. Politik v. 1624—1627" in: „Heidelberger Abhandlungen z. mittl. u. neueren Gesch." H. 21.)
Heidelberg, Phil. Fak., Ref. Marcks, Diss. v. 4. Febr. 1908
[Geb. 10. Nov. 83 Elbing; Wohnort: Oberkassel b. Düsseldorf; Staatsangeh.: Preußen; Vorbildung: Gymn. Düsseldorf Reife O. 02; Studium: Breslau 4, Paris 1, Heidelberg 3 S.; Rig. 28. Juli 06.]

Wiens, Erich, Fancan u. die französische Politik 1624—1627, s. a. Abhandlungen, Heidelberger, zur mittleren u. neueren Geschichte. 21. Heft.

Wiens, Erich: Fancan und die französische Politik 1624—1627. Von —. Heidelberg: C. Winter 1908. (XII, 141 S.) 8°
(Abhandlungen. Heidelberger, z. mittleren u. neueren Geschichte. H. 21.)

Tafellied zur Einweihung des neuen Hauses der Loge „Zu den fünf Thürmen am Salzquell" am 13. Nov. 1887 gewidmet von [Herm.] **Wiens.** Berlin [1887]: Becker & Hornberg. 2 Bl. 8°
[Umschlagtit.]
Ohne Noten: Stimmt an, Ihr Brüder lieb und traut, . . ."

Wiens, Luise, geb. Freiligrath, s.: Freiligrath-Briefe.

Wiens, Paul, aus Berlin: Ueber den Zusammenhang zwischen plötzlichen Todesfällen im Wasser und Veränderungen der Thymusdrüse. *Kiel 1902. Nord-Ostsee-Zeitung.* (27 S.) 8°
Kiel, Med. Diss. v. [7. März] 1902

Wiens, [Walter], Gerichtsass.: Das Züchtigungsrecht des Ehemannes im deutschen Recht. Jena 1909: Neuenhahn. 34 S. 8°
Jena, Jur. Diss. v. 26. Sept. 1909, Ref. Fehr
[Geb. 21. Dez. 77 Berlin; Wohnort: Berlin; Staatsangeh.: Preußen; Vorbildung: Friedrichs-Werdersches Gymn. Berlin Reife O. 96; Studium: Tübingen 3, Berlin 5 S.; Rig. 4. Aug. 09.] [U 10. 1225

Wiens, [Walter]: Das Züchtigungsrecht des Ehemannes im deutschen Recht. — Jena: 1909: Neuenhahn. 34 S. 8°
Jena, Jur. Diss. v. 26. Sept. 1909.

Wienskowitz, Eman., Lehrbuch zur schnellen u. gründlichen Erlernung des Clavierspiels. gr. 4. (VI, 74 S.) Leipzig (861). K. R. Vogelsberg. 3. —; geb. 4. 50

Wienskowitz, Oscar *(geb. Gleiwitz 24. 4. 1858)*: Beitrag zur Lehre von der Paralysis agitans. Aus der Krankenabtheilung des Breslauer städtischen Armenhauses. Breslau [1883]. (30 S.) 8° *[Im Buchhandel 1883 bei Köhler in Breslau]*
Breslau, Med. Diss. v. 6. Febr. [1883]

Wienskowitz, Osc., Beitrag zur Lehre von der Paralysis agitans. Aus der Krankenabtheilung des Breslauer städt. Armenhauses. Inaugural-Dissertation. gr. 8. (30 S.) Breslau 883, (Köhler.) *

Wienskowski, Georg von: Die landwirtschaftlichen Nebenbetriebe und die Reichs-Gewerbe-Ordnung. Tübingen 1908: Schnürlen. 63 S. 8°
Tübingen, Staatsw. Diss. v. 20. Jan. 1909, Ref. Fleiner
[Geb. 28. Nov. 78 Hannover; Wohnort: Berlin; Staatsangeh.: Preußen; Vorbildung: Kadettenhaus Gr.-Lichterfelde Offiziersexamen 98; Studium: Berlin 5, Tübingen 2 S.; Coll. 30. Juli 08.] [U 09. 3904

Wieuskowski, Theophil. Freimüthige Betrachtungen über Wachsthum, Grösse, Verfall und Untergang des polnischen Reiches. Nebst einer Skizze der Geschichte dieses Landes. Meist nach echt polnischen Schriftstellern. 8. Berlin 1855.

Wienstein, Frdr., Friedrich Wilhelm Dörpfeld, s.a. Klassiker, die pädagogischen. 5. Bd.

Wienstein, Friedrich: Friedrich Wilhelm Dörpfeld. Sein Leben u. s. Schriften. Von —. Halle a. S.: H. Schrödel 1902. (80 S.) 8°
(Klassiker, Die pädagogischen. Bd 5.)

Friedrich Wilhelm Dörpfeld. Sein Leben u. s. Schriften. Von Friedr. **Wienstein**. 2., verb. Aufl. Halle a. S.: H. Schroedel 1907. (123 S.) 8° [G.]
— **Klassiker**, Die pädagogischen. Bd 5. [08. 7367

Wienstein, Frdr., Frauenbilder aus d. Erziehungsgeschichte. (IV, 166 S.) 8. Arnsberg 904. J. Stahl. Geb. in Leinw. n. 3. —

Wienstein, Frdr., kurze Lebensbilder der Dichter u. Prosaiker zu sämtl. Ausgaben d. im Auftr. d. kgl. Prov.-Schulkollegiums zu Münster hrsg. Lesebuches f. kathol. Volksschulen. Ausg. f. d. Prov. Westfalen. Zugl. Hauptband d. Ausgaben f. d. übrigen Provinzen. 8. (136 S.) Hamm 897. Breer & Thiemann. n. 1. 20

— dasselbe. Ergänzungsheft f. d. Reg.-Bez. Aachen, Düsseldorf, d. Prov. Hannover, d. Reg.-Bez. Koblenz u. Trier. 8. (S. 137—176, 137—168, 137—180, 137—176 u. 137—168.) Ebd. 898. à n. — 40

— Lexikon der katholischen deutschen Dichter vom Ausgange des Mittelalters bis zur Gegenwart. Biographisch-litterarisch bearb. 8. (IV, 448 S.) Hamm 899. Breer & Thiemann. n. 8. —; geb. in Leinw. n. 4. 20

Preussische Pädagogen der Neuzeit. 30 Charakterbilder als Beitrag z. Schulgesch. von Friedrich **Wienstein**. *Arnsberg: J. Stahl 1900.* (IV, 184 S.) 8° [G.] [01. 2631 6

Wienstein, (Joan.) Otto Julius (geb. Kletzin in Pomm. 9. 6. 1816): De pathologia encephalomalaciae. Berolini (1840). (29 S.) 8°
Berlin, Med. Diss. v. 10. Nov. 1840

Wienstein, R., die Zivilprozeßordnung, s.: Reincke, O.

Wienstruck, Fritz, Referendar: Zivilrechtliche Folgen der Kindesaussetzung. Berlin 1910: (Blanke). 49 S. 8°
Heidelberg, Jur. Diss. v. 14. Aug. 1910, Ref. Endemann
[Geb. 18. Juni 84 Bärwalde Nm.; Wohnort: Berlin; Staatsangeh.: Preußen; Vorbildung: Gymn. Königsberg i. N. Reife O. 03; Studium: Berlin 8 S.; Rig. 5. März 10.] [U 10. 2041

Wientapper. – De moraliseerende Wientapper. Altona: Weinerth Wwe. 1760. 8°

Wientapper, D., der Düngermacher, od. Anweisung wie durch Verlegung des Mistes od. Straßendrecks mit Plaggen, sich ein vortheilhafter u. kräftiger Dünger herstellen läßt. 12. (3¾ B.) Itzehoe 816, Claussen. *

Das Wienthal und seine Sommerfrischen. 8°. (20 S. mit 1 Karte) Wien: Selbstverlag des Wienthal-Vereines 1903. K —.20

Wienthal-Wasserleitung, die. Karte der Niederschlagsgebiete, Reservoir-Anlagen u. zu versorg. Gebiete. 1 : 72,000. Farbendr. 60×54,5 cm. Mit e. Exposé, zusammengestellt auf Grund der von der Wienthal-Wasserleitungs-Unternehmung erhobenen statist. Daten. 8. (7 S.) Wien 892. Artaria & Co. 1. 25

***Wientzek*, J. S., Commentatio juridica de vero sensu L. 11. §. 6. 7. L. 12. ff. de Min. juncto examine regulae etc. 4. Bresl 778. J. F. Korn. 2 ⅟₆**

Wientzek, Johann Sigismund (Schlesien) A. S. 308/19

Dissertatio iuridica de creditore antichretico rationes non reddente. Präs. Dietrich Hermann Kemmerich. Jena (Müller) X. 1733. 40 S. 36668

Wiepen, D. Ueber die Befahrung der Grube „Alter Fritz und Eva". 1874. 12.

Wilhelm Fabry von Hilden (Guilhelmus Fabricius Hildanus) ... Ein Nachtrag zu s. Lebensbeschreibung zur 350. Wiederkehr d. Tages s. Geburt (25. Juni 1560). Von Eduard **Wiepen**. Düsseldorf 1910: Lintz. 26 S. 8°
Aus: Beiträge z. Geschichte d. Niederrheins. Bd 23. [10. 11,01 5

Neues über die Lebensverhältnisse des Geographen Matthias Quad von Kinckelbach. Ein Beitrag z. niederrhein. Gelehrten- u. Kunstgeschichte. Von Dr. Ed. **Wiepen**. Düsseldorf: E. Lintz 1906. (S. 63–122.) 8°
Aus: Beiträge z. Gesch. d. Niederrheins. Bd 20; Jahrbuch d. Düsseldorfer Geschichts-Ver. f. 1905. [07. 10694 4

Palmsonntagsprozession und Palmesel. Eine kultur- u. kunstgesch.-volkskundl. Abhandlung z. Kölner Palmesel d. kunsthist. Ausstellung zu Düsseldorf 1902 (Sammlung Schnütgen) von Prof. Dr. Eduard **Wiepen**. *Bonn: P. Hanstein 1903.* (58 S.) 8° [04. 1604

Wiepen, Eduard: Die geographische Verbreitung der Cochenillezucht. (Mit einer Übersichtskarte). Köln, Druck v. J. B. Heimann & Zimmermann, 1889; S. 3–44, 1 Kart. 4°
Köln, HB, OP 1889 (462)

Wiepen, Eduard [aus Brilon]: Die geographische Verbreitung der Cochenillezucht. (Mit einer Übersichtskarte.) . . . Köln, Druck v. J. B. Heimann, 1890; 1 Bl. + 41 S. + 2 Bl. u. 1 Kart. 4°
Bonn, Phil. Fak., Inaug.-Diss. v. 1. Febr. 1890

Wiepken, C. F., Nachtrag zum Verzeichnis der im Herzogth. Oldenburg gefundenen Käferarten, s. Abhandlungen, hrsg. vom naturwissenschaftlichen Verein zu Bremen.

Wiepken, Notizen über die Meteoriten des grossherzogl. Museums, } **s. Abhandlungen, hrsg. vom naturwissenschaftlichen Verein zu Bremen.**

Wiepken: Über Säugetiere der Vorzeit im Herzogt. Oldenburg, s. Bericht üb. die Thätigkeit d. Oldenburger Landesvereins f. Alterthumskunde.

—— systematisches Verzeichniss der bis jetzt im Herzogth. Oldenburg gefundenen Käferarten, } **s. Abhandlungen, hrsg. vom naturwissenschaftlichen Verein zu Bremen.**

Wiepken, C. F., u. E. **Greve**, systematisches Verzeichniss der Wirbelthiere im Herzogth. Oldenburg. gr. 16. (IV, 142 S.) Oldenburg 876. Schulze. n. 1. 20; geb. 1. 50

Wiepken, C. F., u. E. **Greve**, systemat. Verzeichniss d. Wirbelthiere im Herzogth. Oldenburg. 2., durch e. Nachtrag verm. Aufl. 12. (IV, 142 u. 26 S.) Oldenburg 897. Schulze. n. 1.50

—— —— die Wirbelthiere des Herzogth. Oldenburg analytisch bearb. [Säugethiere und Vögel von C. F. Wiepken, Reptilien, Amphibien und Fische von Ed. Greve.] 8. (VII, 281 S.) Ebendas. 878. *

Wieprecht Hans: Die radioaktiven Eigenschaften einiger Solquellen Nord- und Mitteldeutschlands. Halle a. S. 1909: Kaemmerer. 51 S. 8°
Halle, Phil. Diss. v. 13. Juli 1909, Ref. Dorn
[Geb. 23. April 82 Magdeburg; Wohnort: Neuhaldensleben; Staatsangeh.: Preußen; Vorbildung: Realgymn. Magdeburg Reife M. 01; Studium: Halle 7 S.; Rig. 9. März 09.] [U 09. 1720

Wieprecht, Johannes [aus Magdeburg]: Die lateinischen Homilien des Haimo von Halberstadt als Quelle der altlothringischen Haimo-Übersetzung. . . . Halle a. S., Druck v. Ehrhardt Karras, 1889; 1 Bl. + 20 S. + 1 Bl. 8°
Halle, Phil. Fak., Inaug.-Diss. v. 16. Febr. 1890

Wieprecht, J. Die lateinischen Homilien des Haimo von Halberstadt als Quelle der altlothringischen Haimo-Uebersetzung. Diss. Halle 1890. 20 S.

Wieprecht, Otto, **Berechnung v. Rohren u. Kanälen f. Heizungsanlagen. gr. 8. (48 S. m. Abbildgn. u. 3 Taf.) Halle 900. C. Marhold.** n. 1. —
Sonderabdruck aus: „Zeitschr. f. Heizungs-, Lüftungs- und Wasserleitungstechnik".

— **Entwerfen u. Berechnen v. Heizungs- u. Lüftungsanlagen. 2. Aufl. gr. 8. (III, 105 S. m. Fig., 1 Tab. u. 1 Taf.) Ebd. 901.** n. 2. —

Wieprecht, Otto, Entwerfen u. Berechnen v. Heizungs- u. Lüftungsanlagen. 3. Aufl. (IV, 126 S. m. Fig. u. 1 Taf.) gr. 8. Halle 905. C. Marhold. Geb. in Leinw. n. 3. —

Wieprecht, Otto, Entwerfen u. Berechnen v. Heizungs- u. Lüftungsanlagen. 4., verb. u. verm. Aufl. (172 S. m. Fig. u. 1 Taf.) 8. Halle 910. C. Marhold.
Geb. in Leinw. 3. 60

Wieprich, Otto, appr. Arzt: Zwei Fälle von 'Evolutio spontanea' aus der Leipziger Universitäts-Frauenklinik. Sangerhausen 1909: Schneider. 24 S. 8°
Leipzig, Med. Diss. v. 28. Okt. 1909, Ref. Zweifel
[Geb. 21. Juli 78 Sangerhausen; Wohnort: Ermstedt; Staatsangeh.: Preußen; Vorbildung: Gymn. Sangerhausen Reife O. 98; Studium: Leipzig 14 S.; Coll. 30. Nov. 09; Approb. 20. Juni 06.] [U 10. 3085

Wieprecht, Paul. Studienwerk für die Oboe unter Zugrundlegung der Oboeschule von Garnier. Offenbach a. M.

Wieprecht, Wilh., die Militair-Musik und die militair-musikalische Organisation eines Kriegsheeres. Hinterlassene Denkschrift. Nebst Anhang: Bericht Wieprecht's über den Sieg der Musik der preuß. Garde bei dem internationalen Wettkampf der europ. Militair-Musik auf der Pariser Weltausstellung 1867. gr. 8. (37 S.) Berlin 885, Habel. *

Wierbicki, Felix Paul, s.a. Wierzbicki, Felix Paul

Wierbicki, Felix Paul. Californien, wie es ist u wie es werden kann; oder, ein Führer nach d Gold-Regionen. Aus d Eng übers und mit Anmerkungen versehen v Clemens A Pajeken Bremen, 1850.

Wiercinski, Bestimmungen üb. den neuen Lehrplan f. den Zeichenunterricht in Preußen. Mit Genehmigg. der kgl. Regierung zu Oppeln zusammengestellt. (29 S.) gr. 8. **Pleß 905. A. Krummer.** n. — 50

Wiercinski, Valentin [aus Putzig in Westpr.]: **Aus** d. psychiatr. Klinik d. Univ. Greifswald. Ein Fall von Periodischem Transitorischem Irresein ... Greifswald, Druck v. J. Abel, 1895; 27 S. 8.
Greifswald, Med. Fak., Inaug.-Diss. v. 30. Aug. 1895

Wierdsma, E. F., Observationes quaedam in Moschi carmen I. Diss. 1833. 37 S.

Wiere, *Friedrich* Otto [app. Arzt aus Drewitz]: Aus d. Univ.-Frauenklinik in Kiel. Uber [!] einen seltenen Fall von Rissverletzung der Nabelschnur mit tötlicher Blutung aus der einen Umbilicalarterie vor erfolgter Geburt des Kindes ... Kiel, Druck d. Holsatia-Dr., 1893; 15 S. 8.
Kiel, Med. Fak., Inaug.-Diss. v. [15. März] 1893

Wieren [Schlagwort]

Wieren, s.: Preussen. Messtischblätter.

Die Namen der Berge, Klippen, Täler, Quellen, Wasserläufe, Teiche, Ortschaften, Flurteile, Forstorte u. Wege im Amtsgerichtsbezirk Harzburg, nebst e. Versuche, sie zu deuten. von R. **Wieries** Hrsg. v. Harzburger Altertums- u. Geschichtsverein. Mit 1 Übersichtskt. Braunschweig: Appelhans 1910. 82 S. 8°
(Die Flurnamen d. Herzogtums Braunschweig. Bd 1.) [10. 14449

Wieries, R., die Namen der Berge, Klippen, Täler, Quellen, Wasserläufe, Teiche, Ortschaften, Flurteile, Forstorte u. Wege im Amtsgerichtsbez. Harzburg, s. Flurnamen, die, des Herzogt. Braunschweig. 1. Bd.

Wjerin, G.: Unter dem Joche des Absolutismus, s. Freiheits-Bibliothek, Russische. I.

Wiering, Balthasar Sebastian Christ. Ferdinand (Börry) A. S. 179/10

Dissertatio iuridica de iurisdictione.
Präs. Johann Andreas Hannesen.
Göttingen (Hager) 21. III. 1750. 91 S.

Gew.: Gerlach Adolph Fhr. von Münchhausen, Ernst Fhr. von Steinberg.
W. v.: Präs. 36669

Wiering, Philipp Jakob Heinrich (Börry) A. S. 31/24

Dissertatio iuris naturalis et politica de obligatione civium erga principem tyrannum.
Präs. Rudolph Wedekind.
Göttingen (Schulz) 16. III. 1748. 26 S.

Gew.: Christian Eberhard Niemeier, Christian Friedrich Knoche.
W. v.: Präs., Chr. Ernst von Winheim, B. S. C. Ferdinand Wiering (Bruder, Opp.).

36670

In stiller Stunde. Erzählungen f. d. liebe Jugend u. d. Volk. Von F. W. **Wierleuker.** Warendorf: J. Schnell [1904]. (210 S.) 8° [F.] [05. 8934 B

Hilfsbuch zur Heimatskunde der Provinz Hannover, f. d. Gebr. d. Schüler bearb. von A. **Wiermann,** Lehrer, Hannover. Mit 12 Bild. u. 11 Karten. Hannover & Leipzig: Hahn 1895. (105 S.) 8° [F.] [07. 17911

Wiermann, H., Prinz Albrecht v. Preußen, Regent v. Braunschweig. Biographische Skizze. Mit (Holzschn.-) Portr. gr. 8. (20 S.) Berlin 885. F. Luckhardt. n. — 50

— Fürst Bismarck. Siebzig Jahre, 1815—1885. Ein Lebensbild f. das deutsche Volk. Mit (Holzschn.-) Portr. Bismarcks. 8. (V, 250 S.) Leipzig 885. Renger. n. 3. — Einbd. n. n. 1. —

—— **Fürst Bismarck. Ein Lebensbild für das deutsche Volk.** 2. Aufl. 8. (VIII, 264 S. mit 3 Vollbildern.) **Ebendas.** 889. ***M 2.50.; geb. ***

Wiermann, H., die zweijährige Dienstzeit, beleuchtet v. Kaiser Wilhelm I. 8. (44 S.) Berlin 892. C. Skopnik. n. — 40

Wiermann, H., Friedrich III., Kaiser von Deutschland und König von Preußen. Ein Lebensbild für das deutsche Volk. 8 Lfgn. 8. (IV, 260 S. mit Illustr.), Leipzig 888, Renger'sche Buchh. à Lfg. * 40 Pf. *
geb. *

— **Geschichte d. Kulturkampfes.** Ursprung, Verlauf u. **heut. Stand. 2.,** bis auf die Gegenwart fortgeführte Aufl. **Mit** Personen- u. Sachregister. gr. 8. (IV, 336 S.) **Ebend. 886.** n. 5. —; geb. n. 6. —

—— **Geschichte des Kulturkampfes. Ursprung, Verlauf** und heutiger Stand. gr. 8. (IV, 329 S.) Ebendas. 888. *

— Generalfeldmarschall **Graf** v. **Moltke.** Ein **Lebensbild f. das deutsche Volk. Mit (Holzschn.-) Portr.** 8. (VII, 216 S.) **Ebend. 885.** n. 2. —; geb. n. n. 3. —

—— Generalfeldmarschall Graf v. Moltke. 2. Aufl. 8. (V, 224 S. m. 2 Abbildgn. u. Portr.) Lpz. 891. Renger. 1 50; geb. * 2 —

– deutsche Politik seit Bismarcks Entlassung. 1890—1892. 8. (III, 333 S.) Berlin 893. C. Skopnik. n. 3. —

— dasselbe. 1890—1893. 2. Aufl. 8. (III, 381 S.) Ebd. 893. n. 4. —; geb. 5. —

Wiermann, H., der deutsche Reichstag. Seine Parteien und Größen. 1. Tl.: Die Deutsch-Freisinnigen. gr. 8. (V, 334 S.) Leipzig 884. Renger'sche Buchh. *

—— der deutsche Reichstag. Seine Parteien und Größen. 2. Tl. gr. 8. (V, 345 S.) Ebendas. 885. *
1. Tl. Ebendas. 1884. * M 5.—.

—— Kaiser Wilhelm. 1797—1888. Ein Lebensbild für das deutsche Volk. 2. Aufl. 8. (VII, 160 S. mit Portr.) Ebendas. 888. M 1.50.; geb. *
Volks-Ausg. 80 Pf.; cart.

—— Kaiser Wilhelm und seine Paladine. Ein Lebensbild für das deutsche Volk. 8. (VII, 156 S. mit chemigr. Portr.) Ebendas. 885. * M 2.—.; geb. **

—— dass. — Volks-Ausg. zum 25jähr. Königs-Jubiläum unsers Kaisers. 1.—10. Tausend. 8. (IV, 156 S. mit 4 Portr.: Kaiser, Kronprinz, Bismarck und Moltke.) Ebendas. 886. *

—— dass. — Eine Volks- und Festschrift. 2. Aufl. 8. (IV, 156 S. mit 4 Vollbildern: Kaiser, Kronprinz, Bismarck und Moltke.) Ebendas. 887. 80 Pf.; cart.

—— Kaiser Wilhelm II. als Soldat. 8. (145 S.) Berl. 892, Skopnik. * 1 —

[F.] Anekdoten aus dem Leben Kaiser Wilhelm I. Gesammelt v. Dr. Heinrich **Wiermann**. *Berlin: H. Steinitz 1897.* (104 S.) 1 Bd 8. [97. 673

Politische Intriganten. Aus Preussens neuerer u. neuester Gesch. v. Dr. Heinrich **Wiermann**. *Berlin: H. Steinitz 1897.* (2 Bl., IV, 233 S., 1 Bl.) 1 Bd 8. [97. 5137

Wiernik, J. Über Phenylderivate des Aethans. Erl. 1888.

Wiernikowski, Isaak, aus Slonim: Das Buch **Hiob nach der** Auffassung des Talmud und Midrasch. T. 1. *Breslau 1902: H. Fleischmann.* (92 S.) 8°
Königsberg, Phil. Diss. v. 24. Okt. 1902

Wiernikowski, Isaak, das Buch Hiob nach der Auffassung der rabbinischen Litteratur in den ersten fünf nachchristlichen Jahrhunderten. 1. Tl. gr. 8. (III, 92 S.) Breslau 902. (Berlin, M. Poppelauer.) n. 2. —

Wierność i litość. Powieść moralna dla katolików. Przerobiona z niemieckiego przez M. Osmańskiego. gr. 8. (135 S.) Strasburg 851, Köhler.

Wiernowsky, Constantinus [Pseud.], s. Willenberg, Samuel Friedrich

Wierrer, siehe: Vorträge, neueste, über Schusswunden.

Wiersberg, Joseph: Aus d. Prov.-Heilanst. Bonn. Psychologische Untersuchungen über die Merkfähigkeit bei der progressiven Paralyse u. der Dementia senilis. Bonn 1910: Foppen. 43 S. 8°
Bonn, Med. Diss. v. 3. Juni 1910, Ref. Westphal
[Geb. 18 Juni 82 Neunkirchen, Rgb. Cöln; Wohnort: Bonn; Staatsangeh.: Preußen. Vorbildung: Gymn. Siegburg Reife O. 04; Studium: Freiburg i. B. 1, Bonn 5, Berlin 2, Bonn 2 S.; Coll. 12. März 10; Approb. 5. Mai 10.] [U 10. 343

Wiersbitzki, Otto v. Corvin, der Jäger 2c., s. Jäger.

v. Wiersbitzki, Corvin, die Schwimmkunst. Zum Selbstunterricht und zum Gebrauch für Schwimmschulen, bearbeitet nach den Grundsätzen des Generallieut. v. Pfuel. Mit viel. Abbildd. 8. Saarlouis 835. (Köln, Renard u. Dübyen.) n. 1/3 ß — 2e Aufl. Mit viel. Abbildd. Mit v. Pfuel's Bildniß. 8. Dortmund 838. Krüger. 1/3 ß

—— die Schwimmkunst. Zum Selbstunterr. u. z. Gebr. f. Schwimmschulen, bearb. nach d. Grundsätzen d. Generallieut. v. Pfuel. 1. Aufl. 8. (4 B. u. 5 Stnt.) Saarlouis 835. (Köln, Renard?), 2. Aufl. 8. (4 B. u. 5 Stnt.) Dortmund 838, Krüger. à

Corvin **Wiersbitzki**, O. v.: Kurzgefaßte und gründliche Anweisung zu Erlernung der Schwimmkunst. 3. Aufl. Leipzig 1842. 88 S. m. Abb.

v. Wiersbitzky, Louis, Behandlung der Krätze und Wurmkrankheit der Bauerpferde in den Ostsee-Provinzen Rußlands, nebst Beschreibung einer Methode, nach welcher man Grünfutter für den Winter conserviren kann. 8. Mitau 839. Reyher. 1/2 ß

(Wiersbitzky, Louis v.,) Mittel, wodurch dem Rindvieh d. Tränke angenehm gemacht werden kann, um dadurch e. größere Aufnahme v. Flüssigkeit zu erzielen. 8. Mitau 839, Reyher. Verklebt Thlr.

Wiersch, Franziska, Festtagsläuten. Deklamationsbuch f. die kathol. Frauenwelt zum Gebrauch in Vereinen, Fortbildungsschulen, Pensionaten, Lesekränzchen u. im Kreise der Familie, m. e. Stoffanordng. f. Vereins-, Familien-, Mütter- u. Dichterinnen-Abende. 2 Bde. (IV, III, 847 S.) 8. Trier 910. Paulinus-Druckerei. 4.—; geb. 5. —

— Religiös-pädagogische Leitsterne, auf alle Tage des Jahres verteilt. Für Lehrende u. Lernende gesammelt. (VII, 283 S.) 8. Mainz (907). Druckerei Lehrlingshaus. 3.— ; geb. n 4. —

St. Petrus und die Weihnachtsengel. Weihnachtsspiel in 1 Aufz. f. kath. Arbeiterinnen-Vereine von Franziska **Wiersch**. Trier: Paulinus-Dr. 1907. 15 S. 8°
(Theater-Bibliothek. Bdch. 90.) [09. 2813

— St. Petrus u. die Weihnachtsengel, s. o. Theater-Bibliothek (f. Vereine u. Dilettanten-Bühnen).

Wiersch, Friedrich Josef

Wiersch, Fr. Jos., Herr, gieb mir Seelen! Ein vollst. Gebetbuch f. kathol. Lehrerinnen u. Erzieherinnen. Unt. Mitwirkg. tücht. Kräfte zusammengestellt u. hrsg. gr. 16. (714 S. m. 1 Stahlst.) Kevelaer 898. Butzon & Bercker. n. 2. 10; geb. in Leinw. n. 2. 60; in Ldr. m. Goldschn. n. 4. —

Der Kampf um die Palme des Martyriums. Lebensbilder hl. Jungfrauen f. d. heranwachsende Jugend u. d. christl. Volk erzählt von Fr[iedrich] Jos. **Wiersch**. *Hamm: Breer & Thiemann 1900.* (174 S.) 8° [F.] [01. 4016

Wiersch, Fr. Jos., nach Lourdes! Erinnerungsblätter an Lyon, Lourdes u. Paray-le-Monial. (VII, 278 S. m. 2 Taf.) 8. Mainz 904. Druckerei Lehrlingshaus. 2. —; geb. 2. 75

Der Huxttanz eim Kratsch'm. Altschles. Dorfbild in 2 Akten von Moritz **Wierscher**. Wüstegiersdorf: M. Jacob [1907]. (30 S.) 8° [F.] [07. 756

Wierse, Paul. Das Gebäude der Wahrheit. Von Unseg (pseud.). Charleston, SC. 1893.

Wierstraat, Christian, Chronik der Stadt Neuss, s. a. Meinerich, Theod. Ew.

Wierstraat, Cristianus, Reimchronik der Stadt Neuß zur Zeit der Belagerung durch Karl den Kühnen, Herzog von Burgund. Nach dem Orig.-Druck von 1497, mit Anmerkungen und Wörterbuch, hrsg. von E. v. Groote. gr. 8. (XXXIII und 132 S.) Köln 855, Du Mont-Schauberg'sche Buchh. *

Wiertz, Isaak, s. Wierz, Isaak

Wiertz, Carl [cand. med. aus Düsseldorf]: Aus d. medizin. Klinik in Bonn. Resultate der Widal'schen Serodiagnostik in der medizinischen Klinik zu Bonn ... Bonn, Druck v. K. Drobnig, 1897; 40 S., 1 Bl. 8.
Bonn, Med. Fak., Inaug.-Diss. v. [4. Aug.] 1897

W(ierum,) C., Gedichte, aus verschiedenen Zeitperioden. Hrsg. nach Hamburgs Schreckenstagen am 5—8. Mai 1812. 8. (12 B.) Hamburg 813, (Nestler u. Melle.) *

Wieruszowski, A[lfred]: Goethe als Rechtsanwalt. Cöln: Neubner (1909). 32 S. 8° [Umschlagt.]
Aus: Archiv f. Zivil- u. Strafrecht d. Rheinprovinz.

Wieruszowski, A., Handbuch des Eherechtes m. Ausschluss des Eheschliessungs- u. Ehescheidungsrechtes, unter Berücksicht. der gesammten am 1. I. 1900 in Kraft getretenen Reichsgesetze u. der preussischen Ausführungsgesetze. 1. Thl. Die allgemeinen Wirkgn. der Ehe. gr. 8. (XI, 196 S.) Düsseldorf, L. Schwann. 1900 3. —

Wieruszowski, A., Handbuch des Eherechtes m. Ausschluß des Eheschließungs- u. Ehescheidungsrechtes. II. Bd. Das ehel. Güterrecht. Allgemeiner Tl. (insbesondere internationales u. intertemporales Güterrecht) u. der Güterstand d. ehemännl. Verwaltg. u. Nutznießg. (XVIII, 626 S.) gr. 8. Düsseldorf 903. 904. L. Schwann. n. 12. —
Bd. I. Ebd. 900. n. 3. -.

Wieruszowski, Kurt, aus Görlitz: **Untersuchungen über** John Drydens Boccaccio-Paraphrasen. *Bonn a. Rh. 1904: S. Foppen.* (75 S.) 8°
Bonn, Phil. Diss. v. 13. Juni 1904

Wiery, Valentin. Der Altar als Familien-Herd für die Gemeinschaft der Heiligen. Klgft., Leon. 1861. 11 S.

Wiery, Valentin. Ansprache bei der feierlichen Einführung in die Kathedralkirche St. Peter u. Paul. Klgft., Leon. (1858). 12 S.

Wiery, Valentin. Betrachtungen beim Jahresschlasse. Klgft., Leon. 1843. 43 S.

Wiery, Valentin, Handbuch zur Erklärung der sonn- und festtäglichen Evangelien in deutschen Schulen. Klagenfurt, Leon, 1849. gr. 8°, VIII u. 205 S., 2 Mk.

Wiery, Valentin. (Hirtenbriefe.) Klgft., Leon. St. Hermagoras-Druck., 1862—80. Quart. (Deutsch u. sloven.)

WIERY, Valentinus: Judicium de tribunali inquisitionis. — (1838) 69 S. 4° (Handschr.) Diss 51
Diss Wien, Univ.

Wiery, Valentin. Considerationen bei den Priester-Exercitien. Klgft., Leon. (1863). 32 S.

Wiery, Valent., Predigten und Anreden. 1—3. Sammlung. gr. 8. Klagenfurt, Leon's Buchh. [1. Samml. (79 S.) 859. 10 Ngr., 2. (85 S.) 860. 12 Ngr., 3. (137 S.) 861. 18 Ngr.]

Wiery, Valent., Predigten und Anreden. 1—6. Sammlung. Klagenfurt 859—64. **Leon. gr. 8.** (1.: 79 S. 10 ngr.; 2.: 85 S. 12 ngr.; 3.: 137 S. 18 ngr.; 4.: 103 S. 15 ngr.; 5.: 95 S. 15 ngr.; 6.: 70 S. 12 ngr.) 2 ℔ 22 ngr.

Wiery, Valent., Predigten und Anreden. 4.—7. Sammlung. gr. 8. Klagenfurt, Leon's Buchh. [4. Sammlung. (III und 103 S.) 863. 15 Ngr., 5. (III und 95 S.) 864. 15 Ngr., 6. (III und 70 S.) 865. 12 Ngr., 7. (VII und 122 S.) 867. 18 Ngr.]
1.—3. Sammlung. Ebendas. 1859—61. 1 Thlr. 10 Ngr.

Wiery, Valentin. Predigten u. Anreden. Klgft., Leon, St. Hermagoras-Druck., 1859—75. 10 Hefte.

Wiery, Valentin. Der Schmuck der Gotteshäuser. Klgft., Leon. 1860. 12 S.

Wierz, Achilles **A. S. 1372/36**

Vindiciae locorum quorundam ex scriptoribus Graecis. Präs. Johann Werner Herzog. Basel (Thurneysen) 14. IX. 1762. 12 S.
36672

Wierz, Johann Jakob

Nöthiger Anhang zu der jüngst erschienenen Schrift: Endliches Schicksal des Freymaurer-Ordens, in einer Schlussrede gesprochen vom Br. [Ludw. Adolf Christian v. Grolmann] am Tage ihrer Auflösung. [Von Joh. Jak. Wierz.] Regensburg: 1795 46 S. 8°.
W. 42802 gibt irrigerweise für diese Regensburger Ausgabe 31 S. an. 21.

[Dasselbe.] Cassel: 1795. 46 S. 8°
Kl. 3471, Tt. 886. Ergänzung zu Grolmans Beschuldigungen gegen die Illuminaten. Kl. schreibt den Verf. „Wiertz".

(Wierz, Joh. Jak.) Der aufgezogene Vorhang der Freimaurerei, vermittelst der einzig wahren Geschichte derselben. Frankfurt a/M., Gebhard & Koerber. 1790. 8. 2 Bl. 354 S.

Wierz, Isaak

Wiertz, Isaac: „Traité des Arbitrages de Change, contenant la véritable Manière, dont les principales Places de l' Europe se servent pour la Direction de leurs Changes . . . .", Bâle 1728. —

Wierz, Isaak, Wechsel-Arbitragen-Traktat, begreifend d. wahre Manier, deren sich d. vornehmsten Wechselplätze in Europa gegen einander zu wechseln, bedienen. 4. Basel 763. Thurneisen. 2 ℔ 16 ₰ Schrbp. 3 ℔ 8 ₰

Wierz, Melchior, aus Dortmund: **Beiträge** zur Theorie der Lichtbahnen und Wellenflächen in heterogenen, isotropen Medien. *Rostock 1901: C. Hinstorff.* (60 S.) 8°
Rostock, Phil. Diss. v. [15. Juni] 1901

Wierzbicki, Felix Paul, s.a. Wierbicki, Felix Paul

Wierzbicki, F. P., Californien wie es ist und wie es werden kann, oder ein Führer nach den Goldregionen. Aus dem Engl. übers. und mit Anmerkungen versehen von Clem. A. Pajeken. gr. 8. (IV und 58 S.) Bremen 850, Löning und Comp. *

Wierzbicki, P. N., slowa prawdy dla Polakow. 4. Zürich, Schabelitz'sche Buchh. 1872. 1. —

Wierzbicki, P. N., slowa prawdy dla Polaków. Wyd. 2. gr. 8. Zürich, Schabelitz'sche Buchh. 1873 2. —

Wierzbicki, P. N., terazniejszosc i przyszlosc Slauran. gr. 8. Zürich, Schabelitz'sche Buchh. 1. 50
1873

Wierzbowski, F., Bemerkungen zu der nothwendigen Entgegnung des Hrn. Justizkomm. Porsch auf meine Widerlegung der in seiner Charakteristik Kühnapfels enthalt. Unrichtigkeiten u. Irrthümer. 8. (1½ B.) Mohrungen 842, Rautenberg. (Leipzig, Brauns.)

Wierzbowski, F., Lebens= und Ermordungs=Geschichte des Bischofs von Ermland Dr. And. Stanisl. von Hatten, und Widerlegung der in der „Geschichte und Charakteristik des Bischofsmörders Rudolph Kühnapfel von C. Porsch" enthalt. Unrichtigkeiten u. Irrthümer. Mit einem Anhange u. dem Bildn. des Verewigten. 8. Mohrungen u. Braunsberg 841. (Leipzig, Brauns.) n. 2/3 ℔

Wierzbowski, Gregor

Dissertatio inauguralis physico-chemico-medica de Oxygenio. Quam ... submittit Gregorius Wierzbowski.
Viennae 1815: Schmidt. 55 S. 8°

Med.Diss.Wien. Disputatio: 21.Jan.1815.

Wierzbowski, Leopold [app. Arzt aus Zielkau, '(Westpr.)']: Ein Fall von Scirrhus der Schweissdrüsen ... Würzburg, Etlinger's Buchdr., 1892; 27 S. 8.
Würzburg, Med. Fak., Inaug.-Diss. v. 1892

Wierzbowski, Stan., Konnotata wypadków w domu i w kraju zaszłych od 1634 do 1689 r. Z rękopisu przechowanego w archiwum rodzinnem, do druku podał i objaśmenia dołożył Jan Konr. Hr. Załuski. (Aufzeichnung der im Lande wie ausserhalb desselben vorgefallenen Ereignisse. [1634—1689.] Aus einem vaterländischen Manuscripte herausgegeben von Joh. K. Graf Załuski.) gr. 8. (VII und 234 S. mit 1 Tab. in qu. gr. 4.) Leipzig 858, Librairie étrangère.

Wierzbowski, Thdr., s.: **Matricularum regni Poloniae summaria.**

Wierzens. Einrichtung u. Disciplin eines eidgenössischen Regiments zu Fuss und zu Pferd. 3 Thle. 8. M. K. Zürich 1753.

Wie 's dem Lina und dem Hulda uf ein Tanz g'gange—u—ist. Komische Szene. (2 Damen.) Elgy [1905]. V: *Huggenberger, Alfred.* (BBullschw 14, S. 175)

Wie's Bulk redt. Allerhand Gereimtes u. Ungereimtes in erzgebirg. Mundart, s.: Schriften d. sächsischen Volksschriftenverlags.

Wies [Schlagwort]

Wies, s.: Baden. Karte.

Wies [Verfasser]

Die Pflanze als Vermittlerin des Stoffwechsels in den drei Reichen der Erde. Von Dr. Adam Wies, r. P. — 1851. Ebend. — S. 3—25.
Progr. Bamberg

WIES, Hans (Elz): Prognose der Hasenscharten-Operationen. Beitrag zur Statistik der Hasenschartenoperationen der chirurgischen Klinik München.- München: Kastner & Lossen 1899. 45 S.- S.-Abdr. aus: Annalen der städt. allgemeinen Krankenhäuser zu München. Bd.11).
6.3.1899 - Chr 1898/99,14; Jv 1900/01,247 (Prom.-Datum: 1901)
Diss.Ingolst.-Landsh.-Mchn.

Wies, Heinr., Gedichte. (66 S.) 8. Straßburg 906. J. Singer. n. 1.50

Wies, Nicolas: Bericht über den Verein der hl. Zita für christliche Dienstmägde. Luxemburg: Brück. 12°
1875. 12 S.
1876. 8 S.
1877. 7 S.
1878. 8 S.

Wies, N., Blüthen der wahren Gottseligkeit. 16. (390 S.) Luxemburg 873, Bück.

Wies, N., et P. M. Siegen, Carte géologique du Grand-Duché de Luxembourg, publiée par les soins de la section des sciences naturelles de l'Institut royal grand-ducal. 1:40,000. 9 Bl. Chromolithogr. Imp.-Fol. Nebst Wegweiser dazu. gr. 8. (96 S. mit 3 lithogr. Profilen.) Luxemburg 877, (Bück.) ** 30 —

Wies, Nicolas: Der Damenwohltätigkeits-Verein zu Luxemburg. 1859.

Wies, Nicolas, B. Krier u. Charles Müllendorff: Erste Fest-Rede, gehalten am 4. Juni. In: Drei Fest-Reden zu Ehren des hl. Alphonsus von Liguori, wegen seiner Erhebung zur Würde eines Kirchenlehrers. Gehalten beim feierlichen „Triduum" in der Redemptoristenkirche zu Luxemburg, am 4., 5. und 6. Juni 1871. Luxemburg: Bück 1871. S. 3–20.

Wies, Nicolas: Die Fortbildungsschule für Handwerker, ein Hilfsbuch über die dem Handwerker nothwendigen Kenntnisse im Geschäftsleben, nebst einer kurzen Geschichte der Religion. Luxemburg: Bück 1868. IV, 264 S. 12°

Dass. 2. Aufl. Ebd. 1873.

– Dass. 3. Aufl. Ebd. 1879.

Dass. 4. Aufl. Ebd. 1883.

Wies, Nicolas: Katholisches Gebet- und Gesangbuch zunächst für die Marianische Sodalität zu Luxemburg. Luxemburg: Bück 1853. VIII, 448 S. 16°

– Dass. 2. umgearb. Aufl. Ebd. 1856. 488 S. 16°

—— katholisches Gebet= und Gesangbuch zunächst für die marian. Sodalitäten. 3. Aufl. 16. (390 S.) Ebendas. 872.

Wies, N., populäre Geologie. gr. 8. (XV, 308 S. mit zahlreichen in den Text eingedr. Holzst.) Luxemburg 876, Brück. *

Wies, Nicolas: Biblische Geschichte des Alten und Neuen Testamentes mit 1 Karte von Palästina, zunächst für die untern Klassen der Gymnasien. Luxemburg: Rehm 1851. XV, 358, 7 S. 8°

Wies, N., biblische Geschichte des alten und neuen Testamentes. 2. Aufl. 12. (VIII und 370 S. mit 1 lithogr. Karte von Palästina.) Luxemburg 854, Bück. *

– Dass. 5. Aufl. Ebd. 1870. V, 358 S. 12°

– Dass. 6. Aufl. Ebd. 1878. V, 358 S. 12°

Wies, N., Handbuch für die Kinder Mariens, zunächst für die Kinder Mariens im apostol. Vikariat Luxemburg neu bearb. 12. (IV und 427 S.) Luxemburg 867, Brück.

Wies, Nicolas: Leichenrede auf Herrn Johann Peter Michaelis, Direktor des Athenäums, gehalten in der Liebfrauenkirche zu Luxemburg, am 5. Dezember 1867. Auszug aus dem „Luxemburger Wort" 1867. Luxemburg: Brück 1867. 28 S. 12°

Wies, Nicolas: Leichenrede auf den Herrn Joseph Paquet, abgehalten am 11. Februar 1858. Luxemburg: Bück 1858. 16 S. 8°

Wies, Nicolas: Mittheilungen über die Diluvialformation im Grossherzogtum Luxemburg. Ein populärer Vortrag gehalten in der Luxemburger Lesegesellschaft. Luxemburg: Bück 1870. 16 S. 8°

— **Mittheilungen** üb. die Diluvialformation im Großherzogth. Luxemburg. Ein populärer Vortrag abgeh. in der Luxemburger Lesegesellschaft. gr. 8. (16 S.) Ebend. 871. — 30

Wies, Nicolas: N a t u r und Ablässe der Marianischen Sodalität. Luxemburg: Brück 1872. 16 S. 12°

—— **Notice** sur les terrains paleozoïques du grand-duché de Luxembourg. gr. 8. (20 S.) Luxemburg 866, (Bück.) *

Wies, Nicolas: Die katholische R e l i g i o n in ihrer Glaubens- und Sittenlehre dargestellt zunächst für die Klassen der Gymnasien. Bd 1–3. Luxemburg: Bück 1855–62. 8°

—— die katholische Religion in ihrer Glaubens- und Sittenlehre dargestellt. 1. und 2. Bd. gr. 8. (XXII und 466 S.) Luxemburg 855, Bück. pro cplt. *

—— die katholische Religion in ihrer Glaubens- und Sittenlehre zunächst für die obern Klassen der Gymnasien. 2 Bde. 2. Aufl. gr. 8. Ebendas. *

Inhalt:

Bd. 1. Die Glaubenslehre. (XVIII, 452 S.) 869.
» 2. Die Sittenlehre. (XI, 282 S.) 870.

Wies, Nicolas: Die S o n n t a g s s c h u l e zu Luxemburg. Luxemburg 1862. 8°

Wies, Nicolas: S t a t u t e n der marianischen Sodalität zu Luxemburg. Luxemburg: Bück [1863]. 20 S. 12°

Wies, Nicolas: Der geheiligte T a g des Christen. Gebetbuch. Luxemburg: Brück 1873. 392 S. 12°

— **Unterricht** über das heilige Sakrament der Firmung. Luxemburg 866. Brück. 12. (36 S.) n. 2 *ngr.*

—— Unterricht über das heilige S a k r a m e n t der Firmung. 2. Aufl. 1871, und 3. Aufl. 16. (32 S.) Ebendas. 875. *

Wies, Nicolas: Die U r b e w o h n e r des Luxemburger Landes und ihre Religion. 27 S. Luxemburg, Athénée, Progr. 1849/50

Wies, Nicolas: V e r e i n der hl. Zita für christliche Dienstmägde. Regeln des Vereins. Luxemburg: Brück 1872. 4 S. 12°

Wies, Nicolas: W e g w e i s e r zur geologischen Karte des Grossherzogtums Luxemburg. Luxemburg: Brück 1877. 96 S. 8°

(Wiesand, G.: Disceptatt. juris Sp. 1—5. *Wittenb.* 792—96. 4.

Wiesand, Georg Friedrich

Wiesand, Geo. Friedr., von Aufrechthaltung d. öffentl. Sicherheit, Ruhe u. gesetzl. Ordnung zu Verhütung v. Tumult u. Aufruhr, insbesond. Erörterung d. Rechtsfrage: Ist e. Gemeinde verbunden, den ein. Mitgliede ders. v. Tumultanten verursachten Schaden zu ersetzen? gr. 8. (27 B.) Leipzig 835, Brockhaus.

Wiesand, G. Fr., s. Beiträge zu gründl. Beurtheilung d. besond. staatsrechtl. Verhältnisse d. königl. sächs. Oberlausitz.

(Wiesand, G. F.,) Beyträge zu gründl. Beurtheilung d. besond. staatsrechtl. Verhältnisse d. Oberlausitz, s. Beyträge zur gründl Beurtheilung.

Wiesand, Georg Stephan [Praes.], s. A s t e r, Aug. Carl: Capita juris varia.

Wiesand, Georg Stephan [Praes.], s. B e r g m a n n, Friedrich Christian: De testamentifacti-Zittauiensi.

Wiesand, Georg Stephan [Praes.], s. B i r l i n g, Carl Gottfried: Observationes juris Romani et Saxonici.

Wiesand, Georg Stephan [Praes.], s. C r a n a c h, Christian Lucas: Theses juris Romani atque Germanici.

Wiesand, Georg Stephan [Praes.], s. D e m i a n i, Karl Christian: Observationes juris Romani et Saxonici.

Wiesand, Georg Stephan [Praes.], s. D o e h n e r t, Christian Traugott: De eius qui ex sponsa natus est successione in feudo.

(Wiesand, G. St.:) Kurzer Entw. ein. Historie d. Natur- u. Völkerrechts. *Leipz.* 759. (774) 8.

Wiesandius, Ge. Steph.: Epistola ad Jo. Heumannum de caussis neglecti iuris Germanici. Lipsiae 1757.

Wiesand, Georg Stephan [Praes.], s. E s c h e r, Jo. Friedr.: Capita juris controversa.

Wiesand, Georg Stephan [Praes.], s. E x s, Heinrich Wilhelm: Vindiciae L. 1. §. 2. D. de justitia et jure.

Wiesand, Georg Stephan [Praes.], s. F e l l e r, Johann David: Observationes juris Romani et Saxonici.

Wiesand, Georg Stephan [Praes.], s. F i e d l e r, August Gottfried: De praerogativis ac eximiis juribus pro-marchionis illustrissimi eines Land-Voigts ejusque vicarii perpetui des Ober-Amts-Hauptmanns in marchionatu Lusatiae superioris.

Wiesand, Georg Stephan [Praes.], s. F i s c h e r, Johann David: De dominica potestate ex jure Lusatiae superioris.

Wiesand, Georg Stephan [Praes.], s. F l e i s c h e r, August Gottfried: Theses juris criminalis.

Wiesand, Georg Stephan [Praes.], s. G l a s e w a l d, Gotthilf Samuel: Argumenta quaedam juris dubia.

Wiesand, Ge. Steph., Juristisches Handbuch, worin die Rechte der Deutschen, sowohl der alten als neuern Zeiten, aus ihren Quellen hergeleitet, der Verstand dunkler Wörter und Redensarten erklärt, die merkwürdigsten Sachen aber in alphabetischer Ordnung kürzlich erörtert werden. Hildburghausen 1762. Hanisch. 8°.

Wiesand, Geo. Steph., († d. 22. Mai 1821.) juristisches Handbuch d. deutschen Rechte d. alt. u. neuern Zeiten aus ihren Quellen hergeleitet, durch Verstand dunkler Wörter u. Redensart erklärt rc. gr. 8. Hildburgh. 762. (Gr. Fleischer in Leipz.) 3 ₰

Wiesand, Georg Stephan [Praes.], s. H e i n s i u s, Christian Friedrich Sigesm.: De praesumtione contra usum geradae apud ignobiles in Lusatia inferiore disputatio.

Wiesand, Georg Stephan [Praes.], s. H e m p e l, Friedrich Moritz: De privilegiis collegiorum fabrorum ferrariorum Zwiccauienium et Werdauiensium lithantraces et puteis metallicis vicinis percipiendi.

Wiesand, Georg Stephan [Praes.], s. H e r i n g, Andreas August: Theses juris variae.

Wiesand, Georg Stephan [Praes.], s. H e r m a n n, Friedrich Wilhelm: De ritu jurandi manu sublata vel pectori imposita.

Wiesand, Georg Stephan [Praes.], s. Hermann, Johann Ludwig Heinrich: Ad leg. VI. §. XVII D de excusationibus.

Wiesand, Georg Stephan [Praes.], s. Heydenreich, Gottlob Heinrich: Disceptationes juris. Specim. III.

Wiesand, Georg Stephan [Praes.], s. Heyme, Heinrich Ludwig: Disceptationes juris. Specimen V.

Wiesand, Georg Stephan [Praes.], s. Hoeppner, Karl Friedrich August: Observationes juris Romani et Saxonici.

— de jure naturae et gentium libri II. 8. Leipz. 758. Klaubart. 5 gr.

Wiesand, Ge. Steph.: Commentatio de iuribus suburbiorum quam denuo novis annot. auxit. Lipsiae 1756.

Wiesand, Georg Stephan [Praes.], s. Kirsch, Heinrich Christoph: De limitibus quibus facultas domicilii mutandi circumscribitur dissertatio.

Wiesand, Georg Stephan [Praes.], s. Kleinhempel, Christian Gottlieb: De duellis secundum mores Germanorum antiquos eorumque jura novissima dissertatio.

Wiesand, Georg Stephan [Praes.], s. Knapp, Erdmann: Disceptationes juris.

Wiesand, Georg Stephan [Praes.], s. Koerner, Paul Friedrich: De facultate denominandi juraturos.

Wiesand, Georg Stephan [Praes.], s. Kremsier, Johann Friedrich: Quaestiones juris Romani et Saxonici.

Wiesand, Georg Stephan [Praes.], s. Lauter, Joh. Christ.: De pacto remissorio disp.

Wiesand, Georg Stephan [Praes.], s. Leonhardi, Friedr. Chr.: Disceptationes juris.

Wiesand, Georg Stephan [Praes.], s. Meinhof, Ernst Gottlieb: De caussis vim et auctoritatem legum minuentibus.

Wiesand, Georg Stephan [Praes.], s. Meissner, Christian Gottfried: De ortu et progressu servitutis secundum jus naturae et civile (adspersis aliquot ad jus Lusatorum observationibus).

Wiesand, Georg Stephan [Praes.], s. Mencken, Johann August Ludwig: Observationes juris Romani et Saxonici.

Wiesand, Georg Stephan [Praes.], s. Muff, August Christian Georg: Disceptationes juris quas Präs. Georg Stephan Wiesand ab adversariorum argumentis defensurus est.

Wiesand, Georg Stephan [Praes.], s. Oberkampf, Karl Gustav: De expectantiis feudalibus.

Wiesand, G. St.: Observatt. jur. crim. *Wittenb.* **790— 91. 4. (4 Spec.)**

— observationes juris criminalis Spec. V. de reo secundum leges loci, ubi deliquit, non semper puniendo. 4. Wittenb. 791.

Wiesand, Geo. Steph.: Observationes juris Romani et Saxonici, XII Specimina. *Wittebergae,* **(Goethe in** *Leipzig.*) **775 — 80. 4. (18 Gr.)**

Wiesand, Georg Stephan [Praes.], s. Oehme, Johann Christian De censu capitis.

— opuscula in quibus varia juris Romani, Germanici ac imprimis Saxonici argumenta explicantur. 8maj. Leipz. 782. Schwickert. 20 gr.

Wiesand, Georg Stephan A. S. 129/41

De origine et natura legis Salicae.
Leipzig (Langenheim) 13. XI. 1760. 40 S.

36673

Wiesand, Georg Stephan [Praes.], s. Otto, Karl Heinrich Gottfried: Observationes juris Romani et Saxonici.

Wiesand, Georg Stephan [Praes.], s. Pezold, Jo. Ehrenfried: De re Germanorum judiciaria.

Wiesand, Georg Stephan [Praes.], s. Pfotenhauer, Ernst Friedrich: Utrum et quatenus legibus praesertim prohibitivis renunciari possit?

Wiesand, Georg Stephan [Praes.], s. Reichel, Samuel: De officio interpretis circa sectam scriptoris.

— s. Ad. Fr. v. Reinhard, Vergleichung d. Popeschen Lehrgebäudes.

Wiesand, Georg Stephan [Praes.], s. Reinhard, Karl Heinrich Leopold: De initio praescriptionis in crimine bigamiae.

Wiesand, Georg Stephan [Praes.], s. Richter, Georg Carl: Observationes juris Romani et Saxonici.

Wiesand, Georg Stephan [Praes.], s. Richter, Theophil August: De osculis jurium symbolis disput.

Wiesand, Georg Stephan [Praes.], s. Rissmann, Jo. Paul Friedrich: Disceptationes juris.

Wiesand, Georg Stephan [Praes.], s. Saxius, Johann Friedrich: Vindiciae 1. 1. §. 1. D. de iustitia et iure.

Wiesand, Georg Stephan [Praes.], s. Scheffer, Karl Gottfried: De nonnullis coronae nuptialis iuribus.

Wiesand, Georg Stephan [Praes.], s. Schill, Friedrich August: Pacis commendatio.

Wiesand, Georg Stephan [Praes.], s. Schnabel, Christian August: De origine et natura fidelitatis vasalliticae.

Wiesand, Georg Stephan [Praes.], s. Sernau, Gottfried Lebrecht: De ratione interpretandi privilegia nundinarum sollemnius disputatio.

Wiesand, Georg Stephan [Praes.], s. Spangenberg, Johann Georg Wilhelm: Ad novell. CVII. cap. I. observatio.

Wiesand, Ge. Steph.: Commentatio de stilo, quo leges Germaniae vetustae exaratae sunt. Lipsiae 1756.

Wiesand, Paul Ferdinand, Referendar in Dresden: Der **Verkauf** mit Rücktrittsvorbehalt für den Fall der Nichterfüllung (lex commissoria) im alten und im neuen Rechte. Borna-Leipzig 1905: R. Noske. (VIII, 71 S.) 8°
Leipzig, Jur. Fak., Diss. v. 31. März 1905
Geb. 3. Apr. 78 Leipzig; Wohnort: Dresden; Staatsangeh.: Sachsen; Vorbildung: Gymn. Guben Reife O. 99; Studium: Tübingen 3, Berlin 1, Leipzig 3 S.; Rig. 20. Jan. 03.]

Wiesbach, Reinhard

Wiesbach, Rhard., allerneuestes und vollständigstes Traumbuch für Jedermann. Nach den Erfahrungen eines alten Traumdeuters zusammengestellt. 16. (16 S.) Chemnitz 871, Hager.

Wiesbach, Rhard., neuestes und vollständigstes Traumbuch für Jedermann. Nach Erfahrungen eines alten Traumdeuters zusammengestellt. 3. Aufl. 16. (47 S.) Chemnitz 880, Hager. Kleinere Ausg. 6. Aufl. (16 S.)

Wiesbach, Rhard., neuestes u. vollständigstes Traumbuch f. Jedermann. Nach Erfahrgn. e. alten Traumdeuters zusammengestellt. 12. (47 S.) Chemnitz 894. E. A. Hager. —25

Wiesbaden [Sachl. OW]

Wiesbaden, s.: Woerl's Reisehandbücher.

Wiesbaden; der Name, seine Herkunft und Bedeutung. Homburg v. d. H. 1880. V: *Medem, Frdr. Ludw. Carl v.* (Cat. d. Stadtbibl. Zürich. Zürich 1864—97.)

Wiesbaden. O. O. [1882]. V: *Schirm, Heymann & Heyl.* (Kat. d. stat. Bureaus. Dresden 1890.)

Wiesbaden. Festspiele 1899 vom 14.—28. V. qu. gr. 8. (40 S. m. 14 Taf.) Wiesbaden 899. (R. Bechtold & Co.) 2.—

— dasselbe 1900 vom 16.—23. V. qu. gr. 8. (46 S. m. 12 Taf.) Nebst: Reiser, Fritz, Carl Maria v. Weber: Oberon. Wiesbadener Bearbeitg. Mit besond. Berücksicht. der melodramat. Ergänzg. v. Jos. Schlar erläutert. qu. gr. 8. (16 S.) Wiesbaden 900. (Moritz & Münzel.) 1.50

— dasselbe 1902 vom 11.—19. V. qu. gr. 8. (59 S. m. 14 Taf.) Ebd. (902). n.n. 1.60

Wiesbaden. Festspiele 1905 vom 17.—20. V. (42 S. m. 6 Taf.) qu. kl. 8. Wiesbaden 905. (Moritz & Münzel.) n.n. 1.60

— Festspiele 1907 vom 12.—16. V. (62 S. m. 12 Taf.) 18×25 cm. Ebd. (907). nn 1.—

Wiesbaden. Nachweis über Kur- und Orts-Verhältnisse. Hrsg. von der städtischen Kurverwaltung. Wiesbaden, 1905. 64 S. mit Abb., 2 Plänen u. 1 Karte.

Wiesbaden. 42 malerische Bilder nach künstler. Orig.-Aufnahmen. (46 S.) 24×32 cm. Wiesbaden (910). Moritz & Münzel. 2.50; geb. in Leinw. (41 Bl. m. III S. Text) 6.—

— m. besond. Berücksicht. der Innenräume des Kurhauses. 22 maler. Bilder nach künstler. Orig.-Aufnahmen. (24 S.) 22,5×29,5 cm. Ebd. (907). 1.80

Wiesbaden und Biebrich mit den nächsten und interessantesten Umgebungen. Ein Führer für Fremde und Einheimische, und Gabe freundl. Erinnerung (von Aloys Henninger). Lex.-8. (IV und 183 S. mit 19 Stahlst.) Darmstadt 854, Lange. Thlr.

—— and its environs. A guide to travellers and visiters. Lex.-8. (2⅛ B. u. 10 Ansicht. in Stahlst.) Darmstadt 841, Lange. *

— and its environs. A guide to travellers and visiters. With (10) Views drawn from Nature; and engraved on steel by Jh. Poppel, F. Abresch and E. Willmann. Lex.-8. the same 841. n. 1$^{5}/_{12}$ ₰ — the same with (16) Views on steel. the same. n. 1$^{2}/_{3}$ ₰

— et ses environs en Vues pittoresques, dessinées d'après nature par H. Schönfeld et E. Willmann, gravées en acier par Jh. Poppel et E. Willmann. — Wiesbaden und seine Umgebungen in malerischen Original-Ansichten, nach der Natur aufgenommen von H. Schönfeld u. E. Willmann und in Stahl gestochen von Jh. Poppel, F. Abresch u. E. Willmann. — Wiesbaden and its environs on pittoresque Views, drawn from Nature by H. Schönfeld, and engraved on steel by J. Poppel et E. Willmann. qu. gr. 4. (16 Blätter.) Ebend. 841. n. 2¼ ₰

Wiesbade et ses environs. Guide à l'usage des étrangers. gr. 16. (IV, 47 S. m. farb. Plan.) Wiesbaden 897, Lützenkirchen & Bröcking. n. —80

— u. seine neue **Rennbahn.** Festschrift, hrsg. vom Deutschen Sport. Grosse Herbstrennen am 17., 18. u. 20. IX. 1910. (22 S. m. Abbildgn.) 43×31 cm. Berlin 910. Deutscher Sport. 1.20

Wiesbaden, Schlangenbad, Schwalbach und Umgebungen. Prakt. Führer f. Badegäste u. Touristen. 4. Aufl. M. 2 neuen Kt. . . . Berlin: A. Goldschmidt 1896. (IV, 64. 8 S., 1 Pl., 1 Kt.) 8⁰
(Reisebücher, Griebens. Bd 76.)

Wiesbaden, Schlangenbad, Schwalbach u. Umgebgn. Prakt. Führer f. Badegäste u. Touristen. 5. Aufl. M. 2 neuen Kt. . . . *Berlin: A. Goldschmidt 1898.* (VIII, 69, 4 S., 1 Kt., 1 Pl.) 1 Bd 8.
= Reisebücher, Griebens. Bd 76. 98. 9689

Wiesbaden, Schlangenbad, Schwalbach und Umgebungen. Prakt. Führer f. Badegäste u. Touristen. 6. Aufl. Mit 2 Karten. *Berlin: A. Goldschmidt 1901.* (IV, 79 S.) 8° [F u. Ant.]
= Reisebücher, Griebens. Bd 76. 104. 854

Wiesbaden, die übrigen Taunusbäder und das Herzogthum Nassau . . . Frankfurt a. M. 1854. V: *Trummer, Carl.* (EngG)

Wiesbaden, die übrigen Taunusbäder und das Herzogthum Nassau. Ein Begleiter auf Wanderungen. gr. 12. (VI und 175 S.) Frankfurt a. M. 854, Brönner. *

Wiesbaden und seine Umgebungen. Ein Führer . . . Darmstadt 1841. V: *Malten, Heinrich von.* (HS II, 470) (Zeitschr. f. Büch. N. F. 15, 1923, 127)

Wiesbaden und seine Umgebungen. Ein Führer für Fremde u. Einheimische. Mit (10) nach der Natur aufgenomm. Ansichten, in Stahl gestochen von Jh. Poppel, F. Abresch u. E. Willmann. Lex.-8. Darmstadt u. Wiesbaden 841, Lange. n. 1$^{5}/_{12}$ ₰ — dass. mit (16) Stahlst. Ebend. n. 1$^{2}/_{3}$ ₰

Wiesbaden [Schlagwort]

— s. a.: **Coblenz.**

— s. a.: **Deutschland. Kürschner-Pelp.**

Wiesbaden, Reg.-Bez., s.: **Heimatskärtchen.** 19.

— s. a.: **Pharus-Städte-Atlas.**

— s. a.: Preussen. Messtischblätter.

Wiesbaden, Reg.-Bez., s.: Radfahrerkarten, Ravenstein.

— s.: Rheinprovinz.

— s.: Westentaschen-Sammlung.

Wiesbaden. Ausflugs-Karte von Wiesbaden in. Taunus, Rheingau, Lahntal, Odenwald, Bingen, Kreuznach etc. 1 : 200,000. 48,5×40 cm. Farbdr. Wiesbaden (908). H. Kraft. 1. —

Wiesbaden, Stadt. Beckmann-Plan, neuester v. Wiesbaden. 1 : 8,500. 57×45,5 cm. Farbdr. Mit Strassenverzeichnis am Fusse u. an der Seite. Stuttgart (906). W. Seifert. n. — 50

Wiesbaden, Stadt. Bornhofen, J., Plan v. Wiesbaden. 1 : 10,000. Chromolith. Fol. Wiesbaden 889. (Limbarth.) n. — 50

Wiesbaden, Reg.-Bez. Dilcher, H., u. Chr. Wächter, Schulwandkarte des Reg.-Bez. Wiesbaden. 1 : 100,000. 156×104 cm. Farbdr. Frankfurt a/M. (904). Kesselring. Auf Leinw. m. Stäben n. 20. —

— Gaebler, Ed., Specialkarte v. Wiesbaden u. Umgegend. 1 : 125,000. Chromolith. qu. gr. 4. Metz 888. Leipzig, Lang. — 25

Wiesbaden, Reg.-Bez. Jacobi, Carl, Hand-Karte zur Geographie des Reg.-Bez. Wiesbaden. 42×29 cm. Farbdr. Wiesbaden 899. [Ch. Limbarth's Verl.] H. Staadt. n. — 20; aufgez. auf Pappe n. — 50

— Jacobi, Karl, Handkarte des Reg.-Bez. Wiesbaden. 1 : 300,000. 45×32 cm. Farbdr. Wiesbaden (906). H. Staadt. n. — 20; auf Pappe n. — 40

— — Wandkarte des Reg.-Bez. Wiesbaden. 1 : 100,000. 2 Blatt à 66,5×95,5 cm. Farbdr. Ebd. 903. n. 14. —; auf Leinw. m. Stäben n. 20. —

Wiesbaden, Umgeg. Karte neue, der Umgebung v. Wiesbaden, Mainz. Mit Kilometerangaben f. Touristen u. Radfahrer. 1 : 60,000. 71 × 55,5 cm. Farbdr. Wiesbaden 898. H. Staadt. 1. 50; auf Leinw. n. 2. 50

— Karte, neue, der Umgebung v. Wiesbaden-Mainz. Mit Angabe der Entferngn. in Kilometern. 2. Aufl. Berichtigt u. ergänzt in F. A. Brockhaus' geogr.-artist. Anstalt, Leipzig. 1 : 60,000. 70×54,5 cm. Farbdr. Wiesbaden (908). H. Staadt. 1.50; auf Leinw. 2. 50

Wiesbaden, Stadt. Karte, neueste, der Umgebung v. Wiesbaden. 1 : 72,000. [Aus: „Griebens Reisebücher".] 31,5×26,5 cm. Farbdr. Berlin 901. A. Goldschmidt. n. — 50

— Karte zur Orientierung in der Umgebung v. Wiesbaden m. besond. Berücksicht. der beliebtesten Ausflüge. 1 : 100,000. 86×57,5 cm. Farbdr. Wiesbaden 903. R. Bechtold & Co. n. 1. —

— — der m. Farbenzeichen versehenen Wege der Umgegend v. Wiesbaden. Offizielle Karte des Rhein- u. Taunusklub Wiesbaden. Gez. von Carl Eichhorn. 1 : 50,000. 32,5×36,5 cm. Autogr. u. Farbdr. Wiesbaden (906). (Moritz & Münzel.) Auf Leinw. n. 1. —

Wiesbaden, Stadt. Karte v. Wiesbaden u. Umgebung. 1 : 125,000. Lichtdr. Untergrund nach e. Relief v. Woldermann. 22,5×27,5 cm. Wiesbaden 891. J. Bossong. n. — 75; auf Leinw. n. 1. —

— Lageplan, amtlicher, der Ausstellung f. Handwerk u. Gewerbe, Kunst u. Gartenbau, Wiesbaden 1909. 16,5×39 cm. Farbdr. Wiesbaden (909). (A. Venn). nn — 25

— Pharus-Plan. Wiesbaden. 1 : 8550. 87,5×60,5 cm. Farbdr. Nebst: Führer durch Wiesbaden m. Hinweis auf den Pharus-Plan Wiesbaden. (21 S.) 8. Berlin (903). Pharus-Verlag. — 60

— Pharus-Plan, neuester, v. Wiesbaden. 1:8,500. (Neue Ausg.) 57×45,5 cm. Farbdr. Mit Strassenverzeichnis. (7 S.) 19,5×11 cm. Stuttgart (908). W. Seifert. — 50

— Plan, neuester, von Wiesbaden. [Aus: „Grieben's Reisebücher".] 1 : 8000. 49×42,5 cm. Farbdr. Ebd. (900). n. — 50

Wiesbaden — Plan der Stadt — vermessen und gezeichnet von den Schulern der Herzogl. Nassauischen Militärschule in den Jahren 1820 bis 1826, nach 1 : 4,000 der natürlichen Grosse. In Commission bey H. W. Ritter zu Wiesbaden. 1 : 4,000. 1 Bl.

— Plan der Stadt Wiesbaden. 1 : 12,500. Autogr. u. color. qu. gr. 4. Wiesbaden 888. Ebbecke's Sort. n. — 40

Wiesbaden, Reg.-Bez. Ravenstein, Ludw., Kreis- u. Ortskarte vom Reg.-Bez. Wiesbaden (m. der Kreis-Eintheilung vom 1. Apr. 1886). 1 : 300,000. 2. Aufl. 30,5×45 cm. Farbendr. Frankfurt a/M. 890. L. Ravenstein. n.n. 1. —

— Ravenstein, Ludw., Kreis- u. Ortskarte vom Reg.-Bez. Wiesbaden m. der neuen Kreiseintheilung 1:300,000. 3. Aufl. 45,5×31,5 cm. Farbdr. Frankfurt a/M. (900). L. Ravenstein. n. 1. —

— — Schul- u. Comptoir-Karte vom Reg.-Bez. Wiesbaden (ehem. Herzogth. Nassau). 1 : 100,000. 3. Aufl. 4 Blatt à 60,5×49 cm. Farbdr. Wiesbaden 899. Ch. Limbarth's Verl. n. 7. —; auf Leinw. m. Stäben n. 12. —

— — Specialkarte vom Reg.-Bez. Wiesbaden. 1 : 170,000. 56×78,5 cm. Farbendr. Ebd. 891. n.n. 5. —; auf Leinw. in Leinw.-Mappe n.n. 6. —

— Schott, G., Karte der Umgegend v. Wiesbaden. 1 : 25,000. 4. Aufl. 48×63 cm. Lichtdr. Mit Text. 12. (2 S.) Wiesbaden 893. Feller & Gecks. Auf Leinw. n. 1. 80

— Schott, G., Umgebungskarte v. Wiesbaden. 1:33,333. Lichtdr. v. Römmler & Jonas in Dresden. qu. Fol. Wiesbaden 868. Feller & Gecks. n. 1. 20; auf Leinw. n. 1. 60

— Uebersichtskarte der Stadt Wiesbaden. Angefertigt unter Leitg. von v. Winckler im Katasterbureau der königl. Regierg. 1 : 5000. Chromolith. Imp.-Fol. Wiesbaden 889. (Moritz & Münzel.) n.n. 6. 50

— Wollweber, E., u. V. Wollweber, Karte d. Reg.-Bez. Wiesbaden, entworfen u. gezeichnet f. den Unterricht in der Heimathskunde. 1 : 840,000. (2. Aufl.) Farbendr. 36×26,5 cm. Wiesbaden 891. R. Bechtold & Co. n. — 20

— **Wollweber, V., Schulhandkarte vom preuss. Reg.-Bez. Wiesbaden (Nassau). 1 : 450,000. 34,5×25 cm. Farbdr. Frankfurt a/M. (905). Kesselring.** n. — 20;

Wiesbaden [Verfasser]

Wiesbaden, Ferdinand

Wiesbaden, Ferd., die Heilquellen Kreuznachs nach ihrer chemischen, pharmakodynam. u. therapeut. Stellung gewürdigt. gr. 8. (30 S.) Mannheim 847, Hoff. 6 *ngr*

Wiesbaden, Ferd., die Heilquellen Kreuznachs nach ihrer chemischen, pharmakodynam. und therapeut. Stellung gewürdigt. gr. 8. (30 S.) Mannheim 847. [Speyer, Lang.]

Wiesbaden, Ferd., Kreuznach u. seine Heilquellen. gr. 8. (8¾ B.) Mainz 843, v. Zabern.

—— Kreuznach et ses sources minérales. Trad. de l'allemand par H. Hertz. gr. in-8. (7¾ B.) Francfort s. M. 844, libr. Hermann. *

Wiesbaden, Ferdinandus (geb. am 22 Apr. 1810 in Kreuznach): De ratione necessitudinis inter morbos psychicos ac nervosos intercedente ... Bonnae, ex off. Moestiana (1833). 5 Bl., 25 S., 2 Bl. 8.
Bonn, Med. Fak., Diss. v. 27 März 1833

Wiesbaden, F., Studien und Erfahrungen über die Heilquellen von Kreuznach. gr. 8. (VI und 113 S.) Kreuznach 865, Voigtländer. *

Wiesbaden, Ferd., Zur endlichen Verständigung über den chemischen und physiologischen Charakter der Heilquellen von Kreuznach. gr. 8. (31 S.) Berlin 856, A. Hirschwald. *

Wiesbaden, Ferd, einige Worte z. Kritik d. bisherigen Anwendungsart d. Mineralbäder zu Kreuznach, nebst Andeutn. zu e. rationellern, naturgemässen Benutzung derselben. gr. 8. (1 B.) Kreuznach 839, Kehr. *

Wiesbaden's Spielhimmel u. Spielhölle, s. Natur u. Bedeutung aller Spiele.

Wiesbaur, Johann B.

— u. Mich. **Haselberger,** Beiträge zur Rosenflora v. Oberösterreich, Salzburg u. Böhmen. Nach J. B. v. Keller's krit. Untersuchgn. Hrsg. vom Museum Francisco-Carolinum in Linz. gr. 8. (V, 40 S.) Linz 891. (Berlin, F. L. Dames.) n. 1. 60

Wiesbaur, Joh. B., Kulturproben aus dem Schulgarten d. Stiftungs-Obergymnasiums Duppau. Progr. (S. 17—42.) Lex.-8. Duppau 904. (A. Uhl.) n. 1. —

(F) Unsere Misteln und ihre Nährpflanzen. Nebst einer Tafel mit 9 Figuren. Von J. B. Wiesbaur. Duppau. 1899. Selbstverlag. In Comm. Uhl. Gr.-8°. 24 S. fl. —.40

Wiesbaur J. B.: Der Schulgarten. System. Aufzählung der im Schulgarten des Duppauer O. G. kultivierten Pflanzen. 6, (16). 26. Duppau 02—04. **Progr.**

— Theralith im Duppauer Gebirge. gr. 8. (10 S.) Teplitz-Schönau (902). (A. Becker.) n. — 50
Sonderabdruck aus: „Sitzungsber. d. deut. naturw.-medicin. Vereines f. Böhmen: Lotos".

Wiesbaur, Joh. B., was ist unser Acker-Ehrenpreis? [Aus: „Mittheilungen d. Section f. Naturkde. d. Ö. T.-C."] hoch 4. (4 S.) Wien. Mariaschein 890. Prof. Joh. B. Wiesbaur, Selbstverl. — 20

— wo wächst echter Acker-Ehrenpreis? (Veronica agrestis Linné.) [Aus: „Mittheilungen d. Section f. Naturkde. d. Ö. T.-C."] 12. (8 S.) Ebd. 893. — 20

Wiesberg, Wilh., à la Klapphorn, s.: Volkstheater, Wiener.

Wiesberg, Wilh., mein' Vaterstadt in Lied und Wort. Eine Sammlung von kom. Scenen, Intermezzi, Couplets 2c. 1.—5. Lfg. 8. (à Lfg. 40—48 S.) Wien 885,86, Rosner. à Lfg. * 60 Pf. *

Wiesboeck, Carl L., Peter J. N. Geiger's Werke oder Verzeichniss saemmtl. Radirungen, lithogr. Feder- und Kreidezeichnungen, nebst einem Anh. von Xylographien, welche nach den Zeichnungen des Meisters geschnitten wurden, gesammelt und mit Anmerkungen beschrieben. gr. 8. (III, 184 S.) Leipzig 868, R. Weigel. [H. Vogel.]

Wiesch, Herr. Charakterbild eines westfälischen Landschullehrers aus der vorletzt verflossenen Zeit. Crefeld 1864. H: *Wegener, Theodor Caspar Heinrich.* (Rass I, 363)

Wiesch, Herr. Charakterbild eines westfäl. Landschullehrers aus der vorletzt verfloss. Zeit. Von einem kathol. Geistlichen. 8. (66 S.) Goesfeld 864, Wittneven Sohn. *

Wieschebrink, *Heinrich* [pr. Arzt aus Borghorst i. W.]: Über die schubweise auftretende entzündliche Schwellung bei Lymphangiomen ... Jena, Frommannsche Hofbuchdr., 1892; 28 S. 8.
Jena, Med. Fak., Inaug.-Diss. v. [1. Juni] 1892

Wieschhölter, Heinr.: De M. Caelio Rufo oratore ... Lipsiae, Frankenstein et Wagner, 1885. 2, 49 S. 8°
Leipzig, Phil. Fak., Inaug.-Diss. v. 12. Dez. 1885.

Wieschhoelter, Heinr., de M. Caelio Rufo oratore. gr. 8. (50 S.) Leipzig 886, Fock. *

Wiese, ..., s. Für Friedensrichter.

Wiese, de genesi et diagnosi emphysematis pulmonis, quod dicunt, vesicularis chronici, commentatio. 8maj. (3½ B.) Gottingae 846, Vandenhoeck et Ruprecht. *

Wiese, Ajo. Weihnachtszauber. 12. (63 S.) Danzig 891, Hinstorff. geb. m. Goldschn. * 2 —

Wiese, Albert: Die Cistercienser in Dargun von 1172 bis 1300. Ein Beitrag zur meklenburg-pommerschen Colonisationsgeschichte ... Güstrow, Druck d. C. Waltenberg'schen Rathsbuchdr., 1888; 93 S. 8°
Rostock, Phil. Fak., Inaug.-Diss. v. 4. Jun. 1888.

Wiese, Alb., die Cistercienser in Dargun von 1172—1300. Ein Beitrag zur mecklenburg-pommerschen Colonisationsgeschichte. Inaugural-Dissertation. gr. 8. (93 S.) Güstrow 888, (Kitzing.) *

Wiese, Alb., die Cistercienser in Dargun von 1172 bis 1300. Ein Beitrag zur mecklenburg-pommerschen Colonisationsgeschichte. 2. Aufl. gr. 8. (96 S.) Güstrow 899. (H. Kitzing.) n. 1. 40

Wiese, Andr. Bhrd. Karl, († d. 5. April 1824.) zur Beantwort. d. Frage: ob ein pupillarisch Substituirter d. Erbschaft des Vaters u. des Unmündigen in so ferne trennen darf, daß er die Eine annehmen u. d. Andere ausschlagen kann? 8. Rostock 795.

— Diss. inaug. de origine et jure collectarum provincialium ad elocandas filias illustres. 4. Rostock 790.

— Uebersicht vom Inhalt d. großherzogl. Mecklenburg. Appellations-Gerichts-Ordnung u. der Publicationspatente, nebst Anmerk. einiger darauf Bezug habenden Verordnn. 4. Rostock 821. ... (Aus d. Rostock, wöchentl. Nachrr. abgedr.)

Wiese, Andreas David (Rostock) A. S. 580/81

Dissertatio inauguralis iuridica, de genuina indole unionis prolium. Präs. Jakob Heinrich Baleke. Rostock (Adler) 14. X. 1756. 26 S.

36674

Wiese, B. v., die Familie Friedemann. Roman. Bromberg 861. Levit. 8. (231 S.) n. 1 ℳ

Mathematik. Von B. **Wiese**, Seminarl. in Verden. Breslau: F. Hirt 1905. (50 S.) 8° [F.]
= **Mittelschullehrer-**, Die, u. d. Rektorats**prüfung**. Reihe 1. H. 7. [06. 9987

Wiese, B., Raumlehre, s.: Vorbereitungen u. Entwürfe aus dem ges. Unterrichtsgebiete der deutschen Volksschule.

— W. Lichtblau u. K. Backhaus, Raumlehre f. Lehrerseminare. 1. u. 2. Tl. gr. 8. Breslau, F. Hirt. n. 2. 50
1. (160 S. m. 137 Abbildgn.) 893. n. 1. 60
2. Die Körperlehre. (80 S. m. 27 Fig.) 894. n. — 90

— W. Lichtblau u. K. Backhaus, Raumlehre f. Lehrerseminare. gr. 8. Breslau, F. Hirt. Geb. n. 3. 90
1. D. Flächenlehre (Planimetrie). Mit 124 Fig. im Text. 2., umgearb. Aufl. (190 S.) 897. n. 2. 25
2. D. Körperlehre (Stereometrie) u. die wichtigsten Lehrsätze d. Dreiecksrechnung (Trigonometrie). 2., verb. u. verm. Aufl. (120 S. m. 43 Fig.) 898. n. 1 65

Raumlehre für Lehrerseminare. Bearb. von den Seminarl. **B. Wiese**, W. Lichtblau u. Sem.-Oberl. K. Backhaus. Mit Fig. 3. Aufl. T. 1. 2. *Breslau: F. Hirt 1899–1900.* 2 Bde 8° [F.]
1. Die Flächenlehre ⟨Planimetrie⟩. 1899.
2. Die Körperlehre ⟨Stereometrie⟩ u. d. wichtigsten Lehrsätze d. Dreiecksrechnung ⟨Trigonometrie⟩. 1900. [01. 1931

Raumlehre für Lehrerseminare (2: Lehrerbildungsanstalten). Bearb. von d. Seminarlehrern **B. Wiese**, W. Lichtblau u. Sem.Oberl. K. Backhaus. In 2 T. 4., durchges. Aufl. Mit Fig. T. 1. 2. *Breslau: F. Hirt 1901–03.* 2 Bde 8° [F.]
1. Planimetrie ⟨Flächenlehre⟩. 1901.
2. Umgearb. u. erw. nach d. preuß. Lehrplan f. d. Lehrerseminare v. 1. Juli 1901 ... Stereometrie u. Trigonometrie. ⟨Körperlehre u. Dreiecksrechnung⟩. 1903. [04. 7878

— — u. K. Backhaus, Raumlehre f. Lehrerseminare. 1. u. 2. Tl. gr. 8. Breslau, F. Hirt. Geb. n. 3. 90
1. Planimetrie (Flächenlehre). Mit 126 Fig. im Text. 5. Aufl. (190 S.) 902. n. 2. 25
2. Die Körperlehre (Stereometrie) u. die wichtigsten Lehrsätze d. Dreiecksrechng. (Trigonometrie). 3. Aufl. (120 S. 43 m. Fig.) 900. n.n. 1. 65

Raumlehre für Lehrerbildungsanstalten. Bearb. v. B. **Wiese**, W. Lichtblau, K. Backhaus. In 2 Teilen. 6. Aufl., umgearb. u. erw. nach d. Lehrplan v. 1. Juli 1901. T. 1, Abt. 1. Breslau: F. Hirt 1904. 8° [F.] [06. 3815

— W. Lichtblau u. K. Backhaus, Raumlehre f. Lehrerbildungsanstalten. (In 2 Tln.) I. Tl. 2 Abtlgn. u. II. Tl. gr. 8. Breslau, F. Hirt. Geb. n.n. 5. 50
I. 1. Planimetrie (Flächenlehre). 1. Abtlg.: Der Lehrstoff f. die Präparandenanstalt. 7., durchgeseh. Aufl. (150 S. m. 93 Fig.) 905. Geb. n.n. 1. 65
2. Dasselbe. 2. Abtlg.: Der Lehrstoff f. das Seminar. (106 S. m. 41 Fig.) 904. n.n. 1. 35
II. Stereometrie u. Trigonometrie. (Körperlehre u. Dreiecksrechnung.) Mit 46 Fig. im Text. 6., durchgeseh. Aufl. (228 S.) 906. Geb. n. 2. 50

Raumlehre für Lehrerbildungsanstalten bearb. von B. **Wiese**, W. Lichtblau, K. Backhaus. 8., durchges. Aufl. T. 1, Abt. 1. Breslau: F. Hirt 1908. 8° [F.] [08. 3337

— W. Lichtblau u. K. Backhaus, Raumlehre f. Lehrerbildungsanstalten. 2 Tle. gr. 8. Breslau, F. Hirt. Geb. nn 5. 50
I. 1. Planimetrie (Flächenlehre). 1. Abtlg. Der Lehrstoff f. die Präparandenanstalt. 9., durchgeseh. Aufl. (150 S. m. 93 Fig.) 909. Geb. 1. 65
I. 2. — dasselbe. 2. Abtlg.: Der Lehrstoff f. das Seminar. 8., durchgeseh. Aufl. (106 S. m. 41 Fig.) 909. Geb. nn 1. 35
II. Stereometrie u. Trigonometrie. (Körperlehre u. Dreiecksrechnung.) 8., durchgesch. Aufl. (228 S. m. 46 Fig.) 910. Geb. 2. 50

Wiese, B., u. A. K. v. d. Laan, Raumlehre f. Volksschulen. Mit 49 in den Text gedr. Holzschn. 8. (44 S.) Hannover 886. Meyer. n. — 40

Wiese, B.: Rechenbuch für Landschulen, s. Backhaus, Karl

— Rechenbuch f. Lehrerbildungsanstalten, s.: Lichtblau, W.

— Rechenbuch f. Lehrerseminare, s.: Lichtblau, W.

— Rechenbuch f. mehrklassige Volksschulen, s.: Backhaus, K.

—— das Rechnen auf den unteren Stufen, s. Bücking, M.

— u. W. Lichtblau, Sammlung geometrischer Konstruktions-Aufgaben zum Gebrauch an Seminarien, sowie zum Selbstunterricht. Mit 115 Holzschn. gr. 8 (VIII, 220 S.) Ebend. 885. n. 2. 80; cart. n. 3. —

Sammlung geometrischer Konstruktions-Aufgaben zum Gebrauch an Seminarien sowie zum Selbstunterricht von **B. Wiese** und W. Lichtblau, Kgl. Seminarl. 2. umgearb. u. verb. Aufl. *Hannover, Berlin: C. Meyer 1900.* (VII, 153 S.) 8° [F.] [01. 465

— Sammlg. geometrischer Rechenaufgaben, s.: Lichtblau, W.

Wiese, B. v., Schloß und Pfarrhaus. Breslau 858. Kern. 8. (224 S.) 1 ℳ.

Wiese, Benjamin (Hamburg) A. S. 358/16

Disputatio inauguralis de citatione. Basel (Decker) III. 1751. 20 Bl.

Gew.: Bernhard Wise (Vater). 36675

Altitalienisches Elementarbuch von Berthold **Wiese**. *Heidelberg: C. Winter 1904.* (XI, 320 S.) 8°
= Sammlung Romanischer Elementarbücher. Reihe 1, 4. [04 15307

Wiese, Berthold, u. Erasmo Pèrcopo, Geschichte der italienischen Litteratur von d. ältesten Zeiten bis zur Gegenwart. M. 160 Abb. im Text, 31 Taf. in Farbendr., Kpfrätzg. u. Holzschn. u. 8 Fksm.-Beilagen. (In 14 Lfgn.) 1.—6. Lfg. gr. 8. (S. 1—240.) Leipzig 898. Bibliograph. Institut. à n. 1.—

— u. Erasmo Pèrcopo, Geſchichte d. italieniſchen Litteratur von den älteſten Zeiten bis zur Gegenwart. Mit 160 Abbildgn. im Text u. 39 Taf. in Farbendr., Holzſchn. u. Kpfrätzg. 6.—14. Lfg. gr. 8. (X u. S. 241—639.) Leipzig 899. Bibliograph. Inſtitut. à n. 1. —; (kplt. geb. in Halbfrz. n. 16. —)

Wiese, Berthold [Dr.]: Handschriftliches. I. Ein neues Tesorettobruchstück. II. Die lyrischen Gedichte in dem cod. 1069 fonds italien der Bibliothèque Nationale zu Paris. *Halle (Saale)*, *Gebauer-Schwetschke'sche Buchdr.*, *1894*; 33—47 S. 4.
Halle a. S., st. OR, OP 1894 (274)

Wiese, Berthold Neunzehn Lieder Leonardo Giustiniani's nach den alten Drucken. 13 S. Progr. *Ludwigslust* 1883.

Wiese, Berth., s. Margarethen-Legende, e. altlombardische.

Wiese, Berthold (geb. Rostock [illegible]): Ueber die Sprache des Tesoretto Brunetto Latinis. Berlin (1883) ([illegible] S.) 8° [illegible] ersch. in: Zeitschr. f. roman. Philol. Bd [illegible] 1883
Berlin, Phil. Diss. v. 14. Febr. 1883

Wieſe, Berth., italien. Sprachführer, ſ.: Kleinpaul, Rud.

Wiese, Berthold: Zum Streitgedichte zwischen Wein und Wasser. 2 neue ital. Bearb. (Mit 1 Taf.) Halle a. S.: Niemeyer 1908. S. 65—93. 8°
Halle a. S., st. OR, in Festschr. b. Einzug in d. neue Gebäude, P 1908 (340) [S 08. 534

Begrüssungs-Gedicht zur Provinzial-Versammlung der Bbr. Freimaurer Schleswig-Holsteins zu Eckernförde am Sonntag, den 21. Juli 1901. [Unterz.:] C. Wiese. Gewidmet von Emil Schwensen. Eckernförde [1901]: Schwensen. 2 Bl. 8° [Umschlagtit.]
„Hochmittag ist's, die Aehren reifen ...“ 4.

Wiese, Carl, s. W i e s e , Karl

Wieſe, Chr. Fr., Predigt am Erndte-Dankfeſte 1811 gehalten. gr. 8. Berl., Mittler. 3 gGr.

Wiese, Christian, Arzt aus Preuss. Fülle: Untersuchungen über die Verbiegungen der Nasenscheidewand. *Göttingen 1900: L. Hofer.* (37 S.) 8°
Göttingen, Med. Diss. v. [5. Dez.] 1900

Wiese, Chrn., Untersuchungen über die Verbiegungen der Nasenscheidewand. Diss. gr. 8. (37 S.) Göttingen 900. (Vandenhoeck & Ruprecht.) n. 1.—

Wiese, Christian Friedrich (Freiberg/Sa.)
A. S. 139/26

Problema iuris canonici an clerico secundum statuta loci ubi degit succedatur ? Präs. Traugott Thomasius. Leipzig (Breitkopf) 11. X. 1736. 32 S.
36677

Wiese, Christian Ludwig Gustav von

v. Wieſe, Frhr. Chr. Ldw. Guſt., († d. 7. Aug. 1800.), ſ. Anweiſ. nach e. mechan. Behandl. d. Clavier zu ſtimmen.

Wiese, C. L. v., Discours analytiq. sur la Cohérence imperturbable de l'unité du principe de trois premiers part. intégr. de la Théorie musicale. gr. 4. Dresd. Walther. 795.
Vgl. D i s c o u r s ...

— formulariſches Handbuch für den ausübenden Stimmer des Taſteninſtruments. gr. 4. Dresden, Walther. 794. Vgl. H a n d b u c h , ...

— Ptolomäus u. Zarlino, od. wahr. Geſichtskreis d. haltbaren Univerſalitäten der Elementartonlehre. gr. 4. Ebend. 794. Vgl. P t o l e m ä u s ...

— Verſuch üb. die logiſch-mathematiſche Klangs-, Eintheilungs-, Stimmungs- und Temperaturlehre. gr. 4. Ebend. 795. Vgl. V e r s u c h ...

— Verſuch e. formular. u. tabellar. Leitfadens in Bezug auf d. Nationalſtimm. u. d. Temperaturſtimmung a. d. Orgel u. d. Taſteninſtrumenten. gr. Fol. Ebend. 795.
Vgl. V e r s u c h ...

Wiese, Christian Ludwig Gustav von- Versuch eines Formularisch und Tabellarisch vorgebildeten Leitfadens im Bezug auf die Quelle des harmonischen Tönungsausflusses. Dresden. (quer 8°.)

Wiese, Clemens, s. W i e s e , Klemens

Wieſe, D., Rechenheft, ſ.: Bücking, M.

Wieſe, D., das Rechnen auf den unteren Stufen, ſ.: Bücking, M.

—— deutſches Sprachbuch, ſ. Drees, H.

WIESE, Edmund: Zur Sprache und Metrik Neidhardts von Reuenthal. — 1905. 203 Bl. Diss. Graz, Univ.

Wiese, Emil: Die Wirkung einseitiger Erhöhung des Nährstoffgehaltes des Futters durch Stärke auf die Milchabsonderung des Rindes. *Hildesheim 1899: Gebr. Gerstenberg.* (82 S.) 8°
Leipzig, Phil. Diss. v. [14. Okt.] 1899

Wiese, Ernst

Wieſe, E., Anſichten über die Bewirthſchaftung von Privatforſten, ſ. Volksbücher, landwirthſchaftliche.

Wiese, Ernst: B e i t r a g zur Hystologie [!] des Leberadenoms ... Leipzig. Buchdr. v. M. Hoffmann. 1892; 22 S., 1 Bl. 8°
Würzburg, Med. Fak., Inaug.-Diss. v. 1892.

WIESE, Ernst: Die Bewirthschaftung der Privatforsten. - Berlin 1874. 222 S. - (Forstwiss. Bibliothek Nr. 3/4)

Wieſe, E., Bewirthſchaftung der Privatforſten, } ſ. Bibliothek, forſtwiſſenſchaftliche.

—— die Forſt- und Jagdpolizei-Geſetze Preußens. Eine Anleitung zum Schutz der Forſten und Jagden für Privatforſtbeſitzer und deren Beamte, für Förſter in Dienſten des Staates und diejenigen, welche es werden wollen. gr. 8. (IV, 108 S.) Berlin 870, Springer's Verlag. (*M 1,50.)

WIESE, Ernst: Allgemeine Forstwirtschaftslehre als Einleitung in die forstwissenschaftliche Bibliothek. - Berlin 1874. 72 S. - (Forstwissenschaftl. Bibliothek Nr. 1)

Wiese, Ernst: Allgem. F o r s t w i r t h s c h a f t s l e h r e ..., s.a. B i b l i o t h e k , Forstwissensch.

Wiese, Ernst: Die Politik der Niederländer während des Kalmarkriegs ⟨1611—1613⟩ und ihr Bündnis mit Schweden ⟨1614⟩ und den Hansestädten ⟨1616⟩. *Heidelberg: C. Winter 1903.* (VIII, 71 S.) 8° [F.] ¶ [Erschien vollst. 1903 als: Heidelb. Abhandl. zur mittl. u. neueren Geschichte, H. 3.]
Heidelberg, Phil. Diss. v. 1903

Die Politik der Niederländer während des Kalmarkriegs ⟨1611–1613⟩ und ihr Bündnis mit Schweden ⟨1614⟩ und den Hansestädten ⟨1616⟩. Von Ernst Wiese. Mit 1 Karte. *Heidelberg: C. Winter 1903.* (VIII, 147 S.) 8° [J.]
= Abhandlungen, Heidelberger, z. mittleren u. neueren Geschichte. H. 3.

von Wiese, Erwin [Dr.]: Beiträge zur Geschichte der evangelischen Gemeinde und Kirche in Sprottau. I. Die Reformation in Sprottau. Sprottau, Druck v. L. Wildner, *1897*; 3—23 S. 4.
Sprottau, PG, OP 1897 (227)

Wiese, Erwin v., die englische parlamentarische Opposition u. ihre Stellung zur auswärtigen Politik d. brittischen Cabinets während d. österreichischen Erbfolgekrieges [bezw. d. J. 1740—1744]. Ein Beitrag zur Geschichte jener Zeit. gr. 8. (86 S.) Waldenburg i/Schl. 883. (Göttingen, Vandenhoeck & Ruprecht.) n. 2. 40

Wiese, F., der Kartoffelbau mit Berücksicht. neuerer Methoden. 8. (63 S.) Berlin 872, Bohne.

Wiese, F., der Lupinenbau in Ostpreussen nach eignen Erfahrungen. Berlin 870. Bohne. 8. (48 S.) n. 10 *ngr.*

Wiese, F. G., die gnädige Frau v. Paretz. Erinnerungen in Bildern u. Zügen an König Friedrich Wilhelm III. u. die Königin Luise in Paretz, Falkenrehde u. Uetz. (VII, 120 S. m. Abbildgn. u. 4 Taf.) 8. Ketzin a/H. 910. (Berlin, Buchh. des Invalidendank.) 1. —

Die gnädige Frau von Paretz. Erinnerungen in Bildern u. Zügen an König Friedrich Wilhelm III. u. d. Königin Luise in Paretz, Falkenrehde u. Uetz von F. G. **Wiese**. 1. Aufl. Ketzin: Lamprecht 1910. 7, 120 S. 8°

Wiese, F. G., Züge u. Bilder aus dem Leben König Friedrich Wilhelms III. u. der Königin Luise in Paretz. Zur 100jähr. Wiederkehr des Todestages der unvergeßl. Königin der Jugend dargeboten. (IX, 62 S. m. 2 Bildnissen.) 8. Potsdam 910. A. Stein. 1.—; geb. 1. 20

Wiese, F. L. A., das Delirium tremens. Eine Abhandl. gr. 8. (1½ B.) Quedlinburg 835, Basse.

Wiese-Schwerin, Fr., Diesterweg u. seine Bedeutung f. d. Volksschule. Vortrag, geh. auf d. Versammlg. d. Landes-Lehrer-Vereins zu Sternberg. 8. (31 S.) Wismar 890. Hinstorff's Verl. n. — 40

Wiese, Fr., s. Nordenskjöld, O. v., Genealogie des deutschen Kaiserpaares.

Wiese, Fr., Spruchbuch, enth. die vom Hohen Ministerium vorgeschriebenen Sprüche, nebst e. Verzeichnis d. übr. religiösen Lernstoffes aus Katechismus u. Gesangbuch u. e. Stoffverteilg. auf die bibl. Geschichten. Ein Hülfsbüchlein zum Gebrauch in den Schulen unseres Landes. 12. (48 S.) Schwerin i/M. 891. Stiller. n. — 30

Wiese, Friedrich, appr. Arzt a. Nieder-Hermsdorf (Kreis Waldenburg i. Schlesien): Aus der Medicinischen Universitäts-Poliklinik für Nervenkranke in Leipzig. Ueber die chronische ankylosierende Steifigkeit der Wirbelsäule und der grossen Gelenke. (Strümpell—Marie—Bechterew). Leipzig 1906: B. Georgi. (40 S.) 8°
Leipzig, Med. Fak., Ref. Hoffmann, Diss. v. 1. Aug. 1906
[Geb. 21. Juni 77 Nieder-Hermsdorf; Wohnort: Nieder-Hermsdorf; Staatsangeh.: Preußen; Vorbildung: Gymn. Waldenburg Reife O. 97; Studium: Breslau 4, Tübingen 4, Breslau 3 S.; Coll. 7. Aug. 06; Approb. 15. Juli 04.]

Wiese, Friedrich Adolf, s. Ansiedlungen in d. Urwäldern v. Canada.

Wiese, F. A., s. J. H. Curtis, letztes Werk.

Wiese, F(riedrich) A(dolph) (Übers.):

s.: Cuvier, G(eorges Léopold Chrétien Frédéric Dagobert) Baron: Geschichte der Fortschritte in den Naturwissenschaften seit 1789 bis auf den heutigen Tag. (Histoire des progrès des sciences naturelles depuis 1789 jusqu'à ce jour. Dt.) Bd 1 - 4. Leipzig: 1828 - 1829

Wiese, F. A., das Heller-Magazin rc., s. Heller-Magazin.

—— Indien od. die Hindus, nach d. neuesten u. besten, vorzügl. engl. Werken bearb. Mit viel. Abbildn. 2 Bde. à 2 Abthln. gr. 12. (48⅔ B.) Leipzig 836, 37, Baumgärtners Buchh.

Wiese, F. A., illustrirtes Magazin, s. Magazin.

Wiese, Friedrich Adolf, s. Pflanzen, welche z. Nahrung d. Menschen dienen.

Wiese, Friedrich Adolf, s. Taschenenzyklopädie ... Botanik.

Wiese, Georg (Walter Vinzenz) von

v. Wiese, Geo. Walth. Vinc., († d. 22. Nov. 1824.) comment. de differentia Comitiorum S. J. R. G. durante interregno et vivo imperatore. 8maj. Götting. 791. Dieterich. (a. Vandenhöck u. R.) 10 ℊ

Wiese, Georg, commentatio de fundamento et Limitibus Obligationis Liberorum ad facta parentum praestanda. 4. maj. Rostock. (Koppe.) Stiller. 790. Rthlr. ·

— Grundsätze d. gemeinen in Deutschland üblichen Kirchenrechts. 8. Gött. 793. 2e A. 798. 3e A. 804. 4e A. 818. 5e verb. u. verm. Aufl. von W. Th. Kraut. 8. Ebd. 826. Dieterich. 1 ℛ 16 ℊ

Wiese, G. (Wth. Vz.): Grundsätze d. gem. in Deutschl. übl. Kirchenrechts. *Gött.*, Dieterich. (1—3e A. 793—805.) 4e A. 819. 8. (1 Thl. 16 Gr.)

Wiese, G. v., Grundsätze des gemeinen in Deutschland üblichen Kirchenrechts. 4te verb. Aufl. 8. Göttingen, Dieterich. 818.

v. Wiese, Geo., Grundsätze des gemeindeutschen Kirchenrechts. 6. Ausg.: ergänzt, glossirt u. stylisirt von: Karl Ed. Morstadt. gr. 8. (400 S.) Göttingen 850, Dieterich. 1½ ℛ

Eb.: Handb. d. gem. in Deutschl. übl. Kirchenrechts, als Comment. üb. se. Grunds. dess. *Lpz.*, Fleischer. gr. 8. 1—2r Th. 799—800. (5 Thl.) 3r Th. in 2 Abth. 802—4. (4 Thl.)

Wiese, Georg von, s. Quistorp, J. Chr. v.: Bemerkungen ...

— über das System des Kanonischen Rechts. 8. Götting. 792. Dieterich. 1 ℊ

Wiese, Georg Ghard. Chr., vgl. Wiesen, Georg Ghard. Chr.

Wiese, Geo. Ghrd. Chr., Religionsphilosophie, oder die Verhältnisse der Vernunft zur Freiheit. gr. 8. Hildbsh. 801. Gerstenberg. 1 ℛ 16 ℊ

Wiese, Gustav L.

— Die Tontinen-Versicherung der Equitable. Berlin 1902.

Wiese, Gust. L. Treu u. Glauben der Equitable Lebensversicherungs-Gesellschaft New-York im Lichte der Wahrheit. gr. 8. (32 S.) Berl. 892, Wilhelmi. * — 50

Wiese, H., s.: Adreßbuch, kaufmännisches, f. die Rheinprovinz.

Wiese, H. De Agathocle Syracusanorum tyranno. (80) 4 Monasterii 1867. Diss

Wiese, H.: Das Klima Rostocks. (Sep.-Abdr. aus: „Hygienische Topographie der Stadt Rostock.") Rostock 1888.

Wiese, H., Mülden in Natal, s.: Missionsschriften, kleine Hermannsburger.

Wiese, Hartwig Friedr., Nachrichten von dem Kirchspiel Schönkirchen, insbesondere von dem Kirchdorf selbst. Gesammelt und hrsg. gr. 8. (VIII, 368 S. mit Bildern und Karten.) Schönkirchen 886. (Kiel, Lipsius und Tischer.) geb. *

Wiese, Heinrich — Beitrag zur Erledigung der vom Freiherrn von Senfft-Pilsach ausgeschriebenen Prämial-Frage des k. preuß. Landes-Oekonomie-Kollegiums über die Besteuerung der Brennerei nach Quale und Quantum der Spiritus-Ausbeute anstatt nach dem Gährbottigraum von — —. Nebstbei 1. Beschreibung des vom emer. k. k. Professor August Ernst Müller-Milowsky zu Ungarisch-Altenburg, jetzt zu Stockholm, angegebenen Concentrators (lithogr.) Nebstbei 2. Beschreibung des von A. E. Müller-Milowsky angegebenen Verfahrens um 12⁰ A. Spiritus vom Zentner Kukuruz zu erzeugen und die Entstehung von Fuselöl zu verhindern, sammt Präparator hierzu. Nebstbei 3. Beschreibung des k. k. priv. Verfahrens von Heinrich Wiese zur Schnellkühlung von Maische und von Würze, deßgleichen zur Schnelldarre und Schnelltrocknung von aller Art Fabrikaten und Produkten, dann zur Gradirung von Salz, so wie zur Verdampfung von Zuckersaft mittelst Centrifugal-Ventilation. Olmütz, 1856. Druck von F. Slawik. Leipzig. In Kommission bei Heinrich Hübner. (24 S. 8.)

Wiese, H. (S.), Brotbriefe oder Rhapsodien über Restauration des Grundeigenthums und der Landwirthschaft. gr. 8. (VI und 212 S.) Leipzig 853, Hübner.
Hieraus wurde besonders abgedruckt:

— über Dünger-Verwohlfeilerung. Abdruck aus den „Brotbriefen." Leipzig 853. Hübner. gr. 8. (48 S.) 7½ ngr.

Wiese, Heinr., ökon.-techn. londoner Familien-Receptbuch, s. Familien-Receptbuch.

—— Hülfsbuch f. Weinbesitzer ɿc., s. Hellenthal, K. A.

Wiese, Heinr., s.: Testament, das Neue.

— s. Zeitschrift für Oesterreichs Industrie u. Handel.

Wiese, Hugo v. Die militärischen Ereignisse in der Grafschaft Glatz, während des ersten schlesischen Krieges bis zur Capitulation der Festung Glatz. (Aus: „Zeitschrift des Vereines für Geschichte und Alterthum Schlesiens". Bd. XIX.) 8. (Breslau 1885.)

Wiese u. Kaiserswaldau, Hugo v., Friedrich Wilhelm Graf v. Goetzen, Schlesiens Held in der Franzosenzeit 1806 bis 1807. Nach seinen eigenen Aufzeichngn. u. handschriftl. Quellen dargestellt. Mit e. Bildniß, e. Uebersichtsskizze u. e. Textskizze. gr. 8. (X, 286 S.) Berlin 902. E. S. Mittler & Sohn. n. 6.—; geb. in Leinw. n.n. 7.50

[F.] Der Kampf um Glatz. Aus d. Gesch. d. Gegenreform in d. Grafsch. Glatz. Von Hugo v. Wiese. *Halle: Ver. f. Reformationsgesch.: (Commv. v. M. Niemeyer) 1896.* (1 Bl., 84 S.) 8.
= Schriften d. Vereins f. Reformationsgeschichte. No 54. [97. 6256

Vereinigter Alter Orden der Druiden von Hugo Wiese und Heinrich Fricke. Hamburg: Verlag d. Reichs-Grossloge V. A. O. D. 1904. VIII, 195 S. 8⁰.

Wiese, Hugo, u. Heinr. Fricke, Vereinigter alter Orden der Druiden. (VIII, 196 S. m. Abb.) gr. 8. Hamburg 904. (München, M. Kellerer.) Geb. in Leinw. n. 3. —

Stadt und Festung Silberberg von Hugo v. Wiese u. Kaiserswaldau, Hauptm. a. D. Silberberg: Babel, Bürgerm.; Frankenstein i. Schl.: E. Philipp in Komm. 1903. (47 S.) 8° [F.] [03. 1,0

Wiese, Hugo v., der Untergang der älteren evangelischen Gemeinden in der Grafsch. Glatz. Ein Vortrag, geh. im christl. Familienabend Glatz, 13. Dezbr. 1891. 8. (30 S.) Glatz 892. (C. Platz.) n. — 50

Wiese, J., Benjamin Franklin, s.: Männer des Erfolgs.

Wiese, J. C., Aufgaben zum Kopfrechnen f. einfache Schulverhältnisse. 8. (62 S.) Schleswig 892. L. Detleffsen. Kart. n. 1. —

Wiese, J. D., biblische Geschichte. Für die Hand der Schüler in Mittel- u. Oberklassen bearb. 2 Aufl. 8. (VIII, 224 S.) Oldenburg 885. (Schmidt's Sort.) n. — 60

Wiese, J. L., Anweisung zu Vertilgung d. Weizenbrandes. 8. Cöthen 802. Aue. 4 gl.

Festgesang der ehrw. Freymaurerey. Hamburg: 1792. [Verf. von J. M. Wiese.] [Hamburg 1792]: Treder. 12 S. 8⁰ [Umschlagtit.]
Kl. 1773. Mit Noten: „Brüder! folgt der Weisheit Quelle!" 193.

B. V. A. (Berliner Verkehrs-Anstalt.) Briefträger-Erinnerungen eines ehemaligen Kleinstädters. Von Johannes Wiese. Berlin: Baumhauer [1910]. 127 S. 8° [10. 5051

Wiese, Johs., B. V. A. (Berliner Verkehrs-Anstalt.) Briefträger-Erinnerungen e. ehemal. Kleinstädters. (VI, 127 S.) kl. 8. Berlin (910). Franz Schulze. 1. —

Johann Ernst Philipp Wiese

De Monstris animalium. Berolini (1812:) Starck. 24 S. 8⁰

.Berlin, Med. Diss. v. 13. Juli 1812

Wiese, Josef

Die Bäckerei-Verordnung, ihr Wesen, ihre Handhabung und ihre Wirkung. Eine zeitgemäße Studie von Dr. J[osef] Wiese. ([Berlin: Köppen] 1910.) 31 S. 8° [Umschlagt.]
(Schriften d. Deutschen Mittelstands-Vereinigung. H. 3.) [10. 16261

Die Bäckerei-Verordnung, ihr Wesen, ihre Handhabung u. ihre Wirkung. Eine zeitgemäße Studie von Dr. J[osef] Wiese. Berlin: Deutsche Mittelstands-Vereinigung (1910). 31 S. 8° [Umschlagt.]
(Schriften d. Deutschen Mittelstands-Vereinigung. H. 3.) [11. 496

Wiese, Josef [aus Meschede]: Der Pädagoge Alexander Hegius und seine Schüler ... Berlin, Druck d. Germania, Act.-Ges. f. Verl. u. Druckerei, 1892: 53 S. 8.
Erlangen, Phil. Fak., Inaug.-Diss. v. 1892

Das Meer. Geogr., naturgeschichtl. u. volkswirtschaftl. Darstellung d. Meeres u. seiner Bedeutung in d. Gegenwart von Dr. J[osef] **Wiese**. Mit zahlr. Bild. u. Karten. Berlin: A. Schall [1907]. (424 S.) 8°
= [**Verein** d. Bücherfreunde. Jg. 16, 2.] 07. 1691

— Neu-Deutschland. Unsere Kolonien in Wort u. Bild. Der deutschen Jugend u. dem deutschen Volke geschildert. Mit 12 Karten u. üb. 90 Illustr. nach Naturaufnahmen. (XIV, 431 S.) gr. 8. Berlin (908). Meidinger's Jugendschriften-Verlag. Geb. in Leinw. 4. —

(Wiese, Julius:) Die Freiwillige F e u e r w e h r der Stadt Elmshorn 1876–1901. Eine kurze Geschichte ihrer Entstehung und Entwicklung. Elmshorn. 1901. 8°

Wiese, Carl, Kgl. Gymn.-Oberl. zu Sigmaringen: Eine synthetische **Untersuchung** über Flächen dritter Ordnung mit Doppelpunkten. *Münster i. W. 1904: Aschendorff.* (35 S.) 8°
Münster, Phil. Diss. v. [27. Apr.] 1904

Wiese, Karl Friedrich

Wiese, Handbuch des Stempelwesens in den Kön. Preuß. Staaten. 4. Halle, Hemmerde u. Sch. in Comm. 817.

— Handbuch des Stempelwesens in Königl. Preuß. Staaten. 4. Halle 817. (Schwetschke u. S.) 1 ℛß Supplement zu Obigem. 4. Ebd. 4 ℊℊ 2s Supplement zu Obigem. 4. Rathenow. 817. (Halle, Schwetschke u. S.) 4 ℊℊ

Wiese, [Karl Friedr.]: Handbuch des Stempelwesens in den Königlich Preußischen Staaten. [Nebst] Suppl. Rathenow 1817. 21.

— Moral u. Religion in der Gerechtigkeitspflege. Ein Versuch. 8. Berl. 825. Oehmigke. 16 ℊℊ

Wiese, über d. preuß. Städteordnung, mit Rücksicht auf die üb. dieselbe erschien. von Raumer-, Streckfuß-, Wehnert-, Horn- u. Perschkeschen Schriften u. auf d. früheren Einrichtungen im Städtewesen u. Bürgerthum. 8. (4 B.) Berlin 829,, Oehmiake.

Wiese: Tabellarische Uebersicht der nach dem Königl. Preuß. Gesetz vom 20. Nov. 1810 und den Deklarationen desselben zu lösenden Stempel von öffentlichen und Privat-Verhandlungen. Berlin 1813.

Wiese, Karl Fr., tabellar. Uebersicht d. nach dem königl. preuß. Gesetzbuche v. 20. Nov. 1810 u. den Declarationen desselben zu lösenden Stempel von öffentl. Privatverhandlungen. In alphabet. Ordnung. 4. Stendal 814. Franzen u. Gr. 16 ℊℊ Supplement dazu. 4. Ebd. 814. 6 ℊℊ

— Versuch e. Darstell. des westphäl. Civilgerichtsverfahrens mit Rücksicht auf vorgeschriebene Justizreformen im Preuß. Staate. gr. 8. Berl. 814. (Curths). 18 ℊℊ

Wiese, Klemens

Wiese, Clem., Beiträge zur Lehre vom Pneumothorax. gr. 8. (80 S.) Helmstedt 884. (Göttingen, Vandenhoeck & Ruprecht.) n. 2. —

Wiese, L.

— Kindermärchen, s. Kindermärchen.

Wiese, L. Leben des Sandwirths Andreas Hofer, Oberanführer der Tyroler in ihrem glorreichen Kampfe von 1809. (13 B.) 8. Leipzig 1839.

(Wiese, L.,) Leben d. Sandwirths Andr. Hofer rc., s. Gallerie d. Helden, 3. Bd. 2. Abthl.

Wiese, L., Sagen- und Mährchenwald im Blüthenschmuck. (Gedichte. 1. u. 2. Thl.) gr. 12. Barmen 841, 42, Langewiesche. à 1 ℛß

— westphäl. **Volkssagen in Liedern.** — A. m. d. Umschl.-T.: **Das maler. u. romant. Westphalen. Supplem. Lex.-8.** (5 B.) Barmen **841, Langewiesche.**

— Marschall Vorwärts! s. Gallerie d. Helden, 1. Bd.

Wiese, Leo, s.: Blondel de Nesle, Lieder.

Wiese, Leo, **Chrestomathie de l'ancien français, s.: Bartsch, Karl.**

Wiese, Leo: Die S p r a c h e der Dialoge des Papstes Gregor mit einem Anhang: Sermo de Sapienta und Moralium in Job fragmenta. Halle a. S. 1899: Waisenhaus. (33 S.) 8°
(Gekr. Preisschr. – Erscheint vollst. bei M. Niemeyer in Halle.)
Bonn, Phil. Diss. v. 9. Aug. 1899.

Wiese, Leo., d. Sprache der Dialoge des Papstes Gregor. Mit e. Anh.: Sermo de sapientia u. Moralium in Job fragmenta. Von der hohen philosoph. Fakultät der Universität Bonn preisgekrönte Arbeit. gr. 8. (V, 194 S.) Halle 900. M. Niemeyer. n. 6. —

Wiese und Kaiserswaldau, Leopold von, aus Glatz i. Schl.: **Beiträge** zur Geschichte der wirtschaftlichen Entwicklung der Rohzinkfabrikation. *Berlin (1902): E. Ebering.* (40 S.) 8° ¶ (Enthält nur T. 2, Kap. 1 d. eingereichten Arbeit.)
Berlin, Phil. Diss. v. 11. Aug. 1902.

Wiese, Leopold von: B e i t r ä g e zur Geschichte der wirtschaftlichen Entwicklung der Rohzinkfabrikation. Frankfurt a. M. (1902): Merkur. (VII, 221 S.) 8°

Wiese, Leop. v., Beiträge zur Geschichte d. wirtschaftl. Entwicklung der Rohzinkfabrikation. (VII, 221 S. m. 3 Taf.) gr. 8. Frankfurt a/M. (903). Jena, G. Fischer. n. 5. —

Wiese, L., Einführung in die Sozialpolitik. (IV, 208 S.) gr. 8. Leipzig, G. A. Gloeckner. 1910. Geb. 4. 50.

Wiese, Leop. v., **Einführung in die Sozialpolitik, s.: Handelshochschul-Bibliothek. 9. Bd.**

Zur Grundlegung der Gesellschaftslehre. (Eine krit. Untersuchung von Herbert Spencers System d. synthet. Philos.) Von Dr. Leopold v. **Wiese**, Privatd., Berlin. Jena: G. Fischer 1906. (IV, 139 S.) 8° 06. 682

— Posadowsky als Sozialpolitiker. Ein Beitrag zur Geschichte der Sozialpolitik des Deutschen Reiches. Im Auftrage des 2. deutschen Arbeiterkongresses dargestellt. (189 S. m. 1 Bildnis.) gr. 8. Cöln 909. Generalsekretariat der christl. Gewerkschaften. Geb. in Leinw. 4. —

Standesentwickelung und Klassenbildung. Vortrag geh. im Bund d. techn.-industr. Beamten von Dr. L[eopold] v. **Wiese**, Privatd., Berlin. Berlin: K. Sohlich 1905. (15 S.) 8° [J.]
= **Schriften** d. Bundes d. industr. Beamten. No 4. 06. 13775

Wiese, Ludwig

Wiese, L., Bildung und Christenthum, eine histor. Betrachtung. Ein Vortrag, auf Veranstaltung des evangel. Vereins für kirchl. Zwecke am 5. April 1852 gehalten. gr. 8. (34 S.) Berlin 852, W. Schultze.

Wiese, L., die Bildung des Willens. Eine historische Betrachtung. (Zur Geschichte der deutschen Pädagogik.) gr. 8. (48 S.) Berlin 857, Wiegandt und Grieben. *

Wiese, L., die Bildung des Willens. 2. Aufl. Berlin 861. Wiegandt & Grieben. 16. (86 S.) n. 10 ngr.

Wiese, L., die Bildung des Willens. 3. Aufl. br. 8. (79 S.) Berlin 872, Wiegandt und Grieben.

Wiese, L., die Bildung des Willens. 4. Aufl. mit neuer Einleitung. 8. (89 S.) Berlin 879. Wiegandt & Grieben. n. 1. 20

Wiese, L., die Bildung d. Willens. 5. Aufl. 8. (94 S.) Berlin 891. Wiegandt & Grieben. n. 1. 20

—— deutsche Bildungsfragen aus der Gegenwart. Ein Vortrag. 8. (53 S.) Ebendas. 871.

Wiese, L., deutsche Briefe über englische Erziehung nebst einem Anhang über belgische Schulen. 8. (XII und 211 S.) Berlin 851(52,) Wiegandt und Grieben. *

—— deutsche Briefe über englische Erziehung nebst einem Anhange über belgische Schulen. 1. Aufl. 1852. und 2. Aufl. 8. (XV und 211 S.) Berlin 855, Wiegandt und Grieben. *

—— deutsche Briefe über englische Erziehung. 2 Bde. gr. 8. Ebendas. 877. [1. Bd. 3. Aufl. (X, 221 S.) * ℳ 3.; 2. Bd. (X, 370 S.) * ℳ 4,50.] *

Wiese, L[udwig]: Über weibliche Erziehung und Bildung. Ein Vortrag. — Berlin: Wiegandt & Grieben 1865. 69 S. 8° 1: Nd 8710
2. Aufl. u. d. T.: Zur Geschichte u. Bildung d. Frauen.

Wiese, L. Euphrosyne. Mancherlei Frucht zur Geistesnahrg. weibl. Jugend. gr. 8. (VI, 316 S.) Berl. 890, Wiegandt u. Grieben. * 4 —; geb. * 5 —

—— von Gelübden im evangelischen Sinn. gr. 8. (50 S.) Berlin 861, Wiegandt und Grieben. *

— Zur Geschichte und Bildung der Frauen. 2 Vorträge. 2. Aufl. M. neuer Einl. — Berlin: Wiegandt & Grieben 1873. 145 S. 8°

Wiese, L., Gesundheit der Seele, worin besteht sie? Ein Vortrag. 8. (53 S.) Berlin 882, Wiegandt und Grieben. *

—— Haben und Sein. Ein Vortrag. 8. (44 S.) Ebendas. 873.

[J.] Über die Geistige Heimatlosigkeit in der deutschen Gegenwart. Von D. L[udwig] Wiese. *Berlin: Wiegandt & Grieben 1897.* (29 S.) 1 Bd 8.
[illegible]

Wiese, L[udwig]: Pädagogische Ideale und Proteste. — Berlin: Wiegandt & Grieben 1884. 139 S. 8°

Wiese, L., Lebenserinnerungen und Amtserfahrungen. 2 Bde. gr. 8. (VI, 346; IV, 224 S.) Berlin 886, Wiegandt und Grieben. *

Wiese L. Lebenserinnerungen und Amtserfahrungen. 2. A. 2 Bde Berlin 1886

— von Lebensidealen. Ein Vortrag. Berlin 868. Wiegandt & Grieben. 16. (59 S.) cart. n. 8 ngr.

—— von Lebensidealen. Ein Vortrag. 2. Aufl. 8. (56 S.) Ebendas. 883. *

—— die Macht des Persönlichen im Leben. Ein Vortrag. 8. (39 S.) Ebendas. 876. *

Wiese, L., die Macht des Persönlichen im Leben. 2. Aufl. 8. (63 S.) Berlin 895. Wiegandt & Grieben. n. 1. —

—— über den Mißbrauch der Sprache. gr. 8. (34 S.) Berlin 859, Wiegandt und Grieben. *

— über den Mißbrauch der Sprache. 2. Aufl. 8. (IV, 91 S.) Ebend. 884. n. 1. 25

—— Miltons verlorenes Paradies. gr. 16. (56 S.) Berlin 863, Wiegandt und Grieben. cart. *

Wiese, L.(A.) In optima Platonis civitate qualis sit puerorum institutio. 18 S.
Prenzlau. Progr. 1834

—— Der evangelische Religionsunterricht im Lehrplan der höheren Schulen. Ein pädagog. Bedenken. 1. Aufl. (79 S.) 890. * 1 —; 2. verm. Aufl. gr. 8. (128 S.) Ebd. 891. * 1 60
Vgl.: Schöler, Alb. Die relig. Erziehung uns. gebildeten Jugend.

Wiese, L., Renaissance u. Wiedergeburt. Ein Vortrag. 8. (57 S.) Berlin 880. Wiegandt & Grieben. n. — 80

——. Sammlung der Verordnungen und Gesetze für die höheren Schulen in Preussen. 3. Ausg., bearb. und bis zum Anfang der J. 1886 und 1887 fortgeführt von Otto Kübler. 2 Abtlgn. gr. 8. Ebendas. *
Inhalt:
Abtl. 1. [Bis zum Jahre 1886.] Die Schule. (XVI, 498 S.) 886 * ℳ 8.50.
» 2. [Bis zum Jahre 1887] Das Lehramt und die Lehrer. (XI, 521 S.) 888. * ℳ 9.—.

Wiese, L.(A.) Ueber Schuldisciplin. 24 S.
Progr. Prentzlau 1838

—— das höhere Schulwesen in Preussen. Historisch-statist. Darstellung, im Auftrage des Ministers der geistl., Unterrichts- und Medicinal-Angelegenheiten hrsg. (1. Thl.) Lex.-8. (XX und 740 S. mit 1 lithogr. und ill. Übersichtskarte in Fol.) Berlin 864, Wiegandt und Grieben. *

—— das höhere Schulwesen in Preussen. Historisch-statistische Darstellung, im Auftrage des Ministers der geistl., Unterrichts- und Medicinal-Angelegenheiten hrsg. 2. und 3. Thl. Lex.-8. Ebendas. *
Inhalt:
Thl. 2. 1864—1868 [1869]. (XX, 728 S. mit 1 lithogr. und color. Schulkarte, in Imp.-Fol., und 10 lithogr. Abbild. von Schulhäusern.) 869. * ℳ 17,70.
» 3. 1869—1873 [1874]. (XXIII, 446 S. mit 1 lithogr. und color. Schulkarte in qu. Fol.) 874. * ℳ 9.
1. Thl. Ebendas. 1864. * ℳ 13.

Wiese, L., das höhere Schulwesen in Preussen. Historisch-statist. Darstellg. 4. Bd., umfassend die Zeit von 1874—1901 (1902), im Auftrage des Ministers der geistl., Unterrichts- u. Medizinal-Angelegenheiten hrsg. v. B. Irmer. Lex.-8. (XXXII, 966 S.) Berlin 902. Wiegandt & Grieben. n. 26.—

Wiese, L. Commentatio de vitarum scriptoribus Romanis. 48 S. Berlin, J., Progr. 1840

—— Aug. Gottl. Spillecke, Director des k. Friedrich-Wilhelms-Gymnasiums, der Real- u. Elisabeth-Schule zu Berlin, nach seinem Leben u. seiner Wirksamkeit dargestellt. gr. 8. (11 B.) Berlin 842, Theod. Enslin. *

—— über die Stellung der Frauen im Alterthum und in der christlichen Zeit. Ein Vortrag auf Veranstaltung des evangel. Vereins für kirchl. Zwecke gehalten am 6. März 1854. gr. 8. (32 S.) Berlin 854, W. Schultze. *

Wiese, L., Das Tagebuch des Isaac Casaubonus. S.-A. 1851. 25 S.

—— über das Verhältniß der Kunst zur Religion. Ein Vortrag. 8. (35 S.) Ebendas. 878. *

—— Verordnungen und Gesetze für die höheren Schulen in Preussen hrsg. 2 Abthlgn. gr. 8. Berlin 867,68, Wiegandt und Grieben. à Abthl. * 1 Thlr. 20 Ngr. *

Inhalt:
Abthl. 1. Die Schule. (XV und 414 S.)
„ 2. Das Lehramt und die Lehrer. (XI und 414 S.)

—— Verordnungen und Gesetze für die höheren Schulen in Preussen. 2., bis zum J. 1875 fortgeführte Ausg. Lex.-8. (XVIII, 406; VIII, 389 S.) Ebendas. 875. *

Wiese, L.: Verordnungen und Gesetze für die höheren Schulen in Preußen. Berlin.

Abth. 1. Die Schule. 1867.
„ 2. Das Lehramt und die Lehrer. 1868.

— 2., bis 1875 fortgef. Ausg. 1875.

— 3. Ausg. [u. d. Tit.:] Sammlung der Verordnungen . . . bearb. u. fortgef. von O. Kübler. Abth. 1. 2. 1886. 88.

Wiese, Ludov. Adolphus (geb. [illegible] 1806): De M. Val. Messallae Corvini vita et studiis doctrinae. Berolini 1829. (VI, 84 S.) 8°
Berlin, Phil. Diss. v. 17. Aug. 1829

—— über den sittlichen Werth gegebener Formen. Ein Vortrag. 8. (48 S.) Ebendas. 878. *

Wiese, L., wie wird ein Jüngling seinen Weg unsträflich gehen? Eine Mitgabe an Confirmirte. (VI, 187 S. mit 1 Holzschn.-taf.); 2. Aufl. 8. (VI, 206 S.) Berlin 888, Wiegandt und Grieben. *

— wie wird e. Jüngling s. Weg unsträflich gehen? E. Mitgabe an Confirmirte. 3. Aufl. 8. (VII, 212 S.) Ebd. 895. n. 2. 75; geb. in Leinw. n.n. 3. 60; m. Goldschn. n.n. 4. 20

Wiese, *Ludwig* (Geh. Ober-Regrat. a. D.) *Worte der Begrüssung für Direktor Max Treu.* 4 (S. 47 48).
Progr Victoria-G. *Potsdam* 1894 (84).

Wiese, M. & W. Schultz. Historischer Festzug zur 300jahr. Jubelfeier der Grundung der Neustadt Hanau. Nach Entwürfen von M. Wiese & W. Schultz. G. M. Alberti, Hofbuchhandlung, Hanau [1897]. [Umschlagtit.]
16 Taf. 8°.

Vgl. Festzug . . .

Wiese, M., Mnemotechnik der Maximaldosen der Pharmacopoea Austriaca. Auf Grund der Editio III. der „Pharmacopoea austriaca", Wien, 1889 u. der Nachträge zu derselben vom J. 1900 zusammengestellt. 8. (29 S.) Wien 902. R. Coën. n. 1.—

Wiese, O., die Bedeutung der transportablen Dampfmaschine für die Landwirthschaft nach eigener Erfahrung bearb. Nebst 1 lith. Taf. Berlin 857. R. Kühn. gr. 8. (25 S.) 7½ ngr.

Wiese, O., das Merino-Kammwoll-Schaf. Nach eigenen Erfahrungen bearb. 8. (XXIV und 27 S.) Stralsund 864, Bremer. -

Wiese, Oskar, aus Oldenburg i. Gr.: Kritische Beiträge zur Geschichte der Jugend und Jugendwerke Nodiers (1780—1812). *Oldenburg 1904: A. Littmann.* (45 S.) 8°
Kiel, Phil. Diss. v. [23. Juli] 1904

Wiese, Otto: Ein Beitrag zur Laparotomie bei Bauchfelltuberculose . . . Kiel, Druck v. H. Fiencke, 1890. 25 + 1 S. + 1 Bl. 8°
Kiel, Med. Fak., Inaug.-Diss. v. 13. Aug. 1890.

Wiese, O. Ein Beitrag zur Laparotomie bei Bauchfelltuberkulose. Diss. gr. 8. (25 S.) Kiel 890, (Gnevkow u. v. Gellhorn. — Lipsius u. Tischer.) * 1 —

Wiese, Otto, Assistenzarzt am städt. Krankenhause zu Potsdam: Ueber einen Fall von Splenectomie wegen Milztumor im frühen Kindesalter. Leipzig 1905: B. Georgi. (32 S.) 8°
Leipzig, Med. Fak., Ref. Trendelenburg, Diss. v. 23. Dez. 1905
[Geb. 26. Dez. 78 Frankfurt a. O.; Wohnort: Potsdam; Staatsangeh.: [illegible]; Vorbildung: Friedr. Gymn. Frankfurt a. O. Reife M. 98; Studium [illegible] 10 S.; Coll. 23. Dez. 05; Approb. 1. Aug. 05.]

Wiese, P. v., Premierlieut. im Reg. Das 2. schlesische Grenadier-Reg. Nr. 11 im Mainfeldzuge 1866. Ein Beitrag zur Geschichte des Reg., in dessen Auftrag bearbeitet. Mit 3 Plänen (und 1 Tabelle). gr. 8. Berlin 1870.

Wiese, P. v., das 2. schlesische Grenadier-Regiment Nr. 11 im Mainfeldzuge 1866. Ein Beitrag zur Geschichte des Regiments, in dessen Auftrage bearb. gr. 8. (X, 208 S. mit 3 Plänen in hoch und qu. 4. und Fol.) Berlin 872, Mittler und Sohn.

Wiese, Peter Theodor (Hamburg) A. S. 55/3

Dissertatio inauguralis iuridica de privatione dotis et successionis statutariae ex capite adulterii occas. art. II. tit. III. p. III. statut. Hamburgens. Präs. Justus Henning Boehmer.
Halle (Grunert) 1737. 72 S.

Diss. 23. IX. 1724.
Gew.: Stadt Hamburg. 36678

Wiese, R., die Petersen'sche Wiesenbaumethode und der rationelle Wiesenbau. gr. 8. (31 S.) Leipzig 879, [Menzel.] A. Krüger. *

Wiese, Robert

Wiese, Rob., die älteste Geschichte der Langobarden [bis zum Untergange des Reiches der Heruler]. Inaugural-Dissertation. gr. 8. (44 S.) Jena 874, (Deistung's Buchh.) *

Wiese, Rob., die älteste Geschichte der Langobarden [bis zum Untergange des Reiches der Heruler]. Inaugural-Dissertation. gr. 8. (44 S.) Jena 877. (Deistung.) n. — 60

Wiese, [Robert]: Die Langobarden. Sprachliche Untersuchungen zu ihrer Vorgeschichte. S. 92—146. S. Anhang. Über die Formen Langobardi und Lombardi. (Aus Hodgkin: Italien und seine Eroberer V, 6.) Übersetzt von [Ludwig] Horst. S. 147—49. 8.
In: Festschrift zur Feier des 250 jährigen Bestehens Kgl. Gymn.
Progr. *Hamm i. W.* 1907 (zu 431)

Wiese, Sigismund

Wiese, Sigism., drei Dramen. 8. (17 B.) Leipzig 836, Brockhaus.
Inh.: Die Freunde. — Paulus. — Beethoven.

Wiese, Sigism., zwei geistliche Dramen. 1. Der Apostel Petrus. 2. Der Apostel Paulus. gr. 8. (3 ⅓ B.) Berlin 851, Hayn.

——, Friedrich. Ein Roman. 8. (18¾ B.) Leipzig 836, Brockhaus.

Wiese, Sigism., Herrmann. Ein Roman. 8. (15½ B.) Leipzig 834, Brockhaus.

Wiese, Sigism., Jesus. Drama. gr. Lex.=8. (30¼ B.) Berlin 844, [Adolf u. Comp.]

Wiese, Sigism., Jesus. Drama. gr. Lex.=8. Berlin 844, Buchh. des Berliner Lesecabinets. n. 2 ₰

——, Don Juan. Trauersp. in 5 Acten. 8. (15¾ B.) Leipzig 840, Brockhaus.

Wiese, Sigism., Karl der Kühne und die Eidgenossen. Ein Trauerspiel in 5 Akten. gr. 8. (XXII, 190 S.) Berlin 870, Janke.

— Moses. Drama. gr. Lex.=8. Ebend. 844. n. 1⅓ ₰

Wiese, Sigism., die Seleuciden und die Hasmonäer. Ein Trauerspiel in 5 Acten. Berlin 861. Janke. 8. (2 Bl., 187 S.) n. 1 ₰ 10 ngr.

——, Theodor. Ein Roman. 8. (23¼ B.) Leipzig 833, Brockhaus.

—drei Trauerspiele. I. Die Wilden und die Ansiedler. II. Die Märtyrer. III. Clothar u. Sulamith. 8. Ebd. 835. 1½ ₰

Wiese, Theodor, kgl. Bergreferendar aus Minden i. W.: Das Vorkommen von oolithischem Roteisenstein im Wesergebirge bei Minden und seine Entstehung. *Minden Leipzig 1903: W. Kohler.* (29 S.) 8°
Gießen, Phil. Diss. v. 1903

Wiese, Theodor Friedrich u. A. Dreyer: Vorträge in der Versammlung des Magistrats und der deputirten Bürgerschaft der Stadt Kiel am 26. November 1830 über die an dieselben gerichtete Bitte einer Anzahl Kieler Einwohner um Einreichung einer Petition (in Betreff einer den Herzogthümern Schleswig und Holstein gemeinschaftlich zu ertheilenden zeitgemässen Verfassung). Als Manuscript gedruckt. (Kiel. 1830.) 8⁰

Wiese, Walter Vinzenz [Praes.] s. Lüders, Joach. Heinr. Christ.: De juribus ex cessione tam valida, quam invalida.

— über Residenzen. 8. Rostock 787.

Wiese, Walth. Vinc., († d. 16. Dec. 1809.) Samml. seiner kleinen jurist. Abhandlungen. 8. Rostock 783. (Stiller). 12 ₰

Wiese, Wt. Vz.: Kl. jurist. Schriften. *Rost.*, **Koppe. 783. 8. (12 Gr.)**

Wiese, Walter Vinzenz [Praes.] s. Schroeder, Johann Christian: De retentione pignoris tam ob eadem quam ob diversa.

Wiese, Walter Vinzenz (Rostock) A. S. 580/82

Disputatio inauguralis iuridica, de solutione pecuniae pupillaris. Präs. Jakob Heinrich Baleke. Rostock (Adler) 14. X. 1756. 26 S.

36679

Wiese, Wilhelm, Gerichts-Referendar in Breslau: Erörterungen zu Artikel 78 der Deutschen Reichsverfassung vom 16. April 1871. Breslau: M. & H. Marcus 1906. (31 S.) 8° ¶ (Erschien vollst. unter d. T.: „Verfassungsänderungen nach Reichsrecht" als H. 12 der „Abhandlungen aus dem Staats- u. Verwaltungsrecht".)
Breslau, Jur. Fak., Ref. Brie-Dahn, Diss. v. 20. Jan. 1906
(Geb. 28. Jan. 80 Kolberg; Wohnort: Breslau; Staatsangeh.: Preußen; Vorbildung: Lyzeum Straßburg i. E. Reife Juni 99; Studium: Straßburg 2, Berlin 3, Breslau 2 S.; Rig. 5 Dez. 02.)

Wiese, Wilh., Jachten, Boote, Kanoes, s. Stansfeld-Hicks, C.

Wiese, Wilhelm, aus Lethmathe i. W.: Ueber **Strumectomieen.** *Bonn 1899: K. Drobnig.* (39 S.) 8°
Bonn, Med. Diss. v. [12. Okt.] 1899

Verfassungsänderungen nach Reichsrecht von Dr. Wilhelm **Wiese.** Breslau: M. & H. Marcus 1906. (77 S.) 8°
— **Abhandlungen** aus d. Staats- u. Verwaltungsrecht. H. 12.

Wiese, Wilhelm Ferdinand

Wiese, Wilh. Ferd., Aufklärung üb. d. wichtigsten im tägl. Leben vorkomm. Rechtsangelegenheiten d. Adels=, Bürger= u. Bauern=Standes; nach d. Preuß. Landesgesetzen in Fragen u. Antworten abgefaßt. 1. Aufsatz. — A. u. d. T.: Ueber d. Rechte u. Pflichten d. Herrschaften u. d. Gesindes in d. Kgl. Preuß. Staaten. Ein Hilfsblatt f. Gesetzunkundige ꝛc. gr. 8. (2 B.) Halle 834, Scharre.

— Handbuch d. röm. u. heutigen bürgerl. Rechts. 8. Halle 800.

***Wiese*, Wlh. Fd., comment. de impedimento matrimonii ob consanguinitatem et affinitatem secund. diversa quibus in Germania utimur jura. Prs. I. II. 4. Halle 796. (Laue in Berl.) 5 ₰**

—— Repetitorium d. Preuß. Civil=Rechts nach Klein's System, unt. Benutzung d. neuesten Rechtsquellen, u. mit Hinweis. auf d. gemeine Recht, neu bearb. von v. Rönne. Zum Gebr. als e. vollständ. Leitfaden bei d. civilrechtl. Privat=Studium, der Vorbereit. auf akadem. Lehrvorträge, u. Wiederholung derselben. 1. Lfg. 8. (9 B.) Halle 834. [Leipzig, Reimann.]

Wiese, Wlh. Fd., Repetitorium des preuß. Civilrechts nach Klein's System, unter Benutzung der neuesten Rechtsquellen, u. mit Hinweisung auf das gemeine Recht, neu bearbeitet von v. Rönne. 8. Leipzig, Melzer. 1⅚ ₰ jetzt: Wolfenbüttel, Holle. ⅓ ₰

Wiese, Wilh. Ferd., Repetitorium d. preuß. Civil=Rechts nach Klein's System, unt. Benutz. d. neuesten Rechtsquellen, u. mit Hinweis. auf d. gemeine Recht, neu bearb. v. Kammergerichtsrath v. Rönne. Zum Gebr. als e. vollständ. Leitfaden bei d. civilrechtl. Privat=Studium, der Vorbereit. auf akadem. Lehrvorträge u. Wiederhol. derselben. 3 Lfgn. 8. (28⅜ B.) Leipzig, 837—39. [Wolfenbüttel. Holle'sche Buchh.]
1 Thlr. 20 Gr., hrbgs. Pr.

Wiese, Wilh. Ferd.: Vorbereit. auf akadem. u. Staats-Prüfungen in d. wichtigsten u. schwersten Lehren d. Rechtswissensch.; entw. f. d. Examinanden. 1s — 9s Hft. *Halle.* **(Grunert.) 826—38. 8. (3 Thl. 16 Gr.)**
1s Heft. Das Recht der Forderungen. 825. (5 Gr.)
2s — Besitz, Eigenthum, Dienstbark., Emphytensis, Superficies u. Pfandrecht. 826. (5 Gr.)
3s — Testamentar., gesetzl. od. Intestat- u. vertragsmässige Erbfolge. 826. (12 Gr.)
4s — I. Jurist. Propädeutik u. Uebersicht d. Inhalts der Haupttheile d. jurist. Cursus. II. Allgem. Civilrechtswahrheiten. III. Geschichte d. Quellen des röm. Rechts. IV. Die Lehre von der Ehe. V. Von der väterl. Gewalt. VI. Von d. Vormundsch. VII. Von der Kuratel. 2e Ausg. (827.) 836. (12 Gr.)
5s — Lehren des deutschen Privatrechts. 2e Ausg. (827.) 838. (10 Gr.)
6s — Lehren des gemeinen in Deutschland geltenden Lehn-Rechts. 828. (10 Gr.)

7s — Lehren des gemeinen in Deutschland geltenden peinlichen Rechts. 828. (14 Gr.)
8s — Lehren des gemeinen in Deutschland geltenden Kirchenrechts. 829. (14 Gr.)
9s — Theorie d. gerichtl. Verfahrens in bürgerl. u. Rechtsstreitigkeiten nach d. in Deutschl. geltend. Gesetzen. 830. (6 Gr.)

— Vorbereitung auf akadem. u. Staatsprüfungen in den wichtigsten u. schwersten Lehren des röm. u. gemeinen deutschen Privatrechts. 1s — 9s Heft. 8. Halle 825 — 30. Fr. Ruff.

Wiese, Wilh. Ferd., Vorbereitung auf akadem. u. Staats-Prüfungen in d. wichtigsten u. schwersten Lehren d. röm. u. gem. deutschen Privat-, Lehn-, Straf-, Kirchen- u. Process-Rechts; entworfen f. d. Examinanden. 1., 4. u. 5. Hft. 2., verb. u. verm. Ausg. 8. Halle. [Berlin, Ferd. Bethge.] Thlr.

Hft. 1. Das Recht der Forderungen. (5¼ B.) 842. 7 Gr.
- 4. I. Jurist. Propädeutik u. Uebersicht d. Inhalts d. Haupttheile d. Jurist. Cursus. II. Allgem. Civilrechtswahrheiten. III. Geschichte d. Quellen d. röm. Rechts. IV. Die Lehre von d. Ehe. V. Von d. väterl. Gewalt. VI. Von d. Vormundschaft. VII. Von d. Kuratel. (8 B.) 836. 12 Gr.
- 5. Lehren des deutschen Privatrechts. (7 B.) 841. 10 Gr.
2. u. 3., 6—9. Hft. Ebendas. 1826—30. 2 Thlr. 1 Gr. — Alle 9 Hfte. zusamm. genomm. nur 2 Thlr.

Wiese u. Kaiserswaldau, von. s. Wiese, von.

Wiesehahn, Friedr., de impedimento disparitatis cultus. Berlin 865. Mittler & Sohn. 8. (IX, 76 S.) 12 ngr.

Wiesehahn, Friedrich, Gerichtsassessor in Berlin: Die Pflicht des Schiffseigentümers zur Beseitigung seines auf einem öffentlichen Flusse gesunkenen, ein Verkehrshindernis bildenden Fahrzeugs ⟨nach dem in Preußen geltenden Rechte⟩. Borna-Leipzig 1905: R. Noske. (IX, 55 S.) 8° [F.]
Rostock, Jur. Fak., Ref. Lehmann, Diss. v. 10. Febr. 1905
[Geb. 24. Okt 75 Märkisch-Friedland; Wohnort: Berlin; Staatsangeh.: Preußen; Vorbildung: Gymn. Potsdam Reife M. 94; Studium: Leipzig 1, Berlin 5 S.; Rig. 4. März 04.]

Wiesehoff, Josef, a. Müschede i. W.: Die Stellung der Bettelorden in den deutschen freien Reichsstädten im Mittelalter. Borna-Leipzig 1905: R. Noske. (XII, 122 S.) 8° [F.]
Münster, Phil. Fak., Ref. Erler, Diss. v. 14. Okt. 1905
[Geb. 9. Juni 81 Müschede, Kr. Arnsberg; Wohnort: Müschede; Staatsangeh.: Preußen; Vorbildung: Gymn. Arnsberg Reife O. 01; Studium: Würzburg 1, Münster 8 S.; Rig. 1. Aug. 05.]

(Wiesel. Die Gattung W.) Njbl. s. [Schinz, Heinrich Rudolf].

Wiesel, Jos., die Erkrankungen der Nebennieren, s.: Pathologie u. Therapie, spezielle. (Nousser, Edm. v.)

Über accessorische Nebennieren am Nebenhoden beim Menschen und über Compensationshypertrophie dieser Organe bei der Ratte von cand. med. Josef Wiesel. (Mit 1 Tafel.) (Aus den Sitzungsberichten der kaiserl. Akademie der Wissenschaften in Wien. Mathem.-naturw. Classe; Bd. CVIII. Abth. III. Mai 1899.) Wien. 1899. In Comm. Gerold's Sohn. Gr.-8°. 24 S. fl. —.50

— u. Alois Strasser, der heutige Stand der Lehre von der Arteriosklerose (Atherosklerose). I. Pathologie, Klinik u. medikamentöse Therapie, v. W. — II. Physikalisch-diätetische Therapie, v. S. (78 S.) gr. 8. Wien 909. W. Braumüller. 1.—
Sonderabdruck aus: „Wiener klin. Wochenschr."

Wiesel, Richard: Die extrauterine Schwangerschaft und ihre operative Behandlung, beleuchtet vom Standpunkte der einschlägigen neueren Litteratur . . . Jena, G. Neuenhahn, Univ.-Buchdr., 1891; 46 S. 8°
Jena, Med. Fak., Inaug.-Diss. v. [27. Jun.] 1891.

Wieseler, Aloys, Referendar: Die Widerrechtlichkeit der Drohung als Erfordernis der Anfechtung wegen Zwanges. *Hamburg 1903: G. Grünwaldt.* (51 S.) 8° [F.]
Rostock, Jur. Diss. v. [20. Aug.] 1903

Wieseler, Friedrich

Wieseler, Frid., Adnotationes criticae ad Euripidis Cyclopem. gr. 4. (15 S.) Göttingen 879, (Dieterich'sche Verlagsh.) *

Wieseler, Frid., Adversaria in Aeschyli Prometheum vinctum, et Aristophanis Aves philologica atque archaeologica. Smaj. (8¾ B.) Gottingae 843, libr. Dieterich. *

Wieseler, F., Adversaria in Aeschyli Prometheum vinctum et Aristophanis Aves philologa atque archaeologica. 1843. 132 S. 2.—

Wieseler, Friedr., göttingische Antiken. Hrsg. und erläutert. gr. 4. (40 S. mit 1 Kpfrt. in qu. Fol.) Göttingen 858, Dieterich'sche Buchh. *

— der Apollon Stroganoff und der Apollon vom Belvedere. Eine archäolog. Abhandlung. gr. 8. (121 S. mit 1 Kpfrt.) Leipzig 861, Teubner. *

— die Ara Casali. Eine archäolog. Abhandlung. Lex.-8. (4⅜ B. u. 4 Stnt.) Göttingen 844, Dieterich'sche Buchh. *

Wieseler, Frid., die delphische Athena: ihre Namen u. Heiligthümer. gr. 8. (3¼ B.) Göttingen 845, Vandenhöck u. Ruprecht. Thlr.
Aus: Göttinger Studien 1845 besond. abgedruckt.

— Zu den Attributen u. Symbolen d. Dionysos. Ak. 1892. 13 S.

Wieseler, Friedr., archäologische Beiträge. 1. Abthl.: Ueber einige Antiken in Regensburg, namentlich eine Bronzestatuette des Mercurius. gr. 4. (40 S. mit 1 Kpfrt.) Göttingen 888, Dieterich'sche Verlagsh. *

Wieseler, Friedr. Archäologische Beiträge. 2. Abthl. gr. 4. Gött. 889, Dietrich's Verlag. * 3 60
Ueber e. Anzahl v. Bronzen m. der Darstellg. v. Heilgottheiten. (50 S. m. 1 Taf.)
Aus: Abhandlgn. d. k. Gesellsch. d. Wiss. zu Göttingen, besonders abgedr.
1. Abthl. Ebd. 1888. * 2 —.

Wieseler, F., Krit. Bemerkungen zu Pausanias' Beschreibung der Akropolis von Athen. Ak. 1885. 17 S. —.80

Wieseler, Friedr., scenische und kritische Bemerkungen zu Euripides' Kyklops. gr. 4. (37 S.) Göttingen 881, Dieterich'sche Verlagsh.
Aus: Abhandlungen der k. Gesellschaft der Wissenschaften zu Göttingen, besonders abgedruckt.

Wieseler, Friedr., archaeologischer Bericht über seine Reise nach Griechenland. gr. 4. (72 S.) Göttingen 874, Dieterich's Verlag.
Aus: Abhandlungen der k. Gesellschaft der Wissenschaften zu Göttingen, besonders abgedruckt.

— Zur Bildsäule d. S. im Lateran. Mus. in Rom. Festr. v. 17. VII. 65. Pr. 1865. 11 S. 4°.

— Ueb. einige beachtenswerthe Bildwerke zu Trier. Ak. 1881. 16 S.

— Ueb. einige im Orient erworbene Bildwerke u. Alterthümer. Ak. 1878. 15 S.

Wieseler, F., Ueber den Bosporus. Gel. 1874. 27 S. 4°.

Wieseler, Frid., Conjectanea in Aeschyli Eumenides. Smaj. (25 B.) Gottingae 839, Vandenhoeck et Ruprecht.

— Conjecturae in Hesiodi Theogoniam et Sophoclis Antigonam. Pr. 1872. 19 S. 4°.

— Commentatio de Cyaneis sive Symplegadibus. 4. (20 S.) (Ebendas.) 879.

Wieseler, F., antike Denkmäler zur griechischen Götterlehre, s.: Müller, C. O.

—— s. Denkmäler der alten Kunst.

— De diis graecis romanisque tridentem gerentibus. Gel. 1872. 27 S. 4°.

—— das Diptychon Quirinianum zu Brescia, nebst Bemerkungen über die Diptycha überhaupt. Eine archäolog. Abhandlung. Lex.-8. (48 S. mit 2 Kpfrt.) Göttingen 868, Vandenhoeck und Ruprecht's Verlag.

Wieseler, Friedr., über den delphischen Dreifuss. gr. 4. (98 S. mit 1 lithogr. Taf. in qu. Fol.) Göttingen 871, Dieterich's Verlag.
Aus: Abhandlungen der k. Gesellschaft der Wissenschaften zu Göttingen, besonders abgedruckt.

—— die Nymphe Echo. Eine kunstmytholog. Abhandlung. gr. 4. (2¾ B. u. 1 Bildertaf.) Göttingen 844, (Dieterich'sche Buchh.) * —

—— die Nymphe Echo. Eine kunstmytholog. Abhandlung zur Feier des Winckelmannstages 1851. gr. 4. (III und 50 S. mit 1 Kpfrt. und einigen eingedr. Vign.) Göttingen 851, Dieterichsche Buchh. *

Wieseler, F., Emendationes in Sophoclis Antigonam. Pr. 1857. 11 S. 4°.

—— exercitationum criticarum in Clementis Romani quae feruntur homilias P. 1. gr. 4. (28 S.) Göttingen 857, (Vandenhoeck und Ruprecht's Verlagsh.)

—— Festrede im Namen der Georg-Augustus-Universität zur akademischen Preisvertheilung am 4. Juni 1874 gehalten. (Ueber den Bosporos.) gr. 4. (23 S.) Göttingen 874, (Vandenhoeck und Ruprecht's Verlag.)

— Ueber die Biehler'sche Gemmensammlung. Ak. 1882. 16 S.

Wieseler, F., De difficilioribus quisbusdam Pollucis aliorumque script. vet. locis ad rem scaenicam spectantibus. Pr. 1866. 20 S. 4°. 1.20

— Comment. de difficilioribus quibusdam Pollucis aliorumque scriptorum veterum locis, qui ad ornatum scaenicum spectant. Pr. 1869. 22 S. 4°. 1.—

— De difficilioribus quibusdam Pollucis aliorumque script. vet. locis, qui ad ornatum scaenicum spectant. Pr. 1870. 22 S. 4°.

— De aliquot locis Sophoclis nondum satis ant recte emendatis. Pr. 1875. 17 S. 4°.

Wieseler, F., De aliquot locis Sophoclis nondum satis explicatis aut recte emendatis. Pr. 1876. 17 S. 4°. 1.50

—— Disputatio de loco, quo ante theatrum Bacchi lapideum exstructum Athenis acti sint ludi scenici. gr. 4. (22 S.) Göttingen 860, (Vandenhoeck und Ruprecht's Verlagsh.) * *

—— Narkissos. Eine kunstmytholog. Abhandlung nebst einem Anhange über die Narcissen und ihre Beziehung im Leben, Mythos und Cultus der Griechen. gr. 4. (VI und 136 S. mit 1 Kpfrt. in qu. gr. 4.) Göttingen 856, Dieterichsche Buchh. *

—— de linguae graecae nominibus propriis et adjectivis, quorum prior pars est ιο. gr. 4. (18 S.) Göttingen 860, (Vandenhoeck und Ruprecht's Verlagsh.) * *

—— Observationes in Theogoniam Hesiodeam. gr. 4. (18 S.) Göttingen 863, (Vandenhoeck und Ruprecht.) *

Wieseler, Friedr., das Orakel des Trophonios. Programm des archäolog. Instituts in Göttingen zum Winkelmannstage 1848. gr. 8. (21 S.) Göttingen 848, (Dieterichsche Buchh.) *

— De Pane et Paniscis atque Satyris cornutis in operibus artium Graecarum Romanarumque repraesentatis. Pr. 1875. 24 S. 4°.

—— Phaethon. Eine archäologische Abhandlung. gr. 4. (74 S. mit 1 Kpfrt. in qu. Fol.) Göttingen 857, Dieterich'sche Buchh. *

— Die Sammlung. d. archäolog. numismat. Instituts der Georg-Augusts-Universit. Gel. 1859. 34 S. 4°.

— Ueber die Kestner'sche Sammlung von antiken Lampen. Ak. 1870. 71 S.

— Weibliche Satyrn u. Pane in der Kunst d. Griechen u. Römer. Ak. 1890. 13 S.

Wieseler, Friedrich. Das Satyrspiel. Nach Massgabe eines Vasenbildes dargestellt. Abgedruckt aus den Göttinger Studien 1847. Göttingen, bei Vandenhoeck u. Ruprecht 1848. 208 S. 8°

Wieseler, Friedr., Commentatio de scala symbolo apud Graecos aliosque populos veteres. gr. 4. (17 S.) Göttingen 863, (Dieterich'sche Buchh.) *

— commentatio de scala symbolo apud Graecos aliosque populos veteres. Göttingen 863. (Vandenhoeck & Ruprecht.) gr. 4. (17 S.) n. 6 ngr.

— Scaenica. (Pollux Onom. IV, 129ff. — Z. Dionysostheater in Athen — Platz der Handlg. in Aeschylos' Persern — Logeion, Orchestra, Decoration). Ak. 1890. 16 S. —.75

—— Schedae criticae in Aristophanis Aves. 4. (15 S.) (Ebendas.) 882. *

—— novae schedae criticae in Aristophanis Aves. gr. 4. (20 S.) (Ebendas.) 882. *

—— Schedae criticae in Aeschyli Prometheum vinctum. gr. 4. (25 S.) Göttingen 860, (Vandenhoeck und Ruprecht's Verlagsh.) *

— Ueber die Siegesgötter und Göttinnen und deren Darstellung bei den Alten. Rede. Gel. 1871. 16 S. 4°.

FRIEDRICH WIESELER, Der Hildesheimer Silberfund. Abtheilung 1. Mit 3 lithographirten Tafeln. Fest-Programm ... 1868. Herausgegeben vom Vorstande ... ib. 1868. Druck auf Kosten des Vereins. Bei W. Fr. Kaestner in Goettingen.

—— der Hildesheimer Silberfund. 1. Abthl. gr. 4. (73 S. mit 3 lithogr. Taf.) Ebendas. 869. *

— Specilegium ex locis scriptorum veterum ad Bosporum Thracium spectantibus. Pr. 1875. 37 S. 4°. 1·20

— Ueb. die Statue d. Apollon v. Belvedere. Festr. Gel. 1877. 15 S. 4°.

—— über einige beachtenswerthe geschnittene Steine des 4. Jahrh. n. Chr. 1. Abthl. und 2. Abthl. 2 Hefte. gr. 4. Ebendas. *
Inhalt:
Abthl. 1. Drei Cameen mit Triumphdarstellungen. (50 S. mit 1 Lichtdr.-Taf.) 883. *ℳ 2.40.
» 2. Zwei Cameen und zwei Intaglien mit der Darstellung römischer Herrscher. 1. Heft: Die Cameen. (62 S. mit 1 Lichtdr.-Taf.) 884. *ℳ 2.60. — 2. Heft: Die Intaglien. (58 S.) 885. *ℳ 2.40.
Vorstehende zwei Schriften sind aus: Abhandlungen der k. Gesellschaft der Wissenschaften zu Göttingen, besonders abgedruckt.

Wieseler, Frdr., üb. einige beachtenswerthe geschnittene Steine d. 4. Jahrh. n. Chr. 1. u. 2. Abth. Nebst je 1 Lichtdr.-Taf. gr. 4. Göttingen, Dieterich's Verl. n. 7.40
1. Drei Cameen m. Triumphdarstellungen. (50 S.) 883. n. 2.40
2. I. Zwei Cameen u. zwei Intaglien m. der Darstellung römischer Herrscher. 1. Die Cameen. (62 S.) 884. n. 2.60. — 2. Die Intaglien (58 S.) 886. n. 2.40

— Ueber den Stierdionysos. Ak. 1891. 22 S.

—— Commentatio de tesseris eburneis osseisque theatralibus quae feruntur I. gr. 4. (18 S.) Göttingen 866, (Vandenhoeck und Ruprecht.) *

—— griechisches Theater, s. Griechenland.

—— Theatergebäude und Denkmäler des Bühnenwesens bei den Griechen und Römern. Fol. (IV und 118 S. mit 14 Kpfrt. incl. 3 ill.) Göttingen 851, Vandenhoeck und Ruprecht.

—— über die Thymele des griechischen Theaters. Eine archäolog. Abhandlung. gr. 8. (66 S.) Göttingen 847, Vandenhoeck und Ruprecht.

—— Commentatio de vario usu tridentis apud populos veteres, imprimis apud Graecos et Romanos. gr. 4. (15 S.) Ebendas 872.

— Ueb. ein griech. Votivrelief des K. Museums zu Berlin. Ak. 1875. 10 S.

— über e. Votivrelief aus Megara. [Aus: Abhandlgn. d. k. Ges. d. Wiss. zu Göttingen".] gr. 4. (39 S. m. 1 Steintaf.) Göttingen 875. Dieterich's Verl.) n. 2. 24

Wieseler, Karl

Wieseler, Carl Geo., zur Auslegung u. Kritik d. apokalypt. Litteratur d. alten u. neuen Testaments. 1. Beitrag. — A. u. d. T.: Die 70 Wochen u. die 63 Jahrwochen d. Propheten Daniel erört. u. erläut. mit steter Rücksicht auf d. bibl. Parallelen, auf Gesch. u. Chronologie. Nebst e. histor. krit. Untersuch. üb. d. Sinn u. d. ursprüngl. Gestalt d. Reden Jesu von seiner Parusie in d. synopt. Evangelien. gr. 8. (15¼ B.) Göttingen 839, Vandenhoeck u. Ruprecht.

Wieseler, Karl, Beiträge zur richtigen Würdigung der Evangelien und der evangelischen Geschichte. Eine Zugabe zu des Verf. „Chronolog. Synopse der vier Evangelien." gr. 8. (XVI, 344 S.) Gotha 869, F. A. Perthes.

—— die Christenverfolgungen der Cäsaren bis zum 3. Jahrh. historisch und chronologisch untersucht. gr. 8. (XI, 140 S.) Gütersloh 878, Bertelsmann. *

Wieseler, Carl, Chronologie des apostol. Zeitalters bis zum Tode der Apostel Paulus und Petrus. Ein Versuch über die Chronologie und Abfassungszeit der Apostelgeschichte und der paulin. Briefe. Mit einem Anhange über den Brief an die Hebräer und Excursen über den Aufenthalt der Apostel Paulus und Petrus in Rom. gr. 8. (XVI und 606 S. mit 2 Taf. in qu. gr. Fol.) Göttingen 848, Vandenhoeck und Ruprecht.

—— de christiano capitis poenae vel admittendae vel repudiandae fundamento. Comment. praem. per reg. munificent. ornata. 4maj. (10½ B.) Gottingae 835, Vandenhoeck et Ruprecht.

—— Geschichte des Bekenntnißstandes der lutherischen Kirche Pommerns bis zur Einführung der Union. Zugleich ein Beitrag zur Urgeschichte des Lutherthums. Mit Erörterungen über zwei wichtige Beschlüsse der außerordentl. Pommerschen Provinzialsynode. gr. 8. (VII, 105 S.) Stettin 870, v. der Nahmer.

—— zur Geschichte der kleinasiatischen Galater und des deutschen Volks in der Urzeit. Neuer Beitrag. gr. 8. (52 S.) Greifswald 879, Bamberg.

Wieseler, Karl, zur Geschichte der neutestamentlichen Schrift und des Urchristenthums. Untersuchungen. gr. 8. (XII, 192 S.) Leipzig 880, Hinrichs'sche Buchh. (*M 5.)

Wieseler, Kar., Indagatur, num loci Marc. XVI, IX — XX. et Joh. XXI. genuini sint nec ne, eo fine, ut aditus ad historiam apparitionum Jesu Christi rite conscribendam aperiatur. Dissertatio inaug. 8maj. Gottingae 839. (Vandenhoeck et Ruprecht.) ¼ ₰

Wieseler, Karl, Commentar über den Brief Pauli an die Galater. Mit besonderer Rücksicht auf die Lehre u. Geschichte des Apostels bearb. Mit einem chronologischen u. einem textkritischen Excurse. Göttingen 859. Dieterich. gr. 8. (XI, 612 S.) n. 2 ₰ 20 ngr.

—— die deutsche Nationalität der kleinasiatischen Galater. Ein Beitrag zur Geschichte der Germanen, Kelten und Galater und ihrer Namen. gr. 8. (VII, 85 S.) Gütersloh 877, Bertelsmann.

Wieseler, Karl, der Abschnitt Römer 7, 7—25 exegetisch und biblisch-theologisch erörtert. Eine Gratulationsschrift. gr. 4. (16 S.) Greifswald 875, Bamberg. *

Wieseler, Karl, chronolog. Synopse der vier Evangelien. Ein Beitrag z. Apologie der Evangelien u. evangel. Geschichte v. Standpunkte d. Voraussetzungslosigkeit. gr. 8. (32 B.) Hamburg 843, Friedr. Perthes.

—— eine Untersuchung über den Hebräerbrief, namentlich seinen Verfasser und seine Leser. Mit einem Vorwort zur Vertheidigung und über die Nothwendigkeit einer wissenschaftlichen Exegese. 2 Hälften. gr. 8. (XXII und 69 S., 96 S.) Kiel 861, Akademische Buchh. à Hälfte * 15 Ngr.

—— Untersuchungen zur Geschichte und Religion der alten Germanen in Asien und Europa. Mit religionsgeschichtl. Parallelen. gr. 8. (VII, 178 S.) Ebendas. 881.

— s. Vierteljahrsschrift für Theologie u. Kirche.

Wieselgren, Peter

Wieselgreen, P., die Enthaltung von starken Getränken in ihrer Bedeutsamkeit f. Christen. A. d. Schwed. v. J. D. Runge. 8. (11½ B.) Hamburg 844, Perthes-Besser u. Mauke. *

—— vom Verläugnen der Aergernisse. Predigt über Matth. 18, Vers 7—9. Aus d. Schwed. v. J. D. Runge. gr. 8. (1½ B.) Hamburg 844, Agentur des Rauhen Hauses. *

Wieselgrén, P., vom Verläugnen der Aergernisse. Predigt üb. Matth. 18, V. 7—9. Aus d. Schwed. von J. D. Runge. (Geschenk des Uebersetzers an das Rauhe Haus.) gr. 8. Hamburg 844. (Perthes-Besser u. Mauke.) n. 1/6 ₰

Wieselgren, Sigfried

— das Gothenburger Ausschanksystem, dessen Entstehung, Zweck u. Wirkungen. gr. 8. (49 S.) Gothenburg 882 Pehrsson. n. 1. —

— dasselbe. Beilagen. Übers. aus dem Schwed. gr. 8. (53 S.) Ebend. 883. n. 1. —

—— Das Gothenburger Ausschanksystem, dessen Entstehung, Zweck und Wirkungen. Gothenburg 1885. 49 S. Mk. 1.—.

Wieselgreen, Dr. Sigfried. Der Branntwein im Programm der Arbeiterringe. Uebersetzt von Fischer. Gothenburg 1884. 47 S. 8°.

Wieselgren, S., die Entwicklung der schwedischen Branntwein-Gesetzgebung von 1835—1885, s. Beiträge, wissenschaftliche, zum Kampf gegen den Alkoholismus.

Wieselgren, Gen.-Dir. Dr. S. Die Entwickelung der schwedischen Branntweingesetzgebung von 1835—1885. Bonn 1885. 56 S. Mk. 1.50.

—— Ueber die Wirkungen des Gothenburger Systems. Bericht an den internationalen Kongress gegen den Missbrauch geistiger Getränke. 8°. Gothenburg 1890.

Wieseman, Kardynał Mikołaj — Fabiola, czyli kościół w katakumbach, z Angielskiego — — tłumaczona za zezwoleniem autora. Z angielskiemi oryginalnemi drzeworytami. W Wiednin. W drukarni uniwersyteckiéj L. K. Zamarskiego 1857. (XXXVI. 456 S. 2 Bl. 8.) (Fabiola oder die Kirche in den Katakomben, aus dem Englischen des — —. Uebersetzt mit Bewilligung des Autors. Mit englischen Original-Holzschnitten. Wien, Druck der Universitätsdruckerei des L. K. Zamarski.)

Wiesemann, Handbuch d. Verwaltungsstrafgesetzes, s.: Leitzmann.

Wiesemann, Benjamin

—— Beschreibung der neu erfundenen Segelwindmühle. Leipzig 1797

Wiesemann, Benj., (4.1) Beschreib. e. Segelwindmühle. 2) Sendschreiben über die Fr.? wie ist die Theuerung ꝛc.

Wiesemann, Thdr., Ursachen der Haupt-Naturerscheinungen, wie: Schwere, Härte, Elastizität, Licht, Farben, Wärme, Elektrizität, chem. Verbindungen etc. aus einem einzigen Fundamental-Prinzip logisch-mathematisch entwickelt. gr. 8. (63 S.) Brüssel 879. (Berlin, Friedländer und Sohn.) *

WIESEMES, Arthur (Malmedy): Ein Fall von Verblutung nach Tracheotomie infolge Arrosion der Arteria anonyma. Mit 2 Abb.- Bonn: Drobnig 1900. 17 S.
24.7.1899 - Chr 1899/1900,12; Jv 1899/1900,210 (Prom.-Datum: 1900)
Diss.Ingolst.-Landsh.-Mchn.

Wiesemes, Mich. (geb. Amel bei Malmedy 2. 12. 1835): De venaesectione. Berolini (1858). (32 S.) 8°
Berlin, Med. Diss. v. 12. Okt. 1858

Wiesen [Sachl. OW]

Wiesen, über natürliche u. künstliche, nebst Vorschlägen sie auf eine leichte u. sichere Art von dem Nachtheil der Frühlingshutung zu sichern ꝛc. 8. Gotha 805. Steudel. 16 gr.

Wiesen [Schlagwort]

Wiesen, s.: Bayern. Karte.

Wiesen [Verfasser]

Wiesen, Franz Christoph

Wiesen, F. C., Diss. in Ael. Marciani librum ad hypothecariam formulam. Wirceb. 781. 4.

Wiesen, Franz Christoph [Praes.], s. Heppel, Balthasar: Sapientia legislatoris nec non prudentia judicis circa testamentifactiones existentibus propinquis omni odio, ac impostis prosequendas.

Wiesen, Franz Christoph (Celle) 4° Jur. VII, 10av

Dissertatio inauguralis de jure aggratiandi, summo principi in homicidio etiam voluntario et doloso competente. Präs. Johann Christ. Joseph Franz Ignaz Unger.
Würzburg. (Kleyer) 15. VI. 1761. 51 Bl.

W. v.: Präs. 36680

Wiesen, Franz Christoph [Praes.], s. Rottmann, Georg Adam: Observatio de testamento arcano ad l. XXI. C. de testamentis.

Wiesen, Franz Christoph [Praes.], s. Sixtus, Georg Philipp: Specimen iurisprudentiae ante-Justinianeae sistens Aelii Marciani jurisconsulti librum singularum ad hypothecariam formulam.

Wiesen, G., kleine astronom. Ephemeriden, s. Ephemeriden.

[F.] Die Stellung Jesu zum irdischen Gut m. bes. Rücks. auf das Gleichnis vom ungerechten Haushalter. Von G. **Wiesen**, Pastor in Hattorf '(Hannover)'. *Gütersloh: C. Bertelsmann 1895.* (VI S., 1 Bl., 84 S.) 1 Bd 8. [96. 1551

Wiesen, Georg Ghard. Chr., vgl. Wiese, Georg Ghard. Chr.

Wiesen, G. G. Ch., Religions-Philosophie, od. d. Verhältniß d. Vernunft z. Freyheit. gr. 8. Hildesheim, Gerstenberg. 804.

Wiesen, Johann Franz Christoph [Praes.], s. Müller, Franz Joseph: De subscriptione testatoris analphabeti per cruces.

Johann Lorenz Wiesen

Historia et disputatio de hypochondriasis octennis, quacum sex annis ex quo comparuit, arthritis conjuncta erat, natura et indole, diagnosi, prognosi, cura. Heidelbergae 1829: Reichard. IV, 76 S. 8°

Heidelberg, Med. Diss. v. 1829

Wiesen, Josef: Geschichte und Methodik des Schulwesens im talmudischen Altertume ... [Th. 1.] Strassburg, Univ.-Buchdr. v. J. H. E. Heitz, 1892; 1 Bl., 32 S. 8.
Erlangen, Phil. Fak., Inaug.-Diss. v. 1892

Wiesen, Jos., Geschichte u. Methodik d. Schulwesens im talmudischen Altertume. gr. 8. (VI, 49 S.) Strassburg i/E. 892. J. H. E. Heitz. n. 2. —

Wiesen, Israel, Bibel-Lehre. Das 1. Buch Moses mit einer dem Worte gegenüberstehenden Uebersetzung. Zum bedeutenden Vortheile der israelit. Schule und zum häusl. Fleiße für die israelit. Schuljugend. 8. (173 S.) Kettwig 880. Frankfurt a. M., Kauffmann. geb. *

Wiesen, Isr., Bibel-Lehre. Das 1. Buch Moses m. e. dem Worte gegenüberstеh. Uebersetzg., nebst den nötigsten Erklärgn. u. Regeln der hebr. Grammatik. Zum bedeut. Vorteile der israel. Schule u. zum häusl. Fleiße f. die israel. Schule. 3., verb. Aufl. gr. 8. (173 S.) Osterode a/H. 888. Frankfurt a/M., A. J. Hofmann. Geb. n. 1. 60

—— Israels-Gebete mit einer dem Worte gegenüberstehenden deutschen Uebersetzung, nebst den nötigsten Anmerkungen und Erklärungen. Ausführliche Behandlung der liturg. Vorschriften für alle Sabbathe und Feste des Jahres mit Rücksicht auf die 14 Jahresformen, genaue Angabe über die Bedeutung der Fest- und Fasttage und den chronolog. Ursprung der Gebete enth. Zum bedeutenden Vorteile der israelit. Schule und zum häusl. Fleiße für die israelitische Jugend. 2. verb. Aufl. gr. 8. (316 S.) Osterode a/H. 888. Frankfurt a/M., Kauffmann. n.

Wiesen, Israel, Israels Gebete m. e. dem Worte gegenüberstehenden deutschen Uebersetzung, nebst Anmerkgn. u. Erklärgn. Ausführliche Behandlg. der liturg. Vorschriften f. alle Sabbate u. Feste des Jahres m. genauen Angaben üb. die Bedeutg. der Fest- u. Fasttage u. den chronolog. Ursprung der Gebete. Hrsg. f. Schule u. Haus. 3. verb. Aufl. (II, 144, 104 u. 88 S.) 8. Osterode a. H. 906. Frankfurt a/M., A. J. Hofmann. Geb. n. 2. 40

—— Hauptgebet-Stücke mit einer dem Worte gegenüberstehenden deutschen Uebersetzung nebst den nötigsten Anmerkungen und Erklärungen und einem Anhang: Regeln der hebr. Grammatik. Zum bedeutenden Vorteile der israelit. Schule und zum häusl. Fleiße für die israelit. Schuljugend. 3 Tle. 3. verb. Aufl. 8. Osterode a. H. Frankfurt a. M., Kauffmann. [1. Tl. (56 S.) 885. * 60 Pf.; 2. Tl. (127 S.) 886. *ℳ 1.20.; 3. Tl. (80 S.) 887. *ℳ 1.—.] cart. *

Wiesen, Israel, Hauptgebet-Stücke f. d. ganze Jahr, m. e. dem Worte gegenübersteh. deutschen Uebersetzg., Anmerkgn. u. Erklärgn., nebst Behandlg. der Liturgie, d. Wochenabschnitten, d. Reihe nach folgend, Beleuchtg. d. Ritus, Vorschriften, Gebetordngn. u. Bedeutg. d. Sabbat- u. Feiertage, Halbfest- u. Fasttage. Ein unentbehrliches Handbuch f. Schule u. Haus. 4., verb. Aufl. gr. 8. (IV, 92 S.) Osterode a/H. 895. Selbstverlag. Kart. n. 1. —

Wiesen, Israel, Hauptgebet-Stücke m. e. dem Worte gegenüberstehenden deutschen Übersetzung. Ein unentbehrl. Handbuch in Schule u. Haus m. Anmerkgn. u. Erklärgn. 6., unveränd. Aufl. 1. Tl. (II, 36 S.) 8. Osterode 907. (Frankfurt a/M., A. J. Hofmann.) Kart. — 50

Wiesen, J., Thora-Pforte. Ausgewählte Stücke der fünf Bücher Moses für den Schulgebrauch m. e. dem Worte gegenübersteh. deutschen Übersetzg. u. lehrreichen Erklärgn., den Wochenabschnitten u. Kapiteln folgend, nebst kurzer Beleuchtg. des Inhalts, den Jahreszahlen der Zeitrechnung u. e. Anh., „Grundsätze der jüd. Sittenlehre". gr. 8. (IV S., 372 Sp. u. 2 S.) Osterode 899. J. Wiesen. Kart. n. 1.50

Ⓑ — Thora-Pforte. 899. (KBL 32.) Jetzt: Frankfurt a. M., A. J. Hofmann.

Wiesen, M.: 'Immenstimmen' oder 'Das Lied von der Biene'. Wiebelskirchen: N. Kolportage-Verl. [1908]. 56 S. 8°
(Nach der Schicht. Nr 1.)

Wiesen, Theodor

Wiesen, Th.: Systemat. Entwickel. d. Lehre üb. d. rückwirkende Kraft d. Gesetze nach d. Grundss. d. röm. Rechts. *Frkf. a. M.* Schäfer. 814. 8.

Wiesen, V., die Ansichtspostkarte. Lustspiel in 1 Akt. 16. (23 S.) München (898). Rubinverlag. n. 1. —

Wiesen, V. [Autorname] = Riesen, Frau Gertrud. s. Familienbibliothek, Schweizer. Nr. 49.

Frauenrechte. Lustspiel in 1 Akt von V. Wiesen. *Berlin: Kühling & Güttner [1897].* (20 S.) 8° [F.]
— Album f. Liebhaber-Bühnen. No 325. [illegible]

Wiesen, V. (Frau Gertr. Riesen), aus unsrer lieben Garnison. Heitere Erlebnisse. (III, 88 S.) kl. 8. Dessau (908). H. Franke. 1.—; erm. Pr. — 50

Eine kleine Gefälligkeit. Lustspiel in 1 Akt von V. Wiesen [d. i. Gertrud Riesen]. *Berlin: E. Bloch (1901).* (27 S.) 8° [F.]
— Theater-Korrespondenz, Eduard Blochs. No 317

Wiesen, V. (Frau Gertr. Riesen), eine kleine Gefälligkeit, s. a. Bloch's, Ed., Theater-Korrespondenz.

Wiesen, V. (Frau Gertr. Riesen), echtes Glück, s.: Engelin's Roman- u. Novellenschatz 43. Bd.

— aus der Jugendzeit, s.: Liebhaber-Theater. 90.

Logierbesuch. Lustspiel in 1 Akt von V. Wiesen. *Mühlhausen i. Th.: G. Danner [1899].* (32 S.) 8° [F.]
= Thalia. 51. [00. 98..]

— der Schatzgräber u. anderes, s.: Engelin's Roman- u. Novellenschatz.

Die Spielgefährten. Roman in 2 Bden von V. Wiesen [d. i. Gertrud Riesen]. Bd 1. 2. Berlin: A. Goldschmidt 1906. 2 Bde 8° [F.]
(Goldschmidts Bibliothek f. Haus u. Reise.) [07. 8150]

— die Spielgefährten. Roman in 2 Bdn. (102 u. 97 S.) kl. 8. Berlin 906. A. Goldschmidt. à — 50; geb. à — 75

— freie Wahl, s.: Liebhaber-Theater. 79.

Wiesen, Wilhelm: Die wirtschaftsgeographische Entwicklung Algeriens unter französischer Herrschaft. Düsseldorf 1910: (Ohligschläger). 67 S. 8°
Bonn, Phil. Diss. v. 10. Aug. 1910, Ref. Rein
[Geb. 2. Juli 78 Cöln-Deutz; Wohnort: Düsseldorf; Staatsangeh.: Preußen; Vorbildung: Kgl. Gymn. Düsseldorf Reife O. 04; Studium: Bonn 12 S.; Rig. 26. Jan. 10.] [U 10. 432

Wiesenbach, F., die blinden Hessen. Eine sprachlich-historisch herald. Studie. gr. 8. (32 S.) Hamburg 891. Verlagsanstalt u. Druckerei, A.-G. n. 1. —

Wiesenbach, Joh. (Jos.?) Karl

Wiesenbach, J. K., d. erfahrne Baum-, Küchen- u. Blumen-Gärtner rc. n. e. vollständ. Gartenkalender. 3te Abthl. 8. Wien, Anton Doll. (Weygand Lpz. in Commiss.) 805.

Wiesenbach, Joh. Karl, d. erfahrene Baum-, Kuchen- u. Blumengärtner etc., nebst e. vollständ. Gartenkalender. 3 Abth. 8. Wien, 1805. 2. Aufl. Pesth, 1816. Hartleben. 1. —

Wiesenbach, Jos. Karl, der erfahrene Baum-, Küchen- u. Blumengärtner rc., nebst einem vollständigen Gartenkalender. 3 Abtheill. 8. Wien 805. Ant. Doll. 1 ₰ 8 ℛ 2e Aufl. 8. Pesth 816. Hartleben. 1 ₰

Wiesenberg, Paul: Statistische Zusammenstellung der in den letzten 10 Jahren an der Erlanger chirurgischen Klinik behandelten Frakturen. *Erlangen 1897: F. Junge.* (30 S.) 8°
Erlangen, Med. Diss. v. 22. Juli 1897

Wiesenberger, Franz

Wiesenberger, Fr., Ernstes u. Heiteres f. die Jugend, } s.: Jugendschriften, hrsg. v. Lehrerhausverein f. Oberösterreich. 9

Wiesenberger, Franz, Fibel für österreichische allgemeine Volksschulen. Zum Schreiblesenunterrichte nach der zerlegenden und zusammenfassenden Grundwörtermethode. Mit dem Bildnisse Seiner Majestät des Kaisers. Wien 1904. K. k. Schulbücherverlag. Preis, in Halbleinen gebunden 60 h.

— Die vier Heymonskinder. Eine alte Sage aus d. deutschen Volksbüchern wiedererzählt von Gustav Schwab. Für die Jugend ausgewählt von Franz Wiesenberger. — Linz: Lehrerhausverein für Oberösterreich 1907. 104 S. (Jugendschriften. 39.40.) 000:105.315-A. Bd 39.40.
8.12504

Wiesenberger Fr., Lesebuch für österreichische allgemeine Volksschulen. I. Teil: Unterstufe. Mit dem Bildnisse Seiner Majestät des Kaisers. Wien 1906. K. k. Schulbücherverlag. In Halbleinen geb. K —.90.

Wiesenberger Franz, Lesebuch für österreichische allgemeine Volksschulen. II. Teil: Mittelstufe. Mit dem Bildnisse Seiner Majestät des Kaisers. Wien 1907. Schulbücherverlag. In Halbleinen geb. K 1.70.

Wiesenberger Franz, Lesebuch für österreichische allgemeine Volksschulen. III. Teil: Oberstufe. Wien 1908. Schulbücherverlag. In Halbleinen geb. K 1.90.

(F) **Wiesenberger**, Fr., Aus Natur und Leben. Erzählungen, Beschreibungen, Marchen und Lieder. [Jugendschriften. Hrsg. vom Lehrerhausverein für Oberösterreich. Der ganzen Sammlung 13. Bd] 8°. (116 S.) Linz: Mareis 1902. geb. K 1.
Vgl. Jugendschriften. Bd. 13.

Wiesenberger, Fr., Robinson, s.: Jugendschriften, hrsg. vom Lehrerhausvereine f. Oberösterreich. 19—21.

— u. Fritz **Holzinger**, kleines Schnattermäulchen, s.: Jugendschriften, hrsg. vom Lehrerhausvereine f. Oberösterreich.

Wiesenbewässerungs-Relief-Tableaus mit technischen Bemerkungen für die Praxis des Wiesenbau's von Zeller. 4. (6 Taf. in farbigem Reliefdruck und 26 S. Text mit 8 eingedr. Holzschn. und 1 Stnt.) Darmstadt 847, Bauerkeller's Präganstalt. *

Wiesenblumen

— von Elise Ehrhardt. 8. (Sondershausen, Voigt in S.)

Wiesenblumen, gesammelt an den Ufern der Elbe, von Ferd. v. Biedenfeld. 8. Dresden, Arnold. 818.

Wiesenblumen, theils selbst gezogen, theils auch gepflückt auf Freundes Flur, gesammelt u. zum Kranz gewunden v. Aurora v. Gr..e, geb. v. W......dt. 12. (12⅟₁₂ B.) Erfurt 816, Hennings u. Hepf. *

Wiesend, Dr. Ant. (k. q. Regierungsrath etc.), topograph. Geschichte der Kreishauptstadt Landshut in Niederbayern. Landshut, Jos. Thomann'sche Buchh. (J. B. v. Zabuesnig), 1858. 8°. Orig.-Ppb. m. Lwdr.
VIII—287 S., 1 S. Inh. u. Err.

Wiesend, G., Archäolog. Funde u. Denkmale in den Landgerichtsbezirken Titmanning, Laufen u. Burghausen. S.-A. 1819. 93 S. u. 1 Taf. Pp. 1.50

WIESEND, Otto (Miesbach): De dulcamara.- Monachii 1837.
12.8.1835 - Urk; F 62
Diss.Ingolst.-Landsh.-Mchn.

(Wiesendanger. Jakob W. oder Keporinus.) Njbl. s. [Nüscheler. Felix].

Wiesendanger, E[mil]. Geschichte (Umschlag: Denkschrift zur Feier des 100-jährigen Bestandes) der Gemeinde Aussersihl. Vortrag gehalten vor der Gemeinnützigen Gesellschaft Aussersihl... 8. Aussersihl 1888.

Wiesendanger, E[mil]. Die Schweiz im Kriegsjahre 1799. Chronologisch dargestellt. 8. Zürich (1899).

Wiesendanger, E(mil) U(lrich): Eine Gerechtigkeit muß es geben in den Himmeln und auf Erden. Bad Schmiedeberg & Leipzig: Baumann [1909]. 226 S. 8°
[Umschlagt.:] Wiesendanger: Ist dein u. mein Schicksal ein gerechtes? Gerechtigkeit muß uns werden in den Himmeln u. auf Erden.

Wiesendanger, Martha. Harmonien und Dissonanzen. [Mit Titelvignette: Porträt.] 139 S. 8. Zürich, Caesar Schmidt, 1902. [fr. 2.50]

Wiesendanger, Martha, eine Seiltänzerin. Hamburger Roman. (VII, 196 S.) 8. Hamburg 906. C. H. A. Kloß. n. 2.50

Wiesendanger, Robert

— **ist Frau Anna Rothe ein Medium? Ein Mahnwort.** gr. 8. (52 S.) Leipzig 902. O. Mutze. n. — 50

Wiesendanger, R[obert]. Neues über das Schicksal [Salomon August] Andrées. Eine tellurische und kosmische Plauderei. [Mit Figuren.] 16 S. 8. Selbstverlag; Komm. F. E. Baumann, Bitterfeld, [1902]. (M. —. 40)

Schädigung der Volksgesundheit durch die moderne Zahnheilkunde. E. Mahnwort z. Aufklärg d. Publikums v. R[obert] **Wiesendanger**, prakt. Zahnheilkundiger, Hamburg. (M. Abb.) *Berlin, Neuwied: Heuser 1896.* (2 Bl., 41 S., 1 Taf.) 1 Bd 8. 96. 3841

Wiesendanger, R., Schädigung d. Volksgesundheit durch d. moderne Zahnheilkunde. E. Mahnwort zur Aufklärung d. Publikums. gr. 8. (III, 41 S. m. 1 Taf.) Neuwied 896. Leipzig, M. Spohr. n. 1.—

— neuer Wegweiser f. Zahnleidende. 16. (18 S. m. 2 Fig. u. 1 Bildnis.) Hamburg 896. J. Kriebel. n. — 30

Wiesendanger, R., die Zähne, deren Pflege und Erhaltung. gr. 8. (22 S.) Hamburg 879, Kriebel. *

Wiesendanger, U[lrich]. Gedächtnissrede auf Dr. Alfred Escher, gehalten bei der Escher-Feier den 23. Dezember 1883. SA. 8. Zürich [1884].

Wiesendanger, U., vergleichende Schulgrammatik der deutschen und französischen Sprache für Real-, Sekundar- und Bezirksschulen. gr. 8. (IV, 117 S.) Zürich 872, Schultheß.

Wiesendanger, U., deutsches Sprachbuch für die erste Klasse der Sekundarschulen auf Grundlage des neuen zürcherischen Lehrplans bearb. gr. 8. (V und 218 S.) Zürich 864, Schultheß. *

—— deutsches Sprachbuch für die erste Classe der Sekundarschulen, auf Grundlage des neuen zürcherischen Lehrplans. 2. Aufl. 8. Ebendas. 869.

Wiesendanger, U., deutsches Sprachbuch für die erste Klasse der Sekundar- und Bezirksschulen, auf Grundlage des zürcher. Lehrplans bearb. 3. durchgeseh. Aufl. gr. 8. (VII, 175 S.) Zürich 875, Schultheß. *

Wiesendanger, U., deutsches Sprachbuch für die erste Klasse der Sekundär- und Bezirksschulen, auf Grundlage des zürcher. Lehrplans und mit Berücksicht. der obligator. Orthographie bearb. 4. durchges. Aufl. gr. 8. (VII, 212 S.) Zürich 882, Schulthess. *

—— dass. — für die zweite Klasse. gr. 8. (316 S.) Ebendas. 865. *

—— dass. — für die zweite Classe. 2. Aufl. 8. Ebendas. 871.

—— dass. — für die zweite Klasse der Sekundär- und Bezirksschulen, auf Grundlage des zürcher. Lehrplans und mit Berücksicht. der obligator. Orthographie bearb. 3. veränd. Aufl. gr. 8. (VII, 294 S.) Ebendas. 883.

—— dass. — für die dritte Klasse. gr. 8. (370 S.) Ebendas. 866.

Wiesendanger, U., deutsches Sprachbuch f. d. 3. Klasse d. Sekundarschulen, auf Grundlage d. züricher. Lehrplans bearb. 2., umgearb. Aufl. gr. 8. (IV, 348 S.) Zürich 890. Schulthess. n. 2.40

(**Wiesener**, August, Schriftführer des Verbandes ehemaliger Jäger für den Bezirk des 10. Armee-Corps.) Geschichte des k. preuss. hannoverschen Jäger-Bataillons Nr. 10. Garnison: Goslar a/H. (1866—1888.) Herausgegeben auf Veranlassung und im Selbstverlag des Verbandes ehemaliger Jäger für den Bezirk des 10. Armee-Corps (Sitz: Goslar a/H.). Die Commission: F. Ulrich, C. Rost, A. Wiesener, L. Spreine. 8. Goslar 1889.

Wiesener, Hellmuth, die evangelische Seelsorge in der deutschen Kriegs=Marine, nach den amtl. Bestimmgn. u. nach eigenen Erfahrgn. dargestellt u. erläutert. gr. 8. (VII, 93 S.) Gotha 891. Schloeßmann. n. 1.20

Wiesener, J., s. Jak. Wiesner.

Wiesener, Johann Heinrich (Glogau) U. S. Erfurt 1728/2

De eo, quod circa dissensum plurimum patronorum in praesentatione parochi justum est, Von Uneinigkeit derer Kirch=Patronen bey Pfarr=Bestellungen, dissertatio inauguralis juridica.
Präs. Tobias Jakob Reinharth.
Erfurt (Grosch) 9. X. 1728. 28 S. 36681

Wiesener, W., d. Geschichte der christlichen Kirche in Pommern zur Wendenzeit. gr. 8. (VI, 355 S.) Berlin 889. Wiegandt & Grieben. n. 5. —

Wiesenfeld

— s. Beitrag, ein, zum Verständnisse der röm. Stein=Inschriften.

Wiesenfeld, Prof., Skizzen einer Geschichte der Baukunst, s. Andenken an die dritte Versammlung der teutschen Architecten.

Wiesenfeld, C., s. A. R. Emy, über die Bewegung der Wellen.

Wiesengrund, Bernhard

Wiesengrund, Bernh., die Elektrizität. Ihre Erzeugg., prakt. Verwendg. u. Messg. Für Jedermann verständlich, kurz dargestellt. gr. 8. (II, 54 S. m. 44 Abbildgn.) Frankfurt a/M. 894. H. Bechhold. n. 1. —

Wiesengrund B, die Elektrizität. Erzeugung, Verwendung und Messung. 1. und 2. Auflage. Frankfurt a. M. (1894)

Wiesengrund, Bernh., die Elektrizität. Ihre Erzeugg., prakt. Verwendg. u. Messg. Für Jedermann verständl. kurz dargest. 6.—10. Taus. gr. 8. (II, 60 S. m. 51 Abb.) Frankfurt a/M. 895. H. Bechhold. n. 1. —

Wiesengrund, Bernh., die Elektrizität. Ihre Erzeugg., prakt. Verwendg. u. Messung, m. 54 Abbildgn. Für Jedermann verständlich, kurz dargestellt. 4. verb. Aufl. (11. bis 13. Taus.), teilweise bearb. v. Russner. gr. 8. (80 S.) Frankfurt a/M. (899). H. Bechhold. n. 1. —

Wiesengrund, Bernh., die Elektrizität. Ihre Erzeugg., prakt. Verwendg. u. Messg. Mit 57 Abb. Für Jedermann verständlich kurz dargestellt. 5. verb. Aufl. (14. bis 16. Taus.), teilweise bearb. v. Russner. (80 S.) gr. 8. Frankfurt a/M. (902). Leipzig, M. Heinsius Nachf. n. 1. —

Wiesengrund, Bernhard [aus Frankfurt a. M.]: Ergebnisse von Experimental-Untersuchungen bei Umschmelzungen von Blei-Zinn-Legirungen ... M. e. Taf. Leipzig, J. A. Barth, 1894; 25 S., 1 Taf. 8.
Rostock, Phil. Fak., Inaug.-Diss. v. [19. Dez.] 1893

Wiesenhahn, s. Wiesehahn.

Wiesenhaver (Wiesenhauer), August Justus

Theses inaugurales ex iure camerali de eo quod iustum est circa promotoriales.
Giessen (Vulpius) IX. 1725. 20 S. 36685

Wiesenhaueren, August Justus (Hildesheim) A. S. 799/25

Dissertatio juridica altera de negotiis in persona propria explicandis. Präs. Jo. Gerhard Schlitt.
Halle (Krottendorff) X. 1720. 44 S. 36683

Wiesenhauer, Justus Karl [Praes.], s. Cruxs, Friedrich Adolph von: De ecclesiae et personis ecclesiasticis in genere. Instit. jur. eccles. protest. privati in primis Saxon. elect. lib. I. cap. I.

Wiesenhaver, J. C., Grundsätze d. allgem. Kirchenrechts d. Protestanten in Deutschland. 8. Lpz. Müller. 749.

Wiesenhaver, Just. K.: Grundsätze d. Kirchenstaatsrechts d. Protest. *Lpz.*, Müller. (749.) 764. 8. (10 Gr.)

Wiesenhauer, Justus Karl (Hildesheim) A. S. 138/33

Dissertatio inauguralis de iure maiestatis sacrorum dirigendorum.
Leipzig (Breitkopf) 22. VIII. 1748. 24 S.

Gew.: Fhr. von Brabeck. 36682

Wiesenhauer, Justus Karl (Hildesheim) A. S. 174/14

Dissertatio. Logomachia de civitatibus mixtis.
Präs. Gottlieb Samuel Treuer.
Göttingen (Hager) 12. IV. 1742. 39 S.

Gew.: Stadt Hildesheim. 36684

Wiesenhauer, J. C., de ποδολατρεία imperatt. vett. et rom. pontificis. Hildesb. 1743. 4.

Wiesenhauer, Justus Karl [Praes.], s. Stieglitz, Karl Ludwig: Dissertatio iuris ecclesiastici protestantium publici de iure conventionali sacrorum dirigendorum.

WIESENHAVERN, Ludolf Heinrich Justus: Abhandlung über das Theer- und Pechbrennen. - Breslau, Hirschberg 1793. 112 S., 6 Taf.

Wiesenhavern, Ldlf. Hnr. Just., († d. .. Febr. 1798.) Abhandlung über d. Theer= u. Pechbrennen. Mit 6 Kpft. gr. 4. Bresl. 794. J. F. Korn. 20 ℛ

WIESENHAVERN, Ludolf Heinrich Justus: Anleitung zu der neuen auf Physik und Mathematik gegründeten Forstschätzung und Forstflächen-Eintheilung in jährliche proportionale Schläge durch einige auf diese Weise regulirte Reviere der kgl. Preußischen Forsten Schlesiens, nebst denen dazu gehörigen illuminirten Kupfertafeln bestätiget und erläutert. - Breslau, Hirschberg, Lissa 1794. 409 S., 3 Taf.

Wiesenhaver, Ludolf Heinrich Justus: „Anleitung zu der neuen auf Physik und Mathematik gegründeten Forstschätzung und Forstflächeneintheilung in jährliche proportionirliche Schläge", Breslau 1794 (J. F. Korn).

Wiesenhueten, Karl Andreas von (Frankfurt/M.) A. S. 109/11

Dissertatio iuris publici de archimareschallo Augustae imperatricis. Präs. Johann Karl Koenig.
Marburg (Müller) 95 S.

Gew.: Heinrich von Barckhaus.
W. v.: Präs., Johann Georg Estor, Emil Ludwig Hombergk zu Vach. 36686

Wiesenhuiten, C. A. de, de Archi-Mareschallis Augustae Imperatricis. 4. Marb. 748.

Wiesenhütten, Friederike Henriette von, s. Contes imitées de Musaeus.

v. Wiesenhütten, Frdke. Henriette, geb. v. Forstner. (†d. 12. März 1815.) Geschichten u. Gespräche, für Kinder. Französ. u. Deutsch. 8. Frankf. 806. Körner. 9 gr.

Wiesenhütten, d. Frau v., Geschichten u. Gespräche für Kinder, franz. u. deutsch. 8. Frkft. Körner. 808.

v. Wiesenhütten, Frau, geb. v. Forstner, s. Helene.

Wiesenhütten, Friederike Henriette von, s. Histoirettes et conversations à la portée des enfans.

Wiesenhütten, Friederike Henriette von, s. Journal de Lolotte.

LOTTENS Tagebuch. Aus d. Französ., in Briefen streng vertraulichen Inhalts (verfasst von *Friederike Henriette* Freiin *v. Wiesenhütten*, geb. *v. Forstner*, übers. von Carl Gotthold Lenz). Mit Titelvignette. Leipzig 1796. 8°. XVI u. 323 S. Zahm.
Anon.-Lex. IV. 149 (nach Kayser, Schindel, Adelung, Goedeke). Meusel hat „Halle".

Wiesenhütter, Alfred: Die Prinzipien der evolutionistischen Ethik nach H. Spencer und W. Wundt. Leipzig: Quelle &Meyer 1910. 40 S. 8°
(Abhandlungen z. Philosophie u. ihrer Geschichte. H. 16.)

Kurzer Leitfaden der Kirchengeschichte. Zunächst f. d. einfachen kath. Volksschulen d. Prov. Sachsen zsgest. von A. **Wiesenmüller**, Pfarrer. Paderborn: Junfermann 1908. (24 S.) 8° [J.] [08. 6106

Wiesen-Ordnung f. den Kreis Siegen. Vom 28. Oktbr. 1846. (Abgedr. aus dem deutschen Bürgerblatte.) 12. (23 S.) Siegen 847, Friedrich. 1/12 rf

Wiesen-Ordnung für den Kreis Siegen. Vom 28. Oktbr. 1846. 12. (23 S.) Siegen 847, [Schulz.]

Wiesen-Ordnung, die siegen'sche. 3. Aufl. 8. (30 S.) Wiesbaden 854, Friedrich's Vrlgsh. *

Wiesensteig [Schlagwort]

Wiesensteig, s.: Württemberg. Höhenkurvenkarte.

Wiesenstreit. Zur Kenntniß der verschiedenen Dichtungsarten. Mit Beispielen belegt u. Freunden der Poesie zum Selbststudium dargeboten. 8. (IV, 176 S.) Langens. 889, Schulbuchh.

Wiesenthal [Schlagwort]

Wiesenthal, s.: Deutschland. Grundkarte.

Wiesenthal, s.: Deutschland. Karte. (Abt. Sachsen.)

Wiesenthal, s.: Geologische Karten. Spezialkarte. (Baden.)

– s. Sachsen. Meßtischblätter.

Wiesenthal, s.: Sachsen. Mittelbach. R.

Wiesenthal, s.: Schwarzwald. Karte.

Wiesenthal [Verfasser]

Wiesenthal, Bernhard, Referendar in Frankfurt a. M.: Das Prokuraindossament im deutschen und ausländischen Wechselrecht. Nebst kurzer Betrachtung des Prokuraindossaments bei den anderen indossablen Wertpapieren. Frankfurt a. M. 1907: Gebr. Knauer. (XV, 114 S.) 8°
Heidelberg, Jur. Fak., Ref. Schroeder, Diss. v. 1908
[Geb. 28. Juni 84 Homburg v. d. H.; Wohnort: Homburg v. d. H.; Staatsangeh.: Preußen; Vorbildung: Gymn. Homburg v. d. H. Reife O. 03; Studium: Heidelberg 1, Berlin 2, Marburg 3 S.; Rig. 7. Aug. 07.]

HANSTEIN, Friedrich von, oder Mönchslist und Pfaffentrug (von *Franz Wiesenthal*). Hamburg 1801.
Anon.-Lex. II. p. 264 (nach Kayser).

WIESENTHAL, Franz (ps.?). Friedrich von Hahnstein, oder Mönchslist u. Pfaffentrug. Ritter- u. Geistergeschichte aus den Zeiten der Vehmgerichte. Hamburg 1809. 8°.
Wildmoser, München, Leihbiblcat., 1824, no. 9102. — Kayser hat, ohne Namen d. Verf., „Hamburg, Herold, 1801".

Wiesenthal, Frz., s. Friedr. v. Hanstein.

Wiesenthal, Hans, Referendar: Das Zurückbehaltungsrecht gegenüber unpfändbaren Forderungen. Breslau 1909: Schles. Volkszeitung. VII, 37 S. 8°.
Breslau, Jur. Diss. v. 17. Febr. 1909, Ref. Schott-Meyer
[Geb. 25. Mai 83 Breslau; Wohnort: Breslau; Staatsangeh.: Preußen; Vorbildung: Matthias-Gymn. Breslau Reife O. 03; Studium: Breslau 2, Freiburg i. B. 1, Breslau 3 S.; Rig. 1. Febr. 09.] [U 09. 534

Wiesenthal, Heinrich

Wiesenthal, Hch., Deutschlands Braunkohle, s.: Hotop, Ernst.

Wiesenthal, H. Über Xylyl- und Xylylenphenylhydrazine. In-8°. 23 S. Basel. These. 1893.

Wiesenthal, Heinrich [Hrsg.], s. Ziegel, Kalk u. Zement.

Wiesenthal, Joseph Julius (geb. Schönebeck a. E. 26. 11. 1822). De tetano. Berolini (1847). (30 S.) 8°
Berlin, Med. Diss. v. 8. Apr. 1847

Wiesenthal, Max

Merkzahlen für den Unterricht in der Geschichte und Erdkunde am Progymnasium und der Realschule zu Schwelm. Zsgest. von Dir. Dr. [Max] **Wiesenthal**. Schwelm: M. Scherz 1905. (31 S.) 8° [J.] [05. 1401

Wiesenthal, Max, Friedrich Nietzsche u. die griechische Sophistik. Vortrag, geh. in der Ortsgruppe Barmen des niederrhein. Zweigverbandes des deutschen Gymnasialvereins. (20 S.) gr. 8. Heidelberg 904. C. Winter, Verl.
Sonderabdruck aus: „Das humanist. Gymnasium". n. — 60

Wiesenthal, Maximilianus [Sedinensis]: Quaestiones de nominibus propriis, quae Graecis hominibus in proverbio fuerunt ... Barmen, Druck v. D. B. Wiemann, 1895; 2 Bl., 63 S. 8.
Erlangen, Phil. Fak., Inaug.-Diss. v. 5. Dez. 1894

Wiesenthal, Max Quaestiones de nominibus propriis, quae Graecis hominibus in proverbio fuerunt, scripsit M. W. 8 (1 Bl., 63 S.). Progr. G. *Barmen* 1895 (435).

Wiesenthal, Max: Was heißt und zu welchem Ende studiert man allgemeine Wissenschaft? Festschrift z. 25. Stiftungsfest d. Allgemeinwissenschaftl. Ver. Albertia an d. Albertina in Königsberg i. Pr. Danzig 1909: Kafemann. 18 S. 8°

Wiesenthal, Moritz

Wiesenthal, Mauritius (geb. Gommern bei Magdeburg 26. 3. 1826). De methodo abortiva in typho applicanda. Berolini (1849). (27 S.) 8°
Berlin, Med. Diss. v. 26. März 1849

Wiesenthal, Otto: Ueber operative Behandlung intracapsulärer Schenkelhalsbrüche durch Excision des abgebrochenen Gelenkkopfes. Halle a. S. 1881: Plötz. 28 S. 8°
Halle-Wittenberg, Med. Diss. v. 13. Juni 1881
Geb. Berlin 17. 4. 1859. V.

Wiesenthal, P., s.: Jahrbuch der Vereine Deutschlands.

Wiesenthal, Paul, über den Einfluss chronischer Herzkrankheiten auf Schwangerschaft, Geburt und Wochenbett. Diss. Marburg 1887, N. G. Elwert'sche Univ.-Buchh. 8°. 35 S.

Wiesenthal, W., Muster-Rezepte, s.: Meyer, Gust.

WIESENTHAU, Adelbert v. Rittergeschichte der Vorzeit. Mit Titelkpfr. u. Titelvign. Wien und Hohenzollern, bei J. B. Wallishausser. 1790. 8°. Zahm.

Wiesen- und Aecker-Unkräuter, die bekanntesten, s. Aecker- und Wiesen-Unkräuter.

Wieser, vgl. Wiser.

Wieser, Aug. R. v., s.: **Gemeindeverwaltung u. Gemeindestatistik d. Landeshauptstadt Brünn.**

Wieser, Emil Otto [pr. Arzt, aus Gumbinnen]: Beiträge zur Prophylaxis und Therapie der Cholera ... Leipzig, Druck v. A. Edelmann, Univ.-Buchdr., *1893;* 13 S. 8.
Leipzig, Med. Fak., Inaug.-Diss. v. 22. Dez. 1893

Wieser F. Zur Geschichte der Schwazer Majoliken-, Steingut- und Tonwarenfabrik (1801-1902) (122 S) Schwaz 1903

Wieser, F., die Währungsfrage u. die Zukunft der österreichisch-ungarischen Valutareform. Vortrag, geh. am 22. Jänner 1894 im Prager deutschen kaufmänn. Vereine. Mit e. Vorworte. gr. 8. (28 S.) Wien u. Prag 894. F. Tempsky. — Leipzig, G. Freytag. n. — 60

Wieser, Fr.: Die Bannung Philipp's von Staufen. 7-17 S. 4° — Brünn, OR., Progr. 1872.

Wieser, Franz: Beiträge zur Geschichte des Bauernkrieges vom Jahre 1525 in Deutsch-Tirol. 1896 PN 1007
Diss. Wien. Univ.

Wieser, Frz., Bericht über die in Vorarlberg angestellten Weisthümer-Forschungen. Lex.-8. (40 S.) Wien 870, (Gerold's Sohn.)
aus: Sitzungsberichte der k. Akademie der Wissenschaften, besonders abgedruckt.

Wieser, Fr. R. v. Die Bronze-Gefasse von Moritzing, reconstruiert von Fr. R. v. Wieser
Innsbruck, Selbstverlag 1891.
25 S.; 4 farb. Taf. 8°.
Aus: Zeitschrift des Ferdinandeums Folge 3. H. 35.

Wieser, F., Die archäolog. prähistor. Funde am Martiusbühel u. bei Völs. S.-A. 1882. 8 S. —.60

Wieser, Frz., das langobardische Fürstengrab und Reihengräberfeld von Civezzano beschrieben. gr. 8. (43 S. mit 5 Taf. und 8 in den Text gedr. Illustr.) Innsbruck 887, Wagner'sche Universitäts-Buchh. *

Wieser, Frz. R. v., der verschollene Globus des Johannes Schöner von 1523. Wieder aufgefunden und kritisch gewürdigt. Lex.-8. (18 S. mit 1 Taf.) Wien 888, (Tempsky.) *
Aus: Sitzungsberichte der k. Akademie der Wissenschaften, besonders abgedruckt.

Wieser, Fr. R. v., die Karte des Bartolomeo Colombo üb. die 4. Reise des Admirals. [Aus: „Mitteilgn. d. Instituts f. österr. Geschichtsforschg."] gr. 8. (13 S. m. 3 Taf.) Innsbruck 893. Wagner. n. — 80

Wieser, Frz. R. v., s.: Karten, die, v. Amerika in dem Islario general des Alonso de Santa Cruz.

(Wieser, Franz, Ritter v., k. k. General-Major.) Kartenskizze der Alten Welt und Zeit-Tafeln von 1500 v. Chr. bis 1492 n. Chr. Fol. Wien 1888.

Wieser, Frz., Magalhães-Strasse und Austral-Continent auf den Globen des Johannes Schöner. Beiträge zur Geschichte der Erdkunde im XVI. Jahrh. gr. 8. (VII, 124 S. mit 5 chromolithogr. Karten.) Innsbruck 881, Wagner'sche Universitäts-Buchh. *

Wieser, Frz., der Portulan des Infanten und nachmaligen Königs Philipp II. von Spanien. [In der Sammlung des Hrn. Fr. Spitzer in Paris.] Lex.-8. (23 S.) Wien 876, (Gerold's Sohn.)
Aus: Sitzungsberichte der k. Akademie der Wissenschaften, besonders abgedruckt.

Wieser, Fr. R. v., s.: Ringmann, Mathias, grammatica figurata.

— s.: Urbar der St. Martins-Kirche in Gufidaun 1483.

Wieser, Franz von [Hrsg.], s. Waldseemüller, Martin: Cosmographiae introductio. Die älteste Karte mit dem Namen Amerika aus d. J. 1507 ...

Wieser, Friedrich von

Die Ergebnisse und die Aussichten der Personaleinkommensteuer in Österreich. Von Dr. Friedrich Frh v. **Wieser**, Prof. in Prag. *Leipzig: Duncker & Humblot 1901.* (147 S.) 8° [F.] [01. 5832

Wieser, Frdr. Frhr. v., s.: Produktivität, die, der Volkswirtschaft.

Recht und Macht. 6 Vorträge von Dr. Friedrich Frh. v. **Wieser.** Leipzig: Duncker & Humblot 1910. VIII, 154 S. 8° [10. 7333 7

Die deutsche Steuerleistung und der öffentliche Haushalt in Böhmen. Von Dr. Friedrich Frh v. **Wieser**, Prof., Wien. *Leipzig: Duncker & Humblot 1904.* (93 S.) 8° [F.]
Aus: Deutsche Arbeit Okt.–Dez. 1903 [04. 3233

— Die Theorie der städtischen Grundrente. (Einleitung zu W. Mildschuh, Mietzinse u. Bodenwerte in Prag.) (39 S.) gr. 8. Wien 909. F. Deuticke. 1. —
Sonderabdruck aus: „Wiener staatswiss. Studien".

— dasselbe, s.: **Studien, Wiener staatswissenschaftliche. IX, 1.** (Mildschuh, Wilib., Mietzinse u. Bodenwerte in Prag.)

Wieser, Friedr. v., über den Ursprung und die Hauptgesetze des wirthschaftlichen Werthes. gr. 8. (XIV, 214 S.) Wien 884, Hölder. *

Wieser, F. Frhr. v., Über Vergangenheit u. Zukunft der österreichischen Verfassung. (V, 171 S.) gr. 8. Wien, C. Konegen. 1905. 4. —

Wieser, Friedr. v., der natürliche Werth. gr. 8. (XVI, 239 S.) Wien 889, Hölder. *

Wieser, Friedrich von, s. Zeitschrift f. Volkswirtschaft, Sozialpolitik u. Verwaltung.

Wieser, Heinrich: Über das Pyroguajazin. Separatabdruck aus: Sitzungsber. d. kais. Akad. d. Wissensch. in Wien. Bd. 82. II. S. 464.

Wieser, J. C. v., tiefe Ebbe, hohe Flut. Ein Schauspiel in 5 Aufzügen nach ind. Sagen. gr. 8. (III, 107 S) Brünn 883. (Winiker.) n. 2. —

Wieser, J. C. v., Frauendienst. Dramatisches Gedicht in 5 Aufzügen. Den Bühnen gegenüber als Mscr. gedr. gr. 8. (132 S.) Brünn 874. Winiker. n. 2. 60

Wieser, J. C. v., das Haus des Tiresias. Trauerspiel in 5 Aufzügen. Brünn 859. Karafiat in Comm. gr. 8. (3 Bl., 107 S.) n. 20 ngr.

Wieser, J. C. v., der Imperativ der Liebe. Lustspiel in 5 Aufzügen. gr. 8. (136 S.) Brünn 877, Winiker's Buchh.

—— Kaiser Julianus. Trauerspiel in 5 Aufzügen. Der Bühne gegenüber als Mscr. gedr. gr. 8. (140 S.) Ebendas. 876.

— eine Liebe d. Alcibiades. Lustspiel in 5 Aufzügen. Den Bühnen gegenüber als Mscr. gedr. gr. 8. (107 S.) Ebend. 875. n. — 80

—— ein Meister des Lichtes. Trauerspiel in 5 Aufzügen. [Den Bühnen gegenüber Mscr.] gr. 8. (79 S.) Wien 868, Gerold's Sohn.

Wieser, J. C. v., Nesseln. gr. 16. (III und 108 S.) Brünn 860, (Nitsch.) *

Wieser, J. C. v., Welehrad. Ein Liederkranz in zwei Büchern. br. 8. (IV und 155 S.) Brünn 862, Karafiat. *

—— Zawisch der Rosenberger. Trauerspiel in 5 Aufzügen. (Der Bühne gegenüber als Mscr. gedr.) gr. 8. (118 S.) Wien 864, Gerold's Sohn. *

Wieser, J. J., das Turnen in der Volksschule in Theorie und Praxis. 8. (XVIII, 160 S. mit 1 autogr. Taf.) Augsburg 882, Wolff'sche Buchh. *

Wieser, Jakob

Wieser, Jak., Kunstvortheile zu kürzerer u. leichterer Lösung für die schweren Aufgaben der Rechenkunst, u. wirkliche Ausrechnung aller solchen Fälle in d. schweizer. Exempeltafeln. 8. Zürich 810. — Mit neuer Erläuterung u. vollständiger Ausrechnung d. letzten 1810 Aufgaben in den schweizer. Exempeltafeln, oder: prakt. Mittheilung aller bekannten u. zum Theil neuer Kunstvortheile rc. Herausg. v. Jh. Schultheß. 8. Ebd. 812. Schultheß. 1 ß 3 gr

Wieser, Jak., Erklärung und vollständige Ausrechnung der 1810 Aufgaben in den Schweizerischen Exempeltafeln, oder: Prakt. Mittheilung aller bekannten und zum Theil neuer Kunstvortheile rc. 8. Zürich. (Leipzig, Fr. Fleischer in C.) 812.

Wieser, Johann Ev.

Wieser, Joh. Ev., die Bedeutung der Herz-Jesu-Andacht und des Gebetsapostolates für unsere Zeit. Mit besond. Rücksicht auf Deutschland. 8. (IV, 81 S.) Innsbruck 869, F. Rauch.

Wieser, Joh. Ev., Die Döllingeriche Dreikirchen-Idee. Dazu als Beilage: Das Prophetentum in der Kirche. [Aus: Brixener Kirchenblatt] Brixen, Weger, 1875, gr. 8°, 73 S., 64 Pf.

Wieser, Joh. Ev., Der „jesuitische Krankheitsstoff" in der Kirche. Zur Orientierung über den wahren Wert der „altkath." neuprotestant. Reformbewegung. Offenes Schreiben zunächst an Dr. Theod. Weber, Gymnas.-Religionslehrer u. Privatdocent der Philos. an d. Univ. Breslau, sodann auch an alle Vertreter des sog. Altkatholicismus gerichtet. Innsbr., Rauch, 1872, gr. 8°, IV, 132 S., 1,50 Mk.

Wieser, Joh., Mensch u. Thier. Populär-wissenschaftl. Vorträge üb. den Wesensunterschied zwischen Mensch u. Thier, mit Rücksicht auf die Darwin'sche Descendenzlehre. 8. (VII, 239 S.) Freiburg i/Br. 875. Herder. 2. —

Wieser, J. E., der Spiritismus und das Christenthum. Mit einer Beilage: Ueber Dr. G. Th. Fechner's „Tagesansicht". gr. 8. (144 S.) Regensburg 881, Pustet. *
Aus: Zeitschrift für katholische Theologie, besonders abgedruckt.

Wieser, Joh. Ev., Die Unfehlbarkeit des Papstes u. die Münchener „Erwägungen". Graz, Moser, 1870, 8°, 129 S., 1,20 Mk.
Begegnet dem Einwande Döllingers, daß die Unfehlbarkeitstheorie vollständig neu sei, durch Darlegung der „Tradition der alten Kirche" über diesen Punkt (S. 13–105). Die Einleitung (S. 1–13) bringt eine kurze Würdigung von Luk. 22, 32, während am Schlusse (S. 106–29) der gediegenen Schrift die Gründe für die Opportunität der Dogmatisierung des in Frage stehenden Satzes angeführt werden. Hülskamp, Litt. Handw. 1870, S. 90. Dieringer, Theol. Littbl. 1870, S. 418–58. Ökum. Konzil. Stimmen rc. Heft 10, S. 79–80. Katholik 1870, Bd. 1 S. 174–90 (B. Jungmann).

Wieser, Jos., Pauli apostoli doctrina de justificatione ex fide sine operibus et ex fide operante biblico-dogmatice discussa et illustrata. gr. 8. (VI, 223 S.) Trient 873, Seiser.

Wieser, Josef, Wiener Bürger, Freiwilliger des 3. Wiener Freiwilligen-Bataillons. Ereignisse aus dem Feldzuge der Wiener Freiwilligen nach Italien im Jahre 1848. 8. Wien 1849.

Wieser, L., die drei Töne c, d, e als Wurzel des Tonal-Systems. Ein methodisch geordnetes Handbuch beim Unterrichte f. die Kleinen. 4 Hefte. (17, 20, 35 u. 51 S.) Lex.-8. Wien 903—905. C. Kulm. à n. 1. 25

Wieser, Leopold Freih. v. Vorschläge zur Hebung der Rinderzucht. Klgft., v. Kleinmayr, 1900. 27 S.

Wieser, Marie Anne, neues selbstverfaßtes Kochbuch, oder kleine Samml. von ganz besonders ausgesuchten Speisen rc., nach wienerisch. Geschmack. 2 Thle. 8. Wien 795. 2e A. 796. 3e A. 799. 4e A. 816. Al. Doll. 1 ß 8 gr (Leipz., Liebeskind). 20 kr

Wieser, Maur.: P. Leopold Puschl, Director †. 7. Seitenstetten874. Progr.

Wieser, Otto: Über den sogenannten natürlichen Arsenik. Würzburg 1903: Memminger. (31 S.) 8°
Würzburg, Med. Diss. v. 1903.

Wieser, Seb., s. a.: Aufhart, Seb.

Wieser, Sebast., der Antichrist. Trilogie m. Vorspiel. 1. Tl.: A. Vorspiel: Der Sündenfall. B. Das auserwählte Volk. (Drama in 5 Akten.) (VIII, 288 S.) 8. Regensburg 911. Verlagsanstalt vorm. G. J. Manz. 3. 80; geb. in Leinw. 4. 60

Wieser, Sebast., in Lied u. Leid. Ausgewählte Gedichte. (IV, 140 S.) 8. Ravensburg 908. F. Alber. Geb. in Leinw. 2. 80

— Lindenblüten. Geschichten. (IV, 394 S.) 8. Ebd. 908. In Pappbd. 3.60; geb. in Leinw. 4. —

— Rosen u. Rosmarin. Neue Lyrik. (VIII, 193 S. m. Bildnis.) kl. 8. Burghausen 905. W. Trinkl. n. 2. 50; geb. in Leinw. n.n. 3. 50

Wieser, Thomas: Bruder Berthold von Regensburg. Ein Culturbild aus der Zeit des Interregnums. 33 S. Brixen 1889. Progr.

Wieser, Thomas: Geschichte des k. k. Gymnasiums der Benediktiner von Marienberg in Meran. 1 Bl., 72 S., 1 Taf. 8. II. Die Zeiten des Präfekten Benedikt Langes (1782—1820). S. 73 bis 123, 1 Taf. 8. III. S. 125—167, 1 Taf. 8.
Progr. K. k. Ober-Gymn. *Meran* 1904. 1906. 1907.

Wiesermann, Johannes, appr. Arzt: Aus d. pathol. Inst. d. Univ. Marburg. Über Chondrodystrophia foetalis mit besonderer Berücksichtigung ihrer Entstehung durch mechanische Ursachen nebst 3 Fig. im Text. Leipzig: W. Engelmann 1908. 35 S. 8° ¶(Aus: Archiv f. Entwicklungsmechanik. Bd 26, H. 1.)
Marburg, Med. Diss. v. 11. Dez. 1908, Ref. Benecke
[Geb. 10. Mai 82 Werdohl; Wohnort: Gera R.; Staatsangeh.: Preußen; Vorbildung: Gymn. Gera Reife O. 02; Studium: Leipzig 3, Freiburg i. B. 2, Leipzig 1, Kiel 1, Marburg 3 S.; Coll. 19. März 08; Approb. 9. Dez. 08.]
[U 09. 3154

Wiesern, M., biblisches Lustgärtlein, darinnen schöne Sprüche u. geistl. Räthsel aus allen Büchern d. heil. Schrift d. A. u. N. T. zu finden. N. A. 8. Prenzlau ... (Ragoczy). 1 gr

Wiesiger, Karl Fr., über d. zweckmäß. Art d. Tilgung d. preuß. Landschulden u. die beschränkte Anwendbarkeit d. britt. Staatswirthschaft auf d. preuß. Staat, sowohl im Allgemeinen als auch in besonderer Rücksicht auf d. Schuldentilgung. 8. Berl. 810. Maurers B. 8 gr

— Beantwortung d. Frage: wie können Magistratspersonen in mittl. u. kl. Städten den größten Nutzen stiften. 8. Zerbst 798. Füchsel. 14 gr

Wiesiger, Karl Fr., Beantwortung der Fragen: Was ist Wucher? ist es gut ihn zu hemmen? und wodurch kann er gehemmt werden? 8°. Berlin, Maurer's B., 1790.

Wiesiger, Karl Fr., Helions Ehe mit ihren Wonnen u. Thränen. 8. Zerbst 797. (Kummer). 16 gr (NB. s. auch **Helions Ehen.**)

WIESIGER, K. F. (Kurmärk. Kammer- u. Justizassessor zu Treuenbrietzen), Helions Ehe mit ihren Wonnen und Thränen. Ein Gemählde für reine Seelen. Mit TKpf. (von Blaschke). Wien, B. Ph. Bauer, 1800. 8°.

— Gedichte mit Musik, d. bürgerl. u. häusl. Glück, der liebenswürd. Sittlichkeit u. schuldlosen Freude geheiligt. Mit Kpf. 8. Berl. 793. Maurers B. 8 gr

— üb. d. Gränzörter u. deren besond. z. Beförderung ihres u. d. öffentl. Wohls erforderliche Behandlung. gr. 8. Berlin, Pauli. 796.

Wiesiger, K. Fr., üb. Gränzörter und deren Behandlung. gr. 8. Berlin. 796. Ist jetzt Verl. von Reimer.

Wiesiger, K. F.: „Allgemeine Grundsätze zu Bewirkung einer richtigen Taxation der Gegenstände aller Art. Eine erweiterte Preisschrift", Zerbst 1797 (Füchsel). — Vorh.: Bibl. des Kammergerichts Berlin — Qd. 3020.

— Vorschläge zur Vermehrung d. städtischen Wohlstandes in besond. Beziehung auf d. Berliner aller Stände, vorzügl. aber auf Kaufleute u. Fabrikanten. 8. Berl. 805. Maurers B. 8 gr

Wiesiger, K. F.: „Wie kann der Wohlstand der Berlinischen Einwohner aller Stände überhaupt und insonderheit der Kaufleute und Fabrikanten vermehrt werden?" Berlin 1805. — Vorh.: Preuß. Staatsbibl. Berlin.

Wiesike, W., Münchehofe bei Wendisch-Buchholz. Ein Streifzug in die Meissensche und Märkische Kirchengeschichte. 8. (III, 128 S.) Berlin 870, Mittler und Sohn.

Wiesing, A.: Praktische Weinlehre oder der vollkommene Kellermeister. [Den?] Weintrinkern zur Belehrung - den Weinhändlern zur Beherzigung empfohlen. Leipzig: Weygand in Comm. 1825. VI, 114 S. — 14°

Wiesing, A. F., Rathgeber zur Behandlung der Weine für Privatleute. 8. (51 S.) Leipzig 848, Fest'sche Vrlgsh.

Wiesing, Hanns, Agnes, der Engel von Paltenthal. Eine histor. Erzählung aus der steir. Reformationszeit. Nach Quellen bearb. Eine Preisschrift. Innsbruck 865. Vereins-Buchh. 12. (IV, 351 S.) 12 ngr

Wiesing, Hans (Joh. Wöhr), Agnes, d. Engel v. Paltenthal. E. geschichtl. Erzählg. aus der Zeit des Abfalles vieler Steirer v. d. kathol. Kirche zum Lutherthum. Nach alten Urkunden bearb. 3. Aufl. M. 7 Vollbildern. 8. (VII, 295 S.) Graz 897. Styria. n. 1.40

Wiesing, Hans, Agnes vom Paltental. Eine geschichtl. Erzählg. **Nach alten Urkunden bearb. 4. Aufl.** (289 S. m. 6 Vollbildern.) **kl. 8. Graz 906. Styria.**
Geb. in Leinw. n. 1.20

— dasselbe, s.: Volksbücherei.

Wiesing, Hans, die Soldaten d. Jesukindes. Eine Sammlg. der f. das Werk der heil. Kindheit in Steiermark vom J. 1870 bis 1884 veröffentlichten Kindergeschichten. Im Auftrage d. Diözesanrathes hrsg. 8. (III, 244 S.) Graz 884. Moser. cart. n.n. — 90

— die Soldaten des Jesukindes, Fortsetzg., s.: Soldaten, die, des Jesukindes.

— Tofana. Eine Erzählung aus dem 17. Jahrh. (Eine Preisschrift.) Wien 866. Sartori. 8. (IV, 351 S.) 1 fl

Wiesing, Henr(icus) Theod(orus): De humana quadam inferiorum extremitatum monstrositate. Accedit tabula. Halae (1836): Ploetz. 23 S., 1 Taf. 8°
Halle-Wittenberg, Med. Diss. v. 21. März 1836
Geb. Oebisfelde (Kr. Gardelegen) [11.] 1. 1810. V.

Wiesing, Hermann Die Feier des fünfzigjährigen Jubiläums des Real-Gymnasiums zu Nordhausen. (Umschlagtitel: . . . Jubiläums der Anstalt am 17., 18. und 19. Mai 1885.) 4 (41 S.).
Progr. Rg. *Nordhausen* 1886 (247).

Wiesing, Hermann [Dir. Dr.]: *Oberlehrer Prof. Dr. Friedrich Kützing, gest. am 9. September 1893.* Nordhausen, Druck v. C. Kirchner's Buchdr., 1894; 35—36 S. 4.
Nordhausen, k. RG, OP 1894 (260)

Wiesing, *Otto* Hermann Das Real-Gymnasium zu Nordhausen von 1835 bis 1885. Historisch-statistische Skizze. 8 (63 S.).
In: Festschrift z. Erinnerung an d. 50j. Jubil. Rg. *Nordhausen* 1885.
Nicht im Tauschverkehr.
Progr.

Wiesing, Hermann: Studien über Kegelschnittbüschel und eine gewisse Art von Curven 4. Ordnung. Nordhausen 1873. 4°
Diss. Jena.

Wiesing, Otto: Über eine zwei-zweideutige Verwandtschaft zwischen zwei Ebenen und ihr Analogon im Raume. Breslau 1906: H. Fleischmann. (83 S.) 8°
Breslau, Phil. Fak., Ref. Sturm, Diss. v. 11. Sept. 1906
[Geb. 2. Juni 84 Schubin b. Bromberg (Posen); Wohnort: Breslau; Staatsangeh.: Preußen; Vorbildung: Friedrichs-Gymn. Breslau Reife O. 02; Studium: Breslau 8, München 1 S.; Rig. 20. Juli 06.]

Wiesinger, A., üb. osteoplastische Resektion des Kreuz-Steissbeines als Voroperation zur Exstirpation des carcinomatösen Uterus u. des Rektum-Carcinoms etc. [Aus: „Jahrbb. d. hamburg. Staatskrankenanstalten“ 3. Bd.] gr. 8. (9 S.) Hamburg 894. L. Voss. n. — 75

Wiesinger, A., zur Technik d. sakralen u. parasakralen Methoden, s.: Jahrbücher der hamburg. Staatskrankenanstalten.

— über Urininfiltration, s.: Festschrift zur Feier d. 80jähr. Stiftungsfestes d. ärztl. Vereins zu Hamburg.

Wiesinger, über operatives Vorgehen bei soliden Mesenterial-Tumoren, s.: Mitteilungen aus den hamburgischen Staatskrankenanstalten. VII, 10.

Wiesinger, Albert, Das Anti-Christentum u. seine modernen Evangelisten u. Apologeten. Apologetische Konferenz-Vorträge, gehalten zur Advents-zeit des J. 1894 in der Stadtpfarrkirche zu St. Peter in Wien. Wien, Verlagsbuchh. „Austria“, 1895, gr. 8°, 64 S., 24 Pj.

Wiesinger, Albert, Aphorismen gegen Renan's Leben Jesu. gr. 8. (195 S.) Wien, Mayer & Comp 1864. 80 kr.

Wiesinger, Alb., literarische Bildergalerie v. „Antisemitischen Dummköpfen, Narren u. Verbrechern“. Erstes Christenwort zur Judenfrage. 12. (61 S.) Münster 894. A. Russell. n. — 15

— d. Duell vor d. Richterstuhle d. Religion, d. Moral, d. Rechtes u. der Geschichte. (2. Tausend.) gr. 8. (XII, 184 S.) Graz 895. Styria. n. 2. —

Wiesinger, Alb., die Feinde des Kreuzes Christi. 14 Fastenvorträge, gehalten im J. 1886. gr. 8. (256 S.) Wien 887, Kirsch.

Wiesinger, Alb., vierzehn Fragen aus der Leidensgeschichte beantwortet in vierzehn Fastenvorträgen. Gehalten während der heil. Fastenzeit d. J. 1869 in der L. F. Stadtpfarrkirche zu St. Peter. gr. 8. (VI, 295 S.) Wien 869, Mayer und Comp.

Wiesinger, Alb., Geschichte der Peterskirche in Wien. Mit e. Abriß der Kirchengeschichte Wien's u. der Geschichte der Kirchen v. Wien, nebst e. Abbildg. der alten u. der neuen Peterskirche (2 Holzschntaf.) 8. (118 S.) Wien 876. Scheuble in Comm. n. 1. 60

— das Geschwornengericht u. die Liguorianer. Bericht über die Schwurgerichtssitzung, welche den 22. u. 23. Oktbr. d. J. bei dem k. k. Landesgerichte in Wien über eine Ehrenbeleidigungsklage der Redemptoristen gegen den Verf. eines Artikels der „Vorstadtzeitung“ gehalten wurde. Unter Mitwirkung dreier Stenographen herausg. Ebend. 870. gr. 8. (60 S.) n. 2 ngr.

Wiesinger, Alb., Hinaus aus dem Gemeinderathe! Aber nicht: Hinaus mit den Schulbrüdern! Eine Widerlegung der Broschüre des Gemeinderathes Adalbert della Torre „Der Wahrheit ihr Recht.“ Wien 862. (Selch.) gr. 8. (58 S.) n. 3 ngr.

— Judas, der Nihilist, in der Leidensgeschichte u. in der Zeitgeschichte. Fastenvorträge, geh. in der landesfürstl. Kollegiat- u. Stadtpfarrkirche zu St. Peter in Wien. gr. 8. (X, 180 S.) Würzburg 890. Woerl. 2. 50

— die Kanzel, die Juden u. die Judengenossen. Zur Abfertigung für jüd. Predigt-Schnüffler u. nicht-jüdische Predigt-Kritiker. [Aus den „vierzehn Fragen aus der Leidensgeschichte.“] Ebend. 869. gr. 8. (59 S.) n. 3 ngr.

Wiesinger, Alb., das Kreuz Christi und das Kreuz der Welt. 14 Fastenvorträge, gehalten während der Fastenzeit des J. 1867 in der l. f. Stadtpfarrkirche zu St. Peter in Wien. gr. 8. (LXVIII und 297 S.) Wien 867, Mayer und Comp.

WIESINGER, ALBERT: Leidensweg und Lebensweg. Vierzehn Fastenvorträge gehalten von Albert Wiesinger während der Fastenzeit des Jahres 1868 in der e. f. Stadtpfarrkirche St. Peter in Wien. Wien u. Gran 1868. Verlag Carl Sartori. 238 S. - 210 mm

— die Lohnbedienten der öffentlichen Meinung, s. Stimmen, katholische.

Wiesinger, Alb. Mozart u. das Christenthum in der Musik, s. Zeitstreitfragen, christlich-sociale. 2.

Wiesinger, Alb., die 14 Nothhelfer in ihren Bildern u. Gegenbildern aus der Leidensgeschichte. 14 Fastenvorträge. gr. 8. (XX, 220 S.) Wien 871. Mayer & Co. 2. 40

— die sechs Sünden wider den heiligen Geist, dargestellt nach dem Leben der Gegenwart. Fastenpredigten. Wien 865. Mayer & Co. gr. 8. (IV, 112 S.) 1⅓ ngr.

Wiesinger, August

Wiesinger, Aug., einen Fall von Sarkom der Diploë. Inaugural-Dissertation. gr. 8. (26 S.) Göttingen 874, (Vandenhoeck und Ruprecht's Verlag.) *

Wiesinger, Carl, s. Wiesinger, Karl

Wiesinger, Ch. A. G., üb. das Gewissen. Eine kleine Studie 8. (42 S.) Dresden 893. J. Naumann. n. — 40

— üb. die Kindertaufe im Zusammenhange ihrer gegebenen Konsequenzen. gr. 8. (32 S.) Ebd. 893. n. — 40

— Predigt üb. 1. Korinther 2, 2. „Ich hielt mich nicht dafür, daß ich etwas wüßte unter euch, ohne allein Jesum Christum, den Gekreuzigten.“ gr. 8. (12 S.) Ebd 893. n. — 20

Wiesinger, Friedrich

Wiesinger, Frdr., üb. die Einwirkung v. Eisenchlorid auf Orthophenylendiamin. gr. 8. (31 S.) Göttingen 882. (Vandenhoeck & Ruprecht.) n. — 80

Wiesinger, Friedrich [Dr. phil., cand. med. aus Göttingen]: Ueber das Vorkommen von Entzündung der Iris und Cornea bei Diabetes mellitus .... Berlin, Verl. v. Herm. Peters .... (Druck v. W. Buxenstein 1886); 40 S. 8°.

Göttingen, Med. Fak., Inaug.-Diss. v. 1886.

Wiesinger, H., üb. die Derivate d. Toluylendiamin. Inaugural-Dissertation. 8. (33 S.) Osterwieck 874. (Göttingen, Vandenhoeck & Ruprecht's Verl.) n. — 60

Wiesinger, (J. Fr.,) der Dorfpfarrer od. Erzählungen aus meinem Leben 8. Sulzb. 823, v. Seidel.

Wiesinger, J. T. A., der Brief des Jakobus,
—— der erste Brief des Apostels Petrus,
} s. Olshausen, H., biblischer Commentar.

Wiesinger, J. T. A., der zweite Brief des Apostels Petrus, s. Olshausen, H.

Wiesinger, J. T. A., die Briefe des Apostels Paulus an die Philipper, an Titus, Timotheus u. Philemon, siehe: Olshausen, Herm., biblischer Commentar. 5. Bd. 1. Abth.

Wiesinger, Johannes

—— Pestalozzi's Antheil an der Erneuerung des deutschen Volkes. Vortrag, gehalten im polytechn. Verein in Kissingen den 6. März 1873. gr. 8. (16 S.) Würzburg 873, Stuber. *

Wiesinger, Johs., Blicke in den Gährungsproceß unserer Zeit, s. Hofmann, K. v., Offenbarung Johannis.

—— unsere Bundesgenossen im Kampfe für die Wahrheit. Zeltpredigt über Joh. 7, 37—8, 1. gehalten am Bibelfeste zu Nürnberg den 14. Juni 1871. 8. (21 S.) Nürnberg 871, Löhe. *

Wiesinger, Johs., die Folgen der Trägheit. Spr. Sal. 24, 30—34 für Fromme und Nichtfromme. Vortrag. gr. 8. (24 S.) Berlin 877, Beck's Verlag.

Wiesinger, Johs., vom rechten Fröhlichsein. Predigt üb. Psalm 5, 12. geh. in Kissingen am 27. Juli 1884. gr. 8. (16 S.) Kissingen 884. (Würzburg, Hertz.) n. — 30

— Früchte vom Baume d. Lebens. Vorträge f. Fromme u. Nichtfromme üb. Sprüche Salomos. gr. 8. (V, 178 S.) Kissingen 872. (Würzburg, Stuber.) n. 2. —

— Gotteswege. Predigt üb. Luc. 5, 1—11, geh. am 5. Sonntag nach Trinit. 1874, dem Tage nach Fürst Bismarcks Ankunft in Kissingen u. Rede im Dankesgottesdienste f. Fürst Bismarcks Rettung am 13. Juli 1874. gr. 8. (24 S.) Erlangen 874. Deichert. n. — 40

—— Hammerschläge. Predigt über Luc. 16, 19—31, gehalten in Kissingen am 1. Sonntag nach Trinitatis 1874. gr. 8. (16 S.) Kissingen 874. (Würzburg, Stuber.) *

—— „Herr, wärest Du dagewesen, unser Bruder wäre nicht gestorben." Rede, bei der Beerdigung des im Zweikampfe gefallenen königl. Hauptmanns und Compagniechefs Hrn. Otto Emmerich, gehalten in Würzburg am 21. Novbr. 1882. 1. und und 2. Aufl. gr. 8. (8 S.) Würzburg 882, Stuber's Verlagsh. *

—— Ich will rühmen das Wort des Herrn. Festpredigt über Psalm 56, Vers 11, gehalten am 300jähr. Jubiläum der Universität Würzburg am 1. Aug. 1882. gr. 8. (12 S.) Ebendas. 882. *

Wiesinger, Johs., die Katechismuslehre, erläutert aus Gottes Bilderbuch. 2. Aufl. 16. (32 S.) Nürnberg 858, Raw'sche Buchh.

—— die Kreuzschule. Predigt über 1. Petri 5, 6—11 gehalten am 3. Sonntag nach Trin. 1870. gr. 8. (15 S.) Erlangen 870, Deichert. *

—— die Kreuzschule. Predigt über 1. Petri 5, 6—11. 2. Aufl. 8. (15 S.) Berlin 880, Deutsche evangel. Buch- und Tractat-Gesellschaft. *

— die verschiedenen Lebensanschauungen. Spr. Sal. Cap. 15, V. 15. Vortrag für Fromme u. Nichtfromme. 8. (24 S.) Berlin 878. Beck. n. — 20

—— St. Petri Mahnung zu bürgerlichem Wohlverhalten. Rede vor Protestanten und Katholiken gehalten am Geburts- und Namensfeste Sr. Maj. des Königs von Bayern. gr. 8. (19 S.) Meiningen 876, Brückner und Renner.

—— die christliche Naturbetrachtung. Predigt über Römer 8, 18—23, gehalten am 4. Sonntage nach Trinitatis. gr. 8. (16 S.) Ebendas. 876.

— ein Samenkorn für christlich gesinnte Herzen unter Protestanten u. Katholiken. Predigt über II. Timoth. 2, 8, gehalten am letzten Sonntage des Kirchenjahres, den 25. Novbr. 1866 in der Dreifaltigkeitskirche zu Regensburg. Mit einer Zugabe: Zeugnisse des sel. Bischofs Mich. Sailer. Nürnberg 867. Löhe. 8. (36 S.) 3 ngr.

—— Siehe, also wird gesegnet der Mann, der den Herrn fürchtet. Festpredigt über Psalm 128 zum 50jähr. Ehejubiläum des deutschen Kaiserpaares am 11. Juni 1879 gehalten in Kissingen. gr. 8. (16 S.) Weimar 879, Böhlau.

—— Volkspredigten. Nr. 1.: Die christliche Gewißheit. Predigt über Sprüche Salomonis Kap. 18, Vers 17. gr. 8. (14 S.) Würzburg 877, Stuber.

—— deutsche Wünsche frommer Herzen. Predigt über 5. Mos. 3, 23—28, am Geburts- und Namensfeste des Königs gehalten. 8. (15 S.) Kissingen 870, Schachenmayer. *

Wiesinger, Carl (Bearb.), s. Aufseß, Otto Frhr. v.: Die Zölle und Steuern, sowie die vertragsmäßigen auswärtigen Handelsbeziehungen des Deutschen Reiches.

Wiesinger, Carl. Das bayerische Gesetz betr. die Erhebung e. Abgabe v. Salz vom 16. Novbr. 1867, nebst sämmtl. Vollzugs- u. Ausführungs-Bestimmgn., sowie Formularien. 2. verm. Aufl. 12. (VI, 209 S.) Ansbach 890, Brügel u. Sohn. geb. * 1 50

Wiesinger, Karl, das bayerische Gesetz betreffend die Erhebnng von Gebühr für das Halten von Hunden vom 2. Juni 1876, nach Maßgabe der Änderungen durch das Gesetz vom 31. Jan. 1888 nebst sämtlichen Vollzugs-Ausführungs-Bestimmungen sowie Formularien. 8. (122 S.) Ansbach 888, Brügel und Sohn. geb.

Wiesinger, Carl, das bayerische Gesetz betr. d. Erhebg. e. Gebühr f. das Halten v. Hunden vom 2. Juni 1876 nach Maßgabe d. Aendergn. durch d. Gesetz v. 31. Jan. 1888, nebst den wichtigsten Vollzugs- u. Ausführungs-Bestimmgn. sow. Formularien u. e. alphabet. Sachregister. Für den Gebrauch d. k. bayer. Zoll- u. Aufschlags-Personals sowie der Gemeindebehörden zusammengest. 2. Aufl. 12. (VI, 124 S.) Ansbach 896. C. Brügel & Sohn. Geb. in Leinw. n. — 80

Wiesinger, Karl, das Reichsgesetz betr. die Besteuerung des Tabaks vom 16. Juli 1879, nebst Sammlung von hierauf bezügl., bis auf die neueste Zeit erschienenen Ausführungsbestimmungen und Regulativen. Für den Gebrauch des kgl. bayr. Zoll- und Aufschlagpersonals hrsg. 12. (VII, 198 S.) Ebendas. 887.

—— Das Reichsgesetz betr. die Besteuerung d. Tabaks vom 16. Juli 1879, nebst Sammlg. v. hierauf bezügl., bis auf die neueste Zeit erschienenen Ausführungsbestimmgn. u. Regulativen. 2. verb. Aufl. 12. (IV, 243 S.) Ebd. 889. * 1 20

—— Das Reichsgesetz betr. den Spielkartenstempel v. 3. Juli 1878. Mit den hiezu erlassenen Ausführungsbestimmgn., dem Regulativ üb. den Betrieb der Spielkartenfabriken, der Instruktion üb. die Erhebung ɛc. ɛc. 2. verm. Aufl. gr. 16. (60 S.) Ebd. 890. geb. * 1 —

— das Vereins-Zollgesetz vom 1. Juli 1869, bearb. u. m. Erläutergn. vers. 8. (XIII, 475 S.) Ebd. 896. Geb. in Leinw. n. 6. —

Wiesinger, Carl, die wichtigsten Vorschriften des Tabaksteuer-Gesetzes vom 16. Juli 1879 und der hiezu erlassenen Ausführungsbestimmungen zum Gebrauche für die Pflanzer und Gemeindevorstände. Kurz und faßlich dargestellt und mit zwei Anhängen versehen. 8. (29 S.) Ansbach 881, Brügel und Sohn.

Wiesinger, C., der deutsche Zoll- u. Steuerbeamte unter spezieller Berücksicht. der bayerischen Verhältnisse. I. Thl. Die Zollverfassg. u. die Zollverwaltungs-Organisation im Deutschen Reich u. den einzelnen Bundesstaaten. gr. 8. (VII, 217 S.) Erlangen 894. Palm & Enke. n. 3. 40

Wiesinger, R., das Judentum in der deutschen Literatur. (Deutsche Fragen.) (26 S.) 8. Grossenhain (906). Baumert & Ronge. n. — 55

Wiesinger, Richard: Hirnblutungen bei Keuchhusten. Göttingen 1898: Dieterich. (28 S.) 8°
Göttingen, Med. Diss. v. [7. Aug.] 1898.

Wiesinger, Walt., s.: Einführung, die, in das Entwerfen.

Wieslolek, Josephus Emilius *(geb. Leschnitz in Oberschles. 28. 3. 1831)*: De cicatricum forma in superficie externa cutis corporis humani. Vratislaviae (1855). (30 S.) 8°
Breslau, Med. Diss. v. 16. Aug. 1855

Wiesler, Arthur, aus Prag: **Beiträge** zur Kenntnis der Metaphosphate. *Berlin (1901): E. Ebering.* (52 S.) 8°
Berlin, Phil. Diss. v. 9. März 1901

Wiesler, Johann

Wiesler, J., Textkritische und exegetische Erörterungen zu dem Dialogus de oratoribus des Tacitus. Pr. 1886. 21 S. Leoben 1.50

Wiesler, *Johann*: Katalog der Lehrerbibliothek. I. Fortsetzung. 8 (S. 63–71.) **Progr.** K. k. Staatsg. *Leoben* 1899

Wiesloch [Schlagwort]

Wiesloch, s.: Bruchsal.

Wiesloch, s.: Geologische Karten. Spezialkarte. (Baden.)

Wiesmann, ..., s. Fr. W. Elbers, Predigten.

Wiesmann, Herm., S. J., die Psalmen, s.: Zenner, Joh. Konr.

Johann Heinrich Franz Wiesmann

J[ohannes] Henr[icus] Franciscus Wiesmann: De Coalitu partium a reliquo corpore humano prorsus disjunctarum. P. 1. (2.) Bonnae (1823:) Thormann. 79 S. 1 Bd 8°
P. 1: seu historica. (1823.)
Bonn, Med. Diss. v. 16. Aug. 1823
(P. 2: Continens experimenta in animalibus instituta et disquisitionem physiologicam. o. J.)

De Coalitu partium a reliquo corpore prorsus disjunctarum commentatio physiologica. ... Auctore J[oanne] Henr[ico] Francisco Wiesmann. Lipsiae: Cnobloch 1824. 79 S. 4°
[Erschien zuerst als Med. Diss. Bonn v. 16. Aug. 1823.]

Wiesmann, am Grabe Ernst Moritz Arndt's. Am 1. Febr. 1860. **Rede. Bonn 860. Cohen & Sohn.** 8. (15 S.) 3 *ngr.*

Wiesmann, J. H. F., Sr. Excell. d. ehemal. Kgl. Preuß. Staats-Ministers Karl Frh. vom u. zum Stein (gestorben zu Cappenberg am 29. Juni 1831) Lebensabend. Zugleich als e. Beitr. zu dessen etwaigen künft. Biographie. gr. 8. (2½ B.) Münster 831, Regensberg. 6 Gr., Blnp.

Wiesmann, J. H. Frz., Lebensumriß des Ministers Frhrn. vom Stein. Zur Gedächtnißfeier seines 100. Geburtsjahres. gr. 8. (56 S.) Münster 857, Aschendorff'sche Buchh. *

Wiesmann, Carl. Beiträge zur Theorie der Funktionen des elliptischen Zylinders. Diss. Phil. [II.] Univ. Zürich. 46 S. 8. Zürich, Kobold-Lüdi, 1909.

Wiesmann, Paul

Wiesmann, P., s.: Chirurgie der Kopfes u. der Speiseröhre.

Wiesmann, P[aul]. Ueber einen Fall doppelseitiger Bicepsruptur. Von Dr. P. W', Spitalarzt in Herisau. (Mit 2 Abbildungen.) Separat-Abdruck aus: Beiträge zur klinischen Chirurgie.... Band 49.... II S. + S. 161—168. 8. Tübingen, H. Laupp, 1906.

Wiesmann, Paul, med. pract. aus Müllheim, Canton Thurgau. Secundararzt der chirurgischen Klinik in Zürich: Ueber die modernen Indicationen zur Trepanation mit besonderer Berücksichtigung der Blutungen aus der Arteria meningea media. Mit 1 Tafel. (S. A. aus: Deutsche Zeitschrift für Chirurgie. Bd 21, S. 1–79, 283–334, Bd 22, S. 52–148.) Leipz. J. B. Hirschfeld Dr. 1884. 1 Bl., 225 S., 1 Taf. 8.
Zürich, Med. Diss. [v. 16. Febr. 1884].

Wiesmann, [illegible]
[illegible]
Berlin, Med. Diss. v. [illegible] Aug. [illegible]

Wiesmann, R[ein]h[o]ld). Offiziersgesellschaft Winterthur und Umgebung 1806—1906. (Festschrift.) Im Auftrage des Vorstandes. 88 S. 8. Winterthur, Geschwister Ziegler, 1906.

Wiesmath, Friedrich, a. Pappenheim: **Der Gedanke der Vererbung in der modernen Ethik. Erlangen 1907:** E. Th. Jacob. (80 S.) 8°
Erlangen, Phil. Fak., Ref. Hensel, Diss. v. 5. März 1907
[Geb. 25. Nov. 70 Pappenheim (Mittelfranken); Wohnort: Naitschau b. Greiz; Staatsangeh.: Reuß ä. L.; Vorbildung: Luitpold-Gymn. München Reife M. 90; Studium: München 3, Erlangen 6 S.; Rig. 11. Juli 06.]

Wiesmüller, Jakob, Assistenzarzt an der Volksheilstätte bei Planegg: Ueber ein Chondrom des Sternums. München 1904: Kastner & Callwey. (23 S.) 8°
München, Med. Fak., Ref. v. Bollinger, Diss. v. 18. Aug. 1904
[Geb. 4. Febr. 73 Sand, Bez.-Amt Aichach, Oberbayern; Wohnort: Sand; Staatsangeh.: Bayern; Vorbildung: Gymn. zu St. Stefan Augsburg Reife Juli 94; Studium: München 5, Erlangen 1, Berlin 1, München 5 S.; Coll. 25. Juli 04; Approb. 15. Dez. 01.]

WIESMÜLLER, Joseph ([illegible]): Ein Fall von einem luetischen Aorten-Aneurysma. - München: Wolf 190[illegible].
24 S.
22.7.1902 - Chr 1902/03,23; Jv 1902/03,519
Diss Ingolst.-Landsh.-Mchn.

Wiesner, Festschrift zum 50jähr. Bestehen des Männerturnvereins zu Bromberg, 1909, 41 S., Gr.-8°.

Wiesner, A. C. Beiträge zur Geschichte Rußlands, s. a. Unterwegs.

Wiesner, A. C., Beiträge zur Geschichte Rußlands. Nach bisher unbenutzten russ. Orig.-Quellen. 8. (141 S.) Leipzig 887. Werther.

— Ungarns Fall und Görgey's Verrath. Mit mehreren Aktenstücken. 8. (62 S.) Zürich 849, (Verlags-Expedition.)

Wiesner, A. C., aus Serbien u. Bulgarien. Schilderungen v. Land u. Leuten. Mit e. illustr. Anh.: Der serbisch-bulgar. Krieg. Mit vielen Abbildgn. 8. (III, 120 S.) Leipzig 886. Greßner & Schramm. n. 2. —; geb. n. 3. —

Wiesner, A. C., ein Winterfrühling in Nizza, s. Bergson's Eisenbahnbücher.

Wiesner, A. C., ein Winterfrühling in Nizza, s. Lord's, C. B., Eisenbahnbücher.

Wiesner, Adolf Karl

Wiesner, Adolf, russisch-politische Arithmetik. Streiflichter auf das Werk des russ. Geheimrathes M. L. v. Tegoborski: „Ueber die Finanzen, den Staatskredit, die Staatsschuld, die Hülfsquellen u. das Steuersystem Oesterreichs, m. Rücksicht auf Preußen u. Frankreich." 2 Bde. 8. (38⅓ B. u. 3 Tab.) Leipzig 811, [Mayer.]

— die politischen Bestrebungen der Südslaven in Oestreich. Als Antwort auf „Ost und West." gr. 12. (79 S.) Kassel 851, Raabé und Comp.

Wiesner, Adolph C., Denkwürdigkeiten der Oesterreichischen Zensur vom Zeitalter der Reformazion bis auf die Gegenwart. gr. 8. (XVI u. 436 S.) Stuttgart 847, Krabbe. 3 ß

Wiesner, Adolph C., aus dem Exil. Zwölf Gedichte. gr. 12. (23 S.) Kassel 851, Raabé & Co. 6 ngl

—— Herr Heinrich Laube gegen Friedrich Hecker, Robert Blum, Adolph v. Trützschler, die wiener Studentenlegion. Einige Streiflichter über das Pamphlet: „Das erste deutsche Parlament." gr. 8. (32 S.) Leipzig 850, Matthes. *

—— Psalmen eines Verbannten. 1. Heft. gr. 8. (31 S.) Zürich 849, (Verlags-Expedition.)

—— die österreichische Revolution und die Provinzen. 8. (IV und 40 S.) Zürich 849, (Verlags-Expedition.)

—— zwanzig Spalten über ein Pamphlet. Streiflichter auf eine sogenannte Kritik, betreffend die Schrift: „Russisch-politische Arithmetik" in Nr. 217, 223—227 der augsb. Allg. Ztg. 8. (5 ½ B.) Leipzig 814, [Mayer.]

—— militärisches Tagebuch aus Baden. gr. 8. (95 S.) Zürich 849, (Verlags-Expedition.)

Wiesner, Alfred, Referendar am Landgericht Schweidnitz: Der Schutz des Namens nach Bürgerlichem Gesetzbuch. Borna-Leipzig 1907: R. Noske. (50 S.) 8° [F.]
Breslau, Jur. Fak., Ref. Fischer-Leonhard, Diss. v. 15. April 1907
[Geb. 25. Juli 79 Gaebersdorf, Kr. Striegau; Wohnort: Schweidnitz; Staatsangeh.: Preußen; Vorbildung: Gymn. Glogau Reife O. 01; Studium: Breslau 2, Freiburg i. B. 1, Breslau 3 S.; Rig. 7. Juni 05.]

Wiesner, Aloys Carl, der Feldzug der Ungarn gegen die Oesterreicher und Russen im J. 1848/49. 2 Abthlgn. gr. 12. (XXVIII und 519 S. mit 138 S. Beilagen und 1 strateg. lithogr. Uebersichtskarte in Fol.) Chur 854, Hitz.

Anton(ius) Ferd(inandus) Wiesner: De Tela cellulari infantum indurata. Berolini (1816:) Starck. 32 S.8°
Berlin, Med. Diss. v. 13. Juli 1816

WIESNER, Aug.
Thomasschlacke und natürliche Phosphate. Gewinnung, Eigenschaften, Verarbeitung für Düngungszwecke, Anwendung in der Landwirthschaft, etc. Wien, 1895. 8vo. Ill.

Wiesner, Aug., Thomasschlacke u. natürl. Phosphate. E. Handb. f. Eisenwerksbesitzer, Hüttenchemiker, Düngerfabrikanten, Düngerhändler u. Landwirthe. Umfass.: Die Gewinng. u. Eigenschaften der Thomasschlacke, die Verarbeitg. derselben f. Düngungszwecke u. d. Anwendg. d. Thomasschlackenmehles in d. Landwirthschaft; ferner d. Eigenschaften d. natürl. Phosphate, deren Verwendg. u. Verarbeitg., sow. d. Bewerthg. d. Thomasschlacke u. and. phosphatsäurehalt. Düngemittel. Den mod. Anschaugn. entsprech. dargest. 8. (IX, 242 S. m. 28 Abb.) Wien 896. A. Hartleben. n. 4. —; geb. n. 4. 80

Wiesner A, Thomasschlacke und natürliche Phosphate. (242 S)
Bibliothek, Chemisch-technische 221) Wien 1896

Wiesner, B., Atlas von Schlesien, in Specialkarten d. landräthl. Kreise u. der Kreise österreich. Antheils. (1. Lfg.) Fol. (11 lith. Bl.) Breslau 829, Leuckart.

— Handkarte von Schlesien. 2e Aufl., verb. u. mit Rücksicht auf Knie's Beschreibung von Schlesien für den Schulgebrauch eingerichtet von J. Ch. G. Berndt. gr. Ron.-Format. Ebd. 1/4 ß

Wiesner u. Schilling. Kreiskarten vom Regierungs-Bezirk Breslau. Breslau 1828 –1831. 20 Bl. c. L. Fl.

Wiesner, (B.,) neue Wandcharte v. Schlesien f. Schulen in 9 Blatt, Bresl., Grüson u. C.

— neue Wandkarte von Schlesien für Schulen in 9 Blatt. Bresl., (Hentze). 1 ß 12 K.

Wiesner's, J. B. N., neue Wand-Charte von Schlesien, zunächst für den Schulgebrauch. Neu herausg. u. verb. von J. Ch. G. Berndt. 9 lithogr. u. ill. Blätter in gr. Fol. Breslau 830. (Berlin, Hentze.) n. 1 ½ ß

Wiesner, Bernard

Wiesner, B., s.: Archiv f. physikalische Medizin u. medizinische Technik.

— Kompendium der Röntgenographie, s.: Dessauer, Frdr.

— Leitfaden des Röntgen-Verfahrens. s.: Dessauer, Frdr.

Wiesner, Bernard [aus Würzburg]: Das Lymphangiom der Augenhöhle .... (Sep.-Abdr. aus: v. Graefe's Archiv Bd. XXXII 2.) Berlin, Hermann Peters, 1886; 24 S. u. 1 Taf. 8°
Würzburg, Med. Fak., Inaug.-Diss. v. 1886.

— s.: Monatshefte, physikalisch-medizinische.

— Rückblick auf die Entwicklg. d. Röntgentechnik, s.: Dessauer.

Wiesner, C. Anton [cand. sc. nat. aus Urspringen]: Beitrag zur Kenntnis der Seekreiden und des kalkigen Teichschlamms der jetzigen und früherer geologischen Perioden ... Würzburg, Stahel, 1892; 1 Bl., 39 S. 8.
Würzburg, Phil. Fak., Inaug.-Diss. v. 1892

Wiesner, C. A. Beitrag zur Kenntnis der Seekreiden u. d. kalkigen Teichschlamms der jetzigen u. früherer geologischen Perioden. gr. 8. (39 S.) Würzb. 892, Stahel. — 80
Aus: Verhandlgn. d. phys.-med. Gesellsch. zu Würzb., besond. abgedruckt.

Wiesner, Carl. s. Wiesner, Karl

Wiesner, Curt. s. Wiesner, Kurt

Wiesner, Emil Tiberius und Tacitus. Kritische Beleuchtung des taciteischen Berichtes über die Regierung Tibers bis zum Tode des Drusus. 28 S. Progr. Krotoschin 1877.

Wiesner Felix: Geschichtlicher Rückblick auf die Entstehung und Entwicklung der Realschule. (22). Leitmeritz R. 91. Progr.

Wiesner, Ferdinandus (geb. Leobschütz 6.6.1834): De placenta praevia. Vratislaviae (1859). (32 S.) 8°
Breslau, Med. Diss. v. 15. Apr. 1859

Wiesner, Franz Kaspar (Forchheim) A. S. 1309/17

Dissertatio medica theoretico-practica de inflatione ventriculi. Präs. Johann Jakob Kirsten. Altdorf (Hessel) 10. II. 1749. 39 S.

W. v.: Präs., Abraham Szely (Opp.), Joseph Schreiner (Opp.), C. I. Apin (Opp.) C. A. Sattler.
36688

Wiesner, Georg. — Entdeckungen: Art und Weise, nach dem Gange und Fingerzeige der Natur in aller Zukunft die Erdäpfelkrankheit im Acker und bei Hause zu vermeiden, die angegriffenen zur gesunden Nahrung zu verwahren, reichliche Fechsung gesunder Erdäpfel zu erzwecken und diese von Fechsung zu Fechsung schmackhaft zu erhalten u. s. w. Von — —. 8. (VIII, 50 S.) Wien. Druck und in Kommission der Mechitaristen. 1852.

Wiesner, Georg. — Entdeckungen: Art und Weise, nach dem Gange und Fingerzeige der Natur in aller Zukunft die Erdäpfelkrankheit im Acker und bei Hause zu vermeiden, die angegriffenen zur gesunden Nahrung zu verwahren, reichliche Fechsungen gesunder Erdäpfel zu erzwecken und diese von Fechsung zu Fechsung schmackhaft zu erhalten u. s. w. Von — —. Auszug aus dessen größerem Werke gleichen Titels. 8. (20 S.) Wien. Druck und in Kommission der Mechitharisten. 1852.

—— Wynalezenj: Spusob a ukaz, podle chodu a ukazu natury po wssecky časy zemčaku nemocy w rolich y pri domě předchazeti, chyceny k zdrawemu pokrmu ochraniti a t. d. Wegtach z geho wětssi knjžky téhož napisu. 8. (18 S.) Wien 852, Mechitaristen-Congregations-Buchhandlung.

Wiesner, Georg (geb. [Bochum] 5. 8. 1839): De vincturis gypsatis. Berolini (1864). (32 S.) 8°
Berlin, Med. Diss. v. 18. Aug. 1864

Wiesner, Georg, a. Forst in der Lausitz, Referendar am kgl. Landgericht zu Kottbus: Über die Wirkungen des (inländischen) Schiedsspruches nach der Zivilprozessordnung. Borna-Leipzig 1906: R. Noske. (VIII, 40 S.) 8° [J.]
Erlangen, Jur. Fak., Ref. Oertmann, Diss. v. 26. Nov. 1906
[Geb. 7. Apr. 84 Forst (Lausitz); Wohnort: Kottbus; Staatsangeh.: Preußen; Vorbildung: Gymn. Cottbus Reife O. 02; Studium: Jena 1, Leipzig 2, Berlin 3 S.; Rig. 19. Juli 06.]

Wiesner, Georg Franz

— **Providentia divina ex ratione naturali deducta. 8. Heidelb. 765. — Diss. de Cometis. ibid. 766. — Animadversiones in regnum animalium. 8. Würzb. 768. — Tres in una divinitate personae. ibid. — Novi testamenti religio, sive Christi ecclesia, divinarum scripturarum oraculis adumbrata et exhibita. ibid. — Sylloge de virtutibus theologicis, fide, spe, charitate, illarumque actibus, una cum appendice apologetico de religione veterum Judaeorum. 8. Würzb. 776. — Analecta de Messiae charactere, prophetarum oraculis praesignato, et in persona Jesu Nazareni expresso. 8. Würzb. 776. — Commentatio in Epistolam II. Thessalon. cap. 2. qua divi Pauli de traditionibus mens atque doctrina declaratur. 4. Würzb. 780. — De scholis et academiis veterum Hebraeorum. 4. Würzb. 782. — Diss. de traditionibus. ibid. — Animadversiones in quasdam materias theologicas. ibid. — Apostolorum Jesu varia conditio sacris in scripturis olim adumbrata et sub tempus Evangelii monstrata. ibid.**

—— Analecta de Messiae charactere prophetarum oraculis praesignato et in persona Jesu Christi expresso una cum appendice polemica de adventu eiusdem Messiae. Würzburg, 1776.
Recens. Litt. des kath. Deutschl. Bd. III, S. 350–358.

Wiesner, Franc., Messiae character a prophetis designatus in Jesu Nazareno expressus. Exercitatio publica. Würzburg, 1775, 8°.

Wiesner, Georg. Franciscus, Commentatio in epistolam II^dam ad Thessal. cap. 2., qua d. Pauli de traditionibus mens atque doctrina declaratur. Würzburg, 1780, 4°, 65 S.

Wiesner, Georg. Franc., Commentatio exegetica et dogmatica in epistolam d. Pauli ad Hebr. cap. 7, qua potissimum ea verba: Tu es sacerdos secundum ordinem Melchisedech v. 17. expenduntur. Würzburg, Nitribitt, 1793, 66 S. (mit Disputiersätzen).
Handelt bes. ausführlich über 7, 17: Tu es sacerdos etc.

Wiesner, Franc., Inquisitio critica et exegetica in difficultates prophetiae Danielis, cap. 9, 14–27. Würzburg, 1787, 8°. 5 1/2 Bogen.

Wiesner, Georg. Franc., Isagoge in theologiam universam encyclopaedica et methodologica necnon meditationibus quibusdam historicis, criticis ac paraeneticis instructa et potissimum theologiae candidatis accommodata. Würzburg, Rienner, 1788, 8°, 376 S.

***Wiesner*, Geo. Frz., († d. 13. Sept. 1797.) Isagoge in theologiam universam encyclopaedica et methodologica, nec non meditationibus quibusdam historicis, crit. ac paraeneticis instructa, et potissimum theologiae Candidatis accommodata. 8maj. Würzb. 788. (Frankf. a. M., Wesché.) 20 ₰**

Wiesner, G. F., Isagoge ad Theologiam universam encyclopaedica etc. 8maj. Würzb. 788. Ist jetzt Verl. v. Göbhardt in Bamberg.

Wiesner, Georg. Franc., Popularis Jesu methodus propugnata. Ebendas., 1792, 8°, 1 1/2 Bogen.

Wiesner, Georg., Providentia divina ex ratione naturali deducta. Disquisitio philosophica. Heidelberg 1765, 8°, 93 S. (mit Disputiersätzen).

Wiesner, Georg. Franc., Novi Testamenti religio sive Christi ecclesia divinarum Scripturarum oraculis adumbrata et exhibita. Würzburg, Nitribitt, 1775, 8°.

Wiesner, Hans, Rechtsprakt. a. Würzburg: Der Konkurs der Gesellschaft mit beschränkter Haftung. (Berlin 1906: J. Sittenfeld). (87 S.) 8° [J.]
Würzburg, Jur. Fak., Ref. Jaeger, Diss. v. 30. März 1906
[Geb. 5. Febr. 82 Würzburg; Wohnort: Würzburg; Staatsangeh.: Bayern; Vorbildung: Gymn. Würzburg Reife Juli 01; Studium: Würzburg 8 S.; Rig. 20. Juni 05.]

Wiesner, J., Scholien zum babylonischen Talmud. 3 Thle. gr. 8. Prag. Berlin, Benzian. **

Inhalt:
Thl. 1. Berachoth. (159 S.) 859. ** 20 Ngr.
» 2. Sabbath. (277 S.) 863. ** 1 Thlr.
» 3. Erubin und Pesachim. (176 S.) 867. ** 25 Ngr.

Wiesner, J. A., Gibe'th Jeruschalaim. Eine Studie über Wesen, Quellen, Entstehung, Abschluss und über den Verf. des jerusalemit. Talmuds. Hrsg. und mit krit. Bemerkungen versehen von Pet. Smolensky. gr. 8. (84 S.) Wien 872, Herzfeld und Bauer. [Brüder Winter.] *

Wiesner, J. B. R., s. Wiesner, B.

Wiesner, Johann: Über suffixales e in Grimmelshausen's „Simplicissimus". Ein Beitrag zur Grammatik der frühn. h. d. Schriftsprache. 35 S. Wien C.-ROG. II. 1889.
Progr.

Wiesner, Joh., Lehrbuch f. den deutschen Unterricht in den Oberklassen österreich. Gymnasien, Realgymnasien u. Realschulen. (Geschichte der Sprache u. Dichtg., Poetik.) Mit 1 (farb.) Sprachenkarte. (II, 170 S.) gr. 8. Wien 909. A. Hölder. Geb. 2. —

Wiesner, J., Lehrbuch für den deutschen Unterricht in den Oberklassen österreichischer Gymnasien, Realgymnasien und Realschulen. Gr.-8°. (231 S. mit 1 Karte) geb. K 2.40
Wien: Hölder 1909.

— dasselbe in den Oberklassen österreich. Mittelschulen. (Geschichte der Sprache u. Dichtg., Poetik.) Mit 1 (farb.) Sprachenkarte. (II, 170 S.) gr. 8. Ebd. 909. Geb. 2. —

Wiesner, Joh., deutsche Literaturkunde f. österreich. Gymnasien u. verwandte Lehranstalten, zugleich e. Wiederholungsbuch f. die Maturitätsprüfung. Mit e. Sprachenkarte. (VIII, 172 S.) gr. 8. Wien 903. A. Hölder. n. 2. 20; geb. in Leinw. n. 2. 60

— dasselbe f. österreich. Mittelschulen, zugleich e. Wiederholungsbuch f. die Maturitätsprüfung. Mit e. Sprachenkarte. 2., verb. Aufl. (VIII, 168 S.) gr. 8. Ebd. 905. n. 2. 30; geb. n. 2. 60

— Deutsche Literaturkunde f. österreichische Mittelschulen, zugleich e. Wiederholungsbuch f. die Reifeprüfg. Mit 1 (farb.) Sprachenkarte. 4., verb. Aufl. (III, 162 S.) gr. 8. Ebd. 909. Geb. 2. 80

Der Deutsche Unterricht an unseren Gymnasien. Erfahrungen, Bekenntnisse, Vorschläge von Johann **Wiesner**, Prof. in Modling. Wien: A. Hölder 1907. (VIII, 164 S.) 8° [5.] 08. 8385

Wiesner, Jh. Bhd., († ...) ausführl. Elementarwerk üb. d. Vormundschaftsrecht nach heut. geltenden Rechten. 1r Thl. 8. Bresl. 786. Gutsch. 12 gr.

Dess.: Ausführl. Elementarwerk üb. d. Vormundschaftsrecht. Bd. 1. *Bresl. u. Lpz.* 788. 8.

— das Vormundschaftsrecht, sowohl nach gemein. deutschen kanonischen u. römischen, als auch nach heut. statutar. ꝛc. Rechter abgehandelt. gr. 8. Halle 784. Waisenhaus-B. 1 ꝛβ 12 gr.

Wiesner, J. Bhd.: Das Vormundschaftsrecht, sowohl nach gemeinem deutschen, canon. u. röm. als auch nach heutigen statut., vorz. nach Sächs., Schles. u. über Preuss. Rechten theoret. u. praktisch abgehandelt. *Halle*, Waisenh. Buchh. 785. gr. 8. (1 Thl. 12 Gr.)

Wiesner, Joh.Samuel (Taschendorf/Bay.) F, zp/4

Dissertatio historico-philosophica de anima mundi secundum Platonem ex essentiae divinae particula et rerum elementis composita.
Präs. Johann Sigismund Kripner.
Erlangen (Becker) XI. 1745. 24 S. 36689

Wiesner, Johann Samuel: P r o f a n a t i o nominis divini a syntaxi Ebraeorum depulsa. Dissertatio [I–III]. Erlangae 1775. 1756. 1757.

Wiesner, Julius

Anatomie und Physiologie der Pflanzen. Von Dr. Julius **Wiesner**, ... Prof. ... an d. k. k. Wiener Univ. ... 4. verb. u. verm. Aufl. M. 159 Holzschn. *Wien: A. Hölder* 1898. (VIII, 372 S.) 1 Bd 8.
— **Wiesner**, J.: Elemente d. wissensch. Botanik. Bd 1. 98 3277

Ein neuer Beitrag zur Geschichte des Papieres von J[ulius] **Wiesner**. Wien: C. Gerold's Sohn in Komm. 1904. (26 S.) 8°
= **Sitzungsberichte** d. Kais. Akademie d. Wiss. in Wien. Philos.-hist. Kl. Bd 148, 6. 05. 13018 9

Wiesner, Jul., ein neuer Beitrag zur Geschichte des Papieres. (26 S.) gr. 8. Wien 904. (A. Hölder.) n. — 70
Sonderabdruck aus: „Sitzungsber. d. k. Akad. d. Wiss."

Wiesner, Dr. Julius, Beiträge zur Kenntniss der indischen Faserpflanzen und der aus ihnen abgeschiedenen Fasern, nebst Beobachtungen über den feineren Bau der Bastzellen. Mit II Tafeln. (Sonder-Abdr. a. d. Sitzungsber. d. k. Akad. d. Wiss.) gr. 8. (26 S.) Wien, Gerold in Comm. 1870. 45 kr.

Wiesner, Jul., Beiträge zur Kenntniss d. photochemischen Klimas im arkt. Gebiete. [Aus: „Denkschr. d. k. Akad. d. Wiss."] gr. 4. (34 S. m. 4 Fig.) Wien 898. (C. Gerold's Sohn.) n. 2. 70

Wiesner, J., Beiträge zur Kenntnis des photochemischen Klimas des Yellowstone-Gebietes und einiger anderer Gegenden Nordamerikas. [Besonders abgedruckt a. d. LXXX. Bd. d. Denkschriften d. mathem.-naturw. Klasse.] 4°. (14 S.) † K 1.50
Wien: Hölder 1906.

— Beiträge zur Kenntniss des tropischen Regens. [Aus: „Sitzungsber. d. k. Akad. d. Wiss."] gr. 8. (38 S. m. 1 Fig.) Ebd. 895. n. — 80

Wiesner, Jul., Bemerkungen üb. den Zusammenhang v. Blattgestalt u. Lichtgenuss. (24 S. m. 1 Fig.) gr. 8. Wien 908. A. Hölder. — 80
Sonderabdruck aus: „Sitzungsber. d. k. Akad. d. Wiss."

—— Beobachtung über den Einfluss der Erdschwere auf Grössen- und Formenverhältnisse der Blätter. Lex.-8. (21 S.) (Ebendas.) 869.
Aus: Abhandlungen der k. Akademie der Wissenschaften, besonders abgedruckt.

[illegible]
Separatabdruck

Wiesner, J., Beobachtungen über den Lichtgenuß und über einige andere physiologische Verhaltnisse blühender Geraniumarten. [Aus: Sitzungsber. d. k. Akad. d. Wiss., math.-naturw. Klasse. Bd. CXV.] Gr.-8°. (30 S.) † K — 90
Wien: Holder 1906.

[illegible]
Separatabdruck

Wiesner, Jul., das Bewegungsvermögen der Pflanzen. Eine krit. Studie über das gleichnamige Werk von Charles Darwin, nebst neuen Untersuchungen. gr. 8. (VI, 212 S. mit 3 eingedr. Holzschn.) Wien 881, Hölder. *

— die Beziehgn. d. Pflanzenphysiologie zu d. and. Wissenschaften. Inaugurationsrede, geh. am 24. X. 1898. gr. 8. (48 S.) Wien 898. A. Hölder. n. 1. 50

Wiesner J.: Biologie d. Pflanzen. M. e. Anh.: Die historische Entwicklung d. Botanik. Wien 1889. 305 S. Fig.
(= Elemente d. wissenschaftlichen Botanik. 3. Bd.).

[illegible]
Separatabdruck

Wiesner, Jul., üb das Eindringen der Winterknospen kriechender Brombeersprosse in den Boden. Lex.-8. (11 S.) Wien 883. (Gerold's Sohn.) n.n. – 25

[illegible]
Separatabdruck

— über den Einfluss des Sonnen- u. des diffusen Tageslichtes auf die Laubentwicklung sommergrüner Holzgewächse. (Photometrische Untersuchungen auf pflanzenphysiolog. Gebiete.) (4. Abhandlg.) (26 S.) gr. 8. Ebd. 904. n. — 60
Sonderabdruck aus: „Sitzungsber. d. k. Akad. d. Wiss."

Wiesner, Jul., Einleitung in die technische Mikroskopie nebst mikroskopisch-techn. Untersuchungen. Für Techniker, Chemiker und zum Gebrauche an polytechn. Schulen. gr. 8. (VI und 271 S. mit 142 eingedr. Holzschn.) Wien 867, Braumüller. *

—— die natürlichen Einrichtungen zum Schutze des Chlorophylls der lebenden Pflanze. gr. 4. (31 S.) Wien 876, (Braumüller. — Leipzig, Brockhaus' Sortiment und Antiq.)
Aus: Festschrift zur Feier des 25jährigen Bestehens der k. k. zoologisch-botanischen Gesellschaft in Wien, besonders abgedruckt.

[illegible]
Separatabdruck

Wiesner, Jul., die Elementarstructur u. das Wachsthum der lebenden Substanz. gr. 8. (VII, 283 S.) Wien 891. A. Hölder. n. 6. —

Die Elementarstructur und das Wachsthum der lebenden Substanz. Von Dr. Julius **Wiesner,** o. ö. Prof. . . . an d. k. k. Wiener Univ. . . . *Wien: A. Hölder* 1892. (4 Bl., 283 S.) 1 Bd 8. 98. 10537

— **Elemente** der wissenschaftlichen Botanik. 1. Bd. A. u. d. T.: Elemente der Anatomie u. Physiologie der Pflanzen. Mit 101 (eingedr.) Holzschn. gr. 8. (X, 276 S.) Ebend. 881. n. 7. —

— Elemente der wissenschaftlichen Botanik. 1. u. 2. Bd. gr. 8. Wien, Hölder. n. 17. —

1. Elemente der Anatomie u. Physiologie der Pflanzen. 2. Aufl. Mit 125 Holzschn. (X, 315 S.) 885. n. 7. —
2. Elemente der Organographie, Systematik u. Biologie der Pflanzen. Mit e. Anh.: Die histor. Entwicklg. der Botanik. Mit 269 (eingedr.) Holzschn (XII, 449 S.) 884. n. 10. —

Wiesner, Jul. Elemente der wissenschaftlichen Botanik. 3 Bde. gr. 8. Wien, Hölder. 25 —

1. Anatomie u. Physiologie der Pflanzen. 3. verb. u. verm. Aufl. (VI, 350 S. m. 158 Holzschn.) 890. * 8 —.
2. Organographie u. Systematik der Pflanzen. 2. verb. u. verm. Aufl. (XIII, 368 S. m. 270 Holzschn.) 891. * 9 —.
3. Biologie der Pflanzen. Mit e. Anh.: Die histor. Entwicklg. der Botanik. Mit 60 Textillustr. u. e. botan. Erdkarte. (IX, 305 S.) 889. * 8 —.

— **Elemente d. wissenschaftlichen Botanik. 1. Bd. Anatomie u. Physiologie d. Pflanzen. 4., verb. u. verm. Aufl. gr. 8. (VIII, 372 S. m. 159 Holzschn.) Ebd. 898. n 7. —**

Wiesner, Jul., Elemente der wissenschaftlichen Botanik. 3. Bd. Biologie der Pflanzen. Mit e. Anh.: Die histor. Entwicklg. der Botanik. 2. verm. u. verb. Aufl. Mit 78 Text-Illustr. u. e. botan. Erdkarte. gr. 8. (VIII, 340 S.) Wien 902. A. Hölder. n. 8. 80

— Elemente der wissenschaftlichen Botanik. 1. Bd. Anatomie u. Physiologie der Pflanzen. 5., verb. u. verm. Aufl. (IX, 401 S. m. 185 Abbildgn.) gr. 8. Ebd. 906. n. 7. 80; geb. in Halbfrz. n. 9. 20

— Elemente der wissenschaftlichen Botanik. 2. Bd. Organographie u. Systematik der Pflanzen. 3. Aufl. Bearb. v. Karl Fritsch. (XX, 448 S. m. 365 Holzschn.) gr. 8. Ebd. 909. 10. 80

—— die Entstehung des Chlorophylls in der Pflanze. Eine physiolog. Untersuchung. gr. 8. (IX, 120 S.) Wien 877, Hölder.

— über die Entstehung des Harzes im Inneren der Pflanzenzellen. [Aus den Sitzungsber. der k. Akad. der Wiss.] Wien 865. (Gerold's Sohn.) Lex.-8. (13 S.) 3 ngr.

Wiesner (J.). Ueber die Entstehung des Harzes im Inneren der Pflanzenzellen. Wien, 1866. 8°.

Wiesner, Jul., die heliotropischen Erscheinungen im Pflanzenreiche. Eine physiologische Monographie. 1. Thl. Imp.-4. (69 S. mit 1 eingedr. Holzschn.) Wien 878, (Gerold's Sohn.)
Aus: Denkschriften der k. Akademie der Wissenschaften, besonders abgedruckt.

—— die heliotropischen Erscheinungen im Pflanzenreiche. Eine physiolog. Monographie. 2. Thl. Imp.-4. (92 S. mit 2 eingedr. Holzschn.) Wien 880, (Gerold's Sohn.)
Aus: Denkschriften der k. Akademie der Wissenschaften, besonders abgedruckt.
1. Thl. (Ebendas.) 1878. ℳ 3.

WIESNER, Julius: Experimental-Untersuchungen über die Keimung der Samen. - Wien 1871. 19 S. - (Sitzungsber. k. Akad. Wiss. Bd. 64, Abt. 1)

—— **Experimental-Untersuchungen über die Keimung der Samen. 1. Reihe. Lex.-8. (19 S.) (Ebendas.) 872.** *
Aus: Sitzungsberichte der k. Akademie der Wissenschaften, besonders abgedruckt.

—— die Feldwirthschaft, s. Ausstellungs-Bericht, officieller.

Programm der k. k. Oberrealschule in Brünn. Veröffentlicht am Schlusse des Schuljahres 1854. 4. (33 S.) Brünn. Gedruckt bei R. Rohrer's Erben.
Inhalt: Ueber die Anforderungen der Naturforschung in der jetzigen Zeit, von Dr. Alexander Zawadzki. — Ueber die Flora der Umgebung Brünn's, von Julius Wiesner.

Wiesner, Jul., die Gesetze der Riefentheilung an den Pflanzenaxen. Mit 2 (lith.) Taf. (Aus den Sitzungsber. der k. Akad. der Wissensch.) Wien 859. Gerold in Comm. gr. 8. (22 S.) n. 9 ngr.

Wiesner, Jul., die Gesetze der Riefentheilung an den Pflanzenaxen. Lex.-8. (32 S. mit 2 Stnt.) Wien 860, (Gerold's Sohn.) *

WIESNER, Julius: Grundversuche über den Einfluss der Luftbewegung auf die Transpiration der Pflanzen. - Wien 1887. 33 S. - (Sitzungsber. k. Akad. Wiss. Bd. 96, Abt. 1)

—— Grundversuche über den Einfluss der Luftbewegung auf die Transpiration der Pflanzen. Lex.-8. (33 S.) Wien 888, (Tempsky.)

Wiesner, Jul., die technisch verwendeten Gummiarten, Harze und Balsame. Ein Beitrag zur wissenschaftl. Begründung der techn. Waarenkunde. gr. 8. (VIII, 207 S. mit 22 eingedr. Holzschn. und 1 Tab. in qu. gr. 4.) Erlangen [Stuttgart] 869, Enke. *

Wiesner, Jul., über das Gummiferment. Ein neues diastat. Enzym, welches die Gummi- u. Schleimmetamorphose in der Pflanze bedingt. Lex.-8. (28 S.) Wien 885. (Gerold's Sohn.) n.n. — 50

Separatabdruck

Karl Freiherr von Hügel. Hortologe, Geograph und Staatsmann-Gedenkrede, gehalten anlässlich der Enthüllung des Hügeldenkmales am 3. October 1901 von Dr. Julius Wiesner. Herausgegeben vom Vereine der Gärtner und Gartenfreunde in Hietzing. Wien 1901. Hölder. Gr.-8° 41 S. K 1.

Jan Ingen-Housz. Sein Leben u. s. Wirken als Naturforscher u. Arzt. Unter Mitw. von Prof. Th[eodor] Escherich, Prof. E[rnst] Mach, Prof. R[obert] v. Topły u. Prof. R[udolf] Wegscheider von Prof. Julius **Wiesner**, Dr., Wien. Mit 1 Titelbild, 2 Textill. u. 1 Faks. Wien: C. Konegen 1905. (X, 252 S.) 8° 05. 7568

Der Lichtgenuß der Pflanzen. Photometr. u. physiolog. Untersuchungen mit besond. Rucksichtnahme auf Lebensweise, geogr. Verbreitung u. Kultur d. Pflanzen von Prof. J[ulius] **Wiesner,** Wien. Mit 25 Textfig. Leipzig: W. Engelmann 1907. (VII, 322 S.) 8° 07. 16593

— **Eine Methode zur Bestimmung der Richtung und Intensität des stärksten diffusen Lichtes e. bestimmten Lichtareals.** (17 S. m. 3 Fig.) gr. 8. Wien 910. A. Hölder. — 70
Sonderabdruck aus: „Sitzungsber. d. k. Akad. d. Wiss."

— vorläufige Mittheilung üb. die Elementargebilde der Pflanzenzelle. [Aus: „Sitzungsber. d. k. Akad. d. Wiss."] Lex.-8. (7 S.) Ebd. 890. n. — 20

Wiesner, Julius: Vorläufige Mitteilung über die Lage der Blattbasis. Separatabdruck aus: Sitzungsber. d. k. Akad. d. Wissensch. in Wien. Bd. 45. II. S. 23.

— pflanzenphysiologische Mittheilungen aus Buitenzorg. I—IV. [Aus: „Sitzungsber. d. k. Akad. d. Wiss."] Lex.-8. Wien 894. (F. Tempsky.) n. 1. 90
I. II. (29 S.) n. — 60
III. Über den vorherrschend ombrophilen Charakter des Laubes der Tropengewächse. (23 S.) n. — 50
IV. Vergleichende physiolog. Studien üb. die Keimung europäischer u. tropischer Arten v. Viscum u. Loranthus. (37 S.) n. — 80

— pflanzenphysiologische Mitteilungen aus Buitenzorg. (V. u. VI.) [Aus: „Sitzungsber. d. k. Akad. d. Wiss."] Lex.-8. Wien (C. Gerold's Sohn). n. 2. 20 (I—VI: n 4. 10)
V. Studien üb. die Anisophyllie tropischer Gewächse. (40 S. m. 3 Fig. u. 4 Taf.) 897. n. 1. 50
VI. Zur Physiologie v. Taeniophyllum zollingeri. (22 S. m. 1 Steintaf.) 897. n. — 70

—— Über den mikroskopischen Nachweis der Kohle in ihren verschied. Formen u. üb. die Uebereinstimmung d. Lungenpigments m. der Russkohle. Lex. 8. (40 S.) Wien 892, (Tempsky). * — 70

— Über den mikroskopischen Nachweis der Kohle in ihren verschiedenen Formen und über die Übereinstimmung des Lungenpigments mit der Russkohle. S. 101. [illegible]
Separatabdruck

— Natur — Geist — Technik. Ausgewählte Reden, Vorträge u. Essays. (VII, 428 S. m. 7 Abb.) gr. 8. Leipzig 910. W. Engelmann. 11. 40

—— Note über das Verhalten des Phloroglucins und einiger verwandter Körper zur verholzten Zellmembran. Lex.-8. (7 S.) Wien 878, (Gerold's Sohn.)
Aus: Sitzungsberichte der k. Akademie der Wissenschaften, besonders abgedruckt.

Wiesner, Julius von: Vorl. Notiz über direkte Nachweisung d. Eisens in d. Zellen d. Pflanze. s. Weiß, Adolf.

[F.] Die Nothwendigkeit des naturhistorischen Unterrichtes im medicinischen Studium. Aus Anlass d. bevorstehenden Reform d. medicin. Studien an d. österreich. Universitäten erläut. v. Prof. J[ulius] Wiesner in Wien. *Wien: A. Hölder 1896.* (2 Bl., 47 S.) 1 Bd 8. [illegible]

Wiesner, Jul., die undulirende Nutation der Internodien. Ein Beitrag zur Lehre vom Längenwachsthum der Pflanzenstengel. Lex.-8. (40 S.) Wien 878, (Gerold's Sohn..)

— Die undulierende Nutation der Internodien. Ein Beitrag zur Lehre vom Längenwachstum der Pflanzenstengel. S. 77. [illegible]
Separatabdruck

Wiesner, Julius: Das Pflanzenleben des Meeres. Vortrag, geh. in d. Generalversammlung d. Vereines z. wissensch. Erforschung d. Adria 1904. (Wien & Leipzig: W. Braumüller 1904.) (S. 25–39) 8°
(Jahresbericht d. Vereines z. Förderung d. naturwiss. Erforschung d. Adria. 1.)

— üb. ombrophile u. ombrophobe Pflanzenorgane. [Aus: Sitzungsber. d. k. Akad. d. Wiss."] Lex.-8. (19 S.) Ebd. 893. n. — 40

— s.: Résultats scientifiques du congrès international de botanique.

—— die Rohstoffe des Pflanzenreiches. Versuch einer techn. Rohstofflehre des Pflanzenreiches. gr. 8. (846 S. mit 104 meist anatom. eingedr. Holzchn.-Abbild.) Leipzig 873, Engelmann. *

— die Rohstoffe des Pflanzenreiches. Versuch e. techn. Rohstofflehre des Pflanzenreiches. Unter Mitwirkg. von Max Bamberger, Wilh. Figdor, F. R. v. Höhnel u. a. 2. gänzlich umgearb. u. erweit. Aufl. 12 Lfgn. gr. 8. (1. Bd. XI, 795 S. m. 153 Fig. u. 2. Bd. VI, 1070 S. m. 297 Fig.) Leipzig 900—903. W. Engelmann. Subskr.-Pr. à n. 5.—; Einzelpr. à n. 7.60; (vollständig n. 60.—; geb. n. 66.—)

— Studien üb. angebliche Baumbastpapiere. [Aus: „Sitzungsber. d. k. Akad. d. Wiss."] Lex.-8. (12 S.) Ebd. 892. n. — 40

— Studien üb. den Einfluss der Schwerkraft auf die Richtung der Pflanzenorgane. (70 S. m. 7 Taf.) gr. 8. Wien 902. (A. Hölder.) n. 3. 20

Wiesner, Julius Ritter von, Dr.: Studien über den Einfluß der Schwerkraft auf die Richtung der Pflanzenorgane. (mit 7 Taf.) S. 111. [illegible]
Separatabdruck

—— Studien über das Welken von Blüthen und Laubsprossen. Ein Beitrag zur Lehre von der Wasseraufnahme, Saftleitung und Transspiration der Pflanzen. Lex.-8. (57 S.) (Ebendas.) 882.

— Studien über das Welken von Blüthen und Laubsprossen. Ein Beitrag zur Lehre von der Wasseraufnahme, Saftleitung und Transspiration der Pflanzen. S. 86. [illegible]
Separatabdruck

Wiesner, J., Über korrelative Transpiration mit Hauptrucksicht auf Anisophyllie und Phototrophie. (Vorläutige Mitteilung.) [Aus: Sitzungsber. d. k. Akad. d. Wiss., math.-naturw. Klasse. Bd. CXIV.] Gr.-8°. (20 S. mit 2 Tafeln) † K —.70
Wien: Hölder 1905.

— Franz Unger. Gedenkrede, geh. am 14. VII. 1901 anlässlich der im Arkadenhofe der Wiener Universität aufgestellten Unger-Büste. gr. 8. (17 S.) Wien 902. (A. Hölder.) n. — 75
Sonderabdruck aus: „Verhandlgn. d. zoolog.-botan. Gesellschaft in Wien".

[illegible]
Separatabdruck

—— Untersuchung über die Lage der charakteristischen Riefen an den Axenorganen der Pflanzen. Lex.-8. (17 S. mit 2 Stnt. in Lex.-8. und qu. Fol.) Wien 859, (Gerold's Sohn.) *
aus: Sitzungsberichte der k. Akademie der Wissenschaften, Jahrg. 1859, besonders abgedruckt.

—— die mikroskopische Untersuchung des Papiers mit besond. Berücksicht. der ältesten oriental. und europ. Papiere. gr. 4. (III, 82 S. mit 15 Holzschn. und 1 Lichtdr.) Wien 887, Hof- und Staatsdruckerei.
Aus: Mittheilungen aus der Sammlung des Papyrus Erzherzog Rainer, besonders abgedruckt.

Wiesner, Jul., mikroskop. Untersuchung alter ostturkestan. u. anderer asiatischer Papiere, nebst histolog. Beiträgen zur mikroskop. Papieruntersuchg. (50 S. m. 18 Fig.) gr. 4. Wien 902. (A. Hölder.) n. 4. —
Sonderabdruck aus: „Denkschr. d. k. Akad. d. Wiss."

—— Untersuchung einiger Treibhölzer aus dem nördlichen Eismeere. Lex.-8. (9 S.) Wien 872, (Gerold's Sohn.) *

Untersuchungen einiger Treibhölzer aus dem nördlichen Eismeere. S. 65. [illegible]
Separatabdruck

— Untersuchungen üb. die Bewegung d. Imbibitionswassers im Holze u. in der Membran der Pflanzenzelle. (Arbeiten d. pflanzenphysiolog. Institutes der k. k. Wiener Universität IV.] (Aus: „Sitzungsber. d. k. Akad. d. Wiss."] Lex.-8. (37 S.) Wien 875. (Gerold's Sohn.) n. — 60

Wiesner, Jul., Arbeiten des pflanzenphysiologischen Institutes der k. k. Wiener Universität. I. Untersuchungen über die Beziehungen des Lichtes zum Chlorophyll. Lex.-8. (59 S.) Wien 874, (Gerold's Sohn.) *
Aus: Sitzungsberichte der k. Akademie der Wissenschaften, besonders abgedruckt.

Wiesner, Julius: Untersuchungen über den Bogenwert der Blattbasen. Separatabdruck aus: Sitzungsber. d. k. Akad. d. Wiss. in Wien. Bd. 42. S. 417.

— **Untersuchungen üb. den Einfluss der Lage auf die Gestalt der Pflanzenorgane. I. Abhandlg. Die Anisomorphie der Pflanze. (Aus: „Sitzungsber. d. k. Akad. d. Wiss.“] Lex.-8. (49 S.) Wien 892. (F. Tempsky.)** n. — 90

— Untersuchungen über den Einfluss des Lichtes u. der strahlenden Wärme auf die Transpiration der Pflanze. [Aus dem pflanzenphysiologischen Institut der k. k. Wiener Universität.] [Aus: „Sitzungsber. d. k. Akad. d. Wiss.“] Lex.-8. (55 S.) Ebend. 876. n. — 80

—— **Untersuchungen über den Einfluss der Temperatur auf die Entwicklung des Pencillium glaucum. Lex.-8. (12 S.) Ebendas. 874.** *

Untersuchungen über den Einfluß der Temperatur auf die Entwicklung des *Penicillium glaucum* S. 68. [illegible]
Separatabdruck

Wiesner, Jul., Untersuchungen über den Einfluss, welchen Zufuhr u. Entziehung von Wasser auf die Lebensthätigkeit der Hefezellen äussern. [Aus den Sitzungsber. der k. Akad. der Wiss.] Wien 869. (Gerold's Sohn.) Lex.-8. (25 S.) n. 4 *ngr.*

WIESNER, Julius: Untersuchungen über die herbstliche Entlaubung der Holzgewächse. - Wien 1871. 46 S., 1 Taf. - (Sitzungsber. k. Akad. Wiss. Bd. 64, Abt. 1)

—— **Untersuchungen über die herbstliche Entlaubung der Holzgewächse. Lex.-8. (46 S. mit 1 lithogr. Taf.) Ebendas. 872.** *
aus: Sitzungsberichte der k. Akademie der Wissenschaften, besonders abgedruckt.

— u. H. Molisch, Untersuchungen üb. die Gasbewegung in der Pflanze. [Aus: „Sitzungsber. d. k. Akad. d. Wiss.“] Lex.-8. (44 S.) Wien 889. (Tempsky.) n. — 80

— Untersuchungen über den Heliotropismus. Vorläufige Mittheilung. [Aus: „Sitzungsber. d. k. Akad. d. Wiss.“] Lex.-8. (17 S.) Ebend. 880. n. — 40

— **Untersuchungen üb. das photochem. Klima v. Wien, Cairo u. Buitenzorg (Java). Unt. Mitwirkg. v. W. Figdor, F. Krasser u. L. Linsbauer. [Aus: „Denkschrift d. k. Akad. d. Wiss.“] gr. 4. (94 S. m. 10 Fig.) Wien 896. (C. Gerold's Sohn.)** n. 5. 40

Untersuchungen über den Lichtgenuss der Pflanzen im arktischen Gebiete. (Photometrische Untersuchungen auf pflanzenphysiologischem Gebiete.) (III. Abhandlung.) Von J. Wiesner. (Mit 3 Textfiguren.) (Aus den Sitzungsberichten der kaiserl. Akademie der Wissenschaften in Wien. Mathem.-naturw. Classe; Bd. CIX, Abth. I. Mai 1900.) Wien. 1900. In Comm. Gerold's Sohn. Gr.-8°. 69 S. K 1.40

— Untersuchungen üb. d. Lichtgenuss d. Pflanzen m. Rücksicht auf die Vegetation v. Wien, Cairo u. Buitenzorg (Java). (Photometrische Untersuchgn. auf pflanzenphysiolog. Gebiete.) (2. Abhandlg.) [Aus: „Sitzungsber. d. k. Akad. d. Wiss.“] Lex.-8. (107 S. m. 4 Curventaf.) Ebd. 895. n. 2. 40 (1 u. 2.: n. 3. 40)

— **Untersuchungen üb. den Lichtgenuss der Pflanzen im Yellowstonegebiet u. in and. Gegenden Nordamerikas. Photometrische Untersuchgn. auf pflanzenphysiolog. Gebiete. (V. Abhandlg.) (74 S. m. 2 Fig.) gr. 8. Ebd. 905.** n. 1. 40
Sonderabdruck aus: „Sitzungsber. d. k. Akad. d. Wiss.“

— **mikroskopische Untersuchungen. Ausgeführt im Laboratorium f. Mikroskopie u. techn. Waarenkunde am k. k. polytechn. Institute in Wien. Mit 19 (eingedr.) Holzschn. gr. 8. (IV, 191 S.) Stuttgart 872. Maier.** n. 3. —

—— Untersuchungen über die Organisation der vegetabilischen Zellhaut. Lex.-8. (64 S. mit 5 Holzschn.) Wien 886, (Tempsky.)
Aus: Sitzungsberichte der k. Akademie der Wissenschaften, besonders abgedruckt.

Wiesner, Jul., photometrische Untersuchungen auf pflanzen-physiologischem Gebiete. 1. Abhandlg. Orientirende Versuche üb. den Einfluss der sogenannten chem. Lichtintensität auf den Gestaltungsprocess der Pflanzenorgane. [Aus: „Sitzungsber. d. k. Akad. d. Wiss.“] Lex.-8. (60 S.) Wien 893. (F. Tempsky.) n. 1. —

Wiesner J.: Photometrische Untersuchungen auf pflanzenphysiologischem Gebiete. Abhandlung 1—2. (1 Vol.). Wien 1893—95. 60, 107 S. 4 gr. Tvl. (Særtr.).
(Abhandlung 2 m. Hovedtit.: Untersuchungen üb. den Lichtgenuss d. Pflanzen . . .).

— Photometrische Untersuchungen auf pflanzenphysiologischem Gebiete. (VI. Abhandlg.) Über die Veränderg. des direkten Sonnenlichtes beim Eintritt in die Laubkrone der Bäume u. in die Laubmassen anderer Gewächse. (54 S. m. 11 Fig.) gr. 8. Wien 909. A. Hölder. 1. 90
Sonderabdruck aus: „Sitzungsber. d. k. Akad. d. Wiss.“

— [illegible]
Separatabdruck

—— Untersuchungen über die Wachsthumsbewegungen der Wurzeln. [Darwin'sche und geotropische Wurzelkrümmung.] Lex.-8. (80 S.) (Ebendas.) 881.

Untersuchungen über die Wachsthumsbewegungen der Wurzeln. Darwinsche und geotropische [illegible]
Separatabdruck

—— Untersuchungen über die Wachsthumsgesetze der Pflanzenorgane. Erste Reihe: Nutirende Internodien. Unter Mitwirkung von Rich. v. Wettstein ausgeführt. [Arbeiten des pflanzenphysiolog. Institutes der k. k. Universität zu Wien. XXIII.] Lex.-8. (84 S.) (Ebendas.) 883.
aus: Sitzungsberichte der k. Akademie der Wissenschaften, besonders abgedruckt.

— und Wettstein [illegible]
— [illegible] siehe Wettstein, Richard von [illegible], Dr.
Separatabdruck

Wiesner, Julius von: Über das Verhalten d. Kupferoxydammoniaks . . . s. Weiß, Adolf.

— s.: **Verhandlungen des internat. botan. Kongresses in Wien.**

—— Versuche über den Ausgleich des Gasdruckes in den Geweben der Pflanzen. Lex.-8. (41 S.) (Ebendas.) 879.
aus: Sitzungsberichte der k. Akademie der Wissenschaften, besonders abgedruckt.

Wiesner, Dr. Julius. Ueber die Zerstörung der Hölzer an der Atmosphäre. I. Abthlg. Mit 1 Tafel. (Sonder-Abdr. a. d. Sitzungsber. d. k. Akad. d. Wiss.) gr. 8. (34 S.) Wien, Gerold in Comm. 1864.

Wiesner, Karl, Prof.: Dichtungen. Pless 1905: A. Krummer. (S. 1—18.) 4°
Pless, k. G (ev. FürstenS) P 1905 (244)

Wiesner, *Carl*. Fest-Gruss an Se. Majestät den Kaiser Wilhelm zu seinem 90. Geburtstage. (Umschlagtitel: Festgruß an Kaiser Wilhelm.) 4 (S. 1—2). — Die Eroberung von Sardes. (Umschlagtitel: Die Belagerung von Sardes, eine epische Dichtung.) 4 (S. 3—13). **Progr.** Ev. Fürstensch. *Pless* 1887 (190).

Wiesner, Karl. Die deutschen Helden von 1870/71. (Umschlagtitel: . . . , eine patriotische Dichtung.) 4 (S. 1—7).
Progr. Evang. Fürstensch. *Pless* 1891 (190)

— Am (Umschlagtitel: Zum) 9. März 1888. 4 (3 S.).
Progr. Ev. Fürstensch. *Pless* 1888 (191)

Wiesner, *Karl* Horazische Oden des 3. u. 4. Buches in freier Nachdichtung. 4 (S. 8—29).
Progr. Evang. Fürstensch. *Pless* 1891 (199).

Vierundzwanzig Oden des Horaz in Reimen nachgedichtet von Karl Wiesner. 24 S. **Progr.** *Pless* 1885.

Wiesner, Carl, französisches Vokabularium im Anschluß an das Lateinische für die oberen und mittleren Klassen von höheren Schulen. 12. (IV, 70 S.) Berlin 882, Simion. cart. *

Wiesner, Karl, französisches Vokabularium im Anschluß an das Lateinische für die oberen und mittleren Klassen von höheren Schulen. 2. verb. Aufl. 12. (IV, 96 S.) Berlin 885, Simion. cart.

Wiesner, Karl, französisches Vokabularium im Anschluß an das Lateinische f. die oberen u. mittleren Klassen v. höheren Schulen. 3., verb. Aufl. 16. (IV, 96 S.) Berlin 892. L. Simion. Kart n. — 80

Wiesner, Curt, Ref. in Hamm i. W.: Rechtliche Natur und Gegenstand der Kollationspflicht unter besonderer Berücksichtigung des römischen Rechts. Borna-Leipzig 1906: R. Noske. (x, 52 S.) 8° [F.]
Leipzig, Jur. Fak., Diss. v. 5. Juli 1906
[Geb. 27. April 82 Görlitz; Wohnort: Hamm i. W.; Staatsangeh.: Preußen; Vorbildung: Gymn. Görlitz Reife O. 01; Studium: Edinburgh 1, Berlin 1, München 1, Münster 3 S.; Rig. 29 Sept. 04.]

Wiesner, Matthäus Jos., leichtfaßliche Anleitung zum Katechisiren für christkatholische Religionslehrer. Lex.-8. (XVIII und 191 S.) Wien 859, Mechitharisten-Congregations-Buchh.

—— gemeinfaßliche Unterrichtslehre für geistliche und weltliche Präparanden in den österreich. k. k. Staaten. 2., unverand. (Titel-) Ausg. Lex.-8. (XX und 292 S.) Wien 859, Mechitharisten-Congregations-Buchh.

Wiesner, O. Zur Selbsterlernung der doppelten u. einfachen Buchführung u. was dem anhängt. Kaufmännischer Buchführungs-Unterricht in Briefen. gr. 4. (97 S.) Kiel 889, (Haeseler's Sort.).
* 6 —; geb. * 8 —

Wiesner, Osc., Heinrich v. Zütphen ein Märtyrer der Reformation. Histor. Essay. gr. 8. (59 S.) Berlin 884, Internationale Buchhandlung.

Wiesner, Otto. Vaterländische Gesänge. Zwei- u. dreistimmige Lieder, f. schweizer. Volksschulen gesammelt u. bearb. Ergänzungsheft zu d. Verf. Uebungs- u. Liederbüchern. gr. 8. (64 S.) St. Gallen 892, Huber u. Comp. * — 60

Wiesner, Otto, s.: Lieder, 12, f. vierstimm. Männerchor.

Wiesner, Otto, Liedersammlung für Schulen. 8. (VI, 88 S.) Homburg 878, Fraunholz'sche Buchh.

Wiesner, Otto, neue Methodik d. Gesang-Unterrichtes f. Volksschulen. Mit e. Anh. v. Liedern. 8. (82 S.) Zürich 884. Orell Füssli & Co. Verl. n. 1. —
— Anhang hierzu unter d. T. Uebungs- u. Liederbuch. Zür., Orell Füssli & Cie. I. Hft. — 75
II. Hft. 1 —

Patent-Industrie und Verbrechertum. Patentanwalt u. Patentbureau. Ein Beitrag z. Patentreform von Otto Wiesner, Red. 1. Aufl. *Berlin: 'Börsenwoche' [1903].* (36 S.) 8° [04. 962]

Wiesner, Otto, Patent-Industrie u. Verbrechertum, Patentanwalt u. Patentbureau. Ein Beitrag zur Patentreform. 2. Aufl. (36 S.) schmal gr. 8. Berlin (903). Verlag der Börsenwoche. — 50

Wiesner, O. Uebungs- und Liederbuch für den Gesangunterricht an Volksschulen. I. Heft. Nur im Anschluss an des Verfassers „Neue Methodik des Gesangunterrichtes für Volksschulen" zu gebrauchen. In-8°, 47 S. Zürich, Orell Füssli & Cie. 1884 — 60

— Uebungs- u. Liederbuch f. den Gesangunterricht an Volksschulen. 1. u. 2. Hft. 8. Ebend. 884. n. 1. 40
1. (47 S.) n. — 60. — 2. (86 S.) n. — 80.

—— Uebungs- u. Liederbuch f. den Gesangunterricht an Volksschulen. 1. u. 2. Heft. 2. Aufl. 8°. [1. Heft. (47 S.) * — 60; 2. Heft. (86 S.) * — 80.] Zür. 891, Artist. Institut Orell Füssli Verlag. * 1 40

Wiesner, O. Übungs- und Liederbuch f. d. Gesangsunterricht an Volksschulen. Ausg. in 1 Bd. 4. Aufl. In-8°. 134 S. Zürich, Art. Inst. Orell Füssli. 1894

Wiesner, Otto, Uebungs- u. Liederbuch f. den Gesangsunterricht an Volksschulen. Ausg. in 1 Bd. 8. Aufl. (136 S.) 8. Zürich 904. Art. Institut Orell Füssli. Kart. n. 1. 20

Wiesner, Paul, d. Katechese u. d. Einwirkg. auf das Gemüt. Ein Uebungsbuch d. schulgem. Dialektik, f. Lehrer dargest. gr. 8. (VIII, 174 S.) Düsseldorf 896. L. Schwann. n. 2. —

Wiesner, Rich., s.: Lieder, 12, f. vierstimm. Männerchor.

Wiesner-Rudolph, Schöpfung u. Offenbarung, geistige u. materielle Vollendung. (88 S.) 8. Dresden (909). E. Pierson. 1.50

(Julius) Wiesner-Festschrift. Im Auftr. d. Festkomitees red. von K[arl] Linsbauer. Mit 50 Textfig. u. 23 Taf. Wien: C. Konegen 1908. (VIII, 517 S.) 8° [08. 2967]

Wiesnern, Cherubin, O. Fr. M., der hl. Aloysius, die büß. Unschuld. Gebetbüchlein m. allgemeinen u. besonderen Andachtsübgn., nebst der Feier der sechs Sonntage zu Ehren des hl. Aloysius. 16. (130 S. m. Titelbild.) Kevelaer 899. Butzon & Bercker. Geb. in Leinw. n. — 50

Wiesnern, Cherubin, O. Fr. M., der hl. Aloysius, die büßende Unschuld. Gebetbüchlein m. allgemeinen u. besond. Andachtsübgn., nebst der Feier der 6 Sonntage zu Ehren des hl. Aloysius. 4. Aufl. (143 S. m. farb. Titel u. 1 Farbdr.) 16. Kevelaer (906). Butzon & Bercker.
Geb. in Leinw. n. — 50

— das göttliche Herz Jesu, unsere Zuflucht. Gebetbüchlein zur Verehrg. des göttl. Herzens Jesu. 16. (141 S. m. Titelbild.) Ebd. 899. Geb. in Leinw. n. — 50

Wiesnern, Cherubin, O. Fr. M.: Nur Eines ist notwendig! Andenken an d. hl. Mission. 16. (139 S. m. Titelbild.) Kevelaer 898. Butzon & Bercker.
Geb. in Leinw. n. — 50

WIESSLER, Wilhelm (Butzbach): Beitrag zur Lehre von der primären Hodentuberkulose.- München: Ernst 1889. 27, 1 S.
9.3.1889 - Chr 1888/89,13; Jv 1888/89,222
Diss. Ingolst.-Landsh.-Mchn.

Wießner, vgl. Wieszner.

Wießner, Carl Heinrich Graun, der Sanges- u. Capellmeister Friedrichs des Großen. Ein Lebensbild. Finsterwalde 869. Schneider. 16. (16 S.) n. 2 ngr.

Wießner, A., Uebersicht des phonetisch-grammatikalischen Schriftsystems als praktische Grundlage zu dessen Vorträgen. Fol. (5 Stnt.) Lübeck 852, Stahl und Comp. Thlr. **

Wießner, Alex., das Atom oder das Kraftelement der Richtung, als letzter Wirklichkeitsfactor. Ein Versuch, Anziehung und Abstoßung auf ein gemeinsames Princip — und das Abstractum „Kraft" auf seinen concreten Kern zurückzuführen. [Unter krit. Bezugnahme auf Dr. A. Pfeilsticker's Durchdringlichkeitstheorie und Dr. J. R. Mayer's Kraftumwandlungslehre.] Naturphilosophische Erörterungen ohne myst. Hintergrund. gr. 8. (XI, 323 S.) Leipzig 875, Thomas.

Wießner, Alex., die wesenhafte oder absolute Realität des Raumes. Begründet an einer Kritik der idealistischen Theorieen. Ein Beitrag zur Erkenntnißlehre u. eine Friedensbotschaft an die Menschheit. [Als Completorium zu dessen Schrift „Vom Punkt zum Geiste".] gr. 8. (XXVIII, 181 S.) Leipzig 877. Thomas. 3. —

Wießner, Alex., Vom Punkt zum Geiste! Oder: „Der unbewegte Beweger." Ein Versuch zur Lösung des metaphys. Knotens. 1. Thl.: Die actuelle Seinsform der Punktualenergieen oder die objective Weltseite. gr. 8. (XXVIII, 162 S.) Leipzig 877, Thomas.

—— der wiedererstandene Wunderglaube. Eine kritische Besprechung der spiritualist. Phaenomene und Lehren mit Einschluß der Unsterblichkeits- und Wiedergeburtsfrage. Unter specieller Bezugnahme auf „die wissenschaftl. Ansicht des Uebernatürlichen" von Alfr. Russel Wallace, und die „Studien über die Geisterwelt" von Adelma Freiin v. Vay. 8. (XVI, 303 S.) Ebendas. 875.

Wießner, Alma, kleine Geschichten aus der Thierwelt in Reimen. Illustrirt von R. Zander. 1. u. 2. Thl. qu. gr. 4. (à 12 Chromolith. m. Text.) Leipzig 876. Krätzschmer Nachf. à n. 2. 25

Wießner, A., sprechende Tiere. Geschichten und Bilder aus der Tierwelt. In Reimen. Illustrirt von R. Zander. 2.—4. Aufl. qu. 4. (10 Chromolithogr. mit 10 S. Text.) Dresden 880,81, Kaufmann's Verlag. geb.

Wiessner, Amadeus [wirkl. Name], s.a. Aue, Kurt von der [Pseud.]

Wießner, Amad., († ...) Geschichte der christl.-kirchl. Beredsamkeit, durch biograph. Nachrr. von den berühmtesten Kirchenlehrern u. durch Beispiele aus ihren homilet. Schriften erläutert. 1r Bd. 8. Leipz. 829. Lauffer. 18 gl.

— pragmat. Geschichte d. religiösen Kultur u. des sittl. Lebens der Christen, von der Begründung des Christenthums bis auf die neuesten Zeiten. 1r Theil. gr. 8. Berl. 828. Th. Enslin 3 ₰

— Handbuch d. Definitionen aller in d. christl. Glaubens- u. Sittenlehre, u. in den mit ihnen verwandten philosoph. Wissenschaften vorkomm. Begriffe rc. 2 Bde. gr. 8. Leipz. 824 u. 25. Wienbrack. 4 ₰ 12 gl.

— encyklopäd. Handbuch für Volksschullehrer, über alle Theile ihres Wissens, Wirkens u. Lebens, nach den besten Quellen u. bewährt. Erfahrungen bearbeitet. gr. 8. Leipz. 829. Baumgärtner. 1 ₰ 18 gl.

— katechet. Handbuch d. christl. Dogmatik u. Dogmengeschichte nach d. Bekenntnisse d. evangel. Kirche. gr. 8. Leipz. 827. Baumgärtner. 1 ₰ 12 gl.

— Handbuch der theoret.-prakt. Mechanik u. gemeinen bürgerl. Baukunst, mit arithmet.-geometr. Vorübungen. Mit 12 Kpf. gr. 8. Leipz. 821. Klein. 1 ₰ Schreibp. 1 ₰ 8 gl.

Wießner, Amad., s. Heldengemälde.

— Irene; Friede mit Gott. Gebete in Stunden d. Erhebung d. Herzens zu Gott, nach Anleitung der heil. Schrift. Ein Erbauungsbuch für gebildete Christen. Mit 1 Steindr. gr. 8. Leipz. 826. Lauffer. 18 gl.

Wießner, Amad., Irene. Ein Gebetbuch f. gebild. Christen. 2., nach d. Verf. Tode umgearb. Aufl. v. Rud. Richd. Fischer. 8. (14⅛ B. u. Ttlkpfr.) Leipzig 839, Lauffer.

Amad. **Wiessner**: Lehre u. Glaube d. vorchristl. Welt v. Seelenfortdauer u. Unsterblichk.; m. besond. Rücks. a. d. alt. Test.; hist.-krit.-exeget. dargestellt u. d. Gründe d. neuern Philosophie angefügt. *Lpz.*, Klein's Compt. 821. gr 8⁰ 1 ₰ 8 gl

— der Muhamedanismus. Geschichte u. Lehre d. Islam; nach d. Koran, der Sunna u. a. Quellen bearbeitet u. systemat. geordnet. 1r oder histor. Theil. (A. u. d. T.: Gesch. d. Islam u. seiner Bekenner rc.) gr. 8. Leipz. 823. Klein. 1 ₰ 4 gl.

Wiessner, Amadeus: Myrtenkränze, s. Oskar, Friedrich

Das Ritterthum und die Ritter-Orden, oder Historisch-kritische Darstellung der Entstehung des Ritterthums, und vollständige Beschreibung aller bestehenden Ritterorden, für Freunde der Geschichte alter und neuer Zeit. Von Kurt von der Aue [d. i. Amad. **Wiessner**]. Merseburg: Sonntag 1825. VIII, 232 S. 8⁰
Kl. 2180. Selten. KB.

(——?) die Stunden d. Andacht in log. geordn. Entwürfen, s. Stunden, die.

Wießner, Amadeus, s. Vaterunser.

Wießner, Edmund: Festrede, gehalten bei der Schillerfeier am 9. Mai 1905. S. 37 41. 8 K. k. Staats-Gymn. *Marburg a. D.* 1905.
Progr.

Wiessner Edmund: Ueber Ruhe- und Richtungs-Konstruktionen mhd. Verben. Diss Wien, Univ.
D: Beiträge zur Geschichte der deutschen Sprache, Bd. 36 u. 37.
1899 PN 1224

Wießner, Eduard

Wießner, Ed., das Land Confusia oder die verkehrte Welt. Lustiges Bilderbuch für das kleine Volk. 8. (32 S. mit 16 Chromolithogr.) Leipzig 876, Oehs. cart.

Wießner, Ed., Fest- und Freizeit-Spielbüchlein. Lieder- und Spielbuch für Bewegungsspiele zu Schulfesten, Ausflügen, Turn- und Freistunden und für den Familienkreis. Nach den Altersstufen der Kinder zusammengestellt. 12. (74 S.) [Bernburg 883, Bacmeister.] Gotha, Behrend.

Wießner, Ed. Geschichte des Volksschulunterrichts in den technischen Fertigkeiten, s. Kehr, C. Geschichte d. Methodik d. Volksschulunterrichts.

—— die Stadt Halle und der Saalkreis. Chronik und Heimatskunde für Schule und Haus. 8. (VII, 166 S.) Halle 881, Reichardt. *M 2.; geb.

—— die Heimatskunde als erste Stufe des erdkundlichen Unterrichtes. Mit besond. Berücksicht. der Stadt Halle a. S., ihrer Umgebung, der Petersberger Landschaft und des Saalegebietes. Für die Hand der Schüler bearb. gr. 8. (40 S.) Halle 881, Anton.

Wießner, E., der deutsche Krieg im J. 1866 in Liedern besungen nach Volksweisen. Nebst einem Anh.: Volkslieder über den deutsch-dän. Krieg 1864. Für zwei Stimmen bearb. 8. (28 S.) Wittenberg 866, Herrosé. *

Wießner, Ed., Lieder- u. Spielbüchlein f. Bewegungsspiele zu Schulfesten, Ausflügen, Turn- u. Freistunden u. f. den Familienkreis. Nach den Altersstufen der Kinder geordnet u. zusammengestellt. 2., verm. Aufl. d. Fest- u. Freizeit-Spielbüchleins. 12. (80 S.) Gotha 893. E. Behrend. n. — 50

Wießner, Ed., Herbarts Pädagogik. Dargestellt in ihrer Entwicklung und Anwendung. gr. 8. (IV, 195 S.) [Bernburg 885, Bacmeister.] Gotha, Behrend.

—— Johann Heinrich Pestalozzi. Ein pädagog. Volksbuch. gr. 8 (IV, 130 S.) Ebendas. 885.

Wießner, Ed. Übungsstoffe f. den deutschen Sprachunterricht. — Deutsches Volksschul-Lesebuch, s. Wernecke, Rob.

Wießner, Frz., Leitfaden zum Gesangs-Unterricht in Gymnasien und Realschulen. qu. 4. (80 S.) Troppau 853, Schüler. *

Wiessner, Frz., Leitfaden zum Gesang-Unterricht in Gymnasien und Realschulen, sowie für Privat-Lehranstalten. 2. Aufl. Lex.-8. (III und 76 S.) Pest 859, Lampel. *

Wießner, Frz., methodisch geordnete Materialien f. den Unterricht in der Buchführung an Gewerbe-, Bürger- u. Handels-Schulen. gr. 8. (VIII, 71 S.) Buda-Pest 875. Aigner. n. 1. —

WIESSNER, Gottfried: Praktische Anweisung zur Feldmesskunst mit der Kette, dem Messtisch und Winkelspiegel zur Selbstbelehrung für alle, welche mit den ersten Lehren der Arithmetik und Geometrie nicht ganz unbekannt sind. - Leipzig 1835. 80 S., 9 Taf.

Wießner, Gtfr., prakt. Anweisung z. Feldmeßkunst mit d. Kette, d. Meßtisch u. Winkelspiegel, z. Selbstbelehr. f. alle, welche mit d. ersten Lehren d. Arithmetik u. Geometrie nicht ganz unbekannt sind. gr. 8. (5½ B. u. 9 Stnt.) Leipzig 835, Hinrichssche Buchh.

Wießner, (Gottfr.,) Beschreib. e. neuen mathemat. Instruments zur Erleichterung der geometr. Flächenberechnung rc. Mit 1 Kpfr. 8. Jena 823, (Cröker) Rthlr.

—Beschreib. e. mathemat. Rechnungsuhr, zur Erleichterung der geometrischen Flächenberechnungen. Mit 1 Kpft. gr. 8. Jena 828. Schmid. 9 gl.

—— Beschreibung einer mathematischen Rechnungsuhr, zur Erleichterung der geometrischen Flächenberechnungen. Wien 1828. 8.

—— Beweis üb. Parallellinien, od. daß alle drei Winkel eines jeden Dreiecks zusammengenommen zwei rechten gleich sind. 2., verb. u. mit ein. Beweise, daß alle rechte Winkel einander gleich sind, verm. Ausg. 8. (1 B. u. 1 Stnt.) Jena 833. (Leipzig, Hinrichssche Buchh.) *

Wießner, Gottfr., vollständ. Verwandlung des 11. Euklitischen Grundsatzes in einen gewöhnlichen Lehrsatz. Mit 1 (lith.) Figurentaf. gr. 8. (15 S.) Jena 848, Mauke. n. ⅙ ♂

Wiessner, Gust. Schule des Kunstfahrens auf dem Zweirad. In Fächerform. gr. 8. (9 farb. Taf. auf Pappe.) Hof 890, Lion. * — 30

Wießner, Hermann: Das Darsemoor. s. Jugend- u. Volksbibliothek.

Wießner, H., Fabrikant oder Meister, s. Jugend- und Volksbibliothek, deutsche.

Die Fahrt durch die Wüste. Ein Lebensbild aus d. Apostelzeit f. unsere Zeit. Von Hermann Wiessner. Berlin: Berl. Stadtmission 1900. (135 S.) 8° [J.]

Wießner, Herm., die Fahrt durch die Wüste. Ein Lebensbild aus der Apostelzeit f. unsere Zeit. 8. (III, 135 S.) Berlin 900. Vaterl. Verlags- u. Kunstanstalt. Geb. n. 1.50

Wießner, Herm., — falsch gemünzt, — ein Befreiter, } s.: Jugend- u. Volks-Bibliothek.

Wießner, Herm., Habakuk, der Wächter auf Zions Warte. Betrachtungen über das prophet. Buch Habakuk zu Mahnung und Erhebung in ernster Zeit. 8. (61 S.) Berlin 870, (Beck.) geb.

—— Handbuch zur homiletischen Behandlung der von Dr. Carl Imman. Nitzsch ausgewählten rheinischen Evangelien. gr. 8. (VII, 584 S.) Gütersloh 872, Bertelsmann's Verlag. *

— der Heldensäbel, s.: Jugend- u. Volksbibliothek, deutsche.

— Irrfahrten (Verlaufen. — Vergondelt), s.: Jugend- u. Volksbibliothek, deutsche.

— die Meineidigen. Eine Dorfgeschichte aus dem Warthebruch. 8. (110 S) Berlin (901). Vaterländ. Verlags- u. Kunstanstalt. Geb. n. 1. —

—— begnadigte Schächer. Bilder aus der Seelsorge nach dem Leben gezeichnet. 8. (230 S.) Berlin 871, (Beck.) geb. *

—— verlorene Söhne, } s. Jugend- und Volksbibliothek, deutsche.

Wiessner, Hermann
Verlorne Söhne. Geschichten aus dem Gefängniss, für das Volk erzählt.
Stuttgart: Steinkopf 1874. 143 S. 8°

Wießner, H., verlaufen. Eine Geschichte, nach dem Leben erzählt. gr. 16. (54 S.) Berlin 886, Buchh. der Berliner Stadtmission.

Wießner, Herm., wild gewachsen, s.: Jugend- u. Volksbibliothek, deutsche.

— Wilhelm Zorn, s.: Jugend- u. Volksbibliothek, deutsche.

Wießner, J. G., Berechnung des Verhältnisses des Diameter zur Peripherie seines Zirkels oder die Erfindung der Quadratur des Zirkels, nebst einigen neuen sehr vervollständigten geometr. Beweisen und dem 11. Euklid. Axiom. gr. 8. (24 S. mit 1 Holzschntaf. in 4.) Jena 865, (Deistung's Buchh.) *

Wießner, Jakob

Wießner, Jak., († d. 7. Dec. 1805.) tabellarische Anweis. die französ. Sprache auf e. leichte Art zu erlernen. qu. Fol. Nürnb. 791. Stiebner. (Barth in Leipz.) 10 gr

— italien. Chrestomathie zum Uebersetzen in das Deutsche, nebst d. Hauptsätzen d. italien. Sprache. gr. 8. Stendal 791. Franzen u. G. 12 gr

— Dictonnaire grammatical de la langue française, oder Anleit. zu e. vollständ. französ. Sprachkunde ꝛc. 2 Thle. gr. 8. Nürnb. 791—98. Grattenauer. 6 ℛß

— Dictionnaire grammatical franç. allemand et allemand franç is. II Vol. gr. 8. Nürnberg, Grattenauer. 795—98 (à 3 Rthlr.)

— Samml. pros.-deutscher Aufsätze zum Rückübersetzen in das Italienische.. 8. Nürnb. 792. N. A. 803. Raw. 9 gr

— Vocabulaire portatif oder kl. deutsches u. französ. Taschenwörterbuch. 8. Nürnb. 800. Stein. 6 gr

Wiessner, Johannes [aus Soldin (Neumark)]: Diagnostische und therapeutische Untersuchungen uber die Nervöse Dyspepsie . . . . Berlin, Buchdr. v. Gustav Schade (Otto Francke) (1888); 30 S. + 1 Bl. 8°
Berlin, Med. Fak., Inaug.-Diss. v. 29. Jun. 1888

Wiessner, K(arl), Lehrer am Deutschen Landerziehungsheim zu Ilsenburg: Die Freiheit bei Spinoza. *Osterwieck, Harz 1902: A. W. Zickfeldt.* (50 S.) 8°
Jena, Phil. Diss. v. (14. Dez.) 1901

Wiessner, [illegible]

Wiessner, Max: Ueber das Verhalten des Blutdruckes während der Menstruation, normalen Schwangerschaft, Geburt und Wochenbett und bei Eklampsie. Leipzig 1904: B. Georgi. (26 S.) 8°
Leipzig, Med. Diss. v. (3. Mai) 1904.

Wiessner, Mor., die Akademie der bildenden Künste zu Dresden von ihrer Gründung 1764 bis zum Tode von Hagedorn's 1780. Eine Studie zu einer künft. Geschichte der königl. Akademie der bild. Künste als Festschrift zu der Feier des 100jähr. Bestehens der letzteren am 12. Novbr. 1864 im Auftrage des akadem. Raths verfasst. gr. 4. (VIII und 102 S. mit 1 Bildnisse Chr. Ludw. v. Hagedorn's nach A. Graf in Kpfr. gestochen von J. F. Bause.) Dresden 864. (Leipzig, Teubner.)

Wiessner, Paul [app. Arzt aus Sonnenburg, Prov. Brandenb.]: Ueber den Bakteriengehalt der Cigarren und über die Dauer der Lebensfähigkeit einiger pathogener Bakterien auf denselben ... Rostock, C. Boldt'sche Hof-Buchdr., 1893; 25 S. 8.
Rostock, Med. Fak., Inaug.-Diss. v. [21. Aug.] 1893

Einführung in die deutsch-österreichische Politik. Von Dr. V[inzenz] Wießner. Dresden & Leipzig: Lincke 1910. VIII, 208 S. 8° [10.7100

Die mechanische Energie, das Prinzip der Mechanik. Von Dr. Vinz. Wießner. Dresden: R. Lincke 1908. (VII, 253 S.) 8° [07. 16594

Wießner, Vinz., die Leitung der mechanischen Energie. Experimentelle Studie. (83 S.) gr. 8. Dresden 906. [H. Schultze.] R. Lincke. n. 1. 60

Das Werden der Welt und ihre Zukunft von V. Wiessner. Wien: Stähelin & Lauenstein 1903. (159 S.) 8° [04. 9148

Wiessner, V., Das Werden der Welt und ihre Zukunft. 2. Aufl. Gr.-8°. (159 S.) Wien: Stähelin & Lauenstein 1904. K 2.40

— dasselbe. (166 S.) gr. 8. Dresden 905. [H. Schultze.] R. Lincke. n. 3. —; geb. n. 4. —

— Wie schreitet das Licht im isotropen Medium vor? (VII, 73 S. m. Fig.) 8. Ebd. 909. 2. —

Wiest, Geschichte des kgl. württ. Landjägerkorps als Festschrift zur Feier des 100jährigen Bestehens des Korps. Kurz zusammengestellt. (17 S.) gr. 8. Stuttgart 907. W. Kohlhammer. — 50

— s. Gutachten, rechtl., der Juristen-Facultät in Tübingen.

Wiest, die Landes-Gesetzgebung v. Würtemberg in ihrem Verhältniß zu den Standes- u. Guts-Herren. gr. 8. (3¼ B.) Ulm 836, Wohler'sche Buchh.

Wiest, Rede üb. d. Vorzüge d. Bezirks-Regierungen vor e. allgem. Landes-Regierung in Stuttgart. Gehalt. d. 10. Oct. 1831. gr. 8. (1¼ B.) Ulm 832, (Wohler.) Thlr.

Wiest, Andreas Alois

Wiest, A. A.: „Ueber Aufhebung der Zehndten, Frohnen, Leibeigenschaftsgefälle, Beeden und Fallehne, ferner über Gewerbswesen, Bürgeraufnahme und Volksschulen", Ulm 1833 (Wohler).

Wiest, A. A.: „Das Gesetz in Betreff der Beden und ähnlichen ältern Abgaben in Württemberg; mit Bemerkungen", 2 Teile, Ulm 1838 (Wohler).

Wiest, A. A.: „Das Gesetz in Betreff der Entschädigung der berechtigten Gutsherrschaften für die Aufhebung der leibeigenschaftlichen Leistungen für Württemberg; mit Bemerkungen", zwei Teile, Ulm 1838 (Wohler).

Wiest, (Andreas), dringende Volksbegehren. Ablösung aller Feudallasten u. der Weid- u. Jagdrechte. Schutz vor Wildschaden. Ablösung des Zehnten ꝛc. Beilage: Auszüge aus den Gesetzen der meisten deutschen Länder über bäuerliche Verhältnisse ꝛc. 8. (IV u. 440 S.) Ulm 848, Wohler in Comm. n. 28 ngr

Wiest, Anton

Wiest, Ant., († ...) biblischer Katechismus ꝛc. 8. Augsb. 767. M. Rieger. 16 gr

— positiones ex logica, metaphysica et mathesi pura. 4. Altdorf u. Wien 786.

— positiones ex philosophia universa. 8. Altd. u. Wien 787.

— tentamen ex metaphysica, philosophia practica universali et morali, nec non mathesi applicata. 4. Altd. u. Wien 790.

— tentamen ex universa philosophia et mathesi. 8. Altd. u. Wien 791.

Wiest, F.: Kunst- und Lebens-Skizzen berühmter Sänger und Sängerinnen. Nach den französischen Quellen der Gebrüder Escudier. Mainz 1841.

Wiest, Franz, vgl. Wiest, Friedrich

WIEST, Franz (München): Ueber die in den Jahren 1890-1901 in der hiesigen chirurgischen Klinik in Behandlung gekommenen Fälle von Caput obstipum musculare.- München: Wolf 1902. 57 S.
15.7.1902 - Chr 1902/03,22; Jv 1902/03,319
Diss.Ingolst.-Landsh.-Mchn.

Wiest, Franz, Geist, Witz und Satyre in Vorlesungen, Phantasiestücken, Humoresken, Aquarellen und Skizzen. gr. 16. (206 S.) Leipzig 847. (Wien,) Dirnböck.

— Aus d. Mappe eines deutschen Journalisten. Wien 1848. 8⁰. (80 xr. J. Eisenstein & Co., Wien, 1889.)

— Rococo. Gesammeltes in Bildern, Skizzen, Humoresken und Phantasiestucken. Leipzig, Paul Baumgärtner. O. J. (c. 1840). Breit-12⁰. Orig.-Carton.

—— Rococo. Gesammeltes in Bildern etc. Leipzig, o. J. (c. 1840). Breit-12⁰. 139 S.

Wiest, Friedrich, vgl. Wiest, Franz

Wiest, Friedr., Donau-Bote, s. Donau-Bote.

Wiest, Friedrich, s. Eichler, Ed.: Die Quadrille-Stirienne

—— die Eisenbahn, s. Eisenbahn.

Wiest, Fr., das Jahr 1938 in der Luft. Launiger Vortrag, gehalten im Concerte des Flötisten Fürstenau am 8. Dec. 1838. gr. 8. Leipzig 839. Milzer. 1/8 ₰

—— das Jahr 1938 in der Luft. Launiger Vortrag, geh. im Concerte d. Flötisten Fürstenau am 8. Dec. 1838. gr. 8. (1 B.) Leipzig 839. [Wolfenbüttel, Holle'sche Buchh.]

Wiest, Friedrich, s. Narrhalla.

—— Narrhalla. Mainzer Carnevals-Chronik f. d. J. 1841 u. 42. Breit gr. 8. Mainz, [Wirth Sohn.] [841. (8 B. u. 2 Stnt.), 42. (8 B. u. 7 Stnt.) à * 1⅓ Thlr.] *

—— und Hartenfels, statist. Panorama d. Heilbäder Kreuznach, Weilbach, Kronthal, Soden, Homburg, im Gegenbilde zu Ems, Wiesbaden u. Baden-Baden. 16. (19 B. u. 1 Stahlst.) Mainz 840, [Wirth Sohn.] *

—— das Rheinland, s. Rheinland.

—— Rococo. Gesammeltes in Bildern, Skizzen, Humoresken u. Phantasiestücken. (1. u.) 2. Hft. 16. (9 u. 7½ B.) Leipzig 839, 40, [Hunger.] à

Wiest, Friedr., süddeutsche Theater-Zeitung, s. Theater-Zeitung.

Wiest, G., die Oertlichkeits-Gefechte kleiner Infanterie-Abtheilungen mit kriegsgeschichtlichen Beispielen. 860. (X, 124 S.) — 2. Aufl. Trier 860. Gall. 16. (XI, 160 S.) n. 15 *ngr.*

Wiest, G., die erste Schule des Soldaten. Aus den hinterlassenen Papieren des Verf. zusammengestellt von A. Pfister. 1. Aufl. 1874, und 2. unveränd. Aufl. gr. 8. (39 S.) Stuttgart 875, Aue. *

Wiest, G., Unterhaltungs-Stunden über Feldwach-, Patrouillen-, Marschsicherungs-, Lager- u. Cantonnements-Dienst, mit kriegsgeschichtl. Beispielen zum Unterricht für Soldaten. 1. u. 2. Aufl. Magdeburg 869,70. Baensch. 8. (VIII, 64 S.) n. 5 *ngr.*

— Vorlesungen über das zerstreute Gefecht mit kriegsgeschichtlichen Beispielen. Ebend. 861. 16. (VIII, 80 S.) n. 12 *ngr.*

WIEST, Josef (Au b.Aibling): Ueber die operative Behandlung der Gaumenspalten.- München: Wolf 1886. 47 S.
14.7.1886 - Chr 1886/87,10; Jv 1886/87,104

Diss. Ingolst.-Landsh.-Mchn.

Wiest, Josef, über die operative Behandlung der Gaumenspalten. Diss. München 1886, A. Buchholz. 8⁰. 47 S.

Wiest, Peter, appr. Arzt aus Bad-Ems, z. Z. Assistenzarzt d. Universitätsklinik f. Ohren-, Nasen-, Halskrankheiten: **Aus d.** Königl. Frauenklinik zu Marburg. **Beitrag zur Lehre von den Dammrissen in der Geburt.** *Marburg 1898: J. Hamel.* (35 S.) 8⁰
Marburg, Med. Diss. v. 21. Febr. 1899

Wiest, Stephan

— demonstratio religionis christianae contra aetatis nostrae incredulos. Tom. I. II. sive institutionum theolog. Tom. II. qui complect. Part. I. Theologiae dogmat. general. 8maj. Eichst. 786. N. A. 796. u. 801. 1 ₰ 4 K Demonstratio etc. contra aet. nostrae catholicos, sive institutionum theolog. Tom. III. qui complect. Part. II. Theolog. dogm. gen. ibid. 786. N. A. 790. 1 ₰ 16 K Demonstratio dogmatum cathol. in specie de Deo in se considerato, sive institut. theolog. Tom. IV—VI. qui complect. Part. I—III. Theologiae dogmat. specialis. 788, 89. 2e A. 797. 6 ₰ 20 K 8maj. (Landsh., Krüll.) compl. T. I—VI. 9 ₰ 20 K

Wiest, Stephanus, Demonstratio religionis christianae contra aetatis nostrae incredulos sive institutionum theologicarum tomus II., qui complectitur partem I. theologiae dogmaticae generalis. Eustadii 1786, in 8°, pp. 520.

— Demonstratio religionis christianae, sive Inst. theol. T. IIus. 8. maj. ibid. 790.

—— Demonstratio religionis catholicae contra aetatis nostrae acatholicos sive institutionum theologicarum tomus III., qui complectitur partem II. theologiae dogmaticae generalis. Ibid. 1786, in 8°, pp. 838.

— Demonstratio dogmatum catholicorum in specie de Deo salutae nostris auctore, sive Inst. theol. T. Vus. 8. maj. ibid. 798.

— Demonstratio dogmat. cathol. sive Inst. theol. T. VIus. 8. maj. ibid. 801.

***Wiest*, Steph., († d. 10. April 1797.) initia philosophiae purioris, cum positionibus mathematicis. 8maj. Regensb. 776. Montag u. W. 16 K**

— institutiones patrologicae in usum academicum. 8maj. Ingolst. 795. Krüll. 1 ₰ 4 K

— institutiones theologiae dogmaticae in usum academicum. 2 Tomi. 8maj. Ingolst. 791. Ed. II. 817. Ed. III. 8maj. Landsh. 824. Krüll. 3 ₰ 4 K

— Institutiones Theologiae dogmaticae in usum academicum. 2 Tom. 8. maj. ibid. 792.

Wiest, P. Steph., Institutiones theologiae dogmaticae in usum academicum. Partes II in uno tomo comprehensae. Edit. IV., quam curav. Jos. Laberer. 8maj. (X und 678 S.) Ratisbonae 848, Manz.

—institutionum theologicarum Tom. I. Praecognita in theologiam revelatam in genere. II. ejusdem historia generalis. 8maj. Eichst. 782. 2e Aufl. unt. d. T.: Praecognita in theologiam revelatam, quae complectuntur spec. encyclopaediae ac methodologiae theologicae, sive institut. theolog. Tom. I. 8maj. Ingolst. 788. 3e A. unt. d. T.: Specimen encyclopaediae ac methodol. theol. in usum academ. 8maj. Ingolst. 801. Krüll. 16 K

Wiest, Stephan., Introductio in historiam literariam theologiae revelatae potissimum catholicae. Ingolstadt, Krüll, jetzt Regensburg, Verl.-Anst., 1791, 8°, 4,90 Mk.

— de justitia Dei punitiva, contra quaedam adserta Cl. Eberhardi et Steinbartii aliorumque. 8. maj. Ingolstadt. (Krüll in Landshut.) 787.

— Progr. I—IV. de Wolfg. Mario, seculo XVI. scriptore. 4. Ingolst. 788—92. Krüll. 16 ℊℊ

— Diss. de moderatione theologica. 4maj. Eichst. 782.

Wiest, Steph., Oratio de necessario scientiae et pietatis nexu. Ingolstadii 1788.
Akadem. Schrift. Recenj. Oberdeutsche Litteraturztg Bd. 1 (1788), S. 699 — 700.

— positiones theoretico-practicae ex philosophia et mathesi. 8maj. Regensb. 779. Montag u. W. 6 ℊℊ

Wiest, Steph., Praecognita in theologiam revelatam, quae complectuntur specimen encyclopaediae et methodologiae theologicae sive institutionum tom. I. Ingolstadt 1801, 8°, 19 Bg., 3. Aufl.
2. Aufl. Ingolstadt 1788, 8°. Vorstehendes Werk bildet den 1. Band der vom Verf. 1782 zu Eichstätt erschienenen Institutiones theologicae. ? Abr. Über den Inhalt Schwarz, a. a. O. S. 21—22.

— Praecognita in theol. revelatam sive Inst. theol. T. Ius. 8. maj. Ingolstadt. (Krüll in Landshut. 801.)

Wiest, Wilhelm

Wiest, Wilh., die gesetzl. Aufhebung der Erblehen in Württemberg im J. 1817 u. die Unterstellung der Frage über die Rechtmäßigkeit dieser Aufhebung unter die gutachtl. Beurtheilung des deutschen Bundes im J. 1835; nebst Entscheidungsgründen des k. Gerichtshofs in Ulm zu dessen Urtheil über e. speciellen Fall. gr. 8. (2 B.) Ulm 842. [Aderf, Müller's Bh.] *

Wiest, Wilh., die gesetzliche Aufhebung der Erblehen in Württemberg im Jahr 1817 und die Unterstellung der Frage über die Rechtmäßigkeit dieser Aufhebung unter die gutachtl. Beurtheilung des deutschen Bundes im Jahr 1835; nebst Entscheidungsgründen des K. Gerichtshofs in Ulm zu dessen Urtheil über e. speciellen Fall. gr. 8. Ulm 842, Seitz. n. 1/6 ₰

— Beschwerden der katholischen Kirche und der Katholiken in Württemberg, nach der Motion des Hochwürd. Herrn Bischofs von Rottenburg und nach dem Nachtrag zu derselben; nebst Auszug des Wesentlichen desselben. gr. 8. Ebend. 842. 1/4 ₰

Wiest, W., Miscellaneen für die Strafrechtspflege in Württemberg. 1854. Nr. 1—4. (à 1 Bog.) gr. 8. Ellwangen 855—56. (Tübingen, Fues' Sortimentsb.) *

— die Nothwendigkeit u. die Bedingungen der Mündlichkeit im Strafverfahren. gr. 8. (7¾ B.) Schaffhausen 844, Hurter'sche Buchh. * —

Wiest, Wilh. Das Reichsgesetz üb. die Beurkundung d. Personenstandes u. die Eheschließung vom 6. Febr. 1875, nebst den dasselbe ergänz. Gesetzen, Verordngn., Verfüggn. u. Entscheidgn. d. Reichsgerichts. gr. 8. (VIII, 372 S.) Ellwang. 892, Heß. * 6 —

Wiest, Wilh., das Reichsgesetz über die Beurkundung des Personenstandes u. die Eheschließung vom 6. II. 1875 in der vom 1. I. 1900 ab geltenden Fassung. 2. gänzlich umgearb. Aufl. gr. 8. (X, 482 S.) Ellwangen 900. J. Heß. n. 6. —; geb. n. 7. —

Wiest, W., Das Reichsgesetz betr. die Erwerbs- u. Wirthschafts-Genossenschaften in der vom 1. I. 1900 ab geltenden Fassung. gr. 8. (VII, 156 S.) Stuttgart '01, W. Kohlhammer. 2. —; geb. 2. 40.

Wiesthaler Fr.: Jovan Vesel Koseski i njegova dela. 13. Marburg 874. Progr.

Wiestner, I., institutiones canonicae s. jus ecclesiasticum Libri V. 4. München. 705.

[F. u. Ant.] Wieszner, Alfred [Referendar]: Das Pfandrecht an der eigenen Sache nach römischem Recht ... Breslau, Schletter'sche Buchh., 1893; 1 Bl., 62 S., 2 Bl. 8.
Breslau, Jur. Fak., Inaug.-Diss. v. 18. Mai 1893

Wieszner, Karl

(Wieszner, Carolus Henricus Hartwigius): •De Cyclopis fabulae Euripideae vv. 1—80 disputatio. 45 S. 8° (4°)
Halle-Wittenberg, Phil. Diss. v. 18. Juli 1859
Geb. [Breslau] 17. 1. 1831. V.
Ersch. m. einigen Veränderungen u. d. T.: In Cyclopem fabulam Euripideam commentariorum partic. 1. Breslau 1860: Graß, Barth & Co. 20 S. 8° (4°) Elisabeth-Gymn., Progr. Eine Forts. ersch. als partic. 2. ebda 1866. 25 S. 8° (4°).

Wieszner, *Carl* [Prof. Dr.]: Über einige deutsche Rechtsaltertümer in Willems Gedicht van den vos Reinaerde. Breslau, Druck v. Grass, Barth & Co., *1891;* 28 S. 8°
Breslau, st. ev. G zu St. Elisabet, OP 1891 (170)

Wieszner, *Carl* [Prof. Dr.]: Über einige deutsche Rechtsaltertümer im Anschluss an Willems Gedicht van den vos Reinaerde. n. (Forts. d. P-Beil. 1891.) Breslau, Druck v. Grass, Barth & C., *1894;* 31 S. 8.
Breslau, st. ev. G zu St. Elisabet, OP 1894 (174)

Wieszner, Conrad, Referendar: Die Haftung des Tierhalters aus § 833 B.G.B. *Rybnik O.-S. 1903: M. Bartels.* (80 S.) 8°
Breslau, Jur. Diss. v. 21. Nov. 1903

Wietasch, G., Rechenbuch f. Mädchenmittelschulen. Nach den Bestimmgn. vom 3. II. 1910 im Anschluß an F. Ottos Rechenwerk bearb. 1.—3. Heft. 8. Leipzig, F. Hirt & Sohn. 1. 05

1. (Klasse IX.) (48 S. m. Abbildgn.) 911.		— 35
2. (Klasse VIII.) (48 S. m. 1 Abbildg.) 911.		— 35
3. (Klasse VII.) (48 S.) 911.		— 35

Wietersheim, Eduard von

Wietersheim, Ed. v., die Bevölkerung des römischen Reichs. Leipzig 859. T. O. Weigel. gr. 8. (IV, 104 S.) n. 16 ngr

Wietersheim, Eduard von, Die Demokratie in Deutschland. März 1849. Leipzig, F. A. Brockhaus. 1849. VIII, 96 S. 8°.

— der Feldzug des Germanicus an der Weser im Jahre 16 nach Christi Geburt. Mit 1 (lith.) Karte (in Fol.) [Aus dem 1. Bd. der Abhandlgn. der philol.-histor. Classe der k. Sachs. Gesellschaft d. Wissenschaften.] hoch 4. (53 S.) Leipzig 850, Weidmann (jetzt: Hirzel). n. 1 ₰

Wietersheim, E. v., Gedächtnissrede auf Se. Maj. Friedrich August König von Sachsen; in der öffentl. Sitzung der königl. sächs. Gesellschaft der Wissenschaften am 27. Octbr. 1854 gehalten. gr. Lex.-8. (25 S.) Leipzig 854, Hirzel. *

— Geschichte der Völkerwanderung. 1. Bd. 1. und 2. Hälfte, 2. und 3. Bd. gr. 8. Leipzig, T. O. Weigel. [1. Bd. 1. Hälfte. (VIII und S. 1—268.) 858. * 1 Thlr. 15 Ngr., 2. Hälfte. (XII und S. 269—479 mit 2 lithogr. und ill. Karten in gr. 4.) 859. * 1 Thlr. 5 Ngr., 2. Bd. (XI und 384 S.) 860. * 2 Thlr. 10 Ngr., 3. Bd. (IX und 536 S.) 862. * 3 Thlr.] *

Wietersheim, Ed. v., Geschichte der Völkerwanderung. 4. Bd. gr. 8. (XII und 596 S. mit 2 lithogr. Karten in qu. gr. 4.) Leipzig 864, T. O. Weigel. *
1—3. Bd. Ebendas. 1858—62. * 8 Thlr.

Wietersheim, Ed. v., Geschichte der Völkerwanderung. 2 Bde. 2. vollständig umgearb. Aufl., besorgt von Felix Dahn. gr. 8. Leipzig, T. O. Weigel. [1. Bd. Mit 1 (lithogr.) Karte von H. Kiepert. (VIII, 637 S.) 880; 2. Bd. Mit Sachregister und Literatur-Uebersicht. (VI, 532 S.) 881.] à Bd. * ℳ 15.

—— über Quellen und Wesen des Nothstandes im Oberezgebirge und Voigtlande und dessen thunlichste Abhilfe durch die Frauenvereinsanstalt. gr. 8. (32 S. mit 2 Tab. in gr. 4.) Dresden 857, Kuntze. *

— die Tagesfrage. Zur geschichtlichen und rechtlichen Beleuchtung der Schleswig-Holsteinschen Erbfolge und Verfassung. Dresden 864. Höckner. gr. 8. (47 S.) 10 ngr.

—— Zur Vorgeschichte deutscher Nation. gr. 8. (VI und 129 S.) Leipzig 852, T. O. Weigel. —

Wietersheim, E. v., Der prakt. Wert der speciellen Angaben in der Geographie des Claudius Ptolemäus, insbes. üb. Germanien. Ak. 1857. 61 S. 1.—

Wietfeldt, A., De generibus diversis carminum Theocriteorum et loco quodam idyllii XVIII. difficiliore. Pr. 1874. 13 S. 4°. 1.—

Wietfeldt, Anna [Wirkl. Name], s. Baar, H. [Pseud.]

Wietfeldt, Arnold. Populäre Mittheilungen üb. die Beschaffenheit, Pflege u. Behandlung der Zähne. 12. (55 S. m. 23 Abbildgn.) Köln 892, F. Heyn. geb. * 1 —

Populäre Mittheilungen über die Beschaffenheit, Pflege und Behandlung der Zähne von Dr. Arnold Wietfeldt, american-dentist. Mit 23 Abb. 2. Aufl. *Köln: F. Heyn [1900].* (54 S.) 8° [F. u. Ant.] (vi. 1317

Wietfeldt, Henriette, getreue Nachbarn, i.: Thalia.

— Silvester-Zauber, i.: Aufführungen f. Weihnachten u. Neujahr.

— Sechs leichte Theaterstücke f. Kinder. (76 S. m. 2 Abbildgn.) 8. Gotha 908. E. F. Thienemann. 2. —

Wieth, K. Aachens Wurfgeschosse im 14. Jahrhundert. o. O. (c. 1880). (Aus: ?)

Wieth, Karl [Hrsg.], s. Vorzeit. Aus Aachens Vorzeit.

Wieth-Knudsen, K. Asbjørn

Rassenkreuzung u. Fruchtbarkeit. Leipz. 1908. 11 S. (Sartr.). 4°.

Wiethake, Henry, der Reformationskampf im Lande Braunschweig. Ein culturhistor. Rückblick zur 400jähr. Geburtstagsfeier D. Martin Luthers. gr. 8. (31 S.) Braunschweig 883. Sattler. 60

Wiethan. Leitfaden f. den Katechismus-Unterricht im Anschluß an Dr. Luthers kleinen Katechismus f. die Oberstufe v. Volks- u. Bürgerschulen, sowie f. den Konfirmanden-Unterricht. 8. (76 S.) Osterwieck 892, Zickfeldt. geb. * — 45

Wiethase, Heinr., der Dom zu Köln. Hrsg. mit historisch-beschreibendem Text. Nach den photogr. Aufnahmen von Anselm Schmitz in Köln, königl. Hofphotograph, in unveränderl. Lichtdr. hergestellt von Römmler und Jonas in Dresden. (In 8 Lfgn.) 1. und 2. Lfg. gr. Fol. (à Lfg. 5 Taf. mit 2 Bl. Text.) Frankfurt a. M. 884, Keller. à Lfg. * M 5.

Wiethase, Heinr., der Dom zu Cöln. Hrsg. mit historisch beschreibendem Text. Nach den photograph. Aufnahmen von Anselm Schmitz in Cöln, k. Hofphotograph, in unveränderl Lichtdr. hergestellt von Römmler und Jonas in Dresden. 3.–7. Lfg. gr. Fol. (à Lfg. 5 Taf.) Frankfurt a. M. 885—87 Keller. à Lfg. * M 5.—.
1. und 2. Lfg. Ebendas. 1884. à * M 5.—.

Wiethase, Heinr. Der Dom zu Köln. Hrsg. m. historisch-beschreib. Text. 8. (Schluß-) Lfg. gr. Fol. (5 Taf. in Lichtdr. m. 4 Bl. Text.) Frankf. a. M. 889, Keller. * 5 —
1.–7. Lfg. Ebd. 1884–87. * 35 —.

Wiethaus, Erich, Referendar, Einj.-Freiw. im 2. Leibhusaren-Reg. Königin Victoria v. Preußen Nr. 2, a. Groß-Glogau in Schlesien: Die Blockade. Danzig 1908: A. W. Kafemann. (44 S.) 8°
Würzburg, Jur. Fak., Ref. Meurer, Diss. v. 14. Febr. 1908
[Geb. 12. Aug. 85 Groß-Glogau; Wohnort: Danzig; Staatsangeh.: Preußen; Vorbildung: Gymn. Bonn Reife O. 04; Studium: Bonn 5, Genf 1 S.; Rig. 19. Dez. 07.]

Wiethaus, Karl, Referendar: Die strafrechtlichen Bestimmungen des Weingesetzes vom 7. April 1909. Bonn: Georgi 1910. 115 S. 8°
Heidelberg, Jur. Diss. v. 1. April 1910, Ref. v. Lilienthal
[Geb. 30. April 87 Groß-Glogau; Wohnort: Bonn; Staatsangeh.: Preußen; Vorbildung: Stadt. Gymn. Bonn Reife O. 05; Studium: Genf 1, Bonn 5 S.; Rig. 2. März 10.] [U 10 2042

Wiethaus, Karl, die Bestimmungen des Weingesetzes vom 7. IV. 1909. Zum Gebrauch f. Weinproduzenten, Weinhändler, Gastwirte, Weinkontrolleure u. Juristen. Zusammengestellt u. gemeinverständlich erläutert. (VII, 115 S.) gr. 8. Bonn 910. C. Georgi. 1. 60

Wiethe, Josef (Hrsg.), s. Nothbrückenbau im Felde.

Wiethe, Jos., Nothbrückenbau im Felde, nebst e. Anleitg. üb. Wasserfahren, Ankerwerfen, Sicherg. u. Zerstörg. v. Brücken, sow. d. Darstellg. e. einheitl. Pfostenbrückensystems, wobei nur Pfosten ohne Eisentheile Verwendg. finden. gr. 8. (IV, 66 S. m. 13 Taf.) Wien 898. (L. W. Seidel & Sohn.) n. 4. —

Wietheger, Augustus Franc. (geb. Drensteinfurt in Westf. 28. 8. 1835): De metrorrhagia in prima graviditatis periodo. Berolini (1860). (31 S.) 8°
Berlin, Med. Diss. v. 13. Aug. 1860

Wiethoff, statistische Nachweisungen betr. die Anlage-, Unterhaltungs- u. Betriebskosten der seit dem J. 1875 in preussischen Staatsbauten ausgeführten Central-Heizungs- u. Lüftungs-Anlagen, s.: Lorenz.

Wiethoff, statistische Nachweisungen betr. bemerkenswerthe, in den J. 1873 bis 1887 vollendete Bauten der Garnison-Bauverwaltung d. Deutschen Reiches u. in den J. 1870 bis einschl. 1885 ausgeführte Gemeindebauten im Reg.-Bez. Cöln. Mit Genehmigung d. Hrn. Ministers der öffentl. Arbeiten f. die Zeitschrift f. Bauwesen aufgestellt. III. Abthlg. [Aus: „Zeitschr. f. Bauwesen".] Imp.-4. (146, 70 u. 47 S. m. Textfig.) Berlin 890. Ernst & Korn. n. 12.— (I—III.: n. 40.—)
I. u. II. Abthlg. s.: Endell u. Frommann. 883—886.

Wiethoff, s. a. Nachweisungen, statistische, üb. etc. Bauten der Garnison-Bauverwaltung des deutschen Reiches.

— s.: Nachweisungen, statistische, betr. die etc. Hochbauten..

Wiethoff, statistische Nachweisungen betr. die preussischen Staatsbauten, s. a. Endell.

— statistische Nachweisungen betr. die in den J. 1881 bis einschl. 1885 vollendeten u. abgerechneten preussischen Staatsbauten aus dem Gebiete d. Hochbaues. Im Auftrage d. Hrn. Ministers der öffentl. Arbeiten aufgestellt. 4. Abth. [Aus: „Ztschr. f. Bauwesen".] Imp.-4. (270 S. m. Textfig.) Berlin 892. W. Ernst & Sohn. n. 16.— (I—IV.: n. 56.—)
Fortsetzung s.: Lorenz.

Wiethoff, Anton [cand. med. aus Oedingen i. Westf.]: Über Nephrotyphus ... Hemer i. W., Druck v. E. Ruthenbeck, 1896; 30 S. 8.
Erlangen, Med. Fak., Inaug.-Diss. v. 22. Juli 1896

Wiethoff, Franz: V e r g l e i c h der gemeinrechtlichen exceptio rei venditae et traditae mit § 185 Abs. 2 BGB. Rostock 1903: C. Hinstorff. (84 S.) 8⁰
Rostock, Jur. Diss. v. [15. März] 1903.

Wietholz, H., s.a. Nerese, H.

Allerlei Tiergeschichten u. andere Erzählungen für kleinere Kinder von H. Nerese [d. i. **Wietholtz**]. H. 1. 2. *Berlin: Deutsche Sonntagsschul-Buchh. 1898.* 2 Bde 8° [Umschlagt. F.]
— **Weihnachtsbüchlein** f. deutsche Christenkinder. 6, 1. 2 [03. 4032]

Wietholtz, Frl. Margarete, s.a. Nerese, Margarete.

Bi mi tau Hus. Von Margarete Nerese [d. i. **Wietholz**]. (Bd 1.) *Leipzig: O. Lenz [1902].* 8° [F.]
— Pommern, Aus. Bd 3. [02. 1545]

'H o l t fast!' Erzählungen in Reuterscher Mundart von Margarete Nerese (M(argarete) **Wietholtz**), Verf. d. 'Kinnerstreek'. Anklam & Leipzig: H. Wolter 1898. (VI, 116 S.) 8⁰

Kinnerstreek. En hinnerpommersch Dörpgeschicht von Marg. Nerese (Margarete **Wietholtz**). Leipzig: O. Lenz [1897]. (VII, 90 S.) 8°
— **Pommern**, Aus. Bd 1. [05. 4467]

Wieting, das Arteriensystem d. Menschen, Frakturen der oberen, bezw. unteren Extremitäten, } s.: **Hildebrand.**

Wieting, das Arteriensystem des Menschen im stereoskopischen Röntgenbild, s.: **Hildebrand.**

— **Deformitäten u. Missbildungen. — Fremdkörper, Sarkom u. Osteomyelitis des Schenkels,** s.: **Hildebrand.**

Wieting: Die kongenitalen H ü f t g e l e n k s l u x a t i o n e n . s. H i l d e b r a n d .

Wieting, H. D. Schwimmschule. Methodische Anleitg. zum Selbstunterricht. 16. (32 S. m. Abbildgn.) Brem. 889, (Kühtmann). * — 50

Wieting, H. D., Schwimmschule. Methodische Anleitg. zum Selbstunterricht. Zugleich e. Merkbuch f. alle Badende. 2. u. 3. Aufl. 12. (28 S. m. Abbildgn.) Bremen 893. J. Kühtmann. n. — 50

Wieting, H. D., Schwimmschule. Method. Anleitg. zum Selbstunterr. Zugl. e. Merkbuch f. alle Badende. 6. Aufl. 12. (28 S. m. Holzschn.) Bremen 896. G. Winter. n. — 50

Wieting, J., Erinnerungen aus dem süd-afrikanischen Kriege. 8. (VI, 159 S.) Bremerhaven 903. L. v. Vangerow. n. 1.50; geb. in Leinw. n. 2. —

Wieting, J.: K r i e g s e r f a h r u n g e n aus dem südafrikanischen Kriege, s. F l o c k e m a n n , A.

Wieting, Johann Fr.

BRUCHSTÜCKE vom Menschen, von *J. F. W*****g.* (d. i. ***Wieting***). Berlin (Wien) 1789. 8⁰.
16 u. 192 S. Darin u. a.: Erziehung des Menschen zu s. Glücke; Liebe u. Zeugungstrieb; Ehelosigkeit d. kathol. Geistlichen etc. (1 Mk. 30 Pfg., etw. fleck. Expl., W. H. Kühl, Berlin, c. 1883.)
Das Anon.-Lex. I. p. 280 hat „1790" (nach Kayser u. Weller).

Wieting, Jh. Fr., s. a. Bruchstücke von Menschen.

Wieting, Jh. Fr., s. Wilde, der, in Frankreich.

Wieting, Julius *Meno* [aus Bremerhaven]: Aus d. patholog. Institut in Marburg. Ueber Meningomyelitis m. bes. Berücks. d. Meningomyelitis cervicalis chronica '(Pachymeningitis cervicalis hypertrophica)' ... M. e. lithogr. Taf. (Aus: Arb. aus d. path. Inst. z. Marburg, Bd. II.) Marburg, *Frommann'sche Buchdr. in Jena,* 1893; 41 S., 1 Taf. 8.
Marburg, Med. Fak., Inaug.-Diss. v. 21. Mai 1893

Wieting, Thdr., zur Physiologie der infracorticalen Ganglien u. üb. die Beziehungen derselben zum epileptischen Anfall. Diss. gr. 8. (63 S.) Jurjew (Dorpat) 891. (E. J. Karow.) n. 1. 20

Wieting Pascha, Gülhane-Festschrift zum 10jährigen Bestehen des kaiserl.-osmanischen Lehrkrankenhauses Gülhane. Unter Mitarbeit des Lehrkörpers. (VIII, 445 u. 32 S. m. 56 z. Tl. farb. Abbildgn.) Lex. 8. Leipzig 909. G. Thieme. 12. —

Wietlisbach, Heinr., Album Rottenbuchense. Verzeichnis aller Pröpste u. Religiosen des Regular-Augustinerstiftes Rottenbuch, welche seit der Stiftg. bis nach der Aufhebg. verstorben sind. Mit Illustr. u. Beilagen. (112 S.) gr. 8. München 902. (J. J. Lentner.) n. 3. 50

Album Rottenbuchense. Verzeichnis aller Pröpste u. Religiosen d. Regular-Augustinerstiftes Rottenbuch, welche seit d. Stiftung bis nach d. Aufhebung verstorben sind. Mit Ill. u. Beilagen. Von Heinrich **Wietlisbach**, Pfarrer. *München: Selbstverl. 1902.* (103 S.) 8° [Ant. u. F.]

Wietlisbach, Victor, von Bremgarten, Ct. Aargau: Ueber Anwendung des Telephons zu electrischen und galvanischen Messungen. Zür. Zürcher u. Furrer Dr. 1879. 53 S., 1 Bl. 8°.
Zürich, Phil. Diss. [v. 1. Aug. 1879]

Wietlisbach, Vict., Handbuch der Telephonie. Nach dem Mscr. des W. bearb. von Rob. Weber. gr. 8. (XIV, 868 S. m. 872 Abbildgn.) Wien 899. A. Hartleben. Geb. in Leinw. n. 10 —

Handbuch der Telephonie. Nach d. Ms. d. Dr. Victor **Wietlisbach** bearb. von Dr. Robert Weber, Prof., Neuchâtel. 2. Aufl. bearb. von Ing. Johannes Zacharias. Mit 447 Abb. u. 1 Taf. Wien & Leipzig: Hartleben 1910. XI, 408 S. 8° [10. 9707]

Wietlisbach, Dr. V., d. Technik d. Fernsprechens. 8°. X, 264 S. mit 123 Abbildgn. Elektro-technische Bibliothek. Bd. XXXI. Wien, Hartleben. 1886

Wietlisbuch, V., die Technik des Fernsprechwesens, s. a. **Bibliothek**, elektro-technische.

Wietmarschen [Schlagwort]

Wietmarschen, s.: **Geologische Karten.** Karte (Preussen).

Wietrowsky, A., historia de arriana haeresi. XII Tom. 12. Prag. 722.

Wietrowsky, M. F., Dictamina seu method. in statu religioso tranquille vivendi. 12. Vien. Gerold. 750.

— lehrreiche Weise ein stilles Leben im Kloster zu führen. 8. Ulm, Wohler. (a. Wolff in Augsb.) 739.

Wiettrin, *Otto Bericht über seine Einführung als Direktor der Anstalt.* 4 (S. 15—17 der Schuln.)
Progr. Städt. Rg. *Königsberg i. Pr.* 1894 (20).

Wietz, H., u. C. Erfurth, Hilfsbuch f. Elektropraktiker. Mit 327 Fig. im Text u. auf 2 Taf. u. 1 Eisenbahnkarte. 3. verm. u. verb. Aufl. 12. (VIII, 486 S.) Leipzig 902. Hachmeister & Thal. Geb. in Leinw. n. 3. —
1. Aufl. (VII, 302 S.) 900. — 2. Aufl. (VIII, 400 S.) 901. à 3. —

Wietz, H., u. C. Erfurth, Hilfsbuch f. Elektropraktiker. 5., verm. u. verb. Aufl. 2 Tle. kl. 8. Leipzig 905. Hachmeister & Thal. Geb. in Leinw. à n. 2.50; in 1 Leinw.-Bd. n. 4.50
1. (Schwachstrom.) Mit 213 Fig. im Text. (XII, 220 S.)
2. (Starkstrom.) Mit 241 Fig. im Text u. auf 2 Taf., sowie m. 1 Eisenbahnkarte. (XII, 372 S.)
4. Aufl. (VIII, 461 S.) 903. Geb. n. 3.—.

Wietz, H., u. C. Erfurth, Hilfsbuch f. Elektropraktiker. Begründet v. W. u. E. Neu bearb. v. W. Fuhrmann u. C. Erfurth. 10. verm. u. verb. Aufl. 2 Tle. kl. 8. Leipzig 910. Hachmeister & Thal. Geb. in Leinw. à 2.50; in 1 Leinw.-Bd. 4.50
1. (XII, 256 S. m. 294 Abbildgn. u. 1 Bildnis.)
2. Mit 287 Fig. im Text u. auf 1 Tafel sowie m. 1 Eisenbahnkarte. (IX, 286 S.)

Wietz, H: Die isolierten elektrischen Leitungsdrähte und Kabel. Leipzig 1897

Wietz, J. K., Abbildungen u. Beschreibungen sämmtl. geistl. u. weltl. Orden, in chronolog. u. alphabet. Ordnung. 3 Thle. Mit 234 color. Kpf. 8. Prag 817 u. ff. Bohmanns Erben. Schrbp. 33 rß 16 kr Mit d. feinsten Kpf. 44 rß 12 kr (1r Thl. Abbildungen u. Beschreibb. sämmtl. geistl. Mannsorden. 20 Bog. Text u. 76 color. Kpf. — 2r Thl. Abbildd. u. Beschreibungen sämmtl. geistl. Frauenorden. 16 Bog. Text u. 64 col. Kpf. — 3r Thl. Abbildd. u. Beschreibb. sämmtl. weltl. Ritter- u. Damenorden. 24 Bog. Text u. 94 color. Kpf.)

Wietz, F. K.: Abbildungen sämmtlicher geistlichen Orden männlichen und weiblichen Geschlechts in der katholischen Kirche. [Bd. III: Abbildungen sämmtlicher geistlichen und weltlichen Ritter- und Damenorden.] Herausgegeben von Peter Bohmanns Erben, geordnet und mit einem kurzen Text von F. K. Wietz. — Prag 1821. Gedruckt in der Sommerschen Buchdruckerei.
3 Teile. 8°
1) Die geistlichen Manns-Orden. 126 S. (9 B.) 76 Taf.
2) Die geistlichen weiblichen Orden. 252 S. (8 B.) 61 Taf. (1 Taf. fehlt.)
3) Die geistlichen und weltlichen Ritter- und Damenorden. 398 S. (S. 24.–244 ausgelassen) (5 B.) 94 Taf.
Die Taf. in kol. Kupferst.

Wietz, (J. K.,) Abbildd. sämmtl. geistl. Orden, männl. u. weibl. Geschlechts. 1r Thl. 16—28s H. männl. Orden. 2r Thl. 15—32s H., weibl. Orden. 3r Thl. sämmtl. geistl.- u. weltl. Ritter- u. Damenorden. 18—26s Hft. gr. 8. Prag 821—27. (Magaz. f. Ind. in Leipz.) à H. 18 gr.

Wietz, J. K., Abbildungen u. kurzgef. Gesch. verkl. Diener u. Freunde Gottes, } s. Abbildungen.
—— Abbildungen u. Beschr. sämmtl. geistl. u. weltl. Orden,

— Abbildd. u. kurzgefaßte Geschichte verklärter Freunde u. Diener Gottes. 10 Jahrgänge à 24—25 Abbildd. mit Text. gr. 8. Prag ... Bohmanns Erb. 3 rß 20 kr ill. 8 rß

— moralische Erzählungen u. Sittensprüche zur Bildung des Geistes u. Herzens d. weibl. Jugend. Mit 25 ill. Kpf. 12. Prag 828. Bohmanns Erb. (Leipz., Mag. f. Ind.) 10 kr

— moralische Erzählungen u. Sittensprüche zur Bildung des Geistes u. Herzens d. männl. Jugend. 2 Bdchn. Mit 24 ill. Kpf. 12. Prag 831. Bohmanns Erb. (Leipz., Magaz. f. Ind.) 16 kr

Wietz, J. K., moralische Erzählungen u. Sittensprüche zur Bildung des Geistes u. Herzens der weibl. Jugend. 3e Aufl. Mit 25 ill. Kpfrn. breit 12. Prag 837. Bohmann's Erben. (Leipzig, Hunger.) 5/12 rß

— Fabeln, Gedichte, Erzählungen u. Lieder. 1r Thl. 8. Prag 791. Diesbach. 8 kr

Wietz, J. K., die Ostergeschenke. Ein Schausp. f. d. Jugend in 1 Aufz. 12. (1½ B.) Leitmeritz 834, Medau. Thlr.

— Palästina, oder das heil. Land. Bearbeitet nach den treuesten Berichten bewährter Augenzeugen. Mit 36 bildl. Darstellungen (aus Graf v. Forbin's Reise in das Morgenland) Dann 1 Karte u. 1 Plan. gr. 8. Prag 826. Bohmanns Erb. (Leipz., Mag. f. Ind.) 6 rß Der Text allein 8 kr Ein Kupfer-Atlas in Fol. u. Text in 8. 9 rß

——, Alfreds merkwürd. Reisen u. Abentheuer. Zur Unterhalt. f. Jung u. Alt. 8. (3 B. u. 4 ill. Kpfr.) Prag 831, Bohmann's Erben.

— Sitten, Gebräuche u. Trachten der Bewohner des osmannischen oder türk. Reichs. 10 Lieferga. Mit 20 ill. Kpft. 8. Prag 828. Bohmanns Erb. 2 rß 2 kr.

— Streifzüge im Gebiete d. Länder- u. Völkerkunde. 1s Bdchn. A. u. d. T.: kurze unterhalt. u. belehr. Beschreibung von Hindostan, Tyrol, Nubien, Feuerland u. Neu-Caledonien, für d. reifere Jugend bearbeitet. Mit 8 Kpf. 12. Prag 826. (Leipz., Mag. f. Ind.) 8 kr ill. 12 kr 2s Bdchn.: Beschreibung vor Arabien u. Guinea. Mit 8 Kpf. 12. Ebd. 826. (Ebd.) 8 kr ill. 12 kr 3s Bdchn.: Scandinavien oder Schweden, Norwegen u. Lappland, dann d. Inseln Vancouver in Amerika, Rotterdam in Australien, u. d. philippin. oder manilischen in Asien. Mit 9 Kpf. 12. Ebd. 826. (Ebd.) 8 kr ill. 12 kr 4s Bdchn. A. u. d. T.: kurze unterhalt. u. belehr. Beschreibung von Madagaskar u. Spanien. Mit 8 Kpf. 12. Ebd. 826. (Ebd.) 8 kr ill. 12 kr 5s Bdchn.: Beschreibung von Hinterindien überhaupt, insbesondere aber von dem Lande Assam u. dem Birmanischen Reiche; Peru u. Neu-Seeland. Mit 8 Kpf. 12. Ebd. 8 kr ill. 12 kr 6s Bdchn.: Beschreibung d. chines. Reiche. Mit 8 Kpf. 12. Ebd. 826. (Ebd.) 8 kr ill. 12 kr 7s Bdchn.: Beschreib. von d. Königr. Portugall, dem Kappland, dann den aleutischen u. Fuchsinseln. Mit 8 Kpf. 12. Ebd. 826. (Ebd.) 8 kr ill. 12 kr 8s Bdchn.: Beschreibung von der Societäts- oder gesellschaftl. Inseln in Australien. Mit 8 Kpf. 12. Ebd. 826. (Ebd.) 8 kr ill. 12 kr 9s Bdchn.: Beschreib. von Aegypten, Altenburg, Japan &c. Mit 8 Kpf. 826. 8 kr ill. 12 kr 10s Bdchn.: Beschreibung vom russ. Reiche. Mit 8 Kpf. 827. 8 kr ill. 12 kr 11s Bdchn.: Beschreibung von mehrern merkwürd., in der sonst russ. Monarchie, sonst lebenden Völker. Mit 8 Kpf. 827. 8 kr ill. 12 kr 12s Bdchn.: Beschreib. von dem osmann. Reiche in Europa u. Asien. Mit 8 Kpf. 827. 8 kr ill. 12 kr 13s Bdchn.: Beschreib. von Frankreich &c. Mit 9 Kpf. 12. Ebd. 827.

—— Streifzüge im Gebiete d. Länder- u. Völkerkunde. Nach d. besten neuesten Werken f. d. reif. Jugend bearb. 14—18. Bdchn. 12. Prag, Bohmann's Erben. 1 Thlr. 10 Gr., ill.
Bdchn. 14. Kurze unterhalt. u. belehr. Beschreib. v. d. britt. Reiche in Europa, der Insel Ceylon, Tibet u. Tungusien in Asien. (3 B. u. 8 Kpfr.) 827. 8 Gr., ill. 14 Gr.
- 15. Beschreib. v. d. Schweiz u. Berberei, dann d. Länder d. Kaffern. (3 B. u. 8 Kpfr.) 828. 8 Gr., ill. 14 Gr.
- 16. Kurze, unterhalt. u. belehr. Beschreib. d. Kaiserthumes Anam, u. vorzügl. der Provinzen Cochinchina u. Laos. (1¼ B. u. 7 Kpfr.) 833. 6 Gr., ill. 9 Gr.
- 17. Beschreib. v. Patagonien in Amerika, den Freundschafts-Inseln in Australien; Kirgisien in Asien u. d. Landes d. Houzouanas in Afrika (1½ B. u. 7 Kpfr.) 833. 6 Gr., ill. 9 Gr.
- 18. Beschreib. d. Sandwich-Inseln in Australien, d. kuril. Inseln, d. Truchmenen- od. Turkmenen Landes u. d. Kalmücken od. Delet in Asien. (2 B. u. 7 Kpfr.) 833. 6 Gr., ill. 9 Gr.

1—18. Bdchn. Ebendas. 1826, 27. 4 Thlr. 8 Gr., ill. 6 Thlr. 22 Gr.

— Tugendlohn. Gemüthliche u. unterhalt. Erzählungen für Jung u. Alt. 12. Prag, Leitmeritz 834. Medau. 1/6 rß

Wietz, J. K., lehrr. Unterhaltungen f. Knaben u. Mädchen, bestehend in moral. Erzähll. mit beigefügten Fabeln, Lebensregeln, Räthseln u. Anekdoten. 5 Bdchn. 2e verb. Aufl. Mit 20 ill. Kpf. 12. Prag 826. (Magaz. f. Ind. in Leipz.) (à 8 kr) 1 rß 16 kr

Wietze-Steinförde [Schlagwort]

Wietze-Steinförde. Dziuk, A., Uebersichtskarte vom Oelrevier Wietze-Steinförde. 1 : 4000. (Neue Aufl.) 80,5×211 cm. Lith. Hannover 905. Schmorl & v. Seefeld Nachf. n.n. 20.—

Wietzke, Emil, der biblische Simson der ägyptische Horus-Ra. Eine neue Erklärung zu Jud. 13—18. gr. 8. (IV, 52 S.) Wittenberg 888, Wunschmann.

Wietzke, Emma: Gedichte. 1. Aufl. Elbing: [Meißner in Komm. 1909]. 94 S. 8°

Wietzke, Emma, Gedichte. (IV, 94 S.) kl. 8. Elbing (910). (C. Meißner.) Geb. 1. —

Wiewer, G. H., Griechische Schulgrammatik für die mittl. u. ober. Gymnasialklassen. gr. 8. (XII u. 346 S.) Münster 847, Coppenrath. 5/6 ß

Wiezel's, Gioerin, Veltlinerkrieg. Nach 2 Handschriften aus Boehmers räto-roman. Bibliothek mit Vergleichung der Ausgabe Flugis hrsg. von Gfried. Hartmann. gr. 8. (49 S.) Strassburg 887, Trübner.

Wife, a good little, s. Theatre, the modern English comic.

Wife, the, and woman's reward. gr. 8. Brussels 835. Wahlen. (Frankfurt, Ferd. Wilmans.) n. 1½ ß (Vergl. Wahlen.)

Wifling, Anton

Einige Beweggründe zur Belebung des Eifers der Studirenden in Erlernung der alten klassischen Sprachen von Prof. [Anton] Wifling 1853. — S. 3—10.
Progr. Amberg

Wifling: Erläuterungen zu Tac. ann. XV. 44. 9 S. Amberg, Progr. 1870.

Wifling, Franz

Wifling, F., Spiele auf d. Felde der Lehre der latein. Spr. Pr. 1843. 20 S. 4°.
Progr. Kempten

Wifling, [Franz]: Theses quaedam grammaticae. Amberg 1832. S. 3–6. Progr.

Wigalois. — s.a. Wigolais. —

Wigalois, s.a. Irrgang, Max.

Wigalois, der Ritter mit dem Rade. s.a. von Gravenberch.

Wigalois.

Goed. I, 342.

Ein gar schöne liepliche vnd kurtzweilige History von dem Edelen herren Wigalois vom Rade. Ein Ritter von der Tafelrunde. Mit seinen schönen hystorien vnd figuren, wie er geborn vnd sein leben von seiner jugent an bisz an sein ende gefürt vnd volbracht hat.

1778,* In Reichhards Bibl. der Romane II, 11—128, Abdruck von 1564.
Neuauflage 1783.

1782,* Bruchstücke in der Millerschen Sammlung teutscher Gedichte, Bd. III, S. I—XI.

1839,* Marbachs Volksbücher Nr. 18. Mit 8 Holzschnitten.

1843,* Preßburg, Alois Bucsanzsky.

1846,* Simrock III, 7. Mit 7 Holzschnitten.

1846,* Reutlingen, Fleischhauer und Spohn, frei erzählt von O. F. H. Schönhuth.

Der Tempel zu Rethra und seine Zeit. (Ein Beitrag z. Geschichte d. german. Haidenthums [I].) Von **Wigaloïs**. *(Berlin: P. Wendland [1904].)* (150 S.) 8° [F.] [04. 6026

Der Tempel zu Rethra und seine Zeit. Ein Beitrag z. Geschichte d. deutschen Vorzeit von P. **Wigaloïs**. 2. Aufl. Berlin: P. Wendland [1904]. (150 S.) 8° [Umschlagt. F.]

Wigamur, Münchener Bruchstücke, hrsg. von Friedr. Keinz. gr. 8. (42 S.) Wien 882, Gerold's Sohn.
Aus: Germania, besonders abgedruckt.

Wigand, s.a. Wiegand.

Zur Erinnerung an das 200jährige Krönungsjubiläum in Königsberg i. Pr. 1701. 18. Jan. 1901. (Verf.: A. **Wigand**.) *Königsberg i. Pr. [1901]: L. Krause & Ewerlien.* (2 Bl.) 8° [01. 1922 10

Wigand, Prof. Dr. Albert. Rede zu seinem Gedächtniss, s. Siebert, Friedr.

Wigand, Albert, der Baum. Betrachtungen über Gestalt und Lebensgeschichte der Holzgewächse. Mit Abbildungen. gr. 8. (XIV und 256 S. mit 2 Stnt.) Braunschweig 854, Vieweg und Sohn. *

Wigand, Alb., der Darwinismus und die Naturforschung Newtons und Cuviers. Beiträge zur Methodik der Naturforschung und der Speciesfrage. 1. Bd. gr. 8. (XVII, 462 S. mit eingedr. Holzschn.) Braunschweig 874, Vieweg und Sohn. *

Wigand, Alb., der Darwinismus und die Naturforschung Newtons und Cuviers. Beiträge zur Methodik der Naturforschung und zur Speciesfrage. 2. und 3. (Schluss-)Bd. gr. 8. Braunschweig, Vieweg und Sohn. [2. Bd. (XV, 515 S.) 876. * M. 13,20.: 3. Bd. (VIII, 320 S.) 877. * M. 8,40.]
1. Bd. Ebendas. 1873. * M. 12.

—— der Darwinismus ein Zeichen der Zeit, s. Zeitfragen des christlichen Volkslebens.

Wigand, Alb., Entstehung u. Fermentwirkung der Bakterien. Vorläufige Mittheilg. 2. Aufl. gr. 8. (IV, 40 S.) Marburg 884. Elwert's Verl. n. — 80

Wigand, J. W. Alb., Flora von Kurhessen. 1. Thl.: Diagnostik der in Kurhessen und den angrenzenden Gebieten vorkommenden Gefässpflanzen, einschliessl. der Nutz- und Ziergewächse. 8. (XLVIII und 387 S.) Marburg 859, Elwert'sche Universitäts-Buchh. Thlr. *

— Flora v. Kurhessen u. Nassau. Diagnostischer Thl. 2. Aufl. 8. (LVI, 420 S.) Kassel 875. Kay. n. 4. 50

— Flora von Kurhessen u. Nassau. Anleitung zum Bestimmen der einheimischen Gefässpflanzen u. der wichtigsten Culturgewächse nach natürlicher Methode. 3. Aufl. 8. (LVIII, 428 S.) Kassel 879. Kay. n. 3. 50

WIGAND, J. W. Albert: Flora von Kurhessen. - Marburg 1859. XLIII, 387 S. - 2. Aufl. u. d. T.: Flora von Kurhessen und Nassau. ebd. 1875. LVI, 420 S. - 3. Aufl. Kassel 1879. LVIII, 428 S. - Tl. 2: Fundortsverzeichnis der in Hessen und Nassau beobachteten Samenpflanzen und Pteridophyten. Marburg 1891. VIII, 565 S., 1 Kt. Hrsg. Fr. Meigen

Wigand, Alb. Flora v. Hessen u. Nassau II. Tl., s.a. Schriften der Gesellschaft zur Beförderung der gesammten Naturwissenschaften in Marburg.

Wigand, J. W. Alb., der botanische Garten zu Marburg. gr. 8. (24 S. mit 1 lithogr. und ill. Plane in Fol.) Marburg 867, Elwert'sche Universitäts-Buchh.
Aus: Schriften der Gesellschaft zur Beförderung der gesammten Naturwissenschaften, 9. Bd., besonders abgedruckt.

—— der botanische Garten in Marburg. 2. Aufl. 8. (36 S. mit 1 chromolithogr. Plane in Fol.) Ebendas. 880.

—— die Genealogie der Urzellen als Lösung des Descendenz-Problems oder die Entstehung der Arten ohne natürl. Zuchtwahl. gr. 8. (V, 47 S. mit in den Text eingedr. Holzst.) Braunschweig 872, Vieweg und Sohn. *

Wigand, Albert, Grundlegung der Pflanzen-Teratologie, oder Gesichtspuncte für die wissenschaftl. Betrachtung der Bildungsabweichungen im Pflanzenreiche. Nebst einem Excurs über die morpholog. Bedeutung des Pistills der Leguminosen, Liliaceen, Primulaceen und über den Begriff des Blattes. gr. 12. (IV und 151 S.) Marburg 850, Elwert'sche Universitäts-Buchh. Thlr.

Wigand, Alb., Grundsätze aller Naturwissenschaft. 8. (III, 65 S.) Marburg 886, Elwert's Verlag.

—— Intercellularsubstanz und Cuticula. Eine Untersuchung über das Wachsthum und die Metamorphose der vegetabil. Zellenmembran. Mit Abbildungen. gr. 8. (VI und 130 S. mit 2 ill. Stnt. in gr. 4.) Braunschweig 850, Vieweg und Sohn. *

Wigand, Alb., u. Paul **Wigand**, die Kirche e. Leib. C. naturwissenschaftlich-theolog. Betrachtg. üb. die Kirche. gr. 8. (71 S.) Gütersloh 898. C. Bertelsmann. n. 1.—

Wigand, Alb., Kritik u. Geschichte der Lehre von d. Metamorphose der Pflanze. gr. 8. (8½ B.) Leipzig 846, (Wilh. Engelmann.) * –

WIGAND, Albert: Kritik und Geschichte der Lehre von der Metamorphose der Pflanze. - Leipzig 1846. 131 S.

Wigand, Albert [pr. Arzt aus Treis a/L.]: Über Lahmungen nach Schultergelenks-Luxationen. ... Marburg, Buchdr. O. Ehrhardt, 1891; 111 S. 8°

Marburg, Med. Fak., Inaug.-Diss. v. [20. Jul.] 1891

Wigand, J. W. Alb., Lehrbuch der Pharmakognosie. Ein pharmakognost. Commentar zu sämmtl. deutschen Pharmakopöen. gr. 8. (X und 310 S. mit 141 eingedr. Holzschn.) Berlin 863, A. Hirschwald. *

Wigand, Alb., Lehrbuch der Pharmakognosie. Mit besond. Rücksicht auf die Pharmacopoea germanica sowie als Anleitung zur naturhistor. Untersuchung vegetabilischer Rohstoffe. 2. umgearb. und verm. Aufl. Lex.-8. (XII, 412 S. mit 175 Holzschn.) Berlin 874, Hirschwald.

—— Lehrbuch der Pharmakognosie. Mit besond. Rücksicht auf die Pharmacopoea germanica, sowie als Anleitung zur naturhistor. Untersuchung vegetabil. Rohstoffe. 3. verm. Aufl. gr. 8. (XVI, 447 S. mit 181 eingedr. Holzschn.) Berlin 879, Hirschwald.

—— Lehrbuch der Pharmakognosie. Mit besond. Rücksicht auf die Pharmacopoea germanica edit. II., sowie als Anleitung zur naturhistor. Untersuchung vegetabil. Rohstoffe. 4. verm. Aufl. gr. 8. (XXII, 457 S. mit 188 Holzschn.) Berlin 887, Hirschwald.

—— Nelumbium speciosum W., s. Bibliotheca botanica.

—— über Darwin's Hypothese Pangenesis. gr. 8. (16 S.) Marburg 870, Elwert's Verlag. *
Aus: Schriften zur Beförderung der gesammten Naturwissenschaft, Bd. IX, besonders abgedruckt.

—— das Protoplasma als Fermentorganismus, s. Hefte, botanische.

Wigand, Alb., die Alternative Teleologie oder Zufall vor der königl. Akademie der Wissenschaften zu Berlin. gr. 8. (36 S.) Kassel 877. Kay. n. — 80

Wigand, Albert, a. Frankfurt a. M.: Über Temperaturabhängigkeit der spezifischen Wärme fester Elemente und spezifisches Gewicht ihrer allotropen Modifikationen. Marburg 1905: R. Friedrich. (37 S.) 8°

Marburg, Phil. Fak., Ref. Richarz, Diss. v. 27. Nov. 1905

[Geb. 21. Okt. 82 Kassel; Wohnort: Frankfurt a. M.; Staatsangeh.: Preußen; Vorbildung: Lessing-Gymn. Frankfurt a. M. Reife O. 01; Studium: Marburg 3, München 2, Marburg 4 S.; Rig. 2. Aug. 05.]

— botanische Untersuchungen. Mit 6 (lith.) Tafeln Abbildgn. (in 4.) Braunschweig 854. Vieweg. gr. 8. (VI, 168 S.) n. 1 Thlr. 15 Ngr.

Wigand, Aug., Begleiter auf d. Harze, sowohl für Lustreisende, als auch in geognost., mineralog., botan., zoolog. u. techn. Hinsicht. Zugleich als Abschiedswort an meine deutschen Landsleute bei meinem Abgange nach Brasilien im Sommer 1838. 16. (9¼ B.) Berlin 839, Ende.

Wigand, Aug., formation et flexion du verbe français basées sur le latin d'après les résultats de la science moderne. gr. 8. (79 S.) Hermannstadt 882. Michaelis. n. 2. 40

—— Frischhüttenbetrieb, od.: Fabrikation d. Stab- od. Schmiedeeisens. Gedrängte Uebersicht aller bekannten Frischmethoden u. d. verschied. Methoden, altes Stabeisen zu gute zu machen. gr. 8. (9¾ B. u. 2 Stnt.) Berlin 837, Hayn.

De Familje Blubbereit ömm Krönungstrubel. Urkomischet Gedicht vertellt vom Spoassvoagel. Hrsg. von A[uguste] **Wigand**. *Königsberg i. Pr. [1900]: L. Krause & Ewerlien.* (8 S.) 8° [F.] [01. 5325 10

Die Familje Blubbereit im Straßen Festtrubel [De Familje Blubbereit ömm Krönungstrubel]. Humorist. Gedicht von A[uguste] **Wigand**. Aus d. Plattdeutschen übers. Königsberg i. Pr.: [Selbstverl. 1905]. (8 S.) 8° [F.] [05. 14859

Dem Möchel Pudernäs sien Droom odder Watt Möchel Pudernäs noam Starwe önne Hell terläwt. Originellet Gedicht, vertellt vom Spoassvoagel. Hrsg. von Frau A[uguste] **Wigand**. *Königsberg i. Pr. [1901]: Ostpr. Dr.- u. Verlagsanst.* (10 S.) 8° [Umschlagt. F.] [01 [illegible]

Wigand, Frau A., dem Möchel Pudernäs sien Droom odder Watt Möchel Pudernäs noam Starwe önne Hell terläwt. Originellet Gedicht, vertellt vom Spoaßvoagel. gr. 8. (11 S.) Königsberg i/Pr. (Wagnerstr. 10) 901. Selbstverlag. — 40

De Foahrt noa Paris. Hans Dumurrjeh au Drippenthal. Verf. u. hrsg. von A[uguste] **Wigand**. *Königsberg i. Pr.: [Selbstverl. 1903].* (8 S.) 8° [F.] [04. 2456 10

Herr Dockter! Raus is er! u. Wie de Schandarm bold tom Hoaskebroade gekoame wör. De Foahrt noa Paris. 3 humorist. Gedichte von A[uguste] **Wigand**, Königsberg. Königsberg, Pr.: A. Wigand [1900]. (8 S.) 8° [F.] [06. 10753

Die beschlagene Jette. Was mir in der neuen Synagoge in Königsberg passierte. 2 humorist. Gedichte von A[uguste] **Wigand**. Königsberg i. Pr.: [Selbstverl. 1905]. (8 S.) 8° [F.] [05. 14860

[**Wigand**, Auguste:] Jette und Eustachia oder Die Juwelen. (Königsberg Pr.: [Selbstverl. 1902].) (2 Bl.) 8° [Kopft.]

Julche, Minche und Trienche auf der Bauernhochzeit. Humorist. Gedicht von A[uguste] **Wigand**. Königsberg i. Pr.: [Selbstverl. 1905]. (8 S.) 8° [F.] [05. 14861

Juste und Lisette reisen nach Berlin. Humorist. Gedicht von A[uguste] **Wigand**, Königsberg. Königsberg i. Pr.: A. Wigand [1906]. (8 S.) 8° [F.] [06. 10754

Karline mit ihrer Soldatenliebe. Mensch, ärgere dich nicht! Verf. u. hrsg. von A[uguste] **Wigand**. *Königsberg i. Pr.: [Selbstverl. 1903].* (6 S.) 8° [F.] [04. 2455 10

— Meta, Wally u. Rosine od. Die Rache der drei Jungfrauen. Humorist. Gedicht. (8 S.) 8. Ebd. (906.) — 15

Datt Mosterkind odder de Loftschöff- onn de Iserboahnfoahrt. Verf. u. hrsg. von A[uguste] **Wigand**. *Königsberg i. Pr.: [Selbstverl. 1903].* (8 S.) 8° [F.] [04. 2458 10

— aus Großmütterchens Truhe. Märchen. (35 S.) kl. 8. Ebd. (906). — 60

Wigand, A., aus Großmütterchens Truhe. Märchen. 3. verm. Aufl. (115 S.) 8. Königsberg (910). Leipzig, B. Hermann. Geb. 2.—; erm. Pr. 1.50

WIGAND, B. C. A., Etwas für Eheleute, Quedlinburg 1784. 8°. 47 S.

Wigand, C., zur Frage der freien Concurrenz im Gasmotorenbaue. gr. 8. (18 S. mit 4 Chromolithogr.) Berlin 883, (Polytechn. Buchh.)

Wigand, C.: Zur Frage der freien Concurrenz im Gasmotorenbaue. Berlin (1891?)

Wigand, Curt. s. Wigand, Kurt.

Wigand, Dav. Ldw., einfältige Gedanken über d. Kirchenvereinigung in Deutschland. 8. (Chemn. 821. Starke.) 4 gr

— s. Plinius Sec. Lobreden.

Wigand, E. A. Andeutungen über das relig. Element in der geschichtl. Darstellung des Thuk. 25 S.
Berlin. F. W., Progr. 1829

Wigand, E. A., Andeutungen üb. d. religiöse Princip, in d. geschichtl. Darstellung d. Thucydides. gr. 4. (3½ B.) Berlin 829, Reimer.

Wigand, E. A. Kaiser Tiberius. Ein Beitrag zur Characteristik desselben. 33 S.
Berlin. F. W., Progr. 1840

— s. Uebersicht d. Formen d. homer. Dialekts.

Wigand, E. A., kurze Uebersicht über die Formen des homerischen Dialekts, als Einleitung in die Lectüre des Homer. 3e verb. Aufl. gr. 8. Berlin 837. Th. Enslin. 1/3 Thlr.

—— tabellar. Uebersicht d. Geschichte rc., s. Böttcher, Wilh.

Wigand, Fr. Fr. Chr.

— de Wette's Brief hervorgezogen u. ans Licht gehalten, nebst e. andern Brief an Sands Mutter. 8. Leipz. ... (Mag. f. Ind.) 4 gr

Wigand, Fr. Fr. Chr., Freud' u. Trost in Gott, in Liedern u. Gedichten. Eine Pilgergabe. 8. Erfurt 825. (Halle, Fr. Ruff). 6 gr

— ächte Griechenlieder für Griechen u. Deutsche, zur Verständigung Aller. 8. Erfurt (824.)

— Worte zur Lieb' und zum Frieden; an die Schweizer, auf ihren drei letzten Tagsatzungen. (Predigten). gr. 8. Leipz. 799. Junius. 4 gr

Wigand, Ernst, der Cholera Friedensruf. Zur ernsten Betrachtung empfohlen. 8. (2 B.) Leipzig 831, [Klinkhardt.]

—— Schreiben d. kgl. Consistoriums an sämmtl. evangel. Superintendenten in d. Regierungsbezirken Königsberg u. Gumbinnen, die Bekämpfung d. Teufelglaubens betreff. Schritt vor Schritt erläut. u. beantw. in e. Briefe an d. Hrn. Erzbischof Borowsky. 8. (2 B.) Leipzig 831, [Klinkhardt.]

Wigand, Ernst Ludwig: Diss. qua demonstratur canto et saltatione apud Graecos incunabula culturae constituta esse, s.a. Gläser, Karl Wilhelm

Wigand, E. L.: Dissertatio, qua demonstratur cantu et saltatione apud Graecos incunabula culturae constituta esse
Leipzig, Phil. F., Diss. 1829

***Wigand*, Fr. Ldw.**, (†d. 28. März 1818.) historia fontium medicarum Wildungensium. Period. 1. 8maj. Marburg 802. Krieger. 18 gr

WIGAND, Franz (Nürnberg): De arthritide.- Onoldi: Brugliana 1834. 22 S.
20.3.1833 - Urk; F 61
Diss. Ingolst.-Landsh.-Mchn

Wigand, Frz., Gedichte. 16. Mannheim 844, Zeiler. geb. mit Goldschn. n. 1 Thlr.

— die Heimkehr Napoleons von St. Helena. 12. Lörrach 841, Gutsch. n. 1/6 Thlr.

Die Quellen der Eintracht. Festgabe zur ersten Johannis-Feier der reactivierten ger.·. u. vollk.·. St. Joh.·. Loge „Karl zur Eintracht" im Or.·. Mannheim am 11. Juli 5847. [Unterz.:] F[ranz] **Wigand.** [Mannheim 1847.] 4 S. 8° [Umschlagtit.]
Gedicht: „In der ew'gen Maurerkette . . ." 143.

Wigand, Frz., Tassilo, Herzog von Bayern. Tragödie in 5 Aufzügen. (Den Bühnen gegenüber Mscr.) gr. 8. (143 S.) Mannheim 859, (Bender.)

Wigand, Frz., Wanderungen in's Gebiet des Herzens. Gedichte. (2. Sammlung.) 8. (267 S.) Mannheim 847, Bensheimer. *

Wigand, Friedrich, approb. Arzt aus Fronhausen. Über congenitale **Cystennieren.** (Cystenbildung durch Retention u. cystische Degeneration.) Mit 3 Abb. *Marburg 1899: E. Friedrich.* (35 S.) 8°
Marburg, Med. Diss. v. 24. Aug. 1899

Wigand, Georg

Wigand, G., a.: Clichés-Catalog.

Wigand's (Geo. H.,) pocket miscellany. Vol. I and 2. gr. 16. Göttingen, Wigand. [1. (IV und 191 S.) 2. (VII und 192 S.) 853. à Vol. * 10 Ngr.] *

—— dass. — Vol. 1. 2. Edit. gr. 16. (XII und 180 S.) Ebendas. 857. *

— — Vol. II—V. Göttingen 853—58. Wigand. 16. (II.: 4 Bl., 192 S.; III.: 4 Bl., 191 S.; IV.: 4 Bl., 168 S.; V.: 2 Bl., 188 S.) Jeder Bd. n. 10 ngr.
Vol. IV. A. u. d. T.: Wolfert's Roost. Transatlantic sketches by Wash. Irving. With portrait of the author (in Stahlst.).

—— the same. — Vol. 3 and 4. gr. 16. The same 855. [3. (VII und 191 S.) 4. (VII und 168 S. mit Portrait des Autors in Stahlst.) à Vol. * 10 Ngr. *

Wigand's, (Georg), pocket miscellany. Vol. 5—9. gr. 16. Göttingen, Wigand. [Vol. 5. (III und 188 S.) 857., 6. (III und 188 S.) 859., 7. (III und 185 S.) 860., 8. (III und 186 S.) 861., 9. (III und 198 S.) 862. à Vol. * 10 Ngr.] *
Vol. 1—4. Ebendas. 1853—55. * 1 Thlr. 10 Ngr.

Wigand's pocket miscellany. Vol. VI—IX. Göttingen 860—62. Wigand. 16. (VI.: 2 Bl., 188 S.; VII.: 2 Bl., 185 S.; VIII.: 2 Bl., 186 S.; IX.: 2 Bl., 198 S.) Jeder Bd. n. 10 ngr.

Wigand's pocket miscellany. Vol. X. gr. 16. (III und 171 S.) Göttingen 865, Wigand. *
Vgl.: Baensch' pocket miscellany.

—— Telegraph. Mittheilungen für Literatur, Kunst und gesellschaftl. Leben. Jahrg. 1859. Juli bis Decbr. 26 Nrn. (Bog.) gr. 8. Göttingen 859, Wigand. *

—— dass. — Hrsg. von Carl Altmüller. (2.) Jahrg. 1860. 52 Nrn. (Bog.) gr. 8. Ebendas. *
Ist nicht fortgesetzt worden.

Wigand, Georg [ord. Lehrer an d. höh. Bürgerschule in Rostock]: Ueber die Trilobiten der silurischen Geschiebe in Mecklenburg. I. Stück: umfassend die Familien der Phacopidae, Lichidae, Illaenidae, Cheiruridae, Encrinuridae und Acidaspidae .... (Aus: Zeitschr. d. Deutsch. geol. Ges. XL.) Berlin, Druck v. J. F. Starcke, 1888; 1 Bl. + S. 39—101 u. 5 Taf. 8°
Rostock, Phil. Fak., Inaug.-Diss. v. 3. März 1888

Wigands, Geo., neue Volks- u. Jugend-Bibliothek. 1.—10. Bd. 8. Leipzig 896. G. Wigand. Geb. à n. — 75
1.—3. Deutsche Märchen. Für d. Jugend ausgewählt. Von M. Hübner. 3 Tle. (à 80 S. m. Abb.)
4. 5. In d. Großstadt! Bilder aus d. Leben f. d. reif. Jugend u. das Volk. Von M. Hübner. (140 S. m. 4 Vollbild.)
6. Auf d. Landstraße. E. Erzählg. aus d. Gegenwart für das Volk u. die Jugend. Von C. Rademacher. (72 S. m. Titelbild.)
7. Fliehe d. Versuchg.! E. Erzählg. aus d. Volksleben d. Gegenwart f. d. Volk u. d. Jugend. Von C. Rademacher. (64 S. m. Titelbild.)
8.—10. Deutsche Sagen. F. d. Jugend bearb. Von M. Hübner. 3 Tle. (à 80 S. m. Abb.)

Wigand's, Geo., neue Volks- u. Jugend-Bibliothek. 1. bis 3. Bd. 8. Leipzig (903). G. Wigand. Geb. à n. — 75
Deutsche Märchen. Für die Jugend ausgewählt. Von M. Hübner. 3 Tle. Mit vielen Abbildgn. 2. Aufl. (à 80 S.)

Wigand, Heinrich August (Osterwieck) A. S. 633/32

Dissertatio philosophica de conventia inter pacta et sponsalia atque pendentium inde conclusionum ratione congrua. Präs. Johann Joachim Lange.
Halle (Hilliger) 5. VII. 1751. 12 S.

Gew.: Friedrich August von Veltheim.
36694

Wigand, Hnr. Wlh., (†...), s. Geschichte des zum Dom gehör. Waisenhauses.

Wigand, J. W. Albert, s. Wigand, Albert

Wigand, Johann Michael (Schweinfurt) F, n/2

Mansueti terrae haeredes Matth. V. 5. Sectio posterior dogmatica. Präs. Kaspar Jakob Huth.
Erlangen (Camerarius) 3. XI. 1750. 28 S.
36695

Wigand, Johanna Elisabeth [Wirkl. Name],
s. a. Brand, H. [Pseud.]

Wigand, Johanna Elisabeth

Unter König Jerome. Hist. Erzählung. Aus der Zeit vor den Freiheitskriegen. Von H. Brand [d. i. Johanna Elisabeth Wigand].
Berlin: Moritz 1895. 396 S. 8°

Wigand, Justus Heinrich

— drei, den medicin. Facultäten zu Paris u. Berlin z. Prüfung übergebene geburtshülfliche Abhandl. Mit 1 Kpf. gr. 4. Hamb. 812. Fr. Perthes. 1 ℛ 8 ggr

Wigand, Just. Hnr., († d. 10. Febr. 1817.) Beitrr. z. theoret. u. prakt. Geburtshülfe und z. Kenntniß u. Kur e. Kinderkrankheiten. 1s Heft, nebst Voigtels Tabellen für Geburtshelfer u. Hebammen rc. Mit 1 Kpf. 8. Hamb. 798. Gundermann. 8 ggr

— derselben 2s Heft. Mit 1 Kpf. 8. Hamb. 800. Villaume. 12 ggr

— derselben 3s Heft. 8. Hamb. 800. Schmidt. 16 ggr

— — derselb. 3s Hft. 8. Hamb. Schmidt. 808.

Wigand, Justus Heinrich (Reval) F, zi/17-2

Dissertatio medica de foecundatione et conceptione. Sectio altera. Präs. Johann Wolfgang Heinlein.
Erlangen (Hilpert) I. 1793. S. 47 - 126.
36696

Wigand, J. H., die Geburt des Menschen, in physiologisch-diätet. u. pathologisch-therapeut. Beziehung größtentheils nach eigenen Beobachtungen u. Versuchen mitgetheilt. Herausgeg. v. F. C. Naegele. 2 Bde. Mit Kupft. gr. 8. Berlin, Nikolai. 820.

Wigand, Just. Heinr., die Geburt d. Menschen, in physiolog.-diätet. u. patholog.-therapeut. Beziehung, grösstenth. nach eigenen Beobachtn. u. Versuchen dargest. Mit e. Vorr. z. 1. Aufl. v. Frz. Carl Naegele. 2. Aufl., hrsg. v. Rob. Froriep. 2 Bde. gr. 8. (45 B. u. 4 Stnt.) Berlin 839, Nicolaische Buchh.

Wigand, Just. Hnr., über Geburtsstühle u. Geburtslager. Mit 1 Kpf. 8. Hamb. 806. (Zirges in Leipz.) 4 ggr

— hamburg. Magazin f. die Geburtshülfe. 1r Bd. 1s u. 2s Stck. gr. 8. Hamb. 810. Fr. Perthes. 2 ℛ 12 ggr 1r Bd., s. J. J. Gumprecht.

Wigand, Justus Heinrich (Reval) F, zi/19

Dissertatio inauguralis medica de noxa fasciarum infantum imprimis quoad genitalia.
Erlangen (Hilpert) (13.) IV. 1793. 30 S.

Gew.: Thomas Bluhm (Grossonkel.) 36697

— guter Rath u. Unterricht, wie sorgsame Mütter ihre Kinder gesund erhalten, u. diejenigen Krankheiten, wobei d. Arzt so schnell als möglich gerufen werden muß, bei Zeiten erkennen sollen. 8. Hamb. 807. Schmidt. 7 ggr

— meine Reise von Hamburg über Berlin, Leipzig u. s. w. nach Heidelberg, f. Aerzte u. Nichtärzte. gr. 8. Frankf. 815. Andreä. 16 ggr

— Tabellen zur leichtern Uebersicht der Geburtshülfe, s. F. W. Voigtel.

— von den Ursachen u. der Behandlung der Nachgeburtszögerungen. 8. Hamb. 803. Fr. Perthes. 18 ggr

— e. Wort an Gattinnen u. Mütter üb. d. zu schnelle Wegnehmen d. Nachgeburt. 8. Hamb. Campe. 802.

Wigand, Justus Heinrich, s. a. Wort. Ein, an Gattinnen und Mütter.

— einige Worte an Osiander in Göttingen. gr. 8. Ebendas. 807.

Wigand, Justus Heinrich, s. a. Worte, Einige, an Osiander.

Wigand, Karl Sam., († d. 16. Juni 1805.) Anfangsgründe der Geographie. 8. Cassel 784.

— kleine hessische Chronik. 3 Thle. 8. Cassel 792—95. (Heyer in Gießen).

Wigand, Karl Sam., s. Dick, J. T.: Gedichte.

— hessische Kadetenlieder. 2 Bdchen. 8. Cassel 779, 83. N. A. 788.

— Versuch e. kurzgefaßten Mythologie, für Anfänger. 8. Eisen. 792. (Bärecke). 18 gr. Mit n. Titel. 8. Leipz. 807. (Rauck). 16 gr.

Wigand, Curt, Unkultur. Vier Kapitel Deutschtum. (Der Buchschmuck wurde von Rich. Winckel nach den „Chimères" v. „Notre Dame de Paris" gezeichnet.) (137 S.) 8. Leipzig 907. Modernes Verlagsbureau. 2.—; geb. 3. 50

Unkultur. 4 Kapitel Deutschtum. Von Curt **Wigand**. Berlin-Leipzig: C. Wigand 1907. (136 S.) 8° [08. 6107

Wigand, L. C. A., goldenes Buch für Kinder, oder Tugend- und Sittenlehre für die zarte Jugend beiderlei Geschlechts. 12. Prag 817. Krauß. 5 gr. (Haase S.) 3 gr.

Wigand, O(tto), Briefe eines deutschen Bürgers, s. Briefe.

Wigand, Otto, das Buch für meine Kinder. Mit 19 Bildern. 16. Leipzig 842, Otto Wigand. geb. 1 Thlr — 2. Aufl. 16. 845. 1 Thlr

—— Conversations-Lexikon. Für alle Stände. Von einer Gesellschaft deutscher Gelehrten bearb. 1—62. Hft. (od. 1—5. Bd. u. 6. Bd. 1. u. 2. Hft.) (A—Guarini.) gr. 8. (309½ B.) Leipzig 845—47, Otto Wigand. à Hft 2½ Ngr.

—— Conversations-Lexikon. Für alle Stände. Von einer Gesellschaft deutscher Gelehrten bearbeitet. 63—180. (letztes) Heft. (Guarino — Schluß und Nachträge) gr. 8. Leipzig 848—52, O. Wigand's Separat-Conto. [Bd. 6. (S. 161—958.) 7. (928 S.) 8. (765 S.) 9. (749 S.) 10. (805 S.) 11. (784 S.) 12. (772 S.) 13. (764 S.) 14. (764 S.) 15. (766 S.) à Heft 2½ Ngr.]
1—63. Heft. Ebendas. 1845—47. 5 Thlr. 5 Ngr.

— dass. 2. (Titel-) Aufl. Ausg. in Halbbänden (à 6 Hfte.) 180 Hfte. oder 30 Halbbde. gr. 8. (1: VI u. 953 S. 2: 958 S. 3: 927 S. 4: 950 S. 5: 962 S. 6: 958 S. 7: 958 S. 8: 765 S. 9: 749 S. 10: 805 S. 11: 784 S. 12: 772 S. 13: 764 S. 14: 764 S. 15: 766 S.) Leipzig 848—52, O. Wigand. (à Halbbd. ½ Thlr) 15 Thlr

— s. a. Conversations-Lexicon.

Wigand, Otto [Hrsg.]
Der deutsche Fabelschatz. Leipzig 1847.
In: Volksbücher. Bd 38.

—— Revüe des Auslandes, s. Revüe.

Wigand, Otto, über Schwangerschaften, Geburten und Wochenbetten derselben Frauen. Aus der Entbindungs-Anst. zu Marburg. Diss. Marburg 1888, N. G. Elwert-sche Univ.-Buchh. 8°. 34 S.

— Vierteljahrsschrift. 1.—4. Bd. 1844, und 1845 1.—3. Bd. gr. 8. Leipzig 844, 45, O. Wigand. à n. 1⅚ Thlr

—— Vierteljahrsschrift. Jahrg. 1844 u. 1845. à 4 Bde. gr. 8. (à Bd. 20—21 B.) Leipzig, Otto Wigand. à Bd. * 1 Thlr. 25 Ngr. *

Wigand, Otto, s. Zeit, Die.

Wigand, Paul, das hl. Abendmahl. 4 Vorträge. gr. 8. (63 S.) Basel 901. Basler Buch.- u. Antiquariatsh. vorm. A. Geering. n. 1. 20

Wigand, Paul, lyrisches Album aus dem Lahngau, s. Album, lyrisches.

Wigand, Paul, Archiv f. Gesch. u. Alterthumskunde Westphalens, s. Archiv.

Wigand, (P.,) Archiv f. Geschichte u. Alterthumskunde. 1r u. 2r Bd. 8. Hamm 826—27, Schulz. à 2 Rthl.

— auch ein Wort über Oeffentlichkeit u. Mündlichkeit des gerichtl. Verfahrens, und über die Wünsche der Rheinprovinzen, wegen Einführung u. Revision d. königl. preuß. Gesetzgebung. gr. 8. Lemgo 828. Meyer. 16 gr.

Wigand, Paul, die Auferstehung der Toten. 3 Vorträge, geh. zu Hannover im Juni 1891. 2. Aufl. gr. 8. (66 S.) Marburg i/H. 892. N. G. Elwert's Verl. n. 1. —

— dasselbe. 3 Vorträge. (I. Die Auferstehg. Jesu Christi. II. Die Auferstehg. der Toten, erste u. allgemeine Auferstehg. III. Die lebendige Hoffng., Auferstehg. des Fleisches, Nähe der Auferstehg.) 3. Aufl. gr. 8. (66 S.) Halle 894. J. Fricke's Verl. n. — 80

Wigand, Paul, Tierarzt aus Tran (Herzogtum Braunschweig): Ein Beitrag zur Entwicklung und Charakteristik der Spechte. Hannover 1905. 30 S. 8°. [16. I. 05.]
Bern, Phil. Diss. 1905/1906.

—— denkwürdige Beiträge für Geschichte und Rechtsalterthümer aus westphälischen Quellen gesammelt und als ein Nachtrag zu seinen früheren Werken für Geschichte Westphalens. gr. 8. (X und 286 S.) Leipzig 858, Hirzel.

[β.] Beiträge zum Verständnis der Offenbarung Johannis mit besondrer Beziehg auf unsre Zeit. Von Dr. Paul Wigand ... *Gütersloh: C. Bertelsmann 1898.* (VI S., 1 Bl., 65 S.) 1 Bd 8. [98. 5918

— s. Beiträge, Wetzlar., für Geschichte u. Rechtsalterthümer.

Wigand, Paul, Denkwürdigkeiten für deutsche Staats- und Rechtswissenschaft, für Rechtsalterthümer, Sitten und Gewohnheiten des Mittelalters; gesammelt aus dem Archiv des Reichskammergerichts zu Wetzlar; nebst einer Denkschrift über Geschichte, Schicksale, Inhalt und Bedeutung jenes Archives. gr. 8. (XXVIII und 339 S.) Leipzig 854, Hirzel.

—— die Dienste, ihre Entstehung, Natur, Arten u. Schicksale; mit besond. Rücksicht auf d. Geschichtsquellen d. ehemal. Abtei Corvey. Ein Beitr. zur deutschen Staats- u. Rechtsgeschichte. gr. 8. (7½ B.) Hamm 828, Schulz.

— **d. Erde, d. Mittelpunkt d. Welt, s.: Zeitfragen des christl. Volkslebens.**

— das Femgericht Westphalens, aus den Quellen dargestellt, und mit noch ungedruckten Urkunden erläut. Ein Beitrag zur deutschen Staats- u. Rechtsgeschichte. gr. 8. Hamm 825. Schulz. 3 Thlr

— das Fehmgericht Westfalens, nach den Quellen dargestellt u. durch Urkunden erläutert. Ein Beitrag zur deutschen Staats- u. Rechtsgeschichte. 2., verb. Aufl. gr. 8. (VIII, 445 S.) Halle 893. H. W. Schmidt. n. 6. —

Ⓑ **Wigand,** Paul, d. Fehmgericht Westfalens. 893. (KBL 28.) Jetzt: Bielefeld, A. Helmich.

— das Geheimnis d. hl. Dreieinigkeit u. d. Gottheit Jesu Christi. Vortrag. 8. (18 S.) Frankfurt a/M. 897. K. Brechert. n. — 25

— Geschichte d. gefürsteten Reichsabtei Corvey u. d. Städte Corvey u. Hörter. 1r Bd. 1r u. 2r Thl., mit 1 Titelkpf. gr. 8. Hörter 819. (Pyrmont, Uslar; Meyer in Lemgo). 2 ₰ 12 ℊ (Krieger in Cassel). 2 ₰

—— Geschichte d. Domes zu Wetzlar. gr. 8. (2¼ B.) Wetzlar 839. [Frankfurt a. M., A. Baer.]
Aus: Wetzlar'sche Beiträge f. Geschichte u. Rechtsalterth., besond. abgedruckt.

—— die Corveyschen Geschichtsquellen. Ein Nachtrag z. krit. Prüfung d. Chronicum Corbeiense. gr. 8. (12¼ B.) Leipzig 841, Brockhaus.

[Wigand, Paul]: Die preußische Gesetzgebung und die Nationalversammlung von 1848. Zur Kritik u. Characteristik der berathenen Gesetze. Wetzlar 1849.

Wigand, Paul: Der Corveische Güterbesitz, aus den Quellen dargestellt u. als Forts. d. Corveisch. Geschichte herausgeg. Mit 1 Karte. *Lemgo*, Meyer. 831. (Fol.) (1 Tbl. 8 Gr.)

— neues systemat. Handbuch für die Friedensrichter Westphalens so wie für ihre Suppleanten u. Secretaire. 8. Götting 813. Dieterich. 1 ₰ 8 ℊ (NB. Ist eine neue Aufl. seines Versuchs e. Darstell. d. Amtsgeschäfte rc.)

Wigand, Paul, s. Hofer, Andreas.

[F.] Die Kirche ein Leib. E. naturwissenschaftlich-theolog. Betrachtg üb. d. Kirche v. Albert u. Paul Wigand. *Gütersloh: C. Bertelsmann 1898.* (71 S.) 1 Bd 8. 168. 232

— der menschliche Körper im Munde des deutschen Volkes. Eine Sammlg. u. Betrachtg. der dem menschl. Körper entlehnten sprichwörtl. Ausdrücke u. Redensarten. 8. (III, 119 S.) Frankfurt a/M. 899. J. Alt. n. 1. 50

Wigand, Paul, Heinrich W. J. Thierschs Leben [zum Theil von ihm selbst erzählt]. Hrsg. von P. W. gr. 8. (XX, 464 S. mit Thierschs Portr. in Stahlst.) Basel 888, Schneider. geb.

Wigand, Paul. Heinr. W. J. Thiersch's Leben. gr. 8. Basel 888, Geering. [* 6 40] * 3 —; geb. * 4 20

Wigand, Paul: Provinzialrecht des Fürstenthums Minden, der Grafschaften Ravensberg und Rietberg und der Herrschaft Rheda. mit Ausschluß der ehelichen Gütergemeinschaft u. des Kolonat- u. Meierrechts. In Zusätzen u. Erg. zum ALR. entworfen. (Als Ms. abgedr.) Berlin 1840.

—— die Provinzialrechte d. Fürstenthums Minden, der Grafschaften Ravensberg u. Rietberg, der Herrschaft Rheda u. des Amtes Reckenberg in Westphalen, nebst ihrer rechtsgeschichtl. Begründung; aus d. Quellen dargest. 2 Bde. gr. 8. (59 B.) Leipzig 834, Brockhaus.

— Provinzialrechte der Fürstenthümer Paderborn u. Corvey in Westphalen, nebst ihrer rechtsgeschichtl. Entwickelung u. Begründung; aus den Quellen dargestellt. 3 Bde. gr. 8. Leipz. 832. Brockhaus. 4 ₰ 12 ℊ

Wigand, Paul, s. Rhein, d. Flußgott.

Wigand, Paul, der Stil Walthers von der Vogelweide. gr. 8. (VIII, 76 S.) Marburg 879. Elwert's Verl. n. 1. 60

Wigand, Paul, Traditiones Corbejenses, s. Traditiones.

Wigand, Paul, s. Versuch e. systemat. Darstellung d. Amtsgeschäfte.

— Vertheidigung Jordans. Ein Nachtrag zu dessen Selbstvertheidigung. gr. 8. Mannheim 844, Bassermann. ½ ₰

Wigand, Paul, s. Veit Weber d. Jüngere.

Wigand, P., Wetzlar und das Lahnthal mit ihren romantischen Umgebungen und geschichtlichen Denkwürdigkeiten. Ein Führer für Fremde und Einheimische. Wetzlar 862. Rathgeber'sche Buchhdlg. (Bourguet) in Comm. 8. (IV, 188 S. u. 1 Lithogr.) n. 12½ ngr.

— Wiedergeburt u. Bekehrg. 8 Vorträge. 2. Aufl. gr. 8. Leipzig 896. A. Deichert Nachf. n. — 75
I. Die Sakramente u. d. Notwendigkeit d. Wiedergeburt. II. D. Wiedergeburt, d. Bekehrg. u. d. Kindertaufe. III. Die Rechte u. Pflichten d. Wiedergeborenen. (71 S.)

(Wigand, Susanna,) neues vollständ. u. geprüft. Kochbuch, s. † Remeth.

WIGAND, Walter (Bad Oeynhausen): Zur Kasuistik der perioesophagealen Phlegmone.- München: Ernst 1904. 36 S.
11.5.1904 - Chr 1903/04,12; Jv 1903/04,334
Diss. Ingolst.-Landsh.-Mchn.

Bundesgrüsse, oder: Erinnerungen, zu einem Festkränzchen aneinander gereiht am Joh.-Feste 1839 vom Br. Redner der L. zu Worms [d. i. Wilh. Wigand]. o. O. [1839]. 16 S. 8°
Kl. 1277.

Wigand, Wolrad (Waldeck) A. S. 1193/50

Dissertatio inauguralis medica de scordio.
Präs. Johann Adolph Wedel.
Jena (Krebs) 30. XI. 1716. 32 S.

W. v.: Präs. 36703

WIGANDI. Sechswochit Wohlbeftellte Zucker-Bude, Oder luftige und fchmackifche Wochen-Comödie, Wafchhafte Kind-Tauf-Kermfe und verplauderte Stroh-Hochzeit. Mit Titelkupfer. (Leipzig.) In der Fleifcher-Gaffe zu finden. 1734. 122 S. und Regifter. Brokatumfchlag.
Ein luftiges Büchlein über Wochenbett, Kindtaufe und Hochzeit.

Wigandt, Fr., d. vollständ. Levkoyen-Gärtner 8. Giessen, 1823. — 12½

Wigandt, Fr., der vollständ. Levkojen-Gärtner. 8. Gießen 824. Müller. 10 ℊ

Wigandt, Joh. Christian
Controversae Juris positiones ex prima pandectarum parte selectae. Gissae Catt. 16. Dez. 1700: Joh. Reinh. Vulpius. (6), 18 S. 4°
pro licentia in utroque jure honores . . . consequendi

Wigandus, illustr. casibus, sive tribunal confessariorum et ordinandorum, decl. prohibit. compl. stilo, brevi claro ac firmis sententiis omnes usitatiores materias theol. morales juxta dogmata Thomae Aquinatis. Fol. Colon. Fabricius 793. 2 ₰

Wigard, Franz Jakob [Hrsg.], s. Bericht, Stenograph., über die Verhandl. d. dt. constituierenden Nationalvers. zu Frankfurt a. M.

Wigard, s.: Briefwechsel zwischen Gabelsberger u. W.

Wigard, Frz., die drei ersten Erbauungsstunden, s. Erbauungsstunden.

Wigard, Frz. Jac., vollständiges Inhalts-Verzeichniß zu den stenograph. Berichten über die Verhandlungen der deutschen constituir. National-Versammlung, s. Inhalts-Verzeichniß.

—— die erste allgem. Kirchenversammlung, s. Kirchenversammlung.

— u. Rob. **Blum**, die zweite allgemeine christkathol. Kirchenversammlung, siehe: Blum, Rob.

—— **Lehrbuch der Redezeichenkunst (Stenographie). Nach Gabelsbergerschem Lehrgebäude als Leitfaden für Lehrer, wie zum Selbstunterricht. Nebst Anleitung für Einrichtung und Geschäftsbehandlung stenographischer Lehranstalten und Kanzleien. (10 Lfgn.) gr. 8. (XVIII und 626 S.) Dessau 850—52, Gebr. Katz.** *

Wigard, Frz. Jac., Lehrbuch der Redezeichenkunst [Stenographie]. Nach Gabelsbergerschem Lehrgebäude als Leitfaden für Lehrer, wie zum Selbstunterricht. Nebst Anleitung f. Einrichtung u. Geschäftsbehandlung stenographischer Lehranstalten u. Kanzleien. 10 Lfgn. gr. 8. (XVIII u. 626 S.) Dessau 851. 52, Katz. (à n. 1/3 ℛ) n. 3 1/3 ℛ

Wigard, Frz., Lehrbuch der Redezeichenkunst. [Stenographie.] Nach Gabelsbergerschem Lehrgebäude als Leitfaden für Lehrer, wie zum Selbstunterrichte. Nebst Anleitung für Errichtung und Geschäftsbehandiung stenograph. Lehranstalten und Kanzleien. 2. (Titel-)Ausg. in 1 Bde. gr. 8. (XVIII, 626 S.) Dresden (852)69, Ehlermann. *

Wigard, Frz., stenographischer Lehrmeister. Vorlegeblätter zum Gebrauche für Lehrer der Redezeichenkunst (Stenographie) bei dem Unterricht, um diese Kunst in 50 einfachen oder in 25 Doppelstunden vollständig und gründlich zu lehren. Nach eigenem Unterrichtsplane entworfen und hrsg. 1. Thl.: Stenographische Vorlegeblätter. 8. (VI und 88 lithogr. S.) Dresden 854, Grimm. * –

—— dass. — 2. Thl.: Schlüssel zu den Vorlegeblättern. 8. (II und 88 S.) Ebds. 854.

—— **Protestation und Appellation gegen Einleitung eines strafrechtl. Verfahrens wegen Theilnahme an der deutschen National-Versammlung zu Stuttgart. gr. 8. (III und 58 S.) Leipzig 849, Matthes.** *

—— **zweite und letzte Protestation und Appellation gegen Einleitung eines strafrechtl. Verfahrens wegen Theilnahme an der deutschen Nationalversammlung zu Stuttgart nebst Entscheidung des k. sächs. Oberappellationsgerichts, die Einstellung der Untersuchung betreffend. gr. 8. (46 S.) Leipzig 850, Matthes.** *

—— Rede, bei d. feierl. Einführung des Pfarrers Dr. Edwin Bauer, s. Einführung.

Wigard, Frz., organisches Statut f. deutsch-kathol. Gemeinden. gr. 8. (4 3/4 B.) Dresden u. Leipzig 845, (Arnoldische Buchh.) Thlr. *

Wigdor, C., die 26 speciellen Vorträge aus der Pathologie als Vorbereitung zum Staatsexamen. 12. (95 S. m. Abbildgn.) Berlin 901. M. Boas. n. 2. 40

Wigdorow, Salomon. Zur Kenntnis der Doppelsalze der Elemente der Ceriterden. Diss. Phil. [II.] Univ. Zürich. 60 S. 8. Zürich, Gebr. Leemann & Co., 1910.

Wigdorow-Rabinowitsch, Feiga. Ueber Untersuchungen mit der butyrometrischen Universalmethode nach Sahli und Seiler. Diss. Med. Univ. Zürich. 40 S. 8. Zürich, A. Schereschewsky, 1910.

Wiget, A., s.: Jahrbücher, appenzellische.

(Wiget, A[lbert].) Führer von Herisau und Umgebung.... Mit Illustrationen [wovon 1 Tafel] und Exkursionskarte. Hrg. vom Ortsverschönerungsverein Herisau. 8. Herisau 1900.

(Wiget[-Sonderegger], Gustav.) Zum Andenken an Professor Dr. Tuiskon Ziller (1817–1882). Vortrag gehalten am 8. Dezember 1882 in der Versammlung der Freunde für wissenschaftliche Pädagogik. Mit dem Bildnisse Zillers [Tafel]. (SA.) 8. Chur 1883. (Rich).

Wiget, Gust., zum Andenken an Prof. Dr. Tuiskon Ziller. Vortrag, gehalten am 8. Dezbr. 1882 in der Versammlung der Freunde für wissenschaftl. Pädagogik. Mit dem (Holzschn.-) Bildnisse Ziller's. gr. 8. (12 S.) Chur 883, (Kellenberger'sche Buchhandlung.)
Aus: Schularchiv, besonders abgedruckt.

Wiget, Gust. (Instituts-Director in Rorschach). Aus der Geschichte der evangelischen Kirchgemeinde Rorschach. Ein Gedenkblatt zum 25jährigen Bestehen der Gemeinde und zur Einweihung der neuen Orgel. In-8°, 36 S. Rorschach, Buchdruckerei W. Koch. 1881.

Wiget, Gust., s. Theorie u. Praxis d. Realschulunterrichtes.

Wiget, Hans. Über Strumen mit Kautschukcolloid und Tumoren mit kautschukcolloidähnlichen Massen. Diss. Med. Bern. ([Mit 1 Tafel. Sep.-Abdr. aus:] Virchow's Archiv [für pathologische Anatomie und Physiologie], Bd. 185.) 26 S. 8. Berlin, Georg Reimer, 1906.

Wiget, Heinr., doppelte Buchführung durchgeführt an den wesentlichen Geschäftsvorfällen e. Baumwollenwaaren-Fabricationsgeschäftes. Für die Hand d. Schülers. 2. verb. Aufl. Fol. (26 S. m. Formularen zu den betr. Büchern.) St. Gallen 874. Huber & Co. In Mappe. n. 4. 60

Wiget, Heinr., doppelte Buchhaltung, für die Hand des Schülers. 2. verb. Aufl. Fol. (26 S. und 31 Bog. linirt Schreibpapier.) St. Gallen 874, Huber und Comp.

Wiget, Heinr., dopp. Buchhaltung, durchgef. an den **wesentl.** Geschäftsvorfällen e. Baumwollwaaren-Fabrikationsgeschäftes. Für die Hand d. Schülers bearb. 3., verb. Aufl. Fol. (26 S. m. Formularen.) St. Gallen 890. Fehr'sche Buchh. In Mappe n. 4. 60

Wiget, Heinr., einfache Buchhaltung und Einführung in die kaufmännische Correspondenz. Für die Sekundärschule. 2. verb. Aufl. Fol. (16 S. mit Formularen für die betr. Bücher.) St. Gallen 876, Huber und Comp. In Mappe *
Die 1. Aufl. erschien im Selbstverlag.

Wiget, Heinr., einfache Buchhaltung und Einführung in die kaufmänn. Correspondenz. Für die Sekundarschule bearb. 3. Aufl. Fol. (II, 16 S. mit Formularen.) St. Gallen 884, Huber und Comp. *

Wiget, Hch., der kleine Relief-Arbeiter. Anleitung zum Erstellen verschiedener Arten von Schul-Reliefs. 8. (22 S.) Zürich 881. Orell, Füssli & Co. n. — 50

Wiget, Theodor

— u. A. **Florin**, vaterländisches Lesebuch. Ein Beitrag zur nationalen Erziehg. der Schweizerjugend. 3. u. 4. Tl. 8. Chur, Bündner Schulbücherdepot von B. Braun. cart. n. 1. 80
3. (120 S.) 888. n. — 80. — 4. (IV, 172 S.) 887. n. 1. —.
Der 1. u. 2. Tl. erschienen noch nicht.

Wiget, *Heinrich* Theodor: Pestalozzi und Herbart. I. Teil. . . .
Dresden, Verl. v. Bleyl & Kaemmerer, 1891; 140 S., 1 Bl. 8°
Leipzig, Phil. Fak., Inaug.-Diss. v. [2. Mai] 1891

Wiget, Th. Die formalen Stufen des Unterrichts. Separatabzug aus dem Jahresbericht des bündnerischen Lehrervereins. In-8°, 58 S. Chur, J. M. Albin. 1884.

Wiget, Th., die formalen Stufen des Unterrichts. gr. 8. (58 S.) Chur 884, Kellenberger'sche Buchh.

Wiget, Thdr., die formalen Stufen des Unterrichts. Eine Einführung in das Studium der Herbart-Zillerschen Pädagogik. 2. Aufl. gr. 8. (73 S.) Chur 885, Rich.
—— dass. — 3. Aufl. gr. 8. (75 S.) Ebendas. 888.

Wiget, Thdr. Die formalen Stufen des Unterrichts. Eine Einführg. in die Schriften Zillers. 4. Aufl. gr. 8. (112 S.) Chur 892, Rich. * 1 80

Wiget, Th. Die formalen Stufen des Unterrichts. Eine Einführung in die Schriften Zillers. 5. teilw. umgearb. Aufl. In-8°. 117 S. Chur, Jul. Rich. 1894. 2 20

Wiget, Thdr., die formalen Stufen d. Unterrichts. E. Einführg. in d. Schriften Zillers. 6. Aufl. gr. 8. (117 S.) Chur 898. J. Rich. n. 2. —

Wiget, Theodor. Die formalen Stufen des Unterrichts. Eine Einführung in die Schriften Zillers. 7. Aufl. 117 S. 8. Chur, Jul. Rich, 1901. [fr. 2. 20]

Wiget, Theodor. Die formalen Stufen des Unterrichts. Eine Einführung in die Schriften [Tuiskon] Zillers. 8. Aufl. 117 S. 8. Chur, Jul. Rich, 1905. [fr. 2. 20, geb. 2. 80]

Wiget, Thdr., die formalen Stufen des Unterrichts. Eine Einführg. in die Schriften Zillers. 9. Aufl. (119 S.) gr. 8. Chur 908. J. Rich. 2. 40

Wiget, Thdr., s.: Zeitschrift, schweiz. pädagog.

Wigge, Heinrich

Wigge, H. Ein Blatt zum Ruhmeskranze Diesterwegs. Gedächtnisrede, geh. auf der Generalversammlg. d. anhalt. Lehrervereins am 8. Oktbr. 1890 in Ballenstedt. gr. 8. (16 S.) Gotha 890, Behrend. * — 30

— u. P. **Martin**, Grundlagen zur naturgemässen Umgestaltung des gesamten Volksschulwesens. [Titel-Ausg. v. „Die Unnatur der modernen Schule".] 8. (III, 337 S.) Dessau 894. R. Kahle. n. 2. 40; geb. n. 3. 20

® **Wigge, H., u. P. Martin,** Grundlagen z. naturgemässen Umgestaltung d. ges. Volksschulwesens. 894. (KBL 28.) Jetzt: Weinheim, F. Ackermann.

Lehrplan für sechs- bis neunstufige Volks- u. Mittelschulen nach dem Prinzip der Konzentration von H[einrich] **Wigge**, Rektor. Berlin: Gerdes & Hödel 1904. (XVI, 36 S.) 4° [06. 6913

—— Die Schulsynode, s. Zeit- u. Streitfragen, pädagogische.

Der erste Sprachunterricht nach dem Prinzip der Selbstthätigkeit. ⟨Preisaufgabe d. Ev. Diakonievereins.⟩ Von H. **Wigge**, Rektor in Rodenkirchen. *Dessau: Oesterwitz & Voigtländer [1899].* (35 S.) 8°
= **Bausteine**, Pädagogische. H. 10. [03. 1484

Staats- oder Gemeindeschule? Von Rektor H[einrich] **Wigge**. Berlin: Gerdes & Hödel 1906. (32 S.) 8° [Umschlagt.]
= **Bausteine**, Pädagogische. H. 30. [07. 17089

Wigge, H[einr.], Staats- oder Gemeindeschule. Berlin 1907. 8°.
(Pädagog. Bausteine. H. 30.)

Wigge, H., die Stellung d. Lehrers in der innern Verwaltung der Schule u. die Beurteilung seiner Lehrthätigkeit, s.: Sammlung pädagogischer Vorträge.

Wigge, H., und P. **Martin**, die Unnatur der modernen Schule. Grundlagen zur naturgemässen Umgestaltung des gesamten Volksschulwesens. gr. 8. (III, 335 S.) Leipzig 888, Rauert und Rocco. *ℳ 3.50.; geb. *

Wigger, das Hundekorn, s. Klempin.

Wigger, Bernhard [app. Arzt aus Telgte]: Aus d. chirurg. Klinik zu Kiel. Ueber Hernien mit besonderem Inhalt. . . . Kiel, Druck v. L. Handorff, 1891; 22 S., 1 Bl. 8°
Kiel, Med. Fak., Inaug.-Diss. v. 29. Jan., 1891

Wigger, Florenz, cand. med. aus Hustert, Westfalen: Ueber Achylia gastrica. *Erlangen 1899: F. Junge.* (46 S.) 8°
Erlangen, Med. Diss. v. 4. März 1898

Wigger, Friedrich

FESTGABE zur Feier fünfzigjähriger Amtsführung am 12. October 1876 dem Herrn Archivrath Dr G. M. C. MASCH Pastor zu Demern im Fürstenthum Ratzeburg seinem treuen Mitarbeiter und Ehrenmitgliede mit den besten Glückwünschen dargebracht von dem Verein für mecklenburgische Geschichte und Alterthumskunde. (Inhalt: F. WIGGER, Über die Abstammung der Gräfin Adelheid von Ratzeburg.) Schwerin, 1876. Druck der Hofbuchdruckerei von Dr F. Bärensprung. 4°.

Wigger, Friedr., mecklenburgische Annalen bis znm J. 1066. Eine chronolog. geordnete Quellensammlung mit Anmerkungen und Abhandlungen. gr. 4. (VII und 148 S.) Schwerin 860, Hildebrand. *

Wigger, Frdr., Feldmarschall Fürst Blücher v. Wahlstatt. 2. (Titel-)Ausg. gr. 8. (VIII, 311 S.) Schwerin i/M. 892. Stiller. n. 3. —

Wigger, Friedr., Geschichte der Familie v. Blücher. 1. Bd. Lex.-8. (XII, 540 S. mit 6 lithogr. Taf.) Schwerin 870. Stiller'sche Hofbuchh.

— Geschichte der Familie von Blücher. 2. Bd. 1. u. 2. Abth. Mit 3 lith. Taf. Lex.-8. (XIV, 600 u. VII, 399 S. m. 1 Tab.) Ebend. 878. 79. n. 16. —
(I—II, 2.: n. 31. —)

—— Geschichte der Familie v. Blücher. 2. Bd. 1. und 2. Abthl. Lex.-8. Ebendas. [1. Abthl. (XIV, 600 S. mit 2 lithogr. Taf.) *ℳ 10.; 2. Abthl. (VII, 399 S. mit 1 lithogr. Taf.) 879. *ℳ 6.] *
1. Bd. Ebendas. 1870. *ℳ 15.

—— hochdeutsche Grammatik, mit Rücksicht auf die plattdeutsche Mundart zunächst für mecklenburg. Schulen bearb. gr. 8. (VI und 150 S.) Schwerin 859, Hildebrand. * —

Wigger, s.: Jahrbücher des Vereins f. mecklenburgische Geschichte u. Altertumskunde.

Wigger, Beyer und Lisch, Ueber die Stammtafeln, Wappen und Siegel der Grafen von Schwerin. Mit Holzschn. Schwerin 1872. 8 S.-A.

Der Gesellschaft für Pommersche Geschichte und Alterthumskunde zum Glückwunsch am Tage der Feier ihres 50jährigen Bestehens am 15. Juni 1874 von dem Verein für Meklenburgische Geschichte und Alterthumskunde. Inhalt: Ueber die Stiftung des Klosters zum Heil. Kreuz in Rostock durch die Königin Margarete von Dänemark, geborne Herzogin von Pommern, von WIGGER. Schwerin, 1874. 8°.

Wigger, H., „die Monarchen kommen . . .“ 8. (111 S.) Berlin 891. F. G. Fricke. n. 1. 50

Wigger, H. Die Monarchen kommen. 3. (Titel-) Aufl. 8. (111 S.) Lpz. 892. C. F. Müller. * 1 20; geb. * 1 80
1. u. 2. Aufl. in Berlin 1891 bei F. G. Fricke. * 1 50.

— dasselbe. 5., teilweise umgearb. Aufl. gr. 8. (117 S.) Ebd. 895. n. 2. —

Wigger, J., Verteidigung d. Niebuhr'schen Ansicht üb. d. Ursprung d. röm. Plebs u. deren Verhältnis zu d. Klienten z. Zt. d. vier ersten Könige Roms gegen Ihne's Beweissätze. Diss. 1885. 81 S. 1.20

Wigger, Johannes: Elektrisches Leitvermögen und Dichte von Bromiden, Jodiden, Chloriden, Nitraten und einigen anderen Salzen in wässeriger Lösung. Rostock 1909: Hinstorff. 39 S. 8°
Rostock, Phil. Diss. v. 16. Juli 1909, Ref. Heydweiller
[Geb. 6. März 85 Gr.-Bünsdorf; Wohnort: Rostock; Staatsangeh.: Mecklenburg-Schwerin; Vorbildung: Realgymn. Bützow Reife M. 05; Studium: Kiel 3, München 1, Kiel 1, Rostock 4 S.; Rig. 14. Juli 09.] [U 10. 3995

Wigger, Jos(eph): Antiquitates et inscriptiones Campi Sanctae Mariae. (Verfasser: F[rater] Hermannus Hartman.) Eine Handschrift über das Kloster Marienfeld aus dem Jahre 1715 veröffentlicht. *Warendorf 1898: J. Schnell.* (30 S.) 8°
Warendorf, k. G. Laurentianum, P. 1898 (383)

Wigger, Jos., Auswahl v. Geschichtszahlen. Für das königl. Gymnasium Laurentianum zu Warendorf zusammengestellt. (52 S.) 8. Warendorf 907. J. Schnell. Kart. — 80

Ursprung und Entwickelung des Landwirtschaftlichen Kreisvereins Warendorf <Kulturverein>. Zur Erinnerung an d. Bezirkstierschaufest 1907. Von Jos[ef] Wigger. — Warendorf (1907): Schnell. 36 S. 8°

Wigger, Otto, a. Klütz ⟨Mecklenburg⟩: Zur Charakteristik der α- und γ-Strahlen. Leipzig 1905: A. Pries. (62 S.) 8°
Göttingen, Phil. Fak., Ref. Riecke, Diss. v. 9. Dez. 1905
[Geb. 30. März 79 Klütz; Wohnort: Klütz, Staatsangeh.: Mecklenburg-Schwerin; Vorbildung: Gymn. Schwerin Reife O. 98; Studium: München 1, Leipzig 3, Göttingen 11 S.; Rig. 19. Juli 05.]

Wiggermann, Gebhard

Wiggermann, G., das bittere Leiden unseres Herrn Jesu Christi, s.: Emmerich, Anna Katharina.

Wiggermann, Gebh., C. ss. R., der ehrw. Diener Gottes P. Januarius Maria Sarnelli, s.: Heiligen, die, der Kirche. III.

Wiggermann, G., der ehrwürdige Diener Gottes Januarius Maria Sarnelli, s. Vorbilder der christlichen Kirche aller Jahrhunderte.

Wiggers, Dr. Gustav Friedrich. Ein Denkmal. gr. 8. (72 S.) Leipzig 861. (Rostock, Leopold's Universitäts-Buchh.)

Wiggers, (Heinrich) August (Ludwig)

Wiggers, H. A. L., Driburg's neueste chemische Analyse. Nebst einer Einleitung und balneolog. Bemerkungen hrsg. von A. T. Brück. Lex.-8. (16 S.) Osnabrück 860, (Rackhorst'sche Buchh.) *

Wiggers, A., Grundriß d. Pharmacognosie. gr. 8. (26 B.) Göttingen 840, Vandenhoeck u. Ruprecht.

Wiggers, A., Grundriß der Pharmacognosie. 2., verm. und verb. Ausg. gr. 8. (IV und 536 S.) Göttingen 847, Vandenhoeck und Ruprecht. *

Wiggers, A., Grundriß der Pharmacognosie. 3., verm. und verb. Aufl. gr. 8. (III und 610 S.) Göttingen 853, Vandenhoeck und Ruprecht's Vrlgsh. *

Wiggers, A., Grundriß der Pharmacognosie. 4., verm. und verb. Aufl. Lex.-8. (IV und 692 S.) Göttingen 857, Vandenhoeck und Ruprecht's Verlagsh. *

Wiggers, A., Handbuch der Pharmacognosie. 5., verm. und verb. Aufl. gr. 8. (IV und 780 S.) Göttingen 864, Vandenhoeck und Ruprecht's Verlag. *

Wiggers, A., Jahresbericht über die Fortschritte der Pharmacognosie, s. Jahresbericht.

Wiggers, (Heinrich) August (Ludwig): Inquisitio in secale cornutum respectu imprimis habito ad ejus ortum, naturam et partes constituentes, nominatim eas, quibus vires medicinales adscribendae sunt. Gottingae 1831. 78 S.

—— **die Mineralquellen bei Wildungen, s. Dreves, F.**

Trennung (Die) und Prüfung metallischer Gifte aus verdächtigen organischen Substanzen; mit Rücksicht auf Blausäure und Opium. Göttingen, 1833. 8vo.

—— **die Trennung u. Prüfung metall. Gifte aus verdächt. organ. Substanzen, mit Rücksicht auf Blausäure u. Opium. gr. 8. (4 B.) Göttingen 835, Vandenhoeck u. Ruprecht.**

—— **chemische Untersuchung der pyrmonter Eisensauerlinge. Mit einem Vorworte von Carl Thdr. Menke. gr. 8. (46 S.) Hannover 857, Hahn'sche Hofbuchh.**

Wiggers, H. A. L., chemische Untersuchung der Pyrmonter Kochsalzquellen. Mit einem medicin. Vorworte. 8. (45 S.) Arolsen 862, (Speyer.)

Wiggers, Friedrich Heinrich: Primitiae Florae Holsaticae, s.a. Weber, Georg Heinrich.

Wiggers F. H.: Primitiae florae Holsaticae. Diss. Kiliæ 1780. 112 S.

Wiggers, Georg

Wiggers, Geo., († d. 12. Sept. 1816.), s. Joel, d. Prophet.

Wiggers, G., d. Prophet Joel, übers. u. erklärt. 8. Göttingen, Schröder. (Brose.) 799.

Wiggers, Georg (Bredstedt) A. S. 1205/18a

Dissertatio inauguralis medica de sale corporum mixtorum principio constitutivo.
Präs. Johann Heinrich Schulze.
Halle (Hilliger) IV. 1736. 31 S.

W. v.: Präs. 36705

Wiggers, Gustav Friedrich

— commentatio in Platonis Eutyphrona. 4. Rostock, Stiller. 805.

— dissert. inaug. philos. sistens examen argumentorum Platonis pro immortalitate animi humani. 4. Rostock. (Müller in Berlin.) 804.

—Dissertat. inaug. philosoph. sistens examen argumentorum Platonis pro immortalitate animi humani. 4. Rostock 804. (Petsch, auch Stuhr in Berl.) 6 ℛ

— s. Glaubensbekenntniß, d. Augsburg.

Wiggers, Gust. Frid., de Gregorio Magno ejusque Placitis Anthropologicis comment. I. 4maj. (5½ B.) Rostochii 838, (libr. aul. Stiller.) *

Wiggers, Gust. Fr., de Gregorio Magno ejusque placitis anthropologicis. Comm. poster. partic. II. 4maj. Rostock 841. (Stiller.) n. ⅔ ℛ

Wiggers, Gust. Fr., de Jo. C. Massiliensi, qui Semipelagianismi auctor vulgo perhibetur. III commentationes. 4maj. Rostock 822. Stiller 1 ℛ

Wiggers, Gust. Fr., Diss inaug. de Juliano Apostata, religionis Christianae et Christianorum persecutore. 4. Rostock 810. Stiller. 8 gl.

Wigger, G. F., Dissertatio de Juliano Apostata religionis christianae et Christianorum persecutore. 4. Rostock, Stiller. 811.

Wiggers, G., Sokrates als Mensch, als Bürger und als Philosoph. 1807. 199 S.

— Sokrates als Mensch, Bürger u. Philosoph, oder Versuch einer Charakteristik d. Sokrates. 8. Neustrelitz ... 2e A. 811. Albanus. 21 gl.

— Versuch einer pragmat. Darstellung des Augustinismus u. Pelagianismus v. d. Anfange der Pelagianischen Streitigkeiten bis zur dritten oecumenischen Synode. gr. 8. Berl. 821. Rücker. 2 ℛ 6 gl.

Wiggers, Gust. Friedr., Versuch einer pragmat. Darstellung des Augustinismus u. Pelagianismus nach ihrer geschichtl. Entwickelung. In 2 Thln. — 1r Thl. (N. Ausg.) 2r Thl. u. d. T.: Versuch einer pragmat. Darstell. des Semipelagianismus in seinem Kampfe gegen den Augustinismus bis zur zweiten Synode zu Orange. gr. 8. Hamburg 833. Fr. Perthes. 3½ ℛ

— wie feiert eine protestant. Universität würdig das Andenken der Reformation? Eine Rede. 4. Rostock 817.

Wiggers, H., neuer Plan der Stadt Emden. Reducirt und zusammengestellt nach den Katasterkarten im J. 1880. Chromolithogr. Imp.-Fol. Emden 880, Haynel. * 1 50

Wiggers, Heinrich August Ludwig, s. Wiggers, August

Wiggers, Johann Georg

Wiggers, Jh. Geo., († d. 13. Juni 1820.) vermischte Aufsätze. 8. Leipz. 784. Weidmann. 18 gl.

— üb. d. Biographie u. üb. d. Studium des Menschen. 8. Lpz. Sommer.
s. Biographie, über die...

Wiggers, Joh. Geo. Christian II. Panegyrische Skizze. 8. Dessau 1783.

— Christian IV.: eine panegyrische Skizze. 8. Dessau 783. Gelehrt.-Buchh. 5 gl.

— die Moral d. Klio; ein Versuch üb. d. Einfluß d. histor. Lectüre in der Besserung d. Herzens. 8. Leipz. 782. Haug. (Barth). 8 gl.

Wiggers, Julius

Wiggers, Jul., die kirchliche Bewegung in Deutschland. In einer Reihe von öffentlich gehaltenen Vorträgen dargestellt. gr. 8. (VI und 153 S.) Rostock 848, Leopold's Universitäts-Buchh.

Wiggers, Jul., Erwiederung auf die Streitschrift des Prof. Dr. J. Chr. K. Hofmann. 8. (1¾ B.) Rostock 843, Deberg. (Leipzig, Klinkhardt.)

—— der Gegensatz des kirchl. u. des reinbiblischen Supernaturalismus. Ein zweites Wort zum Schutz des ersten. gr. 8. (5 B.) Leipzig 843, Rein'sche Buchh.

Wiggers, Jul., de interpretationis genere, quo in explicando vetere testamento novi testamenti scriptores usi sunt. Part. I. Dissert. inaug. 8maj. (3¼ B.) Rostochii 837, (libr. aul. Stiller.) *

Wiggers, Jul., und Mor. Wiggers, Geschichte der 3 mecklenburgischen Landesklöster Dobbertin, Malchow und Ribnitz. I. Hälfte. Von der Stiftung der 3 Klöster bis zur Ueberweisung ders. an die Stände im J. 1572. gr. 8. (V und 116 S.) Rostock 848, (Leopold's Universitäts-Buchh.) Thlr. *

—— Geschichte der evangel. Mission. 1. u. 2. Bd. (2 Abthlgn.) gr. 8. Hamburg u. Gotha, Friedr. u. Andr. Perthes. [1. Bd. (14⅞ B. u. 1 Tab.) 845. * 1 Thlr., 2. Bd. 1 Abthl. (22¼ B.) * 1 Thlr. 10 Ngr., 2. A. (16 B.) 46. * 1 Thlr.]

—— und Mor. Wiggers, Grammatik der italienischen Sprache. Nebst einem Abriß der italien. Metrik. 8. (XVI und 448 S.) Hamburg 859, Hoffmann und Campe.

Wigger's, Jul., Grammatik der plattdeutschen Sprache. In Grundlage der mecklenburgisch-vorpommerschen Mundart. 2. Aufl. 8. (XV und 111 S.) Hamburg 858, Hoffmann und Campe.

Wiggers, Jul., Grammatik der spanischen Sprache. Leipzig 860. Brockhaus. gr. 8. (XII, 334 S.) n. 1 ℛ 15 ngr.

Wiggers, Jul., Grammatik der spanischen Sprache. 2. Aufl. 8. (VIII, 289 S.) Leipzig 884, Brockhaus.

Wiggers, Jul., Tilemann Heshusius und Johann Draconites. Ein Beitrag zur Geschichte der Kirchenverfassung und Kirchenzucht. gr. 8. (73 S.) Rostock 854, (Leopold.) *
Aus: Jahrbücher des Vereins für meklenburg. Geschichte und Alterthumskunde, besonders abgedruckt.

—— Kirchengeschichte Mecklenburgs. gr. 8. (17¼ B.) Parchim u. Ludwigslust 840, Hinstorff'sche Hofbuchh.

—— die mecklenburgische Kirchenverfassungsfrage. Ein Gutachten. Mit Actenstücken. gr. 8. (79 S.) Rostock 850, (Leopold's Universitäts-Buchh.) *

Aus meinem Leben. Von Dr. Julius Wiggers, Prof. a. D. *Leipzig: C. L. Hirschfeld 1901.* (VIII, 367 S.) 8° [F.] [01. 10149

—— die mecklenburgische Mission u. die Concordienformel. Ein theolog. Votum über d. Verhältniß der ersteren zu der letzteren aus Veranlassung eines auf der Generalversammlung der mecklenburg. Missionsvereine zu Rostock am 17. u. 18. Oktbr. 1843 gefaßten Beschlusses abgegeben. 8. (2 B.) Parchim 843, Hinstorff'sche Hofbuchh.

Wiggers, J., De Cornelii Nepotis Alcibiade quaest. crit. et historicae. Gekr. Pr 104 S.

Wiggers, Jul., de Cornelii Nepotis Alcibiade quaestiones crit. et histor. Commentat. praem. ornata. 8maj. (7 B.) Lipsiae 833, Lehnhold.

Wiggers, Jul. Quaestiones criticae et historicae de Cornelii Nepotis Alcibiade. 8. Lipsiae 1838.

—— offenes Sendschreiben an den Verf. der vier Kapitel im „Norddeutschen Correspondenten" 1861, Nr. 109—112 betreffend meine „Vierundvierzig Monate Untersuchungshaft." gr. 8. (23 S.) Berlin 861, Springer's Verlag.

—— kirchliche Statistik, od. Darstellung der gesammten christl. Kirche nach ihrem gegenwärtigen äußeren u. inneren Zustande. 2 Bde. gr. 8. Hamburg u. Gotha, Friedr. u. Andr. Perthes. [I. (20 B.) 842. * 1 Thlr. 5 Ngr., 2. (32 B.) 43. * 2 Thlr.] *

—— kirchlicher od. reinbibl. Supernaturalismus? Ein Wort an die Apologeten der evangel. Kirche, angeknüpft an die Schrift des Hrn. Prof. Dr. Krabbe wider Strauß: De temporali ex nihilo creatione. gr. 8. (5¼ B.) Leipzig 842, Rein'sche Buchh. *

—— vierundvierzig Monate Untersuchungshaft. Ein Beitrag zur Geschichte des „Rostocker Hochverrathsprocesses." 1. Aufl. 1 Thlr. 6 Ngr. und 2., durchgesch. und verm. Aufl. 8. (III und 308 S.) Berlin 861, Springer's Verlag. *

Wiggers, Jul., die mecklenburgische Verfassungsfrage. Denkschrift, dem Reichstage vorgelegt. Rostock 869. Kuhn. gr. 8. (63 S.) n. 12½ ngr.

Wiggers, Jul., die mecklenburgische Verfassungsfrage. Denkschrift, dem Reichstage vorgelegt. gr. 8. (63 S.) Rostock 869, Leopold's Universitäts-Buchh.

—— das Verfassungsrecht im Großherzogthum Mecklenburg-Schwerin. Eine staatsrechtl. Abhandlung. gr. 8. (IV und 141 S.) Berlin 860, Springer's Verlag. *

—— die mecklenburgische constituirende Versammlung und die voraufgegangene Reformbewegung. Eine geschichtliche Darstellung. gr. 8. (V und 178 S.) Rostock 850, (Leopold's Universitäts-Buchh.)

Wiggers, J. Die unregelmässigen Zeitwörter der zweiten Conjugation im Französischen. Probe aus einer Grammatik der französischen Sprache. Rostock, Gr. Stadtsch., 1858. VIII u. 25 S. Progr.

—— die unregelmäßigen Zeitwörter der zweiten Conjugation (auf — re und — oir) im Französischen. Probe aus einer Grammatik der französ. Sprache. gr. 8. (VIII und 25 S.) Rostock 858, (Leopold's Universitäts-Buchh.)

— s. Zeugnisse von Christus.

Wiggers, Julius M. [aus Rostock]: Heinrich von Freiberg als Verfasser des Schwankes Vom Schrätel und vom Wasserbaren . . . . Rostock, Univ.-Buchdr. v. Adler's Erben, 1887; 35 S. 8°.
Rostock, Phil. Fak., Inaug.-Diss. v. 7. Febr. 1887.

Wiggers, Julius M., Heinrich von Freiberg als Verfasser des Schwankes vom Schrätel und vom Wasserbären. Diss. Rostock 1887, G. B. Leopolds Univ.-Buchh. 8°. 35 S.

Wiggers, Moritz

Wiggers, Mor., die Finanzverhältnisse des Großherzogth. Mecklenburg-Schwerin. gr. 8. (VIII und 232 S.) Berlin 866, F. Duncker. *

Wigger's, Mor., volkswirthschaftliche Flugblätter. I—III. gr. 8. Rostock 861, Leopold's Universitäts-Buchh. *
Inhalt:
I. Die Nothwendigkeit der Reform des Gewerbewesens in Mecklenburg. (19 S.) 3 Ngr.
II. Das Project einer auf dem Princípe der Selbsthülfe zu gründenden Gewerbehalle in Rostock. (26 S.) * 5 Ngr.
III. Ein Vortrag über das Project eines mecklenburgischen Grenzzolles. — Die Errichtung eines allgemeinen städtischen Wasserwerks in Rostock. (28 S.) * 5 Ngr.

—— volkswirthschaftliche Flugblätter. IV.: Die Verhandlungen des volkswirthschaftlichen Congresses zu Weimar über das mecklenburgische Grenzzollproject. gr. 8. (20 S.) Rostock 862, Leopold's Universitäts-Buchh. *
I.—III. Ebendas. 1861. * 13 Ngr.

Wiggers, Moritz: Geschichte d. 3 mecklenburg. Landesklöster Dobbertin, Malchow u. Ribnitz, s. Wiggers, Julius.

Wiggers, Moritz: Grammatik d. ital. Sprache, s. Wiggers, Julius.

—— die Nothwendigkeit einer gründlichen Reform der wirthschaftlichen Zustände in dem Hafenorte Warnemünde. Eine Vertheidigung der Rechte der warnemünder Bürgerschaft vom geschichtl., staatsrechtl. und volkswirthschaftl. Standpunkte. gr. 8. (V und 92 S.) Rostock 860, Leopold's Universitäts-Buchh. *

Wiggers, Mor., die Reform der bäuerlichen Verhältnisse im Domanium des Großherzogth. Mecklenburg-Schwerin. gr. 8. (III, 95 S.) Rostock 869, Leopold's Universitäts-Buchh.

—— der Rostock-Berlin-Canal. 8. (III, 76 S. mit 1 lithogr. und color. Karte.) Ebendas. 870.

Wiggers, Mor., die Rostock-Warnemünder Hafenbaufrage. Ein Gutachten, im Auftrage der Schiffergesellschaft zu Rostock verfaßt. gr. 8. (31 S.) Rostock 884, Werther's Verlag.

—— die mecklenburgische Steuerreform, Preußen und der Zollverein. gr. 8. (V und 176 S.) Berlin 862, Springer's Verlag. *

Wiggers, Mor. Die Vererbpachtung der Domanial-Bauergehöfe in Mecklenburg-Schwerin. (Aus der „Rostocker-Zeitung".) gr. 8°. Rostock, Kuhn. 1868. (23 S.)

— Der Vernichtungskampf wider die Bauern in Mecklenburg. Zur Geschichte des Junkerthums in Deutschland und zum Verständniss seiner Politik. gr. 8°. Leipzig, Hartknoch, 1864. (80 S.)

Wiggers, Mor., zwei Vorträge über die agrarischen Zustände in Mecklenburg-Schwerin, gehalten am 14. Septbr. 1859 und 10. Septbr. 1860 auf den volkswirthschaftl. Congressen zu Frankfurt a. M. und Köln. gr. 8. (19 S.) Leipzig 861, [Hennings'sche Buchh.] Thlr.

— zwei Vorträge über die agrarischen Zustände in Mecklenburg-Schwerin, gehalten am 14. September 1859 und 10. September 1860 auf den volkswirthschaftlichen Congressen zu Frankfurt a. M. und Köln. Leipzig 861. Lehmann. (Wolf.) gr. 8. (19 S.) 5 ngr.

— Die Zeitpachtbauern im Domanio von Mecklenburg-Schwerin. 8°. Schwerin 1863.

Wiggert, Ernst, u. L. Burgemeister, die Holzkirchen u. Holztürme der preussischen Ostseeprovinzen Schlesien — Posen — Ostpreussen — Westpreussen — Brandenburg u. Pommern. Aufgenommen u. gezeichnet. Text v. L. Burgemeister. (VII, 80 S. m. 117 Abbildgn. u. 40 Taf.) gr. 4. Berlin 905. J. Springer. Kart. n. 25. —

Wiggert, Friedrich

Wiggert, F. Variae lectiones ad Lucani Pharsal. IX. ex fragm. codicis Magdeburgensis descriptae. 10 S. . . .
Magdeburg, D., Progr. 1824

— s. Mittheilungen, pädagogische.

[Wiggert, Fr.] Nachrichten über die Funk'sche Stiftung aus den ersten dreißig Jahren ihres Bestehens. 16 S.
Magdeburg, D., Progr. 1850

Wiggert, F. Nachr. üb. d. Unterr. in d. 3. hebr. Klasse d. Gymn. 10 S.
Progr. Magdeburg D. 1832

Wiggert, F. Scherflein zur Förderung der Kenntniß älterer deutscher Mundarten und Schriften. Th. I., II. 54 und 81 S. 8.
Magdeburg, D., Progr. 1832, 1836

Wiggert, Friedr., Scherflein zur Förderung der Kenntniß älterer deutscher Mundarten u. Schriften. (Aus d. 8n Stücke der Pädagog. u. Literar. Mittheilungen von D. Matthias abgedruckt.) gr. 8. Magdeburg 832. Heinrichshofen. n. 1/3 ℛ

— zweites Scherflein zur Förderung d. Kenntniß älterer deutscher Mundarten und Schriften. (Aus d. 11n Stücke der Pädagog. u. Literar. Mittheilungen, herausg. von Matthias, abgedr.) gr. 8. Ebd. 836. n. 7 gl

Wiggert, Friedr.: Über Martin Luthers Schülerleben zu Magdeburg und den dortigen Verein der Brüder vom gemeinsamen Leben im Thal des h. Hieronymus, auch Trulbrüder (Nulbrüder, Lulharden) genannt. 25 S. Magdeburg D., Progr. 1851.

Wiggert, F., **Vocabula latinae linguae primitiva.** Handbüchlein der lateinischen Stammwörter, nebst einer Belehrung über abgeleitete und zusammengesetzte Wörter, so wie über die Quantität der Sylben. Magdeb. 819. 12. 8 gr. 2te verb. Ausg. Ebend. 820. 8.

***Wiggert*, (Sam.) Fr., Vocabula latinae linguae primitiva.** Handbuch der latein. Stammwörter, nebst einer Belehrung üb. abgeleitete u. zusammengesetzte Wörter der latein. Sprache. 8. Magdeb. 820. 2e A. 821. 3e A. 825. 4e A. 828. Creutz. 6 gl

—— Vocabula latinae linguae primitiva. — Handbüchlein d. latein. Stammwörter, nebst 2 Anh. üb. Wortbildung u. Sylbenquantität in d. latein. Sprache. 4. Aufl., verb. u. mit Vorerinnerungen üb. d. Wörterlernen verm. 8. (11 B. u. 1 Tab.) Magdeburg 828, Creutz.

—— Vocabula latinae linguae primitiva. Handbüchlein d. latein. Stammwörter, nebst 2 Anhängen üb. Wortbildung u. Sylbenquantität in d. latein. Sprache, auch Vorerinnerungen üb. d. Wörterlernen, zunächst f. d. Domgymnasium in Magdeburg hrsg. 6., verb. Aufl. 8. (11 3/4 B.) Magdeburg 840, Creutz'sche Buchh.

Wiggert, Friedr., Vocabula latinae linguae primitiva. Handbüchlein d. latein. Stammwörter, nebst 2 Anhängen über Wortbildung u. Sylbenquantität in der latein. Sprache, auch Vorerinnerungen üb. d. Wörterlernen, zunächst f. d. Domgymnasium in Magdeburg hrsg. 7., verb. Aufl. 8. (11 1/4 B. u. 1 Tab.) Magdeburg 844, Creutz'sche Buchh.

Wiggert, Friedr., Vocabula latinae linguae primitiva. Handbüchlein der latein. Stammwörter, nebst 2 Anhängen über Wortbildung und Sylbenquantität in der latein. Sprache, auch Vorerinnerungen über das Wörterlernen. 8., verb. Aufl. 8. (XVI und 165 S. mit 1 Tab. in Fol.) Magdeburg 848, Creutz'sche Buchh.

Wiggert, Friedr., vocabula latinae linguae primitiva. Handbüchlein der lateinischen Stammwörter, nebst 2 Anhängen über Wortbildung u. Sylbenquantität in der lateinischen Sprache, auch Vorerinnerungen über das Wörterlernen, zunächst für das Domgymnasium in Magdeburg herausg. 9. Aufl. 853. — 10. verb. Aufl. Magdeburg 854. Creutz. 8. (XVI, 165 S. u. 1 Tab. in Fol.) 7 1/2 ngr.

Wiggert, Friedr., Vocabula latinae linguae primitiva. Handbüchlein der latein. Stammwörter, nebst zwei Anh. über Wortbildung und Sylbenquantität in der latein. Sprache, auch Vorerinnerungen über das Wörterlernen, zunächst für das Domgymnasium in Magdeburg. 13., verb. Aufl. 8. (XVIII und 165 S. mit 1 Tab. in Fol.) Magdeburg 864, Creutz'sche Buchh.

Wiggert, Friedr., Vocabula latinae linguae primitiva. Handbüchlein der latein. Stammwörter, nebst zwei Anhängen über Wortbildung und Sylbenquantität in der latein. Sprache, auch Vorerinnerungen über das Wörterlernen ꝛc. 15. verb. Aufl. 8. (XVIII, 165 S. mit 1 Tab. in Fol.) Magdeburg 869, Creutz'sche Buchh.

—— dass. — Handbüchlein der latein. Stammwörter. 16. Aufl. 1872, und 17. verb. Aufl. (besorgt von Alfr. Fleckeisen). gr. 16. (VI, 132 S.) Leipzig 874, Teubner.

Wiggert, Friedr., Vocabula latinae linguae primitiva. Handbüchlein der latein. Stammwörter. 18. verb. Aufl. 8. (132 S.) Leipzig 878, Teubner.

Wiggert, Friedr., **Vocabula latinae linguae primitiva.** Handbüchlein der latein. Stammwörter. 19. verb. Aufl. 8. (132 S.) Leipzig 882, Teubner.

Wiggert, Friedr., **vocabula latinae linguae primitivae.** Handbüchlein der latein. Stammwörter. 20. verb. Aufl. 8. (132 S.) Leipzig 888, Teubner.

Wiggert, Julius

Wiggert, J.: De Aristotelis Ethicorum Nicomacheorum lib. VII. c. 12-15. 17 S. 4° Stargard. Progr. 1871.

Wiggert, Jul. Studien zur lateinischen Orthoepie. 19 S.
Progr. *Stargard Po.* 1880.

Wiggert, Otto *(geb. Brandenburg a. H. 11. 8. 1850)*: Ueber die Darm-Scheidenbrüche namentlich als Complication der Geburt. Breslau (1875). (32 S., 1 Taf.) 8°
Breslau, Med. Diss. v. 1. Nov. 1875

Wiggerthal: Aus dem Wiggerthal
⑤ 3. 10. 1863—25. 6. 1864 ⑥ 8° ⑦ alle 14 Tage als Beilage zum «Zofinger Volksblatt»; seit 23. 1. 1864 selbständig ⑧ Zofingen: Rudolf Steinegger ⑩ Rudolf Steinegger ⑪ A. Schumann ⑬ BGSZ: 939 ⑭ Be: L; Zo: St.

Wiggerthal und Sempachersee. Illustrierter Führer bearb. von Freunden und Kennern der Gegend. Mit 72 Illustrationen ..., [1 Panorama] und einer Uebersichtskarte.... Hrg. von der Section Zofingen des S. A. C. 8. Zofingen 1900.

Wiggerthaler: Der Wiggerthaler
③ Suhrenthaler Centralanzeiger ⑤ 1866 (oder 1867)—1870 ⑦ wöchentlich 2× ⑧ Aarburg: Jakob Niggli.

Wiggerthaler-Anzeiger
① Publikationsmittel für den Bez. Zofingen und Umgebung ④ Aarburger Anzeigeblatt ⑤ Juli 1879—1883 ⑥ 2° ⑦ Wochenblatt, dann wöchentlich 2× ⑧ Aarburg: Vereinsbuchdruckerei, Jean Frey (1882) ⑩ die Drucker ⑫ neutral ⑬ BGSZ: 939, 941; Helvetische Typographia 1882, Nr. 49 ⑮ Groß (BGSZ: 939) schreibt: «1882 übernahm Jean Frey die Buchdruckerei Bütler in Aarburg, mit dem Verlag des im 21. Jahrgang erschienenen «Wiggertaler Anzeiger». Mit Neujahr 1883 ließ Frey dieses Blättchen eingehen...»

Wiggerthaler-Anzeiger
① Publikationsmittel für die Kreise Reiden, Pfaffnau, Altishofen und Umgebung (Nr. 1, v. 3. 1. 1880). Publikationsmittel für das Wiggerthal (Nr. 2, v. 7. 1. 1880). Publikationsmittel für das obere Wiggerthal (Nr. 5, v. 17. 1. 1880) ⑤ 3. 1. 1880—? ⑥ 2° (Formatvergrößerung: 10. 4. 1880) ⑦ wöchentlich 2× ⑧ Reiden (?): Buchdruckerei des «Wiggerthaler Anzeigers» oder, was wahrscheinlicher ist: Aarburg: Vereinsbuchdruckerei ⑪ zuerst N. Marfurt, Agent, Reiden ⑫ politisch neutral ⑬ Schweiz. Gutenbergmuseum 1951, p. 60 (Nachdruck: Heimatkunde des Wiggertales Heft 13 = 1952) ⑮ Nach einer Notiz im «Luzerner Tagblatt» 1879 (Nr. 293) handelt es sich um ein Kopfblatt des «Wiggerthaler-Anzeigers» (Ag I), der in Aarburg gedruckt wurde. In Nr. 26, v. 31. 3. 1880 findet sich eine von Buchdrucker Bütler unterzeichnete Erklärung, aber ohne Angabe des Druckortes, doch ist anzunehmen, daß er in Reiden keinen Filialbetrieb hatte.

Wiggin, Edith E. Anstandlehre für Schule u Haus. Übers: Wilhelm Eilers. Nebst einem Anhang, enthaltend Gesch u Biographien prominenter Dt-Texaner. Gesammelt und bearb durch W. Eilers. Austin, 1905.

Wiggin, Kate Douglas

— Mary Findlater, Jane Findlater, Allan Mc.Aulay, The affair at the inn, s.: Collection of British authors.

Wiggin, Kate Douglas, The birds' christmas carol. Für den Schulgebrauch hrsg. v. Elisab. Merhaut. (83 S. m. Bildnis.) 8. Leipzig 906. G. Freytag. — Wien, F. Tempsky. Geb. n. 1. —

New Chronicles of Rebecca. By Kate Douglas **Wiggin**. Copyright ed. Leipzig: Tauchnitz 1907. 279 S. 8°
(Collection of British authors. Tauchnitz Ed. Vol. 3964.) [11. 8720

Wiggin, Kate Douglas, new chronicles of Rebecca, s.a. Collection of British authors.

A cathedral Courtship, and Penelope's English experiences. By Kate Douglas **Wiggin**. Copyrighted. Leipzig: Tauchnitz 1893. 238 S. 8°
(Collection of British authors. Tauchnitz Ed. Vol. 2939.) [11. 7975

Wiggin, Kate Douglas, a cathedral courtship and Penelope's English experiences, s. a. Collection of British authors.

Penelope's Irish Experiences. By Kate Douglas **Wiggin**. Copyright ed. Leipzig: Tauchnitz 1901. 280 S. 8°
(Collection of British authors. Tauchnitz Ed. Vol. 3521.) [11. 6394

— **Penelope's** Irish **experiences**, s.a. Collection of **British authors**.

— Die Geschichte v. Vogels Weihnachts-Röschen, s.a. Rydberg, Vikt., zwei Weihnachtsgeschichten.

— die Geschichte v. Vogels Weihnachts-Röschen. Nach: „The Birds' Christmas carol" frei übers. von M. v. K. 8. (60 S. m. Bildern.) Leipzig 892. P. Hobbing. Geb. n. 1. —; m. Goldschn. n. 1. 25

Wiggin, Käthe D., drei Geschichten v. armen u. reichen Kindern. Aus dem Amerikan. frei übers. u. f. die deutsche Jugend bearb. 8. (VII, 56, 51 u. 63 S. m. Abbildgn. u. 11 Vollbildern.) Stuttgart 900. Hobbing & Büchle. Kart. n. 2. —

The old Peabody Pew, and Susanna and Sue. By Kate Douglas **Wiggin**. Copyright ed. Leipzig: Tauchnitz 1910. 256 S. 8°
(Collection of British authors. Tauchnitz Ed. Vol. 4176.) [11. 8090

— The old Peabody Pew and Susanna and Sue, s.a. Collection of British authors.

Timothy's Quest. By Kate Douglas **Wiggin**. Copyright ed. Leipzig: Tauchnitz 1893. 264 S. 8°
(Collection of British authors. Tauchnitz Ed. Vol. 2906.) [11. 7954

— Timothy's quest, s.a. Collection of British authors.

Rebecca of Sunnybrook Farm. By Kate Douglas **Wiggin**. Copyright ed. Leipzig: Tauchnitz 1904. 279 S. 8°
(Collection of British authors. Tauchnitz Ed. Vol. 3740.) [11. 8339

— **Rebecca of Sunnybrook Farm**, s.a. **Collection of British authors.**

— **Rebecca** of Sunnybrook farm. In gekürzter Form f. den Schulgebrauch hrsg. v. Elisab. Merhaut. Mit 1 Titelbild u. 1 Musikstück. (128 S.) 8. Leipzig 906. G. Freytag. — Wien, F. Tempsky. Geb. 1.20; Wörterbuch. (41 S.) Kart. — 40

— Rebekka vom Sonnenbachhof, s.a. Engelhorn's allgemeine Roman-Bibliothek.

— **Rebekka vom Sonnenbachhof. Autoris. Uebersetzg. aus dem Engl. v. Natalie Rümelin. (VI, 378 S.) kl. 8. Stuttgart 905. J. Engelhorn. Geb. in Leinw. n. 4. —**

Rose o' the river. By Kate Douglas **Wiggin**. Copyright ed. Leipzig: Tauchnitz 1906. 255 S. 8°
(Collection of British authors. Tauchnitz Ed. Vol. 3862.) [11. 8643

Wiggin, Kate Douglas: Rose o' the river, s.a. Collection of British authors.

— **Mary Findlater, Jane Findlater, Allan Mac Aulay,** was sich in dem Gasthaus begab, s.: Engelhorn's allgemeine Roman-Bibliothek.

Wighart, H., zwischen Kreuz und Tempel. **Roman aus der** Gegenwart. 2 Bde. 8. (214; 208 S.) **Breslau 880, Schottländer.**

Wighart, H., zwischen Kreuz u. Tempel. Roman aus der Gegenwart. 2. [Titel-]Aufl. 2 Tle in 1 Bd. (319 u. 317 S.) 8. Breslau [880] 906. Berlin, S. Schottländer's schles. Verlagsanst. n. 4. 50; geb. n. 5. 50

Wighton. Lettres sur la campagne de 1778. 4. Vienne 1784 Gräffer.

Wigleb, Hartmann Andreas (Gebesee) A. S. 1246/15

Disputatio inauguralis medica exhibens, dysenteriam epidemiam, ad neotericorum mentem examinatam, et clarissimorum virorum experimentis nuperrimis curatam. Präs. Justus Vesti,
Erfurt (Grosch) 23. XII. 1709. 16 Bl.

W. v.: Georg Christoph Petri von Hartenfelss, Präs., Johann Philipp Eysel, Johann Andreas Fischer.
36707

Wiglesworth, Lionel W., aves Polynesiae. A catalogue of the birds of the Polynesian subregion [not including the Sandwich Islands]. [Aus: „Abhandlgn. u. Berichte d. zoolog. u. anthropolog.-ethnogr. Museums zu Dresden".] Imp.-4. (X, 92 S.) Berlin 891. R. Friedländer & Sohn.

Wiglesworth, L. W., Bericht üb. etc. Vogelsammlg. d. Herren Dr. P. u. Dr. F. Sarasin aus Celébes,
— eine Vogelsammlung v. Nordost-Celébes u. d. Inseln Peling u. Banggai,
— the birds of Celebes,
— e. 2. Sammlg. v. Vögeln v. d. Talaut-Inseln,
— neue Vögel v. Celébes,
s.: Meyer, A. B.

Wiglitzky, Eppo: Gedichte. Berlin-Leipzig: Wigand 1910. 440 S. 8°

Wiglitzky, Hubert: Über Ausstellungen im Allgemeinen und die geplante Bukowinaer Landes-Ausstellung im Besonderen. Vortrag, gehalten am 24. Jänner 1886 im Gewerbeverein „Eintracht" in Czernowitz. Czernowitz 1886.

Das Bukowiner Gewerbe-Museum im ersten Jahrzehnt seines Bestandes 1887—1897. Denkschr. im Auftr. d. Mus.-Curatoriums hrsg. v. d. Museumsdirection, vf. v. Dr. Hubert **Wiglitzky**, Secret. d. Bukow. Handels- u. Gewerbekammer ... *Czernowitz: Selbstv. d. Curat. d. Bukow. Gewerbe Mus.; Buchdr. H. Czopp 1898.* (130 S., 2 Bl., 1 Taf., 2 Pl., 1 Tab.) 1 Bd 4.(8.) [98. 9703

Wiglitzky, Hub, d. Bukowiner Gewerbe-Museum im ersten Jahrzehnt s. Bestandes 1887—1897. Denkschrift, im Auftrage d. Museums-Curatoriums hrsg. v. d. Museumsdirection. gr. 8. (140 S. m. 1 Abb. u. 1 Taf.) Czernowitz 898. (H. Pardini.) n. 2. —

Wiglitzky, Hubert: Der Hausierhandel in der Bukowina. In: SV, 72/1899, S. 289–319. Sonderdruck: Leipzig: Duncker & Humblot 1899.

Wiglitzky, Hubert: Die Bukowinaer Hausindustrie und Mittel und Wege zur Hebung derselben. Bericht an die Handels- und Gewerbekammer in Czernowitz ... Czernowitz: Verl. d. Handels- und Gewerbekammer 1888.

Wiglitzky, H., vergleichende graphische Statistik in ihrer Anwendung auf das Herzogth. Bukowina u. das österreichische Staatsgebiet [die im Reichsrathe vertretenen Königreiche u. Länder], s.: Romstorfer, C. A.

Wiglow, Hermann: Beiträge zum Verhalten der fettsauren Alkalien und Seifen in wässriger Lösung . . . Heidelberg, Univ.-Buchdr. v. Ph. Wiese, 1896; 36 S., 1 Bl. 8°
Heidelberg, Naturw.-math. Fak., Inaug.-Diss. v. [24. Juni] 1896.

Wigner, John Harrison [aus London '(Engl.)']: Ueber das Aethylmesitylen . . . Heidelberg, Univ.-Buchdr. v. Ph. Wiese, 1897; 47 S. 8.
Heidelberg, Naturw.-math. Fak., Inaug.-Diss. v. [20. Febr.] 1897

Wigolais. – s.a. Wigalois. –

Wigolais vom Rade, s. Volksbücher, (Nr.) 18.

(U.-Titel:) Wigolais (sic) vom Rade. | (Fig.: *Ausruhender Ritter, drei Damen*, 65 × 84) | Volksbücher. | 18. | Herausgegeben von G. O. Marbach. | Leipzig, bei Otto Wigand. Kol.: Gedruckt bei Breitkopf und Härtel in Leipzig. o. J. (1841), 72 S., 165 × 115, 7 Fig. im Text. UB Tü Dk XI. 241ª und andere Bibliotheken. Heitz-Ritter Nr. 726–732, S. 208–210. – Max Wehrli: Wigalois. In: M. Wehrli, Formen mittelalterlicher Erzählung, Zürich/Freiburg 1969, S. 223–241.

Wigolais, der Ritter mit dem Rade. Eine unterhalt. u. abenteuerl. Historie. Mit schönen Figuren. Aufs Neue erzählt v. Ottm. H. F. Schönhuth. 8. (9 B.) Reutlingen 846, Fleischhauer u. Spohn.

Wigrebe. Geognostische Spezialkarte der Grafschaft Schaumburg. 2 Blätter. Cassel, 1873

Wihan, Josef: M. v. Collins ästhetische Anschauungen in ihrem Zusammenhang mit der patriotisch-nationalen Kunstentwicklung in Österreich im ersten Viertel unseres Jahrhunderts.
Phil. Diss., Prag 1898/99.

Johann Joachim Christoph Bode als Vermittler englischer Geisteswerke in Deutschland. Von Dr. Josef **Wihan**. Prag: C. Bellmann 1906. (VIII, 224 S.) 8°
— **Studien**, Prager deutsche. H. 3. [06. 13616

Wihan, Jos., Karl Adam Kaltenbrunner als mundartlicher Dichter. (116 S. m. 1 Bildnis) 8. Linz a/D. 904. J Feichtinger's Erben. (Nur direkt.) n. 2. —

— Deutsches Lesebuch, s.: Kummer, Karl, Ferd. v.

Wihan, Josef: Lessings „Minna von Barnhelm" und Goldonis Lustspiel „Un curioso accidente". S. 3–15. 8.
Staats-Gymn. mit deutscher Unterrichtssprache *Prag-Altstadt* 1903.
Progr.

Wihan, Rob., Menschenglück u. Veredlung. Ein Versuch, alle unanfechtbaren Thesen in diesen wichtigsten Fragen d. Menschheit festzustellen u. zur Anerkenng. u. Beachtg. zu bringen. Begründg. e. voraussetzungslosen Vernunftmoral. gr. 8. (64 S.) Trautenau (Böhmen) 902. Selbstverlag. n.n. 1.50

Wihan, Rob., Methodik des Zeichenunterrichtes mit gründlichster Behandlung der Elemente der Perspective. 8. (76 S. mit 1 Stnt.) Trautenau 879. (Wien, Pichler's Wwe. und Sohn.)

Wihan, Rob., **Spiritismus u. Theosophie vom Standpunkte der Philosophie. (69 S.) gr. 8. Leipzig (904). O. Mutze. n. 1. —**

Wihl, Ludw., romantische Dichtungen. gr. 12. (5⅓ B. u. Ttl.-vign.) Heidelberg 833, Groos.

Wihl, Ludw., Gedichte. 8. (13½ B.) Mainz 836, v. Zabern.

—— Geschichte d. deutschen National-Literatur, von ihren ersten Anfängen bis auf uns. Tage. 1—5. Hft. gr. 12. (29⅔ B.) Altona 840, [Dessau,] Aue. à

Wihl, Ldw., s. Jahrbuch für Kunst u. Poesie.

Wihl, **Ldw., de gravissimis aliquot Phoenicum inscriptionibus. Commentatio philolog.-critica. Cum II tabb. lith. inscriptionum. 8maj. Münch. 831. (v. Cotta). 12 gr.**

—— englischer Novellenkranz. (I.) 8. (16⅓ B.) Hamburg 839, Hoffmann u. Campe.

Wihl, Ludw., west-östliche Schwalben. 12. (152 S.) Mannheim 847. [Speyer, Lang.]

Wihlidal, Karl, englisches Lesebuch für höhere Lehranstalten mit sprachlichen und sachlichen Erläuterungen, litterarischen und biographischen Einleitungen, kurz gefaßter englischer Prosodie, sowie phonetischer Transkription der Aussprache. gr. 8. (XVI, 418 S.) Leipzig 887, Freytag. *M 3.—; geb.
—— dass. — für Realschulen und verwandte Lehranstalten mit sprachlichen und sachlichen Erläuterungen, literarischen und biographischen Einleitungen, kurz gefaßter englischer Prosodie, sowie phonetischer Transcription der Aussprache. gr. 8. (XVI, 418 S.) Prag 886, Tempsky. — Leipzig, Freytag. geb.

Wihlidal, Karl: Chaucer's „Knightes Tale" with an Abstract of the Poet's Life. 25 S. Budweis R. 1882.
Progr.

Wihlidal C.: Theorie der Interferenzerscheinungen an dicken Platten. 20. u. 8. Fig. Budweis R. 81.
Progr.

—— Theorie der Interferenz-Erscheinungen an dicken Platten. gr. 8. (22 S. mit 1 Taf.) Wien 881, (Pichler's Wwe. und Sohn.)

Wihrler, Anton: Über die Sprache der altfranzösischen chanson de geste Aye d'Avignon. Hamburg: Christians 1909. 60 S. 8°
Würzburg, Phil. Diss. v. 11. Febr. 1910, Ref. Schneegans
[Geb. 14. Sept. 85 Würzburg; Wohnort: Würzburg; Staatsangeh.: Bayern; Vorbildung: Neues Gymn. Würzburg Reife Juli 03; Studium: Würzburg 3, Paris 1, Würzburg 4 S.; Rig. 6. März 09.] [U 10. 4408

Wik [Schlagwort]

Wik, s.: Kiel.

von Wika-Czarnowski, Alexander (geb. Klein-Glisno in Westpr. 11. 1. 1850): Ueber die Echinococcen in der Leber. Berlin (1874). (26 S.) 8°
Berlin, Med. Diss. v. 24. Okt. 1874

Wikander, E. Hjalmar [aus Tierp (Schweden)]: Beiträge zur Kenntnis der Jodoso-, Jodo- und Jodoniumverbindungen des m-Jodnitrobenzols und des m-Jodacetanilids. Freiburg i. Br. 1899. 42 S. 8°.
Basel. Phil. Diss. 1898/99.

Wikart, Paul A[nton]. Einfall der Schweden in die Schweiz im Jahre 1633. ‹Mit besonderer Rüksicht auf den Kanton Zug.› [A.] 8. [Einsiedeln... 1880.]

Wikart, P. A., Die Familie Landtwing in Zug. Zugerisches Neujahrsblatt. Zug 1882.

Wikarto, Setja, meteorolog. Wahrnehmgn. d. Versuchsstation f. Zuckerrohr in West-Java, s.: Scholvien, A.

Wikholde recht, Dat buk. Das Sächsische Weichbildrecht nach einer Handschrift der Kgl. Bibliothek zu Berlin von 1369. Herausg. von A. v. Daniels. Berlin 1853. 8. . . . .

Wikelas, D. Lukis Laras, s. Universal-Bibliothek Nr. 1968 und 1969.

Wikham, der Graf von,. Trsp. 8. Lpz. Crusius. (W. Vogel.) 774.

v. Wikham, der Graf; e. Trspl. in 5 A. (von Jh. Karl Wetzel). 8. Leipz. 774. (W. Vogel). 10 gr.

Wikinson u. Wandrop. Schsp. v. H. F. Möller. 8. Frkft. Eßlinger, 779.

Wiklad, Miloslav. Deutsche Verskunde (Metrik) für Sprachen- u. Musikbeflissene. *Olmütz* 1858. Druck v. *Franz Slawik.* 78 S. 8°.

Wiklund, Karl Bernhard

Wiklund, K. B., Bibliographie der lappischen Litteratur, s.: Qvigstad, J.

— kleine lappische Chrestomathie, s.: Hilfsmittel f. das Studium der finnisch-ugrischen Sprachen.

Entwurf einer urlappischen Lautlehre v. K[arl] B[ernhard] Wiklund. [Bd] 1. *Helsingfors: Soc. finno-ougrienne 1896.* 8.
— Toimituksia, Suomalais-Ugrilaisen Seuran. [No] X, [illegible]

Wiklund, K. B., Entwurf e. urlappischen Lautlehre, s. a. Mémoires de la société finno-ougrienne, X.

Wiklund, K. B., s.: Monde, le oriental.

Wiklund, Karl Bernhard: Lule-lappisches Wörterbuch, s. Mémoires de la société finno-ougrienne. I.

Wikman, Anders: Beiträge zur Ästhetik Augustins. Weida i. Th. 1909: Thomas & Hubert. 101 S. 8°
Jena, Phil. Diss. v. 13. Sept. 1909, Ref. Eucken
[Geb. 25. Sept. 79 Nystad; Wohnort: Helsingfors; Staatsangeh.: Finnland; Vorbildung: Normal-Lyz. Helsingfors Reife O. 99; Studium: Helsingfors 6, Jena 4 S.; Rig. 19. Dez. 08.] [U 10. 2392

Wikmark, Elon: Die Frauenfrage des schwedischen Bürgertums. Eine ökonomisch-soziologische Untersuchung. Halle a. S.: C. Marhold (1905). (VIII, 203 S.) 8°
Heidelberg, Phil, Fak., Ref. Rathgen, Diss. v. 8. Juni 1905
[Geb. 5. März 81 Gothenburg; Wohnort: Gothenburg; Staatsangeh.: Schweden; Vorbildung: Gymn. Gothenburg Reife 00; Studium: Gothenburg 2, Berlin 1, Heidelberg 5 S.; Rig. 2. Aug. 04.]

Die Frauenfrage. Eine ökon.-soziol. Untersuchung unter spez. Berücks. d. schwed. Bürgertums. Von Dr. phil. Elon **Wikmark.** Halle a. S.: C. Marhold 1905. (VIII, 203 S.) 8° [05. 9159 3

Wikner, Pontus, Gedanken u. Fragen vor dem Angesichte d. Menschensohnes. Autor. Uebersetzg. aus dem Schwed. v. H. W. 8. (XXVI, 260 S.) Leipzig 897. Hamburg, A. Janssen. Geb. in Leinw. n. 4. —

Wikosch, Mart. Jh., Grundriß d. Universal-Geschichte. Alte Geschichte. 1r Bd. 1e Abthl. 8. Wien 812.

Wikström, Johann Emanuel (Emil?)

Wikström, Joh. Em., Conspectus litteraturae botan. in Suecia ab antiquiss. temporibus usque ad finem anni 1831, notisque bibliograph. et biographicis auctor. adjectis. 8 maj. (23½ B.) Holmiae 831. (Greifswald, Koch.)

— Diss. botanica de Daphne. Ed. II. 4. Stockh. 820. (Mauritius in Greifsw.) 8 gr.

—— Jahresbericht d. Kgl. Schwed. Akademie d. Wissenschaften üb. d. Fortschritte d. Botanik etc., s. Jahresbericht.

Wikström, Joh. Emil, Jahresbericht d. k. schwed. Akademie d. Wissenschaften üb. d. Fortschritte d. Botanik in d. letzten Jahren vor u. bis 1820, u. in d. Jahren 1821, 1822 u. 1824. Uebersetzt u. mit Hinweisung auf neuere Arbeiten u. m. Register versehen v. C. T. Beilschmied. gr. 8. (14½ B.) Breslau 839. (Max u. Comp.) Thlr.

Wikström, Joh. Emil, Jahresbericht d. k. schwed. Akademie d. Wissenschaften üb. d. Fortschritte d. Botanik in d. Jahren 18²⁶/₂₇, 1835, 1836 u. 1837. Uebers. u. mit Bemerkn. vers. v. C. T. Beilschmied. gr. 8. Ebsd. [826/27. (18½ B.) 839. 1⅙ Thlr., 35. 1. (15½ B.) 838. ⅚ Thlr., 2. (15½ B.) 839. ¾ Thlr., 36. (23 B.) 840. 1¾ Thlr., 37. (27¾ B.) 841. 2 Thlr.]
Jahrg. 1828 u. 1834, s. Jahresbericht etc. —

Wikström, Joh. Emil, Jahresbericht der kgl. schwedischen Akademie der Wissenschaften über d. Fortschritte der Botanik im J. 1838. Uebersetzt u. mit Zusätzen u. Registern versehen v. C. T. Beilschmied. gr. 8. (33⅜ B.) Breslau 843. (Max u. Comp.)

Wikström, Joh. Em., s. Swartz, Olav: Adnotationes botanicae.

Wikszemski, Adam: Beiträge zur Kenntniss der giftigen Wirkung des Wasserschierlings (Cicuta virosa). Diss. Dorpat 1875. 58 pp. 8°

Wila. Serbische Volkslieder 2c., s. W. Gerhard, Gedichte. 3r u. 4r. Bd.

Wila, J. J. Über Stutzer oder Büchsen. Zürich 1844. 8°.

Wilajat Ali, der Märtyrer von Delhi. 8. (15 S.) Basel 880, Missionsbuchhandlung.

Wilamowitz-Möllendorff, Hugo v., statistische Beschreibung d. Kreises Inowrazlaw. Im Anschluß an die allgemeine Volkszählg. vom 3. Decbr. 1867. gr. 4. (VIII, 142 S.) Inowraclaw 870. (Bromberg, Mittler.) n. a. 2. —

Wilamowitz-Möllendorff, Hugo v., die Prov. Posen und die neue Kreisordnung. gr. 8. (43 S.) Berlin 877, G. Reimer.
Aus: Preußische Jahrbücher, besonders abgedruckt.

Wilamowitz-Moellendorff, Ulrich von

Abschiedsworte am Sarge des Prof. Dr. Georg Kaibel Dienstag, den 15. Oct. 1901 gesprochen u. aus d. Erinnerung aufgezeichnet von Ulrich v. **Wilamowitz-Moellendorff.** Göttingen (1901): Dieterich. (6 S.) 8° [07. 9209 2

Wilamowitz-Moellendorff, Ulrich von: De Lycophronis Alexandra. Pr. 1883. 15 S. 4°

Wilamowitz-Moellendorff, Udalr. de, analecta Euripidea. Inest supplicum fabula ad codicem Archetypum recognita. gr. 8. (IV, 256 S.) Berlin 875. Bornträger. n. 6. —

—— s. Antigonos v. Karystos.

Wilamowitz-Moellendorff, U. v., Die Xenophont. Apologie. S.-A. 1896. 8 S.

Wilamowitz-Moellendorf, U. v., Aratos von Kos. Ak. 1894. 18 S.

Wilamowitz-Moellendorff, Ulrich v. (Bearb.), s. Aristophanes: Lysistrate.

Wilamowitz-Moellendorff, Ulr. v., Aristoteles u. Athen. 2 Bde. gr. 8. (VII, 381 u. IV, 428 S.) Berlin 893. Weidmann. n. 20. —

Wilamowitz-Moellendorff, Ulr. v., Bakchylides. gr. 8. (34 S.) Berlin 898. Weidmann. n. — 80

Wilamowitz-Moellendorff, U. v., Ueber den Begriff der Majestät. Gel. 1886. 17 S. 4°.

Wilamowitz-Moellendorff, Ulr. v., neue Bruchstücke der hesiodischen Kataloge. gr. 8. (13 S. m. 2 Taf.) Berlin 900. (G. Reimer.) n. — 50

Wilamowitz-Moellendorff, Ulr. v, s.: Bucolici graeci.

Index scholarum publice et privatim in academia Georgia Augusta per sem. hib. a d. XVI. m. Oct. a. 1893 usque ad d. XV. m. Mart. a. 1894 habendarum. Praemissa est Udalrici de Wilamowitz-Moellendorff de tribvs carminibvs Latinis commentatio. Gottingae, offic. acad. Dieterichiana typ. expr., 1893. 39 S., 1 Bl. 8.

Wilamowitz-Moellendorff, U. v., De tribus carminibus Latinis commentatio. (De Horatii carmine „In Archytam." — De Statii Achilleide. — De Plauti Persa.) Gel. 1893. 24 S.

Wilamowitz-Moellendorf, U. v., De tribus carminibus latinis. Pr. 1894. 26 S.

Wilamowitz-Moellendorff, U. v., Commentariolum grammaticum. Gel. 1879. 10 S. 4°. — II. Gel. 1880. 16 S. 4°.

Wilamowitz-Moellendorff, Ulr. v. Commentariolum grammaticum III u. IV. gr. 4. (30; 18 S.) Gött. 889, (Dieterich's Verlag.) à * — 80; * 1 60

— commentariolum metricum. I. u. II. Progr. Lex.-8. (32 u. 34 S.) Göttingen 895. Leipzig, Dieterich's Verl. à n. — 50

Wilamowitz-Moellendorff, Ulr. v., conjectanea. gr. 4. (18 S.) Göttingen 884. (Dieterich's Verl.) n. — 80

Wilamowitz-Moellendorff, Ulr. v., curae Thucydideae. gr. 4. (20 S.) Göttingen 885, (Dieterich'sche Verlagsb.) *

— Demotika d. attischen Metoeken. I. S.-A. 1887. 22 S.

— choriambische Dimeter. gr. 8. (32 S.) Ebd. 902. n. 1. —
Sonderabdruck a.: „Sitzungsber. d. preuss. Akad. d. Wiss."

Einleitung in die griechische Tragödie von Ulrich v. Wilamowitz-Moellendorff. Unveränd. Abdr. aus d. 1. Aufl. von Euripides Herakles 1, Kap. 1–4. Berlin: Weidmann 1907. (X, 257 S.) 8° 107. 2698

Wilamowitz-Moellendorff, Ulr. v., Einleitung in die griechische Tragödie. 2. unveränd. Abdr. aus der 1. Aufl. v. Euripides' Herakles I Kapitel I—IV. (X, 258 S.) gr. 8. Berlin 910. Weidmann. 6. —; geb. n 7. 50

— Erklärungen Pindarischer Gedichte. (S. 806—835.) Lex. 8. Berlin 909. G. Reimer. 1. —
Sonderabdr. a.: „Sitzungsber. d. preuss. Akad. d. Wiss."

Wilamowitz-Moellendorff, U. v., Festrede v. 1. VI. 92 (üb. d. Unterricht in d. alten Sprachen nach d. neuen Lehrplänen m. Rücks. a. d. Stud. d. Philologie.) Gel. 1892. 16 S. 4°. 1. —

— Philologie u. Schulreform. Festrede, im Namen der Georg-Augusts-Universität zur akadem. Preisvertheilg. am 1. Juni 1892. geh. 2. Abdr. gr. 8. (37 S.) Gött. 892, Dieterich's Sort. * — 50

— s.: Fragmente, (griechische) epische u. elegische.

— s.: Fragmente, (griechische) lyrische u. dramatische.

de tragicorum graecorum fragmentis commentatio. gr. 8. (33 S.) Göttingen 893. Dieterich's Verl. n.n. — 75

Wilamowitz-Moellendorf, U. v., Zu Plutarchs Gastmahl der 7 Weisen. S.-A. 1890. 32 S.

Gedächtnisrede auf Adolf Kirchhoff. Von Ulrich v. Wilamowitz-Moellendorff. Berlin: Kgl. Akad. d. Wiss. 1908. (11 S.) 4°
Aus: Abhandlungen d. Kgl. Preuß. Akad. d. Wiss. 1908. 108. 1137.

— Gedächtnisrede auf Adolf Kirchhoff. (11 S.) Lex. 8. Berlin 908. G. Reimer. 1. —
Sonderabdr. a.: „Abhandlgn. d. preuss. Akad. d. Wiss."

Wilamowitz-Moellendorff, Ulrich von: Gedächtnisrede auf Herm. Sauppe. Ak. 1894. 13 S.

— Pindars siebentes nemeisches Gedicht. (S. 328—352.) Lex. 8. Ebd. 908. 1. —
Sonderabdr. a.: „Sitzungsber. d. preuss. Akad. d. Wiss."

Wilamowitz-Moellendorff, Ulrich von: Ein Gesetz von Samos üb. die Beschaffung von Brotkorn aus öffentlichen Mitteln. s. Wiegand, Thdr.

— Das Griechentum als lebendige Kraft. Vortrag, geh. in der 3. ordentl. Versammlg. des Vereins der Freunde d. humanist. Gymnasiums in Wien am 27. III. 1909. (12 S.) gr. 8. Wien 909. C. Fromme. — 30
Sonderabdr. a.: „Mittlgn. d. Ver. d. Freunde d. humanist. Gymnasiums".

Wilamowitz-Moellendorff, U. v., Hephaistos. Ak. 1895. 29 S.

— Herakles, s. a. Euripides.

— Euripides' Herakles, erklärt. 2 Bde. gr. 8. Berlin 889. Weidmann. n. 22. —
1. Einleitung in die attische Tragoedie. (XII, 388 S.) n. 12. —
2. Text u. Commentar. (308 S.) n. 10. —

Wilamowitz-Moellendorff, Ulr. v., Hieron u. Pindaros. gr. 8. (46 S.) Berlin 901. (G. Reimer.) n. 2. —

— Die Hymnen d. Proklos u. Synesios. (24 S.) Lex. 8. Berlin 907. G. Reimer. 1. —
Sonderabdr. a.: „Sitzungsber. d. preuss. Akad. d. Wiss."

— Alexandrinische Inschriften. gr. 8. (7 S.) Ebd. 902. n. — 50
Sonderabdr. aus: „Sitzungsber. d. preuss. Akad. d. Wiss."

Index scholarum publice et privatim in academia Georgia Augusta per semestre aestivum (sic!) a. d. XV. m. Oct. a. 1885 usque ad d. XV. m. Mart. 1886 hab. Udalrici de Wilamowitz-Moellendorff lectiones epigraphicae. Gottingae, offic. acad. Dieterichiana, typ. expr. W. Fr. Kaestner (1885); 28 S. + 1 Bl. 4°.

Griechisches Lesebuch von Ulrich v. Wilamowitz-Moellendorff. 1. 2. *Berlin: Weidmann 1902.* 4 Bde. 8°
1. Text. Halbbd 1. 2. 2. Erläuterungen. Halbbd 1. 2. [01. 13179]

— griechisches Lesebuch. I. Text. 2 Bde. 2., unveränd. Abdr. gr. 8. Berlin 902. Weidmann. Geb. in Leinw. n. 5. 40
1. (XI u. S. 1—179.) n. 2. 60. — 2. (IV u. S. 181—402.) n. 2. 80.

— **dasselbe. II. Erläuterungen. 2 Bde. 2., unveränd. Abdr. gr. 8. Ebd. 902. Geb. in Leinw. à n. 2. —**
1. (IV u. S. 1—126.) — 2. (IV u. S. 127—270.)

— **griechisches Lesebuch. I. Tl. 2 Halbbde. u. II. Tl 1. Halbbd. gr. 8. Berlin, Weidmann.** Geb. in Leinw. n. 7. 40
I. 1. Text. 1. Halbbd. 4., unveränd. Aufl. (XI, 179 S.) 904. n. 2.60
2. Text. 2. Halbbd. 3. Aufl. (IV u. S. 181—402 m. Abbildgn.) 906. n. 2.80
II. 1. Erläuterungen. 1. Halbbd. 3., unveränd. Aufl. (IV, 126 S.) 904. n. 2. —

Griechisches Lesebuch von Ulrich v. Wilamowitz-Moellendorff. 5. Aufl. 1. Text, Halbbd. 1. Berlin: Weidmann 1907. 8° 108. 9350

— **Griechisches Lesebuch. I, 1. Halbbd. u. II, 1. u. 2. Halbbd. gr. 8. Berlin, Weidmann. Geb. in Lw. 6.60**
I. Text. 1. Halbbd. 6. unveränd. Aufl. (XI, 179 S.) 910. Geb. 2. 60
II. 1. Erläuterungen. 1. Halbbd. 5., unveränd. Aufl. (IV, 126 S.) 910 Geb. 2. —
II. 2. 3. unveränd. Aufl. (IV u. S. 127—270.) 909. Geb. 2. —

Wilamowitz-Moellendorff, U. v., Lesefrüchte. 2 Tle. 1898 u. 1900. 28 u. 24 S.

— **Zum Lexikon d. Photios. Verbessergn. v. Dichterstellen in dem Berliner Stücke des Buchstabens A.** (13 S.) Lex. 8. Berlin 907. G. Reimer. — 50
Sonderabdr. a.: „Sitzungsber. d. preuss. Akad. d. Wiss."

— s.: Literatur u. Sprache, die griechische u. lateinische.

— **Zum Menander v. Kairo.** (13 S.) Lex. 8. Berlin 907. G. Reimer. — 50
Sonderabdr. a.: „Sitzungsber. d. preuss. Akad. d. Wiss."

Neujahr 1900. Rede z. Feier d. Jahrh.-Wechsels geh. in d. Aula d. kgl. Fried.-Wilh.-Univ. am 13. Jan. 1900 von Ulrich v. Wilamowitz Moellendorff. *Berlin: Weidmann 1900.* (24 S.) 8° [illegible]

— **die hippokratische Schrift περὶ ἱρῆς νούσου. gr. 8. (22 S.) Ebd. 901. n. 1. —**

de Wilamowitz-Moellendorff, [illegible]
[illegible]
Berlin, Phil. Diss. v. [illegible]

Wilamowitz-Möllendorff, Udalric. de, Observationes criticae in comoediam graecam selectae. Dissertatio inauguralis. gr. 8. (III, 59 S.) Berlin 870, (Calvary und Comp.)

— **Panionion.** (20 S.) Lex.-8. Berlin 906. (G. Reimer.) n. 1. —

— s.: **Poetarum graecorum fragmenta.**

Rede zur Feier des Geburtstages S. M. des Kaisers und Königs am 27. Jan. 1897 im Namen der Georg-Augusts-Universität geh. v. Ulrich von Wilamowitz-Moellendorff. — Weltperioden. Göttingen, Druck d. Dieterich'schen Univ.-Buchdr., *1897;* 15 S. 8.

Wilamowitz-Moellendorff, Ulrich von, Rede zur Feier des 25-jährigen Regierungs-Jubiläums Seiner Majestät des Kaisers und Königs am 3. Januar 1886 im Namen der Georg-Augusts-Universität gehalten. Göttingen 1886, Dieterichsche Univ.-Buchh. 4°. 17 S.

Wilamowitz-Moellendorff, Ulr. v. Rede, geh. im Auftrage der königl. Georg-Augusts-Universität am Sarge des Geh. Reg.-R. Prof. D. Dr. Paul de Lagarde am 25. Decbr. 1891. 1. u. 2. Abdr. gr. 8. (11 S.) Gött. 892, Dieterich's Sort. — 30

— **die sechste Rede des Antiphon. gr. 8. (19 S.) Berlin (900). (G. Reimer.) n. 1. —**
Sonderabdr. aus: „Sitzungsber. d. preuss. Akad. d. Wiss."

— **Reden u. Vorträge. 1. u. 2. Aufl. gr. 8. (à VIII, 278 S.) Berlin 901. 902. Weidmann. n. 6. —; geb. in Halbfrz. n. 8. —**

Wilamowitz-Moellendorf, U. v., Ueber ein Relief in Palaszo Colonna aus hinterl. Entwürfen v. F. Matz. Gel. 1875. 3 S. u. 1 Taf. 4°. —.75

Wilamowitz-Moellendorff, U. v., Rec. „O. Immisch, Philol. Studien zu Plato I. Axioc 1896. S.-A. 1885. 12 S.

Wilamowitz-Moellendorff, Ulr. von: Satzungen einer milesischen Sängergilde. (Sitzungsberichte der Konigl. preussischen Akademie der Wissenschaften.) (Berlin 1904.)

— **Satzungen e. milesischen Sängergilde.** (22 S. m. 1 Taf.) gr. 8. Ebd. 904. n. 1. —

— drei **Schlussscenen** griechischer Dramen. (I—III.) gr. 8. Ebd. 903. n. 1. 50
I. II. (20 S.) n. 1. —. — III. (14 S.) n. — 50.
3 Sonderabdr. a.: „Sitzungsber. d. preuss. Akad. d. Wiss."

Wilamowitz-Moellendorff, U. v., Simonides der Epigrammatiker. Ak. 1897. 20 S.

— Das Skolion d. Simonides an Skopas. Ak. 1898. 33 S.

Staat und Gesellschaft der Griechen und Römer. Von U(lrich) v. Wilamowitz-Moellendorff u. B(enedictus) Niese. Berlin & Leipzig: Teubner 1910. VI, 280 S. 4°(8°)
(Die Kultur d. Gegenwart. T. 2, Abt. 4, 1.) [illegible]

— **Nordionische Steine, m. Beiträgen v. Paul Jacobsthal.** (71 S. m. 8 Abb. u. 2 Taf.) Lex. 8. Ebd. 909. Kart. 5. —
Sonderabdr. a.: „Abh. d. preuss. Akad. d. Wiss."

Wilamowitz-Moellendorff, U. v., Die griechischen Technopaegnia. S.-A. 1899. 5 S. 4°.

Die Textgeschichte der griechischen Bukoliker von Ulrich v. Wilamowitz-Moellendorff. Berlin: Weidmann 1906. (IX, 263 S.) 8°
= Untersuchungen, Philologische. H. 18. [illegible]

Die Textgeschichte der griechischen Lyriker. Von Ulrich v. Wilamowitz-Moellendorff. *Berlin: Weidmann 1900.* (121 S.) 4°
= Abhandlungen d. Königl. Gesellschaft d. Wiss. zu Göttingen. Phil.-hist. Kl. Bd 4, No 3.

— **Über das Θ der Ilias.** (S. 372—402.) Lex. 8. Ebd. 910. 1. —
Sonderabdr. a.: „Sitzungsber. d. preuss. Akad. d. Wiss."

— s.: **Timotheos, die Perser.**

— s.: **Timotheos-Papyros, der.**

— **s.: Tragoedien, griechische.**

Der griechische Unterricht auf dem Gymnasium. (Verf.: Ulrich v. Wilamowitz-Moellendorff.) Als Ms. gedr. (Dat. Westend, Ostern 1900.) 15 S. 4°(2°) [Kopft.] [illegible]

—— homerische Untersuchungen, s. Untersuchungen, philologische.

Wilamowitz-Moellendorff, Ulrich von: Volk. Staat. Sprache. Berlin 1898: W. Büxenstein. (18 S.) 4°
Berlin, Rede am Geburtstage d. Kaisers am 27. Jan. 1898.

— **über die ionische Wanderung.** (21 S.) Lex.-8. Berlin 906. G. Reimer. n. 1. —
Sonderabdruck aus: „Sitzungsber d. preuss. Akad. d. Wiss."

— **Weltperioden.** Rede, zur Feier d. Geburtstages Sr. Maj. d. Kaisers u. Königs am 27. I. 1897 im Namen d. Georg-Augusts-Universität geh. Lex.-8. (15 S.) Göttingen 897. Vandenhoeck & Ruprecht. n. — 30

— **Weltperioden.** Rede, zur Feier des Geburtstages Sr. Maj. des Kaisers u. Königs am 27. I. 1897 im Namen der Georg-Augusts-Universität geh. 3. Abdr. Lex.-8. (15 S.) Göttingen 899. Vandenhoeck & Ruprecht. n. — 40

Wilamowitz-Moellendorff, U. v., Weltperioden. Gel. 1897. 12 S. Asianismus u. Atticismus. S.-A. 1900. 52 S.

—— Zukunftsphilologie! Eine erwidrung auf Frdr. Nietzsches „geburt der tragödie". gr. 8. (32 S.) Berlin 872, Gebr. Borntraeger.

—— dass. — 2. Stück. eine erwidrung auf die rettungsversuche für Friedr. Nietzsches „geburt der tragödie". gr. 8. (24 S.) Ebendas. 873.

— s.: **Zum ältesten Strafrecht der Kulturvölker.**

Wilamowitz-Moellendorff, Wichard Graf von

Besteht eine gelbe Gefahr? Von [Wichard] Graf v. **Wilamowitz-Moellendorff**, Lt. Potsdam: A. Stein 1905. (IV, 85 S.) 8° [06. 4187

Wilberforce, Weihetlänge v. d. Friedensfahrt deutscher Kirchenmänner nach England, s.: Morgan, Campbell.

Wilberforce, Bertrand, Leben des Heiligen Ludwig Bertrand aus dem Orden des heil. Dominicus, Apostels von Neu-Granada. Illustriert von Cyril James Davenport vom British-Museum. Autoris. Übersetzung aus dem Engl. von M. v. Wibel. gr. 8. (XII, 416 S.) Graz 888, Moser'sche Buchh. * geb. * *

Wilberforce, Samuel

Wilberforce, Sam., Agathos. Sonntags-Erzählungen. Nach der 6. Ausg. des Orig. übers. 12. (120 S.) Berlin 852, Wohlgemuth.

Wilberforce, Sam., die Felsen-Inseln u. andere Parabeln. Sonntags-Erzählungen für die Jugend. Aus d. Engl. 16. Leipzig 842, K. Tauchnitz. 7/12 Thlr

Wilberforce, W. B., Glück auf! Ein Wort über Bergwerke und Eisenbahnen in Tirol. 8. (18 S.) Meran 887, [Pötzelberger.] Ellmenreich. *

Wilberforce, William

Wilberforce, Will., Familiengebete. Aus d. Engl. übersetzt von Gust. Ad. Lüders. Mit einer Vorrede von Aug. Neander. gr. 8. Berlin 835. Enslin'sche Buchh. 1/4 Thlr

Wilberforce, Will., Familiengebete. A. d. Engl., übers. v. Gust. Ad. Lüders. Mit e. Vorr. v. Aug. Neander. gr. 8. (5 1/2 B.) Berlin 835, [G. W. F. Müller's Verl.]

Wilberforce, William, Familiengebete. Aus dem Engl. übers. von G. A. Lüders. Mit einer Vorrede von Aug. Neander. 2. Aufl. 16. (XII und 67 S.) Berlin 857, G. W. F. Müller. * geb. * -

Wilberforth, Lucie, ein Liebling der Frauen. Briefe aus Kanarienheim. 12. (89 S.) Hameln 882. Fuendeling. n. 1. 75

Wilberforth, Lucie, ein Liebling der Frauen. Briefe aus Kanarienheim. 12. (89 S.) Hameln 882, Schmidt und Suckert.

Wilberg, s.a. Willberg.

Wilberg, Ad. Heinrich

Wilberg, (Cantor), Ad. Hnr., methodisch bearbeitete u. mit hinreichenden Uebungsaufgaben versehene Anleitung zum Unterrichte im Kopf- u. Tafelrechnen, für Volksschulen. 2 Thle. 8. Magdeb. 819. Rubach. 3 Thlr

— Anleit. z. Kopf- u. Tafelrechnen, nach Silbergroschen u. Pfennigen. 8. Magdeb. 824. Rubach. 16 Gr.

Wilberg, Ad. H., Anleitung zum Unterr. in d. Arithmetik, f. Preuß. Volksschulen, wo sowohl nach Silbergeld, als nach Courant gerechnet wird. 1. Thl. — A. u. d. T.: Anleitung zum Kopfrechnen. Nach e. genauen Stufenfolge geord. u. mit hinreich. Aufgaben vers. 8. (22 B.) Magdeburg 830, [Berlin,] Rubach.

—— dass. 2. Thl. — A. u. d. T.: Anleitung zum Tafelrechnen. Nach e. genauen Stufenfolge geord. u. mit hinreich. Aufgaben vers., nebst 170 Exempeltaf. 8. (22 1/2 B., 1 Tab. Fol. u. 21 1/2 B. qu. 8.) Ebds. 830.
Die 170 Exempeltafeln (mit Resultaten) apart, 12 Gr.

— hundert u. funfzig Exempeltafeln. (Zu dessen Rechenb. 2r Thl. gehörig.) 8. Magdeb. 820. Rubach. 18 Gr. dieselb. auf Pappe gezogen. 1 Thlr 18 Gr.

— 170 Exempeltafeln zum Tafelrechnen in preuß. Volksschulen, wo sowohl nach Silbergroschen als nach Courant gerechnet wird. qu. 8. Magdeb. 830. Rubach. 12 Gr.

Wilberg, Ad. Heinr., christl. Kinderfreund, od. auf alle Wochen im Jahre berechneter u. mit erläut. Bibelsprüchen, Liederversen u. Erzähln. ausgestatt. christl. Religionsunterr., f. d. zartere Jugend in Land- u. Bürgerschulen. 8. (12 1/2 B.) Magdeburg 839, [Fabricius.]

Wilberg, Ad. Heinr., christl. Kinderfreund, oder auf alle Wochen im Jahre berechneter u. mit erläut. Bibelsprüchen, Liederversen u. Erzählungen ausgestatt. christl. Religionsunterricht, für die zartere Jugend in Land- u. Bürgerschulen. 8. Magdeburg 839. Rubach'sche Buchh. 1/2 Thlr

Wilberg, C. L. A., Schutzrede in der Untersuchungssache wider den Dr. jur. Eduard Schmidt und seine Ehegattin. Gehalten am 19. Juni 1856. Berlin, Gebauer. 8. (26 S.) 2 1/2 ngr.

Wilberg, Christian

Wilberg's, Chrn., Aquarelle. 1. Serie: Potsdam und seine Umgebungen. Facsimile-Reproductionen von W. Loeillot, R. Steinbock und Gust. W. Seitz. 1. Lfg.: Das neue Palais. — Die Communs. — Stadt-Schloss und die Nicolaikirche. Terrasse vor Schloss Sanssouci. gr. Fol. (4 Chromolithogr.) Berlin 875, A. Duncker. Einzelne Blätter à

—— **dass.** — Facsimile-Reproductionen von W. Loeillot, R. Steinbock, Gust. W. Seitz und Mühlmeister, Jobler und Brauns. 2. Lfg.: Am heiligen See. Marmorpalais. — Aufgang zur Neuen Orangerie. — Im Park von Sanssouci. gr. Fol. (3 Chromolithogr.) Ebendas. 877. Einzelne Blätter à

—— **malerische Erinnerungen an Potsdam.** Sieben Aquarelle. qu. Fol. Ebendas. 878. * M 20.; in Calico-Mappe * Einzelne Blätter à *

Wiiberg, Chr., s. Thermen, die, des Caracalla; die Campagna von Rom.

15. Sonder-Ausstellung in der Königl. National-Galerie. Werke von Christian Wilberg. Berlin 1882. 8°.

Wilberg, Curt. s. Wilberg, Kurt

Wilberg, Eman., Troja 1893, s.: Dörpfeld, Wilh.

Wilberg, Erich, aus Charlottenburg: Zur Kenntnis des o-Amidoditolylamins. *Berlin (1901): G. Schade.* (60 S.) 8°
Berlin, Phil. Diss. v. 4. März 1901

Wilberg, Fr., Reform-Prinzipien und deren Anwendung auf einzelne Verhältnisse. 1—3. Heft. Berlin 860. (Leipzig, Huessel.) Lex.-8. Jedes Heft 6 ngr.
Inhalt: 1. Fallitverfahren. Prozeß und Exekution. (34 S.) — 2. Ehetrennungen. (43 S.) — 3. Wucher. (36 S.)

Wilberg, Friedrich Wilhelm

Wilberg, F. W. Beschreibung des 300jährigen Jubiläums des Gymnasiums. 25 S.
Dortmund, Progr. 1844

Wilberg, F. W. Geschichte des Gymnasiums zu Essen. 13 S.
Essen, Progr. 1845

Wilberg, F. Die Construction der allgemeinen Karten des Eratosthenes und Ptolemäus. Aus den Quellen dargestellt. 36 S.
Essen, Progr. 1834

Wilberg, Friedrich Wilhelm: Leben Alexanders des Gr. Aus Clintons Fastis hellenicis. 21 S. Essen, Progr. 1830.

Wilberg, F. W. Lectionum Homericarum specimen I. 22 S. Zu Od. α. vs. 99—101, 109—112, 183, 84, 234 u. 325—365.)
Essen, Progr. 1826

Wilberg, Friedr., das Netz d. allgem. Karten d. Eratosthenes u. Ptolemaeus. Aus d. Quellen dargest. gr. 4. (5 B. u. 1 Stnt. qu. Fol.) Essen 834, Baedeker.

Wilberg, Friedr., das Netz der allgem. Karten d. Eratosthenes n. Ptolomaeus. Aus d. Quellen dargestellt. gr. 4. (5 B. u. 1 Stnt.) Essen 835, Baedeker.

Wilberg, Fr. Wlh., s. Ptolomaei, Cl., geographiae libri octo.

Wilberg, F. W. Über drei Stellen der Geographie des Ptolemäus. 16 S. u. Figurent. [VII, 5. VII, 6. VII, 2.]
Essen, Progr. 1846

Wilberg, F. Die ebene Trigonometrie der Griechen. 22 S.
Essen, Progr. 1838

Ders. Zur sphärischen Trigonometrie der Griechen. 22 S.
Essen, Progr. 1839

Wilberg, Hans von. Meine Erlebnisse als königlich-neapolitanischer Soldat nach Thatsachen erzählt. 1. Aufl. 8. *o. O. u. J.* [1880/97].

Wilberg, Johann Friedrich

(Wilberg, Joh. Friedr.,) über Armenwesen. 8. (2 B.) Elberfeld 834, Schönian'sche Buchh.

Wilberg, Jh. Fr., Aufsätze üb. Unterricht u. Erziehung, f. Lehrer u. Aeltern. 1s u. 2s Bdchn. 8. Essen 824—26. Bädeker. (à 1 Rthlr. 4 gGr.) 2 Rthlr. 8 gGr.

— Blätter d. Erziehung u. dem Unterrichte gewidmet. 1s Heft. 8. Unna ... Hesselmann.

Wilberg, J. F., Blätter, der Erziehung u. dem Unterrichte gewidmet. 1s Heft. 8. Unna. 810. Ist Verlag von Müller in Leipzig.

—— Erinnerungen aus meinem Leben, nebst Bemerkn. üb. Erziehung, Unterr. u. verwandte Gegenstände. Lex.-8. (13½ B.) Essen 836, Bädeker.

— ein kleines Erziehungsbüchlein f. Bürger u. Bauersleute, nebst einigen schönen neuen Liedern. 8. Dortmund 798. (Schulz in Hamm). 4 gGr.

Wilberg, Jh. Fr., Gedanken u. Urtheile des Vetters Christian über Leben u. Wirken im Mittelstande. Nebst Mittheilungen aus seinem schriftl. Vermächtnisse. gr. 8. Essen 843, Bädeker. n. 1 Rthlr.

Wilberg, Joh. Friedr., Gedanken und Urtheile des Vetters Christian über Leben und Wirken im Mittelstande. Nebst Mittheilungen aus seinem schriftlichen Vermächtnisse. Mit dem Bildniß des Verf. (in Holzschn.) 2. Aufl. Essen 854. Bädeker. 8. (VIII, 454 S.) n. 20 ngr.

— der niederrheinische Hausfreund. Allerlei Neues u. Altes z. Unterhalt. u. zur Belehrung. 1s Bdchn. 8. Essen 831. Bädeker. 9 gGr.

—— der niederrhein. Hausfreund. Allerlei Neues u. Altes zur Unterhalt. u. zur Belehrung. 1. Bdchn. 8. (9¼ B.) Essen 832, Bädeker.

— der Schulmeister Lebrecht wie er über sein Amt dachte u. darin wirkte. 8. Elberfeld, Büschler. 820.

— der Schulmeister Lebrecht wie er über sein Amt dachte u. darin wirkte. 8. Elberf. 820. (Schönian). 16 gGr.

—— der Schulmeister Lebrecht, wie er üb. sein Amt dachte u. darin wirkte. 2. Aufl. 8. (..B.) Elberfeld 840, Schönian'sche Buchh.

— der märkische Lehrer u. Kinderfreund, ein Handbuch f. Lehrer in Bürger- und Landschulen. 2 Thle. 8. Dortmund 795—99. (Wundermann in Hamm). 18 gGr. Hbg. Pr. 9 gGr.

— s. Lesebuch f. Kinder, die gern besser werden wollen.

Wilberg, Jh. Fr., Lesebuch für Kinder in Stadt- u. Landschulen. 2 Thle. 8. Elberf. 806. 2e A. 808. 1r Thl. 20e A. 832. 3 gGr. 2r Thl. 9e A. 832. 9 gGr. Schönian. 12 gGr.

— Lesebuch f. Kinder in Stadt- u. Landschulen. 1r Thl. 14te Aufl. 8. Elberfeld, Büschler. 820.

— Lesebuch f. Kinder in Stadt- u. Landschulen. 1r Thl. 15e Aufl. 8. Elberf. 822, Schönian.

— dess. 2r Thl. 8e Aufl. 8. Ebd. 822, Ebd.

—— Lesebuch f. Kinder in Stadt- u. Landschulen. 1. Thl. 22—24. Aufl. 8. (à 4 B.) Elberfeld 836, 40, 42, Schönian'sche Buchh. à *
2. Thl. Ebendas. 1832. * 4½ Gr.

— Lese-, Denk-, Sprech- u. Sprachübungen f. Schulen, als Vorbereitung zum Unterricht in der deutschen Sprache. 8. Elberf. 818. 2e A. 824. Schönian. 7 gGr.

— s. Museum des rheinisch-westfäl. Schulmänner-Vereins.

Wilberg, Joh. Friedr., Nachlaß eines Verstorbenen. 57 Betrachtungen über die unsichtbare Welt, Gott, Religion und Unsterblichkeit. Hrsg. von seiner Tochter Mathilde, Frau Dr. Wirth, (geb. Wilberg). gr. 8. (IV und 208 S. mit 1 Stnt.) Elberfeld 867, Wilberg-Stiftung.

— Neujahrsbüchlein für Lehrer. gr. 8. Elberf. 819. (Schönian). 2 K

—— über Schulen. Ein Wort. 8. (6 B.) Essen 829, Bädeker.

Wilberg, Joh. Friedr., die für d. Elementarschulen nothwend. u. genügenden Schulübungen u. Lehrgegenstände; nebst e. Plane, wie diese f. d. verschied. Schülerklassen u. in die Schulzeiten d. Wochentage zu vertheilen sind. 8. (3 B.) Essen 831, Bädeker.

—— Stoff zum Nachdenken üb. Armen-Versorgung u. üb. einige mit ders. verbund. Gegenstände. gr. 8. (2½ B.) Elberfeld 838, Büschlersche Briefbuchh. •

—— Unterrichten u. Lehren, üb. Schulen, Lehrweisen ꝛc. Ein Wort. 8. (1¼ B.) Essen 834, Bädeker.
Aus den „Rheinischen Blättern" abgedruckt.

— wenn muß die Erziehung z. Religiosität anfangen? 8. Unna 811. Hesselmann. 2 K

— ein Wort zur Beherzigung, gesprochen in d. letzten Lehrer-Versammlung d. J. 1823 zu Elberfeld. 8. Elberf. 823. Schönian. 3 K

Wilberg, Joh. Friedr. Gtli., Vorlegeblätter zum schriftl. Rechnen, Facta, Winken u. Bemerkn. f. Lehrer üb. d. Lösung d. Aufgaben aus d. Zeitrechnung u. die d. Aufgaben von d. umgekehrten Proportionen an, bis zur Kettenrechnung, f. Stadt- u. Landschulen. 3 Abthln. 8. Prenzlau, [Kalbersberg.]
Abthl. 1. Aufgaben d. Addition unbenannt. Zahl bis zur Regel de tri III. Hauptpunkt, ohne Brüche einschließlich. (9½ B. u. 20 B. qu. 8.) 830. 18 Gr.
" 2. u. 3. Aufgaben vom Heben d. Brüche bis zur Kettenrechnung einschließlich. (43 B.) 833. 20 Gr.

Wilberg, Joh. Friedr. Gtli., Vorlegeblätter z. schriftl. Rechnen, nebst Facta, Winken u. Bemerkn. f. d. Lehrer üb. d. Lösung d. Aufgaben aus d. Zeitrechn. u. die der Aufgaben von d. umgekehrten Proportionen an, bis z. Kettenrechn., f. Stadt- u. Landschulen. 3 Abthln. (in 2 Bdn.) 2. Ausg. (Neuer Tit.) 8. (11½ B. u. 61 B. in qu. 8. nur auf ein. Seite bedr.) Prenzlau 838, Kalbersberg's Buchh. •

Wilberg, Curt, Serien- u. Prämienlosgesellschftn. Lotterievereine u. Lotteriespielgesellschaften. Gemeinverständlich erläutert. (47 S.) 8. Mainz (907). Frankfurt a/M. (Güntherburgallee 49), Krim.-Kommissar Wilberg. — 50

Wilberg, Max. Regenten-Tabellen. VIII + 336 S. 4. Frankfurt a. Oder, Paul Beholtz, 1906. [M. 12.50]

Wilberg, Max, Regenten-Tabellen. (336 S.) 4. Frankfurt a/O. 906. (G. Harnecker & Co.) n.n. 12. —

Wilberg, (Ernst Julius) Rich. [illegible] 1862): Acute Nephritis bei Pneumonie. Berlin (1885). (31 S.) 8°
Berlin, Med. Diss. v. 5. Aug. 1885

Wilberg, W., Priene, s.: Wiegand, Thdr.

Wilbert, Johann

Wilbert, Joh., katechetische Behandlung der biblischen Geschichte d. alten Testaments. Für kathol. Schulen u. Familien. 3 Bdchn. Regensburg 853. Manz. 8. (108; 110; 100 S.) Jedes Bdchn. 8¾ ngr.

Wilbert, Joh., katechetische Behandlung der biblischen Geschichte des neuen Testaments. Für kathol. Schulen und Familien. 1—5. Bdchn. 8. (564 S.) Regensburg 850—51, Manz. à Bdchn. 8¾ Ngr.

Wilbert, Johann: Beiträge zur Entstehung der Gynatresien. *Würzburg 1898: A. Boegler.* (26 S.) 8°
Wurzburg, Med. Diss. v. 1898

Wilbert, J., der wichtigste Unterricht in der Volksschule. Nach den bewährtesten Grundsätzen kathol. Pädagogen und mit besond. Berücksicht. gleichzeitiger Betheiligung aller Schülerklassen bei demselben Gegenstande. Ein Handbuch für kathol. Lehrer. gr. 8. (VIII und 239 S.) Regensburg 857, Manz. -

Wilbert, *Johann* Peter *Hubert* [aus Mulheim am Rh.]: Aus d. hygien. Institut zu Bonn. Ueber den Einfluss der Ernährungsweise auf die Kindersterblichkeit. . . . Bonn, Hauptmann'sche Buchdr., 1891; 31 S., 2 Bl. 8°
Bonn, Med. Fak., Inaug.-Diss. v. [30.] Mai 1891

Wilbertz, Wilhelm

Wilbertz, W., De adiectivis poetarum latinorum usque ad Catullum compositis. Diss. 1884. 94 S. 1.20

Wilbertz, [Wilhelm], Dir. Dr.: Kanon der zu lernenden und zu lesenden Stücke aus dem deutschen Lesebuche von Prof. Dr. Chr. Muff ⟨Ausg. von 1902⟩ für die Klassen Sexta bis Sekunda des Königl. Progymnasiums zu Neumark Westpr. (nach den Lehrplänen von 1901). *Neumark Westpr. 1902: J. Koepke.* (S. 19—22.) 4°
Neumark i. Westpr., k. PG m. ⟨st.⟩ VS, P 1902 (37)

Wilborn, s. Willborn.

Wilbraham, Evelyn, aus Lanchester ⟨Engl.⟩: Über Kondensations-Produkte von symmetrischem Dibenzylhydrazin mit aliphatischen und aromatischen Aldehyden und Aceton. *Leipzig 1904: Thalacker & Schoffer.* (39 S.) 8°
Leipzig, Phil. Diss. v. 1904

Wilbrands v. Oldenburg Reise nach Palaestina und Kleinasien lateinisch und deutsch mit erklärenden Anmerkungen und einer Biographie des Verf. hrsg. von J. C. M. Laurent. gr. 4. (77 S.) Hamburg 859, (Köhler.) *

Wilbrands von Oldenburg Reise nach Palästina u. Kleinasien lateinisch und deutsch mit erklärenden Anmerkungen und einer Biographie des Verf. herausg. von J. C. M. Laurent. Hamburg 859. (Nolte.) gr. 4. (77 S.) n. 20 ngr.

Wilbrand, Ferdinand

Wilbrand, F., Grundzüge der Chemie nach induktiver Methode. Zum Gebrauch an Gymnasien, Lehrerseminaren und höheren Bürgerschulen. gr. 8. (IV, 80 S. mit 34 in den Text gedr. Orig.-Holzschn.) Hildesheim 885, Lax. *
geb. *

— Grundzüge der Chemie in chemischen Untersuchungen. *Ausgabe A* (für Gymnasien und Realschulen). Vierte Auflage. Hildesheim, 1896. 8vo. Ill.
[The same.] *Ausgabe B* (für landwirthschaftlichen Schulen). Hildesheim, 1896. 8vo. Ill.

Wilbrand, F., Grundzüge d. Chemie in chem. Untersuchgn. Ausg. A. Zum Gebrauche an Gymnasien u. Realschulen. Nebst e. Anh.: D. wichtigsten Krystallformen u. Bemerkgn. zur Ausführg. d. Versuche. M. 53 in d. Text gedr. Orig.-Holzschn. 4. Aufl. gr. 8. (91 S.) Hildesheim 897. A. Lax. n. 1. 20; geb. n. 1. 50

— Grundzüge der Chemie in chemischen Untersuchungen. Ausgabe B (für landwirthschaftliche Schulen). Zweite Auflage. Hildesheim, 1898. 8vo. Ill.

— dasselbe. Ausg. B. Zum Gebrauche an landwirtschaftl. Schulen u. höh. Bürgerschulen. Nebst e. Anh.: Bemerkgn. zur Ausführg. d. Versuche. M. 19 in d. Te[x]t gedr. Orig.-Holzschn. 2. Aufl. gr. 8. (IV, 79 S.) Ebd. 899. Geb. in Leinw. n. 1. 50

Wilbrand, F., Grundzüge der Chemie in chemischen Untersuchungen. Ausg. A. Zum Gebrauche an Gymnasien u. Realschulen. Nebst e. Anh.: Die wichtigsten Krystallformen u. Bemerkgn. zur Ausführg. der Versuche. Mit 53 in d. Text gedr. Orig.-Holzschn. 5. Aufl. gr. 8. (IV, 90 S.) Hildesheim 900. A. Lax. n. 1. 20; geb. n. 1. 50

— dasselbe. Ausg. B. Zum Gebrauche an landwirtschaftl. Schulen u. höheren Bürgerschulen. Nebst e. Anh.: Bemerkgn. zur Ausführg. der Versuche. Mit 19 in d. Text gedr. Orig.-Holzschn. 3. Aufl. gr. 8. (IV, 80 S.) Ebd. 902. Geb. in Leinw. n. 1. 50

Wilbrand, F., Grundzüge der Chemie in chemischen Untersuchungen. Ausg A. Im Anh.: Die wichtigsten Kristallformen u. Bemerkgn. zur Ausführg. der Versuche. Mit 53 in den Text gedr. Orig.-Holzsch. 6. Aufl. (IV, 92 S.) 8. Hildesheim 904. A. Lax. n. 1. 20; geb. n. 1. 50

Grundzüge der Chemie in chemischen Untersuchungen. Von Dr. F. Wilbrand. Nebst e. Anh.: Bemerkungen z. Ausführung d. Versuche. Mit 30 Abb. Ausg. B. 5. Aufl. Hildesheim: A. Lax 1907. (IV, 98 S.) 8° [?] (c8. 13187 7

Wilbrand, Ferd., die Lehre v. den landwirthschaftlichen Gewerben. Als Mscr. gedr. gr. 8. (90 S.) Hildesheim 876. Lax. n.n. 1. 50

Wilbrand, Ferd., die Lehre von den landwirthschaftlichen Gewerben. 2. Aufl. gr. 8. (IV, 84 S. mit 23 lithogr. Abbildn. auf 10 Taf.) Hildesheim 880, Lax. *
—— dass. — 3. Aufl. gr. 8. (IV, 87 S. mit 24 lithogr. Abbild.) Ebendas. 882. *

—— die Lehre von den landwirtschaftlichen Gewerben. 4. Aufl. gr. 8. (III, 118 S. mit 31 lithogr. Abbild.) Ebendas. 888. *

Wilbrand, F., die Lehre v. den landwirtschaftl. Gewerben. 6. Aufl. Anh.: Versuche. (IV, 124 S. m. 43 Abb.) gr. 8. Hildesheim 908. A. Lax. 2. —

Wilbrand, Ferdinand: Leitfaden f. d. ersten Übungen im chem. Laboratorium, s. Wilbrand, Julius

— Leitfaden f. den methodischen Unterricht in der anorganischen Chemie. 2., umgearb. Aufl. gr. 8. (122 S.) Ebend. 875. n.n. 2. 25

— dasselbe. 3., verm. u. verb. Aufl. gr. 8. (XI, 203 S.) Ebend. 877. n. 3. —

—— Leitfaden für den methodischen Unterricht in der anorganischen Chemie. 4. Aufl. (240 S.) Ebda. 1882.

—— Leitfaden für den methodischen Unterricht in der anorganischen Chemie. 5. Aufl. gr. 8. (IV, 231 S. mit 59 eingedr. Orig.-Abbildgn.) Ebendas. 886. *

Wilbrand, F., Leitfaden f. den methodischen Unterricht in der anorganischen Chemie. 6. Aufl. Mit 60 in den Text gedr. Orig.-Abbildgn. gr. 8. (360 S.) Hildesheim 892. A. Lax. n. 3. 60

Leitfaden für den methodischen Unterricht in der Chemie. Von Dr. F[erdinand] Wilbrand. 7. Aufl. Mit 86 Abb. *Hildesheim: A. Lax 1899.* (VIII, 247 S.) 8° (99. 1361 7

— Leitfaden f. den methodischen Unterricht in der Chemie. 8. Aufl. Mit 87 in den Text gedr. Orig.-Abbildgn. (VIII, 248 S.) gr. 8. Ebd. 905. n. 3. 60; geb. n.n. 4. 20

— Leitfaden f. den methodischen Unterricht in der Chemie. 9. Aufl. Mit 87 in den Text gedr. Orig.-Abb. (VIII, 248 S.) 8. Ebd. 909. Geb. nn 4. 20

— — über Ziel und Methode des chemischen Unterrichts. Ein Beitrag zur Methodik. gr. 8. (60 S.) Ebendas. 881.

— über Ziel u. Methode des chemischen Unterrichts. Ein Beitrag zur Methodik. 2. Aufl. gr. 8. (III, 58 S.) Ebd. 900. n. 1. 20

Wilbrand, Franz Josef Julius, s.a. Wilbrand, Julius.

Wilbrand, F(ranz) J(oseph) Julius: Anatomie und Physiologie der Centralgebilde des Nervensystems. 196 S., gbd., 1 Taf.

Giessen: Ricker 1840

Wilbrand, F[ranz] J[oseph] Julius (Giessen)
Beiträge zur Würdigung der arzneilichen Wirkung des Kreosot's.
Giessen: J. Ricker 1834. 48 S.
[Habil. med. 1835] vorh. 4. 11.

Wilbrand J., von den Lebensaltern der Menschen und der menschlichen Lebensdauer. (Neue illustrierte Volksbibliothek II, 7-8) Stuttgart 1876

Wilbrand, F. J. J., v. den Lebensaltern d. Menschen u. der menschlichen Lebensdauer, s. Volks-Bibliothek, neue.

Wilbrand, F. J. Jul., Lehrbuch der gerichtlichen Psychologie für Aerzte und Juristen. Lex.-8. (XVI und 351 S.) Erlangen 858, Enke's Verlagsbuchh. *

Wilbrand, F. J. Jul., Leitfaden bei gerichtl. Leichenuntersuchungen. gr. 4. Gießen 841, Ricker'sche Buchh. n. 1/6 ℛ

—— über processus supracondyloideus humeri et femoris. Ein Beitrag z. vergleichenden Osteologie des Menschen. gr. 4. (1 B. u. 1 Stnt.) Giessen 843, Ricker. *

— stammt das Menschengeschlecht von einem Paare ab? Vom naturwissenschaftl. Standpunkte näher beleuchtet. Eine Vorlesung, gehalten am 26. Jan. 1844 in der Gesellschaft für Wissenschaft u. Kunst zu Gießen. 8. Ebend. 844. n. 1/6 ℛ

Wilbrand, Hermann

Wilbrand, Herm., s.: Archiv f. Augenheilkunde. 31. Bd. Ergänzungsheft.

— u. A. Staelin, üb. d. Augenerkrankungen in d. Frühperiode d. Syphilis. M. 1 farb. Taf. u. 8 Abb. im Text. [Aus: „Mitteilgn. aus d. hamburg. Staatskrankenanstalten".] gr. 8. (IV, 66 S.) Hamburg 897. L. Voss. n. 3. —

Wilbrand, Herm., ophthalmiatrische Beiträge zur Diagnostik der Gehirn-Krankheiten. gr. 8. (VIII, 100 S. mit 1 Doppel-Taf. in Farbendr.) Wiesbaden 884, Bergmann. *

Die Erholungsausdehnung des Gesichtsfeldes unter normalen u. pathologischen Bedinggn v. Dr Hermann Wilbrand, Augenarzt ... zu Hamburg. M. 8 Taf. u. 2 Textabb. *Wiesbaden: J. F. Bergmann 1896.* (XII, 181 S., 7 Taf.) 1 Bd 8. (96. 803

— üb. d. Erholungsausdehnung d. Gesichtsfeldes u. d. Wesen d. concentr. Gesichtsfeldeinschränkg. [Aus: „Allgem. med. Central-Zeitg."] gr. 8. (20 S.) Berlin 895. O. Coblentz. n. 1. —

Wilbrand, Herm. Die hemianopischen Gesichtsfeld-Formen u. das optische Wahrnehmungszentrum. Ein Atlas hemianop. Defekte. gr. 8. (XII, 157 S. m. 24 Fig. im Texte u. 22 farb. Taf.) Wiesb. 890, Bergmann. * 6 —

—— über Hemianopsie und ihr Verhältniss zur topischen Diagnose der Gehirnkrankheiten. gr. 8. (VI, 214 S.) Berlin 881, Hirschwald. *

Wilbrand, H., u. A. Saenger, die Neurologie des Auges. E. Handbuch f. Nerven- u. Augenärzte. 1. Bd. 1. Abth. gr. 8. (XXVI, 306 S. m. 63 Abb.) Wiesbaden 899. J. F. Bergmann. n. 6. —

Wilbrand, H., u. A. Saenger, die Neurologie d. Auges. Ein Handbuch f. Nerven- u. Augenärzte. 1. Bd. Die Beziehgn. des Nervensystems zu den Lidern. 2. Abth. gr. 8. (LXI u. S. 307—696 m. 88 Abbildgn.) Wiesbaden 900. J. F. Bergmann. n. 8.—; (1. Bd. kplt. n. 14.—)

— — dasselbe. 2. Bd. Die Beziehgn. d. Nervensystems zu den Thränenorganen, zur Bindehaut u. zur Hornhaut. gr. 8. (XXXVI, 324 S. m. 49 Abbildgn.) Ebd. 901. n. 8. 60

Wilbrand, H., u. A. Saenger, die Neurologie des Auges. Ein Handbuch f. Nerven- u. Augenärzte. III. Bd. 2 Hälften. gr. 8. Wiesbaden, J. F. Bergmann. n. 41. —

1. Anatomie u. Physiologie der opt. Bahnen u. Centren. Mit 180 Textabbildgn. u. 110 Fig. auf Taf. I—XXVI. (XXI, 474 S.) 901. n. 18. 60
2. Allgemeine Diagnostik u. Symptomatologie der Sehstörgn. Mit zahlreichen Textabbildgn. u. 6 Taf. (XX u. S. 475—1097.) 906. n. 22. 40

Wilbrand, H., u. A. Saenger, die Neurologie d. Auges. Ein Handbuch f. Nerven- u. Augenärzte. IV. Bd. 1. Hälfte. Die Pathologie der Netzhaut. Mit zahlr. Textabb. (XVIII. 463 S.) Lex. 8. Wiesbaden 909. J. F. Bergmann. 16. —
I.—III. Bd. Ebd. 900—906. 63.60.

—— über den Nystagmus, s. Sonderabdrücke der Deutschen Medicinal-Zeitung.

— die Seelenblindheit als Herderscheinung u. ihre Beziehungen zur homonymen Hemianopsie, zur Alexie u. Agraphie. Mit 3 Holzschn. u. 1 lith. Taf. gr. 8. (V, 192 S.) Wiesbaden 887. Bergmann. n. 4. 60

Wilbrand, Herm., u. Alfr. Saenger, üb. Sehstörungen bei functionellen Nervenleiden. gr. 8. (VI, 190 S. m. zahlreichen Abbildgn.) Leipzig 892. F. C. W. Vogel. n. 4. —

— — u. A. **Staelin,** Untersuchungen üb. e. Conjunctivitis-Epidemie. [Aus: „Jahrbb. d. hamburg. Staatskrankenanstalten" 3. Bd.] gr. 8. (26 S. m. 2 Abbildgn. u. 1 Taf.) Hamburg 894. L. Voss. n. 2. —

Wilbrand, Johann Bernhard

Wilbrand, Joh. Bernh., Bedenken u. Zweifel, betreffend das Verhältniss der chemischen Theorien zu den Erfordernissen des Wissens überhaupt u. z. Physiologie, sowie z. ärztl. Praxis insbesondere. gr. 8. (3 B.) Mainz 843, v. Zabern. *

Wilbrand, Joh. B., Darstellung des tierischen Magnetismus als einer in den Gesetzen der Natur vollkommen gegründeten Erscheinung. Frankf. a. M., Sauerländer, 1824, 8°.

Darstellung der gesammten Organisation. Von Joh[ann] Berch[ard] Wilbrand. Bd 1.2. Gießen & Darmstadt: Heyer 1809-10. 8°

— **Erläuterung d. Lehre vom Kreislaufe in den mit Blut versehenen Thieren,** nebst weiterer Nachweis., daß eine Blutcirculation weder in der Beobachtung noch wissenschaftl. begründet ist, und sich mit dem sonstigen Verhalten der Natur nicht vereinigen läßt. Eine Vorlesung. Nebst e. Beilage. 8. Frankf. 826. Sauerländer. 16 gr

Wilbrand, J. B.: Erläuterung der Lehre vom Kreislaufe in den mit Blut versehenen Thieren, nebst weiterer Nachweisung, dass eine Blutcirculation weder in der Beobachtung noch wissenschaftlich begründet ist, u. sich mit dem sonstigen Verhalten der Natur nicht vereinigen läßt. Vorgelesen... Nebst e. Beil. Frankfurt a. M. 1826. 124 S.

— u. Fr. A. Ritgen, **Gemälde d. organ. Natur in ihrer Verbreitung auf d. Erde.** 4 Bl. mit Text. Roy.-Fol. Gießen 819. Ferber. (Steinacker in Leipz.) 4 Rthl 12 gr ill. 8 Rthl 16 gr der Text apart 12 gr

— u. F. A. Ritgen, Gemälde der organischen Natur in ihrer Verbreitung auf der Erde. 8. Gießen, Muller. 821.

— u. A. Ritgen, Gemälde d. organ. Natur in ihrer Verbreitung auf d. Erde. 4 Bl. mit Text. in Roy.-Fol. Gießen 822, Ferber. (Steinacker in Leipz.) 4 Rthl. 12 gr., illum. 8 Rthl. 12 gr. Der Text apart.

— **das Gesetz des polaren Verhaltens in der Natur;** dargestellt in d. magnetischen, elektrischen u. chemischen Naturerscheinungen; in dem Verhalten der unorganischen Natur zur organischen Schöpfung etc. gr. 12. Gießen 819. (Ferber). 1 Rthl 8 gr

— s. Geubel, H. K., die Gehäuse u. sonst. Gebilde d. Mollusken.

Wilbrand, Joh. Bernh., Handbuch d. vergleich. Anatomie in ihrer nächsten Bezieh. auf d. Physiologie, f. wissenschaftl. Aerzte u. f. Studirende d. Arzneikunde. gr. 8. (28 B.) Darmstadt 838, Leske.

Wilbrand J. B.: Handbuch d. vergleichenden Anatomie in ihrer nächsten Beziehung auf die Physiologie ... Darmst. 1838. 438 S.

Wilbrand, Jh. Bhrd., Handbuch der Botanik nach Linné's System. Enthalt. die in Deutschland u. in d. Schweiz wildwachsenden u. merkwürdige ausländ. Gewächse etc. Mit 16 Kpft. gr. 8. Gießen 819 Heyer. 6 Rthl 16 gr Hbg. Pr. 4 Rthl 12 gr

—— Handbuch d. Botanik nach d. natürl. Pflanzenstufen, Pflanzenkreisen u. Familien, mit e. einleit. Aufzählung sämmtl. Geschlechter nach Linné's System, z. Gebr. beim Aufsuchen unbekannter Pflanzen, sowohl nach d. Linné'schen Systeme, als auch nach d. natürl. Familien, so wie z. Erleichterung d. Studiums u. d. Uebersicht d. letztern. Enthält d. dem Arzte, Pharmaceuten, Oekonomen, Forstmanne u. Blumenliebhaber merkwürd., so wie die meisten in Deutschland wildwachs. Pflanzen, nebst Andeutung ihrer Eigenthümlichkeiten. gr. 8. (48 B.) Darmstadt 837, Leske.

Wilbrand, Joh. Bernh., Handbuch d. Naturgeschichte d. Thierreichs. Nach d. verbess. Linne'schen Methode. Nebst e. Tab.: Uebersicht d. Thierreichs etc. gr. 8. (39 B.) Giessen 829, Heyer, Vater. Thlr.

— **das Hautsystem in allen seinen Verzweigungen anatomisch, physiologisch u. pathologisch dargestellt.** 8. Gießen 813. Heyer. 16 gr

Wilbrand, Johann Bernhard: Das Hautsystem in allen seinen Verzweigungen. Anatomisch, physiologisch und pathologisch dargestellt. 157 S., gbd.

Gießen: 1820

Wilbrand, Jh. Bernh., über die Classification der Thiere. gr. 8. Gießen 814. (Leipzig, Fr. Fleischer.) 5/6 ₰

— über die Classification der Thiere. gr. 8. Gießen 815. Tasché. 20 ₰

—— über das Leben u. seine Erscheinung z. nähern Erläuterung der Schrift: Ueber d. Zusammenhang der Natur m. dem Uebersinnlichen. (Mainz 1843.) Eine Vorlesung. gr. 8. (3½ B.) Mainz, Faber'sche Buchh. 1844 *

— die Natur d. Athmungs-Prozesses. 8. Frankf. 827. Sauerländer. 6 ₰

—— die natürl. Pflanzenfamilien in ihren gegenseit. Stellungen, Verzweigungen u. Gruppirungen zu e. natürl. Pflanzensysteme. gr. 8. (6¼ B.) Giessen 834, Heyer, Vater.

—— allgem. Physiologie, insbesond. vergleich Physiologie. d. Pflanzen u. Thiere. gr. 8. (29 B.) Heidelberg 833, Groos.

Wilbrand, J. B.: Allgemeine Physiologie insbes. vergleichende Physiologie der Pflanzen und der Thiere. Heidelberg u. Leipzig, Wien 1833. XII, 452 S.

— Physiologie des Menschen. gr. 8. Gießen 815. Tasché. 2 ₰ 12 ₰

—— Physiologie d. Menschen. 2., neu bearb. Aufl. gr. 8. (28 B.) Leipzig 840, Fr. Fleischer.

— Physiologie u. Naturgeschichte rc. gr. 12. Gießen 810, jetzt Ferber.

—— Uebersicht d. Thierreichs nach natürl. Abstufungen u. Familien. Zum Gebr. bei Vorlesn. 1 Tab. gr. Fol. Giessen 828, [Heyer, Vater.] 4 Gr., Schrbp.

— Uebersicht d. Vegetation Deutschlands, nach ihren natürl. Familien. 8. Stadtamhof 824. (Gießen, Müller). 6 ₰

Wilbrand, Joh. Bernh., Übersicht der Vegetation Deutschlands nach ihren natürlichen Familien. Stadtamhof 1824. 8.
Sep.-Abdr. aus: »Flora, oder botan. Zeitung«

— üb. den Ursprung u. die Bedeutung d. Bewegung auf Erden. 8. Gießen 813. Heyer. 16 ₰

— über das Verhältniß d. Luft zur Organisation; eine nähere Darstell. d. eigentl. Bedeutung d. Respirationsprozesses. gr. 8. Münster 807. Aschendorf. 8 ₰

—— was ist Physiologie? u. wie ist diese Wissenschaft zu behandeln? Vorles. 8. (3 B.) Frankfurt a. M. 827, Sauerländer.

Wilbrand, Joh. Bernh., über d. Zusammenhang der Natur mit dem Uebersinnlichen u. wie ein gründl. Studium der Natur u. ihrer Erscheinungen auf eine Fortdauer des Menschen von geistiger Seite, nach der Vollendung seines irdischen Lebens, als schlechthin nothwendig hinweiset. Eine Vorlesung. gr. 8. (3¼ B.) Mainz 843, Faber'sche Bh. Thlr. *

Wilbrand, Julius, s.a. Wilbrand, Franz Josef Julius

Wilbrand, Jul., die altgermanischen Befestigungen auf der Grotenburg bei Detmold einst u. jetzt. 2. unveränd. Abdr. [Aus: „Bielefelder Post".] Im Vorwort Begründg. e. Prioritätsanspruches. gr. 16. (22 S.) Bielefeld 893. Velhagen & Klasing. n. — 50

Wilbrand J.: Kritische Briefe üb. das landwirthschaftliche Unterrichtswesen in Preussen. 2. unverand. Aufl. Hann. 1873. 44 S. P.

Wilbrand, Jul., kritische Briefe über das landwirthschaftliche Unterrichtswesen in Preußen. 2. unveränd. Aufl. gr. 8. (44 S.) Hannover 874, Helwing's Verlag.

—— Hildesheim's Cholera- und Typhusverhältnisse und die Desinfection der Stadt während der Cholera-Epidemie von 1867. Ein Beitrag zur Würdigung der Pettenkofer'schen Lehren von der örtl. und zeitl. Disposition rc. gr. 8. (VIII, 151 S. mit 1 lithogr. Plane der Stadt in gr. 4.) Hildesheim 868. Gerstenberg'sche Buchh.

Wilbrand, Julius: (1256–1908.) Kurze Chronik des Sparenberges (mit e. Plan d. Burg). Hrsg. v. Verschönerungsverein zu Bielefeld. 6. verm. Aufl. Bielefeld 1908: Velhagen & Klasing. 17 S. 8°

—— die Desinfection im Großen bei Cholera-Epidemien. Nach wissenschaftl. Principien practisch durchgeführt im J. 1867 zu Hildesheim. Officieller Bericht über die Entwickelungsgeschichte der Krankheit, die Maßregeln der Behörden und die Grundsätze und Erfahrungen der Desinfections-Commission. Im Auftrag der königl. Landdrostei zu Hildesheim verfaßt. 2. Ausg. gr. 8. (VIII, 151 S. mit 1 Stnt. in gr. 4.) Hildesheim 873, Gerstenberg'sche Buchh.

Wilbrand, Jul., und Ferd. Wilbrand, Leitfaden für die ersten Uebungen im chemischen Laboratorium. Zum Gebrauch an höheren Mittelschulen zusammengestellt. 16. (36 S.) Neuwied 867, Heuser's Verlag. *

Wilbrand, Julius (Giessen)
Thesen aus der gesammten Heilkunde, welche den 21.12.1833 zur Erlangung der Doctorwürde in der Medicin, Chirurgie und Geburtshilfe öffentlich vertheidigen wird: Julius Wilbrand aus Giessen.
Giessen: Heyer 1833. [4 S.] vorh. 7.
Dr. med. 21.12.1833.

[Umschlagt.:] [F.] **Wilbrand,** Julius [Dr.]: Über den Wert der Mineralogie und Geologie als Unterrichtsfach. Bielefeld, Druck v. Velhagen & Klasing, 1893; 3–8 S. 4.
Bielefeld, G u. RG, P 1893 (348)

Wilbrand, Leopold (Giessen)
Die Gewerbekrankheiten der Steinzeug-Arbeiter.
[In: Ztschr. f. gerichtliche Medizin.]
Dr. med. Giessen 12.7.1866.

Wilbrand, L., die Kriegs-Lazarethe von 1792—1815 u. der Kriegstyphus zu Frankfurt a/M., s. a. Archiv f. Frankfurts Geschichte u. Kunst.

Wilbrand, L. D. Kriegslazarette v. 1792–1815 u. d. Kriegstyphus zu Frankfurt a. M. n. d. Akten d. Stadtarchivs. Frankfurt 1884.

Ueber Vaterlandsliebe und Freimaurerei. Vortrag, gehalten in der „Loge zur Einigkeit" [in Frankfurt a. M.] am 12. Jan. 1887 von [Leop.] **Wilbrand.** Frankfurt a. M. Mahlau & Waldschmidt [1887]. 12 S. 8°
Pflichten des Mrs für sein Vaterland. 23. 25.

WILBRAND, Ludwig Wilhelm: Gutachten, die Bewirtschaftung des Heidelberger Stadtwaldes betreffend vom 30. Mai 1905. - Darmstadt 1905. 4 S.

WILBRAND, Ludwig Wilhelm: Mittheilungen aus der Forst- und Cameral-Verwaltung des Grossherzogthums Hessen. - Darmstadt 1886. 175 S.

Wilbrand, Martin, s. Wilbrandt, Martin

Wilbrand, S. Zur Geschichte des siebenjährigen Krieges in Oberhessen. (Bielefeld 1884.) 8°. (Aus: 4. Jahresber. d. Oberhess. Vereins f. Lokalgesch.)

Wilbrand, Wilhelm

Wilbrand, Guilelmus: S. Ambrosius quos auctores quaeque exemplaria in epistulis componendis secutus sit. Monasterii Guestf. 1909: Aschendorff. VIII, 40 S. 8°
Münster, Phil. Diss. v. 30. Nov. 1909, Ref. Sonnenburg
[Geb. 22. Dez. 80 Münster i. W.; Wohnort: Münster; Staatsangeh.: Preußen; Vorbildung: Paulin. Gymn. Münster Reife O. 99; Studium: Lausanne 1, Münster 6 S.; Rig. 27. Okt. 09.] [U 10. 3817

Wilbrand, Willi, Gerichtsass. aus Viernheim: Die **Teilung** der Gewalten im Recht des Deutschen Reichs. *Erlangen 1900: F. Junge.* (59 S.) 8°
Erlangen, Jur. Diss. v. 18. Juli 1899

Adolf **Wilbrandt**. Zum 24. August 1907. Von seinen Freunden. Mit 3 Bildn. von Franz Lenbach u. 1 photogr. Aufnahme von Erwin Raupp. Stuttgart & Berlin: J. G. Cotta Nachf. 1907. (210 S.) 8° [F.] [07. 17473

Wilbrandt: Gänge ins Freie: Beiträge zur Wissenschaft der Sprache. 30 S. Lauban, Progr. 1865.

Wilbrandt, Adolf

Wilbrandt, Adf., Meister Amor. Roman in 2 Bdn. 8. (268; 237 S.) Wien 880, Rosner. *

— Meister Amor. Roman. 2. Aufl. 8. (271 S.) Stuttgart 894. J. G. Cotta Nachf. n. 3. 50; geb. n. 4. 50

Wilbrandt, Adf., Meister Amor. Roman. 3. Aufl. 8. (442 S.) Stuttgart 901. J. G. Cotta Nachf. n. 3. 50; geb. n. 4. 50

Wilbrandt, Adf., Arria und Messalina. Trauerspiel in 5 Aufzügen. 8. (126 S.) Wien 874, Rosner.

Wilbrandt, Adf., Arria und Messalina. Trauerspiel in 5 Aufzügen. 2. Aufl. 8. (126 S.) Wien 877, Rosner. *

Wilbrandt, Adf., Arria u. Messalina. Trauersp. in 5 Aufzgn. 3. Aufl. 8. (126 S.) Wien 896. A. W. Künast. n. 3. —

Wilbrandt, Adf., Beethoven. gr. 16. (31 S.) Stuttgart 896. J. G. Cotta Nachf. Geb. m. Goldschn. n. 1. 50

Das lebende Bild u. andere Geschichten. Von Adolf **Wilbrandt**. 3. Aufl. *Stuttgart: J. G. Cotta Nachf. 1901.* (345 S.) 8° [F.] [04. 5183

Wilbrandt, Adolf. Ulrich Braeker, der arme Mann im Toggenburg (1735—[1798]). 26 S. 8. Leipzig, Verlag für Literatur, Kunst und Musik, 1906. [M. —. 40]
(Beiträge zur Literaturgeschichte. Heft 18. Herausgeber: Hermann Graef.)

— Ulrich Braeker, der arme Mann im Tockenburg. s. a. Beiträge zur Literaturgeschichte.

—— Giordano Bruno. Trauerspiel in 3 Aufzügen. 8. (100 S.) Ebendas. 874.

— Dämonen u. and. Geschichten. 3. u. 4. Aufl. (297 S.) 8. Stuttgart 908. J. G. Cotta Nachf. 3.—; geb. in Leinw. 4. —

Wilbrandt, Adf., der Dornenweg. Roman. 8. (318 S.) Stuttgart 894. J. G. Cotta Nachf. n. 3. 50; geb. n.n. 4. 50

[F.] Der Dornenweg. Roman v. Adolf **Wilbrandt**. 2. Aufl. *Stuttgart: J. G. Cotta Nachf. 1894.* (318 S.) 1 Bd 8. [97. 7672

— der Dornenweg. Roman. 4. Aufl. 8. (318 S.) Ebd. 901. n. 3. 50; geb. n. 4. 50

— Fridolin's heimliche Ehe. Nach Erinnergn. u. Mittheilgn. erzählt. 8. (223 S.) n. 4. —
Wien: L. Rosner 1875.

—— Fridolin's heimliche Ehe. Nach Erinnerungen und Mittheilungen erzählt. 8. (223 S.) Ebendas. 877. *

—— Fridolin's heimliche Ehe. Nach Erinnerungen und Mittheilungen erzählt. 2. Aufl. 8. (223 S.) Ebendas. 882. *

[F.] Fridolins heimliche Ehe. Nach Erinnergn. u. Mitteilgn erzählt v. Adolf **Wilbrandt**. 3. Aufl. *Stuttgart: J. G. Cotta 1899.* (230 S.) 1 Bd 8. [98. 11996

Fridolins heimliche Ehe. Nach Erinnerungen u. Mitteilungen erzählt von Adolf **Wilbrandt**. 4. Aufl. Stuttgart & Berlin: J. G. Cotta Nachf. 1907. (220 S.) 8° [F.] [07. 18291

Die Eidgenossen. Schauspiel in 5 Aufz. von Adolf **Wilbrandt**. Stuttgart: J. G. Cotta Nachf. 1896. (168 S.) 8° [F.] [05. 12413 11

— Erika. — Das Kind. Erzählungen. 1.—3. Aufl. 8. (à 405 S.) Ebd. 900. n. 3. 50; geb. n. 4. 50

Wilbrandt, Adf., Erinnerungen. 1. u. 2. Aufl. (à VIII, 268 S. m. Bildnis.) 8. Stuttgart 905. J. G. Cotta Nachf. n. 3. —; geb. in Leinw. n. 4. —
Neue Folge u. d. T.: Aus der Werdezeit.

— Faust, f. die Bühne in 3 „Abenden" eingerichtet, s.: Goethe, Joh. Wolfg. v.

Fesseln. Roman von Adolf **Wilbrandt**. Stuttgart & Berlin: J. G. Cotta Nachf. 1904. (300 S.) 8° [F.] [06. 3816 11

Fesseln. Roman von Adolf **Wilbrandt**. 3. Aufl. Stuttgart & Berlin: J. G. Cotta Nachf. 1904. (300 S.) 8° [F.] [05. 6 57

— Feuerblumen. Roman. 2. Aufl. 8. (367 S.) Stuttgart 900. J. G. Cotta Nachf. n. 3. —; geb. n. 4. —

— Franz. Roman. 1.—3. Aufl. 8. (à 452 S.) Ebd. 901. n. 3. 50; geb. n. 4. 50

— d. glückliche Frau. Roman. 1.—3. Aufl. 8. (à 257 S.) Stuttgart 898. J. G. Cotta Nachf. n. 3. —; geb. n. 4. —

Wilbrandt, Adf., die glückliche Frau. Roman. 4. Aufl. 8. (257 S.) Stuttgart 901. J. G. Cotta Nachf. n. 3. —; geb. n. 4. —

—— Gedichte. 16. (VIII, 253 S.) Ebendas. 874.

— neue Gedichte. 8. (VIII, 229 S.) Stuttgart 889. Cotta Nachf. n. 4. —; geb. n. 5. —

Wilbrandt, Adf., Geister und Menschen. Ein Roman in 3 Bdn. 8. (1047 S.) Nördlingen 864, Beck'sche Buchh.

— Gespräche u. Monologe. Sammlg. vermischter Schriften. 8. (VII, 347 S.) Ebd. 889. n. 6. —; geb. n. 7. —

Wilbrandt, Adolf: Schleichendes Gift. Roman. Stuttgart: Cotta 1897. 280 S. 8°

— schleichendes Gift. Roman. 2. Aufl. 8. (280 S.) Ebd. 897. n. 3. —; geb. n. 4. —

— schleichendes Gift. 3. Aufl. 8. (280 S.) Ebd. 898. n. 3. —; geb. n. 4. —

—— Gracchus der Volkstribun. Trauerspiel in 5 Aufzügen. 8. (101 S.) Ebendas. 872.

Hairan. Dramat. Dichtung in 5 Aufz. von Adolf **Wilbrandt**. Stuttgart: Cotta 1900. 166 S. 8° [11. 9471

—— der Graf von Hammerstein, s. Bloch's, E., Volks-Theater.

Hiddensee. Roman von Adolf **Wilbrandt**. Stuttgart, Berlin, Leipzig: Union (1910). 262 S. 8° [11. 5417

— Friedrich Hölderlin. — Fritz Reuter, s.: Geister, führende.

[F.] Holderlin. Reuter. Von Adolf **Wilbrandt**. M. 4 Bildn. 2. Aufl. *Berlin: E. Hofmann & C. 1896.* (2 Bl., 155 S., 4 Taf.) 1 Bd 8.
— Geisteshelden. '(Sammlg 1.)' Bd 2/3. [90. 2330

—— Hermann Ifinger. Roman. 1. u. 2. Aufl. 8. (VII, 356 S.) Stuttg. 892, Cotta Nachf. * 4 —; geb. * 5 —

— Hermann Ifinger. Roman. 3. Aufl. 8. (VII, 356 S.) Ebd. 894. n. 4. —; geb. n. 5.

— **Hermann Ifinger. Roman. 4. Aufl. 8. (VII, 392 S.) Stuttgart 896. J. G. Cotta Nachf. n. 4. —; geb. n. 6. —**

— **Hermann Ifinger. Roman. 5. Aufl. 8. (VII, 392 S.) Ebd. 901. n. 4. —; geb. n. 5. —**

— **Hermann Ifinger. Roman. 6. Aufl. (VII, 392 S.) 8. Ebd. 901. n. 4. —; geb. n. 5. —**

— **Irma. Roman. 1.—3. Aufl. (à 300 S.) 8. Ebd. 905. 906. n. 3. —; geb. in Leinw. n. 4. —**

—— Jugendliebe. Lustspiel in einem Aufzuge. gr. 8. (43 S.) Wien 872, Rosner.

Wilbrandt, Adf., Jugendliebe. Lustspiel in 1 Aufzuge. 3. Aufl. 8. (44 S.) Wien 886. Künast. n. 2. —

— Jugendliebe. Lustspiel in 1 Aufzuge. 4. Aufl. gr. 8. (36 S.) Wien 895. A. W. Künast. n. 2.

—— ein Kampf ums Dasein, s. Theater, neues Wiener.

—— ein Kampf ums Dasein. Lustspiel in 3 Aufzügen. 8. (116 S.) Ebendas. 874.

—— Robert Kerr. Trauerspiel in 5 Aufzügen. 8. (130 S.) Wien 880, [Rosner]. Künast. *

—— Heinrich v. Kleist. gr. 8. (X und 422 S.) Nördlingen 863, Beck'sche Buchh. *

—— Kriemhild. Trauerspiel in 3 Aufzügen. gr. 8. (118 S.) Wien 877, Rosner. *

— **Heinrich v. Kleist's Leben, s.: Hempel's Klassiker-Bibliothek.**

—— Fritz Reuter's Leben und Werke, s. Reuter, Fritz, sämmtliche Werke.

—— Erich Lennep, der Lootsenkommandeur, s. Dincklage, E. v.

Wilbrandt, Adolf. Assunta Leoni. Schauspiel in 5 Aufzügen. 8. (116 S.) Wien, L. Rosner. 1 fl. 50 kr. 1883

Lieder und Bilder von Adolf **Wilbrandt**. Stuttgart & Berlin: J. G. Cotta Nachf. 1907. (X, 253 S.) 8° [F.] [07. 26976

— der Licentiat. Roman. 3 Bde. Nordhausen 863. Büchting. 8. (850 S.) 4 ℳ

— der Licentiat. Roman. 3. Bde. 2. (Titel-)Aufl. Nordhausen 868. Büchting. gr. 8. (850 S.) 2 ℳ

— der Lootsenkommandeur, s.: Dincklage, E. v.

— **der Lotsenkommandeur, s.: Volksbücher, Wiesbadener.**

Der Lotsenkommandeur. Erzählung von Adolf **Wilbrandt** ... In vereinf. deutsche Stenogr. ⟨Einigungssystem Stolze-Schrey⟩ übertr. Berlin: F. Schrey [1908]. (80 S.) 8° [Text stenogr.] [08. 12414

— Hildegard Mahlmann. Roman. 3. Aufl. 8. (407 S.) Ebd. 897. n. 3. 50; geb. n.n. 4. 60

Wilbrandt, Adf., Hildegard Mahlmann. Roman. 4. Aufl. (407 S.) 8. Stuttgart 909. J. G. Cotta Nachf. 3.50; geb. 4. 50

—— die Maler. Lustspiel in 3 Aufzügen. gr. 8. (88 S.) Ebendas. 872.

— **die Maler. Lustspiel in 3 Aufzügen. 2. Aufl. 8. (116 S.) Stuttgart 901. J. G. Cotta Nachf. n. 2. —; geb. n. 3. —**

— **Villa Maria. Roman. 1.—3. Aufl. 8. (à 332 S.) Ebd. 902. n. 3. —; geb. in Leinw. n. 4. —**

— **ein Mecklenburger. Roman. 1.—3. Aufl. 8. (à 272 S.) Ebd. 901. n. 3. —; geb. n. 4. —**

— der Meister v. Palmyra. Dramatische Dichtg. in 5 Aufzügen. 8. (174 S.) Stuttgart 889. Cotta Nachf. n. 3. —

— der Meister v. Palmyra. Dramatische Dichtg. in 5 Aufzügen. 2. u. 3. Aufl. 8. (174 S.) Ebd. 892 893. n. 3. —

[F.] Der Meister von Palmyra. Dramat. Dichtg in 5 Aufz. v. Adolf **Wilbrandt**. 5. Aufl. *Stuttgart: J. G. Cotta 1896.* (191 S.) 1 Bd 8. [96. 4819

— der Meister v. Palmyra. Dram. Dichtg. in 5 Aufzgn. 7. Aufl. 8. (191 S.) Ebd. 899. n. 3. —; geb. n. 4. —

— **der Meister v. Palmyra. Dramatische Dichtung in 5 Aufzügen. 8. u. 9. Aufl. 8. (à 191 S.) Ebd. 899. 902. n. 3. —; geb. n. 4. —**

Der Meister von Palmyra. Dramat. Dichtung in 5 Aufz. von Adolf **Wilbrandt**. 10. Aufl. Stuttgart & Berlin: J. G. Cotta Nachf. 1902. (191 S.) 8° [F.]

— **Der Meister v. Palmyra. Dramatische Dichtg. in 5 Aufzügen. 11. u. 12. Aufl. (191 S.) 8. Ebd. 907. 3.—; geb. 4. —**

—— Nero. Trauerspiel in 5 Aufzügen. 8. (146 S.) Wien 876, Rosner. *

—— Novellen. 8. (VII, 367 S.) Berlin 869, Hertz.

—— Novellen aus der Heimath. 2 Bde. 8. Breslau 882, Schottländer. *ℳ 8.; geb. *
Inhalt:
Der Lootsencommandeur. — Der Gast vom Abendstern. — Am heiligen Damm. — Der Mitschuldige. (235; 210 S.)

—— Novellen aus der Heimat. 2. Aufl. 8. (VII, 310 S.) Ebd. 891. * 3 50; geb. * 4 50

Novellen aus der Heimat. Von Adolf Wilbrandt. *Stuttgart & Berlin: J. G. Cotta Nachf. [1904].* (221 S.) 8° [F.]
= Handbibliothek, Cotta'sche. No 97. [04. 1900]

—— neue Novellen: Narciß. Die Geschwister von Portovenere. Johann Ohlerich. Die Reise nach Freienwalde. 8. (V, 376 S.) Ebendas. 870.

—— ein neues Novellenbuch. 3. Sammlung der Novellen: Dämonen. Bande des Bluts. Die Königin von Castilien. Unser Rechtsbewußtsein. Das Märchen vom ersten Menschen. 8. (341 S.) Wien 875, Rosner.

— ein neues Novellenbuch. 3. Sammlung der Novellen. 2. (Titel-)Aufl. 8. (341 S.) Wien 879. Rosner. n. 6. —

Johann Ohlerich. Novelle von Adolf Wilbrandt. Ill. von Karl Storch. *Berlin: Bong & Co. [1899].* (S. 303–370.) 8° [F.]
= Meister-Novellen des XIX. Jhs. Bd 1,14
= Klassikerbibliothek, Illustrierte. Bd 15,14

Opus 23 und andere Geschichten von Adolf Wilbrandt. Stuttgart & Berlin: Cotta 1909. 332 S. 8° [09. 18550 II]

— **Opus 23 u. and. Geschichten** 2. Aufl. (882 S.) 8. Ebd. 909.

[F.] Die Osterinsel. Roman v. Adolf Wilbrandt. 2. Aufl. *Stuttgart: J. G. Cotta 1895.* (443 S.) 1 Bd 8.

— die Osterinsel. Roman. 3. Aufl. 8. (443 S.) Ebd. 897. n. 4. —; geb. n. 5. —

— **die Osterinsel. Roman. 4. Aufl. 8. (448 S.) Ebd. 902. n. 4. —; geb. n. 5. —**

Die Osterinsel. Roman von Adolf Wilbrandt. 5. Aufl. Stuttgart & Berlin: Cotta 1908. 443 S. 8° [08. 12167 II]

—— **die Reise nach Riva. Lustspiel in 3 Aufzügen. gr. 8. (VII, 107 S.)** Wien: L. Rosner 1877. *

Vater Robinson. Roman von Adolf Wilbrandt. *Stuttgart: J. G. Cotta Nachf. 1899.* (259 S.) 8° [F.] [99. 16169]

— **Vater Robinson. Roman. 3. Aufl. 8. (259 S.) Ebd. 899. n. 3. —; geb. n. 4. —**

— **Familie Roland. Roman. 1.—3. Aufl. (à 339 S.) 8. Stuttgart 903. J. G. Cotta Nachf. n. 3. —; geb. in Leinw. n. 4. —**

Der Rosengarten. Novelle von Adolf Wilbrandt. Ill. von Paul Rieth. Leipzig: Keil [1903]. 111 S. 8°

— der Rosengarten. Novelle. Illustriert v. Paul Rieth. (111 S.) gr. 8. Leipzig (903). [E. Keil's Nachf.] Stuttgart, Union. 1. —; geb. in Leinw. 2. —

Wilbrandt, Adolf: Die Rothenburger. Roman. 2. Aufl. Stuttgart: Cotta 1896. 266 S. 8°

— die Rothenburger. Roman. 4. Aufl. 8. (266 S.) Ebd. 897. n. 3. —; geb. n. 4. —

— **die Rothenburger. Roman. 5. u. 6. Aufl. 8. (à 266 S.) Ebd. 898. 901. n. 3. —; geb. n. 4. —**

Die Rothenburger. Roman von Adolf Wilbrandt. 7. Aufl. Stuttgart & Berlin: J. G. Cotta Nachf. 1906. (266 S.) 8° [F.] [06. 24440]

— Die Rothenburger. Roman. 8. Aufl. (266 S.) 8. Ebd. 910. 3.—; geb. 4. —

— s.: **Rund ums Mittelmeer.**

— **der Sänger. Roman. 1.—4. Aufl. 8. (à 484 S.) Ebd. 899. n. 4. —; geb. n. 5. —**

—— dramatische Schriften. I. II. br. 8. Berlin 870, Lassar's Buchh.

Inhalt:
I. Unerreichbar. Lustspiel in 1 Akt. (37 S.) *M 2.
II. Der Graf von Hammerstein. Historisches Schauspiel in 5 Akten. (91 S.) *M 3.

Die Schwestern. Roman von Adolf Wilbrandt. 1.–3. Aufl. Stuttgart & Berlin: J. G. Cotta Nachf. 1906. (252 S.) 8° [F.] [07. 18290]

Wilbrandt, Adf. Adams Söhne. Roman. 2. Aufl. 8. (456 S.) Berl. 890, Hertz. * 6 —; geb. * 7 —

Adams Söhne. Roman von Adolf Wilbrandt. 3. Aufl. Stuttgart & Berlin: J. G. Cotta Nachf. 1907. (416 S.) 8° [F.] [08. 1273* II]

Sommerfäden. Roman von Adolf Wilbrandt. Stuttgart & Berlin: J. G. Cotta Nachf. 1907. (316 S.) 8° [F.] [07. 16977]

Sommerfäden. Roman von Adolf Wilbrandt. 2. u. 3. Aufl. Stuttgart & Berlin: J. G. Cotta Nachf. 1907. (316 S.) 8° [F.] [08. 1275 II]

– s.: **Sophokles' ausgewählte Tragödien.**

— **Am Strom der Zeit. Roman. 1.—3. Aufl. (à 281 S.) 8. Ebd. 908. 3.—; geb. in Leinw. 4. —**

— König Teja, s.: **Universal-Bibliothek.**

Timandra. Trauerspiel in 5 Aufz. von Adolf Wilbrandt. *Stuttgart & Berlin: J. G. Cotta Nachf. 1903.* (134 S.) 8° [F.] [03. 15517]

—— die Tochter des Herrn Fabricius. Schauspiel in 3 Aufzügen. 8. (100 S.) Wien 883, [Rosner.] Künast. *

— **die Tochter des Herrn Fabricius. Schauspiel in 4 Aufzügen. 2. Aufl. 8. (134 S.) Ebd. 901. n. 2.—; geb. n. 3. —**

—— **der Thurm in der Stadtmauer. Lustspiel in 3 Aufzügen. 8. (119 S.) Wien 879, Künast.** *

—— **unerreichbar, s. Bloch's, E., Theater-Korrespondenz.**

—— **untrennbar,** } s. **Engelhorn's allgemeine Roman-Bibliothek.**

Vater und Sohn und andere Geschichten. Von Adolf Wilbrandt. *Stuttgart: J. G. Cotta Nachf. 1896.* (322 S.) 8° [F.] [03 10170]

— Vater u. Sohn u. and. Geschichten. 2. Aufl. 8. (322 S.) Ebd. 896. n. 3. —; geb. in Leinw. n. 4. —

—— die Vermählten. Lustspiel in 3 Aufzügen. gr. 8. (78 S.) Wien 872, Rosner.

—— der Verwalter. — Die Verschollenen. Novellen. 8. (327 S.) Breslau 884, Schottländer. * geb. *

— **die Wege d. Glücks. Lustspiel in 5 Aufzügen. 8. (154 S.) Ebend. 876. n. 3. —**

—— die Wege des Glücks. Lustspiel in 5 Aufzügen. 2. umgearb. Aufl. 8. (IV, 156 S.) Wien 881, [Rosner.] Künast. *

— **Aus d. Werdezeit. Erinnerungen. Neue Folge. (VIII, 224 S.) 8. Stuttgart 907. J. G. Cotta Nachf. 3.—; geb. in Leinw. 4. —**

— der Wille zum Leben; untrennbar, s.: Engelhorn's allgemeine Roman=Bibliothek.

Große Zeiten und andere Geschichten. Von **Adolf Wilbrandt**. *Stuttgart & Berlin: J. G. Cotta Nachf. 1904.* (366 S.) 8° [F.] 04. 137,6

Große Zeiten und andere Geschichten. Von Adolf **Wilbrandt**. 3. Aufl. Stuttgart & Berlin: J. G. Cotta Nachf. 1904. (366 S.) 8° [F.] 06. 5801 11

— durch die Zeitung, s.: Theater, neues Wiener.

—— Durch die Zeitung. Lustspiel in 1 Aufzuge. 8. (43 S.) Wien: L. Rosner 1874.

Wilbrandt, Chr., Hildibraht u. Hadhubraht. Das Bruchstück eines altdeutschen Sagenliedes aus handschriftl. Verderbniß in die Urform wieder hergestellt u. erläutert. gr. 8. (9³/₈ B.) Rostock 846, Stiller'sche Hofbuchh. *

Wilbrandt, Konrad

Wilbrandt, Conr., d. Herrn Friedrich Ost Erlebnisse in der Welt Bellamy's. Mittheilungen aus den J. 2001 u. 2002. 1.—8. Tausend. 8. (IV, 212 S.) Wismar 891. Hinstorff's Verl. n. 1.—

Wilbrandt, C., Die agrarische Frage. (Volkswirtsch. Zeitfragen, Heft 119/120 [Jahrg. 15₇,₈].) gr. 8⁰. Berlin 1894.

Wilbrandt(Pisede), C., die agrarische Frage, s. a. Zeitfragen, volkswirthschaftliche.

Wilbrandt, C., die Regelung der Zuckerbesteuerung auf statistischen Grundlagen. Ein Versuch zur Klarstellung. gr. 8. (23 S.) Wismar 883, Hinstorff'sche Hofbuchh. *

Wilbrandt, C., das fortschreitende Sinken der Preise unter der Herrschaft der Schutzzollpolitik. Hauptsächlich aus landwirthschaftl. Gesichtspunkten behandelt. gr. 8. (IV, 62 S.) Wismar 887, Hinstorff's Verlag. *
Vgl.: Platzmann, A., das fortschreitende Sinken der Preise rc.

Wilbrandt, C., Die allgemeine Vererbpachtung der Mecklenburgischen Domanialbauerhufen nach anderthalb Jahrzehnten ihrer Wirksamkeit. 8⁰. Schwerin 1889.

Wilbrandt, Lisbeth: Die deutsche Frau im Beruf. s.a. Levy-Rathenau, Josephine.

Wilbrandt, Robert, [u.] Lisbeth Wilbrandt: Die deutsche Frau im Beruf. — Berlin: Moeser 1902. XVI, 418 S. 8⁰ (Handbuch d. Frauenbewegung. T. 4.)

Wilbrandt, Lisboth, s.: Handbuch d. Frauenbewegg.

Wilbrandt, Martin

Wilbrandt, M., die politische u. sociale Bedeutung d. attischen Geschlechter vor Solon. gr. 8. (95 S.) Leipzig 899. Dieterich. n. 2.40
Sonderabdruck aus: „Philologus, VII. Suppl.-Bd."

Wilbrandt, Martin: De rerum privatarum ante Solonis tempus in Attica statu ... Rostochii, typ. acad. Adlerianis, 1895; 59 S. 8.
Rostock, Phil. Fak., Inaug.-Diss. v. [17. Aug.] 1895

Wilbrand, Mart., de rerum privatarum ante Solonis tempus in Attica statu. Diss. gr. 8. (59 S.) Rostock 895. (Güstrow, Opitz & Co.) n. 1.20

Wilbrandt, Robert: Arbeiterinnenschutz und Heimarbeit. Mit e. Beitr. von Dora Landé: (Die Hausindustrie u. ihre gesetzl. Einschränkung in den Vereinigten Staaten v. Nordamerika.) — Jena: Fischer 1906. 206 S. 8⁰

Wilbrandt, Robert, [u.] Lisbeth Wilbrandt: Die deutsche Frau im Beruf. — Berlin: Moeser 1902. XVI, 418 S. 8⁰ (Handbuch d. Frauenbewegung. T. 4.)

Wilbrandt, Robert: Die Frauenarbeit. Ein Problem d. Kapitalismus. — Leipzig: Teubner 1906. 139 S. 8⁰ (Aus Natur u. Geisteswelt. Bdch. 106.)

Wilbrandt, Robert: Die Frauenarbeit, s.a. Aus Natur u. Geisteswelt. Bd. 106.

Wilbrandt, Rob., s.: Handbuch der Frauenbewegung.

Wilbrandt, Robert, aus Rostock: Platos Ideenlehre in der Darstellung und in der Kritik des Aristoteles. *Berlin 1899: L. Schumacher.* (32 S.) 8° ¶ (Soll vollst. erscheinen.)
Berlin, Phil. Diss. v. 5. Aug. 1899

Wilbrandt, Rob., volkswirtschaftl. Vorlesungen. Kurzgefasster Auszug. Allgemeiner theoret. Tl. (X, 150 S.) gr. 8. Tübingen (909). J. C. B. Mohr. 2.—

Die Weber in der Gegenwart. Sozialpolit. Wanderungen durch d. Hausweberei u. d. Webfabrik. Von Dr. Robert **Wilbrandt**, Privatd. Jena: G. Fischer 1900. (209 S.) 8° 06. 3094

Wilbrecht, Paul, Liste der in der Gabelsbergerschen Stenographie vorkommenden Sigel und Abbreviaturen, nebst einer Anzahl entsprech. Lese- und Schreib-Beispiele. gr. 8. (8 lithogr. S.) Jena 868, (Doebereiner.)

Wilburg, Anton Karl (J.) von

v. Wilburg, Ant. Karl J., Anleit. für das Landvolk z. Erkenntniß u. Heilungsart d. Krankheiten d. Rindviehes sammt den Hülfsmitteln, und Anleitung z. Erkenntniß u. Heilung d. Krankh. bei d. Schaafzucht. 8. Wien 774. (Schaumburg). 4 ℛ 8. Nürnb. 786. 2e A. 781. 3e A. 787. 6e A. 798. 7e A. 804. 8e A. umgearb. v. J. J. Weidenkeller. 824. Stein. 16 ℛ

— Beschreib. d. Purpur oder Kreßliquor in Absicht auf die Gesundheit, f. d. Stadt- u. Landvolk. 8. Nürnb. 768. Stein. 2 ℛ

Anton Karl v. Willburg [Wilburg] Betrachtung über die bishero gewöhnlichen Operationen des Staars, samt der Anzeige e. leichtern u. verbesserten Art dieselben zu machen. Nürnberg: Stein 1785. 62 S.8°

Wilburger, Vinc., die Loretolegende im Lichte der Kritik. (47 S.) gr. 8. Bregenz 907. J. N. Teutsch. — 85

Wilbuschewicz, Eugen: Histiologische und chemische Untersuchung einer möglichst grossen Anzahl im Handel zugänglicher oder in Sammlungen vorhandener gelber Chinarinden. Preisarbeit. Dorpat 1888.

Wilbuschewicz, Eug. Histiologische u. chemische Untersuchungen der gelben u. rothen amerikanischen u. einiger cultivirter Java-Chinarinden der Sammlung d. Dorpater pharmaceut. Institutes. Diss. gr. 8. (81 S.) Dorpat 889, (Karow). • 1 50

Wilby und Amalie oder die glückliche Entdeckung. Lustspiel in drei A. Hildesheim 1778. V: *Neumann, Joh. Chn (Gottlieb).* (Ky) (GGr)

Wilby u. Amalie, oder d. glückliche Entdeckung. Lstspl. (von Chr. Gli. Neumann). 8. Hildesh. 778. Schröder. 4 ℛ

Wilby, K. F., der Dualismus in d. Materie. E. neue Theorie d. physikal. Erscheinungen. gr. 8. (111 S.) Zürich 896. E. Speidel. 2. 50

John **Wilbye**. 'Down in a valley'. 'Drunten im Thale'. Fünfstimmiges Madrigal aus 'The Second Set of Madrigales' ⟨London, 1609⟩. Deutsch von John Bernhoff. Hrsg. von W[illiam] Barclay Squire. (Leipzig: Breitkopf & Härtel [1900].) (23 S.) 4° [Kopft.]
= **Madrigale**, Ausgewählte, u. mehrstimmige Gesänge berühmter Meister d. 16. u. 17. Jhs. N. F. 13. [07. 13719

Wilck, Karl Siegm., belehrende Erzählungen z. Nutzen u. Ermunterung f. Kinder u. Eltern. 8. Chemnitz 785. Stößel. 6 ℛ

— s. Kinderfreund, d. kl., in Erzähll.

Wilck, Max, 80 Aufgaben aus der Methodik des deutschen Sprachunterrichts, s.: Liek, Gust.

Das Königliche evangelische Schullehrer-Seminar zu Löbau W.-Pr. im ersten Vierteljahrhundert seines Bestehens. Mit Abb. d. alten u. neuen Seminargebäudes u. d. Lehrerkollegiums. Festschrift z. Jubiläumsfeier am 1. Juli 1899 von Max **Wilck**, Seminarl. Löbau W.-Pr.: M. Hoffmann (1899). (133 S.) 8° [F.] [05. 5873 10

Wilcke, s. Wilke.

Wilcke, Adolf

Wilcke, Adf., an G'spaß muaßt d'aa hab'n oder Humor in der Apotheke. Gedichte. 8. (VIII, 111 S.) Eichstätt 877, (Krüll'sche Buchh.) cart. *

Wilcke, Adf., an G'spaß muaßt d'aa hab'n od. Humor in der Apotheke. Gedichte. 8. (VIII, 111 S.) Eichstätt 877. Stillkrauth in Comm. cart. n. 2. —

Wilcke, Andreas

Wilcke, Andr., Erzählungen f. Kinder. 8. Grabow 810. (Hahn in Hannov.) 12 ℛ

— lehrreiche u. unterhaltende Erzählungen von musterhaft artigen Kindern, für Kinder von 6 bis 10 Jahren. 8. Lüneb. 810. Herold u. W. 16 ℛ

— äsopische Fabeln mit Anwendungen z. Nutzen und zur angenehmen Unterhaltung. 12. Leipz. 808. Voß. 12 ℛ

— Gedichte. Scherzhafte Erzähll. u. Idyllen enthaltend. 8. Grabow 812. (Berl., Schöne). 18 ℛ

Wilcke, August

Wilcke, Aug. s. Beschreibung d. Rosenmontagszuges zum Cölner Carneval 1892.

Wilcke, Aug., s.: Carnoval, Kölner, 1893.

Wilcke, Aug., s.: Carneval, Kölner, 1897.

[K.] Der bekehrte Weise. Kölner Faschingsposse in 1 Akt v. August Wilcke ... *(Köln: F. Heyn 1896.)* (18 S.) 1 Bd 8.
= Dilettanten-Bühne, Kölner. [No] 11. [illegible]

Wilcke, August Christoph (Dresden) A. S. 219/33

Dissertatio inauguralis iuridica de causis contractum perfectum rescindentibus.
Altdorf (Meyer) 8. IV. 1740. 40 S. 36710

Wilcke, August [illegible] 1817 [illegible] 8
[illegible] Med. Diss. [illegible] Nov. [illegible]

Wilcke, Carl, s. Wilcke, Karl

Wilcke, Chr. God., De isto capitis dolore qui dicitur clavus. 16 pp. Jen. 4°. Auch: Salzb. med. chir. Zt. 1801, IV, p. 373.

1795

Wilcke, Christian Heinrich (vgl. Wilcken, Christian Heinrich.)

Wilcke C. H.: Die Verbesserung d. Staats aus mathemat. u. öconom. Gründen, od. vollständiger Unterricht v. Landes-Vermessungen u. daher entstehender vortheilhafteren Einrichtung d. allgemeinen Landes-Oeconomie u. d. Cameral-Wesens ... Frankf. u. Leipz. 1765. (46, 783) S. 8 Tvl.

Wilcke, David [Praes.], s. Wilcke, Wilhelm: De juramento vario ejusque ritu.

Wilcke, David Gottfried Aegidius, s. Wilke

Wilcke, E., Aquarien u. Terrarien. Gründliche, durch Abbildgn. erläuterte Anleitg. zum Bau, zur Ausstattg., Einrichtg. u. Bevölkerg. der Süß- u. Seewasser-Aquarien, sowie der heizbaren u. unheizbaren Terrarien, nebst genauer Angabe der Hülfsapparate, ihrer Herstellg., Anwendg. u. Brauchbarkeit. 2. Aufl. 8. (VI, 96 S.) Duderstadt (888). F. Haensch. 1. 20

Wilcke, F., der Bau v. Feuerungen, Heizungen, Kessel- u. Maschinenhäusern, Kalk- u. Ziegelöfen. Ein kurzgefasstes Lehr- u. Hilfsbuch f. Baugewerk-Schulen, Architekten u. Baumeister. (VIII, 216 S. m. 56 Fig.) gr. 8. Leipzig 903. A. Felix. Geb. in Leinw. n. 3. —

Wilcke, F., Dampfkessel, s.: Uhland, Wilh. Heinr.

— Die Feuerungs-, Lüftungs- u. Beleuchtungsanlagen, s.: Stade, Frz., d. Schule des Bautechnikers. 10.

Wilcke, F., Geschichte des Hüttenortes Rothenburg a. d. Saale. Rothenburg. 1832. 176 S.

Wilcke, F., der praktische Heizer u. Maschinist. 2 Tle. gr. 8. Leipzig (L. Staackmann). Geb. in Leinw. n. 7.30
1. Der Heizer. Ein Lehr- u. Hilfsbuch f. Heizer u. Maschinisten. (V, 211 S. m. Fig.) 901. n. 2.80
2. Der Maschinist. Ein Lehr- u. Hilfsbuch für Heizer u. Maschinisten. (VI, 300 S. m. Fig.) 902. n. 4.60

— s.: Jahrbuch u. Kalender f. Schlosser u. Schmiede.

— Der Maschinist u. Maschinenbetriebsleiter. Ein Hilfs- u. Lehrbuch f. Maschinenführer, Betriebsleiter u. Monteure. Der prakt. Heizer u. Maschinist. II. Tl. 2. Heft. (VIII, 343 S. m. 190 Abb.) 8. Leipzig 909. A. Felix. Geb. in Leinw. 5.40

— Regenerations-Gasöfen, s.: Toldt, Frdr.

— Mathemat. Tabellen. (Trigonometrische Tabelle. Quadrate, Quadratwurzeln, Kreisumfänge, Kreisinhalte.) (25 S.) kl. 8. Leipzig (910). H. A. L. Degener. p — 25

— Tiefbau, s.: Uhland's, Wilh. Heinr., Handbuch f. den prakt. Maschinen-Konstrukteur.

— s.: Uhland's, Wilh. Heinr., Ingenieur-Kalender.

Wilcke, Fried. Guil. Aemil. (geb. Frankfurt a. O. ... 1839): De placenta praevia. Berolini (1866). (32 S.) 8°
Berlin, Med. Diss. v. 20. März 1866

Wilcke, Fr. Wilhelm

— Anleitung z. Führung d. Vormundschaften u. Vormundschaftsrechnungen, incl. zu den Geschäften d. Siegelung, Inventur, Auction u. Absonderung. gr. 8. Bresl. 805. J. F. Korn. 2 ₰ 8 gr.

Wilcke, Fr. Wlh., († d. 3. Aug. 1806.) über Entstehung, Behandlung u. Erwehrung der Armuth, eine Preisschrift. gr. 8. Halle 792. Gebauer. 1 ₰

Wilcke F. W.: Entwurf zu einer zweckmässigen u. bündigen Land-Wirthschafts-Rechnung, ingleichen z. Brauerey, Brantweinbrennerey, Forst u. Wald, Kalk- u. Ziegel-Brennerey, wie auch Rent-Rechnung. Bresl. 1802. 353 S.

— Entwurf zu e. zweckmäß. u. bündigen Landwirthschaftsrechnung, ingl. z. Brauerei ꝛc. gr. 8. Bresl. 802. J. F. Korn.

Wilcke, Friedrich, aus Salzwedel: Über Derivate des γ-Pyrans. *Leipzig* (übergekl.: *Halle*) *1900: Metzger & Wittig.* (29 S.) 8°
Halle, Phil. Diss. v. 1900

Wilcke, G., Abhandlung üb. d. Annahme e. allgem. Kalender-Meridians mit den dazu nöth. Erklärn. etc.; nebst mehr. Bemerkn. d. Hrn. Prof. Ideler u. Enke, wie auch d. Hrn. Dr. Olbers. gr. 8. (5¼ B.) Berlin 830, Nicolai.

Wilcke, G.: De Asphaltite (Todte Meer.) Diss. Vitembergae. 1706. kl. 4°

Wilcke, G., de hypodematibus s. calceis Christi. 1706. 4.

Wilcke, G.L.: De communione privata. – Misen. 1702.

Wilcke, Georg Wilhelm Konstantin von

Wilcke, Ge. Wilh. Constantin von, Über die Giftpflanzen unserer Küchengärten, eine Abhandlung für Gärtnerey, Haushaltung und Küche. Halle 1787. 8.

WILCKE, Georg Wilhelm Constantin v.: Versuch einer Anleitung, die wilden Bäume und Sträucher unserer deutschen Wälder und Gehölze auf ihren bloßen Anblick und ohne weitere mündliche Belehrung mit Sicherheit erkennen und unterscheiden, auch ihren Nutzen beurtheilen zu lernen. - Halle 1788. VIII, 326 S., 49 Abb., 3 Taf.

Wilcke, H., Demonstratur brevi disputatione quid elocutio Juvenalis a Persiana differat. Pr. 1869. 18 S. 4°. 2.—

Wilcke, J.C. (Übers.):

s.: Franklin, Benjamin: Briefe von der Elektrizität. (New Experiments and observations on electricity. Dt.) Leipzig: 1758

Wilcke, Johann (Spandau) A. S. 1254/5

Disputatio medico-chymica inauguralis, exhibens antimonium, et nonnulla ex hoc praeparata medicamenta. Präs. Johann Philipp Eysel.
Erfurt (Grosch) 20. VII. 1711. 8 Bl. 36711

Wilcke, Jul. Adph., Chronik der Stadt Neu-Stettin. Nach urkundl. und amtl. Quellen bearb. und hrsg. 8. (IV und 246 S.) Neu-Stettin 862, (Eckstein.) *

Wilcke, Karl, approb. Arzt aus Melsungen: Aus d. Frauenklinik d. Universität Halle. Das Geburtsgewicht der Kinder bei engem Becken. *Halle a. S. 1902: C. A. Kaemmerer & Co.* (16 S.) 8° ¶(Aus: Archiv f. Gynaecol., Bd 63.)
Halle, Med. Diss. v. 19. Febr. 1902

Wilcke, Karl: Über die Grenze der Reaktionsfähigkeit der Chlormonojodbenzole in bezug auf die Bildung von Verbindungen mit mehrwertigem Jod. Freiburg i. B.: Hammerschlag & Kahle 1910. 35 S. 8°
Freiburg i. B., Phil. Diss. v. 25. Juli 1910, Ref. Gattermann
[Geb. 18. Nov. 80 Rottleberode; Wohnort: Nordhausen; Staatsangeb.: Preußen; Vorbildung: Gymn. Nordhausen Reife O. 08; Studium: Leipzig 8, Freiburg i. B. 4 S.; Rig. 17. Juni 10.] [U 10. 1095

Wilcke, Carl [Referendar in Bremen]: Die Wirkungen der Usurpation eines Nachlasses auf die Rechtsverhältnisse der Ersitzung nach gemeinem Recht ... Erlangen, k. b. Hof- u. Univ.-Buchdr. v. F. Junge, 1896; 37 S. 8.
Erlangen, Jur. Fak., Inaug.-Diss. v. 1896

Wilcke, L., unser Lieblingssänger. Eine gründl. Abhandlung über Bezug, Pflege, Zucht und Versandt der Kanarien, nebst vollständ. Vogelapotheke und prakt. Winken beim Ankauf von Vogelbauern. 8. (III, 71 S.) Ilmenau 883, Schröter's Verlag. *

Wilcke, L., unser Lieblingssänger. Eine gründl. Abhandlung über Bezug, Pflege, Zucht und Versandt der Kanarien, nebst vollständ. Vogelapotheke und prakt. Winken beim Ankauf von Vogelbauern. 2. Aufl. 8. (III, 71 S.) Ilmenau 885, Schröter. *

Wilcke, Max: Die Ansichten der neueren Pädagogen über das Verhältnis des Katechismus- zum biblischen Geschichtsunterricht und die damit zusammenhängende methodische Behandlung beider Disciplinen in der religiösen Unterweisung der evangelischen Volksschule. Eine historisch-kritische Studie mit positiven Ergebnissen. Leipzig 1899: O. Schmidt. (90 S.) 8°
Leipzig, Phil. Diss. v. [6. Nov.] 1899.

Wilcke, Max, der kleine Katechismus Luthers u. seine Behandlung. Ein Beitrag zur Methodik des Religionsunterrichts. (VI, 52 S.) gr. 8. Leipzig 908. Dürr'sche Buchh. 1.—

Wilcke, R., Anleitung zum englischen Aufsatz. 8. (XII, 68 S.) Berlin 881, Gebr. Bornträger. *

Wilcke, R., Anleitung zum französischen Aufsatz. 8. (VI, 106 S.) Hamm 883. (Grote.) n. 1.40

—— Materialien zum Übersetzen aus dem Deutschen ins Englische. Für obere Klassen höherer Schulen. gr. 8. (VI, 157 S.) Berlin 880, Weidmann'sche Buchh. *

Wilcke, R., Materialien zum Uebersetzen aus dem Deutschen ins Französische. Für obere Klassen höherer Schulen. gr. 8. (VI, 142 S.) Berlin 878, Weidmann'sche Buchh. *

Wilcke, R. Materialien zum Übersetzen aus dem Deutschen ins Französische. Für obere Klassen höherer Schulen. 2. sorgfältig durchgeseh. Aufl. v. A. Klapp. gr. 8. (VIII, 142 S.) Berl. 890, Weidmann. * 1 60

Wilcke, Ulrich, Arzt a. Rostock: Beiträge zur Kenntnis metastatischer renaler und perirenaler Abszesse. Borna-Leipzig 1907: R. Noske. (39 S.) 8°
Rostock, Med. Fak., Ref. Erich-Müller, Diss. v. 15. Aug. 1907
[Geb. 15. Okt. 78 Schwerin i. M.; Wohnort: Algringen i. E.; Staatsangeh.: Mecklenburg; Vorbildung: Realgymn. Ludwigslust, Gymn. Rostock Reife O. 00; Studium: Rostock 9 S.; Coll. 16. März 06; Approb. 5. Juni 05.]

Wilcke, W., de fidejussoribus in baptismo vet. ecclesiae. I–II. Viteb. 1704. 7.

Wilcke, W. Th., Predigt, welche zur Feier d. Eröffnung d. kurhess. Landtages in d. Stiftskirche St. Martin am 17. Oct. 1830 gehalten werden sollte. gr. 8. (1 B.) Cassel 831, Bohné.

Wilcke, W[alther], Gerichtsreferendar: Über Eigentumserwerb durch mittelbare Stellvertreter. Greifswald 1907: J. Abel. (49 S.) 8°
Greifswald, Jur. Fak., Ref. Jung, Diss. v. 12. Aug. 1907
[Geb. 25. Juli 83 Neustettin; Wohnort: Greifswald; Staatsangeh.: Preußen; Vorbildung: Gymn. Neustettin Reife O. 02; Studium: Freiburg i. B. 1, Berlin 1, München 1, Berlin 1, Greifswald 3 S.; Rig. 16. Febr. 06.]

Wilcke, Wilhelm, Referendar: Hat die erfüllte Resolutivbedingung dingliche Kraft? ⟨Nach gemeinem Rechte u. dem Rechte d. Bürgerl. Gesetzbuches f. d. Deutsche Reich.⟩ *Leipzig 1903: Breitkopf & Härtel.* (61 S.) 8° [F.]
Greifswald, Jur. Diss. v. [12. Sept.] 1903

Wilcke, Wilhelm (Memel) A. S. 1360/15

Disputatio academica de juramento vario ejusque ritu.
Präs. David Wilcke.
Königsberg/Pr. (Reusner) 6. XII. 1704. 28 S.

Gew.: Lorenz Weger, Georg Thegen, Paul Rabe, David Blaesing, Michael Schreiber, Hieronymus Georgi, Johann Ernst Segers, Heinrich von Sanden.
36712

Wilcke, Wilhelm [Praes.], s. Luppius, Joh. Sam.: De hypodematibus christi.

Geschichte des Tempelherrenordens nach den vorhandenen und mehreren bisher unbenutzten Quellen. Von Wilh. Ferd. Wilcke. Bd 1—3. Leipzig: Hartmann, [Bd 3:] Lehnhold 1826—1835. 8⁰
1. X, 373 S. 1826.
2. IV, 344 S. 1827.
3. [u. d. Tit.:] Die Templerei oder Das innere Wesen des alten u. neuen Ordens der Tempelherren. XII, 530 S. 1835.
Kl. 2287, 2340.

Wilcke, Wilh. Ferd., Geschichte d. Tempelherrenordens nach d. bekannten u. mehreren bisher unbenutzten Quellen. 3. Bd. A. u. d. T.: Die Templerei, od. das innere Wesen d. alten u. neuen Ordens d. Tempelherren. gr. 8. (34 B.) Leipzig 835, [Wöller.] Thlr.
1. u. 2. Bd. Ebendas. 1827. 3 Thlr. 16 Gr.

[2. Aufl. u. d. Tit.:]
Geschichte des Ordens der Tempelherren. Nebst Bericht über seine Beziehungen zu den Freimaurern und den neuern pariser Templern. Von [Wilh.] Ferd. Wilcke. 2. durchaus umgearb. u. verb. Ausg. Bd 1. 2. Halle: Schwetschke 1860. 8⁰
1. IV, 462 S.; 2. 521 S.
Auszug in: Findel, J. G.: Gesch. d. Frmrei. 1 (1861) S. 403—421; [dasselbe.] 2. Ausg. 1863; 2. Aufl. 1866 S. 841—853; 3. Aufl. 1870 S. 826—840; 4. Aufl. 1878 S. 808—822.
Auszug in engl. Übers. in: Findel, J. G.: History of frmry. 2. ed. 1869 S. 681—692.
Auszug in holländ. Übers. in: Findel, J. G.: Geschiedenis d. vrmry. 1875 S. 775 bis 794.
Recens: Bh. 3 (1860) S. 79, 341—342; KfF. 2 (1862) S. 269.
cf. Bh. 3 (1860) S. 369—371, 387—389; 4 (1861) S. 28—29, 36—38 (J. G. Findel).
Tt. 843.

Wilcke, Wilh. Ferd., allgem. Kirchengeschichte. gr. 8. (37 B.) Leipzig 823, [Lehnhold.]

Wilcke, Wilh. Ferd., Tradition u. Mythe. Ein Beitr. z. histor. Kritik d. kanon. Evangelien überhaupt, wie insbesond. z. Würdigung d. myth. Idealismus im Leben Jesu von Strauss. gr. 8. (17¾ B.) Leipzig 837, [Klinkhardt.] *

Wilcken, s. a. Wilken.

Wilcken, Amanda

Um e. Haares Breite, s.: Enßlins Roman- u. Novellenschatz.

Wilcken, A., ein komplizierter Fall, s.: Viktoria-Bibliothek.

Wilcken, [Frau] A[manda] s. Familienbibliothek, Schweizer. Nr. 67.

Wilcken, Frau Amanda s. Familienbibliothek, Schweizer. Nr. 121.

— Die rote Hanne, s.: Sammlung, bunte, interessanter Erzählgn.

— Der Mann m. der Hasenscharte, s.: Sammlung, bunte, interess. Erzählungen.

— Mann in Sicht, s.: Enßlin's Roman- u. Novellenschatz.

— Papierschnitzel, s.: Enßlin's Roman- u. Novellenschatz.

Schatten. Kriminalroman von A[manda] **Wilcken**. Mit Ill. von A. Lewin. Berlin, Leipzig: H. Hillger [1908]. (96 S.) 8° [F.]
= **Bücherschatz,** Kürschners. No 601. [08. 13071

— Schatten, s. a. Kürschner's Bücherschatz.

Wilcken, August, approb. Arzt aus Bremerhaven: **Beiträge zur Lehre von der sogenannten Pseudoleukämie mit besonderer Berücksichtigung der acuten und der fieberhaft verlaufenden Fälle.** *Göttingen 1898: E. A. Huth.* (32 S.) 8°
Göttingen, Med. Diss. v. [26. Sept.] 1898

Wilcken, Christian Heinrich (vgl. W i l c k e , Christian Heinrich.)

Die Verbesserung des Staats aus mathematischen und ökonomischen Gründen, oder vollständiger Unterricht von Landesvermessungen und daher entstehender vortheilhafteren Einrichtung der allgemeinen Landes-Oekonomie und des Cameral-Wesens, worinnen gezeigt wird, wie alle Felder überhaupt, ohne den Gebrauch eines Instruments, zu vermessen, zu vertheilen, durch eine ganz andere Einrichtung zu verbessern, und die Charten darüber zu verfertigen sind, alles aus richtigen Grundsätzen nach der besondern Beschaffenheit eines Staats also hergeleitet, dass sowohl der Landes-Herr die wichtigsten Vortheile daraus ziehen, als auch der Nahrungsstand der Unterthanen befördert, und das ganze Land in einen blühenden Zustand gesetzt werden möge. Aus denen besten Landesvermessungs-Anstalten und vielfältigen Erfahrungen zusammengetragen, erweitert und verbessert durch *Christian Heinrich Wilcken.* Mit Kupfern. Frankfurt und Leipzig, bey August Lebrecht Stettin. 4. 216 S. mit 8 Kupft. 1765.

Wilcken, Hans von

Wilcken, H. v., vergleichende Untersuchungen üb. den Hämoglobingehalt im Blute d. arter. Gefässsystems in der Vena cava inferior vor u. nach dem Eintritt der Vena hepatica. Inaug.-Diss. gr. 8. (27 S.) Dorpat 889. (Karow.) n. 1. —

Wilcken, Paul Julius

- Aspasia, s. Album. Bibliothek deutscher Originalromane.

Wilcken, P. J., Bilder aus dem deutschen Flotten-Leben 1849. 8. (VI und 273 S.) Hannover 861, C. Rümpler. *

Wilcken, Paul Julius

Doctor Robert Finke. Roman. Th. 2.3. Wien: Markgraf 1863. 8°

(Album. Bibliothek dt. Originalromane. Jg. 18, Bd 9. 10.)

— Doctor Robert Finke, s. Album. Bibliothek deutscher Originalromane.

—— drei Freunde. Roman. 2 Bde. 8. (542 S.) Hannover 861, C. Rümpler.

—— deutsches Heer und deutsches Volk. Ein Wort für Jedermann. gr. 8. (139 S.) Leipzig 862, O. Wigand. *

—— verirrte Herzen. Roman. 3 Bde. 8. (649 S.) Leipzig 863, O. Wigand.

Wilcken, P. J., am Hofe. Roman. 3 Bde. 8. (IX und 839 S.) Leipzig 862, O. Wigand.

—— Amtmann v. Kossel und seine Familie. Roman. 2 Bde. 8. (VI und 739 S.) Leipzig 862, O. Wigand.

—— krumme Wege überall! Erzählungen aus dem Leben. 2 Bde. gr. 16. (558 S.) Leipzig (861)62, Kollmann.

Wilcken, Paul Jul., politische Lieder nebst erläut. Vorwort. 16. (13 B.) Bremen 843, Schünemann's Verl. *

Wilcken, Ulrich

Wilcken, U. (Hrsg.), s. A b h a n d l u n g e n , Leipziger historische.

Wilcken, U., Actenstücke aus der königl. Bank zu Theben in den Museen von Berlin, London, Paris. gr. 4. (68 S.) Berlin 886, (G. Reimer.) *

Aus: Abhandlungen der k. preuss. Akademie der Wissenschaften zu Berlin, besonders abgedruckt.

— Zum alexandrinischen Antisemitismus, s.: A b h a n d l u n g e n der königl. sächs. Gesellschaft der Wissenschaften. Philol.-histor. Kl. XXVII, 23.

Wilcken, Ulr., s.: Archiv f. Papyrusforschung.

Wilcken, U., Ein Beitrag z. Seleukidengeschichte. S.-A. 1894. 15 S.

— Alexandrin. Gesandtschaften vor Kaiser Claudius. S.-A. 1895. 18 S.

Wilcken, Udalricus (Aemil. Elias Frid. Guil.) (geb. Stettin 18. 12. 1862). Observationes ad historiam Aegypti provinciae Romanae depromptae e papyris graecis Berolinensibus ineditis. Berolini (1885). (59 S.) 8°. * S. 33-59 autographiert.

Berlin, Phil. Diss. v. 14. März 1885.

— observationes ad historiam Aegypti provinciae romanae depromptae e papyris graecis Berolinensibus ineditis. gr. 8. (59 S., wovon 27 autogr.) Berlin 885. (Mayer & Müller.) n. 2. 40

Wilcken, U., Die griechische Ostraka. S.-A. 1888. 86 S.

— griechische Ostraka aus Aegypten u. Nubien. Ein Beitrag zur antiken Wirtschaftsgeschichte. 2 Bde. gr. 8. (XVI, 860 u. V, 497 S. m. 3 farb. Taf.) Leipzig 899. Giesecke & Devrient. n.n. 42. —; geb. in Leinw. n.n. 46. —

Wilcken, U., Die griechischen Ostraka d. Vereins von Alterthumsfreunden im Rheinlande. Gel 1888 35 S. 4°. 1.—

Die griechischen Papyrusurkunden. (A. d. Umschl.: Griechische Papyri.) E. Vortr., geh. auf d. XLIV. Vers. Deutscher Philol. u. Schulmänner in Dresden am 30. Sept. 1897 v. Dr. Ulrich Wilcken, o. Prof. . . . a. d. Univ. Breslau. *Berlin: G. Reimer 1897.* (50 S.) 1 Bd 8. 98 443

Wilcken, Ulr., Tafeln zur älteren griechischen Palaeographie. Nach Originalen d. Berliner königl. Museums zum akadem. Gebrauch u. zum Selbstunterricht hrsg. Imp.-4. (20 Lichtdr.-Taf. m. 14 S. Text.) Leipzig 891. Giesecke & Devrient. In Mappe. n.n. 10. —

— s.: U r k u n d e n , griech., der Papyrussammlung zu Leipzig.

Wilckens, vgl. W i l k e n s .

Wilckens, die Vertheidigungsrede für G. Th. Becker, gehalten am 11. Juli 1851. 32. (92 S.) Altona 851, Verlags-Bureau. — 2. Aufl. 32. (92 S.) Ebd. 851. n. 4 ngr.

Wilckens, Adph., das Netz der badischen Staats-Eisenbahnen und die badische Nord-Ost- oder sogen. odenwälder Bahn ein wesentl. Theil desselben. gr. 8. (35 S.) Heidelberg 857. [Emmerling.] *

Wilckens, A[dolf]: Die Dt. Schule in Valparaiso. Ein Beitrag zur Geschichte derselben 1857—1907. — Valparaiso 1907: „Germania". 30 S.

Wilckens, C.: Geographische C a r t e von dem Niederstift Münster nebst den angrenzenden Ländern. Hannover 1796. 1 Bl.

Wilckens, C.: S p e c i a l - K a r t e von dem Fürstenthume Hildesheim und den angrenzenden Ländern. Hannover 1804. 1 Bl.

Wilckens, Carl Frederik, s. W i l c k e n s , Karl Frederik

Wilckens, Ch. Fr. Nachricht von seltenen Versteinerungen, vornehmlich des Thierreichs. Berlin und Strahlsund. 1769. 8.

Wilckens, Heinrich, appr. Arzt a. Bremen: Aus der Psychiatrischen und Nervenklinik zu Kiel. Ein Fall von angeblich nach Trauma entstandener Syringomyelie. Kiel 1904: A. F. Jensen. (30 S.) 8°
Kiel, Med. Fak., Ref. Siemerling, Diss. v. 6. Dez. 1904
[Geb. 14. Nov. 77 Bremen; Wohnort: Bremen; Staatsangeh.: Bremen; Vorbildung: Realgymn. Bremen Reife M. 97; Studium: Göttingen 2, München 1, Heidelberg 6, Kiel 4 S.; Coll. 5. Nov. 04; Approb. 14. Juli 04.]

Wilckens, Heinrich David

Die Anfangsgründe der künstlichen Holzzucht durch die Besamung aus dem Sacke oder der Hand, von H[einrich] D[avid] Wilckens. - Braunschweig: Reichard 1800. XXIV, 214 S. 8°

— die Anfangsgründe d. künstlichen Holzzucht durch die Besamung aus d. Sacke oder d. Hand. 8. Braunschw. 800. (Vogler in Potsd.) 16 gr.

WILCKENS, H. D.: Die Anfangsgründe der natürlichen Holzzucht. - Braunschweig 1801. XL, 354 S.

Wilckens, Hnr. Dav., Anfangsgründe d. natürl. Holzzucht. 8. Braunschw. 801. (Vogler in Potsd.) 1 ℔

WILCKENS, H. D.: Die Anfangsgründe der weidmännischen Sprache von den Thieren. - Braunschweig 1801. 272 S.

— die Anfangsgründe d. weidmänn. Sprache. 8. Braunschw. 801. (Vogler in Potsd.) 21 gr.

Aufsätze mathematischen, physikalischen, chemischen Inhalts. Von H(einrich) D(avid) Wilckens. H.1. Göttingen: Dieterich 1790. 8°
H.1: 1790.

— Aufsätze mathemat.-physikal.-chem. Inhalts, mit Kpf. 1s—6s Heft. gr. 8. Götting. 790, 91. Dieterich. 1s Hft. 7 gr.

WILCKENS, H. D.: Eine Äußerung über die Bildung des teutschen Forstmannes. - Braunschweig 1801. XII, 35 S.

— über die Bildung des Forstmanns, e. Aeußerung. 8. Braunschw. 801. (Vogler in Potsd.) 4 gr.

— etwas aus d. polnischen Gelehrtengeschichte, ein histor. Versuch in 2 Fragen in Kästners geom. Abhandl. veranlaßt. 8. Helmst. 792. Fleckeisen. 5 gr.

Ueber einige Gegenstände der Physik. Von H[einrich] D[avid] Wilckens. Wolfenbüttel: Albrecht 1793. 23 S. 8°

— üb. eine portug. Handschrift d. Wolfenbüttelschen Bibliothek. 8. Wolfenb. 793. Albrecht. 8 gr.

Die forstmännische Lehre von dem Oertlichen, von H[einrich] D[avid] Wilkens [Wilckens]. - Braunschweig: Reichard 1800. VI, 44 S. 8°

Die Lehre von den entgegengesetzten Größen in einem neuen Gewande. Ein Versuch... in Briefen an Hellwig in Braunschweig. Von H[einrich] D[avid] Wilckens. Braunschweig: Reichard 1800. XII, 26 S. 8°

— Lehre von den entgegengesetzten Größen in einem neuen Gewande, ein Versuch v. e. deutlichern Darstellung dieser Lehre als d. bisherige sein mochte, in Briefen an Hellwig. 8. Braunschw. 800. (Vogler in Potsd.) 8 gr.

Von den Pflichten, Arbeiten und dabey nöthigen Vorsichten eines Chemisten. Als Einladungsschrift zu seinen Vorlesungen von Heinrich David Wilckens. Göttingen 1790: Rosenbusch. 24 S. 8°

Wilckens, Heinrich David: Specimina duo, mathematicum et physicum. Goettingae (1789): Rosenbusch. 37 S. 8°
Göttingen, Phil. Diss. v. 1. Aug. 1789.

Wilckens, H[einrich] D[avid]: Ueber die Wartung des Hundes, um durch sie das Tollwerden desselben zu verhüten . . . Braunschweig: Reichard 1800. VIII, 64 S. 8°

— über die Wartung des Hundes, um durch sie das Tollwerden derselben zu verhüten. 8. Braunschw. 800. (Vogler in Potsd.) 6 gr.

Wilckens, Helmreich Hermann Nathan (Norden)
A. S. 169/4

Dissertatio inauguralis iuridica de iure accrescendi. Präs. Johann Kaspar Heimburg. Jena (Fickelscherr) 1. V. 1754. 48 S.
36715

Wilckens, Jakob

Wilckens, J., Beiträge zur Beurtheilung der „allgemeinen Bestimmungen" vom 15. Octbr. 1872, betr. das Volksschulwesen. Drei im pädagog. Verein zu Altona gehaltene Vorträge. gr. 8. (40 S.) Garding 873, Lühr und Dirks. *

Wilckens, Jak., „Der Ihrige". Pädagogische Briefe, nebst zwei Vorträgen üb. Diesterweg u. Comenius. Mit Bildnis u. Lebensbild des Verf. (III, 298 S.) 8. Flensburg 905. A. Westphalen. n. 3. 20; geb. in Leinw. n. 4. —

Wilckens, Karl, der juristische Charakter der Erwerbs- und Wirthschaftsgenossenschaften. Von der Heidelberger Juristenfacultät gekrönte Preisschrift. gr. 8. (52 S.) Mannheim 873, Bensheimer. *

Wilckens, Carl Frederik, Züge aus Thorvaldsens Künstler- u. Umgangsleben. Mit seinem Bilde (in Stahlst.) Nach der 2. Dän. Ausg. v. Thdr. Schorn. 8. (VII, 131 S.) Kopenhagen 875. Salmonsen. n. 2. 50

Wilckens, Kurt, s.: Fromme's Taschen-Kalender für die k. k. Landwehr.

Wilckens, Louis, Antrittspredigt üb. 2. Corinther 4, 8. geh. am Reformationsfeste, d. 1. Nov. 1835. gr. 8. (1½ B.) Lüneburg 836, Herold u. Wahlstab'sche Buchh.

Wilckens, M., die therapeutischen Bestrebungen während der Choleraepidemie 1892, s.: Reiche, F.

Wilckens, Martin

Wilckens M.: Die Alpenwirthschaft d. Schweiz, d. Algäus u. d. westösterreichischen Alpenländer. Wien 1874. 387 S. Fig.

Wilckens, Mart., die Alpenwirthschaft der Schweiz, des Algäus und der westösterreichischen Alpenländer. Neue (Titel-)Ausg. gr. 8. (VIII, 387 S. mit 65 in den Text gedr. Holzschn.) Berlin (874)885, Parey. *

Wilckens, M., Arbeitspferd gegen Spielpferd, die Mechanik verschiedener Pferdeformen u. die Reform des Staats-Pferdezuchtwesens in Oesterreich. gr. 8. (IV, 108 S. m. 5 Fig.) Wien 894. C. Fromme. n. 2.

—— Beitrag zur Kenntniss des Pferdegebisses mit Rücksicht auf die fossilen Equiden von Maragha in Persien. gr. 4. (28 S. mit 8 Taf.) Halle 888. (Leipzig, Engelmann.) *
Aus: Acta, nova, der kaiserl. Leopold.-Carolinischen deutschen Akademie der Naturforscher, besonders abgedruckt.

— Beiträge zur landwirthschaftlichen Thierzucht. Gesammelte Aufsätze u. Vorträge. gr. 8. (VIII, 320 S.) Leipzig 871. Quandt & Händel. n. 4. 50

Wilckens, Mart., Bodenkunde und Geologie. Eine krit. Grundlegung der Bodenkunde als Sendschreiben an Herrn Friedr. Alb. Fallou. gr. 8. (85 S.) Berlin 867, Schroeder's Verlag.

Wilckens, Mart., Briefe über den thierischen Stoffwechsel. 8. (IX, 184 S.) Breslau 879, Korn. cart. *

—— Briefe über landwirthschaftliche Thierzucht. 8. (XI, 211 S. mit 4 Abbild.) Wien 887, Gerold's Sohn. geb. *

— der Distanzritt u. die Vollblutfrage. gr. 8. (48 S.) Wien 893. (C. Fromme.) n. 1. —

—— Festreden zur Eröffnung der k. k. Hochschule für Bodenkultur zu Wien, s. Chlumecky, J. v.

—— Form und Leben der landwirthschaftlichen Hausthiere. Systematische Darstellung ihrer Morphologie und Physiologie zur wissenschaftl. Begründung der Thierzucht. gr. 8. (XXVIII, 952 S. mit 172 Holzschn.-Fig. im Text und 42 lithogr. und chromolithogr. Taf.) Wien 878, Braumüller. *

Wilckens, Mart., Form und Leben der landwirthschaftlichen Hausthiere. Systematische Darstellung ihrer Morphologie und Physiologie zur wissenschaftlichen Begründung der Thierzucht. Mit 172 (Holzschn.-Fig. im Text u. 42 (lith. u. chromolith. Taf. Wien 1878. 8.

—— —— Neue Titel-Ausg. Berlin 1878. 8.

Wilckens, M., Form und Leben der landwirthschaftlichen Hausthiere. gr. 8. Wien 878. Berlin, Parey. * 24 —

Wilckens, Mart., Form und Leben der landwirthschaftlichen Hausthiere. Neue (Titel-)Ausg. gr. 8. (XXVIII, 952 S. mit 172 Textabbild. und 42 Taf.) Berlin (878)885, Parey. *

—— Grundriß der landwirthschaftlichen Haustierlehre. 2 Bde. gr. 8. Tübingen, Laupp'sche Buchh. à Bd. *M 4.—. * geb. à Bd. *M 5.—. * geb. in 1 Bd. *

Inhalt:
Bd. 1. Form und Leistung der landwirthschaftlichen Haustiere. (IX, 184 S.) 888.
» 2. Züchtung und Pflege der landwirthschaftlichen Haustiere. (XVI, 160 S. mit Illustr.) 889.

Wilckens, Mart., Grundzüge der Naturgeschichte der Hausthiere. gr. 8. (XVI, 317 S.) Dresden 880, Schönfeld's Verlagsh. geb. *

Wilckens, Martin. Grundzüge der Naturgeschichte der Haustiere. Neubearb. von Dr. J[ohann] Ulrich Duerst, Privatdozent ... in Zürich. 2. Aufl. [Illustriert.] XII + 408 S. 8. Leipzig, Richard Carl Schmidt & Co., 1905. [geb. M. 6. —]

Der Neubearbeitung 1. Aufl. — Die 1. Aufl. von M' W' ersch. 1880.

(B) Wilcken, M., Grundzüge d. Naturgeschichte d. Haustiere. 905 (KBI, 34.) Hannover, M. & H. Schaper

Wilckens, landwirtschaftliche Haustierlehre. 2. Aufl., durchgesehen u. ergänzt v. O. Hagemann u. J. Hansen. 2 Bde. gr. 8. Tübingen, H. Laupp. à n. 4. —; geb. à n.n. 5. — (in 1 Bd. geb.: n.n. 9. 25)

1. Form u. Leistung der landwirtschaftlichen Haustiere. Durchgesehen u. ergänzt v. O. Hagemann. Mit 136 Abbildgn. (XII, 196 S.) 904.
2. Züchtung u. Pflege der landwirtschaftl. Haustiere. Durchgesehen u. ergänzt v. J. Hansen. Mit 31 Abbildgn. (XI, 167 S.) 903.

—— der Hochschul-Unterricht für Land- und Forstwirthe im Hinblick auf die Frage der Einverleibung der Wiener Hochschule für Bodencultur in die Wiener Universität. gr. 8. (36 S.) Wien 879, [Faesy und Frick.] Faesy. *

— ist auf Rindviehschauen nach Rassen od. nach Leistungen zu prämiiren? (Internationaler land- u. forstwirthschaftl. Congress zu Wien 1890, 18. Hft.) gr. 8. (7 S.) Wien 890. (Frick.) n. — 40

— ist es vortheilhaft, die landwirthschaftlichen Versuchsstationen m. landwirthschaftlichen Versuchswirthschaften zu verbinden, um die Ergebnisse ihrer Forschung weiteren Kreisen der Landwirthschaft zugänglich zu machen? (Internationaler land- u. forstwirthschaftl. Congress zu Wien 1890, 67. Hft.) gr. 8. (8 S.) Wien 890. (Frick.) n. — 60

—— Kunst und Wissenschaft in der Landwirthschaft. Rede, gehalten am 22. Oktbr. 1878 als Einleitung in seine Vorlesungen über die Theorie der Thierzucht. gr. 8. (16 S.) Wien 879, Braumüller. *

Wilckens, Mart., nordamerikanische Landwirtschaft. Erfahrungen u. Anschaugn., gesammelt auf e. Studienreise im J. 1889. gr. 8. (VII, 292 S. m. 41 Abbildgn.) Tübingen 890. Laupp. n. 5. —

—— über die Organisation und das Praemiirungsverfahren auf Rindviehschauen. Offenes Sendschreiben an das hohe Präsidium der internationalen landwirthschaftl. Ausstellung zu Bremen. gr. 8. (25 S.) Wien 874, Faesy und Frick.

— die Rinderrassen Mittel-Europas. Grundzüge e. Naturgeschichte d. Hausrindes. Mit 12 Holzschn. im Text u. 70 Taf. in Farbenholzschn. gr. 8. (X, 200 S.) Wien 876. Braumüller. geb. n. 16. —

—— die Rinderrassen Mittel-Europas. Grundzüge einer Naturgeschichte des Hausrindes. Neue (Titel-)Ausg. gr. 8. (X, 200 S. mit 12 Textabbild. und 70 Taf. in Farbenholzschn.) Berlin (876)885, Parey. *

—— Untersuchungen über das Geschlechtsverhältniss und die Ursachen der Geschlechtsbildung bei Hausthieren. Lex.-8. (46 S.) Ebendas. 886. *

Aus: Landwirthschaftliche Jahrbücher, besonders abgedruckt.

—— Untersuchungen über den Magen der wiederkauenden Hausthiere. gr. 4. (IV, 51 S. mit 6 lithogr. Taf.) Berlin 872, Wiegandt, Hempel und Parey.

—— die landwirthschaftlichen Verkehrsverhältnisse Norddeutschlands. Eine Denkschrift. 4. (34 S.) Berlin 869, (Schroeder.)

Wilckens, Mart., über die Verknöcherung und Verkalkung der Haut und die sogen. Hautsteine. Inaugural-Abhandlung. gr. 8. (23 S. mit 1 Stndrt. in 4.) Göttingen 858, (Vandenhoeck und Ruprecht's Verlagsh.) * *

—— Wandtafeln zur Naturgeschichte der Hausthiere. 1. Lfg.: Das Rind. 24 lithogr. und chromolithogr. Taf. in Imp.-Fol. Mit Text. gr. 8. (15 S.) Kassel 878, Fischer. *

—— Wandtafeln zur Naturgeschichte der Hausthiere. 2. Lfg.: Das Pferd. Mit 26 (lithogr. und chromolithogr.) Taf. Imp.-Fol. Mit Text. gr. 8. (32 S. mit eingedr. Holzschn.) Kassel 880, Fischer. *

1. Lfg. Ebendas. 1878. *M 36.
Nicht weiter erschienen.

Wilckens, Max [app. Arzt aus Hamburg]: Die Nabelbrüche kleiner Kinder und deren Behandlung ... Kiel, Druck v. A. F. Jensen, 1892; 51 S., 1 Bl. 8.

Kiel, Med. Fak., Inaug.-Diss. v. [11. Jan.] 1892

Wilckens, Otto: Die Anneliden, Bivalven und Gastropoden der antarktischen Kreideformation. 1910. s. Ergebnisse, Wissenschaftl., der schwedischen Südpolar-Expedition 1901–1903. Bd 3, Lfg 12.

Wilckens, *Otto* Beiträge zur Syntax des Sallust. I (17 S.). **Progr.** G. *Lahr* 1888 (571)

Praepos. c. acc.

Wilckens, Otto, Erläuterungen zu R. Hausthals geologischer Skizze des Gebietes zwischen dem Lago Argentino u. dem Seno de la Ultima Esperanza (Südpatagonien). Aus: Hauthal, Wilckens, Paulcke, die obere Kreide Südpatagoniens u. ihre Fauna. (22 S. m. 1 farb. Karte.) gr. 8. Freiburg i/B. 907. (Leipzig, M. Weg.) 2.—
Sonderabdr. aus: „Berichte d. naturforsch. Gesellschaft zu Freiburg i. B."

— s.: Handbuch der regionalen Geologie.

— Kreide- u. Tertiärfossilien aus den Magellansländern, s.: Steinmann, Gust.

Die Lamellibranchiaten, Gastropoden etc. der oberen Kreide Südpatagoniens. Von Dr. Otto **Wilckens**, Privatd., Freiburg. Mit 8 Taf. Freiburg i. Br. 1905: Wagner. 60 S. 8° [Umschlagt.]
Aus: Hauthal, Wilckens, Paulcke: Die obere Kreide Südpatagoniens u. ihre Fauna.
Aus: Berichte d. Naturforsch. Gesellschaft zu Freiburg i. B. Bd 15. [10. 1008, 11

Wilckens, Otto, die Lamellibranchiaten, Gastropoden etc. der oberen Kreide Südpatagoniens. Aus: Hauthal, Wilckens, Paulcke, die obere Kreide Südpatagoniens u. ihre Fauna. (70 S. m. 8 Taf.) gr. 8. Freiburg i/B. 907. (Leipzig, M. Weg.) 6.—
Sonderabdr. aus: „Berichte d. naturforsch. Gesellschaft zu Freiburg i. B."

Wilckens, Otto, Dr. phil., a. Bremen: Die Meeresablagerungen der Kreide- und Tertiärformation in Patagonien. Stuttgart: E. Schweizerbart 1905. (98—195 S., 1 Kte.) 8° ¶(Aus: N. Jahrbuch für Mineralogie. Beil.-Bd 21.)
Freiburg i. B., Phil. Fak., Hab.-Schr. v. 1905

Wilckens, Otto: Revision der Fauna der Quiriquina-Schichten. Mit 4 Taf. u. 1 Fig. im Text. Stuttgart: E. Schweizerbart 1904. (S. 181–284). 8°
(Beiträge zur Geologie u. Palaeont. von Südamerika. hrsg. von G. Steinmann. 11. – Aus: N. Jahrbuch f. Mineral. etc., Beil. Bd 18.)
Freiburg i. B., Phil. Diss. v. 1904.

Wilckens, Robert

Wilckens, R., Kriegsfahrten e. freiwilligen badischen Dragoners anno 1870/71. gr. 8. (IV, 119 S. m. 1 Karte.) Karlsruhe 891. Reiff. n. 1.20; geb. n. 1.80

[F.] Kriegsfahrten eines freiwilligen badischen Dragoners anno 1870/71 v. R[obert] **Wilckens**, Pfarrer in Bödigheim '(Inh. d. Eis. Kreuzes II. Cl. u. d. Karl-Friedrich-Verd.-Med.)'. 2. Aufl. *Karlsruhe: J. J. Reiff 1891.* (3 Bl., 132 S., 1 Bl., 1 Kt.) 1 Bd 8.
= Badener im Feldzug 1870/71. Bd 2. [96. 3

Wilckens, R., Kriegsfahrten e. freiwilligen badischen Dragoners anno 1870/71. 4. Aufl. 8. (IV, 133 S. m. 1 Karte.) Karlsruhe 894. J. J. Reiff. n. 1.20
geb. in Leinw. n. 1.80

Wilckens, Rudolf: Paläontologische Untersuchung triadischer Faunen aus der Umgebung von Predazzo in Südtirol. Mit 4 Taf. u. 10 Textfig. Heidelberg: Winter 1909. 151 S. 8° ¶(Aus: Verhandlungen d. Naturhist.-Med. Vereins zu Heidelberg. N. F. Bd 10.)
Heidelberg, Naturw.-math. Diss. v. 29. Okt. 1909, Ref. Salomon
[Geb. 1. Nov. 84 Lahr; Wohnort: Greifswald; Staatsangeh.: Baden; Vorbildung: Gymn. Lahr Reife Sommer 02; Studium: Freiburg i. B. 4, Berlin 1, München 1, Heidelberg 6 S.; Rig. 18. Dez. 08.] [U 10. 221

Wilckens, Theodor

Wilckens, Th., Aufzeichnungen und Hilfsmittel zu einer Geschichte der Familie Wilckens. Nebst Stammtfln. Schwetzingen 1890. —

[K.] Aufzeichnungen und Hilfsmittel zu einer Geschichte der Familie Wilckens. Ges. u. zsgest. v. Theodor **Wilckens**, Grossh. Ober-Steuerinsp. 2. Aufl. *Schwetzingen: (Selbstv.); Buchdr. v. M. Pichler 1895.* (40 S., 1 Taf.) 1 Bd 8. [96. 395

Wilcker H.: Ueber Aufbewahrung mikroskopischer Objecte nebst Mittheilungen üb. das Mikroskop u. dessen Zubehör. Giess. 1856. 44 S. 1 Tvl. P.

Wilckinghoff, Augustus (geb. Rheine 28. 8. 1813): De pathologia scorbuti. Berolini (1836). (28 S.) 8°
Berlin, Med. Diss. v. 5. Okt. 1836

Wilckinghoff, Wilhelm ⟨geb. am 3 Juni 1855 in Nordkirchen Westf.⟩: Medizinische Beiträge zur Kenntniss der Arnica montana ... Bonn, Druck v. F. Krüger (1880). 2 Bl., 41 S., 1 Bl. 8.
Bonn, Med. Fak., Diss. v. 7 Aug. 1880

Wilcock, Thomas

Thomae Wilcocks | köstliche | Honig-Tropfen | aus dem Felsen Christo (sic). | Oder: | Ein kurzes Wort der Ermahnung | an alle | Heilige und Sünder. | Aus dem Englischen, nach der vierzigsten Londoner | Ausgabe übersetzt. | 1815.
Kol.: Druck von Helferich in Eßlingen.
32 S., 8°.
St. A. Ludwigsburg D 54 / 169.
Thomas Wilcock: A Choice Drop of Honey from the Rock of Christ: or, a short word of Advice to all Saints and Sinners, London: John Marshall, war schon 1757 in Stuttgart bei Johann Nikolaus Stoll in deutscher Sprache erschienen. 1813 wurde es in Württemberg wegen irriger Vorstellungen verboten.

Wilcock, Thom., köstl. Honigtropfen aus den Felsen Christi. 8. Elberf. 823. Hassel; (a. Fischer in Reutling.) 2 gr. (Kummer in Leipz.) 4 gr.

Wilcock, (Thom.,) köstl. Honigtropfen aus den Felsen Christi. 8. Elberf. 825. Hassel.

Wilcock, Thom., köstlicher Honigtrofen aus dem Felsen Christus. Oder: Ein kurzes Wort der Ermahnung an alle Heilige u. Sünder. Aus d. Engl. 8. (64 S.) New-York 852. (Philadelphia, Schäfer & Koradi.) In Engl. Einb. n. 1/3 rf

Wilcock, Thom., Honigtropfen aus dem Felsen. Ein kurzes Wort der Ermahnung an alle Heiligen und Sünder. 8. (31 S.) Barmen 867. (Berlin, Beck.)

Wilcocks, Thom., Honigtropfen aus d. Felsen Christi. 8. (24 S.) Leipzig 892. Berlin, Deutsche Ev. Buch- u. Traktat-Gesellschaft. n. —20

— Worte d. Ermahnung u. des Trostes. 12. Basel 807. Holdenecker. 3 gr.

Wilcock, Thom., Worte der Ermahnung an alle Heiligen u. Sünder. Aus dem Engl. (44 S.) kl. 8. Neumünster (905). Vereinsbuchh. G. Ibloff & Co. n. —30

Wilcox, Delos F., Verfassung u. Verwaltungsorganisation der Städte Englands, Frankreichs u. Nordamerikas, s.: Schriften des Vereins f. Sozialpolitik. 123.

Beiträge zur Geschichte des Berg- und Hüttenbetriebes im Unterharz, unter spezieller Berücks. d. 'Rammelsberger Bergbaues' u. d. 'Frau Marien-Saigerhütte' zu Oker im Harz. Von E. **Wilczek**. Kattowitz: Gebr. Böhm 1907. (14 S.) 8°
Aus: Berg- u. Hüttenmännische Rundschau.
= **Sammlung** Berg- u. Hüttenmännischer Abhandlungen. H. 10. [08. 9242

Wilczek, E., die officinellen Drogen, s.: Rabow, S.

Wilczek, Eduard, Graf

Wilczek, Ed. Graf, Gedanken üb. die Sicherheit u. Ökonomie d. Eisenbahnbetriebes. gr. 8. (61 S. m. 3 Abbildgn.) Wien 893. A. Hartleben. n. 1.50

Historische Genrebilder vom Mittelmeere. Marinegeschichtl. Skizzen von Eduard Graf **Wilczek**. Wien: C. Konegen 1894. (VII, 253 S.) 8° [F.] [07.17474

Wilczek, Ed. Graf, d. Mittelmeer, s. Stellg. in d. Weltgeschichte u. s. histor. Rolle im Seewesen. gr. 8. (VIII, 288 S.) Wien 895. C. Konegen. n. 4. —

Wilczek, Ed. Graf, s.: Weltgeschichte.

Wilczek, Ed. Graf. Die Zukunft der Donau-Schifffahrt. gr. 8. (48 S.) Wien 892, Hartleben. • 1 10

Wilczek, Ernst, aus Zürich: Beiträge zur Kenntniss des Baues von Frucht und Samen der Cyperaceen. ([S. A. aus:] Botan. Centralblatt. 1892, Bd LI [S. 129—138. 193—201. 225—233. 257—265]). Cassel Gebr. Gotthelft Dr. 1892. 37 S., Tafel I—VI. 8°.
Zürich, Phil. Diss. [v. 22. Febr. 1892].

v. Wilczek, Geo. Fr. Jos., Lehrsatz von der Lage d. Erde nebst Anhang u. Zusatz. 8. Dresd. 765. Deinzer. 16 gr.

(Wilczek, [Johann Joseph Graf].) Gerechte Beschwerden über d. vielfältigen Uebertrettungen des allgemeinen Bundsbriefs ... und Kränkungen der Rechte der Herrschaft Razins, welche die im Merz 1794 in Chur zusammengetretenen konstitutionswidrigen Versammlungen verúbt haben. Von dem Herrn Baron von Cronthal ... den Herren Haúbteren der Republik Búnden eingereicht den 20 März 1795. (Mayland, den 10ten Hornung, 1795.) 8. *o. O.*

(Wilczek, [Johann Joseph Graf]. Gerechte Beschwerden Ueber die Verhandlungen der gewesten konstitutionswidrigen Versammlung zu Chur, durch welche die mit dem allerdurchlauchtigsten Erzhause bestehende Traktaten die Rechte seiner Herrschaft Ratzins [betreffend] gekränkt wurden .... Mayland den 10ten Hornung 1795.) fol. *o. O.*

Wilczek, Johann Nepomuk, Graf

Wilczek, Graf, meine Ansichten üb. Konservierung u. Restaurierung alter Kunstwerke. (23 S. m. 4 Taf.) 8. Wien 908. R. Lechner's Sort. 2. —

Wilczek, Johann Nepomuk, Graf. v. Erinnerungen eines Waffensammlers. Vortrag gehalten am Gesellschaftsabend österreichischer Kunstfreunde zu Wien, den 3. Dezember 1903.
2. verb. Aufl. Wien, R. Lechner 1908.
24 S., 17 Taf. 4°
1. Aufl. 1903

Wilczek et Weyprecht. Programme des travaux d'une expedition polaire internationale. Vienne, 30 Septembre 1877.

Wilczek et Weyprecht, A la Société royale de météorologie à Utrecht. Vienne, 31 Mars 1877.

Wilczewski, Anton. (Car. Joan.) (geb. Bromberg 11. 7. 1814): De colica saturnina. Berolini (1837). (32 S.) 8°
Berlin, Med. Diss. v. 20. Aug. 1837

Wilczewski, (Franc. Anton.) (Car. (geb. Bromberg 5. 9. 1816): De cerebro Cyprini carpionis. Fragmentum commentationis, ab universitate literarum Vratislaviensi praemio ornatae. Berolini (1837). (36 S.) 8°
Berlin, Med. Diss. v. 24. Nov. 1837

Wilczewski, Kasimir v., aus Wronke, Prov. Posen: Klinischer und anatomischer Beitrag zur Lehre vom sogenanntem [!] Choriom der Placenta. *Posen 1903: St. Adalbert Druckerei.* (35 S.) 8°
Würzburg, Med. Diss. v. 1903

Wilczewski, (Carl Anton) Paul (*geb. Schwetz 26. 11. 1845*): Untersuchungen über den Bau der Magendrüsen der Vögel. Breslau (1870). (30 S.) 8°
Breslau, Med. Diss. v. 28. Juli 1870

Wilczewski, Paul, Untersuchungen über den Bau der Magendrüsen der Vögel. Inaugural-Dissertation. gr. 8. (27 S.) Breslau 870, (Maruschke und Berendt.) *

Projective differential geometry of curves and ruled surfaces. By E[rnest] J[ulius] **Wilczynski**. Leipzig: B. G. Teubner 1906. (VIII, 298 S.) 8° = **Sammlung**, B. G. Teubners, von Lehrbüchern auf d. Geb. d. math. Wissensch. Bd 18. [06. 9987

Wilczynski, E. J., Projective differential geometry of curves and ruled surfaces, s. a. Teubners, B. G., Sammlung v. Lehrbüchern auf dem Gebiete der mathemat. Wissenschaften. XVIII.

Wilczynski, Ernst *Julius:* Hydrodynamische Untersuchungen m. Anwendgn auf d. Theorie d. Sonnenrotation ... Berlin, Mayer & Müller, 1897; 2 Bl., 34 S., 1 Bl. 4.
Berlin, Phil. Fak., Inaug.-Diss. v. 3. Juli 1897

Wilczynski, Karl, zum Herren-Abend. Sammlung v. Herrenabend-Vorträgen. (40 S. m. Abbildgn.) kl. 8. Dresden-N. (910). E. Neumann & Co. — 75

Wilczynski, Karl, Eric Edmund Smart. Ein Prolog in e. Akt. (65 S.) gr. 8. Berlin 906. R. Trenkel. n. 2. —

WILCZYŃSKI, Tadeusz: Beitrag zur Kasuistik der Sarkome der Lendenwirbelsäule. - München: Ernst 1902. 30 S.
28.7.1902 - Chr 1902/03,23; Jv 1901/02,281
Diss. Ingolst.-Landsh.-Mchn.

Wilczyński, Wlodimir Stanisl. Ritter v., **Theorie des grossen Krieges mit Hilfe des kleinen oder Partisanen-Krieges bei theilweiser Verwendung der Landwehr.** gr. 8. (IX, 189 S. mit 8 lithogr. Taf.) Wien 869, Gerold's Sohn. *

Wild [Sachl. Ow]

Wild oder das Kind der Freude. Berlin 1781. V: *Büschel, Johann Bernhard Gabriel.* (GGr) (Ky) (MGT)

— od. d. Kind d. Freude; e. dialogisirter Roman. 2 Bde. 8. Berlin, Himburg. 781.

Wild, oder das Kind der Freude, (angebl. J. B. G. Büschel). 2 Thle. 8. Berl. 781. (Reimer). 1 ₰

Wild, Franz. Blätter der Erinnerung. Wien 1860. V: *Schloegl, Friedrich.* (ADB 54, 47)

Wild, Heinrich. [»Grüss Gott«. Wien 1907.] V: *Tiwald, Heinrich.* (Hdschr. Mitth. d. Verlagsbuchh.)

Wild, Heinrich von, od. d. gute Onkel u. d. böse Tante, v. C. W. Morus. 8. Ansbach, Haueisen. (Gassert.) 804.

WILD, Heinrich v., oder die böse Tante und der gute Onkel. Neue Aufl. Erlangen, Palm 1812. 8°. (½ Rthl.)
Citirt Kayser unter Romanen.

— Jonathan, Gesch. a. d. Engl. d. Hrn. Fielding. 8. Copenhagen. 758.

— — le grand, Histoire de, p. H. Fielding, trad. de l'anglois. 12. Lausanne, Pott. 782.

— — Rinaldo Rinaldinis Antipode, a. d. Engl. v. H. Fieldings. 2 Bde. m. K. 8. Zwickau, Schumann. 802.

Wild, Heinrich Jonathan, Rinaldino's Antipode, aus dem Engl. des Hrn. Fieldings. 2 Bde. m. K. 8. Zwickau, Gebrüd. Schumann. 812.

Wild u. Hund. Illustr. Wochenschrift f. Jagd u. Hundezucht, einschliessl. Luxushunde, Jagdtierkunde, Schiesskunst, Jagdschutz, Jagdreitsport u. Fischerei. Red.: Erwin Stahlecker. 1. u. 2. Jahrg. 1895 u. 1896. à 52 Nrn. (à ca. 16 S. m. Abb.) gr. 4. Berlin, P. Parey. à Jahrg. n. 6. —

— dasselbe. 3. u. 4. Jahrg. 1897—1898. à 52 Nrn. (à ca. 2 Bog.) gr. 4. Ebd. à Jahrg. n. 8. —
Kann auch vierteljährlich u. in je 16 Hftn. bezogen werden.

Wild u. Hund. Illustrierte Jagdzeitung. Red.: Erwin Stahlecker. 5.—8. Jahrg. 1899—1902. à 52 Nrn. m. jährl. 24 Kunstbeilagen. gr. 4. (à ca. 16 S. m. Abbildgn.) Berlin, P. Parey. à Jahrg. n. 8. —; geb. n. 12. —

Wild u. Hund. Illustrierte Jagdzeitg. Red.: Erwin Stahlecker. 9.—12. Jahrg. 1903—1906. à 52 Nrn. (VIII, 832; VIII, 848; VIII, 832 u. VIII, 836 S. m. Abb. u. 25, 25, 25 u. 26 Taf.) gr. 4. Berlin, P. Parey. à Jhrg. n. 8. —; geb. n. 12. —

Wild u. Hund. Illustrierte Jagdzeitg. Red.: Erwin Stahlecker. 13.—16. Jahrg. 1907—1910. à 52 Nrn. m. 24 Kunstbeilagen. (VIII, 944; VIII, 944; VIII, 960 u. VIII, 944 S.) 31,5×22,5 cm. Berlin, P. Parey. à Jahrg. 9.80

Wild u. Wald. 12 Photograv. nach Gemälden moderner Meister. Fol. München 893. Jos. Albert. In Leinw.-Mappe 30. —; Kabinet-Ausg. in Photogr. 12. —

Wild [Verfasser]

Wild, die wichtigsten Handhabungs-Arbeiten der Festungs- u. Belagerungs-Artillerie. 16. (VI, 56 S.) Glogau 874. Flemming. n. — 75

Wild, A., Culturbilder aus Oesterreich, s.: Vorträge, volksthümliche.

Wild, Adam (Durlach) A. S. 217/9

De forma catecheseos Paulinae ad locum Hebr. VI. vers. 1. et 2. exercitatio exegetico-historico-polemica.
Präs. Johann Fecht.
Rostock (Schwiegerow) 19. IV. 1702. 56 S.

Gew.: Präs., Adam Wild (Vater). 36716

Wild, Adam (Durlach) A S. 1353/38

Specimen inaugurale academicum, sistens luem animarum Boehmisticam ...
Altdorf (Kohles) 23. VI. 1705. 32 S.

Gew. Daniel Dietrich Scheid, Adam Wild (Vater). 36717

Wild, Albert

Wild, A. (Red.), s. Armenpfleger, Der.

Wild, A[lbert]. Bericht über die gewerbliche Kinderarbeit in der Schweiz. Nach dem Fragebogen des Internationalen Arbeitsamtes. Erstattet im Auftrage des Vorstandes der Schweizerischen Vereinigung zur Förderung des internationalen Arbeiterschutzes. 135 S. 8. Basel, Genossenschafts-Buchdr., 1908. (fr. —. 60)
Schweizer. Vereinigung zur Förderung des internationalen Arbeiterschutzes. Heft 25.

Wild, A., Bericht üb. die gewerbliche Kinderarbeit in der Schweiz, s. a. Vereinigung, schweizerische, zur Förderg. des internationalen Arbeiterschutzes.

(Wild, Albert. Friede mit Gott! Rede bei der Beerdigung der ermordeten Frau Pfarrer Emma Jäggli-Appenzeller. Gehalten am 5. November 1882 in Glattfelden .... ([Mit] Anhang.) 8. Bülach.

Wild, A., u. C. A Schmid, Materialien zum „Ratgeber f. Armenpfleger". (65 S.) gr. 8. Zürich, Fäsi & Beer. 1902. —. 90.

Wild, A[lbert]. Die körperliche Misshandlung von Kindern durch Personen, welchen die Fürsorgepflicht für dieselben obliegt. Zürich ... (1907) s. Deutsch, Julius, [und] Wild, A[lbert]. Zwei ... preisgekrönte Arbeiten über Kinderschutz: ... (2.)....

Pfarrer A. Wild. Die körperliche Mißhandlung von Kindern durch Personen, welchen die Fürsorgepflicht für dieselben obliegt. Zürich: Rascher & Co. (1907). (XII, 162 S.) 8° [J.]
— **Arbeiten,** Zwei von d. Univ. Zürich preisgekrönte, über Kinderschutz. [2.] [07. 1131]

Wild, A[lbert]. Die Mitwirkung der Frauen in der Armen- und Wohlfahrtspflege in der Schweiz. 156 S. 8. Zürich, Komm. Gebr. Leemann & Co., 1910. [fr. 2. 50]

Wild, Alb., die Pflicht der Seelsorge in der Kirche der Gegenwart. Correferat in der zürcher. Synode am 28. Novbr. 1876. gr. 8. (26 S.) Zürich 877, Schmidt. *

Wild, A[lbert], und Schmid, C[arl] A[lfred]. Ratgeber für Armenpfleger. [2 Teile.] 8. Zürich, Fäsi & Beer, 1902.
[Teil 1] *u. d. T.:* Vademecum (* *Umschlag:* Ratgeber) für A'. II + 283 S. Z', F' & Behr (* *Umschlag:* Beer), 1902. [fr. 4. —, geb. 4. 50]
[Teil 2] *u. d. T.:* Materialien zum «R' für A'». (Nachtrag des «R'».) II + 65 S. Z', F' & Beer, 1902. [fr. 1. —]

(Wild, A[lbert, und] Bosshardt, A[rnold].) Zur Revision des Armengesetzes im Kanton Zürich. Referat und Correferat aus den Verhandlungen der Asketischen Gesellschaft Zürich ⟨kantonaler Pfarrverein⟩ vom 29. Juni 1904. II + 66 S. 8. Andelfingen, W. Hepting, 1904. fr. —.80

Wild, Alb., am Zürcher Rheine. Taschenbuch f. Eglisau u. Umgebg. Unter Mitwirkg. v. Gelehrten u. Freunden der Heimatskunde hrsg. Mit 6 Illustr. u. 1 Karte. 1. Thl.: Eglisau in der Gegenwart u. Vergangenheit. 8. (390 S.) Zürich 883. Höhr. n. 2. 50

Wild, Alb., am Zürcher Rheine. Taschenbuch f. Eglisau u. Umgebg. Unter Mitwirkg. v. Gelehrten u. Freunden der Heimatskunde hrsg. 2. Thl. Die Umgebg. v. Eglisau. Mit Uebersichtsbild u. Karte. 8. (324 S.) Zürich 884. Fäsi & Beer. n. 2. — (1 u. 2.: n. 4. 50)

Wild, A., u. C. A. Schmid, Vademecum f. Armenpfleger. gr. 8. (283 S.) Zürich 902. Fäsi & Beer. n. 3.60; Materialien dazu (65 S.) n.n. — 90; in 1 Bd. geb. n. 5.20

Wild, A[lbert]. Veranstaltungen und Vereine für soziale Fürsorge in der Schweiz — Institutions et sociétés pour la prévoyance sociale en Suisse — Istituzioni et società svizzere per provvedimento sociale. 2. vermehrte und umgearbeitete Aufl. des Buches von Pfr. W[ilhelm] Niedermann †: Die Anstalten und Vereine der Schweiz für Armenerziehung und Armenversorgung — 2me éd. ... du livre du pasteur N' †: Etablissements et sociétés suisses ... — 2da ed. ... del libro del pastore N' †: Società ed istituti svizzeri.... Bearb. im Auftrage der Armen- und Anstaltenkommission der Schweiz. gemeinn. Gesellschaft von A. W', Pfarrer..., und hrg. von der Schweizerischen gemeinnützigen Ges'. XII + 614 S. 8. Zürich, Komm. Gebr. Leemann & Co., 1910. [geb. Subscr. fr. 3. —, im Buchh. 4. 50]

Wild, August

Wild, Aug., das Kopf- und Zifferrechnen. Ein Handbüchlein für Schüler. Heft A.: Für die Unterklasse. 8. (52 S.) Passau 888, Waldbauer's Buchh. *

Wild, August: Ueber Varicella ... Erlangen, Druck d. Univ.-Buchdr. v. Junge & Sohn, 1889; 26 S. 8°
Erlangen, Med. Fak., Inaug.-Diss. v. 16. März 1889.

—— das Zifferrechnen. Ein Handbüchlein für Schüler. Heft B. und C.: Für die Mittel-, resp. Oberklasse. 8. (à Heft 52 S.) Ebendas. 887. à Heft * 20 Pf. *

Wild, C.: Anleitung zu de. schönsten u. interessantesten Tages-Ausflügen von Baden-Baden in d. Schwarzwald, s. Schnars, C. W.: Führer v. Baden-Baden u. den Schwarzwald.

— Baden-Baden u. Umgegend, s.: Schnars, Carl Wilh.

Wild's, C., Führer durch Baden-Baden, s.: Schnars, Karl Wilh., Baden-Baden.

Wild, C.: (Neuester zuverläss.) Führer v. Baden-Baden u. d. Schwarzwald. s.a. Schnars, C. W.: Führer v. Baden-Baden u. den Schwarzwald.

— **neuester zuverlässiger Führer durch Baden-Baden u. den Schwarzwald. Eine achttäg. Wanderung von Baden-Baden bis Thiengen u. Waldshut, bearb. v. Ph. Bussemer, sowie e. Anleitg. zu 17 der schönsten u. interessantesten Tages-Touren v. Baden Baden in den Schwarzwald u. e. kurzen Beschreibg. d. Höhenwege Pforzheim-Basel u. Pforzheim-Waldshut. 17. verb. u. verm. Aufl. (VII, 239 S. m. 1 farb. Plan u. mehreren z. Tl. farb. Karten.) kl. 8. Baden-Baden 910. 11. C. Wild. 1. 50**

— guide through Baden-Baden and the Black-Forest. Excursions through the Murgthal, Wildbad, Bühlerthal, Gertelbach, Sand, Hundseck, Renchthal, Rippoldsau, Strassburg, Allerheiligen; Black-Forest railway: Hornberg, Triberg, Furtwangen, Donaueschingen, Constance, Singen. Rheinthal: Waldshut, Säckingen, Schweigmatt, Wehrathal, Todtmoos. Freiburg, Badenweiler, Schauinsland, Belchen. Excursion from Baden into the Höllenthal by Freiburg, Neustadt, Bad Boll, Titisee, Schluchsee, Feldberg, St. Blasien, Höhenschwand, Albthal. Further: A week's tour through the Black-Forest from Baden-Baden to Albbruck and Waldshut. 12. (XII, 143 S. m. 1 Plan u. 2 Karten.) Baden-Baden 894. C. Wild. In Leinw. kart. n. 1. 50

Plan der Stadt Baden-Baden 1900. Massstab 1:4000. *Baden Baden: C. Wild (1900); Lahr: Lith. Anst. v. E. Kaufmann.* (1 Kartenbl. 57 × 37 cm. mit Legende.) 8° [kol.]
[Kopft.:] (C.) Wild's neuester Plan d. Stadt Baden. [illegible]

Plan der Stadt Baden-Baden. 1906. (Masst. 1:4,000. Baden-Baden: C. Wild 1906; Lith. E. Kaufmann, Lahr.) (1 Kartenbl. 57 × 37 cm.) 8° [kol.]
[Umschlagt.:] Wild's Neuester Plan von Baden-Baden. [illegible]

Wild, C. (Frau Camilla Kohl), Schuld u. Sühne. Romant. Erzählg. [Aus: „Häusl. Ratgeber".] In stenotachygraph. Schrift hrsg. v. A. R. Schröer. 12. (80 S.) Schweidnitz 897. A. R. Schröer's Selbstverl.

Wild, C. F., s. Wanderungen durch d. sächs. Obergebirge.

Wild, C. H., Tabellen z. Berechnung d. Hamburger-Wechsel-Course nach Proportional-Zahlen. gr. 4. Hamb. Nestler 800.

Wild, C. H., Tabellen z. Berechnung d. Hamburger Wechselcurse nach Proportional-Zahlen. gr. 4. Altona 807. (Hamb., Nestler u. M.) 16 gr

Wild, Carl, s. Wild, Karl

Wild, Caspar, s. Wild, Kaspar

Wild, Chr. Gottlob

Pfarrer (C. G.) **Wild**'sche und einige andre Gedichte. (Hrsg.: Heinrich Köselitz [d. i. Peter Gast].) Annaberg: H. Graser 1890. (IV, 56 S.) 8° [F.]
= **Gedichte** u. Geschichten in erzgebirg. Mundart. H. 13. [08. 10969]

Wild, Chr. Glo., vermischte Gedichte. 1e Samml. 8. (Leipz. 816. Mag. f. Ind.) 16 gr

— Luther, ein Gedicht in 9 Gesängen. 8. Schneeberg 817.

Wild, Christoph

Wild, Chrph., ein Jahr sozialer Arbeit. 1877. gr. 8. (131 S.) Bromberg 878, Fischer. *

—— das Neueste über die Socialdemokratie. 8. (103 S.) [Berlin 878, Bichteler und Comp.] Straßburg, Schultz und Comp. *

—— über und wider die Socialdemokraten. 1. Aufl. (32 S.) 1877. * 50 Pf.; 2. Aufl. gr. 8. (31 S.) Ebendas. 878. **

Wild, Chrph., aus der großen Zeit. 1870/71. Patriot. Klänge und Erzählungen. gr. 8. (83 S.) Berlin 885, Grüger. * geb. *

Wild, Ed. (J. A. E. Löhr), Anekdotenbüchlein für meine Kinder, oder Witz, Laune u. Schnurren, ein Beitrag zu allen Verstandes- u. Denkübungen. 8. Frankf. 806. Guilhaumann. 1 rß

Wild, Ella. Die eidgenössischen Handelsprivilegien in Frankreich. 1444—1635. Diss. Phil. [I.] Univ. Zürich. IV + IV + 233 S. 8. St. Gallen, Zollikofer & Cie., 1909.

Wild, Erich: Mirabeaus geheime diplomatische Sendung nach Berlin. *Heidelberg: C. Winter 1901.* (VIII, 202 S.) 8° [F.]
Heidelberg, Phil. Diss. v. 1900

Wild, Ernst. Verfassungsgeschichte der Stadt Wil 754–1733. Diss. Jur. Bern. X + 276 S. 8. Wil, Friedrich Gegenbauer, 1904.

Wild, Ernst. Verfassungsgeschichte der Stadt Wil ⟨Kanton St. Gallen⟩ ⟨754—1733⟩ von Dr. jur. E. W. in Wil. ([Mit 1 Wappen und] Anhang: Stadtsatzungen [u. s. w.].) XII + 276 + *Anhang* II + XVIII S. 8. Im Selbstverlag der Verfassers; Wil, Druck Friedrich Gegenbauer, 1904. [fr. 3. 50]

Wild, [illegible]

Wild, F., s. Eilbote, der Baierische.

Wild, Felix. Beleuchtung der Anträge des Bundesrathes und der Vorschläge der Experten-Kommission betreffend die Vermehrung der Postentschädigungen an die Kantone. Zürich 1859. 4.

Wild, Felix. Bericht betreffend die Bankfrage. Zürich 1868.

***Wild*, Frz. Sam., (✝ im April 1802.) Dieu et la raison, ouvrage dédié à tous les hommes, surtout aux français, aux suisses et aux cisalpins. 8. Basel 798. (Turneisen in Cassel). 12 gr Velinp. 22 gr le même. 8. Basel 798. Levrault in Strassb. 10 gr Velinp. 20 gr**

— essai sur un Prototype ou modele d'une mesure universelle; suivi d'un essai sur une mesure générale appropriée à Helvétie. 8. Lausanne 801.

— essais sur la montagne salifère du Gouvernement d'Aigle, avec 1 carte. 8. Genf 788.

— s. Recueil concern. les mines.

— Versuch üb. d. Salzgebirge im Gouvernement Aelen; aus d. Französ. v. C. L. A. Wille, herausg. v. J. C. Quanz, mit 1 Karte u. Kpf. gr. 8. Nürnb. 793. Bauer u. M. 1 rß

—— Versuch über das Salzgebirge im Gouvernement Aelen (Aigle). Aus dem Franz. übersetzt von J. Ch. Quantz, und mit einer Vorrede begleitet von Chr. L. A. Wille. Nürnberg. 1793. 8. Ro.spe.

Wild, Friedrich

— s. a.: Bayreuth, 1896.

Wild, Frdr., Bayreuth 1897. Prakt. Handbuch f. Festspielbesucher. Unter Mitwirkg. v. Heinr. Bulthaupt, Max Chop, Rob. West, Heinr. Platzbecker. M. 41 Künstler-Porträts u. Landschaftsbildern, sow. m. 2 Plänen u. 2 Eisenbahnkarten. 2. Aufl. 8. (93, 65 u. 72 S.) Leipzig 897. C. Wild. n. 2.—; engl. u. französ. Ausg. à n. 2.—

Wild, Frdr., Bayreuth 1901. Prakt. Handbuch f. Festspielbesucher. Unter Mitwirkung v. Ed. Reuss, Mor. Wirth, Max Chop, Aug. Göllerich, Herm. Kretzschmar. 8. (199, 44, 19, 64, 10 u. 7 S. m. Abbildgn., Bildnissen, 1 Plan u. 1 Fksm.-Taf.) Leipzig, C. Wild. n. 8.—; engl. Ausg. (29, 35, 39 S., S. 51—62, 18 u. VIII S. m. Abbildgn., Bildnissen u. 1 Plan) u. französ. Ausg. (40, 10, 39 S., S. 51—64, VIII u. 18 S. m. Abbildgn., Bildnissen u. 1 Plan) zu gleichem Preise.

— dasselbe 1902. Prakt. Handbuch f. Festspiel-Besucher, unter Mitwirkg. v. Wolfg. Golther, Eduard Reuss, Mor. Wirth u. a. 8. (IV, 12, 24, 199, 44 u. 32 S. m. Abb., 45 Bildnissen u. 1 farb. Plan.) Leipzig (902). (F. Luckhardt.) n. 3.—; engl. Ausg. (II, 29, 35 u. 14 S. m. Abbildgn., 45 Bildnissen u. 1 farb. Plan.) n. 2.—; französ. Ausg. (II, 17, 40 u. 14 S. m. Abbildgn., 45 Bildnissen u. 1 farb. Plan.) n. 2.—

Wild, Frdr., Bayreuth 1906. Praktisches Handbuch f. Festspielbesucher. (IV, 16, 35, 16. 26, 7, 27 u. 23 S. m. Abbildgn. u. 32 Bildnistaf.) 8. Leipzig 906. C. Wild. 2.—; engl. Ausg. (IV, 28, 24, 7, 16 u. 24 S. m. 31 Bildnistaf.) 2.—; französ. Ausg. (IV, 15, 21, 8, 7 u. 24 S. m. 32 Bildnistaf.) 2.—

Wild, (Joh.) Friedr., biblische Geschichte des Alten und Neuen Testaments. Für die Hand der Schüler bearb. 1.—3. Aufl. 4 Hefte. gr. 8. Dresden 883,84, Huhle.

Inhalt:

Heft 1. Unterstufe. (60 S.) * 20 Pf.
" 2. Mittelstufe. (80 S.) * 25 Pf.
" 3. Oberstufe: Altes Testament. (64 S.) * 20 Pf.
" 4. Oberstufe: Neues Testament. (80 S.) * 25 Pf.

Wild, (Joh.) Frdr., biblische Geschichte d. Alten u. Neuen Testaments. Für die Hand der Schüler bearb. 4 Hfte. 8. Dresden, Huhle. — 90

1. Unterstufe. 4. Aufl. (60 S.) 885. n. — 20
2. Mittelstufe. 3. Aufl. (80 S.) 884. n. — 25
3. Altes Testament. (64 S.) 882. n. — 20
4. Neues Testament. (80 S.) 883. n. — 25

Wild, F., biblische Geschichte d. Alten u. Neuen Testaments. Für die Hand der Schüler bearb. 4 Hfte. 8. Dresden, Huhle. n. — 90

1. Unterstufe. 5. Aufl. (60 S.) 887. n. — 20
2. Mittelstufe. 4. Aufl. (80 S.) 885. n. — 25
3. Oberstufe. I. Altes Testament. 2. Aufl. (64 S.) 884. n. — 20
4. — dasselbe. II. Neues Testament. 2. Aufl. (80 S.) 884. n. — 25

Wild, Friedr., biblische Geschichte des Alten und Neuen Testaments. Für die Hand der Schüler bearb. 4 Hefte. 8. Dresden 885—87, Huhle.

Inhalt:

Heft 1. Unterstufe. 4. und 5. Aufl. (60 S.) * 20 Pf.
" 2. Mittelstufe. 4. Aufl. (80 S.) * 25 Pf.
" 3. Oberstufe. I. Altes Testament. 2. Aufl. (64 S.) * 20 Pf.
" 4. —— dass. — II. Neues Testament. 2. Aufl. (80 S.) * 25 Pf.

—— dass. — Ausg. B.: Unter- und Mittelstufe. 8. (147 S.) Ebendas. 888. * 45 Pf.; geb. *

Wild, Friedr. Biblische Geschichte d. Alten u. Neuen Testaments. Für die Hand der Schüler bearb. 4 Hefte. 8. Dresd. 892, A. Huhle. * — 90

1. Unterstufe. 9. Aufl. (60 S.) 891. * — 20. — 2. Mittelstufe. 6. Aufl. (84 S.) 890. * — 25. — 3. Oberstufe. I. Altes Testament. 4. Aufl. (68 S.) 890. * — 20. — 4. dass. — II. Neues Testament. 4. Aufl. (80 S.) 892. * — 25.

Wild, Frdr., biblische Geschichte d. Alten u Neuen Testaments. Für d. Hand d. Schüler bearb. 4 Hfte. 8. Dresden, A. Huhle. n. — 90

1. Unterstufe. 17., durchgeseh. Aufl. (60 S.) 898. n. — 20
2. Mittelstufe. 12., durchgeseh. Aufl. (80 S.) 897. n. — 25
3. Oberstufe. I. Altes Testament. 8., durchgeseh. Aufl. (68 S.) 897. n. — 20
4. Oberstufe. II. Neues Testament. 8., durchgeseh. Aufl. (80 S.) 898. n. — 25

— dasselbe. Ausg. B. Unter- u. Mittelstufe. 15., unveränd. Aufl. 8. (144 S.) Ebd. 898. n. — 45; kart. n. — 60

Wild, Frdr., biblische Geschichte des Alten u. Neuen Testaments. Für die Hand der Schüler bearb. Ausg. B. Unter- u. Mittelstufe. 28., unveränd. Aufl. (144 S. m. 1 farb. Karte.) 8. Dresden 903. A. Huhle. Kart. n. — 60

Wild, biblische Geschichten, s.: Bartko, J.

— praktisches Handbuch f. Festspielbesucher des Prinzregenten-Theaters. (IV, 35, 18, 12, 6 u. 5 S. m. 32 Bildnistaf.) kl. 8. Ebd. (906). 2.—; engl. Ausg. (IV, 24, 12 u. 17 S. m. 32 Bildnistaf.) 2.—; französ. Ausg. (IV, 21, 10 u. 14 S. m. 32 Bildnistaf.) 2.—

—— Der kleine Katechismus D. Martin Luthers, unter Zugrundelegg. d. für die evangel. Schulen d. Königreichs Sachsen verordneten religiösen Memorierstoffs erklärt. 1.—3. Heft. gr. 8. Ebd. * 6 20

1. Einleitung. Die zehn Gebote. (VIII, 120 S.) 889. * 2 —.
2. Das zweite Hauptstück. Der Glaube. (VIII, 144 S.) 890. * 3 70.
3. Das Vaterunser. Die Sakramente. (VI, 64 S.) 890. * 1 50.

—— Lehrbuch zu einer Geschichte des Reiches Gottes. 2 Hefte. gr. 8. Ebendas. *

Inhalt:

Heft 1. Die Geschichte des Reiches Gottes im alten Bunde. (IV, 95 S.) 886. * ℳ 1.60.
" 2. Die Geschichte des Reiches Gottes im neuen Bunde. (IV, 176 S.) 887. * ℳ 2.40.

Wild, Frdr., München 1910. Handbuch f. Festspielbesucher des Prinzregenten-Theaters. (IV, 112, 15, 16, 27, 12 u. 8 S. m. 1 eingedr. Plan u. 32 S. Bildnisse.) kl. 8. Leipzig (910). C. Wild. 3.—; engl. Ausg. (IV, 24, 16 S., S. 7—90, 8, 8 u. 8 S. m. 1 eingedr. Plan u. 32 S. Bildnisse.) 3.—; französ. Ausg. (IV, 21, 8 S., S. 7—99, 6, 7 u. 8 S. m. 1 eingedr. Plan u. 32 S. Bildnisse.) 3.—

Wild, Friedr., der Stand des deutschsprachlichen Unterrichts im 16. Jahrh., s. Sammelmappe, pädagogische.

—— Stoffpläne für die einfachen Volks- und Fortbildungsschulen, s. Sammelmappe, pädagogische.

vgl. Henze, G. Geschichtsbilder f. Schule u. Haus.

Wild, Frdr., Stoffpläne für die einfachen Volks- u. Fortbildungsschulen des Bautzner Schulinspections-Bezirks. gr. 8. (79 S.) Bautzen 879. (Leipzig, Siegismund & Volkening.) cart. n. 2. 25

—— Stoffpläne für die einfachen Volks- und Fortbildungsschulen. 2. verb. Aufl. gr. 8. (110 S.) Ebendas. 879. *

Wild, Friedrich Karl

Wild, Friedr. Carl, eine protestant. Belehrung f. d. Volk; veranlaßt durch d. offene Sendschreiben des Dr. Carl Haas bei seinem zu Augsburg vollzogenen Uebertritte z. römischen Kirche. gr. 8. (2 B.) Aalen 844. (Nördlingen, Beck'sche Buchh.)

Wild, Frdr. Karl: Eine protestantische Belehrung für das Volk, veranlasst durch das offene Sendschreiben des Dr. Karl Haas bei seinem Uebertritt zur römischen Kirche. Aalen: Wagner 1844.

—— die Bettelmannsküche, s.: Hausbibliothek.

Wild, Friedr. Karl, die Bettelmannsküche, s. Volksbibliothek, neueste. 1848. 1. H.

Wild, Karl, die Bettelmannsküche oder Gottes Gericht über einen undankbaren Sohn. Eine Erzählung aus den Zeiten des 30jähr. Krieges. 2. Aufl. 8. (169 S. mit 1 Stnt.) Bern 869, Mann und Baeschlin. cart. *

— Die Bettelmannsküche oder Gottes Gericht über einen undankbaren Sohn. 4. Aufl. Mit 1 Abbild. In-16°. 192 S. Basel, Jäger u. Kober. 1893. 1 —; Leinwd. 1 50

— schottländische Christen. 8. (246 S. mit 1 Holzschntaf.) Ebendas. 869. cart. *

— „Es ist ein Bann unter dir, Israel." Ein Wort gegen den üblichen Gebrauch und die herkömmliche Stellung der Apokryphen in der evangelischen Kirche an alle evangelische Christen. Nördlingen 854. Beck in Comm. gr. 8. (62 S.) n. 6 ngr.

Wild, Friedr. Carl, der Fund an der Eisenbahn. Eine Erzählung für Reiche und Arme, für Glückliche und Unglückliche. 8. (110 S.) Stuttgart 860, J. F. Steinkopf.

— Gottes Gericht über einen undankbaren Sohn. Eine Erzählung aus den Zeiten des dreißigjährigen Krieges. (Aus der „Neuesten Volksbibliothek" herausg. von Redenbacher.) 2. Aufl. Dresden 857. Naumann. 8. (176 S. u. 1 Lithogr.) n. 10 ngr.

Wild, Friedr. Carl, Geschichte des westphäl. Friedens nebst einem kurzen Abriß des dreißigjährigen Krieges. Zur Erinnerung an den vor 200 Jahren erfolgten Abschluß desselben aus den Quellen bearb. gr. 8. (X u. 92 S.) Nördlingen 848, Beck. 1/3 ℛ

— Geschichten, Sagen und Sprüche. Ein Büchlein für Jung und Alt. Mit 4 (lith. u.) color. Bildern von P. C. Geißler. Nürnberg 854. Raw. 16. (3 Bl., 124 S.) 15 ngr.

— Geschichts- und Lebensbilder in Erzählungen. 1. u. 2. Bdchn. Nürnberg 856, 57. Raw. 8. (2 Bl., 88; 2 Bl., 116 S.) Jedes Bdchn. n. 8 ngr.

— Glaubensmuth in bewegter Zeit. Eine wahre Geschichte. Mit mehr. Bildern (eingedr. Holzschn.) 12. (4⅔ B.) Stuttgart 846, J. F. Steinkopf.

— Glaubensmuth in bewegter Zeit. Eine wahre Geschichte. 2. Aufl. 8. (103 S. mit mehreren Abbildungen in eingedr. Holzschn.) Stuttgart 860, J. F. Steinkopf.
Aus: Jugendblätter, verbessert abgedruckt.

— Grisella. Eine Erzählung aus der Geschichte Schottlands. 8. (160 S.) Stuttgart 865, J. F. Steinkopf.
Aus: Jugendblätter, besonders abgedruckt.

— Dr. Jacob Heilbrunner. Ein Held unter den Streitern Jesu Christi. 8. (IV und 144 S. mit Heilbrunner's Bildniß in Stahlst.) Leipzig und Dresden 869, Naumann. *

Wild, Frdr. Karl, Philipp Holl, od. Sechs Trübsale u. d. siebente. Eine wahre Geschichte aus dem 30jähr. Kriege. Gekrönte Preisschrift. 6. Aufl. (47 S.) Stuttgart 896. Buchh. d. Evang. Gesellschaft. n. — 15

— der moderne Jesuitismus. Ein Beitrag z. Aufdeckung des unredl. Verfahrens der Menschenvergötterung im Kampfe gegen die evangel. Wahrheit. gr. 8. (20 B.) Nördlingen 843, Beck'sche Buchh.

— Kriminalgeschichten aus älterer u. neuerer Zeit, } s.: Jugend- u. Volksbibliothek, deutsche.

Wild, F. C., Johs. Brenz's Leben, s. Leben, das, der Altväter der luther. Kirche.

Wild, F. K., aus dem Leben und aus Büchern, s. Jugend- und Volksbibliothek, deutsche.

Wild, Frdr. Karl, aus dem Leben und aus Büchern. Erzählt für Alt und Jung. Stuttgart 861. J. F. Steinkopf. 8. (143 S.) n. 10 ngr.

Wild, Friedrich Carl. Leben Gustav Adolfs des Grossen, Königs von Schweden. Zur Belehrung ... für das Volk dargestellt. 8. Basel *o. J.* [1854/55].

Wild, Frdr. Karl, Leben Gustav Adolfs des Großen, Königs von Schweden. Zur Belehrung, Verehrung u. Erbauung für das Volk dargestellt. Basel 856. (Bahnmaier.) 8. (56 S.) n. 2 ngr.

— Lebensbilder aus verschiedenen Zeiten der christlichen Kirche, } s. Jugend- u. Volksbibliothek, deutsche.

— Martha, s.: Volks- u. Jugendschriften, deutsche.

— Zur Missionsfeier in der Diöcese Aalen, s. Zur.

— Theodor Morunger. Eine geschichtliche Erzählung. 8. (109 S. mit 1 Titelbilde in Stahlst.) Leipzig und Dresden 858, Naumann. *

— Adam Neuser, s: Volksbibliothek, neueste. 1850. 2. Hft.

— Adam Neuser, oder Leben und Ende eines Lichtfreundes aus früherer Zeit. 2. Aufl. 16. (104 S. mit 1 lithogr. Titelbilde.) Leipzig und Dresden 858, Naumann. *

— Parzival ꝛc., s. Volksbibliothek, neueste.

— die Rugenheimer, siehe: Volksbibliothek, neueste. 1849. 1. Hft.

— die Rugenheimer. Eine Erzählg. Mit e. Bilde (Steintaf.) v. Ludw. Richter. gr. 16. (110 S.) Bern 874. Mann & Bäschlin. n. — 70

— der Schwurpaulus, siehe: Volksbibliothek, neueste. 1851. 2. Bdchn.

— der Schwurpaulus. Eine Dorfgeschichte. Mit einem (lith.) Bilde nach Ludw. Richter. Bern 869. Mann & Baeschlin. 8. (130 S.) n. 8 ngr.

Wild, Fr. K., der Seidenweber. — Erhard Daubitz, s.: Jugend- u. Volksbibliothek, deutsche, 3. Bdchn.

Wild, Friedr. Carl, ein tapferer Soldat, oder Glaube u. falsche Aufklärung. Nach geschichtlichen Thatsachen des vor. Jahrhunderts zur Beleuchtung gegenwärtiger Zustände erzählt. 12. (166 S.) Stuttgart 849, J. F. Steinkopf. n. 1/3 ℛ

— die Thalmühle, s. Haus-Bibliothek.

— — s. Volksbibliothek, neueste.

— die Thalmühle, oder Mittheilungen aus dem Wanderbüchlein eines deutschen Handwerkers. Eine Erzählung. 2. Aufl. 16. (152 S. mit 1 lithogr. Bilde nach Ludw. Richter.) Leipzig und Dresden 858, Naumann. *

— die Thalmühle oder Mittheilungen aus dem Wanderbüchlein eines deutschen Handwerkers. Eine Erzählung. 3. Aufl. Mit einem (lithogr.) Bilde nach Ludw. Richter. 8. (153 S.) Ebendas. 869. cart. *

— die Thalmühle od. Mitteilgn. aus dem Wanderbüchlein e. deutschen Handwerkers. Eine Erzählg. 5. Aufl. 12. (160 S.) Basel 893. Jaeger & Kober. n. — 80; geb. n. 1. 20

—— die weiße Taube. Eine Erzählung. gr. 16. (135 S. mit 1 Stnt. in Tondr.) Nördlingen 860, Beck'sche Buchh.

— Umschau auf dem Arbeitsfelde der evangelischen Mission. Nördlingen 854. Beck. 8. (88 S.) 5 ngr.

— der Verbrecher u. sein Freund, s.: Volks- u. Jugendschriften, deutsche.

— der Verbrecher und sein Freund. Eine Erzählung. Nördlingen 854. Beck. 8. (91 S.) 9 ngr.

—— der Verbrecher und sein Freund. Eine Erzählung. 2. (Titel-)Aufl. 8. (91 S.) Nördlingen (854)60, Beck'sche Buchh.

—— Gottes Wort u. die Kirche. Eine gemeinfaßl. protestant. Schutz- u. Lehrschrift. 12. (4 B.) Stuttgart 845, J. F. Steinkopf.

Wild, Friedrich Wilhelm (Halle) A. S. 129/15

De obsignatione rerum legati eiusdemque comitatus
Von Versiegelung derer Gesandschaftlichen Sachen.
Präs. Karl Friedrich Pauli.
Halle (Hendel) VIII. 1751. 24 S. 36718

Wild, Fritz, Dichtungen. 1. Bd. gr. 16. (III und 211 S.) Trier 859, (Troschel.) *

Wild, G., kleine prakt. Sprachlehre f. Volksschulen. 16. (2½ B.) St. Gallen 845, Scheitlin u. Zollikofer.

—— Stufengang zu prakt. Stylübungen f. Volksschulen. 2., verb. Aufl. 16. (2 B.) St. Gallen 845, Scheitlin u. Zollikofer.

Wild, G., Stufengang zu prakt. Stylübungen f. Volksschulen. 3. Aufl. (32 S.) St. Gallen 849, Scheitlin & Zollikofer. ½ ngr

—— Versuch e. kleinen Raumlehre f. Real-, Repetir- u. Secundarschüler. 12. (2 B.) St. Gallen 845, Scheitlin u. Zollikofer.

WILD, Georg (Pfarrkirchen): Ein Beitrag zur Statistik der Sarkome.- München: Wolf 1891. 46 S. 9.3.1891 - Chr 1890/91,20; Jv 1890/91,237
Diss. Ingolst.-Landsh.-Mchn.

Wild, Georg [k. Studienlehrer]: Die Vergleiche bei Nonnus .... Regensburg, Demmlersche Buchdr. (M. Wasner), 1888; 1 Bl. + 86 S. 8°
Erlangen, Phil. Fak., Inaug.-Diss. v. 1888

Wild, Georg Die Vergleiche bei Nonnus. 8 (85 S.).
Progr. Neues G. *Regensburg* 1886.

Wild, Gottlieb. Von Kairo nach Massaua. Eine Erinnerung an Werner Munzinger. Mit einem Vorwort über das Leben W. Munzinger's von Peter Dietschi, 5 Tondruckbild. u. 5 Vignetten nach Zeichnungen von G. Roux u. einer Karte nach Petermann. In-8⁰. Olten, Verlag d. Tagblattes. 1879. 2 —

Wild, G.: Von Kairo nach Massaua. Eine Erinnerung an Werner Munzinger. Mit einem Vorwort über das Leben Munzingers von Peter Dietschi, fünf Tondruckbildern und Vignetten nach Zeichnungen von G. Roux und einer Karte nach Petermann. Olten 1879. XXXI, 79 S. 8°.

WILD, Gustav (Heilbronn): Beiträge zur Exstirpation von Strumen.- München: Wolf 1880. 31 S. 29.5.1880 - Urk (Titel: De strumarum exstirpatione.); Chr 1879/80,15
Diss. Ingolst.-Landsh.-Mchn.

Wild, H., s. Karte, topograph., d. Königr. Hannover 2c.

Wild, H.: Neue Nivellierinstrumente. Berlin 1909

Wild, H., Sarah. Roman. 2 Bde. 8. (VI, 260; 260 S.) Hannover 872, Rümpler. (M. 9.)

Wild, Heinrich

— Neuer Anemograph und Anemoscop. (Separat-Abdruck.) St. Petersburg 1890.

Wild, Heinr.: Anleitung zum Gebrauch des Polaristrobometers. Bern 1868.

Wild, H., s.: Annalen d. physikal. Central-Observatoriums.

Wild, Dr. H[einrich]. [von Wädensweil, Kt. Zürich]: Beitrag zur Theorie der Nobili'schen Farbenringe. [S. A. aus: Neue Denkschriften der allg. schweizer. Ges. f. d. ges. Naturwiss., Bd 15, N. 7.]. [Zür. Zürcher u. Furrer Dr. 1857.]. 42 S., 1 Taf. 4°.
[Zürich, Phil. Diss. v. 20. März 1857].

Wild, H., Beiträge zur Entwickelung der erdmagnetischen Beobachtungs-Instrumente. (Sonder-Abdruck.) St. Petersburg 1894

Wild, Heinrich: Die Beobachtung der elektrischen Ströme der Erde in kürzern Linien, s. Mémoires de l'académie impériale des sciences de St.-Pétersbourg.

Wild, Heinr. und A. Mousson: Bericht über die Arbeiten zur Beschaffung neuer Muttermaasse für die Schweiz. Bern 1864.

Wild, H[einrich]. [1.] Bericht über die meteorologischen Arbeiten im Kanton Bern im Jahr 1861 .... ([2.] Resultate der met. Beobachtungen vom 1. Dezember 1860 bis 30. November 1861 .... Mit 3 Tafeln.) [S.A.] 8. [Bern 1862.]

Wild H, Bericht über die Arbeiten zur Reform der schweiz. Urmasse. 4° Zürich 1868

Wild, Heinr.: Bericht über Artikel 10 des Programmes des Meteorologen-Congresses in Rom. St. Petersburg 1878.

Wild, Heinr.: Bericht über die Sitzungen des internationalen meteorologischen Comites und des internationalen Maass- und Gewichts-Comite 1885 zu Paris. (St. Petersburg 1885.)

— Bericht der meteorol. Centralstation in Bern vom Jahre 1862, 63.
— Dasselbe Werk für 1864.

Wild, Heinr.: Üb. die Bestimmung der absoluten magnetischen Declination im Konstantinow'schen Observatorium zu Pawlowsk, s.a. Mémoires de l'académie impériale des sciences de St.-Pétersbourg.

— Ueber die Bestimmung der absoluten magnetischen Deklination im Konstantinow'schen Observatorium zu Pawlowsk. St. Petersburg 1894.

Wild, H., Bestimmung der Elemente des Erdmagnetismus zu Lande, s. Anleitung zu wissenschaftlichen Beobachtungen auf Reisen.

Wild, Heinr. Bestimmung der Elemente des Erdmagnetismus auf einer Reise von St. Petersburg nach Tiflis. (Petersburg 1870.) 4.

—— **Bestimmung der Inductions-coefficienten von Stahlmagneten,** } **s. Mémoires de l'Académie impériale des sciences de St.-Pétersbourg.**

Wild, H., Ueber die Bestimmung der absoluten Inclination mit dem Inductions-Inclinatorium 8⁰. *46 S.* mit 2 eingedr. Holzschn. u. 3 lith. Taf. (Beauvais, imp. Père) Leipzig, Voss. 1878. M. 2.50
(Mémoires de l'Académie imp. des sciences de St. Pétersbourg, tome XXVI, No. 8.)

Wild, H., über die Bestimmung der absoluten Inclination mit dem Inductions-Inclinatorium, s.a. Mémoires de l'Académie impériale des sciences de St.-Pétersbourg.

Wild, Heinr. Photometrische Bestimmung des difusen Himmelslichtes, erste Fortsetzung. 1877.

Wild, Heinr.: Über die Bestimmung der Temperatur-Coefficienten von Stahlmagneten. 1873.

Wild, Heinrich: Bestimmung des Werthes der Siemens'schen Widerstands-Einheit in absolutem electromagnetischen Maasse, s.a. Mémoires de l'Académie impériale des sciences de St.-Pétersbourg.

Wild, H: Bestimmung des Werthes der Siemens'schen Widerstands-Einheit in absolutem electromagnetischen Maaße. St. Petersburg 1884

Wild, Heinr. Über die Beziehungen zwischen Isobaren und Isanomalen der Temperatur. St. Petersburg 1881.

Wild, Heinr. Über die Beziehungen zwischen den Variationen des Erdmagnetismus und den Vorgängen auf der Sonne. (St. Petersburg 1885).

— Der magnetische Bifilar-Theodolith. (Mém. de l'Acad. des Sc. de St. Petersbourg. VIIe Série. T. XXXIV, No. 11.) St. Pétersbourg 1886.

Wild, H., Bifilar-Theodolith, s.a. Mémoires de l'académie impér. des sciences de St. Pétersbourg.

Wild, Heinrich, s. Bulletin, Meteorolog., d. phys. Central-Observatoriums in St. Petersburg.

Wild, H., Dr., Ueber die Darstellung des täglichen Ganges der Lufttemperatur durch die Bessel'sche Interpolationsformel. (Sonderabdruck.) St. Petersburg 1893.

Wild, Heinr.: Die erdmagnetische Differenz zwischen St. Petersburg und Pawlowsk. 1881.

[Russ. u. Ant.] Über die Differenzen der Bodentemperaturen mit und ohne Vegetations- resp. Schneedecke nach d. Beobachtgn im Konstantinowschen Observatorium zu Pawlowsk v. Heinrich Wild ... *St.-Pétersbourg: Acad. imp. d. Sc. 1897.* (1 Bl., 32 S.) 4.
= Mémoires de l'Académie Imp. d. sciences de St.-Pétersbourg. Sér. VIII. Cl. phys.-math. Vol. V. No 8. 98 6379

Wild, H. Über den Einfluss der Aufstellung auf die Angaben der Thermometer zur Bestimmung der Lufttemperatur. gr. 4. (71 S. m. 2 Taf.) St. Petersb. 891. (Lpz., Voss' Sort.) * 2 90

Wild, Heinr. Zweckmässige Empfindlichkeit d. magnetischen Variationsapparate. 1881

— Erdmagnetismus, s.: Anleitung zu wissenschaftl. Beobachtungen auf Reisen.

Wild, H., Études métrologiques, s. Mémoires de l'Académie impériale des sciences de St. Pétersbourg.

Wild, H., über Föhn u. Eiszeit. Rektoratsrede zur Stiftungsfeier der Hochschule in Bern, gehalten den 15. Novbr. 1867. Bern 868. Jent & Reinert. gr. 8. (10 S.) n. 8 *ngr.*

— — Mit Nachtrag: Der Schweizer-Föhn. Entgegnung auf Dove's gleichnamige Schrift. Ebend. 868. gr. 8. (90 S.) n. 12 *ngr.*; der Nachtrag apart. (46 S.) n. 8 *ngr.*

Wild, H[einrich]. Ueber den Föhn und Vorschlag zur Beschränkung seines Begriffs. Mit (Anhang: Zahlen-Tabellen [und]) 18 Tafeln. 99 + *Anhang* 52 S. 4. Zürich, Zürcher & Furrer, (1901). [fr. 14. —]
Neue Denkschriften der allgemeinen schweizerischen Gesellschaft für die gesammten Naturwissenschaften.... Band 38. Zürich...: Basel, Genève und Lyon, Comm. H. Georg..., 1901. [Teil 2.]

Wild, H., über den Föhn u. Vorschlag zur Beschränkung seines Begriffs. gr. 4. (52 S. m. 18 Taf.) Zürich 901. (Basel, Georg & Co.) n.n. 11. 20
Sonderabdr. a.: „Denkschr. d. schweiz. naturforsch. Gesellsch."

Wild, Heinrich, Dr., Neue Form magnetischer Variations-Instrumente und zugehörender photographischer Registrir-Apparate mit Scalen-Ablesung. (Mit 12 Holzschnitten im Text und einer Tafel.) (Mém. de l'Acad. Imp. des Sc. de St. Pétersbourg. VII. Série. Tome XXXVII, No. 4.) St. Pétersbourg 1889.

— neue Form magnetischer Variationsinstrumente, s.a. Mémoires de l'académie impér. des sciences de St.-Pétersbourg.

Wild, Heinr. Neueste Form des Controllbarometers. St. Petersburg 1883.

— Normaler Gang und Störungen der erdmagnetischen Deklination. St. Petersburg 1889.

Wild, H., Ueber den säkularen Gang der magnetischen Deklination in St Petersburg-Pawlowsk. Petersburg 1893. 8°.

Über den säcularen Gang der Inclination und Intensität des Erdmagnetismus in St. Petersburg-Pawlowsk von H[einr.] Wild. (Mit 3 Curven-Taf.) *St.-Pétersbourg: Acad. Imp. d. Sciences 1900.* (40 S.) 4°
= Mémoires de l'Académie Impériale d. sciences de St.-Pétersbourg. Sér. 8. Classe physico-mathém. Vol. 9, No 7. [OL 1904

Wild, Heinr. Über den Gebrauch meines Polaristrobometers (Saccharimeters) in weissem Lichte. 1883.

—— zum Gedächtniss an M. H. v. Jacobi. Rede gehalten am 29. Decbr. 1875 in der feierl. Sitzung der kaiserl. Akademie der Wissenschaften. [Mit Portr. (in Stahlst.)] gr. 8. (30 S.) St. Petersburg 876. (Leipzig, Voss' Sortiment.) *
Aus: Bulletin de l'Académie impériale des sciences de St.-Pétersbourg, besonders abgedruckt.

— Ueber die elektromotorische Gegenkraft im galvanischen Flammenbogen. (Separ.-Abdr. aus F. Exner's Repert. der Physik.) [o. O. u. J.]

Wild, Heinr., „Grüaß Gott!" Gedichte in niederösterreich. Mundart. (VIII, 92 S.) kl. 8. Wien 907. C. Fromme. 1.—; geb. in Leinw. 1.70

Wild, Heinr. Neues Heberbarometer. 1875.

Wild, H., Jahresbericht des physikalischen Central-Observatoriums für 1869, 70. 1871 und 72. 1873 und 74. 1875 und 76. St. Petersburg 1870, 71, 73, 75, 77.

—— Jahresbericht d. physikalischen Central-Observatoriums f. 1890. Der kaiserl. Akademie der Wissenschaften zu St. Petersburg abgestattet. gr. 4. (III, 61 S.) (Ebd.) 891. * 2 25
aus: Repertorium f. Meteorologie, besonders abgedruckt.

—— s. Jelinek, C., Psychrometer-Tafeln.

— Inductions-Inclinatorium neuer Construction u. Bestimmung der absoluten Inclination m. demselben in Pawlowsk, s.: Mémoires de l'académie impériale des sciences de St.-Pétersbourg.

— Instruction für meteorologische Stationen. Petersburg 1869.

— Instrument für erdmagnetische Messungen und astronomische Ortsbestimmungen auf Reisen. (Sep.-Abdr.) St. Petersburg 1892.

Wild, H: Die selbstregistrirenden meteorologischen Instrumente der Sternwarte in Bern. München 1866

Wild, H., die selbstregistrirenden meteorologischen Instrumente der Sternwarte in Bern. Lex.-8. (41 S. mit 9 Stnt. in gr. 4.) München 867, Oldenbourg. *
Aus: Carl's Repertorium, besonders abgedruckt.

Verbesserte Constructionen magnetischer Unifilar-Theodolithe v. H. **Wild.** '(M. 5 Taf.)' ... *St.-Pétersbourg: Acad. Imp. d. Sc. 1896.* (1 Bl., 31 S., 5 Taf.) 4.
= **Mémoires** de l'Académie Imp. d. sciences de St.-Pétersbourg. Sér. VIII. Vol. III. No 7. [97. 268]

— verbesserte Constructionen magnet. Unifilar-Theodolithe. [Aus: „Mémoires de l'acad. imp. des sciences de St.-Pétersbourg."] gr. 4. (31 S. m. 6 Taf.) St.-Pétersbourg 896. (Leipzig, Voss' Sort.) n. 11.—

Wild, Heinr. Controllbarometer. 1878.

Wild, Heinr., Lehrgang zur Erlernung der italienischen Sprache für deutsche Schulen. 8. (VI und 206 S.) Leipzig 860, Brockhaus. *

Wild, Heinr., theoretisch-praktischer Lehrgang zur Erlernung der italienischen Sprache für deutsche Schulen u. zum Selbstunterricht. 2. verb. u. verm. Aufl. Leipzig 870. Brockhaus. 8. (VI, 200 S.) n. 16 ngr.

Wild, Heinr., theoretisch-praktischer Lehrgang zur Erlernung der italienischen Sprache f. deutsche Schulen u. zum Selbstunterricht. 3. verb. u. verm. Aufl. 8. (VI, 202 S.) Leipzig 874. Brockhaus. n. 1. 60

Wild, Heinr., theoretisch-praktischer Lehrgang zur Erlernung der italienischen Sprache für deutsche Schulen u. zum Selbstunterricht. 4., verb. Aufl. 8. (VI, 202 S.) Leipzig 878. Brockhaus. n. 1. 60

Wild, Heinr., theoretisch-praktischer Lehrgang zur Erlernung der italienischen Sprache für deutsche Schulen und zum Selbstunterricht. 5. Aufl. 8. (VI, 202 S.) Leipzig 883, Brockhaus. *

Wild, Heinr. Theoretisch-praktischer Lehrgang zur Erlernung der ital. Sprache für deutsche Schulen u. zum Selbstunterricht. 6. Aufl. 8. (VI, 202 S.) Lpz. 891, Brockhaus. * 1 60

Wild, Heinr., poetische u. prosaische Lesestücke. Ausgewählt f. Volksschulen. 8. (3 B.) St. Gallen 845, Scheitlin u. Zollikofer.

Wild, H., Ueber die Lichtabsorption der Luft. (Vorgetr. den 2. Nov. 1867.)

— Ueber Assmann's neue Methode zur Ermittelung der wahren Lufttemperatur. St. Petersburg 1889.

—— nouvelle méthode pratique et facile pour apprendre la langue italienne. 8. (VIII und 219 S.) Leipzig 861, Brockhaus. *

Wild, Henri, nouvelle méthode pratique et facile pour apprendre la langue italienne. 2. édit. revue et corrigée. 8. (VIII und 219 S.) Leipzig 867, Brockhaus. *

—— nouvelle méthode pratique et facile pour apprendre la langue italienne. 4e édit. 8. (VIII, 219 S.) Ebendas. 875. *

—— nouvelle méthode pratique et facile pour apprendre la langue italienne. 5e et 6e édit. 8. (VI, 219 S.) Ebendas. 878,83. *

Wild, Henri, nouvelle méthode pratique et facile pour apprendre la langue italienne. 7me édit. 8. (VI, 219 S.) Leipzig 887, Brockhaus. *

Wild, H., nouvelle **méthode pratique** et facile pour apprendre la langue **italienne. 8. éd. 8. (VI, 219 S.)** Leipzig 889. Brockhaus. **n. 1. 60**

Wild, Heinr. und Th. Simmler: Über einige Methoden zur Bestimmung der bei der Diffusion einer Salzlösung in das reine Lösungsmittel auftretenden Constante. 1856.

— nuovo metodo pratico e facile per imparare la lingua francese proposto alla gioventù italiana. Corso I. 2. ediz. emendata. Ebend. 862. 8. (VI, 152 S.) n. 12 ngr.

— — Corso II. Ebend. 862. 8. (VIII, 206 S.) n. 16 ngr.

—— nuovo metodo pratico e facile per imparare la lingua francese proposto alla gioventù italiana. 2 Corsi. 8. Leipzig 876, Brockhaus. [1o Corso. 3a ediz. emendata. (VI, 152 S.) *M. 1,20.; 2o Corso. 2a ediz. emendata. (VIII, 206 S.) *M. 1,60.]

—— nuovo metodo pratico e facile per imparare la lingua tedesca. Proposto alla gioventù italiana in unione al metodo del Dr. F. Ahn. Corso secondo. 4a ediz. 1873, e 5a ediz. 8. (VIII, 208 S.) Ebendas. 875. *
Vgl.: Ahn, F.

—— nuovo metodo pratico e facile per imparare la lingua tedesca proposto alla gioventù italiana in unione al metodo del F. Ahn. Corso 2. 8a ediz. 8. (VIII, 208 S.) Ebendas. 888. *
Corso I, vgl.: Ahn, F.

— nuovo metodo **pratico** e facile per imparare la lingua tedesca **proposto alla gioventù italiana** in unione al metodo del Dr. F. Ahn. **Corso 2. 8. ed. 8.** (VIII, 208 S.) Ebd. 889. n. 1. 60

Wild, Heinrich [Red.], s. Mitteilungen der internat. Polarkommission.

— Nadel-Inclinatorium modificirter Construction. — s. Mémoires de l'academie imperiale des sciences de St. Pétersbourg.

Wild, Heinr. Über die Nordlichte von 1869 IV3 und V13. 1869.

— Die Normalbarometer des Physikal. Central-Observatoriums zu St. Petersburg. (Sonder-Abdruck.) St. Petersburg 1892.

— d. Konstantinow'sche meteorologische u. magnetische Observatorium in Pawlowsk (bei St. Petersburg). M. d. Portr. d. Grossfürsten Konstantin Nikolajewitsch. 12 Taf. u. 7 Holzschn. gr. 4. (133 S.) St. Pétersbourg 895. Ebd. n. 7. 50

Wild, Heinr. Das neue meteorol. magnet. Observatorium in Pawlowsk. St. Petersburg 1888. fol.

— Ombrograph und Atmograph. (Separat-Abdruck.) St. Petersburg 1890.

Wild, Heinr., der christliche Pilger. Morgenländ. Bilder u. Erinnerungen aus alter u. neuer Zeit. 1. Bdchn. Kleinasien. gr. 12. (8⅔ B. u. 1 Karte.) Zürich 840, Orell, Füßli u. Comp.

—— über ein neues Polaristrobometer (Saccharimeter, Diabetometer) und eine neue Bestimmung der Drehungsconstante des Zuckers. gr. 8. (V und 66 S. mit eingedr. Holzschn. und 1 Holzschntaf. in 4.) Bern 865, Haller'sche Verlagsh. *

Wild, Heinrich: Die Regen-Verhältnisse des Russischen Reiches. Mit einem Atlas. St. Petersburg 1887. 2 Bde. (II) 120, 93, CCLXXXVII S.; 6 Krt.
= Supplementband zum Repertorium für Meteorologie. 5. 4° u. Fol.

Wild, H. Regen-Verhältnisse des Russischen Reiches. Gotha 1888. 1 Bl. c. I.

—— die Regen-Verhältnisse des Russischen Reichs, s. a. Repertorium für Meteorologie.

— s.: Repertorium f. Meteorologie.

Wild, H., meteorologische Studien, s. Mémoires de l'Académie impériale des sciences de St. Pétersbourg.

(Wild, Heinrich.) **Tables pour le calcul de la différence de hauteur au moyen de la distance horizontale et l'angle vertical dans les divisions centésimale et sexagésimale. Avec des tables auxiliaires et des instructions.** Publiées par le Département fédéral de l'Intérieur, 1905, Éditées par le Service topographique fédéral à Berne. (Auteur: Henri W' ...; texte [traduit par] J[ules] Juillerat, maître secondaire.) [Avec 1 figure.] XXX + 105 p. 8. Brugg, Impr. «Effingerhof A. G.», [1906]. [fr. 4. —, relié 5. —]
(**Umschlag:* Tables des Tangentes. Serv' top' féd' à B'.)

(Wild, Heinr[ich].) Tafeln zur Berechnung von Höhenunterschieden aus Horizontaldistanz und Höhenwinkel in Centesimal- und Sexagesimal-Teilung. Nebst Hülfstafeln und Anleitungen. Hrg. vom eidgen. Departement des Innern, 1905, Verlag der schweizerischen Landestopographie in Bern. ([Bearb. von] Heinr. W', Ingenieur der sch' L'.) [Mit 1 Figur.] XXX + 105 S. 8. Brugg, Buchdr. «Effingerhof A. G.», [1906]. [fr. 4. —, geb. 5. —]
(**Umschlag:* Tangenten-Tafeln. Schweiz. Landest' in Bern.)

Wild, Heinr. Über eine vollständige Temperatur-Compensation des Waagbarometers. 1870.

Wild Heinrich. Die Temperatur-Verhältnisse des Russischen Reiches . . . Kritisch bearbeitet. Mit einem Atlas. Th 1, 2 3, 4 Anhang. Atlas. St. Petersburg 1877 - 1881. 3 Bde.
- Supplementband zum Repertorium für Meteorologie 1. 4° u. Fol.

Wild, H., die Temperatur-Verhältnisse des russischen Reiches kritisch bearb., s.a. Repertorium für Meteorologie.

Wild H.: Termins-Beobachtungen d. erdmagnet. Elemente u. Erdströme im Observatorium zu Pawlowsk v. Sept. 1882-Aug. 1883. St. Petersb. 1885. 49 (14!) S. 1 Tvl. 13 gr. Tvl. 4°.
(= Mém. de l'acad. imper. de St.-Pétersb. 7. série. Tome 33 Nr. 5).

—— Termins-Beobachtungen der erdmagnetischen Elemente und Erdströme im Observatorium zu Pawlowsk vom Septbr. 1882 bis Aug. 1883, s.a. Mémoires de l'Académie impériale des sciences de St.-Pétersbourg.

Wild, Heinr. Theodolith für magnetische Landesaufnahmen. Zürich 1896.

Wild, Heinr.: Zur Theorie der Nobili'schen Farbenringe. 4.

Wild, Heinr.: Vollständige Theorie des Bifilarmagnetometers. 1880.

Wild, Heinr. Über die Umwandlung meines Photometers in ein Spectro-Photometer. 1883.

— Das magnetische Ungewitter vom 30. Jan. bis 1. Febr. (neuen St.) 1881. Imp-4°. *30 S.* mit 5 lith. Curven-Taf. Ibid. 1882. M. 2.—
(Mémoires de l'Académie imp. des sciences de St. Petersbourg. VII° série, tome XXX, No. 3.)

—— das magnetische Ungewitter vom 30. Jan. bis 1. Febr. [n. St.] 1881, s.a. Mémoires de l'Académie impériale des sciences de St.-Pétersbourg.

— Neuer magnetischer Unifilar-Theodolith. (Mém. de l'Acad. Imp. des Sc. de St. Pétersbourg, VII° Série, Tome XXXVI, No. 1.)
St. Petersbourg 1888.

— Unifilar-Theodolith, s.a. Mémoires de l'académie impér. des sciences de St.-Pétersbourg.

— Ueber Unsicherheiten in den Regnault'schen Spannkräften des Wasserdampfes unterhalb 100° und die daraus entspringenden Differenzen der Correctionen von Siedethermometern je nach der Verifikationsart. (Mélanges phys. et chim. T. XIII livr. 2.) St. Petersburg 1893.

Wild, Heinr.: Untersuchungen eines Nickel-Magnets. 1877.

Wild, Heinr.: Über einen einfachen Verdunstungsmesser. 1874.

— Ueber eine wesentliche Vereinfachung meines Polarisations-Photometers für technische Zwecke. (Separat-Abdruck.) St. Petersburg.

Wild, Heinr.: Vorschläge betreffend die Reorganisation des meteorol. Beobachtungssystemes in Russland. 1869.

— über Wetterprophezeiung. Oeffentliche Vorlesung im Grossrathssale zu Bern am 7. März 1867. [Aus: Zeitschrift für schweizerische Statistik.] Bern 867. (Jent & Reinert.) gr. 4. (14 S. mit eingedr. Holzschn.) n. 8 *ngr.*

Wild, Heinr. Windfahne mit einfachem Windstärkemesser für meteorologische Stationen. 1875.

— Windfahne mit einfachem Wind-Stärkemesser für meteorologische Stationen. (Mélanges physiques et chimiques tirés du Bull. de l'Acad. Imp. des Sc. de St. Pétersbourg, Tome IX.) (Tiré du Bull., Tome XXI.)
St. Pétersbourg 1876.

Wild, H., Magnetische Wirkung der Gestirne auf der Erde.
St. Petersburg 1854.

Wild, Heinr.: Über die Witterung des Jahres 1866 in Bern.

Wild, H., Dr., Zusammenstellung der Beschlüsse der internationalen Meteorologen-Konferenzen von der Konferenz in Leipzig, August 1872 bis und mit der Konferenz in München, August 1891. St. Petersburg 1893.

Wild, Heinr. Über den gegenwärtigen Zustand der Anemometrie. 1876.

Wild, Hermann, Referendar in Plauen i. V.: **Legitimation** unehelicher Kinder. Borna-Leipzig 1905: R. Noske. (**VI,** 57 S.) 8° [F.]
Leipzig, Jur. Fak., Diss. v. 20. Mai 1905
[Geb. 1. Okt. 80 Zwickau; Wohnort: Plauen i. V.; Staatsangeh.: **Sachsen;** Vorbildung: Gymn. Zwickau Reife O. 00; Studium: Leipzig 7 S.; **Rig.** 15. Jan. 04.]

Wild, Hermine, Erzählungen aus der Frauenwelt. Mit einem Vorwort von Leop. Kompert. 2 Bde. Wien 865. Literarisch-artistische Anstalt. gr. 8. (IV, 402 S.) 2 *ℛ*

Wild, Hermine, Euere Wege sind nicht meine Wege, s. Novellen-Schatz, deutscher.

Wild, J., Hülfsbuch z. Erlernung der französ. Sprache. Eine Sammlung der im tägl. Leben am häufigsten vorkommenden Wörter u. Redensarten, nebst e. Anleitung z. Aussprache u. Uebersicht der grammat. Formen der biegsamen Redetheile. 12. (12⅔ B.) Zürich 842, Schultheß. * —

Wild, J. C. D.

— Einleitung in die gesammte Philosophie. 4. Götting. Schröder. 797.

— Logik u. allgemeine Encyclopädie d. Wissenschaften rc. m. e. Beylage. 8. Ebend. 802.

— Logik u. Encyclopädie der Wissenschaften als ein Ganzes bearb. 3r Versuch. 8. Götting. Dieterich. 810.

— de rotatione annuli Saturni commentatio P. I. accedunt figurae aeri incisae. 4. maj. Hannov. Hahn. 795.

— systematis matheseos specimen. 8. maj. Götting. Vandenhök et R. 795.

— Tafel der Categorien nach dem System der Categoreme geordn. 5te Ausg. 4. Hannov. Hahn. 806.

Wild, J. C. D., vollständ. u. systemat. Tafel d. Categorien. gr. 4. Götting. Vandenhök u. R. 795.

Wild, J. J., s. Compaing, der Schneider.

Wild, I. M., elementa logicae, pro scholis tam inferioribus quam superioribus. 8. Stuttgart, Metzler. 744.

Wild, J. Th., üb. die Ausscheidung d. altbad. evangelischen Kirchenvermögens vom Staatsgute. gr. 8. (21 S.) Heidelberg 873. Weiß. n. — 40

Wild, Ignaz

Wild, J., Wertlehre. Ein Grundriss der Volkswirtschaft. (72 S.) gr. 8. Linz, Pressverein. 1908. —. 80.

Wild, Jo. Jac., Theses de morborum nervosorum frequentia. 42 pp. Duisb. 4°.
1776

Wild, Jo. Wilhelm (Ludwigsburg) A-S. 1339/18

Dissertatio psychologica de transmigratione animarum humanarum ex suis corporibus in alia corpora.
Präs. Johann Adam Osiander.
Tübingen (Cotta) VI. 1749. 88 S.

6 Resp. 36727

Wild, Johann

Wild, Joh. Über Benutzung der Strassen für Pferdebahnen. Zürich 1862

Wild, Joh. Expertenbericht über die projektirten Eisenbahnlinien durch den Kanton Freiburg. 1855.

Wild, Joh. und L. Pestalozzi: Gutachten über die Eisenbahnprojekte von Zürich nach Luzern und Brunnen. Zürich 1857.

Wild, Joh. und K. Wetli. Gutachten über die Frage der Schienenverbindung zwischen Nordostbahnhof und See. Zürich 1863. 4.

Wild, Johs., Predigten auf alle Sonn- u. Festtage d. kathol. Kirchenjahres, geh. in dem löbl. Erz-Domstifte Mainz in d. J. 1528—1554. Hrsg. v. M. Jocham. 1. Jahrg. 4 Abthln. Vom 1. Adventsonntag bis auf d. letzten Sonntag nach Pfingsten. — Predigten auf alle Festtage. 8. (61½ B.) Regensburg 841, 42, Manz. à 14 Gr.

Wild, Johann Christoph (Regensburg) A. S. 733/9

De resistentia quae fit potestati dissertatio juridica.
Präs. Nikolaus Christoph Lyncker. Rec.
Jena (Werther) o.J. 99 S.

Diss. VI. 1694.
W. v.: Präs., G. Schubart. 36721

Wild, Johann Christoph Friedrich

Wild, Joh. Chrst. Friedr., üb. e. nothwend. Belebungsmittel d. religiösen Sinnes in d. protestant. Kirche. 8. (1½ B.) Nördlingen 838, Beck'sche Buchh.

Wild, Johann Christoph Friedrich. Systematische Darstellung der Unterscheidungslehren der katholischen und protestantischen Kirche für denkende Christen überhaupt und reifere Schüler insbesondere. Nördlingen, Beck 1842. 198 S. 8.

—— kirchl. Grundlegung bei Bildung von Missionsvereinen. Zugleich Beleuchtung der Schrift: Wohin soll ich meinen Beitrag zur Heidenmission geben? gr. 8. (2¼ B.) Nördlingen 843, Beck'sche Buchh.

—— über göttl. Strafe u. Strafgerichte. Eine theolog. Abhandl. 8. (4 B.) Ansbach 832, Dollfuß.

Wild, Joh. Chrstph. Friedr., der Tod im Lichte der Offenbarung. Betrachtungen bei Todesfällen zum Gebrauch in Kirche und Haus. gr. 8. (VI und 194 S.) Nürnberg 847, Raw'sche Buchh.

Wild, Joh. Chr. Friedr., was es heiße, sich selbst predigen. Synodalpredigt. Mit e. einleit. Abhandl. üb. d. verkehrte Forderung e. unbeschränkten Lehrfreiheit v. Joh. Friedr. Theod. Beck. 8. (3¼ B.) Ansbach 832, Dollfuß.

Wild, Joh. Chrph. Friedr., vom Zustande der Seele nach dem Tode bis zur Auferstehung. Theologische Betrachtungen. 1. Heft. Nürnberg 868. Löhe. 8. (IV, 38 S.) n. 6 ngr.

Wild, Johann Friedrich, s. Wild, Friedrich

Wild, Johann Gottfried

Wild, Joh. Gottfr., Wegweiser u. Rathgeber auf dem Gebiete der Volksschulgesetzgebung des Königr. Sachsen. Zwickau 866. Döhner. gr. 8. (VIII, 100 S.) 12½ ngr.

Wild, Johann Gottlieb (Lommatzsch) A. S. 1203/28

De morbis ex immunditiis.
Präs. Johann Zacharias Platner.
Leipzig (Breitkopf) 4. V. 1731. 36 S.
36722

Wild, Johann Jakob

Wild, J. J., Andeutungen üb. e. zeitgemäße Handelsstraße v. Basel nach Mailand. gr. 8. (¼ B.) Zürich 841, Orell, Füßli u. Comp. *

Wild, Johann Jakob (Frankfurt/M.) A. S. 815/5

Dissertatio juridica exhibens differentias juris communis et statutarii liberae S. R. I. reipublicae Francofurtensis ad Moenum circa alienationem.
Präs. Johann Christoph Schacher.
Leipzig (Zeidler) 12. X. 1713. 46 S.
36724

(Wild, J[ohann] J[acob].) Invitation pour le soutien d'un voyage scientifique dans l'Egypte et l'Ethiopie = Einladung zur Unterstützung einer wissenschaftlichen Reise nach Aegypten und Aethiopien. [Avec 1 planche.] 4. Berne (1849).

Wild, J[ohann] J[acob]. Reise nach Norwegen vom 27. Juni bis 9. August 1856. 8. Stafa... 1859.

Wild, J. J., Ingenieur und Officier bei den schweizer. Schutzen. Ueber Stutzen und Buchsen. Ueber Veranlassung eines Commissionalberichtes an die eidgenössische Militär-Gesellschaft über das neue System gezogener Feuergewehre. (Mit 1 Tafel.) 8. Zürich 1844.

Wild, J. J., über Stutzer od. Büchsen auf Veranlassung eines Kommissionalberichtes an die eidgenössische Militär-Gesellschaft üb. das neue System gezogener Feuergewehre. Lex.-8. (8 B. u. 1 lith. Tab.) Zürich 844, Orell, Füßli u. Comp. *

Wild, J. J. über Stutzer oder Büchsen. Mit Beil. Zürich 1844. 120 S.

Wild, Johann Ignaz

Gedanken eines Landpfarrers über die Verminderung der Feiertage etc. (Von J. J. Wild.) 4°. Wallerstein 1881. (Beck in Nördlingen, Wesché in Frankf.)

Wild, Jh. Jgn., (†...), faßedanken e. Landpfarrers üb. Verminderung d. Feiertage.

Wild, Johann Rudolf

Wild, Joh. Rud., Beschreibung, Bereitung u. Prüfung der seit dem Erscheinen der kurhess. Pharmacopöe in den Apothekertaxen u. deren Zusätzen neuaufgenomm. Arzneimittel. gr. 8. (9 B. u. 1 Tab.) Cassel 842, Appel. Thlr.

Wild, Joh. Rud., über das Formelle bei gerichtlich-chemischen Untersuchungen. Cassel 857. Bertram. gr. 8. (VII, 64 S.) n. 10 ngr.

Wild d. J., Joh. Rud., Versuch e. Charakteristik d. Verhältnisses d. Alchemie zur Magie, Astrologie u. verwandten ähnl. Wissenschaften, mit besond. Berücksicht. d. alchemist. Zeichen. gr. 8. (5 B. u. 8 Stnt.) Cassel 841, Luckhardt'sche Buchh.

— Versuch einer Charakteristik des Verhältnisses der Alchemie zur Magie, Astrologie und verwandten ähnlichen Wissenschaften, mit besonderer Berücksichtigung der alchemistischen Zeichen. Cassel, 1841. pp. 68, 8vo. Eight plates.

Wild, Johann Wilhelm (Durlach) A. S. 766/24

Conductor mercatorius. Der Kauffleuthe Glait. Präs. Christian Wildvogel. Jena (Müller) 14. IV. 1707. 46 S.

Gew.: Stadt Nürnberg. 36725

Wild, Johann Wilhelm (Durlach) A. S. 267/6

Dissertatio inauguralis juridica, de fractione insignium, gladii, et erectione columnae ignominiosae. Basel (Genath) 14. XII. 1708. 14 Bl. 36726

Wild, Johannes, s. Wild, Johann

Wild, Josef, s.a. Wildt, Josef

Wild, Jos., Anleitung zum Selbstunterricht im Situationszeichnen mit besond. Rücksicht auf das Forstwesen. qu. gr. Fol. (7 S. und 12 Stnt., wovon 3 ill.) Passau 854, (Elsässer und Waldbauer.) *

Wild, Jos., kathol. Gebetbüchlein zunächst f. die kleineren Kinder bestimmt, doch auch f. die größeren brauchbar. 2te Aufl. 8. Münster, Coppenrath, 814.

Wild, Josef: Geschichte der Anstalt. 70 S. Progr. L.-B.-A. Teschen 1875.

— nützliches Handbüchlein f. Kinder nach ihrer Entlassung aus d. Schule. 8. Eb ud. 815.

Wild, Jos., Militär-Wehrbezirkskarte des Königr. Bayern. Fol. München 868, Franz'sche Buchh. *

WILD, Josef: Projecte über Aufforstung auf Haide und Oedgründen mit Berücksichtigung des Tabacksmonopols, dann Stockrodung mittelst Sprengung und Gebrauch der Rollbahnen auf Holzschläge. - Hannover 1884. 16 S., 4 Taf.

WILD, Josef: Projekte über Aufforstung von Halden, sterilen Flächen auf ebenem und bergischem Terrain, Bepflanzung der mit Wällen durchzogenen Grundstücke und Projekte für den Langholztransport auf Rollwägen aus bergigem Terrain und Verbringen des Scheitholzes auf Lagerplätzen durch Maschinen und Rollbahnen auf nur einer Schiene. - Hannover 1878. 24 S., 3 Taf.

Wild, Jos., s. Schreiber's Wandtafel zur Veranschaulichung geographischer Grundbegriffe.

Wild, Jos., der Vorabend d. h. Communion. Ein Betrachtungs- u. Gebetbüchlein f. Neu-Communikanten u. a. fromme Katholiken. 12. (3½ B.) Münster 832, Coppenrath.

— lehrreiche Züge aus dem Leben des heil. Aloisius, ein Geschenk f. Kinder. 8. Münst. Aschendorff. 811.

Wild, Josef Albert

Wild, Jos. Alb., Bewegung der Getreide-Preise des Königr. Bayern vom J. 1750 bis auf unsere Zeit. 1 lithogr. Bog. in qu. Imp.-Fol. München 859, [Gummi.] *

WILD, Joseph Albert (Weiden): De foenore. (Titel nach der Urkunde) 29.5.1857 - Urk: F 49
Diss. Ingolst-Landsh.-Mchn.

— die öffentlichen Glücks-Spiele mit Einschluss der Lotterie-Anlehen, oder Anleitung zur Berechnung der Vortheile, Nachtheile etc. bei den Spielen. München 862. Fleischmann. gr. 8. (VII, 122 S.) n. 20 ngr.

Wild, Jos. Alb., die Grundsätze der Wahrscheinlichkeits-Rechnung und ihre Anwendungen. Ebend. 862. gr. 8. (XI, 84 S.) n. 15 ngr.

— die Credit-Anstalten in Bezug auf Darlehen und Schulden-Tilgung. München 862. Fleischmann. gr. 8. (IV, 48 S.) n. 9 ngr.

Wild, Alb., die Credit-Anstalten in Bezug auf Darlehen und Schulden-Tilgung. gr. 8. (IV und 48 S.) München 862, [Merhoff's Verlag.] *

— die Leibrenten-, Lebensversicherungs- und Renten-Anstalten. Eine theoret. und prakt. Anleitung zu allen hierin vorkomm. Berechnungen nebst Vorschlägen zur Neugestaltung der Renten-Gesellschaften. gr. 8. (XIV und 194 S.) München 862, [Merhoff's Verlag.]

— die europäischen Lotterie-Anlehen. Anleitung zur Kenntniß aller bei Lotterie-Anlehen vorkomm. Geschäfte und Berechnungen mit den Verloosungs-Plänen — dem Wortlaute der Loose — dem wahren Werthe eines Looses für jede Serien- und Gewinnziehung rc. und einer Kritik der einzelnen Anlehen nebst immerwährendem Ziehungs- und Gewinnzahlungs-Kalender. Ein theoret. und prakt. Handbuch für Besitzer, Käufer und Verkäufer von Lotterie-Anlehens-Loosen und für Alle, welche sich von dem Wesen derselben unterrichten wollen. 4 Hefte. Lex.-8. (320 S.) Rosenheim 864,65 Huber. à Heft * 14 Ngr.

— die Niederlande. Ihre Vergangenheit und Gegenwart. 2 Bde. gr. 8. (XLIV und 875 S.) Leipzig 862, O. Wigand.

— Probleme der Statistik im Zusammenhange mit der politischen Rechnungs-Wissenschaft und mit besonderer Berücksichtigung der statistischen Tabellen über Mortalitätsverhältnisse. Mit 6 Holzschn. München 862. Fleischmann. Lex.-8. (XI, 75 S.) n. 15 ngr.

— Probleme der Statistik im Zusammenhange mit der polit. Rechnungs-Wissenschaft und mit besonderer Rücksicht der statist. Tabellen über Mortalitätsverhältnisse. Lex.-8. (XI und 75 S. mit 6 eingedr. Holzschn.) München 862, [Merhoff's Verlag.] *

— politische Rechnungs-Wissenschaft. Anleitung zu allen im Staatsleben vorkommenden Berechnungen durch Beispiele erläutert. Ein Handbuch für Staats- u. Verwaltungs-Beamte, Studierende, Banquiers etc. 1. Bd. Höhere politische Rechnungs-Wissenschaft. Mit Holzschn. Ebend. 862. gr. 8. (XXXII, 548 S.) n. 3 rtl.

— das Roulette-Spiel nach den Grundsätzen der Wahrscheinlichkeits-Rechnung beleuchtet. Mit 1 Titelbilde (in Holzschn.): Das „Roulette" darstellend. gr. 8. (39 S.) München 861, Fleischmann's Separat-Conto. *

— das Roulette-Spiel nach den Grundsätzen der Wahrscheinlichkeits-Rechnung beleuchtet. Mit 1 Titelbilde (in Holzschn.): Das „Roulette" darstellend. Ebend. 862. gr. 8. (39 S.) n. 9 ngr.

Wild, Jos. Alb., Was ist Zinswucher? Historisch-kritisch beleuchtet und vom Standpunkte unserer Zeit aus beantwortet. gr. 8⁰. München, Giel (Gummi), 1859.(32 S.)

Wild, Josef Franz

Wild, Jos. Frz., Handbuch f. Steuer-Einnehmer, zur ordentl. Verfassung u. vollständ. Documentirung d. Kontributions-Geld- u. Körner-Fonds-, d. Steuer- u. Depositen-Rechnung, dann des Inventariums rc. Mit e. Anhange. gr. 8. (12 B.) Brünn 846, Winiker's Buchh. * –

Wild, Irene, ein Liebesschicksal in Liedern. (V, 139 S. m. 1 Taf.) 8. Dresden 904. E. Pierson. n. 2. —; geb. n. 3. —

Wild, K.; Ueber die Errichtung einer Brand-Assecuranz-Anstalt des Canton Bern. Bern u. Leipzig 1789.

Wild, K. Bayerische Soldaten-Lieder a. d. Feldzuge 1866. Würzburg 1867. 52 S.

Wild, Karl. s.a. Wild, Friedrich Karl

Wild, Karl, Bilderatlas zur badisch-pfälzischen Geschichte. Mit Unterstützg. des großherzoglich bad. Ministeriums der Justiz, des Kultus u. Unterrichts u. des großherzoglich bad. Oberschulrats bearb. (80 Bl. m. eingedr. u. IV S. Text.) qu. gr. 4. Heidelberg 904. C. Winter Verl. Geb. in Halbleinw. n. 4. —

Wild, Dr. Karl, Professor Bildersaal zur badisch-pfälzischen Geschichte. Mit Unterstützung des Grossherzogl. Ministeriums der Justiz, des Kultus und Unterrichtes und des Grossherzogl. Oberschulrates bearbeitet. qu. 8. Heidelberg 1904.

Wild, Carl, der Fleckenvertilger. Ein Büchlein aus der Praxis f. die Praxis. Genaue Anweisg. üb. das Reinigen v. wollenen, leinenen, seidenen Zeugen, Sammet, Stickereien, Pelzwerk, Herrenkrägen, Handschuhen, Herren- u. Damenhüten, Spitzen, Federn, die Vertreibg. der Flecken aus Linoleum, Alabaster, Marmor, Porzellan, Parketböden usw. usw. Mit e. Anh.: Herstellung der Fleckenseife, der Fleckkugeln, des Fleckwassers, des Waschpulvers usw. usw. 1. u. 2. Aufl. 8. (66 S.) Regensburg (899. 900). E. Stahl. n. — 50

(B) **Wild**, Carl, der Fleckenvertilger. 900. (KVL 82.) Jetzt: Berlin, Hellbrunn & Co.

Wild, [Karl]: Gedächtnisrede auf Großherzog Friedrich I. bei der Trauerfeier der Heidelberger Schulen in der Stadthalle am 7. Oktober 1907 gehalten von W. S. 3—6. 4.
Progr. Ober-Realschule *Heidelberg* 1908 (813).

Wild, C. v., die Leiden der Frauen, ihre Ursachen u. ihre Verhütg., allgemein verständlich dargestellt. 12. (VII, 84 S. m. Holzschn.) Kassel 895. M. Brunnemann. n. 1.20

Wild, Karl, Dr. phil.: Die staatliche Organisation der Bistümer Würzburg und Bamberg. Heidelberg: C. Winter 1906. (VIII, 105 S.) 8° [F.]
Mit: Einladung zur .. Probe-Vorlesung .. den 26. Mai 1900 .. Thema: Der Aufbau des badischen Staates im Zeitalter Napoleons. Heidelberg: J. Hörning. (1 Bl.) 8°
Heidelberg, Phil. Fak., Hab.-Schrift v. 1900

Wild, Karl, Assistenzarzt am Städt. Krankenh. in Konstanz, aus Gaienhofen: Ortsbestimmung einer Kugel im Gehirn und ihre Extraktion. *Konstanz (Baden) 1902: J. Kuttruff.* (28 S.) 8°
Freiburg i. B., Med. Diss. v. 1903

[F.] **Wild**, Karl [Vikar u. Lehramtspraktikant an d. Oberrealsch. zu Karlsruhe]: Johann Philipp von Schönborn, genannt der Deutsche Salomo, ein Friedensfürst zur Zeit des dreissigjährigen Krieges ... Heidelberg, C. Winter's Universitätsbuchh., 1896; 4 Bl., 80 S. 8.
Heidelberg, Phil. Fak., Inaug.-Diss. v. [29. Mai] 1896

Wild, Carl, Johann Philipp v. Schönborn, genannt d. Deutsche Salomo, e. Friedensfürst zur Zeit d. 30jähr. Krieges. gr. 8. (VII, 162 S. m. Bildn. u. Stammtaf.) Heidelberg 896. C. Winter. n. 4. —

Lothar Franz von Schönborn, Bischof von Bamberg und Erzbischof von Mainz 1693–1729. Ein Beitrag z. Staats- u. Wirtschaftsgesch. d. 18. Jhs von Karl **Wild**. *Heidelberg: C. Winter 1904.* (VII, 204 S.) 8° [F.]
= Abhandlungen, Heidelberger, z. mittleren u. neueren Geschichte. H. 8.

Staat und Wirtschaft in den Bistümern Würzburg und Bamberg. Eine Untersuchung über d. organisat. Tätigkeit d. Bischofs Friedrich Karl v. Schönborn, 1729–1746 von Karl **Wild**, Dr. phil. Heidelberg: C. Winter 1906. (X, 210 S.) 8° [F.]
= Abhandlungen, Heidelberger, z. mittleren u. neueren Geschichte. H. 15. 106. 1,850

— s.: Steinmüller's, Jos., Tagebuch üb. seine Teilnahme am russischen Feldzug 1812.

Die Verhütung und Behandlung der chronischen Verstopfung bei Frauen und Mädchen. Von Dr. C[arl] v. **Wild** in Cassel ... *Halle a. S.: K. Marhold 1897.* (24 S.) 8.
= Sammlung zwangl. Abhandlungen a. d. Gebiete d. Frauenheilkunde u. Geburtshilfe. Bd II. H. 3.

Die Verhütung und Behandlung der chronischen Verstopfung bei Frauen und Mädchen. Von C[arl] v. **Wild** in Cassel. 2. verb. u. verm. Aufl. *Halle a. S.: C. Marhold 1901.* (24 S.) 8°

— die Verhütung u. Behandlung der chronischen Verstopfung bei Frauen u. Mädchen. 2. verb. u. verm. Aufl. (34 S.) gr. 8. Halle 904. C. Marhold. n. — 80
Sonderabdruck aus: „Sammlg. zwangl. Abhandlgn. a. d. Geb. d. Frauenheilkde. u. Geburtshilfe".

Wie behüten wir unsere Frauen u. Mädchen vor nervösen Erkrankungen? Ein Beitrag z. Frauenfrage von Dr. C[arl] v. **Wild** in Cassel. (Nach e. im Frauenbildungsver. zu Cassel geh. Vortrag.) *Cassel: E. Hühn [1903]* (31 S.) 8°

Wild, Karl Andreas

Wild, Carl Andr., sichere Erwerbsquellen f. fleiß. Deutsche, zur Beförder. d. Wohlstandes. Ein Rathgeber in allem Nützlichen u. Nothwendigen im Gebiete d. Künste u. Gewerbe, so wie der Haus- u. Landwirthschaft; mit Berücksichtigung d. neuesten Erfahrn. üb. d. Branntweinbrennerei u. Essigfabrikation. A. m. d. Umschlags-Ttl.: Die Wohlstandsquelle der Deutschen. Mit mehr. Abbild. gr. 8. (23½ B.) Würzburg 833, [Etlinger.]

FRANKFURT am Main, wie es ist. In histor.-statistischer .... Beleuchtung und Darstellung ernst und humoristisch bearbeitet (von *Carl Andreas Wild*). Leipzig 1831. 8⁰. (3 Mk. Völcker, 1897; 6 Mk., br., unbeschn., L. Rosenthal, 1911.)
Enth. unt. and.: Ueber Goethe's Hermann u. Dorothea.

—— Handbuch d. Manufaktur u. Künste. Enthalt.: Die Parfümerie, d. Fertigung aller gefärbten, so wie d. gepreßten Papiere, d. Siegellackbereitung, d. Kunstfeuerwerkerei, die Darstellung v. Tinten in allen Farben, u. chem.-physikal. Belustigungen. Bearb. nach d. neuesten Grundsätzen u. Erfahrn. in d. Chemie u. Physik. 8. (11 B.) Berlin 831, [Klage.]

— Handbuch der Manufaktur u. Künste. Enthaltend: die Parfümerie, die Fertigung aller gefärbten, so wie der gepreßten Papiere, die Siegellakbereitung u. s. w. 8. Berl. 831. Krafft u. Klage. 16 gr

Wild, Karl Andr., ökonomisch-prakt. Hausapotheke, od. medicin. Rathgeber f. Jedermann. 12. Darmst. 826. Leske. 12 K

—— neuestes u. nützlichstes Haus- u. Kunstbuch f. alle Stände u. insbesond. f. d. Bürger u. Landmann. Eine Samml. allgem. prakt., ökonom.-polytechn. Erfahrn., u. medicin.-diätet., die Gesundheitspflege des Menschen u. d. Hausthiere betreff. Vorschriften. 2 Thle. 12. (19⅔ B.) Leipzig 830, Köhler.

—— gemeinnütz. Krankenfreund, Rathgeber u. Hausapotheker. Enthalt. allgem. prakt. Vorschriften f. d. Erhaltung d. Gesundheit u. diätet. zweckmäß. Verhalten d. Kranken u. Wöchnerinnen. gr. 8. (28 B.) Leipzig 831, [Brockhaus.]

— Mnemosyne, oder prakt. Meditationen für gefühlvolle Leser u. Leserinnen. 8. Frankf. a. M. 826.

Wild, C. A., die Pharmacie als Wissenschaft, oder Theorie u. prakt. Grundzüge der analytischen Chemie u. Pharmacognosie mit Einschluß des Wichtigsten der pharmaceut. Praxis für Aerzte u. Apotheker. 1. Thl. Analytische Chemie. gr. 8. Frankfurt a/M. 843, Brönner. n. 1¼ ℛ — 2. Thl. Pharmacognosie. gr. 8. Ebend. 844. n. ⅚ ℛ

—— prakt. Universal-Rathgeber, s. Universal-Rathgeber.

— prakt. Universal-Rathgeber für den Bürger u. Landmann. Ein Magazin ökonom.-technischer Erfahrungen rc. 2 Thle. Mit 4 Steint. 12. Frankf. ... 2e A. 824. 4e A. 827. Sauerländer. 1 ℛ 5e, auf's Neue gänzlich umgearb. von H. Aug. Friedrich, mit 300 neuen geprüften Recepten verm. Aufl. 2 Thle. Mit 2 Steintaf. u. 2 Tabellen. 16. Ebd. 832. 1 ℛ

Wild C. A.: Praktischer Universal-Rathgeber f. den Bürger u. Landmann. Magazin ökonom.-technischer Erfahrungen ... 2. verb. Aufl. 2 Th. (1 Vol.). Frankf. a. M. 1825. (480) S. 4 Tvl.

—— prakt. Universal-Rathgeber f. d. Bürger u. Landmann. Ein Magazin ökonom.-techn. Erfahrungen. Aufs Neue, nach d. jetzigen Standpunkte der Wissenschaft gänzlich umgearb. v. Doliar. 2 Thle. 6. Aufl. gr. 16. (45 B. u. 3 Stnt.) Frankfurt a. M. 843, Sauerländer's Verl.

Wild's, C. A., praktischer Rathgeber. Ein Magazin wohlgeprüfter Haus- und landwirthschaftlicher wie technisch-chemischer Erfahrungen, für Fabrikanten, Apotheker, Künstler, Oekonomen rc. 7. Aufl. Auf's Neue, nach dem jetzigen Standpunkte der Wissenschaft gänzlich umgearb. von Rud. Böttger. Frankfurt a. M. 858. Sauerländer's Verlag. gr. 8. (IV, 384 S.) 1 ℛ

Wild's, C. A., praktischer Rathgeber. Ein Magazin wohlgeprüfter haus- und landwirthschaftl. wie technisch-chem. Erfahrungen für Fabrikanten, Apotheker, Künstler rc. Auf's Neue, nach dem jetz. Standpunkte der Wissenschaft gänzlich umgearb. von Rud. Böttger. 8. Aufl. gr. 8. (IV und 384 S.) Frankfurt a. M. 862, Sauerländer's Verlag.

Wild, C. A., der Vernunftglaube, od. Grundzüge zu e. zeitgemäßen ration. Gottesverehrung, dargethan u. begründet auf e. naturphilosoph. Betrachtung d. Universums z. Ueberzeugung v. Gott u. Unsterblichkeit d. Geistes. gr. 8. (4 B.) Leipzig 841, Schwickert.

Wild, Carl Conrad. Fünf politisch-philosophische Abhandlungen. 61 S. 8. St. Gallen, Selbstverlag des Verfassers, 1909. (fr. 2. —, direkt bezogen 1. 60)

Wild, Carl Conrad. Atom und Seele. Philosophisch-metaphysische Studien. 56 S. 8. St. Gallen, Selbstverlag (des Verfassers, Druck Gebr. Wildhaber), 1910. (fr. 2.50, direkt bezogen 2. —)

Wild, Carl Conrad. Zeitgemässe Betrachtungen und Wünsche für das zwanzigste Jahrhundert. 49 S. 8. St. Gallen, Selbstverlag des Verfassers ([Buchdr.] Gebr. Wildhaber), 1907. [fr. 1.50]

Wild, Carl Conrad. Das Christentum im Lichte der modernen Wissenschaft. Ein Wort zur Versöhnung. 32 S. 8. St. Gallen, Selbstverlag des Verfassers ([Buchdr.] Gebr. Wildhaber), 1907. (fr. 1.20, Direkt vom Verfasser 1. —)

Wild, Carl Conrad. Ein politisch-philosophisches Flugblatt. Separat-Abdruck aus dem Buche «Die Wiedergeburt der Romantik», eine Antwort an Friedrich Nietzsche, den Unromantischen. 32 S. 8. St. Gallen, Selbstverlag des Verfassers ([Buchdr.] Gebr. Wildhaber). 1908. (fr. —.80, direkt bezogen —.60)

Wild, Carl Conrad. Zweites politisch-philosophisches Flugblatt. 22 S. 8. St. Gallen, Selbstverlag des Verfassers (Druck Gebr. Wildhaber). 1911 (*Umschlag: 1910). (fr. —.80, direkt bezogen —.60)

Wild, Carl Conr. Ueber Freundschafts-Zirkel od. vergeistigte Demokratie. (Vorträge.) Mit e. Anhang: Die Lösung. Dramat. Dialog in 2 Scenen. Kl. 8°. 76 S. St. Gallen, Selbstverlag d. Verf. 1899.

— Ueber den Honig u. andere Werte. Kl. 8°. 66 S. Ebda. 1899. 1 80

Wild, Carl Conr., den Männern ins Ohr. Hundert u. etl. Sprüche. 8. (22 S.) St. Gallen 896. Selbstverl. — 60

— Philosophische Streiflichter, einschliesslich das politisch-civilisatorische Programm: „Die philosophische Körperschaft des Bundes der civilisirten Staaten“ nebst e. Anhang: „Des Kindes Paradies“ u. mit Portr. des Verf. Ebda. 1899.

Wild, Carl Conrad. Die Wiedergeburt der Romantik. Eine Antwort an Friedrich Nietzsche, den Unromantischen; mit einem Anhang: Ein politisch-philosophisches Flugblatt. 134 S. 8. St. Gallen, Selbstverlag des Verfassers ([Buchdr.] Gebr. Wildhaber), 1908. (fr. 3. 30, direkt bezogen 2. 70)

Wild, Carl Rud[olf]. Anatomische Untersuchungen über das puerperale Osteophyt und seine Beziehungen zu allgemeinen Knochenveränderungen der Schwangern. Diss. Med. Lausanne. Mit einer Tafel. *Kopftitel:* ⟨Aus dem ehemaligen Privatlaboratorium von Dr. [Arthur] Hanau in Zürich und aus dem Leichenhause des Kantonsspitals zu St. Gallen.⟩ IV + 62 S. 8. Nördlingen, C. H. Beck, 1901.

Wild, Karl Sam., s. 1) Kriegslied. 2) Schlacht v. Dorneck.

Wild, Kaspar

Wild, Casp., Auszüge aus handschriftl. Chroniken und aus den Rathsprotocollen der Stadt und Republik St. Gallen. Vom J. 1551 bis und mit dem J. 1750. gr. 8. (IV und 242 S.) St. Gallen 847, (Scheitlin und Zollikofer.)

Wild, Caspar. Chronica, Inhaltend Historien und Geschichten ..., so sich vor und nach Ursprung löblicher Eydgnossschaft in derselben, sonderlich bei St. Gallen-Zell ..., wie auch bei der löblichen Statt St. Gallen ... und bey ihren Eyd- und Bundsgnossen und Nachbarn begeben. Aus ... Chroniken ausgezogen, zusammengestellt und in altteutscher Sprache hrg. von K' Wild .... 8. St. Gallen 1848.

— siehe a. Chronica, inhaltend Historien rc. so sich vor u. nach Ursprung löblicher Eydgnoßschaft begeben.

Wild, Kasp., Etat der Bürgerschaft der Stadt St. Gallen. Abgeschlossen auf Ende Juli 1854. Bearb. und hrsg. gr. 8. (IV und 403 S.) St. Gallen 854, Scheitlin und Zollikofer. *

Wild, Kasp., Etat der Bürgerschaft der Stadt St. Gallen. Abgeschlossen auf Ende Juni 1859. gr. 8. (IV und 417 S.) St. Gallen 859, Huber und Comp. *

—— Marktverkehrstabellen, oder sogen. Kauflenzer für den Kauf und Verkauf nach dem neuen Schweizergeld. Von 1 Stück, oder Pfund, oder Elle rc. bis auf 1000 Stücke, im Preis von 1 Rappen bis 100 Rappen oder 1 Schweizerfranken berechnet. 12. (23 S.) St. Gallen 853, (Huber und Comp.)

Wild, L., das 50jährige Jubiläum der deutschen Burschenschaft. Jena 865. Doebereiner. 8. (III, 175 S.) n. 12 ngr.

Wild, L., Kenntniss von Material und Munition der gezogenen Geschütze der schweizerischen Artillerie. Neue Ausg. Durchgesehen von Oberstlieut. H. Bleuler. 8. (IV, 36 S. mit 31 Stnt. in qu. 4. und qu. gr. 4.) Frauenfeld 869, Huber. geb. *

—— **populäre Schiesstheorie mit Anwendung auf das praktische Schiessen für Artilleristen. gr. 8. (48 S. mit 8 Stnt. in gr. 8., 4. und Fol.) Bern 870, Wyss.** *

Wild, Louis, Lesefibel bearb. nach den Grundsätzen der Lautirmethode mit besond. Berücksicht. des Schreib-Lese-Unterrichts. 8. (72 S., wovon 20 lithogr.) St. Louis, Mo. 861. (Philadelphia, Schäfer und Koradi.) *

Wild, L., u. A. Stamm, Lese-Fibel, bearb. nach den Grundsätzen der Lautirmethode, m. besond. Berücksicht. des Schreib-Lese-Unterrichts. 42. verb. Aufl. (72 S.) kl. 8. St. Louis Mo. (906). Freiburg i/B., Herder. Kart. n. —65

WILD, Ludwig (Pforzheim): Ein Fall von Sarkom des Grosshirns.- München: Kastner & Lossen 1900. 28 S. Diss. Ingolst.-Landsh.-Mchn.
23.2.1900 - Chr 1899/1900,12; Jv 1899/1900,210

Wild, Ludwig, a. Kempten: Die Pfändbarkeit zukünftiger Forderungen. Kempten 1900: J. Kösel. (40 S.) 8°
Würzburg, Jur. Fak., Ref. Mendelssohn-Bartholdy, Diss. v. 18. Juli 1900
[Geb. 24. März 80 Kempten; Wohnort: Kempten; Staatsangeh.: Bayern Vorbildung: Gymn. Kempten Reife Juli 98; Studium: Würzburg 8 S.; Rig. 31. Mai 06.]

Wild, M., Tabellen für Verwandlung der gebräuchlichsten Längen-, Flächen-, Körper- und Flüssigkeitsmaße vom alten schweizerischen in das metrische Maß und Vergleichung der entsprechenden Preiseinheiten. Für Landwirthe, Feldmesser, Förster rc. 1.—3. verm. Aufl. 8. (17 S.) St. Gallen 877, Huber und Comp. *

Wild, Marie, Frauenleben im badischen Eisenbahndienst 1878—1908. Erlebtes im Phantasiegewand. (VIII, 397 S.) 8. Karlsruhe (909). F. Gutsch. 3.—; geb. 4.—

(Wild, Marquard.) Apologie Pour la vieille Cité d'Avenche Ou Aventicum en Suisse .... Opposée A un Nouveau Traitté, Mis au jour par l'Autheur de la découverte de la ville d'Antre, Qui ... établit ledit Aventicum, sur les ruines de la Ville d'Antre en Franche Comté .... 8. Berne 1710.

[Wild, Marquard.] Musical-Historische Beschreibung deß Pfaffen-Kriegs im Schweitzerland, Und wie derselben von Ihnen angeblasen und underhalten worden .... Der Posterität zu Ewigem Andenken in Truk geben, durch einen unpartheyischen Bergnossen von Eydtburg, Im Jahr 1712. [Mit 1 Melodie.] 4. *o. O.* 1712.

Wild, M[artin]. Die Bewirtschaftung des Waldes. Lehrsätze für den Unterricht an landwirtschaftlichen Schulen. Hrg. vom Verband der Lehrer an landw' Sch' der Schweiz. Verfasst von M. W'.... VI + 24 S. 8. Frauenfeld, Huber & Co., 1909. [fr. —.60]

Wild, Max: Beitrag zur Kenntnis der Entwickelung der hinteren Extremitäten der anuren Amphibien mit besonderer Berücksichtigung der Entwickelung des Beckengürtels. *Leipzig 1897: (A. Lösche).* (58 S. mit Taf.) 8°
Leipzig, Phil. Diss. v. [9. Sept.] 1897

Wild, Max, med. pract. aus Zürich: Aus der Univers.-Frauenklinik des Herrn Prof. Dr. Wyder in Zürich. Ueber den Hämoglobingehalt und die Anzahl der rothen und weissen Blutkörperchen bei Schwangeren und Wöchnerinnen (S.-A. aus: Archiv für Gynäkologie. Bd 53. S. 363—381.) Berl. L. Schumacher Dr. 1897. 25 S. 8°.
Zürich, Med. Diss. [v. 22. März 1897].

Wild, Michael Friedrich

Wild, Mich. Fr., das A B C der Decimalbruchrechnung. gr. 8. Frburg 818. (Wagner). 6 gr.

Anfangsgründe der Rechenkunst und Geometrie von *Mich. F. Wild.* Colmar. Neukirch 368 S, gr. 8. m. 9 Kupf. 1783.

— — dieselben. 8. Frankf. (a. Gebhardt u. K.) 783.

Wild, M. Fr., Anfangsgründe d. Rechenkunst u. Geometrie. 8. Basel. (Thurneisen Sohn in Paris.) 799.

— Anfangsgründe der Rechenkunst u. Geometrie. 8. Basel 800. (Gebhard u. K. in Frankf.) 2 ₰

— Anleitung z. Decimalbruchrechnung. gr. 8. Karlsr. 812. Müller. 20 gr.

Wild, M. Fr., Anleitung z. Decimalbruchrechnung. gr. 8. Frankf. Hermann. 814.

Wild, M. F.: „Von der Eintheilung, Benennung und Ausbildung der kleineren Gewichte, des Kilogramms und badischen neuen Pfundes, bis auf deren allerkleinste Theile herab, und vom bisherigen Juwelen-Gewicht", mit Tabellen und einer Abbildung. Karlsruhe 1816. — Vorh.: Com. Bibl. Hamburg.

— **von der Eintheilung, Benennung u. Ausbildung d. kleinern Gewichte d. Kilograms u. Badisch. neuen Pfundes bis auf d. allerkleinsten Theile herab. Mit Tabb. u. 1 Abbild. gr. 8. Karlsr. 816. Müller. 12 gr.**

— **Höhen vieler Orte u. Berge, vornehmlich des Großherzogthums Baden, mit mehrern der Schweiz u. des Elsasses. Durch Nivellirung u. trigonometr. Vermessungen, größtentheils aber durch wiederholte barometr. Beobachtungen gefunden; mit einigen Längen- u. Polhöhen. 8. Freiburg ... Waizenegger. 1/4 ₰**

— **über allgem. Maaß u. Gewicht aus d. Forderungen d. Natur, des Handels, der Polizei u. d. gegenwärtig noch üblichen Maaße u. Gewichte abgeleitet rc. 2 Thle. Mit Kpf. u. Tabb. gr. 8. Karlsr. 809. u. 15. Müller. 3 ₰**

— **Uebersicht dessen, was seit d. Entstehung des metrischen Systems z. Vereinfachung d. Maaße u. Gewichte unternommen u. geleistet worden. Herausg. von K. H. v. Fahnenberg. gr. 8. Nürnb. 814. Schrag. 6 gr.**

Wild, M. Fr., Versuche u. Beobachtungen im Gebiete d. Physik. Nebst d. Verf. Biographie, hrsg. v. Gust. Bacherer. gr. 8. (11 3/4 B. u. 2 Stndr. gr. 8. u. gr. 4.) München 834, Jaquet.

Wild, Michael Karl

Wild, Mich. Karl, Festrede, gehalten bei der Nationalfeier am 2. Septbr. 1881 im großen Rathaussaale zu Nürnberg. gr. 8. (11 S.) Nürnberg 881, Raw'sche Buchh. *

—— Rieser G'wächs. Ein Abschiedsgruß an das Ries. 12. (VIII, 96 S.) Nördlingen 880, Beck'sche Buchh. *

— die Hoppeltsmühle im Karthäuserthale, s.: Volks- u. Jugendschriften, deutsche.

—— zwei Kaisertrauerpredigten am 15. März und am 18. Juni 1888 in der ursprünglich von dem Begründer der Hohenzollern-Dynastie, dem Burggrafen Friedrich VI. erbauten St. Bartholomäuskirche der Nürnberger Vorstadt Wöhrd. 8. (11 S.) Nürnberg 888, Korn'sche Buchh.

Wild, unseren Ausgang segne Gott, unsern Eingang gleichermaßen! Zwei Predigten, gehalten am Sylvesterabend 1879 und am Neujahr 1880. gr. 8. (16 S.) Nürnberg 880, Löhe's Buchh. *

Wild, O[scar]. Über vollkommene und unvollkommene Entfieberung bei hochfieberhafter Lungentuberkulose. [Mit Figuren.] Aus Dr. [Carl] Turbans Sanatorium Davos. (Separatabdruck [aus:] Beiträge zur Klinik der Tuberkulose. Bd. 3 H[eft] 3.) II S. + S. 179—189. ⟨11 S.⟩ 8. (Würzburg, A. Stuber, [1904].)

Wild, Oskar, med. pract. von Klingnau [Kt. Aargau]: (Aus dem pathologischen Institut der Universität Zürich.) Ueber die Entstehung der Miliartuberculose. (S. A. aus: Virchow's Archiv für pathol. Anatomie und Physiologie. Bd 149 [S. 65—94]). Berl. (G. Reimer) 1897. 2 Bl., 30 S., 1 Bl. 8°.

Zürich, Med. Diss. [v. 26. Juli 1897].

Wild, O[scar]. Zwei neue bronchoskopische Fremdkörperfälle. [Mit Figuren.] ⟨Aus der laryngo-rhinologischen Universitätsklinik des Herrn Prof. Dr. G[ustav] Killian in Freiburg im Breisgau.⟩ ⟨Sonder-Abdruck aus dem Archiv f(ür) Laryngologie. Bd. 12. Heft 2.⟩ S. 2—14. 8. [Berlin, A. Hirschwald, 1901.]

Wild, Oscar. Die Untersuchung der Luftröhre und die Verwendung der Tracheoskopie bei Struma. II + 110 S. 8. Tübingen ... 1905.

Ausg. A: Von Dr. O' W' in Zürich. Mit 20 Abbildungen im Text und 5 Tafeln. Aus «Beiträge zur klinischen Chirurgie», Band 45, Heft 1. T', H. Laupp'sche Buchh. [M. 12. —]

Ausg. B: Habilitationsschr. Med. Univ. Zürich ... von Dr. O' W' in Z'. ([Aus] Beiträge zur k' Ch'. 45, 1.) Tübingen, Druck H. Laupp Jr.

Wild, Otto, die neuesten Betriebseinrichtungen auf den engl. Eisenbahnen. Nach einer Denkschrift A. Chevalier's bearb. gr. 8. (VI und 70 S. mit 6 Stnt. in qu. gr. 4.) Stuttgart 848, Metzler'sche Buchh.

Wild, Otto, die neuesten Betriebseinrichtungen auf den Engl. Eisenbahnen. Nach einer Denkschrift A. Chevalier's bearb. Mit 6 (lith.) Taf. (in qu. gr. 4.) gr. 8. (VI u. 70 S.) Stuttgart 849, Metzler. 1 1/3 ℛ

Wild, P., Gedichte. (VIII, 173 S.) 8. Dresden (907). E. Pierson. 2.—; geb. n 3.—

— Macht gegen Macht. Schauspiel in 3 Akten. (100 S.) kl. 8. Leipzig 907. Verlag f. Literatur, Kunst u. Musik. 2.50

Wild, Paul. Über die Fortschritte in den graphischen Künsten der artistischen Anstalt von Orell, Füssli & Co. Zürich 1875.

Wild, Peter, Blätter der Erinnerung an das Amberger Studiengenossenfest am 11., 12. und 13. Aug. 1879. gr. 8. (60 S.) Amberg 879, Ed. Pohl.

Wild, P.: Einiges über Tiro und die tironischen Noten. 17 S. — Passau, Progr. 1870.

Wild, Peter, Einiges über Tiro und die Tironischen Noten. 8. (19 S. mit 1 Stnt.) Passau 870, (Waldbauer's Buchh.) *

Wild, Pet., kurzer Entwurf d. Naturgeschichte in Verbind. mit d. Technologie, nebst e. kleinen Anweis. z. Obstbaumzucht. Bearb. f. d. höh. Klassen d. deutschen Werk- u. Sonntags-Schulen u. d. Präparanden-Unterricht. gr. 12. (1 2/3 B.) Passau 838, [Pustet'sche Buchh.]

Wild, Pet., kurzer Entwurf d. Naturgeschichte mit Verbind. d. Technologie, nebst e. kleinen Anweis. z. Obstbaumzucht. Bearbeitet f. d. deutschen Werk- u. Sonntags-Schulen etc. gr. 12. Passau, 1838. Winkler. — 2 1/2

Wild, Peter, kurze Geographie, nebst einer gedrängten Constitutionslehre von Bayern. Bearb. u. herausg. für die höhern Klassen der deutschen Werk- u. Sonntagsschulen. 12. Passau 837. Winkler. 1/12 ℛ — 2e Aufl. 838. 1/12 ℛ

—— kurze Geographie nebst e. gedrängten Constitutionslehre von Bayern. Bearb. f. d. höh. Klassen d. deutschen Werk- u. Sonntagsschulen u. d. Präparanden-Unterricht. 1. Aufl. 837. u. 2., verb. Aufl. gr. 12. (à 1 B.) Passau 838, [Pustet'sche Bh.] à

Wild, P., 1100 Kopfrechnungs-Beispiele. Zum Gebrauche in öffentl. Schulen. 8. Passau 823. Pustet. 3 fl

Wild, Pet., 1300 Kopf-Rechnungs-Beispiele. Zum Gebr. in d. öffentl. Schulen u. allen Lehranstalten, wie auch zum Privat-Unterr. 4., verb. u. verm. Aufl. 8. (6 B.) Passau 833, Pustet.

—— 1320 Kopfrechnungsbeispiele. Zum Gebr. in d. öffentl. Schulen u. Lehranstalten, wie auch z. Privatunterr. 5., verb. u. verm. Aufl. gr. 12. (4 B.) Passau 837, [Pustet'sche Buchh.]

Wild, Peter, 1330 Kopfrechnungs-Beispiele. Zum Gebrauche in den öffentl. Schulen und Lehranstalten wie auch zum Privatunterrichte. 7., verb. und verm. Aufl. 12. (107 S.) Passau 851, Pustet.

Wild, Pet., 1330 Kopfrechnungs-Beispiele. Zum Gebrauche in den öffentl. Schulen und Lehranstalten wie auch zum Privatunterrichte. 8. Aufl. 12. (107 S.) Passau 857, Elsässer und Waldbauer.

—— kleine Naturlehre. Bearb. u. hrsg. f. d. höh. Klassen d. deutschen Werk- u. Sonntags-Schulen u. d. Präparanden-Unterricht. gr. 12. (1 1/3 B.) Passau 838, [Pustet'sche Buchh.]

—— kleine Naturlehre. Bearb. und hrsg. für die deutschen Werk- und Sonntagsschulen. 3. Aufl. 12. (40 S.) Passau 857, Elsässer und Waldbauer. *

Sprache und Schrift — Von P. Wild, G. P. — 1877. Amberg, J. Habbel. — S. 4—52.

Progr. Amberg, K. Gymn.

—— einige Worte über Stenographie. Geschichte, Wesen, Verbreitung und Nutzen derselben. Programm. gr. 4. (27 S. mit 1 Stnt.) Passau 860, (Elsässer und Waldbauer.)

Wild, Richard

Wild, Rich., merkwürd. Prozeß d. Stadt Lauterbach entgegen ihrer Herrschaft d. Freiherrn von Riedesel. 8. Frankf. a. M. 784. Keßler. 8 gl

Wild, Robert, s.a. Wild-Queisner, Robert

Wild, Rob., d. Einjährigen Freud u. Leid. Humoristische Erzählg. aus dem Soldatenleben. 8. (152 S.) Berlin 885. F. Luckhardt. n. 2.—

— Fähnrichs Liebe u. Leben, s.: Eckstein's humoristische Bibliothek.

Wild, Rob., Trost u. Freude in Psalmen. Geistl. Lieder. 12. (102 S.) Wermelskirchen 892. (Elberfeld, Wilh. ten Winkel.) Geb. n. 1.20

— zweierlei Tuch. Heitere Geschichten aus dem Soldatenleben. 2. Bdchn. 2. Aufl. 8. (119 u. 92 S.) Leipzig 885. Huth. à n. 1.—

von Wild, Rudolf [2. Assist. am patholog. Inst.]: Ueber Einwanderung von Pigment in das Epithel der äusseren Haut bei Melanosarkom . . . . Strassburg, Univ.-Buchdr. v. J. H. Ed. Heitz (Heitz & Mündel), 1888; 24 S. 8°
Strassburg, Med. Fak., Inaug. Diss. v. 1888

Wild, Samuel

Wild, Sam., Elementargrammatik der französischen Sprache mit zusammenhängenden Übungsstücken, für deutsche Schulen bearb. 2 Tle. gr. 8. (VII, 159; 161 S.) Basel 887, Detloff's Verlag. geb. à Tl.

Wild, Sam. Elementargrammatik der französischen Sprache, mit zusammenhäng. Übungsstücken, f. deutsche Schulen bearb. 1. Bdchn. 2. verb. Aufl. gr. 8. (VII, 176 S.) Bas. 892, Reich. geb. 1 40

Wild, Sam., Elementargrammatik der französischen Sprache m. zusammenhängenden Übungsstücken f. deutsche Schulen bearb. 1. Bdchn. 4. Aufl. gr. 8. (VII, 128 S.) Basel 900. Helbing & Lichtenhahn. Geb. n. 1. 40

Wild, Samuel. Französische Konjugations-Tabelle. Eine Ergänzung zu jedem Lehrbuch der französischen Grammatik. Übersichtliche Darstellung der regelmässigen und aller gebräuchlichen unregelmässigen Verben der französischen Sprache ⟨aktive, passive und reflexive Form⟩, zusammengestellt von S' W', Lehrer ... in Basel. 3. Aufl. [2 S.] quer-fol., *zus.-gefaltet in Futteral* 8. Arlesheim b. Basel, Selbstverlag von S. W' (Basel, Emil Birkhäuser), [April 1904]. fr. —.75

Wild, S.: Das Turnen mit dem federnd-ausziehbaren Turnstab. (Sthenogene. Strength-Generator.) 2. Aufl. Basel 1888. 8 S. m. Abb.

(Wild, Samuel.) Die öffentlichen Wohlfahrts-Einrichtungen des Kantons Glarus am Ende des neunzehnten Jahrhunderts. Zusammengestellt von der Kantonalen gemeinnützigen Gesellschaft. ([Bearb. durch] Samuel Wild, Kirchenrat in Glarus.) 35 S. 8. Glarus, J. Spälti, 1902.

Wild, Walter: Ueber Melaena neonatorum. Leipzig 1900: B. Georgi. (47 S.) 8°
Leipzig, Med. Diss. v. (2. Okt.) 1900.

Wild, Wenzel: Bibliothekskatalog d. XIX. St. G. Wien. (21. 18 S.) Progr. 1901/02.

Wild, *Wolfgang Maximilian* Wilhelm [aus Pforzheim]: Über Oxime aus α-halogenisierten Aldehyden, Ketonen und Säuren und über Oximessigsäuren . . . Würzburg, Becker's Univ.-Buchdr., 1895; 43 S., 1 Bl. 8.
Würzburg, Phil. Fak., Inaug.-Diss. v. 1895

Wild, Wilhelm, Dr. phil.: Über Oxime aus α-halogenisierten Aldehyden, Ketonen und Säuren sowie über Oximessigsäuren. 1895. 43 S. 8° ¶ Auch als phil. Diss. v. Würzburg; mit unwesentl. Änderungen in: J. Liebig's Annalen d. Chemie. Bd 289. 1896.
Karlsruhe, Dipl.-Diss. v. 21. 12. 1895

Wild-Lüthi, [Caspar]. Onkel und Neffe. Lustspiel in drei Akten von W'-L' [†]. 112 S. 8. Aarau, H. R. Sauerländer & Co., 1906. [fr. 1.60]

Wild-Lüthi, C., kleine Volksdramen für dramatische Vereine. 12. Zürich 874, Schultheß. *

Wild-Lüthi, C., kleine Volksdramen für dramatische Vereine und Familienkreise. [Hrsg. von einem Freunde desselben.] Als Mscr. gedruckt. 12. (239 S.) Zürich 888, Schultheß.

Wild-Lüthi, C., kleine Volksdramen f. dramatische Vereine u. Familienkreise. (Hrsg. v. e. Freunde desselben.) 2. Aufl. 12. (239 S.) Zürich 899. Schultheß & Co. n. 2. 40

Wild-Lüthi, [Caspar]. Zwei Weihnachtsabende. Schauspiel in zwei Akten von W'-L' [†]. 56 S. 8. Aarau, H. R. Sauerländer & Co., 1906. [fr. —.80]

Wild-Queisner, Robert, s.a. Wild, Robert.

Wild-Queisner, Rob., ein militärischer Adonis, s.: Theater-Album, militärisches.

— als Hofmeister. Novelle. 8. (70 S.) Leipzig 890. Geo. Meyer's Verl. n. — 75

— als Kammerzofe, s.: Liebhaber-Bühne, neue.

—— als Ordonnanz, s. Bloch's, Ed., Theater-Korrespondenz.

[F.] Ansprachen und Tischreden in Prosa für freiwillige Feuerwehren und Turnvereine v. Robert Wild-Queisner. *Berlin: E. Bloch [1893].* (88 S.) 1 Bd 8.
= Sammlung, Ludw. Blochs, neuer Ansprachen u. Tischreden in Prosa. Bdch. 8. [96. 5477

Wild-Queisner, Rob., Ansprachen u. Tischreden in Prosa f. freiwillige Feuerwehren u. Turnvereine. — Dasselbe f. Gesangvereine u. musikal. Gesellschaften, s. a. Bloch's, Ludw., Sammlung neuer Ansprachen u. Tischreden in Prosa.

Ansprachen, Tischreden u. Trinksprüche in Prosa f. Gesang-Vereine u. musikal. Gesellschaften v. Robert Wild-Queisner. *Berlin: E. Bloch (1892).* (80 S.) 1 Bd 8.
= Sammlung, L. Blochs, neuer Ansprachen u. Tischreden in Prosa. Bdch. 7. [96. 5638

Wild-Queisner, Robert: Seine Braune od. der Pferdeoberst. s. Bloch's, Ludw., Militär-Festmappe.

Wild-Queisner, Robert: Im Briefkasen, s. Bloch's, Ludw., Militär-Festmappe.

— Brillanten. Aus dem Künstlerleben. 8. (144 S.) Leipzig 890. Geo. Meyer's Verl. n. 2. —

Wild-Queisner, Rob., das Duell. Ein Wort zur Beleuchtung desselben nach Ursprung, Form, Zweck und Nothwendigkeit für den Civil- und Militairstand. gr. 8. (23 S.) Berlin 887, v. Decker's Verlag.

[F.] Dumm, dümmer, am dümmsten. Militär. Schwank in 1 Akt v. Robert Wild-Queisner. *Berlin: E. Bloch (1893).* (14 S.) 1 Bd 8.
= Herren-Bühne, Ludwig Blochs. No 21. [96. 5639

— dumm, dümmer, am dümmsten, } s. a. Bloch's, Ludw., Herren-Bühne.

— die Herren Einjährigen, s.: Theater-Album, militärisches.

— er war Soldat, s.: Bloch's, Ludw., Herren-Bühne.

Wild-Queisner, Rob.: E. militär. Erfinder, s. Bloch's, Ludw., Militär-Festmappe, Nr. 40.

— dasselbe, s.: Sedanfeier 1895.

Wild-Queisner, Rob., es lebe die Jugend. Lieder u. Gedichte f. Jünglinge zwischen 20 u. 60 Jahren. 1. u. 2. Aufl. (IV, 79 S.) 8. Freiburg i/B. 903. 904. Thalia-Verlag. n. 1. —

— in Feindesland, } s.: Theater-Album, militärisches.

[F.] Eine Felddienstübung. Militär. Schwank in 1 Akt v. Robert Wild-Queisner. *Berlin: E. Bloch (1893).* (14 S.) 1 Bd 8.
= Herren-Bühne, Ludwig Blochs. No 23. [96. 5640

Wild-Queisner, Rob., im Feuer, s.: Reuter's Bibliothek f. Gabelsberger-Stenographen.

— ein Flankenangriff, s.: Theater-Album, militärisches.

— ungebetene Gäste, s.: Theater-Bibliothek f. Vereine.

— Die Geburtstagsfee, s. Bloch's, Ludw., Kinder-Theater.

Die Geheimnisse des Spielsaals. Roman von Robert Wild-Queisner. Neurode, Hamm, Speyer: W. W. E. Klambt [1907]. (170 S.) 8° [F.]
= Zehnpfennig-Bibliothek, Moderne. Jg. 0, Bd 4. [08. 7094 2

Wild-Queisner, Robert: Das böse Gewissen. Schwank in 1 Akt. Berlin: E. Bloch [1894?]. (18 S.) 8°
(Theater-Gartenlaube, Eduard Blochs. No 125.)

— die Goldräuber, s.: Fehsenfeld's Romansammlung.

Deutschlands Heer, Deutschlands Ehr'. Reihenfolge lebender Bilder mit verbind. Dichtung von Robert Wild-Queisner. *Berlin: E. Bloch (1893).* (17 S.) 8° [F.]
= Gallerie, Ludwig Blochs, lebender Bilder. Lief. 17. [00. 11540

— Deutschlands Heer, Deutschlands Ehr, s. a. Bloch's, Ludw., Gallerie lebender Bilder.

Wild-Queisner, Robert: Der Herr von oben. Schwank in 1 Akt. Berlin: E. Bloch [1895]. (31 S.) 8°
(Theater-Korrespondenz, Eduard Blochs. No 278.)

— der Herr von oben, s. a. Bloch's, Ed., Theater-Korrespondenz.

Drei Jahr im bunten Rock. Eine Reihenfolge lebender Bilder mit verbind. Worten von Robert Wild-Queisner. *Berlin: E. Bloch [1891].* (17 S.) 8° [F.]
= Gallerie, Ludwig Blochs, lebender Bilder. Lief. 14. [00. 11538

— drei Jahr im bunten Rock, s. a. Bloch's, Ludw., Gallerie lebender Bilder.

Die militärischen vier Jahreszeiten. Reihenfolge 8 lebender Bilder mit verbind. Dichtung von R[obert] Wild-Queisner. *Berlin: E. Bloch (1895).* (20 S.) 8° [F.]
= Gallerie, Ludwig Blochs, lebender Bilder. Lief. 24. [00. 11548

— d. militärischen vier Jahreszeiten, s. a. Bloch's, Ludw., Gallerie lebender Bilder, 24. Lfg.

[F.] Immer schneidig! Militär. Schwank in 1 Akt v. Robert Wild-Queisner. *Berlin: E. Bloch (1893).* (15 S.) 1 Bd 8.
= Herren-Bühne, Ludwig Blochs. No 20. [96. 5642

— immer schneidig, } s. a. Bloch's, Ludw., Herren-Bühne.

— eine Instruktionsstunde bei verschlossener Thür, s.: Bloch's, Ludw., Herren-Bühne.

— Eine Jungfrau. Zwei Novellen. 8. (236 S.) Berl. 891, R. Eckstein Nachf. * 2 —

— dasselbe, s.: Eckstein's Reisebibliothek.

— d. neue Kaserne, } s.: Bloch's, Ludw., Militär-Festmappe, Nr. 42.

[F.] Kasernendienst in Kamerun. Militär. Genrebild in 1 Akt v. Robert Wild-Queisner. *Berlin: E. Bloch (1893).* (13 S.) 1 Bd 8.
= Herren-Bühne, Ludwig Blochs. No 24. [96. 5641

— Kasernendienst in Kamerun, s. a. Bloch's, Ludw., Herren-Bühne.

— leichte Kavallerie, s. Eckstein's humoristische Bibliothek.

Wild-Queisner, Robert: Eine moderne Küchenfee, s. Bloch's, L., Militär-Festmappe Nr. 39.

Die Kunst des Schießens mit der Büchse. Von Robert Wild-Queisner. Mit 40 Textabb. u. 6 Taf. *Berlin: P. Parey 1903.* (VIII, 100 S.) 8° [F.]
= Weidmannsbücher. [15.] [03. 14774

Die Kunst des Schießens mit der Büchse. Von Robert Wild-Queisner. 2., neubearb. u. verm. Aufl. Mit 43 Textabb. u. 8 Taf. Berlin: P. Parey 1907. (VII, 147 S.) 8° [F.] [07. 12552

— ein verkannter Künstler, s.: Theater-Bibliothek, f. Vereine.

Das Leben für den Kaiser. Patriot. Genrebild in 1 Akt von Robert Wild-Queisner. *Minden i. W.: W. Köhler [1896].* (15 S.) 8° [F.]
= Theater-Bibliothek, Köhlers, f. Vereine. [3.] [01. 9626

— der Lebensretter, s. Liebhaber-Bühne, neue.

— Lieutenants Lieben und Leiden, s. Eckstein's humoristische Bibliothek.

Wild-Queisner, Robert: Das Löffelfest, od. Im letzten Biwak, s. Bloch's, Ludw., Herren-Bühne.

— ein Manöverscherz, s.: Theater-Album, militärisches.

Wild-Queisner, Rob., Militärfromm u. Anderes, s.: Eckstein's humoristische Bibliothek.

— modern, s.: Eckstein's Reisebibliothek.

— Frau Musika, s.: Reuter's Bibliothek f. Gabelsberger-Stenographen.

— der Herr Oberst, s.: Theater-Album, militärisches.

— Ordre ist Schnarchen, od. das Liebesmahl, s.: Bloch's, Ludw., Militär-Festmappe.

— der Herr Professor. Schwank in 1 Akt. 8. (16 S.) Minden (898). W. Köhler. — 75

Der Herr Professor. Schwank in 1 Akt von Robert Wild-Queisner. *Minden i. W.: W. Köhler [1899].* (16 S.) 8° [F.]
= Theater-Bibliothek, Köhlers, f. Vereine. [10.] [01. 9629

— Auf dem Rade, s. Bloch's, Ed., Dilettanten-Bühne.

— im Rausche der Leidenschaft, s.: Eckstein's Reisebibliothek.

— Reden u. Toaste zum 100jähr. Geburtstage Kaiser Wilhelm's d. Großen. Für Vereins-Vorstände u. Redner. gr. 8. (16 S.) Minden 897. W. Köhler. — 75

— der unvermeidliche Referendar, } s.: Eckstein's humoristische Bibliothek.

— dasselbe. 8. (153 S.) Berlin 889. Eckstein Nachf. geb. n. 3. —

— Reiff-Reiflingen u. sein Bursche, od. die letzten 6 Mark, s.: Bloch's Ludw., Herren-Bühne.

— die neue Religion, s.: Weichert's Wochen-Bibliothek.

— Sand im Schuh, s.: Reuter's Bibliothek f. Gabelsberger-Stenographen.

— der Schlappermentstag, s.: Bloch's, Ludw., Militär-Festmappe.

Wild-Queisner, Robert: Am Sedantage, s. Bloch's, Ludw., Herren-Bühne.

[F.] Sie schnarcht. Lustspiel in 1 Akt v. Robert Wild-Queisner. *Berlin: E. Bloch [1897].* (40 S., 4 Bl.) 1 Bd 8.
— Theater-Korrespondenz, Eduard Blochs. No 299. [98 3981

— Sie schnarcht, s. a. Bloch's, Ed., Theater-Korrespondenz.

— die Skatratte, s.: Weichert's Wochen-Bibliothek.

—— dass. — s. Eckstein's humoristische Bibliothek.

—— Die Skatratte. Eine Humoreske. 8. (153 S.) Berl. 889, Eckstein Nachf. geb. * 3 —

— „so lernt man Deutsch" od. „Türkisch", s.: Theater-Album, militärisches.

— ein poetischer Soldat, s.: Theater-Album, militärisches.

— alte Soldaten, s.: Bloch's, Ludw., Militär-Festmappe.

— Soldatenstreiche, s.: Theater-Album, militärisches.

— der Sommer-Lieutenant, s.: Theater-Bibliothek f. Vereine.

— Sport-Humoresken, s.: Eckstein's humoristische Bibliothek.

—— die Stellung der Offiziere gegenüber den Studenten in den Universitäts-Städten, s. Flugschriften-Sammlung, Eckstein'sche.

— auf Strafwache, s.: Theater-Album, militärisches.

—— s. Student und Offizier.

— dasselbe, s.: Theater-Album, militärisches.

Ein Stündchen Vorgesetzter. Humor.-milit. Solo-Scene f. 1 Herrn von Robert Wild-Queisner. *Berlin: E. Bloch (1893).* (13 S.) 8° [F.]
— Solo-Scene. No 10. [03. 3508

Der poetische Unteroffizier. Militär. Schwank in 1 Akt von Robert Wild-Queisner. *Berlin: E. Bloch (1895).* (21 S.) 8° [F.]
= Herren-Bühne, Ludwig Blochs. No 30. [96. 12591

— d. poetische Unteroffizier, s. a. Bloch's, Ludw., Herren-Bühne, Nr. 30.

— auf Urlaub, s.: Theater-Album, militärisches.

— Vorschriftsmäßig, s.: Bloch's, Ludw., Militär-Festmappe, Nr. 67.

— was soll unsere Tochter werden? Prakt. Vorschläge f. e. sachgemäße, mod. Mädchenerziehg. Unt. Berücksicht. u. Erklärg. sämtl. f. d. weibl. Geschlecht sich eignenden Berufsarten. gr. 8. (VIII, 66 S.) Minden 897. W. Köhler. n. 1. —

[F.] Was soll unsere Tochter werden? Prakt. Vorschläge f. e. sachgemässe, moderne Mädchenerziehg. Unter Berücks. u. Erklärg sämtl. f. d. weibl. Geschlecht sich eignenden Berufsarten. Von R[ob.] Wild-Queisner. 3. Aufl. *Minden i. W.: W. Kohler [1897].* (V S., 1 Bl., 65 S.) 1 Bd 8. [98 3553

Wild-Queisner, Robert: Wenn die Bombe platzt, s. Bloch's, Ludw., Militär-Festmappe.

Wild-Queisner, Robert: Wer trägt die Pfanne fort? Schwank i. 1 Akt. Berlin: E. Bloch [1894]. (16 S.) 8°
(Theater-Gartenlaube, Eduard Blochs. No 35.)

—— Wer trägt die Pfanne fort, s. a. Bloch's, Ed., Theater-Gartenlaube.

—— Wie man küßt. Lustspiel in 1 Akt. 12. (61 S.) Berl. 890, Eckstein Nachf. * 1 —

Kaiser Wilhelm der Grosse. Festspiel zu s. 100sten Geburtstage von Robert Wild-Queisner. *Minden i. W.: W. Kohler [1897].* (15 S.) 8° [F.]
— Theater-Bibliothek, Köhlers, f. Vereine. [5.] [01. 9618

— in Civil, s.: Eckstein's humoristische Bibliothek.

Zukunftstraum eines Jünglings. Solo-Scene für 1 Herrn von Robert Wild-Queisner. *Berlin: E. Bloch (1892).* (18 S.) 8° [F.]
— Solo-Scene. No 8. [03. 3506

— Zwillinge für's Militär, s.: Theater-Album, militärisches.

Wild & Wessel. Fünfzig Jahre in der Lampen-Industrie. Ein Rückblick. Berlin 1894. (G. Schade). (62 Taf., 61 Erl.-Bl., 69 S.) 4°

Wilda (Hrsg.), s. Landbote, Der.

Wilda, s. Schattenreich, das, im Künstlerhaus.

Wilda, Eduard

—— Gewerbe und Schule. Vortrag, gehalten im k. k. Museum für Kunst und Industrie in Wien. gr. 8. (34 S.) Brünn 882, Winkler's Buchh.

—— die Kinematik des ebenen Systems in elementar-mathematischer Ableitung. gr. 8. (12 S. mit 1 lithogr. Fig.-Taf.) (Ebendas.) 883.

Wilda, Ed., die Curvenlehre. Mathematische Vorschule f. den Unterricht in der techn. Mechanik an höheren Maschinen-Fachschulen. Mit 4 Fig.-Taf. gr. 8. (V, 58 S.) Brünn 884. (Winiker.) n. 1. 60

—— Mechanik. Zweiter Cursus: Kinematik und Dynamik fester Körper. gr. 8. (62 S. mit 72 Fig. [4 Stnt.].) Brünn 883, (Winiker.)

Wilda, Ed., die Organisation der österreichischen Staats-Gewerbeschule, insbesondere der k. k. Staats-Gewerbeschule zu Brünn in ihren Motiven beleuchtet u. m. der Organisation der deutschen Schulen in Vergleich gestellt. gr. 8. (32 S.) Brünn 875. (Winkler.) gratis.

—— Statik fester Körper. Ein Leitfaden für den Unterricht in der techn. Mechanik an höheren Maschinen-Fachschulen. gr. 8. (IV, 86 S. mit 4 lithogr. Fig.-Taf.) (Ebendas.) 884.

—— Wahrnehmungen und Gedanken über technisch-gewerbliches Schulwesen. Bericht über eine gelegentlich der Pariser Weltausstellung 1878 im Auftrage des k. k. österreich. Unterrichtsministeriums unternommene Studienreise. gr. 8. (VIII, 172 S.) Leipzig 879, Knapp.

Wilda, E., wozu der österreichische Ingenieur- u. Architekten-Verein den gesetzlichen Schutz des Ingenieurtitels begehrt! Lex.-8. (16 S.) Brünn 902. C. Winiker. n. — 60

Wilda, Ferdinand Adolf

Wilda, Ferd. Adolph, die Landwirthschaft als Wissenschaft u. die Bildung des Landwirths. Ansichten u. Wünsche zunächst m. Beziehung auf Schleswig-Holstein ausgesprochen. 8. (6½ B.) Kiel 843, [v. Maack's Verl.]

Wilda F. A.: Die Landwirthschaft als Wissenschaft u. die Bildung d. Landwirths. Ansichten u. Wünsche zunächst m. Beziehung auf Schleswig-Holstein ausgesprochen. Kiel 1843. 96 S.

Wilda, Ferdinandus Adolphus: De artium oeconomicarum studio instituendo.
Halle-Wittenberg, Phil. Diss. v. 1. Nov. 1839
Geb. [Hamburg 18. 2. 1812]
Ms. fehlt.

Wilda, Fr., des Matrosen Christfest. Genrebild m. Gesang. Musik v. Winkelhofer. (Theater-Allerlei.) (12 S.) 8. Weißensee (905). E. Bartels. 1. —

— Nunne vor Gericht od. Der gestohlene Braten. Berliner Genrebild m. Gesang. Musik v. Winkelhofer. (Theater-Allerlei.) (16 S.) 8. Ebd. (905). n. 1. —

— Rosen-Montag, } s.: Theater-Allerlei.
— in Transvaal, }

Wilda, Friedrich [aus Anklam]: Ueber die Anlegung einer Entero-Anastomose, als Operationsverfahren bei eingeklemmten Brüchen mit Gangrän des Darmes. . . . Anklam, Druck v. Richard Poettcke (1890); 28 S. u. 1 Taf. 8°
Greifswald, Med. Fak., Inaug.-Diss. v. 26. März 1890

Wilda, Hans [aus Pasewalk]: Zur sicilischen Gesetzgebung, Steuer- und Finanzverwaltung unter Kaiser Friedrich II. und seinen normannischen Vorfahren. . . . Halle, *Buchdr. v. Richard Poettcke in Anklam*, 1889; 34 S. + 1 Bl. 8°
Halle, Phil. Fak., Inaug.-Diss. v. 13. Sept. 1889

Wilda, Hermann

Wilda, Herm., die Dampfturbine als Schiffsmaschine. [Aus: „W., die Schiffsmaschinen".] (23 S. m. 19 Abbildgn.) Lex.-8. Hannover 905. Dr. M. Jänecke. n. 1. —

Wilda H, die Dampfturbinen. (163 S.) (Samml. Göschen 274) 16° Leipzig 1906

Die Dampfturbinen. Ihre Wirkungsweise u. Konstruktion von Hermann Wilda. Mit 104 Abb. 2. verb. u. verm. Aufl. Leipzig: Göschen 1908. 193 S. 8°
(Sammlung Göschen. 274.) [illegible]

— die Dampfturbinen, s. d. Sammlung Göschen.

— Diagramm- u. Flächenmesser. Vollständiger Ersatz f. das Planimeter zum schnellen u. genauen Ausmessen beliebig begrenzter Flächen, Dampfdiagramme usw. (1 Bl. auf Zelluloid.) 8. Mit Gebrauchsanweisg. (1 Bl. m. 2 Abbildgn.) qu. kl. 8. Hannover (905). Dr. M. Jänecke. n. 2. —

— Marine engineering. The calculation, designing and construction of the modern marine steam engine including the marine steam turbines. A manual of the most recent practice for the use of engineers, manufacturers, students, officers of the navy and mercantile marine and others interested in marine engineering. Textbook. With 364 illustr., tables &c. (XVI, 416 S.) Lex.-8. Ebd. 906. Geb. in Leinw. n. 20. —

Wilda, Herm., d. Fachzeichnen, s.: Lange, Walth.

Die Hebezeuge. Ihre Konstruktion u. Berechnung. Von Prof. Hermann Wilda. Mit 399 Abb. Leipzig: Göschen 1908. 154 S. 8°
(Sammlung Göschen. 414.) [illegible]

— Die Hebezeuge, s. d. Sammlung Göschen.

Wilda, Hermann: Das Holz. Eigenschaften u. Verwendung. Mit 33 Abb. Leipzig: Göschen 1909. 125 S. 8°
(Sammlung Göschen. 459.)

— Das Holz, s. d. Sammlung Göschen.

Wilda, Hermann: Die Materialien des Maschinenbaues und der Elektrotechnik. Mit 3 Abb. Leipzig: Göschen 1910. 134 S. 8°
(Sammlung Göschen. 476.)

— Die Materialien des Maschinenbaues u. der Elektrotechnik, s. d. Sammlung Göschen.

— die Schiffsmaschinen, ihre Berechnung u. Konstruktion m. Einschluss der Dampfturbinen. Handbuch u. Atlas f. den Entwurf u. die Ausführg., zum Gebrauch in der Praxis u. f. Studierende. Handbuch. Mit 364 Abbildgn. im Text u. 108 Zahlentaf., sowie zahlr. Beispielen nach Ausführung mod. Maschinen. (XVI, 429 S.) Lex.-8. Ebd. 905. Geb. in Leinw. n. 20. —; Atlas, enth. 1200 Abbildgn. auf 64 Taf. nach Zeichngn. ausgeführter moderner Maschinen m. sämtl. Arbeitsmassen. Mit Text. (12 S.) 61,5×46,5 cm. 904. In Halbleinw.-Mappe n. 50. —; engl. Ausg. n. 55. —

Wilda, H., der Schiffsmaschinenbau. Grundlagen der Theorie, Berechng. u. Konstruktion. Auf Grund des Werkes „Machines marines" von L. E. Bertin bearb. Lex.-8. (IX, 612 S. m. 492 Abbildgn. u. 1 Taf.) Hannover 901. Gebr. Jänecke. Geb. in Leinw. n. 26. —

— Schiffsmaschinenkunde m. bes. Berücksicht. d. Hülfsmaschinen. Handbuch f. Seedampfschiffsmaschinisten zur Vorbereitg. auf d. Prüfg., sow. z. Selbstunterricht. gr. 8. (XII, 356 S.) M. e. Atlas v. 34 Taf. (in gr. 4), enth. 660 Abb. Hamburg 896. Eckardt & Messtorff. Geb. in Leinw. n. 10. —

— dasselbe. 2., verb. u. erweit. Aufl. Mit e. Atlas v. 54 Taf., enth. 850 Abb. (in gr. 4). gr. 8. (XVI, 456 S.) Ebd. 899. Geb. in Leinw. n. 16. —

— Schiffsmaschinenkunde m. besond. Berücksicht. der Hilfsmaschinen. Leitfaden f. Seedampfschiffsmaschinisten zur Vorbereitg. auf die Prüfg., f. den Schulgebrauch u. f. die Praxis. Mit 55 Taf. enth. 850 Abbildgn. in Farbendr. 3. umgearb. Aufl. (VIII S. Text.) gr. 4. Hamburg 903. Eckardt & Messtorff. Geb. in Leinw. n. 16. — (Ladenpr. aufgehoben).

— Der moderne Techniker, s.: Müller, Rob.

Wilda, Johs., Amerika-Wanderungen e. Deutschen. I. In der Mitte des Kontinents. Mit 26 Illustr. nach photograph. Orig.-Aufnahmen u. 1 Karte. 2. Aufl. (VIII, 367 S.) gr. 8. Berlin 906. Allgemeiner Verein f. deutsche Literatur. n. 6. —; geb. in Leinw. od. Halbfrz. n. 7. 50

Wilda, Johs., Amerika-Wanderungen e. Deutschen. II. u. III. (Schluß.) gr. 8. Berlin, Allgemeiner Verein f. deutsche Literatur. à Bd. 6.—; geb. in Leinw. od. Halbfrz. 7.50
II. Auf dem Kontinent der Mitte. (Zwischen Alaska u. Peru.) Mit 26 Illustr. nach photograph. Orig.-Aufnahmen u. 1 Karte. 1. u. 2. Aufl. (V, 339 S.) 906. 07.
III. Im Süden des Kontinents der Mitte. Mit 26 Illustr. nach photograph. Orig.-Aufnahmen u. 1 Karte. 2. Aufl. (V, 391 S.) 907.

— Die Fluten kommen!, s.: Jugendbücherei, deutsche. (Drachmann, Holger.)

— bei der Glockenboje, s.: Jugendbücherei, deutsche.

— Konsul Godars Kinder. Roman. 2 Tle. in 1 Bde. (159 u. 173 S.) 8. Leipzig (910). Ph. Reclam jun. 3.—; geb. 4. —

— u. Heinr. v. Kleist, der Koptein u. andere Erzählungen, s.: Bücher, bunte.

— Kriegsflagge u. Fischersegel. Erzählungen aus dem Seeleben. 1. u. 2. Bd. 8. Hamburg 907. Gutenberg-Verlag Dr. E. Schultze. à n. 2. 50; geb. à n. 3. 50
1. Kadetten- u. Kapitäns-Abenteuer. Erzählgn. (184 S.)
2. Boots- u. Bord-Novellen. Erzählgn. (188 S.)

Wilda, J., Marine-Novellen. 2., verm. u. überarb. Aufl. v. „Auf hoher See u. an der Küste". 8. (VIII, 203 S.) Schleswig 889. Bergas. n.n. 2. 60; geb. n.n. 3. 50

— S. M. Y. „Meteor". Sportliches u. Amerika-Erinnergn. Eine Schrift auch f. den Binnenländer. gr. 8. (IV, 176 S. m. 4 Taf. u. 1 Karte.) Berlin 902. H. Paetel. n. 3. —; geb. n. 4. —

Reise auf S. M. S. 'Möwe'. Streifzüge in Südseekolonien u. Ostasien von Johannes Wilda. Mit 19 Vollbild. u. 1 Karte. 2. Aufl. *Berlin: Allgem. Ver. f. Deutsche Litt. 1903.* (301 S.) 8° [F.]
— Verein, Allgemeiner, f. Deutsche Litteratur. Abt. 29, [1.] [04 2795

Wilda, Johs., auf hoher See und an der Küste. Ein Bilderbuch ohne Bilder. gr. 16. (VII, 128 S.) Halle 877, (Niemeyer.) * M. 2.; geb. *

Wilda, Johs., die Seebraut u. and. Novellen. 8. (III, 221 S.) Dresden 897. E. Reißner. n. 2. —; geb. n. 3. —

Wilda, Johs., von Hongkong nach Moskau. Ostasiatische Reisen. Mit 53 Illustr., e. fcsm. Briefe des Freiherrn v. Ketteler u. e. Karte der Reiseroute des Verf. gr. 8. (XI, 812 S.) Altenburg 902. St. Geibel. n. 4.50; geb. n. 6.—

Wilda, Maria, eine Trennung. Roman. (232 S.) 8. Dresden (908). E. Pierson. 2.50; geb. n 3. 50

Wilda, Osc., Jettka Finkenstein, grossherzogl. hessische Kammersängerin. Eine biograph. Skizze zum 25jähr. Künstlerjubiläum. 1881—3. IV.—1906. (31 S. m. Abbildgn.) gr. 8. Breslau (906). Schletter. n. — 30

Wilda, Oskar (Hrsg.), s. Heimath, Die.

Wilda, Oscar [aus Danzig]: Ueber die ortliche Verbreitung der zwolfzeiligen Schweifreimstrophe in England .... Breslau, Buchdr. H. Proskauer jr. (1887); 66 S. + 1 Bl. 8°
Breslau. Phil. Fak., Inaug.-Diss. v. 23. Dez. 1887

Wilda, Osc., über die örtliche Verbreitung der zwölfzeiligen Schweifreimstrophe in England. Inaugural-Dissertation. gr. 8. (66 S.) Breslau 887, (Köhler.) *

Wilda, Oscar, (Red.), s. Von Nah und Fern.

Wilda, Wilhelm Eduard

Wilda, Wilh. Ed., Geschichte des deutschen Strafrechts. 1. Bd. A. u. d. Ttl.: Das Strafrecht der Germanen. gr. 8. (64 B.) Halle 842, Schwetschke u. Sohn. *

Das Gildenwesen im Mittelalter. Eine von der Königl. Dän. Gesellschaft der Wissenschaften zu Kopenhagen gekr. Preisschr. von Wilh. Edu. **Wilda.** Halle: Renger 1831. XII, 386 S. 8°
Kl. 2766. 23.

Wilda, W. Ed., das Gildenwesen im Mittelalter. Eine von d. Kgl. Dän. Gesellschaft d. Wissenschn. zu Kopenhagen gekr. Preisschrift. gr. 8. (25 B.) Halle 831, Renger. [Leipzig, Volckmar.] 1 Thlr. 12 Gr., hrbgf. Pr.

Wilda, Wilh. Ed., das Gildenwesen im Mittelalter. Eine gekrönte Preisschrift. (Wohlf. Ausg.) gr. 8. Berlin 838. Heymann. 3/4 ß

Wilda, W. Ed., Von den unechten Kindern. Ein Beitrag zur deutschen Rechtsgeschichte. Tübingen 1855. 8. . . . .

Wilda, Guilielmus Eduardus: De libertate Romana, qua urbes Germaniae ab Imperatoribus sunt exornatae. Halis [1831]: Ruff. 33 S. 8°
Halle-Wittenberg, Jur. Hab.-Schr. v. [April 1831]
Es gibt auch eine Ausgabe mit Angabe des obigen Habil.-Monats, der aber nicht eingehalten zu sein scheint. — Im Buchhandel 1831 bei Renger in Halle. — Der Verf. hiess ursprünglich Seligmann

Wilda, W. Ed., de libertato Romana, qua urbes Germaniae ab imperatoribus sunt exornatae, Dissertat. 8 maj. (2¼ B.) Halae 831, (Renger; Lipsiae, Volckmar.) Thlr.

Wilda, Wilh. Ed.: Das Pfändungsrecht. E. deutschrechtl. Abh. Halle 1839.
(S.-A. a.: Zeitschr. f. d. deutsche Recht. [Bd 1.])

Wilda, Wilh. Ed.: Das Strafrecht der Germanen. Halle 1842.
[Nebentit.:] Geschichte des deutschen Strafrechts. Bd 1.

— s. Zeitschrift für deutsches Recht.

Der Wildabschuss im preußischen Staate während der Zeit vom 1. IV. 1885 bis zum 31. III. 1886. - Berlin 1887. - (Preuss. Statistik H. XCIV)

WILDAU, Ludwig, oder Reue versöhnt. Ein (zahmes) Familiengemälde des 18. Jahrhunderts. Leipzig, bey Friedr. Leop. Supprian. 1798. 12°. Tit. u. 116 SS.

Wildau, Ludwig, od. Reue versöhnt; e. Familiengemälde d. 18ten Jahrh. 8. Lpz. Supprian. (Mittler.) 798.

Wildauer, J.: Geschichte und Statistik des f. e. Collegiums Borromaeum in Salzburg. Mit Ansicht und Grundriss dess. (73). 1885.
Progr.

Wildauer, Tobias

Wildauer, Tob., Denkbuch der Feier der 500jährigen Vereinigung Tirol's mit Oesterreich. Innsbruck 864. Wagner. gr. 8. (VI, 224 S. m. 5 Holzschntaf. u. 1 Tab. in 8., 4. u. Fol.) n. 25 ngr.; Velinp. n. 1 ₰ 20 ngr.

— Festrede zu Schillers 100jährigem Geburtstag bei der von der k. k. Universität zu Innsbruck veranstalteten Feier in der Aula am 10. November 1859 gehalten. Ebend. 859. gr. 4. (31 S.) n. 10 ngr.

Wildauer, Tob.: Plan und Einheit der Ilias. 24 S. -Innsbruck. Progr. 1850

Wildauer, T., *Dr.* Platon's Protagoras. Mit Einleitung und Anmerkungen zum Schul- und Privatgebrauche. *Innsbruck* 1857. Verlag der *Wagner*'schen Buchh. Dr. der *Wagner*'schen Buchdr. XLVIII. 123 S. 8°.

Wildauer, Tob., die Psychologie des Willens bei Sokrates, Platon und Aristoteles. 1. und 2. Thl. gr. 8. Innsbruck, Wagner'sche Universitäts-Buchh.
Inhalt:
Thl. 1. Sokrates' Lehre vom Willen. (VII. 162 S.) 877. *ℳ 2,40.
» 2. Platon's Lehre vom Willen. (VIII, 243 S.) 879. *ℳ 6.

—— Rede zu Johann Gottlieb Fichte's 100jährigem Geburtstage bei der von der philosoph. Fakultät an der Hochschule zu Innsbruck veranstalteten Festfeier am 19. Mai 1862. gr. 8. (31 S.) Innsbruck 862, Wagner'sche Universitäts-Buchh.

Wildbach, Paul von: Im Wetter geschüttelt. E. Erzählg aus d. Bergmannsleben. Hamm i. W.: Breer & Thiemann [1898]. (224 S.) 8°
(Bibliothek, Kleine. No 40. 41.)

Wildbachverbauung, die, in d. J. 1883—1894. Hrsg. v. k. k. Ackerbau-Ministerium. Imp.-4. (VII, 278 S. m. 25 Taf.) Wien 895. (W. Frick.) n. 16. —

Die Wildbachverbauung in Österreich. - Wien 1900. 40 S. Hrsg. k. k. Ackerbau-Minist.

Wildbachverbauung, die, in der Schweiz. Nach ausgeführten Werken dargestellt vom eidg. Oberbauinspektorat (Ad. v. Salis.) Bern 1890–92. 2 Bde. 4.

Wildbad [Sachl. OW]

—— Les bains de Wildbad, Teinach, Liebenzell et ses environs. Description nouvelle historique, physique, géologique et litteraire. D'après l'Allemand avec une préface par Philarète Chasles. 8. (VIII und 216 S. mit 1 Stahlst. in qu. 4.) Stuttgart 859, Sonnewald'sche Buchh. *

Wildbad. (Abdr. aus der von dem Königlich statistisch-topographischen Bureau herausg. Beschreibung des Oberamts Neuenbürg.) Mit 1 (lith.) Ansicht u. 1 (lith.) Karte der Umgegend (in Fol.). Stuttgart 861. Aue. 8. (32 S.) n. 7 ngr.

Wildbad, Liebenzell, Teinach, s.a. Wanderbilder, europäische, Nr. 239.

Wildbad, Liebenzell, Teinach. (Von E. Fein, Dr. Ernst Salzmann [und] Dr. W. Wurm.) Mit 11 Bildern und einer Karte. (Europäische Wanderbilder. N° 239.) 8. Zürich ([18]95).
Durch Schwaben. Bändchen 10.

Wildbad und seine Umgebungen. Neueste Beschreibung der Schwarzwald-Bäder Wildbad, Teinach, Liebenzell u. Umgegend. Ein Führer für Touristen u. Kurgäste. 8. (VIII u. 166 S. m. 1 Stahlst. in qu. 4.) Stuttgart 852, Sonnewald. n. 22 ngr.

Wildbad und seine Umgebungen. Neueste Beschreibung der Schwarzwaldbäder Wildbad, Teinach, Liebenzell und Umgegend. Ein Führer für Kurgäste und Touristen. 2. verm. Aufl. Stuttgart 857. Sonnewald. 16. (2 Bl., 172 S.) n. 22 ngr.

—— und seine Umgebungen. Neueste Beschreibung der Schwarzwaldbäder Wildbad, Teinach, Liebenzell und Umgegend. Ein Führer für Kurgäste und Touristen. 2. Aufl. 1857. und 3., verm. Aufl. 8. (VI und 169 S. mit 1 Stahlst. in qu. 4.) Stuttgart 860 Sonnewald'sche Buchh. *

Wildbad und seine Umgebungen. Neueste Beschreibung der Schwarzwaldbäder Wildbad, Teinach, Liebenzell und Umgegend. 4., verb. Aufl. 8. (VII und 180 S. mit eingedr. Holzschn.) Stuttgart 865. Sonnewald. * —

Wildbad [Schlagwort]

— s. a.: Deutschland. Kürschner-Peip.

Wildbad, s.: Geognostische Karten (Württemberg).

— s. a.: Schwarzwald. Karte.

— s. a.: Schwarzwald. Lorenz.

s.a. Touristenkarten.

s.a. Württemberg. Höhenkurvenkarte.

Wildbad. Karte der schönsten Ausflüge in die nähere u. weitere Umgebung v. Wildbad im Anschluss an die Eisenbahn, Bergbahn u. Autoverbindung m. Wildbad. Im Einvernehmen m. der königl. Badeverwaltg. hrsg. Erkundung u. Zeichng. v. Klemm u. Dimmler. 55×52,5 cm. Farbdr. (Mit 12 S. Text.) 8. Wildbad (910). J. Paucke. 2. —

— — der Umgegend v. Wildbad. 1 : 50,000. 55×52,5 cm. Farbdr. Ebd. (909). nn 2. —

Wildbad. Lorenz, Wildbad u. Umgebung. Touristenkarte. 1 : 40,000. 50×52,5 cm. Farbdr. Freiburg i/B. (904). F. P. Lorenz. n. — 75

Wildbad. Raible, Karte v. Wildbad u. Umgebung m. Herrenalb. 1 : 25,000 52,5 × 55 cm. Autogr. u. Farbdr. Stuttgart 898. Holland & Josenhans. n. — 50

Wildbad. Serth, E., Karte v. Wildbad u. Umgegend, m. Zugrundelegg. der Herdegen'schen Karte u. nach amtl. Material gez. u. gest. Ergänzt 1886. 1 : 50,000. 36 × 29 cm. Farbdr. Wildbad (895). Stuttgart, Holland & Josenhans. Auf Leinw. n. 1. —

Wildberg [Schlagwort]

Wildberg, s.: Geologische Karten. Preussen. 69.

Wildberg [Verfasser]

Wildberg, Bodo, Alpen-Novellen. 1. Folge. 8. (VII, 101 S.) Dresden 894. E. Pierson. n. 1. —; geb. n. 2. —

Dunkle Geschichten. Novellen von Bodo **Wildberg**. Mit d. Bildnis Wildbergs. (Hrsg.: W. Urban.) Leipzig: Reclam jun. [1909]. 99 S. 8°
(Universal-Bibliothek. 5160.) [10, 2190

— dasselbe, s.a. Universal-Bibliothek.

Wildberg, Bodo (Heinr. L. B. v. Dickinson-Wildberg), dunkle Geschichten, s.a. Reclam's Novellen-Bibliothek.

Wildberg, Bodo, s.: Hoftheater, das Dresdner, in der Gegenwart.

Wildberg, Bodo, helldunkle Lieder. Gedichte. 8. (VIII, 76 S.) Dresden 897. E. Pierson. n. 1. 50

Wildberg, Bodo, die Maid von Mirogh. — Sita. Zwei Dichtungen. 8. (104, 65 S.) Dresden 884, Pierson. *

Wildberg, Bodo (Heinr. Louis v. Dickinson-Wildberg), Rosa Margarete. Traummärchen in 5 Bildern. Hrsg. v. der Literaturanstalt Austria, Wien. (66 S.) 8. Wien 906. J. J. Plaschka. n. 1. 80

— die **Sehnsüchtigen.** Erzählungen u. Skizzen. 8. (III, 136 S.) Dresden 900. E. Pierson's Verl. n. 2.—; geb. n. 3.—

Ⓑ — Die Sehnsüchtigen. 900. (KBL 32), sowie die übrigen Schriften aus E. Pierson's Verlag jetzt: Berlin, Verlag Berlin-Wien.

— **Stunden u. Sterne.** Neue Gedichte. (70 S.) gr. 8. Wien (903). [Oesterreich. Verlagsanstalt.] J. Deubler. 2. —; geb. 3. —

— tötliche Triebe. (Blonder Zauber. Der Eigenstein. Der unfreie Wille.) 8. (56 S.) Ebd. 894. n. 1. —

Wildberg, Christian Friedrich Ludwig

Wildberg, C. F. L., kurze Anweisung, wie d. Publikum v. d. Ausüb. d. Arzneiwissensch. durch d. Aerzte d. möglichst mindesten Vortheil ziehen kann, a. d. allgem. Erfahr. hergeleitet. 8. Götting. Dankwerts. 808.

— kurze Anweisung wie das Publikum von d. Ausübung d. Arzneiwissenschaft durch d. Aerzte, den möglichst mindesten Vortheil ziehen kann; aus d. allgemeinen Erfahrung hergeleitet. 8. Götting. 808. (Vandenhöck u. R.) 12 gr.

— Anweisung zur gerichtl. Zergliederung d. menschl. Leichname f. angeh. gerichtl. Aerzte u. Chirurgen, nebst Beschreib. eines Obductions-Apparats. 8. Berl. 817. Schlesinger. 16 gr.

Wildberg, Chr. Friedr. Ludw., gemeinnütz. Belehrung üb. d. von d. Natur d. Menschen bezeichn. Grenzen d. Befriedigung d. Geschlechtstriebes, u. die allemal nachtheil. Folgen ihrer Ueberschreitung. Insbesond. f. Jünglinge gebild. Stände. gr. 8. (2¼ B.) Quedlinburg 838, Basse.

— über d. Besorgniß einer Uebervölkerung in Europa u. d. von Weinhold zur Verhütung d. Uebervölkerung vorgeschlagenen Mittel. gr. 8. Leipz. 828. Cnobloch. 5 gr.

Wildberg, Ch. F. L.: Bibliotheca med. publica, in qua scripta ad med. et forens. et polit. facientia ab illarum scientiarum initiis ad nostra usque tempora digesta sunt. T. I. bibl. med. for. T. II. bibl. med. polit. *Berol.* Flittner. 819. 4. (2 Thl.)

— bibliotheca medicinae publicae, in qua scripta ad medicinam et forensem et politicam facientia ab illarum scient. initiis ad nostra usque tempora digesta sunt. 2 Vol. 4. Berl. 819. (Sander). 2 Thlr Velinp. 2 Thlr 12 gr.

Wildberg, Chr. Frid. Lud., Codex medico-forensis oder Inbegriff aller in gerichtl. Fällen von den Gerichts-Aerzten zu beobachtenden Vorschriften, neu bearb. gr. 12. (XXIV und 172 S.) Leipzig 849, Brockhaus. *

Wildberg, Chr. Friedr. Ludw., ausführl. Darstellung d. Lehre v. d. Pneobiomantie, od. den aus d. Obduction zu entnehmenden Beweisen für od. wider d. selbstständ. Leben todtgefund. neugebor. Kinder. 8. (5½ B.) Leipzig 830, Cnobloch.
Vgl. unten dess. „neue Untersuchungen" etc.

Wildberg, Ch. F. L.: Decisiones med.-legales quaestt. dubiarum de infant. neogen. c. rationibus decidendi, ex scientia med. desumtis. *Gotting.*, Dankwerts. 808. 8. (1 Thl. 4 Gr.)

— **decisiones quaestionum** dubiarum de infantibus neogenitis cum rationibus decidendi ex scientia medica desumtis in usum medicorum forensium aeque ac juris consultorum. 8. Götting. 808. (Vandenhöck u. R.) 12 gr.

Über den in dem Leben und der Gesundheit des Menschen bestehenden Dualismus. Eine gemeinnützige Abhandlung...von C[hristian] F[riedrich] L[udwig] Wildberg. Stendal: Franz & Große 1824. 71 S. 8°

— über die Einrichtung u. Verrichtung der Saamenwerkzeuge des Menschen, die Bestimmungen d. menschlichen Saamens und die Nachtheile der Verschwendung desselben. 8. Berl. 817. Schlesinger. 8 gr.

—— Entwurf e. Bromatologie u. Pomatologie f. Kranke, od. kurze Anweis. zur Auswahl, Bereitung u. Anwendung d. Speisen u. Getränke in Krankheiten. 8. (8 B.) Berlin 834, Hirschwald.

Wildberg, C(hristian) F(riedrich) L(udwig): Entwurf eines Codex medico-forensis oder Zusammenstellung der bei Ausübung der gerichtlichen Arzneiwissenschaft allgemein zu befolgenden Vorschriften. 65 S., gbd.

Berlin: Schlesinger 1842

— über d. gelbe Fieber; ein Wort z. Belehrung u. Beruhigung für Nichtärzte. 8. Berl. 805. (Rieger). 4 gr.

Ueber den Genuss der Sinnenreize, als Mittel zur Erhaltung des Wohlseyns. ... von C[hristian]F[riedrich] L[udwig] Wildberg. Leipzig: Cnobloch 1826. VI S., S.8-80. 8°

C[hristianus] F[ridericus] L[udovicus] Wildberg: De educationis medicorum publicorum propriae in universitatibus literariis Gravitate ac necessitate. Berolini 1820: Starck. VI, 10 S. 4°

Berlin, Univ.- Schr. v. 24. Juni 1820

Handbuch der gerichtlichen Arzeneywissenschaft z. Grundlage bey akademischen Vorlesungen,... von C[hristian] F[riedrich] L[udwig] Wildberg. Berlin: Dieterici 1812. X, 455 S. 8°

Wildberg, Chr. Fr. Ldw., Handbuch d. gerichtl. Arzneiwissenschaft. gr. 8. Berl. 812. (Mittler). 1 Thlr 18 gr.

Wildberg, C(hristian) F(riedrich) L(udwig): Handbuch der Diaetetik für Menschen im gesunden Zustande. 354 S., gbd.

Leipzig: Knobloch 1828

— prakt. Handbuch für Physiker. 3 Thle. gr. 8. Erfurt 823, 24. Keyser. 4 Thlr (3r Thl. apart. Auch u. d. T.: die Geschäftsführung d. Physiker. gr. 8. Ebd. 824. 1 Thlr 12 gr.)

—— prakt. Handbuch f. Physiker. 3 Thle. — A. u. d. Ttln.: Anleitung zu d. polizeil.-medizin. Geschäften. — Anleit. zu d. gerichtl.-medizin. Geschäften. — Die Geschäftsführung d. Physiker in Beispielen. Eine Samml. v. polizeil.- u. gerichtl.-medizin. Berichten u. Gutachten. 2., verm. u. verb. Aufl. gr. 8. (47 B.) Erfurt 833, Winckler.

—— kurzgef. Hodegetik f. angeh. prakt. Aerzte. 8. (6½ B.) Leipzig 835, [Lorck.]

— kurzgefaßte Hodegetik für angehende prakt. Aerzte. 8. Leipzig 835. Weber. ½ Thlr

— Hygiastik oder die Kunst, die Gesundheit d. Menschen zu erhalten, zu befördern u. die Lebensdauer zu verlängern. gr. 8. Berl. 818. 2e verb. Aufl. 822. 3e A. 825. (Sander). 1 Thlr. 12 Gr.

Wildberg, (C. F. L.,) Hygiastik, od. die Kunst, lange zu leben u. dabei gesund u. froh zu bleiben. 2e Ausg. Mit 1 Vign. gr. 8. Berl. 825, Flittner. Rthlr.

—— Jahrbuch d. gesammten Staatsarzneikunde, s. Jahrbuch.

— Jahrbuch d. Universitäten Deutschlands. 1r Jahrg. Auch u. d. Tit.: Universitäten-Almanach f. d. J. 1810. 8. Neustrelitz, Albanus. 1 Thlr. 18 Gr. dasselbe f. d. J. 1811 u. 1812. gr. 8. Ebd. 3 Thlr. 8 Gr.

C[hristian] F[riedrich] L[udwig] Wildberg's Lehrbuch der gerichtlichen Arzneywissenschaft,... Erfurt: Keyser 1824. XVI, 558 S. 8°

—— kurzgef. Lehrbuch d. Naturlehre d. menschl. Körpers f. Schulen u. Gymnasien. gr. 8. (8½ B.) Berlin 840, Eichler.

— Lehrbuch d. phys. Selbstkenntniß f. Jünglinge gebildeter Stände. gr. 8. Götting. 807. Dieterich. 1 Thlr. 12 Gr.

—— Magazin f. d. gerichtl. Arzeneiwissensch., s. Magazin.

— Naturlehre d. weibl. Geschlechts. Ein Lehrbuch der physischen Selbstkenntniß f. Frauen gebildeter Stände. 2 Bde. 8. Berl. 811. Amelang. 2 Thlr. 18 Gr.

— über die Nothwendigkeit d. Berücksichtigung d. Neigung d. Beckens zur jedesmal. Bestimmung der angemessenen Lage der Gebärenden. gr. 4. Leipz. 827. Cnobloch. 7 Gr.

— Diss. inaug. sistens pathologiam sanguinis. 8. Jena 791.

— Rhapsodien aus der geschichtl. Arzneiwissenschaft; nebst e. Anhang, welcher einen Vorschlag zu e. vollständ. Anstellung der Lungenprobe ꝛc. gr. 8. Leipz. 822. Cnobloch. 16 Gr.

— kurzgefaßtes System d. medicin. Gesetzgebung. gr. 8. Berl. 804. W. Oehmigke. 1 Thlr. 4 Gr. 2e Aufl. gr. 8. Ebd. 820. (Sander). 2 Thlr. 12 Gr.

—— Taschenbuch f. gerichtl. Aerzte, Behufs d. Obductionen. 16. (18 B.) Berlin 830, [Rücker u. Püchler.]

— Universitätenalmanach, s. Universitäten.

—— über einige neue Untersuchungen bei Obductionen neugebor. Kinder, zur Vervollständigung d. Pneobiomantie. 8. (1½ B.) Leipzig 828, [Lehnhold.]
Vgl. oben dess. „ausführl. Darstellung" etc.

Wildberg, C(hristian) F(riedrich) L(udwig): Versuch einer anatomisch-physiologisch-pathologischen Abhandlung über die Gehörwerkzeuge des Menschen. 336 S., 16 S., gbd., 4 Taf.

Iena: Cuno 1795

— Versuch e. anatom.-physiolog.-patholog. Abhandlung über die Gehörwerkzeuge des Menschen, mit Kpf. gr. 8. Jena 795. (Schmid). 1 Thlr. 8 Gr.

— Versuch e. anatom. physiolog. patholog. Abhdl. üb. d. Gehörwerkzeuge d. Menschen, m. K. gr. 8. Jena, Stahl. 795.

— Versuch eines Lehrbuchs d. medicin. Rechtsgelehrtheit, z. Unterricht f. Rechtsgelehrte. gr. 8. Leipz. 826. Cnobloch. 1 Thlr. 6 Gr.

Wildberg, Chr. Fr. Ldw., über die Wichtigkeit gut organisirter Medicinalverfassungen. 8. Rostock 822. (Stiller). 4 Gr.

Wildberg, C. F. L., wie d. tödlichen Verletzungen beurtheilt werden müssen, um in jed. vorkommenden Falle d. Antheil d. Thäters an d. nach d. Verletzung erfolgt. Tode am sichersten ausmitteln zu können; ein Beytrag zur gerichtlichen Arzneywissenschaft. gr. 8. Leipz. Hinrichs. 810. Rthlr. Schreibp.

— wie die tödtlichen Verletzungen beurtheilt werden müssen, um in jedem vorkomm. Falle d. Antheil d. Thäters an dem nach d. Verletzung erfolgten Tode am sichersten ausmitteln zu können, ein Beitrag z. gerichtl. Arzneiwissenschaft. gr. 8. Leipz. 830. Hinrichs. 6 Gr. Schreibp. 8 Gr.

Einige Worte über die homöopathische Heilart zur Belehrung gebildeter Zeitgenossen. Von C[hristian] F[riedrich] L[udwig] Wildberg. Leipzig: Cnobloch 1830. XIV, 80 S. 8°

Einige Worte über das Scharlachfieber und den Gebrauch der Belladonna als Schutzmittel gegen dasselbe, von C[hristian] F[riedrich] L[udwig] Wildberg. Leipzig: Cnobloch 1826. IV S., S. 6-36. 8°

Wildberg, Th. (Bearb.), s. Andouard, Olympe: Die Mysterien des Serails u. der türkischen Harem.

Wildberger, Andr., die Legir- und Löthkunst, s. Schauplatz, neuer, der Künste und Handwerke. 157.

Wildberger, Andr., die Legir- u. Löthkunst od. Anleitung, alle in der Technik in Anwendung komm. Legirungen, sowie auch die zu fester u. dauerhafter Vereinigung metall. Körper erforderl. Lothe zu bereiten. Für Metallarbeiter aller Art, sowie auch sonst. Gewerbetreibende, deren Beruf es mit sich bringt, Löthungen vorzunehmen. 5., verb. u. verm. Aufl. Mit 4 (lith.) Taf., enth. 61 Fig. 8. (XII, 216 S.) Weimar 880. B. F. Voigt. 2. 50

Wildberger, E[rnst]. Krankenkassen und Ärzte im Bezirk Winterthur. 22 S. 8. Zürich, Schulthess & Co., (1904).

Wildberger, Johs., neue orthopädische Behandlungsweise veralteter spontaner Luxationen im Hüftgelenke. Mit 3 (lith.) Taf. Abbildgn. Leipzig 856. Brockhaus. 4. (112 S.) n. 1 Thlr. 10 ngr.

Wildberger, Johs., erster Bericht über die orthopädische Heilanstalt in Bamberg. gr. 8. (64 S. m. 1 Lith.) Bamberg 852. (Buchner.) n. ½ Thlr.

— zweiter Bericht über die orthopädische Heilanstalt in Bamberg. Bamberg 855. Buchner in Comm. gr. 8. (46 S.) n. 8 ngr.

Wildberger, Johs., dritter Bericht über die orthopädische Heilanstalt in Bamberg. gr. 8. (60 S. mit 5 Stnt.) Bamberg 859, (Buchner'sche Buchh.) *

Wildberger, Johs., praktische Erfahrungen auf dem Gebiete der Orthopädie namentlich veralteter Luxationen im Hüftgelenke nebst Schiefstand des Beckens, Contracturen, Deformitaten der Kniee und der Füsse, und deren Behandlung. Mit 39 in den Text gedr. Holzschn. Leipzig 863. T. O. Weigel. gr. 8. (XI, 300 S.) n. 2 Thlr. 20 ngr.

Wildberger, Johs., Programm über die neuerrichtete orthopäd. Heilanstalt in Bamberg. gr. 8. (16 S.) Ansbach 849, (Gummi.)

—— die Rückgratsverkrümmungen oder der Schiefwuchs und seine Verhütungsmassregeln. Ein Rath für Eltern, Lehrer und Erzieher. br. 8. (VI und 69 S. mit 10 lithogr. Abbild. und 1 eingedr. Holzschn.) Leipzig 862, T. O. Weigel.

—— Streiflichter und Schlagschatten auf dem Gebiete der Orthopädie. I. Die Scoliose, deren Entstehung und Heilung nach eigenen gesammelten Erfahrungen und mittelst selbstgeschaffener Apparate. Nebst kurzer Erörterung des Caput obstipum und Kyphose. Für Aerzte und Laien dargelegt. Lex.-8. (VIII und 127 S. mit 6 Stnt.) Erlangen 861, Enke's Verlagsbuchh. *

Wildberger, W[ilhelm]. Geschichte der Pflegen Neunkirchs. Vortrag, gehalten im historisch-antiquarischen Verein Schaffhausen. 8. Hallau 1890.

Wildberger, W[ilhelm]. Politische Geschichte der Landschaft [Schaffhausens] während des XVII. und XVIII. Jahrhunderts. Separatabdruck aus der Festschrift des Kantons Schaffhausen zur Bundesfeier, 10. August 1901. II + 22 S. gr.-8. Schaffhausen, H. Meier & Cie., 1901.

Wildberger, W., der Wilchinger Handel. Zeitbild aus der Schaffhauser Geschichte (1717—1729). 8. (38 S.) Hallau 897. (Schaffhausen, C. Schoch.) n. — 60

Schaffhauser Martinischlag. Obrigkeitliche Schatzungen v. Getreide u. Wein auf 'Martini' der Jahre 1460 -1895 m. landwirtsch.-histor. Nachrichten u. 1 graph. Darstellg d. Martinischlages v. W. Wildberger, Lehrer. *Schaffhausen: Comm.-V. C. Schoch; Dr. v. P. Schoch 1896.* (70 S., 1 Tab.) 1 Bd 8. [96. 6388

Wildberger & Cie., Basel.... Preis-Courant für Offene- und Flaschenweine. April 1901. [8 S.] 8. (Basel, Kreis.)

Wild- und Waidmannsbilder. Jagdscenen und Schilderungen aus Wald, Gefild und Höhen. Mit Illustr. von Werner, Kolb, Hildebrand u. A. Leipzig 863. Wilfferodt. gr. 8. (VI, 158 S. m. Holzschn. u. 4 Holzschntaf.) n. 1 *ℛ* 10 *ngr.*

(Wildbolz, [Eduard].) Ueber die ausserdienstliche Tätigkeit unserer Kavallerie. (Ergänzte und abgeänderte Neuaufl., April 1904.) 16 S. 8. (Bern, Siebenmann & Co.)

Wildbolz, (Ed[uard]). Die Verwendung unserer Kavallerie. 40 S. 8. Frauenfeld, J. Huber, 1902. [fr. 1. —]

Wildbolz, Hans [Arzt aus Bern]: Ueber kongenitale Hirnlähmungen. Berlin 1897. 55 S. 8°.
Bern. Med. Diss. 1897/98.

Wildbolz, Hans. Über Nierentuberkulose. Sonderabdruck [aus:] Folia urologica. Internationales Archiv für die Krankheiten der Harnorgane .... Band 1. Nr. 4. November 1907. II S. + S. 401—429. 8. Leipzig, Dr. Werner Klinkhardt; Paris ...; New York ..., 1907.

Wildbolz, H[ans]. Experimentell erzeugte aszendierende Nierentuberkulose. (Vortrag gehalten am ersten Kongress der Deutschen Gesellschaft für Urologie in Wien 2.—5. Oktober 1907.) Sonderabdruck aus: Zeitschrift für Urologie. Bd. 2, Heft 1. II S. + S. 39—44. 8. Berlin, Oscar Coblentz; Leipzig, Georg Thieme, 1908.

Wildbolz, Robert, med. pract. [von Bern]: Beiträge zur Eklampsia puerperalis. Wetzikon Aktienbuchdr. Dr. 1890. 1 Bl., 95 S., 1 Bl. 8°.
Zürich. Med. Diss. [v. 28. Oct. 1890].

(Wildbolz-Stengel, Rob[ert].) Die Spar- & Leihkasse in Bern. Denkschrift anlässlich ihres 50jährigen Bestandes 1857—1906. (Auf 1. Januar 1907 hrg. vom Verwaltungsrat.) [Mit Vignetten und 1 Porträt-Tafel.] 34 S. 4. Bern, Stämpfli & Cie., 1907.

Wildbrett, Gust., 76 Gruppen, s.: Brühlbeck, Joh.

WILDBURG, Graf, oder Unglück durch Temperament und Pfaffenränke. (Zahmer Roman.) 4 Thle. Halle, Ruff, 1800—1. 8°. Cplt. selten!

Wildburg, Graf, od. Unglück durch Temperament. 4 Thle. 8. Halle 801. Fr. Ruff. 4 ℛ

Wilddieb, der, s. Bibliothek, europäische.

Wilddieb, der, s.: Volksbibliothek, Europäische, 785. Bd.

Wilddieb, der. Frei nach dem Franz der Mme. M. gr. 16. (238 S. m. Holzschntaf.) Hamburg 879. Agentur d. Rauhen Hauses. cart. n. 1. 50

Wilddiebe, Die, eine Operette in einem Aufzug. Münster 1774. V (Dialog u. 1. Lied): *Sprickmann, Anton Matthias.* V (übr. Gesänge): *Stühle, Wilhelm.* (Hitzig) (GGr) (Ky)

Wilddiebe, die. Operette (von Wlh. Stühle u. A. M. Sprickmann). 8. Münster 774. Coppenrath. 2 *K*

— — dass. 8. Lpz. Sommer. 774.

Wilde [Sachl. OW]

Wilde, d., e. Peruanische Gesch., s. Nachlass m. Mutter Gans 3r.

Wilde, der, eine peruanische Geschichte, mit 1 Kupf. 8. Riga, 797. Müller. 18 ſgl.

Wilde, Der. Riga 1798. V: *Pöschmann, Georg Friedrich.* (Ky)

Wilde, Der, in Frankreich. Schauspiel in vier A. Laibach 1786. V: *Wieting, Johann Frdr.* (Ky) (GGr)

Wilde, der, in Frankreich. Schausp. 8. Laibach, Hilscher. 786.

In memoriam Oscar Wilde. Hrsg. von Franz Blei. Leipzig: Insel-Verl. 1904. (98 S.) 8°

Wilde [Verfasser]

Betrifft die Frage der Teilung der Kieler Kirchengemeinde in Einzelgemeinden. [Verf.: (Wilde. Niese. Kraus. Kiel. 1905.)] 8° [Kopft.]

Wilde, A., unsere eßbaren Schwämme. Populärer Leitfaden zur Erkenntnis und Benützung der bekanntesten Speisepilze. 1. und 2. Aufl. 8. (29 S. mit 4 chromolithogr. Taf. naturgetreuer Abbild.) Kaiserslautern 882, Gotthold's Verlagsh. *

— dasselbe. Mit 4 (chromolith.) Taf. naturgetreuer Abbildungen. 2. Aufl. 8. (29 S.) Ebend. 882. n. — 60

de Wilde, A., Wederduitsch- Maleisch- en Soendasch-Woordenboek. Benevens twee Stukken tot oefening in het Soendasch, uitgegeven door T. Roorda. gr. 8. Amsterdam 841, Jh. Müller. n. 2 ℛ 13½ *ngr*.

Wilde, A. E.

--and Wilde, Henriette (eds). Denksprüche für Schulkinder gesammelt ... Cincinnati, 1873.

Wilde, A. E. (ed). Der Kinder-garten: 250 Deklamationsstücke für die Jugend sechs bis fünfzehn Jahren ausgewählt aus den Werken älterer und neuerer Dichter der deutschen Nation. 2d ed. Cincinnati, 1881.

Wilde, A. M., Reformation des kathol. Schulwesens im preuß. Schlesien, nach den neuesten Gesetzen. gr. 8. Bresl. 803. (Graß, B. u. C.) 1 ℛ

Wilde, Alfred, aus Osterode (Ost-Pr.): **Beiträge** zur Anatomie **der Linaceen.** *Heidelberg 1902: J. Hörning.* (56 S.) 8°
Heidelberg, Naturw.-math. Diss. v. 1902

Wilde, Ambros., sechs Fastenreden üb. d. Bekehrung des heil. Augustins, u. 6 Fastenreden üb. die Bekehrung des Zöllner Zachäus. 2 Bde. 8. Prag 812. Widtmann. 20 Kr.

— dies. z. Berichtigung einiger Religionszweifel. 8. Prag 815. Widtmann. 10 Kr.

Wilde, Ambros, sechs Fastenreden üb. d. Bekehrung d. heil. Augustin, nebst e. Charfreitags- u. Pfingstmontagsrede. 2. Ausg. 8. (10 B.) Mainz 833, [Kirchheim, Schott u. Thielmann.]

Wilde, Ambros, sechs Fastenreden über die Bekehrung des heil. Augustin, nebst einer Charfreitags- und Pfingstmontagsrede. 2e Ausg. 8. Mainz 833. Administration der Müller'schen Buchh. 1/3 ₰

—— sechs Fastenreden üb. d. Bekehrung d. Zöllners Zachäus, nebst e. Rede auf d. Charfreitag u. auf d. Fest d. Himmelfahrt d. Herrn. 2. Ausg. 8. (11 B.) Mainz 833, [Kirchheim, Schott u. Thielmann.]

—— sechs Fastenreden zur Berichtigung einiger Religionszweifel, nebst e. Charfreitags- u. Ostermontagsrede. 2. Ausg. 8. (13½ B.) Mainz 833, [Kirchheim, Schott u. Thielmann.]

— Lob- u. Sittenreden auf d. Festtage d. Jahres. 2 Thle. gr. 8. Prag 809. Widtmann. 2 ₰

Wilde, August

Wilde, Aug.: Ueber die Nothwendigkeit, die Begriffe der Zahl und Größe in der Mathematik zu trennen. – Stargard, Progr. 1851.

Wilde, A. — Ueber die Prinzipien der höheren Analysis. 24 S.
Stargard, Progr. 1836

Wilde, Aug. — Über den Stand des Barometers und Thermometers zu Stargard in den Jahren 37–43. 18 S.
Stargard, Progr. 1843

Wilde, A. — Ueber math. Uebungsaufgaben auf Gymn. 23 S.
Progr. Stargard 1828

Wilde, Carl, s. Wilde, Karl

Wilde, Clemens, s. Wilde, Klemens

Wilde, Eduard

Wilde, Ed., Reise-Skizzen v. e. Ausfluge nach Norwegen u. Spitzbergen auf d. Dampfer „Danzig" d. Norddeutschen Lloyd im Sommer 1895. [Aus: „Saazer Ztg."] 8. (III, 83 S. m. 1 Abb.) Saaz 896. (A. Ippoldt.) n. 2. —

Wilde, Emil, Geometrie f. Bürgerschulen u. d. untern Klassen d. Gymnasien. gr. 8. (19½ B. u. 9 Kpfrt.) Berlin 829, Duncker u. Humblot.

Wilde, Emil, Geschichte d. Optik, vom Ursprunge dieser Wissenschaft bis auf d. gegenwärt. Zeit. 1. Thl. Von Aristoteles bis Newton. gr. 8. (22½ B. u. 3 Kpfrt.) Berlin 838, Rücker u. Püchler. Thlr.

Wilde, Emil, Geschichte der Optik, v. Ursprunge dieser Wissenschaft bis auf d. gegenwärt. Zeit. 2. Thl. Von Newton bis Euler. gr. 8. (25¾ B. u. 4 Stnt.) Berlin 843, Rücker u. Püchler.
1. Thl. Ebendas. 1838. 2 Thlr.

— Handbuch der analyt. Trigonometrie. Mit 3 Steint. gr. 8. Berl. 825. Maurersche B. (Heinemann in Stolp.) 1 ₰ 12 Kr.

Wilde, E. — Ueber die Optik der Griechen. 33 S.
Berlin, G. K., Progr. 1832

—— über die Optik der Griechen. Progr. v. G. G. Sam. Köpke. gr. 4. (7½ B.) Berlin 832, Mittler.

Wilde, E. — Ueber die Stelle, welche der Bildung des Schönheitssinnes auf Gymn. anzuweisen ist. 10 S.
Berlin, G. K., Progr. 1827

Der Burenkrieg oder Transvaals Kampf für Recht und Freiheit. Schauspiel in 5 Akten von Ernst Wilde. *(Magdeburg [1900]: 'General-Anzeiger'.)* (62 S.) 8° [F.] [00, 10106 3

Wilde, Ernst, der Burenkrieg od. Transvaals Kampf f. Recht u. Freiheit. Schauspiel in 5 Akten. gr. 8. (63 S.) Magdeburg (900). (A. Rathke). n. 3. —

Der Chinakrieg (Des Verbrechens Sühne im Reiche der Bezopften). Schauspiel in 4 Akten von Ernst Wilde. *Halberstadt: E. Wilde 1900.* (42, 13 S.) 8° [F.] [01. 6100 3

Therese Humbert, die Hundert-Millionen-Schwindlerin. Orig.-Lebensbild in 4 Akten von Ernst Wilde. *Halberstadt: H. Enderlein 1903.* (120 S.) 8° [F.] [04. 3766

Wilde, Ernst, Therese Humbert, die Hundert-Millionen-Schwindlerin. Orig.-Lebensbild in 4 Akten. (126 S.) 8. Halberstadt 903. Selbstverlag. n. 3. —

— Königin Luise u. unsere Helden. Reihenfolge drei leb. Bilder m. Prologen. Genaue Anleitg. u. Beschreibg. der zu stell. Bilder u. Angabe der event. Musikbegleitung. gr. 8. (7 S.) Ebd. (901). 1. —

— wie spiele u. leite ich Vereins-Vorstellungen. 12. (29 S.) Ebd. (902). — 75

Wilde, Fr., Beispiele u. Aufgaben zum kaufmännischen Rechnen, s.: Roesler, J. K.

Wilde, Franz

Wilde, Frz., wohlgefügte Sittenreden auf die jetzt gebot. Feiertage. 8. Prag 778.

Wilde, Friedr., Vademecum des Amateur-Photographen, s. Haugk, Fritz.

Wilde, Friedrich Adolph: Das weibliche Gebär-Unvermögen. Eine medicinisch-juridische Abhandlung zum Gebrauch für practische Geburtshelfer, Aerzte und Juristen. 413 S., gbd.

Berlin: Nicolai 1838

Wilde, Frid. Adolph.: De cognoscendis et curandis placentae morbis libri quatuor. Berolini: A. G. Hayn 1833. (x, 86 S.) 8°
Berlin, Med. Fak., Hab.-Schr. v. 16. Febr. 1833

Wilde, Frid. Adolph. (geb. Frankfurt a. O. 17. 3. 1801): De spasmorum natura atque curatione. (Berolini 1823.) (47 S.) 8°
Berlin, Med. Diss. v. 15. Mai 1823

—— die Zerstreuung als medicin. Heilmittel. Ein Beitr. zur prakt. Heilkunde f. Aerzte u. gebild. Nichtärzte. gr. 8. (9½ B.) Berlin 830, Hayn.

Wilde, Friedrich Alb.

Wilde, F. A., die Elemente der deutschen Sprache nebst einem Anh., welcher die Elemente der lateinischen Sprache enthält. Zum Gebrauche für Schüler der untern Klassen und zum Selbstunterrichte. Danzig 863. Doubberck. 8. (88 S.) n. 10 ngr.

Wilde, Friedr. Alb., Lesebuch für die Schulen Deutschlands. 2. verb. Aufl. Leipzig 855. Brockhaus. gr. 8. (XXIV, 334 S.) n. 16 ngr.

— **Lesebuch für Volksschulen u. die unteren Classen der Gymnasien u. Realschulen.** gr. 8. Leipzig 846, Brockhaus. 16 ngl

Wilde, F. A., Rechenaufgaben. Ein Handb. f. Schüler d. Elementarschulen. 8. (3 B.) Danzig 841, [Gerhard'sche Buchh.]

—— Rechenaufgabenbuch, z. Gebrauche f. Lehrer u. Schüler d. unteren Klassen d. Gymnasien u. Realschulen u. sämmtl. Elementar- u. Volksschulen. Für Septima u. Sexta. Große Ausg. 8. (10 B.) Danzig 846, Anhuth.

Wilde, (Elementarlehrer) F. A., Sammlung von Aufgaben, geordnet nach der von dem Seminar-Director u. Prof. Wurst für Volksschulen bearb. Becker'schen Grammatik, mit erlaut. Andeutungen für den Lehrer; ein Handbuch für Schüler der Elementar- u. Volksschulen. 2e, etwas verand. Aufl. 8. Danzig 840. Gerhard. 1/6 ₰

Wilde, Fr. Alb., Sammlung von Aufgaben, geordnet nach der von dem Seminar-Direktor u. Prof. Wurst für Volksschulen bearb. Becker'schen Grammatik, u. kurzgefaßte Aufstellung der orthograph. Regeln, ein Handbuch für Schüler der Elementar- u. Volksschulen. 3. etwas verm. Aufl. 8. Danzig 841, Gerhard. 1/6 ₰

—— Sittenlehre in Fabeln u. geistl. Lieder, zunächst f. seine Schüler hrsg. 8. (4 B.) Danzig 813, (Homann's Buchh.) *

Wilde, Friedrich Wilhelm

— **Gedächtnißpredigt auf Th. G. Harder. 8. Halle 812. Gebauer. 4** ℊ

Wilde, Fr. Wih., († d. 21. Mai 1819.) meine Geschäfte u. Methode, prüfenden Gutsherren öffentl. u. Privatlehren z. Beurtheilung oder Warnung vorgelegt. 8. Halle ... 2e A. 809. Gebauer. 6 ℊ

— **Handbuch zum Vorschreiben u. Lesen in deutschen Schulen. 8. Halle 811. Gebauer. 6** ℊ

— **französ. Lesebuch f. d. ersten Anfänger, nach einer leichten u. angenehmen Methode. 8. Halle 809. Gebauer. 9** ℊ

— **de otio praedicatorum inprimis rure degentium disserit. 4. Halle 809. Gebauer. 6** ℊ

— s. Winke u. Materialien f. d. Religionsvortrag.

Wilde, Fritz, des Kindes Heimat, s.: Schmidt, Fritz.

Wilde, Georg, appr. Arzt aus Münsterberg (Schles.): **Beitrag zur** Casuistik der primären Bindegewebstumoren des Magendarmkanales im Anschluss an einen Fall von verkalktem Fibrom des Magens mit Divertikelbildung desselben. *Würzburg 1899: P. Scheiner.* (39 S.) 8°
Würzburg, Med. Diss. v. 1899

Wilde, Geo., **Elemente der Astrologie, s.: Talisman-Bibliothek. 20. u. 21. Bd.**

Wilde, Georg, aus Meseritz: **Materie und Form bei Giordano** Bruno. *Breslau 1901: H. Fleischmann.* (35 S.) 8° ¶ [Erschien vollst. 1901 u. d. T.: G. Bruno's Philosophie in d. Hauptbegriffen Materie u. Form.]
Erlangen, Phil. Diss. v. 6. März 1901 (handschr.: 1900)

Giordano Bruno's Philosophie in den Hauptbegriffen Materie und Form dargest. von Dr. Georg **Wilde**. *Breslau: M. & H. Marcus in Comm. 1901.* (65 S.) 8° [ot. 5558]

Wilde, Gottfried (Görlitz) U. S. Halle 1723/5

Dissertatio iuridica de eo quod iustum est circa ingratitudinem. Präs. Jo. Gerhard Schlitt. Halle (Hendel) V. 1723. 94 S. 36730

Wilde, Hans, approb. Arzt aus Danzig (Prov. Westpr.): **Bericht** über 28 Fälle von Rectumcarcinom, ein Beitrag zur Statistik und Therapie desselben. *Bonn 1903: J. Trapp.* (44 S.) 8°
Bonn, Med. Diss. v. 16. Dez. 1903

Wilde, H(ans): Brussa, eine Entwickelungsstätte türkischer Architektur in Kleinasien unter den ersten Osmanen. Berlin: Wasmuth 1909. 135 S., 4 Taf. 4° ¶ Auch als: Beiträge zur Bauwissenschaft. H. 13.
Dresden, Dr.-Ing.-Diss. v. 18. 7. 1908

Wilde, Heini, der Masochismus in der Großstadt. Novellen. (118 S.) gr. 8. Berlin (905). M. Marcus. 3. —

Wilde, Henriette: Denksprüche ..., s. Wilde, A. E.

Wilde, Henry. Ueber den Ursprung der elementaren Körper u. üb. einige neue Beziehungen ihrer Atomgewichte. (Deutsch u. engl.) gr. 4. (VI, 17; VI, 20 S. m. 1 Tab.) Lond. 892. Berl., Friedländer u. Sohn. * 4 —

Wilde, H[ugo]: Ein Fall von Missbildung der unteren Extremitäten. Würzburg 1892 [vielm. 1901/02]: Ettlinger. (51 S.) 8°
Würzburg, Med. Diss. v. 1892.

Wilde, Johannes [illegible] Ueber die Indicationen zum Gebrauche der Geburtszange. Berlin (1868) [illegible] 8°
Berlin, Med. Diss. v. 12. Aug. 1868

Wilde, Johann (Stettin) A. S. 581/6b

Disputationis juridicae de jure hominum proprium in Pomerania pars II. Präs. Augustin Balthasar. Greifswald (Struck) 5. II. 1746. 60 S. 36731

Wilde, Johs., die französischen Konjugationen u. d. unregelmässigen Verba, leicht fasslich dargest. f. Eltern, Lehrer u. Schüler. Fol. (3 S. u. 1 S. in 8.) Frankfurt a/M. 898. Mahlau & Waldschmidt. n. — 20

Wilde, Jul., Präparationen f. den Anschauungsunterricht in der 1. u. 2. Klasse der Volksschule. 2. verm. u. verb. Aufl. (VII, 208 S.) Nebst Beilage: Der Mensch, seine Sinne u. Körperteile u. deren Pflege. (15 S.) 8. Neustadt a/H. 903. Lehrer Wilde. Kart. n.n. 2. 80; **Beilage allein** n.n. — 10

Wilde, Karl, Arzt aus Berlin: **Aus d. chirurg. Universitätsklinik zu** Greifswald. **Über tabische Gelenkerkrankungen.** *Leipzig 1902: J. B. Hirschfeld.* (36 S.) 8°
Greifswald, Med. Diss. v. 1. Nov. 1902

Wilde, Karl, Grabmalkunst. Eine Auswahl vorbildl. Entwürfe f. Reihengräber. Zugleich e. Führer durch d. Grabmalkunst-Ausstellung auf dem neuen Frankfurter Hauptfriedhofe. Im Auftrage des städt. Friedhofs-Amtes zu Frankfurt a. M. hrsg. (27 S. m. 32 Taf.) gr. 8. Frankfurt a/M. 910. F. B. Auffarth. 1. —

Wilde, Karl (geb. Schlochau in Westpr. 14. 5. 1841): Ueber croupöse und diphtherische Halsentzündung und Tracheotomie. Berlin (1869). (32 S.) 8°
Berlin, Med. Diss. v. 14. Jan. 1869

Wilde, Čarl **Alexander,** Referendar: Über **den Begriff** der Sicherheitspolizei. *Rostock 1904: C. Hinstorff.* (121 S.) 8°
Rostock, Jur. Diss. v. [31. Mai] 1904

Wilde, Carolus Eduardus: De pudoris natura et indole.
Halle-Wittenberg, Phil. Diss. v. 17. Jan. 1824
Geb. [Leipzig 17. 1. 1802]
Ms. fehlt.

Wilde, C(lemens): De Virgili Georgicorum fontibus. 26 Bl. 4° (2°)
Halle-Wittenberg, Phil. Diss. v. 11. Okt. 1861
Geb. Neuwarp (Pomm., Kr. Ueckermünde) 9. 1. 1839. V.

Wilde: De Aeschyli in Septem contra Thebas parodo. 32 S. –Putbus, Progr. 1864

Wilde, Kurt, Referendar in Dresden: Die Erstreckung der Hypothek auf Miet- und Pachtzinsforderungen. Borna-Leipzig 1908: R. Noske. (IX, 46 S.) 8° [J.]
Leipzig, Jur. Fak., Diss. v. 25. Febr. 1908
[Geb. 18. Jan. 84 Dresden; Wohnort: Dresden; Staatsangeh.: Sachsen; Vorbildung: Wettiner Gymn. Dresden Reife O. 02; Studium: Lausanne 1, Leipzig 1, München 1, Berlin 1, Leipzig 4 S.; Rig. 12. Jan. 06.]

Wilde, L., Kriegstagebuch u. Erinnergn. aus dem Feldzuge gegen Frankreich 1870/71. (VIII, 181 S. m. Bildnis.) 8. Greifswald 908. J. Abel. 2.—

Wilde, Leopold, Dr. jur., Referendar aus Krefeld: Die rechtliche **Natur** des beschränkt **generellen** Kaufs. *Krefeld 1899: W. Greven.* (51 S.) 8°
Erlangen, Jur. Diss. v. 28. Febr. 1899

Wilde, M., die Kraft d. Heidenmission, die heimatl. Kirche zu erbauen. (16 S.) 8. Berlin (908). Buchh. d. Berliner ev. Missionsgesellschaft. —15
Sonderabdr. aus: „Berl. Missionsberichte".

Die Mission und das Geld. Vortrag, geh. auf d. Brandenburger Missionskonferenz 1907 von Missionsinsp. M. **Wilde**. Berlin: Buchh. d. ev. Missionsgesellsch. 1907. (12 S.) 8° [Umschlagt. F.] [07. 13850

Wilde, M., Mission u. Weltanschauung. [Aus: „Mission u. Pfarramt".] (18 S.) gr. 8. Berlin 909. Buchh. d. Berliner ev. Missionsgesellschaft. —20

Wilde, Mart., die Gotteswelt. Versuch e. Darstellg. d. bibl. Schöpfungs- u. Naturlehre im Grundriß. 8. (259 S.) Stuttgart 895. J. F. Steinkopf. n. 3.—; geb. n. 4.—

Wilde, M., kirchliches u. christliches Leben in unsern Gemeinden. Vortrag, geh. auf der Jahresversammlung des pomm. Pfarrervereins in Dramburg am 16. VI. 1904. (32 S.) 8. Greifswald 904. J. Abel. n. —60

Wilde, Martin. Tabelle zum schnellsten Ausziehen der rationellen Quadratwurzeln von 1—1,000,000 u. der Kubikwurzeln von 1—125,000,000. qu. gr. 4. Hilchenbach 889, Wiegand. —20

Wilde, Martin *Johannes* **[app. Arzt aus Averfleth]: Aus d. patholog. Institute zu Kiel. Über das Vorkommen des Krebses bei jugendlichen Individuen ... Kiel, Druck v. L. Handorff, 1892; 19 S. 8.**
Kiel, Med. Fak., Inaug.-Diss. v. [14. Juni] 1892

Wilde, Max [pr. Arzt in Bonn]: Aus d. hygien. Institut d. Univ. Bonn. Über den Bacillus pneumoniae Friedländer's und verwandte Bakterien ... Bonn, Univ.-Buchdr. v. C. Georgi, 1896; 74 S. 8.
Bonn, Med. Fak., Inaug.-Diss. v. [17.] Juni 1896

Wilde, Max, Dr., 1. Assist. am hygien. Inst. d. Univ. München: Über die **Beeinflussung** der Alexinwirkung durch Absorption. Ein Beitrag zur Kenntnis d. natürl. Schutzstoffe d. Blutes. ⟨Aus d. hygien. Institut d. Universität München.⟩ *München [1902]: R. Oldenbourg.* (75 S.) 8°
München, Med. Hab.-Schr. v. 1902

Wilde, O., die Pflanzen und Raupen Deutschlands. Versuch einer lepidopterolog. Botanik. 2 Thle. gr. 8. Berlin, Mittler und Sohn.
Inhalt:
Thl. 1. Systematische Beschreibung der Pflanzen unter Angabe der an denselben lebenden Raupen. Mit einem Vorwort von A. Speyer. (XIII und 221 S.) 860. 1 Thlr.
„ 2. Systematische Beschreibung der Raupen unter Angabe ihrer Lebensweise und Entwickelungszeiten. (VII und 495 S. mit 10 Stnt. Abbildungen.) 861. 2 Thlr. 15 Ngr.

Wilde, Oscar

— Ästhetisches u. Polemisches. (Deutsch v. Max Meyerfeld.) (178 S.) 8. Berlin 909. S. Fischer, Verl. 3.—; geb. n 4.—

— Ballade vom Zuchthause zu Reading. Uebers. u. aus dem Zusammenhange seines Lebens erklärt von O. A. Schröder. Mit e. Bildnis des Dichters. (72 S.) kl. 8. Leipzig (906). M. Hesse. Geb. in Leinw. n. 1. 20

— dasselbe, s.: Hesse's, Max, Volksbücherei.

Die Ballade vom Zuchthaus zu Reading [The Ballad of Reading goal] von Oscar **Wilde** ⟨C. 3. 3.⟩. Ins Deutsche übertr. von Eduard Thorn. Minden. Bruns (1910) 47 S. 8° [11. 5451

— dasselbe, s.a. Ballade, die, vom Zuchthause zu Reading.

— dasselbe, s.a. Universal-Bibliothek.

Oscar **Wilde**. Das Bildnis Dorian Grays [The picture of Dorian Gray]. Deutsch von Felix Paul Greve. *Minden: J. C. C. Bruns [1902].* (VI, 367 S.) 8°

— Dorian Grays Bildnis. Deutsch v. Fel. Paul Greve. (1.—9. Taus.) (367 S.) 8. Minden (903—906.) J. C. C. Bruns. n. 3. 50; geb. n. 4. 50

Oscar **Wilde**. Dorian Grays Bildnis [The picture of Dorian Gray]. Deutsch von Felix Paul Greve. 2. Aufl. Minden i. W.: J. C. C. Bruns [1904]. (367 S.) 8° [05. 5990

Oscar **Wilde**. Doryan Grays Bildnis [The picture of Dorian Gray]. Deutsch von Felix Paul Greve. 3. Aufl. Minden i. W.: J. C. C. Bruns [1905]. (367 S.) 8° [06. 2740

Oscar **Wilde**. Dorian Grays Bildnis [The Picture of Dorian Gray]. Deutsch von Felix Paul Greve. ⟨7. bis 9. Taus.⟩ Neue billige Ausg. Minden i.W.: Bruns [1906]. 367 S. 8°

Oscar **Wilde**. Dorian Grays Bildnis [Picture of Dorian Gray]. Deutsch von Felix Paul Greve. ⟨10. bis 12. Taus.⟩ Neue, billige Ausg. Minden i. W.: J. C. C. Bruns [1906]. (367 S.) 8° [07. 3540

Wilde, Oskar: Das Bildnis des Dorian Gray [The picture of Dorian Gray]. Aus dem Engl. übertr. von M. Preiß. Mit e. Einl. von Johannes Gaulke u. d. Bildnis d. Dichters. Leipzig: Reclam [1908]. 262 S. 8°
(Universal-Bibliothek. 5008–5010.)

— dasselbe, s.a. Universal-Bibliothek.

— Dorian Grays Bildnis. Deutsch v. Fel. Paul Greve. (16.—19. Taus.) Neue, billige Ausg. (367 S.) 8. Minden (908). J. C. C. Bruns. 2.—

— Das Bildnis des Dorian Gray. Übertr. v. Hedw. Lachmann u. Gust. Landauer. (3. Aufl. [3.—5. Taus.]) (309 S.) 8. Leipzig 909. Insel-Verlag. 3.50; geb. in Leinw. 4.50; in Ldr. 7.—
1. Aufl. (324 S.) 907. 4.—; geb. 5.—.

— dasselbe, s.a. Editionen merkwürdiger u. berühmter Romane der Weltliteratur.

Oscar **Wilde**. Das Bildnis des Mr. W. H. Lord Arthur Saviles Verbrechen. Deutsch von Felix Paul Greve. Minden i. W.: J. C. C. Bruns [1904]. (L, 136 S.) 8° [05. 2293

— **Das Bildnis des Mr. W. H. — Lord Arthur Saviles Verbrechen. Deutsche Übertragg. v. Fel. Paul Greve. 3. u. 4. Taus. (184 S.) 8. Minden (909). J. C. C. Bruns.** 1.50; geb. 2.—; Luxus-Ausg. geb. 4.—

Lord Arthur Savile's crime and other prose pieces by Oscar **Wilde**. Copyright ed. Leipzig: Tauchnitz 1909. 270 S. 8° (Collection of Brit. Authors. Tauchnitz Ed. Vol. 4090.) [10. 9595

— Lord Arthur Savile's crime, and other prose pieces, s. a. Collection of British authors.

— **ernst sein! (The importance of being earnest.) Eine triviale Komödie f. seriöse Leute. Ins Deutsche übertr. von Frhrn. v. Teschenberg. (115 S.) gr. 8. Leipzig 903. M. Spohr.** n. 2.—

— Ernst sein! (The importance of being earnest.) (Bunbury.) Eine triviale Komödie f. seriöse Leute. Ins Deutsche übertr. von Herm. Frhrn. v. Teschenberg. 2. Aufl. (115 S.) 8. Leipzig (907). M. Spohr. 2.—

— **Die Erzählungen u. Märchen. (Die Märchen aus dem Granatapfelhaus wurden v. Fel. Paul Greve, die übr. Märchen u. Erzählgn. v. Frz. Blei übertr. Vollbilder, Initiale, Titel u. Einbd. sind v. Heinr. Vogeler-Worpswede.) (214 S.) gr. 8. Leipzig 910. Insel-Verl.** In Pappbd. 3.—

— **Lady Windermere's Fächer. Das Drama e. guten Weibes. Ins Deutsche übertr. v. Isidore Leo Pavia u. Herm. Frhrn. v. Teschenberg. (80 S.) gr. 8. Ebd. 902.** n. 1.60

Lady Windermere's Fan. A play about a good woman. By Oscar **Wilde**. Copyright ed. Leipzig: Tauchnitz 1909. 238 S. 8° (Collection of British authors. Tauchnitz Ed. Vol. 4112). [11. 8534

— Lady Windermere's fan, s. a. Collection of British authors.

Wilde, Oscar: Fingerzeige (Intentions). Deutsch von Felix Paul Greve. Minden: J. C. C. Bruns [1903]. (VIII, 268 S.) 8°

— **Fingerzeige (Intentions). Deutsch v. Fel. Paul Greve. 2. umgearb. Aufl. (3.—4. Taus.) (VII, 272 S.) 8. Minden (906). J. C. C. Bruns.** n. 3.—; geb. n. 4.—

— Fingerzeige (Intentions). Deutsch v. Fel. Paul Greve. 2. umgearb. Aufl. Neue, billige [Titel-]Ausg. (VII, 272 S.) 8. Minden [906] (908). J. C. C. Bruns. 2.—; geb. 3.—; Luxusausg. geb. 4.50

— **eine Frau ohne Bedeutung. Ins Deutsche übertr. v. Isidore Leo Pavia u. Herm. Frhrn. v. Teschenberg. gr. 8. (94 S.) Ebd. 902.** n. 1.80

— **ein idealer Gatte. Ins Deutsche übertr. von Isidore Leo Pavia u. Herm. Frhrn. v. Teschenberg. 1. u. 2. Aufl. (132 S.) 8. Leipzig (903. 906.) M. Spohr.** n. 2.—; kart. n. 2.40

— **Gedichte. (Übertr. v. Gisela Etzel.) (123 S.) gr. 8. Leipzig 907. Insel-Verlag.** 6.—; geb. in Halbperg. 8.—

[F.] Der Geist von Canterville v. Oscar **Wilde**. Übs. v. A. M. v. B., m. Zeichngn v. Fritz Erler, als Ms. gedr. *München: (Dr. v. Brugel & Sohn in Ansbach) 1897.* (78 S., 1 Bl.) 1 Bd 8. [58. 1708

— **das Gespenst v. Canterville u. fünf andere Erzählungen. (Deutsch v. Frz. Blei. Titel, Einbd., Illustr. u. Schmuck v. Heinr. Vogeler-Worpswede.) (89 S.) gr. 8. Leipzig 905. Insel-Verlag.** n. 8.—; geb. in Halbperg. n. 10.—

— Zwei Gespräche von der Kunst u. vom Leben. (Übers. v. Hedw. Lachmann u. Gust. Landauer.) (III, 158 S.) 8. Ebd. 907. 4.—; geb. in Halbldr. 6.—

— **das Granatapfelhaus. (Deutsch v. F. P. Greve. Buchschmuck v. Heinr. Vogeler-Worpswede.) (103 S.) gr. 8. Ebd. 904.** n. 5.—; geb. n. 6.50

— **dasselbe. (Deutsch v. F. P. Greve. Initialbuchstaben u. Titelvignette von Heinr. Vogeler-Worpswede.) 2. Aufl. (91 S.) gr. 8. Ebd. 905.** n. 4.—; geb. in Halbperg. n. 5.—

— Das Granatapfelhaus. (3. rev. Aufl. Übers. v. Fel. Paul Greve. Vollbilder, Initiale, Vignetten u. Einbd. zeichnete Heinr. Vogeler-Worpswede.) (101 S.) gr. 8. Ebd. 907. 6.—; geb. in Halbperg. 8.—

Wilde, Osc., Dorian Gray. Aus dem Engl. übers. u. m. e. Vorwort versehen v. Johs. Gaulke. gr. 8. (XV, 203 S.) Leipzig (901). M. Spohr. n. 3.—

— **die Herzogin v. Padua. Eine Tragödie aus dem 16. Jahrh. Deutsch v. Max Meyerfeld. Autoris. Uebersetzg. Buchschmuck v. Lucian Bernhard. 1. u. 2. Aufl. (à V, 176 S.) 8. Berlin (904). E. Fleischel & Co.** n. 3.—; geb. n. 4.—

A House of pomegranates. By Oscar **Wilde**. Copyright ed. Leipzig: Tauchnitz 1909. 252 S. 8° (Collection of British authors. Tauchnitz Ed. Vol. 4095.) [11. 8823

— A house of pomegranates, s. a. Collection of British authors.

An ideal Husband. A play. By Oscar **Wilde**. Copyright ed. Leipzig: Tauchnitz 1909. 270 S. 8° (Collection of British authors. Tauchnitz Ed. Vol. 4113.) [11. 8535

— An ideal husband, s. a. Collection of British authors.

The Importance of being earnest. A trivial comedy for serious people. By Oscar **Wilde**. Copyright ed. Leipzig: Tauchnitz 1910. 246 S. 8° (Collection of British authors. Tauchnitz Ed. Vol. 4196.) [11. 8907

— The importance of being earnest, s. a. Collection of British authors.

— **Intentionen. Uebers. v. Ida u. Arth. Roessler. Mit e. Vorwort v. Arth. Roessler. (XXIV, 213 S. m. Bildnis.) 8. Leipzig (904). F. Rothbarth.** n. 2.—

Wilde, Oscar: Intentions. Leipzig: Engl. Libr. 1908. 212 S. 8° (The English Library. Nr 54.)

Wilde, Osc. Intentions, s. a. Library, the English.

The Picture of Dorian Gray. By Oscar **Wilde**. Copyright ed. Leipzig: Tauchnitz 1908. 287 S. 8° (Collection of British authors. Tauchnitz Ed. Vol. 4049.) [11. 8786

— dasselbe, s. a. Collection of British authors.

— The picture of Dorian Gray. With an introduction by Egon Friedell and an epilogue by Paul Wertheimer. (XI, 283 u. VIII S.) 8. Wien 908. C.W. Stern. Aus dem Handel zurückgezogen. 4.—; geb. n 5.50

— Der Priester u. der Messnerknabe. (62 S.) 8. Budapest 907. [Schneider & Kunert.] F. Sachs. 2.—

— Der Priester u. der Ministrant. Übers. aus dem Engl. v. A. W. Hiller. (Buchausstattung v. F. H. Ehmcke.) 2 Tle. in 1 Bde. (46 S.) Lex. 8. Düsseldorf (906). Schmitz & Olbertz. 10.—; geb. 15.—; Luxus-Ausg. 25.—; geb. 30.—

The happy Prince, and other tales. By Oscar Wilde. Copyright ed. Leipzig: Tauchnitz 1909. 144 S. 8°
(Collection of British authors Tauchnitz Ed. Vol. 4141.) [11. 6560

Wilde's, Osc., The happy prince and other tales, s. Collection of British authors.

— der glückliche Prinz, s. Seemann's kleine Unterhaltungsbibliothek. Nr. 4.

Der glückliche Prinz [Happy Prince]. Moderne Märchen von Oscar Wilde. Deutsch von E[lse] Otten. 21./25. Aufl. Berlin & Leipzig: Seemann [1910]. 118 S. 8°
(Siesta. 4) [10. 16475

— dasselbe u. andere Erzählungen. Aus dem Engl. übers. v. Johs. Gaulke. (62 S.) gr. 8. Leipzig 903. M. Spohr. n. 1.50

Oscar Wilde. De Profundis, Aufzeichnungen u. Briefe aus d. Zuchthaus in Reading. Hrsg. u. eingeleitet von Max Meyerfeld. Berlin: S. Fischer 1905. (VIII, 115 S.) 8° [06. 9145 II

Oscar Wilde. De Profundis, Aufzeichnungen u. Briefe aus d. Zuchthaus in Reading. Hrsg. u. eingeleitet von Max Meyerfeld. 8. Aufl. Berlin: S. Fischer 1905. (VIII, 115 S.) 8° [06. 7747

— de profundis. Aufzeichnungen u. Briefe aus dem Zuchthaus in Reading. Hrsg. u. eingeleitet von Max Meyerfeld. 1.—10. Aufl. (à VIII, 115 S.) 8. Berlin 905. 906. S. Fischer, Verl. n. 3.—; geb. n. 4.—

— De profundis. Aufzeichnungen u. Briefe aus dem Zuchthaus in Reading. Hrsg. u. eingeleitet v. Max Meyerfeld. 11.—13. Aufl. (VIII, 115 S.) 8. Berlin 907. S. Fischer, Verl. 3.—; geb. n 4.—

— dasselbe. Neue deutsche Ausg. v. Max Meyerfeld. (14.—16. Aufl.) (XXII, 192 S.) 8. Ebd. 909. 4.—; geb. n 5.—

De Profundis, and The ballad of Reading Gaol. By Oscar Wilde. Copyright ed. Leipzig: Tauchnitz 1908. 196 S. 8°
(Collection of British authors. Tauchnitz Ed. Vol. 4056.) [11. 8793

— De profundis and The ballad of Reading Gaol, s. Collection of British authors.

— die romantische Renaissance. Zwei kleine Schriften u. e. Epilog. (Deutsch v. Frz. Blei. Titelzeichnung v. Walt. Tiemann.) (65 S.) 8. Leipzig 906. Insel-Verlag. Kart. n. 4.—; geb. in Perg. n. 7.—

— Salome. Tragödie in 1 Akt. Übertragung v. Hedw. Lachmann. Zeichnungen von Marcus Behmer. gr. 8. (79 S.) Leipzig 903. Insel-Verlag. n. 5.—; geb. n. 6.50

— Salome. Drama in 1 Aufzuge. Ins Deutsche übertr. v. Isidore Leo Pavia u. Herm. Frhr. v. Teschenberg. 1.—3. Aufl. (à 44 S.) gr. 8. Leipzig 903. 904. M. Spohr. n. 1.—

Wilde, Osc., Salome. Tragödie in 1 Akt. Ins Poln. übers. v. Hedw. Gonsowska. (93 S.) kl. 4. München 904. Etzold & Co. n. 1.25

— dasselbe. Tragödie in 1 Akt. Uebertragung v. Hedw. Lachmann. Zeichnungen v. Marcus Behmer. 3. Aufl. (76 S.) 8. Leipzig 906. Insel-Verlag. n. 2.—; geb. n. 3.—

— Salome. Tragödie in e. Akte. Ins Deutsche übertr. v. Hedw. Lachmann. Mit 15 Zeichngn. v. Aubrey Beardsley. (43 S.) gr. 8. Leipzig 907. Insel-Verlag. Geb. in Halbldr. 14.—; in Leder, Text auf van Geldern-Büttenpapier, Bilder auf Strathmore-Japan 20.—; in Leder m. Seidenvorsatz, Text auf echtem Japanpapier 40.—

— dasselbe. Ubertragung v. Hedw. Lachmann. Zeichnungen v. Marcus Behmer. 5. Aufl. (76 S.) 8. Ebd. 908. 2.—; geb. 3.—

Salome. A tragedy in 1 act. By Oscar Wilde. Copyright ed. Leipzig: Tauchnitz 1909. 124 S. 8°
(Collection of British authors. Tauchnitz Ed. Vol. 4133.) [11. 5753

— dasselbe, s. Collection of British authors.

— dasselbe, s. Universal-Bibliothek.

— das Sonnettenproblem des Herrn W. H. (the portrait of Mr. W. H.). Aus dem Engl. übers. u. eingeleitet v. Johs. Gaulke. gr. 8. (57 S.) Leipzig (902). M. Spohr. n. 1.20

Wilde, Oscar: Der Sozialismus und die Seele des Menschen. Aus d. Zuchthaus zu Reading. Aesthetisches Manifest. Uebers. von Hedwig Lachmann u. Gustav Landauer. Berlin: A. Juncker 1904. (146 S.) 8°
(Meister. Verschollene. d. Literatur. 2.)

Wilde, Oscar, Der Socialismus und die Seele des Menschen. Aus dem Zuchthaus zu Reading. Aesthetisches Manifest. Uebersetzt von Hedw. Lachmann und Gustav Landauer. 8°. Berlin, K Schnabel, 1904. (Verschollene Meister der Literatur, II.)

Oscar Wilde. Die Sphinx. Deutsche Umdichtung von Felix P[aul] Greve (1902–1905). (Minden: J. C. C. Bruns 1906.) (85 S.) 8° [07. 3543 6

Wilde, Mrs. Oscar, there was once. Grandma's stories. With colour pictures by J. Lawson. 4. (32 S.) München 888, Stroefer.

Wilde, O., s. Lawson, J., There was once.

Oscar Wilde. Eine Florentinische Tragoedie (A Florentine tragedy). Deutsch von Max Meyerfeld. Berlin: S. Fischer 1907. (39 S.) 8° [08.6638

Weisheiten von Oscar Wilde Orig.-Ausg. d. Wiener Verl. in Wien & Leipzig neu hrsg. Berlin: Globus Verl. [1910]. 128 S. 8° [10. 16791

— Weisheiten. 6.—8. Taus. (128 S. m. Bildnis.) kl. 8. Berlin (910). Globus Verlag. Geb. 1.—

Wilde's, Osc., sämtliche Werke in deutscher Sprache. 1. bis 4. Bd. 8. Wien 906. Wiener Verlag. à n. 2.—; geb. à n. 3.—

1. Gedichte. (Uebers. v. Otto Hauser.) (238 u. 4 S. m. Bildnis.) — 2. Das Bildnis des Dorian Gray. (Uebers. v. W. Fred.) (426 S. m. Bildnis.) — 3. Der glückliche Prinz. (Uebers. v. Rud. Lothar. (219 S.) — 4. Ein Haus aus Aepfeln der Granate. (Uebers. v. Frieda Uhl.) (291 S.) — 5. Betrachtungen. (Uebers. v. Emanuela Mattl-Löwenkreuz.) (303 S. m. 2 Bildnistaf.) — 6. Ziele. (Uebers. von Paul Wertheimer.) (299 S.)

Wilde's, Osc., sämtliche Werke in deutscher Sprache. 2. u. 7.—10. Bd. 8. Wien, [Wiener Verlag]. Berlin, Globus Verlag. (Urspr. Pr. à 2.—; geb. 3.—)

2. Das Bildnis des Dorian Gray. 4.—8. Tausend. (426 S. m. Bildnis.) 906.
7. Vera od. die Nihilisten. Mit e. Essay: Oscar Wilde u. das Drama v. Fel. Paul Greve. (203 S.) 908.
8. Salome. Die Herzogin v. Padua. (225 S.) 908.
9. Lady Windermeres Fächer. Eine Frau ohne Bedeutung. (273 S.) 908.
10. Ein idealer Gatte. Bunbury. (273 S.) 908.

Carl Hagemann. Wilde-Brevier. [Oscar Wilde, Ausz.] Minden i. W.: J. C. C. Bruns (1904). (XII, 134 S.) 8°
— [Breviere ausländischer Denker u. Dichter. Bd 1.] [07. 5310

A Woman of no importance. A play. By Oscar Wilde. Copyright ed. Leipzig: Tauchnitz 1909. 246 S. 8°
(Collection of British authors. Tauchnitz Ed. Vol. 4157.) (11. 8575

— A woman of no importance, s. a. Collection of British authors.

Wilde, Otto, u. Alb. **Ganzlin,** Chicago. Weltausstellg. 1893. 32 Blatt (in Lichtdr.) nach photograph. Orig.-Aufnahmen. qu. gr. 8. Berlin 893. (Leipzig, G. Fock.) In Leinw.-Mappe herabges. Pr. n. 1.—

Wildo, Paul, approb. Arzt aus Kiel: Aus d. Kgl. chirurg. Klinik zu Kiel. Casuistischer Beitrag zur Embolie der Pulmonalarterie bei Fracturen. *Kiel 1902: Schmidt & Klaunig.* (18 S.) 8°
Kiel, Med. Diss. v. [7. Mai] 1902

Wilde, Peter Ernst

Wilde, Pt. Er., († im Dec. 1785.) livländische Abhandlungen von d. Arzneiwissenschaft. 4. Schloß-Oberpahlen 770. (416 S.)

Wilde, Peter Ernst (Hrsg.), s. a. A b h a n d l u n g e n , Liefländische, von der Arzneiwissenschaft.

— Auszug aus d. Landarzt u. den livländ. Abhandl. von d. Arzneiwissenschaft. 8. Riga 771. (125 S.)

— Discours über die Dimsdalsche Art, d. Blattern einzupfropfen. 4. Schloß-Oberpahlen 769. (38 S.)

— etwas vom livländ. Schulunterricht in Städten u. adelichen Häusern. Ein Wink, die Eltern sicher zu stellen, damit bei ihren Kindern weder Zeit noch Kosten verloren gehen. 8. Riga (778.) (2 Bog.)

— die Kriegswissenschaft für junge Leute, welche in den Soldatenstand treten wollen. 1r Thl. Mit Kpf. 8. Schloß-Oberpahlen 783. (416 S.)

Wilde, Peter Ernst, s. L a n d a r z t , Der, e. medicin. Wochenschrift.

Wilde, Peter Ernst, s. L a n d a r z t , Der prakt., e. Wochenschrift.

Wilde, Peter Ernst, s. P f e r d e z u c h t , Von d. livländischen.

Wilde, R., Heimatklänge u. Pilgerweh. Gedichte. (VII, 300 S. m. Bildnis.) kl. 8. Dresden (905.) E. Pierson. n. 3. 50; geb. n. 4. 50

Wilde, Reinhold (*geb. Brieg [22. 4. 1849]*): Ueber Schreibkrampf und analoge Zustände. Breslau (1875). (40 S.) 8°
Breslau, Med. Diss. v. 2. Aug. 1875

[F.] Der neue Lehrer. Schwank in 1 Aufz. v. R i c h a r d Wilde. *Mühlhausen i. Th.: G. Danner [1897].* (36 S.) 1 Bd 8.
= Thalia. [No] 27. [98 9947

III. Seebataillon 2. Compagnie. Zeitbild in 1. Aufz. von R i c h a r d Wilde. *Berlin: E. Bloch (1901).* (27 S.) 8° [F.]
— Militär-Festmappe, Ludwig Blochs, f. vaterl. Gedenktage ... H. 63. [02. 1,762

Wilde, Rich., III. Seebataillon 2. Compagnie, s. a. Bloch's, Ludw., Militär-Festmappe. 63. Hft.

— c. Vereinsball. Lustsp. in 2 Akten. gr. 8. (56 S.) Mühlhausen i/Th. 896. G. Danner. n. 2.—

— auf Vereinskosten. Lustsp. in 2 Akten. gr. 8. (56 S.) Ebd. 896. n. 2.—

Wilde, Thom., s.: Schnetzchen von Schnarze.

Wilde, Titus

Wilde: De particula ὥστε comm. I. 18 S. Görlitz, Progr. 1861.

Wilde, Titus (Henricus Amandus) (*geb. Neiße 26. 10. 1825.*) De coacervatis participiis apud Thucydidem, imprimis iis quae asyndeta vocantur. Gorlitii 1862. (45 S.) 8°
Breslau, Phil. Diss. v. 31. Juli 1862

Wild: Radevicus u. sein Verhältnis zu Otto von Freisingen. 30 S. -- Görlitz, Progr. 1865

Wilde, T.: Aechines Rede gegen Ktesiphon übersetzt. 46 S. 4° — Progr. Görlitz G. 1870

Wilde, Wilhelm Arthur

Wilde, Guil. Arthur (geb. Stargard in Pomm. 7. 2. 1830): De atrophia musculorum progressiva nonnulla. Berolini (1853). (31 S.) 8°
Berlin, Med. Diss. v. 26. Aug. 1853

Wilde, Wilhelm August

Wilde, Wilh. Aug., Lehrbuch der Mathematik f. d. Schul- u. Selbstunterricht. 1. Bd. A. u. d. Ttl.: Lehrbuch der Arithmetik. 1. Bd. Die 6 Grundrechnungen. gr. 8. (15½ B.) Leipzig 845, Breitkopf u. Härtel.

Wilde, Wilh. Aug., Lehrbuch der Mathematik für den Schul- und Selbstunterricht. 2. Bd. A. u. d. T.: Lehrbuch der Arithmetik. 2. Bd.: Die Gleichungs-, Beziehungs- und Combinationslehre. gr. 8. (VIII und 224 S. mit 1 Stnt.) Leipzig 848, Breitkopf und Härtel.
1. und 3. Bd. Ebendas. 1845—46. 1 Thlr. 15 Ngr.

—— dass. 3. Bd. A. u. d. Ttl.: Lehrb. d. Geometrie mit Einschluß d. Trigonometrie. gr. 8. (17⅛ B. u. 8 Figurentaf.) Ebds. 846.

—— das preuß. Reglement für die Prüfung der zu den Universitäten übergehenden Schüler vom 4. Juni 1834 in seiner Zweckwidrigkeit und Verwerflichkeit dargestellt. gr. 16. (39 S.) Leipzig 848, Breitkopf und Härtel.

Wilde, William R., practische Bemerkungen über Ohren-Heilkunde und die Natur und Behandlung der Krankheiten des Ohres. Mit Illustr. (Holzschn. im Text.) Aus dem Engl. von E r n s t H a s s e l b e r g. Mit einem Vorw. von W. Baum. Göttingen 855. Wigand. gr. 8. (XV, 559 S.) n. 2 ℛ︀. 10 ngr.

Wilde, W. R., die Ursachen und Behandlung des Ohrenflusses. Aus dem Engl. gr. 8. Stralsund 846, Löffler'sche Buchh. ⅜ ℛ︀

Wilde-Lyck, Ernst, hohe Erziehung zu niederem Ziel. Roman nach Aufzeichngn. einer Verstoßenen. (161 S.) 8. Straßburg 909. J. Singer. 3.—

Wilde-Rose, Mar, siehe a. Evangelium an alle Menschen.

Wilde-Rose, Max. Evangelium an alle Menschen. Berlin 1848. 8 S. 8.

Wildeboer, Gerrit

Wildeboer, G., die Entstehung d. alttestamentlichen Kanons. Historisch-krit. Untersuchg. gr. 8. (XII, 164 S.) Gotha 891. F. A. Perthes n. 3. 60

Jahvedienst und Volksreligion in Israel in ihrem gegenseitigen Verhältnis. Von D. G[errit] Wildeboer. Vom Verf. durchges. deutsche Ausg. Freiburg i. B., Leipzig & Tübingen: J. C. B. Mohr 1899. (44 S.) 8°
= [Sammlung gemeinverständl. Vorträge u. Schriften aus d. Geb. d. Theol. u. Religionsgeschichte. 15.]

— die Litteratur des Alten Testaments nach der Zeitfolge ihrer Entstehung. Unter Mitwirkg. des Verf. aus dem Holl. übers. v. F. Risch. gr. 8. (X, 464 S.) Göttingen 895. Vandenhoeck & Ruprecht. n. 9. —; geb. in Halbldr. n. 10. 60

Wildeboer, G., die Literatur des Alten Testaments nach der Zeitfolge ihrer Entstehung. Unter Mitwirkg. des Verf. aus dem Holl. übers. v. F. Risch. 2. wohlfeile [Titel-]Ausg. (X, 464 S.) gr. 8. Göttingen [895.] 905. Vandenhoeck & Ruprecht. n. 4. —; geb. in Leinw. n. 5. —

Wildeboer, G., die 5 Megillot, s.: Budde, Karl.

die Sprüche, s.a. Hand-Kommentar, Kurzer, zum Alten Testament, Lfg. 1.

Die Sprüche erklärt v. D G[errit] Wildeboer, o. Prof. ... in Groningen. Freiburg i. B., Leipzig & Tübingen: J. C. B. Mohr 1897. (XXIV, 95 S.) 1 Bd 8°
(Hand-Commentar, Kurzer, z. Alten Testament. Abt. 15.)

Wildeboer, M., Lichtstrahlen. Eine wahre Erzählg. Aus dem Holl. übers. v. Dora Hagmann. (45 S.) 12. Elberfeld (903). Buchh. der ev. Gesellschaft. n. — 25

WILDECH, Hugo von, oder das gelöste Gelübde. Ritterroman aus den Zeiten der Vehmgerichte. Mit Titelkpfr. Weimar 1834. 8°. (1 Mk. 50 Pfg. Franz Teubner, Bonn, c. 1885.)

Wildeck, Hans, die Biberfänger, s.: Horn, W. O. v.

Wildeck, Leonh. v., Adjutanten-Ritte in Südwest-Afrika, s.: Zehn-Pfennig-Bibliothek, Frankfurter. Nr. 16.

Wildegans, Fr. Leop., Beantwort. d. Fr.: wie ist d. seit einiger Zeit gefallene Credit mehrerer schles. Gutsbesitzer wieder herzustellen, damit sie nicht in die Hände d. Wucherer fallen? 8. Berl. 801. Maurdorf. 6 ℊ

— Beantwort. d. Fr: wie kann d. Getreidemangel in allgemeinen Nothfällen, ohne Beitritt von Seiten d. Staats, möglichst vorgebeugt werden? .. Berl. 805. Maurdorf. 4 ℊ

Wildegg, C., Herkules. — Ein Lied, s.a. Verein f. Verbreitung guter Schriften, Basel. 68.

Wildegg, C. Herkules (Eine Basler Messgeschichte) — Ein Lied s. David, J[acob] J[ulius]. Der Talisman....
Verein für Verbreitung guter Schriften. Basel, No. 68.

Wildegger, Mich., geschichtliche Notizen über die aus der früheren Herrgottskirche zu Nördlingen stammenden consekrirten Hostien. 16. (32 S.) Nördlingen 883, Reischle.

— zur Verehrung des allerheiligsten Sakramentes des Altars. Bruderschafts-Büchlein, wie es für die Mitglieder der in der kathol. Pfarrkirche zu Nördlingen bestehenden Bruderschaft vom allerheiligsten Altarssakramente im Gebrauche ist. gr. 16. (XV 96 S. mit 1 Chromoxylogr.) Ebendas. 884. geb. *

WILDEHOLD, Franz (ps.), Teufeleien von Heidelberg bis Weimar u. Thüringen. Leipzig, Rein, 1818. 8°. (3 Mk., Leihbiblexpl., A. Bielefeld, vor 1885; 6 Mk., unbeschn. im Orig.-Umschl., Emil Hirsch, München, 1909.)

Wildeis, Curt, s. Wildeis, Kurt

Wildeis, Gust., Merkbüchlein der Geographie von Sachsen, nebst 1 (chromolithogr.) Karte, für die Hand der Kinder einfach und übersichtlich dargestellt. (16 S.) 1880; 2. verb. und verm. Aufl. gr. 8. (20 S.) Leipzig-Reudnitz 881, Schultze und Comp. **

Wildeis, Gust., Schul-Atlas über alle Teile der Erde mit besond. Berücksicht. der Bodenverhältnisse. gr. 4. (28 color. Kartens.) Leipzig 887, Fues's Verlag. **

—— Schulhandkarte vom Königr. Sachsen. 1 : 687,000. Ebendas. 888. *

Wildeis, Gust. Schul-Wandkarte v. Afrika. 1 : 7,250,000. 4 Bl. Farbendr. (62×72 cm.) Lpz. 891, O. Klemm's Sort. * 10 —
Auf Leinw. m. Stäben ** 16 —

Wildeis, Gust. Schul-Wandkarte d. Deutschen Reiches. 1 : 800,000. 3. Aufl. 9 Bl. Chromolithogr. gr. Fol. Lpz. 890, (O. Klemm's Sort.). * 10 —; auf Leinw. m. Stäben ** 18 —

Wildeis, Gust. Schulwandkarte des Königreichs Sachsen. 1. u. 2. Aufl. 6 Blatt. Lithogr. u. color. Fol. Lpz. 889, Selbstverlag. * 8 —; auf Leinw. m. Stäben ** 15 —

Wildeis, Gust., Wandkarte vom Königr. Sachsen. 1 : 140,000. 6 Bl. Leipzig 888, O. Klemm. *
Aufgezogen mit Stäben *

Wildeis, Gust., Wiederholungsheft der Geographie von Deutschland für die Hand der Kinder. gr. 8. (19 S.) Leipzig 885, O. Klemm. **

Wildeis, Kurt

Wildeis, Curt, approb. Arzt: Über Corpus luteum-Abscesse. Leipzig 1901: A. Edelmann. (30 S.) 8°
(Leipzig, Med. Diss. v. (20. März) 1901.)

Oskar Wilde-Kalender, s.: Leben, e., in Schönheit.

Wildemann, E. de, les algues de la flore de Buitenzorg, s.: Flore de Buitenzorg. III.

— une nouvelle Chytridinée (Micromyces Mesocarpi), s.: Mémoires de l'herbier Boissier. 3.

— Observations sur quelques Chytridinées nouvelles ou peu connues, s.a. Mémoires de l'herbier Boissier. 15.

Observations sur quelques Chytridinées nouvelles ou peu connues par É[m.] de Wildeman. Genève & Bâle: Georg & Cie 1900. (10 S.) 8°
(Mémoires de l'Herbier Boissier. No 15.)

Wilden, die, oder die christl. Liebe, s. Gnaden, die, des Christenthums 2. Bd.

— die. Drama v. Schilson. 8. Preßb. Löwe. 778.

Wilden, die,. Singsp. n. d. Franz. v. Schmieder. 8. Frkft. Pech. (Sommer in Lpz.) 805.

WILDEN, Die Europäischen. Frankfurt und Leipzig (Danzig, Wedel) 1770. 8°. Rar!
Cat. Monath II. 1783. 8°. p. 106; Cat. libr. H. G. Franckii, III. Graizae 1784. p. 397.

Wilden, die europäischen. 8. Leipz. 770. Jacobäer. 4 gr

Wilden, F., Gedichte. 16. (IV, 99 S.) Leipzig 869, Matthes. geb. mit Goldschn. *

Wilden, Jos., zur Ausdehnung des Reichsarmenrechts auf Elsaß-Lothringen. (III, 138 S.) 8. Straßburg 904. J. H. E. Heitz. n. 2. 60

Denkschrift über die Handwerksförderung der Handwerkskammer Düsseldorf . . . verf. von Synd. Dr. Jos. Wilden. Krefeld [um 1906]: Greven. 16 S. 8° [Umschlagt.]

Denkschrift über die Handwerksförderung der Handwerkskammer Düsseldorf. Im Auftr. d. Vorstandes verf. von Syndikus Dr. Jos. Wilden. Krefeld [1908]: Greven. 16 S. 8° [Umschlagt.]

— Grundriß der Geschichte des deutschen Handwerks, s.a Handwerkerbibliothek, neue. 8. Hft.

Grundriß der Geschichte des deutschen Handwerks von Jos. Wilden. *Krefeld: W. Greven [1903].* (39 S.) 8° [F.]
= Handwerkerbibliothek. Neue. Bdch. 8 [04. 2. 6]

Wilden, Jos., s.: Handwerker-Bibliothek, neue.

Wilden, Jos., die Kommunalverwaltung Preußens. Gemeinverständlich dargestellt. (IV, 104 S.) Düsseldorf 910. L. Schwann. Geb. 1. 60

Wilden, Josephus, s.: Will, Jos.

Wilden, M. M., die Lehre des heiligen Augustinus vom Opfer der Eucharistie. Eine patristische Studie. Schaffhausen 864. Hurter. gr. 8. (XII, 83 S.) n. 12 ngr.

Wilden, M. M., Nationalitäts-Prinzip u. Christenthum. Ein Vortrag, gehalten in der kathol. „Ressource" zu Wien. Wien 866. Sartori. gr. 8. (15 S.) 3 ngr.

Wilden, M. M., Opfer und Primat. Vertheidigung gegen die Angriffe des protestant. Predigers Herrn Königs in seinen „Anmerkungen" zu meiner Festpredigt am 11. April 1869. gr. 8. (58 S.) Oberhausen 869, Spaarmann.

—— Pius IX., Christi Stellvertreter und Nachfolger. Festpredigt bei Gelegenheit des 50jähr. Priester-Jubiläums Papst Pius IX. 8. (14 S.) Ebendas. 869. *

Wilden, Paul, die Silberhochzeit. Ansprache, Festspiel (f. Knaben od. Mädchen) u. Gedichte (f. verschied. Altersstufen) zur Schulfeier der Silberhochzeit unsres Kaiserpares am 27. II. 1906. (30 S. m. Titelbild.) 8. Düsseldorf (905). L. Schwann. n. — 50

Wilden, Wilh., Artaban, der Magierkönig. Religiöses Schausp. m. Gesang u. leb. Bild. in 5 Akten. Nach e. Legende bearb. (Nur Männerrollen.) 12. (62 S.) Bonn 898. P. Hauptmann. n. — 40

Wilden, Wilh., der Festsänger. In Freud u. Leid zum Lied bereit! 30 Fest- u. Trauerklänge f. 4stimm. Männerchor. Op. 6. (74 S.) 8. Bonn 904. A. Heidelmann. n. 1. 20

Wilden, Wilh., die gnadenreiche Geburt unseres Herrn Jesu Christi. Ein Festspiel in 3 Acten m. 1- u. 2-stimm. leichten Chören. Für Volksschulen, höhere Schulen, Pensionate, Lehrerinnenbildungsanstalten, Waisenhäuser ec. 12. (32 S.) Münster (896). Alphonsus-Buchh. n. — 40

Wildenau, Ad., die Botanik für Dilettanten. Eine Anleit. zum Selbstunterricht ec. 3 Thle. mit 8 Kpf. .. Wien 823. Bauer u. D. 1 Rthl. 8 gr. Schreibp. 2 Rthl.

Wildenau, Heinr., der Knalleffect. Lustspiel in 2 Acten. Frei nach dem Französ. (Den Bühnen gegenüber als Mscr. gedr.) gr. 8. (51 S.) Berlin 859, A. Abelsdorff.

Wildenauer, A., prakt. Handbuch zur Abhandlung der Verlassenschaften bei den k. k. Militargerichten, nebst den dazu gehörigen gerichtl. u. außergerichtl. Aufsätzen u. Beispielen von Abhandlungsausweisen. Mit Rücksichtnahme auf die über dies. Gegenstand bestehenden neuern gesetzlichen Vorschriften. gr. 8. Prag 840. Haase, Söhne. 1 5/6 Rthl.

WILDENAUER, Alois: Über Individual-Seelsorge. - - (1906) IX, 173 S. 4° (Handschr.) Diss. 660
Diss. Wien, Univ.

Wildenbruch [Schlagwort]

Wildenbruch, s.: Geologische Karten. Preussen 90. — Preussen. Messtischblätter.

Wildenbruch [Verf.]

Wildenbruch, E. von, siehe: *Chronik.*

Wildenbruch, Ernst v., der Astronom. Erzählung. 8. (153 S.) Berlin 887, Freund und Jeckel. *

Wildenbruch, Ernst v., der Astronom. Erzählg. 6. Aufl. 8. (160 S.) Berlin 893. Freund & Jeckel. n. 2. —

Wildenbruch, Ernst v., der Astronom. 9. Tauf. (167 S.) 8. Berlin 903. G. Grote. n. 2. —; geb. n. 3. —

— Meister Balzer. Schauspiel. 8. (VII, 160 S.) Ebd. 893. n. 2. —

Wildenbruch, Ernst v., besinnt Euch! Ein Mahnwort. gr. 8. (12 S.) Berlin 895. Freund & Jeckel. — 30

Unser Bismarck. Gedicht von Ernst v. Wildenbruch. Berlin: Freund & Jeckel 1898. (2 Bl.) 4°

Wildenbruch, Ernst v., Blätter vom Lebensbaum. (X, 484 S. m. Bildnis.) 8. Berlin 910. G. Grote. 6. —; geb. 7. 50

— das edle Blut. Erzählg. 16. (80 S.) Ebd. 893. Geb. m. Goldschn. n. 1. —

Wildenbruch, Ernst v., das edle Blut. Eine Erzählung Neue Ausg. m. Zeichngn. v. Carl Röhling. Der Reihe nach 64. Tauf. 12. (86 S.) Berlin 901. G. Grote. Kart. n. 1. 50; geb. n. 2. 20

— dasselbe. In vereinfachter deutscher Stenographie. System Stolze-Schrey. (78 S.) 16. Berlin (903). Frz. Schulze. n. — 60; geb. in Leinw. n. 1. —

— das edle Blut. Eine Erzählg. Neue Ausg. m. Zeichngn. Carl Röhling. Der Reihe nach 74. Tauf. (86 S.) kl. 8. Ebd. 906. Kart. n. 1. 50; geb. n. 2. 20

— Das edle Blut. Eine Erzählg. Neue Ausg., m. Zeichngn. v. Carl Röhling. Der Reihe nach 91. Taus. (86 S.) kl. 8. Ebd. 909. Kart. 1.50; geb. 2. 20

Das edle Blut. Eine Erzählung von Ernst v. **Wildenbruch**. Neue Ausg. mit Zeichn. von Carl Röhling. Der Reihe nach 99. Taus. Berlin: Grote 1909. 86 S. 8° [09. 18551 II

Das edle Blut. Eine Erzählung von Ernst v. **Wildenbruch**. Neue Ausg. Mit Zeichnungen von Carl Röhling. Berlin: Grote 1909. 86 S. 8° (Bibliothek August Scherl. Bd 559. [1.]) [10. 13944

— dasselbe. Schul-Ausg., m. Einleitg. u. Anmerkgn. versehen v. J. Hartung. (IX, 68 S.) 8. Ebd. 910. Geb. — 80

Der Zauberer Cyprianus. E. Legende v. Ernst v. **Wildenbruch**. Berlin: Freund & Jeckel 1896. (2 Bl., 220 S.) 1 Bd 8°

— der Zauberer Cyprianus. E. Legende. 8. (III, 320 S.) Ebd. 896. n. 3. —

—— die Danaide, s.: Novellenschatz, neuer deutscher.

— die Danaide. Eine Erzählg. Neue Ausg. m. Zeichngn. v. Herm. Vogel. 12. (VI, 103 S.) Ebd. 902. Kart. n. 1. 50; geb. n. 2. 20

Die Danaide. Erzählung von Ernst v. **Wildenbruch**. Berlin: Stenographie-Verl. F. Schulze (1908). 80 S. 8° (Schulzes Illustrierte Unterhaltungsblätter f. Stenographen. Jg 7. Beil.) [10. 4250

— Die Danaide. Eine Erzählg. Neue Ausg. m. Zeichngn. v. Herm. Vogel. 6. Taus. (VI, 103 S.) kl. 8. Ebd. 909. Kart. 1.50; geb. 2. 20

— dasselbe. (In vereinfachter deutscher Stenographie. [System Stolze-Schrey.]) (80 S.) kl. 8. Berlin (909). Frz. Schulze. Geb. in Leinw. nn 1. 10

Wildenbruch, Ernst v., Dichtungen u. Balladen. 8. (112 S.) Berlin 884. Freund & Jeckel. n. 2. —; geb. n. 3. —

— das deutsche Drama, s.: Beiträge zur Literaturgeschichte.

Das deutsche Drama, s. Entwicklung u. s. gegenwärtiger Stand von Ernst v. **Wildenbruch**. Leipzig: Verl. f. Lit., Kunst u. Musik 1906. (49 S.) 8° [F.]
= **Beiträge** z. Literaturgeschichte. H. 6. [06. 4567

Zur Erinnerung an Hermann Grimm. *6. Jan. 1828, † 16. Juni 1901, von Ernst v. **Wildenbruch**. Berlin & Stuttgart: W. Spemann 1901. (16 S.) 8°
(Aus: Nationalzeitung v. 6. Jan. 1900.)

— der unsterbliche Felix. Hauskomödie in 4 Akten. (184 S.) 8. Berlin 904. G. Grote. n. 2. —; geb. n. 3. —

—— Festgedicht zum 90. Geburtstag Sr. Majestät des Kaisers. 4. (8 S.) Berlin 887, Freund und Jeckel.

Wildenbruch, Ernst v., Franceska v. Rimini. Novelle. 8 (144 S. m. 1 Photograv.) Berlin 892. Freund & Jeckel n. 2. —

Franceska von Rimini. Novelle von Ernst v. **Wildenbruch**. 3. Aufl. Berlin: G. Grote 1906. (139 S.) 8° [F.] [07. 10440

— Franceska v. Rimini. Novelle. (Neue Ausg. Der Reihe nach 4. Aufl. Buchausstattung v. H. Wieynk.) (II, 216 S.) kl. 8. Ebd. 910. Kart. 2.20; geb. in Leinw. 3. —

—— unser Fritz. Gedicht. gr. 4. (4 S.) Berlin 888, R. Kühn.

—— der Fürst von Verona. Trauerspiel in 5 Akten. 8. (III, 166 S.) Berlin 887, Freund und Jeckel. *

Der Fürst von Verona. Trauerspiel in 5 Akten von Ernst v. **Wildenbruch**. 3. Aufl. Berlin: G. Grote 1906. (154 S.) 8° [F.] [07. 10138

— Claudias Garten. Eine Legende. M. Heliograv. v. Alb. Keller. 16. (108 S.) Ebd. 896. Geb. in Damast m. Goldschn. n. 1. —

— Claudia's Garten. Eine Legende. Neue Ausg. m. Zeichngn. v. Carl Röhling. Der Reihe nach 13. Aufl. 12. (112 S.) Berlin 900. G. Grote. Kart. n. 1. 50; geb. n. 2. 20

— Claudia's Garten. Eine Legende. Neue Ausg. m. Zeichngn. v. Carl Röhling. Der Reihe nach 14. Aufl. (112 S.) kl. 8. Berlin 903. G. Grote. Kart. n. 1. 50; geb. n. 2. 20

— Claudia's Garten. Eine Legende. Neue Ausg. m. Zeichngn. v. Carl Röhling. Der Reihe nach 15. Aufl. (112 S.) kl. 8. Ebd. 906. Kart. 1.50; geb. 2. 20

Claudias Garten. Eine Legende von Ernst v. **Wildenbruch**. In vereinfachter deutscher Stenogr. System Stolze-Schrey. Berlin: F. Schulze 1906. (78 S.) 8° [Text stenogr.] [07. 2356

—— das neue Gebot. Schauspiel in 4 Akten. 8. (III, 176 S.) Ebendas. 886. *

Letzte Gedichte von Ernst v. **Wildenbruch**. (Hrsg.: Ludwig v. Wildenbruch.) Berlin: Grote 1909. XI, 293 S. 8°

— unter der Geißel. Eine Erzählg. 12. (184 S.) Ebd. 901. Kart. n. 2. 20; geb. n. 3. —

—— Der Generalfeldoberst. Ein Trauerspiel im deutschen Vers. 1.—3. Aufl. 8. (III, 231 S.) Ebd. 889,90. n. 2 —; geb. n. 3 —
Vgl.: Burghold, Jac. v.

— der Generalfeldoberst. Ein Trauerspiel im deutschen Vers. Neue Ausg. 8. (IX, 232 S.) Ebd. 901. n. 2. —; geb. n. 3. —

— dasselbe. Ein Wort zur Aufführg. gr. 8. (15 S.) Weimar 901. H. Böhlau's Nachf. n. — 20

— dasselbe. 2. durch e. Nachwort verm. Aufl. gr. 8. (16 S.) Ebd. 901. — 20

— Der Generalfeldoberst. Ein Trauerspiel im deutschen Vers. 5. Aufl. (XI, 232 S.) 8. Ebd. 910. 2.—; geb. 3. —

Gewitternacht. Tragödie in 5 Akten von Ernst v. Wildenbruch. Berlin: Freund & Jeckel 1898. (232 S.) 8°

— Gewitternacht. Tragödie in 5 Akten. 8. (VIII, 232 S.) Berlin 899. [Freund & Jeckel.] G. Grote. n. 2. —

Wildenbruch, Ernst v., die alte Kaiserstadt Goslar, s.: Hertel, Alb.

Wildenbruch, Ernst v., Harold. Trauerspiel in 5 Akten. 2. Aufl. 8. (V, 150 S.) Berlin 882. Freund & Jeckel. n. 2. —

— Harold. Tragedy in 5 acts. Translated by Marie v. Zglinitzka. 8. (III, 174 S.) Hannover 884. Schüssler. geb. n. 2. 50

— Harold. Trauerspiel in 5 Akten. 4. Aufl. 8. (V, 150 S.) Ebend. 884. n. 2. —; geb. n. 3. —

— Harold. Trauerspiel in 5 Akten. 7. Aufl. (V, 152 S.) 8. Ebd. 908. n. 2. —; geb. n. 3. —

—— Die Haubenlerche. Schauspiel in 4 Akten. 8. (III, 179 S.) Ebd. 890. * 2 —; geb. * 3 —

— die Haubenlerche. Schauspiel in 4 Akten. 8. (III, 179 S.) Ebd. 891. n. 2. —; geb. n. 3. —

— die Haubenlerche. Schauspiel in 4 Akten. 4. Aufl. (V, 178 S.) 8. Ebd. 906. n. 2.—; geb. n. 3. —

— Die Haubenlerche. Schauspiel in 4 Akten. 5. Aufl. Ebd. 910. 2.—; geb. 3. —

— aus Liselottes Heimat. Ein Wort zur Heidelberger Schloßfrage. (59 S. m. Abbildgn. u. 1 Bildnis.) gr. 8. Ebd. 904. n. 1. —

— Heinrich u. Heinrichs Geschlecht. Tragödie in 2 Abenden. 8. (IV, 320 S.) Ebd. 895. n. 3. —

[F.] Heinrich und Heinrichs Geschlecht. Tragödie in 2 Abenden v. Ernst v. Wildenbruch. *Berlin: Freund & Jeckel 1896.* (2 Bl., 320 S.) 1 Bd 8. [90. 2341

Heros, bleib bei uns! Gedicht z. Hundertjahrestage von Schillers Heimgang von Ernst v. **Wildenbruch**. Berlin: G. Grote 1905. (11 S.) 8°
(Aus: Deutsche Rundschau. 1905, Maiheft.)

—— Der neue Herr. Schauspiel in 7 Vorgängen. 8. (222 S.) Ebd. 891. * 2 —; geb. * 3 —

— der neue Herr. Schauspiel in 7 Vorgängen. 6. Aufl. (V, 222 S.) 8. Ebd. 906. n. 2. —; geb. n. 3. —

— die Herrin ihrer Hand. Schauspiel in 5 Akten. 8. (III, 123 S.) Berlin 885. Freund & Jeckel. n. 2. —

Das Hohelied von Weimar. Festspiel in 4 Bild. von Ernst v. **Wildenbruch**. Berlin: G. Grote 1908. (45 S.) 8° [F.] [08. 3730

Das schwarze Holz. Roman von Ernst v. **Wildenbruch**. 13. Taus. Berlin: G. Grote 1906. (357 S.) 8° [F.]
= **Sammlung**, Grote'sche, v. Werken zeitgenöss. Schriftsteller. Bd 84. [06 2893

— Das schwarze Holz. Roman. 14. Tauf. (357 S.) 8. Ebd. 908. 4.—; geb. 5. —

—— Humoresken und Anderes. 1.—6. Aufl. gr. 8. (191 S.) Ebendas. 886—88. *

— Humoresken u. Anderes. 3. Aufl. gr. 8. (191 S.) Ebend. 886. n. 3. —

— Humoresken u. Anderes. 7., verm. Aufl. 8. (III, 245 S.) Ebd. 890. n. 3. —

—— Humoresken u. Anderes. 7. verm. Aufl. 8. (III, 245 S.) Ebd. 891. * 3 —; geb. * 4 —

— Humoresken u. Anderes. 10., verm. Aufl. 8. (III, 246 S.) Ebd. 894. n. 3. —

Humoresken und Anderes von Ernst v. **Wildenbruch**. 11. verm. Aufl. *Berlin: Freund & Jeckel 1894.* (246 S.) 8° [F.] [94. 9384 7

[F.] Jungfer Immergrün. Volksstück in 1 Akt v. Ernst v. **Wildenbruch**. *Berlin: Freund & Jeckel 1896.* (2 Bl., 48 S.) 1 Bd 8. [90. 2341

[F.] Der Junge von Hennersdorf. Volksstück in 2 Akten v. Ernst v. **Wildenbruch**. *Berlin: Freund & Jeckel 1895.* (2 Bl., 128 S.) 1 Bd 8. [96. 2843

— d. Junge v. Hennersdorf. Volksstück in 2 Akten. 8. (III, 128 S.) Ebd. 896. n. 2. —

Grossherzog Carl Alexander †. Von Ernst v. **Wildenbruch**. Ein Gedenkblatt z. 5. Januar 1901. Weimar: Böhlau 1901. 15 S. 8°
Aus: Weimarische Zeitung v. 12. Jan. 1901. [11. 2683

—— die Karolinger. Trauerspiel in 4 Akten. (114 S.); 2. und 3. Aufl. 8. (VII, 124 S.) Berlin 882,83, Freund und Jeckel. *

— dasselbe, s. a. Theater-Bibliothek, Berliner, Nr. 1.

—— die Karolinger. Trauerspiel in 4 Akten. 4. Aufl. 8. (VII, 124 S.) Ebendas. 887. *

— die Karolinger. Trauersp. in 4 Akten. 18. Aufl. 8. (136 S.) Ebd. 898. n. 2. —

— Die Karolinger. Trauerspiel in 4 Akten. Volksausg. 19. Taus. (VI, 151 S.) 8. Ebd. 909. 1.—; geb. 1. 60

Die Karolinger. Trauerspiel in 4 Akten von Ernst v. **Wildenbruch**. Volksausg. 20. Taus. Berlin: Grote 1909. 151 S. 8°

—— Kinderthränen. Zwei Erzählungen. (114 S.); 2. Aufl. 12. (111 S.) Ebendas. 884. *

—— Kinderthränen. Zwei Erzählungen. 3.—6. Aufl. 8. (111 S.) Ebendas. 884—88. *M 2.—.; geb. *

— Kinderthränen. 2 Erzählgn. 10. Aufl. 8. (112 S.) Berlin 895. Freund & Jeckel. n. 2. —

Kinderthränen. Zwei Erzählungen von Ernst v. **Wildenbruch**. 18. Aufl. Berlin: Freund & Jeckel 1899. (112 S.) 8°

— Kinderthränen. 2 Erzählgn. 18. Aufl. 8. (112 S. m. Bildnis.) Berlin 900. G. Grote. n. 2.—; geb. n. 3. —

— Kindertränen. 2 Erzählgn. (37. Taus. Neue Ausg. m. Buchschmuck v. Heinr. Vogeler-Worpswede.) (III, 121 S.) kl. 8. Ebd. 906. Kart. n. 1. 50; geb. n. 2. 20

Kindertränen. 2 Erzählungen von Ernst v. **Wildenbruch**. Berlin: G. Grote 1907. (121 S.) 8° [F.] [07. 8632

— Kindertränen. 2 Erzählgn. (53. Taus. Neue Ausg. m. Buchschmuck v. Heinr. Vogeler-Worpswede.) (III, 121 S.) kl. 8. Ebd. 909. Kart. 1.50; geb. 2. 20

Kindertränen. Zwei Erzählungen von Ernst v. **Wildenbruch**. Berlin: Grote 1909. 121 S. 8°
(Bibliothek August Scherl. Bd 559, [2.]) [10. 13545

— Der deutsche König. Schauspiel in 5 Akten. (VI, 116 S.) 8. Ebd. 909. 2.—; geb. 3. —

— dasselbe. Volksausg. (IV, 116 S.) 8. Ebd. 910. 1.—; geb. 1.60

— das heilige Lachen. Märchen-Schwank. 8. (III, 152 S.) Ebd. 892. n. 2.—

— dasselbe, s. a. Hummel, Ferd.

— lachendes Land. Humoresken u. Anderes. 13. verm. Aufl. der „Humoresken". 8. (V, 247 S.) Ebd. 901. n. 4.—; geb. in Leinw. n. 5.—

— lachendes Land. Humoresken u. Anderes. 16. Taus. (V, 247 S.) 8. Ebd. 905. n. 4.—

König Laurin. Tragödie in 5 Akten von Ernst v. Wildenbruch. Berlin: G. Grote 1902. (233 S.) 8° [F.] [04. 180

— Das wandernde Licht, s.a. Engelhorn's Romanbibliothek.

Das wandernde Licht. Novelle von Ernst v. **Wildenbruch**. Stuttgart: Engelhorn [1909]. 160 S. 8°
(Engelhorns Allgemeine Romanbibliothek. Jg. 10, Bd 3.)
(Bibliothek August Scherl. 516, [2.]) [11. 5142

— eifernde Liebe. Roman. 8. (III, 324 S.) Berlin 893. Freund & Jeckel. n. 4.—; geb. n. 5.—

— eifernde Liebe. Roman. 13. Taus. 8. (312 S.) Ebd. 901. n. 4.—; geb. n. 5.—

Wildenbruch, Ernst v., eifernde Liebe. Roman. 15. Taus. (312 S.) 8. Berlin 906. G. Grote. n. 4.—; geb. n. 5.—

Wildenbruch, Ernst v., eifernde Liebe. Roman. 17. Taus. (V, 312 S.) 8. Berlin 910. G. Grote. 4.—; geb. 5.—

Wildenbruch, Ernst v., Lieder und Balladen. 2. Aufl. 8. (VII, 214 S.) Berlin 887, Freund und Jeckel. *

—— Lieder u. Balladen. 6. verm. Aufl. Mit Portr. u. Facs. d. Verf. 8. (XVI, 328 S.) Berl. 892, Freund u. Jeckel. * 4—; geb. * 5—

—— dass. — Musik v. Ferd. Hummel. Op. 50. Vollständiges Textbuch der Melodramen u. Gesänge. 8. (32 S.) Lpz. 892, C. F. W. Siegel. * —40

— Lieder u. Balladen. 7. Aufl. 8. (XVI, 328 S. m. Bildnis.) Ebd. 900. n. 4.—; geb. in Halbfrz. n. 6.—

— Lieder u. Balladen. 8. Aufl. (XV, 336 S. m. Bildnis.) 8. Ebd. 906. n. 4.—; geb. n. 5.—

Lieder und Balladen von Ernst v. **Wildenbruch**. 9. Aufl. Berlin: Grote 1909. XV, 336 S. 8° A 12. 1011 11

Die Lieder des Euripides. Schauspiel mit Musik in 3 Akten von Ernst v. **Wildenbruch**. Mit Zeichn. von Franz Stassen. Berlin: G. Grote 1905. (100 S.) 8° [F.] [08. 18301 11

Wildenbruch, E. v., Lieder und Gesänge. gr. 16. (VIII, 242 S.) Berlin 877, [Stilke.] Freund und Jeckel. *
geb. mit Goldschn. *

— Lukrezia. Ein Roman. (Buchschmuck v. Heinr. Vogeler-Worpswede.) (530 S.) 8. Ebd. 907. 5.—; geb. in Leinw. 6.—; in Ldr. 8.60

Lukrezia. Ein Roman von Ernst v. **Wildenbruch**. 13. Taus. Berlin: G. Grote 1907. (530 S.) 8° [F.]
= **Sammlung**, Grote'sche, v. Werken zeitgenöss. Schriftsteller. Bd 93. [08. 4139

— s.: Lyrik, deutsche, der Neuzeit.

—— Christoph Marlow. Trauerspiel in 4 Akten. 8. (III, 118 S.) Ebendas. 884. * ℳ 2.; geb. *

— Christoph Marlow. Trauerspiel in 4 Akten. 2. Aufl. 8. (V, 125 S.) Ebd. 902. n. 2.—; geb. n. 3.—

— der Meister v. Tanagra. Eine Künstlergeschichte aus Alt-Hellas. 2. Aufl. 8. (140 S.) Berlin 880. Steinitz. n. 3.—

— dasselbe. 3. Aufl. 8. (140 S.) Ebend. 881. n. 2.—; geb. n. 3.—

—— der Meister von Tanagra. Eine Künstlergeschichte aus Alt-Hellas. 2. und 3. Aufl. 8. (140 S.) Berlin 883, Steinitz. * ℳ 2.; geb. *
—— dass. — 4. und 5. Aufl. 8. (111 S.) Berlin 883, Freund und Jeckel. * ℳ 2.; geb. *

—— der Meister von Tanagra. Eine Künstlergeschichte aus Alt-Hellas. 6. Aufl. 8. (112 S.) Ebendas. 886. *

— Der Meister v. Tanagra. Eine Künstlergeschichte aus Alt-Hellas. 10. Aufl. Neue Ausg. m. Bildern v. Frz. Staffen. (185 S.) kl. 8. Berlin 907. G. Grote. Kart. 2.20; geb. in Leinw. 3.—

—— der Menonit. Trauerspiel in 4 Akten. 1. und 2. Aufl. 8. (V, 111 S.) Ebendas. 882, 83. *

— der Menonit. Trauerspiel in 4 Akten. 3. Aufl. 8. (III, 111 S.) Ebend. 886. n. 2.—

— Der Mennonit. Trauerspiel in 4 Akten. Volksausg. 6. Taus. (III, 107 S.) 8. Ebd. 908. 1.—; geb. 1.60

Neid. Eine Erzählung von Ernst v. **Wildenbruch**. Berlin: G. Grote 1900. (176 S.) 8°

— Neid. Erzählg. 5.—12. Taus. 12. (à 176 S.) Ebd. 900. 901. Kart. n. 2.20; geb. n. 3.—

— Neid. Eine Erzählg. 18. Taus. (176 S.) kl. 8. Ebd. 905. Kart. n. 2.20; geb. n. 3.—

— Neid. Eine Erzählg. 22.—26. Taus. (176 S.) kl. 8. Ebd. 908—10. Kart. 2.20; geb. in Leinw. 3.—

— Deutsches Neujahr 1909. (4 S.) 8. Ebd. (908.) —10

Deutsches Neujahr 1909 von Ernst v. **Wildenbruch**. Berlin: Grote (1909). 2 Bl. 8° [09. 13204

— Novellen. [Francesca v. Rimini. Vor den Schranken. Brunhilde.] 8. (286 S.) Ebend. 881. n. 4.—; geb. n. 5.—

—— Novellen. [Francesca v. Rimini. — Vor den Schranken. — Brunhilde.] (286 S.) 1882; 2. und 3. Aufl. 8. (288 S.) Ebendas. 883. * ℳ 4.; geb. *

— Novellen. [Francesca v. Rimini. Vor den Schranken. Brunhilde.] 4. Aufl. 8. (288 S.) Ebend. 885. n. 4.— geb. n. 5.—

— Novellen. [Francesca v. Rimini. — Vor den Schranken. — Brunhilde.] 5. Aufl. 8. (288 S.) Ebd. 888. n. 4. —; geb. n. 5. —

— Novellen. 10. Aufl. (IV, 339 S.) 8 Ebd. 906. n. 4. —; geb. n. 5. —

Novellen. Von Ernst v. Wildenbruch. 11. Aufl. Berlin: Grote 1909. 339 S. 8°
(Bibliothek August Scherl. Bd 560.) [10. 13916

—— neue Novellen. [Das Riechbüchschen. — Die Danaide. — Die heilige Frau.] 1.—5. Aufl. 8. (176 S.) Ebendas. 885—88. *ℳ 3.—.; geb. *

— neue Novellen. [Das Riechbüchschen. Die Danaide. Die heilige Frau.] 3. Aufl. 8. (176 S.) Ebend. 885. n. 3. —; geb. n. 4. —

— neue Novellen. 7. Aufl. 8. (III, 210 S.) Ebd. 893. n. 3.

Neue Novellen von Ernst v. Wildenbruch. 9. Aufl. Berlin: Freund & Jeckel 1893. (210 S.) 8°

Neue Novellen von Ernst v. Wildenbruch (enth.: Das Riechbüchschen. Die Danaide. Die heilige Frau. Das Wunder). 9. verm. Aufl. Berlin: G. Grote 1902. (248 S.) 8°

—— Opfer um Opfer. Schauspiel in 5 Akten. 8. (V, 150 S.) Ebendas. 883. *ℳ 2.; geb. *

— Opfer um Opfer, s. a. Theater-Bibliothek, Berliner.

[Z.] Opfer um Opfer. Schausp. in 5 Akten v. Ernst v. Wildenbruch. Berlin: Freund & Jeckel 1896. (2 Bl., 108 S.) 1 Bd 8.
= Theater-Bibliothek, Berliner. No 9.

— Die letzte Partie. 2 Erzählgn. (Buchschmuck u. Einbandzeichng. v. Walth. Buhe.) (V, 225 S.) kl. 8. Ebd. 909. Kart. 2.20; geb. 3. —

Wildenbruch, Ernst v., die Philologen am Parnaß oder: die Vivisektoren. Ein Satyr-Spiel. 8. (58 S.) Berlin 869, Stilke. *

—— die Quitzow's. Schauspiel in 4 Akten. 8. (III, 195 S.) Ebendas. 888. *

— die Quitzows. Schauspiel in 4 Akten. Neue Ausg. m. Zeichngn. von Hugo L. Braune. Der Reihe nach 18. Taus. 8. (VI, 195 S.) Ebd. 902. n. 3.—; geb. n. 4. —

— Die Quitzows. Schauspiel in 4 Akten. Neue Ausg. m. Zeichngn. v. Hugo L. Braune. Der Reihe nach 21. Taus. (VI, 195 S.) 8. Ebd. 902. 3.—; geb. 4. —

Die Quitzows. Schauspiel in 4 Akten von Ernst v. Wildenbruch. Volksausg. Berlin: G. Grote 1907. (IV, 188 S.) 8° [F.] [07. 8633

— dasselbe. Volksausg. 6. Taus. (IV, 188 S.) 8. Ebd. 908. 1. —

— dasselbe. Schulausg., m. Einleitg. u. Erläutergn. versehen v. M. Thamm. (XIV, 204 S.) kl. 8. Ebd. 910. Geb. 1. —

— Die Rabensteinerin. Schauspiel in 4 Akten. 1.—3. Taus. (139 S.) 8. Ebd. 907. 2.—; geb. 3. —

— dasselbe. Volksausg. 16. Taus. (139 S.) 8. Ebd. 908. 1.—; geb. 1. 60

Deutsche Schule in Brüssel . . . Kranz auf Schiller! der deutschen Schule in Brüssel dargeboten von Ernst v. Wildenbruch. Vorgetragen bei d. Schillerfeier am 9. Mai 1905. Brüssel 1905: T. Rein. (2 Bl.) 8°
(Deutscher Schulverein in Brüssel. Bericht über d. Vereins- u. Schuljahr 13, Beilage.)

— Schwester-Seele. Roman. 2. Aufl. 8. (467 S.) Stuttgart 894. J. G. Cotta Nachf. n. 4. —; geb. n. 5. —

Wildenbruch, Ernst v., Schwester-Seele. Roman. 10. Aufl. 8. (467 S.) Stuttgart 897. J. G. Cotta Nachf. n. 4. —; geb. n. 5. —

— Schwester-Seele. Roman. 11. u. 12. Aufl. 8. (à 467 S.) Berlin 899. 902. J. G. Cotta Nachf. Zweigniederlassung. n. 4. —; geb. n. 5. —

— Schwester-Seele. Roman. 14. u. 15. Aufl. (467 S.) 8. Stuttgart 906. J. G. Cotta Nachf. n. 4. —; geb. n. 5. —

— Schwester-Seele. Roman. 16.—19. Aufl. (467 S.) 8. Stuttgart 909. 10. J. G. Cotta Nachf. 4. —; geb. in Leinw. 5. —

Wildenbruch, E. v., Sedan. Ein Heldenlied in 3 Gesängen. gr. 8. (83 S.) Frankfurt a/O. 875. Waldmann. n. 2. —; geb. n. 3. —

—— Sedan. Ein Heldenlied in 3 Gesängen. 2. Aufl. 8. (IV, 99 S.) Frankfurt a. O. 886, Waldmann's Verlag. * geb. *

— Sedan. Ein Heldenlied in 3 Gesängen. 3. Aufl. 8. (104 S.) Berlin 896. Freund & Jeckel. n. 1. —

— Semiramis. Eine Erzählg. (320 S.) kl. 8. Berlin 904. G. Grote. Kart. n. 3. —; geb. n. 3. 60

Semiramis. Eine Erzählung von Ernst v. Wildenbruch. 6. Taus. Berlin: G. Grote 1904. (320 S.) 8°

— die Tochter des Erasmus. Schauspiel in 4 Akten. 1.—4. Taus. 8. (à 184 S.) Berlin 900. G. Grote. n. 2. —

—— Väter und Söhne. Schauspiel in 5 Akten. 8. (III, 143 S.) Ebendas. 882. *

—— Väter und Söhne. Schauspiel in 5 Akten. 2. Aufl. 8. (III, 143 S.) Berlin 888, Freund und Jeckel. * geb. *

—— Väter u. Söhne. Schauspiel in 5 Akten. 3. Aufl. 8. (III, 143 S.) Ebd. 888. * 2 —; geb. * 3 —

Väter und Söhne. Schauspiel in 5 Akten von Ernst v. Wildenbruch. 4. Aufl. Berlin: G. Grote 1903. (144 S.) 8° [F.] [04. 1821 II

— Väter u. Söhne. Schauspiel in 5 Akten. Volksausg. 5. Taus. (V, 144 S.) 8. Berlin 909. G. Grote. 1.—; geb. 1. 60

— Vice-Mama. Eine Erzählg. 12. (306 S.) Ebd. 902. Kart. n. 3. —; geb. n. 3. 60

Vice-Mama. Eine Erzählung von Ernst v. Wildenbruch. 6. Taus. Berlin: G. Grote 1902. (306 S.) 8°

— Vice-Mama. Eine Erzählg. 9.–13. Tauf.) (306 S.) kl. 8. Ebd. 903—905. Kart. n. 3. —; geb. n. 3. 60

— Vice-Mama. Eine Erzählg. 19. Tauf. (306 S.) kl. 8. Ebd. 909. Kart. 3.—; geb. in Leinw. 3. 60

Wildenbruch, E. v., Vionville. 2. Aufl. 8. Berlin 874, Freund und Jeckel. *

Wildenbruch, E. v., Vionville. Ein Heldenlied in 3 Gesängen. 2. Aufl. 8. (55 S.) Berlin 874. Stilke. n. 1. 50

—— Vionville. Ein Heldenlied in drei Gesängen. 3. Aufl. gr. 8. (55 S.) Ebendas. 883. *

—— Vionville. Ein Heldenlied in 3 Gesängen. 4. Aufl. 8. (80 S.) Ebd. 891. * 1 —; geb. * 2 —

— tiefe Wasser. Fünf Erzählgn. 8. (328 S.) Ebd. 898. n. 4. —

— Tiefe Wasser. 5 Erzählgn. 7. Tauf. (V, 308 S.) 8. Ebd. 908. 4. —

Tiefe Wasser. 5 Erzählungen von Ernst v. Wildenbruch. 8. Taus. Berlin: Grote 1908. 308 S. 8°

—— unser Kaiser Wilhelm. Gedicht. gr. 4. (8 S.) Ebendas. 888.

Willehalm. Dramat. Legende in 4 Bildern v. Ernst v. Wildenbruch. Berlin: Freund & Jeckel 1897. (112 S.) 1 Bd 8°

Ein Wort über Weimar von Ernst v. Wildenbruch. *Berlin: G. Grote 1903.* (26 S.) 8° [F.] [03. 16196

– s. Zum 16. Februar 1907.

Wildenbruch, G. v., die Söhne der Sibyllen und der Nornen. 8. (120 S.) Berlin 873. Stilke. *

Wildenbruch, Ludw. v., ein Blick auf den Libanon. (Abdr. aus der Neuen Preuß. Zeitung.) Berlin 860. Heinicke. gr. 8. (34 S.) n. 5 ngr.

Wildenbruch, Maria von [Hrsg.], s. Weber, Max Maria von: Aus d. Welt d. Arbeit. 1907.

Wildenbruch-Kalender f. 1894. 4. (13 farb. Taf.) Berlin, W. Schultz-Engelhard. In Karton. 3. —

Wildenbruch-Reliquien. Berlin 1909. V: *Rodenberg, Julius.* (zuwzür 13, 1909, III, S. 91)

Wildenburg, Ernst v., über die Geschichte u. Pflege des kath. deutschen Kirchenliedes. Ein Beitrag zur Diöcesan-Gesangbuchfrage. gr. 8. (41 S.) Bregenz (902). J. N. Teutsch. n. — 45

Wildenburg, Oscar, Philippine Welser die schöne Augsburgerin oder die eiserne Garderobe des Mittelalters. Historische Erzählung. 3 Bde. gr. 8. (955 S.) Nürnberg 873, G. A. Hoffmann.

Wildenfels [Sachl. OW]

Wildenfels, Ritter Adolph von, und seine Freunde. Ein histor. romant. Gemälde aus dem 13ten Jahrhundert. M. 1 Kupf. 8. Nürnberg, Zeh. 821.

Wildenfels [Schlagwort]

Wildenfels, s.: Geologische Karten. Spezialkarte. (Sachs.)

Wildenfels [Verf.]

Wildenfels, Adalb. v., Frauenrache. Amerikanischer Sittenroman in 4 Büchern. 4 Bde. 8. (II, 262; II, 278; II, 270; II, 246 S.) Berlin 870, Langmann und Comp. [Deutsches Verlags-Institut.] *

Wildenfels, Adalb. v., Satanas in New-York, s.a. Satanas.

Wildenfels, Adalbert, von (ps.), Satanas in New-York. Nach dem amerikan. Original hrsg. (verfasst) von —. Berlin 1870. 8°. 320 S. Zahm. (2 Mk. Ed. Fischhaber, Reutl., c. 1875.)

Wildenfels, Kurt von

Wildenfels, Curt v., s. a.: Clasen-Schmid, Mathilde

Wildenfels, Curt v., aus russischen Kreisen. Roman. 1. und 2. Aufl. 8. (369 S.) Leipzig 887, Peterson. *

F Wildenfels, Curt v. (Mathilde Clasen-Schmid). Aus russischen Kreisen. Roman. 3. Aufl. 8. (369 S.) Lpz. 892, Claußner. * 4 — geb. * 5 —

Wildenhahn, C. August

Wildenhahn, Aug., Johannes Arndt. Ein Zeitbild aus Braunschweigs Kirchen- u. Stadtgeschichte in den ersten Jahren des 17. Jahrh. 2 Thle. gr. 8. Leipzig 847 (846), Gebhardt u. Reisland. 1½ ℛ︀

Wildenhahn, Aug., Joh. Sebastian Bach. 2 Bilder aus seinem Leben. Geschichtliche Erzählg. (55 S.) kl. 8. Eisenach (909). Eifert & Scheibe. — 60

Joh. Sebastian Bach. 2 Bilder aus s. Leben. Geschichtl. Erzählung von Dr. August Wildenhahn. Eisenach: Eifert & Scheibe [1910]. 55 S. 8°

—— über Disciplin in der Volksschule. Ansprache an die am 16. Octbr. 1861 zu Budissin versammelten Volksschullehrer der Oberlausitz gehalten. gr. 8. (38 S.) Bautzen 861, (Köhler.)

Wildenhahn, Aug., Erzgebirgische Dorfgeschichten. 2 Bde. 8. (1: VIII u. 304 S. 2: IV u. 266 S.) Leipzig 848. 50, Gebhardt & Reisland. (à ¾ ℛ︀) 1½ ℛ︀

Wildenhahn, Aug., erzgebirgische Dorfgeschichten. 2. Aufl. 2 Bde. Leipzig 853. Gebhardt u. Reisland. 8. (2 Bl., XII, 304; 3 Bl., 265 S.) 1 ℛ︀. 15 ngr.

Wildenhahn, Aug., erzgebirgische Dorfgeschichten. 3. Aufl. 2 Thle. in 1 Bd. 8. (VII, 207 u. III, 182 S.) Basel 889. [Schneider.] Geering. n. 3. —

— Erzgebirgische Dorfgeschichten, s.a. Tannengrün. 7. Bd.

Erzgebirgische Dorfgeschichten von Dr. August Wildenhahn. Volks-Ausg. hrsg. von F(riedrich) H(ermann) Löscher. Annaberg: Graser 1909. (115 S.) 8° [F.]
= **Tannengrün.** Bd 7. [08. 15618

Wildenhahn, Aug., Hans Egede und sein Weib, s. Theodulia.

— gesammelte Erzählungen. 8 Bde. Mit dem Portr. des Verf. (in Stahlst.) 853, 54. — 2. (Titel-)Aufl. Leipzig 855. Gebhardt u. Reisland. 16. (1. Bd.: VII, 373; 2. Bd.: 3 Bl., 341; 3. Bd.: 3 Bl., 370; 4. Bd.: 3 Bl., 375; 5. Bd.: 3 Bl., 407; 6. Bd.: 3 Bl., 335; 7. Bd.: 3 Bl., 366; 8. Bd.: 3 Bl., 394 S.) Jeder Bd. 18 ngr.

Inhalt: 1—3. Bd.: Geschichtliche Erzählungen. 3 Bde.
4. 5. " Geschichten aus dem Volksleben. 2 Bde.
6. " Aus dem Seelsorgerleben.
7. " Phantasiebilder und Volksmährchen.
8. " Reisebilder.

— vier sinnige Erzählungen für alles Volk u. alle Zeit, insbesondere für die liebe Christenjugend. Mit 2 Holzschn. Der Galeerensklave. — Aus des Schulmeisters Tagebuch. — Wilhelm Kind. — Des Anselmus Wunderfahrt. 8. (212 S.) Stuttgart 849. J. B. Müller. — 2. Aufl. 8. (212 S. m. 2 Holzschn.) Ebd. 850. 12 ngr.

— s. a. Friedensbote, der.

—— der Friedensbote. Eine Neujahrsgabe. f. christl. Freunde auf d. J. 1846. u. 1847. 8. Leipzig, Gebhardt u. Reisland. [1846. (29¼ B. u. 2 Stahlst.) 47. (25¾ B. u. 1 Stahlst.) à * 1 Thlr. 10 Ngr.] *

—— der Friedensbote. Eine Neujahrsgabe für christl. Freunde auf das J. 1848. 3. Jahrg. 8. (363 S. und 1 Stahlst.) Leipzig, Gebhardt und Reisland. *

— der Galeerensklave, siehe a. Volksbücher, neue.

Der Galeerensklave | oder | durch Nacht zum Licht. | Erzählung | von | August Wildenhahn. | (Fig.: *Gefangener und Leichenzug*, 47 × 67) | Stereotyp-Ausgabe. | Reutlingen. | Druck und Verlag von Enßlin und Laiblin. (= *Reutlinger Volksbücher*, 44).
o. J. (1880), 46 S. 166 × 108, 6 Fig. im Text, sign. E A (A E?), U.-Fig.: *Befreiung des Gefangenen*, 48 × 66 (auch S. 43).
LBS d. D. oct K 3327.

—— Paul Gerhardt. Kirchengeschichtl. Lebensbild aus d. Zeit des großen Churfürsten. 2 Thle. 8. (42⅝ B.) Leipzig 845, Gebhardt u. Reisland.

—— Paul Gerhardt. Kirchengeschichtliches Lebensbild aus der Zeit des großen Churfürsten. 2., durchgeseh. Aufl. 2 Thle. 8. (XX und 645 S.) Leipzig 850, Gebhardt und Reisland.

—— Paul Gerhardt. Kirchengeschichtliches Lebensbild aus der Zeit des großen Churfürsten. 3., durchgeseh. Aufl. 2 Thle. 8. (XXII und 639 S.) Leipzig 856(57,) Gebhardt und Reisland.

Wildenhahn, Aug., Paul Gerhardt. Kirchengeschichtliches Lebensbild aus der Zeit des großen Churfürsten. 4. durchgeseh. Aufl. 2 Thle. 8. (XIII, 312; III, 327 S.) Basel 877, Schneider. *

—— der christl. Glaube. Aus d. Bekenntnißschriften der evang.-luther. Kirche f. d. allgem. Verständniß dargestellt. 8. (9 B.) Leipzig 846, Gebhardt u. Reisland. *

Wildenhahn, Aug., habe Acht auf dich selbst u. auf die Lehre. Beharre in diesen Stücken; denn wo du Solches thust, wirst du dich selbst selig machen u. die dich hören. Ansprache an die am 21. Juni 1865 in Budissin versammelten Volksschullehrer der Oberlausitz, gehalten. Leipzig 865. Gebhardt & Reisland. gr. 8. (32 S.) n. 4 ngr.

—— der Hausprediger. Kurze und erbaul. Erklärung der sonn- und festtägl. Predigttexte nach dem sächs. Pericopenbuche. (In 16 Heften.) 1. und 2. Jahrg. à 4 Hefte. 8. Leipzig 860—62, Gebhardt und Reisland. [1. Jahrg. (XIII und 450 S.) 2. (455 S.)] à Heft 7½ Ngr.

Wildenhahn, C. A., der Himmelsweg. Ein Gedenkbuch f. junge Christen an die Zeit ihrer Confirmation. 8. (17 B., Ttlbild u. lith. Ttl.) Annaberg 841, Rudolph u. Dieterici.

— der Himmelsweg. Mitgabe an christliche Jünglinge und Jungfrauen bei ihrer Confirmation. 2. umgearb. Aufl. Mit 3 Stahlst. Annaberg 864. Rudolph & Dieterici. 8. (IV, 267 S.) 1 Thlr 5 ngr.

—— evangelisches Laienbrevier. 16. (XVI und 496 S.) Leipzig 855, Gebhardt und Reisland. *

— evangelisches Laienbrevier. 2. Aufl. Leipzig 862. Gebhardt & Reisland. 16. (XVI, 496 S.) 15 ngr.

— Leben Philipp Jacob Spener's, s. Sonntags-Bibliothek.

—— Leben u. Sterben, s. Leben.

—— Martin Luther. Kirchengeschichtliches Lebensbild aus dem ersten Zehntel der Reformation. 1. und 2. Thl. 8. (X und 514 S.) Leipzig 851, Gebhardt und Reisland.

—— dass. — 3. und 4. Thl. A. u. d. T.: Der Tag zu Augsburg. 2 Thle. 8. (XII und 584 S.) Ebds. 851(52.)

—— dass. — 5. (letzter) Thl. A. u. d. T.: Luther und Melanchthon. Kirchengeschichtliches Lebensbild aus der wittenberger Stadt- und Kirchengeschichte. Fortsetzung und Schluß des Martin Luther. 8. (VII und 300 S.) Ebds. 852. -

— Martin Luther. Kirchengeschichtliches Lebensbild aus dem ersten Zehntel der Reformation. 2 Thle. 2. Aufl. Leipzig 853. Gebhardt u. Reisland. 8. (VI, 280; 3 Bl., 234 S.) 1 Thlr. 15 ngr.

– Georg Neumark, s. Theodulia.

—— Nicodemus, s. Nicodemus.

— zwei Predigten, am Pfingstfeiertage u. am Sonntage Trinitatis 1838 in der Kirche zu Schönefeld bei Leipzig gehalten. gr. 8. Leipzig 838. (Schreck) n. ⅛ Thlr.

Wildenhahn, Aug., Reisebriefe. 8. (V und 281 S.) Leipzig 865, Gebhardt und Reisland.

Wildenhahn, Aug., der Rußbuttenmann, s.: Schriften des sächsischen Volksschriften-Verlags.

Wildenhahn, Aug., der Rußbuttenmann, s.: Volksschriften, Münchener. Nr. 28.

— Hans Sachs. Einer Familiensage nacherzählt. Ebend. 864. 8. (292 S.) 27 ngr.

Wildenhahn, Aug., gesammelte Schriften. (In 40 Liefgn.) 1—18. Liefg. Leipzig 858. Gebhardt und Reisland. 8. Jede Liefg. 7½ ngr.

Inhalt: 1. 2. Bd.: Philipp Jacob Spener. Ein geschichtliches Lebensbild aus der Entstehungszeit der spener'schen Schule. 3. Aufl. 2 Thle. (XI, 219; 3 Bl., 218 S. u. Bildniß in Stahlst.)
3. 4. Bd.: Johannes Arndt. Ein Zeitbild aus Braunschweig's Kirchen- und Stadtgeschichte in den ersten Jahren des 17. Jahrh. 2. Aufl. 2 Thle. (VIII, 248; 4 Bl., 259 S.)
5—9. Bd.: Martin Luther. Kirchengeschichtliches Lebensbild aus dem ersten Zehntel der Reformation. 3. Aufl. 5 Thle. (VI, 234; 2 Bl., 192; VI, 236; 3 Bl., 246; 4 Bl., 251 S.)

— gesammelte Schriften. 10—14. Bd. Ebend. 862, 63. 8. Jeder Bd. 15 ngr.
Inhalt: Gesammelte Erzählungen. 2. Aufl. 1—5. Bd.: Geschichtliche Erzählungen. 3 Bde. (773 S.) — Geschichten aus dem Volksleben. 2 Bde. (VIII, 554 S.)

Wildenhahn: Die Schulen der Brüder vom gemeinsamen Leben mit einem Hinblick auf unsere Realschulen. Annaberg 1867. 38 S. 4°
Schul-/Univ.-Schrift

Wildenhahn, A., die beiden Schwestern. 's Bübel, s.: Schriften d. sächs. Volksschriften-Verlags, V. Jahrg.

—— Philipp Jacob Spener. Eine Geschichte vergangener Zeit f. die unsere. 2 Thle. 1. Aufl. (44 B.) 842. u. 2., verb. Aufl. 8. (37½ B.) Leipzig 847, Gebhardt u. Reisland. à
Vgl.: Sonntags-Bibliothek. 4. u. 5. Hft.

—— Vollbrecht's Wallfahrt, od. d. Auferweckung d. todten Christus. Eine Gesch. f. uns. Tage. 8. (22½ B.) Leipzig 840, Gebhardt u. Reisland.

— warum es uns gebühret, an dem allgemeinen Bekenntnisse unserer evangelisch-luther. Kirche getreulich vestzuhalten. Predigt. gr. 8. Bautzen 845, Schlüssel. n. 1/12 Thlr.

—— Warum es uns gebühret, an d. allgem. Bekenntnisse unserer evangel.-luther. Kirche getreulich vestzuhalten. Predigt. gr. 8. (1 B.) Bautzen 845, Weller. *

—— Was hat der Lehrer zu thun, und wie sich zu bereiten, um von seinem Religions-Unterrichte den möglichsten Segen erwarten zu können? Ansprache an die am 12. Octbr. 1859 zu Budissin versammelten Volksschullehrer der Oberlausitz gehalten. gr. 8. (26 S.) Bautzen 859, Helfer. *

– Die Weihe des Sonntags, s. Theodulia.

—— Woran wir prüfen können, ob d. heilige Geist auch über uns ausgegossen ist. Predigt. gr. 8. (1 B.) Bautzen 845, Weller. *

—— Wort aus der Schrift. In e. Auswahl von Predigten zu St. Petri in Bautzen gehalten. 1. u. 2. Hft. gr. 8. Bautzen, Weller. [1. (8¾ B.) 842. 20 Ngr., 2. (9 B.) 45. 18 Ngr.]

Wildenhahn, J., Vortrag über Christian Felix Weiße aus Annaberg. gr. 8. (39 S.) Annaberg 884, Graser. *

Wildenhahn, Julius [Prof. Dr.]: Gedächtnisrede auf Herrn Rektor Professor *Bruno* Berlet, *gest. am 30. Nov. 1892.* Annaberg, Druck v. C. E. Kästner, 1893; 7—13 S. 4.
Annaberg, k. RG nebst PG, OP 1893 (547)

Wildenhain, Aug. Wilh., Predigt üb. 1. Corinth. Cap. 1, v. 10—15, mit Rücksicht auf d. kirchl. Verhältnisse im Muldenthale gehalten. gr. 8. (1¼ B.) Penig 839. (Leipzig, Kollmann.)

Wildenhain, Aug. Wilh., Die apostolische Warnung für Alle, die da reich werden wollen. Circularpredigt über 1. Timoth. Cap. 6, V. 6—10. gr. 8. (1¼ B.) Chemnitz 842. [Schneeberg, Gödsche'sche Buchh.] Thlr.

Grimma. — Wildenhain, F. Karte v. Grimma u. nächster Umgebung. 1 : 10,000. Photolithogr. u. Farbendr. (25,5 × 26,5 cm.) Grimma 891, Gensel. — 30

Wildenhayn, (Hütten-Insp.,) Haupt-Sach-Register zu den Amtsblättern für den Königl. Regierungs-Bezirk Potsdam und die Stadt Berlin vom Jahre 1811 bis incl. 1843. ... Berlin 844, Rubach. 1 Thlr.

Wildenhayn, Franz

— s. Abhandl. v. Pottaschsieden.

WILDENHAYN, Franz: Abhandlung von Pottaschsieden oder Versuche zu Bestimmung des wahren Gehalts verschiedener Baum- und Holzarten, Pflanzen und brennlicher Substanzen an Pottasche. Gekrönte Preisschrift der Leipziger Ökonomischen Gesellschaft. - Dresden 1771. 55 S., 1 Tab., 4 Taf. - Tl. 2: Mit technischen Einzelheiten. ebd. 1800. 40 S., 2 Taf.

Wildenhayn, Jh. Wlh., († d. 9. Jan. 1807.) Denkmal d. Pastor Chr. Fr. Seyffert in Tuttendorf gewidmet. 4. Frberg 802. Graz u. G. 2 gl.

Wilden-Medicin, die, der Jetztzeit im Allgemeinen u. Koryphäus Friedrich Lampe, Hannoverscher Director einer Heilanstalt in Goslar am Harz, in's Besondere. Ein Buch für Aerzte, Apotheker u. Laien von W. v. B. Berlin 866. Huber. gr. 8. (IV, 140 S.) n. 20 ngr.

Wildenow, Eugen Die Beziehungen Walthers von der Vogelweide zu den Babenbergern. 4 (S. 3—30).
Progr. G. u. Rg. *Greifswald* 1887 (124).

Wildenow, Eug., Theodor Körners Grabstätte. Bestattung des Dichters in Wöbbelin, Geschichte seines Grabes u. die Feiern an seinem Begräbnisplatze. Mit 1 Portr. des Dichters u. 6 in den Text gedr. Abb. gr. 8. (75 S.) Dresden 901. C. Heinrich. n. 1.—

Wildenow, Eug., Theodor Körner u. d. Seinen, s.: Peschel, W. Emil.

Wildenow, Eugenius, De Menippo cynico. Halis Saxonum 1881: Karras. 39 S. 8°
Halle-Wittenberg, Phil. Diss. v. [27. Juni] 1881
Geb. Frankfurt a. d. O. 22. 6. 1855. V.

Wildenow, Karl Ludwig

s. Willdenow, Karl Ludwig

Wildenradt, Johann

—— Adalbert v. Harras; Occo then Broek, s. Universal-Bibliothek für die Jugend.

Wildenradt, Joh. v., zwölf Balladen. 8. (III, 148 S.) Leipzig 883. Liebeskind. n. 2. 40

Wildenradt, Joh. v., Lavinia Colonna. Roman. 8. (280 S.) Leipzig 887. Friedrich. n. 5. —; geb. n. 6. —

Wildenradt, Joh. v., Geschichte u. Dichtung, s. Jugendbibliothek, deutsche, 62. Bd.

— Geschichte u. Dichtung, s.: Schmidt's, F., deutsche Jugendbibliothek.

Wildenradt, Joh. v. Herzensrechte. Schauspiel in 5 Akten. gr. 8. (III, 70 S.) Lpz. 891, (Elischer Nachf.). * 3 —

— Herzensrechte. Novelle. (226 S.) 8. Berlin (903). O. Janke. n. 3. —

Wildenradt, Joh. v., die Historia von Herrn Hartwig und der treuen Else. 8. (390 S.) Hamburg 879, O. Meißner. geb. *

—— die Historia von Herrn Hartwig und der treuen Else. 2. Aufl. 8. (390 S.) Hamburg 881, O. Meißner. * geb. *

—— Die Historia v. Herrn Hartwig u. der treuen Else. 3. Aufl. 8. (361 S.) Hamb. 890, O. Meißner's Verlag. * 5 —; geb. * 6 —

Wildenradt, Joh. v., Johann v. Renys, d. Kampf um d. Marienburg, s.: Lohmeyer's, Jul., vaterländ Jugendbücherei, 1. Bd.

– Meister Josephus

– – dasselbe. Eine Künstler-Komödie in 3 Aufzügen. (109 S.) 8. Hamburg 903. O. Meißner's Verl. n. 2. —

Meister Josephus. 3 Tage aus d. Leben e. Künstlers von J[ohann] v. **Wildenradt**. Berlin: O. Janke [1905]. (159 S.) 8⁰
(Kollektion Otto Janke.)

—— Leonore, s. Ottmann's Bücherschatz.

— Leonore. Erzählung. (Neue [Titel-]Ausg.) 8. (150 S.) Leipzig 893. C. F. Müller. n. — 60

—— Fra Filippo Lippi. Episches Gedicht in 5 Gesängen. 8. (159 S.) Ebendas. 878.
geb. mit Goldschn. *

— Melitta. Einem altdeutschen Meistersang nachgedichtet. (77 S.) 8. Glückstadt 905. M. Hansen.
Geb. in Leinw. n. 2. —

—— Joseph Nassy. Erzählung aus dem 16. Jahrh. 8. (VI, 390 S.) Leipzig 888, Friedrich. *

—— der letzte Römer. Histor. Roman. 3 Bde. 8. (287; 315; 300 S.) Berlin 886, Janke. *

—— Schön-Dülweke. Eine Geschichte aus dem XVI. Jahrh. 8. (232 S.) Leipzig 886, Elischer Nachf. *M 4.—.; geb. *

Wildenradt, Joh. v., Signelli. Episches Gedicht. 8. (267 S.) Hamburg 902. O. Meißner's Verlag.
Geb. in Leinw. n. 5. —

— der Sohn d. Rose. Ein Märchenspiel in 3 Aufzgn. Die zur Handlg. gehör. Musik v. Arnold Krug. 12. (67 S.) Karlsruhe 895. (J. Velten.) n. 1. 50

Wildenradt, Joh. v., Ubbo, der Friese. Erzählung aus deutscher Vergangenheit. 16. (164 S.) Leipzig 888. Knaur. geb. m. Goldschn. n. 2. —

—— der letzte Wendenkönig. Romant. Gedicht. 12. (XV, 317 S.) Leipzig 882, Liebeskind. *

—— der Zöllner von Klausen. Histor. Roman. 2 Bde. 8. (340; 347 S.) Leipzig 884, [Schlicke.] Elischer. *M 12.; geb. *

Der Zöllner von Klausen. Histor. Roman v. Johann von **Wildenradt**. Ill. v. E. W. Lilien-München. Bd 1. 2. Berlin: Vorwärts (1898). 2 Bde 8⁰
(Stunden, In freien. Jg 2. Halbjahresbad 1. H. 1–15.)

— zu spät! Schauspiel in 3 Aufzügen. 8. (186 S.) Ebd. 902. n. 2. —

Wildenrath, Heinrich, a. Lobberich ⟨Rheinland⟩: Aus der Königl. chirurgischen Universitäts-Klinik zu Kiel. Über 118 mit Murphyknopf behandelte Fälle von Operationen an Magen und Darm aus den Jahren 1899—1906. Kiel 1906: H. Fiencke. (29 S.) 8°
Kiel, Med. Fak., Ref. Helferich, Diss. v. 21. Mai 1906
[Geb. 5. April 81 Neumagen a. d. Mosel; Wohnort: Lobberich; Staatsangeh.: Preußen; Vorbildung: Gymn. Kempen, Rhld. Reife; Studium: Bonn 2, Freiburg i. B. 2, Bonn 2, Kiel 4 S.; Coll. 21. April 06; Approb. 20. Febr. 06.]

Wildenrath, Robert, a. Lobberich: Pharmakologisches Institut der Universität Bonn. Ueber die Grenzen der Giftigkeit des Natriumsulfites. Bonn 1906: E. Eisele. (49 S.) 8°
Bonn, Med. Fak., Ref. Binz, Diss. v. 17. Mai 1905
[Geb. 29. März 82 Lobberich, Kr. Kempen; Wohnort: Lobberich; Staatsangeh.: Preußen; Vorbildung: Gymn. Emmerich Reife O. 00; Studium: Freiburg i. B. 1, Bonn 3, Freiburg i. B. 1, Kiel 2, Bonn 2 S.; Coll. 17. Mai 05; Approb. 1. Mai 05.]

Die **Wildenschaft** der Kgl. Technischen Hochschule zu Berlin 1900–1910. Ein Beitrag z. Geschichte d. deutschen Studententums. Hrsg. vom Verband ehem. Freier Studenten Charlottenburg E.V. Berlin 1910: Pilz. VIII, 252 S. 8⁰

Wildensinn, Hans, Lieder u. Balladen. (127 S. m. Bildnis.) 8. Fürth 910. A. Schmittner. 2. —

Wildenstamms Geheimnisse, od. d. furchtb. Nächte; e. Erzählung a. d. Gebiete d. Wahren u. Romantischen entlehnt. m. K. 8. Wien, Pichler. 803.

Wildenstein [Sachl. OW]

v. **Wildenstein**, Adelheid, oder die Folgen mütterlicher Eitelkeit. (v. J. G. Hoche). 8. Frankf. 798. Fr. Wilmans. 1 ⅙ 4 gr.

Wildenstein [Schlagwort]

Wildenstein, s.: Preussen. Messtischblätter.

Wildenstein, s.: Vogesen.

Wildenstein [Verf.]

v. **Wildenstein**, Graf Frz. Jos., (+ d. 19. Mai 1808.) Uebersetzte aus d. Französ.: Rapin, Vergleichung Homers mit Virgil.

Wildenstein, Kurt (A. Osk. Klaußmann), Dolf der Burenheld. Gefahren u. Erlebnisse eines jungen Deutschen im jüngsten Burenkriege. Eine Erzählg. f. die Jugend. Mit 4 Farbdr.-, sowie 8 Tonbildern. 5. Aufl. gr. 8. (III, 156 S.) Stuttgart (902). Loewe. Geb. in Leinw. 3. —

Wildenstein, Otto, Lieder. [Aus: „Freimuth, Aachen's Dichter u. Prosaisten".] 8. (64 S.) Aachen 882. (Kaatzer.) — 75

Wildèr, Prinz Methusalem, s. Theater, neues Wiener.

Wilder, ..., s. Fr. Tschischka, der Stephans-Dom in Wien 2c.

Wilder, Georg und Chrstph., Erinnerungs-Blätter an Nürnberg, s. Erinnerungs-Blätter.

Wilder, Georg Christoph, s. Biographien hingericht. Personen.

Wilder, Geo. Chr., neuester Grundplan von Nürnberg. Fol. Lith. Nürnberg 850, v. Ebner. 12 ngr

– s. J. S. Mörl: Scholia.

— Passionspredigten über die Leidensgeschichte Jesu, nach Joh. 18, 19. 8. Nürnb. 802.

Wilder, Geo. Cph., 15 Predigten über die Leidensgeschichte Jesu. 8. Leipz. 790. Fr. Fleischer. 12 gr.

– s. Taschenbuch, Neues, v. Nürnberg.

Wilder, George Walker. Experimentelle Untersuchungen über die Variation des Wärmeleitungsvermögens mehrerer wässeriger Salzlösungen mit Dichte. Diss. Phil. [II.] Univ. Zürich. [Mit 3 Tafeln.] 69 S. 8. Glarus, D. Hefti, 1902.

Wilder, H., Vergleichungs-Tabellen des Reichsbankgeldes. Silber gegen Zettel u. Zettel gegen Silber. Nach d. Mortimer und Tate. gr. 4. Kopenh. 822. (Gyldendal). 2 ß 4 ₰

WILDER, H. M.
See Journal of the Philadelphia College of Pharmacy.

Wilder, Hans: Nachrichten über die dt. Colonie des Barons von Racknitz am Flusse Nueces in mexikanischen Staate Tamaulipas . . . — Kopenhagen: Reitzel 1835 20 S.

Wilder, Harris Hawthorne [aus Bangor, Maine]: A Contribution to the Anatomy of Siren lacertina. . . . (Aus: Spengel's Zool. Jahrb., Bd. IV, 1891. M. 2 Taf.) Jena, G. Fischer, 1891; 16 S. 8°
Freiburg i. B., Phil. Fak., Inaug.-Diss. v. 1891

JOHANN CHRISTOPH JACOB WILDER, Zum Andenken Herrn Johann Ferdinand Roth, Stadtpfarrers an der Hauptpfarrkirche zu St. Sebald in Nürnberg. Im Namen des Nürnbergisch-Pegnesischen Blumen-Ordens geschrieben. Nürnberg, 1815. 4o.

Wilder, (J. Ch. J.) der schöne Brunnen zu Nürnberg. — Andeutungen üb. seinen Kunstwerth rc. 2e Ausg. Mit e. Anh., die Feier des 12. Okt. 1824 in Nürnberg betreff. u. 3 Kupf. gr. 8. Nürnb. 825, Riegel u. W.

JOHANN CHRISTOPH JAKOB WILDER, Denkmal der Achtung und Liebe einem würdigen Greise und Freunde alles Guten und Schönen, dem Herrn Benedict Wilhelm Zahn, beider Rechte Doktor, ... dann des Pegnesischen Blumen-Ordens erstem Consiliarius, der im 82sten Lebensjahre am 26. April dieses Jahrs seine Erdenwallfahrt schloss, im Namen des Pegnesischen Blumen-Ordens gesetzt. Nürnberg 1819. 4o.

Wilder, J. J. Ch., Gedichte. Nach d. Verf. Tode ausgewählt u. hrsg. 8. (15¾ B.) Nürnberg 838, Riegel u. Wießner.

Wilder, J. Chr. J., Lieder u. Bilder aus Albrecht Dürers Leben. Zur Feier d. Grundsteinlegung d. Denkmals f. Albrecht Dürer. am 7. April 1828. gr. 4. (5 B. u. 4 Kpfr.) Nürnberg, Riegel u. Wießner.

— Nürnberg. Eine gedrängte Zusammenstellung seiner Merkwürdigkeiten. Mit 1 Pl. 8. Nürnb. 827, Riegel u. W.

J. CH. J. WILDER, Züge aus dem Leben des Herrn Christian Gottlieb Müller vormaligen Amts- und Gegenschreibers im Stadtallmosenamte dahier und beständigen Sekretärs des Pegnesischen Blumenordens. Eine Erinnerungsschrift an die Verdienste desselben im Namen des Pegnesischen Blumenordens. (Mit 1 Portrait.) Nürnberg, 1824. 4o.

Wilder, Michael (Lübeck) **A. S. 346/27**

Dissertatio iuridica inauguralis de revisione particulari juris communis in causis ex privilegio principum et statuum imperii inappellabilibus. ...
Altdorf (Meyer) XII. 1712. 56 S.
36735

Wilder, Otto: Quae ratio intercedat inter Moretum carmen et priora opera Vergiliana. (Umschlagtitel: Das Moretum und die vergilianischen Jugendgedichte.) S. 3—11. 8.
Progr. K. k. deutsches Staatsgymn. *Budweis* 1907.

WILDER, PT., Tentamen inaug. de ophtalmia neonatorum. Kiliæ Hols. 1797. (U. B.).

Wilderer, die große Anekdoten-Jagd, im Felde der Geschichte, des Witzes u. des Scherzes, der Laune u. des Spottes. 1s Revier. 4 Treiben. (Hefte.) 8. Leipzig u. Naumburg 834. (Franke.) 1 ß

— dass. 2s Revier. 4 Treiben (Hfte.). 8. Ebd. 834. 1 ß

— dass. 3s Revier. A. u. d. T.: Anekdoten-Magazin für 1835. 2 Bde. oder 8 Hfte. 8. Ebd. 835. 3 ß

† Wilderer, (G. H. Schröter,) die große Anekdoten-Jagd, im Felde d. Geschichte, d. Witzes u. d. Scherzes, d. Laune u. d. Spottes. 3 Bde. (od. 8 Hfte.) 4. ... Leipzig, [Schäfer.] à Bd. 1 Thlr.

† Wilderer, (G. H. Schröter,) Blumen, Frucht- u. Dornenstücke aus d. Gärten d. Ephemeriden. Ein literar. Quodlibet, bunt aneinander gereiht. 1. Ernte. 8. (12 B.) Leipzig 835, (H. Franke.)

Wilderer, Johann Wilhelm Friedrich Joseph von
(Düsseldorf) A. S. 637/14

Dissertatio de anacephalaeosis exegetica principiorum juris publici Romano-Germanici ...
Präs. Johann Friedrich Hertling.
In: Moser, Jo. Jakob: Syntagma dissertationum selectiorum ... Tübingen (Sigmund) 1738. S. 503-531.

Diss. Heidelberg 1724. 36736

Wilderer- und andere Geschichten aus „Waidmanns Heil". 8. (III, 120 S.) Klagenfurt 888, Leon sen. *

Wilderer-Ordnung. - Stuttgart 1718. 20 S.

Wilderich. Ein Märchen für Beichtkinder. 16. (32 S.) Paderborn 897. Bonifacius-Druckerei. n. — 10

[Wilderink, Gerhardus Henricus]: *Observationes, quae de nonnullis Hebraicis verbis idem significantibus factae sunt. 50 S. 2°
Halle-Wittenberg, Phil. Diss. v. 2. Mai 1866
Geb. [Gronau (Westf.) 17. 9. 1842]

Wildermann, Ferd., heimgekehrt. Schauspiel in 3 Akten. 8. (84 S.) Rheine 894. A. Rieke Ww. n. 1. 20

Wildermann, Ferd., der König d. Wiedertäufer. Histor. Schauspiel in 5 Akten. 8. (132 S.) Rheine 895. A. Rieke Ww. n. 2. —

— Kaiser Maximilian v. Mexiko. Ein Trauerspiel in 3 Akten u. m. e. Vorspiel. 8. (75 S.) Regensburg 893. Nationale Verlags-Anstalt. 1. —

Wildermann, [Max], Dir. Dr.: [B e r i c h t über die Einweihung des neuen Gymnasial- und Realschulgebäudes.] Saargemünd 1899: Saargemünder Zeitung. (S. 22–24.) 4°
Saargemünd, G u. R. P 1899 (547)

Wildermann, Max, die Grundlehren der Elektricität und ihre wichtigsten Anwendungen. Für Gebildete aller Stände dargestellt. gr. 8. (XX, 502 S. mit 1 Titelbilde und 263 in den Text gedr. Abbild.) Freiburg i. Br. 885, Herder'sche Verlagsh. *M 7.—.; geb. *

Wildermann, Max, f.: Jahrbuch d. Naturwissenschaften.

—— Naturlehre, f.a Jugendbibliothek, illustrierte, im Anschlusse an das Lesebuch von J. Bumüller und J. Schuster.

—— **Naturlehre im Anschluß an das Lesebuch von J. Bumüller und J. Schuster. Illustr. Ausg., neu bearb. 8. (XI, 150 S. mit 108 Abbild.) Freiburg i. Br. 887, Herder'sche Verlagsh. *M 1.—.; geb. ***

Wildermann, Max. Naturlehre im Anschluß an das Lesebuch v. J. Bumüller u. J. Schuster. Illustr. Ausg. 2. sehr veränd. Aufl. 8. (VIII, 120 S. m. 111 Abbildgn.) Freib. i. Br. 892, Herder. * — 80 geb. * 1 —

— Naturlehre f. den Unterricht an Mittelschulen u. höh. Mädchenschulen, sowie f. den Selbstunterricht. 3., verb. u. stark verm. Aufl. 8. (XII, 144 S. m. 130 Abb.) Freiburg i/B. 901. Herder. n. 1.— ; geb. in Halbleinw. n. 1.25

— nociones de física experimental. 8. (VIII, 136 S. m. 116 Fig.) Ebd. 893. n. 1.— ; geb. in Halbleinw. n. 1.12

— Nociones elementales de física experimental. 2. ed. Notablemente aumentada y mejorada. (Biblioteca instructiva para la juventud.) 8. (VIII, 168 S. m. 148 Fig.) Ebd. 900. Kart. n. 1. 60

— Nociones de física. 3. ed. Notablemente aumentada y mejorada. Con 160 figuras intercaladas en el texto. 8. (XII, 181 S.) Ebd. 902. Kart. n. 1. 60

— **Nociones de física. 4. ed., aumentada y mejorada. Con 161 figuras intercaladas en el texto. (XII, 182 S.) 8. Freiburg i/B. 909. Herder. 1.36; kart. 1.60; geb. 1. 88**

Wildermann, Meyer [aus Tiraspol '(Russl.)']: [I.] Die Halogenderivate des Hauptproduktes des gewöhnlichen Amylens. [II.] Die Constitution einiger gesättigten und ungesättigten Halogenderivate resr. [!] Kohlenwasserstoffe, die aus dem gewöhnlichen Amylen dargestellt werden ... Freiburg i. B., Buchdr. v. Chr. Ströcker, 1892; 54 S. 8.
Freiburg i. B., Phil. Fak., Inaug.-Diss. v. 1892

Wildermann Rud., f.: Monatsblätter f. den kathol. Religionsunterricht an höheren Lehranstalten.

Wildermet, katechetische Einleit. d. wahren seligmachenden Religion. 8. Basel, Thurneisen. 772.

Wildermet, Jh. Konr. Gf., († 1758.) hundert u funfzig kurze Andachten u. Seufzer; poetisch entworfen nach d. Anzahl, Ordnung u. Inhalt d. Psalmen Davids. 8. Biel 758.

— Gründe für die Absonderung von d. röm. Kirche u. ihrem Gottesdienst, sammt kurz angehängtem Grund wider d. Absonderung von d. reformirten Kirche u. ihrem Gottesdienst. 8. Biel 758.

W i l d e r m e t t, S[igmund] H[einrich]. Berichtigung und Widerlegung der Druckschrift, so von drey Mitgliedern der jetzigen Regierung der Stadt Biel unterzeichnet und in der Mitte letzten Augusts ausgestreut worden ist. 8. Bern 1815.

Wildermut, Klara

— — Helenes Jugendjahre. Von — —. Für jüngere Mädchen. Leipzig, Friedrich Meyer, o. J. (um 1900). 8°. 51 S.
[Letzte Seite: Chicago. Gedruckt auf Kosten guter Freunde. Sotadisch.
Verb. d. AG. Leipzig IV 498/05.

Wildermuth, Anleitung zum Rechnen aus dem Anfang des 16. Jahrh. von Huswirt, neu hersg. mit histor. Einleitung u. Commentar. Tübingen 855. (Fues'sche Sortimentsh.) 4. (52 S.) n. 17 *ngr.*

Wildermuth, (I.), Anleitung zum Rechnen aus dem Anfang des 16. Jahrb. von Huswirt, neu hrsg. mit histor. Einleitung und Commentar. 4. (52 S.) Tübingen 865, (Fues'sche Sortimentsh.) * — 17

W i l d e r m u t h. Ueber die drei ältesten süd- und nordfranzösischen Grammatiken. Tübingen, G., 1857. 39 S. 4.
Progr.

Wildermuth, die drei ältesten süd- und nordfranzösischen Grammatiken. Tübingen 857. (Fues' Sortbhdlg.) 4. (2 Bl., 42 S.) n. $11\frac{1}{2}$ *ngr.*

Wildermuth, A. H., s. W i l d e r m u t h, Hermann

Wildermuth, Adelheid, mein B r u d e r u. ich, f.: U n i v e r s a l - B i b l i o t h e k für die Jugend.

Wildermuth, Adelheid, gut F r e u n d. Erzählungen. Mit 6 Bildern nach Aquarellen v. Eug. Klimsch u. Fritz Bergen. 8. (III, 310 S.) Stuttgart 891. Union. Geb. in Leinw. 4. 50

Wildermuth, Adelh., f.: Jugendgarten.

— Ottilie W i l d e r m u t h ' s Leben, f.: W i l l m s, A.

— Schule u. Leben. Erzählungen für junge Mädchen. 8. (268 S.) Stuttgart 882. Krabbe. geb. n. 3. —

Wildermuth, Adelheid, S c h u l e u. Leben. Erzählungen f. junge Mädchen. 2. Aufl. 8. (268 S.) Stuttgart 883. Krabbe. geb. n. 3. —

Wildermuth, Adelheid, S c h u l e u. Leben. Erzählungen f. junge Mädchen. 3. Aufl. 8. (III, 266 S.) Stuttgart 890. Krabbe. geb. n. 3. —

— w o l l t ihr's hören? Erzählungen für junge Mädchen. 8. (240 S.) Ebend. 882. geb. n. 3. —

Wildermuth, Adelheid, w o l l t ihr's hören? Erzählungen f. junge Mädchen. 2. Aufl. 8. (245 S.) Stuttgart 884. Krabbe. geb. n. 3. —

— w o l l t i h r ' s h ö r e n? Erzählgn. für junge Mädchen. 3. Aufl. 8. (V, 245 S.) Stuttgart 896. C. Krabbe. Geb. in Leinw. n. 3. —

Wildermuth, D.

Wildermuth, französ. Chrestomathie, s.: G r u n e r, Fr.

—— **Morceaux choisis de littérature allemande, s. E i s e n - m a n n, W. Fr.**

— Musterstücke, s. Eisenmann, Gruner und Wildermuth.

— deutsche Musterstücke, s. Gruner, F.

Select specimens of german literature ..., s. Gruner, Friedrich

Wildermuth, F., gedenke mein! Auswahl deutscher Dichtg. 12. (47 S. m. farb. Illustr.) Berlin 893. M. Neufeld Nachf. Geb. m. Goldschn. 3. —

— dasselbe. Ausgewählte Lieder u. Sprüche, gesammelt v. W. Mit vielen Illustr., sowie e. Titelbilde. 2., verb. Aufl. 8. (49 S.) Leipzig 894. F. Cavael. Geb. in Celluloid u. Damast m. Goldschn. 3. —; in Leinw. m. Goldschn. 2. 50

Wildermuth, H. A., s. Wildermuth, Hermann

Wildermuth, Hermann

Wildermuth, H. A., üb. d. Aufgaben d. Pflegepersonals bei Epileptischen. [Aus: „Irrenpflege".] gr. 8. (11 S.) Halle 898. C. Marhold. n. — 50

Wildermuth, H. A., über die Aufgaben des Pflegepersonals bei Epileptischen. 3. Aufl. (16 S.) 8. Halle 904. C. Marhold. n. — 50

Wildermuth, H. A., Der feinere Bau der lufthaltigen Vogelknochen. S.-A. Jena 77. Fischer.

— s.: Zeitschrift für d. Behandlg. Schwachsinn. u. Epileptischer.

— Über die Zurechnungsfähigkeit der Hysterischen, s.: Grenzfragen, juristisch-psychiatrische. II. 1. 2.

Wildermuth, Karl, aus Rielingshausen, O.-A. Marbach: Über die Absorption elektrischer Schwingungen in Flüssigkeiten. *Leipzig: J. A. Barth 1902.* (18 S.) 8°
Tübingen, Naturw. Diss. v. 1902

Wildermuth, O., vollständige Blumensprache m. eingestreuten Poesien f. Liebende. 6. verm. u. verb. Aufl. 32. (160 S.) Harburg 876. Elkan. 1. —

Wildermuth, Ottilie, Auguste. Ein Lebensbild. 1. u. 2. unveränd. Aufl. Stuttgart 858. Krabbe. 16. (VIII, 200 S.) 18 ngr.

Wildermuth, Ottilie, Auguste. Ein Lebensbild. 3. Aufl. Stuttgart 860. Krabbe. 16. (VIII, 200 S.) 18 ngr.

Wildermuth, Ottilie, Auguste. Ein Lebensbild. 6. Aufl. 8. (VI, 215 S.) Stuttgart 883. Kröner. 2. —; geb. n. 2. 80

WILDERMUTH. *Von Berg und Thal.* Zweite durchges. Auflage der Erzählungen und Mährchen. Mit sechs Stahlstichen nach [F.] ROTHBART. Stuttgart, A. Krabbe [1861]. VIII, 262 S. 1 Bl. 8° (fast quadrat.) Grüngrauer Or.-Pappbd. m. farb. Illustr. 22.—
Eins der schönsten Wildermuthbücher. Enth. u. a.: Cherubino und Zephirine, Das Peterli von Emmenthal usw. Die schönen Stiche in bräunl. Druck. — Wenige Fleckchen. Einband leicht benutzt, Rücken lädiert.

— Von Berg und Thal. 2. durchgeseh. Aufl. der Erzählungen und Mährchen. Mit 6 Stahlst. nach Orig.-Zeichngn. von Rothbart. Ebend. 862. 16. (V, 262 S.) 1 ℛ 12 ngr.

Wildermuth, Ottilie, von Berg u. Thal. 3., durchgeseh. Aufl. Stuttgart 867. Kröner. br. 8. (V, 262 S. mit 6 Stahlst. nach Orig.-Zeichnungen von Rothbart.) cart. 1 ℛ 12 ngr.

WILDERMUTH. *Von Berg und Thal.* 3. durchges. Aufl. Mit 6 Stahlstichen nach [FERDINAND] ROTHBART. Stuttgart, A. Krabbe [c. 1870]. VI, 262 S. Kl.-8°. Chromolithogr. Or.-Pappbd. (Rücken u. Ränder erneuert). — Teilw. leicht fleckig. 12.—

Wildermuth, Ottilie, v. Berg u. Thal. 5. durchgeseh. Aufl. der Erzählgn. u. Märchen. Mit 6 Stahlst. nach Orig.-Zeichngn. v. Rothbart. 8. (V, 262 S.) Stuttgart 876. Kröner. 4. 50

WILDERMUTH. *Von Berg und Thal.* 7. durchges. Aufl. Stuttgart, Kröner, c. 1888. M. 6 farb. Bildern. 4°. Ill. Orhlwd. Unbed. benutzt. 8.—

Wildermuth, Ottilie, von Berg u. Thal. 9. durchgeseh. Aufl. der Erzählgn. u. Märchen. Mit 6 Bildern in Farbendr. nach Aquarellen v. Thdr. Schüz. 8. (V, 272 S.) Stuttgart (898). Union. Geb. in Leinw. 4. 50

Wildermuth, Ottilie, von Berg u. Tal. Erzählungen u. Märchen. Mit 6 Bildern in Farbendr. nach Aquarellen v. Thdr. Schüz. 10. Aufl. (V, 272 S.) 8. Stuttgart (906). Union. Geb. in Leinw. 3. —; Volksausg. (183 S. m. 6 schwarzen Bildern. kl. 8. Geb. in Leinw. 1. 20

— dasselbe. Erzählungen f. die Jugend. Mit Berücksicht. der neuen Rechtschreibg. durchgesehen v. Otto Lange. Mit 5 schwarzen ganzseit. Bildern sowie 6 farb. Bildern v. Eug. Hanetzog. (112 u. 124 S.) 8. Berlin (908). Berl. Jugendhort. Geb. in Halbleinw. 3. —; gr. 8, geb. in Leinw. 4. 50

— Von Berg u. Tal. Erzählungen u. Märchen. (166 S. m. 6 Farbdr.) 8. Bielefeld (908). Verlagshandlung der Anstalt Bethel. Geb. 1. 60

Wildermuth, Ottilie, Bilder u. Geschichten aus dem schwäbischen Leben. 8. (VI u. 410 S.) Stuttgart 852, A. Krabbe. $1^{3}/_{4}$ ℛ

— Bilder und Geschichten aus dem schwäbischen Leben. 2. Aufl. Stuttgart 853. Krabbe. 8. (VI, 410 S.) 1 ℛ. $22^{1}/_{2}$ ngr.

—— Bilder und Geschichten aus Schwaben. 1. Bd. 3., durchgeseh. Aufl. br. 8. (VIII und 414 S. mit dem Portr. der Verf. in Stahlst.) Stuttgart 857, Krabbe. 1 Thlr.; geb. * 1 $7^{1}/_{2}$

Wildermuth, Ottilie
Bilder und Geschichten aus Schwaben. Bd 1 (3.Aufl.).
Bd 2 (2.Aufl.).
Stuttgart: Krabbe 1857. 8°

—— dass. — 2. Bd. 2., durchgeseh. Aufl. br. 8. (VII und 408 S.) Ebendas. 857. 1 Thlr.; geb. * 1 $7^{1}/_{2}$

— Bilder u. Geschichten aus Schwaben. 2 Bde. 5., durchgeseh. Aufl. Ebend. 865. gr. 16. (XV, 822 S. mit dem Portr. der Verf. in Stahlst.) 2 ℛ; geb. n. 2 ℛ 15 ngr.

Wildermuth, Ottilie, Bilder und Geschichten aus Schwaben. 6. durchges. Aufl. 2 Bde. Mit dem (Stahlst.-)Portr. der Verf. 8. (VIII, 412; IV, 412 S.) Stuttgart 883, Kröner. geb. *

Wildermuth, Ottilie, Bilder u. Geschichten aus Schwaben. 2 Bde. (208 u. 214 S. m. je 4 [1 farb.] Vollbildern.) 8. Konstanz (909). Christl. Buch- u. Kunstverlag C. Hirsch. Geb. à 1. —; in Leinw. à 1. 50

— neue Bilder und Geschichten aus Schwaben. Stuttgart 854. Krabbe. 16. (VIII, 406 S.) 1 $\mathcal{R}$. $22^{1}/_{2}$ ngr.

— **Briefe an e. Freund. Mit e. Lebensskizze. Hrsg. v. Bernhardine Schulze-Smidt.** (192 S.) kl. 8. **Bielefeld 910. Velhagen & Klasing.** Geb. in Leinw. 3. —

— Brüderchen u. Schwesterchen. Das Bäumlein im Walde, s.: Meyer's Volksbücher.

— **Brüderchen u. Schwesterchen. Erzählung f. d. Jugend.** (32 S.) kl. 8. Reutlingen (908). Enßlin & Laiblin. — 15; kart. — 20.

— **Die drei Christbäume u. 5 andere Erzählungen f. die Jugend. (IV, 112 S. m. Bildnis u. 3 [1 farb.] Vollbildern.)** 8. Reutlingen (909). R. Bardtenschlager. Geb. 1. 30

— **dasselbe u. 9 andere Erzählungen f. d. Jugend. Doppelband. (IV, 112 u. 112 S. m. Bildnis u. 7 [3 farb.] Vollbildern.) 8. Ebd. (909).** Geb. 2. 50

— Daheim, s.a. Verein f. Verbreitung guter Schriften, Bern. Nr. 73.

Wildermuth, Ottilie. Daheim. [Erzählung. Mit illustriertem Titel.] IV + 76 S. 8. Bern, Verein für Verbreitung guter Schriften (*Innentitel:* Haller'sche Buchdr.), Juni 1909. fr. —. 15
Verein für Verbreitung guter Schriften. Bern, Nr. 73.

Wildermuth, Ottilie, Zur Dämmerstunde. Erzählungen. gr. 16. (V, 355 S.) Stuttgart 871, Krabbe. [Kröner.] 3 —
geb. (* $\mathcal{M}$ 3,75.) * 4 —

Wildermuth, Ottilie, zur Dämmerstunde. Erzählungen. 2. Aufl. 8. (VIII, 396 S.) Stuttgart 879. Kröner. n. 4. —; geb. n. 5. —

Wildermuth, Ottilie, zur Dämmerstunde. Erzählungen. 3. Aufl. kl. 8. (VI, 342 S.) Stuttgart 886, Gebr. Kröner. geb. *

— **Dichtungen. Basel 863. Bahnmaier in Comm.** 16. (2 Bl., 56 S.) n. 12 ngr.

— der Einsiedler vom Walde. Eine Weihnachtsgeschichte aus Amerika. Leipzig 867. Kunze. 16. (44 S. mit 1 color. Steintaf. in Tondr.) cart. $7^{1}/_{2}$ ngr.

— **Der Einsiedler im Walde u. andere Erzählungen f. die Jugend. Mit Berücksicht. der neuen Rechtschreibg. durchgesehen v. Otto Lange. Mit 2 schwarzen ganzseit. Bildern sowie 3 farb. Bildern v. Eug. Hanetzog.** (VI, 138 S.) 8. **Berlin** (908). Verlag Jugendhort. Geb. 2.—

—— Erzählungen. 8. (63 S.) Zwickau 866, Buchh. des Volksschriften-Vereins.

— Erzählungen. Zwickau 866. Döhner. 8. (63 S.) $4^{1}/_{2}$ ngr.

— **Erzählungen. 4 Bde. Neue illustr. Ausg. (II, 173 S. m. 50 Abb. u. 5 Vollbildern; II, 192 S. m. 50 Abb. u. 5 Vollbild., 190 S. m. 60 Abb. u. 6 Vollbild. u. 200 S. m. 60 Abb. u. 6 Vollbild.) 8. Konstanz 908. 10. Christl. Buch- u. Kunstverlag C. Hirsch.**
Geb. in Leinw. à Bd. 1.50; in 2 Leinw.-Bdn. à 3. —

— **Ausgewählte Erzählungen f. die Jugend. 1.—22. Heft (m. je 10 Abb.) 8. Ebd.** à Heft — 15
1. Unsere alte Marie. Balthasars Apfelbäume. Die drei Christbäume. (32 S.) (908.) — 2. Kann sein, 's ist auch so recht. Märchens Genesung. (32 S.) (908.) — 3. Der Spiegel der Zwerglein. Der Kinder Gebet. (32 S.) (908.) — 4. Barbeles Weihnachten. Das Bäumlein im Walde. (32 S.) (908.) — 5. Krieg u. Frieden. Die Wasser im J. 1824. (32 S.) (908.) — 6. Die Nachbarskinder. (32 S.) (908.) — 7. Brüderchen u. Schwesterchen. (32 S.) (908.) — 8. Die drei Schwestern vom Walde. Das Steinkreuz. (18 S.) (908.) — 9. Emma's Pilgerfahrt. (48 S.) (908.) — 10. Das braune Lenchen. Eine alte Schuld. (48 S.) (908.) — 11. Eine Königin. (32 S.) (910.) — 12. Cherubino u. Zephirine. (32 S.) (910.) — 13. Eine seltsame Schule. (32 S.) (910.) — 14. Die Peterli v. Emmental. (32 S.) (910.) — 15. Der Sandbub od.: Wer hat's am besten? Des Königs Patenkind. (40 S.) (910.) — 16. Der Einsiedler im Walde. Frau Luna. (10 S.) (910.) — 17. Der kluge Bruno. Heb' auf, was Gott dir vor die Tür legt. (32 S.) (910.) — 18. Nach Regen Sonnenschein. Das Osterlied. (32 S.) (910.) — 19. Spätes Glück. Die wunderbare Höhle. (32 S.) (910.) — 20. Die Kinder der Heide. Des Herrn Pfarrers Kuh. (32 S.) (910.) — 21. Die erste Seefahrt. Kordulas erste Reise. (32 S.) (910.) — 22. Elisabeth. Es ging e. Engel durch das Haus. (32 S.) (910.)

WILDERMUTH. *Erzählungen und Mährchen* für die Jugend von Ottilie Wildermuth. Mit 4 [hand]colorirten [lithogr.] Bildern. Stuttgart, Scheitlin, [1855]. IV S. 1 Bl. 308 S. 4°. Lithogr. Or.-Karton (Rücken u. Ecken erneuert.) — ★ Reizend illustr. Erstausgabe. Teilw. etw. fleckig. 22.—

– s. Erzählungen. Die schönsten. f. d. Jugend.

— Elise **Polko** und Luise **Esche**, Erzählungen für den Sylvester-Abend. Barmen 860. Langewiesche. 16. (2 Bl., 120 S.) n. 16 ngr.

— Elise **Polko** u. Luise **Esche**, Erzählungen für den Sylvester-Abend. 2. Aufl. Berlin 865. Grote'sche Verlagsh. 16. (108 S. mit Titelbild von **Paul Thumann in Holzschn.**) 18 ngr.; geb. mit Goldschn. 27 ngr.

— — 2. Aufl. Mit Titelbild von Paul Thumann (in Holzschn.). Hamm 865. Grote. 16. (108 S.) 18 ngr.

— Vier Erzählungen (Der Peterli v. Emmental. Eine Königin. Der Sandbub. Schwarze Treue), bearb. v. Rich. Ohler, s.: Jugend- u. Volksbücherei, illustrierte.

Es ging ein Engel durch das Haus. Des Herrn Pfarrers Kuh. Die erste Seefahrt. 3 Erzählungen f. d. Jugend von Ottilie Wildermuth. Mit 4 Abb. *Stuttgart, Berlin, Leipzig: Union [1900].* (126 S.) 8° [F.]
= Wildermuth: Jugendschriften. Bdch. 18. [01 727]

— **Das Feental u. 8 andere Erzählungen f. die Jugend. (112 S. m. 4 [2 farb.] Vollbildern.) 8. Reutlingen (909). R. Bardtenschlager.** Geb. 1. 30

— **dasselbe u. 6 andere Erzählungen f. d. Jugend. Doppelband. (112 u. 111 S. m. 8 [4 farb.] Vollbildern.) 8. Ebd. (909).** Geb. 2. 50

— **Aus dem Frauenleben. 855. 1 $\mathcal{R}$. $22^{1}/_{2}$ ngr. — 2. durchges. Aufl. Stuttgart 857. Krabbe. 16. (VII, 352 S.) 1 $\mathcal{R}$.**

— — 2 Bd. Ebend. 857. 16. (3 Bl., 386 S.) 1 $\mathcal{R}$.

—— **aus dem Frauenleben. 1. Bd. 2. Aufl. 1857. und 3., durchgeseh. Aufl. und 2. Bd. 1. Aufl. 1857. und 2., durchgeseh. Aufl. 8. (XIV und 736 S.) Stuttgart 859, Krabbe.** 2 —
geb. * 2 15

Wildermuth, Ottilie, Aus dem Frauenleben. 1. Bd. 3. durchges. Aufl. — 2. Bd. 2. durchges. Aufl. Stuttgart 860. Krabbe. 8. (XIV, 736 S.) 2 $\mathcal{R}$

—— aus dem Frauenleben. 2 Bde. 5., verm. Aufl. gr. 16. (X und 738 S.) Stuttgart 865, Krabbe. 2 Thlr.; geb. * 2 15

— **aus dem Frauenleben.** 2 Bde. 5., verm. Aufl. Stuttgart 865. Kröner. gr. 16. (X, 738 S.) 2 $\mathcal{R}$;
geb. n. 2 $\mathcal{R}$ 15 ngr.

—— aus dem Frauenleben. 6. Aufl. kl. 8. (IV, 338, 366 S.) Ebendas. 885. geb. *

WILDERMUTH. *Für Freistunden.* Erzählungen für die Jugend. Von Ottilie Wildermuth. Mit sechs Stahlstichen nach Originalzeichnungen von JULIUS SCHNORR. Stuttgart, Adolph Krabbe [1868]. 3 Bll. 290 S. Kl.-4°. Reizender, farbig illustrierter Or.-Pappband. 22.—
R. 2252. Hobr. S. 151. ★ Originalausgabe mit 1. Abdruck der hübschen Stiche. Enthalt 8 Erzählungen. Einige unbed. Stockfl., Einbd. etwas repariert; gut erhalten.

— für Freistunden. Erzählungen für die Jugend. Mit 6 Stahlst. nach Orig.-Zeichngn. von Jul. Schnorr. 1. u. 2. Aufl. Ebend. 868,69. br. 8. (III, 290 S.) geb. 1 Thlr 12 ngr.

WILDERMUTH. *Für Freistunden.* Mit 6 Stahlstichen nach JULIUS SCHNORR. 2. durchges. Aufl. Stuttgart, A. Krabbe [1870]. 3 Bl. 290 S. 8° (fast quadrat.) Or.-Pappbd. mit reichverziertem farb. Papierüberzug. 15.—
Berühmtes Jugendbuch, 8 Erzählgn. — Teilw. leicht fleckig, Einbandrücken m. Leinen repariert.

—— für Freistunden. Erzählungen für die Jugend. Mit 6 Bildern in Farbendr., nach Orig.-Zeichnungen von Eug. Klimsch. 3. und 4. durchgeseh. Aufl. gr. 8. (280 S.) Ebendas. 867,77. cart.

WILDERMUTH. *Für Freistunden.* Mit 6 [farb.] Bildern v. EUGEN KLIMSCH. 4. durchges. Aufl. Stuttgart [c. 1884]. 4°. Hlwd. Vord. Or.-Umschlagsblatt aufgezogen. Vereinzelte Fleckchen. 10.—

— für Freistunden. Erzählungen f. die Jugend. Mit 6 Bildern in Farbendr. nach Orig.-Zeichngn. von Eug. Klimsch. 8. durchgeseh. Aufl. 8. (III, 280 S.) Ebd. (898). Geb. in Leinw. 4. 50

— für Freistunden. Erzählungen für Kinder von 8 bis 12 Jahren. Mit 6 Bildern in Farbendr. nach Orig.-Zeichngn. v. Eug. Klimsch. 9. Aufl. (III, 280 S.) 8. Ebd. (906). Geb. in Leinw. 3. —; Volksausg. (202 S. m. 6 schwarzen Bildern.) kl. 8. Geb. in Leinw. 1. 20

— dasselbe. Mit Berücksicht. d. neuen Rechtschreibg. durchgesehen v. Otto Lange. Mit 5 schwarzen ganzseit. Bildern sowie 6 farb. Bildern v. Eug. Hanetzog. (103 u. 138 S.) 8. Berlin (908). Verlag Jugendhort.
Geb. in Halbleinw. 3.—; gr. 8, geb. in Leinw. 4. 50

— Für Freistunden. Erzählungen f. d. Jugend. (181 S. m. 6 Farbdr.) 8. Bielefeld (908). Verlagshandlung der Anstalt Bethel. Geb. 1. 60

— die alte Freundin. Erzählungen. Mit 6 Bildern in Farbendr. v. Thdr. Schüz. gr. 8. (IV, 352 S.) Ebend. 885. geb. 4. 50

Wildermuth, Ottilie, die alte Freundin. Erzählungen. 2. Aufl. 8. (IV, 352 S. m. 6 Farbendr.) Stuttgart 889. Union. geb. 4. 50

— die alte Freundin. Erzählungen f. die Jugend. Mit 6 Bilden in Farbendr. v. Thdr. Schüz. 4. Aufl. (IV, 352 S.) 8. Ebd. (906.) Geb. in Leinw. 3. —; Volksausg. (156 S. m. 5 schwarzen Bildern.) kl. 8. Geb. in Leinw. 1. 20

— Die alte Freundin. Erzählungen f. unsere Töchter. Mit (4) Chromobildern nach Aquarellen v. M. Honegger. (171 S.) 8. Berlin (908). A. Weichert.
Geb. (Urspr. Pr. 5.—); große Ausg. (264 S. m. 5 Farbdr.) Geb. in Leinw. (Urspr. Pr. 6.—)

Wildermuth, Ottilie
Früh am Ziele. Hist. Erzählung. Stuttgart 1860.
In: Hausblätter. Bd 2.

— kleine Geschichten, s.: Universal-Bibliothek für die Jugend.

Wildermuth, Ottilie, spätes Glück u. 3 andere Erzählgn. f. d. Jugend. (112 S. m. 4 [2 farb.] Vollbildern.) 8. Reutlingen (910). R. Bardtenschlager. Kart. 1. 30

— Hagestolze, s. a. Universal-Bibliothek.

Hagestolze. Erzählungen von Ottilie **Wildermuth**. Mit e. Vorw. Leipzig: Ph. Reclam jun. [1908]. (92 S.) 8° [Ɨ.]
(Universal-Bibliothek. 4071.) [08. 4796

Wildermuth, Ottilie
Vor dem letzten Haus. Erzählung. Stuttgart 1857.
In: Hausblätter. Bd 4.

WILDERMUTH. *Die Heimath der Frau.* Von Ottilie Wildermuth. Stuttgart, A. Krabbe, 1859. VI S. 1 Bl. 347 S. Kl.-8°. (Etwas benützter) goldgepreßter blauer Orlwd. — ★ 1. Ausgabe. 10.—

— die Heimat der Frau. 5. Aufl. 8. (VII, 348 S.) Stuttgart 881. Kröner. n. 4. —; geb. n. 5. —

— Für unser Herzblatt. Erzählungen f. die Jugend. Mit Berücksicht. der neuen Rechtschreibg. durchgesehen v. Hugo Raimund. Mit 11 schwarzen ganzseit. Bildern sowie 12 farb. Bildern v. Ernst Hellwig. (124, 112 S., S. 5--112 u. 124 S.) gr. 8. Berlin (908). Verlag Jugendhort. Geb. in Leinw. 8. -

Hinauf und hinab. Eine Erzählung f. d. Jugend von Ottilie Wildermuth. Mit 4 Abb. *Stuttgart, Berlin, Leipzig: Union [1900].* (120 S.) 8° [Ɨ.]
= Wildermuth: Jugendschriften. Bdch. 21. [01. 730

— Hinauf u. hinab u. andere Erzählungen. (168 S. m. 5 Farbdr.) 8. Bielefeld (908). Verlagshandlung d. Anstalt Bethel. Geb. 1. 60

s.: Hirte, der gute.

Der rote Hof. Eine Gesch. aus der Marsch von Ottilie Wildermuth. Mit 4 Abb. *Stuttgart, Berlin, Leipzig: Union [1900].* (120 S.) 8° [Ɨ.]
= Wildermuth: Jugendschriften. Bdch. 22. [01. 731

Wildermuth, Ottilie. O' Wildermuths Ausgewählte Jugenderzählungen. Die besten Kindergeschichten O' W'. Ausgewählt von ihrer Tochter Adelheid Wildermuth. Mit einem mehrfarbigen Deckenbild, [illustrierten Vorsatz-Blättern,] vier mehrf' Einschaltbildern und neun zweifarbigen Abbildungen im Text. 135 S. kl.-4. Stuttgart, Berlin, Leipzig, Union Deutsche Verlagsgesellschaft, [1907]. [geb. M. 3. —]
Darin S. 44–67: Der Peterli von Emmental. [Mit 1 Einschaltbild.]

— Jugendgabe. Mit 6 Stahlst. nach Orig.-Zeichngn. von A. Wagemann. Ebend. 864. 16. (V, 286 S.) 1 Thlr 12 ngr.

— Jugendgabe. 2. Aufl. Ebend. 867. br. 8. (III, 286 S. mit 6 Stahlst. nach Orig.-Zeichnungen von A. Wagemann.) 1 Thlr 12 ngr.

— **Jugendgabe. Mit 6 Bildern in Farbendr. nach Aquarellen v. Thdr. Schüz. 8. Aufl. 8. (III, 279 S.) Ebd. (896). Geb. in Leinw. 4. 50**

— Jugendgabe. Erzählungen f. Kinder von 8 bis 12 Jahren. Mit 6 Bildern in Farbendr. nach Aquarellen v. Thdr. Schüz. 9. Aufl. (III, 279 S.) 8. Ebd. (906). Geb. in Leinw. 3. —; Volksausg. (203 S. m. 5 schwarzen Bildern.) kl 8. Geb. in Leinw. 1. 20

— Jugendgabe. (180 S. m. 6 Farbdr.) 8. Bielefeld (908). Verlagshandlung der Anstalt Bethel. Geb. 1. 60

Wildermuth, Ottilie, s.a. Jugendgarten, der.

WILDERMUTH. *Der Jugendgarten.* Eine Festgabe für die deutsche Jugend. Herausgegeben von Ottilie Wildermuth. Erster bis Dritter Band. Stuttgart, A. Kröner, 1876—78. M. vielen farbigen u. schwarzen Tafeln u. Textillustr. 8°. Bd. I Hlwd. m. aufgezog. Vorderblatt d. Or.-Kart., Bd. II—III blaue goldgepr. OrLwdbde. 24.—

Erste Jahrgänge dieses beliebten Jugendjahrbuchs, das auch nach d. Tode d. Wildermuth noch in etwa 40 Jahrgängen erschien u. Beiträge vieler bekannter Jugendschriftsteller enthält. — Teilw. etwas benutzt, einige kleine Einrisse u. Fleckchen, die Einbände z. T. repariert.

[WILDERMUTH]. Der *Jugendgarten.* Fünfter Band. M. 8 farb. u. 8 Tondruckbildern. Stuttg. 1880. 8°. Goldgepr. blauer Or.-Lwd. (unbedeut benutzt). 9.—

[WILDERMUTH]. Der *Jugendgarten.* Dreizehnter Band. M. 8 farb. u. 12 Tondruckbildern. Stuttg. 1888. 8°. Etwas benutzter blauer Orlwd. 7.—

—— Jugendschriften. 1.—14. Bdchn. gr. 16. [Ebendas.] cart. à Bdchn. 75 Pf.

Inhalt:

Bdchn. 1. Ein einsam Kind. — Die Wasser im J. 1824. Zwei Erzählungen für die Jugend. (126 S. mit 4 Stahlst.) 871.

„ 2. Drei Schulkameraden. — Der Spiegel der Zwerglein. Zwei Erzählungen für die Jugend. (128 S. mit 4 Illustr. auf 4 Holzschntaf.) 871.

„ 3. Eine seltsame Schule. — Bärbele's Weihnachten. Zwei Erzählungen für die Jugend. (124 S. mit 4 Illustr. auf 4 Holzschntaf.) 871.

„ 4. Eine Königin. — Der Kinder Gebet. Zwei Erzählungen für die Jugend. (120 S. mit 4 Illustr. auf 4 Holzschntaf.) 871.

„ 5. Spätes Glück. — Die drei Schwestern vom Walde. Zwei Erzählungen für die Jugend. (122 S. mit 4 Illustr. auf 4 Holzschntaf.) 871.

„ 6. Die Ferien auf Schloß Bärenburg. — Der Sandbub', oder: wer hat's am besten? Zwei Erzählungen für die Jugend. (128 S. mit 4 Illustr. auf 4 Holzschntaf.) 871.

„ 7. Cherubino und Zephirine. — Kann sein, 's ist auch so recht. Zwei Erzählungen für die Jugend. (128 S. mit 4 Illustr. auf 4 Holzschntaf.)

„ 8. Brüderchen und Schwesterchen. — Der Einsiedler im Walde. Zwei Erzählungen für die Jugend. (128 S. mit 4 Illustr. auf 4 Holzschntaf.) 871.

„ 9. Der Peterli von Emmenthal. — Zwei Märchen für die Kleinsten. Zwei Erzählungen für die Jugend. (118 S. mit 4 Illustr. auf 4 Holzschntaf.) 872.

„ 10. Krieg und Frieden. — Emma's Pilgerfahrt. Zwei Erzählungen für die Jugend. (143 S. mit 4 Illustr. auf 4 Holzschntaf.) 872.

„ 11. Das braune Lenchen. — Des Königs Pathenkind. Zwei Erzählungen für die Jugend. (126 S. mit 4 Illustr. auf 4 Holzschntaf.) 872.

„ 12. Nach Regen Sonnenschein. — Frau Luna. — Das Bäuerlein im Walde. Drei Erzählungen für die Jugend. (122 S. mit 4 Illustr. auf 4 Holzschntaf.) 872.

„ 13. Die Nachbarskinder. Kordula's erste Reise. Balthasar's Aepfelbäume. (128 S. mit 4 Illustr. auf Holzschntaf.) 873.

„ 14. Die wunderbare Höhle. Das Steinkreuz. Unsre alte Marie. (126 S. mit 4 Illustr. auf Holzschntaf.) 873.

—— Jugendschriften. 15. und 16. Bdchn. Mit je 4 Illustr. (Holzschntaf.). gr. 16. Stuttgart 876, Gebr. Kröner. à Bdchn.

Inhalt:

Bdchn. 15. Der kluge Bruno. — Eine alte Schuld. — Heb' auf, was Gott dir vor die Füße legt. (128 S.)

„ 16. Elisabeth. — Die drei Christbäume. — Klärchens Genesung. — Das Feenthal. (122 S.)

1.—14. Bdchn. Ebendas. 1871—73. à 75 Pf.

— Jugendschriften. 15. u. 16. Bdchn. Mit je 4 Illustr. (Holzschntaf.). gr. 16. Ebend. 877. cart. à — 75

15. Der kluge Bruno. — Eine alte Schuld. — Heb' auf, was Gott dir vor die Füße legt. (128 S.)
16. Elisabeth. — Die drei Christbäume. — Klärchens Genesung. — Das Feenthal. (122 S.)

Wildermuth, Ottilie, Jugendschriften. 17.—22. Bdchn. gr. 16. (Mit je 4 Abb.) Stuttgart (900). Union. Kart. à — 75

17. Vom armen Unstern. Eine wahrhafte Geschichte f. die Jugend. (130 S.)
18. Es ging ein Engel durch das Haus. Des Herrn Pfarrers Kuh. Die erste Seefahrt. 3 Erzählgn. f. die Jugend. (126 S.)
19. Schwarze Treue. Eine Erzählung f. die Jugend. (126 S.)
20. Das Osterlied. Die Kinder der Heide. 2 Erzählgn. f. die Jugend. (128 S.)
21. Hinauf u. Hinab. Eine Erzählg. f. die Jugend. (120 S.)
22. Der rote Hof. Eine Geschichte aus der Marsch. (120 S.)

— Jugendschriften. Neue billige Volksausg. 19 Bdchn. (Mit je 2 Abbildgn.) kl. 8. Ebd. (906). à — 25

1. Der rote Hof. Die 3 Christbäume. Eine alte Schuld. 3 Erzählgn. f. die Jugend. (72 S.) — 2. Es ging e. Engel durch das Haus. Des Herrn Pfarres Kuh. Die erste Seefahrt. 3 Erzählgn. f. die Jugend. (75 S.) — 3. Schwarze Treue. Klärchens Genesung. 2 Erzählgn. f. die Jugend. (70 S.) — 4. Das Osterlied. Die Kinder der Heide. Das Bäumlein im Walde. 3 Erzählungen f. die Jugend. (75 S.) — 5. Vom armen Unstern. Eine Erzählg. f. die Jugend. (79 S.) — 6. Elisabeth. Das Feental. Die Ferien auf Schloß Bärenburg. 3 Erzählgn. f. die Jugend. (68 S.) — 7. Hinauf u. hinab. Der Spiegel der Zwerglein. 2 Erzählgn. für die Jugend. (67 S.) — 8. Unsere alte Marie. Krieg u. Frieden. Brüderchen u. Schwesterchen. 3 Erzählgn. f. die Jugend. (67 S.) — 9. Die wunderbare Höhle. Emmas Pilgerfahrt. 2 Erzählgn. f. die Jugend. (70 S.) — 10. Die Nachbarskinder. Spätes Glück. 2. Erzählgn. f. die Jugend. (70 S.) — 11. Nach Regen Sonnenschein. Das braune Lenchen. 2 Erzählgn. f. d. Jugend. (64 S.) — 12. Balthasars Apfelbäume. Der kluge Bruno. Der Peterli v. Emmental. 3 Erzählgn. für die Jugend. (69 S.) — 13. Heb' auf, was Gott dir vor die Türe legt. Der Einsiedler im Walde. Zwei Märchen für die Kleinsten. 3 Erzählgn für die Jugend. (69 S.) — 14. Eine seltsame Schule. Die 3 Schwestern vom Walde. 2 Erzählgn. f. die Jugend. (69 S.) — 15. Des Königs Patenkind. Cherubino u. Zephirine. Die Wasser im J. 1824. 3 Erzählgn. f. die Jugend. (68 S.) — 16. Der Sandbub'. Eine Königin. 2 Erzählgn. für die Jugend. (72 S.) — 17. Bärbeles Weihnachten. Ein einsam Kind. 2 Erzählgn. f. die Jugend. (69 S.) — 18 Drei Schulkameraden. Frau Luna. 2 Erzählg. f. die Jugend. (68 S.) — 19. Der Kinder Gebet. Kordulas erste Reise. Das Steinkreuz. Kann sein, 's ist auch so recht. 4 Erzählgn. f. die Jugend. (72 S.)

— Aus der Jugendzeit. Erzählungen. Mit Berücksicht. d. neuen Rechtschreibg. durchgesehen v. Hugo Raimund. Mit 5 schwarzen ganzseit. Bildern sowie 5 farb. Bildern v. Ernst Hellwig. (128 u. 130 S.) 8. Berlin (908). Verlag Jugendhort. Geb. in Halbleinw. 3.—; gr. 8, geb. in Leinw. 4. 50

— s.: Kinderglückwünsche.

—— Kindergruß. Erzählungen für Kinder von 8—12 Jahren. 1. Aufl. 1859. und 2., unveränd. Abdr. br. 8. (III und 263 S. mit 6 Stahlst. nach Orig.-Zeichnungen von C. Kolb.) Stuttgart 860, Krabbe. 1 12

—— Kindergruß. Erzählungen für Kinder von 8 bis 12 Jahren. 3., durchgeseh. Aufl. br. 8. (V und 263 S. mit 6 Stahlst. nach Orig.-Zeichnungen von C. Kolb.) Stuttgart 864, Krabbe. cart. 1 12

WILDERMUTH. *Kindergruß.* Erzählungen. Mit 6 Stahlstichen nach C. KOLB. 3. durchges. Aufl. Stuttgart, A. Krabbe [c. 1870]. 8°. Hlwd. Chromolith. Or.-Umschläge aufgezogen. — Vereinzelte Fleckchen. 12.—

— Kindergruß. Erzählgn. f. Kinder von 8 bis 12 Jahren. Mit 6 Bildern in Farbdruck nach Aquarellen v. Geo. Hahn. 10. durchgeseh. Aufl. 8. (III, 271 S.) Stuttgart (896). Union. Geb. in Leinw. 4. 50

Wildermuth, Ottilie, Kindergruß. Erzählungen f. Kinder von 8 bis 12 Jahren. Mit 6 Bildern in Farbendr. nach Aquarellen v. Geo. Hahn. 12. Aufl. (IV, 271 S.) 8. Stuttgart (906). Union. Geb. in Leinw. 3.—; Volksausg. (185 S. m. 6 schwarzen Bildern.) kl. 8. Geb. in Leinw. 1. 20

— Kindergruß. Erzählungen für Kinder von 8 bis 12 Jahren. (202 S. m. 6 Farbdr.) 8. Bielefeld (908). Verlagshandlung der Anstalt Bethel. Geb. 1. 60

— Fürs Kinderherz. Erzählungen. Mit Berücksicht. d. neuen Rechtschreibg. durchgesehen von Otto Lange. Mit 6 schwarzen ganzseit. Bildern sowie 6 farb. Bildern von Eug. Hanetzog. (124 u. 112 S.) 8. Berlin (908). Verlag Jugendhort. Geb. in Halbleinw. 3.—; gr. 8, geb. in Leinw. 4. 50

— Aus der Kinderwelt. Bilder von Gust. Süß und Ferd. Rothbart. Mit Erzählungen. Stuttgart (853.) E. Hallberger. 4. (36 S. u. 10 lith. Taf. in Farbendr.) 1 ₰. 15 ngr.

—— aus der Kinderwelt. Ein Bilderbuch für jüngere Kinder. 2., um das Doppelte verm. Aufl. 4 (IV und 75 S. mit 12 lithogr. und ill. Bildern von Gust. Süß und Ferd. Rothbart.) Stuttgart 865, Krabbe. cart. 1 12

—— aus der Kinderwelt. Ein Buch für jüngere Kinder, mit Bildern von E. Kepler, E. Klimsch und O. Pletsch. 3. und 4. Aufl. gr. 4. (IV, 82 S. mit eingedr. Holzschn. und 6 Chromolithogr.) Ebendas. 872,83. cart.

WILDERMUTH, O. *Aus der Kinderwelt.* Ein Buch für jüngere Kinder mit Bildern von OSCAR PLETSCH [= 6 ganzseitige Holzschnitt-Tafeln]. [3. Aufl.] Stuttgart, A. Krabbe, [ca. 1875]. IV S. (inkl. illustr. Titel), 68 S. Gr.-4°. Chromolithogr. Or.-Pappband mit Leinenrücken. 14.—
Fein illustriertes Buch. Teilw. etw. lose und einz. Schmutzflecken. Ein Riß in einem Textbl. ist überklebt.

— aus der Kinderwelt. Ein Buch f. jüngere Kinder. Mit Bildern von E. Kepler, E. Klimsch u. O Pletsch. 5. Aufl. gr. 4. (IV, 82 S. m. Abb. u. 6 Farbdr.) Ebd. (899). Geb 4. 50

— aus der Kinderwelt. Ein Buch für jüngere Kinder. Mit Bildern von E. Kepler, E. Klimsch u. O. Pletsch. 6. Aufl. (IV, 82 S. m. Abbildgn. u. 6 Farbdr.) 4. Ebd. (906). Geb. 3. —

Aus der Kinderwelt. Ein Buch f. jüngere Kinder von Ottilie **Wildermuth**. Mit Bild. von E. Kepler, E. Klimsch u. O. Pletsch. 7. Aufl. Stuttgart, Berlin, Leipzig: Union [1907]. (IV, 82 S.) 4° [F.] 08. 4140

— Aus der Kinderwelt. Ein Buch für jüngere Kinder. Mit Bildern v. E. Kepler, E. Klimsch u. O. Pletsch. 9. Aufl. (IV, 82 S. m. Abbildgn. u. 6 Farbdr.) 30,5×24,5 cm. Stuttgart (908). Union. Geb. 3. —

— Eine Königin u. andere Erzählungen f. die Jugend. Mit Berücksicht. der neuen Rechtschreibg. durchgesehen v. Otto Lange. Mit 2 schwarzen ganzseit. Bildern sowie 3 farb. Bildern v. Eug. Hanetzog. (112 S.) 8. Berlin (908). Verlag Jugendhort. Geb. 2. —

WILDERMUTH. *Beim Lampenlicht.* Erzählungen von Ottilie Wildermuth. Aus ihrem Nachlasse gesammelt und ergänzt von ihrer Tochter Agnes Willms. Stuttgart, Kröner, 1878. IV S. 1 Bl. 396 S. Kl.-8°. Leicht fleckiger Or.-Leinenbd. — ★ 1. Ausgabe. 10.—

— beim Lampenlicht. Erzählungen. Aus ihrem Nachlasse gesammelt u. ergänzt von ihrer Tochter Agnes Willms. 2. Aufl. 8. (VII, 390 S.) Ebend. 881. n. 4. —; geb. n. 5. —

Wildermuth, [illegible] Nach ihren eigenen Aufzeichnungen. Von Agn. Willms [illegible] Wildermuth. Stuttgart Kröner [illegible]

<u>Wildermuth</u>, Ottilie
Lebensräthsel, gelöste und ungelöste. Erzählungen. Stuttgart: Krabbe 1863. VI.368 S. 8°

— Lebensräthsel, gelöste u. ungelöste. Erzählungen. 2. Aufl. 8. (VII, 363 S.) Ebend. 880. n. 4. —; geb. n. 5. —

— Lebensrätsel, gelöste u. ungelöste. Erzählungen. 3. Aufl. 8. (VII, 363 S.) Ebd. 890. n. 4. —; geb. n. 5. —

— Das braune Lenchen u. andere Erzählgn. f. d. Jugend. Mit Berücksicht. d. neuen Rechtschreibg. durchgesehen von Otto Lange. Mit 3 schwarzen ganzseit. Bildern sowie 4 farb. Bildern v. Eug. Hanetzog. (124 S.) 8. Ebd. (908). Geb. 2. —

<u>Wildermuth</u>, Ottilie
Liebeszauber. Erzählung. Stuttgart 1858.
In: <u>Hausblätter</u>. Bd 4.

— mein Liederbuch. Gedichte. Hrsg. von ihrer Tochter Agnes Willms. 8. (VIII, 299 S.) Ebend. 877. n. 4. —; geb. n. 5. —

<u>Wildermuth</u>, Ottilie
Mädchenbriefe. Stuttgart 1855.
In: <u>Hausblätter</u>. Bd 2.

— Schäfers Margareth, s. a. Christblumen. 16. Bdchn.

— dasselbe, s. a. Tannenzweige. 28. Hft.

Schäfers Margareth. Erzählung von Ottilie **Wildermuth**. Zwei Kranke. Erzählung von M. Dahnow [d. i. Margarete Gräfin zu Dohna]. Mit Bild. Barmen: Wuppertaler Traktat-Gesellsch. [1903]. (35 S.) 8° [F.]
= **Tannenzweige**. H. 28. 06 6677

—— Olympia Morata, ein christliches Lebensbild. 8. (VIII und 175 S.) Stuttgart 854, Scheitlin. — 22½

— Nach Regen Sonnenschein u. 8 andere Geschichten für die Jugend. Mit (z. Tl. farb.) Bildern v. M. Voigt. (224 S.) 8. Reutlingen (908). Enßlin & Laiblin. Geb. in Leinw. 2. 50

— die Nachbarskinder, s.: Erzählungen f. Taubstumme.

Wildermuth, Ottilie, Aus Nord und Süd. Erzählungen der deutschen Jugend geboten. Mit 6 Stahlst. von E. Offterdinger. gr. 8. (VI, 292 S.) Stuttgart 874, Kröner. geb.

— **aus Nord u. Süd. Erzählungen, der deutschen Jugend dargeboten. Mit 6 Bildern in Farbendr. nach Orig.-Zeichng. von Th. Schüz. 5. durchgeseh. Aufl. 8. (V, 296 S.) Ebd. (896). Geb in Leinw. 4. 50**

— aus Nord u. Süd. Erzählungen, der deutschen Jugend geboten. Mit 6 Bildern in Farbdr. nach Orig.-Zeichngn. v. Thdr. Schüz. 7. Aufl. (IV, 296 S.) 8. Ebd. (906). Geb. in Leinw. n. 3. —; Volksausg. (217 S. m. 6 schwarzen Bildern.) kl. 8. Geb. in Leinw. n. 1. 20

— **Aus Nord u. Süd. Erzählungen, der dtschn. Jugend dargeboten. (228 S. m. 5 Farbdr.) 8. Bielefeld (908). Verlagshandlung der Anstalt Bethel. Geb. 1. 60**

Das Osterlied. Die Kinder der Heide. 2 Erzählungen f. d. Jugend von Ottilie Wildermuth. Mit 4 Abb. *Stuttgart, Berlin, Leipzig: Union [1900].* (128 S.) 8° [F.]
= Wildermuth: Jugendschriften. Bdch. 20. [illegible]

— Des Königs Patenkind u. andere Erzählgn. f. die Jugend. Mit Berücksicht. d. neuen Rechtschreibg. durchgesehen v. Otto Lange. Mit 3 schwarzen ganzseit. Bildern sowie 3 farb. Bildern v. Eug. Hanetzog. (103 S.) 8. Ebd. (908). Geb. 2. —

—— Perlen aus dem Sande. Erzählungen. gr. 16. (VII und 381 S.) Stuttgart 867, Krabbe 1 Thlr.; geb. * 1 7½

<u>Wildermuth</u>, Ottilie
Perlen aus dem Sande. Erzählungen. 2. Aufl. Stuttgart: Kröner 1873. VI. 392 S. 8°

— Perlen aus dem Sande. Erzählungen. 3. Aufl. 8. (V, 352 S.) Ebend. 879. n. 4. —; geb. n. 5. —

— Perlen aus dem Sande. Erzählungen. 4. Aufl. 8. (VII, 349 S.) Stuttgart 884. Kröner. n 4. —; geb. n. 5. —

— Perlen aus dem Sande, s. a. Bibliothek der Gesamtliteratur.

Perlen aus dem Sande. Erzählungen von Ottilie Wildermuth. Mit e. Vorw., e. Vorbemerkung u. d. Bilde d. Verf. Halle a. S.: Hendel [1908]. VI, 288 S. 8°
(Bibliothek d. Gesamtliteratur d. In- u. Auslandes. Nr 2080 2083.)

Wildermuth, [Ottilie]. Das (*Innentitel: Der) Peterli von Emmenthal. [Titel illustriert.] II + 35 S. 8. Bethel bei Bielefeld, Verlagshandlung der Anstalt Bethel, [1909]. M. —. 10
Wildermuth-Erzählungen. (Serie I.) Heft 6.

— Schwäbische Pfarrhäuser, s. a. Universal-Bibliothek.

Schwäbische Pfarrhäuser. Erzählungen von Ottilie Wildermuth. Mit e. Vorw. von Dr. O[skar] Damm u. d. Bildn. d. Verf. Leipzig: Ph. Reclam jun. [1907]. (102 S.) 8° [F.]
(Universal-Bibliothek. 4963.)

— dasselbe, s. a. Verein f. Verbreitung guter Schriften, Bern.

Wildermuth, Ottilie. Schwäbische Pfarrhäuser. Erzählungen. [Mit Titelvignette.] IV + 96 S. 8. Bern, Verein für Verbreitung guter Schriften (*Innentitel: Haller'sche Buchdr.), September 1910. fr. —. 20
Verein für Verbreitung guter Schriften. Bern, Nr. 78.

— Emmas Pilgerfahrt. Bärbeles Weihnachten. Krieg u. Frieden, s.: Meyer's Volksbücher.

— s. Polterabend u. Hochzeit.

— Kordulas erste Reise u. andere Erzählgn. f. d. Jugend. Mit Berücksicht. d. neuen Rechtschreibg. durchgesehen von Hugo Raimund. Mit 3 schwarzen ganzseit. Bildern sowie 2 farb. Bildern v. Ernst Hellwig. (128 S.) 8. Ebd. (908). Geb. 2. —

— die Salome weiß Rath, s. a. Groschen-Bibliothek für's deutsche Volk.

Die Salome weiß Rath! Von Ottilie Wildermuth. *Barmen: H. Klein [1903].* (26 S.) 8° [F.]
= Dämmerstunde, Für die. Reihe 1, [4.]

WILDERMUTH. *Aus Schloß und Hütte.* Erzählungen für Kinder von 8 bis 12 Jahren. Mit sechs Stahlstichen nach Originalzeichnungen von C. KOLB. Stuttgart, A. Krabbe, [1861]. VI S. 1 Bl. 262 S. 8°. Schöner chromolithogr. Or.-Pappbd. 22.—
★ 1. Ausgabe, hübsch illustr. — Etwas fleckig, Einbandrücken u. -ecken m. Lwd. ergänzt.

—— aus Schloß und Hütte. Erzählungen für Kinder von 8—12 Jahren. 1. Aufl. 1862. und 2., durchgeseh. Aufl. br. 8. (VII und 262 S. mit 6 Stahlst. nach Orig.-Zeichnungen von C. Kolb.) Stuttgart 864, Krabbe. cart. 1 12

—— aus Schloß und Hütte. Erzählungen für die Jugend. 3. und 4. Aufl. gr. 8. (V, 262 S. mit 6 Stahlst.) Stuttgart 868,73, Krabbe. cart.

WILDERMUTH. *Aus Schloß und Hütte.* Erzählungen. 4. Aufl. Stuttg., Kröner [c. 1875]. M. 6 Stahlstichen nach C. KOLB. 8°. Grüner Or.-Pbd. m. Bild u. reicher farb. Verzierung. Schönes Ex. 14.—

— aus Schloß u. Hütte. Erzählungen für die Jugend. Mit 6 Bildern in Farbendr., nach Orig.-Zeichnungen von Eug. Klimsch. 6., durchgeseh. Aufl. gr. 8. (V, 262 S.) Stuttgart 877. Kröner. cart. 4. 50

— aus Schloß u. Hütte. Erzählgn. f. die Jugend. Mit 6 Bildern in Farbendr. nach Orig.-Zeichngn. v. Eug. Klimsch. 10. durchgeseh. Aufl. 8. (IV, 262 S.) Ebd. (899). Geb. in Leinw. 4. 50

— aus Schloß u. Hütte. Erzählungen für die Jugend. Mit 6 Bildern in Farbendr. nach Orig.-Zeichngn. von Eug. Klimsch. 12. Aufl. (262 S.) 8. Stuttgart (906). Union. Geb. in Leinw. 3. —; Volksausg. (179 S. m. 5 schwarzen Bildern.) kl. 8. Geb. in Leinw. 1. 20

— Aus Schloß u. Hütte. Erzählungen f. die Jugend. (199 S. m. 5 Farbdr.) 8. Bielefeld (908). Verlagshandlung der Anstalt Bethel. Geb. 1. 60

Wildermuth, Ottilie, aus Schloß u. Hütte. Erzählungen f. die Jugend. Mit 6 Bildern in Farbendr. nach Original-Zeichn. v. Eug. Klimsch. 13. Aufl. (V, 262 S.) 8. Stuttgart 909. Union. Geb. in Leinw. 3. —

— dasselbe. Erzählungen f. jüngere Mädchen. Mit (4) Vierfarbendr.-Bildern nach Aquarellen v. Max Wulff. (263 S.) 8. Berlin (910). A. Weichert. Kart. (urspr. Pr. 3.—)

— Drei Schulkameraden u. andere Erzählungen f. die Jugend. Mit Berücksicht. d. neuen Rechtschreibg. durchgesehen v. Hugo Raimund. Mit 2 schwarzen ganzseit. Bildern sowie 3 farb. Bildern von Ernst Hellwig. (III, 130 S.) 8. Berlin (908). Verlag Jugendhort. Geb. 2.—

— dasselbe u. 2 andere Erzählungen f. die Jugend. (111 S. m. 4 [2 farb.] Vollbildern.) 8. Reutlingen 909. R. Bardtenschlager. Geb. 1. 30

—— Sonntag-Nachmittage daheim. Betrachtungen für häusl. Erbauung. Nach dem Engl. gr. 16. (XV und 268 S.) Stuttgart 860, Krabbe. 24 Ngr.; geb. * 1 2

— Der Spiegel der Zwerglein u. 8 andere Erzählungen für die Jugend. (112 S. m. 4 [2 farb.] Vollbildern.) 8. Ebd. (909). Geb. 1. 30

— Das Steinkreuz u. andere Erzählgn. f. die Jugend. Mit Berücksicht. der neuen Rechtschreibg. durchgesehen v. Otto Lange. Mit 3 schwarzen ganzseit. Bildern sowie 3 farb. Bildern von Eugen Hanetzog. (III, 124 S.) 8. Berlin (908). Verlag Jugendhort. Geb. 2. —

—— Streit in der Liebe und Liebe im Streit, s. Novellenschatz, deutscher.

Wildermuth, Ottilie

Im Tageslicht. Bilder aus der Wirklichkeit. Stuttgart: Krabbe 1861. VI. 371 S. 8°

— im Tageslicht. Bilder aus der Wirklichkeit. 2. Aufl. 8. (VIII, 366 S.) Ebend. 880. n. 4. —; geb. n. 5. —

—— Hirt's Theater für die Jugend, s. Jugend-Bibliothek, neue illustrirte.

Schwarze Treue. Eine Erzählung f. d. Jugend von Ottilie Wildermuth. Mit 4 Abb. *Stuttgart, Berlin, Leipzig: Union [1900].* (126 S.) 8° [F.]
= Wildermuth: Jugendschriften. Bdch. 19.

— Seltene Treue. Künstlerkinder. 2 Erzählgn. (64 S.) kl. 8. Reutlingen (909). Enßlin & Laiblin. — 20; kart. — 25

Vom armen Unstern. Eine wahrhafte Gesch. f. d. Jugend von Ottilie Wildermuth. Mit 4 Abb. *Stuttgart, Berlin, Leipzig: Union [1900].* (130 S.) 8° [F.]
= Wildermuth: Jugendschriften. Bdch. 17.

— Vom armen Unstern. Erzählg. f. die Jugend. (95 S. m. 4 farb. Vollbildern.) kl. 8. Ebd. (910). Geb. — 50

Wildermuth, Ottilie, Bärbeles Weihnachten u. and. Erzählungen f. die Jugend. Mit Berücksicht. der neuen Rechtschreibg. durchgeseh. v. Otto Lange. Mit 3 schwarzen ganzseit. Bildern sowie 2 farb. Bildern v. Eug. Hanetzog. (III, 112 S.) 8. Berlin (908). Verlag Jugendhort. Geb. 2. —

— Werke. 1. Gesammt-Ausg. Mit dem Portr. der Verfasserin. 8 Bde. (à ca. 20 Bgn.) Ebend. 862. 16. 3 ₰ 6 ngr.

Wildermuth's, Ottilie, Werke. 1. Gesammt-Ausg. Mit dem Portr. der Verf. 8 Bde. in 24 Lfgn. gr. 16. Stuttgart 862, Krabbe. à Lfg. 4 Ngr. 3 6

Inhalt:

Bd. 1—3. Bilder und Geschichten aus Schwaben. 3 Bde.
" 4. Im Tageslicht. Bilder aus der Wirklichkeit.
" 5. 6. Aus dem Frauenleben. 1. und 2. Bd.
" 7. —— dass. — 3. Bd.: Auguste. Ein Lebensbild.
" 8. Die Heimath der Frau.

Wildermuth's, Ottilie, gesammelte Werke. Hrsg. v. ihrer Tochter Adelheid Wildermuth. Illustr. v. Fritz Bergen. 75 Lfgn. 8. (à 3 Bog.) Stuttgart 891—894. Union. à — 40

— dasselbe. 10 Bde. 8. Ebd. à Bd. n. 3. —; geb. in Leinw. n. 4. —

1. 2. Bilder u. Geschichten aus Schwaben. 2 Bde. (XII, 402; VI, 397 S.) 891. 892.
3. 4. Aus dem Frauenleben. 2 Bde. (VII, 350; V, 383 S.) 893.
5. Lebensrätsel, gelöste u. ungelöste. (VII, 327 S.) 893.
6. Die Heimat der Frau. (VII, 343 S.) 893.
7. Im Tageslicht. Bilder aus der Wirklichkeit. (VIII, 366 S.) 894.
8. Zur Dämmerstunde. Erzählungen. (VII, 344 S.) 894.
9. Auguste. — Beim Lampenlicht. Erzählungen. (VII, 331 S.) 894.
10. Perlen aus dem Sande. Erzählungen. (VII, 309 S.) 894.

Ottilie Wildermuths gesammelte Werke. Neue ill. Ausg. in 2 Bden. Hrsg. von Ida Lackowitz. Bd 1. 2. Berlin: Herlet [1909]. 8°

Wildermuth, Pauline, das unübertreffliche, einzig vollständige Buch der arabischen Punktirkunst [Geomantie], oder die geheimnißvolle Kunst: aus Punkten die Zukunft zu errathen, nebst einem Anh., enth.: Prophezeihung aus der Berechnung von Namen, Verzeichniß von Glücks- u. Unglückstagen, Tabelle der geheimen Würfelkunst, Bleigießen in der Sylvesternacht, cabbalist. Glückstabelle, Chiromantie 2c. 2c. Zusammengestellt zu Jedermanns Nutz u. Frommen aus den Schriften des Abul Hamadani Kotaibah. 8., verb. u. verm. Aufl. 12. (VI, 134 S.) Harburg 880. Elkan. n. 1. —

— Universal-Volkstraumbuch. Reichhaltigste Sammlung von Traum-Deutungen, unter Hinzuziehung der glücklichen Lotterie-Nummern, welche der Traum zu spielen empfiehlt. 16., rev. Aufl. 12. (VI, 105 S.) Ebend. 880. n. 1. —

Wildermuth-Erzählungen. 1.—41. Heft. 8. Bielefeld (909. 10). Verlagshandlg. der Anstalt Bethel. 5. —
1—27 (à ca. 16 S.) à — 10. — 28—37 (à ca. 36 S.) à — 15. — 38—41 (54, 52, 55 u. 60 S.) à — 20.

Wildermuth's, Ottilie, Leben, s. Willms, Agnes, u. Adelheid Wildermuth.

Wilde-Rose, Max, Evangelium an alle Menschen, s. Evangelium.

Wildershausen [Schlagwort]

Wildershausen, s.: Deutschland. Karte (Abt. Preussen).

Wildersinn, Ferdinand, aus Gerlachsheim: Ueber einen Fall von Teleangiectasia lymphatica der Unterlippe. Würzburg 1898: A. Boegler. (25 S.) 8°
Würzburg, Med. Diss. v. 1898

Wilderspin, (S.,) über d. frühzeitige Erziehung d. Kinder, u. die englischen Klein-Kinder-Schulen, od. Bemerkk. über d. Wichtigkeit, die kleinen Kinder d. Armen, im Alter v. anderthalb bis sieben Jahren zu erziehen, nebst e. Darstell. d. Spitalfielder Klein-Kinder-Schule u. d. daselbst eingeführten Erziehungssystems. Mit 1 Steint. Aus d. Engl. mit Anmerkk. u. Zus. vers. v. J. Wertheimer. gr. 8. Wien 826, Gerold.

Wilderspin, S., über d. frühzeit. Erziehung d. Kinder, u. die engl. Klein-Kinder-Schulen, od. Bemerkn. üb. d. Wichtigkeit, die kleinen Kinder d. Armen im Alter von 1½—7 Jahren zu erziehen, nebst e. Darstell. d. Spitalfielder Klein-Kinder-Schule u. des daselbst eingeführten Erziehungssystems. A. d. Engl. n. d. 3. Aufl., mit Benützung d. neuesten Schriften v. W. Wilson, Brown, Mayo u. a., u. mit Anmerkn. u. Zusätzen vers. v. J. Werthheimer. 2., verb. u. verm. Aufl. gr. 8. (27½ B. u. 2 Stnt.) Wien 828, Gerold.

Wildeshausen [Schlagwort]

Wildeshausen, s. Deutschland. Karte. (Abt. Preussen.)

Wildeshausen, s.: Preussen. Messtischblätter.

Wildeshausen [Verf.]

Wildeshausen, I. F., Bibliotheca disputationum theolog. philog. exegeticarum in V. et N. Test. III Ptes. 4. Hamb. 756.

Wildfang, der,. Lstsp. für die Verdauung in 3 A. v. A. v. Kotzebue. 8. Lpz. Kummer. 798.

Wildfang, der gute, (von Karl Wlh. Rehkopf). 2 Thle. 8. Halberst. 791. Leipz. 807. (Rauck). 10 ₰

Wildfang, der gute, in zwey Theilen, 8. Halberstadt, 792. Großens. 13 sgl.

Wildfang, d. gute; e. Gesch. v. Verf. d. Menschheit im Neglige. 2 Thle. 8. Halberstadt. (Sommer in Lpz.) 807.

Wildfänge, d., e. Roman nach d. Engl. 8. Berl. Nicolai. 800.

Wildfänge in Dianens Gebiete, s. Sylvanus, u. setze hinzu: 2s Rudel. Ebd. 831. 12 ₰

Wildfänge in Dianens Gebiet. Eine Sammlung von Jagd-Anekdoten, merkwürdigen Waidmanns-Erfahrungen u. Notizen aus der Geschichte des Wildes. Herausg. von Friedrich Sylvanus. 2s u. 3s Rudel. 12. Breslau 831, 34. Pelz. à ½ ₰ (1s Rudel, s. Sylvanus, Jul., Thl. V. S. 378.)

Wildfeuer, Königswürde u. Bürgerzierde, s.: Festreden f. Schulen u. patriot. Vereine zur Geburtstagsfeier Sr. Maj. d. Königs Albert v. Sachsen.

Wildfeuer, Karl

WILDFEUER, Carolus: De relatione rationem inter fidem. — (1886) 114 S. 4° (Handschr.) Diss. 422
Diss. Wien, Univ.

Wildfeuer, Paul: Über die Anfänge des physikalischen Unterrichts in der Volksschule. . . . Leipzig, Druck v. G. Grumbach (Johs. Gurig) (1889); 26 S. + 1 Bl. 8°
Leipzig, Phil. Fak., Inaug.-Diss. v. 7. Febr. 1889

Wildfeuer, Paul, kreuz u. quer durch den Haushalt. Naturkundl. Streifzüge, f. Lehrer, Hausfrauen u. die reifere Jugend gemeinfaßlich dargestellt. (VI, 206 S.) 8. Leipzig 908. B. G. Teubner. Geb. 2. 50

Wildflecken [Schlagwort]

Wildflecken, s.: Bayern. Karte.

Wildfrank, Karl Gf., über die Einführung e. neuen Münzfußes in Lübeck. 8. Lübeck 789.

— s. Handel, über Rußlands.

— Vorschläge, vorzügl. zur Verbesserung d. Handelsanstalten in Lübeck. 8. Lübeck 777.

Wildgans, Ant., Herbstfrühling. Verse. (76 S.) 8. Berlin-Charlottenburg (909). A. Juncker Verl. 3—; geb. n 4.—

Herbstfrühling. Verse von Anton **Wildgans**. Berlin-Charlottenburg, Stuttgart, Leipzig: A. Juncker [1910]. 73 S. 8° [10. 8501

Wildgans, Ant., vom Wege. Gedichte. (IV, 47 S.) 8. Dresden 903. E. Pierson. n. 1 50; geb. n. 2. 50

Wildgruber, Adolph —. Heilige Dichtungen von — —. 8. (VIII, 60 S.) Innsbruck. Druck von A. Witting. 1854.

Wildhagen: Die Raiffeisenvereine als Kulturträger. Neuwied: Landw. Zentral-Darlehnskasse für Deutschland 1910. = Raiffeisen-Bibliothek. 18.

Wildhagen, E., erst wäg's, dann wag's. Drei Ehestudien. (183 S.) 8. Leipzig (908). G. Müller-Mann. 2. —

Wildhagen, Else, geb. Friedrich-Friedrich, aus Trotzkopfs Ehe. 3. Bd. z. „Trotzkopf" v. Emmy v. Rhoden (Emmy Friedrich-Friedrich). 5. Aufl. gr. 8. (IV, 226 S.) Stuttgart 896. G. Weise. Geb. in Leinw. 4. 50; in Celluloid 6. —

— dasselbe, s. Rhoden, Emmy v., Trotzkopf-Serie.

Wildhagen, Else, geb. Friedrich-Friedrich, aus Trotzkopfs Ehe. 3. Bd. zum „Trotzkopf" von Emmy von Rhoden (Emmy Friedrich-Friedrich). Wohlfeile Ausg. 16. Aufl. (IV, 226 S.) 8. Stuttgart (905). G. Weise. Geb. in Leinw. n. 3. —

Wildhagen, Else (geb. Friedrich-Friedrich), Aus Trotzkopfs Ehe. 3. Bd. zum „Trotzkopf" v. Emmy v. Rhoden (Emmy Friedrich-Friedrich). 20. Aufl. Mit 8 Vollbildern v. Willy Planck. (IV, 226 S.) 8. Stuttgart (907). G. Weise. Geb. in Leinw. 4. 50

— dasselbe. 22. Aufl. 4. Aufl. der wohlfeilen Ausg. (IV, 226 S.) 8. Ebd. (908). Geb. in Leinw. 3. —

Wildhagen, Else, der Trotzkopf, s.: Rhoden, Emmy v.

Wildhagen, Ferd., die Jagdthiere Rußlands geschildert. 1. Bd. 1.—4. Heft. gr. 8. (VII, S. 1—272 mit in den Text eingedr. Holzschn.-Abbild.) Leipzig 876,77, Schmidt und Günther. à Heft * 80 Pf. *

Wildhagen, Ferd., d. Jagdthiere Rußlands, Sibiriens u. Central-Asiens, geschild. nach ihrer Verbreitg. u. Lebensweise, sowie Jagd u. Fang. 1. Bd. 1. Hälfte u. 2. Bd. gr. 8. Sondershausen, F. A. Eupel. n. 6. —
I, 1. 2., gänzlich neu bearb. Aufl. (160 S. m. 9 Abb.) 897. n. 2. —
II. (VII, 224 S. m. 18 Abb.) 896. n. 3. —

Wildhagen, F., der Wolf, s.: Bibliothek für Jäger u. Jagdfreunde.

Wildhagen, Joh[annes] Henr[ich]: Astreens gerechte Klagen … [Trauergedicht auf Gabriel **Schreiber**, Etats-Raht. † 4. Jan. 1722. beerdigt am 3. Febr. 1722.] — Schleßwig (1722): Holwein. 2 Bl. 2°

EHEVERSPRECHEN, Das frühe, oder warum es zu widerrathen, dass Studirende sich in ein Eheversprechen einlassen (von *Jac. Nicolaus Wildhagen*). (Schleswig 1832.)
Anon.-Lex. I. p. 6 (nach Alberti u. Nekrolog).

Wildhagen, J. N., Hülfsbuch f. Confirmationshandlungen. Theoret. u. prakt. abgefaßt. gr. 8. (18 B.) Altona 831, Hammerich.

Wildhagen, Karl, systematische englische Konversationsschule, s.: Deutschbein, Karl.

— Praktischer Lehrgang der englischen Sprache, s.: Deutschbein, Karl.

— Oberstufe des englischen Unterrichts, s. Deutschbein, Karl.

Wildhagen, Karl: Der Psalter des Eadwine v. Canterbury. s.a. Studien zur englischen Philologie. XIII.

Der Psalter des Eadwine von Canterbury. Die Sprache d. altengl. Glosse. Ein frühchristl. Psalterium die Grundlage. Von Karl **Wildhagen**, Dr. phil. Mit 2 Abb. Halle a. S.: Niemeyer 1905. (XV, 257 S.) 8°
(Studien z. englischen Philologie. 13.)

Wildhagen, Karl, aus Hannover: Über die in 'Eadwine's Canterbury Psalter' ⟨Trinity College Cambridge⟩ enthaltene altenglische Psalter-Interlinearversion. *Halle a. d. S. 1903: E. Karras.* (34 S.) 8° ¶ (Erscheint vollst. als: Studien zur engl. Philologie, Bd 13.)
Göttingen, Phil. Diss. v. [11. Nov.] 1903

Wildheim, Gustav. Halberstadt 1799. V: *Hildebrandt, Joh. Andreas Carl.* (GGr) (NN) (MGT) (Ky) V: *Cramer, Carl Glob.* (BGE)

Wildheim, Gustav, v. Verf. d. Eduard Nordenpflicht ꝛc. E. Hildebrandt. 8. Halberstadt, Groß. (Büreau f. Lit.) 799.

v. Wildheim, Gustav; von d. Verfass. des Eduard Nordenpflicht ꝛc. (Jh. Andr. Cph. Hildebrandt). 8. Halberst. 799. N. A. … Vogler in Potsd. 1 ₰

Wildheim, Gustav, von dem Verf. d. Eduard Nordenpflicht ꝛc. Neue Ausg. 8. Halberst. Büreau f. Lit. u. K. 811.

Wildheiss, E., Die Umkehrung einer Gruppe von Systemen allgemeiner hyperelliptischer Differentialgleichungen. (Inaug.-Dissertation 5/7 1879.) Berlin. 4°. brosch. (57 S.)

Wildheit u. Großmuth u. d. erste Dank. Nachsp. v. Wezel. 8. Lpz. Dyk. 784.

Wildi, E., Verbrechen gegen die Staatsmacht (Hochverrat, Landesverrat, Spionage, Verbrechen gegen befreundete Staaten) in Frankreich, Deutschland und der Schweiz, unter Berücksichtigung der Stooss'schen Entwürfe und Kritik der geltenden Lehre. Diss. 183 S. 8. Aargau '05, Buchdr. Aargauer Tagblatt.

Wildi, Eug., die Gründerverantwortlichkeit nach schweizerischem Aktiengesellschaftsrecht, s.a Abhandlungen zum schweizer. Recht. 32. Heft.

Wildi, Eugen. Die Gründerverantwortlichkeit nach schweizerischem Aktiengesellschaftsrecht. X + 160 S. 8. Bern, Stämpfli & Cie., 1909.
Ausg. A: Diss. Jur. Bern.
Ausg. B: Von Dr. E' W', Fürsprech…. [fr. 3. 50.] — Abhandlungen zum schweizerischen Recht, hrg. von Dr. **Max** Gmür, Professor…. Heft 32.

Wildi, Fritz, z. Konntnis des Benzalacetophenon. Diss. gr. 8. (20 S.) Aarau 897. (H. R. Sauerländer & Co.) n. — 70

Wildi, Siegfried. A. Oxydationen von Amidoindazolen. — B. Zur Konntnis des 1,2 Naphtalendiazooxyds. Diss. Phil. Basel. 66 S. 8. Basel, Gasser & Cie., 1903.

Wildi, Siegfr., A. Oxydationen v. Amidoindazolen. B. Zur Konntnis des 1,2 Naphtalendiazooxyds. Diss. (66 S.) gr. 8. Basel 903. (Triest, F. H. Schimpff.) n. 1. —

Wilding, Graf A., Lebensphilosophie. Fremde u. eigene Betrachtgn. aus dem Leben e. modernen Stoikers. 16. (109 S.) Frankfurt a/O. 894. H. Andres & Co. Geb. in Leinw. m. Goldschn. n. 2. —

Wilding, Graf A., Lebensphilosophie. Fremde u. eigene Betrachtgn. 16. (109 S.) Frankfurt a. O. 894. Berlin, J. Gnadenfeld & Co. 1. 60; geb. n. 2. —

Wilding, Graf A., Metternich u. Bismarck. E. Studie, nebst e. Charakteristik d. österreich. Staatskanzlers. gr. 8. (46 S.) Ziegenrück 895. Wachtelkunzendorf, C. Thamm. n. 1. —

v. Wildingen, s. Uffo.

Wildingen, Uffo, s. Wildungen.

Wildinghof-Planner, Karl v., das Kind, der Mutter Glück, der Mutter Sorge. (118 S. m. 4 Abbildgn.) 8. Graz 910. Styria. 1. 40

Wild u. Hund-Kalender. Taschenbuch für deutsche Jäger. 3. Jahrg. (1. VII. 1902—30. VI. 1903.) Hrsg. v. der illustr. Jagdzeitg. „Wild u. Hund". 12. (Tagebuch u. 158 S. m. Abbildgn.) Ebd. Geb. in Leinw. n. 2. —

Wild- und Hund-Kalender. Jg. 5—9. 1904/05—1909 u. 11. 1911 ff. Berlin

Wild u. Hund-Kalender. Taschenbuch für deutsche Jäger. 7. Jahrg. 1907. Hrsg. v. der illustr. Jagdzeitg. „Wild u. Hund". (Tagebuch u. 168 S. m. Abbildgn. u. 1 Karte.) kl. 8. Ebd. Geb. in Leinw. n. 2. —

Wild- u. Hund-Kalender. Taschenbuch f. deutsche Jäger. 11. Jahrg. 1911. Hrsg. v. der illustr. Jagdzeitg. „Wild u. Hund". (Tagebuch u. 178 S. m. Abb. u. 1 Karte.) kl. 8. Ebd. Geb. in Leinw. 2. —

Wildling, Otto, bei sinkender Sonne. Lose Blätter aus dem Tagebuche e. verliebten Referendars u. anderes. (VI, 87 S.) 8. Leipzig-Reudnitz 909. A. Hoffmann. Geb. in Leinw. 2. —

Wildmann, J., s. Wildmann, Thomas

Wildmann, L., das Goldstück, s. Erzählungen und Novellen, neue.

Wildmann, Thomas

— Abhandl. von der Wartung d. Bienen, desgleichen die natürl. Geschichte d. Wespen u. Hornissen, nebst d. Mitteln sie zu vertilgen. Aus d. Engl. (v. Karl Fr. Spitzner). Mit Kpf. gr. 8. Kopenh. 769. (Brummer). 16 gr. (Brockhaus in Leipz.) 20 gr.

— Abhdl. v. d. Wartung d. Bienen, worin d. natürl. Gesch. d. Insecten enth. m. K. gr. 8. Copenhag. Proft. (Gleditsch in Leipz.) 769.

Wildmann, Thom., vollständige Anleitung wie die Bienen das ganze Jahr hindurch zu behandeln sind; aus d. Engl. mit Kpf. 8. Hannov. 781. Helwing. 4 gr.

Wildner, Ad., s.: Sachs, Hans, Schwänke.

(F) **Wildner,** A., Schwänke von Hans Sachs. [Jugendschatz. Bd. 4.] 8°. (126 S.) geb. K 1.60
Reichenberg: Soller 1910.

Wildner, Adf., Fridewald. Ein Sang aus Böheims deutschen Bergen. (87 S.) gr. 8. Diessen 904. J. C. Huber. n. 2. —

Wildner, F., u. B. **Wehefritz,** Gedichte in Nürnberger Mundart, siehe: Wehefritz, B.

Wildner, Friedr. Otto, Handbuch der Feilenkunde, für den Gebrauch in der Praxis und zum Unterricht bearb. 4. (X, 86 S. mit 83 Holzschn. und 15 lithogr. Taf.) Düsseldorf 885, Schwann. *M 10.—.; geb. **

Wildner, *Georg* Paul *Ernst* [aus Sprottau]: Die „Crofters" und „Cottars" in den Hochlanden und Inseln Schottlands. E. nationalökonom.-histor. Untersuchg ... Halle a. S., *Görlitzer Nachr. u. Anzeiger,* 1897; 3 Bl., 69 S., 3 Tab. 8.
Halle, Phil. Fak., Inaug.-Diss. v. [20. Mai] 1897

Wildner, J., Ansichten aus der Mährischen Schweiz. 24 Blatt (in Lichtdr.) nach Orig.-Aufnahmen. 16. Brünn 884. Polivka & Co. In Leinw.-Decke. n 2. 50

Wildner, Ignaz, s. Wildner von Maithstein, Ignaz

Wildner, Otto [prakt. Arzt zu Strassbessenbach]: Zur therapeutischen Verwerthbarkeit der Borsäure ... Würzburg. Druck d. Thein'schen Druckerei (Stürtz). 1885; 19 S. 8°
Würzburg. Med. Fak., Inaug.-Diss. v. 1885.

Die Thonwaren-Industrie. Von Paul **Wildner** u. Richard Zimmermann. *Berlin 1901: (Liebheit & Thiesen).* (21 S.) 8°
— Interesse d. deutschen Industrie an d. Handelsverträgen. H. 8
(02. 537) 3

Wildner v. Maithstein, Eug., die Schifffahrt mit Compaß u. Logg. Leichtfaßlich dargestellt. Wien 866. Gerold's Sohn. gr. 8. (X, 142 S. mit 35 in den Text gedr. Holzschn. u. 1 Steintaf. in Fol.) n. 1 ₰ 10 ngr.

Wildner, Ignaz, Edler v. Maithstein, das österreichische Fabrikenrecht, mit einem Anhange über das Recht der Wasserleitungen zum Maschinenbetriebe sowohl als zu andern Zwecken. gr. 8. Wien 838. Beck. 2¼ ₰

— s. Einert, Carl, Entwurf einer Wechselordnung.

—— Carl Einert's Entwurf einer Wechselordnung f. d. Königr. Sachsen v. J. 1841, beurtheilt u. m. der ungarischen Wechselordnung v. J. 1840 verglichen. gr. 8. (5 B.) Wien 842, Beck's Universitäts-Buchh.

Wildner, Ign., über d. moral. Erziehung d. höhern Stände. gr. 8. (12½ B.) Wien 834, (Mechitaristen-Congregat.-Buchh.)

—— das österreich. Fabrikenrecht, mit e. Anh. üb. d. Recht d. Wasserleitungen z. Maschinenbetriebe sowohl als zu and. Zwecken. gr. 8. (24 B.) Wien 838, Beck's Univ.-Buchh.

—— das Fideikommiß-Recht nach d. österr. allg. b. Gesetzbuche u. mehr als 200 darauf bezügl. besond. Anordn., bearb. gr. 8. (24¾ B.) Wien 835, Beck's Univ.-Buchh.

—— Gedanken üb. Liebe u. Recht, Freiheit u. Zwang, Unabhängigkeit u. Abhängigkeit, Gleichheit u. Ungleichheit d. Rechte. gr. 8. (2¼ B.) Wien 839, Beck's Univ.-Buchh.

Wildner=Maithstein, Dr. Ignaz —. Ueber den Genuß des Pferdefleisches gemachte Erfahrungen mitgetheilt von — —. 8. (10 S.) Wien. Gedruckt bei Leopold Sommer. 1854.

—— launige Gespräche der berühmtesten alten Griechen und Römer mit dem Hrn. Curtius in Prag und dem Hrn. Unterrichtsminister über den österreich. Gymnasialplan. 8. (67 S.) Wien 850. (Leipzig, Hübner.) *

Wildner-Maithstein, Ign., launige Gespräche berühmter alter Griechen u. Römer m. Hrn. Prof. Cornelius u. dem Hrn. Unterrichtsminister über den Gymnasialplan. 2. Aufl. Mit einer Vorbemerkung von F. Kick. gr. 8. (IX, 73 S.) Prag 878. Mercy. n. 1. 60

Wildner-Maithstein, Dr. Populäre Gespräche über Oesterreichs Reichsthum, mögliches und wirkliches Staatseinkommen, Staatsschuld, Banknotenwerth, Hof- und sonstige Staatsauslagen, Finanzreformen und nächste Zukunft. 8° Wien, L. Sommer, 1849.

—— der Jurist, eine Zeitschrift ꝛc., s. Jurist.

Wildner, Ign.: Der Jurist, eine Zeitschrift vorz. f. die Praxis des ges. österreich. Rechts. 4 Hefte od. 2 Bde. Wien. v. Mösle's Witwe u. Braumüller. 1839. 8°

Wildner Edler von Maithstein, Ign., theoretisch-prakt. Commentar der auf dem letzten ungarischen Reichstage zu Stande gekomm. Credits-Gesetze. 2 Bde. gr. 8. Wien 841 —45, Braumüller u. Seidel. 4 ℳ

Wildner-Maithstein, Ign. v., theoretisch-praktischer Commentar des ungar. Wechselrechtes und Wechselprozesses sammt Wechselgerichtsinstruction. 2 Bde. (Das materielle Wechselrecht. — Von dem gerichtl. Verfahren in Wechselsachen ꝛc.) 2., unveränd. (Titel-)Aufl. gr. 8. (XII und 1204 S.) Wien 849, Braumüller. *

Wildner Edler v. Maithstein, Ign., († d. 13. Novbr. 1854), theoretisch-praktischer Commentar d. ungarischen Wechselrechts u. Wechselprocesses sammt Wechselgerichtsinstruction. 2 Bde. [Das materielle Wechselrecht. — Von dem gerichtl. Verfahren in Wechselsachen ꝛc.] 2. unveränd. (Titel-)Aufl. gr. 8. (XII u. 1204 S.) Wien (845) 850, Braumüller. n. 2⅔ ℳ

—— Lexikon sämmtlicher Worte d. österreich. allgem. bürgerl. Gesetzbuches m. Angabe aller Paragraphe, in welchen dieselben vorkommen. gr. 8. (8¾ B.) Wien 843, [Braumüller.]

— die Platten-Oefen, ihr Zweck, ihre Zusammensetzung, ihr Gebrauch, ihr großart. Ersparniß, die Unübertrefflichkeit ihres Princips, theoretisch u. praktisch dargestellt. gr. 8. (IV u. 19 S.) Wien 852. (Leipzig, Hübner.) n. ⅙ ℳ

— die ungarischen Publicisten über die Broschüre: Ein Haupthinderniß des Fortschrittes in Ungarn. gr. 8. Wien 843, Gerold. 5/12 ℳ

—— Staat und Kirche, oder: ist dem Staatsgesetze eher zu gehorchen, als dem Kirchengesetze? 8. (56 S.) Wien 850. (Leipzig, Hübner.) *

—— Ungarns Verfassung beurtheilt. gr. 8. (8½ B.) Leipzig 843, Otto Wigand.

—— Ungarns Verfassung beurtheilt. gr. 8. (VI und 130 S.) Leipzig 849, O. Wigand.

Wildniß, die, oder Washingtons Jünglingsjahre; eine westamerikan. Geschichte; nach dem Engl. von L. W. v. Wedell. 2 Thle. 8. Berl. 827. Voß. 1 ⁄ 18 ɣ

Wildon. Eine Schilderung des Marktes und Schlosses sowie der Umgebung und kurze Geschichte des Ortes. Wildon 1901. V: *Böhm, M.* (JoanStyrA)

Wildon, Schloss. Leipzig 1844. V: *Lewohl, C.* (Joan Styr. A.)

Wildon, Schloß. (Roman.) 3 Thle. 8. Leipzig 844, Eisenach. 4 ℳ

Wildonie, Herrand v., poetische Erzählungen, und die kleinen innerösterreichischen Minnesinger, hrsg. von Karl Ferd. Kummer. gr. 8. (XIV, 228 S.) Wien 880, Hölder. *

Der Grafschaften Hohenloe ernewerte vnd verbesserte Wildpan, Forst- und Holtzordnungen. - Nürnberg 1769. 52 S.

Wildpark [Schlagwort]

Wildpark, s.: Mark.

Wildpret-Kochkunst, die, in ihrem ganzen Umfange, nicht aus Büchern entlehnt, sondern auf eigene langjährige Erfahrung gegründet. (Neue Ausg.) gr. 8. (XVI und 304 S.) Breslau 847, Kühn'sche Buchh.

Wildrosenzeit. Bücherei f. erwachsene Töchter. 1.—5. Bd. 8. Einsiedeln, Verlagsanstalt Benziger & Co. Geb. in Leinw. à 3. —

Hruschka, Annie, ins Leben hinaus. Erzählung. Mit Einschaltbildern v. M. Annen u. Buchschmuck v. F. Mock. (270 S.) 909. (Bd. 4.)

Maldorf, Marianne, Lotty Freiberg. Erzählung. Mit (4 farb.) Einschaltbildern v. M. Annen u. Buchschmuck von F. Mock. (222 S.) 908. (Bd. 1.)

— Nur e. Jahr! Erzählung. Mit (4 farb.) Einschaltbildern von M. Annen u. Buchschmuck v. F. Mock. (262 S.) 908. (Bd. 2.)

— Auf der Sonnenseite des Lebens. Erzählung. Mit Einschaltbildern von M. Annen u. Buchschmuck v. F. Mock. (250 S.) 909. (Bd. 3.)

— Wege des Glücks. Erzählung. Mit Einschaltbildern von M. Annen u. Buchschmuck v. G. Welland. (218 S.) 910. (Bd. 5.)

(Wildrosenzeit. Bd 1. 2. Aufl.) Einsiedeln [usw.]: Benziger [1908]. 8° [11. 1364]

(Wildrosenzeit. Bücherei für erwachsene Töchter. Band 6 ....) 8. Einsiedeln ..., Benziger & Co. A. G., 1910.
s. Hruschka, Annie.

Wild's Abentheuer und Schicksale auf einer wüsten Insel, und wie er sich daselbst die vorzügl. Bedürfnisse verschaffte. Mit Kupf. 8. Leipzig, Joachim. 820.

Wild's Abenteuer u. Schicksale auf einer wüsten Insel. Abendunterhaltung für d. Jugend. Neue Ausg. des: chem.-technischen Robinsons. Mit 1 Kpf. 8. Leipz. 823. Centr.-Cpt. 1 ℳ

„Ueber Wildschaden" [Ulm 1790].

Wildschadengesetz. Vom 11. Juli 1891. [Gesetz-Sammlg. S. 307.] 12. (9 S.) Berlin 891. R. v. Decker. — 15

— dasselbe. 8. (4 S.) Berlin 891. J. Springer. n. — 10

— dasselbe, sowie Gesetz üb. die Schonzeit des Wildes vom 26. Febr. 1870. [Gesetz-Sammlung S. 120.] 12. (20 S.) Berlin 894. R. v. Decker. — 30

Wildschaden-Gesetz für das Großh. Baden. Nebst den Vollzugs-Verordnungen. Amtliche Ausg. 8. Karlsruhe 834. Groos. 1/6 ℔

Wildschadengesetz, das hessische, s.: Gesetz, den Ersatz des Wildschadens betr.

Das preussische Wildschadengesetz vom 11. Juli 1891 u. d. Bestimmungen d. neuen BGB. über d. Wildschaden f. Jagdpächter . . . z. prakt. Gebr. erl. von Synd. Josef Bauer. 2., verb. Aufl. Neudamm: J. Neumann (1900). (87 S.) 8°

Wildschongesetz vom 14. VII. 1904. (Gesetzsamml. S. 159.) (7 S.) 8. Berlin (904.) (R. v. Decker). n. — 20

— dasselbe. Mit Erläutergn. u. Ausführungsbestimmgn. (18 S.) 8. Berlin 905. J. Springer. n. — 40

Wildschongesetz vom 14. Juli 1904. Für d. prakt. Gebr. ausführl. erl. von Syndikus Josef Bauer. Neudamm: J. Neumann 1904. (52 S.) 8° [F.] [05 286 11

Wildschongesetz vom 14. Juli 1904 nebst den Ausführungsanweisungen v. 30 Juli 1904 u. 15. Aug. 1904. Für d. prakt. Gebr. ausführl. erl. von Syndikus Josef Bauer. 2., verb. Aufl. Neudamm: J. Neumann 1906. (71 S.) 8° [F.] [06. 3817

Das Wildschongesetz vom 14. Juli 1904 nebst Ausführungsanweisungen erl. von [Peter] Danckelmann, Reg.- u. Forstrat, u. Dr. [Max] Engelhard, Geh. Reg.R. Berlin: P. Parey 1904. (84 S.) 8° [F.] [06. 8180 11

Das Wildschongesetz vom 14. Juli 1904 nebst Ausführungsanweisungen erl. von [Peter] Danckelmann, Forstrat, u. Dr. [Max] Engelhard, Geh. Reg.R. 2., unveränd. Aufl. Berlin: P. Parey 1904. (84 S.) 8° [F.] [05 6078

Das neue preußische Wildschongesetz vom 14. Juli 1904 mit Anweisungen und Ausführungsverfügungen von Karl Dickel. - Berlin 1906. 108 S.

Wildschrey, Joh. Eduard Th., die Grundlagen e. vollständ. Syllogistik, s. a. Abhandlungen zur Philosophie u. ihrer Geschichte. 26. Heft.

Die Grundlagen einer vollständigen Syllogistik von Joh. Eduard Th. Wildschrey. Halle a. S.: M. Niemeyer 1907. (X, 160 S.) 8°
(Abhandlungen z. Philosophie u. ihrer Geschichte. H. 26.)

Wildschut, D. H., Specimen acad. de vi dictionis et sermonis elegantia, in epistola Pauli ad Philemonem conspicuis. 8. maj. Trajecti ad Rhenum. (Weidmann in Leipz.) 809.

Wildschütt, Clärchen, od. die Folgen der Erziehung, (v. Jh. Gttw. Müller). 8. Berl. 799. Voß. 1 ℔ 16 ℊ

Wildschütt, Klärchen, oder die Folgen der Erziehung ... Berlin 1800—1. V: *Müller, Johann Gottwerth.* (EE) (Ky) (GGr)

Wildschütz, Ein. Eine Erzählung. (Der Reinertrag ist zum Besten der durch Wasserschäden so schwer getroffenen Burgeiser bestimmt). Innsbruck, 1855. Druck von Felician Rauch. (24 S. 8.)

Wildschütz, ein. Eine Erzählung. Innsbruck (856) 859. F. Rauch. 12. (24 S.) 5 ngr.

Wildschützen, die, s. a. Bund, der dreifache.

Wildschützen, Die. Lustspiel. Wien 1777. V: *Stephanie, Glieb.* (Ky)

Wildschützen, die. Lstspl. (von Gli. Stephanie). 8. Wien 777. Gräffer. 4 ℊ gr. 8. Leipz. 795. Rein. 5 ℊ

Wildschützen, Die. Seitenstück zum Domschützen. Leipzig 1804. V: *Cramer, Carl Glob.* (MGT) (Ky)

Wildschützen, die, Seitenstück zu K. G. Cramers Domschützen. 2 Bde. 8. Lpz. Joachim.

Wildstein, August: Kleines Gratulationsbuch. Eine Sammlung von Glückwünschen. Wien: C. A. Müller 1881. (94 S.) 8°

Wildstein, Aug., kleines Gratulationsbuch. Eine Sammlung von Glückwünschen zu Neujahrs-, Geburts- und Namenstags-Festen. 7. verb. Aufl. 16. (94 S.) Wien 882, C. A. Müller. *

Wildstein, Aug., kleines Gratulationsbuch. Eine Sammlung von Glückwünschen zu Neujahrs-, Geburts- und Namenstags-Festen. 8. verb. Aufl. 16. (94 S.) Wien 885, C. A. Müller. *

Wildstein, Aug., kleines Gratulationsbuch. Eine Sammlg. v. Glückwünschen zu Neujahrs-, Geburts- u. Namenstag-Festen. 9., verb. Aufl. 16. (96 S.) Wien 894. L. Weiß. n. — 30

Wildstein, Aug., kleines Gratulationsbuch. E. Sammlung v. Glückwünschen zu Neujahrs-, Geburts- u. Namensfesten. 10., verb. Aufl. 12. (96 S.) Wien 897. L. Weiß. n. — 30

Wildstein, August, Ich gratulire. Vollständiges Gratulationsbuch. 8. (189 S.) geh. 45 kr.
Wien: Muller 1881.

— Ich gratulire! Vollständ. Gratulationsbuch für alle vorkommenden Fälle des Lebens in Poesie und Prosa, nebst Hochzeitsgedichten, Toasten und einem Anhang von Glückwünschen in französ. Sprache. 7. verm. Aufl. 16. (190 S.) Ebendas. 882. *

— ich gratulire! Vollständiges Gratulationsbuch f. alle vorkomm. Fälle des Lebens in Poesie u. Prosa, nebst Hochzeitsgedichten, Toasten m. e. Anh. v. Glückwünschen in französ. Sprache. 8., verm. Aufl. 16. (192 S.) Wien 894. L. Weiß. n.n. — 75

Wildt, s.a. Wild.

Wildt, August [aus Köln]: Aus d. anatom. Institut zu Bonn. Ein Beitrag zur mikroskopischen Anatomie der Speicheldrüsen ... Bonn, Hauptmann'sche Buchdr., 1894; 32 S. 8.
Bonn, Med. Fak., Inaug.-Diss. v. [24.] Febr. 1894

Wildt, E., Katechismus der Agrikulturchemie, s. a. Weber's J. J., illustrirte Katechismen.

Wildt, E., Katechismus der Agrikulturchemie. 6. Aufl., neu bearb. unter Benutzg. der 5. Aufl. v. Hamm's „Katechismus der Ackerbauchemie, der Bodenkunde u. Düngerlehre". Mit 41 Abbildgn. 8. (X, 236 S.) Leipzig 884. Weber. geb. n. 3. —

Wildt, E., Katechismus der Agrikulturchemie, 7. Aufl., s.: Passon, Max.

Wildt, Ed., der landwirthschaftliche Gartenbau, s. Strohal, Jak.

Wildt, Ed., der k. k. österreichische Staats-Rechnungs- u. Controls-Dienst auf Grund der kaiserl. Verordng. vom 21. Novbr. 1866 in seiner praktischen Anwendung dargestellt. Mit zahlreichen Formularien. gr. 8. (VIII, 107 S.) Wien 876. Manz. n. 2. —

Wildt, Edwin, a. Bradford (Yorkshire), England: Über die Einwirkung von Alkalien auf Verbindungen der Dithiodiglykolsäure und der Diselendiglykolsäure. Eine neue Bildungsweise von Verbindungen der Thiooxalsäure und der Selenoxalsäure. Braunschweig 1907: F. Vieweg & Sohn. (39 S.) 8°
Bonn, Phil. Fak., Ref. Anschütz, Diss. v. 18. Dez. 1907
[Geb. 22. Jan. 83 Bradford; Wohnort: Bonn; Staatsangeh.: England; Vorbildung: Leicester Wyggeston Boys' School, Chesterfield Grammar School Reife O. 00; Studium: Leicester Municipal Techn. Schools Bach. of Sc., Bonn 6 S.; Rig. 13. Nov. 07.]

Wildt, Eugen: Ueber die Zusammensetzung der Knochen der Kaninchen in den verschiedenen Alterstufen. Leipzig 1872. 53 S.
Leipzig, Phil. Diss. von 1872.

Wildt, F., Generalregister, s.: Jahres-Bericht üb. etc. chem. Technologie.

WILDT, Fero (Kuschen): Ueber congenitale Divertikelbildung der kindlichen Blase mit konsekutiver Hydronephrose. Mit einer Taf.- München: Wolf 1906. 14 S.
17.7.1906 - Chr 1906/07,22; Jv 1905/06,478
Diss. Ingolst-Landsh -Mchn.

Wildt, Frz. De Clearcho Lacedaemoniorum duce. 16 S. Apost Cöln 1882
Progr.

Wildt, Frz., Liederbronnen. Neue Gedichte in Liedform, zum Vertonen geeignet. (85 S.) kl. 8. Iserlohn (908). Dortmund, F. Wildt. — 75

Liederbronnen. Neue Gedichte in Liedform, z. Vertonen geeignet. von Franz Wildt. Iserlohn: Hanemann [1908]. 85 S. 8°

Wildt, Franz, aus Kempen: Unter welchen Voraussetzungen wird die Inhabung im gemeinen Recht und im Bürgerlichen Gesetzbuche geschützt? Köln 1898: H. J. Breuer. (46 S.) 8°
Erlangen, Jur. Diss. v. 20. Okt. 1898.

Wildt, Franz Xaver

Wildt, Fr. Xav., Explanatio mirabilium, quae divina potentia in augustissimo eucharistiae sacramento operatur. gr. 8. (136 S.) Bonn 868, (Henry.) *

Wildt, Fr. X. v., Fest- u. Gelegenheits-Predigten. Hrsg. v. W. Mattes. gr. 8. (37¼ B.) Tübingen 846, Laupp'sche Bh.

Wildt, Frz. Xav., Homilien üb. d. sonntägl. Evangelien d. Kirchenjahrs. 1. u. 2. Bd. gr. 8. (19¾ u. 18¾ B.) Ehingen 833, 35, (Feger.) à

Wildt, Frz. Xav., Homilien üb. d. sonntägl. Evangelien d. Kirchenjahrs. 3. Bd. gr. 8. (21 B.) Ehingen 837, Feger'sche Bh. *

— die sieben Worte des Erlösers am Kreuze, in Predigten auf die heil. Fastenzeit. 2e unveränd. Ausg. 8. Augsburg 833. (Landshut, Krüll.) n $^{5}/_{12}$ Rthlr — 3e Ausg. 835. n. $^{1}/_{3}$ Rthlr

—— die sieben Worte d. Erlösers am Kreuze, in Predigten auf d. heil. Fastenzeit. 2. Ausg. (8¼ B.) 833. 10 Gr., 3., verb. A. (6½ B.) 8. Augsburg 835. (Regensburg, Manz.)

Wildt, G., Münz-Tabelle zur Umwandlung der Gulden u. Kreuzer in Mark u. Pfennig u. umgekehrt, ferner v. Thalern u. Silbergroschen, Francs u. Centimes in Mark u. Pfennig, nebst sachdienl. Notizen. Für den prakt. Handgebrauch bearb. 2. Aufl. 16. (4 S. auf Carton.) Stuttgart 875. Wildt's Verl. n. — 20
— dasselbe. Ausg. f. Bayern. 16. (4 S. auf Carton.) Ebend. 875. n. — 20

Wildt G. zur Wasserversorgung von Stuttgart. Stuttgart 1877

Wildt, Gero, Volontärarzt am pathologischen Institut der Universität München: Ueber congenitale Divertikelbildung der kindlichen Blase mit konsekutiver Hydronephrose. Mit einer Tafel. München 1906: C. Wolf. (14 S.) 8°
München, Med. Fak., Ref. v. Bollinger, Diss. v. 17. Juli 1906
[Geb. 10. Juli 76 Kuschen, Kr. Schmiegel, Prov. Posen; Wohnort: München; Staatsangeh.: Preußen; Vorbildung: Friedrich-Wilhelms-Gymn. Posen Reife O. 96; Studium: Kiel 3, Berlin 10, München 6 S.; Coll. 17. Juli 06; Approb. 28. Mai 06.]

Wildt, Heinrich. Zur Kenntnis der drei Chlorbenzaldehyde.... S. 63-108. 8. (Freiburg (Schweiz), Gebrüder Fragnière, 1901.) [fr. 1. 20]
(Mémoires de la Société fribourgeoise des Sciences naturelles... Chimie. Vol. 1, Fasc. 2...)
[Diss. Math.-Naturw. Freiburg in der Schweiz.] *s. Bulletin 1902, S. 60.*

Johann Christian Daniel Wildt

Joh[ann] Christ[ian] Dan[iel] Wildt: Beschreibung der Luftpumpe des Herrn James Little. Göttingen 1799: Barmeier. 8 S. 8°
Göttingen, Univ.-Schr.v. 1799

Wildt, Jh. Chr. Dan., Einleitung in die gesammte Philosophie. 4. Götting. 797. Schröder. 6 gr.

Johann Christian Daniel Wildt

Gedanken über Inhalt und Anordnung mathematischer Vorlesungen als Anzeige derselben. Von J[ohann] C[hristian] D[aniel] Wildt. Göttingen 1793: Rosenbusch. 36 S. 8°

— Logik u. allgem. Encyklopädie d. Wissenschaften rc., im Grundriß, mit einer Beilage. 8. Götting. 802. (Hannov., Hahn.) 6 gr.

— Logik u. Encyklopädie d. Wissenschaften, als ein Ganzes bearbeitet. 3r Versuch. 8. Götting. 810. Dieterich. 4 gr.

— Diss. inaug. de rotatione annuli Saturni. Cum tab. aen. 4maj. Götting. 793. Umgearb. unt. d. T.: de rotatione annuli Saturni commentatio. Pars I. 4maj. Hannov. 795. Hahn. 6 gr.

* Systematis matheseos proxime vulgandi specimen. Theses quae de lineis parallelis respondent, quas una cum aliis amplissimi philos. ord. auct. pro obtinendo honore assessoris facult. Philos. rite def. auctor *J. C. D. Wildt* Ph. Dr. Gottingae typis Rosenbusch. 8. 35 Seiten und 1 Taf. mit Fig.
1795.

— systematis matheseos specimen. 8maj. Götting. 795. Vandenhöck u. R. 4 gr.

— vollständ. u. systemat. Tafel der Kategorien; zur Anzeige der Vorles. 1795, 96. gr. 4. Götting. 795. Vandenhöck u. R. 2 gr.

— dies. verbessert. 4. Götting. 796. Vandenhöck u. R. 5e Ausg. 4. Hannov. 806. Hahn. 2 gr.

Wildt's vollständ. u. systemat. Tafel d. Kategoricen. *Gött.*, Vandenhöck u. Ruprecht. 795. 4° 2 gl; dies. auch 796 u. 6e Ausg. 815. 8°]

— Uebersicht d. Staatsgeschäfte vom Standpunkte d. prakt. Politik. Fol. Hannov. 817.

Wildt, Johann Ulrich (Strassburg) Thl. I, 209/55

Disputatio VI. et ult. de ecclesia Aethiopica, breviter adumbrata. Präs. Johann Konrad Dannhauer.
In: Dannhauer: Disputationes theologicae. Leipzig (Reinhold) 1707. S. 2070 - 2116.

Diss. Strassburg 19. III. 1664. 36742

Wildt, Jos., gemeinschaftl. Abendanbachten auf jeden Tag d. Woche. Zunächst f. kathol. Familien auf d. Lande gesammelt. 8. (8 B.) Coesfeld 834, Riese.

Wildt, Jos., gemeinschaftl. Abendanbachten auf jed. Tag d. Woche. Zunächst f. kathol. Familien auf d. Lande. 2., unveränd. Ausg. 8. (8 B.) Coesfeld 836, [Riese's Verl.]

Wildt, Jos., Advents- u. Weihnachtsbüchlein od. der von Gott verheißene u. in der Fülle der Zeit erschienene Weltheiland Jesus Christus. 8. Münst. 820. Aschendorf. 8 gr

—— geistl. Andenken f. Neugefirmte, besteh. in Lehren u. Ermahnungen zur heils. Erinnerung an d. empfang. h. Firmung. 12. ... Münster 830, Aschendorff.

Wildt, Jos., biblische Beispiele für Kinder. 8. Münster 824. Aschendorf. 3 gr

Wildt, Jos., prakt. Beispiele aus der darst. Geometrie f. Lehranst. m. bau- od. kunstgewerbl. Richtg. Mit Unterstützg. d. k. k. Ministeriums f. Cultus u. Unterricht hrsg. 1. Lfg. gr. Fol. (12 farb. Taf. m. 1 Bl. Text.) Nebst Texthft. gr. 8. (22 S. m. 4 Fig.) Reichenberg 895. Wien, A. Pichler's Wwe. & Sohn. In Mappe n. 14. —

Wildt, Jos., prakt. Beispiele aus der darstellenden Geometrie f. Lehranstalten m. bau- od. kunstgewerblicher Richtung. Mit Unterstützg. des k. k. Ministeriums f. Cultus u. Unterricht in Wien hrsg. 2. Lfg. gr. Fol. (12 farb. Bl. m. III S. Text.) Nebst Textheft. gr. 4. (28 S. m. 2 Fig.) Wien 902. A. Pichler's Wwe. & Sohn. n. 17. —

Wildt, Jos., praktische Beispiele aus der darstellenden Geometrie f. Lehranstalten m. bau- od. kunstgewerbl. Richtung. Hrsg.: Jos. Schleschka. 3. Lfg. (12 farb. Bl.) 61×44 cm. Nebst Textheft. (13 S.) gr. 8. Wien 908. A. Pichler's Wwe. & Sohn. 17. —

— geistl. Blütengärtlein. 32. Münster 817. Coppenrath. 2 gr

—— heilsame Erinnerungen u. freundschaftl. Winke f. die aus d. Schule entlass. Knaben u. Mädchen. 12. (2 B.) Münster 831, Coppenrath.

— kurze Erklärung verschiedener Gebräuche, Ceremonien u. gottesdienstl. Anordnungen der kathol. Kirche. Ein Lehr- u. Erinnerungsbüchlein für kath. Christen. 12. Ebd. 839. 1/6 ₰

Wildt, Jos., kurze Erklärung verschied. Gebräuche, Ceremonien u. gottesdienstl. Anordnungen der kathol. Kirche. Ein Lehr- u. Erinnerungsbüchlein f. kathol. Christen. 18. (4½ B.) Münster 843, Coppenrathsche Buchh.

—— kurze Erläuterungen verschiedener Gebräuche, Ceremonien u. gottesdienstl. Anordnungen d. kathol. Kirche. 12. (..B.) Münster 839, Coppenrathsche Buchh.

— kathol. Gebetbüchlein zunächst f. die kleineren Kinder bestimmt, doch auch f. die größeren brauchbar. 12. Steinfurt 811. 2e A. 813. 3e A. 8. Münster 822. 4e A. 826. Coppenrath. 4 gr Schreibp. 6 gr

—— kathol. Gebetbüchlein, zunächst f. d. kleineren Kinder bestimmt, doch auch f. d. größeren noch brauchbar. 5., verm. Aufl. 18. (250 Seit.) Münster 838, Coppenrathsche Buchh. 4 Gr., Schrbp.

—— kathol. Gebetbüchlein zunächst für d. kleineren Kinder bestimmt, doch auch f. die größeren noch brauchbar. 6., verm. Aufl. 18. (7 B. u. 1 Stnt.) Münster 843, Coppenrathsche Bh.

— nützl. Handbüchlein für Eltern, worin e. kurze Anweisung enthalten ist, wie Eltern ihre Kinder christlich erziehen sollen. Nebst e. Zugabe für Hausväter u. Hausmütter. 8. Münster 825. Aschendorf. 6 gr

— nützliches Handbüchlein f. Kinder nach ihrer Entlassung aus der Schule. 8. Münster 815. Coppenrath. 3 gr

— u. Jos. **Schleschka,** Leitfaden f. den Unterricht in der Geometrie u. Projektionslehre an allgemein-gewerbl. Fortbildungsschulen f. die Hand des Lehrers. Auf Veranlassg. u. m. Unterstützg. des hohen k. k. Ministeriums f. Kultus u. Unterricht verf. (90 S. m. 155 Fig.) gr. 8. Ebd. 905. n. 2. —

— Oster- u. Pfingstbüchlein oder die Auferstehung u. Himmelfahrt unsers Herrn u. die Sendung d. h. Geistes. 8. Münster 821. Aschendorf. 7 gr

— Ostergeschenk für Neu-Communikanten, auch für Erwachsene brauchbar. 8. Münster 827, Coppenrath.

—— Ostergeschenk f. Neu-Communikanten, auch f. Erwachsene brauchbar. 2. Aufl. 8. (3½ B.) Münster 833, Coppenrath.

— zweites Ostergeschenk für Neu-Communikanten rc. 8. Ebd. 835. 1/8 ₰

— Passionsbüchlein, oder das Leiden u. Sterben unsers Herrn und Heilandes Jesu Christi. 8. Münster 817. 2e A. 826. Aschendorf. 8 gr

—— das h. Sakrament d. Firmung. Belehrung u. Ermahnung f. Kinder u. Erwachsene auf d. Lande, welche dies h. Sakrament empfangen wollen, nebst Andachtsübungen beim Empfange desselb. 12. ... Münster 828, Coppenrath.

— kleines Sittenbüchlein f. Kinder. 8. Münster 823. Aschendorf. 6 gr

— Sittenbüchlein f. erwachsene Söhne u. Töchter, worin sie, nebst andern nützl. Erfahrungen, auch insbesondere Belehrung und Aufmunterung finden, die edle Tugend d. Keuschheit zu bewahren. 8. Münster 823. Coppenrath. 9 gr

— die Sonn- u. Festtagsfeier. Ein Erinnerungsbüchlein f. kathol. Christen. 8. Münster 818. Aschendorf. 6 gr

— Unterricht von dem allerheiligsten Meßopfer rc. 8. Münster 816. 2e A. 821. Aschendorf. 4 gr

— Unterr. v. d. allerh. Meßopfer rc. 2e Aufl. 8. Münster 822, Aschendorf.

Wildt, Joseph, Referendar aus Aachen: Verhältnis der Gesellschaftsschulden zu den Privatschulden eines Gesellschafters nach dem Bürgerlichen Gesetzbuch. Aachen 1900: J. Stercken. (35 S.) 8°
Freiburg i. B., Rechts- u. staatswiss. Diss. v. 1900.

—— der Vorabend d. h. Communion, u. Betrachtungs- u. Gebetbüchlein f. Neu-Communikanten ꝛc. 12. ... Münster 832, Coppenrath.

Wildt, Jos., Vorlagenwerk für geometrisches und Projectionszeichen an gewerblichen Fortbildungsschulen und Handwerkerschulen. Auf Veranlassung und mit Unterstützung des hohen k. k. Ministeriums für Cultus und Unterricht hrsg. qu. Fol. (31 Bl.) Mit Leitfaden dazu. gr. 8. (9 S.) Reichenberg 888, [Schöpfer's Verlag.] Fritsche. *

Wildt, Jos. Vorlagenwerk f. geometrisches u. Projectionszeichnen an gewerblichen Fortbildungsschulen, Handwerkerschulen u. Bürgerschulen. Auf Veranlassg. u. m. Unterstützg. d. hohen k. k. Ministeriums f. Cultus u. Unterricht hrsg. 2. Aufl. qu. Fol. (31 Bl.) Mit Leitfaden dazu. gr. 8. (9 S.) Reichenberg 890, Fritsche.
In Mappe * 7 —

Wildt, Jos., Vorlagenwerk f. geometrisches u. Projektionszeichnen an gewerblichen Fortbildungsschulen, Handwerkerschulen u. Bürgerschulen. Auf Veranlassg. u. m. Unterstützung des hohen k. k. Ministeriums für Kultus u. Unterricht hrsg. 3. Aufl. (31 Bl.) 39,5 × 53 cm. Mit erklär. Text. (5 S.) gr. 8. Wien (905). A. Pichler's Wwe. & Sohn. In Mappe n. 7.—

—— Weihnachtsgeschenk f. kathol. Kinder. 12. (4½ B.) Münster 837, Regensberg.

— lehrreiche Züge aus dem Leben des heil. Aloysius, ein Geschenk f. Kinder. 8. Münster 811. 2e A. 812. 3e A. 821. Aschendorf. 3 gr

Wildt, Nikolaus, bacc. iur., Referendar in Aachen: Wesen und Wirkungen der Sachpfändung, unter besonderer Berücksichtigung der einzelnen Sachpfändungsarten. Aachen 1908: H. Kaatzer. (85 S.) 8°
Leipzig, Jur. Fak., Diss. v. 15. April 1908
[Geb. 11. Dez. 83 Aachen; Wohnort: Aachen; Staatsangeh.: Preußen; Vorbildung: Kaiser-Karls-Gymn. Aachen Reife O. 03; Studium: Bonn 6 S.; Rig. 31. Juli 06.]

WILDT, Wilhelm (Neuburg/Donau): Ueber den chronischen Abscess.- München: Wolf 1841. 19 S. 12.2.1841 - Urk (Titel: De abscessu chronico.); F 65
Diss.Ingolst.-Landsh.-Mchn.

Wildt, Willi, Apotheker a. Eupen: Über die experimentelle Erzeugung von Festigungselementen in Wurzeln und deren Ausbildung in verschiedenen Nährböden. Bonn 1906: S. Foppen. (34 S.) 8°
Bonn, Phil. Fak., Ref. i. V. Karsten, Diss. v. 25. Juli 1906
[Geb. 11. Juni 78 Aldenhoven, Kr. Jülich; Wohnort: Eupen; Staatsangeh.: Preußen; Vorbildung: Gymn. Münstereifel Reife O. 98; Studium: Bonn 9 S.; Rig. 21. Febr. 06.]

Wildungen [Sachl. OW]

Wildungen, Bad, s. Woerl's Reisehandbücher.

Wildungen, Bad, in s. Vergangenheit u. Gegenwart. 8. (36 S. m. Abb.) Wildungen 895. (Arolsen, A. Speyer.) n. —25

Wildungen, Ulfo v., u. Jutta v. Sturmbach; e. Rittergesch. 2 Thle. 8. Halle, Franke. (Anton in Görlitz.) 791. 92. (I. 18 gr. II. 20 gr.)

— — Dasselbe. (Nachdruck.) 2 Thle. Hohenzollern, 1792. 8°.
Wildmoser's (München) Leihbibl.-Cat., no. 9050—51.

Wildungen [Schlagwort]

Wildungen, Bad, s.a Preussen. Messtischblätter.

Wildungen. Karte von Bad Wildungen u. Umgebg. 1:50,000. Farbendr. gr. 4°. Wildungen 1890. Pusch.

Wildungen [Verf.]

Wildungen, praktische Darstellung des Baurechts und Baupolizeirechts. Ein Taschenbuch für Baumeister, Bauhandwerker, Hauseigenthümer und Verwaltungsbeamte. Als Anhang die Berliner Baupolizei-Ordnung mit sämmtl. Nachträgen bis auf die neueste Zeit. 16. (156 S.) Berlin 873, zum Felde. [Polytechn. Buchh.] *

v. Wildungen, Frhr. Ldw. Hnr. Wlh., († d. 9. April 1796.) wohlgemeinter christl. Wegweiser, wie ein wahrer Christ jeden Tag seines Lebens heilig u. Gott wohlgefällig anfangen, zubringen u. vollenden kann, meistens aus Scriver's Seelenschatz u. d. Dobbridge Anfang u. Fortgang wahrer Gottseligkeit gezogen. Zum tägl. Gebrauch zusammengetragen. 8. Nürnb. u. Leipz. 773.

— geistl. Rüstung, Wehr u. Waffen einer gläubigen Seele auf d. Kranken- u. Sterbebette, wider die listigen Anläufe u. grimmigen Anfälle des höllischen Feindes ꝛc. 8. Nürnb. 776.

Wildungen, Ludwig Karl Eberhard Heinrich Friedrich von

— Weidmanns Feierabende. 6 Bdchn. Mit 12 Kpf. gr. 8. Marb. 815—23. Krieger. (à 1 ℛß) 6 ℛß Hbg. Pr. 5 ℛß Schreibp. (à 1 ℛß 8 gr) 8 ℛß

WILDUNGEN, Ludwig Carl Eberhard Heinrich Friedrich v.: Forst- und Jagd-Gedichte. Aus seinem Nachlasse gesammelt und mit seiner Biographie begleitet. Von einem Freunde und Verehrer des Verewigten. - Hersfeld 1829. XVI, 87 S.

— Gedichte, aus seinen Neujahrs-Geschenken gesammelt. 8. Hersfeld ... Industr.-Cpt. 12 gr

v. Wildungen, Ldw. Karl Ebh. Hnr., († d. 14. Juli 1822.) Jägerlieder. 8. Leipz. 788. N. A. 798. Müller. 8 gr

Wildungen's, Ludw. v., Jägerlieder. Neu bearb. u. hrsg. von Wilh. v. Buttlar-Elberberg. Mit Orig.-Zeichngn. v. A. Mailick. (67 S.) 8. Leipzig (906). Grethlein & Co. Geb. in Leinw. n. 3.—

v. Wildungen, Jägerlieder ꝛc. hat Joachim in Leipzig.

WILDUNGEN, L. C. E. H. F. v.: Lieder für Forstmänner und Jäger. - Leipzig 1788. - 2. verm. Aufl. 1811. X, 186 S.

— Lieder f. Forstmänner u. Jäger. 8. Leipz. 803. Seeger. 16 gr Neue verm. Samml. 8. Ebd. 811. 8. Altona 816. Hammerich. 1 ℛß

— Lieder f. Forstmänner u. Jäger. 8. Leipz. Seeger. 804.

— (Hrsg.), s. Neujahrs-Geschenk für Jagd- und Forstliebhaber ...

Wildungen, L. C. E. H. F. v., gesammelte Schriften, für Jäger, Jagd- und Naturfreunde zusammengestellt von Paul v. Sametzki. 3 Thle. gr. 16. Kassel 878,79. Gera, Griesbach's Verlag. geb.

Wildungen, L. C. E. H. F. v., gesammelte Schriften, für Jäger, Jagd- und Naturfreunde zusammengestellt von Paul v. Sametzki. 3 Thle. gr. 16. (VIII, 336; VII, 334; VII, 336 S.) Kassel 878,79, Fischer. à Thl. * ℳ 2,50. * geb. à Thl. * ℳ 3,50. *

— Taschenbuch f. Forst- u. Jagdliebhaber, s. Taschenbuch.

Wildungen, Uffo von

— s. Archiv von u. für Schlesien.

v. Wildungen, Uffo, (Hnr. Zitzmann), Nachhall verklungen. Tage. 8. Halle 802. Schimmelpfennig. 16 gr

Wildvogel, Christian A. S. 265/20

De acclamationibus ad l. III. c. d. offic. rect. prov. programma inaugurale.
Jena (Müller) 18. II. 1700. 8 Bl. 36745

Wildvogel, Christian [Praes.], s. Arnold, Joh. Jac.: De arbitrio judicis circa torturam.

Wildvogel, Christian: Libellus de balneis et balneatoribus ob praestantiam et usum singularem denuo revisus, praefatione...auctus. 228 S., gbd.

Francofurti et Lipsiae: 1754

JB 2.704

Wildvogel, Ch., de balneis et balneatoribus. 4. Frankf. u. Leipz. 754. Petersen. 8 gr

Wildvogel, Christian [Praes.], s. Baudis, Gottfr. Leonh.: De legibus conviviorum. Von Gasterey-Ordnungen.

Wildvogel, Christian [Praes.], s. Beck, Kaspar Achatius: De ducatu Franconiae.

Wildvogel, Christian [Praes.], s. Below, Joh. Heinr.: De servitiis feudalibus ex allodio praestandis.

Wildvogel, Christian [Praes.], s. Beyer, August: De competentia consistoriorum evangelicorum inprimis inferiorum in provinciis electoratus Saxoniae.

Wildvogel, Christian [Praes.], s. Biechling, Andreas Simson: De persecutione delinquentium.

Wildvogel, Christian [Praes.], s. Böhmer, Justus Henning: De imputatione culpae propriae.

Wildvogel, Christian [Praes.], s. Böhmer, Justus Henning: Theses controversae ...

Wildvogel, Christian [Praes.], s. Bohse, August: De jure posthumorum.

Wildvogel, Christian [Praes.], s. Bonz, Johann Theophil: De differentia consensus sponsalitii et matrimonialis.

Wildvogel, Christian [Praes.], s. Brendel, Johann Gottlieb: De aetate et juribus circa eam obtinentibus.

Wildvogel, Christian [Praes.], s. Büttner, Christian August: De praeda militari. Von Plünderung und Beute der Soldaten.

Wildvogel, Chr.: Chronoscopia legalis sive de jure festorum et praecipuorum anni temporum commentatio. Jenae (1700).

Wildvogelius, Chr.: Commentationes iuridicae. Quondam sigillatim ed., nunc ... coniunctim rec. Jenae 1750.

1. De datione rei, quam dans ipse non habet. Germanis: Von Verschenckung einer Sache, welche der Weggeber selbsten niemahln gehabt.
2. De re desinente, quae nondum coepit. Germ.: Von einer Sache, welche aufhöret, so niemahln angefangen.
3. De responsione, sine interrogatione. Germ.: Von der Antwort, so ohne Frage gegeben wird.
4. De scriptis terribilibus. Germ.: Von fürchterlichen und schreckhafften Schrifften.

— consilia et responsa juridica. fol. Jen. Bielke. 717.

Wildvogel, Christian [Praes.], s. Cotta, Christian Wilhelm: De voto informativo.

Wildvogel, Christian [Praes.], s. Decker, Johann Balthasar: De eo quod justum est circa aedes exustas. Vom Rechte der Brandstedte.

Wildvogel, Christianus, praes., Duvernoy, Petrus, auct.: Disp. inaug. juridica de desertoribus et transfugis. Von ausgerissenen Soldaten und Überläuffern. Jenae 1714. 4°.

Wildvogel, Christian [Praes.], s. Diede zum Fürstenstein, Johann Wilhelm Theodor: De eo quod est justum sed non decorum.

Wildvogel, Christian [Praes.], s. Diest, Joh. Jul.: De translatione fideicommissi. Germanice: Von Vermächtnüssen, welche unter gewissen Bedingungen, auf den Todes Fall an andere zu vererben, errichtet werden, u. wer dieselben zu erlangen fähig.

Wildvogel, Christian [Praes.], s. Dietmar, Joh. Wilhelm: De inutilibus sponsaliorum divisionibus.

Wildvogel, Christian [Praes.], s. Döhler, Johann Georg: De fortuna jurgiorum sive processuum.

Wildvogel, Christian [Praes.], s. Dressel, Nic. Wilhelm: De condictionis furtivae natura et usu hodierno. Von Wiederforderung gestohlenen Guths.

Wildvogel, Christian [Praes.], s. Duvernoy, Peter: De desertoribus et transfugis. Von ausgerissenē Soldaten und Überläuffern.

Wildvogel, Christian [Praes.], s. Eilhard, Conrad Samuel: De privilegiis clericorum in processualibus secundum normam legum Romanarum ac usum hodiernum.

Wildvogel, C., de eo, quod justum est circa conciones funebres. Jen. 1701. 4.

Wildvogel, C., de eo, quod justum est circa deprecationes ecclesiasticas. Jen. 1702. 4.

— — De eo, quod justum est circa dies caniculares oder: Von dem, was in Ansehn der Hunds-Tage Rechtens ist. Ibid. 1744. (Ebd.)

Wildvogel, C. De eo quod justum est circa Lotarias. 1718.

Wildvogel, C., de eo, quod justum est circa orat. dom. Jen. 1712. 4.

Wildvogel, Christian [Praes.], s. Ferber, Johann Bernhard: De concurrentia diversae jurisdictionis competente.

Wildvogel, Christian [Praes.], s. F i r n h a b e r , Johann Conrad: Dominum a rei vindicatione exclusum secundum statuta Hamburgensia.

Wildvogel, Christian [Praes.], s. F ü r s t e n a u , Johann Adolph: De fide hosti a privato data servanda.

Wildvogel, Christian [Praes.], s. G e r b e r , Samuel: De commodato filii. Ob ein Sohn Macht habe Jemanden etwas zum Gebrauch zu verlehnen.

Wildvogel, Christian [Praes.], s. G e r i c k e , Nicolaus: De sententia conditionali.

Wildvogel, Christian [Praes.], s. G l i m p e r , Heinrich Moritz: De jure stabulorum.

Wildvogel, Christian [Praes.], s. G r a f f , Friedrich Heinrich: De juramento actus puberum confirmante. Von Eydlicher Bekräfftigung der Unmündigen.

Wildvogel, Christian [Praes.], s. G ü p n e r , Johann Basilius: De jure thalami. Vom Rechte des Ehe-Bettes.

Wildvogel, Christian [Praes.], s. G u t z m e r , Johann Albert: De jure manus dextrae. Vom Rechte der rechten Hand.

Wildvogel, Christian [Praes.], s. H a n t e l m a n n , Werner Gottfr.: De increpatione paterna. Von Väterlichen Schelten.

Wildvogel, Christian [Praes.], s. H a s e l h u h n , Johann Georg: De appellationibus in causis non appellabilibus. Von Beruffungen in Sachen da die Beruffung nicht stat hat.

Wildvogel, Christian [Praes.], s. H e b e r l i n , Joh. Georg: De eo quod justum est circa festum paschatis. Vom Rechte des Oster-Fests.

Wildvogel, Christian [Praes.], s. H e i l b r o n n e r , Friedrich: De superioritate territoriali civitatum imperialium.

Wildvogel, Christian [Praes.], s. H e r t o g h e , Wilhelm von: Tribonianis circa legem Laetoriam non errans, sive exercit. acad. ad §. II. inst. de curat. contra Jacobum Raevardum varior. lib. I. cap. 17.

Wildvogel, Christian [Praes.], s. H e u l e i n , Johann Albert: De filiis electorum. Von Chur-Printzen.

Wildvogel, Christian [Praes.], s. H e y d e n r e i c h , Karl Heinrich: De revocatione feudi illorum qui in ejus alienationem valide consenserunt.

Wildvogel, Christian [Praes.], s. H i r s c h , Georg Matthias: De exercitio juris circa sacra civitatum imperial. liberarum protestantium.

Wildvogel, Christian [Praes.], s. H o e r m a n n , Karl Heinrich: De exceptionibus rei judicatae executionem impedientibus.

Wildvogel, Christian [Praes.], s. H o r n i g , Balthasar: De controversa jurisdictione ecclesiastica principum imperii in diversae religionis subditos.

Wildvogel, Christian [Praes.], s. J a c o b i , Joachim Andreas: De esculentis et potulentis. Von Essen- und Trinckender Waare.

Wildvogel, Christian [Praes.], s. J a c o b i , Michael: De causa propria.

Wildvogelius, Chr.: Diss. iur. de ictu fustium von Staup-Besen. o. O. 1756.

Wildvogel, Christian [Praes.], s. J u c h , Georg Heinrich: De feudo scultetico. Vom Schultzen-Lehn.

Wildvogel, C.: De j u r a m e n t i s Hebraeorum. Jen. 1720.

Wildvogel, Chr., de jure altarium. Jen. 1716. 4.

Wildvogel. De jure collectarum. Von Schoss- und Steuer-Recht. Jena 1694, 1750.

WILDVOGEL, Ch., De jure embryonum, v o n u n g e b o h r n e r (!) K i n d e r R e c h t. Jenae 1693. 4°.

120 pp. (54 xr Ackermann 35. no. 197.)

— — Idem opus. Ibid. 1735. 4°.

1 Mk. 25 Pfg. Schmidt, Halle, 491. no. 1340. (ohne Ortsangabe).

Wildvogelius, Chr.: Commentatio de jure embryonum, Vom Rechte ungebohrner Kinder. Helmstadii 1745.

— — De jure gemellorum V o m R e c h t e d e r Z w i l l i n g e. Jena 1741. (Ebd.)

Wildvogel, Chr. De jure principis eminente circa postas. 4°. Jenae 1705.

Wildvogel, Chr.: Tractatio jur. de iure principis eminenti circa postas, Germanis: Von der Post-Gerechtigkeit . . . u. der dabey vorkommenden Gerichtsbarkeit. Jenae 1755.

Wildvogel, Christian (Dresden) A. S. 729/40

Dissertatio juridica de jure seculi Von Hundertjähriger Zeit. Präs. Christian Wildvogel (Onkel). Jena (Müller) 2. IV. 1701. 32 S. 36746

— — De jure thalami, v o m R e c h t d e s E h e - B e t t e s. 1703. 4°.

1 Mk. 25 Pfg. Derselbe 491. no. 1339. (ohne Ortsangabe).

— — Idem opus. 1757. (In Rostock. Landesbibl., deren gedr. Hauptcat. keine Formate angibt.)

Wildvogel, Christian: Exercitatio de jure vexillorum. Vom Fahnen-Rechte. Jenae 1744. 4°.

Wildvogel, Christian [Praes.], s. J ü r i s c h , Daniel: De modo inverso in processu civili et criminali vitando.

Wildvogel, Christian [Praes.], s. K a u f f m a n n , Georg Balthasar: De unione electorali. Von der Churfürsten Verein.

Wildvogel, Christian [Praes.], s. K a u l f u s s , Christian Gottlob: Statutorum Budissinensium collationem, cum jure civili et Saxonico communi.

Wildvogel, Christian [Praes.], s. K e s s l e r , Christoph Friedr.: De officio actuarii.

Wildvogel, Christian [Praes.], s. K i r i z , Karl Erdmann: Varia praejudicia, circa usucapionem et praescriptionem passim inolita.

Wildvogel, Christian [Praes.], s. K r e b s, Christian Bernhard: De supervita, vulgo Eingeschneitel.

Wildvogel, Christian [Praes.], s. K r e y e n b e r g, Heinrich: De jure gemellorum. Vom Rechte der Zwillinge.

Wildvogel, Christian [Praes.], s. K r o m a y e r, Johann Friedr.: De divisione parentum inter liberos. Vom väterlicher Theilung.

Wildvogel, Christian [Praes.], s. L a i r i z, Jo. Gg.: De oblationibus quae fiunt in eccl. per sacculum sonantem Vom Klinge-Beutel.

Wildvogel, Christian [Praes.], s. L a n g e, Otto Friedr.: Diss. jur. de ultima voluntate testatoris non sevanda.

Wildvogel, Chr.: „Commentatio de latere principis Germanis: Von der Geheimden Regierungs- und Hof-Raths-Würde . . . . .", Jenae, rec. in offic. Hellerlana 1755.

Wildvogel, Christian [Praes.], s. L i n d n e r, Chr. Friedr.: De singulari causa exheredandi liberos in ducatu Magdeburgico.

Wildvogel, Christian [Praes.], s. L o c h n e r, Joh. Carl: De judaeorum receptione ac tolerantia Von Juden-Schutz.

Wildvogel, Christian [Praes.], s. L u c a s, Joh. Christoph: De consortibus litis.

Wildvogel, Christian [Praes.], s. M a c k, Joh. Reinh.: De appellatione per saltum.

Wildvogel, Christian [Praes.], s. M a r b a c h, Ulrich: De deo commissis Was Gott befohlen wird.

Wildvogel, Christian [Praes.], s. M a t t h i a s, Johann Peter: De testamento holographo reciproco.

Wildvogel, Christian [Praes.], s. M e c k b a c h, Hieron. Christoph: De recusatione judicis eiusque usu et abusu.

Wildvogel, Christian [Praes.], s. M e c k b a c h, Polyc. Christ.: De abolitionibus et jure tertii circa eas.

Wildvogel, Christian [Praes.], s. M e c k e l b u r g, Johann Christoph: De citatione ad processum non necessaria.

Wildvogel, Christian [Praes.], s. M o r i z, Christian Gottlieb: De juramentis Judaeorum. Vom Juden-Eyden.

Wildvogel, Christian [Praes.], s. M ü l l e r, Andreas Friedrich: De praecipuis juris Marchici a Saxonico differentiis.

Wildvogel, Christian [Praes.], s. M ü l l e r, Friedrich Wilhelm: De legum quarundam justinianearum non usu in Germaniae foris ex earundem rationibus nec quidquam probando.

Wildvogel, Christian [Praes.], s. M ü l l e r, Jo. Jakob: De jure retorsionis inter status imperii.

Wildvogel, Christian [Praes.], s. M ü n c h h a u s e n, Gerlach Adolph von: De capitulatione perpetua.

Wildvogel, Christian [Praes.], s. N a u e n d o r f f, Hermann Carl Ludwig von: De usu juris naturalis in actionibus principum conspicuo.

Wildvogel, Christian [Praes.], s. N i t s c h, Johann Paul Ägidius: De eo quod justum est circa lottarias.

Wildvogelius, Chr.: Diss. iuris ecclesiastici de oblationibus quae fiunt in ecclesia per sacculum sonantem vom Klinge-Beutel. Jenae 1751.

Wildvogel, Christian [Praes.], s. O l e a r i u s, Jo. Gottlieb: De eo quod justum est circa orationem dominicam, Vom Vater-Unser.

Wildvogel, Christian [Praes.], s. P e r t s c h, Johann Jakob: De eo quod justum est circa deprecationem publicam ecclesiasticam vulgo Von der Kirchen-Buße.

Wildvogel, Christian [Praes.], s. P f a n n s t i e l, Esaias: De pecunia succumbentiae Von Succumbenz-Geldern.

Wildvogel, Christian [Praes.], s. P u r c k h a u e r, Johann Christoph: De scamno comitiorum transverso, Von der Querbanck.

Wildvogel, Christian, Comment. jur. De re per meliorationem. . . . s. A r e n d, Gajus Matthias. De argumenti legum. . .

Wildvogel, Christian [Praes.], s. R e i n m a n n, Joh. Zacharias: De jure praeferentiae in locatione Vulgo Vom Vorpacht.

Wildvogel, Christian [Praes.], s. R h a e s a, Johann Friedrich: De rebus altioris indaginis. Germ.: Von Sachen, welche in Rechts-Händeln etc. nicht ein gemeines, sondern ein reiferes Nachdencken erfordern.

Wildvogel, Christian [Praes.], s. R u d o l p h i, Johann Emanuel: De statibus provincialibus Von Land-Ständen.

Wildvogel, Christian [Praes.], s. S c h e i d l i n, Johann: Dissertatione inaugurali conventus monetales, S.R.I. trium superiorum corresp. circulorum Franconiae, Bavariae, Sueviae, Müntz-Probations-Täge der drey Correspondirenden Creyse, ex edicto monetali Ferdinandeo . . . destinat . . .

Wildvogel, Christian [Praes.], s. S c h m i d, Christoph Daniel: De praecipuis impedimentis vel obstaculis justitiae vulgo Von denen vornehmsten Verhinderungen der Gerechtigkeit.

Wildvogel, Christian [Praes.], s. S c h r e i b e r, Georg Christoph: De aequitate flebilis beneficii cessionis bonorum.

Wildvogel, Christian [Praes.], s. S c h w a r t z, Johann Stephan: De tribus sententiis conformibus occasione l.un.cod. ne liceat in una eademque causa etc.

Wildvogel, Christian [Praes.], s. S i e g e l, Gideon: De iure retentionis uxori vel viduae competente, Germanis: Von dem Zurückhaltungsrechte, welches Weibern . . .

— de venerabili signo crucis, v. Zeichen des H. Kreuzes. 4. Ebend. 733.

Wildvogel, Christian [Praes.], s. S l e v o g t, Gottlieb: De juribus altarium, Vom Rechte der Altäre.

Wildvogel, Christian [Praes.], s. S o m m e r, Reinhold: De furtis impropriis. Von Diebstählen so eigentlich keine seyn.

Wildvogel, Christian [Praes.], s. S o n n e s c h m i d, Johann Ernst: De clausula concernente.

Wildvogel, Christian [Praes.], s. S t o c k, Andreas: De eo, quod iustum est circa arbores, Vom Recht der Bäume.

Wildvogel, Christian [Praes.], s. S t o c k , Johann Matthias: De transactione, ob enormem laesionem non rescindenda.

Wildvogel, Christian [Praes.], s. S t r a s b e r g , Karl Michael: De fontibus juris Romani eorumque usu hodierno.

Wildvogel, Christian [Praes.], s. S t r i n z , Johann: De testamento legati, Vom Testament eines Abgesandten.

Wildvogel, Christian [Praes.], s. S t r u v e , Friedrich Gottlieb: De balneis ac balneatoribus Von Bad-Stuben und Badern secundum leges et instituta Romanorum ac usum hodiernum.

Wildvogel, Christian [Praes.], s. S u p p i u s Johann Jakob: De fallacia spei. Von Betrüglicher Hoffnung.

Wildvogel, Christian [Praes.], s. T h i l o , Johann Wilhelm: De jure embateutico, sive facultate bona debitoris propria autoritate occupandi von Rechte des Schuldeners Güther eigenen Gewalts einzunehmen, ad l.3.ff.§.5.de reb.cor.qui sub tut.

Wildvogel, Christian [Praes.], s. T r e i b e r , Johann Philipp: De testibus non rogatis.

Wildvogel, Christian [Praes.], s. U r s i n u s , Johann Heinrich: De partu legitimo. Von Rechtmässiger Geburt.

Wildvogel, Christian [Praes.], s. V i e r t h a l e r , Heinrich Christ.: De negligentia ministri principem non obligante.

Wildvogel, Christian [Praes.], s. W a c h l e r , Friedrich Paul: De non-praescriptilibus.

Wildvogel, Christian [Praes.], s. W e n z e l , Johann Gottlieb: De clausula formulae citationis inseri solita iusto tempore matutino Zu rechter früher Tages-Zeit.

Wildvogel, Christian [Praes.], s. W e s t p h a l , Ernst Joachim: De genuina origine potentatus principum in imperio S.R.Germanico.

Wildvogel, Christian [Praes.], s. W i l d , Johann Wilhelm: Conductor mercatorius. Der Kauffleuthe Glait.

Wildvogel, Christian [Praes.], s. W i l d v o g e l , Johann Friedrich: De positione ultima Von dem letzten Satz.

Wildvogel, Johann Friedrich (Jena) A. S. 800/21

Disputatio inauguralis juridica de positione ultima Von dem letzten Satz. Präs. Christian Wildvogel. Jena (Müller) VI. 1718. 36 S.

W. v.: Jo. Kaspar Posner, Christian Wildvogel (Vater), Kaspar Achaz Beck. 36750

Wild-West-Bibliothek. 1. Bd. (32 S.) Lex.-8. Dresden (906). A. Eichler. — 15

Wild-West-Bibliothek. 2.—40. Bd. (à 32 S.) Lex. 8. Dresden (906. 07.) A. Eichler. à — 15

Wilejka [Schlagwort]

Wilejka, s. E u r o p a . Uebersichtskarte.

Wilemski, Stanislaus, a. Nawra (Westpreußen): Ein Fall von Cholesteatom. Würzburg 1905: J. Seelmeyr. (25 S.) 8°
Würzburg, Med. Fak., Ref. v. Rindfleisch, Diss. v. 9. Okt. 1905
[Geb. 18. Juli 78 Kauernick; Wohnort: Würzburg; Staatsangeh.: Preußen; Vorbildung: Gymn. Culm Reife O. 00; Studium: Berlin 5, Breslau 2, Würzburg 3 S.; Coll. 5. Juli 05; Approb. 2. Juli 05.]

WILENSKY, LEW. Beiträge zur Kenntnis des 1, 2, 4-Triamidonaphtalins und seiner Abkömmlinge. (Basel) Berlin, 1894.

Wilensky, L. Beiträge zur Kenntnis des 1, 2, 4 Triamidonaphtalins und seiner Abkömmlinge. In-8°. 45 S. Basel (Georg & Co.). These.
1895.

Wilentschik, M., üb. d. Auswanderg. farbloser Blutkörperchen unt. d. Einfluss pharmakolog. Agentien. Diss. gr. 8. (79 S.) Jurjew (Dorpat) 894. (E. J. Karow.) n. 1. 50

Wiler, Wolf. Friedli Feldberg. Eine schweizerische Dorfgeschichte. In-8°, 180 S. Bern, Wyss. 2 —
1883.

Wiler Wochenblatt
s. Wyler Wochenblatt

Wilfarth, H., Untersuchungen üb. die Stickstoffnahrung der Gramineen u. Leguminosen, s.: Hellriegel, H.

Wilfarth, H.: V e g e t a t i o n s v e r s u c h e üb. d. Kalibedarf einiger Pflanzen, s.a. A r b e i t e n der deutschen Landwirtschafts-Gesellschaft, 34. Hft.

[5.] Vegetationsversuche über den Kalibedarf einiger Pflanzen. Auf Veranl. d. Deutschen Landw.-Ges., Dünger-(Kainit)-Abt., an d. Landw. Versuchsstation Bernburg v. H. Hellriegel, H. Wilfarth, H. Römer u. G. Wimmer. Berichterstatter: Prof. Dr. H. Wilfarth. Nebst e. Einl.: Die Methode d. Sandkultur, v. Prof. Dr. H. Hellriegel. *Berlin: Dr. v. Gebr. Unger 1898.* (101 S.) 1 Bd 8.
= Arbeiten d. Deutschen Landwirtschafts-Gesellschaft. H. 34.
[98. 9447

Wilfarth, H., u. G. Wimmer, die Wirkung des Kaliums auf das Pflanzenleben, s.a. Arbeiten der deutschen Landwirtschafts-Gesellschaft.

Die W i r k u n g des Kaliums auf das Pflanzenleben nach Vegetationsversuchen mit Kartoffeln, Tabak, Buchweizen, Senf, Zichorien u. Hafer. Auf Veranl. d. Deutschen Landw.-Ges., angest. an d. Landes-Versuchsstat. Bernburg unter Mitw. von Dr. H. Römer, Dr. E. Mayer, Dr. F. Katz, G. Geisthoff. Von H. Wilfarth u. G. Wimmer. Berlin 1902. (VIII, 106 S.) 8°
(Arbeiten d. Deutschen Landwirtsch.-Gesellschaft. H. 68.)

Wilfarth, Herm., üb. Sulfobenzolamid. Inaugural-Dissertation. gr. 8. (16 S.) Hamburg 873. O. Meissner. n. — 40

Wilfarth, J. G.

Wilfahrth, J. G., kurmärkisches ABC- u. Lesebuch, vorzüglich zur Anwendung d. Lautmethode. 8. Berl. 816. Petsch. (Stuhr). 8 gr

Wilfarth, J. G., das hülflose Alter. Nebst e. Vorschlage z. Errichtung e. Verpflegungsanstalt f. alte Leute. 8. (3½ B.) Neubrandenburg 835. (Neu-Ruppin, Oehmigke u. Riemschneider.)*

— Anweis. für Schullehrer, besonders auf dem Lande, Kinder in sehr kurzer Zeit ohne Buchstabiren Lesen zu lehren. 8. Berl. 816. Petsch. 2 gr

Wilfarth, J. G., Concordia, d. i.: Neuer od. bisher doch viel zu wenig gekannter u. versuchter Weg zur allgem. kirchl. Eintracht. gr. 8. (½ B.) Berlin 845, (Enslin'sche Buchh.) *

Wilfarth, J. G., I. Wichtige Fragen üb. Christum. II. Von d. Wahrhaftigkeit. 2 Predigten. Nebst e. Vorw., worin v. Verpflichtung auf symbol. Bücher u. Aehnlichem d. Rede ist. gr. 8. (2½ B.) Neustrelitz u. Neubrandenburg 834, Dümmler.

— tägl. Handbuch f. christl. Dienstboten in d. Städten u. auf dem Lande. 8. Berl. 819. (Mittler). 8 gr.

—— evangel. Licht u. Recht. In 3 Abhandlnngen, enthalt. die Dreieinigkeitslehre, d. Erlösungs- u. Genugthuungslehre, sowie d. Erbsündelehre u. d. Recht d. Glaubens-, Gewissens- u. Lehrfreiheit. gr. 8. (32½ B.) Braunschweig 846, Rademacher.

—— eine Predigt üb. d. Ausspruch Jesu: „Es wird e. Heerde u. e. Hirte werden." Nebst einigen Gedanken üb. Religionsstreitigkeiten u. Verfolgungen. Als Vorläufer der u. d. T.: „An Deutschlands Fürsten u. Völker etc." von ihm (hierin) angekündigten Schrift. 8. (2½ B.) Berlin 832, Stuhr.

Wilfahrth, J. G., Religionsunterricht f. Kinder von 7—12 Jahren. 8. Neu-Ruppin 806. (Liebeskind in Leipz.) 6 gr.

—— 55 kurze Theses f. Geistesfreiheit, Wahrheit u. Frieden in d. Kirche. 8. (¾ B.) Braunschweig 846, (Rademacher.) *

—— wie ließe sich eine confessionelle Einheit unter den Christen bewirken? Eine kirchliche Lebensfrage behufs des kirchl. Friedens, beantwortet. 8. (3½ B.) Altona 843, Heilbutt. *

Wilfert, s. Hans Wilfert.

Wilfert, Adf., die Kartoffel- u. Getreidebrennerei. Handbuch f. Spiritusfabrikanten, Brennereileiter, Landwirthe u. Techniker. Enth.: Die prakt. Anleitg. zur Darstellg. v. Spiritus aus Kartoffeln, Getreide, Mais u. Reis nach den älteren Methoden u. nach dem Hochdruckverfahren. Dem neuesten Standpunkte der Wissenschaft u. Praxis gemäß populär geschildert. Mit 88 Abbildgn. 8. (IV, 434 S.) Wien 885. Hartleben. n. 5. 40

Wilfert, Adolf, Preßhefe, Kunsthefe und Backpulver. Ausführliche Anleitung zur Darstellung von Preßhefe nach allen bekannten Methoden, zur Bereitung der Kunsthefe und der verschiedenen Arten von Backpulver. Praktisch geschildert. Mit 16 Abbildungen. 8. (XVI u. 216 S.) geh. (Chemisch-techn. Bibliothek. Bd. XCVI.) 1 fl. 10 kr.
Wien: Gerold 1882.

Wilfert, Adf., Preßhefe, Kunsthefe und Backpulver. Ausführl. Anleitung zur Darstellung von Preßhefe nach allen bekannten Methoden, zur Bereitung der Kunsthefe und der verschiedenen Arten von Backpulver. Praktisch geschildert. 8. (IV, 212 S. mit 18 eingedr. Holzschn.-Abbild.) Wien 882, Hartleben's Verlag.

Wilfert, A., Preßhefe, Kunsthefe u. Backpulver. Ausführliche Anleitg. zur Darstellg. v. Preßhefe nach allen bekannten Methoden, zur Bereitg. der Kunsthefe u. der verschiedenen Arten v. Backpulver. Praktisch geschildert. 2. Aufl. 8. (VIII, 232 S. m. 18 Abbildgn.) Wien 890. Hartleben. n. 2. —; geb. n. 2. 80

Wilfert, Adf., Preßhefe, Kunsthefe u. Backpulver. Ausführliche Anleitung zur Darstellung von Peßhefe nach allen bekannten Methoden, zur Bereitg. der Kunsthefe u. der verschied. Arten v. Backpulver sowie der Ausführg. der Reinzucht von Hefe im großen. Praktisch geschildert. 3., verm. u. verb. Aufl. (VIII, 216 S. 24 Abbildgn.) 8. Wien 904. Hartleben. n. 2. —; geb. n. 2. 80

Wilfert, J., s. Reich, das himmlische.

Wilfert, Paul, Gedichte. 8. (168 S.) Dresden 899. E. Pierson. 3. —; geb. n 4. —

Wilferth, Ferd., Adel u. Adel. Schauspiel in 4 Acten. Lindau 871. Ludwig. 8. (V, 82 S.) n. 15 ngr.

Wilferth, Ferd., Artus. Ein Alpenmärchen in zehn Gesängen. 12. (82 S.) [Weiden 880, Taubald'sche Buchh.] Baireuth, Seligberg'sches Antiquariat. *
geb. mit Goldschn.

Wilferth, Ferd., Ferdinand Maria's Brautwerbung. E. erzähl. Gedicht in 7 Gesängen. 12. (30 S.) München 893. Seitz & Schauer. n. 1. —; geb. 1. 50

Wilferth, Ferd., Gedichte. 16. (VII, 112 S.) Augsburg 876. Schmid's Verl. n. 1. 80; geb. m. Goldschn. n. 2. 60

Wilferth, Ferd., Gedichte. 2. Aufl. gr. 16. (VI, 115 S.) Regensburg 899. W. Wunderling. n. 1. 80; geb. n. 2. 80

Wilferth, Ferd., lustige Haft, s.: Schmidt, Max.

— ein deutscher Kaiser. Schauspiel in 5 Acten. gr. 8. (87 S.) Leipzig 876. Mutze. 1. —

— Schyren-Klänge. Vaterländ. Dichtgn. 8. (41 S.) Regensburg 897. W. Wunderling. n. 1. —;
geb. in Leinw. n. 1. 60

Wilferth, Ferd., Vittel. Geschichtliches Schauspiel in 5 Acten. (Mscr. für die Bühnen.) 8. (83 S.) Lindau 865, Stettner. *

Wilfferodt, Gerhard, Referendar in Oschatz: Selbsthilfe nach dem Bürgerlichen Gesetzbuche. Borna-Leipzig 1905: R. Noske. (52 S.) 8°
Leipzig, Jur. Fak., Diss. v. 27. Febr. 1905
[Geb. 9. Okt. 77 Leipzig; Wohnort: Oschatz; Staatsangeh.: Sachsen; Vorbildung: Thomassch. Leipzig Reife O. 98; Studium: Freiburg i. B. 1, München 3, Leipzig 4 S.; Rig. 18. Jan. 02.]

Wilfing, s. a. Wülfing.

Wilfing, F., Deutschlands Volksweihnachten, oder vaterländ. Bergfeuerrede, gehalten auf d. Hedderedorfer Höhe am 18. Oct. 1816; nebst den dabei abgesungenen Liedern u. e. Gedichten. gr. 8. Coblenz 816. Hergt. 3 gr.

Wilfing, Ferd., Grundzüge zur Regulirung des Gewerbewesens in Wien, mit Rücksicht auf die seither gemachten Erfahrungen. 8°. Wien, Druck v. L. Grund, 1851.

Wilfing F, Grundzüge zur Regulierung des osterreich. Gewerbewesens. Wien 1852

Wilfing, Ferd., Ign. Löffelmann's Heil- und Vorbauungs-Mittel gegen die Rinderpest, mit einem Anhange rücksichtlich der in den k. k. österreich. Staaten bestehenden veterinär-polizeil. Verordnungen. gr. 8. (VII und 100 S.) Wien 857, (Gerold's Sohn.) *

Wilfling, Aug., Gesetz vom 22. II. 1907, betr. Gebührenerleichtergn. bei Konvertierung v. Geldschuldforderungen, s.: Handausgabe der österreich. Gesetze u. Verordnungen. 16. Heft.

Wilfling, August, Die Hausindustrie und Heimarbeit auf dem Gebiete der Kamm- und Fächermacherei in Wien. Schriften des Vereins f. Socialpol., Bd. 86. gr. 8⁰. Leipzig 1899.

Der administrative Waffengebrauch der öffentlichen Wachorgane u. des Heeres. s. a. Studien. Wiener staatswissenschaftliche. VIII, 3.

Der administrative Waffengebrauch der öffentlichen Wachorgane und des Heeres. Unter besond. Berücks. d. Rechte Österreichs, Preussens, d. deutschen Mittelstaaten, Englands, Frankreichs u. Italiens, rechtsvergleichend dargest. von Dr. August Wilfling. Wien & Leipzig: Deuticke 1909. VIII, 282 S. 8⁰
(Wiener staatswissenschaftl. Studien. Bd 8, H. 3.)

Wilfling, Ignatz Richard

— Biographie Kasp. Roykos. 8. Prag 819.

Wilfling, Ign. Rich., Kalender f. Aufseher, Katecheten u. Lehrer der Nationalschulen im Königreich Böhmen auf die Jahre 1789 bis 1798. 1r—10r Jahrg. 8. Prag, Widtmann. 2 ₰ 16 ℛ

— Nekrolog Edw. Kohls, k. k. öffentl. Lehrers d. Zeichnenkunst. 8. Prag 822.

— was muß ein Kreisschulenvisitator thun, um d. Kirche sowohl als dem Staate wahren Nutzen zu schaffen &c. 8. Prag 787. Widtmann. 10 ℛ

Wilfred Montressor, s. Bibliothek, amerikanische.

Wilfrid, Ueber Wiederherstellung der Regierungsgewalt im Kanton Bern. 8. Bern 1854.

Wilfrid, H., die Geschichte der Päpste, auf Grund der hervorragendsten Geschichtswerke dargestellt. gr. 8. (VIII, 187 S.) Basel 894. Schweiz. Verlags-Druckerei. n. 1. —

Wilfried, H., Doris. Roman. 8. (166 S.) Breslau 880, Schottländer. *

Wilfried von der Neun, Im Freien. Eine poetische Gabe. 16. (VIII u. 56 S.) Leipzig 850, Rößling. n. 1/3 ₰

Wilfried von der Neun, Welt und Herz. Kleinere Dichtungen. 2. Gabe. 16. (XII und 142 S.) Dresden 852, Schönfeld's Buchh. Thlr. *

Wilfried von der Neun, Welt und Herz. Dichtungen. 2. Aufl. Leipzig 856. Brockhaus. 16. (XIV, 142 S.) n. 24 ngr.

Wilfroth, Johann Christian (Wanzleben) A. S. 1229/15

Dissertatio inauguralis medica, de resuscitatione semi mortuorum medica. Präs. Michael Alberti.
Halle (Hendel) III. 1725. 47 S.

W. v.: Präs., Christian Pflugmacher, Johann Peter Schmidt. 36751

Wilfrum, M., Leitfaden der einfachen Buchhaltung nebst dem Wichtigsten für den Wechselverkehr sowie den Scheck- und Clearingverkehr mit dem k. k. Postsparkassenamte. 6. Aufl. Gr.-8⁰. (79 S.) K 1.—
Aussig: Becker 1910.

Wilgenroth, Maur. Reinh(old.) (geb. Leipzig 1808): Pericula nonnulla in animalibus violenter necatis facta. Berolini (1833). (39 S.) 8°
Berlin, Med. Diss. v. 19. Dez. 1833

Wilharm, K[arl], Dr. med., a. Stadthagen: Die Milchversorgung von Heidelberg. Berlin [1905]: C. Siebert. (67 S.) 8°
Heidelberg, Phil. Fak., Ref. Rathgen, Diss. v. 23. Jan. 1905
[Geb. 6. Aug. 77 Stadthagen; Wohnort: Stadthagen; Staatsangeh.: Preußen; Vorbildung: Gymn. Burgsteinfurt Reife Juli 97; Studium: Bonn 5, Göttingen 1, München 1, Berlin 2, Bonn 3, Heidelberg 1 S.; Rig. 4. Nov. 04.]

Wilharm, Karl, Approb. Arzt aus Stadthagen: Aus d. Krankenhause d. Barmherzigen Brüder zu Bonn. Statistik über Bruchanlage und äußeren Leistenbruch. Ein Beitrag betreffend d. Entstehung d. Bruchanlage u. d. äußeren Leistenbruches u. die Entschädigung des letzteren bei Unfällen. *Bonn a. Rh. 1902: E. Eisele.* (33 S.) 8°
Bonn, Med. Diss. v. 10. Dez. 1902

Wilhelm, Bertha, Harte Prüfungen. Eine Lebensgeschichte. 8. (232 S.) Brünn, G. & R. Karafiat. 1 fl. 50 kr.
1885.

Wilhelm, J., Diät f. Nervenkranke, s. a. Hausbücher, medizinische.

Wilhelm, J., Diät f. Nervenkranke. Wie sollen Nervöse, Nervenschwache, Rückenmarks-, Gehirnkranke u. Epileptische leben u. welche Speisen u. Getränke dürfen sie genießen? Für Nervenkranke aller Stände. 8. (VIII, 57 S.) Wien 894. G. Szelinski. n. — 80

Wilhelm, J., Diät f. Nervenkranke. Wie sollen Nervöse, Nervenschwache, Rückenmarks-, Gehirnkranke u. Epileptische leben u. welche Speisen u. Getränke dürfen sie genießen? Für Nervenkranke aller Stände. 3., verm. u. verb. Aufl. 8. (III, 64 S.) Wien 902. G. Szelinski. n. —70

Wilhelm, Dr., Die Elektricität in ihrer Anwendung bei chronischer Nervenschwäche, Nervosität und Neurasthenie. Eine populär-hygienische Studie für alle Nervenkranken. 8. (IV, 73 S.) Wien: Huber & Lahme 1890. —.80

— die Elektrizität, ihre Anwendung bei der chronischen Nervenschwäche, Nervosität u. Neurasthenie. Eine populär-hygien. Studie f. alle Nervenkranken. 2. Aufl. gr. 8. (V, 73 S.) Wien 891. Huber & Lahme. n. 1. 60

— Führer f. Nervenkranke. Welche Heilanstalten, Sanatorien, Wasserheilanstalten, Bäder u. Curorte etc. sollen Nervenkranke jeder Art u. aller Stände besuchen u. welche Curmethoden sollen sie benützen? (62 S.) kl. 8. Wien 905. G. Szelinski. n. — 70

— dasselbe, s. a. Hausbücher, medizinische.

— der Gesundheitssport, s. a. Hausbücher, medizinische.

— der Gesundheitssport in seiner Anwendung beim gesunden u. kranken Menschen. Eine populär-wissenschaftl. Abhandlg. üb. Jugendspiele, Turnen, Touristik, Rudersport, Radfahren, active u. passive Gymnastik, Massage, Elektricität, sowie auch andere sportl. Uebgn. u. deren Werth f. die Gesundheit. 8. (VII, 104 S. m. 14 Abbildgn.) Wien 894. G. Szelinski. n. 1. 50

Wilhelm, J., Hauskuren f. Nervöse. (73 S.) kl. 8. Wien 910. G. Szelinski. — 90

— **Heilung der Nervosität u. Neurasthenie. Wie kann sich jeder Nervöse u. überhaupt Nervenkranke auf naturgemäße Weise selbst behandeln u. heilen? 3. verm. u. verb. Aufl. Volksausg. 8. (63 S.) Wien 899. A. Reitinger. n. 1.—**

— dasselbe, s. a. Hausbücher, medizinische.

— Heilung der Nervosität u. Neurasthenie. Wie kann sich jeder Nervöse u. überhaupt Nervenkranke auf naturgemäße Weise selbst behandeln u. heilen? 4. verm. u. verb. Aufl. Volksausg. (71 S.) kl. 8. Wien 901. C. de Waal. 1. —

—— Die nervösen Krampfformen [Epilepsie, Hystero-Epilepsie] u. deren Behandlung. gr. 8. (46 S.) Wien 889, Braumüller. * 1 50

— die Naturärzte u. das Naturheilverfahren, s.a. Hausbücher, medizin.

— die Naturärzte u. d. neue Naturheilverfahren, s. Vortheile u. Mängel. Für Gesunde u. Kranke aller Stände. 8. (47 S.) Wien 898. G. Szelinski. n. — 80

— das Naturheilverfahren auf moderner Grundlage bei den verschiedenen Leiden d. Organismus, s.a. Bibliothek gemeinverständlicher [gemeinnütziger] Heilkunde.

Wilheim, J., Das Naturheilverfahren auf moderner Grundlage bei den verschiedenen Leiden des Organismus. 8 (XV, 158 S.) Geb. (Bibliothek gemeinverständlicher Heilkunde. Band III) 1.10

Wien: Hartleben 1892.

— die modernen Nervenheilanstalten? Welchen Nutzen haben sie f. Nervöse? (59 S.) kl. 8. Wien 904. C. de Waal. — 70

— die Nervosität d. Frauen, s.a. Hausbücher, medizinische.

— die Nervosität d. Frauen. Ihre Symptome u. Heilg. 8. (III, 91 S.) Wien 896. Bischofswerda, E. H. Petzold. n. 1. —

— Nervosität, Neurasthenie, nervöse Erschöpfung nebst den modernen hygienischen Heilfactoren Licht, Luft, Wasser, Turnen, Elektricität u. d. Heilagentien d. modernen Naturheilverfahrens. 8., gänzl. umgearb. Aufl. gr. 8. (IV, 120 S.) Wien 902. Huber & Lahme. n. 2. —

— die Nervosität [Neurasthenie], deren Verlauf u. Heilung. Eine hygien. Studie, nach den neuesten Forschgn. dargestellt. 1.—3., verb. Aufl. gr. 8. (XII, 127 S.) Wien 890. Huber & Lahme. n. 2. —

—— Die Nervosität, deren Verlauf u. Heilung. Eine hygien. Studie. 5. u. 6. (Titel)Aufl. Mit dem Anh.: Ueber die Kneipp'sche Cur in ihrer Anwendg. bei der chronischen Nervenschwäche. gr. 8. (XI, 160 S.) Wien 891, Huber u. Lahme. * 2 40

— die Nervosität (Neurasthenie), deren Verlauf u. Heilg. 7., vielfach verb. Aufl. gr. 8. (VII, 148 S.) Wien 896. Huber & Lahme. n. 2. 40

—— Die Neurasthenie d. Herzens u. deren Behandlung. Eine hygienisch-therapeut. Studie. gr. 8. (47 S.) Wien 892, M. Merlin. * 1 50; geb. * 2 20

— Ratgeber für Herzkranke. Herzleiden, organ. u. nervöser Natur, Verkalkg. der Blutgefäße etc. (48 S.) kl. 8. Wien 905. Szelinski & Co. n. — 50

— dasselbe, s.a. Hausbücher, medizinische.

— Die moderne Schönheitspflege. (62 u. V S.) Ebd. (909). 1. —

— das Sonnen- u. Luftbad e. moderner Heilfaktor f. viele Leiden des Organismus. Nerven-, Rückenmarks-, Herz- u. Nierenleiden, Rheumatismus, Gicht, Zuckerkrankheit, Alkoholismus u. Neurasthenie. 2. (durchgeseh.) Aufl. (64 S.) 8. Wien (906). Szelinski & Co. — 90

— Das Sonnen- u. Luftbad in Verbindung m. Sand- u. Strandbad sowie Kaltwasser-Behandlung, zugleich e. Leitfaden f. die Besucher des Wiener Strandbad „Gänsehäufel". (69 S.) 8. Ebd. (910). 1. —

— Sonnen- u. Luftbäder in der Natur u. in künstlichen Anlagen, s.a. Mück's praktische Taschenbücher.

Wilheim, J., Sonnen- und Luftbader in der Natur und in künstlichen Anlagen. [Mück's praktische Taschenbücher. Nr. 24.] 8° (76 S.) K 1.

Wien: Szelinski 1907.

Wilheim, Dr. J., Wie kann sich jeder Nervöse und überhaupt Nervenkranke auf naturgemäße Weise selbst behandeln und heilen? 12. (58 S.) —.40

Wien: Wenedikt 1892.

— wie kann sich jeder Nervöse u. überhaupt Nervenkranke auf naturgemäße Weise selbst behandeln u. heilen? Volksausg. 12. (62 S.) Wien 893. (Leipzig, Literar. Anstalt A. Schulze.) n. — 80

— dasselbe. 2., verm. Aufl. 12. (72 S.) Ebd. 894. n. 1. —

Wilheim, Dr. J., Wie kann sich jeder Nervöse und überhaupt Nervenkranke auf naturgemäßer Weise selbst behandeln und heilen? 2. verbesserte Auflage. 8. (69 S.) .18

Wien: Wenedikt 1894.

(F) **Wilheim, J.,** Wie kann sich jeder Nervose und uberhaupt Nervenkranke auf naturgemaße Weise selbst behandeln und heilen? 5. Aufl. [Medizinische Hausbücher. Nr. 11.] 8°. (67 S.) K 1.20

Wien: Szelinski 1905.

Wilhelm [Sachliches OW]

Wilhelm, s. a.: Willem.

Wilhelm, ein Gemählde menschlicher Leidenschaften, von Ehrenpreis, 8. Dresden, 794. Richter. 18 sgl.

Wilhelm, Kaiser. Ein patriot. Bilderbuch f. Kinder. Mit 18 Farbendr.-Bilder. gr 8. (18 S.) Wesel 883. Düms. cart. — 50

Wilhelm von Abyssinien

oder aufgefangener Briefwechsel Feliciens von der Gulden . . . Leipzig 1799. V: *Brückner, Joh. Jacob.* (Ky) (MGT)

Wilhelm v. Abyssinien, od. aufgefangene Brieftasche Feliziens von d. Gulden, (von Jh. Jak. Brückner). 2 Thle. 8. Leipz. 799. (Enobloch). 1 ⅓ 8 gr

Wilhelm von Barnholm,

und Emilie Liebreich oder die Gewalt der Liebe und die Macht der Eifersucht . . . Braunschweig 1818. V: *Leibrock, August.* (Ky) (MGT)

— u. Bettp. Schausp. in 1 A. von L. Fr. v. Sternhain. 8. Regensb. Montag u. W. 799. — 5

Wilhelms Bilderbuch. Mit 20 illum. Kpf. 8. Meißen 819. Uz. (Leipz., Mittler). 1 ₰

Wilhelm's, Andreas Ritter v., Biographie, s. Rotter, R.

Wilhelm von Blumenthal, oder das Kind der Natur . . . Leipzig 1780—81. V: *Schummel, Johann Gottlieb.* (EE) (Ky)

Wilhelm von Braunschweig, Herzog. Ein Lebensbild des entschlafenen Fürsten, nebst Hinblick auf die Zukunft Braunschweigs. 8. (48 S. mit Holzschn.-Portr.) Braunschweig 885, Sattler. *

Wilhelm, der brave. Eine Erzählung in 12 Bildern f. die lieben Kleinen. 8. (1 B. u. 12 ill. Bild.) Wesel 845, Bagel.

Wilhelm, der brave. Eine Erzählung in 12 (lithochrom.) Bildern. 8. (32 S. Text.) Wesel 848, Bagel.

Wilhelm III., König der Niederlande ꝛc., s. Liez, N.

Wilhelm, Seiner Durchlaucht dem Herzog, gewidmet. [Braunschweig 1830?] V: *Gotthard, Ed.* (Mitth. Dr. H. Bäsecke.)

Wilhelm, Sr. Durchlaucht dem Herzog, unterthänigst gewidmet von Braunschweigs Bürgern. Braunschweig 1830. V: *Hollandt, Ferdinand.* (Mitth. Dr. H. Bäesecke.)

— — und Elise aus ihrem Briefwechsel und Tagebuche. Mit Titelvignette. O. O. u. J. (c. 1795?) 8°.
Martin Breslauer's Berliner Octob.-Auct. 1910, no. 1966. — Selten!

— Kaiser, im Elsaß. Dem Volke erzählt. Mit dem Brustbild des Kaisers (in Holzschn.). 8. (VIII, 45 S.) Mannheim 876. Schneider. n. — 40

—— Kaiser, im Elsaß. Dem Volke erzählt. Mit dem Brustbild des Kaisers (in Holzschn.). 8. (VIII, 45 S.) Straßburg 876, Schneider. *

— Kaiser, in Elsaß-Lothringen. 1—9. Mai 1877. 8. (XV, 100 S.) Ebend. 877. n. 1. —

— u. Emilie. 2 Thle. 8. Eisenach 791. (Bärecke). 1 ₰ 16 gr.

— und Emilie, eine Geschichte aus der letzten Hälfte unsers Jahrhunderts, 2 Theile, 8. Eisenach, 791. Krumbhaar. 1 Rthl. 20 sgl.

— — und Emilie. Eine Geschichte aus der lezten (!) Hälfte unsers Jahrhunderts. 2 Thle. Eisenach, bey Joh. Georg Ernst Wittekindt. 1791. — *A. E.* von Th. 1: Schmalkalden, gedr. bey Chrn. Friedr. Täg. 8°. (3 Mk. J. Halle, München, ca. 1905.)

— Dass. 8. Leipz. 807. Sommer. (Rauck). 1 ₰ 16 gr.

Wilhelm und Emma. s. Holzapfel, G. C. W.

— der Eroberer, von Fr. Kind. 8. Züllichau, Darnmann. 806. 1 8

Wilhelm der Eroberer, dramatisch bearbeitet von C. Nicolai, in 2 Abtheilungen. Mit 1 Kupf. gr. 8. Quedlinburg, Basse. 817. 1 20

— der Eroberer. 2te wohlf. Ausg. 8. Quedlinburg, Basse. 817.

— dasselbe neue wohlf. Ausg. gr. 8. Ebend. 818. 1 —

Wilhelm I., s. König.

Wilhelm I., Kaiser

—— s. a. Kaiser Wilhelm.

Wilhelm I., Kaiser. Ein Lebensbild des großen Kaisers in deutschen Liedern. 12. (95 S.) Berlin 893. Rehtwisch & Langewort. n. 1. —; geb. m. Goldschn. n. 2. —

Wilhelm I., Kaiser, Orig.-Photographien aus den J. 1866 u. 1870/71. gr. 4. (20 Blatt.) Berlin 897. H. Schnaebeli & Co. In Leinw.-Mappe 21. —

— u. Bismarck, s. a. Bismarck, Fürst Otto v., Gedanken u. Erinnerungen.

Kaiser Wilhelm I. und Bismarck. Mit e. Bildnis d. Kaisers u. 22 Briefbeil. in Facsimiledruck. Stuttgart: J. G. Cotta 1901. (XLIV, 360 S.) 8°
(Bismarck, Otto v.: Gedanken u. Erinnerungen. Anh. 1.)

Wilhelm I., Kaiser, als Freimaurer in Wort und That . . . Breslau 1875. V: *Fitzner, J. A.* (SJL)

Wilhelm I., Kaiser, und die Freimaurerei. Actenmässige Darstellung für Maurer und Nichtmaurer von F. M. Königsberg 1888. 2. Tausend Königsberg 1888. V: *Moritz, F.* (wolfstieg I, 963)

— u. die Freimaurerei. Actenmäßige Darstellg. f. Maurer u. Nichtmaurer v. F. M. gr. 8. (16 S.) Königsberg 888. Hartung. n. — 50

Wilhelm I., Fürst v. Oranien. gr. 8. Frankf. 784. Andreä. 10 gr.

Kaiser Wilhelm I der Grosse. 1797. 1897. E. Lebensbild zu s. Hundertsten Geburtstage. Der elsass-lothr. Jugend gewidmet. Zabern i. E.: A. Fuchs [1897]. (32 S.) 1 Bd 8°

— der Grosse, Deutschlands Helden-Kaiser. Dargest. in 20 Portraits von 1802—1882. Neue Ausg. Mit einleit. Dichtg. v. Jul. Wolff u. Illustr. von A. v. Heyden. gr. 4. (54 S. Text.) München 897. Verlagsanstalt F. Bruckmann. Geb. in Leinw. 12. —

— der Große, unser Heldenkaiser. 12 Lieder zu Seinem Gedenken. Von e. Patrioten. Zum Singen nach bekannten Melodien bei patriot. Festfeiern. Die einzelnen Gedichte eignen sich auch z. declamator. Vortrag. gr. 8. (31 S. m. 3 Abb.) Berlin 897. Liebel. — 30;
einz. Lieder von 50 Explrn. an n. — 05;
von 100 an n. 04; von 500 an n. — 03

Wilhelm I., der Große, deutscher Kaiser, König von Preußen. gr. 4. (40 S. mit eingedr. Holzschn.) Leipzig 888, Spamer. *

Wilhelm I.

—— deutscher Kaiser und König von Preußen. Gedenkblatt der Unteroffizier-Zeitung, zusammengestellt aus den Nummern 11—13 des J. 1888. 8. (80 S. mit Bildern.) Berlin 888, Liebel'sche Buchh. *

— Gedächtnis-Nummer d. Daheim. gr. 4. (32 S. m. eingedr. Holzschn.) Leipzig 888. Daheim-Expedition. n. — 75

Wilhelm I., deutscher Kaiser u. König v. Preußen. Ein Erinnerungsblatt. 22. März 1797. 9. März 1888. [Aus: „Ueber Land u. Meer".] Fol. (16 S. m. eingedr. Holzschn. u. 1 Holzschn.-Taf.) Stuttgart, Deutsche Verlags-Anstalt. 50

Wilhelm, I., König von Preußen, s. Volksbücher, preußische.

Wilhelm der Erste von Oranien, König der Niederlande. Leipz. 1817. V: *Arnoldi, Joh. von.* (Ky) (Pr)

Wilhelm I. von Oranien, König d. Niederlande. (Von Jh. von Arnoldi; aus d. Zeitgenossen abgedr.) gr. 8. Leipz. 817. Brockhaus. 8 gr

Wilhelm I.

— Kaiser, u. Ostpreußen. Zur Feier der Enthüllg. des Denkmals Kaiser Wilhelms I. in der Krönungsstadt d. Königr. Preußen am 4. Septbr. 1894. gr. 8. (22 S.) Königsberg 894. E. Rautenberg. n. — 50

Wilhelm I. Prinz v. Oranien, s. Lorsbach, A.

Wilhelm. - Wilhelm der Erste von Württemberg. s. König König Wilhelm der Erste von Württemberg.

Wilhelm, der feine, oder: Die Kunst in 24 Stunden ein nobler Berliner zu werden. qu. 8. (18 S.) Berlin 853, [Lassar's Buchh.] * — 4

WILHELM der feine als Naturarzt gegen Langeweile, Grillenfängerei, üble Laune etc. Auswahl der besten Humoresken. Naumburg, o. J. (18**). 8°. (1 Mk. 50 Pfg. Paul Neubner. Cöln. 1892.)

Wilhelm, der feine, als Naturarzt gegen Langeweile, Grillenfängerei, üble Laune und sonstige Mängel an Heiterkeit. Eine Auswahl der besten und schlagendsten Humoresken. 1. Aufl. 1871, und 2. Aufl. 16. (96 S.) Naumburg 872, Regel. * — 75

Wilhelm's, Kaiser, Flucht nach England im Jahre 1848. (65 S.) 8. Zürich 905. Schweizer Druck- u. Verlagshaus. 1. —

Wilhelm's von Poitiers Gesta Guilelmi ducis Normannorum, s. Körting, Gust.

Wilhelm und Gottfried. Etwas für Meister, Gesellen und Lehrjungen. Augsburg 1788. V: *Platzary, Thaddäus.* (Jes) (BB) (Ky)

Wilhelm u. Gottfried. Etwas für Meister, Gesellen u. Lehrjungen; (v. Prof. Th. Plazary). Mit 1 Karte. 8. Augsb. 788. Doll. (Landsh., Krüll; a. Löffler in Manh.) 9 gr

Wilhelm, (Graf zu Schaumburg-Lippe), s. Denkwürdigkeiten.

Wilhelm's, Grafen zu Schaumburg-Lippe, Lebensbild, s.: Strack v. Weißenbach.

Das Königlich Sächsische 2. Grenadier-Regiment Nr. 101 'Kaiser Wilhelm, König von Preussen'. E. Erinnerungsblatt f. Unteroff. u. Grenadiere. 2. Aufl. Dresden: Dr. v. C. Heinrich 1898. (95 S., 3 Portr., 2 Kt., 2 Taf.) 1 Bd 8°

Kaiser Wilhelm der Grosse. 1797. 1897. Berlin: A. Weichert (1897). (16 S.) 1 Bd 8°

— der Große, Kaiser. Jubiläums-Schrift z. 100jähr. Wiederkehr s. Geburtstages d. 22. III. 1897. Dem deutschen Volke u. der deutschen Jugend gewidmet v. sächs. Gustav-Adolf-Boten. gr. 8. (16 S. m. Abb.) Dresden 897. F. Sturm & Co. n.n. — 05

Wilhelm der Grosse, Deutscher Kaiser, König v. Preussen. [Neue Titelaufl.] Berlin & Leipzig: O. Spamer 1888 (1897). (21 Bl.) 1 Bd 4°

Wilhelm v. Gümbel; ein Lebensbild. München 1898.

Wilhelm. – Der gute Wilhelm. St. 1. 2. Wien: Doll 1797. Hrsg.: Fr. Anton Pahais de Paula.

Wilhelm und Hannchen. Eine Operette in drey Aufzügen. Breslau 1778. V: *Titzenhofer, Sophie Eleonore Helene von geb. von Wundsch.* (ADB) (GGr)

— u. Hannchen. Operette in 3 A. 8. Bresl. 778. J. F. Korn. 8 gr

Kaiser Wilhelm in Hannover. | Fest-Schrift, | enthaltend das Programm zu den Festlichkeiten | vom 1. bis 7. September, | Kaiserparade u. Kaisermanöver, | sowie | drei Festlieder | zu Ehren Sr. Majestät des Kaisers. | (Fig.: *Porträt Wilhelms I.*, 55 × 48) | Preis 15 Pfennig. | Druck und Verlag von Fr. Rodewald, Hannover, Hallestraße 4a.
o. J. (um 1881), 8 S., 178 × 115.
U/SB Göttingen Poet. germ. IV. 7588 (23.

— d. Heilige, v. Oranse, s. a. Casparson.

Wilhelm der Heilige v. Oranse; ein Gedicht, v. Ulr. v. Turheim u. Wolfr. v. Eschilbach, herausg. v. Jh. Wlh. Chr. G. Casparson. 2 Bde. gr. 4. Kassel 781—84. Krieger. 1r Bd. 1 Thlr 8 gr 2r Bd. ... Vergl. v. Eschelbach.

Wilhelm Herzog in Bayern. Biographische Darstellung aus der Zeit seines öffentlichen Lebens und Wirkens ... Bamberg 1828. V: *Hardt.* (BMarsch 447)

Wilhelm Herzog in Bayern. Biograph. Darstell. aus d. Zeit seines öffentl. Lebens u. Wirkens. gr. 8. (7¾ B. u. W's. Portr.) Bamberg 838, [Hoßbach'sche Buchh.] Thlr.

Wilhelm, Herzog v. Nassau, s. Kolb, R.

— und Julie, ein Roman für Jünglinge und Mädchen als Beytrag zur Menschenkenntniß, 8. Frankfurt (Chemnitz) 792. (Hoffmann) 7 sgl.

— — und Julie. Ein Roman für Jünglinge und Mädchen, als Beytrag zur Menschenkenntniß. Frankfurt u. Leipzig (Chemnitz, Mauke), 1792. 8⁰. (60 Pfg. O. Wulkow, Magdeb., 1876; jetzt höher!)
104 S. Sentimental-überspanntes Opus mit schlechter Orthographie.

Wilhelm, K. Berlin 1864. V: *Strauss, Dav. Frdr.* (Tübz 25, 25)

Wilhelm, deutscher Kaiser und König von Preußen. Ein Gedenkbüchlein für das deutsche Volk, dargereicht von dem Verf. des Gedenkbüchleins zur Feier des 100jähr. Geburtstages der Königin Louise von Preußen. Mit dem Bildnisse des Kaisers (in Holzschn.). 8. (32 S.) Hannover 877, Helwing'sche Verlagsh. *

—— dass. — Ein Gedenkbüchlein für das deutsche Volk und seine Kinder, dargereicht von dem Verf. des Gedenkbüchleins zur Feier des 100jähr. Geburtstages der Königin Luise von Preußen. Mit dem (Holzschn.-)Bildnisse des Kaisers. 8. (32 S.) Ebendas. 878. *

—— dass. — Ein Gedenkbüchlein für das deutsche Volk und seine Kinder. Mit dem Bildnisse des Kaisers. 8. (32 S.) Ebendas. 879. *

—— dass. — Ein Lebensbild. Hrsg. von J. v. W. Mit dem Portr. des Kaisers (in Holzschn.). 7.—11. Aufl. (30 S.) 1877; 12. und 13. Aufl. gr. 16. (32 S.) Potsdam 878, Rentel's Verlag. *

Wilhelm, deutscher Kaiser und König von Preußen. Ein Lebensbild. Der deutschen Jugend gewidmet von J. v. W. 16.—25. Aufl. 8. (32 S. mit dem Portr. des Kaisers.) Potsdam 885—87, Rentel's Verlag. *

Wilhelm, unser Kaiser. Kurze Darstellg. seines Lebens u. Wirkens in Biographie u. in interessanten Einzelbildern. Dem deutschen Volke u. seiner Jugend in Schule u. Heer dargeboten v. H. 8. (62 S. m. 1 Bildnis.) Minden i. W. 892, Hufeland. * — 60

Wilhelm und Karl oder der entdeckte Zärtlichkeitsorden. Berlin 1789. V: *Weitsch, Joh. Christian.* (Ky) (MGT)

Wilhelm und Carl, oder der entdeckte Zärtlichkeitsorden, 8. Berlin, 789. Realschule. 15 sgl.

— u. Karl od. der entdeckte Zärtlichkeitsorden, (von Jh. Chr. Weitsch). 8. Berl. 789. Wilke in Warschau. 12 gr.

— u. Karl, od. d. entdeckte Zärtlichkeitsorden 8. Warschau, Wilke. 792. — 12

— u. Karoline, eine wahre Geschichte. 8. Leipz. 782. Barth. 12 gr.

— — und Karoline. Eine wahre Geschichte. Mit Titelvignette von Rossmässler. Leipzig, bey Johann Philipp Haug 1782. 8⁰. (4 Mk. 50 Pfg. Wilh. Heims, Leipz., 1911.)

Wilhelm, König von Holland, s. Döhmann, Karl.

— Kramer u. Karoline Berg; ein Roman in Briefen, (v. Adm. Rit. Riedner). 4 Thle. 8. Nürnb. 781.

Wilhelm der Krieger. Heldengedicht zur Verherrlichung der deutschen Siege des 19. Jahrh. und der Neugeburt eines einigen Deutschlands. gr. 8. (13 S.) Altona 872, (Uflacker.) — 30

Wilhelm, König, auf s. Kriegszuge in Frankreich 1870, s. a. Einzelschriften, kriegsgeschichtl., 19. Hft.

[S.] König Wilhelm auf seinem Kriegszuge in Frankreich 1870. Von Mainz bis Sedan. Zum 22. März 1897 hrsg. vom Grossen Generalstabe, Abth. f. Kriegsgesch. Nebst d. Plänen d. Schlachtfelder bei Metz u. Sedan. *Berlin: E. S. Mittler & Sohn 1897.* (82 S., 2 Pl.) 8.
= Einzelschriften, Kriegsgeschichtliche. H. 19. (97. 268)

— u. Kunigunde; ein Roman im Kleinen. 8. Ronneb. 803. Schumann. 9 gr.

— — und Kunigunde, ein Roman im Kleinen. Zwickau, Schumann, 1803. 8⁰.
Kayser p. 134. — Rar!

Wilhelm II., Ihrem allergnädigsten Landesvater dem Deutschen Kaiser . . ., sowie dem ganzen **Kaiserlichen . . .** Hause stattet hierdurch **ihren . . .** Neujahrswunsch ab die sämmtliche Salzwirker-Brüderschaft im Thale zu Halle . . . Halle a. S. 1899. H: *Gaertner, Elfride.* (Berl)

Wilhelm's I., Kaiser

— Lebensbild, s.: Adami, F. — Rogge, B. — Schupp, O. — Wolter, A.

— in seinen Lebensjahren, u. auf der Wanderschaft. 8. Kempen 792. Hofbuchhandl. 8 gr.

Wilhelm in seinen Lehrjahren u. auf d. Wanderschaft. 8. Kempten 791. Kösel. 8 gr. Schreibp. 10 gr.

— — in seinen Lehrjahren und auf der Wanderschaft. Kempten, Hofbuchhandlung, 1792. 8⁰. (1/3 Rthl.) Selten!

— u. Lieschen; od. d. Folgen d. Friedens. Operette in 2 Aufz. v. Will d. jüng.

— Lilienthal. 8. Weißenf. 811. Leipz., Hinrichs. 1 ℳ

Die Loge **Wilhelm zur aufgehenden Sonne.** Stuttgart den 10. Oct. 1868. Stuttgart [1868]: E. Müller. 1 Bl. 8⁰ [Kopftit.]
Lied ohne Noten: „Erschall, o Gefühl! vom maur'rischen Bunde, . . .“

— u. Louise; eine Geschichte in Originalbriefen. 8. Altenb. 777. (Hennings in Neisse). 10 gr.

Wilhelm u. Louise, eine Geschichte in Originalbriefen. (Sentimentaler Familienroman.) Mit Titelvignette. Altenburg, Richter, o. J. (1777). 8⁰. 236 S. (2 Mk. 50 Pfg. Frdr. Klüber. München, 1907.)
Koch, Compend. II. p. 301 hat „(1778)".

— u. Louise; e. Gesch. in Originalbriefen. 8. Altenb. Richter. (Akadem. Bchhdl. in Jena.) 777. — 10

— u. Louise, od. die Hallen des Lebens. 8. Bresl. 805. (Gurths). 12 gr.

— — und Louise, oder die Halle des Lebens. Neu-Salz, im Verlag der Brüder-Gemeinde. 1805. Kl. 8⁰. (3 Mk., Leihbiblexpl., Kuhl, Berlin, vor 1885; jetzt höher!)

Wilhelm u. Louise, od. d. Hallen d. Lebens. 8. Neusalz, Brüdergemeine. (Schmidt in Berlin.) 805. Nrblr. — 12

— u. Marianne; e. Erzähl. in poet. Sprache, in 6 Gesängen, v. J. M. Will. 2 Bde. 8. Straubing. Heigl. 805. 1 12

Wilhelm u. Martua Radja Israel s. a. Missions-Traktate, kleine. Nr. 80.

Wilhelm und Martua Radja Israel. Kurze Lebensbilder aus Sumatra. Barmen 1899. V: *Hanstein.* (Berl)

Wilhelm der Neunte. [Göttingen 1786.] V: *Kopp, Ulrich Frdr.* (MGT)

Wilhelm der Neunte, Landgraf zu Hessen und dessen erste sechs Regierungsjahre. Offenbach 1792. V: *Bundeshagen, J. B.* (Pr)

Wilhelm d. Neunten, Landgraf zu Hessen, über den, und dessen 6 große Regierungsjahre, (v. W. Beck). 8. Schweitz 792. (Brede in Offenbach). 9 gr.

Wilhelm v. Oranse, s. Stecher, Ch., deutsche Dichtung f. die christliche Familie u. Schule.

Wilhelm von Oranse in zwei Gesängen. Frankf. u. Leipzig [Zürich] 1774. H: *Bodmer, Joh. Jacob.* (JL) (ML) (CGr) (Bächtold, Litt. d. Schweiz. Frauenf. 1392. S. 194.)

Wilhelm von Oranse, e. Gedicht in 2 Gesängen von Bodmer. 4. Winterthur, Steiner. 744.

An den Bruder Prinzen **Wilhelm** von Preussen. Von einem Maurer. Hamburg: Verlags-Comptoir 1850. 14 S. 8⁰

Wilhelm, Prinz v. Baden. Eine Festgabe zur Enthüllg. seines Denkmals in Karlsruhe am 18. X. 1901. Dem bad. Volke, insbesondere den Kriegskameraden des Helden v. Nuits gewidmet. 8. (32 S. m. Abbildgn.) Karlsruhe 901. J. J. Reiff. n.n. — 30

— Prinz v. Oranien. Trspl. 8. Nürnb. 781. Monath u. K. 4 gr.

Wilhelm, Prinzeß von Preußen. Lebensbild aus Tagebüchern und Briefen, s. Baur, W.

Wilhelm der Rächer. Nach der Ermordung Robert Blums. (Gedicht.) 8. (4 S.) Kiel 848, Naeck. 1/2 ngr

Wilhelm von Raschwitz, oder Stufenleiter von Unbesonnenheit zur Ausschweifung . . . Gotha 1787—89. V (Th. 1. 2): *Timme, Chn Frdr.* (Ky) (BGE)

Wilhelm und Röschen, oder die Hollandgänger. Operette. Zelle 1773. V: *Klockenbring, Friedrich Arnold.* (GGr IV, I, 665) (Zeitschr. f. Büch. N. F. 15, 1923, 127)

— u. Röschen, oder der Hollandgänger. Operette in 3 A. 8. Celle 773. Schulze. 4 gr.

Wilhelm von St. Didier. [Prag 1797.] V: *Becker, Gottfried Wilhelm Ruprecht.* (MGT)

Wilhelm, König, sass ganz heiter . . . mit harmlosen Illustrationen von Chr. Förser. 4. Aufl. Hamburg [187?]. V: *Kreusler, Wolrad.* (TübZ 27, 15)

Wilhelm, Kaiser, der Siegreiche von v. B. 2. Aufl. 16. (6 S.) Hersfeld 878. Hoehl. — 10

— Silberfels, der Jüngling. 8. Leipz. 781. (Gnobloch). 12 gr.

— Sury, Geschichte eines Unglücklichen. 8. Karlsr. 801. Müller. 20 gr.

Wilhelm's

— u. Lina's Tagesbeschäftigungen u. Erholungen. Ein Bilder- u. Lesebüchlein zum Geschenke für gute Kinder, (von L. Chimani). Mit 18 color. Bildern. 16. Wien 814. Haas. 1 rthl.

Wilhelm Tell, s. a. Tell, Wilhelm.

—— **Tell,** s. a. Volksbücher Nr. 3.

Wilhelm Tell. Schauspiel in 4 Akten, nach Schiller, frei bearb. zur Aufführung f. Kinder u. auf Puppen-Theatern. 16. (2½ B.) Hamburg 811, Hamburg-Altonaer Buchh.

Wilhelm der Tell. Schweizerischer Volkskalender. 1885. 7. Jahrg. 4. (40 S. m. Illustr.) Altdorf 884. (Bern, Jenni.) n. — 40

Wilhelm von Walter, ein kleiner Beytrag zum Laufe der Welt . . . Teutschland 1801. V: *Meyer, August Wilhelm.* (Ky) (MGT) (Wr)

— Meisters Wanderjahre, s. a. Meister.

Wilhelm Meisters Wanderjahre. (Von Fr. Pustkuchen.) 5. Thl. 8. (15½ B.) Quedlinburg 828, Basse.
1—3. Thl. 2., verb. Aufl. 1823. 3 Thlr. 4 Gr., 4. Thl. 1827. 1 Thlr. 4 Gr., 1. u. 2. Beil. 1822. 2 Thlr. 12 Gr. Ebendas.

Wilhelm und Wilhelmine, oder die Schicksale zweyer Liebenden. Rostock u. Leipzig 1781. V: *Brumbey, Carl Wilh.* (GGr) (Ky) (MGT)

— u. Wilhelmine, oder die Schicksale zweyer Liebenden. 3 Thle. 8. Rostock, Koppe. (Stiller.) 781. 2 —

Wilhelm II. Ein deutsches Fürstenbild am Ende d. Jahrhunderts. gr. 8. (66 S.) Berl. 892, Skopnik. * 1 —

Wilhelm II., Kaiser. 1881. 27. II.—1906. 27. II. Festschrift zur silbernen Hochzeitsfeier unseres Kaiserpaares. Der elsaß-lothring. Jugend gewidmet. (64 S. m. Abbildgn.) 8. Zabern 906. A. Fuchs. n. — 50

Wilhelm der Zweite und Alexander III. Dresden 1892. V: *Bewer, Max.* (Ky)

—— u. Alexander III. ***. (Von Max Bewer.) 1.—6. Aufl. gr. 8. (32 S.) Dresd. 892, Druckerei Glöß. * — 50

—— u. Kaiserin Auguste Victoria in Königsberg. Ein Erinnerungsblatt an die Tage vom 14.—16. Mai 1890. gr. 8. (60 S.) Königsb. i. Pr. 890, Hartung. * — 50

Wilhelm II. als Erzieher, s.a. Ruland, Wilhelm

Wilhelm II. als Erzieher. Von einem Deutschen. [Berlin 1895.] V: *Ruland, Wilh.* (Berl)

Wilhelm II. als Erzieher. Von e. Deutschen. (Berlin: E. Rentzel) [1895]. (27 S.) 1 Bd 8°

Wilhelm II., Deutscher Kaiser und König von Preußen. Sein Lebensbild. 8. (16 S.) Grottkau i. Schl. 888, Neugebauer. *

Wilhelm II., Kaiser v. Deutschland u. König v. Preußen. Ein Fürstenbild, gewidmet der deutschen Jugend u. dem deutschen Volke. 8. (24 S. m. Bildnis.) Habelschwerdt 892, Franke's Verlag. * — 15

Wilhelm II. König v. Württemberg. Ein Lebensbild. 12. (31 S.) Ludwigsburg 891. J. Aigner. n. — 40; geb. in Leinw. m. Silberschn. n. 3. —

Wilhelm II., Kaiser

— **Künstler** o. Dilettant? E. ernste Mahng. an d. Zeitgenossen v. Quidam. 6.—8. Taus. 8. (22 S.) Amsterdam 895. Leipzig, C. F. Tiesenbach, Sep.-Cto. n. — 50

Wilhelm II., Kaiser, Lebensbild, s.: Schriften, kleine. — Werther, W.

— u. seine Leute. 2. Aufl. ***. 8. (III, 274 S.) Berlin 891. H. Steinitz' Verl. n. 3. —
Die 1. Aufl. s.: Redern, Ernst v.

Wilhelm II., Kaiser, und seine Leute. [3. Aufl.] Berlin 1892. V: *Robolsky, Herm.* (Berl)

—— Kaiser, u. seine Leute. 3. vollständig neubearb. u. verm. Aufl. 8. (III, 247 S.) Berl. 892, H. Steinitz Verlag. * 3 —; geb. * 4 50
1. Aufl. s. Redern Ernst v. — 2. Aufl. [anonym; Druck in Antiqua]. Ebd. 1891.

— als **Redner.** E. Sammlg. d. Reden d. deutschen Kaisers. 1. u. 2. Hft. gr. 8. (64 u. 97 S.) Leipzig 895. 96. C. F. Tiesenbach, Sep.-Cto. à n. — 75

Wilhelm II., Kaiser, und der Reichskanzler. Berlin 1889. V: *Robolsky, Hermann* (?). (Singer, A., Bismarck in der Literatur. Würzburg 1909. S. 119.)

—— u. der Reichskanzler. 8. (89 S.) Berl. 889, Steinitz' Verlag. * 1 50
Vgl.: Am Hofe Kaiser Wilhelm II. — Bongaerts, Jul. — Cohn, Gust. — Conradi, Herm. — Denkblätter. — Durand, Karl. — Erlaſſe u. Reden. — Feigel, Aug. — Fischer, Glieb. — Flashar. — Gedenkbuch, politisches. — Geschichts- u. Unterhaltungs-Bibliothek, vaterländische. 34. Bd. — Güßfeldt, Paul. — Hanstein, Adb. v. — Hartmann, v. — Heinke, F. — Hermann, Frz. — Hohenzollern-Kaiser, drei. — Hoon, K. A. — Hottinger, Chr. G. — Hubert, J. F. Karl. — Hübner, Max — Jahnke, Herm. — Jahre, drei, auf dem Throne. — Kaiserpaar, unser. — Kerper, F. — Krüger, Carl A. — Kunzemüller, Otto. — Lohberg, Herm. — Meusch, C. — Meyer, Hans. — Meyer, Johs. — Mücke. — Obst, J. G. — Pfort, Ernst. — Pudor, Heinr. — Redern, Ernst v. — Reimann, Karl. — Schreck, Ernst. — Schriften, kleine. — Seidel, L. E. — Simon, Ed. — Sterzenbach, K. — Terbille, Aug. — Thomas, Frz. — Vogt, Herm. — Werther, Werner. — Wiermann, H. — Wolff, A.

Wilhelm II. u. die **Revolution** v. oben. Der Fall Kotze. Des Rätsels Lösg. gr. 8. (III, 40 S.) Zürich 896. C. Schmidt. n. — 60

—— Romantiker oder Sozialist? Von ***. gr. 8. (34 S.) Zür. 892, Verlags-Magazin. * — 60

—— Kaiser, als Soldat. Den Mannschaften v. Heer u. Marine gewidmet v. der Leitg. der Unteroffizier-Zeitg. 2. Aufl. 8. (44 S. m. Portr.) Berl. 890, Liebel. * — 20

— als **Soldat** u. Seemann. Zugleich Geschichte d. Reichsheeres u. der Flotte seit 1871. Ein Jubiläumsbuch für das deutsche Volk. Mit Beiträgen von Karl Baron v. Beaulieu-Marconnay, Ernst v. Destouches, Max Dittrich u. A. Hrsg. v. Jos. Kürschner. Mit 270 Abbildgn. im Text, wovon 6 nach Zeichngn. Sr. Maj. des Kaisers u. 7 farb. u. schwarzen Beilagen. gr. 4. (XVI, 406 Sp.) Berlin 902. C. A. Weller. Geb. in Leinw. 5 —

— **wie er geschildert wird u. wie er ist.** Von einem alten Diplomaten. (471 S.) gr. 8. Zürich, Schweizer Druck- u. Verlagshaus. 904. 6. 50; geb. 8. —
Im Deutschen Reiche verboten.

Wilhelm II., wie er geschildert wird und wie er ist. Von einem alten Diplomaten. [Mit illustriertem Umschlag.] II + 471 S. 8. Zürich, Cäsar Schmidt, 1904. [fr. 8. —, geb. 10. —]

Wilhelm II., Dem Kaiser. B. N. »O Herr der Welten, blicke gnädig nieder ...« Bielefeld [1890]. V: *Nordmeyer, Bernhard.* (wolfstieg I, 969)

Wilhelm II., Dem Kaiser, von Deutschland. »Heut' wo das ganze deutsche Volk in Freude ...« Köln o. J. V: *Müller-Vollmer, Fritz.* (wolfstieg I, 969)

Wilhelm [Persönlicher Name]

Wilhelm, s.a. Guilelmus Blesensis.

Marburgische Akademische **Gesetze.** (Geg. von Landgraf Wilhelm. Cassel, 2. Jan. 1790.) o. O.

Wilhelm von Baden. — Denkwürdigkeiten des Generals der Infanterie Markgrafen Wilhelm von Baden aus den Feldzügen von 1809 bis 1815. Nach dessen hinterlass. eigenhänd. Aufzeichnungen. Mit Noten und Beilagen hrsg. von Frhrn. Phil. Röder v. Diersburg. gr. 8. (XI und 256 S.) Karlsruhe 864, Bielefeld's Hofbuchh. *

Wilhelm von Baden. Denkwürdigkeiten des Markgrafen W' von B'. Hrg. von der Badischen Historischen Kommission. Bearb. von Karl Obser. Band 1: 1792—1818. Mit einem Porträt [Tafel, sowie Vignette auf dem Umschlag] und 2 Karten. XXIV + 560 S. 8. Heidelberg, Carl Winter, 1906. [M. 14. —]
Darin S. 12 f. 49/54. 107 f. 389. 393. 397. 399/401. 403/19. 511. 513/5 etc. die Schweiz, *insbes* die Belagerung von Hüningen 1815, *betr.*

Wilhelm (Erzbischof zu Canterbury) Lehrsätze d. englischen Kirche in Form e. Katechism. 8. Basel. 723.

Wilhelm I., Kaiser von Deutschland

Ansprache des durchlauchtigsten Prinzen Wilhelm, nachm. Kaisers Br. Wilhelm I., an seinen Sohn, den durchlauchtigsten Prinzen Friedrich Wilhelm, nachmaligen Kaiser Br. Friedrich III., nach seiner Aufnahme am 5. Nov. 1853. o. O. u. J. 1 Bl. 4°.

Wilhelm's I., Kaiser, hinterlassene Aufzeichnungen, s. a. Vermächtniss, e. theures, unseres grossen Kaisers.

Wilhelm I., Deutscher Kaiser, König von Preußen, Hinterlassene Aufzeichnungen m. e. Vorw. v. Hofprediger Rogge, Leipzig 1890. 8 Bl., 8°.

Wilhelm d. Große, Kaiser, letztwillige, eigenhändige Aufzeichnungen. 8. (8 S. m. Bildn.) Leipzig 897. J. Milde. — 05; 100 Stück 1. 50; auf starkem Pap. — 10; 100 Stück 5. —; m. einseit. Goldschn. u. Golddruck — 30

[F.] Briefe Kaiser Wilhelm des Grossen aus d. J. 1811—1815 an seinen Bruder, den Prinzen Carl v. Preussen. In Dr. geg. v. Alexander Meyer Cohn. *Berlin: (Dr. v. R. Boll) 1897.* (32 S., 4 Bl. Facs.) 1 Bd 8. [97. 1534

Kaiser Wilhelms [I. Kaiser von Deutschland] des Großen Briefe, Reden und Schriften. Ausgew. u. erl. von Ernst Berner. 1. bis 3. Aufl. Bd 1. 2. Berlin. E. S. Mittler & Sohn 1906. 2 Bde 8° [F.]
1. 1797 1860. 2. 1861 1888. [05. 15266

Wilhelm's des Großen, Kaiser, Briefe, Reden u. Schriften. Ausgewählt u. erläutert v. Ernst Berner. 1797—1888. 2 Bde. 1.—3. Aufl. (XXIII, 504 u. XXIII, 429 S.) gr 8. Berlin 906. E. S. Mittler & Sohn. n. 6. —; geb. n. 8. —

Wilhelm I., Kaiser, Briefwechsel m. Fürst Bismarck, s. a. Kaiser- u. Kanzler-Briefe.

Kaiser- und Kanzler-Briefe. Briefwechsel zwischen Kaiser **Wilhelm** I. und [Otto] Fürst Bismarck. Gesammelt u. mit geschichtl. Erl. versehen von Johs. Penzler. Leipzig: W. Fiedler 1900. (VIII, 301 S.) 8°

[F.] Gedanken Kaiser Wilhelms des Grossen. Hrsg. v. Heinrich Merkens. *Jena: Costenoble (1898).* (IX, 289 S., 1 Bl.) 1 Bd 8. [98. 3078

Kaiser Wilhelms I Glaubensbekenntnis bei der Konfirmation am 8. Juni 1815 Lebensgrundsätze und letztwillige Aufzeichnungen. An 22 März 1889 den Schülern des Friedrichsgymnasiums zu Gumbinnen zu bleibender Erinnerung und Mahnung dargebracht von ihren Lehrern. 8 (24 S.). **Progr.** Friedrichs-G. *Gumbinnen* 1889.

Kaiser Wilhelms I Glaubensbekenntnis bei der Konfirmation am 8. Juni 1815 Lebensgrundsätze und letztwillige Aufzeichnungen. Zum 22. März 1889 zusammengestellt von Emil Grosse. 8 (2. S.) **Progr.** Wilhelms-G. *Königsberg i. Pr.* 1889.

[F.] [Glückwunsch der Universität Bonn zur Vermählung des Prinzen **Wilhelm von Preussen** am 27 Febr. 1881.] [Bonn, Druck v. C. Georgi 1881.] *Anf.:* Durchlauchtigster gnädigster Prinz und Herr! *etc.* *Ende:* Rektor und Senat der Rheinischen Friedrich-Wilhelms-Universität. 2 Bl. 2.

Wilhelm I., Kaiser. Politische Correspondenz. 2. Aufl. Berlin 1890. H: *Robolsky, Hermann.* (KGBerlin II, 2510)

—— Politische Correspondenz. gr. 8. (XIX, 412 S.) Berl. 890, Steinitz Verlag. * 5 —; geb. * 7 —
Volksausg. s. Erinnerungen an Kaiser Wilhelm I.
Vgl.: Adami, Friedr. — Adolf, C. — Am letzten Geburtstage. — Boyle, Geo. — Brennekam, O. — Elm, Hugo. — Erinnerungen. — Gedenkblatt. — Gerbert, C. — Geschichts- u. Unterhaltungsbibliothek, vaterländische. 1. Bd. — Grosse, Emil. — Heinke, F. — Hermann, Frz. — Hohenzollern-Kaiser, drei. — Hottinger, Chr. G. — Hübner, Max. — Krüger, Carl A. Drei Kaiser. — Liederkranz. — Marquardt, Ludw. — Meding, Osk. — Natzmer, Gneomar Ernst v. — Rogge, B. — Schmitz, Max. — Schneider, L. (I.). — Schupp, O. — Sehring, Wilh. — Ueberschaer, A. G. M. — Woiter, A. — Zastrow, Karl.

Wilhelm's I. Lebensgrundsätze, niedergeschrieben am Tage seiner Confirmation, 8. Juni 1815. Lebensrückblicke, niedergeschrieben in seinen letztwilligen Aufzeichnungen, 10. April 1857 u. 31. Dezbr. der J. 1866, 1871, 1878. 8. (16 S.) Hamburg 888. Herold. — 30; auf Velinpap. n. — 50

Wilhelm I., Sr. Majestät des Kaisers und Königs, Reden, Proklamationen, Kriegsberichte rc. Umfassend den Zeitraum von Uebernahme der Regentschaft bis zur Eröffnung des ersten deutschen Reichstages. gr. 8. (IV, 148 S.) Berlin 871, Staude. * 3 —
Vgl.: Bender, Ludw. — Brandrupp, A. H. — Hocker, N. — Löhbach, Rud.

Reden, Proklamationen, Kriegsberichte u. s. w. Sr. Majestät des Kaisers und Königs Wilhelm I., von der Übernahme der Regentschaft bis zur Eröffnung des ersten deutschen Reichstages [1858—1871] (148) 8. Berlin 1874. 2,00. — 3. Aufl. 8. ib. 1877. 2,00. — 5., 6. u. 7. Aufl. 8. ib. 1879.

—— Sr. Maj. des Kaiser und Königs, Reden, Proklamationen, Kriegsberichte rc. Umfassend den Zeitraum von Uebernahme der Regentschaft bis zur Eröffnung des ersten deutschen Reichstages. 4. verb. und verm. Aufl. Volks-Ausg. gr. 8. (VIII, 136 S.) Berlin 878, Staude. **

—— Kaiser, Reden, Proklamationen, Kriegsberichte rc. Umfassend den Zeitraum von Uebernahme der Regentschaft bis zur Eröffnung des ersten deutschen Reichstages. Volks-Ausg. 5. verb. und verm. Aufl. (VIII, 136 S. mit 1 Photogr.) 1878. * 70 Pf.; 6. und 7. verb. und verm. Aufl. gr. 8. (VIII, 136 S. mit 1 Photogr.) Ebendas. 879. **

[F.] Auszugsweise Bearbeitung der vom Kgl. Preuss. Kriegs-Minist. hrsg. Militärischen Schriften weiland Kaiser **Wilhelm** des Grossen in wohlfeiler Ausg. v. J[ust.] Scheibert, Major z. D. *Berlin: H. Klokow 1897.* (4 Bl., 127 S.) 1 Bd 8. [97. 6778

Militärische Schriften weiland Kaiser **Wilhelms** des Grossen Majestät. Auf Befehl Sr Maj. d. Kaisers u. Königs hrsg. v. Kgl. Preuss. Kriegsminist. Bd 1. 2. Berlin: E. S. Mittler & Sohn 1897. 2 Bde 4°(8°)
1. 1821—1847. (VI, 618 S., 4 Bl.)
2. 1848—1865. (2 Bl., 504 S., 5 Bl. Facs.)

— letzte u. frühere Unterschrift. 1 Bl. gr. 8. Stuttgart 888. (Metzler's Sort.) n. — 10; Ausg. auf Carton — 15

— letzte Unterschrift auf dem Sterbebette u. dieselbe sonst. 16. (1 Bl. auf Carton.) München 888. Merhoff. n. — 10

— Vermächtniß an sein Volk. Enth. seine Reden, Proklamationen, Kriegsberichte, Briefe rc. in dem Zeitraum von Uebernahme der Regentschaft bis zu seinem Tode. Mit dem Bilde d. Kaisers u. dem Facsim. seiner letzten Unterschrift. gr. 8. (XV, 227 S.) Berlin 888. Staude. n. 1. 50

[F.] Kaiser **Wilhelm's** I. Vermächtniss an sein Volk. Enth. seine Reden, Proklamationen, Kriegsberichte, Briefe etc. in d. Zeitraum v. Uebernahme d. Regentschaft bis zu s. Tode. M. d. Bildn. d. Kaisers u. d. Facs. s. letzten Unterschr. 10. Stereotyp-Aufl. *Berlin: E. Staude 1897.* (XV, 227 S., 1 Portr., 1 Facs.) 1 Bd 8. 98 9601

Wilhelm der Erste [Kaiser von Deutschland] als Erzieher [Werke, Ausz.]. In 711 Aussprüchen aus s. Kundgebungen u. Briefen planmäßig zsgest. von Paul Dehn. Halle: H. Gesenius 1906. (328 S.) 8° [F.] 05. 13645 3

Wilhelm's, König, Worte an sein Volk. Eine Sammlung der königlichen Antworten an die Deputationen getreuer Unterthanen. 1—5. Aufl. Berlin 863. Hickethier. gr. 8. (40 S.) 3 ngr.

König Wilhelms Worte an sein Volk. Eine Sammlung der königl. Antworten an die Deputationen getreuer Unterthanen. 5. Aufl. Berlin, Hickethier 1868. 40 S. 8.

Wilhelm II., Kaiser, Ansprache in der Erlöserkirche in Jerusalem, s. Bange, F., die Jerusalemsfahrt Kaiser Wilhelms II. im Lichte der Geschichte.

Ansprache Seiner Majestät des Kaisers [**Wilhelm** II. von Deutschland] auf dem Bahnhofe Essen nach der Beisetzung des Herrn F. A. Krupp an Direktorium und Arbeiter der Kruppschen Werke. 26. Nov. 1902. o. O. (1902). 1 Bl. 2°

Wilhelm II., s. Ansprachen u. Erlasse.

Allerhöchster Erlaß vom 26. November 1900. (Betr. die i. J. 1892 eingeleitete Reform d. höh. Schulen. Unterz.: **Wilhelm** [II. Kaiser v. Deutschland]. Dat. Kiel 26. Nov. 1900. Berlin 1900: Walter.) 1 Bl. gr. 2° [Kopft.] 01. 10921

— **s. a. Kaiserrede, die, zu Aachen.**

Die Kaiserrede (**Wilhelm's** II. Kaisers von Deutschland) zu Aachen am 19. Juni 1902 u. die Ansprache des Generaloberst [Walther] Frh. v. Loë in Bonn am 29. Juni 1902. Discours de l'Empereur Guillaume II à Aix-la-Chapelle . . . Discorso dell'Imperatore Guglielmo II tenuto in Aquisgrana . . . Berlin: M. Schildberger 1902. (32 S.) 4°

— **s. a. Kaiserreden.**

Wilhelm (II). Kaiserreden. Reden und Erlasse, Briefe und Telegramme Kaiser Wilhelms des Zweiten. Ein Charakterbild des Deutschen Kaisers. ([Mit verbindendem] Text [hrg. von] A[nton] Oskar Klaussmann.) VIII + 438 S. 8. Leipzig, J. J. Weber, 1902. [M. 6. —]
Darin S. 32: Besuch in Luzern am 2. Mai (1893).

Wilhelm II., s. a. Kaiserworte.

[F.] Kaiserworte 1888—1898: (Grund- u. Ecksteine aus d. Allerhöchsten Kundgebgn Sr. Maj. d. Kaisers u. Königs **Wilhelm** II. [v. Deutschland].) *Hannover: Dunkmann (1898).* (4 Bl., 184 S.) 1 Bd 4. 98. 3919

Wilhelm II., Kaiser, die Kunst u. das Kunstverständniss der **Massen.** Ein offenes Wort an Alle, die es m. der Kunst ernst meinen. Von Veritas. gr. 8. (29 S.) Stuttgart 902. H. Koch. — 60

Kaiser Wilhelm. Die Marine-Tabellen Sr. Maj. des —. Verkleinerte Faksimile-Nachbildung der kais. Originale. (Einzel-Abdr. aus der Illustrirten Zeitung. No 2801.) Leipzig, Berlin 1897. kl. Fol.

— **Kaiser, Marine-Tabellen.** Verkleinerte Fksm.-Nachbildg. d. kaiserl. Originale. Fol. (2 S. m. 6 farb. Taf.) Leipzig 897. J. J. Weber. n. — 50

— Rede zur Eröffnung der Schulkonferenz, nebst der Ansprache d. Ministers v. Goßler. [Aus: „Reichs- u. Staatsanzeiger".] gr. 8. (12 S.) Berlin 890. C. Heymann's Verl. — 15

Rede des Kaisers **Wilhelm** [II. von Deutschland] am Tage der Konfirmation seiner Söhne der Prinzen August Wilhelm und Oskar. [17. Okt. 1903.] Halle a. S.: Bibel- u. Schriften-Ver. (1903). 2 Bl. 8° A 12. 10691

Die Reden Kaiser **Wilhelms** II. [von Deutschland] . . . Gesammelt u. hrsg. von Johs. Penzler. (T. 1.) [Neudr.] Leipzig: Ph. Reclam jun. [1904]. 8°
(Universal-Bibliothek. 3658 3660.)

— **Reden in d. J. 1888—1895, s.: Universal-Bibliothek.**

Wilhelm's II., Kaiser, Reden in den J. 1896—1900, hrsg. v. Johs. Penzler, s. a. Universal-Bibliothek.

Wilhelm's II., Kaiser, Reden in den J. 1896—1900. Gesammelt u. hrsg. v. J. Penzler. 2. Tl. (256 S.) 16. Leipzig, Ph. Reclam jun. 1904. Geb. 1. —
Universal-Bibliothek Nr. 4548—4550.

Wilhelm's II., Kaiser, Reden in den J. 1901—Ende 1905, hrsg. v. Johs. Penzler, s. a. Universal-Bibliothek.

Wilhelm's II., Kaiser, Reden in den J. 1901—Ende 1905. Gesammelt u. hrsg. von J. Penzler. 3. Tl. (312 S.) 16. Leipzig, Ph. Reclam jun. 1907. Geb. in Leinw. 1. —
(Universal-Bibliothek Nos 4903 4905.)

— **ausgewählte Reden, s.: Büchersammlung f. Gabelsberger'sche Stenographen. Bd. 53/54.**

[**Wilhelm** II.] Das persönliche Regiment. Reden u. sonst. öffentl. Aeusserungen Wilhelm II. Zsgest. von Wilh. Schröder. München 1907. 8°

— **7. Seepredigt, geh. am Sonntag, 29. VII. 1900, an Bord der „Hohenzollern". 1.—12. Taus. 8. (7 S.) Barmen (900). D. B. Wiemann.** — 10

Sinnsprüche Sr. Maj. Kaiser **Wilhelm** II. [v. Deutschland]. (Königsberg i. Pr.: Badzies [um 1905].) 1 Bl. gr. 2°

[Studienzeugnis für den Prinzen **Wilhelm von Preussen** bei seinem Abgang von der Universität Bonn.] [Bonn, Druck v. C. Georgi 1879.] *Anf.:* Vniversitatis litt. Fridericiae Gvilelmiae Rhenanae rector et senatvs his litteris declaramus *etc.* *Am Ende:* Dabamus Bonnae d. III m. Aug. a. 1879. 2 Bl. 2.

Weihe-Rede Sr. Majestät des Kaisers **Wilhelm** II., gehalten bei der Einweihung der evang. Erlöserkirche in Jerusalem am 31. Oktober 1898. Berlin: Deutsch-Ev. Buch- u. Tractat-Ges. [1898]. (1 Bl.) gr. 2°

Wilhelm II., Kaiser, Weihe-Rede, geh. bei der Einweihung der evangel. Erlöserkirche in Jerusalem am 31. X. 1898. Fol. (1 Bl.) Berlin 899. Deutsche ev. Buch- u. Tractat-Gesellschaft. n. — 10

— **Worte u. Reden, s. a. Reuter's Bibliothek f. Gabelsbergersche Stenographen.**

Worte und Reden Sr. Maj. Kaiser **Wilhelms** II. [von Deutschland]. Eine Auswahl hrsg. von K. Handtmann. Berlin: Vaterländ. Verl.- & Kunstanst. [Berliner Stadtmission] 1905. (111 S.) 8°

Des Kaisers [**Wilhelm** II. von Deutschland] Worte an seine Söhne und alle Söhne seines Volkes. Halle a. S.: Gebauer-Schwetschke [1904]. (7 Bl.) 8°

† **Wilhelm von Frankfurt,** Vor fünfzig Jahren, s. Vor.

Wilhelm des Frommen, Herzogs von Bayern, Anleitung z. christl. Erziehung seiner Söhne, Herzogs u. nachher. Kurfürsten Maximilian I. d. Gr., u. Herzogs Philipp. Ein Spiegel üb. Einst u. Jetzt, od. d. gottesfürcht. Kindererziehung f. Eltern in allen Ständen. Mit Bemerkn. u. Beiln. hrsg. v. Simon Buchfelner. 8. (7 B.) Regensburg 836, Manz.

Gülich- und Bergische Rechts- Lehen- Gerichtsschreiber- Brüchten- Policey- und Reformation-Ordnung **Wilhelms**, Hertzogen zu Gülich etc. Jetzund auffs new übersehen. Düsseldorff: Schleuter 1696. **fol.**
[Sondertit.:]
1. (Rechtsordnung.)
2. Policey-Ordnung. 1696.
3. Zusatz einiger Ordnungen, Befelchern u. Edicten. 1697.
4. Ordnung des Hoffgerichts.
5. **Voets**: Historia juris civilis Juliacensium et Montensium. 1693.
6. **Voets**: Tractatus de jure revolutionis, cum tractatu ad observationes feudales. 1694.

— [Dasselbe.] Düsseldorf: Stahl 1751. **fol.**
[Sondertit.:]
1. Die rev. Rechtsordnung ... vom 20. 6. 1564.
2. Die Policey-Ordnung. 1751.
3. Zusatz einiger Ordnungen und Befelchern, Edicten und Recessen, welche Churfürst Johann Wilhelm Pfalzgraf bei Rhein der Rechts-Policey- und Reformations-Ordnung beyzusetzen ... verordnet. o. J.

Wilhelm I., Kurfürst v. Hessen. Commandobuch zum Reglement für das Kgl. Preuß. Generalat in Westphalen. o. O. 1804. 8°. (Verm. Jähns.)

Wilhelm IX., Landgraf zu Hessen. Exercir-Reglement für Cürassiers, Dragoners und Husaren. Cassel 1796. 8°.

Wilhelm IX., Landgraf zu Hessen. Militär-Reglement. Bd 1—3. Cassel 1802—03. 8°. — 1. 2. Für die Infanterie. — 3. Für die Artillerie.
Dass. Bd 2. 1816.

Wilhelm, Bischof v. Hildesheim, s.: Sommerwerk, gen. Jacobi, Wilh.

— II., Graf von Holland, Weihgeschenk für fromme Christen, s. Bibliothek, mystische und ascetische, 2. Publication.

Wilhelm v. der Mulde, s.: Hohenzollernlied, das.

Wilhelm, Erzherzog v. Österreich. Das Remington-Gewehr. Wien 1867. 8°.

(Wilhelm, Prinz v. Preußen.) Bemerkungen zu dem Gesetz-Entwurfe über die deutsche Wehrverfassung. Berlin 1849. 8°. (Verm. Jähns.)

[F.] **Wilhelm** [Prinz v. Preussen]: Der Oberrhein. (Gedicht.) Coblenz, Buchdr. v. H. L. Scheid, 1897; 31—32 S. 4.
Coblenz, st. RG, P 1897 (491)

Wilhelm, Prinzessin v. Preussen, geb. Prinzessin Marianne v. Hessen-Homburg, Briefe an ihren Bruder Ludwig, veröffentlicht v. Emilie Droescher, s.: Mitteilungen des Vereins für Geschichte u. Altertumskunde zu Homburg v. d. Höhe. 8. Heft.

(Wilhelm, Graf v. Schaumburg-Lippe.) Mémoire abrégé de ce qui s'est passé au siège de Cassel en 1761. Par. L. C. R. D. S. L. o. O. 1762. 8°.

Wilhelm, Erzbischof von Tyrus, s.a. Geschichte der Kreuzzüge.

Wilhelm, Erzbischof von Tyrus. Gesch. d. Kreuzzüge u. des Königreichs Jerusalem. A. d. Lat. von E. u. R. Kausler. Mit Pl., 1 Kpf. und 1 Krt. Stuttgart 1840. 634 S.

Wilhelm Erzbischof v. Tyrus, Geschichte der Kreuzzüge u. des Königreichs Jerusalem. Aus d. Latein. von E. u. R. Kausler. (Neue wohlf. Titelausg. der) 2. Ausg. Mit 1 Kupfer, 2 Plänen u. 1 (in Kpfr. gest. u. color.) Karte (in Fol.) gr. 8. (VIII u. 634 S.) Stuttgart (844) 848, Krabbe. 27 ngr

Wilhelm Friedrich [Markgraf]
1686-1723 von Brandenburg

Apothecker-O[rdnung] [Apothekerordnung] wie solche in deß durchleuchtigsten F[ürsten] und Herrn, Herrn Wilhelm Fr[iedrich] Marggrafen zu Brandenb[urg] Fürstenthum un[terhalb] Gebürgs gehalten werden so[ll]. Onolzbach: Lüders 1714. 7 Bl. 8°
[Titelbl. mit Textverlust beschädigt]

Wilhelm [Familienname]

Wilhelm, Ansichten über die Grundzüge einer allgemeinen Hannoverschen Hypotheken-Ordnung. gr. 8. (23 S.) Hannover 862, Rümpler. *

Wilhelm: Bericht über die Weltausstellung in Chicago. Mit Anlagen. (Ms.) Berlin 1893.

Wilhelm, Onkel, s.: Braut, die, ohne Gebetbuch.

— s.a. Brief, der, am Grabe.

Der Brief am Grabe. – E. Erzählg v. Onkel **Wilhelm** in Immenthal. 9. Aufl. ... Hamburg: J. G. Oncken Nachf. [1897]. (32 S., 1 Taf.) 1 Bd 8°

Wilhelm, kleiner illustrirter pariser Führer für deutsche Reisende. hoch 4. (40 S. mit 40 in den Text gedr. Abbildungen und einem neuen Plan von Paris in Holzschn. und Imp.-Fol.) Paris 855. (Leipzig, Michelsen's Buchh.) *

Wilhelm, Hexen-Prozesse aus dem 17. Jahrh. Mit höherer Genehmigung aus dem Archiv des königl. hannov. Amtsgerichts Diepholz mitgetheilt. gr. 8. (91 S.) Hannover 862. Klindworth. n. 1. 50

Wilhelm ***, Die Judenfrage und ihre Lösung. Objectiv dargestellt und einheitlich behandelt. Gr.-8. (104 S.) Wien: Vetter 1894. * —.60

Der Professor Kosmann in Hinsicht auf seine Schrift über die General-Tabacks-Administration gerichtet von Wilhelm. Berlin, 1797. (16 S.)

Wilhelm, s.a. Polen, landlose.

Landlose Polen. Ein Wort z. Enteignungs-Vorlage. Von **Wilhelm**. Hrsg. von Hans Delbrück. Berlin: Wedekind & Co. 1908. (32 S.) 8°

Wilhelm: Prinzipien der allg.theor.Chemie nach den neuesten modernen Ansichten der Wissenschaft, Zusammengestellt für den Unterricht an Mittelschulen. 72 S. 8°. – Salzburg OR., Progr. 1868.

Wilhelm, größtes, vollständiges Universal-Wunschbuch. Eine Sammlg. der schönsten Glückwünsche zum neuen Jahre, sowie zu Geburts- u. Namensfesten in Versen u. Prosa. Nebst ausgewählten Deklamationsstücken u. Hochzeitsgedichten f. jedes Kindesalter. 8. (240 S.) Wien 892. (Leipzig, Literar. Anstalt A. Schulze.) n. 1. 60

— s.a. Walten, das, Gottes.

Das Walten Gottes, oder: Das Geheimnis des Findlings. E. Erzählg v. Onkel **Wilhelm** in Immenthal. 5. Aufl. Hamburg: J. G. Oncken Nachf. 1892. (30 S.) 1 Bd 8°

Wilhelm, Onkel, der kleine Walter in der Hand d. großen Walters. Eine Erzählg. f. Jung u. Alt. 16. (64 S.) Barmen 874. Janssen. n. — 40

Wilhelm, der Wetterprophet. Anleitung, um zu jeder Zeit und an jedem Orte die Witterung mit größter Wahrscheinlichkeit voraus zu bestimmen. 8. (16 S.) Wien 885, Neidl. *

Wilhelm zu Neuhof, des Advocaten, öffentl. Widerspruch u. Nichtigkeits-Erklärung der am 22. März 1831 beim kurfürstl. Landgerichte Fulda vollzogenen Wahl des Abgeordneten zum Landtage Hrn. Keitz in Fulda u. dessen Stellvertreters Hrn. Gößmann zu Bieberstein. 8. Fulda 831. (Müller). 3 K

Wilhelm, öffentl. Widerspruch u. Nichtigkeits-Erklär. der am 22. März 1831 bei Kurfürstl. Landgerichte Fulda vollzogenen Wahl des Abgeordneten zum Land-Tage, Hrn. Finanzraths Keitz in Fulda, u. dess. Stellvertreters, Hrn. Oberförsters Gößmann zu Bieberstein. Erster ernstgemeinter Ruf ins Vaterland. 8. (2 B.) Fulda, (Müller.)

Wilhelm, A.

— Bemerkungen z. griech. Inschriften. S.-A. 1891. 12 S.

Wilhelm, A, Die penteterischen Feste der Athener. Ak. 1895. 8 S.

Wilhelm, A., Zur Geschichte d. att. Kleruchen auf Lemnos. S.-A. 1888. 10 S. u. 2 Taf.

Wilhelm, A., Zur Geschichte v. Thasos. S.-A. 1893. 11 S.

Wilhelm, A., eine Jugendliebe, s. Bloch's, E., Dilettanten-Bühne.

— Proxenenliste aus Histiaia. S.-A. 1891. 12 S.

— Attische Psephismen. 2 Tle. S. A. 1889. 11, 45 S.

— Epigraph. Studien in Griechenland. Ak. 1897. 11 S.

Wilhelm, A. Wien bei Nacht, s. Lebeli, M.

Wilhelm, A., Wien bei Nacht, s.: Strobl, C.

Wilhelm, Adf.: Beiträge zur griechischen Inschriftenkunde m. e. Anh. üb. die öffentliche Aufzeichnung v. Urkunden, s.a. Sonderschriften des österreich. archäolog. Institutes in Wien. VII.

Beiträge zur griechischen Inschriftenkunde. Mit e. Anh. über d. öffentl. Aufzeichnung von Urkunden. Von Adolf **Wilhelm**. Mit 89 Abb. Wien: Hölder 1909. VI, 379 S. 4°
(Sonderschriften d. österr. archäolog. Institutes in Wien. Bd 7.)

— Neue Beiträge zur griechischen Inschriftenkunde. 1. Teil (mit 2 Taf.). S. 166/1 . . 1.90
— — 2. Teil. S. 166/3 . . . . 1.20
— — 3. Teil (mit 4 Taf.). S. 175/1 . . . . 2.40
Separatabdruck

Sitzungsberichte der kais. Akademie der Wissenschaften in Wien. Philosophisch-historische Classe. Bd. CXLII. IV.
Enthält:
WILHELM, Adolf 48.5
Ἔτος und ἐνιαυτός. Von Dr. Adolf Wilhelm. Wien. 1900. In Comm. Gerold's Sohn. Gr.-8°. 14 S. K —.40

Wilhelm, Adf., Reisen in Kilikien, s.a. Heberdey, Rud.

— und Heberdey, Rudolf, Dr.: Reisen in Kilikien, ausgeführt 1891 und 1892 im Auftrage der Kaiserlichen Akademie der Wissenschaften. (Widmung Seiner Durchlaucht des regierenden Fürsten Johann von und zu Liechtenstein) (mit 1 Karte von Dr. Johann Samuel Heinrich Kiepert). D 44/6.
Separatabdruck

— Attische Urkunden. 1. Teil: Urkunden des korinthischen Bundes der Hellenen (mit 5 Taf. und 2 Abbildungen im Texte). S. 165/6 . . . . 2.20
Separatabdruck

Wilhelm, Adf., s.a. Urkunden dramat. Aufführungen in Athen.

Urkunden dramatischer Aufführungen in Athen. Mit e. Beitrage von Georg Kaibel hrsg. von Adolf **Wilhelm**. Mit 68 Abb. Wien: A. Hölder 1906. (278 S.) 4°
= **Sonderschriften** d. österr. archäol. Institutes in Wien. Bd 6. 06. 9143

Wilhelm, Adrian Philipp Ludwig (Philippsburg)
A. S. 587/27
Disputatio inauguralis juridica de publicis judiciis.
Präs. Karl Otto Thyl.
Heidelberg (Hörth) IX. 1729. 40 S.

Gew.: Damian Hugo Bf. von Speyer.
W. v.: Franz Christian Hennemann, Sylvester Matthaeus Goez, Karl de Lagera. 36752

Wilhelm, Alfons, Gedächtnis. Praktischer Wegweiser zur Verhütung der Gedächtnisschwäche u. Erlangung e. guten Merkvermögens. (40 S.) 8. Burg bei Magdeburg (904). Brieg (Bez. Breslau), Selbstverlag. 1. 50

— dasselbe. 3. Taus. (88 S.) 8. Stuttgart 906. Strecker & Schröder. n. — 50

Wilhelm, Alois, Beschreibung u. Zeichnung eines nach physikal. Grundsätzen neu erfund. Vorwärmers, zur Branntwein- u. Spiritus-Fabrikation. qu. 8. Würzburg 834, (Stahel.) Versiegelt.

Wilhelm, Andr., praktische Pädagogik der Mittelschulen, insbesond. der Gymnasien. Erweiterung u. Fortsetzung des „Wegweisers beim Unterrichte." Wien 870. Gerold's Sohn. gr. 8. (X, 234 S.) 1 Thlr 20 ngr.

Wilhelm, Andr. Ritter v., praktische Pädagogik der Mittelschulen, insbesondere der Gymnasien. 2. verb. und verm. Aufl. gr. 8. (IV, 236 S.) Wien 880, Gerold's Sohn. *

Wilhelm, Andr. Ritter v., das österreichische Volks- u. Mittelschulwesen in den Hauptmomenten seiner Entwickelg. seit 1812. gr. 8. (136 S.) Prag 874. Tempsky. n. 2. —

— Wegweiser beim Unterrichte im Lateinischen u. Griechischen. Mit einer Einleitung vom Unterrichte überhaupt. Brünn 867. Winiker. gr. 8. (122 S.) n. 18 ngr.

Wilhelm, Armin, Deutschland im J. 1919. gr. 8. (228 S.) Hannover 894. A. Weston. n. 1. —

Wilhelm, Arthur

Wilhelm, Arth., die Reichsrats-Abgeordneten des allgemeinen Wahlrechtes. Ausführl. Biographien. (119 S. m. 1 Taf.) 8. Wien 907. M. Perles. 2. —

Wilhelm, Dr. August Benedict. Die Feldzüge des Nero Claudius Drusus in dem nördlichen Deutschland. Nebst einer Charte und mehreren (4) Steindrucktafeln. (Donation Liechtenstein.)
8. Halle 1826.

Wilhelm, Dr. A. B. Die Feldzüge des Nero Claudius Drusus i. d. nördlichen Deutschland. Mit Abb. u. 1 Krt. Halle 1826. 96 S.

— die Feldzüge des Nero Claudius Drusus in dem nördl. Deutschland. Mit 1 Karte, 2 Kupfer- u. 2 Steint. gr. 8. Halle 826. Fr. Ruff. 1 ℛ 8 ℊ

Wilhelm, Bdkt. (Vater), die Feldzüge des Nero Claudius Drusus in den nördl. Deutschland. 8. Halle 826, jetzt Lippert. 1 1/3 ℛ

Wilheim, Aug. Bdkt., (Sohn), Germanien u. seine Bewohner, mit d. Quellen dargestellt. Nebst 2 Karten. gr. 8. Weimar 823. Geograph. Institut. 2 ℛ 6 ℊ

— Geschichte d. Klosters Memleben, s. a. Mittheilungen &c. 5s Heft.

Geschichte des Klosters Memleben in Thüringen. Von August Benedict **Wilhelm.** Abth. 1: Das Zeitalter der Sächsischen Kaiser, bis zur Unterwerfung des Klosters unter die Oberherrlichkeit der Abtei Hersfeld im Jahre 1015. Naumburg. 1827. = Mittheilungen aus dem Gebiet historisch-antiquarischer Forschungen. Heft 5. 4°.

Wilhelm, Balthasar, S. J., die Anfänge der Luftfahrt Lana-Gusmão. Zur Erinnerg. an den 200. Gedenktag des ersten Ballonaufstieges (8. VIII. 1709—8. VIII. 1909). (III, 204 S. m. 14 Taf.) 8. Hamm 909. Breer & Thiemann. Kart. 3. —

— An der Wiege der Luftschiffahrt. 1. Tl. Francesco Lana, S. J., der Erfinder des Luftschiffes. — 2. Tl. Bartholomeu Lourenço Gusmao, der erste Luftschiffer, s. a. Broschüren, Frankfurter zeitgemäße. 28, VI. VII.

An der Wiege der Luftschiffahrt. Von Balthasar **Wilhelm** S. J., Prof. T. 1. Hamm: Breer & Thiemann 1909. 8°
(Frankfurter Zeitgemässe Broschüren. Bd 28. H. 6.)

Wilhelm, Benedikt, s.a. Wilhelm, August Benedikt

Wilhelm, Bdkt., (Vater), Geschichte d. Klosterschule Roßleben in Programmen-Folge. 1e Abtheil. v. J. d. Stift. 1554 bis 1597. Mit d. Jahresbericht auf d. J. 1826. gr. 4. Querfurt 826. (Kollmann in Leipz.) 10 ℊ Schreibp. 16 ℊ

— Nachr. f. Auswärtige über die gegenwärtige Einrichtung u. d. Locale der v. Witzlebischen Stiftsschule zu Kloster-Roßleben. Mit (3) Kpf. 4. Weißenf. u. Leipz. 803.

Wilhelm, Bernh., sonniges Land! Gedichte. (64 S.) kl. 8. Hannover-Linden (909). G. Weirich. (Nur direkt.) — 50

Wilhelm, C. Hôtel-Lexikon v. Deutschland, Oesterreich-Ungarn u. der *Schweiz*, mit Angabe der Preise für Logis, Vivre, &c. nebst Anhang. Lex. 8°. Berlin, Denny & Sohn. 1878.

Wilhelm, C., Texasfred. Eine Erzählg. aus dem wilden Westen. 8. (128 S.) Erfurt (900). F. Bartholomäus. — 60

Texasfred. Eine Erzählung aus d. wilden Westen von C. **Wilhelm**. *Erfurt: F. Bartholomäus [1901].* (128 S.) 8° [F.]
(Collektion Buffalo-Bill. No 1.) [o]. 941

Wilhelm, Carl, s. Wilhelm, Karl

Wilhelm, Chr., Grammaire allemande à l'usage des collèges. Suivie des racines allemandes et d'exercices sur les racines par J. Pottgeisser. gr. 12. (169 S.) Bruxelles 855, Flatau. *

Wilhelm, E., der Milzbrand, mechanisch, physisch und chemisch erklärt, nebst Ergebnissen und Erwerbnissen, welche die wahre Einsicht des Naturganzen fördern. gr. 8. (48 S. mit Abbild. [1 Stnt.].) Liegnitz 881, Krumbhaar. *

Wilhelm, E., La patrie et l'origine de Cyrus. S.-A. 1889. 16 S.

Wilhelm, E., Perser. [SA. aus Jahresberichte der Geschichtswissenschaft 1894. 1895. 1896. 1897.] 2 voll. Berlin.

Wilhelm, E., sind Frauen Staatsbürgerinnen? Der studier. Jugend gewidmet. gr. 8. (102 S.) Berlin 902. Rosenbaum & Hart. n. 1. 50

Wilhelm, E., Tafeln zur Kulturgeschichte 4500 vor bis 1900 nach Chr., s.: Bibliothek f. deutsche Schüler. Nr. 4.

Wilhelm, Erich. Hilde u. Hildburg. Erzählung aus der Heldensage. 8. (253 S.) Halle 889, Buchh. d. Waisenhauses. 2 10
geb. ** 2 85

Wilhelm, Ernst *Friedrich Rudolf* [aus Bernau in Brandenb.]: Aus d. Städt. Krankenhaus am Urban zu Berlin, innere Abteilg. Beiträge zur Paralysis spinalis syphilitica ... Berlin, Buchdr. v. G. Schade, *1895;* 37 S., 1 Bl. 8.
Berlin, Med. Fak., Inaug.-Diss. v. 6. Aug. 1895

Wilhelm, Eug., Erânica, s. a. Symbola doctorum Ienensis gymnasii in honorem gymnasii Isenacensis collecta.

Wilhelm, Eugen Erânica. 4 (S. 39—48).
Progr. G. Carolo-Alexandr. *Jena* in honorem g. Isenacensis part. post. 1895 (700).
I Zur Entstehung der vokalischen Declination. II. Yasna XLVII, 1 ed. Geldner = XLV, 1 Spiegel.

Wilhelm, Eugen: Erânica. (In: Gust. Richter, Symbola doctorum Ienensis gymn. ... Partic. post.) Jena, Univ.-Buchdr. G. Neuenhahn, 1895; 39—48 S. 4.
Jena, G. Carolo-Alexandrinum, OP 1895 (700)

— De infinitivi linguarum Sanscritae Bactricae Persicae Graecae Oscae Umbricae Latinae Goticae forma et usu. Isenaci [1872].

—— de infinitivi linguarum sanscritae, bactricae, persicae, graecae, oscae, umbricae, latinae, goticae forma et usu. Lex.-8. (VIII, 96 S.) Ebendas. 873. * 4 —

Wilhelm, Eugen: [Lebensabriß des am 28. Januar 1904 verstorbenen Direktors Dr. Gustav Richter.] S. 4—5. 4.
Progr. Gymn. Carolo-Alexandrinum *Jena* 1904 (789).

Wilhelm, Eugen [Referendar]: Das Moment der Rechtswidrigkeit bei der Beleidigung. ... Strassburg, Univ.-Buchdr. v. J. H. Ed. Heitz (Heitz & Mündel), 1890; 83 S. 8°
Strassburg, Rechts- u. Staatsw. Fak., Inaug.-Diss. v. 1890

Wilhelm, Eug. Über lateinische Phraseologien. Ein Konferenzbericht. S. 21—27. **Progr.** *Jena* 1882.

Wilhelm, Eug., Quaestiones Velleianae. gr. 8. (51 S.) Jena 866, Mauke. *

Wilhelm, Eugen. Die Sittlichkeitsdelikte in dem Vorentwurf zu einem schweizerischen Strafgesetzbuch vom April 1908 und in dem V' zu einem österreichischen Str' vom September 1909. [2 Artikel.] 8.

In: Sexual-Probleme. Zeitschrift für Sexualwissenschaft und Sexualpolitik. Herausgeber Dr. med. Max Marcuse. Jahrg. 6, 1910. November *u.* Dezember. Frankfurt a. M., J. D. Sauerländer. (*je* M. —. 80.) S. 820—827 *u.* 877—906.

Wilhelm, Eug., die rechtliche Stellung der (körperlichen) Zwitter de lege lata u. de lege ferenda, s. a. Grenzfragen, juristisch-psychiatrische. VII, 1.

Die rechtliche Stellung der (körperlichen) Zwitter de lege lata und de lege ferenda. Von Dr. Eugen **Wilhelm**, Amtsger.R. a.D. Halle: Marhold 1909. 70 S. 8°
(Juristisch-psychiatrische Grenzfragen. Bd 7, H. 1.)

Wilhelm, Eug. De verbis denominativis linguae bactricae. 24 S. *Jena* 1878.
Progr.

Wilhelm, Eugen, de verbis denominativis linguae bactricae. gr. 4. (24 S.) Bernburg 878. Bacmeister. n. 1. 50

Wilhelm, Eugen: De infinitivi vi et natura. [Jahresbericht über das Karl-Friedrichs-Gymnasium zu Eisenach.] Eisenach 1869. 4°

Wilhelm, Eug., de infinitivi vi et natura. gr. 4. (12 S.) Eisenach 869, (Bacmeister.) — 60

Wilhelm F.: Descriptive Behandlung einer speciellen windschiefen Fläche III. Grades .... m. 1 Taf. 31. Elbogen R. 82.
Progr.

Wilhelm, F., Blitz-Taschen-Fahrplan f. Bremen, Hamburg, Lübeck, Oldenb., Harz u. Wesergebirge. Sommer 1901. 1. V.—1. X. 16. (64 S. m. 1 Karte auf dem Umschlag.) Bremen, W. Valett & Co. — 25

Wilhelm, F., Führer durch Bautzen u. seine Umgebung, m. mehreren Plänen u. geschäftl. Wegweiser. (92 S. m. Abb.) kl. 8. Bautzen (906). E. Rühl. — 50

Wilhelm, F., Führer durch Bautzen u. seine Umgebung, m. mehreren (1 farb.) Plänen u. e. geschäftl. Wegweiser. (91 S. m. Abb.) kl. 8. Bautzen (909). E. Rühl. — 60

— unsere Heimat — die Lausitz. Heimatkundliches Lehr- u. Lesebuch f. Stadt u. Land. Mit Zeichnungen von O. Schwindrazheim, O. Seyffert u. a. Ausg. f. den Bez. Bautzen. (232 S.) gr. 8. Leipzig (906). A. Strauch. Geb. in Halbleinw. n. 1. 80; in Leinw. n. 1. 60

Wilhelm F.: Principien des Naturwissens. 132. 84. Salzburg R. 75. 76.
Progr.

— Taschen-Fahrplan f. Bremen, Oldenburg u. Umgegend. Winter 1900/01. 1. X. 1900 – 1. V. 1901. 16. (32 S.) Ebd. — 15

Wilhelm's, F., Taschenfahrplan der Eisenbahnen Nord-, Ost-, Mittel- u. West-Deutschlands, nebst Routen nach den Hauptplätzen Europa's, nach officiellen Quellen in prakt. Fassg. Ausg. vom 1. Apr. 1892 u. vom 1. Mai 1892. qu. gr. 16. (XIX, 96 u. XIX, 110 S. m. 2 Karten.) Bremen 892. W. Valett & Co. à n. — 60

Wilhelm's, F., Taschen-Fahrplan für Nord-Deutschland. Mit 1 (lithogr.) Karte. 1876 und 1877. à ca. 6 Nrn. 64. (à Nr. ca. 128 S.) Bremen, Valett und Comp. à Nr. *

—— Taschen-Fahrplan für Nord- und Mittel-Deutschland. Mit 1 Karte. Winter 1878/79—92. Winter u. Sommer. Jährlich 2 Hefte. Bremen. 64.

Wilhelm's, F., Taschen-Fahrplanbuch für Nord- und Mitteldeutschland. Mit 1 (lithogr.) Karte. Winter 1878/1879 und Sommer 1879. 64. (à 160 S.) Bremen, Valett und Comp. à *

Wilhelm's, F., Taschen-Fahrplan für Nord- und Mitteldeutschland. 1880—1884 Winter und Sommer. 64. (à Jahrg. ca. 210 S. mit 1 lithogr. Karte.) Bremen, Valett und Comp. à Nr. *

Wilhelm's, F., Taschen-Fahrplan für Nord- und Mitteldeutschland. Mit 1 Karte. 1885—1889. Winter und Sommer. Jährl. 2 Hefte. 64. (à Heft ca. 220 S.) Bremen, Valett und Comp. à Heft *

—— Taschen-Fahrplan für Nord-Ost-, Mittel- und West-Deutschland. Ausg. vom 1. Oktbr. 1889—90/91. Mit Karten. Bremen. 32.

Wilhelm's, F., Taschen-Fahrplan f. Nord-, Ost-, Mittel- u. West-Deutschland. Ausg. vom 1. Oktbr. 1890. 32. (256 S. m. 2 Karten.) Bremen 890. Valett & Co. n. — 50

Wilhelm's, F. (II.), Taschen-Fahrplan für Nordwest-Deutschland. Winter 1873—74, und Sommer 1874. 1.—3. Abdr. 128. (96 S. mit 1 lithogr. Karte in 8.) Bremen 874, Valett und Comp. à * 40 Pf.; ohne Karte * — 30

—— dass. — 4. Abdr. 128. (96 S. mit 1 lithogr. Karte in 8.) Ebendas. 874. * 50 Pf.; ohne Karte * — 40

—— dass. — Winter 1874/75. 128. (96 S. mit 1 lithogr. Karte in qu. 8.) Ebendas. 874. * 50 Pf.; ohne Karte * — 40

Wilhelm's, F., Taschen-Fahrplan f. Nordwest-Deutschland. 1876. ca. 6 Nrn. 64. (Nr. 1. 96 S. m. e. lith. Karte in qu. 8.) Bremen, Valett & Co. à n. — 50; ohne Karte à n. — 40

Wilhelm, F. Taschen-Fahrplan f. Süd-Deutschland, die *Schweiz* u. Tyrol. Sommer 1878. 32°. Bremen, Valett & Cie.

—— Taschen-Fahrplan für Süd-Deutschland, Schweiz und Tyrol. Mit 1 (lithogr.) Karte. Winter 1878/1879 und Sommer 1879. 64. (208; 210 S.) Ebendas. à *

—— Taschen-Fahrplan für Süd-Deutschland, Schweiz und Tyrol. 1880—1884 Winter und Sommer. 64. (à Jahrg. ca. 216 S. mit 1 lithogr. Karte.) Ebendas. à Nr. *

— Taschen-Fahrplan für Süd-Deutschland, Wien, Schweiz u. Tyrol. Mit einer (lith.) Karte. 1882. 2 Hfte. 64. (1. Hft. 220 S.) Ebend. à n. — 50

Wilhelm, Fel., über Frauenbekleidungsreform. gr. 8. (6 S.) Leipzig 900. B. Konegen. n. 1. —
Sonderabdruck aus: „Der Frauenarzt".

Wilhelm, Felix [aus Chemnitz]: Ist das Coffeon an der Kaffeewirkung beteiligt? ... Würzburg, J. B. Fleischmann'sche Buchdr., 1895; 31 S. 8.
Würzburg, Med. Fak., Inaug.-Diss. v. 1895

— was ist nahrhaft? gr. 8. (24 S.) Königsbrück 901. (Leipzig, B. Konegen.) n. 1. —

Wilhelm, Fr., Flora Herbipolitana. 8maj. Bamberg, Göbhardt. 782.

***Wilhelm*, Fr., Flora herbipolitana. 8maj. Bamberg 782 (Wesché in Frankf.) 12 ℛ**

Wilhelm, Fr., die Lehre vom Gefühl in der Psychologie der letzten zehn Jahre, s. a. Magazin, pädagogisches.

Die Lehre vom Gefühl in der Psychologie der letzten zehn Jahre. Von Fr. Wilhelm. Langensalza: Beyer 1907. IV, 111 S. 8°
(Pädagogisches Magazin. H. 303.)

Wilhelm, Fr., Stimmen der Zeit. Eine Auswahl zeitgemäßer Gedichte, z. Besten abgebrannter Mitbürger hrsg. Hft. I. Religion. — Patriotismus. gr. 8. (1¼ B.) Hamburg 842, Perthes-Besser u. Mauke. *

Wilhelm Fr.: Untersuchung gewisser zusammengesetzter Reihen. 14 Elbogen R. 84.
Progr.

Wilhelm, Franz

Wilhelm.
Droguen und Chemikalien auf der Weltausstellung in Philadelphia. Wien, 1877.

Wilhelm, Frz., pharmaceutische und technische Droguen und Chemikalien, s. Bericht über die Weltausstellung in Philadelphia 1876.

Willhelm, F., der Eisenbahn-Hochbau, s.: Flattich, W.

Wilhelm Franz: Der Pontificat Gregors X.
1895 PN 956 Diss Wien. Univ. 776

Willhelm, Frz., Regesta imperii. V, s.: Böhmer, J. F.

Wilhelm, Franz Heinrich Menolph

Willhelm, Fr. H., resp. Jo. Mth. **Evast,** Observationum electrico-medicarum ex collogio clinico Wirceburgensi, Decuriao IV, acced. Semicenturia theor. pract. do U. S. et purgantibus. Wirceb. 8°. A. D. B. XXX, 495. 1774

— observationum electrico-medicarum in Collegio electrico, quod condidit Adam Fr. Princeps, Decuriae IV; una cum Semicenturia theorematum de venaesectione et purgantibus. 8. Würzb. 774.

— observationum medicarum de phthisi collectarum decuria; una cum Semicenturia theorematum practicorum de vomitu et vomitoriis ad mentum Hippocratis. 8. Würzb. 777.

Wilhelm, **Frz. Hnr. Menolph, († d. 20. Juli 1794.) pharmacopoea Herbipolitana, in usum patriae congesta. 8maj. Würzb. 772. (Wesché in Frankf.) 16 gr**

Wilhelm, Frz. H. Menolph, pharmacopea Wirceburgensis 8.. mai. Würzb. (Göbhard in Bamb.) 796.

— Diss. de vermibus. 4. Würzb. 778.

Willhelm, Frdr., s.: Analecta germanica.

Wilhelm, Friedrich [aus Oberlahnstein a/Rhein]: Beiträge zur Kenntniss des Hydrastins .... Halle a. S., Gebauer-Schwotschko'sche Buchdr., 1888; 52 S. 8°
Erlangen, Phil. Fak., Inaug.-Diss. v. 1888

Willhelm, Frdr., Bomben u. Granaten, s.a. Album f. Liebhaber-Bühnen.

Bomben und Granaten. Posse in 1 Aufz. von Friedrich **Wilhelm**. Berlin: Kühling & Güttner [1895]. (26 S.) 8°
(Album f. Liebhaber-Bühnen. No 304.)

Wilhelm, Friedrich, Dr.: 1. Über drei Gedichte Heinrich Heines. ⟨Belsatzar, Der Hirtenknabe, Schelm von Bergen⟩. 2. Aus Mussestunden. Ratibor 1905: Reinh. Meyer. (32 S.) 4°
Ratibor, k. ev. G P 1905 (245)

Wilhelm, Frdr., das Gefüge der kaufmännischen Buchhaltung. Vortrag, geh. im Verein sächs. Richter u. Staatsanwälte (Bez. Chemnitz). Mit den nöt. erläut. Buchungsbeispielen hrsg. (III, XXIII, 31 S.) gr. 8. Chemnitz 910. O. May. 2. 25

Wilhelm, Friedrich: Die Geschichte der handschriftlichen Überlieferung von Strickers Karl dem Großen. Kap. 3 u. 4.) *Amberg: H. Böes 1904.* (S. 75—154.) 8° ¶(Erscheint vollst. im gleichen Verl.)
München, Phil. Diss. v. 1903

— die Geschichte der handschriftlichen Ueberlieferung v. Strickers Karl dem Grossen. (VIII, 290 S. u. 11 S. Tab.) Lex.-8. Amberg 904. H. Böes. n. 8. —

Wilhelm, Frdr., das österreichische Gesetz vom 6. III. 1906 üb. Gesellschaften m. beschränkter Haftung. (VI, 27 S.) gr. 8. Linz 907. Zentraldruckerei vorm. E. Mareis. 1. —

Wilhelm, Friedr., die stehenden Heere in Deutschland in politischer u. staatswirthschaftl. Hinsicht. gr. 8. (51 S.) Wiesbaden 847, Friedrich. n. 8 ngr

Wilhelm, Frdr., Inventur u. Bilanz u. die Grundsätze ordnungsmässiger Buchführung im Warenhandel wie im Fabrikationsgeschäft nach kaufmännischer Auffassung. (60 S.) Lex.-8. Chemnitz (905). (O. May.) Kart. n. 2. 25

Wilhelm, Frdr., deutsche Legenden u. Legendare. Texte u. Untersuchgn. zu ihrer Geschichte im Mittelalter. (XVI, 234 u. 57 S.) gr. 8. Leipzig 907. J. C. Hinrichs' Verl. 8.—; geb. in Leinw. 9. —

Wilhelm, F., Merkmale f. die Beurteilung der Versicherungspflicht bei gering gelohnten u. bei vorübergehenden Dienstleistgn. (§§ 1, 4. Abs. 1 des Invalidenversicherungsgesetzes vom 13. VII. 1899 in Verbindg. m. dem Bundesratsbeschlusse vom 27. XII. 1899, Reichs-Gesetzblatt, S. 725; vgl. § 1290 des Entwurfs der Reichs-Versicherungsordnung.) Nach der Rechtsprechg. des Reichs-Versicherungsamts f. die Praxis zusammengestellt. (32 S.) 8. Hannover 909. Hahn. — 80

Wilhelm, Friedrich: Aus Mußestunden. S. 25–32. 4. II. 17 S. 4.
Progr. Kgl. Ev. Gymn. *Ratibor* 1905 (245). 1909 (285).
1. David. (2. Sam. 23, 14–17). 2. Die Madagassin. 3. Nächtlicher Ritt. 4. Lamia an Demetrios Poliorketes. (Alkiphron II 1, 1 ff.) 5. Idyll. (Alkiphron III 12). 6. Untreue. (Hor. Epod. 15). 7. Scythenfreundschaft. [Stoff von Lukianos Toxar. c. 39ff. überliefert.] 8. Amphion und Anapios. 9. Europa. (Ein Gemälde.) – 1. Gräfin Chinchon. 2. Tobias an seinen Sohn. 3. Gottes Dach. 4. Der brave Richter. 5. Elegie. (1892.) 6. Am Waldbach. 7. Gebet eines römischen Hirten. (Ov. Fast. IV 747ff.) 8. Maternus' letzter Wille. (Tac. Dial. de or. c. 12f.) 9. Meliko-el-Schar. 10. Das Mädchen und die Pfirsichblüte. (Japanisch.) 11. Alexander an der Leiche des Bukephalos. 12. Die Schule des Achilles. (Stat. Achill. II 94ff.) 13. Die Fischertochter. (Alkiphron III 1. 2.) 14. Schlachtruf Israels unter den Maccabaeern. 15. Großwesir und Bauer. 16. Der Schutzgeist. 17. Sommerfäden. 18. An den Schlaf (Stat. Silv. V 4). 19. Die Flucht des Buddha. 20. Stoisches und Verwandtes.
Zum Andenken an die Kaiser-Jubiläumsfeier, welche am 2. Dezember 1908 am k. k. II. Staatsgymnasium zu Lemberg stattfand siehe: Zur Geschichte der Schulanstalten (Lemberg) S. 151.
*Zur Erinnerung an das 25jährige Jubelfest des Königlichen Gymnasiums zu Nakel am 20. April 1901 siehe: Zur Geschichte der Schulanstalten (Nakel) S. 159.
Zur Erinnerung an den 19. Juni 1902 [König Albert †]. 1 Bl. 4.
Progr. Kgl. Realgymn. mit Hoh. Handelsschule *Zittau* 1903 (636).

Wilhelm, Friedrich: Aus Mussestunden. 2. Ratibor 1909: Meyer. 17 S. 4° ¶[Forts. d. P-Beil. 1905.]
Ratibor, k. ev. G P 1909 (285) [S 09. 506

Wilhelm, Friedr., de Minucii Felicis Octavio et Tertulliani Apologeticum, s.a. Abhandlungen, Breslauer philologische.

Wilhelm, Fridericus [Pommeranus]: De Minucii Felicis Octavio et Tertulliani Apologetico pars I .... Vratislaviae, apud Guilelmum Koebner (1887); 1 Bl. + 40 S. + 1 Bl. 8°.
Breslau, Phil. Fak., Inaug.-Diss. v. 18. Apr. 1887.

Richtlinien für die Beurteilung, insbesondere die ärztliche Begutachtung der Erwerbsunfähigkeit in ihrer Bedeutung als Grundlage des Rechts auf Invalidenrente nach d. Invalidenversicherungsgesetze v. 13./7.1899 ... zsgest. von F. **Wilhelm**. Hannover & Leipzig: Hahn 1908. 24 S. 8°

— Richtlinien f. die Beurteilung, insbesondere die ärztliche Begutachtung der Erwerbsunfähigkeit in ihrer Bedeutg. als Grundlage des Rechts auf Invalidenrente nach dem Invalidenversicherungsgesetze vom 13./7. 1899. Zum Gebrauche in der Praxis zusammengestellt. (24 S.) gr. 8. Ebd. 908. — 50

— Sanct Servatius od. wie das erste Reis in deutscher Zunge geimpft wurde. Ein Beitrag zur Kenntnis des religiösen u. literar. Lebens in Deutschland im 11. u. 12. Jahrh. (XV, XCVI, 321 S. m. 2 Taf.) Lex. 8. München 910. C. H. Beck. 12. —

Wilhelm, Friedrich, Dr.: Die mittelhochdeutschen Thomas-Apostellegenden. Ein Beitrag zur Geschichte der mittelalterlichen deutschen Legendare. München (1905): Wild. (66 S.) 8° ¶(Kap. 2 einer demnächst u. gl. T. im Druck erscheinenden umfangreichen Abhandlung.)
München, Phil. Hab.-Schr. v. 1905
(Nicht für den Austausch)

Wilhelm, Friedr.: Zu Tibullus '(1, 4)'. *Breslau 1896.*
in: Satura Viadrina. Festschr. z. 25j. Besteh. d. philol. Ver. zu Breslau. (97. 6463

Wilhelm, Friedrich, aus Stade i. Hannover, Referendar in Elze: **Was ist Rechtsirrtum und ist er entschuldbar? nach gemeinem Rechte, mit einem Anhang: Der Rechtsirrtum im bürgerlichen Gesetzbuch für das Deutsche Reich und im Strafrecht.** *Erlangen 1898: E. Th. Jacob.* (VII, 56 S.) 8° [J.]
Erlangen, Jur. Diss. v. 10. Okt. 1898

Wilhelm G.: Die Anwendung d. Dampfkraft in d. Landwirthschaft insbes. zur Bearbeitung d. Bodens. Magdeb. 1891. 20 S. 4°.

Wilhelm, G., Hof u. Wald. Erzählung. Berlin 866. Janke. 8. (242 S.) 1 ₰

Wilhelm, Georg. 1907 [Pseud.]
s. a. Häberlein, Wilhelm. (10. 10534 4

Wilhelm, Geo., Kanten u. Ecken f. die Kreuzstich-Stickerei (20 farb. Taf. m. 4 S. Text.) 4. Leipzig (906). R. Voigtländer. In Umschlag n. 2.—

Ⓑ **Wilhelm,** Geo., Kanten u. Ecken. 908. (KVL 34.) Ladenpr. aufgeh.

Wilhelm, Geo., der deutsche Student, e. Idealbild. Versuchsweise entworfen. (36 S.) 8. Bonn (908). E. Georgi. —60

Videant consules ne quid detrimenti capiat res publica. Zu Nutz u. Frommen leidender Mitmenschen ... dargest. von Dr Georg **Wilhelm**. Marburg 1907: K. Gleiser. (72 S.) 8° (07. 17476 4

WILHELM (ps.?), Gerda. Wer wirft den ersten Stein. Berlin 1909. 8°. (Mk. 4—.) (3 Mk., Origlwdbd., M. Hauptvogel, Gotha, 1909.)

Wilhelm, Gerda, wer wirft den ersten Stein ... (252 S.) 8. Leipzig 909. Modernes Verlagsbureau. 3.—; geb. 4.—

Wer wirft den ersten Stein ... Von Gerda **Wilhelm**.
5. Taus. Berlin-Leipzig: C. Wigand 1909. 251 S. 8°

Wilhelm, Gottlieb Tobias, s. Augsburg, Über. die unwahre Darstellung dieser Reichsstadt ...

***Wilhelm*, Gli. Tob., († d. 12. Dec. 1811.) de circumlitione veterum. 4. Leipz. 780.**

— **Predigten über die Sonn- u. Festtags-Evangelien des ganzen Jahres.** gr. 8. Augsb. 820. 2e A. 829. Schlosser. 12 ₰

Wilhelm, Gottlieb Tobias.
Recreations tirées de l'histoire naturelle ... 1798—99. Ü: *Frey von Landres, Johann Rudolph.* (MGT)

— (Hrsg.), s. Sammlung auserlesener Beicht- und Kommunionreden.

Wilhelm, G. T., Sonn- u. Festtagsbuch oder Hand- u. Hauspostille über Sonn- u. Festtags-Evangelien des ganzen Jahres, für evangel. Christen. 4 Thle. Mit 48 Kpfrn. gr. 8. Augsburg 838. Schlosser. 1 ₰

Gottlieb Tobias Wilhelm

Unterhaltungen über den Menschen. ([Verf.:] Gottlieb Tobias Wilhelm.) Th.1-3. Augsburg: Engelbrecht 1804-06. 3 Bde, Taf. in 3 Kapseln 8°
Th.1: 1804.
Th.2: 1805.
Th.3: 1806.

— s. a. Unterhaltungen aus der Naturgeschichte.

Wilhelm, Gottl. Tob., Unterhaltungen aus der Naturgeschichte. 8. 1r bis 23r Bd. Mit 1324 fein ill. Kpfert. Augsburg, Englbrecht. (Sondersh., Voigt.) 792—821. 11 (I. II. Der Säugthiere 1r 2r Bd. 2te Aufl. Mit 150 illum. Kupf. 12 Thlr. 2 Gr. III. Naturgesch. d. Amphibien. Mit 40 illum. Kpf. 3 Thlr. 4 Gr. IV. V. Vögel. 1r 2r Bd. Mit 90 illum. Kupf. 7 Thlr. VI. VII. VIII. Insekten. 3 Bde. Mit 150 illum. Kpf. 11 Thlr. 20 Gr. IX. X. Fische. 2 Bde. Mit 96 illum. Kpf. 7 Thlr. 12 Gr. XI. XII. Würmer. 2 Bde. M. 106 illum. Kupf. 8 Thlr. 8 Gr. XIII—XV. Unterh. üb. d. Menschen. 3 Bde. Mit 176 illum. u. schw. Kupf. 15 Thlr. 22 Gr. XVI—XXIII. Das Pflanzenreich. 8 Bde. M. 496 ill. Kpf. 49 Thlr. 16 Gr.)

Wilhelm, (G. T.,) Unterhalt. aus d. Naturgeschichte. 24r u. 25r Bd. Pflanzenreich 9r u. 10r Bd, mit ill. Kupf. 825. 13 Rthl 12 gr 26r Bd. Mineralreich. 1r Bd. Mit 64 ill. u. schw. Kpfrn. 4 Rthl. 12 gr. Augsb. 824, Engelbrecht.

Gottlieb Tobias Wilhelm

Unterhaltungen aus der Naturgeschichte. ([Verf.:] Gottlieb Tobias Wilhelm. Bd 3.4. 9.) Augsburg: Engelbrecht 1794-1800. 5 Bde 8°

Bd 3:) Die Amphibien. 1794.
Bd 4:) Die Vögel. Th.1.2. 1795.

Gottlieb Tobias Wilhelm

Unterhaltungen aus der Naturgeschichte. ([Verf.:] G[ottlieb] T[obias] W[ilhelm.]) 2., völlig umgearb. sehr verm. Ausg. [Bd 2.] Augsburg: Engelbrecht 1806-08. 8°

[Bd 2:] Säugethiere. Th.1.2.

Wilhelm, Gottlieb Tobias: Unterhaltungen aus der Naturgeschichte. Th.2: 3. verbess. Ausg., Th.3 - 5, 10 - 14, 16, 21, 24 - 27: 1. Ausg., gbd., Abb.

Wien: Th.2 - 25: Selbstverlag 1809 - 1821
Th.26 - 27: typ. Pichler 1825 - 1828

JB 7

Wilhelm, G. T., Unterhalt. aus d. Naturgeschichte d. Pflanzenreichs. 10. Bd. Die Blumen- u. Zierpflanzen, u. ihre Behandlung etc. Mit 66 ill. Kpf. gr. 8. Nordhausen u. Ilmenau, 1822. (Weimar, Voigt.) 6. 22½

— **de historiae ecclesiasticae in interpretanda S. S. utilitate. 4. Leipz. 781.**

Wilhelm, Gust., Anleitung zur Vertilgung der Kleeseide, sowie der Ackerdistel, d. Sauerdornes u. d. Kreuzdornes. Unter Bezugnahme auf die Landesgesetze f. Böhmen, Steiermark, Oesterreich unter der Enns, Krain u. Mähren verf. Mit 1 Farbendr.-Taf. gr. 8. (36 S.) Wien 884. (Frick.) n. — 80

Wilhelm, Gust., d. zwei ersten Ausgaben v. Wielands Agathon, s. a. Festschrift d. deutschen akademisch. Philologen-Vereins in Graz.

Wilhelm, Dr. Gustav, Die zwei ersten Ausgaben von Wieland's Agathon. Gr.-8. (13 S.) Graz: Leuschner & Lubensky 1896. —.40

Wilhelm, Gust., der Boden und das Wasser. Ein Beitrag zur Naturlehre des Landbaues. gr. 8. (VI und 89 S.) Wien 861, Braumüller's Verlags-Conto.

Wilhelm, Gust., Briefe des Dichters Alxinger, s. a. **Alxinger, Joh. Bapt.**

Wilhelm, Gustav, Dr.: B r i e f e des Dichters Johann Baptist von Alxinger. S. 140/2.
Separatabdruck

Wilhelm, Gust., die Hebung der Alpenwirthschaft. Ein Nachwort an die Alpenwirthe Oesterreichs nach den in der Schweiz gemachten Wahrnehmungen. Im Auftrage des hohen k. k. Ackerbau-Ministeriums verfaßt. gr. 8. (III, 115 S.) Wien 868, (Gerold's Sohn.) * 1 60

Wilhelm, Gust., Landwirtschaftslehre. Im Auftrage der k. k. österreich. Ackerbau-Ministeriums verfaßt. 1. und 2. Tl. gr. 8. Berlin, Parey. cart. *

Inhalt:

Tl. 1. Die natürlichen Grundlagen der Landwirtschaft: Atmosphäre, Klima, Boden. (VIII, 232 S.) 886. cart. * ℳ 4.—.
„ 2. Pflanzenbau. (IX, 489 S.) 887. cart. * ℳ 8.—.

Wilhelm, Dr. Gust. Friedr., Was sind Käsereigenossenschaften? 8°. Wien 1872.

Wilhelm, H., um Ehre und Leben. Eine Schmugglergeschichte. gr. 16. (64 S.) Mülheim 879, Bagel's Verlag. *

Wilhelm, H., d. Jagd auf d. Sklavenhändler, s.: Volks-Erzählungen, kleine.

Wilhelm, H., Pflanzenbezeichnungen für Herbarien, s. Staudacher, F.

Die T r a p p e r unter den Indianern. s.a. V o l k s - E r z ä h l u n g e n , Kleine.

Die Trapper unter den Indianern. Erzählung von H. **Wilhelm**. Mülheim a. d. Ruhr: J. Bagel [1903]. (62 S.) 8° [F.] [06. 5080

Wilhelm, H. F., der intelligente Destillateur. Sammlung der wichtigsten Recepte und Geheimmittel, um die besten und billigsten Sorten von Branntwein, Rum, Liqueuren und Essenzen auf kaltem und warmem Wege billigst herzustellen. Nebst beigefügten Calculationen der Selbstkostenpreise sowie Anleitung zur Essigspritfabrikation und zur Bereitung verschiedener, für Destillateure nützl. Gegenstände. 8. (48 S.) Leipzig 873, Radvrowicz. Versiegelt. * 4 50

Wilhelm, Heinr., Bericht üb. die in der Polyklinik vorgekommenen Nervenkrankheiten als Compendium der Nervenkrankheiten u. Elektrotherapie. Mit 2 (eingedr.) Holzschn. gr. 8. (91 S.) Budapest 873. Aigner. n. 2. —

Wilhelm, Heinr., der junge Lehrer. 8. (49 S.) Zabern 894. H. Fuchs. n. — 75

Wihelm, Henrich

Wilhelm, H., dat dulle Jahr [1848]. 8. (IV, 86 S.) Bielefeld 889. Helmich. n. 1. 50; geb. n. 2. 50

Wilhelm, Hugo, Idyllen aus Musopolis. (Schulhumoresken, allen seinen ehemal. Leidensgefährten auf d. Gymnasium gewidmet.) 1. u. 2. Hft. Braunschweig 900. R. Sattler. à n. — 50

1. Kikero, od.: Wie der verstorbene röm. Redner u. gewesene Konsul Markus Tullius Kikero zwischen dem Unterprimaner Konrad Galluer u. seinem Todfeinde, dem wirkl. königlich-preuß. Gymnasialdirektor Dr. Unzle, Ritter des Roten Adlerordens 4. Klasse, e. Versöhnung zu stande brachte. gr. 16. (39 S. m. 4 Illustr.) 900.
2. Schäumchens Herzeleid od.: Wahrhafte Geschichte der ersten Liebe des königl. preuß. Gymnasial-Oberlehrers Friedrich Schäumchen. 12. (39 S. m. 3 Abbildgn.) (902.)

Wilhelm, Hugo [z. Z. Lehrer a. d. landw. Landeslehranstalt zu Kozobendz bei Teschen]: Ueber Oscinis pusilla Meig., die Haferfliege, und die Mittel zu ihrer Bekämpfung. . . . Teschen, Druck v. Heinr. Feitzinger's Nachf., Kutzer & Cie. Im Selbstverl. d. Verf., 1889; 2 Bl. + 40 S. + 2 Bl. 8°
Leipzig, Phil. Fak., Inaug.-Diss. v. 25. März 1889

Wilhelm, Hugo. Die Haferfliege [oscinis pusilla] u. die Mittel zu ihrer Bekämpfung. gr. 8. (III, 41 S. m. Abbildgn.) Lpz. 891, Fock. · 1 —

Wilhelm, J., s.a. W i l h e i m

Wilhelm, J., ich helfe dir im Konkurse. Fragen u. Antworten, aus denen der Gemeinschuldner Rat u. Belehrg. üb. seine Rechte u. Pflichten zu schöpfen vermag. Nebst chronolog. Darstellg. des Verlaufs e. Konkurses u. e. Anzahl Formulare zu Anmeldgn., Gesuchen u. Vorschlägen. 2. Aufl. 2. u. 3. Taus. 8. (48 S.) Gera 894. (Leipzig, R. Werther.) n. 1. 20

Wilhelm, J., die Konkurs-Ordnung f. das Deutsche Reich v. 10. Febr. 1877. Text-Ausg. m. Erläutergn. u. Sachregister. 8. (IV, 55 S.) Gera 894. (Hannov.-Münden, R. Werther.) n. — 60

— der Konkursverwalter in Ausübung seiner Praxis. Leitfaden zur korrekten Erfüllg. der Pflichten dieses verantwortl. Amtes u. zur sicheren Wahrnehmung seiner Rechte. Nebst e. Auszug aus der Reichs-Konkursordng. m. zahlreichen Erläutergn. aus der Praxis, sowie e. Anzahl Muster-Tabellen u. Formularen. 8. (VII, 64 S.) Ebd. 894. n. 1. 20

— wichtige Winke f. Gläubiger behufs Wahrung ihrer Rechte gegen Konkursschuldner u. zur Beitreibg. ihrer Forderg. außerh. d. Konkursverfahrens. 2. Aufl. 8. (52 S.) Gera 895. J. Becker. n. 1. —

Wilhelm, J. E., De melancholia hypochondriaca. Erf. 4°. 1704

Wilhelm, J. G., s. Adreß-Handbuch für die königl. bayer. Kreis-Haupt- und Universität-Stadt Würzburg.

Wilhelm, Jakob [prakt. Arzt aus Steinfeld (Rheinpfalz)]: Ueber die Ursachen des congenitalen Klumpfusses . . . . Strassburg, Univ.-Buchdr. v. J. H. Ed. Heitz (Heitz & Mundel), 1885; 38 S. 8°
Strassburg, Med. Fak., Inaug.-Diss. v. 1885.

Wilhelm, Jakob, über die Ursachen des congenitalen Klumpfusses. Diss. Strassburg i. Els. 1885. Trübners Buchh. u. Antiqu. (E. d'Oleire). 8°. 38 S.

Wilhelm, Jakob Brüschweiler-, s. B r ü s c h w e i l e r - Wilhelm

***Wilhelm*, Ign., coelum aspectabile christiano-politico-astronomicum. Fol. Münch. 750. Lentner. 3 ß**

Wilhelmi, Ign. Frz. Xav. de, Annus politicus per duodecim discursus tum critico-politicos tum politico-historicos evolutus. fol. München, Autor. 731.

Wilhelm, Ign. Franc. Xav. de („sereniss. electoris Bavariæ consiliarius intimus actualis et liberi Comitatus Hagensis administrator“), *annus politicus* per XII discursus tum critico-politicos, tum politico-historicos evolutus, quibus explicantur *principia principi regnum auspicaturo necessaria*, in usum sereniss. *principis electoralis Maximiliani Josephi* . . . . Monachii, typis Mariæ Magdalenæ Riedlin viduæ, M.D.CC.XXXI. (1731.) Fol. Alter Frzb.
Schön ausgestattetes Kupferwerk. 10 Bll Vorst. u. 548 S., nebst 7 Bll. Index. Mit Frontisp. u. 12 vortreffl. Kpfrn. (autor inv., Hieron. Sperling, Joh. Dan. Hertz, J. G. Thelot, G. D. Heumann, Balth. Sigm. Setletzky u. Aug. Vindel.), 24 ornament. Initialen u. 23 grossen Schluss-Vign. in Kpfst. (unsign.)
(—) *Vindiciæ arboris genealogicæ augustæ gentis Carolino-Boicæ* contra sistema authoris (!) geneographi, qui in arbore genealogica ante paucos annos cupro incisa, serenissimor. Bojor. principum fundatorem ponit *Luitpoldum*, et abrupta penitus arbore, negat *Carolum Magnum*, omnia per modum epistolæ, qua author Boicus sustinet argument. in favorem gentis Boicæ per chronicas, documenta, authores (!), et rationes adductas ex combinatione actorum, et temporum. (Kpf.-Vign.) (2 pts. in 1 vol.) Monachii, typis Mariæ Magdalenæ Riedlin. MDCCXXX. (1730.) Fol. Alter Frzb.
Name d. Vf. unter der Zuschr. an den Kurfürsten Carl Albert v. Bayern. I: 7 Bll. Vorst., 82 S. II: 1 Bll. Vorst., 192 S.

— vindiciae arboris-genealog. augustae gentis Carolino-Boicae contra satyrum palingenes. fol. ibid. 732.

Wilhelm, Johann. Architectura civilis, oder Beschreibung und Vorreissung vieler vornehmer Dachwerck etc. Nürnberg. 4°.

Wilhelm, Johann Christoph Basilius

Wilhelm, Joh. Chrstph. Basil., Andachtsbuch f. erleuchtete christl. Familien, in kirchl. Vorträgen üb. verschied. Stellen d. heil. Schrift. 1. Bd. (7 Lfgn.) gr. 8. (26¼ B.) Neustadt a. d. O. 837—40, Wagner. *

Wilhelm, Jh. Chr. Bas., s. Dinter, G. F., sämmtliche Schriften.

Wilhelm, Joh. Chrph. Basil., Predigt am letzten Tage des ereignißreichen u. verhängnißvollen Jahres 1848 gehalten. 8. (15 S.) Neustadt a. d. Orla 849, Wagner. 2 ngr

Wilhelm, J. Chr. B., mein Vorsatz u. meine Hoffnung. Antrittspredigt. gr. 8. (1½ B.) Neustadt a. d. O. 831, Wagner.

Wilhelm, Joh. Chrph. Basil., die geistliche Wirksamkeit in unserer Zeit. Eine Synodal-Rede am 26. Juni 1851 zu Weida gehalten. gr. 8. (15 S.) Neustadt a. Orla 851, Wagner. Thlr. *

WILHELM, JOH. PAUL, Unterschiedliche lacherliche Uberschriften, Oder Brieff-Titul, Welche Verwichene Jahr hindurch in dem Kayserl. Obrist-Hoff- und General-Erbland-Post-Ambt auff denen Brieffen geschriben, warhafftig ab- und eingelauffen ... für Ein Neues Jahr-Praesent respective offeriret. Wien, Joh. van Ghelen, 1705. 38 S. —

Wilhelm, Johann Sigismund (Sorau) A. S. 93/39

De auctoritate iuris canonici in processualibus.
Präs. Michael Gottfried Wernher.
Wittenberg (Eichsfeld) X. 1759. 46 S.
36756

Wilhelm, Johannes, appr. Arzt a. Heldburg: ⟨Aus der Frauenklinik zu Jena.⟩ Ein Beitrag zur „Foetalen Eventration". Jena 1906: G. Neuenhahn. (34 S.) 8°
Jena, Med. Fak., Ref. Franz, Diss. v. 28. März 1906
[Geb. 22. Jan. 81 Heldburg; Wohnort: Heldburg; Staatsangeh.: Sachsen-Meiningen; Vorbildung: Gymn. Georgianum Hildburghausen Reife O. 01; Studium: Jena 4, München 3, Jena 2 S.; Coll. 26. Febr. 06; Approb. 20. Jun. 06.]

WILHELM, Johannes: De officio veracitatis, vitiisque eidem oppositis. — (1843) 110 S. 8° (Handschr.) Diss. 166

Diss. Wien, Univ.

Wilhelm, Joseph, aus Mülhausen (Ob.-Els.): Die **Kegelschnitte** mit einem gemeinschaftlichen Brennpunkt in ihrem Zusammenhang mit den Kreisen der Ebene. *Strassburg 1901: M. DuMont Schauberg.* (40 S.) 8°
Strassburg, Math.-naturw. Diss. v. 1901

Wilhelm, Jul., Export u. Exportförderung. (VII, 172 S.) gr. 8. Wien 908. A. Hölder. 3. 20

Wilhelm, Jul. Frachtporto. Ein Vorschlag, die bei dem Postverkehr übl. Grundsätze der Gebührenbemessg. auf alle Transportleistgn. auszudehnen. gr. 8. (99 S.) Wien 892, Leop. Weiss. * 1 —

Wilhelm, Jul., Frachtporto. Ein Vorschlag, die bei dem Postverkehr übl. Grundsätze der Gebürenbemessg. auf alle Transportleistg. auszudehnen. gr. 8. (XIV, 188 S.) Wien 900. Manz. n 3. —

Die Sprudelfee. Operette in 3 Akten von A. M. Willner u. Julius Wilhelm. Musik von Heinrich **Reinhardt**. Text d. Gesänge. Wien: Karczag & Wallner 1909. 47 S. 8° [10. 16029

Wilhelm, Jul., Mona Vanna, s.: Lindau, Carl.

Wilhelm, K., A. Schmidt & L. **Otto-Peters**: Quelle des Vergnügens. Die sinnigsten Spiele, nützlichsten Beschäftigungen u. angenehmsten Unterhaltungen zur Erholung des Körpers u. Geistes. Leipzig um 1874. 368 S. m. Abb.

Wilhelm, K. Th., Kurze Belehrung über die Abhandlung des Rindviehs bei der dermalen ausgebrochenen Rindviehseuche, Löserdürre genannt. 8. Hadamar 13. (Weilburg, Lanz.) M. —25

Wilhelm, K. Th., kurze Belehrung üb. d. Behandlung des Rindviehes bei d. Rindviehseuche, Löserdürre genannt. 8. Hadamar 813. (Lanz in Weilb.) 2 K

Wilhelm, Karl, die Bäume u. Sträucher des Waldes, s.: Hempel, Gust.

Wilhelm, Karl, Beiträge zur Kenntniss des Siebröhrenapparates dicotyler Pflanzen. Lex.-8. (VIII, 91 S. mit 9 lithogr. Taf.) Leipzig 880, Engelmann. *

Wilhelm, Karl, kleiner Bilder-Atlas zur Forstbotanik. Textabbildgn. aus dem Werke: Die Bäume u. Sträucher des Waldes v. G. Hempel u. K. Wilhelm. Für Studierende u. Waldfreunde zusammengestellt u. m. kurzen Anmerkgn. versehen. (IV, 167 S. m. 294 Fig.) gr. 8. Wien 907. E. Hölzel. 4. 50

Wilhelm, Karl, die Freundin. Zehn Gespräche m. e. jungen Frau. (107 S.) 8. Leipzig 907. Modernes Verlagsbureau. 2. —

Die Freundin. 10 Gespräche mit e. jungen Frau von Karl **Wilhelm**. Berlin-Leipzig: C. Wigand 1907. (106 S.) 8° [08. 6161

Wilhelm, Karl: Eine lustige Instruktionsstunde. s. Bloch's, Ludw., Militär-Festmappe.

Wilhelm, Carl, in stiller Klause. Gedichte. 8. (60 S.) Dresden 897. E. Pierson. n. 1. —; geb. n. 2. —

— Die Samenpflanzen. (Blütenpflanzen, Phanerogamen.) Systematische Übersicht ihrer Familien u. wichtigeren Gattgn. u. Arten m. besond. Berücksicht. der f. Land- u. Forstwirtschaft, Technik u. Arzneikunde in Betracht komm. Gewächse. Mit e. Anh., enth. e. Übersicht d. wichtigst. kryptogamen Nutzpflanzen. (XVI, 151 S.) gr. 8. Wien 910. F. Deuticke. 5. —

Wilhelm, Carl, im Traum u. Leben. Dichtungen. 8. (126 S.) Leipzig 901. Berlin, Gose & Tetzlaff. n. 1. 50

Wilhelm, Carl [pr. Arzt]: Das Verhältnis zwischen Gonorrhoe und Tuberkulose ... Königsberg i. Pr., Druck v. M. Liedtke, 1892; 2 Bl., 36 S., 2 Bl. 8.
Königsberg, Med. Fak., Inaug.-Diss. v. 27. Febr. 1892

Wilhelm, Carl, das Verhältniss zwischen Gonorrhoe u. Tuberkulose. Diss. gr. 8. (36 S.) Königsberg i/Pr. 892. (W. Koch.) n. — 80

Wilhelm, Karl, wer ist der Schuldige?, s. a. Weichert's Wochen-Bibliothek.

Wer ist der Schuldige? Aus d. Französ. von Karl Wilhelm. Mit 3 Vollbild. Berlin: A. Weichert [1899]. (94 S.) 8°
(Wochen-Bibliothek, Weichert's. Bd 58.)

Wilhelm, Karl Adolf [aus Wien, Assistent am botanischen Institut der Universität Strassburg]: Beiträge zur Kenntniss der Pilzgattung Aspergillus. Berlin, Verlag von R. Friedländer u. Sohn, 1877. 8. 70 S.

Wilhelm, Karl Thomas (Niedernetfen)
Beytrag zur wissenschaftlichen Bestimmung der Heilmittel.
Hadamar 1804. 45 S.
Diss. med. Giessen 4.10.1804. vorh. 4.

Wilhelm, K. Th., Beytrag z. wissenschaftl. Bestimmung d. Heilmittel. 8. Hadamar. (Gelehrt. Buchhandl.)

Wilhelm, K. Th., Beitrag z. wissenschaftl. Bestimmung d. Heilmittel. 8. Hadamar 804. (Lanz in Weilb.) 5 K

Wilhelm, L., der Jugend-Freund, e. belehr. u. unterhalt. Wochenschrift f. d. Jugend beiderlei Geschlechts. 1. u. 2. Bd. 1831 u. 1832. 52 Nrn. (½ Bog.) M. 10 Kpfr.- u. Stnt. Schmal gr. 4. Augsburg, Bäumer.

Wilhelm, Ludwig, aus Leutenheim i. Unt.-Els.: Livius und Caesars bellum civile. *Strassburg i. E. 1901: Ch. Müh & Co.* (VIII, 117 S.) 8°
Strassburg, Phil. Diss. v. 1901

Wilhelm, Ludw., s. K a t a l o g der kaiserl. Universitäts- und Landesbibliothek Strassburg.

Wilhelm, Ludwig (geb. am 11 Sept. 1851 in Koblenz): Einige Untersuchungen über schlafmachende Mittel ... Bonn, Univ.-Buchdr. v. C. Georgi 1876. 36 S., 1 Bl. 8.
Bonn, Med. Fak., Diss. v. 18 Juli 1876

[J.] Am Seil. Alpines Charakterstück in 3 Bildern v. M. Wilhelm. *München: Rubinverl. [1898].* (29 S.) 1 Bd 8.
(Brakl's Rubinverlag.) [98 1097

Wilhelm, Margareta (= Wilhelmine Albertine Grzenkowski). In einsamen Stunden. Gedichte. Pressburg [1898]. H: *Schrattenthal, Carl.* (Berl)

Wilhelm, Margareta, in einsamen Stunden. Gedichte. (Hrsg. v. K. Schrattenthal.) 8. (VI, 56 S.) Preßburg 898. (Colberg, C. Burmann.) n. 1. —

In einsamen S t u n d e n . Gedichte von Margareta Wilhelm. Pressburg: K. Schrattenthal (1898). (III, 56 S.) 8°

Wilhelm, Marie

Wilhelm, M., der Frühschoppen, s. a. Bloch's, E., Dilettanten-Bühne.

Wilhelm, Marie, der Frühschoppen, s. a. Bloch's, Ludw., Damen-Bühne, Nr. 20.

Der F r ü h s c h o p p e n . Dramat. Scherz in 1 Akt von Marie **Wilhelm**. 2. Aufl. Berlin: E. Bloch (1897). (18 S.) 8°
(Damen-Buhne, Ludwig Blochs. No 20.)

Wilhelm, Max [app. Arzt aus Kisslegg]: Beitrag zur Casuistik des sogenannten Endothelkrebses der serösen Häute ... München, kgl. Hofbuchdr. Kastner & Lossen, 1897; 23 S. 8.
München, Med. Fak., Inaug.-Diss. v. 1897

B e i t r ä g e zu einer Chronik der Stadt Jarmen. Zsgest. aus verschied. älteren Chroniken u. Akten von Max **Wilhelm**-Jarmen 1902. Jarmen (1903): P. Dietrich. (88 S.) 8°

Wilhelm, Norb., käi(n) föhras. Gedichte in Egerländer Mundart. (136 S.) kl. 8. Eger 909. J. Kobrtsch & Gschihay. 1. 50

Wilhelm, Otto [aus Pillau]: Beiträge zur Kenntnis ungesättigter Kohlenwasserstoffe .... Königsberg in Pr., Druck v. M. Liedtke, 1888; 2 Bl. + 52 S. + 1 Bl. 8°
Königsberg, Phil. Fak., Inaug. Diss. v. 24. März 1888

Wilhelm, Otto, Beiträge zur Kenntnis ungesättigter Kohlenwasserstoffe. Inaugural-Dissertation. gr. 8. (52 S.) Königsberg i. Pr. 888, (Koch's Antiqu.) **

Wilhelm, Ottomar: [Ansprache bei der Trauerfeier für den am 9. März 1908 verstorbenen Oberschulrat Dr. Franz Riemann.] S. 15 bis 17. 4. Herzogl. Oberrealschule (Ernestinum) *Coburg* 1909 (944).
Progr.

[Ant. u. J.] **Wilhelm**, Ottomar [Dr.]: Beiträge zur Motion der Adjektiva im Griechischen. II. D. Sprachgebr. d. Lukianos hinsichtl. d. sog. Adjektiva dreier Endgn auf -ος. (Forts. d. P-Beil. 1886.) Coburg, Druck d. Dietz'schen Hofbuchdr., *1892*; 1—44 S. 4.
Coburg, herz. Ernestinum (RG), OP 1892 (700)

Wilhelm, Ottomar, zur Motion der Adjektiva dreier Endungen im Griechischen, insbesondere bei Homer und Hesiod. gr. 4. (23 S.) Coburg 886. Leipzig, Fock. *

Wilhelm, Ottomar, Prof. Dr.: Tauf- und Rufnamen im Herzogtum Coburg. Ein Beitrag zur Geschichte d. deutschen Namengebung. *Coburg (1902): A. Roßteutscher.* (S. 3—33.) 4° [J.]
Coburg, herz. OR (Ernestinum), OP 1902 (783)

Wilhelm, Ottomar, Tauf- u. Rufnamen im Herzogtum Coburg. Ein Beitrag zur Geschichte d. deutschen Namengebg. Progr. gr. 4. (33 S.) Coburg 902. (H. Bonsack.) n. 1. —

Wilhelm, Paul (W. Dworaczek), Dämmerungen. 8. (VII, 216 S.) Dresden 894. E. Pierson. n. 3. —; geb. in Leinw. m. Goldschn. n. 4. —

Wilhelm, Paul (Wilh. Dworaczek), „Erlösung". Eine satirisch-romant. Puppenkomödie in 1 Aufzug m. e. Prologus u. e. Epilogus. (95 S.) kl. 8. München 909. G. Müller. 2. —; geb. 3. —; Luxusausg. geb. 8. —

Wilhelm, Paul (Wilh. Dworaczek), La Vallière, dramatische Dichtung in 1 Vorspiel u. 5 Akten. (215 S.) gr. 8. München 906. G. Müller. n. 3. —; geb. n. 4. 50

Wilhelm, Paul, Welt u. Seele. Neue Gedichte. 8. (X, 125 S.) Leipzig 898. Berlin, G. H. Meyer. n. 3. —; geb. n. n. 4. 50

(B) — Welt u. Seele. 898. (KBB 30.) Jetzt: Berlin, F. Wunder.

Wilhelm, Paul, s. a. Wien.

Wilhelm, P.: W i e n . Ein Spaziergang durch die Stadt und ihre Umgebung. Wien: Lechner 1910. (130, LXII S.) Gr.-8°

Philipp Wilhelm

Philipp Wilhelm, Über den Bruch des Schlüsselbeines und über die verschiedenen Methoden, denselben zu heilen. Würzburg 1822: Becker. 87 S. 8°

Wilhelm, Ph., üb. den Bruch des Schlüsselbeins u. über die verschied. Methoden, denselben zu heilen. Mit 2 Steintaf. gr. 8. Würzb. 823. Stahel. 12 gr.

Wilhelm, Phil., clinische Chirurgie. I. Bd. gr. 8. (26½ B. u. 4 Stnt. gr. Fol.) München 830, Lindauer.

Wilhelm, Phil., neu entdeckte sicherste u. erprobte Schutzmittel geg. die Cholera Morbus, od. prakt. Bemerkn. üb. diese Krankheit, das schützende Verfahren vor u. bei derselben, sowie ihre Behandl. Ein nöth. Handbüchl. f. Alle. 16. (1 B.) Darmstadt 836, Lange. •

Wilhelm, R., das Geheimnis, öffentlich reden zu können, s.: Ostrig-Bücher. 3. Bd.

— deutsch-chinesisches Lehrbuch. 2. Aufl. 3 Tle. Ebd. 6. —
Chines. Text. (55 S.) kl. 8. 903. — Deutscher Text. (68 S.) kl. 8. 903. — Vocabular, Grammatik u. Umschreibung des chines. Textes. 50 Lectionen. 2. Aufl. (145 S.) 8. 904.

Wilhelm, R., deutsch-chinesische Lectionen. 5. verm. Aufl. der P. Kranz'schen chines. Lectionen. (IV, 69 S.) kl. 8. Tsingtau 904. (Berlin, S. Calvary & Co. n. 3. —

[Chines. u. Ant.] ... Deutsch-Chinesisches Uebungsbuch von R. **Wilhelm**. (Missionar in Tsingtau). Bd 1. Lektion 1–35. *(Tsingtau: Deutsche Dr. u. Verlagsanst. 1902).* 8° [02. 2331

Wilhelm, Reinh., der Student der Theologie und die studentische Satisfaction. Ein offenes Wort an unsere theolog. Jugend. gr. 8. (32 S.) Berlin 888, Aug. Schultze's Verlag.

Wilhelm, Rich., Alexander der Große auf dem Rade, s.: Fastnachts-Bühne.

— Direktor in Nöten, s.: Fastnachts-Bühne.

Wilhelm, Rich., Frauenlob. Gedichte. 8. (IV, 75 S.) Wien 895. M. Breitenstein. n. 1. 50

— Fritz, der Hütejunge. Eine Erzählg. aus d. Altmark f. die Jugend. 2. Aufl. (103 S. m. 3 Vollbildern.) 8. Dresden (909). H. Jaenicke. Geb. 1. —

— Zwischen Himmel u. Erde. Von Luftfahrzeugen, v. ihrer Erfindg., ihrer Entwicklg. u. Verwendg. Ein Buch f. die Jugend u. das Volk. (227 S. m. Abbildgn. u. Titelbild.) gr. 8. Charlottenburg (909). Schiller-Buchh. Geb. in Leinw. 3. —

Wilhelm, Rich., aus der Natur. Märchen. Buchschmuck v. Thdr. Herrmann. (64 S.) 8. Bremen (906). C. Schünemann. Geb. in Leinw. n. 1. —

Wilhelm, Rud., De apoplexia. 88 pp. Vienn. 16°. *Eyerel, Diss. med. Vienn.* 1788, I p. 302–344.

Wilhelm, Rud., Faustel als Erzieher. Ein welträtselhaftes Satyrspiel. (18 S.) 8. Langensalza (908). J. Beltz. — 30

Faustel als Erzieher. Ein welträtselhaftes Satyrspiel von Rudolf **Wilhelm**. Langensalza: Beltz [1909]. 18 S. 8°

Wilhelm, Rud., Seide, Halbseide u. Sammet. Vereinf. Ketten- u. Schussberechngn. f. Organsin, Trame, Grège, Chappe, Tussah-Chappe u. Baumwolle nach d. Anzahl Meter Rohmaterial auf 1 gramm m. Berücksicht. d. Verlustes bei mittelguter Qualität, sow. solche f. Restparthien. Verschiedenes. gr. 8. (14 S.) Crefeld 896. (W. Groven.) n. — 60

Wilhelm, Th. (Frau Therese Prößl), das Eheleben. Ein Ratgeber f. Erwachsene, namentlich f. Ehe- u. Brautleute. 2., wesentlich verb. Aufl. 4.–8. Taus. (XV, 356 S.) 8. Regensburg 910. Verlagsanstalt vorm. G. J. Manz. 2.20; geb. in Leinw. 3. —

Wilhelm, Th., das sexuelle Leben u. seine Bewertung in der Erziehung der Kinder. Ein Beitrag zur Aufklärungsfrage, allen christl. Eltern u. Erziehern gewidmet. (63 S.) 8. Donauwörth 906. L. Auer. n. — 60

Gedichte eines ersten Semesters von W. **Wilhelm**. Dresden: E. Pierson [1906]. (VIII, 92 S.) 8°

Wilhelm, W. W., Gedichte eines ersten Semesters. (VIII, 93 S.) 8. Dresden (906). E. Pierson. n. 1. 50; geb. n. 2. 50

— eine Pfeife Haschisch. Reiseskizze aus dem Orient. (16 S.) kl. 8. Leipzig 905. Modernes Verlagsbureau. n. — 50

Wilhelm, Walther W[oldemar], Referendar: Die Reichsbank. ⟨Eine verwaltungsrechtl. Studie.⟩ Borna-Leipzig 1909: Noske. IX, 83 S. 8°

Leipzig, Jur. Diss. v. 22. April 1909

[Geb. 5. März 86 Dresden-Potschappel; Wohnort: Dresden-Potschappel; Staatsangeh.: Sachsen; Vorbildung: Wettiner-Gymn. Dresden Reife O. 05; Studium: Grenoble 1, Berlin 1, Heidelberg 1, Leipzig 4 S.; Rig. 16. Jan. 09.] [illegible]

Wilhelm, Wilhelmus, Authentia Veteris Testamenti, argumentum demonstrationis criticae contra pseudocriticos. Konstanz, 1768, 8°.

Über das Schicksal des Verf. infolge dieser Schrift vgl. Kluepfel, Necrologium sodalium et amicorum etc. Freiburg, 1809, S. 69.

Wilhelm, Wilhelmus, († d. 28. Aug. 1790.) authentia veteris Testamenti, argumentum demonstrationis criticae contra pseudo-criticos. 4. Constanz 768. Wagner. (Doll, Wolff in Augsb.) 18 ✗

— patrologiae et historiae litterariae theologicae conspectus. 8. Wien 776.

— ignographia philosophiae Creuzlingianae. 8. Constanz 764.

— parerga theologica. 8. Constanz 768.

— patrologia ad usus academicos. 8maj. Frburg 775. Wagner. 15 ✗

— theologiae dogmaticae, nova methodo tradendae, Prs. I. 8. Constanz 779.

— theologia physica. 8. Constanz 772.

— vulgata paraphrastica, Prs. I. II. 8maj. Constanz 786. Wagner. 1 ℔ 8 ✗

— Vulgata paraphrastica, continens libros Genesin, Exodum et Leviticum. III Ptes. 8. ibid. 786.

Wilhelm, Wolfg., Kyros, der Weltherrscher. Nach Xenophon u. Herodot frei f. die Jugend bearb. (229 S. m. Abb., 5 farb. Vollbildern u. 1 eingedr. Kartenskizze.) 8. Wien (907). Akadem. Verlag. Geb. in Leinw. 3. —

Wilhelm, Wr

Wilhelm, W., aus Fritzens Jugendzeit. Lustige Geschichten, in Versen erzählt. (39 Bl.) 8. Leipzig 910. Modernes Verlagsbureau. nn 1. 80

Aus Fritzens Jugendzeit. Lustige Geschichten in Versen erzählt von Wr. **Wilhelm**. Berlin-Leipzig: C. Wigand 1910. 39 S. 8° [10. 13599

Wilhelm-Auguste-Victoria-Bücherei der Stadt Dortmund. Dortmund (1908): W. Crüwell. (16 S.) 4° [08. 1663 3

Wilhelm Auguste Viktoria-Stift, Wriezen a. O. Taubstummenheim der Provinz Brandenburg. o. O. [1908]. (8 Bl.) quer-8° [6.] [08. 9675 3

Wilhelm Busch-Album. Humorist. Hausschatz. Sammlg. d. beliebtesten Schriften m. 1500 Bildern v. W. Busch. 22 Lfgn. 4. (à 2 B.) Münch. 84. 85, Bassermann. à *n.* — 80 (cplt. geb.: *n.* 20. —)

Wilhelmi, (Dr.,) Anweis. z. Selbstunterrichte in d. italien. Sprache. 2e Aufl. gr. 8. Nürnb. 824, Bauer u. R.

Wilhelmi, zur Frage d. Hygiene d. Gefangenen. [Aus: „Fortschritte d. öffentl. Gesundheitspflege".] gr. 8. (8 S.) Frankfurt a/M. 894. Jaeger's Verl. n. — 40

Wilhelmi, Geschichte des königl. preuß. nassauischen Feldartillerie-Regiments Nr. 27 Oranien vom J. 1833–1909. Auf dienstl. Veranlassg. neu bearb. Mit 8 Taf. in Lichtdr. u. Autotypie. (XII, 187 u. 79 S. m. 1 Tab.) gr. 8. Wiesbaden 910. H. Staadt. Geb. in Leinw. 6. 50

Wilhelmi's bewährtes praktisches Kochbuch, oder genaue Anleitung, wie im herrschaftl. und bürgerl. Hausstande die Speisen gut, schmackhaft und dabei doch sparsam herzustellen sind, sowie Anweisung zum Einmachen von Früchten und Gemüsen, zur Bereitung von Backwerk, Getränken ꝛc. Ein sicherer Führer in der Küche. 6. Aufl. Neu durchgesehen, verm. und verb. 8. (224 S.) Neustadt i. Holst. 877, Ehlers. geb. *

Wilhelmi, Leitfaden f. den Fahrer der schweren Artillerie. (VII, 80 S. m. 23 Abbildgn.) 8. Berlin 907. E. S. Mittler & Sohn. 1. —

Wilhelmi's (II.) Nachschlagebuch. Kurzgefaßtes Wörterbuch des Wissenswertesten aus allen Gebieten zum Handgebrauch für Jedermann. 21 Hefte. gr. 8. (VI, 1346 S.) Leipzig 885,86, Wilhelmi und Kroll. à Heft 30 Pf.
Vgl.: Höckner's Universal-Lexikon.

Wilhelmi. Recht u. Erfolg der inneren Mission. Festpredigt beim 41. Jahresfest d. Hamb. Vereins f. innere Mission. gr. 8. (11 S.) Hamb. 889. (Güstrow, Opitz u. Comp.) * — 20

Wilhelmi's (I.) katholische oder evangelische Sittlichkeit? Ein Vortrag. gr. 8. (40 S.) Güstrow 888, Opitz und Comp. *

Wilhelmi, Sanitätsrat Dr. Das deutsche Trinken, eine Gefahr für das deutsche Volksleben. Vortrag. Schwerin 1897. 21 S. 8°.

Wilhelmi, aus d. Volksheilkunde Mecklenburgs, s.: Blanck.

Wilhelmi, A. Bleichsucht u. Aderlass. Beobachtungen u. Erfahrgn. gr 8. (87 S.) Güstrow 890, Opitz u. Comp. * 1 —

Wilhelmj, A.: Geschichte der Chemie im 19. Jahrh., s.a. Jahrhundert. Das deutsche, in Einzelschriften. 11.

WILHELMJ, A.
Geschichte der Chemie im neunzehnten Jahrhundert. Das deutsche Jahrhundert, Abtheilung XI. Berlin, 1901. 8vo.

Wilhelmi, A. P. (Pseud.), s.a. Pestel, A. W.

Wilhelmi, A. P., Anfangsgründe der Anatomie, s. Bourgery.

Handbuch der Tierarzneimittellehre, siehe: Moiroud.

— Heilmethode der Scrofelsucht, s.: Lugol.

Wilhelmi, A. P.: Die kräftigste und bewährteste Heilmethode der Scrophelsucht und der von ihr abhängigen Zustände. Mit e. Vorw. von Alb. Braune. Nach Lugol's Mémoires sur l'emploi de l'iode et des bains jodurées dans les maladies scrofuleuses. Leipzig 1836. XII, 298 S., 1 Tab.

Wilhelmi, A. P., die bewährtesten u. auf Autoritäten gegründeten Heilmethoden u. Arznei-Vorschriften üb. die bis jetzt bekannt geword., verschied. Hauptformen d. Cholera, od. d. Wissenswürdigste üb. d. sogen. epidem. asiat. Brechruhr, nebst e. vollständ. Pharmacopoea anticholerica, aus d. neuesten Erfahrn. u. den darüber erschien. Berichten engl., franz., russ., poln. u. deutscher Aerzte rc. Nebst e. Anh. üb. d. Anwend. d. Chlors, der Räucherungen u. die Bereitung sowohl dieser als and. Luftreinigungsmittel. Mit e. Vorw. v. L. Cerutti. gr. 8. (22½ B.) Leipzig 831, [Böhme.] Thlr.

Wilhelmi, Dr. A. P., die bewährtesten u. auf Autoritäten gegründeten Heilmethoden u. Arznei-Vorschriften üb. die bis jetzt bekannt gewordenen verschied. Hauptformen der Cholera rc. rc. Nebst e. Anh. über die Anwend. des Chlors, der Räucherungen rc. Mit e. Vorwort v. L. Cerutti. gr. 8. Leipz. 831. Hartmann. 1 ₰ 12 gr

— s. L. Moiroud, Handb. d. Thierarzneimittellehre rc.

Wilhelmi, A. P., Pharmacopoea anticholerica, od. vollständ. Apparatus Medicamentor. geg. d. verschied. Hauptformen d. Cholera. Ein Handb. f. prakt. Aerzte u. Chirurgen, enthalt. 283 d. bewährtesten, auf Autoritäten u. rationelle Heilmethoden gegründ. Arzneivorschriften. 16. (15½ B.) Leipzig 831, [Böhme.]

— pharmacopoea anticholerica, od. vollständiger Apparatus medicamentorum gegen die verschied. Hauptformen der Cholera. Ein Handbuch für prakt. Aerzte u. Chirurgen, enthaltend 283 der bewährtesten, auf Autoritäten u. rationelle Heilmethoden gegründ. Arzneivorschriften. 16. Leipz. 831. Hartmann. 12 gr

—— vollständ. Receptbuch f. Thierärzte, s. a. Receptbuch.

Wilhelmi, A. P.: Vollständiges Receptbuch für Thierärzte, Landwirthe, sowie überhaupt für Eigenthümer von Hausthieren jeder Art. Oder Auswahl von mehr als 2000 d. bewährtesten u. wirksamsten Arzneiformeln... Bd 1. 2. Leipzig 1832.

Wilhelmi, A. P. (Pseudonym von A. W. Pestel). Vollst. Rezeptbuch für Tierärzte, Landwirte und für Eigentümer v. Haustieren jeder Art. 2 Bde. gr. 12. Leipzig 32. Köhler. M. 9.

Wilhelmi, Adph., Dmitri Iwanowitsch. Drama. Leipzig 869. Gebhardt. 8. (83 S.) n. 12 ngr.

Wilhelmi, Alexander: Einer muß heiraten!

— dasselbe, s. a. Schrutz, Demetr.

Wilhelmi, A., Einer muß heirathen, s. a. Bloch's, E., Theater-Correspondenz.

Wilhelmi, Alex., Einer muß heirathen! Orig.-Lustspiel in 1 Akt. (33 S.) Leipzig 884. Arnold. n. 1. —

Wilhelmi, Alex., Einer muß heirathen! Orig.-Lustsp. in 1 Akt. (Neudr.) 8. (33 S.) Leipzig 898. E. Haberland. n. 1. —

Wilhelmi, Alex., einer muß heiraten, s. a. Thalia. 122.

Einer muß heiraten! Orig.-Lustspiel in 1 Akt von Alexander **Wilhelmi.** Mühlhausen i. Th.: G. Danner [1900]. (45 S.) 8° [F.]
= Thalia. No 122. [...12541]

Wilhelmi, Alex., Einer muß heiraten. Orig.-Lustspiel in 1 Akt. In neuer Bühnen-Einrichtg. v. Mart. Böhm. (18 S.) 8. Berlin (908). M. Böhm. 1.50

— dasselbe, s. a. Universal-Bibliothek.

Einer muß heiraten! Lustspiel in 1 Aufz. von Alexander **Wilhelmi** [d. i. Alexander Viktor Zechmeister]. Mit e. biogr. Einl. Leipzig: Reclam [1908]. 32 S. 8°
(Universal-Bibliothek. 5064.)

Wilhelmi, Alex., Lustspiele. 1. und 2. Bd. (Den Bühnen gegenüber als Mscr. gedr.) 8. Dresden, Arnoldische Buchh. à Bd. 1 Thlr.
Inhalt:
Bd. 1. Einer muß heirathen! Fest im Entschlusse! Alle sind Egoisten. (171 S.) 852.
" 2. Eine schöne Schwester. Abwarten! Ein gutes Herz. (239 S.) 856.

Wilhelmi, Alex., Lustspiele. 3. und 4. Bd. (Den Bühnen gegenüber als Mscr. gedr.) 8. Dresden 858. 60, Arnoldische Verlagsh. à Bd. 1 Thlr.
Inhalt:
Bd. 3. Der letzte Trumpf! — Mit den Wölfen muß man heulen! — Zu spät. (192 S.)
" 4. Er hat Recht! — Durch's Fernrohr! — Eine Anzeige! (137 S.)

—— dass. — 1. Bd.: Einer muß heirathen! — Fest im Entschlusse! — Alle sind Egoisten! 2. Aufl. (Den Bühnen gegenüber als Mscr. gedr.) 8. (171 S.) Ebendas. 860.

Wilhelmi, Alex., ausgewählte kleine Lustspiele für Haus- u. Gesellschaftstheater. 8. (194 S.) Leipzig 879. Arnold. n. 3. —

Wilhelmi, Alex., Versuch zu einem Leitfaden für den Unterricht in der Marine-Artillerie. [Als Mscr. gedr.] 1.—3. Abschn. gr. 8. Wien. (Pola, Schmidt.) [1. Abschn. (S. 1—80 mit eingedr. Holzschn.) 869.; 2. Abschn. (S. 81—283 mit eingedr. Holzschn. und 12 lithogr. Plänen in qu. 4. und Fol.) 871.; 3. Abschn. (S. 284—721 mit eingedr. Holzschn.) 872.]

Wilhelmi, Armand [Tierarzt von Bern]: Beiträge zur Kenntnis des Saccharomyces guttulatus (Buscalioni). Jena 1898. 19 S. 2 Tafeln. 8°.
Bern. Phil. Diss. 1897/98.

Wilhelmi, A[rmand]. Die Kälber in der ersten Lebensperiode, ihre wichtigsten Krankheiten und deren Verhütung. (Mit 4 Abbildungen im Text [*d. i.* 2 Textfiguren u. 2 Tafeln] und 4 farbigen Tafeln.) IV + 31 S. 8. Aarau, Emil Wirz, 1903. [fr. 1. —]

Wilhelmi, A[rmand]. Die Kälber in der ersten Lebensperiode, ihre wichtigsten Krankheiten und deren Verhütung. (Mit 4 Abbildungen im Text [*d. i.* 2 Textfiguren u. 2 Tafeln] und 4 farbigen Tafeln.) 2. vermehrte und verbesserte Aufl. IV + 36 S. 8. Aarau, Emil Wirz, 1905. [fr. 1. —]

Wilhelmj, Arthur: Beiträge zur analytischen Bestimmung des Stärkemehls. Halle a. S. 1898: Wischan & Wettengel. (44 S.) 8°
Halle, Phil. Diss. v. 5. März [übergeklebt: 24. Juni] 1898.

Wilhelmi, August [Pseud.], s.a. Meyer, August Wilhelm

Wilhelmi, Aug., (Aug. Wlh. Meyer), abentheuerl. Begebenheiten eines Hofmeisters in Paris während der Revolution; nach Lesuire. 3 Bde. 8. Leipz. 800. (W. Nauck). 3 ₰

- s. Fragmente in Sternes Manier.

Wilhelmi, Aug., s. Hornkopf, Stanislaus.

— Kyaus Leben u. lustige Einfälle, neu erzählt. 8. Leipz. 797. Linke. 16 gr., (s. auch Kyaus Leben).

— Leben u. Schwänke berühmter Hof- u. Volksnarren. 8. Leipz. 800. (Nauck). 1 ₰ (A. u. d. T.: drei närrische Pfaffen, od. Leben u. Schwänke Wigands v. Theben, Peter Lewens u. Piovano Arlotto's.)

Wilhelmi, A., Leben u. Schwänke berühmter Hof- u. Volksnarren. 8. Leipz. Sommer. 800. Rthlr.

— ein Narr für sich, u. zwei Narren für Andere, oder Poncino's, Claus's u. Taubmann's Leben u. Schwänke. 8. Helmst. 801. Fleckeisen. 1 ₰

— sieben Narren auf einmal, od. Kyau's, Gonello's, Barlacchia's, Brusquet's, Morgenstern's, Junker Peter's u. Fröhlich's Leben. 8. Braunschw. 800. Reichardt. 1 ₰

— die gesuchte Perlininsel. 8. Leipz. 800. (W. Nauck). 20 gr.

— drei närrische Pfaffen rc., s. o. Leben u. Schwänke rc.

WILHELMI, A. Drey närrische Pfaffen, oder Leben und Schwänke Wigand's v. Theben, Peter Lewens und Piovano Arlotto's. Leipzig 1800.

Wilhelmi, Aug., (Aug. Wlh. Meyer), Robinsonaden. 1r Bd. (A. u. d. T.: Will. Thomsons Begebenheiten. 8. Leipz. 800. (W. Nauck). 20 gr.

LAPUNZKY'S, Johann, lustige Streiche und seltsame Begebenheiten. (Nach dem Französ. von *August Wilhelmi.*) 2 Bde. Leipzig, in der Sommerschen Buchhandlung. 1818. Breit-12°.
I: Tit., 1 Bl. Vorber. (vom Bearbeiter unterzeichnet), 190 S., 1 Bl. Inh. 2: 246 S. (incl. Tit.), 1 Bl. Inh.

Wilhelmi, Auguste

Wilhelmi-Grimm, Auguste, die Insel Felsenburg u. ihre Bewohner. Für die reifere Jugend bearb. Mit 8 Bildern in Farbendr. gr. 8. (297 S.) Stuttgart 876. Schmidt & Spring. 6. 75

Wilhelmi, Auguste, geb. Grimm, aus dem Lazarethe. Wahrheit und Dichtung. gr. 16. (64 S.) Karlsruhe 872, Micklot. cart. mit Goldschn.

Wilhelmi, Axel, die mecklenburgischen Aerzte von den ältesten Zeiten bis zur Gegenwart. Eine Neuausg., Vervollständigg. u. Fortsetzg. des im J. 1874 unter gleichem Titel erschienenen A. Blanck'schen Sammelwerkes. gr. 8. (VI, 288 S. m. Bildnissen u. Titelbild.) Schwerin 901. E. Herberger. n. 8. —

Wilhelmi, Barnim Fel., Blattern und Schutzimpfung. Für Aerzte und Nichtärzte. Ein Beitrag zur Beantwortung einer der brennendsten Tagesfragen. gr. 8. (52 S.) Neuwied 873, Heuser's Verlag. *

Wilhelmi, Barnimus Felix (geb. Stettin 29. 9. 1823): De oleo jecoris aselli. Berolini (1848). (36 S.) 8°
Berlin. Med. Diss. v. 18. Aug. 1848

Wilhelmi, C., Christi Apostel u. erste Bekenner. Heidelb. 1825. 8.

Ivone Joannes Stahlius [Stahl]: De Catarrho suffocativo. [Resp.:] Christian[us] Augustin[us] Wilhelmi. Erfordiae (1738:) Hering. 31 S. 8°
Erfurt, Med. Diss. v. 18. Aug. 1738

Wilhelmi, Ernst, der Friedensbote. Wie könnte die deutsche Einheit eine Wahrheit werden? Auch ein Wort zur deutschen Reichsverfassung. gr. 8. (68 S.) Kaiserslautern 848, Tascher. n. 6 ngr.

Wilhelmi, Ernst, eines Bauern Sohn, Der Friedensbote. Wie könnte die deutsche Einheit eine Wahrheit werden? Auch ein Beitrag zur deutschen Reichsverfassung. Kaiserslautern, J. J. Tascher, 1848. 68 S. 8°.

Wilhelmi, F. Ch., s. o. Kirchengeschichte in Lebensbildern für Schule u. Haus.

Wilhelmi, Kirchengeschichte in Lebensbildern für Schule und Haus. 4. Aufl. 8. (152 S.) Herborn 883, Buchh. des Nassauischen Kolportage-Vereins. geb. in Halbleinw.
geb. in Calico

Wilhelmi, F. W., die Anklage des Pater Roh gegen die Reformation des 16. Jahrh. auf Testamentsverfälschung. Oeffentliche Antwort auf die von Pater Roh am Abend des 11. Aug. 1851 zu Heidelberg abgehalt. Predigt über Psalm 111, 4. 8. (86 S.) Pforzheim 851. Stuttgart, Scheitlin's Vrlgsh. *

Wilhelmi, F. W., die Wahrheit über Pfarrer Haag gegen X. Y. Z. Mit vielen darauf bezügl. wichtigen Zeugnissen u. Aktenstücken u. 9 Predigten des Pfarr. Haag. gr. 12. (145 S.) Tuttlingen 847, Kapff. 6 ngr.

—— die Wahrheit über Pfarrer Haag gegen X. Y. Z. Mit vielen darauf bezügl. wichtigen Zeugnissen und Aktenstücken und 9 Predigten von Haag. gr. 12. (145 S.) Tuttlingen 847, [Kling.]

Wilhelmi, F. W. F., nützliches Allerlei od.: Der Rathgeber in der Noth. Eine Sammlung erprobter Recepte u. Hausmittel. 16. (4 ½ B.) Hannover 843, Pockwitz.

Wilhelmi, Ferd. (I.), Bibelkunde. Für Schullehrer-Seminarien, Schullehrer, Schulamts-Präparanden und zur eigenen Erbauung. gr. 8. (VIII und 118 S. mit 1 lithogr. und ill. Karte von Palästina.) Leipzig 858, Coldiß. Thlr.

Wilhelmi, Ferd., Elementar-Geographie, im Auszuge, s. Elementar-Geographie.

Wilhelmi, Ferd., kleine Elementar-Geographie. Ein Ausz. aus meinem method. Leitfaden in d. Elementar-Geographie. Für Schüler, deren Lehrer jenes Buch bei ihrem Vortrage benutzen. 4., u. 5. verb. Aufl. 8. (3 B. u. 1 Stnt.) Berlin 836, 39, Hold. à *

— kleine Elementar-Geographie. Ein Auszug aus dessen method. Leitfaden in der Elementar-Geographie. 6. verb. Aufl. Mit 1 Steindrucktaf. 8. Berlin 843, Hold. n. 1/12 ℳ

Wilhelmi, Ferd., kleine Elementar-Geometrie. Ein Auszug aus dem method. Leitfaden der Elementar-Geographie. Für Schüler, deren Lehrer jenes Buch bei ihrem Vortrage benutzen. 7., verb. Aufl. 8. (48 S. und 1 Stnt.) Berlin 849, Hold'sche Buchh. **

— kleine Elementar-Geographie. Ein Auszug aus dem method. Leitf. in d. Elementar-Geographie. Für Schüler, deren Lehrer jenes Buch bei ihrem Vortrage benutzen. 8. verb. Aufl. Mit 1 Steindrucktaf. Pasewalk 855. Braune. 8. (48 S.) un. 2½ ngr.

Wilhelmi, Ferd., kleine Elementar-Geographie. Ein Auszug aus dem method. Leitfaden in der Elementar-Geographie. Für Schüler, deren Lehrer jenes Buch bei ihrem Vortrage benutzen. 9., verb. Aufl. Pasewalk 866. Schnurr. 8. (48 S. mit 1 Steindrtaf.) cart. n.n. 2½ ngr.

Wilhelmi, Ferd., das zerstreute Gefecht der Plänkler. Anh. zu den [Rüstow'schen] Uebungsvorschriften für freiwillige Wehrvereine bearb. für die Turnvereine des Mittelrhein Kreises. Butzbach 864. (Friedberg, Scriba.) 16. (18 S.) n. 2 ngr.

Wilhelmi, Ferd., Kirchenrecht im Amtsbezirke des Konsistoriums zu Wiesbaden. 2 Bde. gr. 8. Wiesbaden, Feller und Gecks. [1. Bd. (XI, S. 1—244.) 885. *ℳ 6.—; 2. Bd. (VIII, S. 245—727.) 887. *ℳ 12.—.] *ℳ 18.—; geb. in 1 Bd. *

Wilhelmi, Ferd., Kirchenrecht im Amtsbezirke des Konsistoriums zu Wiesbaden. 1. Ergänzungshft. gr. 8. (III, 111 S.) Wiesbaden 894. Feller & Gecks. n. 2. 80 (Hauptwerk m. 1. Ergänzungshft.: n. 20. 80)

— d. Lehre von d. Erlösung des Menschen durch den Tod Christi, in einer neuen Art u. zur Erbauung für Christen aus allen Confessionen in einigen Passionsbetrachtungen dargestellt. 8. Züllichau 822, Darnmann.

— die Lehre von d. Erlösung des Menschen durch den Tod Christi, in einer neuen Art u. zur Erbauung für Christen aus allen Confessionen in einigen Passionsbetrachtungen dargestellt. 8. Züllichau 822. (Henning in Greiz). 14 Gr.

— Leitfaden in d. Elementar-Geographie. Auszug, s. Elementar-Geographie.

Wilhelmi, F., Merkbuch für den Turnunterricht der Realschule. Crefeld 866. Kühler. 16. (27 S.) cart. 2½ ngr.

Vilhelmi, F.: Merkbuch für den Turnunterricht der Realschule. 2. Aufl. Krefeld 1866. 29 S.

Wilhelmi, Ferd. (II.), Turnen- und Militär-Gymnastik zu Uebungstafeln bearb. für Schulen, Vereine und die Armee. Gewidmet der deutschen Turnerei und Wehrhaftmachung. Imp.-Fol. (IV S. mit lithogr. Abbild. einer Turnschanze in qu. Fol. und 19 Tab.) Neustadt a. d. H. 861. (Heidelberg, Weiß.) *

Wilhelmi, (Ferd.,) Versuch eines method. Leitfadens beim Unterr. in d. Elementar-Geographie f. Landschulen. Mit 1 Kpfrt. 8. Berlin 824, Burchhardt.

Wilhelmi, Fd., Versuch eines method. Leitfadens beim Unterricht in d. Elementar-Geographie f. Landschulen. Mit 1 Kpft. 8. Berl. 825. 2e A. 829. (Krause). 8 Gr.

— Versuch eines methodischen Leitfadens beim Unterrichte in der Elementar-Geographie f. Landschulen. 3e, verm. u. berichtigte Aufl. Mit 1 Kpfrtaf. 8. Berlin 835. Krause. 1/3 ℳ — 4e berichtigte Aufl. Mit 1 Kpfrt. 8. Berlin 838. Stackebrandt. 1/3 ℳ

Wilhelmi, Fd., Versuch eines method. Leitfadens beim Unterrichte in der Elementar-Geographie für Landschulen. 4. bericht. Aufl. Mit 1 Kupfertaf. 8. 838. Halle, Coldig'sche Buchh. 1/3 ℳ

—— Versuch e. method. Leitfadens bei d. Unterr. in d. Geschichte, f. Bürger- u. Land-Schulen. — A. u. d. T.: Geschichts-Kinderfreund. 8. (14½ B.) Berlin 838, C. F. Amelang.

Wilhelmi, Franz, a. Leipzig: Ueber den Einfluss von ortho-Substituenten auf die Reaktion zwischen Laevulinsäureaethylester, Blausäure und primären Aminen. (Berlin 1908: E. Ebering.) (58 S.) 8°
Berlin, Phil. Fak., Ref. Gabriel, Diss. v. 18. Juli 1908
[Geb. 31. Aug. 83 Leipzig; Wohnort: Leipzig; Staatsangeh.: Sachsen; Vorbildung: Nikolai-Gymn. Leipzig Reife O. 03; Studium: Leipzig 4, Genf 1, Berlin 3 S.; Rig. 9. Juli 08.]

Wilhelmi, G. H., der Geschäfts-Sekretär. Ein Handbuch für Gewerbtreibende aller Stände, enthaltend eine leicht faßl. Anweisung zum Selbststudium der einfachen und doppelten Buchführung für Handel und Gewerbe, nebst einer ausführl. Darstellung des Wechselrechts und einem ausführl. Geschäfts-Briefsteller mit zahlreichen Formularen zu allen im Geschäfts-Verkehr vorkommenden schriftl. Aufsätzen. gr. 8. (VIII, 452 S.) Berlin 886, Liebau. geb.

Wilhelmi, Gottfried (Havelberg) A. S. 1211/43

Dissertatio inauguralis medica, de sterilitate foeminarum. Präs. Georg Ernst Stahl. Halle (Henckel) VI. 1711. 20 S. 36759

Wilhelmi, H., Der Galeeren-Sklave, s. Volks-Erzählungen, kleine.

Wilhelmi, H., Bernhard v. Horstmar, s. Volkserzählungen, kleine.

Wilhelmi, H., das geraubte Kind, s.: Volks-Erzählungen, kleine.

— Konstanze, die Inselbraut, s.a. Volks-Erzählungen, Kleine.

Konstanze, die Inselbraut. Erzählung von H. **Wilhelmi**. Mülheim a. d. Ruhr: J. Bagel [1903]. (63 S.) 8° [J.]

Wilhelmi, H., Negertreue u. Negerrache, s.a. Volkserzählungen, kleine.

Negertreue und Negerrache. Eine Erzählung aus Texas von H. **Wilhelmi**. Mülheim a. d. Ruhr: J. Bagel [1905]. (64 S.) 8° [J.]

Oberon, der Elfenkönig, s. Volks-Erzählungen, Kleine.

Die Piraten. Eine Erzählung von H. **Wilhelmi**. Mülheim a. d. Ruhr: J. Bagel [1903]. (64 S.) 8° [J.]

Wilhelmi, H., die Sage von Rolandseck, s. Volks-Erzählungen, kleine.

— Siegelinde, die verzauberte Königstochter, s. Volks-Erzählungen, Kleine.

Stella, die Sternen-Jungfrau, s. Volks-Erzählungen, Kleine.

Wilhelmi, H., s.: Volks-Erzählungen, kleine.

Wilhelmi, H. F.

— Von den Figuren der Wortwiederholung. Heidelberg, L., 1841. Progr.

H. F. Wilhelmi. Von den Tropen. Ein Beitrag zu der Lehre von dem Figürlichen in der Rede. 36 S. Heidelberg, P 1839

H. F. Wilhelmi. Von der hohen Wichtigkeit des Geschichtsunterrichts als eines vielseitig anregenden Bildungsmittels. Heidelberg, P 1829

Wilhelmi, Heinr., Augusta, Prinzessin von Meklenburg-Güstrow, und die Dargunschen Pietisten. gr. 8. (198 S. mit 1 phototyp. Portr.) Schwerin 883, Schmale. *
Aus: Jahrbücher des Vereins für meklenburgische Geschichte, besonders abgedruckt.

Wilhelmi, Hnr., s. Bibliothek, wohlfeile, von Unterhaltungsschriften 216 Bdchn.

Wilhelmi, Hnr., s. Cölestin, der Mönch.

Wilhelmi, Heinr., das Eigentum, s.. Lehr u. Wehr für's deutsche Volk.

Wilhelmi, Heinr., „Friede auf Erden" u. der Kampf um's Dasein. Zeitpredigt, geh. am 1. Weihnachtstage 1893 im Dom zu Güstrow. gr. 8. (12 S.) Güstrow 894. Opitz & Co. n. — 20

— s. Gemälde nach d. Leben, — Gil Blas, der poln. — Henriette u. Emma.

Wilhelmi, Hnr., s. Ideen über Geographie.

s.a. Seefahrer.

— die Seefahrer. 3 Thle. 8. Elberfeld 824. (Leipzig, Crayen.) Ist der Pr. jetzt 3 ℛ

— Sprich nicht: „Rette sich, wer kann". Predigt. gr. 8. (11 S.) Güstrow 892, Opitz u. Comp. * — 20

— Maurice Reinhold v. Stern, e. socialdemokratischer Dichter. Vortrag. [Aus: „Monatsschrift f. innere Mission".] gr. 8. (26 S.) Gütersloh 894. C. Bertelsmann. n. — 30

Wilhelmi, Heinr., Strike u. öffentl. Meinung. Ethische Erwäggn. zur socialen Frage. gr. 8. (IV, 106 S.) Güstrow 895. Opitz & Co. 1. 20

Wilhelmi, Heinrich [aus Wiesbaden]: Studien über die Chanson de Lion de Bourges ... Marburg, Univ.-Buchdr. '(R. Friedrich)', 1894; 64 S. 8.
Marburg, Phil. Fak., Inaug.-Diss. v. [1. Sept.] 1894

– s.a. Wahl u. Führung.

Wilhelmi, (H.) Wahl u. Führung. 2c, von neuem sorgfältig durchges. Aufl. 8. Stuttg. 826, Metzler.

— Wilhelm v. Walter; e. kleiner Beitrag zum Laufe der Welt. 2 Thle. 8. Braunschw. 801. Reichard. 1 ℛ 12 ℊ

Wilhelmi, H., Zeichnungen nach d. Natur, s. Bibliothek v. Unterhaltungsschriften, 21. Bdchn.

– s.a. Zeichnungen nach der Natur.

Wilhelmi, Heinr., Zeichnungen nach d. Natur. Entworfen auf e. Reise durch d. Schweiz nach d. Chamouny-Thale. Neue, wohlf. Ausg. 8. (16 B.) Leipzig 829, Klein.

— sociale Ziele. [Aus: „Monatsschr. f. innere Mission".] gr. 8. (39 S.) Ebd. 894. n. — 50

Blätter der Erinnerung an Johann David Karl Wilhelmi. Dekan und Stadtpfarrer in Sinsheim. Skizze eines Charakter- und Lebensbildes des Vollendeten. Von Heinrich Friedrich Wilhelmi. Als Manuscript gedruckt. (Heidelberg) o. J. 8°.

Wilhelmi, Heinr. Friedr., die Lyrik der Deutschen in ihren vollendetsten Schöpfungen während der letzten hundert Jahre, vornehmlich von Göthe bis auf die Gegenwart. In 5 Büchern. 1. Aufl. (XIV und 640 S.) 1848. * 2 Thlr. 4 Ngr. und 2., vervollständigte und erweiterte Ausg. Lex.-8. (XVI und 528 S.) Frankfurt a. M. 852, Brönner. *

Wilhelmi, Helene, Muster für Strümpfe u. Muster für Socken in jeder erforderlichen Größe mit Anleitung, dieselben von Baumwolle oder Wolle in jeder beliebigen Feinheit zu stricken. 15 Blätter (in Fol.) mit 30 Illustr. (in Holzschn.) Stuttgart 869. Roth. gr. 4. In Mappe. n. 1 ℛ 6 ngr.; einzelne Blatt in Carton à n. 4 ngr.

Wilhelmi, J., Anleitung zur Linien-Perspective für Maler, Architecten, Maschinenbauer etc. zum Selbstunterricht bearb. 1. prakt. Thl. Lex.-8. (III und 8 S. mit 1 Stnt. in Fol.) Berlin 855(56,) Wilhelmi. *

Wilhelmi, J. (I.), die vornehmsten Daten aus der Weltgeschichte, für den Schulgebrauch übersichtlich zusammengestellt. 2., verb. und verm. Aufl. gr. 8. (52 S.) Lübeck 858, Carstens.

Wilhelmi, J. (II.), Hülfs-Tabellen für den Kaufmann, Gewerbetreibenden und Kapitalisten. gr. 16. (16 S.) Berlin 860, Wilhelmi.

Wilhelmi, J., ich habe dich je u. je geliebt, s.: Familien-Bibliothek für's deutsche Volk.

—— der goldene Kelch. Eine Erzählung aus dem 30jähr. Kriege. 12. (94 S.) Herborn 886, Buchh. des Nassauischen Colportagevereins. *
geb. in Pappbd. * 70 Pf.; in Calicot *

Wilhelmi, J., der goldene Kelch. E. Erzählg. aus d. 30jähr. Kriege. 2. Aufl. 12. (94 S.) Herborn 898. Buchh. d. Nassauischen Colportagevereins. n. — 40; in Bibliotheksbd. n. — 65; eleg. geb. n. — 80

—— calligraphische Musterblätter aller Schriftgattungen. 1. und 2. Heft. qu. 16. (14 lithogr. Bl.) Berlin 855, Wilhelmi. à Heft 2½ Ngr.

Wie verzinst man sein Kapital möglichst sicher mit 5 %? Unparteiischer Ratgeber f. Anlagezwecke, auf Grund langjähr. Erfahrgn hrsg. v. Dr. J. Wilhelmi. Nebst e. Anh. üb. Kurszettel, Aufbewahrg v. Wertpapieren u. Börsenztgn ... *Berlin: Commr. v. G. Grube; (Buchdr. O. Lange) 1898.* (46 S., 1 Bl.) 1 Bd 8. [98 3050]

Wilhelmi, J., wie verzinst man sein Kapital möglichst sicher m. 5%? Unparteiischer Ratgeber f. Anlagezwecke, auf Grund langjähr. Erfahrgn. hrsg. Nebst e. Anh. üb. Kurszettel, Aufbewahrg. v. Wertpapieren u. Börsenzeitgn. 2., verb. u. verm. Aufl. gr. 8. (48 S.) Berlin 898. (G. Grube.) n. — 75

Wilhelmi, J. D. K. Geschichte der badischen Amtsstadt Sinsheim. 8. Sinsheim 1856.

Wilhelmi, J. F., Panorama v. Düsseldorf u. seinen Umgebungen. Mit besond. Rücksicht auf Geschichte, Topographie, Statistik, Gewerbfleiß u. Handel d. Regierungsbezirks Düsseldorf. 1. Aufl. 828. 1 Thlr. 12 Gr., u. 2., wohlf. Ausg. (à 17½ B. u. 1 Ansicht v. Düsseldorf, qu. Fol.) 8. Düsseldorf 832, Schaub.

Wilhelmi, I. Gerlach, Lexicon prosometricum latino-graeco-germanicum. 8. Francof. 706.

Wilhelmi, J. T., Responsio ad Heumanni epistolam. Sechleus. 714. 4. Vergl. Heumann.

Willhelmi, Ignaz Franz Xaver von

Wilhelmi, Ioh., Architectura civilis, m. K. Fol. Nurnb. 703.

Gedächtnissrede, am Sarkophage des am 22. März 1832 zu Weimar verstorbenen [Brs] Joh. Wolfg. v. Goethe, in der Freimaurerloge [zu den drei Verbündeten] zu Düsseldorf am 23. Juni 1832, gesprochen von J[oh.] F[erd.] **Wilhelmi.** Düsseldorf [1832]: Wolf. 16 S. 8° [Umschlagtit.]
Goethes Bedeutung als Dichter u. Mensch.

Lenzen, Theod. Jos.: Gedächtnissrede am Sarkophage des am 28. Febr. 1835 zu Düsseldorf verstorbenen Br. Theod. Jos. Lenzen. Gehalten in der Freimaurerloge [zu den drei Verbündeten] zu Düsseldorf am 27. Juni 1835, von J[oh.] F[erd.] **Wilhelmi.** [Düsseldorf 1835: Wolf.] 15 S. 8° [Umschlagtit.]
Abgedr. in: A. 7 (1837) S. 115–126.

Das Säkularfest der Aufnahme Friedrichs des Grossen in den Freimaurerbund, gefeiert in der Freimaurer-Loge zu den drei Verbündeten in Düsseldorf 15. Aug. 1838. Hrsg. [von Joh. Ferd. **Wilhelmi**] zum Besten des Stipendienfonds der Loge. Düsseldorf 1838: Wolf. 70 S. 8°
Vorträge u. Gesänge. Histor. Mitteil. üb. die Aufnahme Friedrich d. Gr. von K. W. Becker u. üb. des Königs Verhältnis zum Bunde nach seiner Aufnahme von J. F. Wilhelmi, Festrede von Ed. Schüller: Üb. Friedrich d. Gr., den echten Mr.

Wilhelmi, Johann Gottlob

— jährl. Anzeigen der die Geschichte d. Bienengesellschaft betreff. Sachen. 8. Görlitz 773–78.

Joh. Gottl. Wilhelmi's Beweis der möglichsten Genauigkeit der neuen Quadratur des Cirkels. Zittau. 4. 3 Bog. u. 1 Viertelb. K. (2 gr.)
1767

— Beweis d. mögl. Genauigkeit in dem Verhältnisse des Cirkels zur Peripherie, wie 10,000 zu 31,415. 4. Zittau u. Görlitz 767. Schöps. 2 ℛ

* Beweis der möglichsten Genauigkeit in dem Verhältnisse des Cirkels zur Peripherie wie 10000 u. s. w. zu 31415 u. s. w. Der neuen Quadratur des Cirkels und insonderheit dem im vorigen Jahre von dem Herrn Profeff. *Bischof* herausgegebenen Merkelischen Beweise von der Würklichkeit der Quadratur des Cirkels in der Proportion des Quadrati diametri zu dem Innhalt des Cirkels wie 1225 zu 961; entgegen gesetzt von *Johann Gottlob Wilhelmi*, Evangel. Prediger zu Diehsa in der Oberlausitz. Zittau und Görlitz bey Adam Jacob Spickermann. 4. 22 S. nebst Figuren.
1767

Wilhelmi, Jh. Glo., († d. 16. April 1796.) von dem Einfluß d. Naturlehre in d. Gottesgelahrtheit; e. Gratulationsschrift. 8. Baußen 768.

— Versuch e. poet. Uebersetzung des Hohenliedes Salomo's; nebst einigen hiezu dienl. Anmerkk. 8. Leipz. 764.

Wilhelmi, Joh. Heinr., Th. Carlyle u. F. Nietzsche. Wie sie Gott suchten u. was s. e. Gott sie fanden. gr. 8. (IV, 88 S.) Göttingen 897. Vandenhoeck & Ruprecht. n. 1. 60

Wilhelmi, J. H., Th. Carlyle u. F. Nietzsche. Wie sie Gott suchten u. was s. e. Gott sie fanden. 2. durchgeseh. Aufl. gr. 8. (114 S.) Göttingen 900. Vandenhoeck & Ruprecht. n. 1. 80

— s. Gelegenheits-Schrift.

(Wilhelmi, J. H.,) Gelegenheits-Schrift üb. d. jetzigen Bewegungen in Europa, ihre Ursachen, Zwecke, ihre dringenden Gefahren u. Vorschläge zur Verminderung u. Abwendung ders., nebst Bemerkn. üb. d. verschied. Regierungsformen. gr. 8. (3½ B.) Emden 831. (Bremen, Geisler.)

Wilhelmi, J. H., die Grundursache unserer Handlungen, oder d. Triebfeder d. Seele; d. Menschheit gewidmet. Antwerpen 1830. Aus d. Französ. vom deutschen Verfasser selbst übersetzt. 8. Emden 831. (Magdeb., Rubach). 16 ℛ (Hamb., Erie). 18 ℛ

— Kraft u. Weisheit in d. gekreuzigten Christus. Antritts-Predigt bei s. Einführg. in d. Amt e. Pastors zu St. Jacobi in Hamburg am 15. X. 1897 geh. gr. 8. (16 S.) Hamburg 897. L. Gräfe & Sillem. — 30

— - Philosophie u. Offenbarung, Witz u. Wahrheit, od. Beweis, unt. begründeter Darstellung d. wahren Natur des Menschen, daß die Religion d. Bibel die Ur- u. d. einzige wahre Religion. 8. (30 B.) Bremen 834, Schünemann.

— Vermuthungen über d. nächste Zukunft Hollands u. Belgiens, mit Hinweisung auf den durch den Bürgerfreund u. durch d. Emder Zeitung mitgetheilten Aufsatz über d. Niederländischen Angelegenheiten vornehmlich in Bezug auf Antwerpen, der hier zugleich mitgetheilt wird. Emden, Ende Augusts 1831. Den Ständen des Fürstenthums Ostfriesland u. des Harlingerlandes aus dankbarer Anerkennung gewidmet. gr. 8. Gröningen 831. (Magdeb., Rubach). 12 ℛ (Hamb., Erie). 8 ℛ

— das Ziel u. d. Weg. Abschiedspredigt üb. Joh. 14, 5, 6, geh. am 26. IX. 1897 im Dom zu Güstrow. gr. 8. (11 S.) Güstrow 897. Opitz & Co. n. — 20

Wilhelmi, Julius. Zur Biologie der Seetricladen. Habilitationsschr. Phil. [II.] Univ. Zürich. [Mit Figuren.] 32 S. 8. Leipzig, Wilhelm Engelmann, 1909.

Wilhelmi, J., Tricladen, s. a. Fauna u. Flora des Golfes v. Neapel u. der angrenzenden Meeres-Abschnitte. 32.

Tricladen von J[ulius] Wilhelmi. Mit 80 Fig. u. 16 Taf. Hrsg. von d. Zoolog. Station zu Neapel. Berlin: Friedländer 1909. XII, 405 S. 4°
(Fauna u. Flora d. Golfes von Neapel. Monographie 32.)

Wilhelmi, J(ulius), ⟨Marburg in Hessen⟩: Untersuchungen über die Excretionsorgane der Süßwassertricladen. Mit 2 Tafeln. Marburg 1906: (Breitkopf u. Härtel, Leipzig). (34 S.) 8° ¶(Aus: Zeitschrift für wiss. Zoologie Bd 80, H. 4.)
Marburg, Phil. Fak., Ref. Korschelt, Diss. v. 15. März 1906
[Geb. 18. Juni 80 Marburg a. L.; Wohnort: Neapel; Staatsangeh.: Preußen; Vorbildung: Gymn. Marburg Reife O. 99; Studium: Marburg 4, München 2, Marburg 4 S.; Rig. 2. März 04.]

Wilhelmi, Just., neueste Methode d. Kartoffeln in ihrem Anbau zu erweitern, u. für d. Wirthschaft in jeder nur mögl. Form zu hoher Vollkommenheit zu erheben. Nebst e. Anh. z. Branntwein-Brennerei u. z. Bereit. d. Zuckersyrup aus Kartoffeln. 8. (6 B.) Berlin 835, Schumann. (?)

Wilhelmi, Karl, Christi Apostel u. erste Bekenner, oder d. Geschichte d. Apostel u. deren Briefe in ihrem Zusammenhange u. ihrer Zeitfolge. gr. 8. Heidelb. 825. Winter. 12 ℊ

Beschreibung und Geschichte der Burgruine Steinsberg bei Weiler unfern der Amtsstadt Sinsheim im Unterrheinkreise des Grossherzogthums Baden v. Karl **Wilhelmi.** Nach dessen Tode hrsg. v. Karl Klunzinger. Mit 1 Situationsplane der Burg, 1 Durchschnitte des Thurmes etc. etc. Heidelberg 1857. [illegible]

Wilhelmi, Karl, Beschreibung d. 14 alten deutschen Todtenhügel, welche in d. J. 1827 u. 1828 bey Sinsheim in d. Neckarkreise d. Großh. Baden geöffnet wurden. Ein höchst wichtiger Beytr. zu d. ältesten Geschichte d. Deutschen f. Geschichts- u. Alterthumsforscher, so wie überh. f. alle Freunde d. deutschen Vaterlandes u. seiner frühesten Vorzeit. gr. 8. (12 B. u. 4 Stnt.) Heidelberg 830, Engelmann.

s. Christus, d. Weg zum Vater.

Wilhelmi, Carl, über d. Entstehung, den Zweck u. d. Einrichtung der gegenwärt. Geschichts- u. Alterthumsvereine deutscher Zunge. gr. 8. (1½ B.) Heidelberg 844, J. C. B. Mohr.

Die Erstürmung und Plünderung und der Brand der Stadt Sinsheim schwere Zeiten in der 2. Hälfte des 17. Jahrhunderts. Ein Beitrag zu der Geschichte der Städte des Grossherzogthums Baden v. Karl **Wilhelmi.** Sinsheim 1844. 8°.

—— kurze Geographie d. Großh. Baden. Für d. Volk u. d. Jugend, besond. auch f. d. Landschulen. gr. 8. (1½ B. u. 1 ill. Karte, gr. 4.) Karlsruhe 834, Marx.

Wilhelmi, Karl, kurze Geographie d. Großhrzth. Baden. Für d. Volk u. d. Jugend, besond. auch f. d. Landschulen. 2., verm. Aufl. gr. 8. (1½ B. u. 1 ill. Karte.) [Karlsruhe u.] Baden 838, Marx'sche Buchh.

—— kurze Geographie des Großherzogth. Baden f. d. Volk u. die Jugend, besonders auch f. Landschulen. 3., verm. u. umgeänd. Aufl. 8. (1⅝ B. u. 1 Karte.) Karlsruhe 842, [Baden-Baden,] Marx.

—— s. Geschichte, kurze, des kirchlichen Liedes und Gesanges.

Wilhelmi, Karl, Geschichte der vormaligen freien adeligen Benedictiner-Abtei Sunnesheim. gr. 8. (XVI u. 144 S.) Sinsheim 851. (Heidelberg, J. C. B. Mohr.) n. ¾ ℔

JAHRESBERICHT AN DIE MITGLIEDER DER SINSHEIMER GESELLSCHAFT ZUR ERFORSCHUNG DER VATERLÄNDISCHEN DENKMA(H)LE DER VORZEIT von K.(ARL) WILHELMI.
1—12. Mit lithographirten Tafeln. Sinsheim 1831—1848. Auf Kosten der Gesellschaft. 8°.
13. ib. 1851. — A. u. d. T.: KARL WILHELMI, Geschichte der vormaligen freien adeligen Benedictiner-Abtei Sunnesheim. ib. 1851. Gedruckt bei Georg Mohr in Heidelberg.
14. ib. 1856. Auf Kosten der Gesellschaft. — A. u. d. T.: JOH. DAVID KARL WILHELMI, Geschichte der Grossherzoglich-Badischen Amtsstadt Sinsheim. ib. 1856. Gedruckt von Georg Mohr in Heidelberg.

—— Island, Hvitramannaland, Grönland u. Vinland, od. der Normänner Leben auf Island u. Grönland u. deren Fahrten nach Amerika schon über 500 Jahre vor Columbus. Vorzügl. nach altscandinav. Quellenschriften für gebildete Leser. gr. 8. (17 B. u. 1 Karte.) Heidelberg 842, J. C. B. Mohr.

Wilhelmi, K., der Katechismus für die evangelisch-protestant. Kirche im Großherzogt. Baden, für den Konfirmanden-Unterricht und für die Christenlehre schriftgemäß ausgelegt. 8. (VI, 146 S.) Karlsruhe 885, Reiff. *ℳ 1.50.; geb. *

—— Lehrbuch f. d. ersten christl. Religionsunterr., besond. in Volksschulen. gr. 12. (2 B.) [Karlsruhe u.] Baden 836, Marx'sche Buchh.

s. Liede, Von d. geistlichen.

s. Liederkrone.

Wilhelmi, Karl, Gottes Lob aus Kindermund. Gebete, Lieder u. Denksprüche f. die lieben Kleinen vom 5. bis 9. Jahre. 16. (48 S.) Karlsruhe 884. Reiff. n. — 20; feine Ausg. cart. n. — 30

Wilhelmi, Carl, die Bergruine Steinsberg bei Weiler unfern der Amtsstadt Sinsheim im Unter-Rheinkreise des Grossherzogth. Baden. Beschreibung und Geschichte. Nach dem Tode des Verf. hrsg. von Carl Klunzinger. Fol. (VI und 45 S. mit 1 Situations-Plane der Burg, 1 Durchschnitte des Thurmes, 1 Grundrisse des Geschosses II, 1 Grundrisse der Plate Forme und einer Darstellung von 55 Arten von Steinmetzzeichen an den Ruinen auf 2 Stnt.) Heidelberg 857. (Stuttgart, Sonnewald'sche Buchh.) *

—— les anciens tombeaux germaniques à Sinsheim, près de Heidelberg, Grand-Duché de Bade, leur ouverture, et description des antiquités qu'on y a trouvées. Extrait de l'ouvrage allemand. Suivi de la description des monuments romains découverts à l'Odenwald et déposés dans le cabinet d'antiquités à Erbach; accomp. d'un guide dans l'Odenwald. A l'usage des voyageurs et des antiquaires. gr. in-8. (5¼ B. u. 4 Stnt.) Heidelberg 831, Engelmann.

— Trost u. Rath für Leidende u. Betrübte in auserwählten geistlichen Liedern alter u. neuer Zeit. gr. 16. (XVI, 333 S.) Heidelberg 877. C. Winter. n. 2. 40; geb. n. 3. —

WILHELMI, Karl Adolf (Langenschwalbach/Nassau): De judiciis divisoriis. (Titel nach der Urkunde) 28.1.1839 - Urk; F 49
Diss. Ingolst.-Landsh.-Mchn.

Wilhelmi, Dr. Karl Aug., († ...) Anweis. zum Selbstunterrichte in d. italien. Sprache. gr. 8. Nürnb. 821. 2e A. 824. Bauer u. R. 20 ℊ

— s. Fibel d. Weltgeschichte

— philolog. Taschenbuch, oder Anleitung zur Uebersetzungskunst für Lernbegierige beiderlei Geschlechts, nach dessen Tode herausg. von e. seiner Freunde. Mit Kpf. 16. Nürnb. 824. Tyroff. 1 ℔ 20 ℊ

Wilhelmi, Car. Frid., de Perityphlitide. Dissert. inaug. medica. 8maj. (3⅓ B.) Heidelbergae 837, (K. Winter.)

Wilhelmi, Kurt, Ibsens Zukunftsreich. Ein Vortrag. (39 S.) gr. 8. Magdeburg 909. R. Zacharias. — 75

Wilhelmi, L., u. **M. Fürst,** das Gewerbegerichtsgesetz in der Fassung der Bekanntmachung vom 29. IX. 1901. In erster Aufl. als „Reichsgesetz, betr. die Gewerbegerichte vom 29. VII. 1890" erläutert. In 2. Aufl. neu bearb. v. L. Wilhelmi u. R. Bewer. (XXVI, 504 S.) gr. 8. Berlin 903. C. Heymann. n. 11. —; geb. n. 12. —

Wilhelmi, L.: Gewerbeordnung f. das Deutsche Reich, s. Berger, T. Ph.

Wilhelmi, L., Gewerbeordnung f. das Deutsche Reich, s.: Guttentag's Sammlung deutscher Reichsgesetze. (Berger, T. Ph.)

— das Handwerkergesetz vom 26. VII. 1897. (Reichs-Gesetzblatt 1897, Nr. 37, S. 668.) Mit Einleitg. u. Bemerkgn. unter besond. Berücksicht. der Ausführungs-Anweisgn. der größeren Bundesstaaten. 8. (XVI, 344 S.) Berlin 902. J. Guttentag. n. 5.—; geb. in Leinw. n. 6.—

Wilhelmi, L. (Red.), s. M o n a t s s c h r i f t für deutsche Beamte.

Wilhelmi, L., u. M. Fürst, das Reichsgesetz, betr. die Gewerbegerichte, vom 29. Juli 1890 erläutert. gr. 8. (XVI, 364 S.) Berlin 891. C. Heymanns Verl. Geb. in Leinw. n. 9. —

Wilhelmi, L., Reichs-Gewerbe-Ordnung, s.: B e r g e r , T. Ph.

Wilhelmi, L.: Offenes S c h r e i b e n an die deutschen Frauen über körperliche Erziehung. Düsseldorf 1871. 16 S.

W i l h e l m i, L. W., Gedächtnißpredigt auf die höchstseel. verw. Frau Herzogin Pauline von Nassau, geb. Prinzessin von Würtemberg. Gehalten am 16. Juli 1856 zu Wiesbaden. gr. 8. (14 S.) Wiesbaden 856, Roth.

(— und **Köhler.**) Leichenfeier des am 26. September 1848 entschlafenen Dr. A. L. Ch. Heydenreich, evangel. Landesbischofs im Herzogth. Nassau. 1. Rede am Grabe gesprochen am 29. Sept. von L. W. W i l h e l m i. — Gedächtnißpredigt gehalten am 18. S. n. Tr. von H. C h r. K ö h l e r. Ebend. 853. gr. 8. (18 S.) n. 2 ngr.

W i l h e l m i, (L. W.), Predigt, gehalten bei dem Antritt des bischöflichen Amtes am 17. Octbr. 1858 in der Kirche zu Wiesbeden. gr. 8. (14 S.) Wiesbaden 858, (Roth.) *

—— Rede am Grabe A. L. C. Heydenreichs, s. L e i c h e n f e i e r 2c.

Wiltelmi, Leo, die Schul-Sparkasse u. ihre Verbreitung. gr. 8. (VI, 60 S.) Leipzig 877. Duncker & Humblot. n. 1. 60

Wilhelmi, Ludov. (geb. Nordenstadt in Hess. 3. 12. 1830): De hydrocephalo infantum. Berolini (1854). (28 S.) 8°
Berlin, Med. Diss. v. 6. Apr. 1854

W i l h e l m i, Ludw., Nenndorf u. seine Heilquellen. Ein aphorist.-medicin. Versuch. 8. (2¾ B.) Hameln 835. (Rinteln, Bösendahl.) *

Wilhelmi, Ldw. Wlh., freimüthige Worte über d. neue preuß Agende, mit besond. Rücksicht auf einige darüber erschienene Schriften. 8. Wiesbad. 824. Ritter. 5 ggr

W i l h e l m i, Ludw. Wilh., Worte d. Trostes f. angefochtene u. bekümmerte Herzen. Vier Predigten. 8. (4½ B.) Wiesbaden 824, (Ritter.)

Willelmi, Luise

—— **und Will. L ö b e, illustrirtes Haushaltungs-Lexicon. Eine Quelle des Wohlstandes für jede Familie. Unter Mitwirkung vieler prakt. Hausfrauen in Nord-, Mittel- und Süddeutschland, sowie Oesterreich und der Schweiz hrsg. Vollständiges Recept-Handbuch für alle Bedürfnisse des Haushaltes in der Stadt und auf dem Lande. Sicherer Rathgeber und bequemes Nachschlagebuch in allen Angelegenheiten des Hauses und der Familie. 31 Lfgn. gr. 8. (1155 S. mit 155 Holzschn.-Taf. und 1190 Text-Illustr.) Straßburg 883, Schultz und Comp.** à Lfg. 40 Pf. geb. *

W i l h e l m i, Louise, und William L ö b e, Haushaltungslexicon, illustrirtes. Eine Quelle des Wohlstandes für jede Familie. Unter Mitwirkung vieler prakt. Hausfrauen in Nord-, Mittel- und Süddeutschland, sowie Oesterreich und der Schweiz hrsg. 2. Aufl. gr. 8. (1155 S. mit 10 Taf. und 1190 Textillustr.) Sraßburg 888, [Schultz und Comp.] Straßburger Druckerei und Verlagsanstalt. ℳ 12.40.; geb. *

Wilhelmi, Luise, u. Will. **Löbe**, illustr. Haushaltungs-Lexicon. Eine Quelle des Wohlstandes f. jede Familie. Unter Mitwirkg. vieler prakt. Hausfrauen in Nord-, Mittel- u. Süddeutschland, sowie Oesterreich u. der Schweiz hrsg. Mit 10 Taf. u. 1190 Text-Illustr. Neue wohlf. Volks-(Titel-)Ausg. 30 Lfgn. gr. 8. (1155 S.) Straßburg 894. Straßburger Druckerei u. Verlagsanstalt. à — 20 (kplt.: 6. —; geb. in Halbfrz. 9. —)

W i l h e l m i, Louise, die musterhafte Oekonomie-Wirthschafterin oder vollständ. Unterricht über den ganzen Umfang des weibl. Wirkungskreises auf dem Lande. Nach vieljähr. Erfahrungen hrsg. gr. 8. (XI und 625 S. mit vielen in den Text gedr. Abbildungen in Holzschn. und 1 Tab. in gr. 4.) Berlin 861, C. Heymann's Verlag. *

W i l h e l m i, Louise, die musterhafte Oekonomie-Wirthschafterin oder vollständ. Unterricht über den ganzen Umfang des weibl. Wirkungskreises auf dem Lande. Nach vieljähr. Erfahrungen hrsg. 2. Aufl. gr. 8. (XI und 625 S. mit vielen in den Text gedr. Abbild. in Holzschn.) Berlin 862, C. Heymann's Verlag. *

W i l h e l m i, Luise, die musterhafte Oekonomie-Wirthschafterin oder vollständ. Unterricht über den ganzen Umfang des weibl. Wirkungskreises auf dem Lande. Nach vieljähr. Erfahrungen hrsg. 3. verb. und verm. Aufl., bearb. von Will. Löbe. 10 Lfgn. gr. 8. (XV, 667 S. mit vielen in den Text gedr. Holzschn.) Straßburg 881,82, Schultz und Comp. à Lfg. 50 Pf.

Wilhelmi, Luise, die musterhafte Oekonomie-Wirthschafterin oder vollständiger Unterricht über den ganzen Umfang des weiblichen Wirkungskreises auf dem Lande. Nach vieljährigen Erfahrungen hrsg. 3., verb. u. verm. Aufl., bearb. von W i l l. L ö b e. Mit vielen in den Text gedr. Holzschn. gr. 8. (XV, 667 S.) Straßburg 882. Schultz & Co. 5. —

*Epos und *Epig. Lyrik von Otto **Wilhelmi**. (Berlin [1893]: F. Cynamon.) (118 S.) 8° [ß.] [07. 8798]

Wilhelmi, P., (Psdn.) Ausflüge nach dem Niederrhein, d. Weser, Holland u. dem Harz, mit Rücksicht auf Berathung angeh. Fußreisenden. (Herausg. v. Karl Chr. Schmieder.) 8. Kassel 823. Bohné. 16 ggr wohlf. A. 825. 12 ggr

W i l h e l m i, R., über Feiertagsheiligung. Eine Beleuchtung des dritten Gebotes. gr. 8. (83 S.) Halle 857, Pfeffer. *

Wilhelmi, Rud., Goethes Faustdichtung. Ein neuer Orig.-Kommentar. (III, 92 S.) gr. 8. Hamburg 908. C. Boysen. 1. 50

WILHELMI, R., D a s G e s c h l e c h t s l e b e n e i n e K u n s t. P h i l o s o p h i s c h e S k i z z e. Berlin 1904. 8°. 97 S. (Mk. 2—.) (1 Mk. Hugo Streisand, Berlin, 1908.)

Wilhelmi, Rud., das Geschlechtsleben eine Kunst. Philosophische Skizze. (103 S.) 8. Berlin (905). P. Speier & Co. n. 2. —

W i l h e l m i, Rud. Der sittliche Mensch aus seinem psychologischen Gesetz entwickelt. Eine gemeinverständl. Darstellg. 8. (127 S.) Lpz. 891, O. Wigand. 1 20

S e i d e , Halbseide und Sammet. Vereinfachte Ketten- u. Schussberechngn f. Organzin, Trame . . . u. Baumwolle nach d. Anzahl Meter Rohmaterial auf 1 gramm m. Berücks. d. Verlustes bei mittelguter Qualität sowie solche f. Restparthien. Verschiedenes. Zsgest. v. Rud. **Wilhelmi**, techn. Lehrer . . . zu Crefeld. Crefeld: W. Greven 1896. (7 Bl.) 1 Bd 8°

W i l h e l m i, S., zum Hausgebrauch. Leicht faßl. Darstellung des Meter-Maßes und vergleich. Zusammenstellung desselben mit dem alten Maße. 8. (16 S.) Berlin 872, Thiele. *

Wilhelmi, Sam., Marienburgische Chronik 1696—1726. Hrsg. v. R. Toeppen. 1. u. 2. Tl. 8. (148 S.) Marienburg 898. L. Giesow. à — 75

.ilhelmi, Steph. Ad., kurze statistische Uebersicht des Fürstenthumes Walachei. 8. (3⅛ B.) Kronstadt 842, (Németh.) *

Wilhelmi, Th., die Heilanstalt für arme Augenkranke zu Leipzig, s. Coccius, E. A.

Wilhelmi, Thdr., vergleichende Zusammenstellung der königlich saechsischen Strafgesetze von 1838 u. 1855 mit einigen verweisenden und erläuternden Bemerkungen zum Handgebrauche. Leipzig 856. Hirschfeld. gr. 8. (XII, 340 S.) 1 ₰. 6 ngr.

Wilhelmi, Theod. Orthob. Ern., de decima liciti parte in necessaria subhastat. extra creditor. concursum ex praecepto ordin. proc. Sax. recogn. ad tit. XXXIX. §. 17. commissa. Dissert. inaug. jurid. 4maj. (5¼ B.) Lipsiae 837, (T. O. Weigel.) *

Wilhelmi, Therese, das erste Kochbuch. Kochbuch f. junge Frauen u. Mädchen m. 400 Kochvorschriften. 2. Aufl. (186 S.) 8. Jena (910). Akadem. Buchh. Raßmann. Geb. in Leinw. 1. 50

Wilhelmil, Therese, das erste Kochbuch im jungen Haushalt. Kochbuch f. junge Frauen u. Mädchen m. 377 Kochvorschriften. 1.—3. Tauf. 12. (330 S.) Frankfurt a/M. 896. Jaeger's Verl. Geb. in Leinw. u. Celluloid n. 2. 40

Wilhelmi, W., Oberst-Lieut. im k. k. Marine-Zeugs-Corps: Geschützwirkung gegen Eisen. Separatabdruck aus dem „Archiv für Seewesen". 8. (Wien 1868.)

—— der rothe Kapitain, der Pirat und Sclavenhändler, s. Bibliothek interessanter Erzählungen.

Wilhelmi, W., pathologia ad usus academicos. 8. maj. Freyburg, Wagner. 779.

Wilhelmi, W.: Vergleichung der Krupp'schen Rücklader und der Armstrong'schen Vorderlader, mit Rücksicht auf deren Verwendung zur See. Separatabdruck aus dem „Archiv für Seewesen". (Als Fortsetzung des Artikels: „Geschützwirkung gegen Eisen".) gr. 8. Wien 1868.

Wilhelmi, Wilh., de modo irreali, qui vocatur. gr. 4. (23 S.) Marburg 881. Elwert's Verl. n. 1. 20

Wilhelmi-Grimm, Auguste, s. Wilhelmi

Wilhelmil, Therese, s. Wilhelmi

Wilhelmina, Königin Philippa, siehe: Ausland, das romantische, 55—69. Bd. — Bibliothek, Europäische, 325—329 u. 375. Bd.

— die Familie Skytte, siehe: Bibliothek, Europäische, 662 u. 663. Bd. — Lese-Cabinet, belletristisches, 534—537. Lfg.

Wilhelmine, **ou la Révolution de la Hollande. gr. 4. Berl. ... Rottmann. 8 ₰ Schreibp. 12 ₰**

— od. die reiche Frau in Amerika. 8. Kopenh. 762. Proft. 10 ₰

Wilhelmine oder der vermählte Pedant. Ein prosaisches comisches Gedicht. O. O. 1764. V: *Thümmel, Moritz August von.* (MGT) (Ky) (Mp) (GGr) (Deutsche Litt.-Denkm. Bd. 1.)

— — dass. ins Franz. übers. v. Huber. m. K. u. Vign. 8. Lpz. Weidmann. 769.

— e. prosaisch-komisches Gedicht, v. M. A. v. Thümmel. 8. Lpz. Weidmann. 773.

Wilhelmine; e. Schspl. in 1 Akt (von Fr. Wlh. Gli. Wetzel). 8. Bayr. 775.

Wilhelmine. Ein Schauspiel in einem Aufzuge. Gera 1775. V: *Wetzel, Friedrich Wilhelm Glieb.* (Mn) »Bayreuth 1775« (Ky)

Wilhelmine oder der Weg der Treue. Komödie in fünf A. Hamb. 1775. V: *Rathlef, Ernst Lorenz Mich.* (GGr) (Ky)

— od. d. Sieg d. Treue. Lustsp. 8. Hamb. Gleditsch. 775.

— Schspl. 8. Gera 776. Rothe. 3 ₰

Wilhelmine, ein prosaisch-kom. Gedicht (v. M. A. v. Thümmel) 8. Wien 776. (Heubner). 12 ₰ dass. ins Franzöf. übers. von Huber. 8. Ebd. 781. (Ebd.) 12 ₰

Wilhelmine, ein prosaisch-komisches Gedicht, von M. A. von Thümmel, mit Kupf 8. Leipzig, 777. Weidmanns. 1 Rthl.
Dasselbe Buch ohne Kupf. 8. Das. 773. Dies. 5 sgl.

— — dass. übers. v. Huber. 8. Wien, Camesina. 781.

Wilhelmine oder die lange Verheelung. Ein Schauspiel in vier Akten. Von L. K. Altona. 1783.

— oder die lange Verhehlung. Schspl. gr. 8. Altona 783. Hellmann. 4 ₰

Wilhelmine ein Roman. Leipzig 1784. V: *Kern, Samuel.* (Ky) (MGT)

— eine Geschichte in Briefen, 8. Daselbst, 786. Barth. 25 sgl.

— — Eine Geschichte in (zahmen) Briefen. Leipzig, bey Joh. Phil. Haugs Wwe., 1786. 8°. Tit. u. 369 SS.

— eine Geschichte in Briefen. 8. Leipz. 786. Proft. 20 ₰

— eine Geschichte von J. F. Jünger, 2 Theile, 8. Berlin, 795/96. Lagarde. 1 Rthl. 10 sgl.

Wilhelmine. Ein prosaisch-komisches Gedicht.

— — dass. ohne K. n. Velinp. 8. Wien, Degen. 803.

Wilhelmine, oder die Folgen des Leichtsinns. 8. Leipz. 807. Joachim.

Wilhelmine die Allgeliebte Allbeweinte für Hessens Wohl zu früh verschieden. [Darmstadt 1836.] V: *Kehrein, Joseph.* (HS)

Wilhelmine von Blondheim, Briefe an Hrn K. in L. die Seylerische Bühne in Dresden betreffend. Dresden 1775. V: *Grossmann, Gustav Friedrich Wilhelm.* (Ky) (Ml) (Mn)

Wilhelmine von Blondheim, ein Trauerspiel in drei Aufzügen. Gotha 1775. V: *Grossmann, Gustav Friedrich Wilhelm.* (GGr) (JL) (Rotermund, Gel. Hannover. Bremen 1823.) (Cat. d. Stadtbibl. Zürich. Zürich 1864—97.)

Wilhelmine von Rosen. Leipzig 1802. V: *Bilderbeck, Ludwig Franz Freih. von.* (MGT)

Wilhelmine von Rosen

Wilhelmine von Rosen. Von dem Verf. der Urne im einsamen Thale. Bdchn 1.2. 1803

s.a. Bilderbeck, Ludwig Benedict Franz B^on^ von [Verf.]

Wilhelmine von Rosen, von dem Verfasser der Urne im einsamen Thal. Leipzig 1802—1803. Nachdruck. Berlin u. Leipzig 1806. V: *Bilderbeck, Ludwig Franz Freiherr.* (BGE VII³, 534)

Wilhelmine, das Schweizermädchen oder das Naturmal. Berlin 1796. V: *Siede, Johann Christian.* (BGE VII³, 438)

— d. Schweizermädchen, od. d. Naturmahl; e. wahre Gesch. 2 Thle. (h. u. d. Tit.: Wilhelmine Sterner, od. d. braune Maal. 2 Thle.) 8. Berl. Schöne. 796.

— das Schweizermädchen, oder das Naturmaal, 2 Theile, mit 1 Kupf. 8. Daselbst, 797. Schöne. 1 Rthl. 20 sgl.

Wilhelmine, das Schweizermädchen, oder das Naturmahl. 2 Theile. Neue Ausg. 8. Berlin, Schöne. 820.

Wilhelmine Markgräfin von Bayreuth
s. Friederike Sophie Wilhelmine Markgräfin von Bayreuth

[Wilhelmine Friederike Sophie], Markgräfin von Bayreuth: Denkwürdigkeiten. Hrsg. von Johannes Armbruster u. d. T.: Eine preußische Königstochter. Ebenhausen b. München 1910

Wilhelmine, der Markgräfin v. Bayreuth, Memoiren. (Der französ. Text nach der braunschweig. Ausg. v. 1810 durch Annette Kolb neu übertr.) 2 Bde. (XI, 291 u. 314 S. m. 3 Bildnissen.) 8. Leipzig 910. Insel-Verlag. 10.—; geb. in Leinw. 14.—; in Halbldr. 16.—

Wilhelmine von Oranien. Die Erinnerungen der Prinzessin ..... an den Hof Friedrich des Grossen (1751—1767). Von Gustav Berthold **Volz**. (Aus:) „Quellen u. Untersuchungen zur Geschichte des Hauses Hohenzollern." 7. Band. 8. Berlin 1903.

Wilhelmine, die Brüder Stalkrona, s. Lese-Cabinet, neuestes belletristisches.

Wilhelminens Ehestand, eine wahrhafte Geschichte, 8. Leipzig, (Anspach) 780. (Haueisen.) 5 sgl.

Wilhelminens Nachlaß. Ein Buch f. Mütter u. Töchter. 8. Marburg 819. Krieger. 20 Ƙ

Wilhelminens Stammbuch, od. kleine Gallerie schöner u. großer Gedanken üb. Freundschaft, Liebe, Hoffnung u. Menschenleben. Zur Bildung d. Geistes u. Herzens. 12. (3 B.) Nördlingen 833, Beck.

Wilhelmischen-Mannsstammes, Von d. Erlöschung des . . ., s. Veränderung.

Wilhelm's. —, s. Wilhelm. —

Wilhelms, Albert, Gerichtsrefer.: Der Scheinkaufmann. § 5 HGB. Borna-Leipzig 1909: Noske. VI, 50 S. 8°
Leipzig, Jur. Diss. v. 17. Febr. 1909
[Geb. 1. Juli 82 Bommern; Wohnort: Dortmund; Staatsangeh.: Preußen; Vorbildung: Realgymn. Quakenbrück Reife M. 02; Studium: Göttingen 4, Bonn 4 S.; Rig. 5. Jan. 07.] [U 09. 2710

Wilhelms, Karl

Wilhelms, Car. (geb. Eschweiler im Rheinl. 1835): De uteri flexionibus. Berolini (1859). (32 S.) 8°
Berlin, Med. Diss. v. 14. Juli 1859

Wilhelms, Otto, aus Arnsberg i. W.: Über Peroxydbildung beim Eisen und Chrom. *Göttingen 1902: E. A. Huth.* (69 S.) 8°
Göttingen, Phil. Diss. v. [28. Febr.] 1903

Wilhelms, Otto, über Peroxydbildung beim Eisen u. Chrom. Diss. (71 S.) gr. 8. Göttingen 902. (Vandenhoeck & Ruprecht.) n. 1.40

Wilhelms, Petrus (geb. Eschweiler 1. 10. 1831): De calculis biliariis. Berolini (1858). (32 S.) 8°
Berlin, Med. Diss. v. 18. Aug. 1858

Wilhelms, Rob., d. Waarenhäuser u. ihre Bekämpfg. gr. 8. (12 S.) Strassburg 898. Schlesier & Schweikhardt. — 30

Wilhelmsbad, das, bei Hanau. Eine localgeschichtl. Darstellung seiner Entstehung und seiner Zustände von ehemals und jetzt. gr. 16. (127 S.) Hanau 862, König's Verlag. *

Wilhelmsdorf [Sachl. OW]

Wilhelmsdorf, Die Arbeiterkolonie, s. Arbeiterkolonie

Wilhelmsdorf [Schlagwort]

Wilhelmsdorf, s.: Geognostische Karten (Württemberg).

Wilhelmshafen [Sachl. OW]

Wilhelmshaven, s.a. Woerl's Reisehandbücher.

Wilhelmshaven. Mit 2 Plänen (auf 1 lith. Taf. in qu. Fol.) [Aus den „militär. Blättern."] Berlin 869. Exped. der militär. Blätter. gr. 8. (20 S.) n. 10 *ngr.*

—— Ein Gedenkblatt an die Einweihung des ersten deutschen Kriegshafens an der Jade durch König Wilhelm I. am 17. Juni 1869. 8. (42 S.) Oldenburg 869, Schulze'sche Buchh. Velinpap.

Wilhelmshaven. Führer mit (lith.) Plan. Eine Monographie des deutschen Kriegshafens, der Stadt u. ihrer Umgebung mit der Insel Wangeroog. Hrsg. vom Verschönerungs-Verein. 8. (IV, 72 S.) Wilhelmshaven 880. Schmidt in Comm. cart. n n. 1.50

Wilhelmshaven. Führer durch Wilhelmshaven u. seine Umgebung. (IV, 90 S. m. Abbildgn. u. 1 Plan.) 12. Wilhelmshaven 903. F. Schmidt. n. 1.25

Wilhelmshaven [Schlagwort]

— s. a.: Deutschland. Karte (Abt. Preussen). Übersichtskarte.

— s. a.: **Deutschland. Kürschner-Pelp.** — **Europa. Liebenow.**

Wilhelmshaven-Minden, s. a. Automobilkarten. Automobil-Tourenkarte.

Wilhelmshaven. Pharus-Plan der Stadt Wilhelmshaven-Heppens m. den Vororten Bant u. Neuende. 1 : 11,000. 37,5×52 cm. Farbdr. Nebst Führer. (12 S.) 8. Berlin (910). Wilhelmshaven, R. Jockusch. — 75

Wilhelmshaven. Plan, neuer, der Stadt Wilhelmshaven. 1 : 10,000. 29,5×41,5 cm. Farbdr. Mit Strassenverzeichnis auf der Rückseite. Wilhelmshaven (908). F. Schmidt. n. — 60

— Plan der Stadt Wilhelmshaven. 1 : 10,000. 29×42 cm. Farbdr. Mit Strassenverzeichnis usw. auf der Rückseite. Wilhelmshaven (908). C. Lohse Nachf. — 60

— — von Wilhelmshaven u. Umgebung. 1 : 10,000. 59,5×88,5 cm. Farbdr. Ebd. (908). 2. —

Wilhelmshaven. Wegekarte Wilhelmshaven-Oldenburg. 1 : 100,000. 47,5×50 cm. Wilhelmshaven (901). Gebr. Ladewigs. Auf Leinw. n. 2. —

Wilhelmshöhe [Sachl. OW]

Wilhelmshöhe oder Der Winterkasten. Sommerstudien vom Kasseler Spaziergänger. Kassel 1899. V: *Bennecke, Wilh.* (Berl)

Wilhelmshöhe od. Der Winterkasten Sommerstudien vom Kasseler Spaziergänger. gr. 16. (IV, 140 S.) Kassel 899. E. Hühn. n.n. — 75

Wilhelmshöhe [Schlagwort]

Wilhelmshöhe, s. a. Geologische Karten. Karte (Preussen.) — Kassel.

Wilhelmshöhe. Karte v. Wilhelmshöhe u. Habichtswald m. Höhenbezeichnungen. 1 : 13,300. Chromolith. qu. Fol. Cassel 889. Brunnemann. n. — 50

Plan

— — neuester farbiger, v. Wilhelmshöhe u. Umgebg. 1:9000. Chromolith Fol. Cassel 886. Brunnemann. n. — 50

— Plan, neuester colorirter, v. Wilhelmshöhe u. Habichtswald m. Höhenbezeichnungen. 1:18,300. Lith qu. Fol. Cassel 887. Kegel. n. — 25

Schloss Wilhelmsthal bei Cassel. Hannover. Fol.

Wilhelmus, historischer Katechismus, oder geschichtl. Darstellung und gründl. Erklärung des kathol. Glaubens und Lebens, in Fragen und Antworten. 8. (IV und 156 S.) Crefeld 851, Gehrich und Comp. *

Wilhelmus, katholischer Katechismus für Landschulen und die mittleren Klassen der Stadtschulen, nach dem histor. Katechismus bearb. 8. (III und 76 S.) Crefeld 854, Gehrich und Comp. *

Wilhelmus, A.

Wilhelmus, A.: Folgen ärztlicher Sprechstunde, s.a. Heidelmanns, A., Theaterbiblioth.

Folgen ärztlicher Sprechstunde. Lustsp. in 3 Akten von A. Wilhelmus. *Bonn: A. Heidelmann [1900].* (23 S.) 8° [F.]
= Theaterbibliothek, A. Heidelmann's. H. 20. [01. 1010]

Wilhelmus, A., Club der Harmlosen, s. a. Heidelmanns, A., Theaterbiblioth.

Club der Harmlosen. Posse in 2 Akten von A. Wilhelmus. *Bonn: A. Heidelmann [1900].* (12 S.) 8° [F.]
= Theaterbibliothek, A. Heidelmann's. H. 11. [01. 1001]

— Original-Postkarten-Grüsse. Mit Kartengrüssen f. alle festl. Gelegenheiten. gr. 16. (80 S.) Bonn 900. A. Heidelmann. n. — 20

Wilhelmy. Denkschrift betreffend die Classificationstarife zur anderweiten Regelung der Grundsteuer im Regierungsbezirke Cassel. fol. s. l. s. a.

Wilhelmy, A.

— ihr einziger Sohn. 12. (96 S.) Ebd. 896. n. — 50

Wilhelmy, A., Irmingart v. Traunstein. Histor. Erzählg. aus der Reformationszeit. gr. 8. (156 S.) Bremen 899. Verlag des Tractathauses. Geb. in Leinw. 1. 50

Wilhelmy, A., wie Ludwig das Mogeln verlernte, s.: Kornblumen.

Wilhelmy, Alexander [app. Arzt aus Langenschwalbach, Prov. Hessen-Nassau]: Beitrag zur Lehre von den Cylindromen ... Berlin, Mayer & Müller, 1894; 23 S. 8.
Freiburg i. B., Med. Fak., Inaug.-Diss. v. 1894

Wilhelmy. Bruno [aus Görlitz]: Die Bakterienflora einiger Fleischextrakte und verwandter Präparate. Mit 3 Tafeln. (S.-A. aus d. „Arbeiten a. d. bakteriolog. Institut der techn. Hochschule in Carlsruhe". Bd. 3.) Wiesbaden 1903. 42 S. 8°. [14. V. 03.]
Bern, Phil. Diss. 1903/1904.

Wilhelmy, Bruno. Die Bakterienflora einiger Fleischextracte und verwandter Präparate. Diss. Phil. Bern. Mit 3 Tafeln. ([Sep.-Abdr. aus:] Arbeiten [aus dem bacteriologischen Institut der technischen Hochschule zu Karlsruhe. Hrg. von Ludwig] Klein u[nd Walther] Migula. Band 3. [Heft 1.]) II + 42 S. 8. (Wiesbaden, Otto Nemnich, 1903.)

China, Land u. Leute. Ill. Geschichte d. Reiches d. Mitte von Dr. phil. Emil **Wilhelmy**. Nebst Beiträgen von ... Mit 418 Text-Ill. u. 8 Kunstbl. Berlin: W. Herlet 1904. (X, 704 S.) 8° [F.] [07. 16595]

Wilhelmy, Ernst [aus Langenschwalbach]: Ein Fall von schwerem Tetanus mit Ausgang in Heilung ... Erlangen, Druck v. A. Vollrath's k. b. Hofbuchdr., 1892; 32 S. 8.
Erlangen, Med. Fak., Inaug.-Diss. v. 26. Febr. 1892

Wilhelmy, Frz., Zinkblech-Ornamentenfabrikation u. Kupfertreibarbeiten. I. Tl. Die Zinkblech-Ornamentfabrikation. II. Tl. Die Kupfertreibarbeiten. Ein Hilfs- u. Nachschlagebuch f. jeden Klempner. (III, 112 S. m. Abbildgn.) gr. 8. Leipzig 906. F. Stoll jr. Geb. in Leinw. 2. 80

Wilhelmy, Ludw., Zur physikalischen Begründung der Physiologie und Psychologie. gr. 8. (VI und 90 S.) Heidelberg 852, [C. Groos.] *

Wilhelmy, Ludw. Ueber das Gesetz, nach welchem die Einwirkung der Säuren auf den Rohrzucker stattfindet, s. a. Klassiker der exakten Wissenschaften.

Wilhelmy, Ludw., üb. das Gesetz, nach welchem die Einwirkung der Säuren auf den Rohrzucker stattfindet, s. a. Ostwald's, W., Klassiker der exakten Wissenschaften.

WILHELMY, L.
Ueber das Gesetz nach welchem die Einwirkung der Säuren auf den Rohrzucker stattfindet (1850). Herausgegeben von W. Ostwald. Leipzig, 1891. 8vo. III.
Ostwald's Klassiker der exakten Wissenschaften.

Wilhelmy, Ludw., Versuch einer mathematisch-physikalischen Wärme-Theorie. gr. 8. (116 S. und 2 Stnt.) Heidelberg 851, Akademische Anstalt für Literatur und Kunst. *

Wilhelmy, Th., über die Zusammenlegung der Grundstücke in der preußischen Rheinprovinz, verbunden mit einer Darstellung der nassauischen Consolidationen und der preuß. Special-Separationen. gr. 8. (VI und 98 S. mit 5 lithogr. Charten in qu. gr. 4. und gr. Fol.) Berlin 856, G. Reimer. *

Wilhelms Tagebuch, oder das seltene Dorfmädchen. A. u. d. T.: geheime Geständnisse. 8. Leipz. 803. Joachim. 16 gr.

Wilhelms Tagebuch, od. d. seltene Dorfmädchen, m. K. 8. Prag, Polt. (Joachim in Lpz.) 803.

Wilhermsdörfer, Samuel [app. Arzt aus Ansbach]: **Ein Beitrag** zur Casuistik der Parotisgeschwulste ... München, *Druck v. C. Brügel u. Sohn in Ansbach*, 1891; 31 S. 8°
München, Med. Fak., Inaug.-Diss. v. 1891

Wilholz, Laurenz [Hrsg.], s. Arbeiterschutz

Wiljakainen, K. (Anonym): Die die berauschenden Getränke berührenden Erlasse und deren Erneuerung. 1 Bd. 24 S. 12°. Tampere. 1897.

— Zur Frage der berauschenden Getränke. Gutachten und Hoffnungen in Anleitung des Landtages 1900. 1 Bd. 26 S. Gr. 8° Helsingfors. 1899.

— Zur Frage der berauschenden Getränke. Einige Gutachten und Hoffnungen in der Anleitung des Landtages 1900. 1 Bd. 28 S. Helsingfors. 1900.

Wilibald u. Hugo v. Stadeck, genannt die Stürmer; eine Ritter- u. Geistergeschichte aus d. 13n Jahrhund. Mit 1 Titelkupf. 8. Manh. 802. 3e A. 832. Löffler. Velinp. 1 Thlr 6 gr

Wilibald, Leben des heil. Bonifazius, s. Geschichtschreiber, die, der deutschen Vorzeit.

Wilibald. Leben des h. Bonifazius von W., der h. Leoba von Rudolf von Fulda, des Abtes Sturmi von Eigil, des h. Lebuin von Hucbald (von S. Amand). Nach den Ausgaben der Monumenta Germaniae übersetzt von Dr. Wilhelm Arndt. 8. Berlin 1863.
Die Geschichtschreiber der deutschen Vorzeit ... VIII Jahrhundert. Band 2.

— Sterner, od. das braune Mal, (von Jh. Chr. Siede). 2 Thle. 8. Berl. 792. Dann unt. d. T.: Wilhelmine, das Schwärmermädchen, od. das Naturmal. 2 Bde. 8. Ebd. 796. N. A. 820. Schöne. 1 Thlr 16 gr

Wilibald, s.a. Willibald.

Wilibald, d. Hypochondrist, s. Hypochondrist.

Wilibald, A. S., s. Perlen f. Jungfrauen.

Wilibald Alexis, s. Alexis.

Wilibald, D., kleines Treiben aus einer kleinen Stadt. Roman. 8. (332 S.) Leipzig 869, Grunow.

Wilibald, Ernst [Pseud.]

Wilibald, Er., (Psdn.), italienisch-deutsche Historien. 1r Thl. Adelheid v. Burgund. 8. Dresd. 794. (Leipz., Naud). 16 gr

Wilibald, Ernst, burgund. Geheimschreiber, italienisch-deutsche Historien, 1r Theil mit 1 Kupf. 8. Dresden, 794. Richter. 25 sgl.

Wilibald, F., der Hahn mit neun Hühnern. Eine kuriose Geschichte. 16. (109 S.) Leipzig 873, Literatur-Büreau. *

WILIBALD, F. (ps.), Der Hahn mit neun Hühnern. Eine kuriose Geschichte. Leipzig, Verlags-Anstalt (187*). 12°. (1 Mk., Fischhaber, Kühl &c., vor 1885.)
Zahm. Mit pikant. Titelumschlag. — Weller, Lex. Ps. p. 612.

Wilibald, (Hnr. Siegm. v. Zeschau), († d. 31. Juli 1871.) Jehovablumen. Eine Samml. poet. u. prosaischer Versuche. 1r Kranz. 12. Leipz. 819. Leo. 1 Thlr

Wilibald's, W. (Fr. Wilibald Wulff), poetische Schriften. 1. Thl. A. u. d. T.: Gedichte. 2. Aufl. 1858. und 3. Aufl. 16. (XII und 267 S.) Altona 859, Verlags-Büreau. *

— dass. — 2. Thl. A. u. d. T.: Neuere Gedichte. 1. Aufl. 1858. und 2. Aufl. 16. (XII und 260 S.) Ebendas. 859. *

Wilibalds, Ansichten d. Lebens; **e. Roman in 4 Abthl. v. C.** Wagner. 2 Bde. 8. **Hildburgshausen, Hanisch.** 809.

Wilibalds Ansichten des Lebens, von C. Wagner. 2 Thle. Neue Ausg. 8. Leipzig, G. Fleischer. 818.

Wilibalds neue Ansichten des Lebens. 8. Gießen 807. Tasché. 1 Thlr

Willigut, Karl Maria (Lobesam), Seyfrieds Runen (Rabensteinsage). (81 S.) gr. 8. Wien 903. F. Schalk. 2. —

Wilike: Demonstratur brevi disputatione, quid elocutio. Juvenalis a Persiana differat. 18 S. — Stendal, Progr. 1869.

Wilip, J., spectroskopische Untersuchungen, s.: Galitzin, Fürst B.

Wilisch, C. F.

— arcana Bibliothecae Annabergensis. 8. Lips. 730.

Wilisch, C. F., de verendis martyrum sanctorum catacombis. Altenb. 1718. f.

— delineatio historiae catecheticae. Ibid. 1718. 4.

— katechetische Einleitung z. Bibellesen. 8. Hamb. Wörner. 762.

Wilisch, C. F., de fasciis Christi. Altenb. 1715 f.

— index Bibliothecae gymnasii Altenburgici, cum Appendice. 8. Altenb. 721.

Wilisch, C. F., de lucernis sepulcralibus. Altenb. 1715. fol.

Wilisch, C. F., syllabus auctorum catecheticorum. Altenb. 1717. 4.

Wilisch, C. G., de prima currendae et chori symphoniaci institutione. Dresd. 1735. 4.

— Iubila Altenburgensia. 4. Altenb. 718.

Wilisch, C. G., *Naïδια* vett. s. de aediculis portatilibus I—II. Lips. 1716—17. 4.

***Wilisch*, Chr. Fr., († d. 2. Jan. 1759.), s. *Biblia* parallela. (Freiberg).**

Christ. Frid. Wilisch de medicis praestantissima literarum elegantiorum laude illustribus. Annaberg. 1709. f.

Wilischii, M. Chr. Frid., diss. de precibus angelorum pro nobis. Lips. 723. 4.

Wilisch, Christian Friedrich [Praes.], s. Goetze, Daniel: בני חלדים seu filii Levitarum.

Wilisch, Christian Friedrich [Praes.], s. Jungwirth, Gottlob Friedrich Christoph: De lite super revocandis locis bello Georgiano acquisitis contra Norimbergenses a principe electore Palatino-Bavarico nuper reassumta.

Wilisch, Christian Friedrich [Praes.], s. Klügel, Gottlob Christ.: De commissis fraudatorum vectigalium causa.

Wilisch, Christian Friedrich [Praes.], s. Opitz, Paul Ferdinand: De tumultu ac seditione praesertim ex novissimo mandato electorali Saxonico.

Wilisch, Christian Friedrich (Dresden) A. S. 576/11

Dissertatio inauguralis de primogenitura sine consensu superioris ordinata.
Präs. Johann Gottfried Bauer.
Leipzig (Breitkopf) 3. V. 1753. 46 S.

W. v.: Präs. 36761

Wilisch, Christian Friedrich [Praes.], s. Thalwitzer, August Hieronymus: De diversa officiorum civilium et vasallitico-rum ratione.

Wilisch, Christian Gottfried (Liebstadt) A. S. 331/26

Disputatio inauguralis juridica de testamento in diversis judiciis insinuato, occasione l. 4. ff. de his, quae in testamento delentur.
Präs. Johann Philipp Streit.
Erfurt (Grosch) 1. VIII. 1718. 11 S. 36764

Willsch, Chr. Goth., Bericht der Krampfsucht oder spasmodischen Krankheit, so in unterschiedenen Orten unseres Vaterlandes im vergangenen Jahre sich ereignet. Pirna. 4°.

1717

Chr. Goth. Wilisch biblische Holzgeschichte; göttliche Anordnungen, den Gebrauch des Feuerholzes betreffend. Leipz. 1761. 4.

Wilisch, Christian Gotthard (Liebstadt) A. S. 1255/3

Dissertatio medica inauguralis de igne per ignem extinguendo sive de praestanti camphorae usu in febribus acutis. Präs. Johann Heinrich Heucher.
Wittenberg (Kreusig) 4. X. 1712. 36 S.
36763

Wilisch, Christian Gotthard A. S. 1115/37

Ignorantia anatomicorum.
Präs. Johann Heinrich Heucher.
Wittenberg (Kreusig) IX. 1710. 16 Bl.
36762

Wilisch, Christian Gotthold

— Abhandl. von den Bemühungen d. Poeten d. Geschichte alter u. neuer Zeiten, unter allen Völkern ꝛc. Nebst e. Vorrede von denen zur Geschichtskunde d. Morgenländer aus den ältesten Zeiten gehörigen Gedichten u. Gesängen, u. Anh., Johann Tuberinus, latein. Gedicht auf d. Einweihung Joh. v. Schleinitz zum Bischof v. Meißen im J. 1518. 4. Leipz. 760. Gollner.

Wilisch, Christian Gotthold [Praes.], s. Beyer, Justus Israel: Numina jureconsultis olim sacra e veteri gentium memoria edisseret.

— Etwas zum Andenken d. St. Nicolaikirche in Freiberg; nebst ausführl. Nachrichten von d. S. Nicolao u. andern berühmten Männern, so diesen Namen geführt ꝛc. 6 Theilchen. 4. Annaberg 752. (Leipz., Junius). 6 gr

Wilisch, Chr. Gtthld., († nach 1760.) Geheimniß von d. Kraft u. Ausbreitung des Evangelii. 4. Leipz. 760. Gollner. 2 gr

— Kirchenhistorie d. Stadt Freyberg. 4. Leipz. Junius. 737.

— v. hoh. u. verdient. Männern, welche d. Namen Nicolaus geführt haben. 5 St. 4. Ebend. 755.

— Passions- u. Osterandachten unter d. Kreuze u. bei dem offenen Grabe Jesu. 8. Leipz. 756. Junius. 6 gr

— typologia in exemplis, d. i. 5 vorbildmäß. Geschichten des alten Bundes. 4. Leipz. 759. Junius. 6 gr

Wilisch, Christian Gottlieb (Liebstadt) A. S. 835/6

Dissertatio inauguralis juridica, de iudicis incompetentis competentia ex causae continentia.
Präs. Johann Heinrich Meier.
Erfurt (Grosch) 24. IX. 1721. 32 S. 36765

Wilisch, Chrn. Louis, Christus allein giebt wahres, ewiges Leben. Predigt am 2. Osterfeiertage 1851 zu Großenhain gehalten. gr. 8. (16 S.) Dresden 854, Naumann. *

Wilisch, Chrn. Louis, Friedensstimmen aus dem Gotteshause. Eine Sammlung Predigten für alle Sonn- u. Festtage des Jahres. 2 Abthlgn. gr. 8. (1. Abth. XII u. 306 S.) Großenhain 850, Bornemann. 1½ ₰

Wilisch, E.

—— Johannisnacht. Romantisches Märchen in 1 Aufzuge. 12. (28 S.) Ebd. 889. — 60

Wilisch, E., der letzte Ritter vom Oybin. Eine Erzählung in Versen. gr. 16. (71 S.) Zittau 879. Schaeffer. n. 1. —; geb. m. Goldschn. n. 2. —

Wilisch, E., der letzte Ritter v. Oybin. Eine Erzählg. in Versen. 2. veränd. Aufl. (80 S. m. 1 Abbildg.) kl. 8. Zittau (909). A. Graun. (Firma erloschen.) 1. —

Wilisch, Erich Gustav

Wilisch, Erich G. Beiträge zur inneren Geschichte des alten Korinth. I. 4 (34 S.). **Progr.** G. *Zittau* 1887 (509
A. Verfassung. B. Bevölkerung.

Wilisch, (Erich), Prof. Dr.: Beiträge zur Geschichte des alten Korinth. 2. (A. Handel. B. Wehrkraft.) *Zittau 1901: R. Menzel.* (S. 3–48.) 4° ¶ (Forts. d. P-Beil. 1887: Beiträge zur inneren Gesch. d. alten Korinth.)
Zittau, G, OP 1901 (593)

Wilisch, E. G., drei Erzählungen aus dem griechischen Alterthume für reifere Schüler der Gymnasien und Freunde class. Bildung. gr. 16. (81 S.) Leipzig 874, Teubner. cart.

— über die Fragmente d. Epikers Eumelos. gr. 8. (41 S.) Zittau 875. (Leipzig, Teubner.) 1. 20

*Wilisch, Erich [Gustav] Zur Geschichte des Wortes „Kammer". S. 3–14. 8.
Zur Gedachtnisfeier mehrerer hochverdient. Männer Gymn. *Zittau* 1902. **Progr.**

Wilisch, Erich [Prof. Dr.]: Geschichte Korinths von den Perserkriegen bis zum dreissigjährigen Frieden. Zittau, Druck v. R. Menzel, 1896; 3–46 S. 4.
Zittau, G, OP 1896 (557)

Wilisch, Erich Gustav: Gymnasium und Kunstarchäologie. 8°
(S. 3–12.) Z. Gedächtnisfeier für Ph. F. A. Just. G. Zittau 1890.
Nicht im Tauschverkehr
Progr.

Wilisch, E. Gymnasium u. Kunstarchäologie. Rede. gr. 8. (12 S.) Zittau 890. (Oliva). — 30

Wilisch, Erich, der Kampf um das Schlachtfeld im Teutoburger Walde. Eine Säkularbetrachtg. Mit 9 (eingedr.) Kartenskizzen. (33 S.) Lex. 8. Leipzig 909. B. G. Teubner. 1. —
Sonderabdruck aus: „Neue Jahrbb. f. d. klass. Altert., Gesch. u. deut. Lit."

—— das indirecte Reflexivpronomen in Xenophon's Anabasis und Hellenica. gr. 8. (10 S.) Zittau 875. (Berlin, Calvary und Comp.) *

Wilisch, Erich Gustav: Aus dem Reisetagebuch eines Zittauer [illegible] aus dem Ende des vorigen Jahrhunderts.
[illegible] S. 3–12.
Zur Gedächtnisfeier [illegible] Männer. G. Zittau 1899.
Nicht im Tauschverkehr
Progr.

*Wilisch, Erich Gustav: Das Stammbuch des späteren Pastor Primarius von Zittau Johann Gottfried Haentschel. S. 3–16. 8.
Zur Gedächtnisfeier der durch Begründung milder Stiftungen [illegible] hochverdient. Männer. G[y]mn. Zittau 1905.
Progr.

—— Die altkorinthische Thonindustrie, s. Beiträge zur Kunstgeschichte.

Wilisch, E. Die altkorinthische Thonindustrie. (Beiträge zur Kunstgeschichte. Neue Folge 15.) Leipzig 1892. 8°.

—— griechisches Vocabularium zum Auswendiglernen für mittlere Gymnasialclassen. 8. (39 S.) (Ebendas.) 877. *

Wilisch, E., zur Vorgeschichte des Oybin. gr. 8. (4 S. m. 2 Taf.) Zittau 897. (A. Graun.) n. — 40

Wilisch, E. G., s. Wilisch, Erich Gustav

Wilisch, F. M., die Weckstimme des Herrn zu treuer Arbeit an dem Liebeswerke der evangelischen Gustav-Adolph-Stiftung. Predigt am 23. Sonntage nach Trin. 1860 über Ev. Joh. 4, V. 34—36 in der Stadtkirche zu Geithain gehalten. gr. 8. (12 S.) Rochlitz 860. (Leipzig, H. Fritzsche.) **

Wilisch, Feodor, Schmalkalden u. seine Umgebungen. Unter güt. Mitwirkg. mehrerer Sachverständiger bearb. u. hrsg. 8. (45 S. m. 1 Chromolith. u. 1 lith. Karte.) Schmalkalden 884. Wilisch. geb. n. 1. —

Wilisch, Friedrich Gottlieb A. S. 112/15

Dissertatio inauguralis de arrha a sponsae heredibus restituenda Von Erstattung des Mahlschatzes nach der Braut Tode ad l. III. cod. de sponsal. et arrhis.
Präs. Christoph Ludwig Crell.
Wittenberg (Scheffler) 12. X. 1753. 46 S.
36766

Wilisch, G. G., von d. ehemal. St.-Annenbrüderschaft. Ausab. 1723. 4.

Wilisch, Heinr. Otto, mein Glaube bei des Glaubens Wirren. Eine Reformationsgabe zum 31. Octbr. 1846. gr. 8. (1 B.) Verlags-Compt. Thlr.

—— Morgenweihe vor der Abendmahlsfeier. Eine Sängergabe, frommen Abendmahlsgenossen dargeboten. 8. (1 1/8 B.) Dresden 841, Gottschalck. *

Wilisch, J. Chr., einige Nachrichten von Oederan. 4. Frberg 800. Craz u. G. 3 ₰

Willsch, Otto: Über die chirurgische Behandlung der puerperalen, der postoperativen und der gonorrhoïschen Peritonitis. *Leipzig 1901: O. Schmidt.* (72 S.) 8°
Leipzig, Med. Diss. v. (1. Mai) 1901

Wilk, E., Anweisung zur Geometrie der Mittelschule v. E. Wilk u. E. Haase. 1. u. 2. Tl. gr. 8. Dresden-Blasewitz, Bleyl & Kaemmerer. 3.30; geb. n 4. 10
1. (III, 81 S. m. 112 Fig.) 907. 1.50; geb. n 1. 85
2. (VIII, 104 S. m. 72 Fig.) 908. 1.80; geb. n 2. 25

— Arithmetik u. Algebra f. höhere Mädchenschulen. 1. Tl.: Die 4 Grundoperationen u. Gleichgn. 1. Grades m. 1 Unbekannten. (VIII, 76 S. m. Fig.) gr. 8. Ebd. 911. — 90; geb. n 1. 25

Wilk, E., die Formengemeinschaften — e. Irrweg der Geometriemethodik. (III, 61 S.) gr. 8. Dresden 904. Bleyl & Kaemmerer. n. 1. 20

— Formenkunde f. Volks- u. Mittelschulen. Ausg. I. Anleitung f. Lehrer u. zum Gebrauche in Seminarien. 2. durchgesch. Aufl. (5.—9. Tauf.) (52 S. m. 28 Fig.) gr. 8. Ebd. 906. n. — 80

— dasselbe. Ergebnis- u. Aufgabenheft für die Hand der Schüler. 8., verm. u. verb. Aufl. (13.—20. Tauf.) (39 S. m. 87 Fig.) gr. 8. Ebd. (906). n. — 40

— Formenkunde f. Volks- u. Mittelschulen. Ergebnis- u. Aufgabenheft f. die Hand der Schüler. 5. Aufl. (31.—44. Tauf.) (40 S. m. 87 Fig.) gr. 8. Ebd. (910). — 40

— Geometrie f. höhere Mädchenschulen. 2 Tle. gr. 8. Ebd. 1. 70; geb. 2. 35
1. (f. Klasse IV u. III.) (IV, 62 S. m. 105 Fig.) 909. — 80; geb. n 1. 10
2. (f. Klasse II u. I.) (IV, 83 S. m. Fig.) (910.) — 90; geb. 1. 25

— u. E. Haase, Geometrie der Mittelschule. (IV, 127 S. m. 219 Fig.) gr. 8. Ebd. (906). n. 1. 60; geb. n. 2. —

Wilk, E., Geometrie der Volksschule, s. Pickel, A.

Wilk, E., Geometrie der Volksschule. (Formenlehre.) Neubearbeitung v. A. Pickel's Geometrie. Ausg. II. Ergebnis- u. Aufgabenheft f. die Hand der Schüler. 34.—36. Aufl. (149.—164. Tauf.) (48 S. m. 109 Fig.) gr. 8. Dresden (906). Bleyl & Kaemmerer. n — 40

— Geometrie der Volksschule (Formenlehre). Neubearbeitung v. A. Pickel's Geometrie. Ausg. I—III. gr. 8. Ebd. nn 2. 95
I. Anweisung f. Lehrer u. zum Gebrauche in Seminarien. 10. umgearb. u. stark verm. Aufl. 43.—48. Tauf. (136 S. m. 134 Fig.) (908.) 2.20; geb. n 2. 70
II. Ergebnis- u. Aufgabenheft f. die Hand der Schüler. 165.—184. Tauf. (56 S. m. 150 Fig.) (909.) nn — 45
III. Geometrische Rechenaufgaben f. die Hand der Schüler. 125.—144. Tauf. (32 S. m 13 Fig.) (909.) — 30

Wilk, E., Grundbegriffe der Meteorologie, f. höhere Schulen zusammengestellt. 8. (47 S. m. 7 eingedr. Fig. u. 5 Karten.) Iserlohn 887. Leipzig, Jul. Baedeker. cart. n. 1. —

Wilk, E., Grundbegriffe der Meteorologie für höhere Schulen zusammengestellt. 2. Aufl. Leipzig 1892. 59 S., 1 Krt. 8°.

— Grundbegriffe der Meteorologie, f. höhere Schulen u. zum Selbstunterricht zusammengestellt. 3. [Titel-]Aufl. 8. (59 S. m. 8 Fig. u. 5 Karten.) Leipzig [892.] 902. J. Baedeker. n. 1. —

— Neue Rechenmethode, gegründet auf das natürliche Werden der Zahlen u. des Rechnens, s.: Zur Pädagogik d. Gegenwart.

— Das Rechnen der Volksschule. 1. u. 2. Lehrerheft. 8. Dresden-Blasewitz, Bleyl & Kaemmerer. 2. 50; geb. n 3. 50
1. A. Zur Theorie. B. Zur Praxis: Zahlenraum 1—100. (III, 79 S.) 909. 1. 50
2. Zahlenraum 1—1000. (III, 51 S.) 910. 1.—; geb. n 1. 50

Wilk, E., das Rechnen der Volksschule. 1. u. 2. Schülerheft. 8. Dresden-Blasewitz, Bleyl & Kaemmerer. à —30
1. Der Zahlenraum 10—100. Unter Beihilfe v. A. Stützer. (40 S.) 909.
2. Zahlenraum 1—1000. Unter Beihilfe v. A. Stützer. (18 S.) (910.)

— der gegenwärtige Stand der Geometrie-Methodik, s.: Zur Pädagogik der Gegenwart. 8. Hft.

— Die Synthese im naturgeschichtl. Unterricht, s.a. Magazin, Pädagogisches.

Die Synthese im naturgeschichtlichen Unterricht. Von Dr. E. Wilk in Gotha. *Langensalza: H. Beyer & Söhne 1895* (a. d. Umschl.: *1896*). (1 Bl., 44 S.) 1 Bd 8.
= Magazin, Pädagogisches. H. 63. (97. 7089

— das Werden der Zahlen u. des Rechnens im Menschen u. in der Menschheit auf Grund von Psychologie u. Geschichte. I. Tl.: Die ganzen Zahlen. (103 S. m. Fig.) 8. Ebd. 904. n. 1. 80
Sonderabdruck aus: „Jahrb. d. Vereins f. wiss. Pädagogik".

Wilk, Karl, Schloßkaplan: Antonius von Padua. Eine Biographie. Breslau 1909: Nischkowsky. 46 S. 8° (Ersch. vollst. in: Kirchengeschichtl. Abhandlungen. Bd 5. 1907.)
Breslau, Kath.-theol. Diss. v. 17. Juli 1909, Ref. Sdralek.
[Geb. 27. Jan. 82 Deutsch-Piekar; Wohnort: Schloß Plawniowitz; Staatsangeh.: Preußen; Vorbildung: Gymn. Beuthen O.-S. Reife O. 03; Studium: Breslau 7 S.; Rig. 22. Juni 09.] [U 09.455

Wilk, M., Liederstrauß f. Volks-, Bürger-, Real- u. Untergymnasialschulen, s.: Buchholzer, A.

Wilk, M., Liederstrauß für die sächsischen Volksschulen Siebenbürgens, s.: Buchholzer, A.

Wilkau, s.: Lieres u Wilkau, G. v.

Wilke, vgl. Wilcke.

Wilke I., s. Entscheidungen des K. Geh. Ober-Tribunals.

Wilke, ..., s. Handbuch zur Kenntniß d. preuß. Kantonwesens.

Wilke, unser Haus, s.: Brunswick.

Wilke,, Invalidenversichrg., s. Fortschritt, sozialer.

Wilke, welches ist das Gebet der Tractat-Gesellschaft an ihrem Jahresfeste? Predigt am 7. Jahresfest der Deutschen Evangel. Buch- und Tractat-Gesellschaft, gehalten am Sonntage Kantate, den 23. Mai 1886, Abends 6 Uhr, in der Sophienkirche zu Berlin. 8. (11 S.) Berlin 886, Deutsche Evangel. Buch- und Tractat-Gesellschaft.

Wilke: Die Cottbusser Willkühr. Erbrecht nach dem Statute der vormaligen Herrschaft Cottbus. Cottbus 1860.

Wilke, A., morgenländische Erzählungen für die Jugend. 8. Paderborn 847 (840). Junfermann. geb. 1/4 ℳ

Wilke, A., geognostisch-geologische Exkursionen in der Umgebung Gandersheims. 12. (61 S.) Gandersheim 885. (Braunschweig, Goeritz.) n — 60

Wilke, A., Gedichte. Scherzhafte Erzählungen u. Idyllen enthaltend. 8. Grabow. (Berl. Schöne.) 812. -

Wilke, A., und G. Friedmann, der Hausdoctor, s. Friedmann.

WILKE, A.
Leitfaden für den Unterricht in Chemie und Mineralogie. Kiel, 1893. 8vo. Ill.

Wilke. A. L., s.a. Wilke, Karl

(Wilke), [A. L.]: Schreiben an den Präsidenten des Hauses der Abgeordneten v. Forckenbeck, (betr. Abwehr der Angriffe des Abgeordneten Dr. Eberty gegen die Verwaltung des Zellengefängnisses zu Berlin). Berlin 1868.

Wilke, Adf. v., s.: Nordegg, L. v.

Wilke, Albr., Leitfaden f. den Unterricht in Chemie u. Mineralogie an höheren Lehranstalten. 8. (VI, 88 S. m. Fig.) Kiel 893. H. Eckardt. Kart. n. 1. 20

Wilke, Albr., Leitfaden f. den Unterricht in Chemie und Mineralogie an höheren Lehranstalten, vorwiegend solchen m. sechsstufigem Lehrplan. Unveränd. [Titel-]Ausg. gr. 8. (VI, 88 S. m. Abbildgn.) Kiel [893.] 899. Siegen, M. Liebscher. Geb. n. 1. 20

Wilke, *Albrecht* [Dir.]: Das neue Schulgebäude des Realprogymnasiums zu Gandersheim. Gandersheim, Druck v. C. F. Hertel, 1895; 3—11 S., 1 Pl. 4.
Gandersheim, RPG, OP 1895 (719)

Wilke, (Frid. Eduard.) Alexand. (geb. Stettin 9. 8. 1812): De causis formae mutationum, quas pelvis ex osteomalacia et rhachitica et adultorum universali deformis patitur. Berolini (1837). (39 S.) 8°
Berlin, Med. Diss. v. 27. Okt. 1837

Wilke, And., Erzählungen f. Kinder. 8. Grabow. (Hahn in Hannov.) 810.

— Erzählungen f. Kinder. 8. Lübeck. Niemann. 810.

— lehrreiche und unterhalt. Erzählungen von musterhaft. artig. Kindern, für Kinder von 6 bis 10 Jahren. 8. Münch. Herold u. W. 810.

— äsopische Fabeln mit Anwendungen, z. Nutz. u. z. angenehmen Unterhalt. 12. Leipz. Voß. 808.

Wilke, Arnold, Grundriss der Stoffwechselkrankheiten u. Konstitutionsanomalien unter besond. Berücksicht. ihrer physikalisch-diätet. Behandlung. (XIV, 261 S.) Lex. 8. Wiesbaden 909. J. F. Bergmann. 6. —

Wilke, Arnold, approb. Arzt aus Burg (Prov. Sachs.): Lungenveränderungen beim Aorten-Aneurysma. *Halle a. S. 1902: Plötz.* (26 S.) 8°
Halle, Med. Diss. v. 29. März 1902

Wilke, Arthur

Wilke A., Die volkswirthschaftliche Bedeutung der Elektricität und das Elektromonopol. 8⁰. *114 S.* Wien, Hartleben. 1883. fl. —.80 (Elektr. Zeitfragen I.)

Wilke, Arth., üb. d. gegenseitigen Beeinflussungen d. Fernsprechleitgn. nach Müller's Theorie. gr. 8. (III, 69 S. m. Abb.) Leipzig 896. O. Leiner. n. 1. —

Wilke, Arth., der elektrotechnische Beruf. Eine kurzgefasste Darstellg. d. Bildungsganges u. der Aussichten d. Elektrotechnikers, d. Elektrochemikers u. der elektrotechn. Gewerbtreibenden. gr. 8. (VIII, 61 S.) Leipzig 893. O. Leiner. n. 1. 50

— der elektrotechnische Beruf. Eine kurzgef. Darstellg. d. Bildungsganges u. d. Aussichten d. Elektrotechnikers, des Elektrochemikers u. d. elektrotechn. Gewerbtreibenden, nebst Nachweis üb. d. besteh. Anstalten f. Ausbildg. d. Elektrotechnikers. 2., verm. Aufl. gr 8. (VIII, 133 S.) Ebd 897. n. 2. 25

— der elektrotechnische Beruf. Eine kurzgefasste Darstellg. des Bildungsganges u. der Aussichten des Elektrotechnikers, des Elektrochemikers u. der elektrotechn. Gewerbtreibenden, nebst Nachweis üb. die besteh. Anstalten f. Ausbildg. der Elektrotechniker. 3. verm. Aufl. gr. 8. (VIII, 127 S.) Leipzig 902. O. Leiner. n. 2. —; geb. in Leinw. n. 2. 60

Wilke, A. s. Bibliothek, elektrotechnische

Wilke, A., die Elektricität, s. Schwartze, Th.

— die Elektrizität, ihre Erzeugung u. ihre Anwendung in Industrie u. Gewerbe. Allgemein verständlich dargestellt. Lex.-8. (VII, 640 S. m. 775 Illustr. u. 11 Taf.) Leipzig 893. O. Spamer. n. 8. —; geb. in Leinw. n. 9. 50; auch in 16 Lfgn. à n. — 50

— dasselbe. 2., verb u. verm. Aufl. Lex.-8. (VII, 627 S. m. 811 Abbildgn. u. 11 Taf.) Ebd. 895. n. 8. 50; geb. in Leinw. n. 10. —; auch in 17 Lfgn. à n. — 50

Dass., s.a. Buch der Erfindungen, Gewerbe u. Industrien

— — (Buch der Erfindungen 8. Aufl. Bd 9. 1893 u 9. Aufl. Bd 3) Leipzig 1897

— die Elektrizität, ihre Erzeugg. u. ihre Anwendg. Allgemeinverständl. dargest. 3., verb. u. verm. Aufl. M. 10 Taf. u. 828 Text-Illustr. gr. 8. (VII, 637 S.) Leipzig 897. 98. O. Spamer. n. 8. 50; geb. in Leinw. n. 10. —
Erschien auch in 17 Lfgn. à — 50.

— dasselbe. Lex.-8. (VII, 637 S.) Nebst: Zerlegbares (farb.) Modell e. Dynamomaschine, zur Selbstbelehrg., sow. f. d. Unterricht an techn. Schulen entworfen v. H. Pohl. qu. Fol. (4 S. Text.) Ebd 898. Geb. in Leinw. n. 15. —

— die Elektrizität, ihre Erzeugung u. ihre Anwendung in Industrie u. Gewerbe. Allgemeinverständlich dargestellt. 4., verb. u. verm. Aufl. Mit 11 Taf. u. 824 Text-Illustr. Lex.-8. (VII, 639 S.) Leipzig 899. O. Spamer. n. 8. 50; geb. in Leinw. n. 10. —; auch in 17 Hftn. à n. — 50; Nebst: Zerlegbares (farb.) Modell e. Dynamomaschine, zur Selbstbelehrg., sowie f. den Unterricht an techn. Schulen entworfen v. H. Pohl. qu. Fol. (4 S. Text.) Geb. in Leinw. n. 15. —

Wilke, Arth., die Elektrizität, ihre Erzeugung u. ihre Anwendung in Industrie u. Gewerbe. 5., verb. u. verm. Aufl. Allgemeinverständlich dargestellt. (VII, 656 S. m. 877 Abbildgn. u. 9 Taf.) Lex.-8. Leipzig 906. O. Spamer. n. 8. 50; geb. in Leinw. n. 10. —; auch in 17 Heften à — 50; nebst: Zerlegbares (farb.) Modell e. Dynamomaschine. Von H. Pohl. (4 S. Text.) Geb. in Leinw. n. 15. —

Wilke, Arth., die Elektrizität, ihre Erzeugung u. ihre Anwendung in Industrie u. Gewerbe. 5., verb. u. verm. Aufl. Allgemeinverständlich dargestellt. (VII, 656 S. m. 877 Abb. u. 9 Taf.) Lex. 8. Leipzig 906. O. Spamer. 8.50; geb. in Leinw. 10.—; auch in 17 Heften à — 50; **nebst:** Modell. (2 farb. zerlegbare Modelle m. 4 u. 4 S. Text.) Geb. in Leinw. 20. —

Wilke, Arth. Die Berliner Elektricitäts-Werke. Eine Beschreibg. ihrer Entwickelg. u. Einrichtg. 1. Heft: Entstehung u. Entwickelg. d. Unternehmens. Lex.-8. (144 S. m. eingedr. Holzschn. u. 4 Taf.) Berl. 890, Selbstverlag d. Elektricitäts-Gesellschaft. geb. ℳ 5 —

— s.: Handbuch der elektrotechn. Praxis.

— die elektrischen Mess- u. Präcisions-Instrumente, s. a. Bibliothek, elektro-technische.

— die elektrischen Mess- und Präcisions-Instrumente, sowie die Instrumente zum Studium der elektrostat. Elektricität mit besond. Rücksicht auf ihre Construction. Ein Leitfaden der elektr. Messkunde. 8. (XVI, 247 S. mit 59 eingedr. Abbild.) Wien 883, Hartleben's Verlag. geb.

Wilke, A: Die elektrischen Meß- und Präcisions-Instrumente. 2. Aufl. Leipzig . . . 1884

Wilke, Arthur, Dr. med., I. Assist. am Inst.: Aus d. Pathol. Inst. in Kiel. Zur Pathogenese der tuberkulösen Meningitis. Kiel 1910: Schmidt & Klaunig. 40 S. 8°
Kiel, Med. Hab.-Schr. v. 1910 [U 11. 1075
(Nicht für den Austausch)

Wilke, Arthur, approb. Arzt aus Posen: Aus d. pathol. Institute zu Kiel. Pfortaderthrombose und Trauma. *Kiel 1903: Schmidt & Klaunig.* (18 S.) 8°
Kiel, Med. Diss. v. [26. März] 1903

s. Vademecum f. Elektrotechniker.

— elektrotechn. Wörterbuch, s.: Sack, J.

— s.: Zeitschrift deutsche, f. Elektrotechnik.

Wilke, Aug., der 10te December. Lstspl. in 1 A. 8. (Schwerin) 798.

Wilke, August [aus Sachsen]: Ein Fall von Sarcom der Nase. . . Greifswald, Druck v. Julius Abel, 1890; 32 S. 8°
Greifswald, Med. Fak., Inaug.-Diss. v. 9. Juni 1890

Wilke, August Lebrecht [Praes.], s. Boden, Benjamin Gottlieb Lorenz: De silentio eloquente.

Wilke, August Lebrecht [Praes.], s. Hilliger, Johann Wilhelm: Σωμα του θανατου Rom. VII. 24. illustratum.

Wilke, C., Aufsätze f. Fortbildungs- u. Gewerbeschulen, sowie ähnl. Anstalten. In ausführl. Darstellg. bearb. gr. 8. (VIII, 112 S.) Leipzig 896. J. Klinkhardt. n. 1. 20

Wilke, C., Aufsätze für Fortbildungs- u. Gewerbeschulen sowie zum Selbstunterricht. In ausführl. Darstellg. bearb. 2., umgearb. u. verm. Aufl. (VII, 182 S.) gr. 8. Leipzig 905. J. Klinkhardt. n. 1. 40; geb. n.n. 1. 80

Wilke, C., heiligster Märtyrer, od. Betracht. üb. d. Passion. 4. Leipz. 706.

Wilke, C., Rechenbuch zum Gebrauch in Schulen. 2 Thle. 8. Hamb. 792. Gundermann. 8 K

° Wilke, C., Theologia in speculo: seu Definitiones theologiae dogmaticae etc. 8. Lips. Weidmann. 769. -

Wilke, C. D., 3 Predigten v. d. großen Siegen bey Roßbach, Lissa u. Breslau. 4. Halle. 758.

Wilke, C. F. Edm., venetianische Gesandte am Hofe Karls V. und Ferdinands I. Inaugural-Dissertation. gr. 8. (34 S.) Leipzig 877. (Jena, Deistung's Buchh.) *

Wilke, C. Fr. W., der Kindertaufe guter Grund. Predigt am Sonnt. Estomihi den 5. März 1848 in Folge baptistischer Bewegungen gehalten. gr. 8. (18 S.) Lützen 848. (Leipzig, Joachim's Separat-Conto.)

Wilke, Ch. F., Nachricht von seltenen Versteinerungen. Berlin. 1769.

Wilke, Carl, s. Wilke, Karl

Wilke, Ch. Fr. W., wir können es ja nicht lassen! Predigt üb. Apost. Gesch. 4, 18—21 zu Weißenfels am Missionsfeste den 3. Mai 1813 gehalten. 8. (1 B.) Weißenfels, (Meusel.)

Wilke, *Christian Friedrich* Franz [aus Seehausen]: Die Einwirkung der Phosphorsäuredüngung auf die Entwicklung und Zusammensetzung der Zuckerrüben ... Halle a. S., Hofbuchdr. v. C. A. Kaemmerer & C., 1892; 33 S. 8.
Halle, Phil. Fak., Inaug.-Diss. v. [5. Apr.] 1892

Wilke, Chrstn. Gttlo., Anleitung die Schriften des neuen Testaments auszulegen u. zu erklären, od. Hermeneutik des neuen Testaments f. Schullehrer. gr. 8. (15 B.) Dresden u. Leipzig 815, Arnoldische Buchh. *

Wilke, Christ. Glo., Clavis Novi Testamenti Philologica, usibus scholarum et juvenum theologiae studiosorum accommodata I—IV, 8 maj. Dresdae et Lipsiae 840. libr. Arnold. Prän.-Pr. à 1 ℛ Ladenpr. à 1⅓ ℛ

Wilke, Chr. Glo., Clavis Novi Testamenti Philologica, usibus scholarum et juvenum theologiae studiosorum accommodata. V. 8 maj. Dresdae et Lipsiae 841, libr. Arnold. Alle 5 Hefte kosten jetzt im Ladenpreis 6½ ℛ

Wilke, Christ. Gottl., Clavis Novi Test. philologica usibus scholarum et iuvenum theologiae studiosorum accommodata. Dresden u. Leipzig, Arnold, 1850, 2. Aufl., 19,50 Mk.
Vorstehendes Wörterbuch wurde später nach kath. Grundsätzen vom Verfasser umgearbeitet und nach dessen Tode von Valentin Loch unter dem Titel herausgegeben:

Wilke, Chrn. Gottl., clavis Novi Testamenti philologica usibus scholarum et juvenum theologiae studiosorum accommodata. Quem librum ita castigavit et emendavit, ut novum opus haberi possit Carol. Ludov. Wilib. Grimm. Fasc. I. et II. Leipzig 862, 64. Arnold. Lex.-8. (S. 1—240.) Jedes Heft. n. 20 ngr

Wilkii, Chrn. Gottl., clavis Novi Testamenti philologica usibus scholarum et juvenum theologiae studiosorum accommodata. Quem librum ita castigavit et emendavit, ut novum opus haberi possit Carol. Ludov. Wilib. Grimm. 3. u. 4. Fasc. Leipzig 865—68. Arnoldische Buchh. Lex.-8. (XII u. S. 241—468.) Jedes Fasc. n. 20 ngr

Wilkii, Chrn. Gottl., clavis Novi Testamenti philologica, usibus scholarum et juvenum theologiae studiosorum accommodata. Quem librum II. atque hac III. editione ita castigavit et emendavit, ut novum opus haberi possit Carol. Ludov. Wilib. Grimm. E. s. t.: Lexicon graeco-latinum in libros Novi Testamenti auctore Carol. Ludov. Wilib. Grimm. Edit. III. emendata et aucta. 3 fasc. Lex.-8. Leipzig, Arnoldische Buchh. [1. fasc (XI, XII, S. 1—160.) 877. * ℳ 3,50.; 2. fasc. (S. 161—320.) 878. * ℳ 3,50.; 3. fasc. (I—X, S. 321—473.) 878. * ℳ 3.] *
geb. in Halbfrzbd. *

Wilke, Chrn. G., clavis Novi Testamenti philologica, usibus scholarum et iuvenum theologiae studiosorum accommodata. Quem librum II. atque hac III. ed. ita castigavit et emendavit, ut novum opus haberi possit, C. L. W. Grimm. E. s. t.: Lexicon Graeco-Latinum in libros Novi Testamenti auctore C. L. W. Grimm. Ed. III. emendata et aucta. Lex.-8. (XIV, 474 S.) Leipzig 888. Arnold. n. 12. —

Wilke, Christian Gottl., Clavis Novi Testamenti philologica, ed. IV., s.: Grimm, Carol. Ludov. Wilib., lexicon graeco-latinum in libro Novi Testamenti.

Wilke, Chrn. Glo., biblische Hermeneutik nach katholischen Grundsätzen in streng systematischem Zusammenhange und unter Berücksichtigung der neuesten approbirten hermeneutischen Lehrbücher, insbesondere der Lib. I. II. De interpretatione scriptur. sacr. des Franc. Xaver. Patritius (e Soc. Jesu) ed. Romae 1841. bearb. Würzburg 853. Stahel. gr. 8. (XIV, 660 S.) 2 ℛ 20 ngr

— die Hermeneutik des Neuen Testaments systematisch dargestellt. 1. Thl.: Die hermeneutische Grundlehre. gr. 8. Leipzig 843, Vogel. 1⅔ ℛ — 2. Thl.: Die hermeneutische Methodenlehre. gr. 8. Ebend. 844. 2 ℛ

(Wilke, Christ. Gottl.) Die Frage: „Kann ein Protestant mit gutem Gewissen zur röm.-kath. Kirche übertreten?“ Freimütig u. gewissenhaft beantwortet von einem protest. Theologen. Regensburg. Manz. 1845. gr. 8°. 130 S., 1.25 Mk.
Recens. Neue Sion 1846, S. 158.

Wilke, Chrn. Glob., Lexicon graeco-latinum in libros Novi Testamenti usibus scholarum et juvenum s. theologiae catholicae studiosorum accommodatum. Editionem perfecit Val. Loch. gr. 8. (VIII und 860 S.) Regensburg 858, Manz. *

— die neutestamentliche Rhetorik, ein Seitenstück zur Grammatik des neutestamentl. Sprachidioms. 1. u. 2. Hälfte. gr. 8. Dresden u. Leipzig 842, 43, Arnold'sche B. (I. 1 ℛ II. 1⅓ ℛ) 2⅓ ℛ cart. 2½ ℛ

— die dreiköpfige Schlange, die nach der Kirche sticht. Eine ernste Warnung an die Freunde u. Feinde der Kirche, m. Hinsicht auf d. Votum des Hrn. Generalsup. Dr. K. G. Bretschneider in Gotha. gr. 8. (4 B.) Leipzig 845, Jackowitz.

— der Urevangelist, oder exegetisch kritische Untersuchung über das Verwandtschaftsverhältniß der drei ersten Evangelien. Mit 1 Tabelle. gr. 8. Dresden u. Leipzig 838. Gerh. Fleischer. 4 ℛ

— der Urevangelist, od. exeget. krit. Untersuchung üb. d. Verwandtschaftsverhältniß d. drei ersten Evangelien. gr. 8. (44 B. u. 1 Tab.) Dresden 838. [Leipzig, D. A. Schulz.]

— das Votum des Generalsuper. Dr. Bretschneider in Gotha für die sogen. Deutsch-Katholiken von Satz zu Satz kirchengeschichtl., exeget. u. mit polit. Gründen widerlegt. gr. 8. (7 B.) Regensburg 845, Manz. —

CHRISTIAN HEINRICH WILKE, Abhandlung über die Fürstl. Jablonowskische Preisaufgabe aus der Erdmesskunst „einen unzugänglichen und undurchsichtigen Wald oder Morast auf die beste Weise auszumessen. u. s. w." welcher das Accessit in der geometrischen Classe von der Naturforschenden Gesellschaft in Danzig den 19 Merz 1766 ertheilet worden. (Mit 2 Tafeln.) Danzig 1767. Bey Daniel Ludewig Wedel.

Wilke, Chr. Hnr., († im April 1776.) Abhandl. über d. Jablonsky'sche Preis-Aufgabe aus d. Erdmeßkunst rc. Mit Kpf. 4. Danzig 770. (Jacobäer in Leipz.) 4 gl

— d. Abschaffung d. Koppelhut, oder gemeinschaftl. Nutzung d. Grundstücken überhaupt rc. gr. 8. Leipz. 767. Dyck. 4 gl

— Anleit. zur einer neuen u. kurzen Art d. Rechenkunst im gemeinen Leben. 8. Halle 756. Renger. 1 ℔

Christian Heinrich Wilke Anweilung zu einer neuen und kurzen Art der Rechenkunst im gemeinen Leben zu gebrauchen etc. mit einer Vorrede *Joh. Joach. Langens.* Halle. 2 Alph. 15 Bog. 8.
1756

— kurze u. vollständ. prakt. Anweisung zum deutschen Landwesen. 8. Hamb. u. Leipz. 767. (Brockhaus). 12 gl

— prakt. Anweis. z. deutschen Landwesen. 8. Lpz. Heinsius. (Gleditsch.) 767.

— moral. Beiträge zu d. Klotzischen Bibliothek. 2 Stücke. gr. 8. Hamb. 768. (Dyck in Leipz.) 8 gl

Wilke, Christ. Heinr., Erkenntnis von Pferden, siehe: Saunier, J. v.

— moral. Gespräch von gelehrten Advokaten. 8. Leipz. 768. (W. Nauck). 4 gl

Wilke, Chr. Hch., Gespräche v. gelehrten Anecdoten. 8. Leipz. Sommer. 768.

— neue Grundsätze d. prakt. Geometrie, mit Kpf. 4. Halle 758. Renger. 16 gl

— neue u. erleichterte Methode den Inhalt geradliniger Flächen zu finden u. dieselben ohne Rechnung einzutheilen rc. Mit Kpf. 4. Halle 757. Renger. 6 gl

— s. Saunier, Erkenntniß von Pferden.

— Verbesserung eines Staats aus mathemat. u. ökonom. Gründen, oder vollständ. Unterricht von Landesvermessungen u. daher entstehender vortheilhafter Einrichtung d. allgem. Landesökonomie u. des Cameralwesens rc. Mit Kpf. 4. Ulm 765. Stettin. 2 ℔ 16 gl

Christoph W. Wilke diss. medicinae empiricae recentis primordia. Hal. 1797. 8.

Wilke, D., Elemente d. schriftl. u. schnellen mündl. Unterhaltung in d. engl. Sprache. Als Begleiter d. engl. Sprachlehre. 8. (10 B.) Köln 830, Du Mont-Schauberg.

—— Geschichte d. Römer. Für Bürgerschulen, untere Klassen d. Gymnasien u. d. Privatunterr. gr. 8. (14½ B.) Frankfurt a. M. 830, Andreä.

Wilke, Daniel Gottfried Aegidius. Kurzgefasste Grundsätze zum Extrahiren und Referiren der Acten. Neue Ausg. Leipz. 1806. H: *Müllner, Amandus Gottfried Adolph.* (Ky)

Wilke, D. G. A., kurzgefaßte Grundsätze z. Extrahiren und Referiren d. Acten. 8. Leipz. Compt. f. Lit. 806. Jubilt

Wilke, Dan. Gf. Aeg.: Kurzgefasste Grundsätze zum Extrahiren u. Referiren d. Acten, auch Abfassung ein. Sentenz, nebst e. Vorr. v. Ad. Müllner. 2. Aufl. *Leipz.*, Krappe. (778.) 806. 8. (6 Gr.)

Wilke, David Gottfried Aegidius [Praes.], s. A l b r e c h t, Carl Emanuel: Observationes juris ecclesiastici.

Wilke, David Gottfried Aegidius [Praes.], s. A l l i c h, Johann Gottfried: Observationes juris ecclesiastici ill. ictor. ord. auctor.

Wilke, David Gottfried Aegidius [Praes.], s. A p e l, Heinr. Friedr. Innocent: Super laudemii exactione permittente magnif. ictorum ordine.

Wilke, David Gottfried Aegidius [Praes.], s. A y r e r, Georg Friedrich: De obligatione parochianorum ad reficienda aedificia ecclesiastica exercitatio.

Wilke, David Gottfried Aegidius [Praes.], s. B a u e r, Joh Gottfried: De foro schrifftsassiatus realis praefat. summos in utr. jure honores candidato David Gottfried Aegidius Wilcke.

Wilke, David Gottfried Aegidius [Praes.], s. H e l l t e r, Johann Christian: Observationes juris ecclesiastici.

Wilke, David Gottfried Aegidius [Praes.], s. H e r m a n n, Johann Jacob Heinrich: Die virginum Vestalium jure deprecandi pro reis.

Wilke, David Gottfried Aegidius (Wurzen) A. S. 566/46

Ius civile de servitute Romana a Montesquiovii criminationibus defensum.
Wittenberg (Schlomach) 13. XI. 1758. 16 S.

Gew.: Friedrich August Fischer. 36767

Wilke, David Gottfried Aegidius [Praes.], s. K r i t z, Christian Wilhelm: De jure retractus domino feodi competente.

Wilke, David Gottfried Aegidius (Wurzen) A. S. 93/46

Dissertatio iuridica de poena veneficii attentati, quamvis irreparabile inde oriatur damnum, ad mortem non extendenda. Präs. Friedrich Gottlieb Zoller.
Leipzig (Langenheim) 4. VI. 1761. 35 S.

Gew.: Wilhelm August Gf. von Stubenberg.
W. v.: Präs. 36768

Wilke, David Gottfried Aegidius [Praes.], s. W i l k e, Karl Gottlob: De solemni iudicis competentis decreto in alienandis rebus minoris necessario.

Wilke, E. G., Missionsbilder in neuen Rahmen. gr. 8. (VII, 104 S.) Berlin 877. Wiegandt & Grieben. n. 1. 25

Wilke, E. G., Predigt vor d. sächs. Banner. gr. 8. Neustadt 813. Wagner. 4 ℳ

Wilke, Edm., s. Wilke, Edwin

Wilke, Edwin

Wilke, Edm., method. Anleitg. f. den Anschauungsunterricht im Englischen u. Französischen nach Hölzels Bildern. gr. 8. (45 S.) Leipzig 897. R. Gerhard. n. — 50

Wilke, Edm., Anschauungsunterricht im Englischen m. Benutzung v. Hölzels Bildern. gr. 8. (VIII, 108 S.) Leipzig 894. R. Gerhard. n. 1. 20; geb. n.n. 1. 40

— Anschauungsunterricht im Englischen m. Benutzung v. Hölzels Bildern. 2., verm. u. verb. Aufl. gr. 8. (VIII, 172 S.) Ebd. 898. n. 2. —; geb. n.n. 2. 30

Hieraus einzeln:
1. Spring. (VIII, 16 S.) n. — 30; m. Bild n.n. — 45
2. Farm-yard. (16 S.) n. — 30; m. Bild n.n. — 45
3. Summer. (16 S.) n. — 30; m. Bild n.n. — 45
4. Forest. (16 S.) n. — 30; m. Bild n.n. — 45
5. Autumn. (16 S.) n. — 30; m. Bild n.n. — 45
6. Mountain. (16 S.) n. — 30; m. Bild n.n. — 45
7. Winter. (16 S.) n. — 30; m. Bild n.n. — 45
8. Town. (16 S.) n. — 30; m. Bild n.n. — 45
9. List of words. (44 S.) n. — 60

— u. Dénervaud, Anschauungsunterricht im Französischen m. Benutzg. von Hölzel's Bildern. 9 Hfte. gr. 8. Ebd. 896. n. 2. —; geb. n n. 2. 25; einz n. 3. —
1. Le printemps. (16 S.) n. — 30
2. La ferme. (16 S.) n. — 30
3. L'été. (16 S.) n. — 30
4. Le forêt. (16 S.) n. — 30
5. L'automne. (16 S.) n. — 30
6. La montagne. (16 S.) n. — 30
7. L'hiver. (16 S.) n. — 30
8. La ville. (19 S.) n. — 30
9. Vocabulaire. (40 S.) n. — 60

— — dasselbe. Ausg. in 8 Hftn. m. je 1 farb. Bild. gr. 8. (16, 16, 16, 16, 16, 16, 16 u. 19 S.) Ebd. 896. à n. — 45

— u. Dénervaud, Anschauungsunterricht im Französischen m. Benutzung v. Hölzels Bildern. 1. u. 3.—8. Hft. gr. 8. Ebd à n. — 30; m. Bildern à n n. — 45
1. Le printemps. 3. verb. Aufl. (16 S.) 901.
3. L'été. 2. unveränd. Aufl. (16 S.) 899.
4. La forêt. 2. verb. Aufl. (16 S.) 900.
5. L'automne. 2. verb. Aufl. (16 S.) 899.
6. La montagne. 2. verb. Aufl. (16 S.) 900.
7. L'hiver. 2. unveränd. Aufl. (16 S.) 900.
8. La ville. 2., verb. Aufl. (19 S.) 900.

— dasselbe. 9. Vocabulaire. 2. verm. u. verb. Aufl. gr. 8. (40 S.) Ebd. 900. n. — 60

— dasselbe. (Ausg. in 1 Bde.) 2. unveränd. Aufl. gr. 8. (IV, 172 S.) Ebd. 899. n. 2. —; geb. n.n. 2. 80

— u. Dénervaud, Anschauungsunterricht im Französischen mit Benutzung v. Hölzels Bildern. I, III u. VII. 8. Ebd. 904. à n. — 30; m. Bildern à nn. — 45
I. Le printemps. 4. verb. Aufl. (16 S.) — III. L'été. 3. verb. Aufl. (16 S.) — VII. L'hiver. 3. verb. Aufl. (16 S.)

Wilke, (Edm.), u. Dénervaud, Anschauungs-Unterricht im Französischen. II, VIII u. IX. 8. Leipzig, R. Gerhard. 1. 20
II. La ferme. 3. verb. Aufl. (16 S.) 908. — 30; m. farb. Bild — 45
VIII. La ville. 3. verb. Aufl. (20 S.) 908. — 30; m. farb. Bild — 45
IX. Vocabulaire. 3. verb. Aufl. (40 S.) 908. — 60

Wilke, E., die neueren Bestrebungen zur Verbesserung d. Unterrichts in der deutschen Sprachlehre, s.: Sammlung pädagogischer Vorträge.

Wilke, Edwin, hauswirtschaftliche Buchführung. Aufgaben f. Buchführg. Rechnen u. Anfertigg. v. Geschäftsaufsätzen. (28 S.) Lex. 8. Quedlinburg (909). H. Schwanecke. nn — 45; Formularheft dazu — 30

Wilke, Edwin. Diesterweg u. die Lehrerbildung. Ein Beitrag zur Geschichte d. deutschen Volksschullehrerstandes. Von der Diesterweg-Stiftg. in Berlin m. dem ersten Preise gekrönt. gr. 8. (VII, 141 S.) Berl. 890. Weidmann. * 2 50

Wilke, Edm., Einführg. in d. geschäftliche Englisch. Anh. zur „Einführg. in d. engl. Sprache" f. höh. Bürgerschulen, Fortbildungsschulen, Gewerbeschulen etc. 2. [Titel-] Ausg. gr. 8. (59 S.) Leipzig (894) 897. R. Gerhard. n. — 50

Wilke, Edm., Einführung in das geschäftliche Englisch. Anh. zur „Einführung in die engl. Sprache" f. höhere Bürgerschulen, Fortbildungsschulen, Gewerbeschulen etc. 2., durchgeseh. Aufl. In neuer Orthographie. gr. 8. (59 S.) Leipzig 902. R. Gerhard. n. — 60

Wilke, Edm., Einführung in die englische Sprache. 2., erweit. Aufl. der Stoffe zu Gehör- u. Sprechübungen. gr. 8. (VIII, 199 S.) Leipzig 889. Reissner. n. 1. 60

— Einführung in die englische Sprache. Anh. f. höhere Bürgerschulen, Fortbildungsschulen, Gewerbeschulen etc. gr. 8. (59 S.) Leipzig 894. Dresden, C. Reissner. n. — 50

— Einführg. in d. englische Sprache. E. Elementarbuch f. höh. Schulen 4., umgearb. u. verm. Aufl. der Stoffe zu Gehör- u. Sprechübgn. gr. 8. (X, 254 S.) Ebd. 897. n. 1. 80; geb. n. 2. 20

Wilke, Edm., Einführg. in die englische Sprache. Ein Elementarbuch f. höhere Schulen. 5. verb. Aufl. der Stoffe zu Gehör- u. Sprechübungen. Das Deutsche in neuer Orthographie. (X, 254 S.) 8. Leipzig 905. R. Gerhard. n. 1. 80; geb. n. 2. 20

Wilke, Edwin, Fibel, s.: Schlimbach, G.

—— Gedenkblatt zum 100. Geburtstage Adolf Diesterwegs, s. Rebhuhn, A.

Wilke, Edwin), Rekt.: Geschichtliches (über die Mädchen-Volksschulen der Stadt Quedlinburg, ihre Einrichtung, ihre Lehrer.) *Quedlinburg 1898: Wendlehake, Meyer & Stegmann.* (S. 7—14.) 8° [℞.]
Quedlinburg, Mädchen-Volksschulen, P 1898**

Wilke, Edwin, Lehr- u. Übungsbuch f. den Unterricht in der Muttersprache. IV. Tl. der Sprachhefte für Mittelschulen. Ausg. C. (6.—9. Schulj.) 8. (VI, 169 S.) Halle 902. H. Schroedel. Kart. n. 1. —

— Lehr- u. Uebungsstoffe f. den Deutschunterricht im 2. Schulj. (Nach der Rechtschreibg. v. 1902 bearb.) Vorstufe zu den Sprachheften. gr. 8. (20 S.) Ebd. 902. n.n. — 15

— London. Walks in the metropolis of England. Mit Anlehng. an das Hölzel-Bild „London" f. den Schulgebrauch hrsg. gr. 8. (82 S.) Ebd. 897. n. — 60; m. buntem Bild n. — 80

— Paris. Promenades dans la capitale de la France. Mit Anlehng. an d. Hölzel-Bild „Paris“ f. d. Schulgebrauch hrsg. gr. 8. (82 S.) Ebd. 897. n. -- 60; m. buntem Bild n. — 80

Wilke, Edwin], Rekt.: Ratschläge für die Eltern. (I. Wie schütze ich mich vor Schulstrafen? II. Nicht versetzt! (Ein Brief.) III. Fortbildung.) *Quedlinburg 1898: Wendehake, Meyer & Stegmann.* (S. 3–6.) 8° [F.]
Quedlinburg, Mädchen-Volksschulen, P 1898**

Wilke, E[dwin], Rekt.: Ratschläge für die Eltern. 1. Des Lehrers Strafrecht und Strafpflicht. 2. Der Handarbeitsunterricht. 3. Ein falscher Freund. *Quedlinburg 1900: Wendehake, Meyer & Stegmann.* (S. 3–6.) 4° [F.]
Quedlinburg, 1. Mädchen-Volks-S, P 1900**

— Schriftdeutsch u. Volkssprache. Ein Lehrbuch für Lehrer- u. Lehrerinnenseminare. Mit 8 Abbildgn. der Sprechwerkzeuge u. e. Karte der Mundarten. (VIII, 215 S.) gr. 8. Leipzig 903. F. Brandstetter. Geb. in Leinw. n. 3. —

— Der Sprachformenunterricht in der Volks- u. Mittelschule. Zugleich Anleitg. zum Gebrauche der vom Verf. bearb. Sprachhefte. (VI, 287 S.) gr. 8. Halle 909. H. Schroedel. nn 3. 50

— Sprachhefte

— dasselbe auf Grund des Berliner Lehrplans, s.: Schmidt, H.

Sprachhefte für Mittelschulen und verwandte Lehranstalten. Von Edwin Wilke. Ausgabe (C) in 4 H. (Nach d. Rechtschreibung von 1902 bearb.) H. 1–4 & Begleitwort. *Halle a. S.: H. Schroedel 1903.* 5 Bde 8° [F.]
1. (3. Schuljahr.) 2. (4. Schuljahr.)
3. (5. Schuljahr.) 4. (6. Schuljahr.) [03. 3580 3

— dasselbe. Begleitwort. gr. 8. (30 S.) Ebd. 902. n. — 30

— Sprachhefte f. Mittelschulen u. verwandte Lehranstalten. Ausg. C in 5 Heften. 8. Halle, H. Schroedel. 2. 20
1. (2. Schulj.) 3. Aufl. (30 S.) 907 nn — 15
2. (3. Schulj.) (Bisher 1. Heft.) 2. neu bearb. Aufl. (IV, 60 S.) 907. — 30
3. (bisher 2. Heft.) (4. Schulj.) 2. neu bearb. Aufl. (72 S.) 907. — 35
4. 2. nach den ministeriellen Bestimmungen vom 3. II. 1909 neubearb. Aufl. (80 S.) 910. — 40
5. Lehr- u. Übungsbuch f. den Unterricht in der Muttersprache. (6.—9. Schulj.) 2. Aufl. (IV, 163 S.) 910. Geb. 1. —

— Sprachhefte f. achtstufige Schulen, s.: Schmidt, H.

— dasselbe f. einfache Schulverhältnisse, s.a. Herbst, Fr.

— u. Fr. Herbst, Sprachhefte f. einfache Schulverhältnisse. Ausg. D. 1. Hft. (3. bis 6. Schulj.) gr. 8. (56 S.) Halle 902. H. Schroedel. n. — 30

— u. Fr. Herbst, Sprachhefte f. einfache Schulverhältnisse. Ausg. D. 2. Heft. (7. u. 8. Schulj.) (96 S.) gr. 8. Halle 903. H. Schroedel. n. -- 40 (Vollst.: n. — 70)

Sprachhefte für Volksschulen. Im Anschl. an das Leseb. f. Bürger- u. Volkssch. v. Scharlach u. Haupt bearb. v. Edwin Wilke, Rektor. Ausg. B. für Lehrer. Tl I. II, Hälfte 1. 2. Halle a. d. S.: H. Schroedel 1896. 3 Bde 8°
I. Beiträge z. Methodik d. formalen Sprachunterr. (2 Bl., 97 S.)
II, 1. '(Mittelstufe)'. (IV, 172 S.) II, 2. '(Oberstufe)'. (2 Bl., 172 S.)

— dasselbe. Im Anschlusse an d. Lesebuch f. Bürger- u. Volksschulen v. Scharlach u. Haupt bearb. Ausg. B. f. d. Lehrer. 2 Tle. in 3 Hftn. 8. Ebd. 896. n. 4. 40
I. Beiträge z. Methodik des formalen Sprachunterrichts. (III, 97 S.) n. 1. —
II. 1. Hälfte. (Mittelstufe.) (IV, 172 S.) n. 1. 60
II. 2. Hälfte. (Oberstufe.) (III, 162 S.) n. 1. 80

— Sprachhefte f. Volksschulen. Ausg. A. — Schülerhefte. 3 Hfte. gr. 8. Halle, H. Schroedel. Kart. n.n. 1. —
1. 2., verb. Aufl. (26 S.) 898. n.n. — 20
2. 2. Aufl. (46 S.) 898. n.n. — 30
3. (Oberstufe.) 2. Aufl. (85 S.) 899. n.n. — 50

Sprachhefte für Volksschulen. Von Edwin Wilke. Ausg. A. Schülerhefte. 3. Aufl. H. 1. 2. *Halle a. S.: H. Schroedel 1900.* 2 Bde 8° [F.] [00. 12413 3

Sprachhefte für Volksschulen. Von Edwin Wilke. Ausg. (A.) in 3 Schülerheften. 4., nach d. Rechtschreibung von 1902 umgearb. Aufl. H. 1–3. *Halle a. S.: H. Schroedel 1902–03.* 3 Bde 8° [F.]
1. 2. 1902. 3. 1903. [03. 15183 3

— dasselbe f. Volksschulen. Neue Ausg. (A) in 3 Heften. (Neubearbeitg.) 8. Ebd. nn 1. —
I. 10. Aufl. erster Bearbeitg. (40 S.) 910. — 20
II. 9. Aufl. erster Bearbeitg. (52 S.) 910. nn — 30
III. Übungen u. Schulwörterbuch (Oberstufe). 6. Aufl. erster Bearbeitg. (112 S.) 910. nn — 50

— Der deutsche Sprachunterricht im 1. Schuljahr, s.: Kehr, C., u. G. Schlimbach.

— Stoffe zu Gehör- u. Sprechübungen f. den Anfangsunterricht im Englischen. gr. 8. (VIII, 124 S.) Ebd. 887. n. 1. —; cart. n. 1. 25

— Stoffe f. den Unterricht in Sprachlehre u. Rechtschreibung. Zugleich Lehrerheft zu des Verf. „Sprachhefte f. Volksschulen“. Ausg. B. — II. Tl. 2. Aufl. gr. 8. (VII, 103 S.) Ebd. 899. n. 1. 20

— üb. mündliche Übungen beim neusprachlichen Unterrichte in den unteren u. mittleren Klassen d. Realgymnasiums. gr. 4. (26 S.) Leipzig 888. (Hinrichs' Verl.) n. 1. —

— der geographische Unterricht in der kaufmänn. Fortbildungsschule, s.a. Veröffentlichungen des deutschen Verbandes f. das kaufmänn. Unterrichtswesen. 24. Bd.

Der geographische Unterricht in der kaufmännischen Fortbildungsschule von Rektor E[dwin] Wilke in Quedlinburg. *Leipzig: B. G. Teubner 1903.* (51 S.) 8°
= Veröffentlichungen d. Deutschen Verbandes f. d. kaufmänn. Unterrichtswesen. Bd 24. [03. [illegible]

—— Verbesserung d. Unterrichts in der deutschen Sprachlehre, s. Sammlung pädagogischer Vorträge.

Wilke, Edwin, deutsche Wortkunde. Ein Hilfsbuch f. Lehrer u. Freunde der Muttersprache. gr. 8. (VII, 278 S.) Leipzig 893. R. Richter. n. 2. 75

— deutsche Wortkunde. Ein Hilfsbuch f. Lehrer u. Freunde der Muttersprache. 2. umgearb. u. verm. Aufl. gr. 8. (XV, 368 S.) Leipzig 898. F. Brandstetter. n. 4. —; geb. n. 4. 40

— deutsche Wortkunde. Ein Hilfsbuch f. Lehrer u. Freunde der Muttersprache. 3. Aufl. (X, 368 S.) 8. Leipzig 905. F. Brandstetter. n. 4. —; geb. n. 4. 40

— Deutsche Wortkunde. Ein Hilfsbuch f. Lehrer u. Freunde der Muttersprache. 4. (Doppel-)Aufl. (VIII, 398 S.) 8. Leipzig 910. F. Brandstetter. 4.20; geb. 4. 60

Wilke, Ernst, a. Bielitz: Periodische Erscheinungen bei der Quecksilberkatalyse des Wasserstoffsuperoxyds. Heidelberg 1904: J. Hörning. (78 S.) 8°
Heidelberg, Naturw.-math. Fak., Ref. Curtius, Diss. v. 11. Jan. 1905
[Geb. 2. Nov. 82 Bielitz; Wohnort: Bielitz; Staatsangeh.: Österreich; Vorbildung: Oberrealsch. Bielitz bis 11a; Studium: Heidelberg 7 S.; Rig. 29. Febr. 04.]

Wilke, Ernst: Aus der Königl. chirurg. Universitätsklinik zu Königsberg i. Pr. Zwei Fälle von Fremdkörpern im Oesophagus, diagnosticiert durch Röntgenstrahlen, extrahiert durch Oesophagotomie. *Königsberg i. Pr. 1898: M. Liedtke.* (29 S.) 8°
Königsberg, Med. Diss. v. 14. Juni 1898

Wilke, Ernst, zwei Fälle von Fremdkörpern im Oesophagus, diagnosticiert durch Röntgenstrahlen, extrahiert durch Oesophagotomie. Diss. gr. 8. (29 S.) Königsberg 898. (W. Koch.) n. — 80

Wilke, Ernst, das Reichsgesetz betr. die Abzahlungsgeschäfte vom 16. V. 1894, s.: Guttentag's Sammlung deutscher Reichsgesetze. (Hoffmann, J.)

(**Wilke, F. F.**) Handbuch zur Kenntniß des preuß. Cantonwesens. Stettin 1802. 8°.

Wilke, F. W., kurze Uebersicht einiger nöthigen Punkte aus d. Geburtshülfe, tabellar. dargestellt. Roy.-Fol. Berl. 821. (Maurers B.) 14 gr.

Wilke, Fr. Wilhelm

Wilke, F. W.; Anleitung zur Führung der Vormundschaften u. Vormundschaftsrechnung, ingleichen zu den Geschäften der Siegelung, Inventur, Auction u. Erbsonderung. *Breslau*, (Korn.) 805. gr. 8. (2 Thl. 8 Gr.)

Wilke, F. W. Ueber die Entstehung, Behandlung und Erwehrung der Armuth. Eine Preisschrift. *Halle, Gebauer.* 1792

— Entwurf zu e. zweckmäß. u. bündigen Landwirthschaftsrechnung, ingl. z. Brauerey ꝛc. gr. 8. Breslau, Korn d. ält. 802.

Wilke, Franz. Die Einwirkung der Phosphorsäuredüngung auf die Entwicklung und Zusammensetzung der Zuckerrüben. Halle a. S., 1892.

Wilke F.: Die Einwirkung d. Phosphorsäuredüngung auf die Entwicklung u. Zusammensetzung d. Zuckerrüben. Diss. Halle 1892. 33 S. P.

Wilke, Friedr., Beiträge z. Geschichte d. neuern Orgelbaukunst. (Abfertig. d. Phantasieen d. Organisten Hrn. Friese in Beziehung auf d. in d. Marienkirche daselbst v. Fr. Schulze gebaute neue Orgel.) gr. 8. (3 B.) Berlin 846, Trautwein u. Comp.

Wilke, Friedr., Beschreibung d. St. Catharinen-Kirchen-Orgel in d. Neustadt zu Salzwedel. Mit Bemerkn. üb. d. Gebr. ihrer Stimmen u. Vorschlägen z. Verbesserung d. Orgel. gr. 8. (3 B. u. 1 Abbild.) Berlin 839, [Trautwein u. Comp.] Thlr. *

Wilke, F., Beschreibung e. in d. Kirche zu Perleberg im J. 1831 aufgestellten neuen Orgel. Zum Gebr. f. Kirchenpatrone, Cantoren etc. gr. 8. (2¾ B. u. 1 Abbild. d. Orgel, gr. 4.) Neu-Ruppin 832, (Oehmigke u. Riemschneider.)

Wilke, F., Leitfaden zum prakt. Gesangsunterricht für Elementarschulen. 4. Berl. 812. Fr. Maurer. (Heinemann in Stolpen). 12 gr.

—— offenes Sendschreiben an die Hren. Musik-Direktor W. Bach, Organist Baake u. Organist Friese betreff. die in der St. Marienkirche zu Wismar neuerbaute Orgel, u. die Leistungen des Orgelbauer Hrn. Schulze im Orgelbau. gr. 8. (1 B.) Hamburg 845, Schuberth u. Comp.

Wilke, Friedrich: Die Streitfrage nach dem rechtlichen Schicksal des von einem Unbefugten okkupierten Wildes. *Berlin 1898: Trowitzsch & Sohn.* (80 S.) 8°
Erlangen, Jur. Diss. v. 23. Apr. 1898

—— üb. d. Wichtigkeit u. Unentbehrlichkeit d. Orgel-Mixturen u. ihre Eintheil., nebst Berichtig. einiger üb. sie öffentl. ausgesproch. falschen Ansichten. gr. 8. (2¼ B.) Berlin 839, [Trautwein u. Comp.] *

—— zur richtigen Würdigung eines Sendschreibens d. Organisten C. Gerlach in d. neuen Zeitschrift f. Musik 1845, Nr. 46 abgedruckt u. Beleuchtung d. Schmähschrift d. Dom-Organist F. Baake. gr. 8. (2¼ B.) Hamburg 846, Schuberth u. Comp. *

Wilke, Frid. Julius (geb. Berlin 11. 7. 1813): Conjectaneorum in Sophoclis Oedipum Coloneum specimen. Berolini (1840). (27 S.) 8°
Berlin, Phil. Diss., v. 5. Dez. 1840

Wilke, Fritz, approb. Arzt aus Gross-Schönebeck: Aus d. chirurg. Klinik zu Kiel. Ein Beitrag zur Würdigung der extracraniellen Resection des III. Trigeminusastes nach Kocher. *Kiel 1902: P. Peters.* (24 S.) 8°
Kiel, Med. Diss. v. [6. Mai] 1902

Fehrbelling. Dramat. Zeitbild aus d. Tagen d. grossen Kurfürsten in 2 Akten von Fritz Ekliw [d. i. Fritz **Wilke**]. Mühlhausen i. Th.: G. Danner [1902]. (51 S.) 8°
(Mehrakter. No 8.)

— Das Frauenideal u. die Schätzung des Weibes im Alten Testament. Eine Studie zur israelit. Kultur- u. Religionsgeschichte. (62 S.) 8. Ebd. 907. 1. —

Wilke, Fritz, der Held v. Fehrbellin. Die Mühle v. Leuthen. Vor Paris, s. a. Liebhaber-Theater. 103. Bdchn.

Der Held von Fehrbellin. Die Mühle von Leuthen. Vor Paris. 3 Einakter aus d. Tagen d. Gr. Kurfürsten, Königs u. Kaisers von Fritz **Wilke**. Bdch. 1–3. Mülheim a. d. Ruhr: J. Bagel [1905]. 3 Bde 8° [F.]
1. Der Held von Fehrbellin. 2 = Wilke: Die Mühle von Leuthen. 3 = Wilke: Vor Paris.
= **Liebhaber-Theater.** Bdch. 103–105. [06. 3183

Wilke, Fritz, a. Greifenberg i. Pomm.: Jesaja und Assur. Greifswald 1905: J. Abel. (55 S.) 8° ¶ (Ersch. vollst. 1905 unter demselben Titel bei Dieterich, Leipzig.)
Greifswald, Theol. Fak., Ref. Haussleiter, Diss. v. 27. Febr. 1905
[Geb. 7. Febr. 79 Greifenberg i. P.; Wohnort: Greifswald; Staatsangeh.: Preußen; Vorbildung: Gymn. Greifenberg i. P. Reife O. 97; Studium: Greifswald 2, Halle 2, Greifswald 3 S.; Rig. 11. Febr. 05.]

Wilke, Fritz, Jesaja u. Assur. Eine exegetisch-histor. Untersuchg. zur Politik des Propheten Jesaja. (IV, 128 S.) gr. 8. Leipzig 905. Dieterich. n. 3. —

Fritz **Wilke**. Die Mühle von Leuthen. Patriot. Lustspiel aus d. Zeit d. großen Königs. 1 Aufzug. Mülheim a. d. Ruhr: J. Bagel [1905]. (39 S.) 8° [F.]
= Wilke: Der Held v. Fehrbellin. Die Mühle v. Leuthen. Vor Paris. Bdch. 2.
= **Liebhaber-Theater.** Bdch. 104. [06. 3184

Fritz **Wilke**. Vor Paris oder: Die Mauer von Buzanval. Patriot.-humorist. Szene aus d. Zeit d. 'Großen Kaisers.' Mülheim a. d. Ruhr: J. Bagel [1905]. (38 S.) 8° [F.]
= Wilke: Der Held v. Fehrbellin. Die Mühle v. Leuthen. Vor Paris. Bdch. 3.
= **Liebhaber-Theater.** Bdch. 105. [06. 3185

— Altes Testament, s.: Theologie, die, der Gegenwart. (Köberle, Just.)

Wilke, Fritz, war Abraham e. historische Persönlichkeit? Vortrag, geh. auf der luther. Konferenz zu Greifswald am 28. XI. 1906. (48 S.) gr. 8. Leipzig 907. Dieterich. — 80

— Die astralmythologische Weltanschauung u. das Alte Testament, s. a. Zeit- u. Streitfragen, biblische. III, 10.

Die astralmythologische Weltanschauung und das Alte Testament. Von Lic. Fritz **Wilke**. 3. Taus. Gr.-Lichterfelde-Berlin: E. Runge 1907. (52 S.) 8° [F.]
= **Zeit- und Streitfragen**, Biblische. Ser. 3. H. 10. [08. 6629

Wilke, G., Abhandl. über d. Annahme eines allgem. Kalender-Meridians mit den dazu nöthigen Erklärungen, in welchen bewiesen wird, wie d. Datum rund um d. Erde in allen Welttheilen correspondirend übereinstimme; nebst Bemerkk. d. Herren Ideler, Enke u. Olbers. gr. 8. Berl. 830. Nicolai. 8 Gr.

Wilke, G. A., kurzgef. Grunds. zum Extrahiren u. Referiren der Akten. 2te Aufl. 8. Leipzig. 806. Ist jetzt Verl. von Weygand.

Wilke, Georg, a. Guben: Die kirchliche Goldschmiedekunst Augsburgs vom Beginn der Renaissance bis zum Ausgang des XVIII. Jahrhunderts. München 1907: C. Wolf & Sohn. (54 S.) 8°

München, Phil. Fak., Ref. Riehl, Diss. v. 23. Juli 1907

[Geb. 22 Dez. 79 Guben, Prov. Brandenburg; Wohnort: Cassel; Staatsangeh.: Preußen; Vorbildung: Wilhelms-Gymn. Cassel Reife M. 98; Studium: Heid. Marburg 4, München 9 S.; Rig. 23. Juli 07.]

Wilke, Georg, kgl. Pfarrer aus Bamberg: Die Hauptberührungs- und Unterscheidungspunkte der Erziehungsgedanken John Locke's und Jean Jacques Rousseau's. *Scheinfeld 1898: M. Ille.* (67 S.) 8° [J.]

Erlangen, Phil. Diss. v. 4. Juli 1898

Wilke, Georg, Dr. phil. aus Bamberg, Pfarrer zu Hellmitzheim: Georg Karg (Parsimonius), sein Katechismus und sein doppelter Lehrstreit. Scheinfeld 1904: Max Ille. (83 S.) 8° [J.]

Erlangen, Theol. Fak., Ref. Kolde, Diss. v. 5. März 1904

[Geb. 19. Juni 62 Bamberg; Wohnort: Hellmitzheim; Staatsangeh.: Bayern; Vorbildung: Gymn. Bamberg u. Schweinfurt Reife 81; Studium: Bamberg (Lyceum) 1, Erlangen 7 S.; Rig. 5. März 04.]

Wilke, Geo., Spiral-Mäander-Keramik u. Gefässmalerei. Hellenen u. Thraker, s. a. Darstellungen üb. früh- u. vorgeschichtliche Kultur-, Kunst- u. Völkerentwicklung. 1. Heft.

Spiral-Mäander-Keramik und Gefäßmalerei. Hellenen und Thraker. Von Dr. Georg **Wilke**. Mit 99 Textabb. u. 1 Taf. Würzburg: Stuber 1910. 84 S. 4°(8°)

(Darstellungen über früh- u. vorgeschichtliche Kunst- u. Völkerentwicklung. H. 1.)

(Würzburg)

Spiral-Mäander-Keramik und Gefäßmalerei. Hellenen und Thraker. Von Dr. Georg **Wilke**. Mit 99 (100) Textabb. u. 1 Taf. [Neue Ausg.] Würzburg: Kabitzsch 1910 (1911). 84 S. 4°(8°)

(Darstellungen über früh- u. vorgeschichtliche Kunst- u. Völkerentwicklung. H. 1.)

(Mannus-Bibliothek Nr. 1.)

Verzeichnis der Büchersammlung der Loge Zur goldenen Krone in Stendal. Systemat. zsgest. nach dem Bestand vom 1. Mai 1902. [Von Georg **Wilke**.] Als Ms. gedr. Stendal 1902: Fuhrmann. IV, 207 S. 8°

Recens: L. 25 (1902) S. 112 (R. Fischer). cf. Bbl. 16 (1902) S. 175 (G. Diercks).

Mit Regesten vers. Vorgedr.: Eine Gesch. d. Bibliothek.

v. Wilke, (Geo. Wlh. Konstant., († d. 17. Febr. 1788.) geprüfte Anleitung, sämmtl. in deutschen Waldungen wild wachsende Bäume u. Sträucher ohne Beihülfe mündl. Unterrichts von selbst mit Sicherheit kennen u. von allen ähnlichen unterscheiden zu lernen ꝛc. Mit Kpf. 8. Halle 788. Gebauer. 1 Thlr.

— monatl. Anleit. zur Beförderung e. ergiebigen Erziehung des Obstes, ein Buch für Landleute u. Gärtner. Mit 1 Kpf. 8. Halle 787. Gebauer. 1 Thlr. 18 Gr.

— über d. Giftpflanzen unserer Küchengärten, eine Abhandl. für Gärtnerei, Haushaltung u. Küche. 8. Halle 787. Gebauer. 3 Gr.

— Handbuch für Lustgärtner u. Blumenfreunde, nebst Zusätzen zu seinen vorigen Schriften. 8. Halle 785. Gebauer. 15 Gr.

— neueste Samml. d. wichtigsten Gärtnerregeln, ein Nachtrag zu seinen frühern Schriften über Bäume-, Küchen- u. Blumengärten, mit 1 Kpf. 8. Halle 787. Gebauer. 21 Gr.

— Samml. d. wichtigsten Regeln in d. Baumgartnerei. 8. Leipzig, 1783. (Prag, 1785.) Neue Aufl. Leipzig, 1788. Neue Aufl. Breslau, 1791. (Grass, B. u. C.) — 17½

— Samml. d. wichtigsten Regeln in d. Küchengärtnerei ꝛc. 8. Halle 784. Gebauer. 18 Gr.

Wilke, Gg. Wilh. Konst. v., Versuch e. Anleit. d. wilden Bäume u. Sträucher unserer deutschen Wälder u. Gehölze auf ihren blossen Anblick u. ohne weitere mündl. Belehr. kennen z. lernen. Mit Kpf. 8. Halle, 1788. 1

Wilke, Gottfr., Gedichte. (VIII, 92 S.) 8. Dresden 906. E. Pierson. n. 1 50; geb. n. 2. 60

Wilke, Gottfried, a. Düsseldorf: Die Spermatogenese von Hydrometra lacustris L. Mit 19 Figuren im Text. Jena: G. Fischer 1907. (55 S.) 8° ¶(Aus: Jenaische Zeitschrift f. Naturwiss. Bd 42.)

Jena, Phil. Fak., Ref. Ziegler, Diss. v. 3. Aug. 1907

[Geb. 18. Apr. 84 Düsseldorf; Wohnort: Düsseldorf; Staatsangeh.: Preußen; Vorbildung: Oberrealsch. Düsseldorf Reife O. 03; Studium: Bonn 2, Jena 4 S.; Rig. 23. Febr. 07.]

Wilke, Heinr. Biographie d. Malers Carl Gustav Hellqvist, nach authent. Quellen bearb. gr. 8. (VI, 71 S. m. 1 Bildnis.) Berl. 891, C. F. Conrad. * 1 —

Wilke, Heinrich [Kammergerichts-Ref.]: Die Klagen der Mitbesitzer gegen einander. ... Berlin, Buchdr. v. Gustav Schade (Otto Francke) (1890). 69+1 S. 8°

Berlin, Jur. Fak., Inaug.-Diss. v. 6. März 1890

Wilke, Henriette

Wilke, H., geb. Kronhelm, Alarcos u. Zebuny, od. die Grotte im Thale v. Rythena. 2 Thle. 8. Leipz. 830. Glück. 1 Thlr. 12 Gr.

Wilke, Henr., geb. Kronhelm, Alarcos u. Zebuni ꝛc. 2 Thle. 8. Leipzig 830; jetzt Bade in Berlin.

s. Album der Nationen.

— Carvalho, od. die Verschwörung in Portugal; ein histor. Gemälde ꝛc. 2 Bde. 8. Braunschw. 826. Meyer. 2 Thlr. 12 Gr.

— Fugace oder Abentheuer im Schlosse Sarvedro; eine romant. Räubergeschichte. 2 Bde. 8. Braunschw. 827. Meyer. 2 Thlr.

— Schloß Glenton, od. die Söhne der Nacht; eine romant. Räubergeschichte. 2 Bde. 8. Braunschw. 827. Meyer. 2 Thlr. 16 Gr.

— Morba die Thalfrau u. Golbin. 8. Braunschw. 827. Meyer. 1 Thlr.

—— Novellen. 1. Bd. — A. u. d. T.: Die Braut v. Portobello. Histor. Novelle a. d. 1. Hälfte d. 18. Jahrh., u. (:) Die Ruinen v. Agrigent, histor. Novelle a. d. letzten Viertel d. 12. Jahrh. gr. 12. (16 B. u. 1 Musikbeil.) Braunschweig 831, G. C. E. Meyer.

—— dass. 2. u. 3. Bd. — A. u. d. T.: Die Vermählung zu Madrid, u. des Günstlings Glanz u. Fall. Histor. Doppelnovelle a. d. letzten Viertel d. 18. u. d. 1. Viertel d. 19. Jahrh. 2 Thle. 8. (32 B.) Ebds. 832.

—— dass. 4. Bd. — A. u. d. T.: Die Belagerung v. Diu. Histor. Novelle a. d. 1. Hälfte d. 16. Jahrh. 8. (17½ B.) Ebds. 833.

—— daſſ. 5. Bd. — A. u. d. T.: Die Gründung v. Batavia. Hiſtor. Novelle a. d. 1. Viertel d. 17. Jahrh. 8. (23 B.) Ebdſ. 833.

—— daſſ. 6. u. 7. Bd. — A. u. d. T.: Die Quarantaine. Novelle a. d. 1. Viertel d. 19. Jahrh. Thatſachen nacherzählt. 2 Thle. 8. (26¼ B.) Braunſchweig 835, Leibrock.

Wilke, geb. Kronhelm, Henriette, Novellen. 8—10. Bd. 8. Braunſchweig, Leibrock.

A. u. d. Tiln.:

Bd. 8., 9. Römerherrſchaft in Britannien. Hiſtor. Novelle in 2 Abthln. aus d. letzten Hälfte d. erſten Jahrhund. (d. Urgeſch. Englands entlehnt). 2 Thle. (33¼ B.) 837. 2 Thlr. 8 Gr.

„ 10. Der Lohn d. Verbrechens. — Das Bild der Diana. — Der Gemüthskranke. Drei Novellen. (20¼ B.) 839. 1 Thlr. 9 Gr.

1 – 5. Bd. Braunſchweig 831—33, G. C. E. Meyer sen. 6 Thlr. 20 Gr. — 6. u. 7. Bd. Braunſchweig 835, Leibrock. 2 Thlr. 6 Gr.

Wilke, Henr., geb. Kronhelm, Novellen. 11r Bd. 8. Braunſchweig 839. Leibrock. 1⅜ ℛ

Wilke, geb. Kronhelm, Henriette, Novellen. 11. Bd. Der Pfarrhof von Norderhug. Hiſtor. Novellette. Die Seeräuber von Rügen. Hiſtor. Novelle aus d. letzten Viertel des 14. Jahrhunderts. 8. (16¼ B.) Braunſchweig 841, Leibrock.

— Palma; ein romant. Gemälde der Vorzeit. 2 Bde. 8. Braunſchweig 826. Meyer. 1 ℛ 12 gr

— Magellan's Reiſe um die Welt. 3 Thle. Leipzig 830. (Berlin, Bade.)

Wilke, geb. Kronhelm, Henriette, Magellan's Reiſe um d. Welt. Hiſtor. Gemälde a. d. 1. Viertel d. 16. Jahrh. 3 Thle. 8. ... Leipzig 830, Glück.

— der Wenkſtein, oder Liebe um Liebe. 8. Braunſchw. 824. Meyer. 1 ℛ 4 gr

Wilke, Hugo [pr. Arzt]: Über einen Fall von Nabelschnurhernie ... Königsberg i. Pr., Buchdr. R. Schenk & Schadlofsky, 1890; 26 S., 2 Bl., 1 Taf. 8°

Königsberg, Med. Fak., Inaug.-Diss. v. 2. Dez. 1890.

Wilke, Hugo. Ueber einen Fall v. Nabelschnurhernie. Diss. gr. 8. (26 S. m. 1 Taf.) Königsb. i. Pr. 890, (Koch). * 1 —

Wilke, J., Greiz u. ſeine Umgebg. nördlich bis Berga u. ſüdlich bis Jocketa. Ein Wegweiſer f. Einheimiſche u. Fremde. 8. (30 S. m. lith. Karte in gr. 4.) Greiz 875. Teich. n. 1. —

Wilke, J. C., Chronik von Züllichau. 4. Züllichau, Frommann. 753.

Wilke, I. G. Der sächsische Nepos. Leipzig 1682.

Wilke, J. H., dramatiſcher Bilderſaal. Almanach für 1836. 1r Jahrg. (Inhalt: Uncas, oder der Letzte der Mohicans. Trauerſpiel in 5 Acten. — Die Wahl des Herzens, romant. Schauſpiel in 2 Acten. — Wallheide, Drama in 1 Acte.) 8. Braunſchweig 835. J. H. Meyer. 1 ℛ

Wilke, Johann Georg Lebrecht A. S. 603/22

Thema iuris publici quod Albertus primus huius nominis inter imperatores legitimo per omnia modo rex Romanorum fuerit electus.
Leipzig (Breitkopf) 23. VIII. 1753. 32 S.

Gew.: Heinrich Gf. von Brühl. 36770

Wilke, Jh. Geo. Lebr., († d. 7. Sept. 1810.) Ticemannus, sive vita illustris principis Theodorici, Thuring. Landgravii, ad ductum diplomatum et historicorum optimorum conscripta. Cum fig. 4. Leipz. 754. Breitkopf u. H. 2 ℛ

Wilke, Joh. Herm., s. Transvaal boven!

Wilke, Johann Karl

— Diss. inaug. de electricitatibus contrariis. 4. Rostock 757. (18 Bog.)

Wilke, Jh. Karl, († d. 18. April 1796.) über d. Magneten. gr. 8. Leipz. 794. (Wienbrack). 3 gr (ſ. auch Vorleſungen, welche in d. ſchwed. Academie ꝛc., herausg. v. Gröning.)

Wilke, Jh. Ksp., (Huffſchmidt, † d. 28. Juni 1784.) Auswahl ſeiner hinterlaſſenen Gedichte. 8. Dresd. 786. Richter. 12 gr

Wilke, K. S., belehrende Erzählungen z. Nutzen u. Erinnerung f. Kinder u. Eltern. 8. Chemnitz, Stößel. 785.

Wilke, Karl, 10 Ausflüge durch Oderbergs romantiſche Umgebung. (Umſchlag: Führer durch Oderberg i. M. u. ſeine romantiſche Umgebung.) (48 S. m. 8 Abbildgn. u. 1 Karte.) Berlin 899. (Berolina-Verſand-Buchh.) n. — 20

Wilke, Karl, Bau-Einrichtung u. Verwaltung der königl. neuen Strafanstalt [Zellengefängniss] bei Berlin. Mit 4 lith. Taf. (in gr. Fol.) 4. (III, 88 S.) Berlin 872. Behr. n. 5. —

Wilke, Carl (II.), Bauholz-Preis-Tabellen. Berechnet und aufgestellt für a) vollkantig behauenes oder geschnittenes Holz von jeder Länge und Stärke nach preuss. [Rhein.] Sächs. [Leipz.] und Meter-Maasse, und zwar sowohl für den lauf. als Kubik-Fuss, b) Holz m. 1, auch 2 Zoll = 2, bezügl. 4 Zentimeter Baumkante; c) Rundhölzer oder Abschnitte, bei einem Einkaufs-Preise [excl. Arbeitslohn] von 3 bis 8 etc. Sgr. für den rohen Kubikfuss oder Meter. Zum Gebrauche für Architekten, Bau-Unternehmer, Verfertiger von Bau-Kostenanschlägen etc. Nebst einem Anh., handelnd von der Ver- und Ausgleichung des Preuss. [Rhein.] und Sächs. [Leipz.] Maasses mit dem Meter-Maasse von ¼ Zoll an bis m. 2700 Fuss. 1. Aufl. 1871. *ℳ 2,75, und 2. Aufl. 8. (VI, 115 S.) Leipzig 873, Scholtze. ℳ 2,10.; cart.

— dasselbe. Berechnet u. aufgestellt f. a.) vollkanntig behauenes od. geschnittenes Holz v. jeder Länge u. Stärke nach preuss. [Rhein.] Sächs. [Leipz.] u. Meter-Maasse, u. zwar sowohl f. den lauf. als Kubik-Fuss, b.) Holz m. 1, auch 2 Zoll = 2, bezügl. 4 Zentimeter Baumkante; c.) Rundhölzer od. Abschnitte, bei e. Einkaufs-Preise [excl. Arbeitslohn] von 3 bis 8 etc. Sgr. f. den rohen Kubikfuss oder Meter. Zum Gebrauche f. Architekten, Bau-Unternehmer, Verfertiger v. Bau-Kostenanschlägen etc. Nebst e. Anh., handelnd von der Ver- u. Ausgleichg. d. Preuss. [Rhein.] u. Sächs. [Leipz.] Maasses m. dem Meter-Maasse von ¼ Zoll an bis m. 2700 Fuss. 2. Aufl. 8. (VI, 115 S.) Ebend. 875. 2. 10; cart. 2. 40

Wilke, Karl: Ueber die anatomischen Beziehungen des Gerbstoffs zu den Secretbehältern der Pflanze. Halle a/S. 1883: Karras. 32 S. 8°

Halle-Wittenberg. Phil. Diss. v. 21. Juli 1883

Geb. Winzig (Kr. Wohlau) 10. 3. 1860. V.

Ersch. auch in: Bericht über die Sitzungen der naturforschenden Gesellschaft zu Halle. Halle 1883. S. 12—40.

Wilke, Karl, methodiſches Bilderbuch, deutſch u. franzöſ. Ein Wörterbuch für taubſtumme u. zur zweckmäßigen Unterhaltung für hörende Kinder. 1e Lief. gr. 8. Berl. 830. Plahn. 8 gr

Wilke, Karl, method. Bilderbuch. Deutsch u. Französ. Ein Wörterbuch f. Taubstumme u. zur zweckmäß. Unterhaltung f. hörende Kinder. 1. Lfg. gr. 8. ($\frac{1}{2}$ B. u. 3 lith. B.) Berlin 830, [Schultze.]
Vgl. Wilcke.

— grammat. Bilderfibel zur Schreiblese-Methode, s. Reimer, L.

Wilke's Bilder-Tafel f. den Anschauungs-Unterricht. Nach pädagog. Vorschlägen v. L. Heinemann. Neu gezeichnet v. A. Toller. Lithogr. u. Farbendr. v. F. M. Strassberger. Dieser Ausg. 1—5. [im Ganzen 16—20.] Tausend. qu. gr. Fol. (16 Chromolith.) Braunschweig 875. Wreden. n. 8. —

— Bilder-Tafeln für den Anschauungs-Unterricht gezeichnet. Neue vollständ. umgearb. Aufl. mit einem Vorwort von Karl Bormann. Braunschweig 870. Wreden. qu. Fol. (16 Steintaff. u. 1 Blatt Text.) n. 1 ℛ; color. n. 1 ℛ 15 ngr.

Wilke, Carl (I.), Bilder-Tafeln für den Anschauungs-Unterricht gezeichnet. Neue vollständ. umgearb. Aufl. mit einem Vorwort von Karl Bormann. 12.—15. Tausend. qu. Fol. (16 Stnt. und 1 Bl. Text.) Braunschweig 870—74, Wreden. * color. *
Vgl.: Bormann, K., das Leben in Stadt und Land, in Feld und Wald.

Wilke's Bildertafeln für den Anschauungs-Unterricht. 16 Tafeln. Braunschweig 1881. Verlag von Friedrich Wreden. Ausgab für Oesterreich, im Vertriebe der Verlagsbuchhandlung A. Pichler's Witwe & Sohn.

Wilke's Bilder-Tafeln f. d. Anschauungs-Unterricht. Nach pädagog. Vorschlägen v. L. Heinemann. Neu gezeichnet v. A. Toller. Neue Ausg. 16 farb. Taf. à 38×48 cm. Berlin 892. Braunschweig, F. Wreden. n. 8.—; auf Pappe m. Ringen n. 18.—; auf 8 Taf. m. Ringen n. 13.—

Wilke, Carl, method. Bilder-Tafeln, z. Gebr. beim Anschauungsunterricht, s. Reimer, L.

Wilke, Karl, sechszehn Bilder-Tafeln für den Anschauungs-Unterricht gezeichnet. Lithogr. gr. Fol. (Mit e. Vorwort von Otto Schulz.) Berlin 841, Bormann. n. $\frac{2}{3}$ ℛ — color. n. $1\frac{1}{3}$ ℛ

—— 16 Bilder-Tafeln f. d. Anschauungsunterricht gezeichnet. Lithogr. gr. Fol. (1 B. Vorw. v. Otto Schulz.) Berlin 841, [H. Schultze.] * 16 Gr., col. *

Wilke, C., normale Durchlässe für Strassen etc., s. Neumann, L.

Wilke, Carolus, Pommeranus: Polystrati Epicurei περὶ ἀλόγου καταφρονήσεως libellus. Leipzig 1905: B. G. Teubner. 33 S.) 8°
Kiel, Phil. Fak., Ref. Sudhaus, Diss. v. 18. Aug. 1905
Geb. 11. Juli 79 Greifenberg, Pommern; Wohnort: Greifenberg; Staatsangeh.: Preußen; Vorbildung: Gymn. Greifenberg Reife O. 00; Studium: München 1, Berlin 4, Kiel 3 S.]

Wilke, Carl (II.), und L. Neumann, Reductionstabellen der Längen-, Flächen- und Körpermasse aus sächsischem in Metermass und umgekehrt. Zugleich enth. Umrechnungsstab der Einheitspreise der sächs. Masse in Metermasse und umgekehrt. 8. (24 S.) Leipzig 870, Teubner. cart. *

Wilke, Karl, Dr.: Die geographische Verbreitung des Weinstocks. *Weißenfels 1903: L. Kell.* (S. 1—11.) 4°
Weißenfels, OR, P 1903 (320)

Wilke, Carl. Johann Jakob Weber, der Begründer der »Illustrirten Zeitung«. Zu seinem 100. Geburtstag. ([Mit Porträt. — Von] Karl Wilke.) [2 S.] 4. Leipzig, [J. J. Weber,] 1903.

Wilke, Carl *Eberhardt Walther* [aus Halle a. S.]: Die Bedeutung der Milch für Uebertragung von Krankheiten nebst Versuchen ... Rostock, Univ.-Buchdr. v. Adler's Erben, 1892; 30 S. 8.
Rostock, Med. Fak., Inaug.-Diss. v. [12. Mai] 1892

Wilke, Karl Friedr. Edm., über mündliche Übungen beim neusprachlichen Unterrichte in den unteren und mittleren Klassen des Realgymnasiums. gr. 4. (26 S.) Leipzig 888, (Hinrichs'sche Buchh., Verlag.) *

Wilke, Karl Gf.

Wilke, K. Gf., Gedichte. 8. Berlin, Oehmigke. 790.

Wilke, Karl Gf., (+ ...) Gedichte. 8. Berl. 794. (Nauck). 12 ℊ

Wilke, Karl Gottlob (Burkhardswalde/Meissen)
A. S. 577/88

De solemni iudicis competentiis decreto in alienandis rebus minoris necessario.
Präs. David Gottfried Aegidius Wilke.
Leipzig (Langenheim) 10. IV. 1772. 8 S.
36771

Wilke, Kurt, Dresden: Entwicklung und gegenwärtige Gestaltung der volkswirtschaftlichen Beziehungen zwischen Deutschland und Mexiko. Borna-Leipzig 1905: R. Noske. (VIII, 121 S.) 8°
Tübingen, Staatsw. Fak., Ref. v. Schönberg, Diss. v. 11. Sept. 1905
[Geb. 22. März 82 Dresden; Wohnort: Tübingen; Staatsangeh.: Sachsen; Vorbildung: Gymn. Coburg Reife f. Obersek. O. 99; Studium: Leipzig Handelshochsch. 4, Tübingen 3 S.; Rig. 8. Aug. 05.]
(Nicht für den Austausch)

Wilke, Nicolaus, Anmerkk. über d. beiden vordersten Titel im ersten Theil des Hamburg. Stadtbuchs; herausg. von Chr. Ziegra. 4. Hamb. 773.

— Hamburgischer Ehrentempel, oder Lebensbeschreibung gelehrter u. verdienstvoller Männer, die theils in, theils außer Hamburg geboren worden 2c. Aus hinterlassenen Handschriften aufgerichtet von Chr. Ziegra. 4. Hamb. 770. Herold. 2 ℛ

Wilke, N., Hamburgischer Ehrentempel, od. Lebensbeschreibung gelehrter u. verdienstvoller Männer. 4. Hamb. Herold. 772.

— Nachr. von der in d. J. 1606 u. 1607 an den König v. Spanien abgeordneten Gesandtschaft d. Hansestädte; herausg. von Chr. Ziegra. 4. Hamb. 774.

— Nachtrag zum Versuch e. zuverlässigen Nachricht von d. kirchl. u. polit. Zustande d. Stadt Hamburg; herausg. von Chr. Ziegra. 8. Hamb. 775.

Wilke, W., Anweisung zum Referiren für den Geltungsbezirk des preuß. Landrechts und der Gerichts-Ordnung. Nebst einem Anh. enth. die Vorschriften über die jurist. Prüfungen und die Beschäftigung der Referendarien. Ein Leitfaden. gr. 8. (191 S.) Paderborn 873, Schöningh. *

Wilke, Richard [aus Neu-Künkendorf]: Beiträge zur weiteren Kenntnis der 2, 3-Naphtolcarbonsäure ... Schwedt, Buchdr. v. A. Volkmann, 1895; 2 Bl., 36 S. 8.
Rostock, Phil. Fak., Inaug.-Diss. v. [18. Juli] 1895

Wilke, Richard, appr. Tierarzt: Arbeiten aus d. med. Veterinärklinik d. Univ. Giessen. Dir.: Gmeiner. Die Dünndarmkapseln und ihre klinische Verwendbarkeit. Cassel 1910: Weber & Weidemeyer. 77 S. 8°
Gießen, Veterinär-Med. Diss. v. 20. Jan. 1910, Ref. Pfeiffer
[Geb. 3. Jan. 84 Guben; Wohnort: Kassel-Wilhelmshöhe; Staatsangeh.: Preußen; Vorbildung: Gymn. Korbach Reife M. 09; Studium: Hannover Tierärztl. Hochsch. 7 S.; Rig. 23. Dez. 09.] [U 10. 1266

Wilke, Rich., s.: Formularbuch f. die freiw. Gerichtsbarkeit.

— Ferd. Neaß, Emil Koffka, Hugo Neumann, das bürgerliche Gesetzbuch nebst dem Einführungs-Gesetz m. Kommentar in Anmerkungen. 5. Bd. Das Erbrecht. gr. 8. (VIII, 337 S.) Berlin 900. F. Vahlen. n. 6.50; geb. n. 8.50
Die Bde. 1—4 erscheinen später.

Wilke, Rich., die Haftg. des Erben f. d. Nachlaßverbindlichkeiten nach d. bürgerlichen Gesetzbuche, s. a. Veröffentlichungen d. Berliner Anwalt-Vereins, 9. Hft.

Wilke, Rich.: Die Haftung des Erben für die Nachlaßverbindlichkeiten nach dem BGB. Berlin 1898.
(Veröffentlichungen d. Berl. Anwaltvereins. H. 9.)

Wilke, Richard: Über Polymorphie der kristallinischen Flüssigkeiten und Über kristallinische Harze. Halle a. S. 1909: Waisenhaus. 55 S. 8°
Halle, Phil. Diss. v. 20. März 1909, Ref. Vorländer
[Geb. 4. Jan. 79 Halle a. S.; Wohnort: Halle; Staatsangeh.: Preußen; Vorbildung: Oberrealsch. Halle Reife O. 99; Studium: Halle 13 S.; Rig. 3. März 09.]
[U 09. 1721

Wilke, Rich. Vorschlag zu e. Einkommensteuergesetz u. zur Ausdehnung d. Erbschaftssteuergesetzes. gr. 8. (31 S.) Berl. 890, Moeser. * 1 —

Wilke, Rich., ein Wort für die angefochtene Gültigkeit des von der Staatsregierung mit der Magdeburg-Halberstädter Eisenbahn-Gesellschaft abgeschlossenen Vertrages. 8. (14 S.) Berlin 879. Vahlen. n. — 40

Wilke, Robert und F. Bauer. Gutachten über die Bahnhof-Frage in Zürich. Zürich 1874.

Wilke, Rud., Gesindel. Album. 1. bis 5. Tauf. (32 z. Tl. farb. Bl.) 41×30,5 cm. München 908. A. Langen. Geb. in Leinw. 7.50

Wilke, Rud., Skizzen. (31 Bl. m. III S. Text.) 50×37,5 cm. München 909. H. v. Weber. Geb. 27.—; Luxusausg. 52.—

Wilke, G., Worte d. ewigen Seligkeit, welche an gewissen Sonn- u. Festtagen öffentlich geredet. 8. Stockholm. 745.

Wilke, Samuel Gustav

— **Brevis commentatio in regulam b. Lutheri: Oratio, meditatio et tentatio faciunt theologum. 4. Greifsw. 763.**

Wilke, oder Wilcke, Sam. Gust., († 1791.) flora Gryphica exhibens plantas circa Gryphiam intra milliare sponte nascentes una cum nominibus et locis natalibus. 8. Berl. 765. Lange. 8 gr.

— hortus gryphicus, exhibens plantas primas ejus constillatas et alias. 8. Berl. 765. Lange. 6 gr.

— s. Linné, nomina insectorum.

Wilke, Sigfr. (Car.) (geb. Berlin 14. 8. 1835): De arteriarum obturatione. Berolini (1857). (35 S.) 8°
Berlin, Med. Diss. v. 18. März 1857

Wilke, Theodor

Wilke, Th., Cider oder Apfelwein, dessen heilkräftige Eigenschaften und die Anwendung desselben in kranken und gesunden Tagen. gr. 8. (31 S.) Neu-Ruppin 859, Bergemann. *

Wilke, Theodor, aus Guben: Ueber die Ersitzung von Prädialservituten an Fideicommissen und an Lehnen nach gemeinem und nach Preußischem Rechte. Berlin 1905: E. Streisand. (72 S.) 8°
Erlangen, Jur. Fak., Diss. v. 5. März 1905
[Geb. Guben; Staatsangeb.: Preußen; Rig. 5. März 05.]

— u. M. Wilke, meine Fibel. Ausg. A. (Schreibschrift nach Hamburger Duktus.) (104 S. m. Abbildgn.) 8. Berlin (905). W. Süsserott. Geb. n. — 55

— u. M. Wilke, meine Fibel. Ausg. A. (Schreibschrift nach Hamburger Schriftform.) 5. u. 6. Aufl. (104 S. m. Abbildgn.) 8. Ebd. (910). Geb. — 55

— — dasselbe. Ausg. C. (Schreibschrift nach Schmarje-Duktus.) (104 S. m. Abb.) 8. Ebd. (905). Geb. n. — 60

Einträglicher Gemüsebau mit Berücks. d. Vor-, Zwischen- u. Nachfruchte. Bearb. von Theodor **Wilke**, Güstrow. Mit 75 Abb. *Neudamm: J. Neumann [1905].* (VI, 131 S.) 8° [15.]
— Büchersammlung, J. Neumanns Gärtnerische. [15.] [04. 6757

Wilke, Th. Religiöser Lernstoff der Unter- u. Mittelstufe, ausgewählt f. alle unsere evangelisch-luther. Schulen vom Hohen Ministerio. 8. (62 S.) Güstrow 891, Opitz u. Comp. * — 40

Wilke, Thdr., religiöser Lernstoff, ausgewählt f. alle uns. evangelisch-luther. Schulen vom Hohen Ministerio. 3. Aufl. 8. (80 S.) Güstrow 898. Opitz & Co. n. — 30

Wilke, Th., religiöser Lernstoff ausgewählt vom Ministerium f. alle unsere evangelisch-luther. Schulen. 4. Aufl. 8. (80 S.) Güstrow (901). Opitz & Co. n. — 30

Wilke, Th., religiöser Lernstoff. Durch ministerielle Verordng. f. alle unsere evangelisch-luther. Schulen ausgewählt. 6. Aufl. (Unter Berücksicht. des neuen Gesangbuches.) (80 S.) 8. Güstrow (906). Opitz & Co. n. — 30

Wilke, Thdr., religiöser Lernstoff. Durch ministerielle Verordng. f. alle unsere evangelisch-luther. Schulen ausgewählt. 7. Aufl. (Unter Berücksicht. des neuen Gesangbuches.) (80 S.) 8. Güstrow (910). Opitz & Co. — 30

Beide Groszherzogtümer Mecklenburg. ‹Schwerin u. Strelitz.› (Verf.: Th[eodor] **Wilke**. Massst. 1:750,000. 6. Aufl. [Mit 2 Nebenkarten.] (Güstrow: Opitz & Co. [1906]; Lith. Bärenspr[ung], Schwerin.) (1 Kartenbl. 35×24 cm.) [Kopft.] [kol.]
Aus: Wilke: Vaterlandskunde d. Großherzogt. Mecklenb.-Schwerin ... [06. 15670

— Rechenbuch, s.: Quitzow, W. A.

— Rechte der Mieter u. Vermieter nach dem bürgerl. Gesetzbuch. Gemeinverständlich dargestellt. 8. (36 S.) Neubrandenburg 899. C. Brünslow. n. — 40

— Mecklenburgisches Schulspruchbuch, enth. die, laut Verordng. d. hohen Ministerii in allen unseren evangelisch-luther. Schulen zu lern. Sprüche u. Gesangnummern; außerdem e. Gebetsammlg. 8. (32 S.) Ebd. 891. * — 20

— mecklenburg. Schulspruchbuch, enth. die laut Verordng. d. hohen Ministerii in allen uns. evangelisch-luther. Schulen zu lern. Sprüche u. Gesangbuchnummern; außerdem e. Gebetssammlung. 21.—31. Tauf. 8. (34 S.) Güstrow 895. Opitz & Co. n. — 20

— mecklenburgisches Schulspruchbuch, enth. die laut Verordng. des Ministerii in allen unseren evangelisch-luther. Schulen zu lern. Sprüche u. Gesangnummern; außerdem e. Gebetssammlg. (Neue Aufl.) 8. (32 S.) Güstrow (902). Opitz & Co. n. — 20

— Mecklenburgisches Schulspruchbuch, enth. die laut Verordng. des Ministerii in allen unseren evangelisch-luther. Schulen zu lern. Sprüche u. Gesangnummern; außerdem e. Gebetsammlg. (Umschlag: 79.—89. Taus.) (32 S.) 8. Ebd. (910). — 20

— Vaterlandskunde d. Großherzogtümer Mecklenburg-Schwerin u. Mecklenburg-Strelitz. II. Aufl. 8. (IV, 36 S. m. 2 eingedr. u. 1 farb. Karte.) Ebd. 897. n. — 30

— Vaterlandskunde der Großherzogtümer Mecklenburg-Schwerin u. Mecklenburg-Strelitz. III. Aufl. 8. (IV, 36 S. m. 2 eingedr. u. 1 farb. Karte.) Ebd. (900). n. — 30

— Vaterlandskunde der Großherzogtümer Mecklenburg-Schwerin u. Mecklenburg-Strelitz. 6. Aufl. (Neue Rechtschreibg.) (IV, 36 S. m. 3 Fig., 2 eingedr. Kartenskizzen u. 1 farb. Karte.) 8. Ebd. (905). n. — 30

— Vaterlandskunde der Großherzogtümer Mecklenburg-Schwerin u. Mecklenburg-Strelitz. 7. verb. u. verm. Aufl. (44 S. m. Fig., 2 eingedr. Kartenskizzen u. 1 farb. Karte.) 8. Ebd. (909). — 30

Wilke, Thdr., Vorteile aus der Invalidenversicherung (Unfall- u. Krankenkasse) f. den Versicherten, s. Fortschritt, sozialer.

Wilke, Theod.: Vorteile aus der Invalidenversicherung (Unfall- u. Krankenkasse) für d. Versicherten. Leipzig 1905. 8°
(Sozialer Fortschritt. Nr. 47/48.)

— Winke z. Verwertung v. Erfindungen. 3. Ausg. (78 S.) 8. Güstrow (Neuestr. 20) (910). Lehrer Wilke. 1. —

Theodor Heinrich Wilke

De Cretinismo. Berolini (1828:) Brueschcke. 30 S. 8°

Berlin, Med. Diss. v. 19. Febr. 1828

Wilke, W., Rechenbuch f. Knabenmittelschulen. Nach den Bestimmgn. v. 3. II. 1910 im Anschluß an A. Büttners Rechenwerk bearb. 1.—3. Heft. 8. Leipzig, F. Hirt & Sohn. 1. 20

1. (Klasse IX.) (48 S. m. Abbildgn.) 911. — 35
2. (Klasse VIII.) (58 S. m. Abbildgn.) 911. — 40
3. (Klasse VII.) (61 S. m. 1 Abbildg.) 911. — 45

Wilke, W., s. Surbled, G.

Wilke, W. F. Geschichte des Tempelherrnordens. 3 Bde. 8. Leipzig 1826—35. — 2 Bde. 8. Halle 1860.

Wilke, Wilhelm

Wilke, W. Ce que Molière doit aux anciens poètes français. Lauban, G., 1880. 21 S. 4. Progr.

Wilke, Guilelmus (*geb. Breitenhagen in d. Prov. Sachs. 15.11.1849*): De ellipsi copulae verbi εἶναι in fabulis Euripideis. Javoriae (1876). (27 S.) 8°

Breslau, Phil. Diss. v. 10. Apr. 1876

Wilke, *Johannes* Wilhelm [app. Arzt aus Hildesheim]: Aus d. medizin. Klinik zu Kiel. Über Lähmungen des N. Accessorius Willisii und des N. Sympathikus cervicalis ... Kiel, Druck v. Ch. Donath, 1894; 25 S. 8.
Kiel, Med. Fak., Inaug.-Diss. v. [20. Juli] 1894

Wilke, Wilh., Nervosität u. Neurasthenie u. deren Heilung. Vom naturwissenschaftl. Standpunkte aus bearb. f. Aerzte u. gebildete Laienkreise. gr. 8. (191 S.) Hildesheim 902. F. Borgmeyer. n. 2. —; geb. n. 2. 50

Wilke, Wilhelm [Dr.]: Die πίστις als subjektive Grundlage der Rechtfertigung. Lauban, Schnellpressendr. v. A. Ludwig, 1890, S. 1—15; 4°
Lauban, st. ev. G, OP 1890 (186)

Wilke, W., üb. die „Pistis" in den Briefen d. Neuen Testaments. Untersuchungen. 4. (17 S.) Lauban 884. Leipzig, Fock. n. — 90

Wilke, W. Untersuchung über den Begriff der πίστις (πιστεύειν, πιστός) in den Briefen des neuen Testaments. 17 S. *Lauban* 1884. Progr.

Wilke, Wilhelm: Metrische Untersuchungen zu Ben Jonson. Halle a/S. 1884: Karras. 70 S. 8°
Halle-Wittenberg, Phil. Diss. v. 23. Dez. 1884
Geb. Lüdersdorf (Kr. Angermünde) 21. 5. 1860. V.

Wilke, Wilh., metrische Untersuchungen zu Ben Jonson. gr. 8. (70 S.) Halle 884. (Niemeyer.) n. 1. 60

Wilke, Wilhelm, aus Grüne: Ueber **Vakuumdestillation, insbesondere** über völlige Reindarstellung der Benzolsulfosäure und einiger anderer Sulfosäuren. *Heidelberg 1900: J. Hörning.* (43 S.) 8°
Heidelberg, Naturw.-math. Diss. v. 1900

Wilke, Wilhelm: Die französischen Verkehrsstrassen nach den chansons de geste. Halle a. S. 1909: Karras. 28 S. 8°
¶(Ersch. vollst. als: Zeitschrift f. roman. Philol. Beiheft 22.)
Halle, Phil. Diss. v. 1. Nov. 1909, Ref. Suchier
[Geb. 20. Okt. 85 Webrstedt, Kr. Halberstadt; Wohnort: Kattowitz; Staatsangeh.: Preußen; Vorbildung: Oberrealsch Kattowitz Reife O. 05, Erg. Realgymn. z. heiligen Geist Breslau O. 07; Studium: Halle 7 S.; Rig. 18. Dez. 08.]
[U 10. 1812

Wilke, Wilh., die französischen Verkehrsstrassen nach den chansons de geste, s. Zeitschrift f. romanische Philologie. 22. Beiheft.

Die französischen Verkehrsstrassen nach den Chansons de geste von Wilhelm Wilke. Halle a. S.: Niemeyer 1910. X, 90 S. 8°
(Zeitschrift f. romanische Philologie. Beihefte 22.)

Wilke, Wilhelm Heinrich

Wilke, Guilelmus Henricus: Nonnulla de hydrophobia. Halis Saxonum (1857): Ploetz. 32 S. 8°
Halle-Wittenberg, Med. Diss. v. 1. Aug. 1857
Geb. Halle a. d. S. 21. 5. 1833. V.

Wilke-Dörfurt, Ernst, a. Danzig: Über Sulfide und Polysulfide des Rubidiums und Cäsiums. Hildesheim 1906: A. Lax. (65 S.) 8°
Göttingen, Phil. Fak., Ref. Wallach, Diss. v. 26. Jan. 1906
[Geb. 20. März 81 Danzig; Wohnort: Göttingen; Staatsangeh.: Preußen; Vorbildung: Realgymn. Thorn Reife O. 00; Studium: Göttingen 10 S.; Rig. 27. Juli 05.]

Wilken: E. Abschn. a. d. Psychologie. Meppen 1863.
Schul-/Univ.-Schrift

Wilken: Aus d. Religionslehre: vom Erlöser. Meppen 1864. 22 p. 4°
Schul-/Univ.-Schrift

Wilken, ..., s. Geschichte e. Racepferdes.

Wilken: Käfer-Fauna Hildesheims. 62 S. - Hildesheim A., Progr. 1867.

Wilken: Die Turniere. Frankfurt a. M. & Heidelberg 1806. S. 168—223.
Aus: Studien. Hrsg. v. C. Daub u. F. Creuzer. Bd. 2.

Wilken, A., im Schweigen des Waldes, s.: **Bibliothek**, interessante.

Wilken, C. H., s.a. W i l k e , Christian Heinrich

Wilken, C. H., die christliche Colportage, insbesondere die auf dem Lande und in kleinen Städten; beleuchtet. 8. (22 S.) Stralsund 852, (Hingst.) **

Wilken, C. H., die christliche Colportage, insbesondere die auf dem Lande u. in kleinen Städten, beleuchtet. 8. (22 S.) Stralsund 852, Löffler in Comm. n. n. $^1/_{12}$ ß

Wilken, C. H., Andreas Osiander's Leben, Lehre und Schriften. 1. Abthl. den Zeitraum von 1498—1530 umfassend. gr. 4. Stralsund 844, Königl. Regierungs-Buchdruckerei. ¥

Wilken, D., der Kaufmann wie er seyn soll u. kann. Oder väterl. Rath an meinen Sohn, welcher sich d. Handlung widmet. 8. Elberf. 824. Schaub. 12 ℊ

Wilken, E., de Alcestide Euripidea. Praemissa est de arte Graecorum scenica brevis expositio. Dissertatio. Berlin 868. Calvary & Co. 8. (30 S.) n. 8 ngr.

—— ueber die kritische **Behandlung** der geistlichen Spiele. gr. 8. (37 S.) Halle 873, Buchh. des Waisenhauses. *

—— **Geschichte** der geistlichen Spiele in Deutschland. gr. 8. (VIII, 307 S.) Göttingen 872, Vandenhoeck und Ruprecht's Verlag. *

Wilken, Ernst

Wilken, E., die prosaische Edda im Auszuge, nebst Volsunga-saga und Nornagests-tháttr, s. Bibliothek der ältesten deutschen Litteratur-Denkmäler.

Wilken, E., s.: **Erzählungen**, altnordische.

Altnordische E r z ä h l u n g e n . (Sagas.) Übers. u. erl. von E[rnst] Wilken. Bd 1. Leipzig: Verl. f. Lit., Kunst u. Musik 1909. 8⁰

—— die **Ueberreste** altdeutscher Dichtungen von Tyrol und Fridebrant. Gesammelt, hrsg. und erläut. 8. (44 S.) Paderborn 873, Schöningh. *

— Untersuchungen zur Snorra Edda. Als Einleitung zur „prosaischen Edda im Auszuge". gr. 8. (296 S.) Paderborn 878. F. Schöningh. n. 5. 40

Wilken, Friedrich

—auctuarium ad chrestomathiam suam persicam, locorum ex auctor. persicis, quae illa continent, interpretat. latinam exhibens. 8maj. Leipz. 805. W. Vogel. 8 ℊ

— s. E n t w ü r f e u. Studien e. Niederländ. Meisters.

Wilken, Friedr., Geschichte d. Kgl. Bibliothek zu Berlin. gr. 8. (16¼ B.) Berlin 828, Duncker u. Humblot.

—Geschichte, Bildung, Beraubung u. Vernichtung d. Heidelberger Büchersammlungen. Ein Beitrag zur Literaturgeschichte, vornehml. d. 15n u. 16n Jahrhunderts. 8. Heidelb. 817. Oswald. 2 ß 18 ℊ

Wilken, Fr., Geschichte der Heidelberger Büchersammlungen. Ein Beytrag zur Literaturgeschichte, vornemlich d. 15ten u. 16ten Jahrhunderts. 8. Heidelberg, Oswald. 817.

— Geschichte d. Kreuzzüge, nach morgen- u. abendländischen Berichten. 1r Bd. gr. 8. Lpz. F. C. W. Vogel. 808.

— Geschichte d. Kreuzzüge, nach morgen- u. abendländ. Berichten, 2r Bd. gr. 8. Leipz. W. Vogel. 813.

— — Geschichte der Kreuzzüge. 3r Bd. 1ste u. 2te Abtheil. gr. 8. Leipzig, W. Vogel. 817 u. 19. à 1 Thlr. 12 Gr.

Wilken, (Fr.,) Geschichte der Kreuzzüge nach morgenländ. u. abendländ. Berichten. 4r Thl. Der Kreuzzug des Kaisers Friedrich I. u. der Könige Philipp August von Frankreich u. Richard von England. gr. 8. Leipz. 826, W. Vogel.

—— Geschichte d. Kreuzzüge nach morgenländ. u. abendländ. Berichten. 5—7. (letzt.) Thl. gr. 8. Leipzig, Vogel.
Thl. 6. Der Kreuzzug d. Kaisers Heinrich VI. u. d. Eroberung v. Constantinopel. (29½ B.) 829. 1 Thlr. 18 Gr.
" 6. Geschichte d. Kreuzfahrten nach d. gelobten Lande während d. 1. Hälfte d. 13. Jahrh. (43½ B.) 830 2 Thlr. 12 Gr.
" 7. Die Kreuzzüge d. Königs Ludwig d. Heiligen u. d. Verlust d. heil. Landes. M. 2 Karten (Fol.) u. Register üb. d. ganze Werk. 2 Abthln. (51 B. u. 11 B. Beiln.) 832. 4 Thlr.

—Handbuch d. deutschen Historie. 1e Abtheil. gr. 8. Heidelb. 809. Mohr. 1 ß 4 ℊ Postp. 1 ß 12 ℊ

—Comment. de bellorum cruciatorum ex Abulfeda historia, d. 4. Juni 1798 praemio ex sentent. philos. ord. ornata. 4maj. Götting. 798. Dieterich. 1 ß 12 ℊ

(W i l k e n, Frid.,) Historia Bibliothecae Regiae a. 1828—39, s. I n d e x.

Wilken, Fr. (Red.), s. J a h r b ü c h e r , Heidelbergische, der Literatur.

— Index codicum graecorum et latinorum Bibliothecae Palatin., qui Universit. Ruperto-Carolinae restituti sunt. 4. Heidelb. 814.

— s. I n d e x librorum ad celebranda sacra saecularia confessionis augustanae etc.

(—) Index librorum ad celebranda sacra saecularia reformationis ecclesiasticae tertia annis MDCCCXVII. et MDCCCXIX. cum in Germania tum extra Germaniam vulgatorum, quos Bibliotheca Regia Berolinensis ad hunc usque diem comparavit. 8maj. Berl. 821.

—Institutiones ad fundamenta linguae persicae maximam partem ex auctoribus ineditis collecta glossario locupletata. 8maj. Leipz. 804. W. Vogel. 2 ß 18 ℊ

Wilken, Fridericus, Institutiones ad fundamenta linguae Persicae cum chrestomathia. Lipsiae 1805.

Wilken, Fr., Introductio ad narrationem de rebus Antigoni, Asiae regis. Progr. acad. Heidelb. 814. 4. (30 S.)

Wilken, Fr. Andronikus Komnenus. 8. Leipzig 1831.

— s. M i r c h o n t : Geschichte der Sultane.

— s. M o h a m m e d i s filiii Chavendschahi.

—Pr. ad Natalia Caroli Friderici Magni Ducis Badensis. 4maj. Heidelb. 815. Mohr. 6 ℊ

— s. N i c e t a e Acominati Choniatae.

—— über d. Partheyen d. Rennbahn, vornehml. im Byzantin. Kaiserthum. Vorgelesen in d. Kgl. Akad. d. Wissenschn. am 20. Dec. 1827. gr. 4. (4 B.) Berlin 829, (Dümmler.)

Wilken, Friedr., die drei Perioden d. k. preuß. Akad. d. Wissensch. u. König Friedrich II. als Geschichtschreiber. Zwei akadem. Reden. gr. 8. (2 1/4 B.) Berlin 835, Duncker u. Humblot.

— Pr. de rebus Antigoni. Introductio. 4. Heidelb. 813.

— Rerum ab Alexio I., Joanne, Manuele et Alexio II. Comnenis Romanor. Byzant. imper. gestarum. Lib. IV. commentatio. 8maj. Heidelb. Mohr et W. 811.

Wilken, Ritter Fr., rerum ab Alexio I., Joanne Manuele et Alexio II. Comnenis Romanor. Byzant. imper. gestarum Lib. IV. commentatio. Mit 1 Kpf. 8maj. Heidelb. 812. Mohr. 4 ♂

Wilken, G. A. Das Matriarchat (das Mutterrecht) bei den alten Arabern. gr. 8. Lpz. 884. Berl., Felber. * 2 —

Wilken, G. A., das Matriarchat [das Mutterrecht] bei den alten Arabern Autoris. Uebersetzg. aus dem Holl. gr. 8. (72 S.) Leipzig 884. O. Schulze. n. 2. —

Wilken, Gerhard, a. Brantsstätte (Großh. Oldenburg): Zur Frage der Knochencysten. Freiburg i. B.: Speyer & Kaerner 1906. (24 S., 1 Taf.) 8°
Freiburg i. B., Med. Fak., Ref. Kraske, Diss. v. 1907
[Geb. 21. Okt. 79 Brantsstätte (Oldenburg); Wohnort: Freiburg i. B.; Staatsangeh.: Oldenburg; Vorbildung: Gymn. Jever Reife M. 00; Studium: Kiel 4, Freiburg i. B. 7 S.; Coll. 23. Nov. 06.]

Wilken, H.: Ehrliche Arbeit, s. Universal-Bibliothek.

Wilken, H.: Im Charakter, s. Theater-Mappe.

Wilken, H., Elzevir, s. Bloch's, E., Theater-Correspondenz.

Wilken, H.: Hopfenraths Erben, s. Universal-Bibliothek.

— fünf Minuten Berliner, s. Bloch's, E., Theater-Gartenlaube.

—— Auf eigenen Füßen, s. Pohl, Emil.

— Kläffer, s.: Kühling's, A., Volks-Schaubühne.

Wilken, H., und O. Justinus, Kyritz-Pyritz, s. Universal-Bibliothek Nr. 2220.

— die Liebeserklärung des Rekruten od. Fünf Minuten Berliner, s.: Bloch's, Ludw., Militär-Festmappe.

– Migraine, s.a. Theater-Mappe.

Wilken, H., u. G. Kadelburg, Migräne, s.a. Thalia.

Wilken, H., u. G[ustav] Kadelburg: Migräne. Lustspiel in 1 Akt von –. Mühlhausen i. Th.: G. Danner 1900. (26 S.) 8°
= Thalia. 80.

—— u. O. Justinus. Gesellschaftliche Pflichten, s. Universal-Bibliothek.

— zwei v. der Nadel, s.: Bloch's, E., Dilettanten-Bühne.

Wilken, Hans [pr. Arzt in Wismar]: Zur operativen Behandlung der Empyeme ... Würzburg, Verlagsdr., 1897; 22 S., 1 Bl. 8.
Würzburg, Med. Fak., Inaug.-Diss. v. 1897

Wilken, Heinr. Einige Schulreden. [1. bei Eröffnung des neuen Gymnasialgebäudes am 14. Okt. 1868; 2. bei Schluſs des Schuljahres.] 24 S. Progr. *Meppen* 1877

— Einige Schulreden. 25 S. *Meppen* 1880. Progr.

— Einige Schulreden. 12 S. [1. Sptbr. 1877, 31. Aug. 1878, 28. Aug. 1880.] Progr. *Meppen* 1881.

Wilken, J. C. H., ist die neue preußische Tabaksadministration beyzubehalten? 8. Berlin, Maurer. 797.

Wilken, Johann Philipp (Lübeck) A. S. 569/30

Exercitatio iuris criminalis de furto tertio ad artic. CLXII. constit. crim. Carol.
Erfurt (Nonne) 16. XII. 1772. 24 S.

Gew.: Lübeck. 36772

Wilken, Karoline, geb. Tischbein, Aufzeichnungen üb. ihren Vater Johann Friedrich August Tischbein u. ihr eignes Jugendleben, s.: Stoll, Adf., d. Geschichtschreiber Friedrich Wilken.

Wilken, Lübbo An historical and metrical introduction into the study of Shakespeare's works, with particular regard to the Julius Caesar. 15 S. Progr. *Biedenkopf* 1883

Wilken, Lübbo [Dr.]: An Historical and Metrical Introduction into the Study of Shakspeare's Works, with Particular Regard to his Julius Caesar. Part the Second. Biedenkopf, Druck d. Heinzerlingschen Buchdr., 1889; S. 1–12; 4°
Biedenkopf, k. RPG, OP 1889 (388)

— — Untersuchungen über den Magen der wiederkäuenden Hausthiere. Mit 6 lith. Tafeln. Berlin 1872. gr. 4°.

Wilken, Wilhelm, approb. Arzt aus Neuende im Jeverlande, Grh. Oldenb.: Über einen Fall von Syringomyelie. *Wilhelmshaven 1900: Th. Süss.* (40 S.) 8°
Freiburg i. B., Med. Diss. v. 1900

Wilkendorf, L. F., Karte der Anhaltischen Herzogth. Dessau, Bernburg u. Köthen. Mit den neuesten Eisenbahnen u. a. Ergänzungen gezeichnet u. gravirt, nebst einer statistischen Eintheilung. Roy.-Fol. (München 842, Mey u. Widmayer.) illum. n. 5/6 ♂

Wilkening, Frdr., kurzgefasstes Repetitorium der anorganischen Chemie in beantwortender Form. Für den jungen Pharmazeuten bearb. (80 S.) gr. 8. Weimar 903. (Wittenberg, P. Wunschmann.) 2. —

Wilkening, Willy, aus Weißensee (b. Berlin): Ein Fall von Pulslosigkeit im Gebiet der linken oberen Extremität. *Freiburg i. B. 1902: H. Epstein.* (33 S.) 8°
Freiburg i. B., Med. Diss. v. 1903

Wilkens, s.a. Wilckens.

Wilkens, die Behandlung des Typhus abdominalis, s.: Rumpf, Th.

Wilkens, der Rechenunterricht in der ungeteilten einklassigen Volksschule. gr. 8. (114 S.) Hannover 888, Helwing's Verlag. *

Wilkens, Albert

Wilkens, (Pfarr-Kapellan) Alb., Beicht- u. Communionbüchlein für alte u. junge Christen, im Sinne Jesu, nach den heil. Vätern u. dem Unterrichte des Hrn. Overberg entworfen. 8. Münst... 2e A. 828. Regensberg. 2 ℛ

— **de historiae Westphaliae fontibus, et quidem dissert. primae monasteriensis historiae fontes contin. 8. Münster 824. Coppenrath. 4 gr**

— de historiae Westphaliae fontibus, et quidem dissert. primam monasteriensis historiae fontes contin. 8. Monasterii 825, Coppenrath.

— **genealog. Geschichte d. alten Reichsedlen u. Dynasten von u. zu Steinfurt. Nach ächten Quellen u. beigefügten Urkunden entworfen. 8. Münst. 826. (Regensberg). 12 gr**

— **kurze Lebensgeschichte des heil. Bischof Martin; zur Unterhaltung für Hausväter u. Kinder. Nach des Sulpitius Severus Werke entworfen u. mit Anmerkk. begleitet. 8. Coesfeld 817.**

— **d. Schlacht von Bockholt, oder d. Tod Luibart's. Eine wahre Geschichte aus d. letzten Hälfte des 18n Jahrhunderts. 8. Coesfeld 820.**

Wilkens, Alb., der Stadt Münster äußere Umgebung im Mittelalter, od. histor.=topograph. Nachweise üb. d. Umgebung d. Hauptstadt Münsterlandes, nach beigefügt. Urkunden entworfen. als Beitr. zur Geschichte d. Stadt. 8. (7½ B.) Hamm 829, Wundermann.

—— die Unhaltbarkeit d. Beweise für d. Dasein Gottes u. die Unsterblichkeit d. menschl. Seele, durch die sich selbst überlass. Vernunft. Ein histor.=krit. Versuch, nebst einigen, auf d. Studium angeh. Theologen Bezug habenden Anmerkn. gr. 8. (4½ B.) Münster 828, (Regensberg.)

— **König Ludwig des Heil. Vermächtniß u. Kato d. Aeltern Vorschriften an ihre Kinder. (Aus d. Französ. u. Latein. übersetzt). 8. Coesf. ... 2e Aufl. 8. Münster u. Leipz. 823. (Barth). 2 gr**

— Versuch e. allgemeinen Geschichte d. Stadt Münster. **Nebst e.** Nachweisung über ihre merkwürd. **Stiftungen vom Jahre 799** bis **1534**, nach beigefügten Urkunden. **gr. 12. Hamm 823.** Schulz. 12 gr Velinp. **18 gr**

— Versuch einer allgemeinen Geschichte der Stadt Münster. Nebst e. Nachweisung üb. ihre merkw. Stiftungen vom J. 799 bis 1534, nach beigefügten Urkunden. gr. 12. Hamm 824, Schulz. 12 gr. Velin=P.

Wilkens, Alex., zur **Eweiterung** e. Problems der Säkularstörungen. (15 S.) Lex.-8. Berlin 905. (G. Reimer.) n. — 50
Sonderabdr. aus: „Sitzungsber. d. preuss. Akad. d. Wiss."

— **Untersuchungen** üb. e. neue Klasse periodischer Lösungen des Problems der drei Körper. (43 S. m. 2 Fig.) gr. 8. Wien 905. (A. Hölder.) n. — 90
Sonderabdruck aus: „Sitzungsber. d. k. Akad. d. Wiss."

Wilkens, Alexander, a. Hamburg: Untersuchungen über Poincarésche periodische Lösungen des Problems der drei Körper. Kiel 1905: C. Schaidt. (29 S.) 4° ¶(**Aus: Astron.** Abhandl. hrsg. v. H. Kreutz, No 8.)
Kiel, Phil. Fak., Ref. Harzer, Diss. v. 28. Jan. 1905
[Geb. 23. Mai 81 Hamburg; Wohnort: Göttingen; Staatsangeh.: Preußen; Vorbildung: Realgymn. d. Johanneum Hamburg Reife O. 00; Studium: Heidelberg 1. Kiel 6 S.; Rig. 23. Juli 04.]

— **Untersuchungen üb. Poincarésche period. Lösungen des Problems der drei Körper, s. Abhandlungen, astronom. Nr. 8.**

Untersuchungen über Poincarésche periodische Lösungen des Problems der drei Körper. Von Dr. Alexander Wilkens. Kiel: Astron. Nachrichten 1905. (29 S.) 4°
(Abhandlungen. Astronomische. No 8.)

Wilkens, Chr. Fr., († d. 9. Nov. 1784.) Nachrichten von den seltenen Versteinerungen, vornehml. des Thierreichs, mit Kpf. 8. Berl. 769. Lange. (Reimer). 4 gr

Wilkens, C. F., Nachrichten von Versteinerungen. Mit Kupf. 8. Berlin. 799. Ist jetzt Verlag v. Reimer.

— **s. P. S. Pallas, Charakteristik d. Thierpflanzen.**

Wilkens, Cornelius August, s. Wilkens, Kornelius August

Wilkens, E., unterhalte deine Gesellschaft (Gesellschaftsspiele), s.: Volksbibliothek, deutsche.

Wilkens, Eduard, approb. Arzt aus Bahlum (Kr. Braunschw.): [1.] Das Verhältnis der Carcinome des corpus uteri zu den Carcinomen der Portio und Cervix. [2.] Die Häufigkeit der bei Carcinoma uteri auftretenden Pyometra und die dadurch bedingte Morbidität und Mortalität nach der vaginalen Totalexstirpation. *Berlin (1904): G. Schade.* (28 S.) 8°
Berlin, Med. Diss. v. 5. Aug. 1904

Wilkens, Frz., über Orthochlornitro- und zugehörige Chloramidobenzoësäure. Inaugural-Dissertation. gr. 8. (32 S.) Göttingen 877, (Vandenhoeck und Ruprecht's Verlag.) *

Early influence of German literature in America. By Frederick H. Wilkens. New York: The Macmillan Co.; Berlin: Mayer & Müller [1899]. (105 S.) 8°
Americana Germanica. Vol. 3. No 2. Reprint No 1.

Wilkens, Friedrich: Zum hochalemannischen Konsonantismus der althochdeutschen Zeit. Beiträge zur Lautlehre und Orthographie des ältesten Hochalemannischen, auf Grundlage der deutschen Eigennamen in den St. Galler Urkunden (bis zum Jahre 825) ... (Ersch. vollst. in gleichem Verl.) Leipzig, G. Fock, 1891; 41 S. 8°
Leipzig, Phil. Fak., Inaug.-Diss. v. [21. Jul.] 1891

Wilkens, Friedr. Zum hochalemannischen Konsonantismus der althochdeutschen Zeit. Beiträge zur Lautlehre u. Orthographie d. ältesten Hochalemannischen auf Grundlage der deutschen Eigennamen in den Sanct Galler Urkunden [bis zum J. 825]. gr. 8. (XII, 94 S.) Lpz. 891, Fock. * 3 —

Wilkens, Hans: Zur Geschichte des niederländischen Handels im Mittelalter. T. 1. Göttingen 1908: (Pierer, Altenburg). 57 S. 8° ¶(Ersch. vollst. in: Hansische Geschichtsblätter. Bd 14. 15. 1908—09.)
Göttingen, Phil. Diss. v. 28. Nov. 1908, Ref. Brandi
[Geb. 17. Dez. 83 Bremen; Wohnort: Bremen; Staatsangeh.: Bremen; Vorbildung: Gymn. Bremen Reife O. 03; Studium: Heidelberg 3, Berlin 3 Göttingen 3 S.; Rig. 29. Apr. 08.] [U 09. 1420

Wilkens, Heinr., Linien u. Formen in Blättern u. Blüten, nach der Natur dargestellt. 1. Mappe. (80 Bl.) 4. Hemelingen 904. (Bremen, J. Morgenbesser.)
In Mappe n. 10. —

Wilkens, Heinrich David

— d. Anfangsgründe d. künstlichen Holzzucht, durch d. Besamung aus d. Sache od. d. Hand. 8. Ebend. 800.

— Anfangsgründe d. natürlichen Holzzucht. 8. Ebend. 801.

— d. Anfangsgründe d. weidmännischen Sprache. 8. Brschw. Reichard. 801.

Wilkens, H. D. Aufsätze, mathemat. physikal. chem. Inhalts, m. K. 18 H. gr. 8. Götting. Dieterich. 790.

Wilkens, H. D., die Bildung d. Forstmannes, e. Aeußerung. 8. Brschw. Reichard. 801. Rthlr.

— etwas aus d. pohlnischen Gelehrtengeschichte, e. hist. Versuch durch 2 Fragen in Kästners geometr. Abhandl. veranlaßt. 8. Helmstädt, Kleckeisen. 792.

— üb. etliche Gegenstände d. Physik. 8. Wolfenbüttel, Albrecht. 793.

— üb. e. portugiesische Handschrift der Wolfenbüttelschen Bibliothek. 8. Ebend. 793.

Wilkens H. D.: Die forstmännische Lehre v. dem Oertlichen. Braunschw. 1800. 44 S. P.

— d. Lehre v. d. entgeg.ng. letzten Größen, in e. neuen Gewande, e. Versuch v. e. deutlichern Darstell. dies. Lehre, als d. bisher. seyn mochte, in Briefen an Hellwig. 8. Brschw. Reichard. 800.

— üb. d. Wartung der Hunde, um durch sie das Tollwerden derselben zu verhuten. 8. Ebend. 800.

Wilkens, Hermannus [Bremensis]: Quaestiones de Strabonis aliorumque rerum Gallicarum auctorum fontibus .... Marpurgi Cattorum, typ. Friderici typogr. acad., 1886; 2 Bl. + 60 S. 8°.
Marburg, Phil. Fak., Inaug.-Diss. v. [23. Dez.] 1886.

Wilkens, H., quaestiones de Strabonis aliorumque rerum gallicarum auctorum fontibus. gr. 8. (60 S.) Marburg 886. Elwert's Verl. n. 1. 20

Wilkens, J., ein Fall von Steinzermalmung, auf eine neue Art ausgeführt sowie beschrieben. 8. (24 S.) Kopenhagen 868, Eibe.

Wilkens, J., Familien-Telegraph, s.: Herbst, C. R.

Wilkens, Jak., († ...), s. Verdienst Christi.

Wilkens, Johann (Bremen) A. S. 166/23

Dissertatio inauguralis de lege commissoria emtionis venditionis.
Göttingen (Rosenbusch) 24. VII. 1786. 36 S.

Gew.: Stadt Bremen. 36774

Wilkens, Johann Karl Heinrich

— freimüth. Bemerkk. über Kosmann's Betrachtt. d. Gründe für u. wider d. General-Tabaks-Administration. 8. Berl. 797.

Wilkens, Jh. Karl Hnr., († Ende Juni 1800.) ist d. neue preuß. Tabaks-Administration beizubehalten? 8. Berl. 797. Maurers B. 6 gr

Wilkens, Johannes Albertus [Sanitätsofficier d. Niederl.-Ind. Armee, geb. in Soerakarta '(Java)']: Ueber die Bedeutung der Durchleuchtung für die Diagnose der Kieferhöhleneiterung ... Amsterdam, J. H. de Bussy, 1896; 4 Bl., 69 S. 8.
Freiburg i. B., Med. Fak., Inaug.-Diss. v. 1896

Wilkens K, der juristische Charakter der Erwerbs- und Wirtschaftsgenossenschaften. Mannheim 1873

Wilkens, K., die Töpferei, s. a. Schauplatz, neuer, der Künste u. Handwerke.

Wilkens, K.: D. Töpferei u. Anfertigung d. Töpfergeschirrs, d. Fayence etc. nebst Nachweisg. üb. Entstehg., Gewinng. u. Zusammensetzg. d. Thone m. Atlas. 1869.

Wilkens, Dr. K., Die Töpferei. Anfertigung des ordinären Töpfergeschirres, der ordinären Fayence (der sogenannten Porzellanöfen), des ordinären Steinzeugs (der sogenannten Krugwaaren), und der irdenen Pfeifen. Nebst Nachweisung über die Entstehung, Gewinnung u. Zusammensetzung der Thone, die Bereitung und Eigenthümlichkeit der Massen, die Glasuren etc. sowie mit einem Anhange über die Einführung von Genossenschaften bei der Fabrikation ordinärer Thonwaaren. Mit einem Atlas von 14 Tfln. mit 127 Abbild. Weimar 1870. Text 8°. Atlas 4°.

Wilkens, K: Die Töpferei. Anfertigung des ordinären Töpfergeschirrs, der ordinären Fayence, des ordinären Steinzeugs und der irdenen Pfeifen. 4. Aufl. von Bastenaire-Daudenart's »Anfertigung aller Arten ordinärer Töpferwaren usw.« Weimar 1870

Wilkens, K., elektr. Centralen, s. a. Handbuch d. Elektrotechnik.

Elektrische Centralen von K. Wilkens. Mit 158 Abb. u. 16 Taf. Leipzig: S. Hirzel 1906. (XI, 350 S.) 4°(8°)
= Handbuch d. Elektrotechnik. Bd 7. 1.6.329

Denkschrift zur Feier des 50jähr. Bestehens der Dresdner Steingutfabrik von Villeroy & Boch 1856—1906. (Verf.: Karl Wilkens.) — (Dresden 1906: Römmler & Jonas.) 30 Bl. quer-8°

Wilkens, Kornelius August

Wilkens, Corn. Aug., Peter Abälard. Eine Studie in der Kirchengeschichte des Mittelalters. gr. 8. (III und 121 S.) Bremen 855, Löning und Comp. *

Wilkens, C. A., Abschieds-Predigt über Apostel-Geschichte XX, 18. 25., geh. zu Wien am 20. April 1879. gr. 8. (20 S.) Wien 879. Frick. n. — 60

Wilkens, C. A., Calvin. Gedächtnißpredigt bei der dritten Säcularfeier des Todestages Calvins. gr. 8. (28 S.) Wien 864, Tendler und Comp. [Fromme.]

Wilkens, C. A., Calvin. Gedächtnißpredigt bei der 3. Säcularfeier des Todestages Calvins. Wien 864. Tendler & Co. (Gerold.) gr. 8. (28 S.) 6 ngr.

Wilkens, C. A., Geschichte d. spanischen Protestantismus im 16. Jahrh. gr. 8. (XV, 259 S.) Gütersloh 888. Bertelsmann. n. 4. —

Wilkens, C. A., Geschichte des spanischen Protestantismus im 16. Jahrh. 2. [Titel-] Ausg. (m. neuem Vorwort). gr. 8. (XXVII, 259 S.) Gütersloh (888) 896. C. Bertelsmann. n. 4. —; geb. n. 4. 80

Geschichte des spanischen Protestantismus im sechzehnten Jahrhundert. Von C[ornel.] A[ug.] Wilkens. 2. Ausg. [Unveränd. Abdr. d. 1. Aufl.] Gütersloh: C. Bertelsmann 1897. (XXVII, 259 S.) 1 Bd 8°

Wilkens, C. A., Tileman Heßhusius, ein Streittheolog der Lutherskirche. Vornehmlich nach handschriftl. Quellen. 8. (XVI und 250 S.) Leipzig 860, Breitkopf und Härtel.

—— Fray Luis de Leon. Eine Biographie aus der Geschichte der span. Inquisition und Kirche im 16. Jahrh. gr. 8. (X und 418 S.) Halle 866, Pfeffer. *

Wilkens, C. A., Jenny Lind. Ein Cäcilienbild aus der evangel. Kirche. [Aus: „Beweis d. Glaubens".] gr. 8. (66 S.) Gütersloh 894. C. Bertelsmann. n. — 80

— Jenny Lind. Ein Cäcilienbild aus d. evang. Kirche. 2., umgearb. Aufl. 8. (128 S.) Ebd. 895. n. 1. 20; geb. n. 1. 80

Wilkens, C. A., Jenny Lind. Ein Cäcilienbild aus d. evang. Kirche. 3., verm. Aufl. 8. (XII, 160 S.) Gütersloh 898. C. Bertelsmann. n. 1. 50; geb. n. 2. —

Wilkens, C. A., Friedrich Mallet, Dr. der Theologie, Pastor prim. zu St. Stephani in Bremen, der Zeuge der Wahrheit. Eine Biographie aus handschriftl. u. gedr. Quellen zur Stärkg. d. Glaubens. gr. 8. (XII, 386 S.) Bremen 871. Müller's Verl. n. 5. —

—— Petrus der Ehrwürdige, Abt von Clugny. Ein Mönchs-Leben. 8. (XV und 277 S.) Leipzig 857, Breitkopf und Härtel.

Wilkens, Ludw., die Erweiterung und Vervollkommnung des deutschen Gewerbsbetriebs, ein Mittel zur Herstellung des richtigen Verhältnisses zwischen Bevölkerung und deren Bedürfnisse, mit besond. Rücksicht auf das Großherzogth. Hessen. Eine Denkschrift für jeden wahren Vaterlandsfreund. gr. 8. (423 S.) Darmstadt 847, Kern.

Wilkens, M., preisgekrönte Arbeiten u. e. Examen-Arbeit. 8. Leer 893. M. Wilkens. n. — 90
I. Die Schul-Disziplin nach ihrer Aufgabe, ihrem Wert u. ihrer Durchführung. II. Wie ist der Grundsatz Rousseau's: „Der Schüler soll die Wissenschaft erfinden!" zu verstehen u. in der Volksschule anzuwenden? In Hamburg preisgekrönt. III. Ehrgefühl u. Ehrgeiz als Erziehungsmittel, kritisch zu beleuchten. In Dresden preisgekrönt. (III, 79 S.)

Martin Wilkens, Die Alpenwirthschaft der Schweiz, des Allgäus und der westösterreichischen Alpenländer.
1874 Wien

Wilkens, M., Beitrag zur Kenntniss d. Pferdegebisses mit Rücksicht auf die fossilen Equiden v. Maragha in Persien. [Aus: „Nova Acta der ksl. Leop.-Carol. Deutschen Akademie d. Naturforscher".] gr. 4. (28 S. m. 8. Taf.) Halle 888. (Leipzig, Engelmann.) n. 5. 50

Wilkens, Dr. M., Beiträge zur landwirthschaftlichen Thierzucht. Gesammelte Aufsätze und Vorträge. Leipzig 1871. 8°.

— Briefe üb. landwirthschaftliche Thierzucht. Mit 4 Abbildgn. 8. (XI, 211 S.) Wien 887. Gerold's Sohn. geb. n. 4. —

Wilkens, Martin: Form und Leben der landwirthschaftlichen Hausthiere. Systematische Darstellung ihrer Morphologie u. Physiologie z. wissenschaftlichen Begründung d. Thierzucht. Mit 172 Fig. u. 42 Taf. Wien 1878. XXVIII, 952 S.

– Grundriß d. landwirtschaftlichen Haustierlehre. 2 Bde. gr. 8. Tübingen, Laupp. à Bd. n. 4. —; geb. n. 5. —; in 1 Bd. geb.: n. 9. —
1. Form u. Leben der landw. Haustiere. (IX, 184 S.) 888.
2. Züchtung u. Pflege der landwirtschaftl. Haustiere. Mit 33 Abbildgn. (XVI, 160 S.) 889.

Wilkens, Martin: Untersuchungen über den Magen der wiederkauenden Hausthiere. Mit 6 lithogr. Taf. Berlin 1872. 51 S.

Wilkens, Nikolaus: De fine et scopo Imperii Romano-Germanici. 110 S.
Basel. Jur.Diss.v. 3.Jan.1702.

Die Anneliden, Bivalven und Gastropoden der antarktischen Kreideformation. Von Otto Wilkens. Mit 4 Taf. Stockholm 1910: Lith. Inst. d. Generalstabs; Berlin: Asher [usw.]. 132 S. 4° [Umschlagt.]
(Wissenschaftl. Ergebnisse d. schwed. Südpolar-Expedition 1901–1903. Bd 3, Lfg 12.) [11. 3810

Wilkens, Pauline, Federzeichnungen. Sinnige Märchen für Kinder von 10—15 Jahren. 8. (173 S. mit 8 lithogr. und ill. Bildern nach Zeichnungen von Anth. Braith.) Stuttgart 862, Chelius. cart.

—— Jung Hasens Krautfahrt. gr. 8. (22 S. mit eingedr. Holzschn.) Frankfurt a. M. 864, (Boselli'sche Buchh.)

Wilkens, Pauline, kleine Märchen für meinen Liebling. Für Kinder von 3—6 Jahren. gr. 8. (47 S. mit 8 lithogr. und ill. Bildern.) Stuttgart 861, Chelius.

Wilkens, Thies, a. Flensburg: Friedrich Wilhelm III. und die Konvention von Tauroggen. (Berlin: Trenkel 1909.) 97 S. 8°
Berlin, Phil. Diss. v. 27. Febr. 1909, Ref. Delbrück
[Geb. 10. Mai 85 Koldenbüttel; Wohnort: Berlin; Staatsangeh.: Preußen; Vorbildung: Gymn. Flensburg Reife O. 05; Studium: Leipzig 1, Berlin 6 S.; Rig. 3. Dez. 08.] [U 09. 298

Wilkens, W., bleibet im Herrn! Ein Wort auf d. Lebensweg. 12. (VIII, 126 S.) Oldenburg 896. Eschen & Fasting. Kart. n. 1. —; geb. m. Goldschn. n. 2. —

Wilkens, W., bleibet im Herrn! Ein Wort auf den Lebensweg. 2. Aufl. 8. (VII, 109 S.) Oldenburg (901). G. Stalling's Verl. Kart. n. — 50

Wilkens, W., am Grabeshügel Gottes Wort. Predigt üb. Off. Joh. 14, 13, geh. am Todtenfest 1892 in der St. Lamberti-Kirche zu Oldenburg. 8. (14 S.) Oldenburg 892. Eschen & Fasting. — 30

Wilker, Karl: Die Bedeutung und Stellung der Alkoholfrage in der Erziehungs-Schule. Auf Grund psychol. u. statist. Untersuchungen. München: Reinhardt 1908. 120 S. 8° ¶(Ersch. auch als Buch ebd. 1909.)
Jena, Phil. Diss. v. 22. Okt. 1908, Ref. Rein
[Geb. 6. Nov. 85 Osnabrück; Wohnort: Osnabrück; Staatsangeh.: Preußen; Vorbildung: Rats-Gymn. Osnabrück Reife O. 05; Studium: Göttingen 2, Jena 5 S.; Rig. 25. Juli 08.] [U 09. 2234

Wilker, Karl, die Bedeutung u. Stellung der Alkoholfrage in der Erziehungs-Schule. Auf Grund psycholog. u. statist. Untersuchgn. (III, 120 S.) gr. 8. München 909. E. Reinhardt. 2. —

— **Karl May** e. Volkserzieher? Eine dring. Abwehr zum Schutze unserer Jugend gegen die Verherrlichg. Mays. (57 S.) gr. 8. Langensalza 910. H. Beyer & Söhne. — 90

Wilkes, der Miß Fanny, Geschichte, (von J. T. Hermes) 2 Theile, 8. Leipzig, 781. Feind. 1 Rthl. 10 sgl.

Wilkes, d. Miß Fanny, Gesch. 2 Thle. 8. Leipzig, Gleditsch. 781.

Wilkes, Charles, das westliche Amerika nebst Californien u. Oregon. Für Auswanderer u. Freunde der Erdkunde u. damit verwandter Wissenschaften in's Deutsche übertr. von Paul Edw. Gottheil. Nebst 3, auf Grund der angestellten Untersuchungen entworfenen Karten u. zwar: 1. von dem, im Sakramento-Thale zwischen Monterey u. der Butes-Prairie belegenen Theil Californiens; 2. vom Oregon-Territorium, nebst genauer Aufnahme des Columbia-Flusses; 3. von Ober-Californien. 2 Lfgn. gr. 8. (VIII u. 120 S. m. 3 lith. Karten in gr. 4., Fol. u. Imp.-Fol.) Bayreuth 850, Buchner. (à 13 ngr) 26 ngr

— die Entdeckungsexpedition der Verein. Staaten in den J. 1838 bis 1842, s.: Reisen u. Länderbeschreibungen. 33 u. 34. Lfg

Wilkes, Charl., Narrative of the United States Exploring Expedition. During the years 1838—1842. 5 Volumes and an Atlas. Lex.-8. (161 B., 63 Stahlst. u. 14 Karten) Philadelphia 845. (Leipzig, Brockhaus et Avenarius.) **

Wilkes, Ernst ⟨geb. am 7 Aug. 1852 in Gevelsberg Westf.⟩: Ueber die Insufficienz des Pylorus. Beiträge zur Ebstein'schen Pylorus-Insufficienz ... Bonn, Univ.-Buchdr. v. C. Georgi 1885. 27 S. 8.
Bonn, Med. Fak., Diss. v. 10 Aug. 1885

Wilkes, Fabian Sebastian (Hrsg.), s. Nachricht, Vorläufige, und Beschreibung von dem großen siebenjährigen Kalbskopf . . .

Wilkes, J., Lautlehre zu Aelfric's Heptateuch u. Buch Hiob, s.a. Beiträge, Bonner, zur Anglistik. 21. Hft.

Lautlehre zu Aelfrics Heptateuch und Buch Hiob von Dr. J. **Wilkes**. Bonn: P. Hanstein 1905. (170 S.) 8°
= **Beiträge**, Bonner, z. Anglistik. H. 21. [06. 68] 4

Wilkes, Johann: Der i-Umlaut in Aelfrics Heptateuch und Buch Hiob nebst einigen jüngeren Erscheinungen. Bonn: P. Hanstein 1905. (26 S.) 8° ¶ (Teil einer Lautlehre zu Aelfrics Heptateuch und Buch Hiob, vollst. ersch. als Bonner Beiträge zur Anglistik, H. 21.)
Bonn, Phil. Fak., Ref. Bülbring, Diss. v. 28. Juni 1905
[Geb. 13. Juli 77 Nickenich (Rheinland); Heimatsort: Nickenich; Staatsangeh.: Preußen; Vorbildung: Friedr. Wilh.-Gymn. Trier Reife O. 99; Studium: Bonn 7 S.; Rig. 11. Dez. 03.]

Wilkes, Wetenhall. Erinnerungen an ein junges Frauenzimmer . . . a. d. Engl. 4. Aufl. 1776. Ü: *Weisse, Christian Felix.* (Ky) »1769« (MGT)

Wilkes, W., Erinnerungen an ein junges Frauenzimmer, um sie in jedem Auftritte des Lebens glücklich zu machen; aus d. Engl. (von Chr. F. Weiße). 8. Leipz. ... 4e Aufl. 776. Weidmann. 7 K

Wilkesbarre Journal: July 1870 ? Wilkes-Barre, PA
Weekly.

Wilkie-Collins (author of „hide and seek" &c.), after dark. Copyright edition. Leipzig, B. Tauchnitz, 1856. Kl. 8⁰. Ppb.
VI-377 pp. – Collection of British Authors. Vol. 367.

Wilkin, Ideen über moderne Seetaktik. Triest 870. Schimpff. gr. 8. (55 S. mit einer Steintaf. in qu. Fol.) n. 12 ngr.

Wilkin, Johann

— Discours v. d. Gabe zu beten. 8. Frankf. u. Lpz. Fritsch. 718.

— Ecclesiastes, od. v. d. Gabe zu predigen, a. d. Engl. 8. Leipz. Hahnische Verlagshandl. 718.

Wilkin, Jh., Grundsätze d. natürl. Religion. 8. Bremen 750. Rump. 12 K

Wilkin, Joh., vertheidigter Copernikus, m. K. 4. Ebend. 713.

– Dass., s.a. Wilkins, John

Wilkina, u. Niflunga-Saga, v. F. H. von der Hagen, s. Heldenromane.

Wilkina- und Niflunga-Saga, übers. durch F. H. v. d. Hagen, s. Helden-Sagen, altdeutsche und altnordische.

Wilking, A. H., die Tuchnadel. Eine Erzählung f. die reifere Jugend. Mit 1 Titelkupf. 8. Münster 843, Deiters. 5/12 ℞

Wilking, Frz., s.: **Elektro-Ingenieur-Kalender.**

Wilking, F: Die Elektrotechnik auf der Bayerischen Landes-, Industrie-, Gewerbe- und Kunstausstellung in Nürnberg 1896. (Berlin 1896)

Wilking, Frz., **stenograph. Lese- u. Diktierbuch f. Anfängerkurse in der Gabelsbergerschen Stenographie. (40 S.) 12. Wolfenbüttel (903). Heckner.** n.n. — 30

Wilking, Frz., stenographisches Lese- u. Diktierbuch f. Fortbildungskurse in der Gabelsbergerschen Stenographie. (64 S.) kl. 8. Wolfenbüttel (904). Heckner. nn — 50

Wilkins, Geo., **Pericles Prince of Tyre.** A novel, printed in 1608, and founded upon Shakespeare's play. Edited by Tycho Mommsen. With a preface including a brief account of some original Shakespeare-editions etc. extant in Germany and Switzerland, and a few remarks on the latin romance of Apollonius king of Tyre by the editor; and an introduction by J. Payne Collier Esq. Lex.-8. (XL und 82 S. mit 1 Stnt.) Oldenburg 857, Stalling. *

Wilkins, John. Vertheidigter Copernicus oder curioser und gründlicher Beweiss der Copernicanischen Grundsätze, in zweyen Theilen verfasset und dargethan, 1. dass der Mond eine Welt oder Erde, 2. die Erde ein Planet seye. Aus dem englischen ins Teutsche übersetzet. Nürnberg 1713. Ü: *Doppelmayr, Johann Gabriel.* (StBFMath S. 197)

– Dass., s.a. Wilkin, Johann

Wilkins, John, Repetitorium der englischen Sprach- und Litteraturgeschichte, mit besond. Berücksicht. der altengl. [angelsächs.] und mittelengl. Periode, nebst biograph. Notizen, Inhaltsangaben und grammatical. Fragen zur Beantwortung, für Candidaten und Studirende der modernen Philologie bearb. gr. 8. (IV, 28 S.) Berlin 881, Kühl. *
cart. *

Wilkins, Mary Eleanor

Wilkins, Mary E., Doctor Gordon, s.: Unwin's library.

Wilkins, Mary E., Hanna, s.: Hausfreund, neuer. Nr. 6.

– Jerome, a poor man, s.a. Collection of British authors.

Jerome, a poor man. By Mary E[leanor] **Wilkins**. Copyright ed. In 2 vol. Vol. 1. 2. Leipzig: Tauchnitz 1898. 8°
(Collection of British authors. Tauchnitz Ed. Vol. 3260/1.) [11. 8205

Wilkins, M. E., aus fernem Land, uns fremd u. doch bekannt. 7 Erzählgn. Deutsch bearb. v. A. v. Schäffer. 8. (V, 144 S.) Gotha 898. F. A. Perthes. n. 2. —; geb. n. 3. —

The Love of Parson Lord, and other stories. By Mary E[leanor] **Wilkins**. Copyright ed. Leipzig: Tauchnitz 1900. 287 S. 8°
(Collection of British authors. Tauchnitz Ed. Vol. 3435.) [11. 8333

– Madelon, s.a. Collection of British authors.

Madelon. A novel. By Mary [Eleanor] **Wilkins**. Copyright ed. Leipzig: Tauchnitz 1896. 295 S 8°
(Collection of British authors. Tauchnitz Ed. Vol. 3154.) [11. 8129

Wilkins, Mary E., the far-away melody and other stories, — a new England nun and other stories. s.: Library, the English.

— Pembroke, s.a.Collection of British authors.

Pembroke. A novel. By Mary E[leanor] **Wilkins**. Copyright ed. Leipzig: Tauchnitz 1894. 296 S. 8°
(Collection of British authors. Tauchnitz Ed. Vol. 3002.) [11. 8031

— e. bescheidener Roman u. andere Erzählungen, s.: Sternbanner-Serie.

— a humble romance, s.: Library, the English.

– Silence and other stories, s.a. Collection ob British authors.

Silence and other stories. By Mary E[leanor] **Wilkins**. Copyright ed. Leipzig: Tauchnitz 1898. 296 S. 8°
(Collection of British authors. Tauchnitz Ed. Vol 3312.) [11. 8342

Wilkins, N. G., Errors and Terrors of blind Guides. Tho popular doctrine of everlasting pain refuted. 8. (VIII, 80 S.) Hannover 875, (Kniep'sche Buchh.) *

Wilkins, N. G., truth versus tradition. 8. (15 S.) Hannover 875. Kniep in Comm. n. — 50

Paganism in the Papal Church. By W. J. **Wilkins**. *London: S. Sonnenschein & Co. 1901.* (245 S.) 8° [01. 10942

Wilkinson, die Walachei ꝛc., s. Lindau, Rud.

Wilkinson, A., keine Bleichsucht mehr! Auf vieljähr. ärztl. Erfahrungen begründet und die einzig wahre Behandlungsweise zur gründl. Heilung derselben enthaltend. Zur Belehrung und Selbstbehandlung hrsg. 1. Aufl. 1850. und 2. Aufl. 8. (30 S.) Dresden 851, Schaefer. *

Wilkinson, C. H., neue Methode den Tripper zu heilen, wodurch d. Structuren in d. Harnröhre verhindert werden ꝛc. Aus d. Engl., mit Anmerkk. von G. W. Töpelmann. Mit Kpf. 8. Leipz. 803. N. A. 806. Hinrichs. 1 ₰ 8 𝒦

König Ernst August von Hannover. Erinnerungen an seinen Hof u. seine Zeit [Reminiscences of the Court and Time of King Ernest of Hannover]. Von Rev. C[harles] Allix **Wilkinson**, Sr. Maj. Hauskaplan. Autor. Übers. von Hanno Veranus. Nebst e. biogr. Skizze u. d. Portr. d. Königs. Braunschweig & Leipzig: R. Sattler (1902). (XLVIII, 438 S.) 8°

Wilkinson, C. Allix, König Ernst August v. Hannover. Erinnerungen an seinen Hof u. seine Zeit. Autoris. Uebersetzg. v. Hanno Veranus. Nebst e. biograph. Skizze u. dem Portr. des Königs. 2. [Titel-]Ausg. (XLVIII, 438 S.) 8. Braunschweig [902] 904. Leipzig, R. Sattler. n. 2. —; geb. n. 3. —

– the love of Parson Lord and other stories, s.: Collection of British authors.

Wilkinson, G. H. Karwoche u. Ostern. Aus dem Engl. übers. m. Genehmigg. d. Verf. gr. 16. (VII, 184 S.) Gotha 889, F. A. Perthes. geb. * 2 —

Wilkinson, Garth, die Pocken, ihre Behandlung und sichere Heilung nach einer neuen Methode, zugleich ein Aequivalent für die Impfung. Aus dem Engl. übers. und mit einer Nachschrift versehen von A. F. Bandlin. gr. 8. (27 S.) Zürich 865, Verlags-Magazin. *

Wilkinson, George Blakiston, Handbuch für Auswanderer nach Südaustralien. Eine auf siebenjähr. Anwesenheit gegründete Beschreibung der dortigen Ansiedelungen, ihrer Vortheile und Hülfsquellen. Aus dem Engl. 1. Aufl. (IV und 196 S.) 1849. und 2., mit einem Anhange verm. Ausg. gr. 8. (IV und 212 S. mit 1 lithogr. Karte in 4.) Leipzig 850, Dyk'sche Buchh.

—— **elementarisches Lehrbuch der englischen Sprache.** Mit einem Vorworte von F. A. Schulze. gr. 8. (VIII und 120 S.) Berlin 850, Nicolai'sche Buchh. *

Wilkinson, Geo. B.: Repeal. Die Beschwerden Irlands gegen England. Berlin 1849. 138 S. 8°.

—— **Repeal. Die Beschwerden Irlands gegen England.** gr. 8. (IV und 240 S.) Berlin 849, Nicolaische Buchh. *

Wilkinson, Geo. Broadhurst, London und dessen günstiger Gesundheits-Zustand. Die Ursachen desselben. Wasserleitung u. Siehlsystem u. deren Anwendbarkeit in Berlin. Ein Vortrag, gehalten im Engl. Clubb in Berlin am 3. Mai 1846. (Deutsch von E. W. Ulmann.) gr. 8. Berlin 846, Reimarus. n. 8 *ngl*

Wilkinson, J. Gardner, Dalmatien und Montenegro. Mit einem Ausfluge nach der Herzegowina und einer geschichtl. Uebersicht der Schicksale Dalmatiens und Ragusa's. Bearb. von Wilh. Adf. Lindau. 2 Bde. gr. 8. (XVIII und 649 S. mit 2 Holzschn. und 1 lithogr. Karte in Fol.) Leipzig 849, G. Mayer.

— Dalmatien u. Montenegro nach den ostreich. Vermessungen, mit Verbesserungen. Fol. Lith. Ebd. 850. 1/6 ₰

Wilkinson, Johs., Gespräch e. Juden m. e. Christen üb.: Die Dreieinigkeit. — Die Sohnschaft. — Die Göttlichkeit d. Messias. — Der Messias — Menschlich — Göttlich. — Die Genealogie. — Das Passahfest. — Die Versöhnung. Autoris. Uebersetzg. aus dem Engl. v. Gräfin L. Groeben. [Aus: „Israel meine Herrlichkeit".] gr. 8. (79 S.) Berlin 892. Deutsche Evangel. Buch- u. Tractat-Gesellschaft. n. — 50

— **Israel meine Herrlichkeit!** od. Israels Mission u. Missionen f. Israel. gr. 8. (VII, 463 S.) Ebd. 892. n. 4. —; geb. n. 5. —

Israel, Meine Herrlichkeit! oder Israels Mission u. Missionen f. Israel. Von Johannes **Wilkinson**. 2. Aufl. Berlin: Deutsche Evang. Buch- u. Traktat-Gesellsch. 1904. (343 S.) 8° [F.] [06. 5808

Wilkinson, John. The case of Mr. Winder . . . Nachricht von der Genesung von einer Paralysis . . . Göttingen 1765. Ü: *Kästner, Abraham Gotthelf.* (BrMm)

Wilkinson, John, Nachricht von d. Genesung einer Paralysis durch den Blitz. gr. 8. Götting. 765. Vandenhöck u. R. 2 𝒦

Wilkinson, John J., aus Springfield, Illinois, Nordamerika: James Martineaus Ethik. Darstellung, Kritik u. pädagog. Konsequenzen. Leipzig 1898: Sellmann & Henne. (128 S.) 8°
Leipzig, Phil. Diss. v. [28. Nov.] 1898.

Wilkinson, Sam. H., im Lande des Nordens. Die Evangelisation der Juden in Rußland. Autoris. Uebersetzg. v. Gräfin M. vom Hagen. (116 S. m. Abb.) 8. Bremen (908). Buchh. u. Verlag des Traktathauses. 1.25

Wilkinson jun., Samuel Wright [aus Manchester, England]: Ueber die Einwirkung von Salpetersäure auf Methyl-m-Xylyl-Keton . . . Freiburg i. Baden, Univ.-Buchdr. H. M. Poppen & Sohn, 1888; 61 S. + 1 Bl. 8°
Freiburg i. B., Phil. Fak., Inaug.-Diss. v. 1888.

Wilkinson, Tate. Merkwürdigkeiten aus der Lebensgeschichte . . . von ihm selbst beschrieben. Berlin u. Stettin 1795. Ü: *Meyer, Johann Heinrich.* (Kordes, Schlesw.-holst. u. eutin. Schriftst. Schleswig 1797.) (Ky)

Wilkinson, Tate, eigends niedergeschriebene Merkwürdigkeiten aus seinem Leben, (nach d. Engl. umgearb. v. J. H. Meyer III.) 8. Berl. 795. Nicolai. 1 ₰ 4 ℊ

Wilkoński, Sigismundus (de) *(geb. Stolenschin in Pos. 20. 4. 1833)*: Quaestiones de querela inofficiosi testamenti, imprimis interpretatione L. 19. D. De inoff. test. ⟨V, 2⟩ nixae. Vratislaviae (1856). (42 S.) 8°

Breslau, Jur. Diss. v. 27. Juni 1856

Wilko, Bill Mac, verrechnet. Bürgerliches Trauerspiel in 5 Akten. gr. 8. (III, 84 S.) St. Petersburg 884. Schmitzdorff. n. 1. 20

Wilkok, Thomas, Honigtropfen aus dem Felsen Christo Jesu. Aus dem Englischen. Altona. 1812. P.

Wilkock, Thom., köstliche Honigtropfen aus d. Felsen Christo. Aus d. Engl. 12. 819. Zürich, Hanke. 1 ℊ

Wilkoskeho, Thom., Medowe Krepki ftej Skaly Krystuša Ježiša, aby krotke Sstowa teho Napominanja, wſchitkim Swjatym a Njeſchnikam k Ljepſchemu napißane. — Nebst: Trepena k Heli a Pucž do Paradiſa. 2. Wudawk. 16. (8 B.) Budyſchini 846, Reichel. *

Wilkoks Worte d. Ermahnung u. d. Trostes. 12. Basel, Holdenecker. 807.

Wilkomierz [Schlagwort]

Wilkomierz, s.: Europa. Uebersichtskarte.

Wilkońska, Pauline z L., Kazimira. Powieść. 2 Bde. Posen 869. Merzbach. 8. (164 u. 178 S.) 2 ₰

Wilkońska, Paulina z. L., Obrazek poznański. (Wilkońska, P., ein posensches Provinzialbild.) 8. (IV und 211 S.) Leipzig 857, Wengler.

— wiązanka literacka dzieło zbiorowe ułożone staraniem. Posen 853. (Berlin, Mittler u. Sohn.) gr. 8. (488 S.) 4 ₰.

Wilkoński, Siegism. v., zinsloser Credit oder sichere Hülfe der Landwirthschaft u. Industrie. Neues Credit- u. Münzsystem. gr. 8. (48 S.) Berlin 879. (Lorentz.) n. — 60

Wilkowitz, Joachim Bernhard

— s. J. B. Wolfuet, Auslegung.

Wilkowitz, Joach. Bhrd., († im Jan. 1785.) Briefwechsel zweier Freunde über d. Erziehungswesen. 5 Hefte. gr. 8. Wien 783. Camesina. 20 ℊ

Wilks, Joh. Rob., s.: Lüder, Frz. Herm. Heinr. (Psdn.)

Wilks, Th., der vollkomm. engl. Lampenfabrikant. Od. gründl. Anweis., alle Arten v. Lampen, als Argandsche Astral-, Sinumbre-, hydrostatische ꝛc. Lampen ꝛc. nach d. neuesten Erfindn. u. Verbessern. auf d. vollkommenste u. geschmackvollste anzufertigen. 8. (7½ B. u. 61 Abbild.) Quedlinburg 831, Basse.

Wilks, Thom. Egerton, Esq., Sudden thoughts, with notes by A. Diezmann, s.: Theatre, modern English comic. Nr. 1.

FSC
www.fsc.org
MIX
Papier | Fördert
gute Waldnutzung
FSC® C083411

Kolibri 360 GmbH
Ferdinand-Jühlke-Straße 7
99095 Erfurt, Deutschland
produktsicherheit@kolibri360.de